E90-4
전기공사산업기사 필기

본문+최근 14개년 기출문제

머리말

수험생 여러분들이 현재의 전기기사나 전기산업기사 자격증 취득에만 만족하지 않고 향후 기술사 자격증 취득을 계획하고 계신다면 전기 분야에 대한 기초 지식을 충분히 쌓으십시요. 그러기 위해서는 기사나 산업기사 자격증 취득을 위해 공부하실 때부터 공부하는 방법을 달리하셔야 합니다.

이에 따라 본서는 다음 사항에 중점을 두었습니다.

> **첫째** : 전기분야에 대한 경험이 없는 수험생도 쉽게 이해할 수 있도록 각 분야별로 **본문 내용을 상세하게 설명**하였습니다.
> **둘째** : 각 본문별로 **다양한 종류의 예제 문제를 배치**하여 수험생들이 이해하기 쉽도록 하였습니다.
> **셋째** : 기 출제된 최근 14개년(CBT 복원문제 포함) 시험문제에 대해 **철저한 검증을 통한 답과 상세한 풀이 과정을 수록**함으로서 수험생 여러분들이 완벽하고 정확하게 이해할 수 있도록 준비하였습니다.

따라서 전기 분야에 기초적인 전기 지식이 없는 수험생이라도 본 수험서를 충분히 이해한다면 단시간에 자격증 취득이 가능할 뿐만 아니라 향후 기술사 시험 준비에도 유용하게 활용할 수 있다고 확신합니다.

끝으로 본 수험서로 필기 시험을 준비하시는 여러분들에게 깊은 감사를 드리며 출판 과정에서 발생할 수 있는 오·탈자 및 오답이 발견될 경우 연락주시면 수정토록하여 보다 나은 수험서가 되도록 노력하겠습니다. 또한 본 수험서에 잘못된 내용은 인터넷 홈페이지 정오표에 게시할 예정이오니 많은 참고바랍니다.

「인터넷 주소 : www.ent1.co.kr」

저 자

차 례

1과목 전기응용

01. 조명 ··· 10
02. 전열 ··· 30
03. 전동기 응용 ·· 40
04. 전기철도 ··· 49
05. 전기화학 ··· 63
06. 자동제어의 기본개념 ·· 69
07. 전력용 반도체 소자의 응용 ··································· 73

최근기출문제
- 2012년 기출문제 ··· 82
- 2013년 기출문제 ··· 91
- 2014년 기출문제 ··· 100
- 2015년 기출문제 ··· 109
- 2016년 기출문제 ··· 117
- 2017년 기출문제 ··· 126
- 2018년 기출문제 ··· 135
- 2019년 기출문제 ··· 145
- 2020년 기출문제 ··· 156
- 2021년 CBT 복원문제 ··· 166
- 2022년 CBT 복원문제 ··· 176
- 2023년 CBT 복원문제 ··· 186
- 2024년 CBT 복원문제 ··· 197
- 2025년 CBT 복원문제 ··· 208

2과목 전력공학

01. 송배전 계통의 구성 ·· 220
02. 가공 송전 선로 ··· 222
03. 선로정수 및 코로나 ·· 225
04. 송전 특성 ·· 232
05. 중성점 접지 방식과 유도장해 ······························ 239

06. 고장 계산 ······ 244
07. 전력계통의 안정도 ······ 248
08. 이상전압 및 방호대책 ······ 249
09. 보호 계전 방식 ······ 253
10. 차단기 ······ 256
11. 배 전 ······ 258
12. 수 력 ······ 266
13. 화 력 ······ 272
14. 원자력 ······ 276

최근기출문제
- ▶ 2012년 기출문제 ······ 280
- ▶ 2013년 기출문제 ······ 290
- ▶ 2014년 기출문제 ······ 300
- ▶ 2015년 기출문제 ······ 309
- ▶ 2016년 기출문제 ······ 318
- ▶ 2017년 기출문제 ······ 329
- ▶ 2018년 기출문제 ······ 340
- ▶ 2019년 기출문제 ······ 351
- ▶ 2020년 기출문제 ······ 362
- ▶ 2021년 CBT 복원문제 ······ 373
- ▶ 2022년 CBT 복원문제 ······ 384
- ▶ 2023년 CBT 복원문제 ······ 395
- ▶ 2024년 CBT 복원문제 ······ 406
- ▶ 2025년 CBT 복원문제 ······ 418

3과목 전기기기

01. 직류 발전기 ······ 430
02. 직류 전동기 ······ 442
03. 직류기의 손실, 효율 및 정격 ······ 451
04. 특수 직류기 ······ 452
05. 동기 발전기 ······ 453
06. 동기 전동기 ······ 467
07. 변압기 ······ 470
08. 유도기 ······ 490
09. 전력용 반도체 및 정류기 ······ 509

최근기출문제
- ▶ 2012년 기출문제 ······ 520
- ▶ 2013년 기출문제 ······ 530
- ▶ 2014년 기출문제 ······ 540

▸ 2015년 기출문제	551
▸ 2016년 기출문제	561
▸ 2017년 기출문제	572
▸ 2018년 기출문제	583
▸ 2019년 기출문제	594
▸ 2020년 기출문제	605
▸ 2021년 CBT 복원문제	616
▸ 2022년 CBT 복원문제	628
▸ 2023년 CBT 복원문제	639
▸ 2024년 CBT 복원문제	650
▸ 2025년 CBT 복원문제	662

4과목 회로이론

01. 전기이론의 기초	676
02. 전기회로의 일반 해석	689
03. 교류 회로	697
04. 교류 전력과 에너지	704
05. 유도결합회로	711
06. 3상 교류	714
07. 비정현파 교류	723
08. 2단자 회로망	727
09. 4단자 회로망	731
10. 공진회로	734
11. 분포정수회로	740
12. 직류 회로의 과도현상	743
13. 라플라스 변환	744
14. 전달함수	750

최근기출문제

▸ 2012년 기출문제	760
▸ 2013년 기출문제	771
▸ 2014년 기출문제	783
▸ 2015년 기출문제	794
▸ 2016년 기출문제	806
▸ 2017년 기출문제	818
▸ 2018년 기출문제	829
▸ 2019년 기출문제	840
▸ 2020년 기출문제	852
▸ 2021년 CBT 복원문제	865
▸ 2022년 CBT 복원문제	877

- 2023년 CBT 복원문제 …… 889
- 2024년 CBT 복원문제 …… 901
- 2025년 CBT 복원문제 …… 914

5과목 전기설비 기술기준

- 01. 공통사항 …… 928
- 02. 저압전기설비 …… 947
- 03. 고압 · 특고압 전기설비 …… 1007
- 04. 전기철도 설비 …… 1068
- 05. 분산형 전원설비 …… 1077
- 06. 전기설비기술기준 …… 1085

최근기출문제
- 2012년 기출문제 …… 1088
- 2013년 기출문제 …… 1100
- 2014년 기출문제 …… 1112
- 2015년 기출문제 …… 1123
- 2016년 기출문제 …… 1135
- 2017년 기출문제 …… 1147
- 2018년 기출문제 …… 1159
- 2019년 기출문제 …… 1170
- 2020년 기출문제 …… 1182
- 2021년 CBT 복원문제 …… 1196
- 2022년 CBT 복원문제 …… 1209
- 2023년 CBT 복원문제 …… 1222
- 2024년 CBT 복원문제 …… 1235
- 2025년 CBT 복원문제 …… 1249

E90-4 전기공사산업기사 필기

제 1 과목
전기응용

01. 조명
02. 전열
03. 전동기 응용
04. 전기철도
05. 전기화학
06. 자동제어의 기본개념
07. 전력용 반도체 소자의 응용

01. 조명

1.1 빛과 색

1) 복사(방사)
고온도의 물체로부터 저온도의 물체로 **전자파로써 열을 전달하는 방식**으로 스테판-볼츠만의 법칙이 적용된다.

2) 파장 λ[m]
(1) 파장은 1회 파동시 파의 전달거리로서

$$\lambda = \frac{v}{f} = \frac{3 \times 10^8}{f} [m]$$

여기서, f : 주파수(파동수) [Hz], v : 빛의 속도

(2) 빛은 전자파의 일부로서 **눈으로 느낄 수 있는 파장은 약 380~760[nm]**로 파장 555 [nm]의 빛이 가장 밝게 느껴지며, 이보다 파장이 길수록 혹은 짧을수록 차츰 밝기의 감각은 줄어든다.

3) 가시광선의 파장
사람의 **눈이 빛으로 느낄 수 있는 파장을 가시광선**이라고 하며 **가시광선의 파장 범위는 380~760 [nm] 이다.** 각각의 색에 대한 파장은 다음과 같다.

색	보라	파랑	초록	노랑	주황	빨강
파장[nm]	380~430	430~452	452~550	550~590	590~640	640~760

4) 시감도(luminous efficiency)
(1) 시감도란 **어느 파장의 에너지가 빛으로 느껴지는 정도를 시감도**라 한다.
(2) **최대 시감도는 파장 555 [nm]**(5550[Å])의 **황록색**에서 발생하며 그 때의 **시감도는 680 [lm/W]** 이다.
(3) 시감도 $= \dfrac{\text{광속}}{\text{복사속}} = \dfrac{F}{\Phi}$ [lm/W]

5) 비 시감도
(1) 최대 시감도에 대한 다른 파장의 시감도의 비를 비시감도(relative luminous efficiency)라 한다.
(2) 비 시감도 $= \dfrac{\text{임의의 파장의 시감도}}{\text{최대 시감도 (680 [lm/W])}}$

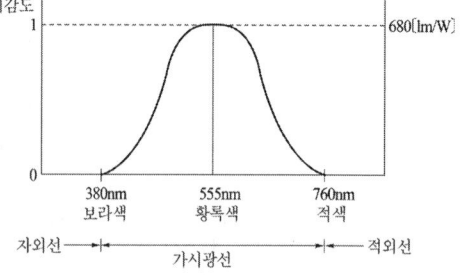

6) 연색성

조명에 의한 물체의 색깔을 결정하는 광원의 성질을 **연색성**이라 하며
크세논 등 > 백색형광등 > 형광 수은등 > 나트륨 등 순으로 연색성이 우수하다.

1.2 조명 공학의 기초량

1) 방사속 Φ

단위시간에 어떤 면을 통과하는 **방사 에너지의 양을 방사속**(radiant flux : [watt. W])이라 한다.

2) 광속 F [lm]

가시범위(380~760[nm]) 의 방사속을 시감에 기초를 두어 측정한 것을 광속이라 하며 광속의 단위는 루멘(lumen : lm)을 사용한다.

3) 입체각 ω [sr]

점광원 둘레의 전 입체각

$$\omega = \frac{S\,[\text{m}^2]}{r^2\,[\text{m}]} = \frac{\text{구면상의 단면적}}{\text{구 반지름의 제곱}} = \frac{4\pi r^2}{r^2} = 4\pi\,[\text{sr}]$$

4) 광도 I [cd]

단위시간당 **단위 입체각으로부터 나오는 가시광선의 양을 광도**라 한다.

$$I = \frac{F}{\omega}\,[\text{cd}]$$

단, ω : 입체각, F : ω내의 광속

5) 휘도 B

(1) **단위 면적당 광도**로서 눈부심 정도를 나타낸다.

$$B = \frac{I}{S}\,[\text{cd/m}^2]\,(\text{니트 nit : nt})\text{ 혹은 } B = \frac{I}{S}\,[\text{cd/cm}^2]\,(\text{스틸브 stilb : sb})$$

$1\,[\text{nt}] = 1\,[\text{cd/m}^2]$, $1\,[\text{sb}] = 1\,[\text{cd/cm}^2]$, $1\,[\text{sb}] = 10^4\,[\text{nt}]$

단, I : 어느 방향의 광도
  S : 어느 방향에서 본 겉보기(형상) 면적 (**구광원** : πa^2, **원통광원** : $D\,l$)

(2) **사람이 눈부심을 느끼는 한계의 최대값** : $0.5\,[\text{cd/cm}^2] = 0.5 \times 10^4\,[\text{cd/m}^2]$

6) 균등 점광원

(1) 모든 방향의 광도가 균등한 F [lm]의 점광원을 **균등 점광원**이라 한다.
(2) 균등 점광원에서의 광속 $F = \omega I = 4\pi I\,[\text{lm}]$

7) 완전 확산면

어떠한 방향에서 바라보아도 휘도가 동일한 면을 **완전 확산면**, 광원의 경우에는 완전 확산성 광원이라 한다.

8) 광도와 광속

완전 확산(어떠한 방향에서 보아도 휘도가 동일한 면)으로 휘도가 일정한 광원의 경우는 다음과 같은 관계식이 성립된다.

(1) 구광원 : 태양이나 백열등

$$F = 4\pi I ≒ 12.57 I \, [\text{lm}]$$

(2) 반구 광원

$$F = 2\pi I ≒ 6.28 I \, [\text{lm}]$$

(3) 평면판 : 확산형 유리창이나 매입형 확산 조명 기구, EL 등

$$F = \pi I \, [\text{lm}]$$

(4) 원통 광원 : 형광등

$$F = \pi^2 I ≒ 9.87 I \, [\text{lm}]$$

(5) 평균 구면광도 I_0

- 광원의 종류에 관계없이 구광원으로 간주($\omega = 4\pi$)하고 계산한 광도
- $I_0 = \dfrac{F}{4\pi}$, $F = 4\pi I_0$

예제 01 평균 구면 광도가 120[cd]인 전구로부터의 총 발산 광속은 얼마인가?

| 풀이 | $F = 4\pi I_0 = 4 \times 3.14 \times 120 = 1507.2 \, [\text{lm}]$

예제 02 휘도가 균일한 긴 원통 광원의 축 중앙 수직 방향의 광도가 100[cd]이다. 이 원통 광원의 구면 광도는?

| 풀이 | 원통 광원 수직 방향의 광도 I_0와 전광속 F 사이에는,

$$F = \pi^2 I_0 = 3.14^2 \times 100 = 985 \, [\text{lm}]$$

∴ 평균 구면 광도 I는, $I = \dfrac{F}{4\pi} = \dfrac{985}{4\pi} = 78.5 \, [\text{cd}]$

9) 조도 E

단위면적에 입사되는 빛의 양을 조도라 한다.

$$E = \dfrac{F}{S} \, [\text{lx}]$$

단, S : 단위 면적 [m^2], F : 입사하는 광속 [lm]

(1) 직사조도 : **광원으로부터 직접 온 광속에 의한 조도**
(2) 확산조도 : **반사광속에 의한 조도**

$$E_0 = \dfrac{1}{4\pi r^2}\left(\dfrac{\rho F}{1-\rho}\right)$$

여기서, E_0 : 확산조도, ρ : 반사율, r : 반지름

(3) 1[lx] = 1 [lm/m^2], 1 [ph : 포토] = 1 [lm/cm^2], 1 [ph : 포토] = 10^4 [lx]

10) 반사율, 투과율 및 흡수율

(1) 반사율 $\rho = \dfrac{\text{반사광속}}{\text{입사광속}} \times 100 = \dfrac{F_\rho}{F} \times 100 \, [\%]$

(2) 투과율 $\tau = \dfrac{\text{투과광속}}{\text{입사광속}} \times 100 = \dfrac{F_\tau}{F} \times 100 \, [\%]$

(3) 흡수율 $\alpha = \dfrac{\text{흡수광속}}{\text{입사광속}} \times 100 = \dfrac{F_\alpha}{F} \times 100 \, [\%]$

(4) $F_\rho + F_\tau + F_\alpha = F$

(5) 반사율 + 투과율 + 흡수율 = 1

여기서, F : 입사광속, F_ρ : 반사광속, F_τ : 투과광속, F_α : 흡수광속

예제 03
반사율 60 [%], 흡수율 20 [%]를 가지고 있는 물체에 2000 [lm]의 빛을 비추었을 때 투과되는 광속[lm]은?

| 풀이 |
$\rho + \tau + \alpha = 1$에서
투과율 $\tau = 1 - \rho - \alpha = 1 - 0.6 - 0.2 = 0.2$
투과 광속 $F_\tau = \tau F = 0.2 \times 2000 = 400 \, [\text{lm}]$

예제 04
반사율 80[%]의 완전 확산성의 종이를 100[lx]의 조도로 비쳤을 때 종이의 휘도 [cd/m²]를 구하면?

| 풀이 |
$R = \pi B = \rho E$
$\therefore B = \dfrac{\rho E}{\pi} = \dfrac{0.8 \times 100}{3.14} = 25.47 [\text{cd/m}^2]$

11) 광속 발산도 R [rlx : radlux 래드룩스]

(1) **단위 면적에서 나가는 빛의 양을 광속발산도**라 하며 단위는 [rlx]로 표시한다.

$$R = \dfrac{F}{S} [\text{rlx}]$$

여기서, $S \, [\text{m}^2]$: 발산면적, F : $S \, [\text{m}^2]$에서 발산하는 광속

(2) $1 \, [\text{rlx}] = 1 \, [\text{asb}] = 1 \, [\text{lm/m}^2]$
$1 \, [\text{rph}] = 1 \, [\text{lm/cm}^2] = 10^4 \, [\text{rlx}]$

12) 광속 발산도와 조도와의 관계

(1) 반사면에서의 광속 발산도 : $R = \rho E$
(2) 투과면에서의 광속 발산도 : $R = \tau E$
(3) 글로브에서의 광속 발산도 : $R = \eta E$
(4) $R = \pi B = \rho E = \tau E = \eta E$

여기서, 글로브 효율 $\eta = \dfrac{\tau}{1 - \rho}$

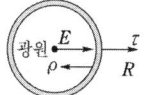

| 예제 05 | 반사율 50[%]의 완전 확산성의 종이를 100[lx]의 조도로 비추었을 때 종이의 광속 발산도[rlx]는?

| 풀이 | $R = \rho E = 0.5 \times 100 = 50 \text{[rlx]}$

| 예제 06 | 완전 확산면의 광속 발산도가 2000[rlx]일 때, 휘도는 약 몇 [cd/cm^2]인가?

| 풀이 | $R = \pi B$

$\therefore B = \dfrac{R}{\pi} = \dfrac{2000}{3.14} \text{[cd/m}^2\text{]}$

$B = \dfrac{2000}{3.14} \times 10^{-4} \text{[cd/cm}^2\text{]} = 0.064 \text{[cd/cm}^2\text{]}$

13) 전등효율

전력소비 P [W]에 대한 전발산광속 F [lm]의 비율을 전등효율 η라 한다.

$$\eta = \dfrac{F}{P} \text{[lm/W]}$$

| 예제 07 | 40[W] 2중 코일 텅스텐 전구의 표준 광속이 500[lm]이다. 이때 전등 효율 [lm/W]은?

| 풀이 | $\eta = \dfrac{F}{P} = \dfrac{500}{40} = 12.5 \text{[lm/W]}$

14) 발광효율

광원으로부터 어떤 방향의 방사속 Φ[W]가 발산되면, 이 중에서 광속 F[lm]만이 육안으로 느끼게 된다. 이 **방사속에 대한 광속의 비율을 그 광원의 발광효율** ϵ이라 한다.

$$\epsilon = \dfrac{F}{\Phi} \text{[lm/W]}$$

| 예제 08 | 완전 확산면 광속 발산도가 3140[rlx]일 때 휘도는 약 몇 [cd/cm^2]인가?

| 풀이 | 완전 확산면이므로 휘도 B[cd/m^2]와 광속 발산도 R[rlx] 사이에는

$R = \pi B$

$\therefore B = \dfrac{R}{\pi} = \dfrac{3140}{\pi} \text{[cd/m}^2\text{]} = \dfrac{3140}{\pi} \times 10^{-4} \text{[cd/cm}^2\text{]} = 0.1 \text{[cd/cm}^2\text{]}$

1.3 조도 계산의 기초 법칙

1) 조도에 관한 거리 역제곱의 법칙

광도 I[cd]인 균등점광원으로부터 r[m] 떨어진 구면위의 조도는 모두 동일하므로 조도 $E = \dfrac{F}{S} = \dfrac{4\pi I}{4\pi r^2} = \dfrac{I}{r^2}$ [lx]

즉, **조도는 거리 r의 제곱에 반비례**한다.

예제 09 3 [m] 떨어진 점의 조도가 200[lx]이었다면 이 방향의 광도[cd]는?

| 풀이 | $E = \dfrac{I}{r^2}$ 에서 $I = Er^2 = 200 \times 3^2 = 1800 [cd]$

2) Lambert의 코사인 법칙

그림과 같이 광선과 θ의 각을 이룬 평면 S_2에서의 조도 E_2

$$E_2 = E_1 \cos\theta = \dfrac{I}{r^2} \cos\theta \, [\text{lx}]$$

즉, 임의의 면에서 **한 점의 조도는 광원의 광도 및 입사각 θ의 cos에 비례하고 거리의 제곱에 반비례** 한다.

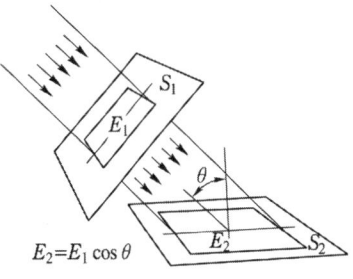

3) 입사각 여현의 법칙

그림에서 P 점의 각 조도는,

(1) 법선 조도 $E_n = \dfrac{I_0}{r^2}$

(2) 수평면 조도 $E_h = E_n \cos\theta \, [\text{lx}]$

(3) 수직면 조도 $E_v = E_n \sin\theta \, [\text{lx}]$

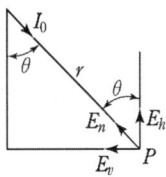

예제 10 점광원 150 [cd]에서 5 [m] 떨어진 거리에서, 그 방향과 직각인 면과 기울기 60°로 설치된 간판의 조도[lx]는?

| 풀이 | 광도 I[cd]의 광원에서 r [m] 떨어져서 θ 만큼 기울어진 면의 조도 E[lx]는 다음과 같다.
$E = \dfrac{I\cos\theta}{r^2} [\text{lx}] = \dfrac{150 \times \cos 60°}{5^2} = 3 [\text{lx}]$

4) 점광원으로부터 h만큼 떨어진 반지름 r의 원형면의 평균조도

(1) 입체각 $\omega = 2\pi(1 - \cos\theta)$

(2) 광 도 $I = \dfrac{F}{\omega} = \dfrac{F}{2\pi(1 - \cos\theta)}$

(3) 조 도 $E = \dfrac{F}{S} = \dfrac{2\pi(1 - \cos\theta)I}{\pi r^2}$

여기서, 면적 $S = \pi r^2$

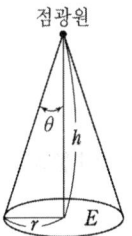

예제 11 모든 방향으로 860 [cd]의 광도를 갖는 전등을 직경 4 [m]의 원형 탁자 중심에서 수직으로 3 [m] 위에 점 등하였다. 이 원형 탁자의 평균 조도는 얼마인가?

| 풀이 | $E = \dfrac{F}{S} = \dfrac{2\pi(1-\cos\theta)I}{\pi r^2} = \dfrac{2}{2^2}\left(1 - \dfrac{3}{\sqrt{2^2+3^2}}\right) \times 860 = 72$ [lx]

5) 점광원이 아닌 크기를 가진 광원에 의한 조도

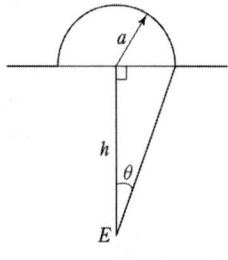
〈반구형 천장 광원〉

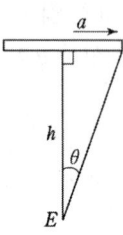
〈원평판 광원〉

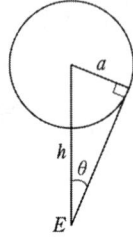
〈구광원〉

(1) 단위구법 $E = \pi B \sin^2\theta$

(2) 반구형 천장, 원평판 광원에 의한 조도
$$E = \pi B \sin^2\theta = \pi B \dfrac{a^2}{a^2+h^2}$$

(3) 구광원에 의한 조도
$$E = \pi B \sin^2\theta = \pi B \dfrac{a^2}{h^2}$$

예제 12 그림과 같이 반구형 천장이 있다. 반지름 a가 30 [cm], 반구 내의 휘도 B는 4487 [cd/m²]로 균일 하다. 이때 $h = 2.5$ [m] 거리에 있는 바닥의 P점 의 조도는 몇 [lx]인가?

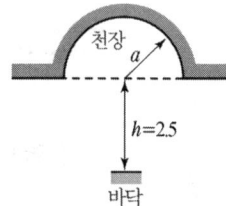

| 풀이 | $E = \dfrac{\pi a^2 B}{a^2 + h^2} = \dfrac{3.14 \times 0.3^2 \times 4487}{0.3^2 + 2.5^2} = 200$ [lx]

예제 13 지름 2 [m]의 유리로 된 완전 확산면의 천장이 있다. 이것을 1000 [lx]의 조도로 위에서 균일하게 비추었을 때 천장에 평행된 마룻바닥의 원형 천장 바로 밑의 수 평면 조도 [lx]는? 단, 여기서 유리의 투과율은 80 [%], 바닥과 천장의 높이는 3 [m], 천장과 방바닥의 상호 반사는 무시한다.

| 풀이 | 투과면에서의 광속 발산도
$$R = \pi B = \tau E = \dfrac{\tau F}{S} \text{ [rlx]}$$에서
광원의 휘도 B는

$$B = \frac{\tau E}{\pi} = \frac{0.8 \times 1000}{\pi} [\text{cd/m}^2]$$

가 되고, P점의 수평면 조도 E는 $E = B\pi \sin^2\theta [\text{lx}]$ 이다.
광원의 반지름 r, 광원의 높이를 h 라 하면

$$\therefore E = B\pi \cdot \frac{r^2}{r^2 + h^2} = \frac{0.8 \times 1000}{\pi} \times \pi \times \frac{1^2}{1^2 + 3^2} = 80 [\text{lx}]$$

1.4 루소선도에 의한 광속계산

루소 도법은 **연직 배광 곡선으로부터 도형을 써서 전 광속을 구하는 방법**이다.
배광 곡선의 광원을 중심으로 반지름 r 의 반원을 그리고 따로 배광 곡선의 광축에 평행되게 수직선을 그어 기준선으로 한다.

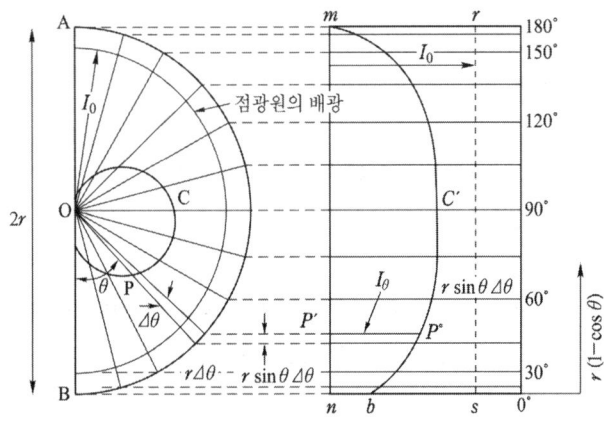

(1) 종축 : $r(1-\cos\theta)$: 구대의 높이

(2) 횡축 : $I(\theta) = r$: 각 연직면의 광도

(3) 총광속 $F = \dfrac{2\pi}{r} \times$(루소 그림의 면적) [lm]

　① 하반구 광속 $F_1 = \dfrac{2\pi}{r} \times$(루소 그림의 0°~90° 사이의 면적) [lm]

　② 상반구 광속 $F_2 = \dfrac{2\pi}{r} \times$(루소 그림의 90°~180° 사이의 면적) [lm]

예제 14 루소 선도가 그림과 같이 표시되는 광원의 하반구 광속은 약 얼마인가?

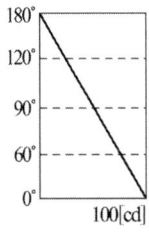

| 풀이 | 루소 선도에서 광원의 광속 $F [\text{lm}]$와 면적 S 사이에는,

$$F = \frac{2\pi}{r} S, \quad r = 100$$

하반구 광속이므로, $S = 100 \times 50 + \frac{1}{2}(100 \times 50) = 7500$

$$\therefore F = \frac{2\pi}{100} \times 7500 = 150\pi = 471 [\text{lm}]$$

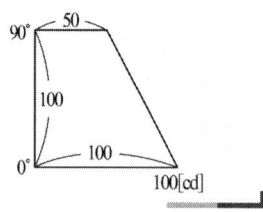

1.5 발광현상

빛을 내는 현상에는 **온도방사와 루미네선스**가 있다.

1) 온도방사

물질을 구성하는 입자(원자, 분자, 이온 등)는 그 온도에 대응한 열진동을 하고, 그 진동의 결과, **외부에 에너지를 빛으로서 방출**하고 있으며, 이것을 **열방사**라고 한다.

(1) 흑체(black body)

흡수율이 100 [%]인 가상적인 물체를 흑체라 한다.

즉, 흑체는 이것에 투사되는 복사를 전부 흡수하여 반사와 투과를 하지 않는 물체를 말한다.

(2) 온도

일반적으로 온도가 낮은 물체에서 방사하는 빛은 붉고, 온도가 높아질수록 흰색을 띠며, 더욱 온도가 높아질수록 푸른색을 띠게 된다.

① 색온도 : 어떤 광원의 광색이 어느 온도의 흑체의 광색과 같을 때, 그 흑체의 온도를 이 광원의 색온도라 한다.

② 휘도 온도 : 휘도가 같을 때의 흑체의 온도

③ 진온도 : 온도 복사체의 실제 온도

④ 복사 온도 : 전체 복사속이 같을 때의 흑체의 온도

(3) 온도의 상호관계

색온도 > 진온도 > 휘도온도 > 복사온도

(4) 스테판-볼츠만 (Stefan-Blotzmann)의 법칙

흑체의 **복사발산량** W는 절대온도 T [K]의 4제곱에 비례한다.

$$W = \sigma T^4$$

여기서, σ : 스테판-볼츠만 상수

예제 15 온도가 2000 [K]되는 흑체의 전방사 에너지는 1000 [K]일 때의 값의 몇 배가 되는가?

| 풀이 | 흑체의 온도 T [K]에서의 복사 발산도 S [W·m^{-2}]는
$$S = \sigma T^4$$
이므로 온도가 2배인 경우의 복사 에너지는

$$\therefore S' = \sigma(2T)^4 = 16\sigma T^4 = 16S$$

즉, 16배가 된다.

(5) 빈(Wien)의 변위법칙

흑체의 분광 방사휘도 또는 **분광 방사발산도가 최대가 되는 파장** λ_m 은 그 흑체의 절대온도 T [K]에 반비례한다. 즉 온도가 높아질수록 λ_m 은 짧아진다.

$$\lambda_m T = 2.896 \times 10^{-3} \,[\text{m} \cdot \text{K}] = 2896 \,[\mu \cdot \text{K}]$$

예제 16 3300 [K]에서 흑체의 최대 파장 $[\mu]$은?

| 풀이 | 빈의 변위 법칙에 의하여
$\lambda_m T = 2896\,[\mu \text{K}]$
$$\therefore \lambda_m = \frac{2896}{T} = \frac{2896}{3300} = 0.876\,[\mu]$$

2) 루미네선스

(1) **루미네선스는** 자극을 받은 원자·분자 또는 이온이 그 에너지를 방출함에 따라 발광하는 현상을 말하며, **냉광(cold light)이라고도** 한다. 즉, 백열전구와 같이 물체의 온도를 높여서 빛을 발생시키는 **온도복사 이 외의 모든 발광을 루미네선스(luminescence)라고 한다.**

(2) 발광의 지속시간에 따라 형광(fluorescence)과 인광(phosphore-scence)으로 분류된다.
① 형광 : **자극이 작용하는 동안만 발광**을 계속하고 **자극이 사라지면 곧 발광을 멈추는 것**
② 인광 : **자극이 없어진 후에도 수분, 수일 또는 그 이상 에너지를 축적하여 발광을 지속하는 것**

3) 대기 중의 방전

(1) 불꽃 방전
① 대기 중에 전극을 놓고 고압을 가하면 공기의 절연이 파괴되어 전극 사이에 불꽃이 발생하며 소리를 수반하는 방전을 한다. 이것을 불꽃 방전이라 한다.
② **파센의 법칙**
여러 가지 기체에 평등 전기장을 가한 경우, 온도가 일정하다면 **불꽃 전압은 기압** p **[Pa]와 전극 사이의 거리** d **[mm]의 곱으로 결정**된다. 이것을 **파센법칙**이라 한다.
즉, $V \propto p \times d$
③ 스토크스의 법칙
형광체나 인광체에 빛을 조사했을 때 발생하는 **형광이나 인광의 파장은 원래 빛의 파장과 같거나 그보다 길어진다는 법칙**

(2) 코로나 방전

전극을 뾰족하게 침전 극으로 한 후 인가전압을 어느 일정값 이상이 되도록 하면 뾰족한 부분에서 **국부적인 방전이 발생하여 절연이 파괴되어 방전이 발생**하며 이와 같은 방전을 코로나 방전이라고 한다.

(3) 아크 방전

전극 사이의 이온에 의한 전류를 아크라 하고, 이 아크가 일어나는 방전을 아크 방전이라고 한다. **아크 방전은 조명과 전기로, 용접** 등에 이용되고 있다.

4) 글로우 방전

(1) 가늘고 긴 유리관을 진공으로 한 다음에 수 [mmHg]의 압력으로 어떠한 기체를 봉입한 후 양단에 전극을 설치하고 **전극 간에 고전압을 가하면 방전이 이루어져 전류가 흘러 발광**한다. 이것을 **글로우 방전**이라 한다.

(2) 전극 간을 좁게 하면 음극 부근의 상태는 변함이 없으나 양광주가 짧게 되고 더욱 전극 간을 단축하면 양광주가 없어진다. 따라서 이러한 경우에는 음극에서 부 글로 만이 빛나게 된다.

- **네온관등·수은등** 및 **형광등** : 관을 길게 하여 **양광주**를 이용
- **네온전구** : 전극간을 짧게 하여 **부글로우**를 이용

1.6 광원

1) 발광원리에 따른 광원의 분류

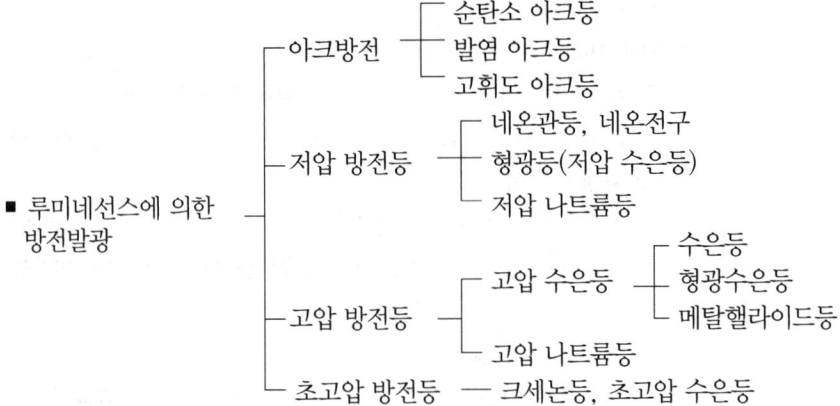

- 일렉트로 루미네선스에 의한 전계발광 – EL등, 발광다이오드
- 유도방사에 의한 레이저 발광 – 레이저

2) 백열 전구

(1) 백열전구의 구조

백열전구는 필라멘트에 전류를 통전시켜 고온 가열하며 이때의 열방사에 의한 광을 이용한 광원으로 필라멘트는 텅스텐선을 코일형태로 사용하는 **2중 코일**이 많다.

- **저 출력용 전구 : 진공 전구**
- **고 출력용 전구 : 가스입 전구 (아르곤과 질소 및 크립톤 등의 불활성 가스 봉입)**

(2) 필라멘트

① 필라멘트의 구비요건
- **융해점이 높고**
- **고유저항이 크며**
- **선팽창 계수가 적고**
- **가는 선으로 가공하기 쉬우며**
- 고온에서의 기계적 강도가 크고
- 고온에서의 증발성이 적을 것

② 재질 : 텅스텐

③ **진공 전구 : 직선 필라멘트** 사용

④ **가스입 전구** : 단일 코일 필라멘트와 **2중 코일 필라멘트** 사용

가스입 전구에 있어서 가스 손실은 필라멘트가 가늘수록 많아진다.
따라서, 2중 코일 필라멘트를 사용하면 코일의 지름이 증가하기 때문에 가스에 의한 열손실을 적게 할 수 있다.

(3) 도입선

도입선에는 내부 도입선, 봉착부 도입선 및 외부 도입선이 있다

전구의 종류	외부 도입선	봉착부 도입선	내부 도입선
진공전구	동 선	**듀밋선**(dumet wire)	동 선
가스봉입 전 구	동 선	**듀밋선**(dumet wire)	순철·순동선 (니켈·도금)

* **듀밋선** : 42[%] 정도의 니켈을 함유한 **철-니켈 합금선에 동피복을 한 것**

(4) 지지선

지지선을 앵커라고도 하며, **몰리브덴**이 사용된다.

(5) 봉입 가스

백열전구에 불활성 가스를 봉입하면 텅스텐의 증발을 억제할 수 있으므로 필라멘트의 온도를 높일 수 있어 효율이 상승된다. **봉입 가스는 질소와 아르곤의 혼합 가스가 사용**된다.

① 아르곤 : 무겁기 때문에 증발 억제 효과가 크고, **열손실은 적으나 방전을 일으키기 쉽다.**

② 질 소 : 산화방지 및 **아크를 억제하여 수명을 연장**

③ 봉입가스의 압력
- 상온 : 570 [mmHg]
- 점등 시 : 760 [mmHg] 정도

(6) 게터

전구 내에 남아 있는 **미량의 공기와 결합하여 필라멘트의 산화 및 유리구의 흑화를 방지하고 전구의 수명을 보존**하는 것으로서 게터의 종류는 다음과 같다.
① 진공 전구용 : 적린 과 플루오르화소다
② 가스 주입 전구 : 질화바륨 과 카올린

(7) 에이징(aging)

제작을 마친 새 전구를 처음으로 점등하면 **필라멘트의 결정구조가 안정될 때 까지 처음 수십 분 동안은 광속, 전류 등의 변화가 심하다.**

따라서, 제작을 마친 다음 약간 높은 전압으로 1시간 정도 점등하여 특성을 안정시키는데 이러한 **특성의 안정 조작을 에이징(aging)**이라고 한다.

3) 할로겐 전구

할로겐 전구(halogen lamp)는 미량의 할로겐 물질을 포함한 불활성 가스를 봉입하여 할로겐 물질의 화학반응을 응용한 가스입 텅스텐 전구로서 동일 정격의 백열전구에 비하여 효율, 수명을 개선할 수 있고 소형, 경량화 할 수 있다.

(1) 할로겐 전구의 용도
① 옥외의 투광 조명, **고천장 조명, 광학용**, 비행장 활주로용, 자동차용, 복사기용, 히터용
② 백화점 상점의 **스포트라이트**, 후드 light
③ 색온도를 중요시 하는 컬러 TV 스튜디오의 스포트라이트, back light에 사용

(2) 할로겐전구의 특징
① **초소형**, 경량의 전구(백열전구의 1/10 이상 소형화 가능)
② **단위 광속이 크다.**
③ 수명이 백열전구에 비하여 2배로 길다.
④ 별도의 **점등장치가 필요하지 않다.**
⑤ 열충격에 강하다.
⑥ 배광제어가 용이하다.
⑦ **연색성이 좋다.**
⑧ **온도가 높다** (할로겐 전구의 베이스로 세라믹 사용).
⑨ 휘도가 높다.
⑩ 흑화가 거의 발생하지 않는다.

4) 형광등

(1) 개요

형광등은 기체방전을 이용하여 **수은원자로부터 파장 2537[Å]의 자외선**을 발생시켜

이를 유리관내에 도포되어 있는 형광체에 조사하면 형광체로부터 가시광이 발광된다. 유리관 내에는 수은과 아르곤 등의 불활성 기체가 봉입되어 있다.
① 최대 복사효율은 수은 증기압이 6×10^{-3}[mmHg] 부근
② 주위 온도는 25 [℃]일 때의 관벽 온도는 약 40 [℃]~45 [℃]이다.
③ 수은 : 직접 여기 및 전리되어 방전에 참여
④ **불활성 기체(아르곤)** : 완충기체로서 **방전개시를 용이**하게 하고, 전극의 수명을 증가시키며 등의 발광효율을 향상
⑤ **형광등**은 일반 방전등과 같이 **부 특성을 가지므로 전류 제한 장치가 필요**하며, 이러한 기능을 가진 것이 안정기이다.

(2) 광색에 의한 형광등의 분류

광색의 종류	주광색	주백색	백 색	온백색	전구색
기호	D	N	W	WW	L

(3) 형광체의 광색

형광체	텅스텐산 칼슘	텅스텐산 마그네슘	규산아연	규산카드뮴	붕산카드뮴
광 색	청색	청백색	녹색	등색	핑크색

(4) 형광등의 특징
① **형광체의 혼합**에 의하여 주광색, 백색 등 **필요로 하는 광색**을 얻을 수 있다.
② **휘도가 낮다.** ③ **효율이 높다.**
④ **열방사가 적다.** 백열전구의 약 1/4 이다.
⑤ 수명이 길다. ⑥ **점등에 시간이 걸린다.**
⑦ 부속장치가 필요하여 **값이 비싸다.**
⑧ 깜박거림이 생기기 쉽다. ⑨ **역률이 나쁘다.**
⑪ 온도 영향을 받는다.

(5) 수명과 동정
① 동정곡선(performance curve) : 점등시간에 따라 전류·전압·전력 및 효율 등의 관계를 광속으로 나타내는 곡선
② 형광등의 수명 : 점등 개시 후 **전광속이 초기 광속의 80[%]로 되었을 때의 시간과 형광등이 방전 불능으로 되었을 때까지의 시간 중 짧은 것**으로 정한다.
③ 한국공업규격
 • 전광속 : 100시간 점등 후의 광속
 • 동정특성의 광속 : 500시간 점등 후의 광속

(6) 삼파장 형광등
  삼파장 형광등은 파장 폭이 좁은 **청색·녹색 및 적색 빛을 조합**하여 **효율이 높은 백색 빛**을 얻는 등으로서 특징은 다음과 같다.
 • **가장 밝은 형광등**이다.

- 색상이 보다 자연적이며, 아름답고 선명하게 보인다.
- **산뜻하고 싱싱한 분위기**를 만든다.
- 전기요금이 절약된다.

5) 수은등
수은 증기 중의 방전을 이용한 전등이다.

(1) 저압 수은등
① 수은 증기의 압력이 0.01 [mmHg] 정도
② 자외선이 많기 때문에 **의료용**, **살균용**, 물질 감별용 등에 사용된다.
③ 2537[Å] (자외선) 발생

(2) 고압수은등
① 수은 증기의 압력이 100~760[mmHg] 정도
② 효율 : 20~50 [lm/W] 정도
③ **가로 조명이나 광장 조명에 사용**

(3) 초고압 수은등
① 수은 증기의 압력이 7600[mmHg] 정도
② 효율 : 40~70[lm/W] 정도
③ 영화촬영, 영사 등의 응용에 이용되며 **가로조명이나 공장조명**에도 사용되고 있다.

6) 나트륨등
(1) 나트륨등은 나트륨 증기 중의 방전을 이용한 것으로 **분광 분포는 D선이라 불리는 5890~5896[Å]의 황색선이 대부분(76 [%])**을 차지한다.
(2) 인공 광원 중 최대 발광 효율을 나타낸다.
(3) 단색광으로 **연색성이 대단히 나빠** 실내조명으로는 부족하다.
(4) **투과력이 양호**하여 **강변 도로등, 안개지역 가로등, 광학시험에 사용**된다.

7) 네온관등(네온사인)
(1) 구조
지름 10~20 [mm](12, 15 [mm]의 것이 많다)의 긴 유리관을 진공으로 한 후에 20 [mmHg] 정도의 압력으로 불활성 가스 또는 수은을 봉입하고, 양단에 원통형의 음극관 금속 전극을 장치하여 이것에 **고압의 교류를 가하면 양광주가 뚜렷이 빛난다**. 이것을 **네온관등**(neon tube lamp)이라 하며, **광고용**으로 많이 사용되므로 네온사인(neon sign)이라고도 한다.

(2) 가스와 광색

봉입가스	유리관색	관등의 색
네 온	투 명	등적색
	청 색	등 색

봉입가스	유리관색	관등의 색
아르곤과 수은	투 명	청 색
	황록색	녹 색
헬 륨	투 명	백 색
	황갈색	황갈색
아르곤	투 명	고동색

(3) 안정기

방전개시 전압은 점등 중의 전압의 1.5~3배가 필요하므로 누설변압기를 사용하여 필요한 전압을 얻는다.

8) 네온전구

네온전구는 **음극 글로를 이용**하게 되며 교류 전원을 접속하면 반 사이클마다 양쪽 극에서 발광한다. **소비 전력이 적으므로 배전반의 파일럿등과 같이 종야등으로 사용**된다.

(1) 소비전력이 적으므로 **배전반의 파이롯트등**에 적합하다.
(2) **부(-)글로를 이용**하므로 직류의 **극성 판별용**에 이용된다.
(3) 일정 전압에서 점등되므로 **검전기, 교류 파고치의 측정**에 사용된다.
(4) 어느 범위에서는 광도와 전류가 비례하므로 오실로그래프용·스트로보스코프용에 이용된다.

9) EL등

(1) **전계 루미네선스에 의하여 발광**
(2) EL 램프는 효율이 10 [lm/W] 정도이므로 일반조명용 에는 적당하지 못하고 **표시용, 장식용** 등에 사용되고 있다.

10) 각종 램프의 효율

(1) 나트륨 램프 : 80~150 [lm/W] (2) 메탈 핼라이드 램프 : 75~105 [lm/W]
(3) 형광 램프 : 48~80 [lm/W] (4) 수은 램프 : 35~55 [lm/W]
(5) 할로겐 램프 : 20~22 [lm/W] (6) 백열 전구 : 7~22 [lm/W]

1.7 조명설계

1) 배광의 형태에 따른 조명기구의 종류

조명 방식	하향 광속 [%]	상향 광속 [%]	조명률 [%]
직 접 조 명	100~90	0~10	약 75
반 직 접 조 명	90~60	10~40	약 60
전반확산조명	60~40	40~60	약 50
반 간 접 조 명	40~10	60~90	약 40
간 접 조 명	10~0	90~100	약 30

2) 건축화 조명

건축화 조명이란 건축물의 천정, 벽 등의 일부가 조명기구로 이용되거나 광원화 되어 건축물의 마감재료의 일부로서 간주되는 조명설비 이다. 이에 대한 종류는 **천정면 이용방법과 벽면 이용 방법**으로 대별된다.

(1) 천정 매입방법
  ① **매입 형광등** : 하면 개방형, 하면 확산판 설치형, 반매입형등이 있다.
  ② **down light** : 천정에 작은 구멍을 뚫고 조명기구를 매입하여 **빛의 빔방향을 아래로 유효**하게 조명하는 방법
  ③ **pin hole light** : down-light의 일종으로 아래로 조사되는 **구멍을 적게 하거나 렌즈를 달아 복도에 집중 조사**되도록 한다.
  ④ **coffer light** : 대형의 down light라고도 볼 수 있으며 **천정면을 둥글게 또는 사각으로 파내어 내부에 조명기구를 배치**하여 조명하는 방법
  ⑤ **line light** : 매입 형광등방식의 일종으로 **형광등을 연속으로 배치하는 조명방식**

(2) 천정면 이용방법
  ① **광천정 조명** : 실의 천정 전체를 조명기구 화 하는 방식으로 천정 조명 확산 판넬로서 유백색의 플라스틱판이 사용된다.
  ② **루버 조명** : 실의 천정면을 조명기구화하는 방식으로 천정면 재료로 **루버를 사용하여 보호각을 증가**시킨다.
  ③ **cove 조명** : 광원으로 천정이나 벽면상부를 조명함으로서 **천정면이나 벽에서 반사되는 반사광을 이용**하는 간접 조명방식으로 효율은 대단히 나쁘지만 부드럽고 안정된 조명을 시행할 수 있다.

(3) 벽면 이용방법
  ① **coner 조명** : 천정과 벽면 사이에 조명기구를 배치하여 천정과 벽면에 동시에 조명하는 방법
  ② **conice 조명** : 코너를 이용하여 코오니스를 15~20 [cm] 정도 내려서 아래쪽의 벽 또는 커튼을 조명하도록 하는 방법
  ③ **valance 조명** : 광원의 전면에 밸런스판을 설치하여 천정면 이나 벽면으로 반사시켜 조명하는 방법
  ④ **광창 조명** : 지하실이나 무창실에 창문이 있는 효과를 내는 방법으로 인공창의 뒷면에 형광등을 배치하는 방법

3) 실내 조명설계

피조면의 조도를 산출하기 위해서는 **추점법**(point by point method)과 **광속법**(lumen method)이 이용되고 있다.

(1) 추점법
  피조면 임의의 점에서 **거리 역제곱의 법칙**에 따라 조도를 계산하고 각 점 에서의 조도를 비교하면서 설계하는 방법으로 **국부조명에 주로 사용**된다.

(2) 광속법

설계하고자 하는 **방의 형태, 등의 광속, 조명률 및 감광보상률 등을 고려**하여 기준 조도에 따라 사용등수를 결정하는 방법으로 사무실·학교 등 **전반조명을 요구하는 장소**에 주로 사용된다.

4) 실내의 전반조명 방식에서의 조도계산

(1) 실지수 $R \cdot I$(Room Index)

$$R \cdot I = \frac{XY}{H(X+Y)}$$

단, X, Y : 방의 폭과 길이 [m], H : 광원의 작업면상의 높이 [m]

- **직접 조명 : 조명 기구부터 피조면까지 높이**
- **간접 조명 : 천장으로부터 피조면까지 높이**

예제 17 방의 가로 6[m], 세로가 9[m], 광원의 높이가 3[m]인 방의 실지수는?

| 풀이 | $RI = \dfrac{X \cdot Y}{H(X+Y)} = \dfrac{6 \times 9}{3(6+9)} = \dfrac{54}{45} = 1.2$

(2) 조명률(U)

광원의 전광속과 작업면에 도달하는 유효광속 사이의 비이며 반사율, 배광, 효율에 비례된다.

$$U = \frac{F}{F_0} \times 100 [\%]$$

여기서, F_0 : 전광속, F : 작업면의 입사광속

예제 18 그림과 같이 반지름 3 [m]의 작업면을 평균 조도 80 [lx]로 하기 위해 3 [m] 위에 광원을 두었을 때 이 광원의 전광속은 얼마로 하면 되는가? 단, 조명률은 40 [%], 한 개의 광원으로 한다.

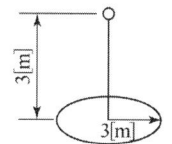

| 풀이 | $F = ES = 80 \times 3^2 \times \pi = 720\pi$ [lm]

$F_0 = \dfrac{F}{U} = \dfrac{720\pi}{0.4} = 5654.87$ [lm]

(3) 감광보상률(D)

조명설계를 할 때는 **점등중의 광속감퇴를 고려하여 소요광속에 여유**를 두어야 하며 그 정도를 **감광보상률**이라 한다.

$$감광보상률\ D = \frac{1}{보수율} = \frac{1}{M}$$

(4) 조도계산

$$E = \frac{F \times U \times N}{A \times D} = \frac{F \times U \times N \times M}{A} \text{ [lx]}$$

E : 평균조도 [lx], F : 등기구 1개의 총 광속 [lm], N : 조명기구 개수
M : 보수율, A : 면적, D : 감광보상률

예제 19 가로 10[m], 세로 20[m]인 사무실에 평균 조도 200[lx]를 얻고자 40[W], 전광속 2500[lm]인 형광등을 사용하였을 때 필요한 등수는 얼마인가?
단, 조명률은 0.5, 감광 보상률은 1.25이다.

| 풀이 | 사무실의 평균 수평면 조도를 200 [lx]로 하기 위한 필요한 등수 N은

$$N = \frac{EAD}{FU} = \frac{200 \times 10 \times 20 \times 1.25}{2500 \times 0.5} = 40 \text{ [등]}$$

예제 20 가로 10[m], 세로 20[m]되는 실내 작업장에 광속이 2500[lm]인 40W 형광등 20개를 점등하였을 때, 이 작업장의 평균 조도[lx]는? 단, 조명률은 0.5이고 유지율은 1.6이다.

| 풀이 | $FUN = EAD$ 에서

$$E = \frac{FUN}{AD} = \frac{2500 \times 0.5 \times 20}{(10 \times 20) \times \frac{1}{1.6}} \fallingdotseq 200 \text{[lx]}$$

예제 21 1000[m^2]의 방에 1000 [lm]의 광속을 발산하는 전등 10개를 점등하였다. 조명률은 0.5이고 감광보상률이 1.5라면 그 방의 평균 조도는 약 몇 [lx]인가?

| 풀이 | $FUN = AED$ 에서

$$F = \frac{AED}{UN} = \frac{1000 \times E \times 1.5}{0.5 \times 10} = 1000 \text{[lm]}$$

$$\therefore E = \frac{1000 \times 0.5 \times 10}{1000 \times 1.5} = 3.33 \text{[lx]}$$

(5) 조명기구 간격 및 배치

① 기구의 최대 간격 $S \leq 1.5H$
② 광원과 벽면 거리

- $S_0 \leq \dfrac{H}{2}$ (벽측을 사용하지 않을 경우)

- $S_0 \leq \dfrac{H}{3}$ (벽측을 사용할 경우)

단, H : 작업면 상의 광원의 높이 [m]

5) 교통도로 조명

(1) 도로 조명의 일반적 고려 사항
  ① 조도(수평면)   ② 노면휘도의 균일도
  ③ 글레어   ④ 유도성   ⑤ 조명방법

(2) 광 원
  ① 속도가 높은 **고속도로**, 간선도로, 교량, **안개지역**에는 광속이 많고, 유도성이 강한 **나트륨등**을 사용
  ② 주위에 상가가 많거나 **번화가, 관청가**일 경우에는 **연색성을 고려**한 기구로서 **메탈핼라이드등**이 많이 사용된다.

(3) 조명기구
  ① 직선도로일 경우 대칭식, 지그재그식, 중앙열식, 편측식 등으로 배치

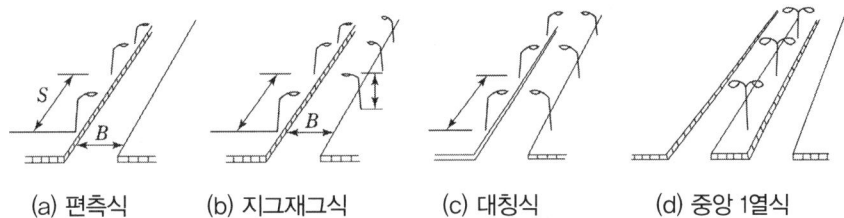

(a) 편측식   (b) 지그재그식   (c) 대칭식   (d) 중앙 1열식

  ② 곡선도로일 경우에는 멀리서도 곡선 굴곡부의 모양을 알 수 있도록 직선부보다 배치를 조밀하게 한다.

(4) 곡선 도로 조명 배치 방법
  ① 양쪽 배치시는 대칭식, **한쪽 배치시는 커브 바깥쪽**에 배치한다.
  ② 안전상 직선 도로보다 **높은 조도**(등간격을 좁게)를 유지한다.
  ③ **곡률 반경이 클수록 (완만한 커브길) 등간격은 길게 해도 된다.**

(5) 조도 및 소요등수 계산

  $FUN = AED = BSED$

단, F : 등주 1개당의 광원 광속 [lm], B : 도로의 폭 [m], S : 등주 간격 [m]
  E : 도로면 위의 평균 조도 [lx], N : 등주의 나열수
  ① 1열 배치의 피조 면적 $A = SB$ [m^2]
  ② 2열 양측배치의 피조 면적 $A = \dfrac{1}{2}SB$ [m^2]

예제 22 폭 24 [m]인 가로의 양쪽에 20 [m] 간격으로 지그재그식으로 등주를 배치하여 가로상의 평균 조도를 5 [lx]로 하려고 한다. 각 등주상에 몇 [lm]의 전구가 필요한가? 단, 가로면에서의 광속 이용률은 25 [%]이다.

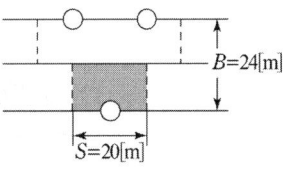

| 풀이 | 지그재그식 가로등 한 등당 피조면 면적 A는
$$A = \frac{SB}{2} = \frac{24 \times 20}{2} = 240[\text{m}^2]$$
따라서 필요 광속 F_0는
$$\therefore F_0 = \frac{EA}{U} = \frac{5 \times 240}{0.25} = 4800 \,[\text{lm}]$$

02. 전열

2.1 전열

1) 이용방법에 따른 분류
- 줄열을 이용하는 **저항가열**
- 전자유도에 의한 와전류 열을 이용하는 **유도가열**
- 고주파 자계에 의한 분자의 마찰열을 이용하는 **유전가열**
- 적외선의 방사에 의한 **적외선 가열**
- 전자빔에 의한 **전자빔 가열**
- 레이저광선에 의한 **레이저 가열**이 있다.

2) 전기가열의 특징
열원으로서 전력을 사용하는 경우 다른 열원에 비하여 유리한 점은 다음과 같다.
① **매우 높은 온도**를 얻을 수 있다. ② **내부가열이 가능**하다.
③ **열효율이 높다.** ④ **노기제어가 쉽다.**
⑤ 방사열의 이용이 유효하다. ⑥ 온도 및 가열시간의 제어가 쉽다.
⑦ **제품의 품질이 향상**된다. ⑧ 환경을 오염시키지 않는다.

2.2 전열의 계산

1) 용어

(1) 열량

$m[\text{kg}]$의 물질을 $\theta[℃]$로 온도를 상승시키는 경우 물질의 비열을 $c\,[\text{J/kg} \cdot ℃]$로 하면, 이에 소요되는 열량 $Q\,[\text{J}]$은

$$Q = mc\theta\,[\text{J}]$$

(2) 열량환산
- $1\,[\text{kW} \cdot \text{h}] = 3600\,[\text{kW} \cdot \text{s}] = 3600\,[\text{kJ}] = 860\,[\text{kcal}]\ (\because 1\,[\text{W}] = 1\,[\text{J/s}])$
- $1\,[\text{J}] = 0.2389\,[\text{cal}]$

- 1 [cal] = 4.186 [J] ≒ 4.2 [J]

예제 23   1 [kWh]는 몇 [kcal]인가?

| 풀이 | $1[\text{kWh}] = 1000[\text{W}] \times 3600[\text{s}] = 3.6 \times 10^6 [\text{J}]$
$\doteqdot \dfrac{1}{4.186} \times 3.6 \times 10^6 \doteqdot 860 \times 10^3 [\text{cal}] = 860 [\text{kcal}]$

(3) 비열 c [kcal/kg·℃]

물체 1 [kg]을 1 [℃]만큼 온도 상승시키는데 필요한 열량[kcal] 으로 표시된다.

(4) 열용량

물체의 온도를 1 [℃] 상승시키는 데 요하는 열량으로, 그 물체의 열용량이라 부른다.

(5) 물체의 온도상승

$$\theta = \frac{Q}{C} = \frac{열량}{열용량} [℃]$$

즉, 물체의 **온도상승은 가해진 열량에 비례하고 열용량에 반비례**한다.

(6) 융해

① **고체가 액체**로 되는 현상을 **융해**라 한다.
② **융해 중에는 열을 가해도 온도상승은 일어나지 않는다.** 즉, 공급된 열은 고체에서 액체로 변화하기 위해서 소비된다.
③ **물의 융해열** : 80[kcal/kg]

(7) 기화

① **액체가 기체**로 되는 현상을 **기화**라 한다.
② 일정 압력 하에서 1 [kg]의 액체를 동일 온도의 증기로 변화하는 데 요하는 열량을 기화열 또는 증발열이라 한다.
③ **물의 기화열** : 539 [kcal/kg]

2) 열의 전달

열의 전달방법에는 **전도, 대류, 복사**의 3가지 경우가 있다.

(1) 전도(conduction) : **고체** 내에서 **열의 전달 방식**
(2) 대류(convection) : **액체나 기체** 중에서 분자가 열의 운반자로 되는 방식
(3) 방사(radiation) : 고온도의 물체로부터 저온도의 물체로 **전자파로써 열을 전달**하는 방식으로 **스테판–볼츠만의 법칙**이 적용된다.

3) 열회로와 옴의 법칙

열류는 양단의 온도차가 클수록, 단면적이 넓을수록 크며 길이가 길수록 작다.
이 관계를 식으로 나타내면

$$I = \lambda \times \frac{S}{l} \times \theta$$

으로 된다. 따라서, 열 회로에서 옴의 법칙은 다음과 같이 표현된다.

$$I = \frac{\theta}{R} \text{ (단, 열 저항 } R = \frac{1}{\lambda} \times \frac{l}{S}\text{)}$$

여기서, I : 열류 [W], S : 단면적 [m²], l : 길이 [m]
θ : 온도차 [K], λ : 열전도율 [W/m·K]
R : 열저항 (thermal resistance) [K/W]

4) 열 회로와 전기회로의 대응관계

열회로	전기회로
온 도 차 θ [℃]	전 위 차 V [V]
열 류 I [W]	전 류 I [A]
열 저 항 R [℃/W]	전기저항 R [Ω]
열전도율 λ [W/m·℃]	도 전 율 σ [℧/m]
열저항률 ρ [m·℃/W]	저 항 률 ρ [Ω·m]
열 량 Q [J]	전 기 량 Q [C]
열 용 량 C [J/℃]	정전용량 C [F]

5) 소요열량 및 소요전력량 계산

M [l]의 물을 H시간에 온도 t_1 [℃]에서 t_2 [℃]까지 상승시키는 데 요하는 열량 Q [kcal]는 다음 식으로 계산된다. 여기서, c는 비열이다.

(1) 소요 열량 : $Q = Mc(t_2 - t_1)$ [kcal]

(2) 소요 전력량

$P \times t = Mc(t_2 - t_1) / 860\eta$ [kWh]

단, η : 전열기의 효율

(3) 전열기의 소요 용량

$$P = \frac{P \times t}{t} = \frac{Mc(t_2 - t_1)}{860\eta t} \text{[kW]}$$

(4) 난방기의 용량

$$P = \frac{0.24 \times 1.23 \times Mc(t_2 - t_1)}{860\eta t} \text{[kW]}$$

단, 공기 1 [m³]의 중량 = 1.23 [kg], 기의 비열 = 0.24

예제 24 5 [kg]의 강재를 20 [℃]에서 85 [℃]까지 35초 사이에 가열하면 몇 [kW]의 전력이 필요한가? 단, 강재의 평균 비열은 0.15 [kcal/℃kg]이고 강재에서 온도의 방사는 생각하지 않는다.

| 풀이 | 전력 $P = \dfrac{mc(t_2 - t_1)}{860t\eta} = \dfrac{5 \times 0.15 \times (85-20)}{860 \times \dfrac{35}{60 \times 60}} ≒ 5.83$ [kW]

예제 25 1기압 하에서 20[℃]의 물 6[l]를 4시간 동안에 증발시키려면 몇 [kW]의 전열기가 필요한가? 단, 전열기의 효율은 80[%] 이다.

| 풀이 | $P = \dfrac{m[c(t_2 - t_1)]}{860 t \eta} = \dfrac{6[1 \times (100 - 20) + 539]}{860 \times 4 \times 0.8} = 1.34 [kW]$

예제 26 10[℃]의 물 10[l]를 20분간에 96[℃]로 올리자면 전열기의 용량[kW]은?

| 풀이 | 피열물의 질량 M[kg], 그 비열을 c, 상승 온도$(T_2 - T_1)$, 소비 전력 P[kW], 시간을 t [h]라 하고 이때의 열량을 H[kcal]라 하면,

$$H = Mc(T_2 - T_1) = 860 Pt\eta$$

$$\therefore P = \dfrac{Mc(T_2 - T_1)}{860 t} = \dfrac{10(96-10)}{860 \times \dfrac{20}{60}} = 3 \text{ [kW]}$$

2.3 전기 가열의 방식

1) 저항 가열

도체내의 **저항손을 이용**하여 가열하는 방식으로 **직접저항 가열방식과 간접저항 가열방식**이 있다.

(1) **직접저항 가열** : 피열물 자체에 직접 상용 주파수 또는 직류 전류를 흐르게 하여 **줄열에 의해 발열**시키는 방법으로 그 종류는 다음과 같다.

- **흑연화로** : 무정형 탄소(2500 [℃] 가열) → 흑연
- **카보런덤로** : SiO_2 + 3C (2000 [℃] 가열) → SiC + 2CO
- **카바이드로** : CaO + 3C (2200 [℃] 가열) → CaC_2 + CO

(2) **간접저항 가열** : **다른 발열체(저항체)가 발생하는 열을 피열물에 전달**하여 가열하는 방식으로 그 종류는 다음과 같다.

① **발열체로** : 발열체를 노벽에 설치하고 열의 전도, 복사, 대류에 의해 피열물을 가열하는 노로서 발열체로 탄화규소를 사용하면 1,500[℃]까지 가열할 수 있다.

② **크립톨로** : 전극간에 설치된 탄소입자를 발열체로 하는 노로서 1,800 [℃]까지 가열할 수 있다.

③ **염욕로** : 전극간에 설치된 용융염을 발열체로 하는 노로서 1,300 [℃]까지 가열할 수 있으며 형태가 복잡하게 생긴 금속제품을 균일하게 가열할 수 있다.

(3) 전류의 발열작용

저항 가열에서 저항 R [Ω]에 전류 I [A]가 흐를 때, t초 사이에 발생하는 열량 Q [kcal]

$$Q = 0.24 I^2 Rt \times 10^{-3} \text{ [kcal]}$$

예제 27 고유 저항 $\rho = 200[\mu\Omega \cdot cm]$, 지름 $d = 2[mm]$, 길이 $l = 314[cm]$의 니크롬선에 일정 전류 $I = 10[A]$가 흐를 때 매초당의 발열량은 몇 [kcal]인가?

| 풀이 | 니크롬선의 저항 R은

$$R = \rho \times \frac{l}{A} = 200 \times 10^{-6} \times \frac{314}{\pi\left(\frac{0.2}{2}\right)^2} = 2[\Omega]$$

매초당 발열량 Q_0는,

$$\therefore Q_0 = 0.24 I^2 R t \times 10^{-3} = 0.24 \times 10^2 \times 2 \times 10^{-3} = 0.048[kcal]$$

2) 아크 가열

아크열을 가열에 이용한 것이고 직접식과 간접식이 있다. 아크 가열에서 아크 전극간의 전위차 $E[V]$, 아크의 전류 $I[A]$, 매초 발생하는 열량 Q라고 하면,

$$Q = 0.24 I^2 R t \times 10^{-3} [kcal]$$

3) 유도 가열

(1) **교번 자계** 중에 놓여진 유도성 물체에 **와전류와 히스테리시스손에 의한 가열** 방식이다.

(2) 전원 : **교류 (직류는 사용할 수 없다)**.
   ① 저주파 유도로 : 상용주파 교류 (60[Hz])
   ② 고주파 유도로 : 5~20[kHz]의 교류

(3) 특징
   ① 피 가열물 내에서 직접 열을 발생시킬 수 있으며 **열원이 필요 없다.**
   ② **표면층만의 가열이 가능**하다.
   ③ **피 가열물의 필요한 부분만 선택하여 가열**할 수 있다.
   ④ 온도제어가 정확하고 용이하다.
   ⑤ 용해로의 자동 교반 작용으로 양질의 제품을 얻을 수 있다.

(4) 유도 가열의 응용
   ① **반도체 정련(단결정 제조)**
   ② **금속의 표면가열(표면 담금질, 금속의 표면처리, 국부가열)**

(5) 유도 가열용 전원
   ① 고주파 전동 발전기
   ② 불꽃 간극식 고주파 발생 장치
   ③ 진공관 발전기

4) 유전 가열

(1) **교번 전계** 중에서 **절연성 피열물에 생기는 유전체 손실에 의한 가열**이고 직접식 뿐이다.

(2) 전원 : **교류 (직류는 사용할 수 없다)**.
   ① 저주파 유도로 : 상용주파 교류 (60[Hz])
   ② 고주파 유도로 : 5~20[kHz]의 교류

(3) 유전체손 P

$P = VI_R = VI_C \tan\delta$ [W]

$I_C = 2\pi f CV$

$\therefore P = 2\pi f CV^2 \tan\delta$

(4) 유전가열의 특징

① 열이 **유전체손에 의하여 피열물 자신에 발생**한다.
② 온도 상승 속도가 빠르고, 속도가 임의 제어된다.
③ 전원이 끊어지면, 가열은 즉시 멈추고, 주위 물체에 저축된 열에 의한 과열이 없다.
④ 표면의 소손, 균열이 없다.
⑤ 전 효율이 고주파 발진기의 효율(50~60 [%])에 의하여 억제되고, 회로 손실도 가해지므로 양호하지 못하다.
⑥ 설비비가 고가이다.
⑦ 장치를 적당히 차폐하지 않으면, 전파의 누설에 의하여 통신에 장애를 준다.

(5) 유전 가열의 응용

① **목재의 접착** : 5~10 [MHz]
② **목재의 건조** : 2~5 [MHz]
③ 기타 : **고무의 유화, 약품, 농어산물의 건조**

(6) 유전가열과 유도가열의 비교

항 목	유전가열	유도가열
원 리	유전체손 이용	와류손 및 히스테리시스 손실 이용
적 용	**절연체(유전체)**	**금속(도체), 반도체**
전 원	**교류(직류 사용불가)** 1~200 [MHz]	**교류(직류 사용불가)** 저주파 유도가열 : 60 [Hz] 고주파 유도가열 : 5~20 [kHz]

5) 적외선 가열

(1) 적외선전구에 의하여 피건조물을 가열하고 건조하는 것.

(2) 적외선 가열의 특징

① **도장 등의 표면 건조에 적당**하다.
② 건조기 구조가 간단하다.
③ 조작이 간단하고, 연료 손실 적고, 작업 시간이 단축된다.
④ 설비비 및 유지비가 염가, 설치 장소 절약된다.
⑤ 건조 재료의 감시가 용이하고 청결 안전하다.
⑥ 적외선 건조는 **적외선 전구에 의한 복사열**을 이용한다.

2.4 전열 재료

1) 발열체로서의 구비 조건
① 내열성이 클 것
② 내식성이 클 것
③ 알맞은 고유 저항값을 가지고, **저항의 온도 계수가 양(+)**수로서 작을 것
④ 연전성(압연성)이 풍부하고, 가공이 용이할 것
⑤ **선팽창 계수는 작아야 한다.**

2) 발열체의 종류
(1) 금속 발열체 : 니켈-크롬 합금선과 철-크롬 합금선이 있고, 그 특성과 용도는 다음과 같다.

품 종	최고 사용 온도[℃]	특성과 용도
니크롬 제1종	1100	고온에서도 내열성, 내가스성이 강하고, 가공 용이하고, 고온 전기로용
니크롬 제2종	900	가공성 양호 800~900 [℃] 부근에 사용하는 전기로, 전열기에 적합
철-크롬 제1종	1200	특히, 고온 사용에 적합하나 가공성이 다소 어렵고, 고온 강도는 떨어진다.
철-크롬 제2종	1100	철-크롬 제1종에 비하여 가공 용이

(2) 비금속 발열체 : 비금속 발열체의 대표적인 것으로 **탄화규소(SiC)를 주성분**으로 한 탄화규소질 발열체를 들 수 있다. **1400[℃] 정도에서 장시간 사용**할 수 있다.

2.5 온도의 측정

온도의 측정방법에는 접촉식과 비 접촉식이 있다.

1) 접촉식
온도의 검출단을 측정대상 물체의 내부 또는 표면에 붙여서 검출단의 온도가 측정대상이 되는 물체의 온도와 동일하게 하여 측정하는 방법으로 그 종류는
- 액체봉입 유리 온도계
- 압력 온도계
- 저항 온도계
- 열전 온도계

2) 비접촉식
검출단을 측정대상에 직접 접촉시키지 않고 **측정 대상의 물체로부터 나오는 방사 에너지**로서 온도를 측정하는 방법으로 그 종류는
- 광고온도계
- 방사온도계

3) 온도계의 동작원리 및 특징

(1) 온도계의 동작원리

온도계의 종류	동 작 원 리
저항 온도계	측온체의 저항값 변화
열전 온도계	제벡 효과
방사 온도계	스테판-볼츠만의 법칙
광고온계	플랑크의 방사 법칙

(2) 저항 온도계
① 동작원리 : 온도 변화에 따라서 그 고유 저항이 직선적으로 변화하는 것을 이용
② 종류 : 백금선, 니켈선, 니켈선 등의 금속선이나, 서미스터 등 반도체
   (단, 텅스텐은 저항의 온도계수가 적으므로 저항 온도계에 사용이 곤란하다)

(3) 열전 온도계
① 동작원리 : **서로 다른 두 종류의 금속 또는 반도체의 접합점**의 온도차에 의하여 열전대 중에 발생하는 기전력을 이용(제어벡 효과).

② 열전대의 종류와 측정 범위

열전대	사용 범위[℃]	사용한도[℃] 연속	사용한도[℃] 1회 사용
백금-백금 로듐	0~1400	1400	1600
크로멜-알루멜	-200~1000	1000	1100
철-콘스탄탄	-200~700	700	900
구리-콘스탄탄	-200~400	400	600

(4) 방사(복사) 고온계
① 동작원리 : 온도 복사에 관한 **스테판-볼츠만의 법칙**을 이용한 것이다.

$W = \sigma T^4$

② 측정대상의 방사율에 의해 온도 지시값이 다르고, 온도보정이 필요
③ **온도를 직독**할 수 있다.
④ 피측온물에서 떨어진 위치에서 온도를 기록할 수 있다.

(5) 광고온계
① 동작원리 : 온도 복사에 관한 **플랑크의 복사 법칙을 이용**
② 복사 고온계에 비하여 정도가 높다.
③ 피측온물의 크기가 **지름 0.1[mm] 정도의 작은 경우에도 측정**할 수 있다.

2.6 전기 용접

전기용접은 전열을 이용하여 금속을 녹여 접합하는 것으로, 가열방법에 따라 방전가열에 의한 방전 용접과 저항 가열에 의한 저항용접의 두 가지로 크게 나눈다.

1) 방전용접

용접하려는 금속 모재와 용접용 전극과의 사이에서 발생하는 방전 열에 의해 금속을 가열하여 용융, 접합시키는 방법으로 다음과 같은 종류가 있다.

(1) 탄소방전 용접
　① 주로 같은 종류의 철 합금의 용접에 사용
　② 전원은 직류를 사용(교류는 방전이 불안정하다)
　③ 용접물을 직류 전원의 양(+)극에, 탄소전극을 음(-)극에 설치
　④ 가스 용접에 비해 용접이 빠르고 경제적이다.

(2) 원자 수소 용접
　경금속이나 구리 및 구리합금, 스테인리스강의 용접에 이용

(3) 불활성 가스 용접
　① 텅스텐 전극과 모재와의 사이에 방전을 발생시켜 그 방전의 주위에 아르곤, 헬륨 등과 같은 불활성 가스를 부어 대어, 용접부의 산화를 방지하도록 한 용접 방법
　② 용재가 불 필요
　③ 알루미늄, 마그네슘, 스테인리스 강, 기타 특수강 등의 방전 용접에 사용

(4) 방전 용접기
　방전을 안정하게 지속시키기 위하여 방전 용접에 사용되는 전원은 직류, 교류를 막론하고 전압이 수하 특성을 가지고 있어야 한다.
　① 방전 용접의 **작업전압** : 20~35 [V]
　② 용접용 전원의 **최고전압** : ・직류 : 50~70 [V]
　　　　　　　　　　　　　　　・교류 : 70~100 [V]

2) 저항 용접

용접하고자 하는 두 금속 모재의 접촉부에 대 전류를 통하게 하여, 용접 모재간의 접촉저항에 의해 발생하는 열을 이용하는 용접방법으로 그 종류는 다음과 같다.

(1) 겹치기 저항 용접
　① 점 용접(spot welding)　　② 돌기용접(projection welding)
　③ 심 용접(seam welding)　　④ 맞대기 용접

(2) 맞대기 저항 용접
　① 업셋 맞대기 용접　　② 플래시 맞대기 용접
　③ 충격용접

3) 용접후 검사

(1) 비파괴 검사
① 자기(磁氣)검사
② X선 또는 γ선 투과 시험
③ 초음파 탐상기에 의한 시험
④ 육안에 의한 외관검사

(2) 파괴검사
① 충격시험
② 부식시험

2.7 각종 효과

1) 표피 효과
도체에 고주파 전류를 통하면 **전류가 표면에 집중하는 현상**이고 금속의 표면 열처리에 이용한다.

2) 제베크 효과(Seebeck effect)
서로 다른 두 종류의 금속선을 접합하여 폐회로를 만든 후 두 접합점의 온도를 달리하였을 때, 폐회로에 열기전력이 발생하여 열전류가 흐르게 된다. 이러한 현상을 제베크 효과라 하며 이때 연결한 금속 루프를 열전대라 한다.

3) 톰슨 효과(Thomson effect)
동일한 금속 도선의 두 점간에 온도차를 주고 고온쪽에서 저온쪽으로 전류를 흘리면 도선 속에서 열이 발생되거나 흡수가 일어나는 이러한 현상을 **톰슨 효과**라 한다. 이때, 발열 및 흡수 현상은 전류의 방향을 반대로 흘려주면 바뀌게 된다.

4) 펠티에 효과(Peltier effect)
서로 다른 두 종류의 금속선으로 폐회로를 만들고 온도를 일정하게 유지하면서 **전류를 흘**리면 금속선의 접속점에서 **열의 흡수(온도 강하) 또는 발생(온도 상승)**이 일어나는 현상을 **펠티에 효과**라 한다.

5) 핀치 효과
용융체에 강한 전류를 통하면 전자력에 의한 인력이 커지므로 용융체가 도중에서 끊어져 전류가 끊어지는 현상을 말한다.

03. 전동기 응용

3.1 속도-토크 특성

1) 전동기 안정 운전 조건
그림에서 T_M은 전동기 토크, T_L은 부하 토크, 교점 C는 운전점이다.

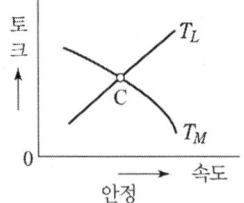
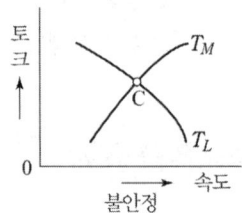

(1) 안정 운전
① 속도가 C점보다 커지게 되는 경우 : $T_L > T_M$이 되므로 감속되어 C점으로 이동
② 속도가 C점보다 적어지게 되는 경우 : $T_L < T_M$이 되므로 가속되어 C점으로 이동

(2) 불안정 운전
① 속도가 C점보다 커지게 되는 경우 : $T_L < T_M$이 되므로 점점 가속 현상을 일으켜 결국에는 전동기의 파괴점까지 속도는 상승
② 속도가 C점보다 적어지게 되는 경우 : $T_L > T_M$이 되므로 점점 감속 현상을 일으켜 정지 상태에 달하게 된다.

2) 전동기의 속도-토크 특성의 구분
(1) 정속도 특성(또는 분권 특성)
① 특성 : **토크가 변하여도 속도가 별로 크게 변하지 않는 특성**

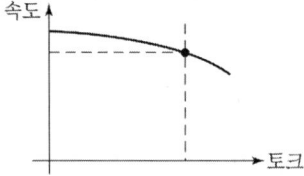

② 전동기의 종류
- 유도 전동기
- 교류 분권 정류자 전동기
- 직류 분권 전동기
- 동기 전동기

③ 용도(정속도가 요구되는 부하)
- 팬 · 송풍기 · 펌프 · 컴프레서 등

(2) 변속도 특성(또는 직권 특성)
  ① 특성 : 토크가 증가하면 속도가 저하되는 특성

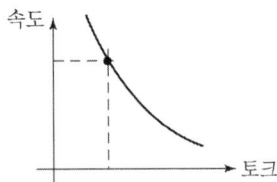

  ② 전동기의 종류
    • 직류 직권 전동기   • 직류 가동 복권 전동기
    • 교류 직권 정류자 전동기   • 2차 저항이 큰 유도 전동기 등
  ③ 용도 : 기동 토크가 크며, 또 부하가 커지면 속도는 떨어지고 부하가 작아지면 속도는 상승되어 전원에 대하여 비교적 정출력 특성
    • 전차   • 하역용의 크레인 등

3) 유도전동기의 특성
  (1) 회전자 주파수 $f_{2S} = sf_1$
  (2) 슬립 $s = \dfrac{n_s - n}{n_s} \times 100[\%]$
  (3) 전동기의 용량 $P = \omega T = 2\pi n T = 2\pi \dfrac{2f(1-s)}{P} T = \dfrac{4\pi f}{P}(1-s)T[W]$

  여기서, P : 출력 [W], n : 회전수 [rps], T : 토크 [N·m], s : 슬립

4) 부하의 속도 토크 특성
부하 기계의 특성에는 정토크 부하와 제곱 토크 부하가 가장 많다.
  (1) 정토크 부하
    ① 속도 변화에 따라 토크가 거의 변하지 않는 부하

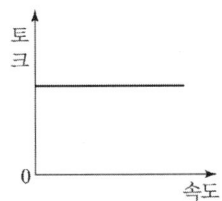

    ② 동력 $P = Fv = T\omega$
      여기서, F : 힘, T : 토크, v : 속도, ω : 각속도
      여기서, v 혹은 ω가 변화하더라도 F 혹은 T가 변하지 않는 부하를 뜻하므로 출력은 대체로 속도나 각속도에 비례한다고 볼 수 있다.
    ③ 부하의 종류 : **권상기, 크레인, 압연기, 각종 롤러, 컴프레서** 등
  (2) 제곱 토크부하
    ① **토크가 속도의 제곱에 비례하여 변하는 것으로 유체를 이송하는 기계들이 해당**된다.
    ② 동력 $P = K_1 QH = K_2 N^3$

③ 토크 $T = K_3 N^2$

여기서, H : 압력, Q : 유량, N : 회전속도

④ 부하의 종류 : **펌프, 송풍기, 배의 스크루**

3.2 전동기의 기동

1) 직류 전동기의 기동
① 전 전압 기동법 : **소용량의 전동기에 적용**
② 저항 기동법 : 기동저항기를 전기자권선과 직렬로 접속하여 기동전류를 정격전류의 100~150 [%] 정도로 제한하여 기동하는 방법

2) 농형 유도 전동기의 기동법
농형 유도 전동기의 **기동 토오크 T_s는 전압의 제곱에 비례**한다.

따라서, 단자전압을 감소시키면 전류는 감소하고 기동 토오크도 감소하게 된다.

(1) 전 전압 기동법

전동기에 별도의 기동장치를 사용하지 않고 **직접 정격전압을 인가**하여 기동하는 방법

① 5 [kW] 이하의 소용량 농형 유도 전동기에 적용
② 기동 전류가 **정격 전류의 4~6배 정도**이다.

(2) Y-△ 기동 방법

기동시 고정자권선을 **Y로 접속하여 기동**함으로써 기동전류를 감소시키고 운전속도에 가까워지면 권선을 **△로 변경하여 운전**하는 방식

① **5~15 [kW] 정도**의 농형 유도전동기 기동에 적용
② Y로 기동시 전기자 권선에 가하여 지는 전압은 정격전압의 $1/\sqrt{3}$ 이므로 △기동시에 비해 **기동 전류는 1/3, 기동 토오크도 1/3로 감소**한다.

(3) 리액터 기동방법

전동기의 1차측에 직렬로 철심이 든 리액터를 설치하고 그 리액턴스의 값을 조정하여 전동기에 인가되는 전압을 제어함으로써 기동전류 및 토오크를 제어 하는 방식

(4) 기동보상기법

3상 단권변압기를 이용하여 전동기에 인가되는 기동전압을 감소시킴으로써 기동전류를 감소시키는 기동방식

① 15 [kW] 이상의 농형 유도전동기 기동에 적용
② 기동 보상기 2차측 전류 = 기동 전류 × 기동 보상기 탭
③ 기동 보상기 1차측 전류 = 기동 보상기 2차측 전류 / 권수비
= 기동 보상기 2차측 전류 × 기동 보상기 탭

(5) 콘도로퍼법

이 방법은 기동보상기법과 리액터기동 방식을 혼합한 방식으로 원활한 기동이 가능하지만 가격이 비싸다는 단점이 있다.

예제 28 유도 전동기의 1차 접속을 △에서 Y로 바꾸면 기동시의 1차 전류는?

| 풀이 | 선간 전압을 V, 기동시의 1상 임피던스를 Z라 하면 선전류 I는

- Y결선의 경우 $I_Y = \dfrac{V}{\sqrt{3}\,Z}$
- △결선의 경우 $I_\triangle = \dfrac{\sqrt{3}\,V}{Z}$

$$\therefore \frac{I_Y}{I_\triangle} = \frac{\dfrac{V}{\sqrt{3}\,Z}}{\dfrac{\sqrt{3}\,V}{Z}} = \frac{1}{3} \qquad \therefore I_Y = \frac{1}{3} I_\triangle$$

즉, △에서 Y로 바꾸면 권선 내의 전류는 1/3이 된다.

예제 29 200[V], 7.5[kW], 6극 3상 농형 유도 전동기를 정격 전압으로 기동하면 기동 전류는 500[%] 흐르고, 기동 토크는 220[%]이다. 기동 전류를 300[%]로 제한하려면 기동 토크[%]는?

| 풀이 | $I_s \propto V_1, \ T_s \propto V_1^2 \propto I_s^2$

$220 : T_x = 500^2 : 300^2$

$$\therefore T_x = \left(\frac{300}{500}\right)^2 \times 220 = 0.6^2 \times 220 = 79.2[\%]$$

3) 권선형 유도 전동기의 기동법

2차측의 슬립링을 통하여 기동 저항을 삽입하고 비례 추이의 특성을 이용하여 속도-토크 특성을 변화시켜 가면서 기동하는 방식을 택한다.

2차저항 기동법 : 비례추이 특성을 이용

4) 동기전동기의 기동법

(1) 자기동법

난조방지용인 **제동권선을 기동권선으로 하여 시동토크를 얻는 방법**으로 이때 정격의 전전압을 인가하면 큰 기동전류가 흐르게 된다.

자기동 방법의 종류는 다음과 같다.

① 전전압 기동 ② 리액터 또는 저항 기동
③ 보상기 기동 ④ 분할 권선 기동
⑤ 2차 저항 기동 ⑥ 특수 기동

(2) 기동전동기법

① 동기조상기와 같은 대용량기에 사용하는 기동방식으로 **기동용 전동기에 의해 기동**

② 기동용전동기의 종류
- 동기 전동기 • 유도 전동기 • 유도 동기 전동기

③ 기동전동기의 극수는 주전동기의 극수보다 2극만큼 적은 것이 바람직하다.

5) 단상 유도 전동기의 기동

(1) 단상 유도 전동기의 기동방법
① 반발 기동형 ② 콘덴서 기동형
③ 분상 기동형 ④ 셰이딩 코일형

(2) 기동토크가 큰 순서
반발 기동형 > 콘덴서 기동형 > 분상 기동형 > 셰이딩 코일형

(3) 단상 유도 전동기의 종류 및 용도

종 류	기동 토크 [%]	용 도
분상 기동형	125 이상	복사기, 계산기
콘덴서 기동형	250 이상	냉장고
콘덴서 전동기	140~160	세탁기, 선풍기
반발 기동형	300 이상	펌프
셰이딩 코일형	40~100	플레이어, 테이프 레코더

3.3 전동기의 속도제어

1) 직류 전동기의 속도 제어

(1) 저항 제어

전기자에 가변 직렬 저항을 넣어서 전기자 회로의 저항을 변화시킴으로써 제어하는 방법이며 저항 중의 전력 손실 때문에 효율이 좋지 못하다.

(2) 계자 제어

계자 회로에 저항을 넣어 계자 전류를 제어하는 방법이며 널리 사용된다.

(3) 전압 제어

전동기의 단자 전압을 조정하는 방법으로 저속부터 고속까지 광범위 하고 원활하게 속도 조정이 가능하며 조작도 간단하고 효율도 좋은 방법.
① 워드레오나드 방식 : 권상기, 엘리베이터, 기중기, 인쇄기 등
② 일그너 방식 : **워드레오나드 방식에 플라이휠을 장치**하여 첨두부하의 반복이 교류 전원측에 미치는 악영향을 적게 한 것으로 대용량 부하에서 가변 속도의 경우에 사용한다. **제철, 제관 작업 등에 적합**하며 특징은 다음과 같다.
- **첨두 부하값이 감소**
- **최대 토크 감소**
- **전류의 동요가 감소**

(4) 직류 전동기의 속도 제어법

구 분	제어 특성	특 징
계자 제어법	·정출력 제어	·속도제어 범위가 좁다.
전압 제어법	·정토크 제어 ┌ 워드 레오나드 방식 └ 일그너 방식	·제어범위가 넓다. ·손실이 매우 적다. ·정역운전이 가능 ·설비비가 많이 든다.
직렬 저항법		·효율이 나쁘다.

2) 유도 전동기의 속도 제어

(1) **주파수 제어** : 유도 전동기에서 주파수 f를 제어하여 속도를 제어하는 방법

① 동기속도 $N_s = \dfrac{120f}{p}$ [rpm]

② 회전자의 회전속도 $N = (1-s)N_s$ [rpm]

③ 한 공장에서 수천 개의 전동기 회전수를 동시에 바꾸어야 하는 인견 방사기의 포트 모터에 사용

(2) **극수 제어** : **극수 p를 바꾸어 속도를 제어하는 방법**

① 속도제어가 **단계적**이다.

② 2~3 단의 속도 제어의 것이 많으며 목공 기계, 공작 기계, 엘리베이터, 송풍기, 펌프 등에 이용

(3) **공급 단자 전압 제어** : 전압을 제어하여 속도 토크 특성을 바꿈으로써 부하의 속도를 제어하는 방식

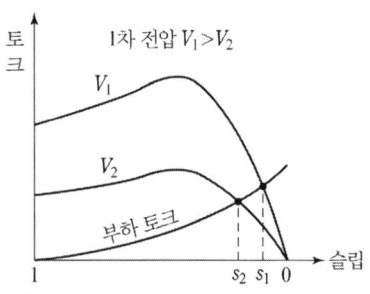

(4) **2차 저항 제어** : **비례추이를 이용**하는 방법으로 **권선형 유도전동기에 사용**

(5) **2차 여자 방식**

① **크레머 방식** : 2차 출력을 **기계 동력으로 변환**하여 유도 전동기의 축으로 반환

② **세르비우스 방식** : 2차 출력을 **전원 주파수와 같은 전력으로 변환**하여 전원으로 반환

3.4 전동기의 제동

1) 제동법
(1) 기계적 제동 : 마찰제동
(2) 전기적 제동
  ① **발전 제동** : 전동기의 전기자를 전원에서 끊고 전동기를 발전기로 동작시켜 **회전 운동 에너지로서 발생하는 전력을 그 단자에 접속한 저항에서 열로 소비시키는** 제동 방법이다.
  ② **회생 제동** : 전동기에 전원을 접속한 상태에서 전동기에 유기되는 역기전력을 전원 전압보다 높게 하여 **회전 운동 에너지로 발생되는 전력을 전원측에 반환**하면서 제동하는 방식
  ③ **역전 제동** : **전동기의 전원 접속을 바꾸어 역토크를 발생**시켜 급정지시키는 방법으로 역전제동 또는 **플러깅(plugging)**이라 한다.
  ④ **와전류 제동** : 전동기 축에 동심으로 설치한 구리의 원판을 자계 내에서 회전시켜 동판에 생긴 와전류에 의해서 제동력을 얻는 방법이다.
  ⑤ **단상 제동** : 단상 유도 전동기로 회전을 하게 하는 방식으로 2차 저항을 크게 함으로써 정상토크보다 역상 토크를 크게 하여 제동

3.5 용도에 따른 전동기 선정

1) 크레인용 전동기
① 교류 방식 : **권선형 유도 전동기**를 많이 사용한다.
② 직류 방식 : **워드 레오나드 방식**

2) 권상기용 전동기
① 교류 방식 : 권선형 유도 전동기를 많이 사용한다.
② 직류 방식 : 워드 레오나드 또는 사이리스터에 의한 정지 레오나드 방식을 채용.

3) 엘리베이터용 전동기
엘리베이터에 사용되는 전동기에 요구되는 특성으로는
- 회전부분의 관성 모멘트는 적어야 한다(기동정지가 빈번).
- 가속도의 변화비율이 일정값이 되도록 선택(가속, 감속 시)한다.
- 기동 토크가 커야 한다.
- 소음이 적어야 한다.
① 교류 방식 : 개방형의 권선형이나 고저항 **농형 유도 전동기** 사용
② 직류 방식 : 레오나드 방식

4) 포트 모터
- 회전수 : 6,000~10,000[rpm]

- 전동기의 종류 : **종축의 농형 유도 전동기**
- 속도제어 방법 : **인버터에 의한 주파수 제어**

3.6 전동기 용량

1) 펌프용(양수펌프) 전동기

$$P = \frac{9.8KqH}{\eta} = \frac{KQH}{6.12\eta}[\text{kW}]$$

여기서, K : 손실계수 (여유계수), q : 양수량 [m³/sec]
Q : 양수량 [m³/min], η : 효율

예제 30 양수량 40[m³/min], 총양정 13[m]의 양수 펌프용 전동기의 소요 출력[kW]은 약 얼마인가? 단, 펌프의 효율은 80[%]이다.

| 풀이 | $P = \dfrac{9.8QH}{\eta} = \dfrac{9.8 \times \left(\dfrac{40}{60}\right) \times 13}{0.8} ≒ 106.17[\text{kW}]$

2) 기중기 및 권상기용 전동기

$$P = \frac{9.8KWv}{\eta} = \frac{KWV}{6.12\eta}[\text{kW}]$$

$$P = \frac{KWV}{4.5\eta}[\text{HP}]$$

여기서, K : 손실계수 (여유계수), W : 중량(하중) [ton]
v : 권상속도 [m/sec], V : 권상속도 [m/min], η : 효율

예제 31 권상 하중 5[t], 12[m/min]의 속도로 물체를 들어올리는 권상기용 전동기의 용량은 몇 [kW]인가? 단, 전동기를 포함한 기중기의 효율은 70[%]이다.

| 풀이 | $P = \dfrac{WV}{6.12\eta} = \dfrac{5 \times 12}{6.12 \times 0.7} = 14[\text{kW}]$

3) 엘리베이터용 전동기

$$P = \frac{9.8Wv}{\eta}F = \frac{WV}{6.12\eta}F[\text{kW}]$$

$$P = \frac{WV}{4.5\eta}F[\text{HP}]$$

여기서, K : 손실계수 (여유계수), W : 중량(하중) [ton], v : 권상속도 [m/sec]
V : 권상속도 [m/min], F : 평형추의 평형률(0.4~0.6), η : 효율

예제 32 5층 빌딩에 설치된 적재 중량 1000[kg]의 엘리베이터를 승강 속도 50[m/min]으로 운전하기 위한 전동기의 출력[kW]은? 단, 평형률은 0.50이다.

| 풀이 | 엘리베이터용 전동기의 소요 용량 $P = \dfrac{WV}{6.12\eta}F$ [kW]

$$\therefore P = \dfrac{WVC}{6.12\eta} = \dfrac{1 \times 50 \times 0.5}{6.12 \times 1} ≒ 4.08 \text{[kW]}$$

4) 송풍기용 전동기

$$P = \dfrac{KQH}{6120\eta} \text{[kW]}$$

여기서, K : 여유계수 (1.1~1.3), Q : 송풍기의 풍량 [m³/min]
 H : 풍압 [mmAq], η : 효율

예제 33 풍량 $Q = 170$[m³/min], 전풍압 $H = 50$[mmAq]의 축류 팬(fan)을 구동하는 전동기의 소요 동력[kW]은? 단, 팬의 효율=75[%], 여유 계수 $K = 1.35$이다.

| 풀이 | $P = \dfrac{KQH}{6120\eta} = \dfrac{1.35 \times 170 \times 50}{6120 \times 0.75} = 2.5 \text{[kW]}$

3.7 전동기의 형식

(1) 방수형 : 지정된 조건에서 1~3분 동안 주수 하여도 물이 침입 할 수 없는 구조
(2) 수중형 : 수중에서 지정 압력에서 지정시간 동안 연속 사용하여도 지장없는 구조
(3) 방식형(방부형) : **부식성의 산·알카리 또는 유해가스가 존재하는 장소**에서 실용상 지장없이 사용할 수 있는 구조
(4) 방폭형 : **폭발성 가스가 존재하는 곳에 사용**할 수 있는 구조
(5) 방적형 : 낙하하는 물방울 또는 이물체가 직접 전동기내부로 침입할 수 없는 구조

3.8 전동기의 정격(rate)

회전기의 정격에는 **연속 정격, 반복 정격, 단시간 정격, 공칭 정격** 등이 있다.
(1) 연속 정격 : 기기를 일정한 부하로 연속 운전할 때 온도상승 등 규정된 기타의 제한을 초과하지 않는 정격
(2) 반복 정격 : 부하기간과 정지기간으로 구성된 사이클이 일정한 주기를 반복하는 사용 조건에서의 정격
(3) 단시간 정격 : 기기를 일정한 부하로 짧은 시간 운전할 때 온도상승 등 규정된 기타의 제한을 초과하지 않는 정격

04. 전기철도

4.1 철도의 분류

1) **동력에 의한 구분** : 증기철도, 전기철도, 내연기관철도 등이 있다.
2) **전기방식에 의한 분류**
   (1) 종류
      ① 직류식   ② 단상 교류식   ③ 3상 교류식
   (2) 특징

항 목	직류식	교류식
전 압	650, 750, 1500, 3000[V]	60[Hz], 25[kV]
전 류	교류식에 비해 **전압이 낮으므로 전류는 크다.**	직류식에 비해 **전압이 높으므로 전류는 적다.**
전압강하	크다	낮다

3) **궤간에 의한 구분**

   (1) 표준궤간철도 : **궤간이 1435[mm]**인 철도
   (2) 광궤철도 : 궤간이 1435 [mm]보다 넓은 철도(1675 [mm], 1500 [mm])
   (3) 협궤철도 : 궤간이 1435 [mm]보다 좁은 철도
           (1067 [mm], 1000 [mm], 871 [mm], 762 [mm])

4.2 차량의 종류

(1) 전기 기관차 : **전동기를 구비**하고 있으며, 부수차로 된 열차를 견인하는 것이다.
(2) 전동차 : **차체에 전동기를 구비**하고 있으며, 승객 또는 화물을 실을 수도 있다.
(3) 제어차 : **전동기는 없으나 제어기와 운전실이 구비**되어 있어 동일 열차 중의 전동차를 제어한다.
(4) 부수차 : 객차나 화차같이 **전동기도 제어기도 구비되어 있지 않은 차량**을 말한다.

4.3 선로

1) 궤조(레일)
탄소 함유량이 1.3~3[%]인 고 탄소강 사용.

2) 유간
온도 변화에 대한 궤조의 신축에 대응하기 위하여 **이음 장소에 적당한 간격을 두는**데 이것을 유간이라 한다.

3) 캔트(cant)(고도)
차량이 곡선부를 달릴 때에 발생하는 **원심력에 대비하여 곡선 바깥쪽의 레일을 안쪽 레일보다 높게 하여 차량전체를 곡선의 중간쪽으로 기울이게 하여 원심력과 평행**시키는데 이 기울임의 고도를 캔트(cant)라 한다.

$$C = \frac{GV^2}{127R} [\text{mm}]$$

여기서, C : 캔트 [mm], G : 궤간 [mm]
R : 곡선 반지름 [m], V : 열차속도 [km/h]

또한, 곡선부에서 저속으로 통과 또는 정지 시 안쪽으로 차량이 기울어져 발생할 수 있는 사고를 방지하기 위하여 고도에 최대한도를 규정하고 있다.

예제 34 시속 100 [km]인 열차가 반지름 1000 [m]의 곡선 궤도를 주행할 때 고도[mm]는? 단, 궤간은 1067 [mm]이다.

|풀이| $C = \dfrac{GV^2}{127R} = \dfrac{1067 \times 100^2}{127 \times 1000} = 84 [\text{mm}]$

예제 35 고도가 10 [mm]이고, 반지름이 1000 [m]인 곡선 궤도를 주행할 때 열차가 낼 수 있는 최대 속도는? 단, 궤간은 1435 [mm]로 한다.

|풀이| $C = \dfrac{GV^2}{127R}$ 에서 $V_m = \sqrt{\dfrac{127RC}{G}}$ [km/h]

$R = 1000$ [m], $C = 10$ [mm], $G = 1435$ [mm] 이므로

$\therefore V_m = \sqrt{\dfrac{127 \times 1000 \times 10}{1435}} = 29.75$ [km/h]

4) 확도(slack : 슬랙)
확도는 **곡선 궤도를 운행할 때 차륜 연부와 궤조 두부의 측면 사이의 마찰을 피하기 위하여 내측 궤조의 궤간을 넓히는 정도**를 말한다.

$$s = \frac{l^2}{8R} [\text{m}]$$

단, R : 곡선 반지름[m], l : 고정 차축 거리[m], s : 확도 [m]

5) 구배 (grade 또는 gradient)

선로의 구배는 2점 사이의 고저차를 수평거리로 나눈 값으로 다음과 같이 표현한다.

(1) 분수법

그림과 같이 $\tan\theta = y/x$ 로 나타낼 수 있다. 즉, 1/40의 구배 등과 같이 분수로 표시하며, 이 구배가 작을 때는 $\tan\theta \fallingdotseq \sin\theta$ 로 고려해도 된다.

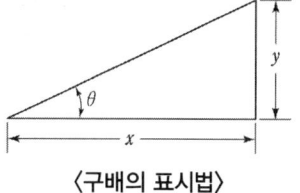

〈구배의 표시법〉

(2) 백분율법(persentage method)

1/40의 구배인 경우에는 $1/40 \times 100 = 2.5[\%]$ 라고 표시한다.

(3) 천분율법(permillage method)

1/40의 구배인 경우에는 $1/40 \times 1000 = 25[‰]$(퍼밀)로 표시하며 허용 구배는 다음과 같다.

- 중요한 선로 : 10 [‰]
- 보통선로 : 25 [‰]
- 간이선 또는 전차전용선로 : 35 [‰]

6) 선로의 분기

(1) 전철기

전철기란 **차륜을 하나의 궤도에서 다른 궤도로 유도하는 장치**이며, 차륜의 유도를 원활하게 하기 위하여는 도입 궤조, 철차, 호륜 궤조 등의 설비가 필요하다.

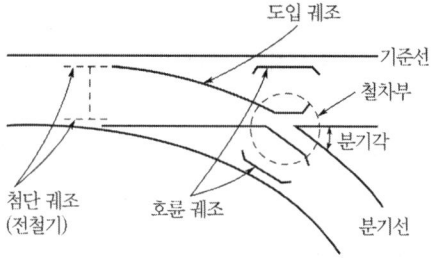

(2) 호륜궤조(guard rail)

차륜의 탈선을 막기 위해 분기 반대쪽 레일에 설치한 레일을 호륜궤조라 한다.

(3) 철차각과 철차 번호

철차각은 **철차부에서 기준선과 분기선이 교차하는 각도**를 말한다. 철차 번호 N은 철차각선 θ에 따라 다음의 관계식으로부터 정의된다.

$$N = \frac{1}{2}\cot\frac{\theta}{2} \fallingdotseq \cot\theta$$

따라서, N의 번호가 작을수록 교차 또는 분기하는 각도는 커진다.

7) 복진지(anti-creeping)

궤도가 열차의 진행 방향으로 이동하게 되는 것을 막는 것

8) 완화곡선(transition curve)
직선궤도에서 곡선궤도로 변화하는 부분에서의 곡선

9) 종 곡선(vertical curve)
수평궤도에서 경사궤도로 변화하는 부분

4.4 전동차의 동력방식

동력차의 동력원을 집중 배치하거나 분산 배치하는 것에 따라 동력 집중방식과 동력 분산 방식으로 나눌 수 있다.

1) 동력 집중방식
   전기기관차 1대 또는 2대로 객차를 견인하는 방식으로 그 특징은
   ① 구동전동기 수가 적어 **고장 발생률이 적다.**
   ② 진동, 소음이 적고 **승차감이 양호**
   ③ 동력차의 **운용 효율이 향상**
   ④ 차량 보수비가 적게 소요
   ⑤ 장거리 여객열차나 화물 수송 전용 열차에 사용

2) 동력분산 방식
   구동 전동기를 분산 배치하여 탑재한 방식으로 그 특징은
   ① **속도 급상승 및 급제동이 용이**
   ② 축중이 가벼워 선로의 제한 속도를 높일 수 있다.
   ③ 운전이 용이하며, 편성량 수를 가감하여도 성능을 동일하게 할 수 있다.
   ④ 초기 투자비가 많이 소요
   ⑤ 정차, 출발이 반복되는 여객수송 전용의 도시 전동 열차에 사용되고 있는 방식

4.5 유도 장해

1) 유도장해의 종류
   (1) 정전 유도 : 가선 전압에 의하여 통신선에 유도되며 가선 전압의 크기, 트롤리선과 통신선과의 거리에 따라 결정되며 연피 케이블을 사용하면 완전히 차폐할 수 있다.
   (2) 전자 유도 : 트롤리선의 전류에 의하여 통신선에 종방향으로 유도된다.
   (3) 잡음 전압 : 고조파에 의하여 통신선에 잡음을 발생하는 전압.

2) 유도 장해 방지 대책
   (1) **통신선의 케이블화**
   (2) 유도 경감 기기 채택

(3) **흡상 변압기 사용**하여 누설전류 감소
(4) 여파기를 삽입하여 전선로에 흐르는 고조파 감소

4.6 급전설비

고속으로 주행하는 전기차에 전원으로부터의 안정된 전기를 공급하기 위한 설비를 급전설비(feeding facility)라 하며 **직류 급전 방식과 교류 급전 방식으로 대별**된다.
- 직류 급전 방식 : 가공 단선식, 가공 복선식, 제3궤조식
- 교류 급전 방식 : **직접 급전 방식, 흡상 변압기 방식, 단권 변압기 방식**

1) 직접급전 방식

전차선로 구성은 전차선과 레일만으로 된 것과 레일과 병렬로 별도의 귀선을 설치한 것으로 2가지 방식이 있으며 그 특징은 다음과 같다.
① 가장 간단한 급전방식
② 직류전기 방식에서 사용
③ 보수가 용이하고 경제적이다.
④ 레일로부터 대지로 흐르는 누설전류에 의한 통신 유도장해가 크다.

2) 흡상변압기(BT) 급전방식

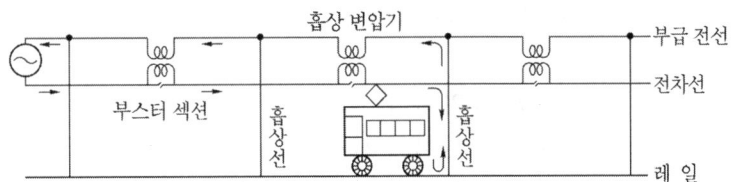

대지에 누설되는 귀전류를 BT **작용에 의해 강제적으로 부급 전선에 흡상**시켜 통신 선로의 유도 장해를 경감
① 교류전기 방식에 적용
② 흡상변압기(BT : Booster-Transformer) : 권선비 1 : 1인 변압기로 1차 단자는 전차선에 2차 단자는 부급 전선에 각각 직렬로 접속

3) 단권변압기 방식(AT) 급전방식

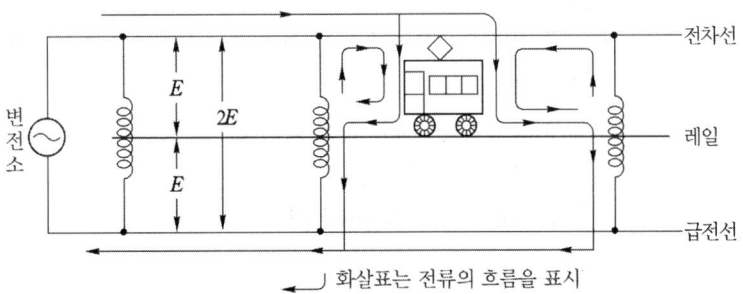

(1) 레일에 흐르는 전류를 차량을 중심으로 각각 반대방향의 AT 쪽으로 흐르게 하여 근접통신선에 대한 유도장해를 경감하고 전압변동 및 전압 불평형을 억제.
  ① 교류전기 방식에 적용
  ② 단권 변압기(AT : Auto Transformer) : 권선비 1 : 1인 변압기를 급전선과 전차선 사이에 병렬로 설치 접속하고 변압기 권선의 중성점을 레일에 접속

(2) AT급전 방식의 특징
  ① 급전전압이 차량 공급전압의 2배로서 전압강하율이 적다.
    따라서 대 전력 공급측면에서 유리하며 중성점이 접지되어 있어 실제 절연 레벨은 급전전압의 1/2이 된다.
  ② 전압강하가 적으므로 변전소 이격거리가 길다.
  ③ 부하전류는 인접한 양쪽의 AT로 흡상되므로 통신 유도 장해가 적다.
  ④ BT 급전방식과 같은 섹션이 불필요하다.

4.7 전차선

1) 전차선의 종류

(1) 단선식 : 트롤리선 1본 + 귀선(레일)

(2) 복선식 : 트롤리선 2본

(3) 제3궤조식 : 제3레일로 전력공급 + 귀선(레일)

  제3궤조방식의 특징으로는
  ① 제3궤조 방식에서는 **팬터그래프가 불필요**하다.
  ② 터널 등의 높이가 낮아져 경제적
  ③ 지하철 및 터널이 많고 저압을 이용하는 단거리 구간에 많이 적용하고 있다.
  ④ 궤도 측면에 가압 궤조가 설치되어 있으므로 **감전의 위험이 있고 시설에 제한이 있다.**
  ⑤ 보선작업이 불편하고 궤도의 교차, 분기점 등에서 전력이 중단되는 등의 단점이 있다.
  ⑥ 제3궤조의 저항은 구리의 저항의 7배 정도이다.

2) 집전장치

전기 차량이 가공선 또는 제3궤조에서 **전기를 취하기 위한 장치를 집전장치**라 한다.

(1) 팬터그래프
  ① **현재 우리나라에서 사용 중인 집전장치**
  ② 고전압, 대용량
  ③ 습동판 압력 : 5~11[kg]

(2) 뷔겔
  ① 저속도, 저전압, 저용량   ② 전차선과의 접촉압력 5.5[kg]

(3) 트롤리 봉(trolley pole) : 전차선과의 접촉압력 7~11[kg]

3) 전차선의 전기적 마모방지 방법
① 동합금선을 사용한다.
② 크래파이트를 전차선에 바른다.
③ 집전 전류를 일정하게 유지한다.

4) 이선율
전기차의 주행중에 집전장치와 트롤리선의 접촉이 떨어지는 것을 이선이라 한다.

$$이선율 = \frac{이선시간}{실제 운전시간} \times 100[\%]$$

일반적으로 **이선율은 3 [%] 이내**가 좋다.

(1) 소이선
① 발생원인 : 전차선 또는 **팬터그래프 습판의 미세한 진동**
② 이선시간 : 수십분의 일초

(2) 중이선
① 팬터그래프가 **경점 등의 충격에 따라 불연속으로 발생**
② 이선시간 : 수분의 일초

(3) 대이선
① 발생원인 : **전차선의 경성점 또는 연성점에 의하여 발생**
② 이선시간 : 수분의 일초로부터 1~2초 정도이다.

5) 귀선
전기차에 공급된 전력을 변전소에 되돌리기 위한 전기회로를 귀선이라 하고, 일반적으로 레일을 귀선으로 사용하며 또한 **감전사고를 방지하기 위하여 귀선을 부극성**으로 한다.

(1) 귀선의 전기저항이 높은 경우
① 전압강하 증가   ② 전력손실 증가
③ 대지로의 누설 전류가 커지고, 전식이나 통신 유도장해를 발생

(2) 전기저항을 낮추기 위한 방법
① 레일본드를 설치하여 전기적인 접속을 양호하게 한다.
② 보조 귀선이나 보조 급전선을 설치

6) 전차선의 조가방식
(1) 직접 조가식(direct suspension)
① 트롤리선을 직접 이어(ear : 트롤리선을 잡는 금속)로 가선하는 방식

② 이도가 크며, 고속에서 이선이 발생하여 전기적 마모가 생기기 쉬우며, 최근에는 노면 전차에도 별로 사용되지 않는다.
③ 스팬선을 사용

(2) 커티너리 조가식

① 단식 커티너리 식(simple catenary)

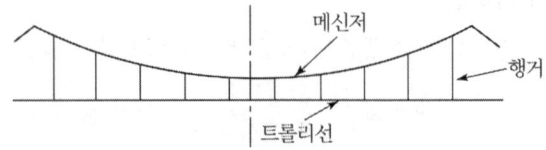

- **메신저**(messenger)라고 하는 아연도강연선을 커티너리 곡선으로 가선하고, 여기에 행거(hanger)를 매어 달은 것
- 경간거리는 40~60 [m]이고 약 10개의 행거를 사용한다.
- **속도 100 [km/h] 정도 이하에 적당**

② 복식 커티너리 식(compound catenary)

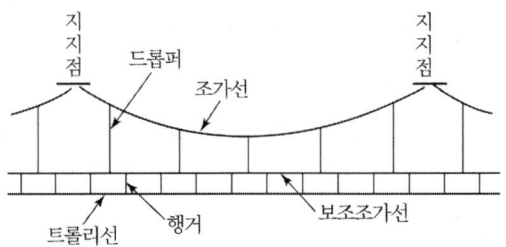

- **드롭퍼(dropper)에 의해서 보조 메신저를 조가**
- 단식 커티너리 방식보다 수평으로 가선할 수 있으므로 160[km/h] 정도의 고속도에 적당
- 경간거리는 80~90 [m] 정도이다.

③ 변Y형 커티너리 식(stitched catenary)

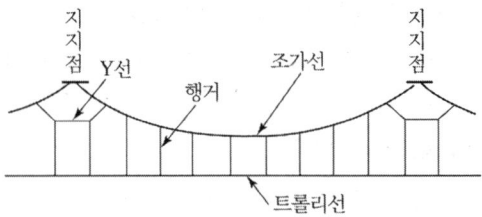

- 현수선의 지지점 전후에 Y선이라는 보조적인 현가용 전선을 설치한 구조
- 130 [km/h] 정도의 속도에 적당

④ 합성 컴파운드 커티너리 식(composite type catenary)

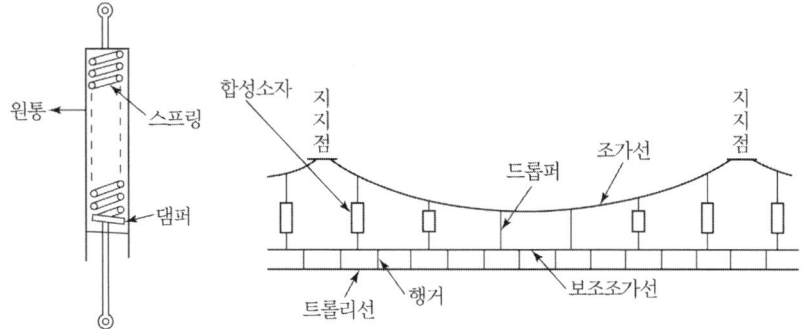

드롭퍼의 중간에 합성소자(스프링과 댐퍼를 조합한 것)를 삽입하여 이도를 좋게 한 방식

(3) 강체 현가식

터널 등의 천장에 알루미늄 합금, 도전강 등의 도체성 형재를 애자로 지지하고 그 도체하면에 이어(ear) 등을 사용하여 트롤리선을 일체화하여 고정시키고 전기차의 집전장치로 집전하는 방식

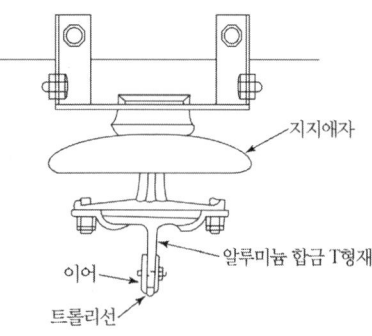

특징으로는

① **단선의 위험이 없고**
② 터널의 높이도 낮게 할 수 있으며
③ 가공선과의 연결운행도 가능하여 교외철도와 연결 운행되는 지하철에 많이 사용되고 있다.

7) 구분장치

유사시 또는 부수 작업시에 전차선을 국부적으로 구분해서 정전시키기 위한 절연장치
① 전기적 구분장치 : **에어 섹션, 섹션 인슈레이터, 사구간**
② 기계적 구분장치 : **에어 조인트**

4.8 전식(Electrolytic Corrosion)

1) 전식의 발생

레일의 접속부분 저항이 높으면 레일을 흐르는 전류 일부가 누설되어 지중에 매설되어 있는 수도관, 가스관, 전력 케이블 등 지중금속 매설물을 통하여 흐르다가 **변전소 부근 지중 금속체로부터 대지로 전류가 유출하는 부분에서 전기분해를 일으켜 부식을 일으키게 되는 현상**을 전식(electrolytic corrosion)이라고 한다.

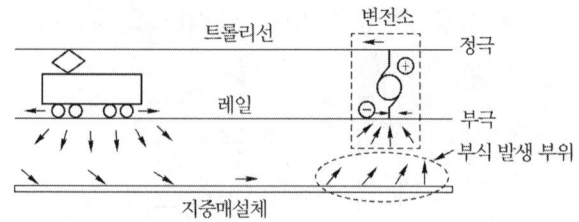

2) 전식량 M

$$M = Zit \, [\text{g}]$$

여기서, Z : 화학당량, i : 전류, t : 통전시간

3) 전식의 방지

(1) 전철측

① 귀선저항을 작게 하기 위하여 **레일에 본드(bond)를 시설**
② 레일을 따라 **보조귀선 설치**
③ **변전소간의 간격을 짧게** 한다.
④ 귀선의 극성을 정기적으로 바꾼다.
⑤ 대지에 대한 레일의 절연저항을 크게 한다.
⑥ 절연음극 궤전선을 설치하여 레일과 접속한다.

(2) 지중매설관 측

① **배류법** : 매설관의 배류점과 레일을 전기적으로 접속해서 전식을 방지
② 매설관의 표면 또는 접속부를 절연
③ 도전체로 차폐하는 방법

4) 귀선궤조에서의 누설전류 경감 대책

(1) 레일을 따라 **보조귀선 설치**
(2) 귀선저항을 작게 하기 위하여 **레일에 본드(bond)를 시설**
  ① 레일본드 : 레일의 접속부분을 연동선으로 연결
  ② 크로스 본드 : 양 궤조 간 및 궤조 상호간을 전기적으로 접속하는 본드
(3) **귀선을 부(-)극성**

4.9 운전 속도

1) 평균속도

주행한 **운전 구간의 거리**를 도중 정차 시간을 제외한 **순주행 시간**으로 나눈 속도

$$\text{평균속도} = \frac{\text{운전거리}}{\text{순주행시간}}$$

2) 표정속도
(1) 주행한 **운전 구간의 거리**를 도중 정차시간을 포함한 **전 운전 시간으로 나눈 속도**

$$\text{표정속도} = \frac{\text{운전거리}}{\text{순주행시간} + \text{정차기간}}$$

(2) 표정속도를 올리는 방법
① 주행 시간 또는 **정차 시간을 짧게** 한다.
② 주행 시간은 최대 속도로 될 수 있는 대로 먼거리를 달려야 짧아지므로 **가속도, 감속도 모두 크게** 하면 된다.

3) 최고 속도
선로 상태 또는 차량의 성능에 의해 얻어진 속도의 최고값

4.10 주행저항의 종류

열차저항을 분류하면 **출발저항, 주행저항, 곡선저항, 구배저항, 가속저항** 등이 있다.

1) 출발저항
열차가 정지상태에서 출발 할 경우 존재하는 저항으로 출발 후 속도가 대략 8[km/h]에 이르기까지는 직선적으로 감소

2) 주행저항
주행저항은 차륜의 구름마찰, 베어링 부분의 기계적 마찰, 공기저항이 중요한 요소이다.

3) 곡선저항
열차가 **곡선구간을 달리면 곡선반지름에만 반비례하는 저항**을 받게 되며, 이것을 **곡선저항**이라고 한다.

$$R_c = \frac{600 \sim 800}{R_m} [\text{kg/ton}]$$

여기서, R_m : 궤도의 곡선반지름[m]

4) 구배저항
경사 궤도를 운전 시 중력에 의해 발생되는 저항으로 내려가는 구배에서는 (−)의 저항을 받는다고 생각하면 된다.

$$R_g = \pm 1000 \mu W [\text{kg}]$$

여기서, μ : 구배 [‰](퍼밀), W : 차량의 중량 [ton]

5) 가속저항
(1) **열차 가속 시 발생하는 저항**

$$F_a = 28.35(1+x)aW [\text{kg}]$$

(2) 관성계수를 고려한 경우
① 전동차 $F_a = 31aW$ [kg]
② 객 차 $F_a = 30aW$ [kg]
여기서, a : 가속도 [km/h/sec], x : 관성계수(전동차 : 0.1, 객차 : 0.05)

| 예제 36 | 중량 50 [t]의 전동차에 3 [km/h/s]의 가속도를 주는 데 필요한 힘[kg]은? 단, 전동차의 관성계수는 0.1로 한다.

| 풀이 | $F_a = 28.35(1+x)WA = 28.35(1+0.1) \times 50 \times 3 ≒ 4677$ [kg]

4.11 견인력

1) 최대 견인력

$$F = 1000 \mu W_0 \text{ [kg]}$$

여기서, F : 견인력 [kg], μ : 점착계수, W_0 : 동륜상 중량 [ton] (자중이 아님)

2) 전동기 용량

$$P = \frac{FV}{367N\eta} \text{ [kW]}$$

여기서, F : 견인력 [kg], V : 속도 [km/h], N : 전동기 대수, η : 치차효율

| 예제 37 | 열차의 차체 중량이 75 [ton]이고, 동륜상의 중량이 50 [ton]인 기관차가 열차를 끌 수 있는 최대 견인력은 몇 [kg]인가? 단, 궤조의 점착계수는 0.3으로 한다.

| 풀이 | $F_m = 1000 \mu W_a = 1000 \times 0.3 \times 50 = 15,000$ [kg]

| 예제 38 | 30 [t]의 전차가 30/1000의 구배를 올라가는 데 필요한 견인력[kg]은? 단, 열차 저항은 무시한다.

| 풀이 | 견인력 $F_g = 1000 \mu W$ [kg]
여기서, μ : 구배[‰], W : 차량의 중량 [ton]
$F_g = 1000 \times \frac{30}{1000} \times 30 = 900$ [kg]

| 예제 39 | 전차를 시속 100 [km]로 운전하려 할 때 전동기의 출력이 얼마나 필요한가? 단, 치차 효율 $\eta = 97$ [%], 차륜상의 견인력은 400 [kg]이다.

| 풀이 | $P = \frac{FV}{367\eta} = \frac{400 \times 100}{367 \times 0.97} = 112.36$ [kW]

4.12 전철용 전동기

1) 주전동기의 구비 조건
① 열차 출발시에 **기동 토크가 클 것**
② 오름 구배에서 과부하가 되지 않고, 토크의 저하가 적을 것
③ 병렬 운전이 가능하고, 전동기 상호의 부하 불평형이 적을 것
④ 넓은 속도 범위에 걸쳐 고능률이어야 하고, 전원 전압의 변화에 대한 영향이 적어야 한다.
⑤ **소형, 경량이어야 하며, 방진·방수·방설형**이어야 한다.

2) 주 전동기
① 전철용 주전동기 : **직류 직권 전동기**의 토크는 전류의 제곱에 비례하므로 기동 시 토크가 커야 하는 전차용, 전기 철도용의 견인 전동기로 직류 직권 전동기가 많이 사용된다.
② 정격 : 연속정격과 1시간 정격이 이용되고 있다.

3) 직권 전동기의 속도제어 방식

$$N = K \frac{V - I_a(R_a + R_s)}{I_a}$$

(1) **계자 제어법** : 계자전류의 크기를 제어하여 전동기의 속도제어
(2) **직렬 저항 제어법** : 전기자 회로에 저항을 넣어서 속도를 저하 시키는 방법으로 효율이 나쁜 것이 결점이지만 직·병렬 제어법과 병용하여 많이 사용되는 방법이다.
(3) **직·병렬 제어법**
전압 제어법의 일종으로 **정격이 같은 2배수의 전동기를 직·병렬 접속함으로서, 전동기에 인가되는 전압을 조정하여 속도를 제어하는 방법**으로 제어 효율을 개선하고 소비 전력을 감소시킬 수 있는 제어방법이다.
그러나, 직·병렬 제어법 만으로는 속도의 변화가 원활하지 못하므로 저항 제어법을 병용한다.

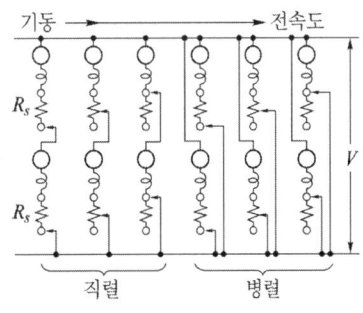

(4) **초퍼(chopper) 제어**
사이리스터를 이용하여 입력 전압을 제어하는 방식으로 근래에 많이 사용되는 방식이다.
(5) **메타다인 제어법**
직류 정전류 제어법으로서 정류자가 있는 전기자를 구비한 회전기이다.

4.13 보안 설비

1) 폐색 장치
선로의 각 구간에 두 열차 이상이 진입하지 못하도록 하기 위하여 설치한 장치를 폐색 장치라 한다.

2) 전철 장치
하나의 선로로부터 다른 선로로 분기하는 개소에 사용되며 분기점인 선로는 전철기 부분, 리드 부분, 크로싱 부분으로 되어있다.

3) 궤도 회로
궤조를 이용하여 전기회로를 구성하고 그 회로를 **열차의 차축으로 단락하여 궤도 계전기를 여자 또는 소자시켜 열차의 유무를 검지할 수 있는 장치**로 전원장치, 한류장치, 궤조 및 궤도 계전기등으로 구성되어 있다.

4) 임피던스 본드
자동 폐쇄식에서 사용되며 전차의 **귀로 전류는 흐르게 하고 신호 전류는 흐르지 못하게 한 회로**

5) 크로스 본드
귀선(레일)의 **누설전류 감소를 위해 양 궤조간에 연결한 것**으로서 자동신호 설비와는 무관하다.

4.14 열차 제어시스템

1) 자동열차제어(ATC : Automatic Train Control)
속도제한 구간에 있어서 열차속도가 제한속도 이상으로 되면 경보를 발하고 운전사가 몇 초 내에 제동을 체결하지 않으면 자동적으로 제동을 체결하여 열차속도를 제한속도 이하로 감속시키는 장치

2) 자동열차정지(ATS : Automatic Train Stop)
궤도에 설치된 지상자로부터 차상자가 제한속도 신호를 받아서 열차의 실제속도와 연속적으로 비교하여 열차의 속도가 제한속도를 초과하면 경보신호를 발하고 운전사가 몇 초 내에 제동을 체결하지 않으면 자동으로 열차를 정지시키는 방식

3) 자동열차운전(ATO : Automatic Train Operation)
지상으로부터 연속적으로 속도지령을 받아서 열차를 지령속도에 추종하도록 자동 가감속 제어하는 정속도 운전제어 기능과 열차가 정지목표점에 근접하게 되면 지상자 신호에 의해 제동곡선 패턴을 연산하고 이 제동패턴에 의해 목표지점에 정확히 정지할 수 있는 정위치 기능을 지니고 있다.

4) 열차집중제어장치(CTC : Centralized Traffic Control)

열차의 능률적인 운전제어를 목표로 하고 있으며, 열차집중제어장치는 구간내 각 역에 있는 전철기와 신호기등을 중앙제어실에서 집중 원격제어하며, 그 표시 및 열차의 운행상태를 감시함으로써 열차운행을 능률적으로 정리, 제어하기 위한 장치이다.

05. 전기화학

5.1 전기 화학의 기초

1) 전해질과 비전해질
(1) 전해질 : 용액 속에서 **양이온과 음이온으로 전리되는 물질**
  ① **+, - 이온 이동에 의해 전류가 흐를 수 있는 액체**
  ② **도전율은 전해액의 농도에 비례**한다.
(2) 비전해질 : 용액 속에서 양이온과 음이온으로 전리되지 않는 물질

2) 전기분해
전류에 의해 **전해질 용액이 화학 반응을 일으키는 현상**을 전기 분해라 한다.

3) 패러데이 법칙
전기분해에 의해 **석출되는 물질의 양은 전해액을 통과하는 총 전기량에 비례**하고 또 **물질의 화학 당량에 비례**한다.

$$W = KQ = KIt\,[g]$$

여기서, W : 석출되는 물질의 양 [g], K : 화학당량 [g/C]
Q : 통과한 전기량 ($Q = It$) [C], I : 전류 [A]
t : 시간 [s]

4) 전기 화학당량 K
1[C]의 전기량으로 석출 시킬 수 있는 물질의 양

$$K = \frac{\text{화학당량}}{\text{패러데이 상수}} = \frac{\text{화학당량}}{96,500}\,[g]$$

$$\text{화학당량} = \frac{\text{원자량}}{\text{원자가}}\,[g]$$

5) 이온화 경향
금속이 액체와 접촉 시 양이온으로 되는 경향으로 이온화 경향이 큰 순서로는
Li > K > Ba > Ca > Na > Mg > Al > Mn > Cr > Fe > Co > Ni > Sn > Cu > Hg > Ag > Pt > Au 순이다.

6) 이온
(1) +이온 : 금속과 수소
(2) -이온 : 산기와 수산기

7) 확산
종류가 다른 입자가 혼합되어 있을 때 농도가 같아질 때까지 **입자가 농도가 높은 곳에서 낮은 곳으로 이동하는 현상**

5.2 전기분해 공업

1) 물의 전기분해
물은 도전율이 극히 낮으므로 20[%] 정도의 **수산화나트륨**(NaOH)을 사용하여 **도전율을 높이고** 여기에 전류를 통하면 H^+은 음극으로 이동하여 수소 가스가 되고 OH^-는 양극으로 이동하여 산소가 된다.

- 음극 : $2H^+ + 2e^- = H_2$
- 양극 : $2OH = \dfrac{1}{2}O_2 + H_2O + 2e^-$

2) 소금물의 전기분해
식염수를 전기 분해하면 양극에 염소, 음극에 수소와 수산화나트륨(NaOH)이 발생된다.

- 식염수 : $NaCl \rightarrow Na^+ + Cl^-$
- 양 극 : $Cl^- \rightarrow Cl$
- 음 극 : $Na^+ \rightarrow Na$, $Na + H_2O \rightarrow NaOH + H_2$

이 경우 NaOH를 그대로 두면 양극에서 발생한 Cl과 작용하여 하이포염소산나트륨이 생기므로 이것을 분리하기 위하여 양극과 음극간에 격막을 삽입하는 격막법과 음극에 수은을 사용하는 수은법을 사용한다.

3) 전기도금
전기도금은 **도금하고자 하는 금속을 양극, 도금되는 금속을 음극**으로 하고 도금하고자 하는 금속이온을 함유한 수용액 중에서 전기분해하여, **음극으로 금속을 석출**시키는 것이다.

4) 전주
전기도금을 계속하여 두꺼운 금속 층을 만든 후 원형을 떼어서 그대로 복제하는 방법을 전주라 한다.

5) 금속의 전해 정련
전기분해를 이용하여 **순수한 금속만을 음극에서 석출하여 정제하는 것을 전해정련**이라 하며, 이 방법에 의해 **정제하는 금속으로는 구리**가 가장 많고 주석, 금, 은, 니켈, 안티몬 등을 제조할 수 있다.

6) 금속의 양극처리

(1) 전해연마

금속을 양극으로 한 후 적당한 전해액 중에서 단시간 전류를 통하면 **금속표면의 돌기 부분만이 먼저 분해되어 거울과 같은 표면**을 얻을 수 있다. 이 전해연마는 식기, 장신구, 펜촉, 터빈의 날개, 화학기계 등에 이 방법을 적용하면 내식성이 좋아진다.

(2) 전식

표면의 일부에 에나멜 또는 아스팔트를 도포하여 부분적으로 방식시킨 금속판을 양극으로 하여 분해하면 **노출부가 선명하게 용해**된다. 이것을 전식이라 한다.

(3) 알루미늄의 양극산화

알루미늄을 양극으로 하고 묽은 황산 또는 수산을 전해액으로 하여 직류에 교류를 중첩시킨 전해를 행하면 발생되는 산소에 의해 알루미늄 피막(알루마이트)이 생기고, 이것은 전해 알루미늄 콘덴서 극판으로 이용된다.

7) 전기영동

기체 또는 액체 속에 **고체의 입자가 분산되어 있을 경우**, 이에 전압을 가하면 **입자가 이동한다**. 이 현상을 전기영동이라고 한다.

5.3 전지

1) 전지의 분류

(1) 화학전지

① 1차 전지
- 망간 건전지
- 알칼리·망간 건전지
- 산화은 전지
- 리튬 1차 전지
- 수은 전지
- 공기 전지
- 연료 전지
- 고체 전해질 전지

② 2차 전지
- 납축전지
- 니켈-카드뮴 전지
- 니켈-수소 전지
- 리튬 2차 전지
- 공기 아연 전지

(2) 물리 전지
- **태양 전지**
- 원자력 전지
- 열 전지
- **광 전지**

2) 분극 및 감극제

(1) 분극

전지를 방전하면 전극에 석출된 물질이 다시 이온으로 용해되거나, 전해액 농도의 감소 등에 따라 **반대 방향의 기전력이 생기는 현상**으로 부하를 걸면 단자전압이 감소한다.

(2) 감극제
분극현상에 의한 **전압강하를 방지**하기 위하여 사용하는 것

3) 1차 전지의 종류 및 용도
제작된 후 한 번밖에 쓰지 못하는 전지를 말하며 그 종류는

전지명	정극물질(감극제)	전해질	부극물질(부극)	용도
망간건전지(보통전지)	MnO_2	NH_4Cl	Zn	통신용, 전등용
알칼리·망간건전지	MnO_2	KOH	Zn	망간건전지 보다 중부하용
산화은 전지	AgO_2	KOH 또는 NaOH	Zn	시계
공기전지	O_2	KOH	Zn	보청기
수은전지	HgO	KOH 또는 NaOH	Zn	시계, 와이어레스마이크
2산화망간·리튬전지	MnO_2	유기전해질	Li	IC 카드, 전자수첩

4) 표준전지
표준전지는 전압 표준기(전압계 보정용)로서 **카드뮴 전지가 사용**된다.
표준전지의 요구특성은 장시간 동안 전류가 흘러도, 또한 기압, 온도의 변화에도 기전력의 크기가 변화 되지 않는 특성이 요구된다.

종류	양극	전해액	음극	특징	비고
웨스턴 전지(카드뮴전지)	Hg	$CdSO_4$	Cd	온도계수가 작다.	**현재 사용중**
클라크 전지	Hg	$ZnSO_4$	Zn	온도계수가 크다.	초기에 사용

5) 공기 건전지

(1) 화학 반응식
$$Zn + 2NaOH + O_2 \rightarrow Na_2ZnO_2 + H_2O$$
아연 가성소다 산소 아연소다 물

(2) 특징
① 방전시 전압 변동이 적다.
② **자기 방전이 적고 장시간 보존이 가능**하다.
③ 온도차에 따른 전압 변동이 적다.
④ 내한, 내열, 내습성을 가진다.
⑤ 용량이 커서 경제적이다.

6) 2차 전지
직류 전원으로 충전하여 **반복 사용할 수 있는 전지**로서 **납축전지와 알칼리 축전지**가 있다.

(1) 연축전지
① 화학반응식
$$PbO_2 + 2H_2SO_4 + Pb \underset{충전}{\overset{방전}{\rightleftarrows}} PbSO_4 + 2H_2O + PbSO_4$$
양극 전해액 음극   양극 전해액 음극

② 방전시
- 양극 : $PbO_2 \Rightarrow PbSO_4$
- 음극 : $Pb \Rightarrow PbSO_4$

③ 충전시
- 양극 : $PbSO_4 \Rightarrow PbO_2$
- 음극 : $PbSO_4 \Rightarrow PbO$

④ 특성
- 공칭전압 : 2 [V/cell]
- 공칭용량 : 10시간 율 [Ah]

⑤ 연축전지의 방전 전류 I[A]와 방전 지속 시간 T[h]와의 실험식

$$I^n T = \text{const}$$

단, n : 정수 (1.3~1.7)

(2) 알칼리 축전지

① 축전지별 양극 및 음극

항 목	에디슨 축전지	융그너 축전지
양 극	수산화니켈	수산화니켈
음 극	철(Fe)	카드뮴(Cd)
전해액	수산화칼륨(KOH)	수산화칼륨(KOH)

② 특성
- 공칭전압 : 1.2 [V/cell]
- 공칭용량 : 5시간 율 [Ah]

③ 알칼리 축전지의 특성

장 점	단 점
• **수명이 길다.** (연축전지의 3~4배) • **진동과 충격에 강하다.** • **충·방전 특성이 양호하다.** • 방전시 전압 변동이 작다. • 사용 온도 범위가 넓다.	• 연축전지 보다 **공칭 전압이 낮다.** • 가격이 비싸다.

④ 알칼리 축전지 종류
- AMH : 고율방전용 급방전형
- AHH : 초고율방전용 초초급방전형
- AL : 완방전형
- AH-S : 고율방전용 초급방전형

(3) 축전지 용량

① 용량 계산식

$$C = \frac{I}{L} K$$

여기서, C : 축전지 용량 [Ah], I : 방전전류[A]
L : 보수율, K : 용량환산 시간계수

② 축전지 용량 [Ah] = 방전 전류 [A] × 방전 시간 [h]

(4) 충전방식
① 보통 충전 : 필요할 때마다 표준 시간율로 소정의 충전을 하는 방식이다.
② 급속 충전 : 비교적 단시간에 보통 전류의 2~3배의 전류로 충전하는 방식이다.
③ 부동 충전 : 축전지의 **자기 방전을 보충**함과 동시에 **상용 부하에 대한 전력 공급은 충전기가 부담**하도록 하되 충전기가 부담하기 어려운 **일시적인 대전류 부하는 축전지로 하여금 부담**하게 하는 방식이다.

$$\text{충전기 2차 충전 전류 [A]} = \frac{\text{축전지 용량 [Ah]}}{\text{정격 방전율 [h]}} + \frac{\text{상시 부하 용량 [VA]}}{\text{표준 전압 [V]}}$$

④ 세류 충전 : 자기 방전량만을 항시 충전하는 부동 충전 방식의 일종이다.
⑤ 균등 충전 : 부동 충전 방식에 의하여 사용할 때 각 전해조에서 일어나는 전위차를 보정하기 위하여 1~3개월 마다 1회씩 정전압으로 10~12시간 충전하여 각 전해조의 용량을 균일화하기 위한 방식이다.

(5) 황산화
- 현상 : 납축전지를 **방전상태에서 오랫동안 방치**하면 극판에 백색의 황산납이 생기는 현상
- 원인 : 방전이 대단히 크든지 불충분한 충전을 반복할 경우에 발생
- 결과 : 극판이 휘어지고 내부 저항이 대단히 커져서 용량이 감소

5.4 정전기의 응용

1) 전기 집진

전기 집진은 코로나 방전에 의해 방전극에서 발생한 음이온이 **더스트 입자를 부(−)로 대전**하고 대전된 더스트는 **정전기력에 의해 집진전극**에 부착 퇴적하는 것을 이용한 것으로 구조에 따라 1단식과 2단식 집진기로 구분되며 응용분야는 다음과 같다.
① 발전소의 플라이 애시 회수용 집진기
② 시멘트 공업의 로터리 킬른의 배기 가스 집진
③ 용광로에서 배출되는 산화철 흄의 회수
④ 기타 : 먼지 소각로, 카본, 고무, 금속 제련, 제지, 황산 제조, 도시 가스 청정 등의 분야에 널리 이용되고, 또 공기 정화의 목적으로 사무실, 병원, 의약품, 전기 제품, 정밀 광학, 방적 등의 각종 현장에서 사용되고 있다.

2) 정전 선별

정전 선별은 정전적인 현상을 이용해서 물질의 분리, 정제, 분급(입도에 의한 선별) 등을 하는 기술로서, 입자의 도전율 또는 유전율에 차이가 있으면 정전력에 의하여 이들을

분리할 수 있으며 적용 예로는 플라스틱과 금속 분말 및 광석과 돌가루 등을 분리 하는데 응용되고 있다.

3) 정전 도장
정전기의 힘을 이용하여 도료를 피도물의 표면에 부착시키는 기술로, **액체 도료를 쓰는 것을 정전도장, 분체 도료를 쓰는 것을 정전분체도장**이라고 부르고 있다.

분체를 쓰는 것은 용제를 쓰지 않기 때문에 환경오염 방지 및 자원 절약측면에서 많은 이점을 갖고 있다.

4) 정전 식모
정전 식모는 접착제를 도포한 가공면에 **고전압 발생기**(10~100[kV])**를 이용해서 하전된 단섬유를 수직**으로 빈틈없이 흡착시켜 심은 후, 접착제를 건조시켜 고정시키는 방법으로서 up법, down법, side법의 3가지가 있다.

5) 전자 사진
현재 널리 쓰여지고 있는 전자 사진(정전 사진, 제로그래피라고도 불리운다)의 원리는 Carlson의 발명에 의한 것으로 칼슨법이라고도 불리우고 있다.

그 응용으로서는,
① **복사기**   ② **컬러 사진**   ③ **프린트** 등이 있다.

6) 정전기 제거
정전기는 어디에서나 발생하기 때문에 산업 활동에 있어서 극히 다종다양한 장해 및 착화 폭발재해를 유발한다.

따라서, 정전기를 제거하기 위해서는 여러 가지 방법이 있으나 그 중에서도 제전기를 사용해서 제전하는 방법이 많이 사용된다.

제전기는 제전에 필요한 대전물체의 전하와 역극성의 전하를 만들어 이것을 대전물체에 공급하는 기능을 가진 것으로서 그 종류로는
- 전압인가식 제전기
- 자가방전식 제전기
- 방사선식 제전기가 있다.

06. 자동제어의 기본개념

6.1 제어계의 종류

제어계는 **개회로 제어계**(open loop control system)와 **폐회로 제어계**(closed loop control system)로 구분된다.

1) 개회로 제어계(open loop control system)
제어계는 미리 정해 놓은 순서에 따라서 제어의 각 단계가 순차적으로 진행되므로 **시퀀스 제어**(sequential control) 라고도 한다.

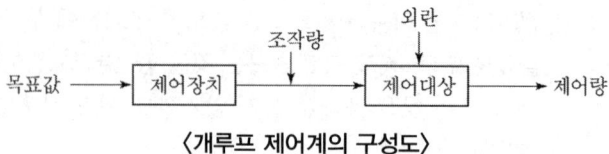

〈개루프 제어계의 구성도〉

(1) 특성 방정식

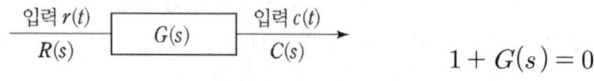

〈제어 시스템의 전달함수〉

$1 + G(s) = 0$

(2) 개회로 제어계의 특징
① 제어 시스템이 가장 간단하며, 설치비가 싸다.
② 제어동작이 출력과 관계가 없어 오차가 많이 생길 수 있으며 이 오차를 교정할 수가 없다.

2) 폐회로 제어계 (closed loop control system)
제어계의 출력이 목표값과 일치 하는가를 항상 비교하여, 일치하지 않을 때에는 그 차에 비례하는 동작 신호가 제어계로 다시 보내져서 그 오차를 수정 하도록 하는 **궤환 경로**(feedback path)를 가지고 있는 제어계로서 궤환 제어계라고도 한다.

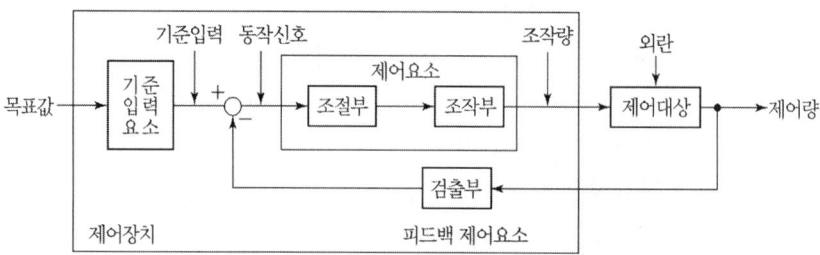

〈폐루프 제어계의 구성도〉

(1) 특성 방정식

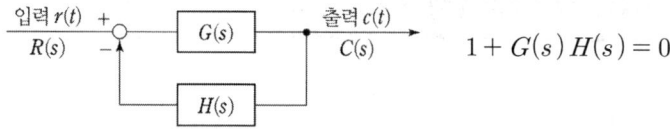

$1 + G(s)H(s) = 0$

〈제어 시스템의 전달함수〉

(2) 폐회로 제어계의 특징
① **정확성의 증가**

② 계의 특성 변화에 대한 **입력 대 출력비의 감도 감소**
③ **비선형성과 왜형에 대한 효과의 감소**
④ 감대폭의 증가
⑤ 생산품질향상이 현저하며 균일한 제품을 얻을 수 있다.
⑥ 원료, 연료 및 동력을 절약할 수 있으며 인건비를 줄일 수 있다.
⑦ 생산 속도를 상승시키고, 생산량을 크게 증대시킬 수 있다.
⑧ 노동조건의 향상 및 위험 환경의 안정화 기여
⑨ **자동제어의 설비에 많은 비용이 들고 고도화 된 기술이 필요**하며
⑩ 제어장치의 운전, 수리 및 보관에 고도의 지식과 능숙한 기술이 있어야 하며
⑪ 설비의 일부에 고장이 있어도 전 생산 라인에 영향을 미치는 점도 있다.

6.2 자동제어계의 기본적 구성과 용어

1) 자동제어계의 구성

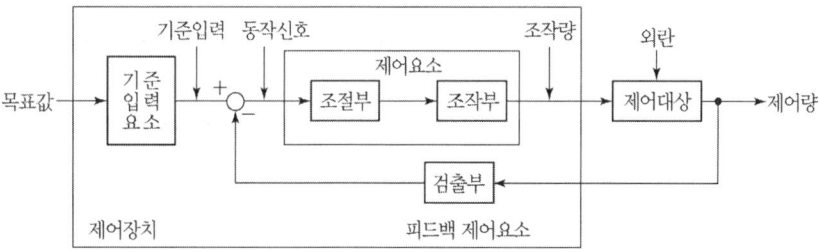

2) 용어

① 목표값 : 제어량이 그 값을 갖도록 목표로 하여 **외부에서 주어지는 신호**로서 궤환제어계에 속하지 않으며 설정값이라 한다.
② 기준입력 : **제어계를 동작시키는 기준으로서 목표값에 비례하는 신호입력**이다.
③ 주궤환 신호 : 동작신호를 얻기 위하여 기준입력과 비교되는 신호로서 제어량의 함수 관계가 된다.
④ 동작신호 : 기준입력과 주궤환신호와의 편차인 신호로서 **제어 동작을 일으키는 원인이 되는 신호**이다.
⑤ 제어요소 : 제어동작 신호를 인가하면 조작량을 변화시키는 것으로서 **조절부와 조작부로 구성**된다.
⑥ 조절부 : 기준 입력 신호와 검출부의 출력 신호를 제어 시스템에 필요한 신호로 만들어 조작부에 보내는 것이다.
⑦ 조작부 : 조절부로부터 받은 신호를 **조작량으로 변환하여 제어 대상에게 보내는 부분**이다.
⑧ 조작량 : 제어요소에서 제어대상에 인가되는 양이다.

⑨ 외란 : 제어량의 값을 변화시키려는 외부로부터의 바람직하지 않은 신호이다.
⑩ 제어량 : 제어를 받는 궤환계의 양이며 제어 대상이 속하는 양이다.
⑪ 검출부 : 주로 제어 대상으로부터 제어량을 검출하고 기준 입력 신호와 비교시키는 부분이다.
⑫ 제어장치 : 제어를 하기 위해서 제어 대상에 부가하는 장치이다.
⑬ 제어대상 : 제어 시스템에서 직접 제어를 받는 장치로서 장치의 전체 또는 그 일부분을 받는다.
⑭ 제어편차 : 목표값으로부터 제어량을 뺀 값으로 정의되며, 이 신호가 동작 신호와 일치되기도 한다.
⑮ 다변수 시스템 : 단일 입·출력이 아니고, 둘 이상의 입력과 둘 이상의 출력을 가진 시스템을 말한다.

6.3 자동제어 장치의 종류

1) 제어량의 성질에 의한 분류

항 목	프로세스 제어	서보 기구	자동 조정 제어
특 징	플랜트나 생산 공정 중의 **상태량을 제어량**으로 하는 제어	**기계적 변위를 제어량**으로 해서 목표값의 임의의 변화에 추종하도록 구성된 제어계	전기적, 기계적 양을 주로 제어하는 것으로서, 응답 속도가 대단히 빨라야 한다.
제어량의 종류	·**온도** ·**유량** ·**압력** ·**액위** ·농도 ·밀도 등	·물체의 **위치** ·**방위** ·**자세** 등	·**전압** ·**전류** ·**주파수** ·회전 속도 ·힘 등
적용 예	·온도 제어 장치 ·압력 제어 장치 ·점도 제어 장치	·비행기 및 선박의 방향 제어계 ·미사일 발사대의 자동 위치 제어계 ·추적용 레이더 ·자동 평형 기록계 등	·정전압 장치 ·발전기의 조속기 제어 등

2) 목표값의 시간적 성질에 의한 분류

정치 제어와 추치 제어로 구분된다.

(1) 정치제어

목표값이 시간에 대하여 변화하지 않는 제어를 말하며 **프로세스 제어, 자동조정**이 이에 속한다.

(2) 추치제어

출력의 변동을 조정하는 동시에 **목표값에 정확히 추종**하도록 설계한 제어계로서 **추종제어, 프로그램 제어 및 비율제어**로 구분된다.

3) 제어 목적에 의한 분류

(1) 정치 제어 : 제어량을 어떤 일정한 목표값으로 유지하는 것을 목적으로 하는 제어법
(2) 프로그램 제어 : 미리 정해진 프로그램에 따라 제어량을 변화시키는 것을 목적으로

하는 제어법

(3) 추종 제어 : **미지의 임의 시간적 변화를 하는 목표값**에 제어량을 추종시키는 것을 목적으로 하는 제어법

(4) 비율 제어 : 목표값이 다른 것과 **일정 비율 관계를 가지고 변화하는 경우의 추종 제어**

4) 조절부의 동작에 의한 분류

종류		특징
P	비례동작	• 정상오차를 수반 • **잔류편차 발생**
I	적분동작	• **잔류편차 제거**
D	미분동작	• 오차가 커지는 것을 미리 방지
PI	비례적분동작	• 잔류편차 제거 • 제어결과가 진동적으로 될 수 있다.
PD	비례미분동작	• 응답 속응성의 개선
PID	비례적분미분동작	• 잔류편차 제거 • 응답의 오버슈트 감소 • 응답 속응성의 개선

07. 전력용 반도체 소자의 응용

7.1 전력용 반도체 소자

1) 다이오드

한 쪽 방향으로만 전류가 흐를 수 있도록 만들어진 소자로서 양극(애노드)에서 음극(캐소드)으로는 전류가 쉽게 흐를 수 있지만 반대 방향으로는 전류가 흐르지 못하는 소자

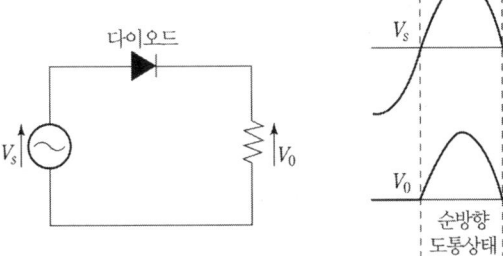

〈다이오드의 정류 동작〉

(1) 실리콘 정류기의 특성은
① **역내전압이 크다.**
② 전류 밀도가 크다.(게르마늄의 2~3배, 셀렌의 500~1000배)
③ 온도에 의한 영향이 작다.(최고 허용 온도 140~200 [℃])
④ 효율은 가장 좋다.(99 [%])
⑤ **대용량 정류기에 적합**하다.

(2) 기능
① 순방향 도통 상태 : 양극의 전압이 음극에 비하여 높을 때는 전압을 약간만 증가시켜도 전류가 크게 증가한다. 즉, **다이오드의 저항이 매우 낮은 상태**가 되며 이 상태를 순방향 도통상태라고 한다.
② 역방향 저지상태 : 양극의 전압이 음극에 비하여 낮을 때에는 상당한 큰 전압이 걸려도 전류가 흐르지 않는다. 즉, **다이오드의 저항이 매우 큰 상태**가 되며 이 상태를 역방향 저지상태라고 한다.
③ 누설전류 : 역방향 저지상태에서 역방향으로(음극에서 양극으로) 보통 수 십 [mA] 정도의 전류가 흐르는 경우가 있으며 이 전류를 누설전류라고 한다.
④ 다이오드의 정격전류 : **다이오드가 파괴되지 않고 순방향으로 통과시킬 수 있는 전류의 최대값**
⑤ 다이오드의 정격전압 : **다이오드가 견딜 수 있는 최대 역전압**

2) 사이리스터

다이오드는 회로의 주변 상황에 따라 순방향으로 전압이 가해지면 도통하고 역방향으로 전압이 가해지면 도통하지 않는 수동적인 소자로 사용자가 임의로 ON, OFF 시킬 수 없다. 반면, **사이리스터는 사용자가 원하는 시점에 도통시킬 수 있는 소자**이다.

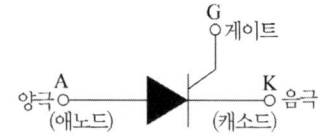

사이리스터는 여러 가지 종류가 있으나 그중 SCR(silicon controlled rectifier)이 대표적이다.

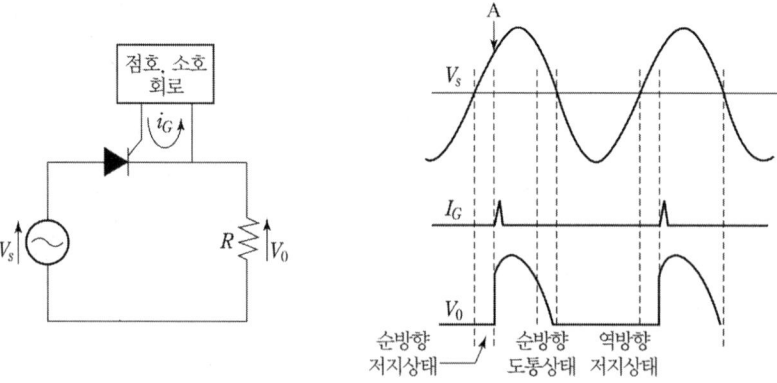

〈사이리스터의 동작〉

(1) 기능

① **순방향 저지상태** : **순방향 전압이 SCR에 인가되어도** SCR은 다이오드처럼 바로 도통하는 것이 아니고 **SCR을 점호하기 전까지는 계속 불통상태**에 머물러 있으며 이러한 상태를 **순방향 저지 상태**라 한다.

② SCR에 순방향 전압이 인가되어 있을 때 게이트 단자에 전류를 흘리면 SCR은 도통된다. 그러나 **역전압이 걸려 있는 상태에서는 게이트 단자에 전류를 흘려도 SCR은 도통되지 않는다.**

③ SCR은 **일단 도통된 후 게이트 전류를 차단시켜도 계속 도통상태를 유지**한다.

④ SCR의 소호 : 소자에 역전압이 걸려 흐르던 전류가 멈추면 소호된다. 그리고 일단 소호가 되고나면 다시 순방향 전압이 가해져도 게이트를 통해 점호하기 전까지는 다시 도통하지 않는다.

⑤ 래칭전류 : SCR이 ON 되기 위하여 애노드에서 캐소드 쪽으로 흘러야 할 최소전류

⑥ 유지전류 : ON된 후에 **ON 상태를 유지하기 위한 최소전류**로서 래칭전류보다 작다.

(2) SCR의 특징

① 아크가 생기지 않으므로 **열의 발생이 적다.**
② **과전압에 약하다.**   ③ 열용량이 적어 **고온에 약하다.**
④ 게이트 신호를 인가할 때부터 **도통할 때까지의 시간이 짧다.**
⑤ 전류가 흐르고 있을 때 **양극의 전압강하가 작다.**
⑥ 정류기능을 갖는 **단일방향성 3단자 소자이다.**
⑦ **역률각 이하에서는 제어가 되지 않는다.**

3) GTO(gate turn off thyristor)

SCR은 도통 시점을 임의로 조절하는 것이 가능 하지만 소호시키는 시점은 제어할 수 없다. 따라서, 이러한 단점을 보완한 것이 GTO로서 **게이트에 흐르는 전류를 점호할 때의 전류와 반대 방향의 전류를 흐르게 함으로서 임의로 GTO를 소호시킬 수 있다.**

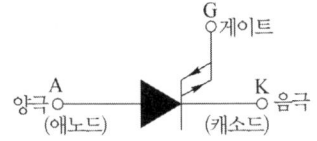

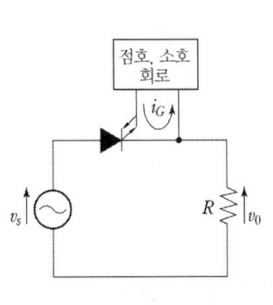
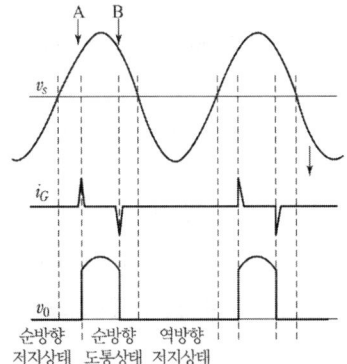

〈GTO의 동작〉

4) TRIAC(trielectrode AC switch)

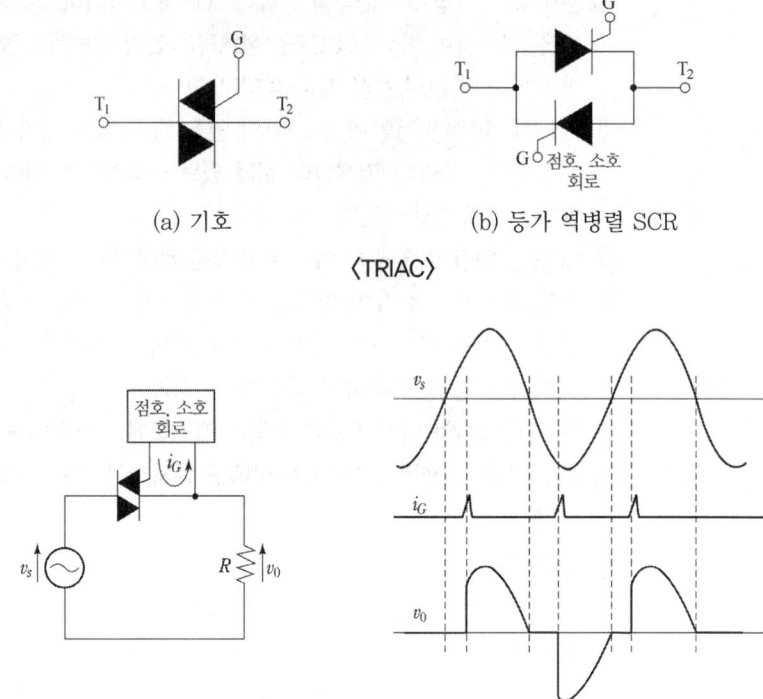

〈TRIAC〉

〈TRIAC의 동작〉

① SCR은 한 방향으로만 도통할 수 있는데 반하여 이 소자는 **양방향으로 도통**할 수 있다.
② TRIAC은 기능상으로 **2개의 SCR을 역병렬 접속**한 것과 같다.
③ TRIAC의 **게이트에 전류를 흘리면 그 상항에서 어느 방향이건 전압이 높은 쪽에서 낮은 쪽으로 도통**한다.
④ 일단 도통하면 SCR과 같이 그 방향으로 전류가 더 이상 흐르지 않을때 까지 계속 도통한다. 따라서, 전류 방향이 바뀌려고 하면 소호되고 일단 소호되면 다시 점호시킬 때까지 차단 상태를 유지한다.
⑤ **TRIAC은 오직 교류 전력의 제어용**이며, 3단자 교류 반도체 스위치를 약칭하는 일반적인 술어이다.

5) 전력용 트랜지스터

① 트랜지스터는 그 구성에 따라 **npn형과 pnp형** 두 가지가 있다.
② 도통시 **전류는 컬렉터에서 이미터 쪽으로만 흐를** 수 있고 역방향으로는 흐를 수 없다.
③ 전압-전류 특성은 베이스 전류의 크기에 따라 달라진다.

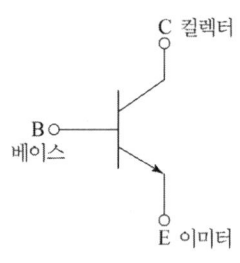

〈npn형 트랜지스터〉

④ 트랜지스터의 도통상태를 유지하기 위해서는 계속 베이스 전류를 흐르게 하고 있어야 한다. 즉, 이점이 트랜지스터가 SCR, GTO와 다른 점이다.

6) MOSFET(metal oxide silicon field effect transistor)
트랜지스터는 베이스에 주입되는 전류로 제어되는 반면 MOSFET은 게이트와 소스 사이에 걸리는 전압으로 제어된다.
MOSFET은 트랜지스터에 비해 스위칭 속도가 매우 빠른 이점이 있는 반면에 용량이 적어서 비교적 작은 전력 범위 내에서 적용된다는 한계가 있다.

7) IGBT(insulated gate bipolar transistor)
IGBT는 MOSFET와 트랜지스터의 장점을 취한 것으로서
① 소스에 대한 게이트의 전압으로 도통과 차단을 제어한다.
② 게이트 구동전력이 매우 낮다.
③ 스위칭 속도는 FET와 트랜지스터의 중간정도로 빠른편에 속한다.
④ 용량은 일반 트랜지스터와 동등한 수준이다.

8) 각종 반도체 소자의 비교
(1) 방향성
  ① 양방향성(쌍방향성) 소자 : DIAC, TRIAC, SSS
  ② 역저지(단방향성) 소자 : SCR, LASCR, GTO, SCS

(2) 극(단자)수
  ① 2극(단자) 소자 : DIAC, SSS, Diode
  ② 3극(단자) 소자 : SCR, LASCR, GTO, TRIAC
  ③ 4극(단자) 소자 : SCS

(3) 구조
  ① 3층 구조 : DIAC
  ② 4층 구조 : SCR, GTO, SCS
  ③ 5층 구조 : SSS

9) 각종 소자의 적용
(1) UJT, DIAC, PUT : **트리거 회로(펄스 발생회로) 에 사용**
(2) 바리스터 : **과도 전압, 이상 전압에 대한 회로 보호용**으로 사용되는 소자
(3) 버랙터 다이오드 : 정전용량이 전압에 따라 변화하는 소자
(4) 제너 다이오드 : **정전압 회로용 소자**

7.2 정류회로

1) 다이오드와 SCR의 비교

(1) 단상

	반파정류	전파정류
다이오드	$E_d = \dfrac{\sqrt{2}E}{\pi} = 0.45E$	$E_d = \dfrac{2\sqrt{2}E}{\pi} = 0.9E$
SCR	$E_d = \dfrac{\sqrt{2}E}{2\pi}(1+\cos\alpha)$	$E_d = \dfrac{\sqrt{2}E}{\pi}(1+\cos\alpha)$
효율	40.6 [%]	81.2 [%]
PIV	\multicolumn{2}{c}{$PIV = E_d \times \pi$}

(2) 3상 실리콘 정류기의 정류전압

- 3상 반파 정류 : $E_d = \dfrac{3\sqrt{3}}{\sqrt{2}\,\pi}E = 1.17E$
- 3상 전파 정류 : $E_d = 2.34E$

(3) 다상 정류

$$E_d = \frac{\sqrt{2}\sin\dfrac{\pi}{m}}{\dfrac{\pi}{m}} \cdot E$$

예제 40 단상 200 [V]의 교류 전압을 점호각 60°로 반파 정류를 하여 저항 부하에 공급할 때의 직류 전압[V]은?

| 풀이 | $E = 200[V]$, $\alpha = 60°$, 무유도 부하일 때
$E_d = \dfrac{1+\cos 60°}{\sqrt{2}\,\pi} \times 200 = 67.5[V]$

예제 41 반파 정류 회로에서 직류 전압 200[V]를 얻는 데 필요한 변압기 2차 상전압을 구하여라. 단, 부하는 순저항, 변압기 내 전압 강하를 무시하면 정류기 내의 전압 강하는 50[V]로 한다.

| 풀이 | $E = \dfrac{\pi}{\sqrt{2}}(E_d + e_a) = \dfrac{\pi}{\sqrt{2}}(200+50) = 555[V]$

예제 42 단상 브리지 전파 정류 회로의 저항 부하의 전압이 100 [V]이면 전원 전압[V]은?

| 풀이 | $E_d = \dfrac{2\sqrt{2}}{\pi}E = 0.90E$ 에서 $E = \dfrac{E_d}{0.9} = \dfrac{100}{0.9} = 111[V]$

2) 증폭
① 사이클로 컨버터 : AC 전력을 증폭
② 쵸퍼 : DC 전력증폭

3) 맥동률

$$\text{맥동률} = \sqrt{\frac{\text{실효값}^2 - \text{평균값}^2}{\text{평균값}^2}} \times 100 = \frac{\text{교류분}}{\text{직류분}} \times 100 [\%]$$

정류 종류	단상 반파	단상 전파	3상 반파	3상 전파
맥동률[%]	121	48	17.7	4.04
정류 효율	40.5	81.1	96.7	99.8
맥동 주파수	f	$2f$	$3f$	$6f$

4) PIV (첨두 역전압)
① 단상 반파 정류 회로 : $PIV = \sqrt{2}\,E = \pi\,E_d$
② 단상 전파 정류 회로 : $PIV = 2\sqrt{2}\,E = \pi\,E_d$

여기서, E : 교류전압(실효값), E_d : 직류전압

예제 43 반파 정류 회로에서 직류 전압 100[V]를 얻는 데 필요한 변압기의 역전압 첨두값 [V]은? 단, 부하는 순저항으로 하고 변압기 내의 전압 강하는 무시하며 정류기 내의 전압 강하를 15[V]로 한다.

| 풀이 | $PIV = \pi\,E_d = \pi\,(100 + 15) = 361.28 [V]$

07. 전력용 반도체 소자의 응용

MEMO

E90-4 전기공사산업기사 필기

제1과목 전기응용
최근기출문제

- ¶ 2012년도 전기공사산업기사 필기
- ¶ 2013년도 전기공사산업기사 필기
- ¶ 2014년도 전기공사산업기사 필기
- ¶ 2015년도 전기공사산업기사 필기
- ¶ 2016년도 전기공사산업기사 필기
- ¶ 2017년도 전기공사산업기사 필기
- ¶ 2018년도 전기공사산업기사 필기
- ¶ 2019년도 전기공사산업기사 필기
- ¶ 2020년도 전기공사산업기사 필기
- ¶ 2021년도 전기공사산업기사 필기(CBT)
- ¶ 2022년도 전기공사산업기사 필기(CBT)
- ¶ 2023년도 전기공사산업기사 필기(CBT)
- ¶ 2024년도 전기공사산업기사 필기(CBT)
- ¶ 2025년도 전기공사산업기사 필기(CBT)

2012년 기출문제

1회 전기응용

01 고주파 유전 가열에서 피열물의 단위 체적당 소비전력[W/cm³]은? (단, E[V/cm]는 고주파 전계, δ는 유전체 손실각, f는 주파수, ϵ_s는 비유전율이다.)

① $\dfrac{5}{9}E^2 f\epsilon_s \tan\delta \times 10^{-8}$

② $\dfrac{5}{9}E^2 f\epsilon_s \tan\delta \times 10^{-9}$

③ $\dfrac{5}{9}E f\epsilon_s \tan\delta \times 10^{-10}$

④ $\dfrac{5}{9}E^2 f\epsilon_s \tan\delta \times 10^{-12}$

풀이 단위 체적당 유전체손
$P_0 = \dfrac{5}{9}f\epsilon_s E^2 \tan\delta \times 10^{-12}$ [W/cm³]   【답】 ④

02 권상하중 40[t], 권상속도 3[m/min]의 기중기용 전동기의 용량[kW]은? (단, 권상기의 기계적 효율은 80[%]이다.)

① 0.245   ② 2.45
③ 24.5   ④ 245

풀이
$P = \dfrac{WV}{6.12\eta} = \dfrac{40 \times 3}{6.12 \times 0.8} = 24.5$ [kW]
여기서, P : 출력[kW], W : 권상하중[ton]
V : 권상속도[m/min], η : 효율   【답】 ③

03 가로 2[m], 세로 3[m]인 완전 확산면에 1200[lm]의 광속을 투사하면 그 면의 휘도[cd/m²]는? (단, 그 면의 반사율은 50[%]이다.)

① 약 31.8   ② 약 628.3
③ 약 127.3   ④ 약 2291.8

풀이
$R = \dfrac{F}{S} = \dfrac{600}{2 \times 3} = 100$ [rlx]
완전 확산면에서 $R = \pi B$ 이므로
$\therefore B = \dfrac{R}{\pi} = \dfrac{100}{\pi} \fallingdotseq 31.83$ [cd/m²]

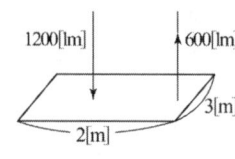

【답】 ①

04 전력용 트랜지스터에 대한 설명으로 틀린 것은?
① 트랜지스터는 그 구성에 따라 npn형과 pnp형 두 가지가 있다.
② npn형은 도통시 컬렉터에서 이미터 쪽으로만 전류가 흐른다.
③ 전압-전류 특성은 베이스 전류의 크기에 따라 달라지지 않는다.
④ 도통상태를 유지하기 위해서는 계속 베이스 전류를 흐르게 하고 있어야 한다.

풀이 전력용 트랜지스터
① 트랜지스터는 그 구성에 따라 npn형과 pnp형 두 가지가 있다.
② 도통시 전류는 컬렉터에서 이미터 쪽으로만 흐를 수 있고 역방향으로는 흐를 수 없다.
③ **전압-전류 특성은 베이스 전류의 크기에 따라 달라진다.**
④ 트랜지스터의 도통상태를 유지하기 위해서는 계속 베이스 전류를 흐르게 하고 있어야 한다.
즉, 이점이 트랜지스터가 SCR, GTO와 다른 점이다.   【답】 ③

05 열차 저항의 분류에 속하지 않는 것은?
① 복선 저항   ② 주행 저항
③ 가속 저항   ④ 곡선 저항

풀이 열차 저항은 열차가 주행중 또는 출발할 때 이것에 대항하여 열차의 진행을 방해하도록 하는 힘의 총칭을 **열차저항**이라고 한다.
① **기동 저항(출발 저항)** : 정지 중에 열차가 출발할 때 발생하는 저항
② **주행 저항** : 열차가 평탄한 직선로 위를 운전할 때 발생하는 저항

③ 구배 저항 : 열차가 구배를 올라갈 때 중력에 의해 발생하는 저항
④ 곡선 저항 : 열차가 곡선로를 통과할 때 차륜과 레일과의 마찰에 의해 발생하는 저항
⑤ 가속도 저항 : 열차가 주행 중 가속할 때에 발생하는 저항으로 열차를 가속하기 위해서 필요한 견인력과 같다. 【답】①

06 전기철도 선로의 궤도 요소가 아닌 것은?
① 공통블록   ② 도상
③ 침목   ④ 레일

풀이 궤도의 3요소
- 궤조 : 레일
- 침목 : 레일을 받치고 있는 목재 또는 콘크리트
- 도상 : 노반과 침목 사이로서 일반적으로 자갈을 사용하고 있다. 【답】①

07 회전기 정격(rating)의 분류에 해당되지 않는 것은?
① 연속 정격   ② 단시간 정격
③ 반복 정격   ④ 단속 정격

풀이
- 연속 정격 : 기기가 지정조건에서 연속동작을 할 때, 규정된 온도의 상승, 기타의 제한을 초과하지 않는 정격
- 단시간 정격 : 기기가 지정조건에서 단시간 동안만 동작을 할 때, 일정한 제한을 초과하지 않는 정격
- 반복 정격 : 기간이 적당히 조합된 사이클이 주기적으로 반복되는 사용조건에 있어서 기기의 지정된 정격 【답】④

08 주로 옥외 조명기구로 사용되며 실내에서는 체육관 등 넓은 장소에 일부 사용되는 조명기구는?
① 다운 라이트   ② 트랙 라이트
③ 팬던트   ④ 투광기
【답】④

09 그림과 같이 간판을 비추는 광원이 있다. 간판 면상 P점의 조도를 100 [lx]로 하려면 광원의 광도[cd]는?
① 400
② 500
③ $400\sqrt{2}$
④ $500\sqrt{2}$

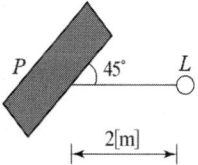

풀이
$$E = E_n \cos\theta = \frac{I}{r^2}\cos\theta$$

광도 $I = \dfrac{Er^2}{\cos\theta} = \dfrac{100 \times 2^2}{\cos 45°} = 400\sqrt{2}$ 【답】③

10 고도가 10 [mm]이고 반지름이 1000 [m]인 곡선 궤도를 주행할 때 열차가 낼 수 있는 최대속도[km/h]는? (단, 궤간은 1435 [mm]로 한다.)
① 약 29.75   ② 약 38.46
③ 약 49.68   ④ 약 96.50

풀이
$V_m = \sqrt{\dfrac{127Rh}{G}}$ [km/h]에서
$R = 1000$[m], $h = 10$[mm], $G = 1435$[mm]이므로
$\therefore V_m = \sqrt{\dfrac{127 \times 1000 \times 10}{1435}} = 29.75$[km/h] 【답】①

11 초음파 용접의 특징으로 옳지 않은 것은?
① 표면의 전처리가 간단하다.
② 가열을 필요로 하지 않는다.
③ 이종 금속의 용접이 가능하다.
④ 가압하중에 비하여 냉간 압접이 적으므로 변형이 적다.

풀이 초음파 용접의 특징
- 초음파 진동에 의하여 표면의 산화피막이나 흡착층이 파괴되므로 냉간압접이나 전기저항용접에 비하여 표면의 전 처리는 간단해 진다.
- 냉간압접 등에 비하여 가압 하중이 적으므로 변형이 적다.
- 가열이 필요하지 않다.
- 고체상태에서의 용접이므로 열적 영향이 적다.
- 이종금속의 용접이 가능하다. 【답】④

12 제벡 효과의 역현상으로 동종의 금속의 접점에 전류를 통하면 전류방향에 따라 열을 발생하거나 흡수하는 현상은?
① 표피 효과   ② 톰슨 효과
③ 펠티에 효과   ④ 핀치 효과

풀이
- 제벡 효과 : 열전 온도계, 즉 두 금속을 두 접점으로 폐회로를 만들고 두 접점의 온도를 달리하면 기전력이 발생한다. 이 열기전력은 두 접점간의 온도차에 비례한다. 이 두 금속을 열전대라고 하고 이것을 이용한 것이 열전 온도계이다.

• **톰슨 효과** : 제벡 효과의 역현상의 일종으로 동종의 금속의 접점에 전류를 통하면 **전류 방향에 따라 열을 발생 또는 흡수하는 현상**이다. 【답】②

13 수은이나 불활성가스와 같은 준안정상태를 형성하는 기체에 극히 미량의 다른 기체를 혼합한 경우 방전전압이 하강하는 현상은?
① 파셴의 법칙 ② 빈의 변위효과
③ 웨버의 법칙 ④ 페닝 효과

풀이 **페닝효과** : 준안정상태를 형성하는 기체에 극히 미량의 다른 기체를 혼합한 경우 방전전압이 하강하는 현상 【답】④

14 완전 흑체의 절대온도가 4000 [K]일 때 단색 방사 발산도가 최대가 되는 파장은 724 [μm]이다. 최대의 단색 방사 발산도가 555 [μm]인 흑체의 절대온도 [K]는?
① 5218 ② 5812
③ 5918 ④ 5981

풀이 최대 스펙트럼 방사 발산도를 생기게 하는 파장 λ_m은 빈의 변위 법칙에 의하여
$\lambda \propto \dfrac{1}{T}$이며 $4000 : \dfrac{1}{724} = x : \dfrac{1}{555}$
$\therefore x = \dfrac{724}{555} \times 4000 = 5218 [K]$ 【답】①

15 제어 오차가 검출될 때 오차가 변화하는 속도에 비례하여 조작량을 가감하는 동작으로서 오차가 커지는 것을 미연에 방지하는 동작은?
① PD 동작 ② PID 동작
③ D 동작   ④ P 동작

풀이 미분 동작 제어(D 동작)
제어계 오차가 검출될 때 오차가 변화하는 속도에 비례하여 조작량을 가·감산하도록 하는 동작으로 **오차가 커지는 것을 미리 방지**하는 데 있다. 【답】③

16 1[kW]의 전열기를 이용하여 20[℃]의 물 5[l]를 70[℃]까지 올리는데 요하는 시간[min]은 약 얼마인가?
① 12.1 ② 14.6
③ 17.4 ④ 25.6

풀이 $860Pt = M(T_2 - T_1)$
$\therefore t = \dfrac{M(T_2 - T_1)}{860P}$ [h] $= \dfrac{M(T_2 - T_1) \times 60}{860P}$ [min]
$= \dfrac{5(70° - 20°) \times 60}{860 \times 1} = 17.4$ [min] 【답】③

17 르클랑셰 전지(망간 건전지)의 전해액으로 어느 것을 사용하는가?
① KOH   ② $CuSO_4$
③ NH_4Cl ④ H_2SO_4

풀이

전지명	정극물질(감극제)	전해질	부극물질(부극)	용도
망간건전지(보통전지)	MnO_2	NH_4Cl	Zn	통신용, 전등용

【답】③

18 다음 중 감극제가 필요 없는 전지는?
① 알칼리 건전지 ② 수은 전지
③ 리튬 전지   ④ 다니엘 전지

풀이 다니엘 전지 : 황산아연 용액 속에 넣은 아연을 음극으로, 황산구리 용액 속에 넣은 구리를 양극으로 하며 두 용액을 염류 용액으로 이어서 만든 전지로서 **분극현상이 없으므로 감극제가 필요없다.** 【답】④

19 FET에 관한 설명 중 옳지 않은 것은?
① 극성이 2개 존재하는 쌍극성 접합 트랜지스터이다.
② 다수 캐리어인 자유전자나 정공 중 어느 하나에 의해서 전류의 흐름이 제어된다.
③ 제조기술에 따라 MOS형과 접합형이 있다.
④ 게이트에 역전압을 인가하여 드레인 전류를 제어하는 전압제어 소자이다.

풀이 FET는 다수캐리어의 한 종류로 동작하므로 **단극성 소자**이다. 【답】①

20 금속의 표면 담금질에 가장 적합한 것은?
① 적외선 가열 ② 유도 가열
③ 유전 가열   ④ 아크 가열

풀이 유도 가열 : 교류자계 중에 있어서 도전성 물체 중에 생기는 와전류에 의한 전류손 또는 히스테리시스손을 이용하는 가열로 금속의 **표면 담금질**·형조·용해·풀림·연납땜·경납땜 등에 응용된다. 【답】②

2회 전기응용

01 터널 다이오드의 용도로 다음 중 가장 널리 사용되는 것은?
① 검파회로   ② 스위칭 회로
③ 정류기   ④ 정전압소자

[풀이] 터널 다이오드 : 마이크로파의 발진, 증폭, **고속 스위칭(개폐)** 기능이 있다. 　　　　　　【답】②

02 다음 전동기 중에서 속도변동률이 가장 큰 것은?
① 3상 농형 유도전동기
② 3상 권선형 유도전동기
③ 3상 동기전동기
④ 단상 유도전동기

[풀이] 3상 유도전동기는 회전자계를 이용하는데 반하여 **단상 유도전동기는 교번자계를 이용하여 회전 하므로 속도변동률이 3상 보다 크다.** 【답】④

03 저항 용접의 특징으로 맞지 않는 것은?
① 온도가 낮기 때문에 모재에 대한 열 영향이 적다.
② 양호한 금속 조직을 얻을 수 있다.
③ 대전류가 필요하기 때문에 전기용량이 크다.
④ 용접용 플럭스(Flux)가 필요하다.

[풀이] 플럭스는 용접, 납땜작업 중에 산화물의 발생을 막고 이물질을 제거하여 접합부를 보호하도록 바르는 약제로서, **저항 용접에는 사용할 필요가 없다.** 【답】④

04 형광등의 전압특성과 온도특성으로 틀린 것은?
① 전원전압의 변화에 민감하므로 정격전압의 ±10[%]의 범위 내에서 사용하는게 바람직하다.
② 전원전압의 변화시 광속, 전류 및 전력은 전원전압에 비례하여 변화한다.
③ 전원전압 상승으로 전극이 과열되어 램프 양끝에서 흑화가 촉진된다.
④ 전원전압이 낮은 경우 시동이 불확실하게 되어 전극 물질의 스파크 등으로 수명이 짧아진다.

[풀이] 형광등은 전원전압의 변동에 대하여 광속변동이 적다. 【답】①

05 열차가 곡선 궤도를 운행할 때 차륜의 후렌지와 레일 두부간의 측면 마찰을 피하기 위하여 내측 궤조의 궤간을 약간 넓히는 것을 무엇이라 하는가?
① 구배   ② 유간
③ 고도   ④ 확도

[풀이] 확도(slack 슬랙)란 곡선로 부분에서 후렌지가 레일 측면에 끼어서 탈선하는 것을 방지하기 위해서 **궤간을 직선부보다 약간 넓게 하는 것**을 말한다.

$$확도\ S = \frac{l^2}{8R}[\text{m}]$$

l : 고정 차축간 거리[m], R : 곡선 반지름[m] 【답】④

06 FL-20D 형광등의 전압이 100 [V], 전류가 0.35 [A], 안정기의 손실이 5 [W]일 때 역률은 약 몇 [%]인가?
① 57   ② 65
③ 71   ④ 85

[풀이] 입력 $P = 20 + 5 = 25[\text{W}]$
역률 $\cos\theta = \dfrac{P}{VI} = \dfrac{25}{100 \times 0.35} = 0.71 = 71[\%]$ 【답】③

07 반사율 30 [%]의 완전확산성 종이를 100 [lx]의 조도로 비추었을 때 종이의 광속 발산도[rlx]는?
① 30   ② 50
③ 70   ④ 90

[풀이]
광속 발산도 $R = \rho E = 0.3 \times 100 = 30[\text{rlx}]$

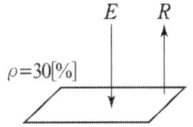

【답】①

08 다음 중 전해정제법이 이용되고 있는 금속 중 최대규모로 행하여지는 대표 금속은?
① 구리   ② 철
③ 납   ④ 망간

[풀이] 전기 분해를 이용하여 **순수한 금속만을 음극에서 석출하여 정제하는 것을 전해정제**(electrolytic refining)라 하며 이 방법에 의하여 정제하는 금속으로는 **구리가 가장 많고** 주석, 금, 은, 니켈, 안티몬 등을 제조할 수 있다. 【답】①

09 직접저항 가열방식은 다음 중 어느 원리를 이용한 것인가?
① 아크손 ② 유전체손
③ 줄열 ④ 히스테리시스손

풀이 저항가열은 저항 R에서 발생하는 **줄열을 이용**하는 방식으로 발생하는 줄열은
$Q = I^2 Rt [J]$

【답】③

10 전지의 국부작용을 방지하는 방법은?
① 감극제 ② 완전밀폐
③ 니켈 도금 ④ 수은 도금

풀이 국부작용을 방지하기 위해서는 순수 금속의 전극을 사용하거나 아연전극에 수은을 도금한다.

【답】④

11 어느 쪽 게이트에서든 게이트 신호를 인가할 수 있고 역저지 4극 사이리스터로 구성된 것은?
① SCS ② GTO
③ PUT ④ DIAC

풀이 SCS(Silicon Controlled Switch)는 두 개의 게이트와 애노우드, 캐소우드의 4단자 구조. P층과 N층에서 게이트를 뽑아낸 PNPN 4층 구조이다.

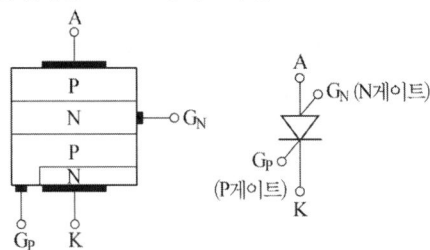

P게이트만 사용하면 일반 사이리스터(SCR)로 사용하고 N게이트만 사용하면 PUT로도 사용할 수 있다. 양쪽의 게이트를 사용하여 감도도 높이고 유지 전류를 광범위하게 조절할 수 있다.

【답】①

12 금속을 양극으로 한 후 적당한 전해액 중에서 단시간 전류를 통하면 금속표면의 돌기부분만이 먼저 분해되어 거울과 같은 표면을 얻는 방법은?
① 전해정제 ② 전해채취
③ 전기도금 ④ 전해연마

풀이
• **전해정제(전해정련)** : 전기 분해를 이용한 금속 정련법. 금속을 양극으로 하고, 그 금속 이온의 염을 포함한 용액을 전해액으로 하여 직류 전류를 통하게 하면, 음극에서 순도가 높은 금속이 석출된다. 구리, 아연, 납, 니켈, 주석, 금, 은 따위를 정련하는 데에 쓴다.
• **전해채취** : 용액 중에 존재하는 금속이온을 순금속으로 회수하기 위해 용액에 전류를 통하여 금속을 얻는 방법.
• **전기도금** : 전기도금은 도금하고자 하는 금속을 양극, 도금되는 금속을 음극으로 하고 도금하고자 하는 금속이온을 함유한 수용액 중에서 전기분해하여, 음극으로 금속을 석출시키는 것이다.
• **전해연마** : 양극 금속의 거친 면을 전해 분해를 이용하여 매끈한 면으로 가공하는 것

【답】④

13 전구의 필라멘트나 열전대 용접에 알맞은 용접 방법은?
① 점 용접 ② 돌기 용접
③ 심 용접 ④ 불활성 용접

풀이
• 점 용접 : 필라멘트, 열전대 용접
• 심 용접 : 이음매 용접

【답】①

14 피드백 제어 중 물체의 위치, 방위, 자세 등의 기계적 변위를 제어량으로 하는 것은?
① 프로세스 제어 ② 자동조정
③ 서보기구 ④ 시퀀스 제어

풀이 제어량의 종류에 의한 분류

항 목	프로세스 제어	서보 제어	자동 조정 제어
특징	플랜트나 생산 공정 중의 상태량을 제어량으로 하는 제어	기계적 변위를 제어량으로 해서 목표값의 임의의 변화에 추종하도록 구성된 제어계	전기적, 기계적 양을 주로 제어하는 것으로서, 응답 속도가 대단히 빨라야 한다.
제어량의 종류	·온도 ·유량 ·압력 ·액위 ·농도 ·밀도 등	**·물체의 위치** **·방위** **·자세 등**	·전압 ·전류 ·주파수 ·회전 속도 ·힘 등

【답】③

15 자중 100 [t], 바퀴 위의 무게가 75 [t]인 기관차의 최대 견인력[kg]은? (단, 바퀴와 레일의 점착계수는 0.2 이다.)
① 7500 ② 10000
③ 15000 ④ 20000

풀이 최대 견인력 F_m [kg]은 다음과 같다.
$F_m = 1000 \mu W_a$ [kg]
여기서, μ는 점착 계수, W_a는 차륜이 궤조(rail)면에 수직으로

누르는 중력[t], 즉 동륜상의 중량
$$\therefore F_m = 1000 \times 0.2 \times 75 = 15000 [kg]$$
【답】③

16 폭 6 [m], 길이 10 [m], 높이 4 [m]인 교실에 40 [W] 형광등 20개를 점등하였다. 교실의 평균조도[lx]는? (단, 조명률 0.45, 감광보상률 1.3, 40 [W] 형광등의 광속은 1500 [lm]이다.)

① 153　　② 163
③ 173　　④ 183

풀이 $FUN = EAD$ 에서,
$$E = \frac{FUN}{AD} = \frac{1500 \times 0.45 \times 20}{6 \times 10 \times 1.3} ≒ 173 [lx]$$
($D = \frac{1}{M}$　M : 유지율, D : 감광보상률)
【답】③

17 고주파 가열방식에서 유도가열의 용도는?
① 금속의 열처리　② 목재의 건조
③ 목재의 접착　　④ 비닐막의 접착

풀이 **유도가열**은 교번자계 중에 있는 도전성 물질에서 발생하는 와류손과 히스테리시스손에 의한 발열을 이용하는 것으로
• 표면가열 (표면담금질, **금속의 표면처리**, 국부가열)
• 반도체 정련 (단결정 제조)
그러나, 목재의 건조, 목재의 접착, 비닐막의 접착 등은 절연체이므로 유전 가열을 이용한 것이다.
【답】①

18 시속 45 [km/h]의 열차가 반경 1000 [m]의 곡선 궤도를 주행할 때 고도(cant)는 약 몇 [mm] 인가? (단, 궤간은 1067 [mm]이다.)

① 10.3　　② 13.4
③ 17.0　　④ 18.0

풀이 고도 $h = \frac{GV^2}{127R} = \frac{1067 \times 45^2}{127 \times 1000} = 17.01 [mm]$
여기서, G : 궤간[mm], V : 속도[km/h],
R : 곡선 반지름[m]
【답】③

19 파장폭이 좁은 3가지의 빛을 조합하여 효율이 높은 백색 빛을 얻는 3파장 형광램프에서 3가지 빛이 아닌 것은?
① 청색　　② 녹색
③ 황색　　④ 적색

풀이 3파장 형광램프 : 3파장 형광램프는 파장폭이 좁은 **청색, 녹색 및 적색** 빛을 조합하여 효율이 높은 백색 빛을 얻는 등이다.
【답】③

20 700 [W] 전열기의 전열선 지름이 5 [%] 감소하고, 길이가 10 [%] 감소하였을 때의 소비전력은 약 몇 [W]인가?

① 501　　② 507
③ 702　　④ 707

풀이
$$P = \frac{V^2}{R} = \frac{V^2}{\rho \cdot \frac{l}{A}} = \frac{V^2}{\rho \cdot \frac{l}{\frac{1}{4}\pi D^2}} = \frac{\pi D^2 V^2}{4\rho l} \quad \therefore P \propto \frac{D^2}{l}$$

$$P' = \left(\frac{D'}{D}\right)^2 \times \frac{l}{l'} \times P = \left(\frac{0.95}{1}\right)^2 \times \left(\frac{1}{0.9}\right) \times 700 = 701.94 [W]$$
【답】③

4회　전기응용

01 절대온도 T[K]인 흑체의 복사발산도(전방사에너지)는? (단, σ는 5.56696×10^{-8}[W/m²·K⁴] 이다.)
① σT　　② $\sigma T^{1.6}$
③ σT^2　　④ σT^4

풀이 흑체의 온도 T[K]에서의 복사 발산도 S[W·m⁻²]는
$S = \sigma T^4$
【답】④

02 나트륨등의 이론 효율 [lm/W]은 약 얼마인가?
① 255　　② 300
③ 395　　④ 500

풀이 나트륨의 분광 분포에서 D선의 에너지는 전방사 에너지의 76[%], 그의 비시감도는 0.765이고 최대시감도는 680 [lm/W]이므로 이론 효율은 $680 \times 0.765 \times 0.76 ≒ 395$ [lm/W]
【답】③

03 SCR을 사용할 때 올바른 전압공급 방법은?
① 애노드(+), 케소드(−), 게이트(+)
② 애노드(−), 케소드(+), 게이트(−)
③ 애노드(+), 케소드(−), 게이트(−)
④ 애노드(−), 케소드(+), 게이트(+)

풀이
- 애노드(A) : ⊕
- 캐소드(K) : ⊖
- 게이트(G) : ⊕

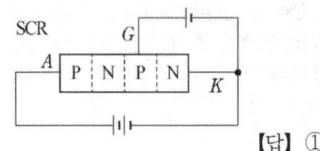

【답】①

04 탄소 아크용접에 대한 설명으로 옳지 않은 것은?
① 심(芯)이 들은 탄소봉을 사용하면 교류로도 사용될 수 있다.
② 전원은 주로 교류를 사용한다.
③ 탄소봉을 음극으로 하고 모재를 양극으로 한 정극을 사용한다.
④ 가스용접에 비해 용접이 빠르고 경제적이다.

풀이
- 탄소 아크용접의 전원 : 직류
- 금속 아크용접의 전원 : 직류, 교류 모두 사용   【답】②

05 제너 다이오드는 다음 중 어느 회로에 쓰이는가?
① 일정한 전압을 얻는 회로이다.
② 일정한 전류를 흘리는 회로이다.
③ 검파회로이다.
④ 발진회로이다.

풀이 제너 다이오드(Zener diode)는 정전압 소자로 만든 pn 접합 다이오드로서 **정전압 다이오드**라 하며, 전압 범위는 약 3 [V] 정도에서 150 [V] 정도까지의 다양한 종류가 있다.
【답】①

06 진공 텅스텐 전구에 사용되는 게터는?
① 적린   ② 질화바륨
③ 탄산칼슘   ④ 소오다 석회

풀이 게터는 전구 내에 남아 있는 산소와 결합하여 전구 내의 진공도를 상승시켜 **필라멘트의 산화를 억제**하는 것으로서 게터로 사용되는 것은 다음과 같다.
- **진공 전구** : 적린과 플루오르화소다
- 가스 주입전구 : 질화바륨 과 카올린   【답】①

07 어떤 전열기에서 5분 동안에 900000 [J]의 일을 했다고 한다. 이 전열기에서 소비한 전력은 몇 [W]인가?
① 450   ② 1800
③ 3000   ④ 18000

풀이 1 [W] = 1 [J/s] 이므로
$P = \dfrac{W}{t} = \dfrac{900,000}{5 \times 60} = 3000 [J/s] = 3000 [W]$ 【답】③

08 반사율 ρ, 투과율 τ, 흡수율 δ일 때 이들의 관계식은?
① $-\rho + \tau + \delta = 1$ ② $\rho + \tau + \delta = 1$
③ $\rho + \tau + \delta = -1$ ④ $\rho - \tau - \delta = 1$

풀이
ρ(반사율) + τ(투과율) + δ(흡수율) = 1   【답】②

09 파이로 루미네선스를 이용한 것은?
① 텔레비전 영상   ② 수은등
③ 네온관등   ④ 발염 아크등

풀이

이름	작용 원인	실제 예시
복사 루미네선스	자외선, X선 등의 조사	형광판, 야광 도료, 형광 방전등
전기 루미네선스	기체 중의 방전	방전등, 극광
파이로 루미네선스	불꽃 속의 기체의 발광	**발염 방전등**, 불꽃 반응
열 루미네선스	고온에 의한 흑체보다 강한 선택 복사	네롬스트등
음극선 루미네선스	음극선	브라운관, 텔레비전 영상
화학 루미네선스	화학 변화, 특히 산화	황인의 완만한 산화
생물 루미네선스	특수 산화	반딧불, 야광 벌레, 오징어

【답】④

10 그림과 같은 반구형 천정이 있다. 반지름 r, 휘도 B이고 균일하다. 이때 h의 거리에 있는 바닥의 중앙점의 조도는 얼마나 되는가?

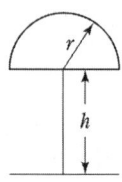

① $\dfrac{\pi r^2 B}{r^2 + h^2}$ ② $\dfrac{\pi r^2 B}{\sqrt{r^2 + h^2}}$

③ $\dfrac{\pi r^2 B}{r + h}$ ④ $\dfrac{r^2 B}{\sqrt{r^2 + h^2}}$

풀이 그림에서 구하는 조도 E는 $E = \pi B \sin^2\theta$
그림에서 $\sin\theta = \dfrac{r}{\sqrt{r^2 + h^2}}$ 을 대입하면
$\therefore E = \dfrac{\pi r^2 B}{r^2 + h^2}$ [lx]   【답】①

11 다음 중 1차 전지가 아닌 것은?

① 망간건전지　　② 공기전지
③ 수은전지　　　④ 연축전지

풀이 실용전지의 분류

분류		종류
1차 전지		망간 건전지, 적층 건전지, 공기 건전지 리튬 전지, 수은 전지
2차 전지		**연축 전지**, 알칼리 축전지
연료 전지		알칼리 전해액 연료전지, 산성 전해질 연료전지, 용융염 전해질 연료전지, 고체 전해질 연료전지
특수 전지	물리전지	태양 전지, 열 전지, 원자력 전지
	생물전지	아직 실용화 되어 있지 않음

【답】④

12 직접 가열식 저항로의 온도를 고온으로 가열하여 흑연화 시키는 데 이용되는 전극은?

① 텅스텐 전극　　② 니켈 전극
③ 탄소 전극　　　④ 철 전극

풀이 전기로가 **고온**으로 된 경우 전류를 공급하는데 내열성이 우수한 전극이 필요하며, 이러한 조건에 맞는 **탄소전극**을 사용한다.　【답】③

13 열차가 주행할 때 중력에 의하여 발생하는 저항으로 두 점간의 수평거리와 고저차의 비로 표시되는 저항은?

① 출발저항　　② 구배저항
③ 곡선저항　　④ 주행저항

풀이
① 기동 저항(출발 저항) : 정지 중에 열차가 출발할 때 발생하는 저항
② 주행 저항 : 열차가 평탄한 직선로 위를 운전할 때 발생하는 저항
③ **구배 저항** : 열차가 구배를 올라갈 때 **중력에 의해 발생하는 저항**
④ 곡선 저항 : 열차가 곡선로를 통과할 때 차륜과 레일과의 마찰에 의해 발생하는 저항
⑤ 가속도 저항 : 열차가 주행 중 가속할 때에 발생하는 저항으로 열차를 가속하기 위해서 필요한 견인력과 같다.　【답】②

14 백열전구의 전압이 10[%] 저하하면 광속의 감소율은? (단, 광속은 전압의 3.4제곱에 비례한다.)

① 약 15 [%]　　② 약 20 [%]
③ 약 30 [%]　　④ 약 35 [%]

풀이
$$F = F_0 \left(\frac{V}{V_0}\right)^{3.4} = F_0 \left(\frac{0.9V}{V}\right)^{3.4} = 0.7 F_0$$
따라서, 광속이 약 30[%] 감소하게 된다.　【답】③

15 표준전구의 광도 40 [cd], 반사판과의 거리 80 [cm], 피측정 전구까지의 거리 1.2 [m]인 곳에서 광도계 두부가 평형이 되었다면, 피측정전구의 광도는 몇 [cd] 인가?

① 60　　② 70
③ 80　　④ 90

풀이
$$I_t = I_s \left(\frac{d_t}{d_s}\right)^2 = 40 \times \left(\frac{1.2}{0.8}\right)^2 = 90 [cd]$$
여기서, I_t : 피 측정 전구의 광도, I_s : 표준 전구의 광도
d_t : 반사판으로 부터 피 측정 전구까지의 거리
d_s : 반사판으로 부터 표준 전구까지의 거리　【답】④

16 유전가열에서 피열물내의 소비전력에 비례하는 것은? (단, ϵ : 피열물의 비유전율, $\tan\delta$: 유전체 손실각, E : 전계의 세기, 주파수 : 일정)

① $\epsilon \cdot \tan\delta \cdot E^2$　　② $\epsilon \cdot \tan\delta \cdot E$
③ $\frac{\tan\delta}{\epsilon} \cdot E^2$　　④ $\frac{\tan\delta}{\epsilon} \cdot E$

풀이 단위 체적당 유전체손
$$P_0 = \frac{5}{9} f \epsilon_s E^2 \tan\delta \times 10^{-10} [W/m^3]$$
【답】①

17 화학공장 등의 폭발성 가스가 많은 곳에 사용하는 전동기는?

① 방수형 전동기　　② 방진형 전동기
③ 방식형 전동기　　④ 방폭형 전동기

【답】④

18 흡상 변압기의 주된 용도는?

① 전원의 불평형을 조정하는 변압기이다.
② 궤도용 신호 변압기이다.
③ 전기기관차의 보조 변압기이다.
④ 전자유도를 경감시키는 변압기이다.

풀이 흡상 변압기(BT, Booster Transformer)는 권수비 1 : 1의 단권 변압기로서 귀전류를 BT 작용에 의하여 강제로 부급전선에 흡상시켜 **통신 선로의 유도 장해를 경감하는 방식**이다. 1차측은 전차선에 2차측은 부급전선에 직렬로 접속한다. 이때 흐르는 전류는 크기가 같고 방향은 반대가 된다. 【답】④

19 권상하중 10 [t], 권상속도 8 [m/min]인 권상기의 권상용 전동기의 소요동력 [kW]은 약 얼마인가? (단, 권상장치의 효율은 67 [%]이다.)
① 10.5
② 19.5
③ 29.5
④ 39.5

풀이 $P = \dfrac{WV}{6.12\eta}$

여기서, P : 출력 [kW], W : 권상하중 [ton]
V : 권상속도 [m/min], η : 효율

$\therefore P = \dfrac{10 \times 8}{6.12 \times 0.67} = 19.51 [\text{kW}]$ 【답】②

20 전기가열 방식 중 전기적 절연물에 교번전계를 가할 때 물체 내부의 전기쌍극자의 회전에 의해 발열하는 가열 방식은?
① 저항 가열
② 유도 가열
③ 유전 가열
④ 전자빔 가열

풀이 **유전 가열** : 전극 사이에 유전체를 넣고 전극간에 고주파 전계를 가하면 **전기 쌍극자는 전계의 방향으로 심하게 회전, 진동**한다. 유전가열은 이때 **분자끼리의 마찰에 의해 열을 발생**하게 하는 방법이다. 【답】③

2013년 기출문제

1회   전기응용

01 목표 값이 시간에 따라 변화하는 것을 목표 값에 제어량을 추종하도록 하는 제어가 아닌 것은?
① 프로그램제어   ② 비율제어
③ 정치제어   ④ 추치제어

풀이 표값의 시간적 성질에 의한 분류
정치제어와 추치제어로 구분된다.
- **정치제어 : 목표값이 시간에 대하여 변화하지 않는 제어**를 말하며 프로세스 제어, 자동조정이 이에 속한다.
- **추치제어 :** 출력의 변동을 조정하는 동시에 목표값에 정확히 추종하도록 설계한 제어계로서 추종제어, 프로그램제어 및 비율제어로 구분된다.   【답】 ③

02 일반적으로 사용되는 서미스터(thermister)는 온도가 증가할 때 저항은?
① 감소한다.   ② 증가한다.
③ 임의로 변한다. ④ 변화가 없다.

풀이 서미스터 : **부(−)의 온도 계수**를 갖고 있으며, 온도 보상 회로에 이용된다.   【답】 ①

03 배리스터(Varistor)의 주된 용도는?
① 전압 증폭
② 온도 보상
③ 출력 전류 조절
④ 스위칭 과도전압에 대한 회로 보호

풀이 배리스터
- 과도 전압, **이상 전압에 대한 회로 보호용**으로 사용되는 소자
- 피뢰기, 전기 접점간의 불꽃 제거 장치   【답】 ④

04 레일본드와 관계가 없는 것은?
① 진동방지   ② 동 연선 사용
③ 전기저항 저하   ④ 전압강하 저하

풀이 레일 본드란 레일 사이를 전기적으로 접속시킨 연동선으로서, 레일 연결 부위의 접속 전기 저항과 전압 강하를 감소시키는 목적으로 설치하는 것으로서 **진동 방지와는 무관**하다.
【답】 ①

05 전기도금에 사용되는 전원 장치로 적합한 것은?
① 건전지   ② 유도 발전기
③ 셀렌 정류기   ④ 교류 발전기
【답】 ③

06 가스입 전구에 아르곤가스를 넣을 때에 질소를 봉입하는 이유는?
① 대류작용촉진   ② 대류작용억제
③ 아크억제   ④ 흑화방지

풀이 봉입 가스
- 아르곤 : 무겁기 때문에 증발 억제 효과가 크고, 열전도율이 적어 열손실은 적으나 방전을 일으키기 쉽다.
- **질소** : 산화방지 및 **아크를 억제하여 수명을 연장**   【답】 ③

07 단상 유도전동기의 기동 토크가 큰 순으로 올바른 것은?
① 콘덴서 기동형 − 분상 기동형 − 반발 기동형
② 반발 기동형 − 분상 기동형 − 콘덴서 기동형
③ 반발 기동형 − 분상 기동형 − 세이딩 코일형
④ 콘덴서 기동형 − 반발 기동형 − 세이딩 코일형

풀이 단상 유도 전동기의 기동 토크 및 용도

종류	기동토크[%]	정동토크[%]	용도
분상 기동형	125 이상	175~300	복사기, 계산기
콘덴서 기동형	250 이상	175~300	냉장고
콘덴서 전동기	140~160	200~300	세탁기, 선풍기
반발 기동형	300 이상	175~300	펌프
세이딩 코일형	40~100	130~200	플레이어, 테이프 레코더

즉, **기동토크가 큰 순서**는
반발 기동형 > 콘덴서 기동형 > 분상 기동형 > 세이딩 코일형
【답】 ③

과년도 기출문제 2013년

08 3300[K]에서 흑체의 최대 파장[μ]은 약 얼마인가? (단, 빈의 변위법칙에서 상수 값은 2896 [$\mu \cdot$K]이다.)

① 0.878　　　　② 1.140
③ 1.579　　　　④ 1.899

풀이 빈의 변위법칙 : 방사파장은 방사체의 절대온도에 반비례한다.
$$\lambda_m T = 2896[\mu \cdot K]$$
여기서, λ_m : 최대복사가 일어나는 파장
따라서, $\lambda_m = \dfrac{2896}{T} = \dfrac{2896}{3300} = 0.878[\mu]$　【답】①

09 자동제어에서 검출장치로 소형 직류발전기를 사용하였다. 이것은 다음 중 무엇을 검출하는 것인가?

① 속도　　　　② 온도
③ 위치　　　　④ 유량

풀이 자동 제어(자동 조정용)에서 **속도 검출기**의 적용으로는 **회전 발전기**, 주파수 검출법, 스피더 등이 있다.　【답】①

10 인쇄, 도장, 난방, 보온, 조리 등 각 분야에서 많이 응용되고 있으며 전구의 필라멘트 온도는 2400~2500 [K]로서 수명은 약 5000시간 정도이고 내열유리를 사용하고 있는 전구는?

① 적외선 전구　　　② 할로겐 전구
③ 자동차용 전구　　④ 투광기용 전구

풀이 **적외선 전구**는 텅스텐선 등의 저항체에 전류를 흘려 그 열방사를 이용한 것으로서 건조에 유효한 파장 범위 1~4 [μ]를 가장 효율 좋게 방사시키는 온도 2200~2500[K]로 하고 있으며 수명은 5000시간 이상이다.　【답】①

11 철차의 반대쪽 궤조측에 설치하는 궤조는?

① 전철기　　　　② 철차
③ 호륜궤조　　　④ 도입궤조

풀이 궤도의 분기 개소에서 **철차가 있는 곳**은 궤조가 중단되므로 원활하게 차체를 분기 선로로 유도하기 위해서는 **반대 궤조측에 호륜 궤조**(guard rail)를 설치하여야 한다.　【답】③

12 직류 직권전동기의 용도는?

① 크레인용　　　② 전기철도용
③ 압연기용　　　④ 공작기계용

풀이
- 직류 직권 전동기의 토크 $T = k\phi I_a = KI^2$
(직권 전동기에서 $I_a = I_f = I$, $I_f \propto \phi$)
- **직류 직권 전동기**의 토크는 전류의 제곱에 비례하므로 기동시 토크가 커야 하는 **전차용, 전기 철도용의 견인 전동기**로 사용된다.　【답】②

13 프로젝션 용접의 특징이 아닌 것은?

① 작업속도가 빠르다.
② 용접의 신뢰도가 높다.
③ 판재의 두께가 다른 것도 용접할 수 있다.
④ 피치(pitch)가 작은 용접은 불가능하다.

풀이 돌기 용접(프로젝션 용접)의 특징
- 용접의 속도가 빠르다.
- 전류와 압력이 각 점에 균일하게 가하여 지므로 용접 신뢰도가 높다.
- 일반적으로 저항 용접에서 시행할 수 없는 크기와 두께가 다른 두 물체의 용접이 가능하다.
- 용접 피치를 작게 할 수 있다.　【답】④

14 적외선 건조에 대한 설명으로 틀린 것은?

① 효율이 좋다.
② 온도 조절이 쉽다.
③ 대류열을 이용한다.
④ 많은 장소가 필요하지 않다.

풀이 적외선 건조의 특징
- **적외선 건조**는 적외선 전구에 의한 **복사열을 이용**한다.
- 도장 등의 표면 건조에 적당하다.
- 건조기 구조가 간단하다.
- 조작간단, 연료 손실 적고, 작업 시간이 단축된다.
- 설비비 유지비가 염가, 설치 장소 절약된다.
- 건조 재료의 감시가 용이하고 청결 안전하다.　【답】③

15 피열물에 직접 통전하여 발열시키는 직접식 저항로가 아닌 것은?

① 카바이드로　　② 염욕로
③ 흑연화로　　　④ 카보런덤로

풀이
- 직접식 저항로 : 피열물에 직접 전류를 흘려서 가열하는 방식이며 카바이드로, 카아버런덤로, 흑연화로, 유리용융로, 알루미늄전해로 가 있다.
- 간접식 저항로 : 발열체를 설치한 저항로로 발열체의 열을 방사, 대류 등에 의하여 피열물에 전하는 방식이며, 사용하는 발

열물의 종류에 따라 니크롬 발열체로, 탄화 규소 발열체로, **염욕로** 등이 있다. 　【답】②

16 서로 관계 깊은 것들끼리 짝지은 것이다. 옳지 않은 것은?
① 유도가열-와전류손
② 형광등-스토크스정리
③ 표면가열-표피효과
④ 열전온도계-톰슨효과

풀이 제에벡 효과 : 서로 다른 두 종류의 금속 접속점 간에 온도차가 있으면 열기전력(전류)이 발생하는 현상으로 **열전 온도계 및 열전대**에 사용된다. 　【답】④

17 전기 화학 당량의 단위는?
① [C/g]　　　　② [g/C]
③ [g/k]　　　　④ [Ω/m]

풀이 패러데이 법칙 : 전기분해에 의해 석출되는 물질의 양은 전해액을 통과하는 총 전기량에 비례하고 또 물질의 화학 당량에 비례한다.
$W = KQ$ [g]
여기서, W : 석출되는 물질의 양 [g]
　　　　K : 화학당량 [g/C]
　　　　Q : 통과한 전기량 ($Q = It$) [C] 　【답】②

18 열차 제동방법 중 전기에너지를 트롤리선으로 반환하는 제동방법은?
① 전자제동　　　② 유압제동
③ 발전제동　　　④ 회생제동

풀이 회생제동 : 전동기에 전원을 접속한 상태에서 전동기에 유기되는 역기전력을 전원 전압보다 높게 하여 **회전 운동 에너지로 발생되는 전력을 전원측에 반환**하면서 제동하는 방식이다. 　【답】④

19 피드백(feed back) 제어계의 특징이 아닌 것은?
① 외부조건의 변화에 대한 영향을 줄일 수 있다.
② 제어계의 특성을 향상시킬 수 있다.
③ 목표 값을 정확히 달성할 수 있다.
④ 제어계가 단순하고 제작비용이 낮아질 수 있다.

풀이 피드백 제어계에는 입력과 출력을 비교하는 장치가 필수적이다. 따라서, 제어계가 **복잡하고 설치비가 고가**

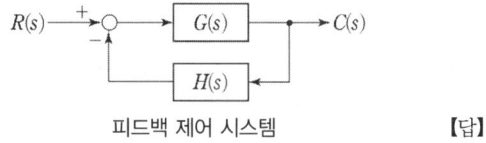
피드백 제어 시스템 　【답】④

20 10층 빌딩에 설치된 적재중량 1000[kg]의 엘리베이터의 승강속도를 60[m/min]로 할 때 필요한 전동기의 출력은 약 몇 [kW]인가? (단, 평형추의 평형률은 0.6, 효율은 1이다.)
① 3　　　　　② 6
③ 10　　　　　④ 13

풀이 엘리베이터의 소요 출력 P[kW]는
$$P = \frac{WVC}{4500\eta}[\text{HP}] = \frac{WVC}{6120\eta}[\text{kW}]$$
단, W : 정격 하중[kg], V : 정격 속도[m/min]
　　C : 평형률이다.
$$\therefore P = \frac{WVC}{6120\eta} = \frac{1000 \times 60 \times 0.6}{6120 \times 1} = 5.88 [\text{kW}]$$
　【답】②

2회　전기응용

01 전동기 운전 시 발생하는 진동 중 전자력의 불평형 원인에 의한 것은?
① 회전자의 정적 및 동적 불균형
② 베어링의 불균형
③ 상대기계와의 연결 불량 및 설치 불량
④ 회전 시 공극의 변동

풀이 원인 별 전동기 소음
① 기계적 소음
　• 기계적 불평형이나 연결 및 설치의 불완전으로 인한 진동
　• 브러시 습동에 의한 마찰 및 축받이의 구르는 소리
② 통풍 소음 : 회전자의 회전, 냉각팬 및 통풍 덕트 등에서의 바람에 의한 통풍소음
③ 전자기적 소음 : 자속의 맥동이나 **전자력의 편심에 의해 회전 시 공극의 변동**에 의한 진동 　【답】④

02 고융점 재료 및 금속박 재료의 용접을 쉽게 할 수 있는 가열방식은?
① 저항 가열　　　② 아크 가열
③ 유도 가열　　　④ 전자빔 가열

과년도 기출문제 2013년

[풀이] **전자빔 가열**의 특징
- 전자빔을 국부적으로 모아서 전력밀도를 높게 할 수 있기 때문에 대단히 적은 부분의 가공이나 구멍 뚫는 작업이 쉽다.
- 가열범위가 극히 국한된 부분에 집중시킬 수 있어서 열에 의한 변질이 될 부분을 적게 할 수 있다.
- **고융점 재료 및 금속박 재료의 용접**이 쉽다.
- 진공 중에서 가열이 가능하다.
- 전력밀도가 높은 예민한 빔을 조사하여 적합한 형태의 구멍을 만들 수 있다.
- 에너지의 밀도나 분포는 자유로이 조절할 수 있다. 【답】 ④

03 전기차량의 집전장치가 아닌 것은?
① 트롤리 봉 ② 복진지
③ 뷔겔   ④ 팬터그래프

[풀이]
① 집전장치의 종류
  - 트롤리 봉(trolley pole)
  - 뷔겔(bow collector or Bugel collector)
  - 팬터그래프(pantagraph or pantagraph)
② **복진지** : 궤조(rail)가 열차의 진행과 더불어 종 방향으로 이동하려고 하는 것을 복진이라 하고 이를 방지하는 장치를 복진지라 하며 **침목**이 이 역할을 겸하고 있다. 【답】 ②

04 연축전지(납축전지)의 방전이 끝나면 그 양극(+극)은 어느 물질로 되는가?
① Pb   ② PbO
③ PbO_2 ④ $PbSO_4$

[풀이] **방전**이 되면 두 극의 물질이 황산과 반응하여 **황산납**($PbSO_4$)이 되며, 이것을 다시 충전하면 처음 상태가 된다.

$$PbO_2 + 2H_2SO_4 + Pb \underset{충전}{\overset{방전}{\rightleftarrows}} PbSO_4 + 2H_2O + PbSO_4$$
양극 전해액   음극   양극   부산물 음극
【답】 ④

05 다음 설명 중 비열을 설명한 것은?
① 단위 시간에 흐른 열량이다.
② 기체나 액체의 운동, 열의 전달이다.
③ 1[g]의 물체를 1[℃] 상승시키는데 필요한 열량이다.
④ 적외선이나 광 등의 복사에너지에 의해서 열이 전달되는 것이다.

[풀이] **비열** : 물체 1[kg]을 1[℃] 높이는데 필요한 열량[J]을 비열이라 하고 그 단위는 [J/℃·kg] 이다. 【답】 ③

06 그림과 같은 점광원으로부터 원뿔의 밑면까지의 거리가 4[m]이고, 밑면의 반경이 3[m]인 원형면의 평균 조도가 100 [lx]라면 이 점광원의 평균 광도 [cd]는?
① 225
② 250
③ 2250
④ 2500

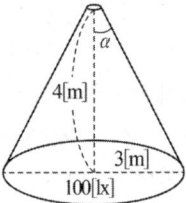

[풀이]
$$E = \frac{F}{S} = \frac{\omega I}{\pi r^2} = \frac{2\pi(1-\cos\alpha)I}{\pi r^2}$$
$$E = \frac{2I(1-\cos\alpha)}{r^2}$$
$E = 100$ [lx], $\cos\alpha = \dfrac{4}{\sqrt{4^2+3^2}} = 0.8$, $r = 3$ [m]이므로
$$100 = \frac{2I\left(1-\dfrac{4}{5}\right)}{3^2}$$
$$\therefore I = \frac{900}{0.4} = 2250 \text{ [cd]}$$
【답】 ③

07 진공도가 $10^{-4} \sim 10^{-5}$ [mmHg] 정도의 진공 중에서 가열된 텅스텐 합금의 음극으로부터 튀어나온 전자를 직류 고전압으로 가속해서 피용접물에 집중하여 용접하는 방법은?
① 전자빔 용접   ② 플라스마 용접
③ 레이저 용접   ④ 초음파 용접

[풀이] **전자빔 가열** : 진공 중에서 고속으로 가열한 전자를 집속하여 그 전자의 충돌에 의한 에너지로 가열하는 방식을 전자 빔 가열이라고 한다. 【답】 ①

08 루소 선도가 그림과 같이 표시되는 광원의 하반구 광속 F [lm]은 약 얼마인가?
① 371
② 471
③ 571
④ 671

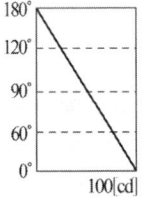

[풀이] 루소 선도에서 광원의 광속 F [lm]와 면적 S 사이에는
$$F = \frac{2\pi}{r}S, \quad r = 100$$
하반구 광속이므로
$$S = \frac{100}{2}(100+50) = \frac{100 \times 150}{2} = 7500$$

∴ $F = \frac{2\pi}{100} \times 7500 = 150\pi = 471 [\text{lm}]$ 【답】②

09 백열전구의 시험 항목에 해당되지 않는 것은?
① 구조 시험 ② 투광 시험
③ 초특성 시험 ④ 동정특성 시험

풀이 전구 시험
- 구조 시험
- 초특성 시험 : 약 1시간의 에이징 후에 측정한 전구의 특성 시험
- 동정특성 시험 : 전구의 수명이 1/2인 시점에서 측정한 전구의 특성 시험 【답】②

10 평등 전계 하에서 방전 개시전압은 기체의 압력과 전극간 거리와의 곱의 함수가 된다는 것은?
① 스토크의 법칙 ② 스테판 볼츠만의 법칙
③ 파센의 법칙 ④ 프랑크의 법칙

풀이 방전 개시 전압은 방전관 내의 압력과 전극간 간격의 곱에 비례한다. 이 관계를 **파센(Paschen)의 법칙**이라 한다.
즉, $V \propto$ 압력×전극간의 간격 【답】③

11 포토 다이오드(Photo diode)에 관한 설명 중 틀린 것은?
① 온도 특성이 나쁘다.
② 빛에 대하여 민감하다.
③ PN 접합에 역방향으로 바이어스를 가한다.
④ PN 접합의 순방향 전류가 빛에 대하여 민감하다.

풀이 **포토 다이오드**는 반도체의 접합부에 빛이 닿으면 전류가 발생하는 성질을 이용한 것으로서 빛의 검출 따위에 사용되며 빛에 대하여 민감하며 **온도 특성이 좋다**. 【답】①

12 황산 용액에 양극으로 구리 막대, 음극으로 은 막대를 두고 전기를 통하면 은 막대는 구리색이 나는 것을 무엇이라고 하는가?
① 전기 도금 ② 이온화 현상
③ 전기 분해 ④ 분극 작용

풀이 전기 도금 : 전기 도금은 도금하고자 하는 금속을 양극, 도금되는 금속을 음극으로 하고 도금하고자 하는 금속 이온을 함유한 수용액 중에서 전기 분해하여, 음극으로 금속을 석출시키는 것이다. 따라서, 양극에 있는 구리가 음극에 있는 은막대로 이동하여 은막대가 구리색이 나게 된다. 【답】①

13 다음 중 전기저항 용접이 아닌 것은?
① 점 용접 ② 불꽃 용접
③ 심 용접 ④ 원자 수소 용접

풀이 전기저항 용접의 종류
- 점 용접 : 필라멘트, 열전대 용접
- 심 용접 : 이음매 용접
- 막대기 용접 (**불꽃** 용접은 막대기 용접의 한 종류)
- 프로젝션 용접 【답】④

14 다음의 소자 중 쌍방향성 사이리스터가 아닌 것은?
① DIAC ② TRIAC
③ SSS ④ SCR

풀이 각 종 반도체 소자의 방향성 비교
- 양방향성(쌍방향성) 소자 : DIAC, TRIAC, SSS
- 역저지(단방향성) 소자 : SCR, LASCR, GTO 【답】④

15 1.2[l]의 물을 15[℃]에서 75[℃]까지 10분간 가열시킬 때 전열기의 용량[W]은? (단, 효율은 70[%]이다.)
① 720 ② 795
③ 856 ④ 942

풀이
$P = \frac{MC(T_2 - T_1)}{860 t \eta} = \frac{1.2 \times 1 \times (75-15)}{860 \times \frac{1}{6} \times 0.7}$
$= 0.72[\text{kW}] = 720[\text{W}]$ ($\because 10[\min] = \frac{1}{6}[\text{h}]$) 【답】①

16 연속식 압연기용의 전동기에 대한 자동제어는?
① 정치제어 ② 추종제어
③ 프로그래밍제어 ④ 비율제어

풀이 압연기는 일정 두께의 철판을 생산하는 장치로서 일정한 목표값을 유지해야 하므로 제어 방식은 **정치 제어**가 되어야 한다. 【답】①

17 전기철도에서 전식을 방지하는 방법이 아닌 것은?
① 전차선 전압을 승압한다.
② 변전소 간격을 단축한다.
③ 도상의 절연저항을 작게 한다.
④ 귀선로의 저항을 적게 한다.

【풀이】 레일과 변전소간에 상당한 전위차가 생기면 누설 전류가 흐르고, 그 누설 전류에 의해 지중 매설물에 전해 작용이 일어나서 점점 얇아지게 된다. 이것을 전식이라고 하며 그 방지 대책은 다음과 같다.
- 귀선 저항을 작게 하기 위하여 레일에 본드를 시설
- 레일을 따라 보조 귀선을 설치한다.
- 변전소간의 간격을 짧게 한다.
- 귀선의 극성을 정기적으로 바꾼다.
- 대지에 대한 레일의 절연 저항을 크게 한다. 【답】③

18 저압 나트륨등의 특성에 관한 설명으로 틀린 것은?
① 증기압은 4×10^{-3}[mmHg] 이다.
② 광원의 광색이 단일색광이다.
③ 요철 식별이 우수하고 연색성이 좋다.
④ 간선도로, 터널 등의 도로조명에 주로 사용된다.
【풀이】 **저압 나트륨등은 연색성이 좋지 않으므로**, 연색성이 문제되지 않는 도로나 터널 등의 옥외조명에 주로 사용된다. 【답】③

19 전구에 게터(getter)를 사용하는 목적은?
① 광속을 많게 한다.
② 전력을 적게 한다.
③ 효율을 좋게 한다.
④ 수명을 길게 한다.
【풀이】 **게터**는 전구 내에 남아 있는 산소와 결합하여 전구 내의 진공도를 상승시킴으로서 **필라멘트의 산화를 억제하여 전구의 수명을 길게** 한다. 사용되는 게터의 종류는 다음과 같다.
- 진공 전구 : 적린과 플루오르화소다
- 가스 주입전구 : 질화바륨 과 카올린 【답】④

20 자동제어 분류에서 제어량에 의한 분류가 아닌 것은?
① 서보기구   ② 프로세스제어
③ 자동조정   ④ 정치제어
【풀이】
① 제어량의 종류에 의한 분류
  • 프로세스 제어 • 서보 제어 • 자동조정제어
② 목표값의 시간적 성질에 의한 분류
  • 정치제어 • 추치제어 【답】④

4회   전기응용

01 열전 온도계의 특징에 대한 설명으로 잘못된 것은?
① 적절한 열전대를 선정하면 0~2500[℃] 온도 범위의 측정이 가능하다.
② 응답속도가 늦으나 시간지연에 의한 오차가 비교적 적다.
③ 특정한 위치나 좁은 장소의 온도측정이 가능하다.
④ 온도가 열기전력으로써 검출되므로 측정, 조절, 증폭, 변환 등의 정보처리가 용이하다.
【풀이】 **열전 온도계**는 열전대의 열기전력이 열접점과 냉접점의 온도차에 각각 비례하여 규칙적으로 생기는 제벡효과를 이용하여 열접점과 같은 온도인 피측정체의 온도측정에 사용되는 것으로서 **응답속도가 빠르고 시간지연에 의한 오차가 비교적 적다.** 【답】②

02 전기 철도의 궤간에 대한 설명으로 옳은 것은?
① 궤조를 직접 지지한다.
② 철도차량을 주행시키는 선로이다.
③ 1435[mm]의 궤간을 표준궤간이라 한다.
④ 기온차를 대비한 레일의 간격이다.
【풀이】 궤간 : 양 궤조 두부 내측간의 최단거리를 말한다.

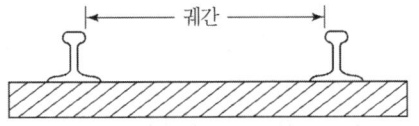

- 표준 궤간 : 궤간이 1435 [mm]인 철도
- 광궤간 : 궤간이 1435 [mm]보다 넓은 철도
- 협궤간 : 궤간이 1435 [mm]보다 좁은 철도 【답】③

03 동력 전달 효율이 78.4[%]의 권상기로 30 [t]의 하중을 매분 4 [m]의 속력으로 끌어 올리는데 필요한 동력[kW]은?
① 14   ② 18
③ 21   ④ 25
【풀이】
$$P = \frac{KWV}{6.12\eta} = \frac{30 \times 4}{6.12 \times 0.784} = 25 \text{ [kW]}$$
여기서, K : 손실계수 (여유계수), W : 중량 (하중) [ton]
        V : 권상속도 [m/min], η : 효율 【답】④

04 백열전구의 봉함부 도입선으로 쓰이는 재료는?

① 니켈강에 동을 피복한 것(듀밋선)
② 몰리브덴 선
③ 동에 니켈강을 피복한 것(텅스텐선)
④ 동선

풀이
• 도입선의 재질

전구의 종류	외부 도입선	봉함부 도입선	내부 도입선	스템 유리의 종류
진공 전구	동선	듀밋선 (dumet wire)	동선	연유리
가스 봉입 전구	동선	듀밋선 (dumet wire)	순철·순동선 (니켈·도금)	연유리

• 듀밋선은 42 [%]의 니켈을 포함한 철강선에 구리를 두껍게 피복한 것으로 팽창계수는 6×10^{-6} 정도이다. 【답】①

05 평균 구면광도 I[cd]인 전등으로부터 방사되는 전광속 F [lm]는?

① 4π ② π
③ $\pi^2 I$ ④ $4\pi I$

풀이 평균 구면광도가 I[cd]인 구광원인 경우 광원 둘레의 입체각이 4π[st]이므로 전광속 F는
$F = 4\pi I$ [lm]
이 된다. (원통 광원(형광등)의 경우 전광속 $F = \pi^2 I$ [lm]) 【답】④

06 열 회로에서 열용량의 단위는?

① [J/℃·cm]   ② [J/℃]
③ [J/cm²℃]   ④ [J/cm³℃]

풀이
• 열량 : Q[J]
• 열용량 : C[J/℃] 【답】②

07 SCR의 애노드 전류가 20 [A]로 흐르고 있을 때 게이트 전류를 반으로 줄이면 애노드 전류는 몇 [A]가 되는가?

① 0   ② 10
③ 20   ④ 40

풀이 SCR에 순방향 전압이 인가되어 있을 때 게이트 전류가 흐르면 SCR은 도통을 시작한다. 일단, 도통되고 나면 게이트 전류를 차단하여도 SCR은 계속 도통 상태를 유지하므로 **도통 후 애노드 전류의 크기는 게이트 전류와 무관**하다. 【답】③

08 터널 내에 설치하는 터널조명의 기능에 따른 분류에 해당되지 않는 것은?

① 중앙조명   ② 입구조명
③ 출구조명   ④ 기본조명

풀이 터널 조명은 일반도로 조명과 달리 눈의 명순응, 암순응의 현상을 중시하여야 하므로 다음과 같은 구성이 필요하다.
• **입구부 조명** • **기본 조명** • **출구 조명**
• 접속도로의 조명 • 정전 시 조명 【답】①

09 직접조명 시 벽면을 이용할 경우 등기구와 벽면 사이의 간격 S_o는? (단, H는 작업면에서 광원까지의 높이이다.)

① $S_o \leq \dfrac{H}{3}$ ② $S_o \leq \dfrac{H}{2}$
③ $S_o \leq 1.5H$ ④ $S_o \leq 2H$

풀이 조명기구 간격 및 배치
① 기구의 최대 간격 $S \leq 1.5H$
② 광원과 벽면 거리
  • $S_o \leq \dfrac{H}{2}$ (벽측을 사용하지 않을 경우)
  • $S_o \leq \dfrac{H}{3}$ (벽측을 사용할 경우)
단, H : 작업면 상의 광원의 높이 [m] 【답】①

10 다음 중 기중기(crane)의 종류가 아닌 것은?

① 벨트 기중기   ② 천장 기중기
③ 갠트리 기중기   ④ 지브 기중기

풀이 기중기는 하물을 수직이동과 수평이동을 시켜서 목적하는 장소로 보내는 것으로서 그 종류는
• **천정 기중기** • **갠트리 기중기** • **지브 기중기**
• 탑형 기중기가 있다. 【답】①

11 5[kg]의 강재를 20[℃]에서 85[℃]까지 35초 사이에 가열하면 몇 [kW]의 전력이 필요한가? (단, 강재의 평균 비열은 0.15 [kcal/℃kg]이고 강재에서 온도의 방사는 무시한다.)

① 약 3.5   ② 약 4.0
③ 약 5.3   ④ 약 5.8

풀이
$P = \dfrac{MC(T_2 - T_1)}{860t} = \dfrac{5 \times 0.15 \times (85-20)}{860 \times \dfrac{35}{3600}} \fallingdotseq 5.83[kW]$ 【답】④

과년도 기출문제 2013년

12 열차의 운전 방법에 의한 전력 소비량을 감소시키는 방법이 아닌 것은?
① 가속도를 크게 한다.
② 감속도를 크게 한다.
③ 표정속도를 작게 한다.
④ 차량의 중량을 가볍게 한다.

[풀이] 차량의 중량을 가볍게 하는 것은 차량조건에 의해 전력소비량을 감소시키는 방법이다. 【답】 ④

13 전압, 속도, 주파수, 역률을 제어량으로 하는 제어계는?
① 자동조정　　② 추종제어
③ 프로세스제어　④ 피드백제어

[풀이] 제어량의 종류에 의한 분류

항 목	프로세스 제어	서보 제어	자동 조정 제어
특 징	플랜트나 생산 공정 중의 상태량을 제어량으로 하는 제어	기계적 변위를 제어량으로 해서 목표값의 임의의 변화에 추종하도록 구성된 제어계	전기적, 기계적 양을 주로 제어하는 것으로서, 응답 속도가 대단히 빨라야 한다.
제어량의 종류	·온도 ·유량 ·압력 ·액위 ·농도 ·밀도 등	·물체의 위치 ·방위 ·자세 등	**·전압** ·전류 **·주파수** ·회전 속도 ·힘 등

【답】 ①

14 화학공업 제품의 생산에 전기로를 이용할 경우 연료를 사용하는 연소로에 비해 장점이 아닌 것은?
① 불순물의 혼입을 막을 수 있다.
② 광범위한 온도를 얻을 수 있다.
③ 정밀도가 높은 온도 제어가 가능하다.
④ 낮은 온도를 얻을 수 있으며 효율이 낮다.

[풀이] 전기가열의 특징
· 대단히 높은 온도를 얻을 수 있다.
· 내부 가열이 가능하다. **· 열효율이 높다.**
· 온도 조절이 용이하다. · 조작이 용이하다.
· 제품의 품질이 균일화된다. 【답】 ④

15 유전가열에 관한 사항이다. 관계되지 않는 것은?
① 선택가열 가능　② 균일가열 가능
③ 온도제어 용이　④ 열전효과 이용

[풀이] 유전 가열의 장·단점
[장점]
① 각 부를 **균일하게 가열**
② 가열 시간 단축
③ 주파수에 의하여 **선택적 가열 가능**
[단점]
① 고주파 전원이 필요
② 설비의 고가
③ 효율의 저하
④ 통신·기타에 장애를 줌
⑤ 피열물 구조에 따라 균일 가열 곤란 　【답】 ④

16 기체 또는 금속 증기내의 방전에 따른 발광현상을 이용한 것으로 수은등, 네온관등에 이용된 루미네슨스는?
① 결정 루미네슨스
② 화학 루미네슨스
③ 전기 루미네슨스
④ 열 루미네슨스

[풀이]

이 름	작 용 원 인	실제 예시
복사 루미네슨스	자외선, X선 등의 조사	형광판, 야광 도료, 형광방전등
전기 루미네슨스	기체 중의 방전	**방전등**, 극광
파이로 루미네슨스	불꽃 속의 기체의 발광	발염 방전등, 불꽃 반응
열 루미네슨스	고온에 의한 흑체보다 강한 선택 복사	네롬스트등
음극선 루미네슨스	음극선	브라운관, 텔레비전 영상
화학 루미네슨스	화학 변화, 특히 산화	황인의 완만한 산화
생물 루미네슨스	특수 산화	반딧불, 야광 벌레, 오징어

【답】 ③

17 태양전지에 이용되는 효과는?
① 광전자 방출 효과
② 광기전력 효과
③ 핀치 효과
④ 펠티어 효과

[풀이] 광전효과 : 빛을 받으면 전기적 특성의 변화를 일으키는 현상으로 그 종류는 다음과 같다.
· **광기전 효과** : 빛을 받으면 기전력이 발생하는 효과로 **태양전지에 이용**된다.
· 광전자 방출효과 : 빛을 받으면 광전자가 방출하는 효과
· 광도전 효과 : 빛을 받으면 저항값이 변화하는 효과 【답】 ②

18 200[W]의 전구를 우유색 구형 글로브에 넣었을 경우 우유색 유리 반사율을 30[%], 투과율을 60[%]라고 할 때 글로브의 효율[%]은 얼마인가?

① 75 ② 85.7
③ 116.7 ④ 133.3

풀이 글로브의 효율 η는
$$\eta = \frac{\tau}{1-\rho} = \frac{0.6}{1-0.3} = 0.857$$
$$\therefore \eta = 85.7\,[\%]$$
【답】②

19 내경 r_1, 외경 r_2의 중공 원통의 내외간의 온도차가 θ라고 하면 이 사이를 통하는 길이(l)의 원통의 열류 I를 나타내는 식은? (단, 고유 열저항을 ρ라고 한다.)

① $I = \dfrac{2\pi\theta}{\rho l}$ ② $I = \dfrac{2\pi\theta l}{\rho}$

③ $I = \dfrac{2\pi\theta}{\rho l \log\dfrac{r_2}{r_1}}$ ④ $I = \dfrac{2\pi l \theta}{\rho \log\dfrac{r_2}{r_1}}$

풀이 열 옴의 법칙에 의하여 열류 I는
$$I = \frac{\theta}{R} = \frac{\theta}{\rho\int_{r_1}^{r_2}\frac{dr}{2\pi r l}} = \frac{\theta}{\frac{\rho}{2\pi l}\int_{r_1}^{r_2}\frac{1}{r}dr}$$
$$= \frac{2\pi l \theta}{\rho[\log r]_{r_1}^{r_2}} = \frac{2\pi l \theta}{\rho \log\dfrac{r_2}{r_1}}$$
【답】④

20 500 [W]는 약 몇 [cal/s]인가?

① 71 ② 86
③ 98 ④ 120

풀이
1 [W] = 1 [J/sec] 이므로
500[W] = 500[J/sec] = $\dfrac{500}{4.1858}$ [cal/sec] = 119.45[cal/sec]

($\because$ 1[J] = $\dfrac{1}{4.1858}$ [cal])
【답】④

2014년 기출문제

| 1회 | 전기응용 |

01 목재의 건조, 베니어판 등의 합판에서의 접착 건조, 약품의 건조 등에 적합한 전기 건조 방식은?
① 고주파 건조
② 적외선 건조
③ 자외선 건조
④ 아크 건조

풀이 **고주파 가열**은 유도 가열과 유전 가열이 있다.
• **유전 가열** : 유전체에서 발생되는 유전체손을 이용한 것으로 **목재의 건조, 목재의 접착, 합성수지의 가열성형, 고무의 유화** 등에 사용된다.
• 유도 가열 : 도전성 물질(금속)에서 발생하는 와류손과 히스테리시스손에 의한 발열 이용   【답】①

02 전동기의 토크 단위는?
① [kg]
② [kg·m²]
③ [kg·m]
④ [kg·m/s]

풀이
• 힘 [kg]   • 관성 모멘트 [kg·m²]
• **토크 [kg·m]**   • 동력 [kg·m/s]   【답】③

03 알루미늄, 마그네슘의 용접에 가장 적합한 용접방법은?
① 피복금속 아크용접   ② 불꽃 용접
③ 원자 수소용접   ④ 불활성가스 아크용접

풀이
① 불활성가스 아크용접의 원리
  아르곤(Ar) 또는 헬륨(He) 가스와 같은 고온에서도 금속과 반응하지 않는 불활성 가스 분위기 속에서 텅스텐 전극봉 또는 와이어와 모재 사이에서 아크를 발생하여 그 열로 용접하는 방법이다.
② 불활성가스 아크용접의 장점
  • 전자세 용접이 용이하고 고능률이다.
  • 청정 작용(cleaning action)이 있다.
  • 피복제 및 용제가 불필요하다.
  • **산화하기 쉬운 금속의 용접이 용이**하고(Al, Cu, 스테인리스 등) 용착부 성질이 우수하다.   【답】④

04 전극 및 용접부가 공기로부터 차단되어 산화방지 효과가 있는 용접은?
① 탄소아크 용접
② 원자수소 용접
③ 나금속 아크 용접
④ 불활성가스 아크 용접

풀이 **원자 수소 가스 아크 용접**은 가스 실드 용접의 일종으로 수소 가스 분위기에서 2개의 텅스텐 전극 사이에 아크를 발생시킨다. 이때 분자상 수소가 아크의 고열로 해리하여 원자 상태의 수소가 되고 원자 상태의 수소는 모재면에서 냉각된 후 다시 재결합하여 분자상 수소가 된다. 즉, 분자상의 수소가 해리되었다 다시 재결합을 할때 발생하는 열을 이용하는 방법으로서 이때, **수소 기류는 산화를 방지**함과 동시에 에너지를 운반하게 된다.   【답】②

05 전동기 절연물의 종별에서 허용온도 상승한도가 130[℃]인 것은 어느 것인가?
① Y종
② A종
③ E종
④ B종

풀이

절연의 종류	Y	A	E	B	F	H	C
허용 최고 온도	90°	105°	120°	130°	155°	180°	180° 초과

【답】④

06 다음 사이리스터 중 2단자 양방향 소자는?
① SCR
② LASCR
③ TRIAC
④ DIAC

풀이 각 종 반도체 소자의 비교
① 방향성
  • **양방향성(쌍방향성) 소자** : DIAC, TRIAC, SSS
  • 역저지(단방향성) 소자 : SCR, LASCR, GTO
② 극(단자) 수
  • **2극(단자) 소자** : DIAC, SSS, Diode
  • 3극(단자) 소자 : SCR, LASCR, GTO, TRIAC
  • 4극(단자) 소자 : SCS   【답】④

07 그림과 같이 광원 L에 의한 모서리 B의 조도가 20 [lx]일 때 B로 향하는 방향의 광도[cd]는 약 얼마인가?

① 780
② 833
③ 900
④ 950

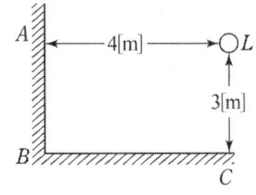

풀이 바닥 위의 20 [lx]는 수평면 조도 E_h로

$E_h = \dfrac{I}{r^2}\cos\theta$ 에서

$I = \dfrac{E_h \cdot r^2}{\cos\theta} = \dfrac{20 \times 5^2}{0.6}$

$\fallingdotseq 833.3$ [cd]

$(\because \cos\theta = \dfrac{h}{r} = \dfrac{3}{\sqrt{4^2+3^2}} = 0.6)$ 【답】②

08 서보 전동기(servo motor)는 서보기구에서 주로 어느 부의 기능을 맡는가?

① 검출부   ② 제어부
③ 비교부   ④ 조작부

풀이 **서보 전동기**는 서보 기구에서 주로 **조작부의 역할**을 한다. 따라서 서보 전동기는 관성이 작도록 하기 위해 전기자의 지름이 작으며, 큰 회전력을 얻기 위해 축방향으로 전기자의 길이를 길게 한다. 【답】④

09 반사율 ρ, 투과율 τ, 반지름 r인 완전확산성 구형 글로브의 중심에 광도 I의 점광원을 켰을 때, 광속 발산도는?

① $\dfrac{\tau I}{r^2(1-\rho)}$ ② $\dfrac{\rho I}{r^2(1-\tau)}$

③ $\dfrac{4\pi \rho I}{r^2(1-\tau)}$ ④ $\dfrac{\rho\pi}{r^2(1-\rho)}$

풀이 광속발산도

$R = \dfrac{F\eta}{A} = \dfrac{4\pi I}{4\pi r^2} \cdot \dfrac{\tau}{1-\rho} = \dfrac{\tau I}{r^2(1-\rho)}$ [rlx] 【답】①

10 사람의 눈이 가장 밝게 느낄 때의 최대시감도는 약 몇 [lm/W] 인가?

① 540   ② 555
③ 680   ④ 760

풀이

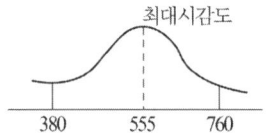

어느 파장의 에너지가 빛으로 느껴지는 정도를 시감도라 하며, **최대 시감도는 파장 555 [nm]**(5550[Å])의 황록색에서 발생하고, 그 때의 **시감도는 680 [lm/W]** 이다. 【답】③

11 고온도에 의한 환원으로 얻어진 조금속(粗金屬) 또는 정제금속을 주입한 것을 양극으로 하고 목적 금속과 동일한 금속염을 함유한 수용액을 전해액으로 전해하여 순도가 높은 금속을 얻는 방법은?

① 전해정제   ② 전해채취
③ 전기도금   ④ 전해연마

풀이 전기 분해를 이용하여 **순수한 금속만을 음극에서 석출하여 정제하는 것을 전해정제**(electrolytic refining)라 하며 이 방법에 의하여 정제하는 금속으로는 구리가 가장 많고 주석, 금, 은, 니켈, 안티몬 등을 제조할 수 있다. 【답】①

12 형광등의 광속이 감소하는 원인이 아닌 것은?

① 전극의 소모에 의한 열전자방출의 감소
② 램프 양단의 흑화 현상
③ 형광체의 열화
④ 형광등의 부특성

풀이 **형광등의 부 특성**이란 형광 램프 점등 후 **전류가 증가하면 전압이 내려가는 특성**으로 형광등의 광속 감소와는 무관하다. 【답】④

13 150[W] 백열전구를 반경 20[cm], 투과율 80[%]의 글로브 속에서 점등시켰을 때의 휘도[sb]는 약 얼마인가? (단, 글로브의 반사는 무시하고 전구의 광속은 2450[lm]이라 한다.)

① 0.124   ② 0.390
③ 0.487   ④ 0.496

풀이 외구에서 나오는 광속을 F_0, 전구의 광속을 F 라고 하면
$F_0 = \tau F = 0.8 \times 2450 = 1960$ [lm]

광도를 I 라고 하면 평균 휘도 B는

$B = \dfrac{I}{\pi r^2} = \dfrac{4\pi I}{4\pi \times \pi r^2} = \dfrac{F_0}{4\pi \times \pi r^2} = \dfrac{1960}{4 \times 3.14^2 \times 20^2}$

$= 0.124$ [cd/cm^2] $= 0.124$ [sb]

$(\because$ 구 광원의 광속 $F_0 = 4\pi I)$ 【답】①

14 유도가열의 용도에 가장 적합한 것은?
① 목재의 접착 ② 금속의 용접
③ 금속의 열처리 ④ 비닐의 접착

풀이 유도가열은 교번자계 중에 있는 도전성 물질에서 발생하는 와류손과 히스테리시스손에 의한 발열을 이용하는 것으로
• 표면가열 (표면담금질, **금속의 표면처리**, 국부가열)
• 반도체 정련 (단결정 제조)
그러나, 목재의 건조, 목재의 접착, 비닐막의 접착 등은 절연체이므로 유전 가열을 이용한 것이다. 【답】 ③

15 서미스터의 저항값이 감소한다는 것은 서미스터의 온도 변화와 어떤 관계를 갖는가?
① 서미스터의 온도가 상승하고 있다.
② 서미스터의 온도가 낮아지고 있다.
③ 서미스터의 온도는 변화가 없이 일정하다.
④ 서미스터의 온도변화와 관련이 없다.

풀이 서미스터 : 반도체의 일종으로 열저항 소자라고도 하며, 정특성 서미스터와 부특성 서미스터가 있다. 일반적으로 **온도가 상승함에 따라 전기 저항이 감소하는 부(-)특성의 서미스터를 많이 사용**하며, 온도 보상 회로에 이용된다. 【답】 ①

16 교류식 전기철도에서 전압 불평형을 경감시키기 위해 사용되는 급전용 변압기는?
① 흡상 변압기
② 단권 변압기
③ 크로스 결선 변압기
④ 스코트 결선 변압기

풀이 3상 전원에서 용량이 큰 단상 부하에만 전원을 공급하게 되면 3상 전원은 부하 불평형이 되며 이를 해소하기 위해 단상 변압기 2대를 사용해서 3상 전원을 2상으로 변환하여 **3상 전원을 평형**이 되도록 하는데 이 방식을 **스코트 결선 방식**이라고 한다. 【답】 ④

17 광속에 대한 설명으로 옳은 것은?
① 가시범위의 방사속을 눈의 감도를 기준으로 측정한 것
② 하나의 점광원으로부터 임의의 방향을 나타낸 것
③ 단위 시간당 복사되는 에너지
④ 피조면의 단위 면적당 입사되는 에너지

풀이 광속 F [lm] : 가시범위(380~760[nm])의 방사속을 시감에 기초를 두어 측정한 것을 광속이라 하며 광속의 단위는 루멘(lumen : lm)을 사용한다. 【답】 ①

18 블록선도에서 $\dfrac{C}{R}$는 얼마인가?

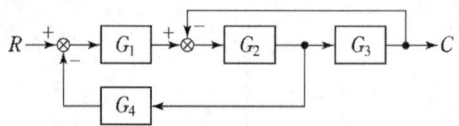

① $\dfrac{G_1 G_2 G_3}{1 + G_2 G_3 + G_1 G_2 G_4}$

② $\dfrac{G_2 G_3 G_4}{1 + G_1 G_2 + G_1 G_2 G_3 G_4}$

③ $\dfrac{G_2 G_3}{1 + G_1 G_2 + G_3 G_4}$

④ $\dfrac{G_4}{1 + G_1 + G_2 G_3 G_4}$

풀이 메이슨의 식에 의해서
$$G(s) = \frac{경로이득}{1-폐로} = \frac{G_1 G_2 G_3}{1 - (-G_2 G_3 - G_1 G_2 G_4)}$$
$$= \frac{G_1 G_2 G_3}{1 + G_2 G_3 + G_1 G_2 G_4}$$ 【답】 ①

19 복진방지(Anti-Creeper)방법으로 적당하지 않은 것은?
① 레일에 임피던스 본드를 설치한다.
② 철도용 못을 이용하여 레일과 침목간의 체결력을 강화한다.
③ 레일에 앵커를 부설한다.
④ 침목과 침목을 연결하여 침목의 이동을 방지한다.

풀이 복진지는 궤조(rail)가 열차의 진행과 더불어 종 방향으로 이동하려고 하는 것을 복진 이라 하고 이를 방지하는 장치를 복진지라 하며 침목이 이 역할을 겸하고 있다. 따라서, **임피던스 본드는 전차의 귀로 전류는 흐르게 하고 신호 전류는 흐르지 못하게 한 회로로서 복진방지와는 무관**하다. 【답】 ①

20 전열기에서 발열선의 지름이 1[%] 감소하면 저항 및 발열량은 몇 [%] 증감되는가?
① 저항 2 [%] 증가, 발열량 2 [%] 감소
② 저항 2 [%] 증가, 발열량 2 [%] 증가
③ 저항 4 [%] 증가, 발열량 4 [%] 감소
④ 저항 4 [%] 증가, 발열량 4 [%] 증가

풀이

$R = \rho \dfrac{l}{s} = \rho \dfrac{l}{\frac{1}{4}\pi d^2}$ [Ω]에서 $R \propto \dfrac{1}{d^2}$ 이므로

$R : R' = \dfrac{1}{d^2} : \dfrac{1}{(0.99d)^2}$ $R' = \dfrac{d^2 R}{(0.99d)^2} = \dfrac{R}{0.9801} ≒ 1.02R$

따라서, 저항은 2 [%] 증가

발열량 $Q = I^2 Rt = (\dfrac{V}{R})^2 Rt = \dfrac{V^2}{R} t$ 에서 $Q \propto \dfrac{1}{R}$

$Q' = \dfrac{R}{R'} Q = \dfrac{R}{1.02R} Q = 0.98Q$

따라서, 발열량은 2 [%] 감소   【답】①

2회   전기응용

01 물을 전기분해 할 때 수산화나트륨을 20 [%] 정도 첨가하는 이유는?

① 물의 도전율을 높이기 위해
② 수소와 산소가 혼합되는 것을 막기 위해
③ 전극의 손상을 막기 위해
④ 열의 발생을 줄이기 위해

풀이 물의 전기분해 : 물은 도전율이 극히 낮으므로 20 [%] 정도의 **수산화나트륨(NaOH) 또는 수산화칼륨(KOH)을 첨가하여 도전율을 높이고** 여기에 전류를 통하면 H^+은 음극으로 이동하여 수소 가스가 되고 OH^-는 양극으로 이동하여 산소가 된다.   【답】①

02 다음 SCR 기호 중 옳은 것은?

① 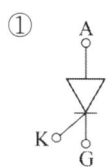   ②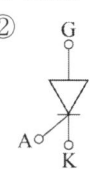

③ 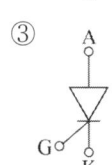   ④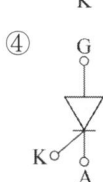

풀이 SCR(silicon controlled rectifier)
SCR은 순방향 전압이 인가되어 있을 때 게이트 단자에 전압을 인가하여 브레이크 오버 전압을 낮추어 도통 상태를 만든다.

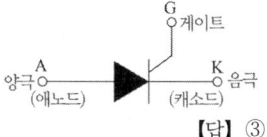

【답】③

03 초음파 용접의 특징으로 틀린 것은?

① 표면의 전처리가 간단하다.
② 가열을 필요로 하지 않는다.
③ 이종 금속의 용접이 가능하다.
④ 고체상태에서의 용접이므로 열적 영향이 크다.

풀이 초음파 용접의 특징
• 초음파 진동에 의하여 표면의 산화피막이나 흡착층이 파괴되므로 냉간압접이나 전기저항용접에 비하여 표면의 전 처리는 간단해 진다.
• 냉간압접 등에 비하여 가압 하중이 적으므로 변형이 적다.
• 가열이 필요하지 않다.
• **고체상태에서의 용접이므로 열적 영향이 적다.**
• 이종금속의 용접이 가능하다.   【답】④

04 인가전압 100[V]인 회로에서 매초 0.12[kcal]를 발열하는 전열기가 있다. 이 전열기의 용량은 몇 [W]이며, 이 전열기가 사용되고 있을 때 저항[Ω]은 얼마인가?

① 613.5, 16.2   ② 502.3, 19.9
③ 423.7, 23.6   ④ 353.4, 28.3

풀이

$Q = 0.2389 I^2 Rt = 0.2389 Pt = 0.2389 \dfrac{V^2}{R} t$ [cal] 에서
(∵ 1 [J] = 1 [W · s] = 0.2389 [cal])

① 전열기의 용량

$P = \dfrac{Q}{0.2389t} = \dfrac{0.12 \times 10^3}{0.2389 \times 1} = 502.3$ [W]

② 저항

$R = 0.2389 \dfrac{V^2}{Q} t = 0.2389 \times \dfrac{100^2}{0.12 \times 10^3} \times 1 = 19.9 [Ω]$

【답】②

05 금속전극의 분극전위에서 과전압의 원인이 아닌 것은?

① 농도 과전압   ② 천이 과전압
③ 온도 과전압   ④ 결정화 과전압

【답】③

06 1000 [lm]을 복사하는 전등 10개를 100[m²]의 방에 설치하였다. 조명률 0.5, 감광 보상율 1.5일 때 방의 평균조도는 약 몇 [lx]인가?

① 23   ② 33
③ 43   ④ 53

[풀이]
$F = 1000 \,[\text{lm}], \; N = 10, \; U = 0.5, \; D = 1.5, \; A = 100 \,[\text{m}^2]$
$FUN = EAD$ 에서
$\therefore E = \dfrac{FUN}{AD} = \dfrac{1000 \times 0.5 \times 10}{100 \times 1.5} \fallingdotseq 33 \,[\text{lx}]$ 【답】②

07 기중기로 150[t]의 하중을 2[m/min]의 속도로 권상시킬 때 필요한 전동기의 용량[kW]은 약 얼마인가? (단, 기계효율은 70[%]이다.)
① 70 ② 80
③ 90 ④ 100

[풀이]
$P = \dfrac{KWV}{6.12\eta} = \dfrac{150 \times 2}{6.12 \times 0.7} = 70 \,[\text{kW}]$
여기서, K : 손실계수 (여유계수), W : 중량(하중) [ton],
V : 권상속도 [m/min], η : 효율 【답】①

08 다음 중 열전대의 조합이 아닌 것은?
① 크롬 - 콘스탄탄 ② 구리 - 콘스탄탄
③ 철 - 콘스탄탄 ④ 크로멜 - 알루멜

[풀이] 열전대의 종류와 측정 범위

열전대	사용 범위[℃]	사용한도[℃]	
		연속	1회 사용
백금-백금로듐	0~1400	1400	1600
크로멜-알루멜	-200~1000	1000	1100
철-콘스탄탄	-200~700	700	900
구리-콘스탄탄	-200~400	400	600

【답】①

09 전기기기에 사용하는 각종 절연물의 종류별 허용최고온도로 옳은 것은?
① A : 120° ② B : 130°
③ C : 150° ④ E : 105°

[풀이] 절연물의 종류별 허용 최고온도

절연의 종류	Y	A	E	B	F	H	C
허용최고온도[℃]	90	105	120	130	155	180	180 초과

【답】②

10 다음 중 전기로의 가열방식이 아닌 것은?
① 저항가열 ② 유전가열
③ 유도가열 ④ 아크가열

[풀이] 전기로의 종류
① **저항로** : 도체에 생기는 줄열을 이용
② **유도 가열로** : 교번 자계 중에 있는 도전성 물질(금속)에서 발생하는 와류손과 히스테리시스손에 의한 발열를 이용
③ **아크로** : 아크(전극간의 방전)에서 발생되는 고열을 이용
【답】②

11 전차선로의 철차(crossing)에 관한 설명으로 옳은 것은?
① 궤도를 분기하는 장치
② 차륜을 하나의 궤도에서 다른 궤도로 유도하는 장치
③ 열차의 진로를 완전하게 전환시키기 위한 전환장치
④ 열차의 통과 중 헐거움 또는 잘못된 조작이 없도록 하는 쇄정장치

[풀이] 철차(crossing) : 궤도를 분기하는 장치

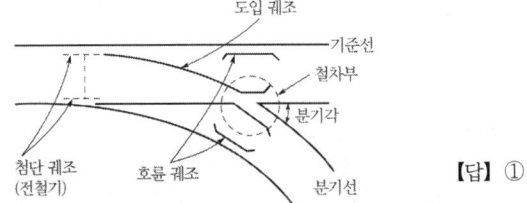

【답】①

12 플라이 휠 효과가 $GD^2 \,[\text{kg} \cdot \text{m}^2]$인 전동기의 회전자가 $n_2[\text{rpm}]$에서 $n_1[\text{rpm}]$으로 감속할 때 방출한 에너지 [J]는?

① $\dfrac{GD^2(n_2 - n_1)^2}{730}$ ② $\dfrac{GD^2(n_2^2 - n_1^2)}{730}$
③ $\dfrac{GD^2(n_2 - n_1)^2}{375}$ ④ $\dfrac{GD^2(n_2^2 - n_1^2)}{375}$

[풀이]
$W = \dfrac{1}{2}\left(\dfrac{GD^2}{4}\right)\left(\dfrac{2\pi n}{60}\right)^2 = \dfrac{GD^2 \cdot n^2}{730} \,[J]$
방출 에너지 $= W_2 - W_1$
$= \dfrac{GD^2}{730}n_2^2 - \dfrac{GD^2}{730}n_1^2 = \dfrac{GD^2}{730}(n_2^2 - n_1^2)$ 【답】②

13 목표 값이 시간에 대하여 변하지 않는 제어로 주파수를 제어하는 제어는?

① 비율제어   ② 정치제어
③ 추종제어   ④ 비율제어

풀이 목표값의 시간적 성질에 의한 분류
정치제어와 추치제어로 구분되며 특성은 다음과 같다.
① **정치제어** : **목표값이 시간에 대하여 변화하지 않는 제어**를 말하며 프로세스 제어, 자동조정이 이에 속한다.
② 추치제어 : 출력의 변동을 조정하는 동시에 목표값에 정확히 추종하도록 설계한 제어계로서 추종제어, 프로그램 제어 및 비율제어로 구분된다. 【답】②

14 불활성 가스 용접에서 아르곤 가스가 헬륨보다 널리 사용되는 이유로 틀린 것은?
① 전리전압이 낮으므로 아크의 발생과 유지가 쉽다.
② 피포작용이 강하여 기류가 견고하다.
③ 용접면의 산화방지 효과가 크다.
④ 가스필요량이 적으며 가격이 저렴하다.
【답】③

15 단면적 $S[\text{m}^2]$의 파이프를 θ로 경사시켜서 비중 ρ인 액체를 $Q[\text{m}^3/\text{s}]$의 유량으로 양정 $H[\text{m}]$까지 끌어올린다고 할 때 액체 펌프에 요하는 소요동력 P [kW]는?
① $P = \rho HQS$ ② $P = 9.8\rho HQS$
③ $P = \rho HQ$ ④ $P = 9.8\rho HQ$

풀이
• 비중이 1(물)인 펌프의 동력 $P = 9.8HQ$ [kW]
• 비중이 ρ인 액체의 펌프 동력 $P = 9.8\rho HQ$ [kW] 【답】④

16 자기소호 기능을 갖지 않는 반도체 소자는?
① Diode   ② GTO
③ MOSFET   ④ IGBT

풀이 자기 소호 기능이란 on 상태에서 off로 되는 현상을 말하는 것으로서, **다이오드는 자기 소호기능을 갖고 있지 않다**. 【답】①

17 전동기의 사용장소에 따른 보호방식 중 연직면에서 15° 이내의 각도로 낙하하는 물방울이나 이물체가 직접 내부로 침입함이 없는 구조는?
① 방수형   ② 방적형
③ 방진형   ④ 방식형

풀이 전동기의 형식
① 방수형 : 지정된 조건에서 1~3분 동안 주수 하여도 물이 침입할 수 없는 구조
② **방적형** : 낙하하는 물방울 또는 이물체가 직접 전동기 내부로 **침입할 수 없는 구조**
③ 방진형 : 먼지의 침입을 최대한 방지하고, 침입하여도 정상 운전에 지장이 없도록 한 구조
④ 방식형(방부형) : 부식성의 산·알카리 또는 유해가스가 존재하는 장소에서 실용상 지장없이 사용할 수 있는 구조 【답】②

18 무궤도 전차가 노면전차보다 좋은 점이 아닌 것은?
① 기동성이 풍부하다.
② 궤도가 필요하지 않아 건설비가 적다.
③ 전식의 염려가 없다.
④ 마찰계수가 없으므로 가·감속을 작게 할 수 있다.

풀이 **무궤도 전차**는 트롤리선으로부터 집전하여 자동차와 같은 바퀴로 도로를 주행하는 전차이므로 **마찰계수가 노면 전차에 비해 크다**. 【답】④

19 다음 중 겹치기 용접이 아닌 것은?
① 점 용접   ② 업셋 용접
③ 심 용접   ④ 프로젝션 용접

풀이 저항 용접 : 용접하고자 하는 두 금속 모재의 접촉부에 대 전류를 통하게 하여, 용접 모재간의 접촉저항에 의해 발생하는 열을 이용하는 용접방법으로 그 종류는 다음과 같다.
① 겹치기 저항 용접
 • 점 용접(spot welding)
 • 돌기 용접(projection welding)
 • 심 용접(seam welding)
 • 맞대기 용접
② 맞대기 저항 용접
 • 업셋 맞대기 용접   • 플래시 맞대기 용접
 • 충격 용접 【답】②

20 5 [Ω]의 전열선을 100 [V]에 사용할 때의 발열량[kcal/h]은 약 얼마인가?
① 1720   ② 2770
③ 3745   ④ 4728

풀이 $P = \dfrac{V^2}{R} = \dfrac{100^2}{5} \times 10^{-3} = 2[\text{kW}]$
1시간 전력사용량 $W = P \times t = 2 \times 1 = 2[\text{kWh}]$
1[kWh]=860[kcal] 이므로
발열량 $H = 860 \times 2 = 1720[\text{kcal/h}]$ 【답】①

과년도 기출문제 2014년

4회 전기응용

01 열전온도계와 가장 관계가 깊은 것은?
① 제벡 효과(Seebeck effect)
② 톰슨 효과(Thomson effect)
③ 핀치 효과(Pinch effect)
④ 홀 효과(Hall effect)

풀이 온도계의 동작원리

온도계의 종류	동작원리
저항 온도계	측온체의 저항값 변화
열전 온도계	**제벡 효과**
방사 온도계	스테판-볼츠만의 법칙
광고온계	플랑크의 방사 법칙

【답】①

02 피열물에 직접 통전하여 가열시키는 방식의 전기로는?
① 직접식 저항로   ② 간접식 저항로
③ 아크로   ④ 유도로

풀이
• 직접식 저항로 : 피열물에 직접 전류를 흘려서 가열하는 방식이며 흑연 화로, 탄화수소 제조로가 있다.
• 간접식 저항로 : 발열체를 설치한 저항로로 발열체의 열을 방사, 대류 등에 의하여 피열물에 전하는 방식이며, 사용하는 발열물의 종류에 따라 니크롬 발열체로, 탄화 규소 발열체로, 염욕로 등이 있다.
【답】①

03 금속의 표면 담금질에 가장 적합한 가열은?
① 적외선 가열   ② 유도 가열
③ 유전 가열   ④ 저항 가열

풀이 고주파 유도 가열은 금속의 **표면 담금질**·형조·용해·풀림·연납땜·경납땜 등에 응용된다.
【답】②

04 서로 관계 깊은 것들끼리 짝지은 것이다. 틀린 것은?
① 유도가열 : 와전류손
② 형광등 : 스토크정리
③ 표면가열 : 표피효과
④ 열전온도계 : 톰슨효과

풀이 제벡 효과 : 서로 다른 두 종류의 금속 접속점 간에 온도차가 있으면 열기전력(전류)이 발생하는 현상으로 **열전 온도계 및 열전대**에 사용된다.
【답】④

05 단위변환이 틀리게 표현된 것은?
① $1[J] = 0.2389 \times 10^{-3}[kcal]$
② $1[kWh] = 860[kcal]$
③ $1[BTU] = 0.252[kcal]$
④ $1[kcal] = 3968[J]$

풀이 $1[kcal] = 4186.05[J]$
【답】④

06 교류식 전기철도가 직류식 전기철도보다 유리한 점은?
① 전철용 변전소에 정류장치를 설치한다.
② 전선의 굵기가 크다.
③ 차내에서 전압의 선택이 가능하다.
④ 변전소간의 간격이 짧다.

풀이 교류식 전기철도의 장·단점
1) 장점
   ① 전철 건설비가 적고, 전압이 높아 전선의 굵기가 가늘다.
   ② 전력손실, 전압강하가 적어 변전소 간격이 길다.
   ③ 집전이 용이하며, **차내에서 사용전압의 임의 조정 가능**하다.
   ④ 점착 성능이 우수하며, 보급 방식이 간단하고, 전식에 의한 피해가 없다.
2) 단점
   ① 전기차 설비가 복잡
   ② 통신선의 유도장해가 크다.
   ③ 절연 강도가 높아야 한다.
   ④ 3상 전력망의 전압 불평형 문제를 일으킬 수 있다.
【답】③

07 전지에서 자체방전 현상이 일어나는 것으로 가장 옳은 것은?
① 전해액 온도   ② 전해액 농도
③ 불순물 혼합   ④ 이온화 경향

풀이 아연 음극 또는 전해액 중에 **불순물이 섞이면** 아연이 부분적으로 용해되어 **국부 방전**이 생기며 수명이 짧아지는 것을 국부작용이라고 한다.
【답】③

08 전기철도의 곡선부에서 원심력 때문에 차체가 외측으로 넘어지려는 것을 막기 위하여 외측 레일을 약간 높여준다. 이 내외측의 레일 높이의 차를 무엇이라고 하는가?
① 가이드 레일   ② 이도
③ 고도   ④ 확도

풀이 캔트(cant)(고도) : 차량이 곡선부를 달릴 때에 발생하는 **원심력**에 대비하여 곡선 바깥쪽의 레일을 안쪽 레일보다 높게 하여 차량전체를 곡선의 중간쪽으로 기울이게 하여 원심력과 평행시키는데 이 기울임의 고도를 캔트(cant)라 한다.

$$C = \frac{GV^2}{127R}[\text{mm}]$$

【답】③

09 트랜지스터의 정합(Junction)온도 T_j의 최대 정격값을 75[℃], 주위온도 $T_a = 35[℃]$일 때의 컬렉터 손실 T_c의 최대 정격값을 10[W]라고 할 때 열저항 [℃/W]은?

① 40　　　② 4
③ 2.5　　　④ 0.2

풀이

열저항 $R = \dfrac{T_j - T_a}{P_c} = \dfrac{75 - 35}{10} = 4[℃/W]$

【답】②

10 단상 유도전동기 중 운전 중에도 전류가 흘러 손실이 발생하여 효율과 역률이 좋지 않고 회전 방향을 바꿀 수 없는 전동기는?

① 반발기동형　　　② 콘덴서기동형
③ 분상기동형　　　④ 셰이딩코일형

풀이 회전방향을 바꾸는 법
• 분상기동형 : 주 권선이나 기동권선 중 어느 한 권선의 단자의 접속을 반대.
• 콘덴서기동형 : 주 권선이나 기동권선 중 어느 한 권선의 단자의 접속을 반대.
• 반발기동형 : 2개의 브러시 위치를 반대로 하면 된다.
• 셰이딩 코일형 : 구조상 회전방향을 바꿀 수 없다.

【답】④

11 형광등의 전압특성과 온도특성으로 틀린 것은?

① 전원전압의 변화에 민감하므로 정격전압의 ±10[%]의 범위 내에서 사용하는게 바람직하다.
② 전원전압의 변화 시 광속, 전류 및 전력은 전원전압에 비례하여 변화한다.
③ 전원전압 상승으로 전극이 과열되어 램프 양끝에서 흑화가 촉진된다.
④ 전원전압이 낮은 경우 시동이 불확실하게 되어 전극 물질의 스파크 등으로 수명이 짧아진다.

풀이 형광등은 전원전압의 변동에 대하여 광속변동이 적다.

【답】①

12 어떤 종이가 반사율 50[%], 흡수율 20[%] 이다. 여기에 1200[lm]의 광속을 비추었을 때 투과 광속은 몇 [lm] 인가?

① 360　　　② 430
③ 580　　　④ 960

풀이 흡수율 (α) + 반사율 (ρ) + 투과율 $(\tau) = 1$에서
투과율 $\tau = 1 - \rho - \alpha = 1 - 0.5 - 0.2 = 0.3$
투과 광속 $F_\tau = \tau F = 0.3 \times 1200 = 360[\text{lm}]$

【답】①

13 200[W]는 약 몇 [cal/s] 인가?

① 0.2389　　　② 0.8621
③ 47.78　　　④ 71.67

풀이 1[W] = 1[J/sec] 이므로
$200[W] = 200[J/sec] = \dfrac{200}{4.1858}[\text{cal/sec}] = 47.78[\text{cal/sec}]$
$(\because 1[J] = \dfrac{1}{4.1858}[\text{cal}])$

【답】③

14 유도전동기를 기동하여 각속도 ω_s에 이르기까지 회전자에서의 발열손실 Q를 나타낸 식은? (단, J는 관성모멘트이다.)

① $Q = \dfrac{1}{2}J^2\omega_s^2$　　　② $Q = \dfrac{1}{2}J^2\omega_s$

③ $Q = \dfrac{1}{2}J\omega_s^2$　　　④ $Q = \dfrac{1}{2}J\omega_s$

【답】③

15 자동제어에서 폐회로 제어계의 특징으로 틀린 것은?

① 정확성의 감소
② 감대폭의 증가
③ 비선형과 왜형에 대한 효과의 감소
④ 특성변화에 대한 입력 대 출력비의 감도 감소

풀이 **폐회로 제어계**는 제어계의 출력이 목표값과 일치 하는가를 항상 비교하여, 일치하지 않을 때에는 그 차에 비례하는 동작 신호가 제어계로 다시 보내져서 그 오차를 수정하도록 하는 궤한 경로(feedback path)를 가지고 있는 제어계로서 특징은 다음과 같다.
① 궤환 경로(feedback path)가 있다.
② **정확성이 증가**
③ 안정도 및 대역폭 증가
④ 감도 저하

【답】①

16 레일 대신으로 공중에 강삭(wire rope)를 가설하고 여기에 운반기(gondola)를 매달아서 사람 또는 물건을 운반하는 시설을 무엇이라 하는가?
① 가공삭도 ② 트롤리버스
③ 케이블카 ④ 모노레일

【답】①

17 권상하중 40 [t], 권양속도 12 [m/min]의 기중기용 전동기의 용량은 약 몇 [kW]인가? (단, 전동기를 포함한 기중기의 효율은 60 [%]이다.)
① 800 ② 278.9
③ 189.8 ④ 130.7

풀이
$P = \dfrac{KWV}{6.12\eta} = \dfrac{40 \times 12}{6.12 \times 0.6} = 130.7 \, [\text{kW}]$

여기서, K : 손실계수 (여유계수), W : 중량(하중) [ton]
V : 권상속도 [m/min], η : 효율 【답】④

18 다음 광원 중 루미네슨스에 의한 발광현상을 이용하지 않는 것은?
① 형광등 ② 수은등
③ 백열전구 ④ 네온전구

풀이 루미네슨스 : 물체의 온도를 높여서 발광시키는 온도복사 이외의 모든 발광을 루미네슨스라 한다. **백열 전구나 할로겐 전구는 온도 복사**를 이용한 광원이다. 【답】③

19 리드 레일(lead rail)에 대한 설명으로 옳은 것은?
① 열차가 대피궤도로 도입되는 레일
② 전철기와 철차와의 사이를 연결하는 곡선 레일
③ 직선부에서 하단부로 변화하는 부분의 레일
④ 직선부에서 경사부로 변화하는 부분의 레일

풀이 도입 궤조(lead rail)는 전철기(분기가 시작되는 부분)와 철차(분기가 끝난 곳) 사이를 연결하는 곡선 궤조로 선단 레일과 철차 사이의 원곡선으로 된 부분을 말한다.

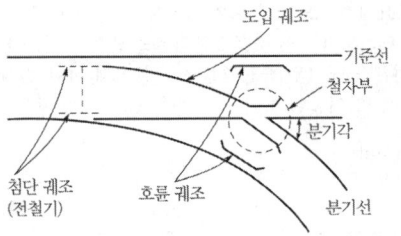

【답】②

20 FL-20D 형광등의 전압이 100 [V], 전류가 0.35 [A], 안정기의 손실이 6 [W] 일 때 역률[%]은?
① 57 ② 65
③ 74 ④ 85

풀이
입력 $P = 20 + 6 = 26 [\text{W}]$
역률 $\cos\theta = \dfrac{P}{VI} = \dfrac{26}{100 \times 0.35} = 0.743 = 74.3[\%]$ 【답】③

2015년 기출문제

1회 전기응용

01 등기구의 표시 중 H 자로 표시가 있는 것은 어떤 등인가?
① 백열등   ② 수은등
③ 형광등   ④ 나트륨등

풀이 수은등 : H, 형광등 : F, 나트륨등 : N, 메탈헬라이드등 : M 【답】②

02 로켓, 터빈, 항공기와 같은 고도의 기계공업분야의 재료 제조에 적합한 전기로는?
① 크리프톨로   ② 지로식 전기로
③ 진공 아크로   ④ 고주파 유도로

풀이 진공 아크 용해로는 Ti, Zr, Mo 등의 활성 금속 혹은 내열 금속의 용해법으로 개발되었으나 그 후 철강 분야에 이용하게 됨에 따라 대형화되었다. 그러나, 이 노는 설비비가 높고 재용해 작업상, 경제상 불리하며, 또한 생산성이 낮다는 단점이 있어서 품질에 대한 요구도가 높은 제트, 로켓, 터빈 및 항공기와 같은 고도 기계 공업 분야의 재료 제조에 적합한 전기로이다. 【답】③

03 방의 가로가 8[m], 세로가 10[m], 광원의 높이가 4[m]인 방의 실지수(방지수)는?
① 1.1   ② 2.1
③ 3.1   ④ 4.1

풀이 실지수 $RI = \dfrac{X \cdot Y}{H(X+Y)}$ 이다.
단, X : 가로, Y : 세로, H : 작업면으로부터 광원까지의 거리
$RI = \dfrac{8 \times 10}{4 \times (8+10)} = 1.11$ 【답】①

04 녹색 형광램프의 형광제로 옳은 것은?
① 텅스텐 칼슘   ② 규소 카드뮴
③ 규산 아연   ④ 붕상 카드뮴

풀이 형광체의 종류 및 광색은 다음과 같다.

형광체	광색	형광체	광색
텅스텐산 칼슘	청색	규산 카드뮴	등색
텅스텐산 마그네슘	청백색	붕산 카드뮴	핑크색
규산아연	녹색	할로린산 칼슘	황백색

【답】③

05 반사율 60[%], 흡수율 20[%]인 물체에 2000[lm]의 빛을 비추었을 때 투과되는 광속은 몇 [lm]인가?
① 100   ② 200
③ 300   ④ 400

풀이 $\rho + \tau + \alpha = 1$
(여기서 τ : 투과율, ρ : 반사율, α : 흡수율)
∴ $\tau = 1 - \rho - \alpha = 1 - 0.6 - 0.2 = 0.2$
투과 광속 F_τ는,
∴ $F_\tau = \tau F = 0.2 \times 2000 = 400[\text{lm}]$ 【답】④

06 PN 접합다이오드에서 cut-in Voltage 란?
① 순방향에서 전류가 현저히 증가하기 시작하는 전압
② 순방향에서 전류가 현저히 감소하기 시작하는 전압
③ 역방향에서 전류가 현저히 감소하기 시작하는 전압
④ 역방향에서 전류가 현저히 증가하기 시작하는 전압

풀이 다이오드를 획기적으로 도통(순방향 전류가 현저히 증가)시키는데 필요한 전압을 다이오드의 턴온(turn-on) 또는 컷 인(cut-in) voltage 라 부른다. 【답】①

07 3상 교류전동기의 입력을 표시하는 식은?
(단, V_s는 공급전압, I는 선전류이다.)

① $V_s I \cos\theta$ ② $2V_s I \cos\theta$
③ $V_s I \theta$ ④ $\sqrt{3} V_s I \cos\theta$

풀이
- 단상에서의 입력 $P = V_s I \cos\theta [W]$
- 3상에서의 입력 $P = \sqrt{3} V_s I \cos\theta [W]$ 【답】 ④

08 아크 용접기는 어떤 원리를 이용한 것인가?
① 주울열 ② 수하특성
③ 유전체손 ④ 히스테리시스손

풀이 아크 용접은 아크열에 의하여 금속을 가열하여, 용융 접합시키는 방법으로서, **아크 용접용 전원의 전압 전류 특성은 수하 특성**이 되어야 한다.
그러나 정전압 전원에서는 안정된 지속성의 아크를 얻을 수 없으므로 직류에서는 정전류형 로젠베르그 발전기 등을 교류에서는 누설 변압기 등을 사용하여 아크의 안정을 얻는다. 【답】 ②

09 니켈-카드뮴(Ni-Cd) 축전지에 대한 설명으로 틀린 것은?
① 1차 전지이다.
② 전해액으로 수산화칼륨이 사용된다.
③ 양극에 수산화니켈, 음극에 카드뮴이 사용된다.
④ 탄광의 안전등 및 조명등용으로 사용된다.

풀이 **2차 전지** : 직류 전원으로 충전하여 반복 사용할 수 있는 전지로서 그 종류로는 다음과 같다.
- 납축전지
- **니켈-카드뮴 전지**
- 니켈-수소 전지
- 리튬 2차 전지 【답】 ①

10 제어대상을 제어하기 위하여 입력에 가하는 양을 무엇이라 하는가?
① 변환부 ② 목표값
③ 외란 ④ 조작량

풀이 자동제어계의 구성

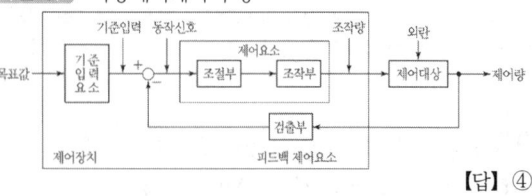

【답】 ④

11 열차의 차체 중량이 75[ton]이고 동륜상의 중량이 50[ton]인 기관차가 열차를 끌 수 있는 최대 견인력은 몇 [kg]인가? (단, 궤조의 접착계수는 0.3으로 한다.)
① 10000 ② 15000
③ 22500 ④ 1125000

풀이 최대 견인력 F_m [kg]은 다음과 같다.
$F_m = 1000 \mu W_a$ [kg]
여기서, μ는 점착 계수, W_a는 차륜이 궤조(rail)면에 수직으로 누르는 중력[t], 즉 동륜상의 중량
∴ $F_m = 1000 \times 0.3 \times 50 = 15000$[kg] 【답】 ②

12 가로 10[m], 세로 20[m], 천정의 높이가 5[m]인 방에 완전 확산성 FL-40D 형광등 24등을 점등하였다. 조명률 0.5, 감광 보상률 1.5일 때 이 방의 평균 조도는 몇 [lx]인가? (단, 형광등의 축과 수직 방향의 광도는 300[cd]이다.)
① 38 ② 118
③ 150 ④ 177

풀이 원통 광원 수직 방향의 광도를 I_0, 전광속을 F라고 하면
$F = \pi^2 I_0 = \pi^2 \times 300 = 2960.88$[lm]
따라서 평균 조도 $E = \dfrac{FUN}{AD} = \dfrac{2960.88 \times 0.5 \times 24}{10 \times 20 \times 1.5} = 118.44$[lx]
여기서 U : 조명률, N : 광원의 수, A : 면적, D : 감광 보상률 【답】 ②

13 전지에서 자체 방전 현상이 일어나는 것은 다음 중 어느 것과 가장 관련이 있는가?
① 전해액 고유저항 ② 이온화 경향
③ 불순물 혼합 ④ 전해액 농도

풀이 아연 음극 또는 전해액 중에 **불순물이 섞이면** 아연이 부분적으로 용해되어 **국부 방전**이 생기며 수명이 짧아지는 것을 국부작용이라고 한다. 【답】 ③

14 어느 쪽 게이트에서든 게이트 신호를 인가할 수 있고 역저지 4극 사이리스터로 구성된 것은?
① SCS ② GTO
③ PUT ④ DIAC

풀이 **SCS**(Silicon Controlled Switch)는 두 개의 게이트와 애노드, 캐소드의 **4단자 구조**로서 P층과 N층에서 게이트

를 뽑아낸 PNPN 4층 구조이다.

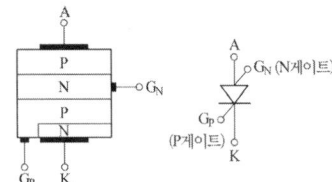

P게이트만 사용하면 일반 사이리스터(SCR)로 사용하고 N게이트만 사용하면 PUT로도 사용할 수 있다. **양쪽의 게이트를 사용**하여 감도도 높이고 유리 전류를 광범위하게 조절할 수 있다.
【답】①

15 전류에 의한 옴[Ω]손을 이용하여 가열하는 것은?
① 복사가열　　② 유전가열
③ 유도가열　　④ 저항가열

풀이
- 복사가열 : 적외선 가열이라고도 하며, 적외선 전구 또는 비금속 발열체 등에서 복사된 적외선을 피열물의 표면에 조사하는 가열
- 유전가열 : 고주파 전계 중에 절연성 피열물을 놓고, 여기에 생기는 유전체손을 이용하는 가열
- 유도가열 : 교류자계 중에 있어서 도전성 물체 중에 생기는 와전류에 의한 전류손 또는 히스테리시스손을 이용하는 가열
- **저항가열 : 전류에 의한 옴손을 이용**한 가열
【답】④

16 점광원 150[cd]에서 5[m] 떨어진 곳의 그 방향과 직각인 면과 기울기 60°로 설치된 간판의 조도는 몇 [lx]인가?
① 1　　② 2
③ 3　　④ 4

풀이 광도 I[cd]의 광원에서 r[m] 떨어져서 θ만큼 기울어진 면의 조도 E[lx]는 다음과 같다.

$$E = \frac{I\cos\theta}{r^2}[lx] = \frac{150 \times \cos 60°}{5^2} = 3[lx]$$

【답】③

17 특고압 또는 고압회로 및 기기의 단락보호 등으로 사용되는 것은?
① 플러그 퓨즈　　② 통형 퓨즈
③ 고리 퓨즈　　　④ 전력 퓨즈

풀이 **전력 퓨즈**(PF : power fuse)는 고압, 특고압 회로에서 기기의 **단락 보호용의 퓨즈**로 소호 방식에 따라 한류형과 비한류형으로 나뉘며, 차단기에 비하여 다음과 같은 특징이 있다.
- 가격 저렴
- 소형이며 경량
- 차단 용량이 크다.
- 고속 차단 가능
- 보수 용이
【답】④

18 전열기를 사용하여 방안의 온도를 23[℃]로 일정하게 유지하려고 할 경우 제어대상과 제어량을 바르게 연결한 것은?
① 제어대상 : 방,　제어량 : 23[℃]
② 제어대상 : 방,　제어량 : 방안의 온도
③ 제어대상 : 전열기,　제어량 : 23[℃]
④ 제어대상 : 전열기,　제어량 : 방안의 온도

풀이 전열기(제어요소)를 사용하여 방안(제어대상)의 온도(제어량)를 23[℃](목표값)로 일정(검출부)하게 유지
【답】②

19 전기철도에서 귀선 궤조에서의 누설전류를 경감하는 방법과 관련이 없는 것은?
① 보조귀선
② 크로스본드
③ 귀선의 전압강하 감소
④ 귀선을 정(+)극성으로 조정

풀이 귀선궤조에서의 **누설전류 경감 대책**
① 레일을 따라 보조귀선 설치
② 귀선저항을 작게 하기 위하여 레일에 본드(bond)를 시설
- 레일본드 : 레일의 접속부분을 연동선으로 연결
- 크로스 본드 : 양 궤조 간 및 궤조 상호간을 전기적으로 접속하는 본드
③ 귀선을 부(-)극성
【답】④

20 네온전구에 대한 설명으로 옳지 않은 것은?
① 소비전력이 적으므로 배전반의 파이롯트램프 등에 적합하다.
② 전극간의 길이가 짧으므로 부글로우를 발광으로 이용한 것이다.
③ 음극 글로우를 이용하고 있어 직류의 극성 판별용에 이용된다.
④ 광학적 검사용에 이용된다.

풀이
① 네온전구 : 네온전구는 음극 글로를 이용하게 되며 교류 전원을 접속하면 반 사이클마다 양쪽 극에서 발광한다. 소비전력이 적으므로 배전반의 파일럿등과 같이 종야등으로 사용된다.
- 소비전력이 적으므로 배전반의 파이롯트등에 적합하다.
- 부(-)글로를 이용하므로 직류의 극성 판별용에 이용된다.
- 일정 전압에서 점등되므로 검전기, 교류 파고치의 측정에 사용된다.

과년도 기출문제 2015년

• 어느 범위에서는 광도와 전류가 비례하므로 오실로그래프용·스트로보스코프용에 이용된다.
② 나트륨등 : 광학시험(유리 굴절률 측정, 평면 검사 등)에 사용된다. 【답】④

2회 전기응용

01 광도의 단위는 무엇인가?
① 루멘(lm)　　　② 칸델라(cd)
③ 스틸브(sb)　　④ 럭스(lx)

풀이
① 루멘[lm] : 광속의 단위
② 칸델라[cd] : 광도의 단위
③ 스틸브[sb]=[cd/cm²] : 휘도 보조 단위
④ 럭스[lx]=[lm/m²] : 조도의 단위 【답】②

02 열 절연재료로 사용되지 않는 것은?
① 운모　　　　② 석면
③ 탄화 실리콘　④ 자기

풀이 탄화실리콘(SiC)은 탄화규소라고도 하며 연마재료 또는 **반도체 소자 등에 사용**되는 공업재료이다. 【답】③

03 2차 저항제어를 하는 권선형 유도전동기의 속도 특성은?
① 가감 정속도 특성　② 가감 변속도 특성
③ 다단 변속도 특성　④ 다단 정속도 특성

풀이 2차 저항 제어 : 비례추이를 이용하는 것으로서, 권선형 유도전동기의 2차 회로 저항의 크기를 조정하여 전동기의 속도를 연속적으로 제어하는 방법으로 **가감 변속도 특성**을 갖고 있다. 【답】②

04 황산용액에 양극으로 구리막대, 음극으로 은막대를 두고 전기를 통하면 은막대는 구리색이 난다. 이를 무엇이라고 하는가?
① 전기 도금　　② 이온화 현상
③ 전기 분해　　④ 분극 작용

풀이 전기 도금 : 전기 도금은 도금하고자 하는 금속을 양극, 도금되는 금속을 음극으로 하고 도금하고자 하는 금속 이온을 함유한 수용액 중에서 전기 분해하여, 음극으로 금속을 석출 시키는 것이다. 따라서, **양극에 있는 구리가 음극에 있는 은막대로 이동하여 은막대가 구리색이 나게 된다.** 【답】①

05 다음 중 형광체로 쓰이지 않는 것은?
① 텅스텐산 칼슘　② 규산 아연
③ 붕산 카드뮴　　④ 황산 나트륨

풀이 형광체의 종류 및 광색

형광체	분자식	광색
텅스텐산 칼슘	$CaWO_4$-Sb	청색
텅스텐산 마그네슘	$MgWO_4$	청백색
규산아연	$ZnSiO_3$-Mn	녹색
규산 카드뮴	$CdSiO_2$-Mn	등색
붕산 카드뮴	CdB_2O_5	핑크색
할로린산 칼슘	$3Ca_3(PO_4)_4 \cdot Ca_2(Cl_2F_2)$-Sb, Mn	황백색

【답】④

06 급전선의 급전 분기장치의 설치방식이 아닌 것은?
① 스팬선식　　② 암식
③ 커티너리식　④ 브래킷식

풀이 커티너리식은 급전선의 급전 분기 장치의 설치 방법이 아니라 **전차선 가선 방식 중 하나이다.** 【답】③

07 방전개시 전압을 나타내는 것은?
① 빈의 변위법칙
② 스테판-볼츠만의 법칙
③ 톰슨의 법칙
④ 파센의 법칙

풀이 **방전 개시 전압**은 방전관 내의 압력과 전극간 간격의 곱에 비례한다. 이 관계를 **파센(Paschen)의 법칙**이라 한다.
즉, $V \propto$ 압력×전극간 간격 【답】④

08 전기 분해로 제조되는 것은 어느 것인가?
① 암모니아　　② 카바이드
③ 알루미늄　　④ 철

풀이 **알루미늄**은 보크사이트(Al_2O_3가 60[%] 함유된 광석)를 용해하여 순수한 산화 알루미늄(알루미나)을 만든 후 빙정석을 넣고 약 1000[℃]로 **전기 분해하여 순도 99.8 [%]로 제조**한다. 【답】③

09 용접용 전원의 특성은 부하가 급히 증가할 때 전압은?
① 일정하다.　　② 급히 상승한다.
③ 급히 강하한다.　④ 서서히 상승한다.

풀이 용접용 전원은 **수하 특성**을 갖고 있어야 한다. 또한 수하 특성이란 "부하가 증가하면 단자 전압이 현저히 저하하는 현상" 이라 한다. 【답】③

10 권상하중 10000[kg], 권상속도 5[m/min]의 기중기용 전동기 용량은 약 몇 [kW]인가? (단, 전동기를 포함한 기중기의 효율은 80[%]라 한다.)
① 7.5   ② 8.3
③ 10.2   ④ 14.3

풀이
전동기 용량 $P = \dfrac{KWV}{6.12\eta} = \dfrac{10000 \times 10^{-3} \times 5}{6.12 \times 0.8} = 10.21[kW]$
여기서, K : 손실계수 (여유계수), W : 중량(하중) [ton]
V : 권상속도 [m/min], η : 효율 【답】③

11 다음 중 토크가 가장 적은 전동기는?
① 반발 기동형   ② 콘덴서 기동형
③ 분상 기동형   ④ 반발 유도형

풀이 기동 토크의 크기
반발 기동형 > 반발 유도형 > 콘덴서 기동형 > 분상 기동형 > 셰이딩 코일형   【답】③

12 다음 중 고압 아크로가 아닌 것은?
① 에르식 제강로   ② 쉔헤르로
③ 파우링로   ④ 비르게란드 아이데로

풀이 파우링로, 비르게란드-아이데로, 쉔헤르로는 공중 질소를 고정하여 질산을 제조하는 고압 아크로이며, **에르식 전기 제강로**는 특수강, 주강, 고급 주철의 제조에 주로 사용하는 직접식 **저압 아크로** 이다.   【답】①

13 엘리베이터용 전동기에 대한 설명으로 틀린 것은?
① 기동토크가 큰 것이 요구된다.
② 플라이휠 효과(GD^2)가 커야 한다.
③ 관성모멘트가 작아야 한다.
④ 유도전동기도 엘리베이터에 사용된다.

풀이 엘리베이터에 사용되는 전동기의 특성
① 회전부분의 관성 모멘트는 적어야 한다(기동정지가 빈번).
② 가속도의 변화비율이 일정값이 되도록 선택(가속감속시).
③ 기동 토크가 커야 한다.
④ 소음이 적어야 한다.
엘리베이터용 전동기로는 제어의 발달에 따라 3상 유도 전동기가 주로 사용된다.   【답】②

14 역방향 바이어스 전압에 따라 접합 정전용량이 가변되는 성질을 이용하는 다이오드는?
① 제너 다이오드   ② 버렉터 다이오드
③ 터널 다이오드   ④ 브리지 다이오드

풀이 버렉터 다이오드(Varactor 다이오드 = Variable Capacitance diode, 가변 용량 다이오드)는 역방향 전압이 변화함에 따라서 등가 **정전 용량이 비직선적으로 변화**하는 특성이 있다.   【답】②

15 공구, 기계부품, 전기기구 부품 등의 납땜 작업에 널리 사용되는 용접은?
① 유도 용접   ② 심 용접
③ 프로젝션 용접   ④ 접 용접   【답】①

16 조절계의 조절요소에서 비례 미분에 관한 기호는?
① P   ② PD
③ PI   ④ PID

풀이 조절부의 동작에 의한 분류

종류		특징
P	비례동작	• 정상오차를 수반 • 잔류편차 발생
I	적분동작	• 잔류편차 제거
D	미분동작	• 오차가 커지는 것을 미리 방지
PI	비례적분동작	• 잔류편차 제거 • 제어결과가 진동적으로 될 수 있다.
PD	비례미분동작	• 응답 속응성의 개선
PID	비례적분미분동작	• 잔류편차 제거 • 응답의 오버슈트 감소 • 응답 속응성의 개선 • 응답 속응성의 개선

【답】②

17 전동력 응용기술의 특성으로 틀린 것은?
① 동력 전달기구가 간단하고 효율적이다.
② 전동력의 집중, 분배가 쉽고 경제적이다.
③ 전원의 전압, 주파수 변동에 의한 영향이 없다.
④ 동력을 얻기가 쉽다.

풀이 전동기의 속도 $N = \dfrac{120f}{p}(1-s)$
에서 알 수 있듯이 $N \propto f$의 관계가 있다. 따라서 **전동기의 속도 N는 주파수 f 변동에 의한 영향을 받게 된다.** 【답】③

18 눈부심을 일으키는 램프의 휘도 한계는 얼마인가?
① 0.5[cd/cm²] 이하　② 1.5[cd/cm²] 이하
③ 2.5[cd/cm²] 이하　④ 3[cd/cm²] 이하

풀이 사람이 **눈부심을 느끼는 한계는 대체적으로 0.5[cd/cm²]** $= 0.5 \times 10^4 [\text{cd/m}^2]$ 이다. 【답】①

19 200[W] 전구를 우유색 구형 글로브에 넣었을 경우 우유색 유리의 반사율을 40[%], 투과율은 50[%]라고 할 때 글로브의 효율은 약 몇 [%]인가?
① 23　② 43
③ 53　④ 83

풀이 글로브의 효율 $\eta = \dfrac{\tau}{1-\rho}$ 에서
투과율 $\tau = 0.5$, 반사율 $\rho = 0.4$ 이므로
$\therefore \eta = \dfrac{0.5}{1-0.4} = 0.83 = 83[\%]$ 【답】④

20 평균구면 광도가 90[cd]인 전구로부터의 총 발산 광속[lm]은?
① 1130　② 1230
③ 1330　④ 1440

풀이 평균 구면광도가 I[cd]인 구광원인 경우 광원 둘레의 입체각이 4π[st]이므로 전광속 F는
$F = 4\pi I$ [lm] 이다.
$\therefore F = 4\pi I = 4\pi \times 90 = 1130.97$[lm] 【답】①

4회	전기응용

01 열이 이동하는 방식 중 복사에 해당하는 것은?
① 도체를 통하여 이동한다.
② 기체를 통하여 이동한다.
③ 액체를 통하여 이동한다.
④ 전자파로 이동한다.

풀이 열의 전달 방법에는 전도, 대류, 복사의 세 가지 방식이 있다.
• 전도(Conduction) : 물체를 통해서 전달되는 것
• 대류(Convection) : 공기 등 기체의 흐름으로 인해서 전달되는 것
• 복사(Radiation) : **전자파의 형태**로 에너지를 전달하는 것 【답】④

02 전기철도의 전기차 주전동기 제어방식 중 특성이 다른 것은?
① 개로제어　② 계자제어
③ 단락제어　④ 브리지제어
【답】②

03 다음 중 전해정제법이 이용되고 있는 금속 중 최대 규모로 행하여지는 대표 금속은?
① 구리　② 철
③ 납　④ 망간

풀이 전기 분해를 이용하여 순수한 금속만을 음극에서 석출하여 정제하는 것을 전해정제(electrolytic refining)라 하며 이 방법에 의하여 정제하는 금속으로는 **구리**가 가장 많고 주석, 금, 은, 니켈, 안티몬 등을 제조할 수 있다. 【답】①

04 평균 구면 광도 80[cd]의 전구 4개를 지름 8[m] 원형의 방에 점등하였다. 조명률을 0.4 라고 하면 방의 평균조도[lx]는?
① 18　② 22
③ 28　④ 32

풀이 $FUN = EAD$ 에서
광속 $F = 4\pi I = 4\pi \times 80 = 320\pi$ [lm]
등 수 $N = 4$, 조명률 $U = 0.4$,
면적 $A = \pi \times \left(\dfrac{8}{2}\right)^2 = 16\pi$ 이므로
$\therefore E = \dfrac{FUN}{AD} = \dfrac{320\pi \times 0.4 \times 4}{16\pi \times 1} = 32$[lx] 【답】④

05 비닐막 등의 접착에 주로 사용하는 가열방식은?
① 저항가열　② 유도가열
③ 아크가열　④ 유전가열

풀이
• **유전 가열** : 유전체에서 발생되는 유전체손을 이용한 것으로 목재의 건조, 목재의 접착, 합성수지의 가열성형, 고무의 유

화, **비닐막 등의 접착** 등에 사용된다.
- 비닐막은 절연물로서 저항가열, 아크가열, 유도가열은 쓰지 못한다. 【답】④

06 저압 아크로에 해당되지 않는 것은?
① 제철   ② 제강
③ 합금의 제조   ④ 공중질소고정

풀이
- **고압 아크로** : 공중 질소를 고정하여 **질산을 제조**
- 저압 아크로 : 특수강, 주강, 고급 주철의 제조 【답】④

07 주로 옥외 조명기구로 사용되며 실내에서는 체육관 등 넓은 장소에 사용되는 조명기구는?
① 다운 라이트   ② 트랙 라이트
③ 투광기   ④ 팬던트

풀이 **투광기** : 반사경 혹은 렌즈를 사용해서 어떤 범위의 방향으로 높은 광도가 얻어지도록 한 조명으로 탐조등, 스포트 라이트, 플랫 라이트 등이 있다. 【답】③

08 그림과 같은 전동차선의 조가법(早架法)은?

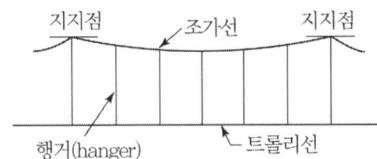

① 직접 조가식
② 단식 커티너리식
③ 변형 Y형 단식 커티너리식
④ 복식 커티너리식

풀이
- **단식 커티너리**(simple catenary) 조가 방식은 **조가선과 전차선의 2조**로 구성되고 조가선으로 전차선을 궤조면에 대하여 평행이 되도록 한 방식이다.
- 커티너리식은 전차선의 높이가 균일하므로 고속도용에 적합하다. 【답】②

09 모든 방향의 광도가 균일하게 1000[cd]인 광원이 있다. 이것을 직경 40[cm]의 완전 확산성 구형 글로브의 중심에 두었을 때 그 휘도가 1[cm²]당 0.56 [cd]가 되었다. 이 글로브의 투과율은 약 몇 [%]인가?

(단, 글로브 내면의 반사는 무시한다.)
① 65   ② 70
③ 83   ④ 92

풀이 휘도 $B = \dfrac{\tau I}{S}$ 에서

투과율 $\tau = \dfrac{BS}{I} = \dfrac{B \times \pi r^2}{I} = \dfrac{0.56 \times \pi \times 20^2}{1000}$
$= 0.7037 = 70.37[\%]$ 【답】②

10 다음 중 금속의 이온화 경향이 가장 큰 것은?
① Ag   ② Pb
③ Na   ④ Sn

풀이 이온화 경향이란 원자 또는 분자가 이온이 되려고 하는 경향으로, 쉽게 이온화되는 것을 이온화경향이 크며 산화되기 쉽다고 말한다.
이온화 경향이 큰 순서로는
K > Ba > Ca > Na > Mg > Al > Mn > Fe > Ni > Sn > Pb > Cu > Hg > Ag > Pt > Au 순이다. 【답】③

11 다음 합금 발열체 중 최고 사용 온도가 가장 낮은 것은?
① 니크롬 제1종   ② 니크롬 제2종
③ 철크롬 제1종   ④ 철크롬 제2종

풀이
- 니크롬 제1종 : 1100 [℃]
- **니크롬 제2종 : 900 [℃]**
- 철-크롬 제1종 : 1200 [℃]
- 철-크롬 제2종 : 1100 [℃] 【답】②

12 소형이면서 대전력용 정류기로 사용하는 것은?
① 게르마늄 정류기   ② SCR
③ CdS   ④ 셀렌 정류기

풀이 SCR은 수은 정류기, 다이너트론 등의 소자에 비해 효율이 높고 고속 동작이 용이하며, **소형 경량**이고 수명이 길며 사용이 쉽고, **대전력용 정류기로 사용**된다. 【답】②

13 서로 다른 두 개의 금속이나 반도체를 접속하여 전류를 인가하면 접합부에서 열이 발생하거나 흡수되는 현상은?
① 제벡 효과   ② 펠티에 효과
③ 톰슨 효과   ④ 핀치 효과

풀이 펠티에 효과(Peltier effect) : 서로 다른 두 종류의 금속선으로 폐회로를 만들고 온도를 일정하게 유지하면서 전류를 흘리면 금속선의 접속점에서 **열의 흡수(온도 강하) 또는 발생 (온도 상승)**이 일어나는 현상을 펠티에 효과라 한다. 【답】②

14 터널 다이오드의 용도로 가장 널리 사용되는 것은?
① 검파 회로
② 스위칭 회로
③ 정류기
④ 정전압소자

풀이 터널 다이오드 : 마이크로파의 발진, 증폭, **고속 스위칭(개폐)** 기능이 있다. 【답】②

15 전구의 필라멘트나 열전대 용접에 알맞은 방법은?
① 점 용접
② 돌기 용접
③ 심 용접
④ 불활성 용접

풀이
• 점 용접 : 필라멘트, 열전대 용접
• 심 용접 : 이음매 용접 【답】①

16 축전지를 사용할 때 극판이 휘고 내부저항이 매우 커져서 용량이 감퇴 되는 원인은?
① 전지의 황산화
② 과도방전
③ 전해액의 농도
④ 감극작용

풀이 황산화 현상
• 납축전지를 방전상태에서 오랫동안 방치하면 극판에 백색의 황산납이 생기는 현상
• **극판이 휘게 되고, 내부 저항이 증가하게 된다.** 【답】①

17 직선궤도에서 호륜궤조를 반드시 설치해야 하는 곳은?
① 분기개소
② 병용궤도
③ 고속운전 구간
④ 교량 위

풀이 궤도의 분기 개소에서 철차가 있는 곳은 궤조가 중단되므로 원활하게 차체를 분기 선로로 유도하기 위해서는 반대 궤조측에 **호륜 궤조(guard rail)를 설치**하여야 한다. 【답】①

18 다음 전동기 중에서 속도변동률이 가장 큰 것은?
① 3상 농형 유도전동기
② 3상 권선형 유도전동기
③ 3상 동기전동기
④ 단상 유도전동기

풀이
• 3상동기 전동기는 극수와 주파수로 정해지는 동기속도 ($N_s = \dfrac{120f}{p}$)로 일정하게 회전
• 3상 유도전동기(3상 농형 유도전동기, 3상 권선형 유도전동기)는 회전자계를 이용하는데 반하여 **단상 유도전동기는 교번자계를 이용**하여 회전 하므로 **속도변동률이 3상 보다 크다.**
【답】④

19 15[kW] 이상의 중형 및 대형기의 기동에 사용되는 농형 유도전동기의 기동법은?
① 기동 보상기법
② 전전압 기동법
③ 2차 임피던스 기동법
④ 2차 저항기동법

풀이 농형 유도 전동기 기동법
① 전전압 기동법 (5 [kW] 이하 소형)
② 리액터 기동법 (기동 전류를 제한하고자 할 때)
③ Y-△ 기동법 (5~15 [kW] 정도)
④ **기동 보상기법 (15 [kW] 이상)** 【답】①

20 전기 기관차의 자중이 150[t]이고, 동륜상의 중량이 95[t] 이라면 최대 견인력[kg]은?
(단, 궤조의 점착 계수는 0.2라 한다.)
① 19000
② 25000
③ 28500
④ 38000

풀이 최대 견인력 F_m[kg]은 다음과 같다.
$F_m = 1000\mu W_a [kg]$
여기서, μ는 점착 계수, W_a는 차륜이 궤조(rail)면에 수직으로 누르는 중력[t], 즉 동륜상의 중량
∴ $F_m = 1000 \times 0.2 \times 95 = 19000 [kg]$ 【답】①

2016년 기출문제

1회 전기응용

01 인버터(inverter)의 용도는?
① 교류를 직류로 변환
② 직류를 직류로 변환
③ 교류를 직류로 변환
④ 직류를 교류로 변환

풀이
- 인버터 : **직류 전원을 교류 전원으로 변환**하는 장치
- 컨버터 : 교류 전원을 직류 전원으로 변환하는 장치 【답】 ④

02 전기분해에서 패러데이의 법칙은? (단, $Q[C]=$ 통과한 전기량, $K=$ 물질의 전기화학 당량, $W[g]=$ 석출된 물질의 양, $t=$ 통과시간, $I=$ 전류, $E[V]=$ 전압 이다.)

① $W = K\dfrac{Q}{E}$ ② $W = KEt$
③ $W = KQ = KIt$ ④ $W = \dfrac{1}{R}Q = \dfrac{1}{R}It$

풀이 **패러데이 법칙** : 전기 분해에 의해 석출되는 물질의 양은 전해액을 통과하는 총 전기량에 비례하고 또 물질의 화학 당량에 비례한다.
$W = KQ = KIt$ [g]　　　　　　　　　【답】 ③

03 제어 요소는 무엇으로 구성되는가?
① 검출부
② 검출부와 조절부
③ 검출부와 조작부
④ 조작부와 조절부

풀이

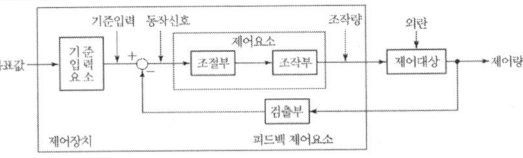

제어 요소는 동작 신호를 조작량으로 변환하는 요소이고 **조절부와 조작부**로 이루어진다.　　　　　【답】 ④

04 2000[cd]의 점광원으로부터 4[m] 떨어진 점에서 광원에 수직한 평면상으로 1/50초간 빛을 비추었을 때의 노출[lx·s]은?
① 2.5　　② 3.7
③ 5.7　　④ 6.3

풀이 조도 $E = \dfrac{I}{r^2} = \dfrac{2000}{4^2} = 125$ [lx]

따라서 노출 $= 125 \times \dfrac{1}{50} = 2.5$ [lx·s]　【답】 ①

05 그림과 같이 간판을 비추는 광원이 있다. 간판면상 P점의 조도를 200[lx]로 하려면 광원의 광도[cd]는?
① 400
② 500
③ $800\sqrt{2}$
④ $500\sqrt{2}$

풀이 수평면 조도 $E = \dfrac{I}{r^2}\cos\theta$ [lx]에서 θ는 수직면에서부터의 각이므로
$\theta = 90° - 45° = 45°$
$\therefore I = \dfrac{E \cdot r^2}{\cos\theta} = \dfrac{200 \times 2^2}{\cos 45°} = 800\sqrt{2}$ [cd]　【답】 ③

06 적외선 전구를 사용하는 건조과정에서 건조에 유효한 파장인 1~4[μm]의 방사파를 얻기 위하여 적외선 전구의 필라멘트 온도[K] 범위는?
① 1800~2200　　② 2200~2500
③ 2800~3000　　④ 2800~3200

풀이 적외선 전구는 텅스텐선 등의 저항체에 전류를 흘려 그 열방사를 이용한 것으로서, **건조에 유효한 파장 범위 1~4[μm]를 가장 효율 좋게 방사시키는 온도 2200~2500[K]**로 하고 있으며 수명은 5000시간 이상이다.　　【답】 ②

과년도 기출문제 2016년

07 효율이 높고 고속 동작이 용이하며, 소형이고 고전압 대전류에 적합한 정류기로 사용되는 것은?
① 수은정류기　② 회전변류기
③ 전동발전기　④ 실리콘제어정류기

[풀이] 실리콘 제어 정류기 : 수은 정류기, 다이너트론 등의 소자에 비해 **효율이 높고 고속 동작이 용이**하며, 소형 경량이고 수명이 길며 사용이 쉽다. 【답】④

08 열차가 곡선 궤도부를 원활하게 통과하기 위한 조치는?
① 궤간(gauge)
② 확도(slack)
③ 복진지(anti-creeping)
④ 종곡선(vertical curve)

[풀이]
- 궤간 : 한 레일과 마주보는 다른 레일과의 거리
- **확도** : **곡선로 부분에서 후렌지가 레일 측면에 끼어 탈선하는 것을 방지**하기 위해서 궤간을 직선부보다 약간 넓게 하는 것을 말한다.
- 복진지 : 궤조(rail)가 열차의 진행 방향과 더불어 종 방향으로 이동하는 것을 방지하는 장치
- 종곡선 : 종단 구배가 변화하는 궤도의 2점간에 삽입하는 곡선으로 수평 궤도에서 경사 궤도로 변화하는 부분에 설치 【답】②

09 SCR을 두 개의 트랜지스터 등가 회로로 나타낼 때의 올바른 접속은?

① 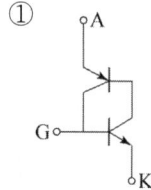　②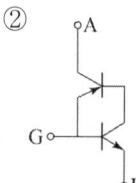

③ 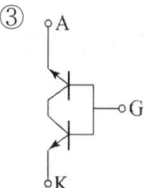　④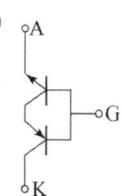

[풀이] SCR은 단일 방향성 3단자 소자로서 게이트에 신호를 가해야만 동작한다.

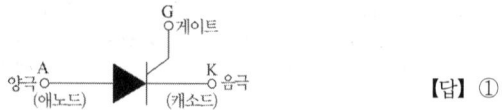

【답】①

10 제품제조 과정에서의 화학 반응식이 다음과 같은 전기로의 가열 방식은?

$$SiO_2 + 3C \rightarrow SiC + 2CO$$

① 유전가열　② 유도가열
③ 간접저항가열　④ 직접저항가열

[풀이]
- 카아버런덤 : 모래와 코크스를 혼합하고 여기에 전류를 흘려서 2000[℃]이상 가열하면 다음과 같은 반응으로 제조된다.
$SiO_2 + 3C \rightarrow SiC + 2CO$
- 직접식 가열 저항로의 종류 : 흑연화로, **카아버런덤로**, 지로식 전기로가 있다. 【답】④

11 자동차 등 차량공업, 기계 및 전기 기계기구, 기타 금속제품의 도장을 건조하는데 주로 이용되는 가열방식은?
① 저항 가열　② 유도 가열
③ 고주파 가열　④ 적외선 가열

[풀이] **적외선 건조**는 두께가 얇은 재료에 적합하고, 주로 섬유, **도장 관계에 많이 사용**된다. 【답】④

12 저항 가열은 어떤 원리를 이용한 것인가?
① 줄열　② 아크손
③ 유전체손　④ 히스테리시스손

[풀이] 저항 가열은 **전류에 의한 줄손**($H = 0.24I^2Rt$[cal])을 이용한 가열로 직접식과 간접식이 있다. 【답】①

13 전동기의 회생제동이란?
① 전동기의 기전력을 저항으로서 소비시키는 방법이다.
② 와류손으로 회전체의 에너지를 잃게 하는 방법이다.
③ 전동기를 발전 제동으로 하여 발생 전력을 선로에 보내는 방법이다.
④ 전동기의 결선을 바꾸어서 회전방향을 반대로 하여 제동하는 방법이다.

[풀이] 전동기의 전기적 제동
- 발전 제동 : 전동기를 발전기로 동작시켜 회전 운동 에너지로서 발생되는 전력을 그 단자에 접속한 저항에서 열로 소비시키는 제동 방법이다.
- 와전류 제동 : 전동기 축에 동심으로 설치한 구리의 원판을

자계 내에서 회전시켜 동판에 생긴 와전류에 의해서 제동력을 얻는 방법이다.
- **회생 제동** : **전동기를 발전기**로 동작시켜 회전 운동 에너지로 발생되는 **전력을 전원측에 반환**하면서 제동하는 방식이다
- **역상 제동** : 전동기의 전원 접속을 바꾸어 역토크를 발생시켜 급정지시키는 방법으로 역전제동 또는 플러깅(plugging)이라 한다.   【답】③

14 전기 집진기는 무엇을 이용한 것인가?
① 자기력
② 전자기력
③ 유도기전력
④ 대전체간의 정전기력

풀이 전기 집진기는 일반적으로 기체 중에서 그 중에 부유하는 고체형 액상 미립자를 전기적 방법으로 제거하고, 혹은 채집하는 장치로서 **정전력을 이용**한 것이며, 코트렐(cottrell)식은 그 대표적인 것이다.   【답】④

15 출력 7200[W], 800[rpm]로 회전하고 있는 전동기의 토크[kg·m]는 약 얼마인가?
① 0.14
② 8.77
③ 86
④ 115

풀이 토크 $T = 0.975 \frac{P}{N} = 0.975 \times \frac{7200}{800} = 8.77$ [kg·m]
여기서, T : 토크[kg·m], P : 출력[W], N : 회전수[rpm]   【답】②

16 아크용접에 주로 사용되는 가스는?
① 산소
② 헬륨
③ 질소
④ 오존

풀이 **불활성 가스 용접**은 용접용 전극의 주위에서 **아르곤이나 헬륨**을 분출시켜서 아크 부분을 공기로부터 차단하고 용제(flux)를 전혀 사용하지 않고 용접하는 방법이다. 알루미늄이나 마그네슘의 용접뿐만 아니라 스테인레스강, 동, 동합금 기타 이종 금속의 용접에도 적당하다.   【답】②

17 파장폭이 좁은 3가지의 빛을 조합하여 효율이 높은 백색 빛을 얻는 3파장 형광램프에서 3가지 빛이 아닌 것은?
① 청색
② 녹색
③ 황색
④ 적색

풀이 **3파장 형광램프** : 3파장 형광램프는 파장폭이 좁은 **청색, 녹색 및 적색** 빛을 조합하여 효율이 높은 백색 빛을 얻는 등이다.   【답】③

18 루소선도에서 전광속 F와 면적 S사이의 관계식으로 옳은 것은? (단, a와 b는 상수이다.)
① $F = \frac{a}{S}$
② $F = aS$
③ $F = aS + b$
④ $F = aS^2$

풀이 루소선도에서의 총 광속
- 총 광속 $F = \frac{2\pi}{r} \times S$(루소선도의 면적) $= aS$ [lm]
  단, $a = \frac{2\pi}{r}$ 【답】②

19 간접식 저항가열에 사용되는 발열체의 필요조건이 아닌 것은?
① 내열성이 클 것
② 내식성이 클 것
③ 저항률이 비교적 크고 온도계수가 작을 것
④ 발열체의 최고온도가 가열온도보다 낮을 것

풀이 발열체로서의 구비 조건
① 내열성이 클 것
② 내식성이 클 것
③ 알맞은 고유 저항값을 가지고, 저항의 온도 계수가 양(+)수로서 작을 것
④ 연전성이 풍부하고, 가공이 용이할 것
⑤ 선팽창 계수는 작아야 한다.
그리고, **발열체의 최고온도는 가열온도 보다 높아야 한다.**   【답】④

20 직접조명 시 벽면을 이용할 경우 등기구와 벽면 사이의 간격 S_0는? (단, H는 작업면에서 광원까지의 높이이다.)
① $S_0 \leq \frac{H}{2}$
② $S_0 \leq \frac{H}{3}$
③ $S_0 \leq 1.5H$
④ $S_0 \leq 2H$

풀이 조명기구 간격 및 배치
① 기구의 최대 간격 $S \leq 1.5H$
② 광원과 벽면 거리
- $S_0 \leq \frac{H}{2}$ (벽측을 사용하지 않을 경우)
- $S_0 \leq \frac{H}{3}$ **(벽측을 사용할 경우)**

단, H : 작업면 상의 광원의 높이 [m]   【답】②

과년도 기출문제 2016년

2회 전기응용

01 전기철도의 교류 급전방식 중 AT 급전방식은 어떤 변압기를 사용하여 급전하는 방식을 말하는가?
① 단권변압기   ② 흡상변압기
③ 스코트변압기 ④ 3권선변압기

풀이 단권변압기(AT : Auto Transformer)방식
권선비 1 : 1인 단권 변압기를 급전선과 전차선 사이에 병렬로 설치 접속하고 변압기 권선의 중성점을 레일에 접속하는 방식
【답】①

02 고주파 유전 가열에서 피열물의 단위 체적당 소비 전력[W/cm³]은? (단, E[V/cm]는 고주파 전계, δ는 유전체 손실각, f는 주파수, ϵ_s는 비유전율이다.)

① $\dfrac{5}{9}E^2 f\epsilon_s \tan\delta \times 10^{-8}$

② $\dfrac{5}{9}Ef\epsilon_s \tan\delta \times 10^{-9}$

③ $\dfrac{5}{9}Ef\epsilon_s \tan\delta \times 10^{-10}$

④ $\dfrac{5}{9}E^2 f\epsilon_s \tan\delta \times 10^{-12}$

풀이 단위 체적당 유전체손
$P_0 = \dfrac{5}{9} f\epsilon_s E^2 \tan\delta \times 10^{-12} [\text{W/cm}^3]$
【답】④

03 태양광선이나 방사선을 조사(照射)해서 기전력을 얻는 전지를 태양전지, 원자력전지라고 하는데 이것은 다음 어느 부류의 전지에 속하는가?
① 1차전지   ② 2차전지
③ 연료전지   ④ 물리전지

풀이 실용전지의 분류

분류	종류
1차 전지	망간 건전지, 적층 건전지, 공기 건전지, 리튬 전지, 수은 전지
2차 전지	연축 전지, 알칼리 축전지
연료 전지	알칼리 전해액 연료전지, 산성 전해질 연료전지, 용융염 전해질 연료전지, 고체 전해질 연료전지
특수 전지	**물리전지** 태양 전지, 열 전지, **원자력 전지**
	생물전지 아직 실용화 되어 있지 않음

【답】④

04 수은이나 불활성가스와 같은 준안정상태를 형성하는 기체에 극히 미량의 다른 기체를 혼합한 경우 방전개시전압이 매우 낮아지는 현상은?
① 페닝 효과   ② 파센의 법칙
③ 웨버의 법칙   ④ 빈의 변위효과

풀이 페닝 효과 : 준안정상태를 형성하는 기체에 극히 미량의 다른 기체를 혼합한 경우 방전전압이 하강하는 현상 【답】①

05 전철 전동기에 감속 기어를 사용하는 주된 이유는?
① 역률 개선   ② 정류 개선
③ 역회전 방지   ④ 주전동기의 소형화

풀이 출력 $P = 2\pi n T$[W]에서 출력이 일정한 경우 토크 $T \propto \dfrac{1}{n}$이 되어 토크와 회전수는 반비례하게 된다. 따라서, **감속기를 사용하여** 전동기의 회전수를 낮추면 토크가 증가하게 되며 그 결과 **전동기의 크기가 소형화** 되어 제한된 공간인 전차에 설치하기가 용이해진다.
【답】④

06 전기 가열의 특징에 해당되지 않는 것은?
① 내부 가열이 가능하다.
② 열효율이 매우 나쁘다.
③ 방사열의 이용이 용이하다.
④ 온도제어 및 조작이 간단하다.

풀이 **전기 가열**은 다른 열원과 비교해서 다음과 같은 특징이 있다.
• **열효율이 매우 좋다.**
• 매우 높은 온도를 얻을 수 있다.
• 내부 가열이 가능하다.
• 노의 온도 제어가 용이하다.
• 온도 제어 및 조작이 간단하다.
• 방사열의 이용이 용이하다.
• 제품의 품질이 균질하게 된다.
• 청정 에너지원으로 환경 공해를 일으키지 않는다. 【답】②

07 높이 10[m]의 곳에 있는 용량 100[m³]의 수조를 만수시키는 데 필요한 전력량은 몇 [kWh]인가? (단, 펌프의 종합 효율은 90[%], 전손실 수두는 2[m]이다.)
① 3.6   ② 4.1
③ 7.2   ④ 8.9

풀이
- 총양정 $H = 10 + 2 = 12$ [m]이다.
- 용량 100[m³]의 수조를 1시간만에 채우기 위한 펌프의 초당 유량
$$Q = \frac{100}{60 \times 60} [\text{m}^3/\text{sec}]$$
따라서, 필요한 펌프의 용량
$$P = \frac{9.8QH}{\eta} = \frac{9.8 \times \frac{100}{60 \times 60} \times 12}{0.9} = 3.63 [\text{kW}]$$
∴ 소요전력량 $W = P \times t = 3.63 \times 1 = 3.63 [\text{kWh}]$ 【답】①

08 폭 6[m], 길이 10[m], 높이 4[m]인 교실에 32[W] 형광등 20개를 점등하였다. 교실의 평균조도[lx]는 약 몇 [lx]인가? (단, 조명률 0.45, 감광보상률 1.3, 32[W] 형광등의 광속은 1500[lm]이다.)
① 153   ② 163
③ 173   ④ 183

풀이 $FUN = EAD$ 에서,
평균조도 $E = \frac{FUN}{AD} = \frac{1500 \times 0.45 \times 20}{6 \times 10 \times 1.3} ≒ 173 [\text{lx}]$
(여기서 F : 등기구 1개의 총 광속, U : 조명률, N : 등기구 수량, A : 면적, D : 감광보상률) 【답】③

09 광도가 160[cd]인 점광원으로부터 4[m] 떨어진 거리에서, 그 방향과 직각인 면과 기울기 60°로 설치된 간판의 조도[lx]는?
① 3   ② 5
③ 10   ④ 20

풀이 광도 I[cd]의 광원에서 r [m] 떨어져서 θ만큼 기울어진 면의 조도 E[lx]는 다음과 같다.
$E = \frac{I \cos \theta}{r^2} [\text{lx}] = \frac{160 \times \cos 60°}{4^2} = 5 [\text{lx}]$ 【답】②

10 다음 중 인버터(Inverter)에 대한 설명으로 옳은 것은?
① 직류를 더 높은 직류로 변환하는 장치
② 교류전원을 직류전원으로 변환하는 장치
③ 직류전원을 교류전원으로 변환하는 장치
④ 교류전원을 더 낮은 교류전원으로 변환하는 장치

풀이
- 인버터 : **직류 전원을 교류 전원으로 변환**하는 장치
- 컨버터 : 교류 전원을 직류 전원으로 변환하는 장치 【답】③

11 ( )의 도금의 종류로 옳은 것은?

( ) 도금은 철, 구리, 아연 등의 장식용과 내식용으로 사용되며, 대부분 그 위에 얇은 크롬도금을 입혀서 사용한다.

① 동   ② 은
③ 니켈   ④ 카드뮴

풀이
- 니켈도금은 철강, 황동, 아연 등의 **장식과 내식용** 그리고 크롬 도금의 전단계 공정으로서 이용되고 있다.
- 크롬도금은 내마모성과 내식성이 양호하고, 대기 중에서 광택을 상실하지 않는 성질을 이용하여 장식 등에 사용된다. 【답】③

12 플라이 휠의 사용과 무관한 것은?
① 효율이 좋아진다.
② 최대 토크를 감소시킨다.
③ 전류의 동요가 감소한다.
④ 첨두 부하값을 감소시킨다.

풀이 플라이휠은 회전 에너지를 축적하였다가 부하 변동에 대응하는 것이므로 **첨두 부하값의 감소, 최대 토크의 감소, 전류의 동요가 감소**되는 효과가 있으나 **효율 향상과는 관계가 없다.** 【답】①

13 프로세스 제어에 속하지 않는 것은?
① 위치   ② 온도
③ 압력   ④ 유량

풀이 제어량의 성질에 의한 분류

항 목	프로세스 제어	서보 기구	자동 조정 제어
특 징	플랜트나 생산 공정 중의 상태량을 제어량으로 하는 제어	기계적 변위를 제어량으로 해서 목표값의 임의의 변화에 추종하도록 구성된 제어계	전기적, 기계적 양을 주로 제어하는 것으로서, 응답 속도가 대단히 빨라야 한다.
제어량의 종류	·**온도** ·**유량** ·**압력** ·액위 ·농도 ·밀도 등	·**물체의 위치** ·방위 ·자세 등	·전압 ·전류 ·주파수 ·회전 속도 ·힘 등

【답】①

14 직류직권 전동기는 어느 부하에 적당한가?
① 정토크 부하   ② 정속도 부하
③ 정출력 부하   ④ 변출력 부하

【풀이】 직권 전동기에서 토크가 증가하면 속도가 저하하므로 회전속도와 토크와의 곱에 비례하는 출력도 어떤 범위 내에서는 대체로 일정하다. 그러므로 **직권 전동기는** 부하 변동이 심하고 큰 기동 토크가 요구되는 전차, 기중기 등의 부하에 사용되며 **정출력부하 운전에 적합**하다. 【답】 ③

15 곡선 도로 조명 상 조명기구의 배치 조건으로 가장 적합한 것은?

① 양측배치의 경우는 지그재그식으로 한다.
② 한쪽만 배치하는 경우는 커브 바깥쪽에 배치한다.
③ 직선도로에서 보다 등 간격을 조금 더 넓게 한다.
④ 곡선 도로의 곡률 반경이 클수록 등 간격을 짧게 한다.

【풀이】 곡선 도로 조명 배치 방법
• 양쪽 배치시는 대칭식, **한쪽 배치시는 커브 바깥쪽**에 배치한다.
• 안전상 직선 도로보다 높은 조도(등간격을 좁게)를 유지한다.
• 곡률 반경이 클수록 (완만한 커브길) 등간격은 길게 해도 된다. 【답】 ②

16 열에 의한 물질의 상태변화에 대한 설명 중 틀린 것은?

① 액체를 냉각시키면 고체로 된다. 이것을 응고라 한다.
② 기체를 냉각시키면 액체로 된다. 이것을 승화라 한다.
③ 액체에 열을 가하면 기체로 된다. 이것을 기화라 한다.
④ 고체를 가열하면 용융되어 액체로 된다. 이것을 용해라 한다.

【풀이】
• 응고 : 액체가 고체로 변환
• 승화 : 고체가 기체로 변환 또는 기체가 고체로 변환
　　　(액체 상태를 거치지 않음)
• 기화 : 액체가 기체로 변환
• 융해 : 고체가 액체로 변환
• 액화 : 기체가 액체로 변환 　　　　　　　　　　【답】 ②

17 니크롬 전열선에서 제1종의 최고사용 온도[℃]는?

① 700　　　　　　② 900
③ 1100　　　　　④ 1300

【풀이】
• 니크롬 제1종 : 1100 [℃]　• 니크롬 제2종 : 900 [℃]
• 철크롬 제1종 : 1200 [℃]　• 철크롬 제2종 : 1100 [℃]
　　　　　　　　　　　　　　　　　　　　　　　【답】 ③

18 지름 40[cm]인 완전 확산성 구형 글로브의 중심에 모든 방향의 광도가 균일하게 130[cd] 되는 전구를 넣고 탁상 3[m]의 높이에서 점등하였을 때 탁상 위의 조도는 약 몇 [lx] 인가? (단, 글로브 내면의 반사율은 40 [%], 투과율은 5 [%]이다.

① 12　　　　　　② 20
③ 25　　　　　　④ 32

【풀이】
글로브의 효율 η는

$\eta = \dfrac{\tau}{1-\rho}$

$= \dfrac{0.05}{1-0.4} = 0.0833$

구하는 조도 E는

$\therefore E = \dfrac{\eta I}{r^2} = \dfrac{0.0833 \times 130}{3^2}$

$= 1.2 \,[lx]$

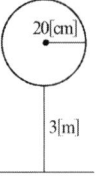

【답】 전항정답 처리

19 220[V]의 교류전압을 전파 정류하여 순저항 부하에 직류전압을 공급하고 있다. 정류기의 전압강하가 10[V]로 일정할 때 부하에 걸리는 직류전압의 평균값은 약 몇 [V] 인가? (단, 브리지 다이오드를 사용한 전파정류회로이다.)

① 99　　　　　　② 188
③ 198　　　　　④ 220

【풀이】 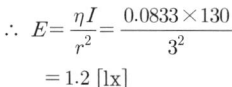 $E_d = \dfrac{2\sqrt{2}E}{\pi} = 0.9E$ 에서

$E_d = 0.9 \times 220 = 198 \,[V]$

정류기의 전압 강하가 10 [V]이므로 부하에 걸리는 전압
$E = 198 - 10 = 188[V]$ 　　　　　　　　　　　【답】 ②

20 직류전동기의 속도 제어법으로 쓰이지 않는 것은?

① 저항 제어법　　　② 계자 제어법
③ 전압 제어법　　　④ 주파수 제어법

【풀이】 직류전동기의 속도 제어법 비교

구 분	제어 특성	특 징
계자 제어법	• 정출력 제어	• 속도 제어 범위가 좁다.
전압 제어법	• 정토크 제어 −워드 레오나드 방식 −일그너 방식	• 제어 범위가 넓다. • 손실이 매우 적다. • 정역 운전이 가능 • 설비비가 많이 든다.
직렬 저항법		• 효율이 나쁘다.

참고로 직류에서는 주파수라는 개념이 없으며, **직류에서는 주파수 제어를 할 수 없다.** 【답】 ④

4회 전기응용

01 자동제어의 추치 제어에 속하지 않는 것은?
① 추종제어　　　② 비율제어
③ 프로그램제어　④ 프로세스제어

풀이 목표값의 시간적 성질에 의한 분류
정치제어와 추치제어로 구분되며 특성은 다음과 같다.
① **추치제어** : 출력의 변동을 조정하는 동시에 목표값에 정확히 추종하도록 설계한 제어계로서 **추종제어, 프로그램제어** 및 **비율제어**로 구분된다.
② **정치제어** : 목표값이 시간에 대하여 변화하지 않는 제어를 말하며 **프로세스제어**, 자동조정이 이에 속한다. 【답】 ④

02 유전가열의 특징으로 틀린 것은?
① 표면의 소손, 균열이 없다.
② 온도상승 속도가 빠르고 속도가 임의 제어된다.
③ 반도체의 정련, 단결정의 제조 등 특수열처리가 가능하다.
④ 열이 유전체손에 의하여 피열물 자신에게 발생하므로 가열이 균일하다.

풀이 **유도가열**은 교변자계 중에 있는 도전성 물질에서 발생하는 와류손과 히스테리시스손에 의한 발열을 이용하는 것으로
• 표면가열 (표면담금질, 금속의 표면처리, 국부가열)
• 반도체 정련 (단결정 제조)
에 이용된다. 【답】 ③

03 도체에 고주파 전류가 흐르면 도체 표면에 전류가 집중하는 현상이며 금속의 표면 열처리에 이용되는 것은?
① 핀치효과　　　② 제벡효과
③ 톰슨효과　　　④ 표피효과

풀이 **표피효과** : 도체에 고주파 전류를 통하면 도체의 중심으로 갈수록 전류의 밀도가 낮아지고(전류가 잘 흐르지 못하는) **전류가 표면에 집중하는 현상**을 표피효과라 하고 금속의 표면 열처리에 이용된다. 【답】 ④

04 용접의 종류 중에서 저항용접이 아닌 것은?
① 점 용접　　　② 심 용접
③ TIG 용접　　④ 프로젝션 용접

풀이
1) **저항 용접** : 용접하고자 하는 두 금속 모재의 접촉부에 대 전류를 통하게 하여, 용접 모재간의 접촉저항에 의해 발생하는 열을 이용하는 용접방법으로 그 종류는 다음과 같다.
　① 겹치기 저항 용접
　　• **점 용접**(spot welding) • **돌기 용접**(projection welding)
　　• **심 용접**(seam welding) • 맞대기 용접
　② 맞대기 저항 용접
　　• 업셋 맞대기 용접 • 플래시 맞대기 용접
　　• 충격용접
2) **TIG 용접**(Tungsten Inert Gas welding)
텅스텐 불활성 아크 용접이라고도 하며 이너트가스(헬륨이나 아르곤 가스 등의 불활성 가스)로 아크를 덮듯이 하여 산화·질화를 방지하는 용접방법으로, 일반적으로 비철금속의 용접에 사용된다. 【답】 ③

05 곡선 궤도에 있어 캔트(cant)를 두는 주된 이유는?
① 시설이 곤란하기 때문에
② 운전속도를 제한하기 위하여
③ 운전의 안전을 확보하기 위하여
④ 타고 있는 사람의 기분을 좋게 하기 위하여

풀이 **캔트**(cant ; 고도) : 차량이 곡선부를 달릴 때에 발생하는 원심력에 대비하여 곡선 바깥쪽의 레일을 안쪽 레일보다 높게 하여 차량전체를 곡선의 중간쪽으로 기울이게 하여 원심력과 평행시키는데 이 기울임의 고도를 캔트(cant)라 하며 **운전의 안전을 확보**하기 위하여 설치한다. 【답】 ③

06 유도전동기의 비례추이 특성을 이용한 기동방법은?
① 전전압 기동　　② Y−△ 기동
③ 리액터 기동　　④ 2차저항 기동

풀이 **2차저항 기동법** : 2차저항 기동법은 권선형 유도 전동기의 2차측 슬립링을 통하여 기동 저항을 삽입하여 **비례 추이의 특성을 이용**하여 속도−토크 특성을 변화시켜 가면서 기동하는 방식이다. 【답】 ④

과년도 기출문제 2016년

07 정전압 소자로 사용되는 다이오드는?
① 제너 다이오드 ② 터널 다이오드
③ 포토 다이오드 ④ 발광 다이오드

[풀이] 제너 다이오드(Zener diode)는 정전압 소자로 만든 pn 접합 다이오드로서 **정전압 다이오드**라 하며, 전압 범위는 약 3[V] 정도에서 150[V] 정도까지의 다양한 종류가 있다. 【답】①

08 납 축전지에 대한 설명 중 틀린 것은?
① 공칭전압은 1.2[V] 이다.
② 전해액으로 묽은 황산을 사용한다.
③ 주요구성부분은 극판, 격리판, 전해액, 케이스로 이루어져 있다.
④ 양극은 이산화납을 극판에 입힌 것이고, 음극은 해면 모양의 납이다.

[풀이]

	연(납) 축전지	알칼리 축전지
공칭전압	2.0[V/cell]	1.2[V/cell]
공칭용량	10[Ah]	5[Ah]

【답】①

09 다이액(DIAC)에 대한 설명 중 틀린 것은?
① 과전압 보호회로에 사용되기도 한다.
② 역저지 4극 사이리스터로 되어 있다.
③ 쌍방향으로 대칭적인 부성저항을 나타낸다.
④ 콘덴서 방전전류에 의하여 트라이액을 ON 시킬 수 있다.

[풀이] 각 종 반도체 소자의 비교
• 양방향성(쌍방향성) 소자 : DIAC, TRIAC, SSS
• 역저지(단방향성) 소자 : SCR, LASCR, GTO 【답】②

10 반경 3[cm], 두께 1[cm]의 강판을 유도가열에 의하여 3초 동안에 20[℃]에서 700[℃]로 상승시키기 위해 필요한 전력은 약 몇 [kW]인가? (단, 강판의 비중은 7.85[Ton/m³], 비열은 0.16[kcal/kg·℃] 이다.)
① 3.37 ② 33.7
③ 6.67 ④ 66.7

[풀이] 3초 동안의 단시간으로 온도 상승이 이루어지므로, 열의 방사는 무시
강판의 질량 m = 체적×비중
$= \pi \times 0.03^2 \times 0.01 \times 7.85 \times 10^3 = 0.22$ [kg]

$$P = \frac{mc\theta}{860\,t\,\eta} = \frac{0.22 \times 0.16 \times (700-20)}{860 \times \frac{3}{3600} \times 1} = 33.7 [\text{kW}]$$

【답】②

11 망간건전지에서 분극작용에 의한 전압강하를 방지하기 위하여 사용되는 감극제는?
① O_2 ② HgO
③ MnO_2 ④ $H_2Cr_2O_7$

[풀이]

1차 전지	공기 건전지	수은 건전지	**망간 건전지**	중크롬산 전지
감극제	O_2	HgO	MnO_2	$H_2Cr_2O_7$

【답】③

12 빛을 아래쪽에 확산, 복사시키며 눈부심을 적게 하는 조명 기구는?
① 루버   ② 글로브
③ 반사볼 ④ 투광기

【답】①

13 옥내 전반 조명에서 바닥면의 조도를 균일하게 하기 위한 등간격은? (단, 등간격 S, 등높이 H 이다.)
① $S = H$ ② $S \leq 2H$
③ $S \leq 0.5H$ ④ $S \leq 1.5H$

[풀이] 등 간격
• 등과 등 사이 $S \leq 1.5H$
• 등과 벽 사이
 - 벽을 사용 할 때 : $S \leq \frac{1}{3}H$
 - 벽을 사용 안할 때 : $S \leq \frac{1}{2}H$ 【답】④

14 금속의 전기저항이 온도에 의하여 변화하는 것을 이용한 온도계는?
① 광 고온계   ② 저항 온도계
③ 방사 고온계 ④ 열전 온도계

[풀이]
• **광 고온계** : 온도 복사에 관한 플랑크의 복사 법칙을 이용
• **저항 온도계** : 온도 변화에 따라서 그 **고유 저항이 직선적으로 변화**하는 것을 이용
• 방사(복사) 고온계 : 온도 복사에 관한 스테판-볼츠만의 법칙을 이용한 것이다.

- 열전 온도계 : 서로 다른 두 종류의 금속 또는 반도체의 접합점의 온도차에 의하여 열전대 중에 발생하는 기전력을 이용 (제어벡 효과). 【답】②

15 형광등은 주위온도가 약 몇 [℃]일 때 가장 효율이 높은가?
① 5~10 ② 10~15
③ 20~25 ④ 35~40

풀이 형광등은 일반적으로 주위 온도가 20~27[℃]일 때의 관벽 온도는 40~45[℃]이므로 이때 온도에서 최고 효율이 되도록 설계되어 있다. 【답】③

16 투명 네온관등에 네온가스를 봉입하였을 때 광색은?
① 등색 ② 황갈색
③ 고동색 ④ 등적색

풀이 가스와 광색은 다음과 같다.

봉입가스	유리관색	관등의 색
네온	투 명	등적색
	청 색	등 색
아르곤과 수은	투 명	청 색
	황록색	녹 색
헬륨	투 명	백 색
	황갈색	황갈색
아르곤	투 명	고동색

【답】④

17 블록 선도에서 $\dfrac{C}{R}$는 얼마인가?

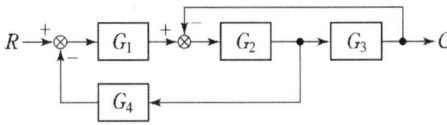

① $\dfrac{G_4}{1+G_1+G_2G_3G_4}$

② $\dfrac{G_2G_3}{1+G_1G_2+G_3G_4}$

③ $\dfrac{G_1G_2G_3}{1+G_2G_3+G_1G_2G_4}$

④ $\dfrac{G_2G_3G_4}{1+G_1G_2+G_1G_2G_3G_4}$

풀이 메이슨의 식에 의해서
$$G(s)=\dfrac{경로이득}{1-폐로}=\dfrac{G_1G_2G_3}{1-(-G_2G_3-G_1G_2G_4)}$$
$$=\dfrac{G_1G_2G_3}{1+G_2G_3+G_1G_2G_4}$$ 【답】③

18 납 축전지가 충분히 방전했을 때 양극판의 색깔은?
① 청색 ② 황색
③ 적갈색 ④ 회백색

풀이
- 방전 시 : 양극 : $PbO_2 \Rightarrow PbSO_4$ (회백색에 가까운 색)
  음극 : $Pb \Rightarrow PbSO_4$ (회백색에 가까운 색)
- 충전 시 : 양극 : $PbSO_4 \Rightarrow PbO_2$ (적갈색)
  음극 : $PbSO_4 \Rightarrow Pb$ (회백색) 【답】④

19 전기회로의 전류는 열회로의 무엇에 대응하는가?
① 열류 ② 열량
③ 열용량 ④ 열저항

풀이

전기	전압	전기량	전류	도전율	저항	정전 용량
열	온도차	열량	열류	열전도율	열저항	열용량

【답】①

20 열차가 주행할 때 중력에 의하여 발생하는 저항으로 두 점 간의 수평거리와 고저 차의 비로 표시되는 저항은?
① 출발저항 ② 구배저항
③ 곡선저항 ④ 주행저항

풀이 열차 저항은 열차가 주행중 또는 출발할 때에 이것에 대항하여 열차의 진행을 방해하도록 하는 힘의 총칭을 열차 저항이라고 한다.
① 기동저항(출발저항) : 정지 중에 열차가 출발할 때 발생하는 저항
② **구배저항** : 열차가 구배를 올라갈 때 **중력에 의해 발생하는 저항**
③ 곡선저항 : 열차가 곡선로를 통과할 때 차륜과 레일과의 마찰에 의해 발생하는 저항
④ 주행저항 : 열차가 평탄한 직선로 위를 운전할 때 발생하는 저항
⑤ 가속도저항 : 열차가 주행 중 가속할 때에 발생하는 저항으로 열차를 가속하기 위해서 필요한 견인력과 같다. 【답】②

2017년 기출문제

1회 전기응용

01 $t\sin\omega t$의 라플라스 변환은?

① $\dfrac{\omega}{s^2+\omega^2}$ ② $\dfrac{\omega^2}{s^2+\omega^2}$

③ $\dfrac{\omega s}{(s^2+\omega^2)^2}$ ④ $\dfrac{2\omega s}{(s^2+\omega^2)^2}$

[풀이]
$$\mathcal{L}[t\sin\omega t] = (-1)\dfrac{d}{ds}\{\mathcal{L}[\sin\omega t]\} = -\dfrac{d}{ds}\cdot\dfrac{\omega}{s^2+\omega^2}$$
$$= -\dfrac{\omega'\cdot(s^2+\omega^2)}{(s^2+\omega^2)^2} + \dfrac{\omega\cdot(s^2+\omega^2)'}{(s^2+\omega^2)^2}$$
$$= -\dfrac{0}{(s^2+\omega^2)^2} + \dfrac{2\omega s}{(s^2+\omega^2)^2} = \dfrac{2\omega s}{(s^2+\omega^2)^2}$$
【답】 ④

02 목재 건조에 적합한 가열 방식은?
① 저항 가열   ② 유전 가열
③ 유도 가열   ④ 적외선 가열

[풀이]
- **유전 가열**: 유전체에서 발생되는 유전체손을 이용한 것으로 **목재의 건조**, 목재의 접착, 합성수지의 가열성형, 고무의 유화 등에 사용된다.
- 유도 가열: 도전성 물질(금속)에서 발생하는 와류손과 히스테리시스손에 의한 발열 이용 【답】 ②

03 5[Ω]의 전열선을 100[V]에 사용할 때의 발열량은 약 몇 [kcal/h] 인가?
① 1720   ② 2770
③ 3745   ④ 4728

[풀이] $P = \dfrac{V^2}{R} = \dfrac{100^2}{5}\times 10^{-3} = 2[kW]$
1시간 전력사용량 $W = P\times t = 2\times 1 = 2[kWh]$
1[kWh]=860[kcal]이므로
발열량 $H = 860\times 2 = 1720[kcal/h]$ 【답】 ①

04 SCR의 애노드 전류가 20[A]로 흐르고 있을 때 게이트 전류를 반으로 줄이면 애노드 전류는 몇 [A] 가 되는가?
① 0   ② 10
③ 20   ④ 40

[풀이] SCR에 순방향 전압이 인가되어 있을 때 게이트 전류가 흐르면 SCR은 도통을 시작한다. 일단, 도통되고 나면 게이트 전류를 차단하여도 SCR은 계속 도통 상태를 유지하므로 **도통 후 애노드 전류의 크기는 게이트 전류와 무관**하다. 【답】 ③

05 고도(cant)가 20[mm]이고 반지름이 800[m]인 곡선 궤도를 주행할 때 열차가 낼 수 있는 최대 속도는 약 몇 [km/h]인가? (단, 궤간은 1067[mm]이다.)
① 34.94   ② 38.94
③ 43.64   ④ 83.64

[풀이]
고도 $h = \dfrac{GV^2}{127R}[mm]$에서 최대속도 $V_m = \sqrt{\dfrac{127Rh}{G}}[km/h]$
(여기서, G: 궤간[mm], V: 속도[km/h], R: 곡선 반지름[m])
$R = 800[m]$, $h = 20[mm]$, $G = 1067[mm]$이므로
$\therefore V_m = \sqrt{\dfrac{127\times 800\times 20}{1067}} = 43.64[km/h]$ 【답】 ③

06 궤도의 확도(slack)는 약 몇 [mm] 인가? (단, 곡선의 반지름 100[m], 고정차축 거리 5[m] 이다.)
① 21.25   ② 25.68
③ 29.35   ④ 31.25

[풀이] 확도(slack 슬랙)란 곡선로 부분에서 후렌지가 레일 측면에 끼어서 탈선하는 것을 방지하기 위해서 궤간을 직선부 보다 약간 넓게 하는 것을 말한다.
확도 $S = \dfrac{l^2}{8R}[m]$
l: 고정 차축간 거리[m], R: 곡선 반지름[m]
$\therefore S = \dfrac{l^2}{8R} = \dfrac{5^2}{8\times 100} = 0.03125[m] = 31.25[mm]$ 【답】 ④

07 다음 ( ) 안에 들어갈 말이 순서대로 되어 있는 것은?

"곡선도로에서 조명기구를 한 쪽 열에만 배치할 경우 ( )에만 배치하며, 곡선의 경우 곡률 반경이 작을수록 조명기구의 배치간격을 ( ) 한다."

① 안쪽, 짧게　　② 안쪽, 길게
③ 바깥쪽, 길게　④ 바깥쪽, 짧게

풀이 곡선 도로 조명 배치 방법
- 양쪽 배치시는 대칭식, **한쪽 배치시는 커브 바깥쪽에 배치**한다.
- 안전상 직선 도로보다 높은 조도(등간격을 좁게)를 유지한다.
- **곡률 반경이 적을수록** (곡률이 클수록) **등간격은 짧게** 해야 한다.　【답】④

08 제너 다이오드(zener diode)의 용도로 가장 옳은 것은?

① 검파용　　　② 정전압용
③ 고압 정류용　④ 전파 정류용

풀이 제너 다이오드(Zener diode)는 **정전압 소자**로 만든 pn 접합 다이오드로서 **정전압 다이오드**라 하며, 전압 범위는 약 3[V]정도에서 150[V]정도까지의 다양한 종류가 있다.　【답】②

09 인견 공업에 쓰이는 포트모터의 속도 제어에 적합한 것은?

① 저항에 의한 제어
② 극수 변환에 의한 제어
③ 1차측 회전에 의한 제어
④ 주파수 변환에 의한 제어

풀이 인견을 감기위한 포트를 운전하는 전동기는 농형 유도전동기로서 6,000~10,000[rpm]의 고속 회전을 필요로 한다. 따라서, **포트모터의 속도제어는 주파수 변환에 의한 제어**가 주로 사용된다.　【답】④

10 전자빔 가열의 특징으로 틀린 것은?

① 진공 중에서의 가열이 가능하다.
② 신속하고 효율이 좋으며 표면 가열이 가능하다.
③ 고융점 재료 및 금속박 재료의 용접이 쉽다.
④ 에너지의 밀도나 분포를 자유로이 조절할 수 있다.

풀이 전자빔 가열의 특징
진공 중에서 고속으로 가열한 전자를 집속하여 그 전자의 충돌에 의한 에너지로 가열하는 방식을 전자 빔 가열이라고 하며 그 특징은 다음과 같다.
- **전자빔을 국부적으로 모아서 전력밀도를 높게** 할 수 있기 때문에 대단히 **적은 부분의 가공이나 구멍 뚫는 작업이 쉽다.**
- 가열범위가 극히 국한된 부분에 집중시킬 수 있어서 열에 의한 변질이 될 부분을 적게 할 수 있다.
- 고융점 재료 및 금속박 재료의 용접이 쉽다.
- 진공 중에서 가열이 가능하므로 산화 등의 영향이 적다.
- 전력밀도가 높은 예민한 빔을 조사하여 적합한 형태의 구멍을 만들 수 있다.
- 에너지의 밀도나 분포는 자유로이 조절할 수 있다.　【답】②

11 열전도율이 가장 좋은 것은?

① 철　　② 은
③ 니크롬　④ 알루미늄

풀이 은은 금속 중에서 **전기, 열의 전도율이 가장 크고** 연성, 전성은 금 다음으로 크다.　【답】②

12 백열 전구의 동정 곡선은 다음 중 어느 것을 결정하는 중요한 요소가 되는가?

① 전류, 광속, 전압　② 전류, 광속, 효율
③ 전류, 광속, 휘도　④ 전류, 광도, 전압

풀이 에이징(ageing)된 전구를 점등하면 시간의 경과와 함께 광속·전류·효율·전력이 약간 변화하게 되며 이 변화과정을 동정(perfor-mance)이라고 하며, **점등시간과 특성의 변화(광속·전류·효율·전력)**를 곡선으로 나타낸 것을 **동정곡선**이라고 한다.　【답】②

13 알칼리 축전지의 전해액은?

① KOH　　② PbO_2
③ H_2SO_4　④ NiOOH

풀이 알칼리 축전지

항 목	에디슨 축전지	융그너 축전지
양 극	산화니켈	산화니켈
음 극	철(Fe)	카드뮴(Cd)
전해액	**수산화칼륨(KOH)**	**수산화칼륨(KOH)**

【답】①

14 200[W] 전구를 우유색 구형 글로브에 넣었을 경우 우유색 유리 반사율은 30[%], 투과율은 50[%]라고 할 때 글로브의 효율[%]은 약 몇 [%]인가?

① 71　② 76
③ 83　④ 88

[풀이] 글로브의 효율 $\eta = \dfrac{\tau}{1-\rho}$ 에서

투과율 $\tau = 0.5$, 반사율 $\rho = 0.3$ 이므로

$\therefore \eta = \dfrac{0.5}{1-0.3} = 0.714 = 71.4[\%]$ 　【답】①

---

15 납축전지의 특징으로 옳은 것은?
① 저온특성이 좋다.
② 극판의 기계적 강도가 강하다.
③ 과방전, 과전류에 대해 강하다.
④ 전해액의 비중에 의해 충·방전 상태를 추정할 수 있다.

[풀이] 납축전지(연축전지)
- 납축전지의 전해액은 묽은 황산으로서 그 **농도는** 보통 비중으로 **나타내며** 전지의 종류에 따라 1.2~1.3(20[℃]) 정도이다.
- **연축전지의 기전력은** 황산농도(또는 비중)의 증가에 따라 증가한다.
  (연축전지의 기전력 $E = 2.0405 + 0.05915 \log_{10} \dfrac{H_2SO_4}{H_2O}$)

따라서, **전해액의 비중을 측정** 해 보면 납축전지의 충·방전 상태를 추정할 수 있다. 　【답】④

---

16 그림과 같이 광원 S로 단면의 중심이 O인 원통형 연돌을 비추었을 때 원통의 표면상의 한 점 P에서의 조도는 약 몇 [lx]인가? (단, SP의 거리는 10[m], ∠OSP=10°, ∠SOP=20° 광원의 SP 방향의 광도를 1,000[cd]라고 한다.)
① 4.3
② 6.7
③ 8.6
④ 10

[풀이]

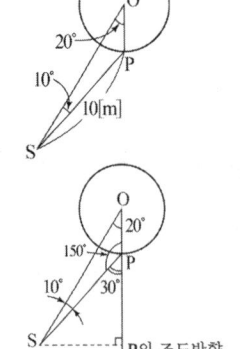

$E = \dfrac{I}{r^2}\cos\theta$ 에서
$I = 1000[cd]$
$r = 10[m]$ 이므로
$\therefore E = \dfrac{1000}{10^2}\cos30° = 8.66$ 　【답】③

---

17 다음 중 전기로의 가열방식이 아닌 것은?
① 저항가열
② 유전가열
③ 유도가열
④ 아크가열

[풀이] 전기로의 종류
① **저항로** : 도체에 생기는 줄열을 이용
② **유도 가열로** : 교번 자계 중에 있는 도전성 물질(금속)에서 발생하는 와류손과 히스테리시스손에 의한 발열을 이용
③ **아크로** : 아크(전극간의 방전)에서 발생되는 고열을 이용 　【답】②

---

18 자동제어에서 검출장치로 소형 직류발전기를 사용하여 무엇을 검출하는가?
① 속도
② 온도
③ 위치
④ 방향

[풀이] 자동 제어(자동 조정용)에서 **속도 검출기의 적용**으로는 **회전 발전기**, 주파수 검출법, 스피더 등이 있다. 　【답】①

---

19 형광 방전등의 효율이 가장 좋으려면 주위온도[℃]와 관벽온도[℃]는 각각 어느 정도가 적당한가?
① 주위온도 : 40[℃], 관벽온도 : 40~45[℃]
② 주위온도 : 25[℃], 관벽온도 : 40~45[℃]
③ 주위온도 : 40[℃], 관벽온도 : 20~30[℃]
④ 주위온도 : 25[℃], 관벽온도 : 20~30[℃]

[풀이] 형광등은 일반적으로 **주위 온도가 20~27[℃]**일 때의 **관벽 온도는 40~45[℃]**이므로 이때 온도에서 **최고 효율**이 되도록 설계되어 있다. 　【답】②

---

20 3상 유도전동기에서 플러깅의 설명으로 가장 옳은 것은?
① 단상 상태로 기동할 때 일어나는 현상
② 플러그를 사용하여 전원을 연결하는 방법
③ 고정자와 회전자의 상수가 일치하지 않을 때 일어나는 현상
④ 고정자측의 3단자 중 2단자를 서로 바꾸어 접속하여 제동하는 방법

[풀이] 플러깅(plugging, 역전제동) : 회전중인 전동기의 1차 권선 3단자 중 임의의 **2단자의 접속을 바꾸면 역방향의 토오크가 발생**되어 제동하는 방법으로 이 방법은 급속하게 정지시키고자 하는 경우에 사용된다. 　【답】④

2회 전기응용

01 전열기에서 5분 동안에 900,000[J]의 일을 했다고 한다. 이 전열기에서 소비한 전력은 몇 [W]인가?
① 500
② 1500
③ 2000
④ 3000

풀이 1[W] = 1[J/s] 이므로
$P = \dfrac{W}{t} = \dfrac{900,000}{5 \times 60} = 3000[J/s] = 3000[W]$ 【답】④

02 전기분해에 의하여 전극에 석출되는 물질의 양은 전해액을 통과하는 총 전기량에 비례하며 그 물질의 화학당량에 비례하는 법칙은?
① 줄(Joule)의 법칙
② 암페어(Ampere)의 법칙
③ 톰슨(Thomson)의 법칙
④ 패러데이(Faraday)의 법칙

풀이 패러데이 법칙 : 전기 분해에 의해 석출되는 물질의 양은 전해액을 통과하는 총 전기량에 비례하고 또 물질의 화학당량에 비례한다.
$W = KQ = KIt$ [g]
여기서, W : 석출되는 물질의 양[g], K : 화학당량[g/C]
Q : 통과한 전기량($Q = It$)[C]
I : 전류[A], t : 시간[s]   【답】④

03 고압 아크로의 종류가 아닌 것은?
① 로킹(Rocking)로
② 센헬(Schonherr)로
③ 포오링(Pauling)로
④ 비라케란드 아이데(Birkeland-Eyde)로

풀이 포오링로, 비라케란드-아이데로, 쉔헬로는 공중 질소를 고정하여 질산을 제조하는 고압 아크로이다. 【답】①

04 기중기 등으로 물건을 내릴 때 또는 전차가 언덕을 내려가는 경우 전동기가 갖는 운동에너지를 전기에너지로 변환하고, 이것을 전원에 반환하면서 속도를 점차로 감속시키는 제동법은?
① 발전제동
② 회생제동
③ 역상제동
④ 와류제동

풀이
• 발전 제동 : 전동기를 발전기로 동작시켜 회전 운동 에너지로서 발생되는 전력을 그 단자에 접속한 저항에서 열로 소비시키는 제동 방법이다.
• 회생 제동 : 전동기를 발전기로 동작시켜 **회전 운동 에너지로 발생되는 전력을 전원측에 반환**하면서 제동하는 방식이다.
【답】②

05 가로조명, 도로조명 등에 사용되는 저압 나트륨 등의 설명으로 틀린 것은?
① 효율은 높고 연색성은 나쁘다.
② 점등 후 10분 정도에서 방전이 안정된다.
③ 냉음극이 설치된 발광관과 외관으로 되어 있다.
④ 실용적인 유일한 단색광원으로 589[nm]의 파장을 낸다.

풀이
• 나트륨등은 나트륨 증기 중의 방전을 이용한 것으로 **열음극이 설치된 2중관 구조**로서 발광관의 온도가 270[℃]에 도달 했을 때 발광 효율이 최대가 되며 발광관이 최적의 온도를 유지하기 위하여 외기와 열적으로 절연 하여야 한다.
• **분광 분포**는 D선이라 불리는 5890~5896[Å](=589[nm])의 황색선이 대부분(76[%])을 차지한다.
• **점등 초기의 특성으로 램프의 전압**은 혼입된 미량의 네온 가스가 방전함에 따라 상승하나 약 **10여분 후에는 안정**된다.
• 인공 광원 중 최대 발광 효율(80~150[lm/W])을 나타낸다.
• 단색광으로 **연색성이 대단히 나빠** 실내조명으로는 부족하다.
• 투과력이 양호하여 강변 도로 등, 안개지역 가로등, 광학시험에 사용된다. 【답】③

06 자동제어에서 제어량에 의한 분류인 것은?
① 정치제어
② 연속제어
③ 불연속제어
④ 프로세스제어

풀이
① 제어량의 종류에 의한 분류
 • 프로세스제어   • 서보제어   • 자동조정제어
② 목표값의 시간적 성질에 의한 분류
 • 정치제어   • 추치제어   【답】④

07 다음 중 유도가열은 어떤 것을 이용한 것인가?
① 복사열
② 아크열
③ 와전류손
④ 유전체손

풀이 유도가열은 교번자계 중에 있는 도전성 물질에서 발생하는 **철손(와류손과 히스테리시스손)에 의한 발열**을 이용하는 것으로

- 표면가열 (표면담금질, 금속의 표면처리, 국부가열)
- 반도체 정련 (단결정 제조) 에 이용된다. 【답】③

08 시감도가 가장 좋은 광색은?
① 청색 ② 백색
③ 적색 ④ 황록색

풀이
어느 파장의 에너지가 빛으로 느껴지는 정도를 시감도라 하며, **최대 시감도는 파장 555[nm](5550[Å])의 황록색에서 발생**하고, 그 때의 시감도는 680 [lm/W] 이다. 【답】④

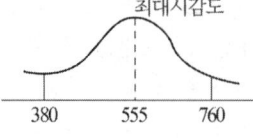

09 직류방식 전차용 전동기로 적당한 전동기는?
① 분권형 ② 직권형
③ 가동복권형 ④ 차동복권형

풀이
- 직류 직권 전동기의 토크 $T = k\phi I_a = KI^2$
  (직권 전동기에서 $I_a = I_f = I$, $I_f \propto \phi$)
- **직류 직권 전동기**의 토크는 전류의 제곱에 비례하므로 기동시 토크가 커야 하는 **전차용, 전기 철도용의 견인 전동기**로 사용된다. 【답】②

10 알칼리 축전지의 양극에 쓰이는 것은?
① 납 ② 철
③ 카드뮴 ④ 수산화니켈

풀이 알칼리 축전지

항 목	에디슨 축전지	융그너 축전지
양 극	산화니켈	산화니켈
음 극	철(Fe)	카드뮴(Cd)
전해액	수산화칼륨(KOH)	수산화칼륨(KOH)

【답】④

11 반사율 ρ, 투과율 τ, 반지름 r인 완전확산성 구형 글로브의 중심에 광도 I의 점광원을 켰을 때, 광속 발산도는?

① $\dfrac{\tau I}{r^2(1-\rho)}$ ② $\dfrac{\rho I}{r^2(1-\tau)}$

③ $\dfrac{4\pi\rho I}{r^2(1-r)}$ ④ $\dfrac{\rho\pi}{r^2(1-\rho)}$

풀이
전광속 $F = 4\pi I$, 글로브를 투과하는 광속 F_τ는 글로브 면에 처음 F, 다음에 ρF, 다음에 $\rho^2 F$ ⋯ 와 같이 투사되어 있으므로
$$F_\tau = \tau F + \tau\rho F + \tau\rho^2 F + \tau\rho^3 F + \cdots$$
$$= \tau F(1 + \rho + \rho^2 + \rho^3 + \cdots) = \frac{\tau F}{1-\rho} = \frac{\tau \cdot 4\pi I}{1-\rho}$$
광속 발산도 R는
$$\therefore R = \frac{F\tau}{S} = \frac{\dfrac{\tau \cdot 4\pi I}{1-\rho}}{4\pi r^2} = \frac{\tau I}{r^2(1-\rho)}$$
【답】①

12 전자빔 가열의 특징이 아닌 것은?
① 에너지 밀도를 높게 할 수 있다.
② 진공 중 가열로 산화 등의 영향이 크다.
③ 필요한 부분에 고속으로 가열시킬 수 있다.
④ 빔의 파워와 조사 위치를 정확히 제어할 수 있다.

풀이 전자빔 가열의 특징
진공 중에서 고속으로 가열한 전자를 집속하여 그 전자의 충돌에 의한 에너지로 가열하는 방식을 전자 빔 가열이라고 하며 그 특징은 다음과 같다.
- 전자빔을 국부적으로 모아서 전력밀도를 높게 할 수 있기 때문에 대단히 적은 부분의 가공이나 구멍 뚫는 작업이 쉽다.
- 가열범위가 극히 국한된 부분에 집중시킬 수 있어서 열에 의한 변질이 될 부분을 적게 할 수 있다.
- 고용점 재료 및 금속박 재료의 용접이 쉽다.
- **진공 중에서 가열**이 가능하므로 **산화 등의 영향이 적다.**
- 전력밀도가 높은 예민한 빔을 조사하여 적합한 형태의 구멍을 만들 수 있다.
- 에너지의 밀도나 분포는 자유로이 조절할 수 있다. 【답】②

13 다이오드를 사용한 단상 전파정류회로에서 전원 220[V], 주파수 60[Hz]일 때 출력전압의 평균값은 약 몇 [V]인가?
① 100 ② 168
③ 198 ④ 215

풀이 단상 전파정류회로에서 직류전압의 평균값 E_d는
$E_d = \dfrac{2\sqrt{2}E}{\pi} = 0.9E = 0.9 \times 220 = 198[V]$ 【답】③

14 2[g]의 알루미늄을 60[℃] 높이는데 필요한 열량은 약 몇 [cal] 인가? (단, 알루미늄 비열은 0.2[cal/g℃] 이다.
① 24 ② 20.64
③ 860 ④ 20640

풀이
$Q = mc\theta = 2 \times 0.2 \times 60 = 24[cal]$ 【답】①

15 전기철도에서 통신유도장해의 경감 대책으로 통신선의 케이블화, 전차선과 통신선의 이격거리 증대 등의 방법은 어느 측에 하는 대책인가?
① 전철
② 통신선
③ 전기차
④ 지중매설관

풀이 유도 장해 방지 대책
① 전기철도 측에서의 대책
- 흡상 변압기(BT)방식 채택
- 단권 변압기(AT)방식 채택

② 통신선 측에서의 대책
- **통신선의 케이블화**
- 통신선의 지하매설등에 의한 차폐효과 증대
- **전차선과 통신선의 이격거리 증대**
- 배류코일을 설치하여 전하를 대지로 방전
- 통신선에 차폐 코일 삽입
- 통신선에 중화코일 삽입 【답】②

16 바깥쪽 레일은 원심력의 작용으로 지나친 하중이 걸려 탈선하기 쉬우므로 안쪽 레일보다 얼마간 높게 한다. 이 바깥쪽 레일과 안쪽 레일의 높이차를 무엇이라 하는가?
① 편위
② 확도
③ 캔트
④ 궤간

풀이 **캔트**(cant ; 고도) : 차량이 곡선부를 달릴 때에 발생하는 원심력에 대비하여 곡선 **바깥쪽의 레일을 안쪽 레일보다 높게** 하여 차량전체를 곡선의 중간쪽으로 기울이게 하여 원심력과 평행시키는데 이 기울임의 고도를 캔트(cant)라 하며 운전의 안전을 확보하기 위하여 설치한다. 【답】③

17 피드백 제어(feedback control)에 꼭 있어야할 장치는?
① 출력을 검출하는 장치
② 안정도를 좋게 하는 장치
③ 응답속도를 빠르게 하는 장치
④ 입력과 출력을 비교하는 장치

풀이 입력과 출력을 비교하여 오차를 자동적으로 정정하게 하는 자동 제어 방식을 피드백 제어(feed back control)라 한다. 따라서, **피드백 제어계에서 가장 중요한 장치는 입력과 출력을 비교하는 장치**이다. 【답】④

18 반도체에 광이 조사되면 전기저항이 감소되는 현상은?
① 열전능
② 홀효과
③ 광전효과
④ 제벡효과

풀이 광전효과 : 광전효과는 광도전 효과와 광기전력효과가 있다.
- **광도전효과** : 광에너지를 흡수하여 **전기저항이 변화**하는 현상
- **광기전력효과** : 광에너지를 흡수하여 전하분포가 변화하는 현상 【답】③

19 청색 형광 방전등의 램프에 사용되는 형광체는?
① 규산아연
② 규산카드뮴
③ 붕산카드뮴
④ 텅스텐산칼슘

풀이 형광체의 광색

형광체	텅스텐산 칼슘	텅스텐산 마그네슘	규산아연	규산카드뮴	붕산카드뮴
광색	청색	청백색	녹색	등색	핑크색

【답】④

20 폭 10[m], 길이 20[m]의 교실에 총광속 3000[lm]인 32[W] 형광등 24개를 점등하였다. 조명률 50[%], 감광 보상률 1.5라 할 때 이 교실의 평균조도 [lx]는?
① 90
② 120
③ 152
④ 180

풀이 $FUN = AED$ 에서
평균 조도 $E = \dfrac{FUN}{AD} = \dfrac{3000 \times 0.5 \times 24}{10 \times 20 \times 1.5} = 120[lx]$ 【답】②

4회   전기응용

01 60[m²]의 정원에 평균조도 20[lx]를 얻기 위해 필요한 광속[lm]은? (단, 유효한 광속은 전광속의 40[%]이다.)
① 3000
② 4000
③ 4500
④ 5000

풀이 유효 광속은 전광속의 40[%]이므로 정원의 평균 조도 E는
$E = \dfrac{0.4F}{S}$ 에서 $F = \dfrac{ES}{0.4} = \dfrac{20 \times 60}{0.4} = 3000[lm]$ 【답】①

02 발산광속이 상향으로 90~100[%] 정도 발산하며 직사 눈부심이 없고 낮은 휘도를 얻을 수 있는 조명방식은?

① 직접조명　　　② 간접조명
③ 국부조명　　　④ 전반확산조명

풀이 배광의 형태에 따른 조명기구의 종류

조명 방식	하향 광속[%]	상향 광속[%]	조명률[%]
직접조명	100~90	0~10	약 75
반직접조명	90~60	10~40	약 60
전반확산조명	60~40	40~60	약 50
반간접조명	40~10	60~90	약 40
간접조명	10~0	90~100	약 30

【답】②

03 음극만 발광하므로 직류 극성을 판별하는데 이용되는 것은?

① 네온램프　　　② 크립톤램프
③ 크세논램프　　④ 나트륨램프

풀이 네온램프 : 네온전구는 음극 글로를 이용하게 되며 교류 전원을 접속하면 반 사이클마다 양쪽 극에서 발광한다. 소비 전력이 적으므로 배전반의 파일럿등과 같이 종야등으로 사용된다.
① 소비전력이 적으므로 배전반의 파이롯트 등에 적합하다.
② 부(-)글로를 이용하므로 **직류의 극성 판별용에 이용**된다.
③ 일정 전압에서 점등되므로 검전기, 교류 파고치의 측정에 사용된다.
④ 어느 범위에서는 광도와 전류가 비례하므로 오실로그래프용·스트로보스코프용에 이용된다.

【답】①

04 차륜의 탈선을 막기 위해 분기 반대쪽 레일에 설치한 레일은?

① 전철기　　　② 완화곡선
③ 호륜 궤조　　④ 도입 궤조

풀이 궤도의 분기 개소에서 철차가 있는 곳은 궤조가 중단되므로 원활하게 차체를 분기 선로로 유도하고 **차륜의 탈선을 막기 위해서는 반대 궤조 측에 호륜 궤조(guard rail)를 설치**하여야 한다.

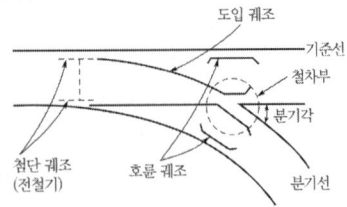

【답】③

05 반도체 소자 중 게이트-소스간 전압으로 드레인 전류를 제어하는 전압제어 스위치로 스위칭 속도가 빠른 소자는?

① SCR　　　　② GTO
③ IGBT　　　 ④ MOSFET

풀이 MOSFET(metal oxide silicon field effect transistor) 트랜지스터는 베이스에 주입되는 전류로 제어되는 반면 **MOSFET은 게이트와 소스 사이에 걸리는 전압으로 드레인 전류를 제어하는 전압 제어 소자**이다. MOSFET은 트랜지스터에 비해 스위칭 속도가 매우 빠른 이점이 있는 반면에 용량이 적어서 비교적 작은 전력 범위 내에서 적용된다는 한계가 있다.【답】④

06 발전소에 설치된 50[t]의 천장주행 기중기의 권상속도가 2[m/min] 일 때 권상용 전동기의 용량은 약 몇 [kW] 인가? (단, 효율은 70[%]이다.)

① 5　　　　　② 10
③ 15　　　　 ④ 23

풀이 $P = \dfrac{KWV}{6.12\eta} = \dfrac{50 \times 2}{6.12 \times 0.7} = 23.34$ [kW]

여기서, P : 출력[kW], W : 권상하중[ton]
　　　　V : 권상속도[m/min], η : 효율
　　　　K : 손실계수(여유계수),　　　　【답】④

07 적분 요소의 전달 함수는?

① K　　　　　② Ts
③ $\dfrac{1}{Ts}$　　　　④ $\dfrac{K}{1+Ts}$

풀이
K : 비례 요소, $\dfrac{K}{1+Ts}$: 1차 지연 요소

$\dfrac{1}{Ts}$: 적분 요소, Ts : 미분 요소　　　【답】③

08 내화 단열재의 구비조건으로 틀린 것은?

① 내식성이 클 것
② 급열, 급냉에 견딜 것
③ 열전도율, 체적비열이 클 것
④ 피열물간에 화학작용이 없을 것

풀이 내화 단열재의 구비조건
① 사용온도와 열간하중에 견딜 수 있을 것
② 내식성이 풍부할 것　③ 급열과 급냉에 견딜 수 있을 것
④ 피열물간에 화학작용이 없을 것
⑤ 열전도율이 낮을 것　　　　　　　　【답】③

09 금속 중 이온화 경향이 가장 큰 물질은?
① K   ② Fe
③ Zn ④ Na

풀이
금속의 이온화 경향 : K > Na > Zn > Fe   【답】 ①

10 광질과 특색이 고휘도이고 광색은 적색부분이 많고 배광제어가 용이하며 흑화가 거의 일어나지 않는 램프는?
① 수은램프   ② 형광램프
③ 크세논램프 ④ 할로겐램프

풀이 할로겐 전구의 특징
- 동정 곡선이 극히 완만하여 수명 및 광속의 변화가 거의 없다.
- 별도의 점등장치가 필요하지 않다.
- 연색성이 좋다.
- **배광제어가 용이**하다.
- 초소형, 경량의 전구(백열전구의 1/10 이상 소형화 가능)
- 온도가 높다. (할로겐 전구의 베이스로 세라믹 사용)
- 휘도가 높다.
- **흑화가 거의 발생하지 않는다.**
- 수명이 백열전구에 비하여 2배로 길다.   【답】 ④

11 무인 엘리베이터의 자동제어는?
① 정치제어   ② 추종제어
③ 비율제어   ④ 프로그램제어

풀이

항목	추종 제어	프로그램 제어	비율 제어
특징	미지의 임의 시간적 변화를 하는 목표값에 제어량을 추종시키는 것을 목적으로 하는 제어법	미리 정해진 프로그램에 따라 제어량을 변화시키는 것을 목적으로 하는 제어법	목표값이 다른 것과 일정한 비율 관계를 가지고 변화하는 경우의 추종 제어
종류	• 레이더(radar)	• CAM • **엘리베이터** • 열차의 무인운전	• 보일러의 자동연소 제어 • 암모니아 합성

【답】 ④

12 고주파 유도가열에 사용되는 전원이 아닌 것은?
① 동기 발전기
② 진공관 발진기
③ 고주파 전동발전기
④ 불꽃 간극식 고주파 발진기

풀이 유도 가열 : 교번 자계 중에 놓여진 유도성 물체에 와전류와 히스테리시스손에 의한 가열 방식.
① 전원 : 교류 (직류는 사용할 수 없다).
- 저주파 유도로 : 상용주파 교류 (60[Hz])
- 고주파 유도로 : 5~20[kHz]의 교류
② 고주파 유도 가열용 전원
- 고주파 전동 발전기
- 불꽃 간극식 고주파 발생 장치
- 진공관 발전기   【답】 ①

13 유도장해를 경감할 목적으로 하는 흡상 변압기의 약호는?
① PT   ② CT
③ BT   ④ AT

풀이 **흡상 변압기(BT, Booster Transformer)**는 권수비 1 : 1의 단권 변압기로서 귀전류를 BT 작용에 의하여 강제로 부급 전선에 흡상시켜 통신 선로의 **유도 장해를 경감**하는 방식이다.   【답】 ③

14 전기회로와 열회로의 대응관계로 틀린 것은?
① 전류 - 열류   ② 전압 - 열량
③ 도전율 - 열전도율 ④ 정전용량 - 열용량

풀이

전기	전압	전기량	전류	도전율	저항	정전용량
열	온도차	열량	열류	열전도율	열저항	열용량

【답】 ②

15 반지름 20[cm]인 완전 확산성 반구를 사용하여 평균 휘도가 0.4[cd/cm²]인 천정직부등을 설치하려고 한다. 기구 효율을 0.80이라 하면 광속은 약 몇 [lm]인가?
① 1985   ② 3944
③ 7946   ④ 10530

풀이
$r = 0.2[m]$, $B = 0.4[cd/cm^2] = 0.4 \times 10^4[cd/m^2]$, $\eta = 0.8$

광속발산도 $R = \pi B$, $R = \eta E$ 에서 $E = \dfrac{R}{\eta} = \dfrac{\pi B}{\eta}$ ……… ①

조도 E와 광속 F와의 관계 $E = \dfrac{F}{A}$ $(A = \dfrac{4\pi r^2}{2})$ ……… ②

①, ②식에서 $\dfrac{F}{A} = \dfrac{\pi B}{\eta}$

$\therefore F = \dfrac{\pi B}{\eta} A = \dfrac{\pi \times 0.4 \times 10^4}{0.8} \times \dfrac{4\pi \times 0.2^2}{2} = 3947.84[lm]$

【답】 ②

16 200[cd]의 점광원으로부터 5[m]의 거리에서 그 방향과 직각인 면과 60° 기울어진 수평면상의 조도 [lx]는?

① 4　　　　② 6
③ 8　　　　④ 10

풀이 광도 I[cd]의 광원에서 r[m] 떨어져서 θ만큼 기울어진 면의 조도 E[lx]는 다음과 같다.

$$E = \frac{I\cos\theta}{r^2}[\text{lx}] = \frac{200 \times \cos 60°}{5^2} = 4[\text{lx}]$$
　　　　　　　　　　　　　　　　【답】①

17 열전 온도계의 특징에 대한 설명으로 틀린 것은?

① 제벡효과의 동작원리를 이용한 것이다.
② 열전대를 보호할 수 있는 보호관을 필요로 하지 않는다.
③ 온도가 열기전력으로써 검출되므로 피측온점의 온도를 알 수 있다.
④ 적절한 열전대를 선정하면 0~1600[℃] 온도범위의 측정이 가능하다.

풀이 열전대는 고온에서 사용하므로 **열전대를 보호할 수 있는 보호관이 필요**하다.　　【답】②

18 배리스터(Varistor)의 주된 용도는?
① 전압 증폭
② 온도 보상
③ 출력 전류 조절
④ 스위칭 과도전압에 대한 회로 보호

풀이 배리스터
- 과도 전압, **이상 전압에 대한 회로 보호용**으로 사용되는 소자
- 피뢰기, 전기 접점간의 불꽃 제거 장치　　【답】④

19 전동기의 진동 원인 중 전자적 원인이 아닌 것은?
① 베어링의 불평등
② 고정자 철심의 자기적 성질 불평등
③ 회전자 철심의 자기적 성질 불평등
④ 고조파 자계에 의한 자기력의 불평등

풀이 전동기의 진동 원인
① **기계적 원인**
- 회전자의 정적, 동적 불평형
- **베어링의 불평등**
- 상대 기계와의 연결불량 및 설치 불량
② 전자력 불평형의 원인
- 고정자 철심의 자기적 성질 불평등
- 회전자 철심의 자기적 성질 불평등
- 고조파 자계에 의한 자기력의 불평등　　【답】①

20 광석에 함유되어 있는 금속을 산 등으로 용해시킨 전해액으로 사용하여 캐소드에 순수한 금속을 전착시키는 방법은?

① 전해정제　　　　② 전해채취
③ 식염전해　　　　④ 용융점전해

풀이
전해채취 : 용액 중에 존재하는 금속이온을 **순금속으로 회수**하기 위해 용액에 전류를 통하여 금속을 얻는 방법　【답】②

2018년 기출문제

1회 전기응용

01 적외선 가열과 관계없는 것은?
① 설비비가 적다.
② 구조가 간단하다.
③ 두꺼운 목재의 건조에 적당하다.
④ 공산품(工産品)의 표면건조에 적당하다.

풀이
적외선 가열의 특징
① 설비비 및 유지비가 염가, 설치 장소가 절약된다.
② 건조기 구조가 간단하다.
③ 조작이 간단하고, 연료 손실이 적고, 작업 시간이 단축된다.
④ 도장 등의 표면 건조에 적당하다.
⑤ 건조 재료의 감시가 용이하고, 조작이 간단하며, 청결하고 안전하다.
⑥ 적외선 건조는 적외선 전구에 의한 복사열을 이용한다.
따라서, **두꺼운 목재의 건조는 유전가열 방식이 적합**하다.
【답】③

02 600[W]의 전열기로서 3[l]의 물을 15[℃]로부터 100[℃]까지 가열하는데 필요한 시간은 약 몇 분인가? (단, 전열기의 발생 열은 모두 물의 온도상승에 사용되고 물의 증발은 없다.)
① 30   ② 35
③ 40   ④ 45

풀이
$860\eta Pt = M(T_2 - T_1)$
여기서, P : 전력[kW], t : 시간[h]
   M : 물의 양[l], T_1, T_2 : 물의 온도[℃]
   c : 비열, η : 효율
$\therefore t = \dfrac{M(T_2 - T_1)}{860P}$ [h]
$= \dfrac{M(T_2 - T_1) \times 60}{860P}$ [min]
$= \dfrac{3(100° - 15°) \times 60}{860 \times 0.6} = 29.64$ [min]   【답】①

03 플라이 휠 효과가 GD^2[kg·m²]인 전동기의 회전자가 n_2[rpm]에서 n_1[rpm]으로 감속할 때 방출한 에너지[J]는?

① $\dfrac{GD^2(n_2 - n_1)^2}{730}$ ② $\dfrac{GD^2(n_2^2 - n_1^2)}{730}$

③ $\dfrac{GD^2(n_2 - n_1)^2}{375}$ ④ $\dfrac{GD^2(n_2^2 - n_1^2)}{375}$

풀이
$W = \dfrac{1}{2}\left(\dfrac{GD^2}{4}\right)\left(\dfrac{2\pi n}{60}\right)^2 = \dfrac{GD^2 \cdot n^2}{730}$ [J] 이므로
방출 에너지 = $W_2 - W_1$
$= \dfrac{GD^2}{730}n_2^2 - \dfrac{GD^2}{730}n_1^2 = \dfrac{GD^2}{730}(n_2^2 - n_1^2)$ 【답】②

04 전기철도의 전기차에 대한 직류방식의 특징이 아닌 것은?
① 직류변환장치가 필요하다.
② 교류에 비해 전압강하가 크다.
③ 사고 시 선택차단이 용이하다.
④ 교류에 비해 절연계급을 낮출 수 있다.

풀이
(1) 직류 방식
 ① 전압이 낮아 절연 계급을 낮출수 있다.
 ② 통신 유도 장해가 없다.
 ③ 경량 단거리 수송에 유리하다.
 ④ 운전전류가 커서 누설전류에 의한 전식대책이 필요하다.
 ⑤ 전철용 변전소에 정류장치를 설치해야하므로 건설비가 높다.
 ⑥ 전력손실, 전압강하가 크므로 변전소의 간격을 짧게 하여야 한다.
 ⑦ 보호방식이 복잡하다.
(2) 교류 방식
 ① 대용량 중·장거리 수송에 유리하다.
 ② 에너지 이용률이 높다.
 ③ **사고시 선택차단이 용이**하다.
 ④ 전식의 우려가 없으나 통신선 유도장해의 대책이 필요하다.   【답】③

과년도 기출문제 2018년

05 반도체 소자의 동작방향성에 따른 분류 중 단방향 전압저지 소자가 아닌 것은?
① BJT   ② IGBT
③ 다이오드   ④ MOSFET

풀이
IGBT(insulated gate bipolar transistor)
IGBT(게이트 절연 양극성 트랜지스터)는 MOSFET와 트랜지스터의 장점을 취한 것으로서
① 소스에 대한 게이트의 전압으로 도통과 차단을 제어한다.
② 게이트 구동전력이 매우 낮다.
③ 스위칭 속도는 FET와 트랜지스터의 중간정도로 빠른편에 속한다.
④ 용량은 일반 트랜지스터와 동등한 수준이다. 【답】②

06 그림과 같이 광원 L에 의한 모서리 B의 조도가 20[lx]일 때, B로 향하는 방향의 광도는 약 몇 [cd]인가?
① 780   ② 833
③ 900   ④ 950

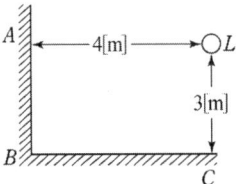

풀이
바닥 위의 20 [lx]는 수평면 조도 E_h로

$E_h = \dfrac{I}{r^2} \cos\theta$ 에서

$I = \dfrac{E_h \cdot r^2}{\cos\theta} = \dfrac{20 \times 5^2}{0.6} ≒ 833.3[cd]$

$(\because \cos\theta = \dfrac{h}{r} = \dfrac{3}{\sqrt{4^2+3^2}} = 0.6)$

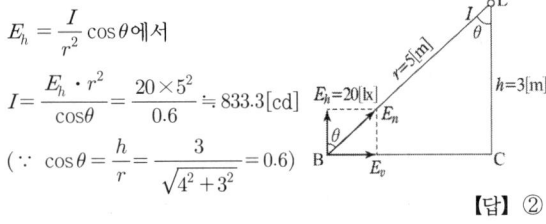

【답】②

07 반사율 10[%], 흡수율 20[%]인 5.6[m²]의 유리면에 광속 1000[lm]인 광원을 균일하게 비추었을 때 그 이면의 광속발산도[rlx]는? (단, 전등기구 효율은 80[%] 이다.)
① 25   ② 50
③ 100   ④ 125

풀이
$\rho + \tau + \delta = 1$ (여기서 τ : 투과율, ρ : 반사율, δ : 흡수율)
$\therefore \tau = 1 - \rho - \delta = 1 - 0.1 - 0.2 = 0.7$
이면의 광속 발산도 R는
$\therefore R = \dfrac{\tau F}{S} \cdot \eta = \dfrac{0.7 \times 1000}{5.6} \times 0.8 = 100[rlx]$ 【답】③

08 2차 전지에 속하는 것은?
① 공기전지   ② 망간전지
③ 수은전지   ④ 연축전지

풀이
실용전지의 분류

분류	종류
1차 전지	망간 건전지, 적층 건전지, 공기 건전지, 리튬전지, 수은 전지
2차 전지	**연축 전지**, 알칼리 축전지
연료 전지	알칼리 전해액 연료전지, 산성 전해질 연료전지, 용융염 전해질 연료전지, 고체 전해질 연료전지
특수 전지 물리전지	태양 전지, 열 전지, 원자력 전지
특수 전지 생물전지	아직 실용화 되어 있지 않음

【답】④

09 전압과 전류의 관계에서 수하특성을 이용한 가열 방식은?
① 저항가열   ② 유도가열
③ 유전가열   ④ 아크가열

풀이
아크 가열은 두 전극사이에 발생하는 고온의 아크(방전)열을 이용한 가열방식으로 **전압 전류 특성은 수하 특성**이 되어야 한다. 【답】④

10 전기철도에서 궤도(track)의 3요소가 아닌 것은?
① 레일   ② 침목
③ 도상   ④ 구배

풀이
궤도의 3요소
• 궤조 : 레일
• 침목 : 레일을 받치고 있는 목재 또는 콘크리트
• 도상 : 노반 과 침목 사이로서 일반적으로 자갈을 사용하고 있다. 【답】④

11 연축전지(납축전지)의 방전이 끝나면 그 양극(+극)은 어느 물질로 되는가?
① Pb   ② PbO
③ PbO₂   ④ PbSO₄

풀이
① 연축전지 화학반응식
$$PbO_2 + 2H_2SO_4 + Pb \underset{충전}{\overset{방전}{\rightleftharpoons}} PbSO_4 + 2H_2O + PbSO_4$$
양극   전해액   음극   양극   전해액   음극

② 방전시
- 양극 : $PbO_2 \Rightarrow PbSO_4$
- 음극 : $Pb \Rightarrow PbSO_4$

③ 충전시
- 양극 : $PbSO_4 \Rightarrow PbO_2$
- 음극 : $PbSO_4 \Rightarrow PbO$ 【답】④

12 5층 빌딩에 설치된 적재중량 1000[kg]의 엘리베이터를 승강속도 50[m/min]로 운전하기 위한 전동기의 출력은 약 몇 [kW]인가? (단, 권상기의 기계효율은 0.9이고 균형추의 평형률은 1이다.)

① 4 ② 6
③ 7 ④ 9

풀이

$P = \dfrac{KWV}{6.12\eta} F [kW]$

여기서, K : 손실계수 (여유계수), W : 중량(하중) [ton]
v : 권상속도 [m/sec], V : 권상속도 [m/min]
F : 평형추의 평형률, η : 효율

$P = \dfrac{KWV}{6.12\eta} \times F = \dfrac{1 \times 1 \times 50}{6.12 \times 0.9} \times 1 = 9.08 [kW]$ 【답】④

13 잔류편차가 발생하는 제어 방식은?

① 비례제어 ② 적분제어
③ 비례적분제어 ④ 비례적분미분제어

풀이
조절부의 동작에 의한 분류

종류	특징
P 비례동작	• 정상오차를 수반 • **잔류편차 발생**
I 적분동작	• 잔류편차 제거
D 미분동작	• 오차가 커지는 것을 미리 방지
PI 비례적분동작	• 잔류편차 제거 • 제어결과가 진동적으로 될 수 있다.
PD 비례미분동작	• 응답 속응성의 개선
PID 비례적분미분동작	• 잔류편차 제거 • 응답의 오버슈트 감소 • 응답 속응성의 개선

【답】①

14 프로세스(공정) 제어에 속하지 않는 것은?

① 방위 ② 유량
③ 압력 ④ 온도

풀이
제어량의 성질에 의한 분류

항목	프로세스 제어	서보 기구	자동 조정 제어
특징	플랜트나 생산공정 중의 상태량을 제어량으로 하는 제어	기계적 변위를 제어량으로 해서 목표값의 임의의 변화에 추종하도록 구성된 제어계	전기적, 기계적 양을 주로 제어하는 것으로서, 응답속도가 대단히 빨라야 한다.
제어량의 종류	• **온도** · **유량** • **압력** · 액위 • 농도 · 밀도 등	• 물체의 위치 • 방위 • 자세 등	• 전압 · 전류 • 주파수 • 회전 속도 • 힘 등

【답】①

15 정류방식 중 맥동률이 가장 적은 것은? (단, 저항부하인 경우이다.)

① 3상 반파방식 ② 3상 전파방식
③ 단상 반파방식 ④ 단상 전파방식

풀이

맥동률 = $\dfrac{교류분}{직류분} \times 100[\%]$

- 3상 반파 : 17.7[%] • **3상 전파 : 4.04[%]**
- 단상 반파 : 121[%] • 단상 전파 : 48[%] 【답】②

16 광원 중 루미네선스(luminescence)에 의한 발광현상을 이용하지 않는 것은?

① 형광램프 ② 수은램프
③ 네온램프 ④ 할로겐램프

풀이
- 루미네선스 : 물체의 온도를 높여서 발광시키는 온도복사 이외의 모든 발광을 루미네선스라 한다.
- 백열 전구나 **할로겐 전구는 온도 복사**를 이용한 광원이다.

【답】④

17 파이로 루미네선스(Pyro luminescence)를 이용한 것은?

① 형광등 ② 수은등
③ 화학 분석 ④ 텔레비전 영상

풀이
파이로 루미네선스(pyro luminescence)는 알칼리 금속, 알칼리 토금속 등의 증발하기 쉬운 원소 또는 염류를 알콜 램프의 불꽃 속에 넣을 때 발광하는 현상을 말하며, 이것은 **화합물의 분석과 발염 아크등에 이용**된다. 【답】③

18 열전 온도계의 원리는?
① 홀효과　　　② 핀치효과
③ 톰슨효과　　④ 제벡효과

풀이
제에벡 효과 : 서로 다른 두 종류의 금속 접속점 간에 온도차가 있으면 열기전력(전류)이 발생하는 현상으로 **열전 온도계 및 열전대에 사용**된다.　　【답】④

19 가시광선 중에서 시감도가 가장 좋은 광색과 그 때의 파장[nm]은 얼마인가?
① 황적색, 680[nm]　　② 황록색, 680[nm]
③ 황적색, 555[nm]　　④ 황록색, 555[nm]

풀이
최대 시감도는 파장 555[nm](5550[Å])의 황록색에서 발생하며 그 때의 시감도는 680[lm/W] 이다.

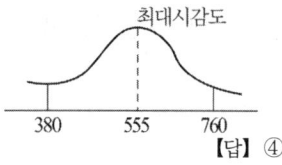

【답】④

20 저항 용접의 특징으로 틀린 것은?
① 잔류응력이 작다.
② 용접부의 온도가 높다.
③ 전원에는 상용주파수를 사용한다.
④ 대전류가 필요하기 때문에 설비비가 높다.

풀이
저항 용접 : 용접하고자 하는 두 금속 모재의 접촉부에 대 전류를 통하게 하여, 용접 모재간의 접촉저항에 의해 발생하는 열을 이용하는 용접방법으로 그 특징은 다음과 같다.
① 아크 용접에 비해 **용접부의 온도가 낮다.**
② 열의 영향이 용접부 부근에만 국한되므로 변형이나 잔류 응력은 적다.
③ 비교적 정밀한 공작물의 용접이 가능하며 용접시간도 매우 짧다.
④ 일반적으로 대전류를 필요로 하기 때문에 설비가 고가이다.
【답】②

2회 전기응용

01 전기가열 방식 중 전기적 절연물에 교번전계를 가할 때 물체 내부의 전기 쌍극자의 회전에 의해 발열하는 가열 방식은?
① 저항 가열　　② 유도 가열
③ 유전 가열　　④ 전자빔 가열

풀이
유전가열 : 전극 사이에 유전체를 넣고 전극간에 고주파 전계를 가하면 **전기 쌍극자는 전계의 방향으로 심하게 회전**, 진동한다. 유전가열은 이때 분자끼리의 마찰에 의해 열을 발생하게 하는 방법이다.　　【답】③

02 궤간이 1[m]이고 반경이 1270[m]인 곡선궤도를 64[km/h]로 주행하는데 적당한 고도는 약 몇 [mm]인가?
① 13.4　　② 15.8
③ 18.6　　④ 25.4

풀이
고도 $h = \dfrac{GV^2}{127R}$
여기서, h : 켄트(고도)[mm], G : 궤간[mm]
R : 곡선 반지름[m], V : 열차속도[km/h]
$h = \dfrac{1000 \times 64^2}{127 \times 1270} = 25.4[mm]$　　【답】④

03 피열물에 직접 통전하여 발열시키는 직접식 저항로가 아닌 것은?
① 염욕로　　② 흑연화로
③ 카바이드로　　④ 카보런덤로

풀이
- 직접식 저항로 : 피열물에 직접 전류를 흘려서 가열하는 방식이며 카바이드로, 카아버런덤로, 흑연화로, 유리용융로, 알루미늄전해로가 있다.
- 간접식 저항로 : 발열체를 설치한 저항로로 발열체의 열을 방사, 대류 등에 의하여 피열물에 전하는 방식이며, 사용하는 발열물의 종류에 따라 니크롬 발열체로, 탄화 규소 발열체로, **염욕로** 등이 있다.　　【답】①

04 FET에 관한 설명 중 틀린 것은?
① 제조기술에 따라 MOS형과 접합형이 있다.
② 극성이 2개 존재하는 쌍극성 접합 트랜지스터이다.
③ 다수 캐리어인 자유전자나 정공 중 어느 하나에 의해서 전류의 흐름이 제어된다.
④ 게이트에 역전압을 인가하여 드레인 전류를 제어하는 전압제어 소자이다.

풀이
FET(field-effect transistor)는 다수캐리어의 한 종류로 동작하므로 **단극성 소자**이다.　　【답】②

05 제어대상을 제어하기 위하여 입력에 가하는 양을 무엇이라 하는가?
① 외란   ② 변환부
③ 목표값 ④ 조작량

풀이
자동제어계의 구성

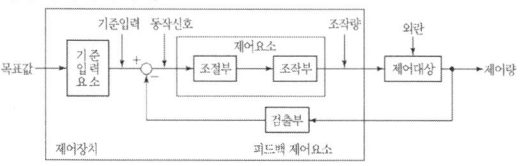

【답】④

06 휘도가 낮고 효율이 좋으며 투과성이 양호하여 터널조명, 도로조명, 광장조명 등에 주로 사용되는 것은?
① 형광등   ② 백열전구
③ 나트륨등 ④ 할로겐등

풀이
나트륨등의 발광은 나트륨 증기의 방전에 의하여 공명선인 5890~1586[Å]의 D선(황색선) 대부분 76[%]를 차지한다. 나트륨등의 효율은 이론상 395[lm/W] 실용상 150~80[lm/W] 정도로 대단히 높다. 따라서 빛의 직선성이 좋아 안개가 잘 발생하는 **강변이나, 먼지가 많은 터널 등에 사용**된다. 【답】③

07 열차저항이 커지고 속도가 떨어져 표정속도가 낮아지는 원인은?
① 건축한계를 초과한 경우
② 차량 한계를 초과한 경우
③ 곡선이 있고 구배가 심한 경우
④ 표준 궤간을 채택하지 않은 경우

풀이
$$\text{표정속도} = \frac{\text{이동거리}}{\text{운전시간} + \text{정차시간}}$$

즉, 곡선이 있고 구배가 심한 경우 열차 저항이 커지고 속도가 저하하게 되어 운전시간은 증가하게 되므로 결국에는 표정 속도가 낮아지게 된다. 【답】③

08 양수량 5[m³/min], 총양정 10[m]인 양수용 펌프 전동기의 용량은 약 몇 [kW]인가? (단, 펌프 효율 85[%]. 여유계수 K=1.1 이다.)
① 9.01   ② 10.56
③ 16.60   ④ 17.66

풀이
$$P = \frac{9.8\,QHK}{\eta} = \frac{9.8 \times (5/60) \times 10 \times 1.1}{0.85} \fallingdotseq 10.56[\text{kW}]$$
여기서, K : 손실계수 (여유계수), Q : 양수량[m³/sec]
H : 총양정[m], η : 효율   【답】②

09 적외선 건조에 대한 설명으로 틀린 것은?
① 효율이 좋다
② 온도 조절이 쉽다.
③ 대류열을 이용한다.
④ 소요되는 면적이 작다.

풀이
적외선 건조의 특징
• 도장 등의 표면 건조에 적당하다.
• 건조기 구조가 간단하다.
• 조작간단 연료 손실 적고, 작업 시간이 단축된다.
• 설비비 및 유지비가 염가, 설치 장소 절약된다.
• 건조 재료의 감시가 용이하고 청결 안전하다.
• **적외선 건조는 적외선 전구에 의한 복사열을 이용**한다. 【답】③

10 전해정제법이 이용되고 있는 금속 중 최대규모로 행하여지는 대표 금속은?
① 철   ② 납
③ 구리 ④ 망간

풀이
전기 분해를 이용하여 순수한 금속만을 음극에서 석출하여 정제하는 것을 **전해정제**(electrolytic refining)라 하며 이 방법에 의하여 정제하는 금속으로는 **구리가 가장 많고** 주석, 금, 은, 니켈, 안티몬 등을 제조할 수 있다. 【답】③

11 20[Ω]의 전열선 1개를 100[V]에 사용할 때 몇 [W]의 전력이 소비되는가?
① 400   ② 500
③ 650   ④ 750

풀이
전력 $P = I^2 R = \left(\dfrac{V}{R}\right)^2 R = \dfrac{V^2}{R} = \dfrac{100^2}{20} = 500[\text{W}]$ 【답】②

12 물을 전기분해할 때 음극에서 발생하는 가스는?
① 황산   ② 산소
③ 염산   ④ 수소

[풀이]
물을 전기 분해하면 음극에서 수소를, 양극에서는 산소를 발생한다.
- 음극 : $2H^+ + 2e^- = H_2$
- 양극 : $2OH = \frac{1}{2}O_2 + H_2O + 2e^-$

【답】④

13 물체의 위치, 방위, 자세 등의 기계적 변위를 제어량으로 하는 것은?
① 자동조정 ② 서보기구
③ 시퀸스 제어 ④ 프로세스 제어

[풀이]
제어량의 종류에 의한 분류

항 목	프로세스 제어	서보 제어(기구)	자동 조정 제어
특 징	플랜트나 생산 공정 중의 상태량을 제어량으로 하는 제어	기계적 변위를 제어량으로 해서 목표값의 임의의 변화에 추종하도록 구성된 제어계	전기적, 기계적 양을 주로 제어하는 것으로서, 응답 속도가 대단히 빨라야 한다.
제어량의 종류	·온도 ·유량 ·압력 ·액위 ·농도 ·밀도 등	·물체의 위치 ·방위 ·자세 등	·전압 ·전류 ·주파수 ·회전 속도 ·힘 등

【답】②

14 전동기의 손실 중 직접 부하손에 해당하는 것은?
① 풍손
② 베어링 마찰손
③ 브러시 마찰손
④ 전기자 권선의 저항손

[풀이]

총 손 실	무부 하손	철손 : 히스테리시스손, 와류손
		기계손 : 풍손, 베어링 마찰손, 브러시 마찰손
	부 하 손	전기자 저항손 $P_c = I_a^2 R$ [W]
		브러시 전기손
		표류 부하손 : 권선 이외 부분의 누설 자속에 의해 발생

【답】④

15 발광에 양광주를 이용하는 조명등은?
① 네온전구 ② 네온관등
③ 탄소아크등 ④ 텅스텐아크등

[풀이]
- 양광주 이용 : **네온관등**, 수은등 및 형광등
- 음극 글로우 이용 : 네온 전구

【답】②

16 60[cd]의 점광원으로부터 2[m]의 거리에서 그 방향에 직각 되는 면과 30° 기울어진 평면상의 조도는 약 몇 [lx] 인가?
① 11 ② 13
③ 20 ④ 26

[풀이]
광도 I[cd]의 광원에서 r[m] 떨어져서 θ만큼 기울어진 면의 조도 E[lx]는 다음과 같다.
$$\therefore E = \frac{I}{r^2}\cos\theta = \frac{60}{2^2} \times \cos 30° = 13[lx]$$

【답】②

17 지름 1[m]인 원형 탁자의 중심에서 조도가 500[lx]이고 중심에서 멀어짐에 따라 조도는 직선으로 감소하여 주변에서의 조도가 100[lx]로 되었다면 평균 조도는 약 몇 [lx] 인가?
① 123 ② 233
③ 283 ④ 332

[풀이]
평균조도 $E = \dfrac{E_1 + 2E_2}{3}$ 에서
여기서, E_1 : 중심에서의 조도
E_2 : 중심에서 r[m] 떨어진 점에서의 조도
$E = \dfrac{500 + 2 \times 100}{3} = 233[lx]$

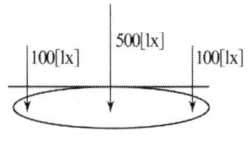

【답】②

18 어떤 정류회로에서 부하양단의 평균전압이 2000 [V]이고 맥동률은 2[%]라 한다. 출력에 포함된 교류분 전압의 크기[V]는?
① 60 ② 50
③ 40 ④ 30

[풀이]
맥동률 $= \dfrac{\text{교류분}}{\text{직류분}}$
∴ 교류분 = 직류분 × 맥동률 = $2000 \times 0.02 = 40$[V]

【답】③

19 200[W]의 전구를 우유색 구형 글로브에 넣었을 경우 우유색 유리 반사율을 30[%], 투과율을 60[%]라고 할 때 글로브의 효율은 약 몇 [%]인가?
① 75 ② 85.7
③ 116.7 ④ 133.3

[풀이]

글로브의 효율 $\eta = \dfrac{\tau}{1-\rho}$ 에서

투과율 $\tau = 0.6$, 반사율 $\rho = 0.3$ 이므로

$\therefore \eta = \dfrac{0.6}{1-0.3} = 0.857 = 85.7[\%]$ 　　　　【답】②

20 저항 용접에 속하지 않는 것은?
① 심 용접　　　　② 아크 용접
③ 스폿 용접　　　④ 프로젝션 용접

[풀이]

저항 용접 : 용접하고자 하는 두 금속 모재의 접촉부에 대 전류를 통하게 하여, 용접 모재간의 접촉저항에 의해 발생하는 열을 이용하는 용접방법으로 그 종류는 다음과 같다.
① 겹치기 저항 용접
 • **점 용접**(spot welding)
 • **돌기 용접**(projection welding)
 • **심 용접**(seam welding)
 • 맞대기 용접
② 맞대기 저항 용접
 • 업셋 맞대기 용접
 • 플래시 맞대기 용접
 • 충격용접　　　　　　　　　　　　　　【답】②

4회　전기응용

01 온도의 변화로 인한 궤조의 신축에 대응하기 위한 것은?
① 궤간　　　　② 곡선
③ 유간　　　　④ 확도

[풀이]
• 궤간 : 레일과 레일 사이의 거리
• **유간** : **온도의 변화에 대한 궤조의 신축에 대응**하기 위하여 이음 장소에 적당한 간격을 두는 것
• 확도 : 열차가 곡선 궤도 부분을 원활하게 통과할 수 있도록 궤간을 넓혀 주는 것.
• 고도 : 차량이 곡선부를 달릴 때에 발생하는 원심력에 대비하여 곡선 바깥쪽의 레일을 안쪽 레일보다 높게 하는 것
　　　　　　　　　　　　　　　　　　　【답】③

02 평균 수평광도는 200[cd], 구면 확산율이 0.8 일 때 구광원의 전광속은 약 몇 [lm] 인가?
① 2009　　　　② 2060
③ 2260　　　　④ 3060

[풀이]

평균구면 광도 I_0와 평균수평 광도 I_h 사이에는 구면 확산율이 0.8일 때

$I_0 = 0.8 I_h = 0.8 \times 200 = 160[cd]$

전광속 $F = 4\pi I_0 = 4\pi \times 160 = 2010.62[lm]$ 　【답】①

03 용해, 용접, 담금질, 가열 등에 가장 적합한 가열방식은?
① 복사 가열　　　② 유도 가열
③ 저항 가열　　　④ 유전 가열

[풀이]

① 복사 가열 : 적외선 가열이라고도 하며, 적외선 전구 또는 비금속 발열체 등에서 복사된 적외선을 피열물의 표면에 조사하는 가열
② **유도 가열** : 교류자계 중에 있어서 도전성 물체 중에 생기는 와전류에 의한 전류손 또는 히스테리시스손을 이용하는 가열로 금속의 **표면 담금질** · 형조 · **용해** · 풀림 · 연납땜 · 경납땜 등에 응용된다.
③ 저항 가열 : 전류에 의한 옴손을 이용한 가열
④ 유전 가열 : 고주파 전계 중에 절연성 피열물을 놓고, 여기에 생기는 유전체손을 이용하는 가열 　　　　【답】②

04 3상 반파정류회로에서 변압기의 2차 상전압 220[V]를 SCR로써 제어각 $\alpha = 60°$로 위상제어 할 때 약 몇 [V]의 직류전압을 얻을 수 있는가?
① 108.7　　　　② 118.7
③ 128.7　　　　④ 138.7

[풀이]

3상 반파 정류 회로

$E_{d\pi} = \dfrac{1}{2\pi/3}\displaystyle\int_{-\pi/3+\alpha}^{\pi/3+\alpha} \sqrt{2}\,V\cos\theta d\theta = \dfrac{3\sqrt{6}}{2\pi}V\cos\theta$

$\therefore E_{d\pi} = \dfrac{3\sqrt{6}}{2\pi} \times 220 \times \cos 60° ≒ 128.7[V]$ 　【답】③

05 생산공정이나 기계장치 등에 이용하는 자동제어의 필요성이 아닌 것은?
① 노동 조건의 향상
② 제품의 생산속도를 증가
③ 제품의 품질향상, 균일화, 불량품 감소
④ 생산설비에 일정한 힘을 가하므로 수명 감소

[풀이]

자동 제어계의 특징
① 정확성의 증가
② **생산품질향상**이 현저하며 균일한 제품을 얻을 수 있다.

③ 원료, 연료 및 동력을 절약할 수 있으며 인건비를 줄일 수 있다.
④ **생산 속도를 상승**시키고, 생산량을 크게 증대시킬 수 있다.
⑤ **노동조건의 향상** 및 위험 환경의 안정화 기여   【답】④

06 복사속의 단위로 옳은 것은?
① sr   ② W
③ lm   ④ cd

[풀이]
복사속 : 단위 시간에 어느 면을 통과하는 복사 에너지의 양으로 그 **단위는 와트[W]**이다.   【답】②

07 물체의 위치, 방향 및 자세 등의 기계적 변위를 제어량으로 해서 목표 값의 임의의 변화에 추종하도록 구성된 제어계는?
① 자동조정   ② 서보기구
③ 프로세스제어   ④ 프로그램제어

[풀이]
제어량의 종류에 의한 분류

항목	프로세스 제어	서보 제어(기구)	자동 조정 제어
특징	플랜트나 생산 공정 중의 상태량을 제어량으로 하는 제어	기계적 변위를 제어량으로 해서 목표값의 임의의 변화에 추종하도록 구성된 제어계	전기적, 기계적 양을 주로 제어하는 것으로서, 응답 속도가 대단히 빨라야 한다.
제어량의 종류	·온도 ·유량 ·압력 ·액위 ·농도 ·밀도 등	·**물체의 위치** ·**방위** ·**자세 등**	·전압 ·전류 ·주파수 ·회전 속도 ·힘 등

【답】②

08 서로 관계 깊은 것들끼리 짝지은 것이다. 틀린 것은?
① 유도가열 : 와전류손
② 표면가열 : 표피효과
③ 형광등 : 스토크스정리
④ 열전온도계 : 톰슨효과

[풀이]
제벡 효과 : 서로 다른 두 종류의 금속 접속점 간에 온도차가 있으면 열기전력(전류)이 발생하는 현상으로 **열전 온도계** 및 열전대에 사용된다.   【답】④

09 광속 계산의 일반식 중에서 직선 광원(원통)에서의 광속을 구하는 식은 어느 것인가? (단, I_0는 최대 광도, I_{90}은 $\theta = 90°$ 방향의 광도이다.)
① πI_0 ② $\pi^2 I_{90}$
③ $4\pi I_0$ ④ $4\pi I_{90}$

[풀이]
원통 광원의 입체각 $\omega = \pi^2$이므로
$F = \omega I = \pi^2 I_{90}$ 【답】②

10 직접 조명의 장점이 아닌 것은?
① 설비비가 저렴하며 설계가 단순하다.
② 그늘이 생기므로 물체의 식별이 입체적이다.
③ 조명률이 크므로 소비전력은 간접조명의 1/2~1/3 이다.
④ 등기구의 사용을 최소화하여 조명효과를 얻을 수 있다.

[풀이]
직접 조명은 발산광속의 90~100 [%]를 아랫방향으로 향하게 하여 작업면을 직접 조명하는 조명방식으로 그 특징으로는 다음과 같다.
· 작업면에서 높은 조도를 얻을 수 있다.
· 조명률이 크므로 소비전력은 간접조명의 1/2~1/3이다.
· 설비비가 저렴하며 설계가 단순하다.
· 주위와의 심한 휘도차가 발생하고 짙은 그림자와 반사 눈부심이 있다.   【답】④

11 20[℃]의 물 5리터를 용기에 넣어 1[kW]의 전열기로 가열하여 90[℃]로 하는데 40분 걸렸다. 이 전열기의 효율은 약 몇 [%] 인가?
① 46   ② 51
③ 56   ④ 61

[풀이]
$$\eta = \frac{MC(T_2 - T_1)}{860Pt} \times 100 = \frac{5 \times 1 \times (90-20)}{860 \times 1 \times \frac{40}{60}} \times 100 = 61.05[\%]$$
【답】④

12 고주파 유전가열에서 피열물의 단위 체적당 소비전력[W/cm³]은? (단, E[V/cm]는 고주파 전계, δ는 유전체 손실각, f는 주파수, ϵ_s는 비유전율이다.)

① $\dfrac{5}{9}E f\epsilon_s \tan\delta \times 10^{-9}$

② $\dfrac{5}{9}E f\epsilon_s \tan\delta \times 10^{-10}$

③ $\dfrac{5}{9}E^2 f\epsilon_s \tan\delta \times 10^{-8}$

④ $\dfrac{5}{9}E^2 f\epsilon_s \tan\delta \times 10^{-12}$

풀이 단위 체적당 유전체손
$P_0 = \dfrac{5}{9}f\epsilon_s E^2 \tan\delta \times 10^{-12}\,[\text{W/cm}^3]$ 【답】④

13 아래에서 금속의 이온화 경향이 가장 큰 것은?
① Ag ② Pb
③ Na ④ Sn

풀이 이온화 경향이란 원자 또는 분자가 이온이 되려고 하는 경향으로, 쉽게 이온화되는 것을 이온화경향이 크며 산화되기 쉽다고 말한다.
이온화 경향이 큰 순서로는
K > Ba > Ca > **Na** > Mg > Al > Mn > Fe > Ni > Sn > Pb > Cu > Hg > Ag > Pt > Au 순이다. 【답】③

14 유도전동기를 기동하여 각속도 ω_s에 이르기까지 회전자에서의 발열손실 $Q[J]$를 나타낸 식은?
(단, J는 관성모멘트이다.)

① $Q = \dfrac{1}{2}J\omega_s$ ② $Q = \dfrac{1}{2}J\omega_s^2$

③ $Q = \dfrac{1}{2}J^2\omega_s$ ④ $Q = \dfrac{1}{2}J^2\omega_s^2$

풀이 기동시의 경우 슬립 $s_1 = 1$, 각속도 ω_s에 도달할 때의 슬립 $s_2 = 0$이므로

$Q = \displaystyle\int_{t_1}^{t_2} P_c dt = -\omega_s^2 J \int_{s_1}^{s_2} s\, ds = -\dfrac{1}{2}J\omega_s^2 [s^2]_{s_1}^{s_2}$ 에서

$Q = -\dfrac{1}{2}J\omega_s^2 [s^2]_{s_1=1}^{s_2=0} = \dfrac{1}{2}J\omega_s^2\,[J]$

회전수 n_s에 있어서 회전자에 축적된 운동 에너지와 같다.
【답】②

15 플라즈마 용접의 특징이 아닌 것은?
① 비드(bead)폭이 좁고 용입이 깊다.
② 용접속도가 빠르고 균일한 용접이 된다.
③ 가스의 보호가 충분하며, 토치의 구조가 간단하다.
④ 플라즈마 아크의 에너지 밀도가 커서 안정도가 높다.

풀이
플라즈마 제트(Plasma jet)용접은 노즐에서 분출하는 아르곤·수소·질소 등의 불활성 가스 중에 직류전압 또는 고주파 전계를 가함으로써 플라즈마를 발생시켜 불꽃 모양으로 분출하는 플라즈마의 고온을 이용하여 가열 용접하는 것으로서 다음과 같은 장·단점이 있다.
① 장점
• 플라즈마 아크의 에너지 밀도가 커서 안정도가 높고 보유 열량이 크다.
• 비드(bead)폭이 좁고 용입이 깊다.
• 용접속도가 빠르고 균일한 용접이 된다.
② 단점
• 용접속도가 크기 때문에 **가스의 보호가 불충분**하게 되며, 피포가스를 2중으로 사용할 필요가 있다.
• **토치의 구조가 복잡**하다. 【답】③

16 1000[lm]인 광속을 발산하는 전등 10개를 500[m²] 방에 점등하였다. 평균조도는 약 몇 [lx]인가? (단, 조명률은 0.50이고 감광보상률이 1.5 이다.)
① 1.67 ② 2.52
③ 6.67 ④ 60

풀이
$F = 1000\,[\text{lm}]$, $N = 10$, $U = 0.5$, $D = 1.5$, $A = 500[\text{m}^2]$
$FUN = EAD$ 에서
$\therefore E = \dfrac{FUN}{AD} = \dfrac{1000 \times 0.5 \times 10}{500 \times 1.5} = 6.67[\text{lx}]$ 【답】③

17 SCR 각 단자에 접속되는 전압극성이 옳게 표기된 것은?

① 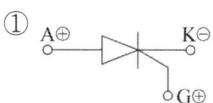　②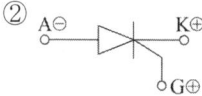

③ 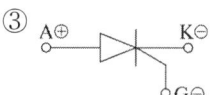　④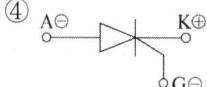

｜풀이｜

SCR은 **게이트에 (+)의 트리거 펄스**가 인가되면 통전 상태로 되어 정류 작용이 개시되고, 일단 통전이 시작되면 게이트 전류를 차단해도 주전류(애노드 전류)는 차단되지 않는다.

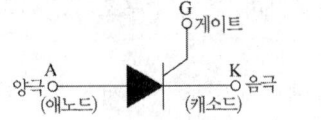

【답】 ①

｜풀이｜

망간전지는 양극에는 탄소봉, 음극에는 아연을 사용하는 대표적인 1차전지이다. 양극에 사용하는 탄소봉은 이산화망간에 흑연가루를 혼합하여 전기전도성을 좋게 한 것이므로 ④도 옳은 설명이 되어 전항정답 처리함

【답】 전항정답

18 기동토크가 가장 큰 단상 유도전동기는?

① 반발 기동전동기
② 분상 기동전동기
③ 콘덴서 기동전동기
④ 세이딩 코일형 전동기

｜풀이｜

단상 유도 전동기의 기동 토크 및 용도

종류	기동토크[%]	정동토크[%]	용도
분상 기동형	125 이상	175~300	복사기, 계산기
콘덴서 기동형	250 이상	175~300	냉장고
콘덴서 전동기	140~160	200~300	세탁기, 선풍기
반발 기동형	300 이상	175~300	펌프
세이딩 코일형	40~100	130~200	플레이어, 테이프 레코더

즉, **기동토크가 큰 순서**는
반발 기동형 > 콘덴서 기동형 > 분상 기동형 > 세이딩 코일형

【답】 ①

19 우리나라 전기철도에 주로 사용하는 집전장치는?

① 뷔겔
② 집전슈
③ 트롤리봉
④ 팬터그래프

｜풀이｜

팬터 그래프는 대형 고속 전차에 가장 많이 사용되고, **우리나라에서 주로 사용**한다. 트롤리선과 접속한 부분에는 구리판이 펼쳐져서 붙어 있으며, 팬터 그래프는 보통 5~10[kg]의 상승력으로 스프링 혹은 압축 공기에 의하여 상하로 움직일 수 있다.

【답】 ④

20 망간 건전지에 대한 설명으로 틀린 것은?

① 1차 전지이다.
② 공칭전압이 1.5[V] 이다.
③ 음극으로 아연이 사용된다.
④ 양극으로 이산화망간이 사용된다.

2019년 기출문제

1회 전기응용

01 루소선도가 아래 그림과 같을 때, 배광곡선의 식은?

① $I_\theta = 100\cos\theta$
② $I_\theta = 50(1+\cos\theta)$
③ $I_\theta = \dfrac{2\theta}{\pi}100$
④ $I_\theta = \dfrac{\pi-2\theta}{\pi}100$

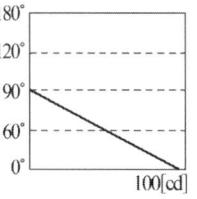

풀이
$\theta=90°$일 때 $I_\theta=0[cd]$
$\theta=0°$일 때 $I_0=100[cd]$ 이므로
$I_\theta=100\cos\theta[cd]$가 된다. 【답】①

02 형광등은 주위 온도가 몇 [℃]일 때 가장 효율이 높은가?

① 5~10[℃] ② 10~15[℃]
③ 20~25[℃] ④ 35~40[℃]

풀이
형광등은 **주위 온도가 20~27[℃]**일 때의 관벽 온도는 40~45[℃]이므로 이때 온도에서 **최고 효율**이 되도록 설계되어 있다. 【답】③

03 전기가열 방식에 대한 설명으로 틀린 것은?

① 저항가열은 줄열을 이용한 가열방식이다.
② 유도가열은 표면 담금질 등의 열처리에 이용되는 방식이다.
③ 유전가열은 와전류손과 히스테리시스손에 의한 가열방식이다.
④ 아크가열은 전극사이에 발생하는 아크열을 이용한 가열방식이다.

풀이
유전가열과 유도가열의 비교

항목	유전 가열	유도 가열
원리	유전체손 이용	와류손 및 히스테리시스 손실 이용
적용	절연체(유전체)	금속(도체), 반도체
전원	교류 (직류 사용불가) 1~200[MHz]	교류(직류 사용불가) 저주파 유도 가열 : 60[Hz] 고주파 유도 가열 : 5~20[kHz]

【답】③

04 엘리베이터용 전동기에 대한 설명으로 틀린 것은?

① 관성모멘트가 작아야 한다.
② 기동토크가 큰 것이 요구된다.
③ 플라이휠 효과(GD^2)가 커야 한다.
④ 가속도의 변화율이 적어야 한다.

풀이
엘리베이터에 사용되는 전동기의 특성
① 회전부분의 관성 모멘트(**플라이휠 효과**)는 **적어야 한다**(기동 정지가 빈번).
② 가속도의 변화비율이 일정값이 되도록 선택(가속·감속 시)한다.
③ 기동 토크가 커야 한다.
④ 소음이 적어야 한다. 【답】③

05 열차의 무인운전과 같이 미리 정해진 시간적 변화에 따라 정해진 순서대로 제어하는 방식은?

① 추종제어 ② 비율제어
③ 정치제어 ④ 프로그램제어

풀이
제어 목적에 의한 분류
① 정치제어 : 제어량을 어떤 일정한 목표값으로 유지하는 것을 목적으로 하는 제어법(연속식 압연기)
② 추종제어 : 미지의 임의 시간적 변화를 하는 목표값에 제어량을 추종시키는 것을 목적으로 하는 제어법(레이더)

③ 비율제어 : 목표값이 다른 것과 일정 비율 관계를 가지고 변화하는 경우의 추종 제어
④ **프로그램제어** : **미리 정해진 프로그램**에 따라 제어량을 변화시키는 것을 목적으로 하는 제어법(CAM, 무인 엘리베이터, 열차의 무인운전, 산업로봇)　　　　【답】④

06 전기철도의 전기차량용으로 교류전동기를 사용할 때 장점으로 틀린 것은?
① 제한된 공간에서 소형·경량으로 할 수 있고, 대출력화가 가능하다.
② 브러시 및 정류자가 있어서, 구조가 간단하고 제작 및 유지보수가 간단하다.
③ 속도제어 범위가 넓기 때문에 고속운전에 적합하다.
④ 인버터 제어방식으로 주 회로를 무접점화 할 수 있다.

■ 풀이
유도 전동기는 직류 전동기와 달리 **브러시 및 정류자가 없으므로 구조가 간단**하고 제작 및 유지보수가 용이하다.　　【답】②

07 축전지의 용량을 표시하는 단위는?
① J　　　　　　　② Wh
③ Ah　　　　　　④ VA

■ 풀이
축전지의 용량
만충전시킨 축전지를 일정 전류로서 규정된 종지전압 까지 방전하였을 때의 방전량을 축전지의 용량이라고 한다.
즉, **축전지 용량[Ah] = 방전 전류[A] × 방전 시간[h]**　【답】③

08 유도가열과 유전가열의 공통된 특성은?
① 도체만을 가열한다.
② 선택가열이 가능하다.
③ 절연체만을 가열한다.
④ 직류를 사용할 수 없다.

■ 풀이
유전가열과 유도가열의 비교

항목	유전가열	유도가열
원리	유전체손 이용	와류손 및 히스테리시스 손실 이용
적용	절연체(유전체)	금속(도체), 반도체
전원	교류(직류 사용불가) 1~200 [MHz]	교류(직류 사용불가) 저주파 유도가열 : 60 [Hz] 고주파 유도가열 : 5~20 [kHz]

【답】④

09 궤간의 확도(slack)[mm]를 표시하는 식은?
(단, l은 차축거리[m], R[m]는 곡선의 반지름이다.)
① $\dfrac{l^2}{8R}$　　　　② $\dfrac{8l^2}{R}$
③ $\dfrac{l^2}{R}$　　　　④ $\dfrac{l^2}{5R}$

■ 풀이
확도(slack 슬랙)란 곡선로 부분에서 후렌지가 레일 측면에 끼어서 탈선하는 것을 방지하기 위해서 궤간을 직선부보다 약간 넓게 하는 것을 말한다.

$$\text{확도 } S = \dfrac{l^2}{8R} [m]$$

l : 고정 차축간 거리[m], R : 곡선 반지름[m]　【답】①

10 다음 (　)에 들어갈 도금의 종류로 옳은 것은?

> (　)도금은 철, 구리, 아연 등의 장식용과 내식용으로 사용되며, 크롬도금의 전 단계 공정으로 이용되고 있다.

① 동　　　　　　② 은
③ 니켈　　　　　④ 카드뮴

■ 풀이
• **니켈도금**은 철강, 황동, 아연 등의 장식과 내식용 그리고 크롬 도금의 전단계 공정으로서 이용되고 있다.
• 크롬도금은 내마모성과 내식성이 양호하고, 대기 중에서 광택을 상실하지 않는 성질을 이용하여 장식 등에 사용된다.
【답】③

11 고주파 유전가열을 응용한 사항으로 틀린 것은?
① 고무의 가황
② 합판의 건조, 접착
③ 플라스틱의 성형과 비닐막 접착
④ 강재의 표면 담금질

풀이
유전 가열과 유도 가열의 비교

항목	유전 가열	유도 가열
원리	유전체손 이용	와류손 및 히스테리시스 손실 이용
적용	절연체(유전체)	금속(도체), 반도체

따라서, **강재는 금속이므로 유전 가열을 이용할 수 없다.**
【답】 ④

12 토크가 증가할 때 가장 급격히 속도가 낮아지는 전동기는?
① 직류 분권전동기   ② 직류 복권전동기
③ 직류 직권전동기   ④ 3상 유도전동기

풀이
• 직권 전동기의 속도 $n = K\dfrac{V}{\phi}$에서 $n \propto \dfrac{1}{\phi} \propto \dfrac{1}{I_f}$
 (직권전동기에서 $I = I_a = I_f \propto \phi$ 이므로)
• 토크 $T = K\phi I_a$ 에서 자기 포화를 무시하면 $I_a = I_f \propto \phi$ 이므로 $T = KI_a^2$ 가 된다.
• **직권전동기**의 토크 $T \propto I_f^2 \propto \dfrac{1}{n^2}$ 이므로, 전동기의 **토크가 증가하게 되면 속도는 급격하게 낮아진다.**
【답】 ③

13 그림과 같이 광원 L에서 P점 방향의 광도가 50[cd]일 때 P점의 수평면 조도는 약 몇 [lx]인가?
① 0.6
② 0.8
③ 1.2
④ 1.6

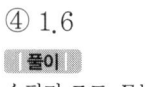

풀이
수평면 조도 E 는
$E = \dfrac{I}{r^2}\cos\theta$ [lx]에서
$E = \dfrac{50}{(\sqrt{4^2+3^2})^2} \times \dfrac{3}{\sqrt{4^2+3^2}}$
$= \dfrac{50}{25} \times \dfrac{3}{5} = 1.2$ [lx]

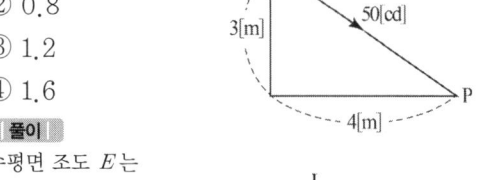

【답】 ③

14 양방향 전압저지 소자가 아닌 것은?
① MOSFET   ② SCR 사이리스터
③ GTO 사이리스터 ④ IGBT

풀이

	전압저지	전류저지
단방향	다이오드, BJT, **MOSFET**	다이오드, BJT, MOSFET, SCR, GTO, IGBT
양방향	SCR, GTO, IGBT, MCT	TRIAC, 역도통 사이리스터

【답】 ①

15 두 도체로 이루어진 폐회로에서 두 접점에 온도차를 주었을 때 전류가 흐르는 현상은?
① 홀 효과   ② 광전 효과
③ 제벡 효과   ④ 펠티에 효과

풀이
제벡 효과 : 서로 다른 두 종류의 금속 또는 반도체의 **접합점의 온도차에 의하여 기전력이 발생**하는 현상
【답】 ③

16 단면적 0.5[m²], 길이 10[m]인 원형 봉상도체의 한쪽을 400[℃]로 하고 이로부터 100[℃]의 다른 단자로 매 시간 40[kcal]의 열이 전도되었다면 이 도체의 열전도율은 약 몇 [kcal/m·h·℃]인가?
① 267
② 26.7
③ 2.67
④ 0.267

풀이
$I = \lambda \times \dfrac{S}{l} \times \theta$ [W]에서
$\lambda = \dfrac{I \cdot l}{S\theta} = \dfrac{40 \times 10}{0.5 \times (400-100)} = 2.67$ [kcal/mh℃]
여기서, I : 열류[kcal], S : 단면적[m²]
λ : 열전도율[kcal/mh℃]
l : 길이[m], θ : 온도차[℃]
【답】 ③

17 전구에 게터(getter)를 사용하는 목적은?
① 광속을 많게 한다.
② 전력을 적게 한다.
③ 진공도를 10^{-2}[mmHg]로 낮춘다.
④ 수명을 길게 한다.

과년도 기출문제 2019년

|풀이|
게터는 전구 내에 남아 있는 산소와 결합하여 전구 내의 진공도를 상승시킴으로서 필라멘트의 산화를 억제하여 **전구의 수명을 길게 한다.** 사용되는 게터의 종류는 다음과 같다.
- 진공 전구 : 적린과 플루오르화소다
- 가스 주입전구 : 질화바륨과 카올린 　　　　【답】④

18 제어기의 요소 중 기계적 요소에 포함되지 않는 것은?
① 스프링　　　　② 벨로즈
③ 래더다이어그램부　　④ 노즐 플래퍼
|풀이|
래더다이어그램 : 시퀀스를 사다리형태로 그린 도면　【답】③

19 두 개의 사이리스터를 역병렬로 접속한 것과 같은 특성을 나타내는 소자는?
① TRIAC　　　　② GTO
③ SCS　　　　　④ SSS
|풀이|
트라이액(TRIAC : Triode AC Switch)

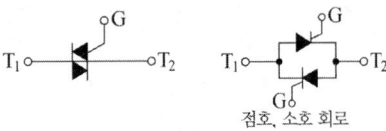
점호, 소호 회로

트라이액은 두 개의 SCR을 **역병렬한 것**을 한 개의 소자로 만든 것으로서 무접점 스위치나 위상 제어 회로, 가정용 조광 장치 및 전기로의 온도 조절 또는 전동기의 속도 제어 등에 광범위하게 응용되고 있다.　【답】①

20 가시광선 파장(nm)의 범위는?
① 280~310　　　② 380~760
③ 400~430　　　④ 555~580
|풀이|
가시광선의 파장
사람의 눈이 빛으로 느낄 수 있는 파장을 가시광선이라고 하며 **가시광선의 파장 범위는 380~760 [nm]** 이다. 각각의 색에 대한 파장은 다음과 같다.

색	보라	파랑	초록	노랑	주황	빨강
파장[nm]	380~430	430~452	452~550	550~590	590~640	640~760

【답】②

2회　　전기응용

01 목표값이 시간에 따라 변화하지 않는 제어는?
① 정치제어　　　② 비율제어
③ 추종제어　　　④ 프로그램제어
|풀이|
목표값의 시간적 성질에 의한 분류
정치제어와 추치 제어로 구분되며 특성은 다음과 같다.
① **정치제어 : 목표값이 시간에 대하여 변화하지 않는 제어**를 말하며 프로세스 제어, 자동조정이 이에 속한다.
② 추치제어 : 출력의 변동을 조정하는 동시에 목표값에 정확히 추종하도록 설계한 제어계로서 추종제어, 프로그램 제어 및 비율제어로 구분된다.　【답】①

02 전력용 반도체 소자의 종류 중 스위칭 소자가 아닌 것은?
① GTO　　　　　② Diode
③ TRIAC　　　　④ SSS
|풀이|

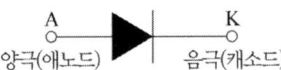
양극(애노드)　　　음극(캐소드)

다이오드는 회로의 주변 상황에 따라 순방향으로 전압이 가해지면 도통하고 역방향으로 전압이 가해지면 도통하지 않는 수동적인 소자로 **사용자가 임의로 ON, OFF 시킬 수 없다.**　【답】②

03 20[cm²]의 면적에 0.5[lm]의 광속이 입사할 때 그 면의 조도[lx]는?
① 200　　　　　② 250
③ 300　　　　　④ 350
|풀이|
조도 $E = \dfrac{F}{A} = \dfrac{0.5}{20 \times 10^{-4}} = 250[\text{lx}]$　【답】②

04 전기철도에 적용하는 직류 직권전동기의 속도제어 방법이 아닌 것은?
① 저항제어　　　② 초퍼제어
③ VVVF 인버터 제어　④ 사이리스터 위상제어

풀이
- 직권 전동기의 속도제어 방식 : 계자 제어, 직렬 저항 제어, 직·병렬 제어, 초퍼제어, 메타다인 제어
- VVVF(가변 전압 가변 주파수) 인버터 제어방식은 전압과 주파수를 제어하여 속도를 제어하는 방식으로 유도전동기의 속도 제어에 사용된다.
- 참고로 **직류에서는 주파수라는 개념이 없다.** 따라서 직류에서는 주파수 제어를 할 수 없다. 【답】③

05 최고 사용온도가 1100[℃]이고 고온강도가 크며 냉간가공이 용이한 고온용 발열체는?

① 니크롬 제1종 ② 니크롬 제2종
③ 철크롬 제1종 ④ 철크롬 제2종

풀이
① **니크롬 제1종은** 고온에서 연화되지 않고 강도가 크고 냉간 가공이 쉬우며, **고온 가열 후에도 강도 변화가 없으며, 고온용 발열체로 널리 사용된다.**
② 발열체의 최고사용 온도
- 니크롬 제1종 : 1100 [℃]
- 니크롬 제2종 : 900 [℃]
- 철-크롬 제1종 : 1200 [℃]
- 철-크롬 제2종 : 1100 [℃]
- 탄화규소 발열체 : 1500 [℃]   【답】①

06 동의 원자량은 63.54이고 원자가가 2라면 전기 화학당량은 약 몇 [mg/C]인가?

① 0.229 ② 0.329
③ 0.429 ④ 0.529

풀이
- 화학 당량 = $\dfrac{원자량}{원자가} = \dfrac{63.54}{2} = 31.77$
- 전기 화학당량 K : 1 [C]의 전기량으로 석출시킬 수 있는 물질의 양

$K = \dfrac{화학당량}{패러데이\ 상수} = \dfrac{화학당량}{96500} = \dfrac{31.77}{96500}$
$= 0.0003292 [g/C] = 0.3292 [mg/C]$ 【답】②

07 광속의 정의에 대한 설명으로 옳은 것은?
① 광원의 면 또는 발광면에서의 빛나는 정도
② 단위시간에 복사되는 에너지 양
③ 복사 에너지를 눈으로 보아 빛으로 느끼는 크기로 나타낸 것

④ 임의의 장소에서의 밝기를 나타내고, 밝음의 기준이 되는 것

풀이
광속 F[lm] : 가시범위(380∼760[nm])의 방사속을 시감에 기초를 두어 측정한 것을 광속이라 하며 광속의 단위는 루멘(lumen : lm)을 사용한다. 【답】③

08 기전반응을 하는 화학 에너지를 전지 밖에서 연속적으로 공급하면 연속방전을 계속할 수 있는 전지는?
① 2차전지 ② 물리전지
③ 연료전지 ④ 생물전지

풀이
① 2차 전지 : 직류 전원으로 충전하여 반복 사용할 수 있는 전지로서 납축전지와 알칼리 축전지가 있다.
② 물리 전지 : 반도체의 pn 접합면에 태양 광선이나 방사선을 조사해서 기전력을 얻는 전지이다.
③ **연료 전지** : 기전 반응을 하는 **화학 에너지를 전지 밖에서 연속적으로 공급하면 연속 방전**을 계속시킬 수 있는 전지이다.
④ 생물전지 : 효소나 미생물과 같은 생물의 기능을 이용하여 산화 환원반응을 일으키도록 하는 전지이다. 【답】③

09 반도체 소자 중 게이트-소스 간 전압으로 드레인 전류를 제어하는 전압제어 스위치로 스위칭속도가 빠른 소자는?
① GTO ② SCR
③ IGBT ④ MOSFET

풀이
MOSFET(metal oxide silicon field effect transistor) 트랜지스터는 베이스에 주입되는 전류로 제어되는 반면 **MOSFET은 게이트와 소스 사이에 걸리는 전압으로 드레인 전류를 제어**하는 전압 제어 소자이다. MOSFET은 트랜지스터에 비해 스위칭 속도가 매우 빠른 이점이 있는 반면에 용량이 적어서 비교적 작은 전력 범위 내에서 적용된다는 한계가 있다. 【답】④

10 교번 자계 중에서 도전성 물질 내에 생기는 와류손과 히스테리시스손에 의한 가열 방식은?
① 저항가열 ② 유도가열
③ 유전가열 ④ 아크가열

풀이
유도가열은 교번자계 중에 있는 도전성 물질에서 발생하는 **와류손과 히스테리시스손에 의한 발열**을 이용하는 것으로

- 표면가열 (표면담금질, 금속의 표면처리, 국부가열)
- 반도체 정련 (단결정 제조)에 이용된다. 【답】②

11 절대온도 T[K]인 흑체의 복사발산도(전방사에너지)는? (단, σ는 스테판-볼츠만의 상수이다.)

① σT ② $\sigma T^{1.6}$
③ σT^2 ④ σT^4

풀이
스테판-볼츠만 (Stefan-Blotzmann)의 법칙
흑체의 복사 발산량 W는 절대온도 T[K]의 4제곱에 비례한다.
$$W = \sigma T^4 [\text{W/cm}^2]$$
여기서, σ는 스테판-볼츠만의 상수이다. 【답】④

12 물체의 위치, 방위, 자세 등의 기계적 변위를 제어량으로 하는 것은?

① 서보기구   ② 자동조정
③ 프로그램 제어   ④ 프로세스 제어

풀이
제어량의 종류에 의한 분류

항목	프로세스 제어	서보 제어(기구)	자동 조정 제어
특징	플랜트나 생산 공정 중의 상태량을 제어량으로 하는 제어	기계적 변위를 제어량으로 해서 목표값의 임의의 변화에 추종하도록 구성된 제어계	전기적, 기계적 양을 주로 제어하는 것으로서, 응답 속도가 대단히 빨라야 한다.
제어량의 종류	·온도 ·유량 ·압력 ·액위 ·농도 ·밀도 등	·물체의 위치 ·방위 ·자세 등	·전압 ·전류 ·주파수 ·회전 속도 ·힘 등

【답】①

13 500[W]의 전열기를 정격상태에서 1시간 사용할 때 발생하는 열량은 약 몇 [kcal]인가?

① 430   ② 520
③ 610   ④ 860

풀이
발열량 $Q = 0.24Pt$ [cal]
(여기서, P : 전력[W], t : 시간[sec])
따라서 매 시간 당의 발열량
$Q = 0.24Pt = 0.24 \times 500 \times 60 \times 60 \times 10^{-3}$
$= 432$ [kcal] 【답】①

14 동력 전달 효율이 78.4[%]인 권상기로 30[t]의 하중을 매분 4[m]의 속력으로 끌어 올리는데 필요한 동력은 약 몇 [kW]인가?

① 14   ② 18
③ 21   ④ 25

풀이
$$P = \frac{KWV}{6.12\eta} = \frac{30 \times 4}{6.12 \times 0.784} = 25 \text{ [kW]}$$
여기서, K : 손실계수 (여유계수), W : 중량(하중) [ton]
V : 권상속도 [m/min], η : 효율 【답】④

15 그림과 같은 배광곡선과 루소선도에서 반사갓이 없는 형광등의 루소선도는 어느 것인가?

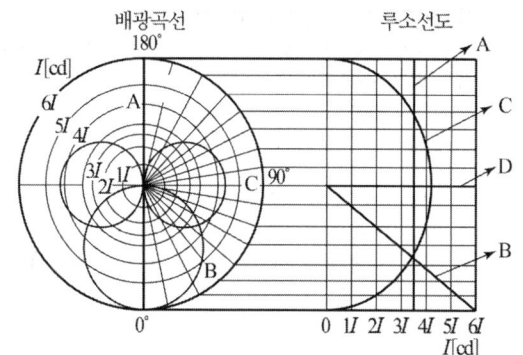

① A   ② B
③ C   ④ D

풀이

광원 성질	직선	원판	평면판	원통	구면	반구면
수직배광 곡선						
루소선도						

【답】③

16 3상 유도전동기의 기동방식이 아닌 것은?

① 직입기동   ② Y-△기동
③ 콘덴서기동   ④ 리액터기동

풀이

단상유도전동기 기동법
- 분상 기동형(저항 분상, 리액터 분상, 콘덴서 분상)
- **콘덴서 기동형**   · 콘덴서 운전형
- 반발 기동형   · 반발 유도형
- 셰이딩 코일형   · 모노사이클릭 기동형   【답】③

17 백색 LED의 발광 원리가 아닌 것은?

① GaN계 적색 LED와 청색 발광형광체를 조합한 형태
② GaN계 청색 LED와 황색 발광형광체를 조합한 형태
③ GaN계 자외선 LED와 적·녹·청색 발광의 혼합형광체를 조합한 형태
④ 3색(적·녹·청)의 개별 LED 칩을 1개의 패키지 안에 조합한 멀티칩 형태

풀이

백색 LED의 발광 원리
① GaN계 청색 LED를 광원으로 사용하여 황색 발광형광체를 여기 시킴으로써 백색을 구현
 : 제조단가가 저렴하고 발광 효율이 우수하다.
② GaN계 자외선 발광 LED를 광원으로 하여 삼원색 형광체를 여기 시켜 백색을 구현 : 연색성이 우수하다.
③ 빛의 삼원색(적, 녹, 청)을 내는 3개의 LED를 조합하여 백색을 구현 : 연색성이 우수하지만, 가격이 높다.   【답】①

18 2개의 곡선반경 중심이 선로에 대해 서로 반대 측에 위치하는 선로 곡선은?

① 단심곡선   ② 복심곡선
③ 반향곡선   ④ 완화곡선

풀이

① 단심곡선 : 원의 중심이 1개인 곡선
② 복심곡선 : 반경이 다른 원 2개의 중심이 동일한 축에 위치한 곡선
③ 반향곡선 : 두 개의 곡선 반경의 중심이 선로에 대해 서로 반대 측에 위치한 곡선
④ 완화곡선 : 직선부와 곡선부 사이에 설치하는 완만한 곡선

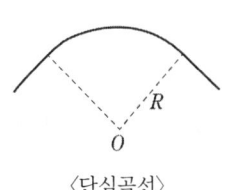
〈단심곡선〉

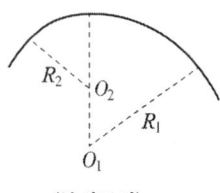
〈복심곡선〉

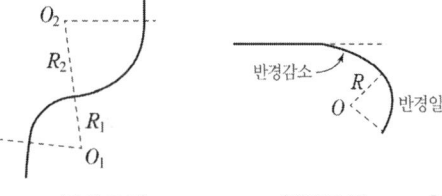
〈반향곡선〉   〈완화곡선〉   【답】③

19 광속 5500[lm]인 광원에서 4[m²]의 투명 유리를 일정 방향으로 조사(照射)하는 경우 그 유리 뒷면의 광속발산도 R[rlx] 및 휘도 B[nt]는 약 얼마인가?
(단, 투명 유리의 투과율은 80[%]이다.)

① $R=550$, $B=175$
② $R=1100$, $B=350$
③ $R=2200$, $B=700$
④ $R=4400$, $B=1400$

풀이

- 유리 뒷면에서 발산하는 광속
 $F' = \tau F = 0.8 \times 5500 = 4400$ [lm]
 (투명 유리의 투과율은 $\tau = 0.8$)
- 유리 뒷면의 광속발산도 R은
 $R = \dfrac{\tau F}{S} = \dfrac{4400}{4} = 1100$ [lm/m²] = 1100[rlx]
- $R = \pi B$ 에서 휘도 B는
 $B = \dfrac{R}{\pi} = \dfrac{1100}{3.14} = 350.32$ [cd/m²] = 350.32[nt]   【답】②

20 전기로에 사용되는 전극재료의 구비조건이 아닌 것은?

① 열전도율이 클 것
② 전기전도율이 클 것
③ 고온에 견디며 기계적 강도가 클 것
④ 피열물과 화학작용을 일으키지 않을 것

풀이

전극의 구비 조건
전기로가 고온으로 된 경우 전류를 공급하는 데는 내열성이 좋은 전극이 필요하며 일반적으로 탄소질의 전극이 많이 사용되며 구비 조건은 다음과 같다.
- 전기의 도전율이 클 것
- **열의 전도율이 적을 것**
- 고온에 견디고 고온에서의 기계적 강도가 클 것
- 피열물과 화학 작용을 일으키지 않을 것   【답】①

과년도 기출문제 2019년

4회 전기응용

01 조절부의 전달특성이 비례적인 특성을 가진 제어시스템으로서 조절부의 입력이 주어지고 그 결과로 조절부의 출력을 만들어 내는 동작은?
① 비례동작 ② 적분동작
③ 미분동작 ④ 불연속동작

[풀이]
비례 제어(P 동작)
피드백 경로 전달 특성이 비례적 특성만을 가지며, 속응성이 지연되고 잔류편차가 발생한다. 【답】①

02 열차의 차체 중량이 75[ton]이고 동륜상의 중량이 50[ton]인 기관차의 최대 견인력은 몇 [kg]인가? (단, 궤조의 점착계수는 0.3으로 한다.)
① 10000 ② 15000
③ 22500 ④ 1125000

[풀이]
최대 견인력 F_m [kg]은 다음과 같다.
$$F_m = 1000\mu W_a \text{ [kg]}$$
여기서, μ는 점착 계수, W_a는 차륜이 궤조(rail)면에 수직으로 누르는 중력[t], 즉 동륜상의 중량
$$\therefore F_m = 1000 \times 0.3 \times 50 = 15000 \text{[kg]}$$ 【답】②

03 고주파 유전가열의 용도로 적합하지 않은 것은?
① 목재의 접착
② 플라스틱 성형
③ 비닐의 접착
④ 금속의 열처리

[풀이]
유전가열과 유도가열의 비교

항목	유전 가열	유도 가열
원리	유전체손 이용	와류손 및 히스테리시스 손실 이용
적용	절연체(유전체)	금속(도체), 반도체
전원	교류 (직류 사용불가) 1~200 [MHz]	교류(직류 사용불가) 저주파 유도 가열 : 60 [Hz] 고주파 유도 가열 : 5~20 [kHz]

따라서, **금속의 열처리는 유전가열을 이용할 수 없다.** 【답】④

04 열 절연재료로 사용되는 내화물의 구비조건이 아닌 것은?
① 사용 온도에 견딜 것
② 열간 하중에 견딜 것
③ 급열, 급랭에 견딜 것
④ 내식성이 적을 것

[풀이]
내화물의 구비조건
① 고온에서 팽창, 수축이 적을 것
② 급열, 급랭에 견딜 것(스폴링 현상이 작을 것)
③ 사용온도에서 연화, 변형되지 않을 것
④ 사용 용도에 맞는 열전도율을 가질 것
⑤ 상온, 사용온도에서 충분한 압축강도가 있을 것
⑥ 내마멸성, **내침식성이 우수할 것** 【답】④

05 노 바닥의 하부전극은 탄소덩어리로 되어있으며 세로형이고, 선철, 페로알로이, 카바이트 등의 제조에 사용되는 전기로는?
① 제선로 ② 아크로
③ 유도로 ④ 지로식전기로

[풀이]
① 직접 가열식 저항로에는 흑연화로, 카보런덤로와 같은 가로형 노와 지로식 전기로와 같은 세로형 노가 있다.
② **지로식 전기로 : 노의 바닥이 전극(탄소덩어리)**인 소용량의 노 【답】④

06 흑체 복사의 최대 에너지의 파장 λ_m은 절대온도 T와 어떤 관계인가?
① T^4에 비례 ② $\dfrac{1}{T}$에 비례
③ $\dfrac{1}{T^2}$에 비례 ④ $\dfrac{1}{T^4}$에 비례

[풀이]
최대 스펙트럼 방사 발산도를 발생하는 파장은 빈의 변위 법칙에 의하여
$$\lambda_m T = 2,896 [\mu K]$$
$$\therefore \lambda_m \propto \frac{1}{T}$$ 【답】②

07 음극에 아연, 양극에 탄소봉, 전해액은 염화암모늄을 사용하는 1차 전지는?

① 수은전지 ② 리튬전지
③ 망간건전지 ④ 알칼리건전지

풀이
망간 건전지
- 양극 : 탄소봉   • 전해액 : 염화암모늄(NH_4Cl)
- 음극 : 아연판   • 감극제 : 이산화망간(MnO_2)   【답】③

08 전철의 급전선의 구간은?

① 전동기에서 레일까지
② 변전소에서 트롤리선까지
③ 트롤리선에서 집전장치까지
④ 집전장치에서 주전동기까지

풀이
- 급전선 : 변전소에서 트롤리선에 전력을 공급하는 선
- 트롤리선 : 궤도면 위에 일정한 높이로 가설되어 전기차의 전동기에 전기를 공급하기 위한 전선   【답】②

09 다음 회로에서 입력전압 e_i[V]와 출력전압 e_o[V] 사이의 전달함수 $G(s)$는?

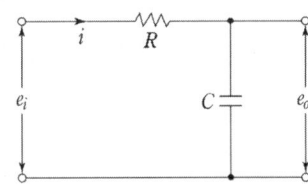

① $1 + \dfrac{R}{Cs}$ ② $1 + \dfrac{1}{Rs}$
③ $\dfrac{1}{RCs+1}$ ④ $\dfrac{1}{RCs^2+1}$

풀이
$$e_i(t) = Ri(t) + \frac{1}{C}\int i(t)dt$$
$$e_o(t) = \frac{1}{C}\int i(t)dt$$
초기 조건을 0으로 하고 라플라스 변환하면
$$E_i(s) = RI(s) + \frac{1}{Cs}I(s), \quad E_o(s) = \frac{1}{Cs}I(s)$$
$$\therefore G(s) = \frac{E_o(s)}{E_i(s)} = \frac{\frac{1}{Cs}}{R + \frac{1}{Cs}} = \frac{1}{RCs+1}$$
【답】③

10 평등전계에서 기체의 온도가 일정한 경우, 방전 개시전압은 기체의 압력과 전극간격의 곱의 함수로 결정된다. 이것을 표현한 법칙은?

① 파센의 법칙 ② 스토크의 법칙
③ 플랑크의 법칙 ④ 스테판 볼츠만의 법칙

풀이
방전 개시 전압은 방전관 내의 압력과 전극간 간격의 곱에 비례한다. 이 관계를 **파센(Paschen)의 법칙**이라 한다.
즉, $V \propto$ **압력 × 전극간의 간격**   【답】①

11 교류 3상 직권 정류자 전동기는 다음에 분류하는 전동기 중 어디에 속하는가?

① 정속도 전동기 ② 다속도 전동기
③ 변속도 전동기 ④ 가감속도 전동기

풀이
3상 직권 정류자 전동기의 특성
① 속도-토크 특성은 직권성의 변속도 특성을 갖고 있다.
② 토크는 거의 전류의 제곱에 비례하며 기동 토크가 매우 크다.
③ 효율은 저속에서는 나쁘나 동기속도 근처에서 가장 좋지만 3상 유도 전동기에 비하면 뒤진다.
④ 역률은 저속에서 좋지 않으나 동기속도 근처나 그 이상에서는 매우 양호하며 거의 100[%] 정도이다.   【답】③

12 기체 또는 금속 증기 내의 방전에 따른 발광현상을 이용한 것으로 수은등, 네온관등에 이용된 루미네선스는?

① 열 루미네선스 ② 결정 루미네선스
③ 화학 루미네선스 ④ 전기 루미네선스

풀이

이 름	작용 원인	실제 예시
복사 루미네선스	자외선, X선 등의 조사	형광판, 야광 도료, 형광 방전등
전기 루미네선스	**기체 중의 방전**	방전등, 극광
파이로 루미네선스	불꽃 속의 기체의 발광	발염 방전등, 불꽃 반응
열 루미네선스	고온에 의한 흑체보다 강한 선택 복사	네른스트등
음극선 루미네선스	음극선	브라운관, 텔레비전 영상
화학 루미네선스	화학 변화, 특히 산화	황인의 완만한 산화
생물 루미네선스	특수 산화	반딧불, 야광 벌레, 오징어

【답】④

13 200[W]는 약 몇 [cal/s]인가?

① 0.24
② 0.86
③ 47.8
④ 71.7

[풀이]
1[W] = 1[J/sec] 이므로
$200[W] = 200[J/sec] = \dfrac{200}{4.1858}[cal/sec] = 47.78[cal/sec]$
($\because 1[J] = \dfrac{1}{4.1858}[cal]$) 【답】③

14 모든 방향으로 360[cd]의 광도를 갖는 전등을 직경 2[m]의 원형 탁자의 중심에서 수직으로 3[m] 위에 점등하였다. 이 원형 탁자의 평균 조도는 약 몇 [lx]인가?

① 37
② 126
③ 144
④ 180

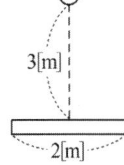

[풀이]
$E = \dfrac{F}{S} = \dfrac{2\pi(1-\cos\theta)I}{\pi r^2} = \dfrac{2}{1^2}\left(1 - \dfrac{3}{\sqrt{1^2+3^2}}\right) \times 360$
$= 36.95 [lx]$ 【답】①

15 열전온도계에 사용되는 열전대의 조합은?

① 백금-철
② 아연-백금
③ 구리-콘스탄탄
④ 아연-콘스탄탄

[풀이]
열전대의 조합
• 백금-백금로듐
• 알루멜-크로멜
• 콘스탄탄-철
• 콘스탄탄-동 【답】③

16 전기화학 공업에서 직류전원으로 요구되는 사항이 아닌 것은?

① 일정한 전류로서 연속운전에 견딜 것
② 효율이 높을 것
③ 고전압 저전류일 것
④ 전압조정이 가능할 것

[풀이]
전기 화학용 직류 전원의 요구 사항
① **저전압 대전류일 것**
② 효율이 높을 것
③ 전압조정이 가능할 것
④ 정전류로써 연속운전에 견딜 것
⑤ 시설비가 저렴하고, 신뢰성이 높을 것
⑥ 보수, 운전, 취급이 간단할 것 【답】③

17 PN 접합 다이오드에서 Cut-in Voltage란?

① 순방향에서 전류가 현저히 증가하기 시작하는 전압
② 순방향에서 전류가 현저히 감소하기 시작하는 전압
③ 역방향에서 전류가 현저히 감소하기 시작하는 전압
④ 역방향에서 전류가 현저히 증가하기 시작하는 전압

[풀이]
다이오드를 획기적으로 도통(**순방향 전류가 현저히 증가**)시키는 데 필요한 전압을 다이오드의 **턴온**(turn-on) 또는 **컷 인**(cut-in) **voltage** 라 부른다. 【답】①

18 직류전동기의 속도제어법 중 가장 효율이 낮은 것은?

① 전압제어
② 저항제어
③ 계자제어
④ 워드 레오너드 제어

[풀이]
직류 전동기의 속도 제어법 비교

구 분	제어 특성	특 징
계자 제어법	•정출력 제어	•속도 제어 범위가 좁다.
전압 제어법	•정토크 제어 -워드 레오나드 방식 -일그너 방식	•제어 범위가 넓다. •손실이 매우 적다. •정역 운전이 가능 •설비비가 많이 든다.
직렬 저항법		•**효율이 나쁘다.**

【답】②

19 200[V]의 단상 교류 전압을 반파 정류하였을 경우, 직류 출력전압의 평균값[V]은?

① 90　　　　　　② 110
③ 180　　　　　　④ 200

풀이
반파 정류이므로
$E_d = 0.45\,V = 0.45 \times 200 = 90[\text{V}]$ 　　【답】①

20 루소선도에서 광원의 전광속 F의 식은? (단, F : 전광속, R : 반지름, S : 루소선도의 면적이다.)

① $F = \dfrac{\pi}{R} \times S$　　② $F = \dfrac{2\pi}{R} \times S$

③ $F = \dfrac{\pi}{R^2} \times S$　　④ $F = \dfrac{2\pi}{R} \times S^2$

풀이
루소선도에서의 총 광속

- 총 광속 $F = \dfrac{2\pi}{R} \times S$ (루소선도의 면적) [lm]

- 하반구 광속 $F_1 = \dfrac{2\pi}{R} \times$ (루소 그림의 0°~90° 사이의 면적)[lm]

- 상반구 광속 $F_2 = \dfrac{2\pi}{R} \times$ (루소 그림의 90°~180° 사이의 면적) [lm]　　【답】②

2020년 기출문제

| 1,2회 | 전기응용 |

01 회전축에 대한 관성모멘트가 150[kg·m²]인 회전체의 플라이휠 효과(GD^2)는 몇 [kg·m²]인가?
① 450   ② 600
③ 900   ④ 1000

풀이
$J = \dfrac{1}{4}GD^2$ [kg·m²]
∴ $GD^2 = 4 \times J = 4 \times 150 = 600$ [kg·m²]   【답】②

02 전기철도의 교류 급전방식 중 AT 급전방식은 어떤 변압기를 사용하여 급전하는 방식을 말하는가?
① 단권변압기   ② 흡상변압기
③ 스코트변압기   ④ 3권선변압기

풀이 단권변압기(AT : Auto Transformer)방식
권선비 1:1인 단권 변압기를 급전선과 전차선 사이에 병렬로 설치 접속하고 변압기 권선의 중성점을 레일에 접속하는 방식
【답】①

03 오픈루프 제어계와 비교하여 폐루프 제어계를 구성하기 위해 반드시 필요한 장치는?
① 응답속도를 빠르게 하는 장치
② 안정도를 좋게 하는 장치
③ 입·출력 비교장치
④ 고주파 발생장치

풀이 입력과 출력을 비교하여 오차를 자동적으로 정정하게 하는 자동 제어 방식을 피드백 제어(폐루프 제어)라 한다. 따라서, **피드백 제어계에서 가장 중요한 장치는 입력과 출력을 비교하는 장치**이다.   【답】③

04 시속 45[km/h]의 열차가 곡률 반지름 1000[m]인 곡선궤도를 주행할 때 고도(cant)는 약 몇 [mm]인가? (단, 궤간은 1067[mm] 이다.)
① 10   ② 13
③ 17   ④ 20

풀이
고도 $h = \dfrac{GV^2}{127R}$
여기서, h : 켄트(고도)[mm], G : 궤간[mm],
R : 곡선 반지름[m], V : 열차속도[km/h] 이다.
∴ $h = \dfrac{GV^2}{127R} = \dfrac{1067 \times 45^2}{127 \times 1000} = 17.01$ [mm]   【답】③

05 다음 중 유도가열은 어떤 것을 이용한 것인가?
① 복사열   ② 아크열
③ 와전류손   ④ 유전체손

풀이
유도가열은 교번자계 중에 있는 도전성 물질에서 발생하는 **철손(와류손과 히스테리시스손)에 의한 발열**을 이용하는 것으로
• 표면가열 (표면담금질, 금속의 표면처리, 국부가열)
• 반도체 정련 (단결정 제조)
에 이용된다.   【답】③

06 전동기 운전 시 발생하는 진동 중 전자력적인 원인에 의한 것은?
① 회전자의 정적 및 동적 불균형
② 베어링의 불균형
③ 상대기계와의 연결 불량 및 설치 불량
④ 회전 시 공극의 변동

풀이 원인 별 전동기 소음
① 기계적 소음
 • 기계적 불평형이나 연결 및 설치의 불완전으로 인한 진동
 • 브러시 습동에 의한 마찰 및 축받이의 구르는 소리
② 통풍 소음 : 회전자의 회전, 냉각팬 및 통풍 덕트 등에서의 바람에 의한 통풍소음

③ **전자기적 소음** : 자속의 맥동이나 **전자력의 편심에 의해 회전 시 공극의 변동**에 의한 진동 【답】 ④

07 점광원으로부터 원뿔의 밑면까지의 거리가 4[m]이고, 밑면의 반경이 3[m]인 원형면의 평균조도가 100[lx]라면, 이 점광원의 평균광도[cd]는?

① 225
② 250
③ 2250
④ 2500

풀이

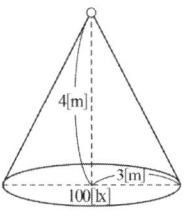

$E = \dfrac{F}{S} = \dfrac{\omega I}{\pi r^2} = \dfrac{2\pi(1-\cos\alpha)I}{\pi r^2}$

$E = \dfrac{2I(1-\cos\alpha)}{r^2}$, $E = 100\,[\text{lx}]$

$\cos\alpha = \dfrac{4}{\sqrt{4^2+3^2}} = 0.8$,

$r = 3\,[\text{m}]$이므로

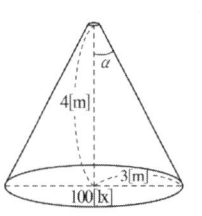

$100 = \dfrac{2I\left(1-\dfrac{4}{5}\right)}{3^2}$

$\therefore I = \dfrac{900}{0.4} = 2250\,[\text{cd}]$ 【답】 ③

08 다음 중 적외선의 기능은?

① 살균작용   ② 온열작용
③ 발광작용   ④ 표백작용

풀이
적외선을 열선이라고 하는데 대응하여 **자외선은 화학작용이 강하므로 화학선**이라 하기도 한다.
즉, 적외선이 건조에 사용되는 반면 자외선은 살균, 유기물 분해 및 소독 등에 사용되고 건조에는 사용되지 않는다. 【답】②

09 다음 중 전기화학 당량의 단위는?

① C/g   ② g/C
③ g/k   ④ Ω/m

풀이 패러데이 법칙
전기분해에 의해 석출되는 물질의 양은 전해액을 통과하는 총 전기량에 비례하고 또 물질의 화학당량에 비례한다.

$W = KQ\,[\text{g}]$

∴ 화학당량 $K = \dfrac{W\,[\text{g}]}{Q\,[\text{C}]}$ 이 된다.

여기서, W : 석출되는 물질의 양 [g]

K : 화학당량 [g/C]
Q : 통과한 전기량 $(Q=It)$[C] 【답】②

10 제너다이오드에 관한 설명 중 틀린 것은?

① 정전압 소자이다.
② 전압 조정기에 사용된다.
③ 인가되는 전압의 크기에 따라 전류방향이 달라진다.
④ 제너 항복이 발생되면 전압은 거의 일정하게 유지되나 전류는 급격하게 증가한다.

풀이
제너 다이오드는 정전압 소자로서 정(+), 부(-)의 온도 계수를 갖는다. 즉, 전압의 크기가 변하면 **전류 크기는 변화하지만 방향은 변하지 않는다**. 【답】③

11 반도체 소자의 종류 중에서 게이트에 의한 턴온을 이용하지 않는 소자는?

① SSS   ② SCR
③ GTO   ④ SCS

풀이 SSS(Silicon Symmetrical Switch)의 특징
① 양방향성 소자이다.
② 전극은 2단자로 npnpn의 5층으로 되어 있다.
③ SCR을 역병렬로 2개 접속한 것과 같은 특성을 갖는다.
④ SCR과 달리 제어 **게이트 전극이 없는 구조**로 게이트에 의한 **턴온을 할 수 없다.** 【답】①

12 다음 중 열전대의 조합이 아닌 것은?

① 크롬-콘스탄탄
② 구리-콘스탄탄
③ 철-콘스탄탄
④ 크로멜-알루멜

풀이 열전대의 종류와 측정 범위

열전대	사용 범위 [℃]	사용한도[℃]	
		연속	1회 사용
백금-백금로듐	0~1400	1400	1600
크로멜-알루멜	-200~1000	1000	1100
철-콘스탄탄	-200~700	700	900
구리-콘스탄탄	-200~400	400	600

【답】①

과년도 기출문제 2020년

13 방전용접 중 불활성 가스용접에 쓰이는 불활성 가스는?
① 아르곤   ② 수소
③ 산소   ④ 질소

[풀이]
불활성 가스 용접은 용접용 전극의 주위에서 **아르곤이나 헬륨**을 분출시켜서 아크 부분을 공기로부터 차단하고 용제(flux)를 전혀 사용하지 않고 용접하는 방법이다. 알루미늄이나 마그네슘의 용접뿐만 아니라 스테인리스강, 동, 동합금 기타 이종 금속의 용접에도 적당하다.

【답】①

14 기계적 변위를 제어량으로 하는 기기로서 추적용 레이더 등에 응용되는 것은?
① 서보기구   ② 자동 조정
③ 프로세스 제어   ④ 프로그램 제어

[풀이] 제어량의 종류에 의한 분류

항 목	프로세스 제어	서보 제어	자동 조정 제어
특 징	플랜트나 생산 공정 중의 상태량을 제어량으로 하는 제어	**기계적 변위**를 제어량으로 해서 목표값의 임의의 변화에 추종하도록 구성된 제어계	전기적, 기계적 양을 주로 제어하는 것으로서, 응답 속도가 대단히 빨라야 한다.
제어량의 종류	・온도 ・유량 ・압력 ・액위 ・농도 ・밀도 등	・물체의 위치 ・방위 ・자세 등	・전압 ・전류 ・주파수 ・회전 속도 ・힘 등

【답】①

15 금속을 양극으로 하고 음극은 불용성의 탄소 전극을 사용한 다음, 전기 분해하면 금속 표면의 돌기 부분이 다른 표면 부분에 비해 선택적으로 용해되어 평활하게 되는 것은?
① 전주   ② 전기 도금
③ 전해 정련   ④ 전해 연마

[풀이]
① 전주 : 전기 주조라고 하며 공예품의 복제, 활자 인쇄용 원판, 레코드 원판 제조 등에 이용된다.
② 전기도금 : 도금하고자 하는 금속을 양극, 도금되는 금속을 음극으로 하고 도금하고자 하는 금속이온을 함유한 수용액 중에서 전기분해하여, 음극으로 금속을 석출시키는 것이다.
③ 전해정련 : 전기분해를 이용하여 순수한 금속만을 음극에서 석출하여 정제하는 것으로 구리, 주석, 금, 은, 니켈, 안티몬 등을 제조할 수 있다.

④ 전해 연마 : 금속을 양극으로 한 후 적당한 전해액 중에서 단시간 전류를 통하면 **금속표면의 돌기 부분만이 먼저 분해되어 거울과 같은 표면을 얻는 방법**

【답】④

16 전기회로와 열회로의 대응관계로 틀린 것은?
① 전류−열류   ② 전압−열량
③ 도전율−열전도율   ④ 정전용량−열용량

[풀이]

전기	**전압**	전기량	전류	도전율	저항	정전용량
열	**온도차**	열량	열류	열전도율	열저항	열용량

【답】②

17 가로조명, 도로조명 등에 사용되는 저압 나트륨 등의 설명으로 틀린 것은?
① 효율은 높고 연색성은 나쁘다.
② 등황색의 단일 광색이다.
③ 냉음극이 설치된 발광관과 외관으로 되어 있다.
④ 나트륨의 포화 증기압은 0.004[mmHg] 이다.

[풀이]
• **나트륨등**은 나트륨 증기 중의 방전을 이용한 것으로 **열음극이 설치된 2중관 구조**로서 발광관의 온도가 270[℃]에 도달 했을 때 발광 효율이 최대가 되며 발광관이 최적의 온도를 유지하기 위하여 외기와 열적으로 절연 하여야 한다.
• 분광 분포는 D선이라 불리는 5890∼5896[Å](=589[nm])의 황색선이 대부분(76[%])을 차지한다.
• 점등 초기의 특성으로 램프의 전압은 혼입된 미량의 네온 가스가 방전함에 따라 상승하나 약 10여분 후에는 안정된다.
• 인공 광원 중 최대 발광 효율(80∼150[lm/W])을 나타낸다.
• 단색광으로 연색성이 대단히 나빠 실내조명으로는 부족하다.
• 투과력이 양호하여 강변 도로 등, 안개지역 가로등, 광학시험에 사용된다.

【답】③

18 광질과 특색이 고휘도이고 배광제어가 용이하며 흑화가 거의 일어나지 않는 램프는?
① 수은램프   ② 형광램프
③ 크세논램프   ④ 할로겐램프

[풀이] 할로겐 전구의 특징
• 동정 곡선이 극히 완만하여 수명 및 광속의 변화가 거의 없다.
• 별도의 점등장치가 필요하지 않다.
• 연색성이 좋다.
• 배광제어가 용이하다.
• 초소형, 경량의 전구(백열전구의 1/10 이상 소형화 가능)

- 온도가 높다. (할로겐 전구의 베이스로 세라믹 사용)
- 휘도가 높다.
- **흑화가 거의 발생하지 않는다.**
- 수명이 백열전구에 비하여 2배로 길다. 【답】 ④

19 목재의 건조, 베니어판 등의 합판에서의 접착 건조, 약품의 건조 등에 적합한 전기 건조 방식은?

① 아크 건조 ② 고주파 건조
③ 적외선 건조 ④ 자외선 건조

풀이 **고주파 가열**은 유도 가열과 유전 가열이 있다.
- **유전 가열** : 유전체에서 발생되는 유전체손을 이용한 것으로 **목재의 건조, 목재의 접착, 합성수지의 가열성형, 고무의 유화** 등에 사용된다.
- **유도 가열** : 도전성 물질(금속)에서 발생하는 와류손과 히스테리시스손에 의한 발열 이용 【답】 ②

20 반사율 70[%]의 완전확산성 종이를 100[lx]의 조도로 비추었을 때 종이의 휘도[cd/m²]는 약 얼마인가?

① 50 ② 45
③ 32 ④ 22

풀이 완전 확산면의 조도를 E, 광속 발산도를 R, 반사율을 ρ, 휘도를 B 라 하면
$R = \pi B = \rho E$ 의 관계가 있으므로
$\therefore B = \dfrac{\rho E}{\pi} = \dfrac{0.7 \times 100}{\pi} = 22.28 [\text{cd/m}^2]$ 【답】 ④

3회   전기응용

01 목재건조에 적합한 가열 방식은?

① 저항가열 ② 적외선 가열
③ 유전가열 ④ 유도가열

풀이
- **유전 가열** : 유전체에서 발생되는 유전체손을 이용한 것으로 **목재의 건조, 목재의 접착, 합성수지의 가열성형, 고무의 유화** 등에 사용된다.
- **유도 가열** : 도전성 물질(금속)에서 발생하는 와류손과 히스테리시스손에 의한 발열 이용 【답】 ③

02 망간건전지에서 분극작용에 의한 전압강하를 방지하기 위하여 사용되는 감극제는?

① O_2 ② HgO
③ MnO_2 ④ $H_2Cr_2O_7$

풀이

전지명	정극물질(감극제)	전해질	부극물질(부극)	용도
망간건전지(보통전지)	MnO_2	NH_4Cl	Zn	통신용, 전등용
알칼리·망간건전지	MnO_2	KOH	Zn	망간건전지보다 중부하용
산화은 전지	AgO_2	KOH 또는 NaOH	Zn	시계
공기전지	O_2	KOH	Zn	보청기
수은전지	HgO	KOH 또는 NaOH	Zn	시계, 와이어레스마이크
2산화망간·리튬전지	MnO_2	유기전해질	Li	IC 카드, 전자수첩

【답】 ③

03 평균구면광도가 780[cd]인 전구로부터 발산하는 전광속[lm]은 약 얼마인가?

① 9800 ② 8600
③ 7000 ④ 6300

풀이 구광원(태양이나 백열 등)의 전광속 : $F = 4\pi I$
$\therefore F = 4\pi I = 4\pi \times 780 = 9801.77 [\text{lm}]$ 【답】 ①

04 다음 전기로 중 열효율이 가장 좋은 것은?

① 저주파 유도로 ② 흑연화로
③ 고압아크로 ④ 카보런덤로

풀이
- 직접식이 간접식보다는 열효율이 높고 저항로, 아크로, 유도로 중에서 **저항로가 가장 효율이 높다.**
- **직접식 저항로** : 카바이드로, **카보런덤로, 흑연화로**, 유리용융로, 알루미늄전해로 【답】 ④

05 사람이 눈부심을 느끼는 한계 휘도[cd/m²]는?

① 0.5×10^4 ② 5×10^4
③ 50×10^4 ④ 500×10^4

풀이
사람이 눈부심을 느끼는 한계는 대체적으로 0.5[cd/cm²]= 0.5×10^4 [cd/m²] 이다. 【답】①

06 조도 E[lx]에 대한 설명으로 옳은 것은?
① 광도에 비례하고 거리에 반비례 한다.
② 광도에 반비례하고 거리에 비례 한다.
③ 광도에 비례하고 거리의 제곱에 반비례 한다.
④ 광도의 제곱에 반비례하고 거리에 비례 한다.

풀이
① 조도 E : 단위면적에 입사되는 빛의 양을 조도라 한다.
$$E = \frac{F}{S}[\text{lx}]$$
단, S : 단위 면적 [m²], F : 입사하는 광속 [lm]
조도에 관한 거리 역제곱의 법칙
② 광도 I[cd]인 균등 점광원으로부터 r[m] 떨어진 구면위의 조도는 모두 동일하므로
$$\text{조도 } E = \frac{F}{S} = \frac{4\pi I}{4\pi r^2} = \frac{I}{r^2}[\text{lx}]$$
③ **조도 E는 광도 I에 비례하고 거리 r의 제곱에 반비례**한다. 【답】③

07 전차를 시속 100[km]로 운전하려할 때 전동기의 출력[kW]은 약 얼마인가? (단, 차륜상의 견인력은 400[kg] 이다.)
① 95   ② 100
③ 109 ④ 121

풀이
전동기 용량 $P = \dfrac{FV}{367N\eta}$[kW]
여기서, F : 견인력 [kg], V : 속도 [km/h]
N : 전동기 대수, η : 치차효율
∴ 전동기의 출력 $P = \dfrac{FV}{367} = \dfrac{400 \times 100}{367} = 108.99$[kW] 【답】③

08 전기도금에 의해 원형과 같은 모양의 복제품을 만드는 것은?
① 용융염 전해   ② 전주
③ 전해정련   ④ 전해연마

풀이
전주 : 전기도금을 계속하여 두꺼운 금속 층을 만든 후 **원형**을 떼어서 그대로 복제하는 방법 【답】②

09 제어요소가 제어대상에 주는 양은?
① 제어량   ② 조작량
③ 동작신호 ④ 되먹임 신호

풀이 자동제어계의 구성

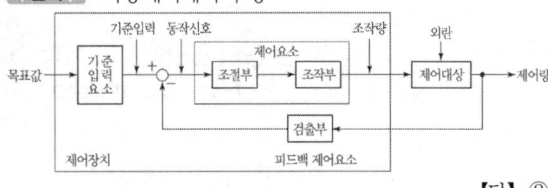

【답】②

10 루소 선도가 그림과 같이 표시되는 광원의 전광속 [lm]은 약 얼마인가?
① 314
② 628
③ 942
④ 1256

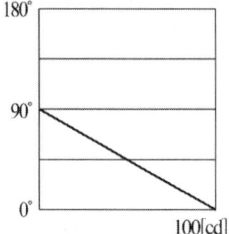

풀이
• 루소 선도에서 광원의 광속 F와 면적 S 사이에는
$$F = \frac{2\pi}{r}S[\text{lm}]$$
(여기서, S : 루소선도의 0°~90° 사이의 면적이다.)
• 그림과 같은 루소선도에서 가로 I_o, 세로 r라고 하면
면적 $S = \dfrac{1}{2}rI_o$
• 광원의 전광속 F는
$$F = \frac{2\pi}{r}S = \frac{2\pi}{r} \times \frac{1}{2}rI_o = \pi I_o = \pi \times 100 = 314[\text{lm}]$$
【답】①

11 초음파 용접의 특징으로 틀린 것은?
① 전기저항 용접에 비해 표면의 전처리가 간단하다.
② 가열을 필요로 하지 않는다.
③ 냉간 압접 등에 비하여 접합부 표면의 변형이 적다.
④ 고체상태에서의 용접이므로 열적 영향이 크다.

풀이 초음파 용접의 특징
• 초음파 진동에 의하여 표면의 산화피막이나 흡착층이 파괴되므로 냉간압접이나 전기저항용접에 비하여 표면의 전 처리는 간단해 진다.

- 냉간압접 등에 비하여 가압 하중이 적으므로 변형이 적다.
- 가열이 필요하지 않다.
- **고체상태에서의 용접이므로 열적 영향이 적다.**
- 이종금속의 용접이 가능하다.   【답】④

12 40[t]의 전차가 40/1000의 구배를 올라가는데 필요한 견인력[kg]은? (단, 열차저항은 무시한다.)

① 1000   ② 1200
③ 1400   ④ 1600

풀이

경사(구배) : $\tan\theta$ (구배가 적을 때는 $\tan\theta \simeq \sin\theta$로 해도 된다)

$\therefore$ 견인력 $= W\sin\theta \simeq W\tan\theta = 40\times 10^3 \times \dfrac{40}{1000} = 1600[\text{kg}]$

【답】④

13 트랜지스터 정합온도(T_j)의 최대 정격값이 75[℃], 주위온도(T_a)가 35[℃]이다. 컬렉터 손실 P_c의 최대 정격값을 10[W]라고 할 때 열저항[℃/W]은?

① 40   ② 4
③ 2.5   ④ 0.2

풀이

열저항 $R = \dfrac{T_j - T_a}{P_c} = \dfrac{75-35}{10} = 4[\text{℃/W}]$

【답】②

14 열차의 자중이 120[t]이고, 동륜상의 중량이 90[t]인 기관차의 최대 견인력[kg]은? (단, 레일의 점착계수는 0.2로 한다.)

① 1800   ② 2160
③ 18000   ④ 21600

풀이

$F = 1,000\mu W_0 = 1,000 \times 0.2 \times 90 = 18,000[\text{kg}]$

여기서, F : 견인력[kg], μ : 점착계수,
W_0 : 동륜상 중량[ton] (자중이 아님)

【답】③

15 평행평판 전극 사이에 유전체인 피열물을 삽입하고 고주파 전계를 인가하면 피열물 내 유전체손이 발생하여 가열되는 방식은?

① 저항가열   ② 유도가열
③ 유전가열   ④ 원자수소가열

풀이 유전 가열과 유도 가열의 비교

항목	유전 가열	유도 가열
원리	유전체손 이용	와류손 및 히스테리시스 손실 이용
적용	절연체(유전체)	금속(도체), 반도체
전원	교류 (직류 사용불가) 1~200 [MHz]	교류(직류 사용불가) 저주파 유도 가열 : 60 [Hz] 고주파 유도 가열 : 5~20 [kHz]

【답】③

16 열전도율을 표시하는 단위는?

① J/℃   ② ℃/W
③ W/m · ℃   ④ m · ℃/W

풀이 열 회로와 전기회로의 대응관계

열회로	전기회로
온도차 θ[℃]	전위차 V[V]
열 류 I[W]	전 류 I[A]
열저항 R[℃/W]	전기저항 R[Ω]
열전도율 λ[W/m·℃]	도전율 σ[℧/m]
열저항률 ρ[m·℃/W]	저항률 ρ[Ω·m]
열 량 Q[J]	전기량 Q[C]
열용량 C[J/℃]	정전용량 C[F]

【답】③

17 권상하중 10[t], 매분 24[m/min]의 속도로 물체를 올리는 권상용 전동기의 용량[kW]은 약 얼마인가? (단, 전동기를 포함한 기중기의 효율은 65[%]이다.)

① 41   ② 73
③ 60   ④ 97

풀이

$P = \dfrac{KWV}{6.12\eta}$ [kW]에서

여기서, K : 손실계수 (여유계수), W : 권상하중 [ton]
V : 권상속도 [m/min], η : 효율

전동기 용량 $P = \dfrac{10 \times 24}{6.12 \times 0.65} = 60.33[\text{kW}]$

【답】③

18 리드 스위치(reed switch)의 특성이 아닌 것은?

① 회로 구성이 복잡하다.
② 사용 온도 범위가 넓다.
③ 내전압 특성이 우수하다.
④ 소형, 경량이다.

과년도 기출문제 2020년

풀이
유리 튜브 속에 자성체가 되는 가동접점이 봉입되어 있는 구조로서 이것에 자석을 접근시킴으로써 유리 튜브 내의 접점은 ON(구조에 따라 OFF도 가능)이 되는 구조이다.
동작시간이 짧고, 회로 구성이 간단하고, 소형경량으로 환경에 영향을 미치지 않기 때문에 공업용에 많이 이용된다. 【답】①

19 적분 요소의 전달함수는?
① K
② Ts
③ $\dfrac{1}{Ts}$
④ $\dfrac{K}{1+Ts}$

풀이
- 비례 요소 : K
- 미분 요소 : Ts
- 적분 요소 : $\dfrac{1}{Ts}$
- 1차 지연 요소 : $\dfrac{K}{1+Ts}$

【답】③

20 반사율 60[%], 흡수율 20[%]인 물체에 1000[lm]의 빛을 비추었을 때 투과되는 광속[lm]은?
① 100
② 200
③ 300
④ 400

풀이
$\rho+\tau+\alpha=1$ 이므로
(여기서 τ : 투과율, ρ : 반사율, α : 흡수율)
$\tau=1-\rho-\alpha=1-0.6-0.2=0.2$
따라서, 투과광속 $F_\tau=\tau F=0.2\times 1000=200[\text{lm}]$ 【답】②

4회 전기응용

01 다음 사이리스터 중 2단자 양방향 소자는?
① SCR
② LASCR
③ TRIAC
④ DIAC

풀이 각 종 반도체 소자의 비교
① 방향성
- 양방향성(쌍방향성) 소자 : DIAC, TRIAC, SSS
- 역저지(단방향성) 소자 : SCR, LASCR, GTO

② 극(단자) 수
- 2극(단자) 소자 : DIAC, SSS, Diode
- 3극(단자) 소자 : SCR, LASCR, GTO, TRIAC
- 4극(단자) 소자 : SCS

【답】④

02 다음 중 금속의 이온화 경향이 가장 큰 것은?
① Ag
② Pb
③ Na
④ Sn

풀이
이온화 경향이란 원자 또는 분자가 이온이 되려고 하는 경향으로, 쉽게 이온화되는 것을 이온화경향이 크며 산화되기 쉽다고 말한다.
이온화 경향이 큰 순서로는
K > Ba > Ca > Na > Mg > Al > Mn > Fe > Ni > Sn > Pb > Cu > Hg > Ag > Pt > Au 순이다. 【답】③

03 가로 10[m], 세로 20[m], 천정의 높이가 5[m]인 방에 완전 확산성 FL-40D 형광등 24등을 점등하였다. 조명률 0.5, 감광 보상률 1.5일 때 이 방의 평균 조도는 몇 [lx]인가? (단, 형광등의 축과 수직 방향의 광도는 300[cd]이다.)
① 38
② 118
③ 150
④ 177

풀이
원통 광원 수직 방향의 광도를 I_0, 전광속을 F 라고 하면
$F=\pi^2 I_0=\pi^2\times 300=2960.88[\text{lm}]$
∴ 평균 조도 $E=\dfrac{FUN}{AD}=\dfrac{2960.88\times 0.5\times 24}{10\times 20\times 1.5}=118.44[\text{lx}]$
여기서 U : 조명률, N : 광원의 수, A : 면적, D : 감광 보상률 【답】②

04 광원 중 루미네선스(luminescence)에 의한 발광 현상을 이용하지 않는 것은?
① 형광 램프
② 수은 램프
③ 네온 램프
④ 할로겐 램프

풀이
- 루미네선스 : 물체의 온도를 높여서 발광시키는 온도복사 이외의 모든 발광을 루미네선스라 한다.
- 백열 전구나 **할로겐 전구는 온도 복사**를 이용한 광원이다.

【답】④

05 우리나라에서 운행되고 있는 표준궤간은 몇 [mm]인가?
① 1067
② 1372
③ 1435
④ 1524

[풀이]
궤간 : 양 궤조 두부 내측간의 최단거리를 말한다.

- **표준 궤간** : 궤간이 1435 [mm]인 철도
- **광궤간** : 궤간이 1435 [mm]보다 넓은 철도
- **협궤간** : 궤간이 1435 [mm]보다 좁은 철도 【답】③

06 기중기 등으로 물건을 내릴 때 또는 전차가 언덕을 내려가는 경우 전동기가 갖는 운동에너지를 전기에너지로 변환하고, 이것을 전원에 반환하면서 속도를 점차로 감속시키는 제동법은?

① 발전제동 ② 회생제동
③ 역상제동 ④ 와류제동

[풀이]
- **발전 제동** : 전동기를 발전기로 동작시켜 회전 운동 에너지로서 **발생되는 전력을 그 단자에 접속한 저항에서 열로 소비**시키는 제동 방법이다.
- **회생 제동** : 전동기를 발전기로 동작시켜 **회전 운동 에너지로 발생되는 전력을 전원측에 반환**하면서 제동하는 방식이다. 【답】②

07 $1.2[l]$의 물을 $15[℃]$에서 $75[℃]$까지 10분간 가열시킬 때 전열기의 용량[W]은? (단, 효율은 70[%]이다.)

① 720 ② 795
③ 856 ④ 942

[풀이]
$$P = \frac{MC(T_2 - T_1)}{860 t \eta} = \frac{1.2 \times 1 \times (75-15)}{860 \times \frac{1}{6} \times 0.7}$$
$$= 0.72 [kW] = 720 [W] \quad (\because 10[min] = \frac{1}{6}[h]) \quad 【답】①$$

08 진공 텅스텐 전구에 사용되는 게터는?

① 적린 ② 질화바륨
③ 탄산칼슘 ④ 소오다 석회

[풀이]
게터는 전구 내에 남아 있는 산소와 결합하여 전구 내의 진공도를 상승시켜 **필라멘트의 산화를 억제**하는 것으로서 게터로 사용되는 것은 다음과 같다.

- 진공 전구 : 적린과 플루오르화소다
- 가스 주입전구 : 질화바륨 과 카올린 【답】①

09 연축전지(납축전지)의 방전이 끝나면 그 양극(+극)은 어느 물질로 되는가?

① Pb ② PbO
③ PbO_2 ④ $PbSO_4$

[풀이]
① 연축전지 화학반응식
$$PbO_2 + 2H_2SO_4 + Pb \rightleftarrows PbSO_4 + 2H_2O + PbSO_4$$
양극   전해액   음극   양극   전해액   음극
② 방전시
- 양극 : $PbO_2 \Rightarrow PbSO_4$
- 음극 : $Pb \Rightarrow PbSO_4$
③ 충전시
- 양극 : $PbSO_4 \Rightarrow PbO_2$
- 음극 : $PbSO_4 \Rightarrow Pb$ 【답】④

10 동의 원자량은 63.54이고 원자가가 2라면 전기화학당량은 약 몇 [mg/C]인가?

① 0.229 ② 0.329
③ 0.429 ④ 0.529

[풀이]
- 화학 당량 = $\frac{원자량}{원자가} = \frac{63.54}{2} = 31.77$
- 전기 화학당량 K : 1[C]의 전기량으로 석출 시킬 수 있는 물질의 양
$$K = \frac{화학당량}{패러데이 상수} = \frac{화학당량}{96500} = \frac{31.77}{96500}$$
$$= 0.0003292 [g/C] = 0.3292 [mg/C] \quad 【답】②$$

11 복진지에 대한 설명으로 옳은 것은?

① 궤조가 열차의 진행 방향으로 이동함을 막는 것
② 침목의 이동을 막는 것
③ 궤조가 열차의 진행과 반대방향으로 이동함을 막는 것
④ 궤조의 진동을 막는 것

[풀이]
복진지 : 궤조(rail)가 열차의 진행과 더불어 **종 방향으로 이동하려고 하는 것을 복진** 이라 하고 이를 방지하는 장치를 복진지라 하며 침목이 이 역할을 겸하고 있다. 【답】①

12 SCR을 두 개의 트랜지스터 등가 회로로 나타낼 때의 올바른 접속은?

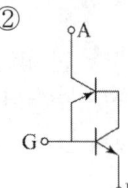

풀이
SCR은 단일 방향성 3단자 소자로서 게이트에 신호를 가해야만 동작한다.

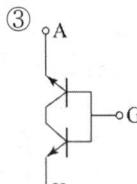

【답】①

13 금속의 전기저항이 온도에 의하여 변화하는 것을 이용한 온도계는?
① 광 고온계 ② 저항 온도계
③ 방사 고온계 ④ 열전 온도계

풀이
• 광고온계 : 온도 복사에 관한 플랑크의 복사 법칙을 이용
• **저항 온도계** : **온도 변화**에 따라서 그 **고유 저항이 직선적으로 변화**하는 것을 이용
• 방사(복사) 고온계 : 온도 복사에 관한 스테판-볼츠만의 법칙을 이용한 것이다.
• 열전 온도계 : 서로 다른 두 종류의 금속 또는 반도체의 접합점의 온도차에 의하여 열전대 중에 발생하는 기전력을 이용 (제어벡 효과).

【답】②

14 반사율 ρ, 투과율 τ, 반지름 r인 완전확산성 구형 글로브의 중심에 광도 I의 점광원을 켰을 때, 광속 발산도는?

① $\dfrac{\tau I}{r^2(1-\rho)}$ ② $\dfrac{\rho I}{r^2(1-r)}$

③ $\dfrac{4\pi\rho I}{r^2(1-r)}$ ④ $\dfrac{\rho\pi}{r^2(1-\rho)}$

풀이
전광속 $F=4\pi I$, 글로브를 투과하는 광속 F_τ는 글로브 면에 처음 F, 다음에 ρF, 다음에 $\rho^2 F \cdots$ 와 같이 투사되어 있으므로
$F_\tau = \tau F + \tau\rho F + \tau\rho^2 F + \tau\rho^3 F + \cdots$
$= \tau F(1+\rho+\rho^2+\rho^3+\cdots) = \dfrac{\tau F}{1-\rho} = \dfrac{\tau \cdot 4\pi I}{1-\rho}$

광속 발산도 R는

$\therefore R = \dfrac{F\tau}{S} = \dfrac{\dfrac{\tau \cdot 4\pi I}{1-\rho}}{4\pi r^2} = \dfrac{\tau I}{r^2(1-\rho)}$

【답】①

15 다음 중 전기건조방식의 종류가 아닌 것은?
① 전열 건조 ② 적외선 건조
③ 자외선 건조 ④ 고주파 건조

풀이
적외선을 열선이라고 하는데 대응하여 **자외선은 화학작용이 강하므로 화학선**이라 하기도 한다.
즉, 적외선이 건조에 사용되는 반면 **자외선은** 살균, 유기물 분해 및 소독 등에 사용되고 **건조에는 사용되지 않는다**. 【답】③

16 축전지를 사용할 때 극판이 휘고 내부저항이 매우 커져서 용량이 감퇴 되는 원인은?
① 전지의 황산화 ② 과도방전
③ 전해액의 농도 ④ 감극작용

풀이 황산화 현상
• 납축전지를 방전상태에서 오랫동안 방치하면 극판에 백색의 황산납이 생기는 현상
• 극판이 휘게 되고, 내부 저항이 증가하게 된다. 【답】①

17 포토 다이오드(Photo diode)에 관한 설명 중 틀린 것은?
① 온도 특성이 나쁘다.
② 빛에 대하여 민감하다.
③ PN 접합에 역방향으로 바이어스를 가한다.
④ PN 접합의 순방향 전류가 빛에 대하여 민감하다.

풀이
포토 다이오드는 반도체의 접합부에 빛이 닿으면 전류가 발생하는 성질을 이용한 것으로서 빛의 검출 등에 사용되며 **빛에 대하여 민감하며 온도 특성이 좋다**. 【답】①

18 차륜과 제동자와의 마찰계수에 관계 없는 것은?

① 속도
② 접촉면의 온도
③ 차량의 중량
④ 제동 시간 및 제륜자의 재질

풀이 **마찰계수**는 제동자의 재료 및 강도, 접촉면의 온도 및 상태, 제동 시간, 속도 등과 관계 있으며, **차량의 중량과는 무관**하다.

【답】 ③

19 기동토크가 가장 큰 단상 유도전동기는?

① 반발 기동전동기
② 분상 기동전동기
③ 콘덴서 기동전동기
④ 셰이딩코일형 전동기

풀이 단상 유도 전동기의 기동 토크 및 용도

종류	기동토크[%]	정동토크[%]	용도
분상 기동형	125 이상	175~300	복사기, 계산기
콘덴서 기동형	250 이상	175~300	냉장고
콘덴서 전동기	140~160	200~300	세탁기, 선풍기
반발 기동형	300 이상	175~300	펌프
셰이딩 코일형	40~100	130~200	플레이어, 테이프 레코더

즉, **기동토크가 큰 순서**는
반발 기동형 > 콘덴서 기동형 > 분상 기동형 > 셰이딩 코일형

【답】 ①

20 녹색 형광램프의 형광제로 옳은 것은?

① 텅스텐 칼슘
② 규소 카드뮴
③ 규산 아연
④ 붕산 카드뮴

풀이 형광체의 종류 및 광색은 다음과 같다.

형광체	광색	형광체	광색
텅스텐산 칼슘	청색	규산 카드뮴	등색
텅스텐산 마그네슘	청백색	붕산 카드뮴	핑크색
규산아연	**녹색**	할로린산 칼슘	황백색

【답】 ③

2021년 CBT 복원문제

1회 전기응용

01 유도가열과 유전가열의 공통된 특성은?
① 도체만을 가열한다.
② 선택가열이 가능하다.
③ 절연체만을 가열한다.
④ 직류를 사용할 수 없다.

풀이
유전가열과 유도가열의 비교

항목	유전가열	유도가열
원리	유전체손 이용	와류손 및 히스테리시스 손실 이용
적용	절연체(유전체)	금속(도체), 반도체
전원	교류(직류 사용불가) 1~200 [MHz]	교류(직류 사용불가) 저주파 유도가열 : 60 [Hz] 고주파 유도가열 : 5~20 [kHz]

【답】 ④

02 전해 콘덴서의 제조나 재생고무의 제조 등에 주로 응용하는 현상은?
① 전기침투   ② 전기영동
③ 비산현상   ④ 핀치효과

풀이

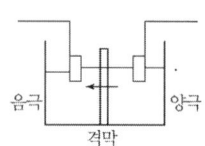

전기침투 : 액을 다공질의 격막으로 나누고 그 양측에 직류 전압을 걸면 격막을 통해서 액체는 한쪽으로 이동하여 수위는 높아진다.
전기 침투는 **전해 콘덴서 제조용, 재생고무의 제조, 점토의 전기적 정제** 등에 응용되고 있다.
【답】 ①

03 동종 금속의 접점에 전류를 통하면 전류방향에 따라 열을 발생하거나 흡수하는 현상은?
① 제벡 효과
② 펠티에 효과
③ 톰슨 효과
④ 핀치 효과

풀이
• 제벡 효과 : 열전온도계, 즉 두 금속을 두 접점으로 폐회로를 만들고 두 접점의 온도를 달리하면 기전력이 발생한다. 이 열기전력은 두 접점간의 온도차에 비례한다. 이 두 금속을 열전대라 하고 이것을 이용한 것이 열전 온도계이다.
• 펠티에 효과 : 서로 다른 두 종류의 금속선으로 폐회로를 만들고 온도를 일정하게 유지하면서 전류를 흘리면 금속선의 접속점에서 열의 흡수 또는 발생이 일어나는 현상이다. 이 펠티에 효과를 이용한 냉동방법을 전자냉동 혹은 열전냉동이라고 한다.
• 톰슨 효과 : 제벡 효과의 역현상의 일종으로 **동종의 금속의 접점에 전류를 통하면 전류방향에 따라 열을 발생 또는 흡수하는 현상**이다.
• 핀치 효과 : 용융체에 강한 전류를 통하면 전자력에 의한 인력이 커지므로 용융체가 도중에서 끊어져 전류가 끊어지는 현상을 말한다.
【답】 ③

04 풍량 $Q = 170 \, [\text{m}^3/\text{min}]$, 전풍압 $H = 50 \, [\text{mmAq}]$의 축류 팬(fan)을 구동하는 전동기의 소요 동력[kW]은? 단, 팬의 효율은 75 [%], 여유 계수 $K = 1.35$이다.
① 2   ② 2.5
③ 3.5   ④ 4.5

풀이
동력 $P = \dfrac{QHK}{6120\eta} = \dfrac{170 \times 50 \times 1.35}{6120 \times 0.75} = 2.5 \, [\text{kW}]$
(여기서, Q : 송풍기의 풍량[m³/min],
　　　　H : 소요 풍압 [mmAq], η : 송풍 효율,
　　　　K : 여유 계수)
【답】 ②

05 교류식 전기철도가 직류식 전기철도보다 유리한 점은?

① 전철용 변전소에 정류장치를 설치한다.
② 전선의 굵기가 크다.
③ 차내에서 전압의 선택이 가능하다.
④ 변전소간의 간격이 짧다.

[풀이]
교류식 전기철도의 장·단점
1) 장점
  ① 전철 건설비가 적고, 전압이 높아 전선의 굵기가 가늘다.
  ② 전력손실, 전압강하가 적어 변전소 간격이 길다.
  ③ 집전이 용이하며, **차내에서 사용전압의 임의 조정 가능**하다.
  ④ 점착 성능이 우수하며, 보급 방식이 간단하고, 전식에 의한 피해가 없다.
2) 단점
  ① 전기차 설비가 복잡
  ② 통신선의 유도장해가 크다.
  ③ 절연 강도가 높아야 한다.
  ④ 3상 전력망의 전압 불평형 문제를 일으킬 수 있다.

【답】③

06 평균 구면 광도 100 [cd]의 전구 5개를 지름 10 [m]인 원형의 사무실에 점등할 때 조명률을 0.5, 감광보상률을 1.5라 하면 사무실의 평균 조도는 약 몇 [lx]인가?

① 3 ② 9
③ 27 ④ 40

[풀이]
$FUN = EAD$ 에서
$F = 4\pi I = 4\pi \times 100$ [lm]
$N = 5$, $U = 0.5$, $D = 1.5$, $A = \pi \times 5^2$ 이므로
$\therefore E = \dfrac{FUN}{AD} = \dfrac{400\pi \times 0.5 \times 5}{25\pi \times 1.5} = 26.7$ [lx]

【답】③

07 중량 50 [t]의 전동차에 3 [km/h/s]의 가속도를 주는 데 필요한 힘[kg]은?

① 150 ② 156
③ 210 ④ 4650

[풀이]
전동차의 관성계수를 고려한 경우
$F_a = 31aW = 31 \times 3 \times 50 = 4650$ [kg]

(여기서, a : 가속도[km/h/s], W : 차량의 중량[ton])

【답】④

08 전극재료의 구비조건이 잘못된 것은?

① 전기의 전도율이 클 것
② 고온에 견디고, 또한 고온에서도 기계적 강도가 클 것
③ 열전도율이 많고 도전율이 작아서 전류밀도가 작을 것
④ 피열물에 의한 화학작용이 일어나지 않고 침식되지 않을 것

[풀이]
전극의 구비 조건
전기로가 고온으로 된 경우 전류를 공급하는 데는 내열성이 좋은 전극이 필요하며 일반적으로 탄소질의 전극이 많이 사용되며 구비 조건은 다음과 같다.
• **전기의 도전율이 클 것**
• **열의 전도율이 적을 것**
• 고온에 견디고 고온에서의 기계적 강도가 클 것
• 피열물과 화학 작용을 일으키지 않을 것

【답】③

09 그림과 같이 광원 L에서 P점 방향의 광도가 50[cd]일 때 P점의 수평면 조도는 약 몇 [lx]인가?

① 0.6
② 0.8
③ 1.2
④ 1.6

[풀이]
수평면 조도 E 는
$E = \dfrac{I}{r^2}\cos\theta$ [lx]에서
$E = \dfrac{50}{(\sqrt{4^2+3^2})^2} \times \dfrac{3}{\sqrt{4^2+3^2}}$
$= \dfrac{50}{25} \times \dfrac{3}{5} = 1.2$ [lx]

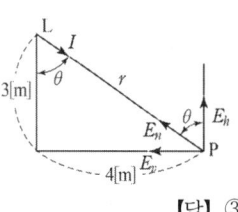

【답】③

10 다음은 사이리스터를 이용하여 얻을 수 있는 결과들이다. 적당하지 않은 것은?

① 교류전력 제어 ② 주파수 변환
③ 직류 위상 변환 ④ 직류 전압 변환

【풀이】
사이리스터는 위상제어, 정지 스위치, 인버터 초퍼, 타이머 회로, 트리거 회로, 카운터, 과전압 보호 등에 쓰인다. 그러나 **직류에서 위상이라는 개념은 없다.** 【답】③

11 휘도가 균일한 긴 원통 광원의 축 중앙 수직 방향의 광도가 200 [cd]이다. 전광속 F[lm]과 평균 구면광도 I[cd]를 각각 구하면?
① 약 F = 1974, 약 I = 200
② 약 F = 1974, 약 I = 157
③ 약 F = 628, 약 I = 200
④ 약 F = 628, 약 I = 100

【풀이】
• 원통 광원(형광등)에서 수직 방향의 광도 I_0와 전광속 F 사이에는
$$F = \pi^2 I_0 = \pi^2 \times 200 = 1973.92 \text{ [lm]}$$
• 평균 구면광도 I
광원의 종류에 관계없이 구광원으로 간주($\omega = 4\pi$)하고 계산한 광도이다.
따라서 평균 구면 광도
$$I = \frac{F}{4\pi} = \frac{1973.92}{4\pi} = 157.08 \text{[cd]}$$
【답】②

12 자동차 기타 차량 공업, 기계 및 전기 기계기구 등과 기타 금속 제품의 도장을 건조하는데 주로 이용되는 가열 방식은?
① 저항 가열   ② 고주파 가열
③ 유도 가열   ④ 적외선 가열

【풀이】
적외선 건조는 두께가 얇은 재료에 적합하고, 주로 **섬유, 도장** 관계에 많이 사용된다. 【답】④

13 최고 사용온도가 1100[℃]이고 고온강도가 크며 냉간가공이 용이한 고온용 발열체는?
① 니크롬 제1종   ② 니크롬 제2종
③ 철크롬 제1종   ④ 철크롬 제2종

【풀이】
① **니크롬 제1종**은 고온에서 연화되지 않고 강도가 크고 **냉간 가공이 쉬우며**, 고온 가열 후에도 강도 변화가 없으며, **고온용 발열체**로 널리 사용된다.

② 발열체의 최고사용 온도
• 니크롬 제1종 : 1100 [℃]
• 니크롬 제2종 : 900 [℃]
• 철-크롬 제1종 : 1200 [℃]
• 철-크롬 제2종 : 1100 [℃]
• 탄화규소 발열체 : 1500 [℃] 【답】①

14 온도의 변화로 인한 궤조의 신축에 대응하기 위한 것은?
① 궤간   ② 곡선
③ 유간   ④ 확도

【풀이】
• 궤간 : 레일과 레일 사이의 거리
• **유간 : 온도의 변화에 대한 궤조의 신축에 대응**하기 위하여 이음 장소에 적당한 간격을 두는 것
• 확도 : 열차가 곡선 궤도 부분을 원활하게 통과할 수 있도록 궤간을 넓혀 주는 것
• 고도 : 차량이 곡선부를 달릴 때에 발생하는 원심력에 대비하여 곡선 바깥쪽의 레일을 안쪽 레일보다 높게 하는 것
【답】③

15 수위의 원격지시 장치에 적합한 전동기는?
① 단상 정류자 전동기
② 셀신 모터
③ 농형 3상 유도 전동기
④ 권선형 3상 유도 전동기

【풀이】
셀신 발신기와 셀신 수신기의 조합에 의해 회전력(또는 각도)의 전달을 얻을 수 있으므로 원격제어에 이용되며, 셀신 발신기와 셀신 제어 변압기의 조합에 의해 위치편차에 비례하는 전압을 얻을 수 있으므로 편차 전압검출용에 사용된다. 【답】②

16 반도체 소자의 종류 중에서 게이트에 의한 턴온을 이용하지 않는 소자는?
① SSS   ② SCR
③ GTO   ④ SCS

【풀이】 **SSS**(Silicon Symmetrical Switch)의 특징
① 양방향성 소자이다.
② 전극은 2단자로 npnpn의 5층으로 되어 있다.
③ SCR을 역병렬로 2개 접속한 것과 같은 특성을 갖는다.
④ SCR과 달리 제어 **게이트 전극이 없는 구조로 게이트에 의한 턴온을 할 수 없다.** 【답】①

17 전기차량의 집전장치가 아닌 것은?
① 트롤리 봉 ② 복진지
③ 뷔겔 ④ 팬터그래프

풀이
① 집전장치의 종류
  • 트롤리 봉(trolley pole)
  • 뷔겔(bow collector or Bugel collector)
  • 팬터그래프(pantagraph or pantograph)
② 복진지 : 궤조(rail)가 열차의 진행과 더불어 종 방향으로 이동하려고 하는 것을 복진이라 하고 이를 방지하는 장치를 복진지라 하며 침목이 이 역할을 겸하고 있다. 【답】②

18 100 [V], 500 [W]의 전열기를 90 [V]에서 사용할 때의 전력[W]은?
① 405 ② 425
③ 450 ④ 500

풀이
전열선의 저항을 일정하다고 하면
전력 $P = E^2/R$ 이므로 전력 $P \propto E^2$
따라서, $P' = P\left(\dfrac{E'}{E}\right)^2 = 500 \times \left(\dfrac{90}{100}\right)^2 = 405\,[W]$ 【답】①

19 다음 중 형광체로 쓰이지 않는 것은?
① 텅스텐산 칼슘 ② 규산 아연
③ 붕산 카드뮴 ④ 황산 나트륨

풀이
형광체의 종류 및 광색

형광체	분자식	광색
텅스텐산 칼슘	$CaWO_4$–Sb	청 색
텅스텐 마그네슘	$MgWO_4$	청백색
규산아연	$ZnSiO_3$–Mn	녹 색
규산 카드뮴	$CdSiO_2$–Mn	등 색
붕산 카드뮴	CdB_2O_5	핑크색
할로린산 칼슘	$3Ca_3(PO_4)_4 \cdot Ca_2(Cl_2F_2)$–Sb, Mn	황백색

【답】④

20 역저지 3극 사이리스터의 통칭은?
① SSS ② SCS
③ LASCR ④ TRIAC

풀이
각종 반도체 소자의 비교
(1) 방향성
  ① 양방향성(쌍방향성) 소자 : DIAC, TRIAC, SSS
  ② **역저지(단방향성) 소자** : SCR, **LASCR**, GTO, SCS
(2) 극(단자)수
  ① 2극(단자) 소자 : DIAC, SSS, Diode
  ② **3극(단자) 소자** : SCR, **LASCR**, GTO, TRIAC
  ③ 4극(단자) 소자 : SCS
(3) 구조
  ① 3층 구조 : DIAC
  ② 4층 구조 : SCR, GTO, SCS
  ③ 5층 구조 : SSS 【답】③

2회 전기응용

01 전류에 의한 옴[Ω]손을 이용하여 가열하는 것은?
① 복사가열 ② 유전가열
③ 유도가열 ④ 저항가열

풀이
• 복사가열 : 적외선 가열이라고도 하며, 적외선 전구 또는 비금속 발열체 등에서 복사된 적외선을 피열물의 표면에 조사하는 가열
• 유전가열 : 고주파 전계 중에 절연성 피열물을 놓고, 여기에 생기는 유전체손을 이용하는 가열
• 유도가열 : 교류자계 중에 있어서 도전성 물체 중에 생기는 와전류에 의한 전류손 또는 히스테리시스손을 이용하는 가열
• **저항가열 : 전류에 의한 옴손을 이용**한 가열 【답】④

02 반간접조명의 설계에서 등의 높이란?
① 바닥에서 천장
② 피조면에서 천장
③ 피조면에서 등기구
④ 방바닥에서 등기구

풀이
등기구의 높이 h

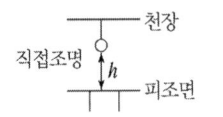 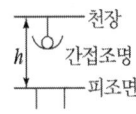

【답】②

03 반사율 ρ, 투과율 τ, 반지름 r인 완전확산성 구형 글로브의 중심에 광도 I의 점광원을 켰을 때, 광속발산도는?

① $\dfrac{\tau I}{r^2(1-\rho)}$
② $\dfrac{\rho I}{r^2(1-\tau)}$
③ $\dfrac{4\pi \rho I}{r^2(1-\tau)}$
④ $\dfrac{\rho \pi}{r^2(1-\rho)}$

풀이
광속발산도
$R = \dfrac{F\eta}{A} = \dfrac{4\pi I}{4\pi r^2} \cdot \dfrac{\tau}{1-\rho} = \dfrac{\tau I}{r^2(1-\rho)}$ [rlx]

【답】①

04 직권 정류자 전동기는 다음에 분류하는 전동기 중 어디에 속하는가?

① 변속도 전동기
② 다속도 전동기
③ 가감속도 전동기
④ 정속도 전동기

풀이
교류에 있어 직권 정류자 전동기는 직류에 있어서의 직권 전동기와 그 특성이 유사하다. 토크가 증가하면 속도가 저하되는 특성을 **변속도 특성**이라 하며, 직류 직권 전동기, 직류 파권 전동기, **교류 직권 정류자 전동기**, 2차 저항이 큰 유도 전동기 등이 이 특성을 가진다.

【답】①

05 다음 납 축전지에 대한 설명 중 잘못된 것은?

① 납 축전지의 전해액 비중은 1.2정도이다.
② 납 축전지의 격리판은 양극과 음극의 단락 보호용이다.
③ 전지의 내부저항은 클수록 좋다.
④ 전지용량은 [Ah]로 표시하며 10시간 방전율을 많이 쓴다.

풀이
전지의 내부 저항이 클수록 전지 내부의 전압강하도 커지고 손실도 증가하므로 가능한 한 **전지의 내부 저항은 적을수록 좋다**.

【답】③

06 완전 확산면의 광속 발산도가 2000[rlx]일 때 휘도는 약 몇 [cd/cm^2]인가?

① 0.2
② 0.064
③ 0.682
④ 637

풀이
$R = \pi B$
$\therefore B = \dfrac{R}{\pi} = \dfrac{2000}{3.14}$ [cd/m^2] $= \dfrac{2000}{3.14} \times 10^{-4} = 0.064$ [cd/cm^2]

【답】②

07 용접용 전원의 특성은 부하가 급히 증가할 때 전압은?

① 일정하다.
② 급히 상승한다.
③ 급히 강하한다.
④ 서서히 상승한다.

풀이
용접용 전원은 **수하 특성**을 갖고 있어야 한다. 또한 수하 특성이란 "부하가 증가하면 단자 전압이 현저히 저하하는 현상"이라 한다.

【답】③

08 적외선 가열과 관계없는 것은?

① 설비비가 적다.
② 구조가 간단하다.
③ 두꺼운 목재의 건조에 적당하다.
④ 공산품(工産品)의 표면건조에 적당하다.

풀이
적외선 가열의 특징
① 설비비 및 유지비가 염가, 설치 장소가 절약된다.
② 건조기 구조가 간단하다.
③ 조작이 간단하고, 연료 손실이 적고, 작업 시간이 단축된다.
④ 도장 등의 표면 건조에 적당하다.
⑤ 건조 재료의 감시가 용이하고, 조작이 간단하며, 청결하고 안전하다.
⑥ 적외선 건조는 적외선 전구에 의한 복사열을 이용한다.
따라서, **두꺼운 목재의 건조는 유전가열 방식이 적합**하다.

【답】③

09 가스입 전구에 아르곤가스를 넣을 때에 질소를 봉입하는 이유는?

① 대류작용촉진
② 대류작용억제
③ 아크억제
④ 흑화방지

풀이
봉입 가스
• 아르곤 : 무겁기 때문에 증발 억제 효과가 크고, 열전도율이 적어 열손실은 적으나 방전을 일으키기 쉽다.
• **질소** : 산화방지 및 **아크를 억제하여 수명을 연장**

【답】③

10 50 [t]의 전차가 20[‰]의 경사를 올라가는 데 필요한 견인력[kg]은? 단, 열차 저항은 무시한다.

① 100　　② 150
③ 1000　　④ 1500

풀이
견인력 $= W\tan\theta = 50 \times 10^3 \times \dfrac{20}{1000} = 1000$ [kg]

참고
경사(구배) : $\tan\theta$
(구배가 적을 때는 $\tan\theta \approx \sin\theta$로 해도 된다) 　【답】③

11 방전등의 전압 전류 특성은 마이너스(負特性)이므로 이것을 일정 전압의 전원에 연결하면 전류가 급속히 증대되어 방전등을 파괴한다. 이것을 방지하기 위하여 필요한 장치는?

① 점등관　　② 콘덴서
③ 안정기　　④ 초크 코일

풀이
방전등에 **전류의 안정을 얻기 위하여** 접속하는 저항 또는 초크 코일을 **안정기**라 한다.　【답】③

12 자동 제어의 추치 제어에 속하지 않는 것은?

① 추종 제어　　② 프로세스 제어
③ 프로그램 제어　　④ 비율 제어

풀이
목표값의 시간적 성질에 의한 분류
정치제어와 추치 제어로 구분된다.
- 정치 제어 : 목표값이 시간에 대하여 변화하지 않는 제어를 말하며 프로세스 제어, 자동조정이 이에 속한다.
- 추치 제어 : 출력의 변동을 조정하는 동시에 목표값에 정확히 추종하도록 설계한 제어계로서 **추종 제어, 프로그램 제어 및 비율 제어로 구분**된다.　【답】②

13 전기철도에 적용하는 직류 직권전동기의 속도제어 방법이 아닌 것은?

① 저항제어
② 초퍼제어
③ VVVF 인버터 제어
④ 사이리스터 위상제어

풀이
- 직권 전동기의 속도제어 방식 : 계자 제어, 직렬 저항 제어, 직·병렬 제어, 초퍼제어, 메타다인 제어
- VVVF(가변 전압 가변 주파수) 인버터 제어방식은 전압과 주파수를 제어하여 속도를 제어하는 방식으로 유도전동기의 속도제어에 사용된다.
- 참고로 **직류에서는 주파수라는 개념이 없다**. 따라서 직류에서는 주파수 제어를 할 수 없다.　【답】③

14 전기도금에 관한 설명 중 틀린 것은?

① 전원은 5~6 [V] 또는 10~12 [V]의 직류를 사용한다.
② 직류 발전기를 사용하는 데 있어서 수하 특성이 있는 발전기를 사용한다.
③ 전류밀도가 다르더라도 도금상태는 일정하다.
④ 표면의 산화물이나 기름을 없애기 위해 화학적으로 세척해야 한다.

풀이
전기도금에서 **전류밀도가 다르면 도금상태가 일정하지 못하다**.　【답】③

15 어떤 제어계에서 위상 여유(phase margin) ϕ_m이 $\phi_m > 0$의 관계를 만족할 때는 어떤 상태인가?

① 안정　　② 저속 진동
③ 불안정　　④ 불규칙 진동

풀이
위상 여유 $\phi_m > 0$일 때 **안정상태**라고 말한다.
즉 안정한 제어계는 이득여유, 위상 여유가 0보다 크다.　【답】①

16 전차용 전동기의 사용 대수를 2의 배수로 하는 이유는?

① 균일한 중량의 증가　　② 제어 효율 개선
③ 고장에 대비해서　　④ 부착 중량의 증가

풀이
전차용 전동기의 사용 대수를 2배수로 하는 것은 **직·병렬 제어법**으로 전동기의 단자 전압을 바꾸어 속도제어를 함으로서 **제어 효율을 개선**하고 소비 전력의 감소를 유도 할 수 있다.　【답】②

17 나트륨등의 이론 효율 [lm/W]은 약 얼마인가?
① 255　　　　② 300
③ 395　　　　④ 500

[풀이]
나트륨의 분광 분포에서 D선의 에너지는 전방사 에너지의 76 [%], 그의 비시감도는 0.765이고 최대시감도는 680 [lm/W]이므로 이론 효율은
$680 \times 0.765 \times 0.76 \fallingdotseq 395$ [lm/W]
[답] ③

18 pn 접합형 diode는 어떤 작용을 하는가?
① 발진 작용　　　② 증폭 작용
③ 정류 작용　　　④ 교류 작용

[풀이]
pn 접합 다이오드는 순방향으로만 전류가 흐르는 특성(정류)이 있고, 이 pn 접합 반도체를 다이오드라 한다.
[답] ③

19 500[W]의 전열기를 정격상태에서 1시간 사용할 때 발생하는 열량은 약 몇 [kcal]인가?
① 430　　　　② 520
③ 610　　　　④ 860

[풀이]
발열량 $Q = 0.24Pt$ [cal]
(여기서, P : 전력[W], t : 시간[sec])
따라서 매 시간 당의 발열량
$Q = 0.24Pt = 0.24 \times 500 \times 60 \times 60 \times 10^{-3} = 432$ [kcal]
[답] ①

20 서보 전동기(servo motor)는 서보기구에서 주로 어느 부분의 기능을 말하는가?
① 검출부　　　② 제어부
③ 비교부　　　④ 조작부

[풀이]
서보 전동기는 **서보 기구에서 주로 조작부의 역할**을 한다. 따라서 서보 전동기는 관성이 작도록 하기 위해 전기자의 지름이 작으며, 큰 회전력을 얻기 위해 축방향으로 전기자의 길이를 길게 한다.
[답] ④

4회　전기응용

01 그림과 같은 신호 흐름 선도에서 전달함수 $C(s)/R(s)$는?
① $-8/9$
② $4/5$
③ 180
④ 10

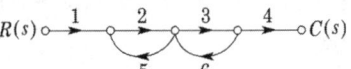

[풀이]
전향 경로 이득 : $1 \times 2 \times 3 \times 4 = 24$
루프 이득 : $2 \times 5 = 10$, $3 \times 6 = 18$
$\therefore \dfrac{C(s)}{R(s)} = \dfrac{\Sigma 전향 경로 이득}{1 - \Sigma 루프이득} = \dfrac{24}{1-(10+18)} = \dfrac{24}{-27} = -\dfrac{8}{9}$
[답] ①

02 전압, 속도, 주파수, 역률을 제어량으로 하는 제어계는?
① 자동조정　　　② 추종제어
③ 프로세스제어　　④ 피드백제어

[풀이]
제어량의 종류에 의한 분류

항 목	프로세스 제어	서보 제어	자동 조정 제어
특 징	플랜트나 생산 공정 중의 상태량을 제어량으로 하는 제어	기계적 변위를 제어량으로 해서 목표값의 임의의 변화에 추종하도록 구성된 제어계	전기적, 기계적 양을 주로 제어하는 것으로서, 응답 속도가 대단히 빨라야 한다.
제어량의 종류	·온도 ·유량 ·압력 ·액위 ·농도 ·밀도 등	·물체의 위치 ·방위 ·자세 등	**·전압** **·전류** **·주파수** ·회전 속도 ·힘 등

[답] ①

03 책상 위 2[m] 되는 곳에 광원이 있다. 이 광원을 반투명 아크릴로 에워싸고 0.7[m] 하향 배치시켰더니 책상 위 조도가 전과 같아졌다. 이 아크릴의 투과율은 약 얼마인가?
① 0.65　　　② 0.54
③ 0.42　　　④ 0.34

풀이

책상 위 2[m] 되는 광속과 1.3[m] 되는 광도의 조도가 같으므로 $E = \dfrac{I}{r^2}$ [lx]

$\dfrac{I}{2^2} = \dfrac{\tau I}{(2-0.7)^2}$ 가 성립하므로 $\tau = \dfrac{1.3^2}{2^2} = 0.4225$ 【답】③

04 고주파 유전 가열에 쓰이는 주파수가 가장 적당한 것은?

① 0.5 [kHz]~1.0 [MHz]
② 1 [kHz]~1.5 [MHz]
③ 1 [MHz]~200 [MHz]
④ 200 [MHz]~1000 [MHz]

풀이

- 목재의 건조, 합판의 접착, 고주파 사용주파수
  : 5~30 [MHz]
- 섬유, 종이, 비닐포의 건조, 사용주파수 : 30~80 [MHz]
- 의료용 기기(라디오, 나이프) 등 사용주파수
  : 10~150 [MHz] 【답】③

05 궤조의 파상 마모를 일으키기 쉬운 것은?

① 탄성 도상
② 비탄성 도상
③ 큰 궤조
④ 작은 궤조

풀이

도상에 콘크리트를 사용한 **비탄성적인 딱딱한 도상** 부분에서 파상 마모는 가장 일어나기 쉽다. 【답】②

06 전열기에서 발열선의 지름이 1[%] 감소하면 저항 및 발열량은 몇 [%] 증감되는가?

① 저항 2 [%] 증가, 발열량 2 [%] 감소
② 저항 2 [%] 증가, 발열량 2 [%] 증가
③ 저항 4 [%] 증가, 발열량 4 [%] 감소
④ 저항 4 [%] 증가, 발열량 4 [%] 증가

풀이

$R = \rho \dfrac{l}{s} = \rho \dfrac{l}{\frac{\pi}{4}d^2} [\Omega]$ $R \propto \dfrac{1}{d^2}$ 이므로

$R' = \dfrac{R}{(1-0.01)^2} = \dfrac{R}{0.99^2} = \dfrac{R}{0.981} = 1.02R$ (2 [%] 증가)

또한 발열량 Q는 $Q \propto \dfrac{1}{R}$ 이므로

$Q' = \dfrac{R}{R'}Q = \dfrac{R}{1.02R}Q = 0.98Q$ (2[%] 감소) 【답】①

07 인견 공업에 쓰이는 포트모터의 속도 제어에 적합한 것은?

① 저항에 의한 제어
② 극수 변환에 의한 제어
③ 1차측 회전에 의한 제어
④ 주파수 변환에 의한 제어

풀이

인견을 감기위한 포트를 운전하는 전동기는 농형 유도전동기로서 6,000~10,000[rpm]의 고속 회전을 필요로 한다. 따라서, **포트모터의 속도제어는 주파수 변환에 의한 제어**가 주로 사용된다. 【답】④

08 엘리베이터에 사용되는 전동기의 종류는?

① 직류 직권 전동기   ② 동기 전동기
③ 단상 유도 전동기   ④ 3상 유도 전동기

풀이

엘리베이터용 전동기
엘리베이터에 사용되는 전동기에 요구되는 특성으로는
- 회전부분의 관성 모멘트는 적어야 한다(기동정지가 빈번).
- 가속도의 변화비율이 일정값이 되도록 선택(가속, 감속 시)한다.
- 기동 토크가 커야 한다.
- 소음이 적어야 한다.

① **교류 방식** : 개방형의 권선형이나 고저항 **농형 유도 전동기 사용**
② **직류 방식** : 레오나드 방식 【답】④

09 제품 제조 과정에서의 화학 반응식이 다음과 같은 전기로는 다음 중 어떤 가열 방식인가?

$$CaO + 3C = CaC_2 + CO$$
제품

① 유전 가열
② 유도 가열
③ 간접 저항 가열
④ 직접 저항 가열

풀이

석회(CaO)와 탄소(C)와의 혼합 재료에 전류를 통하여 2200 [℃] 정도로 하여
$CaO + 3C = CaC_2 + CO$

라는 화학 변화로 **카바이드(CaC₂)**를 만드는 노를 카바이드로라 한다. 이 노는 **직접 가열식 저항로**이다. 【답】④

10 휘도가 균일한 긴 원통 광원의 축 중앙 수직 방향의 광도가 100 [cd]이다. 이 원통 광원의 구면 광도는?
① 약 157 [cd] ② 약 78.5 [cd]
③ 약 100 [cd] ④ 약 92.5 [cd]

[풀이]
원통 광원의 수직 방향의 광도 I_0와 전광속 F 사이에는,
∴ $F = \pi^2 I_0 = \pi^2 \times 100 = 986.96$ [lm]
평균 구면 광도 $I = \dfrac{F}{4\pi} = \dfrac{\pi^2 \times 100}{4\pi} = 78.54$ [cd]   【답】②

11 다이액(DIAC)에 대한 설명 중 잘못된 것은?
① NPN 3층으로 되어 있다.
② 역저지 4극 사이리스터로 되어 있다.
③ 쌍방향으로 대칭적인 부성저항을 나타낸다.
④ 다이액의 항복전압을 넘을 때 갑자기 콘덴서가 방전하고 그 방전전류에 의하여 트라이액을 on 시킬 수가 있다.

[풀이]
각 종 반도체 소자의 비교
• **양방향성(쌍방향성) 소자** : DIAC, TRIAC, SSS
• **역저지(단방향성) 소자** : SCR, LASCR, GTO   【답】②

12 150 [W] 가스입 전구를 반지름 20 [cm], 투과율 80 [%]인 구의 내부에서 점등시켰을 때 구의 평균 휘도는? 여기서, 구의 반사는 무시하고 전구의 광속은 2450 [lm]이라 한다.
① 0.124 [cd/cm²] ② 0.390 [cd/cm²]
③ 0.487 [cd/cm²] ④ 0.496 [sb]

[풀이]
외구에서 나오는 광속은 F_0, 전구의 광속을 F라고 하면,
$F_0 = \tau F = 0.8 \times 2450 = 1960$ [lm]
광도를 I라 하면 평균 휘도 B는,
$B = \dfrac{I}{\pi r^2} = \dfrac{\dfrac{F_0}{4\pi}}{\pi r^2} = \dfrac{F_0}{4\pi \times \pi r^2} = \dfrac{F_0}{4\pi^2 r^2}$

$= \dfrac{1960}{4\pi^2 \times 20^2} = 0.124$ [cd/cm²]   【답】①

13 형광등에서 가장 효율이 높은 색깔은?
① 백색 ② 적색
③ 주광색 ④ 녹색

[풀이]
효율이 높은 순 : 녹색 > 백색 > 주광색 > 적색   【답】④

14 음극만 발광하므로 직류 극성을 판별하는데 이용되는 것은?
① 형광등 ② 수은등
③ 네온전구 ④ 나트륨등

[풀이]
네온 전구의 특징
• **음극만 발광하므로 직류 극성의 판별에 이용**된다.
• 일정 전압에서만 점등되므로 검정기, 교류의 파고값 (최대값)의 측정에 쓰인다.
• 빛의 관성이 없고 어느 범위 내에서는 광도와 전류가 비례하므로 오실로그래프에 이용된다.   【답】③

15 황산 용액에 양극으로 구리 막대, 음극으로 은 막대를 두고 전기를 통하면 은 막대는 구리색이 나는 것을 무엇이라고 하는가?
① 전기 도금 ② 이온화 현상
③ 전기 분해 ④ 분극 작용

[풀이]
전기 도금 : 전기 도금은 도금하고자 하는 금속을 양극, 도금되는 금속을 음극으로 하고 도금하고자 하는 금속 이온을 함유한 수용액 중에서 전기 분해하여, 음극으로 금속을 석출시키는 것이다. 따라서, **양극에 있는 구리가 음극에 있는 은막대로 이동하여 은막대가 구리색**이 나게 된다.   【답】①

16 전기철도에서 귀선 궤조에서의 누설전류를 경감하는 방법과 관련이 없는 것은?
① 보조귀선
② 크로스본드
③ 귀선의 전압강하 감소
④ 귀선을 정(+)극성으로 조정

풀이
귀선궤조에서의 **누설전류 경감 대책**
① 레일을 따라 보조귀선 설치
② 귀선저항을 작게 하기 위하여 레일에 본드(bond)를 시설
- 레일본드 : 레일의 접속부분을 연동선으로 연결
- 크로스 본드 : 양 궤조 간 및 궤조 상호간을 전기적으로 접속하는 본드
③ 귀선을 부(-)극성 【답】④

17 제너다이오드에 관한 설명 중 틀린 것은?
① 정전압 소자이다.
② 전압 조정기에 사용된다.
③ 인가되는 전압의 크기에 따라 전류방향이 달라진다.
④ 제너 항복이 발생되면 전압은 거의 일정하게 유지되나 전류는 급격하게 증가한다.

풀이
제너 다이오드는 정전압 소자로서 정(+), 부(-)의 온도 계수를 갖는다. 즉, **전압의 크기가 변하면 전류 크기는 변화하지만 방향은 변하지 않는다.** 【답】③

18 지름 40 [cm]인 완전 확산성 구형 글로브의 중심에 모든 방향의 광도가 균일하게 120 [cd] 되는 전구를 넣고 탁상 2 [m]의 높이에서 점등하였다. 탁상 위의 조도[lx]는? 단, 글로브 내면의 반사율은 40 [%], 투과율은 50 [%]이다.
① 약 30 ② 약 25
③ 약 20 ④ 약 15

풀이
글로브의 효율 η는
$$\eta = \frac{\tau}{1-\rho} = \frac{0.5}{1-0.4} = 0.833$$
구하는 조도 E는
$$\therefore E = \frac{\eta I}{r^2} = \frac{0.833 \times 120}{2^2} = 25 \text{ [lx]}$$

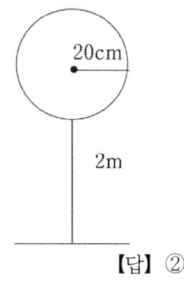

【답】②

19 휘도가 낮고 효율이 좋으며 투과성이 양호하여 터널조명, 도로조명, 광장조명 등에 주로 사용되는 것은?
① 백열전구 ② 형광등
③ 나트륨등 ④ 할로겐등

풀이
나트륨등의 발광은 나트륨 증기의 방전에 의하여 공명선인 5890~1586 [Å]의 D선(황색선) 대부분 76 [%]를 차지한다. 나트륨등의 효율은 이론상 395 [lm/W] 실용상 150~80 [lm/W] 정도로 대단히 높다. 따라서 **빛의 직선성이 좋아 안개가 잘 발생하는 강변이나, 먼지가 많은 터널등에 사용**된다. 【답】③

20 열차의 자중이 100 [t]이고 동륜상이 90 [t]인 기관차의 최대 견인력[kg]은? 단, 궤조의 부착 계수는 0.2로 한다.
① 15,000 ② 16,000
③ 18,000 ④ 21,000

풀이
최대 견인력 F_m [kg]은 다음과 같다.
$$F_m = 1000 \mu W_a \text{ [kg]}$$
여기서, μ는 점착 계수, W_a는 차륜이 궤조(rail)면에 수직으로 누르는 중력[t], 즉 동륜상의 중량
$$\therefore F_m = 1000 \times 0.2 \times 90 = 18,000 \text{ [kg]}$$
【답】③

2022년 CBT 복원문제

1회 전기응용

01 200[cd]의 점광원으로부터 5[m]의 거리에서 그 방향과 직각인 면과 60° 기울어진 수평면상의 조도[lx]는 얼마인가?

① 4 [lx]   ② 6 [lx]
③ 8 [lx]   ④ 10 [lx]

풀이
수평면 조도 E 는
$$E = \frac{I}{r^2} \cos\theta = \frac{200}{5^2} \times \cos 60° = 4[\text{lx}]$$
【답】①

02 SCR을 역병렬로 접속한 것과 같은 특성의 소자는?

① TRIAC   ② GTO
③ SCS   ④ SSS

풀이
트라이액(TRIAC : Triode AC Switch)

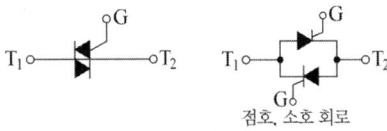

트라이액은 두 개의 SCR을 역병렬한 것을 한 개의 소자로 만든 것으로서 무접점 스위치나 위상 제어 회로, 가정용 조광 장치 및 전기로의 온도 조절 또는 전동기의 속도 제어 등에 광범위하게 응용되고 있다.
【답】①

03 전철의 속도제어법 중 메타다인(metadyne) 제어법은?

① 정출력 제어법   ② 직류 정전압 제어법
③ 직류 정전류 제어법 ④ 정속도 제어법

풀이
메타다인은 정류자가 있는 전기자를 구비한 회전기로 **정전류 특성**이 있다.
【답】③

04 트랜지스터(TR)의 기호에서 이미터의 화살표방향이 나타내는 것은?

① 전압인가의 방향   ② 전류의 방향
③ 전계의 방향   ④ 저항의 방향

풀이

	npn형	pnp형
회로, 구성		
E, B간 전류방향	트랜지스터의 화살표 방향 (p형에서의 N형 방향)	
	B → E	E → B
주전류 방향	E, B 전류 방향과 동일	
	C → B → E	E → B → C
B기준으로 C 전위	정(+)전위	부(-)전위

【답】②

05 다음 단상 유도 전동기에서 기동 토크가 가장 작은 전동기는?

① 분상 기동 전동기
② 콘덴서 전동기
③ 반발 기동 전동기
④ 셰이딩 코일형 전동기

풀이
기동토크가 큰 순서
반발 기동형 > 콘덴서 기동형 > 분상 기동형 > **셰이딩 코일형**
【답】④

06 알칼리 축전지의 공칭용량은?

① 2[Ah]   ② 4[Ah]
③ 5[Ah]   ④ 10[Ah]

풀이

항 목	연 축전지	알칼리 축전지
공칭전압	2.0 [V/cell]	1.2 [V/cell]
공칭용량	10 [Ah]	5 [Ah]

【답】③

07 전기로의 전기가열 방식 중 흑연화로, 카보런덤로의 가열 방식은?

① 아크로
② 유도로
③ 간접식 저항로
④ 직접식 저항로

풀이

직접 가열 저항로는 피열물에 직접 가열(직접 통전)시켜 발열시키는 방식으로 통상 **카바이드로, 카보런덤로, 흑연화로**, 유리 용융로, 알루미늄 전해로 등이 있다. 【답】④

08 다음 중 감극제가 필요 없는 전지는?

① 알칼리 건전지
② 수은 전지
③ 리튬 전지
④ 다니엘 전지

풀이

다니엘 전지 : 황산아연 용액 속에 넣은 아연을 음극으로, 황산구리 용액 속에 넣은 구리를 양극으로 하며 두 용액을 염류 용액으로 이어서 만든 전지로서 **분극현상이 없으므로 감극제가 필요없다.** 【답】④

09 광도가 312[cd]인 전등을 지름 3[m]의 원탁 중심 바로 위 2[m]되는 곳에 놓았다. 원탁 가장자리의 조도는 약 몇 [lx]인가?

① 30
② 40
③ 50
④ 60

풀이

$r = \sqrt{2^2 + 1.5^2} = 2.5[m]$
따라서, 수평면 조도 E_h 는

$E_h = \dfrac{I}{r^2} \cos\theta$

$= \dfrac{312}{2.5^2} \times \dfrac{2}{2.5}$

$= 39.94 \ [lx]$

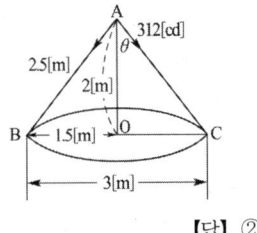

【답】②

10 로켓, 터빈, 항공기와 같은 고도의 기계공업분야의 재료 제조에 적합한 전기로는?

① 크리프톨로
② 지로식 전기로
③ 진공 아크로
④ 고주파 유도로

풀이

진공 아크 용해로는 Ti, Zr, Mo 등의 활성 금속 혹은 내열 금속의 용해법으로 개발되었으나 그 후 철강 분야에 이용하게 됨에 따라 대형화되었다. 그러나, 이 노는 설비비가 높고 재용해 작업상, 경제상 불리하며, 또한 생산성이 낮다는 단점이 있어서 **품질에 대한 요구도가 높은 제트, 로켓, 터빈 및 항공기와 같은 고도 기계 공업 분야의 재료 제조에 적합한 전기로**이다. 【답】③

11 제어대상을 제어하기 위하여 입력에 가하는 양을 무엇이라 하는가?

① 변환부
② 목표값
③ 외란
④ 조작량

풀이 자동제어계의 구성

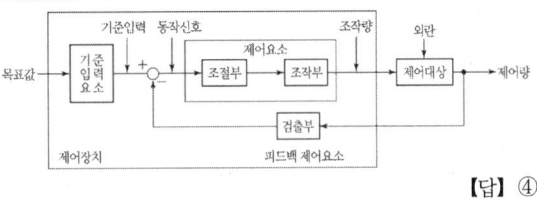

【답】④

12 바리스터(Varistor)의 주 용도는?

① 전압증폭
② 진동방지
③ 과도 전압에 대한 회로보호
④ 전류특성을 갖는 4단자 반도체 장치에 사용

풀이

바리스터
• 과도 전압, 이상 전압에 대한 **회로 보호용**으로 사용되는 소자
• 피뢰기, 전기 접점간의 불꽃 제거 장치에 사용 【답】③

13 다음 중 온도가 전압으로 변환되는 것은?

① 차동변압기
② CdS
③ 열전대
④ 광전지

변환량	변환요소
온도 → 임피던스	측온 저항(열선, 서미스터, 백금, 니켈)
온도 → 전압	열전대(백금-백금 로듐, 철-콘스탄탄, 구리-콘스탄탄, 크로멜-알루멜)

【답】③

14 비닐막 등의 접착에 주로 사용하는 가열방식은?
① 저항가열 ② 유도가열
③ 아크가열 ④ 유전가열

▶풀이
- 유전 가열 : 유전체에서 발생되는 유전체손을 이용한 것으로 목재의 건조, 목재의 접착, 합성수지의 가열성형, 고무의 유화, 비닐막 등의 접착 등에 사용된다.
- 비닐막은 절연물로서 저항가열, 아크가열, 유도가열은 쓰지 못한다.

【답】④

15 서로 다른 두 개의 금속이나 반도체를 접속하여 전류를 인가하면 접합부에서 열이 발생하거나 흡수되는 현상은?
① 제벡 효과 ② 펠티에 효과
③ 톰슨 효과 ④ 핀치 효과

▶풀이
펠티에 효과(Peltier effect) : **서로 다른 두 종류의 금속선**으로 폐회로를 만들고 온도를 일정하게 유지하면서 전류를 흘리면 금속선의 접속점에서 **열의 흡수(온도 강하) 또는 발생(온도 상승)**이 일어나는 현상을 펠티에 효과라 한다.

【답】②

16 식염을 전기분해할 때 양극에서 발생하는 가스는?
① 산소 ② 수소
③ 질소 ④ 염소

▶풀이
식염수(NaCl)를 전기분해하면, 양극과 음극에서는 다음 식과 같은 반응이 일어난다.

(양극) $Cl^- \rightarrow \frac{1}{2}Cl_2 + e^-$

(음극) $H^+ + e^- + OH^- \rightarrow \frac{1}{2}H_2 + OH^-$

$\rightarrow OH^- + Na^+ \rightarrow NaOH$

- 양극 : 염소가 발생
- 음극 : 수소와 가성소다(NaOH)가 발생

【답】④

17 전동기의 제동시 전원을 끊고 전동기를 발전기로 동작시켜 이때 발생하는 전력을 저항에 의해 열로 소모시키는 제동법은?
① 회생제동 ② 발전제동
③ 와전류제동 ④ 역상제동

▶풀이
전기적 제동
- 발전 제동 : 전동기의 전기자를 전원에서 끊고 **전동기를 발전기로 동작**시켜 회전 운동 에너지로서 발생하는 전력을 그 단자에 접속한 **저항에서 열로 소비시키는 제동 방법**이다.
- 와전류 제동 : 전동기 축에 동심으로 설치한 구리의 원판을 자계 내에서 회전시켜 동판에 생긴 와전류에 의해서 제동력을 얻는 방법이다.
- 역상 제동 : 전동기의 전원 접속을 바꾸어 역토크를 발생시켜 급정지시키는 방법으로 역상 제동 또는 플러깅(plugging)이라 한다.
- 회생 제동 : 전동기에 전원을 접속한 상태에서 전동기에 유기되는 역기전력을 전원 전압보다 높게 하여 회전 운동 에너지로 발생되는 전력을 전원측에 반환하면서 제동하는 방식
- 단상 제동 : 단상 유도 전동기로 회전을 하게 하는 방식으로 2차 저항을 크게 함으로써 정상 토크보다 역상 토크를 크게하여 제동

【답】②

18 적외선 건조에 대한 설명으로 틀린 것은?
① 효율이 좋다.
② 온도 조절이 쉽다.
③ 대류열을 이용한다.
④ 소요되는 면적이 작다.

▶풀이
적외선 건조의 특징
- 도장 등의 표면 건조에 적당하다.
- 건조기 구조가 간단하다.
- 조작간단 연료 손실 적고, 작업 시간이 단축된다.
- 설비비 및 유지비가 염가, 설치 장소 절약된다.
- 건조 재료의 감시가 용이하고 청결 안전하다.
- **적외선 건조는 적외선 전구에 의한 복사열을 이용**한다.

【답】③

19 정류방식 중 맥동률이 가장 적은 것은? (단, 저항부하인 경우이다.)
① 3상 반파방식 ② 3상 전파방식
③ 단상 반파방식 ④ 단상 전파방식

▶풀이
맥동률 = $\frac{교류분}{직류분} \times 100 [\%]$

- 3상 반파 : 17.7[%]   · 3상 전파 : 4.04[%]
- 단상 반파 : 121[%]   · 단상 전파 : 48[%]   【답】②

20 모든 방향의 광도가 균일하게 1000[cd]인 광원이 있다. 이것을 직경 40[cm]의 완전 확산성 구형 글로브의 중심에 두었을 때 그 휘도가 1[cm²]당 0.56[cd]가 되었다. 이 글로브의 투과율은 약 몇 [%]인가? (단, 글로브 내면의 반사는 무시한다.)

① 65   ② 70
③ 83   ④ 92

풀이

휘도 $B = \dfrac{\tau I}{S}$ 에서

투과율 $\tau = \dfrac{BS}{I} = \dfrac{B \times \pi r^2}{I} = \dfrac{0.56 \times \pi \times 20^2}{1000}$
$= 0.7037 = 70.37[\%]$ 【답】②

2회 전기응용

01 효율 80[%]의 전열기로 1[kWh]의 전력을 소비하였을 때 10[*l*]의 물의 온도를 약 몇 [℃] 상승시킬 수 있는가?

① 30   ② 55
③ 63   ④ 69

풀이

$Pt\eta \times 860 = MC\theta$ 식에서
$1 \times 860 \times 0.8 = 10 \times \theta$
$\therefore \theta = \dfrac{860 \times 0.8}{10} = 68.8[℃]$ 【답】④

02 루소선도에서 하반구 광속 [lm]은 약 얼마인가? (단, 그림에서 곡선 BC는 4분원이다.)

① 528
② 628
③ 728
④ 828

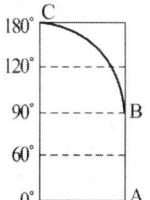

풀이

루소 선도에서 전광속 F와 루소 선도의 면적 S 사이에는
$F = \dfrac{2\pi}{r} S$, $r = 100$

하반구 광속이므로
$S = 100 \times 100$
$\therefore F = \dfrac{2\pi}{100}(100 \times 100) = 628[lm]$ 【답】②

03 전기차의 속도제어시스템 중 주파수의 변화에 대응하도록 전압도 같이 제어하는 방법은?
① 저항 제어시스템   ② 초퍼 제어시스템
③ 위상 제어시스템   ④ VVVF 제어시스템

풀이

가변 전압 가변 주파수 제어(VVVF : Variable Voltage Variable Frequency) : 유도전동기에 공급하는 전원의 주파수와 전압을 $\dfrac{V}{f}$=일정(주파수를 낮추면 전압도 낮추고, 주파수를 올리면 전압도 올려 $\dfrac{V}{f}$ 가 일정하게 유지) 의 관계를 유지하면서, 속도 $n = (1-s)\dfrac{120f}{p}$ 에서 알 수 있듯이 주파수 f를 제어하여 속도 n를 제어하는 방식   【답】④

04 전지의 국부작용을 방지하는 방법은?
① 완전 밀폐   ② 감극제 사용
③ 니켈 도금   ④ 수은 도금

풀이

아연 음극 또는 **전해액 중 불순물**(Cu, Ni, Fe, Sb 등)이 섞이면 국부 전류에 의한 전극의 부분 용해로서 자체 방전이 생기고 수명이 단축된다. 이것을 **방지하기 위하여 아연 전극에 수은 도금을 하거나 순도가 높은 전극 재료를 사용**한다.   【답】④

05 네온전구의 용도로서 틀린 것은?
① 소비전력이 적으므로 배전반의 표시등에 적합하다.
② 부글로우를 이용하고 있어 직류의 극성 판별용에 사용된다.
③ 일정한 전압에서 점등되므로 검전기, 교류 파고값의 측정에 이용할 수 없다.
④ 네온전구는 전극 간의 길이가 짧으므로 부글로우를 발광으로 이용한 것이다.

| 풀이 |
네온 전구의 특징
① 소비 전력이 적어 종야등, 파일럿등에 사용
② 일정 전압 이상에서 발광하므로 **검전기나 파고치 측정에 사용**
③ 음극에서 발광하므로 직류 극성 판별에 사용
④ 광도가 전류에 비례
⑤ 빛의 관성이 없다. 【답】 ③

06 회전부분의 관성모멘트를 증가시키기 위해 축에 플라이 휠(축세륜)을 설치하게 된다. 한 회전축에 대한 관성모멘트가 150 [kg·m²]인 회전체의 축세륜 효과(GD^2)는 몇 [kg·m²]인가?
① 450 ② 600
③ 900 ④ 1000

| 풀이 |
$J = \frac{1}{4} GD^2$ [kg·m²]
∴ $GD^2 = 4 \times J = 4 \times 150 = 600$ [kg·m²] 【답】 ②

07 교류식 전기 철도에서 전압불평형을 경감시키기 위해서 사용하는 변압기 결선방식은?
① Y-결선 ② △-결선
③ V-결선 ④ 스코트 결선

| 풀이 |
단상 교류식 전기 철도에서 **전압불평형을 경감**시키기 위해서 단상 변압기 2대를 사용해서 **3상 전원을 2상으로 변환**하여 3상 전원을 평형이 되도록 하는데 이 방식을 **스코트 결선** 방식이라고 한다.

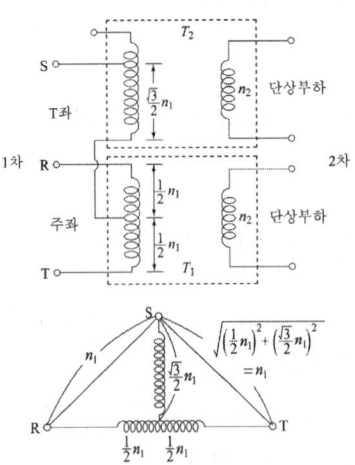

주좌변압기 T_1의 1차 권선의 $\frac{1}{2}$ 되는 점. 즉, $\frac{1}{2}n_1$에서 탭을 인출하여 T좌 변압기 T_2의 한 단자에 접속하고 T좌 변압기의 $\frac{\sqrt{3}}{2}$ 되는 점. 즉, $\frac{\sqrt{3}}{2}n_1$에서 탭을 인출하여 전원 전압을 공급 【답】 ④

08 완전 확산면의 휘도(B)와 광속 발산도(R)의 관계식은?
① $R = 4\pi B$ ② $R = 2\pi B$
③ $R = \pi B$ ④ $R = \pi^2 B$

| 풀이 |
$R = \frac{F}{S} = \frac{\pi I}{S} = \pi B$ (∵ 휘도 $B = \frac{I}{S}$) 【답】 ③

09 정격전압 100[V], 평균 구면광도 100[cd]의 진공 텅스텐 전구를 97[V]로 점등한 경우의 광도는 몇 [cd] 인가?
① 90 ② 100
③ 110 ④ 120

| 풀이 |
전압 특성 $\frac{F}{F_0} = \left(\frac{V}{V_0}\right)^{3.38}$ 에서
$F = F_0 \left(\frac{V}{V_0}\right)^{3.38} = F_0 \left(\frac{97}{100}\right)^{3.38} = 0.9 F_0$
(단, V: 인가전압, V_0: 정격전압, F: 인가전압 V를 인가했을 때 광속, F_0: 정격전압 V_0를 인가했을 때의 광속)
$I = \frac{F}{\omega}$ [cd]에서 $I \propto F$ 이므로
(단, I: 광도, ω: 입체각, F: ω내의 광속)
$I = 0.9 I_0 = 0.9 \times 100 = 90$ [cd]
(단, I: 인가전압 V를 인가했을 때 광도, I_0: 정격전압 V_0를 인가했을 때의 광도) 【답】 ①

10 레일본드와 관계가 없는 것은?
① 진동방지 ② 동 연선 사용
③ 전기저항 저하 ④ 전압강하 저하

| 풀이 |
레일 본드란 레일 사이를 전기적으로 접속시킨 연동선으로서, 레일 연결 부위의 접속 전기 저항과 전압 강하를 감소시키는 목적으로 설치하는 것으로서 **진동 방지와는 무관**하다. 【답】 ①

11 다음 설명 중 비열을 설명한 것은?

① 단위 시간에 흐른 열량이다.
② 기체나 액체의 운동, 열의 전달이다.
③ 1[g]의 물체를 1[℃] 상승시키는데 필요한 열량이다.
④ 적외선이나 광 등의 복사에너지에 의해서 열이 전달되는 것이다.

풀이
비열 : 물체 1[kg]을 1[℃] 높이는데 필요한 열량[J]을 비열이라 하고 그 단위는 [J/℃·kg] 이다. 【답】③

12 유도가열의 용도에 가장 적합한 것은?

① 목재의 접착   ② 금속의 용접
③ 금속의 열처리   ④ 비닐의 접착

풀이
유도가열은 교번자계 중에 있는 도전성 물질에서 발생하는 와류손과 히스테리시스손에 의한 발열을 이용하는 것으로
· 표면가열 (표면담금질, **금속의 표면처리**, 국부가열)
· 반도체 정련 (단결정 제조)
그러나, 목재의 건조, 목재의 접착, 비닐막의 접착 등은 절연체이므로 유전 가열을 이용한 것이다. 【답】③

13 자기방전량만을 항시 충전하는 부동충전방식의 일종인 충전방식은?

① 세류 충전   ② 보통 충전
③ 급속 충전   ④ 균등 충전

풀이
① **세류 충전** : **자기 방전량만을 항시 충전**하는 부동 충전 방식의 일종이다.
② 보통 충전 : 필요할 때마다 표준 시간율로 소정의 충전을 하는 방식이다.
③ 급속 충전 : 비교적 단시간에 보통 전류의 2~3배의 전류로 충전하는 방식이다.
④ 균등 충전 : 부동 충전 방식에 의하여 사용할 때 각 전해조에서 일어나는 전위차를 보정하기 위하여 1~3개월 마다 1회씩 정전압으로 10~12시간 충전하여 각 전해조의 용량을 균일화하기 위한 방식이다.
⑤ 부동 충전 : 축전지의 자기 방전을 보충함과 동시에 상용 부하에 대한 전력 공급은 충전기가 부담하도록 하되 충전기가 부담하기 어려운 일시적인 대전류 부하는 축전지로 하여금 부담하게 하는 방식이다. 【답】①

14 가로 12[m], 세로 20[m]인 사무실에 평균조도 400[lx]를 얻고자 32[W] 전광속 3000[lm]인 형광등을 사용하였을 때 필요한 등수는? (단, 조명률은 0.5, 감광보상률은 1.25 이다.)

① 50   ② 60
③ 70   ④ 80

풀이
사무실의 평균 조도를 400[lx]로 하기 위한 전소요 광속은
$NF = \dfrac{EAD}{U} = \dfrac{400 \times 12 \times 20 \times 1.25}{0.5} = 240,000 [\text{lm}]$
32[W] 형광등 1개의 광속은 3000[lm]이므로 등수는
∴ 등수 $N = \dfrac{240,000}{F} = \dfrac{240,000}{3000} = 80[\text{등}]$ 【답】④

15 5[Ω]의 전열선을 100[V]에 사용할 때의 발열량[kcal/h]은 약 얼마인가?

① 1720   ② 2770
③ 3745   ④ 4728

풀이
$P = \dfrac{V^2}{R} = \dfrac{100^2}{5} \times 10^{-3} = 2[\text{kW}]$
1시간 전력사용량 $W = P \times t = 2 \times 1 = 2[\text{kWh}]$
1[kWh]=860[kcal] 이므로
발열량 $H = 860 \times 2 = 1720[\text{kcal/h}]$ 【답】①

16 전지에서 자체방전 현상이 일어나는 것으로 가장 옳은 것은?

① 전해액 온도   ② 전해액 농도
③ 불순물 혼합   ④ 이온화 경향

풀이
아연 음극 또는 전해액 중에 **불순물이 섞이면** 아연이 부분적으로 용해되어 **국부 방전**이 생기며 수명이 짧아지는 것을 국부작용이라고 한다. 【답】③

17 부식의 문제가 없고 전류밀도가 높아 자동차나 군사용의 특수목적으로 사용되는 연료전지는?

① 인산형(PAFC) 연료전지
② 고체전해질형(SOFC) 연료전지
③ 용융탄산염형(MCFC) 연료전지
④ 고체고분자형(SPEFC) 연료전지

풀이

고체고분자 연료전지는 소규모 발전, **무공해 차량의 동력원**, 우주선용 전원, 이동형 전원, **군사용전원** 등 매우 다양한 분야에서 사용되고 있으며 다른 연료전지와 비교하여 다음과 같은 장점들을 지니고 있다.
- 높은 에너지 효율
- 부식성 액체가 없는 안전한 고체전해질
- 낮은 작동온도 및 신속한 시동
- 장기적 안정성 및 긴 수명
- 제작 용이성

【답】④

18 새로 제작한 전구는 최초의 점등에서 필라멘트의 특성을 안정화시키는 작업을 무엇이라 하는가?

① 초특성　　　　② 동정특성
③ 전압특성　　　④ 에이징(aging)

풀이

에이징(aging)
제작을 마친 **새 전구**를 처음으로 점등하면 필라멘트의 결정구조가 안정될 때 까지 **처음 수십 분 동안은 광속, 전류 등의 변화가 심하다**. 따라서, 제작을 마친 다음 약간 높은 전압으로 1시간 정도 점등하여 특성을 안정시키는데 이러한 **특성의 안정 조작을 에이징(aging)**이라고 한다.

【답】④

19 FL-20D 형광등의 전압이 100 [V], 전류가 0.35 [A], 안정기의 손실이 6 [W] 일 때 역률[%]은?

① 57　　　　　② 65
③ 74　　　　　④ 85

풀이

입력 $P = 20 + 6 = 26 [W]$

역률 $\cos\theta = \dfrac{P}{VI} = \dfrac{26}{100 \times 0.35} = 0.743 = 74.3 [\%]$

【답】③

20 전열기를 사용하여 방안의 온도를 23[℃]로 일정하게 유지하려고 할 경우 제어대상과 제어량을 바르게 연결한 것은?

① 제어대상 : 방,　제어량 : 23[℃]
② 제어대상 : 방,　제어량 : 방안의 온도
③ 제어대상 : 전열기,　제어량 : 23[℃]
④ 제어대상 : 전열기,　제어량 : 방안의 온도

풀이

전열기(제어요소)를 사용하여 방안(제어대상)의 온도(제어량)를 23[℃](목표값)로 일정(검출부)하게 유지

【답】②

4회　전기응용

01 물을 전기분해하면 음극에서 발생하는 기체는?

① 산소　　　　② 질소
③ 수소　　　　④ 이산화탄소

풀이

물을 전기 분해하면 **음극에서 수소**를, **양극에서는 산소**를 발생한다.
- 음극 : $2H^+ + 2e^- = H_2$
- 양극 : $2OH = \dfrac{1}{2}O_2 + H_2O + 2e^-$

【답】③

02 특수강의 제조에 가장 적당한 전기로는?

① 저주파 유도로　　② 고주파 유도로
③ 저항로　　　　　④ 아크로

풀이

고주파 유도로
① 교번 자계 중에 놓여진 유도성 물체에 와전류와 히스테리시스 손에 의한 가열 방식이다.
② 전원 : 5~20 [kHz]의 교류
③ 특징
- 피가열물 내에서 직접 열을 발생시킬 수 있으며 열원이 필요없다.
- 표면층만의 가열이 가능하다.
- 피가열물의 필요한 부분만 선택하여 가열할 수 있다.
- 온도제어가 정확하고 용이하다.
- 용해로의 자동 교반 작용으로 **양질의 제품을 얻을 수 있다.**

【답】②

03 특수형광 물질과 유전체를 혼합한 형광체에 교류전압을 가하여 발광시킨 면광원 램프는?

① 나트륨 램프　　② EL 램프
③ 제논 램프　　　④ 형광 램프

풀이

EL(electro luminescent) 램프는 유리면에 투명한 **도전성의 피막**을 입히고 그 위에 전기 루미네선스용의 특수 **형광체**를 유전 물질 중에 넣은 것을 100 [μ] 정도 이하의 엷은 층으로 바르고, 그

위에 금속 피막을 증착시킨 것이다. 금속 전극 사이에 교류 전압을 공급하면 형광체에 강한 교번 자계가 가해지게 되어 형광체가 발광한다. 【답】②

04 방전개시 전압을 나타내는 것은?
① 빈의 변위법칙
② 스테판-볼츠만의 법칙
③ 톰슨의 법칙
④ 파센의 법칙

풀이
방전 개시 전압은 방전관 내의 압력과 전극간 간격의 곱에 비례한다. 이 관계를 **파센(Paschen)의 법칙**이라 한다.
즉, $V \propto$ 압력×전극간의 간격   【답】④

05 하향 광속으로 직접 작업 면에 직사시키고 상향 광속의 반사광으로 작업면의 조도를 증가시키는 조명기구는?
① 간접 조명기구
② 직접 조명기구
③ 반직접 조명기구
④ 전반확산 조명기구

풀이
• 간접 조명 : 상향광속이 90~100[%]가 되고 하향광속은 10[%] 정도로서 빛의 90~100[%]가 천정과 벽에 반사되고 10[%]만이 물체의 표면에 직접 투사되는 방식
• 직접 조명 : 빛을 직접 대상물에 비추는 조명방식
• 반직접 조명 : 빛의 60~90[%]가 아래로 향하여 직접 표면을 비추고 나머지 10~40[%]는 천정면을 향하여 반사시키는 조명방식
• **전반확산 조명** : 하향광속으로 직접 작업면에 직사시키고 상향광속의 반사광으로 작업면의 조도를 증가시키는 조명방식
【답】④

06 다음 중 전해정제법이 이용되고 있는 금속 중 최대 규모로 행하여지는 대표 금속은?
① 구리
② 철
③ 납
④ 망간

풀이
전기 분해를 이용하여 순수한 금속만을 음극에서 석출하여 정제하는 것을 전해정제(electrolytic refining)라 하며 이 방법에 의하여 정제하는 금속으로는 **구리**가 가장 많고 주석, 금, 은, 니켈, 안티몬 등을 제조할 수 있다.   【답】①

07 전구의 필라멘트나 열전대 용접에 알맞은 방법은?
① 점 용접
② 돌기 용접
③ 심 용접
④ 불활성 용접

풀이
• 점 용접 : 필라멘트, 열전대 용접
• 심 용접 : 이음매 용접   【답】①

08 전기분해에서 패러데이의 법칙은? (단, $Q[C]$= 통과한 전기량, K= 물질의 전기화학 당량, $W[g]$= 석출된 물질의 양, t= 통과시간, I= 전류, $E[V]$= 전압 이다.)
① $W = K\dfrac{Q}{E}$
② $W = KEt$
③ $W = KQ = KIt$
④ $W = \dfrac{1}{R}Q = \dfrac{1}{R}It$

풀이
패러데이 법칙 : 전기 분해에 의해 석출되는 물질의 양은 전해액을 통과하는 총 전기량에 비례하고 또 물질의 화학 당량에 비례한다.
$W = KQ = KIt$ [g]   【답】③

09 프로세스 제어에 속하지 않는 것은?
① 위치
② 온도
③ 압력
④ 유량

풀이
제어량의 성질에 의한 분류

항 목	프로세스 제어	서보 기구	자동 조정 제어
특 징	플랜트나 생산 공정 중의 상태량을 제어량으로 하는 제어	기계적 변위를 제어량으로 해서 목표값의 임의의 변화에 추종하도록 구성된 제어계	전기적, 기계적 양을 주로 제어하는 것으로서, 응답 속도가 대단히 빨라야 한다.
제어량의 종류	・온도 ・유량 ・압력 ・액위 ・농도 ・밀도 등	・물체의 위치 ・방위 ・자세 등	・전압 ・전류 ・주파수 ・회전 속도 ・힘 등

【답】①

10 온실가스 감축을 위해 백열전구 사용을 억제하는 이유 중 맞지 않은 것은?
① 백열전구는 전체에너지의 약 95[%]가 열로 발산된다.
② 동일 용량의 형광등에 비해 소비전력이 크다.
③ 형광등에 비해 빛의 사용량이 많다.
④ 이산화탄소의 배출을 줄인다.

풀이
백열등은 형광등에 비해 **등효율[lm/W]이 매우 낮다.** 【답】③

11 양수량 40 [m³/min], 총 양정 13[m]의 양수펌프용 전동기의 소요출력은 약 몇 [kW]인가? (단, 펌프의 효율은 80[%]이다.)
① 68
② 106
③ 136
④ 212

풀이
• 양수 펌프 출력 $P_m = 9.8QH$ [kW]
• 전동기 출력=양수 펌프 입력 $P = \dfrac{9.8QH}{\eta_m}$ [kW] 에서

전동기 출력 $P = \dfrac{9.8 \times \left(\dfrac{40}{60}\right) \times 13}{0.8} ≒ 106.17$ [kW] 【답】②

12 전기용접부의 비파괴검사와 관계없는 것은?
① X선 검사
② 자기 검사
③ 고주파 검사
④ 초음파 탐상시험

풀이
용접물의 **비파괴 시험 종류**
① 용접부의 외관 검사
② **자기검사**
③ **X선** 또는 γ선 투과 시험
④ **초음파 탐상기**에 의한 시험 【답】③

13 납축전지의 특징으로 옳은 것은?
① 저온특성이 좋다.
② 극판의 기계적 강도가 강하다.
③ 과방전, 과전류에 대해 강하다.
④ 전해액의 비중에 의해 충·방전 상태를 추정할 수 있다.

풀이
납축전지(연축전지)
• 납축전지의 전해액은 묽은 황산으로서 그 **농도는 보통 비중으로 나타내며** 전지의 종류에 따라 1.2~1.3(20[℃]) 정도이다.
• 연축전지의 기전력은 황산농도(또는 비중)의 증가에 따라 증가한다.
(연축전지의 기전력 $E = 2.0405 + 0.05915 \log_{10} \dfrac{H_2SO_4}{H_2O}$)
따라서, **전해액의 비중을 측정 해 보면 납축전지의 충·방전 상태를 추정할 수 있다.** 【답】④

14 반도체에 광이 조사되면 전기저항이 감소되는 현상은?
① 열전능
② 홀효과
③ 광전효과
④ 제벡효과

풀이
광전효과 : 광전효과는 광도전 효과와 광기전력효과가 있다.
• **광도전효과** : 광에너지를 흡수하여 **전기저항이 변화**하는 현상
• **광기전력효과** : 광에너지를 흡수하여 전하분포가 변화하는 현상 【답】③

15 그림과 같이 광원 L에 의한 모서리 B의 조도가 20[lx]일 때, B로 향하는 방향의 광도는 약 몇 [cd]인가?
① 780
② 833
③ 900
④ 950

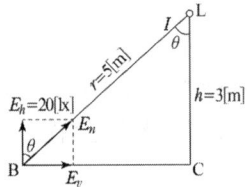

풀이

바닥 위의 20 [lx]는 수평면 조도 E_h 로
$E_h = \dfrac{I}{r^2}\cos\theta$ 에서

$I = \dfrac{E_h \cdot r^2}{\cos\theta} = \dfrac{20 \times 5^2}{0.6} ≒ 833.3$ [cd]

$\left(\because \cos\theta = \dfrac{h}{r} = \dfrac{3}{\sqrt{4^2+3^2}} = 0.6\right)$ 【답】②

16 반구면 광원의 상반구 광속이 1000 [lm], 하반구 광속은 3000 [lm]이다. 평균 구면 광도는 약 몇 [cd] 인가?

① 637 ② 564
③ 462 ④ 318

풀이
총광속 $F = 1000 + 3000 = 4000[lm]$
평균 구면 광도 $I = \dfrac{F}{4\pi} = \dfrac{4000}{4\pi} ≒ 318.3[cd]$ 【답】 ④

17 궤간이 1 [m]이고 반경이 1270 [m]인 곡선궤도를 64 [km/h]로 주행하는데 적당한 고도는 약 몇 [mm] 인가?

① 13.4 ② 15.8
③ 18.6 ④ 25.4

풀이
고도 $h = \dfrac{GV^2}{127R}$
여기서, h : 켄트(고도)[mm], G : 궤간[mm]
R : 곡선 반지름[m], V : 열차속도[km/h]
$h = \dfrac{1000 \times 64^2}{127 \times 1270} = 25.4[mm]$ 【답】 ④

18 발광에 양광주를 이용하는 조명등은?

① 네온전구   ② 네온관등
③ 탄소아크등 ④ 텅스텐아크등

풀이
- 양광주 이용 : 네온관등, 수은등 및 형광등
- 음극 글로우 이용 : 네온 전구 【답】 ②

19 20[℃]의 물 5리터를 용기에 넣어 1[kW]의 전열기로 가열하여 90[℃]로 하는데 40분 걸렸다. 이 전열기의 효율은 약 몇 [%] 인가?

① 46 ② 51
③ 56 ④ 61

풀이
$\eta = \dfrac{MC(T_2 - T_1)}{860Pt} \times 100 = \dfrac{5 \times 1 \times (90-20)}{860 \times 1 \times \dfrac{40}{60}} \times 100 = 61.05[\%]$ 【답】 ④

20 궤도의 확도(slack)를 표시하는 식은?
(단, R : 곡선 반지름 [m], l : 고정차축 거리 [m])

① $\dfrac{l^2}{5R}$ ② $\dfrac{l^2}{R}$
③ $\dfrac{l^2}{8R}$ ④ $\dfrac{l^2}{2.5R}$

풀이
확도(slack 슬랙)란 곡선로 부분에서 후렌지가 레일 측면에 끼어서 탈선하는 것을 방지하기 위해서 궤간을 직선부보다 약간 넓게 하는 것을 말한다.
$S = \dfrac{l^2}{8R}[m]$
l : 고정 차축간 거리[m], R : 곡선 반지름[m] 【답】 ③

2023년 CBT 복원문제

1회 전기응용

01 2개의 곡선반경 중심이 선로에 대해 서로 반대측에 위치하는 선로 곡선은?
① 단심곡선　　② 복심곡선
③ 반향곡선　　④ 완화곡선

풀이
① 단심곡선 : 원의 중심이 1개인 곡선
② 복심곡선 : 반경이 다른 원 2개의 중심이 동일한 축에 위치한 곡선
③ **반향곡선** : 두 개의 곡선 반경의 중심이 선로에 대해 **서로 반대 측에 위치한 곡선**
④ 완화곡선 : 직선부와 곡선부 사이에 설치하는 완만한 곡선

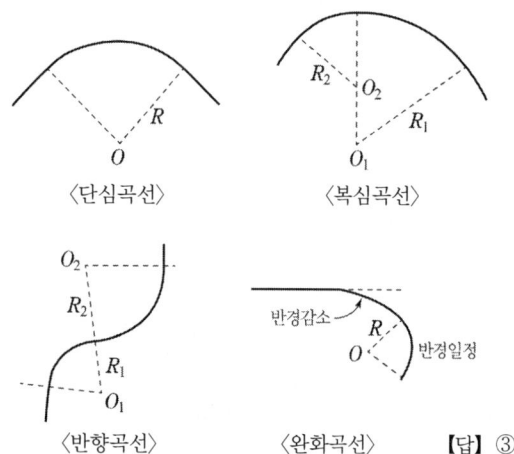

【답】③

02 가시광선 파장(nm)의 범위는?
① 280~310　　② 380~760
③ 400~430　　④ 555~580

풀이
가시광선의 파장
사람의 눈이 빛으로 느낄 수 있는 파장을 가시광선이라고 하며 **가시광선의 파장 범위는 380~760 [nm]** 이다. 각각의 색에 대한 파장은 다음과 같다.

색	보라	파랑	초록	노랑	주황	빨강
파장[nm]	380~430	430~452	452~550	550~590	590~640	640~760

【답】②

03 폭 6[m], 길이 10[m], 높이 4[m]인 교실에 32[W] 형광등 20개를 점등하였다. 교실의 평균조도[lx]는 약 몇 [lx]인가? (단, 조명률 0.45, 감광보상률 1.3, 32[W] 형광등의 광속은 1500[lm]이다.)
① 153　　② 163
③ 173　　④ 183

풀이
$FUN = EAD$ 에서,

평균조도 $E = \dfrac{FUN}{AD} = \dfrac{1500 \times 0.45 \times 20}{6 \times 10 \times 1.3} ≒ 173[\text{lx}]$

(여기서 F : 등기구 1개의 총 광속, U : 조명률, N : 등기구 수량, A : 면적, D : 감광보상률)　【답】③

04 전기가열 방식 중 전기적 절연물에 교번전계를 가할 때 물체 내부의 전기쌍극자의 회전에 의해 발열하는 가열 방식은?
① 저항 가열　　② 유도 가열
③ 유전 가열　　④ 전자빔 가열

풀이
유전 가열 : 전극 사이에 유전체를 넣고 전극간에 고주파 전계를 가하면 **전기 쌍극자는 전계의 방향으로 심하게 회전, 진동**한다. 유전가열은 이때 **분자끼리의 마찰에 의해 열을 발생**하게 하는 방법이다.　【답】③

05 진공 텅스텐 전구에 사용되는 게터는?
① 적린　　② 질화바륨
③ 탄산칼슘　　④ 소오다 석회

풀이

게터는 전구 내에 남아 있는 산소와 결합하여 전구 내의 진공도를 상승시켜 **필라멘트의 산화를 억제**하는 것으로서 게터로 사용되는 것은 다음과 같다.
- 진공 전구 : 적린과 플루오르화소다
- 가스 주입전구 : 질화바륨 과 카올린

【답】①

06 3상 반파정류회로에서 변압기의 2차 상전압 220 [V]를 SCR로써 제어각 α = 60°로 위상제어 할 때 약 몇 [V]의 직류전압을 얻을 수 있는가?

① 108.7
② 118.7
③ 128.7
④ 138.7

풀이

3상 반파 정류 회로

$$E_{d\pi} = \frac{1}{2\pi/3} \int_{-\pi/3+\alpha}^{\pi/3+\alpha} \sqrt{2}\, V\cos\theta d\theta = \frac{3\sqrt{6}}{2\pi} V\cos\theta$$

$$\therefore E_{d\pi} = \frac{3\sqrt{6}}{2\pi} \times 220 \times \cos 60° ≒ 128.7[V]$$

【답】③

07 전기분해에 의하여 전극에 석출되는 물질의 양은 전해액을 통과하는 총 전기량에 비례하며 그 물질의 화학당량에 비례하는 법칙은?

① 줄(Joule)의 법칙
② 암페어(Ampere)의 법칙
③ 톰슨(Thomson)의 법칙
④ 패러데이(Faraday)의 법칙

풀이

패러데이 법칙 : 전기 분해에 의해 석출되는 물질의 양은 전해액을 통과하는 총 전기량에 비례하고 또 물질의 화학 당량에 비례한다.

$$W = KQ = KIt\ [g]$$

여기서, W : 석출되는 물질의 양[g], K : 화학당량[g/C]
Q : 통과한 전기량($Q=It$)[C]
I : 전류[A], t : 시간[s]

【답】④

08 반사율 60[%], 흡수율 20[%]인 물체에 2000 [lm]의 빛을 비추었을 때 투과되는 광속은 몇 [lm]인가?

① 100
② 200
③ 300
④ 400

풀이

$\rho + \tau + \alpha = 1$
(여기서 τ : 투과율, ρ : 반사율, α : 흡수율)

$\therefore \tau = 1 - \rho - \alpha = 1 - 0.6 - 0.2 = 0.2$

투과 광속 F_τ는,

$\therefore F_\tau = \tau F = 0.2 \times 2000 = 400[lm]$

【답】④

09 단위변환이 틀리게 표현된 것은?

① $1[J] = 0.2389 \times 10^{-3}[kcal]$
② $1[kWh] = 860[kcal]$
③ $1[BTU] = 0.252[kcal]$
④ $1[kcal] = 3968[J]$

풀이

$1[kcal] = 4186.05[J]$

【답】④

10 목재건조에 적합한 가열 방식은?

① 저항가열
② 적외선 가열
③ 유전가열
④ 유도가열

풀이

- **유전 가열** : 유전체에서 발생되는 유전체손을 이용한 것으로 **목재의 건조, 목재의 접착, 합성수지의 가열성형, 고무의 유화** 등에 사용된다.
- **유도 가열** : 도전성 물질(금속)에서 발생하는 와류손과 히스테리시스손에 의한 발열 이용

【답】③

11 전기기기에 사용하는 각종 절연물의 종류별 허용최고온도로 옳은 것은?

① A : 120°
② B : 130°
③ C : 150°
④ E : 105°

풀이

절연물의 종류별 허용 최고온도

절연의 종류	Y	A	E	B	F	H	C
허용최고온도[℃]	90	105	120	130	155	180	180 초과

【답】②

12 아크용접에 주로 사용되는 가스는?

① 산소
② 헬륨
③ 질소
④ 오존

풀이

불활성 가스 용접은 용접용 전극의 주위에서 **아르곤이나 헬륨**을 분출시켜서 아크 부분을 공기로부터 차단하고 용제(flux)를 전혀 사용하지 않고 용접하는 방법이다. 알루미늄이나 마그네슘의 용접뿐만 아니라 스테인리스강, 동, 동합금 기타 이종 금속의 용접에도 적당하다. 【답】②

13 진공도가 $10^{-4} \sim 10^{-5}$[mmHg] 정도의 진공 중에서 가열된 텅스텐 합금의 음극으로부터 튀어나온 전자를 직류 고전압으로 가속해서 피용접물에 집중하여 용접하는 방법은?

① 전자빔 용접 ② 플라즈마 용접
③ 레이저 용접 ④ 초음파 용접

풀이
전자빔 가열 : 진공 중에서 고속으로 가열한 전자를 집속하여 그 전자의 충돌에 의한 에너지로 가열하는 방식을 전자 빔 가열이라고 한다. 【답】①

14 제품제조 과정에서의 화학 반응식이 다음과 같은 전기로의 가열 방식은?

$$SiO_2 + 3C \rightarrow SiC + 2CO$$

① 유전가열 ② 유도가열
③ 간접저항가열 ④ 직접저항가열

풀이
• **카아버런덤** : 모래와 코크스를 혼합하고 여기에 전류를 흘려서 2000[℃]이상 가열하면 다음과 같은 반응으로 제조된다.
$SiO_2 + 3C \rightarrow SiC + 2CO$
• **직접식 가열 저항로의 종류** : 흑연화로, **카아버런덤로**, 지로식 전기로가 있다. 【답】④

15 백열전구의 전압이 10[%] 저하하면 광속의 감소율은? (단, 광속은 전압의 3.4제곱에 비례한다.)

① 약 15[%] ② 약 20[%]
③ 약 30[%] ④ 약 35[%]

풀이
$F = F_0 \left(\dfrac{V}{V_0}\right)^{3.4} = F_0 \left(\dfrac{0.9V}{V}\right)^{3.4} = 0.7F_0$
따라서, 광속이 약 30[%] 감소하게 된다. 【답】③

16 제벡 효과의 역현상으로 동종의 금속의 접점에 전류를 통하면 전류방향에 따라 열을 발생하거나 흡수하는 현상은?

① 표피 효과 ② 톰슨 효과
③ 펠티에 효과 ④ 핀치 효과

풀이
• **제벡 효과** : 열전 온도계, 즉 두 금속을 두 접점으로 폐회로를 만들고 두 접점의 온도를 달리하면 기전력이 발생한다. 이 열기전력은 두 접점간의 온도차에 비례한다. 이 두 금속을 열전대라고 하고 이것을 이용한 것이 열전 온도계이다.
• **톰슨 효과** : 제백 효과의 역현상의 일종으로 동종의 금속의 접점에 전류를 통하면 **전류 방향에 따라 열을 발생 또는 흡수하는 현상**이다. 【답】②

17 다음 중 인버터(Inverter)에 대한 설명으로 옳은 것은?

① 직류를 더 높은 직류로 변환하는 장치
② 교류전원을 직류전원으로 변환하는 장치
③ 직류전원을 교류전원으로 변환하는 장치
④ 교류전원을 더 낮은 교류전원으로 변환하는 장치

풀이
• **인버터 : 직류 전원을 교류 전원으로 변환**하는 장치
• 컨버터 : 교류 전원을 직류 전원으로 변환하는 장치 【답】③

18 양방향 전압저지 소자가 아닌 것은?

① MOSFET ② SCR 사이리스터
③ GTO 사이리스터 ④ IGBT

풀이

	전압저지	전류저지
단방향	다이오드, BJT, **MOSFET**	다이오드, BJT, MOSFET, SCR, GTO, IGBT
양방향	SCR, GTO, IGBT, MCT	TRIAC, 역도통 사이리스터

【답】①

19 용해, 용접, 담금질, 가열 등에 가장 적합한 가열 방식은?

① 복사 가열 ② 유도 가열
③ 저항 가열 ④ 유전 가열

[풀이]
① 복사 가열 : 적외선 가열이라고도 하며, 적외선 전구 또는 비금속 발열체 등에서 복사된 적외선을 피열물의 표면에 조사하는 가열
② 유도 가열 : 교류자계 중에 있어서 도전성 물체 중에 생기는 와전류에 의한 전류손 또는 히스테리시스손을 이용하는 가열로 **금속의 표면 담금질·형조·용해·풀림·연납땜·경납땜** 등에 응용된다.
③ 저항 가열 : 전류에 의한 옴손을 이용한 가열
④ 유전 가열 : 고주파 전계 중에 절연성 피열물을 놓고, 여기에 생기는 유전체손을 이용하는 가열   【답】②

20 절대온도 T[K]인 흑체의 복사발산도(전방사에너지)는? (단, σ는 스테판-볼츠만의 상수이다.)

① σT ② $\sigma T^{1.6}$
③ σT^2 ④ σT^4

[풀이]
스테판-볼츠만 (Stefan-Blotzmann)의 법칙
흑체의 복사발산량 W는 절대온도 T[K]의 4제곱에 비례한다.
$$W = \sigma T^4 [W/cm^2]$$
여기서, σ는 스테판-볼츠만의 상수이다.   【답】④

2회　전기응용

01 목재의 건조, 베니어판 등의 합판에서의 접착 건조, 약품의 건조 등에 적합한 전기 건조 방식은?

① 아크 건조 ② 고주파 건조
③ 적외선 건조 ④ 자외선 건조

[풀이]
고주파 가열은 유도 가열과 유전 가열이 있다.
• 유전 가열 : 유전체에서 발생되는 유전체손을 이용한 것으로 **목재의 건조, 목재의 접착, 합성수지의 가열성형, 고무의 유화** 등에 사용된다.
• 유도 가열 : 도전성 물질(금속)에서 발생하는 와류손과 히스테리시스손에 의한 발열 이용   【답】②

02 태양전지에 이용되는 효과는?

① 광전자 방출 효과 ② 광기전력 효과
③ 핀치 효과 ④ 펠티어 효과

[풀이]
광전효과 : 빛을 받으면 전기적 특성의 변화를 일으키는 현상으로 그 종류는 다음과 같다.
• 광기전 효과 : 빛을 받으면 기전력이 발생하는 효과로 **태양전지에 이용**된다.
• 광전자 방출효과 : 빛을 받으면 광전자가 방출하는 효과
• 광도전 효과 : 빛을 받으면 저항값이 변화하는 효과   【답】②

03 동력 전달 효율이 78.4[%]의 권상기로 30 [t]의 하중을 매분 4 [m]의 속력으로 끌어 올리는데 필요한 동력 [kW]은?

① 14 ② 18
③ 21 ④ 25

[풀이]
$$P = \frac{KWV}{6.12\eta} = \frac{30 \times 4}{6.12 \times 0.784} = 25 [kW]$$
여기서, K : 손실계수 (여유계수), W : 중량(하중) [ton]
V : 권상속도 [m/min], η : 효율   【답】④

04 옥내 전반 조명에서 바닥면의 조도를 균일하게 하기 위한 등간격은? (단, 등간격 S, 등높이 H 이다.)

① $S = H$ ② $S \leq 2H$
③ $S \leq 0.5H$ ④ $S \leq 1.5H$

[풀이]
등 간격
• 등과 등 사이 $S \leq 1.5H$
• 등과 벽 사이
　- 벽을 사용할 때 : $S \leq \frac{1}{3}H$
　- 벽을 사용 안할 때 : $S \leq \frac{1}{2}H$
단, H : 작업면 부터 광원 까지의 높이[m]   【답】④

05 1기압 하에서 20 [℃]의 물 6 [l]를 4시간 동안에 증발시키려면 몇 [kW]의 전열기가 필요한가? 단, 전열기의 효율은 80 [%]이다.

① 약 1.34 ② 약 15.4
③ 약 154 ④ 약 134

[풀이]
• 필요한 열량 $= Mc[(t_2 - t_1) + $기화열$]$
$= 6[(100 - 20) + 539] = 3714$[kcal]

(기화열 : 일정 압력 하에서 1[kg]의 액체를 동일 온도의 증기로 변화하는 데 요하는 열량을 기화열 또는 증발열이라 하며, 물의 기화열은 539[kcal/kg]이다.)
- 발생열량 $= P \times h \times 860 \times \eta = P \times 4 \times 860 \times 0.8$
  (참고 : 1[kWh]=860[kcal])
$\therefore P = \dfrac{3714}{4 \times 860 \times 0.8} = 1.35 [kW]$ 【답】①

항목	추종 제어	프로그램 제어	비율 제어
종류	• 레이더(radar)	• CAM • 엘리베이터 • 열차의 무인운전	• 보일러의 자동연소 제어 • 암모니아 합성

【답】 ④

06 광석에 함유되어 있는 금속을 산 등으로 용해시킨 전해액으로 사용하여 캐소드에 순수한 금속을 전착시키는 방법은?
① 전해정제 ② 전해채취
③ 식염전해 ④ 용융점전해

풀이
전해채취 : 용액 중에 존재하는 금속이온을 **순금속으로 회수**하기 위해 용액에 전류를 통하여 금속을 얻는 방법 【답】②

09 1000[lm]인 광속을 발산하는 전등 10개를 500[m²] 방에 점등하였다. 평균조도는 약 몇 [lx]인가? (단, 조명률은 0.5이고 감광보상률이 1.5 이다.)
① 1.67 ② 2.52
③ 6.67 ④ 60

풀이
$F = 1000[lm]$, $N = 10$, $U = 0.5$, $D = 1.5$, $A = 500[m^2]$
$FUN = EAD$ 에서
$\therefore E = \dfrac{FUN}{AD} = \dfrac{1000 \times 0.5 \times 10}{500 \times 1.5} = 6.67[lx]$ 【답】③

07 반사율 70[%]의 완전확산성 종이를 100[lx]의 조도로 비추었을 때 종이의 휘도[cd/m²]는 약 얼마인가?
① 50 ② 45
③ 32 ④ 22

풀이
완전 확산면의 조도를 E, 광속 발산도를 R, 반사율을 ρ, 휘도를 B 라 하면
$R = \pi B = \rho E$ 의 관계가 있으므로
$\therefore B = \dfrac{\rho E}{\pi} = \dfrac{0.7 \times 100}{\pi} = 22.28 [cd/m^2]$ 【답】④

10 물을 전기분해 할 때 가성소다와 가성칼리를 20[%] 정도 첨가하는 이유는?
① 물의 도전율을 높이기 위해
② 수소와 산소가 혼합되는 것을 막기 위해
③ 전극의 손상을 막기 위해
④ 열의 발생을 줄이기 위해

풀이 물의 전기분해
물은 도전율이 극히 낮으므로 20[%] 정도의 **수산화나트륨 (NaOH) 또는 수산화칼륨(KOH)을 첨가하여 도전율을 높이고** 여기에 전류를 통하면 H$^+$은 음극으로 이동하여 수소 가스가 되고 OH$^-$는 양극으로 이동하여 산소가 된다. 【답】①

08 무인 엘리베이터의 자동제어는?
① 정치제어 ② 추종제어
③ 비율제어 ④ 프로그램제어

풀이

항목	추종 제어	프로그램 제어	비율 제어
특징	미지의 임의 시간적 변화를 하는 목표값에 제어량을 추종시키는 것을 목적으로 하는 제어법	미리 정해진 프로그램에 따라 제어량을 변화시키는 것을 목적으로 하는 제어법	목표값이 다른 것과 일정한 비율 관계를 가지고 변화하는 경우의 추종 제어

11 사람의 눈이 가장 밝게 느낄 때의 최대시감도는 약 몇 [lm/W] 인가?
① 540 ② 555
③ 680 ④ 760

풀이

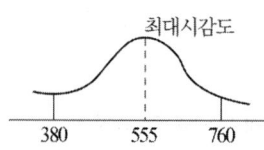

어느 파장의 에너지가 빛으로 느껴지는 정도를 시감도라 하며, **최대 시감도는 파장 555 [nm](5550[Å])의 황록색에서 발생**하고, 그 때의 **시감도는 680 [lm/W]** 이다. 【답】③

12 가로조명, 도로조명 등에 사용되는 저압 나트륨 등의 설명으로 틀린 것은?

① 효율은 높고 연색성은 나쁘다.
② 점등 후 10분 정도에서 방전이 안정된다.
③ 냉음극이 설치된 발광관과 외관으로 되어 있다.
④ 실용적인 유일한 단색광원으로 589[nm]의 파장을 낸다.

풀이
- **나트륨등**은 나트륨 증기 중의 방전을 이용한 것으로 **열음극이 설치된 2중관 구조**로서 발광관의 온도가 270[℃]에 도달 했을 때 발광 효율이 최대가 되며 발광관이 최적의 온도를 유지하기 위하여 외기와 열적으로 절연 하여야 한다.
- **분광 분포**는 D선이라 불리는 5890~5896[Å](=589[nm])의 황색선이 대부분(76[%])을 차지한다.
- **점등 초기의 특성으로 램프의 전압**은 혼입된 미량의 네온 가스가 방전함에 따라 상승하나 약 **10여분 후에는 안정**된다.
- 인공 광원 중 최대 발광 효율(80~150[lm/W])을 나타낸다.
- 단색광으로 **연색성이 대단히 나빠** 실내조명으로는 부족하다.
- 투과력이 양호하여 강변 도로 등, 안개지역 가로등, 광학시험에 사용된다. 【답】③

13 전기 집진기는 무엇을 이용한 것인가?

① 자기력   ② 전자기력
③ 유도기전력   ④ 대전체간의 정전기력

풀이
전기 집진기는 일반적으로 기체 중에서 그 중에 부유하는 고체형 액상 미립자를 전기적 방법으로 제거하고, 혹은 채집하는 장치로서 **정전력을 이용**한 것이며, 코트렐(cottrell)식은 그 대표적인 것이다. 【답】④

14 복진방지(Anti-Creeper)방법으로 적당하지 않은 것은?

① 레일에 임피던스 본드를 설치한다.
② 철도용 못을 이용하여 레일과 침목간의 체결력을 강화한다.
③ 레일에 앵커를 부설한다.
④ 침목과 침목을 연결하여 침목의 이동을 방지한다.

풀이
복진는 궤조(rail)가 열차의 진행과 더불어 종 방향으로 이동하려고 하는 것을 복진 이라 하고 이를 방지하는 장치를 복진방지라 하며 침목이 이 역할을 겸하고 있다. 따라서, **임피던스 본드는 전차의 귀로 전류는 흐르게 하고 신호 전류는 흐르지 못하게 한 회로로서 복진방지와는 무관**하다. 【답】①

15 다음 ( )에 들어갈 도금의 종류로 옳은 것은?

( )도금은 철, 구리, 아연 등의 장식용과 내식용으로 사용되며, 크롬도금의 전 단계 공정으로 이용되고 있다.

① 동   ② 은
③ 니켈   ④ 카드뮴

풀이
- **니켈도금**은 철강, 황동, 아연 등의 장식과 내식용 그리고 크롬도금의 전단계 공정으로서 이용되고 있다.
- 크롬도금은 내마모성과 내식성이 양호하고, 대기 중에서 광택을 상실하지 않는 성질을 이용하여 장식 등에 사용된다. 【답】③

16 초음파 용접의 특징으로 틀린 것은?

① 전기저항 용접에 비해 표면의 전처리가 간단하다.
② 가열을 필요로 하지 않는다.
③ 냉간 압접 등에 비하여 접합부 표면의 변형이 적다.
④ 고체상태에서의 용접이므로 열적 영향이 크다.

풀이
초음파 용접의 특징
- 초음파 진동에 의하여 표면의 산화피막이나 흡착층이 파괴되므로 냉간압접이나 전기저항용접에 비하여 표면의 전 처리는 간단해 진다.
- 냉간압접 등에 비하여 가압 하중이 적으므로 변형이 적다.
- 가열이 필요하지 않다.
- **고체상태에서의 용접이므로 열적 영향이 적다.**
- 이종금속의 용접이 가능하다. 【답】④

17 태양광선이나 방사선을 조사(照射)해서 기전력을 얻는 전지를 태양전지, 원자력전지라고 하는데 이것은 다음 어느 부류의 전지의 속하는가?

① 1차전지   ② 2차전지
③ 연료전지   ④ 물리전지

> **풀이**
실용전지의 분류

분류		종류
1차 전지		망간 건전지, 적층 건전지, 공기 건전지, 리튬 전지, 수은 전지
2차 전지		연축 전지, 알칼리 축전지
연료 전지		알칼리 전해액 연료전지, 산성 전해질 연료전지, 용융염 전해질 연료전지, 고체 전해질 연료전지
특수 전지	물리전지	**태양 전지**, 열 전지, **원자력 전지**
	생물전지	아직 실용화 되어 있지 않음

【답】④

18 백색 LED의 발광 원리가 아닌 것은?
① GaN계 적색 LED와 청색 발광형광체를 조합한 형태
② GaN계 청색 LED와 황색 발광형광체를 조합한 형태
③ GaN계 자외선 LED와 적·녹·청색 발광의 혼합형광체를 조합한 형태
④ 3색(적·녹·청)의 개별 LED 칩을 1개의 패키지 안에 조합한 멀티칩 형태

> **풀이**
백색 LED의 발광 원리
① GaN계 청색 LED를 광원으로 사용하여 황색 발광형광체를 여기 시킴으로써 백색을 구현
  : 제조단가가 저렴하고 발광 효율이 우수하다.
② **GaN계 자외선 발광 LED를 광원**으로 하여 삼원색 형광체를 여기 시켜 백색을 구현 : 연색성이 우수하다.
③ 빛의 삼원색(적, 녹, 청)을 내는 3개의 LED를 조합하여 백색을 구현 : 연색성이 우수하지만, 가격이 높다. 【답】①

19 수은이나 불활성가스와 같은 준안정상태를 형성하는 기체에 극히 미량의 다른 기체를 혼합한 경우 방전개시전압이 매우 낮아지는 현상은?
① 페닝 효과 ② 파센의 법칙
③ 웨버의 법칙 ④ 빈의 변위효과

> **풀이**
페닝 효과 : 준안정상태를 형성하는 기체에 **극히 미량의 다른 기체를 혼합한 경우 방전전압이 하강하는 현상** 【답】①

20 다음 SCR 기호 중 옳은 것은?

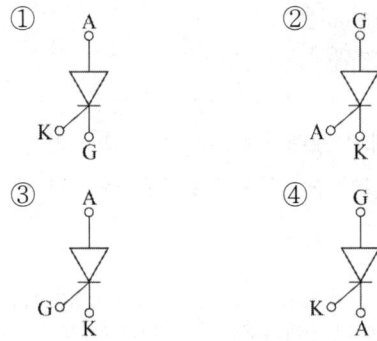

> **풀이**
SCR(silicon controlled rectifier)

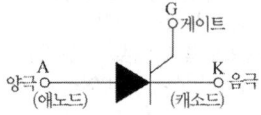

SCR은 순방향 전압이 인가되어 있을 때 게이트 단자에 전압을 인가하여 브레이크 오버 전압을 낮추어 도통 상태를 만든다.
【답】③

4회	전기응용

01 다음 중 전기로의 가열방식이 아닌 것은?
① 저항가열 ② 유전가열
③ 유도가열 ④ 아크가열

> **풀이**
전기로의 종류
① **저항로** : 도체에 생기는 줄열을 이용
② **유도 가열로** : 교번 자계 중에 있는 도전성 물질(금속)에서 발생하는 와류손과 히스테리시스손에 의한 발열을 이용
③ **아크로** : 아크(전극간의 방전)에서 발생되는 고열을 이용
【답】②

02 백열전구의 봉함부 도입선으로 쓰이는 재료는?
① 니켈강에 동을 피복한 것(듀밋선)
② 몰리브덴 선
③ 동에 니켈강을 피복한 것(텅스텐선)
④ 동선

[풀이]
• 도입선의 재질

전구의 종류	외부 도입선	봉함부 도입선	내부 도입선	스템 유리의 종류
진공 전구	동선	듀밋선 (dumet wire)	동선	연유리
가스 봉입 전구	동선	듀밋선 (dumet wire)	순철·순동선 (니켈·도금)	연유리

• 듀밋선은 42 [%]의 니켈을 포함한 철강선에 구리를 두껍게 피복한 것으로 팽창계수는 6×10^{-6} 정도이다. 【답】①

03 3상 유도전동기에서 플러깅의 설명으로 가장 옳은 것은?
① 단상 상태로 기동할 때 일어나는 현상
② 플러그를 사용하여 전원을 연결하는 방법
③ 고정자와 회전자의 상수가 일치하지 않을 때 일어나는 현상
④ 고정자측의 3단자 중 2단자를 서로 바꾸어 접속하여 제동하는 방법

[풀이]
플러깅(plugging, 역전제동) : 회전중인 전동기의 **1차 권선 3단자 중 임의의 2단자의 접속을 바꾸면 역방향의 토오크가 발생**되어 제동하는 방법으로 이 방법은 급속하게 정지시키고자 하는 경우에 사용된다. 【답】④

04 전기철도에서 표정속도를 나타내는 것은?
(단, L : 정거장간격, t : 정차시간, n : 정거장 수, T : 전 주행시간)
① $\dfrac{L}{t+T}$ ② $\dfrac{nL}{nt+T}$
③ $\dfrac{(n-1)L}{nt+T}$ ④ $\dfrac{(n-1)L}{(n-2)t+T}$

[풀이]
표정속도 = $\dfrac{이동거리}{운전시간+정차시간}$
정거장 수 n이면 정차시간은 출발역과 종착역을 제외한 역에서만의 정차시간이므로 $(n-2)t$, 이동거리는 $(n-1)L$이 된다. 【답】④

05 서로 관계 깊은 것들끼리 짝지은 것이다. 틀린 것은?
① 유도가열 : 와전류손
② 표면가열 : 표피효과
③ 형광등 : 스토크스정리
④ 열전온도계 : 톰슨효과

[풀이]
제벡 효과 : 서로 다른 두 종류의 금속 접속점 간에 온도차가 있으면 열기전력(전류)이 발생하는 현상으로 **열전 온도계** 및 열전대에 사용된다. 【답】④

06 오픈루프 제어계와 비교하여 폐루프 제어계를 구성하기 위해 반드시 필요한 장치는?
① 응답속도를 빠르게 하는 장치
② 안정도를 좋게 하는 장치
③ 입·출력 비교장치
④ 고주파 발생장치

[풀이]
입력과 출력을 비교하여 오차를 자동적으로 정정하게 하는 자동 제어 방식을 피드백 제어(폐루프 제어)라 한다. 따라서, **피드백 제어계에서 가장 중요한 장치는 입력과 출력을 비교하는 장치**이다. 【답】③

07 200[W] 전구를 우유색 구형 글로브에 넣었을 경우 우유색 유리 반사율은 30[%], 투과율은 50[%]라고 할 때 글로브의 효율[%]은 약 몇 [%]인가?
① 71   ② 76
③ 83   ④ 88

[풀이]
글로브의 효율 $\eta = \dfrac{\tau}{1-\rho}$ 에서
투과율 $\tau = 0.5$, 반사율 $\rho = 0.3$ 이므로
∴ $\eta = \dfrac{0.5}{1-0.3} = 0.714 = 71.4[\%]$ 【답】①

08 전기회로의 전류는 열회로의 무엇에 대응하는가?
① 열류   ② 열량
③ 열용량   ④ 열저항

풀이

전기	전압	전기량	전류	도전율	저항	정전 용량
열	온도차	열량	열류	열전도율	열저항	열용량

【답】①

09 3300[K]에서 흑체의 최대 파장[μ]은 약 얼마인가? (단, 빈의 변위법칙에서 상수 값은 2896 [μ·K]이다.)

① 0.878
② 1.140
③ 1.579
④ 1.899

풀이
빈의 변위법칙 : 방사파장은 방사체의 절대온도에 반비례한다.
$\lambda_m T = 2896[\mu \cdot K]$
여기서, λ_m : 최대복사가 일어나는 파장
따라서, $\lambda_m = \dfrac{2896}{T} = \dfrac{2896}{3300} = 0.878[\mu]$

【답】①

10 회전축에 대한 관성모멘트가 150[kg·m²]인 회전체의 플라이휠 효과(GD^2)는 몇 [kg·m²]인가?

① 450
② 600
③ 900
④ 1000

풀이
$J = \dfrac{1}{4} GD^2 \ [\text{kg} \cdot \text{m}^2]$
$\therefore GD^2 = 4 \times J = 4 \times 150 = 600 \ [\text{kg} \cdot \text{m}^2]$

【답】②

11 그림과 같은 전동차선의 조가법(早架法)은?

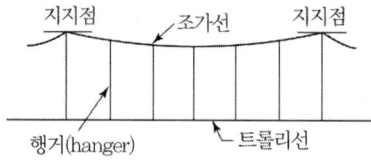

① 직접 조가식
② 단식 커티너리식
③ 변형 Y형 단식 커티너리식
④ 복식 커티너리식

풀이
- **단식 커티너리**(simple catenary) 조가 방식은 **조가선과 전차선의 2조**로 구성되고 조가선으로 전차선을 궤조면에 대하여 평행이 되도록 한 방식이다.
- 커티너리식은 전차선의 높이가 균일하므로 고속도용에 적합하다.

【답】②

12 축전지를 사용할 때 극판이 휘고 내부저항이 매우 커져서 용량이 감퇴 되는 원인은?
① 전지의 황산화
② 과도방전
③ 전해액의 농도
④ 감극작용

풀이
황산화 현상
- 납축전지를 방전상태에서 오랫동안 방치하면 극판에 백색의 황산납이 생기는 현상
- **극판이 휘게 되고, 내부 저항이 증가**하게 된다.

【답】①

13 전열기에서 발열선의 지름이 1[%] 감소하면 저항 및 발열량은 몇 [%] 증감되는가?
① 저항 2[%] 증가, 발열량 2[%] 감소
② 저항 2[%] 증가, 발열량 2[%] 증가
③ 저항 4[%] 증가, 발열량 4[%] 감소
④ 저항 4[%] 증가, 발열량 4[%] 증가

풀이
$R = \rho \dfrac{l}{s} = \rho \dfrac{l}{\frac{1}{4}\pi d^2} \ [\Omega]$ 에서 $R \propto \dfrac{1}{d^2}$ 이므로

$R : R' = \dfrac{1}{d^2} : \dfrac{1}{(0.99d)^2}$

$R' = \dfrac{d^2 R}{(0.99d)^2} = \dfrac{R}{0.9801} \fallingdotseq 1.02R$

따라서, 저항은 2[%] 증가

발열량 $Q = I^2 Rt = (\dfrac{V}{R})^2 Rt = \dfrac{V^2}{R} t$ 에서 $Q \propto \dfrac{1}{R}$

$Q' = \dfrac{R}{R'} Q = \dfrac{R}{1.02R} Q = 0.98 Q$

따라서, 발열량은 2[%] 감소

【답】①

14 동의 원자량은 63.54이고 원자가가 2라면 전기화학당량은 약 몇 [mg/C]인가?
① 0.229
② 0.329
③ 0.429
④ 0.529

풀이
- 화학 당량 $= \dfrac{\text{원자량}}{\text{원자가}} = \dfrac{63.54}{2} = 31.77$

- 전기 화학당량 K : 1[C]의 전기량으로 석출시킬 수 있는 물질의 양

$$K = \frac{화학당량}{패러데이\ 상수} = \frac{화학당량}{96500} = \frac{31.77}{96500}$$
$$= 0.0003292[g/C] = 0.3292[mg/C]$$ 【답】②

15 궤간의 확도(slack)[mm]를 표시하는 식은?
(단, l은 차축거리[m], R[m]는 곡선의 반지름이다.)

① $\dfrac{l^2}{8R}$ ② $\dfrac{8l^2}{R}$

③ $\dfrac{l^2}{R}$ ④ $\dfrac{l^2}{5R}$

풀이
확도(slack 슬랙)란 곡선로 부분에서 후렌지가 레일 측면에 끼어서 탈선하는 것을 방지하기 위해서 궤간을 직선부보다 약간 넓게 하는 것을 말한다.

확도 $S = \dfrac{l^2}{8R}$[m]

l : 고정 차축간 거리[m], R : 곡선 반지름[m] 【답】①

16 파장폭이 좁은 3가지의 빛을 조합하여 효율이 높은 백색 빛을 얻는 3파장 형광램프에서 3가지 빛이 아닌 것은?

① 청색 ② 녹색
③ 황색 ④ 적색

풀이
3파장 형광램프 : 3파장 형광램프는 파장폭이 좁은 **청색, 녹색 및 적색** 빛을 조합하여 효율이 높은 백색 빛을 얻는 등이다. 【답】③

17 다음의 소자 중 쌍방향성 사이리스터가 아닌 것은?

① DIAC ② TRIAC
③ SSS ④ SCR

풀이
각 종 반도체 소자의 방향성 비교
- 양방향성(쌍방향성) 소자 : DIAC, TRIAC, SSS
- 역저지(단방향성) 소자 : SCR, LASCR, GTO 【답】④

18 10[cd]의 광원으로부터 3[m] 거리에 있는 점 A의 조도는 16[cd]의 광원으로부터 6[m]거리에 있는 점 B의 조도의 몇 배가 되는가?

① 0.4
② 2
③ 2.5
④ 3.5

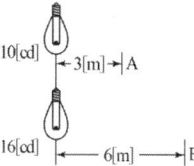

풀이
조도에 관한 거리의 역제곱의 법칙 $\left(E = \dfrac{I}{r^2}\right)$에 의해서

$$\frac{E_A}{E_B} = \frac{\dfrac{I_A}{r_A^2}}{\dfrac{I_B}{r_B^2}} = \frac{\dfrac{10}{3^2}}{\dfrac{16}{6^2}} = \frac{10}{4} = 2.5$$

$\therefore E_A = 2.5 E_B$ 【답】③

19 그림과 같은 배광곡선과 루소선도에서 반사갓이 없는 형광등의 루소선도는 어느 것인가?

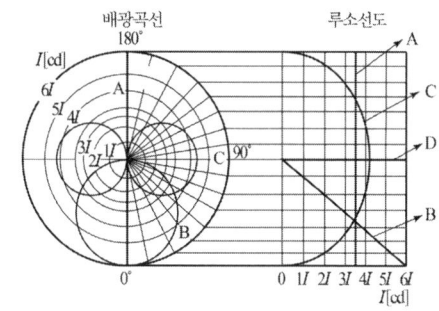

① A ② B
③ C ④ D

풀이

광원 성질	직선	원판	평면판	원통	구면	반구면
수직배광 곡선						
루소선도						

【답】③

20 금속을 양극으로 하고 음극은 불용성의 탄소 전극을 사용한 다음, 전기 분해하면 금속 표면의 돌기 부분이 다른 표면 부분에 비해 선택적으로 용해되어 평활하게 되는 것은?

① 전주
② 전기 도금
③ 전해 정련
④ 전해 연마

풀이

① 전주 : 전기 주조라고 하며 공예품의 복제, 활자 인쇄용 원판, 레코드 원판 제조 등에 이용된다.
② 전기도금 : 도금하고자 하는 금속을 양극, 도금되는 금속을 음극으로 하고 도금하고자 하는 금속이온을 함유한 수용액 중에서 전기분해하여, 음극으로 금속을 석출시키는 것이다.
③ 전해정련 : 전기분해를 이용하여 순수한 금속만을 음극에서 석출하여 정제하는 것으로 구리, 주석, 금, 은, 니켈, 안티몬 등을 제조할 수 있다.
④ **전해 연마** : 금속을 양극으로 한 후 적당한 전해액 중에서 단시간 전류를 통하면 **금속표면의 돌기 부분만이 먼저 분해되어 거울과 같은 표면을 얻는 방법**　　　　　　【답】④

2024년 CBT 복원문제

1회 전기응용

01 표준전지에 쓰이는 것이 아닌 것은?
① $CdSO_4$
② Cd
③ Hg
④ H_2SO_4

[풀이]
표준전지는 전압 표준기(전압계 보정용)로서 **카드뮴 전지**가 사용된다.
표준전지의 요구특성은 장시간 동안 전류가 흘러도, 또한 기압, 온도의 변화에도 기전력의 크기가 변화 되지 않는 특성이 요구된다.

종류	양극	전해액	음극	특징	비고
웨스턴 전지 (카드뮴전지)	Hg	$CdSO_4$	Cd	온도계수가 작다.	현재 사용중
클라크 전지	Hg	$ZnSO_4$	Zn	온도계수가 크다.	초기에 사용

【답】④

02 다음은 사이리스터를 이용하여 얻을 수 있는 결과들이다. 적당하지 않은 것은?
① 교류전력 제어
② 주파수 변환
③ 직류 위상 변환
④ 직류 전압 변환

[풀이]
사이리스터는 위상제어, 정지 스위치, 인버터 초퍼, 타이머 회로, 트리거 회로, 카운터, 과전압 보호 등에 쓰인다. 그러나 **직류에서 위상이라는 개념은 없다.**
【답】③

03 열차의 자중이 120[t]이고, 동륜상의 중량이 90[t]인 기관차의 최대 견인력[kg]은? (단, 레일의 점착계수는 0.2로 한다.)
① 1800
② 2160
③ 18000
④ 21600

[풀이]
최대 견인력 F_m[kg]은 다음과 같다.

$F_m = 1000\mu W_a$[kg]
여기서, μ는 점착 계수, W_a는 차륜이 궤조(rail)면에 수직으로 누르는 중력[t], 즉 동륜상의 중량
∴ $F_m = 1000 \times 0.2 \times 90 = 18000$[kg]
【답】③

04 백열전구의 동정 곡선은 다음 중 어느 것을 결정하는 중요한 요소가 되는가?
① 전류, 광속, 전압, 시간
② 전류, 광속, 효율, 시간
③ 광속, 휘도, 전압, 시간
④ 광속, 휘도, 효율, 시간

[풀이]
에이징(ageing)된 전구를 점등하면 시간의 경과와 함께 광속·전류·효율·전력이 약간 변화하게 되며 이 변화과정을 동정(performance)이라고 하며, **점등시간과 특성의 변화(광속·전류·효율·전력)를 곡선으로 나타낸 것을 동정곡선**이라고 한다.
【답】②

05 유도전동기를 기동하여 각속도 ω_s에 이르기까지 회전자에서의 발열손실 Q[J]를 나타낸 식은? (단, J는 관성모멘트이다.)
① $Q = \frac{1}{2}J\omega_s$
② $Q = \frac{1}{2}J\omega_s^2$
③ $Q = \frac{1}{2}J^2\omega_s$
④ $Q = \frac{1}{2}J^2\omega_s^2$

[풀이]
기동시의 경우 슬립 $s_1 = 1$, 각속도 ω_s에 도달할 때의 슬립 $s_2 = 0$이므로
$Q = \int_{t_1}^{t_2} P_c dt = -\omega_s^2 J \int_{s_1}^{s_2} s \, ds = -\frac{1}{2}J\omega_s^2 [s^2]_{s_1}^{s_2}$ 에서
$Q = -\frac{1}{2}J\omega_s^2 [s^2]_{s_1=1}^{s_2=0} = \frac{1}{2}J\omega_s^2$[J]
회전수 n_s에 있어서 회전자에 축적된 운동 에너지와 같다.
【답】②

06 자동차 기타 차량 공업, 기계 및 전기 기계기구 등과 기타 금속 제품의 도장을 건조하는데 주로 이용되는 가열 방식은?

① 저항 가열
② 고주파 가열
③ 유도 가열
④ 적외선 가열

풀이
적외선 건조는 두께가 얇은 재료에 적합하고, 주로 섬유, **도장 관계에 많이 사용**된다. 【답】④

07 부하 전류가 증가하면 가장 급격히 속도가 감소하는 전동기는?

① 직류 분권 전동기
② 직류 복권 전동기
③ 3상 유도 전동기
④ 직류 직권 전동기

풀이
직권 전동기에서 $I_a = I = I_f \propto \phi$ 이므로
직류 직권 전동기의 속도
$$n = k\frac{V - I_a(R_a + R_s)}{\phi} = k'\frac{V - I(R_a + R_s)}{I}$$
에서 $(R_a + R_s)$는 매우 적기 때문에 무시하면 $n = k''\frac{V}{I}$가 되어
부하 전류 I가 증가하면 속도 n은 그에 반비례하여 감소한다. 【답】④

08 루소선도가 아래 그림과 같을 때, 배광곡선의 식은?

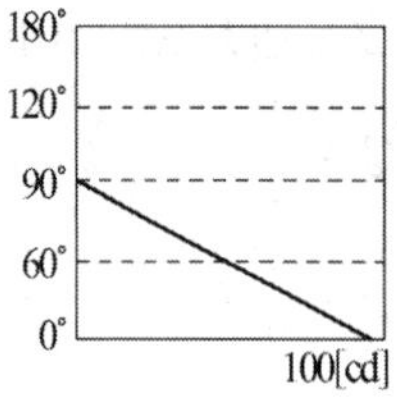

① $I_\theta = 100\cos\theta$
② $I_\theta = 50(1 + \cos\theta)$
③ $I_\theta = \dfrac{2\theta}{\pi}100$
④ $I_\theta = \dfrac{\pi - 2\theta}{\pi}100$

풀이
배광곡선의 기본식 $I_\theta = a\cos\theta + b$ 이다.
루소 선도에서 $\theta = 90°$일 때
$I_{90°} = a\cos 90° + b = 0[cd]$이므로, $b = 0$
$\theta = 0°$일 때 $I_{0°} = a\cos 0° + b = 100[cd]$ 이므로,
$a = 100$
∴ $I_\theta = 100\cos\theta$ 【답】①

09 용접용 전원의 특성은 부하가 급히 증가할 때 전압은?

① 일정하다.
② 급히 상승한다.
③ 급히 강하한다.
④ 서서히 상승한다.

풀이
용접용 전원은 수하 특성을 갖고 있어야 한다. 또한 수하 특성이란 "**부하가 증가하면 단자 전압이 현저히 저하하는 현상**"이라 한다. 【답】③

10 반도체 소자의 종류 중에서 게이트에 의한 턴온을 이용하지 않는 소자는?

① SSS
② SCR
③ GTO
④ SCS

풀이
SSS(Silicon Symmetrical Switch)의 특징
① 양방향성 소자이다.
② 전극은 2단자로 npnpn의 5층으로 되어 있다.
③ SCR을 역병렬로 2개 접속한 것과 같은 특성을 갖는다.
④ SCR과 달리 제어 **게이트 전극이 없는 구조**로 게이트에 의한 턴온을 할 수 없다. 【답】①

11 불활성 가스 용접에서 아르곤 가스가 헬륨보다 널리 사용되는 이유로 틀린 것은?

① 전리전압이 낮으므로 아크의 발생과 유지가 쉽다.
② 피포작용이 강하여 기류가 견고하다.
③ 용접면의 산화방지 효과가 크다.
④ 가스필요량이 적으며 가격이 저렴하다.

풀이
헬륨은 아르곤보다 열전도율이 높아 빠르게 용접이 진행되고, 용융 풀(Molten Pool) 위에 균일하게 퍼져 산소와의 접촉을 차단하므로 **헬륨이 아르곤보다 산화 방지 효과가 더 크다**. 【답】③

12 200[cd]의 점광원으로부터 5[m]의 거리에서 그 방향과 직각인 면과 60° 기울어진 수평면상의 조도[lx]는 얼마인가?

① 4[lx]
② 6[lx]
③ 8[lx]
④ 10[lx]

풀이
수평면 조도 E는
$E = \dfrac{I}{r^2}\cos\theta = \dfrac{200}{5^2} \times \cos 60° = 4\,[\text{lx}]$ 　【답】①

13 전동기의 토크 단위는?
① [kg]　　② [kg·m²]
③ [kg·m]　　④ [kg·m/s]

풀이
- 힘 [kg]　　・관성 모멘트 [kg·m²]
- **토크** [kg·m]　・동력 [kg·m/s]　　【답】③

14 파장이 가장 긴 빛은?
① 적색　　② 노랑
③ 파랑　　④ 보라색

풀이
가시광선의 파장
사람의 눈이 빛으로 느낄 수 있는 파장을 가시광선이라고 하며 가시광선의 파장 범위는 380~760[nm] 이다. 각각의 색에 대한 파장은 다음과 같다.

색	보라	파랑	초록	노랑	주황	빨강
파장 [nm]	380~430	430~452	452~550	550~590	590~640	640~760

【답】①

15 유전가열에 관한 사항이다. 관계되지 않는 것은?
① 선택가열 가능　　② 균일가열 가능
③ 온도제어 용이　　④ 열전효과 이용

풀이
유전 가열의 장·단점
[장점]
① 각 부를 균일하게 가열
② 가열 시간 단축
③ 주파수에 의하여 선택적 가열 가능
[단점]
① 고주파 전원이 필요
② 설비의 고가
③ 효율의 저하
④ 통신·기타에 장애를 줌
⑤ 피열물 구조에 따라 균일 가열 곤란　　【답】④

16 필라멘트 재료의 구비조건에 해당되지 않는 것은?
① 융해점이 높을 것
② 고유저항이 작을 것
③ 선팽창 계수가 작을 것
④ 높은 온도에서 증발성이 적을 것

풀이
필라멘트 재료로서의 필요 조건은 다음과 같다.
① 융해점이 높을 것
② **고유 저항이 클 것**
③ 높은 온도에서의 증발(승화)이 적을 것
④ 점화 온도에서 주위의 것과 화합하지 않을 것
⑤ 가는 선으로의 가공이 쉬울 것
⑥ 고온으로 되어도 기계적 강도가 감소하지 않을 것
⑦ 선팽창 계수가 적을 것
⑧ 전기 저항의 온도 계수가 플러스로 될 것
⑨ 재료가 풍부하고 가격이 염가로 될 것　　【답】②

17 전기차량의 구동용 주전동기의 특성을 설명한 것으로 틀린 것은?
① 직류 직권 전동기의 회전수는 단자전압에 비례하고 부하전류에 반비례한다.
② 직류 직권 전동기의 토크는 전류의 2승에 비례한다.
③ 유도 전동기는 VVVF 인버터 장치가 필요하다.
④ 유도 전동기 2차 전류는 자속과 슬립 주파수에 반비례한다.

풀이
① $N = K_1 \dfrac{V}{\phi} = K_2 \dfrac{V}{I}$　($\because I \propto \phi$)
② $T = K_1 \phi I = K_2 I^2$　($\because I \propto \phi$)
③ 3상 유도 전동기는 속도제어 및 기동 특성 개선을 위하여 인버터(VVVF)가 필요하다.
④ 조건에 맞지 않는다.　　【답】④

18 폭 10[m], 길이 20[m], 천정의 높이 4[m]의 식당에 1,000[lm]의 백열전구를 설치하여 평균조도 100[lx]로 하려면 필요한 전구의 수는? (단, 조명률 0.5, 감광보상률은 1.50이다.)
① 30개　　② 60개
③ 40개　　④ 80개

[풀이]

$N = \dfrac{AED}{FU} = \dfrac{10 \times 20 \times 100 \times 1.5}{1{,}000 \times 0.5} = 60$개

(여기서 F : 등기구 1개의 총 광속, U : 조명률,
N : 등기구 수량, A : 면적, D : 감광보상률) 【답】②

19 플라이 휠 효과가 $GD^2[\text{kg} \cdot \text{m}^2]$인 전동기의 회전자가 $n_2[\text{rpm}]$에서 $n_1[\text{rpm}]$으로 감속할 때 방출한 에너지[J]는?

① $\dfrac{GD^2(n_2 - n_1)^2}{730}$

② $\dfrac{GD^2(n_2^2 - n_1^2)}{730}$

③ $\dfrac{GD^2(n_2 - n_1)^2}{375}$

④ $\dfrac{GD^2(n_2^2 - n_1^2)}{375}$

[풀이]

$W = \dfrac{1}{2}\left(\dfrac{GD^2}{4}\right)\left(\dfrac{2\pi n}{60}\right)^2 = \dfrac{GD^2 \cdot n^2}{730}[\text{J}]$ 이므로

방출 에너지 $= W_2 - W_1$

$= \dfrac{GD^2}{730} n_2^2 - \dfrac{GD^2}{730} n_1^2$

$= \dfrac{GD^2}{730}(n_2^2 - n_1^2)$ 【답】②

20 바깥쪽 레일은 원심력의 작용으로 지나친 하중이 걸려 탈선하기 쉬우므로 안쪽 레일보다 얼마간 높게 한다. 이 바깥쪽 레일과 안쪽 레일의 높이차를 무엇이라 하는가?

① 편위   ② 확도
③ 캔트   ④ 궤간

[풀이]

캔트(cant ; 고도) : 차량이 곡선부를 달릴 때에 발생하는 원심력에 대비하여 곡선 **바깥쪽의 레일을 안쪽 레일보다 높게** 하여 차량전체를 곡선의 중간쪽으로 기울이게 하여 원심력과 평형시키는데 이 기울임의 고도를 캔트(cant)라 하며 운전의 안전을 확보하기 위하여 설치한다. 【답】③

2회 전기응용

01 모든 방향의 광도 360[cd]되는 전등을 지름 3[m]의 책상중심 바로 위 2[m] 되는 곳에 놓았다. 책상 위의 최소 수평 조도[lx]는?

① 23   ② 46
③ 62   ④ 90

[풀이]

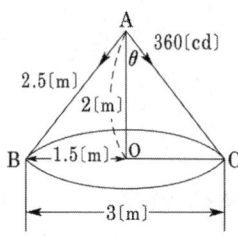

그림에서와 같이 책상위 최대 수평 조도의 점은 제일 가까운 점 O가 되고 **최소 수평 조도의 점은 책상끝 B 혹은 C점**이 된다.
B점에서 수평면 조도

$r = \sqrt{2^2 + 1.5^2} = 2.5[\text{m}]$

따라서, 수평면 조도 E_h는

$E_h = \dfrac{I}{r^2}\cos\theta = \dfrac{360}{2.5^2} \times \dfrac{2}{2.5} = 46.06[\text{lx}]$ 【답】②

02 일그너(Ilgner) 장치의 속도 특성과 사용처는?

① 정속도 소용량 탈곡기
② 고속도 소용량 압연기
③ 가변 속도 중용량 크레인
④ 가변 속도 대용량 제관기

[풀이]

일그너 방식 : 워드레오나드 방식에 플라이휠을 장치하여 첨두부하의 반복이 교류 전원측에 미치는 악영향을 적게 한 것으로 대용량 부하에서 **가변 속도의 경우에 사용한다. 제철, 제관 작업** 등에 적합하며 특징은 다음과 같다.
• 첨두 부하값이 감소
• 최대 토크 감소
• 전류의 동요가 감소 【답】④

03 합판 및 비닐막의 접착에 적당한 가열방식은?
① 유도가열   ② 적외선가열
③ 직접 저항가열   ④ 고주파 유전가열

[풀이]
유전 가열 : 고주파 전계 중에 절연성 피열물을 놓고, 여기에 생기는 유전체손을 이용하는 가열방식으로 **비닐막의 접착, 목재의 건조 및 접착**에 적합하다.
즉, 비닐막은 절연물로서 저항가열, 아크가열, 유도가열은 사용하지 못한다. 【답】 ④

04 와전류손을 이용한 가열 방법이며, 교번자계 중에서 도전성의 물체 중에 생기는 와류에 의한 줄 열로 가열하는 방식은?

① 저항가열 ② 적외선가열
③ 유전가열 ④ 유도가열

[풀이]
- 저항가열 : 전류에 의한 옴손을 이용한 가열
- 적외선가열(복사 가열) : 적외선 전구 또는 비금속 발열체 등에서 복사된 적외선을 피열물의 표면에 조사하는 가열
- 유전가열 : 고주파 전계 중에 절연성 피열물을 놓고, 여기에 생기는 유전체손을 이용하는 가열
- **유도가열** : 교류자계 중에 있어서 도전성 물체 중에 생기는 **와전류에 의한 전류손** 또는 히스테리시스손을 이용하는 가열
 【답】 ④

05 다이액(DIAC)에 대한 설명 중 잘못된 것은?

① NPN 3층으로 되어 있다.
② 역저지 4극 사이리스터로 되어 있다.
③ 쌍방향으로 대칭적인 부성저항을 나타낸다.
④ 다이액의 항복전압을 넘을 때 갑자기 콘덴서가 방전하고 그 방전전류에 의하여 트라이액을 on 시킬 수가 있다.

[풀이]
각 종 반도체 소자의 비교
- **양방향성(쌍방향성) 소자** : **DIAC, TRIAC, SSS**
- 역저지(단방향성) 소자 : SCR, LASCR, GTO 【답】 ②

06 5층 빌딩에 설치된 적재중량 1000[kg]의 엘리베이터를 승강속도 50[m/min]로 운전하기 위한 전동기의 출력은 약 몇 [kW]인가? (단, 권상기의 기계효율은 0.9이고 균형추의 평형률은 10이다.)

① 4   ② 6
③ 7   ④ 9

[풀이]
$$P = \frac{KWV}{6.12\eta}F[kW]$$
여기서, K : 손실계수 (여유계수), W : 중량(하중) [ton]
v : 권상속도 [m/sec], V : 권상속도 [m/min]
F : 평형추의 평형률, η : 효율

$$P = \frac{KWV}{6.12\eta} \times F = \frac{1 \times 1 \times 50}{6.12 \times 0.9} \times 1 = 9.08[kW]$$ 【답】 ④

07 $\cos\omega t$의 라플라스 변환은?

① $\dfrac{s}{s^2 - \omega^2}$ ② $\dfrac{s}{s^2 + \omega^2}$

③ $\dfrac{\omega}{s^2 - \omega^2}$ ④ $\dfrac{\omega}{s^2 + \omega^2}$

[풀이]

$f(t)$	$F(s)$
$\sin\omega t$	$\dfrac{\omega}{s^2+\omega^2}$
$\cos\omega t$	$\dfrac{s}{s^2+\omega^2}$

【답】 ②

08 전기철도의 전기차에 대한 직류방식의 특징이 아닌 것은?

① 직류변환장치가 필요하다.
② 교류에 비해 전압강하가 크다.
③ 사고 시 선택차단이 용이하다.
④ 교류에 비해 절연계급을 낮출 수 있다.

[풀이]
(1) 직류 방식
 ① 전압이 낮아 절연 계급을 낮출수 있다.
 ② 통신 유도 장해가 없다.
 ③ 경량 단거리 수송에 유리하다.
 ④ 운전전류가 커서 누설전류에 의한 전식대책이 필요하다.
 ⑤ 전철용 변전소에 정류장치를 설치해야하므로 건설비가 높다.
 ⑥ 전력손실, 전압강하가 크므로 변전소의 간격을 짧게 하여야 한다.
 ⑦ 보호방식이 복잡하다.
(2) **교류 방식**
 ① 대용량 중·장거리 수송에 유리하다.
 ② 에너지 이용률이 높다.
 ③ **사고시 선택차단이 용이**하다.
 ④ 전식의 우려가 없으나 통신선 유도장해의 대책이 필요하다. 【답】 ③

09 평균구면광도가 780[cd]인 전구로부터 발산하는 전광속[lm]은 약 얼마인가?

① 9800　　　② 8600
③ 7000　　　④ 6300

풀이
구광원(태양이나 백열 등)의 전광속 : $F = 4\pi I$
∴ $F = 4\pi I = 4\pi \times 780 = 9801.77 [\text{lm}]$　　【답】①

10 2[g]의 알루미늄을 0[℃]에서 60[℃]로 높이는데 필요한 열량은 약 몇 [cal] 인가? (단, 알루미늄 비열은 0.2[cal/g℃] 이다.

① 24　　　② 20.64
③ 860　　　④ 20640

풀이
$Q = mc\theta = 2 \times 0.2 \times 60 = 24[\text{cal}]$　　【답】①

11 발산광속이 상향으로 90~100[%] 정도 발산하며 직사 눈부심이 없고 낮은 휘도를 얻을 수 있는 조명방식은?

① 직접조명　　　② 간접조명
③ 국부조명　　　④ 전반확산조명

풀이
배광의 형태에 따른 조명기구의 종류

조명 방식	하향 광속[%]	상향 광속[%]	조명률[%]
직접조명	100~90	0~10	약 75
반직접조명	90~60	10~40	약 60
전반확산조명	60~40	40~60	약 50
반간접조명	40~10	60~90	약 40
간접조명	10~0	90~100	약 30

【답】②

12 전구의 필라멘트나 열전대 용접에 알맞은 방법은?

① 점 용접　　　② 돌기 용접
③ 심 용접　　　④ 불활성 용접

풀이
• 점 용접 : 필라멘트, 열전대 용접
• 심 용접 : 이음매 용접　　【답】①

13 전동기의 제동시 전원을 끊고 전동기를 발전기로 동작시켜 이때 발생하는 전력을 저항에 의해 열로 소모시키는 제동법은?

① 회생제동　　　② 발전제동
③ 와전류제동　　　④ 역상제동

풀이
전기적 제동
• **발전 제동** : 전동기의 전기자를 전원에서 끊고 **전동기를 발전기로 동작**시켜 회전 운동 에너지로서 발생하는 전력을 그 단자에 접속한 **저항에서 열로 소비시키는 제동 방법**이다.
• 와전류 제동 : 전동기 축에 동심으로 설치한 구리의 원판을 자계 내에서 회전시켜 동판에 생긴 와전류에 의해서 제동력을 얻는 방법이다.
• 역상 제동 : 전동기의 전원 접속을 바꾸어 역토크를 발생시켜 급정지시키는 방법으로 역상 제동 또는 플러깅(plugging)이라 한다.
• 회생 제동 : 전동기에 전원을 접속한 상태에서 전동기에 유기되는 역기전력을 전원 전압보다 높게 하여 회전 운동 에너지로 발생되는 전력을 전원측에 반환하면서 제동하는 방식
• 단상 제동 : 단상 유도 전동기로 회전을 하게 하는 방식으로 2차 저항을 크게 함으로써 정상 토크보다 역상 토크를 크게하여 제동

【답】②

14 잔류편차가 발생하는 제어 방식은?

① 비례제어
② 적분제어
③ 비례적분제어
④ 비례적분미분제어

풀이
조절부의 동작에 의한 분류

종 류		특 징
P	비례동작	• 정상오차를 수반 • **잔류편차 발생**
I	적분동작	• 잔류편차 제거
D	미분동작	• 오차가 커지는 것을 미리 방지
PI	비례적분동작	• 잔류편차 제거 • 제어결과가 진동적으로 될 수 있다.
PD	비례미분동작	• 응답 속응성의 개선
PID	비례적분미분동작	• 잔류편차 제거 • 응답의 오버슈트 감소 • 응답 속응성의 개선

【답】①

15 건전지와 감극제가 서로 옳게 표현된 것은?
① 보통 건전지 - MnO₃
② 공기 건전지 - NaOH
③ 표준 전지 - CuO
④ 수은 건전지 - HgO

풀이

전지명	정극물질 (감극제)	전해질	부극물질 (부극)	용도
망간건전지 (보통전지)	MnO₂	NH₄Cl	Zn	통신용, 전등용
알칼리· 망간건전지	MnO₂	KOH	Zn	망간건전지 보다 중부하용
산화은 전지	AgO₂	KOH 또는 NaOH	Zn	시계
공기전지	O₂	KOH	Zn	보청기
수은전지	HgO	KOH 또는 NaOH	Zn	시계, 와이어레스마이크
2산화망간· 리튬전지	MnO₂	유기전해질	Li	IC 카드, 전자수첩

【답】④

16 궤도의 확도(slack)를 표시하는 식은?
(단, R : 곡선 반지름 [m], l : 고정차축 거리 [m])
① $\dfrac{l^2}{5R}$ ② $\dfrac{l^2}{R}$
③ $\dfrac{l^2}{8R}$ ④ $\dfrac{l^2}{2.5R}$

풀이
확도(slack 슬랙)란 곡선로 부분에서 후렌지가 레일 측면에 끼어서 탈선하는 것을 방지하기 위해서 궤간을 직선부보다 약간 넓게 하는 것을 말한다.
$$S = \dfrac{l^2}{8R} [\text{m}]$$
l : 고정 차축간 거리[m]
R : 곡선 반지름[m]

【답】③

17 휘도 B[sb], 반지름 r[m]인 등휘도 완전 확산성 구 광원의 전광속 F[lm]는 얼마인가?
① $4r^2B$ ② $\pi r^2 B$
③ $\pi^2 r^2 B$ ④ $4\pi^2 r^2 B$

풀이
$$B = \dfrac{I}{S} = \dfrac{I}{\pi r^2} = \dfrac{1}{\pi r^2} \cdot \dfrac{F}{4\pi} [\text{nt}]$$
$$\therefore F = 4\pi^2 r^2 B [\text{lm}]$$

【답】④

18 다음 그림은 UJT를 사용한 기본 이상 발진회로 이다. R_E의 역할을 설명한 내용 중 옳은 것은?

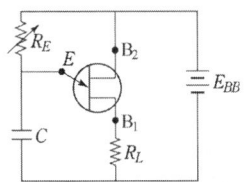

① 콘덴서(C)의 방전시간을 결정한다.
② B₁과 B₂에 걸리는 전압을 결정한다.
③ 콘덴서(C)에 흐르는 과전류를 보호한다.
④ 콘덴서(C)의 충전전류를 제어하여 펄스 주기를 조정한다.

풀이
R_E가 감소할수록 C의 충전전류는 증가하고, 그 반대로 R_E가 증가 할수록 C의 충전전류는 감소한다. (즉, R_E의 값은 C의 충전전류의 크기를 제어한다.) C의 전압이 UJT를 on 시키는 전압이 되면 UJT가 on 되면서 C는 방전하고, 다시 충전전류에 의해 C의 전압이 올라가게 된다. 즉, **R_E는 콘덴서(C)의 충전전류를 제어하여 펄스 주기를 조정하는 역할**을 하게 된다.

【답】④

19 전해 콘덴서의 제조나 재생고무의 제조 등에 주로 응용하는 현상은?
① 전기침투   ② 전기영동
③ 비산현상   ④ 핀치효과

풀이

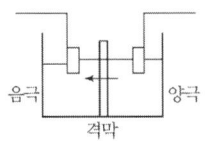

전기침투 : 액을 다공질의 격막으로 나누고 그 양측에 직류 전압을 걸면 격막을 통해서 액체는 한쪽으로 이동하여 수위는 높아진다.
전기 침투는 **전해 콘덴서 제조용, 재생고무의 제조, 점토의 전기적 정제** 등에 응용되고 있다.

【답】①

20 직류방식 전차용 전동기로 적당한 전동기는?
① 분권형 ② 직권형
③ 가동복권형 ④ 차동복권형

풀이
- 직류 직권 전동기의 토크 $T = k\phi I_a = KI^2$
  (직권 전동기에서 $I_a = I_f = I$, $I_f \propto \phi$)
- **직류 직권 전동기**의 토크는 전류의 제곱에 비례하므로 기동시 토크가 커야 하는 **전차용, 전기 철도용의 견인 전동기**로 사용된다. 【답】②

3회 전기응용

01 네온전구에 대한 설명으로 옳지 않은 것은?
① 소비전력이 적으므로 배전반의 파이롯트램프 등에 적합하다.
② 전극간의 길이가 짧으므로 부글로우를 발광으로 이용한 것이다.
③ 음극 글로우를 이용하고 있어 직류의 극성 판별용에 이용된다.
④ 광학적 검사용에 이용된다.

풀이
① 네온전구 : 네온전구는 음극 글로우를 이용하게 되며 교류 전원을 접속하면 반 사이클마다 양쪽 극에서 발광한다. 소비전력이 적으므로 배전반의 파일럿등과 같이 종야등으로 사용된다.
 - 소비전력이 적으므로 배전반의 파이롯트등에 적합하다.
 - 부(-)글로를 이용하므로 직류의 극성 판별용에 이용된다.
 - 일정 전압에서 점등되므로 검전기, 교류 파고치의 측정에 사용된다.
 - 어느 범위에서는 광도와 전류가 비례하므로 오실로그래프용·스트로보스코프용에 이용된다.
② 나트륨등 : 광학시험(유리 굴절률 측정, 평면 검사 등)에 사용된다. 【답】④

02 열차 저항의 분류에 속하지 않는 것은?
① 복선 저항 ② 주행 저항
③ 가속 저항 ④ 곡선 저항

풀이
열차 저항은 열차가 주행중 또는 출발할 때에 이것에 대항하여 열차의 진행을 방해하도록 하는 힘의 총칭을 **열차 저항**이라고 한다.
① 기동 저항(출발 저항) : 정지 중에 열차가 출발할 때 발생하는 저항
② **주행 저항** : 열차가 평탄한 직선로 위를 운전할 때 발생하는 저항
③ 구배 저항 : 열차가 구배를 올라갈 때 중력에 의해 발생하는 저항
④ **곡선 저항** : 열차가 곡선로를 통과할 때 차륜과 레일과의 마찰에 의해 발생하는 저항
⑤ **가속도 저항** : 열차가 주행 중 가속할 때에 발생하는 저항으로 열차를 가속하기 위해서 필요한 견인력과 같다. 【답】①

03 완전 확산면의 광속 발산도가 2000[rlx]일 때 휘도는 약 몇 [cd/cm²]인가?
① 0.2 ② 0.064
③ 0.682 ④ 637

풀이
$R = \pi B$
$\therefore B = \dfrac{R}{\pi} = \dfrac{2000}{3.14} [\text{cd/m}^2] = \dfrac{2000}{3.14} \times 10^{-4} = 0.064 [\text{cd/cm}^2]$
【답】②

04 적분 요소의 전달함수는?
① K ② Ts
③ $\dfrac{1}{Ts}$ ④ $\dfrac{K}{1+Ts}$

풀이
- 비례 요소 : K
- 미분 요소 : Ts
- **적분 요소** : $\dfrac{1}{Ts}$
- 1차 지연 요소 : $\dfrac{K}{1+Ts}$
【답】③

05 열차의 무인운전과 같이 미리 정해진 시간적 변화에 따라 정해진 순서대로 제어하는 방식은?
① 추종제어 ② 비율제어
③ 정치제어 ④ 프로그램제어

풀이
제어 목적에 의한 분류
① 정치제어 : 제어량을 어떤 일정한 목표값으로 유지하는 것을 목적으로 하는 제어법(연속식 압연기)

② 추종제어 : 미지의 임의 시간적 변화를 하는 목표값에 제어량을 추종시키는 것을 목적으로 하는 제어법(레이더)
③ 비율제어 : 목표값이 다른 것과 일정 비율 관계를 가지고 변화하는 경우의 추종 제어
④ **프로그램제어** : 미리 정해진 **프로그램**에 따라 제어량을 변화시키는 것을 목적으로 하는 제어법(CAM, 무인 엘리베이터, **열차의 무인운전**, 산업로봇)

【답】 ④

06 다음 중 가장 밝게 느껴지는 빛의 파장은?

① 255[nm]　　② 355[nm]
③ 455[nm]　　④ 555[nm]

풀이

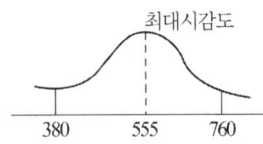

최대 시감도는 파장 555[nm](5550[Å])의 황록색에서 발생하며 그 때의 시감도는 680[lm/W] 이다.

【답】 ④

07 제너다이오드에 관한 설명 중 틀린 것은?

① 정전압 소자이다.
② 전압 조정기에 사용된다.
③ 인가되는 전압의 크기에 따라 전류방향이 달라진다.
④ 제너 항복이 발생되면 전압은 거의 일정하게 유지되나 전류는 급격하게 증가한다.

풀이

제너 다이오드는 정전압 소자로서 정(+), 부(-)의 온도 계수를 갖는다. 즉, **전압의 크기가 변하면 전류 크기는 변화하지만 방향은 변하지 않는다.**

【답】 ③

08 광질과 특색이 고휘도이고 배광제어가 용이하며 흑화가 거의 일어나지 않는 램프는?

① 수은램프　　② 형광램프
③ 크세논램프　④ 할로겐램프

풀이

할로겐 전구의 특징
• 동정 곡선이 극히 완만하여 수명 및 광속의 변화가 거의 없다.
• 별도의 점등장치가 필요하지 않다.
• 연색성이 좋다.

• 배광제어가 용이하다.
• 초소형, 경량의 전구(백열전구의 1/10 이상 소형화 가능)
• 온도가 높다. (할로겐 전구의 베이스로 세라믹 사용)
• 휘도가 높다.
• **흑화가 거의 발생하지 않는다.**
• 수명이 백열전구에 비하여 2배로 길다.

【답】 ④

09 발광에 양광주를 이용하는 조명등은?

① 네온전구　　② 네온관등
③ 탄소아크등　④ 텅스텐아크등

풀이

• 양광주 이용 : 네온관등, 수은등 및 형광등
• 음극 글로우 이용 : 네온 전구

【답】 ②

10 전기철도에서 귀선 궤조에서의 누설전류를 경감하는 방법과 관련이 없는 것은?

① 보조귀선
② 크로스본드
③ 귀선의 전압강하 감소
④ 귀선을 정(+)극성으로 조정

풀이

귀선궤조에서의 **누설전류 경감 대책**
① 레일을 따라 보조귀선 설치
② 귀선저항을 작게 하기 위하여 레일에 본드(bond)를 시설
　• 레일본드 : 레일의 접속부분을 연동선으로 연결
　• 크로스 본드 : 양 궤조 간 및 궤조 상호간을 전기적으로 접속하는 본드
③ **귀선을 부(-)극성**

【답】 ④

11 저항 온도계의 금속 저항체의 재료로 사용되지 않는 것은?

① 백금　　② 니켈
③ 구리　　④ 텅스텐

풀이

전기저항 온도계 : 도체나 반도체의 저항이 온도에 따라 변화하는 성질을 이용하여 전기 저항을 측정함으로써 온도를 재는 온도계로서 백금 과 동·니켈 등의 순수한 금속(단, **텅스텐은 저항의 온도계수가 적으므로 저항 온도계에 사용이 곤란**하다), 또한 서미스터 등 과 같이 저항률이 온도에 따라 규칙적으로 변화하는 반도체 등이 사용된다.

【답】 ④

CBT 복원문제 2024년

12 광원 중 루미네선스(luminescence)에 의한 발광현상을 이용하지 않는 것은?

① 형광 램프　　② 수은 램프
③ 네온 램프　　④ 할로겐 램프

[풀이]
- 루미네선스 : 물체의 온도를 높여서 발광시키는 온도복사 이외의 모든 발광을 루미네선스라 한다.
- 백열 전구나 **할로겐 전구는 온도 복사**를 이용한 광원이다.

【답】④

13 $t\sin\omega t$의 라플라스 변환은?

① $\dfrac{\omega}{s^2+\omega^2}$　　② $\dfrac{\omega^2}{s^2+\omega^2}$

③ $\dfrac{\omega s}{(s^2+\omega^2)^2}$　　④ $\dfrac{2\omega s}{(s^2+\omega^2)^2}$

[풀이]

$$\mathcal{L}[t\sin\omega t]=(-1)\frac{d}{ds}\{\mathcal{L}[\sin\omega t]\}=-\frac{d}{ds}\cdot\frac{\omega}{s^2+\omega^2}$$

$$=-\frac{\omega'\cdot(s^2+\omega^2)}{(s^2+\omega^2)^2}+\frac{\omega\cdot(s^2+\omega^2)'}{(s^2+\omega^2)^2}$$

$$=-\frac{0}{(s^2+\omega^2)^2}+\frac{2\omega s}{(s^2+\omega^2)^2}$$

$$=\frac{2\omega s}{(s^2+\omega^2)^2}$$

【답】④

14 납 축전지의 충전 후의 비중은?

① 1.18 이하　　② 1.2∼1.3
③ 1.4∼1.5　　④ 1.5 이상

[풀이]
납축전지의 비중은 **완전 충전 시 1.26∼1.28[g/cm³]**, 방전 시 1.14[g/cm³] 이다.

【답】②

15 등기구의 표시 중 H 자로 표시가 있는 것은 어떤 등인가?

① 백열등　　② 수은등
③ 형광등　　④ 나트륨등

[풀이]
수은등 : H　　형광등 : F,
나트륨등 : N　　메탈헬라이드등 : M

【답】②

16 전동기 절연물의 종별에서 허용온도 상승한도가 130[℃]인 것은 어느 것인가?

① Y종　　② A종
③ E종　　④ B종

[풀이]

절연의 종류	Y	A	E	B	F	H	C
허용 최고 온도	90°	105°	120°	**130°**	155°	180°	180° 초과

【답】④

17 열 회로에서 열용량의 단위는?

① [J/℃ · cm]　　② [J/℃]
③ [J/cm² ℃]　　④ [J/cm³ ℃]

[풀이]
- 열량 : Q [J]
- **열용량** : C [J/℃]

【답】②

18 스테판 볼츠만(Stefan-Boltzmann) 법칙을 이용하여 온도를 측정하는 것은?

① 광 고온계　　② 저항 온도계
③ 열전 온도계　　④ 복사 고온계

[풀이]
온도계의 동작 원리

온도계의 종류	동작원리
저항 온도계	측온체의 저항값 변화
열전 온도계	제벡 효과
복사(방사) 고온계	**스테판-볼츠만의 법칙**
광고온계	플랑크의 방사 법칙

【답】④

19 반도체에 빛이 가해지면 전기 저항이 변화되는 현상은?

① 홀효과　　② 광전효과
③ 제벡효과　　④ 열진동효과

[풀이]
광전효과 : 광전효과는 광도전 효과와 광기전력효과가 있다.
- 광도전효과 : 광에너지를 흡수하여 전기저항이 변화하는 현상
- 광기전력효과 : 광에너지를 흡수하여 전하분포가 변화하는 현상

【답】②

20 직류 전동기의 속도 제어에 쓰이지 않는 것은?

① 전류 제어 ② 전압 제어
③ 저항 제어 ④ 계자 제어

│풀이

직류전동기의 속도 제어법 비교

구 분	제어 특성	특 징
계자 제어법	• 정출력 제어	• 속도 제어 범위가 좁다.
전압 제어법	• 정토크 제어 − 워드 레오나드 방식 − 일그너 방식	• 제어 범위가 넓다. • 손실이 매우 적다. • 정역 운전이 가능 • 설비비가 많이 든다.
직렬 저항법		• 효율이 나쁘다.

【답】①

2025년 CBT 복원문제

1회 전기응용

01 전기회로와 열회로의 대응관계로 틀린 것은?
① 전류-열류
② 전압-열량
③ 도전율-열전도율
④ 정전용량-열용량

풀이

전기	전압	전기량	전류	도전율	저항	정전용량
열	온도차	열량	열류	열전도율	열저항	열용량

【답】②

02 루소선도에서 하반구 광속[lm]은 약 얼마인가? (단, 그림에서 곡선 BC는 4분원이다.)
① 528
② 628
③ 728
④ 828

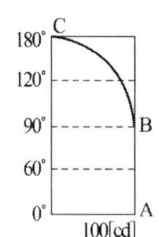

풀이
루소 선도에서 전광속 F와 루소 선도의 면적 S 사이에는
$F = \dfrac{2\pi}{r} S$, $r = 100$
하반구 광속이므로
$S = 100 \times 100$
$\therefore F = \dfrac{2\pi}{100}(100 \times 100) = 628 \,[\text{lm}]$ 【답】②

03 목재의 건조, 베니어판 등의 합판에서의 접착 건조, 약품의 건조 등에 적합한 전기 건조 방식은?
① 아크 건조
② 고주파 건조
③ 적외선 건조
④ 자외선 건조

풀이
고주파 가열은 유도 가열과 유전 가열이 있다.
- **유전 가열** : 유전체에서 발생되는 유전체손을 이용한 것으로 **목재의 건조, 목재의 접착, 합성수지의 가열성형, 고무의 유화** 등에 사용된다.
- **유도 가열** : 도전성 물질(금속)에서 발생하는 와류손과 히스테리시스손에 의한 발열 이용

【답】②

04 파장폭이 좁은 3가지의 빛을 조합하여 효율이 높은 백색 빛을 얻는 3파장 형광램프에서 3가지 빛이 아닌 것은?
① 청색
② 녹색
③ 황색
④ 적색

풀이
3파장 형광램프 : 3파장 형광램프는 파장폭이 좁은 **청색, 녹색 및 적색** 빛을 조합하여 효율이 높은 백색 빛을 얻는 등이다.

【답】③

05 교류식 전기철도가 직류식 전기철도보다 유리한 점은?
① 전철용 변전소에 정류장치를 설치한다.
② 전선의 굵기가 크다.
③ 차내에서 전압의 선택이 가능하다.
④ 변전소간의 간격이 짧다.

풀이
교류식 전기철도의 장·단점
1) 장점
① 전철 건설비가 적고, 전압이 높아 전선의 굵기가 가늘다.
② 전력손실, 전압강하가 적어 변전소 간격이 길다.
③ 집전이 용이하며, **차내에서 사용전압의 임의 조정 가능**하다.
④ 점착 성능이 우수하며, 보급 방식이 간단하고, 전식에 의한 피해가 없다.

2) 단점
① 전기차 설비가 복잡
② 통신선의 유도장해가 크다.
③ 절연 강도가 높아야 한다.
④ 3상 전력망의 전압 불평형 문제를 일으킬 수 있다.
【답】③

06 반사율 ρ, 투과율 τ, 반지름 r인 완전확산성 구형 글로브의 중심에 광도 I의 점광원을 켰을 때, 광속발산도는?

① $\dfrac{\tau I}{r^2(1-\rho)}$ ② $\dfrac{\rho I}{r^2(1-\tau)}$

③ $\dfrac{4\pi\rho I}{r^2(1-\tau)}$ ④ $\dfrac{\rho\pi}{r^2(1-\rho)}$

풀이

광속발산도

$R = \dfrac{F\eta}{A} = \dfrac{4\pi I}{4\pi r^2} \cdot \dfrac{\tau}{1-\rho} = \dfrac{\tau I}{r^2(1-\rho)}$ [rlx]   【답】①

07 저항 용접에 속하지 않는 것은?

① 심 용접 ② 아크 용접
③ 스폿 용접 ④ 프로젝션 용접

풀이

저항 용접 : 용접하고자 하는 두 금속 모재의 접촉부에 대 전류를 통하게 하여, 용접 모재간의 접촉저항에 의해 발생하는 열을 이용하는 용접방법으로 그 종류는 다음과 같다.
① 겹치기 저항 용접
• **점 용접**(spot welding)
• **돌기 용접**(projection welding)
• **심 용접**(seam welding)
• 맞대기 용접
② 맞대기 저항 용접
• 업셋 맞대기 용접
• 플래시 맞대기 용접
• 충격용접
【답】②

08 회전축에 대한 관성모멘트가 150[kg·m^2]인 회전체의 플라이휠 효과(GD^2)는 몇 [kg·m^2]인가?

① 450 ② 600
③ 900 ④ 1000

풀이

$J = \dfrac{1}{4}GD^2$ [kg·m^2]

$\therefore GD^2 = 4 \times J = 4 \times 150 = 600$ [kg·m^2]   【답】②

09 정전압 소자로 사용되는 다이오드는?

① 제너 다이오드 ② 터널 다이오드
③ 포토 다이오드 ④ 발광 다이오드

풀이

제너 다이오드(Zener diode)는 정전압 소자로 만든 pn 접합 다이오드로서 **정전압 다이오드**라 하며, 전압 범위는 약 3[V] 정도에서 150[V] 정도까지의 다양한 종류가 있다.   【답】①

10 전기차의 속도제어시스템 중 주파수의 변화에 대응하도록 전압도 같이 제어하는 방법은?

① 저항 제어시스템
② 초퍼 제어시스템
③ 위상 제어시스템
④ VVVF 제어시스템

풀이

가변 전압 가변 주파수 제어(VVVF : Variable Voltage Variable Frequency) : 유도전동기에 공급하는 전원의 주파수와 전압을 $\dfrac{V}{f}$=일정(주파수를 낮추면 전압도 낮추고, 주파수를 올리면 전압도 올려 $\dfrac{V}{f}$가 일정하게 유지) 의 관계를 유지하면서, 속도 $n = (1-s)\dfrac{120f}{p}$ 에서 알 수 있듯이 주파수 f를 제어하여 속도 n를 제어하는 방식   【답】④

11 전기철도의 교류 급전방식 중 AT 급전방식은 어떤 변압기를 사용하여 급전하는 방식을 말하는가?

① 단권변압기 ② 흡상변압기
③ 스코트변압기 ④ 3권선변압기

풀이

단권변압기(AT : Auto Transformer)방식
권선비 1 : 1인 단권 변압기를 급전선과 전차선 사이에 병렬로 설치 접속하고 변압기 권선의 중성점을 레일에 접속하는 방식
【답】①

12 전압과 전류의 관계에서 수하특성을 이용한 가열 방식은?

① 저항가열　　② 유도가열
③ 유전가열　　④ 아크가열

[풀이]
아크 가열은 두 전극사이에 발생하는 고온의 아크(방전)열을 이용한 가열방식으로 **전압 전류 특성은 수하 특성**이 되어야 한다.

[답] ④

---

13 플라즈마 용접의 특징이 아닌 것은?

① 비드(bead)폭이 좁고 용입이 깊다.
② 용접속도가 빠르고 균일한 용접이 된다.
③ 가스의 보호가 충분하며, 토치의 구조가 간단하다.
④ 플라즈마 아크의 에너지 밀도가 커서 안정도가 높다.

[풀이]
플라즈마 제트(Plasma jet)용접은 노즐에서 분출하는 아르곤·수소·질소 등의 불활성 가스 중에 직류전압 또는 고주파 전계를 가함으로써 플라즈마를 발생시켜 불꽃 모양으로 분출하는 플라즈마의 고온을 이용하여 가열 용접하는 것으로서 다음과 같은 장·단점이 있다.
① 장점
　• 플라즈마 아크의 에너지 밀도가 커서 안정도가 높고 보유 열량이 크다.
　• 비드(bead)폭이 좁고 용입이 깊다.
　• 용접속도가 빠르고 균일한 용접이 된다.
② 단점
　• 용접속도가 크기 때문에 **가스의 보호가 불충분**하게 되며, 피포가스를 2중으로 사용할 필요가 있다.
　• **토치의 구조가 복잡**하다.

[답] ③

---

14 단면적 S [m²]의 파이프를 θ로 경사시켜서 비중 ρ인 액체를 Q [m³/s]의 유량으로 양정 H [m]까지 끌어올린다고 할 때 액체 펌프에 요하는 소요동력 P [kW]는?

① $P = \rho HQS$　　② $P = 9.8\rho HQS$
③ $P = \rho HQ$　　④ $P = 9.8\rho HQ$

[풀이]
• 비중이 1(물)인 펌프의 동력 $P = 9.8HQ$ [kW]
• 비중이 ρ인 액체의 펌프 동력 $P = 9.8\rho HQ$ [kW]

[답] ④

---

15 투명 네온관등에 네온가스를 봉입하였을 때 광색은?

① 등색　　② 황갈색
③ 고동색　　④ 등적색

[풀이]
가스와 광색은 다음과 같다.

봉입가스	유리관색	관등의 색
네온	투 명	등적색
	청 색	등 색
아르곤과 수은	투 명	청 색
	황록색	녹 색
헬륨	투 명	백 색
	황갈색	황갈색
아르곤	투 명	고동색

[답] ④

---

16 1[kW]의 전열기를 이용하여 20[℃]의 물 5[l]를 70[℃]까지 올리는데 요하는 시간[min]은 약 얼마인가?

① 12.1　　② 14.6
③ 17.4　　④ 25.6

[풀이]
$860Pt = M(T_2 - T_1)$

$\therefore t = \dfrac{M(T_2 - T_1)}{860P}$ [h] $= \dfrac{M(T_2 - T_1) \times 60}{860P}$ [min]

$= \dfrac{5(70° - 20°) \times 60}{860 \times 1} = 17.4$ [min]

[답] ③

---

17 고도(cant)가 20[mm]이고 반지름이 800[m]인 곡선 궤도를 주행할 때 열차가 낼 수 있는 최대 속도는 약 몇 [km/h]인가? (단, 궤간은 1067[mm]이다.)

① 34.94　　② 38.94
③ 43.64　　④ 83.64

[풀이]
고도 $h = \dfrac{GV^2}{127R}$ [mm]에서 최대속도 $V_m = \sqrt{\dfrac{127Rh}{G}}$ [km/h]

(여기서, G : 궤간[mm], V : 속도[km/h], R : 곡선 반지름[m])

$R = 800$[m], $h = 20$[mm], $G = 1067$[mm]이므로

$\therefore V_m = \sqrt{\dfrac{127 \times 800 \times 20}{1067}} = 43.64$ [km/h]

[답] ③

18 1차 전지의 국부작용을 방지하기 위해 아연 전극을 아말감화할 때 사용하는 금속은?

① 구리 (Cu)   ② 주석 (Sn)
③ 납 (Pb)   ④ 수은 (Hg)

풀이
아연 음극 또는 전해액 중 불순물(Cu, Ni, Fe, Sb 등)이 섞이면 국부 전류에 의한 전극의 부분 용해로서 자체 방전이 생기고 수명이 단축된다. 이것을 방지하기 위하여 **아연 전극에 수은 도금을 하거나** 순도가 높은 전극 재료를 사용한다. 【답】④

19 rate 동작 이라고도 하며 제어 오차가 검출될 때 오차가 변화하는 속도에 비례하여 조작량을 가감하도록 하는 동작은?

① 미분동작
② 비례적분동작
③ 적분동작
④ 비례동작

풀이
• rate : 비율, 속도
• rate 동작 : 미분동작   【답】①

20 전기분해에 의하여 전극에 석출되는 물질의 양은 전해액을 통과하는 총 전기량에 비례하며 그 물질의 화학당량에 비례하는 법칙은?

① 줄(Joule)의 법칙
② 암페어(Ampere)의 법칙
③ 톰슨(Thomson)의 법칙
④ 패러데이(Faraday)의 법칙

풀이
패러데이 법칙 : 전기 분해에 의해 석출되는 물질의 양은 전해액을 통과하는 총 전기량에 비례하고 또 물질의 화학 당량에 비례한다.
$W = KQ = KIt$ [g]
여기서, W : 석출되는 물질의 양[g]
K : 화학당량[g/C]
Q : 통과한 전기량($Q = It$)[C]
I : 전류[A], t : 시간[s]   【답】④

2회 전기응용

01 방전등의 전압 전류 특성은 마이너스(負特性)이므로 이것을 일정 전압의 전원에 연결하면 전류가 급속히 증대되어 방전등을 파괴한다. 이것을 방지하기 위하여 필요한 장치는?

① 점등관   ② 콘덴서
③ 안정기   ④ 초크 코일

풀이
방전등에 **전류의 안정을 얻기 위하여** 접속하는 저항 또는 초크 코일을 **안정기**라 한다.   【답】③

02 교번 자계 중에서 도전성 물질 내에 생기는 와류손과 히스테리시스손에 의한 가열 방식은?

① 저항가열   ② 유도가열
③ 유전가열   ④ 아크가열

풀이
유도가열은 교번자계 중에 있는 도전성 물질에서 발생하는 **와류손과 히스테리시스손에 의한 발열**을 이용하는 것으로
• 표면가열 (표면담금질, 금속의 표면처리, 국부가열)
• 반도체 정련 (단결정 제조) 에 이용된다.   【답】②

03 축전지의 용량을 표시하는 단위는?

① J   ② Wh
③ Ah   ④ VA

풀이
축전지의 용량
만충전시킨 축전지를 일정 전류로서 규정된 종지전압 까지 방전하였을 때의 방전량을 축전지의 용량이라고 한다.
즉, **축전지 용량[Ah] = 방전 전류[A] × 방전 시간[h]**   【답】③

04 2개의 곡선반경 중심이 선로에 대해 서로 반대측에 위치하는 선로 곡선은?

① 단심곡선   ② 복심곡선
③ 반향곡선   ④ 완화곡선

풀이
① 단심곡선 : 원의 중심이 1개인 곡선

② 복심곡선 : 반경이 다른 원 2개의 중심이 동일한 축에 위치한 곡선
③ **반향곡선** : 두 개의 곡선 반경의 중심이 선로에 대해 **서로 반대 측에 위치한 곡선**
④ 완화곡선 : 직선부와 곡선부 사이에 설치하는 완만한 곡선

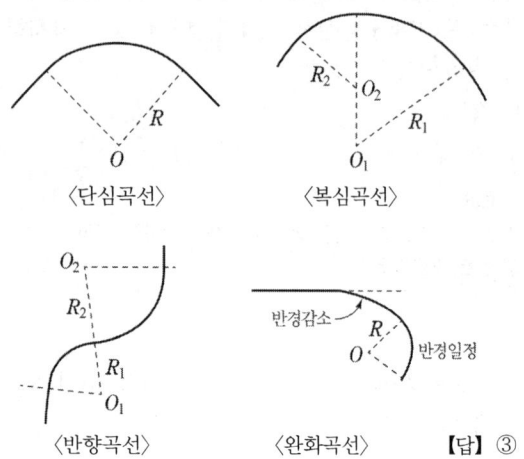

【답】 ③

05 가시광선 파장(nm)의 범위는?
① 280~310 ② 380~760
③ 400~430 ④ 555~580

풀이
가시광선의 파장
사람의 눈이 빛으로 느낄 수 있는 파장을 가시광선이라고 하며 **가시광선의 파장 범위는 380~760 [nm]** 이다. 각각의 색에 대한 파장은 다음과 같다.

색	보라	파랑	초록	노랑	주황	빨강
파장 [nm]	380 ~430	430 ~452	452 ~550	550 ~590	590 ~640	640 ~760

【답】 ②

06 기중기 등으로 물건을 내릴 때 또는 전차가 언덕을 내려가는 경우 전동기가 갖는 운동에너지를 전기에너지로 변환하고, 이것을 전원에 반환하면서 속도를 점차로 감속시키는 제동법은?
① 발전제동 ② 회생제동
③ 역상제동 ④ 와류제동

풀이
• 발전 제동 : 전동기를 발전기로 동작시켜 회전 운동 에너지로서 **발생되는 전력을 그 단자에 접속한 저항에서 열로 소비**시키는 제동 방법이다.

• 회생 제동 : 전동기를 발전기로 동작시켜 **회전 운동 에너지로 발생되는 전력을 전원측에 반환**하면서 제동하는 방식이다.

【답】 ②

07 가시광선 중에서 시감도가 가장 좋은 광색과 그 때의 파장[nm]은 얼마인가?
① 황적색, 680[nm] ② 황록색, 680[nm]
③ 황적색, 555[nm] ④ 황록색, 555[nm]

풀이
최대 시감도는 파장 555 [nm](5550[Å])의 황록색에서 발생하며 그 때의 시감도는 680[lm/W] 이다.

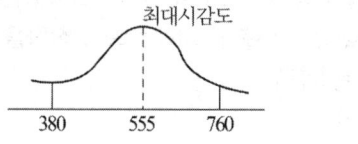

【답】 ④

08 옥내 전반 조명에서 바닥면의 조도를 균일하게 하기 위한 등간격은? (단, 등간격 S, 등높이 H 이다.)
① $S = H$ ② $S \leq 2H$
③ $S \leq 0.5H$ ④ $S \leq 1.5H$

풀이
등 간격
• 등과 등 사이 $S \leq 1.5H$
• 등과 벽 사이
 – 벽을 사용할 때 : $S \leq \dfrac{1}{3}H$
 – 벽을 사용 안할 때 : $S \leq \dfrac{1}{2}H$

【답】 ④

09 SCR을 역병렬로 접속한 것과 같은 특성의 소자는?
① TRIAC ② GTO
③ SCS ④ SSS

풀이
트라이액(TRIAC : Triode AC Switch)

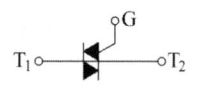 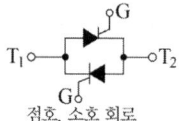

점호, 소호 회로

트라이액은 두 개의 SCR을 역병렬한 것을 한 개의 소자로 만든 것으로서 무접점 스위치나 위상 제어 회로, 가정용 조광 장치 및 전기로의 온도 조절 또는 전동기의 속도 제어 등에 광범위하게 응용되고 있다. 【답】①

10 평균 구면 광도 100 [cd]의 전구 5개를 지름 10 [m]인 원형의 사무실에 점등할 때 조명률을 0.5, 감광 보상률을 1.5라 하면 사무실의 평균 조도는 약 몇 [lx] 인가?

① 3 ② 9
③ 27 ④ 40

풀이
$FUN = EAD$ 에서
$F = 4\pi I = 4\pi \times 100$ [lm]
$N = 5$, $U = 0.5$, $D = 1.5$, $A = \pi \times 5^2$ 이므로
$\therefore E = \dfrac{FUN}{AD} = \dfrac{400\pi \times 0.5 \times 5}{25\pi \times 1.5} = 26.7$[lx] 【답】③

11 목표값이 시간에 따라 변화하지 않는 제어는?

① 정치제어 ② 비율제어
③ 추종제어 ④ 프로그램제어

풀이
목표값의 시간적 성질에 의한 분류
정치제어와 추치 제어로 구분되며 특성은 다음과 같다.
① **정치제어** : 목표값이 시간에 대하여 변화하지 않는 제어를 말하며 프로세스 제어, 자동조정이 이에 속한다.
② **추치제어** : 출력의 변동을 조정하는 동시에 목표값에 정확히 추종하도록 설계한 제어계로서 추종제어, 프로그램 제어 및 비율제어로 구분된다. 【답】①

12 서로 다른 두 개의 금속이나 반도체를 접속하여 전류를 인가하면 접합부에서 열이 발생하거나 흡수되는 현상은?

① 제벡 효과 ② 펠티에 효과
③ 톰슨 효과 ④ 핀치 효과

풀이
펠티에 효과(Peltier effect) : **서로 다른 두 종류의 금속선**으로 폐회로를 만들고 온도를 일정하게 유지하면서 전류를 흘리면 금속선의 접속점에서 **열의 흡수(온도 강하) 또는 발생(온도 상승) 이 일어나는 현상**을 펠티에 효과라 한다. 【답】②

13 눈부심을 일으키는 램프의 휘도 한계는 얼마인가?

① 0.5[cd/cm^2] 이하
② 1.5[cd/cm^2] 이하
③ 2.5[cd/cm^2] 이하
④ 3[cd/cm^2] 이하

풀이
사람이 **눈부심을 느끼는 한계는 대체적으로 0.5[cd/cm^2]**
$= 0.5 \times 10^4$[cd/m^2] 이다. 【답】①

14 전차용 전동기의 사용 대수를 2의 배수로 하는 이유는?

① 균일한 중량의 증가
② 제어 효율 개선
③ 고장에 대비해서
④ 부착 중량의 증가

풀이
전차용 전동기의 사용 대수를 2배수로 하는 것은 **직·병렬 제어법** 으로 전동기의 단자 전압을 바꾸어 속도제어를 함으로서 **제어 효율을 개선**하고 소비 전력의 감소를 유도 할 수 있다. 【답】②

15 30[W] 이하의 진공 전구에 게터로 사용되는 것은?

① 아르곤 ② 적린
③ 바륨 ④ 알루미늄

풀이
게터 : 전구 내에 남아 있는 **미량의 공기와 결합하여 필라멘트의 산화 및 유리구의 흑화를 방지하고 전구의 수명을 보존**하는 것으로서 게터의 종류는 다음과 같다.
① 진공 전구용 : 적린 과 플루오르소다
② 가스 주입 전구 : 질화바륨 과 카올린 【답】②

16 용해, 용접, 담금질, 가열 등에 가장 적합한 가열 방식은?

① 복사 가열 ② 유도 가열
③ 저항 가열 ④ 유전 가열

풀이

① 복사 가열 : 적외선 가열이라고도 하며, 적외선 전구 또는 비금속 발열체 등에서 복사된 적외선을 피열물의 표면에 조사하는 가열
② 유도 가열 : 교류자계 중에 있어서 도전성 물체 중에 생기는 와전류에 의한 전류손 또는 히스테리시스손을 이용하는 가열로 **금속의 표면 담금질·형조·용해·풀림·연납땜·경납땜 등에 응용**된다.
③ 저항 가열 : 전류에 의한 옴손을 이용한 가열
④ 유전 가열 : 고주파 전계 중에 절연성 피열물을 놓고, 여기에 생기는 유전체손을 이용하는 가열 【답】 ②

17 동의 원자량은 63.54이고 원자가가 2라면 전기화학당량은 약 몇 [mg/C]인가?

① 0.229 ② 0.329
③ 0.429 ④ 0.529

풀이

- 화학 당량 = $\dfrac{원자량}{원자가} = \dfrac{63.54}{2} = 31.77$
- 전기 화학당량 K : 1[C]의 전기량으로 석출시킬 수 있는 물질의 양

$K = \dfrac{화학당량}{패러데이\ 상수} = \dfrac{화학당량}{96500} = \dfrac{31.77}{96500}$
$= 0.0003292 [g/C] = 0.3292 [mg/C]$ 【답】 ②

18 휘도가 낮고 효율이 좋으며 투과성이 양호하여 터널조명, 도로조명, 광장조명 등에 주로 사용되는 것은?

① 백열전구 ② 형광등
③ 나트륨등 ④ 할로겐등

풀이

나트륨등의 발광은 나트륨 증기의 방전에 의하여 공명선인 5890~1586[Å]의 D선(황색선) 대부분 76[%]를 차지한다. 나트륨등의 효율은 이론상 395[lm/W] 실용상 150~80[lm/W] 정도로 대단히 높다. 따라서 **빛의 직진성이 좋아 안개가 잘 발생하는 강변이나, 먼지가 많은 터널등에 사용**된다. 【답】 ③

19 열전 온도계의 원리는?

① 홀효과 ② 핀치효과
③ 톰슨효과 ④ 제벡효과

풀이

제에벡 효과 : 서로 다른 두 종류의 금속 접속점 간에 온도차가 있으면 열기전력(전류)이 발생하는 현상으로 **열전 온도계 및 열전대에 사용**된다. 【답】 ④

20 엘리베이터용 전동기에 대한 설명으로 틀린 것은?

① 관성모멘트가 작아야 한다.
② 기동토크가 큰 것이 요구된다.
③ 플라이휠 효과(GD^2)가 커야 한다.
④ 가속도의 변화율이 적어야 한다.

풀이

엘리베이터에 사용되는 전동기의 특성
① 회전부분의 관성 모멘트(**플라이휠 효과**)는 **적어야 한다**(기동정지가 빈번).
② 가속도의 변화비율이 일정값이 되도록 선택(가속·감속 시)한다.
③ 기동 토크가 커야 한다.
④ 소음이 적어야 한다. 【답】 ③

3회 전기응용

01 루소선도에서 전광속 F와 면적 S 사이의 관계식으로 옳은 것은? (단, a와 b는 상수이다.)

① $F = \dfrac{a}{S}$ ② $F = aS$
③ $F = aS + b$ ④ $F = aS^2$

풀이

루소선도에서의 총 광속
- 총 광속 $F = \dfrac{2\pi}{r} \times S$(루소선도의 면적) $= aS$ [lm]

단, $a = \dfrac{2\pi}{r}$ 【답】 ②

02 유도가열과 유전가열의 공통된 특성은?

① 도체만을 가열한다.
② 선택가열이 가능하다.
③ 절연체만을 가열한다.
④ 직류를 사용할 수 없다.

풀이

유전가열과 유도가열의 비교

항목	유전가열	유도가열
원리	유전체손 이용	와류손 및 히스테리시스 손실 이용
적용	절연체(유전체)	금속(도체), 반도체
전원	**교류(직류 사용불가)** 1~200 [MHz]	**교류(직류 사용불가)** 저주파 유도가열 : 60 [Hz] 고주파 유도가열 : 5~20 [kHz]

【답】 ④

---

03 서보 전동기(servo motor)는 서보기구에서 주로 어느 부분의 기능을 말하는가?

① 검출부　　② 제어부
③ 비교부　　④ 조작부

풀이

서보 전동기는 **서보 기구에서 주로 조작부의 역할**을 한다. 따라서 서보 전동기는 관성이 작도록 하기 위해 전기자의 지름이 작으며, 큰 회전력을 얻기 위해 축방향으로 전기자의 길이를 길게 한다.　　【답】 ④

---

04 40[t]의 전차가 40/1000의 구배를 올라가는데 필요한 견인력[kg]은? (단, 열차저항은 무시한다.)

① 1000　　② 1200
③ 1400　　④ 1600

풀이

경사(구배) : $\tan\theta$ (구배가 적을 때는 $\tan\theta \simeq \sin\theta$로 해도 된다)

∴ 견인력 $= W\sin\theta \simeq W\tan\theta = 40 \times 10^3 \times \dfrac{40}{1000} = 1600 [\text{kg}]$

【답】 ④

---

05 다음 중 전기건조방식의 종류가 아닌 것은?

① 전열 건조
② 적외선 건조
③ 자외선 건조
④ 고주파 건조

풀이

적외선을 열선이라고 하는데 대응하여 **자외선은 화학작용이 강하므로 화학선**이라 하기도 한다.
즉, 적외선이 건조에 사용되는 반면 **자외선은** 살균, 유기물 분해 및 소독 등에 사용되고 **건조에는 사용되지 않는다.** 【답】③

---

06 반사율 ρ, 투과율 τ, 흡수율 δ일 때 이들의 관계식은?

① $-\rho+\tau+\delta=1$　　② $\rho+\tau+\delta=1$
③ $\rho+\tau+\delta=-1$　　④ $\rho-\tau-\delta=1$

풀이

ρ(반사율)$+\tau$(투과율)$+\delta$(흡수율)$=1$　　【답】②

---

07 SCR을 두 개의 트랜지스터 등가 회로로 나타낼 때의 올바른 접속은?

① 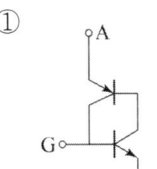　　②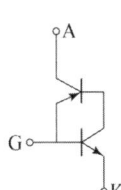

③ 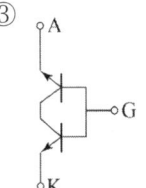　　④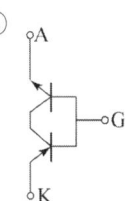

풀이

SCR은 단일 방향성 3단자 소자로서 게이트에 신호를 가해야만 동작한다.

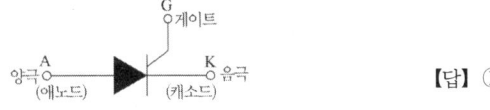

【답】 ①

---

08 다음 ( )에 들어갈 도금의 종류로 옳은 것은?

> ( )도금은 철, 구리, 아연 등의 장식용과 내식용으로 사용되며, 크롬도금의 전 단계 공정으로 이용되고 있다.

① 동　　② 은
③ 니켈　　④ 카드뮴

풀이

• **니켈도금**은 철강, 황동, 아연 등의 장식과 내식용 그리고 크롬도금의 전단계 공정으로서 이용되고 있다.

• 크롬도금은 내마모성과 내식성이 양호하고, 대기 중에서 광택을 상실하지 않는 성질을 이용하여 장식 등에 사용된다.
【답】③

09 형광등의 광속이 감소하는 원인이 아닌 것은?
① 전극의 소모에 의한 열전자방출의 감소
② 램프 양단의 흑화 현상
③ 형광체의 열화
④ 형광등의 부특성

풀이
형광등의 **부 특성**이란 형광 램프 점등 후 **전류가 증가하면 전압이 내려가는 특성**으로 형광등의 **광속 감소**와는 무관하다.
【답】④

10 교류 3상 직권 정류자 전동기는 다음에 분류하는 전동기 중 어디에 속하는가?
① 정속도 전동기   ② 다속도 전동기
③ 변속도 전동기   ④ 가감속도 전동기

풀이
3상 직권 정류자 전동기의 특성
① 속도-토크 특성은 직권성의 변속도 특성을 갖고 있다.
② 토크는 거의 전류의 제곱에 비례하며 기동 토크가 매우 크다.
③ 효율은 저속에서는 나쁘나 동기속도 근처에서 가장 좋지만 3상 유도 전동기에 비하면 뒤진다.
④ 역률은 저속에서 좋지 않으나 동기속도 근처나 그 이상에서는 매우 양호하며 거의 100[%] 정도이다.
【답】③

11 동력 전달 효율이 78.4[%]의 권상기로 30 [t]의 하중을 매분 4 [m]의 속력으로 끌어 올리는데 필요한 동력 [kW]은?
① 14   ② 18
③ 21   ④ 25

풀이
$$P = \frac{KWV}{6.12\eta} = \frac{30 \times 4}{6.12 \times 0.784} = 25 \text{ [kW]}$$
여기서, K : 손실계수 (여유계수)
W : 중량 (하중) [ton]
V : 권상속도 [m/min]
η : 효율
【답】④

12 자동제어에서 제어량에 의한 분류인 것은?
① 정치제어   ② 연속제어
③ 불연속제어   ④ 프로세스제어

풀이
① **제어량의 종류에 의한 분류**
 • **프로세스제어**   • 서보제어   • 자동조정제어
② 목표값의 시간적 성질에 의한 분류
 • 정치제어   • 추치제어
【답】④

13 트랜지스터의 접합(Junction)온도 T_j의 최대 정격값을 75 [℃], 주위온도 $T_a = 35$ [℃]일 때의 컬렉터 손실 T_c의 최대 정격값을 10 [W]라고 할 때 열저항 [℃/W]은?
① 40   ② 4
③ 2.5   ④ 0.2

풀이
열저항 $R = \dfrac{T_j - T_a}{P_c} = \dfrac{75 - 35}{10} = 4 [℃/W]$
【답】②

14 전지에서 자체방전 현상이 일어나는 것으로 가장 옳은 것은?
① 전해액 온도   ② 전해액 농도
③ 불순물 혼합   ④ 이온화 경향

풀이
아연 음극 또는 전해액 중에 **불순물이 섞이면** 아연이 부분적으로 용해되어 **국부 방전**이 생기며 수명이 짧아지는 것을 국부작용이라고 한다.
【답】③

15 인버터(inverter)의 용도는?
① 교류를 직류로 변환
② 직류를 직류로 변환
③ 교류를 직류로 변환
④ 직류를 교류로 변환

풀이
• **인버터** : **직류 전원을 교류 전원으로 변환**하는 장치
• 컨버터 : 교류 전원을 직류 전원으로 변환하는 장치
【답】④

16 출력 7200[W], 800[rpm]로 회전하고 있는 전동기의 토크[kg·m]는 약 얼마인가?

① 0.14 ② 8.77
③ 86   ④ 115

풀이

토크 $T = 0.975 \dfrac{P}{N} = 0.975 \times \dfrac{7200}{800} = 8.77$ [kg·m]

여기서, T : 토크[kg·m], P : 출력[W], N : 회전수[rpm]

【답】②

17 전기화학 공업에서 직류전원으로 요구되는 사항이 아닌 것은?

① 일정한 전류로서 연속운전에 견딜 것
② 효율이 높을 것
③ 고전압 저전류일 것
④ 전압조정이 가능할 것

풀이

전기 화학용 직류 전원의 요구 사항
① **저전압 대전류일 것**
② 효율이 높을 것
③ 전압조정이 가능할 것
④ 정전류로써 연속운전에 견딜 것
⑤ 시설비가 저렴하고, 신뢰성이 높을 것
⑥ 보수, 운전, 취급이 간단할 것

【답】③

18 어느 쪽 게이트에서든 게이트 신호를 인가할 수 있고 역저지 4극 사이리스터로 구성된 것은?

① SCS   ② GTO
③ PUT   ④ DIAC

풀이

SCS(Silicon Controlled Switch)는 두 개의 게이트와 애노드, 캐소드의 **4단자 구조**로서 P층과 N층에서 게이트를 뽑아낸 PNPN 4층 구조이다.

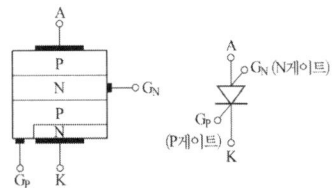

P게이트만 사용하면 일반 사이리스터(SCR)로 사용하고 N게이트만 사용하면 PUT로도 사용할 수 있다. **양쪽의 게이트를 사용**하여 감도도 높이고 유지 전류를 광범위하게 조절할 수 있다.

【답】①

19 휘도가 균일한 긴 원통 광원의 축 중앙 수직 방향의 광도가 100 [cd]이다. 이 원통 광원의 구면 광도는?

① 약 157 [cd]   ② 약 78.5 [cd]
③ 약 100 [cd]   ④ 약 92.5 [cd]

풀이

원통 광원의 수직 방향의 광도 I_0와 전광속 F 사이에는,

∴ $F = \pi^2 I_0 = \pi^2 \times 100 = 986.96$ [lm]

평균 구면 광도 $I = \dfrac{F}{4\pi} = \dfrac{\pi^2 \times 100}{4\pi} = 78.54$ [cd]

【답】②

20 궤간이 1[m]이고 반경이 1270[m]인 곡선궤도를 64[km/h]로 주행하는데 적당한 고도는 약 몇 [mm]인가?

① 13.4   ② 15.8
③ 18.6   ④ 25.4

풀이

고도 $h = \dfrac{GV^2}{127R}$

여기서, h : 켄트(고도)[mm], G : 궤간[mm]
R : 곡선 반지름[m], V : 열차속도[km/h]

$h = \dfrac{1000 \times 64^2}{127 \times 1270} = 25.4$ [mm]

【답】④

MEMO

E90-4 전기공사산업기사 필기

제 2 과목
전력공학

01. 송배전 계통의 구성
02. 가공 송전 선로
03. 선로정수 및 코로나
04. 송전 특성
05. 중성점 접지 방식과 유도장해
06. 고장 계산
07. 전력계통의 안정도
08. 이상전압 및 방호대책
09. 보호 계전 방식
10. 차단기
11. 배 전
12. 수 력
13. 화 력
14. 원자력

01. 송배전 계통의 구성

1.1 송전과 배전

1) **송전** : 대전력을 고전압으로 장거리의 일괄수송
2) **배전** : 소전력을 저전압으로 단거리 수송으로 넓게 분산된 수용가에 전력을 배분

1.2 송전방식

송전방식에는 **직류송전**과 **교류송전** 방식이 있으나 현재는 거의 대부분이 교류 송전방식을 채택하고 있다. 단, 해남과 제주간에 총 길이 101 [km], 2회선의 DC±180 [kV]의 해저케이블에 의한 직류 송전을 하고 있다.

1) **교류송전 방식의 특징**
   ① 전압의 **승압, 강압이 용이**하다.
   ② 교류방식으로 회전자계를 쉽게 얻을 수 있다.
   ③ 교류 방식으로 일관된 운용을 기할 수 있다.

2) **직류송전 방식의 특징**
   ① 절연계급을 낮출 수 있다.
   ② 송전효율이 좋다.
   ③ 안정도가 좋다.
   ④ 단락용량이 적다.
   ⑤ 비동기 연계가 가능하므로 주파수가 다른 계통간의 연계가 가능

1.3 송전전압

1) **송전전압과 송전전력과의 관계**

관 계	관계식	항 목
전압의 자승에 비례	$\propto V^2$	송전전력(P)
전압에 반비례	$\propto \dfrac{1}{V}$	전압강하(e)
전압의 자승에 반비례	$\propto \dfrac{1}{V^2}$	• 전선의 단면적(A) • 전선의 총중량(W) • 전력손실(P_l) • 전압강하율(ε)

예제 01 154[kV]의 송전 선로의 전압을 345[kV]로 승압하고 같은 손실률로 송전한다고 가정하면 송전 전력은 승압 전의 몇 배인가?

| 풀이 | 송전 전력은 전압의 제곱에 비례하므로
$$P \propto V^2 \propto \left(\frac{345}{154}\right)^2 \propto 5배$$

2) 전압

송배전 계통의 전압을 표준화해서 정한 것이 표준 전압이며 표준 전압에는 공칭 전압과 최고 전압이 있다.

(1) 공칭 전압(nominal voltage)
전선로를 대표하는 선간 전압을 말하며 그 계통의 송전 전압을 나타낸다.

(2) 최고 전압
그 전선로에 통상 발생하는 최고의 선간 전압으로서 염해대책, 1선 지락고장 시 등 내부 이상전압, 코로나 장해, 정전유도 등을 고려할 때의 표준이 되는 전압을 말하며 다음과 같이 나타낸다.

$$최고\ 전압 = \frac{공칭\ 전압}{1.1} \times 1.15$$

3) 경제적인 송전전압

① 전선비와 애자, 지지물 및 기기비의 합인 총공사비가 최소화 되는 전압이 경제적인 송전전압이다.

② 경제적인 송전전압(Alfred still 식)

$$송전전압\,[\text{kV}] = 5.5\sqrt{0.6 \times 송전거리\,[\text{km}] + \frac{송전전력\,[\text{km}]}{100}}$$

1.4 각종 전기방식에 대한 소요 전선량 비교

전기방식	소요 전선량 [%]	비 고
단상 2선식	100	단상 2선식 기준
단상 3선식	37.5	〃
3상 3선식	75	〃
3상 4선식	33.3	〃

02. 가공 송전 선로

2.1 연선

- $N = 3n(n+1) + 1$
- $D = (2n+1)d \, [\text{mm}]$
- $A = Na \, [\text{mm}^2]$

여기서, N : 소선의 총수
n : 소선의 층수
A : 연선의 단면적
a : 소선의 단면적

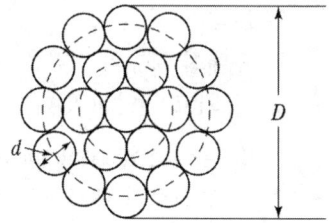

⟨ $n = 2$ 인 연선의 구조 ⟩

예제 02 19/1.8[mm] 경동 연선의 바깥 지름은 몇 [mm]인가?

| 풀이 | 19/1.8 [mm]는 직경이 1.8 [mm]인 소선 19가닥으로 구성된 연선을 의미
$N = 3n(n+1) + 1$ 에서
$19 = 3n(n+1) + 1$
$\therefore n = 2$
2층권이므로 $D = (2n+1)d$
$D = (2 \times 2 + 1) \times 1.8 = 9 \, [\text{mm}]$

2.2 전선의 허용전류

전선에 전류가 흐르면 저항에 의한 발열 때문에 전선의 온도가 상승하게 되고 그 온도가 전선의 최고허용온도를 초과하면 안된다. 따라서, **전선의 최고허용온도에 대응하는 전류를 전선의 허용전류**라 한다.

2.3 경제적인 전선의 굵기 : 켈빈의 법칙 (Kelvin's law)

건설 후에 전선의 단위 길이를 기준 으로 해서 여기서 1년간에 잃게 되는 손실 전력량의 금액과 건설시 구입한 단위 길이의 전선비에 대한 이자와 상각비를 가산한 연경비가 같게 되게끔 하는 전선의 굵기가 가장 경제적인 전선의 굵기이다.

2.4 전선의 이동 및 실제 길이

1) 이도

이도란 전선의 지지점을 연결하는 수평선으로부터 밑으로 내려가 있는 길이를 말한다.

$$D = \frac{wS^2}{8T}$$

여기서, D : 이도 [m]
S : 경간 [m]
T : 전선의 수평장력 [kg]
w : 단위 길이당 전선의 중량 [kg/m]

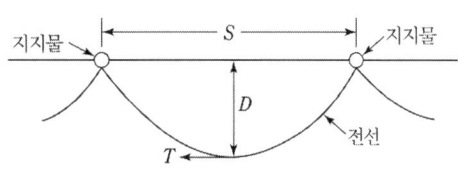

예제 03 경간 300[m], 전선 자체의 무게가 $w = 1.11$[kg/m], 인장하중 10210[kg], 안전율 2.2인 선로의 이도(dip)는 약 몇 [m]인가?

| 풀이 | $D = \dfrac{wS^2}{8T} = \dfrac{1.11 \times 300^2}{8 \times 10210/2.2} = 2.69 ≒ 2.7[\text{m}]$

2) 전선의 실제길이

$$L = S + \frac{8D^2}{3S}$$

여기서, L : 전선의 실제 길이 [m], S : 경간 [m], D : 이도 [m]

즉, 이도 (Dip) 때문에 전선의 실제 길이는 경간보다 $\dfrac{8D^2}{3S}$ 만큼 더 길어지게 된다.

$$L - S = \frac{8D^2}{3S}$$

예제 04 단면적 330[mm²]의 강심 알루미늄선을 경간이 300[m]이고 지지점의 높이가 같은 철탑 사이에 가설하였다. 전선의 이도가 7.4[m]이면 전선의 실제 길이는 몇 [m]인가? 단, 풍압, 온도 등의 영향은 무시한다.

| 풀이 | $L = S + \dfrac{8D^2}{3S} = 300 + \dfrac{8 \times 7.4^2}{3 \times 300} = 300.487[\text{m}]$

2.5 애자

애자란 전선을 **기계적으로 고정**시키고 **전기적으로 절연**하기 위하여 사용되는 절연 지지체를 애자라 한다.

1) 애자의 구비 조건
① 절연 내력이 클 것
② 비, 눈, 안개 등에 대해서도 필요한 표면저항을 가질 것
③ 기계적 강도가 클 것
④ 온도의 급변에 견디고 습기를 흡수하지 않아야 한다.
⑤ 정전 용량이 작을 것

2) 애자련의 전압분포
애자련의 각 애자사이의 정전용량이 서로 달라 각 애자에 분포되는 전압 분포가 균등하게 되지 않아 애자련의 연 효율이 저하된다. 따라서, 전압분담을 균등하게 하기 위하여 사용되는 것이 초호환(arcing ring) 또는 초호각(arcing horn) 이다.
① **최대 전압 분담애자** : 전선에 가장 가까운 애자
② **최소 전압 분담애자** : 전선으로부터 2/3 (철탑으로부터 1/3)되는 지점에 있는 애자

3) 250 [mm] 현수애자 1개의 섬락전압
① 주수 섬락 전압 50 [kV]   ② 건조 섬락 전압 80 [kV]
③ 충격 섬락 전압 125 [kV]   ④ 유중 파괴 전압 140 [kV] 이상

4) 애자련의 연효율(string efficiency) η

$$\eta = \frac{V_n}{nV_1} \times 100[\%]$$

여기서, V_n : 애자련의 건조 섬락전압
V_1 : 애자 1개의 건조섬락전압, n : 애자개수

예제 05 250 [mm] 현수애자 10개를 직렬로 접속한 애자연의 건조 섬락 전압이 590 [kV] 이고 연효율(string efficiency) 0.74이다. 현수애자 1개의 건조 섬락 전압은 약 몇 [kV]인가?

| 풀이 | $\eta = \frac{V_n}{nV_1} \times 100$에서 $V_1 = \frac{V_n}{n\eta} = \frac{590}{10 \times 0.74} = 79.73[kV]$

5) 초호환, 초호각의 역할
초호환 = 소호환 = arcing ring
초호각 = 소호각 = arcing horn
- 애자련의 **전압분포 개선**
- 선로의 섬락으로부터 **애자련의 보호**

03. 선로정수 및 코로나

3.1 선로정수

(1) 선로정수란 **저항 R, 인덕턴스 L, 정전용량 C 및 누설 컨덕턴스 g 의 4가지 정수**를 선로정수라 하며 선로정수는 전선의 종류, 굵기, 배치에 따라 정해지며 **송전전압, 주파수, 전류, 역률 및 기상 등에는 영향을 받지 않는다**. 따라서, 리액턴스는 주파수에 관계되므로 선로정수가 아니다.

(2) 선로정수는 선로의 전압강하, 전력손실, 충전전류 등 송·배전선로의 전기적 특성을 해석하는데 필요하다.

1) 저항(R)

(1) 전선의 저항

$$R = \rho \frac{l}{A} = \frac{1}{58} \times \frac{100}{C} \times \frac{l}{A}\,[\Omega]$$

여기서, ρ : 고유 저항 $[\Omega/\text{m}\cdot\text{mm}^2]$, l : 선로 길이 [m]
A : 단면적 $[\text{mm}^2]$, C : 도전율 [%]

(2) 저항률

$$\rho = \frac{1}{58} \times \frac{100}{C}\,[\Omega/\text{m}\cdot\text{mm}^2]$$

여기서, C : 도전율 [%]

(3) 표피효과

전선의 중심부 일수록 리액턴스가 커져서 전류가 흐르기 어렵고 **전선표면으로 갈수록 전류가 많이 흐르게 되는 경향**을 지니게 된다. 이것을 표피효과라 한다. 표피효과는 주파수가 높을수록, 전선의 단면적이 클수록, 도전율이 클수록, 그리고 비투자율이 클수록 커진다.

2) 인덕턴스(L)

① 단도체 인덕턴스 : $L = 0.4605 \log_{10} \dfrac{D}{r} + 0.05\,[\text{mH/km}]$

② 복도체 인덕턴스 : $L_n = 0.4605 \log_{10} \dfrac{D}{\sqrt[n]{rs^{n-1}}} + \dfrac{0.05}{n}\,[\text{mH/km}]$

$$L_2 = 0.4605 \log_{10} \dfrac{D}{\sqrt{rs}} + 0.025\,[\text{mH/km}]$$

여기서, r : 전선의 반지름, D : 등가선간 거리, s : 소도체 간격, n : 복도체 수

예제 06 반지름 14[mm]의 ACSR로 구성된 완전 연가된 3상 1회선 송전 선로가 있다. 각 상간의 등가 선간 거리가 2800[mm]라고 할 때, 이 선로의 [km]당 작용 인덕턴스는 몇 [mH/km]인가?

| 풀이 | $L = 0.4605 \log_{10} \dfrac{D}{\gamma} + 0.05 \, [\text{mH/km}]$

$= 0.4605 \log_{10} \dfrac{2800}{14} + 0.05 \, [\text{mH/km}] = 1.11 [\text{mH/km}]$

예제 07 등가 선간 거리 9.37[m], 공칭 단면적 330[mm²], 도체 외경 25.3[mm], 복도체 ACSR인 3상 송전선의 인덕턴스는 몇 [mH/km]인가? 단, 소도체 간격은 40[cm] 이다.

| 풀이 | $L_n = \dfrac{0.05}{n} + 0.4605 \cdot \log \dfrac{D}{\sqrt[n]{r S^{n-1}}}$

$= \dfrac{0.05}{2} + 0.4605 \cdot \log \dfrac{9370}{\sqrt{\dfrac{25.3}{2} \times 400}} = 1.0011 [\text{mH/km}]$

예제 08 길이가 35[km]인 단상 2선식 전선로의 유도 리액턴스는 몇 [Ω]인가? 단, 전선로 단위 길이당 인덕턴스는 1.3[mH/km/선], 주파수 60[Hz]이다.

| 풀이 | $X_L = 2\pi f L l = 2\pi \times 60 \times 1.3 \times 10^{-3} \times 2 \times 35 = 34.3 [\Omega]$

(1) 등가선간거리

인덕턴스의 계산식에는 대수항이 포함되어 있기 때문에 거리 및 높이는 산술적 평균값이 아니고 기하 평균거리를 취해야 한다.

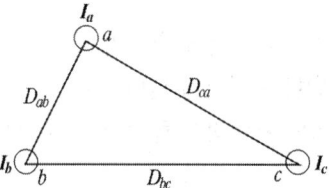

$D_e = \sqrt[3]{D_{ab} \cdot D_{bc} \cdot D_{ca}}$

예제 09 전선 a, b, c가 일직선으로 배치되어 있다. a와 b, b와 c 사이의 거리가 각각 5[m]일 때 이 선로의 등가 선간거리는 몇 [m]인가?

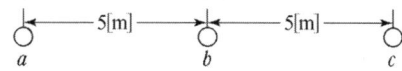

| 풀이 | 등가 선간거리

$D_e = \sqrt[3]{D_{ab} \cdot D_{bc} \cdot D_{ac}} = \sqrt[3]{5 \times 5 \times 10} = 5\sqrt[3]{2}$

(2) 등가반지름

$$r_e = \sqrt[n]{rs^{n-1}}$$

여기서, n : 소도체 수, r : 소도체 반지름, s : 소도체간 거리

예제 10 복도체 선로가 있다. 소도체의 지름 8[mm], 소도체 사이의 간격 40[cm]일 때, 등가 반지름[cm]은?

| 풀이 | 등가 반지름

$$r_e = \sqrt[n]{rs^{n-1}} = \sqrt[2]{rs^{2-1}} = \sqrt{rs} = \sqrt{\frac{0.8}{2} \times 40} = 4.0 [\text{cm}]$$

3) 정전 용량(C)

(1) 작용정전용량

① 단도체 정전 용량 : $C_w = \dfrac{0.02413}{\log_{10} \dfrac{D}{r}} [\mu\text{F/km}]$

② 복도체 정전 용량 : $C_w = \dfrac{0.02413}{\log_{10} \dfrac{D}{\sqrt[n]{rs^{n-1}}}} [\mu\text{F/km}]$

③ 부분 정전 용량

- 단상 1회선인 경우 $C_w = C_s + 2C_m$
- 3상 1회선인 경우 $C_w = C_s + 3C_m$
- 3상 2회선인 경우 $C_w = C_s + 3(C_m + C_m{'})$

여기서, C_w : 작용 정전 용량, C_s : 대지 정전 용량
C_m : 선간 정전 용량, $C_m{'}$: 다른 회선간의 선간 정전 용량

예제 11 3상 3선식 송전선로에 있어서 각선의 대지 정전용량이 0.5096[μF]이고, 선간 정전용량이 0.1295[μF]일 때 1선의 작용 정전용량은 몇 [μF]인가?

| 풀이 | $C_n = C_s + 3C_m = 0.5096 + 3 \times 0.1295 = 0.8981[\mu\text{F}]$

(2) 3상 1회선인 경우 대지 정전 용량

$$C_s = \dfrac{0.02413}{\log_{10} \dfrac{8h^3}{rD^2}} [\mu\text{F/km}]$$

(3) 전선 지표상의 평균 높이

$$h = h' - \frac{2}{3}d \text{ [m]}$$

여기서, h' : 지지점의 높이 [m], d : 이도(dip) [m]

예제 12 전선의 지지점 높이가 31 [m]이고, 전선의 이도가 9[m]라면 전선의 평균 높이 [m]는 얼마인가?

| 풀이 | $h = h' - \frac{2}{3}D = 31 - \frac{2}{3} \times 9 = 25 \text{ [m]}$

(4) 충전 용량

① 전선의 충전 전류 : $I_c = 2\pi f C \times \dfrac{V}{\sqrt{3}}$ [A]

② 전선로의 충전 용량 : $P_c = 2\pi f C V^2 \times 10^{-3}$ [kVA]

여기서, C : 전선 1선당 정전 용량 [F], V : 선간 전압 [V], f : 주파수 [Hz]

※ 선로의 충전전류 계산 시 전압은 변압기 결선과 관계없이 상전압 $\left(\dfrac{V}{\sqrt{3}}\right)$를 적용하여야 한다.

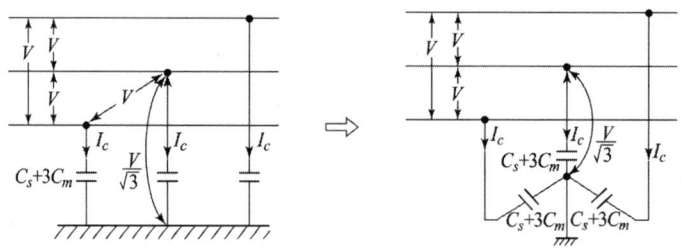

예제 13 정전용량 0.01[μF/km], 길이 173.2[km], 선간전압 60000[V], 주파수 60 [Hz]인 송전선로의 충전전류는 몇 [A]인가?

| 풀이 | $I_c = 2\pi f C l E = 2\pi \times 60 \times 0.01 \times 10^{-6} \times 173.2 \times \dfrac{60000}{\sqrt{3}} = 22.6$ [A]

예제 14 22,000 [V], 60 [Hz], 1회선의 3상 지중 송전선의 무부하 충전 용량 [kVar]은? 단, 송전선의 길이는 20 [km], 1선의 1 [km]당의 정전 용량은 0.5 [μF]이다.

| 풀이 | $Q_c = 3EI_c = 3\omega C E^2$

$= 3 \times 2\pi f \times 0.5 \times 10^{-6} \times 20 \times \left(\dfrac{22000}{\sqrt{3}}\right)^2 \times 10^{-3} = 1825$ [kVar]

(5) 정전용량의 적용

- 지락전류 계산 시 : 대지정전용량
- 충전전류 계산 시 : 작용정전용량

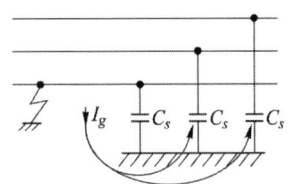
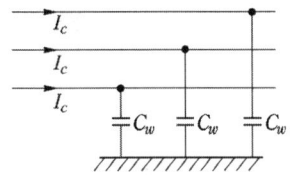

4) 누설 컨덕턴스(g)

애자는 전선 상호간 또는 전선과 대지 사이를 절연하지만 완전한 절연은 아니므로 약간의 누설전류가 흐르게 되며, 이로 인해 유전체 손실, 히스테리시스손실이 발생하게 된다. 따라서 이와 같은 손실을 표현하기 위하여 누설저항을 등가적으로 나타낼 수 있으며 이 누설저항은 매우 크다. 또한 **누설 컨덕턴스는 누설저항의 역수**로 나타낸다.

> **예제 15** 현수 애자 4개를 1련으로 한 66[kV] 송전 선로가 있다. 현수 애자 1개의 절연 저항이 2000[MΩ]이라면 표준 경간을 200[m]로 할 때 1[km]당의 누설 컨덕턴스[℧]는?
>
> | 풀이 | 현수 애자 1련의 저항 (직렬 연결)
> $r = 2000 \,[\text{M}\Omega] \times 4 = 8 \times 10^9 \,[\Omega]$ ($1[\text{M}\Omega] = 10^6 [\Omega]$)
> 표준 경간이 200[m]이고 1[km]당 현수 애자는 5련이 설치되므로 (병렬 연결)
> $R = \dfrac{r}{n} = \dfrac{8}{5} \times 10^9 \,[\Omega]$
> 누설 컨덕턴스
> $G = \dfrac{1}{R} = \dfrac{5}{8} \times 10^{-9} \,[\text{℧}] = 0.63 \times 10^{-9} \,[\text{℧}]$

3.2 연가

1) 개요

일반적인 3상 3선식 선로에서는 정삼각형 배치가 아니며, 또 지표상의 높이도 서로 같지 아니하므로 이러한 경우 각, 전선의 인덕턴스 및 정전용량은 다르게 된다. 이러한 경우 송전단에서 대칭전압을 인가하더라도 수전단에서는 비대칭으로 될 것이다. 따라서, 이를 평형시키기 위하여 **송전선로의 길이를 3의 정수배 구간**으로 등분하고 지상의 전선을 적당한 구간마다 바꾸어 전체적으로 평형 시키는데 이것을 연가라 한다.

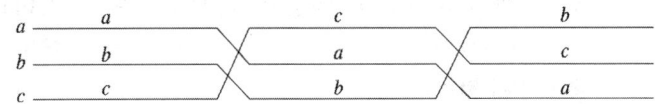

2) 연가의 효과
① 직렬공진 방지
② 유도장해 감소
③ 선로정수 평형

3.3 복도체

1) 개요
가공송전선로의 1상당 연결된 도체의 수가 2이상인 것을 말한다. 복도체는 단도체에 비해 전선의 등가 반지름이 증가하기 때문에 다음과 같은 특징이 있다.

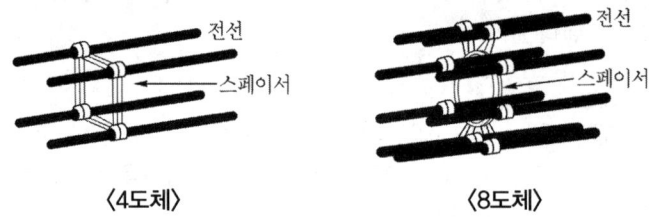

〈4도체〉 〈8도체〉

2) 복도체 방식의 장·단점
복도체의 경우 전선의 등가반지름 $r_e(\sqrt[n]{rs^{n-1}})$가 단도체의 반지름 r보다 증가하므로 다음과 같은 장·단점이 있다.

(1) 장점
① 선로의 인덕턴스 감소 ② 선로의 정전용량 증가
③ 코로나 임계전압 상승 ④ 선로의 송전용량 증가
⑤ 안정도 증대

(2) 단점
① 페란티 효과에 의한 수전단 전압 상승
② 단락사고시 각 소도체에 같은 방향의 대전류가 흘러 소도체 상호간에 흡인력 발생

3.4 페란티 현상

1) 개요
무부하의 경우 선로의 **정전용량 때문에 전압보다 위상이 90° 앞선 충전 전류**의 영향이 커져서 선로에 흐르는 전류가 진상이 되어 **수전단 전압이 송전단 전압보다 높아지는 현상**을 **페란티 현상**이라 한다.

2) 페란티 현상 방지 대책

선로에 흐르는 전류가 지상이 되도록 한다.
- 수전단에 분로리액터를 설치한다.
- 동기조상기의 부족여자 운전

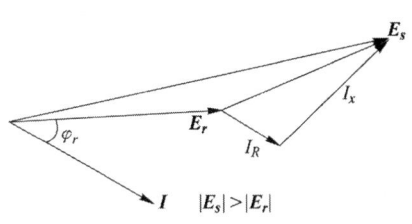
⟨지상 전류가 흐를 경우의 벡터도⟩

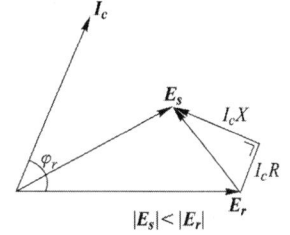
⟨진상 전류가 흐를 경우의 벡터도⟩

3.5 코로나

1) 개요
전선 주위의 공기절연이 국부적으로 파괴되어 낮은 소리나 엷은 빛을 내면서 방전하게 되는 현상을 코로나 또는 코로나 방전이라고 한다.

2) 파열극한 전위경도
- DC : 30 [kV/cm]
- AC : 21 [kV/cm]

3) 코로나의 영향
① 전력손실 : peek 식으로 계산　② 코로나 잡음
③ 전선 부식 (원인 : 오존 O_3)　④ 통신선에의 유도장해
⑤ 소호 리액터의 소호능력 저하　⑥ 진행파의 파고값 감쇠 (코로나의 장점)

4) 코로나의 방지대책
기본적으로 코로나 임계전압 E_o를 크게 한다.

$$E_o = 24.3 m_0 m_1 \delta d \log_{10} \frac{D}{r} \,[\text{kV}]$$

여기서, δ : 상대공기밀도 $\left(\delta = \dfrac{0.386b}{273+t}\right)$

m_0 : 전선 표면계수,　m_1 : 기후에 관한 계수
r : 전선의 반지름 [m],　D : 선간거리 [m]

① 전선의 지름을 크게 한다.
② 복도체를 사용한다.
③ 가선 금구를 개량한다.

5) 코로나 손실(F.W. Peek 식)

$$P = \frac{241}{\delta}(f+25)\sqrt{\frac{d}{2D}}(E-E_0)^2 \times 10^{-5} \text{ [kW/km/line]}$$

여기서, E : 전선의 대지전압 [kV] E_0 : 코로나 임계전압 [kV]
f : 주파수 [Hz] d : 전선의 지름 [cm]
D : 선간거리 [cm] δ : 상대공기밀도

04. 송전 특성

송전단에서 수전단까지의 거리에 따라 단거리, 중거리, 장거리 선로로 구분한다.

구분	거리	선로정수	회로
단거리	수 [km]	R, L만 고려	집중 정수회로로 취급
중거리	수십 [km]	R, L, C만 고려	T회로, π회로로 취급
장거리	수백 [km]	R, L, C, g 고려	분포정수 회로로 취급

4.1 단거리 송전선로

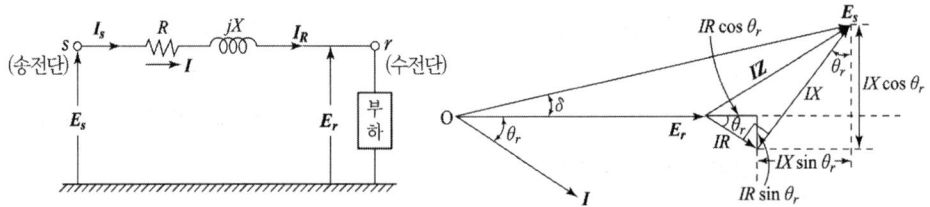

〈단거리 송전선로의 등가 회로〉   〈E_r를 기준 벡터로 취한 벡터도〉

1) 송전단 전압

(1) 단상 송전단 전압

$$E_s = \sqrt{(E_r + IR\cos\theta_r + IX\sin\theta_r)^2 + (IX\cos\theta_r - IR\sin\theta_r)^2}$$
$$\fallingdotseq E_r + I(R\cos\theta_r + X\sin\theta_r)$$

(2) 3상 송전단 전압

$$V_S \fallingdotseq V_r + \sqrt{3}\,I(R\cos\theta_r + X\sin\theta_r)$$

예제 16 3상 3선식 선로에서 수전단 전압 6.6[kV], 역률 80[%](지상), 600[kVA]의 3상 평형부하가 연결되어 있다. 선로 임피던스 $R = 3[\Omega]$, $X = 4[\Omega]$인 경우 송전단 전압은 몇 [V]인가?

|풀이|
$$V_s = V_r + \sqrt{3}I(R\cos\theta + X\sin\theta)$$
$$= 6600 + \sqrt{3} \times \frac{600 \times 10^3}{\sqrt{3} \times 6600}(3 \times 0.8 + 4 \times 0.6) = 7037[V]$$

2) 전압 강하

$$e = V_s - V_r = \sqrt{3}\,I(R\cos\theta_r + X\sin\theta_r)$$

3) 전압강하율

$$\epsilon = \frac{V_s - V_r}{V_r} \times 100 = \frac{\sqrt{3}I(R\cos\theta_r + X\sin\theta_r)}{V_r} \times 100[\%]$$

예제 17 수전단 전압 60,000[V], 전류 200[A], 선로의 저항 $R = 7.61[\Omega]$, 리액턴스 $X = 11.85[\Omega]$일 때, 전압 강하율은 몇 [%]인가? 단, 수전단 역률은 0.80이라 한다.

|풀이| 전압 강하율
$$\epsilon = \frac{V_s - V_r}{V_r} \times 100 = \frac{\sqrt{3}I(R\cos\theta + X\sin\theta)}{V_r} \times 100$$
$$= \frac{\sqrt{3} \times 200(7.61 \times 0.8 + 11.85 \times 0.6)}{60,000} \times 100 = 7.61[\%]$$

4) 전압 변동률

$$\delta = \frac{V_{r_0} - V_r}{V_r} \times 100\;[\%]$$

여기서, V_{r_0} : 무부하 상태에서의 수전단 전압
V_r : 정격부하 상태에서의 수전단 전압

예제 18 송전단 전압이 6600[V], 수전단 전압은 6100[V]였다. 수전단의 부하를 끊은 경우 수전단 전압이 6300[V]라면 이 회로의 전압 강하율과 전압 변동률은 각각 몇 [%]인가?

|풀이| 전압 강하율 $\epsilon = \dfrac{V_s - V_r}{V_r} \times 100 = \dfrac{6600 - 6100}{6100} \times 100 = 8.2[\%]$

전압 변동률 $\delta = \dfrac{V_{r_0} - V_r}{V_r} \times 100 = \dfrac{6300 - 6100}{6100} \times 100 = 3.28[\%]$

5) 선로 손실

$$P_l = 3I^2R \text{ [W]}$$

예제 19 3상 3선식 송전선로에서 선전류가 144[A]이고, 1선당의 저항이 7.12[Ω]이라면 이 선로의 전력손실은 몇 [kW]인가? 단, 이 선로의 수전단 전압은 60[kV], 역률은 0.8이라 한다.

|풀이| $P_l = 3I^2R = 3 \times 144^2 \times 7.12 \times 10^{-3} ≒ 443 \text{ [kW]}$

6) 전력손실율

$$K = \frac{P_l}{P} \times 100 = \frac{3I^2R}{P} \times 100$$

$$= \frac{3R}{P}\left(\frac{P}{\sqrt{3}\,V\cos\theta}\right)^2 \times 100 = \frac{RP}{V^2\cos^2\theta} \times 100$$

여기서, V_s : 송전단 전압, V_r : 수전단 전압, V_{r_n} : 무부하시 수전단 전압

E_r : 수전단 상전압, R : 1선의 저항, $\cos\theta$: 역률, $\sin\theta$: 무효율

P_l : 전력손실, P : 전력

7) 송전단 전력

$$P_s = \sqrt{3}\,V_s I_s \cos\theta_s = P_r + 3I^2R \text{ [W]}$$

4.2 중거리 송전선로

1) T 회로

- $E_s = \left(1 + \dfrac{ZY}{2}\right)E_r + Z\left(1 + \dfrac{ZY}{4}\right)I_r$
- $I_s = YE_r + \left(1 + \dfrac{ZY}{2}\right)I_r$

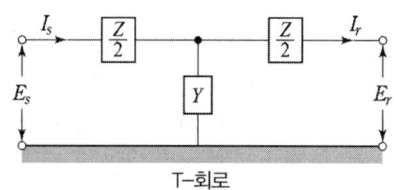

T-회로

2) π 회로

- $E_s = \left(1 + \dfrac{ZY}{2}\right)E_r + ZI_r$
- $I_s = Y\left(1 + \dfrac{ZY}{4}\right)E_r + \left(1 + \dfrac{ZY}{2}\right)I_r$

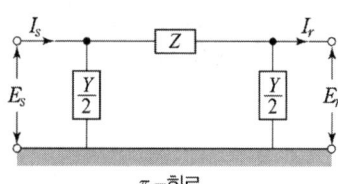

π-회로

4.3 장거리 송전선로

1) 특성 임피던스 Z_0

$$특성\ 임피던스\ Z_0 = \sqrt{\frac{Z}{Y}} = \sqrt{\frac{(r+j\omega L)}{(g+j\omega C)}}\ [\Omega]$$

선로의 특성임피던스는 선로의 저항(r)과 누설콘덕턴스(g)를 무시하면 $Z_0 ≒ \sqrt{\dfrac{L}{C}}$ 로 표현된다.

- 어드미턴스 Y : 개방시험
- 임피던스 Z : 단락시험에서 측정한다.

예제 20 송전선로의 수전단을 단락한 경우 송전단에서 본 임피던스는 300[Ω]이고, 수전단을 개방한 경우에는 1200[Ω]일 때 이 선로의 특성 임피던스는 몇 [Ω] 인가?

|풀이| $Z_0 = \sqrt{\dfrac{Z}{Y}} = \sqrt{\dfrac{300}{1/1200}} = 600[\Omega]$

2) 전파 정수 γ

$$전파\ 정수\ \gamma = \sqrt{ZY} = \sqrt{(r+j\omega L)(g+j\omega C)}\ [rad/km]$$

여기서, γ : 저항, ω : 각속도, L : 작용 인덕턴스, C : 작용 정전용량

4.4 4단자 정수

1) 송전 선로 4단자 정수 관계

$$E_s = AE_R + BI_R$$
$$I_s = CE_R + DI_R$$
$$AD - BC = 1$$
$$A = D$$

2) 단거리 송전선로의 경우

$E_s = E_r + ZI_r$, $I_s = I_r$ 이므로

$$\begin{bmatrix} A & B \\ C & D \end{bmatrix} = \begin{bmatrix} 1 & Z \\ 0 & 1 \end{bmatrix}$$

3) 중거리 송전선로의 경우

(1) T형 회로

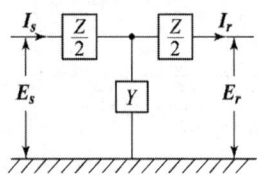

$$\begin{bmatrix} A & B \\ C & D \end{bmatrix} = \begin{bmatrix} 1 + \dfrac{ZY}{2} & Z\left(1 + \dfrac{ZY}{4}\right) \\ Y & 1 + \dfrac{ZY}{2} \end{bmatrix}$$

(2) π형 회로

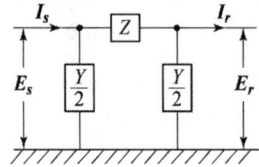

$$\begin{bmatrix} A & B \\ C & D \end{bmatrix} = \begin{bmatrix} 1 + \dfrac{ZY}{2} & Z \\ Y\left(1 + \dfrac{ZY}{4}\right) & 1 + \dfrac{ZY}{2} \end{bmatrix}$$

예제 21   154[kV], 300[km]의 3상 송전선에서 일반 회로 정수는 다음과 같다. $A = 0.900$, $B = 150$, $C = j0.901 \times 10^{-3}$, $D = 0.930$이 송전선에서 무부하 시 송전단에 154[kV]를 가했을 때 수전단 전압은 몇 [kV]인가?

|풀이| 송전단 상전압 $E_S = AE_R + BI_R$에서 송전단 선간 전압 $V_S = AV_R + \sqrt{3}BI_R$
무부하이므로 $I_R = 0$, $V_S = AV_R$

$$\therefore V_R = \frac{V_S}{A} = \frac{154}{0.9}[\text{kV}] = 171[\text{kV}]$$

4.5 전력원선도

정전압 송전방식에서는 원의 반지름 $\rho = \dfrac{V_S V_R}{b}$이 일정하므로 송·수전전력은 언제나 원선도의 원주상에 존재하여야 한다.

따라서, 송·수전전력은 전력계산식에 의해 정밀하게 계산하여 구할 수 있으나 이 원선도를 이용하여 직접 그 크기를 알 수 있다는 것이 전력원선도의 장점이라고 할 수 있으나 여기에는 오차가 일부 포함되는 단점이 있다.

1) 원선도의 반지름

$$\rho = \frac{V_s V_r}{b}$$

2) 전력원선도에서 알 수 있는 사항

① 필요한 전력을 보내기 위한 송·수전단 전압간의 상차각
② 송·수전할 수 있는 최대전력
③ 선로손실과 송전효율
④ 수전단의 역률
⑤ 조상용량

3) 원선도에서 구할 수 없는 것
① 과도 안정 극한전력
② 코로나 손실

4.6 조상설비

송전선을 **일정한 전압**으로 운전하기 위해 필요한 **무효전력을 공급하는 장치를 조상설비**라 하며 그 종류로는 동기 조상기, 전력용 콘덴서, 분로 리액터가 있다.
(1) **콘덴서** : **앞선 전류**를 취하여 전압강하를 보상한다.
(2) **리액터** : **늦은 전류**를 취하여 이상전압의 상승을 억제한다.
(3) 동기조상기 : 무부하 운전중인 동기전동기를 과여자 운전하면 콘덴서로 작용하며, 부족여자 운전하면 리액터로 작용한다.

〈조상설비의 비교〉

항 목	동기 조상기	전력용 콘덴서	분로 리액터
전력손실	많음 (1.5~2.5 [%])	적음 (0.3 [%] 이하)	적음 (0.6 [%] 이하)
가격	비싸다(전력용 콘덴서, 분로 리액터의 1.5~2.5배)	저렴	저렴
무효전력	**진상, 지상 양용**	**진상전용**	**지상전용**
조 정	**연속적**	**계단적**	**계단적**
사고시 전압유지	큼	작음	작음
시송전	가능	불가능	불가능
보 수	손질필요	용이	용이

4.7 송전용량 개략 계산법

1) Still의 식(경제적인 송전 전압)

$$V_s = 5.5\sqrt{0.6l + \frac{P}{100}} \text{ [kV]}$$

여기서, l : 송전 거리 [km], P : 송전 용량 [kW]

예제 22 송전 거리 50 [km], 송전 전력 5000 [kW]일 때의 송전 전압은 대략 몇 [kV] 정도가 적당한가? 단, 스틸의 식에 의해 구하여라.

| 풀이 | 송전 전압의 결정식은
Still 식 = $5.5\sqrt{0.6 \times l + 0.01P} = 5.5\sqrt{0.6 \times 50 + 0.01 \times 5000} = 49.19 \text{[kV]}$

2) 고유 부하법

$$P = \frac{V_r^2}{Z} = \frac{V_r^2}{\sqrt{\dfrac{L}{C}}} \text{[MW/회선]}$$

여기서, V_r : 수전단 선간 전압 [kV]
Z : 특성 임피던스(대략 400 [Ω])

3) 송전 용량 계수법

$$P_R = k \frac{V_r^2}{l} \text{[kW]}$$

여기서, V_r : 수전단 선간 전압 [kV], l : 송전 거리 [km]

k : 송전 용량 계수 $\begin{cases} 60 \text{[kV]} \rightarrow 600 \\ 100 \text{[kV]} \rightarrow 800 \\ 140 \text{[kV]} \rightarrow 1200 \end{cases}$

예제 23 154[kV] 송전선로에서 송전거리가 154[km]라 할 때 송전용량 계수법에 의한 송전용량은? 단, 송전용량 계수는 1200으로 한다.

| 풀이 | 송전용량 $P = K \dfrac{V^2}{l}$ [kW]

여기서, K : 용량계수, V : 송전전압, l : 송전거리

$P = 1200 \times \dfrac{154^2}{154} = 184800 \text{[kW]}$

4) 송전 전력

$$P = \frac{V_s V_r}{X} \sin\delta \text{ [MW]}$$

여기서, V_s, V_r : 송수전단 전압 [kV]
δ : 송수전단 전압의 위상차
X : 선로의 리액턴스 [Ω]

예제 24 송전단 전압 161[kV], 수전단 전압 154[kV], 상차각 40°, 리액턴스 45[Ω]일 때 선로 손실을 무시하면 전송 전력은 약 몇 [MW]인가?

| 풀이 | $P = \dfrac{V_s V_r}{X} \sin\delta = \dfrac{161 \times 154}{45} \sin 40 = 354 \text{[MW]}$

4.8 주파수 전압제어

1) 유효전력 조정 → 주파수 조정
① 부하의 증가, 감소
② 조속기에 의한 발전기의 기계적 입력제어

2) 무효전력 조정 → 전압 조정
① 조상설비에 의한 무효전력 제어
② 발전기의 여자전류제어

05. 중성점 접지 방식과 유도장해

5.1 중성점 접지

1) 중성점 접지목적
(1) 지락고장 시 건전상의 대지 전위상승을 억제, 전선로 및 기기의 **절연레벨을 경감**
(2) 뇌, 아크 지락, 기타에 의한 **이상전압의 경감 및 발생 억제**
(3) 지락고장 시 **접지계전기의 확실한 동작**
(4) 소호 리액터 접지방식에서는 1선 지락시의 아크 지락을 재빨리 소멸시켜 그대로 송전을 계속할 수 있게 한다.

2) 유효접지
지락사고 시 건전상의 전위상승이 **상규대지 전압의 1.3배 이하**가 되도록 하는 접지방식으로 유효접지 조건으로는

- $\dfrac{R_0}{X_1} \leq 1$
- $0 \leq \dfrac{X_0}{X_1} \leq 3$

여기서, R_0 : 저항, X_1 : 정상리액턴스, X_0 : 영상리액턴스

3) 중성점 접지방식의 종류
중성점 접지 방식은 중성점을 접지하는 접지임피던스 Z_n의 종류와 크기에 따라 다음과 같이 구분한다.

① 비접지 방식 : $Z_n = \infty$
② 직접접지 방식 : $Z_n = 0$
③ 저항 접지방식 : $Z_n = R$
④ 소호리액터접지방식 : $Z_n = jX_L$

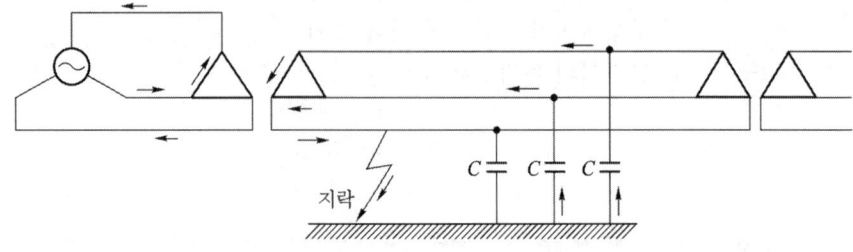

(1) 비접지 방식

〈비접지 방식에서의 1선 지락 고장〉

적용 : 33 [kV] 이하 계통
① 선로의 길이가 짧거나 전압이 낮은 계통(33 [kV] 정도 이하)에 한해서 채택
② 변압기 결선을 △-△로 할 수 있어 **변압기 1대 고장 시 V-V 결선으로 송전 가능**
③ 1선 지락사고 시 지락전류가 아주 적어서 그대로 송전 가능
④ 1선 지락사고 시 충전전류에 의한 **간헐 아크 지락**을 일으켜서 **이상전압을 발생**

(2) 직접 접지 방식

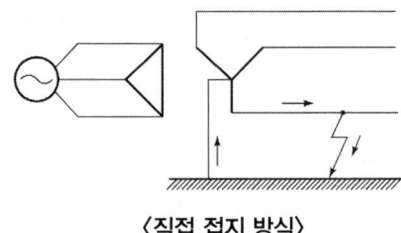

〈직접 접지 방식〉

적용 : 22.9 [kV], 154 [kV], 345 [kV], 765 [kV] 계통에 적용
① 1선 지락 시 건전상의 대지전압 상승은 거의 없다.
② 선로 및 기기의 **절연레벨을 낮출 수 있다.** (저감절연, 단절연 가능)
③ 보호 계전기의 동작이 확실하다.
④ 지락전류가 저 역률의 대 전류이므로 **과도 안정도가 나빠진다.**
⑤ 지락고장 시 통신선에 **전자유도 장해**를 크게 미친다.
⑥ 지락 전류가 매우 크기 때문에 기기에 큰 기계적 충격을 주기 쉽다.

(3) 소호 리액터 접지 방식

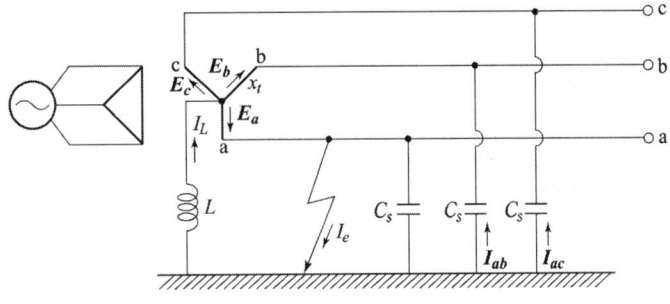

〈소호 리액터 접지 계통의 지락 고장〉

소호리액터의 크기

① 변압기의 리액턴스 x_t를 고려하지 않는 경우

$$\omega L = \frac{1}{3\omega C_s}, \quad L = \frac{1}{3\omega^2 C_s} = \frac{1}{3(2\pi f)^2 C_s}$$

② 변압기의 리액턴스 x_t를 고려하는 경우

$$\omega L = \frac{1}{3\omega C_s} - \frac{x_t}{3}, \quad L = \frac{1}{3\omega^2 C_s} - \frac{L_t}{3}$$

③ 소호 리액터 접지 방식에서 계통이 진상운전 되는 것을 방지하기 위하여 10[%] 정도 과보상 한다. ($I = 1.1 I_c$)

$$합조도\ P = \frac{I - I_C}{I_C} \times 100[\%]$$

여기서, I : 소호리액터 사용 탭 전류 $\left(I = \dfrac{E}{\omega L} \right)$

I_C : 대지충전전류 $\left(I_C = \dfrac{E}{\dfrac{1}{3\omega C}} \right)$

- $\omega L < \dfrac{1}{3\omega C}$: 과 보상, 합조도 +

- $\omega L = \dfrac{1}{3\omega C}$: 완전공진, 합조도 0

- $\omega L > \dfrac{1}{3\omega C}$: 부족보상, 합조도 −

※ 과보상 또는 부족보상의 기준은 소호리액터에 흐르는 전류와 대지 충전전류의 크기를 비교하여 결정한다.

즉, $\omega L < \dfrac{1}{3\omega C}$의 경우 $I > I_C$가 되어 과보상이 된다.

05. 중성점 접지 방식과 유도장해

예제 25
1상의 대지 정전 용량 0.5[μF], 주파수 60[Hz]인 3상 송전선이 있다. 이 선로에 소호 리액터를 설치하려 한다. 소호 리액터의 공진 리액턴스[Ω] 값은?

| 풀이 | $\omega L = \dfrac{1}{3\omega C_s} = \dfrac{1}{3 \times 2\pi \times 60 \times 0.5 \times 10^{-6}} = 1768\,[\Omega]$

예제 26
1상의 대지 정전 용량 0.53[μF], 주파수 60[Hz]의 3상 송전선의 소호 리액터의 공진탭(리액턴스)는 몇 [Ω]인가? 단, 접지시키는 변압기의 1상당의 리액턴스는 9[Ω]이다.

| 풀이 | $\omega L = \dfrac{1}{3\omega C_s} - \dfrac{x_t}{3} = \dfrac{1}{3 \times 2\pi \times 60 \times 0.53 \times 10^{-6}} - \dfrac{9}{3} = 1666\,[\Omega]$

4) 접지방식별 특징

방 식	다중고장 발생확률	보호 계전기 동작	지락 전류	고장중 운전	전위 상승	과도 안정도	유도 장해	특 징
직접 접지 (22.9, 154, 345[kV])	최소	확실	최대	×	1.3	최소	최대	중성점영전위, 단절연가능
저항 접지	보통	↓	↓	×	$\sqrt{3}$	↓	↓	
비접지 (3.3, 6.6[kV])	최대	×	↓	가능	$\sqrt{3}$	↓	↓	저전압 단거리에 적용
소호 리액터 접지 (66[kV])	보통	불확실	최소	가능	$\sqrt{3}$ 이상	최대	최소	병렬공진, 고장전류최소

5.2 중성점의 잔류 전압

보통의 운전 상태에서 **중성점을 접지하지 않을 경우 중성점에 나타나게 될 전위를 잔류 전압**이라 한다. 잔류 전압의 발생 원인은 여러 가지가 있을 수 있으나 그 중 가장 주된 것은 송전선의 연가가 불충분하여 3상 각상 **대지정전 용량의 불평형**에 의해 발생한다.

잔류전압 $E_n = \dfrac{\sqrt{C_a(C_a - C_b) + C_b(C_b - C_c) + C_c(C_c - C_a)}}{C_a + C_b + C_c} \times \dfrac{V}{\sqrt{3}}$

따라서 연가를 완벽하게 하여 $C_a = C_b = C_c$의 조건이 되면 잔류전압은 0이 된다.

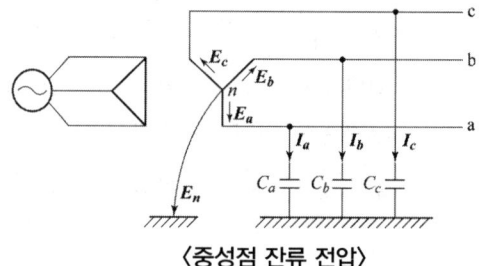

〈중성점 잔류 전압〉

예제 27 66[kV] 송전선에서 연가 불충분으로 각 선의 대지용량이 $C_a = 1.1[\mu F]$, $C_b = 1[\mu F]$, $C_c = 0.9[\mu F]$가 되었다. 이때 잔류 전압[V]은?

| 풀이 |
$$E_n = \frac{\sqrt{C_a(C_a - C_b) + C_b(C_b - C_c) + C_c(C_c - C_a)}}{C_a + C_b + C_c} \times \frac{V}{\sqrt{3}}$$
$$= \frac{\sqrt{1.1(1.1-1) + 1(1-0.9) + 0.9(0.9-1.1)}}{1.1 + 1 + 0.9} \times \frac{66{,}000}{\sqrt{3}}$$
$$= 2200[V]$$

5.3 유도 장해

유도 장해는 정전 유도, 전자 유도 및 고조파 유도가 있다.
- 정전 유도 : 전력선과 통신선과의 **상호 정전 용량**에 의해 발생
- 전자 유도 : 전력선과 통신선과의 **상호 인덕턴스**에 의해 발생
- 고조파 유도 : 고조파의 유도에 의한 잡음 장해

1) 정전 유도

$$\text{정전 유도 전압 } E_s = \frac{\sqrt{C_a(C_a - C_b) + C_b(C_b - C_c) + C_c(C_c - C_a)}}{C_a + C_b + C_c + C_s} \times E$$

정전유도 전압은 고장 시 뿐만 아니라 평상시에도 발생한다. 또한, **정전 유도 전압은 주파수 및 양 선로의 평행 길이와는 관계가 없고 다만 전력선의 대지전압** $E\left(\dfrac{V}{\sqrt{3}}\right)$**에만 비례**한다.

따라서, 연가를 충분히 하여 $C_a = C_b = C_c$가 되면 정전 유도 전압을 0으로 할 수 있다.

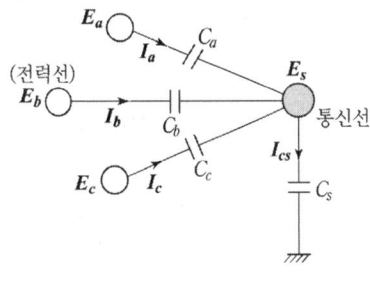

〈정전 유도〉

2) 전자 유도

송전선에 1선 지락사고가 발생해서 영상전류가 흐르면 통신선과의 전자적인 결합에 의해서 통신선에 커다란 전압, 전류를 유도하게 되어 통신용 기기나 통신종사자에게 손상 및 위해를 끼칠 수 있다.

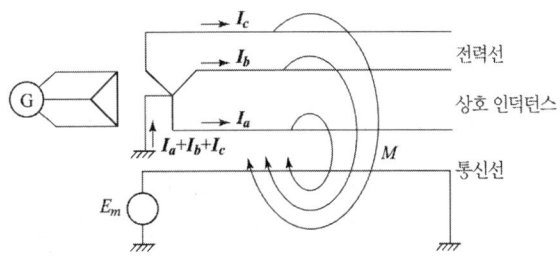

$$E_m = -j\omega Ml(I_a + I_b + I_c) = -j\omega Ml(3I_0)$$

3) 유도 장해 경감 대책

(1) 전력선측 대책
① 송전선로를 통신선로로부터 멀리 **이격**시킨다. (M의 저감)
② 중성점의 **접지저항값을 크게** 한다. (기유도 전류의 억제)
③ **고속도 지락보호 계전기** 채택 (고장 지속시간 단축)
④ 송전선과 통신선 사이에 **차폐선** 가설 (M의 저감)

(2) 통신선측 대책
① 통신선의 도중에 **중계코일** 설치 (병행길이의 단축)
② **연피 통신케이블** 사용 (M의 저감)
③ 통신선에 우수한 **피뢰기** 설치 (유도전압을 강제적으로 저감)
④ **배류코일, 중화코일** 등으로 통신선을 접지해서 저주파수의 유도전류를 대지로 흘려준다. (통신 잡음의 저감)

06. 고장 계산

6.1 단락고장

(1) 단락 전류 계산목적
① 차단기 용량의 결정
② 보호 계전기의 정정
③ 기기에 가해지는 전자력의 크기

(2) 3상 단락 고장은 평형 고장으로 단락전류 계산법은 옴법, %임피던스법, PU법이 사용되나 일반적으로 %임피던스 법이 많이 사용된다.

1) 옴(Ω) 법

옴법은 전압을 임피던스로 나누어 단락전류를 구하는 방법이다.

단락전류 $I_s = \dfrac{E}{Z} = \dfrac{E}{\sqrt{R^2 + X^2}}$ [A]

단락용량 $P_s = 3EI_S = \sqrt{3}\, VI_S$ [kVA]

여기서, V : 단락점의 선간전압 [kV]
Z : 단락지점에서 전원측을 본 계통임피던스 [Ω]

예제 28   단락점까지의 전선 한줄의 임피던스가 $Z = 6 + j8$(전원 포함), 단락전의 단락점 전압이 22.9[kV]인 단상 전선로의 단락용량은 몇 [kVA]인가? 단, 부하전류는 무시한다.

| 풀이 | $I_s = \dfrac{E}{Z_S} = \dfrac{22900}{2\sqrt{6^2 + 8^2}}$

$P_s = VI_s = 22900 \times \dfrac{22900}{2 \times 10} \times 10^{-3} = 26220 \text{[kVA]}$

2) % 임피던스 법

임피던스의 크기를 옴[Ω] 값 대신에 %값으로 나타내어 계산하는 방법으로 옴[Ω] 법과 달리 전압환산을 할 필요가 없어 계산이 용이하므로 현재 가장 많이 사용되고 있다.

(1) %Z

- $\%Z = \dfrac{I_n[A] \times Z[\Omega]}{E[V]} \times 100 [\%]$

- $\%Z = \dfrac{P[kVA] \times Z[\Omega]}{10\,V^2[kV]} [\%]$ (단위가 [kV], [kVA]인 것에 주의)

(2) 단락전류 I_S

$I_S = \dfrac{E[V]}{Z[\Omega]} = \dfrac{E}{\dfrac{\%Z \times E}{100 \times I_n}} = \dfrac{100}{\%Z} \times I_n$

($\%Z = \dfrac{I_n Z}{E} \times 100$ 에서 $Z = \dfrac{\%ZE}{100 I_n}$)

(3) 단락용량

$I_S = \dfrac{100}{\%Z} \times I_n$ 의 좌변, 우변에 $\sqrt{3}\,V$를 곱하면

$\sqrt{3}\,VI_S = \dfrac{100}{\%Z} \times I_n \times \sqrt{3}\,V$

∴ $P_S = \dfrac{100}{\%Z} \times P_n$

(4) 차단기의 차단 용량 > 계통의 단락 용량

예제 29   66[kV], 3상 1회선 송전선로의 1선의 리액턴스가 20[Ω], 전류가 350[A]일 때 %리액턴스는?

| 풀이 | $\%X = \dfrac{I_n X}{E} \times 100 = \dfrac{350 \times 20}{\dfrac{66 \times 10^3}{\sqrt{3}}} \times 100 \fallingdotseq 18.4$

예제 30 단락 용량 5000[MVA]인 모선의 전압이 154[kV]라면 등가모선 임피던스는 몇 [Ω]인가?

| 풀이 | 단락용량 $P_s = \dfrac{V^2}{Z}$

$Z = \dfrac{V^2}{P_s} = \dfrac{154000^2}{5000 \times 10^6} = 4.74[\Omega]$

예제 31 그림과 같은 3상 3선식 전선로의 단락점에 있어서의 3상 단락 전류[A]는? 단, 22[kV]에 대한 % 리액턴스는 4[%], 저항분은 무시한다.

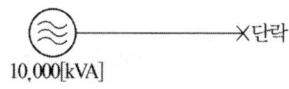

| 풀이 | 단락 전류 $I_s = \dfrac{100}{\%Z} I_n = \dfrac{100}{4} \dfrac{10,000}{\sqrt{3} \times 22} = 6560[A]$

예제 32 20,000[kVA], %임피던스 8[%]인 3상 변압기가 2차측에서 3상 단락되었을 때 단락 용량 [kVA]은?

| 풀이 | 단락 용량 $P_s = \dfrac{100}{\%Z} P_n = \dfrac{100}{8} \times 20,000 = 250,000[kVA]$

예제 33 합성 임피던스가 0.4[%](10000[kVA] 기준)인 발전소에 시설할 차단기의 필요한 차단 용량은 몇 [MVA]인가?

| 풀이 | $P_s = \dfrac{100}{\%Z} P_n = \dfrac{100}{0.4} \times 10000 \times 10^{-3} [MVA] = 2,500[MVA]$

보다 큰 차단용량을 가진 차단기를 선정하면 된다.

3) 단위법(per unit method)

임피던스로 표시하는 방법으로 백분율법에서 100 [%]를 없앤 것이다.

$$Z[p \cdot u] = \dfrac{ZI}{E}$$

6.2 대칭좌표법에 의한 고장 계산

3상 단락 고장은 평형고장으로 옴 법이나 %임피던스 법으로 풀 수 있으나 1선 지락과 같은 **불평형 고장에서는 대칭좌표법**으로 풀어야 한다.

여기서, 대칭좌표법이란 불평형전압 이나 불평형전류를 3개의 성분(영상분, 정상분, 역상분)으로 나누어 계산하는 방법이다.

고장의 종류	대 칭 분
3상 단락	정상분
선간 단락	정상분, 역상분
1선 지락	정상분, 역상분, 영상분

1) 대칭분

(1) 영상전류(I_0) : 크기가 같고 같은 위상각을 가진 평형 단상전류로서 이 전류는 지락고장 시 **접지계전기를 동작시키는 전류**이며 통신선에 대해서는 전자유도장해를 일으키는 전류이다.

(2) 정상전류(I_1) : 평형 3상 교류로서 전원과 동일한 상회전 방향으로 이 전류가 전동기에 흐르면 전동기에 **회전토크**를 준다.

(3) 역상전류(I_2) : 평형 3상 교류로서 전원의 상회전 방향과 반대 방향으로 이 전류가 전동기에 흐르면 전동기에 **제동력**을 준다.

2) 전압

(1) 각상 전압

- $V_a = V_0 + V_1 + V_2$
- $V_b = V_0 + a^2 V_1 + a V_2$
- $V_c = V_0 + a V_1 + a^2 V_2$

(2) 대칭분 전압

- 영상분 $V_0 = \frac{1}{3}(V_a + V_b + V_c)$
- 정상분 $V_1 = \frac{1}{3}(V_a + a V_b + a^2 V_c)$ ($1 \to a \to a^2$의 순서)
- 역상분 $V_2 = \frac{1}{3}(V_a + a^2 V_b + a V_c)$ ($1 \to a^2 \to a$의 순서)

3) 전류

(1) 각상 전류

- $I_a = I_0 + I_1 + I_2$
- $I_b = I_0 + a^2 I_1 + a I_2$
- $I_c = I_0 + a I_1 + a^2 I_2$

(2) 대칭분 전류

- 영상분 $I_0 = \frac{1}{3}(I_a + I_b + I_c)$
- 정상분 $I_1 = \frac{1}{3}(I_a + a I_b + a^2 I_c)$
- 역상분 $I_2 = \frac{1}{3}(I_a + a^2 I_b + a I_c)$

4) 발전기의 기본식

$$V_0 = -I_0 Z_0$$

$$V_1 = E_1 - I_1 Z_1 = E_a - I_1 Z_1$$

$$V_2 = -I_2 Z_2$$

여기서, $a = -\dfrac{1}{2} + j\dfrac{\sqrt{3}}{2} = -0.5 + j0.866 = e^{j\frac{2\pi}{3}}$

$a^2 = -\dfrac{1}{2} - j\dfrac{\sqrt{3}}{2} = -0.5 - j0.866 = e^{j\frac{4\pi}{3}}$

$a^3 = 1,\ a^2 + a + 1 = 0$

07. 전력계통의 안정도

안정도란 계통이 주어진 운전 조건 하에서 안정하게 운전을 계속할 수 있는가 어떤가 하는 능력을 가르키는 것으로서 정태안정도, 동태안정도, 과도안정도의 3가지로 나누어진다.

1) 안정도에 관한 공식

① 송전전력 : $P = \dfrac{V_s V_r}{X} \sin\delta$

② 최대 송전전력 : $P_m = \dfrac{V_s V_r}{X}$

③ 바그너의 식 : $\tan\delta = \dfrac{M_G + M_m}{M_G - M_m} \tan\beta$

2) 안정도 향상대책

① 계통의 직렬 리액턴스 감소
   (발전기 및 변압기의 임피던스 감소, 복도체 방식, 직렬 콘덴서)
② 전압 변동률을 적게 한다. (속응 여자 방식 채용, 계통의 연계, 중간 조상 방식)
③ 계통에 주는 충격을 적게 한다.
   (적당한 중성점 접지 방식, 고속 차단 방식, 재폐로 방식)
④ 고장 중의 발전기 돌입 출력의 불평형을 적게 한다.

08. 이상전압 및 방호대책

8.1 이상전압의 종류

송전계통에 나타나는 이상전압은 계통 내부원인에 의한 내부 이상전압과 계통 외부 원인에 의한 외부 이상전압으로 나눌 수 있다.

1) 내부 이상전압

내부 이상전압은 계통 조작 시 또는 고장 발생시 발생하며 계통 조작 시.
즉, 송전선로의 개폐조작에 따른 과도현상 때문에 발생하는 이상전압은 투입서지와 개방서지로 나누어지며 일반적으로 투입 시 보다 개방 시, 부하가 있는 회로를 개방하는 것보다 무부하의 회로를 개방하는 쪽이 더 높은 이상전압을 발생한다. 따라서, **이상 전압이 가장 큰 경우는 무부하 송전 선로의 충전 전류를 차단할 경우**이다.

개폐 서지의 크기는 선로의 길이, 차단기의 성능, 중성점 접지 방식에 따라 차이는 있으나 대부분의 경우 **상규 대지 전압의 4배를 넘는 경우는 거의 없다**.

2) 외부 이상전압

뇌운에 의해 발생되는 직격뢰와 유도뢰 및 타선과의 혼촉 시 발생하는 이상전압이 있다. **뇌 전압 또는 뇌 전류의 특징**으로는 다음과 같다.

① **충격파**이다.
② 외부 이상 전압과 내부 이상전압은 **파두장 및 파미장 모두 다르다**.
   (외부이상전압은 파고 값은 크지만 지속시간이 짧고 내부 이상전압은 파고 값은 작지만 지속시간은 비교적 길다)
③ **표준 충격 전압 파형** : $1.2 \times 50 [\mu s]$
④ 유도뢰의 파고값은 수십[kV] 정도의 것이 대부분으로 110 [kV] 이상의 송전선에는 유도뢰에 의한 이상전압은 문제가 되지 않는다.

8.2 진행파의 반사와 투과

파동임피던스가 서로 다른 회로에 연결된 점(이것을 보통 변이점이라 한다)에 진행파가 진입하면 일부는 반사하고 나머지는 변이점을 통과해서 다음 회로에 침입해 들어가게 된다.

- 반사 계수 = $\dfrac{Z_2 - Z_1}{Z_2 + Z_1}$

- 투과 계수 = $\dfrac{2Z_2}{Z_2 + Z_1}$

1) 종단이 개방되어 있는 경우 ($Z_2 = \infty$)

- 반사계수 $= \dfrac{Z_2 - Z_1}{Z_2 + Z_1} = \dfrac{1 - \dfrac{Z_1}{Z_2}}{1 + \dfrac{Z_1}{Z_2}} = \dfrac{1}{1} = 1$

- 투과계수 $= \dfrac{2Z_2}{Z_2 + Z_1} = \dfrac{2}{1 + \dfrac{Z_1}{Z_2}} = 2$

즉, 전위의 반사는 정반사로서
   반사파의 파고는 입사파의 파고와 동일
   투과파의 파고는 입사파의 파고값보다 2배가 된다.

2) 종단이 접지되어 있는 경우 ($Z_2 = 0$)

- 반사계수 $= \dfrac{Z_2 - Z_1}{Z_2 + Z_1} = \dfrac{0 - Z_1}{0 + Z_1} = -1$

- 투과계수 $= \dfrac{2Z_2}{Z_2 + Z_1} = 0$

즉, 전위의 반사는 부 반사로서
   반사파의 파고는 입사파의 파고와 같으나 방향이 반대
   투과파의 파고는 0으로 종단전압은 항상 0이 된다.

예제 34 파동 임피던스 $Z_1 = 600[\Omega]$인 선로종단에 파동 임피던스 $Z_2 = 1300[\Omega]$의 변압기가 접속되어 있다. 지금 선로에서 파고 $e_1 = 900[kV]$의 전압이 입사되었다면 접속점에서의 전압 반사파는 약 몇 [kV]인가?

| 풀이 | 반사 전압 $e_2 = \dfrac{Z_2 - Z_1}{Z_2 + Z_1} e_1 = \dfrac{1300 - 600}{1300 + 600} \times 900 = 330 \, [kV]$

예제 35 파동 임피던스 $Z_1 = 400[\Omega]$인 가공 선로에 파동 임피던스 $50[\Omega]$인 케이블을 접속하였다. 이때 가공 선로에 $e_1 = 800[kV]$인 전압파가 들어왔다면 접속점에서 전압의 투과파는?

| 풀이 | 투과파 전압 $e_2 = \dfrac{2Z_2}{Z_1 + Z_2} \times e_1 = \dfrac{2 \times 50}{400 + 50} \times 800 = 178[kV]$

8.3 이상전압 방지대책

■ 1) 보호 장치 및 기능
① 가공지선 : 뇌의 차폐
② 피뢰기 : 기기 보호
③ 매설지선 : 역섬락 방지

■ 2) 피뢰기
(1) 기능
① 이상전압이 내습해서 피뢰기의 단자전압이 어느 일정값 이상으로 올라가면 즉시 방전해서 전압 상승을 억제
② 이상전압이 없어져서 단자전압이 일정값 이하가 되면 즉시 방전을 정지해서 원래의 송전 상태로 되돌아가게 한다.
(2) 피뢰기의 제1보호 대상 : 변압기
변압기의 절연강도 > 피뢰기의 제한전압 + 접지저항에 의한 전압강하
(3) 구성
① 직렬갭 : 뇌 전류를 방전하고 속류를 차단
② 특성요소 : 뇌 전류 방전 시 피뢰기 자신의 전위상승을 억제하여 자신의 절연파괴를 방지
(4) 피뢰기의 구비조건
① 상용 주파 방전 개시 전압이 높을 것
② 충격 방전 개시 전압이 낮을 것
③ 제한 전압이 낮을 것
④ 속류 차단 능력이 클 것

■ 3) 가공지선의 역할
① **직격뢰에 대한 차폐**
② 유도뢰에 대한 정전차폐
③ 통신선에 대한 **전자유도 장해 경감**

■ 4) 매설지선
철탑의 탑각 접지저항이 크면 낙뢰 시 철탑의 전위가 상승하여 철탑으로부터 송전선으로 섬락을 일으키게 되며 이것을 역섬락이라 한다. 따라서, 역섬락을 방지하기 위해서는 **철탑의 접지저항을 낮추어야 하며 이를 적게 하기 위하여 설치하는 것이 매설지선**이다.

■ 5) 용어설명
(1) 충격 방전 개시전압
피뢰기 단자간에 충격전압을 인가 하였을때 방전을 개시하는 전압

(2) 상용주파 방전 개시전압
상용주파수의 방전개시 전압(실효값)으로 **피뢰기 정격전압의 1.5배 이상**이 되도록 잡고 있다.

(3) 제한전압
충격파 전류가 흐르고 있을 때의 피뢰기의 단자전압

(4) 속류
방전 전류에 이어서 전원으로부터 공급되는 상용 주파수의 전류가 직렬갭을 통하여 대지로 흐르는 전류

(5) 피뢰기의 정격전압
① **속류의 차단이 되는 최고의 교류전압**. 즉, 피뢰기의 양단자 사이에 인가할 수 있는 상용주파수의 최대 전압의 실효값을 말한다.

$$E_R = \alpha \beta \frac{V_m}{\sqrt{3}}$$

여기서, E_R : 피뢰기의 정격전압
α : 접지계수 (유효접지 계통 : 1.1~1.3)
β : 여유도 (1.15)
V_m : 선간의 최고 허용전압 (V_m = 공칭전압 × $\frac{1.2}{1.1}$)

- 직접 접지 방식 : $E_R = 0.8 \sim 1.0\,V$ 의 피뢰기
- 저항 또는 소호리액터 접지방식 : $E_R = 1.4 \sim 1.6\,V$ 의 피뢰기

여기서, V는 선로의 공칭전압을 1.1로 나눈값

② 충격비 = $\dfrac{\text{충격방전 개시전압}}{\text{상용주파 방전개시 전압의 파고값}}$

③ 여유도 = $\dfrac{\text{기기의 절연강도} - \text{피뢰기의 제한전압}}{\text{피뢰기의 제한전압}}$

예제 36 피뢰기의 제한 전압이 728[kV]이고 변압기의 기준 충격 절연 강도가 1030[kV]라고 하면 보호 여유도는 약 몇 [%]정도 되는가?

| 풀이 | 여유도 = $\dfrac{\text{기기의 절연강도} - \text{피뢰기의 제한전압}}{\text{피뢰기의 제한전압}}$

$= \dfrac{1030 - 728}{728} \times 100 = 41.48[\%]$

09. 보호 계전 방식

9.1 보호 계전기의 구비 조건

① 고장 상태를 식별하여 정도를 파악할 수 있을 것
② 고장 개소를 정확히 선택할 수 있을 것
③ 동작이 예민하고 오동작이 없을 것
④ 적절한 후비 보호 능력이 있을 것
⑤ 경제적일 것

9.2 보호 계전기의 동작 시간에 의한 분류

① 순한시 계전기 : 고장즉시 동작
② 정한시 계전기
  : 고장 후 일정시간이 경과하면 동작
③ 반한시 계전기
  : 고장전류의 크기에 반비례하여 동작
④ 반한시 정한시 계전기
  : 반한시와 정한시 특성을 겸함

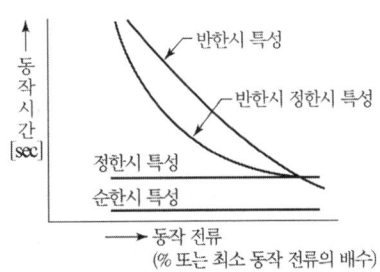

〈계전기의 한시 특성〉

9.3 보호 계전기 동작 요소

① 단일 전류 요소   ② 단일 전압 요소
③ 전압, 전류 요소   ④ 2전류 요소
⑤ 기타 요소

9.4 보호 계전기의 보호 방식

1) 표시선 계전 방식
① 방향 비교 방식(directional comparison relaying)
② 전압 반향 방식(opposite voltage system)
③ 전류 순환 방식(circulating current system)

2) 반송 보호 계전 방식
① 방향 비교 반송 방식
② 위상 비교 반송 방식
③ 반송 트립 방식

9.5 계기용 변성기

1) 계기용 변압기(PT : Potential Transformer)
고전압을 저전압으로 **변성**하여 계기나 계전기에 공급하기 위한 목적으로 사용

2) 계기용 변류기(C.T : Current Transformer)
회로의 **대전류를 소전류로 변성**하여 계기나 계전기에 공급하기 위한 목적으로 사용되며 **2차측 정격전류는 5 [A]**이다.

(1) 정격 부담

변류기 2차측 단자간에 접속되는 부하의 한도를 말하며 [VA]로 표시한다.

(2) 변류비 선정

$$변류비 = \frac{최대\ 부하\ 전류 \times (1.25 \sim 1.5)\ [A]}{5\ [A]}$$

(3) 2차측 개방 불가

변류기 2차측을 개방하면 1차 전류가 모두 여자전류가 되어 2차측에 과전압 유기 및 절연이 파괴되어 소손될 우려가 있으므로 CT 2차측 기기를 교체하고자 하는 경우는 반드시 **CT 2차측을 단락**시켜야 한다.

(4) 변류기 결선

① 가동 접속 (정상 접속)

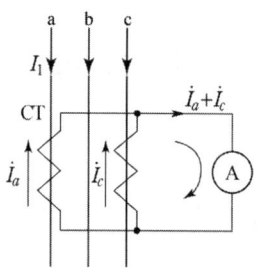 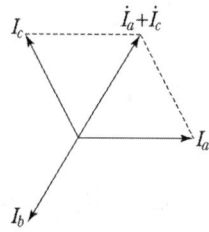

여기서, I_1 : 부하 전류

I_a, I_b, I_c : CT 2차 전류

$I_a + I_c$: 전류계 Ⓐ의 지시값,

즉, Ⓐ의 지시는 CT 2차 전류와 같은 크기의 전류값 지시(I_b상)

② 차동 접속 (교차 접속)

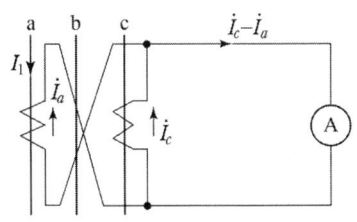 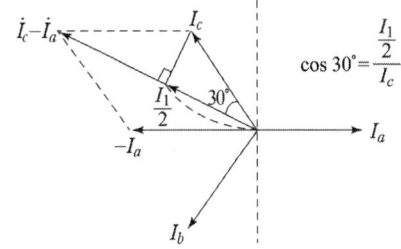

여기서, $I_a - I_c$: 전류계 Ⓐ 지시값,

즉, Ⓐ의 지시는 CT 2차 전류의 $\sqrt{3}$ 배 지시

$I_1 = $ 전류계 Ⓐ 지시값 $\times \dfrac{1}{\sqrt{3}} \times$ CT비

3) 계기용 변압 변류기 (MOF : Metering Out Fit)

계기용 변압기와 변류기를 조합한 것으로 **전력 수급용 전력량을 측정**하기 위하여 사용되며, 옥내 수전실 또는 옥내 큐비클 등 밀폐된 공간에 설치하는 전력 수급계기용 변압 변류기는 난연성(에폭시몰드 및 가스 절연 또는 실리콘 절연 등)제품을 사용하는 것이 바람직하다.

4) 영상 변류기(ZCT : Zerophase Current Transformer)

지락 사고시 **지락 전류(영상 전류)를 검출**하는 것으로 지락 계전기와 조합하여 차단기를 차단시킨다.

5) 접지형 계기용 변압기(GPT : Ground Potential Transformer)

비접지 계통에서 지락 사고시의 영상 전압 검출

9.6 비율 차동 계전기

1) 변압기 내부에서 3상 단락 사고시

$i_2 = 0$이 되어 비율 차동 계전기의 동작 coil에는 $i_d = i_1$의 전류가 흐르게 되어 비율 차동 계전기가 동작

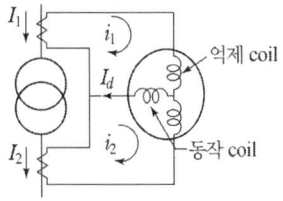

2) 변압기 외부에서 3상 단락 사고시

비율 차동 계전기의 동작 coil에는 $i_d = i_1 - i_2$의 전류가 흐르게 되며, 이때 i_d의 값이 정정값 이하가 되어 비율 차동 계전기는 동작하지 않는다.

10. 차단기

10.1 차단기

차단기는 부하전류는 물론 고장 시에 발생하는 대전류를 신속·안전하게 차단하여 고장구간을 건전구간으로부터 분리시키며 또한 설비의 점검 및 수리 등의 작업 시에 작업 장소를 정전시키기 위한 필요 설비이다.

1) 소호원리에 따른 차단기의 종류

종류	약어	소 호 원 리
유입차단기	OCB	소호실에서 아크에 의한 절연유 분해 가스의 흡부력을 이용해서 차단
기중차단기	ACB	대기 중에서 아크를 길게 하여 소호실에서 냉각 차단
자기차단기	MBB	대기 중에서 전자력을 이용하여 아크를 소호실내로 유도해서 냉각차단
공기차단기	ABB	압축된 공기를 아크에 불어 넣어서 차단
진공차단기	VCB	고진공중에서 전자의 고속도 확산에 의해 차단
가스차단기	GCB	고성능 절연특성을 가진 특수가스(SF_6)를 흡수해서 차단

2) 가스절연개폐장치(GIS)의 특징

① 충전부가 대기에 노출되지 않아 기기의 안정성, 신뢰성이 우수하다.
② 감전 사고 위험이 적다.
③ 밀폐형이므로 배기 소음이 없다.
④ 소형화 가능하다.
⑤ SF_6 가스는 **무색, 무취, 무해 가스이고 유독 가스를 발생하지 않는다.**
⑥ 보수, 점검이 용이하다.

3) 차단기의 정격 차단 용량

$$Q_S = \sqrt{3} \times 정격\ 전압 \times 정격\ 차단\ 전류$$
$$= \sqrt{3} \times V \times I_S \times 10^{-6} [\text{MVA}]$$

4) 차단기의 차단시간

(1) 트립 코일(trip coil)의 여자부터 아크 소호 시간을 합한 것
 정격 차단 시간 = 개극 시간 + 아크 소호 시간
(2) 차단기의 정격 차단 시간(표준) : 3 [Hz], 5 [Hz], 8 [Hz]

5) 차단기의 표준 동작 책무

차단기가 전력계통에서 사용될 때는 차단 – 투입 – 차단의 동작을 반복하게 된다. 지금 차단 동작을 O(open), 투입동작을 C(close), 투입직후 곧 차단하는 동작을 CO

(close and open)라고 할 때 **어느 시간 간격을 두고 행하여지는 일련의 동작을 규정한 것을 차단기의 동작책무(duty cycle)**라고 한다.
- 일반용 : CO-(15초)-CO, O-(3분)-CO-(3분)-CO
- 고속도 재투입용 : O-(0.3초)-CO-(3분 또는 15초, 1분)-CO

6) 유입 차단기의 구조

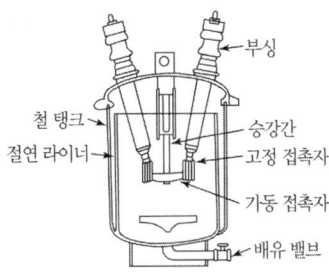

7) 차단기의 트립방식
① CT 2차 전류 트립 방식
② DC 전압 방식
③ CTD 방식(콘덴서 트립 방식)이 있다.
일반적으로 22.9 [kV-Y] 경우 CTD 방식 또는 DC 방식이 사용되며, 66 [kV] 이상의 경우 DC 방식이 사용되고 있다.

10.2 단로기

단로기는 선로로부터 기기를 분리, 구분 및 변경 할 때 사용되는 개폐 장치로서 단순히 충전된 선로를 개폐하기 위해 사용되며 고장전류 뿐만 아니라 **부하전류의 차단도 할 수 없다.**

10.3 전력 퓨즈

1) 기능
전력 회로에 사용되는 퓨즈로서 주로 고전압 회로 및 기기의 단락 보호용으로 차단기와 같은 과전류 보호 장치이다.
① 부하 전류는 안전하게 통전
② 이상 전류(과전류)는 차단
 (한류형 퓨즈의 경우 과부하 전류에 용단되어서는 안된다.)

2) 전력용 한류 퓨즈는 차단기에 비하여 다음과 같은 장·단점을 가진다.

장 점	단 점
· 현저한 한류특성을 가진다. · **고속도 차단**할 수 있다. · **소형으로서 큰 차단 용량**을 가진다. · 한류형 퓨즈는 차단시 무소음, 무방출이다. · 소형, 경량이다.	· **재투입이 불가능**하다 (가장 큰 단점). · 차단시 과전압을 발생한다. · 과전류에 의해 용단되기 쉽고 **결상을 일으킬 우려**가 있다. · 한류형 퓨즈는 용단되어도 차단되지 않는 전류 범위가 있다. · 동작 시간 - 전류 특성을 계전기처럼 자유롭게 조정할 수 없다.

3) 퓨즈 선정 시 고려사항
   ① **과부하 전류**에 동작하지 말 것
   ② 변압기 **여자 돌입 전류**에 동작하지 말 것
   ③ 충전기 및 전동기 **기동 전류**에 동작하지 말 것
   ④ **보호기기와 협조**를 가질 것

4) 퓨즈의 특성
   ① 용단 특성
   ② 단시간 허용 특성
   ③ 전차단 특성

10.4 차단기 및 단로기 조작 순서

차단기는 부하전류 뿐만 아니라 고장전류도 차단할 수 있는 반면에 단로기는 부하전류도 개폐할 수 없으므로 단로기 및 차단기의 조작 시는 다음의 순서를 준수해야 한다.
① 투입시 : 단로기(DS) → 차단기(CB)
② 차단시 : 차단기(CB) → 단로기(DS)

11. 배 전

11.1 저압 뱅킹 방식

동일 고압 배전선로에 접속되어 있는 2대 이상의 배전용 변압기를 경유해서 저압측 간선을 병렬 접속하는 방식

1) 수지식과 비교한 저압 뱅킹 방식의 장점
① 변압기 용량을 저감할 수 있다.
② **전압변동 및 전력손실이 경감**
③ 부하증가에 대응할 수 있는 탄력성 향상
④ 공급 신뢰도의 향상

2) 캐스케이딩 현상
어떤 장소에서 발생한 사고가 직시에 고장 구간 양단의 단락보호 장치로 제거 구분되지 않아 **사고 범위가 확대되어 나가는 현상**

11.2 전력 손실

1) 배전선로의 전력손
$$P_C = NI^2R \, [\text{W}]$$

여기서, R : 전선 1가닥의 저항[Ω]
I : 부하전류 [A]
N : 전선의 가닥수 (2선식 : $N = 2$, 3선식 : $N = 3$)

2) 손실계수 H

$$H = \frac{\text{어느 기간 중의 전류의 제곱의 평균}}{\text{같은 기간 중의 최대 전류의 제곱}} \times 100 [\%]$$

$$= \frac{\text{어느 기간 중의 평균 전력 손실}}{\text{같은 기간 중의 최대 손실 전력}} \times 100 [\%]$$

$$= \frac{\int_0^T I^2 R \, dt}{I_m^2 RT} \times 100 = \frac{\int_0^T I^2 \, dt}{I_m^2 T} \times 100 \, [\%]$$

여기서, T : 기간 중의 시간 수
I : 어느 순간에서의 전류[A]
I_m : 그 기간중의 최대전류[A]
R : 저항

3) 부하율 F와 손실계수 H와의 관계
$1 \geq F \geq H \geq F^2 \geq 0$의 관계가 있으며 일반적으로는
$$H = \alpha F + (1 - \alpha) F^2$$
로 표현된다.
여기서, α : 정수로서 0.1~0.4

4) 집중부하와 분산부하

구 분	전력손실	전압강하
말단에 집중부하	I^2rL	IrL
평등분포 부하	$\frac{1}{3}I^2rL$	$\frac{1}{2}IrL$

여기서, I : 전선의 전류, r : 전선 단위 길이당 저항, L : 전선의 길이

예제 37 최대 전류가 흐를 때의 손실이 50[kW]이며 부하율이 55[%]인 전선로의 평균 손실은 몇 [kW]인가? 단, 배전 선로의 손실 계수 H는 0.38이다.

| 풀이 | 손실 전력량=손실 계수×P
∴ 손실 전력량=$50 \times 0.38 = 19[\text{kW}]$

11.3 변압기의 효율

1) 실측효율

$$\text{실측효율} = \frac{\text{출력의 측정값}}{\text{입력의 측정값}} \times 100[\%]$$

2) 규약효율

$$\text{규약효율} = \frac{\text{출력}[\text{kW}]}{\text{출력}[\text{kW}] + \text{손실}[\text{kW}]} \times 100[\%]$$

$$= \frac{\text{입력}[\text{kW}] - \text{손실}[\text{kW}]}{\text{입력}[\text{kW}]} \times 100[\%]$$

3) 변압기의 전일효율

$$\text{전일효율} = \frac{1\text{일간의 출력 전력량}[\text{kWh}]}{1\text{일간의 출력 전력량}[\text{kWh}] + 1\text{일간의 손실 전력량}[\text{kWh}]} \times 100[\%]$$

$$= \frac{P_d}{P_d + (24 \times P_i) + P_{cd}} \times 100[\%]$$

여기서, P_d : 1일중의 출력 전력량 [kWh]

P_i : 변압기의 철손 [kW]

P_{cd} : 변압기의 동손 (1일중의 손실 전력량) [kWh]

11.4 수요와 부하

1) 수용률

어느 기간 중에서의 수용가의 **최대 수요 전력** [kW]과 그 수용가에 설치되어 있는 **설비**

용량의 합계 [kW]와의 비로서 1보다 작다.

이 수용률은 수요를 상정할 경우 중요한 요소로 사용된다.

$$수용률 = \frac{최대 \ 수요 \ 전력 \ [kW]}{부하 \ 설비 \ 합계 \ [kW]} \times 100[\%]$$

2) 부등률

일반적으로 수용가 상호간, 배전 변압기 상호간, 급전선 상호간 또는 변전소 상호간에서 각개의 최대부하는 같은 시각에 일어나는 것이 아니고 그 발생 시각에 약간씩의 시간차가 있다. 따라서, **부등률은 최대전력의 발생시각 또는 발생시기의 분산을 나타내는 지표로서 일반적으로 1보다 크다.**

$$부등률 = \frac{각 \ 부하의 \ 최대 \ 수요 \ 전력의 \ 합 \ [kW]}{각 \ 부하를 \ 종합하였을 \ 때의 \ 최대 \ 수요 \ 전력(합성 \ 최대 \ 전력)[kW]}$$

3) 부하율

부하율은 어느 **일정 기간 중 부하 변동의 정도를 나타내는 것**으로써 그 기간 중 평균 수요전력과 최대 수요전력과의 비를 백분율로 나타낸 것

$$부하율 = \frac{평균 \ 수요 \ 전력 \ [kW]}{최대 \ 수요 \ 전력 \ [kW]} \times 100[\%]$$

$$= \frac{평균 \ 부하 \ [kW]}{최대 \ 부하 \ [kW]} \times 100[\%]$$

4) 수용률, 부등률, 부하율의 관계

$$합성 \ 최대 \ 전력 = \frac{각 \ 부하의 \ 최대 \ 수요 \ 전력의 \ 합 \ [kW]}{부등률}$$

$$= \frac{부하 \ 설비 \ 합계 \ [kW] \times 수용률}{부등률}$$

$$부하율 = \frac{평균 \ 수요 \ 전력 \ [kW]}{최대 \ 수요 \ 전력 \ (합성 \ 최대 \ 전력) \ [kW]} \times 100[\%]$$

$$= \frac{평균 \ 수요 \ 전력 \ [kW]}{부하 \ 설비 \ 합계 \ [kW]} \times \frac{부등률}{수용률} \times 100[\%]$$

예제 38 전등 설비 250[W], 전열 설비 800[W], 전동기 설비 200[W], 기타 150[W]인 수용가가 있다. 이 수용가의 최대 수용 전력이 910[W]이면 수용률은?

| 풀이 | $수용률 = \frac{최대 \ 수용 \ 전력}{설비용량(접속부하)} \times 100[\%]$

$= \frac{910}{250+800+200+150} \times 100[\%] = \frac{910}{1400} \times 100 = 65[\%]$

예제 39 1일의 사용 전력량 60[kWh], 최대 전력 8[kW]인 공장의 부하율[%]은?

|풀이| 부하율 = $\dfrac{평균전력}{최대수용전력} \times 100[\%] = \dfrac{60}{8 \times 24} \times 100 = 31.3[\%]$

예제 40 어떤 구역에 3상 배전선으로 전력을 공급하는 변전소가 있다. 이 구역 내의 설비 부하는 전등 2000[kW], 동력 3000[kW]이고 수용률은 각기 0.5, 0.60이라 한다. 이 변전소에서 공급하는 최대 용량은 약 몇 [kVA]인가? 단, 배선 전로의 전력 손실률을 전등, 동력 모두 10[%]로 하고 부하 역률은 전등, 동력 모두 변전소에서 0.8로 하며 전등, 동력 부하간의 부등률은 1.25라 한다.

|풀이| 최대 용량 = $\dfrac{2000 \times 0.5 + 3000 \times 0.6}{1.25 \times 0.8} \times 1.1 = 3080[kVA]$

예제 41 설비 A가 130[kW], B가 250[kW], 수용률이 각각 0.5 및 0.8일 때 합성 최대 전력이 235 [kW]이면 부등률은?

|풀이| 부등률 = $\dfrac{개개의\ 최대\ 전력의\ 합}{합성\ 최대\ 수용\ 전력} = \dfrac{0.5 \times 130 + 0.8 \times 250}{235} = 1.13$

예제 42 정격 10[kVA]의 주상 변압기가 있다. 이것의 2차측 열부하 곡선이 다음 그림과 같을 때 1일의 부하율은 몇 [%]인가?

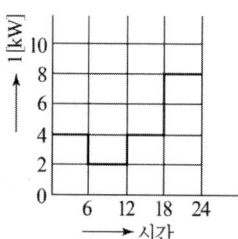

|풀이| 부하율 = $\dfrac{평균전력}{최대전력}$

$= \dfrac{\dfrac{4 \times 6 + 2 \times 6 + 4 \times 6 + 8 \times 6}{24}}{8} \times 100 = 56.25[\%]$

11.5 변압기 용량 및 출력

1) 변압기 용량

변압기 용량[kW] ≥ 합성 최대 수용 전력

$= \dfrac{각\ 부하의\ 최대\ 수요\ 전력의\ 합\ [kW]}{부등률}$

$= \dfrac{부하\ 설비\ 합계\ [kW] \times 수용률}{부등률}$

2) V-V 결선 변압기의 출력

(1) V 결선 출력 $P_V = \sqrt{3}\,P_1$

(2) 이용률 = $\dfrac{\sqrt{3}\,P_1}{2P_1} = 0.866$

(3) 출력비 $= \dfrac{\sqrt{3}\,P_1}{3P_1} = 0.577$

예제 43 500[kVA]의 단상 변압기 3대로 3상 전력을 공급하고 있던 공장에서 변압기 1대가 고장났을 때 공급할 수 있는 전력은 몇 [kVA]인가?

|풀이| $P_V = \sqrt{3}\,P_1 = \sqrt{3} \times 500 = 866\,[\text{kVA}]$

11.6 역률 개선

1) 역률
피상 전력에 대한 유효 전력의 비를 말하며 전압과 전류 사이의 위상차의 정현값과 같다.

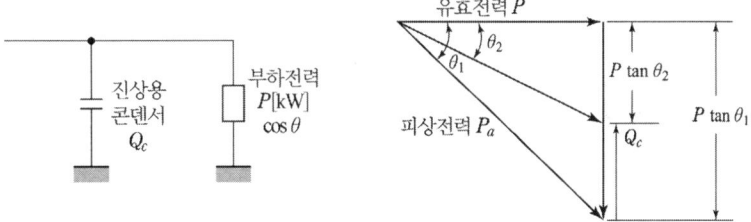

콘덴서 용량 $Q_c = P\tan\theta_1 - P\tan\theta_2 = P(\tan\theta_1 - \tan\theta_2)$

$$= P\left(\dfrac{\sin\theta_1}{\cos\theta_1} - \dfrac{\sin\theta_2}{\cos\theta_2}\right)$$

$$= P\left(\dfrac{\sqrt{1-\cos^2\theta_1}}{\cos\theta_1} - \dfrac{\sqrt{1-\cos^2\theta_2}}{\cos\theta_2}\right)$$

여기서, $\cos\theta_1$: 개선 전 역률
$\cos\theta_2$: 개선 후 역률

2) 역률 개선의 효과
① 변압기와 배전선의 전력 손실 경감
② 전압 강하의 감소
③ 설비 용량의 여유 증가
④ 전기 요금의 감소

3) 방전 코일 (DC : Discharge Coil)
① 콘덴서에 축적된 **잔류 전하를 방전**하여 감전 사고 방지
② 선로에 재투입시 콘덴서에 걸리는 과전압 방지

4) 직렬 리액터 (SR : Series Reactor)
제5고조파로부터 전력용 콘덴서 보호 및 파형 개선의 목적으로 사용된다. 직렬 리액터의 용량은 다음과 같다.
① 이론적 : 콘덴서 용량 × 4[%]
② 실 제 : 콘덴서 용량 × 6[%]

5) 역률 과보상 시 발생하는 현상
① 역률의 저하 및 손실의 증가
② 단자 전압 상승
③ 계전기 오동작

예제 44 3000[kW], 역률 80[%](뒤짐)의 부하에 전력을 공급하고 있는 변전소에 콘덴서를 설치하여 변전소에 있어서의 역률을 90[%]로 향상시키는 데 필요한 콘덴서 용량[kVar]은?

| 풀이 | $Q_c = P(\tan\theta_1 - \tan\theta_2) = 3000\left(\dfrac{0.6}{0.8} - \dfrac{\sqrt{1-0.9^2}}{0.9}\right) = 800[\text{kVar}]$

예제 45 어떤 콘덴서 3개를 선간 전압 3300[V], 주파수 60[Hz]의 선로에 △로 접속하여 60[kVA]가 되도록 하려면 콘덴서 1개의 정전 용량 [μF]은 약 얼마로 하여야 하는가?

| 풀이 | $Q = 3EI_c = 3 \times 2\pi f C E^2$

정전 용량 $C = \dfrac{Q}{6\pi f E^2} = \dfrac{60 \times 10^3}{6\pi \times 60 \times 3300^2} \times 10^6 = 4.87[\mu\text{F}]$

예제 46 어느 변전 설비의 역률을 60[%]에서 80[%]로 개선한 결과 2800[kVar]의 콘덴서가 필요했다. 이 변전 설비의 용량은 몇 [kW]인가?

| 풀이 | $Q_c = P(\tan\theta_1 - \tan\theta_2)$

$P = \dfrac{Q_c}{(\tan\theta_1 - \tan\theta_2)} = \dfrac{2800}{\left(\dfrac{0.8}{0.6} - \dfrac{0.6}{0.8}\right)} = 4800[\text{kW}]$

예제 47 역률 0.8인 부하 480[kW]를 공급하는 변전소에 전력용 콘덴서 220[kVA]를 설치하면 역률은 몇 [%]로 개선할 수 있는가?

| 풀이 | 부하 역률 $\cos\theta = \dfrac{W}{\sqrt{W^2 + Q^2}} \times 100$ (W : 유효전력, Q : 무효전력)

$\therefore \cos\theta = \dfrac{480}{\sqrt{480^2 + \left(\dfrac{480}{0.8} \times 0.6 - 220\right)^2}} \times 100 = 96[\%]$

예제 48 1상당의 용량 150[kVA]의 콘덴서에 제5고조파를 억제시키기 위하여 필요한 직렬 리액터의 기본파에 대한 용량[kVA]은?

| 풀이 | $2\pi 5fL = \dfrac{1}{2\pi 5fC}$

$2\pi fL = \dfrac{1}{2\pi 5^2 fC} = \dfrac{1}{2\pi fC} \times 0.04$

직렬 리액터의 용량은 콘덴서 용량의 4[%] 이상이 되면 되는데 주파수 변동 등의 여유를 봐서 실제로는 약 5~6[%]인 것이 사용된다.

∴ $150 \times 0.05 = 7.5$[kVA]

11.7 배전선로의 전압조정

1) 모선전압조정
① 유도전압조정기(IR : induction regulator)
② 부하시 탭절환변압기

2) 선로전압조정
① 선로전압 강하보상기
② 승압기
③ 직렬콘덴서
④ 주변압기의 탭조정

3) 승압기

(1) 고압측 전압

$$E_2 = e_1 + e_2 = E_1 + E_1 \times \dfrac{e_2}{e_1} = E_1\left(1 + \dfrac{e_2}{e_1}\right)$$

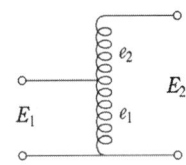

(2) 승압기용량(자기용량)

$$\dfrac{자기용량}{부하용량} = \dfrac{고압 - 저압}{고압} = \dfrac{E_2 - E_1}{E_2}$$

(3) 단권변압기의 특징
① 중량이 가볍다.
② **전압 변동률이 작다.**
③ 동손의 감소에 따른 효율이 높다.
④ 변압비가 1에 가까우면 용량이 커진다.
⑤ 1차측의 이상 전압이 2차측에 미친다.
⑥ 누설 임피던스가 작으므로 **단락 전류가 증가**한다.
⑦ 단권 변압기의 2차측 권선은 공통 권선이므로 절연강도를 낮출 수 없다.

예제 49 단상 교류 회로로써 3300/220[V]의 변압기를 그림과 같이 접속하여 60[kW], 역률 0.85의 부하에 공급하는 전압을 상승시킬 경우, 몇 [kVA]의 변압기를 택하면 좋은가? 단, AB점 사이의 전압은 3000[V]로 한다.

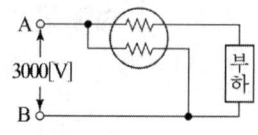

| 풀이 | 변압기 용량(자기 용량, 승압기 용량)

$$w = I_2 e_2$$

$$E_2 = E_1\left(1 + \frac{e_2}{e_1}\right) = 3000\left(1 + \frac{220}{3300}\right) = 3200 \text{ [V]}$$

$$I_2 = \frac{60 \times 10^3}{3200 \times 0.85}$$

$$\therefore w = I_2 e_2 = \frac{60 \times 10^3}{3200 \times 0.85} \times 220 \times 10^{-3} = 4.85 \text{[kVA]} ≒ 5 \text{[kVA]}$$

승압분 전압 e_2는 변압기 용량을 결정할 때는 계산상 전압을 사용하지 않고 최대 전압이 될 수 있는 220을 사용한다.

12. 수 력

12.1 수 력

1) 정수압

$$P = \frac{W}{A} = \frac{wAH}{A} = wH \text{ [kg/m}^2\text{]} = 1000H \text{ [kg/m}^2\text{]} = \frac{1}{10}H \text{ [kg/cm}^2\text{]}$$

여기서, H : 높이 [m]
A : 단면적 [m²]
w : 단위 부피의 물의 무게 [kg/m³]
P : 압력의 세기 [kg/m²]

2) 수두 : 단위 무게 [kg]당의 물이 갖는 에너지

(1) 위치 수두 : H_0 [m]

(2) 압력 수두 : $H_P = \dfrac{P}{w}$ [m] $= \dfrac{P}{1000}$ [m]

(3) 속도 수두 : $H_V = \dfrac{v^2}{2g}$ [m]

여기서, P : 압력의 세기(수압) [kg/m²], w : 물의 단위 부피의 무게 [kg/m³]
v : 유속 [m/s], g : 중력의 가속도($\fallingdotseq 9.8$[m/s²])

예제 50 1 [kg/cm²]의 수압의 압력 수두 [m]는?

| 풀이 | H : 압력 수두 [m], p : 압력의 세기 [kg/m²], w : 단위 부피의 물의 무게[kg/m³]
라고 하면
$$H = \frac{p}{w}$$
$w = 1000$ [kg/m³], $p = 1$[kg/cm²] $= 10,000$[kg/m²]이므로
$$\therefore H = \frac{p}{w} = \frac{10,000}{1,000} = 10 \text{[m]}$$

3) 연속의 정리

$$A_1 v_1 = A_2 v_2 = Q \text{ (일정)}$$

예제 51 그림에서 A, B 두 지점의 단면적을 각각 1.2[m²], 0.4[m²]이라 하고 A에서의 유속 v_1을 0.3[m/sec]라 할 때 B에서의 유속 v_2는 몇 [m/sec]이겠는가?

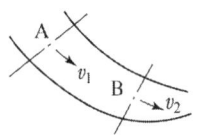

| 풀이 | $Av_1 = Bv_2$
$$\therefore v_2 = \frac{A}{B} v_1 = \frac{1.2}{0.4} \times 0.3 = 0.9 \text{[m/s]}$$

4) 베르누이의 정리

- 손실을 무시할 때 : $H + \dfrac{P}{w} + \dfrac{v^2}{2g} = k$ (일정)

- 손실 수두(h_{12})를 고려할 때 : $H_1 + \dfrac{P_1}{w} + \dfrac{v_1^2}{2g} = H_2 + \dfrac{P_2}{w} + \dfrac{v_2^2}{2g} + h_{12}$

5) 물의 이론 분출 속도

$$v = \sqrt{2gH} \text{ [m/s]}$$

예제 52 유효 낙차 500 [m]인 충동 수차의 노즐(nozzle)에서 분출되는 유수의 이론적인 분출 속도는 약 몇 [m/sec]인가?

| 풀이 | $H = \dfrac{v^2}{2g}$, $v^2 = 2gH$, $v = \sqrt{2gH}$
$$v = \sqrt{2 \times 9.8 \times 500} \fallingdotseq 100 \text{[m/sec]}$$

6) 이론 수력과 발전소 출력

- **이론 수력** : 물의 에너지가 전부 이용되었다고 가정하였을 때 이론상 발생할 수 있는 수력

  $P = 9.8QH$ [kW]

- **수차 출력** : $P_t = 9.8QH\eta_t$ [kW]
- **발전기 출력(발전소 출력)** : $P_g = 9.8QH\eta_t \eta_g$ [kW]
- **발생 전력량** : $W = P_g \times t = 9.8QH\eta_t \eta_g t$ [kWh]

여기서, Q : 사용 수량 [m³/s], H : 유효 낙차 [m], t : 시간 [h]
η_t : 수차 효율, η_g : 발전기 효율, $\eta = \eta_t \eta_g$: 종합 효율

예제 53 유효 낙차 50[m], 이론 출력 4900[kW]인 수력 발전소가 있다. 이 발전소의 최대 사용 수량은 몇 [m³/sec]이겠는가?

| 풀이 | $P = 9.8QH$ [kW]

$$\therefore Q = \frac{P}{9.8H} = \frac{4900}{9.8 \times 50} = 10 \text{[m}^3\text{/s]}$$

7) 유량과 낙차

(1) 유출 계수 = $\dfrac{\text{전유출량}}{\text{전강우량}}$

(2) 유량의 측정
   ① 하천의 유량 측정법 : 언측법, 부자측법, 유속계법, 공식측법, 수위 관측법
   ② 발전소의 사용 수량 측정법 : 피토관법, 벨마우스법, 깁슨법, 염수 속도법, 수압 시간법, 염수 농도법, 초음파법

(3) 유량의 종류
   ① **갈수량(갈수위)** : 1년 365일 중 355일은 이것보다 내려가지 않는 유량 또는 수위
   ② **저수량(저수위)** : 1년 365일 중 275일은 이것보다 내려가지 않는 유량 또는 수위
   ③ **평수량(평수위)** : 1년 365일 중 185일은 이것보다 내려가지 않는 유량 또는 수위
   ④ **풍수량(풍수위)** : 1년 365일 중 95일은 이것보다 내려가지 않는 유량 또는 수위
   ⑤ **고수량(고수위)** : 매년 1~2회 생기는 출수의 유량 또는 수위
   ⑥ **홍수량(홍수위)** : 3~4년에 한 번 생기는 출수의 유량 또는 수위
   ⑦ **최갈수량, 최대 홍수량** : 과거의 기록, 구전 등으로 판정한 최저 또는 최대의 유량

(4) 낙차의 종류

① 총낙차 : 취수구 수면 수위와 방수구 수면 수위와의 고저차

② 정낙차 : 발전소의 전수차가 정지하고 있을 때 수조 수위와 방수로 시점의 수면 수위와의 고저차

③ 유효 낙차 : 수차의 운전에 이용되는 낙차 (= 총낙차 – 손실 낙차)

④ 겉보기 낙차 : 수차가 운전하고 있을 때 수조 수면과 방수로 시발점의 수면 수위와의 고저차

⑤ 손실 낙차 : 총 낙차의 5~10 [%]

8) 도수 설비

(1) 취수구 : 물을 수로에 도입하는 수구로, **제수문으로 취수량을 조절하고 제진 격자 또는 스크린으로 유목이나 유수 중의 부유물의 유입을 방지**한다.

(2) 수로 : 취수구에서 취수한 물을 상수조 또는 조압 수조까지 도수하는 공작물

(3) 조압 수조 : 수로가 압력 터널에 연결된 수조로 부하 변동에 대해 수격압을 흡수, 수차 사용 수량 변동에 따른 서지 작용을 흡수하는 기능을 가지고 있다. 또한 조압 수조의 종류에는, ① 단동 조압 수조 ② 차동 조압 수조 ③ 수실 조압 수조 ④ 제수공 조압 수조가 있다.

9) 수차

(1) 충동수차

압력 수두를 속도 수두로 변환시켜 러너의 버킷에 물을 분사하는 수차로서 **펠톤 수차**가 있다. 일반적으로 350 [m] 이상의 고낙차에 적용되고 경부하시의 효율이 좋다.

(2) 반동수차

① **프란시스 수차** : 에너지의 대부분을 압력 수두로서 러너에 작용하는 수차로 경부하시 및 낙차가 변하면 효율이 크게 저하한다. 중낙차용으로 30~400[m]에 적용된다.

② **프로펠러 수차** : 프란시스 수차의 러너의 외륜을 없앤 수차로 낙차, 부하 변화에 대해 효율의 변화가 크다. 저낙차용으로 45[m] 이하에 사용된다.

③ **카플란 수차** : 프로펠러 수차의 러너의 각도를 변화시킬 수 있는 구조의 수차로 낙차, 부하 변화에 의한 효율의 저하는 적으나 구조가 복잡하다.

(3) 수차의 특유 속도

$$N_s = N \frac{\sqrt{P}}{H^{5/4}} [\text{rpm}]$$

여기서, N : 정격 회전수

H : 유효 낙차

P : 낙차 H [m]에서의 최대 출력

(4) 낙차 변화에 의한 특성 변화

① 회전수 : $\dfrac{N_2}{N_1} = \left(\dfrac{H_2}{H_1}\right)^{1/2}$

② 유 량 : $\dfrac{Q_2}{Q_1} = \left(\dfrac{H_2}{H_1}\right)^{1/2}$

③ 출 력 : $\dfrac{P_2}{P_1} = \left(\dfrac{H_2}{H_1}\right)^{3/2}$

단, N_1[rpm], Q_1[m³/s], P_1 [kW] : 낙차 H_1[m]일 때의 회전수, 유량, 출력
N_2 [rpm], Q_2[m³/s], P_2 [kW] : 낙차 H_2[m]일 때의 회전수, 유량, 출력

예제 54 유효 낙차 81[m], 출력 10000[kW], 특유 속도 164[rpm]인 수차의 회전 속도는 약 몇 [rpm]인가?

| 풀이 | $N_s = N \dfrac{P^{\frac{1}{2}}}{H^{\frac{5}{4}}}$

$N = N_s \dfrac{H^{\frac{5}{4}}}{P^{\frac{1}{2}}} = \dfrac{164 \times 81^{\frac{5}{4}}}{10000^{\frac{1}{2}}} = \dfrac{164 \times 81 \sqrt{\sqrt{81}}}{\sqrt{10000}} = \dfrac{164 \times 81 \times 3}{100} = 398.5 \,[\text{rpm}] \fallingdotseq 400[\text{rpm}]$

예제 55 유효 낙차 100[m], 최대 유량 20[m³/sec]의 수차에서 낙차가 81[m]로 감소하면 유량은 몇 [m³/sec]가 되겠는가? 단, 수차 안내 날개의 열림은 불변이라고 한다. 낙차 변화에 대한 유량의 변화는 다음과 같다.

| 풀이 | $\dfrac{Q_2}{Q_1} = \left(\dfrac{H_2}{H_1}\right)^{\frac{1}{2}} = \sqrt{\dfrac{H_2}{H_1}}$

$Q_2 = Q_1 \sqrt{\dfrac{H_2}{H_1}} = 20 \times \sqrt{\dfrac{81}{100}} = 20 \times 0.9 = 18 [\text{m}^3/\text{sec}]$

10) 양수발전

(1) 양수발전

심야 또는 경부하시의 **잉여 전력을 이용**하여 낮은 곳에 있는 물을 높은 곳으로 퍼올려서 **첨두 부하시**에 이 양수된 물을 이용해서 발전하는 발전소 (발전단가 저감)

(2) 양수발전소의 특징

① **심야 잉여전력을 유효하게 소비**할 수 있다.
② **첨두부하 발전소**로 운전한다.
③ 계통 사고시 **운전예비력을 확보**할 수 있다. (비상용 발전소)

④ 무효전력 공급원의 역할을 담당할 수 있으므로 **조상설비용량이 경감**된다.
⑤ **주파수 제어 운전**에 기여할 수 있다.

11) 캐비테이션 (Cavitation)

(1) 캐비테이션 현상

수차에 유입하는 물이 수차의 각 부분을 흐르면서 어떤 원인으로 기포가 발생하며, 이 기포가 압력이 높은 곳에 도달하면 더 이상 기포 상태를 유지하지 못하고 터지면서 부근의 물체에 충격을 주게 된다. 이 충격이 되풀이되면 그 부분은 침식되며 진동과 소음을 일으키고 효율이 저하하게 된다. 이러한 현상을 캐비테이션 (cavitation) 또는 공동현상(空洞現像)이라 부른다.

(2) 캐비테이션 방지대책

① 수차의 **비속도를 너무 크게 잡지 않는다.**
② **흡출관의 높이를 너무 높게 취하지 않는다.** 흡출관의 높이는 이론적으로 10[m]까지 가능하지만, 이 경우 러너 날개 부근의 압력이 진공에 가까워 캐비테이션이 발생하므로 6~7[m] 이하로 한다.
③ 침식에 강한 재료 (예를 들면 스테인리스 강)로 러너를 제작한다.
④ 러너 표면을 미끄럽게 하고, 가공정도(加工精度)를 높인다.
⑤ 러너 출구 부분의 압력이 너무 저하하지 않도록 한다. 즉, 흡출관 입구 부분에 적당량의 공기를 도입한다.

12) 조속기

(1) 조속기

수차발전기는 부하가 감소하여 회전속도가 상승하거나 부하가 증가하여 회전속도가 감소하면 발전전압과 주파수가 변한다. 따라서, 부하가 변하여도 **수차의 회전수를 일정하게 유지하기 위해 수차의 유량조정을 자동적으로 행하는 장치를 조속기**라 한다.

(2) 기계식 조속기의 구성요소

① **평속기** : 수차의 **회전속도의 변화를 검출**하는 부분
② **배압밸브** : 평속기에 의해 검출된 속도변화를 이용하여 서보모터에 공급하는 **압유를 적당한 방향으로 전환**
③ **서보모터** : 배압밸브로부터 압유를 공급받아 니들밸브 또는 안내날개의 개도를 변화시켜 유입수량 조정
④ **복원기구** : 난조(hunting)가 일어나는 것을 방지하기 위한 기구

13) 부속설비

(1) **흡출관** : 반동 수차의 출구에서부터 방수로 수면까지 연결하는 관으로 러너 방수면과의 사이의 **낙차를 유효하게 이용**하는 것이 목적이다. 흡출고의 최대 한도는 7.5 [m] 정도이다. 이 이상이 되면 캐비테이션을 일으킨다.

(2) 제압 장치 : 부하 급변에 따른 **수압관의 수압 상승을 억제**하기 위해 조속기와 연동한다. 펠톤 수차의 경우는 디플렉터(deflector)로서 분사수가 수차에 유입하는 것을 방지하고 서서히 니들 밸브를 폐쇄한다.

13. 화 력

13.1 화 력

1) 열역학

(1) 열량의 단위
- 1 [kWh] = 860 [kcal]
- 1 [kcal] = 4.186 [kJ]

(2) 압력
- 절대압 = 대기압 + 게이지압
- 1기압 = 760 [mmHg] = 1.033 [kg/cm²]
- $P = 1.033 \times \dfrac{P_a - P_0}{760}$ [kg/cm² a]

여기서, P_0 : 진공도 [mmHg]
P_a : 대기압 [mmHg]
P : 절대압 [kg/cm² a]

(3) 증기의 성질

① **엔탈피**(enthalpy) : **증기 또는 물이 보유하고 있는 전열량**

$$i = U + Apv \text{ [kcal/kg]}$$

여기서, i : 엔탈피 [kcal/kg], U : 내부 에너지 [kcal/kg]
A : 일의 열당량 [kcal/kg·m]
P : 압력 [kg/m²], v : 비체적 [m³/kg]

② **엔트로피**(enthropy) : 기준 상태(온도 T_0 [K])에서 어떤 상태(온도 T [K])에 이르는 사이에, **물체에 일어난 열량의 변화를 그 때의 절대 온도로 나눈 것**

$$s = \int_{T_0}^{T} \dfrac{dQ}{T} \text{[kcal/kg·K]}$$

여기서, s : 엔트로피 [kcal/kg·K], dQ : 증가 열량 [kcal/kg]

2) 열 사이클

(1) 카르노 사이클(Carnot cycle)

두 개의 등온 변화와 두 개의 단열 변화로 이루어지며, **가장 효율이 좋은 이상적인 사이클**

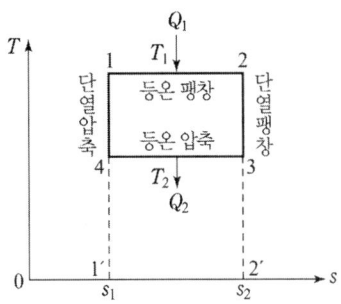

공급된 열량의 면적 : $Q_1 = T_1(s_2 - s_1)$ = 면적 1, 2, 2′, 1′

방출된 열량의 면적 : $Q_2 = T_2(s_2 - s_1)$ = 면적 4, 3, 2′, 1′

일을 한 면적 $AL = Q_1 - Q_2$ = 면적 1, 2, 3, 4

사이클 효율 $\eta = \dfrac{\text{공급 열량} - \text{방출 열량}}{\text{공급 열량}} = \dfrac{\text{면적 1, 2, 3, 4}}{\text{면적 1, 2, 2′, 1′}}$

$= \dfrac{(T_1 - T_2)(s_2 - s_1)}{T_1(s_2 - s_1)} = 1 - \dfrac{T_2}{T_1}$

(2) 랭킨 사이클(Rankine cycle)

증기를 작동 유체로 사용하는 가장 간단한 이론 사이클

급수 → 승압 → 가열 → 증발 → 과열 → 단열 팽창 → 복수 → 급수의 루프 사이클

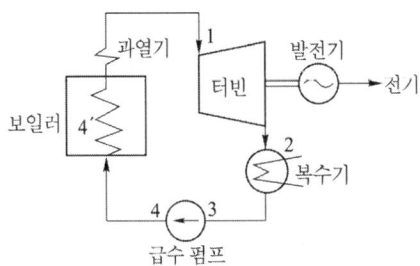

효율 $\eta = \dfrac{i_1 - i_2}{i_1 - i_4}$

(3) 재생 사이클

랭킨 사이클의 **단열 팽창 중도에서 증기의 일부를 추기하여 보일러 급수를 가열**함으로써 복수기에서의 열손실을 회수하는 사이클

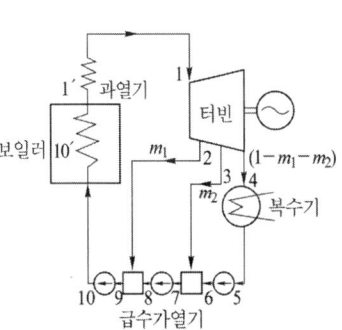

효율 $\eta = \dfrac{(i_1 - i_4) - m_1(i_2 - i_4) - m_2(i_3 - i_4)}{i_1 - i_{10}}$

(4) 재열 사이클

랭킨 사이클의 단열 팽창 중도에서 증기를 다시 과열시켜 과열 증기로 만들어 이것을 다시 단열 팽창시켜 열효율의 향상과 증기 습도 증가에 의한 장해를 적게 하는 사이클

효율 $\eta = \dfrac{(i_1 - i_2) + (i_3 - i_4)}{(i_1 - i_6) + (i_3 - i_2)}$

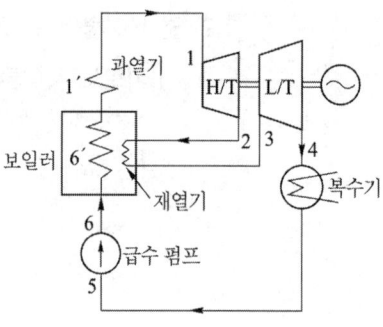

(5) 재생 재열 사이클

재생 사이클과 재열 사이클을 겸용하여 전 사이클의 효율을 향상시킨 사이클

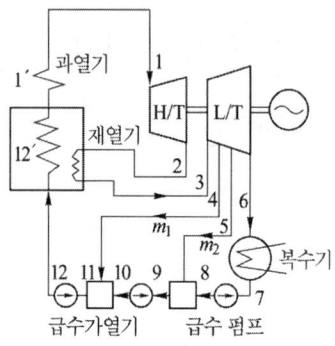

예제 56 급수의 엔탈피 130[kcal/kg], 보일러 출구 과열 증기 엔탈피 830[kcal/kg], 터빈 배기 엔탈피 550[kcal/kg]인 랭킨 사이클의 열사이클 효율은?

| 풀이 | $\eta_c = \dfrac{H_e}{i_1 - i_f}$

여기서, η_c : 터빈의 열효율
H_e : 증기 1[kg]이 터빈에서 유효하게 일을 한 열량 [kcal/kg]
i_1 : 터빈 입구의 증기 엔탈피 [kcal/kg]
i_f : 복수기의 엔탈피 [kcal/kg]라고 하면

$H_e = 830 - 550 = 280\ [\text{kcal/kg}]$
$i_1 = 830\ [\text{kcal/kg}],\ i_f = 130\ [\text{kcal/kg}]$ 이므로
$\therefore \eta = \dfrac{280}{830 - 130} = \dfrac{280}{700} = 0.4$

3) 보일러

(1) 종류

① 자연 순환 보일러 : 보일러수가 가열되면 부분적으로 비중차가 생기고 그 비중차에 의하여 순환력을 일으키는 보일러

② 강제 순환 보일러 : 보일러수의 순환 계통의 도중에 순환 펌프를 두고 강제적으로 물을 순환시키는 보일러

③ 관류 보일러 : 각 관의 일단에서 급수를 펌프로 압입시켜 회로에서 배치된 관 내를 흐르는 동안 열을 흡수하여 순차로 과열 증발되어 관의 하단에서 과열 증기로서 터빈에 보내는 보일러

(2) 보일러 설비

① **과열기** : 보일러의 화로벽에 설치하여 보일러에서 발생하는 **포화 증기를 과열 증기로 만들어 증기 터빈에 공급하는 장치**

② **재열기** : 과열기의 바로 다음에 있는 것이 많으며, **터빈에서 팽창하여 포화 온도에 가깝게 된 증기를 빼내어 다시 보일러에서 과열 증기의 온도 근처까지 온도를 올리기 위한 장치**

③ **절탄기** : 연도 내에 설치되어, **연소 가스가 갖는 열량을 회수하여 보일러 급수를 가열하는 장치**

④ **공기 예열기** : 연도에서 배출되기 전의 **연소 가스가 갖는 열량을 회수하여 연소용 공기의 온도를 높여**, 연료의 착화 및 연소·효율을 높이기 위한 장치

⑤ **집진기** : **연도로 배출되는 분진을 수거하기 위한 설비로 전기식과 기계식이 있으며**, 미분탄 연소 방식에는 코트렐 집진 장치와 사이클론이 가장 많이 쓰인다.

4) 급수와 급수장치

(1) 보일러수 중의 불순물에 의한 장해
① 스케일(scale) 부착　　② 관벽 부식
③ 캐리 오버(carry over)　　④ 알칼리 취화

(2) 급수 처리
① 기계적 처리법 : 침전, 여과, 응집
② 화학적 처리법 : 석회 및 소다법, 이온 교환 수지법

(3) 중화기(evaporator)
주로 증기를 열원으로 하여 **급수를 가열·증발시켜, 증류수로 만들어 보일러에 보내는 장치**. 열원으로서는 보통 생증기, 터빈의 추기, 터빈의 배기 등이 사용된다.

(4) 공기 분리기
추기 또는 다른 폐기에 의하여 급수를 가열시키는 일종의 가열기인 동시에, 급수를 포화 온도 이상으로 가열하여 **급수 중의 함유 가수를 분리 배출시키는 장치**

5) 특수화력발전

(1) 내연력 발전 : 보통 디젤 기관이 널리 사용된다. 설비가 간단하고 기동 및 전부하까지의 시간이 짧고 신뢰성이 있고 수명이 길다. 예비용 전원, 비상용에 이용된다.

(2) 가스 터빈 : 연소 가스 또는 공기를 가열·압축시켜 직접 터빈에서 팽창 작동시키는 열기관이다. 증기 터빈에 비하여
① 장치가 소형 경량으로 건설 및 유지비가 적다.
② 냉각 수량이 적고 기동 정지 시간이 짧은 등의 이점이 있다.

(3) MHD 발전 : 유체 도체에 있어서의 전자 유도 작용을 이용한 발전 방식으로, 기계적 가동 부분이 없고 또한 내압의 문제도 큰 것이 없으므로, 발전기 1기당의 출력을 크게 할 수 있다.

14. 원자력

14.1 원자력

1) 원자력 발전의 특징

(1) $_{92}U^{235}$ 1 [g]에서 석탄 3 [t] 이상에 해당하는 에너지가 얻어지므로 소비 연료의 중량이 적어져서 연료의 수송, 저장 장소의 문제가 없다.

(2) 원자로가 폭주하면 발전소는 물론 주위에 심한 위해를 미치게 될 염려가 있으므로 이것에 대한 충분한 고려가 필요하다.

(3) 원자력 발전소에서는 연료를 소비하는 동시에 새로운 연료가 생산되는데, 노 내의 $_{92}U^{238}$은 중성자를 흡수하여 $_{94}Pu^{239}$로, $_{90}Th^{232}$는 $_{92}U^{233}$으로 된다.

(4) 원자로는 물론 사용한 연료도 강한 방사성을 띠고 있으므로 차폐, 밀봉, 원격 조작 등에 의하여 방사성 장해를 막을 필요가 있다.

(5) 원자력 발전에서는 전기, 기계 외에 물리, 화학, 야금 기술 등의 종합적인 기술이 필요하며 화력 발전보다 고도한 것이 요구된다.

(6) 원자력 발전소의 발전 원가는 상당히 높으나 장래에는 기술 및 기타의 개선에 의하여 신규 화력과 거의 같게 될 것이다.

2) 원자로의 종류

(1) 고속 중성자로 : 고속 중성자에 의해 지속 반응을 일으키는 원자로이다. 핵분열 반응을 일으키는 중성자의 대부분이 0.1 [MeV] 이상의 에너지를 갖고 있다. 이 종류의 원자로는 운전 제어가 곤란하여 폭주할 경우의 위험도가 크고 고농축의 핵연료를 필요로 하기 때문에 연료비가 대단히 높은 결점이 있다. 단, 비분열성의 $_{92}U^{233}$이나 $_{90}Th^{232}$는 중성자를 흡수하면 핵 분열성의 $_{94}Pu^{230}$ 및 $_{92}U^{233}$로 되므로 핵연료가 증식되는 이점이 있다.

(2) 열 중성자로 : 핵분열에 의해 생긴 평균 2 [MeV]의 에너지의 중성자를 0.025 [eV] 정도의 열 중성자까지 저하시켜 이에 의해 핵반응을 지속하는 원자로를 말하며 열 중성자는 핵 분열성 물질의 양이 적어도 되는 이점이 있다. 현재 실용의 원자로는 대부분 열 중성자로이다.

(3) 중속 중성자로 : 1[keV] 이하의 중성자에 의해 핵 반응을 행하는 방식의 노이다. 열 중성자로에 비교하여 감속재의 양이 적고 연료의 양이 많다. 그 이외에 고속 중성자로보다 제어가 용이하고 열 중성자로보다 용적이 적어지는 특징이 있다.

3) 원자로의 구성

(1) **노심·핵연료·감속재** : **핵 분열이 진행되고 있는 부분을 노심**이라 하며, 이 속에 임계량 이상의 핵연료와 **고속 중성자를 열 중성자까지 감속시켜 주는 감속재**가 배치되어 있다. **감속재로서는 중성자 흡수가 적고 탄성 산란에 의해 감속되는 정도가 큰 것이 좋으며**, 중수, 경수, 산화 베릴륨, 흑연 등이 사용된다.

(2) **냉각재** : 원자로에서 발생한 열 에너지를 외부로 꺼내기 위한 매개체를 냉각재라 부른다. 냉각재는 노심을 통함으로써 열 에너지를 빼내는 동시에 노 내의 온도를 적당한 값으로 유지시키도록 보통 탄산가스, 헬륨 등의 기체나 경수 및 중수 등과 같은 물 또는 나트륨과 같은 액체 금속 유체를 사용한다.

(3) **제어봉** : 원자로 내에서 **핵 분열의 연쇄 반응을 제어**하고 증배율을 변화시키기 위해서 제어봉을 노심에 삽입하고 이것을 넣었다 뺐다 할 수 있도록 한다. 붕소(B), Cd, Hf와 같이 중성자 흡수 단면적이 큰 재료로써 만들어진다.

(4) **반사체** : **중성자를 반사시켜 외부에 누설되지 않도록** 노심의 주위에 반사체를 설치한다. 반사체로서는 베릴륨 혹은 흑연과 같이 중성자를 잘 산란시키는 재료가 좋으며 일반적으로 요구되는 성질은 감속재와 같다.

(5) **차폐재** : 원자로 내의 **방사선이 외부로 빠져 나가는 것을 방지하는 것이 차폐재**인데, 차폐에는 열 차폐와 생체 차폐의 두 가지가 있다. 전자는 철판과 같이 열전도가 좋은 것이 사용되며 후자는 노의 제일 외부에 설치하여 종업원을 γ선 또는 중성자 등의 방사선 등으로부터 보호하는 것으로서 특수 광물을 혼입한 콘크리트가 가장 널리 사용되고 있다.

4) 원자로의 연료, 감속재 및 냉각재

종류		연료	감속재	냉각재	비고
가스 냉각로(GCR)		천연우라늄	흑연	탄산가스	영국에서 개발
경수로	가압수형(PWR)	저농축우라늄	경수	경수	미국 WH사에서 개발 (고리, 영광, 울진 원자력 발전소)
	비등수형(BWR)	저농축우라늄	경수	경수	미국 GE사에서 개발
중수로(CANDU)		천연우라늄	중수	중수	캐나다에서 개발 (월성 원자력발전소)
고속증식로(FBR)		농축우라늄 플루토늄	–	나트륨	프랑스, 러시아, 일본 등에서 개발, 실용화 단계

MEMO

E90-4 전기공사산업기사 필기

제 2 과목 전력공학
최근기출문제

- ¶ 2012년도 전기공사산업기사 필기
- ¶ 2013년도 전기공사산업기사 필기
- ¶ 2014년도 전기공사산업기사 필기
- ¶ 2015년도 전기공사산업기사 필기
- ¶ 2016년도 전기공사산업기사 필기
- ¶ 2017년도 전기공사산업기사 필기
- ¶ 2018년도 전기공사산업기사 필기
- ¶ 2019년도 전기공사산업기사 필기
- ¶ 2020년도 전기공사산업기사 필기
- ¶ 2021년도 전기공사산업기사 필기(CBT)
- ¶ 2022년도 전기공사산업기사 필기(CBT)
- ¶ 2023년도 전기공사산업기사 필기(CBT)
- ¶ 2024년도 전기공사산업기사 필기(CBT)
- ¶ 2025년도 전기공사산업기사 필기(CBT)

2012년 기출문제

1회 전력공학

21 SF₆ 가스차단기의 설명으로 적절하지 않은 것은?
① SF₆ 가스는 절연내력이 공기보다 크다.
② 개폐시의 소음이 작다.
③ 근거리 고장 등 가혹한 재기전압에 대해서 우수하다.
④ 아크에 의해 SF₆ 가스는 분해되어 유독가스를 발생시킨다.

[풀이] 가스차단기(GCB)는 소호매질로서 SF₆(육불화유황) 가스를 사용하며, **SF₆ 가스의 특징으로는** 안정도가 높고 **무색, 무취, 무독**, 불활성 기체이며 절연 내력은 공기의 약 3배이고, 10기압 정도로 압축하면 공기의 10배 정도 절연 내력을 가지므로 실용화된 가스로서는 가장 널리 쓰인다. **【답】** ④

22 케이블의 전력손실과 관계가 없는 것은?
① 도체의 저항손 ② 유전체손
③ 연피손 ④ 철손

[풀이] 철손은 와류손과 히스테리시스손으로 구성되는데 이 손실은 케이블에서 발생되는 손실이 아니고 **철심에서 발생**된다. **【답】** ④

23 수전단에 관련된 다음 사항 중 틀린 것은?
① 경부하시 수전단에 설치된 동기조상기는 부족 여자로 운전
② 중부하시 수전단에 설치된 동기조상기는 부족 여자로 운전
③ 중부하시 수전단에 전력 콘덴서를 투입
④ 시충전시 수전단 전압이 송전단보다 높게 됨

[풀이]
① 동기조상기의 운전
 • 과여자 운전 : 콘덴서 작용 – 역률 개선
 • 부족 여자 운전 : 리액터 작용
② 부하에 따른 동기조상기의 운전

 • 경부하시 : 동기 조상기를 부족 여자 운전하여 리액터로 동작시켜 페란티 현상을 방지
 • 중부하시 : 동기 조상기를 과여자 운전하여 콘덴서로 동작시켜 역률을 개선 **【답】** ②

24 단상 2선식 배전선로에서 대지정전용량을 C_s, 선간정전용량을 C_m 이라 할 때 작용 정전용량은?
① $C_s + C_m$ ② $C_s + 2C_m$
③ $2C_s + C_m$ ④ $C_s + 3C_m$

[풀이] 등가 회로를 그려 보면

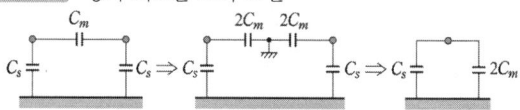

1선당의 작용 정전 용량 $C_n = 2C_m + C_s$ **【답】** ②

25 수전 용량에 비해 첨두부하가 커지면 부하율은 그에 따라 어떻게 되는가?
① 높아진다.
② 낮아진다.
③ 변하지 않고 일정하다.
④ 부하의 종류에 따라 달라진다.

[풀이] 부하율 = $\dfrac{평균\ 전력}{최대\ 전력}$ 에서
첨두 부하가 커지면 최대 전력이 증가하여 부하율은 낮아진다. **【답】** ②

26 전원이 양단에 있는 방사상 송전선로의 단락보호에 사용되는 계전기의 조합 방식은?
① 방향거리계전기와 과전압계전기의 조합
② 방향단락계전기와 과전류계전기의 조합
③ 선택접지계전기와 과전류계전기의 조합
④ 부족전류계전기와 과전압계전기의 조합

풀이
- 전원이 2군데 이상 환상 선로의 단락 보호
  → 방향 거리 계전기(DZ)
- 전원이 2군데 이상 방사상 선로의 단락 보호
  → 방향 단락 계전기(DS)와 과전류 계전기(OC)를 조합

【답】②

27 저압 뱅킹 방식에 대한 설명 중 맞지 않는 것은?
① 전압동요가 적다.
② 캐스케이딩 현상에 의해 고장확대가 축소된다.
③ 부하증가에 대해 융통성이 좋다.
④ 고장 보호 방식이 적당 할 때 공급 신뢰도는 향상된다.

풀이 **캐스케이딩 현상**이란 Banking 배전방식으로 운전 중 건전한 변압기 일부가 고장이 발생하면 **부하가 다른 건전한 변압기에 걸려서 고장이 확대되는 현상**을 말한다.

【답】②

28 연간 최대전류 200[A], 배전거리 10 [km]의 말단에 집중 부하를 가진 6.6 [kV], 3상 3선식 배전선이 있다. 이 선로의 연간 손실 전력량은 약 몇 [MWh] 정도인가? (단, 부하율 $F = 0.6$, 손실계수 $H = 0.3F + 0.7F^2$이고, 전선의 저항은 0.25 [Ω/km]이다.)
① 685
② 1135
③ 1585
④ 1825

풀이 손실계수
$H = 0.3F + 0.7F^2 = 0.3 \times 0.6 + 0.7 \times 0.6^2 = 0.432$
1선당 연간 손실전력량 w
$w = HI_m^2 RT = 0.432 \times 200^2 \times 0.25 \times 10 \times 365 \times 24$
$= 378.432 \times 10^6 [\text{Wh}/1\text{선}]$
따라서, 3선에서의 전력손실 W
$W = 3 \times w = 3 \times 378.432 \times 10^6 = 1135.296 \times 10^6 [\text{Wh}]$
$≒ 1135 [\text{MW}]$

【답】②

29 송전거리 50 [km], 송전전력 5000 [kW] 일 때의 still식에 의한 송전전압은 대략 몇 [kV] 정도가 적당한가?
① 10
② 30
③ 50
④ 70

풀이 Still 식
$V_s = 5.5 \sqrt{0.6 \times l + 0.01 \times P}$
$= 5.5 \sqrt{0.6 \times 50 + 0.01 \times 5000} = 49.19[\text{kV}]$

【답】③

30 부하의 밸런스가 필요로 하는 배전 방식은?
① 3상 3선식
② 3상 4선식
③ 단상 2선식
④ 단상 3선식

풀이 단상3선식의 특징
① 전압강하 및 전력손실은 1/4로 감소한다.
② 소요 전선량은 감소한다.
③ 110/220 [V]와 같이 2종의 전압을 얻을 수 있다.
④ 상시 부하가 불평형이면 전압이 불평형이 되고 이에 대한 대책으로 **밸런스를 설치**하여야 한다.
⑤ 중성선에는 퓨즈를 설치하지 않는다.

【답】④

31 연가의 효과로 볼 수 없는 것은?
① 선로 정수의 평형
② 대지 정전용량의 감소
③ 통신선의 유도 장해의 감소
④ 직렬 공진의 방지

풀이 연가의 효과
① 선로 정수 평형
② 임피던스 평형
③ 소호 리액터 접지시 직렬 공진 방지
④ 유도 장해 감소

【답】②

32 유량을 구분할 때 매년 1~2회 발생하는 출수의 유량을 나타내는 것은?
① 홍수량
② 풍수량
③ 고수량
④ 갈수량

풀이
- 갈수량 : 1년 365일 중 355일은 이것보다 내려가지 않는 유량
- 저수량 : 1년 365일 중 275일은 이것보다 내려가지 않는 유량
- 평수량 : 1년 365일 중 185일은 이것보다 내려가지 않는 유량
- 풍수량 : 1년 365일 중 95일은 이것보다 내려가지 않는 유량
- **고수량 : 매년 1~2회 생기는 출수의 유량**
- 홍수량 : 3~4년에 한 번 생기는 출수의 유량
- 최저 갈수량, 최대 홍수량 : 과거의 기록, 구전 등으로 판정된 최저 또는 최대의 유량

【답】③

33 소호리액터 접지방식에 대한 설명 중 옳지 못한 것은?
① 전자유도장해가 경감된다.
② 지락 중에도 계속 송전이 가능하다.
③ 지락전류가 적다.
④ 선택지락계전기의 동작이 용이하다.

풀이 소호리액터 접지방식은 중성점을 송전 선로의 대지 정전 용량과 공진하는 리액터를 통해 접지하는 방식으로 **지락 사고시 지락 전류가 최소**가 된다. 따라서 전자 유도 장해가 최소화 되며 지락 사고 중에도 송전이 가능하나 **선택지락계전기의 동작이 곤란한** 단점이 있다. 【답】④

34 가공 선로에서 이도를 D라 하면 전선의 실제 길이는 경간 S보다 얼마나 차이가 나는가?

① $\dfrac{5D}{8S}$ ② $\dfrac{3D^2}{8S}$

③ $\dfrac{9D}{8S^2}$ ④ $\dfrac{8D^2}{3S}$

풀이 전선의 실제길이 $L=S+\dfrac{8D^2}{3S}$ 에서

$L-S=\dfrac{8D^2}{3S}[\mathrm{m}]$ 【답】④

35 어떤 수력발전소의 수압관에서 분출되는 물의 속도와 직접적인 관련이 없는 것은?
① 수면에서의 연직거리
② 관의 경사
③ 관의 길이
④ 유량

풀이 물의 분출속도 $v=c_v\sqrt{2gH}[\mathrm{m/s}]$ 【답】③

36 3상3선식에서 일정한 거리에 일정한 전력을 송전할 경우 전로에서의 저항손은?
① 선간전압에 비례한다.
② 선간전압에 반비례한다.
③ 선간전압의 2승에 비례한다.
④ 선간전압의 2승에 반비례한다.

풀이 전력손실

$P_l=3I^2R=3\left(\dfrac{P}{\sqrt{3}\,V\cos\phi}\right)^2 R=\dfrac{RP^2}{V^2\cos^2\phi}$ 에서 $P_l\propto\dfrac{1}{V^2}$ 【답】④

37 단락점까지의 한 선의 임피던스 $Z=3+j4$ [Ω] (전원포함), 단락전의 단락점 전압이 3450[V]인 단상 2선식 전선로의 단락용량은 약 몇 [kVA]인가? (단, 부하전류는 무시한다.)

① 540 ② 650
③ 840 ④ 1190

풀이 • 단락전류 $I_s=\dfrac{E}{Z_s}=\dfrac{3450}{2\sqrt{3^2+4^2}}=345[\mathrm{A}]$

• 단락용량 $P_s=EI_s=3450\times345\times10^{-3}=1190.25[\mathrm{kVA}]$
 【답】④

38 전력용 콘덴서에 직렬로 콘덴서 용량의 5[%] 정도의 유도 리액턴스를 삽입하는 목적은?
① 제3고조파를 제거시키기 위하여
② 제5고조파를 제거시키기 위하여
③ 이상전압의 발생을 방지하기 위하여
④ 정전용량을 조절하기 위하여

풀이 직렬 리액터는 제5고조파 제거를 목적으로 사용된다.
$2\pi(5f_0)L=\dfrac{1}{2\pi(5f_0)C}$

따라서, $X_L=\dfrac{1}{25}\times X_c=0.04X_c$

즉, 5고조파를 제거하기 위해서는 콘덴서 용량의 4[%]에 해당하는 직렬리액터를 설치하면 되지만 여유를 고려하여 콘덴서 용량의 5~6[%]에 해당하는 직렬리액턴스를 설치한다. 【답】②

39 가공전선을 단도체식으로 하는 것보다 같은 단면적의 복도체식으로 하였을 경우 옳지 않은 것은?
① 전선의 인덕턴스가 감소된다.
② 전선의 정전용량이 감소된다.
③ 코로나 손실이 적어진다.
④ 송전용량이 증가한다.

풀이 복도체의 장점
① 선로의 인덕턴스 감소 ② **선로의 정전용량 증가**
③ 선로의 송전용량 증가 ④ 안정도 증가
⑤ 코로나 개시전압 증가(코로나 임계전압 상승) 【답】②

40 다음 중 배전 선로에 사용되는 개폐기의 종류와 그 특성의 연결이 바르지 못한 것은?
① 컷아웃 스위치(COS) - 주된 용도로는 주상변압기의 고장이 배전선로에 파급되는 것을 방지하고 변압기의 과부하 소손을 예방하고자 사용한다.
② 부하 개폐기 - 고장 전류와 같은 대전류는 차단할 수 없지만 평상 운전시의 부하전류는 개폐할 수 있다.

③ 리클로저(recloser) – 선로에 고장이 발생 하였을 때 고장 전류를 검출하여 지정된 시간 내에 고속 차단하고 자동 재폐로 동작을 수행하여 고장 구간을 분리하거나 재송전하는 장치이다.
④ 섹셔널라이저(sectionalizer) – 고장 발생 시 신속히 고장 전류를 차단하여 사고를 국부적으로 분리시키는 것으로 후비 보호 장치와 직렬로 설치하여야 한다.

풀이 **섹셔널라이저**(sectionalizer)
배전선로에 고장이 발생할 경우 리클로저의 동작으로 선로가 무전압 상태가 되면 섹셔널라이저는 이를 감지하여 무전압 상태의 횟수를 기억 하였다가 정해진 횟수에 도달하면 섹셔널라이저는 선로의 무전압 상태에서 선로를 개방하여 고장구간을 분리시킨다. **섹셔널라이저는 고장전류를 차단할 수 있는 능력이 없기 때문에 리클로저와 직렬로 조합하여 사용한다.** 【답】④

2회 전력공학

21 유효저수량 200,000[m³], 평균유효낙차 100[m], 발전기출력 7,500[kW]이다. 1대를 운전할 경우 약 몇 시간 정도 발전할 수 있는가? (단, 발전기 및 수차의 합성효율은 85[%]이다.)
① 4   ② 5
③ 6   ④ 7

풀이 • 출력 $P = 9.8QH\eta$ [kW]에서 7500[kW]를 발전하는데 필요한 유량 Q [m³/sec]는
$$Q = \frac{P}{9.8H\eta} = \frac{7500}{9.8 \times 100 \times 0.85} \fallingdotseq 9 [\text{m}^3/\text{sec}]$$
• 발전 시간
$$t = \frac{V}{Q} = \frac{200000}{9} = 22222.22 [\text{sec}] = \frac{22222.22}{60 \times 60} \fallingdotseq 6.17 [\text{h}]$$
【답】③

22 부하가 P[kW]이고, 그의 역률이 $\cos\theta_1$인 것을 $\cos\theta_2$로 개선하기 위한 전력용 콘덴서의 용량[kVA]은?
① $P(\tan\theta_1 - \tan\theta_2)$ ② $P\left(\dfrac{\cos\theta_1}{\sin\theta_1} - \dfrac{\cos\theta_2}{\sin\theta_2}\right)$
③ $\dfrac{P}{(\tan\theta_1 - \tan\theta_2)}$ ④ $\dfrac{P}{(\cos\theta_1 - \cos\theta_2)}$

풀이
$Q_c = P(\tan\theta_1 - \tan\theta_2)$
$= P\left(\dfrac{\sin\theta_1}{\cos\theta_1} - \dfrac{\sin\theta_2}{\cos\theta_2}\right)$
$= P\left(\dfrac{\sqrt{1-\cos\theta_1^2}}{\cos\theta_1} - \dfrac{\sqrt{1-\cos\theta_2^2}}{\cos\theta_2}\right)$
【답】①

23 지락보호계전기의 동작이 가장 확실한 송전계통 방식은?
① 고저항접지식   ② 비접지식
③ 소호리액터접지식   ④ 직접접지식

풀이 **직접 접지방식의 장·단점**
[장점]
① 1선 지락시에 건전상의 대지 전압이 거의 상승하지 않는다.
② 피뢰기의 효과를 증진시킬 수 있다.
③ 단절연이 가능하다.
④ **지락보호 계전기의 동작이 확실**해진다.
[단점]
① 송전 계통의 과도 안정도가 나빠진다.
② 통신선에 유도 장해가 크다.
③ 기기에 큰 영향을 주어 손상을 준다.
④ 대용량 차단기가 필요하다. 【답】④

24 공칭전압 154[kV]에 대한 250[mm] 현수애자의 연결 개수는 대략 몇 개 정도인가?
① 5~6   ② 9~10
③ 14~15   ④ 19~23

풀이 전압에 따른 현수애자의 연결 개수는 주변 환경에 따라 다르나 일반적으로 다음과 같이 계산할 수 있다.
연결개수 $n = \dfrac{\text{전압}[\text{kV}]}{20[\text{kV}]} + 1 \sim 2 (\text{여유})$
따라서, 154[kV] 계통에서
$n = \dfrac{154}{20} + (1 \sim 2) = 8 + (1 \sim 2) = 9 \sim 10$[개] 【답】②

25 공기차단기에 비해 SF_6 가스차단기의 특징으로 볼 수 없는 것은?
① 같은 압력에서 공기의 2~3배 정도의 절연내력이 있다.
② 밀폐된 구조이므로 소음이 없다.
③ 소전류 차단시 이상전압이 높다.
④ 아크에 SF_6 가스는 분해되지 않고 무독성이다.

[풀이] SF₆ 가스 차단기의 특징
① 밀폐구조이므로 소음이 없다.
② 절연내력이 공기의 2~3배, 소호 능력은 공기의 100~200배
③ 근거리 고장 등 가혹한 재기전압에 대해서도 성능이 우수
④ **소전류 차단에도 안정된 차단 가능**
⑤ 이상전압의 발생이 적다   【답】③

26 수관식 보일러의 장점에 속하지 않는 것은?
① 수관의 지름이 적어지고 고압에 견딜 수 있다.
② 드럼안의 순환이 좋으며 증기발생이 빠르다.
③ 용량을 크게 할 수 있고 과열기를 설치하기 쉽다.
④ 구조가 간단하고 증발량이 크다.

[풀이] **수관식 보일러**는 여러 가지 장점이 있는 반면에 축열용량이 작고, 급수를 펌프를 사용해서 고압으로 공급하기 때문에 **구조가 복잡하고 운전비용이 비싸진다는 단점**이 있다.
                                          【답】④

27 일반적인 경우 그 값이 1 이상인 것은?
① 부등률   ② 전압강하율
③ 부하율   ④ 수용률

[풀이]
부등률 = $\dfrac{\text{수용 설비 개개의 최대 수용 전력의 합계}}{\text{합성 최대 수용 전력}} \geq 1$
                                          【답】①

28 일정 거리를 동일전선으로 송전할 때 송전전력은 송전전압의 대략 몇 승에 비례하는가?
① 2   ② $\dfrac{1}{2}$
③ 1   ④ $\dfrac{1}{3}$

[풀이] • 전력손실률 $h = \dfrac{P_l}{P} = \dfrac{PR}{V^2 \cos\theta^2}$

에서 송전전력 $P = \dfrac{hV^2\cos\theta^2}{R}$

즉, **송전전력은 송전전압의 2승에 비례**한다. ($P \propto V^2$) 【답】①

29 전압이 정정치 이하로 되었을 때 동작하는 것으로서 단락시 고장 검출용으로도 사용되는 계전기는?
① 재폐로 계전기   ② 역상 계전기
③ 부족 전류 계전기 ④ 부족 전압 계전기

[풀이]
① 전압이 정정값 이하 시 동작 : 부족 전압 계전기
② 전압이 정정값 초과 시 동작 : 과전압 계전기   【답】④

30 3상 Y결선된 발전기가 무부하 상태로 운전 중 3상 단락고장이 발생하였을 때 나타나는 현상으로 적합하지 않은 것은?
① 영상분 전류는 흐르지 않는다.
② 역상분 전류는 흐르지 않는다.
③ 정상분 전류는 영상분 및 역상분 임피던스에 무관하고 정상분 임피던스에 반비례한다.
④ 3상 단락전류는 정상분 전류의 3배가 흐른다.

[풀이] 고장별 대칭분 및 전류의 크기

고장의 종류	대 칭 분	전류의 크기
3상 단락	정상분	$I_1 \neq 0,\ I_2 = I_0 = 0$
선간 단락	정상분, 역상분	$I_1 = -I_2 \neq 0,\ I_0 = 0$
1선 지락	정상분, 역상분, 영상분	$I_0 = I_1 = I_2 \neq 0$

따라서, **3상 단락 고장시 정상분 임피던스에 반비례하는 정상분 전류**만 흐르게 된다.   【답】④

31 재폐로 차단기에 대한 설명으로 가장 옳은 것은?
① 배전선로용은 고장구간을 고속 차단하여 제거한 후 다시 수동조작에 의해 배전이 되도록 설계된 것이다.
② 재폐로계전기와 함께 설치하여 계전기가 고장을 검출하여 이를 차단기에 통보, 차단하도록 된 것이다.
③ 3상 재폐로 차단기는 1상의 차단이 가능하고 무전압 시간을 약 20~30초로 정하여 재폐로 하도록 되어있다.
④ 송전선로의 고장구간을 고속 차단하고 재송전하는 조작을 자동적으로 시행하는 재폐로 차단장치를 장비한 자동차단기이다.

[풀이] 송전 선로의 사고의 대부분은 순시적인 것으로서 영구 고장은 거의 없고 그 중에서도 1선 지락 고장이 가장 많으므로 고장을 일으킨 구간을 신속히 차단 제거하면 고장의 아크는 저절로 소멸되고 고장점의 절연이 회복되어 차단기만 투입하면 이상 없이 송전을 계속할 수가 있다. 따라서 계통의 안정도를 향상시킬 목적으로 **차단기가 차단되어 사고가 소멸된 후 자동적으로 송전선을 투입하는 일련의 동작을 재폐로**라 한다. 【답】④

32 송전선로의 저항은 R, 리액턴스를 X라 하면 다음의 어느 식이 성립하는가?

① $R \geq X$ ② $R < X$
③ $R = X$ ④ $R > X$

풀이 일반적으로 **선로의 리액턴스는 저항의 약 6배**가 되며, 간단한 고장계산시에는 저항분을 무시해도 좋다. 즉, **$R < X$의 관계가 성립**된다. 【답】②

33 3상 3선식 송전선에서 1선의 저항이 15[Ω], 리액턴스는 20[Ω]이고 수전단의 선간전압은 30[kV], 부하역률이 0.8인 경우 전압강하율을 10[%]라 하면, 이 송전선로는 몇 [kW]까지 수전할 수 있는가?

① 2500[kW] ② 2750[kW]
③ 3000[kW] ④ 3250[kW]

풀이
- 전압강하율 $\epsilon = \dfrac{P}{V^2}(R + X\tan\theta)$ 에서
- 수전전력 $P = \dfrac{\epsilon V^2}{R + X\tan\theta} = \dfrac{\epsilon V^2}{R + X\dfrac{\sin\theta}{\cos\theta}} = \dfrac{0.1 \times 30000^2}{15 + 20 \times \dfrac{0.6}{0.8}}$
$= 3000000[W] = 3000[kW]$ 【답】③

34 전력계통의 주파수가 기준치보다 증가하는 경우 어떻게 하는 것이 타당한가?

① 발전출력(kW)을 증가시켜야 한다.
② 발전출력(kW)을 감소시켜야 한다.
③ 무효전력(kVar)을 증가시켜야 한다.
④ 무효전력(kVar)을 감소시켜야 한다.

풀이
- 발전기 출력(유효 전력) 증가 → 계통 주파수 상승
- **발전기 출력(유효 전력) 감소 → 계통 주파수 하강**
- 진상 무효 전력 증가 → 수전단 전압 상승
- 지상 무효 전력 증가 → 수전단 전압 하강 【답】②

35 송전선로의 매설지선의 가장 중요한 설치목적은?

① 뇌해방지
② 코로나 전압감소
③ 구조물 보호
④ 절연강도 증가

풀이 뇌서지가 철탑에 가격시 철탑의 탑각 접지 저항이 충분히 낮지 않으면 철탑의 전위가 상승하여 철탑에서 선로로 섬락을 일으키는 경우가 있는데 이를 역섬락이라하며 방지 대책으로는 매설 지선을 설치하여 탑각 접지 저항을 낮추어야 한다. 즉, **매설지선은 뇌해 방지 및 역섬락 방지를 위함**이다. 【답】①

36 지중선 계통을 가공선 계통에 비교하였을 때 옳은 것은?

① 인덕턴스, 정전용량이 모두 크다.
② 인덕턴스, 정전용량이 모두 적다.
③ 인덕턴스는 적고, 정전용량은 크다.
④ 인덕턴스는 크고, 정전용량은 적다.

풀이 지중선 계통은 가공선 계통에 비해서 선간 거리가 수십 배 작으므로 **인덕턴스는 작고 정전 용량은 크다**. 【답】③

37 과전류계전기(OCR)의 탭(tap) 값을 옳게 설명한 것은?

① 계전기의 최소 동작전류
② 계전기의 최대 부하전류
③ 계전기의 동작시한
④ 변류기의 권수비

풀이 계전기에 흐르는 전류가 계전기의 탭값 보다 크면 계전기가 동작하여 전기 회로를 차단하여 기기를 보호한다. 즉, **과전류 계전기의 탭 값은 계전기의 최소 동작 전류**이다. 【답】①

38 위상 비교 반송 방식에 대한 설명으로 맞는 것은?

① 일단에서의 전압과 타단에서의 전압의 위상각을 비교한다.
② 일단에서 유입하는 전류와 타단에서 유출하는 전류의 위상각을 비교한다.
③ 일단에서 유입하는 전류와 타단에서의 전압의 위상각을 비교한다.
④ 일단에서의 전압과 타단에서 유출되는 전류의 위상각을 비교한다.

풀이 위상 비교 방식 : 일단에서 **유입하는 전류**와 타단에서 **유출하는 전류의 위상각을 비교**하여 고장 여부를 판단하는 방법 【답】②

39 어떤 발전소의 발전기가 13.2[kV], 용량 9.3[MVA], 동기임피던스 94[%] 일 때, 임피던스는 몇 [Ω]인가?

① 9.8[Ω] ② 12.8[Ω]
③ 17.6[Ω] ④ 22.4[Ω]

풀이 퍼센트 임피던스 $\%Z = \dfrac{ZP}{10V^2}$ 에서

임피던스 $Z = \dfrac{10V^2}{P} \times \%Z = \dfrac{10 \times 13.2^2}{9300} \times 94 = 17.6[\Omega]$

(여기서, **전압 V의 단위가 [kV], 기준 용량 P의 단위가 [kVA]**가 되어야 함) 【답】③

40 가공전선로의 선로정수에 대한 설명 중 틀린 내용은?

① 송배전선로는 저항, 인덕턴스, 정전용량, 누설 컨덕턴스라는 4개의 정수로 이루어진다.
② 선로정수를 평형시키기 위해서는 연가를 하지 않는다.
③ 장거리 송전선로에 대해서는 분포정수회로로 취급한다.
④ 도체와 도체 사이 또는 도체와 대지 사이에는 정전용량이 존재한다.

풀이 **연가**는 선로정수를 평형시키고 통신선의 유도장해를 방지하기 위하여 선로를 3배수 등분하여 실시하며 특징은 다음과 같다.
① 직렬공진 방지 ② 유도장해 감소 ③ **선로정수 평형**
【답】②

| 4회 | 전력공학 |

21 합성임피던스 0.25 [%]의 개소에 시설해야 할 차단기의 차단용량으로 다음 중 가장 적당한 것은? (단, 합성 임피던스는 10 [MVA]를 기준으로 환산한 값이다.)

① 2500 [MVA] ② 3300 [MVA]
③ 3700 [MVA] ④ 4000 [MVA]

풀이 차단용량 > 단락용량

$P_s = \dfrac{100}{\%Z} P_n = \dfrac{100}{0.25} \times 10 = 4000 \text{ [MVA]}$ 【답】④

22 저전압 단거리송전선에 적당한 접지방식은?

① 직접접지방식 ② 저항접지방식
③ 비접지방식 ④ 소호리액터접지방식

풀이 **비접지의 특징** (직접 접지와 비교)
① 지락 전류가 비교적 적다.(유도 장해 감소)
② 보호 계전기 동작이 불확실하다.
③ V-V결선 가능
④ **저전압 단거리에 적합** 【답】③

23 가스터빈의 특징을 증기터빈과 비교하였을 때 옳지 않은 것은?

① 기동시간이 짧다.
② 조작이 간단하므로 첨두부하발전에 적당하다.
③ 무부하일 때 연료의 소비량이 적게 든다.
④ 냉각수가 비교적 적게 든다.

풀이 **가스 터빈의 장점**
① 소형 경량으로 건설비가 싸고 유지비가 적다.
② **기동시간이 짧고 부하의 급변에도 잘 견딘다.**
③ **냉각수를 다량으로 필요치 않다.**
④ **첨두부하 발전용**으로 사용된다. 【답】③

24 단로기(Disconnecting switch)의 사용 목적은?

① 회로의 개폐 ② 단락사고의 차단
③ 부하의 차단 ④ 과전류의 차단

풀이 단로기(DS)는 소호 장치가 없고 아크 소멸 능력이 없으므로 **부하 전류나 사고 전류의 개폐는 할 수 없으며 기기를 전로에서 개방할 때 또는 모선의 접속 변경시 사용** 【답】①

25 송전선의 안정도를 증진시키는 방법이 아닌 것은?

① 선로의 회선수를 감소시킨다.
② 재폐로 방식을 채용한다.
③ 속응 여자방식을 채용한다.
④ 직렬리액턴스를 감소시킨다.

풀이 **안정도 향상 대책**
• 계통의 **직렬 리액턴스 감소**(다회선 방식 채택, 복도체 방식 채택, 기기의 리액턴스 감소)
• 전압 변동률을 적게 한다. (속응 여자 방식 채용, 계통의 연계, 중간 조상 방식)
• 계통에 주는 충격을 적게 한다. (적당한 중성점 접지 방식, 고속 차단 방식, 재폐로 방식 채택)
• 고장 중의 발전기 돌입 출력의 불평형을 적게 한다. 【답】①

26 전력 사용의 변동 상태를 알아보기 위한 것으로 가장 적당한 것은?

① 수용률   ② 부등률
③ 부하율   ④ 역률

[풀이]
- 수용률 : 수요를 상정할 경우 사용
- 부등률 : 최대 전력의 발생시각 또는 발생 시기의 분산을 나타내는 지표로 사용
- **부하율** : 일정 기간 중 **부하 변동의 정도를 나타내는** 것으로서 전기설비가 얼마만큼 유효하게 이용되고 있는가 하는 정도를 파악하는 데 사용 【답】③

27 150 [kVA] 단상변압기 3대를 △-△결선으로 사용하다가 1대의 고장으로 V-V결선으로 사용하면 약 몇 [kVA] 부하까지 사용할 수 있는가?

① 130 [kVA]   ② 235 [kVA]
③ 260 [kVA]   ④ 450 [kVA]

[풀이]
$P_v = \sqrt{3} P_1 = \sqrt{3} \times 150 = 259.8$ [kVA] 【답】③

28 계기용변성기의 점검시 1차측은 어떻게 하여야 하며, 그 이유는?

① 1차측 개방, 과전압으로부터 보호
② 1차측 단락, 절연보호
③ 1차측 개방, 지락사고로부터 보호
④ 1차측 단락, 2차권선 보호

[풀이] **계기용변성기는** PT와 CT를 1개의 함에 넣은 것으로서 계기용변성기 점검 시 **1차측을 선로로부터 개방하여 고 전압으로부터의 위험을 방지**하여야 한다. 【답】①

29 배전계통에서 전력용 콘덴서를 설치하는 주된 목적은?

① 기기의 보호   ② 전력손실의 감소
③ 이상전압 방지   ④ 안정도 향상

[풀이]
전력손실 $P_l = \dfrac{PR}{V^2 \cos^2\theta}$에서 $P_l \propto \dfrac{1}{\cos^2\theta}$이므로
전력용 콘덴서를 설치하여 역률을 개선하면 전력손실이 감소한다. 【답】②

30 네트워크 배전방식의 장점이 아닌 것은?

① 사고시 정전범위를 축소시킬 수 있다.
② 전압변동이 적어진다.
③ 부하의 증가에 대한 적응성이 좋다.
④ 인축의 접지사고가 적어진다.

[풀이] 네트워크 배전 방식
① 장점
- 정전이 적으며 배전 신뢰도가 높다.
- 기기 이용률 향상된다.
- 전압 변동이 적다.
- 적응성 양호하다.
- 전력 손실이 감소한다.
- 변전소 수를 줄일 수 있다.

② 단점
- 건설비가 비싸다.
- **인축의 접촉 사고가 증가한다.**
- 특별한 보호 장치를 필요로 한다. 【답】④

31 송전선로의 인덕턴스 L과 정전용량 C가 다음과 같을 때 파동임피던스는? (단, r은 도체 반지름, D는 선간거리 임)

$L = 0.4605 \log_{10} \dfrac{D}{r}$ [mH/km]

$C = \dfrac{0.02413}{\log_{10} \dfrac{D}{r}}$ [μF/km]

① 약 $159 \log_{10} \sqrt{\dfrac{D}{r}}$ [Ω]

② 약 $138 \log_{10} \dfrac{D}{r}$ [Ω]

③ 약 $122 \log_{10} \dfrac{\sqrt{r}}{D}$ [Ω]

④ 약 $102 \log_{10} \dfrac{r}{\sqrt{D}}$ [Ω]

[풀이]
특성임피던스 $Z_0 = \sqrt{\dfrac{Z}{Y}} = \sqrt{\dfrac{R + j\omega L}{G + j\omega C}} \fallingdotseq \sqrt{\dfrac{L}{C}}$
(R, G 값은 적으므로 무시)

$Z_0 = \sqrt{\dfrac{0.4605 \log_{10} \dfrac{D}{r} \times 10^{-3}}{\dfrac{0.02413}{\log_{10} \dfrac{D}{r}} \times 10^{-6}}} = 138 \log_{10} \dfrac{D}{r}$ [Ω] 【답】②

32 송전선의 파동임피던스를 $Z_0[\Omega]$, 전파속도를 V라 할 때 이 송전선의 단위길이에 대한 인덕턴스 L은 몇 [H]인가?

① $L = \dfrac{V}{Z_0}$ ② $L = \dfrac{Z_0}{V}$

③ $L = \sqrt{Z_0}\,V$ ④ $L = \dfrac{Z_0^2}{V}$

풀이

파동 임피던스 $Z_0 = \sqrt{\dfrac{L}{C}}$, 전파 속도 $V = \sqrt{\dfrac{1}{LC}}$

$\therefore \dfrac{Z_0}{V} = \sqrt{\dfrac{\dfrac{L}{C}}{\dfrac{1}{LC}}} = L$ 【답】②

33 역률 80 [%](지상)인 1000 [kVA]의 부하를 100 [%]의 역률로 개선하는데 필요한 전력용 콘덴서의 용량은 몇 [kVA]인가?

① 200 [kVA] ② 400 [kVA]
③ 600 [kVA] ④ 800 [kVA]

풀이 $Q_c = P(\tan\theta_1 - \tan\theta_2)$ 에서

$Q_c = 1000 \times 0.8 \times \left(\dfrac{0.6}{0.8} - \dfrac{0}{1}\right) = 600[\text{kVA}]$

또다른 방법으로 1000[kVA] 부하의
무효전력 $= 1000 \times 0.6 = 600[\text{kVar}]$
따라서, 부하의 역률을 100[%]로 개선하기 위해서는 600 [kVA]의 콘덴서를 설치하여 지상무효전력을 보상하면 된다.
【답】③

34 공칭단면적 200 [mm²], 전선무게 1.838 [kg/m], 전선의 바깥지름 18.5 [mm]인 경동연선을 경간 250 [m]로 가선하는 경우 이도는? (단, 경동연선의 인장하중 7910 [kg], 빙설하중은 0.416 [kg/m], 풍압하중은 1.525 [kg/m]이고 안전율은 2.2이다.)

① 약 2.17 [m] ② 약 3.78 [m]
③ 약 4.73 [m] ④ 약 5.92 [m]

풀이
합성하중 $W = \sqrt{(w+w_i)^2 + w_w^2}$
$= \sqrt{(1.838+0.416)^2 + 1.525^2} = 2.7214[\text{kg/m}]$

이도 $D = \dfrac{WS^2}{8T} = \dfrac{2.7214 \times 250^2}{8 \times \dfrac{7910}{2.2}} = 5.91[\text{m}]$ 【답】④

35 인장 강도는 작으나 도전율이 높아 옥내 배선용으로 주로 사용되는 전선은?

① 연동선 ② 알루미늄선
③ 경동선 ④ 동복강선

풀이
• 연동선 : 옥내 배선용
• 경동선 : 옥외 배선용   【답】①

36 장거리 대전력 송전에 있어서 직류 송전방식의 장점이 아닌 것은?

① 전력손실이 작다.
② 절연내력이 강하다.
③ 비동기 연계가 가능하다.
④ 전압의 승압과 강압이 용이하다.

풀이 직류 송전 방식의 단점
① 직교 변환 장치가 필요하다.
② **전압의 승압 및 강압이 불리하다.**
③ 고조파나 고주파 억제 대책이 필요하다.
④ 직류 차단기가 개발되어 있지 않다. 【답】④

37 중거리 송전선로 π형 일반회로의 관계식 $E_s = AE_R + BI_R$에서 4단자정수 B의 값은?

① $\left(1+\dfrac{ZY}{2}\right)$ ② $Y\left(1+\dfrac{ZY}{4}\right)$

③ Z ④ Y

풀이 π형 회로

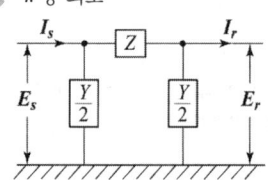

• $E_s = \left(1+\dfrac{ZY}{2}\right)E_r + ZI_r$

• $I_s = Y\left(1+\dfrac{ZY}{4}\right)E_r + \left(1+\dfrac{ZY}{2}\right)I_r$ 이므로

$A = \left(1+\dfrac{ZY}{2}\right),\quad B = Z$

$C = Y\left(1+\dfrac{ZY}{4}\right),\quad D = \left(1+\dfrac{ZY}{2}\right)$

【답】③

38 전선의 자체 중량과 빙설의 종합하중을 W_1, 풍압하중을 W_2라 할 때 합성하중은?

① $W_1 + W_2$
② $W_2 - W_1$
③ $\sqrt{W_1 - W_2}$
④ $\sqrt{W_1^2 + W_2^2}$

풀이

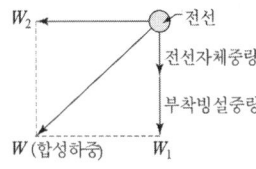

합성 하중 $W = \sqrt{(자중 + 빙설하중)^2 + (풍압하중)^2}$
$= \sqrt{W_1^2 + W_2^2}$

【답】 ④

39 전력용 콘덴서에 직렬로 콘덴서 용량의 5 [%] 정도의 유도 리액턴스를 삽입하는 주된 목적은?

① 제3고조파를 제거시키기 위하여
② 제5고조파를 제거시키기 위하여
③ 이상전압의 발생을 방지하기 위하여
④ 정전용량을 조절하기 위하여

풀이

① 제3고조파 : 변압기의 △결선에서 제거
② 제5고조파 : 콘덴서에 직렬리액터를 설치하여 제거
③ 직렬리액터 용량

$$2\pi (5f_0)L = \frac{1}{2\pi (5f_0)C} 에서$$

$$X_L = 2\pi f_0 L = \frac{1}{25} \times \frac{1}{2\pi f_0 C} = 0.04 \times X_c$$

• 이론적 : 콘덴서 용량×4[%]
• 실제(주파수 변동 등의 여유를 고려하여 선정)
  : 콘덴서 용량×5~6[%]

【답】 ②

40 반동수차의 일종으로 주요부분은 러너, 안내날개, 스피드링, 차실 및 흡출관 등으로 되어 있으며 50~500 [m] 정도의 중낙차 발전소에 사용되는 수차는?

① 카플란수차
② 프란시스수차
③ 펠턴수차
④ 튜우블러수차

풀이

동작원리에 의한 분류	수차의 종류	낙차
충동형	펠톤수차	300[m] 이상 고낙차
반동형	**프란시스 수차**	**50~500[m]의 중낙차**
	카플란 수차	30[m] 이하의 저낙차
	튜우블러 수차	20[m] 이하의 저낙차

【답】 ②

2013년 기출문제

| 1회 | 전력공학 |

21 차단기의 소호재료가 아닌 것은?
① 수소   ② 기름
③ 공기   ④ SF$_6$

풀이 차단기별 소호 매질은?

종 류	소호매질
유입차단기(OCB)	절연유
진공차단기(VCB)	고진공
자기차단기(MBB)	전자기력
공기차단기(ABB)	압축공기
가스차단기(GCB)	SF$_6$ 가스

그러나 **수소가스는 공기와 적당히 혼합하게 되면 폭발하므로 소호재료로 사용할 수 없다.** 【답】①

22 3상 배전선로의 전압강하율을 나타내는 식이 아닌 것은? (단, V_s : 송전단 전압, V_r : 수전단 전압, I : 전부하전류, P : 부하전력, Q : 무효전력이다.)

① $\dfrac{\sqrt{3}I}{V_r}(R\cos\theta + X\sin\theta) \times 100 \, [\%]$

② $\dfrac{PR+QX}{V_r^2} \times 100 \, [\%]$

③ $\dfrac{V_s - V_r}{V_r} \times 100 \, [\%]$

④ $\dfrac{V_r}{V_s} \times 100 \, [\%]$

풀이 전압강하율

$\epsilon = \dfrac{V_s - V_r}{V_r} \times 100 = \dfrac{\sqrt{3}I(R\cos\theta + X\sin\theta)}{V_r} \times 100 [\%]$

$= \dfrac{\sqrt{3}V_r I(R\cos\theta + X\sin\theta)}{V_r^2} \times 100$

$= \dfrac{RP+QX}{V_r^2} \times 100 [\%]$ 【답】④

23 전력 퓨즈(POWER FUSE)의 특성이 아닌 것은?
① 현저한 한류특성이 있다.
② 부하전류를 안전하게 차단한다.
③ 소형이고 경량이다.
④ 릴레이나 변성기가 불필요하다.

풀이 전류 퓨즈의 장·단점

장 점	단 점
• 현저한 한류특성을 가진다.	• 재투입이 불가능하다 (가장 큰 단점)
• 고속도 차단할 수 있다.	• 차단시 과전압을 발생한다.
• 소형으로서 큰 차단 용량을 가진다.	• 과전류에 의해 용단되기 쉽고 결상을 일으킬 우려가 있다.
• 한류형 퓨즈는 차단시 무소음, 무방출이다.	• 한류형 퓨즈는 용단되어도 차단되지 않는 전류 범위가 있다.
• 소형, 경량이다.	• 동작 시간 – 전류 특성을 계전기처럼 자유롭게 조정할 수 없다.
• 릴레이나 변성기가 불필요하다.	
• 가격이 저렴하며, 유지 보수가 간단하다.	

즉, **전력 퓨즈는 단락 보호로 사용되나 부하 전류의 개폐용으로 사용되지 않는다.**   【답】②

24 송전단 전압을 V_s, 수전단 전압을 V_r, 선로의 직렬 리액턴스를 X라 할 때 이 선로에서 최대 송전전력은? (단, 선로 저항은 무시한다.)

① $\dfrac{V_s V_r}{X}$ ② $\dfrac{V_s^2 - V_r^2}{X}$

③ $\dfrac{V_s V_r}{X^2}$ ④ $\dfrac{V_s^2 V_r^2}{X}$

풀이 송전전력 $P = \dfrac{V_s V_r}{X} \sin\theta$ 에서

최대 송전전력은 $\theta = 90°$일 때 이며,

이때의 최대 송전전력은 $P_m = \dfrac{V_s V_r}{X}$ 가 된다.   【답】①

25 선로의 전압을 25 [kV]에서 50 [kV]로 승압할 경우, 공급전력을 동일하게 취급하면 공급전력은 승압전의 (㉠)배로 되고, 선로 손실은 승압전의 (㉡)배로 된다. (단, 동일 조건에서 공급 전력과 선로 손실률을 동일하게 취급함)

① ㉠ $\frac{1}{4}$ ㉡ 2
② ㉠ $\frac{1}{4}$ ㉡ 4
③ ㉠ 2 ㉡ $\frac{1}{4}$
④ ㉠ 4 ㉡ $\frac{1}{4}$

풀이
전력 손실률 $h = \frac{P_l}{P} = \frac{RP}{V^2 \cos\theta^2}$ 에서 $P = \frac{hV^2\cos\theta^2}{R}$
따라서, $P \propto V^2$
$P : P' = V^2 : (2V)^2$ ∴ $P' = 4P$
전력 손실 $P_l = 3I^2R = 3\left(\frac{P}{\sqrt{3}V\cos\theta}\right)^2 R = \frac{RP^2}{V^2\cos\theta^2}$ 에서
$P_l \propto \frac{1}{V^2}$
$P_l : P_l' = \frac{1}{V^2} : \frac{1}{(2V)^2}$ ∴ $P_l' = \frac{1}{4}P_l$ 【답】 ④

26 전선의 굵기가 균일하고 부하가 균등하게 분산 분포되어 있는 배전선로의 전력손실은 전체 부하가 송전단으로부터 전체 전선로 길이의 어느 지점에 집중되어 있을 경우의 손실과 같은가?

① $\frac{3}{4}$
② $\frac{2}{3}$
③ $\frac{1}{3}$
④ $\frac{1}{2}$

풀이 집중 부하와 분산 부하

구 분	전력 손실	전압 강하
말단에 집중 부하	I^2rL	IrL
균등 분산 분포 부하	$\frac{1}{3}I^2rL = I^2r\left(\frac{1}{3}L\right)$	$\frac{1}{2}IrL = Ir\left(\frac{1}{2}L\right)$

여기서, I : 전선의 전류, r : 전선 단위 길이당 저항
L : 전선의 길이 【답】 ③

27 발전기의 자기여자현상을 방지하기 위한 대책으로 적합하지 않은 것은?

① 단락비를 크게 한다.
② 포화율을 작게 한다.
③ 선로의 충전전압을 높게 한다.
④ 발전기 정격전압을 높게 한다.

풀이 발전기가 송전선로를 충전하는 경우 자기여자 현상을 방지하기 위해서는 단락비를 크게 하면 된다.
따라서, 선로를 안전하게 충전할 수 있는 단락비의 값은 다음 식을 만족해야 한다.

$$\text{단락비} > \frac{Q'}{Q}\left(\frac{V}{V'}\right)^2(1+\sigma)$$

여기서, Q' : 소요 충전전압 V'에서의 선로 충전용량[kVA]
 Q : 발전기의 정격출력[kVA]
 V : 발전기의 정격전압[V]
 σ : 발전기 정격전압에서의 포화율

따라서, 자기여자현상을 방지하기 위해서는 발전기 정격전압 V를 낮게 하여야 한다. 【답】 ④

28 3상의 같은 전원에 접속하는 경우, △결선의 콘덴서를 Y결선으로 바꾸어 연결하면 진상용량은?

① $\sqrt{3}$ 배의 진상용량이 된다.
② 3배의 진상용량이 된다.
③ $\frac{1}{\sqrt{3}}$ 의 진상용량이 된다.
④ $\frac{1}{3}$ 의 진상용량이 된다.

풀이

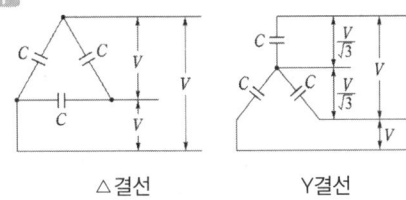

△결선   Y결선

$Q_\triangle = 3 \times 2\pi fCV^2$

$Q_Y = 3 \times 2\pi fC\left(\frac{V}{\sqrt{3}}\right)^2 = 2\pi fCV^2$

∴ $Q_Y = \frac{1}{3}Q_\triangle$ 【답】 ④

29 차단기에서 "$O-t_1-CO-t_2-CO$"의 표기로 나타내는 것은? (단, O : 차단 동작, t_1, t_2 : 시간 간격, C : 투입 동작, CO : 투입 직후 차단)

① 차단기 동작 책무
② 차단기 재폐로 계수
③ 차단기 속류 주기
④ 차단기 무전압 시간

풀이 차단기의 동작책무 : 어느 시간 간격을 두고 행하여지는 일련의 동작을 규정한 것
• 일반용 : CO-(15초)-CO, O-(3분)-CO-(3분)-CO
• 고속도 재투입용 : O-(0.3초)-CO-(3분 또는 15초, 1분)-CO 【답】 ①

30 화력발전소에서 탈기기의 설치 목적으로 가장 타당한 것은?
① 급수 중의 용해 산소의 분리
② 급수의 습증기 건조
③ 연료 중의 공기제거
④ 염류 및 부유물질 제거

풀이 급수 중에 용해되어 있는 산소는 증기 계통, 급수 계통 등을 부식시킨다. **탈기기(deaerator)는 용해 산소 분리의 목적**으로 쓰인다. 【답】①

31 수력발전소의 조압수조(서지 탱크)설치 목적은?
① 수차 보호
② 흡출관 보호
③ 수격작용 흡수
④ 조속기 보호

풀이 조압수조(서지탱크)는 자유 수면을 가진 수조로서 부하가 급격히 변화하였을 때 생기는 **수격 작용을 흡수**하여 **압력수로를 보호**하고, 수차의 사용 유량 변동에 의한 서징(surging) 작용을 흡수한다. 【답】③

32 전압이 일정값 이하로 되었을 때 동작하는 것으로서 단락시 고장 검출용으로도 사용되는 계전기는?
① 재폐로 계전기
② 역상 계전기
③ 부족 전류 계전기
④ 부족 전압 계전기

풀이
① **전압이 정정값 이하 시 동작 : 부족 전압 계전기**
② 전압이 정정값 초과 시 동작 : 과전압 계전기 【답】④

33 전력계통의 전압조정과 무관한 것은?
① 변압기
② 발전기의 전압조정장치
③ MOF
④ 동기 조상기

풀이 MOF는 고전압 대전류 등의 전기량을 측정하기 위한 계기용 변성기로서 **전력 계통의 전압 조정과 무관**하다. 【답】③

34 송배전 선로의 도중에 직렬로 삽입하여 선로의 유도성 리액턴스를 보상함으로서 선로정수 그 자체를 변화시켜서 선로의 전압강하를 감소시키는 직렬 콘덴서방식의 특성에 대한 설명으로 옳은 것은?

① 최대 송전전력이 감소하고 정태 안정도가 감소된다.
② 부하의 변동에 따른 수전단의 전압변동률은 증대된다.
③ 장거리 선로의 유도 리액턴스를 보상하고 전압 강하를 감소시킨다.
④ 송·수 양단의 전달 임피던스가 증가하고 안정 극한 전력이 감소한다.

풀이 직렬 콘덴서의 장·단점
[장점]
① 유도 리액턴스를 보상하고 전압 강하를 감소시킨다.
② 수전단의 전압 변동률을 경감시킨다.
③ 최대 송전 전력이 증대하고 정태 안정도가 증대한다.
④ 부하 역률이 나쁠수록 효과가 크다.
⑤ 용량이 작으므로 설비비가 저렴하다
[단점]
① 단락 고장시 콘덴서 양단에 고전압이 걸린다.
② 무부하 변압기에 직렬 콘덴서를 투입하는 경우 선로 전류가 증대한다.
③ 고압 배전선에 설치하는 경우 자기 여자 현상이 일어날 경우가 있다.
④ 과보상이 되면 동기기에 난조가 생기거나 탈조하는 수가 있다. 【답】③

35 배전반 및 분전반의 설치장소로 가장 적당한 곳은?
① 벽장 내부
② 화장실 내부
③ 노출된 장소
④ 출입구 신발장 내부

풀이 배전반 및 분전반의 설치장소는 습기가 없고 조작 및 유지보수가 용이한 **노출된 장소**가 적당하다. 【답】③

36 배전선로의 접지 목적과 거리가 먼 것은?
① 고장전류의 크기 억제
② 고저압 혼촉, 누전, 접촉에 의한 위험 방지
③ 이상전압의 억제, 대지전압을 저하시켜 보호 장치 작동 확실
④ 피뢰기 등의 뇌해 방지 설비의 보호 효과 향상

풀이 • 계통 접지 : 전력계통에서 돌발적으로 발생하는 이상현상에 대비
• 보호 접지 : 고장 시 감전에 대한 보호를 목적
• 변압기 중성점 접지 : 고·압압 혼촉에 의한 방지
따라서, **접지는 고장전류의 크기를 억제하기 위한 것과는 관계가 없다.** 【답】①

37 철탑의 탑각 접지저항이 커질 때 생기는 문제점은?

① 속류 발생
② 역섬락 발생
③ 코로나 증가
④ 가공지선의 차폐각 증가

풀이 탑각 접지 저항이 충분히 낮지 않으면 가공 지선이 포착한 직격뢰는 대지로 흐를 수 없고, 철탑 전위가 상승하여 철탑부가 애자를 통하여 또는 경간 내에서 가공 지선과 전력선간의 공기를 통하여, 전력선에 방전하는 **역섬락을 일으킨다**.
【답】②

38 전선 양측의 지지점의 높이가 동일할 경우 전선의 단위 길이당 중량을 W[kg], 수평장력을 T[kg], 경간을 S[m], 전선의 이도를 D[m]라 할 때 전선의 실제길이 L[m]를 계산하는 식은?

① $L = S + \dfrac{8S^2}{3D}$ ② $L = S + \dfrac{8D^2}{3S}$

③ $L = S + \dfrac{3S^2}{8D}$ ④ $L = S + \dfrac{3D^2}{8S}$

풀이
- 이도(dip) $D = \dfrac{WS^2}{8T}$[m]
- 전선의 실제길이 $L = S + \dfrac{8D^2}{3S}$[m]
【답】②

39 22.9[kV-Y] 배전 선로의 보호 협조기기가 아닌 것은?

① 컷아웃 스위치   ② 인터럽터 스위치
③ 리클로저   ④ 섹셔널라이저

풀이 22.9[kV] 배전선로의 **보호 협조는 리클로저, 섹셔널라이저, 라인퓨즈**(배전용 COS : Cut Out Switch) 로 이루어진다.
【답】②

40 뒤진 역률 80[%], 1000[kW]의 3상 부하가 있다. 여기에 콘덴서를 설치하여 역률을 95[%]로 개선하려면 콘덴서의 용량[kVA]은?

① 328 [kVA]   ② 421 [kVA]
③ 765 [kVA]   ④ 951 [kVA]

풀이 $Q_c = P(\tan\theta_1 - \tan\theta_2)$에서
$Q_c = 1000\left(\dfrac{0.6}{0.8} - \dfrac{\sqrt{1-0.95^2}}{0.95}\right) = 421.32$[kVA]
【답】②

2회 전력공학

21 가공전선로의 작용 인덕턴스를 L[H], 작용정전용량을 C[F], 사용전원의 주파수를 f[Hz]라 할 때 선로의 특성 임피던스는? (단, 저항과 누설컨덕턴스는 무시한다.)

① $\sqrt{\dfrac{C}{L}}$ ② $\sqrt{\dfrac{L}{C}}$

③ $\sqrt{LC}$ ④ $2\pi f L - \dfrac{1}{2\pi f C}$

풀이 특성 임피던스 $Z_0 = \sqrt{\dfrac{Z}{Y}} = \sqrt{\dfrac{R+j\omega L}{G+j\omega C}}$

저항과 누설콘덕턴스를 무시하면 $Z_0 ≒ \sqrt{\dfrac{L}{C}}$
【답】②

22 중성점 비접지 방식이 이용되는 송전선은?

① 20~30 [kV] 정도의 단거리 송전선
② 40~50 [kV] 정도의 중거리 송전선
③ 80~100 [kV] 정도의 장거리 송전선
④ 140~160 [kV] 정도의 장거리 송전선

풀이 **중성점 비접지방식**은 전압이 낮은 계통(33[kV] 정도 이하)의 단거리 송전선 계통에 적용한다. 그 이유는 비접지방식을 전압이 높고 선로의 길이가 긴 계통에 채용하게 되면 대지 정전 용량이 증가하게 되어 1선 지락 고장시 충전 전류에 의한 간헐 아크 지락을 일으켜서 이상 전압을 발생하게 되기 때문이다.
【답】①

23 중성점 저항 접지방식의 병행 2회선 송전선로의 지락사고 차단에 사용되는 계전기는?

① 선택접지계전기   ② 거리계전기
③ 과전류계전기   ④ 역상계전기

풀이 병행 2회선의 지락 사고 시에 **선택 접지 계전기**가 동작하여 **지락사고 선로를 선택하여 차단**한다.
【답】①

24 주상변압기의 1차측 전압이 일정할 경우, 2차측 부하가 증가하면 주상변압기의 동손과 철손은 어떻게 되는가?

① 동손은 감소하고 철손은 증가한다.
② 동손은 증가하고 철손은 감소한다.

③ 동손은 증가하고 철손은 일정하다.
④ 동손과 철손이 모두 일정하다.

풀이
- 철손 : 히스테리시스손 + 와류손 으로서 부하와 관계없이 1차 전압만 인가되면 발생되는 손실
- 동손 : $P_c = I^2R$[W]로 부하의 변화(I)에 따라 동손의 크기가 변한다.

따라서, 2차 부하가 증가하면 철손은 일정하고 동손은 증가한다. 【답】③

25 풍압이 P [kg/m²]이고 빙설이 적은 지방에서 지름이 d [mm]인 전선 1 [m]가 받는 풍압하중은 표면계수를 k 라고 할 때 몇 [kg/m]가 되는가?

① $\dfrac{Pk(d+12)}{1000}$ ② $\dfrac{Pk(d+6)}{1000}$

③ $\dfrac{Pkd}{1000}$ ④ $\dfrac{Pkd^2}{1000}$

풀이 풍압 하중(W_w : 수평하중)
- 빙설이 많은 지역 $W_w = \dfrac{Pk(d+12)}{1000}$ [kg/m]
- 빙설이 적은 지역 $W_w = \dfrac{Pkd}{1000}$ [kg/m]

여기서, P : 전선이 받는 압력[kg/m²], d : 전선의 직경[mm],
k : 전선 표면계수   【답】③

26 다음 중 3상 차단기의 정격차단용량으로 알맞은 것은?
① 정격전압 × 정격차단전류
② $\sqrt{3}$ × 정격전압 × 정격차단전류
③ 3 × 정격전압 × 정격차단전류
④ $3\sqrt{3}$ × 정격전압 × 정격차단전류

풀이 $P_s = \sqrt{3}\, V_n I_s$ 【답】②

27 배전선로의 전기적 특성 중 그 값이 1 이상인 것은?
① 부등률   ② 전압강하율
③ 부하율   ④ 수용률

풀이
부등률 = $\dfrac{\text{수용 설비 개개의 최대 수용 전력의 합계}}{\text{합성 최대 수용 전력}} \geq 1$ 【답】①

28 단상 2선식 계통에서 단락점까지 전선 한 가닥의 임피던스가 $6 + j8$[Ω](전원포함), 단락전의 단락점 전압이 3300 [V]일 때 단상 전선로의 단락 용량은 약 몇 [kVA]인가? (단, 부하전류는 무시한다.)
① 455   ② 500
③ 545   ④ 600

풀이 전선 1가닥의 임피던스
$Z = \sqrt{R^2 + X^2} = \sqrt{6^2 + 8^2} = 10$[Ω]
따라서, 왕복선로의 임피던스 $Z_s = 2Z = 2 \times 10 = 20$[Ω]
$I_s = \dfrac{E}{Z_s} = \dfrac{3300}{20} = 165$[A]
$P_s = EI_s = 3300 \times 165 \times 10^{-3} = 544.5$ [kVA]   【답】③

29 전선 a, b, c가 일직선으로 배치되어 있다. a와 b와 c사이의 거리가 각각 5 [m]일 때 이 선로의 등가 선간거리는 몇 [m]인가?
① 5   ② 10
③ $5\sqrt[3]{2}$ ④ $5\sqrt{2}$

풀이 등가 선간거리 D_e는,

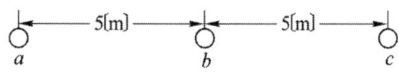

$D_e = \sqrt[3]{D_{ab} \cdot D_{bc} \cdot D_{ac}} = \sqrt[3]{5 \times 5 \times (2 \times 5)} = 5\sqrt[3]{2}$ [m]   【답】③

30 충전된 콘덴서의 에너지에 의해 트립되는 방식으로 정류기, 콘덴서 등으로 구성되어 있는 차단기의 트립방식은?
① 과전류 트립방식   ② 직류전압 트립방식
③ 콘덴서 트립방식   ④ 부족전압 트립방식

풀이 **콘덴서 트립 방식(CTD)**
충전기로 교류를 정류하여 콘덴서를 충전하고, 그 방전 에너지에 의해 트립 코일을 여자 하여 트립 시키는 방법으로 **정류기와 콘덴서로 구성**되어 있다.   【답】③

31 다음 중 송전선의 1선 지락 시 선로에 흐르는 전류를 바르게 나타낸 것은?
① 영상전류만 흐른다.
② 영상전류 및 정상전류만 흐른다.
③ 영상전류 및 역상전류만 흐른다.
④ 영상전류, 정상전류 및 역상전류가 흐른다.

풀이
- 1선 지락고장 : 정상분, 역상분, 영상분
- 선간단락고장 : 정상분, 역상분
- 3상 단락고장 : 정상분   【답】 ④

32 기력발전소에서 과잉공기가 많아질 때의 현상으로 적당하지 않은 것은?
① 노 내의 온도가 저하된다.
② 배기가스가 증가된다.
③ 연도손실이 커진다.
④ 불완전 연소로 매연이 발생한다.

풀이 과잉공기량이 너무 많으면 연료는 완전히 연소되지만 연도로 빠져나가는 배기가스량이 증가하여 배출되는 열량이 많아지고, 노 내의 온도가 저하되고, 연도손실이 커지게 된다. 따라서 발전소에서는 완전 연소에 필요한 공기 이외는 공급되지 않게끔 감시장치로 제어하고 있다.   【답】 ④

33 불평형 부하에서 역률은 어떻게 표현되는가?

① $\dfrac{\text{유효전력}}{\text{각 상의 피상전력의 산술 합}}$

② $\dfrac{\text{유효전력}}{\text{각 상의 피상전력의 벡터 합}}$

③ $\dfrac{\text{무효전력}}{\text{각 상의 피상전력의 산술 합}}$

④ $\dfrac{\text{무효전력}}{\text{각 상의 피상전력의 벡터 합}}$

풀이 $\cos\theta = \dfrac{P}{P_a}$ 【답】 ②

34 역률 0.8, 출력 360[kW]인 3상 평형유도 부하가 3상 배전선로에 접속되어 있다. 부하단의 수전전압이 6000[V], 배전선 1조의 저항 및 리액턴스가 각각 5[Ω], 4[Ω]라고 하면 송전단전압은 몇 [V]인가?
① 6120   ② 6277
③ 6300   ④ 6480

풀이 전류 $I = \dfrac{P}{\sqrt{3}\,V\cos\theta} = \dfrac{360\times 10^3}{\sqrt{3}\times 6000\times 0.8} = 43.3[A]$
송전단 전압 $V_s = V_r + \sqrt{3}\,I(R\cos\theta + X\sin\theta)$
$= 6000 + \sqrt{3}\times 43.3\times(5\times 0.8 + 4\times 0.6)$
$= 6480[V]$ 【답】 ④

35 초호각(arcing horn)의 역할은?
① 풍압을 조정한다.
② 차단기의 단락강도를 높인다.
③ 송전효율을 높인다.
④ 애자의 파손을 방지한다.

풀이 초호각(arcing horn)의 목적
- 애자련의 전압분포 개선
- 선로의 섬락으로부터 **애자련의 보호**   【답】 ④

36 소호리액터 접지방식에서 사용되는 탭의 크기로 일반적인 것은?
① 과보상   ② 부족보상
③ (−)보상   ④ 직렬공진

풀이 **소호리액터 접지방식**에서 직렬 공진에 의한 이상 전압을 억제하기 위하여 **10[%] 정도 과보상**하는 것이 일반적이다.   【답】 ①

37 단상 2선식과 3상 3선식의 부하전력, 전압을 같게 하였을 때 단상 2선식의 선로전류를 100[%]로 보았을 경우, 3상 3선식의 선로 전류는?
① 38[%]   ② 48[%]
③ 58[%]   ④ 68[%]

풀이 송전 전력이 동일한 조건이므로
$VI_1\cos\theta = \sqrt{3}\,VI_3\cos\theta$
$\therefore I_3 = \dfrac{1}{\sqrt{3}}I_1 = 0.577 I_1$ 【답】 ③

38 154[kV] 송전선로에 10개의 현수애자가 연결되어 있다. 다음 중 전압부담이 가장 적은 것은?
① 철탑에 가장 가까운 것
② 철탑에서 3번째에 있는 것
③ 전선에서 가장 가까운 것
④ 전선에서 3번째에 있는 것

풀이
- 전압 부담 최대 : 전선에 가장 가까운 애자
- **전압 부담 최소** : 전선에서 2/3 지점에 있는 애자 (**철탑에서 1/3 지점에 있는 애자**)   【답】 ②

39 154 [kV] 송전선로에서 송전거리가 154 [km]라 할 때 송전용량 계수법에 의한 송전용량은 몇 [kW]인가? (단, 송전용량계수는 1200으로 한다.)

① 61600　　　　② 92400
③ 123200　　　④ 184800

풀이

송전용량 $P = $ 회선 수 $\times K \dfrac{V^2}{l}$ [kW] $\begin{cases} K : \text{용량계수} \\ V : \text{송전전압[kV]} \\ l : \text{송전거리[km]} \end{cases}$

$P = 1 \times 1200 \times \dfrac{154^2}{154} = 184800$ [kW]　　【답】④

40 1선의 대지정전용량이 C인 3상 1회선 송전선로의 1단에 소호리액터를 설치할 때 그 인덕턴스는?

① $\dfrac{1}{3\omega^2 C}$　　　　② $\dfrac{1}{\omega C}$

③ $\dfrac{1}{\omega^2 C}$　　　　④ $\dfrac{1}{3\omega C}$

풀이 소호 리액터의 크기 $X = \dfrac{1}{3\omega C} - \dfrac{X_t}{3}$

단, X_t : 변압기 리액터스

$\omega L = \dfrac{1}{3\omega C} - \dfrac{\omega L_t}{3}$

$\therefore L = \dfrac{1}{3\omega^2 C} - \dfrac{L_t}{3}$　　단, L_t : 변압기 인덕턴스

변압기 인덕턴스를 무시하면 $L = \dfrac{1}{3\omega^2 C}$이 된다.　【답】①

4회　전력공학

21 단상2선식과 3상3선식에서 선간전압, 송전거리, 수전전력, 역률을 같게 하고 선로손실을 동일하게 하는 경우, 3상에 필요한 전선 무게는 단상의 얼마인가?

① $\dfrac{1}{4}$　　　　② $\dfrac{2}{4}$

③ $\dfrac{3}{4}$　　　　④ $\dfrac{2}{3}$

풀이 송전 전력은 동일하므로
$\sqrt{3} VI_3 \cos\theta = VI_1 \cos\theta$　$\therefore I_1 = \sqrt{3} I_3$
전력 손실이 동일하므로
$3I_3^2 \rho \dfrac{l}{A_3} = 2I_1^2 \rho \dfrac{l}{A_1}$

$3I_3^2 \rho \dfrac{l}{A_3} = 2(\sqrt{3}I_3)^2 \rho \dfrac{l}{A_1}$　$A_3 = \dfrac{1}{2} A_1$

전선량(무게)비

$\dfrac{3 \text{상 } 3 \text{선식}}{\text{단상} 2 \text{선식}} = \dfrac{3A_3 l\sigma}{2A_1 l\sigma} = \dfrac{3}{2} \times \dfrac{1}{2} = \dfrac{3}{4}$　【답】③

22 부하역률 $\cos\theta$인 배전선로의 저항 손실은 같은 크기의 부하전력에서 역률 1일 때의 저항손실과 비교하면 그 비는 어떻게 되는가?

① $\sin\theta$　　　　② $\cos\theta$

③ $\dfrac{1}{\cos^2\theta}$　　④ $\dfrac{1}{\sin^2\theta}$

풀이

전력손실 $P_l = 3I^2 R = 3\left(\dfrac{P}{\sqrt{3}V\cos\theta}\right)^2 R = \dfrac{RP^2}{V^2\cos^2\theta}$에서

$P_l \propto \dfrac{1}{\cos^2\theta}$　$\therefore P_l : P'_l = \dfrac{1}{1^2} : \dfrac{1}{\cos^2\theta}$

$P'_l = \dfrac{1}{\cos^2\theta} P_l$　　　　【답】③

23 저수지의 이용수심이 클 때 사용하면 유리한 조압수조는?

① 단동 조압수조
② 수실 조압수조
③ 소공 조압수조
④ 차동 조압수조

풀이 **이용 수심이 큰 경우에는** 조압수조의 높이가 증가하므로 상하 부분에 수실을 두며, 중간은 단면적이 비교적 작은 샤프트(shaft)로 두 수실을 연결하는 **수실 조압수조**가 좋다.
　　　　【답】②

24 초고압 장거리 송전선로에 접속되는 1차 변전소에 병렬리액터를 설치하는 목적은?

① 송전용량의 증가
② 페란티 효과의 방지
③ 과도안정도의 증대
④ 전력손실의 경감

풀이 **페란티 현상**이란 선로의 정전 용량으로 인하여 무부하시나 경부하시에 진상 전류가 흘러 수전단 전압이 송전단 전압보다 높아지는 현상을 말하며 이의 대책으로는 **분로 리액터나 동기 조상기의 지상 용량으로 방지**할 수 있다.　【답】②

25 금속관 공사로부터 애자 사용 공사로 바뀔 때 금속관 끝에 사용하는 기구가 아닌 것은?
① 링 리듀서
② 절연 부싱
③ 터미널 캡
④ 엔트런스 캡

풀이 터미널 캡(terminal cap), 엔트런스 캡(entrance cap), 절연 부싱(bushing)은 금속관 공사로부터 애자 사용 공사로 바뀔 때 사용되는 부품이고, **링 리듀서**(ring reducer)는 금속관의 지름 보다 큰 녹 아웃에 금속관을 넣을 때 녹 아웃의 크기를 줄이기 위한 **일종의 와셔**이다. 【답】①

26 송전선로에서 가장 많이 발생되는 사고는?
① 단선사고   ② 단락사고
③ 지락사고   ④ 지지물 전도사고

풀이 송전 선로에서 발생하는 **사고 중 가장 많은 것은 1선 지락**이지만 이 밖에 선간단락, 2선 지락, 심할 경우에는 3선 지락(단락)으로까지 진전되는 사고가 있을 뿐만 아니라 때에 따라서는 단선 사고까지 발생하는 경우도 있다. 【답】③

27 500 [kVA] 변압기 3대를 △-△결선 운전하는 변전소에서 부하의 증가로 500 [kVA] 변압기 1대를 증설하여 2뱅크로 하였다. 최대 몇 [kVA]의 부하에 응할 수 있는가?
① $500\sqrt{3}$ ② $1000\sqrt{3}$
③ $2000\sqrt{3}$ ④ $3000\sqrt{3}$

풀이 단상 변압기 상용 3대와 예비 1대가 있다면 V결선으로 두 뱅크 운전할 수 있으므로
$$\therefore P = 2P_V = 2 \times \sqrt{3} VI = 2 \times \sqrt{3} \times 500 = 1000\sqrt{3} \, [kVA]$$
【답】②

28 터빈 발전기의 극수는 보통 몇 극인가?
① 2 또는 4   ② 6 또는 8
③ 10 또는 12 ④ 14 또는 16

풀이 발전기의 극수
• **터빈 발전기 : 거의 2극을 사용**
• 원자력 발전 : 4극
• 수차 발전기 : 용량과 낙차에 따라 6극 또는 8극에서 32극, 48극과 같이 다양한 극수를 사용 【답】①

29 전력용 퓨즈의 장점으로 옳지 않은 것은?
① 소형으로 큰 차단용량을 갖는다.
② 밀폐형 퓨즈는 차단시에 소음이 없다.
③ 가격이 싸고 유지 보수가 간단하다.
④ 과도 전류에 의해 쉽게 용단되지 않는다.

풀이 전력 퓨즈
① 소형으로 차단 용량이 크다.
② 보수가 간단하다.
③ 가격이 저렴하다.
④ 밀폐형으로 차단시 소음이 없다.
그러나 **과도전류 등에 의한 용단으로 결상 사고를 일으킬 우려가 있다.** 【답】④

30 345 [kV] 초고압 송전선로에 사용되는 현수애자는 1연 현수인 경우 대략 몇 개 정도 사용되는가?
① 6~8   ② 12~14
③ 18~20   ④ 28~38

풀이 전압에 따른 현수애자(250 [mm])의 연결 개수

전압 [kV]	66	154	220	345	765
수량	4~6	10~11	12~13	18~20	40~45

현수 애자 개수(단, 대략적인 개수 임)
$$= \frac{전압[kV]}{20} + 여유[1\sim2]$$
【답】③

31 2회선 송전선로가 있다. 사정에 따라 그 중 1회선을 정지하였다고 하면 이 송전선로의 일반 회로정수 (4단자 정수) 중 B의 크기는?
① 변화 없다.   ② 1/2로 된다.
③ 2배로 된다. ④ 4배로 된다.

풀이 2회선 송전선로의 경우 전류는 양분되므로 그림과 같은 회로가 된다.

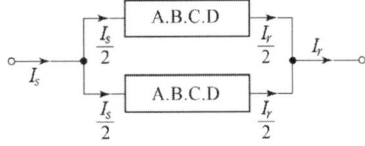

즉, 선로 2회선이 병렬접속된 것이므로 전압비 A와 전류비 D는 변함이 없고, 임피던스 B는 1/2로 감소하고, 어드미턴스인 C는 2배가 된다. 그러나 반대로 **2회선 중 1회선이 정지하면 임피던스 B는 2회선인 경우 보다 2배로 증가하게 된다.** 【답】③

32 3상 변압기의 임피던스가 $Z[\Omega]$이고 선간전압이 $V[kV]$, 정격용량이 $P[kVA]$ 일 때 이 변압기의 %임피던스는?

① $\dfrac{10PZ}{V}$ ② $\dfrac{PZ}{10V^2}$

③ $\dfrac{PZ}{100V^2}$ ④ $\dfrac{PZ}{V}$

[풀이]

$\%Z = \dfrac{I_n Z}{E_n} \times 100$ $P = \sqrt{3}\,VI_n$, $V = \sqrt{3}\,E_n$ 이므로

$= \dfrac{\sqrt{3}\,VI_n Z}{\sqrt{3}\,VE_n} \times 100 = \dfrac{P \times Z}{V^2} \times 100$

$= \dfrac{P[kVA] \times 10^3 \times Z[\Omega]}{V^2[kV] \times 10^6} \times 100$

$= \dfrac{ZP[kVA]}{10\,V^2[kV]}\,[\%]$　　【답】②

33 154[kV] 2회선 송전 선로의 길이가 154[km]이다. 송전용량 계수법에 의하면 송전용량은 약 몇 [MW]인가? (단, 154[kV]의 송전용량 계수는 1300이다.)

① 400　　② 350
③ 300　　④ 250

[풀이] 송전용량 $P = K\dfrac{V^2}{l}\,[kW]$

여기서, K : 송전용량 계수, V : 수전단 선간전압[kV]
　　　 l : 송전거리[km]

$P = 2 \times 1300 \times \dfrac{154^2}{154} = 400,400[kW] = 400.4[MW]$　　【답】①

34 복도체 또는 다도체에 대한 설명으로 옳지 않은 것은?

① 복도체는 3상 송전선의 1상의 전선을 2본으로 분할한 것이다.
② 2본 이상으로 분할된 도체를 일반적으로 다도체라고 한다.
③ 복도체 또는 다도체를 사용하는 주 목적은 코로나 방지에 있다.
④ 복도체의 선로정수는 같은 단면적의 단도체 선로에 비교할 때 변함이 없다.

[풀이] 3상 송전선의 한 상당 전선을 2가닥 이상으로 한 것을 다도체라 하고, 2가닥으로 한 것을 보통 복도체라 한다. 복도체의 특징으로는
• 코로나 임계전압 15~20[%] 상승
• 인덕턴스 20~30[%] 감소
• 정전용량 20[%] 증가
• 안정도 증가
따라서, **복도체의 선로정수(L, R, C, G)는 단도체의 선로정수와 다르다.**　　【답】④

35 그림과 같은 선로에서 점 F에서의 1선 지락이 발생한 경우 영상임피던스는?

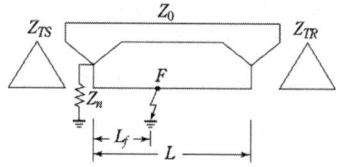

① $Z_{TS} + Z_n + 3Z_o$　　② $Z_{TS} + 3Z_n + Z_o$

③ $Z_{TS} + Z_n + Z_o\dfrac{L_f}{L}$　　④ $Z_{TS} + 3Z_n + Z_o\dfrac{L_f}{L}$

[풀이]
영상전압 $V = 3I_0 \cdot Z_n = I_0 \cdot 3Z_n$
영상임피던스 $Z = Z_{TS} + 3Z_n + Z_0$
(단, I_0 : 영상전류,　Z_n : 지락저항
　Z_{TS} : 송전측 변압기 임피던스, Z_0 : 선로임피던스)
임피던스는 거리에 비례하므로, 선로임피던스 $= Z_o\dfrac{L_f}{L}$
따라서, 영상임피던스 $= Z_{TS} + 3Z_n + Z_o\dfrac{L_f}{L}$　　【답】④

36 전력선 반송보호계전방식이 아닌 것은?

① 영상전류 비교방식
② 고속도 거리계전기와 조합하는 방식
③ 방향 비교방식
④ 위상 비교방식

[풀이] 반송 보호 계전 방식
① 방향 비교 방식
② 위상 비교 방식
③ 전송 차단 방식
④ 고속도 거리 계전기와 조합하는 방식　　【답】①

37 그림과 같은 수전단 전압 3.3 [kV], 역률 0.85(뒤짐)인 부하 300 [kW]에 공급하는 선로가 있다. 이때의 송전단 전압은 약 몇 [V]인가?

① 2930 [V]
② 3230 [V]
③ 3530 [V]
④ 3830 [V]

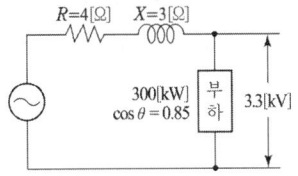

풀이

$V_s = V_r + I(R\cos\theta + X\sin\theta)$
$= 3300 + \dfrac{300 \times 10^3}{3300 \times 0.85}(4 \times 0.85 + 3 \times \sqrt{1-0.85^2})$
$= 3832.65\ [V]$

【답】 ④

38 부하전력 W [kW], 전압 V [V], 선로의 왕복선 $2l$ [m], 고유저항 ρ [$\Omega \cdot$ mm²/m], 역률 100 [%]인 단상 2선식 선로에서 선로손실을 P [W]라 하면 전선의 단면적은 몇 [mm²]인가?

① $\dfrac{2PV^2W^2}{\rho l} \times 10^6$
② $\dfrac{2\rho l W^2}{PV^2} \times 10^6$
③ $\dfrac{\rho l^2 W^2}{PV^2} \times 10^6$
④ $\dfrac{\rho l W^2}{2PV^2} \times 10^6$

풀이

- 전류 $I = \dfrac{W \times 10^3}{V}$ [A]

- 선로손실 $P = I^2 R = \left(\dfrac{W \times 10^3}{V}\right)^2 \times \rho \dfrac{2l}{A}$ [W]에서

따라서, 전선의 단면적 $A = \dfrac{2\rho l W^2}{PV^2} \times 10^6$ [mm²]

【답】 ②

39 역률 0.8인 부하 480 [kW]를 공급하는 변전소에 전력용 콘덴서 220 [kVA]를 설치하면 역률은 몇 [%]로 개선할 수 있는가?

① 92 [%]
② 94 [%]
③ 96 [%]
④ 99 [%]

풀이

부하 역률 $\cos\theta = \dfrac{W}{\sqrt{W^2 + (Q_L - Q_c)^2}} \times 100$

(W : 유효전력, Q : 무효전력)

$\therefore \cos\theta = \dfrac{480}{\sqrt{480^2 + \left(\dfrac{480}{0.8} \times 0.6 - 220\right)^2}} \times 100 = 96\ [\%]$

【답】 ③

40 어떤 콘덴서 3개를 선간전압 3300 [V], 주파수 60 [Hz]의 선로에 △로 접속하여 60 [kVA]가 되도록 하려면 콘덴서 1개의 정전용량은?

① 약 4.87 [μF]
② 약 9.74 [μF]
③ 약 14.61 [μF]
④ 약 19.48 [μF]

풀이

$Q = 3EI_c = 3 \times 2\pi f CE^2$

정전 용량 $C = \dfrac{Q}{6\pi f E^2} = \dfrac{60 \times 10^3}{6\pi \times 60 \times 3300^2} \times 10^6 ≒ 4.87\ [\mu F]$

【답】 ①

2014년 기출문제

1회   전력공학

21 공기예열기를 설치하는 효과로 볼 수 없는 것은?
① 화로의 온도가 높아져 보일러의 증발량이 증가한다.
② 매연의 발생이 적어진다.
③ 보일러 효율이 높아진다.
④ 연소율이 감소한다.

풀이   **공기예열기**(air preheater)
절탄기를 통과한 배기가스의 남은 열량을 이용하여 보일러 연소용 공기를 200~300[℃]까지 높이기 위하여 연도의 마지막 출구 부분에 설치한다. 공기예열기는 배기가스의 열량을 회수함으로서 보일러 효율을 높이며, **연소용 공기의 온도를 높임으로서 연소효율이 증가**되어 연소실 체적을 작게 할 수 있다. 【답】④

22 장거리 송전선에서 단위 길이당 임피던스 $Z = R + j\omega L$ [Ω/km], 어드미턴스 $Y = G + j\omega C$ [℧/km]라 할 때 저항과 누설컨덕턴스를 무시하는 경우 특성임피던스의 값은?
① $\sqrt{\dfrac{L}{C}}$ ② $\sqrt{\dfrac{C}{L}}$
③ $\dfrac{L}{C}$ ④ $\dfrac{C}{L}$

풀이   특성 임피던스 $Z_0 = \sqrt{\dfrac{Z}{Y}} = \sqrt{\dfrac{R + j\omega L}{G + j\omega C}}$ 에서
$G = 0$, $R = 0$이라 하면
$Z_0 = \sqrt{\dfrac{j\omega L}{j\omega C}} = \sqrt{\dfrac{L}{C}}$ 【답】①

23 영상변류기를 사용하는 계전기는?
① 과전류계전기   ② 지락계전기
③ 차동계전기   ④ 과전압계전기

풀이   비접지 계통의 지락 사고 검출
- 선택 접지 계전기(SGR) + 영상 전류 검출 (ZCT) + 영상 전압 검출(GPT)
- 지락 계전기(GR) + 영상 전류 검출 (ZCT) 【답】②

24 62000 [kW]의 전력을 60 [km] 떨어진 지점에 송전하려면 전압은 약 몇 [kV]로 하면 좋은가? (단, still식을 사용한다.)
① 66   ② 110
③ 140   ④ 154

풀이   Still 식 $V_s = 5.5 \sqrt{0.6 \times l + 0.01 P}$ 에서
$V_s = 5.5 \sqrt{0.6 \times 60 + 0.01 \times 62000} = 140.87 [kV]$
여기서, V_s : 전압[kV], l : 송전거리[km], P : 송전전력[kW] 【답】③

25 계통 내의 각 기기, 기구 및 애자 등의 상호간에 적정한 절연강도를 지니게 함으로서 계통 설계를 합리적으로 하는 것은?
① 기준충격절연강도   ② 절연협조
③ 절연계급 선정   ④ 보호계전방식

풀이   계통 내의 각 기기, 기구 및 애자 등의 상호간에 적정한 **절연 강도**를 지니게 함으로써 계통 설계를 합리적, 경제적으로 할 수 있게 한 것을 **절연 협조**라고 하며 피뢰기의 제한 전압이 기본이 된다. 【답】②

26 그림과 같은 배전선로에서 부하의 급전 시와 차단 시에 조작 방법 중 옳은 것은?

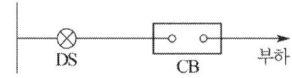

① 급전 시는 DS, CB 순이고, 차단 시는 CB, DS 순이다
② 급전 시는 CB, DS 순이고, 차단 시는 DS, CB 순이다.
③ 급전 및 차단 시 모두 DS, CB 순이다.
④ 급전 및 차단 시 모두 CB, DS 순이다.

풀이 단로기는 부하 차단 능력이 없으므로
- 정전시 CB – DS
- 급전시 DS – CB 가 되어야 한다.

즉, 차단기가 열려 있어야 단로기를 열고 닫을 수 있다. 【답】①

27 옥내배선의 전압강하는 될 수 있는 대로 적게 해야 하지만 경제성을 고려하여 보통 다음 값 이하로 하고 있다. 옳은 것은?
① 인입선 1 [%], 간선 1 [%], 분기회로 2 [%]
② 인입선 2 [%], 간선 2 [%], 분기회로 1 [%]
③ 인입선 1 [%], 간선 2 [%], 분기회로 3 [%]
④ 인입선 2 [%], 간선 1 [%], 분기회로 1 [%]

풀이 내선 규정 (제1415절 전압강하)
저압배선중의 전압강하는 간선 및 분기회로에서 각각 표준전압의 2[%]이하로 하는 것을 원칙으로 한다. 여기서, 인입선 접속점에서 인입구까지의 부분도 간선에 포함하여 계산하여야 한다.
- 인입선 + 간선 : 2 [%]
- 분기회로 : 2 [%] 【답】①

28 페란티 현상이 생기는 주된 원인으로 알맞은 것은?
① 선로의 인덕턴스
② 선로의 정전용량
③ 선로의 누설컨덕턴스
④ 선로의 저항

풀이 페란티 현상이란 선로의 정전 용량으로 인하여 무부하시나 경부하시에 진상 전류가 흘러 수전단 전압이 송전단 전압보다 높아지는 현상을 말하며 이의 대책으로는 분로 리액터나 동기 조상기의 지상 용량으로 방지할 수 있다. 【답】②

29 부하역률이 $\cos\phi$인 배전선로의 저항 손실은 같은 크기의 부하전력에서 역률 1일 때 저항손실의 몇 배인가?
① $\cos^2\phi$
② $\cos\phi$
③ $\dfrac{1}{\cos\phi}$
④ $\dfrac{1}{\cos^2\phi}$

풀이 전력손실
$P_l = 3I^2R = 3\left(\dfrac{P}{\sqrt{3}\,V\cos\phi}\right)^2 R = \dfrac{RP^2}{V^2\cos^2\phi}$ 에서 $P_l \propto \dfrac{1}{\cos^2\phi}$
$\therefore P_l : P_l' = \dfrac{1}{1^2} : \dfrac{1}{\cos^2\phi}$ $P_l' = \dfrac{1}{\cos^2\phi}P_l$ 【답】④

30 전력용 퓨즈에 대한 설명 중 틀린 것은?
① 정전 용량이 크다. ② 차단 용량이 크다.
③ 보수가 간단하다. ④ 가격이 저렴하다.

풀이 전력용 퓨즈의 장점
- 소형, 경량이다.
- 고속도 차단할 수 있다.
- 소형으로 큰 차단 용량을 가진다.
- 유지 보수가 간단하다.
- 가격이 저렴하다. 【답】①

31 변압기의 보호방식에서 차동계전기는 무엇에 의하여 동작하는가?
① 정상전류와 역상전류의 차로 동작한다.
② 정상전류와 영상전류의 차로 동작한다.
③ 전압과 전류의 배수의 차로 동작한다.
④ 1, 2차 전류의 차로 동작한다.

풀이 차동 계전기는 보호 구간에 유입하는 전류와 유출하는 전류의 차를 검출해서 동작하는 계전기이다. 【답】④

32 중성점 접지방식 중 1선 지락고장일 때 선로의 전압상승이 최대이고, 통신장해가 최소인 것은?
① 비접지방식   ② 직접접지방식
③ 저항접지방식   ④ 소호리액터접지방식

풀이 접지방식별 특징

방식	보호 계전기 동작	지락 전류	고장중 운전	전위 상승	과도 안정도	유도 장해	특징
직접 접지(22.9, 154, 345 [kV])	확실	최대	×	1.3	최소	최대	중성점영전위, 단절연가능
저항 접지	↓	↓	×	$\sqrt{3}$	↓	↓	
비접지 (3.3, 6.6 [kV])	×	↓	가능	$\sqrt{3}$	↓	↓	저전압 단거리에 적용
소호 리액터 접지 (66 [kV])	불확실	최소	가능	$\sqrt{3}$ 이상	최대	최소	병렬공진, 고장전류최소

【답】④

33 선간전압 3300[V], 피상전력 330[kVA], 역률 0.7인 3상 부하가 있다. 부하의 역률을 0.85로 개선하는데 필요한 전력용 콘덴서의 용량은 약 몇 [kVA]인가?
① 62
② 72
③ 82
④ 92

풀이 $Q_c = P(\tan\theta_1 - \tan\theta_2) = P\left(\dfrac{\sin\theta_1}{\cos\theta_1} - \dfrac{\sin\theta_2}{\cos\theta_2}\right)$

$$= \left(\frac{\sqrt{1-\cos^2\theta_1}}{\cos\theta_1} - \frac{\sqrt{1-\cos^2\theta_2}}{\cos\theta_2}\right)$$
$$= 330 \times 0.7 \left(\frac{\sqrt{1-0.7^2}}{0.7} - \frac{\sqrt{1-0.85^2}}{0.85}\right)$$
$$= 92.5 \,[\text{kVA}]$$
【답】④

34 3상 송배전 선로의 공칭전압이란?
① 그 전선로를 대표하는 최고전압
② 그 전선로를 대표하는 평균전압
③ 그 전선로를 대표하는 선간전압
④ 그 전선로를 대표하는 상전압

풀이 전선로의 **공칭전압**이라 함은, 그 **전선로를 대표**하는 전부하 상태에서의 송전단 **선간 전압**을 말한다. 【답】③

35 철탑에서 전선의 오프셋을 주는 이유로 옳은 것은?
① 불평형 전압의 유도방지
② 상하 전선의 접촉방지
③ 전선의 진동방지
④ 지락사고 방지

풀이

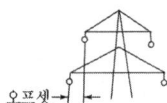

오프셋 : 전선 도약에 의한 **상간 단락 사고 방지** 【답】②

36 100 [kVA] 단상변압기 3대로 3상 전력을 공급하던 중 변압기 1대가 고장 났을 때 공급가능 전력은 몇 [kVA] 인가?
① 200   ② 100
③ 173   ④ 150

풀이 $P_V = \sqrt{3}\,P_1 = \sqrt{3} \times 100 ≒ 173 [\text{kVA}]$ 【답】③

37 무손실 송전선로에서 송전할 수 있는 송전용량은? (단, E_S : 송전단 전압, E_R : 수전단 전압, δ : 부하각, X : 송전선로의 리액턴스, R : 송전선로의 저항, Y : 송전선로의 어드미턴스 이다.)
① $\dfrac{E_S E_R}{X}\sin\delta$ ② $\dfrac{E_S E_R}{R}\sin\delta$
③ $\dfrac{E_S E_R}{Y}\cos\delta$ ④ $\dfrac{E_S E_R}{X}\cos\delta$

풀이 전력 계통은 고효율 전력 전송 목적으로 설계되므로 저항손과 대지 정전 용량은 극히 적으므로 무시한다. 그러므로 그림과 같이 등가로 나타낼 수 있다.

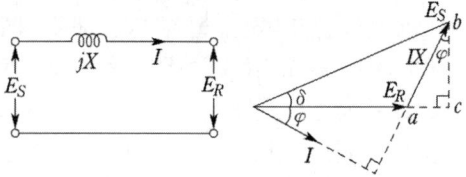

$\overline{bc} = XI\cos\varphi = E_S \sin\delta$, $I\cos\varphi = \dfrac{E_S}{X}\sin\delta$
$P = E_R I \cos\varphi$
$\therefore P = \dfrac{E_S E_R}{X}\sin\delta$ 【답】①

38 345 [kV] 송전계통의 절연협조에서 충격절연내력의 크기순으로 나열한 것은?
① 선로애자 > 차단기 > 변압기 > 피뢰기
② 선로애자 > 변압기 > 차단기 > 피뢰기
③ 변압기 > 차단기 > 선로애자 > 피뢰기
④ 변압기 > 선로애자 > 차단기 > 피뢰기

풀이 절연 레벨
선로애자 > 차단기, CT, PT, … > 변압기 > 피뢰기 【답】①

39 부하측에 밸런스를 필요로 하는 배전 방식은?
① 3상 3선식   ② 3상 4선식
③ 단상 2선식   ④ 단상 3선식

풀이 단상 3선식의 특징
① 전압강하 및 전력손실은 1/4로 감소한다.
② 소요 전선량은 감소한다.
③ 110/220 [V]와 같이 2종의 전압을 얻을 수 있다.
④ 상시 부하가 불평형이면 전압이 불평형이 되고 이에 대한 대책으로 **밸런스를 설치**하여야 한다.
⑤ 중성선에는 퓨즈를 설치하지 않는다. 【답】④

40 3상 66 [kV]의 1회선 송전선로의 1선의 리액턴스가 11 [Ω], 정격전류가 600 [A]일 때 %리액턴스는?
① $\dfrac{10}{\sqrt{3}}$ ② $\dfrac{100}{\sqrt{3}}$
③ $10\sqrt{3}$ ④ $100\sqrt{3}$

[풀이]

$\%X = \dfrac{I_n X}{E} \times 100 = \dfrac{600 \times 11}{\dfrac{66 \times 10^3}{\sqrt{3}}} \times 100 = 10\sqrt{3}$ 【답】③

2회 전력공학

21 송전계통의 중성점을 직접 접지하는 목적과 관계없는 것은?
① 고장전류 크기의 억제
② 이상전압 발생의 방지
③ 보호계전기의 신속 정확한 동작
④ 전선로 및 기기의 절연레벨을 경감

[풀이]
① 직접 접지의 장점
 • 1선 지락 시 건전상의 **대지전압 상승을 1.3배 이하로 억제**한다.(유효접지)
 • 선로 및 기기의 **절연레벨을 저감**한다.(저감절연, 단절연 가능)
 • **보호 계전기의 동작을 확실**하게 한다.
② 접지 방식별 지락전류의 크기
 직접접지 방식 > 저항 접지방식 > 비 접지방식 > 소호 리액터 접지방식
 즉, 지락사고시 직접접지 방식의 고장전류가 제일 크다. 【답】①

22 선로의 단락보호용으로 사용되는 계전기는?
① 접지계전기   ② 역상계전기
③ 재폐로계전기   ④ 거리계전기

[풀이] **거리 계전기**(Distance Relay ; ZR) : 계전기가 설치된 위치로부터 고장점까지의 전기적 거리에 비례하여 한시 동작하는 것으로 **복잡한 계통의 단락 보호**에 과전류 계전기의 대용으로 쓰인다. 【답】④

23 옥내배선의 보호방법이 아닌 것은?
① 과전류 보호
② 지락 보호
③ 전압강하 보호
④ 절연 접지 보호

[풀이] **전압강하는 전기 품질에 관한 것**으로서 전압강하가 적을수록 품질 측면에서는 유리하나 그 반면에 전선의 굵기가 증가하여 시설비가 많이 소요되는 문제점이 있다. 【답】③

24 송전선로에 근접한 통신선에 유도장해가 발생하였다. 전자유도의 원인은?
① 역상전압   ② 정상전압
③ 정상전류   ④ 영상전류

[풀이]
① 정전유도 : **영상전압에 의해 발생** (정상시)
② **전자유도 : 영상전류에 의해 발생** (사고시)
 전자유도 전압 $E_m = -j\omega Ml \times 3I_0$ [V] 【답】④

25 배전선로 개폐기 중 반드시 차단기능이 있는 후비 보조장치와 직렬로 설치하여 고장구간을 분리시키는 개폐기는?
① 컷아웃 스위치   ② 부하개폐기
③ 리클로저   ④ 섹셔널라이저

[풀이] **섹셔널라이저**(sectionalizer) : 배전선로에 고장이 발생할 경우 리클로저의 동작으로 선로가 무전압 상태가 되면 섹셔널라이저는 이를 감지하여 무전압 상태의 횟수를 기억 하였다가 정해진 횟수에 도달하면 섹셔널라이저는 선로의 무전압 상태에서 선로를 개방하여 고장구간을 분리시킨다. **섹셔널라이저는 고장전류를 차단할 수 있는 능력이 없기 때문에 리클로저와 직렬로 조합하여 사용**한다. 【답】④

26 가공 송전선에 사용되는 애자 1연 중 전압부담이 최대인 애자는?
① 철탑에 제일 가까운 애자
② 전선에 제일 가까운 애자
③ 중앙에 있는 애자
④ 전선으로부터 1/4 지점에 있는 애자

[풀이]
 • **전압 부담 최대 : 전선에 가장 가까운 애자**
 • 전압 부담 최소 : 전선에서 2/3 지점에 있는 애자 (철탑에서 1/3 지점에 있는 애자) 【답】②

27 다음은 무엇을 결정할 때 사용되는 식인가?
(단, l은 송전거리[km]이고, P는 송전전력[kW]이다.)

$$5.5\sqrt{0.6l + \dfrac{P}{100}}$$

① 송전전압
② 송전선의 굵기
③ 역률개선 시 콘덴서의 용량
④ 발전소의 발전전압

풀이 경제적인 송전전압(Alfred still 식)

송전전압 $[kV] = 5.5\sqrt{0.6 \times 송전거리[km] + \dfrac{송전전력[km]}{100}}$

【답】 ①

28 일반적으로 수용가 상호간, 배전변압기 상호간, 급전선 상호간 또는 변전소 상호간에서 각각의 최대부하는 그 발생 시각이 약간씩 다르다. 따라서 각각의 최대수요전력의 합계는 그 군의 종합 최대수요전력 보다도 큰 것이 보통이다. 이 최대전력의 발생시각 또는 발생시기의 분산을 나타내는 지표는?

① 전일효율　　　② 부등률
③ 부하율　　　　④ 수용률

풀이
• 수용률 : 수요를 상정할 경우 사용
• **부등률** : 최대 전력의 **발생시각 또는 발생 시기의 분산을 나타내는 지표**로 사용
• 부하율 : 일정 기간 중 부하 변동의 정도를 나타내는 것으로서 전기설비가 얼마만큼 유효하게 이용되고 있는가 하는 정도를 파악하는 데 사용

【답】 ②

29 다음 중 SF₆ 가스 차단기의 특징이 아닌 것은?
① 밀폐구조로 소음이 작다.
② 근거리 고장 등 가혹한 재기 전압에 대해서도 우수하다.
③ 아크에 의해 SF₆ 가스가 분해되며 유독가스를 발생시킨다.
④ SF₆ 가스의 소호능력은 공기의 100∼200배이다.

풀이 가스차단기(GCB)는 소호매질로서 SF₆(육불화유황) 가스를 사용하며, **SF₆ 가스의 특징**으로는 안정도가 높고 **무색, 무취, 무독**, 불활성 기체이며 절연 내력은 공기의 약 3배이고, 10기압 정도로 압축하면 공기의 10배 정도 절연 내력을 가지므로 실용화된 가스로서는 가장 널리 쓰인다.

【답】 ③

30 자가용 변전소의 1차측 차단기의 용량을 결정할 때 가장 밀접한 관계가 있는 것은?
① 부하설비 용량　　② 공급측의 단락용량
③ 부하의 부하율　　④ 수전계약 용량

풀이 • **차단기의 차단용량 > 계통의 단락용량**
• 단락용량 $P_s = \dfrac{100}{\%z} \times P_n$ ∴ $P_s \propto P_n$
여기서, %z : 고장점까지의 %임피던스
P_n : 기준용량(공급 측의 전기설비 용량)

【답】 ②

31 3상 3선식에서 전선의 선간거리가 각각 1[m], 2[m], 4[m]로 삼각형으로 배치되어 있을 때 등가선간 거리는 몇 [m] 인가?
① 1　　　　② 2
③ 3　　　　④ 4

풀이 등가선간거리
$D_e = \sqrt[3]{D_1 \cdot D_2 \cdot D_3} = \sqrt[3]{1 \cdot 2 \cdot 4} = 2$

【답】 ②

32 원자로 내에서 발생한 열에너지를 외부로 끄집어내기 위한 열매체를 무엇이라고 하는가?
① 반사체　　　② 감속재
③ 냉각재　　　④ 제어봉

풀이
• 반사재 : 핵분열에 의하여 발생하는 중성자가 외부로 누설되는 것을 원자로 내부로 다시 반사시키는 목적으로 사용
• 감속재 : 핵분열로 발생한 고속 중성자를 열중성자로 바꾸는 작용
• **냉각제** : 원자로에서 생긴 열을 **노심 밖으로 보내기 위하여 사용되는 열 매체**
• 제어재 : 원자로의 핵분열 반응을 조절하기 위하여 중성자를 흡수할 목적으로 사용

【답】 ③

33 선로 임피던스 Z, 송수전단 양쪽에 어드미턴스 Y인 π형 회로의 4단자 정수에서 B의 값은?
① Y　　　　② Z
③ $1 + \dfrac{ZY}{2}$　　　④ $Y\left(1 + \dfrac{ZY}{4}\right)$

풀이 π형 회로

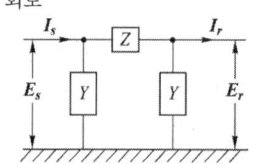

• $E_s = Z(Y \cdot E_r + I_r) + E_r = (1 + ZY)E_r + ZI_r$
• $I_s = Y(2 + ZY)E_r + (1 + ZY)I_r$ 이므로
$A = (1 + ZY)$, $B = Z$
$C = Y(2 + ZY)$, $D = (1 + ZY)$

【답】 ②

34 송전선로에 복도체를 사용하는 가장 주된 목적은?
① 건설비를 절감하기 위하여
② 진동을 방지하기 위하여
③ 전선의 이도를 주기 위하여
④ 코로나를 방지하기 위하여

[풀이] 3상 송전선의 한 상당 전선을 2가닥 이상으로 한 것을 다도체라 하고, 2가닥으로 한 것을 보통 복도체라 한다. 복도체의 특징으로는
① 코로나 임계 전압이 15~20[%] 상승하여 **코로나 발생을 억제**
② 인덕턴스 20~30[%] 감소
③ 정전 용량 20[%] 증가   【답】④

35 수전단 전압이 송전단 전압보다 높아지는 현상을 무엇이라 하는가?
① 옵티마 현상 ② 자기 여자 현상
③ 페란티 현상 ④ 동기화 현상

[풀이] **페란티 현상**이란 선로의 정전 용량으로 인하여 무부하시나 경부하시에 진상 전류가 흘러 **수전단 전압이 송전단 전압보다 높아지는 현상**을 말하며 이의 대책으로는 분로 리액터나 동기 조상기의 지상 용량으로 방지할 수 있다.   【답】③

36 출력 20[kW]의 전동기로서 총양정 10[m], 펌프 효율 0.75일 때 양수량은 몇 [m³/min] 인가?
① 9.18 ② 9.85
③ 10.31 ④ 11.02

[풀이] 펌프용 전동기의 출력 $P = \dfrac{QH}{6.12\eta}$ 에서

$Q = \dfrac{6.12 P \eta}{H} = \dfrac{6.12 \times 20 \times 0.75}{10} = 9.18 [m^3/min]$ 【답】①

37 전압이 일정값 이하로 되었을 때 동작하는 것으로서 단락시 고장 검출용으로도 사용되는 계전기는?
① OVR ② OVGR
③ NSR ④ UVR

[풀이]
① 전압이 정정값 이하 시 동작 : **부족 전압 계전기(UVR)**
② 전압이 정정값 초과 시 동작 : 과전압 계전기(OVR)   【답】④

38 취수구에 제수문을 설치하는 목적은?
① 모래를 배제한다.
② 홍수위를 낮춘다.
③ 유량을 조절한다.
④ 낙차를 높인다.

[풀이] 제수문은 **취수량을 조절**하고 물의 유입을 단절하기 위함이다.   【답】③

39 송전단 전압 161[kV], 수전단 전압 154[kV], 상차각 45°, 리액턴스 14.14[Ω] 일 때, 선로손실을 무시하면 전송전력은 약 몇 [MW]인가?
① 1753 ② 1518
③ 1240 ④ 877

[풀이] 송전전력
$P = \dfrac{V_s V_r}{X} \sin\delta = \dfrac{161 \times 154}{14.14} \times \sin 45° = 1240 [MW]$ 【답】③

40 연가를 하는 주된 목적에 해당되는 것은?
① 선로정수를 평형 시키기 위하여
② 단락사고를 방지하기 위하여
③ 대전력을 수송하기 위하여
④ 페란티 현상을 줄이기 위하여

[풀이] 연가는 **선로정수를 평형**시키고 통신선의 유도장해를 방지하기 위하여 선로를 3배수 등분하여 실시하며 특징은 다음과 같다.
① 선로정수 평형 ② 직렬공진 방지 ③ 유도장해 감소   【답】①

4회   전력공학

21 저압 뱅킹배전방식에서 캐스케이딩(cascading) 현상이란?
① 전압 동요가 적은 현상
② 변압기의 부하 분배가 균일하지 못한 현상
③ 저압선의 고장에 의하여 건전한 변압기의 일부 또는 전부가 차단되는 현상
④ 저압선이나 변압기에 고장이 생기면 자동적으로 고장이 제거되는 현상

[풀이] **캐스케이딩 현상**이란 Banking 배전방식으로 운전중 건전한 변압기 일부가 고장이 발생하면 부하가 다른 건전한 변압기에 걸려서 **고장이 확대되는 현상**을 말한다.   【답】③

22 연가를 하는 주된 목적으로 옳은 것은?
① 선로정수의 평형
② 유도뢰의 방지
③ 계전기의 확실한 동작의 확보
④ 전선의 절약

풀이 연가는 선로 정수를 평형시키고 통신선의 유도 장해를 방지하기 위하여 선로를 3배수 등분하여 실시한다.
- 직렬 공진 방지
- 유도 장해 감소
- 선로 정수 평형
【답】 ①

23 송전계통에서 1선 지락 고장시 인접 통신선의 유도장해가 가장 큰 중성점 접지방식은?
① 비접지방식 ② 고저항접지방식
③ 직접접지방식 ④ 소호리액터접지방식

풀이
- 전자유도전압 $E_m = -j\omega M l I_g$ 에서 지락전류 I_g가 클수록 전자유도장해가 크다.
- 지락사고시 중성점 접지 방식별 지락전류의 크기
 직접접지 > 고저항접지 > 비 접지 > 소호 리액터 접지
즉, 지락사고시 **직접접지 방식이 지락전류가 제일 크므로 유도장해도 가장 크다.**
【답】 ③

24 3상 3선식 가공전선로가 있다. 전선 한 가닥의 저항은 15[Ω], 리액턴스는 20[Ω]이고 수전단의 선간전압은 30[kV], 부하역률은 0.8(늦음)이다. 전압강하율을 5[%]로 하면 이 송전선로로 몇 [kW]까지 수전할 수 있는가?
① 1000 ② 1500
③ 2000 ④ 2500

풀이
- 전압강하율 $\epsilon = \dfrac{P}{V^2}(R+X\tan\theta)$ 에서
- 수전 전력 $P = \dfrac{\epsilon V^2}{R+X\tan\theta} = \dfrac{\epsilon V^2}{R+X\dfrac{\sin\theta}{\cos\theta}}$

$= \dfrac{0.05 \times 30000^2}{15+20 \times \dfrac{0.6}{0.8}} = 1,500,000[W] = 1,500[kW]$
【답】 ②

25 복도체를 사용하면 송전용량이 증가하는 주된 이유로 알맞은 것은?
① 코로나가 발생하지 않는다.
② 전압강하가 적어진다.
③ 선로의 작용 인덕턴스는 감소하고 작용 정전용량이 증가한다.
④ 무효전력이 적어진다.

풀이 복도체를 사용하면 전선의 등가 반지름은 증가하므로 **인덕턴스는 감소하고 정전용량은 증가**하여 송전용량이 증가하고 안정도를 증대시킨다. 즉, $P = \dfrac{E_S E_R}{X}\sin\delta$ 에서 **리액턴스 X가 감소하므로 송전용량은 증가**한다.
【답】 ③

26 다음 중 보일러에서 흡수 열량이 가장 큰 것은?
① 수냉벽 ② 과열기
③ 절탄기 ④ 공기예열기

풀이 각 부의 가열 면적과 흡수 열량의 비

	가열 면적[%]	흡수 열량[%]
수 냉 벽	10~15	40~50
보일러수관	5~10	10~15
과 열 기	10~15	15~20
절 탄 기	15	10~15
공기예열기	50	5~10

【답】 ①

27 가공지선에 대한 설명으로 틀린 것은?
① 직격뢰에 대해서는 특히 유효하며 전선 상부에 시설하므로 뇌는 주로 가공지선에 내습한다.
② 가공지선은 강연선, ACSR 등이 사용된다.
③ 차폐효과를 높이기 위하여 도전성이 좋은 전선을 사용한다.
④ 가공지선은 전선의 차폐와 진행파의 파고값을 증폭시키기 위해서이다.

풀이 **가공지선**(over head ground wire)은 송전선 위에 나란히 가설된 도선으로 각 철탑에 접지되어 있으며, 뇌운에 의한 전선로에서의 정전유도작용을 차폐할 수 있고 또한 **진행파의 파고값을 감소**시킬 수 있다.
【답】 ④

28 연간 최대전류 200[A], 배전거리 10[km]의 말단에 집중 부하를 가진 6.6[kV], 3상 3선식 배전선로가 있다. 이 선로의 연간 손실 전력량은 약 몇 [MWh]인가? (단, 부하율 $F=0.6$, 손실계수 $H=0.3F+0.7F^2$이고, 전선의 저항은 0.25[Ω/km] 이다.)
① 685 ② 1135
③ 1585 ④ 1825

풀이
손실계수 $H = 0.3F + 0.7F^2$
$= 0.3 \times 0.6 + 0.7 \times 0.6^2 = 0.432$
1선당 연간 손실전력량 w

$$w = HI_m^2 RT = 0.432 \times 200^2 \times 0.25 \times 10 \times 365 \times 24$$
$$= 378.432 \times 10^6 \text{[Wh/1선]}$$
$$(\because T = 365일 \times 24시간/1일 = 8760 \text{[h]})$$
따라서, 3선에서의 전력손실 W
$$W = 3 \times w = 3 \times 378.432 \times 10^6$$
$$= 1135.296 \times 10^6 \text{[Wh]} ≒ 1135 \text{[MW]}$$
【답】②

29 초고압용 차단기에 사용되는 개폐저항기의 목적은?

① 차단속도 증진
② 차단전류 감소
③ 차단전류의 역률 개선
④ 개폐서지 이상전압 억제

풀이 차단기의 개폐시에 재점호로 인하여 **개폐 서지 이상전압**이 발생된다. 이것을 낮추고 절연 내력을 높일 수 있게 하기 위해 차단기 접촉자간에 병렬 임피던스로서 저항을 삽입하는데 이것을 **개폐저항기**라고 한다.
【답】④

30 제5고파를 제거하기 위하여 전력용 콘덴서 용량의 몇 [%]에 해당하는 직렬리액터를 설치하는가?

① 2~3
② 5~6
③ 7~8
④ 9~10

풀이 직렬리액터 용량
• 이론 : 콘덴서 용량 × 4 [%]
• 실제 : 콘덴서 용량 × 5~6 [%]
【답】②

31 최대수용전력의 합계와 합성최대수용전력의 비를 나타내는 계수는?

① 부하율
② 수용률
③ 부등률
④ 보상률

풀이
$$부등률 = \frac{수용 설비 개개의 최대 수용 전력의 합계}{합성 최대 수용 전력} \geq 1$$
【답】③

32 영상변류기를 사용하는 계전기는?

① 차동 계전기
② 접지 계전기
③ 과전압 계전기
④ 과전류 계전기

풀이 비접지 계통의 지락 사고 검출
• 선택 접지 계전기(SGR) + 영상 전류 검출 (ZCT) + 영상 전압 검출(GPT)
• 접지 계전기(GR) + 영상 전류 검출 (ZCT)
【답】②

33 단위 길이당 인덕턴스 및 커패시턴스가 각각 L 및 C 일 때 장거리 전송선로의 특성임피던스는?

① $\frac{L}{C}$
② $\frac{C}{L}$
③ $\sqrt{\frac{C}{L}}$
④ $\sqrt{\frac{L}{C}}$

풀이

특성 임피던스 $Z_0 = \sqrt{\frac{Z}{Y}} = \sqrt{\frac{R+j\omega L}{G+j\omega C}}$

저항과 누설콘덕턴스를 무시하면 $Z_0 ≒ \sqrt{\frac{L}{C}}$
【답】④

34 수압철관의 안지름이 4 [m]인 곳에서의 유속이 4 [m/s] 이었다. 안지름이 3.5 [m]인 곳에서의 유속은 약 몇 [m/s]인가?

① 4.2
② 5.2
③ 6.2
④ 7.2

풀이
$$v_1 A_1 = v_2 A_2$$
$$v_2 = \frac{v_1 A_1}{A_2} = \frac{v_1 \times \frac{1}{4}\pi d_1^2}{\frac{1}{4}\pi d_2^2} = \frac{4 \times 4^2}{3.5^2} ≒ 5.22 \text{[m/s]}$$
【답】②

35 3상 3선식 송전선에서 바깥지름 20 [mm]의 경동연선을 2 [m]간격으로 일직선 수평배치로 하여 연가를 했을 때, 인덕턴스는 약 몇 [mH/km] 인가?

① 1.16
② 1.32
③ 1.48
④ 1.64

풀이
기하 평균 선간 거리 $D_e = \sqrt[3]{2 \times 2 \times 4} = \sqrt[3]{2} \times 2 \text{[m]}$
전선의 반지름 $r = 10 \times 10^{-3} \text{[m]}$
$$\therefore L = 0.05 + 0.4605 \log_{10} \frac{\sqrt[3]{2} \times 2}{10 \times 10^{-3}} = 1.16 \text{[mH/km]}$$
【답】①

36 현수애자 4개를 1련으로 한 66 [kV] 송전선로가 있다. 현수애자 1개의 절연저항은 1500 [MΩ], 이 선로의 경간이 200 [m]라면 선로 1 [km]당의 누설컨덕턴스는 몇 [℧]인가?

① 0.83×10^{-9}
② 0.83×10^{-6}
③ 0.83×10^{-3}
④ 0.83×10^{-2}

【풀이】 현수 애자 1련의 저항 (직렬 접속)
$r = 1500[\text{M}\Omega] \times 4 = 6 \times 10^9 [\Omega]$
표준 경간이 200 [m]이고 1 [km]당 현수 애자는 5련이 설치되므로 (병렬 접속)
$R = \dfrac{r}{n} = \dfrac{6}{5} \times 10^9 [\Omega]$
누설 컨덕턴스
$G = \dfrac{1}{R} = \dfrac{5}{6} \times 10^{-9} [\mho] = 0.83 \times 10^{-9} [\mho]$ 　　【답】①

37 3상 3선식에서 일정한 거리에 일정한 전력을 송전할 경우 선로에서의 저항손은?
① 선간전압에 비례한다.
② 선간전압에 반비례한다.
③ 선간전압의 2승에 비례한다.
④ 선간전압의 2승에 반비례한다.

【풀이】
전력손실 $P_l = 3I^2 R = 3\left(\dfrac{P}{\sqrt{3}\,V\cos\phi}\right)^2 R = \dfrac{RP^2}{V^2\cos^2\phi}$ 에서
$P_l \propto \dfrac{1}{V^2}$
즉, **저항손은 선간 전압의 제곱에 반비례**한다. 　　【답】④

38 송배전 선로에 사용하는 직렬 콘덴서에 대한 설명으로 옳은 것은?
① 최대 송전전력이 감소하고 정태 안정도가 감소된다.
② 부하의 변동에 따른 수전단의 전압변동률은 증대된다.
③ 장거리 선로의 유도 리액턴스를 보상하고 전압강하를 감소시킨다.
④ 송·수 양단의 전달 임피던스가 증가하고 안정극한 전력이 감소한다.

【풀이】 **직렬 콘덴서**의 장·단점
[장점]
① **유도 리액턴스를 보상하고 전압 강하를 감소**시킨다.
② 수전단의 전압변동률을 경감시킨다.
③ 최대 송전 전력이 증대하고 정태 안정도가 증대한다.
④ 부하 역률이 나쁠수록 효과가 크다.
⑤ 용량이 작으므로 설비비가 저렴하다.
[단점]
① 단락 고장시 콘덴서 양단에 고전압이 걸린다.
② 무부하 변압기에 직렬 콘덴서를 투입하는 경우 선로 전류가 증대한다.

③ 고압 배전선에 설치하는 경우 자기 여자 현상이 일어날 경우가 있다.
④ 과보상이 되면 동기기에 난조가 생기거나 탈조하는 수가 있다. 　　【답】③

39 변전소에 분로 리액터를 설치하는 주된 목적은?
① 진상무효전력 보상　② 전압강하 방지
③ 전력손실 경감　　　④ 잔류전하 방지

【풀이】
• 분로 리액터 : 진상무효전력 보상
• 진상 콘덴서 : 지상무효전력 보상 　　【답】①

40 차단기의 정격투입전류란 투입되는 전류의 최초 주파의 어느 값을 말하는가?
① 평균값　　　② 최대값
③ 실효값　　　④ 순시값

【풀이】 차단기의 정격 투입 전류란 성능에 지장 없이 투입할 수 있는 전류의 한도를 말하며, **투입 전류의 최초 주파수에서의 최대값**으로 나타낸다. 크기는 정격 차단 전류(실효값)의 2.5배를 표준으로 한다. 　　【답】②

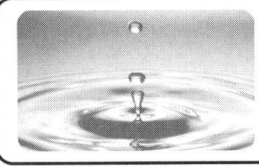

2015년 기출문제

1회 전력공학

21 저압 뱅킹 방식에 대한 설명으로 틀린 것은?
① 전압동요가 적다.
② 캐스케이딩 현상에 의해 고장확대가 축소된다.
③ 부하증가에 대해 융통성이 좋다.
④ 고장 보호 방식이 적당할 때 공급 신뢰도는 향상된다.

풀이 **캐스케이딩 현상**이란 Banking 배전방식으로 운전 중 건전한 변압기 일부가 고장이 발생하면 부하가 다른 건전한 변압기에 걸려서 **고장이 확대되는 현상**을 말한다. 【답】②

22 뇌해 방지와 관계가 없는 것은?
① 매설지선 ② 가공지선
③ 소호각   ④ 댐퍼

풀이
• 매설지선(탑각 접지저항을 낮춤) : 뇌 침입 시 역섬락 방지
• 가공지선 : 뇌의 차폐
• 아킹 혼(소호각) : 섬락사고시 애자련의 보호, 애자련의 전압분담 균일화
• 댐퍼 : 선로의 진동 방지 【답】④

23 선로 임피던스가 Z인 단상 단거리 송전선로의 4단자 정수는?
① $A = Z$, $B = Z$, $C = 0$, $D = 1$
② $A = 1$, $B = 0$, $C = Z$, $D = 1$
③ $A = 1$, $B = Z$, $C = 0$, $D = 1$
④ $A = 0$, $B = 1$, $C = Z$, $D = 0$

풀이
• $E_s = E_r + I_r Z$
• $I_s = I_r$
즉, $\begin{vmatrix} E_s \\ I_s \end{vmatrix} = \begin{vmatrix} 1 & Z \\ 0 & 1 \end{vmatrix} \begin{vmatrix} E_r \\ I_r \end{vmatrix}$ 이다. 【답】③

24 송전 선로의 안정도 향상 대책이 아닌 것은?
① 병행 다회선이나 복도체 방식 채용
② 계통의 직렬리액턴스 증가
③ 속응 여자방식 채용
④ 고속도 차단기 이용

풀이 **안정도 향상 대책**
• **계통의 직렬 리액턴스 감소**(직렬콘덴서 설치, 단락비 크게, 복도체 사용, 병행회선 채용)
• 전압 변동률을 적게 한다. (속응 여자 방식 채용, 계통의 연계, 중간 조상 방식)
• 계통에 주는 충격을 적게 한다. (적당한 중성점 접지 방식, 고속 차단 방식, 재폐로 방식)
• 고장 중의 발전기 돌입 출력의 불평형을 적게 한다. 【답】②

25 송전 선로에서 역섬락을 방지하는 가장 유효한 방법은?
① 피뢰기를 설치한다.
② 가공지선을 설치한다.
③ 소호각을 설치한다.
④ 탑각 접지저항을 작게 한다.

풀이 이상 전압에 대한 대책
• 피뢰기 : 뇌로부터 기기 보호
• 가공지선 : 뇌의 차폐(가공지선의 차폐각이 적을수록 보호효율이 높다)
• 아킹 혼(소호각) : 섬락사고시 애자련의 보호, 애자련의 전압분담 균일화
• **매설지선(탑각 접지저항을 낮춤) : 역섬락 방지** 【답】④

26 리클로저에 대한 설명으로 가장 옳은 것은?
① 배전선로용은 고장구간을 고속 차단하여 제거한 후 다시 수동조작에 의해 배전이 되도록 설계된 것이다.
② 재폐로계전기와 함께 설치하여 계전기가 고장을 검출하고 이를 차단기에 통보, 차단하도록 된 것이다.

③ 3상 재폐로 차단기는 1상의 차단이 가능하고 무전압 시간을 약 20~30초로 정하여 재폐로 하도록 되어있다.
④ 배전선로의 고장구간을 고속 차단하고 재송전하는 조작을 자동적으로 시행하는 재폐로 차단장치를 장비한 자동차단기이다.

[풀이] 리클로저(recloser)
선로에 고장이 발생 하였을 때 고장 전류를 검출하여 지정된 시간 내에 고속 차단하고 자동 재폐로 동작을 수행하여 고장 구간을 분리하거나 재송전하는 장치이다. **【답】** ④

27 원자력발전소와 화력발전소의 특성을 비교한 것 중 틀린 것은?
① 원자력발전소는 화력발전소의 보일러 대신 원자로와 열교환기를 사용한다.
② 원자력발전소의 건설비는 화력발전소에 비해 싸다.
③ 동일 출력일 경우 원자력발전소의 터빈이나 복수기가 화력발전소에 비하여 대형이다.
④ 원자력발전소는 방사능에 대한 차폐 시설물의 투자가 필요하다.

[풀이] 화력발전과 비교하여 원자력발전은 출력 밀도(단위 체적당 출력)가 크므로 같은 출력이라면 소형화가 가능하며, **단위 출력당 건설비는 화력발전소에 비하여 비싸다**. **【답】** ②

28 우리나라의 특고압 배전방식으로 가장 많이 사용되고 있는 것은?
① 단상 2선식   ② 단상 3선식
③ 3상 3선식   ④ 3상 4선식

[풀이] 3상 4선식은 같은 회선에서 선간전압과 상전압의 양 전압을 이용할 수 있기 때문에 **배전에서 많이 채용**되고 있다. **【답】** ④

29 양 지지점의 높이가 같은 전선의 이도를 구하는 식은? (단, 이도는 D[m], 수평장력은 T[kg], 전선의 무게는 W[kg/m], 경간은 S[m]이다.)
① $D = \dfrac{WS^2}{8T}$ ② $D = \dfrac{SW^2}{8T}$
③ $D = \dfrac{8WT}{S^2}$ ④ $D = \dfrac{ST^2}{8W}$

[풀이]
- 이도(dip) $D = \dfrac{WS^2}{8T}$[m]
- 전선의 실제길이 $L = S + \dfrac{8D^2}{3S}$[m]   **【답】** ①

30 배전선로의 역률개선에 따른 효과로 적합하지 않은 것은?
① 전원측 설비의 이용률 향상
② 선로절연에 요하는 비용 절감
③ 전압강하 감소
④ 선로의 전력손실 경감

[풀이] 역률 개선의 효과
① 전력 손실 경감   ② 전압 강하 경감
③ 설비 용량의 여유분 증가   ④ 전력 요금의 절약
즉, **선로절연에 요하는 비용**은 선로 전압의 크기에 좌우되지 **선로의 역률과는 무관**하다.   **【답】** ②

31 유역면적 80 [km²], 유효낙차 30 [m], 연간강우량 1,500 [mm]의 수력발전소에서 그 강우량의 70 [%]만 이용하면 연간 발전 전력량은 몇 [kWh]인가? (단, 종합 효율은 80 [%]이다.)
① 5.49×10^7 ② 1.98×10^7
③ 5.49×10^6 ④ 1.98×10^6

[풀이]
평균유량 $Q = \dfrac{80 \times 10^6 \times \dfrac{1500}{1000} \times 0.7}{365 \times 24 \times 3600} = 2.664 [\text{m}^3/\text{s}]$

∴ $P = 9.8 QH\eta t = 9.8 \times 2.664 \times 30 \times 0.8 \times 365 \times 24$
$= 5.49 \times 10^6 [\text{kWh}]$ **【답】** ③

32 발전기의 정태 안정 극한전력이란?
① 부하가 서서히 증가할 때의 극한전력
② 부하가 갑자기 크게 변동할 때의 극한전력
③ 부하가 갑자기 사고가 났을 때의 극한전력
④ 부하가 변하지 않을 때의 극한전력

[풀이] 안정도의 종류
① **정태 안정도**(static stability) : 송전 계통이 **불변 부하 또는 극히 서서히 증가하는 부하**에 대하여 계속적으로 송전할 수 있는 능력을 정태 안정도로 하고, 안정도를 유지할 수 있는 극한의 송전 전력을 정태 안정 극한 전력이라고 한다.
② **과도 안정도**(transient stability) : 계통에 갑자기 고장 사고와 같은 급격한 외란이 발생하였을 때에도 탈조하지 않고 새로운 평형 상태를 회복하여 송전을 계속할 수 있는 능력을

과도 안정도라 하고 이 경우의 극한 전력을 과도 안정 극한 전력이라고 한다.
③ 동태 안정도(dynamic stability) : 고속 자동 전압 조정기로 동기기의 여자 전류를 제어할 경우의 정태 안정도를 특히 동태 안정도라 한다. 【답】 ①

33 낙차 350[m], 회전수 600[rpm]인 수차를 325[m]의 낙차에서 사용할 때의 회전수는 약 몇 [rpm]인가?

① 500   ② 560
③ 580   ④ 600

풀이 회전수 N과 낙차 H와의 관계는
$$\frac{N_2}{N_1} = \left(\frac{H_2}{H_1}\right)^{1/2}$$ 이므로
$$N_2 = \left(\frac{H_2}{H_1}\right)^{1/2} \times N_1 = \left(\frac{325}{350}\right)^{1/2} \times 600 = 578.17[\text{rpm}]$$ 【답】③

34 가공 송전선의 코로나를 고려할 때 표준상태에서 공기의 절연내력이 파괴되는 최소 전위경도는 정현파 교류의 실효값으로 약 몇 [kV/cm] 정도인가?

① 6   ② 11
③ 21 ④ 31

풀이 파열극한 전위경도
• DC : 30 [kV/cm]
• AC : 21 [kV/cm]
(실효값 = $\frac{\text{최대값}}{\sqrt{2}} = \frac{30}{\sqrt{2}} = 21.2[\text{kV}]$) 【답】③

35 선로의 작용 정전용량 0.008[μF/km], 선로길이 100[km], 전압 37000[V]이고 주파수 60[Hz]일 때 한 상에 흐르는 충전전류는 약 몇 [A]인가?

① 6.7   ② 8.7
③ 11.2   ④ 14.2

풀이 $I_c = 2\pi f C l E$
$= 2\pi \times 60 \times 0.008 \times 10^{-6} \times 100 \times 37000 = 11.16[\text{A}]$
(참고로 문제에 주어진 전압이 대지 전압인지? 선간전압인지 알 수 없으나 계산 결과로 보면 대지 전압으로 이해해야 합니다. 만약 선간전압이라고 한다면
$I_c = 2\pi f C l E$
$= 2\pi \times 60 \times 0.008 \times 10^{-6} \times 100 \times \frac{37000}{\sqrt{3}} = 6.44[\text{A}]$
로 보기에 답이 없기 때문입니다.) 【답】③

36 차단기의 개폐에 의한 이상 전압의 크기는 대부분의 경우 송전선 대지 전압의 최고 몇 배 정도인가?

① 2배   ② 4배
③ 6배   ④ 8배

풀이 개폐서지의 크기는 선로의 길이, 차단기의 성능 및 중성점 접지방식에 따라 차이는 있으나 **대부분의 경우 상규 대지전압의 4배**를 넘는 경우는 거의 없다. 【답】②

37 동일 전력을 동일 선간전압, 동일 역률로 동일 거리에 보낼 때 사용하는 전선의 총중량이 같으면, 단상 2선식과 3상 3선식의 전력 손실비(3상 3선식/단상 2선식)는?

① $\frac{1}{3}$ ② $\frac{1}{2}$
③ $\frac{3}{4}$ ④ 1

풀이
• 전력이 동일하므로 $VI_1 = \sqrt{3}\,VI_3$ ∴ $I_1 = \sqrt{3}\,I_3$
• 전선의 총 중량이 같으므로 $2\sigma A_1 l = 3\sigma A_3 l$ ∴ $2A_1 = 3A_3$
• $R = \rho \frac{l}{A}$ 에서 **전선의 단면적과 저항은 반비례 관계**에 있으므로
∴ $2R_3 = 3R_1$
$$\frac{3\text{상전력손실}}{\text{단상전력손실}} = \frac{3I_3^2 R_3}{2I_1^2 R_1} = \frac{3I_3^2 R_3}{2 \times (\sqrt{3}I_3)^2 \times \frac{2}{3}R_3} = \frac{3}{4}$$ 【답】③

38 정정된 값 이상의 전류가 흘러 보호계전기가 동작할 때 동작 전류가 낮은 구간에서는 동작 전류의 증가에 따라 동작 시간이 짧아지고, 그 이상이면 동작 전류의 크기에 관계없이 일정한 시간에서 동작하는 특성을 무슨 특성이라 하는가?

① 정한시 특성   ② 반한시 특성
③ 순한시 특성   ④ 반한시성 정한시 특성

풀이 보호 계전기 특징
① 순한시 특성 : 최소 동작 전류 이상의 전류가 흐르면 즉시 동작하는 특성
② 반한시 특성 : 동작 전류가 커질수록 동작 시간이 짧게 되는 특성
③ 정한시 특성 : 동작 전류의 크기에 관계없이 일정한 시간에 동작하는 특성
④ **반한시 정한시 특성** : 동작 전류가 적은 동안에는 동작 전류가 커질수록 동작 시간이 짧게 되고 어떤 전류 이상이면 동작 전류의 크기에 관계없이 일정한 시간에 동작하는 특성 【답】④

39 어떤 건물에서 총설비부하용량이 850[kW], 수용률이 60[%]이면 변압기 용량은 최소 몇 [kVA]로 하여야 하는가? (단, 설비부하의 종합역률은 0.75이다.)

① 740 ② 680
③ 650 ④ 500

[풀이]

변압기 용량[kVA] = $\dfrac{\text{설비 용량[kW]} \times \text{수용률}}{\text{역률}}$

$= \dfrac{850 \times 0.6}{0.75} = 680[\text{kVA}]$　　【답】②

40 송전선로의 단락보호계전방식이 아닌 것은?
① 과전류계전방식
② 방향단락계전방식
③ 거리계전방식
④ 과전압계전방식

[풀이] 과전압 계전기
일정값 이상의 전압이 걸렸을 때 동작하는 계전기이다. 일반적으로 **발전기가 무부하로 되었을 경우**의 과전압 보호용 및 비접지 계통의 배전선로 보호용으로 사용된다.　　【답】④

| 2회 | 전력공학 |

21 60[Hz], 154[kV], 길이 200[km]인 3상 송전선로에서 대지정전용량 $C_s = 0.008[\mu F/km]$, 선간정전용량 $C_m = 0.0018[\mu F/km]$일 때, 1선에 흐르는 충전전류는 약 몇 [A]인가?

① 68.9 ② 78.9
③ 89.8 ④ 97.6

[풀이] 작용 정전 용량은
$C_w = C_s + 3C_m = 0.008 + 3 \times 0.0018 = 0.0134\,[\mu F/km]$
1선 충전 전류
$I_c = \omega C_w E l = 2\pi f C_w \dfrac{V}{\sqrt{3}} l$
$= 2\pi \times 60 \times 0.0134 \times 10^{-6} \times 200 \times \dfrac{154{,}000}{\sqrt{3}} = 89.8[A]$
　　【답】③

22번 문제는 출제기준 변경 및 개정된 관계 법규에 따라 삭제되었습니다.

23 조상설비가 있는 1차 변전소에서 주변압기로 주로 사용되는 변압기는?
① 승압용 변압기
② 단권 변압기
③ 단상 변압기
④ 3권선 변압기

[풀이]
3권선 변압기
1차 —(Y Y)— 2차
　　(△)
　　3차(안정권선)
　　— 조상설비
　　— 소내용 전원공급　　【답】④

24 아킹혼의 설치 목적은?
① 코로나손의 방지
② 이상전압 제한
③ 지지물의 보호
④ 섬락사고 시 애자의 보호

[풀이] 아킹 혼(소호각) : **섬락사고시 애자련의 보호**, 애자련의 전압 분담 균일화　　【답】④

25 소수력 발전의 장점이 아닌 것은?
① 국내 부존자원 활용
② 일단 건설 후에는 운영비가 저렴
③ 전력생산 외에 농업용수 공급, 홍수조절에 기여
④ 양수발전과 같이 첨두부하에 대한 기여도가 많음

[풀이] 소수력 발전(small hydro power)은 소규모 수력 발전을 의미하며, 일반적인 대규모 수력 발전과 원리면에서는 차이가 없으나 대규모 수력발전이 환경에 부정적 영향을 미치는 점을 생각한다면 국지적인 지역 조건과 조화를 이루는 규모가 작고 기술적으로 단순한 수력 발전이라고 할 수 있다. 그 장·단점으로는
① 장점
　• 국내 부존자원 활용
　• 전력생산 외에 농업용수 공급, 홍수조절에 기여
　• 일단 건설후에는 운영비가 저렴
② 단점
　• 대수력이나 양수발전과 같이 **첨두부하에 대한 기여도가 적음**
　• 초기 건설비 소요가 크고, 발전량이 강수량에 따라 변동이 많음　　【답】④

26 유효낙차 400[m]의 수력발전소에서 펠턴수차의 노즐에서 분출하는 물의 속도를 이론값의 0.95배로 한다면 물의 분출속도는 약 몇 [m/s]인가?

① 42.3　　　② 59.5
③ 62.6　　　④ 84.1

[풀이] 높이 H[m]의 수두를 갖는 물이 노즐로부터 분출하는 유수의 속도 v는

$v = C_v\sqrt{2gH} = 0.95 \times \sqrt{2 \times 9.8 \times 400} = 84.116$[m/s]

【답】④

27 송전선로에서 역섬락을 방지하려면?

① 가공지선을 설치한다.
② 피뢰기를 설치한다.
③ 탑각 접지저항을 적게 한다.
④ 소호각을 설치한다.

[풀이]
① 가공지선 : 뇌의 차폐(가공지선의 차폐각이 적을수록 보호 효율이 높다)
② 피뢰기 : 뇌로부터 기기 보호
③ **매설지선(탑각 접지저항을 낮춤) : 역섬락 방지**
④ 아킹 혼(소호각) : 섬락사고시 애자련의 보호, 애자련의 전압 분담 균일화

【답】③

28 초고압 장거리 송전선로에 접속되는 1차 변전소에 병렬 리액터를 설치하는 목적은?

① 페란티효과 방지　　② 코로나손실 경감
③ 전압강하 경감　　　④ 선로손실 경감

[풀이] **페란티 현상**이란 선로의 정전 용량으로 인하여 무부하시나 경부하시에 진상 전류가 흘러 수전단 전압이 송전단 전압보다 높아지는 현상을 말하며 이의 **대책으로는 분로 리액터(병렬 리액터)**나 동기 조상기의 지상 용량으로 방지할 수 있다.

【답】①

29 SF₆ 가스차단기의 설명으로 틀린 것은?

① 밀폐구조이므로 개폐 시 소음이 작다.
② SF₆ 가스는 절연내력이 공기보다 크다.
③ 근거리 고장 등 가혹한 재기전압에 대해서 성능이 우수하다.
④ 아크에 의해 SF₆ 가스는 분해되어 유독가스를 발생시킨다.

[풀이] 가스차단기(GCB)는 소호매질로서 SF₆(육불화유황) 가스를 사용하며, SF₆ 가스의 특징으로는 안정도가 높고 무색, 무취, **무독**, 불활성 기체이다. 따라서, **SF₆ 가스는 아크에 의해 유독가스를 발생시키지 않는다.**

【답】④

30 직류 송전방식이 교류 송전방식에 비하여 유리한 점이 아닌 것은?

① 선로의 절연이 용이하다.
② 통신선에 대한 유도잡음이 적다.
③ 표피효과에 의한 송전손실이 적다.
④ 정류가 필요 없고 승압 및 강압이 쉽다.

[풀이] 직류 송전 방식의 장·단점
[장점]
① 선로의 리액턴스가 없으므로 안정도가 높다.
② 유전체손 및 충전 용량이 없고 절연 내력이 강하다.
③ 비동기 연계가 가능하다.
④ 단락전류가 적고 임의 크기의 교류 계통을 연계시킬 수 있다.
⑤ 코로나손 및 전력 손실이 적다.
⑥ 표피 효과나 근접 효과가 없으므로 실효 저항의 증대가 없다.
[단점]
① 직교 변환 장치가 필요하다.
② **전압의 승압 및 강압이 불리하다.**
③ 고조파나 고주파 억제 대책이 필요하다.
④ 직류 차단기가 개발되어 있지 않다.

【답】④

31 그림과 같은 평형 3상 발전기가 있다. a상이 지락한 경우 지락전류는 어떻게 표현되는가? (단, Z_0 : 영상 임피던스, Z_1 : 정상 임피던스, Z_2 : 역상 임피던스이다.)

① $\dfrac{E_a}{Z_0 + Z_1 + Z_2}$

② $\dfrac{3E_a}{Z_0 + Z_1 + Z_2}$

③ $\dfrac{-Z_0 E_a}{Z_0 + Z_1 + Z_2}$

④ $\dfrac{2Z_2 E_a}{Z_1 + Z_2}$

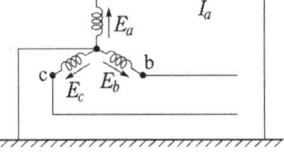

[풀이] 대칭 좌표법과 발전기의 기본식을 이용하여 풀면

$I_0 = I_1 = I_2 = \dfrac{E_a}{Z_0 + Z_1 + Z_2}$

지락전류 $I_a = I_0 + I_1 + I_2 = 3I_0$

$= \dfrac{3E_a}{Z_0 + Z_1 + Z_2}$

【답】②

32 전력계통의 안정도 향상대책으로 볼 수 없는 것은?
① 직렬콘덴서 설치
② 병렬콘덴서 설치
③ 중간 개폐소 설치
④ 고속차단, 재폐로방식 채용

풀이 안정도 향상대책
① 계통의 직렬 리액턴스 감소(직렬콘덴서, 단락비 크게, 복도체 사용, 병행회선)
② 전압변동률을 적게 한다. (속응 여자 방식 채용, 계통의 연계, 중간 조상 방식 채택)
③ 계통에 주는 충격을 적게 한다. (적당한 중성점 접지 방식, 고속 차단 방식, 재폐로 방식 채택)
④ 고장 중의 발전기 돌입 출력의 불평형을 적게 한다.
그러나 **병렬 콘덴서는 역률 개선이 주목적** 이다. 【답】②

33 π형 회로의 일반회로 정수에서 B는 무엇을 의미하는가?
① 컨덕턴스   ② 리액턴스
③ 임피던스   ④ 어드미턴스

풀이 $E_s = AE_R + BI_R$, $I_s = CE_R + DI_r$
에서 A: 전압비, B: **임피던스**, C: 어드미턴스, D: 전류비를 의미한다. 【답】③

34 전원이 양단에 있는 방사상 송전선로에서 과전류 계전기와 조합하여 단락보호에 사용하는 계전기는?
① 선택지락계전기   ② 방향단락계전기
③ 과전압계전기   ④ 부족전류계전기

풀이
• 전원이 2군데 이상 환상 선로의 단락 보호
  → 방향 거리 계전기(DZ)
• **전원이 2군데 이상 방사 선로의 단락 보호**
  → 방향 단락 계전기(DS)와 과전류 계전기(OC)를 조합 【답】②

35 송전단의 전력원 방정식이 $P_s^2 + (Q_s - 300)^2 = 250000$인 전력계통에서 최대전송 가능한 유효전력은 얼마인가?
① 300   ② 400
③ 500   ④ 600

풀이 최대전송 가능한 유효전력은 무효분이 0일 때 이므로, 무효분 $(Q_s - 300)^2 = 0$ 이다.
∴ $P_s^2 + 0 = 250000$ → $P_s = 500$ 【답】③

36 그림의 X 부분에 흐르는 전류는 어떤 전류인가?
① b상 전류
② 정상전류
③ 역상전류
④ 영상전류

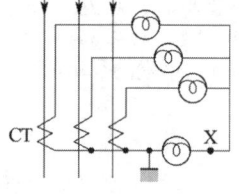

풀이 접지선에 흐르는 전류는 영상 전류이다. 【답】④

37 변류기 개방시 2차측을 단락하는 이유는?
① 2차측 절연 보호   ② 2차측 과전류 보호
③ 측정오차 방지   ④ 1차측 과전류 방지

풀이 **변류기의 2차측을 개방**하면 1차 전류가 모두 여자 전류가 되어 **2차 권선**에 매우 높은 전압이 유기되어 **절연이 파괴**되고 소손될 염려가 있다. 【답】①

38 그림과 같은 배전선이 있다. 부하에 급전 및 정전할 때 조작방법 으로 옳은 것은?

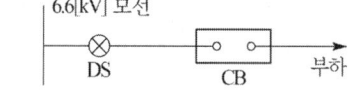

① 급전 및 정전할 때는 항상 DS, CB 순으로 한다.
② 급전 및 정전할 때는 항상 CB, DS 순으로 한다.
③ 급전시는 DS, CB 순이고 정전시는 CB, DS 순이다.
④ 급전시는 CB, DS 순이고 정전시는 DS, CB 순이다.

풀이 단로기는 부하 차단 능력이 없으므로 정전시 CB – DS, 급전시 DS – CB가 되어야 한다.
즉, **차단기가 열려 있어야 단로기를 열고 닫을 수 있다.** 【답】③

39 피뢰기가 방전을 개시할 때 단자전압의 순시값을 방전 개시전압이라 한다. 피뢰기 방전 중 단자전압의 파고값을 무슨 전압이라고 하는가?
① 뇌전압   ② 상용주파교류전압
③ 제한전압   ④ 충격절연강도전압

풀이 피뢰기가 동작할 때 피뢰기 양단자 사이의 전압을 **제한전압**이라 한다. 【답】③

40 3상 1회선과 대지간의 충전전류가 1 [km]당 0.25 [A]일 때 길이가 18 [km]인 선로의 충전전류는 몇 [A]인가?

① 1.5 ② 4.5
③ 13.5 ④ 40.5

풀이 충전 전류 $I_c = 0.25[\text{A/km}] \times 18[\text{km}] = 4.5[\text{A}]$
【답】②

4회 전력공학

21 지중케이블의 금속체 전식방지를 위한 배류 방식이 아닌 것은?

① 유전양극방식 ② 직접배류방식
③ 선택배류방식 ④ 강제배류방식

풀이 **배류법** : 매설 금속에 유입한 전기 철도로부터의 누설 전류를 대지에 유출시키지 않고 직접 레일에 되돌려 주는 방식으로 **직접배류방식, 선택배류방식, 강제배류방식**이 있다.
【답】①

22 과전류 차단기의 설치장소로 적합하지 않은 곳은?

① 수용가의 인입선 부분
② 고압배전 선로의 인출장소
③ 직접접지 계통에 설치한 변압기의 접지선
④ 역률조정용 고압 병렬 콘덴서뱅크의 분기선

풀이 과전류 차단기의 시설 제한(KEC 341.11)
접지공사의 접지도체, 다선식 전로의 중성선 및전로의 일부에 접지공사를 한 저압 가공전선로의 **접지측 전선에는 과전류차단기를 시설하여서는 안 된다.** 【답】③

23 송전선로의 저항을 R, 리액턴스를 X라 하면, 일반적인 경우 R과 X의 관계로 옳은 것은?

① $R > X$ ② $R < X$
③ $R = X$ ④ $R = 2X$

풀이 일반적으로 **선로의 리액턴스는 저항의 약 6배**가 되며, 간단한 고장계산시에는 저항분을 무시해도 좋다. 즉, $R < X$의 관계가 성립된다. 【답】②

24 ACSR전선을 154[kV]의 송전선에 사용할 경우 최대 송전전력을 70[MW], 역률을 0.8로 하면 가장 경제적인 전선의 굵기는 약 몇 [mm²]인가? (단, 전선의 무게 8.89[kg/mm²·m], 저항율은 1/35[Ω·mm²/m], 전선 1[kg]의 가격은 25000[원/kg], 전기요금 70[원/kWh], 1년간의 이자와 상각비와의 합계 $P = 0.15$, 송전선로의 연간 이용률은 70[%]이다.)

① 132.8 ② 145.7
③ 152.3 ④ 166.5

풀이

① 전력손실 $P_l = (\sigma A)^2 \times \rho \frac{l}{A}$ ($\because$ 전류 $I = \sigma A$)에서
켈빈의 법칙에 따라($l = 1[\text{m}]$) 유도된 가장 경제적인 전류밀도
$\sigma = \sqrt{\dfrac{WMP}{\rho N}} = \sqrt{\dfrac{8.89 \times 25000 \times 0.15}{1/35 \times 24 \times 365 \times 70}} = 1.38[\text{A/mm}^2]$

여기서, σ : 가장 경제적인 전류 밀도 [A/mm²]
W : 전선의 중량 [kg/mm²·m], M : 전선의 가격 [원/kg]
P : 1년간의 이자와 상각비와의 합계(소수)
ρ : 전선의 저항률 [Ω·mm²/m]
N : 전력량의 가격 [원/kW년]

송전선로의 연간 이용률이 70[%]이므로 가장 경제적인 전류밀도는
$\sigma = \dfrac{1.38}{0.7} = 1.97[\text{A/mm}^2]$

② 전선을 흐르는 전류는
$I = \dfrac{P}{\sqrt{3} V \cos\theta} = \dfrac{70 \times 10^6}{\sqrt{3} \times 154 \times 10^3 \times 0.8} = 328[\text{A}]$

따라서, 구하고자 하는 가장 경제적인 전선의 굵기는
$A = \dfrac{1}{\sigma} I = \dfrac{328}{1.97} = 166.5[\text{mm}^2]$ 【답】④

25 현수애자 4개를 1련으로 한 66[kV] 송전선로가 있다. 현수애자 1개의 절연저항이 1500[MΩ]이고, 경간을 250[m]로 할 때 1[km]당의 누설 컨덕턴스는 약 몇 [℧]인가?

① 0.17×10^{-9} ② 0.33×10^{-9}
③ 0.67×10^{-9} ④ 0.93×10^{-9}

풀이
현수애자 1련의 저항 $r = 1500[\text{M}\Omega] \times 4 = 6 \times 10^9 [\Omega]$(직렬접속)
표준 경간이 250 [m]이므로, 1 [km]에는 현수애자가 4련 설치된다.(병렬 접속)
전체 저항 $R = \dfrac{r}{n} = \dfrac{6}{4} \times 10^9 [\Omega]$
따라서 누설 컨덕턴스
$G = \dfrac{1}{R} = \dfrac{4}{6} \times 10^{-9} [\text{℧}] = 0.67 \times 10^{-9} [\text{℧}]$ 【답】③

26 자동경제급전(ELD : Economic Load Distribution)의 주목적은?
① 발전 연료비의 절약
② 계통 주파수를 유지하는 것
③ 수용가의 낭비전력의 자동 선택
④ 경제성이 높은 수용가의 자동 선택

풀이 전력 에너지 소요량에 대하여 가장 경제적인 발전소 출력의 배분방법은 발전 연료비(Fuel Cost)의 절약이다.
【답】①

27 전력용 콘덴서 회로에 방전코일을 설치하는 주된 목적은?
① 합성 역률의 개선
② 전압의 파형개선
③ 콘덴서의 등가용량 증대
④ 전원 개방 시 전류 전하를 방전시켜 인체의 위험 방지

풀이
• 방전 코일은 콘덴서를 전원으로부터 개로 할 경우, 콘덴서에 남아있는 잔류 전하에 의한 위험을 방지하기 위한 것이다.
• 방전 코일 : 잔류 전하 방전, 인체 보호
【답】④

28 송전 계통에서 절연협조의 기본이 되는 것은?
① 애자의 섬락 전압
② 권선의 절연 내력
③ 피뢰기의 제한 전압
④ 변압기 부싱의 섬락 전압

풀이 계통 내의 각 기기, 기구 및 애자 등의 상호간에 적정한 절연 강도를 지니게 함으로써 계통 설계를 합리적, 경제적으로 할 수 있게 한 것을 **절연 협조**라고 하며 **피뢰기의 제한 전압**이 기본이 된다.
【답】③

29 화력발전소에서 연도의 맨 끝에 설치하는 장치는?
① 절탄기   ② 온수기
③ 공기예열기   ④ 터빈

풀이 **공기예열기**(air preheater) : 절탄기를 통과한 배기가스의 남은 열량을 이용하여 보일러 연소용 공기를 200~300[℃]까지 높이기 위하여 **연도의 마지막 출구 부분에 설치**한다. 공기예열기는 배기가스의 열량을 회수함으로서 보일러 효율을 높이며, **연소용 공기의 온도를 높임으로서 연소효율이 증가**되어 연소실 체적을 작게 할 수 있다.
【답】③

30 변압기의 기계적 보호계전기인 부흐홀쯔 계전기의 설치위치로 알맞은 것은?
① 컨서베이터 내부
② 유면 위의 탱크 내
③ 변압기의 고압측 부싱
④ 주탱크와 컨서베이터를 연결하는 파이프의 관중

풀이 **부흐홀쯔 계전기**(Buchholtzrelay)는 변압기의 **주탱크와 컨서베이터 사이에 부착**하여 변압기의 내부 고장이 생기는 때에 오일의 분해가스나 오일의 분류를 이용하여 경보를 발하거나 차단기를 작동시킨다.
【답】④

31 수전단전압 66[kV], 전류 100[A], 선로저항 10[Ω], 선로리액턴스 15[Ω]인 3상 단거리 송전선로의 전압강하율은 몇 [%]인가? (단, 수전단의 역률은 0.8이다.)
① 2.57   ② 3.25
③ 3.74   ④ 4.46

풀이 전압강하율
$$\epsilon = \frac{V_s - V_r}{V_r} \times 100 = \frac{e}{V_r} \times 100$$
$$= \frac{\sqrt{3}I(R\cos\theta + X\sin\theta)}{V_r} \times 100$$
$$= \frac{\sqrt{3} \times 100 \times (10 \times 0.8 + 15 \times 0.6)}{66000} \times 100 = 4.46[\%]$$
【답】④

32 석탄연소 화력발전소에서 사용되는 집진장치의 효율이 가장 큰 것은?
① 전기식 집진장치   ② 수세식 집진장치
③ 원심력식 집진장치 ④ 직렬결합식 집진장치

풀이 집진효율이 가장 큰 것은 **전기식**으로 코트렐식 집진장치가 현재 가장 많이 사용되고 있다.
【답】①

33 배전선로에서 고장전류를 차단할 수 있는 장치는?
① 단로기   ② 리클로우저
③ 선로개폐기   ④ 구분개폐기

풀이
• 리클로우저 : 배전 선로에 고장이 발생하였을 때 고장 전류를 검출하여 고속 차단하고 자동 재폐로 동작을 수행하여 고장구간을 분리하거나 또는 재송전하는 기능을 가진 차단기

- 단로기, 선로개폐기 및 구분개폐기 : 스위치의 일종으로서 아크 소호능력이 없어 **고장전류의 차단 능력이 없다.** 【답】②

34 유효낙차 300[m]인 충동수차의 노즐에서 분출되는 유수의 이론적인 분출속도는 약 몇 [m/sec]인가?

① 47   ② 57
③ 67   ④ 77

풀이
- 유수의 이론 속도 $v = \sqrt{2gh}$ [m/sec]
- 유수의 실제 속도 $v' = C_v\sqrt{2gh}$ [m/sec]
(여기서, C_v는 유속계수로서 통상 0.95~0.99 정도)
∴ $v = \sqrt{2 \times 9.8 \times 300} = 76.68$ [m/sec]   【답】④

35 연가를 하는 주된 목적은?

① 미관상 필요   ② 선로정수의 평형
③ 유도뢰의 방지   ④ 직격뢰의 방지

풀이
- 연가의 목적 : **선로정수의 평형**
- 연가의 효과 : 직렬공진 방지, 유도장해 감소, 선로정수 평형   【답】②

36 고압 배전선로의 중간에 승압기를 설치하는 주 목적은?

① 역률 개선
② 전력 손실의 감소
③ 전압 변동률의 감소
④ 말단의 전압강하의 방지

풀이 승압기(booster)는 2차 전압(V_h)을 1차전압(V_e)보다 높게 한 것으로서, 배전선로의 길이가 길어 전압강하가 클 경우 배전선로의 중간에 설치하여 승압기 2차측 전압을 높여줌으로서 **말단의 전압강하를 방지**한다.

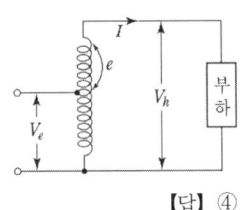

【답】④

37 인장 강도는 작으나 도전율이 높아 옥내 배선용으로 주로 사용되는 전선은?

① 연동선   ② 알루미늄선
③ 경동선   ④ 동복강선

풀이
- 연동선 : 옥내 배선용
- 경동선 : 옥외 배선용   【답】①

38 송전단 전압이 161[kV], 수전단 전압이 155[kV], 송수전단 전압의 상차각이 40°, 리액턴스가 50[Ω]일 때, 선로손실을 무시하면 송전전력은 약 몇 [MW]인가? (단, cos40°=0.766, cos50°=0.643 이다.)

① 107   ② 321
③ 408   ④ 580

풀이 송전전력
$$P = \frac{V_s V_r}{X}\sin\delta = \frac{V_s V_r}{X}\sqrt{(1-\cos\delta^2)}$$
$$= \frac{161 \times 155}{50} \times \sqrt{(1-0.766^2)} = 320.84 [MW]$$ 【답】②

39 정전용량 C[F]의 콘덴서를 △ 결선해서 3상전압 V[V]를 가했을 때의 충전용량과 같은 전원을 Y결선으로 했을 때 충전용량의 비(△결선/Y결선)는?

① 3   ② $\sqrt{3}$
③ $\dfrac{1}{3}$ ④ $\dfrac{1}{\sqrt{3}}$

풀이
$Q_Y = 3 \times 2\pi f C \left(\dfrac{V}{\sqrt{3}}\right)^2 = 2\pi f C V^2$ [VA]
$Q_\triangle = 3 \times 2\pi f C E^2 = 3 \times 2\pi f C V^2$ [VA]이므로
$\dfrac{Q_\triangle}{Q_Y} = \dfrac{3 \times 2\pi f C V^2}{2\pi f C V^2} = 3$배   【답】①

40 변류기 개방 시 2차 측을 단락하는 이유는?

① 1차측 과전류방지
② 2차측 과전류보호
③ 측정 오차방지
④ 2차측 절연보호

풀이 변류기의 2차측을 개방하면 1차 전류가 모두 여자전류가 되어 2차 권선에 매우 높은 전압이 유기되어 절연이 파괴되고 소손될 염려가 있다. 따라서, 변류기를 개방 할 때에는 **2차측의 절연을 보호하기 위하여 반드시 변류기 2차측을 단락시켜야 한다.**   【답】④

2016년 기출문제

1회 전력공학

21 송전선로에서 연가를 하는 주된 목적은?
① 미관상 필요
② 직격뢰의 방지
③ 선로정수의 평형
④ 지지물의 높이를 낮추기 위하여

풀이 연가는 선로 정수를 평형시키고 통신선의 유도 장해를 방지하기 위하여 선로를 3배수 등분하여 실시한다.
① 직렬 공진 방지
② 유도 장해 감소
③ 선로 정수 평형   【답】 ③

22 우리나라 22.9[kV] 배전선로에서 가장 많이 사용하는 배전 방식과 중성점 접지방식은?
① 3상 3선식 비접지
② 3상 4선식 비접지
③ 3상 3선식 다중접지
④ 3상 4선식 다중접지

풀이
① 3상 4선식은 같은 회선에서 선간전압과 상전압의 양 전압을 이용할 수 있기 때문에 배전에서 많이 채용되고 있다.
② 전압별 접지방식
  • 22.9[kV] : 중성점 다중접지(현재 배전선로에 사용되고 있음)
  • 154, 345 [kV] : 직접 접지
  • 22 [kV] : 비접지(단거리 선로에 한해서 일부 사용)
  • 66 [kV] : 소호 리액터 접지(일부 사용 되었으나 현재는 거의 사용하고 있지 않음)   【답】 ④

23 다음 송전선의 전압변동률 식에서 V_{R1}은 무엇을 의미 하는가?
$$\epsilon = \frac{V_{R1} - V_{R2}}{V_{R2}} \times 100[\%]$$
① 부하시 송전단 전압
② 무부하시 송전단 전압
③ 전부하시 수전단 전압
④ 무부하시 수전단 전압

풀이
전압변동률 = (무부하시의 수전단 전압 − 전부하시의 수전단 전압) / 전부하시의 수전단 전압 × 100[%]
$$= \frac{V_{R1} - V_{R2}}{V_{R2}} \times 100[\%]$$ 【답】 ④

24 우리나라 22.9[kV] 배전선로에 적용하는 피뢰기의 공칭방전전류[A]는?
① 1500   ② 2500
③ 5000   ④ 10000

풀이
설치장소별 피뢰기 공칭방전전류(내선규정 표3250-2)

공칭방전전류	설치장소	적 용 조 건
10000 [A]	변전소	1. 154 [kV] 이상의 계통 2. 66 [kV] 및 그 이하의 계통에서 뱅크용량이 3000 [kVA]를 초과하거나 특히 중요한 곳 3. 장거리 송전선 케이블(배전선로 인출용 단거리 케이블은 제외) 4. 배전선로 인출측(배전 간선 인출용 장거리 케이블은 제외)
5000 [A]	변전소	66[kV] 및 그 이하 계통에서 뱅크용량이 3000 [kVA] 이하인 곳
2500 [A]	선 로	배전선로

[주] 전압 22.9[kV-Y]이하 (22[kV] 비접지 제외)의 배전선로에서 수전하는 설비의 피뢰기 공칭방전전류는 일반적으로 2500 [A]의 것을 적용한다.   【답】 ②

25 100[kVA] 단상변압기 3대를 △−△결선으로 사용하다가 1대의 고장으로 V−V결선으로 사용하면 약 몇 [kVA] 부하까지 사용할 수 있는가?
① 150   ② 173
③ 225   ④ 300

풀이 변압기 1대의 출력을 P_1이라 하면
V-V결선 시 출력 $P_V = \sqrt{3} P_1 = \sqrt{3} \times 100 = 173.2[kVA]$

【답】②

26 1선 지락 시에 전위상승이 가장 적은 접지방식은?
① 직접 접지 ② 저항 접지
③ 리액터 접지 ④ 소호리액터 접지

풀이

방 식	보호 계전기 동작	지락 전류	고장중 운전	전위 상승	과도 안정도	유도 장해	특 징
직접 접지 (22.9, 154, 345[kV])	확실	최대	×	1.3	최소	최대	중성점영전위, 단절연가능
저항 접지	↓	↓	×	$\sqrt{3}$	↓	↓	
비접지 (3.3, 6.6 [kV])	×	↓	가능	$\sqrt{3}$	↓	↓	저전압 단거리에 적용
소호 리액터 접지(66 [kV])	불확실	최소	가능	$\sqrt{3}$ 이상	최대	최소	병렬공진, 고장전류최소

즉, **직접접지방식은** 타 접지방식에 비해 **지락사고시 건전상의 전위상승이 가장 낮으므로** 송전계통의 절연레벨을 저감시킬 수 있다. 따라서, 절연비가 커지는 초고압 송전계통에서는 직접접지방식이 가장 경제적이다.

【답】①

27 어떤 발전소의 유효 낙차가 100[m]이고, 최대 사용 수량이 10[m³/s]일 경우 이 발전소의 이론적인 출력은 몇 [kW] 인가?
① 4900 ② 9800
③ 10000 ④ 14700

풀이 이론출력
$P = 9.8QH = 9.8 \times 10 \times 100 = 9800[kW]$

【답】②

28 전원으로부터의 합성 임피던스가 0.5[%](15000 [kVA] 기준)인 곳에 설치하는 차단기 용량은 몇 [MVA] 이상이어야 하는가?
① 2000 ② 2500
③ 3000 ④ 3500

풀이
$P_s = \dfrac{100}{\%Z} P_n = \dfrac{100}{0.5} \times 15000 \times 10^{-3} [MVA] = 3,000[MVA]$

【답】③

29 직렬 콘덴서를 선로에 삽입할 때의 장점이 아닌 것은?
① 역률을 개선한다.
② 정태안정도를 증가한다.
③ 선로의 인덕턴스를 보상한다.
④ 수전단의 전압변동률을 줄인다.

풀이 직렬콘덴서의 장·단점
[장점]
① 유도 리액턴스를 보상하고 전압 강하를 감소시킨다.
② 수전단의 전압 변동률을 경감시킨다.
③ 최대 송전 전력이 증대하고 정태 안정도가 증대한다.
④ 부하 역률이 나쁠수록 효과가 크다.
⑤ 용량이 작으므로 설비비가 저렴하다.
[단점]
① 단락 고장시 콘덴서 양단에 고전압이 걸린다.
② 무부하 변압기에 직렬 콘덴서를 투입하는 경우 선로 전류가 증대한다.
③ 고압 배전선에 설치하는 경우 자기 여자 현상이 일어날 경우가 있다.
④ 과보상이 되면 동기기에 난조가 생기거나 탈조하는 수가 있다.
즉, **역률을 개선하기 위해서는 병렬콘덴서를** 설치하여야 한다.

【답】①

30 부하에 따라 전압 변동이 심한 급전선을 가진 배전 변전소의 전압 조정 장치로서 적당한 것은?
① 단권 변압기 ② 주변압기 탭
③ 전력용 콘덴서 ④ 유도 전압 조정기

풀이 부하 변동이 심한 경우 탭 절환 방식을 채용할 수 없다. 따라서, **유도 전압 조정기**가 많이 채용된다.

【답】④

31 부하전류 및 단락전류를 모두 개폐할 수 있는 스위치는?
① 단로기 ② 차단기
③ 선로개폐기 ④ 전력퓨즈

풀이
퓨즈와 각종 개폐기 및 차단기와의 기능비교

능력 기능	회로 분리		사고 차단	
	무부하	부하	과부하	단락
퓨 즈	○			○
차단기	○	○	○	○
개폐기	○	○	○	
단로기	○			
전자 접촉기	○	○	○	

즉, **부하전류와 단락전류 모두를 개폐할 수 있는 것은 차단기만** 가능하다.

【답】②

32 선로의 커패시턴스와 무관한 것은?
① 전자유도
② 개폐서지
③ 중성점 잔류전압
④ 발전기 자기여자현상

[풀이]
• 전자 유도 : 전력선과 통신선과의 **상호 인덕턴스에 의해 발생**
전자유도전압 $E_m = -j\omega Ml(I_a + I_b + I_c) = -j\omega Ml(3I_0)$
여기서, M : 전력선과 통신선 사이의 상호 인덕턴스 [H/km]
　　　　l : 병행길이 [km]
　　　　I_0 : 영상 전류 [A]　　　　　　【답】①

33 배전선에서 균등하게 분포된 부하일 경우 배전선 말단의 전압강하는 모든 부하가 배전선의 어느 지점에 집중되어 있을 때의 전압강하와 같은가?

① $\frac{1}{2}$　　　　　② $\frac{1}{3}$
③ $\frac{2}{3}$　　　　　④ $\frac{1}{5}$

[풀이] 집중 부하와 분산 부하

구 분	전력 손실	전압 강하
말단에 집중 부하	I^2rL	IrL
균등 분포 부하	$\frac{1}{3}I^2rL$	$\frac{1}{2}IrL$

여기서, I : 전선의 전류, r : 전선 단위 길이당 저항,
　　　　L : 전선의 길이

즉, 균등분포 부하의 전압강하 $e = \frac{1}{2}IrL = Ir\left(\frac{1}{2}L\right)$
여기서, I : 전선의 전류, r : 전선 단위 길이당 저항
　　　　L : 전선의 길이　　　　　　【답】①

34 화력발전소에서 석탄 1[kg]으로 발생할 수 있는 전력량은 약 몇 [kWh]인가? (단, 석탄의 발열량은 5000[kcal/kg], 발전소의 효율은 40[%]이다.)

① 2.0　　　　　② 2.3
③ 4.7　　　　　④ 5.8

[풀이] 화력발전소 열효율
$\eta = \frac{860W}{mH} \times 100$ 에서
전력량 $W = \frac{mH\eta}{860 \times 100}$ 이므로
$W = \frac{1 \times 5000 \times 40}{860 \times 100} = 2.33$ [kWh]　　【답】②

35 송전거리, 전력, 손실률 및 역률이 일정하다면 전선의 굵기는?
① 전류에 비례한다.
② 전류에 반비례한다.
③ 전압의 제곱에 비례한다.
④ 전압의 제곱에 반비례한다.

[풀이]
• 전력손실 $P_l = 3I^2R = 3 \times \left(\frac{P}{\sqrt{3}V\cos\theta}\right)^2 \times \rho\frac{l}{A} = \frac{P^2\rho l}{V^2\cos^2\theta A}$

• 전력손실률 $h = \frac{P_l}{P} = \frac{P\rho l}{V^2\cos^2\theta A}$

• 전선단면적 $A = \frac{P\rho l}{hV^2\cos^2\theta}$

따라서, 송전거리 l, 전력 P, 손실률 h 및 역률 $\cos\theta$가 일정한 경우 $A \propto \frac{1}{V^2}$ 이 되어 **전선의 단면적은 송전전압의 제곱에 반비례** 한다.　　　　　　【답】④

36 총부하설비가 160[kW], 수용률이 60[%], 부하역률이 80[%]인 수용가에 공급하기 위한 변압기 용량 [kVA]은?

① 40　　　　　② 80
③ 120　　　　　④ 160

[풀이] 변압기 용량 ≥ 합성 최대 수용 전력
$= \frac{\text{개별 최대 수용 전력의 합}}{\text{부등률}}$
$= \frac{\text{설비 용량} \times \text{수용률}}{\text{부등률}}$
$= \frac{160/0.8 \times 0.6}{1} = 120$ [kVA]　　【답】③

37 3상 1회선 송전 선로의 소호 리액터의 용량 [kVA]은?
① 선로 충전 용량과 같다.
② 선간 충전 용량의 1/2이다.
③ 3선 일괄의 대지 충전 용량과 같다.
④ 1선과 중성점 사이의 충전 용량과 같다.

[풀이] 3상 1회선 소호 리액터 용량
$P = 3 \times 2\pi f C_s E^2 \times 10^{-3}$ [kVA]
로 표현된다. 따라서, **소호 리액터 용량은 3선 일괄의 대지 충전 용량과 같다.**
여기서, C_s : 1상당 대지 정전 용량 [μF]
　　　　E : 대지 전압 [kV]　　　　【답】③

38 154[kV] 송전계통에서 3상 단락고장이 발생하였을 경우 고장 점에서 본 등가 정상 임피던스가 100 [MVA] 기준으로 25[%]라고 하면 단락용량은 몇 [MVA]인가?

① 250　　　　　　　② 300
③ 400　　　　　　　④ 500

풀이 단락용량
$P_s = \dfrac{100}{\%Z}P_n = \dfrac{100}{25} \times 100 = 400\,[\text{MVA}]$ 　【답】③

39 감전방지 대책으로 적합하지 않은 것은?

① 외함 접지　　　　② 아크혼 설치
③ 2중 절연기기　　　④ 누전 차단기 설치

풀이 아크혼의 설치 목적
• 애자련의 전압분포 개선
• 선로의 섬락으로부터 **애자련의 보호**　【답】②

40 18~23개를 한 줄로 이어 단 표준현수애자를 사용하는 전압[kV]은?

① 23[kV]　　　　　② 154[kV]
③ 345[kV]　　　　　④ 765[kV]

풀이 전압별 현수애자의 개수

22.9[kV]	66[kV]	154[kV]	345[kV]
2~3	4~6	10~11	18~20

참고로, 전압에 따른 현수애자의 연결 개수는 주변 환경에 따라 다르나 일반적으로 다음과 같이 계산할 수 있다.

연결개수 $n = \dfrac{전압[\text{kV}]}{20[\text{kV}]} + 1 \sim 2(여유)$

따라서 전압[kV]=(연결개수 − 1 ~ 2) × 20
　　　　　　= (18 − 1) × 20 = 340[kV]

이므로 345[kV] 계통이라는 것을 알 수 있다.　【답】③

2회　전력공학

21 인입되는 전압이 정정값 이하로 되었을 때 동작하는 것으로서 단락 고장검출 등에 사용되는 계전기는?

① 접지 계전기　　　② 부족 전압 계전기
③ 역전력 계전기　　④ 과전압 계전기

풀이
① 전압이 정정값 이하 시 동작 : **부족 전압 계전기**
② 전압이 정정값 초과 시 동작 : 과전압 계전기　【답】②

22 배전선로용 퓨즈(Power Fuse)는 주로 어떤 전류의 차단을 목적으로 사용하는가?

① 충전전류　　　　② 단락전류
③ 부하전류　　　　④ 과도전류

풀이 전력용 퓨즈(Power Fuse)는 **단락 보호용**으로 사용된다.　【답】②

23 접촉자가 외기(外氣)로부터 격리되어 있어 아크에 의한 화재의 염려가 없으며 소형, 경량으로 구조가 간단하고 보수가 용이하며 진공 중의 아크 소호 능력을 이용하는 차단기는?

① 유입차단기
② 진공차단기
③ 공기차단기
④ 가스차단기

풀이 소호 원리에 따른 차단기의 종류

종류	약어	소 호 원 리
유입 차단기	OCB	소호실에서 아크에 의한 절연유 분해 가스의 흡부력을 이용해서 차단
기중 차단기	ACB	대기 중에서 아크를 길게 하여 소호실에서 냉각 차단
자기 차단기	MBB	대기 중에서 전자력을 이용하여 아크를 소호실내로 유도해서 냉각차단
공기 차단기	ABB	압축된 공기를 아크에 불어 넣어서 차단
진공 차단기	**VCB**	**고진공 중**에서 전자의 고속도 확산에 의해 차단
가스 차단기	GCB	고성능 절연 특성을 가진 특수 가스(SF_6)를 흡수해서 차단

【답】②

24 유효낙차 75[m], 최대 사용 수량 200[m³/s], 수차 및 발전기의 합성효율이 70[%]인 수력발전소의 최대출력은 약 몇 [MW] 인가?

① 102.9　　　　　② 157.3
③ 167.5　　　　　④ 177.8

풀이 발전기 최대출력
$P = 9.8\,QH\eta_t\eta_g\,[\text{kW}]$ 에서
$P = 9.8 \times 200 \times 75 \times 0.7 \times 10^{-3} = 102.9\,[\text{MW}]$　【답】①

과년도 기출문제 2016년

25 서울과 같이 부하밀도가 큰 지역에서는 일반적으로 변전소의 수와 배전거리를 어떻게 결정하는 것이 좋은가?
① 변전소의 수를 감소하고 배전거리를 증가한다.
② 변전소의 수를 증가하고 배전거리를 감소한다.
③ 변전소의 수를 감소하고 배전거리도 감소한다.
④ 변전소의 수를 증가하고 배전거리도 증가한다.

풀이 부하 밀도가 큰 지역에서는 변전소의 수를 증가해서 담당 용량을 줄이고 배전 거리를 작게 해야 전력 손실도 줄어든다. 【답】②

26 어떤 가공선의 인덕턴스가 1.6[mH/km]이고, 정전 용량이 0.008[μF/km]일 때 특성 임피던스는 약 몇 [Ω]인가?
① 128 ② 224
③ 345 ④ 447

풀이
특성임피던스 $Z_0 = \sqrt{\dfrac{Z}{Y}} = \sqrt{\dfrac{R+j\omega L}{G+j\omega C}}$ 에서 저항 R과 누설 콘덕턴스 G를 무시하면

특성임피던스 $Z_0 = \sqrt{\dfrac{L}{C}} = \sqrt{\dfrac{1.6 \times 10^{-3}}{0.008 \times 10^{-6}}} ≒ 447[\Omega]$ 【답】④

27 중성점 접지방식에서 직접 접지방식을 다른 접지방식과 비교하였을 때 그 설명으로 틀린 것은?
① 변압기의 저감절연이 가능하다.
② 지락 고장시의 이상전압이 낮다.
③ 다중접지사고로의 확대 가능성이 대단히 크다.
④ 보호계전기의 동작이 확실하여 신뢰도가 높다.

풀이
직접 접지 방식의 장·단점
[장점]
① 1선 지락시에 건전상의 대지 전압이 거의 상승하지 않는다.
② 피뢰기의 효과를 증진시킬 수 있다.
③ 변압기의 저감절연(단절연)이 가능하다.
④ 계전기의 동작이 확실해진다.
[단점]
① 송전 계통의 과도 안정도가 나빠진다.
② 통신선에 유도 장해가 크다.
③ 기기에 큰 영향을 주어 손상을 준다.
④ 대용량 차단기가 필요하다. 【답】③

28 단선식 전력선과 단선식 통신선이 그림과 같이 근접되었을 때, 통신선의 정전유도전압 E_0는?

① $\dfrac{C_m}{C_0+C_m}E_1$

② $\dfrac{C_0+C_m}{C_m}E_1$

③ $\dfrac{C_0}{C_0+C_m}E_1$

④ $\dfrac{C_0+C_m}{C_0}E_1$

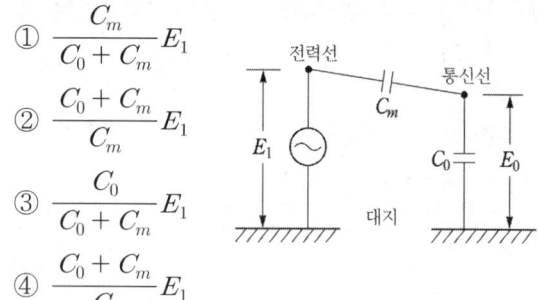

풀이 콘덴서 직렬접속 회로로 보면
$C_m E_m = C_0 E_0$
$= \dfrac{C_m C_0}{C_m+C_0}E_1$ 에서
($\because Q_m = Q_0 = Q_1$)
$\therefore E_0 = \dfrac{C_m}{C_0+C_m}E_1$

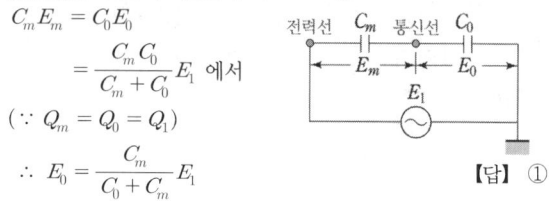

【답】①

29 3상 3선식 복도체 방식의 송전선로를 3상 3선식 단도체 방식 송전선로와 비교한 것으로 알맞은 것은? (단, 단도체의 단면적은 복도체 방식 소선의 단면적 합과 같은 것으로 한다.)
① 전선의 인덕턴스와 정전용량은 모두 감소한다.
② 전선의 인덕턴스와 정전용량은 모두 증가한다.
③ 전선의 인덕턴스는 증가하고, 정전용량은 감소한다.
④ 전선의 인덕턴스는 감소하고, 정전용량은 증가한다.

풀이 복도체의 장점
① 선로의 인덕턴스 감소
② 선로의 정전용량 증가
③ 선로의 송전용량 증가
④ 안정도 증가
⑤ 코로나 개시전압 증가 【답】④

30 송전방식에서 선간 전압, 선로 전류, 역률이 일정할 때(3상 3선식/단상 2선식)의 전선 1선당의 전력비는 약 몇 [%]인가?
① 87.5 ② 94.7
③ 115.5 ④ 141.4

풀이

- 단상 2선식 전력 $P_1 = VI\cos\theta$ → 1선당 전력 $\dfrac{VI\cos\theta}{2}$
- 3상 3선식 전력 $P_3 = \sqrt{3}\,VI\cos\theta$
  → 1선당 전력 $\dfrac{\sqrt{3}\,VI\cos\theta}{3}$

∴ 1선당의 전력비 $= \dfrac{3상\ 3선식\ 1선당\ 전력}{단상\ 2선식\ 1선당\ 전력} \times 100$

$= \dfrac{\sqrt{3}\,VI\cos\theta/3}{VI\cos\theta/2} \times 100 = \dfrac{2 \times \sqrt{3}}{3} \times 100$

$= 115.47[\%]$ 　　【답】③

31 그림과 같은 열사이클은?

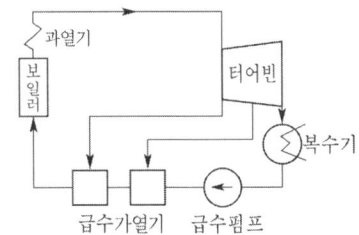

① 재생 사이클　② 재열 사이클
③ 카르노 사이클　④ 재생 재열 사이클

풀이
① **재생 사이클**: 랭킨 사이클의 단열 팽창 중도에서 **증기의 일부를 추기하여 보일러 급수를 가열**함으로써 복수기에서의 열손실을 회수하는 사이클
② 재열 사이클: 랭킨 사이클의 단열 팽창 중도에서 증기를 다시 과열시켜 과열 증기로 만들어 이것을 다시 단열 팽창시켜 열효율의 향상과 증기 습도 증가에 의한 장해를 적게 하는 사이클
③ 카르노 사이클: 이상적인 사이클로서 2개의 등온변화와 2개의 단열변화로 이루어져 있으며 모든 사이클 중에서 최고의 열효율을 나타내는 사이클이다.
④ 재생 재열 사이클: 재생 사이클과 재열 사이클을 겸용하여 전 사이클의 효율을 향상시킨 사이클　【답】①

32 고압 배전선로의 선간전압을 3300[V]에서 5700[V]로 승압하는 경우, 같은 전선으로 전력손실을 같게 한다면 약 몇 배의 전력[kW]을 공급할 수 있는가?

① 1　② 2
③ 3　④ 4

풀이
① 전력손실이 동일한 경우

- 전력손실 $P_{l1} = 3I_1^2 R = 3 \times \left(\dfrac{P_1}{\sqrt{3}\,V_1\cos\theta}\right)^2 \times R = \dfrac{RP_1^2}{V_1^2\cos^2\theta}$

- 전력손실 $P_{l2} = 3I_2^2 R = 3 \times \left(\dfrac{P_2}{\sqrt{3}\,V_2\cos\theta}\right)^2 \times R = \dfrac{RP_2^2}{V_2^2\cos^2\theta}$

전력손실이 동일하므로 $P_{l1} = P_{l2}$

$\dfrac{RP_1^2}{V_1^2\cos^2\theta} = \dfrac{RP_2^2}{V_2^2\cos^2\theta}$　　∴ $\dfrac{P_1}{V_1} = \dfrac{P_2}{V_2}$

따라서, $P_2 = \dfrac{V_2}{V_1} \times P_1 = \dfrac{5700}{3300} \times P_1 = 1.73P_1$　(답이 없음)

② 전력손실률이 동일 한 경우

- 전력 손실률 $h_1 = \dfrac{P_{l1}}{P_1} = \dfrac{RP_1}{V_1^2\cos^2\theta}$

- 전력 손실률 $h_2 = \dfrac{P_{l2}}{P_2} = \dfrac{RP_2}{V_2^2\cos^2\theta}$

전력손실이 동일하므로 $h_1 = h_2$

$\dfrac{RP_1}{V_1^2\cos^2\theta} = \dfrac{RP_2}{V_2^2\cos^2\theta}$

따라서, $P_2 = \left(\dfrac{V_2}{V_1}\right)^2 \times P_1 = \left(\dfrac{5700}{3300}\right)^2 \times P_1 = 2.98P_1$

참고로 이 문제는 "**전력손실을 같게 한다**"는 조건이 아니라 "**전력손실률을 같게 한다**"는 조건으로 변경되어야 한다.
　　【답】③

33 터빈 발전기의 냉각방식에 있어서 수소냉각방식을 채택하는 이유가 아닌 것은?

① 코로나에 의한 손실이 적다.
② 수소 압력의 변화로 출력을 변화시킬 수 있다.
③ 수소의 열전도율이 커서 발전기 내 온도상승이 저하한다.
④ 수소 부족시 공기와 혼합사용이 가능하므로 경제적이다.

풀이　수소 냉각의 장·단점
1) 장점
- 수소의 밀도는 공기의 약 7[%]이므로 풍손이 공기냉각에 비해 1/10로 감소
- 냉각효과가 크다.
- 수소는 공기보다 불활성이므로 코일의 절연 수명이 길게 된다.
- 전폐형으로 함으로서 불순물의 침입이 없고 소음을 현저하게 감소시킨다.
- 코로나 전압이 높아 코로나의 발생이 적다.
2) 단점
- **수소와 공기가 적당히 혼합 시 폭발**하게 된다.
- 설비비가 많이 든다.　　【답】④

과년도 기출문제 2016년

34 그림과 같이 지지점 A, B, C에는 고저차가 없으며, 경간 AB와 BC 사이에 전선이 가설되어, 그 이도가 12[cm]이었다. 지금 경간 AC의 중점인 지지점 B에서 전선이 떨어져서 전선의 이도가 D로 되었다면 D는 몇 [cm] 인가?

① 18
② 24
③ 30
④ 36

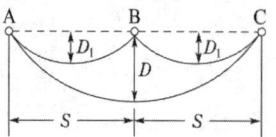

풀이
AB 및 BC 사이의 전선의 길이를 L_1 이라하고 AC 사이의 전선의 길이를 L라고 하면

$$L_1 = S + \frac{8D_1^2}{3S}, \quad L = 2S + \frac{8D^2}{3 \times 2S}$$

전선의 실제 길이는 떨어지기 전과 떨어진 후가 같으므로
$2L_1 = L$

$$2\left(S + \frac{8D_1^2}{3S}\right) = 2S + \frac{8D^2}{3 \times 2S}$$

$$\frac{8D^2}{3 \times 2S} = 2\left(S + \frac{8D_1^2}{3S}\right) - 2S = \frac{2 \times 8D_1^2}{3S}$$

$\therefore D = \sqrt{4D_1^2} = 2D_1 = 2 \times 12 = 24$[cm]　【답】②

35 송배전 선로에서 내부 이상전압에 속하지 않는 것은?

① 개폐 이상전압
② 유도뢰에 의한 이상전압
③ 사고시의 과도 이상전압
④ 계통 조작과 고장시의 지속 이상전압

풀이
① 내부 이상 전압 : 내부 이상전압은 계통 조작 시 또는 고장 발생 시 발생하며 그 종류는 다음과 같다.
  • 개폐 이상전압
  • 사고시의 과도 이상전압
  • 계통 조작과 고장시의 지속 이상전압
② 외부 이상 전압
  • 직격뢰에 의한 이상전압
  • **유도뢰에 의한 이상전압**
  • 타선과의 혼촉 시 발생하는 이상전압　【답】②

36 설비용량 800[kW], 부등률 1.2, 수용률 60[%]일 때, 변전시설 용량은 최저 약 몇 [kVA] 이상이어야 하는가? (단, 역률은 90[%] 이상 유지되어야 한다.)

① 450
② 500
③ 550
④ 600

풀이　변전 설비용량 = 변압기 용량
$$= \frac{\text{설비용량} \times \text{수용률}}{\text{부등률} \times \text{역률}}[\text{kVA}]$$
$$= \frac{800 \times 0.6}{1.2 \times 0.9} ≒ 444.44[\text{kVA}]$$　【답】①

37 소호리액터 접지방식에 대하여 틀린 것은?
① 지락전류가 적다.
② 전자유도장애를 경감할 수 있다.
③ 지락 중에도 송전이 계속 가능하다.
④ 선택지락계전기의 동작이 용이하다.

풀이　**소호리액터 접지방식은** 중성점을 송전 선로의 대지 정전 용량과 공진하는 리액터를 통해 접지하는 방식으로 지락 사고시 지락 전류가 최소가 된다. 따라서 전자 유도 장해가 최소화 되며 지락 사고 중에도 송전이 가능하나 **선택 지락 계전기의 동작이 곤란한 단점**이 있다.　【답】④

38 전력원선도에서 알 수 없는 것은?
① 조상용량
② 선로손실
③ 송전단의 역률
④ 정태안정 극한전력

풀이
① 전력원선도에서 알 수 있는 사항
  • 정태안정 극한전력
  • 송·수전할 수 있는 최대전력
  • 선로손실과 송전효율
  • 수전단의 역률
  • 조상용량
  • 필요한 전력을 보내기 위한 송·수전단 전압간의 상차각
② 원선도에서 구할 수 없는 것
  • 과도 안정 극한전력
  • 코로나 손실
  • **송전단의 역률**　【답】③

39 피뢰기의 제한전압이란?
① 피뢰기의 정격전압
② 상용주파수의 방전개시전압
③ 피뢰기 동작 중 단자전압의 파고치
④ 속류의 차단이 되는 최고의 교류전압

풀이
① 피뢰기의 정격전압 : 속류의 차단이 되는 최고의 교류전압
② 상용주파 방전 개시전압 : 상용주파수의 방전개시 전압(실

효값)
③ 제한 전압 : 피뢰기 동작 중에 계속해서 걸리고 있는 단자 전압의 파고값
④ 충격 방전 개시전압 : 피뢰기 단자간에 충격전압을 인가하였을 때 방전을 개시하는 전압 　【답】 ③

40 200 [kVA] 단상 변압기 3대를 △결선에 의하여 급전하고 있는 경우 1대의 변압기가 소손되어 V결선으로 사용하였다. 이때의 부하가 516 [kVA] 라고 하면 변압기는 약 몇 [%]의 과부하가 되는가?
① 119　② 129
③ 139　④ 149

풀이
V결선 출력 $P_V = \sqrt{3} P_1 = \sqrt{3} \times 200$ [kVA]
과부하율 $= \dfrac{P_L}{P_V} \times 100 = \dfrac{516}{\sqrt{3} \times 200} \times 100 = 149[\%]$ 　【답】 ④

4회　전력공학

21 화력발전소의 보일러 손실이 보일러 입력의 20 [%]이고, 터빈 출력이 터빈 입력의 50 [%]일 때, 화력발전소의 열소비율은 몇 [kcal/kWh]인가?
① 1850　② 1950
③ 2050　④ 2150

풀이
- 보일러 효율 $\eta_b = \dfrac{입력 - 손실}{입력} = \dfrac{1-0.2}{1} = 0.8$
- 터빈 효율 $\eta_t = \dfrac{출력}{입력} = \dfrac{0.5}{1} = 0.5$
- 전력 1[kWh]를 생산 하는데 필요한 열량
$= \dfrac{860}{\eta_b \times \eta_t} = \dfrac{860}{0.8 \times 0.5} = 2150[kcal] (\because 1[kWh]=860[kcal])$
　【답】 ④

22 어떤 발전소에서 발열량 5500[kcal/kg]의 석탄 12 [ton]을 사용하여 25000[kWh]의 전력을 발생하였을 경우 이 발전소의 열효율은 약 몇 [%]인가?
① 22.5　② 32.6
③ 34.4　④ 35.3

풀이
$\eta = \dfrac{860 W}{mH} = \dfrac{860 \times 25000}{12 \times 1000 \times 5500} \times 100 = 32.58[\%]$ 　【답】 ②

23 복도체 또는 다도체에 대한 설명으로 틀린 것은?
① 복도체는 3상 송전선의 1상의 전선을 2본으로 분할한 것이다.
② 2본 이상으로 분할된 도체를 일반적으로 다도체라고 한다.
③ 복도체 또는 다도체를 사용하는 주 목적은 코로나 방지에 있다.
④ 복도체의 선로정수는 같은 단면적의 단도체 선로와 비교할 때 변함이 없다.

풀이　3상 송전선의 한 상당 전선을 2가닥 이상으로 한 것을 다도체라 하고, 2가닥으로 한 것을 보통 복도체라 한다. **복도체의 특징으로는**
① 코로나 임계 전압이 15~20[%] 상승하여 코로나 발생을 억제
② 인덕턴스 20~30 [%] 감소
③ 정전 용량 20 [%] 증가
　【답】 ④

24 3상 1회선 전선로의 작용 정전용량을 C, 선간 정전용량을 C_1, 대지 정전용량을 C_2라 할 때 C, C_1, C_2의 관계는?
① $C = C_1 + 3C_2$　② $C = 3C_1 + C_2$
③ $C = C_1 + C_2$　④ $C = 3(C_1 + C_2)$

풀이
3상 1회선인 경우 작용정전 용량 $C = 3C_1 + C_2$

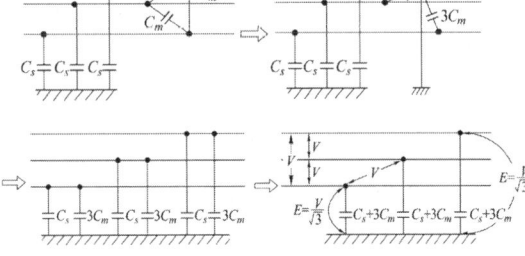

※ $3C_1$ 사이의 중성점에는 0전위 이므로 대지와 접속하여도 무방하다.　【답】 ②

25 차단기에서 "O-t_1-CO-t_2-CO"의 표기로 나타내는 것은? (단, O는 차단 동작, t_1, t_2는 시간 간격, C는 투입 동작, CO는 투입 직후 차단 동작이다.)
① 차단기 동작 책무　② 차단기 속류 주기
③ 차단기 재폐로 계수　④ 차단기 무전압 시간

풀이 차단기의 동작책무 : 어느 시간 간격을 두고 행하여지는 일련의 동작을 규정한 것
- 일반용 : CO-(15초)-CO, O-(3분)-CO-(3분)-CO
- 고속도 재투입용 : O-(0.3초)-CO-(3분 또는 15초, 1분)-CO

【답】①

26 일반적으로 송전선로의 중성점을 직접접지하는 목적으로 틀린 것은?

① 단절연 가능
② 과도 안정도의 증진
③ 이상전압 발생의 억제
④ 보호계전기의 신속, 확실한 작동

풀이 직접 접지 방식의 장·단점
[장점]
① 1선 지락시에 건전상의 **대지 전압이 거의 상승하지 않는다.**
② 피뢰기의 효과를 증진시킬 수 있다.
③ **단절연이 가능**하다.
④ 계전기의 동작이 확실해진다.
[단점]
① 송전 계통의 과도 안정도가 나빠진다.
② 통신선에 유도 장해가 크다.
③ 기기에 큰 영향을 주어 손상을 준다.
④ 대용량 차단기가 필요하다.

【답】②

27 66[kV], 60[Hz] 3상 3선식 선로에서 중성점을 소호리액터 접지하여 완전 공진상태로 되었을 때 중성점에 흐르는 전류는 몇 [A]인가? (단, 소호리액터를 포함한 영상 회로의 등가 저항은 200[Ω], 중성점 잔류전압은 4400[V]라고 한다.)

㉮ 11　　　　㉯ 22
㉰ 33　　　　㉱ 44

풀이 완전 공진 상태에서의 전류는 $I = \dfrac{E}{R}$ 이다.

$I = \dfrac{4400}{200} = 22[A]$

【답】②

28 전력계통에서 전력용 콘덴서와 직렬로 연결하는 직렬리액터는 어떤 고조파를 제거하는가?

① 제5고조파　　② 제4고조파
③ 제3고조파　　④ 제2고조파

풀이
① 제3고조파 : 변압기의 △결선에서 제거

② 제5고조파 : 콘덴서에 **직렬리액터를 설치하여 제거**
③ 직렬리액터 용량

$2\pi(5f_0)L = \dfrac{1}{2\pi(5f_0)C}$ 에서

$X_L = 2\pi f_0 L = \dfrac{1}{25} \times \dfrac{1}{2\pi f_0 C} = 0.04 \times X_c$

- 이론적 : 콘덴서 용량×4[%]
- 실제(주파수 변동 등의 여유를 고려하여 선정) : 콘덴서 용량×5~6[%]

【답】①

29 발전기의 회전수가 높을 때의 설명으로 옳은 것은?

① 원심력이 작아진다.
② 수소냉각이 공기냉각식보다 유리하다.
③ 극수가 많아져서 권선간의 절연이 쉽게 된다.
④ 축장이 짧아져서 공기의 순환이 원활하게 이루어진다.

풀이
① 수소가스 냉각 방식 : 대형 고속기에 적용
② 수소 냉각 발전기의 장점
- 비중이 공기의 약 7[%]로 가볍고 **풍손은 공기의 약 1/10로 감소**
- 비열이 공기의 약 14배로 열전도성이 좋고, 공기냉각 발전기에 비하여 약 **25[%]의 출력이 증가**
- 가스 냉각기가 적어도 된다.
- 코로나 발생전압이 높고 절연물의 수명이 길어진다.
- 공기에 비해 대류율이 1.3배이고 운전중 소음이 적다.

【답】②

30 선로의 인덕턴스에 대한 설명으로 옳은 것은?

① 선로의 도체간 거리가 클수록 인덕턴스의 값이 작아진다.
② 선로 도체의 반지름이 클수록 인덕턴스의 값이 커진다.
③ 일반적으로 지중 케이블은 가공 선로에 비해 인덕턴스의 값이 작다.
④ 인덕턴스의 값은 선로의 기하학적 배치와는 전혀 무관하다.

풀이
- 인덕턴스 $L = 0.05 + 0.4605 \log_{10} \dfrac{D}{r}$ [mH/km]

- 정전용량 $C = \dfrac{0.02413\epsilon_s}{\log_{10}\dfrac{D}{r}}$

(ϵ_s : 가공선에서는 1, 케이블에서 유침지 절연층일 경우 3.4~3.9) 가공선로의 D 값이 지중 케이블의 D 값보다 매우 크다.

그 결과 지중 케이블은 가공선로에 비해 인덕턴스는 1/3정도, 정전용량은 약 30배 정도가 된다. 【답】③

31 한류 리액터의 사용 목적은?
① 단락전류의 제한
② 충전전류의 제한
③ 누설전류의 제한
④ 접지전류의 제한

| 풀이 |
- 한류 리액터 : 단락 전류 감소
- 분로리액터 : 페란티 현상 감소
- 직렬리액터 : 제5고조파 억제   【답】①

32 배전 선로의 전기방식 중 전선의 중량(전선비용)이 가장 적게 소요되는 전기방식은? (단, 상전압, 거리, 전력 및 선로손실 등은 같다.)
① 단상 2선식   ② 3상 3선식
③ 단상 3선식   ④ 3상 4선식

| 풀이 | 단상 2선식 기준 소요 전선량

전기 방식	소요 전선량[%]	비　　고
단상 2선식	100	단상 2선식 기준
단상 3선식	37.5	중성선과 전압선의 굵기가 동일
	31.3	중성선의 굵기가 전압선의 1/2
3상 3선식	75	
3상 4선식	33.3	중성선과 전압선의 굵기가 동일
	29.2	중성선의 굵기가 전압선의 1/2

【답】④

33 동일한 전압에서 동일한 전력을 송전할 때 역률을 0.8에서 0.9로 개선하면 전력손실은 약 몇 [%] 감소하는가?
① 5   ② 10
③ 21   ④ 40

| 풀이 |
전력 손실 $P_l = \dfrac{R \cdot P^2}{V^2 \cos^2 \theta}$ 에서 $P_l \propto \dfrac{1}{\cos^2\theta}$

$\therefore \dfrac{P_l'}{P_l} = \dfrac{\dfrac{1}{0.9^2}}{\dfrac{1}{0.8^2}} = \left(\dfrac{0.8}{0.9}\right)^2$

$P_l' = 0.79 P_l$ 그러므로 21 [%] 감소   【답】③

34 배전용 주상변압기의 2차측 접지보호의 목적은?
① 1차측 과부하 보호
② 2차회로의 단락 보호
③ 2차측 접지의 확산 방지
④ 1차측과 2차측의 혼촉에 대한 보호

| 풀이 | 주상 변압기에는 **1차측과 2차측의 혼촉에 의한 2차측 전압의 상승을 막기 위해서** 2차측의 접지를 함으로써 고전압에 의한 사고를 막아준다.   【답】④

35 플리커 예방을 위한 수용가 측의 대책이 아닌 것은?
① 공급 전압을 승압한다.
② 전압 강하를 보상한다.
③ 전원계통에 리액터분을 보상한다.
④ 부하의 무효전력 변동분을 흡수한다.

| 풀이 | 플리커 경감 대책
1) **전력 공급측에서 실시**
　① 전용 계통으로 공급
　② 단락 용량이 큰 계통에서 공급
　③ 전용 변압기로 공급
　④ **공급 전압을 승압**
2) 수용가 측에서의 대책
　① 전원 계통에 리액터 분을 보상
　② 전압 강하를 보상
　③ 부하의 무효 전력 변동분을 흡수
　④ 플리커 부하 전류의 변동분을 억제   【답】①

36 그림과 같은 수전단 전력원선도가 있다. 부하직선을 참고하여 전압조정을 위한 조상설비가 없어도 정전압 운전이 가능한 부하전력은 대략 어느 정도일 때인가?
① 무부하일 때
② 50[kW]일 때
③ 100[kW]일 때
④ 150[kW]일 때

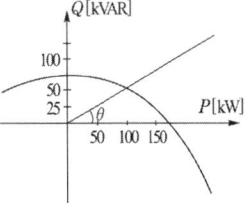

[풀이]

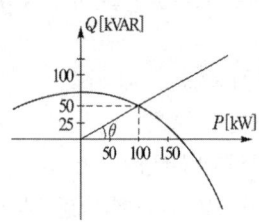

정전압 송전방식에서는 원의 반지름 $\rho = \dfrac{V_S V_R}{b}$이 일정하므로 송·수전전력은 언제나 원선도의 원주상에 존재하여야 한다. 따라서, 유효전력 100[kW], 무효전력 50[kVar] 정도일 때, 조상설비가 없어도 정전압 운전이 가능하다. 【답】③

37 변류기를 개방할 때 2차측을 단락하는 이유는?
① 1차측 과전류 보호
② 1차측 과전압 방지
③ 2차측 과전류 보호
④ 2차측 절연보호

[풀이] 변류기의 2차측을 개방하면 1차 전류가 모두 여자전류가 되어 2차 권선에 매우 높은 전압이 유기되어 절연이 파괴되고 소손될 염려가 있다. 따라서, 변류기를 개방할 때에는 **2차측의 절연을 보호하기 위하여 반드시 변류기 2차측을 단락시켜**야 한다. 【답】④

38 22.9[kV]로 수전하는 자가용 전기 설비가 있다. 수전점에 설치한 차단기의 차단용량이 520[MVA]일 때 차단기의 정격차단전류는 약 몇 [kA]인가?
① 3.5
② 5.5
③ 8.5
④ 12.5

[풀이] 차단기의 차단용량 $P_s = \sqrt{3}\, V I_s$에서

차단전류 $I_s = \dfrac{P_s}{\sqrt{3}\, V} = \dfrac{520 \times 10^3}{\sqrt{3} \times 22.9 \times \dfrac{1.2}{1.1}} \times 10^{-3} = 12.02[\text{kA}]$
【답】④

39 지상 높이 h[m]인 곳에 수평하중 P[kg]을 받는 전주에 지선을 설치할 때 지선 l[m]이 받는 장력은 몇 [kg]인가?
① $\dfrac{l}{h}P$
② $\dfrac{\sqrt{l^2-h^2}}{h}P$
③ $\dfrac{l}{\sqrt{l^2-h^2}}P$
④ $\dfrac{h^2}{\sqrt{l^2-h^2}}P$

[풀이]

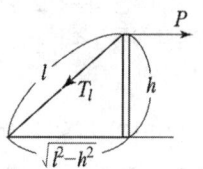

$\dfrac{\sqrt{l^2-h^2}}{l} = \dfrac{P}{T_l}$

$\therefore T_l = \dfrac{l}{\sqrt{l^2-h^2}}P$

【답】③

40 △결선의 3상 3선식 배전선로가 있다. 1선이 지락하는 경우 건전상의 전위상승은 지락전의 몇 배인가?
① $\dfrac{\sqrt{3}}{2}$
② 1
③ $\sqrt{2}$
④ $\sqrt{3}$

[풀이] 비접지 계통에서 1선 지락시 건전상의 전위 상승은 상전압에서 선간 전압으로 되므로 $\sqrt{3}$배 상승하게 된다. 【답】④

2017년 기출문제

1회 전력공학

21 19/1.8[mm] 경동연선의 바깥지름은 몇 [mm]인가?

① 5　　② 7
③ 9　　④ 11

풀이 19/1.8[mm]는 직경이 1.8[mm]인 소선 19가닥으로 구성된 연선을 의미
$N=3n(n+1)+1$에서
$19=3n(n+1)+1$
$\therefore n=2$
2층권이므로 바깥지름
$D=(2n+1)d$
$D=(2\times2+1)\times1.8=9$ [mm]　【답】③

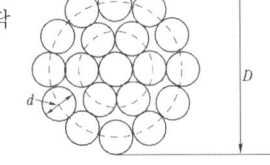
n=2인 연선의 구조

22 일반적으로 전선 1가닥의 단위 길이 당 작용 정전용량이 다음과 같이 표시되는 경우 D가 의미하는 것은?

$$C_n = \frac{0.02413\epsilon_s}{\log_{10}\frac{D}{r}} [\mu F/km]$$

① 선간거리　　② 전선 지름
③ 전선 반지름　　④ 선간거리$\times\frac{1}{2}$

풀이 r : 전선의 반지름, D : 등가 선간거리　【답】①

23 3상 3선식 1선 1[km]의 임피던스가 $Z[\Omega]$이고, 어드미턴스가 $Y[\mho]$일 때 특성 임피던스는?

① $\sqrt{\dfrac{Z}{Y}}$　　② $\sqrt{\dfrac{Y}{Z}}$
③ $\sqrt{ZY}$　　④ $\sqrt{Z+Y}$

풀이 특성 임피던스 $Z_0=\sqrt{\dfrac{Z}{Y}}=\sqrt{\dfrac{(r+j\omega L)}{(g+j\omega C)}}$ [Ω]
선로의 특성임피던스는 선로의 저항(r)과 누설콘덕턴스(g)를 무시하면 $Z_0 \fallingdotseq \sqrt{\dfrac{L}{C}}$ 로 표현된다.
- 어드미턴스 Y : 개방시험
- 임피던스 Z : 단락시험에서 측정한다.　【답】①

24 역률 개선을 통해 얻을 수 있는 효과와 거리가 먼 것은?

① 고조파 제거
② 전력 손실의 경감
③ 전압 강하의 경감
④ 설비 용량의 여유분 증가

풀이 역률 개선의 효과
① 전력 손실 경감　　② 전압 강하 경감
③ 설비 용량의 여유분 증가　　④ 전력 요금의 절약
즉, 고조파는 역률을 개선한다고 제거 되지 않는다.　【답】①

25 가공 선로에서 이도를 D[m]라 하면 전선의 실제 길이는 경간 S[m]보다 얼마나 차이가 나는가?

① $\dfrac{5D}{8S}$　　② $\dfrac{3D^2}{8S}$
③ $\dfrac{9D}{8S^2}$　　④ $\dfrac{8D^2}{3S}$

풀이 전선의 실제길이
$L=S+\dfrac{8D^2}{3S}$에서　$L-S=\dfrac{8D^2}{3S}$[m]　【답】④

26 송전단 전압이 154[kV], 수전단 전압이 150[kV]인 송전선로에서 부하를 차단하였을 때 수전단 전압이 152[kV]가 되었다면 전압변동률은 약 몇 [%]인가?

① 1.11　　② 1.33
③ 1.63　　④ 2.25

풀이

전압 변동률 = $\frac{\text{무부하시의 수전단 전압} - \text{전부하시의 수전단 전압}}{\text{전부하시의 수전단 전압}} \times 100[\%]$

$= \frac{152-150}{150} \times 100 = 1.33[\%]$ 【답】②

27 다음 중 VCB의 소호원리로 맞는 것은?
① 압축된 공기를 아크에 불어넣어서 차단
② 절연유 분해가스의 흡부력을 이용해서 차단
③ 고진공에서 전자의 고속도 확산에 의해 차단
④ 고성능 절연특성을 가진 가스를 이용하여 차단

풀이 소호 원리에 따른 차단기의 종류

종류	약어	소 호 원 리
유입 차단기	OCB	소호실에서 아크에 의한 절연유 분해 가스의 흡부력을 이용해서 차단
기중 차단기	ACB	대기 중에서 아크를 길게 하여 소호실에서 냉각 차단
자기 차단기	MBB	대기 중에서 전자력을 이용하여 아크를 소호 실내로 유도하여 냉각차단
공기 차단기	ABB	압축된 공기를 아크에 불어 넣어서 차단
진공 차단기	VCB	고진공 중에서 전자의 고속도 확산에 의해 차단
가스 차단기	GCB	고성능 절연 특성을 가진 특수 가스(SF_6)를 흡수해서 차단

【답】③

28 선간 단락 고장을 대칭좌표법으로 해석할 경우 필요한 것 모두를 나열한 것은?
① 정상 임피던스
② 역상 임피던스
③ 정상 임피던스, 역상 임피던스
④ 정상 임피던스, 영상 임피던스

풀이
• 1선 지락고장 : 정상분, 역상분, 영상분
• 선간단락고장 : 정상분, 역상분
• 3상 단락고장 : 정상분 　【답】③

29 피뢰기의 제한전압에 대한 설명으로 옳은 것은?
① 방전을 개시할 때 단자전압의 순시값
② 피뢰기 동작 중 단자전압의 파고값
③ 특성요소에 흐르는 전압의 순시값
④ 피뢰기에 걸린 회로전압

풀이 제한 전압 : 피뢰기 동작 중에 계속해서 걸리고 있는 단자 전압의 파고값 　【답】②

30 전력계통에서 안정도의 종류에 속하지 않는 것은?
① 상태 안정도
② 정태 안정도
③ 과도 안정도
④ 동태 안정도

풀이 안정도의 종류
① **정태 안정도**(static stability) : 송전 계통이 불변 부하 또는 극히 서서히 증가하는 부하에 대하여 계속적으로 송전할 수 있는 능력을 정태 안정도
② **과도 안정도**(transient stability) : 부하의 급변 또는 사고가 발생해서 계통에 큰 충격을 주었을 경우에도 탈조하지 않고 새로운 평형 상태를 회복하여 송전을 계속할 수 있는 능력
③ **동태 안정도**(dynamic stability) : 고성능의 AVR이라든가 조속기 등이 갖는 제어효과까지도 고려한 안정도를 동태안정도라 한다. 　【답】①

31 3300[V], 60[Hz], 뒤진역률 60[%], 300[kW]의 단상 부하가 있다. 그 역률을 100[%]로 하기 위한 전력용 콘덴서의 용량은 몇 [kVA] 인가?
① 150
② 250
③ 400
④ 500

풀이 콘덴서 용량

$Q_c = P(\tan\theta_1 - \tan\theta_2) = P\left(\frac{\sin\theta_1}{\cos\theta_1} - \frac{\sin\theta_2}{\cos\theta_2}\right)$

$= \left(\frac{\sqrt{1-\cos^2\theta_1}}{\cos\theta_1} - \frac{\sqrt{1-\cos^2\theta_2}}{\cos\theta_2}\right)[kVA]$

에서 $Q_c = 300\left(\frac{\sqrt{1-0.6^2}}{0.6} - \frac{\sqrt{1-1^2}}{1}\right) = 400[kVA]$ 　【답】③

32 저수지에서 취수구에 제수문을 설치하는 목적은?
① 낙차를 높인다.
② 어족을 보호한다.
③ 수차를 조절한다.
④ 유량을 조절한다.

풀이 제수문은 취수량을 조절하고 물의 유입을 단절하기 위함이다. 　【답】④

33 거리 계전기의 종류가 아닌 것은?
① 모우(Mho)형
② 임피던스(Impedance)형
③ 리액턴스(Reactance)형
④ 정전용량(Capacitance)형

풀이 거리 계전기(ZR, Distance Relay) : 계전기가 설치된 위치로부터 고장점까지의 임피던스(전압과 전류의 비)에 비례하여 동작하는 것으로서, 고장점으로부터 일정한 임피던스 이내이면 동작한다. 임피던스는 송전선의 거리의 척도이므로 거리 계전기라 부른다.
종류로는
• Mho형 • 임피던스형 • 리액턴스형 • Ohm형
• off-set Mho형 이 있다.   【답】④

34 전력용 퓨즈의 설명으로 옳지 않은 것은?
① 소형으로 큰 차단용량을 갖는다.
② 가격이 싸고 유지 보수가 간단하다.
③ 밀폐형 퓨즈는 차단시에 소음이 없다.
④ 과도 전류에 의해 쉽게 용단되지 않는다.

풀이 전력용 퓨즈의 장점
• 소형, 경량이다.
• **과도전류를 고속도 차단할 수 있다.**
• 소형으로 큰 차단 용량을 가진다.
• 유지 보수가 간단하다.
• 가격이 저렴하다.   【답】④

35 갈수량이란 어떤 유량을 말하는가?
① 1년 365일 중 95일간은 이보다 낮아지지 않는 유량
② 1년 365일 중 185일간은 이보다 낮아지지 않는 유량
③ 1년 365일 중 275일간은 이보다 낮아지지 않는 유량
④ 1년 365일 중 355일간은 이보다 낮아지지 않는 유량

풀이
• 갈수량 : 1년 365일 중 355일은 이것보다 내려가지 않는 유량
• 저수량 : 1년 365일 중 275일은 이것보다 내려가지 않는 유량
• 평수량 : 1년 365일 중 185일은 이것보다 내려가지 않는 유량
• 풍수량 : 1년 365일 중 95일은 이것보다 내려가지 않는 유량
• 고수량 : 매년 1~2회 생기는 출수의 유량
• 홍수량 : 3~4년에 한 번 생기는 출수의 유량
• 최저 갈수량, 최대 홍수량 : 과거의 기록, 구전 등으로 판정된 최저 또는 최대의 유량   【답】④

36 유도뢰에 대한 차폐에서 가공지선이 있을 경우 전선상에 유기되는 전하를 q_1, 가공지선이 없을 때 유기되는 전하를 q_0라 할 때 가공지선의 보호율을 구하면?

① $\dfrac{q_0}{q_1}$ ② $\dfrac{q_1}{q_0}$

③ $q_1 \times q_0$ ④ $q_1 - \mu_s q_0$

풀이 전선에 근접해서 전위가 0인 가공지선이 있기 때문에 뇌운으로부터 정전 유도로 전선상에 유기되는 전하의 양은 줄어든다. 가공지선이 있을 경우 전선상에 유기되는 전하를 q_1, 가공지선이 없을 때 유기되는 전하를 q_0라 할 때 다음 식으로 표시되는 m을 가공지선의 보호율 이라고 한다.

① 가공 지선의 보호율 $m = \dfrac{q_1}{q_0}$

② 보호율의 개략적인 값

	가공지선 1가닥	가공지선 2가닥
3상 1회선	0.5	0.3~0.4
3상 2회선	0.45~0.6	0.35~0.5

【답】②

37 어떤 건물에서 총 설비 부하용량이 700[kW], 수용률이 70[%] 라면, 변압기 용량은 최소 몇 [kVA]로 하여야 하는가? (단, 여기서 설비 부하의 종합 역률은 0.8 이다.)

① 425.9 ② 513.8
③ 612.5 ④ 739.2

풀이
변압기 용량 [kVA] ≥ 합성 최대 수용 전력
$= \dfrac{\text{부하 설비 합계 [kW]} \times \text{수용률}}{\text{부등률} \times \text{역률}}$ 에서

변압기 용량[kVA] $= \dfrac{700[\text{kW}] \times 0.7}{1 \times 0.8} = 612.5[\text{kVA}]$ 【답】③

38 전력 원선도의 가로축(㉠)과 세로축(㉡)이 나타내는 것은?
① ㉠ 최대전력, ㉡ 피상전력
② ㉠ 유효전력, ㉡ 무효전력
③ ㉠ 조상용량, ㉡ 송전손실
④ ㉠ 송전효율, ㉡ 코로나손실

풀이
• 전력 원선도의 가로축 : 유효 전력
• 전력 원선도의 세로축 : 무효 전력   【답】②

39 동작전류가 커질수록 동작시간이 짧게 되는 특성을 가진 계전기는?

① 반한시 계전기　　② 정한시 계전기
③ 순한시 계전기　　④ 부한시 계전기

풀이　보호 계전기 특징
① **반한시 특성 : 동작 전류가 커질수록 동작 시간이 짧게 되는 특성**
② 정한시 특성 : 동작 전류의 크기에 관계없이 일정한 시간에 동작하는 특성
③ 순한시 특성 : 최소 동작 전류 이상의 전류가 흐르면 즉시 동작하는 특성
④ 반한시 정한시 특성 : 동작 전류가 적은 동안에는 동작 전류가 커질수록 동작 시간이 짧게 되고 어떤 전류 이상이면 동작 전류의 크기에 관계없이 일정한 시간에 동작하는 특성

【답】①

40 직접접지방식에 대한 설명이 아닌 것은?

① 과도안정도가 좋다.
② 변압기의 단절연이 가능하다.
③ 보호계전기의 동작이 용이하다.
④ 계통의 절연수준이 낮아지므로 경제적이다.

풀이　직접접지방식의 장·단점
[장점]
① 1선 지락시에 건전상의 대지 전압이 거의 상승하지 않는다.
② 피뢰기의 효과를 증진시킬 수 있다.
③ 단절연이 가능하다.
④ 계전기의 동작이 확실해진다.
[단점]
① **송전 계통의 과도 안정도가 나빠진다.**
② 통신선에 유도 장해가 크다.
③ 기기에 큰 영향을 주어 손상을 준다.
④ 대용량 차단기가 필요하다.

【답】①

2회　전력공학

21 개폐 서지를 흡수할 목적으로 설치하는 것의 약어는?

① CT　　　　　　　② SA
③ GIS　　　　　　 ④ ATS

풀이
① CT(계기용 변류기) : 회로의 대전류를 소전류로 변성하여 계기나 계전기에 공급
② **SA(서지 흡수기) : 변압기, 발전기 등을 서지로부터 보호**
③ GIS(가스 절연 개폐기) : SF₆ 가스를 이용하여 정상상태 및 사고, 단락 등의 고장상태에서 선로를 안전하게 개폐하여 보호
④ ATS(자동 절환 개폐기) : 주 전원이 정전되거나, 전압이 기준치 이하로 떨어질 경우 예비전원으로 자동 절환 하는 개폐기

【답】②

22 다음 중 표준형 철탑이 아닌 것은?

① 내선 철탑　　　　② 직선 철탑
③ 각도 철탑　　　　④ 인류 철탑

풀이　특고압 가공전선로의 철주·철근 콘크리트주 또는 철탑의 종류(KEC 333.11)
① **직선형** : 전선로의 직선부분(3도 이하인 수평각도를 이루는 곳을 포함한다.)에 사용하는 것. 다만, 내장형 및 보강형에 속하는 것을 제외한다.
② **각도형** : 전선로 중 3도를 넘는 수평각도를 이루는 곳에 사용하는 것
③ **인류형** : 전 가섭선을 인류하는 곳에 사용하는 것
④ **내장형** : 전선로의 지지물 양쪽의 경간의 차가 큰 곳에 사용하는 것
⑤ **보강형** : 전선로의 직선부분에 그 보강을 위하여 사용하는 것

【답】①

23 전력계통의 전압안정도를 나타내는 P-V 곡선에 대한 설명 중 적합하지 않은 것은?

① 가로축은 수전단 전압을 세로축은 무효전력을 나타낸다.
② 진상무효전력이 부족하면 전압은 안정되고 진상무효전력이 과잉되면 전압은 불안정하게 된다.
③ 전압 불안정 현상이 일어나지 않도록 전압을 일정하게 유지하려면 무효전력을 적절하게 공급하여야 한다.
④ P-V 곡선에서 주어진 역률에서 전압을 증가시키더라도 송전할 수 있는 최대 전력이 존재하는 임계점이 있다.

풀이
즉, P-V 곡선의 가로축은 유효전력을 세로축은 수전단 전압을 나타낸다.

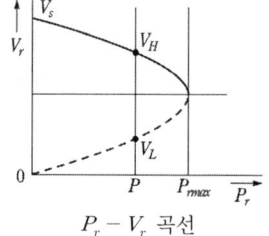

$P_r - V_r$ 곡선

【답】①

24 3상으로 표준전압 3[kV], 800[kW]를 역률 0.9로 수전하는 공장의 수전회로에 시설할 계기용 변류기의 변류비로 적당한 것은? (단, 변류기의 2차 전류는 5[A]이며, 여유율은 1.2로 한다.)

① 10 ② 20
③ 30 ④ 40

풀이 $P = \sqrt{3}\,V_1 I_1 \cos\theta$에서

1차 전류 $I_1 = \dfrac{800 \times 10^3}{\sqrt{3} \times 3000 \times 0.9} = 171.07$ [A]

변류기의 여유율 1.2를 고려한 변류비
$= \dfrac{1차\ 전류 \times 1.2}{5} = \dfrac{171.07 \times 1.2}{5} = 41.06$

따라서, 변류비가 40인 변류기가 적당하다. 【답】 ④

---

25 수전단을 단락한 경우 송전단에서 본 임피던스는 300[Ω]이고, 수전단을 개방한 경우에는 1200[Ω]일 때 이 선로의 특성 임피던스는 몇 [Ω]인가?

① 300 ② 500
③ 600 ④ 800

풀이
- 수전단을 단락한 경우 임피던스
  $Z = 300$ [Ω]
- 수전단을 개방한 경우 어드미턴스
  $Y = \dfrac{1}{1200}$ [℧]이므로
- 특성 임피던스
  $Z_0 = \sqrt{\dfrac{Z}{Y}} = \sqrt{\dfrac{300}{1/1200}} = 600$ [Ω] 【답】 ③

---

26 3000[kW], 역률 80[%](뒤짐)의 부하에 전력을 공급하고 있는 변전소에 전력용콘덴서를 설치하여 변전소에서의 역률을 90[%]로 향상시키는데 필요한 전력용콘덴서의 용량은 약 몇 [kVA]인가?

① 600 ② 700
③ 800 ④ 900

풀이
$Q_c = P(\tan\theta_1 - \tan\theta_2) = P\left(\dfrac{\sin\theta_1}{\cos\theta_1} - \dfrac{\sin\theta_2}{\cos\theta_2}\right)$

$= \left(\dfrac{\sqrt{1-\cos^2\theta_1}}{\cos\theta_1} - \dfrac{\sqrt{1-\cos^2\theta_2}}{\cos\theta_2}\right)$

$= 3000\left(\dfrac{\sqrt{1-0.8^2}}{0.8} - \dfrac{\sqrt{1-0.9^2}}{0.9}\right) = 797.03$ [kVA] 【답】 ③

---

27 발전기나 변압기의 내부고장 검출에 주로 사용되는 계전기는?

① 역상계전기
② 과전압계전기
③ 과전류계전기
④ 비율차동계전기

풀이 비율 차동 계전기는 발전기와 변압기의 내부 고장에 대한 보호 장치로 1차 전류와 2차 전류의 차 전류가 일정 비율 이상으로 되면 동작하는 계전기이다. 【답】 ④

---

28 역률 0.8인 부하 480[kW]를 공급하는 변전소에 전력용 콘덴서 220[kVA]를 설치하면 역률은 몇 [%]로 개선할 수 있는가?

① 92 ② 94
③ 96 ④ 99

풀이
- 부하의 유효전력 $P = 480$ [kW]
- 부하의 무효전력 $Q_L = \dfrac{P}{\cos\theta} \times \sin\theta = \dfrac{480}{0.8} \times 0.6 = 360$ [kVar]
- 콘덴서 용량 $Q_c = 220$ [kVA]
- 부하 역률 $\cos\theta = \dfrac{P}{\sqrt{P^2 + (Q_L - Q_c)^2}} \times 100$

$= \dfrac{480}{\sqrt{480^2 + (360-220)^2}} \times 100$
$= 96$ [%] 【답】 ③

---

29 배전전압, 배전거리 및 전력손실이 같다는 조건에서 단상 2선식 전기방식의 전선 총중량을 100[%]라 할 때 3상 3선식 전기방식은 몇 [%]인가?

① 33.3 ② 37.5
③ 75.0 ④ 100.0

풀이
- 송전 전력은 동일하므로
  $\sqrt{3}\,VI_3 \cos\theta = VI_1 \cos\theta$, $\therefore I_1 = \sqrt{3}\,I_3$
- 전력 손실이 동일하므로
  $3I_3^2 \rho \dfrac{l}{A_3} = 2I_1^2 \rho \dfrac{l}{A_1}$, $3I_3^2 \rho \dfrac{l}{A_3} = 2(\sqrt{3}\,I_3)^2 \rho \dfrac{l}{A_1}$
  $A_3 = \dfrac{1}{2} A_1$
- 전선량(무게)비
  $\dfrac{3상\ 3선식}{단상\ 2선식} = \dfrac{3A_3 l\sigma}{2A_1 l\sigma} = \dfrac{3}{2} \times \dfrac{1}{2} = \dfrac{3}{4} = 0.75$

• 단상 2선식 기준 소요 전선량 요약

전기 방식	소용 전선량 [%]	비 고
단상 2선식	100	단상 2선식 기준
단상 3선식	37.5	중성선과 전압선의 굵기가 동일
	31.3	중성선의 굵기가 전압선의 1/2
3상 3선식	75	
3상 4선식	33.3	중성선과 전압선의 굵기가 동일
	29.2	중성선의 굵기가 전압선의 1/2

【답】③

30 외뢰(外雷)에 대한 주 보호장치로서 송전계통의 절연협조의 기본이 되는 것은?
① 애자 ② 변압기
③ 차단기 ④ 피뢰기

풀이 계통 내의 각 기기, 기구 및 애자 등의 상호간에 적정한 절연 강도를 지니게 함으로써 계통 설계를 합리적, 경제적으로 할 수 있게 한 것을 절연 협조라고 하며 **피뢰기의 제한 전압이 기본**이 된다. 【답】④

31 배전선로의 전기적 특성 중 그 값이 1 이상인 것은?
① 전압강하율 ② 부등률
③ 부하율 ④ 수용률

풀이 부등률 = $\frac{\text{수용 설비 개개의 최대 수용 전력의 합계}}{\text{합성 최대 수용 전력}} \geq 1$ 【답】②

32 1000[kVA]의 단상변압기 3대를 △-△결선의 1뱅크로 하여 사용하는 변전소가 부하 증가로 다시 1대의 단상변압기를 증설하여 2뱅크로 사용하면 최대 약 몇 [kVA]의 3상 부하에 적용할 수 있는가?
① 1730 ② 2000
③ 3460 ④ 4000

풀이 4대의 단상 변압기로 최대의 전력을 공급할 수 있는 방법은 V결선 2뱅크로 구성하는 방법이므로
$P_v = 2 \times \sqrt{3} P_1 = 2 \times \sqrt{3} \times 1000 = 3464.1 [\text{kVA}]$ 【답】③

33 3300[V] 배전선로의 전압을 6600[V]로 승압하고 같은 손실률로 송전하는 경우 송전전력은 승압전의 몇 배인가?

㉮ $\sqrt{3}$ ㉯ 2
㉰ 3 ㉱ 4

풀이
• 전력손실률 $h = \frac{P_l}{P} = \frac{PR}{V^2 \cos\theta^2}$ 에서
송전전력 $P = \frac{hV^2\cos\theta^2}{R}$ $(P \propto V^2)$
• 송전전력 P는 전압의 자승에 비례하므로
$P' = \left(\frac{V'}{V}\right)^2 P = \left(\frac{6600}{3300}\right)^2 \times P = 4P$ 【답】④

34 송전선로에 근접한 통신선에 유도장해가 발생하였다. 전자유도의 주된 원인은?
① 영상전류 ② 정상전류
③ 정상전압 ④ 역상전압

풀이
① 전자유도 : 영상전류에 의해 발생 (사고시)
 전자유도 전압 $E_m = -j\omega Ml \times 3I_0$ [V]
② 정전유도 : 영상전압에 의해 발생 (정상시) 【답】①

35 3상 배전선로의 전압강하율[%]을 나타내는 식이 아닌 것은? (단, V_s : 송전단 전압, V_r : 수전단 전압, I : 전부하전류, P : 부하전력, Q : 무효전력 이다.)

① $\frac{PR+QX}{V_r^2} \times 100$

② $\frac{V_s - V_r}{V_r} \times 100$

③ $\frac{V_s(PR+QX)}{V_r} \times 100$

④ $\frac{\sqrt{3}I}{V_r}(R\cos\theta + X\sin\theta) \times 100$

풀이
전압강하율 $\epsilon = \frac{V_s - V_r}{V_r} \times 100$
$= \frac{\sqrt{3}I(R\cos\theta + X\sin\theta)}{V_r} \times 100 [\%]$
$= \frac{\sqrt{3}V_r I(R\cos\theta + X\sin\theta)}{V_r^2} \times 100$
$= \frac{RP + QX}{V_r^2} \times 100 [\%]$ 【답】③

36 송전선로의 보호방식으로 지락에 대한 보호는 영상전류를 이용하여 어떤 계전기를 동작시키는가?

① 선택지락 계전기 ② 전류차동 계전기
③ 과전압 계전기   ④ 거리 계전기

풀이
- 비접지 계통의 지락 사고 검출 : 접지 계전기(GR) + 영상 전류 검출 (ZCT)
- 비접지 다회선 계통의 선택 지락 보호 :
  SGR(선택 지락 계전기) + GPT(접지 변압기 : 영상 전압) + ZCT(영상 변류기 : 영상 전류)   【답】①

37 기력발전소의 열사이클 과정 중 단열팽창 과정에서 물 또는 증기의 상태변화로 옳은 것은?

① 습증기 → 포화액
② 포화액 → 압축액
③ 과열증기 → 습증기
④ 압축액 → 포화액 → 포화증기

풀이
- 보일러 : 등압 가열
- 복수기 : 등압 냉각
- **터빈 : 단열 팽창 (과열증기 → 습증기)**
- 급수펌프 : 단열 압축   【답】③

38 경수감속 냉각형 원자로에 속하는 것은?

① 고속증식로   ② 열중성자로
③ 비등수형 원자로 ④ 흑연감속 가스 냉각로

풀이 발전용 원자로의 종류에는 흑연감속 가스 냉각로, 경수감속 경수 냉각로, 중수감속 중수 냉각로 등이 있으며, **경수감속 경수 냉각로에는 가압수형 원자로(PWR), 비등수형 원자로(BWR)**가 있다.   【답】③

39 장거리 송전선로의 특성을 표현한 회로로 옳은 것은?

① 분산부하 회로   ② 분포정수 회로
③ 집중정수 회로   ④ 특성 임피던스 회로

풀이

구분	거리	선로 정수	회 로
단거리	수 [km]	R, L만 고려	집중 정수 회로로 취급
중거리	수십 [km]	R, L, C만 고려	T회로, π회로로 취급
장거리	수백 [km]	R, L, C, G 고려	**분포 정수 회로로 취급**

【답】②

40 배전선로에 3상 3선식 비접지방식을 채용할 경우 장점이 아닌 것은?

① 과도 안정도가 크다.
② 1선 지락고장시 고장전류가 작다.
③ 1선 지락고장시 인접 통신선의 유도장해가 작다.
④ 1선 지락고장시 건전상의 대지전위 상승이 작다.

풀이 비접지의 특징(직접 접지와 비교)
① 지락 전류가 비교적 적다.(유도 장해 감소)
② 보호 계전기 동작이 불확실하다.
③ V-V결선 가능
④ 저전압 단거리에 적합
⑤ **1선 지락고장시 건전상의 대지전위는 $\sqrt{3}$ 배 까지 상승**한다.   【답】④

4회   전력공학

21 다음 중 코로나 방지대책으로 적당하지 않은 것은?

① 복도체를 사용한다.
② 가선 금구를 개량한다.
③ 선간거리를 감소시킨다.
④ 가선 시 전선 표면의 금구를 손상하지 않게 한다.

풀이 코로나 방지 대책 : 코로나 임계전압 E_0을 높여 코로나 발생을 억제한다.

$$E_0 = 24.3 m_0 m_1 \delta d \log_{10} \frac{2D}{d} \text{[kV]}에서$$

- 전선의 지름을 크게 한다.
- 복도체를 사용한다.
- 가선 금구를 개량한다.
- 가선시에 전선 표면의 금구를 손상하지 않게 한다.

그러나, **선간거리 D를 감소시키면 코로나 임계전압이 낮아져 코로나 발생이 증가하게 된다.**   【답】③

22 어떤 발전소에서 발열량 5000[kcal/kg]의 석탄 15[ton]을 사용하여 40000[kWh]의 전력을 발생하였을 경우 이 발전소의 열효율은 약 몇 [%]인가?

① 23.5   ② 34.4
③ 45.9   ④ 53.4

풀이

효율 $\eta = \dfrac{860 W}{mH} = \dfrac{860 \times 40000}{15 \times 10^3 \times 5000} = 0.459 = 45.9[\%]$ 【답】③

23 차단기와 비교하여 전력퓨즈에 대한 설명으로 적합하지 않는 것은?
① 가격이 저렴하다.
② 보수가 간단하다.
③ 고속 차단을 할 수 있다.
④ 재투입을 할 수 있다.

풀이 전류 퓨즈의 장·단점

장 점	단 점
• 현저한 한류특성을 가진다. • 고속도 차단할 수 있다. • 소형으로서 큰 차단 용량을 가진다. • 한류형 퓨즈는 차단시 무소음, 무방출이다. • 소형, 경량이다. • 릴레이나 변성기가 불필요하다. • 가격이 저렴하며, 유지 보수가 간단하다.	• 재투입이 불가능하다 (가장 큰 단점). • 차단시 과전압을 발생한다. • 과전류에 의해 용단되기 쉽고 결상을 일으킬 우려가 있다. • 한류형 퓨즈는 용단되어도 차단되지 않는 전류 범위가 있다. • 동작 시간 – 전류 특성을 계전기처럼 자유롭게 조정할 수 없다.

【답】 ④

24 154[kV] 2회선 송전 선로의 길이가 154[km]이다. 송전용량 계수법에 의한 송전용량은 몇 [MW]인가? (단, 154[kV]의 송전용량계수는 1300이다.)
① 250 ② 300
③ 350 ④ 400

풀이 송전용량 $P = K\dfrac{V^2}{l}$ [kW]
여기서, K : 송전용량 계수, V : 수전단 선간전압[kV]
l : 송전거리[km]
$P = 2 \times 1300 \times \dfrac{154^2}{154} = 400,400\text{[kW]} = 400.4\text{[MW]}$ 【답】 ④

25 유효낙차 30[m], 출력 2000[kW]의 수차발전기를 전부하로 운전하는 경우 1시간당 사용 수량은 약 몇 [m³]인가? (단, 수차 및 발전기의 효율은 각각 95[%], 82[%]로 한다.)
① 15500 ② 22500
③ 25500 ④ 31500

풀이 발전기 출력 $P_g = 9.8QH\eta_t\eta_g$ [kW]에서
유량 $Q = \dfrac{P_g}{9.8H\eta_g\eta_t} = \dfrac{2000}{9.8 \times 30 \times 0.82 \times 0.95} = 8.7326\text{[m}^3\text{/sec]}$
∴ 1시간당 사용유량 $Q_t = 8.7326 \times 60 \times 60 = 31437\text{[m}^3\text{/h]}$ 【답】 ④

26 다음 중 대한민국에서 가장 많이 사용하는 현수애자의 폭의 표준은 몇 [mm]인가?
① 160 ② 250
③ 280 ④ 320

풀이 경질 자기부분의 최대 지름에 따라서 180[mm], 254[mm](편의상 250[mm]라고 부른다.), 280[mm], 320[mm] 등이 있으며 **일반적으로 250[mm]애자를 사용**한다.
【답】 ②

27 같은 전력을 수송하는 배전선로에서 다른 조건은 현 상태로 유지하고 역률만을 개선할 때의 효과로 기대하기 어려운 것은?
① 고조파의 경감
② 전압강하의 경감
③ 배전선의 손실 저감
④ 설비용량의 여유증가

풀이 역률 개선의 효과
• 전력 손실 경감   • 전압 강하 경감
• 설비 용량의 여유분 증가   • 전력 요금의 절약   【답】 ①

28 송전선로에서 역섬락이 생기기 가장 쉬운 경우는?
① 선로 손실이 큰 경우
② 코로나 현상이 발생한 경우
③ 선로정수가 균일하지 않을 경우
④ 철탑의 탑각 접지 저항이 큰 경우

풀이
• 역섬락 : 탑각 접지 저항이 충분히 낮지 않으면 가공지선이 포착한 직격뢰는 대지로 흐를 수 없고, 철탑 전위가 상승하여 철탑부가 애자를 통하여 또는 경간 내에서 가공지선과 전력선간의 공기를 통하여, 전력선에 방전하는 섬락을 일으키게 되는데 이러한 섬락을 역섬락이라고 한다.
• 역섬락 방지 대책 : 매설지선을 설치하여 탑각 접지저항을 낮춘다.   【답】 ④

29 옥내배선 공사에서 간선(도체)의 굵기를 결정하기 위해서 고려할 사항이 아닌 것은?
① 허용전류   ② 기계적 강도
③ 전선의 길이 ④ 전선의 허용전류

풀이 전선의 굵기를 결정하는 요인
① 허용 전류 ② 기계적 강도 ③ 전압 강하   【답】 ③

30 피뢰기의 직렬 갭의 작용은?
① 이상전압의 진행파를 증가시킨다.
② 상용주파수의 전류를 방전시킨다.
③ 이상전압의 파고치를 저감시킨다.
④ 이상전압이 내습하면 뇌전류를 방전하고, 속류를 차단하는 역할을 한다.

풀이 피뢰기는 직렬갭과 특성요소로 구성되어 있다.
① **직렬갭** : **뇌 전류를 방전하고 속류를 차단**
② **특성요소** : 뇌 전류 방전 시 피뢰기 자신의 전위상승을 억제하여 자신의 절연파괴를 방지
③ **쉴드링** : 전기적, 자기적 충격으로부터 보호 【답】④

31 소호리액터접지 계통에서 리액터의 탭을 사용할 경우 합조도가 부족보상 상태로 운전하면 안되는 이유는?
① 전력손실을 줄이기 위해서
② 통신선에 대한 유도장해를 줄이기 위해서
③ 접지계전기의 동작을 확실하게 하기 위해서
④ 지락사고 발생 시 건전상의 대지전압이 과도하게 상승할 우려가 있기 때문에 위험 방지를 위해서

풀이
① 합조도 $P = \dfrac{I_L - I_C}{I_C} \times 100[\%]$

여기서, I_L : 소호리액터 사용 탭 전류 $\left(I_L = \dfrac{E}{\omega L}\right)$

I_C : 대지충전전류 $\left(I_C = \dfrac{E}{\dfrac{1}{3\omega C_s}}\right)$

② 소호 리액터 접지 방식에서 **계통이 진상운전 되면** 지락사고 발생 시 건전상의 **대지전압이 과도하게 상승**할 우려가 있기 때문에 이를 방지하기 위하여 **10[%] 정도 과보상** 한다.
$(I_L = 1.1 I_C)$ 【답】④

32 다음 중 송 · 배전선로의 진동 방지대책에 사용되지 않는 기구에 해당되는 것은?
① 댐퍼   ② 죄임쇠
③ 클램프   ④ 아머 로드

풀이 진동 억제장치
• 스톡브리지 댐퍼, 토셔널댐퍼 : 지지점 가까운 곳에서 1개소 또는 2개소에 추(damper)를 달아서 진동을 감소시키는 방법
• 아머로드 : 지지점 부근의 전선을 보강
• 베이츠 댐퍼 : 가공지선에 별도의 선을 첨가하여 보강하는 방법

• 스페이서 댐퍼 : 복도체방식에서 스페이서가 진동 방지를 할 수 있도록 개발된 스페이서 【답】②

33 그림과 같은 선로에서 점 F에서의 1선 지락이 발생한 경우 영상임피던스는?

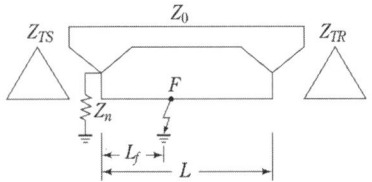

① $Z_{TS} + Z_n + 3Z_0$ ② $Z_{TS} + 3Z_n + Z_0$
③ $Z_{TS} + Z_n + Z_0 \dfrac{L_f}{L}$ ④ $Z_{TS} + 3Z_n + Z_0 \dfrac{L_f}{L}$

풀이

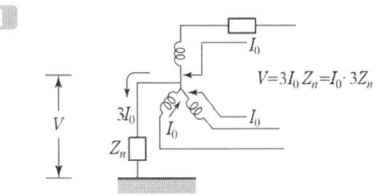

• 영상전압 $V = 3I_0 \cdot Z_n = I_0 \cdot 3Z_n$
• 영상임피던스 $Z = Z_{TS} + 3Z_n + Z_0$
 (단, I_0 : 영상전류, Z_n : 지락저항
  Z_{TS} : 송전측 변압기 임피던스, Z_0 : 선로임피던스)

• **임피던스는 거리에 비례**하므로, 선로임피던스 $= Z_0 \dfrac{L_f}{L}$

따라서, 영상임피던스 $= Z_{TS} + 3Z_n + Z_0 \dfrac{L_f}{L}$

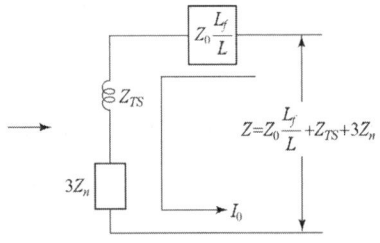

【답】④

34 선로의 특성 임피던스에 대한 설명으로 알맞은 것은?
① 선로의 길이에 비례한다.
② 선로의 길이에 반비례한다.
③ 선로의 길이에 관계없이 일정하다.
④ 선로의 길이보다 부하에 따라 변화한다.

[풀이]
선로의 특성임피던스 $Z_0 = \sqrt{\dfrac{L}{C}}$: 길이에 무관하다.
(저항 및 누설콘덕턴스 무시) 【답】③

35 임피던스 Z_1, Z_2 및 Z_3을 그림과 같이 접속한 선로의 A쪽에서 전압파 E가 진행해 왔을 때 접속점 B에서 무반사로 되기 위한 조건은?

① $Z_1 = Z_2 + Z_3$
② $\dfrac{1}{Z_1} = \dfrac{1}{Z_3} - \dfrac{1}{Z_2}$
③ $\dfrac{1}{Z_1} = \dfrac{1}{Z_2} + \dfrac{1}{Z_3}$
④ $\dfrac{1}{Z_1} = -\dfrac{1}{Z_2} - \dfrac{1}{Z_3}$

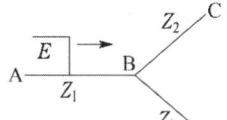

[풀이]
$Z_A = Z_1$, $Z_B = \dfrac{1}{\dfrac{1}{Z_2}+\dfrac{1}{Z_3}}$ 라고 하면 반사계수 $= \dfrac{Z_B - Z_A}{Z_A + Z_B}$에

서 무반사 조건은 $Z_A = Z_B$일 때 이다.

따라서, $Z_1 = \dfrac{1}{\dfrac{1}{Z_2}+\dfrac{1}{Z_3}}$ ∴ $\dfrac{1}{Z_1} = \dfrac{1}{Z_2}+\dfrac{1}{Z_3}$
【답】③

36 전력선과 통신선과의 상호인덕턴스에 의하여 발생되는 유도장해는?
① 전력유도장해 ② 전자유도장해
③ 정전유도장해 ④ 고조파 유도장해

[풀이]
• **전자유도장해** : 전력선과 통신선과의 상호 인덕턴스에 기인
• 정전유도장해 : 전력선과 통신선과의 정전용량에 기인
【답】②

37 송전선로에서 코로나 임계전압이 높아지는 경우는?
① 기압이 낮은 경우
② 온도가 높아지는 경우
③ 전선의 지름이 큰 경우
④ 상대공기밀도가 작을 경우

[풀이] 코로나임계전압 E_o
$E_o = 24.3 m_0 m_1 \delta d \log_{10} \dfrac{D}{r}$ [kV]

여기서, δ : 상대공기밀도 $\left(\delta = \dfrac{0.386b}{273+t}\right)$, b : 기압 [mmHg]
t : 온도 [℃], m_0 : 전선 표면계수, m_1 : 기후에 관한 계수,
r : 전선의 반지름 [m], D : 선간거리 [m]
전선의 직경 d가 증가하면 코로나 임계전압은 상승한다.
【답】③

38 과전류 계전기의 탭 값은 무엇으로 표시되는가?
① 변류기의 권수비
② 계전기의 동작시한
③ 계전기의 최대 부하전류
④ 계전기의 최소 동작전류

[풀이] 계전기에 흐르는 전류가 계전기의 탭값 보다 크면 계전기가 동작하여 전기 회로를 차단하여 기기를 보호한다. 즉, **과전류 계전기의 탭 값은 계전기의 최소 동작 전류**이다. 【답】④

39 공기차단기에 비해 SF$_6$ 가스차단기의 특징으로 볼 수 없는 것은?
① 밀폐된 구조이므로 소음이 없다.
② 소전류 차단 시 이상전압이 높다.
③ 아크에 SF$_6$ 가스는 분해되지 않고 무독성이다.
④ 같은 압력에서 공기의 2∼3배 정도의 절연내력이 있다.

[풀이] SF$_6$ 가스 차단기의 특징
① 밀폐구조이므로 소음이 없다.
② 절연내력이 공기의 2∼3배, 소호 능력은 공기의 100∼200배
③ 근거리 고장 등 가혹한 재기전압에 대해서도 성능이 우수
④ **소전류 차단에도 안정된 차단 가능**
⑤ 이상전압의 발생이 적다
⑥ SF$_6$ 가스는 무독, 무취, 무해성이다. 【답】②

40 반한시 계전기의 동작 특성에 대한 설명으로 가장 알맞은 것은?
① 설정된 값 이상의 전류가 흘렀을 때 동작전류의 크기와는 관계없이 항상 일정한 시간 후에 작동한다.
② 설정된 최소 동작 전류 이상의 전류가 흐르면 즉시 작동하는 것으로 한도를 넘은 양과는 관계없이 작동한다.
③ 동작시간이 어느 전류값 까지는 그 크기에 따라 반비례 특성을 가지며 그 이상이 되면 일정한 시

간 후에 작동한다.
④ 동작시간이 전류값의 크기에 따라 변하는 것으로 전류값이 클수록 빠르게 동작하고 반대로 전류값이 작아질수록 느리게 작동한다.

풀이 보호 계전기 특징
① 정한시 특성 : 동작 전류의 크기에 관계없이 일정한 시간에 동작하는 특성
② 순한시 특성 : 최소 동작 전류 이상의 전류가 흐르면 즉시 동작하는 특성
③ 반한시 정한시 특성 : 동작 전류가 적은 동안에는 동작 전류가 커질수록 동작 시간이 짧게 되고 어떤 전류 이상이면 동작 전류의 크기에 관계없이 일정한 시간에 동작하는 특성
④ **반한시 특성 : 동작 전류가 커질수록 동작 시간이 짧게 되는 특성** 【답】 ④

2018년 기출문제

| 1회 | 전력공학 |

21 차단기의 정격투입전류란 투입되는 전류의 최초 주파수의 어느 값을 말하는가?
① 평균값　　② 최대값
③ 실효값　　④ 직류값

풀이
차단기의 **정격투입전류**란 성능에 지장없이 투입할 수 있는 전류의 한도를 말하며, 투입 전류의 **최초 주파수에서의 최대값**으로 나타낸다. 크기는 정격차단전류(실효값)의 2.5배를 표준으로 한다.　　【답】②

22 전력계통에서의 단락용량 증대가 문제가 되고 있다. 이러한 단락용량을 경감하는 대책이 아닌 것은?
① 사고 시 모선을 통합한다.
② 상위전압 계통을 구성한다.
③ 모선 간에 한류 리액터를 삽입한다.
④ 발전기와 변압기의 임피던스를 크게 한다.

풀이
단락용량의 경감 대책
① 고임피던스 기기(변압기, 발전기 등)의 채용
② 한류리액터의 채용(직렬리액터 방식, 분로리액터 방식)
③ **계통분할방식 채용(상시 분할방식, 사고 시 분할방식)**
④ 계통전압의 격상
⑤ 직류연계
⑥ 고장전류 제한기 채용　　【답】①

23 영상변류기와 관계가 가장 깊은 계전기는?
① 차동계전기　　② 과전류계전기
③ 과전압계전기　　④ 선택접지계전기

풀이
비접지 계통의 지락 사고 검출
• 선택 접지 계전기(SGR) + 영상 전류 검출 (ZCT) + 영상 전압 검출(GPT)
• 지락 계전기(GR) + 영상 전류 검출 (ZCT)　　【답】④

24 송전계통의 안정도 증진방법에 대한 설명이 아닌 것은?
① 전압변동을 작게 한다.
② 직렬리액턴스를 크게 한다.
③ 고장 시 발전기 입·출력의 불평형을 작게 한다.
④ 고장전류를 줄이고 고장구간을 신속하게 차단한다.

풀이
안정도 향상 대책
• 계통의 직렬 리액턴스 감소(직렬콘덴서 설치, 단락비 크게, 복도체 사용, 병행회선 채용)
• 전압변동률을 적게 한다. (속응 여자 방식 채용, 계통의 연계, 중간 조상 방식)
• 계통에 주는 충격을 적게 한다. (적당한 중성점 접지 방식, 고속 차단 방식, 재폐로 방식)
• 고장 중의 발전기 돌입 출력의 불평형을 적게 한다.　【답】②

25 보일러 급수 중에 포함되어 있는 산소 등에 의한 보일러배관의 부식을 방지할 목적으로 사용되는 장치는?
① 탈기기　　② 공기 예열기
③ 급수 가열기　　④ 수위 경보기

풀이
급수 중에 용해되어 있는 산소는 증기 계통, 급수 계통 등을 부식시킨다. **탈기기**(deaerator)는 **용해 산소 분리**의 목적으로 쓰인다.　　【답】①

26 150[kVA] 전력용 콘덴서에 제5고조파를 억제시키기 위해 필요한 직렬리액터의 최소용량은 몇 [kVA]인가?
① 1.5　　② 3
③ 4.5　　④ 6

풀이
제5고조파로부터 전력용 콘덴서 보호 및 파형 개선의 목적으로 사용되는 직렬 리액터의 용량은 다음과 같다.

① 이론적 : 콘덴서 용량×4[%]
② 실 제(주파수 변동 등의 여유를 고려하여 선정)
   : 콘덴서 용량×6[%]
따라서, 직렬리액터의 최소용량= 150×0.04 = 6 [kVA] 【답】④

27 다음 중 그 값이 1 이상인 것은?
① 부등률   ② 부하율
③ 수용률   ④ 전압강하율

풀이

부등률 = $\dfrac{\text{수용설비 개개의 최대수용전력의 합계}}{\text{합성 최대 수용 전력}} \geq 1$

【답】①

28 화력 발전소에서 가장 큰 손실은?
① 소내용 동력   ② 복수기의 방열손
③ 연돌 배출가스 손실 ④ 터빈 및 발전기의 손실

풀이

발전소마다 각 손실의 비가 다르나 복수식 발전소에서는 **복수기 냉각수에 의한 열량이 가장 크며** 석탄 열량의 50~60[%]에 달한다. 그 다음 큰 것은 굴뚝 배출 가스 손실로 10[%] 정도이다.

【답】②

29 선간거리를 D, 전선의 반지름을 r이라 할 때 송전선의 정전용량은?

① $\log_{10}\dfrac{D}{r}$에 비례한다.

② $\log_{10}\dfrac{r}{D}$에 비례한다.

③ $\log_{10}\dfrac{D}{r}$에 반비례한다.

④ $\log_{10}\dfrac{r}{D}$에 반비례한다.

풀이

• 선로의 정전용량 $C = \dfrac{0.02413}{\log_{10}\dfrac{D}{r}}[\mu F/km]$

여기서, r : 반지름, D : 선간거리

따라서, **정전용량 C는 $\log_{10}\dfrac{D}{r}$에 반비례한다.**

【답】③

30 송전계통에서 발생한 고장 때문에 일부 계통의 위상각이 커져서 동기를 벗어나려고 할 경우 이것을 검출하고 계통을 분리하기 위해서 차단하지 않으면 안 될 경우에 사용되는 계전기는?

① 한시계전기   ② 선택단락계전기
③ 탈조보호계전기   ④ 방향거리계전기

풀이

① 한시계전기 : 계전기에 입력을 가했을 때 또는 입력을 제거하였을 때 계전기의 동작시간을 지연(遲延)시키는 계전기
② 선택 단락 계전기(Selective Short circuit relay ; SS)
  병행 2회선 송전 선로에서 한 쪽의 1회선에 단락 고장이 발생하였을 경우 고장 회선을 선택 차단 할 수 있는 계전기
③ 탈조 보호 계전기(Step-Out protective relay ; SO)
  송전 계통에 발생한 고장 때문에 일부 계통의 **위상각이 커져서 동기를 벗어나려고 할 경우** 이것을 검출하고 그 **계통을 분리하기 위해서** 사용하는 계전기
④ 방향 거리 계전기(Directive Distance relay ; DZ)
  거리 계전기에 방향성을 가지게 한 것으로서 복잡한 계통에서 방향 단락 계전기의 대용으로 쓰인다. 【답】③

31 배전선로의 용어 중 틀린 것은?
① 궤전점 : 간선과 분기선의 접속점
② 분기선 : 간선으로 분기되는 변압기에 이르는 선로
③ 간선 : 급전선에 접속되어 부하로 전력을 공급하거나 분기선을 통하여 배전하는 선로
④ 급전선 : 배전용 변전소에서 인출되는 배전선로에서 최초의 분기점까지의 전선으로 도중에 부하가 접속되어 있지 않은 선로

풀이

궤전점 : 급전선과 배전 간선과의 접속점 【답】①

32 가공 송전선에 사용되는 애자 1연 중 전압부담이 최대인 애자는?
① 중앙에 있는 애자
② 철탑에 제일 가까운 애자
③ 전선에 제일 가까운 애자
④ 전선으로부터 1/4 지점에 있는 애자

풀이

• **전압 부담 최대 : 전선에 가장 가까운 애자**
• 전압 부담 최소 : 전선에서 2/3 지점에 있는 애자
  (철탑에서 1/3 지점에 있는 애자) 【답】③

33 송전선에 복도체를 사용하는 주된 목적은?
① 역률개선   ② 정전용량의 감소
③ 인덕턴스의 증가 ④ 코로나 발생의 방지

풀이

3상 송전선의 한 상당 전선을 2가닥 이상으로 한 것을 다도체라 하고, 2가닥으로 한 것을 보통 복도체라 한다. **복도체의 특징으로는**
① 코로나 임계 전압이 15~20[%] 상승하여 **코로나 발생을 억제**
② 인덕턴스 20~30 [%] 감소
③ 정전 용량 20 [%] 증가

【답】 ④

34 선간전압, 부하역률, 선로손실, 전선중량 및 배전 거리가 같다고 할 경우 단상 2선식과 3상 3선식의 공급전력의 비(단상/3상)는?

① $\frac{3}{2}$ ② $\frac{1}{\sqrt{3}}$

③ $\sqrt{3}$ ④ $\frac{\sqrt{3}}{2}$

풀이

전선의 중량이 같다면 $W_0 = 2A_1 L = 3A_3 L$

$\therefore \frac{A_3}{A_1} = \frac{2}{3} = \frac{R_1}{R_3}$

또한 전력손실이 같으면 $P_c = 2I_1^2 R_1 = 3I_3^2 R_3$ 에서

$\left(\frac{I_1}{I_3}\right)^2 = \frac{3R_3}{2R_1} = \frac{3}{2} \times \frac{3}{2} \quad \therefore \frac{I_1}{I_3} = \frac{3}{2}$

$\therefore$ 공급전력의 비 $\frac{P_1}{P_3} = \frac{VI_1}{\sqrt{3} V I_3} = \frac{1}{\sqrt{3}} \times \frac{3}{2} = \frac{\sqrt{3}}{2}$

【답】 ④

35 송전선로의 중성점 접지의 주된 목적은?
① 단락전류 제한
② 송전용량의 극대화
③ 전압강하의 극소화
④ 이상전압의 발생방지

풀이

송전 선로의 **중성점 접지의 목적**
① **이상전압 발생방지**
② 1선 지락시 건전상 전압상승 억제 및 기기나 선로의 절연절감
③ 보호 계전기 동작 확실
④ 소호 리액터 계통에서의 1선 지락시 아크 소멸

【답】 ④

36 전주사이의 경간이 80[m]인 가공전선로에서 전선 1[m]당의 하중이 0.37[kg], 전선의 이도가 0.8[m] 일 때 수평장력은 몇 [kg] 인가?
① 330   ② 350
③ 370   ④ 390

풀이

이도 $D = \frac{WS^2}{8T}$ 에서

수평장력 $T = \frac{WS^2}{8D} = \frac{0.37 \times 80^2}{8 \times 0.8} = 370[kg]$

【답】 ③

37 수차의 특유속도 N_s를 나타내는 계산식으로 옳은 것은? (단, 유효낙차 : H[m], 수차의 출력 : P[kW], 수차의 정격 회전수 : N[rpm] 이라 한다.)

① $N_s = \frac{NP^{\frac{1}{2}}}{H^{\frac{5}{4}}}$ ② $N_s = \frac{H^{\frac{5}{4}}}{NP}$

③ $N_s = \frac{HP^{\frac{1}{4}}}{N^{\frac{5}{4}}}$ ④ $N_s = \frac{NP^2}{H^{\frac{5}{4}}}$

풀이

• 특유속도 : 어느 수차와 서로 닮은 모형이 유효낙차 1[m], 출력 1[kW]로 동작할 때의 회전속도이다.

• 특유 속도 $N_s = \frac{NP^{\frac{1}{2}}}{H^{\frac{5}{4}}} = \frac{N\sqrt{P}}{H\sqrt{\sqrt{H}}}$ [rpm]

【답】 ①

38 고장점에서 전원 측을 본 계통 임피던스를 Z [Ω], 고장점의 상전압을 E[V]라 하면 3상 단락전류 [A]는?

① $\frac{E}{Z}$ ② $\frac{ZE}{\sqrt{3}}$

③ $\frac{\sqrt{3} E}{Z}$ ④ $\frac{3E}{Z}$

풀이

단락전류 $I_s = \frac{상전압}{1상의임피던스} = \frac{E}{Z}$[A]

【답】 ①

39 3상 계통에서 수전단전압 60[kV], 전류 250[A], 선로의 저항 및 리액턴스가 각각 7.61[Ω], 11.85[Ω] 일 때 전압강하율은?(단, 부하역률은 0.8(늦음)이다.)
① 약 5.50[%]
② 약 7.34[%]
③ 약 8.69[%]
④ 약 9.52[%]

풀이

전압강하율

$$\epsilon = \frac{V_s - V_r}{V_r} \times 100 = \frac{\sqrt{3}\,I(R\cos\theta + X\sin\theta)}{V_r} \times 100$$

$$= \frac{\sqrt{3} \times 250 \times (7.61 \times 0.8 + 11.85 \times 0.6)}{60,000} \times 100 = 9.52\,[\%]$$

【답】 ④

40 피뢰기의 구비조건이 아닌 것은?
① 속류의 차단능력이 충분할 것
② 충격 방전 개시 전압이 높을 것
③ 상용 주파 방전 개시 전압이 높을 것
④ 방전 내량이 크고, 제한 전압이 낮을 것

풀이

피뢰기의 구비조건
① 상용 주파 방전 개시 전압이 높을 것
② **충격 방전 개시 전압이 낮을 것**
③ 제한 전압이 낮을 것
④ 속류 차단 능력이 클 것
⑤ 방전 내량이 크며 장시간 사용하여도 열화가 적을 것

【답】 ②

2회 전력공학

21 보호계전기 동작이 가장 확실한 중성점 접지방식은?
① 비접지방식
② 저항접지방식
③ 직접접지방식
④ 소호리액터접지방식

풀이

접지방식별 특징

방식	보호 계전기 동작	지락 전류	고장중 운전	전위 상승	과도 안정도	유도 장해	특징
직접 접지 (22.9, 154, 345[kV])	확실	최대	×	1.3	최소	최대	중성점영전위, 단절연가능
저항 접지	↓	↓	×	$\sqrt{3}$	↓	↓	
비접지 (3.3, 6.6[kV])	×	↓	가능	$\sqrt{3}$	↓	↓	저전압 단거리에 적용
소호 리액터 접지(66[kV])	불확실	최소	가능	$\sqrt{3}$ 이상	최대	최소	병렬공진, 고장전류최소

【답】 ③

22 단상 2선식의 교류 배전선이 있다. 전선 한 줄의 저항은 0.15[Ω], 리액턴스는 0.25[Ω]이다. 부하는 무유도성으로 100[V], 3[kW] 일 때 급전점의 전압은 약 몇 [V] 인가?
① 100
② 110
③ 120
④ 130

풀이

$V_s = V_r + 2I(R\cos\theta + X\sin\theta)$
(여기서, **부하는 무유도성 이므로** $\cos\theta = 1$)
$= 100 + 2 \times \frac{3000}{100} \times 0.15 \times 1 = 109\,[V]$

【답】 ②

23 우리나라에서 현재 사용되고 있는 송전전압에 해당되는 것은?
① 150[kV]
② 220[kV]
③ 345[kV]
④ 700[kV]

풀이

송전전압
• 765[kV] • 345[kV] • 154[kV]

【답】 ③

24 제5고조파를 제거하기 위하여 전력용 콘덴서 용량의 몇 [%]에 해당하는 직렬 리액터를 설치하는가?
① 2~3
② 5~6
③ 7~8
④ 9~10

풀이

직렬 리액터는 제5고조파 제거를 목적으로 사용된다.

$2\pi(5f_0)L = \frac{1}{2\pi(5f_0)C}$ 에서 $2\pi f_0 L = \frac{1}{25} \times \frac{1}{2\pi f_0 C}$

따라서, $X_L = \frac{1}{25} \times X_c = 0.04 X_c$

즉, 5고조파를 제거하기 위해서는 콘덴서 용량의 4[%]에 해당하는 직렬리액터를 설치하면 되지만 **여유를 고려하여 콘덴서 용량의 5~6[%]에 해당하는 직렬리액턴스를 설치**한다. 【답】 ②

25 변전소에서 사용되는 조상설비 중 지상용 으로만 사용되는 조상설비는?
① 분로 리액터
② 동기 조상기
③ 전력용 콘덴서
④ 정지형 무효전력 보상장치

[풀이] 조상설비의 비교

항 목	동기 조상기	전력용 콘덴서	분로 리액터
전력손실	많음 (1.5~2.5[%])	적음 (0.3[%] 이하)	적음 (0.6[%] 이하)
무효전력	진상, 지상 양용	진상전용	지상전용
조 정	연속적	계단적	계단적
사고시 전압유지	큼	작음	작음
시송전	가능	불가능	불가능

【답】①

26 정정된 값 이상의 전류가 흘렀을 때 동작전류의 크기와 상관없이 항상 정해진 시간이 경과한 후에 동작하는 보호계전기는?
① 순시계전기
② 정한시계전기
③ 반한시계전기
④ 반한시성 정한시계전기

[풀이]
보호 계전기 특징
① **순한시 특성** : 최소 동작 전류 이상의 전류가 흐르면 즉시 동작하는 특성
② **반한시 특성** : 동작 전류가 커질수록 동작 시간이 짧게 되는 특성
③ **정한시 특성** : 동작 전류의 크기에 관계없이 **일정한 시간에 동작**하는 특성
④ **반한시 정한시 특성** : 동작 전류가 적은 동안에는 동작 전류가 커질수록 동작 시간이 짧게 되고 어떤 전류 이상이면 동작 전류의 크기에 관계없이 일정한 시간에 동작하는 특성

【답】②

27 저압 뱅킹(Banking)배전방식이 적당한 곳은?
① 농촌
② 어촌
③ 화학공장
④ 부하 밀집지역

[풀이]
고압선에 접속한 두 대 이상의 변압기의 저압측을 병렬 접속하는 방식을 **저압 뱅킹 방식**이라 하며 **부하가 밀집된 시가지**에 좋다.

【답】④

28 유효낙차가 40[%] 저하되면 수차의 효율이 20[%] 저하된다고 할 경우 이때의 출력은 원래의 약 몇 [%] 인가? (단, 안내 날개의 열림은 불변인 것으로 한다.)
① 37.2
② 48.0
③ 52.7
④ 63.7

[풀이]
출력 P, 낙차 H, 효율을 η라 하면
유량 $Q = \sqrt{2gH}$ 에서 $Q \propto H^{\frac{1}{2}}$
출력 $P = 9.8 QH\eta$ 에서 $P \propto QH\eta = H^{\frac{3}{2}} \times \eta$
따라서, $P : P' = H^{\frac{3}{2}}\eta : (0.6H)^{\frac{3}{2}}(0.8\eta)$
∴ $P' = (0.6^{\frac{3}{2}} \times 0.8)P = 0.3718P$

【답】①

29 전력용 퓨즈는 주로 어떤 전류의 차단을 목적으로 사용하는가?
① 지락전류
② 단락전류
③ 과도전류
④ 과부하전류

[풀이]
전력용 퓨즈(Power Fuse)는 **단락 보호용**으로 사용된다.

【답】②

30 장거리 송전선로의 4단자 정수(A, B, C, D) 중 일반식을 잘못 표기한 것은?
① $A = \cosh\sqrt{ZY}$
② $B = \sqrt{\dfrac{Z}{Y}} \sinh\sqrt{ZY}$
③ $C = \sqrt{\dfrac{Z}{Y}} \sinh\sqrt{ZY}$
④ $D = \cosh\sqrt{ZY}$

[풀이]

회로의 종류		
4단자 정수	A	$\cosh\sqrt{ZY}$
	B	$\sqrt{\dfrac{Z}{Y}} \sinh\sqrt{ZY}$
	C	$\sqrt{\dfrac{Y}{Z}} \sinh\sqrt{ZY}$
	D	$\cosh\sqrt{ZY}$

【답】③

31 3상 1회선 전선로에서 대지정전용량은 C_s이고 선간정전용량을 C_m이라 할 때, 작용정전용량 C_n은?
① $C_s + C_m$
② $C_s + 2C_m$
③ $C_s + 3C_m$
④ $2C_s + C_m$

풀이

3상 1회선인 경우 작용정전 용량 $C_w = C_s + 3C_m$

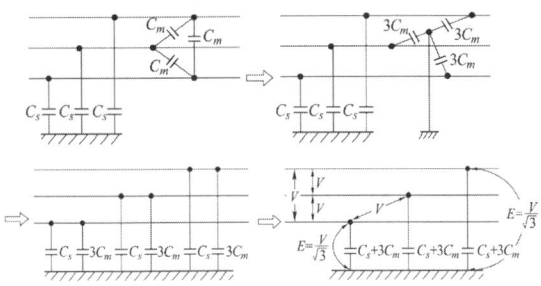

※ $3C_m$ 사이의 중성점에는 0전위 이므로 대지와 접속하여도 무방하다. 【답】③

32 송전선로의 뇌해방지와 관계없는 것은?
① 댐퍼   ② 피뢰기
③ 매설지선 ④ 가공지선

풀이
- 댐퍼 : 선로의 진동 방지
- 피뢰기 : 뇌로부터 기기 보호
- 매설지선(탑각 접지저항을 낮춤) : 뇌 침입 시 역섬락 방지
- 가공지선 : 뇌의 차폐 【답】①

33 소호리액터 접지에 대한 설명으로 틀린 것은?
① 지락전류가 작다.
② 과도안정도가 높다.
③ 전자유도장애가 경감된다.
④ 선택지락계전기의 작동이 쉽다.

풀이
접지방식별 특징

방식	보호 계전기 동작	지락 전류	전위 상승	과도 안정도	유도 장해	특징
직접 접지 (22.9, 154, 345[kV])	확실	최대	1.3	최소	최대	중성점영전위, 단절연가능
저항 접지	↓	↓	$\sqrt{3}$	↓	↓	
비접지 (3.3, 6.6[kV])	×	↓	$\sqrt{3}$	↓	↓	저전압 단거리에 적용
소호 리액터 접지(66[kV])	불확실	최소	$\sqrt{3}$ 이상	최대	최소	병렬공진, 고장전류최소

【답】④

34 3상3선식 배전선로에 역률이 0.8(지상)인 3상 평형 부하 40[kW]를 연결했을 때 전압강하는 약 몇 [V]인가? (단, 부하의 전압은 200[V], 전선 1조의 저항은 0.02[Ω]이고, 리액턴스는 무시한다.)
① 2   ② 3
③ 4   ④ 5

풀이
전압 강하 $e = \dfrac{P}{V}(R + X\tan\theta)$ 에서
리액턴스를 무시하므로 $X = 0$
$\therefore e = \dfrac{PR}{V} = \dfrac{40 \times 10^3 \times 0.02}{200} = 4[V]$ 【답】③

35 분기회로용으로 개폐기 및 자동차단기의 2가지 역할을 수행하는 것은?
① 기중차단기   ② 진공차단기
③ 전력용 퓨즈 ④ 배선용차단기

풀이
배선용차단기는 간선 분기회로의 전원차단 개폐기로서 수동조작 되고, 과전류를 검출하고 자동으로 차단하는 과전류차단기로서 **개폐기 및 자동차단기의 2가지 역할을 수행**한다. 【답】④

36 교류 저압 배전방식에서 밸런서를 필요로 하는 방식은?
① 단상 2선식   ② 단상 3선식
③ 3상 3선식   ④ 3상 4선식

풀이
단상 3선식의 특징
① 전압강하 및 전력손실은 1/4로 감소한다.
② 소요 전선량은 감소한다.
③ 110/220 [V]와 같이 2종의 전압을 얻을 수 있다.
④ 상시 부하가 불평형이면 전압이 불평형이 되고 이에 대한 대책으로 **밸런스를 설치**하여야 한다.
⑤ 중성선에는 퓨즈를 설치하지 않는다. 【답】②

37 보일러에서 흡수열량이 가장 큰 것은?
① 수냉벽
② 과열기
③ 절탄기
④ 공기예열기

과년도 기출문제 2018년

[풀이]

항 목	가열 면적 [%]	흡수 열량 [%]
수 냉 벽	10~15	40~50
보일러 수관	5~10	10~15
과 열 기	10~15	15~20
절 탄 기	15	10~15
공기 예열기	50	5~10

【답】①

38 단상 승압기 1대를 사용하여 승압할 경우 승압전의 전압을 E_1이라 하면, 승압 후의 전압 E_2는 어떻게 되는가? (단, 승압기의 변압비는 $\dfrac{전원측전압}{부하측전압} = \dfrac{e_1}{e_2}$이다.)

① $E_2 = E_1 + e_1$
② $E_2 = E_1 + e_2$
③ $E_2 = E_1 + \dfrac{e_2}{e_1}E_1$
④ $E_2 = E_1 + \dfrac{e_1}{e_2}E_1$

[풀이]

$E_2 = e_1 + e_2$
$= E_1 + \dfrac{E_1}{a} = E_1\left(1 + \dfrac{1}{a}\right)$
$= E_1\left(1 + \dfrac{e_2}{e_1}\right) = E_1 + \dfrac{e_2}{e_1}E_1$

【답】③

39 3상 차단기의 정격차단용량을 나타낸 것은?

① $\sqrt{3} \times$ 정격전압 $\times$ 정격전류
② $\dfrac{1}{\sqrt{3}} \times$ 정격전압 $\times$ 정격전류
③ $\sqrt{3} \times$ 정격전압 $\times$ 정격차단전류
④ $\dfrac{1}{\sqrt{3}} \times$ 정격전압 $\times$ 정격차단전류

[풀이]

$P_s = \sqrt{3}\, V_n I_s$

【답】③

40 변류기 개방 시 2차측을 단락하는 이유는?

① 측정 오차 방지
② 2차측 절연 보호
③ 1차측 과전류 방지
④ 2차측 과전류 보호

[풀이] 변류기의 2차측을 개방하면 1차 전류가 모두 여자 전류가 되어 2차 권선에 매우 높은 전압이 유기되어 절연이 파괴되고 소손될 염려가 있다.
따라서, 변류기를 점검할 경우에는 반드시 2차측을 단락해야 한다. 【답】②

4회 전력공학

21 루프(환상) 배전방식의 장점은?

① 농촌에 적당하다.
② 전압변동이 적다.
③ 증설이 용이하다.
④ 전선비가 적게 든다.

[풀이]
루프(환상)식
· 선로의 전류 분포가 좋다.
· **전압강하 및 전력손실이 적다.**
· 선로에 고장이 일어난 경우 고장 부분을 제거하고 공급을 계속 할 수 있다.
· 시설비가 많이 든다. 【답】②

22 수력발전소의 저수지 용량 등을 결정하는데 사용되는 것으로 가장 적합한 것은?

① 유량도
② 유황곡선
③ 수위 유량곡선
④ 적산 유량곡선

[풀이]
적산 유량곡선은 매일의 수량을 차례로 적산해서 가로축에 일수를, 세로축에 적산 수량을 그린 곡선으로서 수력 발전소의 **댐을 설계하거나 저수지 용량 결정**에 사용된다. 【답】④

23 전력계통에서 인터록(interlock)의 설명으로 적합한 것은?

① 차단기와 단로기는 각각 열리고 닫힌다.
② 차단기가 열려 있어야만 단로기를 닫을 수 있다.
③ 차단기가 닫혀 있어야만 단로기를 닫을 수 있다.
④ 차단기의 접점과 단로기의 접점이 동시에 투입될 수 있다.

[풀이]
인터록 : 단로기는 부하 전류를 개폐할 수 없다. 따라서 **단로기는 차단기가 열려 있어야 열고 닫을 수 있으며**, 부하 통전시 단로기를 열 수 없도록 하는 것을 인터록이라고 한다. 【답】②

24 유효낙차 400[m]의 수력발전소에서 펠턴수차의 노즐에서 분출하는 물의 속도를 이론값의 0.95배로 한다면 물의 분출속도는 약 몇 [m/s]인가?

① 42.3
② 59.5
③ 62.6
④ 84.1

풀이
높이 H[m]의 수두를 갖는 물이 노즐로부터 분출하는 유수의 속도 v는
$v = C_v \sqrt{2gH} = 0.95 \times \sqrt{2 \times 9.8 \times 400} = 84.116$[m/s] 【답】④

25 단상 2선식 110[V] 저압배전선로를 단상 3선식 110/220[V]로 변경할 때 부하의 크기 및 공급전압을 일정하게 하고 또 부하를 평형시켰을 때 전선로의 전압강하율은 변경 전에 비하여 어떻게 되는가?

① $\dfrac{1}{2}$
② $\dfrac{1}{3}$
③ $\dfrac{1}{4}$
④ $\dfrac{1}{5}$

풀이

항목	단상 2선식	단상 3선식
회로도	I, V	I, V, $2V$

단상 3선식은 단상 2선식에 비해 전압이 2배로 승압되는 효과가 있다.
전압강하율 $\epsilon = \dfrac{P}{V^2}(R + X\tan\theta)$에서 $\epsilon \propto \dfrac{1}{V^2}$ 이므로, **단상 2선식을 단상 3선식으로 변경하였을 경우는 2배 승압한 경우이므로 전압강하율은 $\dfrac{1}{4}$배로 된다.** 【답】③

26 중성점 직접접지 방식의 특징 중 틀린 것은?

① 과도안정도가 좋다.
② 변압기의 단절연이 가능하다.
③ 절연레벨을 저하시킬 수 있다.
④ 정격전압이 낮은 피뢰기를 사용할 수 있다.

풀이
직접 접지 방식의 장·단점
[장점]
① 1선 지락시에 건전상의 대지 전압이 거의 상승하지 않는다.
② 피뢰기의 효과를 증진시킬 수 있다.
③ 단절연이 가능하다.
④ 계전기의 동작이 확실해진다.
[단점]
① 송전 계통의 과도 **안정도가 나빠진다.**
② 통신선에 유도 장해가 크다.
③ 기기에 큰 영향을 주어 손상을 준다.
④ 대용량 차단기가 필요하다. 【답】①

27 3상 3선식 1회선의 가공 송전선로에서 D를 등가 선간 거리, r을 전선의 반지름이라고 하면 1선당 작용정전용량은?

① $\dfrac{D}{r}$에 비례한다.
② $\dfrac{D}{r}$에 반비례한다.
③ $\log \dfrac{D}{r}$에 비례한다.
④ $\log \dfrac{D}{r}$에 반비례한다.

풀이
작용정전용량 $C_w = \dfrac{0.02413}{\log_{10}\dfrac{D}{r}}$ [μF/km]이므로

정전용량은 $\log_{10}\dfrac{D}{r}$에 반비례한다. 【답】④

28 가공 전선로의 전선 진동을 방지하기 위한 방법으로 틀린 것은?

① 경동선을 ACSR로 교환
② 아모 로드(Armour Rod)로 전선 보강
③ 토쇼널 댐퍼(Torsional Damper)의 설치
④ 스톡 브리지 댐퍼(Stock Bridge Damper)의 설치

풀이
전선의 진동이 발생하기 좋은 조건
① 가벼운 전선
② 경간이 길 경우
③ 가선 장력이 클 경우
④ 전선의 바깥 지름이 클 경우
따라서, **지름에 비하여 중량이 가벼운 중공 전선이나 강심 알루미늄 전선(ACSR)은 진동의 원인**이 된다. 【답】①

29 전력케이블의 고장점 탐색방법 중 휘스톤브리지의 평형상태를 이용하여 고장점을 측정하는 방법은?

① 수색 코일법
② 펄스 측정법
③ 머레이 루프법
④ 정전용량 측정법

풀이
지중케이블 고장점 탐지법
① 수색 코일법 : 케이블의 한쪽에 600[Hz] 전후의 단속전류를 흘리고 지상에서 수색코일에 증폭기와 수화기를 가지고 케이블을 따라서 고장점을 수색하는 방법.
② 펄스 측정법(Pulse radar) : 케이블 한쪽에서 펄스를 입사시키면 고장점에서는 케이블의 서지 임피던스가 급변하기 때문에 입사파의 일부는 고장점에서 반사되어 돌아온다. 그 시간을 측정하면 펄스의 케이블내의 전파속도에 의해서 고장점까지의 거리를 구할 수 있으며 3선 단락 및 지락 사고시 측정에 이용
③ 머레이루프(Murray loop) 법 : **휘이스톤브리지의 평형상태를 이용**하여 고장점까지의 도체저항으로부터 거리를 측정하는 방법으로 1선 지락 사고 및 선간 단락 사고시 측정에 이용
④ 정전 브리지법(Capacity bridge) : 정전용량은 길이에 비례하므로 선로전체의 정전용량을 알고 있으면 고장점까지의 정전용량을 측정하여 그 값으로부터 길이의 비를 알 수 있으며 단선 사고시 측정에 이용
⑤ 음향에 의한 방법 : 고장 케이블에 고전압의 펄스를 보내어 고장점에서의 방전음을 듣고 고장점을 찾는 방법 【답】 ③

30 단상 2선식 배전선의 전선 총량을 100[%]라 할 때 3상 3선식과 단상 3선식의 전선의 총량은 각각 몇 [%] 인가? (단, 선간전압, 공급전력, 전력손실 및 배전거리는 같으며, 중성선의 굵기는 외선과 같다고 한다.)
① 3상 3선식 : 37.5[%], 단상 3선식 : 75[%]
② 3상 3선식 : 50[%], 단상 3선식 : 75[%]
③ 3상 3선식 : 75[%], 단상 3선식 : 37.5[%]
④ 3상 3선식 : 100[%], 단상 3선식 : 37.5[%]

풀이
단상 2선식 기준 소요 전선량 요약

전기 방식	소요 전선량[%]	비 고
단상 2선식	100	단상 2선식 기준
단상 3선식	37.5	중성선과 전압선의 굵기가 동일
3상 3선식	75	
3상 4선식	33.3	중성선과 전압선의 굵기가 동일

【답】 ③

31 옥내 저압배선에서 전선의 굵기를 결정하는 주요 요인이 아닌 것은?
① 허용전류   ② 단락전류
③ 전압강하   ④ 기계적 강도

풀이
전선의 굵기를 결정하는 요인
① 허용전류 ② 기계적 강도 ③ 전압강하 【답】 ②

32 송배전 선로에 사용하는 직렬 콘덴서에 대한 설명으로 옳은 것은?
① 최대 송전전력이 감소하고 정태안정도가 감소된다.
② 부하의 변동에 따른 수전단의 전압변동률은 증대된다.
③ 선로의 유도 리액턴스를 보상하고 전압강하를 감소시킨다.
④ 송·수 양단의 전달 임피던스가 증가하고 안정극한 전력이 감소한다.

풀이
직렬콘덴서의 장·단점
[장점]
① **유도 리액턴스를 보상하고 전압 강하를 감소**시킨다.
② 수전단의 전압 변동률을 경감시킨다.
③ 최대 송전 전력이 증대하고 정태 안정도가 증대한다.
④ 부하 역률이 나쁠수록 효과가 크다.
⑤ 용량이 작으므로 설비비가 저렴하다.
[단점]
① 단락 고장시 콘덴서 양단에 고전압이 걸린다.
② 무부하 변압기에 직렬 콘덴서를 투입하는 경우 선로 전류가 증대한다.
③ 고압 배전선에 설치하는 경우 자기 여자 현상이 일어날 경우가 있다.
④ 과보상이 되면 동기기에 난조가 생기거나 탈조하는 수가 있다.
【답】 ③

33 그림과 같이 지선을 설치하여 전주에 가해지는 수평장력 600[kg]을 지지하고 있다. 지선으로 4[mm]의 철선을 사용하면 철선은 최소 몇 가닥이 필요한가? (단, 이 철선의 허용하중은 440[kg], 안전율은 2.5 이다.)
① 6
② 7
③ 8
④ 9

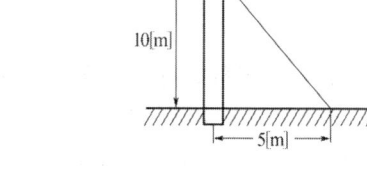

풀이
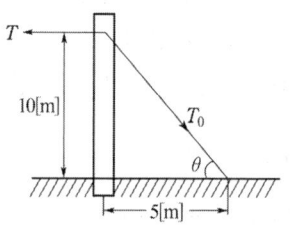

지선의 장력을 T_0, 수평장력을 T 라고 하면

$$\cos\theta = \frac{T}{T_0} = \frac{5}{\sqrt{10^2+5^2}} = 0.4472$$

$$T_0 = \frac{T}{0.4472} = \frac{600}{0.4472} = 1341.68 \,[kg]$$

또한 지선의 장력

$$T_0 = \frac{\text{소선 1가닥의 인장강도} \times \text{소선수}}{\text{안전율}} \text{이므로}$$

$1341.68 = \frac{440 \times n}{2.5}$ 에서

$$\therefore n = \frac{1341.68 \times 2.5}{440} = 7.62 \rightarrow 8\text{가닥}$$

※ 소선수에서 소수점 이하는 절상한다. 【답】③

34 전력선과 통신선과의 상호 인덕턴스에 의하여 발생되는 유도장해는?

① 정전 유도장해   ② 전자 유도장해
③ 고조파 유도장해 ④ 전자파 유도장해

[풀이]
• **전자 유도장해** : 전력선과 통신선과의 상호 인덕턴스에 기인
• 정전 유도장해 : 전력선과 통신선과의 정전용량에 기인
【답】②

35 200[V], 10[kVA]인 3상 유도전동기가 있다. 어느 날의 부하실적은 1일의 사용전력량이 72[kWh], 1일의 최대전력이 9[kW], 최대부하일 때의 전류가 35[A] 이었다. 1일의 부하율과 최대 공급전력일 때의 역률은 약 몇 [%]인가?

① 부하율 : 31.3, 역률 : 74.2
② 부하율 : 31.3, 역률 : 82.5
③ 부하율 : 33.3, 역률 : 74.2
④ 부하율 : 33.3, 역률 : 82.5

[풀이]
• 일 부하율 $= \frac{\text{평균 전력}}{\text{최대 전력}} \times 100 = \frac{72/24}{9} \times 100 = 33.33[\%]$
• $P = \sqrt{3}\,VI\cos\theta = \sqrt{3} \times 200 \times 35 \times \cos\theta = 9000[W]$

$$\therefore \cos\theta = \frac{9000}{\sqrt{3} \times 200 \times 35} \times 100 = 74.23[\%]$$
【답】③

36 전력용 조상설비 중 무효전력 흡수를 진상과 지상 양용으로 할 수 있는 것은?

① 동기조상기   ② 분로리액터
③ 직렬리액터   ④ 전력용콘덴서

[풀이]

항 목	동기 조상기	전력용 콘덴서	분로 리액터
무효전력	진상, 지상 양용	진상전용	지상전용
조정	연속적	계단적	계단적
시송전	가능	불가능	불가능

【답】①

37 154[kV] 송전선로의 철탑에 90[kA]의 직격전류가 흐를 때 역섬락을 일으키지 않을 탑각 접지저항으로 적합한 것은? (단, 154[kV]의 송전선에서 1련의 애자수는 9개를 사용하였고, 이 때 애자의 섬락전압은 860[kV] 이다.)

① 9   ② 14
③ 17   ④ 21

[풀이]
철탑이 직격뢰를 받으면 그 뇌전류와 탑각 접지 저항과의 곱에 해당하는 전위가 상승하므로,
• 역섬락을 일으키지 않는 탑각 접지저항 R_g

$$R_g < \frac{\text{애자의 섬락 전압}}{\text{뇌전류}} = \frac{860}{90} = 9.6[\Omega]$$
【답】①

38 지중선로는 가공선로와 비교하여 인덕턴스와 정전용량이 어떠한가?

① 인덕턴스, 정전용량이 모두 크다.
② 인덕턴스, 정전용량이 모두 작다.
③ 인덕턴스는 크고, 정전용량은 작다.
④ 인덕턴스는 작고, 정전용량은 크다.

[풀이]
• 인덕턴스 $L = 0.05 + 0.4605 \log_{10} \frac{D}{r} [mH/km]$
• 정전용량 $C = \frac{0.02413\epsilon_s}{\log_{10}\frac{D}{r}}$

(ϵ_s : 가공선에서는 1, 케이블에서 유침지 절연층일 경우 3.4~3.9)
가공선로의 D 값이 지중 케이블의 D 값보다 매우 크다.
그 결과 **지중 케이블은 가공선로에 비해 인덕턴스는 1/3정도, 정전용량은 약 30배 정도**가 된다. 【답】④

39 소호리액터를 송전계통에 사용하면 리액터의 인덕턴스와 선로의 정전용량이 어떤 상태가 되어 지락전류를 소멸 시키는가?

① 병렬 공진   ② 직렬 공진
③ 고 임피던스 ④ 저 임피던스

| 풀이 |

소호리액터 접지방식은 선로의 **대지정전용량과 병렬 공진하는 리액터**를 이용하여 중성점을 접지하는 방식으로서 $\omega L = \dfrac{1}{3\omega C_s}$ 의 조건을 만족하여야 한다. 【답】①

40 페란티 효과의 발생 원인은?
① 선로의 저항
② 선로의 정전용량
③ 선로의 인덕턴스
④ 선로의 누설컨덕턴스

| 풀이 |

페란티 현상이란 **선로의 정전용량**으로 인하여 무부하시나 경부하시에 **진상전류**가 흘러 수전단 전압이 송전단 전압보다 높아지는 현상을 말하며 이의 대책으로는 분로 리액터나 동기 조상기의 지상용량으로 방지할 수 있다. 【답】②

2019년 기출문제

1회 전력공학

21 직렬 콘덴서를 선로에 삽입할 때의 현상으로 옳은 것은?
① 부하의 역률을 개선한다.
② 선로의 리액턴스가 증가된다.
③ 선로의 전압강하를 줄일 수 없다.
④ 계통의 정태안정도를 증가시킨다.

■ 풀이
직렬 콘덴서는 선로의 유도 리액턴스(부하의 리액턴스에 비해서 작은 값)를 상쇄시키는 것이므로 **선로의 정태 안정도를 증가**시키고 선로의 전압 강하를 줄일 수는 있지만 계통의 역률을 개선시킬 정도의 큰 용량은 되지 못한다. 【답】④

22 송전선로의 중성점을 접지하는 목적으로 가장 옳은 것은?
① 전압강하의 감소   ② 유도장해의 감소
③ 전선 동량의 절약   ④ 이상전압의 발생 방지

■ 풀이
송전 선로의 중성점 접지의 목적
① 이상 전압 발생 방지
② 1선 지락시 건전상 전압 상승 억제 및 기기나 선로의 절연절감
③ 보호 계전기 동작 확실
④ 소호 리액터 계통에서의 1선 지락시 아크 소멸 【답】④

23 그림과 같은 3상 송전계통의 송전전압은 22[kV]이다. 한 점 P에서 3상 단락했을 때 발전기에 흐르는 단락전류는 약 몇 [A]인가?
① 725
② 1150
③ 1990
④ 3725

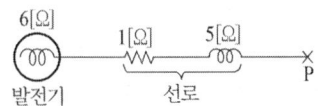

■ 풀이
$Z = Z_g + Z_l$ 에서 $Z_g = j6$, $Z_l = 1 + j5$ 이므로
$Z = 1 + j11[\Omega]$, $|Z| = \sqrt{1^2 + 11^2} = 11.05[\Omega]$
$I_s = \dfrac{E}{Z} = \dfrac{22000/\sqrt{3}}{11.05} = 1149.48[A]$ 【답】②

24 전력계통의 전력용 콘덴서와 직렬로 연결하는 리액터로 제거되는 고조파는?
① 제2고조파   ② 제3고조파
③ 제4고조파   ④ 제5고조파

■ 풀이
- 제3고조파 제거 : 변압기의 △결선 방식
- 제5고조파 제거 : 콘덴서와 직렬로 접속하는 **직렬 리액터**
【답】④

25 배전선로에서 사용하는 전압 조정방법이 아닌 것은?
① 승압기 사용
② 병렬콘덴서 사용
③ 저전압계전기 사용
④ 주상변압기 탭 전환

■ 풀이
선로전압 조정
① 선로전압 강하 보상기
② 고정 승압기 : 단상 승압기, 3상 V결선 승압기, 3상 △결선 승압기
③ 직렬콘덴서(병렬콘덴서는 주로 역률 개선용으로 사용되지만 동시에 전압조정 효과도 있다.)
④ 주상변압기의 탭 조정 【답】③

26 다음 중 뇌해방지와 관계가 없는 것은?
① 댐퍼   ② 소호환
③ 가공지선   ④ 탑각접지

과년도 기출문제 2019년

풀이
- 댐퍼 : 선로의 진동 방지
- 소호각(소호환) : 섬락 사고 시 애자련 보호
- 가공지선 : 뇌의 차폐
- 탑각 접지 : 뇌 침입 시 역섬락 방지 **【답】①**

27 다음 ( )에 알맞은 내용으로 옳은 것은? (단, 공급 전력과 선로 손실률은 동일하다.)

> 선로의 전압을 2배로 승압할 경우, 공급전력은 승압 전의 (㉮)로 되고, 선로 손실은 승압 전의 (㉯)로 된다.

① ㉮ $\frac{1}{4}$, ㉯ 2배   ② ㉮ $\frac{1}{4}$, ㉯ 4배

③ ㉮ 2배, ㉯ $\frac{1}{4}$ ④ ㉮ 4배, ㉯ $\frac{1}{4}$

풀이
전력 손실률 $h = \frac{P_l}{P} = \frac{RP}{V^2 \cos^2\theta}$ 에서

- 공급전력 $P = \frac{hV^2\cos^2\theta}{R}$ 따라서, $P \propto V^2$

  $P : P' = V^2 : (2V)^2$ ∴ $P' = 4P$

- 전력 손실 $P_l = 3I^2R = 3\left(\frac{P}{\sqrt{3}V\cos\theta}\right)^2 R = \frac{RP^2}{V^2\cos^2\theta}$ 에서

  $P_l \propto \frac{1}{V^2}$

  $P_l : P_l' = \frac{1}{V^2} : \frac{1}{(2V)^2}$ ∴ $P_l' = \frac{1}{4}P_l$ **【답】④**

28 일반회로정수가 A, B, C, D이고 송전단 상전압이 E_S인 경우, 무부하 시의 충전전류(송전단 전류)는?

① CE_S ② ACE_S

③ $\frac{C}{A}E_S$ ④ $\frac{A}{C}E_S$

풀이
$E_S = AE_R + BI_R$ 에서 무부하($I_R = 0$)이므로 $E_S = AE_R$

∴ $E_R = \frac{E_S}{A}$

$I_S = CE_R + DI_R$ 에서 **무부하**($I_R = 0$)이므로

$I_s = CE_R = \frac{C}{A}E_S$ **【답】③**

29 주상변압기의 고장이 배전선로에 파급되는 것을 방지하고 변압기의 과부하 소손을 예방하기 위하여 사용되는 개폐기는?

① 리클로저   ② 부하개폐기
③ 컷아웃스위치 ④ 섹셔널라이저

풀이
① 리클로저(recloser) : 배전 선로에서 지락 고장이나 단락 고장 사고가 발생하였을 때 고장을 검출하여 선로를 차단한 후 일정시간이 경과하면 자동적으로 재투입 동작을 반복함으로써 순간 고장을 제거한다.
② 부하 개폐기 : 고장 전류와 같은 대전류는 차단할 수 없지만 평상 운전시의 부하전류는 개폐할 수 있다.
③ 컷아웃 스위치(C.O.S) : 주상변압기의 고장이 배전선로에 파급되는 것을 방지하고 **변압기의 과부하 소손을 예방**하고자 변압기 1차측에 사용하는 보호장치
④ 섹셔널라이저(sectionalizer) : 고장전류를 차단 할 수 있는 능력은 없으며, 선로의 무전압 상태에서 선로를 개방하여 고장구간을 분리시킨다.   **【답】③**

30 중성점 저항접지방식에서 1선 지락 시의 영상전류를 I_0라고 할 때, 접지저항으로 흐르는 전류는?

① $\frac{1}{3}I_0$ ② $\sqrt{3}I_0$

③ $3I_0$ ④ $6I_0$

풀이
지락전류 $I_g = I_0 + I_1 + I_2 = 3I_0$ (∵ $I_0 = I_1 = I_2$)   **【답】③**

31 변전소에서 수용가로 공급되는 전력을 차단하고 소내 기기를 점검할 경우, 차단기와 단로기의 개폐 조작 방법으로 옳은 것은?

① 점검 시에는 차단기로 부하회로를 끊고 난 다음에 단로기를 열어야 하며, 점검 후에는 단로기를 넣은 후 차단기를 넣어야 한다.
② 점검 시에는 단로기를 열고 난 후 차단기를 열어야 하며, 점검 후에는 단로기를 넣고 난 다음에 차단기로 부하회로를 연결하여야 한다.
③ 점검 시에는 차단기로 부하회로를 끊고 단로기를 열어야 하며, 점검 후에는 차단기로 부하회로를 연결한 후 단로기를 넣어야 한다.

④ 점검 시에는 단로기를 열고 난 후 차단기를 열어야 하며, 점검이 끝난 경우에는 차단기를 부하에 연결한 다음에 단로기를 넣어야 한다.

풀이

DS(단로기)는 부하 전류를 개폐할 수 없으므로 정전시에는 차단기로 부하 전류를 차단 후 DS를 조작하고 급전시에는 DS를 조작 후 CB를 닫아야 한다. 즉, **차단기가 개방되어 있는 상태에서만 단로기를 개방 또는 투입**할 수 있다. 【답】①

32 설비용량 600[kW], 부등률 1.2, 수용률 60[%]일 때의 합성 최대전력은 몇 [kW]인가?
① 240　　② 300
③ 432　　④ 833

풀이

합성 최대전력 = $\dfrac{설비용량 \times 수용률}{부등률} = \dfrac{600 \times 0.6}{1.2} = 300[kW]$

【답】②

33 다음 보호계전기 회로에서 박스 (A) 부분의 명칭은?

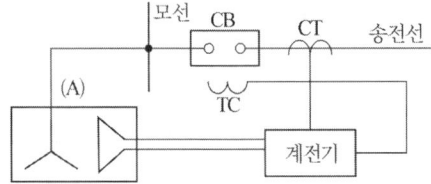

① 차단코일　　② 영상변류기
③ 계기용 변류기　　④ 계기용 변압기

풀이

계기용 변압기 (PT : Potential Transformer)
고전압을 저전압으로 변성하여 계기나 계전기에 공급하기 위한 목적으로 사용 【답】④

34 단거리 송전선로에서 정상상태 유효전력의 크기는?
① 선로리액턴스 및 전압위상차에 비례한다.
② 선로리액턴스 및 전압위상차에 반비례한다.
③ 선로리액턴스에 반비례하고 상차각에 비례한다.
④ 선로리액턴스에 비례하고 상차각에 반비례한다.

풀이

송전 전력 $P = \dfrac{V_s V_r}{X} \sin\delta$ [MW]

여기서, V_s, V_r : 송·수전단 전압 [kV]
δ : 송·수전단 전압의 위상차
X : 선로의 리액턴스 [Ω] 【답】③

35 전력 원선도의 실수축과 허수축은 각각 어느 것을 나타내는가?
① 실수축은 전압이고, 허수축은 전류이다.
② 실수축은 전압이고, 허수축은 역률이다.
③ 실수축은 전류이고, 허수축은 유효전력이다.
④ 실수축은 유효전력이고, 허수축은 무효전력이다.

풀이

• 전력 원선도의 가로축(실수축) : 유효전력
• 전력 원선도의 세로축(허수축) : 무효전력 【답】④

36 전선로의 지지물 양쪽의 경간의 차가 큰 장소에 사용되며, 일명 E형 철탑이라고도 하는 표준 철탑의 일종은?
① 직선형 철탑　　② 내장형 철탑
③ 각도형 철탑　　④ 인류형 철탑

풀이

철주, 철근 콘크리트주 또는 철탑의 종류
① 직선형 : 전선로의 직선 부분(3도 이하의 수평 각도를 이루는 곳을 포함)에 사용하는 것으로 내장형과 보강형은 제외한다.
② **내장형** : 전선로의 지지물 양쪽의 경간의 차가 큰 곳에 사용하며, **E형 철탑**이라고도 한다.
③ 각도형 : 전선로 중 3도를 넘는 수평 각도를 이루는 곳에 사용하는 것
④ 인류형 : 전 가섭선을 인류하는 곳에 사용하는 것
⑤ 보강형 : 전선로의 직선 부분에 그 보강을 위하여 사용하는 것 【답】②

37 수차발전기가 난조를 일으키는 원인은?
① 수차의 조속기가 예민하다.
② 수차의 속도 변동률이 적다.
③ 발전기의 관성 모멘트가 크다.
④ 발전기의 자극에 제동권선이 있다.

[풀이]
난조 발생의 원인
난조 방지에 대한 대책으로는 제동 권선이 적당하며 난조에 대한 원인 및 대책은 다음과 같다.
① 조속기 감도가 지나치게 예민한 경우
　방지대책 : 조속기를 적당히 조정하면 충분히 방지할 수 있다.
② 원동기의 토크에 고조파 토크가 포함된 경우
　방지대책 : 디젤 기관 등에 생기는 문제로 회전부의 플라이휠 효과를 적당히 선정하면 방지할 수 있다.
③ 전기자 회로의 저항이 상당히 큰 경우
　방지대책 : 회로의 저항을 작게 하거나 리액턴스를 삽입하면 방지할 수 있다.
④ 부하가 맥동할 때
　방지대책 : 회전부의 플라이휠 효과를 적당히 선정하면 방지할 수 있다.　【답】①

38 차단기가 전류를 차단할 때, 재점호가 일어나기 쉬운 차단 전류는?
① 동상전류
② 지상전류
③ 진상전류
④ 단락전류

[풀이]
충전전류를 차단할 때 전류파의 0의 위치에서 소거된 아크가 재기전압에 의하여 극간에 다시 발생하는 것을 재점호라고 하며 이러한 **재점호 전류는 콘덴서 C에 의한 진상전류**에 의해 발생한다.　【답】③

39 배전선에 부하가 균등하게 분포되었을 때 배전선 말단에서의 전압강하는 전 부하가 집중적으로 배전선 말단에 연결되어 있을 때의 몇 [%] 인가?
① 25
② 50
③ 75
④ 100

[풀이]
집중 부하와 분산 부하

구 분	전력 손실	전압 강하
말단에 집중 부하	$I^2 rL$	IrL
균등 분산 분포 부하	$\frac{1}{3}I^2 rL = I^2 r \left(\frac{1}{3}L\right)$	$\frac{1}{2}IrL = Ir\left(\frac{1}{2}L\right)$

여기서, I : 전선의 전류, r : 전선 단위 길이당 저항, L : 전선의 길이　【답】②

40 송전선의 특성임피던스를 Z_0, 전파속도를 V라 할 때, 이 송전선의 단위길이에 대한 인덕턴스 L은?
① $L = \dfrac{V}{Z_0}$
② $L = \dfrac{Z_0}{V}$
③ $L = \dfrac{Z_0^2}{V}$
④ $L = \sqrt{Z_0}\, V$

[풀이]
- 파동 임피던스 $Z_0 = \sqrt{\dfrac{L}{C}}$
- 전파속도 $V = \sqrt{\dfrac{1}{LC}}$

$$\therefore \frac{Z_0}{V} = \sqrt{\frac{\frac{L}{C}}{\frac{1}{LC}}} = L$$

【답】②

2회　전력공학

21 차단기의 정격차단시간을 설명한 것으로 옳은 것은?
① 계기용변성기로부터 고장전류를 감지한 후 계전기가 동작할 때까지의 시간
② 차단기가 트립 지령을 받고 트립 장치가 동작하여 전류차단을 완료할 때까지의 시간
③ 차단기의 개극(발호)부터 이동행정 종료 시까지의 시간
④ 차단기 가동접촉자 시동부터 아크 소호가 완료될 때까지의 시간

[풀이]
차단기의 차단 시간
- 트립코일(Trip coil)의 여자부터 아크소호시간을 합한 것
  즉, 정격차단시간 = 개극시간 + 아크소호시간
- 차단기의 정격차단시간 : 3 [Hz], 5 [Hz], 8 [Hz]　【답】②

22 송전계통의 안정도를 증진시키는 방법은?
① 중간 조상설비를 설치한다.
② 조속기의 동작을 느리게 한다.
③ 계통의 연계는 하지 않도록 한다.
④ 발전기나 변압기의 직렬 리액턴스를 가능한 크게 한다.

풀이
안정도 향상 대책
① 계통의 직렬 리액턴스 감소(직렬콘덴서, 단락비 크게, 복도체 사용, 병행회선)
② **전압 변동률을 적게** 한다. (속응 여자 방식 채용, 계통의 연계, **중간 조상 방식 채택**)
③ 계통에 주는 충격을 적게 한다. (적당한 중성점 접지 방식, 고속 차단 방식, 재폐로 방식 채택)
④ 고장 중의 발전기 돌입 출력의 불평형을 적게 한다.(조속기 동작을 빠르게 한다.) 【답】①

23 보호 계전 방식의 구비 조건이 아닌 것은?
① 여자돌입전류에 동작할 것
② 고장 구간의 선택 차단을 신속 정확하게 할 수 있을 것
③ 과도 안정도를 유지하는 데 필요한 한도 내의 동작 시한을 가질 것
④ 적절한 후비 보호 능력이 있을 것

풀이
보호 계전 방식의 구비 조건
① 고장 회선 내지 고장 구간의 선택 차단을 신속 정확하게 할 수 있을 것
② 과도 안정도를 유지하는 데 필요한 한도 내의 동작 시한을 가질 것
③ 적절한 후비 보호 능력이 있을 것
④ 계통 구성이라든지 발전기 운전 대수의 변화에 따른 고장 전류의 변동에 대해서도 동작 시간의 조정 등으로 소정의 계전기 동작이 수행되어야 할 것
⑤ 전력 계통 운용의 입장에서도 보호 계전 방식 전체가 경제적이어야 할 것
⑥ 여자돌입 전류에 오동작하지 말 것 【답】①

24 보일러 절탄기(economizer)의 용도는?
① 증기를 과열한다.
② 공기를 예열한다.
③ 석탄을 건조한다.
④ 보일러 급수를 예열한다.

풀이
• **절탄기 : 보일러 급수를 예열**
• 공기 예열기 : 연소용 공기를 예열
• 재열기 : 터빈에서 팽창한 증기를 다시 가열
• 과열기 : 포화증기를 가열 【답】④

25 가공지선을 설치하는 주된 목적은?
① 뇌해 방지
② 전선의 진동 방지
③ 철탑의 강도 보강
④ 코로나의 발생 방지

풀이
가공 지선의 설치 목적
① 직격 뇌에 대한 차폐 효과
② 유도 뇌에 대한 정전 차폐 효과
③ 통신선에 대한 전자 유도 장해 경감 효과 【답】①

26 변압기의 보호방식에서 차동계전기는 무엇에 의하여 동작하는가?
① 1, 2차 전류의 차로 동작한다.
② 전압과 전류의 배수 차로 동작한다.
③ 정상전류와 역상전류의 차로 동작한다.
④ 정상전류와 영상전류의 차로 동작한다.

풀이
차동계전기는 보호 구간에 **유입하는 전류와 유출하는 전류의 차**를 검출해서 동작하는 계전기이다. 【답】①

27 직류송전방식의 장점은?
① 역률이 항상 1이다.
② 회전자계를 얻을 수 있다.
③ 전력변환장치가 필요하다.
④ 전압의 승압, 강압이 용이하다.

풀이
직류송전방식의 장·단점
[장점]
① 선로의 리액턴스가 없으므로 안정도가 높다.
② 유전체손 및 충전 용량이 없고 절연 내력이 강하다.
③ 비동기 연계가 가능하다.
④ 단락 전류가 적고 임의 크기의 교류 계통을 연계시킬 수 있다.
⑤ 코로나손 및 전력 손실이 적다.
⑥ 표피효과나 근접 효과가 없으므로 실효 저항의 증대가 없다.
⑦ **역률이 항상 1**로 되기 때문에 송전효율도 좋아진다.
[단점]
① 직교 변환 장치가 필요하다.
② 전압의 승압 및 강압이 불리하다.
③ 고조파나 고주파 억제 대책이 필요하다.
④ 직류 차단기가 개발되어 있지 않다. 【답】①

28 저압뱅킹 배전방식에서 저전압 측의 고장에 의하여 건전한 변압기의 일부 또는 전부가 차단되는 현상은?

① 아킹(Arcing)
② 플리커(Flicker)
③ 밸런서(Balancer)
④ 캐스케이딩(Cascading)

풀이
캐스케이딩 현상이란 Banking 배전방식으로 운전 중 건전한 변압기 일부가 고장이 발생하면 부하가 다른 건전한 변압기에 걸려서 **고장이 확대되는 현상**을 말한다. 【답】④

29 전선에서 전류의 밀도가 도선의 중심으로 들어갈수록 작아지는 현상은?

① 표피효과
② 근접효과
③ 접지효과
④ 페란티효과

풀이
표피효과(skin effect) : 도체의 중심으로 갈수록 전류의 밀도가 **낮아지는**(전류가 잘 흐르지 못하는) **현상**

$$\delta = \sqrt{\frac{2}{\omega\sigma\mu}} = \sqrt{\frac{1}{\pi f \sigma \mu}}\ [m]$$

f(주파수), σ(도전율), μ(투자율) 가 클수록 δ가 작게 되어 표피 효과가 심해진다. 【답】①

30 그림에서 X부분에 흐르는 전류는 어떤 전류인가?

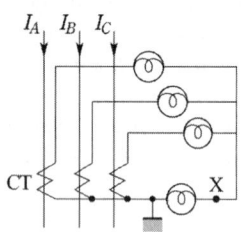

① b상 전류
② 정상전류
③ 역상전류
④ 영상전류

풀이
접지선에 흐르는 전류는 영상 전류이다. 【답】④

31 주파수 60[Hz], 정전용량 $\frac{1}{6\pi}[\mu F]$의 콘덴서를 △결선해서 3상 전압 20000[V]를 가했을 때의 충전용량은 몇 [kVA] 인가?

① 12
② 24
③ 48
④ 50

풀이
• 콘덴서 Y 결선시 충전용량 :
$$Q_Y = 3 \times 2\pi f C \left(\frac{V}{\sqrt{3}}\right)^2 = 2\pi f C V^2\ [VA]$$

• 콘덴서 △결선시 충전용량 :
$$Q_\triangle = 3 \times 2\pi f C E^2 = 3 \times 2\pi f C V^2\ [VA]$$

$$\therefore Q_\triangle = 3 \times 2\pi \times 60 \times \frac{1}{6\pi} \times 10^{-6} \times 20000^2 \times 10^{-3} = 24[kVA]$$
【답】②

32 345[kV] 송전계통의 절연협조에서 충격절연내력의 크기순으로 나열한 것은?

① 선로애자 > 차단기 > 변압기 > 피뢰기
② 선로애자 > 변압기 > 차단기 > 피뢰기
③ 변압기 > 차단기 > 선로애자 > 피뢰기
④ 변압기 > 선로애자 > 차단기 > 피뢰기

풀이
• 절연협조 : 계통 내의 각 기기, 기구 및 애자 등의 상호간에 적정한 절연 강도를 지니게 함으로써 계통 설계를 합리적, 경제적으로 할 수 있게 한 것을 절연협조라고 하며 피뢰기의 제한전압이 기본이 된다. 따라서, 피뢰기의 절연레벨이 제일 낮다.
• **절연 레벨 : 선로애자 > 차단기, CT, PT, … > 변압기 > 피뢰기** 【답】①

33 화력발전소의 기본 사이클이다. 그 순서로 옳은 것은?

① 급수펌프 → 과열기 → 터빈 → 보일러 → 복수기 → 급수펌프
② 급수펌프 → 보일러 → 과열기 → 터빈 → 복수기 → 급수펌프
③ 보일러 → 급수펌프 → 과열기 → 복수기 → 급수펌프 → 보일러
④ 보일러 → 과열기 → 복수기 → 터빈 → 급수펌프 → 축열기 → 과열기

풀이

실제 기력 발전소에 쓰이는 기본 사이클(Rankine cycle)은 다음과 같다.

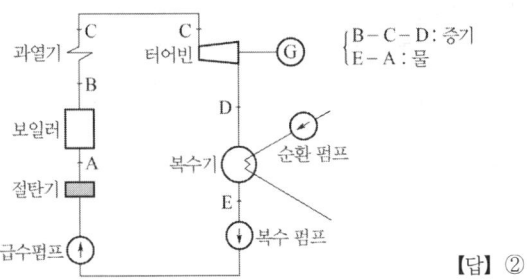

【답】②

34 증기의 엔탈피(Enthalpy)란?

① 증기 1[kg]의 잠열
② 증기 1[kg]의 기화 열량
③ 증기 1[kg]의 보유 열량
④ 증기 1[kg]의 증발열을 그 온도로 나눈 것

풀이

증기의 엔탈피 : 증기 1[kg]의 내부에 축적되어진 내부에너지와 증기의 유동에 의한 기계적 일에 상당하는 열량의 합. 즉 **증기 1[kg]의 보유열량**

【답】③

35 최대 수용전력의 합계와 합성 최대 수용전력의 비를 나타내는 계수는?

① 부하율
② 수용률
③ 부등률
④ 보상률

풀이

부등률 = $\frac{\text{수용설비 개개의 최대수용전력의 합계}}{\text{합성 최대수용전력}} \geq 1$

【답】③

36 연가를 하는 주된 목적은?

① 미관상 필요
② 전압강하 방지
③ 선로정수의 평형
④ 전선로의 비틀림 방지

풀이

연가는 선로 정수를 평형시키고 통신선의 유도 장해를 방지하기 위하여 선로를 3배수 등분하여 실시한다.
① 직렬공진 방지
② 유도장해 감소
③ **선로정수 평형**

【답】③

37 지름 5[mm]의 경동선을 간격 1[m]로 정삼각형 배치를 한 가공전선 1선의 작용 인덕턴스는 약 몇 [mH/km]인가? (단, 송전선은 평형 3상 회로)

① 1.13
② 1.25
③ 1.42
④ 1.55

풀이

- 등가선간거리 $D = \sqrt[3]{1 \times 1 \times 1} = 1[m]$
- 반지름 $r = \frac{5 \times 10^{-3}}{2} = 2.5 \times 10^{-3}[m]$

따라서 인덕턴스 $L = 0.05 + 0.4605 \log \frac{D}{r}$

$= 0.05 + 0.4605 \log \frac{1}{2.5 \times 10^{-3}}$

$= 1.25 [mH/km]$

【답】②

38 지상 역률 80[%], 10000[kVA]의 부하를 가진 변전소에 6000[kVA]의 콘덴서를 설치하여 역률을 개선하면 변압기에 걸리는 부하[kVA]는 콘덴서 설치 전의 몇 [%]로 되는가?

① 60
② 75
③ 80
④ 85

풀이

- 부하의 유효전력 $P = P_a \cos\theta = 10000 \times 0.8 = 8000[kW]$
- 부하의 무효전력 $Q_L = P_a \sin\theta = 10000 \times \sqrt{1-0.8^2}$
  $= 6000[kVar]$
- 콘덴서 용량 $Q_C = 6000[kVA]$
- 역률 개선 후 피상전력
  $P_a' = \sqrt{P^2 + (Q_L - Q_C)^2} = \sqrt{8000^2 + (6000-6000)^2}$
  $= 8000[kVA]$
- 역률 개선 전·후 변압기에 걸리는 부하
  $= \frac{8000}{10000} \times 100 = 80[\%]$

【답】③

39 송전선로의 후비 보호 계전 방식의 설명으로 틀린 것은?

① 주 보호 계전기가 그 어떤 이유로 정지해 있는 구간의 사고를 보호한다.
② 주 보호 계전기에 결함이 있어 정상 동작을 할 수 없는 상태에 있는 구간 사고를 보호한다.
③ 차단기 사고 등 주 보호 계전기로 보호할 수 없는 장소의 사고를 보호한다.
④ 후비 보호 계전기의 정정값은 주 보호 계전기와 동일하다.

[풀이]
전력 계통에 발생한 사고를 제거하기 위한 보호 계전 방식은 주보호 계전 방식과 후비 보호 계전 방식으로 나눌 수 있다. 주보호는 신속하게 고장 구간을 최소 범위로 한정해서 제거한다는 것을 책무로 하며, **후비 보호**는 주보호가 실패했을 경우 또는 보호할 수 없을 경우에 **일정한 시간을 두고 동작하는 백업 계전 방식**으로 보호구간은 다음과 같다.
① 주보호 계전기가 그 어떤 이유로 정지해 있는 구간의 사고
② 주보호 계전기에 결함이 있어 정상 동작을 할 수 없는 상태에 있는 구간의 사고
③ 차단기 사고 등 주보호 계전기로 보호할 수 없는 장소의 사고

【답】④

40 3상 3선식 3각형 배치의 송전선로에 있어서 각 선의 대지 정전용량이 $0.5038[\mu F]$이고, 선간 정전용량이 $0.1237[\mu F]$일 때 1선의 작용정전용량은 약 몇 $[\mu F]$인가?
① 0.6275
② 0.8749
③ 0.9164
④ 0.9755

[풀이]
$C_w = C_s + 3C_m = 0.5038 + 3 \times 0.1237 = 0.8749[\mu F/km]$
여기서, C_w : 작용정전용량, C_s : 대지정전용량,
C_m : 선간정전용량

【답】②

4회 전력공학

21 복도체를 사용하면 송전용량이 증가하는 주된 이유로 옳은 것은?
① 코로나가 발생하지 않는다.
② 전압강하가 적어진다.
③ 선로의 작용 인덕턴스는 감소하고 작용정전용량이 증가한다.
④ 무효전력이 적어진다.

[풀이]
복도체를 사용하면 전선의 등가 반지름은 증가하므로 **인덕턴스는 감소하고 정전용량은 증가**하여 송전용량이 증가하고 안정도를 증대시킨다. 즉, $P = \frac{E_S E_R}{X} \sin\delta$에서 리액턴스 X가 감소하므로 송전 용량은 증가한다.

【답】③

22 계통 내의 각 기기, 기구 및 애자 등의 상호간에 적정한 절연강도를 지니게 함으로써 계통 설계를 합리적, 경제적으로 할 수 있게 하는 것은?
① 기준충격절연강도
② 절연협조
③ 절연계급 선정
④ 보호계전 방식

[풀이]
계통 내의 각 기기, 기구 및 애자 등의 **상호간에 적정한 절연 강도를 지니게 함으로써** 계통 설계를 합리적, 경제적으로 할 수 있게 한 것을 절연협조라고 하며 피뢰기의 제한전압이 기본이 된다.

【답】②

23 전력원선도에서 구할 수 없는 것은?
① 조상용량
② 송전손실
③ 정태안정 극한전력
④ 과도안정 극한전력

[풀이]
① 원선도에서 구할 수 있는 것
 • 최대출력 (정태 극한전력)
 • 필요한 전력을 보내기 위한 송수전단 전압간의 위상각 θ
 • 요구하는 부하의 전력을 수전단에서 받기 위해 필요한 수전단 쪽의 조상설비 용량
 • 송수전단 R, L, C, G에 의한 선로손실 (4단자 정수)과 송전효율
 • 수전단 역률
② 원선도에서 **구할 수 없는 것**
 • 코로나 손실
 • 과도안정 극한전력

【답】④

24 수용가 측에서 부하의 무효전력 변동 분을 흡수하여 플리커의 발생을 방지하는 대책이 아닌 것은?
① 부스터 방식
② 동기조상기와 리액터 방식
③ 사이리스터 이용 콘덴서 개폐 방식
④ 사이리스터용 리액터 방식

[풀이]
수용가측에서 실시하는 플리커 발생방지 대책
① 전원계통에 리액터분을 보상하는 방법
 • 직렬 콘덴서 방식
 • 3권선 보상변압기 방식

② 전압강하를 보상하는 방법
  • 부스터 방식
  • 상호 보상 리액터 방식
③ 부하의 무효전력 변동분을 흡수하는 방법
  • 동기 조상기와 리액터 방식
  • 사이리스터 이용 콘덴서 개폐 방식
  • 사이리스터용 리액터
④ 플리커 부하 전류의 변동분을 억제하는 방식
  • 직렬 리액터 방식
  • 직렬 리액터 가포화 방식   【답】①

25 Y결선으로 접속된 커패시터를 △결선으로 변경하여 연결하였을 때 진상용량의 변화로 옳은 것은? (단, 3상의 동일한 전원에 접속하는 경우이고, Q_Y는 Y결선한 커패시터의 진상용량이고, $Q_\triangle$는 △결선한 커패시터의 진상용량이다.)

① $Q_\triangle = \sqrt{3}\,Q_Y$ ② $Q_\triangle = 3Q_Y$
③ $Q_\triangle = \dfrac{1}{\sqrt{3}}Q_Y$ ④ $Q_\triangle = \dfrac{1}{3}Q_Y$

풀이

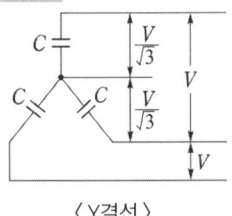   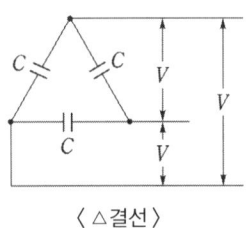
〈Y결선〉   〈△결선〉

$Q_\triangle = 3 \times 2\pi f C V^2$

$Q_Y = 3 \times 2\pi f C \left(\dfrac{V}{\sqrt{3}}\right)^2 = 2\pi f C V^2$

∴ $Q_\triangle = 3Q_Y$ 【답】②

26 과전류 차단기의 설치 장소로 적합하지 않은 곳은?
① 수용가의 인입선 부분
② 고압배전 선로의 인출장소
③ 직접접지 계통에 설치한 변압기의 접지선
④ 역률조정용 고압 병렬 커패시터 뱅크의 분기선

풀이 과전류 차단기의 시설 제한(KEC 341.11)
접지공사의 접지도체, 다선식 전로의 중성선 및 전로의 일부에 접지공사를 한 저압 가공전선로의 **접지측 전선**에는 과전류차단기를 시설하여서는 안 된다.   【답】③

27 페란티 현상이 발생하는 주된 원인은?
① 선로의 저항   ② 선로의 인덕턴스
③ 선로의 정전용량   ④ 선로의 누설컨덕턴스

풀이
페란티 현상이란 선로의 **정전용량**으로 인하여 무부하시나 경부하시에 **진상 전류가 흘러 수전단 전압이 송전단 전압보다 높아지는 현상**을 말하며 이의 대책으로는 분로 리액터나 동기 조상기의 지상 용량으로 방지할 수 있다.   【답】③

28 서울과 같이 부하밀도가 큰 지역에서는 일반적으로 변전소의 수와 배전거리를 어떻게 결정하는 것이 좋은가?
① 변전소의 수를 줄이고 배전거리를 증가시킨다.
② 변전소의 수를 늘리고 배전거리를 감소시킨다.
③ 변전소의 수를 줄이고 배전거리를 감소시킨다.
④ 변전소의 수를 늘리고 배전거리를 증가시킨다.

풀이
부하 밀도가 큰 지역에서는 **변전소의 수를 증가**해서 담당 용량을 줄이고 **배전 거리를 작게** 해야 전력 손실도 줄어든다.   【답】②

29 파동 임피던스 $Z_1 = 600[\Omega]$인 선로 종단에 파동 임피던스 $Z_2 = 1300[\Omega]$의 변압기가 접속되어 있다. 지금 선로에서 파고 $e_1 = 900[\text{kV}]$의 전압이 진입하였다면 접속점에서의 전압의 반사파는 약 몇 [kV]인가?
① 530   ② 430
③ 330   ④ 230

풀이
반사 전압 $e_2 = \dfrac{Z_2 - Z_1}{Z_2 + Z_1} e_1 = \dfrac{1300 - 600}{1300 + 600} \times 900 = 331.58[\text{kV}]$ 【답】③

30 전력 퓨즈(Power Fuse)는 주로 어떤 전류의 차단을 목적으로 사용하는가?
① 충전전류   ② 과부하전류
③ 단락전류   ④ 과도전류

풀이
전력용 퓨즈는 단락 보호용으로 사용된다.   【답】③

31 전력계통에서 전력용 커패시터와 직렬로 연결하는 직렬리액터는 계통 내 어떤 고조파를 제거하기 위해서 설치하는가?

① 제5고조파　　　② 제4고조파
③ 제3고조파　　　④ 제2고조파

풀이

직렬 리액터는 **제5고조파 제거를 목적**으로 사용된다.

$$2\pi(5f_0)L = \frac{1}{2\pi(5f_0)C}$$

따라서, $X_L = \frac{1}{25} \times X_c = 0.04 X_c$

즉, 5고조파를 제거하기 위해서는 콘덴서 용량의 4[%]에 해당하는 직렬리액터를 설치하면 되지만 여유를 고려하여 콘덴서 용량의 5~6[%]에 해당하는 직렬리액턴스를 설치한다.

【답】①

32 풍력발전에 대한 설명으로 적합하지 않은 것은?

① 자연에너지 이용의 신시스템으로 각광을 받고 있다.
② 풍력발전은 풍향, 풍속과 관계없이 설치가 가능하다.
③ 풍차는 수평축과 수직축 풍차로 분류할 수 있다.
④ 대용량발전에는 프로펠러와 다리우스 풍차가 있다.

풀이

- 풍력 발전기는 바람의 에너지를 전기 에너지로 바꿔주는 장치로서, 풍력 발전기의 날개를 회전시켜 이때 생긴 날개의 회전력으로 전기를 생산한다.
- 풍력발전의 근원이 되는 평균 풍속은 장소에 따라 서로 다르고 또한 풍향·풍속 변동도 크기 때문에 풍력발전은 입지조건이 중요한 전제가 되는 에너지원 이다.

【답】②

33 수지식 배전방식과 비교한 저압 뱅킹 방식에 대한 설명으로 틀린 것은?

① 전압 변동이 적다.
② 캐스케이딩 현상에 의해 고장확대가 축소된다.
③ 부하증가에 대해 탄력성이 향상된다.
④ 고장 보호 방식이 적당할 때 공급 신뢰도는 향상된다.

풀이

캐스케이딩 현상이란 Banking 배전방식으로 운전 중 건전한 변압기 일부가 고장이 발생하면 부하가 다른 건전한 변압기에 걸려서 **고장이 확대되는 현상**을 말한다.

【답】②

34 다음 중 부하 전류의 차단능력이 없는 것은?

① 기중차단기(ACB)　　② 유입차단기(OCB)
③ 진공차단기(VCB)　　④ 단로기(DS)

풀이

- 차단기(Breaker) : 아크 소호능력이 있어 부하전류나 사고전류의 차단이 가능
- 스위치(Switch) : 아크 소호능력이 없어 정격 이상의 부하전류나 사고전류의 차단이 불 가능

따라서, **단로기(DS)는 스위치(Switch)이므로 부하전류나 사고전류의 차단이 불 가능**

【답】④

35 다음 중 전력계통의 안정도 향상대책으로 옳은 것은?

① 송전계통의 전달 리액턴스를 증가시킨다.
② 고속 재폐로 방식을 채용한다.
③ 전원측 원동기용 조속기의 작동을 느리게 한다.
④ 고장을 줄이기 위하여 각 계통을 분리시킨다.

풀이

안정도 향상 대책

- 계통의 직렬 리액턴스 감소(직렬콘덴서 설치, 단락비 크게, 복도체 사용, 병행회선 채용)
- 전압 변동률을 적게 한다. (속응 여자 방식 채용, 계통의 연계, 중간 조상 방식)
- 계통에 주는 충격을 적게 한다. (적당한 중성점 접지 방식, 고속 차단 방식, **재폐로 방식**)
- 고장 중의 발전기 돌입 출력의 불평형을 적게 한다.(조속기 동작을 빠르게 한다.)

【답】②

36 3상 1회선 송전선로의 소호 리액터의 용량[kVA]은?

① 선로 충전 용량과 같다.
② 선간 충전 용량의 1/2이다.
③ 3선 일괄의 대지 충전 용량과 같다.
④ 1선과 중성점 사이의 충전 용량과 같다.

풀이

3상 1회선 소호 리액터 용량

$$P = 3 \times 2\pi f C_s E^2 \times 10^{-3} \text{ [kVA]}$$ 로 표현된다.

따라서, **소호 리액터 용량은 3선 일괄의 대지 충전 용량과 같다.**
여기서, C_s : 1상당 대지 정전 용량 [μF]
　　　　E : 대지 전압 [kV]

【답】③

37 수차발전기의 출력 P, 수두 H, 수량 Q 및 회전수 N 사이에 성립하는 관계는?

① $P \propto QN$ ② $P \propto QH$
③ $P \propto QH^2$ ④ $P \propto QHN$

[풀이]
이론 수력과 발전소 출력
- 이론 수력 : 물의 에너지가 전부 이용되었다고 가정하였을 때 이론상 발생할 수 있는 수력
  $P = 9.8QH$ [kW]
- 수차 출력 : $P_t = 9.8QH\eta_t$ [kW]
- 발전기 출력(발전소 출력) : $P_g = 9.8QH\eta_t\eta_g$ [kW]

여기서, Q : 사용 수량 [m³/s]
  H : 유효 낙차 [m]
  t : 시간 [h]
  η_t : 수차 효율
  η_g : 발전기 효율
  $\eta = \eta_t\eta_g$: 종합 효율   【답】②

38 출력 20[kW]의 전동기로서 총 양정 10[m], 펌프 효율 0.75일 때 양수량은 약 몇 [m³/min]인가?

① 9.18   ② 9.85
③ 10.31   ④ 11.02

[풀이]
펌프용 전동기의 출력 $P = \dfrac{QH}{6.12\eta}$ 에서

$Q = \dfrac{6.12P\eta}{H} = \dfrac{6.12 \times 20 \times 0.75}{10} = 9.18$ [m³/min]   【답】①

39 송전선로의 4단자 정수가 A, B, C, D이고 송전단 상전압이 E_s인 경우 무부하 시의 충전전류(송전단전류)는?

① $\dfrac{C}{A}E_s$ ② $\dfrac{A}{C}E_s$
③ ACE_s ④ CE_s

[풀이]
$E_s = AE_r + BI_r$ 에서
- 무부하($I_r = 0$)이므로 $E_s = AE_r$ → $E_r = \dfrac{E_s}{A}$
- $I_s = CE_r + DI_r$ 에서 무부하($I_r = 0$)이므로
  $I_s = CE_r = \dfrac{C}{A}E_s$ 【답】①

40 감전방지 대책으로 적합하지 않은 것은?

① 외함접지   ② 아크혼 설치
③ 2중 절연기기   ④ 누전 차단기 설치

[풀이]
아크혼의 설치 목적
- 애자련의 전압분포 개선
- 선로의 섬락으로부터 애자련의 보호   【답】②

2020년 기출문제

| 1,2회 | 전력공학 |

21 전압이 일정값 이하로 되었을 때 동작하는 것으로서 단락 시 고장 검출용으로도 사용되는 계전기는?
① OVR ② OVGR
③ NSR ④ UVR

풀이
① 전압이 정정값 이하 시 동작 : 부족 전압 계전기
  (Under Voltage Relay : UVR)
② 전압이 정정값 초과 시 동작 : 과전압 계전기
  (Over Voltage Relay : OVR)   【답】④

22 반동수차의 일종으로 주요부분은 러너, 안내날개, 스피드링 및 흡출관 등으로 되어 있으며 50~500[m] 정도의 중낙차 발전소에 사용되는 수차는?
① 카플란수차   ② 프란시스수차
③ 펠턴수차   ④ 튜블러수차

풀이

동작원리에 의한 분류	수차의 종류	낙 차
충동형	펠톤수차	300[m] 이상 고낙차
반동형	프란시스 수차	50~500[m]의 중낙차
	카플란 수차	30[m] 이하의 저낙차
	튜우블러 수차	20[m] 이하의 저낙차

【답】②

23 페란티현상이 발생하는 원인은?
① 선로의 과도한 저항
② 선로의 정전용량
③ 선로의 인덕턴스
④ 선로의 급격한 전압강하

풀이
• 페란티 현상 : 수전단 전압이 송전단 전압보다 높아지는 현상
• 원인 : 진상전류(선로의 정전용량)
• 방지 대책 : 지상전류 공급(분로 리액터, 동기 조상기의 지상 용량)   【답】②

24 전력계통의 경부하시나 또는 다른 발전소의 발전전력에 여유가 있을 때, 이 잉여전력을 이용하여 전동기로 펌프를 돌려서 물을 상부의 저수지에 저장하였다가 필요에 따라 이 물을 이용해서 발전하는 발전소는?
① 조력발전소   ② 양수식발전소
③ 유역변경식발전소 ④ 수로식발전소

풀이
양수식 발전소란 경부하시 또는 심야에 **잉여 전력을 이용**해서 펌프로 물을 하부 저수지에서 상부저수지로 양수하여 저장하였다가 **첨두부하 시에 발전하는 발전소**를 말한다.   【답】②

25 열의 일당량에 해당되는 단위는?
① kcal/kg   ② kg/cm^2
③ $kcal/cm^3$ ④ $kg \cdot m/kcal$

풀이
• 1[kcal]에 해당하는 일의 양을 열의 일당량이라고 부른다.
• J : 열의 일당량 = 427 [$kg \cdot m/kcal$]   【답】④

26 가공전선을 단도체식으로 하는 것보다 같은 단면적의 복도체식으로 하였을 경우에 대한 내용으로 틀린 것은?
① 전선의 인덕턴스가 감소된다.
② 전선의 정전용량이 감소된다.
③ 코로나 발생률이 적어진다.
④ 송전용량이 증가한다.

풀이 복도체의 특징
- 인덕턴스는 20~30 [%] 감소
- 정전 용량은 20 [%] 증가
- 코로나 임계전압은 15~20 [%] 증가
- 송전용량 증가 및 안정도 향상 【답】②

27 연가의 효과로 볼 수 없는 것은?
① 선로 정수의 평형
② 대지 정전용량의 감소
③ 통신선의 유도장해의 감소
④ 직렬 공진의 방지

풀이 연가의 효과
① 선로 정수 평형
② 임피던스 평형
③ 소호 리액터 접지시 직렬 공진 방지
④ 유도 장해 감소 【답】②

28 발전기나 변압기의 내부고장 검출로 주로 사용되는 계전기는?
① 역상계전기 ② 과전압계전기
③ 과전류계전기 ④ 비율차동계전기

풀이
비율 차동 계전기는 발전기와 변압기의 내부 고장에 대한 보호 장치로 1차 전류와 2차 전류의 차 전류가 일정 비율 이상으로 되면 동작하는 계전기이다. 【답】④

29 송전선로에서 역섬락을 방지하는 가장 유효한 방법은?
① 피뢰기를 설치한다.
② 가공지선을 설치한다.
③ 소호각을 설치한다.
④ 탑각 접지저항을 작게 한다.

풀이
철탑에 뇌격 시 **철탑 탑각 접지저항이 높으면** 철탑의 전위가 올라가게 되고 만일 이때의 전압이 애자련의 절연 파괴 전압 이상으로 될 경우에는 거꾸로 **철탑으로부터 전선을 향해서 섬락을 일으**키게 된다.
이와 같은 현상을 **역섬락**이라고 하며 **역섬락을 방지하기 위해서는 철탑의 탑각 접지저항값을 낮추어야 하는데** 이를 위해서 지면 밑 30[cm]에 30~50[m]길이의 접지선을 방사상으로 몇 가닥 매설하고 있는데 이를 **매설지선** 이라고 한다. 【답】④

30 교류 송전방식과 직류 송전방식을 비교할 때 교류 송전방식의 장점에 해당되는 것은?
① 전압의 승압, 강압 변경이 용이하다.
② 절연계급을 낮출 수 있다.
③ 송전효율이 좋다.
④ 안정도가 좋다.

풀이 교류 송전 방식의 장점
① **승압·강압이 용이**하다.
② 회전자계를 쉽게 얻을 수 있다.
③ 계통의 일관된 운용이 가능 【답】①

31 단상 2선식 교류 배전선로가 있다. 전선의 1가닥 저항이 0.15[Ω]이고, 리액턴스는 0.25[Ω] 이다. 부하는 순저항부하이고 100[V], 3[kW] 이다. 급전점의 전압[V]은 약 얼마인가?
① 105 ② 110
③ 115 ④ 124

풀이
$V_s = V_r + 2I(R\cos\theta + X\sin\theta)$
(여기서, 부하는 순저항부하 이므로 $\cos\theta = 1$, $\sin\theta = 0$)
$= 100 + 2 \times \dfrac{3000}{100} \times 0.15 \times 1 = 109[V]$ 【답】②

32 반한시성 과전류계전기의 전류-시간 특성에 대한 설명으로 옳은 것은?
① 계전기 동작시간은 전류의 크기와 비례한다.
② 계전기 동작시간은 전류의 크기와 관계없이 일정하다.
③ 계전기 동작시간은 전류의 크기와 반비례한다.
④ 계전기 동작시간은 전류의 크기의 제곱에 비례한다.

풀이 동작 시간에 의한 보호 계전기 분류
① 순한시 계전기 : 고장 즉시 동작
② 정한시 계전기 : 고장 후 일정시간이 경과하면 동작
③ **반한시 계전기 : 고장전류의 크기에 반비례하여 동작**
④ 반한시 정한시 계전기 : 반한시와 정한시 특성을 겸함
【답】③

과년도 기출문제 2020년

33 지상부하를 가진 3상 3선식 배전선로 또는 단거리 송전선로에서 선간 전압강하를 나타낸 식은?
(단, I, R, X, θ는 각각 수전단 전류, 선로저항, 리액턴스 및 수전단 전류의 위상각이다.)

① $I(R\cos\theta + X\sin\theta)$
② $2I(R\cos\theta + X\sin\theta)$
③ $\sqrt{3}I(R\cos\theta + X\sin\theta)$
④ $3I(R\cos\theta + X\sin\theta)$

■ 풀이
전압강하 $e = V_s - V_r$
(여기서, V_s : 송전단 전압, V_r : 수전단 전압)

전기 방식	전압강하
단상3선식, 3상4선식	$e_1 = I(R\cos\theta + X\sin\theta)$
단상2선식	$e_2 = 2I(R\cos\theta + X\sin\theta)$
3상3선식	$e_3 = \sqrt{3}I(R\cos\theta + X\sin\theta)$

【답】③

34 다음 중 송·배전선로의 진동 방지대책에 사용되지 않는 기구는?

① 댐퍼   ② 조임쇠
③ 클램프   ④ 아머 로드

■ 풀이 진동 억제장치
• 스톡브리지 댐퍼, 토셔널댐퍼 : 지지점 가까운 곳에서 1개소 또는 2개소에 추(damper)를 달아서 진동을 감소시키는 방법
• 아머로드 : 지지점 부근의 전선을 보강
• 베이츠 댐퍼 : 가공지선에 별도의 선을 첨가하여 보강하는 방법
• 스페이서 댐퍼 : 복도체방식에서 스페이서가 진동 방지를 할 수 있도록 개발된 스페이서
【답】②

35 단락전류를 제한하기 위하여 사용되는 것은?

① 한류리액터
② 사이리스터
③ 현수애자
④ 직렬콘덴서

■ 풀이
한류 리액터는 선로에 직렬로 설치한 리액터로서, 단락 사고 시 발전기에 전기자 반작용이 일어나기 전 커다란 돌발 단락 전류가 흐르므로 이를 제한하기 위해 설치한다.
【답】①

36 어느 변전설비의 역률을 60[%]에서 80[%]로 개선하는데 2800[kVA]의 전력용 커패시터가 필요하였다. 이 변전설비의 용량은 몇 [kW]인가?

① 4800   ② 5000
③ 5400   ④ 5800

■ 풀이 콘덴서 용량
$Q_c = P(\tan\theta_1 - \tan\theta_2)$
$= P\left(\dfrac{\sqrt{1-\cos^2\theta_1}}{\cos\theta_1} - \dfrac{\sqrt{1-\cos^2\theta_2}}{\cos\theta_2}\right)$ [kVA]

따라서 설비용량

$P = \dfrac{Q_c}{\left(\dfrac{\sqrt{1-\cos^2\theta_1}}{\cos\theta_1} - \dfrac{\sqrt{1-\cos^2\theta_2}}{\cos\theta_2}\right)}$

$= \dfrac{2800}{\left(\dfrac{\sqrt{1-0.6^2}}{0.6} - \dfrac{\sqrt{1-0.8^2}}{0.8}\right)} = 4800$ [kW]
【답】①

37 교류 단상 3선식 배전방식을 교류 단상 2선식에 비교하면?

① 전압강하가 크고, 효율이 낮다.
② 전압강하가 작고, 효율이 낮다.
③ 전압강하가 작고, 효율이 높다.
④ 전압강하가 크고, 효율이 높다.

■ 풀이

항 목	단상 2선식	단상 3선식
회로도	I, V	I, V, V, $2V$

즉, 단상 3선식은 단상 2선식에 비해 **전압이 2배로 승압**되는 효과가 있다. 따라서, 단상 3선식의 경우 단상 2선식에 비해 **전압강하 및 전력 손실은 감소하고 배전 효율은 상승**한다.
【답】③

38 배전선로의 전압을 $\sqrt{3}$ 배로 증가시키고 동일한 전력 손실률로 송전할 경우 송전전력은 몇 배로 증가되는가?

① $\sqrt{3}$ ② $\dfrac{3}{2}$
③ 3 ④ $2\sqrt{3}$

[풀이]

전력 손실률 $h = \dfrac{P_l}{P} = \dfrac{\frac{P^2 R}{V^2 \cos^2\theta}}{P} = \dfrac{PR}{V^2 \cos^2\theta}$

에서 **전력 손실률이 일정한 경우**에는 $P \propto V^2$

따라서, $\dfrac{P'}{P} = \left(\dfrac{V'}{V}\right)^2$

$\therefore P' = \left(\dfrac{\sqrt{3}}{1}\right)^2 P = 3P$ 가 된다.   【답】 ③

39 주상 변압기의 2차 측 접지는 어느 것에 대한 보호를 목적으로 하는가?
① 1차 측의 단락
② 2차 측의 단락
③ 2차 측의 전압강하
④ 1차 측과 2차 측의 혼촉

[풀이]
주상 변압기는 **1차측과 2차측의 혼촉에 의한 2차측 전압의 상승을 막기 위해서 2차측에 접지**를 하여, 고전압에 의한 사고를 막아준다.

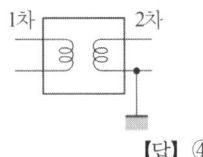

【답】 ④

40 100[MVA]의 3상 변압기 2뱅크를 가지고 있는 배전용 2차 측의 배전선에 시설할 차단기 용량[MVA]은? (단, 변압기는 병렬로 운전되며, 각각의 %Z는 20[%]이고, 전원의 임피던스는 무시한다.)
① 1000
② 2000
③ 3000
④ 4000

[풀이]

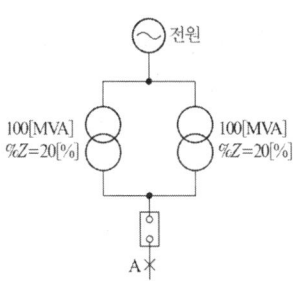

기준용량 $P_n = 100$[MVA]로 정하고, %Z를 기준용량으로 환산하면

$\%Z_t = 20 \times \dfrac{100}{100} = 20[\%]$

A점에서의 합성 $\%Z = \dfrac{20 \times 20}{20 + 20} = 10[\%]$

차단기 용량 $P_s = \dfrac{100}{\%Z} \times P_n$ 에서

$P_s = \dfrac{100}{10} \times 100 = 1000$[MVA]   【답】 ①

3회 전력공학

21 수전용 변전설비의 1차측에 설치하는 차단기의 용량은 어느 것에 의하여 정하는가?
① 수전전력과 부하율
② 수전계약용량
③ 공급측 전원의 단락용량
④ 부하설비용량

[풀이]
차단기 차단 용량은 그 점에 있어서의 단락 용량에 의해 결정된다. 즉, 단락용량 $P_s = \dfrac{100}{\%Z} P_n$ 에서 알 수 있듯이 차단기 차단 용량은 전원측으로부터 단락점까지의 %임피던스(%Z)와 공급측 전기 설비 용량 P_n에 의해 결정된다.   【답】 ③

22 어떤 발전소의 유효 낙차가 100[m]이고, 사용 수량이 10[m³/s]일 경우 이 발전소의 이론적인 출력[kW]은?
① 4900
② 9800
③ 10000
④ 14700

[풀이]
이론출력 $P = 9.8QH = 9.8 \times 10 \times 100 = 9800$[kW]   【답】 ②

23 피뢰기의 제한전압이란?
① 상용주파전압에 대한 피뢰기의 충격방전 개시전압
② 충격파 침입 시 피뢰기의 충격방전 개시전압
③ 피뢰기가 충격파 방전 종료 후 언제나 속류를 확실히 차단할 수 있는 상용주파 최대전압
④ 충격파 전류가 흐르고 있을 때의 피뢰기 단자전압

[풀이]
제한 전압 : 피뢰기 동작 중에 계속해서 걸리고 있는 **단자 전압의 파고값**   【답】 ④

24 발전기의 정태 안정 극한전력이란?
① 부하가 서서히 증가할 때의 극한전력
② 부하가 갑자기 크게 변동할 때의 극한전력
③ 부하가 갑자기 사고가 났을 때의 극한전력
④ 부하가 변하지 않을 때의 극한전력

풀이 안정도의 종류
① **정태 안정도**(static stability) : 송전 계통에 **불변 부하 또는 극히 서서히 증가하는 부하**에 대하여 계속적으로 송전할 수 있는 능력을 정태 안정도로 하고, 안정도를 유지할 수 있는 극한의 송전 전력을 정태 안정 극한 전력이라고 한다.
② 과도 안정도(transient stability) : 계통에 갑자기 고장 사고와 같은 급격한 외란이 발생하였을 때에도 탈조하지 않고 새로운 평형 상태를 회복하여 송전을 계속할 수 있는 능력을 과도 안정도라 하고 이 경우의 극한 전력을 과도 안정 극한 전력이라고 한다.
③ 동태 안정도(dynamic stability) : 고속 자동 전압 조정기로 동기기의 여자 전류를 제어 할 경우의 정태 안정도를 특히 동태 안정도라 한다. 【답】①

25 3상으로 표준전압 3[kV], 용량 600[kW], 역률 0.85로 수전하는 공장의 수전회로에 시설할 계기용 변류기의 변류비로 적당한 것은? (단, 변류기의 2차 전류는 5[A]이며, 여유율은 1.5배로 한다.)
① 10 ② 20
③ 30 ④ 40

풀이
$P = \sqrt{3}\, V_1 I_1 \cos\theta$ 에서
1차 전류 $I_1 = \dfrac{600 \times 10^3}{\sqrt{3} \times 3000 \times 0.85} = 135.85[A]$
변류기의 여유율 1.5를 고려한 변류비
$= \dfrac{1차\ 전류 \times 1.5}{5} = \dfrac{135.85 \times 1.5}{5} = 40.76$
따라서, 변류비가 40인 변류기가 적당하다. 【답】④

26 30000[kW]의 전력을 50[km] 떨어진 지점에 송전하려고 할 때 송전전압[kV]은 약 얼마인가?
(단, still 식에 의하여 산정한다.)
① 22 ② 33
③ 66 ④ 100

풀이
Still 식 $V_s = 5.5\sqrt{0.6 \times l + 0.01 P}$
$= 5.5\sqrt{0.6 \times 50 + 0.01 \times 30000} = 99.91[kV]$

여기서, V_s : 송전전압[kV], l : 송전거리[km],
P : 송전전력[kW] 【답】④

27 다음 중 전력선에 의한 통신선의 전자유도장해의 주된 원인은?
① 전력선과 통신선 사이의 상호 정전용량
② 전력선의 불충분한 연가
③ 전력선의 1선 지락사고 등에 의한 영상전류
④ 통신선 전압보다 높은 전력선의 전압

풀이
전자 유도 전압 : $E_m = j\omega M l I_g = j\omega M l (3I_0)$
즉, **전자 유도 전압은 1선 지락사고 등에 의한 영상전류** I_0가 흐르기 때문에 발생한다. 【답】③

28 조상설비가 있는 발전소 측 변전소에서 주변압기로 주로 사용되는 변압기는?
① 강압용 변압기 ② 단권 변압기
③ 3권선 변압기 ④ 단상 변압기

풀이
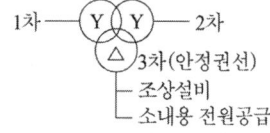
3권선 변압기
1차 — Y—Y — 2차
        △— 3차(안정권선)
        ├ 조상설비
        └ 소내용 전원공급 【답】③

29 3상 1회선의 송전선로에 3상 전압을 가해 충전할 때 1선에 흐르는 충전전류는 30[A], 또 3선을 일괄하여 이것과 대지 사이에 상전압을 가하여 충전시켰을 때 전 충전전류는 60[A]가 되었다. 이 선로의 대지정전용량과 선간정전용량의 비는?
(단, 대지정전용량= C_s, 선간정전용량= C_m 이다.)
① $\dfrac{C_m}{C_s} = \dfrac{1}{6}$ ② $\dfrac{C_m}{C_s} = \dfrac{8}{15}$
③ $\dfrac{C_m}{C_s} = \dfrac{1}{3}$ ④ $\dfrac{C_m}{C_s} = \dfrac{1}{\sqrt{3}}$

풀이
1) 3상 1회선의 송전선로에 3상 전압을 가해 충전할 때 흐르는 충전전류
• 3상 1회선인 경우 $C_1 = C_s + 3C_m$

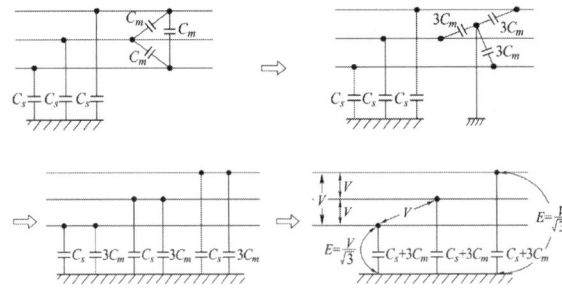

* $3C_m$ 사이의 중성점에는 0전위 이므로 대지와 접속하여도 무방하다.

$$C_1 = C_s + 3C_m$$

$$I_{C1} = 2\pi f C_1 \frac{V}{\sqrt{3}} = 2\pi f (C_s + 3C_m) \frac{V}{\sqrt{3}} = 30[A] \quad \cdots\cdots \text{①}$$

2) 3선을 일괄하여 이것과 대지 사이에 상전압을 가하여 충전시켰을 때 충전전류

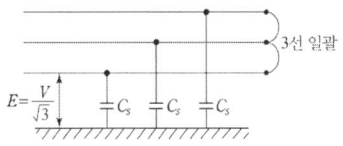

$$C_2 = 3C_s$$

$$I_{C2} = 2\pi f C_2 \frac{V}{\sqrt{3}} = 2\pi f (3C_s) \frac{V}{\sqrt{3}} = 60[A] \quad \cdots\cdots \text{②}$$

①×2 = ② 이므로

$$2 \times \left[2\pi f(C_s + 3C_m) \frac{V}{\sqrt{3}} \right] = 2\pi f(3C_s) \frac{V}{\sqrt{3}}$$

$2C_s + 6C_m = 3C_s$에서 $6C_m = C_s$

$$\therefore \frac{C_m}{C_s} = \frac{1}{6}$$

【답】 ①

30 전력 사용의 변동 상태를 알아보기 위한 것으로 가장 적당한 것은?

① 수용률   ② 부등률
③ 부하율   ④ 역률

▎풀이
- 수용률 : 수요를 상정할 경우 사용
- 부등률 : 최대 전력의 발생시각 또는 발생 시기의 분산을 나타내는 지표로 사용
- **부하율** : 일정 기간 중 **부하 변동의 정도를 나타내는 것**으로서 전기설비가 얼마만큼 유효하게 이용되고 있는가 하는 정도를 파악하는 데 사용

【답】 ③

31 단상 교류회로에 3150/210[V]의 승압기를 80[kW], 역률 0.8인 부하에 접속하여 전압을 상승시키는 경우 약 몇 [kVA]의 승압기를 사용하여야 적당한가? (단, 전원전압은 2900[V] 이다.)

① 3.6   ② 5.5
③ 6.8   ④ 10

▎풀이

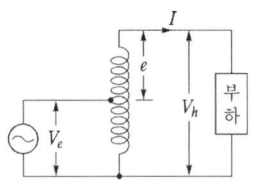

$$V_h = V_l + e = V_l \left(1 + \frac{1}{n}\right) = 2900 \times \left(1 + \frac{210}{3150}\right) = 3093.33[V]$$

$$I = \frac{P}{V_h \times \cos\theta} = \frac{80 \times 10^3}{3093.33 \times 0.8} = 32.33[A]$$

승압기의 자기용량

$$W = eI = 210 \times 32.33 \times 10^{-3} = 6.79[kVA]$$

(참고로 승압분 전압 e_2는 변압기 용량을 결정할 때는 계산상 전압을 사용하지 않고 최대 전압이 될 수 있는 210[V]를 사용한다.)

【답】 ③

32 철탑의 접지저항이 커지면 가장 크게 우려되는 문제점은?

① 정전 유도   ② 역섬락 발생
③ 코로나 증가   ④ 차폐각 증가

▎풀이
철탑의 탑각 접지저항이 크면 낙뢰 시 철탑의 전위가 상승하여 철탑으로부터 송전선으로 섬락을 일으키게 되며 이것을 **역섬락**이라 한다. 따라서, 역섬락을 방지하기 위해서는 철탑의 접지저항을 낮추어야 하며 이를 적게 하기 위하여 설치하는 것이 매설지선이다.

【답】 ②

33 역률 0.8(지상), 480[kW] 부하가 있다. 전력용 콘덴서를 설치하여 역률을 개선하고자 할 때 콘덴서 220[kVA]를 설치하면 역률은 몇 [%]로 개선되는가?

① 82   ② 85
③ 90   ④ 96

▎풀이
- 부하의 무효전력

$$Q_L = \frac{P}{\cos\theta} \times \sin\theta = \frac{480}{0.8} \times 0.6 = 360[kVar]$$

• 전력용 콘덴서 $Q_C = 220[kVA]$

$$\therefore \cos\theta = \frac{P}{\sqrt{P^2 + (Q_L - Q_C)^2}} \times 100$$

$$= \frac{480}{\sqrt{480^2 + (360-220)^2}} \times 100 = 96[\%]$$

【답】 ④

34 화력발전소에서 탈기기를 사용하는 주 목적은?
① 급수 중에 함유된 산소 등의 분리 제거
② 보일러 관벽의 스케일 부착의 방지
③ 급수 중에 포함된 염류의 제거
④ 연소용 공기의 예열

풀이
급수 중에 용해되어 있는 산소는 증기 계통, 급수 계통 등을 부식시킨다. **탈기기**(deaerator)는 **용해 산소 분리의 목적**으로 쓰인다. 【답】 ①

35 변류기를 개방할 때 2차측을 단락하는 이유는?
① 1차측 과전류 보호   ② 1차측 과전압 방지
③ 2차측 과전류 보호   ④ 2차측 절연보호

풀이
변류기의 2차측을 개방하면 1차 전류가 모두 여자 전류가 되어 2차 권선에 매우 높은 전압이 유기되어 **절연이 파괴**되고 소손될 염려가 있다. 【답】 ④

36 ( )안에 들어갈 알맞은 내용은?

"화력발전소의 (㉠)은 발생 (㉡)을 열량으로 환산한 값과 이것을 발생하기 위하여 소비된 (㉢)의 보유열량 (㉣)를 말한다."

① ㉠ 손실율 ㉡ 발열량 ㉢ 물   ㉣ 차
② ㉠ 열효율 ㉡ 전력량 ㉢ 연료 ㉣ 비
③ ㉠ 발전량 ㉡ 증기량 ㉢ 연료 ㉣ 결과
④ ㉠ 연료소비율 ㉡ 증기량 ㉢ 물 ㉣ 차

풀이
화력발전소의 열효율 = $\frac{\text{전력량을 열량으로 환산한 값}}{\text{연료의 보유열량}}$

(참고 : 1[kWh] = 860[kcal]) 【답】 ②

37 다음 중 전압강하의 정도를 나타내는 식이 아닌 것은? (단, E_s는 송전단전압, E_r은 수전단전압이다.)

① $\frac{I}{E_r}(R\cos\theta + X\sin\theta) \times 100[\%]$

② $\frac{\sqrt{3}I}{E_r}(R\cos\theta + X\sin\theta) \times 100[\%]$

③ $\frac{E_s - E_r}{E_r} \times 100[\%]$

④ $\frac{E_s + E_r}{E_s} \times 100[\%]$

풀이
• 전압강하 $e = E_s - E_r = \sqrt{3}I(R\cos\theta + X\sin\theta)$ (3상의 경우)
• 전압강하율 $\epsilon = \frac{e}{E_r} \times 100[\%] = \frac{E_s - E_r}{E_r} \times 100[\%]$

$$= \frac{\sqrt{3}I}{E_r}(R\cos\theta + X\sin\theta) \times 100[\%]$$ 【답】 ④

38 수전단 전압이 송전단 전압보다 높아지는 현상과 관련된 것은?
① 페란티 효과   ② 표피 효과
③ 근접 효과   ④ 도플러 효과

풀이
• **페란티 효과** : 송전 선로에 충전 전류(전압보다 위상이 빠른 전류)가 흐르면 **수전단 전압이 송전단 전압보다 높아지는 현상**
• **표피 효과** : 교류전류의 경우 도체 중심보다 도체 표면에 전류가 많이 흐르는 현상
• **근접 효과** : 같은 방향의 전류는 바깥쪽으로 다른 방향의 전류는 안쪽으로 모이는 현상 【답】 ①

39 송전선로의 중성점을 접지하는 목적으로 가장 알맞은 것은?
① 전선량의 절약
② 송전용량의 증가
③ 전압강하의 감소
④ 이상 전압의 경감 및 발생 방지

풀이 송전 선로의 **중성점 접지의 목적**
① **이상 전압 발생 방지**
② 1선 지락시 건전상 전압 상승 억제 및 기기나 선로의 절연 절감
③ 보호 계전기 동작 확실
④ 소호 리액터 계통에서의 1선 지락시 아크 소멸 【답】 ④

40 송전선로에서 4단자 정수 A, B, C, D 사이의 관계는?

① $BC - AD = 1$ ② $AC - BD = 1$
③ $AB - CD = 1$ ④ $AD - BC = 1$

풀이
$AD - BC = 1$ 【답】 ④

4회	전력공학

21 수전단전압 60,000[V], 전류 200[A], 선로의 저항 $R = 7.5[\Omega]$, 리액턴스 $X = 10.8[\Omega]$일 때, 전압강하율은 몇 [%]인가? 단, 수전단 역률은 0.8이라 한다.

① 6.38 ② 6.82
③ 7.21 ④ 7.87

풀이 전압강하율

$$\epsilon = \frac{V_s - V_r}{V_r} \times 100 = \frac{e}{V_r} \times 100$$
$$= \frac{\sqrt{3}I(R\cos\theta + X\sin\theta)}{V_r} \times 100$$
$$= \frac{\sqrt{3} \times 200(7.5 \times 0.8 + 10.8 \times 0.6)}{60,000} \times 100$$
$$= 7.21[\%]$$

【답】 ③

22 출력 20,000[kW]의 화력발전소가 부하율 80[%]로 운전할 때 1일의 석탄소비량은 약 몇 ton 인가? (단, 보일러 효율 80[%], 터빈의 열 사이클 효율 35[%], 터빈효율 85[%], 발전기 효율 76[%], 석탄의 발열량은 5500[kcal/kg] 이다.)

① 272 ② 293
③ 312 ④ 333

풀이
- 1일 발전량 = 출력 × 부하율 × 24
  = 20000 × 0.8 × 24 = 384,000[kWh]
- 종합 효율 = 0.8 × 0.35 × 0.85 × 0.76 = 0.18
- 발전에 필요한 총열량 = $\frac{384,000 \times 860}{0.18}$ = 1.83×10^9[kcal]
  (1[kWh]=860[kcal])
- 필요한 석탄량 = $\frac{1.83 \times 10^9}{5500}$ = 3.3×10^5[kg] = 330[ton]

【답】 ④

23 단상 2선식을 100[%]로 하여 3상 3선식의 부하 전력 및 전압을 같게 하였을 때 선로 전류의 비[%]는?

① 38 ② 48
③ 58 ④ 68

풀이
단상 2선식 과 3상 3선식의 부하전력 및 전압이 동일한 경우
$$P = VI_1\cos\theta = \sqrt{3}VI_3\cos\theta$$
$$I_1 = \sqrt{3}I_3$$
따라서, 전류비 = $\frac{I_3}{I_1} \times 100 = \frac{1}{\sqrt{3}} \times 100 = 57.73[\%]$ 【답】 ③

24 압축된 공기를 아크에 불어 넣어서 차단하는 차단기는?

① ABB ② MBB
③ VCB ④ ACB

풀이
소호 원리에 따른 차단기의 종류

종류	약어	소 호 원 리
유입 차단기	OCB	소호실에서 아크에 의한 절연유 분해 가스의 흡부력을 이용해서 차단
기중 차단기	ACB	대기 중에서 아크를 길게 하여 소호실에서 냉각 차단
자기 차단기	MBB	대기 중에서 전자력을 이용하여 아크를 소호실내로 유도해서 냉각차단
공기 차단기	ABB	**압축된 공기를 아크에 불어 넣어서 차단**
진공 차단기	VCB	고진공 중에서 전자의 고속도 확산에 의해 차단
가스 차단기	GCB	고성능 절연 특성을 가진 특수 가스(SF_6)를 흡수해서 차단

【답】 ①

25 과전류계전기(OCR)의 탭(tap) 값은?

① 계전기의 최소 동작전류
② 계전기의 최대 부하전류
③ 계전기의 동작시한
④ 변류기의 권수비

풀이
계전기에 흐르는 전류가 계전기의 탭값 보다 크면 계전기가 동작하여 전기 회로를 차단하여 기기를 보호한다. 즉, **과전류 계전기의 탭 값은 계전기의 최소 동작 전류이다.** 【답】 ①

26 송배전선로에서 전선의 수평장력을 2배로 하고 또 경간을 2배로 하면 전선의 이도는 처음보다 어떻게 되는가?

① $\frac{1}{4}$로 줄어든다. ② $\frac{1}{2}$로 줄어든다.
③ 2배로 늘어난다. ④ 4배로 늘어난다.

풀이
이도 $D = \frac{WS^2}{8T}$ 에서
$D' = \frac{W \times (2S)^2}{8 \times (2T)} = \frac{W \times 4S^2}{8 \times 2T} = 2 \times \frac{WS^2}{8T} = 2D$ 【답】③

27 3상 3선식 복도체 방식의 송전선로를 3상 3선식 단도체 방식 송전선로와 비교한 것으로 알맞은 것은? (단, 단도체의 단면적은 복도체 방식 소선의 단면적 합과 같은 것으로 한다.)
① 전선의 인덕턴스와 정전용량은 모두 감소한다.
② 전선의 인덕턴스와 정전용량은 모두 증가한다.
③ 전선의 인덕턴스는 증가하고, 정전용량은 감소한다.
④ 전선의 인덕턴스는 감소하고, 정전용량은 증가한다.

풀이 복도체의 장점
① 선로의 **인덕턴스 감소**
② 선로의 **정전용량 증가**
③ 선로의 송전용량 증가
④ 안정도 증가
⑤ 코로나 개시전압 증가 【답】④

28 단선식 전력선과 단선식 통신선이 그림과 같이 근접되었을 때, 통신선의 정전유도전압 E_0는?

① $\frac{C_m}{C_0 + C_m} E_1$ ② $\frac{C_0 + C_m}{C_m} E_1$
③ $\frac{C_0}{C_0 + C_m} E_1$ ④ $\frac{C_0 + C_m}{C_0} E_1$

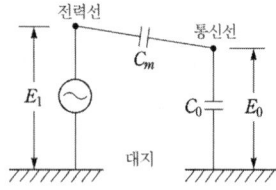

풀이

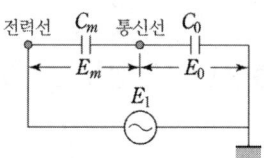

콘덴서 직렬접속 회로로 보면
$C_m E_m = C_0 E_0 = \frac{C_m C_0}{C_m + C_0} E_1$ 에서 $(\because Q_m = Q_0 = Q_1)$
$\therefore E_0 = \frac{C_m}{C_0 + C_m} E_1$ 【답】①

29 단일 부하의 선로에서 부하율 50[%], 선로 전류의 변화 곡선의 모양에 따라 달라지는 계수 $\alpha = 0.2$인 배전선의 손실계수는 얼마인가?
① 0.05 ② 0.15
③ 0.25 ④ 0.30

풀이 손실계수
$H = \alpha F + (1 - \alpha) F^2 = 0.2 \times 0.5 + (1 - 0.2) \times 0.5^2 = 0.3$
【답】④

30 가공 송전선에 사용되는 애자 1연중 전압분담이 최대인 애자는?
① 철탑에 제일 가까운 애자
② 전선에 제일 가까운 애자
③ 중앙에 있는 애자
④ 철탑과 애자연 중앙의 그 중간에 있는 애자

풀이
• 전압 부담 최대 : 전선에 가장 가까운 애자
• 전압 부담 최소 : 전선에서 2/3 지점에 있는 애자 (철탑에서 1/3 지점에 있는 애자) 【답】②

31 비등수형 원자로의 특색에 대한 설명으로 옳지 않은 것은?
① 증기 발생기가 필요하다.
② 저농축 우라늄을 연료로 사용한다.
③ 순환펌프로서는 급수펌프뿐이므로 펌프동력이 작다.
④ 방사능 때문에 증기는 완전히 기수분리를 해야 한다.

풀이 비등수형 원자로

노심에서 비등을 일으킨 증기를 직접 터빈에 공급하는 원자로로서 다음과 같은 특징이 있다.
- **증기 발생기가 필요없고, 열교환기도 필요없다.**
- 증기가 직접 터빈에 들어가기 때문에 누출을 철저히 방지해야 한다.
- 소내용 동력은 적어도 된다.
- 노내의 물의 압력이 높지 않다.
- 노심 및 압력 용기가 커진다. 【답】①

32 250 [mm] 현수 애자 10개를 직렬로 접속한 애자련의 건조 섬락 전압이 590 [kV]이고 연효율(string efficiency) 0.740이다. 현수 애자 한 개의 건조 섬락 전압은 약 몇 [kV]인가?
① 80
② 90
③ 100
④ 120

풀이

$\eta = \dfrac{V_n}{nV_1}$ 에서 $V_1 = \dfrac{V_n}{n\eta} = \dfrac{590}{10 \times 0.74} ≒ 80 \, [\text{kV}]$

여기서, V_n : 애자련의 섬락전압, n : 애자련의 애자개수
V_1 : 애자 1개의 섬락전압 【답】①

33 부하전류의 차단능력이 없는 것은?
① 공기차단기   ② 유입차단기
③ 진공차단기   ④ 단로기

풀이
- 차단기(Breaker) : 아크 소호능력이 있어 부하전류나 사고전류의 차단이 가능
- 스위치(Switch) : 아크 소호능력이 없어 부하전류나 사고전류의 차단이 불 가능
- **단로기(Disconnecting Switch)는 스위치** 이므로 아크 소호능력이 없어 부하 전류의 개폐를 하지 못한다. 【답】④

34 그림과 같은 단상 2선식 배선에서 인입구 A점의 전압이 220[V]라면 C점의 전압[V]은? (단, 저항값은 1선의 값이며 AB간은 0.05[Ω], BC간은 0.1[Ω]이다.)
① 214
② 210
③ 196
④ 192

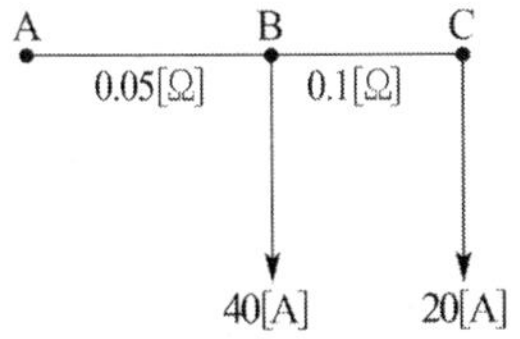

풀이
- B점의 전압 $V_B = V_A - 2IR$
  $= 220 - 2 \times (40+20) \times 0.05 = 214 \,[\text{V}]$
- C점의 전압 $V_C = V_B - 2IR = 214 - 2 \times 20 \times 0.1 = 210 \,[\text{V}]$
【답】②

35 배전선로의 손실을 경감시키는 방법이 아닌 것은?
① 전압 조정
② 역률 개선
③ 다중접지방식 채용
④ 부하의 불평형 방지

풀이 배전선로의 전력 손실

$$P_L = 3I^2 r = \dfrac{\rho W^2 L}{A V^2 \cos^2 \theta}$$

ρ : 고유저항 W : 부하 전력 L : 배전 거리
A : 전선의 단면적 V : 수전 전압 $\cos\theta$: 부하 역률
【답】③

36 다음 중 원자로에서 독작용이란 것을 설명한 것으로 가장 알맞은 것은?
① 열중성자가 독성을 받는 것을 말한다.
② $_{54}Xe^{135}$와 $_{62}Sn^{149}$가 인체에 독성을 주는 작용이다.
③ 열중성자 이용률이 저하되고 반응도가 감소되는 작용을 말한다.
④ 방사성 물질이 생체에 유해 작용을 하는 것을 말한다.

풀이
원자로 운전 중 연료 내에 핵분열 생성 물질이 축적된다. 이 핵분열 생성물 중에서 열중성자의 흡수 단면적이 큰 것이 포함되어 있다. 이것이 **원자로의 반응도를 저하시키는 작용**을 한다. 이것을 **독작용**(poisoning)이라 하고 열중성자 흡수 단면적이 큰 핵분열 생성물을 독물질(poison)이라고 한다. 【답】③

37 전선 지지점에 고저차가 없는 경간 300[m]인 송전선로가 있다. 이도를 8 [m]로 유지할 경우 지지점 간의 전선 길이는 약 몇 [m]인가?
① 300.1[m]   ② 300.3[m]
③ 300.6[m]   ④ 300.9[m]

[풀이] 전선의 길이

$$L = S + \frac{8D^2}{3S} = 300 + \frac{8 \times 8^2}{3 \times 300} = 300.57 [m]$$

【답】③

38 전력계통에서 무효전력을 조정하는 조상설비 중 전력용 콘덴서를 동기조상기와 비교할 때 옳은 것은?

① 전력손실이 크다.
② 지상 무효전력분을 공급할 수 있다.
③ 전압조정을 계단적으로 밖에 못한다.
④ 송전선로를 시송전할 때 선로를 충전할 수 있다.

[풀이] 조상설비의 비교

항 목	동기 조상기	전력용 콘덴서	분로 리액터
전력손실	많음 (1.5~2.5 [%])	적음 (0.3 [%] 이하)	적음 (0.6 [%] 이하)
무효전력	진상, 지상 양용	진상전용	지상전용
조정	연속적	계단적	계단적
사고시 전압유지	큼	작음	작음
시송전	가능	불가능	불가능

【답】③

39 수전단에 관련된 사항 중 틀린 것은?

① 중부하 시 수전단에 설치된 전력용 콘덴서를 투입한다.
② 중부하 시 수전단에 설치된 동기조상기는 부족여자로 운전한다.
③ 경부하 시 수전단에 설치된 동기조상기는 부족여자로 운전한다.
④ 장거리 송전선로의 시충전 시 수전단 전압이 송전단 전압보다 높게 될 수 있다.

[풀이]
• 경부하시 수전단에 설치된 동기 조상기는 부족여자로 운전 : 리액터로 작용
• **중부하시 수전단에 설치된 동기 조상기는 과여자로 운전 : 콘덴서로 작용**

【답】②

40 3상용 차단기의 정격 차단 용량이라 함은?

① 정격 전압×정격 차단 전류
② $\sqrt{3}$×정격 전압×정격 전류
③ 3×정격 전압×정격 차단 전류
④ $\sqrt{3}$×정격 전압×정격 차단 전류

[풀이] $P_s = \sqrt{3} V I_s$

【답】④

2021년 CBT 복원문제

| 1회 | 전력공학 |

21 전력계통의 안정도 향상대책으로 옳지 않은 것은?
① 계통의 직렬 리액턴스를 낮게 한다.
② 고속도 재폐로방식을 채용한다.
③ 지락전류를 크게 하기 위하여 직접 접지방식을 채용한다.
④ 고속도 차단방식을 채용한다.

풀이
① 계통의 직렬 리액턴스 감소(다회선 방식 채택, 복도체 방식 채택, 기기의 리액턴스 감소)
② 전압 변동률을 적게 한다. (속응 여자 방식 채용, 계통의 연계, 중간 조상 방식 채택)
③ 계통에 주는 충격을 적게 한다. (**적당한 중성점 접지 방식**, 고속 차단 방식, **재폐로 방식 채택**)
④ 고장 중의 발전기 돌입 출력의 불평형을 적게 한다.

【답】③

22 송전선의 특성임피던스를 Z_0, 전파속도를 V라 할 때, 이 송전선의 단위길이에 대한 인덕턴스 L은?

① $L = \dfrac{V}{Z_0}$ ② $L = \dfrac{Z_0}{V}$

③ $L = \dfrac{Z_0^2}{V}$ ④ $L = \sqrt{Z_0}\, V$

풀이
• 파동 임피던스 $Z_0 = \sqrt{\dfrac{L}{C}}$
• 전파속도 $V = \sqrt{\dfrac{1}{LC}}$

$\therefore \dfrac{Z_0}{V} = \sqrt{\dfrac{\frac{L}{C}}{\frac{1}{LC}}} = L$

【답】②

23 가공 송전선에 사용하는 애자련 중 전압부담이 최대인 것은?
① 전선에 가장 가까운 것
② 중앙에 있는 것
③ 철탑에 가장 가까운 것
④ 철탑에서 $\dfrac{1}{3}$ 지점의 것

풀이
애자련의 전압분포
① **최대 전압 분담애자 : 전선에 가장 가까운 애자**
② 최소 전압 분담애자 : 전선으로부터 2/3 (철탑으로부터 1/3) 되는 지점에 있는 애자

【답】①

24 부하측에 밸런스를 필요로 하는 배전 방식은?
① 3상 3선식   ② 3상 4선식
③ 단상 2선식   ④ 단상 3선식

풀이
단상 3선식의 특징
① 전압강하 및 전력손실은 1/4로 감소한다.
② 소요 전선량은 감소한다.
③ 110/220 [V]와 같이 2종의 전압을 얻을 수 있다.
④ 상시 부하가 불평형이면 **전압이 불평형**이 되고 이에 대한 대책으로 **밸런스를 설치**하여야 한다.
⑤ 중성선에는 퓨즈를 설치하지 않는다.

【답】④

25 차단기에서 O - 3분 - CO - 3분 - CO인 것의 의미는? 단, O : 차단동작, C : 투입동작, CO : 투입동작에 뒤따라 곧 차단동작
① 일반 차단기의 표준동작책무
② 자동 재폐로용
③ 정격차단용량 50[mA] 미만의 것
④ 무전압시간

[풀이]
차단기의 동작책무 : 어느 시간 간격을 두고 행하여지는 일련의 동작을 규정한 것
• 일반용
  CO - (15초) - CO
  O - (3분) - CO - (3분) - CO
• 고속도 재투입용
  O - (0.3초) - CO - (3분 또는 15초, 1분) - CO   【답】①

26 3상용 차단기의 정격 차단 용량은?

① $\frac{1}{\sqrt{3}}$ (정격전압) × (정격차단전류)

② $\frac{1}{\sqrt{3}}$ (정격전압) × (정격전류)

③ $\sqrt{3}$ (정격전압) × (정격전류)

④ $\sqrt{3}$ (정격전압) × (정격차단전류)

[풀이]
$P_s = \sqrt{3} \, V I_s$ 【답】④

27 그림에서와 같이 부하가 균일한 밀도로 도중에서 분기되어 선로전류가 송전단에 이를수록 직선적으로 증가할 경우 선로 말단의 전압강하는 이 송전단 전류와 같은 전류의 부하가 선로의 말단에만 집중되어 있을 경우의 전압강하 보다 대략 어떻게 되는가? (단, 부하역률은 모두 같다고 한다.)

① $\frac{1}{3}$ 로 된다.
② $\frac{1}{2}$ 로 된다.
③ 동일하다.
④ $\frac{1}{4}$ 로 된다.

[풀이]
집중 부하와 분산 부하

구 분	전력 손실	전압 강하
말단에 집중 부하	$I^2 rL$	IrL
균등 분포 부하	$\frac{1}{3}I^2 rL$	$\frac{1}{2}IrL$

【답】②

28 피뢰기의 정격전압이란?
① 상용주파수의 방전개시전압
② 속류를 차단할 수 있는 최고의 교류전압
③ 방전을 개시할 때 단자전압의 순시값
④ 충격방전전류를 통하고 있을 때 단자전압

[풀이]
피뢰기의 정격전압 : **속류**의 **차단**이 되는 최고의 **교류전압**.
즉, 피뢰기의 양단자 사이에 인가할 수 있는 상용주파수의 최대 전압의 실효값을 말한다.

$$E_R = \alpha \beta \frac{V_m}{\sqrt{3}}$$

여기서, E_R : 피뢰기의 정격전압
  α : 접지계수 (유효접지 계통 : 1.1~1.3)
  β : 여유도 (1.15)
  V_m : 선간의 최고 허용전압 (V_m = 공칭전압 × $\frac{1.2}{1.1}$)

• 직접 접지 방식 : $E_R = 0.8 \sim 1.0 \, V$ 의 피뢰기
• 저항 또는 소호리액터 접지방식 : $E_R = 1.4 \sim 1.6 \, V$ 의 피뢰기
  여기서, V는 선로의 공칭전압을 1.1로 나눈값   【답】②

29 어느 빌딩 부하의 총설비 전력이 400 [kW], 수용률이 0.5라 하면 이 빌딩의 변전설비용량은 몇 [kVA]인가? 단, 부하역률은 80 [%]라 한다.
① 180 [kVA]   ② 250 [kVA]
③ 300 [kVA]   ④ 360 [kVA]

[풀이]
변압기 용량 [kVA]
$= \frac{\text{설비용량[kW]} \times \text{수용률}}{\text{역률}} = \frac{400 \times 0.5}{0.8} = 250 \, [\text{kVA}]$

【답】②

30 전극의 어느 일부분의 전위경도가 커져서 공기와의 절연이 파괴되어 생기는 현상은?
① 페란티 현상
② 코로나 현상
③ 카르노 현상
④ 보어 현상

[풀이]
전선 주위의 **공기절연이 국부적으로 파괴**되어 낮은 소리나 엷은 빛을 내면서 **방전하게 되는 현상을 코로나** 또는 코로나 방전이라고 한다.   【답】②

31 연가를 하는 주된 목적으로 옳은 것은?

① 선로정수의 평형
② 유도뢰의 방지
③ 계전기의 확실한 동작의 확보
④ 전선의 절약

풀이
- 연가의 목적 : 선로정수의 평형
- 연가의 효과 : 직렬공진 방지, 유도장해 감소, 선로정수 평형

【답】①

32 설비용량 900[kW], 부등률 1.2, 수용률 50[%]일 때의 합성 최대전력은 몇 [kW]인가?

① 300　　② 375
③ 400　　④ 415

풀이
합성최대전력 = $\frac{설비용량 \times 수용률}{부등률} = \frac{900 \times 0.5}{1.2} = 375[kW]$

【답】②

33 저항 10[Ω], 리액턴스 15[Ω]인 3상 송전선로가 있다. 수전단 전압 60[kV], 부하역률 0.8 [lag], 전류 100[A]라 할 때 송전단 전압은?

① 약 33[kV]　　② 약 42[kV]
③ 약 58[kV]　　④ 약 63[kV]

풀이
$V_s = V_r + \sqrt{3} I (R\cos\theta + X\sin\theta)$
$= 60 \times 10^3 + \sqrt{3} \times 100 \times (10 \times 0.8 + 15 \times 0.6)$
$= 62944[V] \fallingdotseq 63[kV]$

【답】④

34 역률 80 [%]인 10,000 [kVA]의 부하를 갖는 변전소에 2000 [kVA]의 콘덴서를 설치해서 역률을 개선하면 변압기에 걸리는 부하[kVA]는 대략 얼마쯤 되겠는가?

① 8000 [kVA]
② 8540 [kVA]
③ 8940 [kVA]
④ 9440 [kVA]

풀이

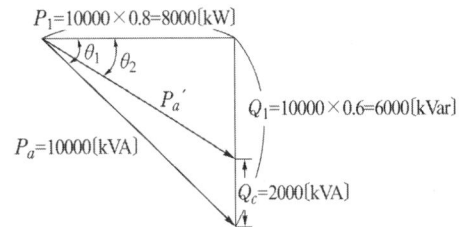

변압기에 걸리는 부하 P_a'는
$P_a' = \sqrt{P_1^2 + (Q_1 - Q_c)^2} = \sqrt{8000^2 + (6000 - 2000)^2}$
$= 8944.27 [kVA]$

【답】③

35 부하전력 및 역률이 같을 때 전압을 n배 승압하면 전압강하율과 전력손실은 어떻게 되는가?

	전압강하율	전력손실		전압강하율	전력손실
①	$\frac{1}{n^2}$	$\frac{1}{n^2}$	②	$\frac{1}{n}$	$\frac{1}{n}$
③	$\frac{1}{n}$	$\frac{1}{n^2}$	④	$\frac{1}{n^2}$	$\frac{1}{n}$

풀이

항 목	관 계	관계식
송전전력(P)	전압의 자승에 비례	$\propto V^2$
공급용량	전압에 비례	$\propto V$
전압강하(e)	전압에 반비례	$\propto \frac{1}{V}$
• 전력손실(P_l) • 전압강하율(ϵ)	전압의 자승에 반비례	$\propto \frac{1}{V^2}$

따라서, 전압을 n배로 승압하면 전압 강하율과 전력손실은 $\frac{1}{n^2}$로 감소한다.

【답】①

36 3상 3선식 3각형 배치의 송전선로에 있어서 각 선의 대지 정전용량이 0.5038[μF]이고, 선간 정전용량이 0.1237[μF]일 때 1선의 작용정전용량은 약 몇 [μF]인가?

① 0.6275　　② 0.8749
③ 0.9164　　④ 0.9755

> **풀이**

$C_w = C_s + 3C_m = 0.5038 + 3 \times 0.1237 = 0.8749 [\mu F/km]$

여기서, C_w : 작용정전용량, C_s : 대지정전용량,
C_m : 선간정전용량

【답】②

37 배전선의 전력손실 경감 대책이 아닌 것은?
① 피더(feeder) 수를 줄인다.
② 역률을 개선한다.
③ 배전 전압을 높인다.
④ 부하의 불평형을 방지한다.

> **풀이**

배전선로의 전력손실

$P_l = 3I^2 r = \dfrac{\rho w^2 L}{A V^2 \cos^2\theta}$ 에서 $P_l \propto \dfrac{1}{V^2 \cos^2\theta}$ 이므로

전력손실을 경감시키기 위해서는 역률을 개선하고, 전압을 높여야 하며 또한, 부하의 불평형을 방지함으로서 중성선에 흐르는 전류에 의한 전력 손실을 억제 하여야 한다. 그러나 **피더(feeder) 수 감소는 전력손실 경감 대책이 될 수 없다.** 【답】①

38 차단기와 차단기의 소호 매질이 틀리게 결합된 것은 어느 것인가?
① 공기차단기 - 압축 공기
② 가스 차단기 - SF_6 가스
③ 자기 차단기 - 진공
④ 유입 차단기 - 절연유

> **풀이**

차단기별 소호 매질은?

종 류	소호매질
유입차단기(OCB)	절연유
진공차단기(VCB)	고진공
자기차단기(MBB)	**전자기력**
공기차단기(ABB)	압축공기
가스차단기(GCB)	SF_6 가스

【답】③

39 단상 2선식 교류 배전선로가 있다. 전선의 1가닥 저항이 0.15[Ω]이고, 리액턴스는 0.25[Ω] 이다. 부하는 순저항부하이고 100[V], 3[kW] 이다. 급전점의 전압[V]은 약 얼마인가?
① 105
② 110
③ 115
④ 124

> **풀이**

$V_s = V_r + 2I(R\cos\theta + X\sin\theta)$

(여기서, 부하는 순저항부하 이므로 $\cos\theta = 1$, $\sin\theta = 0$)

$= 100 + 2 \times \dfrac{3000}{100} \times 0.15 \times 1 = 109[V]$

【답】②

40 그림과 같은 T형 4단자 회로의 4단자 정수 중 B의 값은?

① $1 + \dfrac{Z_1}{Z_3}$

② $\dfrac{1}{Z_3}$

③ $\dfrac{Z_3 + Z_2}{Z_3}$

④ $\dfrac{Z_1 Z_2 + Z_2 Z_3 + Z_3 Z_1}{Z_3}$

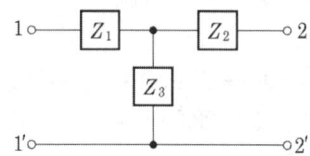

> **풀이**

$\begin{bmatrix} A & B \\ C & D \end{bmatrix} = \begin{bmatrix} 1 & Z_1 \\ 0 & 1 \end{bmatrix} \begin{bmatrix} 1 & 0 \\ \frac{1}{Z_3} & 1 \end{bmatrix} \begin{bmatrix} 1 & Z_2 \\ 0 & 1 \end{bmatrix}$

$= \begin{bmatrix} \dfrac{Z_1 + Z_3}{Z_3} & \dfrac{Z_1 Z_2 + Z_2 Z_3 + Z_3 Z_1}{Z_3} \\ \dfrac{1}{Z_3} & \dfrac{Z_2 + Z_3}{Z_3} \end{bmatrix}$

【답】④

2회 전력공학

21 송전선에 복도체를 사용할 경우, 같은 단면적의 단도체를 사용하였을 경우와 비교할 때 옳지 않은 것은?
① 전선의 인덕턴스는 감소되고 정전용량은 증가된다.
② 고유 송전용량이 증대되고 정태안정도가 증대된다.
③ 전선 표면의 전위경도가 증가한다.
④ 전선의 코로나 개시전압이 높아진다.

풀이

복도체 방식의 장점

복도체의 경우 전선의 등가반지름 $r_e(\sqrt[n]{rs^{n-1}})$가 단도체의 반지름 r보다 증가하므로 다음과 같은 장점이 있다.

① 선로의 인덕턴스 감소

$L_n = \dfrac{0.05}{n} + 0.4605 \log_{10} \dfrac{D}{\sqrt[n]{rs^{n-1}}}$ 에서 $\sqrt[n]{rs^{n-1}}$이 증가

하므로 L_n은 감소

② 선로의 정전용량 증가

$C_n = \dfrac{0.02413}{\log_{10} \dfrac{D}{\sqrt[n]{rs^{n-1}}}}$ 에서 $\sqrt[n]{rs^{n-1}}$이 증가하므로

C_n은 증가

③ 코로나 임계전압 상승

$E_0 = 24.3 m_0 m_1 \delta d \log_{10} \dfrac{D}{r}$ 에서 d 증가

④ 선로의 송전용량 증가

$P = \dfrac{V_s V_r}{X} \sin\delta$ 에서 X가 감소하므로 P는 증가

⑤ 안정도 증대

$P = \dfrac{E_G E_M}{X} \sin\theta$ 에서 X가 감소하므로 θ가 감소하여 안정도 증대

⑥ 전위경도 감소

$g = \dfrac{2q}{r} \times 9 \times 10^9 [\text{V/m}]$ 에서 **전선의 등가 반지름이 증가하므로 전위 경도는 낮아진다.** 【답】 ③

22 다음 중 조상(調相) 설비에 해당되지 않는 것은?

① 분로 리액터
② 동기 조상기
③ 상순(相順) 표시기
④ 진상 콘덴서

풀이

조상설비는 무효전력을 공급하는 설비로서 동기 조상기, 전력용 콘덴서 및 리액터가 있다.
- 동기 조상기 : 지상 및 진상 무효전력 공급
- 전력용 콘덴서 : 진상 무효전력 공급
- 분로 리액터 : 지상 무효전력 공급

그러나, **상순 표시기는 공급 전원의 상순을 표시하는 계측기로서 조상설비가 아니다.** 【답】 ③

23 송전계통에서 콘덴서와 리액터를 직렬로 연결하여 제거시키는 고조파는?

① 제2고조파
② 제3고조파
③ 제4고조파
④ 제5고조파

풀이

직렬 리액터는 제5고조파 제거를 목적으로 사용된다.

$2\pi(5f_0)L = \dfrac{1}{2\pi(5f_0)C}$ 에서

$2\pi f_0 L = \dfrac{1}{25} \times \dfrac{1}{2\pi f_0 C}$

따라서, $X_L = \dfrac{1}{25} \times X_c = 0.04 X_c$

즉, **5고조파를 제거**하기 위해서는 콘덴서 용량의 4[%]에 해당하는 직렬리액터를 설치하면 되지만 **여유를 고려하여 콘덴서 용량의 5~6[%]에 해당하는 직렬리액턴스를 설치**한다. 【답】 ④

24 발전소 원동기로 이용되는 가스터빈의 특징을 증기터빈과 내연기관에 비교하였을 때 옳은 것은?

① 평균효율이 증기터빈에 비하여 대단히 낮다.
② 기동시간이 짧고 조작이 간단하므로 첨두부하 발전에 적당하다.
③ 냉각수가 비교적 많이 든다.
④ 설비가 복잡하며, 건설비 및 유지비가 많고 보수가 어렵다.

풀이 가스 터빈의 장점

① 소형 경량으로 건설비가 싸고 유지비가 적다.
② **기동시간이 짧고** 부하의 급변에도 잘 견딘다.
③ 냉각수를 다량으로 필요치 않다.
④ **첨두부하 발전용**으로 사용된다. 【답】 ②

25 단락 전류를 제한하기 위하여 사용되는 것은?

① 현수 애자
② 사이리스터
③ 한류 리액터
④ 직렬 콘덴서

풀이

한류 리액터는 선로에 직렬로 설치한 리액터로서, 단락 사고 시 발전기에 전기자 반작용이 일어나기 전 커다란 **돌발 단락 전류가 흐르므로 이를 제한하기 위해 설치**한다. 【답】 ③

26 피뢰기의 구비조건이 아닌 것은?

① 속류의 차단능력이 충분할 것
② 충격 방전 개시 전압이 높을 것
③ 상용 주파 방전 개시 전압이 높을 것
④ 방전 내량이 크고, 제한 전압이 낮을 것

[풀이] 피뢰기의 구비조건
① 상용 주파 방전 개시 전압이 높을 것
② **충격 방전 개시 전압이 낮을 것**
③ 제한 전압이 낮을 것
④ 속류 차단 능력이 클 것
⑤ 방전 내량이 크며 장시간 사용하여도 열화가 적을 것
【답】②

27 3상 송전선로의 선간전압이 100[kV], 기준용량이 10,000[kVA]일 때, 1선 당의 선로리액턴스 150[Ω]을 %임피던스로 환산하면 몇 [%]인가?
① 5   ② 10
③ 15   ④ 20

[풀이]
$$\%Z = \frac{ZP}{10V^2} = \frac{150 \times 10000}{10 \times 100^2} = 15[\%]$$
여기서, V : 정격전압[kV] P : 기준용량[kVA]
(단위가 [kV]이고 [kVA]인 것에 유의)
【답】③

28 배전계통에서 전력용 콘덴서를 설치하는 목적으로 가장 타당한 것은?
① 배전선의 전력손실 감소
② 전압강하 증대
③ 고장 시 영상전류 감소
④ 변압기 여유율 감소

[풀이]
전력용 콘덴서 설치(역률 개선)의 효과
① **전력 손실 감소**
② 변압기, 개폐기 등의 소요 용량 감소
③ 송전 용량 증대
④ 전압 강하 감소
이들 중 가장 큰 효과는 전력 손실 감소가 된다(전력 손실은 역률의 제곱에 역비례하여 감소한다)
【답】①

29 수전 용량에 비해 첨두부하가 커지면 부하율은 그에 따라 어떻게 되는가?
① 높아진다.
② 낮아진다.
③ 변하지 않고 일정하다.
④ 부하의 종류에 따라 달라진다.

[풀이]
부하율 = $\frac{평균 전력}{최대 전력}$ 에서
첨두 부하가 커지면 최대 전력이 증가하여 부하율은 낮아진다.
【답】②

30 보호계전기 동작이 가장 확실한 중성점 접지방식은?
① 비접지방식
② 저항접지방식
③ 직접접지방식
④ 소호리액터접지방식

[풀이]
접지방식별 특징

방 식	보호계전기 동작	지락 전류	고장중 운전	전위 상승	과도 안정도	유도 장해	특 징
직접 접지 (22.9, 154, 345[kV])	확실	최대	×	1.3	최소	최대	중성점영전위, 단절연가능
저항 접지	↓	↓	×	$\sqrt{3}$	↓	↓	
비접지 (3.3, 6.6[kV])	×	↓	가능	$\sqrt{3}$	↓	↓	저전압 단거리에 적용
소호 리액터 접지 (66[kV])	불확실	최소	가능	$\sqrt{3}$ 이상	최대	최소	병렬공진, 고장전류최소

【답】③

31 전등 설비 250[W], 전열 설비 800[W], 전동기 설비 200[W], 기타 150[W]인 수용가가 있다. 이 수용가의 최대 수용 전력이 910[W]이면 수용률은?
① 65   ② 70
③ 75   ④ 80

[풀이]
$$수용률 = \frac{최대 수용 전력}{설비 용량(접속 부하)} \times 100$$
$$= \frac{910}{250+800+200+150} \times 100$$
$$= \frac{910}{1400} \times 100 = 65[\%]$$
【답】①

32 송전선로에서 역섬락이 생기기 가장 쉬운 경우는?

① 선로 손실이 큰 경우
② 코로나 현상이 발생한 경우
③ 선로정수가 균일하지 않을 경우
④ 철탑의 탑각 접지 저항이 큰 경우

풀이
탑각 접지 저항이 충분히 낮지 않으면 가공 지선이 포착한 직격뢰는 대지로 흐를 수 없고, 철탑 전위가 상승하여 철탑부가 애자를 통하여 또는 경간 내에서 가공 지선과 전력선간의 공기를 통하여, 전력선에 방전하는 **역섬락을 일으킨다**. 【답】 ④

33 송전선로에 관한 설명 중 옳지 않은 것은?

① 송전선로의 유도 장해를 억제하기 위해서 접지 저항은 보호장치가 허용할 수 있는 범위에서 작게 하여야 한다.
② 송전선로에 발생하는 내부 이상 전압은 그 대부분이 사용 대지 전압의 파고값의 약 4배 이하이다.
③ 송전계통의 안정도를 높이기 위해 복도체 방식을 택하거나 직렬 콘덴서 등을 설치한다.
④ 결합 콘덴서는 반송 전화 장치를 송전선에 결합시키기 위해 사용하는 것으로 그 용량은 0.001~0.002 [μF] 정도이다.

풀이
전자 유도 전압 : $E_m = -j\omega M l\, 3I_0$
(여기서, M : 상호 인덕턴스, I_0 : 영상전류)
즉, **사고 시 흐르는 영상전류**에 의해 전자 유도 장해가 발생한다.
따라서 보호장치가 허용할 수 있는 범위내에서 **접지저항값을 크게 하여 전자 유도전압을 억제**함으로서 유도장해를 억제하는 것이 바람직하다. 【답】 ①

34 송전선의 중성점을 접지하는 이유가 아닌 것은?

① 코로나를 방지한다.
② 기기의 절연강도를 낮출 수 있다.
③ 이상전압을 방지한다.
④ 지락 사고선을 선택 차단한다.

풀이
송전 선로의 **중성점 접지의 목적**
① 이상 전압 발생 방지
② 1선 지락시 건전상 전압상승 억제 및 기기나 선로의 절연절감
③ 보호 계전기 동작 확실
④ 소호 리액터 계통에서의 1선 지락시 아크 소멸 【답】 ①

35 철탑으로부터의 전선의 오프셋을 주는 이유로 가장 알맞은 것은?

① 불평형 전압의 유도방지
② 지락사고 방지
③ 전선의 진동방지
④ 상하 전선의 접촉방지

풀이

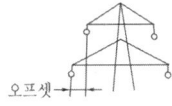

오프셋 : 전선 도약에 의한 **상간 단락 사고 방지** 【답】 ④

36 중성점 저항 접지방식의 병행 2회선 송전선로의 지락사고 차단에 사용되는 계전기는?

① 선택접지계전기 ② 거리계전기
③ 과전류계전기   ④ 역상계전기

풀이
병행 2회선의 지락 사고 시에 **선택 접지 계전기**가 동작하여 **지락 사고 선로를 선택하여 차단**한다. 【답】 ①

37 다음 중 수력 발전소의 저수지 용량 등을 결정하는데 사용되는 것으로 가장 적당한 것은?

① 적산 유량 곡선
② 수위 유량 곡선
③ 유황 곡선
④ 유량도

풀이
적산 유량 곡선은 매일의 수량을 차례로 적산해서 가로축에 일수를, 세로축에 적산 수량을 그린 곡선으로서 **수력 발전소의 댐을 설계하거나 저수지 용량 결정**에 사용된다. 【답】 ①

38 송전계통의 절연협조에 있어 절연 레벨을 가장 낮게 잡고 있는 것은?
① 피뢰기   ② 단로기
③ 변압기   ④ 차단기

[풀이]
절연 협조는 계통의 각 기기 및 기구, 선로, 애자 상호간의 균형 있는 적당한 절연 강도를 가지는 것을 말하며 피뢰기의 제한 전압이 기기의 기준 충격 절연 강도보다 낮아야 한다.
즉, **절연 레벨 : 피뢰기** < 변압기 < 차단기, CT, PT, … < 선로 애자
【답】①

39 다음 그림과 같이 200/5 [CT] 1차측에 150 [A]의 3상 평형 전류가 흐를 때 전류계 A_3에 흐르는 전류는 몇 [A]인가?

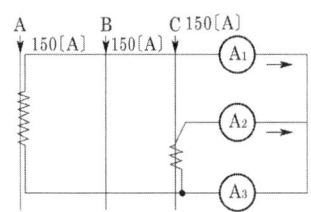

① 3.75   ② 5
③ $\sqrt{3}+3.75$ ④ $\sqrt{3}\times 5$

[풀이]
CT 권수비가 40이므로 1차측에 150 [A]가 흐르면 2차측에는 $\frac{150}{40}=3.75$ [A]가 흐른다.

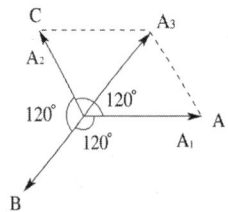

$A_3 = 2A_1\cos 60° = 2A_2\cos 60° = A_1 = A_2 = 3.75[A]$ 【답】①

40 전력선 반송전화 장치를 송전선에 연결하는 장치로 사용되는 것은?
① 분로 리액터   ② 분배기
③ 중계선륜   ④ 결합 콘덴서

[풀이]
결합 콘덴서 : 전력선 반송전파 장치와 송전선의 연결에 사용
【답】④

4회 전력공학

21 다음 중 배전 선로에 사용되는 개폐기의 종류와 그 특성의 연결이 바르지 못한 것은?
① 컷아웃 스위치(COS) - 주된 용도로는 주상변압기의 고장이 배전선로에 파급되는 것을 방지하고 변압기의 과부하 소손을 예방하고자 사용한다.
② 부하 개폐기 - 고장 전류와 같은 대전류는 차단할 수 없지만 평상 운전시의 부하전류는 개폐할 수 있다.
③ 리클로저(recloser) - 선로에 고장이 발생 하였을 때 고장 전류를 검출하여 지정된 시간 내에 고속 차단하고 자동 재폐로 동작을 수행하여 고장 구간을 분리하거나 재송전하는 장치이다.
④ 섹셔널라이저(sectionalizer) - 고장 발생 시 신속히 고장 전류를 차단하여 사고를 국부적으로 분리시키는 것으로 후비 보호 장치와 직렬로 설치하여야 한다.

[풀이]
섹셔널라이저(sectionalizer)
배전선로에 고장이 발생할 경우 리클로저의 동작으로 선로가 무전압 상태가 되면 섹셔널라이저는 이를 감지하여 무전압 상태의 횟수를 기억 하였다가 정해진 횟수에 도달하면 섹셔널라이저는 선로의 무전압 상태에서 선로를 개방하여 고장구간을 분리시킨다. **섹셔널라이저는 고장전류를 차단할 수 있는 능력이 없기 때문에 리클로저와 직렬로 조합하여 사용한다.**   【답】④

22 전력 원선도의 실수축과 허수축은 각각 어느 것을 나타내는가?
① 실수축은 전압이고, 허수축은 전류이다.
② 실수축은 전압이고, 허수축은 역률이다.
③ 실수축은 전류이고, 허수축은 유효전력이다.
④ 실수축은 유효전력이고, 허수축은 무효전력이다.

[풀이]
- 전력 원선도의 **가로축(실수축) : 유효전력**
- 전력 원선도의 **세로축(허수축) : 무효전력**   【답】④

23 어떤 발전소에서 발열량 5000[kcal/kg]의 석탄 15[ton]을 사용하여 40000[kWh]의 전력을 발생하였을 경우 이 발전소의 열효율은 약 몇 [%]인가?

① 23.5 ② 34.4
③ 45.9 ④ 53.4

■ 풀이

효율 $\eta = \dfrac{860W}{mH} = \dfrac{860 \times 40000}{15 \times 10^3 \times 5000} = 0.459 = 45.9[\%]$ 【답】③

24 단상 2선식 110[V] 저압배전선로를 단상 3선식 110/220[V]로 변경할 때 부하의 크기 및 공급전압을 일정하게 하고 또 부하를 평형시켰을 때 전선로의 전압강하율은 변경 전에 비하여 어떻게 되는가?

① $\dfrac{1}{2}$ ② $\dfrac{1}{3}$
③ $\dfrac{1}{4}$ ④ $\dfrac{1}{5}$

■ 풀이

항목	단상 2선식	단상 3선식
회로도		

단상 3선식은 단상 2선식에 비해 전압이 2배로 승압되는 효과가 있다.

전압강하율 $\epsilon = \dfrac{P}{V^2}(R + X\tan\theta)$에서 $\epsilon \propto \dfrac{1}{V^2}$ 이므로, 단상 2선식을 단상 3선식으로 변경하였을 경우는 2배 승압한 경우이므로 전압강하율은 $\dfrac{1}{4}$ 배로 된다. 【답】③

25 교류 저압 배전방식에서 밸런서를 필요로 하는 방식은?

① 단상 2선식 ② 단상 3선식
③ 3상 3선식   ④ 3상 4선식

■ 풀이

단상 3선식의 특징
① 전압강하 및 전력손실은 1/4로 감소한다.
② 소요 전선량은 감소한다.

③ 110/220 [V]와 같이 2종의 전압을 얻을 수 있다.
④ 상시 부하가 불평형이면 전압이 불평형이 되고 이에 대한 대책으로 **밸런스를 설치**하여야 한다.
⑤ 중성선에는 퓨즈를 설치하지 않는다. 【답】②

26 아킹혼의 설치 목적은?

① 코로나손의 방지
② 이상전압 제한
③ 지지물의 보호
④ 섬락사고 시 애자의 보호

■ 풀이

아킹 혼(소호각) : 섬락사고시 애자련의 보호. 애자련의 전압 분담 균일화 【답】④

27 다음 중 그 값이 1 이상인 것은?

① 부등률   ② 부하율
③ 수용률   ④ 전압강하율

■ 풀이

부등률 $= \dfrac{\text{수용설비 개개의 최대수용전력의 합계}}{\text{합성 최대 수용 전력}} \geq 1$

【답】①

28 중성점 비접지 방식이 이용되는 송전선은?

① 20~30 [kV] 정도의 단거리 송전선
② 40~50 [kV] 정도의 중거리 송전선
③ 80~100 [kV] 정도의 장거리 송전선
④ 140~160 [kV] 정도의 장거리 송전선

■ 풀이

중성점 비접지방식은 전압이 낮은 계통(33[kV] 정도 이하)의 **단거리 송전선 계통에 적용**한다. 그 이유는 비접지방식을 전압이 높고 선로의 길이가 긴 계통에 채용하게 되면 대지 정전 용량이 증가하게 되어 1선 지락 고장시 충전 전류에 의한 간헐 아크 지락을 일으켜서 이상 전압을 발생하게 되기 때문이다. 【답】①

29 외뢰(外雷)에 대한 주 보호장치로서 송전계통의 절연협조의 기본이 되는 것은?

① 애자   ② 변압기
③ 차단기 ④ 피뢰기

> **풀이**
> 계통 내의 각 기기, 기구 및 애자 등의 상호간에 적정한 절연 강도를 지니게 함으로써 계통 설계를 합리적, 경제적으로 할 수 있게 한 것을 절연 협조라고 하며 **피뢰기의 제한 전압이 기본**이 된다. 【답】④

30 경수감속 냉각형 원자로에 속하는 것은?
① 고속증식로
② 열중성자로
③ 비등수형 원자로
④ 흑연감속 가스 냉각로

> **풀이**
> 발전용 원자로의 종류에는 흑연감속 가스 냉각로, 경수감속 경수 냉각로, 중수감속 중수 냉각로 등이 있으며, **경수감속 경수 냉각로에는 가압수형 원자로(PWR), 비등수형 원자로(BWR)가 있다.** 【답】③

31 수전 용량에 비해 첨두부하가 커지면 부하율은 그에 따라 어떻게 되는가?
① 높아진다.
② 낮아진다.
③ 변하지 않고 일정하다.
④ 부하의 종류에 따라 달라진다.

> **풀이**
> 부하율 = $\dfrac{평균\ 전력}{최대\ 전력}$ 에서
> **첨두 부하가 커지면 최대 전력이 증가하여 부하율은 낮아진다.** 【답】②

32 수전단 전압이 송전단 전압보다 높아지는 현상을 무엇이라 하는가?
① 옵티마 현상
② 자기 여자 현상
③ 페란티 현상
④ 동기화 현상

> **풀이**
> **페란티 현상**이란 선로의 정전 용량으로 인하여 무부하시나 경부하시에 진상 전류가 흘러 **수전단 전압이 송전단 전압보다 높아지는 현상**을 말하며 이의 대책으로는 분로 리액터나 동기 조상기의 지상 용량으로 방지할 수 있다. 【답】③

33 100[kVA] 단상변압기 3대를 △-△결선으로 사용하다가 1대의 고장으로 V-V결선으로 사용하면 약 몇 [kVA] 부하까지 사용할 수 있는가?
① 150
② 173
③ 225
④ 300

> **풀이**
> 변압기 1대의 출력을 P_1이라 하면
> V-V결선 시 출력 $P_V = \sqrt{3}\,P_1 = \sqrt{3} \times 100 = 173.2[kVA]$ 【답】②

34 부하가 P[kW]이고, 그의 역률이 $\cos\theta_1$인 것을 $\cos\theta_2$로 개선하기 위한 전력용 콘덴서의 용량[kVA]은?
① $P(\tan\theta_1 - \tan\theta_2)$
② $P\left(\dfrac{\cos\theta_1}{\sin\theta_1} - \dfrac{\cos\theta_2}{\sin\theta_2}\right)$
③ $\dfrac{P}{(\tan\theta_1 - \tan\theta_2)}$
④ $\dfrac{P}{(\cos\theta_1 - \cos\theta_2)}$

> **풀이**
>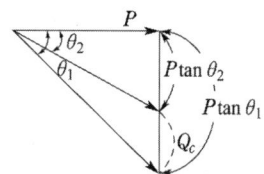
> $Q_c = P(\tan\theta_1 - \tan\theta_2) = P\left(\dfrac{\sin\theta_1}{\cos\theta_1} - \dfrac{\sin\theta_2}{\cos\theta_2}\right)$
> $= P\left(\dfrac{\sqrt{1-\cos^2\theta_1}}{\cos\theta_1} - \dfrac{\sqrt{1-\cos^2\theta_2}}{\cos\theta_2}\right)$ 【답】①

35 영상변류기를 사용하는 계전기는?
① 과전류계전기
② 지락계전기
③ 차동계전기
④ 과전압계전기

> **풀이**
> 비접지 계통의 지락 사고 검출
> • 선택 접지 계전기(SGR) + 영상 전류 검출 (ZCT) + 영상 전압 검출(GPT)
> • **지락 계전기(GR) + 영상 전류 검출 (ZCT)** 【답】②

36 파동 임피던스가 300[Ω]인 가공송전선 1[km] 당의 인덕턴스는 몇 [mH/km]인가? (단, 저항과 누설 컨덕턴스는 무시한다.)

① 0.5 ② 1
③ 1.5 ④ 2

[풀이]

$$Z_0 = \sqrt{\frac{Z}{Y}} = \sqrt{\frac{R+j\omega L}{G+j\omega C}} = \sqrt{\frac{L}{C}}$$

(R, G 값은 무시한다고 하였으므로)

$$Z_0 = \sqrt{\frac{0.4605\log_{10}\frac{D}{r} \times 10^{-3}}{\frac{0.02413}{\log_{10}\frac{D}{r}} \times 10^{-6}}} = 138\log_{10}\frac{D}{r}\,[\Omega]$$

즉, 파동 임피던스 $Z_0 = \sqrt{\frac{L}{C}} = 138\log_{10}\frac{D}{r} = 300\,[\Omega]$에서

$$\log_{10}\frac{D}{r} = \frac{300}{138}$$

$$\therefore L = 0.05 + 0.4605\log_{10}\frac{D}{r} = 0.05 + 0.4605 \times \frac{300}{138}$$
$$= 1.05\,[\text{mH/km}] \quad \text{【답】 ②}$$

37 3상 송배전 선로의 공칭전압이란?

① 그 전선로를 대표하는 최고전압
② 그 전선로를 대표하는 평균전압
③ 그 전선로를 대표하는 선간전압
④ 그 전선로를 대표하는 상전압

[풀이]
전선로의 **공칭전압**이라 함은, **그 전선로를 대표**하는 전부하 상태에서의 송전단 **선간 전압**을 말한다. 　　　　【답】 ③

38 500[kW], 지역률 80[%]인 단상 부하의 단자 전압이 6500[V]일 때 부하 전류는 약 몇 [A]인가?

① 92 ② 96
③ 105 ④ 120

[풀이]
부하전류 $I = \dfrac{P}{V\cos\theta} = \dfrac{500\times 10^3}{6500\times 0.8} = 96.15\,[\text{A}]$ 　【답】 ②

39 정전용량 C[F]의 콘덴서를 △ 결선해서 3상전압 V[V]를 가했을 때의 충전용량과 같은 전원을 Y결선으로 했을 때 충전용량의 비(△결선/Y결선)는?

① 3 ② $\sqrt{3}$
③ $\dfrac{1}{3}$ ④ $\dfrac{1}{\sqrt{3}}$

[풀이]

$$Q_Y = 3 \times 2\pi f C \left(\frac{V}{\sqrt{3}}\right)^2 = 2\pi f C V^2\,[\text{VA}]$$

$Q_\triangle = 3\times 2\pi f C E^2 = 3\times 2\pi f C V^2\,[\text{VA}]$이므로

$$\frac{Q_\triangle}{Q_Y} = \frac{3\times 2\pi f C V^2}{2\pi f C V^2} = 3\text{배} \quad\text{【답】 ①}$$

40 전력용 콘덴서에 직렬로 콘덴서 용량의 5[%] 정도의 유도 리액턴스를 삽입하는 목적은?

① 제3고조파를 제거시키기 위하여
② 제5고조파를 제거시키기 위하여
③ 이상 전압의 발생을 방지하기 위하여
④ 정전 용량을 조절하기 위하여

[풀이]
직렬 리액터는 제5고조파 제거를 목적으로 사용된다.

$$2\pi(5f_0)L = \frac{1}{2\pi(5f_0)C}$$

따라서, $X_L = \dfrac{1}{25} \times X_c = 0.04 X_c$

즉, **5고조파를 제거**하기 위해서는 콘덴서 용량의 4[%]에 해당하는 직렬리액터를 설치하면 되지만 여유를 고려하여 **콘덴서 용량의 5~6[%]에 해당하는 직렬리액턴스를 설치**한다. 【답】 ②

2022년 CBT 복원문제

1회 전력공학

21 154[kV] 송전선로에서 송전거리가 154[km]라 할 때 송전용량 계수법에 의한 송전용량은 몇 [kW]인가? (단, 송전용량계수는 1200으로 한다.)
① 61600
② 92400
③ 123200
④ 184800

풀이

송전용량 $P = $ 회선 수 $\times K \dfrac{V^2}{l}$ [kW]

$\begin{cases} K & : \text{용량계수} \\ V & : \text{송전전압[kV]} \\ l & : \text{송전거리[km]} \end{cases}$

$P = 1 \times 1200 \times \dfrac{154^2}{154} = 184800$ [kW]   【답】 ④

22 인터록(interlock)의 기능에 대한 설명으로 맞는 것은?
① 조작자의 의중에 따라 개폐되어야 한다.
② 차단기가 열려 있어야 단로기를 닫을 수 있다.
③ 차단기가 닫혀 있어야 단로기를 닫을 수 있다.
④ 차단기와 단로기를 별도로 닫고, 열 수 있어야 한다.

풀이
단로기는 부하 전류를 개폐할 수 없다. 따라서 **단로기는 차단기가 열려 있어야 (무전압 상태)열고 닫을 수 있다.** 즉, 인터록 장치를 두어 부하 통전 시 단로기를 열 수 없도록 하여야 한다.   【답】 ②

23 다음 중 수력 발전소의 저수지 용량 등을 결정하는데 사용되는 것으로 가장 적당한 것은?
① 적산 유량 곡선
② 수위 유량 곡선
③ 유황 곡선
④ 유량도

풀이
적산 유량 곡선은 매일의 수량을 차례로 적산해서 가로축에 일수를, 세로축에 적산 수량을 그린 곡선으로서 **수력 발전소의 댐을 설계하거나 저수지 용량 결정**에 사용된다.   【답】 ①

24 154[kV] 송전선로에 10개의 현수애자가 연결되어 있다. 다음 중 전압부담이 가장 적은 것은?
① 철탑에 가장 가까운 것
② 철탑에서 3번째에 있는 것
③ 전선에서 가장 가까운 것
④ 전선에서 3번째에 있는 것

풀이
- 전압 부담 최대 : 전선에 가장 가까운 애자
- 전압 부담 최소 : 전선에서 2/3 지점에 있는 애자 (**철탑에서 1/3 지점에 있는 애자**)   【답】 ②

25 저압 뱅킹 방식에 대한 설명으로 틀린 것은?
① 전압동요가 적다.
② 캐스케이딩 현상에 의해 고장확대가 축소된다.
③ 부하증가에 대해 융통성이 좋다.
④ 고장 보호 방식이 적당할 때 공급 신뢰도는 향상된다.

풀이
캐스케이딩 현상이란 Banking 배전방식으로 운전 중 건전한 변압기 일부가 고장이 발생하면 부하가 다른 건전한 변압기에 걸려서 **고장이 확대되는 현상**을 말한다.   【답】 ②

26 선로의 단락보호용으로 사용되는 계전기는?
① 접지계전기
② 역상계전기
③ 재폐로계전기
④ 거리계전기

풀이

거리 계전기(Distance Relay ; ZR) : 계전기가 설치된 위치로부터 고장점까지의 전기적 거리에 비례하여 한시 동작하는 것으로 **복잡한 계통의 단락 보호**에 과전류 계전기의 대용으로 쓰인다. 【답】④

27 교류송전에서는 송전거리가 멀어질수록 동일 전압에서의 송전 가능 전력이 적어진다. 다음 중 그 이유로 가장 알맞은 것은?
① 선로의 어드미턴스가 커지기 때문이다.
② 선로의 유도성 리액턴스가 커지기 때문이다.
③ 코로나 손실이 증가하기 때문이다.
④ 표피효과가 커지기 때문이다.

풀이

$P = \dfrac{E_S E_R}{X} \sin\delta$

에서 알 수 있듯이 송전 거리가 멀어질수록 **선로의 유도 리액턴스가 커지기 때문에 송전 가능 전력은 적어진다.** 【답】②

28 동일 굵기의 전선으로 된 3상 3선식 2회선 송전선이 있다. A회선의 전류는 100 [A], B회선의 전류는 50 [A]이고 선로 손실은 합계 50 [kW]이다. 개폐기를 닫아서 양 회선을 병렬로 사용하여 합계 150 [A]의 전류를 통하도록 하려면 선로 손실 [kW]은?
① 40   ② 45
③ 50   ④ 55

풀이

A회선의 선로 손실과 B회선의 선로 손실에서 저항을 구하면,
$I_A^2 R + I_B^2 R = 50$ [kW]
$100^2 R + 50^2 R = 50 \times 10^3$ ∴ $R = 4$ [Ω]
양 회선을 병렬로 사용하면 동일 전선이므로 동일한 전류가 흐른다.
2회선 $\times 75^2 R = 2 \times 75^2 \times 4 = 45,000$ [W]
∴ 45 [kW] 【답】②

29 켈빈(Kelvin)의 법칙이 적용되는 경우는?
① 전압 강하를 감소시키고자 하는 경우
② 부하 배분의 균형을 얻고자 하는 경우
③ 전력 손실량을 축소시키고자 하는 경우
④ 경제적인 전선의 굵기를 선정하고자 하는 경우

풀이

• 경제적인 전선의 굵기 : 켈빈의 법칙
• 경제적인 송전전압 결정 : Still 식 【답】④

30 송전선로를 연가하는 주된 목적은?
① 페란티효과의 방지   ② 직격뢰의 방지
③ 선로정수의 평형   ④ 유도뢰의 방지

풀이

• 연가의 목적 : 선로정수의 평형
• 연가의 효과 : 직렬공진 방지, 유도장해 감소, 선로정수 평형 【답】③

31 용량 25000[kVA], 임피던스 10[%]인 3상 변압기가 2차 측에서 3상 단락 되었을 때 단락용량은 몇 [MVA]인가?
① 225[MVA]   ② 250[MVA]
③ 275[MVA]   ④ 433[MVA]

풀이

단락용량 $P_s = \dfrac{100}{\%Z} P_n = \dfrac{100}{10} \times 25000 \times 10^{-3} = 250$[MVA] 【답】②

32 원자력발전소와 화력발전소의 특성을 비교한 것 중 옳지 않은 것은?
① 원자력발전소는 화력발전소의 보일러 대신 원자로와 열교환기를 사용한다.
② 원자력발전소의 건설비는 화력발전소에 비하여 낮다.
③ 동일 출력일 경우 원자력발전소의 터빈이나 복수기가 화력발전소에 비하여 대형이다.
④ 원자력발전소는 방사능에 대한 차폐 시설물의 투자가 필요하다.

풀이

화력 발전과 비교하여 원자력 발전은 출력 밀도(단위 체적당 출력)가 크므로 같은 출력이라면 소형화가 가능하며, **단위 출력당 건설비는 화력 발전소에 비하여 비싸다.** 【답】②

33 전선에서 전류의 밀도가 도선의 중심으로 들어갈수록 작아지는 현상은?
① 표피효과   ② 근접효과
③ 접지효과   ④ 페란티효과

[풀이]

표피효과(skin effect) : 도체의 중심으로 갈수록 전류의 밀도가 낮아지는(전류가 잘 흐르지 못하는) 현상

$$\delta = \sqrt{\frac{2}{\omega\sigma\mu}} = \sqrt{\frac{1}{\pi f \sigma \mu}} \text{ [m]}$$

f(주파수), σ(도전율), μ(투자율) 가 클수록 δ가 작게 되어 표피 효과가 심해진다.

【답】①

34 동일한 2대의 단상변압기를 V결선 하여 3상 전력을 100[kVA]까지 배전할 수 있다면 똑같은 단상변압기 1대를 추가하여 △결선하게 되면 3상 전력은 약 몇 [kVA] 까지 배전할 수 있겠는가?

① 57.7[kVA]   ② 70.5[kVA]
③ 141.5[kVA] ④ 173.2[kVA]

[풀이]

$P_\Delta = 3P_1 = \sqrt{3} \cdot \sqrt{3} P_1 = \sqrt{3} P_V$ 이므로

$\therefore P_\Delta = \sqrt{3} \times 100 = 173.2 \text{[kVA]}$

(∵ V결선 출력 $P_V = \sqrt{3} P_1$)

【답】④

35 송전계통의 절연협조에 있어 절연 레벨을 가장 낮게 잡고 있는 것은?

① 피뢰기   ② 단로기
③ 변압기   ④ 차단기

[풀이]

절연 협조는 계통의 각 기기 및 기구, 선로, 애자 상호간의 균형 있는 적당한 절연 강도를 가지는 것을 말하며 피뢰기의 제한 전압이 기기의 기준 충격 절연 강도보다 낮아야 한다.
즉, **절연 레벨 : 피뢰기** < 변압기 < 차단기, CT, PT, ⋯ <선로 애자

【답】①

36 서지파(진행파)가 서지 임피던스 Z_1의 선로측에서 서지 임피던스 Z_2의 선로측으로 입사할 때 투과계수(투과파 전압÷입사파 전압) b를 나타내는 식은?

① $b = \dfrac{Z_2 - Z_1}{Z_1 + Z_2}$ ② $b = \dfrac{2Z_2}{Z_1 + Z_2}$

③ $b = \dfrac{Z_1 - Z_2}{Z_1 + Z_2}$ ④ $b = \dfrac{2Z_1}{Z_1 + Z_2}$

[풀이]

- 파동(서지)임피던스가 서로 다른 회로에 연결된 점(이것을 보통 변이점이라 한다)에 진행파가 진입하면 일부는 반사하고 나머지는 변이점을 통과해서 다음회로에 침입해 들어가게 된다.
- 서지파(진행파)가 서지 임피던스 Z_1의 선로측에서 서지 임피던스 Z_2의 선로측으로 입사할 때

투과 계수$(b) = \dfrac{2Z_2}{Z_2 + Z_1}$

반사 계수$(\beta) = \dfrac{Z_2 - Z_1}{Z_2 + Z_1}$

【답】②

37 3상3선식 배전선로에 역률이 0.8(지상)인 3상 평형 부하 40[kW]를 연결했을 때 전압강하는 약 몇 [V]인가? (단, 부하의 전압은 200[V], 전선 1조의 저항은 0.02[Ω]이고, 리액턴스는 무시한다.)

① 2   ② 3
③ 4   ④ 5

[풀이]

전압 강하 $e = \dfrac{P}{V}(R + X\tan\theta)$ 에서

리액턴스를 무시하므로 $X = 0$

$\therefore e = \dfrac{PR}{V} = \dfrac{40 \times 10^3 \times 0.02}{200} = 4\text{[V]}$

【답】③

38 송전 계통의 중성점 접지용 소호 리액터의 인덕턴스 L은? 단, 선로 한 선의 대지 정전 용량을 C라 한다.

① $L = \dfrac{1}{C}$ ② $L = \dfrac{C}{2\pi f}$

③ $L = \dfrac{1}{2\pi f C}$ ④ $L = \dfrac{1}{3(2\pi f)^2 C}$

[풀이]

소호리액터 접지방식은 **선로의 대지정전용량과 공진하는 리액터를 통하여 접지하는 방식**이므로

$\omega L = \dfrac{1}{3\omega C}$ (∵ 변압기의 리액턴스는 무시)

$\therefore L = \dfrac{1}{3\omega^2 C} = \dfrac{1}{3(2\pi f)^2 C}$

【답】④

39 송전선에의 뇌격에 대한 차폐 등으로 가선하는 가공지선에 대한 설명 중 옳은 것은?

① 차폐각은 보통 15~30° 정도로 하고 있다.
② 차폐각이 클수록 벼락에 대한 차폐효과가 크다.
③ 가공지선을 2선으로 하면 차폐각이 적어진다.
④ 가공지선으로는 연동선을 주로 사용한다.

풀이
가공 지선은 뇌 서지로부터 송전선의 차폐를 위해 시설한다. 차폐각은 35°~40° 정도로 잡고 있으며, 차폐각이 작을수록 (**가공지선을 2회선으로 하면 차폐각이 적어진다.**) 보호율이 높으나 그 반면에 건설비가 비싸다. 가공 지선은 ACSR을 사용한다.

【답】③

40 등가 송전선로의 정전용량 $C = 0.008 [\mu F/km]$, 선로길이 $l = 100 [km]$, 대지전압 $E = 37000 [V]$이고 주파수 $f = 60 [Hz]$일 때, 충전전류는 약 몇 [A]인가?

① 11.2
② 6.7
③ 0.635
④ 0.426

풀이
충전전류 $I_c = 2\pi f C l E$
$= 2\pi \times 60 \times 0.008 \times 10^{-6} \times 100 \times 37000$
$= 11.2 [A]$

【답】①

| 2회 | 전력공학 |

21 조상설비(調相設備)와 거리가 먼 것은?

① 분로리액터
② 상순(相順)표시기
③ 전력용콘덴서
④ 동기조상기

풀이
조상설비는 무효전력을 공급하는 설비로서 동기조상기, 전력용 콘덴서 및 리액터가 있다.
• 동기 조상기 : 지상 및 진상 무효전력 공급
• 전력용 콘덴서 : 진상 무효전력 공급
• 분로 리액터 : 지상 무효전력 공급
그러나, **상순 표시기는 공급 전원의 상순을 표시하는 계측기로서** 조상설비가 아니다.

【답】②

22 송전선에 낙뢰가 가해져서 애자에 섬락이 생기면 아크가 생겨 애자가 손상되는 경우가 있다. 이것을 방지하기 위하여 사용되는 것은?

① 댐퍼(damper)
② 아아모로드(armour rod)
③ 가공지선
④ 아킹혼(arcing horn)

풀이
• 댐퍼 : 전선의 진동 방지
• 아아모로드 : 전선의 진동 방지
• 가공지선 : 뇌의 차폐
• 아킹 혼 : **섬락으로부터 애자련의 보호**, 애자련의 전압 분포 개선

【답】④

23 보일러 급수 중의 염류 등이 굳어서 내벽에 부착되어 보일러 열전도와 물의 순환을 방해하며 내면의 수관벽을 과열시켜 파열을 일으키게 하는 원인이 되는 것은?

① 스케일
② 부식
③ 포밍
④ 캐리오버

풀이
스케일이란, 보일러의 급수에 포함되어 있는 알루미늄, 나트륨 등의 **염류가 굳어서** 되는 것으로 관석이라고도 부르고 있다. 또한 스케일은 내벽에 부착되어 **보일러 열전도와 물의 순환을 방해**하며 내면의 수관벽을 과열시켜 파열을 일으키게 하는 원인이 되기도 한다.

【답】①

24 역률 0.8인 부하 480[kW]를 공급하는 변전소에 전력용 콘덴서 220[kVA]를 설치하면 역률은 몇 [%]로 개선할 수 있는가?

① 92
② 94
③ 96
④ 99

풀이
• 부하의 유효전력 $P = 480 [kW]$
• 부하의 무효전력
$Q_L = \dfrac{P}{\cos\theta} \times \sin\theta = \dfrac{480}{0.8} \times 0.6 = 360 [kVar]$
• 콘덴서 용량 $Q_c = 220 [kVA]$
• 부하 역률 $\cos\theta = \dfrac{P}{\sqrt{P^2 + (Q_L - Q_c)^2}} \times 100$

$$= \frac{480}{\sqrt{480^2 + (360-220)^2}} \times 100$$
$$= 96[\%]$$ 【답】③

25 과전류계전기(OCR)의 탭(tap) 값은?
① 계전기의 최소 동작전류
② 계전기의 최대 부하전류
③ 계전기의 동작시한
④ 변류기의 권수비

▶ 풀이
계전기에 흐르는 전류가 계전기의 탭값 보다 크면 계전기가 동작하여 전기 회로를 차단하여 기기를 보호한다. 즉, **과전류 계전기의 탭 값은 계전기의 최소 동작 전류**이다. 【답】①

26 송전선 보호범위 내의 모든 사고에 대하여 고장점의 위치에 관계없이 선로 양단을 쉽고 확실하게 동시에 고속으로 차단하기 위한 계전방식은?
① 회로선택 계전방식
② 과전류 계전방식
③ 방향거리(directive distance) 계전방식
④ 표시선(pilot wire) 계전방식

▶ 풀이
표시선 계전방식의 특징
① 고장점의 위치에 관계 없이 **양단을 동시 고속 차단**할 수 있다.
② 송전선에 평행되도록 표시선을 설치하여 양단을 연락케 한다.
③ 고장시 장해를 받지 않게 하기 위하여 연피 케이블을 설치한다.
④ 시한차에 구애받지 않고 양단 동시에 고속 차단한다.
【답】④

27 전력선에 의한 통신선로의 전자 유도 장해의 발생 요인은 주로 무엇 때문인가?
① 영상 전류가 흘러서
② 부하 전류가 크므로
③ 상호 정전 용량이 크므로
④ 전력선의 교차가 불충분하여

▶ 풀이
전자 유도 전압 : $E_m = -j\omega Ml\, 3I_0$
여기서, M : 상호 인덕턴스, I_0 : 영상전류

즉, **사고 시 흐르는 영상전류**에 의해 전자 유도 장해가 발생한다. 【답】①

28 그림과 같은 전력계통에서 A점에 설치된 차단기의 단락용량은? (단, 각 기기의 %리액턴스는 발전기 G_1, G_2는 정격용량 15[MVA] 기준 각각 15[%]이고, 변압기는 정격용량 20[MVA] 기준 8[%], 송전선은 정격용량 10[MVA] 기준 11[%]이며, 기타 다른 정수는 무시한다.)

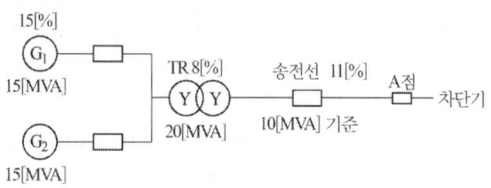

① 5[MVA] ② 50[MVA]
③ 500[MVA] ④ 5000[MVA]

▶ 풀이
기준 용량 $P_n = 20$ [MVA]로 선정하고 %Z를 기준 용량으로 환산하면
$$\%Z_g = \frac{20}{15} \times 15 = 20 [\%]$$
$$\%Z_t = 8 [\%]$$
$$\%Z_l = \frac{20}{10} \times 11 = 22 [\%]$$
따라서, 고장점까지의 %Z는
$$\%Z = \frac{1}{2} \times \%Z_g + \%Z_t + \%Z_l = \frac{1}{2} \times 20 + 8 + 22 = 40 [\%]$$
차단기 용량 $P_s = \frac{100}{\%Z} \times P_n$ 에서
$$P_s = \frac{100}{40} \times 20 = 50 [\text{MVA}]$$ 【답】②

29 154 [kV]의 송전 선로의 전압을 345 [kV]로 승압하고 같은 손실률로 송전한다고 가정하면 송전 전력은 승압 전의 몇 배인가?
① 2 ② 3
③ 4 ④ 5

▶ 풀이
• 전력손실률 $h = \dfrac{P_l}{P} = \dfrac{PR}{V^2 \cos\theta^2}$ 에서
송전전력 $P = \dfrac{hV^2\cos\theta^2}{R}$ ($P \propto V^2$)

- 송전전력 P는 전압의 자승에 비례하므로

$$P' = \left(\frac{V'}{V}\right)^2 P = \left(\frac{345}{154}\right)^2 \times P = 5.02P$$

【답】④

30 송전단 전압 161[kV], 수전단 전압 155[kV], 상차각 40°, 리액턴스가 49.8[Ω]일 때 선로손실을 무시한다면 전송 전력은 약 몇 [MW]인가?

① 289 ② 322
③ 373 ④ 869

풀이

송전전력 $P = \dfrac{V_s V_r}{X}\sin\delta = \dfrac{161 \times 155}{49.8} \times \sin 40° = 322.1$[MW]

【답】②

31 송전선로의 안정도 향상 대책이 아닌 것은?

① 병행 다회선이나 복도체방식 채용
② 속응여자방식 채용
③ 계통의 직렬리액턴스 증가
④ 고속도 차단기 이용

풀이

안정도 향상 대책
① **계통의 직렬 리액턴스 감소**(다회선 방식 채택, 복도체 방식 채택, 기기의 리액턴스 감소)
② 전압 변동률을 적게 한다 (속응 여자 방식 채용, 계통의 연계, 중간 조상 방식).
③ 계통에 주는 충격을 적게 한다 (적당한 중성점 접지 방식, 고속 차단 방식, 재폐로 방식).
④ 고장 중의 발전기 돌입 출력의 불평형을 적게 한다.

【답】③

32 부하설비용량 600[kW], 부등률 1.2, 수용률 60[%]일 때의 합성최대수용전력은 몇 [kW]인가?

① 240 ② 300
③ 432 ④ 833

풀이

- 최대수용전력 = 설비 용량 × 수용률 = 600 × 0.6 = 360[kW]
- 부등률 = $\dfrac{\text{개별 최대 수용 전력의 합}}{\text{합성 최대 수용 전력}}$ 에서
- 합성 최대 수용 전력 = $\dfrac{\text{개별 최대 수용 전력의 합}}{\text{부등률}}$

$$= \dfrac{360}{1.2} = 300[kW]$$

【답】②

33 자가용 변전소의 1차측 차단기의 용량을 결정할 때 가장 밀접한 관계가 있는 것은?

① 부하설비 용량
② 공급측의 전기설비용량
③ 부하의 부하율
④ 수전계약 용량

풀이

- 차단기의 차단용량 > 계통의 단락용량
- 단락용량 $P_s = \dfrac{100}{\%z} \times P_n$ ∴ $P_s \propto P_n$

여기서, %z : 고장점까지의 %임피던스
P_n : 기준용량(공급 측의 전기설비 용량)

【답】②

34 전력계통의 전압을 조정하는 가장 보편적인 방법은?

① 발전기의 유효 전력 조정
② 부하의 유효 전력 조정
③ 계통의 주파수 조정
④ 계통의 무효 전력

풀이

- 무효 전력 제어 ⇔ 전압 제어
- 유효 전력 제어 ⇔ 주파수 제어

【답】④

35 원자로에 사용되는 감속재가 구비하여야 할 조건으로 틀린 것은?

① 중성자 에너지를 빨리 감속시킬 수 있을 것
② 불필요한 중성자 흡수가 적을 것
③ 원자의 질량이 클 것
④ 감속능 및 감속비가 클 것

풀이

감속재는 핵분열로 발생한 고속 중성자(약 2[MeV])의 에너지(=속도)를 떨어뜨려서 열중성자 (0.025 [eV])로 바꾸는 작용을 하는 것으로서 구비 하여야 할 조건은
① 중성자 흡수가 적을 것
② 감속능(slowing down power)과 감속비(moderation ratio)의 값이 클 것
③ **탄성산란의 효과가 클 것**(가벼운 원자핵 일수록 효과가 크다)
④ 중성자 에너지를 빨리 감속시킬 수 있을 것

【답】③

CBT 복원문제 2022년

36 송전선에 복도체를 사용하는 주된 목적은?
① 역률개선
② 정전용량의 감소
③ 인덕턴스의 증가
④ 코로나 발생의 방지

풀이
3상 송전선의 한 상당 전선을 2가닥 이상으로 한 것을 다도체라 하고, 2가닥으로 한 것을 보통 복도체라 한다. **복도체의 특징으로는**
① 코로나 임계 전압이 15~20[%] 상승하여 **코로나 발생을 억제**
② 인덕턴스 20~30 [%] 감소
③ 정전 용량 20 [%] 증가 【답】 ④

37 중성점 비접지방식을 이용하는 것이 적당한 것은?
① 고전압 장거리
② 고전압 단거리
③ 저전압 장거리
④ 저전압 단거리

풀이
중성점 비접지방식은 전압이 낮은 계통(33[kV] 정도 이하)의 **단거리 송전선 계통**에 적용한다.
그 이유는 비접지방식을 전압이 높고 선로의 길이가 긴 계통에 채용하게 되면 대지 정전 용량이 증가하게 되어 1선 지락 고장 시 충전 전류에 의한 간헐 아크 지락을 일으켜서 이상 전압을 발생하게 되기 때문이다. 【답】 ④

38 송전선로에서 송전전력, 거리, 전력손실율과 전선의 밀도가 일정하다고 할 때, 전선 단면적 $A[\text{mm}^2]$는 전압 $V[V]$와 어떤 관계에 있는가?
① V에 비례한다.
② V^2에 비례한다.
③ $\frac{1}{V}$에 비례한다.
④ $\frac{1}{V^2}$에 비례한다.

풀이
- 전력손실 $P_l = 3I^2 R = \frac{P^2 \rho \, l}{V^2 \cos^2\theta A}$ (전류 $I = \frac{P}{\sqrt{3}\,V\cos\theta}$)
- 전력손실률 $h = \frac{P_l}{P} = \frac{P\rho\,l}{V^2\cos^2\theta A}$ 에서

  전선의 단면적 $A = \frac{P\rho\,l}{hV^2\cos^2\theta}$

- $P,\ \rho,\ l,\ h$가 일정한 경우이므로 전선의 단면적 $A \propto \frac{1}{V^2}$ 【답】 ④

39 변류기 수리 시 2차측을 단락시키는 이유는?
① 1차측 과전류 방지
② 2차측 과전류 방지
③ 1차측 과전압 방지
④ 2차측 과전압 방지

풀이
CT의 2차 회로를 개방하면 1차 전류가 모두 여자 전류가 되어 2차 권선에 매우 높은 전압이 유기되어 절연이 파괴되어 소손될 염려가 있으므로 CT의 2차측을 개방하면 안된다. 【답】 ④

40 전력 조류계산을 하는 목적으로 거리가 먼 것은?
① 계통의 신뢰도 평가
② 계통의 확충 계획 입안
③ 계통의 운용 계획 수립
④ 계통의 사고 예방 제어

풀이
조류 계산의 필요성
(1) 전력 계통의 운전 상태 파악
  • 각 모선의 전압 분포
  • 각 모선의 전력
  • 각 선로의 전력 조류
  • 각 선로의 송전 손실
  • 각 모선간의 상차각
(2) 전력 계통의 운용과 계획 수립
  • 계통의 **사고 예방 제어**
  • 계통의 **운용 계획 입안**
  • 계통의 **확충 계획 입안** 【답】 ①

4회 전력공학

21 이상 전압에 대한 방호장치가 아닌 것은?
① 병렬 콘덴서
② 가공지선
③ 피뢰기
④ 서지흡수기

풀이
- **병렬 콘덴서** : 역률 개선
- 가공지선 : 직격뢰 차폐
- 피뢰기 : 이상 전압에 대한 기계, 기구 보호
- 서지흡수기 : 변압기, 발전기 등을 서지로부터 보호 【답】 ①

22 SF₆ 가스 차단기에 대한 설명으로 옳지 않은 것은?

① 공기에 비하여 소호능력이 약 100배 정도이다.
② 절연거리를 적게 할 수 있어 차단기 전체를 소형, 경량화 할 수 있다.
③ SF₆ 가스를 이용한 것으로서 독성이 있으므로 취급에 유의하여야 한다.
④ SF₆ 가스 자체는 불활성기체이다.

풀이
SF₆ 가스의 성질은 다음과 같다.
① 보통 상태에서 불활성, 불연성, 무색, 무취, **무독성 기체**
② 열전도율은 공기의 1.6배
③ 소호능력은 공기의 100~200배
④ 절연내력은 공기의 3배 이상
⑤ 비중은 공기의 5배
⑥ 액화 온도는 −62[℃] 【답】③

23 송전선로의 코로나 임계전압이 높아지는 경우는?

① 기압이 낮아지는 경우
② 전선의 지름이 큰 경우
③ 온도가 높아지는 경우
④ 상대공기밀도가 작은 경우

풀이

$$E_0 = 24.3 m_0 m_1 \delta d \log_{10} \frac{2D}{d}, \quad \delta = \frac{0.386 b}{273 + t}$$

여기서, m_0 : 전선의 표면계수, m_1 : 기후계수
δ : 상대 공기밀도, d : 전선의 지름[cm]
D : 선간거리[cm], t : 기온[℃]
b : 기압[mmHg]

따라서, 코로나 임계전압은 전선의 지름이 커지면 높아지고, 기압이 낮아지거나, 온도가 높아지거나 상대공기밀도가 작은 경우 코로나 임계전압은 저하한다. 【답】②

24 송전선로의 건설비와 전압과의 관계를 나타낸 것은?

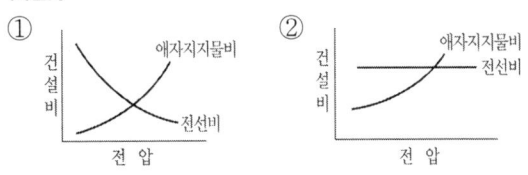
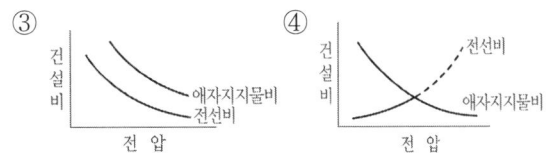

풀이
• 전선비 : 송전전압이 증가하면 전류가 감소하므로 전선의 굵기는 가늘어진다.
• 애자지지물비 : 송전전압이 증가하면 절연레벨의 상승으로 애자의 개수 및 선로의 건설비용이 증가한다.
따라서, **전압이 상승하면 전선비는 감소하지만 반대로 애자지지물비는 증가**한다. 【답】①

25 화력발전소에서 발전효율을 저하시키는 원인으로 가장 큰 손실은?

① 소내용 동력
② 터빈 및 발전기의 손실
③ 연돌 배출가스
④ 복수기 냉각수 손실

풀이 발전소마다 각 손실의 비가 다르나 **복수식 발전소에서는 복수기 냉각수에 의한 열량 손실이 가장 크며** 석탄 열량의 50~60 [%]에 달한다. 다음으로 큰 것은 굴뚝 배출 가스 손실로 10 [%] 정도이다. 【답】④

26 변압기의 기계적 보호계전기인 부흐흘쯔계전기(Buchholtzrelay)의 설치위치로 알맞은 것은?

① 유면 위의 탱크내
② 킨시베이터 내부
③ 변압기의 고압측 부싱
④ 주탱크와 컨서베이터를 연결하는 파이프의 관 중

풀이
부흐흘쯔계전기(Buchholtzrelay)는 변압기의 **주탱크와 컨서베이터 사이에 부착**하여 변압기의 내부 고장이 생기는 때에 오일의 분해가스나 오일의 분류를 이용하여 경보를 발하거나 차단기를 작동시킨다. 【답】④

27 다음 중 지락전류의 크기가 최소인 중성점 접지방식은?

① 비접지   ② 소호 리액터접지
③ 직접접지 ④ 고저항접지

풀이

지락 전류의 크기

직접 접지 > 고저항 접지 > 비접지 > **소호 리액터 접지** 순이다. 【답】②

28 다음 중 송배전 선로에서 내부 이상 전압에 속하지 않는 것은?

① 유도뢰에 의한 이상 전압
② 개폐 이상 전압
③ 사고시의 과도 이상 전압
④ 계통 조작과 고장시의 지속 이상 전압

풀이

- 내부 이상전압 : 송전계통 자체의 상태변화에 의해서 계통내부에서 발생하는 이상전압
- 외부 이상전압 : 뇌방전 등에 의해서 송전계통의 외부에서 침입하는 이상전압으로 **직격뢰와 유도뢰**가 있다. 【답】①

29 전력용 퓨즈를 차단기와 비교할 때 옳지 않은 것은?

① 소형, 경량이다.
② 고속도 차단을 할 수 없다.
③ 큰 차단 용량을 갖는다.
④ 보수가 간단하다.

풀이

전력용 퓨즈의 장점
- 소형, 경량이다.
- **고속도 차단할 수 있다.**
- 소형으로 큰 차단 용량을 가진다.
- 유지 보수가 간단하다.
- 가격이 저렴하다. 【답】②

30 경간 200[m]인 가공 전선로에서 사용되는 전선의 길이는 경간보다 몇 [m] 더 길게 하면 되는가? (단, 사용 전선의 1[m]당 무게는 2[kg], 전선의 허용 인장하중은 4000[kg], 전선의 안전율은 2이고, 풍압 하중 등은 무시한다.)

① $\frac{1}{2}$[m]   ② $\sqrt{2}$[m]
③ $\frac{1}{3}$[m]   ④ $\frac{2}{3}$[m]

풀이

이도 $D = \frac{WS^2}{8T} = \frac{2 \times 200^2}{8 \times \frac{4000}{2}} = 5$[m]

전선의 길이 $L = S + \frac{8D^2}{3S}$[m]에서 경간 S보다 $\frac{8D^2}{3S}$[m]만큼 더 길게 된다.

그러므로 $\frac{8D^2}{3S} = \frac{8 \times 5^2}{3 \times 200} = \frac{1}{3}$[m] 【답】③

31 부하역률이 $\cos\theta$인 경우의 배전선로의 전력손실은 같은 크기의 부하전력으로 역률이 1인 경우의 전력손실에 비하여 몇 배인가?

① $\frac{1}{\cos^2\theta}$ ② $\frac{1}{\cos\theta}$
③ $\cos\theta$ ④ $\cos^2\theta$

풀이

전력손실 $P_l = 3I^2 r = \frac{\rho W^2 L}{AV^2\cos^2\theta}$[W]에서 $P_l \propto \frac{1}{\cos^2\theta}$

따라서, 역률 1일 때와 비교하면

$\frac{P_{l\cos\theta}}{P_{l1.0}} = \frac{\frac{1}{\cos^2\theta}}{1} = \frac{1}{\cos^2\theta}$ 【답】①

32 펌프의 양수량 Q[m³/sec], 유효 양정 H_u[m], 펌프의 효율 η_p, 전동기의 효율 η_m 일 때, 양수발전기의 출력[kW]은?

① $P = \frac{9.8Q^2 H_u}{\eta_p \eta_m}$ ② $P = \frac{9.8Q^2 H_u^2}{\eta_p \eta_m}$
③ $P = \frac{9.8QH_u}{\eta_p \eta_m}$ ④ $P = \frac{9.8^2 QH_u}{\eta_p \eta_m}$

풀이

양수발전은 심야 경부하시에 잉여전력을 이용하여 물을 양수하였다가 첨두부하시에 발전하는 방식으로서 양수시에는 전동기로 사용하고 발전시에는 발전기로 사용하는 것으로서 양수발전기의 출력(용량) P는

$P = \frac{9.8QH_u}{\eta_p \eta_m}$[kW] 【답】③

33 6.6[kV], 60[Hz], 3상3선식 비접지식에서 선로의 길이가 10 [km]이고 1선의 대지정전용량이 0.005 [μF/km] 일 때 1선 지락 시의 고장전류 I_g [A]의 범위로 옳은 것은?

① $I_g < 1$
② $1 \leq I_g < 2$
③ $2 \leq I_g < 3$
④ $3 \leq I_g < 4$

풀이

$I_g = 3 \times 2\pi f C_s E = 3 \times 2\pi f C_s \times \dfrac{V}{\sqrt{3}}$ [A]

$\therefore I_g = 6\pi \times 60 \times 0.005 \times 10^{-6} \times \dfrac{6600}{\sqrt{3}} \times 10 = 0.215$ [A]

$\therefore I_g < 1$ [A]　　　　　　　　　　【답】①

34 배전선로에서 사고범위의 확대를 방지하기 위한 대책으로 적당하지 않은 것은?

① 배전계통의 루프화
② 선택접지계전방식 채택
③ 구분개폐기 설치
④ 선로용 콘덴서 설치

풀이

콘덴서가 과대하면 계통은 진상이 되어 이상전압의 발생 가능성이 증가하고 **사고 시 사고 범위가 확대**될 수 있다. 따라서, 전력계통은 진상운전을 하면 안되고 지상운전을 하여야 한다.

【답】④

35 3상 3선식 선로에서 각 선의 대지 정전 용량이 C_s[F], 선간 정전 용량이 C_m[F]일 때, 1선의 작용 정전 용량은 몇 [F]인가?

① $2C_s + C_m$
② $C_s + 2C_m$
③ $3C_s + C_m$
④ $C_s + 3C_m$

풀이

3상 1회선인 경우 작용정전 용량 $C_w = C_s + 3C_m$

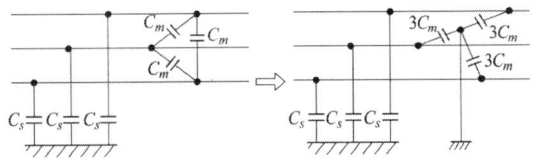

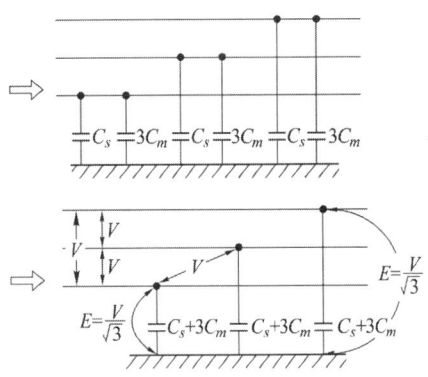

* $3C_m$ 사이의 중성점에는 0전위 이므로 대지와 접속하여도 무방하다.　　　　　　　　　　【답】④

36 송전계통의 한 부분이 그림에서와 같이 3상 변압기로 1차측은 △로, 2차측은 Y로 중성점이 접지되어 있을 경우, 1차측에 흐르는 영상전류는?

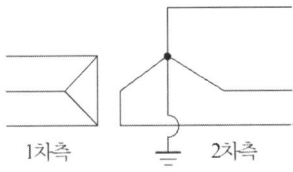

① 1차측 변압기 내부와 1차측 선로에서 반드시 0 이다.
② 1차측 선로에서 ∞ 이다.
③ 1차측 변압기 내부에서는 반드시 0 이다.
④ 1차측 선로에서 반드시 0 이다.

풀이

그림과 같이 **영상 전류**는 중성점을 통하여 대지로 흐르며 1차 변압기의 △권선 내에서는 순환 전류가 흐르나 각 상이 동상이면 △ **권선 외부로 유출하지 못한다**.

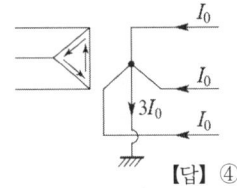

【답】④

37 차동계전기는 무엇에 의하여 동작하는가?

① 정상전류와 역상전류의 차로 동작한다.
② 정상전류와 영상전류의 차로 동작한다.
③ 전압과 전류의 배수의 차로 동작한다.
④ 양쪽 전류의 차로 동작한다.

[풀이]
차동 계전기는 보호 구간에 유입하는 전류와 유출하는 전류의 벡터 차, 즉 양쪽 전류의 차가 일정크기 이상일 때 동작한다.
【답】④

38 지락보호계전기의 동작이 가장 확실한 송전계통 방식은?
① 고저항접지식   ② 비접지식
③ 소호리액터접지식   ④ 직접접지식

[풀이]
직접 접지방식의 장·단점
[장점]
① 1선 지락시에 건전상의 대지 전압이 거의 상승하지 않는다.
② 피뢰기의 효과를 증진시킬 수 있다.
③ 단절연이 가능하다.
④ **지락보호 계전기의 동작이 확실**해진다.

[단점]
① 송전 계통의 과도 안정도가 나빠진다.
② 통신선에 유도 장해가 크다.
③ 기기에 큰 영향을 주어 손상을 준다.
④ 대용량 차단기가 필요하다.
【답】④

39 그림에서 4단자정수 $\begin{bmatrix} A & B \\ C & D \end{bmatrix}$는? (단, E_s, I_s은 송전단 전압, 전류, E_r, I_r은 수전단전압, 전류이고 Y는 병렬 어드미턴스이다.)

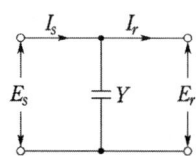

① $\begin{bmatrix} 1 & 0 \\ Y & 1 \end{bmatrix}$ ② $\begin{bmatrix} 0 & 1 \\ -Y & 0 \end{bmatrix}$

③ $\begin{bmatrix} 1 & Y \\ 0 & 1 \end{bmatrix}$ ④ $\begin{bmatrix} 1 & 0 \\ 0 & 1 \end{bmatrix}$

[풀이]
4단자 정수는 $E_s = AE_r + BI_r$, $I_s = CE_r + DI_r$ 로 표현되고
$E_s = E_r$ $I_s = YE_r + I_r$ 이므로
∴ $A=1$ $B=0$ $C=Y$ $D=1$
【답】①

40 지중선 계통을 가공선 계통에 비교하였을 때 옳은 것은?
① 인덕턴스, 정전용량이 모두 크다.
② 인덕턴스, 정전용량이 모두 적다.
③ 인덕턴스는 적고, 정전용량은 크다.
④ 인덕턴스는 크고, 정전용량은 적다.

[풀이]
지중선 계통은 가공선 계통에 비해서 선간 거리가 수십 배 작으므로 **인덕턴스는 작고 정전 용량은 크다.**
【답】③

2023년 CBT 복원문제

1회 전력공학

21 변전소에 분로 리액터를 설치하는 주된 목적은?
① 진상무효전력 보상 ② 전압강하 방지
③ 전력손실 경감 ④ 잔류전하 방지

[풀이]
페란티 효과의 원인이 선로의 정전용량(진상무효전력)이므로 이를 보상시키기 위하여 선로에 분로 리액터(지상 무효전력 공급)를 설치한다. 【답】①

22 개폐 서지를 흡수할 목적으로 설치하는 것의 약어는?
① CT   ② SA
③ GIS   ④ ATS

[풀이]
① CT(계기용 변류기) : 회로의 대전류를 소전류로 변성하여 계기나 계전기에 공급
② **SA(서지 흡수기) : 변압기, 발전기 등을 서지로부터 보호**
③ GIS(가스 절연 개폐기) : SF_6 가스를 이용하여 정상상태 및 사고, 단락 등의 고장상태에서 선로를 안전하게 개폐하여 보호
④ ATS(자동 절환 개폐기) : 주 전원이 정전되거나, 전압이 기준치 이하로 떨어질 경우 예비전원으로 자동 절환 하는 개폐기   【답】②

23 선로의 특성임피던스에 관한 내용으로 옳은 것은?
① 선로의 길이에 관계없이 일정하다.
② 선로의 길이가 길어질수록 값이 커진다.
③ 선로의 길이가 길어질수록 값이 작아진다.
④ 선로의 길이보다는 부하전력에 따라 값이 변한다.

[풀이]
선로의 특성임피던스 $Z_0 = \sqrt{\dfrac{L}{C}}$: 길이에 무관하다.
(저항 및 누설콘덕턴스 무시)   【답】①

24 선간전압이 V[kV]이고, 1상의 대지정전용량이 C[μF], 주파수가 f[Hz]인 3상 3선식 1회선 송전선의 소호리액터 접지방식에서 소호리액터의 용량은 몇 [kVA] 인가?
① $6\pi f CV^2 \times 10^{-3}$
② $3\pi f CV^2 \times 10^{-3}$
③ $2\pi f CV^2 \times 10^{-3}$
④ $\sqrt{3}\pi f CV^2 \times 10^{-3}$

[풀이]
소호리액터 접지방식은 선로의 대지정전용량과 공진하는 리액터를 통하여 접지하는 방식이므로
$I = \dfrac{E}{2\pi fL} = 2\pi f CE$ 가 된다.
따라서, 3상 1회선 소호 리액터 용량
$P = 3EI = 3E \times 2\pi f CE = 6\pi f CE^2$ 에서
정선용량 C[μF], 선간전압 V[kV]이므로 단위를 고려하면
$P = 6\pi f C \times 10^{-6} \times \left(\dfrac{V}{\sqrt{3}} \times 10^3\right)^2$ [VA] $= 2\pi f CV^2$[VA]
$= 2\pi f CV^2 \times 10^{-3}$ [kVA]   【답】③

25 초호환(arcing ring)의 설치 목적은?
① 애자연의 보호
② 클램프의 보호
③ 이상전압 발생의 방지
④ 코로나손의 방지

[풀이]
초호환(소호환 : arcing ring)의 목적
• 애자련의 전압분포 개선
• 선로의 섬락으로부터 **애자련의 보호**   【답】①

26 전원이 양단에 있는 방사상 송전선로에서 과전류 계전기와 조합하여 단락보호에 사용하는 계전기는?

① 선택지락계전기 ② 방향단락계전기
③ 과전압계전기 ④ 부족전류계전기

풀이
- 전원이 2군데 이상 환상 선로의 단락 보호
  → 방향 거리 계전기(DZ)
- 전원이 2군데 이상 방사 선로의 단락 보호
  → 방향 단락 계전기(DS)와 과전류 계전기(OC)를 조합

【답】②

27 3상 배전선로의 전압강하율[%]을 나타내는 식이 아닌 것은? (단, V_s : 송전단 전압, V_r : 수전단 전압, I : 전부하전류, P : 부하전력, Q : 무효전력 이다.)

① $\dfrac{PR+QX}{V_r^2} \times 100$

② $\dfrac{V_s - V_r}{V_r} \times 100$

③ $\dfrac{V_s(PR+QX)}{V_r} \times 100$

④ $\dfrac{\sqrt{3}I}{V_r}(R\cos\theta + X\sin\theta) \times 100$

풀이
전압강하율 $\epsilon = \dfrac{V_s - V_r}{V_r} \times 100$

$= \dfrac{\sqrt{3}I(R\cos\theta + X\sin\theta)}{V_r} \times 100 [\%]$

$= \dfrac{\sqrt{3}V_r I(R\cos\theta + X\sin\theta)}{V_r^2} \times 100$

$= \dfrac{RP+QX}{V_r^2} \times 100[\%]$

【답】③

28 수력발전소의 조압 수조(서지 탱크)설치 목적은?

① 수차 보호 ② 흡출관 보호
③ 수격작용 흡수 ④ 조속기 보호

풀이
조압수조(서지탱크)는 자유 수면을 가진 수조로서 부하가 급격히 변화하였을 때 생기는 **수격 작용을 흡수**하여 **압력수로를 보호**하고, 수차의 사용 유량 변동에 의한 서징(surging)작용을 흡수한다.

【답】③

29 일반회로정수가 A, B, C, D이고 송전단 상전압이 E_S인 경우, 무부하 시의 충전전류(송전단 전류)는?

① CE_S ② ACE_S

③ $\dfrac{C}{A}E_S$ ④ $\dfrac{A}{C}E_S$

풀이
$E_S = AE_R + BI_R$ 에서 무부하($I_R = 0$)이므로 $E_S = AE_R$

$\therefore E_R = \dfrac{E_S}{A}$

$I_S = CE_R + DI_R$ 에서 **무부하**($I_R = 0$)이므로

$I_s = CE_R = \dfrac{C}{A}E_S$

【답】③

30 단상 2선식 110[V] 저압배전선로를 단상 3선식 110/220[V]로 변경할 때 부하의 크기 및 공급전압을 일정하게 하고 또 부하를 평형시켰을 때 전선로의 전압강하율은 변경 전에 비하여 어떻게 되는가?

① $\dfrac{1}{2}$ ② $\dfrac{1}{3}$

③ $\dfrac{1}{4}$ ④ $\dfrac{1}{5}$

풀이

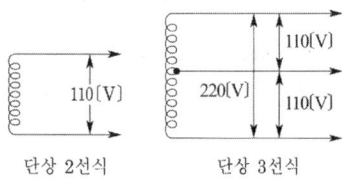

단상 2선식   단상 3선식

즉, 단상 2선식 110[V] 저압배전선로를 단상 3선식 110/220[V]로 변경하면 전압을 2배로 승압 한 경우와 같다.
따라서 부하의 크기가 일정 한 경우 전압이 2배가 되면 전류는 $\dfrac{1}{2}$ 이 되므로

$\epsilon = \dfrac{V_s - V_r}{V_r} = \dfrac{2IR}{V_r}$ 에서

$\epsilon' = \dfrac{2\frac{1}{2}IR}{2V_r} = \dfrac{IR}{2V_r}$, $\dfrac{\epsilon'}{\epsilon} = \dfrac{\frac{IR}{2V_r}}{\frac{2IR}{V_r}} = \dfrac{1}{4}$

【답】③

31 전력계통에서 무효전력을 조정하는 조상설비 중 전력용 콘덴서를 동기조상기와 비교할 때 옳은 것은?

① 전력손실이 크다.
② 지상 무효전력분을 공급할 수 있다.
③ 전압조정을 계단적으로 밖에 못한다.
④ 송전선로를 시송전할 때 선로를 충전할 수 있다.

풀이
조상설비의 비교

항 목	동기 조상기	전력용 콘덴서	분로 리액터
전력손실	많음 (1.5~2.5 [%])	적음 (0.3 [%] 이하)	적음 (0.6 [%] 이하)
무효전력	진상, 지상 양용	진상전용	지상전용
조정	연속적	계단적	계단적
사고시 전압유지	큼	작음	작음
시송전	가능	불가능	불가능

【답】③

32 단거리 송전선로에서 정상상태 유효전력의 크기는?

① 선로리액턴스 및 전압위상차에 비례한다.
② 선로리액턴스 및 전압위상차에 반비례한다.
③ 선로리액턴스에 반비례하고 상차각에 비례한다.
④ 선로리액턴스에 비례하고 상차각에 반비례한다.

풀이
송전 전력 $P = \dfrac{V_s V_r}{X} \sin\delta$ [MW]

여기서, V_s, V_r : 송·수전단 전압 [kV]
δ : 송·수전단 전압의 위상차
X : 선로의 리액턴스 [Ω]

【답】③

33 변압기의 결선 중에서 1차에 제3고조파가 있을 때 2차에 제3고조파 전압이 외부로 나타나는 결선은?

① Y-Y   ② Y-△
③ △-Y   ④ △-△

풀이
△결선이 포함된 변압기에서는 제3고조파가 순환전류가 되어 소멸되나, **Y결선만 있는 변압기에서는 제3고조파가 나타난다.**

【답】①

34 송전단 전압이 3300 [V], 수전단 전압은 3000 [V]이다. 수전단의 부하를 차단한 경우, 수전단 전압이 3200 [V]라면 이 회로의 전압 변동률은 약 몇 [%]인가?

① 3.25   ② 4.28
③ 5.67   ④ 6.67

풀이
전압변동률 = $\dfrac{\text{무부하시의 전압} - \text{정격 전압}}{\text{정격 전압}} \times 100$

$= \dfrac{3200 - 3000}{3000} \times 100 = 6.67 [\%]$

【답】④

35 선간 단락 고장을 대칭좌표법으로 해석할 경우 필요한 것 모두를 나열한 것은?

① 정상 임피던스
② 역상 임피던스
③ 정상 임피던스, 역상 임피던스
④ 정상 임피던스, 영상 임피던스

풀이
• 1선 지락고장 : 정상분, 역상분, 영상분
• **선간단락고장 : 정상분, 역상분**
• 3상 단락고장 : 정상분

【답】③

36 화력 발전소에서 가장 큰 손실은?

① 소내용 동력
② 복수기의 방열손
③ 연돌 배출가스 손실
④ 터빈 및 발전기의 손실

풀이
발전소마다 각 손실의 비가 다르나 복수식 발전소에서는 **복수기 냉각수에 의한 열량이 가장 크며** 석탄 열량의 50~60[%]에 달한다. 그 다음 큰 것은 굴뚝 배출 가스 손실로 10[%] 정도이다.

【답】②

37 뒤진 역률 80[%], 1000[kW]의 3상 부하가 있다. 이것에 콘덴서를 설치하여 역률을 95[%]로 개선하려면 콘덴서의 용량은 약 몇 [kVA]로 해야 하는가?

① 240   ② 420
③ 630   ④ 950

풀이

$Q_c = P(\tan\theta_1 - \tan\theta_2)$ 에서

$Q_c = P\left(\dfrac{\sin\theta_1}{\cos\theta_1} - \dfrac{\sin\theta_2}{\cos\theta_2}\right) = P\left(\dfrac{\sqrt{1-\cos^2\theta_1}}{\cos\theta_1} - \dfrac{\sqrt{1-\cos^2\theta_2}}{\cos\theta_2}\right)$

$Q_c = 1000\left(\dfrac{0.6}{0.8} - \dfrac{\sqrt{1-0.95^2}}{0.95}\right) = 421.32\,[\text{kVA}]$ 【답】②

38 150[kVA] 전력용 콘덴서에 제5고조파를 억제시키기 위해 필요한 직렬리액터의 최소용량은 몇 [kVA] 인가?

① 1.5　　　　② 3
③ 4.5　　　　④ 6

풀이

제5고조파로부터 전력용 콘덴서 보호 및 파형 개선의 목적으로 사용되는 직렬 리액터의 용량은 다음과 같다.
① 이론적 : 콘덴서 용량 × 4[%]
② 실제(주파수 변동 등의 여유를 고려하여 선정)
   : 콘덴서 용량 × 6[%]
따라서, 직렬리액터의 최소용량 = 150 × 0.04 = 6[kVA]
【답】④

39 송전선로의 저항은 R, 리액턴스를 X 라 하면 성립하는 식은?

① $R \geq 2X$　　　　② $R < X$
③ $R = X$　　　　　④ $R > X$

풀이

일반적으로 **선로의 리액턴스는 저항의 약 6배**가 되며, 간단한 고장계산시에는 저항분을 무시해도 좋다. 즉, $R < X$의 관계가 성립된다.　【답】②

40 1선 지락 시에 전위상승이 가장 적은 접지방식은?

① 직접 접지　　　　② 저항 접지
③ 리액터 접지　　　④ 소호리액터 접지

풀이

방 식	보호계전기 동작	지락 전류	고장중 운전	전위 상승	과도 안정도	유도 장해	특 징
직접 접지 (22.9, 154, 345[kV])	확실	최대	×	1.3	최소	최대	중성점영전위, 단절연가능
저항 접지	↓	↓	×	$\sqrt{3}$	↓	↓	
비접지 (3.3, 6.6[kV])	×	↓	가능	$\sqrt{3}$	↓	↓	저전압 단거리에 적용
소호 리액터 접지(66 [kV])	불확실	최소	가능	$\sqrt{3}$ 이상	최대	최소	병렬공진, 고장전류최소

즉, **직접접지방식은** 타 접지방식에 비해 **지락사고시 건전상의 전위상승이 가장 낮으므로** 송전계통의 절연레벨을 저감시킬 수 있다. 따라서, 절연비가 커지는 초고압 송전계통에서는 직접접지방식이 가장 경제적이다.　【답】①

2회　전력공학

21 3상의 전원에 접속된 3각형 결선의 콘덴서를 성형 결선으로 바꾸면 진상 용량은 몇 배인가?

① 3　　　　　　② $\sqrt{3}$
③ $\dfrac{1}{\sqrt{3}}$　　　　④ $\dfrac{1}{3}$

풀이

• 3각형(△) 결선의 진상 용량
$Q_\Delta = 3 \times 2\pi fCE^2 = 3 \times 2\pi fCV^2$ (△결선에서 $E=V$)

• 성형(Y) 결선의 진상 용량
$Q_Y = 3 \times 2\pi fCE^2 = 3 \times 2\pi fC\left(\dfrac{V}{\sqrt{3}}\right)^2 = 2\pi fCV^2$

(Y결선에서 $E = \dfrac{V}{\sqrt{3}}$)

• $Q_Y = \dfrac{1}{3}Q_\Delta$　【답】④

22 유효낙차가 40[%] 저하되면 수차의 효율이 20[%] 저하된다고 할 경우 이때의 출력은 원래의 약 몇 [%] 인가? (단, 안내 날개의 열림은 불변인 것으로 한다.)

① 37.2　　　　② 48.0
③ 52.7　　　　④ 63.7

풀이

출력 P, 낙차 H, 효율을 η 라 하면

유량 $Q = \sqrt{2gH}$ 에서 $Q \propto H^{\frac{1}{2}}$

출력 $P = 9.8QH\eta$ 에서 $P \propto QH\eta = H^{\frac{3}{2}} \times \eta$

따라서, $P : P' = H^{\frac{3}{2}}\eta : (0.6H)^{\frac{3}{2}}(0.8\eta)$

$\therefore P' = (0.6^{\frac{3}{2}} \times 0.8)P = 0.3718P$ 【답】①

23 어느 발전소에서 합성 임피던스가 0.4[%](10[MVA] 기준)인 장소에 설치하는 차단기의 차단용량은 몇 [MVA]인가?

① 10   ② 250
③ 1000   ④ 2500

풀이
- 차단기의 차단 용량 > 단락 용량 $P_s = \dfrac{100}{\%Z}P_n$ 에서
- $P_s = \dfrac{100}{\%Z}P_n = \dfrac{100}{0.4} \times 10 = 2500[\text{MVA}]$ 【답】④

24 초고압 장거리 송전선로에 접속되는 1차 변전소에 병렬 리액터를 설치하는 목적은?

① 페란티효과 방지   ② 코로나손실 경감
③ 전압강하 경감   ④ 선로손실 경감

풀이
페란티 현상이란 선로의 정전 용량으로 인하여 무부하시나 경부하시에 진상 전류가 흘러 수전단 전압이 송전단 전압보다 높아지는 현상을 말하며 이의 **대책으로는 분로 리액터(병렬 리액터)**나 동기 조상기의 지상 용량으로 방지할 수 있다.   【답】①

25 전압과 역률이 일정할 때 전력을 몇 [%] 증가시키면 전력 손실이 2배로 되는가?

① 31   ② 41
③ 51   ④ 61

풀이
- 전력 손실을 P_l, 전력을 P라고 하면

$P_l = 3I^2R = \dfrac{P^2R}{V^2\cos^2\theta}$ 에서

$P_l \propto P^2$ 이므로 $P \propto \sqrt{P_l}$ 이다.

- 전력 손실을 2배로 한 경우의 전력 P'는

$\dfrac{P'}{P} = \dfrac{\sqrt{2P_l}}{\sqrt{P_l}} = \sqrt{2}$ 에서 $P' = \sqrt{2}P$

$\therefore$ 증가시킬 수 있는 전력 증가율

$= \dfrac{P' - P}{P} \times 100 = \dfrac{\sqrt{2}P - P}{P} \times 100$

$= \dfrac{\sqrt{2}-1}{1} \times 100 = 41[\%]$ 【답】②

26 다음 중 VCB의 소호원리로 맞는 것은?

① 압축된 공기를 아크에 불어넣어서 차단
② 절연유 분해가스의 흡부력을 이용해서 차단
③ 고진공에서 전자의 고속도 확산에 의해 차단
④ 고성능 절연특성을 가진 가스를 이용하여 차단

풀이
소호 원리에 따른 차단기의 종류

종류	약어	소 호 원 리
유입 차단기	OCB	소호실에서 아크에 의한 절연유 분해 가스의 흡부력을 이용해서 차단
기중 차단기	ACB	대기 중에서 아크를 길게 하여 소호실에서 냉각 차단
자기 차단기	MBB	대기 중에서 전자력을 이용하여 아크를 소호 실내로 유도해서 냉각차단
공기 차단기	ABB	압축된 공기를 아크에 불어 넣어서 차단
진공 차단기	**VCB**	**고진공 중에서 전자의 고속도 확산에 의해 차단**
가스 차단기	GCB	고성능 절연 특성을 가진 특수 가스(SF_6)를 흡수해서 차단

【답】③

27 18~23개를 한 줄로 이어 단 표준현수애자를 사용하는 전압[kV]은?

① 23[kV]   ② 154[kV]
③ 345[kV]   ④ 765[kV]

풀이
전압별 현수애자의 개수

22.9 [kV]	66 [kV]	154 [kV]	345 [kV]
2~3	4~6	10~11	18~20

참고로, 전압에 따른 현수애자의 연결 개수는 주변 환경에 따라 다르나 일반적으로 다음과 같이 계산할 수 있다.

연결개수 $n = \dfrac{\text{전압}[\text{kV}]}{20[\text{kV}]} + 1 \sim 2(\text{여유})$

따라서 전압[kV] = (연결개수 − 1 ~ 2) × 20
= (18 − 1) × 20 = 340[kV]

이므로 345[kV] 계통이라는 것을 알 수 있다.   【답】③

28 원자력 발전의 특징으로 적절하지 않은 것은?

① 처음에는 과잉량의 핵연료를 넣고 그 후에는 조금씩 보급하면 되므로 연료의 수송기지와 저장시설이 크게 필요하지 않다.
② 핵연료의 허용온도와 열전달특성 등에 의해서 증발 조건이 결정되므로 비교적 저온, 저압의

증기로 운전 된다.
③ 핵분열 생성물에 의한 방사선 장해와 방사선 폐기물이 발생하므로 방사선측정기, 폐기물처리장치 등이 필요하다.
④ 기력발전보다 발전소 건설비가 낮아 발전원가 면에서 유리하다.

풀이
원자력 발전의 장점
• 건설비는 높지만 연료비가 적다.
• 발전 원가가 낮다.
• 공해를 배출하지 않는다.
• 핵연료의 수송 저장이 용이하다.
• 설비는 국내 관련 사업을 발전시킨다. 【답】 ④

29 다음 보호계전기 회로에서 박스 (A) 부분의 명칭은?

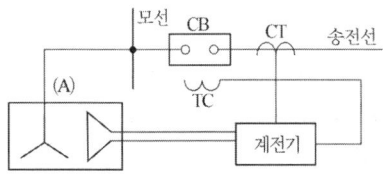

① 차단코일   ② 영상변류기
③ 계기용변류기   ④ 계기용변압기

풀이
계기용 변압기 (PT : Potential Transformer)
고전압을 저전압으로 변성하여 계기나 계전기에 공급하기 위한 목적으로 사용 【답】 ④

30 조상설비가 있는 1차 변전소에서 주변압기로 주로 사용되는 변압기는?
① 승압용 변압기   ② 단권 변압기
③ 단상 변압기   ④ 3권선 변압기

풀이
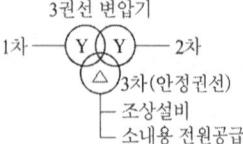
【답】 ④

31 100[kVA] 단상변압기 3대를 △-△결선으로 사용하다가 1대의 고장으로 V-V결선으로 사용하면 약 몇 [kVA] 부하까지 사용할 수 있는가?
① 150   ② 173
③ 225   ④ 300

풀이
변압기 1대의 출력을 P_1라 하면
V-V결선 시 출력 $P_V = \sqrt{3}\,P_1 = \sqrt{3} \times 100 = 173.2[kVA]$
【답】 ②

32 66[kV], 60[Hz] 3상 3선식 선로에서 중성점을 소호리액터 접지하여 완전 공진상태로 되었을 때 중성점에 흐르는 전류는 몇 [A]인가? (단, 소호리액터를 포함한 영상회로의 등가저항은 200[Ω], 중성점 잔류전압은 4400[V]라고 한다.)
① 11   ② 22
③ 33   ④ 44

풀이
완전 공진 상태에서의 전류는 $I = \dfrac{E}{R}$이다.
$I = \dfrac{4400}{200} = 22[A]$ 【답】 ②

33 배전선로용 퓨즈(Power Fuse)는 주로 어떤 전류의 차단을 목적으로 사용하는가?
① 충전전류   ② 단락전류
③ 부하전류   ④ 과도전류

풀이
전력용 퓨즈(Power Fuse)는 **단락 보호용**으로 사용된다.
【답】 ②

34 송전선로에서 매설지선을 사용하는 주된 목적은?
① 코로나 전압을 저감시키기 위하여
② 뇌해를 방지하기 위하여
③ 탑각 접지저항을 줄여서 섬락을 방지하기 위하여
④ 인축의 감전사고를 막기 위하여

풀이

탑각 접지 저항이 충분히 낮지 않으면 가공 지선이 포착한 직격뢰는 대지로 흐를 수 없고, 철탑 전위가 상승하여 철탑부가 애자를 통하여, 또는 경간 내에서 가공 지선과 전력선간의 공기를 통하여, 전력선에 방전하는 역섬락을 일으킨다.

따라서, **매설지선**이란 지하 30～60 [cm] 정도의 깊이에 30～50 [m] 정도의 아연도금 철선을 매설한 것으로서 철탑의 **탑각 접지 저항을 낮추어 역섬락을 방지**하기 위한 것이다. 【답】③

35 직류 송전방식이 교류 송전방식에 비하여 유리한 점이 아닌 것은?

① 선로의 절연이 용이하다.
② 통신선에 대한 유도잡음이 적다.
③ 표피효과에 의한 송전손실이 적다.
④ 정류가 필요 없고 승압 및 강압이 쉽다.

풀이

직류 송전 방식의 장·단점
[장점]
① 선로의 리액턴스가 없으므로 안정도가 높다.
② 유전체손 및 충전 용량이 없고 절연 내력이 강하다.
③ 비동기 연계가 가능하다.
④ 단락전류가 적고 임의 크기의 교류 계통을 연계시킬 수 있다.
⑤ 코로나손 및 전력 손실이 적다.
⑥ 표피효과나 근접 효과가 없으므로 실효 저항의 증대가 없다.
[단점]
① 직교 변환 장치가 필요하다.
② **전압의 승압 및 강압이 불리하다.**
③ 고조파나 고주파 억제 대책이 필요하다.
④ 직류 차단기가 개발되어 있지 않다. 【답】④

36 전선의 굵기가 균일하고 부하가 균등하게 분산 분포되어 있는 배전선로의 전력손실은 전체 부하가 송전단으로부터 전체 전선로 길이의 어느 지점에 집중되어 있을 경우의 손실과 같은가?

① $\frac{3}{4}$ ② $\frac{2}{3}$
③ $\frac{1}{3}$ ④ $\frac{1}{2}$

풀이 집중 부하와 분산 부하

구 분	전력 손실	전압 강하
말단에 집중 부하	I^2rL	IrL
균등 분산 분포 부하	$\frac{1}{3}I^2rL = I^2r\left(\frac{1}{3}L\right)$	$\frac{1}{2}IrL = Ir\left(\frac{1}{2}L\right)$

여기서, I : 전선의 전류, r : 전선 단위 길이당 저항
L : 전선의 길이 【답】③

37 한류 리액터의 사용 목적은?

① 충전 전류의 제한 ② 단락 전류의 제한
③ 누설 전류의 제한 ④ 접지 전류의 제한

풀이

• **한류 리액터 : 단락 전류 감소**
• 분로리액터 : 페란티 현상 감소
• 직렬리액터 : 제5고조파 억제 【답】②

38 그림과 같이 D [m]의 간격으로 반지름 r [m]의 두 전선 a, b가 평행하게 가선되어 있다고 한다. 작용 인덕턴스 L [mH/km]의 표현으로 알맞은 것은?

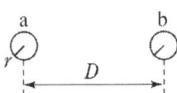

① $L = 0.05 + 0.4605 \log_{10}(rD)$ [mH/km]

② $L = 0.05 + 0.4605 \log_{10} \frac{r}{D}$ [mH/km]

③ $L = 0.05 + 0.4605 \log_{10} \frac{D}{r}$ [mH/km]

④ $L = 0.05 + 0.4605 \log_{10} \left(\frac{1}{rD}\right)$ [mH/km]

풀이

단도체 인덕턴스 $L = 0.05 + 0.4605 \log_{10} \frac{D}{r}$ [mH/km]
【답】③

39 배전선의 전압을 조정하는 방법으로 적당하지 않은 것은?

① 유도 전압 조정기
② 승압기
③ 주상 변압기 탭 전환
④ 동기 조상기

풀이

배전선 전압 조정 장치로는
① 주변압기 1차측의 무부하시(탭 변환 장치), 부하시(탭 절환 장치)

② 정지형 전압 조정기(SVR)
③ 유도 전압 조정기(IVR)   【답】④

40 송전단의 전력원 방정식이 $P_s^2 + (Q_s - 300)^2 = 250000$인 전력계통에서 최대전송 가능한 유효전력은 얼마인가?
① 300   ② 400
③ 500   ④ 600

[풀이]
최대전송 가능한 유효전력은 무효분이 0일 때 이므로, 무효분 $(Q_s - 300)^2 = 0$ 이다.
∴ $P_s^2 + 0 = 250000$ → $P_s = 500$ 【답】③

4회   전력공학

21 저압 뱅킹(Banking)배전방식이 적당한 곳은?
① 농촌   ② 어촌
③ 화학공장   ④ 부하 밀집지역

[풀이]
고압선에 접속한 두 대 이상의 변압기의 저압측을 병렬 접속하는 방식을 **저압 뱅킹 방식**이라 하며 **부하가 밀집된 시가지**에 좋다.   【답】④

22 3상 3선식 복도체 방식의 송전선로를 3상 3선식 단도체 방식 송전선로와 비교한 것으로 알맞은 것은? (단, 단도체의 단면적은 복도체 방식 소선의 단면적 합과 같은 것으로 한다.)
① 전선의 인덕턴스와 정전용량은 모두 감소한다.
② 전선의 인덕턴스와 정전용량은 모두 증가한다.
③ 전선의 인덕턴스는 증가하고, 정전용량은 감소한다.
④ 전선의 인덕턴스는 감소하고, 정전용량은 증가한다.

[풀이] 복도체의 장점
① 선로의 **인덕턴스 감소**   ② 선로의 **정전용량 증가**
③ 선로의 송전용량 증가   ④ 안정도 증가
⑤ 코로나 개시전압 증가   【답】④

23 19/1.8[mm] 경동연선의 바깥지름은 몇 [mm]인가?
① 5   ② 7
③ 9   ④ 11

[풀이]

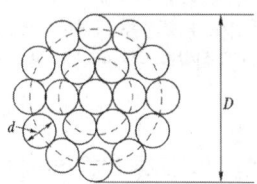

$n=2$인 연선의 구조

19/1.8 [mm]는 직경이 1.8 [mm]인 소선 19가닥으로 구성된 연선을 의미
$N = 3n(n+1) + 1$에서
$19 = 3n(n+1) + 1$ ∴ $n = 2$
2층권이므로 바깥지름
$D = (2n+1)d$
$D = (2 \times 2 + 1) \times 1.8 = 9$ [mm]   【답】③

24 단거리 송전선로에서 정상상태 유효전력의 크기는?
① 선로리액턴스 및 전압위상차에 비례한다.
② 선로리액턴스 및 전압위상차에 반비례한다.
③ 선로리액턴스에 반비례하고 상차각에 비례한다.
④ 선로리액턴스에 비례하고 상차각에 반비례한다.

[풀이]
송전 전력 $P = \dfrac{V_s V_r}{X} \sin\delta$ [MW]

여기서, V_s, V_r : 송·수전단 전압 [kV]
       δ : 송·수전단 전압의 위상차
       X : 선로의 리액턴스 [Ω]   【답】③

25 단거리 송전선의 4단자 정수 A, B, C, D 중 그 값이 0인 정수는?
① A ② B
③ C ④ D

[풀이]
단거리 송전선로
① 단거리 송전선로에서는 선로길이가 짧은 관계로 선로정수로서 저항과 인덕턴스만을 생각한다. 즉, $Y = G + j\omega C$[℧]를 무시한 상태에서 집중정수회로로 취급하여 특성을 해석한다.

② 4단자 정수
$$\begin{bmatrix} A & B \\ C & D \end{bmatrix} = \begin{bmatrix} 1 & Z \\ 0 & 1 \end{bmatrix}$$
A : 전압비, B : 임피던스,
C : 어드미턴스, D : 전류비 【답】③

26 동일한 전압에서 동일한 전력을 송전할 때 역률을 0.8에서 0.9로 개선하면 전력손실은 약 몇 [%] 감소하는가?

① 5 ② 10
③ 21 ④ 40

풀이

전력 손실 $P_l = \dfrac{R \cdot P^2}{V^2 \cos^2\theta}$ 에서 $P_l \propto \dfrac{1}{\cos^2\theta}$

$\therefore \dfrac{P_l'}{P_l} = \dfrac{\dfrac{1}{0.9^2}}{\dfrac{1}{0.8^2}} = \left(\dfrac{0.8}{0.9}\right)^2$

$P_l' = 0.79 P_l$ 그러므로 21 [%] 감소 【답】③

27 3상 변압기의 임피던스가 $Z[\Omega]$이고 선간전압이 $V[kV]$, 정격용량이 $P[kVA]$ 일 때 이 변압기의 %임피던스는?

① $\dfrac{10PZ}{V}$ ② $\dfrac{PZ}{10V^2}$
③ $\dfrac{PZ}{100V^2}$ ④ $\dfrac{PZ}{V}$

풀이

$\%Z = \dfrac{I_n Z}{E_n} \times 100$ $P = \sqrt{3} V I_n,\ V = \sqrt{3} E_n$ 이므로

$= \dfrac{\sqrt{3} V I_n Z}{\sqrt{3} V E_n} \times 100 = \dfrac{P \times Z}{V^2} \times 100$

$= \dfrac{P[kVA] \times 10^3 \times Z[\Omega]}{V^2[kV] \times 10^6} \times 100$

$= \dfrac{ZP[kVA]}{10 V^2[kV]} [\%]$ 【답】②

28 송전계통에서 1선 지락 고장시 인접 통신선의 유도장해가 가장 큰 중성점 접지방식은?

① 비접지방식 ② 고저항접지방식
③ 직접접지방식 ④ 소호리액터접지방식

풀이

- 전자유도전압 $E_m = -j\omega M l I_g$ 에서 **지락전류** I_g 가 클수록 전자유도장해가 크다.
- 지락사고시 중성점 접지 방식별 지락전류의 크기
  직접접지 > 고저항접지 > 비 접지 > 소호 리액터 접지
  즉, 지락사고시 **직접접지 방식이 지락전류가 제일 크므로 유도장해도 가장 크다.** 【답】③

29 파동 임피던스 $Z_1 = 600[\Omega]$인 선로 종단에 파동 임피던스 $Z_2 = 1300[\Omega]$의 변압기가 접속되어 있다. 지금 선로에서 파고 $e_1 = 900[kV]$의 전압이 진입하였다면 접속점에서의 전압의 반사파는 약 몇 [kV]인가?

① 530 ② 430
③ 330 ④ 230

풀이

반사 전압
$e_2 = \dfrac{Z_2 - Z_1}{Z_2 + Z_1} e_1 = \dfrac{1300 - 600}{1300 + 600} \times 900 = 331.58[kV]$ 【답】③

30 발전기의 정태 안정 극한전력이란?

① 부하가 서서히 증가할 때의 극한전력
② 부하가 갑자기 크게 변동할 때의 극한전력
③ 부하가 갑자기 사고가 났을 때의 극한전력
④ 부하가 변하지 않을 때의 극한전력

풀이

안정도의 종류
① **정태 안정도**(static stability) : 송전 계통이 **불변 부하 또는 극히 서서히 증가하는 부하**에 대하여 계속적으로 송전할 수 있는 능력을 정태 안정도로 하고, 안정도를 유지할 수 있는 극한의 송전 전력을 정태 안정 극한 전력이라고 한다.
② 과도 안정도(transient stability) : 계통에 갑자기 고장 사고와 같은 급격한 외란이 발생하였을 때에도 탈조하지 않고 새로운 평형 상태를 회복하여 송전을 계속할 수 있는 능력을 과도 안정도라 하고 이 경우의 극한 전력을 과도 안정 극한 전력이라고 한다.
③ 동태 안정도(dynamic stability) : 고속 자동 전압 조정기로 동기기의 여자 전류를 제어 할 경우의 정태 안정도를 특히 동태 안정도라 한다. 【답】①

31 150[kVA] 전력용 콘덴서에 제5고조파를 억제시키기 위해 필요한 직렬리액터의 최소용량은 몇 [kVA]인가?

① 1.5 ② 3
③ 4.5 ④ 6

풀이
제5고조파로부터 전력용 콘덴서 보호 및 파형 개선의 목적으로 사용되는 직렬 리액터의 용량은 다음과 같다.
① 이론적 : 콘덴서 용량×4[%]
② 실 제(주파수 변동 등의 여유를 고려하여 선정)
   : 콘덴서 용량×6[%]
따라서, 직렬리액터의 최소용량= 150×0.04 = 6 [kVA]
【답】 ④

32 전원으로부터의 합성 임피던스가 0.5[%](15000 [kVA] 기준)인 곳에 설치하는 차단기 용량은 몇 [MVA] 이상이어야 하는가?

① 2000 ② 2500
③ 3000 ④ 3500

풀이
$P_s = \dfrac{100}{\%Z} P_n = \dfrac{100}{0.5} \times 15000 \times 10^{-3}$ [MVA] = 3,000[MVA]
【답】 ③

33 전압이 일정값 이하로 되었을 때 동작하는 것으로서 단락시 고장 검출용으로도 사용되는 계전기는?

① OVR ② OVGR
③ NSR ④ UVR

풀이
① 전압이 정정값 이하 시 동작 : 부족 전압 계전기(UVR)
② 전압이 정정값 초과 시 동작 : 과전압 계전기(OVR)
【답】 ④

34 가스차단기에 대한 설명으로 틀린 것은?

① 절연회복이 빨라 고전압, 대전류에 적합하다.
② 액화 방지 및 산화 방지 대책이 필요 없다.
③ 소호능력이 뛰어나다.
④ 절연내력이 우수하다.

풀이
SF_6가스를 소호 매체로 사용하는 차단기는 한랭지, 산악지방에서 **가스의 액화 방지 및 산화 방지 대책이 필요**하다. 【답】 ②

35 유효낙차 300[m]인 충동수차의 노즐에서 분출되는 유수의 이론적인 분출속도는 약 몇 [m/sec]인가?

① 47 ② 57
③ 67 ④ 77

풀이
• 유수의 이론 속도 $v = \sqrt{2gh}$ [m/sec]
• 유수의 실제 속도 $v' = C_v \sqrt{2gh}$ [m/sec]
(여기서, C_v는 유속계수로서 통상 0.95~0.99 정도)
∴ $v = \sqrt{2 \times 9.8 \times 300} = 76.68$ [m/sec]
【답】 ④

36 원자로 내에서 발생한 열에너지를 외부로 끄집어내기 위한 열매체를 무엇이라고 하는가?

① 반사체 ② 감속재
③ 냉각재 ④ 제어봉

풀이
• 반사재 : 핵분열에 의하여 발생하는 중성자가 외부로 누설되는 것을 원자로 내부로 다시 반사시키는 목적으로 사용
• 감속재 : 핵분열로 발생한 고속 중성자를 열중성자로 바꾸는 작용
• 냉각재 : 원자로에서 생긴 열을 **노심 밖으로 보내기 위하여 사용되는 열 매체**
• 제어재 : 원자로의 핵분열 반응을 조절하기 위하여 중성자를 흡수할 목적으로 사용
【답】 ③

37 단로기(Disconnecting switch)의 사용 목적은?

① 회로의 개폐 ② 단락사고의 차단
③ 부하의 차단 ④ 과전류의 차단

풀이
단로기(DS)는 소호 장치가 없고 아크 소멸 능력이 없으므로 부하 전류나 사고 전류의 개폐는 할 수 없으며 기기를 전로에서 개방할 때 또는 모선의 접속 변경시 사용
【답】 ①

38 어떤 건물에서 총 설비 부하용량이 700[kW], 수용률이 70[%] 라면, 변압기 용량은 최소 몇 [kVA]로 하여야 하는가? (단, 여기서 설비 부하의 종합 역률은 0.8 이다.)

① 425.9 ② 513.8
③ 612.5 ④ 739.2

풀이

변압기 용량 [kVA] ≥ 합성 최대 수용 전력

$$= \frac{\text{부하 설비 합계 [kW]} \times \text{수용률}}{\text{부등률} \times \text{역률}} \text{에서}$$

변압기 용량[kVA] = $\frac{700[\text{kW}] \times 0.7}{1 \times 0.8} = 612.5[\text{kVA}]$ 【답】③

39 주상변압기에 시설하는 캐치홀더는 어느 부분에 직렬로 삽입하는가?

① 1차측 양선
② 1차측 1선
③ 2차측 비접지측 선
④ 2차측 접지된 선

풀이

캐치홀더(catch holders) : **변압기 2차측** 및 인입선의 분기개소에 설치하여 사용하는 변압기 보호장치 【답】③

40 수전단에 관련된 사항 중 틀린 것은?

① 중부하 시 수전단에 설치된 전력용 콘덴서를 투입한다.
② 중부하 시 수전단에 설치된 동기조상기는 부족여자로 운전한다.
③ 경부하 시 수전단에 설치된 동기조상기는 부족여자로 운전한다.
④ 장거리 송전선로의 시충전 시 수전단 전압이 송전단 전압보다 높게 될 수 있다.

풀이

- 경부하시 수전단에 설치된 동기 조상기는 부족여자로 운전 : 리액터로 작용
- **중부하시 수전단에 설치된 동기 조상기는 과여자로 운전 : 콘덴서로 작용** 【답】②

2024년 CBT 복원문제

1회 전력공학

21 송전선로에 낙뢰를 방지하기 위하여 설치하는 것은?
① 댐퍼
② 초호환
③ 가공지선
④ 애자

풀이
① 댐퍼 : 전선의 진동 방지
② 초호환 : 섬락으로부터 애자련의 보호, 애자련의 전압 분포 개선
③ 가공지선 : 뇌의 차폐
④ 애자 : 전선을 지지하고 절연 【답】③

22 석탄연소 화력발전소에서 사용되는 집진장치의 효율이 가장 큰 것은?
① 전기식 집진장치
② 수세식 집진장치
③ 원심력식 집진장치
④ 직렬결합식 집진장치

풀이
집진 효율이 가장 큰 것은 전기식으로 코트렐식 집진 장치가 현재 가장 많이 사용되고 있다. 【답】①

23 송전전력, 송전거리, 전선의 비중 및 전력손실률이 일정하다고 하면 전선의 단면적 $A[\text{mm}^2]$와 송전전압 $V[\text{kV}]$와의 관계로 옳은 것은?
① $A \propto V$
② $A \propto V^2$
③ $A \propto \dfrac{1}{V^2}$
④ $A \propto \sqrt{V}$

풀이
- 전력손실 $P_l = 3I^2R = \dfrac{P^2 \rho\, l}{V^2\cos^2\theta A}$ (전류 $I = \dfrac{P}{\sqrt{3}\,V\cos\theta}$)
- 전력손실률 $h = \dfrac{P_l}{P} = \dfrac{P\rho\, l}{V^2\cos^2\theta A}$ 에서
  전선의 단면적 $A = \dfrac{P\rho\, l}{hV^2\cos^2\theta}$
- P, ρ, l, h, $\cos\theta$가 일정한 경우이므로
  전선의 단면적 $A \propto \dfrac{1}{V^2}$ 【답】③

24 부하율이란?
① $\dfrac{\text{피상 전력}}{\text{부하 설비 용량}} \times 100[\%]$
② $\dfrac{\text{부하 설비 용량}}{\text{피상 전력}} \times 100[\%]$
③ $\dfrac{\text{최대 수용 전력}}{\text{평균 수용 전력}} \times 100[\%]$
④ $\dfrac{\text{평균 수용 전력}}{\text{최대 수용 전력}} \times 100[\%]$

풀이
부하율 = $\dfrac{\text{평균 수요 전력 [kW]}}{\text{최대 수요 전력 (합성 최대 전력) [kW]}} \times 100[\%]$
= $\dfrac{\text{평균 수요 전력 [kW]}}{\text{부하 설비 합계 [kW]}} \times \dfrac{\text{부등률}}{\text{수용률}} \times 100[\%]$
【답】④

25 배전전압, 배전거리 및 전력손실이 같다는 조건에서 단상 2선식 전기방식의 전선 총중량을 100[%]라 할 때 3상 3선식 전기방식은 몇 [%]인가?
① 33.3
② 37.5
③ 75.0
④ 100.0

풀이
- 송전 전력은 동일하므로
$\sqrt{3}VI_3\cos\theta = VI_1\cos\theta, \quad \therefore I_1 = \sqrt{3}I_3$
- 전력 손실이 동일하므로
$3I_3^2\rho\dfrac{l}{A_3} = 2I_1^2\rho\dfrac{l}{A_1}, \quad 3I_3^2\rho\dfrac{l}{A_3} = 2(\sqrt{3}I_3)^2\rho\dfrac{l}{A_1}$
$A_3 = \dfrac{1}{2}A_1$
- 전선량(무게)비
$\dfrac{3상3선식}{단상2선식} = \dfrac{3A_3 l\sigma}{2A_1 l\sigma} = \dfrac{3}{2} \times \dfrac{1}{2} = \dfrac{3}{4} = 0.75$
- 단상 2선식 기준 소요 전선량 요약

전기 방식	소요 전선량 [%]	비 고
단상 2선식	100	단상 2선식 기준
단상 3선식	37.5	중성선과 전압선의 굵기가 동일
	31.3	중성선의 굵기가 전압선의 1/2
3상 3선식	75	
3상 4선식	33.3	중성선과 전압선의 굵기가 동일
	29.2	중성선의 굵기가 전압선의 1/2

【답】③

26 전력계통의 전력용 콘덴서와 직렬로 연결하는 리액터로 제거되는 고조파는?
① 제2고조파　② 제3고조파
③ 제4고조파　④ 제5고조파

풀이
- 제3고조파 제거 : 변압기의 △결선 방식
- **제5고조파 제거** : 콘덴서와 직렬로 접속하는 **직렬 리액터**
【답】④

27 3상 3선식 수직배치인 선로에서 오프셋(off-set)을 주는 주된 이유는?
① 단락방지　② 전선진동 억제
③ 전선 풍압감소　④ 철탑 중량감소

풀이
오프셋 : 전선 도약에 의한 **상간 단락 사고 방지**

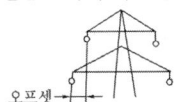

【답】①

28 우리나라의 특고압 배전방식으로 가장 많이 사용되고 있는 것은?
① 단상 2선식　② 단상 3선식
③ 3상 3선식　④ 3상 4선식

풀이
3상 4선식은 같은 회선에서 선간전압과 상전압의 양전압을 이용할 수 있기 때문에 배전에서 많이 채용되고 있다.　【답】④

29 하천유량을 측정하는 방법으로 유속의 측정방법과 직접유량을 측정하는 방법이 있는데 다음 보기 중 직접유량을 측정하는 방법이 아닌 것은?
① 염분법　② 언측법
③ 수위 관측법　④ 부표법

풀이
하천유량은 그 통로의 단면적과 그 단면에 대한 직각방향의 유속과의 곱으로 표시되므로 유량을 알기 위해서는 단면적과 유속을 측정해야 한다.
1) 유속의 측정방법
　① 유속계법　② 부표법　③ 염수속도법
　④ 수압 시간법　⑤ 피토관법
2) **직접유량을 측정**하는 방법
　① 염분법　② 언측법　③ 수위 관측법　【답】④

30 송전계통의 안정도 증진방법에 대한 설명이 아닌 것은?
① 전압변동을 작게 한다.
② 직렬리액턴스를 크게 한다.
③ 고장 시 발전기 입·출력의 불평형을 작게 한다.
④ 고장전류를 줄이고 고장구간을 신속하게 차단한다.

풀이　안정도 향상 대책
- **계통의 직렬 리액턴스 감소**(직렬콘덴서 설치, 단락비 크게, 복도체 사용, 병행회선 채용)
- 전압변동률을 적게 한다. (속응 여자 방식 채용, 계통의 연계, 중간 조상 방식)
- 계통에 주는 충격을 적게 한다. (적당한 중성점 접지 방식, 고속 차단 방식, 재폐로 방식)
- 고장 중의 발전기 돌입 출력의 불평형을 적게 한다.【답】②

31
30000[kW]의 전력을 50[km] 떨어진 지점에 송전하려고 할 때 송전전압[kV]은 약 얼마인가? (단, still 식에 의하여 산정한다.)

① 22 ② 33
③ 66 ④ 100

풀이

Still 식 $V_s = 5.5\sqrt{0.6 \times l + 0.01P}$
$= 5.5\sqrt{0.6 \times 50 + 0.01 \times 30000} = 99.91[kV]$

여기서, V_s : 송전전압[kV]
l : 송전거리[km]
P : 송전전력[kW]

【답】 ④

32
전선의 자체 중량과 빙설의 종합하중을 W_1, 풍압하중을 W_2라 할 때 합성하중은?

① $W_1 + W_2$ ② $W_2 - W_1$
③ $\sqrt{W_1 - W_2}$ ④ $\sqrt{W_1^2 + W_2^2}$

풀이

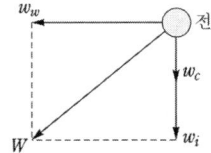

w_c : 전선의 자체중량
w_i : 부착빙설의 중량
w_w : 수평풍압

합성하중 $W = \sqrt{(w_c + w_i)^2 + w_w^2}$

∴ 합성 하중 $W = \sqrt{(\text{빙설중} + \text{자중})^2 + (\text{풍압하중})^2}$
$= \sqrt{W_1^2 + W_2^2}$

【답】 ④

33
전력용 퓨즈의 설명으로 옳지 않은 것은?

① 소형으로 큰 차단용량을 갖는다.
② 가격이 싸고 유지 보수가 간단하다.
③ 밀폐형 퓨즈는 차단시에 소음이 없다.
④ 과도 전류에 의해 쉽게 용단되지 않는다.

풀이 전력용 퓨즈의 장점
• 소형, 경량이다.
• **과도전류를 고속도 차단할 수 있다.**
• 소형으로 큰 차단 용량을 가진다.
• 유지 보수가 간단하다.
• 가격이 저렴하다.

【답】 ④

34
부하전류의 차단능력이 없는 것은?

① 공기차단기 ② 유입차단기
③ 진공차단기 ④ 단로기

풀이

• 차단기(Breaker) : 아크 소호능력이 있어 부하전류나 사고전류의 차단이 가능
• 스위치(Switch) : 아크 소호능력이 없어 부하전류나 사고전류의 차단이 불 가능
• **단로기**(Disconnecting Switch)**는 스위치** 이므로 아크 소호능력이 없어 부하 전류의 개폐를 하지 못한다.

【답】 ④

35
역률 0.8인 부하 480[kW]를 공급하는 변전소에 전력용 콘덴서 220[kVA]를 설치하면 역률은 몇 [%]로 개선할 수 있는가?

① 92 ② 94
③ 96 ④ 99

풀이

• 부하의 유효전력 $P = 480[kW]$
• 부하의 무효전력
$Q_L = \dfrac{P}{\cos\theta} \times \sin\theta = \dfrac{480}{0.8} \times 0.6 = 360[kVar]$
• 콘덴서 용량 $Q_c = 220[kVA]$
• 부하 역률 $\cos\theta = \dfrac{P}{\sqrt{P^2 + (Q_L - Q_c)^2}} \times 100$
$= \dfrac{480}{\sqrt{480^2 + (360 - 220)^2}} \times 100$
$= 96[\%]$

【답】 ③

36
그림과 같은 선로에서 점 F에서의 1선 지락이 발생한 경우 영상임피던스는?

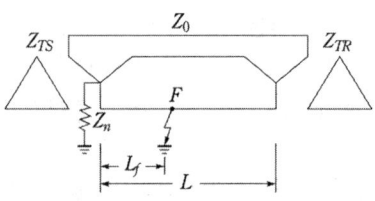

① $Z_{TS} + Z_n + 3Z_o$ ② $Z_{TS} + 3Z_n + Z_o$
③ $Z_{TS} + Z_n + Z_o \dfrac{L_f}{L}$ ④ $Z_{TS} + 3Z_n + Z_o \dfrac{L_f}{L}$

풀이

- 임피던스는 거리에 비례하므로 선로임피던스 $= Z_o \dfrac{L_f}{L}$

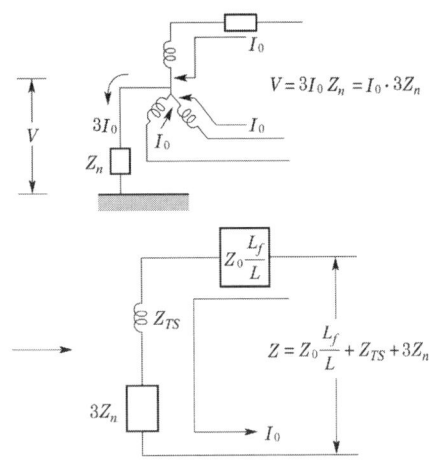

따라서 영상임피던스 $= Z_{TS} + 3Z_n + Z_o \dfrac{L_f}{L}$

단, I_0 : 영상전류, Z_n : 지락저항,
Z_{TS} : 송전 측 변압기 임피던스,
Z_o : 선로임피던스 【답】④

37 송전선로에서 코로나 임계전압이 높아지는 경우는?

① 온도가 높아지는 경우
② 상대공기밀도가 작을 경우
③ 전선의 지름이 큰 경우
④ 기압이 낮은 경우

풀이 코로나임계전압 E_o

$$E_o = 24.3 m_0 m_1 \delta d \log_{10} \dfrac{D}{r} \text{ [kV]}$$

여기서, δ : 상대공기밀도 $\left(\delta = \dfrac{0.386b}{273+t} \right)$
b : 기압 [mmHg]
t : 온도 [℃]
m_0 : 전선 표면계수
m_1 : 기후에 관한 계수
r : 전선의 반지름 [m]
D : 선간거리 [m]

전선의 직경 d가 증가하면 코로나 임계전압은 상승한다. 【답】③

38 다음 송전선의 전압변동률 식에서 V_{R1}은 무엇을 의미하는가?

$$\epsilon = \dfrac{V_{R1} - V_{R2}}{V_{R2}} \times 100 \text{ [\%]}$$

① 부하시 송전단 전압
② 무부하시 송전단 전압
③ 전부하시 수전단 전압
④ 무부하시 수전단 전압

풀이

전압변동률 $= \dfrac{\text{무부하시의 수전단 전압} - \text{전부하시의 수전단 전압}}{\text{전부하시의 수전단 전압}}$
$\times 100 \text{ [\%]}$
$= \dfrac{V_{R1} - V_{R2}}{V_{R2}} \times 100 \text{ [\%]}$ 【답】④

39 154[kV] 송전선로에 10개의 현수애자가 연결되어 있다. 다음 중 전압부담이 가장 적은 것은?

① 철탑에 가장 가까운 것
② 철탑에서 3번째에 있는 것
③ 전선에서 가장 가까운 것
④ 전선에서 3번째에 있는 것

풀이

- **전압 부담 최대** : 전선에 가장 가까운 애자
- **전압 부담 최소** : 전선에서 2/3 지점에 있는 애자
  (**철탑에서 1/3 지점에 있는 애자**) 【답】②

40 차단기의 정격투입전류란 투입되는 전류의 최초 주파수의 어느 값을 말하는가?

① 평균값   ② 최대값
③ 실효값   ④ 직류값

풀이

차단기의 **정격 투입 전류**란 성능에 지장 없이 투입할 수 있는 전류의 한도를 말하며, 투입 전류의 **최초 주파수에서의 최대값**으로 나타낸다. 크기는 정격 차단 전류(실효값)의 2.5배를 표준으로 한다. 【답】②

2회 전력공학

21 다음 ( )에 알맞은 내용으로 옳은 것은?
(단, 공급 전력과 선로 손실률은 동일하다.)

> 선로의 전압을 2배로 승압할 경우, 공급전력은 승압 전의 (㉮)로 되고, 선로 손실은 승압 전의 (㉯)로 된다.

① ㉮ $\frac{1}{4}$, ㉯ 2배 ② ㉮ $\frac{1}{4}$, ㉯ 4배
③ ㉮ 2배, ㉯ $\frac{1}{4}$ ④ ㉮ 4배, ㉯ $\frac{1}{4}$

풀이

전력 손실률 $h = \frac{P_l}{P} = \frac{RP}{V^2 \cos^2\theta}$ 에서

- 공급전력 $P = \frac{hV^2\cos^2\theta}{R}$ 따라서, $P \propto V^2$

  $P : P' = V^2 : (2V)^2$ ∴ $P' = 4P$

- 전력 손실 $P_l = 3I^2R = 3\left(\frac{P}{\sqrt{3}V\cos\theta}\right)^2 R = \frac{RP^2}{V^2\cos^2\theta}$ 에서

  $P_l \propto \frac{1}{V^2}$, $P_l : P_l' = \frac{1}{V^2} : \frac{1}{(2V)^2}$

  ∴ $P_l' = \frac{1}{4}P_l$ 【답】 ④

22 송전선로에서 4단자 정수 A, B, C, D 사이의 관계는?
① $BC-AD=1$ ② $AC-BD=1$
③ $AB-CD=1$ ④ $AD-BC=1$

풀이
$AD-BC=1$ 【답】 ④

23 3상 3선식 송전선에서 1선의 저항이 15[Ω], 리액턴스는 20[Ω]이고 수전단의 선간전압은 30[kV], 부하역률이 0.8인 경우 전압강하율을 10[%]라 하면, 이 송전선로로는 몇 [kW]까지 수전할 수 있는가?
① 2500[kW] ② 2750[kW]
③ 3000[kW] ④ 3250[kW]

풀이
- 전압강하율 $\epsilon = \frac{P}{V^2}(R+X\tan\theta)$ 에서
- 수전전력 $P = \frac{\epsilon V^2}{R+X\tan\theta} = \frac{\epsilon V^2}{R+X\frac{\sin\theta}{\cos\theta}}$

$= \frac{0.1 \times 30000^2}{15+20 \times \frac{0.6}{0.8}}$

$= 3000000[W] = 3000[kW]$ 【답】 ③

24 그림과 같은 수전단 전력원선도가 있다. 부하직선을 참고하여 다음 중 전압조정을 위한 조상설비가 없어도 정전압운전이 가능한 부하전력은 대략 어느 정도일 때인가?

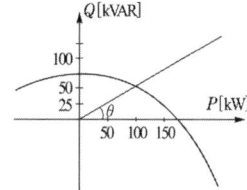

① 무부하일 때 ② 50[kW]일 때
③ 100[kW]일 때 ④ 150[kW]일 때

풀이

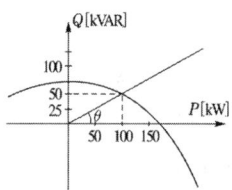

정전압 송전방식(송전단 전압 V_s는 일정, 수전단 전압 V_r도 일정)에서는 원의 반지름 $\rho = \frac{V_s V_r}{b}$이 일정하므로 **송·수전 전력은 언제나 원선도의 원주상에 존재하여야 한다.**
따라서, 조상설비가 없어도 정전압운전이 가능한 부하전력은 유효전력 100[kW], 무효전력 50[kVAR]이다. 【답】 ③

25 조상설비(調相設備)와 거리가 먼 것은?
① 분로리액터 ② 상순(相順)표시기
③ 전력용콘덴서 ④ 동기조상기

풀이 조상설비는 무효전력을 공급하는 설비로서 동기조상기, 전력용 콘덴서 및 리액터가 있다.
- 동기 조상기 : 지상 및 진상 무효전력 공급
- 전력용 콘덴서 : 진상 무효전력 공급
- 분로 리액터 : 지상 무효전력 공급

그러나, **상순 표시기는 공급 전원의 상순을 표시하는 계측기**로서 조상설비가 아니다. 【답】②

26 차단기에서 O – 3분 – CO – 3분 – CO인 것의 의미는? 단, O : 차단동작, C : 투입동작, CO : 투입동 작에 뒤따라 곧 차단동작
① 일반 차단기의 표준동작책무
② 자동 재폐로용
③ 정격차단용량 50[mA] 미만의 것
④ 무전압시간

풀이 차단기의 동작책무 : 어느 시간 간격을 두고 행하여지는 일련의 동작을 규정한 것
- 일반용
  CO – (15초) – CO
  O – (3분) – CO – (3분) – CO
- 고속도 재투입용
  O – (0.3초) – CO – (3분 또는 15초, 1분) – CO 【답】①

27 임피던스 Z_1, Z_2 및 Z_3을 그림과 같이 접속한 선로의 A쪽에서 전압파 E가 진행해 왔을 때 접속점 B에서 무반사로 되기 위한 조건은?
① $Z_1 = Z_2 + Z_3$
② $\dfrac{1}{Z_1} = \dfrac{1}{Z_3} - \dfrac{1}{Z_2}$
③ $\dfrac{1}{Z_1} = \dfrac{1}{Z_2} + \dfrac{1}{Z_3}$
④ $\dfrac{1}{Z_1} = -\dfrac{1}{Z_2} - \dfrac{1}{Z_3}$

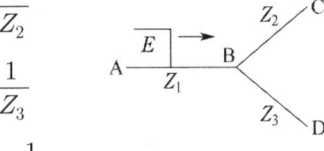

풀이 $Z_A = Z_1$, $Z_B = \dfrac{1}{\dfrac{1}{Z_2} + \dfrac{1}{Z_3}}$ 라고 하면

반사계수 $= \dfrac{Z_B - Z_A}{Z_A + Z_B}$에서 무반사 조건은 $Z_A = Z_B$일 때이다.

따라서, $Z_1 = \dfrac{1}{\dfrac{1}{Z_2} + \dfrac{1}{Z_3}}$ ∴ $\dfrac{1}{Z_1} = \dfrac{1}{Z_2} + \dfrac{1}{Z_3}$ 【답】③

28 반한시성 과전류계전기의 전류–시간 특성에 대한 설명으로 옳은 것은?
① 계전기 동작시간은 전류의 크기와 비례한다.
② 계전기 동작시간은 전류의 크기와 관계없이 일정하다.
③ 계전기 동작시간은 전류의 크기와 반비례한다.
④ 계전기 동작시간은 전류의 크기의 제곱에 비례한다.

풀이 동작 시간에 의한 보호 계전기 분류
① 순한시 계전기 : 고장 즉시 동작
② 정한시 계전기 : 고장 후 일정시간이 경과하면 동작
③ **반한시 계전기 : 고장전류의 크기에 반비례하여 동작**
④ 반한시 정한시 계전기 : 반한시와 정한시 특성을 겸함 【답】③

29 지중 케이블에서 고장점을 찾는 방법이 아닌 것은?
① 머리 루프(Murray loop)시험기에 의한 방법
② 메거(Megger)에 의한 측정 방법
③ 임피던스 브리지법
④ 펄스에 의한 측정법

풀이 지중 케이블 고장 수색법
① 머리 루프법
② 정전 용량의 측정으로 발견하는 법
③ 수색 코일로 하는 방법
④ 펄스로 하는 방법
⑤ 음향으로 고장점을 측정하는 방법
※ 메거는 절연저항을 측정하는 계측기기 이다. 【답】②

30 소호리액터 접지방식에서 사용되는 탭의 크기로 일반적인 것은?
① 과보상   ② 부족보상
③ (–)보상   ④ 직렬공진

풀이

소호리액터 접지방식에서 직렬 공진에 의한 이상 전압을 억제하기 위하여 10[%] 정도 과보상하는 것이 일반적이다. 【답】①

31 원자력발전소와 화력발전소의 특성을 비교한 것 중 옳지 않은 것은?

① 원자력발전소는 화력발전소의 보일러 대신 원자로와 열교환기를 사용한다.
② 원자력발전소의 건설비는 화력발전소에 비하여 낮다.
③ 동일 출력일 경우 원자력발전소의 터빈이나 복수기가 화력발전소에 비하여 대형이다.
④ 원자력발전소는 방사능에 대한 차폐 시설물의 투자가 필요하다.

풀이

화력 발전과 비교하여 원자력 발전은 출력 밀도(단위 체적당 출력)가 크므로 같은 출력이라면 소형화가 가능하며, **단위 출력당 건설비는 화력 발전소에 비하여 비싸다.** 【답】②

32 지상부하를 가진 3상 3선식 배전선로 또는 단거리 송전선로에서 선간 전압강하를 나타낸 식은? (단, I, R, X, θ는 각각 수전단 전류, 선로저항, 리액턴스 및 수전단 전류의 위상각이다.)

① $I(R\cos\theta + X\sin\theta)$
② $2I(R\cos\theta + X\sin\theta)$
③ $\sqrt{3}I(R\cos\theta + X\sin\theta)$
④ $3I(R\cos\theta + X\sin\theta)$

풀이

전압강하 $e = V_s - V_r$
(여기서, V_s : 송전단 전압, V_r : 수전단 전압)

전기 방식	전압강하
단상3선식, 3상4선식	$e_1 = I(R\cos\theta + X\sin\theta)$
단상2선식	$e_2 = 2I(R\cos\theta + X\sin\theta)$
3상3선식	$e_3 = \sqrt{3}I(R\cos\theta + X\sin\theta)$

【답】③

33 변압기의 기계적 보호계전기인 부흐홀쯔계전기(Buchholtzrelay)의 설치위치로 알맞은 것은?

① 유면 위의 탱크내
② 컨서베이터 내부
③ 변압기의 고압측 부싱
④ 주탱크와 컨서베이터를 연결하는 파이프의 관중

풀이

부흐홀쯔계전기(Buchholtzrelay)는 변압기의 **주탱크와 컨서베이터 사이에 부착**하여 변압기의 내부 고장이 생기는 때에 오일의 분해가스나 오일의 분류를 이용하여 경보를 발하거나 차단기를 작동시킨다. 【답】④

34 공칭단면적 200[mm²], 전선무게 1.838[kg/m], 전선의 외경 18.5[mm]인 경동연선을 경간 200[m]로 가설하는 경우의 이도는 약 몇 [m]인가? (단, 경동연선의 전단 인장하중은 7910[kg], 빙설하중은 0.416[kg/m], 풍압하중은 1.525[kg/m], 안전율은 2.0이다.)

① 3.44 [m]
② 3.78 [m]
③ 4.28 [m]
④ 4.78 [m]

풀이

- 수직하중=자중 + 빙설하중=1.838+0.416=2.254[kg/m]
- 수평하중=풍압하중=1.525[kg/m]
- 하중 = $\sqrt{(수직하중)^2 + (수평하중)^2} = \sqrt{2.254^2 + 1.525^2}$
  = 2.721[kg/m]
- 이도 $D = \dfrac{WS^2}{8T} = \dfrac{2.721 \times 200^2}{8 \times \dfrac{7910}{2}} = 3.44[m]$ 【답】①

35 무손실 송전선로에서 송전할 수 있는 송전용량은? (단, E_S : 송전단 전압, E_R : 수전단 전압, δ : 부하각, X : 송전선로의 리액턴스, R : 송전선로의 저항, Y : 송전선로의 어드미턴스 이다.)

① $\dfrac{E_S E_R}{X}\sin\delta$
② $\dfrac{E_S E_R}{R}\sin\delta$
③ $\dfrac{E_S E_R}{Y}\cos\delta$
④ $\dfrac{E_S E_R}{X}\cos\delta$

풀이

전력 계통은 고효율 전력 전송 목적으로 설계되므로 저항손과 대지 정전 용량은 극히 적으므로 무시한다. 그러므로 그림과 같이 등가로 나타낼 수 있다.

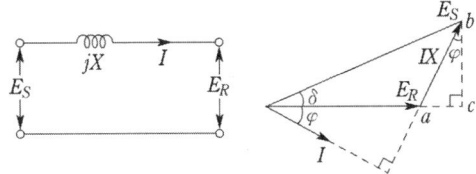

$\overline{bc} = XI\cos\varphi = E_S \sin\delta$

$I\cos\varphi = \dfrac{E_S}{X}\sin\delta$

$P = E_R I \cos\varphi$

$\therefore P = \dfrac{E_S E_R}{X}\sin\delta$

【답】①

36 송전계통에서 안정도 증진과 관계 없는 것은?

① 고속 재폐로방식 채용
② 계통의 전달 리액턴스 감소
③ 계통의 전압변동의 제어
④ 차폐선의 채용

풀이 안정도 향상 대책
① 계통의 직렬 리액턴스 감소
② 전압변동률을 적게 한다.(속응여자방식 채용, 계통의 연계, 중간 조상 방식)
③ 계통에 주는 충격을 적게 한다.(적당한 중성점접지방식, 고속차단방식, 재폐로방식)
④ 고장 중의 발전기 돌입 출력의 불평형을 적게 한다.
차폐선은 유도 장해 방지 대책으로 채용된다. 【답】④

37 순저항 부하의 부하전력 P[kW], 전압 E[V], 선로의 길이 l[m], 고유저항 ρ[Ω·mm²/m]인 단상 2선식 선로에서 선로 손실을 q[W]라 하면, 전선의 단면적[mm²]은 어떻게 표현되는가?

① $\dfrac{\rho l P^2}{qE^2} \times 10^6$
② $\dfrac{2\rho l P^2}{qE^2} \times 10^6$
③ $\dfrac{\rho l P^2}{2qE^2} \times 10^6$
④ $\dfrac{2\rho l P^2}{q^2 E} \times 10^6$

풀이 단상에서의 전류
$I = \dfrac{P[\text{kW}]}{E} = \dfrac{P \times 10^3 [\text{W}]}{E}[\text{A}]$

저항 $R = \rho \dfrac{l}{A}$[Ω] 이므로 단상 2선식의 선로손실

$q = 2I^2 R = 2 \times \left(\dfrac{P \times 10^3}{E}\right)^2 \times \rho \dfrac{l}{A} = \dfrac{2\rho l P^2}{AE^2} \times 10^6$[W]

따라서 전선의 단면적

$A = \dfrac{2\rho l P^2}{qE^2} \times 10^6 [\text{mm}^2]$

【답】②

38 소도체의 반지름이 r[m], 소도체 간의 선간거리가 d[m]인 2개의 소도체를 사용한 345[kV] 송전선로가 있다. 복도체의 등가 반지름은?

① $\sqrt{r \cdot d}$
② $\sqrt{r \cdot d^2}$
③ $\sqrt{r^2 \cdot d}$
④ $r \cdot d$

풀이
등가 반지름 = $\sqrt[n]{rd^{n-1}}$ 에서 $n=2$를 대입하면 $\sqrt{r \cdot d}$ 가 된다.
【답】①

39 3상용 차단기의 정격전압은 170[kV]이고 정격차단전류가 50[kA]일 때 차단기의 정격차단용량은 약 몇 [MVA]인가?

① 5000
② 10000
③ 15000
④ 20000

풀이
정격 차단 용량
$P_s = \sqrt{3} V I_s = \sqrt{3} \times 170 \times 50 = 14722.43$[MVA]
여기서, V : 정격 전압[kV],
I_s : 정격 차단 전류[kA] 【답】③

40 보일러 절탄기(economizer)의 용도는?

① 증기를 과열한다.
② 공기를 예열한다.
③ 석탄을 건조한다.
④ 보일러 급수를 예열한다.

풀이
• 절탄기 : 보일러 급수를 예열
• 공기 예열기 : 연소용 공기를 예열
• 재열기 : 터빈에서 팽창한 증기를 다시 가열
• 과열기 : 포화증기를 가열 【답】④

3회 전력공학

21 전압이 일정값 이하로 되었을 때 동작하는 것으로서 단락 시 고장 검출용으로도 사용되는 계전기는?

① OVR ② OVGR
③ NSR ④ UVR

풀이
① 전압이 정정값 이하 시 동작 : 부족 전압 계전기
   (Under Voltage Relay : UVR)
② 전압이 정정값 초과 시 동작 : 과전압 계전기
   (Over Voltage Relay : OVR)　　　　　【답】④

22 정격 출력 500 [MW]의 화력 발전소가 하루 15시간은 정격 출력으로, 9시간은 정격의 50 [%]로 운전된다. 발전단 열효율은 정격에서 40 [%], 50 [%] 출력으로 37.5 [%]라 하면 하루의 열 소비량은 몇 [kcal] 정도 되는가?

① $10,643 \times 10^3$　② $10,643 \times 10^6$
③ $21,285 \times 10^3$　④ $21,285 \times 10^6$

풀이
발전소의 열효율 $\eta = \dfrac{860\,W}{mH}$

(여기서, W : 발전전력량[kWh], m : 연료 소비량[kg], H : 연료의 발열량[kcal/kg])

열 소비량 $mH = \dfrac{860\,W}{\eta} = \dfrac{860 \times (500 \times 10^3) \times 15}{0.4}$
$+ \dfrac{860 \times (500 \times 10^3 \times \frac{1}{2}) \times 9}{0.375}$
$= 21,285 \times 10^6$ [kcal]　　　　　【답】④

23 송전선에 복도체를 사용할 때의 설명으로 틀린 것은?

① 코로나 손실이 경감된다.
② 안정도가 상승하고 송전용량이 증가한다.
③ 정전 반발력에 의한 전선의 진동이 감소된다.
④ 전선의 인덕턴스는 감소하고, 정전용량이 증가한다.

풀이
단도체 방식에 비해서 복도체 방식의 특징은
① 전선의 인덕턴스가 감소하고 정전 용량이 증가되어 선로의 송전 용량이 증가하고 계통의 안정도를 증진시킨다.
② 전선 표면의 전위 경도가 저감되므로 코로나 임계 전압을 높일 수 있고 코로나손, 코로나 잡음 등의 장해가 저감된다.
③ **복도체에서 단락시는 모든 소도체에는 동일 방향으로 전류가 흐르므로 흡인력이 생긴다.**　　　　　【답】③

24 비접지식 송전선로에서 1선 지락고장이 생겼을 경우 지락점에 흐르는 전류는?

① 직선성을 가진 직류이다.
② 고장 상의 전압과 동상의 전류이다.
③ 고장 상의 전압보다 90° 늦은 전류이다.
④ 고장 상의 전압보다 90° 빠른 전류이다.

풀이
지락전류 $I_g = j3\omega C_s E$ [A]
따라서, **지락 전류는 전압보다 $+j(90°)$ 앞선 전류**가 흐른다.
　　　　　【답】④

25 전력계통의 전압안정도를 나타내는 P-V 곡선에 대한 설명 중 적합하지 않은 것은?

① 가로축은 수전단 전압을 세로축은 무효전력을 나타낸다.
② 진상무효전력이 부족하면 전압은 안정되고 진상무효전력이 과잉되면 전압은 불안정하게 된다.
③ 전압 불안정 현상이 일어나지 않도록 전압을 일정하게 유지하려면 무효전력을 적절하게 공급하여야 한다.
④ P-V 곡선에서 주어진 역률에서 전압을 증가시키더라도 송전할 수 있는 최대 전력이 존재하는 임계점이 있다.

풀이

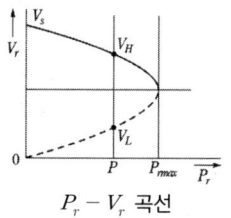

$P_r - V_r$ 곡선

즉, P-V 곡선의 가로축은 유효전력을 세로축은 수전단 전압을 나타낸다. 【답】①

26 송전선에 코로나가 발생하면 전선이 부식된다. 무엇에 의하여 부식되는가?
① 산소 ② 질소
③ 수소 ④ 오존

■풀이 코로나의 영향
① 전력손실 : peek 식으로 계산
② 코로나 잡음
③ **전선 부식 (원인 : 오존 O₃)**
④ 통신선에의 유도장해
⑤ 소호 리액터의 소호능력 저하
⑥ 진행파의 파고값 감쇠 (코로나의 장점) 【답】④

27 수압관의 평균지름(안지름)을 $D[m]$, 관 내의 평균 유속을 $v[m/s]$라고 할 때 유량 $Q[m^3/s]$은?
① $\pi D^2 v$
② $2\pi D^2 v$
③ $\frac{\pi}{4}D^2 v$
④ $\frac{\pi}{8}D^2 v$

■풀이
유량 $Q = A \times v = \frac{\pi}{4}D^2 v [m^3/s]$
단, v : 관 내의 평균 유속[m/s]
D : 관의 안지름[m] 【답】③

28 역률 0.8, 출력 360 [kW]인 3상 평형유도 부하가 3상 배전선로에 접속되어 있다. 부하단의 수전전압이 6000[V], 배전선 1조의 저항 및 리액턴스가 각각 5[Ω], 4[Ω]라고 하면 송전단전압은 몇 [V] 인가?
① 6120 ② 6277
③ 6300 ④ 6480

■풀이
전류 $I = \frac{P}{\sqrt{3}\,V\cos\theta} = \frac{360 \times 10^3}{\sqrt{3} \times 6000 \times 0.8} = 43.3[A]$
송전단 전압 $V_s = V_r + \sqrt{3}\,I\,(R\cos\theta + X\sin\theta)$
$= 6000 + \sqrt{3} \times 43.3 \times (5 \times 0.8 + 4 \times 0.6)$
$= 6480[V]$ 【답】④

29 직류 2선식 배전선로에서 전압변동률과 전력손실률과의 관계는?
① 전압변동률은 전력손실률의 $\sqrt{3}$ 배이다.
② 전압변동률은 전력손실률의 2배이다.
③ 전압변동률과 전력손실률은 서로 같다.
④ 전압변동률은 전력손실률의 $\frac{1}{2}$ 배이다.

■풀이
• 직류 선로에서는 인덕턴스를 고려하지 않아도 되므로, 전압변동률과 전압강하율은 서로 같다.
• 전압변동률 $= \frac{E_{r0} - E_r}{E_r} \times 100 = \frac{E_s - E_r}{E_r} \times 100$
$=$ 전압강하율
• 왕복 전체 길이의 저항을 R, 전부하 전류를 I라고 하면
전압강하율 $= \frac{E_s - E_r}{E_r} \times 100 = \frac{IR}{E_r} \times 100 = \frac{I^2 R}{E_r I} \times 100$
$=$ 전력손실률
따라서, 전압변동률과 전력손실률은 서로 같다. 【답】③

30 송전선로에 충전전류가 흐르면 수전단 전압이 송전단 전압보다 높아지는 현상과 이 현상의 발생 원인으로 가장 옳은 것은?
① 페란티 효과, 선로의 인덕턴스 때문
② 페란티 효과, 선로의 정전용량 때문
③ 근접 효과, 선로의 인덕턴스 때문
④ 근접 효과, 선로의 정전용량 때문

■풀이
페란티 현상이란 **선로의 정전 용량**으로 인하여 무부하시나 경부하시에 **진상 전류가 흘러 수전단 전압이 송전단 전압보다 높아지는 현상**을 말하며 이의 대책으로는 분로 리액터나 동기 조상기의 지상 용량으로 방지할 수 있다. 【답】②

31 가스차단기에 대한 설명으로 틀린 것은?
① 절연회복이 빨라 고전압, 대전류에 적합하다.
② 액화 방지 및 산화 방지 대책이 필요 없다.
③ 소호능력이 뛰어나다.
④ 절연내력이 우수하다.

■풀이 SF_6 가스 차단기의 특징
[장점]
• 밀폐구조이므로 소음이 없다.

- 소전류 차단에도 안정된 차단이 가능하다.
- 절연내력이 공기의 2~3배, 소호 능력은 공기의 100~200배
- 근거리 고장 등 가혹한 재기전압에 대해서도 성능이 우수
- SF_6 가스는 무독, 무취, 무해성이다.

[단점]
- 내부를 직접 눈으로 볼 수 없다.
- 가스 압력, 수분 등을 엄중하게 감시할 필요가 있다.
- **한랭지, 산악지방에서는 액화 방지대책이 필요하다.**
- 내부점검, 부품교환이 번거롭다.
- 비교적 고가이다. 【답】②

32 단상 2선식과 3상 3선식의 부하전력, 전압을 같게 하였을 때 단상 2선식의 선로전류를 100[%]로 보았을 경우, 3상 3선식의 선로 전류는?

① 38[%] ② 48[%]
③ 58[%] ④ 68[%]

> **풀이**
> 송전 전력이 동일한 조건이므로
> $VI_1\cos\theta = \sqrt{3}\,VI_3\cos\theta$
> $\therefore\ I_3 = \dfrac{1}{\sqrt{3}}I_1 = 0.577 I_1$ 【답】③

33 전력용 퓨즈는 주로 어떤 전류의 차단을 목적으로 사용하는가?

① 지락전류 ② 단락전류
③ 과도전류 ④ 과부하전류

> **풀이**
> 전력용 퓨즈(Power Fuse)는 **단락 보호용**으로 사용된다. 【답】②

34 차단기 개방시 재점호가 일어나기 쉬운 경우는?

① 1선 지락 전류인 경우
② 3상 단락 전류인 경우
③ 무부하 변압기의 여자전류인 경우
④ 무부하 충전전류인 경우

> **풀이**
> 재점호란 전류가 0인 점에서 아크가 소호된 후 차단점에서 다시 아크를 일으키는 현상을 재점호라 하며, 이러한 현상은 **무부하 충전 전류를 차단할 때 발생하기 쉽다.** 【답】④

35 송전선로의 중성점을 접지하는 목적이 아닌 것은?

① 송전 용량의 증가
② 과도 안정도의 증진
③ 이상 전압 발생의 억제
④ 보호 계전기의 신속, 확실한 동작

> **풀이** 송전 선로의 중성점 접지의 목적
> ① 이상 전압 발생 방지
> ② 1선 지락시 건전상 전압 상승 억제 및 기기나 선로의 절연 절감
> ③ 보호 계전기 동작 확실
> ④ 소호 리액터 계통에서의 1선 지락시 아크 소멸
> 송전 용량을 증가시키려면 선로의 직렬 리액턴스 성분을 감소시켜야 한다. 【답】①

36 위상 비교 반송 방식에 대한 설명으로 맞는 것은?

① 일단에서의 전압과 타단에서의 전압의 위상각을 비교한다.
② 일단에서 유입하는 전류와 타단에서 유출하는 전류의 위상각을 비교한다.
③ 일단에서 유입하는 전류와 타단에서의 전압의 위상각을 비교한다.
④ 일단에서의 전압과 타단에서 유출되는 전류의 위상각을 비교한다.

> **풀이** 위상 비교 방식
> 일단에서 **유입하는 전류와 타단에서 유출하는 전류의 위상각을 비교**하여 고장 여부를 판단하는 방법 【답】②

37 주상변압기의 고장이 배전선로에 파급되는 것을 방지하고 변압기의 과부하 소손을 예방하기 위하여 사용되는 개폐기는?

① 리클로저 ② 부하개폐기
③ 컷아웃스위치 ④ 섹셔널라이저

> **풀이**
> ① 리클로저(recloser) : 배전 선로에서 지락 고장이나 단락 고장 사고가 발생하였을 때 고장을 검출하여 선로를 차단한 후 일정시간이 경과하면 자동적으로 재투입 동작을 반복함으로써 순간 고장을 제거한다.

② 부하 개폐기 : 고장 전류와 같은 대전류는 차단할 수 없지만 평상 운전시의 부하전류는 개폐할 수 있다.
③ **컷아웃 스위치**(C.O.S) : 주상변압기의 고장이 배전선로에 파급되는 것을 방지하고 **변압기의 과부하 소손을 예방**하고자 변압기 1차측에 사용하는 보호장치
④ 섹셔널라이저(sectionalizer) : 고장전류를 차단 할 수 있는 능력은 없으며, 선로의 무전압 상태에서 선로를 개방하여 고장구간을 분리시킨다. 【답】 ③

38 100[MVA]의 3상 변압기 2뱅크를 가지고 있는 배전용 2차측의 배전선에 시설할 차단기 용량[MVA]은? (단, 변압기는 병렬로 운전되며, 각각의 %Z는 20[%]이고, 전원의 임피던스는 무시한다.)
① 1000
② 2000
③ 3000
④ 4000

■ 풀이

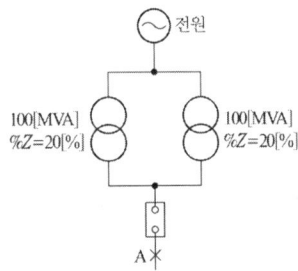

기준용량 $P_n = 100[\text{MVA}]$로 정하고, %Z를 기준용량으로 환산하면

$$\%Z_t = 20 \times \frac{100}{100} = 20[\%]$$

A점에서의 합성 $\%Z = \frac{20 \times 20}{20 + 20} = 10[\%]$

차단기 용량 $P_s = \frac{100}{\%Z} \times P_n$ 에서

$P_s = \frac{100}{10} \times 100 = 1000[\text{MVA}]$ 【답】 ①

39 배전방식으로 저압 네트워크방식이 적당한 경우는?
① 부하가 밀집되어 있는 시가지
② 바람이 많은 어촌지역
③ 농촌지역
④ 화학공장

■ 풀이 네트워크 배전 방식의 장점
• 무정전 공급이 가능해서 배전 신뢰도가 높다.
• 기기 이용률이 향상된다.
• 전압 변동이 적다.
• 적응성 양호하다.
• 전력 손실이 감소한다.
• 변전소 수를 줄일 수 있다.
따라서, 저압 네트워크 방식은 **부하가 밀집되어 있는 시가지에 적당**하다. 【답】 ①

40 외뢰(外雷)에 대한 주 보호장치로서 송전계통의 절연협조의 기본이 되는 것은?
① 애자
② 변압기
③ 차단기
④ 피뢰기

■ 풀이
계통 내의 각 기기, 기구 및 애자 등의 상호간에 적정한 절연 강도를 지니게 함으로써 계통 설계를 합리적, 경제적으로 할 수 있게 한 것을 절연 협조라고 하며 **피뢰기의 제한 전압이 기본**이 된다. 【답】 ④

2025년 CBT 복원문제

1회 전력공학

21 수전 용량에 비해 첨두부하가 커지면 부하율은 그에 따라 어떻게 되는가?
① 높아진다.
② 낮아진다.
③ 변하지 않고 일정하다.
④ 부하의 종류에 따라 달라진다.

풀이

부하율 = $\dfrac{\text{평균 전력}}{\text{최대 전력}}$ 에서

첨두 부하가 커지면 최대 전력이 증가하여 부하율은 낮아진다.

【답】②

22 최대 출력 350[MW], 평균부하율 80[%]로 운전되고 있는 화력 발전소의 10일간 중유 소비량이 1.6×10^7[L]라고 하면 발전단에서의 열효율은 몇 [%]인가? (단, 중유의 열량은 10000 [kcal/L]이다.)
① 35.3   ② 36.1
③ 37.8   ④ 39.2

풀이

• 발전소 열효율 = $\dfrac{\text{출력}}{\text{입력}} = \dfrac{\text{발전전력에 해당하는 열량}}{\text{연료의 열량}}$

• 열효율 $\eta = \dfrac{860W}{mH} = \dfrac{860 \times 350 \times 10^6 \times 0.8 \times 24}{\dfrac{1.6 \times 10^7}{10} \times 10000 \times 10^3} \times 100$

$= 36.12[\%]$ (∵ 1[kWh] = 860[kcal])   【답】②

23 단거리 송전선의 4단자 정수 A, B, C, D 중 그 값이 0인 정수는?
① A ② B
③ C ④ D

풀이

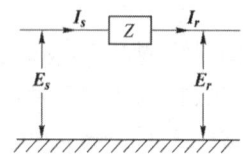

단거리 송전 선로에서는 선로길이가 짧은 관계로 선로 정수로서 저항과 인덕턴스만을 생각한다.
$E_s = E_r + ZI_r$, $I_s = I_r$ 이므로
$E_s = AE_r + BI_r$, $I_s = CE_r + DI_r$ 에서
$A = 1$, $B = Z$, $C = 0$, $D = 1$ 【답】③

24 유효저수량 200,000[m³], 평균유효낙차 100[m], 발전기출력 7,500[kW]이다. 1대를 운전할 경우 약 몇 시간 정도 발전할 수 있는가? (단, 발전기 및 수차의 합성효율은 85[%]이다.)
① 4   ② 5
③ 6   ④ 7

풀이

• 출력 $P = 9.8QH\eta$ [kW]에서 7500[kW]를 발전하는데 필요한 유량 Q [m³/sec]는
$Q = \dfrac{P}{9.8H\eta} = \dfrac{7500}{9.8 \times 100 \times 0.85} ≒ 9[\text{m}^3/\text{sec}]$

• 발전 시간
$t = \dfrac{V}{Q} = \dfrac{200000}{9} = 22222.22[\text{sec}] = \dfrac{22222.22}{60 \times 60} ≒ 6.17[\text{h}]$

【답】③

25 변류기 개방 시 2차측을 단락하는 이유는?
① 2차측 절연 보호
② 2차측 과전류 보호
③ 측정오차 방지
④ 1차측 과전류 방지

[풀이]
변류기의 2차측을 개방하면 1차 전류가 모두 여자 전류가 되어 2차 권선에 매우 높은 전압이 유기되어 **절연이 파괴**되고 소손될 염려가 있다. 따라서, 변류기를 개방 할 경우에는 반드시 2차측을 단락해야 한다. 【답】 ①

26 동일한 전압에서 동일한 전력을 송전할 때 역률을 0.8에서 0.9로 개선하면 전력손실은 약 몇 [%] 정도 감소하는가?
① 5　　② 10
③ 20　　④ 40

[풀이]
전력 손실 $P_l = \dfrac{R \cdot P^2}{V^2 \cos^2\theta}$ 에서 $P_l \propto \dfrac{1}{\cos^2\theta}$

$\therefore \dfrac{P_l'}{P_l} = \dfrac{\frac{1}{0.9^2}}{\frac{1}{0.8^2}} = \left(\dfrac{0.8}{0.9}\right)^2$　$P_l' = 0.79 P_l$

∴ 21[%] 감소한다. 【답】 ③

27 다음 보호계전기 회로에서 박스 (A) 부분의 명칭은?

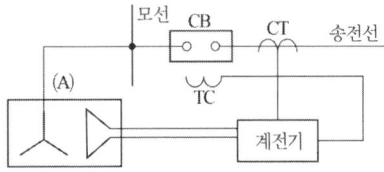

① 차단코일　　② 영상변류기
③ 계기용변류기　　④ 계기용변압기

[풀이]
계기용 변압기 (PT : Potential Transformer)
고전압을 저전압으로 변성하여 계기나 계전기에 공급하기 위한 목적으로 사용 【답】 ④

28 교류 송전방식과 직류 송전방식을 비교할 때 교류 송전방식의 장점에 해당되는 것은?
① 전압의 승압, 강압 변경이 용이하다.
② 절연계급을 낮출 수 있다.
③ 송전효율이 좋다.
④ 안정도가 좋다.

[풀이]
교류 송전 방식의 장점
① **승압·강압**이 용이하다.
② 회전자계를 쉽게 얻을 수 있다.
③ 계통의 일관된 운용이 가능 【답】 ①

29 그림에서와 같이 부하가 균일한 밀도로 도중에서 분기되어 선로전류가 송전단에 이를수록 직선적으로 증가할 경우 선로 말단의 전압강하는 이 송전단 전류와 같은 전류의 부하가 선로의 말단에만 집중되어 있을 경우의 전압강하 보다 대략 어떻게 되는가? (단, 부하역률은 모두 같다고 한다.)

① $\dfrac{1}{3}$로 된다.

② $\dfrac{1}{2}$로 된다.

③ 동일하다.

④ $\dfrac{1}{4}$로 된다.

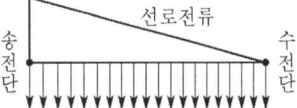

[풀이]
집중 부하와 분산 부하

구 분	전력 손실	전압 강하
말단에 집중 부하	$I^2 rL$	IrL
균등 분포 부하	$\dfrac{1}{3}I^2 rL$	$\dfrac{1}{2}IrL$

【답】 ②

30 선로의 특성임피던스에 관한 내용으로 옳은 것은?
① 선로의 길이에 관계없이 일정하다.
② 선로의 길이가 길어질수록 값이 커진다.
③ 선로의 길이가 길어질수록 값이 작아진다.
④ 선로의 길이보다는 부하전력에 따라 값이 변한다.

[풀이]
선로의 특성임피던스 $Z_0 = \sqrt{\dfrac{L}{C}}$: **길이에 무관**하다.
(저항 및 누설콘덕턴스 무시) 【답】 ①

31 송전선의 특성임피던스를 Z_0, 전파속도를 V라 할 때, 이 송전선의 단위길이에 대한 인덕턴스 L은?

① $L = \dfrac{V}{Z_0}$ ② $L = \dfrac{Z_0}{V}$

③ $L = \dfrac{Z_0^2}{V}$ ④ $L = \sqrt{Z_0}\, V$

풀이

• 파동 임피던스 $Z_0 = \sqrt{\dfrac{L}{C}}$

• 전파속도 $V = \sqrt{\dfrac{1}{LC}}$

∴ $\dfrac{Z_0}{V} = \sqrt{\dfrac{\frac{L}{C}}{\frac{1}{LC}}} = L$ 【답】②

32 연가의 효과로 볼 수 없는 것은?
① 선로 정수의 평형
② 대지 정전용량의 감소
③ 통신선의 유도장해의 감소
④ 직렬 공진의 방지

풀이
연가의 효과
① 선로 정수 평형
② 임피던스 평형
③ 소호 리액터 접지시 직렬 공진 방지
④ 유도 장해 감소 【답】②

33 250 [mm] 현수 애자 10개를 직렬로 접속한 애자 연의 건조 섬락 전압이 590 [kV]이고 연효율(string efficiency) 0.74이다. 현수 애자 한 개의 건조 섬락 전압은 약 몇 [kV]인가?
① 80   ② 90
③ 100   ④ 120

풀이
$\eta = \dfrac{V_n}{nV_1}$ 에서 $V_1 = \dfrac{V_n}{n\eta} = \dfrac{590}{10 \times 0.74} = 79.73$ [kV]

여기서, V_n : 애자련의 섬락전압
       n : 애자련의 애자개수
       V_1 : 애자 1개의 섬락전압 【답】①

34 조상설비가 있는 1차 변전소에서 주변압기로 주로 사용되는 변압기는?
① 승압용 변압기   ② 단권 변압기
③ 단상 변압기   ④ 3권선 변압기

풀이

3권선 변압기
1차 — Y Y — 2차
      △ — 3차(안정권선)
         — 조상설비
         — 소내용 전원공급 【답】④

35 송전단 전압이 3300 [V], 수전단 전압은 3000 [V]이다. 수전단의 부하를 차단한 경우, 수전단 전압이 3200 [V]라면 이 회로의 전압 변동률은 약 몇 [%]인가?
① 3.25   ② 4.28
③ 5.67   ④ 6.67

풀이
전압변동률 $= \dfrac{\text{무부하시의 전압} - \text{정격 전압}}{\text{정격 전압}} \times 100$

$= \dfrac{3200 - 3000}{3000} \times 100 = 6.67 [\%]$ 【답】④

36 전력계통에서의 안정도란 주어진 운전 조건하에서 계통이 안정하게 운전을 계속할 수 있는가의 능력을 말한다. 다음 중 안정도의 구분에 포함되지 않는 것은?
① 동태 안정도   ② 과도 안정도
③ 정태 안정도   ④ 동기 안정도

풀이
안정도의 종류
① **정태 안정도**(static stability) : 송전 계통이 불변 부하 또는 극히 서서히 증가하는 부하에 대하여 계속적으로 송전할 수 있는 능력을 정태 안정도로 하고, 안정도를 유지할 수 있는 극한의 송전 전력을 정태 안정 극한 전력이라고 한다.
② **과도 안정도**(transient stability) : 계통에 갑자기 고장 사고와 같은 급격한 외란이 발생하였을 때에도 탈조하지 않고 새로운 평형 상태를 회복하여 송전을 계속할 수 있는 능력을 과도 안정도라 하고 이 경우의 극한 전력을 과도 안정 극한 전력이라고 한다.

③ **동태 안정도**(dynamic stability) : 고속 자동 전압조정기로 동기기의 여자전류를 제어 할 경우의 정태 안정도를 특히 동태 안정도라 한다. 【답】④

37 차단기의 개폐에 의한 이상 전압의 크기는 대부분의 경우 송전선 대지 전압의 최고 몇 배 정도인가?
① 2배 ② 4배
③ 6배 ④ 8배

▮ 풀이
개폐서지의 크기는 선로의 길이, 차단기의 성능 및 중성점 접지 방식에 따라 차이는 있으나 **대부분의 경우 상규 대지전압의 4배**를 넘는 경우는 거의 없다. 【답】②

38 변압기 보호용 비율차동계전기를 사용하여 △-Y 결선의 변압기를 보호하려고 한다. 이때 변압기 1, 2차측에 설치하는 변류기의 결선 방식은? (단, 위상 보정기능이 없는 경우이다.)
① △-△ ② △-Y
③ Y-△ ④ Y-Y

▮ 풀이
변압기 보호용 계전기는 비율차동계전기가 사용되며 변압기 1차와 2차간의 변위를 보정하기 위하여 **변류기의 결선은 변압기의 결선과 반대로** 한다. 즉, **변압기 결선이 △-Y이면 변류기 결선은 Y-△로** 한다. 【답】③

39 3상 1회선 송전선로의 소호 리액터의 용량[kVA]은?
① 선로 충전 용량과 같다.
② 선간 충전 용량의 1/2이다.
③ 3선 일괄의 대지 충전 용량과 같다.
④ 1선과 중성점 사이의 충전 용량과 같다.

▮ 풀이
3상 1회선 소호 리액터 용량
$$P = 3 \times 2\pi f C_s E^2 \times 10^{-3} \text{ [kVA]}$$
로 표현된다. 따라서, **소호 리액터 용량은 3선 일괄의 대지 충전 용량과 같다.**
여기서, C_s : 1상당 대지 정전 용량 [μF]
E : 대지 전압 [kV] 【답】③

40 3상 1회선과 대지간의 충전전류가 1[km]당 0.25 [A]일 때 길이가 18 [km]인 선로의 충전전류는 몇 [A]인가?
① 1.5 ② 4.5
③ 13.5 ④ 40.5

▮ 풀이
충전 전류 $I_c = 0.25 \text{[A/km]} \times 18 \text{[km]} = 4.5 \text{[A]}$ 【답】②

2회 전력공학

21 진상 전류만이 아니라 지상 전류도 잡아서 광범위하게 연속적인 전압조정을 할 수 있는 것은?
① 전력용 콘덴서 ② 동기조상기
③ 분로 리액터 ④ 직렬 리액터

▮ 풀이
〈조상설비의 비교〉

항 목	동기 조상기	전력용 콘덴서	분로 리액터
전력손실	많음 (1.5~2.5 [%])	적음 (0.3 [%] 이하)	적음 (0.6 [%] 이하)
가격	비싸다(전력용 콘덴서, 분로 리액터의 1.5~2.5배)	저렴	저렴
무효전력	진상, 지상 양용	진상전용	지상전용
조 정	연속적	계단적	계단적
사고시 전압유지	큼	작음	작음
시송전	가 능	불가능	불가능
보 수	손질필요	용 이	용 이

【답】②

22 송전선로에서 매설지선을 사용하는 주된 목적은?
① 코로나 전압을 저감시키기 위하여
② 뇌해를 방지하기 위하여
③ 탑각 접지저항을 줄여서 섬락을 방지하기 위하여
④ 인축의 감전사고를 막기 위하여

풀이

탑각 접지 저항이 충분히 낮지 않으면 가공 지선이 포착한 직격뢰는 대지로 흐를 수 없고, 철탑 전위가 상승하여 철탑부가 애자를 통하여, 또는 경간 내에서 가공 지선과 전력선간의 공기를 통하여, 전력선에 방전하는 역섬락을 일으킨다.
따라서, **매설지선**이란 지하 30~60[cm] 정도의 깊이에 30~50[m] 정도의 아연도금 철선을 매설한 것으로서 철탑 **탑각 접지 저항을 낮추어 역섬락을 방지**하기 위한 것이다. 【답】③

23 그림과 같은 배전선로에서 부하의 급전 시와 차단 시에 조작 방법 중 옳은 것은?

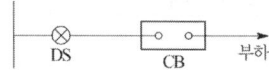

① 급전 시는 DS, CB 순이고, 차단 시는 CB, DS 순이다.
② 급전 시는 CB, DS 순이고, 차단 시는 DS, CB 순이다.
③ 급전 및 차단 시 모두 DS, CB 순이다.
④ 급전 및 차단 시 모두 CB, DS 순이다.

풀이
단로기는 부하 차단 능력이 없으므로
• 정전시 CB – DS
• 급전시 DS – CB 가 되어야 한다.
즉, **차단기가 열려 있어야 단로기를 열고 닫을 수 있다.**
【답】①

24 역률 개선을 통해 얻을 수 있는 효과와 거리가 먼 것은?
① 고조파 제거
② 전력 손실의 경감
③ 전압 강하의 경감
④ 설비 용량의 여유분 증가

풀이
역률 개선의 효과
① 전력 손실 경감
② 전압 강하 경감
③ 설비 용량의 여유분 증가
④ 전력 요금의 절약
즉, **고조파는 역률을 개선 한다고 제거 되지 않는다.** 【답】①

25 송전선로의 건설비와 전압과의 관계를 나타낸 것은?

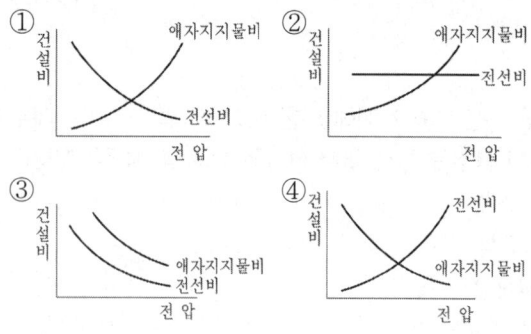

풀이
송전전압이 증가하면
• 전류가 감소하므로 전선의 굵기는 작아져 **전선비는 감소**한다.
• 절연 레벨의 상승으로 애자의 개수 및 선로의 건설비용이 증가하므로 **애자지지물비는 증가**한다. 【답】①

26 송전선에 복도체를 사용하는 주된 목적은?
① 역률개선
② 정전용량의 감소
③ 인덕턴스의 증가
④ 코로나 발생의 방지

풀이
3상 송전선의 한 상당 전선을 2가닥 이상으로 한 것을 다도체라 하고, 2가닥으로 한 것을 보통 복도체라 한다. **복도체의 특징**으로는
① 코로나 임계 전압이 15~20[%] 상승하여 **코로나 발생을 억제**
② 인덕턴스 20~30[%] 감소
③ 정전 용량 20[%] 증가 【답】④

27 평형 3상 송전선에서 보통의 운전상태인 경우 중성점 전위는 항상 얼마인가?
① 0
② 1
③ 송전 전압과 같다.
④ ∞ (무한대)

풀이
불평형 상태에서는 중성점 전위가 존재하나 **평형 상태에서는 항상 0**이다. 【답】①

28 플리커 경감을 위한 전력 공급측의 방안이 아닌 것은?
① 공급전압을 낮춘다.
② 전용 변압기로 공급한다.
③ 단독 공급계통을 구성한다.
④ 단락용량이 큰 계통에서 공급한다.

풀이
플리커 경감 대책
(1) **전력 공급측에서 실시**
  ① 전용 계통으로 공급
  ② 단락 용량이 큰 계통에서 공급
  ③ 전용 변압기로 공급
  ④ **공급 전압을 승압**
(2) 수용가 측에서의 대책
  ① 전원 계통에 리액터 분을 보상
  ② 전압 강하를 보상
  ③ 부하의 무효 전력 변동분을 흡수
  ④ 플리커 부하 전류의 변동분을 억제
【답】①

29 피뢰기의 제한전압이란?
① 상용주파전압에 대한 피뢰기의 충격방전 개시 전압
② 충격파 침입 시 피뢰기의 충격방전 개시전압
③ 피뢰기가 충격파 방전 종료 후 언제나 속류를 확실히 차단할 수 있는 상용주파 최대전압
④ 충격파 전류가 흐르고 있을 때의 피뢰기 단자전압

풀이
제한 전압 : 피뢰기 동작 중에 계속해서 걸리고 있는 **단자 전압의 파고값**
【답】④

30 그림과 같은 22[kV] 3상 3선식 전선로의 P점에 단락이 발생하였다면 3상 단락전류는 약 몇 [A]인가? (단, %리액턴스는 8[%]이며 저항분은 무시한다.)

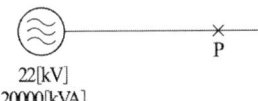

① 6561
② 8560
③ 11364
④ 12684

풀이
단락 전류 $I_s = \dfrac{100}{\%Z} I_n = \dfrac{100}{\%Z} \cdot \dfrac{P_n}{\sqrt{3}\,V_n}$

$= \dfrac{100}{8} \times \dfrac{20000}{\sqrt{3} \times 22} = 6560.8\,[\text{A}]$
【답】①

31 소호리액터 접지에 대한 설명으로 틀린 것은?
① 지락전류가 작다.
② 과도안정도가 높다.
③ 전자유도장애가 경감된다.
④ 선택지락계전기의 작동이 쉽다.

풀이
접지방식별 특징

방 식	보호계전기 동작	지락 전류	전위 상승	과도 안정도	유도 장해	특 징
직접 접지 (22.9, 154, 345[kV])	확실	최대	1.3	최소	최대	중성점영전위, 단절연가능
저항 접지	↓	↓	$\sqrt{3}$	↓	↓	
비접지 (3.3, 6.6[kV])	×	↓	$\sqrt{3}$	↓	↓	저전압 단거리에 적용
소호 리액터 접지 (66[kV])	**불확실**	최소	$\sqrt{3}$ 이상	최대	최소	병렬공진, 고장전류최소

【답】④

32 터빈 발전기의 냉각방식에 있어서 수소냉각방식을 채택하는 이유가 아닌 것은?
① 코로나에 의한 손실이 적다.
② 수소 압력의 변화로 출력을 변화시킬 수 있다.
③ 수소의 열전도율이 커서 발전기 내 온도상승이 저하한다.
④ 수소 부족시 공기와 혼합사용이 가능하므로 경제적이다.

풀이
수소 냉각의 장·단점
1) 장점
  • 수소의 밀도는 공기의 약 7[%]이므로 풍손이 공기냉각에 비해 1/10로 감소
  • 냉각효과가 크다.
  • 수소는 공기보다 불활성이므로 코일의 절연 수명이 길게

된다.
- 전폐형으로 함으로서 불순물의 침입이 없고 소음을 현저하게 감소시킨다.
- 코로나 전압이 높아 코로나의 발생이 적다.

2) 단점
- **수소와 공기가 적당히 혼합 시 폭발**하게 된다.
- 설비비가 많이 든다. 【답】 ④

33 유효낙차 75[m], 최대 사용 수량 200[m³/s], 수차 및 발전기의 합성효율이 70[%]인 수력발전소의 최대출력은 약 몇 [MW]인가?

① 102.9 ② 157.3
③ 167.5 ④ 177.8

풀이
발전기 최대출력
$P = 9.8QH\eta_t\eta_g$[kW]에서
$P = 9.8 \times 200 \times 75 \times 0.7 \times 10^{-3} = 102.9$[MW] 【답】 ①

34 3상 Y결선된 발전기가 무부하 상태로 운전 중 3상 단락고장이 발생하였을 때 나타나는 현상으로 틀린 것은?

① 영상분 전류는 흐르지 않는다.
② 역상분 전류는 흐르지 않는다.
③ 3상 단락전류는 정상분 전류의 3배가 흐른다.
④ 정상분 전류는 영상분 및 역상분 임피던스에 무관하고 정상분 임피던스에 반비례한다.

풀이
고장별 대칭분 및 전류의 크기

고장의 종류	대 칭 분	전류의 크기
3상 단락	정상분	$I_1 \neq 0, I_2 = I_0 = 0$
선간 단락	정상분, 역상분	$I_1 = -I_2 \neq 0, I_0 = 0$
1선 지락	정상분, 역상분, 영상분	$I_0 = I_1 = I_2 \neq 0$

따라서, 3상 단락 고장시 정상분 임피던스에 반비례하는 정상분 전류만 흐르게 된다. 【답】 ③

35 한류 리액터의 사용 목적은?

① 충전 전류의 제한 ② 단락 전류의 제한
③ 누설 전류의 제한 ④ 접지 전류의 제한

풀이
- **한류 리액터** : 단락 전류 감소
- 분로리액터 : 페란티 현상 감소
- 직렬리액터 : 제5고조파 억제 【답】 ②

36 배전선로 개폐기 중 반드시 차단기능이 있는 후비 보조장치와 직렬로 설치하여 고장구간을 분리시키는 개폐기는?

① 컷아웃 스위치 ② 부하개폐기
③ 리클로저 ④ 섹셔널라이저

풀이
섹셔널라이저(sectionalizer) : 배전선로에 고장이 발생할 경우 리클로저의 동작으로 선로가 무전압 상태가 되면 섹셔널라이저는 이를 감지하여 무전압 상태의 횟수를 기억 하였다가 정해진 횟수에 도달하면 섹셔널라이저는 선로의 무전압 상태에서 선로를 개방하여 고장구간을 분리시킨다. **섹셔널라이저는 고장전류를 차단할 수 있는 능력이 없기 때문에 리클로저와 직렬로 조합하여 사용**한다. 【답】 ④

37 22,000[V], 60[Hz], 1회선의 3상 지중 송전선의 무부하 충전 용량[kVar]은? 단, 송전선의 길이는 20[km], 1선의 1[km]당의 정전 용량은 0.5[μF]이다.

① 1,750 ② 1,825
③ 1,900 ④ 1,925

풀이
$Q_c = 3EI_c = 3\omega CE^2$
$= 3 \times 2\pi f \times 0.5 \times 10^{-6} \times 20 \times \left(\frac{22,000}{\sqrt{3}}\right)^2 \times 10^{-3}$
$= 1,825$[kVar] 【답】 ②

38 원자로 내에서 발생한 열에너지를 외부로 끄집어내기 위한 열매체를 무엇이라고 하는가?

① 반사체 ② 감속재
③ 냉각재 ④ 제어봉

풀이
- 반사재 : 핵분열에 의하여 발생하는 중성자가 외부로 누설되는 것을 원자로 내부로 다시 반사시키는 목적으로 사용
- 감속재 : 핵분열로 발생한 고속 중성자를 열중성자로 바꾸는 작용

- **냉각제** : 원자로에서 생긴 열을 **노심 밖으로 보내기** 위하여 사용되는 열 매체
- **제어재** : 원자로의 핵분열 반응을 조절하기 위하여 중성자를 흡수할 목적으로 사용

【답】③

39 전압을 $\sqrt{3}$ 배로 증가시키고 동일한 전력 손실률로 송전할 경우 송전전력은 몇 배로 증가되는가?

① $\sqrt{3}$ ② $\dfrac{3}{2}$

③ 3   ④ $2\sqrt{3}$

풀이

전력 손실률 $h = \dfrac{P_l}{P} = \dfrac{\dfrac{P^2 R}{V^2 \cos^2\theta}}{P} = \dfrac{PR}{V^2 \cos^2\theta}$

에서 **전력 손실률이 일정한 경우**에는 $P \propto V^2$

따라서, $\dfrac{P'}{P} = \left(\dfrac{V'}{V}\right)^2$

∴ $P' = \left(\dfrac{\sqrt{3}}{1}\right)^2 P = 3P$ 가 된다.

【답】③

40 주상 변압기의 2차 측 접지는 어느 것에 대한 보호를 목적으로 하는가?

① 1차 측의 단락
② 2차 측의 단락
③ 2차 측의 전압강하
④ 1차 측과 2차 측의 혼촉

풀이

주상 변압기는 **1차측과 2차측의 혼촉에 의한 2차측 전압의 상승을 막기 위해서 2차측에 접지를** 하여, 고전압에 의한 사고를 막아준다.

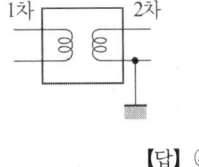

【답】④

3회 전력공학

21 3상 3선식 3각형 배치의 송전선로에 있어서 각 선의 대지 정전용량이 0.5038[μF]이고, 선간 정전용량이 0.1237[μF]일 때 1선의 작용정전용량은 약 몇 [μF]인가?

① 0.6275   ② 0.8749
③ 0.9164   ④ 0.9755

풀이

$C_w = C_s + 3C_m = 0.5038 + 3 \times 0.1237 = 0.8749 [\mu F/km]$

여기서, C_w : 작용정전용량
C_s : 대지정전용량
C_m : 선간정전용량

【답】②

22 길이가 35[km]인 단상 2선식 전선로의 유도 리액턴스는 몇 [Ω]인가? 단, 전선로 단위길이 당 인덕턴스는 1.3[mH/km/선], 주파수 60[Hz]이다.

① 17.6   ② 26.5
③ 34.3   ④ 68.5

풀이

$X_L = 2\pi f L l = 2\pi \times 60 \times 1.3 \times 10^{-3} \times 2 \times 35 = 34.3 [\Omega]$

【답】③

23 전력용 콘덴서에 직렬로 콘덴서 용량의 5[%] 정도의 유도 리액턴스를 삽입하는 목적은?

① 제3고조파를 제거시키기 위하여
② 제5고조파를 제거시키기 위하여
③ 이상전압의 발생을 방지하기 위하여
④ 정전용량을 조절하기 위하여

풀이

직렬 리액터는 제5고조파 제거를 목적으로 사용된다.

$$2\pi(5f_0)L = \dfrac{1}{2\pi(5f_0)C}$$

따라서, $X_L = \dfrac{1}{25} \times X_c = 0.04 X_c$

즉, 5고조파를 제거하기 위해서는 콘덴서 용량의 4[%]에 해당하는 직렬리액터를 설치하면 되지만 여유를 고려하여 콘덴서 용량의 5~6[%]에 해당하는 직렬리액턴스를 설치한다.

【답】②

24 전력계통의 경부하시나 또는 다른 발전소의 발전전력에 여유가 있을 때, 이 잉여전력을 이용하여 전동기로 펌프를 돌려서 물을 상부의 저수지에 저장하였다가 필요에 따라 이 물을 이용해서 발전하는 발전소는?

① 조력발전소
② 양수식발전소
③ 유역변경식발전소
④ 수로식발전소

풀이
양수식 발전소란 경부하시 또는 심야에 **잉여 전력을 이용**해서 펌프로 물을 하부 저수지에서 상부저수지로 양수하여 저장하였다가 **첨두부하 시에 발전하는 발전소**를 말한다. 【답】②

25 어느 일정한 방향으로 일정한 크기 이상의 단락전류가 흘렀을 때 동작하는 보호계전기의 약어는?

① ZR
② UFR
③ OVR
④ DOCR

풀이
① 거리 계전기 (ZR) : 계전기가 설치된 위치로부터 고장점까지의 전기적 거리에 비례하여 한시 동작하는 것으로 복잡한 계통의 단락 보호에 과전류 계전기의 대용으로 쓰인다.
② 저주파수 계전기 (UFR) : 주파수가 일정값 보다 낮을 경우 동작한다.
③ 과전압 계전기 (OVR) : 일정값 이상의 전압이 걸렸을 때 동작한다.
④ **단락 방향 계전기 (DOCR, DSR) : 어느 일정한 방향으로 일정값 이상의 단락 전류가 흘렀을 경우 동작하는 것** 【답】④

26 모선의 보호 계전 방식에 해당되는 것은?

① 전력 평형 보호 방식
② 전압 차동 보호 방식
③ 표시선 계전 방식
④ 위상 비교 반송 방식

풀이
모선 보호 계전 방식의 종류
① 전류 차동 계전 방식
② **전압 차동 계전 방식**
③ 위상 비교 계전 방식
④ 방향 비교 계전 방식 【답】②

27 정삼각형 배치의 선간거리가 5[m]이고, 전선의 지름이 1[cm]인 3상 가공 송전선의 1선의 정전용량은 약 몇 [μF/km]인가?

① 0.008
② 0.016
③ 0.024
④ 0.032

풀이
$$C_w = \frac{0.02413}{\log_{10}\frac{D}{r}} = \frac{0.02413}{\log_{10}\frac{5}{0.5 \times 10^{-2}}} = 0.008[\mu F/km]$$ 【답】①

28 배전 계통에서 콘덴서를 설치하는 것은 여러 가지 목적이 있으나 그 중에서 가장 주된 목적은?

① 전압 강하 보상
② 전력 손실 감소
③ 송전 용량 증가
④ 기기의 보호

풀이
전력용 콘덴서 설치(역률 개선)의 효과
① 전력 손실 감소
② 변압기, 개폐기 등의 소요 용량 감소
③ 송전 용량 증대
④ 전압 강하 감소
이들 중 **가장 큰 효과는 전력 손실 감소**이다(전력 손실은 역률의 제곱에 역비례 하여 감소한다). 【답】②

29 급수의 엔탈피 130[kcal/kg], 보일러 출구 과열 증기 엔탈피 830[kcal/kg], 터빈 배기 엔탈피 550[kcal/kg]인 랭킨 사이클의 열사이클 효율은?

① 0.2
② 0.4
③ 0.6
④ 0.8

풀이
$$\eta_c = \frac{H_e}{i_1 - i_f}$$

여기서, η_c : 터빈의 열효율
H_e : 증기 1[kg]이 터빈에서 유효하게 일을 한 열량 [kcal/kg]
i_1 : 터빈 입구의 증기 엔탈피[kcal/kg]
i_f : 복수기의 엔탈피[kcal/kg]
라고 하면
$H_e = 830 - 550 = 280[kcal/kg]$
$i_1 = 830[kcal/kg]$, $i_f = 130[kcal/kg]$ 이므로
$$\therefore \eta = \frac{280}{830 - 130} = \frac{280}{700} = 0.4$$ 【답】②

30 개폐 서지를 흡수할 목적으로 설치하는 것의 약어는?

① CT ② SA
③ GIS ④ ATS

> **풀이**
> ① CT(계기용 변류기) : 회로의 대전류를 소전류로 변성하여 계기나 계전기에 공급
> ② SA(서지 흡수기) : 변압기, 발전기 등을 서지로부터 보호
> ③ GIS(가스 절연 개폐기) : SF₆ 가스를 이용하여 정상상태 및 사고, 단락 등의 고장상태에서 선로를 안전하게 개폐하여 보호
> ④ ATS(자동 절환 개폐기) : 주 전원이 정전되거나, 전압이 기준치 이하로 떨어질 경우 예비전원으로 자동 절환 하는 개폐기 【답】②

31 전력선 a의 충전 전압을 E, 통신선 b의 대지 정전 용량을 C_b, $a-b$ 사이의 상호 정전 용량을 C_{ab}라고 하면 통신선 b의 정전 유도 전압 E_s는?

① $\dfrac{C_{ab}+C_b}{C_b}E$

② $\dfrac{C_{ab}+C_b}{C_{ab}}E$

③ $\dfrac{C_b}{C_{ab}+C_b}E$

④ $\dfrac{C_{ab}}{C_{ab}+C_b}E$

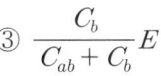

> **풀이**

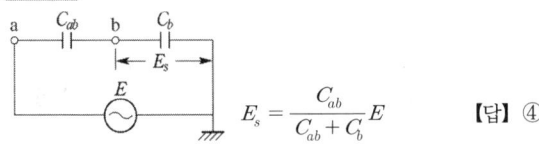

【답】④

32 중성점접지방식 중 비접지방식을 직접 접지방식과 비교한 것으로 옳지 않은 것은?
① 지락전류가 적다.
② 보호계전기 동작이 확실하다.
③ 1선지락 시 통신선 유도장해가 적다.
④ 과도안정도가 크다.

> **풀이**
> 비접지방식의 특징(직접 접지방식과 비교)
> ① 지락전류가 비교적 적다(유도 장해 감소).
> ② **보호계전기 동작이 불확실**하다.
> ③ V−V결선 가능
> ④ 저전압 단거리에 적합 【답】②

33 연가를 하는 주된 목적으로 옳은 것은?
① 선로정수의 평형
② 유도뢰의 방지
③ 계전기의 확실한 동작의 확보
④ 전선의 절약

> **풀이**
> • 연가의 목적 : 선로정수의 평형
> • 연가의 효과 : 직렬공진 방지, 유도장해 감소, 선로정수 평형 【답】①

34 어떤 발전소의 발전기가 13.2[kV], 용량 9.3[MVA], 동기임피던스 94[%]일 때, 임피던스는 몇 [Ω]인가?

① 9.8[Ω] ② 12.8[Ω]
③ 17.6[Ω] ④ 22.4[Ω]

> **풀이**
> 퍼센트 임피던스 $\%Z = \dfrac{ZP}{10V^2}$ 에서
> 임피던스 $Z = \dfrac{10V^2}{P} \times \%Z = \dfrac{10 \times 13.2^2}{9300} \times 94 = 17.6[\Omega]$
> (여기서, **전압 V의 단위가 [kV], 기준 용량 P의 단위가 [kVA]**가 되어야 함) 【답】③

35 A, B 및 C상의 전류를 각각 I_a, I_b, I_c 라 할 때, $I_x = \dfrac{1}{3}(I_a + aI_b + a^2I_c)$이고, $a = -\dfrac{1}{2} + j\dfrac{\sqrt{3}}{2}$이다. I_x는 어떤 전류인가?

① 정상전류 ② 역상전류
③ 영상전류 ④ 무효전류

[풀이]

대칭 좌표법의 대칭 전류를 보면

- 정상 전류 $I_1 = \dfrac{1}{3}(I_a + aI_b + a^2I_c)$ ($1 \to a \to a^2$의 순서)
- 역상 전류 $I_2 = \dfrac{1}{3}(I_a + a^2I_b + aI_c)$ ($1 \to a^2 \to a$의 순서)
- 영상 전류 $I_0 = \dfrac{1}{3}(I_a + I_b + I_c)$

【답】 ①

36 그림과 같은 평형 3상 발전기가 있다. a상이 지락한 경우 지락전류는 어떻게 표현되는가?
(단, Z_0 : 영상 임피던스, Z_1 : 정상 임피던스, Z_2 : 역상 임피던스이다.)

① $\dfrac{E_a}{Z_0 + Z_1 + Z_2}$

② $\dfrac{3E_a}{Z_0 + Z_1 + Z_2}$

③ $\dfrac{-Z_0 E_a}{Z_0 + Z_1 + Z_2}$

④ $\dfrac{2Z_2 E_a}{Z_1 + Z_2}$

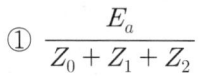

[풀이]

대칭 좌표법과 발전기의 기본식을 이용하여 풀면

$$I_0 = I_1 = I_2 = \dfrac{E_a}{Z_0 + Z_1 + Z_2}$$

지락전류 $I_a = I_0 + I_1 + I_2 = 3I_0 = \dfrac{3E_a}{Z_0 + Z_1 + Z_2}$

【답】 ②

37 충전된 콘덴서의 에너지에 의해 트립되는 방식으로 정류기, 콘덴서 등으로 구성되어 있는 차단기의 트립방식은?

① 과전류 트립방식
② 콘덴서 트립방식
③ 직류전압 트립방식
④ 부족전압 트립방식

[풀이]

콘덴서 트립 방식(CTD)
충전기로 교류를 정류하여 콘덴서를 충전하고, 그 방전 에너지에 의해 트립 코일을 여자 하여 트립 시키는 방법으로 **정류기와 콘덴서로 구성**되어 있다.

【답】 ②

38 피뢰기의 구비조건이 아닌 것은?

① 속류의 차단능력이 충분할 것
② 충격 방전 개시 전압이 높을 것
③ 상용 주파 방전 개시 전압이 높을 것
④ 방전 내량이 크고, 제한 전압이 낮을 것

[풀이]

피뢰기의 구비조건
① 상용 주파 방전 개시 전압이 높을 것
② 충격 방전 개시 전압이 낮을 것
③ 제한 전압이 낮을 것
④ 속류 차단 능력이 클 것
⑤ 방전 내량이 크며 장시간 사용하여도 열화가 적을 것

【답】 ②

39 역률 80[%]인 10,000[kVA]의 부하를 갖는 변전소에 2000[kVA]의 콘덴서를 설치해서 역률을 개선하면 변압기에 걸리는 부하[kVA]는 대략 얼마쯤 되겠는가?

① 8000[kVA]   ② 8540[kVA]
③ 8940[kVA]   ④ 9440[kVA]

[풀이]

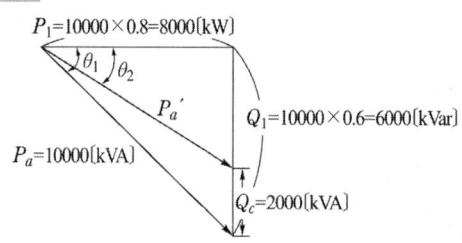

변압기에 걸리는 부하 P_a'는

$P_a' = \sqrt{P_1^2 + (Q_1 - Q_c)^2} = \sqrt{8000^2 + (6000-2000)^2}$
    $= 8944.27$ [kVA]

【답】 ③

40 부하에 따라 전압변동이 심한 급전선을 가진 배전 변전소의 전압 조정 장치로서 적당한 것은?

① 단권 변압기   ② 주변압기 탭
③ 전력용 콘덴서 ④ 유도 전압 조정기

[풀이]

부하 변동이 심한 경우 탭 절환 방식을 채용할 수 없다. 따라서, **유도 전압 조정기**가 많이 채용된다.

【답】 ④

제 3 과목
전기기기

01. 직류 발전기
02. 직류 전동기
03. 직류기의 손실, 효율 및 정격
04. 특수 직류기
05. 동기 발전기
06. 동기 전동기
07. 변압기
08. 유도기
09. 전력용 반도체 및 정류기

01. 직류 발전기

1.1 직류 발전기의 직류 발생

그림 1과 같이 코일 abcd를 자극 N, S 사이에 놓고 x, y를 축으로 오른쪽으로 일정한 속도로 돌리면 도체에는 **플레밍의 오른손 법칙에 의해 기전력이 유기**된다.
코일 ab에 유기되는 기전력의 순시값을 e[V]라 하면

$e = Blv$ [V]

여기서, B : 자속 밀도 [Wb/m²]
l : 도체의 길이 [m], v : 도체의 회전 속도 [m/s]

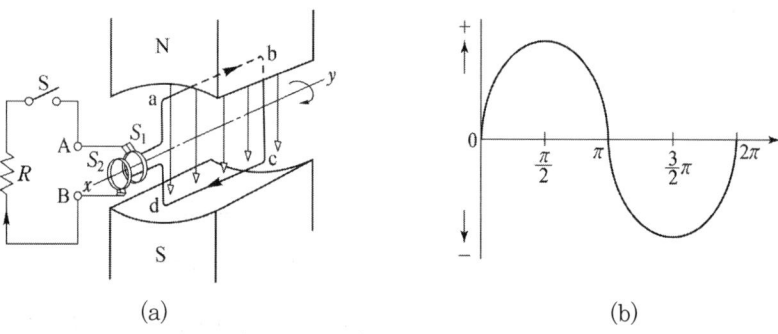

〈그림 1 교류 발전기의 원리〉

다음에 그림 1의 슬립링 S_1, S_2 대신에 그림 2와 같이 서로 절연된 2개의 금속편 C_1, C_2를 붙이고 금속편에 코일의 두 끝을 접속하고 y축을 중심으로 오른쪽으로 돌리면 브러시 B_1은 항상 위쪽 도체에, 또 브러시 B_2는 항상 아래쪽 도체에 접촉되어 브러시 B_1, B_2는 직류전원의 +, - 단자가 되어 극성은 일정하게 되어 그림과 같이 일정 방향의 직류전압이 발생된다.

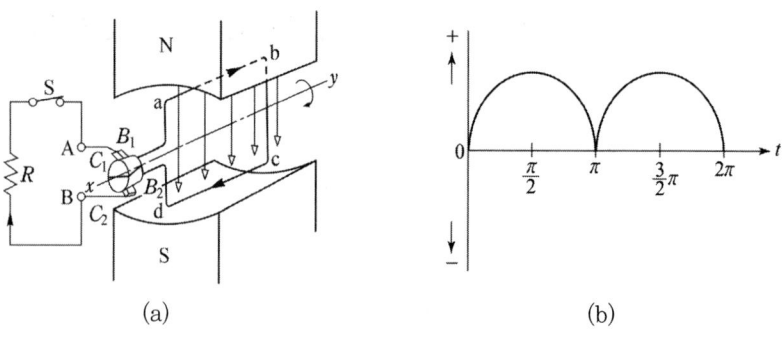

〈그림 2 직류 발전기의 원리〉

1.2 직류 발전기의 구조

직류 발전기의 주요 부분은 다음 3가지로 나눈다.

1) **전기자** : 자속을 끊어서 **기전력을 유도**하는 부분
   ① 저규소강판 : 규소 함유율 1~1.4 [%] 정도 ⇒ 히스테리시스손 감소
   ② 철심 : 0.35~0.5 [mm]의 저규소강판을 성층 ⇒ 와류손 감소

2) **계자** : 전기자를 통과하는 **자속을 만드는 부분**
   ① 철심 두께 : 0.8~1.6 [mm]
   ② 공극 : • 소형기 : 3 [mm]
            • 대형기 : 6~8 [mm]

3) **정류자** : 전기자 권선에서 유도된 **교류를 직류로 바꾸어 주는 부분**
   ① 브러시의 정류자면 접촉압력 : 0.15~0.25 [kg/cm^2]
   ② 브러시를 중성축에서 이동시키는 것 : 로커

1.3 전기자 권선

1) **직류기의 전기자 권선법** : 이층권, 고상권, 폐로권을 채택
2) **중권과 파권의 비교**

비교 항목	단중 중권	단중 파권
전기자의 병렬 회로수(a)	$p(mp)$	$2(2m)$
브러시 수(b)	p	2
용 도	**저전압, 대전류**	**고전압, 소전류**
균압 접속	4극 이상이면 균압 접속을 하여야 한다.	균압 접속은 필요 없다.

여기서, m : 다중도

1.4 직류 발전기의 이론

1) **전기자 도체 1개에 유도되는 유기기전력(e)**

   $e = Blv$ [V]

   여기서, 전기자의 회전속도가 n[rps]일 때 전기자의 직선운동속도 v는

   $v = \pi Dn$ [m/sec]
   $\therefore e = Bl\pi Dn$ [V]

자속밀도 $B = \dfrac{\text{전체 자속}}{\text{회전자 원통의 표면적}} = \dfrac{p\phi}{\pi Dl}$ 이므로

$e = \dfrac{p\phi}{\pi Dl} l \pi D n = p\phi n$ [V]가 된다.

2) 도체 총 수가 Z인 발전기의 유기기전력(E)

$$E = p\phi n \times \dfrac{Z}{a} \text{[V]}$$

여기서, D : 전기자 직경 [m], l : 도체의 길이 [m], n : 회전수 [rps]
        a : 내부 병렬회로 수, Z : 총 도체 수
        p : 극수 [극], ϕ : 매 극당 자속 [Wb]

예제 01 전기자 지름 0.2[m]의 직류 발전기가 1.5[kW]의 출력에서 1800[rpm]으로 회전하고 있을 때 전기자 주변 속도[m/sec]는?

| 풀이 |
$v = \pi D n$
여기서, v : 전기자의 주변속도 [m/s], D : 전기자 지름 [m], n : 회전수 [rps]
$v = \pi D n = \pi D \dfrac{N}{60} = 3.14 \times 0.2 \times \dfrac{1800}{60} = 18.84\text{[m/s]}$

예제 02 전기자의 지름 D[m], 길이 l[m]가 되는 전기자에 권선을 감은 직류 발전기가 있다. 자극의 수 p, 각각의 자속 수가 ϕ[Wb]일 때 전기자 표면의 자속 밀도 [Wb/m²]는?

| 풀이 |
- 전기자 표면적 : πDl
- 총 자속 = 전기자 표면적 × 자속밀도 = $\pi Dl \times B$
         = 매 극당 자속 × 극수 = $\phi \times p$

$\pi Dl \times B = \phi \times p$
$\therefore B = \dfrac{p\phi}{\pi Dl}$

예제 03 매극 유효 자속 0.035[Wb], 전기자 총 도체수 152인 4극 중권 발전기를 매분 1200회의 속도로 회전할 때의 기전력[V]을 구하면?

| 풀이 |
$p = 4$, $\phi = 0.035$[Wb], $n = \dfrac{1200}{60}$[rps], $Z = 152$
중권이므로 $a = p = 4$
$\therefore E = p\phi n \dfrac{Z}{a} = 4 \times 0.035 \times \dfrac{1200}{60} \times \dfrac{152}{4} = 106.4\text{[V]}$

예제 04 직류 발전기의 극수가 10이고, 전기자 도체수가 500이며, 단중 파권일 때 매극의 자속수가 0.01[Wb]이면 600[rpm]때의 기전력[V]은?

| 풀이 | $p=10$, $Z=500$, $\phi=0.01[\text{Wb}]$, $n=\dfrac{600}{60}=10[\text{rps}]$

파권이므로 $a=2$

$\therefore E = p\phi n \dfrac{Z}{a} = 10 \times 0.01 \times \dfrac{600}{60} \times \dfrac{500}{2} = 250[\text{V}]$

예제 05 6극 단중 파권, 전기자 도체수 250의 직류 발전기가 1200[rpm]으로 회전할 때 유기 기전력이 600[V]라 한다. 매극당 자속은 몇 [Wb]인가?

| 풀이 | $p=6$, $n=\dfrac{N}{60}=\dfrac{1200}{60}=20[\text{rps}]$, $Z=250$, $a=2$(파권)이므로,

$E = P\phi n \dfrac{Z}{a}$ 에서

$\therefore \phi = \dfrac{Ea}{pnZ} = \dfrac{600 \times 2}{6 \times 20 \times 250} = 0.04[\text{Wb}]$

3) 전기각 $\alpha_e[\text{rad}]$ = 기하학적 각도 $\alpha[\text{rad}] \times \dfrac{p}{2}$

여기서, p : 극수

1.5 전기자 반작용 및 정류

1) 전기자 반작용의 영향
① 전기적 중성축 이동
  - 발전기 : **회전 방향**으로 이동
  - 전동기 : 회전 방향과 **반대 방향**으로 이동
② 주자속 감소
③ 정류자 편간의 불꽃섬락 발생

2) 전기자 반작용에 대한 대책
① 브러시를 새로운 중성점으로 이동
  - 발전기 : **회전 방향**으로 이동
  - 전동기 : 회전 방향과 **반대 방향**으로 이동
② 보상권선 설치
  보상권선은 전기자 전류의 기전력을 상쇄하기 위하여 주자극의 자극편에 슬롯을 만들어 그림과 같은 방향으로 전기자 전류를 통하게 한 권선이다.
  보상권선을 설치하면 브러시를 기하학적 중성축에 놓는다.

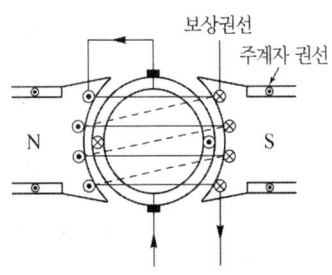

3) 전기자 기자력

그림과 같이 브러시를 기계적 중성축에서 α[rad]만큼 이동했을 경우

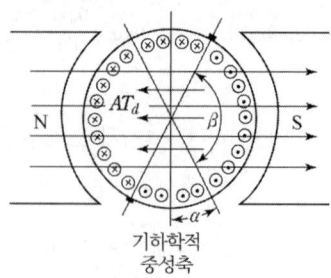

감자 기자력 $AT_d = \dfrac{Z}{2p} \cdot \dfrac{4\alpha}{2\pi} \cdot \dfrac{I_a}{a}$ [AT/극]

교차 기자력 $AT_c = \dfrac{Z}{2p} \cdot \dfrac{2\beta}{2\pi} \cdot \dfrac{I_a}{a}$ [AT/극]

예제 06 도체수 500, 부하 전류 200[A], 극수 4, 전기자 병렬 회로수 2인 직류 발전기의 매극당 감자 기자력[AT]은 얼마인가? 단, 브러시의 이동각은 전기 각도 20°이다.

| 풀이 | $p=4$, $Z=500$, $a=2$, $I_a = 200$ [A], $\alpha = 20°$이므로
감자 기자력 AT_d 는

$$AT_d = \dfrac{Z}{2p} \cdot \dfrac{4\alpha}{2\pi} \cdot \dfrac{I_a}{a} = \dfrac{500}{2\times 4} \times \dfrac{4\times 20}{2\pi} \times \dfrac{200}{2} = 1388.89 \text{ [AT/극]}$$

여기서 $\pi = 180°$

4) 정류

교류를 직류로 변환하는 것을 정류라고 한다.

(1) 정류곡선

직선정류, 정현파 정류, 부족정류, 과정류 등이 있으며 불꽃없는 정류는 직선 또는 정현파 정류이다.

① a (직선정류) : 전류가 직선적으로 균등하게 변환

② b (정현파 정류) : 정류개시 및 종료시 전류변화는 $\dfrac{dI_c}{dt} = 0$으로 불꽃 발생안함

③ c (과정류) : 정류개시 시 $\dfrac{dI_c}{dt}$ 가 매우 커서 **정류 초기** 즉, 브러시 앞쪽에서 불꽃 발생

④ d (부족정류) : 정류 종료 시 $\dfrac{dI_c}{dt}$ 가 매우 커서 **정류 종료** 즉, 브러시 뒤쪽에서 불꽃 발생

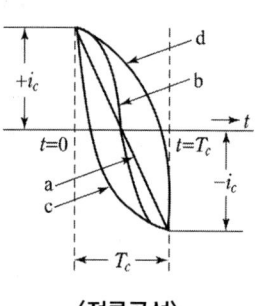

〈정류곡선〉

(2) 정류 코일의 리액턴스 전압(평균값)

정류주기 내 전류는 $+I_c$에서 $-I_c$로 변하므로 전류 변화량은

$$I_c - (-I_c) = 2I_c$$

가 된다. 그러므로

$$e_L = L\frac{d_i}{d_t} = L\frac{2I_c}{T_c}$$

(3) 양호한 정류를 얻는 방법

불꽃없는 정류를 위한 조건 : **브러시 접촉면 전압강하 > 평균 리액턴스 전압**

① 저항 정류 : 접촉저항이 큰 **탄소 브러시**를 사용하여 정류 코일의 단락 전류를 억제해서 양호한 정류를 얻는 방법

② 전압 정류 : **보극**을 설치하여 정류 코일 내에 유기되는 리액턴스 전압과 반대 방향으로 정류 전압을 유기시켜 양호한 정류를 얻는 방법

③ 리액턴스 전압을 적게 한다 : **단절권 채택**

④ 정류주기를 길게 한다. : **회전속도를 낮춘다.**

(4) 정류자 편수(K)

$$K = \frac{u}{2}N_s$$

여기서, u : 슬롯 내부의 코일 변수, N_s : 슬롯수

예제 07
자극 수 4, 슬롯수 40, 슬롯 내부 코일 변수 4인 단중 중권 직류기의 정류자 편수는?

| 풀이 | 정류자 편수 $K = \frac{u}{2}N_s$ 식에서

$u = 4$(슬롯 내부의 코일 변수), $N_s = 40$(슬롯수)이므로

$\therefore K = \frac{u}{2}N_s = \frac{4}{2} \times 40 = 80$

1.6 직류 발전기의 특성과 운전

1) 타여자 발전기

외부의 독립된 직류 전원에 의해 계자권선을 여자시키는 방법

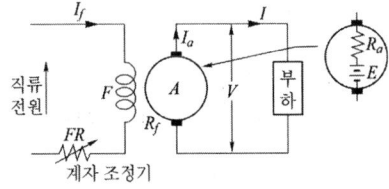

(1) 단자전압 및 전류

$$V = E - I_a R_a - e_a - e_b$$

여기서, E : 유기 기전력 [V]　　V : 단자 전압 [V]
　　　　I_a : 전기자 전류 [A]　I_f : 계자 전류 [A]
　　　　I : 부하 전류 [A]　　R_a : 전기자 권선 저항 [Ω]
　　　　e_a : 전기자 반작용에 의한 전압 강하 [V]
　　　　e_b : 브러시의 접촉저항에 의한 전압 강하 [V]

(2) 특징
① **잔류 자기가 없어도 발전 가능**
② 운전 중 **전기자 회전 방향 반대** ⇒ +, − 극성이 반대로 발전

예제 08

타여자 발전기가 있다. 부하 전류 10[A] 때 단자 전압 100[V]이었다. 전기자 저항 0.2[Ω], 전기자 반작용에 의한 전압 강하가 2[V], 브러시의 접촉에 의한 전압 강하가 1[V]였다고 하면 이 발전기의 유기 기전력[V]은?

| 풀이 |　$I = 10$ [A], $V = 100$ [V], $R_a = 0.2$ [Ω]
　　　$e_a = 2$ [V], $e_b = 1$ [V], $E = ?$
　　　$V = E - R_a I_a - e_b - e_a$ 에서
　　　∴ $E = 100 + 0.2 \times 10 + 1 + 2 = 105$ [V]

예제 09

정격이 5[kW], 100[V], 50[A], 1800[rpm]인 타여자 직류 발전기가 있다. 계자 권선의 저항은 얼마인가? 또, 무부하시의 단자 전압은 얼마인가? 단, 계자 전압은 50[V], 계자 전류 5[A], 전기자 저항은 0.2[Ω]이고 브러시의 전압 강하는 2[V] 이다.

| 풀이 |　$P = 5$[kW] $= 5000$[W], $V = 100$[V], $I = 50$ [A], $n = \dfrac{1800}{60} = 30$[rps]
　　　$V_f = 50$[V], $I_f = 5$[A], $R_a = 0.2$[Ω], $e_b = 2$[V]

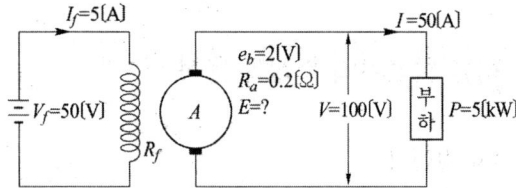

$R_f = \dfrac{V_f}{I_f} = \dfrac{50}{5} = 10$ [Ω]

$I = I_a = \dfrac{P}{V} = \dfrac{5 \times 10^3}{100} = 50$ [A]

∴ $E = V + I_a R_a + e_b = 100 + 50 \times 0.2 + 2 = 112$ [V]

2) 자여자 발전기

계자 권선의 여자 전류를 **자기 자신의 전기자 유기 전압에 의해 공급하는 발전기**로 분권 발전기, 직권 발전기 및 복권 발전기가 있다.

(1) 분권 발전기

전기자 권선과 계자 권선이 병렬로 접속

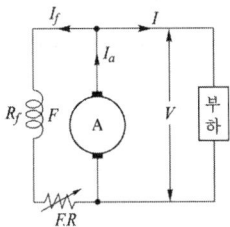

① 단자 전압과 전류

$$V = E - I_a R_a - e_a - e_b = E - (I_f + I)R_a - e_a - e_b$$

$$I_a = I_f + I$$

$$I_f = \frac{V}{R_f} \qquad I = \frac{P}{V}$$

② 자기 여자

잔류 자기에 의해 잔류 전압이 유기되고 그 **잔류 전압에 의해 자속과 전압이 점차 증가하여 가는 현상을 자기 여자**(self excitation)라고 한다.

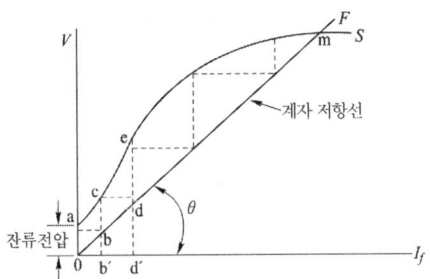

③ 특징

- 잔류 자기가 없으면 **발전 불가능**
- 운전 중 **전기자 회전 방향을 반대** ⇒ 잔류 자기를 소멸시켜 **발전 불가능**
- 운전 중 **계자 회로를 갑자기 열면** ⇒ $e = -N\frac{d\phi}{dt}$에서 계자 권선의 권수 N이 크기 때문에 계자 권선에 **고압을 유기**하여 계자 권선의 절연을 파괴할 우려가 있다.
- 운전 중 서서히 단락 ⇒ 처음에는 큰 전류가 흐르나 종래에는 **소전류**가 흐른다. (초기의 큰 단락 전류에 의한 전압 강하$(I_a R_a + e_a + e_b)$에서 단자 전압 감소 ⇒ $I_f = \frac{V}{R_f}$에 의해 계자 전류 및 자속 감소 ⇒ $E = P\phi n\frac{Z}{a}$에서 유기 기전력 감소 ⇒ 단자 전압 더욱 더 감소)

예제 10 정격 속도로 회전하고 있는 무부하의 분권 발전기가 있다. 계자 권선의 저항이 50[Ω], 계자 전류 2[A], 전기자 저항 1.5[Ω]일 때 유기 기전력[V]은?

|풀이| $R_f = 50[\Omega]$, $I_f = 2[A]$, $R_a = 1.5[\Omega]$
단자 전압 V는 계자 회로의 전압 강하와 같으므로
$$V = R_f I_f = 50 \times 2 = 100[V]$$
$E = V + I_a R_a$ 식에서 $I_a = I_f$ (∵ 무부하이므로 $I = 0$)
∴ 유기 기전력 $E = V + I_f R_a = 100 + 2 \times 1.5 = 103[V]$

예제 11 무부하 전압 213[V], 정격 전압 200[V], 정격 출력 80[kW]인 분권 발전기가 있다. 계자 저항이 20[Ω], 전부하 때의 전기자 반작용에 의한 전압강하가 4.8[V]라면 그 전기자 회로의 저항[Ω]은?

|풀이| $E = 213[V]$, $V = 200[V]$, $P = 80[kW]$, $R_f = 20[\Omega]$, $e_a = 4.8[V]$
$$I_a = I + I_f = \frac{80 \times 10^3}{200} + \frac{200}{20} = 410[A]$$
$E = V + I_a R_a + e_a$
$$\therefore R_a = \frac{E - V - e_a}{I_a} = \frac{213 - 200 - 4.8}{410} = 0.02[\Omega]$$

(2) 직권 발전기

전기자 권선과 계자 권선이 직렬로 접속

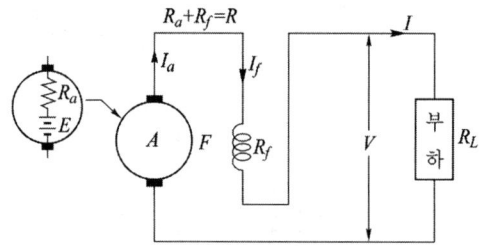

① 단자 전압과 전류
- $I_a = I_f = I$
- $V = E - I_a R_a - I_f R_f - e_a - e_b = E - IR_a - IR_f - e_a - e_b$
- $I = \dfrac{P}{V}$

② 특징
- **잔류 자기가 없으면 발전 불가능**
- 운전 중 전기자 **회전 방향을 반대** ⇒ 잔류 자기를 소멸시켜 **발전 불가능**
- **무부하시**에는 자기여자로 **전압을 확립할 수 없다.**
  (무부하시 $I = 0 \Rightarrow I_f = 0 \Rightarrow \phi = 0 \Rightarrow E = P\phi n \dfrac{Z}{a}$에서 유기기전력 $E = 0$이 된다.)

예제 12 부하 전류가 50[A]일 때 단자 전압이 100[V]인 직류 직권 발전기의 부하 전류가 70[A]로 되면 단자 전압은 몇 [V]가 되겠는가? 단, 전기자 저항 및 직권 계자 권선의 저항은 각각 0.10[Ω]이고, 전기자 반작용과 브러시의 접촉 저항 및 자기 포화는 모두 무시한다.

| 풀이 | $I = 50\,[A]$, $V_{50} = 100\,[V]$, $I' = 70\,[A]$, $R_a = 0.1[\Omega]$, $R_s = 0.1[\Omega]$

직권 발전기에서는 다음의 관계가 있다.
$$E = V + (R_a + R_s)I_a = V + (R_a + R_s)I$$

그러므로, $I = 50\,[A]$일 때의 유기 기전력을 E_{50}이라 하면
$$E_{50} = 100 + (0.10 + 0.10) \times 50 = 110\,[V]$$

그런데, 직권 발전기에 있어서 자로가 불포화일 때, 유기 기전력의 크기는 부하 전류에 비례하기 때문에 부하 전류 70[A]일 때의 유기 기전력을 E_{70}이라 하면
$$\frac{E_{70}}{E_{50}} = \frac{70}{50} = 1.4$$
$$\therefore E_{70} = 1.4 \times E_{50} = 1.4 \times 110 = 154\,[V]$$

이 때의 단자 전압을 V_{70}이라 하면
$$\therefore V_{70} = E_{70} - (R_a + R_s) \times 70 = 154 - 0.20 \times 70 = 140\,[V]$$

(3) 복권 발전기

전기자 권선과 직렬로 접속되어 있는 **직권 계자 권선**과 전기자 권선과 병렬로 접속되어 있는 **분권 계자 권선이 설치**되어 있다.

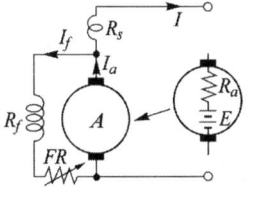
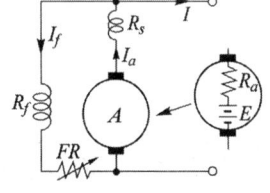

(a) 복권 (내분권) (b) 복권 (외분권)

① 단자 전압과 전류(외분권 기준)

$$V = E - I_a R_a - I_a R_s - e_a - e_b = E - (I + I_f)R_a - (I + I_f)R_s - e_a - e_b$$

$$I_a = I_f + I \qquad I = \frac{P}{V}$$

예제 13 전기자 권선의 저항 0.08[Ω], 직권 계자 권선 및 분권 계자 회로의 저항이 각각 0.07[Ω]과 100[Ω]인 외분권 가동 복권 발전기의 부하 전류가 18[A]일 때, 그 단자 전압이 $V = 200[V]$라 하면 유기 기전력[V]은? 단, 전기자 반작용과 브러시 접촉 저항은 무시한다.

| 풀이 | $R_a = 0.08\,[\Omega]$, $R_s = 0.07\,[\Omega]$, $R_f = 100\,[\Omega]$

$$I = 18[A], \quad V = 200[V]$$
$$I_f = \frac{V}{R_f} = \frac{200}{100} = 2 \, [A]$$
$$I_a = I_f + I = 2 + 18 = 20 \, [A]$$
$$\therefore E = V + (R_a + R_s)I_a$$
$$= 200 + (0.08 + 0.07) \times 20 = 200 + 0.15 \times 20 = 203[V]$$

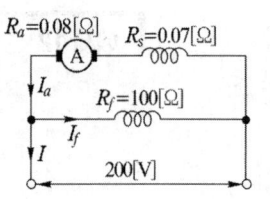

1.7 전압 변동률

$$\epsilon = \frac{V_0 - V_n}{V_n} \times 100 \, [\%]$$

여기서, V_n : 정격 전압 [V], V_0 : 무부하 전압 [V]

예제 14 무부하에서 119[V]되는 분권 발전기의 전압 변동률이 6[%]이다. 정격 전부하 전압[V]은?

|풀이| $V_0 = 119 \, [V], \, \epsilon = 6 \, [\%], \, V_n = ?$

$$\epsilon = \frac{V_0 - V_n}{V_n} \times 100 \, [\%]$$

여기서, $V_0 = 119 \, [V], \, \epsilon = 6 \, [\%]$이므로

$$6 = \frac{119 - V_n}{V_n} \times 100 \qquad \frac{6V_n}{100} = 119 - V_n$$
$$V_n + 0.06 V_n = 119 \qquad V_n \fallingdotseq 112.3[V]$$

1.8 직류 발전기의 병렬 운전

1) 병렬 운전 조건
① 전압 및 **극성**이 같을 것
② 외부 특성 곡선이 어느 정도 **수하 특성**일 것
③ 용량이 같으면 각 발전기의 **외부 특성 곡선**이 같을 것
④ 용량이 다를 경우 [%] 부하 전류로 나타낸 외부 특성 곡선이 거의 일치할 것

2) 분권 발전기 병렬 운전 시 부하의 분담
유기 전압 E와 전기자 회로의 저항 R_a에 의해서 결정된다. 즉, 두 발전기의 단자전압이 같아야 하므로
① **저항이 같으면 유기 전압이 큰 발전기가 부하를 많이 분담**하며
② 유기 전압이 같으면 부하는 전기자 회로 저항에 반비례해서 분배된다.

$$E_1 - R_{a1}(I_1 + I_{f1}) = E_2 - R_{a2}(I_2 + I_{f2}) = V$$

단, E_1, E_2 : 각 기의 유기 전압 [V]

R_{a1}, R_{a2} : 각 기의 전기자 저항 [Ω]

I_1, I_2 : 각 기의 부하 분담 전류 [A]

I_{f1}, I_{f2} : 각 기의 계자 전류 [A]

V : 단자 전압 [V]

예제 15 병렬 운전하고 있는 두 개의 직류 분권 발전기가 있다. 각각의 전기자 저항은 0.1 및 0.05[Ω], 계자 저항은 20 및 40[Ω], 유기 기전력은 216 및 211.2[V]일 때 단자 전압은 200[V]이다. 합성 부하 전력[kW]은?

| 풀이 | $r_{a1} = 0.1\,[\Omega]$, $r_{a2} = 0.05\,[\Omega]$, $R_{f1} = 20[\Omega]$, $R_{f2} = 40[\Omega]$
$E_1 = 216[\text{V}]$, $E_2 = 211.2\,[\text{V}]$, $V = 200[\text{V}]$

$$I_{f1} = \frac{V}{R_{f1}} = \frac{200}{20} = 10\,[\text{A}]$$

$$I_{f2} = \frac{V}{R_{f2}} = \frac{200}{40} = 5\,[\text{A}]$$

발전기의 단자 전압은,
$$V = E_1 - r_{a1}I_{a1} = E_1 - r_{a1}(I_1 + I_{f1}) = 216 - 0.1(I_1 + 10) = 200$$
$$V = E_2 - r_{a2}I_{a2} = E_2 - r_{a2}(I_2 + I_{f2}) = 211.2 - 0.05(I_2 + 5) = 200$$

이므로 $I_1 = 150[\text{A}]$, $I_2 = 219[\text{A}]$를 얻는다. 합성 부하 전류 I 는
$$I = I_1 + I_2 = 150 + 219 = 369\,[\text{A}]$$

합성 부하 전력 P 는
$$\therefore\ P = VI = 200 \times 369 = 73800[\text{W}] = 73.8[\text{kW}]$$

예제 16 종축에 단자 전압, 횡축에 정격 전류의 [%]로 눈금을 적은 외부 특성 곡선이 겹쳐지는 두 대의 분권 발전기가 있다. 각각의 정격이 100[kW]와 200[kW]이고, 부하 전류가 150[A]일 때 각 발전기의 분담 전류[A]는?

| 풀이 | 두 발전기는 외부 특성 곡선이 같으므로 용량에 비례하는 부하를 분담한다.
100 [kW] 발전기 전류를 I_1, 200 [kW] 발전기 전류를 I_2라 하면
$$100 : 200 = I_1 : (150 - I_1)$$
$$\therefore\ I_1 = 150 \times \frac{1}{3} = 50[\text{A}]$$
$$\therefore\ I_2 = 150 - 50 = 100[\text{A}]$$

02. 직류 전동기

2.1 직류 전동기의 원리

직류 전동기는 직류 전력을 기계적 동력으로 변환시키는 장치이며 구조는 직류 발전기와 같다. 그림과 같이 N, S 극 사이에 코일 abcd를 놓고 여기에 직류 전원으로부터 브러시 B_1, B_2를 통해 정류자편 C_1, C_2를 거쳐 전류를 흘리면 코일변 ab와 cd에는 각각 시계 방향의 토크가 생겨 코일 전체가 시계 방향으로 회전한다.

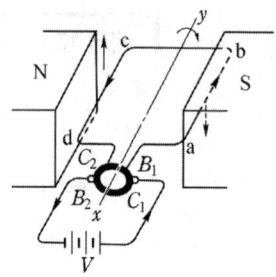

2.2 역기전력(E_C)

전동기가 정격 속도로 회전하면 도체는 자속을 끊어 발전기와 마찬가지로 기전력을 유기한다. 이 기전력의 방향은 **플레밍의 오른손 법칙**에 의해 공급해준 단자 전압과는 반대 방향 이므로 역기전력이라고 한다.

- 발전기 : 플레밍의 오른손 법칙
- 전동기 : 플레밍의 왼손 법칙
- 단자 전압 $V = E_c + I_a R_a$
- 역기전력 $E_c = p\phi n \dfrac{Z}{a}$

여기서, V : 단자 전압 [V], E_c : 역기전력 [V], p : 극수, ϕ : 자속 [Wb]
I_a : 전기자 전류 [A], R_a : 전기자 권선 저항 [Ω]
n : 회전수 [rps], Z : 전체 도체 수, a : 내부 병렬 회로 수

이 역기전력 E_c는 회전 속도에 비례 $\left(E_c = p\phi n \dfrac{Z}{a}\right)$ 하므로 전동기의 기계적 부하가 증가하여 속도가 감소하면 역기전력도 감소하게 되어 전기자 전류 I_a가 증가하게 된다. $\left(I_a = \dfrac{V - E_c}{R_a}\right)$ 즉, 기계적 부하의 증가에 대응하여 자동적으로 전기적 입력이 증가하게 된다.

예제 17 100[V], 10[A], 전기자 저항 1[Ω], 회전수 1800[rpm]인 전동기의 역기전력 [V]은? 단, 계자 전류는 무시한다.

| 풀이 | $V = 100$ [V], $I_a = 10$ [A], $R_a = 1[\Omega]$
$E_c = V - I_a R_a = 100 - 10 \times 1 = 90[V]$

2.3 타여자 전동기

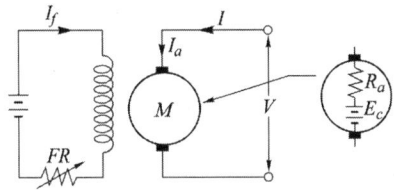

1) 속도 및 토오크 특성

(1) 역기전력(E_c)

$$E_c = p\phi n \frac{Z}{a} [V] \qquad E_c = V - I_a R_a [V]$$

(2) 회전 속도(n)

$$n = K\frac{E_c}{\phi} = K\frac{V - I_a R_a}{\phi} [\text{rps}] \text{ (단, } K = \frac{a}{pZ}\text{)}$$

타여자 전동기에서 계자전류를 0으로 하면 **자속 ϕ가 0**이 되어 회전자 속도가 상승하여 위험하게 되므로 **계자회로에는 퓨즈를 넣어서는 안된다**.

(3) 출력 $P = E_c I_a = 2\pi n T$ [W]

(4) 토오크 $T = \dfrac{E_c I_a}{2\pi n} = \dfrac{p\phi n \dfrac{Z}{a} I_a}{2\pi n} = \dfrac{pZ}{2\pi a}\phi I_a = K\phi I_a$ [N·m] (단, $K = \dfrac{pZ}{2\pi a}$)

토오크 T는 **부하 전류에 비례**하게 된다.

(5) 회전 방향

공급 전원의 방향을 반대로 하며 **회전방향은 반대**로 된다.

| 예제 18 | 10[kW], 200[V], 전기자 저항 0.15[Ω]의 타여자 발전기를 전동기로 사용하여 발전기의 경우와 같은 전류를 흘렸을 때 단자 전압은 몇 [V]로 하면 되는가? 단, 여기서 전기자 반작용은 무시하고 회전수는 같도록 한다.

| 풀이 | $P = 10$ [kW], $V = 200$ [V], $R_a = 0.15$ [Ω]
① 발전기의 경우
$E = V + I_a R_a = 200 + \dfrac{10,000}{200} \times 0.15 = 207.5[V]$
② 전동기의 경우
회전속도가 동일하므로 $E = E_c$
따라서, $V = E_c + I_a R_a = E + I_a R_a = 207.5 + \dfrac{10,000}{200} \times 0.15 = 215[V]$

2.4 분권 전동기

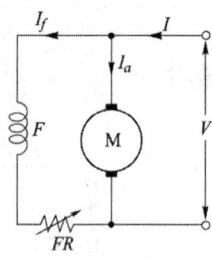

1) 속도 및 토오크 특성

(1) 계자 전류 $I_f = \dfrac{V}{R_f}$

(2) 전원에서 흘러들어가는 전전류 $I = I_a + I_f$

  일반적으로 계자 전류 I_f는 매우 적으므로 무시하면 $I ≒ I_a$가 된다.

(3) 회전 속도 $n = K\dfrac{E_c}{\phi}$ (단, $K = \dfrac{a}{pZ}$)

$$n = K\dfrac{V - I_a R_a}{\phi} \text{[rps]}$$

계자 회로가 단선이 되면 **자속 ϕ가 0**이 되어 **경부하시에는 원심력에 의해 기계가 파괴될 정도의 과속도**에 도달할 수 있으므로 주의하여야 한다.

(4) 출력 $P = E_c I_a = 2\pi n T \text{[W]}$

(5) 토오크 $T = \dfrac{E_c I_a}{2\pi n} = \dfrac{p\phi n \dfrac{Z}{a} I_a}{2\pi n} = \dfrac{pZ}{2\pi a}\phi I_a = K\phi I_a \text{[N·m]}$ (단, $K = \dfrac{pZ}{2\pi a}$)

  토오크 T는 부하 전류에 비례하게 된다.

  또한, $T = \dfrac{P}{2\pi n}\text{[N·m]}$, $T = \dfrac{P}{2\pi \dfrac{N}{60}} \times \dfrac{1}{9.8} = 0.975 \times \dfrac{P}{N}\text{[kg·m]}$

(6) 회전 방향

  공급 전원의 방향을 반대로 하면 계자 전류와 전기자 전류의 방향이 동시에 반대로 되어 **회전 방향은 바뀌지 않는다.**

예제 19 직류 분권 전동기가 있다. 그 출력이 9[kW]일 때, 단자 전압은 220[V], 입력 전류는 51.5[A], 계자 전류는 1.5[A], 회전 속도는 1500[rpm]이었다. 이때 발생 토크[kg·m]와 효율[%]은? 단, 전기자 저항은 0.1[Ω] 이다.

| 풀이 | $P = 9\text{[kW]}$, $V = 220\text{[V]}$, $I = 51.5\text{[A]}$, $I_f = 1.5\text{[A]}$, $n = \dfrac{1500}{60} = 25\text{[rps]}$

- 전기자 전류 $I_a = I - I_f = 51.5 - 1.5 = 50 \, [A]$
- 전기자 역기전력 $E_c = V - R_a I_a = 220 - 0.1 \times 50 = 215 \, [V]$
- 전기자 발생 기계 동력 $P_m = E_c I_a = 215 \times 50 = 10,750 \, [W]$
- 발생 토크 τ는

$$\tau = \frac{E_c I_a}{2\pi n} = \frac{10,750}{2\pi \times 25} = 68.44 [N \cdot m] = \frac{68.44}{9.8} [kg \cdot m] = 6.98 \, [kg \cdot m]$$

- 효율 η는

$$\eta = \frac{출력}{입력} \times 100 = \frac{P}{VI} \times 100 = \frac{9 \times 10^3}{220 \times 51.5} \times 100 = \frac{9000}{11,330} \times 100 = 79.44 \, [\%]$$

예제 20 120[V] 전기자 전류 100[A], 전기자 저항 0.2[Ω]인 분권 전동기의 발생 동력 [kW]은?

| 풀이 | $V = 120[V], \ I_a = 100[A], \ R_a = 0.2[\Omega]$
$P = E_c I_a, \ E_c = V - R_a I_a = 120 - 0.2 \times 100 = 100 [V]$
$\therefore \ P = 100 \times 100 = 10,000 [W] = 10 [kW]$

예제 21 직류 분권 전동기가 있다. 단자 전압이 215[V], 전기자 전류가 50[A], 전기자의 전저항이 0.1[Ω], 회전 속도 1500[rpm]일 때 발생 토크[kg·m]를 구하여라.

| 풀이 | $V = 215[V], \ I_a = 50 \, [A], \ R_a = 0.1[\Omega], \ N = 1500 [rpm]$
$P = E_c I_a = (V - I_a R_a) I_a = (215 - 50 \times 0.1) \times 50 = 10500 [W]$
$T = 0.975 \dfrac{P}{N} = 0.975 \times \dfrac{10500}{1500} = 6.825 [kg \cdot m]$

2.5 직권 전동기

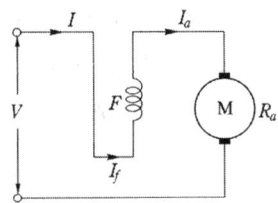

1) 속도 및 토오크 특성

(1) 전기자 전류 = 계자 전류 = 부하 전류 $(I_a = I_f = I)$

(2) 단자 전압과 역기전력과의 관계
$$V = E_c + I_a(R_s + R_a)$$

(3) 회전속도 n
$$E_c = V - I_a(R_a + R_s)$$
$$E_c = p\phi n \frac{Z}{a}$$

$$\therefore n = \frac{a}{pZ} \frac{V - I_a(R_a + R_s)}{\phi} = K \cdot \frac{V - I_a(R_a + R_s)}{\phi} \text{[rps]} \quad (단, K = \frac{a}{pZ})$$

예제 22 전기자 저항 0.3[Ω], 직권 계자 권선의 저항 0.7[Ω]의 직권 전동기에 110[V]를 가하였더니 부하 전류가 10[A]이었다. 이때 전동기의 속도[rpm]는? 단, 기계 정수는 20이다.

|풀이| $V = 110\text{[V]}, I_a = 10\text{[A]}, R_a = 0.3\text{[Ω]}, R_s = 0.7\text{[Ω]}, K = 2$
직류 직권 전동기의 속도 N은
$$N = K \frac{V - I_a(R_a + R_s)}{I_a} \text{에서}$$
$$\therefore N = 2 \times \frac{110 - 10(0.3 + 0.7)}{10} = 20\text{[rps]} = 1200\text{[rpm]}$$

(4) 회전 속도와 전기자 전류와의 관계
 ① 부하 전류가 적어 철심이 자기포화가 되지 않는 범위
  $I_a = I = I_f \propto \phi$ 이므로
  $$n = K \cdot \frac{V - I_a(R_a + R_s)}{\phi} = K_1 \cdot \frac{V - I_a(R_a + R_s)}{I_a}$$
  또한, $I_a(R_a + R_s)$는 V에 비해 매우 적으므로 무시하면 $n = K_2 \cdot \frac{V}{I_a}$[rps]가 된다. 따라서, **직권 전동기에서 잔류자기가 없는 경우 무부하가 되면** $(I = I_a = I_f = 0, \phi = 0)$ 속도는 무한대가 되어 원심력 때문에 기계를 파괴할 염려가 있다. 이와 같이 위험한 속도를 무 구속 속도(run away speed)라 한다.
  따라서, **직권 전동기는 벨트 운전을 하지 않는다.**
 ② 부하 전류가 증가하여 철심이 자기 포화된 경우
  자속 ϕ는 일정하게 되므로
  $$n = K_3[V - I_a(R_a + R_s)]\text{[rps]}$$

(5) 토오크
 $P = E_c I_a = 2\pi n T$에서
 $$T = \frac{E_c I_a}{2\pi n} = \frac{p\phi n \frac{Z}{a} I_a}{2\pi n} = \frac{pZ}{2\pi a} \phi I_a = K\phi I_a \quad (단, K = \frac{pZ}{2\pi a}) \text{ [N·m]}$$

 ① 부하 전류가 적어 철심의 **자기포화가 되지 않는 범위**
  $I_f \propto \phi$ 이므로
  $$T = K I_a^2 \text{ [N·m]}$$
 ② 부하 전류가 증가하여 **철심이 자기포화된 경우**
  철심이 자기포화 되면 자속 ϕ는 일정하므로

$$T = KI_a \text{ [N·m]}$$

③ 토크와 속도와의 관계 (자기포화가 되지 않는 범위, 즉 $\phi \propto I$)

$$E_c = K_1 \phi N \text{ 에서 } N = K_2 \frac{E_c}{\phi} = K_3 \frac{E_c}{I_a}$$

$$\therefore N \propto \frac{1}{I_a}, \quad I_a \propto \frac{1}{N}$$

$$T = K_1 \phi I_a \text{ 에서 } T = K_2 I_a^2$$

$$\therefore T \propto I_a^2 \propto \frac{1}{N^2}$$

예제 23 220[V], 50[kW]인 직류 직권 전동기를 운전하는데 전기자 저항(브러시의 접촉 저항 포함)이 0.05[Ω]이고 기계적 손실이 1.7[kW], 표유손이 출력의 1[%]이다. 부하 전류가 100[A]일 때의 출력[kW]은?

풀이 $V = 220[V], \ P = 50[kW], \ R_a = 0.05[\Omega], \ I = 100[A]$
$E_c = V - (R_a + R_s)I = 220 - 0.05 \times 100 = 215$
$\therefore P = E_c I = 215 \times 100 = 21500 \ [W] = 21.5 [kW]$
$\therefore P' = 21.5 - 1.7 - (21.5 \times 0.01) = 19.585 [kW]$

예제 24 직류 직권 전동기가 있다. 전기자 저항 및 계자 권선 저항은 공히 0.8[Ω]이고 그 자화 곡선은 1분간 회전수 200, 전류 30[A]에 대해서 전압 300[V]를 나타낸다. 이 전동기를 500[V]에서 사용하여 전류가 앞에서와 같이 30[A]를 취할 때의 속도[rpm]를 계산하여라. 단, 전기자 반작용, 마찰손, 풍손 및 철손은 무시한다.

풀이 $R_a = 8[\Omega], \ R_s = 0.8[\Omega], \ N_1 = 200[rpm], \ I = 30[A],$
$E_1 = 300[V], \ V_2 = 500[V]$
$E_2 = V_2 - I_2(R_a + R_s) = 500 - 30(0.8 + 0.8) = 452[V]$
$E = P\phi n \frac{z}{a} \text{ 에서 } E \propto N \text{ 이므로}$
$N_2 = \frac{E_2}{E_1} \times N_1 = \frac{452}{300} \times 200 = 301.33 [rpm]$

예제 25 단자 전압 220[V]에서 전기자 전류 30[A]가 흐르는 직권전동기의 회전수는 500[rpm]이다. 전기자 전류 20[A]일 때의 회전수는 몇 [rpm]인가? 단, 전기자 저항과 계자 권선의 저항의 합은 0.8[Ω]이고 자기포화와 전기자 반작용은 무시한다.

풀이 $E_1 = V - I_{a1}(R_a + R_s) = 220 - 30 \times 0.8 = 196[V]$
$E_2 = V - I_{a2}(R_a + R_s) = 220 - 20 \times 0.8 = 204[V]$
$E = K\phi N$ 이고 직권에서 자기포화가 없는 경우

$I \propto \phi$이므로 $E = K'IN$이 된다.

$$\therefore K' = \frac{E_1}{I_1 N_1} = \frac{E_2}{I_2 N_2}$$

$$N_2 = \frac{E_2}{E_1} \cdot \frac{I_1}{I_2} \cdot N_1 = \frac{204}{196} \times \frac{30}{20} \times 500 = 780.6 [\text{rpm}]$$

2.6 속도 변동률(ϵ)

$$\epsilon = \frac{N_0 - N_n}{N_n} \times 100 [\%]$$

여기서, N_0 : 무부하 속도, N_n : 정격부하에서 정격속도

2.7 직류 전동기의 속도제어

1) 분권 전동기의 속도제어

$$\text{회전속도 } n = K \frac{E_c}{\phi} \text{ (단, } K = \frac{a}{pZ} \text{)} = K \frac{V - I_a R_a}{\phi} [\text{rps}]$$

(1) 계자제어법

계자 권선에 직렬로 접속된 계자 저항기 FR을 조정하여 계자 전류를 변화시키면 자속 ϕ가 변화하여 속도 n이 변화된다.

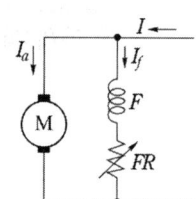

【특징】

① 계자 저항기에 흐르는 전류가 적기 때문에 전력손실도 적고 조작이 간편하다.
② 계자저항 FR를 아무리 감소시켜도 계자권선 자신의 저항과 자기 포화로 말미암아 **속도를 어느 정도 이하로는 낮출 수 없다.**
③ 계자 저항기의 저항을 지나치게 증가시켜 계자 전류가 매우 적게 되면 전기자 반작용 기자력이 계자 기자력보다 우세하게 되어 중성점의 이동이 심하게 된다.
④ **제어 방법은 간단하지만 너무 넓은 범위의 속도 제어는 곤란**하다.

(2) 직렬저항 제어법

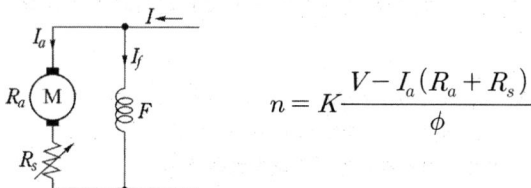

$$n = K \frac{V - I_a(R_a + R_s)}{\phi}$$

전기자 회로에 직렬저항 R_s를 넣어서 **부하 전류에 의한 전압 강하를 증가**시켜 속도를 조정하는 방법이다.

【특징】
① 저항기에 큰 전류가 흐르므로 열손실이 크고 효율이 떨어지므로 **경제적인 방법이 아니다.**
② $R_s = 0$일 때가 최고 속도 이므로 R_s를 증가시키면 **속도를 아주 낮은데 까지 변화**시킬 수 있는 것이 특징이다.

(3) 전압 제어법

이 방법은 전동기의 공급전압 V를 조정하는 방법으로 **워어드 레오나드 방식과 일그너 방식**이 있다.

① 워어드 레오나드 방식

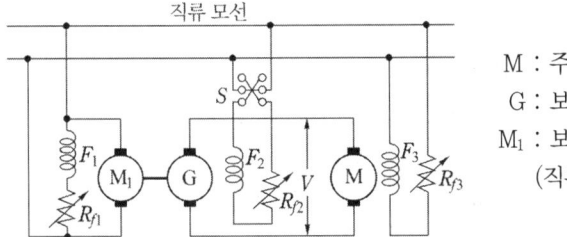

M : 주 전동기
G : 보조 발전기
M_1 : 보조 전동기
　(직류 전동기)

② 일그너 방식

워어드 레오나드 방식은 보조 전동기가 직류 전동기인 반면에 **일그너 방식**은 보조 전동기를 **교류 전동기**를 사용해도 된다.

따라서, 일그너 방식은 보조 전동기로 유도 전동기를 사용하고 그 축에 큰 **플라이 휘일**을 붙인 것으로서 전동기 부하가 급변해도 전원에서 공급되는 전력의 변동이 적다는 것이 특징이며 큰 **압연기나 권상기**에 사용된다.

【특징】
① **제어 범위가 넓고 손실도 거의 없다.**
② 제어법으로는 이상적이지만 설비비가 많이 드는 결점이 있다.
③ 주 전동기의 **속도와 회전 방향을 자유로이 변화**시킬 수 있다.

(4) 직류 전동기의 속도 제어법 비교

구 분	제어 특성	특 징
계자 제어법	·정출력 제어	·속도제어 범위가 좁다.
전압 제어법	·정토크 제어 ┌ 워드 레오나드 방식 └ 일그너 방식	·제어범위가 넓다. ·손실이 매우 적다. ·정역운전이 가능 ·설비비가 많이 든다.
직렬 저항법		·효율이 나쁘다.

2) 직권 전동기의 속도제어

(1) 계자 제어법

그림 (a)와 같이 계자 권선에 병렬로 접속한 저항 R_f를 조정해서 계자 전류를 변화시키는 방법과 그림 (b)와 같이 계자 권선의 중간에 내놓은 탭 접속을 바꾸어 계자를 조정하는 방법이 있다.

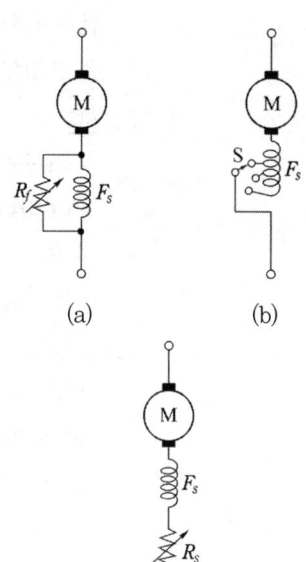

(2) 직렬 저항 제어법

전기자 회로에 저항을 넣어서 속도를 저하 시키는 방법으로 **효율이 나쁜 것**이 결점이지만 직·병렬 제어법과 병용하여 많이 사용되는 방법이다.

(3) 직·병렬 제어법

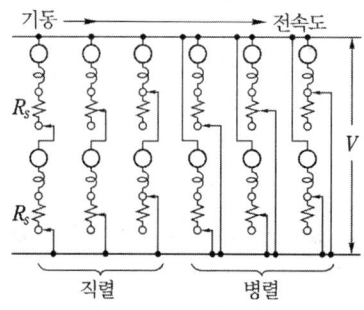

전압 제어법의 일종으로 **정격이 같은 전동기를 직·병렬 접속**하여 전동기에 인가되는 전압을 조정하여 속도를 제어하는 방법으로 이것만으로는 속도의 변화가 원활하지 못하므로 저항 제어법을 병용한다.

예제 26 전기자 저항 0.3[Ω], 직권 계자 권선의 저항 0.7[Ω]의 직권 전동기에 110[V]를 가하였더니 부하 전류가 10[A]이었다. 이때 전동기의 속도[rpm]는? 단, 기계 정수는 2이다.

|풀이| $R_a = 0.3\ [\Omega]$, $R_s = 0.7\ [\Omega]$, $V = 110[V]$, $I = 10[A]$, $K = 2$
직류 직권 전동기의 속도
$$N = K\frac{V - I_a(R_a + R_s)}{I_a} = 2 \times \frac{110 - 10(0.3 + 0.7)}{10} = 20[\text{rps}] = 1200[\text{rpm}]$$

예제 27 전기자 저항 0.2[Ω], 직권 계자 권선 저항 0.3[Ω]의 직권 전동기에 100[V]를 가하였더니 부하 전류 10[A]이었다. 이때 전동기의 속도[rpm]는 약 얼마인가? 단, 기계 정수는 2.61이다.

| 풀이 | $R_a = 0.2[\Omega]$, $R_s = 0.3[\Omega]$, $V=100[V]$, $I=10[A]$, $K=2.61$
$E_c = V - I_a(R_a + R_s) = 100 - 10 \times (0.2 + 0.3) = 95\,[V]$

$n = K\dfrac{E_c}{I}$ 에서 $n = 2.61 \times \dfrac{95}{10} = 24.795\,[rps] = 1487.7\,[rpm]$

03. 직류기의 손실, 효율 및 정격

1) 손실의 종류

```
총 손실 ─┬─ 무부하손 ─┬─ 철 손 …… 히스테리시스손, 와류손
        │           ├─ 분권 계자 권선 동손, 타여자 권선 동손
        │           └─ 기계손 …… 풍손, 베어링 마찰손, 브러시 마찰손
        └─ 부하손 ─┬─ 전기자 저항손
                   ├─ 계자 저항손 (분권 계자 권선 및 타여자 권선 제외)
                   ├─ 브러시 손
                   └─ 표류 부하손 …… 철손, 기계손, 동손 이외의 손실
```

2) 효 율

실측 효율 $\eta = \dfrac{출력}{입력} \times 100[\%]$

규약 효율 $\eta = \dfrac{출력}{출력 + 손실} \times 100[\%]$ (발전기)

$\eta = \dfrac{입력 - 손실}{입력} \times 100[\%]$ (전동기)

| 예제 28 | 110[V], 5[kW], 1250[rpm]의 분권 발전기의 전기자 저항이 0.22[Ω], 계자 전류 1[A], 철손 및 기계손의 합이 350[W]라면 전부하 효율[%]은 얼마인가?

| 풀이 | $V=110[V]$, $P=5[kW]$, $R_a = 0.22[\Omega]$, $I_f = 1[A]$

$I = \dfrac{P}{V} = \dfrac{5000}{110} = 45.4[A]$

$I_a = I + I_f = 45.4 + 1 = 46.4[A]$

$R_f = \dfrac{V}{I_f} = \dfrac{110}{1} = 110[\Omega]$

발전기의 효율 η_g는

$\therefore \eta_g = \dfrac{VI}{VI + 철손 + 기계손 + I_f^{\,2} R_f + I_a^{\,2} r_a} \times 100$

$= \dfrac{5000}{5000 + 350 + 1^2 \times 110 + 46.4^2 \times 0.22} \times 100 = 84.2[\%]$

3) 정격
① 연속 정격   ② 단시간 정격   ③ 반복 정격   ④ 공칭 정격

04. 특수 직류기

1) 전기 동력계
전기 동력계는 회전기, 내연기관, 펌프, 송풍기, 수차 등의 **출력이나 동력 측정**을 하기 위한 특수 직류기이다.

$$T = W \cdot L [\mathrm{kg \cdot m}] = 9.8 W \cdot L [\mathrm{N \cdot m}]$$

여기서, T : 토크 $[\mathrm{kg \cdot m}]$, $[\mathrm{N \cdot m}]$, W : 힘 $[\mathrm{kg}]$
L : 동력계 중심과의 거리 $[\mathrm{m}]$

$$P = 2\pi n T = 2\pi \frac{N}{60} \times 9.8 W \cdot L = 1.027 N \cdot W \cdot L [\mathrm{W}]$$

여기서, P : 출력 $[\mathrm{W}]$, N : 회전수 $[\mathrm{rpm}]$

2) 단극 발전기(單極 發電機)
일정 방향의 기전력을 발생하여 **정류자가 필요 없는 구조의 발전기**를 단극 발전기라고 하며 그 특징은
① 많은 도체를 직렬로 접속하기 위한 많은 슬립링이 필요하다.
② 3~15 [V]의 저전압과 수 천 [A] 이상의 **대전류 발생**용으로 화학공업이나 저항 용접 등에 사용된다.
③ 철손이 없으므로 전기 강판이 필요 없으며 효율이 높다.

3) 3선식 발전기
두 종류의 전압(220[V] / 110[V])**을 하나의 발전기로 겸용**시키는 경우에 사용된다.

4) 증폭기
작은 전력의 변화를 **큰 전력의 변화로 증폭**하는 것
① 앰플리다인(amplidyne)
② 로토트롤(rototrol)
③ HT 다이나모(Hitachi dynamo)

5) 앰플리다인
증폭기로서 보통의 발전기에서는 **계자 전력과 부하 전력의 비가 20~100**이나 앰플리다인에서는 2단으로 증폭이 되므로 **10,000 정도의 증폭률**이 얻어진다.

6) 로젠베르그 발전기

분권식과 직권식이 있다.
① 분권식 : **정전압형**으로 열차의 점등 전원으로 사용 된다
② 직권식 : **정전류형**으로 용접용 전원으로 사용된다.

05. 동기 발전기

5.1 동기 발전기의 원리

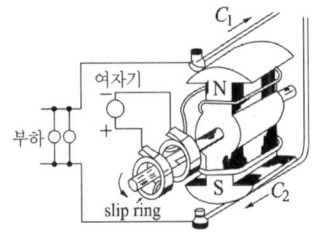

회전계자형 교류 발전기의 원리

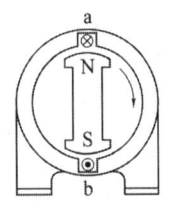

계자의 회전 방향과 기전력의 방향

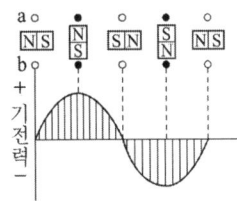

계자극이 1회전할 때 기전력의 파형

전기자 a, b를 고정시키고 계자에 슬립링을 통하여 직류를 공급하고 수차, 터빈, 엔진 등과 같은 원동기로 계자를 회전시키면 **플레밍의 오른손 법칙**에 따라 기전력이 그림과 같이 발생된다.

5.2 동기 발전기의 분류

1) 회전자에 의한 분류
(1) 회전 계자형 : **전기자를 고정자**로 하고 **계자극을 회전자**로 한 것으로 회전계자형을 사용하는 이유로는
① 전기자 권선은 전압이 높고 결선이 복잡하며, 대용량으로 되면 전류도 커지고, **3상 권선의 경우에는 4개의 도선을 인출**하여야 한다.
② 계자 회로는 직류의 저압 회로이므로 소요 동력도 작으며, **인출 도선이 2개만** 있어도 되기 때문이다.
③ **계자극은 기계적으로 튼튼**하게 만드는 데 용이하기 때문이다.
④ 고장시의 과도 안정도를 높이기 위하여 **회전자의 관성**을 크게 하기 쉽기 때문이기도 하다.

(2) 회전 전기자형 : 계자극을 고정자로 한 것으로 특수용도 및 극히 소용량에 적용
(3) 유도자형 : **계자극과 전기자를 함께 고정**시키고 그 중앙에 유도자라고 하는 권선이 없는 회전자를 갖춘 것으로 **수백~수만 [Hz] 정도의 고주파 발전기**로 사용된다.

2) 원동기에 의한 분류
(1) 수차 발전기 : 수차에 의해 회전
(2) 터빈 발전기 : 증기 터빈 또는 가스 터빈에 의해 운전되는 것으로 원통형 즉, 비돌극형이 많이 사용된다.
(3) 엔진 발전기 : 내연 기관에 의해 운전

3) 냉각 방식에 의한 분류
(1) 공기 냉각 방식 : 소형기, 중형기, 대형 저속기에 적용
(2) 수냉각 방식 : 대형 고속기에 적용
(3) 유냉각 방식 : 대형 고속기에 적용
(4) 가스 냉각 방식 : 대형 고속기에 적용
  ① 수소 냉각 발전기의 장점
   - 비중이 공기의 약 7[%]로 가볍고 **풍손은 공기의 약 1/10로 감소**
   - 비열이 공기의 약 14배로 **열전도성이 좋고**, 공기냉각 발전기에 비하여 약 25[%]의 출력이 증가
   - 가스 냉각기가 적어도 된다.
   - 코로나 발생전압이 높고 **절연물의 수명**이 길어진다.
   - 공기에 비해 대류율이 1.3배이고 운전중 소음이 적다.
  ② 수소 냉각 발전기의 단점
   - 공기와 적당히 혼합하면 **폭발**할 우려가 있다.
   - 폭발 예방을 위한 부속설비가 필요하며 설비비가 증가

5.3 여자기(exciter)

동기 발전기의 계자 권선에 여자 전류를 공급하는 **직류 전원 공급 장치**를 여자기라 한다.

1) 여자 방식
(1) 직류 여자기
동기 발전기와 별개로 동일 축에 직결하여 사용
① 소용량기용 : 직류 분권 발전기
② 중용량기 이상 : 복식 여자 방식이 사용
③ 복식여자방식
 - 주 여자기 : 복권 발전기, 타여자 발전기
 - 부 여자기 : 분권 발전기가 사용

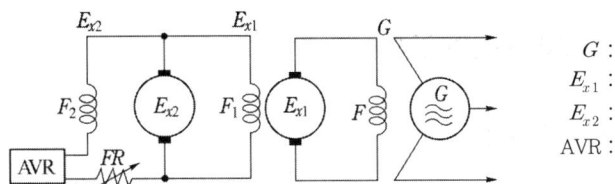

G	: 동기 발전기
E_{x1}	: 주여자기
E_{x2}	: 부여자기
AVR	: 자동 전압 조정기

(2) 정류기 여자법

주 발전기가 발생한 **전력의 일부를 반도체 정류기를 사용**하여 정류한 후 이것을 계자 권선에 공급하는 방식으로 정지형 여자 장치라 하고 이 방식을 사용한 기계를 자여교류발전기(self excited alternator)라 한다.

(3) 브러시레스 여자기(brushless exciter)

이 방식은 동기 발전기의 축단에 필요한 용량의 회전전기자형의 교류발전기를 사용하고 이 발생된 교류를 회전자상에 설치된 반도체 정류기로 정류하여 계자권선에 공급하는 방식

2) 여자기 용량

발전기 용량	여자기 용량
대용량기 (100,000 [kVA] 이상)	발전기 용량의 0.5~0.7 [%]
중용량기 (15,000 [kVA]급)	발전기 용량의 1 [%]
소용량기 (2,000 [kVA]급 이하)	발전기 용량의 1.5 [%]

5.4 동기속도 및 주파수

- 동기속도 : $n_s = \dfrac{2f}{p}$ [rps], $N_s = \dfrac{120f}{p}$ [rpm]
- 주파수 : $f = \dfrac{pN_s}{120}$ [Hz]

단, n_s : 동기속도[rps], N_s : 동기속도[rpm], p : 극수
K_w : 권선 계수, w : 1상의 권수, ϕ : 1극당의 자속수 [Wb]

예제 29 3상 20,000[kVA]인 동기 발전기가 있다. 이 발전기는 60[Hz]인 때는 200[rpm], 50[Hz]인 때는 167[rpm]으로 회전한다. 이 동기 발전기의 극수는?

풀이 $f = 60$[Hz], $N_s = 200$ [rpm]의 경우
$p = \dfrac{120f}{N_s} = \dfrac{120 \times 60}{200} = 36$ [극]
$f = 50$ [Hz], $N_s = 167$ [rpm]의 경우
$p = \dfrac{120f}{N_s} = \dfrac{120 \times 50}{167} = 35.9$ [극] ≒ 36[극]

5.5 전기자 권선의 종류

1) 집중권과 분포권
(1) **집중권** : 1극, 1상의 코일이 차지하는 **슬롯수가 1개**인 것
(2) **분포권** : 1극, 1상의 코일이 차지하는 **슬롯수가 2개 이상**인 것으로 다음과 같은 장·단점이 있어 동기기에서는 분포권을 많이 채택한다.

[장점]
① **기전력의 파형**이 좋아진다.
② 권선의 누설리액턴스가 감소
③ 전기자에 발생되는 열을 골고루 분포시켜 **과열을 방지**

[단점]
집중권에 비해 합성 **유기 기전력이 감소**

(3) 분포권 계수 K_d

$$K_d = \frac{\sin\frac{\pi}{2m}}{q\sin\frac{\pi}{2mq}} \text{ (기본파)}$$

$$K_{dn} = \frac{\sin\frac{n\pi}{2m}}{q\sin\frac{n\pi}{2mq}} \text{ (}n\text{차 고조파)}$$

예제 30 3상 동기 발전기의 매극, 매상의 슬롯수를 3이라 할 때 분포권 계수를 구하면?

| 풀이 | 고조파 차수 $n=1$, 상수 $m=3$, 매극, 매상의 슬롯수 $q=3$이므로

$$\therefore K_d = \frac{\sin\frac{\pi}{6}}{3\sin\frac{\pi}{2\times 3\times 3}} = \frac{\frac{1}{2}}{3\sin\frac{\pi}{18}} = \frac{1}{6\sin\frac{\pi}{18}}$$

(4) 매극 매상 당 슬롯 수 $= \dfrac{\text{총 슬롯 수}}{\text{상수} \times \text{극수}}$

(5) 총 코일 수 $= \dfrac{\text{총 슬롯 수} \times \text{층수}}{2}$

예제 31 슬롯수가 48인 고정자가 있다. 여기에 3상 4극의 2층권을 시행할 때에 매극 매상의 슬롯수와 총 코일수는?

| 풀이 | 매극 매상 슬롯수 = $\frac{총슬롯 수}{상수 \times 극수} = \frac{48}{3 \times 4} = 4$

코일수 = $\frac{총슬롯수 \times 층수}{2} = \frac{48 \times 2}{2} = 48$

2) 전절권과 단절권

(1) 전절권 : 코일 간격이 극 간격과 같은 것

(2) 단절권 : 코일 간격이 극 간격 보다 작은 것을 말하며 다음과 같은 특징이 있다.
   ① 고조파를 제거하여 **기전력의 파형을 개선**하고
   ② 코일 단부가 짧게 되어 기계전체 길이가 축소되어 동의 양이 적게 되는 이점이 있어 동기기에서는 단절권을 채택한다.
   ③ 전절권에 비해 **합성 유기기전력이 감소**
   ④ 단절권 계수 K_p

$$K_p = \sin\frac{\beta\pi}{2} (기본파), \quad \beta = \frac{권선\ 피치}{자극\ 피치}$$

$$K_{pn} = \sin\frac{n\beta\pi}{2} (n차\ 고조파)$$

예제 32 3상 동기 발전기의 각 상의 유기 기전력 중에서 제5고조파를 제거하려면 코일 간격/극 간격을 어떻게 하면 되는가?

| 풀이 | 제5고조파에 대한 단절 계수(코일 간격/극 간격) $K_{p5} = \sin\frac{5\beta\pi}{2}$ 가 된다.
따라서, 제5고조파를 제거하기 위해서는
$K_{p5} = 0$이 되어야 하므로 $\beta = 0, 0.4, 0.8, 1.2, \cdots$가 구해지나 이 중에서 1보다 작고 가장 가까운 $\beta = 0.8$이 제일 적당하다.

3) 중권, 파권, 쇄권

전기자 권선을 감는 방법에 따라 분류하면 중권, 파권, 쇄권이 있으며 동기기에서는 주로 중권이 사용되고 파권은 특수한 경우에만 사용되고 쇄권은 고압의 기계에 적당하나 특수한 경우외는 사용되지 못한다.

4) 단층권과 2층권

(1) 단층권 : 전기자 철심의 1개의 슬롯에 코일변 1개를 넣은 것

(2) 이층권 : 전기자 철심의 1개의 슬롯에 코일변 2개를 포개어 넣은 것으로 동기기에서는 주로 2층권이 사용된다.

5) 동기기의 전기자 권선법

• 2층권
• 단절권
• 분포권을 사용한다.

6) 전기자 권선을 Y결선으로 하는 이유
① **중성점을 접지**할 수 있으므로 권선보호 장치의 시설이 용이
② **이상전압의 방지** 대책이 용이
③ 권선의 불평형 및 **제3고조파**에 의한 **순환전류**가 흐르지 않는다.
④ 상전압은 선간 전압의 $\dfrac{1}{\sqrt{3}}$이 되어 **코일의 절연이 용이**하고 코로나 발생을 억제

5.6 유기 기전력

1) 1개의 도체에 유기되는 기전력의 순시치 e

$$e = BLv \text{ [V]}$$

그런데, $v = \pi D \dfrac{N}{60}$, $N = \dfrac{120f}{p}$ 이므로

$$v = \pi D \dfrac{1}{60} \cdot \dfrac{120f}{p} = 2\pi D \cdot \dfrac{f}{p}$$

$$\therefore e = 2f \dfrac{\pi DL \cdot B}{p}$$

예제 33 자속 밀도를 0.6[Wb/m²], 도체의 길이를 0.3[m], 속도를 10[m/s]라 할 때, 도체 양단에 유기되는 기전력은?

| 풀이 | $e = Blv = 0.6 \times 0.3 \times 10 = 1.8$[V]

2) 실효치 E

실효치 E = 파형률 $\times E_{mean} = 1.11 E_{mean} = 2.22\phi f$ [V]가 된다.

또한, 코일 권수 1개에 코일변이 2개 있으므로 권수 W에 유기되는 기전력은

$$E = 4.44 K_w f W \phi \text{ [V]}$$

여기서, K_w : 권선계수 ($K_w = K_d \times K_p$)

K_d : 분포계수, K_p : 단절계수

예제 34 6극 60[Hz] Y결선 3상 동기 발전기의 극당 자속이 0.16[Wb], 회전수 1200[rpm], 1상의 권수 186, 권선 계수 0.96이면 단자 전압은?

| 풀이 | 코일의 유기 기전력
$E = 4.44 f \omega k_w \Phi = 4.44 \times 60 \times 186 \times 0.96 \times 0.16 = 7610.94$[V]
단자 전압(선간 전압) = $\sqrt{3} E = \sqrt{3} \times 7610.94 = 13183$[V]

3) 동기 발전기의 기전력의 파형을 정현파로 하기 위해 채용되는 방법
① 매극 매상의 **슬롯수를 크게** 한다.
② **단절권** 및 **분포권**으로 한다.
③ 전기자 철심을 사(skewed slot)슬롯으로 한다.
④ **공극의 길이를 크게** 한다.

5.7 동기 발전기의 출력

1) 비돌극기(원통형)의 출력

① 단상 발전기 $P ≒ \dfrac{EV}{x_s}\sin\delta$

② 3상 발전기 $P ≒ \dfrac{3EV}{x_s}\sin\delta$

③ 최대 출력 : 부하각 $\delta = 90°$에서 발생

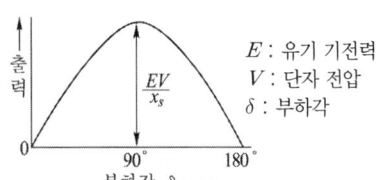

E : 유기 기전력
V : 단자 전압
δ : 부하각

예제 35 동기 리액턴스 $x_s = 10[\Omega]$, 전기자 권선 저항 $r_a = 0.1[\Omega]$, 유도 기전력 $E = 6400[V]$, 단자 전압 $V = 4000[V]$, 부하각 $\delta = 30°$이다. 3상 동기 발전기의 출력[kW]은? 단, 1상 값이다.

| 풀이 | $P = \dfrac{EV}{x_s}\sin\delta = \dfrac{6400 \times 4000}{10} \times \sin 30 \times 10^{-3} = 1280 [kW]$

2) 돌극기의 출력

① 출력 $P = \dfrac{EV}{x_d}\sin\delta + \dfrac{V^2(x_d - x_q)}{2x_d x_q}\sin 2\delta$

② 최대 출력 : 부하각 $\delta ≒ 60°$에서 발생

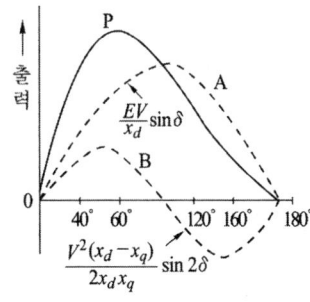

5.8 전기자 반작용

전기자 반작용이란 **전기자 전류에 의한 자속** 중 공극을 지나 주자극에 들어가 **계자자속에 영향을 미치는 것을 전기자 반작용**이라 한다.
이 반작용은 부하의 역률에 따라 그 작용이 다르게 된다.

역 률	부 하	전류와 전압과의 위상	작 용
역률 1	저항	I_a가 E와 동상인 경우	교차 자화 작용(횡축 반작용)
뒤진역률 0	유도성 부하	I_a가 E보다 $\pi/2$ 뒤지는 경우	감자 작용(직축 반작용)
앞선역률 0	용량성 부하	I_a가 E보다 $\pi/2$ 앞서는 경우	증자 작용(자화 작용)

여기서, I_a : 전기자 전류, E : 유기 기전력

5.9 동기 발전기의 특성

1) 동기 임피던스 Z_s

(1) $Z_s = r_a + jx_s = r_a + j(x_a + x_l)\,[\Omega]$

여기서, r_a : 전기자 저항 [Ω], x_s : 동기 리액턴스 [Ω]
x_a : 전기자 반작용 리액턴스 [Ω], x_l : 전기자 누설 리액턴스 [Ω]

일반적으로 동기기에서는 전기자 저항 r_a는 동기 리액턴스 x_s에 비하여 무시할 정도이므로 실용상 $Z_s \fallingdotseq x_s$라고 해도 좋다.

(2) 동기 임피던스 $Z_s = \dfrac{E_n}{I_s} = \dfrac{V_n}{\sqrt{3}\,I_s}\,[\Omega]$

여기서, E_n : 정격 상전압 [V], I_s : 3상 단락 전류 [A]
V_n : 정격 단자 전압 [V]

예제 36 3상 동기 발전기가 있다. 이 발전기의 여자 전류 5[A]에 대한 1상의 유기 기전력이 600[V]이고 그 3상 단락 전류는 30[A]이다. 이 발전기의 동기 임피던스[Ω]는 얼마인가?

|풀이| $Z_s = \dfrac{E_n}{I_s} = \dfrac{600}{30} = 20\,[\Omega]$

(3) %동기 임피던스 $\%Z_s = \dfrac{Z_s I_n}{E_n} \times 100\,[\%]$

$$\%Z_s = \frac{Z_s I_n}{E_n} \times 100 = \frac{\sqrt{3}\, V Z_s I_n}{\sqrt{3}\, V E_n} \times 100 [\%]$$

$$= \frac{P[\text{VA}] Z_s}{V^2[\text{V}]} \times 100[\%] = \frac{P[\text{kVA}] \times 10^3 \times Z_s}{V[\text{kVA}] \times 10^6} \times 100[\%] = \frac{PZ_s}{10V^2}[\%]$$

여기서, $V = \sqrt{3}\, E_n$: 선간 전압 [kV]

P : 기준 용량 [kVA]

Z_s : 동기 임피던스 [Ω]

예제 37 8000[kVA], 6000[V]인 3상 교류 발전기의 %동기 임피던스가 80[%]이다. 이 발전기의 동기 임피던스는 몇 [Ω]인가?

| 풀이 | $\%Z_s = \frac{Z_s P}{10V^2}$ 에서 $Z = \frac{10V^2 \cdot \%Z_s}{P}$

여기서, V : 선간 전압 [kVA], Z_s : 동기 임피던스 [Ω], P : 용량 [kVA]

$Z_s = \frac{10^2 \times 6^2 \times 80}{8000} = 3.6[\Omega]$

(4) 리액턴스의 크기 비교

① 초기 과도 리액턴스 < 과도 리액턴스 < 동기리액턴스

② 돌극형 동기 발전기 : $x_d > x_q$

여기서, x_d : 직축 동기리액턴스, x_q : 횡축 동기리액턴스

(5) 단락 전류

① 돌발 단락 전류 $I_s = \dfrac{E}{r_a + jx_l}$

② 영구 단락 전류 $I_s = \dfrac{E}{r_a + jx_s} = \dfrac{E}{r_a + j(x_a + x_l)} ≒ \dfrac{E}{jx_s}$

여기서, r_a : 전기자 권선 저항, x_l : 누설 리액턴스

x_a : 전기자 반작용 리액턴스, x_s : 동기 리액턴스($x_s = x_a + x_l$)

③ 평형 3상 전압을 유기하고 있는 발전기의 단자를 갑자기 단락하면 **단락 초기에 전기자 반작용이 순간적으로 나타나지 않기 때문에 막대한 과도 전류가 흐르다가 점차 감소하여 수초 후에는 영구 단락 전류값에 이르게 된다.**

- 돌발 단락 전류 억제 : 누설 리액턴스
- 영구 단락 전류 억제 : 동기 리액턴스

2) 단락비

(1) 단락비 $K_s = \dfrac{I_f{}'}{I_f{}''}$

여기서, $I_f{}'$: 무부하에서 정격 전압을 유기하는데 요하는 여자 전류

I_f'' : 3상 영구 단락 전류를 통하는 데 요하는 여자 전류

(2) $\%Z_s = \dfrac{Z_s I_n}{E_n} \times 100 = \dfrac{Z_s I_n}{\dfrac{V_n}{\sqrt{3}}} \times 100 = \dfrac{I_f''}{I_f'} \times 100 = \dfrac{1}{K_s} \times 100 [\%]$

$\therefore Z[\text{PU}] = \dfrac{1}{K_s}$

(3) 단락비의 값
   ① 터빈 발전기 : 0.6~1.0
   ② 수차 발전기 : 0.9~1.2

예제 38 정격 전압 6000[V], 용량 5000[kVA]의 Y결선 3상 동기 발전기가 있다. 여자 전류 200[A]에서의 무부하 단자 전압 6000[V], 단락 전류 600[A]일 때, 이 발전기의 단락비는?

|풀이| $V = 6000[\text{V}],\ P = 5000[\text{kVA}],\ I_s = 600[\text{A}]$

정격 전류 $I_n = \dfrac{P}{\sqrt{3}\,V} = \dfrac{5000 \times 10^3}{\sqrt{3} \times 6000} = 481.23\,[\text{A}]$

$K_s = \dfrac{I_s}{I_n} = \dfrac{600}{481.23} = 1.25$

3) 단락비와 다른 특성과의 관계

(1) 철기계의 특징
   ① **단락비가 크다.**
   ② **동기 임피던스가 적다.** ($K_s = \dfrac{1}{Z_s}$에서 동기 임피던스가 적어진다.)
   ③ **반작용 리액턴스 x_a가 적다.**
      ($Z_s = r_a + j(x_a + x_l)$)에서 Z_s가 적다는 것은 반작용 리액턴스 x_a가 적다는 것을 의미한다).
   ④ 계자 기자력이 크다. (전기자 기자력에 비해 상대적으로 계자 기자력이 크므로 전기자 반작용에 의한 영향이 적게 되고, **전압 변동률이 양호**해진다.)
   ⑤ 기계의 중량이 크다. (계자 기자력이 크다는 것은 계자 권회수가 많고 계자철심 즉, 회전자의 직경이 크게 되므로 기계의 중량이 큰 철기계를 의미한다)
   ⑥ 과부하 내량이 증대되고, 송전선의 충전 용량이 큰 여유가 있는 기계이나 반면에 **기계의 가격이 상승**한다.

(2) 동기계의 특징
   ① **단락비가 적다.**   ② **동기 임피던스가 크다.**
   ③ **전기자 반작용이 크다.** ④ 공극이 적다.
   ⑤ 중량이 가볍고 재료가 적게 들어 **가격이 싸다.**

4) 자기 여자

(1) 자기 여자란?

동기 발전기에 콘덴서와 같은 용량성 부하를 접속시키면 진상 전류가 전기자 권선에 흐르게 되며, 이때 전기자 전류에 의한 전기자 반작용은 자화작용이 되므로 발전기에 직류 여자를 가하지 않아도 전기자 권선에 기전력이 유기된다.

이와 같이 **앞선 전류에 의해 전압이 점차 상승되어 정상 전압까지 확립되어 가는 현상**을 동기 발전기의 **자기 여자 작용**(self excitation)이라 한다.

(2) 자기 여자 방지법

① 발전기 2대 또는 3대를 **병렬로 모선에 접속**한다.
② 수전단에 **동기 조상기**를 접속하고 이것을 **부족 여자**로 하여 송전선에서 지상 전류를 취하게 하면 충전 전류를 그만큼 감소시키는 것이 된다.
③ 송전 선로의 **수전단에 변압기를 접속**한다.
④ 수전단에 **리액턴스를 병렬로 접속**한다.
⑤ 발전기의 **단락비를 크게** 한다.

(3) 단락비와 충전 용량

발전기가 송전선로를 충전하는 경우 자기여자 현상을 보상하기 위하여 단락비를 크게 하여야 하며 선로를 안전하게 충전 할 수 있는 단락비의 값은 다음 식을 만족해야 한다.

$$단락비 > \frac{Q'}{Q}\left(\frac{V}{V'}\right)^2 (1+\sigma)$$

여기서, Q': 소요 충전 전압 V'에서의 선로의 충전 용량 [kVA]
Q : 발전기의 정격 출력 [kVA]
V : 발전기의 정격 전압 [V]
σ : 발전기의 정격 전압에서의 포화율

5.10 동기 발전기의 병렬 운전

1) 발전기의 병렬운전 조건

① 기전력의 **크기**가 같을 것　　② 기전력의 **위상**이 같을 것
③ 기전력의 **주파수**가 같을 것　　④ 기전력의 **파형**이 같을 것

이 외에도 3상 동기 발전기의 병렬 운전 시에는 **상회전 방향이 같아야 한다.**

2) 병렬 운전 조건 불만족 시 현상

(1) 기전력의 크기가 같지 않은 경우

$$I_c = \frac{E_1 - E_2}{2Z_s} = \frac{E_r}{2Z_s} [A]$$

$$\theta = \tan^{-1}\frac{2x_s}{2r_a} = \tan^{-1}\frac{x_s}{r_a} \fallingdotseq \frac{\pi}{2} \ (x_s \gg r_a \ \text{이므로})$$

인 **무효 순환 전류**가 흐른다.

예제 39 3000[V], 1500[kVA], 동기 임피던스 3[Ω]인 동일 정격의 두 동기 발전기를 병렬 운전하던 중 한 쪽 계자 전류가 증가해서 각 상 유도 기전력 사이에 300[V]의 전압차가 발생했다면 두 발전기 사이에 흐르는 무효 횡류는 몇 [A]인가?

| 풀이 | $I_c = \dfrac{E_r}{2Z_s} = \dfrac{300}{2\times 3} = 50\,[\text{A}]$

(2) 기전력의 위상이 다른 경우

동기화 전류가 흘러 G_1 발전기의 기전력 E_1과 G_2 발전기의 기전력 E_2의 위상을 동일하게 한다.

① 동기화 전류 $I_s = \dfrac{E_1}{x_s}\sin\dfrac{\delta}{2}$

② 동기화력 $P_s = \dfrac{E_1^2}{2x_s}\sin\delta$

예제 40 두 동기 발전기의 유도 기전력이 2000[V], 위상차 60°, 동기 리액턴스 100[Ω]식이다. 유효 순환 전류[A]는?

| 풀이 | 위상차가 생기면 동기화 전류가 흐른다. 동기화 전류 I_s는
$I_s = \dfrac{E}{x_s}\sin\dfrac{\delta}{2}$ 에서 $I_s = \dfrac{2000}{100}\times\sin\dfrac{60}{2} = 10[\text{A}]$

예제 41 3상 동기 발전기 2대를 무부하로 병렬 운전하고 있을 때 두 발전기의 유기 기전력 사이에 60°의 위상차가 생겼다면 두 발전기 사이에 주고 받은 전력은 몇 [kW]인가? 단, 두 발전기의 기전력은 2000[V], 동기 임피던스는 5[Ω]이다. 그리고 여기의 모든 값은 1상에 대한 값이다.

| 풀이 | $P_s = \dfrac{E^2}{2x_s}\sin\delta\,[\text{W}]$ 에서
$P = \dfrac{2000^2}{2\times 5}\times\dfrac{\sqrt{3}}{2}\times 10^{-3} = 200\sqrt{3}\,[\text{kW}]$

(3) 기전력의 주파수가 다른 경우

동기화 전류가 교대로 주기적으로 흐른다. 즉 난조의 원인이 된다.

(4) 기전력의 파형이 같지 않은 경우

각 순시의 기전력의 크기가 다르기 때문에 **고조파 무효 순환 전류**가 흐른다.

3) 동기 발전기 병렬 운전 시 서로 같지 않아도 되는 사항

① 발전기 용량
② 부하 전류
③ 임피던스

4) 부하의 분담

(1) 유효 전력의 분담

원동기의 속도 특성에 따라 정해진다. 즉, 어떠한 부하에 대해서나 부하 분담을 같게 하려면 속도 변동률이 같아야 한다.

(2) 무효 전력의 분담

기전력의 크기. 즉, 계자 전류의 크기에 의해 결정된다. 따라서 무효 전력을 분담시키고자 할 때는 계자 전류를 조정하면 되는데 계자 전류가 증대된 발전기의 역률은 저하되고 반대로 다른 발전기의 역률이 증가하게 된다.

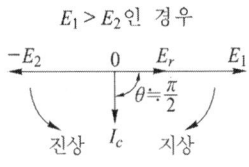

$$I_c = \frac{E_1 - E_2}{j2x_s} = -j\frac{E_r}{2x_s}$$

(3) 계자 전류 변화에 따른 특성 변화

[조건] G_1 발전기의 계자 전류 I_{f1}을 증가시키고,

G_2 발전기의 계자 전류 I_{f2}는 불변.

즉, G_1 발전기의 유기 기전력 E_1 > G_2 발전기의 유기 기전력 E_2

항 목	G_1 발전기	G_2 발전기
자 속 ϕ	ϕ_1 증가	ϕ_2 불변
유기기전력	E_1 증가	E_2 불변
유효분전류	불 변	불 변
무효분전류	지상분 무효 전류 증가	진상분 무효 전류 증가
유 효 전 력	불 변	불 변
무 효 전 력	지상분 무효 전력 증가	진상분 무효 전력 증가
역 률	$\cos\theta_1$ 저하	$\cos\theta_2$ 상승

예제 42 2대의 3상 동기 발전기를 병렬 운전하여 부하 전류 1000 [A], 뒤진 역률 0.8의 전력을 공급하고 있다. 각 발전기의 유효 전류가 같고 A기의 전류가 600 [A]일 때 B기의 전류[A]는?

| 풀이 | $I = 1000[A]$, $\cos\theta = 0.8$, $I_A = 600[A]$

부하 전류 유효분 $I' = I\cos\theta = 1000 \times 0.8 = 800\,[A]$

I_A, I_B의 유효분 $I_A' = I_B' = \dfrac{1}{2}I' = 400\,[A]$

A기의 역률 $\cos\theta_1 = I_A'/I_A = 400/600 = 0.67$

I_B의 무효분 $I\sin\theta = I_A \sin\theta_1 + I_B \sin\theta_2$ 에서

$\quad I_B \sin\theta_2 = I\sin\theta - I_A \sin\theta_1$

$\quad\quad = 1000 \times \sqrt{1-0.8^2} - 600 \times \sqrt{1-0.67^2} = 600 - 445.2 = 154.8\,[A]$

$\therefore I_B = \sqrt{(I\sin\theta_2)^2 + (I_B')^2} = \sqrt{154.8^2 + 400^2} = 428.9 \fallingdotseq 429\,[A]$

B기의 역률 $\cos\theta_2 = \dfrac{I_B'}{I_B} = \dfrac{400}{429} = 0.93$

5.11 동기 발전기의 안정도

1) 정태 안정도
여자를 일정하게 유지하고 부하를 서서히 증가하는 경우 탈조하지 않고 어느 범위까지 안정하게 운전할 수 있는 정도를 말하는 것으로 그 극한에 있어서의 전력을 정태안정 극한 전력 이라고 한다.

$$P = \dfrac{EV}{X}\sin\delta$$

2) 동태 안정도
발전기를 송전선에 접속하고 **자동 전압 조정기(AVR)로 여자 전류를 제어**하며 발전기 단자 전압이 정전압으로 안정하게 운전할 수 있는 정도를 말한다.

3) 과도 안정도
부하의 급변, 선로의 개폐, 접지, 단락 등의 고장 또는 기타의 원인에 의해서 운전 상태가 급변하여도 계통이 안정을 유지하는 정도를 말한다.

4) 안정도 향상대책
① **동기 임피던스를 작게** 한다.
② **속응 여자 방식**을 채택한다.
③ 회전자에 **플라이 휘일**을 설치하여 관성 모멘트를 크게 한다.
④ **정상 임피던스는 작고, 영상, 역상 임피던스를 크게** 한다.
⑤ **단락비를 크게** 한다.
⑥ 동기 탈조 계전기를 사용한다.

5.12 시험 및 측정

측정 항목	시험의 종류
철손	무부하 시험
기계손	무부하 시험
동기임피던스	단락 시험
동기리액턴스	단락 시험
단락비	무부하(포화)시험, 단락 시험

06. 동기 전동기

동기 전동기는 동기 발전기와 똑 같은 구조로서 일반적으로 **회전 계자형**이고 전기자 권선은 고정자측에 감고 회전자에는 주로 돌극형의 계자극을 설치하고 계자권선에 활동환(slip ring)을 통해 직류를 공급시켜 자극을 만든다.

즉, 자극수 p의 교류기에 전원주파수 f인 교류를 공급하면 회전자는 $N_s = \dfrac{120f}{p}$ [rpm]의 항상 같은 방향의 회전력이 생기며 동기속도로 회전하므로 동기전동기라 한다.

1) 동기 전동기의 특징

(1) 장점
① **속도가 일정** 불변이다.
② 항상 **역률** 1로 운전할 수 있다.
③ 부하의 **역률을 개선**할 수 있다.
④ 유도 전동기에 비하여 **효율이 좋다**.

(2) 단점
① 보통 구조의 것은 **기동 토크가 적고 속도 조정을 할 수 없다**.
② **난조**를 일으킬 염려가 있다.
③ 여자용의 직류 전원을 필요로 하며 설비비가 많이 든다.

2) 용도

(1) 저속도 대용량 : 시멘트 공장의 분쇄기, 각종 압축기, 송풍기, 제지용 쇄목기, 동기 조상기
(2) 소용량 : 전기 시계, 오실로그래프, 전송 사진

3) 전기자 반작용

전기자 반작용이란 **전기자 전류에 의한 자속 중 공극을 지나 주자극에 들어가 계자 자속에 영향을 미치는 것을 전기자 반작용**이라 한다.

이 반작용은 부하의 역률에 따라 그 작용이 다르게 된다.

작 용	동기 발전기	동기 전동기
교차 자화 작용 (횡축 반작용)	I_a가 E와 동상인 경우	I_a가 V와 동상인 경우
감자 작용(직축 반작용)	I_a가 E보다 $\pi/2$ 뒤지는 경우	I_a가 V보다 $\pi/2$ 앞서는 경우
증자 작용(자화 작용)	I_a가 E보다 $\pi/2$ 앞서는 경우	I_a가 V보다 $\pi/2$ 뒤지는 경우

여기서, I_a : 전기자 전류, E : 유기 기전력, V : 단자전압(공급전압)

4) 난조

(1) 난조 발생의 원인

난조 방지에 대한 대책으로는 제동 권선이 적당하며 난조에 대한 원인 및 대책은 다음과 같다.

① 원동기의 **조속기 감도**가 지나치게 **예민한 경우**

   방지대책 : 조속기를 적당히 조정하면 충분히 방지할 수 있다.

② 원동기의 토크에 **고조파 토크**가 포함된 경우

   방지대책 : 디젤 기관 등에 생기는 문제로 회전부의 플라이휠 효과를 적당히 선정하면 방지할 수 있다.

③ 전기자 회로의 **저항이 상당히 큰 경우**

   방지대책 : 회로의 저항을 작게 하거나 리액턴스를 삽입하면 방지할 수 있다.

④ 부하가 맥동할 때

   방지대책 : 회전부의 플라이휠 효과를 적당히 선정하면 방지할 수 있다.

(2) 제동 권선

제동 권선이란 자극면에 슬롯을 파서 여기에 저항이 적은 단락 권선을 설치한 것을 말한다.

5) 동기 전동기의 위상특성곡선 (V 곡선)

단자전압과 부하를 일정하게 유지하고 여자 전류를 변화시킬 경우 **여자 전류와 전기자 전류와의 관계**를 표시한 것으로 그 형상이 V자와 같으므로 V 곡선이라고 한다.

또한, 동기 전동기를 무부하로 운전하고 여자 전류를 부족여자 혹은 과여자로 하여 유기기전력 E의 크기를 조정함으로써 전기자 전류의 위상 및 크기를 조정할 수 있는 것을 동기 조상기라고 한다.

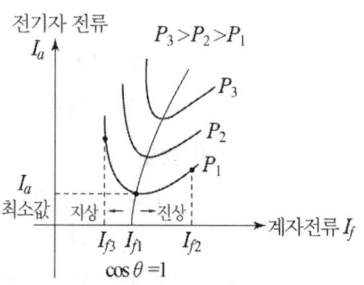

(1) 역률 1(계자전류 : I_{f1})

전기자 전류 I와 단자전압 V가 동상
① $\cos\phi = 1$ (V와 I는 동상)
② 전기자 전류 $I\left(I \fallingdotseq \dfrac{E_s}{jX}\right)$는 최소

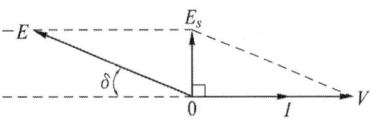

(2) 과여자 (계자 전류 : I_{f2}, 즉, $I_{f2} > I_{f1}$)

전기자 전류 I가 단자전압 V보다 위상이 ϕ만큼 앞선다.
① $\cos\phi =$ 진상
② **콘덴서의 역할**
③ 진상의 전기자 전류 증대

($I\left(I \fallingdotseq \dfrac{E_s}{jX}\right)$가 V보다 위상이 ϕ만큼 앞섬)

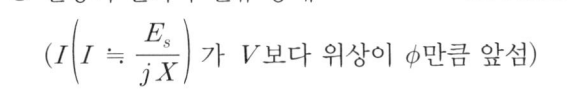

(3) 부족 여자 (계자 전류 : I_{f3}, 즉, $I_{f1} > I_{f3}$)

전기자 전류 I가 단자전압 V보다 위상이 ϕ만큼 뒤진다.
① $\cos\phi =$ 지상
② **리액터의 역할**
③ 지상의 전기자 전류 증대

($I\left(I \fallingdotseq \dfrac{E_s}{jX}\right)$가 V보다 위상이 ϕ만큼 뒤짐)

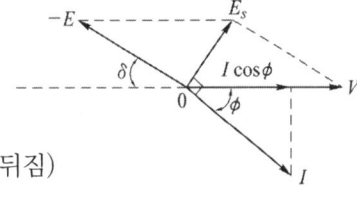

6) 동기 전동기의 기동방법

동기 전동기는 동기 속도 이외의 속도에서는 토크를 발생할 수 없으므로 **기동시의 토크는 0** 이다. 따라서, 전동기를 기동시키는 방법으로는 다음과 같다.

(1) 자기동법

난조 방지용 **제동 권선을 기동 권선으로 하여 시동 토크를 얻는 방법**으로 기동 토크는 전부하 토크의 40~60[%] 정도이므로 무부하 또는 경부하 기동에 적합하다.

(2) 기동 전동기법

동기 조상기와 같은 대용량기에 사용하는 기동 방식으로 **기동용 전동기에 의해 기동**하는 것이다. 이때 사용되는 기동 전동기는 유도 전동기, 유도동기 전동기, 또는 직류 전동기가 사용되며 **기동 전동기의 극수는 주 전동기의 극수보다 2극만큼 적은 것이 좋다.**

07. 변압기

7.1 변압기의 원리

변압기란 **전자유도작용**을 이용하여 교류 전압과 전류의 크기를 변성하는 장치로 **2개 이상의 전기회로와 1개 이상의 공통자기회로**로 이루어져 있다.

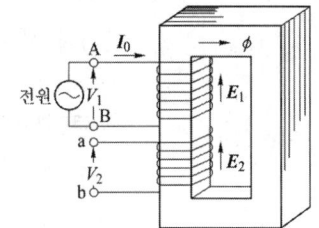

1) 여자전류

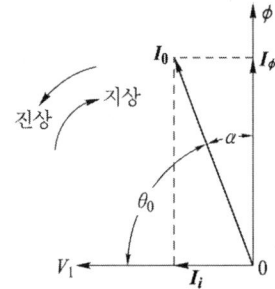
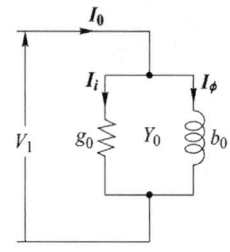

〈여자 회로 및 여자 전류의 벡터도〉

$$I_0 = I_\phi + I_i = \sqrt{I_\phi^2 + I_i^2}$$

$$I_i = \frac{P_i}{V_1}[\text{A}]$$

여기서, I_0 : 여자 전류, I_ϕ : 자화 전류, I_i : 철손 전류, P_i : 철손

또한, 철심에는 자기포화 및 히스테리시스 현상이 있으므로 변압기 여자전류에는 제3고조파가 가장 많이 포함되어 있다.

예제 43   1차 전압이 2200[V], 무부하 전류가 0.088[A], 철손이 110[W]인 단상 변압기의 자화 전류[A]는?

| 풀이 | $V_1 = 2200[\text{V}]$, $I_0 = 0.088[\text{A}]$, $P_i = 110[\text{W}]$

철손 전류 $I_i = \dfrac{P_i}{V_1} = \dfrac{110}{2200} = \dfrac{1}{20} = 0.05\,[\text{A}]$

따라서, 자화 전류 $I_\phi = \sqrt{I_0^2 - I_i^2}$ 식에서

∴ $I_\phi = \sqrt{0.088^2 - 0.05^2} = 0.072[\text{A}]$

2) 여자 어드미턴스

(1) $Y_0 = \sqrt{g_0^2 + b_0^2} = \dfrac{I_0}{V_1}$ [℧]

(2) $g_o = \dfrac{I_i}{V_1} = \dfrac{P_i}{V_1^2}$ [℧]

(3) $b_0 = \sqrt{Y_0^2 - g_0^2} = \sqrt{\left(\dfrac{I_0}{V_1}\right)^2 - \left(\dfrac{P_i}{V_1^2}\right)^2}$ [℧]

예제 44 2[kVA], 3000/100[V]인 단상 변압기의 철손이 200[W]이면 1차에 환산한 여자 컨덕턴스[℧]는?

| 풀이 | $P_i = 200[W]$, $V_1 = 3000[V]$, $V_2 = 100[V]$

$g_0 = \dfrac{P_i}{V_1^2} = \dfrac{200}{3000^2} = 22.2 \times 10^{-6}$ [℧]

3) 변압기의 누설리액턴스

$L \dfrac{di}{dt} = N \dfrac{d\phi}{dt}$ 에서

$L = \dfrac{N\phi}{I}$, $\phi = \dfrac{F}{R} = \dfrac{NI}{\dfrac{l}{\mu A}} = \dfrac{\mu ANI}{l}$ 이므로

$L = \dfrac{N \cdot \dfrac{\mu ANI}{l}}{I} = \dfrac{\mu AN^2}{l} \propto N^2$

여기서, L : 인덕턴스 [H], A : 철심의 단면적 [m²]
       N : 코일의 권수 [회], l : 자로의 길이 [m]

4) 자속 밀도와 주파수와의 관계

① $\phi = \dfrac{V_1}{\omega N_1} = \dfrac{V_1}{2\pi f N_1}$

② 단자 전압 V_1이 일정한 경우 $\phi \propto \dfrac{1}{f}$

③ $\phi = B \cdot A$ 에서 $\phi \propto B \propto \dfrac{1}{f}$

5) 1차 및 2차 유기 기전력

$E_1 = 4.44 f N_1 \Phi_m$ [V]

$E_2 = 4.44 f N_2 \Phi_m$ [V]

예제 45 권수비 $a = 6600/220$, 60[Hz] 변압기의 철심의 단면적 0.02[m²] 최대 자속 밀도 1.2[Wb/m²]일 때 1차 유기 기전력[V]은 약 얼마인가?

|풀이| $f = 60[\text{Hz}]$, $B_m = 1.2[\text{Wb/m}^2]$, $A = 0.02[\text{m}^2]$
$\phi_m = A \cdot B_m = 0.02 \times 1.2 = 0.024[\text{Wb}]$
$E = 4.44 f \phi_m N_1 = 4.44 \times 60 \times 0.024 \times 6600 = 42198[\text{V}]$

6) 권수비(전압비)

(1) 단상 변압기

$$\frac{E_1}{E_2} = \frac{N_1}{N_2} = a$$

여기서, 1차 및 2차 유기기전력의 비는 권수비와 같게 된다.
또한, 1차 및 2차권선 중에 함유된 임피던스를 무시하면 1차, 2차의 단자전압 V_1, V_2와 1차, 2차의 유기기전력 E_1, E_2는 같게 된다. 즉,

$$\frac{E_1}{E_2} = \frac{N_1}{N_2} \fallingdotseq \frac{V_1}{V_2} \fallingdotseq a$$

(2) 3상 결선

변압기의 전압비 = $\dfrac{1차측\ 상전압}{2차측\ 상전압}$

$$\frac{V_{p1}}{V_{p2}} = \frac{E_1}{E_2} = a$$

※ 전압비는 선간전압이 아니고 반드시 상전압이 되어야 한다.

예제 46 1차 전압 3300[V], 2차 전압 100[V]의 변압기에서 1차측에 3500[V]의 전압을 가했을 때의 2차측 전압은? 단, 권선의 임피던스는 무시한다.

|풀이| 권수비 $a = \dfrac{E_1}{E_2} = \dfrac{3300}{100} = 33$

$a = \dfrac{V_1}{V_2}$ 에서 $V_2 = \dfrac{V_1}{a} = \dfrac{3500}{33} = 106.06[\text{V}]$

7) 1차 및 2차 전류

① 2차 전류 $I_2 = \dfrac{E_2}{Z} = \dfrac{E_2}{r + jx}[\text{A}]$

② 1차 부하 전류 $I_1' = -\dfrac{N_2}{N_1} I_2 = -\dfrac{1}{a} I_2[\text{A}]$

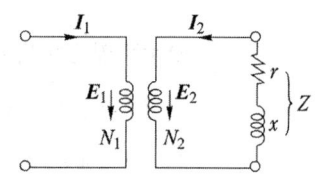

③ 1차 전류 $I_1 = I_0 + I_1' = I_0 + \dfrac{-N_2}{N_1}I_2 \fallingdotseq \dfrac{-N_2}{N_1}I_2$ [A] ($I_0 \ll I_1'$이므로 I_0를 무시)

8) 전류비

(1) 단상 변압기

$$\dfrac{I_1}{I_2} = \dfrac{N_2}{N_1} = \dfrac{1}{a}$$

(2) 3상 결선

변압기의 전류비 $= \dfrac{2차측 \ 상전류}{1차측 \ 상전류}$, $\dfrac{I_{p1}}{I_{p2}} = \dfrac{1}{a}$

※ 전류비는 선전류가 아니고 반드시 상전류가 되어야 한다.

7.2 변압기의 등가회로

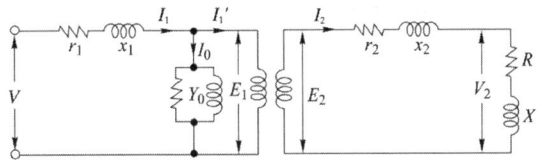

1) 2차측에서 1차측으로 환산

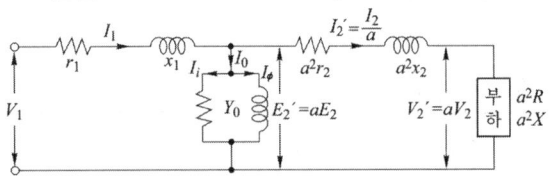

$V_2' = aV_2$, $E_2' = aE_2$, $I_2' = \dfrac{I_2}{a}$

$Z_2' = a^2 Z_2 = a^2(r_2 + jx_2)$

$Z' = a^2 Z = a^2(R + jX)$

【요약】 2차측에서 1차측으로 환산시

- 전압은 a배
- 전류는 $\dfrac{1}{a}$배
- 임피던스는 a^2배

예제 47 변압기의 2차측 부하 임피던스 Z가 20[Ω]일 때 1차측에서 보아 18[kΩ]이 되었다면 이 변압기의 권수비는 얼마인가? 단, 변압기의 임피던스는 무시한다.

| 풀이 | $a^2 Z_2 = Z_1$ ∴ $a = \sqrt{\dfrac{Z_1}{Z_2}} = \sqrt{\dfrac{18,000}{20}} = 30$

2) 1차측에서 2차측으로 환산

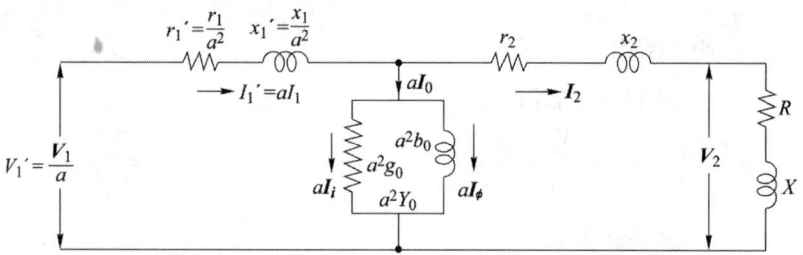

$$V_1' = \frac{V_1}{a}, \quad E_1' = \frac{E_1}{a}, \quad I_1' = aI_1, \quad I_0' = aI_0$$

$$Z_1' = \frac{Z_1}{a^2} = \frac{r_1 + jx_1}{a^2}, \quad Y_0' = a^2 Y_0 = a^2(g_0 - jb_0)$$

【요약】 1차측에서 2차측으로 환산시

- 전압은 $\frac{1}{a}$ 배
- 전류는 a 배
- 임피던스는 $\frac{1}{a^2}$ 배
- 어드미턴스는 a^2 배

7.3 변압기의 재료

1) 절연의 종류

종 류	최고사용온도[℃]	종 류	최고사용온도[℃]
Y 종	90	F 종	155
A 종	105	H 종	180
E 종	120	C 종	180 초과
B 종	130		

2) 철심(core)

① 비투자율과 저항률이 크고 **히스테리시스손이 적은 규소강판** 사용
② 규소 함유량 : 4~4.5 [%]
③ 강판의 두께 : 0.3~0.35 [mm]

3) 변압기의 기름

(1) 변압기의 기름으로서 갖추어야 할 조건
① 절연 저항 및 **절연내력이 클 것** (30[kV] / 2.5[mm] 이상)
② 절연 재료 및 금속에 화학 작용을 일으키지 않을 것
③ **인화점이 높고**(130[℃] 이상), **응고점이 낮을 것**(-30[℃] 이하)
④ 점도가 낮고(유동성이 풍부), 비열이 커서 **냉각 효과가 클 것**

⑤ 고온에서도 석출물이 생기거나 산화하지 않을 것
⑥ 열전도율이 클 것
⑦ 열 팽창계수가 작고 증발로 인한 감소량이 적을 것

(2) 절연유의 열화
① 열화 원인 : 변압기의 호흡작용에 의해 고온의 절연유가 외부 공기와의 접촉에 의해 열화 발생
② 열화영향
 • 절연내력의 저하   • 냉각효과 감소   • 침식작용
③ 열화 방지설비
 • 브리더   • 질소봉입   • 콘서베이터

4) 냉각 방식

(1) 건식
① 공냉식(air cooled type) : AA
공기의 대류 작용에 의해 냉각시키는 방식
② 풍냉식(air blast type) : AFA
송풍기에 의해 **강제통풍**을 시켜 냉각시키는 방식

(2) 유입식(oil immersed cooled type)
① 유입 자냉식(oil immersed self cooled type) : OA
변압기의 본체를 절연유로 채워진 외함 내에 넣어 **대류 작용**에 의해 발생된 열을 외기중으로 방산시키는 방식
② 유입 수냉식(oil immersed water cooled type) : OW
상부 기름 중에 냉각관을 두어 이것에 **냉각수를 순환**시켜 냉각하는 방식
③ 유입 송유식(oil immersed forced oil circulating type) : FOA, FOW
외함 내에 있는 가열된 기름을 **순환펌프에 의해 외부의 수냉식 냉각기 및 풍냉식 냉각기**에 의해 냉각시켜 다시 외함 내에 유입 시키는 방식
④ 유입 풍냉식(oil immersed air blast type) : FA
유입 변압기에 방열기를 부착시키고 **송풍기에 의해 강제 통풍**시켜 냉각 효과를 증대시킨 방식

7.4 변압기의 특성

1) 단락 전류

(1) $I_{1s} = \dfrac{V_1}{Z_1 + Z_2'}$ [A], $I_{1s} = \dfrac{100}{\%Z} \times I_n$

(2) $I_{2s} = aI_{1s}$ [A]

여기서, I_{1s} : 1차 단락 전류, I_{2s} : 2차 단락 전류

$$Z_1 = r_1 + jx_1$$

$$Z_2' = a^2 Z_2 = a^2(r_2 + jx_2) = r_2' + jx_2'$$

2) 백분율 전압 강하

(1) 임피던스 전압 및 임피던스 와트

단락 전류 I_{1s}를 1차 정격 전류와 같게 조정했을 때의 1차 전압 V_s을 임피던스 전압, 이때의 입력 P_s[W]를 임피던스 와트라고 한다.

$$V_s = Z_{21} I_{1n} = \sqrt{r_{21}^2 + x_{21}^2}\, I_{1n}\ [V]$$

$$P_s = r_{21} I_{1n}^2 = (r_1 + a^2 r_2) I_{1n}^2\ [W]$$

여기서, $r_{21} = r_1 + a^2 r_2,\ x_{21} = x_1 + a^2 x_2$

(2) %저항 강하 p

$$p = \frac{r_{21} I_{1n}}{V_{1n}} \times 100 = \frac{r_{21} I_{1n}^2}{V_{1n} I_{1n}} \times 100 = \frac{P_s}{V_{1n} I_{1n}} \times 100\,[\%]$$

(3) %리액턴스 강하 q

$$q = \frac{x_{21} I_{1n}}{V_{1n}} \times 100\ [\%]$$

(4) %임피던스 강하 z

$$z = \frac{z_{21} I_{1n}}{V_{1n}} \times 100 = \frac{V_s}{V_{1n}} \times 100 = \sqrt{p^2 + q^2}\ [\%]$$

여기서, I_{1n} : 1차 정격 전류, V_{1n} : 1차 정격 전압

$$\frac{I_{1s}}{I_{1n}} = \frac{V_{1n}}{I_{1n}\sqrt{(r_{21})^2 + (x_{21})^2}} = \frac{100}{z}$$

예제 48 5[kVA], 3000/200[V]의 변압기의 단락 시험에서 임피던스 전압 = 120[V], 동손 = 150[W]라 하면 % 저항 강하는 몇 [%]인가?

| 풀이 | $p = \dfrac{I_{1n} r}{V_{1n}} \times 100 = \dfrac{I_{1n}^2 r}{V_{1n} I_{1n}} \times 100 = \dfrac{P_c}{\mathrm{VA}} \times 100 = \dfrac{150}{5000} \times 100 = 3[\%]$

예제 49 3300/210[V], 5[kVA] 단상 변압기가 퍼센트 저항 강하 2.4[%], 리액턴스 강하 1.8[%]이다. 임피던스 전압[V]는?

| 풀이 | $p = 2.4\,[\%],\ q = 1.6\,[\%]$이므로 % 임피던스를 z라 하면

$$z = \sqrt{p^2 + q^2} = \sqrt{2.4^2 + 1.8^2} = 3\,[\%]$$

$z = \dfrac{V_s}{V_{1n}} \times 100\,[\%]$ 에서

$$\therefore V_s = \dfrac{zV_{1n}}{100} = \dfrac{3 \times 3300}{100} = 99\,[\text{V}]$$

3) 전압 변동률

$$\epsilon = \dfrac{V_{20} - V_{2n}}{V_{2n}} \times 100\,[\%]$$

여기서, V_{20} : 무부하 2차 단자 전압

V_{2n} : 정격 2차 단자 전압

예제 50 어떤 단상 변압기의 2차 무부하 전압이 240 [V]이고 정격 부하시의 2차 단자 전압이 230 [V]이다. 전압변동률[%]은?

|풀이| $V_{20} = 240\,[\text{V}],\ V_{2n} = 230\,[\text{V}]$

$$\therefore \epsilon = \dfrac{V_{20} - V_{2n}}{V_{2n}} \times 100 = \dfrac{240 - 230}{230} \times 100 = \dfrac{10}{230} \times 100 = 4.35\,[\%]$$

(1) 지상 부하 시 전압변동률

$$\epsilon = p\cos\phi + q\sin\phi + \dfrac{1}{200}(q\cos\phi - p\sin\phi)^2\,[\%]$$

$$\fallingdotseq p\cos\phi + q\sin\phi \quad (\phi : \text{부하 } Z\text{의 위상각})$$

예제 51 어느 변압기의 백분율 저항 강하가 2 [%], 백분율 리액턴스 강하가 3 [%]일 때 역률(지역률) 80 [%]인 경우의 전압변동률[%]은?

|풀이| $p = 2\,[\%],\ q = 3\,[\%],\ \cos\theta = 80\,[\%]$

$\epsilon = p\cos\phi + q\sin\phi = 2 \times 0.8 + 3 \times 0.6 = 3.4\,[\%]$

(2) 진상 부하시 전압변동률

$$\epsilon \fallingdotseq p\cos\phi - q\sin\phi$$

예제 52 어떤 변압기의 단락 시험에서 % 저항 강하 1.5 [%]와 % 리액턴스 강하 3 [%]를 얻었다. 부하 역률이 80 [%] 앞선 경우의 전압변동률[%]은?

|풀이| $p = 1.5\,[\%],\ q = 3\,[\%],\ \cos\theta = 0.8\,(진상)$

$\epsilon = p\cos\phi - q\sin\phi = 1.5 \times 0.8 - 3 \times 0.6 = -0.6\,[\%]$

(3) 역률이 100 [%]일 때 전압변동률

$\cos\phi = 1$, $\sin\phi = 0$이므로

$$\epsilon \fallingdotseq p = \frac{I_{2n}\,r}{V_{2n}} \times 100 = \frac{I_{2n}^2\,r}{V_{2n}\,I_{2n}} \times 100 = \frac{전부하\ 동손}{정격\ 용량} \times 100[\%]$$

(4) 최대 전압변동률 $\epsilon_{\max} = \sqrt{p^2 + q^2}$

(5) 최대 전압변동률을 발생하는 역률

$$\cos\phi_{\max} = \frac{p}{\sqrt{p^2 + q^2}}$$

예제 53 % 저항 강하 1.8, % 리액턴스 강하가 2.0인 변압기의 전압변동률의 최대값과 이 때의 역률은 각각 몇 [%]인가?

| 풀이 | $\epsilon_{\max} = \sqrt{p^2 + q^2} = \sqrt{1.8^2 + 2^2} = 2.7[\%]$

$\cos\phi_m = \dfrac{p}{\sqrt{p^2+q^2}} = \dfrac{1.8}{2.7} = 0.67 = 67[\%]$

4) 변압기의 손실

(1) 히스테리시스손

$$P_h = K_h f B_m^2\,[\text{W/kg}]$$

$V = 4.44 f N \phi_m$ 에서 $\phi_m \propto B_m \propto \dfrac{V}{f}$

$$\therefore P_h = K \cdot f \cdot \left(\frac{V}{f}\right)^2 = K\frac{V^2}{f}$$

여기서, B_m : 최대 자속 밀도 [Wb/m^2]

K_h : 히스테리시스 계수

f : 주파수 [Hz]

(2) 와류손

$$P_e = K_e (t \cdot f \cdot K_f \cdot B_m)^2$$

$$\therefore P_e = K\left(f \cdot \frac{V}{f}\right)^2 = KV^2$$

여기서, K_e : 재료에 따라 정해지는 상수

t : 철심의 두께 [m]

K_f : 파형률 $\left(\dfrac{실효치}{평균치} = 1.11\right)$

예제 54 3300[V], 60[Hz]용 변압기의 와류손이 720[W]이다. 이 변압기를 2750[V], 50[Hz]의 주파수에 사용할 때 와류손[W]은?

| 풀이 | 와류손은 주파수와는 무관하고 전압의 제곱에 비례하므로
$$\therefore P_e' = P_e \times \left(\frac{V'}{V}\right)^2 = 720 \times \left(\frac{2750}{3300}\right)^2 = 500[W]$$

(3) 전손실
$$P_l = P_i + m^2 P_c$$
$$P_i = P_h + P_e$$

여기서, P_i : 철손 [W], P_h : 히스테리시스손 [W]
P_e : 와류손 [W], m : 부하율

7.5 변압기의 극성

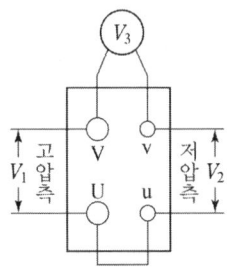

변압기의 극성이란 어느 순간에 1차와 2차 양단자에 나타나는 유기기전력의 방향을 나타내는 것으로서 감극성과 가극성이 있으며 **우리 나라는 감극성이 표준**이다.

예제 55 210/105[V]의 변압기를 그림과 같이 결선하고 고압측에 200[V]의 전압을 가하면 전압계의 지시는 몇 [V]인가?

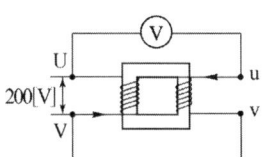

| 풀이 | 권수비 $a = \frac{210}{105} = 2$

$V_1 = 200$ [V]일 때, $V_2 = \frac{V_1}{a} = \frac{200}{2} = 100$ [V]

그러므로 전압계의 지시 V는
V의 지시 $= V_1 - V_2 = 200 - 100 = 100$[V] (감극성)

7.6 변압기 결선

1) △-△ 결선도

(1) 결선도

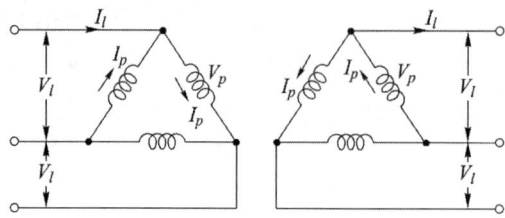

(2) 전압, 전류

① 선간 전압(V_l), 상전압(V_p)

선간 전압과 상전압은 크기가 같고 동상이 된다.

$$V_l = V_p \underline{/0°}$$

② 선전류(I_l), 상전류(I_p)

선전류는 상전류에 비해 크기가 $\sqrt{3}$ 배이고 위상은 30° 뒤진다.

$$I_l = \sqrt{3}\, I_p \underline{/-30°}$$

(3) 장·단점

① 장점
- 제3고조파 전류가 △결선 내를 순환하므로 정현파 교류 전압을 유기하여 기전력의 파형이 왜곡되지 않는다.
- 1상분이 고장이 나면 나머지 2대로써 **V결선 운전이 가능**하다.
- 각 변압기의 상전류가 선전류의 $1/\sqrt{3}$ 이 되어 **대전류에 적당**하다.

② 단점
- **중성점을 접지할 수 없으므로 지락 사고의 검출이 곤란**하다.
- 권수비가 다른 변압기를 결선 하면 **순환 전류가 흐른다.**
- 각 상의 임피던스가 다를 경우 3상 부하가 평형이 되어도 변압기의 부하 전류는 불평형이 된다.

2) Y-Y 결선

(1) 결선도

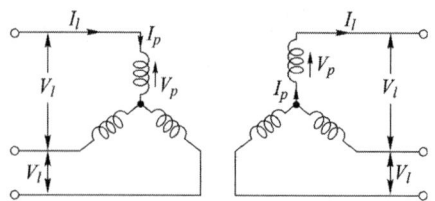

(2) 전압, 전류

① 선간 전압(V_l), 상전압(V_p)

선간 전압은 상전압에 비해 크기가 $\sqrt{3}$ 배이고 위상은 30° 앞선다.

$$V_l = \sqrt{3}\ V_p\ \underline{/30°}$$

② 선전류(I_l), 상전류(I_p)

선전류는 상전류와 크기가 같고 위상이 동상이 된다.

$$I_l = I_p\ \underline{/0°}$$

(3) 장·단점

① 장점
- 1차 전압, 2차 전압 사이에 **위상차가 없다.**
- 1차, 2차 모두 **중성점을 접지할 수 있으며 고압의 경우 이상 전압을 감소**시킬 수 있다.
- 상전압이 **선간 전압의 $1/\sqrt{3}$ 배이므로 절연이 용이**하여 고전압에 유리하다.

② 단점
- 제3고조파 전류의 통로가 없으므로 기전력의 파형이 제3고조파를 포함한 **왜형파가 된다.**
- 중성점을 접지하면 제3고조파 전류가 흘러 **통신선에 유도 장해**를 일으킨다.
- 부하의 불평형에 의하여 중성점 전위가 변동하여 3상 전압이 불평형을 일으키므로 송, 배전 계통에 거의 사용하지 않는다.

※ Y-Y-△의 **3권선 변압기에서 3권선의 용도**는

① 제3고조파 제거

② 조상 설비 설치

③ 소내 전력 공급용 으로 쓰인다.

3) Y-△, △-Y 결선

(1) 결선도 (△-Y)

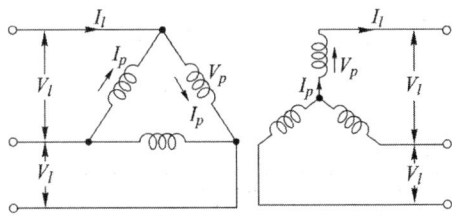

(2) 장·단점

① 장점
- 한 쪽 Y결선의 **중성점을 접지**할 수 있다.
- Y결선의 **상전압은 선간 전압의 $1/\sqrt{3}$ 이므로 절연이 용이**하다.

- 1, 2차 중에 △결선이 있어 제3고조파의 장해가 적고, 기전력의 파형이 왜곡되지 않는다.
- Y-△ 결선은 강압용으로, △-Y 결선은 승압용으로 사용할 수 있어서 송전계통에 융통성 있게 사용된다.

② 단점
- 1, 2차 선간전압 사이에 30°의 위상차가 있다.
- 1상에 고장이 생기면 전원 공급이 불가능해진다.
- 중성점 접지로 인한 유도 장해를 초래한다.

예제 56 전압비 30 : 1의 단상 변압기 3대를 1차 △, 2차 Y로 결선하고 1차에 선간 전압 3300[V]를 가했을 때의 무부하 2차 선간 전압은?

| 풀이 | 1차는 △결선이므로

$$V_{1p} = V_{1l} = 3300[V]$$

$$a = \frac{V_{1p}}{V_{2p}} \text{에서 } V_{2p} = \frac{V_{1p}}{a} = \frac{3300}{30} = 110$$

2차는 Y결선이므로

선간전압 $V_{2l} = \sqrt{3} V_{2p} = \sqrt{3} \times 110 = 190.5[V]$

4) 3상 출력

$$P = \sqrt{3} V_l I_l = 3 V_p I_p = 3 \times \text{단상 출력}$$

단, V_{p1}, V_{p2} : 1차, 2차 상전압 I_{p1}, I_{p2} : 1차, 2차 상전류

V_l, I_l : 선간 전압, 선전류 V_p, I_p : 상전압, 상전류

5) V-V 결선

(1) 결선도

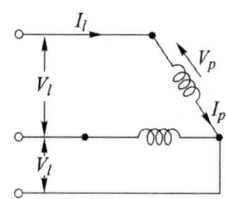 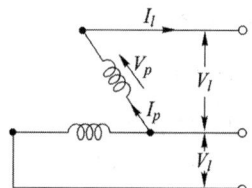

(2) V결선과 Y결선 및 △결선과의 비교

결선법	선간전압 V_l	선전류 I_l	출 력	
Y결선	$\sqrt{3} V_p$	I_p	$\sqrt{3} V_l I_l$	$3 V_p I_p$
△결선	V_p	$\sqrt{3} I_p$	$\sqrt{3} V_l I_l$	$3 V_p I_p$
V결선	V_p	I_p	$\sqrt{3} V_l I_l$	$\sqrt{3} V_p I_p$

여기서, V_l : 선간전압, I_l : 선로전류, V_p : 정격전압, I_p : 상전류

(3) 출력의 비 $= \dfrac{\text{V결선 출력}}{3\text{상 출력}} = \dfrac{\sqrt{3}\,VI}{3VI} = \dfrac{1}{\sqrt{3}} ≒ 0.577 = 57.7[\%]$

(4) 이용률 $= \dfrac{3\text{상 출력}}{\text{설비용량}} = \dfrac{\sqrt{3}\,VI}{2VI} = \dfrac{\sqrt{3}}{2} = 0.866 = 86.6[\%]$

(5) 장·단점
   ① 장점
      - △ – △ 결선에서 1대의 변압기 고장시 2대만으로도 3상 부하에 전력을 공급할 수 있다.
      - 설치 방법이 간단하고, 소용량이면 가격이 저렴하므로 3상 부하에 널리 이용된다.
   ② 단점
      - 설비의 **이용률이 86.6[%]로 저하**된다.
      - △결선에 비해 **출력이 57.7[%]로 저하**된다.
      - 부하의 상태에 따라서, 2차 단자 전압이 불평형이 될 수 있다.

예제 57 용량 100[kVA]인 동일 정격의 단상 변압기 4대로 낼 수 있는 3상 최대 출력 용량[kVA]은?

| 풀이 | 단상 변압기 4대는 V결선 2뱅크로 운전
$P = 2P_V = 2 \times \sqrt{3}\,P_1 \quad \therefore\ P = 2\sqrt{3}\,P_1 = 2\sqrt{3} \times 100 = 200\sqrt{3}\,[\text{kVA}]$

7.7 3상 변압기의 병렬운전

1) 병렬 운전의 조건
① 각 변압기의 **극성이 같을 것**
② 각 변압기의 권수비가 같고, 1차와 2차의 **정격 전압이 같을 것**
③ 각 변압기의 **%임피던스 강하가 같을 것**
④ 3상식에서는 위의 조건 외에 각 변압기의 **상회전 방향 및 각 변위가 같을 것**
각 변위(위상변위)란 1차 유기전압을 기준으로 하고 이에 대한 2차 유기전압의 뒤진 각을 말한다.

2) 3상 변압기의 병렬 운전 결선

병렬 운전 가능	병렬 운전 불가능
△–△ 와 △–△	
Y–△ 와 Y–△	
Y–Y 와 Y–Y	△–△ 와 △–Y
△–Y 와 △–Y	△–Y 와 Y–Y
△–△ 와 Y–Y	
△–Y 와 Y–△	

7.8 상수의 변환

1) 3상-2상간의 상수 변환
① 스코트 결선(T결선)
② 메이어 결선
③ 우드 브리지 결선

2) 3상-6상간의 상수 변환
① 환상 결선   ② 2중 3각 결선   ③ 2중 성형 결선
④ 대각 결선   ⑤ 포크 결선

3) 스코트 결선

(1) 결선

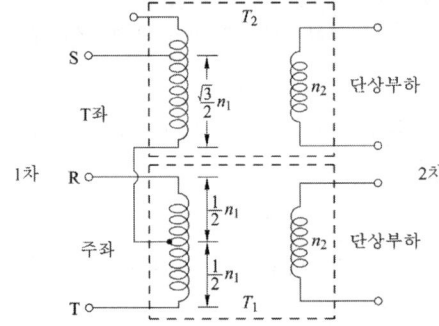

(2) 결선 방법

주좌변압기 T_1의 1차 권선의 $\frac{1}{2}$ 되는 점. 즉, $\frac{1}{2}n_1$에서 탭을 인출하여 T좌 변압기 T_2의 한 단자에 접속하고 T좌 변압기의 $\frac{\sqrt{3}}{2}$ 되는 점. 즉, $\frac{\sqrt{3}}{2}n_1$에서 탭을 인출하여 전원 전압을 공급

(3) 권선비

① 주좌변압기 $\alpha_M = \dfrac{n_1}{n_2}$

② T좌변압기 $\alpha_T = \dfrac{\frac{\sqrt{3}}{2}n_1}{n_2} = \dfrac{\sqrt{3}}{2}\alpha_M$

(4) 이용률

이용률 $= \dfrac{\sqrt{3}\,VI}{2\,VI} = 0.866 = 86.6[\%]$

예제 58 T-결선에 의하여 3300[V]의 3상으로부터 200[V], 40[kVA]의 전력을 얻는 경우 T좌 변압기의 권수비는?

| 풀이 | 주좌 변압기의 권수비를 a_M, T좌 변압기의 권수비를 a_T 라 하면

$$a_T = a_M \times \frac{\sqrt{3}}{2} = \frac{3300}{200} \times \frac{\sqrt{3}}{2} = 16.5 \times 0.866 = 14.29$$

7.9 변압기 효율

1) 실측효율 η

$$\eta = \frac{출력}{입력} \times 100[\%]$$

2) 규약효율 η

$$\eta = \frac{출력}{출력+철손+동손} \times 100[\%]$$

(1) 정격 부하시

$$\eta = \frac{V_{2n} I_{2n} \cos\theta}{V_{2n} I_{2n} \cos\theta + P_i + I_{2n}^2 r_{21}} \times 100 \ [\%]$$

(2) 전부하시의 m 부하로 운전시

$$\eta = \frac{m V_{2n} I_{2n} \cos\theta}{m V_{2n} I_{2n} \cos\theta + P_i + m^2 I_{2n}^2 r_{21}} \times 100 \ [\%]$$

(3) 최대 효율로 운전 조건

"철손 = 동손"일 때 최대 효율로 운전 가능 즉, $P_i = m^2 P_c$

따라서, $m = \sqrt{\frac{P_i}{P_c}}$ 의 부하로 운전시 최대 효율로 운전된다.

예제 59 전부하에서 동손 100[W], 철손 50[W]인 변압기가 최대 효율을 나타내는 부하[%]는?

| 풀이 | 최대 효율은 철손과 동손이 같을 때이므로
$P_i = m^2 P_c$
$\therefore m = \sqrt{\frac{P_i}{P_c}} = \sqrt{\frac{50}{100}} = 0.7 = 70[\%]$

예제 60 정격 150[kVA], 철손 1[kW], 전부하 동손이 4[kW]인 단상 변압기의 최대 효율[%]과 최대 효율시의 부하[kVA]를 구하면?

| 풀이 | 변압기 효율은 $m^2 P_c = P_i$ 일 때 최대이므로

$m^2 \times 4 = 1 \qquad \therefore m = \sqrt{\frac{1}{4}} = \frac{1}{2}$

따라서 $150 \times \dfrac{1}{2} = 75\,[\text{kVA}]$에서 최대 효율이 된다.

$$\therefore \eta_m = \dfrac{150 \times \dfrac{1}{2}}{150 \times \dfrac{1}{2} + 1 \times 2} \times 100 = 97.4[\%]$$

7.10 특수 변압기

1) 3권선 변압기

(1) 전압비 및 전류비

한 변압기의 철심에 3개의 권선이 있는 변압기를 3권선 변압기라고 한다. 1차, 2차 및 3차 기전력을 E_1, E_2, E_3, 1차, 2차 및 3차 권선수를 N_1, N_2, N_3라고 하면,

- $E_2 = \dfrac{N_2}{N_1} E_1$

- $E_3 = \dfrac{N_3}{N_1} E_1$

- $I_1 = \dfrac{N_2}{N_1} I_2 + \dfrac{N_3}{N_1} I_3$

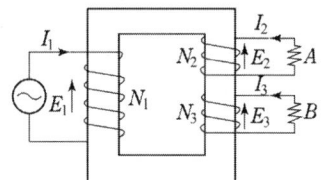

(2) Y-Y-△의 3권선 변압기의 제3차 권선(△)의 용도

① 소내용 전력공급
② 조상설비 설치
③ 제3고조파 억제

2) 단권 변압기

(1) 전압비

$$\dfrac{V_1}{V_2} = \dfrac{E_1}{E_1 + E_2} = \dfrac{n_1}{n_2} = a$$

(2) 전류비

$$\dfrac{I_1}{I_2} = \dfrac{n_2}{n_1} = \dfrac{1}{a}$$

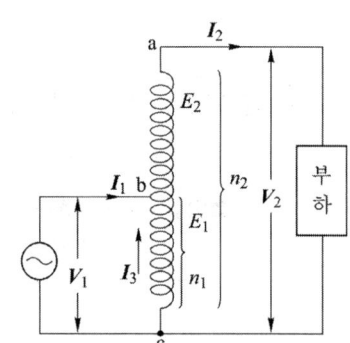

(3) 자기 용량과 부하 용량

- $\dfrac{\text{자기 용량}}{\text{부하 용량}} = \dfrac{\text{직렬 권선 부분의 전류} \times \text{승압 (강압) 전압}}{\text{출력}}$

$$= \dfrac{(V_2 - V_1) I_2}{V_2 I_2} = 1 - \dfrac{V_1}{V_2} = 1 - a$$

- 단권 변압기 용량 (자기 용량) = 부하 용량 $\times \dfrac{V_2 - V_1}{V_2}$

  = 부하 용량 $\times \dfrac{\text{고압} - \text{저압}}{\text{고압}}$

예제 61 1차 전압 100[V], 2차 전압 200[V], 선로 출력 50[kVA]인 단권 변압기의 자기 용량은 몇 [kVA]인가?

| 풀이 | $\dfrac{\text{자기 용량}}{\text{부하 용량}} = \dfrac{V_h - V_l}{V_h}$

∴ 자기 용량 = 부하 용량 $\times \dfrac{V_h - V_l}{V_h} = 50 \times \dfrac{200 - 100}{200} = 25[\text{kVA}]$

(4) 단권 변압기의 3상 결선

결선 방식	Y결선	△결선	V결선	변연장 △결선
$\dfrac{\text{자기 용량}}{\text{부하 용량}}$	$1 - \dfrac{V_l}{V_h}$	$\dfrac{V_h^2 - V_l^2}{\sqrt{3}\, V_h V_l}$	$\dfrac{2}{\sqrt{3}}\left(1 - \dfrac{V_l}{V_h}\right)$	$-\dfrac{\sqrt{3}}{2}\left(\dfrac{V_l}{V_h}\right) + \sqrt{1 - \dfrac{1}{4}\left(\dfrac{V_l}{V_h}\right)^2}$

(5) 단권 변압기와 보통 변압기와의 비교

고압/저압의 비가 10이상일 때는 단권 변압기의 용량이 거의 부하 용량과 같게 되지만 그 이하에서는 단권 변압기의 용량이 부하 용량보다 매우 적게 된다. 즉, **고압/저압의 비가 10이하 에서는 단권 변압기가 유리**하지만 그 이상에서는 장점이 없다.

【특징】

① 분로 권선의 전류는 1차 전류와 부하 전류와의 차전류이므로 **분로 권선은 가늘어도 되며** 그에 따라 자로가 단축되므로 **재료를 절약**할 수 있다.

② 분로 권선은 공통선로이므로 누설자속이 없어 전압변동률이 작다.

③ 저압측에도 고압측과 같이 절연을 해야하며 고압측 전압이 높아지면 저압측에도 고전압을 받게 되므로 위험이 크게 따르게 된다.

3) 정전류 변성기

1차측에는 일정 전압을 가해 놓고 2차측의 부하를 변화시켜도 **2차 전류가 항상 일정**하여야 한다. 이러한 목적에 사용하는 변압기를 **정전류 변압기 또는 누설 변압기**라고 하며 **아아크등, 네온관등, 전기 용접기 등에 사용**된다.

4) 계기용 변성기

교류 고전압 대전류 등의 전기량을 측정하려고 하는 경우 전압계나 전류계를 직접 접속하여 측정하려면 대단히 위험하다. 이런 경우 안전하게 전기량을 측정하기 위한 장치로 계기용 변압기와 변류기가 있다.

(1) 계기용 변압기

공칭 전압비 : $K_{np} = \dfrac{V_1}{V_2}$

일반적으로 계기용 변압기의 1차 전압이 정격 전압일 때 **2차 전압은 110 [V]가 정격**이다.

(2) 변류기

공칭 전류비 : $K_{nc} = \dfrac{I_1}{I_2}$

일반적으로 1차측에 정격 전류가 흐를 때 **2차 전류가 5 [A]**이다.

① 가동 접속

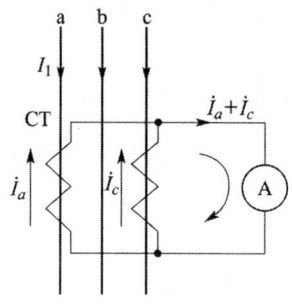 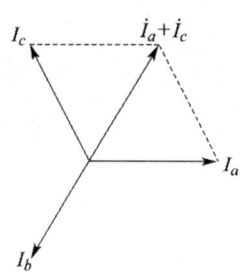

여기서, I_1 : 부하 전류

I_a, I_b, I_c : CT 2차 전류

$I_a + I_c$: 전류계 Ⓐ의 지시값, 즉 Ⓐ의 지시는 CT 2차 전류와 같은 크기의 전류값 지시(I_b상)

② 차동 접속 (교차 접속)

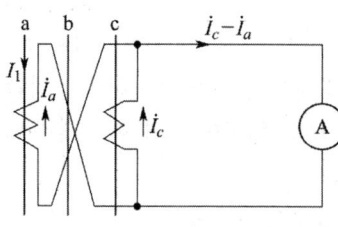 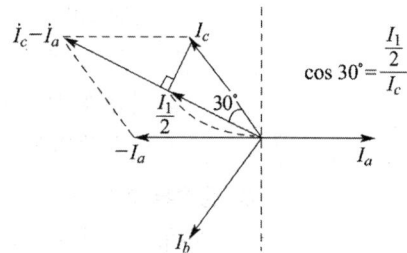

여기서, $I_c - I_a$: 전류계 Ⓐ 지시값,

즉, Ⓐ의 지시는 CT 2차 전류의 $\sqrt{3}$ 배 지시

($I_c - I_a = \sqrt{3} I_a = \sqrt{3} I_c$)

1차 전류 I_1 = 전류계 Ⓐ 지시값 $\times \dfrac{1}{\sqrt{3}} \times$ CT비

5) 몰드 변압기

몰드 변압기란 변압기 코일을 직접 에폭시 수지로 몰드하는 고체 절연 방식의 변압기를 말하며 절연 방식에 따라 금형방식과 무금형방식이 있다.

(1) 금형방식
① 주형법　　　　　　② 함침법
③ 함침 주형법　　　　④ FRP 주형법

(2) 무금형 방식
① 프리프레그 절연법　② 디핑법
③ 필라멘트 와인딩법　④ 부유 경화법

7.11 변압기 보호계전기 및 측정

1) 변압기 내부고장 검출용 보호 계전기
① **차동 계전기 (비율 차동 계전기)**
② 압력 계전기
③ **부흐홀쯔 계전기**
④ 가스 검출 계전기

2) 변압기 권선온도 측정 : 열동 계전기

3) 변압기의 온도 시험

(1) 실 부하법
전력손실이 크기 때문에 **소용량 이외의 경우에는 적용하지 않음**

(2) 반환부하법
반환 부하법은 동일 정격의 변압기가 2대 이상 있을 경우에 채용되며, **전력 소비가 적고 철손과 동손을 따로 공급하는 것으로 현재 가장 많이 사용하고 있다.**

4) 변압기의 시험

(1) 개방회로 시험으로 측정할 수 있는 항목
① 무부하전류　② 히스테리시스손
③ 와류손　　　④ 여자어드미턴스
⑤ 철손

(2) 단락시험으로 측정할 수 있는 항목
① 동손
② 임피던스와트
③ 임피던스전압

08. 유도기

8.1 유도 전동기의 구조

1) 유도 전동기
한 권선에서 **전자 유도 작용**에 의하여 다른 한 권선에 에너지가 전달되어 회전하는 전동기를 유도 전동기라고 한다.

(1) 고정자
  ① 유도 전동기의 회전하지 않는 부분을 말한다.
  ② 일반적으로 1차권선은 고정자에 있게 된다.
  ③ 철심은 두께 **0.35 [mm]** 또는 **0.5 [mm]**의 **규소강판**을 사용

(2) 회전자
  ① 유도 전동기의 회전하는 부분을 말한다.
  ② 일반적으로 **2차 권선은 회전자**에 있게 된다.
  ③ 시동중의 이상현상을 개선하기 위하여 **스큐(skew) 슬롯**을 채택한다.
     (스큐는 일반적으로 1슬롯만큼 경사지게 한다)

8.2 유도 전동기의 이론

1) 동기속도
① $n_s = \dfrac{2f}{p}$ [rps]

② $N_s = \dfrac{120f}{p}$ [rpm]

2) 전기적 각도 = $\dfrac{p}{2} \times$ 기하학적 각도

3) 슬립(slip)

슬립 $s = \dfrac{N_s - N}{N_s} \times 100 [\%]$

$\therefore N = (1-s)N_s$ [rpm]

여기서, N_s : 회전자계의 속도(동기 속도) [rpm]
        N : 전동기의 실제 회전 속도 [rpm]

(1) 유도 전동기의 슬립 : $0 < s < 1$
   ① $s = 1$이면 $N = 0$이고 전동기는 정지상태
   ② $s = 0$이면 $N = N_s$가 되어 전동기가 동기속도로 회전

(2) 유도 제동기의 슬립 : $s > 1$
   회전자의 회전 방향이 회전 자계의 회전 방향과 반대가 되어 제동기로 작용

(3) 유도 발전기(비동기 발전기) : $s < 0$
   $N > N_s$ 즉, 회전자의 회전 속도가 회전 자계의 회전 속도보다 빠르게 회전하여 비동기 발전기로 작용

예제 62 60[Hz] 8극인 3상 유도 전동기의 전부하에서 회전수가 855[rpm]이다. 이때 슬립은?

│풀이│ $f = 60$ [Hz], $p = 8$, $N = 855$[rpm]이므로,
$$N_s = \frac{120f}{p} = \frac{120 \times 60}{8} = 900[\text{rpm}]$$
$$\therefore s = \frac{N_s - N}{N_s} = \frac{900 - 855}{900} = 0.05 = 5[\%]$$

예제 63 50[Hz], 슬립 0.2인 경우의 회전자 속도가 600[rpm]일 때에 3상 유도 전동기의 극수는?

│풀이│ $f = 50$[Hz], $s = 0.2$, $N = 600$[rpm]
$N = (1-s)N_s$ 에서
$$N_s = \frac{N}{1-s} = \frac{600}{1-0.2} = 750[\text{rpm}]$$
$$\therefore p = \frac{120f}{N_s} = \frac{120 \times 50}{750} = 8[\text{극}]$$

예제 64 4극, 60[Hz]인 3상 유도기가 1750[rpm]으로 회전하고 있을 때 전원의 b상, c상과를 바꾸면 이때의 슬립은?

│풀이│ $N_s = \frac{120f}{p} = \frac{120 \times 60}{4} = 1800[\text{rpm}]$
$$s = \frac{N_s - N}{N_s} \times 100 = \frac{1800 - (-1750)}{1800} \times 100 = 197[\%]$$

8.3 유도 기전력 및 전류

1) 전동기가 정지하고 있는 경우
① 1차 유도 기전력 : $E_1 = 4.44 K_{w1} w_1 f \Phi$ [V]

② 2차 유도 기전력 : $E_2 = 4.44K_{w2}w_2 f\, \Phi$ [V]

③ 1차, 2차 권수비 : $\dfrac{w_1 K_{w1}}{w_2 K_{w2}} = \dfrac{E_1}{E_2} = a$

여기서, K_w : 권선 계수, w : 1상 권수, Φ : 자속, f : 주파수

예제 65 200[V], 50[Hz]인 3상 유도 전동기의 1차 권선이 △결선이다. 이것을 200[V], 60[Hz]용으로 하기 위해서 권선은 그대로 하고 접속을 2Y로 변경했다고 하면 자속의 양은 어떻게 변하는가? 단, $\dfrac{\Phi_{60}}{\Phi_{50}}$으로 계산한다.

| 풀이 | w를 1상의 권선, K_w를 권선 계수라고 하면

$$\Phi_{50} = \frac{V}{4.44 f K_w w} = \frac{200}{4.44 \times 50 \times K_w \times w}$$

$$\Phi_{60} = \frac{200/\sqrt{3}}{4.44 f K_w w/2} = \frac{200 \times 2}{4.44 \times 60 \times \sqrt{3} \times K_w \times w} \quad (\because\ 2Y\text{이므로})$$

$$\therefore\ \frac{\Phi_{60}}{\Phi_{50}} = \frac{2}{\sqrt{3}} \cdot \frac{50}{60} = 0.962$$

2) 전동기가 슬립 s 로 회전하고 있는 경우

회전자가 슬립 s 로 회전하고 있는 경우에 2차 도체와 회전자계와의 상대 속도는

상대 속도 = 회전 자계 속도 − 회전자 속도
$$= N_s - N = s N_s$$

가 된다. 즉, 회전자가 **회전하고 있을 때의 상대속도는 회전자가 정지하고 있을 때의 s 배**가 되므로 **2차 유도기전력** E_{2s} 및 2차 주파수 f'는

(1) $E_{2s} = s E_2$
(2) $f' = s f$

예제 66 6극, 3상 유도 전동기가 있다. 회전자도 3상이며 회전자 정지시의 1상의 전압은 200[V]이다. 전부하시의 속도가 1152[rpm]이면 2차 1상의 전압은 몇 [V]인가? 단, 1차 주파수는 60[Hz] 이다.

| 풀이 | $P=6$, $f=60$[Hz], $N=1152$ [rpm]

$N_s = \dfrac{120 \times 60}{6} = 1200$ [rpm]

$s = \dfrac{1200 - 1152}{1200} = 0.04$

$\therefore\ E_{2s} = sE_2 = 0.04 \times 200 = 8$[V]

예제 67 6극 60[Hz], 200[V], 7.5[kW]의 3상 유도 전동기가 960[rpm]으로 회전하고 있을 때 회전자 전류의 주파수[Hz]는?

| 풀이 | $P=6$, $f=60[\text{Hz}]$, $N=960[\text{rpm}]$

$$N_s = \frac{120f}{P} = \frac{120 \times 60}{6} = 1200[\text{rpm}]$$

$$s = \frac{N_s - N}{N_s} = \frac{1200 - 960}{1200} = 0.2$$

$$\therefore f_2 = sf_1 = 0.2 \times 60 = 12[\text{Hz}]$$

8.4 유도 전동기의 등가회로 및 변환

1) 유도 전동기의 간이등가회로

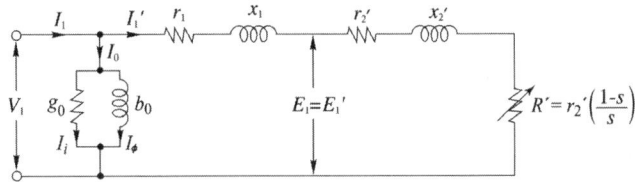

2) 기계적 출력을 대표하는 부하 저항

$$\frac{r_2'}{s} = r_2' + \frac{r_2'}{s} - r_2' = r_2' + r_2'\left(\frac{1-s}{s}\right)$$

여기서, $r_2'\left(\dfrac{1-s}{s}\right)$를 기계적 출력을 대표하는 부하 저항이라 한다.

3) 출력 P

$$P = 3{I_1'}^2 R' \quad \text{여기서, } R' = r_2'\left(\frac{1-s}{s}\right)$$

예제 68 2차 저항 $0.02[\Omega]$, $s=1$에서 2차 리액턴스 $0.05[\Omega]$인 3상 유도 전동기가 있다. 이 전동기의 슬립이 $5[\%]$일 때, 1차 부하 전류가 $12[\text{A}]$라면, 그 기계적 출력 [kW]은? 단, 권수비 $a=10$, 상수비 $m=1$이다.

| 풀이 | $r_2 = 0.02[\Omega]$이므로 2차저항 r_2를 1차로 환산한 저항

$$r_2' = a^2 m r_2 = 10^2 \times 1 \times 0.02 = 2[\Omega]$$

기계적 출력을 대표하는 부하 저항의 1차 환산값 R'는

$$R' = \frac{1-s}{s}r_2' = \frac{1-0.05}{0.05} \times 2 = 38[\Omega]$$

$$\therefore P = 3(I_1')^2 R' = 3 \times 12^2 \times 38 = 16,416[\text{W}] = 16.4[\text{kW}]$$

4) 1차, 2차 환산

(1) 2차 전압의 1차 환산 E_2'

$$E_1 = \frac{K_1 w_1}{K_2 w_2} E_2 = \alpha E_2$$

$$E_2' = E_1 = \alpha E_2 [\text{V}]$$

여기서, 권선비 $\alpha = \dfrac{K_1 w_1}{K_2 w_2}$

(2) 2차 전류의 1차 환산 I_2'

$$I_1 = \dfrac{m_2 K_2 w_2}{m_1 K_1 w_1} I_2 = \dfrac{1}{\alpha \beta} I_2$$

$$I_2' = I_1 = \dfrac{1}{\alpha \beta} I_2 \text{ [A]}$$

여기서, 상수비 $\beta = \dfrac{m_1}{m_2}$

(3) 2차 임피던스의 1차 환산 Z_2'

$$Z_2' = \dfrac{E_2'}{I_2'} = \dfrac{\alpha E_2}{\dfrac{I_2}{\alpha \beta}} = \alpha^2 \beta Z_2 \text{ [}\Omega\text{]}$$

(4) 여자 컨덕턴스 g_0

$$P_i = 3 V_1 I_i$$

$$g_0 = \dfrac{I_i}{V_1} = \dfrac{\dfrac{P_i}{3V_1}}{V_1} = \dfrac{P_i}{3 V_1^2}$$

예제 69 3300[V], 60[Hz]인 Y결선의 3상 유도 전동기가 있다. 철손을 1020[W]라 하면 1상의 여자 컨덕턴스[℧]는?

| 풀이 | $V_1 = 3300 \text{[V]}, \ P_i = 1020 \text{[W]}$

$$g_0 = \dfrac{I_i}{V_1} = \dfrac{\dfrac{P_i}{3V_1}}{V_1} = \dfrac{P_i}{3 V_1^2} \text{ [℧]에서}$$

여자 컨덕턴스 g_0는 $g_0 = \dfrac{1020}{3 \times \left(\dfrac{3300}{\sqrt{3}}\right)^2} \fallingdotseq 9.37 \times 10^{-5} [\text{℧}]$

8.5 2차 입력과 2차 저항손 및 기계적 출력과의 관계

(1) 2차 입력 = 1차 출력 = 1차 입력 − 1차 저항손 − 1차 철손

(2) 2차 저항손 $P_{c2} = I_2^2 r_2 = I_2 r_2 I_2$ 에서

$$I_2 = \frac{E_{2s}}{Z_{2s}} = \frac{sE_2}{\sqrt{r_2^2 + (sx_2)^2}} \text{ 이므로}$$

$$P_{c2} = I_2 r_2 \frac{sE_2}{\sqrt{r_2^2 + (sx_2)^2}} = sE_2 I_2 \cos\theta = sP_2$$

즉, $\boldsymbol{P_{c2} = sP_2}$ 가 된다.

(3) 기계적 출력 P_0

기계적 출력 = 2차 입력 − 2차 저항손 이므로

$$P_0 = P_2 - P_{c2} = P_2 - sP_2 = P_2(1-s)$$

(4) 2차 효율 η_2

$$\eta_2 = \frac{\text{기계적 출력}}{\text{2차 입력}} = \frac{P_0}{P_2} = \frac{P_2(1-s)}{P_2} = (1-s)$$

(5) 동기 와트 P_2

$$T = \frac{P_0}{\omega} = \frac{P_0}{2\pi n} = \frac{(1-s)P_2}{2\pi(1-s)n_s} = \frac{P_2}{2\pi n_s} = \frac{P_2}{\omega_s} = \frac{60}{2\pi} \cdot \frac{P_2}{N_s} [\text{N} \cdot \text{m}] \text{ 에서}$$

동기 와트 $P_2 = 2\pi \cdot \dfrac{N_s}{60} \cdot T$

동기 와트 $P_2 = P_0 + P_{c2} + P_m$ = 출력 + 2차 동손 + 기계손

(6) 토오크 T

① $T = \dfrac{P_0}{\omega} = \dfrac{P_0}{2\pi n} = \dfrac{(1-s)P_2}{2\pi(1-s)n_s} = \dfrac{P_2}{2\pi n_s} = \dfrac{P_2}{\omega_s} [\text{N} \cdot \text{m}]$

$= \dfrac{60}{2\pi} \cdot \dfrac{P_2}{N_s} [\text{N} \cdot \text{m}] = \dfrac{1}{9.8} \cdot \dfrac{60}{2\pi} \cdot \dfrac{P_2}{N_s} [\text{kg} \cdot \text{m}]$

$T = 0.975 \dfrac{P_2}{N_s} [\text{kg} \cdot \text{m}] \qquad T = 0.975 \dfrac{P_0}{N} [\text{kg} \cdot \text{m}]$

② $T = F \times r \qquad \therefore F = \dfrac{I}{r}$

③ $T \propto K\phi I$ 에서 $\phi \propto V$, $I \propto V$ 이므로
$T \propto V^2$ 혹은 $T \propto I^2$

예제 70 15[kW], 60[Hz], 4극의 3상 유도 전동기가 있다. 전부하가 걸렸을 때의 슬립이 4[%]라면, 이 때의 2차(회전자) 측 동손 및 2차 입력은?

풀이 $P_0 = 15[\text{kW}]$, $s = 0.04$

$$P_0 = (1-s)P_2 \text{에서}$$
$$P_2 = \frac{P}{1-s} = \frac{15}{1-0.04} = 15.625[\text{kW}]$$
$$P_{c2} = sP_2 = 0.04 \times 15.625 = 0.625[\text{kW}]$$

예제 71 정격 출력이 7.5[kW]의 3상 유도 전동기가 전부하 운전에서 2차 저항손이 300 [W]이다. 슬립은 약 몇 [%]인가?

| 풀이 |
$$P_0 = 7.5[\text{kW}], \; P_{c2} = 300[\text{W}]$$
$$P_2 = P_0 + P_{c2} = 7.5 + 0.3 = 7.8$$
$$s = \frac{P_{c2} \times 100}{P_2} = \frac{0.3}{7.8} \times 100 = 3.846 = 3.85[\%]$$

예제 72 3000[V], 60[Hz], 8극, 100[kW]의 3상 유도 전동기가 있다. 전부하에서 2차 동손이 3.0[kW], 기계손이 2.0[kW]라고 한다. 전부하 회전수[rpm]를 구하면?

| 풀이 |
$$P_0 = 100[\text{kW}], \; P_{c2} = 3[\text{kW}], \; P_m = 2[\text{kW}]$$
$$P_2 = P + P_m + P_{c2} = 100 + 2.0 + 3.0 = 105[\text{kW}]$$
$$s = \frac{P_{c2}}{P_2} = \frac{3.0}{105} = \frac{1}{35}$$
$$\therefore N = (1-s)N_s = \left(1 - \frac{1}{35}\right) \times \frac{120 \times 60}{8} = 874[\text{rpm}]$$

예제 73 50[Hz], 4극 20[kW]인 3상 유도 전동기가 있다. 전부하시의 회전수가 1450 [rpm]이라면 발생 토크는 몇 [kg·m]인가?

| 풀이 |
$$T = \frac{P}{9.8\omega} = \frac{P}{9.8 \times 2\pi \frac{N}{60}} = 0.975 \times \frac{P_0}{N} = 0.975 \times \frac{20 \times 10^3}{1450} = 13.45[\text{kg}\cdot\text{m}]$$

8.6 3상 유도 전동기의 특성

1) 슬립과 전류의 관계 $I_2 = \dfrac{sE_2}{\sqrt{r_2^2 + (sx_2)^2}}$

2) 슬립과 토크 $T = K_0 \dfrac{sE_2^2 r_2}{r_2 + (sx_2)^2}$

3) 최대 토크 $T_m = K_0 \dfrac{E_2^2}{2x_2}[\text{N}\cdot\text{m}]$

① 3상 유도 전동기 : 2차 저항의 크기를 변화시키면 **최대 토크의 크기는 변하지 않으나 최대 토크를 발생하는 슬립점이 2차 회로의 저항에 비례하여 이동**한다.

② 단상 유도 전동기 : 2차 저항의 크기를 변화시키면 **최대 토크를 발생하는 슬립점** 뿐만 아니라 **최대 토크의 크기**까지 변화한다.

4) 최대 토크시 슬립 $s_m = \dfrac{r_2'}{\sqrt{r_1^2+(x_1+x_2')^2}} \fallingdotseq \dfrac{r_2'}{x_1+x_2'} \fallingdotseq \dfrac{r_2}{x_2}$

5) 최대 출력 $P_m = \dfrac{V^2}{2\{(r_1+r_2')+\sqrt{(r_1+r_2')^2+(x_1+x_2')^2}\}}$

$\fallingdotseq \dfrac{V^2}{2(r_1+r_2'+x_1+x_2')}$ [W]

6) 기동 시 최대 토크를 발생시키기 위하여 삽입하여야 하는 저항의 크기

(1) $S_m = \dfrac{r_2'}{\sqrt{r_1^2+(x_1+x_2')^2}}$

(2) 기동시 $S_t = 1$

(3) $\dfrac{r_2'}{S_m} = \dfrac{r_2'+R_s'}{1}$

$\therefore R_s' = \dfrac{r_2'}{S_m} - r_2' = \sqrt{r_1^2+(x_1+x_2')^2} - r_2'$

예제 74

권선형 3상 유도 전동기가 있다. 1차 및 2차 합성 리액턴스는 1.5 [Ω]이고, 2차 회전자는 Y 결선이며, 매상의 저항은 0.3 [Ω]이다. 기동시에 있어서의 최대 토크 발생을 위하여 삽입해야 하는 매상당 외부 저항[Ω]은 얼마인가? 단, 1차 저항은 무시한다.

| 풀이 | $R_s' = \sqrt{r_1^2+(x_1+x_2')^2} - r_2' = \sqrt{(x_1+x_2')^2} - r_2'$

1차 저항 $r_1 = 0$ 이므로

$x_1' + x_2 = 1.5\,[\Omega]$, $r_2 = 0.3\,[\Omega]$ 이므로

$\therefore R_s = \sqrt{(x_1+x_2')^2} - r_2 = \sqrt{(1.5)^2} - 0.3 = 1.2[\Omega]$

7) 최대 출력시 슬립 $s_p = \dfrac{r_2'}{r_2'+\sqrt{(r_1+r_2')^2+(x_1+x_2')^2}}$

8) 공급전압 V와 슬립 S와의 관계 $\dfrac{S'}{S} = \dfrac{\dfrac{1}{V'^2}}{\dfrac{1}{V_2}} = \left(\dfrac{V}{V'}\right)^2$

예제 75 220[V], 3상 유도 전동기의 전부하 슬립이 4[%]이다. 공급 전압이 10[%] 저하된 경우의 전부하 슬립[%]은?

| 풀이 | $V_1 = 220[V]$, $s = 4[\%]$, $V_1' = 0.91 V_1[V]$
공급 전압이 10[%] 저하된 경우의 전부하 슬립을 s'라 하면
$$s' = s \times \left(\frac{V_1}{V_1'}\right)^2 = s \times \left(\frac{V_1}{V_1 \times 0.9}\right)^2 = 0.04 \times \left(\frac{220}{220 \times 0.9}\right)^2 = 0.05 = 5[\%]$$

9) 기계적 출력과 토크와의 관계

$$P_0 = \omega T = 2\pi n T$$

$$n = n_s(1-s) = \frac{2f}{p}(1-s)$$

$$\therefore P_0 = 2\pi \cdot \frac{2f}{p}(1-s)T = T \cdot \frac{4\pi f}{p}(1-s)[W]$$

8.7 비례추이

비례추이란 2차 회로 저항의 크기를 조정함으로써 그 크기를 제어할 수 있는 요소를 말하며 비례추이를 할 수 있는 것은 $\frac{r_2}{s}$의 함수로 표시된다. 따라서, 비례추이는 2차 저항의 크기를 변화시킬 수 있는 권선형 유도 전동기에서 사용된다.

1) 비례추이

$$\frac{r_2}{s_m} = \frac{r_2 + R_s}{s_t}$$

여기서, r_2 : 2차 권선의 저항, S_m : 최대 토크시 슬립
S_t : 기동시 슬립(정지상태에서 기동시 $S_t = 1$)
R_s : 2차 외부회로 저항

예제 76 4극 60[Hz], 3상유도 전동기에서 전부하 회전수는 1600[rpm]이다. 지금 동일 토크의 1200[rpm]으로 회전하려면 2차 회로에 몇 [Ω]의 외부저항을 삽입하면 되는가? 단, 2차는 Y결선이고, 각 상의 저항은 r_2이다.

| 풀이 | $s_1 = \frac{N_s - N_1}{N_s} = \frac{1800 - 1600}{1800} = 0.11$, $s_2 = \frac{1800 - 1200}{1800} = 0.33$

따라서 비례추이에 의해서
$$\frac{r_2}{s_1} = \frac{r_2 + R_s}{s_2}, \quad \frac{r_2}{0.11} = \frac{r_2 + R_s}{0.33}$$

$$\therefore R_s = \frac{(0.33 - 0.11)r_2}{0.11} = 2r_2$$

예제 77 전부하 슬립 2 [%], 1상의 저항이 0.1 [Ω]인 3상 권선형 유도 전동기의 슬립 링을 거쳐서 2차의 외부에 저항을 삽입하여 그 기동 토크를 전부하 토크와 같게 하고자 한다. 이 저항값[Ω]은?

| 풀이 | $s = 2[\%], \ r_2 = 0.1[\Omega]$
기동시 $s' = 1$에서 전부하 토크를 발생시키는 데 필요한 외부 저항 R은
$$\frac{r_2}{s} = \frac{r_2 + R}{s'}, \quad \frac{0.1}{0.02} = \frac{0.1 + R}{1}$$
$$\therefore R = \frac{0.1}{0.02} - 0.02 = 4.98[\Omega]$$

2) 비례추이를 하는 제량
① 토오크 τ ② 1차 전류 I_1 ③ 2차 전류 I_2
④ 역률 $\cos\theta$ ⑤ 1차 입력 P_1

3) 비례추이를 할 수 없는 것
① 출력 P_0 ② 효율 $\eta, \ \eta_2$ ③ 2차 동손 P_{c2}

8.8 원선도

전동기의 **실부하 시험을 하지 않고**서도 유도 전동기에 대한 간단한 시험의 결과로부터 **전동기의 특성**을 쉽게 구할 수 있도록 한 것을 원선도라 하며 원선도중 가장 많이 사용되는 것은 **L형 원선도**(Heyland circle diagram) 이다.

1) 원선도 작성에 필요한 기본량
① 저항측정
② 무부하시험 (no load test)
③ 구속시험 (lock test)

8.9 유도 전동기의 기동법

1) 농형 유도 전동기의 기동법
농형 유도 전동기의 **기동 토크** T_s는 **전압의 제곱에 비례**한다. 따라서, 단자전압을 감소시키면 전류는 감소하고 기동 토크도 감소하게 된다.

(1) 전 전압 기동법
전동기에 별도의 기동장치를 사용하지 않고 직접 **정격전압**을 인가하여 기동하는 방법
① 5 [kW] 이하의 **소용량** 농형 유도 전동기에 적용

② 기동 전류가 정격 전류의 4~6배 정도이다.

(2) Y-△ 기동 방법

기동시 **고정자 권선을 Y로 접속**하여 기동함으로써 기동전류를 감소시키고 운전속도에 가까워지면 **권선을 △로 변경**하여 운전하는 방식

① **5~15[kW] 정도의 농형 유도전동기 기동에 적용**

② Y로 기동시 전기자 권선에 가하여 지는 전압은 정격전압의 $1/\sqrt{3}$ 이므로 △ 기동시에 비해 **기동전류는 1/3, 기동토오크도 1/3**로 감소한다.

예제 78 유도 전동기의 1차 접속을 △에서 Y로 바꾸면 기동시의 1차 전류는?

|풀이| 선간 전압을 V, 기동시의 1상 임피던스를 Z라 하면 선전류 I는

Y결선의 경우 $I_Y = \dfrac{V}{\sqrt{3}\,Z}$

△결선의 경우 $I_\triangle = \dfrac{\sqrt{3}\,V}{Z}$

$\therefore \dfrac{I_Y}{I_\triangle} = \dfrac{\frac{V}{\sqrt{3}\,Z}}{\frac{\sqrt{3}\,V}{Z}} = \dfrac{1}{3}$ $\therefore I_Y = \dfrac{1}{3}I_\triangle$

즉, △에서 Y로 바꾸면 권선 내의 전류는 1/3이 된다.

(3) 리액터 기동방법

전동기의 1차측에 직렬로 철심이 든 리액터를 설치하고 그 리액턴스의 값을 조정하여 전동기에 인가되는 전압을 제어함으로써 기동전류 및 토오크를 제어 하는 방식

(4) 기동보상기법

3상 단권변압기를 이용하여 전동기에 인가되는 기동전압을 감소시킴으로써 기동전류를 감소시키는 기동방식

① **15[kW] 이상의 농형 유도전동기 기동에 적용**

② 기동 보상기 2차측 전류 = 기동 전류 × 기동 보상기 탭

③ 기동 보상기 1차측 전류 = 기동 보상기 2차측 전류 / 권수비
　　　　　　　　　　　　 = 기동 보상기 2차측 전류 × 기동 보상기 탭

예제 79 200[V], 7.5[kW], 6극 3상 농형 유도 전동기를 정격 전압으로 기동하면 기동전류는 500[%] 흐르고, 기동 토크는 220[%]이다. 기동 전류를 300[%]로 제한하려면 기동 토크[%]는?

|풀이| $I_s \propto V_1,\ T_s \propto V_1^2 \propto I_s^2$

$220 : T_x = 500^2 : 300^2$

$\therefore T_x = \left(\dfrac{300}{500}\right)^2 \times 220 = 0.6^2 \times 220 = 79.2[\%]$

(5) 콘도로퍼법

이 방법은 **기동보상기법과 리액터기동 방식을 혼합한 방식**으로 기동시에는 단권변압기를 이용하여 기동한 후 단권 변압기의 감전압탭 으로부터 전원으로 접속을 바꿀 때 큰 과도전류가 생기는 경우가 있는데 이 전류를 억제하기 위하여 기동된 후에 리액터를 통하여 운전한 후 일정한 시간 후 리액터를 단락하여 전원으로 접속을 바꾸는 기동방식으로 원활한 기동이 가능하지만 가격이 비싸다는 단점이 있다.

8.10 이상기동현상

1) 차동기 운전(크로우링 현상)

3상 유도 전동기에서 **고조파에 의해 낮은 속도에서 안정상태**가 되어 더 이상 가속하지 않는 현상을 차동기운전(crawling) 이라 한다.

방지대책으로는 경사슬롯(skewed slot)을 채용한다.

2) 고조파의 회전자계 방향 및 속도

(1) 회전 자계 방향

① $h = 2nm + 1$: 기본파와 같은 방향의 회전 자계 발생

즉, 7차, 13차, …

여기서, h : 고조파 차수, n : 1, 2, 3, …, m : 상수

② $h = 3n$: 회전자계를 발생하지 않는다.

③ $h = 2nm - 1$: 기본파와 반대 방향의 회전자계 발생

(2) 회전속도 = $\dfrac{1}{고조파\ 차수}$

3) 게르게스 현상

3상 권선형 유도 전동기의 2차 회로가 한 개 단선된 경우 $s = 50[\%]$ 부근에서 더 이상 가속되지 않는 현상

8.11 유도 전동기의 속도제어

1) 극수 변환법

① $N_s = \dfrac{120f}{p}$ 에서 **극수 p를 변환**시켜 속도를 변환시키는 방법

② 비교적 효율이 좋다.

③ 연속적인 속도제어가 아니라 **단계적인 속도제어** 방법

2) 주파수 변환법

① 인버터 시스템을 사용하여 $N_s = \dfrac{120f}{p}$ 에서 **주파수 f 를 변환**시켜 속도를 제어하는 방법

② 자속을 일정하게 유지하기 위하여 $V_1/f = $ 일정

3) 전원 전압 제어법

유도전동기의 토오크가 전압의 자승에 비례하는 성질을 이용하여 부하시에 운전하는 슬립을 변화시키는 방법

4) 저항 제어법

권선형 유도 전동기에서만 사용할 수 있는 방법으로 2차회로의 저항의 변화에 의한 토오크 속도 특성의 비례추이를 응용한 것이다.

5) 2차 여자법

유도전동기의 **회전자 권선에 2차 기전력 sE_2 와 동일 주파수의 전압 E_c** 를 가해 그 크기를 조절하므로써 속도를 제어하는 방법.

(1) E_c 를 2차 기전력과 반대 방향으로 인가

$I_2 = \dfrac{sE_2 - E_c}{r_2}$ 에서 I_2 및 r_2 가 일정하면 $sE_2 - E_c$ 도 일정하고 E_c 를 증가시키면 sE_2 **도 증가**, 즉, **슬립 s 도 증가**하게 되며 반면에 **속도는 감소**하게 된다. 반대로 E_c 를 감소 시키면 sE_2 도 감소, 즉, 슬립 s 도 감소하게 되며 반면에 속도는 증가하게 된다.

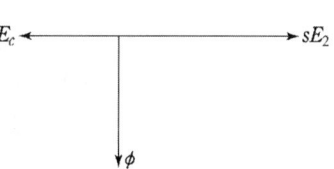

(2) E_c 를 2차 기전력과 같은 방향으로 인가

$I_2 = \dfrac{sE_2 + E_c}{r_2}$ 에서 I_2 및 r_2 가 일정하면 $sE_2 + E_c$ 도 일정하고 E_c 를 증가시키면 sE_2 는 감소, 즉, 슬립 s 도 감소하게 되며 반면에 속도는 증가하게 된다. 반대로 E_c 를 감소시키면 sE_2 는 증가, 즉, 슬립 s 도 증가하게 되며 반면에 속도는 감소하게 된다.

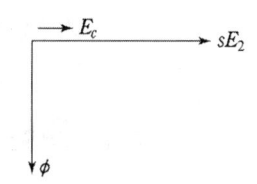

6) 종속 접속법

① 직렬 종속법 : $N = \dfrac{120f}{p_1 + p_2}$ [rpm]

② 차동 종속법 : $N = \dfrac{120f}{p_1 - p_2}$ [rpm]

③ 병렬 종속법 : $N = \dfrac{2 \times 120f}{p_1 + p_2}$ [rpm]

여기서, p_1 : M_1의 극수, p_2 : M_2의 극수

예제 80 60[Hz]인 3상 8극 및 2극의 유도 전동기를 차동 종속으로 접속하여 운전할 때의 무부하 속도[rpm]는?

| 풀이 | 차동 종속 $N = \dfrac{120f}{p_1 - p_2} = \dfrac{120 \times 60}{8-2} = 1200\,[\text{rpm}]$

8.12 주파수 변화에 따른 유도 전동기의 특성 변화

[주파수가 60[Hz]에서 50[Hz]로 감소한 경우]

1) **속도 감소** $N_s = \dfrac{120f}{P}$ 에서 $N_s \propto f$

2) **자속 ϕ 증가** $\phi = \dfrac{V}{4.44 K_w\, n f} \propto \dfrac{1}{f}$

3) **역률 $\cos\theta$ 저하**

   주파수가 떨어지면 속도가 하강($N_s \propto f$)하고 출력이 감소하여 유효 전류는 감소하고 역률이 낮아진다.

4) **온도 상승**

   히스테리시스 손실 $P_h \propto \dfrac{1}{f}$로 손실 증가, 반면에 전동기 속도 감소에 따른 냉각 Fan 속도가 감소하여 전체적으로 온도 상승

5) **최대 토크 증가**

   $T = K_0 \dfrac{{E_2}^2}{2 x_2}$ 에서 $x_2 \propto f$ 이므로 f가 감소하면 x_2가 감소하고 최대 토크 T는 증가

6) **기동 전류 약간 증가**

   f가 감소하면 리액턴스가 감소하고 기동 전류는 약간 증가

8.13 유도 전동기의 제동

1) **전기적 제동**

   (1) 회생 제동

   유도 전동기를 **유도 발전기로 동작**시켜 그 **발생 전력을 전원에 반환**하면서 제동하는 방법

(2) 발전 제동

전동기를 전원으로부터 분리한 후 1차측에 직류전원을 공급하여 **발전기로 동작시**킨 후 **발생된 전력을 저항에서 열로 소비**시키는 방법

(3) 역전 제동

회전중인 전동기의 **1차 권선 3단자 중 임의의 2단자의 접속을 바꾸면 역방향의 토오크**가 발생되어 제동하는 방법으로 이 방법은 급속하게 정지시키고자 하는 경우에 사용된다.

(4) 단상 제동

권선형 유도전동기의 1차측을 단상교류로 여자하고 2차측에 적당한 크기의 저항을 넣으면 전동기의 회전과는 역방향의 토오크가 발생되므로 제동된다.

2) 기계적 제동
회전 부분과 정지 부분 사이의 마찰을 이용하여 제동하는 방법

8.14 유도 전압조정기

1) 단상유도 전압조정기

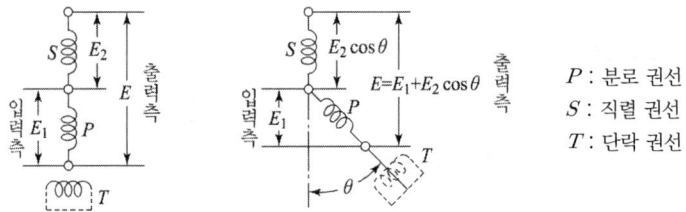

① 1차 권선 : 회전자
② 2차 권선 : 고정자

(1) 원리

분로권선과 직렬권선의 축이 이루는 각 θ가 0일 때 **분로권선이 만드는 교번자속** ϕ는 누설자속을 무시하면 모두가 **직렬권선과 쇄교**하기 때문에 직렬권선의 유도전압은 가장 크며 그 값을 조정전압 $E_2[\text{V}]$라고 하면 출력측 전압

$$E = E_1 + E_2 \cos\theta$$

으로 나타낸다.

따라서, **분로권선의 위치를 연속적으로 조정하여 θ를 변화시키면 출력 측 전압을 연속적으로 조정**할 수 있다.

① $\theta = 0°$일 때 : $E = E_1 + E_2$
② $\theta = 90°$일 때 : $E = E_1$
③ $\theta = 180°$일 때 : $E = E_1 - E_2$

(2) 단락권선
  ① 분로권선과 직각으로 설치
  ② 직렬권선의 누설리액턴스를 감소시켜 **전압강하를 감소**시킨다.
(3) 정격출력
$$P_a = E_2 I_2 \times 10^{-3} \text{ [kVA]}$$
(4) 입력 전압과 출력 전압 사이에 위상차가 없다.

예제 81 200±200[V], 자기 용량 3[kVA]인 단상 유도 전압 조정기가 있다. 최대 출력 [kVA]은?

| 풀이 | 유도 전압 조정기의 용량 = 부하용량 × $\dfrac{\text{승압 전압}}{\text{고압측 전압}}$

단상 유도 전압 조정기의 1차 전압 $V_1 = 200\text{[V]}$, 2차 전압 $V_2 = 200 \pm 200\text{[V]}$이다.

$3 = $부하 용량 $\times \dfrac{200}{400}$

∴ 부하 용량 = $\dfrac{3}{\frac{200}{400}} = 6$ [kVA]

2) 3상 유도 전압조정기

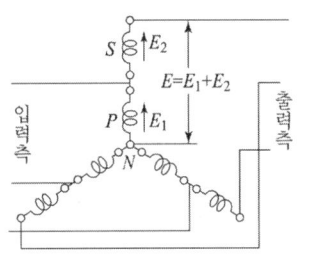 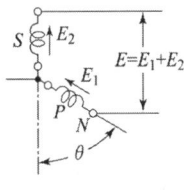

① 1차 권선 : 회전자
② 2차 권선 : 고정자
  권선형 3상 유도 전동기의 1차 권선 P와 2차 권선 S를 3상 성형 단권변압기와 같이 접속하고 회전자를 구속하고 사용하는 것과 같다.

(1) 원리
  분로권선에 3상 전압을 가하면 여자전류가 흐르고 3상 유도전동기와 같이 회전자속이 생긴다. 이 **회전자속에 의하여 직렬권선의 1상에 유도되는 기전력을 조정전압**이라고 하고 이것을 $E_2\text{[V]}$ 라고 하면 E_2는 일정한 크기의 회전자속에 의하여 생기는 것이므로 회전자와 고정자와의 관계위치에 관계없이 항상 그 크기는 일정하다.
  그러나 회전자와 고정자의 관계위치의 변화에 따라 **분로권선전압 E_1에 대한 E_2의 위상이 변화한다.**

$$E = \sqrt{(E_1 + E_2\cos\theta)^2 + (E_2\sin\theta)^2}$$

(2) 단락권선

3상 유도 전압조정기에서는 직렬권선에 의한 기자력은 회전자의 위치에 관계없이 항상 1차 부하전류에 의한 분로권선 기전력에 의해 상쇄되므로 단상에서와 같은 **단락권선을 필요로 하지 않는다.**

(3) 정격출력

$$P_a = \sqrt{3}\, E_2 I_2 \times 10^{-3}\,[\text{kVA}]$$

(4) 입력 전압과 출력 전압 사이에 위상차가 있다.

예제 82 선로 용량 6600[kVA]의 회로에 사용하는 6600±660[V]의 3상 유도 전압 조정기의 정격 용량[kVA]은 얼마인가?

|풀이| 정격 용량을 P라 하면 $P = \sqrt{3}\, E_2 I_2 \times 10^{-3}\,[\text{kVA}]$이므로

$$\therefore P = \sqrt{3} \times 660 \times \frac{6600 \times 10^3}{\sqrt{3}(6600+660)} \times 10^{-3}$$

$$= 6600 \times \frac{660}{6600+660} = 6600 \times \frac{660}{7260} = 600\,[\text{kVA}]$$

8.15 3상 유도전동기의 시험

1) 부하시험

3상 유도전동기의 특성은 원선도에 의하여 구하는 것이 보통이지만 실부하법이 편리한 경우에는 실부하법을 사용한다.

실부하법으로는

① 전기동력계법
② 프로니브레이크법
③ 손실을 알고 있는 직류발전기를 사용하는 방법 등이 있다.

2) 슬립의 측정

① 회전계법 : 회전계로 직접 회전수를 측정해서 s를 구하는 방법
② 직류 밀리볼트계법 : 권선형 유도전동기에 사용
③ 수화기법
④ 스트로보스코프

8.16 특수 유도기

1) 2중 농형 유도 전동기
① 회전자의 농형권선을 내외 이중으로 설치한 것
② 도체
 - 외측도체 : **저항이 높은 황동** 또는 동니켈 합금의 **도체**를 사용
 - 내측도체 : **저항이 낮은 전기동 사용**
③ 기동시에는 저항이 높은 **외측 도체로 흐르는 전류**에 의해 큰 **기동 토오크**를 얻고 **기동완료 후에는** 저항이 적은 **내측 도체로 전류가 흘러 우수한 운전 특성을 얻는 전동기**

2) 디이프슬롯 농형 유도전동기
2차 도체로써 회전자의 반경 방향 길이가 두께에 비하여 대단히 큰 단면으로 된 것을 사용하는 전동기
① 기동시 : 슬롯 밑 부분에 가까운 도체 부분은 누설 리액턴스가 커 **전류는 회전자 표면 부분의 도체에 집중**되어(표피효과) 기동특성이 향상되고
② 기동완료 후 : 전류분포는 전 도체에 균일하게 분포
③ 이중농형에 비해 냉각효과가 크다.
④ 2중농형에 비해 기동특성은 떨어지나 운전특성은 우수하다.

3) 유도 발전기
3상 유도 전동기의 고정자를 전원에 접속한 대로 다른 원동기에 의해 **회전자를 고정자가 만드는 회전자계의 회전 방향과 같은 방향으로 동기속도 이상으로 회전**시키면 슬립 s는 음(-)의 값이 되어 회전자권선은 전동기의 경우와 반대 방향으로 회전자속을 자르고 이때의 유기 기전력 및 전류의 방향은 전동기의 경우와 반대로 되어 발전기가 된다.

4) 유도 주파수 변환기
권선형 전동기를 주파수 f_1의 전원에 연결하고 동기속도 n_s의 회전자속을 만들고 2차측을 개로한 상태에서 회전자에 외력을 가하여 임의의 속도 n으로 회전시키면 슬립링에 나타나는 2차 주파수 f_2는 다음과 같다.

$$f_2 = sf_1 = \frac{n_s - n}{n_s} f_1$$

① 회전자계와 **같은 방향**으로 회전 : $s < 1$이므로 $f_2 < f_1$인 교류를 얻을 수 있다.
② 회전자계와 **반대 방향**으로 회전 : $s > 1$이므로 $f_2 > f_1$인 교류를 얻을 수 있다.

5) 셀신장치(지시용 싱크로)
기계적인 각도의 변화를 전기적인 방법으로 먼 거리에 있는 장소에 전달해서 원격지시 원격 측정하는데 사용되는 장치이다.

【용도】원격신호, 원격제어 등 각 방면에 널리 사용되며 수위계나 발전용 수차 입구 개구도의 원격지시, 자동급탄장치 등에 사용된다.

6) 리니어 모터
회전기의 회전자 접속 방향에 발생하는 **전자력을 직선적인 기계 에너지로 변환**시키는 장치이다.

8.17 단상 유도전동기

(1) **분상 기동형** : 단상 전동기에 보조 권선(기동 권선)을 설치하여 단상 전원에 주권선(운동권선)과 보조 권선에 위상이 다른 전류를 흘려서 불평형 2상 전동기로서 기동하는 방법이다.
(2) **반발 기동형** : 기동시에 반발 전동기로서 기동하고 기동 후 원심력 개폐기로 정류자를 자동적으로 단락하여 농형 회전자로 하는 방법이다.
(3) **반발 유도형** : 농형 권선과 반발형 전동기 권선을 가져서 운전중 그대로 사용한다. 반발 기동형과 비교하면 기동 토크는 반발 유도형이 작지만, 최대 토크는 크고 부하에 의한 속도의 변화는 반발 기동형보다 크다.
(4) **셰이딩 코일형** : 돌극형 자극의 고정자와 농형 회전자로 구성된 전동기로 자극에 슬롯을 만들어서 단락된 셰이딩 코일을 끼워 넣은 것이다. 구조가 간단하나 기동 토크가 매우 작고 효율과 역률이 떨어지며, 회전 방향을 바꿀 수 없는 큰 결점이 있다.
(5) **모노사이클릭 기동형** : 3상 농형 전동기의 3상 권선에 저항과 리액턴스를 적당하게 접속하고 단상 전원에 접속하여 불평형 3상 교류를 각 권선에 흘려서 기동하는 방법이다.

8.18 스텝모터

스텝모터는 **디지털 신호에 비례하여 일정 각도만큼 회전하는 모터**로 그 총회전각은 입력 펄스의 수로, 회전속도는 입력펄스의 빠르기로 쉽게 제어가 가능한 특징이 있다.

1) 장점
① 피드백루프가 필요 없어 **오픈 루프로 손쉽게 속도 및 위치제어**를 할 수 있다.
② 디지털 신호로 직접제어 할 수 있으므로 **별도의 D/A, A/D컨버터가 필요없다.**
③ 가속, 감속이 용이하며 **정·역전 및 변속이 용이**하다.
④ 속도제어 범위가 광범위하며, **초 저속에서 큰 토오크**를 얻을 수 있다.
⑤ 위치제어를 할 때 **각도 오차가 적고 누적되지 않는다.**
⑥ 유지보수가 용이

2) 단점
① 분해조립, 또는 정지위치가 한정된다.
② DC, AC서보에 비해 **효율이 나쁘다**.
③ 큰 관성부하에 적용하기는 부적합하다.
④ 마찰 부하의 경우 위치오차가 크다.(단, 오차가 누적되지는 않는다)
⑤ 오버슈트 및 진동의 문제가 있고 공진이 일어나면 전체 시스템이 불안정하게 될 수도 있다.
⑥ 대용량의 대용량기는 제작이 어렵다.

09. 전력용 반도체 및 정류기

9.1 회전 변류기

1) 전압비

$$\frac{E_a}{E_d} = \frac{1}{\sqrt{2}} \sin \frac{\pi}{m}$$

여기서, E_a : 교류측 전압 (슬립 링 사이의 전압) [V]
E_d : 직류측 전압 [V]

예제 83 정격 전압 250[V], 1000[kW]인 6상 회전 변류기의 교류측에 250[V]의 전압을 가할 때, 직류측의 유도 기전력은 몇 [V]인가? 단, 교류측 역률은 100[%]이고 손실은 무시한다.

| 풀이 | m상 회전 변류기의 교류측과 직류측의 전압비는

$$\frac{E_a}{E_d} = \frac{1}{\sqrt{2}} \sin \frac{\pi}{m} = \frac{1}{\sqrt{2}} \sin \frac{\pi}{6} \text{ (6상이므로)}$$

$$\therefore E_d = \frac{E_a}{\frac{1}{\sqrt{2}} \sin \frac{\pi}{6}} = \frac{250}{\frac{1}{\sqrt{2}} \times \frac{1}{2}} = 2\sqrt{2} \times 250 = 707[V]$$

2) 전류비

$$\frac{I_l}{I_d} = \frac{2\sqrt{2}}{m \cos\theta}$$

여기서, I_l : 교류측 선전류 [A]
I_d : 직류측 전류 [A]

예제 84 6상 회전 변류기의 정격 출력이 2000[kW]이고 직류측 정격 전압이 1000[V]이다. 교류측 입력 전류는? 단, 역률 및 효율은 전부 100[%]이고 $\cos\theta = 1$ 이다.

| 풀이 | $I_d = \dfrac{P_d}{E_d} = \dfrac{2000 \times 10^3}{1000} = 2000[A]$

$\dfrac{I_a}{I_d} = \dfrac{2\sqrt{2}}{m\cos\theta}$ 에서

$\therefore I_a = \dfrac{2\sqrt{2}}{m\cos\theta} I_d = \dfrac{2\sqrt{2} \times 2000}{6 \times 1} = 942.8[A]$

3) 회전 변류기의 기동
① 교류측 기동법
② 기동 전동기에 의한 기동법
③ 직류측 기동법

4) 회전 변류기의 전압 조정법
① **직렬 리액턴스**에 의한 방법
② **유도 전압 조정기**를 사용하는 방법
③ **부하시 전압 조정 변압기**를 사용하는 방법
④ **동기 승압기**에 의한 방법

5) 회전 변류기의 난조원인 및 방지대책

(1) 난조원인

① **브러시의 위치가 중성점보다 늦은 위치**에 있을 때
② 직류측 부하가 급변하는 경우
③ 교류측 주파수가 주기적으로 변동하는 경우
④ 역률이 몹시 나쁜 경우
⑤ 전기자 회로의 저항이 리액턴스에 비하여 큰 경우

(2) 난조의 방지대책

① **제동 권선**의 작용을 강하게 할 것
② 전기자 저항에 비하여 리액턴스를 크게 할 것
③ 허용되는 범위 내에서 자극수를 적게 하고 기하학적 각도와 전기각의 차를 적게 한다.

등이 있다.

9.2 전력용 반도체 소자

1) 다이오드
한 쪽 방향으로만 전류가 흐를 수 있도록 만들어진 소자로서 양극(애노드)에서 음극(캐소드)으로는 전류가 쉽게 흐를 수 있지만 반대 방향으로는 전류가 흐르지 못하는 소자

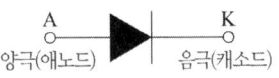

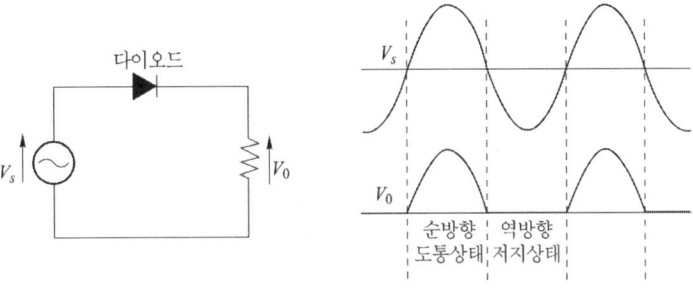

〈다이오드의 정류 동작〉

(1) 실리콘 정류기의 특성은
① **역내전압이 크다.**
② 전류 밀도가 크다.(게르마늄의 2~3배, 셀렌의 500~1000배)
③ 온도에 의한 영향이 작다.(최고 허용 온도 140~200 [℃])
④ **효율은 가장 좋다.**(99 [%])
⑤ 대용량 정류기에 적합하다

(2) 기능
① **순방향 도통 상태**
양극의 전압이 음극에 비하여 높을때는 전압을 약간만 증가시켜도 전류가 크게 증가한다. 즉, **다이오드의 저항이 매우 낮은 상태**가 되며 이 상태를 순방향 도통상태라고 한다.
② **역방향 저지상태**
양극의 전압이 음극에 비하여 낮을때에는 상당한 큰 전압이 걸려도 전류가 흐르지 않는다. 즉, **다이오드의 저항이 매우 큰 상태**가 되며 이 상태를 역방향 저지상태라고 한다.
③ **누설전류**
역방향 저지상태에서 역방향으로(음극에서 양극으로) 보통 수 십[mA] 정도의 **전류가 흐르는 경우**가 있으며 이 전류를 **누설전류**라고 한다.
④ **다이오드의 정격전류**
다이오드가 파괴되지 않고 순방향으로 통과시킬 수 있는 **전류의 최대값**

⑤ **다이오드의 정격전압** : 다이오드가 견딜 수 있는 **최대 역전압**

2) 사이리스터

다이오드는 회로의 주변 상황에 따라 순방향으로 전압이 가해지면 도통하고 역방향으로 전압이 가해지면 도통하지 않는 수동적인 소자로 사용자가 임의로 ON, OFF 시킬 수 없다.

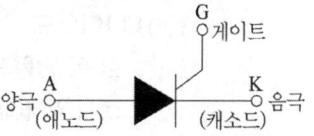

반면, 사이리스터는 **사용자가 원하는 시점에 도통**시킬 수 있는 소자이다.
사이리스터는 여러 가지 종류가 있으나 그중 SCR(silicon controlled rectifier)이 대표적이다.

(1) 기능

① 순방향 저지상태

순방향 전압이 SCR에 인가되어도 SCR은 다이오드처럼 바로 도통하는 것이 아니고 **SCR을 점호하기 전까지는 계속 불통상태**에 머물러 있으며 이러한 상태를 순방향 저지 상태라 한다.

② SCR에 순방향 전압이 인가되어 있을 때 게이트 단자에 전류를 흘리면 SCR은 도통된다. 그러나 **역전압이 걸려 있는 상태**에서는 게이트 단자에 전류를 흘려도 SCR은 도통되지 않는다.

③ SCR은 일단 **도통된 후** 게이트 전류를 차단시켜도 **계속 도통상태를 유지**한다.

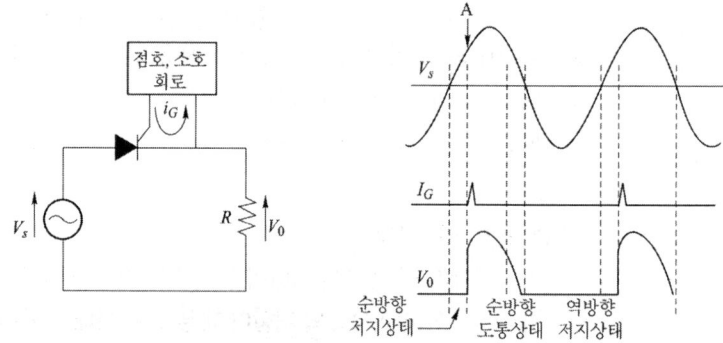

〈사이리스터의 동작〉

④ SCR의 소호

소자에 역전압이 걸려 흐르던 전류가 멈추면 소호된다. 그리고 일단 소호가 되고나면 다시 순방향 전압이 가해져도 게이트를 통해 점호하기 전까지는 다시 도통하지 않는다.

⑤ 래칭전류

SCR이 **ON 되기 위하여** 애노우드에서 캐소드 쪽으로 흘러야 할 **최소전류**

⑥ 유지전류

ON된 후에 **ON 상태를 유지하기 위한 최소전류**로서 래칭전류보다 작다.

(2) SCR의 특징
① 아크가 생기지 않으므로 **열의 발생이 적다.**
② **과전압에 약하다.**
③ 열용량이 적어 고온에 약하다.
④ 게이트 신호를 인가할 때부터 도통할 때까지의 시간이 짧다.
⑤ 전류가 흐르고 있을 때 **양극의 전압강하가 작다.**
⑥ 정류기능을 갖는 **단일방향성 3단자 소자**이다.
⑦ 역률각 이하에서는 제어가 되지 않는다.

3) GTO(gate turn off thyristor)

SCR은 도통 시점을 임의로 조절하는 것이 가능하지만 소호시키는 시점은 제어할 수 없다. 따라서, 이러한 단점을 보완한 것이 GTO로서 **게이트에 흐르는 전류를 점호할 때의 전류와 반대 방향의 전류를 흐르게 함으로서 임의로 GTO를 소호**시킬 수 있다.

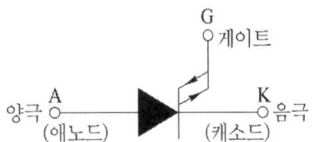

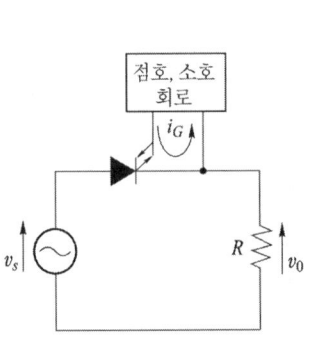

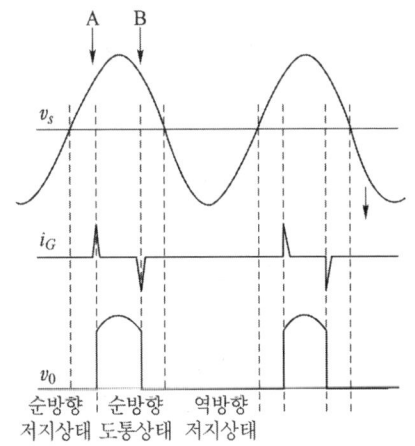

〈GTO의 동작〉

4) TRIAC(trielectrode AC switch)

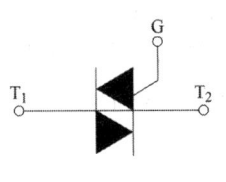   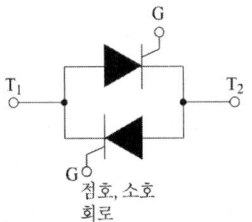

　　(a) 기호　　　　　　(b) 등가 역병렬 SCR

〈TRIAC〉

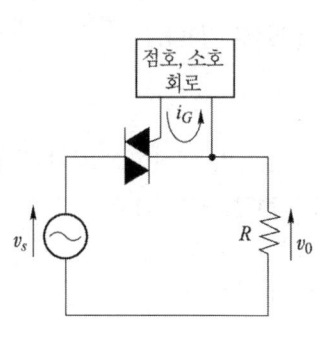
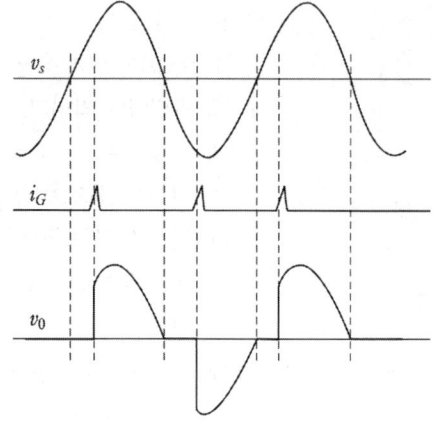

〈TRIAC의 동작〉

① SCR은 한 방향으로만 도통할 수 있는데 반하여 이 소자는 **양방향으로 도통**할 수 있다.
② TRIAC은 기능상으로 **2개의 SCR을 역병렬 접속**한 것과 같다.
③ TRIAC의 게이트에 전류를 흘리면 그 상항에서 어느 방향이건 **전압이 높은 쪽에서 낮은 쪽으로 도통**한다.
④ 일단 도통하면 SCR과 같이 그 방향으로 전류가 더 이상 흐르지 않을때 까지 계속 도통한다. 따라서, 전류 방향이 바뀌려고 하면 소호되고 일단 소호되면 다시 점호시킬 때까지 차단 상태를 유지한다.
⑤ TRIAC은 오직 교류 전력의 제어용으로 사용된다.

5) 전력용 트랜지스터

① 트랜지스터는 그 구성에 따라 **npn형과 pnp형** 두 가지가 있다.
② 도통시 전류는 **컬렉터에서 이미터** 쪽으로만 흐를 수 있고 역방향으로는 흐를 수 없다.
③ **전압–전류 특성은 베이스 전류의 크기에 따라 달라진다.
④ 트랜지스터의 도통상태를 유지하기 위해서는 계속 **베이스 전류를 흐르게 하고 있어야 한다.**
  즉, 이점이 트랜지스터가 SCR, GTO와 다른 점이다.

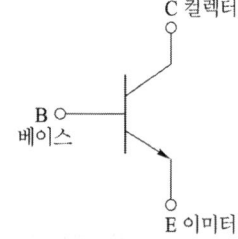

〈npn형 트랜지스터〉

6) MOSFET(metal oxide silicon field effect transistor)

트랜지스터는 베이스에 주입되는 전류로 제어되는 반면 MOSFET은 게이트와 소스 사이에 걸리는 전압으로 제어된다.

MOSFET은 트랜지스터에 비해 스위칭 속도가 매우 빠른 이점이 있는 반면에 용량이 적어서 비교적 작은 전력 범위 내에서 적용된다는 한계가 있다.

7) IGBT(insulated gate bipolar transistor)

IGBT는 MOSFET와 트랜지스터의 장점을 취한 것으로서
① 소스에 대한 **게이트의 전압으로 도통과 차단을 제어**한다.
② 게이트 **구동전력이 매우 낮다.**
③ 스위칭 속도는 FET와 트랜지스터의 중간정도로 빠른편에 속한다.
④ 용량은 일반 트랜지스터와 동등한 수준이다.

8) 각종 반도체 소자의 비교

〈표 1 각종 반도체 소자의 비교〉

명 칭		단 자	신 호	응용 예
사이리스터	역저지 사이리스터			
	SCR	3단자	게이트 신호	정류기 인버터
	LASCR		빛 또는 게이트 신호	정지스위치 및 응용 스위치
	GTO		게이트 신호 on, off	초퍼 직류 스위치
	SCS	4단자		
	쌍방향 사이리스터			
	TRIAC	3단자	게이트 신호	조광장치, 교류 스위치
	역도통 사이리스터		게이트 신호	직류 효과
다이오드		2단자		정류기
트랜지스터		3단자		증폭기

9.3 정류회로

1) 다이오드와 SCR의 비교

(1) 단상

	반파정류	전파정류
다이오드	$E_d = \dfrac{\sqrt{2}E}{\pi} = 0.45E$	$E_d = \dfrac{2\sqrt{2}E}{\pi} = 0.9E$
SCR	$E_d = \dfrac{\sqrt{2}E}{2\pi}(1+\cos\alpha)$	$E_d = \dfrac{\sqrt{2}E}{\pi}(1+\cos\alpha)$
효율	40.6 [%]	81.2 [%]
PIV	$PIV = E_d \times \pi$	

(2) 다상 정류

$$E_d = \frac{\sqrt{2}\sin\dfrac{\pi}{m}}{\dfrac{\pi}{m}} \cdot E$$

예제 85 단상 200[V]의 교류 전압을 점호각 60°로 반파 정류를 하여 저항 부하에 공급할 때의 직류 전압[V]은?

| 풀이 | $E = 200[V]$, $\alpha = 60°$, 무유도 부하일 때
$$E_d = \frac{1 + \cos 60°}{\sqrt{2}\pi} \times 200 = 67.5[V]$$

예제 86 반파 정류 회로에서 직류 전압 200[V]를 얻는 데 필요한 변압기 2차 상전압을 구하여라. 단, 부하는 순저항, 변압기 내 전압 강하를 무시하면 정류기 내의 전압 강하는 50[V]로 한다.

| 풀이 | $E = \frac{\pi}{\sqrt{2}}(E_d + e_a) = \frac{\pi}{\sqrt{2}}(200 + 50) = 555[V]$

예제 87 단상 브리지 전파 정류 회로의 저항 부하의 전압이 100[V]이면 전원 전압[V]은?

| 풀이 | $E_d = \frac{2\sqrt{2}}{\pi}E = 0.90E$ 에서 $E = \frac{E_d}{0.9} = \frac{100}{0.9} = 111[V]$

2) 증폭
① 사이클로 컨버터 : AC 전력을 증폭
② 쵸퍼 : DC 전력증폭

3) 맥동률
① 맥동률 = $\sqrt{\frac{실효값^2 - 평균값^2}{평균값^2}} \times 100 = \frac{교류분}{직류분} \times 100[\%]$

② 단상 전파 : 48 [%]
③ 3상 반파 : 17 [%]

4) PIV (첨두 역전압)
① 단상 반파 정류 회로 : $PIV = \sqrt{2}E = \pi E_d$
② 단상 전파 정류 회로 : $PIV = 2\sqrt{2}E = \pi E_d$
 여기서, E : 교류전압(실효값), E_d : 직류전압

예제 88 반파 정류 회로에서 직류 전압 100[V]를 얻는 데 필요한 변압기의 역전압 첨두값 [V]은? 단, 부하는 순저항으로 하고 변압기 내의 전압 강하는 무시하며 정류기 내의 전압 강하를 15[V]로 한다.

| 풀이 | $PIV = \pi E_d = \pi(100 + 15) = 361.28[V]$

9.4 수은 정류기

1) 전압비

$$\frac{E_d}{E_a} = \frac{\sqrt{2} \cdot \sin\frac{\pi}{m}}{\frac{\pi}{m}} \qquad \text{여기서, } m : \text{상수}$$

2) 전류비

$$\frac{I_d}{I_a} = \sqrt{m}$$

3) 수은 정류기용 변압기의 2차측 결선 방식

수은 정류기의 직류측 전압은 맥동이 있으므로 맥동을 적게 하기 위해 상수를 많게 하면 좋으나 상수가 너무 많아지면 결선이나 구조가 복잡해지므로 일반적으로 **6상 2중 성형 결선**이 많이 사용된다.

4) 점호 : 아크를 발생하여 정류를 개시

5) 수은 정류기의 이상현상

① **역호** : 밸브 작용을 상실하여 전자가 역류하는 현상
② **실호** : 점호 실패
③ **통호** : 아크 유출
④ 이상 전압 발생

6) 수은 정류기의 역호 발생 원인 및 대책

① 발생 원인
  • **과전류**   • **과열**   • **과냉**   • 화성의 불출분   • 양극에 수은 방울 부착
② 역호 방지 대책
  • 정류기가 과부하 되지 않도록 한다.
  • 냉각장치에 주의하여 과열, 과냉을 피할 것
  • 진공도를 충분히 높게 할 것
  • 양극에 직접 수은 증기가 부착되지 않도록 할 것
  • 양극 앞에 그리드를 설치하고, 이것을 부전위로 하여 역호를 저지

MEMO

E90-4 전기공사산업기사 필기

제 3 과목 전기기기
최근기출문제

- ¶ 2012년도 전기공사산업기사 필기
- ¶ 2013년도 전기공사산업기사 필기
- ¶ 2014년도 전기공사산업기사 필기
- ¶ 2015년도 전기공사산업기사 필기
- ¶ 2016년도 전기공사산업기사 필기
- ¶ 2017년도 전기공사산업기사 필기
- ¶ 2018년도 전기공사산업기사 필기
- ¶ 2019년도 전기공사산업기사 필기
- ¶ 2020년도 전기공사산업기사 필기
- ¶ 2021년도 전기공사산업기사 필기(CBT)
- ¶ 2022년도 전기공사산업기사 필기(CBT)
- ¶ 2023년도 전기공사산업기사 필기(CBT)
- ¶ 2024년도 전기공사산업기사 필기(CBT)
- ¶ 2025년도 전기공사산업기사 필기(CBT)

2012년 기출문제

| 1회 | 전기기기 |

41 직류 분권전동기 기동시 계자 저항기의 저항값은?
① 최대로 해 둔다.
② 0(영)으로 해 둔다.
③ 중간으로 해 둔다.
④ 1/3로 해 둔다.

풀이 토크 $T = K\phi I_a$, 회전속도 $N = K\dfrac{V - I_a R_a}{\phi}$
에서 **기동시 계자 저항을 최소**로 하여 계자 전류를 크게(자속 ϕ를 크게)하면 기동 토크가 크게 되고 속도는 저속으로 된다.
【답】②

42 3상 서보모터에 평형 2상 전압을 가하여 동작시킬 때의 속도-토크 특성곡선에서 최대토크가 발생할 슬립 s는?
① $0.05 < s < 0.2$ ② $0.2 < s < 0.8$
③ $0.8 < s < 1$ ④ $1 < s < 2$
【답】②

43 철극형(凸극형) 발전기의 특징은?
① 자극편 부분의 공극이 크다.
② 회전이 빨라진다.
③ 자극편 부분의 자기저항은 크고 그 밖의 부분에서는 자기저항이 현저히 낮다.
④ 전기자 반작용 자속수가 역률의 영향을 받는다.

풀이 돌극형(철극형)의 특징
① 최대출력은 부하각 60°에서 발생
② 직축리액턴스 및 횡축리액턴스 값이 서로 다르다.
③ **전기자 반작용 및 자속수가 역률의 영향을 받는다.**
④ 풍손이 원통형에 비해 크다.
⑤ 수차와 같은 저속기에 사용
【답】④

44 75[W]정도 이하의 소형 공구, 영사기, 치과의료용 등에 사용되고 만능 전동기라고도 하는 정류자 전동기는?
① 단상 직권 정류자 전동기
② 단상 반발 정류자 전동기
③ 3상 직권 정류자 전동기
④ 단상 분권 정류자 전동기

풀이 직류 직권 전동기에 가해 주는 직류 전압을 그림과 같이 바꿀 경우에도 자속과 전기자 전류의 방향이 동시에 모두 반대가 되므로, 회전 방향은 변하지 않는다.

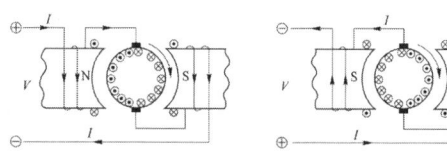

직·교류 양용 전동기의 원리

따라서, 이 직류 직권 전동기에 교류 전압을 가해 주어도 전동기는 항상 같은 방향의 토크를 발생하고, 회전을 같은 방향으로 계속한다. **직·교류 양용 전동기(만능 전동기)**는 이와 같은 원리를 이용한 전동기로서 **단상 직권 정류자 전동기**라고 하며, 믹서기, 재봉틀, 진공청소기, **휴대용 드릴 및 영사기** 등에 사용된다.
【답】①

45 SCR의 애노드 전류가 10[A]일 때 게이트 전류를 1/2로 줄이면 애노드 전류는 몇 [A]인가?
① 20 ② 10
③ 5   ④ 2

풀이 SCR는 게이트에 (+)의 트리거 펄스가 인가되면 통전 상태로 되어 정류 작용이 개시되고, 일단 통전이 시작되면 게이트 전류를 차단해도 주전류(애노드 전류)는 차단되지 않는다. 따라서, **게이트 전류를 감소시켜도 주전류(부하 전류)의 크기가 변함이 없는 10[A]가 흐른다.**
【답】②

46 3상 6극 슬롯수 54의 동기 발전기가 있다. 어떤 전기자코일의 두 변이 제1슬롯과 제8슬롯에 들어 있다면 기본파에 대한 단절권 계수는 약 얼마인가?

① 0.6983 ② 0.7848
③ 0.8749 ④ 0.9397

풀이 • 코일간격 : $8-1=7$
• 극간격 $= \dfrac{\text{총 슬롯수}}{\text{극수}} = \dfrac{S}{p} = \dfrac{54}{6} = 9$
• $\beta = \dfrac{\text{코일간격}}{\text{극 간격}} = \dfrac{7}{9}$

∴ 단절권 계수 $K_P = \sin\dfrac{1}{2}\beta\pi = \sin\dfrac{1}{2}\times\dfrac{7}{9}\pi = 0.9397$

【답】 ④

47 6300/210[V], 20[kVA] 단상변압기 1차 저항과 리액턴스가 각각 15.2[Ω]과 21.6[Ω], 2차 저항과 리액턴스가 각각 0.019[Ω]과 0.028[Ω]이다. 백분율 임피던스[%]는?

① 약 1.86 ② 약 2.87
③ 약 3.86 ④ 약 4.86

풀이 • 권수비 $a = \dfrac{6300}{210} = 30$
• 1차측으로 환산한 임피던스
$Z_1 = \sqrt{(r_1 + a^2 r_2)^2 + (x_1 + a^2 x_2)^2}$
$= \sqrt{(15.2 + 30^2 \times 0.019)^2 + (21.6 + 30^2 \times 0.028)^2}$
$= 56.86[\Omega]$
• $\%Z = \dfrac{I_n Z}{E} \times 100 = \dfrac{\dfrac{20000}{6300} \times 56.86}{6300} \times 100 = 2.865[\%]$ 【답】 ②

48 3상 유도전동기의 속도제어법이 아닌 것은?

① 1차 주파수제어   ② 2차 저항제어
③ 극수변환법   ④ 1차 여자제어

풀이
① 농형 유도 전동기의 속도 제어법은
  • **주파수**를 바꾸는 방법
  • **극수**를 바꾸는 방법
  • 전원 전압을 바꾸는 방법
② 권선형 유도 전동기는
  • **2차 저항**을 제어하는 방법
  • 2차 여자법 등이 있다.   【답】 ④

49 변압기 철심으로 갖추어야 할 성질로 맞지 않는 것은?

① 투자율이 클 것
② 전기 저항이 작을 것
③ 히스테리시스 계수가 작을 것
④ 성층 철심으로 할 것

풀이 변압기 철심의 구비조건
• 투자율이 클 것
• **전기 저항이 클 것**
• 히스테리시스 계수가 작을 것(히스테리시스손이 적을 것)
• 성층 철심으로 할 것(와류손이 적을 것)   【답】 ②

50 단상 전파정류회로에서 맥동률은?

① 약 0.17 ② 약 0.34
③ 약 0.48 ④ 약 0.96

풀이
• 맥동률 $= \sqrt{\dfrac{\text{실효값}^2 - \text{평균값}^2}{\text{평균값}^2}} \times 100 = \dfrac{\text{교류분}}{\text{직류분}} \times 100[\%]$

정류 종류	단상 반파	단상 전파	3상 반파	3상 전파
맥동률 [%]	121	48	17.7	4.04

【답】 ③

51 직류 발전기에서 양호한 정류를 얻는 조건이 아닌 것은?

① 보극을 마련한다.
② 보상권선을 마련한다.
③ 브러시의 접촉저항을 적게 한다.
④ 정류를 받는 코일의 자기인덕턴스를 적게 한다.

풀이 양호한 정류를 얻는 조건
① 리액턴스 전압을 작게 한다. $\left(e_L = L\dfrac{2I_c}{T_c}\right)$
② 단절권 채용으로 자기 인덕턴스를 작게 한다.
③ 고속을 피하여 정류 주기를 길게 한다.
④ **저항 정류로서 접촉저항이 큰 탄소 브러시를 사용**한다.
⑤ 전압 정류로서 보극을 설치한다.   【답】 ③

52 주상변압기에서 보통 동손과 철손의 비는 (a)이고 최대효율이 되기 위해서는 동손과 철손의 비는 (b)이다. ( )안에 알맞은 것은?

① $a = 1:1$, $b = 1:1$
② $a = 2:1$, $b = 1:1$
③ $a = 1:1$, $b = 2:1$
④ $a = 3:1$, $b = 1:1$

풀이 • 주상 변압기의 동손과 철손의 비 $P_c : P_i = 2 : 1$
• **변압기의 최대효율은 "동손=철손"**일 때 발생   【답】 ②

과년도 기출문제 2012년

53 동기기의 안정도를 증진시키는 방법은?
① 속응 여자 방식을 채용한다.
② 역상 임피던스를 작게 한다.
③ 회전부의 플라이휠 효과를 작게 한다.
④ 단락비를 작게 한다.

풀이 동기기의 안정도 증진법은
① 동기화 리액턴스를 작게 할 것
② 회전자의 플라이휠 효과를 크게 할 것
③ **속응 여자 방식을 채용**할 것
④ 발전기의 조속기 동작을 신속히 할 것
⑤ 단락비를 크게 할 것
⑥ 정상 임피던스는 적게, 역상, 영상 임피던스는 크게 할 것
【답】①

54 전기자 저항이 0.05[Ω]인 직류 분권발전기가 있다. 회전수가 1000[rpm]이고 단자전압이 220[V]일 때 전기자전류가 100[A]이다. 분권발전기를 전동기로 사용하여 그 단자전압 및 전기자전류가 위의 값과 똑같을 경우 그 회전수[rpm]는 약 얼마인가?
(단, 전기자 반작용은 무시한다.)
① 약 1046.5   ② 약 977.8
③ 약 977.3   ④ 약 955.6

풀이 • 발전기의 경우 유기기전력
$E = V + I_a R_a = 220 + (100 \times 0.05) = 225[V]$
또, $E = K\phi N$ 식에서 $K\phi = \dfrac{E}{N} = \dfrac{225}{1000} = 0.225$
• 전동기로 사용시 단자 전압 및 전기자 전류가 같으므로
역기전력 $E_c = V - I_a R_a = K\phi N$ 에서
$N = \dfrac{V - I_a R_a}{K\phi} = \dfrac{220 - (100 \times 0.05)}{0.225} = 955.56[rpm]$ 【답】④

55 1차 권선수 N_1, 2차 권선수 N_2, 1차 권선계수 kw_1, 2차 권선계수 kw_2인 유도전동기가 슬립 s로 운전하는 경우 전압비는?
① $\dfrac{kw_1 N_1}{kw_2 N_2}$ ② $\dfrac{kw_2 N_2}{kw_1 N_1}$
③ $\dfrac{kw_1 N_1}{s\, kw_2 N_2}$ ④ $\dfrac{s\, kw_2 N_2}{kw_1 N_1}$

풀이 $\dfrac{E_1}{E_2'} = \dfrac{a}{s} = \dfrac{N_1 k_{w1}}{s N_2 k_{w2}}$ 【답】③

56 20[kVA]의 단상변압기가 역률 1일 때 전부하 효율이 97[%]이다. 3/4 부하일 때 이 변압기는 최고 효율을 나타낸다. 전부하에서 철손(P_i)과 동손(P_c)은 각각 몇 [W]인가?
① $P_i = 222$, $P_c = 396$
② $P_i = 232$, $P_c = 386$
③ $P_i = 242$, $P_c = 376$
④ $P_i = 252$, $P_c = 356$

풀이 변압기의 효율은 $P_i = m^2 P_c$ 일 때 최대 효율이 되므로
$P_i = \left(\dfrac{3}{4}\right)^2 P_c$ 즉, $P_i = 0.5625 P_c$
전부하 효율 $\eta = \dfrac{P}{P + P_i + P_c} \times 100[\%]$ 에서
$\eta = \dfrac{20000}{20000 + 0.5625 P_c + P_c} \times 100 = 97[\%]$
$\therefore P_c = \dfrac{\left(\dfrac{20000 \times 100}{97} - 20000\right)}{1.5625} = 395.88[W]$
$P_i = 0.5625 P_c = 0.5625 \times 395.88 = 222.68[W]$ 【답】①

57 50[Hz] 4극 15[kW]의 3상 유도전동기가 있다. 전부하시의 회전수가 1450[rpm] 이라면 토크는 몇 [kg·m] 인가?
① 약 68.52   ② 약 88.65
③ 약 98.68   ④ 약 10.07

풀이 $T = 0.975 \times \dfrac{P}{N}$ [kg·m] 에서
$T = 0.975 \times \dfrac{15000}{1450} = 10.08$ [kg·m] 【답】④

58 단상 유도 전압 조정기의 1차 권선과 2차 권선의 축 사이의 각도를 α라 하고, 양 권선의 축이 일치할 때 2차 권선의 유기 전압을 E_2, 전원전압을 V_1, 부하측의 전압을 V_2 라고 하면 임의의 각 α일 때 V_2를 나타내는 식은?
① $V_2 = V_1 + E_2 \cos\alpha$
② $V_2 = V_1 - E_2 \cos\alpha$
③ $V_2 = E_2 + V_1 \cos\alpha$
④ $V_2 = E_2 - V_1 \cos\alpha$

[풀이] 단상 유도 전압 조정기

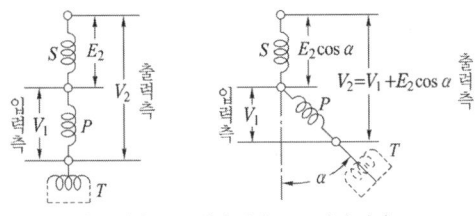

P : 분로 권선　S : 직렬 권선　T : 단락 권선

$V_2 = V_1 + E_2 \cos\alpha$ 【답】①

59 동기 전동기를 부족여자로 운전하면 어떠한 작용을 하는가?
① 충전전류가 흐른다.　② 콘덴서 작용을 한다.
③ 뒤진전류가 흐른다.　④ 뒤진전류를 보상한다.

[풀이]

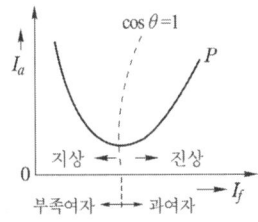

- 동기 조상기는 무부하로 운전되는 동기 전동기의 V곡선을 이용
- 동기전동기 운전
  - 과여자 운전 : 앞선 전류가 흘러 콘덴서로 작용
  - **부족 여자 운전 : 뒤진 전류가 흘러 리액터로 작용**　【답】③

60 단상 전파 제어 정류 회로에서 순저항 부하일 때의 평균 출력 전압은? (단, V_m은 인가 전압의 최대값이고 점호각은 α이다.)

① $\dfrac{V_m}{\pi}(1+\cos\alpha)$　② $\dfrac{V_m}{\pi}(1+\sin\alpha)$

③ $\dfrac{2V_m}{\pi}(1+\cos\alpha)$　④ $\dfrac{2V_m}{\pi}(1+\sin\alpha)$

[풀이]

	반파정류	전파정류
다이오드	$E_d = \dfrac{\sqrt{2}E}{\pi} = 0.45E$	$E_d = \dfrac{2\sqrt{2}E}{\pi} = 0.9E$
SCR	$E_d = \dfrac{\sqrt{2}E}{2\pi}(1+\cos\alpha)$	$E_d = \dfrac{\sqrt{2}E}{\pi}(1+\cos\alpha)$ $= \dfrac{V_m}{\pi}(1+\cos\alpha)$

【답】①

2회 전기기기

41 440/13200 [V] 단상 변압기의 2차 전류가 3.3 [A] 이면 1차 출력은 약 몇 [kVA]인가?
① 22　② 33
③ 44　④ 62

[풀이] 손실을 무시하면 "1차 입력 = 2차 출력"이 된다.
따라서, 2차 출력=1차 입력
$= V_2 I_2 = 13200 \times 3.3 \times 10^{-3}$
$= 43.56 [\text{kVA}]$ 【답】③

42 3상 유도전동기 원선도 작성에 필요한 기본량이 아닌 것은?
① 저항측정　② 단락시험
③ 무부하시험　④ 구속시험

[풀이]
① 원선도 작성에 필요한 시험은
  - 저항 측정　• 무부하 시험　• 구속 시험이 있다.
② 유도 전동기의 원선도에서 구 할 수 있는 항목
  - 전부하 전류　• 역률　• 효율　• 슬립
  - 최대출력/정격출력　• 토크 　【답】②

43 단상변압기 3대를 Y-△결선해서 3상 20000 [V]를 3000[V]로 내려서 3000[kW], 역률 80 [%]의 부하에 전력을 공급할 때 변압기 1대의 정격용량 [kVA]은?
① 1250　② 1767
③ 2500　④ 3750

[풀이] 변압기 1대의 용량
$P_a = \dfrac{P[\text{kW}]}{3 \times \cos\theta} = \dfrac{3000}{3 \times 0.8} = 1250 [\text{kVA}]$ 【답】①

44 내철형 3상 변압기를 단상 변압기로 사용할 수 없는 이유는?
① 1차, 2차간의 각 변위가 있기 때문에
② 각 권선마다의 독립된 자기 회로가 있기 때문에
③ 각 권선마다의 독립된 자기 회로가 없기 때문에
④ 각 권선이 만든 자속이 $\dfrac{3\pi}{2}$ 위상차가 있기 때문에

풀이 외철형 3상 변압기는 각 상마다 독립된 자기 회로를 가지고 있으므로 단상 변압기로 사용할 수 있지만 내철형 3상 변압기는 각 권선마다 **독립된 자기 회로가 없기 때문에 각 권선을 단상으로 사용할 수 없다.** 【답】③

45 3상 동기발전기를 병렬 운전하는 도중 여자 전류를 증가시킨 발전기에서는 어떤 현상이 생기는가?
① 무효전류가 감소한다.
② 역률이 나빠진다.
③ 전압이 높아진다.
④ 출력이 커진다.

풀이

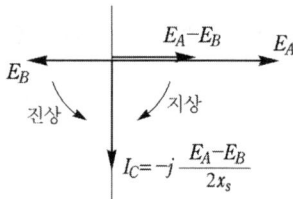

A, B 두 대의 발전기가 병렬 운전 중에 A기의 여자를 증대하면, 즉 A기의 유기전압이 B기의 유기전압보다 높게 되면 A기로부터 B기로 전류가 흐르게 되는데 이때의 전류 I_c는

$$I_c = \frac{E_A - E_B}{j2x_s} = -j\frac{E_A - E_B}{2x_s}$$

로 A(여자전류를 증가시킨 발전기)기에는 전압보다 90° 늦은 전류가 흐르게 되어 역률이 나빠지고, B기에는 90° 빠른 전류가 흐르게 되어 역률이 좋아지게 되며, 그 결과 A, B 발전기의 단자전압은 서로 같게 된다. 【답】②

46 다음 동기기 중 슬립링을 사용하지 않는 기기는?
① 동기발전기
② 동기전동기
③ 유도자형 고주파발전기
④ 고정자 회전기동형 동기전동기

풀이 **유도자형 발전기**는 계자극과 전기자를 함께 고정시키고 그 중앙에 유도자라고 하는 권선이 없는 회전자를 갖춘 것으로 주로 수백~수만 [Hz] 정도의 고주파 발전기로 사용되며 **슬립링이 없다.** 【답】③

47 3상 유도전동기의 2차 저항을 m배로 하면 동일하게 m배로 되는 것은?
① 역률
② 전류
③ 슬립
④ 토크

풀이 $\frac{r_2}{s_m} = \frac{r_2 + R_s}{s_t}$

여기서, r_2 : 2차 권선의 저항, s_m : 최대 토크시 슬립,
s_t : 기동시 슬립, R_s : 2차 외부회로 저항,
$r_2 + R_s$: 2차 회로 저항

즉, **2차 회로 저항 $r_2 + R_s$와 슬립 s_t는 비례 관계**에 있다.
【답】③

48 전압이나 전류의 제어가 불가능한 소자는?
① IGBT
② SCR
③ GTO
④ Diode

풀이

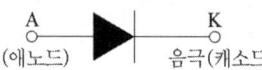

다이오드(Diode)는 회로의 주변 상황에 따라 순방향으로 전압이 가해지면 도통하고 역방향으로 전압이 가해지면 도통하지 않는 수동적인 소자로 사용자가 임의로 ON, OFF 시킬 수 없다. 따라서, **다이오드는 전압이나 전류의 제어가 불가능**하다.
【답】④

49 직류기의 다중 중권 권선법에서 전기자 병렬회로수(a)와 극수(p)와의 관계는? (단, 다중도는 m이다.)
① $a = 2$
② $a = 2m$
③ $a = p$
④ $a = mp$

풀이 중권과 파권의 비교

구 분	중권 (병렬권)	파권 (직렬권)
전기자 병렬회로 수 a	$p\ (a=mp)$	$2\ (a=2m)$
브러시 수 b	p	2
용 도	저전압, 대전류	고전압, 소전류
균압접속	4극 이상	

여기서, p : 극수, m : 다중도 【답】④

50 단상 전파정류로 직류 450 [V]를 얻는데 필요한 변압기 2차 권선의 전압은 몇 [V]인가?
① 525
② 500
③ 475
④ 465

풀이
• 전파 정류에서 $E_d = 0.9 E_s$

$$\therefore E_s = \frac{E_d}{0.9} = \frac{450}{0.9} = 500 [V]$$

【답】②

51 직권 전동기의 전기자 전류가 30[A]일 때 210[kg·m]의 토크를 발생한다. 전기자 전류가 90 [A]로 되면 토크는 몇 [kg·m]로 되는가? (단, 자기포화는 무시한다.)

① 1625　　　　　② 1758
③ 1890　　　　　④ 1935

풀이
- 토크 $T = k\phi I_a$
- **직권전동기**에서는 $I = I_a = I_f$이고, 자기포화를 무시하면 $I_f \propto \phi$ 이므로
  토크 $T = KI^2$가 되어 $T \propto I^2$의 관계가 성립된다.
  따라서, $210 : T' = 30^2 : 90^2$ 에서
  $T' = \left(\dfrac{90}{30}\right)^2 \times 210 = 1890 [\text{kg} \cdot \text{m}]$ 　【답】③

52 직류발전기의 전기자에 대한 설명 중 잘못된 것은?

① 전기자 권선은 대전류인 경우 평각동선을 사용한다.
② 전기자 권선은 소전류인 경우 연동환선을 사용한다.
③ 소형기에는 반폐 슬롯을 사용한다.
④ 중형 및 대형기에는 가지형 슬롯을 사용한다.

풀이
- **반폐 슬롯** : 소형기 및 고속도 기기에 적용
- **개방 슬롯** : 중형기 및 대형기에 적용　【답】④

53 60[Hz], 12극, 회전자 외경 2[m]의 동기발전기에 있어서 자극면의 주변속도 [m/s]는 약 얼마인가?

① 34　　　　　② 43
③ 59　　　　　④ 62

풀이 $N_s = \dfrac{120f}{p} = \dfrac{120 \times 60}{12} = 600 [\text{rpm}]$

∴ $v = \pi D \cdot \dfrac{N_s}{60} = \pi \times 2 \times \dfrac{600}{60} = 62.8 [\text{m/s}]$　【답】④

54 동기발전기의 병렬운전 조건에서 같지 않아도 되는 것은?

① 주파수　　　　② 용량
③ 위상　　　　　④ 기전력

풀이 동기 발전기의 **병렬 운전 조건**은 다음과 같다.
① 기전력의 **크기**가 같을 것
② 기전력의 **위상**이 같을 것
③ 기전력의 **주파수**가 같을 것
④ 기전력의 **파형**이 같을 것
⑤ **상회전 방향**이 같을 것　【답】②

55 유도전동기의 2차 동손(P_c), 2차 입력(P_2), 슬립(s)일 때의 관계식으로 옳은 것은?

① $P_2 P_c s = 1$　　　　② $s = P_2 P_c$
③ $s = \dfrac{P_2}{P_c}$　　　　　④ $P_c = sP_2$

풀이 2차 동손
$P_c = I_2^2 r_2 = I_2 r_2 \cdot \dfrac{sE_2}{\sqrt{r_2^2 + (sx_2)^2}} = sE_2 I_2 \dfrac{r_2}{\sqrt{r_2^2 + (sx_2)^2}}$
$= sE_2 I_2 \cos\theta_2 = sP_2$

(2차 전류 $I_2 = \dfrac{sE_2}{\sqrt{r_2^2 + (sx_2)^2}}$,

2차 역률 $\cos\theta_2 = \dfrac{r_2}{\sqrt{r_2^2 + (sx_2)^2}}$)　【답】④

56 전압 380[V]에서의 기동 토크가 전부하 토크의 186[%]인 3상 유도전동기가 있다. 기동 토크가 100[%]되는 부하에 대해서는 기동 보상기로 전압을 약 몇 [V] 공급하면 되는가?

① 280　　　　　② 270
③ 290　　　　　④ 300

풀이 **기동 토크는 전압의 2승에 비례**하므로
$T_1 : T_2 = V_1^2 : V_2^2$
따라서, $V_2 = \sqrt{\dfrac{T_2}{T_1}} \times V_1 = \sqrt{\dfrac{100}{186}} \times 380 = 278.63 [\text{V}]$　【답】①

57 1차 전압 3300[V], 권수비 50인 단상 변압기가 순저항 부하에 10[A]를 공급할 때의 입력 [kW]은?

① 0.66　　　　　② 1.25
③ 2.43　　　　　④ 2.82

풀이
- 권수비 $a = \dfrac{I_2}{I_1}$ 에서 1차전류 $I_1 = \dfrac{I_2}{a} = \dfrac{10}{50} = 0.2 [\text{A}]$
- 입력 $P = V_1 I_1 = 3300 \times 0.2 = 660 [\text{W}] = 0.66 [\text{kW}]$　【답】①

58 직류 직권 전동기를 정격전압에서 전부하 전류 50[A]로 운전할 때, 부하토크가 1/2로 감소하면 그 부하전류는 약 몇 [A]인가? (단, 자기포화는 무시한다.)

① 20 ② 25
③ 30 ④ 35

풀이 직권 전동기에서 자기 포화를 무시하면
$T = kI^2$ 에서 $T \propto I^2$
$T : \frac{1}{2}T = 50^2 : I^2$
$\therefore I = \sqrt{\frac{\frac{1}{2}T}{T}} \cdot 50 = \frac{50}{\sqrt{2}} = 35.36$ [A]   【답】④

59 정격전압 6000[V], 용량 5000[kVA]의 3상 동기발전기에서 여자전류가 200[A]일 때 무부하 단자전압이 6000[V], 단락전류는 500[A]이었다. 동기 리액턴스는 약 몇 [Ω]인가?

① 8.65 ② 7.26
③ 6.93 ④ 5.77

풀이 단락전류 $I_s = \frac{E}{Z_s} = \frac{V}{\sqrt{3}Z_s}$ [A]에서
$Z_s = X_s = \frac{V}{\sqrt{3}I_s} = \frac{6000}{\sqrt{3} \times 500} = 6.93$ [Ω]
(단, 저항분은 무시한 경우임)   【답】③

60 변압기 단락시험에서 계산할 수 있는 것은?
① 백분율 전압강하, 백분율 리액턴스강하
② 백분율 저항강하, 백분율 리액턴스강하
③ 백분율 전압강하, 여자 어드미턴스
④ 백분율 리액턴스강하, 여자 어드미턴스

풀이 변압기 단락시험으로부터 구할 수 있는 항목
• 권선의 저항
• 권선의 임피던스
• 권선의 누설리액턴스
• **백분율 저항강하**
• **백분율 리액턴스 강하**   【답】②

4회 전기기기

41 변압기 병렬 운전이 불가능한 권선은?
① △-Y, Y-△ ② Y-Y, Y-Y
③ △-△, △-Y ④ Y-△, Y-△

풀이 3상 변압기의 병렬 운전의 결선 조합

병렬 운전 가능	병렬 운전 불가능
△-△ 와 △-△	△-△와 △-Y
Y-Y 와 Y-Y	△-Y와 Y-Y
Y-△ 와 Y-△	
△-Y 와 △-Y	
△-△ 와 Y-Y	
△-Y 와 Y-△	

※ 이유 : 3개의 △, 3개의 Y는 2차간에 정격 전압이 다르며 30°의 변위가 생겨 순환 전류가 흐른다.   【답】③

42 권수비가 a인 단상 변압기 3대가 있다. 이것을 1차에 Y, 2차에 △로 결선하여 3상 교류 평형 회로에 접속할 때 1차측의 단자전압을 V[V], 전류를 I[A]라고 하면 2차측의 단자전압[V] 및 선전류[A]는 얼마인가? (단, 변압기의 저항, 누설리액턴스, 여자전류는 무시한다.)

① $\frac{V}{\sqrt{3}}a$, $\frac{\sqrt{3}I}{a}$
② $\sqrt{3}aV$, $\frac{I}{\sqrt{3}a}$
③ $\frac{\sqrt{3}V}{a}$, $\frac{aI}{\sqrt{3}}$
④ $\frac{V}{\sqrt{3}a}$, $\sqrt{3}aI$

풀이
• 1차측 Y결선에서 상전압 $V_{1p} = \frac{V_{1l}}{\sqrt{3}} = \frac{V}{\sqrt{3}}$
• 2차측 △결선에서 상전압 $V_{2p} = \frac{V_{1p}}{a} = \frac{\frac{V}{\sqrt{3}}}{a} = \frac{V}{\sqrt{3}a}$
• 2차측 △결선에서 선간전압 V_{2l} = 2차측 상전압 $V_{2p} = \frac{V}{\sqrt{3}a}$
• 1차측 Y결선에서 선전류 I_{1l} = 상전류 $I_{1p} = I$
• 2차측 상전류 $I_{2p} = aI_{1p} = aI$
• 2차측 △결선에서 선전류 $I_{2l} = \sqrt{3}I_{2p} = \sqrt{3}aI$ 【답】④

43 전압변동률이 작은 동기 발전기는?
① 단락비가 크다.
② 전기자 반작용이 크다.
③ 값이 싸진다.
④ 동기 리액턴스가 크다.

풀이 단락비가 큰 기계(철기계)
- 동기 임피던스가 적다 $\left(K_s \propto \dfrac{1}{Z_s}\right)$
- **전압변동률이 작다.**
- 전기자 반작용이 작다.
- 출력이 크다.
- 과부하 내량이 크고 안정도가 높다.
- 자기 여자 현상이 작다.
- 극수가 많은 저속기에 적합하다.   【답】①

44 회전자가 슬립 s로 회전하고 있을 때 고정자와 회전자의 실효 권수비를 a라 하면 고정자 기전력 E_1과 회전자 기전력 E_2와의 비는?

① $\dfrac{a}{s}$ ② sa
③ $(1-s)a$ ④ $\dfrac{a}{1-s}$

풀이
- 정지시 권수비 $a = \dfrac{E_1}{E_2}$
- 슬립 s로 회전시 권수비 $a' = \dfrac{E_1}{E_{2s}} = \dfrac{E_1}{sE_2} = \dfrac{a}{s}$ 【답】①

45 직류기의 정류작용에서 전압정류와 관계 되는 것은?

① 탄소브러시 ② 보극
③ 보상권선 ④ 접촉저항

풀이
- 보극 : 전압 정류
- 탄소 브러시 : 저항 정류   【답】②

46 직류 복권발전기의 외부특성곡선은 다음 중 어느 관계를 나타낸 것인가?

① 부하전류와 단자전압
② 계자전류와 단자전압
③ 부하전류와 계자전류
④ 계자전류와 회전속도

풀이

구 분	횡축	종축	조 건
무부하 포화 곡선	I_f	$V(=E)$	n=일정 $I=0$
외부 특성 곡선	I	V	n=일정 R_f=일정
내부 특성 곡선	I	E	n=일정 R_f=일정
부하 특성 곡선	I_f	V	n=일정 I=일정
계자 조정 곡선	I	I_f	n=일정 V=일정

【답】①

47 20[kVA], 단상 변압기가 있다. 역률이 1일 때 전부하 효율은 97[%]이고, 75[%]부하에서 최고 효율이 되었다. 전부하시 철손[W]은?

① 약 223 ② 약 256
③ 약 356 ④ 약 396

풀이

최대 효율 $\eta_m = \dfrac{\text{최대 효율시의 출력}}{\text{최대 효율시의 출력} + \text{철손} + \text{동손}} \times 100[\%]$

이므로

$0.97 = \dfrac{20 \times 10^3}{20 \times 10^3 + P_i + P_c}$

$P_i + P_c = \dfrac{20 \times 10^3}{0.97} - 20 \times 10^3 = 618[\text{W}]$ …… ①

$P_i = \left(\dfrac{3}{4}\right)^2 P_c = 0.563 P_c$ …… ②

$0.563 P_c + P_c = 618$

$\therefore P_c = \dfrac{618}{1.563} ≒ 396[\text{W}]$

P_c의 값을 식 ①에 대입하면

$396 + P_i = 618$

$\therefore P_i = 222[\text{W}]$ 【답】①

48 다음 중 전기자반작용을 줄이는 방법으로 옳지 않은 것은?

① 보상권선을 설치한다.
② 보극을 설치한다.
③ 기하학적 중성축과 전기적 중성축을 일치시킨다.
④ 보상권선에 전기자 전류와 같은 방향의 전류를 흘린다.

풀이

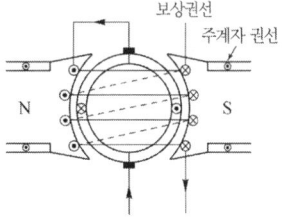

전기자 반작용을 줄이기 위해 설치하는 **보상권선**은 전기자 전류의 기전력을 상쇄하기 위하여 주자극의 자극편에 슬롯을 만들어 그림과 같이 **전기자 전류와 반대 방향으로 전류**가 흐르게 한다.   【답】④

49 3상 권선형 유도전동기의 2차 회로에 저항을 삽입하는 목적이 아닌 것은?
① 속도는 줄지만 최대 토크를 크게 하기 위하여
② 속도제어를 하기 위하여
③ 기동 토크를 크게 하기 위하여
④ 기동 전류를 줄이기 위하여

풀이
· 최대 토크 $T_m \propto \dfrac{V^2}{2x_2}$: 2차 저항에 무관
· 최대 토크를 발생하는 슬립 $s_m = \pm \dfrac{r_2}{x_2}$: 2차 저항에 비례

따라서, 2차 회로에 저항을 삽입하는 목적은 최대 토크를 크게 하려는 것이 아니라 최대 토크를 발생하는 슬립, 즉 **기동시** ($s=1$)에 최대 토크가 발생할 수 있도록 하기 위함이다.
【답】 ①

50 슬립 5[%]인 유도 전동기의 등가 부하저항은 2차 저항 r_2의 몇 배인가?
① 12 ② 19
③ 24 ④ 32

풀이 $R = r_2\left(\dfrac{1}{s} - 1\right) = r_2\left(\dfrac{1}{0.05} - 1\right) = 19r_2$
【답】 ②

51 직류 전동기의 속도 제어법 중에서 정출력 가변 속도의 용도에 적합한 제어법은?
① 저항 제어법 ② 전압 제어법
③ 계자 제어법 ④ 일그너 방식법

풀이 직류 전동기의 속도 제어법 비교

구 분	제어 특성	특 징
계자 제어법	·정출력 제어	·속도 제어 범위가 좁다.
전압 제어법	·정토크 제어 ┌워드 레오나드 방식 └일그너 방식	·제어 범위가 넓다. ·손실이 매우 적다. ·정역 운전이 가능 ·설비비가 많이 든다.
직렬 저항법		·효율이 나쁘다.

【답】 ③

52 두 대의 변압기 병렬운전에서 다른 정격은 모두 같고 1차 환산 누설 임피던스만이 $2+j3$ [Ω]과 $3+j2$ [Ω]이다. 부하 전류가 50 [A]이면 순환전류 [A]는 얼마인가?
① 3 ② 5
③ 10 ④ 25

풀이 · 임피던스의 크기가 같으므로 부하 전류는 25[A]씩 양분되어 흐른다.
· 순환 전류 I_c는 $I_c = \dfrac{V_2 - V_1}{Z_1 + Z_2} = \dfrac{I_2Z_2 - I_1Z_1}{Z_1 + Z_2}$

$\therefore I_c = \dfrac{25(3+j2) - 25(2+j3)}{(2+j3)+(3+j2)} = \dfrac{75+j50-50-j75}{5+j5}$

$= \dfrac{25-j25}{5+j5} = \dfrac{(25-j25)(5-j5)}{(5+j5)(5-j5)}$

$= \dfrac{125-j125-j125+j^2125}{5^2+5^2} = \dfrac{-j250}{50}$

$= -j5 = 5\angle{-90°}$ [A]
【답】 ②

53 변압기의 히스테리시스손실은 자속밀도 최대값의 몇 승에 비례하는가? (단, 자속밀도 최대값은 1.5 [Wb/m²] 이다.)
① 1.6 ② 2
③ 2.6 ④ 4

풀이 · 히스테리시스손
$P_h = K_h \cdot f \cdot B_m^2 = K \cdot f \cdot \left(\dfrac{E}{f}\right)^2 = K\dfrac{E^2}{f}$

로 자속밀도 B_m의 자승에 비례한다. 【답】 ②

54 1000 [V]의 단상 교류를 전파 정류해서 150 [A]의 직류를 얻는 정류기의 교류측 전류는 약 몇 [A] 인가?
① 106 ② 116
③ 125 ④ 166

풀이 $I = \dfrac{\pi}{2\sqrt{2}}I_d = \dfrac{\pi}{2\sqrt{2}} \times 150 = 166.5$ [A]
【답】 ④

55 내분권 복권 발전기의 전기자 권선, 직권 계자 권선, 분권 계자 권선의 저항이 각각 0.06[Ω], 0.05 [Ω], 41 [Ω]이고, 유도기전력이 211 [V], 전기자 전류가 105 [A]일 때 부하전류는 약 몇 [A]인가?
① 20 ② 60
③ 80 ④ 100

풀이
· 분권 계자 권선에 인가되는 전압
$V_f = E - I_a r_a$
$= 211 - 105 \times 0.06$
$= 204.7$ [V]

- 분권 계자 권선에 흐르는 전류
$$I_f = \frac{V_f}{r_f} = \frac{204.7}{41} = 5[A]$$
- 부하전류 $I = I_a - I_f = 105 - 5 = 100[A]$ 【답】④

56 단상 유도전동기에서 기동토크가 가장 큰 것은?
① 콘덴서 전동기 ② 세이딩 코일형
③ 반발 기동형 ④ 분상 기동형

풀이 기동 토크의 크기
반발 기동형 > 반발 유도형 > 콘덴서 기동형 > 분상 기동형 > 세이딩 코일형 【답】③

57 정격 단자전압 V_n, 무부하 단자전압 V_0일 때 동기 발전기의 전압변동률 [%]은?
① $\frac{V_n - V_0}{V_n} \times 100$ ② $\frac{V_n - V_0}{V_0} \times 100$
③ $\frac{V_0 - V_n}{V_n} \times 100$ ④ $\frac{V_0 - V_n}{V_0} \times 100$

【답】③

58 12극과 8극인 2개의 유도 전동기를 종속법에 의한 직렬접속법으로 속도제어할 때 전원주파수가 50[Hz]인 경우 무부하 속도 N_0는 몇 [rps]인가?
① 4 ② 5
③ 200 ④ 300

풀이 종속법에서의 회전수
$N = \frac{120f}{p_1 + p_2} = \frac{120 \times 50}{12 + 8} = 300[rpm] = 5[rps]$ 【답】②

59 3상 동기 발전기의 전기자 반작용은 부하의 성질에 따라 다르다. 잘못 설명한 것은?
① $\cos\theta ≒ 1$일 때 즉, 전압과 전류가 동상일 때는 실제적으로 교차자화작용을 한다.
② $\cos\theta ≒ 0$일 때 즉, 전류가 전압보다 90° 뒤질 때는 감자작용을 한다.
③ $\cos\theta ≒ 0$일 때 즉, 전류가 전압보다 90° 앞설 때는 증자작용을 한다.
④ $\cos\theta ≒ \phi$일 때 즉, 전류가 전압보다 ϕ만큼 뒤질 때는 증자작용을 한다.

풀이 발전기와 전동기의 전기자 반작용은 서로 반대이다.

분류	동기 발전기	동기 전동기
전압과 동상	교차 자화 작용	교차 자화 작용
진상전류	증자 작용	감자 작용
지상전류	**감자 작용**	증자 작용

【답】④

60 교류에서 직류로 변환하는 기기가 아닌 것은?
① 회전 변류기 ② 인버터
③ 전동 직류발전기 ④ 셀렌 정류기

풀이 인버터는 **직류를 교류로 변환**하는 역변환 장치이다. 【답】②

2013년 기출문제

1회 전기기기

41 정격출력 P[kW], 회전수 N[rpm]인 전동기의 토크[kg·m]는?

① $0.975\dfrac{P}{N}$ ② $1.026\dfrac{P}{N}$

③ $975\dfrac{P}{N}$ ④ $1026\dfrac{P}{N}$

[풀이] $T = \dfrac{1}{9.8} \cdot \dfrac{P}{\omega} = \dfrac{1}{9.8} \cdot \dfrac{P \times 10^3}{2\pi \times \dfrac{N}{60}} = 975\dfrac{P}{N}$ [kg·m]

【답】 ③

42 트랜지스터에 비해 스위칭 속도가 매우 빠른 이점이 있는 반면에 용량이 적어서 비교적 저전력용에 주로 사용되는 전력용 반도체 소자는?

① SCR ② GTO
③ IGBT ④ MOSFET

[풀이] MOSFET(Metal Oxide Semiconductor Field Effect Transistor)은 금속 산화막 반도체 전계효과 트랜지스터로서 게이트의 절연체 때문에 **전력손실이 없어 구동 전력이 적고 스위칭 속도가 뛰어나기 때문에** 디지털 회로에 광범위 하게 사용된다. **【답】** ④

43 변압기에 사용하는 절연유의 성질이 아닌 것은?

① 절연 내력이 클 것
② 인화점이 높을 것
③ 점도가 클 것
④ 냉각효과가 클 것

[풀이] 변압기의 기름으로서 갖추어야 할 조건은
① 절연 내력이 클 것
② 절연 재료 및 금속에 화학 작용을 일으키지 않을 것
③ 인화점이 높고, 응고점이 낮을 것
④ **점도가 낮고**, 비열이 커서 냉각 효과가 클 것
⑤ 고온에서도 석출물이 생기거나 산화하지 않을 것 **【답】** ③

44 단권변압기의 3상 결선에서 △결선인 경우, 1차측 선간전압 V_1, 2차측 선간전압 V_2일 때 단권변압기의 자기용량/부하용량은? (단, $V_1 > V_2$인 경우이다.)

① $\dfrac{V_1 - V_2}{V_1}$ ② $\dfrac{V_1^2 - V_2^2}{\sqrt{3}\, V_1 V_2}$

③ $\dfrac{\sqrt{3}(V_1^2 - V_2^2)}{V_1 V_2}$ ④ $\dfrac{V_1 - V_2}{\sqrt{3}\, V_1}$

[풀이] △결선에서 고압측 전압 V_h, 저압측 전압 V_l 이라고 하면

$\dfrac{\text{자기 용량(등가 용량)}}{\text{부하 용량}} = \dfrac{V_h^2 - V_l^2}{\sqrt{3}\, V_h V_l} = \dfrac{V_1^2 - V_2^2}{\sqrt{3}\, V_1 V_2}$ **【답】** ②

45 75[W] 이하의 소 출력으로 소형 공구, 영사기, 치과의료용 등에 널리 이용되는 전동기는?

① 단상 반발 전동기
② 3상 직권정류자 전동기
③ 영구자석 스텝전동기
④ 단상 직권정류자 전동기

[풀이] 직류 직권 전동기에 가해 주는 직류 전압을 그림과 같이 바꿀 경우에도 자속과 전기자 전류의 방향이 동시에 모두 반대가 되므로, 회전 방향은 변하지 않는다.

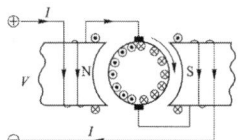 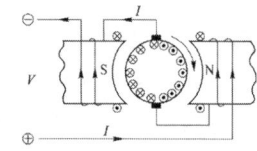

직·교류 양용 전동기의 원리

따라서, 이 직류 직권 전동기에 교류 전압을 가해 주어도 전동기는 항상 같은 방향의 토크를 발생하고, 회전을 같은 방향으로 계속한다. **직·교류 양용 전동기(만능 전동기)**는 이와 같은 원리를 이용한 전동기로서 **단상 직권 정류자 전동기**라고 하며, 믹서기, 재봉틀, 진공청소기, 휴대용 드릴 및 영사기 등에 사용된다. **【답】** ④

46 직류발전기의 구조가 아닌 것은?
① 계자 권선 ② 전기자 권선
③ 내철형 철심 ④ 전기자 철심

풀이 직류 발전기의 주요 부분
① **계자** : 전기자를 통과하는 자속을 만드는 부분으로 계자 권선, 자극 철심, 계철 및 자극편으로 되어있다.
② **전기자** : 계자에서 만든 자속을 끊어서 기전력을 유도 하는 부분으로 **전기자 권선**과 **전기자 철심**으로 구성되어 있다.
③ **정류자** : 전기자 권선에서 유도된 교류를 직류로 바꾸어 주는 부분
【답】③

47 3상 유도전동기의 원선도 작성시 필요한 시험이 아닌 것은?
① 슬립 측정
② 무부하 시험
③ 구속 시험
④ 고정자 권선의 저항 측정

풀이
(1) 원선도 작성에 필요한 시험은
 • 저항 측정 • 무부하 시험 • 구속 시험이 있다.
(2) 유도 전동기의 원선도에서 구할 수 있는 항목
 • 전부하 전류 • 역률 • 효율 • 슬립
 • 최대출력/정격출력 • 토크
즉, 슬립은 원선도 상에서 구할 수 있다. 【답】①

48 주파수 60[Hz], 슬립 3[%], 회전수 1164[rpm]인 유도전동기의 극수는?
① 4 ② 6
③ 8 ④ 10

풀이 $s = \frac{N_s - N}{N_s} \times 100$ 에서

$N_s = \frac{N}{1 - \frac{s}{100}} = \frac{1164}{1 - 0.03} = 1200$ [rpm]

$N_s = \frac{120f}{p}$ 에서 ∴ $p = \frac{120f}{N_s} = \frac{120 \times 60}{1200} = 6$ [극] 【답】②

49 4극 60[Hz]의 3상 동기발전기가 있다. 회전자의 주변 속도를 200[m/s] 이하로 하려면 회전자의 최대 직경을 약 몇 [m]로 하여야 하는가?
① 1.5 ② 1.8
③ 2.1 ④ 2.8

풀이 $N_s = \frac{120f}{p} = \frac{120 \times 60}{4} = 1800$ [rpm]

회전자 주변 속도 $v = \pi D \cdot \frac{N_s}{60}$ [m/s]

∴ $D = \frac{60v}{\pi N_s} = \frac{60 \times 200}{3.14 \times 1800} = 2.1231$ [m] 【답】③

50 비철극(원통)형 회전자 동기발전기에서 동기리액턴스 값이 2배가 되면 발전기의 출력은?
① 1/2로 줄어든다.
② 1배이다.
③ 2배로 증가한다.
④ 4배로 증가한다.

풀이 비 철극기 1상의 출력 $P = \frac{EV}{x_s} \sin\delta$ [W]
에서 동기리액턴스 x_s가 2배가 되면 출력 P는 1/2로 감소한다. 【답】①

51 동기전동기에서 제동권선의 역할에 해당되지 않는 것은?
① 기동 토크를 발생한다.
② 난조 방지작용을 한다.
③ 전기자반작용을 방지한다.
④ 급격한 부하의 변화로 인한 속도의 요동을 방지한다.

풀이 제동 권선의 역할
① 난조 방지
② 기동 토크 발생
③ 불평형 부하시의 전류, 전압 파형 개선
④ 송전선의 불평형 단락시의 이상 전압 방지 【답】③

52 유도전동기에서 부하를 증가시킬 때 일어나는 현상에 관한 설명 중 틀린 것은?
(단, n_s : 회전자계의 속도, n : 회전자의 속도이다.)
① 상대속도 $(n_s - n)$ 증가
② 2차 전류 증가
③ 토크 증가
④ 속도 증가

풀이 부하가 증가하면 회전자의 속도 n이 감소하게 되어 슬립은 증가한다. 【답】④

53 직류 전동기의 실측효율을 측정하는 방법이 아닌 것은?
① 보조 발전기를 사용하는 방법
② 프로니 브레이크를 사용하는 방법
③ 전기 동력계를 사용하는 방법
④ 블론델법을 사용하는 방법

풀이 직류기의 온도시험 방법
① 실부하법
② 반환부하법 : 블론델법, 카프법 및 홉킨스 법
따라서, **블론델법**은 효율을 측정하는 방법이 아니라 **온도시험 방법의 한 종류**이다. 【답】④

54 변압기 온도시험을 하는데 가장 좋은 방법은?
① 반환 부하법　　② 실 부하법
③ 단락 시험법　　④ 내전압 시험법

풀이 변압기의 온도 상승 시험중 실부하법은 전력 손실이 크기 때문에 소용량 이외에는 별로 적용되지 않는다. **반환 부하법**은 동일 정격의 변압기가 2대 이상 있을 경우에 채용되며, 전력 소비가 적고 철손과 동손을 따로 공급하는 것으로 **현재 가장 많이 사용**하고 있다. 【답】①

55 2극 단상 60[Hz]인 릴럭턴스(reluctance) 전동기가 있다. 실효치 2[A]의 정현파 전류가 흐를 때 발생 토크의 최대값[N·m]은? (단, 직축(L_d) 및 횡축(L_q) 인덕턴스는 $L_d = 2L_q = 200$[mH]이다.)
① 0.1　　② 0.5
③ 1.0　　④ 1.5

풀이 릴럭턴스 전동기의 최대 토크 T_m은 $2\delta = 90°$일 때 발생한다. 즉, $\sin 2\delta = 1$이 된다.
∴ $T_m = \frac{1}{8}I_m^2(L_d - L_q)\sin 2\delta$
$= \frac{1}{8} \times (2\sqrt{2})^2 \times (200-100) \times 10^{-3} \times 1$
$= 0.1[\text{N} \cdot \text{m}]$ 【답】①

56 동일 정격의 3상 동기발전기 2대를 무부하로 병렬 운전하고 있을 때, 두 발전기의 기전력 사이에 30°의 위상차가 있으면 한 발전기에서 다른 발전기에 공급되는 유효전력은 몇 [kW]인가? (단, 각 발전기의(1상의) 기전력은 1000[V], 동기 리액턴스는 4[Ω]이고, 전기자 저항은 무시한다.)
① 62.5　　② $62.5 \times \sqrt{3}$
③ 125.5　　④ $125.5 \times \sqrt{3}$

풀이 동기 화력 $P_s = \frac{E^2}{2x_s}\sin\delta$[W]에서
$P_s = \frac{1000^2}{2 \times 4} \times \sin 30° = 62500[\text{W}] = 62.5[\text{kW}]$ 【답】①

57 변압기 결선방법 중 3상 전원을 이용하여 2상 전압을 얻고자 할 때 사용할 결선 방법은?
① Fork 결선　　② Scott 결선
③ 환상 결선　　④ 2중 3각 결선

풀이 상수의 변환
① 3상-2상간의 상수 변환
  • **스코트 결선 (T결선)** • 메이어 결선 • 우드 브리지 결선
② 3상-6상간의 상수 변환
  • 환상 결선 • 2중 3각 결선 • 2중 성형 결선
  • 대각 결선 • 포크 결선 【답】②

58 3상 유도전동기의 슬립과 토크의 관계에서 최대 토크를 T_m, 최대 토크를 발생하는 슬립을 s_t, 2차 저항이 R_2일 때의 관계는?
① $T_m \propto R_2$, $s_t = $ 일정
② $T_m \propto R_2$, $s_t \propto R_2$
③ T_m 일정, $s_t \propto R_2$
④ $T_m \propto \frac{1}{R_2}$, $s_t \propto R_2$

풀이
• 최대 토크 $T_m \propto \frac{V^2}{2X_2}$: 2차 저항에 무관
• 최대 토크를 발생하는 슬립 $s_t \fallingdotseq \pm \frac{R_2}{X_2}$: 2차 저항에 비례
따라서, 3상 유도 전동기의 **최대 토크의 크기는 2차저항 R_2와 슬립 s에 관계없이 항상 일정**하고 다만 **최대 토크가 발생하는 슬립점이 2차 회로의 저항에 비례해서 이동**할 뿐이다. 【답】③

59 50[kW], 610[V], 1200[rpm]의 직류 분권전동기가 있다. 70[%] 부하일 때 부하전류는 100[A], 회전 속도는 1240[rpm]이다. 전기자 발생 토크[kg·m]는? (단, 전기자 저항은 0.1[Ω]이고, 계자 전류는 전기자 전류에 비해 현저히 작다.)
① 약 39.3　　② 약 40.6
③ 약 47.17　　④ 약 48.75

풀이 전동기의 역기전력
$$E_c = V - I_a R_a = 610 - 100 \times 0.1 = 600[V]$$
(계자전류는 매우 적다고 했으므로 $I_a = I$ 가 된다)
기계적 동력 $P = E_c I_a = 2\pi n T$ 에서

토크 $T = \dfrac{E_c I_a}{2\pi n} = \dfrac{600 \times 100}{2\pi \times \dfrac{1240}{60}} = 462.06[N \cdot m]$

$[N \cdot m]$를 $[kg \cdot m]$로 환산하면
$$T = \dfrac{462.06}{9.8} = 47.15[kg \cdot m]$$
【답】③

60 동기 발전기의 전기자 권선법 중 집중권에 비해 분포권의 장점에 해당되는 것은?
① 기전력의 파형이 좋아진다.
② 난조를 방지 할 수 있다.
③ 권선의 리액턴스가 커진다.
④ 합성유도기전력이 높아진다.

풀이 분포권의 장·단점
[장점]
① 기전력의 고조파가 감소하여 **파형이 좋아진다**.
② 권선의 누설 리액턴스가 감소한다.
③ 전기자 권선에 의한 열을 고르게 분포시켜 과열을 방지한다.
[단점]
① 분포권은 집중권에 비하여 합성 유기 기전력이 감소한다.
【답】①

2회 전기기기

41 6극 3상 유도전동기가 있다. 회전자도 3상이며 회전자 정지시의 1상의 전압은 200 [V]이다. 전부하시의 속도가 1152 [rpm]이면 2차 1상의 전압은 몇 [V]인가? (단, 1차 주파수는 60 [Hz]이다.)
① 8.0　　② 8.3
③ 11.5　　④ 23.0

풀이
• 동기속도 $N_s = \dfrac{120f}{p} = \dfrac{120 \times 60}{6} = 1200[rpm]$
• 슬립 $s = \dfrac{N_s - N}{N_s} = \dfrac{1200 - 1152}{1200} = 0.04$
• 슬립 s로 회전 시 2차측 1상의 전압
$E_{2s} = sE_2 = 0.04 \times 200 = 8[V]$
【답】①

42 다음 중 인버터(inverter)의 설명을 바르게 나타낸 것은?
① 직류를 교류로 변환
② 교류를 교류로 변환
③ 직류를 직류로 변환
④ 교류를 직류로 변환

풀이
• 인버터(Inverter) : 직류 → 교류
• 컨버터(converter) : 교류 → 직류
【답】①

43 SCR에 대한 설명으로 옳은 것은?
① 턴온을 위해 게이트 펄스가 필요하다.
② 게이트 펄스를 지속적으로 공급해야 턴온 상태를 유지할 수 있다.
③ 양방향성의 3단자 소자이다.
④ 양방향성의 3층 구조이다.

풀이 SCR은 정류기능을 갖는 단일방향성 3단자 소자로서 **게이트에 (+)의 트리거 펄스가 인가되면 통전 상태**로 되어 정류작용이 개시되고, 일단 통전이 시작되면 게이트 전류를 차단해도 주전류(애노드 전류)는 차단되지 않는다.
【답】①

44 동기발전기에 관한 다음 설명 중 옳지 않은 것은?
① 단락비가 크면 동기임피던스가 적다.
② 단락비가 크면 공극이 크고 철이 많이 소요된다.
③ 단락비를 적게 하기 위해서 분포권과 단절권을 사용한다.
④ 전압강하가 감소되어 전압변동률이 좋다.

풀이 동기 발전기의 전기자 권선을 **분포권과 단절권**으로 하는 이유는 **고조파를 제거하여 기전력의 파형을 개선**하기 위한 것이다. 따라서 단락비와는 관련이 없다.
【답】③

45 와류손이 3 [kW]인 3300/110 [V], 60 [Hz]용 단상 변압기를 50 [Hz], 3000 [V]의 전원에 사용하면 이 변압기의 와류손은 약 몇 [kW]로 되는가?
① 1.7　　② 2.1
③ 2.3　　④ 2.5

풀이 와류손 $P_e = \sigma_e (t f B_m)^2 = K\left(f \cdot \dfrac{V}{f}\right)^2 = KV^2$

에서 와류손은 주파수와는 무관하고 전압의 제곱에 비례하므로
$$P_e' = P_e \times \left(\frac{V'}{V}\right)^2 = 3 \times \left(\frac{3000}{3300}\right)^2 = 2.48[kW]$$ 【답】④

46 전기철도에 주로 사용되는 직류전동기는?
① 직권 전동기
② 타여자 전동기
③ 자여자 분권전동기
④ 가동 복권전동기

[풀이] **직권 전동기**에서는 토크가 증가하면 속도가 저하하므로 회전속도와 토크와의 곱에 비례하는 출력도 어떤 범위 내에서는 대체로 일정하다. 따라서, 직권 전동기는 **전기철도, 기중기 등의 부하 변동이 심하고 큰 기동 토크가 요구되는 기기에 사용**된다. 【답】①

47 200[V], 50[Hz] 8극, 15[kW]의 3상 유도전동기에서 전부하 회전수가 720[rpm]이면 이 전동기의 2차 동손은 몇 [W]인가?
① 435   ② 537
③ 625   ④ 723

[풀이]
• 동기속도 $N_s = \frac{120f}{p} = \frac{120 \times 50}{8} = 750[rpm]$
• 2차 동손 $P_{c2} = sP_2 = s \times \frac{P_0}{1-s} = 0.04 \times \frac{15000}{1-0.04} = 625[W]$
【답】③

48 440/13200 [V], 단상 변압기의 2차 전류가 4.5[A]이면 1차 출력은 약 몇 [kVA]인가?
① 50.4   ② 59.4
③ 62.4   ④ 65.4

[풀이] 손실을 무시하면 "1차 입력=2차 출력"이 된다.
따라서, 2차 출력=1차 입력=$V_2 I_2$
$= 13200 \times 4.5 \times 10^{-3} = 59.4[kVA]$ 【답】②

49 전압비가 무부하에서는 33:1, 정격부하에서는 33.6:1인 변압기의 전압변동률[%]은?
① 약 1.5   ② 약 1.8
③ 약 2.0   ④ 약 2.2

[풀이] 권수비는 무부하시의 전압비와 같으므로
$\frac{V_1}{V_{20}} = 33, \quad \frac{V_1}{V_{2n}} = 33.6$

따라서
$V_{20} = \frac{V_1}{33}, \quad V_{2n} = \frac{V_1}{33.6}, \quad \frac{V_{20}}{V_{2n}} = \frac{\frac{V_1}{33}}{\frac{V_1}{33.6}} = \frac{33.6}{33}$

그러므로, 전압변동률 ϵ은
$\therefore \epsilon = \frac{V_{20} - V_{2n}}{V_{2n}} \times 100 = \left(\frac{V_{20}}{V_{2n}} - 1\right) \times 100 = \left(\frac{33.6}{33} - 1\right) \times 100$
$= 1.82[\%]$ 【답】②

50 변압기의 전일효율을 최대로 하기 위한 조건은?
① 전부하 시간이 짧을수록 무부하손을 적게 한다.
② 전부하 시간이 짧을수록 철손을 크게 한다.
③ 부하시간에 관계없이 전부하 동손과 철손을 같게 한다.
④ 전부하 시간이 길수록 철손을 적게 한다.

[풀이] 전일 효율이 최대가 되려면,
철손 = 동손 $(24P_i = \Sigma h P_c)$일 때다.
따라서 **전부하 시간이 짧을수록(동손이 적을수록) 철손(무부하손)을 적게** 하여야 한다. 【답】①

51 동기 발전기의 단락비나 동기 임피던스를 산출하는데 필요한 특성곡선은?
① 단상 단락곡선과 3상 단락곡선
② 무부하포화곡선과 3상 단락곡선
③ 부하포화곡선과 3상 단락곡선
④ 무부하포화곡선과 외부특성곡선

[풀이]

측정 항목	시험의 종류
철손	무부하 시험
기계손	무부하 시험
동기임피던스	단락 시험
동기리액턴스	단락 시험
단락비	무부하(포화) 시험, 단락 시험

【답】②

52 3상 유도전동기의 전전압 기동토크는 전부하시의 1.8배이다. 전전압의 2/3로 기동할 때 기동토크는 전부하시보다 약 몇 [%] 감소하는가?
① 80   ② 70
③ 60   ④ 40

풀이 토크는 전압의 제곱에 비례하므로

$$T_s : T_s' = V^2 : \left(\frac{2}{3}V\right)^2$$

$$\therefore T_s' = \left(\frac{2}{3}\right)^2 T_s = \frac{4}{9}T_s = \frac{4}{9} \times 1.8T = 0.8T$$

여기서, T_s' : 전압 V'로 기동 할 때 기동 토크,
T_s : 전 전압 기동 토크, T : 전부하 토크 【답】①

53 전기자를 고정자로 하고 계자극을 회전자로 한 전기기계는?

① 직류 발전기 ② 동기 발전기
③ 유도 발전기 ④ 회전 변류기

풀이 회전 계자형은 전기자를 고정자로 하고, 계자극을 회전자로 한 것으로 발전기 중 현재 가장 많이 사용되고 있는 **동기 발전기는 회전 계자형**으로 되어 있다. 【답】②

54 변압기의 내부 고장 보호에 쓰이는 계전기로서 가장 적당한 것은?

① 과전류 계전기 ② 역상 계전기
③ 접지 계전기 ④ 브흐홀쯔 계전기

풀이 **부흐홀쯔 계전기는 변압기의 내부 고장**으로 발생하는 기름의 분해 가스 증기 또는 유류를 이용하여 버저를 움직여 계전기의 접점을 닫는 것이므로 변압기의 주탱크와 콘서베이터와의 연결관 도중에 설비한다. 【답】④

55 직류전동기의 속도제어법 중 정지 워드 레오나드 방식에 관한 설명으로 틀린 것은?

① 광범위한 속도제어가 가능하다.
② 정토크 가변속도의 용도에 적합하다.
③ 제철용압연기, 엘리베이터 등에 사용된다.
④ 직권전동기의 저항제어와 조합하여 사용한다.

풀이 직류 전동기의 속도 제어법 비교

구 분	제어 특성	특 징
계자 제어법	• 정출력 제어	• 속도 제어 범위가 좁다.
전압 제어법	• 정토크 제어 ┌ 워드 레오나드 방식 └ 일그너 방식	• 제어 범위가 넓다. • 손실이 매우 적다. • 정역 운전이 가능 • 압연기나 권상기 등의 속도제어에 사용 • 설비가 많이 든다.
직렬 저항법		• 효율이 나쁘다.

【답】④

56 3상 동기발전기에서 그림과 같이 1상의 권선을 서로 똑같은 2조로 나누어서 그 1조의 권선전압을 E [V], 각 권선의 전류를 I[A]라 하고 2중 △형 (double delta)으로 결선하는 경우 선간전압과 선전류 및 피상전력은?

① $3E$, I, $5.19EI$
② $\sqrt{3}E$, $2I$, $6EI$
③ E, $2\sqrt{3}I$, $6EI$
④ $\sqrt{3}E$, $\sqrt{3}I$, $5.19EI$

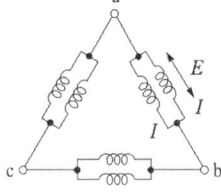

풀이
• △결선에서 "선간전압=상전압" 이므로 $V_l = E$
• △결선에서 "선전류=$\sqrt{3}\times$상전류" 이므로
$I_l = \sqrt{3}\times 2I(2중\ 권선이므로\ 2I) = 2\sqrt{3}I$
• 피상전력 $P = \sqrt{3}V_lI_l = \sqrt{3}\times E\times 2\sqrt{3}I = 6EI$ 【답】③

57 권선형 유도전동기에 한하여 이용되고 있는 속도제어법은?

① 1차 전압제어법, 2차 저항제어법
② 1차 주파수제어법, 1차 전압제어법
③ 2차 여자제어법, 2차 저항제어법
④ 2차 여자제어법, 극수변환법

풀이
① 농형 유도 전동기 속도 제어법
 • 주파수를 바꾸는 방법
 • 극수를 바꾸는 방법
 • 전원 전압을 바꾸는 방법
② **권선형 유도 전동기** 속도 제어법
 • 2차 저항 제어법 • 2차 여자제어법 【답】③

58 스테핑 모터의 특징을 설명한 것으로 옳지 않은 것은?

① 위치제어를 할 때 각도오차가 적고 누적되지 않는다.
② 속도제어 범위가 좁으며 초저속에서 토크가 크다.
③ 정지하고 있을 때 그 위치를 유지해주는 토크가 크다.
④ 가속, 감속이 용이하며 정·역전 및 변속이 쉽다.

풀이 스텝모터의 장·단점

[장점]
① 피드백루프가 필요 없어 오픈 루프로 손쉽게 속도 및 위치 제어를 할 수 있다.
② 다른 디지털 기기와의 인터페이스가 쉽다.
③ 가속, 감속이 용이하며 정·역전 및 변속이 쉽다.
④ 속도제어 범위가 광범위하며, 초저속에서 큰 토크를 얻을 수 있다.
⑤ 위치제어를 할 때 각도오차가 적고 누적되지 않는다.
⑥ 정지하고 있을 때 그 위치를 유지해 주는 토크가 크다.
⑦ 브러시, 슬립 링 등이 없고 부품수가 적기 때문에 유지 보수의 필요성이 적다.

[단점]
① 분해 조립, 또는 정지위치가 한정된다.
② 효율이 서보모터에 비해 나쁘다.
③ 마찰 부하의 경우 위치 오차가 크다.
④ 오버슈트 및 진동의 문제가 있다.
⑤ 대용량의 대형기는 만들기 어렵다.
⑥ 큰 관성부하에 적용하기는 부적합하다. 【답】 ②

59 직류기에서 양호한 정류를 얻을 수 있는 조건이 아닌 것은?
① 전기자 코일의 인덕턴스를 작게 한다.
② 정류주기를 크게 한다.
③ 자속 분포를 줄이고 자기적으로 포화시킨다.
④ 브러시의 접촉저항을 작게 한다.

풀이 양호한 정류를 얻는 조건
① 리액턴스 전압을 작게 한다. $\left(e_L = L\dfrac{2I_c}{T_c}\right)$
② 단절권 채용으로 자기 인덕턴스를 작게 한다.
③ 고속을 피하여 정류 주기를 길게 한다.
④ **저항 정류로서 접촉저항이 큰 탄소 브러시를 사용**한다.
⑤ 전압 정류로서 보극을 설치한다. 【답】 ④

60 저전압 대전류에 가장 적합한 브러시 재료는?
① 금속 흑연질
② 전기 흑연질
③ 탄소질
④ 금속질

풀이 브러시의 종류 및 적용
• 탄소질 브러시 : 소형기, 저속기
• 흑연질 브러시 : 대전류, 고속기
• 전기 흑연질 브러시 : 일반 직류기
• **금속 흑연질 브러시 : 저전압, 대전류** 【답】 ①

4회 전기기기

41 유도전동기의 토크 속도 곡선이 비례추이 한다는 것은 그 곡선이 무엇에 비례해서 이동하는 것을 말하는가?
① 슬립
② 회전수
③ 공급전압
④ 2차 합성저항

풀이 권선형 유도 전동기에서 2차 저항이 증가하면 토크 곡선 등이 슬립이 증가하는 방향으로 2차 저항에 비례하며 이동한다. 즉 같은 토크에서 **2차 저항과 슬립은 비례한다**. 이를 비례 추이라 한다. 【답】 ④

42 직류 분권전동기를 무부하로 운전 중 계자 회로가 단선이 되었다. 이 때 전동기의 속도는?
① 즉시 정지한다.
② 속도가 가속되어 위험하다.
③ 속도가 약간 낮아진다.
④ 역방향으로 회전한다.

풀이 분권전동기의 속도 $N = K\dfrac{V - I_a R_a}{\Phi}$ 에서 **계자 회로가 단선되면** 자속 Φ가 0이 되어 속도 N은 급격히 상승하여 **위험 속도**가 된다. 【답】 ②

43 수은 정류기의 이상 현상 또는 전기적 고장이 아닌 것은?
① 역호
② 이상전압
③ 점호
④ 통호

풀이
• 역호 : 밸브 작용을 상실하여 전자가 역류하는 현상
• 점호 : **아크를 발생하여 정류를 개시**하는 것
• 실호 : 점호 실패
• 통호 : 아크 유출 【답】 ③

44 동기기의 전기자 권선법 중 단절권과 분포권을 사용하는 이유 중 가장 중요한 목적은?
① 높은 전압을 얻기 위해서
② 일정한 주파수를 얻기 위해서
③ 좋은 파형을 얻기 위해서
④ 효율을 좋게 하기 위해서

풀이
① 단절권의 장점
- 고조파를 제거하여 기전력의 **파형을 좋게 한다.**
- 코일 끝부분의 길이가 단축되어 기계 전체의 길이가 축소된다.
- 구리의 양이 적게 든다.

② 분포권의 장점
- 기전력의 고조파가 감소하여 **파형이 좋아진다.**
- 권선의 누설 리액턴스가 감소한다.
- 전기자 권선에 의한 열을 고르게 분포시켜 과열을 방지한다.

【답】③

45 4극 전기자 권선이 단중 중권인 직류발전기의 전기자 전류가 20 [A]이면 각 전기자 권선의 병렬회로에 흐르는 전류[A]는?

① 10 ② 8
③ 5   ④ 2

풀이 중권에서는 전기자 병렬 회로수 a는 p와 같다. $a = p$

$$i_a = \frac{I_a}{p} [A] = \frac{20}{4} = 5 [A]$$

I_a : 전기자에서 외부에 흐르는 전류, p : 극수
i_a : 병렬 회로에 흐르는 전류
【답】③

46 다음 전자석의 그림 중에서 전류의 방향이 화살표와 같을 때 위쪽부분이 N극인 것은?

① A, B
② B, C
③ A, D
④ B, D

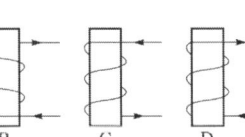

풀이 자력선은 암페어의 오른 나사법칙에 의해 전류를 축으로 하여 동심원 모양이 되므로, A와 D는 아래에서 위로 자속이 발생하며 B와 C는 위에서 아래로 자속이 발생한다. 따라서, A와 D는 위쪽부분이 N극이 되며, B와 C는 아래쪽 부분이 N극이 된다.
【답】③

47 전부하시 슬립 5 [%], 회전자 1상의 저항 0.05 [Ω]인 3상 권선형 유도전동기를 전부하 토크로 기동시키려면 회전자에 몇 [Ω]의 저항을 삽입하면 되는가?

① 0.85 ② 0.90
③ 0.95 ④ 1.05

풀이 비례 추이의 원리에 의해서

$\dfrac{r_2'}{s_1} = \dfrac{r_2' + R}{s_2}$ 이므로 (기동할 때 슬립은 1, 즉 $s_2 = 1$)

$\therefore R = \dfrac{r_2'}{s_1} - r_2' = \dfrac{0.05}{0.05} - 0.05 = 0.95 [\Omega]$
【답】③

48 보극과 보상권선이 없는 직류발전기에서 부하가 증가하면 전기적 중성축은 어떻게 되는가? (단, 전기적 중성축과 기하학적 중성축의 사이각을 θ라고 한다.)

① 전기적 중성축은 직류발전기의 회전방향으로 이동하며 θ는 증가
② 전기적 중성축은 직류발전기의 회전방향으로 이동하며 θ는 감소
③ 전기적 중성축은 직류발전기의 회전방향과 반대로 이동하며 θ는 증가
④ 전기적 중성축은 직류발전기의 회전방향과 반대로 이동하며 θ는 감소

풀이 부하가 증가할 때 전기적 중성축 이동
- 발전기 : 회전 방향으로 이동하며 θ는 증가
- 전동기 : 회전 방향과 반대 방향으로 이동하며 θ는 증가
【답】①

49 동기 발전기에서 단락비 K_s의 범위가 옳은 것은?

① 수차 발전기는 0.9~1.2 정도이다.
② 수차 발전기는 0.5~1.5 정도이다.
③ 터빈 발전기는 0.9~1.2 정도이다.
④ 터빈 발전기는 0.5~1.5 정도이다.

풀이 단락비의 범위
- 수차 발전기 : 0.9~1.2 정도
- 터빈 발전기 : 0.6~0.9 정도
【답】①

50 변압기의 부하가 증가할 때의 현상이다. 옳지 않은 것은?

① 동손의 증가   ② 철손의 증가
③ 누설자속 증가   ④ 온도상승

풀이 철손은 무부하손으로서 **부하의 크기와 무관하다.**
【답】②

51 변압기의 임피던스 전압이란?
① 단락 전류에 의한 변압기 내부 전압 강하
② 정격 전류시 2차측 단자전압
③ 무부하 전류에 의한 2차측 단자전압
④ 정격 전류에 의한 변압기 내부 전압 강하

풀이 변압기의 **임피던스 전압**이란, 변압기의 임피던스와 정격 전류와의 곱을 말한다.($E_s = I_n \cdot Z$) 즉, **정격 전류에 의한 변압기 내부 전압 강하를 의미한다.** 【답】 ④

52 단상 유도전압조정기에서 단락권선의 직접적인 역할은?
① 누설 리액턴스로 인한 전압강하방지
② 역률보상
③ 용량증대
④ 고조파방지

풀이 **2차 권선의 누설 리액턴스**는 특히 $\alpha = 90°$에서 매우 크므로 **큰 전압 강하가 생겨** 전압 변동률이 커지게 되므로 이를 방지하기 위해서 1차 권선과 직각 방향으로 **단락 권선**을 감는다. 【답】 ①

53 3상 유도전동기의 원선도를 그리는데 필요하지 않은 시험은?
① 슬립측정시험   ② 구속시험
③ 무부하시험   ④ 저항측정시험

풀이
① 원선도 작성에 필요한 시험은
　• 저항 측정 • 무부하 시험 • 구속 시험이 있다.
② 유도 전동기의 **원선도에서 구할 수 있는 항목**
　• 전부하 전류 • 역률 • 효율 • **슬립**
　• 최대출력/정격출력 • 토크
【답】 ①

54 그림은 동기전동기의 V곡선(위상 특성곡선)이다. 부하가 가장 큰 경우는?
① a
② b
③ c
④ d

풀이 동기 전동기는 계자 전류를 가감하여 전기자 전류의 크기와 위상을 조정할 수 있다. **부하가 클수록 V 곡선은 위로 이동한다.** a는 무부하 곡선이다. 【답】 ④

55 다음 중 직류기의 철손에 해당하는 것은?
① 히스테리시스손   ② 풍손
③ 표류 부하손   ④ 동손

풀이 철손 = 히스테리시스손 + 와류손 【답】 ①

56 그림은 일반적인 반파 정류회로이다. 변압기 2차 전압의 실효값을 E [V]라 할 때 직류 전류 평균값은? (단, 정류기의 전압강하는 무시한다.)

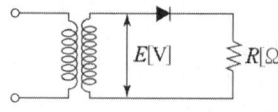

① $\dfrac{\sqrt{2}E}{\pi R}$ ② $\dfrac{2\sqrt{2}E}{\pi R}$

③ $\dfrac{1}{2} \cdot \dfrac{E}{R}$ ④ $\dfrac{E}{R}$

풀이 반파 정류시 직류 전압 $E_d = \dfrac{\sqrt{2}E}{\pi}$ 이므로

직류 전류 $I_d = \dfrac{E_d}{R} = \dfrac{\sqrt{2}E}{\pi R}$ 【답】 ①

57 4극, 7.5 [kW], 200 [V], 60 [Hz]의 3상 유도전동기가 있다. 전부하에서의 2차 입력이 7950 [W]일 경우 슬립은? (단, 여기서 기계손은 130 [W] 이다.)
① 0.04   ② 0.05
③ 0.06   ④ 0.07

풀이 $P_2 = P_0 + P_{c2} + P_m$ 에서
$P_{c2} = P_2 - P_0 - P_m = 7950 - 7500 - 130 = 320$ [W]
$P_{c2} = sP_2$ 에서
$\therefore s = \dfrac{P_{c2}}{P_2} = \dfrac{320}{7950} = 0.04$ 【답】 ①

58 어떤 주상 변압기가 4/5 부하일 때 최대효율이 된다고 한다. 전부하에 있어서의 철손과 동손의 비 P_c / P_i는 약 얼마인가? (단, 권선계수는 1.0 이라 한다.)
① 0.64   ② 1.56
③ 1.64   ④ 2.56

풀이
최대 효율은 $P_i = m^2 P_c$ 일 때 발생한다. (m : 부하율)

즉, $\dfrac{P_c}{P_i} = \dfrac{1}{m^2} = \dfrac{1}{\left(\dfrac{4}{5}\right)^2} = \dfrac{25}{16} = 1.56$ 　　　【답】②

59 5 [kVA]의 단상변압기의 %저항강하가 2.4 [%], %리액턴스강하가 1.6 [%]이다. %임피던스강하[%]는?

① 약 3.2　　② 약 2.9
③ 약 2.5　　④ 약 2.2

풀이
% 임피던스 강하 $z = \sqrt{p^2+q^2} = \sqrt{2.4^2+1.6^2} \fallingdotseq 2.88\,[\%]$
(여기서, p : %저항 강하, q : %리액턴스 강하)　【답】②

60 동기 발전기에서 극수 4, 1극의 자속수 0.062 [Wb], 회전속도 1800 [rpm], 코일 권수가 100 일 때 코일의 유기기전력의 실효치[V]는 약 얼마인가? (단, 권선계수는 1.0 이라 한다.)

① 526　　② 1488
③ 1652　　④ 2336

풀이 주파수 f는
$f = \dfrac{pN}{120} = \dfrac{4 \times 1800}{120} = 60\,[\text{Hz}]$
코일의 유기기전력 E는
∴ $E = 4.44 f w k_w \Phi = 4.44 \times 60 \times 100 \times 1 \times 0.062 \fallingdotseq 1652\,[\text{V}]$
　　　【답】③

2014년 기출문제

1회 전기기기

41 제13차 고조파에 의한 회전자계의 회전방향과 속도를 기본파 회전자계와 비교할 때 옳은 것은?
① 기본파와 반대방향이고, 1/13의 속도
② 기본파와 동일방향이고, 1/13의 속도
③ 기본파와 동일방향이고, 13배의 속도
④ 기본파와 반대방향이고, 13배의 속도

풀이
① 회전 자계 방향
- $h = 2nm + 1$: **기본파와 같은 방향**의 회전 자계 발생 (즉, 7차, 13차, …)
  여기서, h : 고조파 차수, n : 1, 2, 3, …, m : 상수
- $h = 3n$: 회전자계를 발생하지 않는다.
- $h = 2nm - 1$: 기본파와 반대 방향의 회전자계 발생

② 회전속도 = $\dfrac{1}{\text{고조파 차수}}$ 【답】②

42 브러시 홀더(brush holder)는 브러시를 정류자면의 적당한 위치에서 스프링에 의하여 항상 일정한 압력으로 정류자면에 접촉하여야 한다. 가장 적당한 압력[kg/cm²]은?
① 0.01∼0.15   ② 0.5∼1
③ 0.15∼0.25   ④ 1∼2

풀이 **브러시의 압력**은 재질에 따라서 0.1∼0.2 [kg/cm²]로 조정한다. 전차용 전동기, 크레인 모터 등 진동이 많은 기계는 0.3∼0.45[kg/cm²]로 한다. 【답】③

43 3상 동기기의 제동권선을 사용하는 주 목적은?
① 출력이 증가한다.
② 효율이 증가한다.
③ 역률을 개선한다.
④ 난조를 방지한다.

풀이 제동 권선은 회전 자극 표면에 설치한 유도 전동기의 농형 권선과 같은 권선으로서 회전자가 동기 속도로 회전하고 있는 동안에는 전압을 유도하지 않으므로 아무런 작용이 없다. 그러나, 조금이라도 동기 속도를 벗어나면 전기자 자속을 끊어 전압이 유도되어 단락 전류가 흐르므로 동기 속도로 되돌아가게 된다. 즉, 진동 에너지를 열로 소비하여 진동을 방지한다. 이 **제동 권선은 난조 방지**에 쓰인다. 【답】④

44 220 [V], 6극, 60 [Hz], 10 [kW] 인 3상 유도전동기의 회전자 1상의 저항은 0.1 [Ω], 리액턴스는 0.5 [Ω]이다. 정격전압을 가했을 때 슬립이 4[%]일 때 회전자 전류는 몇 [A]인가? (단, 고정자와 회전자는 △ 결선으로서 권수는 각각 300회와 150회이며, 각 권선계수는 같다.)
① 27   ② 36
③ 43   ④ 52

풀이 권선 계수가 같으므로 $k_{w1} = k_{w2}$
권수비 $a = \dfrac{w_1}{w_2} = \dfrac{300}{150} = 2$
2차 유기 전압 $E_2 = \dfrac{E_2'}{a} ≒ \dfrac{V_1}{a} = \dfrac{220}{2} = 110$ [V]
$\therefore$ 회전자 전류 $I_2 = \dfrac{sE_2}{\sqrt{r_2^2 + (sx_2)^2}} = \dfrac{0.04 \times 110}{\sqrt{0.1^2 + (0.04 \times 0.5)^2}}$
$= 43$[A] 【답】③

45 동기발전기의 병렬운전에서 기전력의 위상이 다른 경우, 동기화력(P_s)을 나타낸 식은? (단, P : 수수전력, δ : 상차각 이다.)
① $P_s = \dfrac{dP}{d\delta}$ ② $P_s = \int P d\delta$
③ $P_s = P \times \cos\delta$ ④ $P_s = \dfrac{P}{\cos\delta}$

풀이 동기화력은 상차각 δ의 미소변동에 대한 출력(P)의 변화율이므로
$P_s = \dfrac{dP}{d\delta} = \dfrac{d}{d\delta} \cdot \dfrac{E^2}{2x_s} \sin\delta = \dfrac{E^2}{2x_s} \cos\delta$[W] 【답】①

46 계자저항 100 [Ω], 계자전류 2 [A], 전기자 저항이 0.2 [Ω]이고, 무부하 정격속도로 회전하고 있는 직류 분권발전기가 있다. 이때의 유기기전력[V]은?

① 196.2 ② 200.4
③ 220.5 ④ 320.2

풀이

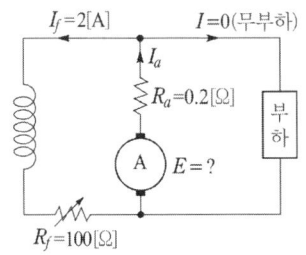

단자 전압 V는 계자 회로의 전압 강하와 같으므로
$$V = R_f I_f = 100 \times 2 = 200 \, [V]$$
$I_a = I + I_f$에서 무부하 이므로
$I = 0[A]$ ∴ $I_a = I_f$
유기기전력 $E = V + I_a R_a = V + I_f R_a$
$\quad = 200 + 2 \times 0.2 = 200.4 [V]$ 【답】②

47 6극, 220 [V]의 3상 유도전동기가 있다. 정격전압을 인가해서 기동시킬 때 기동토크는 전부하토크의 220 [%]이다. 기동토크를 전부하토크의 1.5배로 하려면 기동전압[V]을 얼마로 하면 되는가?

① 163 ② 182
③ 200 ④ 220

풀이 $T_s \propto V_1^2$ 이므로
$2.20 T : 1.5 T = 220^2 : V^2$
∴ $V = \sqrt{\dfrac{1.5}{2.20}} \times 220 = 181.66 \, [V]$ 【답】②

48 교류 전동기에서 브러시의 이동으로 속도변화가 가능한 것은?

① 농형 전동기
② 2중 농형 전동기
③ 동기 전동기
④ 시라게 전동기

풀이 속도를 변화시킬 수 있는 교류 전동기로서 널리 사용되고 있는 것은 **시라게 전동기**이며 그 구조는 직류전동기와 유사 하지만 브러시가 2조가 있어 각 조의 **브러시**를 반대 방향으로 이동하면 **속도를 조정**할 수 있다. 【답】④

49 변압기의 임피던스 와트와 임피던스 전압을 구하는 시험은?

① 충격전압시험 ② 부하시험
③ 무부하시험   ④ 단락시험

풀이 변압기의 시험
① 개방회로(무부하) 시험으로 측정할 수 있는 항목
 • 무부하 전류 • 히스테리시스손 • 와류손
 • 여자 어드미턴스 • 철손
② **단락시험**으로 측정할 수 있는 항목
 • 동손 • **임피던스 와트** • **임피던스 전압** 【답】④

50 3상 유도전동기의 속도제어법이 아닌 것은?

① 1차 주파수제어 ② 2차 저항제어
③ 극수변환법   ④ 1차 여자제어

풀이 유도전동기의 속도 제어법
① 농형 유도 전동기의 속도 제어법
 • **주파수**를 바꾸는 방법
 • **극수**를 바꾸는 방법
 • 전원 전압을 바꾸는 방법
② 권선형 유도 전동기는
 • **2차 저항**을 제어하는 방법
 • 2차 여자법 등이 있다. 【답】④

51 직류기에서 공극을 사이에 두고 전기자와 함께 자기회로를 형성하는 것은?

① 계자 ② 슬롯
③ 정류자 ④ 브러시

풀이 **계자**는 전기자를 통과하는 **자속을 만드는 부분**으로 자극과 계철로 구성되어 있다. 【답】①

52 60 [Hz], 12극의 동기전동기 회전자계의 주변속도 [m/s]는? (단, 회전자계의 극 간격은 1 [m]이다.)

① 10   ② 31.4
③ 120 ④ 377

풀이 • 동기속도 $N_s = \dfrac{120f}{p} = \dfrac{120 \times 60}{12} = 600 \, [rpm]$

• 회전자 둘레(πD) = 극수 × 극 간격 = 12 × 1 = 12[m]

• 회전자 주변속도 $v = \pi D \dfrac{N_s}{60}$ [m/s]

 (여기서, πD : 회전자 둘레)

∴ $v = 12 \times \dfrac{600}{60} = 120 [m/s]$ 【답】③

53 4극, 60 [Hz], 3상 권선형 유도전동기에서 전부하 회전수는 1600 [rpm]이다. 동일 토크로 회전수를 1200 [rpm]으로 하려면 2차 회로에 몇 [Ω]의 외부 저항을 삽입하면 되는가? (단, 2차 회로는 Y결선이고, 각 상의 저항은 r_2이다.)

① r_2 ② $2r_2$
③ $3r_2$ ④ $4r_2$

풀이 $s_1 = \dfrac{N_s - N_1}{N_s} = \dfrac{1800 - 1600}{1800} = 0.11$

$s_2 = \dfrac{1800 - 1200}{1800} = 0.33$

따라서 비례추이에 의해서

$\dfrac{r_2}{s_1} = \dfrac{r_2 + R_s}{s_2}, \dfrac{r_2}{0.11} = \dfrac{r_2 + R_s}{0.33}$

∴ $R_s = \dfrac{(0.33 - 0.11)r_2}{0.11} = 2r_2$ 【답】②

54 3상 유도전동기의 원선도 작성시 필요치 않은 시험은?

① 저항 측정 ② 무부하 시험
③ 구속 시험 ④ 슬립 측정

풀이
① 원선도 작성에 필요한 시험은
  • 저항 측정 • 무부하 시험 • 구속 시험이 있다.
② 유도 전동기의 원선도에서 구할 수 있는 항목
  • 전부하 전류 • 역률 • 효율 • 슬립
  • 최대출력/정격출력 • 토크
즉, **슬립은 원선도 상에서 구할 수 있다.** 【답】④

55 3상 직권 정류자 전동기에 있어서 중간 변압기를 사용하는 주된 목적은?

① 역회전의 방지를 위하여
② 역회전을 하기 위하여
③ 권수비를 바꾸어서 전동기의 특성을 조정하기 위하여
④ 분권 특성을 얻기 위하여

풀이 3상 직권 정류자 전동기의 **중간 변압기**는 고정자 권선과 회전자 권선 사이에 직렬로 접속되며 이 중간 변압기를 사용하는 주요한 이유는 다음과 같다.
① 전원 전압의 크기에 관계없이 정류에 알맞은 회전자 전압을 선택할 수 있다.
② 중간 변압기의 권수비를 바꾸어 **전동기의 특성을 조정**할 수 있다.
③ 직권 특성이기 때문에 경부하에서는 속도가 매우 상승하나 중간 변압기를 사용, 그 철심을 포화하도록 하면 그 속도 상승을 제한할 수 있다. 【답】③

56 동기 발전기의 안정도를 증진시키기 위하여 설계상 고려할 점으로서 틀린 것은?

① 속응여자방식을 채용 한다.
② 단락비를 작게 한다.
③ 회전부의 관성을 크게 한다.
④ 영상 및 역상 임피던스를 크게 한다.

풀이 **동기기의 안정도 증진법**은
① 동기화 리액턴스를 작게 할 것
② 회전자의 플라이휠 효과를 크게 할 것
③ 속응 여자 방식을 채용할 것
④ 발전기의 조속기 동작을 신속히 할 것
⑤ **단락비를 크게** 할 것
⑥ 정상 임피던스는 적게, 역상, 영상 임피던스는 크게 할 것 【답】②

57 단상 반파 정류회로에서 변압기 2차 전압의 실효값을 E [V]라 할 때 직류 전류 평균값[A]은? (단, 정류기의 전압강하는 e [V], 부하저항은 R [Ω]이다.)

① $\left(\dfrac{\sqrt{2}}{\pi}E - e\right)/R$

② $\dfrac{1}{2} \cdot \dfrac{E-e}{R}$

③ $\dfrac{2\sqrt{2}}{\pi} \cdot \dfrac{E}{R}$

④ $\dfrac{\sqrt{2}}{\pi} \cdot \dfrac{E-e}{R}$

풀이 무부하 직류 전압 E_{d0}는

$E_{d0} = \dfrac{1}{2\pi}\int_0^\pi \sqrt{2}E\sin\theta \cdot d\theta = \dfrac{\sqrt{2}}{\pi}E = 0.45E$ [V]

정류기 내의 전압 강하(수은 정류기에서는 아크 전압 강하)를 e라 하면 직류 전압 평균값 E_d는

$E_d = E_{d0} - e$ [V]

따라서 직류 전류 평균값 I_d는

∴ $I_d = \dfrac{E_d}{R} = \dfrac{E_{d0} - e}{R} = \dfrac{\dfrac{\sqrt{2}}{\pi}E - e}{R} = \dfrac{0.45E - e}{R}$ [A]

단, E : 변압기 2차 상전압(실효값)[V], R : 부하 저항[Ω] 【답】①

58 단상 직권정류자 전동기의 설명으로 틀린 것은?
① 계자권선의 리액턴스 강하 때문에 계자권선수를 적게 한다.
② 토크를 증가하기 위해 전기자권선수를 많게 한다.
③ 전기자 반작용을 감소하기 위해 보상권선을 설치한다.
④ 변압기 기전력을 크게 하기 위해 브러시 접촉저항을 적게 한다.

풀이 단상 직권정류자 전동기에서 브러시로 단락되는 코일에는 인덕턴스에 의한 유도기전력 외에 주자속의 교번에 의하여 변압기 작용에 의한 기전력이 유도되고, 단락전류가 크므로 정류작용은 직류기의 경우보다 어렵다.
이것을 개선하기 위하여 **브러시에 접촉저항이 어느 정도 큰 것을 사용하여 저항 정류**를 하고, 또 대형으로 된 것은 보극을 설치하거나 전기자 코일과 정류자편 사이를 접속하는데 고저항의 도선을 사용하여 단락전류를 제한하기도 한다. 【답】 ④

59 그림과 같은 동기발전기의 무부하 포화곡선에서 포화계수는?
① $\overline{OA}/\overline{OG}$
② $\overline{OD}/\overline{DB}$
③ $\overline{BC}/\overline{CD}$
④ $\overline{CD}/\overline{CO}$

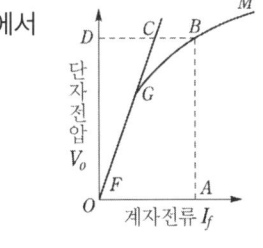

풀이

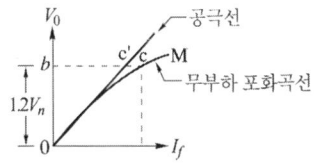

동기 발전기의 포화 정도를 나타내는 데는 포화율(saturation factor)이 사용된다. 동기기의 무부하 포화 곡선상에 정격 전압 V_n의 1.2배가 되는 점 c를 잡고 점 c에서 횡축에 평행선을 그어 종축과 만나는 점을 b라고 한다. 다음에 원점 0에서 무부하 포화 곡선 0M에 접선(공극선)을 긋고, 선 bc와 만나는 점을 c'라고 하면, 포화율 σ는

$\sigma = \dfrac{cc'}{bc'}$ 【답】 ③

60 단상 단권변압기 2대를 V결선으로 해서 3상 전압 3000 [V]를 3300 [V]로 승압하고, 150 [kVA]를 송전하려고 한다. 이 경우 단상 단권변압기 1대분의 자기용량[kVA]은 약 얼마인가?
① 15.74
② 13.62
③ 7.87
④ 4.54

풀이 단권변압기의 V결선에서

자기 용량 $= \dfrac{2}{\sqrt{3}} \times \dfrac{V_h - V_l}{V_h} \times$ 부하 용량

$= \dfrac{2}{\sqrt{3}} \times \dfrac{3300 - 3000}{3300} \times 150 = 15.75$ [kVA]

따라서, 1대분의 용량은 $\dfrac{15.75}{2} = 7.87$ [kVA] 【답】 ③

2회 전기기기

41 동기 발전기의 병렬운전조건에서 같지 않아도 되는 것은?
① 기전력
② 위상
③ 주파수
④ 용량

풀이 병렬 운전 조건이 다른 경우

병렬 운전 조건	다른 경우 흐르는 전류
기전력의 **크기**가 같을 것	무효 순환 전류
기전력의 **위상**이 같을 것	동기화 전류
기전력의 **주파수**가 같을 것	동기화 전류
기전력의 **파형**이 같을 것	고주파 무효 순환 전류

즉, 두 발전기의 **용량이 같지 않아도 병렬운전 가능**하다. 【답】 ④

42 다음 중 반자성 특성을 갖는 자성체는?
① 규소강판
② 초전도체
③ 페리자성체
④ 네오디뮴자석

풀이 초전도체는 임계온도 이하에서 완전 반자성을 나타낸다. 【답】 ②

43 직류 분권발전기의 무부하 포화 곡선이 $V = \dfrac{950 I_f}{30 + I_f}$ 이고, I_f는 계자 전류[A], V는 무부하 전압[V]으로 주어질 때 계자 회로의 저항이 25[Ω]이면 몇 [V]의 전압이 유기되는가?

① 200　　　　　② 250
③ 280　　　　　④ 300

풀이 $V = \dfrac{950 I_f}{30 + I_f}$

계자 권선의 저항이 25 [Ω]이므로

$V = I_f R_f = 25 I_f$　∴ $I_f = \dfrac{V}{25}$

이 식을 윗식에 대입하면

$V = \dfrac{950 \dfrac{V}{25}}{30 + \dfrac{V}{25}}$, $30V + \dfrac{V^2}{25} = 950 \times \dfrac{V}{25}$, $30 + \dfrac{V}{25} = 38$

∴ $V = 200$ [V]　　【답】①

44 권선형 유도전동기에서 비례추이를 할 수 없는 것은?

① 회전력　　　　　② 1차 전류
③ 2차 전류　　　　④ 출력

풀이
- 비례추이가 되는 항목 : 토크, 역률, 2차 전류, 1차 전류
- 비례추이가 되지 않는 항목 : 기계적 출력, 2차 동손, 효율, 저항, 동기속도　　【답】④

45 전력용 MOSFET와 전력용 BJT에 대한 설명 중 틀린 것은?

① 전력용 BJT는 전압제어소자로 온 상태를 유지하는데 거의 무시할 만큼의 전류가 필요로 된다.
② 전력용 MOSFET는 비교적 스위칭 시간이 짧아 높은 스위칭 주파수로 사용할 수 있다.
③ 전력용 BJT는 일반적으로 턴온 상태에서의 전압강하가 전력용 MOSFET보다 작아 전력손실이 적다.
④ 전력용 MOSFET는 온·오프 제어가 가능한 소자이다.

풀이 BJT는 베이스 전류로 컬렉터 전류를 제어하는 전류제어 스위치로, **온상태를 유지**하기 위해 **지속이고 일정한 크기의 베이스 전류가 필요**하다.　　【답】①

46 용량 150 [kVA]의 단상 변압기의 철손이 1 [kW], 전부하 동손이 4 [kW]이다. 이 변압기의 최대효율은 몇 [kVA]에서 나타나는가?

① 50　　　　　② 75
③ 100　　　　　④ 150

풀이 변압기 효율은 $m^2 P_c = P_i$ 일 때 최대이므로

$m^2 \times 4 = 1$　∴ $m = \sqrt{\dfrac{1}{4}} = \dfrac{1}{2}$

따라서 $150 \times \dfrac{1}{2} = 75$ [kVA]에서 최대 효율이 된다.　【답】②

47 단락비가 큰 동기기는?

① 안정도가 높다.
② 전압변동률이 크다.
③ 기계가 소형이다.
④ 전기자 반작용이 크다.

풀이 단락비가 큰 기계(철기계)
- 동기 임피던스가 작다 $\left(K_s \propto \dfrac{1}{Z_s}\right)$
- 전압변동률이 작다.
- 전기자 반작용이 작다.
- 출력이 크다.
- 과부하 내량이 크고 **안정도가 높다.**
- 자기 여자 현상이 작다.
- 부피가 커지며 가격이 비싸다.　　【답】①

48 단상 유도전동기의 기동방법 중 기동 토크가 가장 큰 것은?

① 반발 기동형　　　② 반발 유도형
③ 콘덴서 기동형　　④ 분상 기동형

풀이 기동 토크의 크기
반발 기동형 > 반발 유도형 > 콘덴서 기동형 > 분상 기동형 > 셰이딩 코일형　　【답】①

49 [보기]의 설명에서 빈칸(㉠~㉢)에 알맞은 말은?

> 권선형 유도전동기에서 2차 저항을 증가시키면 기동 전류는 (㉠)하고 기동 토크는 (㉡)하며, 2차 회로의 역률이 (㉢)되고 최대토크는 일정하다.

① ㉠ 감소 ㉡ 증가 ㉢ 좋아지게
② ㉠ 감소 ㉡ 감소 ㉢ 좋아지게
③ ㉠ 감소 ㉡ 증가 ㉢ 나빠지게
④ ㉠ 증가 ㉡ 감소 ㉢ 나빠지게

풀이 3상 권선형 유도전동기에서 2차 저항을 크게 하면 기동전류는 감소하고 기동토크는 증가하나, 최대 토크는 변하지 않는다. 【답】①

50 단상 전파 제어 정류 회로에서 순저항 부하일 때의 평균 출력 전압은? (단, V_m은 인가 전압의 최대값이고 점호각은 α이다.)

① $\dfrac{V_m}{\pi}(1+\cos\alpha)$ ② $\dfrac{V_m}{\pi}(1+\tan\alpha)$

③ $\dfrac{2V_m}{\pi}(1+\cos\alpha)$ ④ $\dfrac{2V_m}{\pi}(1+\tan\alpha)$

풀이

	반파정류	전파정류
다이오드	$V_d = \dfrac{\sqrt{2}V_i}{\pi} = 0.45 V_i$	$V_d = \dfrac{2\sqrt{2}V_i}{\pi} = 0.9 V_i$
SCR	$V_d = \dfrac{\sqrt{2}V_i}{2\pi}(1+\cos\alpha)$	$V_d = \dfrac{\sqrt{2}V_i}{\pi}(1+\cos\alpha)$ $= \dfrac{V_m}{\pi}(1+\cos\alpha)$

단, V_d는 직류전압, V_i는 교류전압의 실효값이다. 【답】①

51 직류 분권전동기의 공급 전압의 극성을 반대로 하면 회전방향은 어떻게 되는가?

① 변하지 않는다. ② 반대로 된다.
③ 발전기로 된다. ④ 회전하지 않는다.

풀이 직류 분권 전동기의 공급 전압의 극성이 반대로 되면, **계자 전류와 전기자 전류의 방향이 동시에 반대**로 된다. 따라서, **회전 방향은 변하지 않는다.**

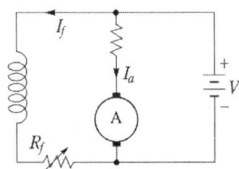 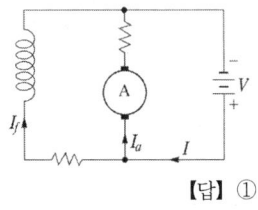

【답】①

52 10 [kVA], 2000/380 [V]의 변압기 1차 환산 등가임피던스가 $3+j4[\Omega]$이다. %임피던스 강하는 몇 [%]인가?

① 0.75 ② 1.0
③ 1.25 ④ 1.5

풀이 $Z = \sqrt{3^2+4^2} = 5[\Omega]$

$\%Z = \dfrac{ZP}{10V^2} = \dfrac{5\times 10}{10\times 2^2} = 1.25[\%]$

(여기서, V의 단위가 [kV], P의 단위가 [kVA]가 되어야 함)

【답】③

53 동기 조상기를 부족여자로 사용하면?
① 리액터로 작용
② 저항손의 보상
③ 일반 부하의 뒤진 전류를 보상
④ 콘덴서로 작용

풀이

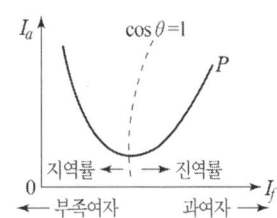

· 동기조상기는 무부하로 운전되는 동기전동기의 V곡선을 이용
· 동기전동기 운전
 - 과여자 운전 : 앞선 전류가 흘러 콘덴서로 작용
 - **부족 여자 운전 : 뒤진 전류가 흘러 리액터로 작용** 【답】①

54 직류 분권전동기의 운전 중 계자저항기의 저항을 증가하면 속도는 어떻게 되는가?
① 변하지 않는다.
② 증가한다.
③ 감소한다.
④ 정지한다.

풀이 계자 저항 R_f을 증가시키면 여자 전류가 감소하고 ($I_f = \dfrac{V}{R_f}$) 따라서 계자 자속 ϕ도 감소한다. $n = K\dfrac{V-I_a R_a}{\phi}$ 에서 속도는 증가하게 된다. 【답】②

55 사이리스터 특성에 대한 설명 중 틀린 것은?
① 하나의 스위치 작용을 하는 반도체이다.
② pn접합을 여러개 적당히 결합한 전력용 스위치이다.
③ 사이리스터를 턴온시키기 위해 필요한 최소의 순방향 전류를 래칭전류라 한다.
④ 유지전류는 래칭전류보다 크다.

> **풀이**
> • 래칭전류 : SCR이 ON 되기 위하여 애노우드에서 캐소드 쪽으로 흘러야 할 최소전류
> • 유지전류 : ON된 후에 ON 상태를 유지하기 위한 최소전류로서 **래칭전류보다 작다.** 【답】④

56 $E_1 = 2000[V]$, $E_2 = 100[V]$의 변압기에서 $r_1 = 0.2[\Omega]$, $r_2 = 0.0005[\Omega]$, $x_1 = 2[\Omega]$, $x_2 = 0.005[\Omega]$이다. 권수비 a는?
① 60   ② 30
③ 20   ④ 10

> **풀이**
> 권수비 $a = \dfrac{E_1}{E_2} = \dfrac{N_1}{N_2}$에서 $\therefore a = \dfrac{2000}{100} = 20$ 【답】③

57 출력이 20 [kW]인 직류발전기의 효율이 80 [%]이면 손실 [kW]은 얼마인가?
① 1   ② 2
③ 5   ④ 8

> **풀이** 효율 $= \dfrac{\text{출력}}{\text{출력}+\text{손실}}$에서
> 손실을 P_L [kW]라 하면 $0.8 = \dfrac{20}{20+P_L}$
> $\therefore P_L = \dfrac{20}{0.8} - 20 = 25 - 20 = 5[kW]$ 【답】③

58 단상 교류정류자 전동기의 직권형에 가장 적합한 부하는?
① 치과의료용   ② 펌프용
③ 송풍기용   ④ 공작기계용

> **풀이** 직류 직권 전동기에 가해 주는 직류 전압을 그림과 같이 바꿀 경우에도 자속과 전기자 전류의 방향이 동시에 모두 반대가 되므로, 회전 방향은 변하지 않는다.

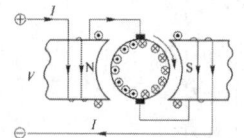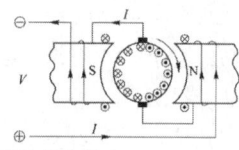

직·교류 양용 전동기의 원리

따라서, 이 직류 직권 전동기에 교류 전압을 가해 주어도 전동기는 항상 같은 방향의 토크를 발생하고, 회전을 같은 방향으로 계속한다. 직·교류 양용 전동기(만능 전동기)는 이와 같은 원리를 이용한 전동기로서 **단상 직권 정류자 전동기**라고 하며, 믹서기, 재봉틀, 진공청소기, **치과의료용 엔진**, 휴대용 드릴 및 영사기 등에 사용된다. 【답】①

59 전기자를 고정자로하고, 계자극을 회전자로 한 회전계자형으로 가장 많이 사용되는 것은?
① 직류발전기   ② 회전변류기
③ 동기발전기   ④ 유도발전기

> **풀이** 회전 계자형은 전기자를 고정자로 하고, 계자극을 회전자로 한 것으로 **발전기** 중 현재 가장 많이 사용되고 있는 동기 발전기는 **회전 계자형**으로 되어 있다. 【답】③

60 명판(name plate)에 정격전압 220 [V], 정격전류 14.4 [A], 출력 3.7 [kW]로 기재되어 있는 3상 유도 전동기가 있다. 이 전동기의 역률을 84 [%]라 할 때 이 전동기의 효율[%]은?
① 78.25   ② 78.84
③ 79.15   ④ 80.27

> **풀이** 효율 $= \dfrac{\text{출력}}{\text{입력}}$에서
> $\eta = \dfrac{P}{\sqrt{3}\,VI\cos\theta} \times 100 = \dfrac{3700}{\sqrt{3}\times 220 \times 14.4 \times 0.84} \times 100$
> $= 80.27[\%]$ 【답】④

4회   전기기기

41 총 도체수 200, 단중 파권으로 자극수 4, 자속수 3.14 [Wb], 여기에 부하를 가하여 전기자에 3 [A]가 흐르고 있는 직류 분권 전동기의 토크는 몇 [N·m]인가?
① 600   ② 500
③ 400   ④ 300

풀이
자극 $p=4$, 총도체수 $Z=200$, 자속수 $\phi=3.14$ [Wb], 전기자 전류 $I_a=3$ [A], 파권이므로 내부 회로수 $a=2$이다. 토크 T는
$$\therefore T = \frac{pZ\phi I_a}{2\pi a} = \frac{4 \times 200 \times 3.14 \times 3}{2\pi \times 2} \fallingdotseq 600 [\text{N} \cdot \text{m}] \quad 【답】 ①$$

42 3상 동기발전기의 단자를 3상 단락하고 계자전류 200 [A]를 흘린 경우 3상 단락전류는 280 [A]이었다. 계자전류를 250 [A]로 증가 했을 때 3상 단락전류(A)는?

① 300 ② 330
③ 350 ④ 370

풀이
- 동기 발전기의 유기기전력 $E=4.44K_w fW\phi$[V]에서
  $I_f \propto \phi \propto E$
- 단락전류 $I_s = \frac{E}{Z_s}$ [A]

따라서, $I_f \propto I_s$의 관계가 성립한다.
$I_s : I_s' = I_f : I_f'$
$280 : I_s' = 200 : 250$
$\therefore I_s' = \frac{250}{200} \times 280 = 350[\text{A}]$ 【답】 ③

43 서보 모터가 갖추어야 할 조건이 아닌 것은?
① 기동 토크가 클 것
② 관성 모멘트가 클 것
③ 가감속이 용이할 것
④ 토크 속도곡선이 수하특성을 가질 것

풀이 서보 모터의 특징
① 기동 토크가 크다.
② 회전자 관성 모멘트가 작다.
③ 제어권선 전압이 0에서는 기동해서는 안되고, 곧 정지해야 한다.
④ 직류 서보 모터의 기동 토크가 교류 서보 모터보다 크다.
⑤ 속응성이 좋다. 시정수가 짧다. 기계적 응답이 좋다.
⑥ 회전자 팬에 의한 냉각 효과를 기대할 수 없다. 【답】 ②

44 권선형 유도전동기의 기동 시 2차 저항을 넣는 이유는?
① 기동 전류 증대
② 회전수 감소
③ 기동 토크 감소
④ 기동 전류 감소와 기동 토크 증대

풀이 권선형 유도 전동기의 기동법 : 2차측의 슬립링을 통하여 기동 저항을 삽입하고 비례 추이의 특성을 이용하여 속도-토크 특성을 변화시켜 가면서 기동하는 방식으로서, **기동 전류는 줄이고 기동 토크는 증가시킨다.** 【답】 ④

45 전원 200 [V], 부하 20 [Ω]인 단상 반파정류회로의 부하전류는 약 몇 [A]인가?
① 9.4 ② 8.7
③ 5.5 ④ 4.5

풀이
- 단상 반파 정류전압 $E_d = \frac{\sqrt{2}}{\pi}E = 0.45E$ [V]
- 부하전류 $I_d = \frac{E_d}{R} = \frac{0.45E}{R} = \frac{0.45 \times 200}{20} = 4.5[\text{A}]$ 【답】 ④

46 직류전압을 교류전압으로 변환하는 기기는?
① 인버터 ② 정류기
③ 초퍼   ④ 싸이크로 컨버터

풀이
- **인버터 : DC를 AC로 변환**
- 정류기 : AC를 DC로 변환
- 초 퍼 : DC를 DC로 변환
- 사이클로 컨버터 : AC를 AC로 변환
  (전원 주파수와 다른 주파수의 전력으로 변환) 【답】 ①

47 1차 전압 6900[V], 1차 권선 3000회, 권수비 20의 변압기가 60[Hz]에 사용될 때 철심의 최대자속 [Wb]은?
① 863×10^{-3} ② 86.3×10^{-3}
③ 8.63×10^{-3} ④ 0.863×10^{-3}

풀이 $E_1 = 4.44 fW_1\phi_m$ [V]에서 최대자속 ϕ_m은
$\phi_m = \frac{E_1}{4.44 fW_1} = \frac{6900}{4.44 \times 60 \times 3000}$
$= 0.00863 = 8.63 \times 10^{-3}$ [Wb] 【답】 ③

48 8극, 60[Hz], 3상 권선형 유도전동기의 전부하시의 2차 주파수가 3[Hz], 2차 동손이 500[W]일 때 발생토크는 약 몇 [kg·m]인가? (단, 기계손은 무시한다.)
① 10.4 ② 10.8
③ 11.1 ④ 12.5

풀이

- 슬립 $s = \dfrac{f_2}{f_1} = \dfrac{3}{60} = 0.05$
- 2차 입력 $P_2 = \dfrac{P_{c2}}{s} = \dfrac{500}{0.05} = 10,000[W] = 10[kW]$
- 동기속도 $N_s = \dfrac{120f}{p} = \dfrac{120 \times 60}{8} = 900[rpm]$

$\therefore T = 0.975 \dfrac{P_2}{N_s} = 0.975 \times \dfrac{10 \times 10^3}{900} = 10.8[kg \cdot m]$ 【답】②

49 동기발전기의 돌발 단락전류를 제한하는 것은?
① 누설 리액턴스 ② 역상 리액턴스
③ 권선 저항 ④ 동기 리액턴스

풀이 동기 발전기
- 돌발 단락전류 억제 : 누설 리액턴스
- 영구 단락전류 억제 : 동기 리액턴스
  (동기 리액턴스=누설 리액턴스 + 전기자 반작용 리액턴스)
 【답】①

50 변압기의 손실비와 최대효율을 나타내는 부하전류와의 관계는?
① 손실비가 커지면 부하전류가 작아진다.
② 손실비가 커지면 부하전류가 커진다.
③ 손실비가 커지면 그 제곱에 비례하여 부하전류가 커진다.
④ 부하전류는 손실비와 관계없다.

풀이
- 손실비 $L_R = \dfrac{P_c}{P_i}$, 최고 효율은 $m^2 P_c = P_i$
- 손실비 L_R이 크다는 것은 P_c가 P_i보다 크다는 것을 의미
- P_c가 P_i보다 크므로 부하율 m은 감소. 즉, 부하전류는 감소
 【답】①

51 동기기의 안정도 향상에 유효하지 않은 것은?
① 관성모멘트를 크게 할 것
② 단락비를 크게 할 것
③ 속응 여자 방식으로 할 것
④ 동기 임피던스를 크게 할 것

풀이 동기기의 안정도 향상대책
① **동기 임피던스를 작게** 한다.
② 속응 여자 방식을 채택한다.
③ 회전자에 플라이 휘일을 설치하여 관성 모멘트를 크게 한다.

④ 정상 임피던스는 작고, 영상, 역상 임피던스를 크게 한다.
⑤ 단락비를 크게 한다.
⑥ 동기 탈조 계전기를 사용한다. 【답】④

52 리니어 모터(linear motor)에 대한 설명으로 옳지 않은 것은?
① 기어, 벨트 등 동력 변환기구가 필요 없고 직접 원운동이 얻어진다.
② 회전형모터를 축 방향으로 잘라서 펼쳐 놓은 형상이다.
③ 마찰을 거치지 않고 추진력이 얻어진다.
④ 모터 자체의 구조가 간단하여 신뢰성이 높다.

풀이 리니어 모터 : 회전기의 회전자 접속 방향에 발생하는 전자력을 직선적인 기계 에너지로 변환시키는 장치이다.
(1) 장점
 ① 모터 자체의 구조가 간단하여 신뢰성이 높고 보수가 용이하다.
 ② 기어, 벨트 등 동력 변환 기구가 필요없고 직접 **직선 운동**이 얻어진다.
 ③ 마찰을 거치지 않고 추진력이 얻어진다.
 ④ 원심력에 의한 가속제한이 없고 고속을 쉽게 얻을 수 있다.
(2) 단점
 ① 회전형에 비하여 역률, 효율이 낮다.
 ② 저속도를 얻기 어렵다.
 ③ 부하의 관성의 영향이 크다. 【답】①

53 직류기의 정류작용에서 전압정류를 하고자 한다. 어떻게 하여야 하는가?
① 계자를 이동시킨다.
② 보극을 설치한다.
③ 탄소브러시를 단락시킨다.
④ 환상권선을 분리시킨다.

풀이
- **전압정류** : **보극을 설치**하여 정류 코일 내에 유기되는 리액턴스 전압과 반대 방향으로 정류 전압을 유기시켜 양호한 정류를 얻는 방법
- 저항정류 : 접촉 저항이 큰 탄소 브러시를 사용하여 정류 코일의 단락 전류를 억제해서 양호한 정류를 얻는 방법
 【답】②

54 변압기의 벡터도에서 2차 유도기전력을 나타내는 식은? (단, $\dot{E}_2$: 2차 유도기전력, $\dot{V}_2$: 2차 단자전압, $\dot{I}_2$: 2차 전류, $\dot{I}_0$: 여자전류, $\dot{Z}_2$: 2차 권선의 임피던스이다.)

① $\dot{E}_2 = \dot{V}_2 + \dot{I}_2 \dot{Z}_2$
② $\dot{E}_2 = \dot{V}_2 - \dot{I}_2 \dot{Z}_2$
③ $\dot{E}_2 = \dot{V}_2 + (\dot{I}_2 + \dot{I}_0)\dot{Z}_2$
④ $\dot{E}_2 = \dot{V}_2 - (\dot{I}_2 + \dot{I}_0)\dot{Z}_2$

풀이

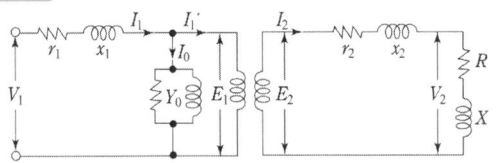

· 1차 유도기전력 $\dot{E}_1 = \dot{V}_1 - \dot{I}_1 \dot{Z}_1$
· 2차 유도기전력 $\dot{E}_2 = \dot{V}_2 + \dot{I}_2 \dot{Z}_2$

【답】①

55 가동 복권발전기의 내부 결선을 바꾸어 직권발전기로 사용하려면?

① 분권계자를 단락시킨다.
② 분권계자를 개방시킨다.
③ 직권계자를 단락시킨다.
④ 직권계자를 개방시킨다.

풀이

· 복권 발전기를 **직권 발전기로 사용하려면 : 분권 계자를 개방시킨다.**

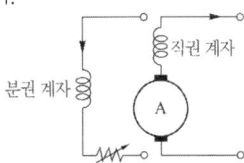

· 복권 발전기를 분권 발전기로 사용하려면 : 직권 계자를 단락시킨다.

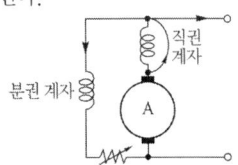

【답】②

56 6상 회전변류기의 직류측 전압(E_d)과 교류측 전압(E_a)의 실효값과의 비($\frac{E_d}{E_a}$)는?

① $\sqrt{2}/2$
② $\sqrt{2}$
③ $\sqrt{3}$
④ $2\sqrt{2}$

풀이

m상 회전 변류기의 교류측 E_a와 직류측 E_d의 전압비는

$\frac{E_a}{E_d} = \frac{1}{\sqrt{2}} \sin\frac{\pi}{m}$ 이므로

6상인 경우 $\frac{E_a}{E_d} = \frac{1}{\sqrt{2}} \sin\frac{\pi}{6} = \frac{1}{2\sqrt{2}}$

∴ $\frac{E_d}{E_a} = 2\sqrt{2}$

【답】④

57 10[kVA], 2000/100[V] 변압기의 1차로 환산한 임피던스는 $6.2 + j7[\Omega]$이다. %저항강하[%]는?

① 1.55
② 1.75
③ 0.175
④ 0.35

풀이 1차측 정격전류

$I_{1n} = \frac{P}{V_{1n}} = \frac{10 \times 10^3}{2000} = 5[A]$

따라서, %저항강하는

$\%R = \frac{I_{1n} r_1}{V_{1n}} \times 100 = \frac{5 \times 6.2}{2000} \times 100 = 1.55[\%]$

【답】①

58 2차 저항과 2차 리액턴스가 0.04[Ω], 0.06[Ω]인 3상 유도전동기의 슬립이 4[%]일 때 1차 부하전류가 10[A]이었다면 기계적 출력은 약 몇 [kW]인가? (단, 권선비 $\alpha = 2$, 상수비 $\beta = 1$이다.)

① 0.57
② 0.85
③ 1.15
④ 1.35

풀이 $r_2 = 0.04[\Omega]$이므로

$r_2' = \alpha^2 \beta r_2 = 2^2 \times 1 \times 0.04 = 0.16[\Omega]$

기계적 출력을 대표하는 부하 저항의 1차 환산값 R'는

$R' = \frac{1-s}{s} r_2' = \frac{1-0.04}{0.04} \times 0.16 = 3.84[\Omega]$

∴ $P = 3(I_1')^2 R' = 3 \times 10^2 \times 3.84 = 1152[W] = 1.152[kW]$

【답】③

59 2.2[kW]의 분권전동기가 있다. 전압 110[V], 전기자 전류 42[A], 속도 1800[rpm]으로 운전 중에 계자전류 및 부하전류를 일정하게 두고 단자전압을 120[V]로 올리면 회전수(rpm)는? (단, 전기자 회로의 저항은 0.1[Ω], 전기자 반작용은 무시한다.)

① 1440 ② 1870
③ 1970 ④ 2070

풀이
- 전원전압 110 [V] 인가시 역기전력
  $E_c = V - I_a R_a = 110 - 42 \times 0.1 = 105.8[\text{V}]$
- 전원전압 120 [V] 인가시 역기전력
  $E_c' = V' - I_a R_a = 120 - 42 \times 0.1 = 115.8[\text{V}]$
- $E_c = P\phi n \dfrac{Z}{a}$ 에서 $E_c \propto n$ 이므로
  $105.8 : 115.8 = 1800 : n'$
  $\therefore n' = \dfrac{115.8}{105.8} \times 1800 = 1970.1[\text{rpm}]$

【답】 ③

60 3상 직권 정류자 전동기의 중간 변압기는 고정자 권선과 회전자 권선 사이에 직렬로 접속되는데 이 중간 변압기를 사용하는 중요한 이유는?

① 경부하시 속도의 급상승 방지를 위하여
② 주파수 변동으로 속도를 조정하기 위하여
③ 회전자 상수를 감소하기 위하여
④ 역회전을 방지하기 위하여

풀이 중간 변압기를 사용하는 이유
- 전원 전압의 크기에 관계없이 회전자 전압을 정류 작용에 맞는 값으로 선정할 수가 있다.
- 중간 변압기의 권수비를 바꾸어서 전동기의 특성을 조정할 수 있다.
- 직권성이기 때문에 경부하에서는 속도가 현저하게 상승하나, **중간 변압기를 사용하여 철심을 포화시켜 두면 속도의 상승을 억제할 수 있다.**

【답】 ①

2015년 기출문제

1회 전기기기

41 브러시의 위치를 바꾸어서 회전방향을 바꿀 수 있는 전기기계가 아닌 것은?
① 톰슨형 반발 전동기
② 3상 직권 정류자 전동기
③ 시라게 전동기
④ 정류자형 주파수 변환기

풀이 **정류자형 주파수 변환기**는 권선형 유도전동기의 2차 여자를 행하기 위한 교류여자기로서 사용되며, 유도전동기와 직결한다. 따라서, **회전방향은 유도전동기의 회전방향과 같다**.
【답】 ④

42 직류 전동기의 역기전력에 대한 설명 중 틀린 것은?
① 역기전력이 증가할수록 전기자 전류는 감소한다.
② 역기전력은 속도에 비례한다.
③ 역기전력은 회전방향에 따라 크기가 다르다.
④ 부하가 걸려 있을 때에는 역기전력은 공급전압보다 크기가 작다.

풀이
① 전기자 전류 $I_a = \dfrac{V-E_c}{R_a}$ [A]에서 역기전력 E_c가 증가할수록 전기자 전류 I_a는 감소한다.
② 역기전력 $E_c = p\phi n \dfrac{Z}{a}$ [V] 로 속도 n에 비례한다.
③ 역기전력 $E_c = p\phi n \dfrac{Z}{a}$ [V]이다. 따라서, **역기전력의 크기는 회전방향과 무관**하다.
④ 전동기의 역기전력 $E_c = V - I_a R_a$ [V] 이므로 공급전압 V보다 적다.
【답】 ③

43 정격 6600/220[V]인 변압기의 1차측에 6600[V]를 가하고 2차측에 순저항 부하를 접속하였더니 1차에 2[A]의 전류가 흘렀다. 이때 2차 출력 [kVA]은?

① 19.8　　② 15.4
③ 13.2　　④ 9.7

풀이 손실을 무시하면 "1차 입력 = 2차 출력"이 된다.
따라서, $P = V_1 I_1 = V_2 I_2 = 6600 \times 2 \times 10^{-3} = 13.2$[kVA]가 된다.
【답】 ③

44 단자전압 220[V], 부하전류 50[A]인 분권발전기의 유기기전력[V]은? (단, 전기자 저항 0.2[Ω], 계자 전류 및 전기자 반작용은 무시한다.)

① 210　　② 225
③ 230　　④ 250

풀이
$I_f = 0,\ I = 50$[A], $R_a = 0.2$[Ω]
∴ $E = V + I_a R_a$
　　$= V + (I + I_f) R_a$
　　$= 220 + 50 \times 0.2$
　　$= 230$[V]

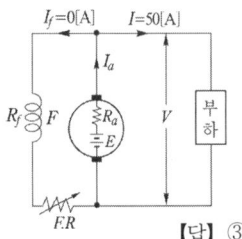

【답】 ③

45 200[kW], 200[V]의 직류 분권발전기가 있다. 전기자 권선의 저항이 0.025[Ω]일 때 전압변동률은 몇 [%]인가?

① 6.0　　② 12.5
③ 20.5　　④ 25.0

풀이 무부하 단자 전압 V_0는
$V_0 = V_n + R_a I_a = 200 + 0.025 \times \dfrac{200 \times 10^3}{200} = 225$ [V]
그러므로, 전압변동률 ϵ[%]
∴ $\epsilon = \dfrac{V_0 - V_n}{V_n} \times 100 = \dfrac{225-200}{200} \times 100 = 12.5$
【답】 ②

46 반도체 사이리스터에 의한 제어는 어느 것을 변화시키는 것인가?
① 주파수　　② 전류
③ 위상각　　④ 최대값

[풀이] 반도체 사이리스터에 의한 제어는 정류 전압의 위상각을 제어한다. 【답】③

47 6극 직류발전기의 정류자 편수가 132, 단자 전압이 220 [V], 직렬 도체수가 132개이고 중권이다. 정류자 편간 전압은 몇 [V]인가?
① 5　　② 10
③ 20　　④ 30

[풀이] e_{sa} : 정류자 편간 전압, E : 유기 기전력
p : 극수, K : 정류자 편수
$$e_{sa} = \frac{pE}{K} = \frac{6 \times 220}{132} = 10[V]$$
【답】②

48 3300/210[V], 5[kVA] 단상변압기의 퍼센트 저항강하 2.4[%], 퍼센트 리액턴스강하 1.8[%]이다. 임피던스 와트[W]는?
① 320　　② 240
③ 120　　④ 90

[풀이]
$$\%R = \frac{I_n R}{E_n} \times 100 = \frac{I_n^2 R}{E_n I_n} \times 100 = \frac{P_s}{P_n} \times 100 [\%]$$에서
$$P_s = \frac{\%R \cdot P_n}{100} = \frac{2.4 \times 5 \times 10^3}{100} = 120[W]$$
【답】③

49 다음 중 변압기유가 갖추어야 할 조건으로 옳은 것은?
① 절연내력이 낮을 것
② 인화점이 높을 것
③ 비열이 적어 냉각효과가 클 것
④ 응고점이 높을 것

[풀이] 변압기의 기름으로서 갖추어야 할 조건
① 절연 저항 및 절연내력이 클 것 (30[kV]/2.5[mm] 이상)
② 절연 재료 및 금속에 화학 작용을 일으키지 않을 것
③ **인화점이 높고**(130[℃] 이상), **응고점이 낮을 것**(-30[℃] 이하)
④ 점도가 낮고(유동성이 풍부), 비열이 커서 냉각 효과가 클 것
⑤ 고온에서도 석출물이 생기거나 산화하지 않을 것
⑥ 열전도율이 클 것
⑦ 열 팽창계수가 작고 증발로 인한 감소량이 적을 것
【답】②

50 단상 유도전동기의 기동토크에 대한 사항으로 틀린 것은?
① 분상기동형의 기동토크는 125[%] 이상이다.
② 콘덴서기동형의 기동토크는 350[%] 이상이다.
③ 반발기동형의 기동토크는 300[%] 이상이다.
④ 세이딩코일형의 기동토크는 40~80[%] 이상이다.
【답】②

51 3상 동기발전기에 평형 3상전류가 흐를 때 전기자 반작용은 이 전류가 기전력에 대하여 (A) 때 감자작용이 되고 (B) 때 증자작용이 된다. A, B의 적당한 것은?
① A : 90° 뒤질, B : 90° 앞설
② A : 90° 앞설, B : 90° 뒤질
③ A : 90° 뒤질, B : 동상일
④ A : 동상일, B : 90° 앞설

[풀이] 발전기와 전동기의 전기자 반작용은 서로 반대이다.

분류	동기 발전기	동기 전동기
전압과 동상	교차 자화 작용	교차 자화 작용
진상전류	증자 작용	감자 작용
지상전류	감자 작용	증자 작용

【답】①

52 유도전동기의 슬립을 측정하려고 한다. 다음 중 슬립의 측정법이 아닌 것은?
① 동력계법　　② 수화기법
③ 직류 밀리볼트계법　　④ 스트로보스코프법

[풀이] 슬립 측정 방법은
① DC 밀리볼트계법
② 수화기법
③ 스트로보스코프법 이 있다.
그러나 **동력계법은 전동기 토크 측정법**이다. 【답】①

53 3상 유도 전동기의 원선도 작성에 필요한 시험이 아닌 것은?
① 저항측정　　② 슬립측정
③ 무부하시험　　④ 구속시험

[풀이]
① 원선도 작성에 필요한 시험은
• 저항 측정　• 무부하 시험　• 구속 시험이 있다.

② 유도 전동기의 원선도에서 구할 수 있는 항목
  • 전부하 전류   • 역률   • 효율   • 슬립
  • 최대출력/정격출력   • 토크
즉, 슬립은 원선도 상에서 구할 수 있다. 【답】②

54 스테핑모터의 여자방식이 아닌 것은?
① 2-4상 여자   ② 1-2상 여자
③ 2상 여자   ④ 1상 여자

풀이 스테핑모터의 여자방식
① **1상 여자방식** : 항상 하나의 상에만 전류가 흐르게 하는 방식
② **2상 여자방식** : 항상 2개의 상에 전류를 흐르게 하는 방식으로 1상 여자방식에 비해 2배의 전류가 흐른다.
③ **1-2상 여자방식** : 1상 여자방식과 2상 여자방식을 교대로 반복하는 여자방식
【답】①

55 극수 6, 회전수 1200[rpm]의 교류발전기와 병행운전하는 극수 8의 교류발전기의 회전수는 몇 [rpm]이어야 하는가?
① 800   ② 900
③ 1050   ④ 1100

풀이
교류발전기의 **병렬운전 조건은 주파수가 같아야 한다.**
극수 6인 발전기의 주파수를 구하면,
$N_s = \dfrac{120f}{p}$ 에서 $\therefore f = \dfrac{N_s \times p}{120} = \dfrac{1200 \times 6}{120} = 60\,[\text{Hz}]$
따라서, 극수 8인 발전기의 회전수는
$\therefore N = \dfrac{120f}{p} = \dfrac{120 \times 60}{8} = 900\,[\text{rpm}]$ 【답】②

56 3상 동기발전기의 매극 매상의 슬롯수를 3이라고 하면 분포계수는?
① $\sin\dfrac{2}{3}\pi$ ② $\sin\dfrac{3}{2}\pi$
③ $6\sin\dfrac{\pi}{18}$ ④ $\dfrac{1}{6\sin\dfrac{\pi}{18}}$

풀이
분포권 계수 $K_d = \dfrac{\sin\dfrac{n\pi}{2m}}{q\sin\dfrac{n\pi}{2mq}}$ 에서
고조파 차수 $n=1$(별도의 명기가 없으면 기본파로서 $n=1$), 상수 $m=3$, 매극 매상의 슬롯수 $q=3$이므로

$\therefore K_d = \dfrac{\sin\dfrac{\pi}{2\times 3}}{3\sin\dfrac{\pi}{2\times 3\times 3}} = \dfrac{\dfrac{1}{2}}{3\sin\dfrac{\pi}{18}} = \dfrac{1}{6\sin\dfrac{\pi}{18}}$ 【답】④

57 단상 반발전동기에 해당되지 않는 것은?
① 아트킨손 전동기   ② 슈라게 전동기
③ 데리 전동기   ④ 톰슨 전동기

풀이 단상 반발 전동기의 종류
• 아트킨손형전동기   • 톰슨전동기   • 데리전동기
그러나, **슈라게 전동기는 3상 분권 정류자 전동기의 한 종류이다.**
【답】②

58 △-Y 결선의 3상 변압기군 A와 Y-△ 결선의 3상 변압기군 B를 병렬로 사용할 때 A군의 변압기 권수비가 30이라면 B군의 변압기 권수비는?
① 10   ② 30
③ 60   ④ 90

풀이 A, B 변압기군의 권수비를 각각 a_1, a_2, 1차, 2차의 상전압과 선간 전압을 각각 E_1, E_2, V_1, V_2라고 하면

$a_1 = \dfrac{E_1}{E_2} = \dfrac{V_1}{V_2/\sqrt{3}}$, $a_2 = \dfrac{E_1'}{E_2'} = \dfrac{V_1/\sqrt{3}}{V_2}$

$\dfrac{a_2}{a_1} = \dfrac{\dfrac{V_1}{\sqrt{3}}/V_2}{V_1/\dfrac{V_2}{\sqrt{3}}} = \dfrac{1}{3}$

$\therefore a_2 = \dfrac{1}{3}a_1 = \dfrac{1}{3} \times 30 = 10$ 【답】①

59 동기발전기에서 기전력의 파형이 좋아지고 권선의 누설리액턴스를 감소시키기 위하여 채택한 권선법은?
① 집중권   ② 형권
③ 쇄권   ④ 분포권

풀이 분포권의 장·단점
[장점]
① 기전력의 **고조파가 감소**하여 **파형이 좋아진다.**
② 권선의 누설 리액턴스가 감소한다.
③ 전기자 권선에 의한 열을 고르게 분포시켜 과열을 방지한다.
[단점]
① 분포권은 집중권에 비하여 합성 유기 기전력이 감소한다.
【답】④

60 3상, 60 [Hz]전원에 의해 여자되는 6극 권선형 유도전동기가 있다. 이 전동기가 1150 [rpm]으로 회전할 때 회전자 전류의 주파수는 몇 [Hz]인가?
① 1 ② 1.5
③ 2 ④ 2.5

풀이
$N_s = \dfrac{120f}{p} = \dfrac{120 \times 60}{6} = 1200\,[\text{rpm}]$
$s = \dfrac{N_s - N}{N_s} = \dfrac{1200 - 1150}{1200} = 0.0417$
$\therefore f_2 = sf_1 = 0.0417 \times 60 = 2.5[\text{Hz}]$ 【답】 ④

2회 전기기기

41 직류 분권전동기가 단자전압 215 [V], 전기자 전류 50 [A], 1500 [rpm]으로 운전되고 있을 때 발생 토크는 약 몇 [N·m]인가? (단, 전기자 저항은 0.1 [Ω]이다.)
① 6.8   ② 33.2
③ 46.8 ④ 66.9

풀이 $V = 215\,[\text{V}]$, $I_a = 50\,[\text{A}]$, $N = 1500\,[\text{rpm}]$, $r_a = 0.1\,[\Omega]$이므로
$E_c = V - I_a R_a = 215 - (50 \times 0.1) = 210\,[\text{V}]$

발생 토크 $T = \dfrac{P}{\omega} = \dfrac{E_c I_a}{2\pi n} = \dfrac{E_c I_a}{2\pi \dfrac{N}{60}}$ 에서

$T = \dfrac{210 \times 50}{2\pi \times \dfrac{1500}{60}} = 66.85[\text{N}\cdot\text{m}]$ 【답】 ④

---

42 어느 변압기의 1차 권수가 1500인 변압기의 2차측에 접속한 20[Ω]의 저항은 1차측으로 환산했을 때 8[kΩ]으로 되었다고 한다. 이 변압기의 2차 권수는?
① 400 ② 250
③ 150 ④ 75

풀이 $n_1 = 1500$, $R_2 = 20[\Omega]$, $R_1 = 8000[\Omega]$
2차를 1차로 환산 $R_1 = a^2 R_2$ 에서
권수비 $a = \sqrt{\dfrac{R_1}{R_2}} = \sqrt{\dfrac{8000}{20}} = 20$
$\therefore N_2 = \dfrac{N_1}{a} = \dfrac{1500}{20} = 75$회 【답】 ④

---

43 SCR의 특징이 아닌 것은?
① 아크가 생기지 않으므로 열의 발생이 적다.
② 열용량이 적어 고온에 약하다.
③ 전류가 흐르고 있을 때 양극의 전압강하가 작다.
④ 과전압에 강하다.

풀이 SCR의 특징
• 아크가 생기지 않으므로 열의 발생이 적다.
• 과전압에 약하다.
• 열용량이 적어 고온에 약하다.
• 게이트 신호를 인가할 때부터 도통할 때까지의 시간이 짧다.
• 전류가 흐르고 있을 때 양극의 전압강하가 작다.
• 정류기능을 갖는 단일방향성 3단자 소자이다.
• 역률각 이하에서는 제어가 되지 않는다. 【답】 ④

---

44 8극과 4극 2개의 유도 전동기를 종속법에 의한 직렬 종속법으로 속도제어를 할 때, 전원주파수가 60 [Hz]인 경우 무부하 속도[rpm]는?
① 600   ② 900
③ 1200 ④ 1800

풀이 직렬 종속 $N = \dfrac{2f}{p_1 + p_2}[\text{rps}] = \dfrac{120f}{p_1 + p_2}[\text{rpm}]$에서
$N = \dfrac{120 \times 60}{8 + 4} = 600[\text{rpm}]$ 【답】 ①

---

45 1차 전압 6900[V], 1차 권선 3000회, 권수비 20의 변압기가 60[Hz]에 사용할 때 철심의 최대자속 [Wb]은?
① 0.76×10^{-4} ② 8.63×10^{-3}
③ 80×10^{-3} ④ 90×10^{-3}

풀이 1차 유기기전력 $E_1 = 4.44 f \phi_m N_1\,[\text{V}]$
따라서, $\phi_m = \dfrac{E_1}{4.44 f N_1} = \dfrac{6900}{4.44 \times 60 \times 3000}$
$= 0.00863 = 8.63 \times 10^{-3}[\text{Wb}]$ 【답】 ②

---

46 동기발전기의 병렬운전 시 동기화력은 부하각 δ와 어떠한 관계인가?
① $\tan\delta$에 비례   ② $\cos\delta$에 비례
③ $\sin\delta$에 반비례 ④ $\cos\delta$에 반비례

풀이 동기화력은 부하각 δ의 미소변동에 의한 출력의 변화율이므로

동기화력 $P_s = \dfrac{dP}{d\delta} = \dfrac{d}{d\delta} \cdot \dfrac{E^2}{2x_s} \sin\delta = \dfrac{E^2}{2x_s} \cos\delta$

즉, 동기화력 $P_s \propto \cos\delta$ 【답】②

47 30[kW]의 3상 유도전동기에 전력을 공급할 때 2대의 단상변압기를 사용하는 경우 변압기의 용량 [kVA]은? (단, 전동기의 역률과 효율은 각각 84[%]와 86[%]이고 전동기 손실은 무시한다.)

① 10　　　② 20
③ 24　　　④ 28

풀이
• 전동기 입력 $P_i = \dfrac{P[\text{kW}]}{\eta \cdot \cos\theta} = \dfrac{30}{0.86 \times 0.84} = 41.53[\text{kVA}]$
• 단상 변압기 2대로 3상 부하에 전력을 공급하기 위해서는 변압기 결선은 V결선이 되어야 한다.
따라서, 변압기 1대의 용량을 P_1[kVA], V결선시 출력을 P_V[kVA]라 하면 $P_V = \sqrt{3} P_1 = P_i$가 되어야 한다.
(∵ 변압기 출력 P_V = 전동기 입력 P_i)

∴ 단상변압기 1대의 용량 $P_1 = \dfrac{P_i}{\sqrt{3}} = \dfrac{41.53}{\sqrt{3}} = 23.98[\text{kVA}]$ 【답】③

48 유도전동기 원선도에서 원의 지름은?
(단, E는 1차 전압, r은 1차로 환산한 저항, x를 1차로 환산한 누설리액턴스라 한다.)

① rE에 비례　　② rxE에 비례
③ $\dfrac{E}{r}$에 비례　　④ $\dfrac{E}{x}$에 비례

풀이 유도 전동기는 일정값의 리액턴스와 부하에 의하여 변하는 저항(r_2'/s)의 직렬 회로라고 생각되므로 부하에 의하여 변화하는 전류 벡터의 궤적, 즉 **원선도의 지름은 전압에 비례하고 리액턴스에 반비례**한다. 【답】④

49 동기 주파수 변환기의 주파수 f_1 및 f_2 계통에 접속되는 양 극을 P_1, P_2라 하면 다음 어떤 관계가 성립되는가?

① $\dfrac{f_1}{f_2} = \dfrac{P_1}{P_2}$　　② $\dfrac{f_1}{f_2} = P_2$
③ $\dfrac{f_1}{f_2} = \dfrac{P_2}{P_1}$　　④ $\dfrac{f_2}{f_1} = P_1 \cdot P_2$

풀이 동기 주파수 변환기

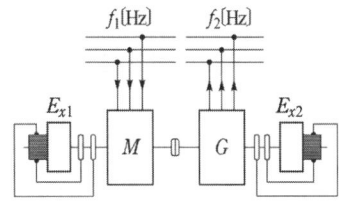

주파수가 다른 2개의 송전 계통을 연결하여 전력을 주고 받고자 하는 경우 또는 전원 주파수와 다른 주파수를 필요로 하는 경우 사용되며 동기 전동기와 동기 발전기를 직결하여 주파수를 변환하는 장치이다.
따라서, **전동기와 발전기의 회전속도 N_s가 같아야 하므로**

$N_s = \dfrac{120 f_1}{P_1} = \dfrac{120 f_2}{P_2}$ 의 관계가 있다.

따라서, $\dfrac{f_1}{P_1} = \dfrac{f_2}{P_2}$ 에서 $\dfrac{f_1}{f_2} = \dfrac{P_1}{P_2}$ 【답】①

50 유도전동기의 2차 동손을 P_c, 2차 입력을 P_2, 슬립을 s라 할 때 이들 사이의 관계는?

① $s = \dfrac{P_c}{P_2}$　　② $s = \dfrac{P_2}{P_c}$
③ $s = P_2 \cdot P_c$　　④ $s = P_2 + P_c$

풀이 2차 동손
$P_c = I_2^2 r_2 = I_2 r_2 \cdot \dfrac{sE_2}{\sqrt{r_2^2 + (sx_2)^2}}$ $(\because I_2 = \dfrac{sE_2}{\sqrt{r_2^2 + (sx_2)^2}})$
$= sE_2 I_2 \dfrac{r_2}{\sqrt{r_2^2 + (sx_2)^2}} = sE_2 I_2 \cos\theta_2 = sP_2$

∴ $s = \dfrac{P_c}{P_2}$ 【답】①

51 슬롯수 36의 고정자 철심이 있다. 여기에 3상 4극의 2층권을 시행할 때 매극 매상의 슬롯수와 총 코일수는?

① 3과 18　　② 9와 36
③ 3과 36　　④ 9와 18

풀이
• 매극매상 슬롯수 $= \dfrac{\text{총 슬롯수}}{\text{상수} \times \text{극수}} = \dfrac{36}{3 \times 4} = 3$
• 코일수 $= \dfrac{\text{총 슬롯수} \times m}{2} = \dfrac{36 \times 2}{2} = 36$
(단, m = 코일 층수) 【답】③

과년도 기출문제 2015년

52 입력전압이 220[V]일 때 3상 전파제어정류회로에서 얻을 수 있는 직류 전압은 몇 [V]인가? (단, 최대 전압은 점호각 $\alpha = 0$일 때이고, 3상에서 선간전압으로 본다.)

① 152　　② 198
③ 297　　④ 317

[풀이] 3상 전파정류에서 직류전압
$E_d = 1.35V = 1.35 \times 220 = 297[V]$　　**[답]** ③

53 직류 전동기의 회전수를 1/2로 줄이려면 계자 자속을 몇 배로 하여야 하는가?

① 1　　② 2
③ 3　　④ 4

[풀이] 회전수 $n = K\dfrac{V - I_a R_a}{\phi}$ 에서 $n \propto \dfrac{1}{\phi}$

따라서, n을 $\dfrac{1}{2}$로 하자면 자속 ϕ는 2배가 되어야 한다.　　**[답]** ②

54 단상 변압기 3대를 이용하여 3상 △-△ 결선을 했을 때 1차와 2차 전압의 각변위(위상차)는?

① 30°　　② 60°
③ 120°　　④ 180°

[풀이] 각 변위라 함은 1차 유기전압을 기준으로 하고 이에 대한 2차 유기전압의 뒤진 각을 말한다.

각 변위	전압벡터도	
	고압	저압
0도	(벡터도)	(벡터도)
330도 (-30도)	(벡터도)	(벡터도)
30도	(벡터도)	(벡터도)
180도	(벡터도)	(벡터도)
150도	(벡터도)	(벡터도)
210도	(벡터도)	(벡터도)

[답] ④

55 변압기의 임피던스 전압이란?

① 정격전류 시 2차측 단자전압이다.
② 변압기의 1차를 단락, 1차에 1차 정격전류와 같은 전류를 흐르게 하는데 필요한 1차 전압이다.
③ 변압기 내부임피던스와 정격전류와의 곱인 내부 전압강하이다.
④ 변압기의 2차를 단락, 2차에 2차 정격전류와 같은 전류를 흐르게 하는데 필요한 2차 전압이다.

[풀이] 변압기의 **임피던스 전압**이란, 변압기의 임피던스와 정격 전류와의 곱을 말한다. ($E_s = I_n \cdot Z$)

즉, **정격 전류에 의한 변압기 내부 전압 강하**를 의미한다.　　**[답]** ③

56 전부하로 운전하고 있는 60[Hz], 4극 권선형 유도전동기의 전부하 속도는 1728[rpm], 2차 1상의 저항은 0.02[Ω]이다. 2차 회로의 저항을 3배로 할 때의 회전수[rpm]는?

① 1264　　② 1356
③ 1584　　④ 1765

[풀이]
$f = 60[Hz], \ p = 4, \ N = 1728[rpm], \ r_2 = 0.02[\Omega]$
$r_2 + R_s = 3r_2[\Omega]$
$N_s = \dfrac{120 \times 60}{4} = 1800 [rpm]$
$s_1 = \dfrac{1800 - 1728}{1800} = 0.04$

r_2를 3배로 하면 비례 추이의 원리로 슬립 s_2도 3배로 된다.

$\dfrac{r_2}{s_1} = \dfrac{r_2 + R}{s_2} = \dfrac{3r_2}{s_2}$

$s_2 = \dfrac{3r_2}{r_2}s_1 = \dfrac{3 \times 0.02}{0.02} \times 0.04 = 0.12$

$\therefore \ N_2 = (1 - s_2)N_s = (1 - 0.12) \times 1800 = 1584[rpm]$

[답] ③

57 3상 유도전동기를 급속하게 정지시킬 경우에 사용되는 제동법은?

① 발전 제동법
② 회생 제동법
③ 마찰 제동법
④ 역상 제동법

풀이 유도 전동기의 제동
(1) 전기적 제동
 ① 발전 제동 : 전동기를 전원으로부터 분리한 후 1차측에 직류전원을 공급하여 발전기로 동작시킨 후 발생된 전력을 저항에서 열로 소비시키는 방법
 ② 회생 제동 : 유도 전동기를 유도 발전기로 동작시켜 그 발생 전력을 전원에 반환하면서 제동하는 방법
 ③ **역전 제동(역상제동, Pluging)** : 회전중인 전동기의 1차 권선 3단자 중 임의의 2단자의 접속을 바꾸면 역방향의 토오크가 발생되어 제동하는 방법으로 **이 방법은 급속하게 정지 시키고자 하는 경우에 사용**된다.
 ④ 단상 제동 : 권선형 유도전동기의 1차측을 단상교류로 여자하고 2차측에 적당한 크기의 저항을 넣으면 전동기의 회전과는 역방향의 토오크가 발생되므로 제동된다.
(2) 기계적 제동 : 회전 부분과 정지 부분 사이의 마찰을 이용하여 제동하는 방법   【답】④

58 동기전동기의 진상전류에 의한 전기자반작용은 어떤 작용을 하는가?

① 횡축반작용
② 교차자화작용
③ 증자작용
④ 감자작용

풀이 발전기와 전동기의 전기자 반작용은 서로 반대이다.

분 류	동기 발전기	동기 전동기
전압과 동상	교차 자화 작용	교차 자화 작용
진상 전류	증자 작용	**감자 작용**
지상 전류	감자 작용	증자 작용

【답】④

59 3상 권선형 유도 전동기의 2차 회로의 한상이 단선 된 경우에 부하가 약간 커지면 슬립이 50 [%]인 곳에서 운전이 되는 것을 무엇이라 하는가?

① 차동기 운전
② 자기여자
③ 게르게스 현상
④ 난조

풀이 **게르게스 현상**이란 3상 권선형 유도 전동기의 2차 회로 중 1선이 단선된 경우에 약간의 과부하 상태에서도 **슬립 $S = 0.5$ 부근에서 가속되지 않는 현상**을 말한다.   【답】③

60 2상 서보모터의 제어방식이 아닌 것은?

① 온도제어
② 전압제어
③ 위상제어
④ 전압·위상 혼합제어

풀이 2상 서보모터의 제어방식
① **전압제어 방식** : 주권선에 보통 위상을 90°진상으로 콘덴서 C를 직렬로 접속하여 일정 전압을 가하고 제어권선에는 입력전압의 크기만이 변화하는 신호를 걸어 속도 제어를 하는 방식
② **위상제어 방식** : 주권선에는 위상을 90° 진상으로 콘덴서를 통하여 일정전압을 가하고, 제어권선에도 정격 전압을 가하여 그 위상을 ±90° 변화시켜 제어 하는 방식
③ **전압·위상 혼합 제어방식** : 가장 일반적으로 사용되는 방식이며, 전압제어와 위상제어의 각각의 장점을 취한 방식이다.   【답】①

4회   전기기기

41 동기기의 전기자 저항을 $r[\Omega]$, 반작용 리액턴스를 $x_a[\Omega]$, 누설리액턴스를 $x_e[\Omega]$라 하면 동기임피던스는?

① $r+j(x_a+x_e)$
② $j(x_a+x_e)$
③ $r+jx_a$
④ $r+j(x_a-x_e)$

풀이 동기 임피던스
$Z_s = r + jx_s = r + j(x_a+x_e) = \sqrt{r^2+(x_a+x_e)^2}$
단, r : 전기자 저항, x_a : 전기자 반작용 리액턴스
x_e : 전기자 누설 리액턴스, x_s : 동기 리액턴스이다.
【답】①

42 동기 발전기의 자기 여자 현상을 방지하는 방법이 아닌 것은?

① 발전기 여러 대를 모선에 병렬로 접속한다.
② 수전단에 동기조상기를 접속한다.
③ 수전단에 리액턴스를 병렬로 접속한다.
④ 단락비가 작은 발전기를 사용한다.

풀이
① 자기 여자란?
동기 발전기에 진상 전류가 전기자 권선에 흐르게 되면, 이때 전기자 전류에 의한 전기자 반작용은 자화작용이 되므로 발전기에 직류 여자를 가하지 않아도 전기자 권선에 기전력이 유기된다. 이와 같이 앞선 전류에 의해 전압이 점차 상승되어 정상 전압까지 확립되어 가는 현상을 동기 발전기의 자기 여자 작용(self excitation)이라 한다.

② 자기 여자 방지법
- 발전기 2대 또는 3대를 병렬로 모선에 접속한다.
- 수전단에 동기 조상기를 접속하고 이것을 부족 여자로 운전한다.
- 송전 선로의 수전단에 변압기를 접속한다.
- 수전단에 리액턴스를 병렬로 접속한다.
- **발전기의 단락비를 크게** 한다. 【답】 ④

43 공장에서 역률을 개선하려고 할 때 적용하는 기기가 아닌 것은?
① 동기조상기 ② 콘덴서용 직렬리액터
③ 전력용 콘덴서 ④ 회전변류기

▎풀이
- 동기 조상기 : 지상 및 진상 무효 전력을 공급하여 역률 개선
- 콘덴서용 직렬 리액터 : 진상 무효 전력을 공급하는 전력용 콘덴서에 직렬로 접속하여 제5고조파를 상쇄
- 전력용 콘덴서 : 진상 무효 전력을 공급하여 역률 개선.
- 회전 변류기 : **교류 전력을 직류 전력**으로 바꾸는 회전기로서 역률 개선과는 무관하다. 【답】 ④

44 발전기나 변압기 권선의 층간 단락 사고를 검출하는 계전기는?
① 방향 단락 계전기 ② 과전류 계전기
③ 비율 차동 계전기 ④ 과전압 계전기

▎풀이   비율 차동 계전기 : 발전기 및 변압기의 **층간 단락** 등 **내부 고장 검출용**에 사용된다. 【답】 ③

45 전기자 지름 0.1[m]의 직류발전기가 1.5[kW]의 출력에서 1700[rpm]으로 회전하고 있을 때 전기자 주변속도는 약 몇 [m/s]인가?
① 8.9 ② 9.80
③ 10.89 ④ 11.80

▎풀이
회전자 주변 속도 $v = \pi D \dfrac{N_s}{60}$[m/s]에서
여기서, πD : 회전자 둘레
$\therefore v = \pi \times 0.1 \times \dfrac{1700}{60} = 8.9$[m/s] 【답】 ①

46 3상 동기전동기에 있어서 제동권선의 역할은?
① 효율 향상 ② 역률 개선
③ 난조 방지 ④ 출력 증가

▎풀이   제동권선은 회전 자극 표면에 설치한 유도 전동기의 농형 권선과 같은 권선으로서 회전자가 동기 속도로 회전하고 있는 동안에는 전압을 유도하지 않으므로 아무런 작용이 없다. 그러나, 조금이라도 동기 속도를 벗어나면 전기자 자속을 끊어 전압이 유도되어 단락 전류가 흐르므로 동기 속도로 되돌아가게 된다. 즉, 진동 에너지를 열로 소비하여 진동을 방지한다. 이 **제동 권선은 난조 방지**에 쓰인다. 【답】 ③

47 반파 정류회로에서 직류전압 200[V]를 얻는 데 필요한 변압기 2차 상전압은 약 몇 [V]인가? (단, 부하는 순저항, 변압기 내 전압강하를 무시하면 정류기 내의 전압강하는 5[V]로 한다.)
① 68 ② 113
③ 333 ④ 455

▎풀이
반파 정류회로에서 직류전압 $E_d = 0.45E - e$[V] 이므로
$\therefore E = \dfrac{E_d + e}{0.45} = \dfrac{200 + 5}{0.45} = 455$[V] 【답】 ④

48 전전압 기동용량이 50[kVA]인 3상 유도 전동기를 Y-△로 기동하는 경우의 기동용량은 약 몇 [kVA]인가?
① 17 ② 25
③ 47 ④ 53

▎풀이   Y결선으로 기동하게 되면 이때 흐르는 기동전류는 △결선으로 기동할 때의 1/3의 전류만 흐르게 된다.
$\therefore P_Y = \dfrac{1}{3}P_\triangle = \dfrac{1}{3} \times 50 = 16.67$[kVA] 【답】 ①

49 권선형 유도전동기에서 2차 저항을 변화시켜 속도를 제어하는 경우 최대 토크는?
① 항상 일정하다.
② 2차 저항에만 비례한다.
③ 최대 토크 시 생기는 점의 슬립에 비례한다.
④ 최대 토크 시 생기는 점의 슬립에 반비례한다.

▎풀이
- 최대 토크 $T_m \propto \dfrac{V^2}{2x_2}$: 2차 저항에 무관
- 최대 토크를 발생하는 슬립 $s_m \fallingdotseq \pm \dfrac{r_2}{x_2}$: 2차 저항에 비례

즉, 3상 유도 전동기의 최대 토크의 크기는 2차 저항 r_2와 슬립 s에 관계없이 항상 일정하다. 다만 최대 토크가 발생하는 슬립점이 2차 회로의 저항에 비례해서 이동한다. 【답】 ①

50 동기발전기의 전기자 권선을 단절권으로 하면 어떤 효과가 있는가?

① 고조파가 제거된다.
② 절연이 잘 된다.
③ 병렬운전이 가능해 진다.
④ 코일단이 증가한다.

풀이   단절권의 특징
- **고조파를 제거하여 기전력의 파형을 좋게** 한다.
- 자기 인덕턴스 감소
- 동량 절약
- 유기 기전력 감소   【답】①

51 대형 직류발전기에서 전기자반작용을 보상하는 데 이상적인 것은?

① 보극   ② 보상권선
③ 탄소 브러시   ④ 균압환

풀이
- 보극 : 정류작용 개선(전압정류)
- **보상권선 : 전기자 반작용 감소**
- 탄소 브러시 : 정류작용 개선(저항정류)
- 균압환 : 병렬 회로의 유기기전력 불평형에 따른 순환전류를 억제하여 정류작용 개선   【답】②

52 SCR의 설명 중 옳지 않은 것은?

① 스위칭 소자이다.
② P-N-P-N 소자이다.
③ 쌍방향성 사이리스터이다.
④ 직류, 교류, 전력 제어용으로 사용한다.

풀이   각 종 반도체 소자의 방향성
- 양방향성(쌍방향성) 소자 : DIAC, TRIAC, SSS
- **역저지(단방향성) 소자 : SCR**, LASCR, GTO   【답】③

53 권선형 유도전동기의 저항제어법의 장점은?

① 부하에 대한 속도변동이 크다.
② 구조가 간단하며, 제어조작이 용이하다.
③ 역률이 좋고, 운전효율이 양호하다.
④ 전부하로 장시간 운전하여도 온도 상승이 적다.

풀이   권선형 유도 전동기의 **저항 제어법의 장·단점**은 다음과 같다.
(1) 장점
 ① 기동용 저항기를 겸한다.
 ② 구조가 간단하여 제어 조작이 용이하고 내구성이 풍부하다.
(2) 단점
 ① 속도변화의 [%]와 같은 [%]의 효율을 희생하기 때문에 운전효율이 나쁘다.
  즉, 2차회로의 효율 $\eta_2 = P/P_2 = (1-s)$ 이다.
 ② 부하에 대한 속도 변동이 크다.
 ③ 부하가 적을 때는 광범위한 속도 조정이 곤란하다.
 ④ 제어용 저항은 전부하에서 장시간 운전해도 위험한 온도가 되지 않을 만큼의 충분한 크기가 필요하므로 가격이 비싸다.   【답】②

54 3상 유도전동기의 특성 중 비례추이 할 수 없는 것은?

① 역률   ② 출력
③ 동기 와트   ④ 2차 전류

풀이
- 비례추이 할 수 있는 것 : 1차 전류, 2차 전류, 역률, 동기 와트 등
- **비례추이 할 수 없는 것 : 출력**, 2차 동손, 효율 등   【답】②

55 단상 변압기의 병렬 운전 조건 중 옳지 않은 것은?

① 권수비와 1, 2차의 정격전압이 같을 것
② 권선의 저항과 누설 리액턴스의 비가 같을 것
③ %저항 강하 및 리액턴스 강하가 같을 것
④ 출력이 같을 것

풀이
(1) 단상 변압기의 병렬 운전 조건
 ① 각 변압기의 **극성**이 같을 것
 ② 각 변압기의 **권수비**가 같고
 ③ 1차, 2차의 **정격 전압**이 같을 것
 ④ 각 변압기의 **% 임피던스 강하**가 같을 것
(2) 3상 변압기의 병렬 운전 조건
 단상 변압기의 병렬 운전 조건 외에 각 변압기의 상회전 방향 및 위상 변위가 같을 것   【답】④

56 3상 변압기의 임피던스 $Z[\Omega]$이고, 선간전압 V[kV], 정격용량 P[kVA]일 때 %Z는?

① $\dfrac{PZ}{V}$ ② $\dfrac{10PZ}{V}$

③ $\dfrac{PZ}{10V^2}$ ④ $\dfrac{PZ}{100V^2}$

풀이

$\%Z = \dfrac{I_n[A] \times Z[\Omega]}{E[V]} \times 100[\%]$ 에서

분모, 분자에 $\sqrt{3}\,V$를 곱하면

$\%Z = \dfrac{\sqrt{3}\,V[V] \times I_n[A] \times Z[\Omega]}{\sqrt{3}\,V[V] \times E[V]} \times 100[\%]$ ($\because P = \sqrt{3}\,VI_n$)

$= \dfrac{P[VA] \times Z[\Omega]}{V^2[V]} \times 100[\%]$ ($\because \sqrt{3}\,E = V$)

$= \dfrac{P[kVA] \times 10^3 \times Z[\Omega]}{V^2[kV] \times 10^6} \times 100[\%]$

($\because 1[kVA] = 10^3[VA],\ 1[kV] = 10^3[V]$)

$\therefore \%Z = \dfrac{P[kVA] \times Z[\Omega]}{10\,V^2[kV]}[\%]$

(V 및 P의 단위가 [kV] 및 [kVA]인 것에 주의) 【답】③

57 60[Hz], 4극 5[kW]인 3상 유도전동기가 있다. 전부하 시 회전수가 1500[rpm]일 때 발생토크는 약 몇 [kg·m]인가?

① 9.34 ② 7.43
③ 5.52 ④ 3.25

풀이

토크 $\tau = 0.975\dfrac{P}{N} = 0.975 \times \dfrac{5 \times 10^3}{1500} = 3.25[\text{kg·m}]$ 【답】④

58 단상 유도전동기의 기동 방법에서 기동 토크의 크기가 가장 큰 것은?

① 반발유도형 ② 반발기동형
③ 콘덴서기동형 ④ 분상기동형

풀이 기동 토크의 크기
반발 기동형 > 반발 유도형 > 콘덴서 기동형 > 분상 기동형 > 세이딩 코일형 【답】②

59 권수비 60인 단상 변압기의 전부하 2차 전압 200 [V], 전압변동률 3[%]일 때 1차 단자전압[V]은?

① 12360 ② 12720
③ 13625 ④ 18760

풀이

$\epsilon = \dfrac{V_{20} - V_{2n}}{V_{2n}} \times 100 = \left(\dfrac{V_{20}}{V_{2n}} - 1\right) \times 100 = 3[\%]$

$\dfrac{V_{20}}{V_{2n}} = \dfrac{3}{100} + 1$

$\therefore V_{20} = 1.03\,V_{2n} = 200 \times 1.03 = 206[V]$

$V_{10} = a\,V_{20}$이므로
$\therefore V_{10} = 60 \times 206 = 12360[V]$ 【답】①

60 전기자 도체의 총수 400, 10극 단중 파권으로 매극의 자속수가 0.02[Wb]인 직류발전기가 1200[rpm]의 속도로 회전할 때 유도 기전력[V]은?

① 800 ② 750
③ 720 ④ 700

풀이

파권이므로 $a = 2$

$E = \dfrac{pZ}{a}\phi\dfrac{N}{60} = \dfrac{10 \times 400}{2} \times 0.02 \times \dfrac{1200}{60} = 800[V]$ 【답】①

2016년 기출문제

1회 전기기기

41 교류 정류자 전동기의 설명 중 틀린 것은?
① 정류 작용은 직류기와 같이 간단히 해결된다.
② 구조가 일반적으로 복잡하여 고장이 생기기 쉽다.
③ 기동토크가 크고 기동 장치가 필요 없는 경우가 많다.
④ 역률이 높은 편이며 연속적인 속도 제어가 가능하다.

풀이 교류정류자 전동기는 교류로 운전하며 직류전동기와 같은 특성을 가진 것으로서 구조는 직류 전동기 회전자와 유도 전동기 고정자를 합한 것과 같다. 또한, **교류 정류자 전동기는 정류 작용 문제가 직류기보다 더욱 곤란하기 때문에 출력에 제한을 받는다.** 【답】①

42 역률 80 [%](뒤짐)로 전부하 운전 중인 3상 100 [kVA], 3000/200 [V] 변압기의 저압측 선전류의 무효분은 몇 [A] 인가?
① 100
② $80\sqrt{3}$
③ $100\sqrt{3}$
④ $500\sqrt{3}$

풀이 출력 $P = \sqrt{3} V_2 I_2$ 식에서

$I_2 = \dfrac{P}{\sqrt{3} V_2} = \dfrac{100 \times 10^3}{\sqrt{3} \times 200} = \dfrac{500}{\sqrt{3}}$ [A]

무효 전류 $I_q = I_2 \sin\theta$ 에서

$\therefore I_q = \dfrac{500}{\sqrt{3}} \times \sqrt{1-0.8^2} = \dfrac{300}{\sqrt{3}} = 100\sqrt{3}$ [A] 【답】③

43 권선형 유도전동기에서 2차 저항을 변화시켜서 속도제어를 하는 경우 최대 토크는?
① 항상 일정하다
② 2차 저항에만 비례한다.
③ 최대 토크가 생기는 점의 슬립에 비례한다.
④ 최대 토크가 생기는 점의 슬립에 반비례한다.

풀이
• 최대 토크 $T_m \propto \dfrac{V^2}{2x_2}$: 2차 저항에 무관
• 최대 토크를 발생하는 슬립 $s_m \fallingdotseq \pm\dfrac{r_2}{x_2}$: 2차 저항에 비례

따라서, 3상 유도 전동기의 **최대 토크의 크기는 2차저항 r_2와 슬립 s에 관계없이 항상 일정**하고 다만 최대 토크가 발생하는 슬립점이 2차 회로의 저항에 비례해서 이동할 뿐이다. 【답】①

44 직류 분권전동기의 계자저항을 운전 중에 증가시키면?
① 전류는 일정
② 속도는 감소
③ 속도는 일정
④ 속도는 증가

풀이 **계자 저항을 증가**하는 것은 계자 코일과 직렬로 접속되어 있는 속도 조정기의 저항을 증가시킨다는 뜻이다. 그러면 여자 전류가 감소하고 따라서 계자 자속 ϕ도 감소한다.
$n = K\dfrac{V - I_a R_a}{\phi}$ 에서 **속도는 증가**하게 된다. 【답】④

45 3상 유도 전동기로서 작용하기 위한 슬립 s의 범위는?
① $s \geq 1$
② $0 < s < 1$
③ $-1 \leq s \leq 0$
④ $s = 0$ 또는 $s = 1$

풀이 슬립의 범위
• 유도 전동기 : $0 < s < 1$
• 유도 발전기 : $s < 0$
• 제동기 : $s > 1$ 【답】②

46 스텝 모터(step motor)의 장점이 아닌 것은?
① 가속, 감속이 용이하며 정·역전 및 변속이 쉽다.
② 위치제어를 할 때 각도 오차가 있고 누적된다.
③ 피드백 루프가 필요 없이 오픈 루프로 손쉽게 속도 및 위치제어를 할 수 있다.
④ 디지털 신호를 직접 제어 할 수 있으므로 컴퓨터 등 다른 디지털 기기와 인터페이스가 쉽다.

풀이 스텝모터의 장·단점

[장점]
① 피드백루프가 필요 없어 오픈 루프로 손쉽게 속도 및 위치제어를 할 수 있다.
② 다른 디지털 기기와의 인터페이스가 쉽다.
③ 가속, 감속이 용이하며 정·역전 및 변속이 쉽다.
④ 속도제어 범위가 광범위하며, 초저속에서 큰 토크를 얻을 수 있다.
⑤ 위치제어를 할 때 **각도오차가 적고 누적되지 않는다.**
⑥ 정지하고 있을 때 그 위치를 유지해 주는 토크가 크다.
⑦ 브러시, 슬립 링 등이 없고 부품수가 적기 때문에 유지 보수의 필요성이 적다.

[단점]
① 분해 조립, 또는 정지위치가 한정된다.
② 효율이 서보모터에 비해 나쁘다.
③ 마찰 부하의 경우 위치 오차가 크다.
④ 오버슈트 및 진동의 문제가 있다.
⑤ 대용량의 대형기는 만들기 어렵다.
⑥ 큰 관성부하에 적용하기는 부적합하다. 【답】②

47 변압기유 열화방지 방법 중 틀린 것은?
① 밀봉방식
② 흡착제방식
③ 수소봉입방식
④ 개방형 콘서베이터

풀이
• 절연유 열화의 원인은 절연유의 온도 상승과 공기와의 접촉에 의해 발생하며 기름의 **열화 방지**로는 콘서베이터, 브리더 (**흡착제 방식**), **질소 봉입**이 있다. 【답】③

48 동기기의 과도 안정도를 증가시키는 방법이 아닌 것은?
① 속응 여자 방식을 채용한다.
② 동기화 리액턴스를 크게 한다.
③ 동기 탈조 계전기를 사용 한다.
④ 발전기의 조속기 동작을 신속히 한다.

풀이 동기기의 안정도 증진법은
① **동기화 리액턴스를 작게** 할 것
② 회전자의 플라이휠 효과를 크게 할 것
③ 속응 여자 방식을 채용할 것
④ 발전기의 조속기 동작을 신속히 할 것
⑤ 단락비를 크게 할 것
⑥ 동기 탈조 계전기를 사용할 것
⑦ 정상 임피던스는 적게, 역상, 영상 임피던스는 크게 할 것 【답】②

49 3상 유도전동기의 동기속도는 주파수와 어떤 관계가 있는가?
① 비례한다.
② 반비례한다.
③ 자승에 비례한다.
④ 자승에 반비례한다.

풀이 동기속도 $N_s = \dfrac{120f}{p}$ [rpm]에서 $N_s \propto f$

따라서, **동기속도 N_s는 주파수 f에 비례**한다. 【답】①

50 직류기에서 전기자 반작용이란 전기자 권선에 흐르는 전류로 인하여 생긴 자속이 무엇에 영향을 주는 현상인가?
① 감자 작용만을 하는 현상
② 편자 작용만을 하는 현상
③ 계자극에 영향을 주는 현상
④ 모든 부분에 영향을 주는 현상

풀이 전기자 반작용
전기자 권선에 흐르는 전류에 의한 자속이 계자에서 만든 주자속에 영향을 미치는 현상을 전기자 반작용이라고 하며, 그 영향은 다음과 같다.
① 전기적 중성축 이동
 • 발전기 : 회전 방향으로 이동
 • 전동기 : 회전 방향과 반대 방향으로 이동
② 주자속 감소
③ 정류자 편간의 불꽃섬락이 발생하여 정류 불량 발생 【답】③

51 3단자 사이리스터가 아닌 것은?
① SCR
② GTO
③ SCS
④ TRIAC

풀이 각 종 반도체 소자의 비교
① 방향성
 • 양방향성(쌍방향성) 소자 : DIAC, TRIAC, SSS
 • 역저지(단방향성) 소자 : SCR, LASCR, GTO
② 극(단자) 수
 • 2극(단자) 소자 : DIAC, SSS, Diode
 • 3극(단자) 소자 : SCR, LASCR, GTO, TRIAC
 • **4극(단자) 소자 : SCS** 【답】③

52 비례추이와 관계가 있는 전동기는?
① 동기 전동기
② 정류자 전동기
③ 3상 농형 유도전동기
④ 3상 권선형 유도전동기

풀이 비례추이란 2차 회로 저항의 크기를 조정함으로써 그 크기를 제어할 수 있는 요소를 말하며 비례추이를 할 수 있는 것은 $\frac{r_2}{s}$의 함수로 표시된다. 따라서, **비례추이는 2차 저항의 크기를 변화시킬 수 있는 권선형 유도 전동기**에서 사용된다. (농형 유도 전동기에는 적용할 수 없다.) 【답】④

53 200[kVA]의 단상변압기가 있다. 철손이 1.6[kW]이고 전부하 동손이 2.5[kW]이다. 이 변압기의 역률이 0.8일 때 전부하시의 효율은 약 몇 [%]인가?
① 96.5
② 97.0
③ 97.5
④ 98.0

풀이 전부하 효율
$$\eta = \frac{VI\cos\phi}{VI\cos\phi + P_i + P_c} \times 100$$
$$= \frac{P_a\cos\phi}{P_a\cos\phi + P_i + P_c} \times 100[\%] \text{ 에서}$$
$$\eta_{0.8} = \frac{200 \times 0.8}{200 \times 0.8 + 1.6 + 2.5} \times 100 = 97.5[\%]$$
【답】③

54 60[Hz], 4극 유도전동기의 슬립이 4[%]인 때의 회전수[rpm]는?
① 1728
② 1738
③ 1748
④ 1758

풀이 회전수 $N = (1-s)N_s$
$$= (1-s)\frac{120f}{p} = (1-0.04) \times \frac{120 \times 60}{4}$$
$$= 1728[\text{rpm}]$$
【답】①

55 직류직권 전동기에서 토크 T와 회전수 N과의 관계는?
① $T \propto N$
② $T \propto N^2$
③ $T \propto \frac{1}{N}$
④ $T \propto \frac{1}{N^2}$

풀이 토크와 속도와의 관계
(자기포화가 되지 않는 범위, 즉 $\phi \propto I$)
$E_c = K_1\phi N$에서 $N = K_2\frac{E_c}{\phi} = K_3\frac{E_c}{I_a}$
$$\therefore N \propto \frac{1}{I_a}, \ I_a \propto \frac{1}{N}$$
$T = K_1\phi I_a$에서 $T = K_2 I_a^2$
($\because$ **직권전동기에서** $I_a = I_f = I \propto \phi$ 이다.)
$$\therefore T \propto I_a^2 \propto \frac{1}{N^2}$$
【답】④

56 변압기의 전부하 동손이 270[W], 철손이 120[W]일 때 최고 효율로 운전하는 출력은 정격출력의 약 몇 [%]인가?
① 66.7
② 44.4
③ 33.3
④ 22.5

풀이 최대 효율은 "동손 = 철손" ($m^2P_c = P_i$)일때 발생된다.
따라서, 최대 효율이 나타나는 부하
$$m = \sqrt{\frac{P_i}{P_c}} = \sqrt{\frac{120}{270}} = 0.667$$
∴ 정격 출력의 66.7[%]에서 최대 효율이 발생한다. 【답】①

57 단상 반파정류로 직류전압 150[V]를 얻으려고 한다. 최대 역전압(Peak Inverse Voltage)이 약 몇 [V] 이상의 다이오드를 사용하여야 하는가? (단, 정류회로 및 변압기의 전압강하는 무시한다.)
① 150
② 166
③ 333
④ 471

풀이 단상 반파 정류 회로 에서 $PIV = \sqrt{2}E = \pi E_d$
∴ $PIV = \pi \times 150 = 471.2[V]$ 【답】④

58 동기 전동기의 자기동법에서 계자권선을 단락하는 이유는?
① 기동이 쉽다.
② 기동권선으로 이용한다.
③ 고전압의 유도를 방지한다.
④ 전기자 반작용을 방지한다.

[풀이] 동기전동기의 자기동법
이 방식은 난조 방지용인 제동권선을 기동권선으로 하여 시동토크를 얻는 방법으로서, **기동 시 전기자권선에 의한 회전자계에 의해 계자권선내에 고압이 유도되어 절연을 파괴할 우려가 있으므로 계자권선은 외부 저항을 통해 단락해 놓고 기동해야 한다.**
【답】③

59 직류발전기 중 무부하일 때보다 부하가 증가한 경우에 단자전압이 상승하는 발전기는?
① 직권발전기   ② 분권발전기
③ 과복권발전기   ④ 차동복권발전기

[풀이] 가동복권 발전기 : 분권 계자권선과 직권계자 권선이 만드는 기자력의 방향이 같아 서로 합해지도록 접속되어 있는 발전기로서 평복권, 부족복권, 과복권으로 구분된다.
- 평복권 : 직권계자권선에서 만들어진 자속에 의한 기전력(E_f)이 전기자반작용에 따른 유기기전력 감소분(E_a)과 전기자 저항에 의한 전압강하(E_r)를 보상함으로써 부하변동에 의한 단자전압을 일정하게 한 발전기 즉, $E_f = E_a + E_r$
- 부족복권 : $E_f < E_a + E_r$
- 과복권 : $E_f > E_a + E_r$

즉, **과복권에서는 부하전류가 증가할수록 단자전압이 상승**한다.
【답】③

60 3상 교류 발전기의 기전력에 대하여 $\frac{\pi}{2}$[rad] 뒤진 전기자 전류가 흐르면 전기자 반작용은?
① 증자작용을 한다.
② 감자작용을 한다.
③ 횡축 반작용을 한다.
④ 교차 자화작용을 한다.

[풀이] 발전기와 전동기의 전기자 반작용은 서로 반대이다.

분류	동기 발전기	동기 전동기
전압과 동상	교차 자화 작용 (횡축 반작용)	교차 자화 작용 (횡축 반작용)
전압에 대하여 진상전류	증자 작용	감자 작용
전압에 대하여 지상전류	**감자 작용**	**증자 작용**

【답】②

2회 전기기기

41 6600/210[V], 10[kVA] 단상 변압기의 퍼센트 저항 강하는 1.2[%], 리액턴스 강하는 0.9[%]이다. 임피던스 전압[V]은?
① 99   ② 81
③ 65   ④ 37

[풀이] 퍼센트 저항 강하 $\%R = 1.2[\%]$, 퍼센트 리액턴스 강하 $\%X = 0.9[\%]$이므로
퍼센트 임피던스 강하 $\%Z$는
$$\%Z = \sqrt{\%R^2 + \%X^2} = \sqrt{1.2^2 + 0.9^2} = 1.5[\%]$$
$\%Z = \frac{V_s}{V_{1n}} \times 100[\%]$에서
∴ 임피던스 전압 $V_s = \frac{\%Z \times V_{1n}}{100} = \frac{1.5 \times 6600}{100} = 99[V]$
【답】①

42 2대의 같은 정격의 타여자 직류발전기가 있다. 그 정격은 출력 10[kW], 전압 100[V], 회전속도 1500[rpm] 이다. 이 2대를 카프법에 의해서 반환부하시험을 하니 전원에서 흐르는 전류는 22[A] 이었다. 이 결과에서 발전기의 효율은 약 몇 [%] 인가? (단, 각 기의 계자저항손은 각각 200[W]라고 한다.)
① 88.5   ② 87
③ 80.6   ④ 76

[풀이]
전원에서 흐르는 전류는 전부 손실 전류(기계손 + 철손) 이므로
- 발전기 2대에 대한 손실
  $P_{l0} = VI_0 = 100 \times 22 = 2200[W] = 2.2[kW]$
- 발전기 1대의 계자저항손 $P_{lf} = 200[W]$

따라서, 전체 손실은 $P_l = \frac{1}{2} P_{l0} + P_{lf} = \frac{2.2}{2} + 0.2 = 1.3[kW]$
발전기의 효율 η_g는
∴ $\eta_g = \frac{출력}{출력 + 손실} \times 100 = \frac{10}{10 + 1.3} \times 100 = 88.5[\%]$
【답】①

43 변압기 1차측 공급전압이 일정할 때, 1차코일 권수를 4배로 하면 누설리액턴스와 여자전류 및 최대자속은? (단, 자로는 포화상태가 되지 않는다.)
① 누설 리액턴스= 16, 여자 전류= $\frac{1}{4}$, 최대 자속= $\frac{1}{16}$
② 누설 리액턴스= 16, 여자 전류= $\frac{1}{16}$, 최대 자속= $\frac{1}{4}$

③ 누설 리액턴스= $\frac{1}{16}$, 여자 전류=4, 최대 자속=16

④ 누설 리액턴스=16, 여자 전류= $\frac{1}{16}$, 최대 자속=4

풀이
① 인덕턴스 $L = \frac{\mu A N^2}{l}$ 에서 $L \propto N^2$ 이므로 권수 N을 4배 하면 누설리액턴스(ωL)는 16배가 된다.

② 여자 전류 $I_0 = \frac{V_1}{\omega L_1} \propto \frac{1}{L} \propto \frac{1}{N^2}$

따라서, $I_0 : I_0' = \frac{1}{N^2} : \frac{1}{(4N)^2}$, $I_0' = \frac{1}{16} I_0$

③ 최대자속 $\phi_m = \sqrt{2}\phi = \frac{\sqrt{2}\, V_1}{\omega N_1}$ 에서 $\phi_m \propto \frac{1}{N}$

따라서, 권수 N을 4배로 하면 최대자속 ϕ_m은 $\frac{1}{4}$로 감소한다. 【답】②

44 직류전동기의 속도제어 방법에서 광범위한 속도제어가 가능하며, 운전효율이 가장 좋은 방법은?
① 계자제어
② 전압제어
③ 직렬 저항제어
④ 병렬 저항제어

풀이 직류 전동기의 속도 제어법 비교

구 분	제어 특성	특 징
계자 제어법	• 정출력 제어	• 속도 제어 범위가 좁다.
전압 제어법	• 정토크 제어 ┌ 워드 레오나드 방식 └ 일그너 방식	• 제어 범위가 넓다. • 손실이 매우 적다. • 정역 운전이 가능 • 압연기나 권상기 등의 속도제어에 사용 • 설비비가 많이 든다.
직렬 저항법		• 효율이 나쁘다.

【답】②

45 직류전동기의 발전제동 시 사용하는 저항의 주된 용도는?
① 전압강하
② 전류의 감소
③ 전력의 소비
④ 전류의 방향전환

풀이 **발전 제동** : 전동기를 전원으로부터 분리한 후 1차측에 직류전원을 공급하여 발전기로 동작시킨 후 발생된 **전력을 저항에서 열로 소비시키는 방법** 【답】③

46 동기발전기의 병렬운전에서 일치하지 않아도 되는 것은?
① 기전력의 크기
② 기전력의 위상
③ 기전력의 극성
④ 기전력의 주파수

풀이 동기발전기의 **병렬운전 조건**
① 기전력의 **크기**가 같을 것
② 기전력의 **위상**이 같을 것
③ 기전력의 **주파수**가 같을 것
④ 기전력의 **파형**이 같을 것
⑤ 상회전 방향이 같을 것 【답】③

47 100[kVA], 6000/200[V], 60[Hz]이고 %임피던스 강하 3[%]인 3상 변압기의 저압측에 3상 단락이 생겼을 경우의 단락전류는 약 몇 [A]인가?
① 5650
② 9623
③ 17000
④ 75000

풀이 단락전류
$I_s = \frac{100}{\%Z} I_n = \frac{100}{3} \times \frac{100 \times 10^3}{\sqrt{3} \times 200} = 9622.5[A]$ 【답】②

48 구조가 회전 계자형으로 된 발전기는?
① 동기 발전기
② 직류 발전기
③ 유도 발전기
④ 분권 발전기

풀이 회전 계자형은 전기자를 고정자로 하고, 계자극을 회전자로 한 것으로 발전기 중 현재 가장 많이 사용되고 있는 **동기 발전기는 회전 계자형**으로 되어 있다. 【답】①

49 전기설비 운전 중 계기용 변류기(CT)의 고장발생으로 변류기를 개방할 때 2차 측을 단락해야 하는 이유는?
① 2차 측의 절연 보호
② 1차 측의 과전류 방지
③ 2차 측의 과전류 보호
④ 계기의 측정 오차 방지

풀이 변류기의 2차측을 개방하면 1차 전류가 모두 여자 전류가 되어 2차 권선에 매우 높은 전압이 유기되어 절연이 파괴되고 소손될 염려가 있다. 따라서, **2차 측의 절연을 보호**하기 위해서는 변류기를 개방하기 전에 **2차측을 반드시 단락**해야 한다. 【답】①

50 코일피치와 자극피치의 비를 β라 하면 기본파 기전력에 대한 단절계수는?

① $\sin\beta\pi$ ② $\cos\beta\pi$

③ $\sin\dfrac{\beta\pi}{2}$ ④ $\cos\dfrac{\beta\pi}{2}$

[풀이]

- 기본파에 대한 **단절권 계수** $K_p = \sin\dfrac{\beta\pi}{2}$
- n차 고조파에 단절권 계수 $K_{pn} = \sin\dfrac{n\beta\pi}{2}$

여기서, $\beta = \dfrac{\text{코일간격}}{\text{극간격}}$ 【답】③

---

51 8극 6[Hz]의 유도 전동기가 부하를 연결하고 864[rpm]으로 회전할 때 54.134[kg·m]의 토크를 발생 시 동기와트는 약 몇 [kW]인가?

① 48   ② 50
③ 52   ④ 54

[풀이] 정답이 없는 관계로 모두 정답 처리하였음 【답】①, ②, ③, ④
그러나, 문제에서 주파수가 6[Hz]가 아니고 60[Hz]로 주어진 경우에는

- 동기속도 $N_s = \dfrac{120f}{p} = \dfrac{120 \times 60}{8} = 900\,[\text{rpm}]$
- 동기와트(2차입력) $P_2 = 2\pi n_s T\,[\text{W}]$ 에서

$P_2 = 2\pi \times \dfrac{900}{60} \times 54.134 \times 9.8 \times 10^{-3} = 50\,[\text{kW}]$

여기서, n_s : 동기속도[rps],
T : 토크[N·m](1[kg·m]=9.8[N·m])   【답】②

---

52 화학공장에서 선로의 역률은 앞선 역률 0.7 이었다. 이 선로에 동기 조상기를 병렬로 결선해서 과여자로 하면 선로의 역률은 어떻게 되는가?

① 뒤진 역률이며 역률은 더욱 나빠진다.
② 뒤진 역률이며 역률은 더욱 좋아진다.
③ 앞선 역률이며 역률은 더욱 좋아진다.
④ 앞선 역률이며 역률은 더욱 나빠진다.

[풀이] 동기조상기의 운전
- 과여자 운전 : 콘덴서 작용 – 진상 전류
- 부족 여자 운전 : 리액터 작용 – 지상 전류

따라서, **동기조상기를 과여자로 하면 동기조상기는 콘덴서로 작용**하게 되어 선로의 역률은 더 더 진상으로 되고 역률은 더 나빠지게 된다.   【답】④

---

53 유도 전동기에서 인가전압이 일정하고 주파수가 정격 값에서 수 [%] 감소할 때 나타나는 현상 중 틀린 것은?

① 철손이 증가한다.
② 효율이 나빠진다.
③ 동기 속도가 감소한다.
④ 누설 리액턴스가 증가한다.

[풀이]
① • 와류손 $P_e = KE^2$: 주파수와 무관하고 전압의 자승에 비례
   • 히스테리시스손 $P_h = K\dfrac{E^2}{f}$: 주파수에 반비례 하고 전압의 자승
   따라서, 주파수가 낮아지면 와류손은 변함이 없으나, 히스테리시스손이 증가하여 전체적으로 철손은 증가하게 된다. (철손 = 히스테리시스손 + 와전류손)
② 주파수가 낮아져서 철손이 증가하면 효율은 나빠진다.
③ 동기속도 $N_s = \dfrac{120f}{p}\,[\text{rpm}]$에서 주파수가 낮아지면 동기속도는 감소한다.
④ **누설리액턴스** $X_L = 2\pi fL\,[\Omega]$에서 **주파수가 낮아지면 누설리액턴스도 낮아진다.**   【답】④

---

54 정격전압 200[V], 전기자 전류 100[A]일 때 1000[rpm]으로 회전하는 직류 분권전동기가 있다. 이 전동기의 무부하 속도는 약 몇 [rpm]인가?
(단, 전기자 저항은 0.15[Ω]이고 전기자 반작용은 무시한다.)

① 981   ② 1081
③ 1100   ④ 1180

[풀이] $I_a = 100[\text{A}]$일 때의 역기전력
$E_c = V - I_a R_a = 200 - (100 \times 0.15) = 185\,[\text{V}]$
$I_a = 0$일 때의 역기전력
$E_{c0} = 200\,[\text{V}]\,(\because I_a = 0)$
전기자 반작용을 무시하면 $E = k\phi N$에서 $E \propto N$ 이므로
$E_{c0} : E_c = N_0 : N$
$200 : 185 = N_0 : 1000$
$\therefore N_0 = \dfrac{200}{185} \times 1000 \fallingdotseq 1081\,[\text{rpm}]$ 【답】②

---

55 단상 유도 전동기를 기동 토크가 큰 것부터 낮은 순서로 배열한 것은?

① 모노사이클릭형 → 반발 유도형 → 반발 기동형 → 콘덴서 기동형 → 분상 기동형

② 반발 기동형 → 반발 유도형 → 모노사이클릭형
　→ 콘덴서 기동형 → 분상 기동형
③ 반발 기동형 → 반발 유도형 → 콘덴서 기동형
　→ 분상 기동형 → 모노사이클릭형
④ 반발 기동형 → 분상 기동형 → 콘덴서 기동형
　→ 반발 유도형 → 모노사이클릭형

풀이　단상 유도 전동기에서 기동 토크가 큰 것부터 순서로 배열하면
반발 기동형 > 반발 유도형 > 콘덴서 기동형 > 분상 기동형 > 셰이딩 코일형 > 모노사이클릭형 순이다.　【답】③

56 유도 전동기에서 여자전류는 극수가 많아지면 정격 전류에 대한 비율이 어떻게 변하는가?
① 커진다.　　② 불변이다.
③ 적어진다.　　④ 반으로 줄어든다.

풀이　유도전동기의 자기회로에는 공극이 있기 때문에 정격전류에 대한 여자전류의 비율은 매우 크며 일반적으로 전부하 전류의 25~50[%]에 이른다. 정격전류에 대한 **여자전류의 비는 전동기의 용량이 적을수록 크고, 동일용량의 전동기에서는 극수가 많을수록 크다**.　【답】①

57 브러시를 이동하여 회전속도를 제어하는 전동기는?
① 반발 전동기
② 단상 직권전동기
③ 직류 직권전동기
④ 반발기동형 단상유도전동기

풀이　반발 전동기는 브러시 이동만으로 기동, 정지, 속도 제어가 가능하다.　【답】①

58 일정한 부하에서 역률 1로 동기전동기를 운전하는 중 여자를 약하게 하면 전기자 전류는
① 진상전류가 되고 증가한다.
② 진상전류가 되고 감소한다.
③ 지상전류가 되고 증가한다.
④ 지상전류가 되고 감소한다.

풀이　위상 특성 곡선(V곡선)에서 보는 바와 같이 **여자 전류(I_f)를 감소시키면 역률은 뒤지고 전기자 전류는 증가**한다.

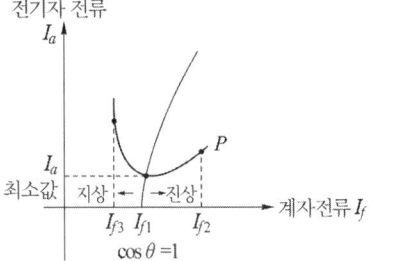

【답】③

59 직류기의 전기자권선 중 중권 권선에서 뒤피치가 앞피치보다 큰 경우를 무엇이라 하는가?
① 진권　　② 쇄권
③ 여권　　④ 장절권

풀이
- **진권** : 권선의 진행 방향은 시계 방향의 방사형이며, **후절(뒤피치)이 전절(앞피치)보다 크다**.
- **누권(역진권)** : 권선 방향은 반시계 방향으로 감겨지게 되고 후절(뒤피치)이 전절(앞피치)보다 적다.　【답】①

60 4극 7.5[kW], 200[V], 60[Hz]인 3상 유도전동기가 있다. 전부하에서의 2차 입력이 7950[W]이다. 이 경우의 2차 효율은 약 몇 [%] 인가? (단, 기계손은 130[W]이다.)
① 92　　② 94
③ 96　　④ 98

풀이
$P_2 = P_0 + P_{c2} + P_m$ 에서
$P_{c2} = P_2 - P_0 - P_m = 7950 - 7500 - 130 = 320\,[W]$
$P_{c2} = sP_2$ 에서
$s = \dfrac{P_{c2}}{P_2} = \dfrac{320}{7950} = 0.04$
$\eta_2 = 1 - s = 1 - 0.04 = 0.96 = 96\,[\%]$　【답】③

4회　**전기기기**

41 1차 전압 3450[V], 권수비 30의 단상 변압기가 전등부하에 15[A]를 공급할 때의 입력은 약 몇 [kW]인가? (단, $\cos\theta = 1$ 이다.)
① 1.5　　② 1.7
③ 2.2　　④ 5.2

풀이
- 1차 전류 $I_1 = \dfrac{I_2}{a} = \dfrac{15}{30} = 0.5[A]$

전등 부하에서 역률 $\cos\theta = 1$ 이므로, 입력 P_1은
- $P_1 = V_1 I_1 \cos\theta = 3450 \times 0.5 \times 1 = 1725[W] = 1.725[kW]$

【답】②

42 직류기의 전기자 권선에 있어서 m중 중권일 때 내부 병렬 회로수 a는?(단, a : 내부병렬 회로수, p : 극수이다.)

① $a = \dfrac{p}{m}$ ② $a = \dfrac{m}{p}$
③ $a = mp$ ④ $a = p - m$

풀이 중권과 파권의 비교

구분	중권(병렬권)	파권(직렬권)
전기자의 병렬 회로수(a)	$p\,(mp)$	$2\,(2m)$
브러시 수(b)	p	2
용 도	저전압, 대전류	고전압, 소전류
균압 접속	4극 이상이면 균압 접속을 하여야 한다.	균압 접속은 필요 없다.

여기서, m : 다중도, p : 극수 【답】③

43 MOSFET에 대한 설명으로 옳은 것은?
① on 상태에서는 높은 저항처럼 동작한다.
② BJT와 비교하여 게이트와 소스간의 입력 임피던스가 매우 작다.
③ 소수캐리어 소자이므로 BJT에 비해 턴온과 턴오프가 늦게 이루어진다.
④ 게이트-소스간의 전압으로 드레인 전류를 제어하는 전압제어스위치로 동작한다.

풀이
MOSFET(metal oxide silicon field effect transistor)
- on상태를 유지하기 위해 제어 전압을 지속적으로 인가해야 한다.
- 게이트와 소스 사이의 **입력 임피던스가 매우 크기 때문에** 게이트에 흐르는 전류는 매우 작고, 따라서 구동 회로가 간단하며 구동 전력이 작다.
- 다수 캐리어로 동작되기 때문에 캐리어의 축적 효과에 따른 축적 시간이 필요없으므로, **고속 스위칭이 가능**하다.
- 게이트와 소스의 전압으로 드레인 전류를 제어하는 전압 제어 소자이다.

【답】④

44 5[kVA], 2000/200[V]의 단상 변압기가 있다. 2차에 환산한 등가 저항 0.15[Ω]과 등가 리액턴스는 0.17[Ω]이다. 이 변압기에 역률 0.8(뒤짐)의 정격 부하를 연결할 때의 전압변동률은 약 몇 [%]인가?
① 2.8 ② 3.0
③ 3.2 ④ 3.4

풀이
- 2차측 정격전류 $I_{2n} = \dfrac{P}{V_2} = \dfrac{5000}{200} = 25[A]$
- % 저항 강하 $p = \dfrac{I_{2n} r_2}{V_{2n}} \times 100 = \dfrac{25 \times 0.15}{200} \times 100 = 1.88[\%]$
- % 리액턴스 강하
  $q = \dfrac{I_{2n} x_2}{V_{2n}} \times 100 = \dfrac{25 \times 0.17}{200} \times 100 = 2.13[\%]$
- 전압변동률 $\epsilon = p\cos\theta + q\sin\theta$
  $= 1.88 \times 0.8 + 2.13 \times 0.6 = 2.78[\%]$ 【답】①

45 변압기의 철손이 전부하 동손보다 크게 설계되었다면 이 변압기의 최대효율은 어떤 부하에서 생기는가?
① 1/2 부하 ② 3/4 부하
③ 전부하 ④ 과부하

풀이 $P_i = m^2 P_c$에서 최대 효율이 발생된다.
$P_i > P_c$이므로 $m > 1$이 되어야 한다.
즉, 과부하에서 최대 효율 발생 【답】④

46 정전압 계통에 접속된 동기 발전기의 여자를 약하게 하면?
① 출력이 감소한다.
② 전압이 강하된다.
③ 지상 무효 전류가 증가한다.
④ 진상 무효 전류가 증가한다.

풀이 A, B 동기발전기를 병렬 운전중 A기의 여자를 약하게 하면 A기의 유기기전력이 저하하고 A기에는 진상 무효 전류가 흐르게 되어 역률이 개선되고, B기에는 지상무효전류가 흘러 역률이 저하한다. 【답】④

47 그림의 정류자형 주파수변환기의 전기자권선에 슬립링(SR)을 통해 주파수 f_1의 교류전압을 인가하고, 전기자를 회전자계 ϕ와 반대 방향, 같은 속도로

회전시킬 때 브러시 간 전압(E_c)의 주파수는?
(단, n_s[rps] : 회전자계의 속도)

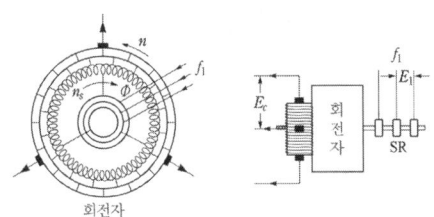

① f_1 ② 1
③ 0 ④ $n_s f_1$

풀이

주파수변환기 : 회전자권선이 p극으로 감겨 있는 경우, 슬립링에서 주파수 f_1의 3상 교류전압 E_1을 인가하면 회전자계가 생기고 이것이 동기속도 $n_s = \dfrac{2f_1}{p}$[rps]로 상회전 방향으로 회전한다.

• 회전자가 정지하고 있는 경우 : 권선은 동기속도 n_s회전하는 자속 ϕ에 의하여 쇄교되기 때문에 정류자상의 브러시 사이에 나타나는 전압 E_c의 주파수는 슬립링에 가해진 전원 주파수 f_1과 같다. 즉, $f_c = f_1$[Hz]

• 회전자에 외부에서 힘을 가하여 ϕ와 **반대방향으로** $n = n_s$로 회전 시키는 경우 : 공간에 고정된 브러시에 대한 ϕ의 속도는 0이므로 E_c의 주파수 f_c는 0이 되어 직류전압이 된다. 즉, $f_c = 0$[Hz] (직류전압)

• 회전자의 속도 n이 $n < n_s$의 경우 : 공간에 고정된 브러시에 대한 ϕ의 속도는 $n_s - n$이 되므로 E_c의 주파수 f_c는

$$f_c = (n_s - n) \times \dfrac{p}{2} = (n_s - n)\dfrac{p}{2} \cdot \dfrac{n_s}{n_s}$$
$$= \left(\dfrac{n_s - n}{n_s}\right) \cdot \dfrac{pn_s}{2} = sf_1[\text{Hz}]$$

• 회전자를 ϕ와 같은 방향으로 속도 n으로 회전시키는 경우 :

$$f_c = (n_s + n)\dfrac{p}{2} = \dfrac{n_s p}{2} + \dfrac{np}{2} = f_1 + f[\text{Hz}]$$

따라서, 전원의 주파수 f_1을 임의의 주파수 $f_1 + f$로 변환시킬 수 있다. 【답】③

48 입력된 직류 전력의 크기를 변환된 다른 직류 전력으로 출력하는 전력변환장치는?
① 초퍼
② 인버터
③ 사이크로 컨버터
④ 다이오드 정류기

풀이
• 초 퍼 : DC를 DC로 변환
• 인버터 : DC를 AC로 변환
• 사이클로 컨버터 : AC를 AC로 변환(전원 주파수와 다른 주파수의 전력으로 변환)
• 정류기 : AC를 DC로 변환 【답】①

49 단락사고에 대한 전동기의 과전류 보호기기가 아닌 것은?
① PF ② MC
③ OCR ④ MCCB

풀이 전자접촉기(MC : Magnetic Contactor)
MC는 전동기 구동회로 등 **제어용 출력 기구**로 사용된다.
즉, MC는 과전류 보호기기가 아니고 부하의 개폐에 사용된다.
【답】②

50 동기 발전기에서 고조파분을 제거하여 기전력의 파형을 개선하는 권선법은?
① 전절권 ② 집중권
③ 장절권 ④ 단절권

풀이 단절권의 특징
• 고조파를 제거하여 기전력의 파형을 좋게 한다.
• 자기 인덕턴스 감소
• 동량 절약
• 유기 기전력 감소 【답】④

51 직류 전동기를 전 부하 전류 이하에서 동일 전류로 운전할 경우 회전수가 큰 순서대로 나열하면?
① 직권 > 차동 복권 > 분권 > 화동(가동) 복권
② 차동 복권 > 분권 > 화동(가동) 복권 > 직권
③ 직권 > 화동(가동) 복권 > 분권 > 차동 복권
④ 화동(가동) 복권 > 분권 > 차동 복권 > 직권

풀이

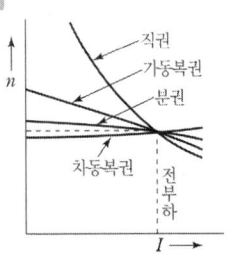

직류 전동기의 속도 특성 【답】③

과년도 기출문제 2016년

52 무부하인 경우 자기여자에 의한 전압을 확립하지 못하는 특성을 가진 발전기는?
① 직권 발전기 ② 분권 발전기
③ 가동복권 발전기 ④ 차동 복권 발전기

풀이 직권 발전기에서 $I = I_f = I_a$ 이다.
따라서, 무부하인 경우 $I = 0$ 즉, $I_f = 0$ 이므로 자속 $\phi = 0$ 이 되어 유기기전력 $E = p\phi n \dfrac{Z}{a}$ 에서 유기기전력 $E = 0$ 이 된다.
【답】①

53 장거리 고압송전선이나 케이블송전선을 무부하에서 충전하는 동기발전기의 자기여자현상 방지법으로 틀린 것은?
① 수전단에 변압기를 병렬로 접속한다.
② 발전기에 콘덴서를 병렬로 접속한다.
③ 수전단에 리액턴스를 병렬로 접속한다.
④ 발전기 여러 대를 모선에 병렬로 접속한다.

풀이
① 자기 여자란?
동기 발전기에 진상 전류가 전기자 권선에 흐르게 되면, 이때 전기자 전류에 의한 전기자 반작용은 자화작용이 되므로 발전기에 직류 여자를 가하지 않아도 전기자 권선에 기전력이 유기된다. 이와 같이 앞선 전류에 의해 전압이 점차 상승되어 정상 전압까지 확립되어 가는 현상을 동기 발전기의 자기 여자 작용(self excitation)이라 한다.
따라서 **자기여자를 방지하기 위해서는 진상 전류(충전전류)를 억제**하여야 하며 진상전류 억제방법은 다음과 같다.
② 자기 여자 방지법
• 발전기 2대 또는 3대를 병렬로 모선에 접속한다.
• 수전단에 동기 조상기를 접속하고 이것을 부족 여자로 운전한다.
• 송전 선로의 수전단에 변압기를 접속한다.
• 수전단에 리액턴스를 병렬로 접속한다.
• 발전기의 단락비를 크게 한다.
【답】②

54 3상 유도전동기의 기동법 중 전전압기동에 대한 설명으로 틀린 것은?
① 기동 시에는 역률이 좋지 않다.
② 전동기 단자에 직접 정격전압을 가한다.
③ 소용량의 농형전동기에서는 일반적으로 기동시간이 길다.
④ 소용량 농형전동기에서 보편적으로 사용되는 기동법이다.

풀이 **전전압 기동법** : 전동기에 별도의 기동장치를 사용하지 않고 직접 정격전압을 인가하여 기동하는 방법으로 5[kW] 이하의 소용량 농형 유도 전동기에 적용하며 전전압으로 기동하므로 **기동토크가 크며 기동 시간이 짧다.** 【답】③

55 그림은 복권발전기의 외부특성곡선이다. 이 중 과복권을 나타내는 곡선은?
① A
② B
③ C
④ D

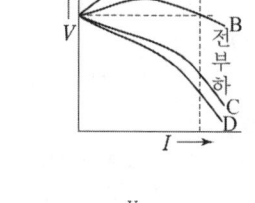

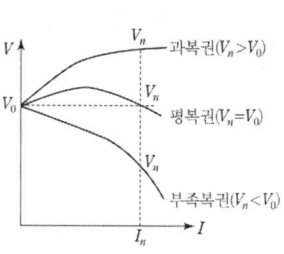

풀이
• 평복권 : 가동복권 발전기의 직권계자 권선의 기자력을 적당하게 하여 부하의 증감에 관계없이 무부하 전압(V_0)과 전부하 전압(V_n)을 같게 한 발전기
• 과복권 : 직권계자 권선의 기자력을 더 많게 하여, 부하전류가 증가하는데 따라 **부하시 단자전압(V_n)을 무부하 전압(V_0)보다 높게 한 발전기**
• 부족복권 : 평복권 보다 직권계자의 기자력이 약하여 분권 발전기의 특성에 가깝도록 한 발전기
【답】①

56 권선비 20의 10[kVA] 변압기가 있다. 1차 저항이 3[Ω] 이라면 2차로 환산한 저항은 약 몇 [Ω]인가?
① 0.0038 ② 0.0075
③ 0.38 ④ 0.749

풀이 1차측에서 2차측으로 환산시
• 전압은 $\dfrac{1}{a}$ 배 • 전류는 a배
• 임피던스는 $\dfrac{1}{a^2}$ 배 • 어드미턴스는 a^2 배

따라서, 2차로 환산한 저항
$R_{21} = \dfrac{R_1}{a^2} = \dfrac{3}{20^2} = 0.0075 [\Omega]$ 【답】②

57 유도전동기가 정방향으로 토크가 발생하고, 슬립이 1 이상에서 동작하는 경우는?
① 감자작용 ② 회생제동
③ 역상제동 ④ 게르게스

풀이 역전제동(역상제동, Pluging) : 회전중인 전동기의 1차 권선 3단자 중 임의의 2단자의 접속을 바꾸면 역방향의 토오크가 발생되어 제동하는 방법.

슬립 $s = \dfrac{n_s - (-n)}{n_s} = 1 + \dfrac{n}{n_s} > 1$ 【답】③

58 2차 여자에 의한 권선형 3상 유도전동기의 속도 제어에서 2차 유기전압과 반대방향으로 슬립 주파수 전압 E_c를 크게 하면 속도는?

① 속도가 증가한다.
② 속도가 감소한다.
③ 속도의 변화는 없다.
④ 속도는 증가하나 역률이 떨어진다.

풀이 2차 여자법 : 유도전동기의 회전자 권선에 2차 기전력 sE_2와 동일 주파수의 전압 E_c를 슬립링을 통하여 공급하고, 그 크기를 조절하므로써 속도를 제어하는 방법을 2차 여자법이라고 한다.

· 2차 유기전압과 동일한 방향으로 전압 인가시 $I_2 = \dfrac{sE_2 + E_c}{r_2}$

· **2차 유기전압과 반대 방향으로 전압 인가시** $I_2 = \dfrac{sE_2 - E_c}{r_2}$

· 2차 유기전압과 반대 방향으로 전압 인가시 I_2 및 r_2가 일정하면 $sE_2 - E_c$도 일정하다. 즉, E_c를 증가시키면 "$sE_2 - E_c =$ **일정**"에서 알 수 있듯이 **슬립 s 가 증가**하게 된다.

· 슬립 $s = \dfrac{n_s - n}{n_s}$ 에서 **슬립 s가 증가**하게 된다는 것은 **회전수 n이 감소**한다는 것을 의미한다. 【답】②

59 3상 동기발전기의 전기자 권선을 Y결선으로 하는 이유 중 △결선과 비교할 때 장점이 아닌 것은?

① 권선의 코로나 현상이 적다.
② 출력을 더욱 증대할 수 있다.
③ 고조파 순환전류가 흐르지 않는다.
④ 권선의 보호 및 이상전압의 방지 대책이 용이하다.

풀이 전기자 권선을 Y결선으로 하는 이유
① 중성점을 접지할 수 있으므로 권선보호 장치의 시설이 용이
② **이상전압의 방지대책이 용이**
③ 권선의 불평형 및 **제3고조파**에 의한 **순환전류가 흐르지 않는다.**
④ 상전압은 선간 전압의 $\dfrac{1}{\sqrt{3}}$ 이 되어 코일의 절연이 용이하고 **코로나 발생을 억제** 【답】②

60 8극, 50[kW], 3300[V], 60[Hz], 3상 유도전동기의 전부하 슬립이 4[%]라고 한다. 이 슬립링 사이에 0.16[Ω]의 저항 3개를 Y로 삽입하면 전부하 토크를 발생할 때의 회전수[rpm]는? (단, 2차 각상의 저항은 0.04[Ω]이고 Y접속이다.)

① 660
② 720
③ 750
④ 880

풀이 $\dfrac{r_2}{s} = \dfrac{r_2 + R}{s'} \rightarrow \dfrac{0.04}{0.04} = \dfrac{0.04 + 0.16}{s'}$ 에서 $s' = 0.2$

따라서 전부하 토크를 발생할 때의 회전수 N'은
$$N' = (1-s')N_s = (1-s')\dfrac{120f}{p}$$
$$= (1-0.2) \times \dfrac{120 \times 60}{8} = 720\,[\text{rpm}]$$ 【답】②

2017년 기출문제

1회 전기기기

41 변압기의 철심이 갖추어야 할 조건으로 틀린 것은?
① 투자율이 클 것
② 전기 저항이 작을 것
③ 성층 철심으로 할 것
④ 히스테리시스손 계수가 작을 것

풀이 변압기 철심의 구비조건
• 투자율이 클 것
• **전기 저항이 클 것**
• 히스테리시스 계수가 작을 것(히스테리시스손이 적을 것)
• 성층 철심으로 할 것(와류손이 적을 것)   【답】②

42 3상 유도전동기의 전원주파수와 전압의 비가 일정하고 정격속도 이하로 속도를 제어하는 경우 전동기의 출력 P와 주파수 f와의 관계는?

① $P \propto f$ ② $P \propto \dfrac{1}{f}$
③ $P \propto f^2$ ④ P는 f에 무관

풀이 출력 $P = 2\pi nT = 2\pi(1-s)n_s T = 2\pi(1-s)\dfrac{2f}{p}T$
에서 $P \propto f$의 관계가 있다.   【답】①

43 450[kVA], 역률 0.85, 효율 0.9인 동기발전기의 운전용 원동기의 입력은 500[kW] 이다. 이 원동기의 효율은?
① 0.75 ② 0.80
③ 0.85 ④ 0.90

풀이
• 동기 발전기의 입력 = $\dfrac{출력}{효율} = \dfrac{450 \times 0.85}{0.9} = 425$[kW]
• 동기 발전기의 입력 = 원동기의 출력

• 원동기 효율 = $\dfrac{원동기 출력}{원동기 입력} = \dfrac{425}{500} = 0.85$ 【답】③

44 다음 중 일반적인 동기전동기 난조 방지에 가장 유효한 방법은?
① 자극수를 적게 한다.
② 회전자의 관성을 크게 한다.
③ 자극면에 제동권선을 설치한다.
④ 동기리액턴스 x_x를 작게 하고 동기화력을 크게 한다.

풀이 회전자의 관성을 크게 하면 난조의 발생 방지에는 유효하나 난조가 일어난 후에는 오히려 그 정지를 저해할 우려가 있다. 동기 화력도 이와 같다. 자극수의 감소도 효과가 있으나 이것은 원동기 조건으로 정해지는 것으로서 이 목적에는 맞지 않는다. 따라서 **난조방지에는 제동권선이 가장 적합**하다.
【답】③

45 sE_2는 권선형 유도전동기의 2차 유기전압이고 E_c는 외부에서 2차 회로에 가하는 2차 주파수와 같은 주파수의 전압이다. E_c가 sE_2와 반대 위상일 경우 E_c를 크게 하면 속도는 어떻게 되는가?
(단, $sE_2 - E_c$는 일정하다.)

① 속도가 증가한다.
② 속도가 감소한다.
③ 속도에 관계없다.
④ 난조현상이 발생한다.

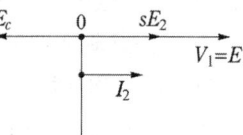

풀이
① E_c를 2차 기전력과(sE_2) 반대 방향으로 인가
$I_2 = \dfrac{sE_2 - E_c}{r_2}$ 에서 I_2 및 r_2가 일정하면 $sE_2 - E_c$도 일정하다. 이때 E_c를 증가시키면 sE_2도 증가, 즉, **슬립 s도 증가**하게 되며 반면에 **속도는 감소**하게 된다. 반대로 E_c를 감소시키면 sE_2도 감소 즉, 슬립 s도 감소하게 되며 반면에 속도는 증가하게 된다.

② E_c를 2차 기전력(sE_2)과 같은 방향으로 인가

$I_2 = \dfrac{sE_2 + E_c}{r_2}$에서 I_2 및 r_2가 일정하면 $sE_2 + E_c$도 일정하고 E_c를 증가시키면 sE_2는 감소 즉, 슬립 s도 감소하게 되며 반면에 속도는 증가하게 된다. 반대로 E_c를 감소시키면 sE_2는 증가 즉, 슬립 s도 증가하게 되며 반면에 속도는 감소하게 된다.

【답】②

46 일반적인 농형 유도전동기에 관한 설명 중 틀린 것은?

① 2차측을 개방할 수 없다.
② 2차측의 전압을 측정할 수 있다.
③ 2차 저항 제어법으로 속도를 제어할 수 없다.
④ 1차 3선 중 2선을 바꾸면 회전방향을 바꿀 수 있다.

[풀이]
농형유도전동기의 회전자(2차측)는 그림과 같이 회전자 권선이 단락환으로 단락된 구조로서, 농형 유도전동기의 **1차측(고정자 권선)에서 유도된 2차측(회전자) 전압은 측정할 수 없다.**

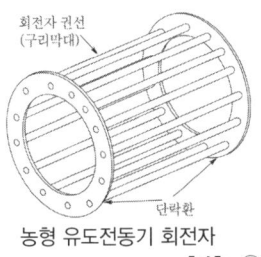

농형 유도전동기 회전자

【답】②

47 3상 유도전동기가 경부하로 운전 중 1선의 퓨즈가 끊어지면 어떻게 되는가?

① 전류가 증가하고 회전은 계속한다.
② 슬립은 감소하고 회전수는 증가한다.
③ 슬립은 증가하고 회전수는 증가한다.
④ 계속 운전하여도 열손실이 발생하지 않는다.

[풀이] 3상 농형 유도전동기에서 전원의 3선중 1선이 개방되면 3상 전동기는 단상 전동기가 된다. 이때 큰 부하가 인가되어 있는 경우에는 전동기가 정지하게 되고 큰 전류가 흘러 전동기가 소손된다. 그러나 **경부하에서는 회전을 계속하게 되나 경부하 부하전류는 증가하게 된다.**

【답】①

48 단상 반파정류회로에서 평균출력전압은 전원전압의 약 몇 [%] 인가?

① 45.0　　② 66.7
③ 81.0　　④ 86.7

[풀이]
• 단상 반파 정류 : $E_d = \dfrac{\sqrt{2}}{\pi}E = 0.45E$
• 3상 반파 정류 : $E_d = \dfrac{3\sqrt{3}}{\sqrt{2}\pi}E = 1.17E$
• 단상 전파 정류 : $\dfrac{2\sqrt{2}}{\pi}E = 0.9E$
• 3상 전파 정류 : $E_d = 2.34E$

【답】①

49 그림과 같이 전기자 권선에 전류를 보낼 때 회전 방향을 알기 위한 법칙 및 회전방향은?

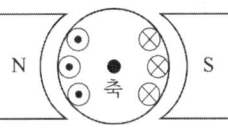

① 플레밍의 왼손법칙, 시계방향
② 플레밍의 오른손법칙, 시계방향
③ 플레밍의 왼손법칙, 반시계방향
④ 플레밍의 오른손법칙, 반시계방향

[풀이]
• **발전기** : 플레밍의 오른손 법칙 (유기 기전력의 방향)
• **전동기** : 플레밍의 왼손법칙 (운동 방향)

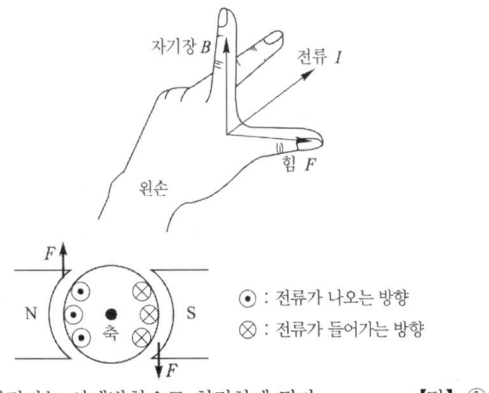

즉, 회전자는 시계방향으로 회전하게 된다.

【답】①

50 1차측 권수가 1500인 변압기의 2차측에 접속한 저항 16[Ω]을 1차측으로 환산했을 때 8[kΩ]으로 되어 있다면 2차측 권수는 약 얼마인가?

① 75　　② 70
③ 67　　④ 64

[풀이]
$n_1 = 1500$, $R_2 = 16[\Omega]$, $R_1 = 8000[\Omega]$
2차를 1차로 환산 $R_1 = a^2 R_2$에서

권수비 $a = \sqrt{\dfrac{R_1}{R_2}} = \sqrt{\dfrac{8000}{16}} = 22.36$

$\therefore N_2 = \dfrac{N_1}{a} = \dfrac{1500}{22.36} = 67.08$[회] 【답】③

51 출력과 속도가 일정하게 유지되는 동기전동기에서 여자를 증가시키면 어떻게 되는가?
① 토크가 증가한다.
② 난조가 발생하기 쉽다.
③ 유기기전력이 감소한다.
④ 전기자 전류의 위상이 앞선다.

풀이

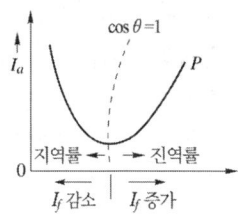

위상 특성 곡선(V곡선)에서 보는 바와 같이 여자 전류를 증가시키면 역률은 앞서고 전기자 전류는 증가한다. 【답】④

52 다음 전자석의 그림 중에서 전류의 방향이 화살표와 같을 때 위쪽부분이 N극인 것은?

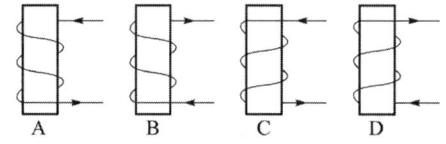

① A, B ② B, C
③ A, D ④ B, D

풀이 앙페르의 오른 나사법칙 적용

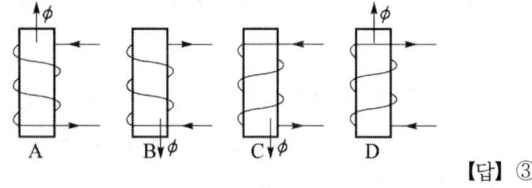

【답】③

53 동기발전기의 전기자 권선법 중 집중권에 비해 분포권이 갖는 장점은?
① 난조를 방지할 수 있다.
② 기전력의 파형이 좋아진다.
③ 권선의 리액턴스가 커진다.
④ 합성유도기전력이 높아진다.

풀이 분포권의 장·단점
[장점]
① 기전력의 **고조파가 감소하여 파형이 좋아진다.**
② 권선의 누설 리액턴스가 감소한다.
③ 전기자 권선에 의한 열을 고르게 분포시켜 과열을 방지한다.
[단점]
① 분포권은 집중권에 비하여 합성 유기 기전력이 감소한다.
【답】②

54 단상 유도전압 조정기의 1차 전압 100[V], 2차 전압 100±30[V], 2차 전류는 50[A] 이다. 이 전압 조정기의 정격용량은 약 몇 [kVA] 인가?
① 1.5 ② 2.6
③ 5   ④ 6.5

풀이 단상 유도 전압 조정기의 용량은
$P = $ 부하용량 $\times \dfrac{\text{승압 전압}}{\text{고압측 전압}}$
$= 130 \times 50 \times \dfrac{30}{130} \times 10^{-3} = 1.5$[kVA] 【답】①

55 와류손이 50[W]인 3300/110[V], 60[Hz]용 단상 변압기를 50[Hz], 3000[V]의 전원에 사용하면 이 변압기의 와류손은 약 몇 [W]로 되는가?
① 25 ② 31
③ 36 ④ 41

풀이
와류손 $P_e = \sigma_e (tfB_m)^2 = K\left(f \cdot \dfrac{V}{f}\right)^2 = KV^2$
에서 **와류손은 주파수와는 무관하고 전압의 제곱에 비례**하므로
$P_e' = P_e \times \left(\dfrac{V'}{V}\right)^2 = 50 \times \left(\dfrac{3000}{3300}\right)^2 = 41.32$[W] 【답】④

56 2대의 동기발전기를 병렬 운전할 때, 무효횡류(무효순환전류)가 흐르는 경우는?
① 부하분담의 차가 있을 때
② 기전력의 위상차가 있을 때
③ 기전력의 파형에 차가 있을 때
④ 기전력의 크기에 차가 있을 때

[풀이]

병렬운전 조건	병렬 운전 조건이 다른 경우
기전력의 크기가 같을 것	무효 순환 전류가 흐른다.
기전력의 위상이 같을 것	유효 전류로 동기화 전류가 흐른다.
기전력의 주파수가 같을 것	동기화 전류가 주기적으로 흐른다.
기전력의 파형이 같을 것	고조파 무효 순환 전류가 흐른다.

【답】④

57 포화하고 있지 않은 직류발전기의 회전수가 1/2로 감소되었을 때 기전력을 속도 변화 전과 같은 값으로 하려면 여자를 어떻게 해야 하는가?

① 1/2로 감소시킨다.　② 1배로 증가시킨다.
③ 2배로 증가시킨다.　④ 4배로 증가시킨다.

[풀이] $E = k\phi N$에서 N이 $\frac{1}{2}$로 되면, ϕ가 2배가 되어야 E가 일정하다.　【답】③

58 교류전동기에서 브러시 이동으로 속도변화가 용이한 전동기는?

① 동기전동기
② 시라게 전동기
③ 3상 농형 유도전동기
④ 2중 농형 유도전동기

[풀이] 속도를 변화시킬 수 있는 교류 전동기로서 널리 사용되고 있는 것은 **시라게 전동기**이며 그 구조는 직류전동기와 유사 하지만 브러시가 2조가 있어 각 조의 **브러시를 반대 방향으로 이동하면 속도를 조정**할 수 있다.　【답】②

59 변압기의 병렬운전 조건에 해당하지 않는 것은?

① 각 변압기의 극성이 같을 것
② 각 변압기의 정격출력이 같을 것
③ 각 변압기의 백분율 임피던스 강하가 같을 것
④ 각 변압기의 권수비가 같고 1차 및 2차의 정격전압이 같을 것

[풀이] 변압기 병렬 운전의 조건
① 각 변압기의 극성이 같을 것
② 각 변압기의 권수비가 같고, 1차와 2차의 정격 전압이 같을 것
③ 각 변압기의 %임피던스 강하가 같을 것
④ 3상식에서는 위의 조건 외에 각 변압기의 상회전 방향 및 위상 변위가 같을 것

그러나, **변압기의 정격출력은 같지 않아도 병렬운전에 문제가 없다.**　【답】②

60 4극 단중 파권 직류발전기의 전전류가 I[A]일 때, 전기자 권선의 각 병렬회로에 흐르는 전류는 몇 [A]가 되는가?

① $4I$　② $2I$
③ $I/2$　④ $I/4$

[풀이] 파권에서는 전기자 병렬 회로수 $a = 2$

$$\therefore i_a = \frac{I_a}{a}[A] = \frac{I}{2}[A]$$

I_a : 전기자에서 외부에 흐르는 전류, p : 극수
i_a : 병렬 회로에 흐르는 전류　【답】③

2회 전기기기

41 직류기에서 전기자 반작용의 영향을 설명한 것으로 틀린 것은?

① 주자극의 자속이 감소한다.
② 정류자편 사이의 전압이 불균일하게 된다.
③ 국부적으로 전압이 높아져 섬락을 일으킨다.
④ 전기적 중성점이 전동기인 경우 회전방향으로 이동한다.

[풀이] 전기자 반작용 : 전기자 권선에 흐르는 전류에 의한 자속이 계자에서 만든 주자속에 영향을 미치는 현상을 전기자 반작용이라고 하며, 그 영향은 다음과 같다.
① 전기적 중성축 이동
 • 발전기 : 회전 방향으로 이동
 • **전동기 : 회전 방향과 반대 방향으로 이동**
② 주자속 감소
③ 정류자 편간의 불꽃섬락이 발생하여 정류 불량 발생
　【답】④

42 6300/210[V], 20[kVA] 단상변압기 1차 저항과 리액턴스가 각각 15.2[Ω]과 21.6[Ω], 2차 저항과 리액턴스가 각각 0.019[Ω]과 0.028[Ω]이다. 백분율 임피던스는 약 몇 [%] 인가?

① 1.86　② 2.86
③ 3.86　④ 4.86

[풀이]

- 권수비 $a = \dfrac{6300}{210} = 30$

- 1차측으로 환산한 임피던스

$$Z_1 = \sqrt{(r_1 + a^2 r_2)^2 + (x_1 + a^2 x_2)^2}$$
$$= \sqrt{(15.2 + 30^2 \times 0.019)^2 + (21.6 + 30^2 \times 0.028)^2}$$
$$= 56.86[\Omega]$$

- $\%Z = \dfrac{I_n Z}{E} \times 100 = \dfrac{\frac{20000}{6300} \times 56.86}{6300} \times 100 = 2.865[\%]$ 【답】 ②

43 권선형 유도전동기의 속도제어 방법 중 저항제어법의 특징으로 옳은 것은?

① 효율이 높고 역률이 좋다.
② 부하에 대한 속도 변동률이 작다.
③ 구조가 간단하고 제어조작이 편리하다.
④ 전부하로 장시간 운전하여도 온도에 영향이 적다.

[풀이]

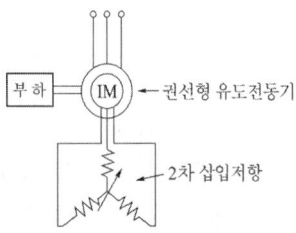

2차 저항제어는 권선형 유도전동기에서만 사용 할 수 있는 방법으로 2차회로의 저항의 변화에 의한 토오크 속도특성의 비례추이를 응용한 것으로 다음과 같은 특징이 있다.
① 전류가 큰 2차 회로에 저항을 삽입하여 제어 하므로 2차 저항원이 현저하게 커져서 효율이 낮게 되는 결점이 있다.
② **구조가 간단하고 조작이 용이**하며, 동기속도 이하의 속도제어를 원활하고 광범위하게 행할 수 있다.
③ 속도제어의 한도는 동기속도의 40[%] 정도이다. 【답】 ③

44 직류 분권전동기의 공급전압의 극성을 반대로 하면 회전 방향은 어떻게 되는가?

① 반대로 된다.
② 변하지 않는다.
③ 발전기로 된다.
④ 회전하지 않는다.

[풀이] 직류 분권 전동기의 공급 전압의 극성이 반대로 되면, 계자 전류와 전기자 전류의 방향이 동시에 반대로 된다. 따라서, 회전 방향은 변하지 않는다.

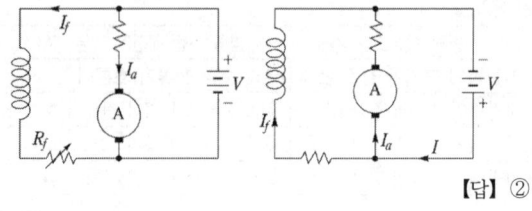

【답】 ②

45 2방향성 3단자 사이리스터는?
① SCR ② SSS
③ SCS ④ TRIAC

[풀이] 각 종 반도체 소자의 비교
① 방향성
  - **양방향성(쌍방향성) 소자** : DIAC, **TRIAC**, SSS
  - 역저지(단방향성) 소자 : SCR, LASCR, GTO
② 극(단자) 수
  - 2극(단자) 소자 : DIAC, SSS, Diode
  - **3극(단자) 소자** : SCR, LASCR, GTO, **TRIAC**
  - 4극(단자) 소자 : SCS 【답】 ④

46 단상 50[Hz], 전파 정류 회로에서 변압기의 2차 상전압 100[V], 수은 정류기의 전압 강하 20[V]에서 회로 중의 인덕턴스는 무시한다. 외부 부하로서 기전력 50[V], 내부 저항 0.3[Ω]의 축전지를 연결할 때 평균 출력은 약 몇 [W] 인가?

① 4556 ② 4667
③ 4778 ④ 4889

[풀이] 직류 평균 전압 E_d는,
$$E_d = \dfrac{2\sqrt{2}}{\pi} E - e_a = \dfrac{2\sqrt{2}}{\pi} \times 100 - 20 = 70[V]$$

평균 부하 전류 I_d는,
$$I_d = \dfrac{E_d - 50}{0.3} = \dfrac{70 - 50}{0.3} = 66.67[A]$$

평균 출력 P_0는,
$$\therefore P_0 = E_d I_d = 70 \times 66.67 = 4667[W]$$ 【답】 ②

47 3상 동기발전기의 여자 전류 5[A]에 대한 1상의 유기기전력이 600[V]이고 그 3상 단락 전류는 30[A]이다. 이 발전기의 동기임피던스[Ω]는?

① 10 ② 20
③ 30 ④ 40

풀이 동기임피던스는 정격 상전압 E_n[V]을 단락 전류 I_s [A]로 나눈 값을 동기 임피던스라 한다.
$$Z_s = \frac{E_n}{I_s} = \frac{600}{30} = 20[\Omega]$$ 【답】②

48 동기전동기의 제동권선은 다음 어떤 것과 같은가?
① 직류기의 전기자
② 유도기의 농형 회전자
③ 동기기의 원통형 회전자
④ 동기기의 유도자형 회전자

풀이 **제동권선**은 회전 자극 표면에 설치한 **유도 전동기의 농형 권선과 같은 권선**으로서 회전자가 동기 속도로 회전하고 있는 동안에는 전압을 유도하지 않으므로 아무런 작용이 없다. 그러나, 조금이라도 동기 속도를 벗어나면 전기자 자속을 끊어 전압이 유도되어 단락 전류가 흐르므로 동기 속도로 되돌아가게 된다. 즉, 진동 에너지를 열로 소비하여 진동을 방지한다. 이 제동 권선은 난조 방지에 쓰인다. 【답】②

49 권선형 유도전동기가 기동하면서 동기속도 이하까지 회전속도가 증가하면 회전자의 전압은?
① 증가한다.   ② 감소한다.
③ 변함없다.   ④ 0이 된다.

풀이
• 슬립 s로 회전하고 있을 때 2차전압(회전자 전압)
$E_2' = sE_2 = s\dfrac{E_1}{a}$
• 슬립 $s = \dfrac{n_s - n}{n_s}$에서 **회전자의 속도 n가 증가**하게 되면 **슬립 s는 감소**하게 된다. 따라서, 회전자에 유기되는 전압 E_2'도 감소하게 된다. 【답】②

50 동기발전기의 전기자 권선을 단절권으로 하는 가장 큰 이유는?
① 과열을 방지
② 기전력 증가
③ 기본파를 제거
④ 고조파를 제거해서 기전력 파형 개선

풀이 단절권의 특징
① **고조파를 제거하여 기전력의 파형을 좋게** 하고
② 자기 인덕턴스 감소
③ 동량 절약   ④ 유기 기전력 감소 【답】④

51 3상 직권 정류자 전동기의 중간변압기의 사용목적은?
① 역회전의 방지
② 역회전을 위하여
③ 전동기의 특성을 조정
④ 직권 특성을 얻기 위하여

풀이 3상 직권 정류자 전동기의 **중간 변압기**는 고정자 권선과 회전자 권선 사이에 직렬로 접속되며 이 중간 변압기를 사용하는 주요한 이유는 다음과 같다.
① 전원 전압의 크기에 관계없이 정류에 알맞은 회전자 전압을 선택할 수 있다.
② 중간 변압기의 권수비를 바꾸어 **전동기의 특성을 조정**할 수 있다.
③ 직권 특성이기 때문에 경부하에서는 속도가 매우 상승하나 중간 변압기를 사용, 그 철심을 포화하도록 하면 그 속도 상승을 제한할 수 있다. 【답】③

52 동기전동기의 특징으로 틀린 것은?
① 속도가 일정하다.
② 역률을 조정할 수 없다.
③ 직류전원을 필요로 한다.
④ 난조를 일으킬 염려가 있다.

풀이 동기 전동기의 특징
(1) 장점
① 속도가 일정 불변이다.
② 역률을 조정하여 항상 **역률 1로 운전할 수 있다.**
③ 부하의 역률을 개선할 수 있다.
④ 유도 전동기에 비하여 효율이 좋다.
(2) 단점
① 보통 구조의 것은 기동 토크가 적고 속도 조정을 할 수 없다.
② 난조를 일으킬 염려가 있다.
③ 여자용의 직류 전원을 필요로 하며 설비비가 많이 든다. 【답】②

53 전기자 지름 0.2[m]의 직류발전기가 1.5[kW]의 출력에서 1800[rpm]으로 회전하고 있을 때 전기자 주변속도는 약 몇 [m/s]인가?
① 18.84   ② 21.96
③ 32.74   ④ 42.85

풀이 회전자 주변 속도 $v = \pi D \dfrac{N_s}{60}$[m/s]
여기서, πD : 회전자 둘레
$\therefore v = \pi \times 0.2 \times \dfrac{1800}{60} = 18.85$[m/s] 【답】①

54 정격 주파수 50[Hz]의 변압기를 일정 전압 60[Hz]의 전원에 접속하여 사용했을 때 여자전류, 철손 및 리액턴스 강하는?

① 여자 전류와 철손은 $\frac{5}{6}$ 감소, 리액턴스 강하 $\frac{6}{5}$ 증가

② 여자 전류와 철손은 $\frac{5}{6}$ 감소, 리액턴스 강하 $\frac{5}{6}$ 감소

③ 여자 전류와 철손은 $\frac{6}{5}$ 증가, 리액턴스 강하 $\frac{6}{5}$ 증가

④ 여자 전류와 철손은 $\frac{6}{5}$ 증가, 리액턴스 강하 $\frac{5}{6}$ 감소

풀이 전압이 일정할 때

① 여자전류 $I_0 = \frac{V_1}{\omega L_1} = \frac{V_1}{2\pi f L_1} \propto \frac{1}{f}$

② 철손 중에서 와류손은 주파수와 무관, 히스테리시스손은 주파수에 반비례($P_h \propto \frac{1}{f}$)

③ 리액턴스 $X_L = \omega L = 2\pi f L \propto f$

따라서, 여자 전류와 철손은 $\frac{5}{6}$ 감소, 리액턴스 강하 $\frac{6}{5}$ 증가

【답】①

55 직류기에서 양호한 정류를 얻는 조건으로 틀린 것은?

① 정류 주기를 크게 한다.
② 브러시의 접촉 저항을 크게 한다.
③ 전기자 권선의 인덕턴스를 작게 한다.
④ 평균 리액턴스 전압을 브러시 접촉면 전압 강하보다 크게 한다.

풀이 양호한 정류를 얻는 조건

① 리액턴스 전압을 작게 한다. $\left(e_L = L\frac{2I_c}{T_c}\right)$

② 단절권 채용으로 자기 인덕턴스를 작게 한다.
③ 고속을 피하여 정류 주기를 길게 한다.
④ 저항 정류로서 접촉저항이 큰 탄소 브러시를 사용한다.
⑤ 전압 정류로서 보극을 설치한다. 【답】④

56 어떤 주상 변압기가 4/5 부하일 때 최대효율이 된다고 한다. 전부하에 있어서의 철손과 동손의 비 P_c/P_i는 약 얼마인가?

① 0.64 ② 1.56
③ 1.64 ④ 2.56

풀이 최대 효율은 철손 = 동손일 때 발생한다.

즉, $P_i = m^2 P_c = \left(\frac{4}{5}\right)^2 P_c$

∴ $\frac{P_c}{P_i} = \frac{25}{16} = 1.56$ 【답】②

57 직류기의 손실 중 기계손에 속하는 것은?
① 풍손 ② 와전류손
③ 히스테리시스손 ④ 브러시의 전기손

풀이

총손실	무부하손	철손	히스테리시스손
			와류손
		기계손: 풍손, 베어링 마찰손, 브러시 마찰손	
	부하손	전기자 저항손 $P_c = I_a^2 R$[W]	
		브러시 전기손	
		표유부하손 : 권선 이외 부분의 누설 자속에 의해 발생	

【답】①

58 3상 유도전압조정기의 특징이 아닌 것은?
① 분로권선에 회전자계가 발생한다.
② 입력전압과 출력전압의 위상이 같다.
③ 두 권선은 2극 또는 4극으로 감는다.
④ 1차 권선은 회전자에 감고 2차 권선은 고정자에 감는다.

풀이

항목	단상 유도 전압 조정기	3상 유도 전압 조정기
단락권선	필요하다.	필요없다.
입력전압과 출력전압 사이의 위상차	위상차 없다.	위상차 있다.
자계	교번자계	회전자계

【답】②

59 권선형 3상 유도전동기의 2차 회로는 Y로 접속되고 2차 각 상의 저항은 0.3[Ω]이며 1차, 2차 리액턴스의 합은 1.5[Ω]이다. 기동 시에 최대 토크를 발생하기 위해서 삽입하여야 할 저항[Ω]은? (단, 1차 각 상의 저항은 무시한다.)

① 1.2 ② 1.5
③ 2 ④ 2.2

풀이 1차 저항 $r_1 = 0$이므로
$R_s' = \sqrt{r_1^2 + (x_1 + x_2')^2} - r_2' = \sqrt{(x_1 + x_2')^2} - r_2'$
$x_1' + x_2 = 1.5[\Omega]$, $r_2 = 0.3[\Omega]$이므로
∴ $R_s = \sqrt{(x_1 + x_2')^2} - r_2 = \sqrt{(1.5)^2} - 0.3 = 1.2[\Omega]$ 【답】①

60 변압기의 부하가 증가할 때의 현상으로서 틀린 것은?
① 동손이 증가한다.   ② 온도가 상승한다.
③ 철손이 증가한다.   ④ 여자전류는 변함없다.

풀이 변압기의 손실은 크게 보면 철손(히스테리시스손+와류손)과 동손(I^2R)으로 구분된다.
- 철손 : 전압만 인가되면 발생하는 손실로서 부하의 크기와 무관하다.
- 동손 : 동손은 I^2r 로서 부하 전류의 제곱에 비례한다.

따라서, **부하가 증가하면 철손은 변함이 없으나 동손은 증가하게 되고 변압기의 온도도 상승하게 된다.** 【답】③

4회   전기기기

41 단상변압기 3대로 Y-Y결선을 하는 경우에 대한 설명으로 틀린 것은?
① 중성점 접지가 가능하다.
② 제3고조파 전류가 흐르며 유도장해를 일으킨다.
③ 1차측과 2차측의 각 상전압의 위상은 같다.
④ 상전압이 선간전압의 $\sqrt{3}$ 배이므로 절연이 용이 하다.

풀이
- 상전압 $V_p = \dfrac{\text{선간전압 } V_l}{\sqrt{3}}$
- **상전압이 선간전압의 $\dfrac{1}{\sqrt{3}}$ 이므로 권선의 절연이 용이하다.**

【답】④

42 인버터(inverter)에 대한 설명으로 옳은 것은?
① 직류를 교류로 변환   ② 교류를 교류로 변환
③ 직류를 직류로 변환   ④ 교류를 직류로 변환

풀이
- 인버터 : DC를 AC로 변환
- 사이클로 컨버터 : AC를 AC로 변환(전원 주파수와 다른 주파수의 전력으로 변환)

- 초 퍼 : DC를 DC로 변환
- 정류기 : AC를 DC로 변환 【답】①

43 3상 4극 유도전동기가 있다. 고정자의 슬롯수가 24라면 슬롯과 슬롯 사이의 전기각은?
① 40°   ② 30°
③ 20°   ④ 10°

풀이
- 기하각 $\alpha° = \dfrac{360°}{24} = 15°$
- 전기각 $\alpha_e =$ 기하학적 각도 $\alpha° \times \dfrac{p}{2}$ 에서
  $\alpha_e = 15° \times \dfrac{4}{2} = 30°$ 【답】②

44 220/110[V], 60[Hz]인 이상적인 변압기가 있다. 변압기의 철심자속이 5×10^{-3}[Wb]일 경우 1차 및 2차 권선은 약 몇 턴으로 하여야 하는가?
① 1차 권선 : 182, 2차 권선 : 91
② 1차 권선 : 166, 2차 권선 : 83
③ 1차 권선 : 154, 2차 권선 : 77
④ 1차 권선 : 150, 2차 권선 : 75

풀이
- 1차 유기기전력 $E_1 = 4.44 f \phi_m N_1$ [V]에서
  1차 권선 $N_1 = \dfrac{E_1}{4.44 f \phi_m} = \dfrac{220}{4.44 \times 60 \times 5 \times 10^{-3}}$
  $= 165.17$[Turn]
- 2차 유기기전력 $E_2 = 4.44 f \phi_m N_2$ [V]에서
  2차 권선 $N_2 = \dfrac{E_2}{4.44 f \phi_m} = \dfrac{110}{4.44 \times 60 \times 5 \times 10^{-3}}$
  $= 82.58$[Turn] 【답】②

45 동기발전기의 전기자권선을 전절권보다 단절권으로 감으면 나타나는 현상은?
① 효율이 낮아진다.
② 권선의 동손이 증가한다.
③ 권선의 재료가 증가한다.
④ 기전력의 파형이 좋아진다.

풀이 단절권의 특징
① **고조파를 제거하여 기전력의 파형을 좋게** 하고
② 자기 인덕턴스 감소
③ 동량 절약
④ 유기 기전력 감소 【답】④

46 3상 유도전동기의 전전압 기동토크는 전부하시의 1.8배이다. 전전압의 2/3로 기동할 때 기동토크는 전부하시의 몇 [%] 인가?

① 80   ② 70
③ 60   ④ 40

풀이 토크는 전압의 제곱에 비례하므로
$$T_s : T_s' = V^2 : \left(\frac{2}{3}V\right)^2$$
$$\therefore T_s' = \left(\frac{2}{3}\right)^2 T_s = \frac{4}{9}T_s = \frac{4}{9}\times 1.8T = 0.8T$$
여기서, T_s' : 전압 V'로 기동 할 때 기동 토크,
T_s : 전 전압 기동 토크, T : 전부하 토크   **【답】** ①

47 특수 동기기에 대한 설명 중 틀린 것은?
① 반작용 전동기 : 역률이 좋다.
② 동기 주파수 변환기 : 조작이 간편하고 효율이 좋다.
③ 정현파 발전기 : 부하에 관계없이 정현파 기전력을 발생한다.
④ 유도 동기전동기 : 기동토크와 인입토크가 크다.

풀이 반작용 전동기 : 자극만 있고 여자권선이 없는 회전자를 가진 일종의 동기전동기로서 **출력은 작고 역률이 낮지만** 직류전원을 필요로 하지 않으므로 구조가 간단하여 전기시계 및 각종 측정장치 용으로 사용된다.   **【답】** ①

48 동기발전기에서 전기자전류와 유기기전력이 동상인 경우에 전기자반작용은?
① 증자작용   ② 감자작용
③ 편자작용   ④ 교차자화작용

풀이 발전기와 전동기의 전기자 반작용은 서로 반대이다.

분류	동기 발전기	동기 전동기
전압과 동상	교차 자화 작용	교차 자화 작용
진상전류	증자 작용	감자 작용
지상전류	감자 작용	증자 작용

【답】 ④

49 동기발전기가 난조를 일으키는 원인 중 틀린 것은?
① 부하가 급격히 변화하는 경우
② 발전기의 전기자 저항이 작은 경우
③ 회전자의 관성 모멘트가 작은 경우
④ 원동기의 토크에 고조파가 포함되어 있는 경우

풀이 난조 발생의 원인
난조 방지에 대한 대책으로는 제동 권선이 적당하며 난조에 대한 원인 및 대책은 다음과 같다.
① 원동기의 조속기 감도가 지나치게 예민한 경우
  방지대책 : 조속기를 적당히 조정하면 충분히 방지할 수 있다.
② 원동기의 토크에 고조파 토크가 포함된 경우
  방지대책 : 디젤 기관 등에 생기는 문제로 회전부의 플라이휠 효과를 적당히 선정하면 방지할 수 있다.
③ **전기자 회로의 저항이 상당히 큰 경우**
  방지대책 : 회로의 저항을 작게 하거나 리액턴스를 삽입하면 방지할 수 있다.
④ 부하가 맥동할 때
  방지대책 : 회전부의 플라이휠 효과를 적당히 선정하면 방지할 수 있다.   **【답】** ②

50 직류기의 특성에 대한 설명으로 옳은 것은?
① 직권전동기에서는 부하가 줄면 속도가 감소한다.
② 분권전동기는 부하에 따라 속도가 많이 변한다.
③ 전차용 전동기에는 차동복권전동기가 적합하다.
④ 분권전동기의 운전 중 계자회로가 단선되면 위험속도가 된다.

풀이 분권전동기의 속도 $N = K\dfrac{V - I_a R_a}{\Phi}$
에서 **계자 회로가 단선**되면 자속 Φ가 0이 되어 속도 N은 급히 상승하여 **위험 속도**가 된다.   **【답】** ④

51 정류방식 중에서 맥동률이 가장 작은 회로는? (단, 저항부하를 사용하였을 경우이다.)
① 단상 반파 정류회로
② 단상 전파 정류회로
③ 삼상 반파 정류회로
④ 삼상 전파 정류회로

풀이
• 맥동률 $= \sqrt{\dfrac{\text{실효값}^2 - \text{평균값}^2}{\text{평균값}^2}} \times 100 = \dfrac{\text{교류분}}{\text{직류분}} \times 100[\%]$

정류 종류	단상 반파	단상 전파	3상 반파	3상 전파
맥동률 [%]	121	48	17.7	4.04

【답】 ④

52 200[V] 3상 유도전동기의 전부하 슬립이 0.06 이다. 공급전압이 10[%] 저하된 경우의 전부하 슬립은 약 얼마인가?

① 0.074   ② 0.067
③ 0.054   ④ 0.049

[풀이] 공급 전압이 10[%] 저하된 경우의 전부하 슬립을 s'라 하면

$$s' = s \times \left(\frac{V}{V'}\right)^2 = s \times \left(\frac{V}{V \times 0.9}\right)^2 = 0.06 \times \left(\frac{200}{200 \times 0.9}\right)^2$$
$$= 0.074$$ 【답】①

53 직류전동기의 속도제어법 중 정출력 제어에 속하는 것은?

① 전압 제어법   ② 계자 제어법
③ 2차 저항 제어법   ④ 전기자 저항 제어법

[풀이] 직류 전동기의 속도 제어법 비교

구 분	제어 특성	특 징
계자 제어법	·정출력 제어	·속도제어 범위가 좁다.
전압 제어법	·정토크 제어 ┌워드 레오나드 방식 └일그너 방식	·제어범위가 넓다. ·손실이 매우 적다. ·정역운전이 가능 ·설비비가 많이 든다.
직렬 저항법		·효율이 나쁘다.

【답】②

54 그림과 같이 공급전압 $V = 200\sqrt{2}\sin 377t$ [V], 부하저항 20[Ω]일 때 직류부하전압의 평균값은 약 몇 [V] 인가? (단, $V = V_1 = V_2$ 이다.)

① 60
② 120
③ 180
④ 240

[풀이] 단상 전파정류 회로에서 직류전압 E_d는

$$E_d = \frac{2\sqrt{2}}{\pi}E = 0.9E = 0.9 \times 200 = 180[V]$$ 【답】③

55 어떤 변압기의 전부하 동손이 270[W], 철손이 120[W]일 때 이 변압기를 최고효율로 운전하는 출력은 정격출력의 약 몇 [%]가 되는가?

① 22.5   ② 33.3
③ 44.4   ④ 66.7

[풀이] 최대 효율은 "동손=철손" ($m^2 P_c = P_i$)일 때 발생된다.

따라서, 최대 효율이 나타나는 부하

$$m = \sqrt{\frac{P_i}{P_c}} = \sqrt{\frac{120}{270}} = 0.667$$

∴ 정격 출력의 66.7 [%]에서 최대 효율이 발생한다. 【답】④

56 직류전동기의 실측효율을 측정하는 방법이 아닌 것은?

① 블론델법을 사용하는 방법
② 보조 발전기를 사용하는 방법
③ 전기 동력계를 사용하는 방법
④ 프로니 브레이크를 사용하는 방법

[풀이] 직류기의 온도시험 방법
① 실부하법
② 반환부하법 : 블론델법, 카프법 및 홉킨스 법
따라서, **블론델법**은 효율을 측정하는 방법이 아니라 **온도시험 방법의 한 종류**이다. 【답】①

57 변압기의 임피던스 전압이란?

① 변압기 1차를 단락하고 2차에 저전압을 인가하여 2차 전류가 정격전류와 같도록 조정했을 때의 1차 전압
② 변압기 2차를 단락하고 1차에 저전압을 인가하여 2차 전류가 정격전류와 같도록 조정했을 때의 1차 전압
③ 변압기 2차를 단락하고 1차에 저전압을 인가하여 1차 전류가 정격전류와 같도록 조정했을 때의 1차 전압
④ 변압기 2차를 단락하고 1차에 저전압을 인가하여 1차 전류가 정격전류와 같도록 조정했을 때의 2차 전압

[풀이] 임피던스 전압 및 임피던스 와트
변압기의 **2차측을 단락**하고 1차측에 낮은 전압을 가하여 **단락 전류** I_{1s}를 1차 정격 전류와 같게 조정했을 때의 **1차 전압** V_s을 **임피던스 전압**, 이때의 입력 P_s[W]를 임피던스 와트라고 한다.

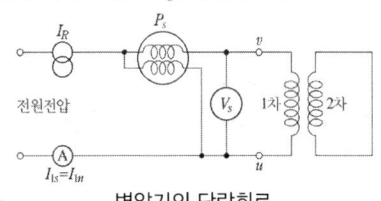

변압기의 단락회로 【답】③

58 유도전동기의 회전력 발생 요소 중 제곱에 비례하는 요소는?

① 슬립
② 2차 기전력
③ 2차 권선저항
④ 2차 임피던스

풀이
토크 $T = K_0 \dfrac{sE_2^2 r_2}{r_2^2 + (sx_2)^2}$ 에서 $T \propto E_2^2$(2차 기전력)

여기서, s : 슬립, r_2 : 2차 권선저항, E_2 : 2차 기전력

【답】②

59 다음 동기기 중 슬립링을 사용하지 않는 기기는?

① 동기발전기
② 동기전동기
③ 유도자형 고주파발전기
④ 고정자 회전기동형 동기전동기

풀이 **유도자형 발전기**는 계자극과 전기자를 함께 고정시키고 그 중앙에 유도자라고 하는 권선이 없는 회전자를 갖춘 것으로 주로 수백~수만 [Hz] 정도의 고주파 발전기로 사용되며 **슬립링이 없다.** 【답】③

60 직류기에서 정류를 좋게 하기 위한 방법이 아닌 것은?

① 보상권선을 설치하여 전기자 반작용을 보상한다.
② 보극을 설치하여 정류 전압을 얻어 리액턴스 전압을 보상한다.
③ 저항 정류를 위하여 브러시의 접촉 저항이 큰 것을 선정한다.
④ 자속변화를 줄이기 위하여 자극편의 모양을 좋게 하고 전기자 교차 기자력에 대한 자기저항을 적게 하여 반작용 자속을 늘린다.

풀이 양호한 정류를 얻는 조건
① 리액턴스 전압을 작게 한다. $\left(e_L = L\dfrac{2I_c}{T_c}\right)$
② 단절권 채용으로 자기 인덕턴스를 작게 한다.
③ 고속을 피하여 정류 주기를 길게 한다.
④ 저항 정류로서 **접촉저항이 큰 탄소 브러시를 사용**한다.
⑤ 전압 정류로서 **보극을 설치**한다.
⑥ **보상권선을 설치**하여 전기자 반작용을 보상한다. 【답】④

2018년 기출문제

1회 전기기기

41 유도전동기의 출력과 같은 것은?

① 출력 = 입력전압 - 철손
② 출력 = 기계출력 - 기계손
③ 출력 = 2차 입력 - 2차 저항손
④ 출력 = 입력전압 - 1차 저항손

풀이
- 기계적 출력=2차입력-2차 저항손-2차 철손(아주 적으므로 일반적으로 무시)
- 전동기의 총출력=기계적 출력-기계손
  문제에서 기계적 출력인지? 전동기 총출력인지? 정확하게 제시 되지 않은 관계로 ②, ③을 정답으로 인정하였음.
【답】②, ③

42 75[W] 이하의 소 출력으로 소형공구, 영사기, 치과 의료용 등에 널리 이용되는 전동기는?

① 단상 반발전동기
② 영구자석 스텝전동기
③ 3상 직권 정류자전동기
④ 단상 직권 정류자전동기

풀이
직류 직권 전동기에 가해 주는 직류 전압을 그림과 같이 바꿀 경우에도 자속과 전기자 전류의 방향이 동시에 모두 반대가 되므로, 회전 방향은 변하지 않는다.

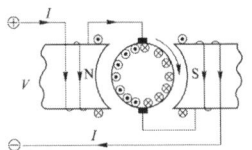 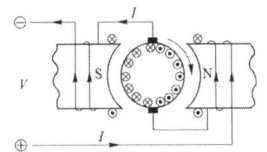

직·교류 양용 전동기의 원리

따라서, 이 직류 직권 전동기에 교류 전압을 가해 주어도 전동기는 항상 같은 방향의 토크를 발생하고, 회전을 같은 방향으로 계속한다. 직·교류 양용 전동기(만능 전동기)는 이와 같은 원리를 이용한 전동기로서 **단상 직권 정류자 전동기**라고 하며, 믹서기, 재봉틀, 진공청소기, **휴대용 드릴** 및 **영사기** 등에 사용된다.
【답】 ④

43 직류발전기를 병렬 운전할 때 균압선이 필요한 직류발전기는?

① 분권발전기, 직권발전기
② 분권발전기, 복권발전기
③ 직권발전기, 복권발전기
④ 분권발전기, 단극발전기

풀이
균압선의 목적은 병렬 운전을 안정하게 하기 위하여 설치하는 것으로 일반적으로 **직권 및 복권 발전기**에서는 직권 계자 코일에 흐르는 전류에 의하여 병렬 운전이 불안정하게 되므로, 균압선을 설치하여 직권 계자 코일에 흐르는 전류를 분류하게 한다.
【답】 ③

44 병렬 운전하고 있는 2대의 3상 동기발전기 사이에 무효순환전류가 흐르는 경우는?

① 부하의 증가
② 부하의 감소
③ 여자전류의 변화
④ 원동기의 출력변화

풀이
병렬 운전 조건이 다른 경우

병렬운전 조건	병렬 운전 조건이 다른 경우
기전력의 크기가 같을 것	무효 순환 전류
기전력의 위상이 같을 것	동기화 전류
기전력의 주파수가 같을 것	동기화 전류
기전력의 파형이 같을 것	고조파 무효순환전류

즉, **여자 전류가 변화면 유기기전력의 크기가 변화고 그 결과 무효 순환 전류가 흐른다.**
【답】 ③

45 전압이나 전류의 제어가 불가능한 소자는?

① SCR
② GTO
③ IGBT
④ Diode

풀이

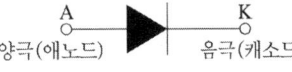

양극(애노드)   음극(캐소드)

다이오드(Diode)는 회로의 주변 상황에 따라 순방향으로 전압이 가해지면 도통하고 역방향으로 전압이 가해지면 도통하지 않는 수동적인 소자로 사용자가 임의로 ON, OFF 시킬 수 없다. 따라서, **다이오드는 전압이나 전류의 제어가 불가능**하다. 【답】 ④

과년도 기출문제 2018년

46 △결선 변압기의 한 대가 고장으로 제거되어 V결선으로 공급할 때 공급할 수 있는 전력은 고장 전 전력에 대하여 몇 [%] 인가?

① 57.7 ② 66.7
③ 75.0 ④ 86.6

풀이

1대의 단상 변압기 용량을 P_1라 하면 그 출력비는

$$\frac{\text{V결선의 출력}}{\triangle\text{결선의 출력}} = \frac{\sqrt{3}P_1}{3P_1} = \frac{\sqrt{3}}{3} = 0.577 = 57.7[\%]$$ 【답】①

47 전기자저항이 각각 $R_A = 0.1[\Omega]$과 $R_B = 0.2[\Omega]$인 100[V], 10[kW]의 두 분권발전기의 유기기전력을 같게 해서 병렬 운전하여, 정격전압으로 135[A]의 부하전류를 공급할 때 각 기기의 분담전류는 몇 [A] 인가?

① $I_A = 80$, $I_B = 55$
② $I_A = 90$, $I_B = 45$
③ $I_A = 100$, $I_B = 35$
④ $I_A = 110$, $I_B = 25$

풀이

병렬운전에서 두 분권발전기의 단자전압은 같아야 하므로
$$V = E_A - I_A R_A = E_B - I_B R_B$$
$$= E_A - 0.1I_A = E_B - 0.2I_B$$

문제의 조건에서 $E_A = E_B$ 이므로 $0.1I_A = 0.2I_B$

따라서, $I_A = 2I_B$

부하전류 $I = I_A + I_B = 2I_B + I_B = 3I_B = 135[A]$ 이므로

$$I_B = \frac{135}{3} = 45[A]$$

$\therefore I_A = I - I_B = 135 - 45 = 90[A]$ 【답】②

48 다이오드를 사용한 정류회로에서 여러 개를 병렬로 연결하여 사용할 경우 얻는 효과는?

① 인가전압 증가
② 다이오드의 효율 증가
③ 부하 출력의 맥동률 감소
④ 다이오드의 허용 전류 증가

풀이

• 다이오드 직렬 연결 : 과전압으로 부터 보호(인가허용전압 증가)

• 다이오드 병렬 연결 : 과전류로부터 보호(허용전류 증가)

【답】④

49 변압기의 2차를 단락한 경우에 1차 단락전류 I_{s1}은? (단, V_1 : 1차 단자전압, Z_1 : 1차 권선의 임피던스, Z_2 : 2차 권선의 임피던스, a : 권수비, Z : 부하의 임피던스)

① $I_{s1} = \dfrac{V_1}{Z_1 + a^2 Z_2}$ ② $I_{s1} = \dfrac{V_1}{Z_1 + aZ_2}$

③ $I_{s1} = \dfrac{V_1}{Z_1 - aZ_2}$ ④ $I_{s1} = \dfrac{V_1}{Z_1 + Z_2 + Z}$

풀이

• 2차측에서 1차측으로 환산시 : 임피던스는 a^2 배
• 1차측에서 2차측으로 환산시 : 임피던스는 $\dfrac{1}{a^2}$ 배
• 1차 단락전류 $I_{s1} = \dfrac{V_1}{Z_1 + a^2 Z_2}$

(2차 권선의 임피던스 Z_2를 1차로 환산하면 $a^2 Z_2$가 된다.)

【답】①

50 직류 분권전동기에서 단자전압 210[V], 전기자 전류 20[A], 1500[rpm]으로 운전할 때 발생 토크는 약 몇 [N·m]인가? (단, 전기자저항은 0.15[Ω]이다.)

① 13.2 ② 26.4
③ 33.9 ④ 66.9

풀이

$V = 210[V]$, $I_a = 20[A]$, $N = 1500[rpm]$, $r_a = 0.15[\Omega]$이므로
$E_c = V - I_a R_a = 210 - (20 \times 0.15) = 207[V]$

발생 토크 $T = \dfrac{P}{\omega} = \dfrac{E_c I_a}{2\pi n} = \dfrac{E_c I_a}{2\pi \dfrac{N}{60}}$ 에서

$$T = \frac{207 \times 20}{2\pi \times \dfrac{1500}{60}} = 26.36[N \cdot m]$$ 【답】②

51 220[V], 50[kW]인 직류 직권전동기를 운전하는데 전기자 저항(브러시의 접촉저항 포함)이 0.05[Ω]이고 기계적 손실이 1.7[kW], 표유손이 출력의 1[%]이다. 부하전류가 100[A] 일 때의 출력은 약 몇 [kW]인가?

① 14.5 ② 16.7
③ 18.2 ④ 19.6

풀이
역기전력 $E_c = V-(R_a+R_s)I = 220-0.05\times100 = 215[V]$
∴ $P = E_c I = 215\times100 = 21500[W] = 21.5[kW]$
∴ $P' = 21.5-1.7-(21.5\times0.01) = 19.6[kW]$ 【답】④

52 변압기의 등가회로를 작성하기 위하여 필요한 시험은?
① 권선저항측정, 무부하시험, 단락시험
② 상회전시험, 절연내력시험, 권선저항측정
③ 온도상승시험, 절연내력시험, 무부하시험
④ 온도상승시험, 절연내력시험, 권선저항측정

풀이
① 변압기의 절연 내력 시험 : 유도 시험, 가압 시험, 충격 전압 시험
② 변압기 **등가 회로 작성**에 필요한 시험
  • **권선의 저항**을 알아야 하고
  • 철손을 측정하는 **무부하 시험**
  • 동손을 측정하는 **단락 시험**이 필요하다. 【답】①

53 60[Hz], 12극, 회전자의 외경 2[m]인 동기발전기에 있어서 회전자의 주변속도는 약 몇 [m/s] 인가?
① 43 ② 62.8
③ 120 ④ 132

풀이
$N_s = \dfrac{120f}{p} = \dfrac{120\times60}{12} = 600[rpm]$
∴ $v = \pi D \cdot \dfrac{N_s}{60} = \pi\times2\times\dfrac{600}{60} = 62.8[m/s]$ 【답】②

54 직류 타여자발전기의 부하전류와 전기자전류의 크기는?
① 전기자전류와 부하전류가 같다.
② 부하전류가 전기자전류보다 크다.
③ 전기자전류가 부하전류보다 크다.
④ 전기자전류와 부하전류는 항상 0 이다.

풀이
타여자 발전기는 외부에서 계자 권선 F에 직류 전원을 공급하므로 잔류 자기가 없어도 되며, **전기자 전류(I_a)와 부하전류(I)**의 크기가 같다.

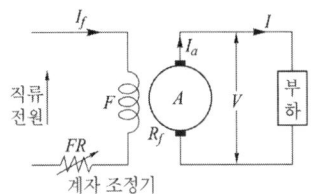

【답】①

55 유도전동기의 특성에서 토크와 2차 입력 및 동기속도의 관계는?
① 토크는 2차 입력과 동기속도의 곱에 비례한다.
② 토크는 2차 입력에 반비례하고, 동기속도에 비례한다.
③ 토크는 2차 입력에 비례하고, 동기속도에 반비례한다.
④ 토크는 2차 입력의 자승에 비례하고, 동기속도의 자승에 반비례한다.

풀이
토크 $T = \dfrac{P_2}{2\pi n_s}$
즉, 토크(T)는 2차 입력(P_2)에 비례하고 동기속도(n_s)에 반비례한다. 【답】③

56 농형 유도전동기의 속도제어법이 아닌 것은?
① 극수변환 ② 1차 저항변환
③ 전원전압변환 ④ 전원주파수변환

풀이
유도전동기의 속도 제어법
① **농형 유도 전동기의 속도 제어법**은
  • 주파수를 바꾸는 방법
  • 극수를 바꾸는 방법
  • 전원 전압을 바꾸는 방법
② 권선형 유도 전동기는
  • 2차 저항을 제어하는 방법
  • 2차 여자법 등이 있다. 【답】②

57 220[V], 60[Hz], 8극, 15[kW]의 3상 유도전동기에서 전부하 회전수가 864[rpm]이면 이 전동기의 2차 동손은 몇 [W]인가?
① 435 ② 537
③ 625 ④ 723

풀이

- 동기속도 $N_s = \dfrac{120f}{p} = \dfrac{120 \times 60}{8} = 900[\text{rpm}]$
- 슬립 $s = \dfrac{N_s - N}{N_s} = \dfrac{900 - 864}{900} = 0.04$
- 2차 동손 $P_{c2} = sP_2 = s \times \dfrac{P_0}{1-s} = 0.04 \times \dfrac{15000}{1-0.04} = 625[\text{W}]$

【답】③

58 2대의 동기발전기가 병렬 운전하고 있을 때 동기화 전류가 흐르는 경우는?
① 부하분담에 차가 있을 때
② 기전력의 크기에 차가 있을 때
③ 기전력의 위상에 차가 있을 때
④ 기전력의 파형에 차가 있을 때

풀이

병렬운전 조건	병렬 운전 조건이 다른 경우
기전력의 크기가 같을 것	무효 순환 전류가 흐른다.
기전력의 위상이 같을 것	유효 전류로 동기화 전류가 흐른다.
기전력의 주파수가 같을 것	동기화 전류가 주기적으로 흐른다.
기전력의 파형이 같을 것	고조파 무효 순환 전류가 흐른다.

【답】③

59 선박추진용 및 전기자동차용 구동전동기의 속도제어로 가장 적합한 것은?
① 저항에 의한 제어
② 전압에 의한 제어
③ 극수변환에 의한 제어
④ 전원주파수에 의한 제어

풀이
주파수 변화에 의한 제어는 전동기에 가해지는 전원 주파수를 바꾸어 속도를 제어하는 방법으로서, 원동기의 속도 제어에 의해 전용 발전기의 주파수를 변화시키는 것으로 **선박의 전기 추진용 전동기, 포터 모터의 속도제어 등**에 적합하다. 【답】④

60 변압기에서 권수가 2배가 되면 유기기전력은 몇 배가 되는가?
① 1 ② 2
③ 4 ④ 8

풀이
$E_1 = 4.44 f n_1 \phi_m$에서 기전력(E_1)은 권수(n_1)에 비례하므로 권수(n_1)가 2배로 되면 유기기전력(E_1)도 2배가 된다. 【답】②

2회 전기기기

41 직류 직권전동기의 운전상 위험속도를 방지하는 방법 중 가장 적합한 것은?
① 무부하 운전한다.
② 경부하 운전한다.
③ 무여자 운전한다.
④ 부하와 기어를 연결한다.

풀이
직권 전동기에서는 $I_a = I = I_f$이므로 $I = I_f \propto \phi$가 된다.
회전 속도 $n = K \dfrac{V - I_a(R_a + R_s)}{\phi}$에서 알 수 있듯이 **무부하 상태($I = 0$, 즉 $\phi = 0$)가 되면 속도가 급격히 상승**하여 원심력으로 파괴될 우려가 있다. 그러므로, 직권 전동기로 다른 기계를 운전하려면, 반드시 **직결하거나 기어(gear)를 사용하여야 한다**. 【답】④

42 권선형 유도전동기의 설명으로 틀린 것은?
① 회전자의 3개의 단자는 슬립링과 연결되어있다.
② 기동할 때에 회전자는 슬립링을 통하여 외부에 가감저항기를 접속한다.
③ 기동할 때에 회전자에 적당한 저항을 갖게 하여 필요한 기동토크를 갖게 한다.
④ 전동기 속도가 상승함에 따라 외부저항을 점점 감소시키고 최후에는 슬립링을 개방한다.

풀이 권선형 유도전동기의 2차저항법
기동시에는 2차 회로에 적당한 저항을 갖게하여 필요한 기동토크를 얻음과 동시에 기동전류를 억제하고 속도가 상승함에 따라 외부저항을 점차로 감소시켜 **최후에는 슬립링에서 단락**하여 저항손의 증대를 막고 운전상태에서는 양호한 특성을 얻게 한다. 【답】④

43 3상 전원에서 2상 전원을 얻기 위한 변압기의 결선방법은?
① △ ② T
③ Y ④ V

풀이
상수의 변환
① 3상-2상간의 상수 변환
 • 스코트 결선 (T결선) • 메이어 결선 • 우드 브리지 결선
② 3상-6상간의 상수 변환
 • 환상 결선 • 2중 3각 결선 • 2중 성형 결선
 • 대각 결선 • 포크 결선 【답】②

44 단상 반파정류회로에서 평균직류전압 200[V]를 얻는데 필요한 변압기 2차 전압은 약 몇 [V] 인가? (단, 부하는 순저항이고 정류기의 전압강하는 15[V]로 한다.)

① 400 ② 478
③ 512 ④ 642

풀이 단상 반파 정류

$$E_d = \frac{\sqrt{2}}{\pi}E - e = 0.45E - e \text{ [V]}$$

$$\therefore E = \frac{E_d + e}{0.45} = \frac{200 + 15}{0.45} = 477.78 \text{ [V]} \quad \text{【답】②}$$

45 유도전동기의 슬립 s의 범위는?

① $1 < s < 0$ ② $0 < s < 1$
③ $-1 < s < 1$ ④ $-1 < s < 0$

풀이 슬립의 범위
- 유도 전동기 : $0 < s < 1$
- 유도 발전기 : $s < 0$
- 제동기 : $s > 1$ 【답】②

46 정격 전압에서 전 부하로 운전하는 직류 직권전 동기의 부하전류가 50[A]이다. 부하토크가 반으로 감소하면 부하전류는 약 몇 [A] 인가? (단, 자기포화는 무시한다.)

① 25 ② 35
③ 45 ④ 50

풀이 토크와 속도와의 관계 (자기포화가 되지 않는 범위, 즉 $\phi \propto I$)에서 $T = K_1 \phi I_a$에서 $T = K_2 I^2$
($\because$ 직권전동기에서 $I_a = I_f = I \propto \phi$ 이다.)
따라서, $T : \frac{1}{2}T = 50^2 : I^2$

$$\therefore I^2 = \frac{1}{2} \times 50^2, \quad I = \frac{1}{\sqrt{2}} \times 50 = 35.36 \text{[A]} \quad \text{【답】②}$$

47 단상변압기를 병렬 운전하는 경우 부하전류의 분담에 관한 설명 중 옳은 것은?

① 누설리액턴스에 비례한다.
② 누설임피던스에 비례한다.
③ 누설임피던스에 반비례한다.
④ 누설리액턴스의 제곱에 반비례한다.

풀이 무부하 전압이 같다고 생각하면 무부하 전류에 의한 내부 전압 강하가 같아야 하므로 $I_A Z_A = I_B Z_B$

$$\therefore \frac{I_A}{I_B} = \frac{Z_B}{Z_A}$$

그러므로, **부하전류의 분담은 누설 임피던스에 반비례**한다.
【답】③

48 3상 동기기에서 제동권선의 주 목적은?

① 출력 개선 ② 효율 개선
③ 역률 개선 ④ 난조 방지

풀이 제동 권선의 역할
① **난조 방지**
② 기동 토크 발생
③ 불평형 부하시의 전류, 전압 파형 개선
④ 송전선의 불평형 단락시의 이상 전압 방지 【답】④

49 단상 유도전압조정기의 원리는 다음 중 어느 것을 응용한 것인가?

① 3권선 변압기
② V결선 변압기
③ 단상 단권변압기
④ 스콧트결선(T결선) 변압기

풀이 **단상 유도전압조정기**는 직렬권선에 대한 분로권선의 위치를 연속적으로 바꾸는 **단상 단권변압기의 일종**이다. 구조는 유도전동기와 비슷하며 고정자와 회전자로 구성되어 있다.
단상 유도 전압 조정기

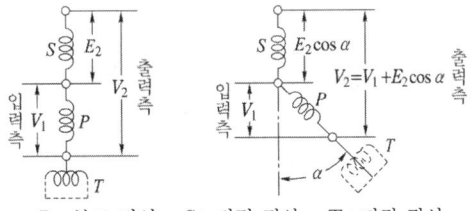

P : 분로 권선, S : 직렬 권선, T : 단락 권선

$V_2 = V_1 + E_2 \cos\alpha$ 【답】③

50 유도전동기의 속도제어 방식으로 틀린 것은?

① 크레머 방식 ② 일그너 방식
③ 2차 저항제어 방식 ④ 1차 주파수제어 방식

풀이
유도전동기의 속도 제어방식
- 2차 여자 제어 : 2차 여자 제어는 크레머 방식과 셀비어스 방식이 있으며 정지 셀비어스 방식은 전동 발전기 대신 다이리스터를 사용한다.
- 2차 저항 제어 : $\frac{r_2}{s_1} + \frac{r_2+R}{s_2}$ 의 비례추이를 이용한 방식
- 1차 주파수 제어 : $N_s = \frac{120f}{p}$ 에서 인버터를 이용하여 주파수 f를 변환시킴으로서 속도를 제어하는 방법. $\frac{V}{f}$ = 일정 의 관계를 유지한다.

그러나, **일그너 방식은 직류전동기의 속도제어 방식**이다. 【답】②

51 4극, 60[Hz]의 정류자 주파수 변환기가 1440 [rpm]으로 회전할 때의 주파수는 몇 [Hz]인가?
① 8 ② 10
③ 12 ④ 15

풀이
$N_s = \frac{120f}{p} = \frac{120 \times 60}{4} = 1800$ [rpm]
$s = \frac{N_s - N}{N_s} = \frac{1800 - 1440}{1800} = 0.2$
∴ $f_2 = sf_1 = 0.2 \times 60 = 12$ [Hz] 【답】③

52 직류전동기의 속도제어법 중 광범위한 속도제어가 가능하며 운전효율이 좋은 방법은?
① 병렬 제어법 ② 전압 제어법
③ 계자 제어법 ④ 저항 제어법

풀이
직류 전동기의 속도 제어법 비교

구 분	제어 특성	특 징
계자 제어법	정출력 제어	속도 제어 범위가 좁다.
전압 제어법	정토크 제어 ⎡워드 레오나드 방식 ⎣일그너 방식	제어 범위가 넓다. 손실이 매우 적다. 정역 운전이 가능 압연기나 권상기 등의 속도 제어에 사용 설비가 많이 든다.
직렬 저항법		효율이 나쁘다.

【답】②

53 변압기 단락시험과 관계없는 것은?
① 전압 변동률 ② 임피던스 와트
③ 임피던스 전압 ④ 여자 어드미턴스

풀이
변압기의 시험
(1) **개방회로(무부하) 시험**으로 측정할 수 있는 항목
 ① 무부하 전류 ② 히스테리시스손
 ③ 와류손 ④ **여자 어드미턴스** ⑤ 철손
(2) 단락시험으로 측정할 수 있는 항목
 ① 동손 ② 임피던스 와트 ③ 임피던스 전압 【답】④

54 교류 단상 직권전동기의 구조를 설명한 것 중 옳은 것은?
① 역률 및 정류개선을 위해 약계자 강전기자형으로 한다.
② 전기자 반작용을 줄이기 위해 약계자 강전기자형으로 한다.
③ 정류개선을 위해 강계자 약전기자형으로 한다.
④ 역률개선을 위해 고정자와 회전자의 자로를 성층철심으로 한다.

풀이
단상직권 전동기의 구조
- 철손을 감소시키기 위하여 전기자 및 계자는 성층철심을 사용하고 원통형 회전자로 한다.
- 정류 개선을 위해 브러시는 접촉저항이 어느 정도 큰 것을 사용하여 저항 정류로 하여야 한다.
- 전기자 반작용을 감소시키기 위해 보상권선을 설치한다.
- **역률을 개선하기 위해 약계자 강전기자형**으로 한다. 【답】①

55 전기자 저항이 0.3[Ω]인 분권발전기가 단자전압 550[V]에서 부하전류가 100[A]일 때 발생하는 유도기전력[V]은? (단, 계자전류는 무시한다.)
① 260 ② 420
③ 580 ④ 750

풀이
$I_a = I + I_f$ 에서 계자전류 I_f를 무시하므로
∴ $I_a = I = 100$[A]
유기기전력 $E = V + I_a R_a = 550 + 100 \times 0.3 = 580$[V]

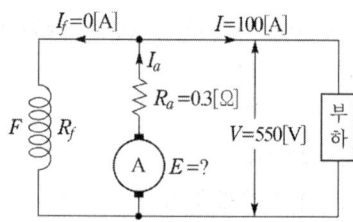

【답】③

56 병렬운전 중인 A, B 두 동기발전기 중 A발전기의 여자를 B발전기보다 증가시키면 A발전기는?
① 동기화 전류가 흐른다.
② 부하 전류가 증가한다.
③ 90° 진상 전류가 흐른다.
④ 90° 지상 전류가 흐른다.

풀이
A, B 두 대의 발전기가 병렬 운전 중에 A기의 여자를 증대하면, 즉 A기의 전압이 B기의 전압보다 높게 되면 A기로부터 B기로 전류가 흐르게 되는데 이때의 전류 I_c는
$$I_c = \frac{E_A - E_B}{j2x_s} = -j\frac{E_A - E_B}{2x_s}$$
로 A기에는 전압보다 90° 늦은 전류가 흐르게 된다. 【답】④

57 동기기의 단락전류를 제한하는 요소는?
① 단락비   ② 정격 전류
③ 동기 임피던스   ④ 자기 여자 작용

풀이
① 돌발 단락 전류 $I_s = \dfrac{E}{r_a + jx_l}$
- 돌발 단락 전류 제한 : 전기자 권선저항 r_a + 누설 리액턴스 x_l

② 영구 단락 전류 $I_s = \dfrac{E}{r_a + jx_s} = \dfrac{E}{r_a + j(x_a + x_l)} = \dfrac{E}{Z_s}$
- 영구 단락 전류 제한 : 전기자 권선 저항 r_a+누설 리액턴스 x_l+전기자 반작용 리액턴스 x_a

즉, **영구 단락 전류는 동기 임피던스 Z_s에 의해 억제**된다.
【답】③

58 3상 동기발전기가 그림과 같이 1선 지락이 발생하였을 경우 단락전류 I_0를 구하는 식은? (단, E_a는 무부하 유기기전력의 상전압, Z_0, Z_1, Z_2는 영상, 정상, 역상 임피던스이다.)

① $\dot{I}_0 = \dfrac{3\dot{E}_a}{\dot{Z}_0 \times \dot{Z}_1 \times \dot{Z}_2}$

② $\dot{I}_0 = \dfrac{\dot{E}_a}{\dot{Z}_0 \times \dot{Z}_1 \times \dot{Z}_2}$

③ $\dot{I}_0 = \dfrac{3\dot{E}_a}{\dot{Z}_0 + \dot{Z}_1 + \dot{Z}_2}$

④ $\dot{I}_0 = \dfrac{3\dot{E}_a}{\dot{Z}_0 + \dot{Z}_1^2 + \dot{Z}_2^3}$

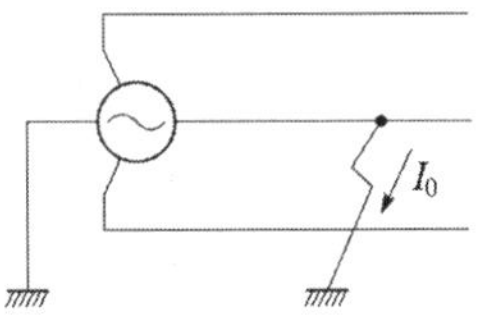

풀이
- 지락전류를 구하는 식은 어떤 것인가? 로 했어야 하나 오타가 발생하여 단락전류를 구하는 식을 질문한 관계로 전항 정답 처리 됨.
- 참고 : 1선지락전류
$$\dot{I}_0 = \frac{3\dot{E}_a}{\dot{Z}_0 + \dot{Z}_1 + \dot{Z}_2}[A]$$
【답】 전항정답

59 유도전동기의 동기와트에 대한 설명으로 옳은 것은?
① 동기속도에서 1차 입력
② 동기속도에서 2차 입력
③ 동기속도에서 2차 출력
④ 동기속도에서 2차 동손

풀이
동기와트란 슬립 s, 토크 T를 발생하며 회전하는 유도 전동기가 같은 토크 T를 발생하며 **동기 속도로 회전하는 것으로 가정하는 때의 입력 P_2**를 말한다. 2차 입력(동기 와트) P_2, 회전 각속도 ω, 동기 각속도 ω_s라 하면
$$T = \frac{P}{\omega} = \frac{P_2(1-s)}{\omega_s(1-s)} = \frac{P_2}{\omega_s}$$
$$\therefore P_2 = \omega_s T \,[\text{동기 와트}]$$
【답】②

60 임피던스 전압강하 4[%]의 변압기가 운전 중 단락되었을 때 단락전류는 정격전류의 몇 배가 흐르는가?
① 15   ② 20
③ 25   ④ 30

풀이 단락 전류 I_{1s}는
$$I_{1s} = I_{1n}\frac{100}{\%Z} = I_{1n} \times \frac{100}{4} = 25 I_{1n}$$
【답】③

4회 전기기기

41 직류에서 교류로 변환하는 기기는?
① 쵸퍼   ② 인버터
③ 회전 변류기   ④ 사이클로 컨버터

풀이
- 초 퍼 : DC를 DC로 변환
- **인버터 : DC를 AC로 변환**
- 회전 변류기 : 교류 전력을 직류 전력으로 바꾸는 회전기

- 사이클로 컨버터 : AC를 AC로 변환(전원 주파수와 다른 주파수의 전력으로 변환) 【답】②

42 직류전동기 중 부하가 변하면 속도가 심하게 변하는 전동기는?
① 직류 분권전동기 ② 직류 직권전동기
③ 차동 복권전동기 ④ 가동 복권전동기

■ 풀이
- 직권 전동기에서 $I_a = I = I_f$ 이므로 $I = I_f \propto \phi$ 가 된다.
- 직권 전동기의 회전속도
$$n = K \cdot \frac{V - I_a(R_a + R_s)}{\phi} = K_1 \cdot \frac{V - I_a(R_a + R_s)}{I}$$
- $I_a(R_a + R_s)$ 는 V에 비해 매우 적으므로 무시하면
$$n = K_2 \cdot \frac{V}{I} [\text{rps}] \text{가 된다}.$$

따라서, **직권전동기는 부하 전류(I)가 변화하면 속도가 현저하게 변하는 특성**이 있다. 【답】②

43 용량 P[kVA]인 동일 정격의 단상변압기 4대로 낼 수 있는 3상 최대출력용량은?
① $3P$ ② $\sqrt{3}P$
③ $2\sqrt{3}P$ ④ $3\sqrt{3}P$

■ 풀이
단상 변압기 4대는 V결선 2뱅크로 운전할 수 있으므로
최대 출력용량 $P = 2P_V = 2\sqrt{3}P$ [kVA] 【답】③

44 무부하 전동기는 역률이 낮지만 부하가 증가하면 역률이 커지는 이유는?
① 전류 증가 ② 효율 증가
③ 전압 감소 ④ 2차 저항 증가

■ 풀이
유도 전동기는 자기 회로에 공극이 있기 때문에 여자 전류가 전부하 전류의 20~50[%]에 이른다. 그리고 무부하 상태에서는 유효 전류가 매우 적기 때문에 무부하 전류는자화 전류로 보아도 좋다. 따라서, **무부하 전류는 역률이 매우 낮다**. 그러나 **2차측에 부하가 증가하면 유효분 전류의 증가**로 인하여 1차측에서 본 역률은 점점 좋아지게 된다. 【답】①

45 변압기 여자전류에 가장 많이 포함되어 있으며, 3상 결선에서 계통의 과전압과 통신선로에 간섭을 일으키는 고조파는?
① 제2고조파 ② 제3고조파
③ 제4고조파 ④ 제5고조파

■ 풀이
철심에는 자기포화 및 히스테리시스 현상이 있으므로 **변압기 여자전류에는 제3고조파**가 가장 많이 포함되어 있다. 【답】②

46 3상 유도전동기의 2차 저항을 m배로 하면 동일하게 m배로 되는 것은?
① 역률 ② 전류
③ 슬립 ④ 토크

■ 풀이
- 최대 토크를 발생하는 slip $S_m = \frac{r_2}{x_2}$ 에서 $S_m \propto r_2$
- 2차 저항 r_2를 m배하면 **최대 토크를 발생하는 슬립도 m배로 증가**하게 된다. 【답】③

47 병렬운전을 하고 있는 두 대의 3상 동기 발전기 사이에 무효 순환전류가 흐르는 경우는?
① 부하의 증가
② 부하의 감소
③ 원동기 출력의 감소
④ 기전력 크기의 변화

■ 풀이

병렬운전 조건	병렬 운전 조건이 다른 경우
기전력의 크기가 같을 것	**무효 순환 전류**가 흐른다.
기전력의 위상이 같을 것	유효 전류로 동기화 전류가 흐른다.
기전력의 주파수가 같을 것	동기화 전류가 주기적으로 흐른다.
기전력의 파형이 같을 것	고조파 무효 순환 전류가 흐른다.

【답】④

48 단상 직권 정류자전동기에 전기자 권선의 권수를 계자권수에 비해 많게 하는 이유가 아닌 것은?
① 역률 저하를 방지하기 위하여
② 속도 기전력을 크게 하기 위하여
③ 변압기 기전력을 크게 하기 위하여
④ 주자속을 작게 하고 토크를 증가시키기 위하여

■ 풀이
단상 정류자 전동기에서는 **약계자, 강전기자형**으로 하여 역률을 좋게 하고 **변압기 기전력을 작게** 한다. 【답】③

49 동기발전기의 돌발단락전류를 제한하는 것은?
① 권선저항   ② 누설리액턴스
③ 역상리액턴스   ④ 동기리액턴스

풀이
동기 발전기
- 돌발 단락전류 억제 : 누설 리액턴스
- 영구 단락전류 억제 : 동기 리액턴스(동기 리액턴스=누설 리액턴스 + 전기자 반작용 리액턴스)   【답】②

50 자기용량 10[kVA]의 단권변압기를 그림과 같이 접속하였을 때 부하역률이 80[%]라면 부하에 몇 [kW]의 전력을 공급할 수 있는가?
① 55
② 66
③ 77
④ 88

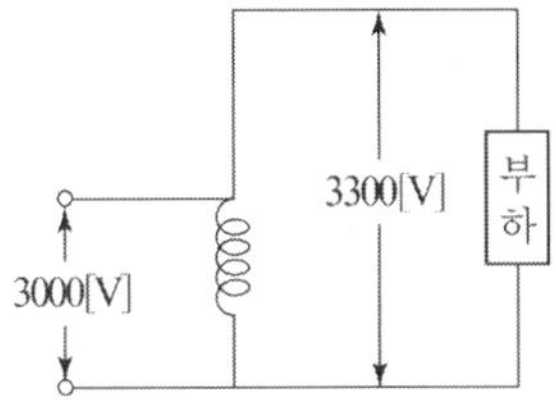

풀이
$\dfrac{\text{자기 용량}}{\text{부하 용량}} = \dfrac{V_h - V_l}{V_h}$ 에서

부하 용량 $= $ 자기 용량 $\times \left(\dfrac{V_h}{V_h - V_l}\right) = 10 \times \dfrac{3300}{3300 - 3000}$
$= 110 [kVA]$

$\cos\phi = 0.8$ 이므로 공급할 수 있는 부하 전력 P 는
$\therefore P = 110 \times 0.8 = 88 [kW]$ 【답】④

51 4극 3상 유도전동기를 60[Hz]의 전원에 접속하여 운전하고 있다. 회전자의 주파수가 3[Hz]일 때 회전자 속도[rpm]는?
① 1700   ② 1710
③ 1720   ④ 1730

풀이 회전자 주파수 $f_2 = sf_1$ 에서
슬립 $s = \dfrac{f_2}{f_1} = \dfrac{3}{60} = 0.05$

$\therefore N = (1-s)N_s = (1-s)\dfrac{120f}{p} = (1-0.05) \times \dfrac{120 \times 60}{4}$
$= 1710 [rpm]$ 【답】②

52 △결선 변압기의 1대가 고장으로 제거되어 V결선으로 할 때 공급할 수 있는 전력은 고장 전 전력의 몇 [%] 인가?
① 57.7   ② 66.7
③ 75.0   ④ 81.6

풀이
1대의 단상 변압기 용량을 P_1 라 하면 그 출력비는
$\dfrac{\text{V결선의 출력}}{\triangle\text{결선의 출력}} = \dfrac{\sqrt{3}P_1}{3P_1} = \dfrac{\sqrt{3}}{3} = 0.577 = 57.7[\%]$ 【답】①

53 실리콘제어정류기의 게이트 전류에 관한 설명으로 옳은 것은?
① 게이트 전류를 증가시키면 순방향 차단전압은 감소한다.
② 게이트 전류를 증가시키면 순방향 차단전압은 변함없다.
③ 게이트 전류를 감소시키면 브레이크 오버전압은 감소한다.
④ 게이트 전류를 감소시키면 브레이크 오버전압은 변함없다.

풀이
실리콘제어정류기(Silicon Controlled Rectifier)
- 순방향 전압이 SCR에 인가되어도 SCR은 다이오드처럼 바로 도통하는 것이 아니고 SCR을 점호하기 전까지는 계속 불통상태에 머물러 있으며 이러한 상태를 순방향 저지 상태라 한다.
- SCR은 **순방향 게이트 전류의 크기가 증가하면 순방향 차단 전압이 감소**되어 도통하게 된다.   【답】①

54 유도전동기로 직류발전기를 회전시킬 때, 직류발전기의 부하를 증가시키면 유도전동기의 속도는?
① 증가한다.
② 감소한다.
③ 변함없다.
④ 동기속도 이상으로 회전한다.

풀이
직류 발전기의 부하가 증가하게 되면 유도전동기의 부하도 증가하게 된다. 따라서, **유도전동기의 속도는 감소**하게 된다.   【답】②

55 변압기 절연물의 열화 정도를 파악하는 방법이 아닌 것은?
① 유전정접시험   ② 절연내력시험
③ 절연저항측정시험   ④ 권선저항측정시험

풀이
권선저항측정시험은 도체의 저항을 측정 하는 것으로서 절연체의 열화 정도를 파악하는 것과는 관계가 없다.   【답】④

56 동기발전기의 부하 포화곡선에 대한 설명 중 옳은 것은?

① 무부하시의 유기기전력과 계자전류의 관계를 나타낸 곡선
② 발전기를 정격속도로 운전하여 일정 역률, 일정 부하를 인가할 때 단자전압과 계자전류의 관계를 나타낸 곡선
③ 중성점을 제외한 전 단자를 단락하고 정격속도로 운전하여 계자전류를 0에서부터 서서히 증가시키는 경우 단락전류와 계자전류의 관계를 나타낸 곡선
④ 발전기 정격속도로 운전하고 지정된 정격전류에서 정격전압이 되도록 계자전류를 조정한 후 계자전류를 그대로 유지하면서 단자전압과 부하전류의 관계를 나타낸 곡선

풀이

구 분	횡 축	종 축	조 건
무부하 포화 곡선	I_f	$V(=E)$	$n=$일정 $I=0$
외부 특성 곡선	I	V	$n=$일정 $R_f=$일정
내부 특성 곡선	I	E	$n=$일정 $R_f=$일정
부하 특성 곡선	I_f	V	$n=$**일정** $I=$**일정**
계자 조정 곡선	I	I_f	$n=$일정 $V=$일정

단, V : 단자전압, E : 유기 기전력, I : 부하전류, I_f : 계자전류

【답】②

57 직류기의 전기자 반작용에 대한 설명이 옳은 것은?

① 전기자 반작용을 방지하기 위해 보상권선의 전류 방향을 전기자 전류의 방향과 동일하게 한다.
② 전기자 반작용이란 전기자 전류에 의한 자속이 계자자속에 영향을 미쳐 공극에서의 자속분포가 변하는 현상을 말한다.
③ 전기자 반작용을 방지하기 위해 전동기의 경우 브러시를 새로운 중성점으로 회전방향과 같은 방향으로 이동시켜야 한다.
④ 전기자 반작용을 방지하기 위해 발전기의 경우 브러시를 새로운 중성점으로 회전방향과 반대 방향으로 이동시켜야 한다.

풀이

전기자 권선에 흐르는 전류에 의한 자속이 계자에서 만든 주자속에 영향을 미치는 현상을 전기자 반작용이라고 한다.
1) 전기자 반작용의 영향
  ① 전기적 중성축 이동
    • 발전기 : 회전 방향으로 이동
    • 전동기 : 회전 방향과 반대 방향으로 이동
    (전기자 권선에 흐르는 전류의 방향이 발전기와 반대)
  ② 주자속 감소
    • 발전기 : 유기기전력 감소($E=P\phi n\frac{Z}{a}$)
    • 전동기 : 회전속도 상승($N=k\frac{V-I_ar_a}{\phi}$)
  ③ 정류자 편간의 불꽃섬락이 발생하여 정류 불량 발생
2) 전기자 반작용에 대한 대책
  ① 브러시를 새로운 중성점으로 이동
    • 발전기 : 회전 방향으로 이동
    • 전동기 : 회전 방향과 반대 방향으로 이동
  ② 보상권선 설치
    보상권선에 전기자 권선에 흐르는 전류와 크기는 동일하고 방향이 반대인 전류를 흐르게 함으로서 전기자 권선에서 만들어진 자속과 반대방향의 자속을 만들어 서로 상쇄시킴으로서 전기자 반작용을 보상하는 방식이다.

【답】②

58 3상 동기 발전기에 평형 3상 전류가 흐를 때 전기자 반작용은 이 전류가 기전력에 대하여 (A) 때 감자작용이 되고 (B)때 증자작용이 된다. A, B에 적당한 것은?

① A : 90° 뒤질, B : 동상일
② A : 90° 뒤질, B : 90° 앞설
③ A : 90° 앞설, B : 90° 뒤질
④ A : 90° 동상일, B : 90° 뒤질

풀이

발전기와 전동기의 전기자 반작용은 서로 반대이다.

분 류	동기 발전기	동기 전동기
전압과 동상	교차 자화 작용 (횡축 반작용)	교차 자화 작용 (횡축 반작용)
전압에 대하여 **진상전류**	증자 작용	감자 작용
전압에 대하여 **지상전류**	감자 작용	증자 작용

【답】②

59 4극 60[Hz]의 정류자 주파수 변환기가 1440 [rpm]으로 회전할 때의 주파수는 몇 [Hz]인가?

① 8   ② 10
③ 12   ④ 15

풀이

$$N_s = \frac{120f}{p} = \frac{120 \times 60}{4} = 1800 \text{ [rpm]}$$

$$s = \frac{N_s - N}{N_s} = \frac{1800 - 1440}{1800} = 0.2$$

$$\therefore f_2 = sf_1 = 0.2 \times 60 = 12 \text{[Hz]}$$

【답】 ③

60 직류기의 효율이 최대가 되는 경우는?

① 고정손 = 부하손

② 전 부하동손 = 철손

③ 기계손 = 전기자동손

④ 와류손 = 히스테리시스손

풀이

최대 효율은 **고정손 = 부하손**일 때이다.

즉, $m^2 P_c = P_i$

여기서, m : 부하율, P_c : 전부하 동손, P_i : 철손

【답】 ①

2019년 기출문제

| 1회 | 전기기기 |

41 정격 150 [kVA], 철손 1 [kW], 전부하 동손이 4 [kW]인 단상변압기의 최대 효율[%]과 최대효율 시의 부하[kVA]는? (단, 부하 역률은 1이다.)
① 96.8[%], 125[kVA]
② 97[%], 50[kVA]
③ 97.2[%], 100[kVA]
④ 97.4[%], 75[kVA]

풀이
변압기 효율은 $m^2 P_c = P_i$ 일 때 최대이므로
$m^2 \times 4 = 1$ ∴ $m = \sqrt{\dfrac{1}{4}} = \dfrac{1}{2}$
따라서 $150 \times \dfrac{1}{2} = 75$ [kVA]에서 최대 효율이 된다
∴ $\eta_m = \dfrac{150 \times \dfrac{1}{2}}{150 \times \dfrac{1}{2} + 1 \times 2} \times 100 = 97.4[\%]$ 【답】 ④

42 사이리스터에 의한 제어는 무엇을 제어하여 출력전압을 변환시키는가?
① 토크   ② 위상각
③ 회전수   ④ 주파수

풀이
반도체 사이리스터에 의한 제어는 정류 전압의 **위상각을 제어**한다. 【답】 ②

43 전동력 응용기기에서 GD^2의 값이 적은 것이 바람직한 기기는?
① 압연기   ② 송풍기
③ 냉동기   ④ 엘리베이터

풀이
엘리베이터용 전동기는 일반적으로 성능이 높은 신뢰도를 지니며 기동 토크가 큰 것이 요구된다. 또한 사용빈도가 높으며, 마이너스 부하로부터 과부하까지 광범위하게 제어가 되어야 할 뿐만 아니라 기동 전류와 전동기의 GD^2이 **작아야 하고**, 소음 및 속도와 회전력의 맥동이 없어야 한다. 【답】 ④

44 직류 및 교류 양용에 사용되는 만능 전동기는?
① 복권전동기
② 유도전동기
③ 동기전동기
④ 직권 정류자전동기

풀이
직류 직권 전동기에 가해 주는 직류 전압을 그림과 같이 바꿀 경우에도 자속과 전기자 전류의 방향이 동시에 모두 반대가 되므로, 회전 방향은 변하지 않는다.

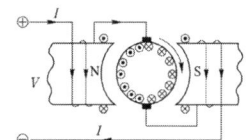 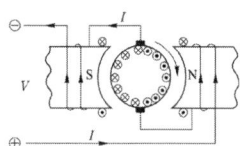

직·교류 양용 전동기의 원리

따라서, 이 직류 직권 전동기에 교류 전압을 가해 주어도 전동기는 항상 같은 방향의 토크를 발생하고, 회전을 같은 방향으로 계속한다. 직·교류 양용 전동기(만능 전동기)는 이와 같은 원리를 이용한 전동기로서 단상 직권 정류자 전동기라고 하며, 믹서기, 재봉틀, 진공청소기, 휴대용 드릴 및 영사기 등에 사용된다. 【답】 ④

45 온도 측정장치 중 변압기의 권선온도 측정에 가장 적당한 것은?
① 탐지코일   ② dial온도계
③ 권선온도계   ④ 봉상온도계

풀이
권선온도계 : 변압기의 상부 온도와 부하전류에 의한 **권선의 온도를 측정**한다. 【답】 ③

46 어떤 변압기의 백분율 저항강하가 2[%], 백분율 리액턴스강하가 3[%]라 한다. 이 변압기로 역률(지역률)이 80[%]인 부하에 전력을 공급하고 있다. 이 변압기의 전압변동률은 몇 [%] 인가?

① 2.4　　　　　　　② 3.4
③ 3.8　　　　　　　④ 4.0

■ 풀이
뒤진 역률(지역률)이므로
전압 변동률 $\epsilon = p\cos\theta + q\sin\theta = 2 \times 0.8 + 3 \times 0.6 = 3.4[\%]$

【답】②

47 어떤 IGBT의 열용량은 0.02[J/℃], 열저항은 0.625[℃/W]이다. 이 소자에 직류 25[A]가 흐를 때 전압강하는 3[V]이다. 몇 [℃]의 온도상승이 발생하는가?

① 1.5　　　　　　　② 1.7
③ 47　　　　　　　④ 52

■ 풀이
열저항 $R_\theta = \dfrac{\Delta T}{P}[℃/W]$ 이므로,
(여기서, ΔT : 온도상승범위[℃], P : 손실[W])
따라서 $\Delta T = R_\theta \times P = 0.625 \times 25 \times 3 = 46.88[℃]$

【답】③

48 직류전동기의 속도제어법 중 정지 워드 레오나드 방식에 관한 설명으로 틀린 것은?

① 광범위한 속도제어가 가능하다.
② 정토크 가변속도의 용도에 적합하다.
③ 제철용 압연기, 엘리베이터 등에 사용된다.
④ 직권전동기의 저항제어와 조합하여 사용한다.

■ 풀이
직류 전동기의 속도 제어법 비교

구 분	제어 특성	특 징
계자 제어법	정출력 제어	• 속도 제어 범위가 좁다.
전압 제어법	정토크 제어 - 워드 레오나드 방식 - 일그너 방식	• 제어 범위가 넓다. • 손실이 매우 적다. • 정역 운전이 가능 • 압연기나 권상기 등의 속도제어에 사용 • 설비비가 많이 든다.
직렬 저항법		• 효율이 나쁘다.

【답】④

49 동기전동기에서 90° 앞선 전류가 흐를 때 전기자 반작용은?

① 감자작용　　　　　② 증자작용
③ 편자작용　　　　　④ 교차자화작용

■ 풀이
발전기와 전동기의 전기자 반작용은 서로 반대이다.

분 류	동기 발전기	동기 전동기
전압과 동상	교차 자화 작용	교차 자화 작용
진상 전류	증자 작용	**감자 작용**
지상 전류	감자 작용	증자 작용

【답】①

50 권수비 30인 단상변압기의 1차에 6600[V]를 공급하고, 2차에 40[kW], 뒤진 역률 80[%]의 부하를 걸 때 2차 전류 I_2 및 1차 전류 I_1은 약 몇 [A] 인가? (단, 변압기의 손실은 무시한다.)

① $I_2 = 145.5$, $I_1 = 4.85$
② $I_2 = 181.8$, $I_1 = 6.06$
③ $I_2 = 227.3$, $I_1 = 7.58$
④ $I_2 = 321.3$, $I_1 = 10.28$

■ 풀이
• 2차 전압 $V_2 = \dfrac{V_1}{a} = \dfrac{6600}{30} = 220[V]$
• 2차 전류 $I_2 = \dfrac{P}{V_2 \cos\theta} = \dfrac{40 \times 10^3}{220 \times 0.8} = 227.27[A]$
• 1차 전류 $I_1 = \dfrac{I_2}{a} = \dfrac{227.27}{30} = 7.58[A]$

【답】③

51 일정 전압으로 운전하는 직류전동기의 손실이 $x + yI^2$으로 될 때 어떤 전류에서 효율이 최대가 되는가? (단, x, y는 정수이다.)

① $I = \sqrt{\dfrac{x}{y}}$　　　　　② $I = \sqrt{\dfrac{y}{x}}$
③ $I = \dfrac{x}{y}$　　　　　　④ $I = \dfrac{y}{x}$

■ 풀이
x는 부하 전류에 관계없는 고정손, yI^2은 전류의 제곱에 비례하는 가변손 **최대 효율 조건은 고정손 = 가변손**이므로 즉, $x = yI^2$이 되는 부하 전류 $I = \sqrt{\dfrac{x}{y}}$ 에서 최대 효율이 된다.

【답】①

과년도 기출문제 2019년

52 T-결선에 의하여 3300[V]의 3상으로부터 200[V], 40[kVA]의 전력을 얻는 경우 T좌 변압기의 권수비는 약 얼마인가?

① 10.2　② 11.7
③ 14.3　④ 16.5

풀이
주좌 변압기의 권수비를 a_M, T좌 변압기의 권수비를 a_T 라 하면
$$a_T = a_M \times \frac{\sqrt{3}}{2} = \frac{3300}{200} \times \frac{\sqrt{3}}{2} = 16.5 \times 0.866 = 14.29$$
【답】③

53 유도전동기 슬립 s의 범위는?

① $1 < s$　② $s < -1$
③ $-1 < s < 0$　④ $0 < s < 1$

풀이
슬립의 범위
- 유도 전동기 : $0 < s < 1$
- 유도 발전기 : $s < 0$
- 제동기 : $s > 1$

【답】④

54 전기자 총 도체수 500, 6극, 중권의 직류전동기가 있다. 전기자 전 전류가 100[A]일 때의 발생 토크는 약 몇 [kg·m]인가? (단, 1극당 자속수는 0.01[Wb] 이다.)

① 8.12　② 9.54
③ 10.25　④ 11.58

풀이
$$T = \frac{pZ}{2\pi a}\phi I_a = \frac{6 \times 500}{2 \times \pi \times 6} \times 0.01 \times 100 = 79.58 [N \cdot m]$$
1 [kg·m] = 9.8[N·m] 이므로
토크 $T = \frac{79.58}{9.8} = 8.12 [kg \cdot m]$
【답】①

55 3상 동기발전기 각 상의 유기기전력 중 제3고조파를 제거하려면 코일간격/극간격을 어떻게 하면 되는가?

① 0.11　② 0.33
③ 0.67　④ 1.34

풀이
- 제n고조파에 대한 단절 계수(코일 간격/극 간격)
  $K_{pn} = \sin\frac{n\beta\pi}{2}$ 이므로

제3고조파에 대한 단절 계수 $K_{p3} = \sin\frac{3\beta\pi}{2}$ 이다.
- $\sin\theta$의 값이 0이 되기 위해서는 $\theta = 0$, π, 2π, ⋯가 되어야 한다.
- $\frac{3\beta\pi}{2} (=\theta)$가 0, π, 2π, ⋯ 이 되기 위한 β는 0, 0.67, 1.33, ⋯ 이나 이 중에서 1보다 작고 가장 가까운 $\beta = 0.67$이 제일 적당하다.
【답】③

56 3상 유도전동기의 토크와 출력에 대한 설명으로 옳은 것은?

① 속도에 관계가 없다.
② 동일 속도에서 발생한다.
③ 최대 출력은 최대 토크보다 고속도에서 발생한다.
④ 최대 토크가 최대 출력보다 고속도에서 발생한다.

풀이

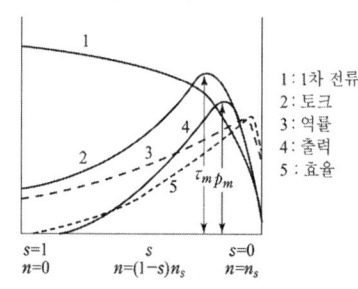

3상 유도 전동기 속도 특성 곡선

속도 상승시(슬립 s가 감소) 출력이 토크보다 나중에 최대값에 도달하므로, 최대 출력은 최대 토크보다 고속도에서 발생한다.
【답】③

57 단자전압 220[V], 부하전류 48[A], 계자전류 2[A], 전기자 저항 0.2[Ω]인 직류분권발전기의 유도기전력[V]은? (단, 전기자 반작용은 무시한다.)

① 210　② 220
③ 230　④ 240

풀이

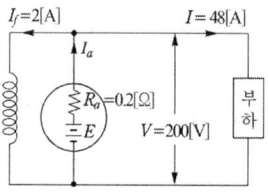

유기기전력
$E = V + I_a R_a = V + (I + I_f)R_a = 220 + (48+2) \times 0.2 = 230[V]$
【답】③

58 200[kW], 200[V]의 직류 분권발전기가 있다. 전기자 권선의 저항이 0.025[Ω]일 때 전압변동률은 몇 [%]인가?

① 6.0   ② 12.5
③ 20.5 ④ 25.0

풀이
무부하 단자 전압 V_0는
$$V_0 = V_n + R_a I_a = 200 + 0.025 \times \frac{200 \times 10^3}{200} = 225 \, [V]$$
그러므로, 전압변동률 ϵ[%]
$$\therefore \epsilon = \frac{V_0 - V_n}{V_n} \times 100 = \frac{225 - 200}{200} \times 100 = 12.5[\%] \quad 【답】②$$

59 동기발전기에서 전기자 전류를 I, 역률을 $\cos\theta$라 하면 횡축 반작용을 하는 성분은?

① $I\cos\theta$ ② $I\cot\theta$
③ $I\sin\theta$ ④ $I\tan\theta$

풀이
- 유효분 $I\cos\theta$: 기전력과 같은 위상의 전류 성분으로서 **횡축 반작용**
- 무효분 $I\sin\theta$: 기전력 보다 $\pi/2$[rad]만큼 뒤지거나 앞서기 때문에 직축 반작용 【답】①

60 단상 유도전동기와 3상 유도전동기를 비교했을 때 단상 유도전동기의 특징에 해당되는 것은?

① 대용량이다.
② 중량이 작다.
③ 역률, 효율이 좋다.
④ 기동장치가 필요하다.

풀이
단상 유도전동기는 회전자가 정지하고 있을 때에는 회전자계가 생기지 않는다. 즉, 기동토크가 0 이기 때문에 자기 기동을 하지 못한다.
따라서, 정류자와 브러시를 도입하거나 반발 전동기 내에 분상형과 같은 보조권선의 수단에 의해서 **회전 자계를 발생하는 기동 장치가 필요**하다. 【답】④

2회 전기기기

41 단상변압기 3대를 이용하여 △-△결선하는 경우에 대한 설명으로 틀린 것은?

① 중성점을 접지할 수 없다.
② Y-Y결선에 비해 상전압이 선간전압의 $\frac{1}{\sqrt{3}}$배 이므로 절연이 용이하다.
③ 3대 중 1대에서 고장이 발생하여도 나머지 2대로 V결선하여 운전을 계속할 수 있다.
④ 결선 내에 순환전류가 흐르나 외부에는 나타나지 않으므로 통신장애에 대한 염려가 없다.

풀이
△-△**결선**에서는 선간전압과 상전압은 크기가 같고 동상이 된다. $V_l = V_p \angle 0°$
따라서, △-△결선의 변압기 권선 절연은 선간전압을 기준으로 하여야 하므로 **절연은 Y-Y결선에 비해 불리**하다. 【답】②

42 누설 변압기에 필요한 특성은 무엇인가?

① 수하특성   ② 정전압특성
③ 고저항특성   ④ 고임피던스특성

풀이
누설 변압기는 2차 전류가 증가하려 하면 1차 및 2차 누설 자속이 증가하여 2차 유기 기전력이 감소하고 전압강하가 증대되어 2차 전류는 감소하게 된다. 즉, I_2가 증가하면 E_2가 감소하는 **수하특성**을 갖게 되어 I_2를 일정하게 유지시키게 된다. 【답】①

43 권선형 유도전동기의 저항제어법의 장점은?

① 부하에 대한 속도변동이 크다.
② 역률이 좋고, 운전효율이 양호하다.
③ 구조가 간단하며, 제어조작이 용이하다.
④ 전부하로 장시간 운전하여도 온도 상승이 적다.

풀이

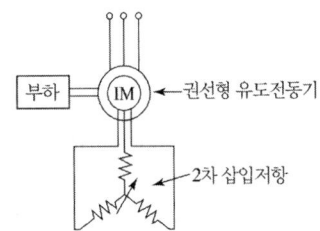

2차 저항제어는 권선형 유도전동기에서만 사용 할 수 있는 방법으로 2차회로의 저항의 변화에 의한 토오크 속도특성의 비례추이를 응용한 것으로 다음과 같은 특징이 있다.
① 전류가 큰 2차 회로에 저항을 삽입하여 제어 하므로 2차 저항원이 현저하게 커져서 효율이 낮게 되는 결점이 있다.
② **구조가 간단하고 조작이 용이**하며, 동기속도 이하의 속도제어를 원활하고 광범위하게 행할 수 있다.
③ 속도제어의 한도는 동기속도의 40[%] 정도이다. 【답】③

44 권선형 유도전동기에서 비례추이를 할 수 없는 것은?

① 토크 ② 출력
③ 1차 전류 ④ 2차 전류

풀이
- 비례추이가 되는 항목 : 토크, 역률, 2차 전류, 1차 전류
- 비례추이가 되지 않는 항목 : 기계적 출력, 2차 동손, 효율, 저항, 동기속도 【답】②

45 동기발전기의 단락시험, 무부하시험에서 구할 수 없는 것은?

① 철손 ② 단락비
③ 동기리액턴스 ④ 전기자 반작용

풀이

측정항목	시험의 종류
철손	무부하 시험
기계손	무부하 시험
동기임피던스	단락 시험
동기리액턴스	단락 시험
단락비	무부하(포화) 시험, 단락 시험

【답】④

46 직류발전기에서 기하학적 중성축과 각도 θ만큼 브러시의 위치가 이동되었을 때 감자기자력[AT/극]은? (단, $K = \dfrac{I_a Z}{2pa}$)

① $K\dfrac{\theta}{\pi}$ ② $K\dfrac{2\theta}{\pi}$
③ $K\dfrac{3\theta}{\pi}$ ④ $K\dfrac{4\theta}{\pi}$

풀이
중성축과 각도 θ만큼 브러시의 위치가 이동되었을 경우 감자기자력은

$$AT_d = \dfrac{Z}{2p} \cdot \dfrac{4\theta}{2\pi} \cdot \dfrac{I_a}{a} = \dfrac{I_a Z}{2pa} \times \dfrac{2\theta}{\pi} = K\dfrac{2\theta}{\pi}\ [\text{AT/극}]$$

【답】②

47 다음은 직류 발전기의 정류곡선이다. 이 중에서 정류 말기에 정류의 상태가 좋지 않은 것은?

① ⓐ
② ⓑ
③ ⓒ
④ ⓓ

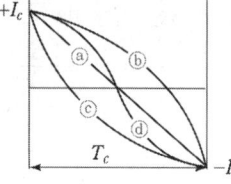

풀이
ⓐ : 직선 정류 (불꽃 없는 정류)
ⓑ : 부족 정류 (정류말기에 $\dfrac{dI}{dt}$ 가 크므로 정류 말기에 불꽃이 발생)
ⓒ : 과정류 (정류초기에 $\dfrac{dI}{dt}$ 가 크므로 정류 초기에 불꽃이 발생)
ⓓ : 정현파 정류 (불꽃 없는 정류) 【답】②

48 자극수 4, 전기자 도체수 50, 전기자저항 0.1[Ω]의 중권 타여자전동기가 있다. 정격전압 105[V], 정격전류 50[A]로 운전하던 것을 전압 106[V] 및 계자회로를 일정히 하고 무부하로 운전했을 때 전기자 전류가 10[A]이라면 속도변동률[%]은? (단, 매극의 자속은 0.05[Wb]라 한다.)

① 3 ② 5
③ 6 ④ 8

풀이

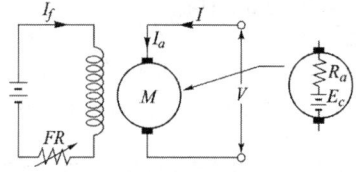

- 부하시 역기전력 $E_c = V - I_a R_a = 105 - 50 \times 0.1 = 100[\text{V}]$
- 역 기전력 $E_c = \dfrac{pZ}{a}\Phi\dfrac{N}{60}$ [V]에서

회전속도 $N = \dfrac{aE_c \times 60}{pZ\Phi} = \dfrac{4 \times 100 \times 60}{4 \times 50 \times 0.05} = 2400\ [\text{rpm}]$

(중권에서 $a = p$)

- 무부하 시 역기전력
$E_c' = V' - I_a' R_a = 106 - 10 \times 0.1 = 105[\text{V}]$

- 회전속도 $N' = \dfrac{aE' \times 60}{pZ\Phi} = \dfrac{4 \times 105 \times 60}{4 \times 50 \times 0.05} = 2520[\text{rpm}]$
- 속도 변동률 $= \dfrac{N'-N}{N} \times 100[\%] = \dfrac{2520-2400}{2400} \times 100 = 5[\%]$

【답】②

49 동기 주파수변환기의 주파수 f_1 및 f_2 계통에 접속되는 양극을 P_1, P_2라 하면 다음 어떤 관계가 성립되는가?

① $\dfrac{f_1}{f_2} = P_2$ ② $\dfrac{f_1}{f_2} = \dfrac{P_2}{P_1}$

③ $\dfrac{f_1}{f_2} = \dfrac{P_1}{P_2}$ ④ $\dfrac{f_2}{f_1} = P_1 \cdot P_2$

풀이

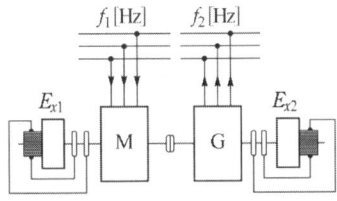

동기 주파수 변환기
주파수가 다른 2개의 송전 계통을 연결하여 전력을 주고 받고자 하는 경우 또는 전원 주파수와 다른 주파수를 필요로 하는 경우 사용되며 동기 전동기와 동기 발전기를 직결하여 주파수를 변환하는 장치이다. 따라서, 전동기와 발전기의 회전속도 N_s가 같아야 하므로 $N_s = \dfrac{120f_1}{P_1} = \dfrac{120f_2}{P_2}$의 관계가 있다.

따라서, $\dfrac{f_1}{P_1} = \dfrac{f_2}{P_2}$에서 $\dfrac{f_1}{f_2} = \dfrac{P_1}{P_2}$ 【답】③

50 직류 직권전동기의 속도제어에 사용되는 기기는?

① 초퍼
② 인버터
③ 듀얼 컨버터
④ 사이클로 컨버터

풀이
- AC → DC 컨버터(위상제어정류기) : 직류 전동기의 속도 제어
- DC → AC 인버터 : 교류 전동기의 속도 제어
- DC-DC **직류초퍼회로** : **직류 전동기의 속도 제어**
- AC-AC 사이클로컨버터 : 가변 주파수, 가변 출력 전압 발생

【답】①

51 6극 유도전동기의 고정자 슬롯(slot)홈 수가 36이라면 인접한 슬롯 사이의 전기각은?

① 30°   ② 60°
③ 120° ④ 180°

풀이

전기각(α) $= \dfrac{180°}{\text{슬롯수/극수}} = \dfrac{180°}{36/6} = 30°$ 【답】①

52 단락비가 큰 동기발전기에 대한 설명 중 틀린 것은?

① 효율이 나쁘다.
② 계자전류가 크다.
③ 전압변동률이 크다.
④ 안정도와 선로 충전용량이 크다.

풀이
단락비가 큰 기계(철기계)
- 동기 임피던스가 적다 ($K_s \propto \dfrac{1}{Z_s}$)
- **전압변동률이 작다.**
- 전기자 반작용이 작다.
- 출력이 크다.
- 과부하 내량이 크고 안정도가 높다.
- 자기 여자 현상이 작다.
- 송전선로의 충전용량이 크다.
- 철손, 기계손 등의 고정손이 커서 효율이 나쁘다.
- 극수가 많은 저속기에 적합하다.
- 부피가 커지며 가격이 비싸다. 【답】③

53 직류전압의 맥동률이 가장 작은 정류회로는? (단, 저항부하를 사용한 경우이다.)

① 단상전파
② 단상반파
③ 3상반파
④ 3상전파

풀이
- 맥동률 $= \sqrt{\dfrac{\text{실효값}^2 - \text{평균값}^2}{\text{평균값}^2}} \times 100 = \dfrac{\text{교류분}}{\text{직류분}} \times 100[\%]$

정류 종류	단상 반파	단상 전파	3상 반파	3상 전파
맥동률[%]	121	48	17.7	4.04

【답】④

54 직류 분권발전기가 운전 중 단락이 발생하면 나타나는 현상으로 옳은 것은?
① 과전압이 발생한다.
② 계자저항선이 확립된다.
③ 큰 단락전류로 소손된다.
④ 작은 단락전류가 흐른다.

풀이
운전 중 서서히 단락 ⇒ 처음에는 큰 전류가 흐르나 종래에는 소전류가 흐른다.
- 초기의 큰 단락 전류에 의한 전압 강하($I_aR_a+e_a+e_b$) 때문에 단자 전압 V 감소 ($V=E-I_aR_a-e_a-e_b$)
- 단자 전압 V가 감소하였으므로 $I_f=\dfrac{V}{R_f}$ 에서 계자 전류 I_f 및 자속 ϕ 감소
- 자속 ϕ가 감소하였기 때문에 $E=P\phi n\dfrac{Z}{a}$ 에서 유기기전력 E 감소
- 유기기전력 E가 감소하므로 단자전압 $V=E-I_aR_a-e_a-e_b$ 가 더 감소하게 되고 종래에는 소전류가 흐르게 된다.

【답】④

55 직류전동기의 속도제어 방법에서 광범위한 속도제어가 가능하며, 운전효율이 가장 좋은 방법은?
① 계자제어
② 전압제어
③ 직렬 저항제어
④ 병렬 저항제어

풀이
직류 전동기의 속도 제어법 비교

구 분	제어 특성	특 징
계자 제어법	정출력 제어	• 속도 제어 범위가 좁다.
전압 제어법	정토크 제어 ┌워드 레오나드 방식 └일그너 방식	• 제어 범위가 넓다. • 손실이 매우 적다. • 정역 운전이 가능 • 압연기나 권상기 등의 속도제어에 사용 • 설비비가 많이 든다.
직렬 저항법		• 효율이 나쁘다.

【답】②

56 동기발전기의 권선을 분포권으로 하면?
① 난조를 방지한다.
② 파형이 좋아진다.
③ 권선의 리액턴스가 커진다.
④ 집중권에 비하여 합성 유도 기전력이 높아진다.

풀이
분포권의 장·단점
[장점]
① 기전력의 고조파가 감소하여 파형이 좋아진다.
② 권선의 누설 리액턴스가 감소한다.
③ 전기자 권선에 의한 열을 고르게 분포시켜 과열을 방지한다.
[단점]
① 분포권은 집중권에 비하여 합성 유기 기전력이 감소한다.

【답】②

57 어떤 변압기의 부하역률이 60[%]일 때 전압변동률이 최대라고 한다. 지금 이 변압기의 부하역률이 100[%]일 때 전압변동률을 측정했더니 3[%]였다. 이 변압기의 부하역률이 80[%]일 때 전압변동률은 몇 [%]인가?
① 2.4
② 3.6
③ 4.8
④ 5.0

풀이
전압변동률 $\epsilon=p\cos\theta+q\sin\theta$ 이다.
(여기서, p : %저항강하, q : %리액턴스강하)
- 부하 역률 100[%]일 때
$\epsilon_{100}=p\cos\theta+q\sin\theta=p\times 1+q\times 0=p=3[\%]$
- 최대 전압변동률 ϵ_{max} 을 부하역률 $\cos\theta_m$ 일 때라고 하면,
$\cos\theta_m=\dfrac{p}{\sqrt{p^2+q^2}}=\dfrac{3}{\sqrt{3^2+q^2}}=0.6 \quad q=4[\%]$
- 따라서, 부하역률이 80[%]일 때의 전압변동률은
$\epsilon_{80}=p\cos\theta+q\sin\theta=3\times 0.8+4\times 0.6=4.8[\%]$

【답】③

58 그림은 복권발전기의 외부특성곡선이다. 이 중 과복권을 나타내는 곡선은?
① A
② B
③ C
④ D

풀이
A : 과복권, B : 평복권
C : 부족복권, D : 차동복권

【답】①

59 200[V]의 배전선 전압을 220[V]로 승압하여 30[kVA]의 부하에 전력을 공급하는 단권변압기가 있다. 이 단권변압기의 자기용량은 약 몇 [kVA] 인가?

① 2.73
② 3.55
③ 4.26
④ 5.25

풀이

$\dfrac{\text{자기 용량}}{\text{부하 용량}} = \dfrac{V_h - V_l}{V_h}$ 에서

∴ 자기 용량 $= \dfrac{V_h - V_l}{V_h} \times$ 부하 용량 $= \dfrac{220 - 200}{220} \times 30$
$= 2.73 \text{[kVA]}$ 【답】①

60 유도전동기에서 공간적으로 본 고정자에 의한 회전자계와 회전자에 의한 회전자계는?

① 항상 동상으로 회전한다.
② 슬립만큼의 위상각을 가지고 회전한다.
③ 역률각만큼의 위상각을 가지고 회전한다.
④ 항상 180°만큼의 위상각을 가지고 회전한다.

풀이

회전자가 $N = (1-s)N_s \text{[rpm]}$으로 회전하고 있을 때 이 회전자의 전류에 의하여 형성되는 회전자 전류의 주파수가 $sf\text{[Hz]}$이므로 회전자에 대해서 $sN_s\text{[rpm]}$의 속도로 회전자와 같은 방향으로 회전하고 있다. 한편 회전자 자신은 $(1-s)N_s\text{[rpm]}$의 속도로 돌고 있으므로 회전자가 만드는 회전자계는 고정자에 대하여

$(1-s)N_s + sN_s = N_s\text{[rpm]}$

그러므로 **회전자가 만드는 회전자계는 고정자가 만드는 회전자계의 방향으로 동기속도**, 즉 **항상 동상으로 회전한다.** 【답】①

| **4회** | **전기기기** |

41 직류전동기의 부하가 증가할 때 나타나는 현상으로 틀린 것은?

① 역기전력이 감소한다.
② 전동기의 속도가 떨어진다.
③ 전동기의 단자전압이 증가한다.
④ 전동기의 부하전류가 증가한다.

풀이

- 전동기가 정격 속도로 회전하면 도체는 자속을 끊어 발전기와 마찬가지로 기전력을 유기한다. 이 기전력의 방향은 플레밍의 오른손 법칙에 의해 공급해준 단자 전압과는 반대 방향이므로 역기전력(E_c)이라고 한다.
- 역기전력 $E_c = p\phi n \dfrac{Z}{a}$
- 단자 전압 $V = E_c + I_a R_a$
- 전동기의 기계적 부하가 증가하면 전동기의 속도(n)가 감소하게 된다.
- 역기전력 E_c는 회전 속도에 비례$\left(E_c = p\phi n \dfrac{Z}{a}\right)$하므로 전동기의 기계적 부하가 증가하여 속도가 감소하면 역기전력도 감소하게 된다.
- 역기전력 E_c가 감소하게 되면 전기자 전류 I_a가 증가하게 된다.
$\left(I_a = \dfrac{V - E_c}{R_a}\right)$
- 이때 **전동기의 공급전압(단자 전압 V)는 일정**하다. 【답】③

42 전기자권선과 계자권선이 병렬로만 연결된 직류기는?

① 직권
② 분권
③ 복권
④ 타여자

풀이

① **분권 발전기** : 전기자 권선과 계자 권선이 병렬로 접속

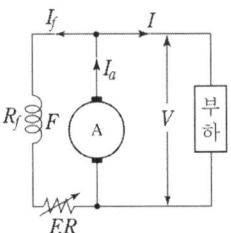

② 단자 전압과 전류
  • $V = E - I_a R_a = E - (I_f + I)R_a$
  • $I_a = I_f + I$
  • $I_f = \dfrac{V}{R_f}$ • $I = \dfrac{P}{V}$ 【답】②

43 동기전동기의 기동법으로 옳은 것은?

① 자기기동법, 직류초퍼법
② 계자제어법, 저항제어법
③ 자기기동법, 기동전동기법
④ 직류초퍼법, 기동전동기법

과년도 기출문제 2019년

풀이

동기 전동기의 기동방법
동기 전동기는 동기 속도 이외의 속도에서는 토크를 발생 할 수 없으므로 기동시의 토크는 0 이다. 따라서, 전동기를 기동시키는 방법으로는 다음과 같다.

① 자기동법
  난조 방지용 제동 권선을 기동 권선으로 하여 시동 토크를 얻는 방법으로 기동 토크는 전부하 토크의 40~60[%] 정도이므로 무부하 또는 경부하 기동에 적합하다.

② 기동 전동기법
  동기 조상기와 같은 대용량기에 사용하는 기동 방식으로 기동용 전동기에 의해 기동하는 것이다. 이때 사용되는 기동 전동기는 유도 전동기, 유도동기 전동기, 또는 직류 전동기가 사용되며 기동 전동기의 극수는 주 전동기의 극수보다 2극만큼 적은 것이 좋다. 【답】③

44 3상 유도전동기의 기계적 출력 P[kW], 슬립 s[%]로 운전할 때 2차 동손[kW]은?

① $\left(\dfrac{1-s}{s}\right)P$ ② $\left(\dfrac{s}{1-s}\right)P$

③ $\left(\dfrac{1+s}{s}\right)P$ ④ $\left(\dfrac{s}{1+s}\right)P$

풀이

• 출력 $P=(1-s)P_2 \rightarrow P_2 = \dfrac{P}{(1-s)}$

• 2차 동손 $P_{c2} = sP_2 = s \cdot \dfrac{P}{1-s} = \left(\dfrac{s}{1-s}\right)P$ 【답】②

45 3상 권선형 유도전동기의 속도제어를 위해서 2차 여자법을 사용하고자 할 때 그 방법은?

① 직류 전압을 3상 일괄해서 회전자에 가한다.
② 회전자에 저항을 넣어 그 값을 변화시킨다.
③ 회전자 기전력과 같은 주파수의 전압을 회전자에 가한다.
④ 1차 권선에 가해주는 전압과 동일한 전압을 회전자에 가한다.

풀이

• 2차 여자법이란 유도전동기의 **회전자 권선에 2차 기전력** (sE_2)과 동일 **주파수의 전압**(E_c)을 슬립링을 통해 공급하여 그 크기를 조절함으로써 속도를 제어하는 방법으로 권선형 전동기에 한하여 이용된다.

• $I_2 = \dfrac{sE_2 \pm E_c}{r_2}$ 에서 I_2, r_2 일정하면 "$sE_2 \pm E_c$ =일정" 하므로 E_c의 크기에 따라 슬립 s도 변화하므로 속도도 변화게 된다. 【답】③

46 1차 전압과 2차 전압 사이의 위상이 같도록 설계된 유도전압조정기는?

① 회전변류기
② 3상 유도전압조정기
③ 대각 유도전압조정기
④ 단상 유도전압조정기

풀이

3상 유도전압조정기는 전압 조정으로 인해 2차의 위상각에 변화가 생기며, 이 **위상각의 변화가 생기지 않도록 설계된 3상 유도전압조정기를 대각 유도전압조정기**라고 한다. 【답】③

47 전력변환기 중 정류기, 위상제어정류기, 초퍼로 구동할 수 있는 회전기기는?

① 유도전동기   ② 동기전동기
③ 직류전동기   ④ 리니어전동기

풀이

• 정류기 : AC를 DC로 변환
• 초 퍼 : DC를 DC로 변환

즉, **초퍼는 일정 입력 전원전압(DC)으로부터 초퍼된(짧게 자른) 부하전압(DC)을 만들어 직류 전동기의 속도를 제어**할 수 있다. 【답】③

48 %임피던스 강하가 4[%]인 변압기가 운전 중 단락되었을 때 단락전류는 정격전류의 몇 배가 흐르는가?

① 15   ② 20
③ 25   ④ 30

풀이

단락전류 $I_s = \dfrac{100}{\%Z}I_n = \dfrac{100}{4}I_n = 25I_n$[A] 【답】③

49 비례추이와 관계가 있는 전동기는?

① 동기전동기
② 정류자 전동기
③ 3상 농형 유도전동기
④ 3상 권선형 유도전동기

풀이

권선형 유도 전동기의 회전자 외부에 접속시킨 저항의 크기를 조정하면 토크는 그대로 유지하면서 저항에 비례하여 slip(속도)이 이동하게 되는 현상을 비례추이라 한다. 【답】④

50 단상 전파정류회로에서 출력전압의 맥동률은 약 얼마인가? (단, 저항부하일 경우이다.)

① 0.17 ② 0.34
③ 0.48 ④ 0.90

풀이

정류 종류	단상 반파	단상 전파	3상 반파	3상 전파
맥동률[%]	121	48	17.7	4.04
정류 효율	40.5	81.1	96.7	99.8
맥동 주파수	f	$2f$	$3f$	$6f$

【답】③

51 병렬운전을 하고 있는 두 대의 3상 동기발전기 사이에 무효순환전류가 흐르는 것은 두 발전기의 기전력이 어떠할 때인가?

① 기전력의 위상이 다를 때
② 기전력의 파형이 다를 때
③ 기전력의 크기가 다를 때
④ 기전력의 주파수가 다를 때

풀이
병렬 운전 조건이 다른 경우

병렬 운전 조건	다른 경우 흐르는 전류
기전력의 크기가 같을 것	무효 순환 전류
기전력의 위상이 같을 것	동기화 전류
기전력의 주파수가 같을 것	동기화 전류
기전력의 파형이 같을 것	고주파 무효 순환 전류

【답】③

52 3상 동기발전기의 여자전류 5[A]에 대한 1상의 유기기전력이 600[V]이고 3상 단락전류는 30[A]이다. 이 발전기의 동기임피던스[Ω]는 얼마인가?

① 2 ② 3
③ 20 ④ 30

풀이
동기임피던스는 정격 상전압 E_n[V]을 단락 전류 I_s[A]로 나눈 값을 동기 임피던스라 한다.
$$Z_s = \frac{E_n}{I_s} = \frac{600}{30} = 20[\Omega]$$

【답】③

53 동기발전기의 부하에 커패시터를 설치하여 앞서는 전류가 흐르고 있을 때 발생하는 현상으로 옳은 것은?

① 편자 작용
② 속도 상승
③ 단자전압 강하
④ 단자전압 상승

풀이
• 발전기와 전동기의 전기자 반작용

분류	동기 발전기	동기 전동기
전압과 동상	교차 자화 작용	교차 자화 작용
진상전류	증자 작용	감자 작용
지상전류	감자 작용	증자 작용

• 동기발전기의 유기기전력 $E = 4.44 K_w fW\phi \propto \phi$ 에서 진상 전류가 흐르면 증자작용으로 인해 자속 ϕ가 증가하게 되고 그 결과 유기기전력 E가 상승하게 된다. 【답】④

54 단권변압기의 고압측 전압을 V_1[V], 저압측 전압을 V_2[V], 단권변압기의 자기용량을 P_n[kVA]이라 하면 부하용량[kVA]은?

① $\dfrac{V_2 - V_1}{V_1}P_n$ ② $\dfrac{V_2 - V_1}{V_2}P_n$

③ $\dfrac{V_1}{V_1 - V_2}P_n$ ④ $\dfrac{V_2}{V_1 - V_2}P_n$

풀이
$$\frac{\text{자기 용량 (등가 용량)}}{\text{부하 용량}} = \frac{V_H - V_L}{V_H} \text{에서}$$

$$\text{부하 용량} = \frac{V_H}{V_H - V_L} \times \text{자기 용량} = \frac{V_1}{V_1 - V_2}P_n$$ 【답】③

55 1732/200[V] 단상변압기의 고압측에서 여자전류는 $i_o = 3\sin\omega t + 0.8\sin(3\omega t + \alpha)$[A]로 표시된다. 이 변압기 3대를 Y-△결선하여 고압측에 $\sqrt{3} \times 1732 ≒ 3000$[V]를 가할 때 저압측 무부하 △결선 내 순환전류의 실효값은 약 몇 [A]인가?

① 2.85 ② 3.44
③ 4.89 ④ 6.93

[풀이]
- 제3고조파 전류는 △결선내에서 순환
- 1차 전류에 포함된 제3고조파 전류의 실효값 $I_{13} = \dfrac{0.8}{\sqrt{2}}$ [A]
- 2차 △결선내 순환전류 $I_{23} = aI_{13} = \dfrac{1732}{200} \times \dfrac{0.8}{\sqrt{2}} = 4.9$ [A]

【답】③

56 단상 직권 정류자 전동기의 원리와 같은 전동기는?
① 직류 직권전동기
② 직류 분권전동기
③ 직류 가동복권전동기
④ 직류 차동복권전동기

[풀이]
직·교류 양용 전동기의 원리
직류 직권 전동기에 가해 주는 직류 전압을 그림과 같이 바꿀 경우에도 자속과 전기자 전류의 방향이 동시에 모두 반대가 되므로, 회전 방향은 변하지 않는다.

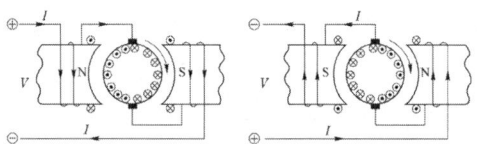

따라서, 이 직류 직권 전동기에 교류 전압을 가해 주어도 전동기는 항상 같은 방향의 토크를 발생하고, 회전을 같은 방향으로 계속한다. 직·교류 양용 전동기는 이와 같은 원리를 이용한 전동기로서 **단상 직권 정류자 전동기**라고 한다. 【답】①

57 변압기의 철손이 P_i [kW], 전부하동손이 P_c [kW] 일 때, 정격출력의 $\dfrac{1}{m}$ 인 부하를 걸었을 때 전손실 [kW]은?

① $P_i + P_c \left(\dfrac{1}{m}\right)$
② $P_i + \left(\dfrac{1}{m}\right)^2 P_c$
③ $(P_i + P_c) \left(\dfrac{1}{m}\right)^2$
④ $P_i \left(\dfrac{1}{m}\right) + P_c$

[풀이]
- 철손은 부하에 관계없이 일정하고, 동손은 $I_2^2 r$ 로서 부하 전류의 제곱에 비례하므로 $\dfrac{1}{m}$ 로 부하가 감소하면, P_i 는 일정, P_c 는 $\left(\dfrac{1}{m}\right)^2$ 으로 감소한다.

- $\dfrac{1}{m}$ 부하 효율 = $\dfrac{\dfrac{1}{m} V_2 I_2 \cos\theta}{\dfrac{1}{m} V_2 I_2 \cos\theta + P_i + \left(\dfrac{1}{m}\right)^2 P_c}$

- 변압기의 전손실 = $P_i + \left(\dfrac{1}{m}\right)^2 P_c$ 【답】②

58 2중 농형 유도전동기에서 외측(회전자 표면에 가까운 쪽) 슬롯에 사용되는 전선에 대한 설명으로 적합한 것은?
① 누설 리액턴스가 작고 저항이 커야 한다.
② 누설 리액턴스가 크고 저항이 커야 한다.
③ 누설 리액턴스가 작고 저항이 작아야 한다.
④ 누설 리액턴스가 크고 저항이 작아야 한다.

[풀이]
2중 농형 유도 전동기
① 회전자의 농형권선을 내외 이중으로 설치한 것
② 도체
- **외측도체** : 누설리액턴스가 작고 **저항이 높은 황동 또는 동 니켈 합금의 도체를 사용**
- 내측도체 : 저항이 낮은 전기동 사용

③ 기동시에는 저항이 높은 외측 도체로 흐르는 전류에 의해 큰 기동 토크를 얻고 기동완료 후에는 저항이 적은 내측 도체로 전류가 흘러 우수한 운전 특성을 얻는 전동기 【답】①

59 유도전동기의 회전력에 대하여 옳게 설명한 것은?
① 단자전압에 비례
② 단자전압과 관계없음
③ 단자전압 2승에 비례
④ 단자전압 3승에 비례

[풀이]
$T \propto K\phi I$ 에서 $\phi \propto V$, $I \propto V$ 이므로
$T \propto V^2$ 혹은 $T \propto I^2$ 【답】③

60 교류기에서 분포권이란 매극 매상의 홈(slot)수가 몇 개인 것을 말하는가?
① 1개 이상
② 2개 이상
③ 3개 이상
④ 4개 이상

[풀이]
- 집중권 : 매극 매상의 슬롯수가 1개
- **분포권 : 매극 매상의 슬롯수가 2개 이상** 【답】②

2020년 기출문제

1,2회 전기기기

41 단상 다이오드 반파정류회로인 경우 정류 효율은 약 몇 [%]인가? (단, 저항부하인 경우이다.)
① 12.6 ② 40.6
③ 60.6 ④ 81.2

풀이
단상 반파정류 효율
$\eta = \dfrac{P_{dc}}{P_{ac}} = \dfrac{(I_m/\pi)^2 R}{(I_m/2)^2 R} \times 100 = \dfrac{4}{\pi^2} \times 100 = 40.53[\%]$ 【답】 ②

42 직류발전기의 병렬운전에서 균압모선을 필요로 하지 않는 것은?
① 분권발전기 ② 직권발전기
③ 평복권발전기 ④ 과복권발전기

풀이
- 균압모선의 목적 : 직류발전기의 안정된 병렬 운전을 위하여
- 병렬운전 시 균압모선이 필요한 발전기 : 직권 발전기, 평복권 발전기, 과복권 발전기
- 병렬운전 시 **균압모선이 필요없는 발전기 : 분권 발전기**, 부족복권 발전기, 차동복권 발전기 【답】 ①

43 3상 유도전동기의 전원측에서 임의의 2선을 바꾸어 접속하여 운전하면?
① 즉각 정지된다.
② 회전방향이 반대가 된다.
③ 바꾸지 않았을 때와 동일하다.
④ 회전방향은 불변이나 속도가 약간 떨어진다.

풀이
3상 유도전동기의 경우 **임의의 2선의 접속을 반대로 하면** 회전자계의 **회전방향이 반대**로 되어 회전자의 회전방향이 반대로 된다.

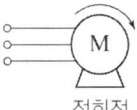
정회전
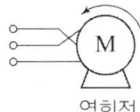
역회전
【답】 ②

44 직류 분권전동기의 정격전압 220[V], 정격전류 105[A], 전기자저항 및 계자회로의 저항이 각각 0.1[Ω] 및 40[Ω] 이다. 기동전류를 정격전류의 150[%]로 할 때의 기동저항은 약 몇 [Ω]인가?
① 0.46 ② 0.92
③ 1.21 ④ 1.35

풀이
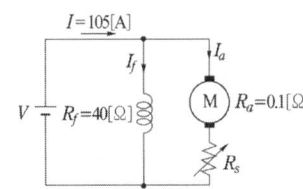

- 계자전류 $I_f = \dfrac{V}{R_f} = \dfrac{220}{40} = 5.5[A]$
- 기동전류는 정격의 150[%]이므로
  기동전류$= 105 \times 1.5 = 157.5[A]$
- 전기자 전류 $I_a = I - I_f = 157.5 - 5.5 = 152[A]$
- $R_a + R_s = \dfrac{V}{I_a} = \dfrac{220}{152} = 1.45[\Omega]$

따라서 기동저항 $R_s = 1.45 - R_a = 1.45 - 0.1 = 1.35[\Omega]$
【답】 ④

45 전기자저항과 계자저항이 각각 0.8[Ω]인 직류 직권전동기가 회전수 200[rpm], 전기자전류 30[A]일 때 역기전력은 300[V] 이다. 이 전동기의 단자전압을 500[V]로 사용한다면 전기자전류가 위와 같은 30[A]로 될 때의 속도[rpm]는? (단, 전기자 반작용, 마찰손, 풍손 및 철손은 무시한다.)
① 200 ② 301
③ 452 ④ 500

풀이
- 회전수 $n_1 = 200$[rpm] 일 때 역기전력 $E_{c1} = 300$[V]
- 단자전압 500[V] 인가 시 역기전력 E_{c2}
  $E_{c2} = V - I \times (R_a + R_s) = 500 - 30 \times (0.8 + 0.8) = 452$[V]
- 역기전력 $E_c = p\phi n \dfrac{Z}{a} = K\phi n \propto n$
  (계자전류가 일정한 경우)에서
  $300 : 452 = 200 : n_2$
  $n_2 = \dfrac{452}{300} \times 200 = 301.33$[rpm] 【답】②

46 수은 정류기에 있어서 정류기의 밸브작용이 상실되는 현상을 무엇이라고 하는가?
① 통호   ② 실호
③ 역호   ④ 점호

풀이 수은 정류기의 이상현상
① 역호 : 밸브 작용을 상실하여 전자가 역류하는 현상
② 실호 : 점호 실패
③ 통호 : 아크 유출
④ 이상 전압 발생 【답】③

47 3상 유도전동기의 전원주파수와 전압의 비가 일정하고 정격속도 이하로 속도를 제어하는 경우 전동기의 출력 P와 주파수 f와의 관계는?
① $P \propto f$ ② $P \propto \dfrac{1}{f}$
③ $P \propto f^2$ ④ P는 f에 무관

풀이
- $n = (1-s)n_s = (1-s)\dfrac{2f}{p}$에서 $n \propto f$ (극수 p=일정)
- 출력 $P = 2\pi nT$ 에서 토크 T가 일정한 경우 $P \propto n$
  $\therefore P \propto n \propto f$ 【답】①

48 SCR에 대한 설명으로 옳은 것은?
① 증폭기능을 갖는 단방향성 3단자 소자이다.
② 제어기능을 갖는 양방향성 3단자 소자이다.
③ 정류기능을 갖는 단방향성 3단자 소자이다.
④ 스위칭기능을 갖는 양방향성 3단자 소자이다.

풀이
SCR은 **정류기능을 갖는 단일방향성 3단자 소자**로, 일단 도통된 후 게이트 전류를 차단 시켜도 계속 도통상태를 유지한다.

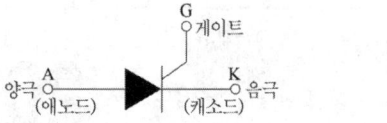
【답】③

49 유도전동기의 주파수가 60[Hz]이고 전부하에서 회전수가 매분 1164회이면 극수는?
(단, 슬립은 3[%]이다.)
① 4   ② 6
③ 8   ④ 10

풀이
$N = (1-s)N_s$에서
$N_s = \dfrac{N}{1-s} = \dfrac{1164}{1-0.03} = 1200$ [rpm]
$\therefore p = \dfrac{120f}{N_s} = \dfrac{120 \times 60}{1200} = 6$[극] 【답】②

50 동기기의 과도 안정도를 증가시키는 방법이 아닌 것은?
① 속응 여자방식을 채용한다.
② 동기 탈조계전기를 사용한다.
③ 동기화 리액턴스를 작게 한다.
④ 회전자의 플라이휠 효과를 작게 한다.

풀이
1) 과도 안정도
   부하의 급변, 선로의 개폐, 접지, 단락 등의 고장 또는 기타의 원인에 의해서 운전 상태가 급변하여도 계통이 안정을 유지하는 정도를 말한다.
2) 안정도 향상대책
   ① 동기 임피던스를 작게 한다.
   ② 속응 여자 방식을 채택한다.
   ③ **회전자에 플라이 휘일을 설치하여 관성 모멘트를 크게** 한다.
   ④ 정상 임피던스는 작고, 영상, 역상 임피던스를 크게 한다.
   ⑤ 단락비를 크게 한다.
   ⑥ 동기 탈조 계전기를 사용한다. 【답】④

51 전압비 3300/110[V], 1차 누설 임피던스 $Z_1 = 12 + j13$[Ω], 2차 누설 임피던스 $Z_2 = 0.015 + j0.013$[Ω]인 변압기가 있다. 1차로 환산된 등가 임피던스[Ω]는?
① $22.7 + 25.5$ ② $24.7 + 25.5$
③ $25.5 + 22.7$ ④ $25.5 + 24.7$

풀이

- 권수비 $a = \dfrac{3300}{110} = 30$
- 2차측 임피던스 Z_2를 1차로 환산한 임피던스
  $Z_2' = a^2 Z_2 = a^2(r_2 + jx_2)$
  $= 30^2(0.015 + j0.013) = 13.5 + j11.7 [\Omega]$
- 1차로 환산한 등가 임피던스
  $Z = Z_1 + Z_2' = 12 + j13 + 13.5 + j11.7 = 25.5 + j24.7 [\Omega]$

【답】 ④

52 어떤 공장에 뒤진 역률 0.8인 부하가 있다. 이 선로에 동기조상기를 병렬로 결선해서 선로의 역률을 0.95로 개선하였다. 개선 후 전력의 변화에 대한 설명으로 틀린 것은?

① 피상전력과 유효전력은 감소한다.
② 피상전력과 무효전력은 감소한다.
③ 피상전력은 감소하고 유효전력은 변화가 없다.
④ 무효전력은 감소하고 유효전력은 변화가 없다.

풀이

역률이 개선되면 유효전력은 변화가 없고, 피상전력과 무효전력은 감소한다.

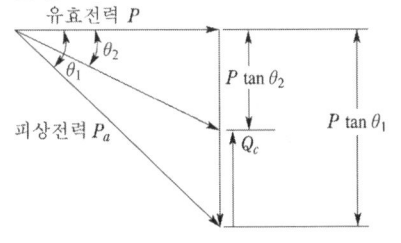

【답】 ①

53 기동 시 정류자의 불꽃으로 라디오의 장해를 주며 단락장치의 고장이 일어나기 쉬운 전동기는?

① 직류 직권전동기
② 단상 직권전동기
③ 반발기동형 단상유도전동기
④ 셰이딩코일형 단상유도전동기

풀이

반발 기동형 : 기동시에 반발 전동기로서 기동하고 기동 후 원심력 개폐기로 정류자를 자동적으로 단락하여 농형 회전자로 하는 방법으로서 기동 시 **정류자에서 발생하는 불꽃으로 라디오의 장해를 줄 수 있다.**

【답】 ③

54 동기발전기의 단자 부근에서 단락이 발생되었을 때 단락전류에 대한 설명으로 옳은 것은?

① 서서히 증가한다.
② 발전기는 즉시 정지한다.
③ 일정한 큰 전류가 흐른다.
④ 처음은 큰 전류가 흐르나 점차 감소한다.

풀이

평형 3상 전압을 유기하고 있는 발전기의 단자를 갑자기 단락하면 **단락 초기**에 전기자 반작용이 순간적으로 나타나지 않기 때문에 **막대한 과도 전류가 흐르고, 수초 후**에는 전기자 반작용 리액턴스에 의해 **단락 전류는 점차 감소되어 영구 단락 전류값**에 이르게 된다.

【답】 ④

55 8극, 유도기전력 100[V], 전기자전류 200[A]인 직류발전기의 전기자권선을 중권에서 파권으로 변경했을 경우의 유도기전력과 전기자전류는?

① 100[V], 200[A]
② 200[V], 100[A]
③ 400[V], 50[A]
④ 800[V], 25[A]

풀이

1) 중권과 파권의 비교

구 분	중권 (병렬권)	파권 (직렬권)
전기자 병렬회로 수 a	$p\ (a = mp)$	$2\ (a = 2m)$
브러시 수 b	p	2

여기서, p : 극수, m : 다중도

2) 유기기전력
중권에서 $a = p = 8$, 파권에서 $a = 2$ 이므로
$E = p\phi n \dfrac{Z}{a}$에서 $E \propto \dfrac{1}{a}$ 이므로
$100 : E = \dfrac{1}{8} : \dfrac{1}{2}$
$\therefore E = 400[V]$

3) 전기자 전류
- 중권에서 전기자 전류 $I_a = 200[A]$ 일 때, 각 권선에 흐르는 전류
  $i_a = \dfrac{200}{a} = \dfrac{200}{8} = 25[A]$
- 파권($a = 2$)에서 전기자 전류
  $\therefore I_a = ai_a = 2 \times 25 = 50[A]$

【답】 ③

56
8극, 50[kW], 3300[V], 60[Hz]인 3상 권선형 유도전동기의 전부하 슬립이 4[%]라고 한다. 이 전동기의 슬립링 사이에 0.16[Ω]의 저항 3개를 Y로 삽입하면 전부하 토크를 발생할 때의 회전수[rpm]는?
(단, 2차 각 상의 저항은 0.04[Ω]이고, Y접속이다.)
① 660 ② 720
③ 750 ④ 880

풀이

$\dfrac{r_2}{s} = \dfrac{r_2 + R}{s'}$ 에서 $\dfrac{0.04}{0.04} = \dfrac{0.04 + 0.16}{s'}$ ∴ $s' = 0.2$

동기속도 $N_s = \dfrac{120f}{p} = \dfrac{120 \times 60}{8} = 900$ [rpm]

∴ $N = (1-s)N_s = (1-0.2) \times 900 = 720$ [rpm]

【답】②

57
임피던스 강하가 5[%]인 변압기가 운전 중 단락되었을 때 그 단락전류는 정격전류의 몇 배인가?
① 20 ② 25
③ 30 ④ 35

풀이

단락전류 $I_{1s} = \dfrac{100}{\%Z} I_{1n} = \dfrac{100}{5} \times I_{1n} = 20 I_{1n}$

【답】①

58
변압기에서 1차 측의 여자 어드미턴스를 Y_0라고 한다. 2차 측으로 환산한 여자 어드미턴스 Y_0'을 옳게 표현한 식은? (단, 권수비를 a라고 한다.)
① $Y_0' = a^2 Y_0$ ② $Y_0' = a Y_0$
③ $Y_0' = \dfrac{Y_0}{a^2}$ ④ $Y_0' = \dfrac{Y_0}{a}$

풀이

1차측에서 2차측으로 환산

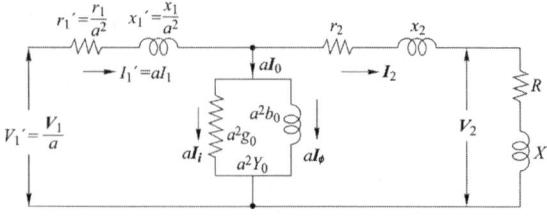

- 전압 $V_1' = \dfrac{V_1}{a}$
- 전류 $I_1' = aI_1$, 여자 전류 $I_0' = aI_0$

- 임피던스 $Z_1' = \dfrac{Z_1}{a^2} = \dfrac{r_1 + jx_1}{a^2}$
- 여자 어드미턴스 $Y_0' = a^2 Y_0 = a^2(g_0 - jb_0)$

【답】①

59
3상 동기기의 제동권선을 사용하는 주목적은?
① 출력이 증가한다.
② 효율이 증가한다.
③ 역률을 개선한다.
④ 난조를 방지한다.

풀이

제동 권선의 역할
① **난조 방지**
② 기동 토크 발생
③ 불평형 부하시의 전류, 전압 파형 개선
④ 송전선의 불평형 단락시의 이상 전압 방지

【답】④

60
변압기의 임피던스 와트와 임피던스 전압을 구하는 시험은?
① 부하시험 ② 단락시험
③ 무부하시험 ④ 충격전압시험

풀이

변압기의 시험
① 개방 회로 시험(무부하 시험)으로 측정할 수 있는 항목
- 무부하 전류 • 히스테리시스손 • 와류손
- 여자 어드미턴스 • 철손
② **단락 시험**으로 측정할 수 있는 항목
- 동손 • **임피던스 와트** • 임피던스 전압

【답】②

3회 전기기기

41
돌극형 동기발전기에서 직축 리액턴스 X_d와 횡축 리액턴스 X_q는 그 크기 사이에 어떤 관계가 있는가?
① $X_d = X_q$ ② $X_d > X_q$
③ $X_d < X_q$ ④ $2X_d = X_q$

풀이

돌극형(철극기)에서는 직축이 횡축에 비하여 공극(air gap)이 작으므로 직축(동기) 리액턴스 X_d가 횡축(동기) 리액턴스 X_q보다 크다 ($\boldsymbol{X_d > X_q}$).

그러나 비철극기에서는 공극이 일정하므로 $X_d = X_q = X_s$로 된다.
【답】②

42
어떤 정류기의 출력전압 평균값이 2000[V]이고 맥동률이 3[%]이면 교류분은 몇 [V] 포함되어 있는가?

① 20　　　　　　② 30
③ 60　　　　　　④ 70

풀이

맥동률 $= \dfrac{\text{교류분}(\triangle E)}{\text{직류분}(E_d)} \times 100\,[\%]$ 에서

$\therefore \triangle E = \dfrac{3}{100} \times 2000 = 60\,[\text{V}]$
【답】③

43
직류기에서 전류용량이 크고 저전압 대전류에 가장 적합한 브러시 재료는?

① 탄소질　　　　② 금속 탄소질
③ 금속 흑연질　　④ 전기 흑연질

풀이
① **탄소질 브러시** : 탄소분말을 원료로 한 것으로서 저항률, 마찰계수는 크고 허용전류는 작으며 주로 소형기, 저속기에 사용된다.
② **흑연질 브러시** : 천연 흑연을 원료로 한 것으로서 윤활성이 풍부하며 저항률과 접촉 저항이 적고 허용 전류는 커서 대전류, 고속기에 사용된다.
③ **금속 흑연질 브러시** : 동의 가루와 흑연분말을 혼합 소결한 것으로 **전류 용량이 크고 저전압, 대전류**의 기계에 사용된다.
【답】③

44
전압비 a인 단상변압기 3대를 1차 △결선, 2차 Y결선으로 하고 1차에 선간전압 $V[\text{V}]$를 가했을 때 무부하 2차 선간전압[V]은?

① $\dfrac{V}{a}$　　　　　② $\dfrac{a}{V}$
③ $\sqrt{3}\,\dfrac{V}{a}$　　　④ $\sqrt{3}\,\dfrac{a}{V}$

풀이
• 권수비 $a = \dfrac{E_1}{E_2} = \dfrac{\text{1차 상전압}}{\text{2차 상전압}}$
• 2차 상전압 $E_2 = \dfrac{E_1}{a} = \dfrac{V}{a}$
(△결선에서는 상전압 E = 선간전압 V)

• 2차 선간전압 $V_2 = \sqrt{3}\,E_2 = \sqrt{3} \cdot \dfrac{V}{a}$
(Y결선에서 선간전압 $V = \sqrt{3}\,E$)
【답】③

45
동기발전기 종류 중 회전계자형의 특징으로 옳은 것은?

① 고주파 발전기에 사용
② 극소용량, 특수용으로 사용
③ 소요전력이 크고 기구적으로 복잡
④ 기계적으로 튼튼하여 가장 많이 사용

풀이
회전 계자형 동기 발전기는 전기자를 고정자로 하고 계자극을 회전자로 한 것으로 회전계자형을 사용하는 이유로는
• 전기자 권선은 전압이 높고 결선이 복잡하며, 대용량으로 되면 전류도 커지고, 3상 권선의 경우에는 4개의 도선을 인출하여야 한다.
• 계자 회로는 직류의 저압 회로이므로 소요 동력도 작으며, 인출 도선이 2개만 있어도 되기 때문이다.
• **계자극은 기계적으로 튼튼**하게 만드는 데 용이하기 때문이다.
• 고장시의 과도 안정도를 높이기 위하여 회전자의 관성을 크게 하기 쉽기 때문이기도 하다.
【답】④

46
단상 및 3상 유도전압조정기에 대한 설명으로 옳은 것은?

① 3상 유도전압조정기에는 단락권선이 필요없다.
② 3상 유도전압조정기의 1차와 2차 전압은 동상이다.
③ 단락권선은 단상 및 3상 유도전압조정기 모두 필요하다.
④ 단상 유도전압조정기의 기전력은 회전자계에 의해서 유도된다.

풀이 단락권선
3상 유도 전압조정기에서는 직렬권선에 의한 기자력은 회전자의 위치에 관계없이 항상 1차 부하전류에 의한 분로권선 기전력에 의해 상쇄되므로 단상에서와 같은 **단락권선을 필요로 하지 않는다**.
【답】①

47
12극과 8극인 2개의 유도전동기를 종속법에 의한 직렬접속법으로 속도제어할 때 전원주파수가 60[Hz]인 경우 무부하 속도 N_o는 몇 [rps]인가?

① 5　　　　　　② 6
③ 200　　　　　④ 360

풀이

① 직렬 종속법 $N_s = \dfrac{120f}{p_1 + p_2}$

② 병렬 종속법 $N_s = \dfrac{2 \times 120f}{p_1 + p_2}$

③ 차동 접속법 $N_s = \dfrac{120f}{p_1 - p_2}$

따라서, 직렬접속법으로 속도 제어할 경우 무부하속도

$N_0 = \dfrac{120 \times 60}{12 + 8} = 360[\text{rpm}] = 6[\text{rps}]$ 【답】②

48 인버터에 대한 설명으로 옳은 것은?
① 직류를 교류로 변환
② 교류를 교류로 변환
③ 직류를 직류로 변환
④ 교류를 직류로 변환

풀이
- 초퍼 : DC → DC로 변환
- 컨버터 : AC → DC로 변환
- 인버터 : DC → AC로 변환 【답】①

49 직류전동기의 역기전력에 대한 설명으로 틀린 것은?
① 역기전력은 속도에 비례한다.
② 역기전력은 회전방향에 따라 크기가 다르다.
③ 역기전력이 증가할수록 전기자 전류는 감소한다.
④ 부하가 걸려 있을 때에는 역기전력은 공급전압보다 크기가 작다.

풀이
전동기가 정격 속도로 회전하면 도체는 자속을 끊어 발전기와 마찬가지로 기전력을 유기한다. 이 기전력의 방향은 플레밍의 오른손 법칙에 의해 공급해준 단자 전압과는 반대 방향 이므로 역기전력(E_c)이라고 한다.
- 단자 전압 $V = E_c + I_a R_a$
- 역기전력 $E_c = p\phi n \dfrac{Z}{a}$

① $E_c = p\phi n \dfrac{Z}{a}$ 에서 $E_c \propto n$
② 역기전력의 크기는 회전방향과 관계가 없다.
③ 전기자 전류 $I_a = \dfrac{V - E_c}{R_a}$ 에서 역기전력 E_c가 증가하면 전기자전류 I_a는 감소한다.
④ $E_c = V - I_a R_a$에서 부하가 증가하면, 즉 I_a가 증가하면 역기전력 E_c는 공급전압 V보다 작아진다. 【답】②

50 유도전동기의 실부하법에서 부하로 쓰이지 않는 것은?
① 전동발전기
② 전기동력계
③ 프로니 브레이크
④ 손실을 알고 있는 직류발전기

풀이
부하시험 : 3상 유도전동기의 특성은 원선도에 의하여 구하는 것이 보통이지만 실부하법이 편리한 경우에는 실부하법을 사용한다. 실부하법으로는
① 전기동력계법
② 프로니브레이크법
③ 손실을 알고 있는 직류발전기를 사용하는 방법 등이 있다.
【답】①

51 직류기의 구조가 아닌 것은?
① 계자 권선   ② 전기자 권선
③ 내철형 철심   ④ 전기자 철심

풀이
직류기의 주요 3요소는 계자, 전기자, 정류자이다.
- 계자 : 자속을 만드는 부분으로 계자 철심과 계자 권선, 계철, 자극 등으로 구성되어 있다.
- 전기자 : 기전력을 유기하는 부분으로 전기자 철심과 전기자 권선으로 되어 있다.
- 정류자 : 발생한 기전력을 직류로 변환하는 부분이다.
【답】③

52 30[kW]의 3상 유도전동기에 전력을 공급할 때 2대의 단상변압기를 사용하는 경우 변압기의 용량은 약 몇 [kVA]인가? (단, 전동기의 역률과 효율은 각각 84[%], 86[%]이고 전동기 손실은 무시한다.)
① 17   ② 24
③ 51   ④ 72

풀이
- 3상 유도전동기의 입력[kVA]는
$P_i = \dfrac{P}{\eta_m \cos\theta} = \dfrac{30}{0.86 \times 0.84} = 41.53[\text{kVA}]$
- 단상변압기 2대로 V결선시 출력 $P_V = \sqrt{3} P_1 = 41.53[\text{kVA}]$
(변압기 출력 = 전동기 입력)

- 단상변압기 1대의 용량 $P_1 = \dfrac{P_V}{\sqrt{3}} = \dfrac{41.53}{\sqrt{3}} = 23.98[kVA]$

【답】 ②

53 3상 6극 슬롯 수 54의 동기발전기가 있다. 어떤 전기자 코일의 두 변이 제 1슬롯과 제 8슬롯에 들어있다면 단절권 계수는 약 얼마인가?

① 0.9397　　② 0.9567
③ 0.9837　　④ 0.9117

[풀이]
- 코일간격 : $8 - 1 = 7$
- 극간격 $= \dfrac{\text{총 슬롯수}}{\text{극수}} = \dfrac{S}{p} = \dfrac{54}{6} = 9$
- $\beta = \dfrac{\text{코일간격}}{\text{극간격}} = \dfrac{7}{9}$

∴ 단절권 계수 $K_P = \sin\dfrac{1}{2}\beta\pi = \sin\dfrac{1}{2} \times \dfrac{7}{9}\pi = 0.9397$

【답】 ①

54 부흐홀츠 계전기로 보호되는 기기는?

① 변압기　　② 발전기
③ 유도전동기　　④ 회전변류기

[풀이]
변압기 내부고장 검출용 보호 계전기
① 차동 계전기 (비율 차동 계전기)
② 압력 계전기
③ **부흐홀츠 계전기**
④ 가스 검출 계전기

【답】 ①

55 변압기의 효율이 가장 좋을 때의 조건은?

① 철손 = 동손　　② 철손 = $\dfrac{1}{2}$동손
③ $\dfrac{1}{2}$철손 = 동손　　④ 철손 = $\dfrac{2}{3}$동손

[풀이]
최대 효율은 고정손인 **철손**과 가변손인 동손이 같게 될 때 발생한다.

【답】 ①

56 직류전동기 중 부하가 변하면 속도가 심하게 변하는 전동기는?

① 분권 전동기　　② 직권 전동기
③ 차동 복권 전동기　　④ 가동 복권 전동기

[풀이]
직권 전동기는 전기자 권선과 계자 권선이 직렬로 되어 $I = I_a = I_f$ [A]가 된다. 따라서 **부하 전류 I의 증감에 따라서 자속 ϕ도 변화**하게 된다.
직권 전동기에서 R_a 및 R_s값이 매우 적기 때문에 $I_a(R_a + R_s)$ 값도 적게되어 무시하면 직권 전동기의 속도
$n = K\dfrac{V - I_a(R_a + R_s)}{\phi}$ 에서 $n = K\dfrac{V}{\phi}$ 로 되어
$n \propto \dfrac{1}{\phi} \propto \dfrac{1}{I}$ 가 된다.

따라서, 직권전동기는 **부하의 변화에 따라 전동기의 속도도 크게 변화**하게 된다.

【답】 ②

57 1차 전압 6900[V], 1차 권선 3000회, 권수비 20의 변압기가 60[Hz]에 사용할 때 철심의 최대 자속 [Wb]은?

① 0.76×10^{-4}　　② 8.63×10^{-3}
③ 80×10^{-3}　　④ 90×10^{-3}

[풀이]
1차 유기기전력 $E_1 = 4.44 f\phi_m N_1$ [V]
∴ $\phi_m = \dfrac{E_1}{4.44 f N_1} = \dfrac{6900}{4.44 \times 60 \times 3000}$
$= 0.00863 = 8.63 \times 10^{-3}$ [Wb]

【답】 ②

58 동기기의 전기자 권선법으로 적합하지 않은 것은?

① 중권　　② 2층권
③ 분포권　　④ 환상권

[풀이]
환상권은 환상철심의 안팎으로 권선을 감은 것으로 현재에는 거의 사용하지 않는다.

【답】 ④

59 표면을 절연 피막처리 한 규소강판을 성층하는 이유로 옳은 것은?

① 절연성을 높이기 위해
② 히스테리시스손을 작게 하기 위해
③ 자속을 보다 잘 통하게 하기 위해
④ 와전류에 의한 손실을 작게 하기 위해

[풀이]
- **성층철심** ⇒ **와류손 감소**
- 규소강판 ⇒ 히스테리 시스손 감소

【답】 ④

60 단상 유도전동기 중 기동토크가 가장 작은 것은?

① 반발 기동형 ② 분상 기동형
③ 쉐이딩 코일형 ④ 커패시터 기동형

[풀이]
단상 유도전동기에서 기동 토크가 큰 것부터 순서로 배열하면
반발 기동형 > 반발 유도형 > 콘덴서 기동형 > 분상 기동형 > 셰이딩 코일형 > 모노사이클릭형 **[답] ③**

4회 전기기기

41 직류 타여자발전기의 부하전류와 전기자전류의 크기는?

① 부하전류가 전기자전류보다 크다.
② 전기자전류가 부하전류보다 크다.
③ 전기자전류와 부하전류가 같다.
④ 전기자전류와 부하전류는 항상 0이다.

[풀이]

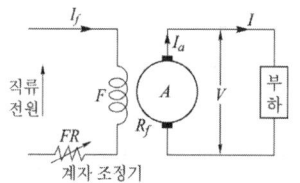

타여자 발전기는 외부에서 계자 권선 F에 직류 전원을 공급하므로 잔류 자기가 없어도 되며, **전기자 전류(I_a)와 부하전류(I)의 크기가 같다.** **[답] ③**

42 직류 분권전동기 기동 시 계자 저항기의 저항값은?

① 최대로 해 둔다.
② 0(영)으로 해 둔다.
③ 중간으로 해 둔다.
④ 1/3로 해 둔다.

[풀이]
토크 $T = K\phi I_a$, 회전속도 $N = K\dfrac{V - I_a R_a}{\phi}$
에서 **기동시 계자 저항을 최소**로 하여 계자 전류를 크게(자속 ϕ를 크게)하면 **기동 토크가 크게 되고 속도는 저속**으로 된다. **[답] ②**

43 3상 직권 정류자 전동기의 중간변압기의 사용목적은?

① 역회전의 방지
② 역회전을 위하여
③ 전동기의 특성을 조정
④ 직권 특성을 얻기 위하여

[풀이]
3상 직권 정류자 전동기의 **중간 변압기**는 고정자 권선과 회전자 권선 사이에 직렬로 접속되며 이 중간 변압기를 사용하는 주요한 이유는 다음과 같다.
① 전원 전압의 크기에 관계없이 정류에 알맞은 회전자 전압을 선택할 수 있다.
② 중간 변압기의 권수비를 바꾸어 **전동기의 특성을 조정**할 수 있다.
③ 직권 특성이기 때문에 경부하에서는 속도가 매우 상승하나 중간 변압기를 사용, 그 철심을 포화하도록 하면 그 속도 상승을 제한할 수 있다. **[답] ③**

44 변압기의 전일효율을 최대로 하기 위한 조건은?

① 전부하 시간이 짧을수록 무부하손을 적게 한다.
② 전부하 시간이 짧을수록 철손을 크게 한다.
③ 부하시간에 관계없이 전부하 동손과 철손을 같게 한다.
④ 전부하 시간이 길수록 철손을 적게 한다.

[풀이]
전일 효율이 최대가 되려면,
철손 = 동손 $(24P_i = \sum h P_c)$일 때다.
따라서 **전부하 시간이 짧을수록(동손이 적을수록) 철손(무부하손)을 적게** 하여야 한다. **[답] ①**

45 직류기에서 양호한 정류를 얻는 조건으로 틀린 것은?

① 정류 주기를 크게 한다.
② 브러시의 접촉 저항을 크게 한다.
③ 전기자 권선의 인덕턴스를 작게 한다.
④ 평균 리액턴스 전압을 브러시 접촉면 전압 강하보다 크게 한다.

[풀이]
양호한 정류를 얻는 조건
① **리액턴스 전압을 작게 한다.** $\left(e_L = L\dfrac{2I_c}{T_c}\right)$
② 단절권 채용으로 자기 인덕턴스를 작게 한다.

③ 고속을 피하여 정류 주기를 길게 한다.
④ 저항 정류로서 접촉저항이 큰 탄소 브러시를 사용한다.
⑤ 전압 정류로서 보극을 설치한다. 【답】④

46 유도전동기의 특성에서 토크와 2차 입력 및 동기속도의 관계는?
① 토크는 2차 입력과 동기속도의 곱에 비례한다.
② 토크는 2차 입력에 반비례하고, 동기속도에 비례한다.
③ 토크는 2차 입력에 비례하고, 동기속도에 반비례한다.
④ 토크는 2차 입력의 자승에 비례하고, 동기속도의 자승에 반비례한다.

|풀이|

토크 $T = \dfrac{P_2}{2\pi n_s}$

즉, 토크(T)는 2차 입력(P_2)에 비례하고 동기속도(n_s)에 반비례한다. 【답】③

47 3상 동기 발전기에 무부하 전압보다 90° 늦은 전기자 전류가 흐를 때 전기자 반작용은?
① 교차 자화 작용   ② 자기여자 작용
③ 감자 작용   ④ 증자 작용

|풀이|

발전기와 전동기의 전기자 반작용은 서로 반대 이다.

분 류	동기 발전기	동기 전동기
전압과 동상	교차 자화 작용	교차 자화 작용
진상전류	증자 작용	감자 작용
지상전류	감자 작용	증자 작용

【답】③

48 직류기에서 전기자 반작용이란 전기자 권선에 흐르는 전류로 인하여 생긴 자속이 무엇에 영향을 주는 현상인가?
① 모든 부분에 영향을 주는 현상
② 계자극에 영향을 주는 현상
③ 감자 작용만을 하는 현상
④ 편자 작용만을 하는 현상

|풀이|

전기자 반작용 : 전기자 권선에 흐르는 전류에 의한 자속이 계자에서 만든 주자속에 영향을 미치는 현상을 전기자 반작용이라고 하며, 그 영향은 다음과 같다.
① 전기적 중성축 이동
 • 발전기 : 회전 방향으로 이동
 • 전동기 : 회전 방향과 반대 방향으로 이동
② 주자속 감소
③ 정류자 편간의 불꽃섬락이 발생하여 정류 불량 발생
【답】②

49 직류발전기의 무부하 특성곡선은 다음 중 어느 관계를 표시한 것인가?
① 계자전류-부하전류
② 단자전압-계자전류
③ 단자전압-회전속도
④ 부하전류-단자전압

|풀이|

직류 발전기의 특성곡선 : 유기 기전력 E[V], 단자 전압 V[V], 전기자 전류 I_a[A], 부하 전류 I[A], 계자 전류 I_f[A], 속도 n[rps] 등의 상호 관계를 표시하는 곡선을 특성 곡선이라고 한다.

구 분	횡축	종축	조 건	
무부하 포화(특성) 곡선	I_f	$V(=E)$	$n=$일정	$I=0$
외부 특성 곡선	I	V	$n=$일정	$R_f=$일정
내부 특성 곡선	I	E	$n=$일정	$R_f=$일정
부하 특성 곡선	I_f	V	$n=$일정	$I=$일정
계자 조정 곡선	I	I_f	$n=$일정	$V=$일정

【답】②

50 다음 중 무부하 특성곡선이 존재하지 않는 발전기는?
① 직류 직권 발전기
② 직류 분권 발전기
③ 직류 차동복권 발전기
④ 직류 가동복권 발전기

|풀이|

무부하 특성곡선은 계자전류와 전압과의 관계 곡선이다.
직류 직권 발전기는 전기자와 계자권선이 직렬로 접속되어 있어 $I=I_f=I_a$가 된다.
따라서 **직권발전기는 무부하에서 계자전류 I_f가 0이 되므로 발전할 수 없고 무부하 특성곡선은 존재하지 않는다.** 【답】①

과년도 기출문제 2020년

51 다음은 직류 발전기의 정류 곡선이다. 이 중에서 정류 말기에 정류의 상태가 좋지 않은 것은?

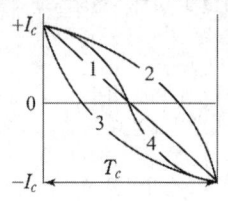

① 1 ② 2
③ 3 ④ 4

풀이
1 : 직선정류
2 : 부족정류
3 : 과정류
4 : 정현파 정류

부족정류 : 정류종료 시 $\dfrac{dI_c}{dt}$ 가

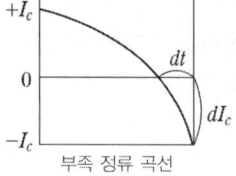
부족 정류 곡선

매우 커서 **정류 종료 즉, 브러시 뒤쪽에서 불꽃 발생**　【답】②

52 와류손이 3 [kW]인 3300/110 [V], 60 [Hz]용 단상 변압기를 50 [Hz], 3000 [V]의 전원에 사용하면 이 변압기의 와류손은 약 몇 [kW]로 되는가?

① 1.7 ② 2.1
③ 2.3 ④ 2.5

풀이
와류손 $P_e = \sigma_e(tfB_m)^2 = K\left(f \cdot \dfrac{V}{f}\right)^2 = KV^2$

에서 와류손은 주파수와는 무관하고 전압의 제곱에 비례하므로

$P_e' = P_e \times \left(\dfrac{V'}{V}\right)^2 = 3 \times \left(\dfrac{3000}{3300}\right)^2 = 2.48 [\text{kW}]$　【답】④

53 220[V], 3상 유도전동기의 전부하 슬립이 6[%]이다. 공급전압이 10[%] 저하된 경우의 전부하 슬립은 어떻게 되는가?

① 0.074 ② 0.067
③ 0.054 ④ 0.049

풀이
공급전압이 10[%] 저하된 경우의 전부하 슬립을 s'라 하면

$s' = s \times \left(\dfrac{V_1}{V_1'}\right)^2 = s \times \left(\dfrac{V_1}{V_1 \times 0.9}\right)^2$

$= 0.06 \times \left(\dfrac{220}{220 \times 0.9}\right)^2 = 0.074[\%]$　【답】①

54 직류 분권 발전기를 역회전하면?
① 발전되지 않는다.
② 정회전 때와 마찬가지다.
③ 과대전압이 유기된다.
④ 섬락이 일어난다.

풀이
운전 중 **전기자 회전 방향을 반대**로 하면 ⇒
• 반대방향의 기전력이 유기되어 계자전류가 반대로 흐르게 된다.
• **잔류 자기를 소멸시켜 발전 불가능**　【답】①

55 3상 동기발전기의 전기자 권선을 Y결선으로 하는 이유로서 적당하지 않은 것은?
① 고조파 순환 전류가 흐르지 않는다.
② 이상전압 방지의 대책이 용이하다.
③ 전기자 반작용이 감소한다.
④ 코일의 코로나, 열화 등이 감소된다.

풀이
전기자 권선을 Y결선으로 하는 이유
① 중성점을 접지할 수 있으므로 권선보호 장치의 시설이 용이
② 이상전압의 방지대책이 용이
③ 권선의 불평형 및 제3고조파에 의한 순환전류가 흐르지 않는다.
④ 상전압은 선간 전압의 $\dfrac{1}{\sqrt{3}}$ 이 되어 코일의 절연이 용이하고 코로나 발생을 억제　【답】③

56 동기전동기의 특징으로 틀린 것은?
① 속도가 일정하다.
② 역률을 조정할 수 없다.
③ 직류전원을 필요로 한다.
④ 난조를 일으킬 염려가 있다.

풀이　동기 전동기의 특징
(1) 장점
  ① 속도가 일정 불변이다.
  ② **역률을 조정하여 항상 역률 1로 운전할 수 있다.**
  ③ 부하의 역률을 개선할 수 있다.
  ④ 유도 전동기에 비하여 효율이 좋다.
(2) 단점
  ① 보통 구조의 것은 기동 토크가 적고 속도 조정을 할 수 없다.
  ② 난조를 일으킬 염려가 있다.
  ③ 여자용의 직류 전원을 필요로 하며 설비비가 많이 든다.
　【답】②

57 직류기에서 전기자 반작용을 방지하기 위한 보상 권선의 전류 방향은?
① 전기자 전류의 방향과 같다.
② 전기자 전류의 방향과 반대이다.
③ 계자 전류의 방향과 같다.
④ 계자 전류의 방향과 반대이다.

풀이

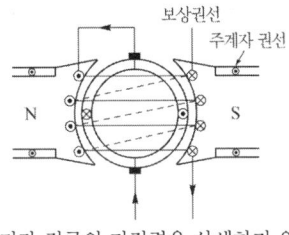

보상권선은 전기자 전류의 기전력을 상쇄하기 위하여 주자극의 자극편에 슬롯을 만들어 그림과 같이 **전기자 전류와 반대 방향으로 전류**가 흐르게 한다. 보상권선을 설치하면 브러시를 기하학적 중성축에 놓는다. 【답】②

58 3상 유도 전동기의 원선도를 그리는데 필요하지 않은 시험은?
① 슬립 측정
② 구속 시험
③ 무부하 시험
④ 저항 시험

풀이
1) 원선도 작성에 필요한 시험은
 • 저항 측정 • 무부하 시험 • 구속 시험이 있다.
2) 유도 전동기의 **원선도에서 구할 수 있는 항목**
 • 전부하 전류 • 역률 • 효율 • **슬립**
 • 최대출력/정격출력 • 정·동토크/전부하토크 【답】①

59 9000[kVA], 6000[V]인 3상 교류 발전기의 % 동기 임피던스가 80[%]이다. 이 발전기의 동기 임피던스는 몇 [Ω]인가?
① 3.0
② 3.2
③ 3.4
④ 3.6

풀이
$\%Z = \dfrac{ZP}{10V^2}$ 이므로

$\therefore Z = \dfrac{10V^2 \times \%Z}{P} = \dfrac{10 \times 6^2 \times 80}{9000} = 3.2[\Omega]$

(여기서, V의 단위가[kV], P의 단위가[kVA] 임) 【답】②

60 3상 유도전동기에서 비례추이를 하지 않는 것은?
① 효율
② 역률
③ 1차 전류
④ 동기 와트

풀이
1) 비례추이를 하는 제량
 ① 토오크 τ ② 1차 전류 I_1 ③ 2차 전류 I_2
 ④ 역률 $\cos\theta$ ⑤ 1차 입력 P_1
2) 비례추이를 할 수 없는 것
 ① 출력 P_0 ② 효율 η, η_2 ③ 2차 동손 P_{c2} 【답】①

2021년 CBT 복원문제

1회 전기기기

41 8극, 50[kW], 3300[V], 60[Hz]인 3상 권선형 유도전동기의 전부하 슬립이 4[%]라고 한다. 이 전동기의 슬립링 사이에 0.16[Ω]의 저항 3개를 Y로 삽입하면 전부하 토크를 발생할 때의 회전수[rpm]는?
(단, 2차 각 상의 저항은 0.04[Ω]이고, Y접속이다.)
① 660 ② 720
③ 750 ④ 880

풀이

$\dfrac{r_2}{s} = \dfrac{r_2 + R}{s'}$ 에서

$\dfrac{0.04}{0.04} = \dfrac{0.04 + 0.16}{s'}$ ∴ $s' = 0.2$

동기속도 $N_s = \dfrac{120f}{p} = \dfrac{120 \times 60}{8} = 900\,[\text{rpm}]$

∴ $N = (1-s)N_s = (1-0.2) \times 900 = 720\,[\text{rpm}]$

【답】②

42 그림과 같은 6상 반파 정류 회로에서 450[V]의 직류 전압을 얻는 데 필요한 변압기의 직류 권선 전압은 몇 [V]인가?
① 333
② 348
③ 356
④ 375

풀이

$\dfrac{E_d}{E} = \dfrac{\sqrt{2}\sin\pi/m}{\pi/m}$

∴ $E = \dfrac{E_d}{\dfrac{\sqrt{2}\sin(\pi/m)}{(\pi/m)}} = \dfrac{450}{\dfrac{\sqrt{2}\sin(\pi/6)}{(\pi/6)}} = 333.25\,[\text{V}]$

【답】①

43 200±200[V], 자기 용량 3[kVA]인 단상 유도 전압 조정기가 있다. 최대 출력[kVA]은?
① 2 ② 4
③ 6 ④ 8

풀이

단상 유도 전압 조정기의 1차 전압 $V_1 = 200\,[\text{V}]$,
2차 전압 $V_2 = 200 \pm 200\,[\text{V}]$이므로 고압측 V_2의 최고 전압은 400[V]가 된다.

유도 전압 조정기의 용량 = 부하 용량 × $\dfrac{\text{승압 전압}}{\text{고압측 전압}}$

$3 = 부하용량 \times \dfrac{200}{400}$

∴ 부하용량 = $\dfrac{3}{\dfrac{200}{400}} = 6\,[\text{kVA}]$

【답】③

44 직류 직권 전동기의 전원 극성을 반대로 하면?
① 회전 방향이 변하지 않는다.
② 회전 방향이 변한다.
③ 속도가 증가된다.
④ 발전기로 된다.

풀이

직류 직권 전동기는 계자 권선과 전기자 권선이 직렬로 연결되어 있으므로 **전원 극성을 반대**로 하면 전기자 전류와 여자 전류의 방향이 모두 반대로 되므로 **회전 방향은 변하지 않는다.**

【답】①

45 6극 직류 발전기의 정류자 편수가 132, 단자 전압이 220[V], 직렬 도체수가 132개이고 중권이다. 정류자 편간 전압은 몇 [V]인가?
① 10 ② 20
③ 30 ④ 40

풀이

e_{sa} : 정류자 편간 전압, E : 유기 기전력

p : 극수, K : 정류자 편수

$$e_{sa} = \frac{pE}{K} = \frac{6 \times 220}{132} = 10[V]$$

【답】①

46 포화하고 있지 않은 직류발전기의 회전수가 1/2로 감소되었을 때 기전력을 속도 변화 전과 같은 값으로 하려면 여자를 어떻게 해야 하는가?
① 1/2로 감소시킨다. ② 1배로 증가시킨다.
③ 2배로 증가시킨다. ④ 4배로 증가시킨다.

풀이

$E = k\phi N$에서 N이 $\frac{1}{2}$로 되면, ϕ가 2배가 되어야 E가 일정하다.

【답】③

47 전기자 저항이 0.3[Ω]이며, 단자 전압이 210[V], 부하 전류가 95[A], 계자 전류가 5[A]인 직류 분권 발전기의 유기 기전력[V]은?
① 180 ② 230
③ 240 ④ 250

풀이

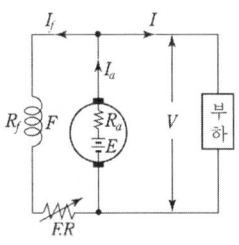

$E = V + (I + I_f)R_a = 210 + (95 + 5) \times 0.3 = 240[V]$

【답】③

48 그림과 같은 회로에서 Q_1에 역바이어스가 걸리는 시간을 나타낸 식은?

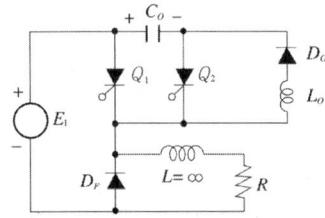

① $0.693 C_0 / R$ [sec] ② $0.693 R / C_0$ [sec]
③ RC_0 [sec] ④ $0.693 RC_0$ [sec]

풀이

역바이어스 시간은 $e_{c0} = E_1\left(1 - 2e^{-\frac{1}{RC_0}t}\right) = 0$
에서 이 식을 만족하는 $t = t_c$는
$$\therefore t_c = C_0 R \log_e 2 = 0.693 RC_0 \text{ [sec]}$$

【답】④

49 변압기의 정격을 정의한 것 중 옳은 것은?
① 전부하의 경우 1차 단자전압을 정격 1차 전압이라 한다.
② 정격 2차 전압은 명판에 기재되어 있는 2차 권선의 단자전압이다.
③ 정격 2차 전압을 2차 권선의 저항으로 나눈 것이 정격 2차 전류이다.
④ 2차 단자 간에서 얻을 수 있는 유효전력을 [kW]로 표시한 것이 정격출력이다.

【답】②

50 유기 기전력 210[V], 단자 전압 200[V]인 5[kW] 분권 발전기의 계자 저항이 500[Ω]이면 그 전기자 저항[Ω]은?
① 0.2 ② 0.4
③ 0.6 ④ 0.8

풀이

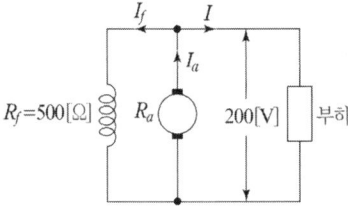

$$I_f = \frac{V}{R_f} = \frac{200}{500} = 0.4 \text{ [A]}$$

$$I = \frac{P}{V} = \frac{5 \times 10^3}{200} = 25 \text{ [A]}$$

전기자 전류 $I_a = I + I_f$이므로
$$I_a = 25 + 0.4 = 25.4 \text{ [A]}$$

또한, $V = E - I_a R_a$ 식에서
$$\therefore R_a = \frac{E - V}{I_a} = \frac{210 - 200}{25.4} = \frac{10}{25.4} = 0.39 \text{ [Ω]}$$

【답】②

51 6극 60 [Hz] Y결선 3상 동기발전기의 극당 자속이 0.16 [Wb], 회전수 1200 [rpm], 1상의 권수 186, 권선 계수 0.96이면 단자전압은?

① 13183 [V] ② 12254 [V]
③ 26366 [V] ④ 27456 [V]

풀이
코일의 유기 기전력
$E = 4.44fwk_w\Phi = 4.44 \times 60 \times 186 \times 0.96 \times 0.16 = 7610.94[V]$
단자 전압(선간 전압) = $\sqrt{3}E = \sqrt{3} \times 7610.94 = 13183[V]$
【답】①

52 2회전 자계설로 단상 유도 전동기를 설명하는 경우 정방향 회전자계에 대한 회전자의 슬립이 s이면 역방향 회전자계에 대한 회전자 슬립은?

① $1+s$ ② s
③ $1-s$ ④ $2-s$

풀이
단상 유도 전동기가 슬립 s로 회전하면 회전 주파수는 정상분 전동기에서는 $(1-s)f$ 이고 **역상분 전동기에서는** $f+(1-s)f = (2-s)f$ 가 된다. 따라서 회전자 권선은 sf와 $(2-s)f$ 되는 주파수의 기전력을 유기한다.
【답】④

53 3000 [V], 1500 [kVA], 동기 임피던스 3 [Ω]인 동일 정격의 두 동기발전기를 병렬 운전하던 중 한 쪽 계자 전류가 증가해서 각 상 유도 기전력 사이에 300 [V]의 전압차가 발생했다면 두 발전기 사이에 흐르는 무효횡류는 몇 [A]인가?

① 20 ② 30
③ 40 ④ 50

풀이
기전력의 크기가 같지 않은 경우 흐르는 무효횡류
$I_c = \dfrac{E_1 - E_2}{2Z_s} = \dfrac{E_r}{2Z_s}$ [A]에서
무효횡류 $I_c = \dfrac{300}{2 \times 3} = 50$ [A]
【답】④

54 실리콘 다이오드의 특성에서 잘못된 것은?
① 전압강하가 크다. ② 정류비가 크다.
③ 허용온도가 높다. ④ 역내전압이 크다.

풀이
실리콘 정류기의 특성은
① 역내전압이 크다.
② 전류 밀도가 크다.
   (게르마늄의 2~3배, 셀렌의 500~1000배)
③ 온도에 의한 영향이 작다.(최고 허용 온도 140~200 [℃])
④ 효율은 가장 좋다.(99 [%])
⑤ 대용량 정류기에 적합하다.
【답】①

55 농형 유도전동기의 속도제어법이 아닌 것은?
① 극수변환
② 1차 저항변환
③ 전원전압변환
④ 전원주파수변환

풀이
유도전동기의 속도 제어법
① 농형 유도 전동기의 속도 제어법은
  • 주파수를 바꾸는 방법
  • 극수를 바꾸는 방법
  • 전원 전압을 바꾸는 방법
② 권선형 유도 전동기는
  • 2차 저항을 제어하는 방법
  • 2차 여자법 등이 있다.
【답】②

56 정격 부하에서 역률 0.8(뒤짐)로 운전될 때, 전압변동률이 12[%]인 변압기가 있다. 이 변압기에 역률 100[%]의 정격 부하를 걸고 운전할 때의 전압 변동률은 약 몇 [%] 인가? (단, %저항강하는 %리액턴스강하의 1/12이라고 한다.)

① 0.909 ② 1.5
③ 6.85   ④ 16.18

풀이
$\epsilon = p\cos\theta + q\sin\theta$ 식에서
 (여기서, p : %저항강하, q : %리액턴스강하)
$\cos\theta = 0.8$ 일 때 $\sin\theta = 0.6$
$\epsilon = p \times 0.8 + q \times 0.6 = 12$
$q = 12p$ 이므로 $12 = 0.8p + 12p \times 0.6$
∴ $p = \dfrac{12}{8} = 1.5$
역률 100[%]일 때
전압변동률 $\epsilon_{100} = p\cos\theta + q\sin\theta = p \times 1 + q \times 0 = p = 1.5$
 ($\cos\theta = 1$일 때 $\sin\theta = 0$)
【답】②

57 직류분권 발전기의 무부하 포화곡선이 $V = \dfrac{940 I_f}{33 + I_f}$ 이고, I_f는 계자전류[A], V는 무부하 전압 [V]으로 주어질 때 계자 회로의 저항이 20[Ω]이면 몇 [V]의 전압이 유기되는가?

① 140 ② 160
③ 280 ④ 300

풀이

$V = \dfrac{940 I_f}{33 + I_f}$

계자 권선의 저항이 20[Ω]이므로

$V = I_f R_f = 20 I_f$ ∴ $I_f = \dfrac{V}{20}$

이 식을 윗식에 대입하면

$V = \dfrac{940 \cdot \frac{V}{20}}{33 + \frac{V}{20}}$, $33 V + \dfrac{V^2}{20} = 940 \times \dfrac{V}{20}$, $33 + \dfrac{V}{20} = 47$

∴ $V = 280$ [V]   【답】③

58 임피던스 강하가 5[%]인 변압기가 운전 중 단락되었을 때 그 단락 전류는 정격 전류의 몇 배인가?

① 20 ② 25
③ 30 ④ 35

풀이

단락 전류 I_{1s}는

$I_{1s} = I_{1n} \dfrac{100}{\%z} = I_{1n} \times \dfrac{100}{5} = 20 I_{1n}$ 【답】①

59 3상 권선형 유도 전동기에서 1차와 2차간의 상수비, 권수비가 β, α이고 2차 전류가 I_2일 때 1차 1상으로 환산한 I_2'는?

① $\dfrac{\alpha}{I_2 \beta}$ ② $\alpha \beta I_2$

③ $\dfrac{\beta I_2}{\alpha}$ ④ $\dfrac{I_2}{\beta \alpha}$

풀이

• 1차 유도기전력 $E_1 = 4.44 k_{w1} w_1 f \phi$ [V]
• 2차 유도기전력 $E_2 = 4.44 k_{w2} w_2 f \phi$ [V]
• 권수비 $\alpha = \dfrac{E_1}{E_2} = \dfrac{4.44 K_{w1} w_1 f \phi}{4.44 K_{w2} w_2 f \phi} = \dfrac{K_{w1} w_1}{K_{w2} w_2}$

• 손실이 없는 경우 $m_1 I_2' k_{w1} w_1 = m_2 I_2 k_{w2} w_2$ 이므로
(∵ $I_2' = I_1$)

$I_2' = I_1 = \dfrac{m_2 k_{w2} w_2}{m_1 k_{w1} w_1} I_2 = \dfrac{1}{\alpha \beta} I_2$

(여기서, 권수비 $\alpha = \dfrac{k_{w1} w_1}{k_{w2} w_2}$, 상수비 $\beta = \dfrac{m_1}{m_2}$)   【답】④

60 직류 발전기에서 양호한 정류를 얻기 위한 방법이 아닌 것은?

① 보상 권선을 설치한다.
② 보극을 설치한다.
③ 브러시의 접촉저항을 크게 한다.
④ 리액턴스 전압을 크게 한다.

풀이

양호한 정류를 얻는 방법
불꽃없는 정류를 위한 조건 : **브러시 접촉면 전압강하 > 평균 리액턴스 전압**
① 보상 권선을 설치하여 전기자 반작용 억제.
② 전압 정류 : 보극 설치
③ 저항 정류 : 접촉저항이 큰 탄소 브러시를 사용
④ 리액턴스(L)를 적게 하여 리액턴스 전압을 낮게 한다. : 단절권 채택
⑤ 정류주기(T_c)를 길게 한다. : 회전속도를 낮춘다. 【답】④

2회 전기기기

41 가동 복권 발전기의 내부 결선을 바꾸어 분권 발전기로 하자면?

① 내분권 복권형으로 해야 한다.
② 외분권 복권형으로 해야 한다.
③ 분권 계자를 단락시킨다.
④ 직권 계자를 단락시킨다.

풀이

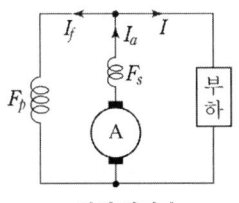

복권 발전기

직권 계자 권선 F_s을 단락시킨다. 외분권, 내분권들은 어느 것이나 복권 발전기의 일종이다.   【답】④

42 유도 전동기를 기동하기 위하여 △를 Y로 전환했을 때 토크는 몇 배가 되는가?

① $\frac{1}{3}$ 배　　② $\frac{1}{\sqrt{3}}$ 배

③ $\sqrt{3}$ 배　　④ 3배

[풀이]

전동기 결선을 △에서 Y로 전환하면 1상에 가해지는 전압은 $\frac{1}{\sqrt{3}}$ 배로 감소하게 된다.

따라서 **토크는 전압의 제곱에 비례**하므로

$T : T' = V^2 : \left(\frac{V}{\sqrt{3}}\right)^2$

$\therefore T' = \frac{1}{3}T$ 가 된다. 【답】①

43 2차 저항과 2차 리액턴스가 0.04[Ω], 0.06[Ω]인 3상 유도전동기의 슬립이 4[%]일 때 1차 부하전류가 10[A]이었다면 기계적 출력은 약 몇 [kW]인가? (단, 권선비 $\alpha = 2$, 상수비 $\beta = 1$ 이다.)

① 0.57　　② 0.85
③ 1.15　　④ 1.35

[풀이]

$r_2 = 0.04[\Omega]$ 이므로

$r_2' = \alpha^2 \beta r_2 = 2^2 \times 1 \times 0.04 = 0.16[\Omega]$

기계적 출력을 대표하는 부하 저항의 1차 환산값 R' 은

$R' = \frac{1-s}{s} r_2' = \frac{1-0.04}{0.04} \times 0.16 = 3.84[\Omega]$

$\therefore P = 3(I_1')^2 R' = 3 \times 10^2 \times 3.84 = 1,152[W] = 1.152[kW]$

【답】③

44 T-결선에 의하여 3300 [V]의 3상으로부터 200 [V], 40 [kVA]의 전력을 얻는 경우 T좌 변압기의 권수비는 약 얼마인가?

① 16.5　　② 14.3
③ 11.7　　④ 10.2

[풀이]

주좌 변압기의 권수비를 a_M,
T좌 변압기의 권수비를 a_T 라 하면

$a_T = a_M \times \frac{\sqrt{3}}{2} = \frac{3300}{200} \times \frac{\sqrt{3}}{2} = 16.5 \times 0.866 = 14.29$

【답】②

45 터빈발전기의 냉각을 수소 냉각방식으로 하는 이유가 아닌 것은?

① 풍손이 공기냉각시의 약 1/10로 줄어든다.
② 동일기계일 때 공기냉각시 보다 정격 출력이 약 25 [%] 증가한다.
③ 수분, 먼지 등이 없어 코로나에 의한 손상이 없다.
④ 비열은 공기의 약 10배 이고 열전도율은 약 15배로 된다.

[풀이]

가스 냉각 방식 : 대형 고속기에 적용
① 수소 냉각 발전기의 장점
  • 비중이 공기의 약 7[%]로 가볍고 풍손은 공기의 약 1/10로 감소
  • **비열이 공기의 약 14배**로 열전도성이 좋고, 공기냉각 발전기에 비하여 약 25 [%]의 출력이 증가
  • 가스 냉각기가 적어도 된다.
  • 코로나 발생전압이 높고 절연물의 수명이 길어진다.
  • 공기에 비해 대류율이 1.3배이고 운전중 소음이 적다.
② 수소 냉각 발전기의 단점
  • 공기와 적당히 혼합하면 폭발할 우려가 있다.
  • 폭발 예방을 위한 부속설비가 필요하며 설비비가 증가

【답】④

46 교류정류자기에서 갭의 자속분포가 정현파로 $\phi_m = 0.14[Wb]$, $p=2$, $a=1$, $Z=200$, $N=1200$ [rpm]인 경우 브러시 축이 자극 축과 30°라면 속도 기전력의 실효값 E_s는 약 몇 [V]인가?

① 160　　② 400
③ 560　　④ 800

[풀이]

$E_s = p\phi n \frac{Z}{a} \sin\theta = p \times \frac{\phi_m}{\sqrt{2}} \times \frac{N}{60} \times \frac{Z}{a} \times \sin\theta$

$= 2 \times \frac{0.14}{\sqrt{2}} \times \frac{1200}{60} \times \frac{200}{1} \times \sin 30° = 395.98[V]$

【답】②

47 단락비가 큰 동기발전기에 대한 설명 중 틀린 것은?

① 효율이 나쁘다.
② 계자전류가 크다.
③ 전압변동률이 크다.
④ 안정도와 선로 충전용량이 크다.

풀이

단락비가 큰 기계(철기계)
- 동기 임피던스가 적다 ($K_s \propto \dfrac{1}{Z_s}$)
- **전압변동률이 작다.**
- 전기자 반작용이 작다.
- 출력이 크다.
- 과부하 내량이 크고 안정도가 높다.
- 자기 여자 현상이 작다.
- 송전선로의 충전용량이 크다.
- 철손, 기계손 등의 고정손이 커서 효율이 나쁘다.
- 극수가 많은 저속기에 적합하다.
- 부피가 커지며 가격이 비싸다. 【답】③

48 전기자 저항이 0.3[Ω]인 분권발전기가 단자전압 550[V]에서 부하전류가 100[A]일 때 발생하는 유도기전력[V]은? (단, 계자전류는 무시한다.)

① 260 ② 420
③ 580 ④ 750

풀이

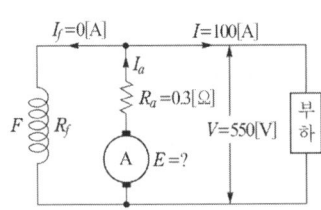

$I_a = I + I_f$에서 계자전류 I_f를 무시하므로
∴ $I_a = I = 100[A]$
유기기전력 $E = V + I_a R_a = 550 + 100 \times 0.3 = 580[V]$ 【답】③

49 유도전동기의 보호 방식에 따른 종류가 아닌 것은?

① 방진형 ② 방수형
③ 전개형 ④ 방폭형

풀이

회전기의 보호 방식에 전개형은 없다. 【답】③

50 전압변동률이 작은 동기 발전기는?

① 전기자 반작용이 크다.
② 동기 리액턴스가 크다.
③ 단락비가 크다.
④ 값이 싸다.

풀이

단락비가 큰 기계(철기계)
- 동기 임피던스가 적다 ($K_s \propto \dfrac{1}{Z_s}$)
- **전압변동률이 작다.**
- 전기자 반작용이 작다.
- 출력이 크다.
- 과부하 내량이 크고 안정도가 높다.
- 자기 여자 현상이 작다. 【답】③

51 동기발전기에서 동기속도와 극수와의 관계를 표시한 것은? (단, N : 동기 속도, p : 극수 이다.)

① 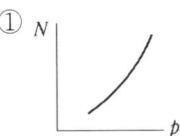 ②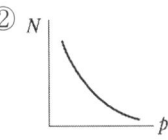
③ 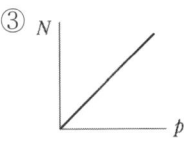 ④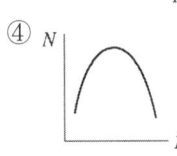

풀이

$N_s = \dfrac{120f}{p} \propto \dfrac{1}{p}$

즉, **동기 속도는 극수** p**에 반비례**하므로 쌍곡선이 된다. 【답】②

52 8극 60[Hz], 3상 권선형 유도 전동기의 전부하시의 2차 주파수가 3[Hz], 2차 동손이 500[W]라면 발생 토크는 약 몇 [kg·m]인가? 단, 기계손은 무시한다.

① 10.4 ② 10.8
③ 11.1 ④ 12.5

풀이

- 슬립 $s = \dfrac{f_2}{f_1} = \dfrac{3}{60} = 0.05$
- 2차 입력 $P_2 = \dfrac{P_{c2}}{s} = \dfrac{500}{0.05} = 10000[W] = 10[kW]$
- 출력 $P = (1-s)P_2 = (1-0.05) \times 10 = 9.5[kW]$
- 동기속도 $N_s = \dfrac{120f}{p} = \dfrac{120 \times 60}{8} = 900[rpm]$
- 토크 $T = 0.975 \dfrac{P_2}{N_s} = \dfrac{0.975 \times 10000}{900} = 10.83[kg \cdot m]$

【답】②

53 직류 발전기의 부하 포화 곡선은 다음 어느 것의 관계인가?
① 단자 전압과 부하 전류
② 출력과 부하 전력
③ 단자 전압과 계자 전류
④ 부하 전류와 계자 전류

[풀이]
부하 포화 곡선은 정격 속도에서 부하 전류 I를 정격값으로 유지했을 때 **계자 전류 I_f와 단자 전압 V 와의 관계**를 나타내는 곡선이다. 【답】③

54 정격 출력 6 [kW], 전압 100 [V]의 직류 분권 전동기를 전기 동력계로 시험하였더니 전기 동력계의 저울이 10 [kg]을 가리켰다. 이 전동기의 출력 P [kW]와 토크 τ는 몇 [kg·m]인가? 단, 동력계의 암의 길이는 0.4 [m], 전동기의 회전수는 1600 [rpm]이다.
① $P=6$, $\tau=3.7$
② $P=6.56$, $\tau=4$
③ $P=4.2$, $\tau=3.7$
④ $P=7.4$, $\tau=4$

[풀이]
• 전동기의 토크 $\tau = WL$ [kg·m]에 의하여
  $\tau = 10 \times 0.4 = 4$ [kg·m]
• 전동기의 출력 P 는
  $P = \omega\tau = 2\pi n\tau = 2\pi \times \dfrac{1600}{60} \times 4 \times 9.8$
  $= 6568 [W] = 6.568 [kW]$
  ($\because 1 [kg \cdot m] = 9.8 [N \cdot m]$) 【답】②

55 일정 전압으로 운전하는 직류전동기의 손실이 $x + yI^2$으로 될 때 어떤 전류에서 효율이 최대가 되는가? (단, x, y는 정수이다.)
① $I = \sqrt{\dfrac{x}{y}}$
② $I = \sqrt{\dfrac{y}{x}}$
③ $I = \dfrac{x}{y}$
④ $I = \dfrac{y}{x}$

[풀이]
x는 부하 전류에 관계없는 고정손, yI^2은 전류의 제곱에 비례하는 가변손 **최대 효율 조건은 고정손 = 가변손**이므로 즉, $x = yI^2$이 되는 부하 전류 $I = \sqrt{\dfrac{x}{y}}$ 에서 최대 효율이 된다. 【답】①

56 권선형 유도전동기의 속도제어 방법 중 저항제어법의 특징으로 옳은 것은?
① 효율이 높고 역률이 좋다.
② 부하에 대한 속도 변동률이 작다.
③ 구조가 간단하고 제어조작이 편리하다.
④ 전부하로 장시간 운전하여도 온도에 영향이 적다.

[풀이]

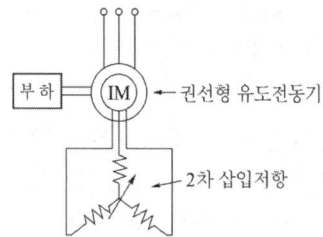

2차 저항제어는 권선형 유도전동기에서만 사용할 수 있는 방법으로 2차회로의 저항의 변화에 의한 토오크 속도특성의 비례추이를 응용한 것으로 다음과 같은 특징이 있다.
① 전류가 큰 2차 회로에 저항을 삽입하여 제어 하므로 2차 저항원이 현저하게 커져서 효율이 낮게 되는 결점이 있다.
② **구조가 간단하고 조작이 용이**하며, 동기속도 이하의 속도제어를 원활하고 광범위하게 행할 수 있다.
③ 속도제어의 한도는 동기속도의 40[%]정도 이다. 【답】③

57 정격 전압 6000 [V], 용량 5000 [kVA]의 3상 동기 발전기에 있어서 여자 전류 200 [A]에 상당하는 무부하 단자 전압은 6000 [V]이고, 단락 전류는 600 [A]이다. 이 발전기의 단락비 및 동기 리액턴스(per unit, [p.u])는?
① 단락비 1.25, 동기 리액턴스 0.80
② 단락비 1.25, 동기 리액턴스 5.77
③ 단락비 0.80, 동기 리액턴스 1.25
④ 단락비 0.17, 동기 리액턴스 5.77

[풀이]
정격전류 $I_n = \dfrac{P}{\sqrt{3}\,V_n} = \dfrac{5000 \times 10^3}{\sqrt{3} \times 6000} = 481.13 [A]$

단락 시의 유도기전력 $E_n = \dfrac{V_n}{\sqrt{3}}$ 은 동기임피던스 강하 $I_s Z_s$와 같으므로,

$E_n = \dfrac{V_n}{\sqrt{3}} = I_s Z_s = \dfrac{6000}{\sqrt{3}} = 600 Z_s$ [V]

$$Z_s = \frac{6000}{\sqrt{3} \times 600} = 5.77 \, [\Omega]$$

• 동기 임피던스 (p.u 법)

$$Z_s' = \frac{I_n Z_s}{E_n} = \frac{481.13 \times 5.77}{6000/\sqrt{3}} = 0.80 \, [\text{p.u}]$$

• 단락비 $K_s = \frac{100}{\%Z_s} = \frac{100}{Z_s' \times 100} = \frac{100}{0.8 \times 100} = 1.25$ 【답】①

58 소형 유도 전동기의 슬롯을 사구(skew slot)로 하는 이유는?
① 토크 증가
② 게르게스 현상의 방지
③ 크로우링 현상의 방지
④ 제동 토크의 증가

풀이
크로우링 현상을 경감시키기 위해서 회전자의 슬롯을 고정자 또는 회전자의 1슬롯 피치 정도 **축방향**에 대해서 **경사**시켜서 해결하는 일이 많다. 이와 같은 슬롯을 **사구**라 한다. 【답】③

59 직류 분권전동기의 정격전압 220[V], 정격전류 105[A], 전기자저항 및 계자회로의 저항이 각각 0.1[Ω] 및 40[Ω]이다. 기동전류를 정격전류의 150[%]로 할 때의 기동저항은 약 몇 [Ω]인가?
① 0.46
② 0.92
③ 1.21
④ 1.35

풀이

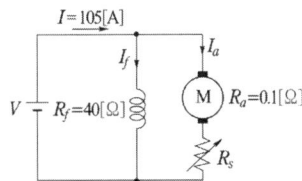

• 계자전류 $I_f = \frac{V}{R_f} = \frac{220}{40} = 5.5 [A]$
• 기동전류는 정격의 150[%]이므로
  기동전류 $= 105 \times 1.5 = 157.5 [A]$
• 전기자 전류 $I_a = I - I_f = 157.5 - 5.5 = 152 [A]$
• $R_a + R_s = \frac{V}{I_a} = \frac{220}{152} = 1.45 [\Omega]$

따라서 기동저항 $R_s = 1.45 - R_a = 1.45 - 0.1 = 1.35 [\Omega]$
【답】④

60 슬립 5[%]인 유도전동기의 기계적 출력을 대표하는 부하저항은 2차 저항의 몇 배인가?
① 19
② 20
③ 29
④ 40

풀이
$$R = r_2 \left(\frac{1}{s} - 1\right) = r_2 \left(\frac{1}{0.05} - 1\right) = 19 r_2$$
【답】①

4회 전기기기

41 유도전동기의 2차 동손을 P_c, 2차 입력을 P_2, 슬립을 s라 할 때 이들 사이의 관계는?
① $s = \frac{P_c}{P_2}$
② $s = \frac{P_2}{P_c}$
③ $s = P_2 \cdot P_c$
④ $s = P_2 + P_c$

풀이
2차 동손
$$P_c = I_2^2 r_2 = I_2 r_2 \cdot \frac{sE_2}{\sqrt{r_2^2 + (sx_2)^2}} \quad (\because I_2 = \frac{sE_2}{\sqrt{r_2^2 + (sx_2)^2}})$$
$$= sE_2 I_2 \frac{r_2}{\sqrt{r_2^2 + (sx_2)^2}} = sE_2 I_2 \cos\theta_2 = sP_2$$
$$\therefore s = \frac{P_c}{P_2}$$
【답】①

42 정류자형 주파수변환기의 설명 중 틀린 것은?
① 유도전동기를 2차여자법으로 속도제어 하는데 사용하지만 유도기의 역률을 개선할 수는 없다.
② 회전자는 3상 회전변류기의 전기자와 거의 같은 구조이며 정류자와 3개의 슬립링이 있다.
③ 소용량이고 가장 간단한 것은 회전자만으로 고정자는 없다.
④ 외부에서 회전력을 공급하는데 회전방향과 속도에 따라 다양한 주파수를 얻을 수 있는 전기기계이다.

풀이
정류자형 주파수 변환기를 이것과 동일 전원에 접속하여 슬립 s로 운전하고 있는 권선형 유도 전동기와 조합시키면 유도전동기의 2차 여자를 행할 수 있으므로 **전동기의 속도제어와 역률의 개선을 행할 수 있다.** 　　　　　　　　　　　【답】①

43 인버터(inverter)에 대한 설명으로 옳은 것은?
① 직류를 교류로 변환
② 교류를 교류로 변환
③ 직류를 직류로 변환
④ 교류를 직류로 변환

풀이
- 인버터 : DC를 AC로 변환
- 사이클로 컨버터 : AC를 AC로 변환(전원 주파수와 다른 주파수의 전력으로 변환)
- 초　퍼 : DC를 DC로 변환
- 정류기 : AC를 DC로 변환　　　　　　　　【답】①

44 권선형 유도전동기에 한하여 이용되고 있는 속도제어법은?
① 1차 전압제어법, 2차 저항제어법
② 1차 주파수제어법, 1차 전압제어법
③ 2차 여자제어법, 2차 저항제어법
④ 2차 여자제어법, 극수변환법

풀이
① 농형 유도 전동기 속도 제어법
  - 주파수를 바꾸는 방법
  - 극수를 바꾸는 방법
  - 전원 전압을 바꾸는 방법
② 권선형 유도 전동기 속도 제어법
  - 2차 저항 제어법
  - 2차 여자제어법　　　　　　　　　　　【답】③

45 전기자 총 도체수 500, 6극, 중권의 직류전동기가 있다. 전기자 전 전류가 100[A]일 때의 발생 토크는 약 몇 [kg·m] 인가? (단, 1극당 자속수는 0.01 [Wb] 이다.)
① 8.12　　　　　② 9.54
③ 10.25　　　　④ 11.58

풀이
$T = \dfrac{pZ}{2\pi a}\phi I_a = \dfrac{6 \times 500}{2 \times \pi \times 6} \times 0.01 \times 100 = 79.58[\text{N} \cdot \text{m}]$

$1[\text{kg} \cdot \text{m}] = 9.8[\text{N} \cdot \text{m}]$ 이므로
토크 $T = \dfrac{79.58}{9.8} = 8.12[\text{kg} \cdot \text{m}]$　　　　【답】①

46 동기발전기에 회전계자형을 사용하는 이유로 틀린 것은?
① 기전력의 파형을 개선한다.
② 계자가 회전자이지만 저전압 소용량의 직류이므로 구조가 간단하다.
③ 전기자가 고정자이므로 고전압 대전류용에 좋고 절연이 쉽다.
④ 전기자보다 계자극을 회전자로 하는 것이 기계적으로 튼튼하다.

풀이
① 회전 계자형 동기 발전기는 전기자를 고정자로 하고 계자극을 회전자로 한 것으로 회전계자형을 사용하는 이유로는
  - 전기자 권선은 전압이 높고 결선이 복잡하며, 대용량으로 되면 전류도 커지고, 3상 권선의 경우에는 4개의 도선을 인출하여야 한다.
  - 계자 회로는 직류의 저압 회로이므로 소요 동력도 작으며, 인출 도선이 2개만 있어도 되기 때문이다.
  - 계자극은 기계적으로 튼튼하게 만드는 데 용이하기 때문이다.
  - 고장시의 과도 안정도를 높이기 위하여 회전자의 관성을 크게 하기 쉽기 때문이기도 하다.
② **기전력의 파형을 개선하기 위해서는 전기자 권선을 단절권 및 분포권**으로 한다. 　　　　　　　　　【답】①

47 교류 전동기에서 브러시의 이동으로 속도변화가 가능한 것은?
① 농형 전동기
② 2중 농형 전동기
③ 동기 전동기
④ 시라게 전동기

풀이
속도를 변화시킬 수 있는 교류 전동기로서 널리 사용되고 있는 것은 **시라게 전동기**이며 그 구조는 직류전동기와 유사 하지만 브러시가 2조가 있어 각 조의 **브러시를 반대 방향으로 이동하면 속도를 조정할 수 있다.**　　　　　【답】④

48 단상 50[Hz], 전파 정류 회로에서 변압기의 2차 상전압 100[V], 수은 정류기의 전압 강하 20[V]에서 회로 중의 인덕턴스는 무시한다. 외부 부하로서 기전력 50[V], 내부 저항 0.3[Ω]의 축전지를 연결할 때 평균 출력은 약 몇 [W] 인가?

① 4556
② 4667
③ 4778
④ 4889

풀이

직류 평균 전압 E_d는,

$$E_d = \frac{2\sqrt{2}}{\pi}E - e_a = \frac{2\sqrt{2}}{\pi} \times 100 - 20 = 70[V]$$

평균 부하 전류 I_d는,

$$I_d = \frac{E_d - 50}{0.3} = \frac{70 - 50}{0.3} = 66.67[A]$$

평균 출력 P_0는,

$$\therefore P_0 = E_d I_d = 70 \times 66.67 = 4667[W]$$

【답】②

49 3상 전원에서 2상 전압을 얻고자 할 때 다음 결선 중 맞는 것은?

① 포크 결선
② 환상 결선
③ Scott 결선
④ 대각 결선

풀이

3상-2상간의 상수 변환
① **스코트 결선(T결선)**
② 메이어 결선
③ 우드 브리지 결선

【답】③

50 단상 및 3상 유도전압 조정기에 관하여 옳게 설명한 것은?

① 단락 권선은 단상 및 3상 유도전압 조정기 모두 필요하다.
② 3상 유도전압 조정기에는 단락 권선이 필요없다.
③ 3상 유도전압 조정기의 1차와 2차 전압은 동상이다.
④ 단상 유도전압 조정기의 기전력은 회전 자계에 의해서 유도 된다.

풀이

항 목	단상 유도전압 조정기	3상 유도전압 조정기
단락권선	필요하다.	필요없다.
입력전압과 출력전압 사이의 위상차	위상차 없다.	위상차 있다.
자 계	교번자계	회전자계

【답】②

51 MOSFET에 대한 설명으로 옳은 것은?

① on 상태에서는 높은 저항처럼 동작한다.
② BJT와 비교하여 게이트와 소스간의 입력 임피던스가 매우 작다.
③ 소수캐리어 소자이므로 BJT에 비해 턴온과 턴오프가 늦게 이루어진다.
④ 게이트-소스간의 전압으로 드레인 전류를 제어하는 전압제어스위치로 동작한다.

풀이

MOSFET(metal oxide silicon field effect transistor)
• on상태를 유지하기 위해 제어 전압을 지속적으로 인가해야 한다.
• 게이트와 소스 사이의 입력 임피던스가 매우 크기 때문에 게이트에 흐르는 전류는 매우 작고, 따라서 구동 회로가 간단하며 구동 전력이 작다.
• 다수 캐리어로 동작되기 때문에 캐리어의 축적 효과에 따른 축적 시간이 필요없으므로, 고속 스위칭이 가능하다.
• **게이트와 소스의 전압으로 드레인 전류를 제어하는 전압 제어 소자이다.**

【답】④

52 3상 유도 전동기로서 작용하기 위한 슬립 s의 범위는?

① $s \geq 1$
② $0 < s < 1$
③ $-1 \leq s \leq 0$
④ $s = 0$ 또는 $s = 1$

풀이

슬립의 범위
• **유도 전동기** : $0 < s < 1$
• 유도 발전기 : $s < 0$
• 제동기 : $s > 1$

【답】②

53 직류 분권 전동기의 단자전압과 계자전류는 일정히 하고, 2배의 속도로 2배의 토크를 발생하는 데 필요한 전력은 처음 전력의 몇 배인가?

① 불변 ② 2배
③ 4배 ④ 8배

풀이

전력 $P = \omega T = 2\pi \times \dfrac{N}{60} \times T \propto NT$ 이므로

변경 후의 전력 $P' = 2N \times 2T = 4NT = 4P$ 【답】③

---

54 75[W] 이하의 소 출력으로 소형공구, 영사기, 치과 의료용 등에 널리 이용되는 전동기는?

① 단상 반발전동기
② 영구자석 스텝전동기
③ 3상 직권 정류자전동기
④ 단상 직권 정류자전동기

풀이

직류 직권 전동기에 가해 주는 직류 전압을 그림과 같이 바꿀 경우에도 자속과 전기자 전류의 방향이 동시에 모두 반대가 되므로, 회전 방향은 변하지 않는다.

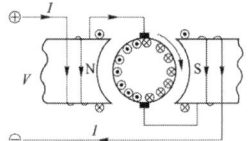 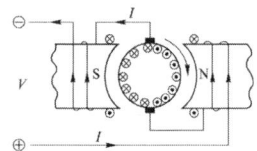

직·교류 양용 전동기의 원리

따라서, 이 직류 직권 전동기에 교류 전압을 가해 주어도 전동기는 항상 같은 방향의 토크를 발생하고, 회전을 같은 방향으로 계속한다. 직·교류 양용 전동기(만능 전동기)는 이와 같은 원리를 이용한 전동기로서 **단상 직권 정류자 전동기**라고 하며, 믹서기, 재봉틀, 진공청소기, **휴대용 드릴 및 영사기 등에 사용**된다. 【답】④

---

55 6300/210[V], 20[kVA] 단상변압기 1차 저항과 리액턴스가 각각 15.2[Ω]과 21.6[Ω], 2차 저항과 리액턴스가 각각 0.019[Ω]과 0.028[Ω]이다. 백분율 임피던스[%]는?

① 약 1.86 ② 약 2.87
③ 약 3.86 ④ 약 4.86

풀이

• 권수비 $a = \dfrac{6300}{210} = 30$

• 1차측으로 환산한 임피던스

$Z_1 = \sqrt{(r_1 + a^2 r_2)^2 + (x_1 + a^2 x_2)^2}$
$= \sqrt{(15.2 + 30^2 \times 0.019)^2 + (21.6 + 30^2 \times 0.028)^2}$
$= 56.86 [\Omega]$

• $\%Z = \dfrac{I_n Z}{E} \times 100 = \dfrac{\frac{20000}{6300} \times 56.86}{6300} \times 100 = 2.865[\%]$ 【답】②

---

56 유도전동기에서 공간적으로 본 고정자에 의한 회전자계와 회전자에 의한 회전자계는?

① 항상 동상으로 회전한다.
② 슬립만큼의 위상각을 가지고 회전한다.
③ 역률각만큼의 위상각을 가지고 회전한다.
④ 항상 180°만큼의 위상각을 가지고 회전한다.

풀이

회전자가 $N = (1-s)N_s$[rpm]으로 회전하고 있을 때 이 회전자의 전류에 의하여 형성되는 회전자 전류의 주파수가 sf[Hz]이므로 회전자에 대해서 sN_s[rpm]의 속도로 회전자와 같은 방향으로 회전하고 있다. 한편 회전자 자신은 $(1-s)N_s$[rpm]의 속도로 돌고 있으므로 회전자가 만드는 회전자계는 고정자에 대하여

$(1-s)N_s + sN_s = N_s$[rpm]

그러므로 **회전자가 만드는 회전자계는 고정자가 만드는 회전자계의 방향으로 동기속도**, 즉 **항상 동상**으로 회전한다. 【답】①

---

57 직류기의 전기자 반작용의 영향이 아닌 것은?

① 주자속이 증가한다.
② 전기적 중성축이 이동한다.
③ 정류 작용에 악영향을 준다.
④ 정류자 편간전압이 상승한다.

풀이

전기자 반작용의 영향
① 전기적 중성축 이동
  • 발전기 : 회전 방향으로 이동
  • 전동기 : 회전 방향과 반대 방향으로 이동
② 주자속 감소
③ 정류자 편간의 불꽃 섬락 발생
④ 출력의 저하 【답】①

58 다이오드를 사용한 정류회로에서 여러 개를 병렬로 연결하여 사용할 경우 얻는 효과는?

① 인가전압 증가
② 다이오드의 효율 증가
③ 부하 출력의 맥동률 감소
④ 다이오드의 허용전류 증가

| 풀이 |

• 다이오드 직렬 연결 : 과전압으로 부터 보호
 (인가허용전압 증가)

• 다이오드 병렬 연결 : 과전류로부터 보호(허용전류 증가)

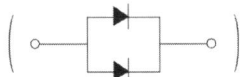

【답】 ④

59 단상 유도전동기의 기동 토크가 큰 순서로 되어 있는 것은?

① 반발 기동, 분상 기동, 콘덴서 기동
② 분상 기동, 반발 기동, 콘덴서 기동
③ 반발 기동, 콘덴서 기동, 분상 기동
④ 콘덴서 기동, 분상 기동, 반발 기동

| 풀이 |

단상 유도전동기에서 기동 토크가 큰 것부터 순서로 배열하면
반발 기동형 > **반**발 유도형 > **콘**덴서 기동형 > **분**상 기동형 > **셰**이딩 코일형 > **모**노사이클릭형

【답】 ③

60 단권변압기의 3상 결선에서 △결선인 경우, 1차측 선간전압 V_1, 2차측 선간전압 V_2일 때 단권변압기의 자기용량/부하용량은? (단, $V_1 > V_2$인 경우이다.)

① $\dfrac{V_1 - V_2}{V_1}$
② $\dfrac{V_1^2 - V_2^2}{\sqrt{3}\, V_1 V_2}$
③ $\dfrac{\sqrt{3}\,(V_1^2 - V_2^2)}{V_1 V_2}$
④ $\dfrac{V_1 - V_2}{\sqrt{3}\, V_1}$

| 풀이 |

△결선에서 고압측 전압 V_h, 저압측 전압 V_l 이라고 하면

$\dfrac{\text{자기 용량(등가 용량)}}{\text{부하 용량}} = \dfrac{V_h^2 - V_l^2}{\sqrt{3}\, V_h V_l} = \dfrac{V_1^2 - V_2^2}{\sqrt{3}\, V_1 V_2}$

【답】 ②

2022년 CBT 복원문제

1회   전기기기

41 직류전동기의 속도제어법 중 정지 워드 레오나드 방식에 관한 설명으로 틀린 것은?
① 광범위한 속도제어가 가능하다.
② 정토크 가변속도의 용도에 적합하다.
③ 제철용압연기, 엘리베이터 등에 사용된다.
④ 직권전동기의 저항제어와 조합하여 사용한다.

풀이   직류 전동기의 속도 제어법 비교

구 분	제어 특성	특 징
계자 제어법	• 정출력 제어	• 속도 제어 범위가 좁다.
전압 제어법	• 정토크 제어 ┌ 워드 레오나드 방식 └ 일그너 방식	• 제어 범위가 넓다. • 손실이 매우 적다. • 정역 운전이 가능 • 압연기나 권상기 등의 속도제어에 사용 • 설비비가 많이 든다.
직렬 저항법		• 효율이 나쁘다.

【답】 ④

42 정격 전압에서 전 부하로 운전하는 직류 직권전동기의 부하전류가 50[A]이다. 부하토크가 반으로 감소하면 부하전류는 약 몇 [A] 인가? (단, 자기포화는 무시한다.)
① 25
② 35
③ 45
④ 50

풀이
토크와 속도와의 관계 (자기포화가 되지 않는 범위, 즉 $\phi \propto I$) 에서 $T = K_1 \phi I_a$ 에서 $T = K_2 I^2$
($\because$ 직권전동기에서 $I_a = I_f = I \propto \phi$ 이다.)
따라서, $T : \frac{1}{2} T = 50^2 : I^2$
$\therefore I^2 = \frac{1}{2} \times 50^2$, $I = \frac{1}{\sqrt{2}} \times 50 = 35.36 [A]$

【답】 ②

43 발전기의 종류 중 회전계자형으로 하는 것은?
① 동기 발전기
② 유도 발전기
③ 직류 복권발전기
④ 직류 타여자발전기

풀이
회전 계자형은 전기자를 고정자로 하고, 계자극을 회전자로 한 것으로서 발전기 중 현재 가장 많이 사용되고 있는 **동기 발전기**는 **회전 계자형**으로 되어 있다.   【답】 ①

44 3상 유도전동기의 2차 저항을 m배로 하면 동일하게 m배로 되는 것은?
① 역률
② 전류
③ 슬립
④ 토크

풀이
$$\frac{r_2}{s_m} = \frac{r_2 + R_s}{s_t}$$
여기서, r_2 : 2차 권선의 저항, s_m : 최대 토크시 슬립, s_t : 기동시 슬립, R_s : 2차 외부회로 저항, $r_2 + R_s$: 2차 회로 저항
즉, 2차 회로 저항 $r_2 + R_s$ 와 슬립 s_t 는 비례 관계에 있다.

【답】 ③

45 다음 권선법 중 직류기에서 주로 사용되는 것은?
① 폐로권, 환상권, 이층권
② 폐로권, 고상권, 이층권
③ 개로권, 환상권, 단층권
④ 개로권, 고상권, 이층권

풀이
직류기의 전기자 권선법
• 환상권과 고상권 중에서 **고상권**을 사용
• 폐로권과 개로권 중에서 **폐로권**을 사용

- 단층권과 2층권 중에서 **2층권**을 사용
- 전절권과 단절권 중에서 **단절권**을 사용 【답】②

46 그림의 단상 전파 정류회로에서 교류측 공급전압 $628\sin 314t$[V], 직류측 부하저항 20 [Ω]일 때의 직류측 부하전류의 평균치 I_d [A] 및 직류측 부하전압의 평균치 E_d [V]는?

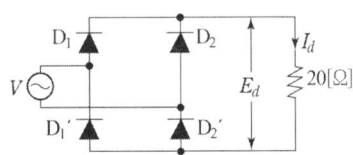

① $I_d = 20$, $E_d = 400$
② $I_d = 10$, $E_d = 200$
③ $I_d = 14.1$, $E_d = 282$
④ $I_d = 28.2$, $E_d = 565$

풀이

$E = \dfrac{E_m}{\sqrt{2}} = \dfrac{628}{\sqrt{2}} = 444$ [V]

$E_d = \dfrac{2\sqrt{2}}{\pi}E = 0.9E = 0.9 \times 444 = 400$ [V]

$I_d = \dfrac{E_d}{R} = \dfrac{400}{20} = 20$ [A] 【답】①

47 직류 직권전동기의 운전상 위험속도를 방지하는 방법 중 가장 적합한 것은?
① 무부하 운전한다.
② 경부하 운전한다.
③ 무여자 운전한다.
④ 부하와 기어를 연결한다.

풀이
직권 전동기에서는 $I_a = I = I_f$ 이므로 $I = I_f \propto \phi$가 된다.
회전 속도 $n = K\dfrac{V - I_a(R_a + R_s)}{\phi}$ 에서 알 수 있듯이 **무부하 상태**($I = 0$, 즉 $\phi = 0$)가 되면 속도가 급격히 상승하여 원심력으로 파괴될 우려가 있다. 그러므로, 직권 전동기로 다른 기계를 운전하려면, 반드시 **직결하거나 기어(gear)를 사용하여야 한다**. 【답】④

48 정격전압 6000[V], 용량 5000[kVA]의 3상 동기발전기에서 여자전류가 200[A]일 때 무부하 단자전압이 6000[V], 단락전류는 500[A]이었다. 동기 리액턴스는 약 몇 [Ω]인가?
① 8.65   ② 7.26
③ 6.93   ④ 5.77

풀이
단락전류 $I_s = \dfrac{E}{Z_s} = \dfrac{V}{\sqrt{3}\,Z_s}$ [A]에서

$Z_s = X_s = \dfrac{V}{\sqrt{3}\,I_s} = \dfrac{6000}{\sqrt{3} \times 500} = 6.93$ [Ω]

(단, 저항분은 무시한 경우임) 【답】③

49 동기발전기의 병렬운전 조건에서 같지 않아도 되는 것은?
① 주파수   ② 용량
③ 위상   ④ 기전력

풀이
동기 발전기의 **병렬 운전 조건**은 다음과 같다.
① 기전력의 **크기**가 같을 것
② 기전력의 **위상**이 같을 것
③ 기전력의 **주파수**가 같을 것
④ 기전력의 **파형**이 같을 것
⑤ **상회전 방향**이 같을 것 【답】②

50 직류기의 정류 작용에서 전압 정류를 하고자 한다. 어떻게 하여야 하는가?
① 계자를 이동시킨다.
② 보극을 설치한다.
③ 탄소 브러시를 단락시킨다.
④ 환상 권선을 분리시킨다.

풀이
양호한 정류를 얻는 조건
① 리액턴스 전압을 작게 한다. $\left(e_L = L\dfrac{2I_c}{T_c}\right)$
② 단절권 채용으로 자기 인덕턴스를 작게 한다.
③ 고속을 피하여 정류 주기를 길게 한다.
④ 저항 정류로서 접촉저항이 큰 탄소 브러시를 사용한다.
⑤ **전압 정류로서 보극을 설치**한다. 【답】②

51 전압이 일정한 모선에 접속되어 역률 100[%]로 운전하고 있는 동기전동기의 여자전류를 증가시키면 역률과 전기자전류는 어떻게 되는가?
① 뒤진 역률이 되고 전기자 전류는 증가한다.
② 뒤진 역률이 되고 전기자 전류는 감소한다.
③ 앞선 역률이 되고 전기자 전류는 증가한다.
④ 앞선 역률이 되고 전기자 전류는 감소한다.

풀이

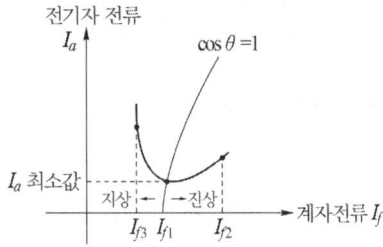

- I_{f1} : $\cos\theta = 1$
- I_{f2} (여자 전류 증가) : 진상의 전기자 전류가 흐르고, 전류는 증가한다.
- I_{f3} (여자 전류 감소) : 지상의 전기자 전류가 흐르고, 전류는 증가한다.
【답】③

52 변압기의 부하 전류 및 전압이 일정하고, 주파수가 낮아 졌을 때 의 현상으로 옳은 것은?
① 철손감소 ② 철손증가
③ 동손감소 ④ 동손증가

풀이

- 동손 $P_c = I^2 R$ 로 동손은 전류의 자승에 비례하나 주파수와는 무관하다.
- 유기기전력 $E = 4.44 f W \phi_m [V]$ 에서 기전력이 일정 한 경우
$$f \propto \frac{E}{\phi_m} \propto \frac{E}{B_m}$$
- 와류손
$$P_e = K_e(t \cdot f \cdot K_f \cdot B_m)^2 = K_e\left(t \cdot f \cdot K_f \cdot \frac{E}{f}\right)^2$$
$$= KE^2$$ 에서 와류손은 주파수와 무관하다.
- 히스테리시스손
$$P_h = K_h \cdot f \cdot B_m^2 = K \cdot f \cdot \left(\frac{E}{f}\right)^2 = K \frac{E^2}{f}$$
로 주파수에 반비례 한다.
따라서, 철손 = 와류손 + 히스테리시스손 으로 구성되어 있으므로 주파수가 낮아지면 철손은 증가 하게 된다. 즉, **와류손은 주파수에 무관 하지만 히스테리시스손은 주파수에 반비례 하므로 주파수가 낮아지면 전체 철손은 증가하게 된다.**
【답】②

53 유도전동기의 부하를 증가시키면 역률은?
① 좋아진다. ② 나빠진다.
③ 변함이 없다. ④ 1이 된다.

풀이
유도 전동기는 자기 회로에 공극이 있기 때문에 여자 전류가 전부하 전류의 20~50 [%]에 이른다. 그리고 무부하 상태에서는 유효 전류가 매우 적기 때문에 무부하 전류늑화 전류로 보아도 좋다. 따라서, 무부하 전류는 역률이 매우 낮다. 그러나 2차 측에 부하가 증가하면 유효분 전류의 증가로 인하여 1차측에서 본 역률은 점점 좋아지게 된다.
【답】①

54 전부하에서 동손 100 [W], 철손 50 [W]인 변압기가 최대 효율[%]을 나타내는 부하는?
① 50 ② 67
③ 70 ④ 86

풀이
최대 효율은 철손과 동손이 같을 때이므로
$P_i = m^2 P_c$
$\therefore m = \sqrt{\frac{P_i}{P_c}} = \sqrt{\frac{50}{100}} = 0.7 = 70[\%]$
【답】③

55 220[V], 50[kW]인 직류 직권전동기를 운전하는데 전기자 저항(브러시의 접촉저항 포함)이 0.05[Ω]이고 기계적 손실이 1.7 [kW], 표유손이 출력의 1 [%]이다. 부하전류가 100 [A]일 때의 출력은 약 몇 [kW]인가?
① 14.5 ② 16.7
③ 18.2 ④ 19.6

풀이
역기전력
$E_c = V - (R_a + R_s)I = 220 - 0.05 \times 100 = 215[V]$
$\therefore P = E_c I = 215 \times 100 = 21500[W] = 21.5[kW]$
$\therefore P' = 21.5 - 1.7 - (21.5 \times 0.01) = 19.6[kW]$
【답】④

56 용량 40[kVA], 3200/200[V]인 3상 변압기 2차측에 3상 단락이 생겼을 경우 단락전류는 약 몇 A]인가? (단, %임피던스 전압은 4[%] 이다.)
① 1887 ② 2887
③ 3243 ④ 3558

풀이

단락전류 $I_s = \dfrac{100}{\%Z} \times I_n [\text{A}]$ 에서

$I_s = \dfrac{100}{\%Z} \times \dfrac{P}{\sqrt{3}\,V} = \dfrac{100}{4} \times \dfrac{40000}{\sqrt{3} \times 200} = 2887[\text{A}]$

(V : 2차측 단락전류를 구할 때는 2차측 전압을, 1차측에서의 단락전류를 구할 때는 1차측 전압) 【답】②

---

57 제13차 고조파에 의한 회전자계의 회전방향과 속도를 기본파 회전자계와 비교할 때 옳은 것은?

① 기본파와 반대방향이고, 1/13의 속도
② 기본파와 동일방향이고, 1/13의 속도
③ 기본파와 동일방향이고, 13배의 속도
④ 기본파와 반대방향이고, 13배의 속도

풀이

① 회전 자계 방향
  • $h = 2nm + 1$: **기본파와 같은 방향**의 회전 자계 발생
    (즉, 7차, 13차, …)
    여기서, h : 고조파 차수, n : 1, 2, 3, …
  • $h = 3n$: 회전자계를 발생하지 않는다.
  • $h = 2nm - 1$: 기본파와 반대 방향의 회전자계 발생

② 회전속도 = $\dfrac{1}{\text{고조파 차수}}$ 【답】②

---

58 동기 발전기의 돌발 단락 전류를 주로 제한하는 것은?

① 동기 리액턴스   ② 누설 리액턴스
③ 권선 저항   ④ 동기 임피던스

풀이

동기기에서 저항은 누설 리액턴스에 비하여 작으며 전기자 반작용은 단락 전류가 흐른 뒤에 작용하므로 **돌발 단락 전류를 제한하는 것은 누설 리액턴스**이다. 역상 리액턴스는 역상 전류에 대응하는 것으로 3상 평형 단락이 되면 역상 전류는 흐르지 않는다.

동기 리액턴스 = 누설 리액턴스 + 반작용 리액턴스 【답】②

---

59 동기 전동기의 기동법 중 자기동법에서 계자권선을 단락하는 이유는?

① 고전압의 유도를 방지한다.
② 전기자 반작용을 방지한다.
③ 기동 권선으로 이용한다.
④ 기동이 쉽다.

풀이

동기전동기의 자기동법
이 방식은 난조 방지용인 제동권선을 기동권선으로 하여 시동 토크를 얻는 방법으로서, **기동 시 전기자권선에 의한 회전자계에 의해 계자권선내에 고압이 유도되어 절연을 파괴할 우려가 있으므로 계자권선은 외부 저항을 통해 단락해 놓고 기동해야 한다.**
 【답】①

---

60 기동장치를 갖는 단상 유도전동기가 아닌 것은?

① 2중 농형   ② 분상기동형
③ 반발기동형   ④ 셰이딩코일형

풀이

2중 농형 유도 전동기
① 회전자의 농형권선을 내외 이중으로 설치한 것
② 도체
  • 외측도체 : 저항이 높은 황동 또는 동니켈 합금의 도체를 사용
  • 내측도체 : 저항이 낮은 전기동 사용
③ 기동시에는 저항이 높은 외측 도체로 흐르는 전류에 의해 큰 기동 토오크를 얻고 기동완료 후에는 저항이 적은 내측 도체로 전류가 흘러 우수한 운전 특성을 얻는 전동기로서 **별도의 기동장치가 필요 없다.** 【답】①

2회   전기기기

41 브흐홀쯔 계전기로 보호되는 기기는?

① 유입변압기   ② 발전기
③ 유도전동기   ④ 회전 변류기

풀이

브흐홀쯔 계전기는 유입변압기의 내부고장으로 발생하는 기름의 분해 가스 증기 또는 유류를 이용하여 부저를 움직여 계전기의 접점을 닫는 것이므로 변압기의 주탱크와 콘서베이터와의 연결관 도중에 설치한다. 【답】①

---

42 전기자 지름 0.2[m]의 직류발전기가 1.5[kW]의 출력에서 1800[rpm]으로 회전하고 있을 때 전기자 주변속도는 약 몇 [m/s]인가?

① 18.84   ② 21.96
③ 32.74   ④ 42.85

풀이

회전자 주변 속도 $v = \pi D \dfrac{N_s}{60}$ [m/s]

여기서, πD : 회전자 둘레

$\therefore v = \pi \times 0.2 \times \dfrac{1800}{60} = 18.85$ [m/s]   【답】①

43 3상 유도전동기의 전전압 기동토크는 전부하시의 1.8배이다. 전전압의 2/3로 기동할 때 기동토크는 전부하시보다 약 몇 [%] 감소하는가?

① 80
② 70
③ 60
④ 40

풀이

토크는 전압의 제곱에 비례하므로

$T_s : T_s' = V^2 : \left(\dfrac{2}{3}V\right)^2$

$\therefore T_s' = \left(\dfrac{2}{3}\right)^2 T_s = \dfrac{4}{9}T_s = \dfrac{4}{9} \times 1.8T = 0.8T$

여기서, T_s' : 전압 V'로 기동 할 때 기동 토크,
T_s : 전 전압 기동 토크, T : 전부하 토크   【답】①

44 3상 동기발전기의 단락곡선이 직선으로 되는 이유는?

① 전기자 반작용으로
② 무부하 상태이므로
③ 자기포화가 있으므로
④ 누설 리액턴스가 크므로

풀이

단락전류는 전기자 저항을 무시하면 동기리액턴스에 의해 그 크기가 결정된다.
즉, 동기리액턴스에 의해 흐르는 전류는 90° 늦은 전류가 크게 흐르게 되며, 이 전류에 의한 **전기자 반작용이 감자 작용이 되므로 3상 단락곡선은 직선**이 된다.   【답】①

45 변압기의 단락시험과 관련 없는 것은?

① 권선의 저항
② 임피던스 전압
③ 임피던스 와트
④ 여자 어드미턴스

풀이

변압기의 단락 시험으로는 임피던스 와트, 임피던스 전압 및 입력 전류를 측정하여 누설 임피던스, 누설 리액턴스, 권선의 저항 등을 산출하고, **여자 어드미턴스는 무부하 시험으로 계산**한다.   【답】④

46 5[kVA], 3300/210[V], 단상변압기의 단락시험에서 임피던스 전압 120[V], 동손 150[W]라 하면 퍼센트 저항강하는 몇 [%]인가?

① 2
② 3
③ 4
④ 5

풀이

%저항 강하

$p = \dfrac{I_{1n}r}{E_{1n}} \times 100 = \dfrac{I_{1n}^2 r}{E_{1n}I_{1n}} \times 100 = \dfrac{P_c}{VA} \times 100$

$= \dfrac{150}{5000} \times 100 = 3$[%]   【답】②

47 다음 중 변압기유가 갖추어야 할 조건으로 옳은 것은?

① 절연내력이 낮을 것
② 인화점이 높을 것
③ 비열이 적어 냉각효과가 클 것
④ 응고점이 높을 것

풀이

변압기의 기름으로서 갖추어야 할 조건
① 절연 저항 및 절연내력이 클 것 (30[kV]/2.5[mm] 이상)
② 절연 재료 및 금속에 화학 작용을 일으키지 않을 것
③ **인화점이 높고**(130[℃] 이상), **응고점이 낮을 것**(-30[℃] 이하)
④ 점도가 낮고(유동성이 풍부), 비열이 커서 냉각 효과가 클 것
⑤ 고온에서도 석출물이 생기거나 산화하지 않을 것
⑥ 열전도율이 클 것
⑦ 열 팽창계수가 작고 증발로 인한 감소량이 적을 것   【답】②

48 3상 권선형 유도전동기에서 토크 τ, 1차 전류 I_1, 역률 $\cos\theta$, 2차 동손 P_{2c}, 효율 η, 출력 P_o라 할 때 비례추이하는 량으로 조합된 것은?

① I_1, $\cos\theta$, P_o
② τ, P_{2c}, P_o
③ P_{2c}, η, P_o
④ τ, I_1, $\cos\theta$

풀이

- 비례추이가 되는 항목 : **토크, 역률, 2차 전류, 1차 전류**
- 비례추이가 되지 않는 항목 : 기계적 출력, 2차 동손, 효율, 저항, 동기속도   【답】④

49 단상변압기 3대를 Y-△결선해서 3상 20000 [V]를 3000[V]로 내려서 3000[kW], 역률 80[%]의 부하에 전력을 공급할 때 변압기 1대의 정격용량 [kVA]은?

① 1250
② 1767
③ 2500
④ 3750

풀이
변압기 1대의 용량
$P_a = \dfrac{P[\text{kW}]}{3 \times \cos\theta} = \dfrac{3000}{3 \times 0.8} = 1250 [\text{kVA}]$ 【답】①

50 전압비가 무부하에서는 33:1, 정격부하에서는 33.6:1인 변압기의 전압변동률[%]은?

① 약 1.5
② 약 1.8
③ 약 2.0
④ 약 2.2

풀이
권수비는 무부하시의 전압비와 같으므로
$\dfrac{V_1}{V_{20}} = 33, \quad \dfrac{V_1}{V_{2n}} = 33.6$

따라서
$V_{20} = \dfrac{V_1}{33}, \quad V_{2n} = \dfrac{V_1}{33.6}, \quad \dfrac{V_{20}}{V_{2n}} = \dfrac{\frac{V_1}{33}}{\frac{V_1}{33.6}} = \dfrac{33.6}{33}$

그러므로, 전압 변동률 ϵ은
$\therefore \epsilon = \dfrac{V_{20} - V_{2n}}{V_{2n}} \times 100 = \left(\dfrac{V_{20}}{V_{2n}} - 1\right) \times 100 = \left(\dfrac{33.6}{33} - 1\right) \times 100$
$= 1.82[\%]$ 【답】②

51 직류기의 손실 중 기계손에 속하는 것은?

① 풍손
② 와전류손
③ 히스테리시스손
④ 브러시의 전기손

풀이

총손실	무부하손	철손	히스테리시스손
			와류손
	기계손 : 풍손, 베어링 마찰손, 브러시 마찰손		
	부하손	전기자 저항손 $P_c = I_a^2 R[\text{W}]$	
		브러시 전기손	
		표유부하손 : 권선 이외 부분의 누설 자속에 의해 발생	

【답】①

52 사이클로 컨버터(cycloconverter)란?

① AC → AC로 바꾸는 장치이다.
② AC → DC로 바꾸는 장치이다.
③ DC → DC로 바꾸는 장치이다.
④ DC → AC로 바꾸는 장치이다.

풀이
사이클로 컨버터란 정지 사이리스터 회로에 의해 **전원 주파수와 다른 주파수의 전력으로 변환**시키는 직접 회로 장치이다.

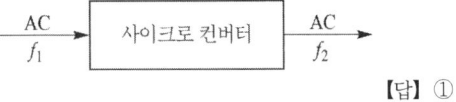

【답】①

53 유도전동기의 동기와트에 대한 설명으로 옳은 것은?

① 동기속도에서 1차 입력
② 동기속도에서 2차 입력
③ 동기속도에서 2차 출력
④ 동기속도에서 2차 동손

풀이
동기와트란 슬립 s, 토크 T를 발생하며 회전하는 유도 전동기가 같은 토크 T를 발생하며 **동기 속도로 회전하는 것으로 가정하는 때의 입력** P_2를 말한다. 2차 입력(동기 와트) P_2, 회전 각속도 ω, 동기 각속도 ω_s라 하면
$T = \dfrac{P}{\omega} = \dfrac{P_2(1-s)}{\omega_s(1-s)} = \dfrac{P_2}{\omega_s}$
$\therefore P_2 = \omega_s T [\text{동기 와트}]$ 【답】②

54 다음 시험 중 변압기의 절연 내력 시험을 하기 위한 것은? (A : 온도 상승 시험, B : 유도 시험, C : 가압 시험, D : 단락 시험, E : 충격 전압 시험, F : 권선 저항 측정 시험)

① B, C, E
② A, B, E
③ B, E, F
④ D, E, F

풀이
- 변압기의 절연 내력 시험 : 유도 시험, 가압 시험, 충격 전압 시험
- 변압기 등가 회로 작성에 필요한 시험 : 권선 저항 측정, 무부하 시험, 단락 시험

【답】①

55 A, B 2대의 동기발전기를 병렬운전 중 계통 주파수를 바꾸지 않고 B기의 역률을 좋게 하는 것은?
① A기의 여자전류를 증대
② A기의 원동기 출력을 증대
③ B기의 여자전류를 증대
④ B기의 원동기 출력을 증대

풀이
- 유기 기전력이 높은 발전기(여자 전류가 높은 경우) : 90° 지상전류가 흘러 역률이 저하
- 유기 기전력이 낮은 발전기(여자 전류가 낮은 경우) : 90° 진상전류가 흘러 역률이 상승 【답】①

56 선박의 전기추진용 전동기의 속도제어에 가장 알맞은 것은?
① 주파수 변화에 의한 제어
② 극수 변환에 의한 제어
③ 1차 회전에 의한 제어
④ 2차 저항에 의한 제어

풀이
주파수 변화에 의한 제어는 전동기에 가해지는 전원 주파수를 바꾸어 속도를 제어하는 방법으로서 원동기의 속도 제어에 의해 전용 발전기의 주파수를 변화시키는 것으로 **선박의 전기 추진용 전동기, 포터 모터의 속도제어 등에 적합**하다. 【답】①

57 100 [kW], 230 [V] 자여자식 분권 발전기에서 전기자 회로 저항이 0.05 [Ω]이고 계자 회로저항이 57.5 [Ω]이다. 이 발전기가 정격 전압 전부하에서 운전할 때 유기 전압을 계산하면?
① 232 [V] ② 242 [V]
③ 252 [V] ④ 262 [V]

풀이
부하전류 $I = \dfrac{100 \times 10^3}{230} = 434.78 [A]$

계자전류 $I_f = \dfrac{230}{57.5} = 4 [A]$

전기자 전류 $I_a = I + I_f$ 이므로

유기기전력 $E = V + I_a R_a = V + (I + I_f) R_a$
$= 230 + (434.78 + 4) \times 0.05$
$= 251.94 [V]$ 【답】③

58 다이오드를 사용한 단상전파정류회로에서 100 [A]의 직류를 얻으려고 한다. 이 때 정류기의 교류측 전류는 약 몇 [A]인가?
① 111   ② 167
③ 222   ④ 278

풀이
$I_d = \dfrac{2\sqrt{2}}{\pi} I = 0.9 I$ 에서

$I = \dfrac{I_d}{0.9} = \dfrac{100}{0.9} = 111 [A]$ 【답】①

59 1방향성 4단자 사이리스터는?
① TRIAC   ② SCS
③ SCR   ④ SSS

풀이
각 종 반도체 소자의 비교
① 방향성
- 양방향성(쌍방향성) 소자 : DIAC, TRIAC, SSS
- 역저지(단방향성) 소자 : SCR, LASCR, GTO, **SCS**

② 극(단자) 수
- 2극(단자) 소자 : DIAC, SSS, Diode
- 3극(단자) 소자 : SCR, LASCR, GTO, TRIAC
- **4극(단자) 소자 : SCS** 【답】②

60 경부하로 회전중인 3상 농형 유도전동기에서 전원의 3선중 1선이 개방되면 3상 전동기는?
① 개방시 바로 정지한다.
② 속도가 급상승한다.
③ 회전을 계속한다.
④ 일정시간 회전 후 정지한다.

풀이
3상 농형 유도전동기에서 전원의 3선중 1선이 개방되면 3상 전동기는 단상 전동기가 된다. 이때 큰 부하가 인가되어 있는 경우에는 전동기가 정지하게 되고 큰 전류가 흘러 전동기가 소손된다. 그러나 **경부하에서는 회전을 계속하게 되나 경부하 부하전류는 증가하게 된다.** 【답】③

4회 전기기기

41 동기 전동기에서 전기자 반작용을 설명한 것 중 옳은 것은?

① 공급전압보다 앞선전류는 감자작용을 한다.
② 공급전압보다 뒤진전류는 감자작용을 한다.
③ 공급전압보다 앞선전류는 교차자화작용을 한다.
④ 공급전압보다 뒤진전류는 교차자화작용을 한다.

풀이
동기 전동기의 전기자 반작용

단자전압 V 기준	전기자 반작용
전압과 동상	교차 자화 작용
진상전류(앞선 전류)	**감자 작용**
지상전류(뒤진 전류)	증자 작용

【답】①

42 브러시의 위치를 이동시켜 회전방향을 역회전시킬 수 있는 단상 유도전동기는?
① 반발 기동형 전동기
② 세이딩코일형 전동기
③ 분상기동형 전동기
④ 콘덴서 전동기

풀이
단상 반발 전동기는 브러시 이동으로 속도 제어 및 역전이 가능하다. 【답】①

43 4극 고정자 홈수 48인 3상 유도전동기의 홈 간격을 전기각으로 표시하면 어떻게 되는가?
① 3.75°   ② 7.5°
③ 15°   ④ 30°

풀이
전기각(α) = $\dfrac{180°}{슬롯수/극수}$ = $\dfrac{180}{48/4}$ = $15°$ 【답】③

44 동기전동기의 특징에 대한 설명으로 틀린 것은?
① 난조를 일으킬 염려가 없다.
② 회전속도가 일정하다.
③ 제동권선이 필요하다.
④ 직류전원이 필요하다.

풀이
동기 전동기의 특징
① 장점
 • 속도가 일정 불변이다.
 • 항상 역률 1로 운전할 수 있다.
 • 부하의 역률을 개선할 수 있다.
 • 유도 전동기에 비하여 효율이 좋다.
② 단점
 • 보통 구조의 것은 기동 토크가 적고 속도 조정을 할 수 없다.
 • **난조를 일으킬 염려가 있다.**
 • 여자용의 직류 전원을 필요로 하며 설비비가 많이 든다.
【답】①

45 변압기의 철손과 전부하 동손을 같게 설계하면 최대 효율은?
① 전부하시   ② $\dfrac{3}{2}$ 부하시
③ $\dfrac{2}{3}$ 부하시   ④ $\dfrac{1}{2}$ 부하시

풀이
부하 전류 I_2, 철손을 P_i, 동손을 $I_2^2 r$ 라 하면 효율은
$$\eta = \dfrac{V_2 I_2 \cos\phi}{V_2 I_2 \cos\phi + P_i + I_2^2 r} = \dfrac{V_2 \cos\phi}{V_2 \cos\phi + P_i/I_2 + I_2 r}$$ 에서
효율 η가 최대로 되는 조건은 분모 $V_2 \cos\phi + P_i/I_2 + I_2 r$가 최소일 때 이다. 따라서 최소의 정리에 의하여
$$\dfrac{d}{dI_2}(V_2 \cos\phi + P_i/I_2 + I_2 r) = 0$$ 을 만족하면 되므로
$$-\dfrac{P_i}{I_2^2} + r = 0 \quad \therefore P_i = I_2^2 r$$
즉, **동손과 철손이 같을 때 효율은 최대**가 된다. 【답】①

46 동기 전동기의 전기자 전류가 최소일 때 역률은?
① 0   ② 0.707
③ 0.866   ④ 1

풀이
역률 1에서 전기자 전류가 최소가 된다.

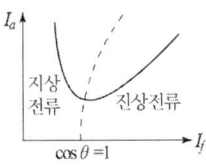

【답】④

47 교류 전압제어기를 전원과 부하회로에 연결된 조광기에 교류 실효전압을 변화시켜서 사용할 수 있는 소자 중 가장 적합한 것은?
① 파워 트랜지스터(Power Transister)
② 트라이액(Triac)
③ 모스 에프이티(MOS-FET)
④ 다이오드(Diode)

> 풀이

TRIAC은 기능상 2개의 SCR을 역병렬 접속한 것과 같은 것으로서, SCR은 한 방향으로만 도통할 수 있는데 반하여 TRIAC은 양방향 도통할 수 있으며, **교류 실효전압을 변화시켜서 부하를 제어할 수 있다.** 【답】②

48 직류 전동기의 정출력 제어를 위한 속도 제어법은?
① 워드 레오너드 제어법
② 전압 제어법
③ 계자 제어법
④ 전기자 저항 제어법

> 풀이

직류 전동기의 속도 제어

$$N = K'\frac{E_c}{\phi} = K'\frac{V-I_aR_a}{\phi} \text{ [rps]}$$

전압 제어(V)	효율이 좋다.	• 정토크 제어 • 광범위 속도제어 • 일그너 방식 (부하가 급변하는 곳) • 워드레너드 방식 • 직병렬 제어
계자 제어(ϕ)	효율이 좋다.	• **정출력 제어** • 세밀하고 안정된 속도 제어 • 속도 조정 범위 좁다.
저항 제어(R_a)	효율이 나쁘다.	• 속도 조정 범위 좁다.

【답】③

49 동기발전기의 전기자 권선법 중 집중권인 경우 매극매상의 홈(slot) 수는?
① 1개 ② 2개
③ 3개 ④ 4개

> 풀이

• **집중권**(concentrated winding) : **매극, 매상의 슬롯수가 1개**
• **분포권**(distributed winding) : 매극, 매상당 슬롯 수가 2개 이상

【답】①

50 스텝 모터에 대한 설명 중 틀린 것은?
① 가속과 감속이 용이하다.
② 정·역전 및 변속이 용이하다.
③ 위치제어 시 각도 오차가 작다.
④ 브러시 등 부품수가 많아 유지보수 필요성이 크다.

> 풀이

스텝모터는 디지털 신호에 비례하여 일정 각도만큼 회전하는 모터로, 그 총회전각은 입력펄스의 수로, 회전속도는 입력펄스의 빠르기에 의해 정해지며 장점은 다음과 같다.
• 피드백 루프가 필요 없다.
• 별도의 D/A, A/D 컨버터가 필요없다.
• 가속, 감속이 용이하며 정·역전 및 변속이 쉽다.
• 위치제어를 할 때 각도오차가 적고 누적되지 않는다.
• 브러시, 슬립 링 등이 없고 부품수가 적기 때문에 유지보수의 필요성이 적다. 【답】④

51 수백 [Hz]~20000 [Hz]정도의 고주파 발전기에 쓰이는 회전자형은?
① 농형 ② 유도자형
③ 회전전기자형 ④ 회전계자형

> 풀이

동기 발전기의 회전자에 의한 분류
① **회전계자형** : 전기자를 고정자로 하고 계자극을 회전자로 한 것으로 일반적으로 거의 대부분 회전 계자형을 사용한다.
② **회전전기자형** : 계자극을 고정자로 한 것으로 특수용도 및 극히 소용량에 적용
③ **유도자형** : 계자극과 전기자를 함께 고정시키고 그 중앙에 유도자라고 하는 권선이 없는 회전자를 갖춘 것으로 **수백~수만 [Hz] 정도의 고주파 발전기로 사용**된다. 【답】②

52 3상 유도전동기에서 회전자가 슬립 s로 회전하고 있을 때 2차 유기전압 E_{2s} 및 2차 주파수 f_{2s}와 s와의 관계는? (단, E_2는 회전자가 정지하고 있을 때 2차 유기기전력이며 f_1은 1차 주파수이다.)

① $E_{2s} = sE_2, \ f_{2s} = sf_1$
② $E_{2s} = sE_2, \ f_{2s} = \dfrac{f_1}{s}$
③ $E_{2s} = \dfrac{E_2}{s}, \ f_{2s} = \dfrac{f_1}{s}$
④ $E_{2s} = (1-s)E_2, \ f_{2s} = (1-s)f_1$

풀이

회전자가 슬립 s로 회전하고 있는 경우에 2차 도체와 회전자계와의 상대 속도는

상대 속도 = 회전 자계 속도 − 회전자 속도
$= N_s - N = sN_s$ 가 된다.

$(\because s = \dfrac{N_s - N}{N_s})$

즉, 회전자가 회전하고 있을 때의 상대속도는 회전자가 정지하고 있을 때의 s배가 되므로 2차 유도기전력 E_{2s} 및 2차 주파수 f_{2s}는

• $E_{2s} = sE_2$ • $f_{2s} = sf_1$ 【답】①

53 직류 발전기를 병렬 운전할 때 균압선을 설치하여 병렬 운전하는 발전기는?
① 분권 발전기   ② 타여자기
③ 복권 발전기   ④ 단극 발전기

풀이

직권계자가 있는 직류 직권 발전기와 직류 복권 발전기는 안정된 병렬 운전을 하기 위하여 **균압선을 설치**해야 한다. 【답】③

54 다음 중 GTO의 특징이 아닌 것은?
① 전류회로가 반드시 필요하다.
② 전압−전류 특성은 SCR과 거의 같다.
③ +게이트전류로 턴 온 된다.
④ −게이트전류로 턴 오프 된다.

풀이

GTO(gate turn off thyristor)

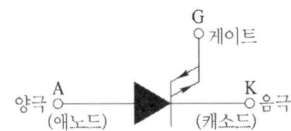

SCR은 도통 시점을 임의로 조절하는 것이 가능 하지만 **소호시키는 시점은 제어할 수 없다.** 따라서, 이러한 단점을 보완한 것이 GTO로서 **게이트에 흐르는 전류를 점호할 때의 전류와 반대방향의 전류를 흐르게 함으로서 임의로 GTO를 소호시킬 수 있다.**
【답】①

55 동기 전동기의 공급 전압, 주파수 및 부하를 일정하게 유지하고 여자 전류만을 변화시키면?
① 출력이 변화한다.   ② 토크가 변화한다.
③ 각속도가 변화한다. ④ 부하각이 변화한다.

풀이

동기 전동기의 출력 $P = \dfrac{VE}{x_s}\sin\delta$ 이다.

위상 특성 곡선에서 V, P, x_s가 일정할 경우 여자가 증가하여 E가 커지면 부하각 δ이 감소되어야 하고, E가 감소하면 δ가 증가해야 한다. 따라서, **여자 전류가 변화면 부하각이 변화**한다.
【답】④

56 3상 동기 발전기에서 권선 피치와 자극 피치의 비를 $\dfrac{13}{15}$의 단절권으로 하였을 때의 단절권 계수는?

① $\sin\dfrac{13}{15}\pi$ ② $\sin\dfrac{13}{30}\pi$

③ $\sin\dfrac{15}{26}\pi$ ④ $\sin\dfrac{15}{13}\pi$

풀이

단절권 계수 $K_s = \sin\dfrac{\beta\pi}{2} = \sin\left(\dfrac{13}{15} \times \dfrac{\pi}{2}\right) = \sin\dfrac{13}{30}\pi$

$(\beta = \dfrac{\text{권선 피치}}{\text{자극 피치}})$ 【답】②

57 동기발전기의 병렬운전시 동기화력은 부하각 δ와 어떠한 관계인가?
① $\tan\delta$에 비례   ② $\cos\delta$에 비례
③ $\sin\delta$에 반비례 ④ $\cos\delta$에 반비례

풀이

동기화력 $P_s = E_2 I_s \cos\delta$ 로서 $P_s \propto \cos\delta$ 【답】②

58 직류기의 정류작용에서 전압 정류의 역할을 하는 것은?
① 탄소   ② 보상권선
③ 보극   ④ 리액턴스 전압

풀이

• 보극 : 전압정류
• 탄소브러시 : 저항정류 【답】③

59 100[V]를 120[V]로 승압하는 단권변압기의 자기용량[kVA]은? (단, 부하용량은 6[kVA]이다.)
① 1   ② 3.3
③ 5   ④ 10

풀이

$\dfrac{\text{자기 용량}}{\text{부하 용량}} = \dfrac{V_2 - V_1}{V_2}$ 에서

자기 용량 $= \dfrac{V_2 - V_1}{V_2} \times$ 부하 용량 $= \dfrac{120-100}{120} \times 6 = 1\,[\text{kVA}]$

【답】 ①

60 단상 변압기에 정현파 유기기전력을 유기하기 위한 여자전류의 파형은?

① 정현파   ② 삼각파
③ 왜형파   ④ 구형파

풀이

변압기 철심의 자기 포화 현상과 히스테리시스 현상으로 자속은 정현파가 되지 못하고 고조파를 포함하는 왜형파가 된다. 따라서, **정현파 전압을 유기**하기 위해서는 정현파의 자속이 필요하게 되며 그 결과 자속을 만드는 **여자 전류는 제3고조파를 포함하는 왜형파**가 되어야 한다.

【답】 ③

2023년 CBT 복원문제

1회 전기기기

41 어떤 IGBT의 열용량은 0.02[J/℃], 열저항은 0.625[℃/W]이다. 이 소자에 직류 25[A]가 흐를 때 전압강하는 3[V]이다. 몇 [℃]의 온도상승이 발생하는가?
① 1.5   ② 1.7
③ 47   ④ 52

풀이
열저항 $R_\theta = \dfrac{\Delta T}{P}$[℃/W] 이므로,
(여기서, ΔT : 온도상승범위[℃], P : 손실[W])
따라서 $\Delta T = R_\theta \times P = 0.625 \times 25 \times 3 = 46.88$[℃] 【답】③

42 직류 분권전동기 기동 시 계자 저항기의 저항값은?
① 최대로 해 둔다.
② 0(영)으로 해 둔다.
③ 중간으로 해 둔다.
④ 1/3로 해 둔다.

풀이
토크 $T = K\phi I_a$, 회전속도 $N = K\dfrac{V - I_a R_a}{\phi}$
에서 **기동시 계자 저항을 최소**로 하여 계자 전류를 크게(자속 ϕ를 크게)하면 기동 토크가 크게 되고 속도는 저속으로 된다.
【답】②

43 직류 분권 발전기를 역회전하면?
① 발전되지 않는다.
② 정회전 때와 마찬가지다.
③ 과대전압이 유기된다.
④ 섬락이 일어난다.

풀이
운전 중 **전기자 회전 방향을 반대**로 하면 ⇒
• 반대방향의 기전력이 유기되어 계자전류가 반대로 흐르게 된
• **잔류 자기를 소멸시켜 발전 불가능** 【답】①

44 일반적으로 전철이나 화학용과 같이 비교적 용량이 큰 수은 정류기용 변압기의 2차측 결선 방식으로 쓰이는 것은?
① 3상 반파   ② 3상 전파
③ 3상 크로스파   ④ 6상 2중 성형

풀이
수은 정류기의 직류측 전압은 맥동이 있으므로 맥동을 적게 하기 위하여 상수를 6상 또는 12상을 사용한다. 특히 **대용량의 경우는 보통 6상식**이 쓰인다. 【답】④

45 다음 중 전기기계에 있어서 히스테리시스손을 감소시키기 위하여 어떻게 하는 것이 가장 좋은가?
① 성층 철심 사용   ② 규소 강판 사용
③ 보극 설치   ④ 보상 권선 설치

풀이
• **규소강판** ⇒ 히스테리시스손 감소
• 성층철심 ⇒ 와류손 감소 【답】②

46 동기기의 전기자 권선법 중 단절권과 분포권을 사용하는 이유 중 가장 중요한 목적은?
① 높은 전압을 얻기 위해서
② 일정한 주파수를 얻기 위해서
③ 좋은 파형을 얻기 위해서
④ 효율을 좋게 하기 위해서

풀이
- 단절권의 장점
  ① 고조파를 제거하여 기전력의 **파형을 좋게 한다.**
  ② 코일 끝부분의 길이가 단축되어 기계 전체의 길이가 축소된다.
  ③ 구리의 양이 적게 든다.
- 분포권의 장점
  ① 기전력의 고조파가 감소하여 **파형이 좋아진다.**
  ② 권선의 누설 리액턴스가 감소한다.
  ③ 전기자 권선에 의한 열을 고르게 분포시켜 과열을 방지한다. 【답】③

47 직류전동기 중 부하가 변하면 속도가 심하게 변하는 전동기는?
① 분권 전동기 ② 직권 전동기
③ 자동 복권 전동기 ④ 가동 복권 전동기

풀이
직권 전동기는 전기자 권선과 계자 권선이 직렬로 되어 $I = I_a = I_f$ [A]가 된다. 따라서 **부하 전류 I의 증감에 따라서 자속 ϕ도 변화**하게 된다.
직권 전동기에서 R_a 및 R_s 값이 매우 적기 때문에 $I_a(R_a+R_s)$ 값도 적게되어 무시하면 직권 전동기의 속도
$n = K \dfrac{V - I_a(R_a+R_s)}{\phi}$ 에서 $n = K \dfrac{V}{\phi}$ 로 되어 $n \propto \dfrac{1}{\phi} \propto \dfrac{1}{I}$ 가 된다.
따라서, 직권전동기는 **부하의 변화에 따라 전동기의 속도도 크게 변화**게 된다. 【답】②

48 직류 및 교류 양용에 사용되는 만능 전동기는?
① 복권전동기 ② 유도전동기
③ 동기전동기 ④ 직권 정류자전동기

풀이
직류 직권 전동기에 가해 주는 직류 전압을 그림과 같이 바꿀 경우에도 자속과 전기자 전류의 방향이 동시에 모두 반대가 되므로, 회전 방향은 변하지 않는다.

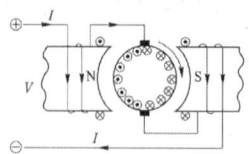 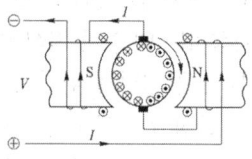

직·교류 양용 전동기의 원리

따라서, 이 직류 직권 전동기에 교류 전압을 가해 주어도 전동기는 항상 같은 방향의 토크를 발생하고, 회전을 같은 방향으로 계속한다. 직·교류 양용 전동기(만능 전동기)는 이와 같은 원리를 이용한 전동기로서 단상 직권 정류자 전동기라고 하며, 믹서기, 재봉틀, 진공청소기, 휴대용 드릴 및 영사기 등에 사용된다. 【답】④

49 변압기의 표유부하손이란?
① 동손, 철손
② 부하 전류 중 누전에 의한 손실
③ 권선이외 부분의 누설 자속에 의한 손실
④ 무부하시 여자 전류에 의한 동손

풀이
총손실
1. 무부하손(철손)
   ① 와류손 : 와전류에 의해 발생
   ② 히스테리시스손 : 잔류 자기와 보자력에 의해 발생
2. 부하손
   ① 전부하 동손 : 권선에 의해 발생
   ② **표유부하손 : 권선 이외 부분의 누설 자속에 의해 발생** 【답】③

50 3상 동기 발전기를 병렬운전 하는 경우 필요한 조건이 아닌 것은?
① 회전수가 같다. ② 상회전이 같다.
③ 발생 전압이 같다. ④ 전압 파형이 같다.

풀이
동기 발전기의 병렬 운전 조건은 다음과 같다.
① 기전력의 크기가 같을 것
② 기전력의 위상이 같을 것
③ 기전력의 주파수가 같을 것
④ 기전력의 파형이 같을 것
⑤ 상회전 방향이 같을 것
주파수가 같다는 것은 $N_s = \dfrac{120f}{p}$ 에서 $f = \dfrac{N_s \, p}{120}$
즉, **(회전수×극수)가 같아야 한다**는 것이다. 【답】①

51 교류 전압제어기를 전원과 부하회로에 연결된 조광기에 교류 실효전압을 변화시켜서 사용할 수 있는 소자 중 가장 적합한 것은?
① 파워 트랜지스터(Power Transister)
② 트라이액(Triac)
③ 모스 에프이티(MOS-FET)
④ 다이오드(Diode)

풀이

TRIAC은 기능상 2개의 SCR를 역병렬 접속한 것과 같은 것으로서, SCR은 한 방향으로만 도통할 수 있는데 반하여 TRIAC은 양방향 도통할 수 있으며, **교류 실효전압을 변화시켜서 부하를 제어**할 수 있다. 【답】②

52 동기전동기의 위상특성곡선(V곡선)에 대한 설명으로 옳은 것은?

① 출력을 일정하게 유지할 때 부하전류와 전기자 전류의 관계를 나타낸 곡선
② 역률을 일정하게 유지할 때 계자전류와 전기자 전류의 관계를 나타낸 곡선
③ 계자전류를 일정하게 유지할 때 전기자전류와 출력 사이의 관계를 나타낸 곡선
④ 공급전압 V와 부하가 일정할 때 계자전류의 변화에 대한 전기자전류의 변화를 나타낸 곡선

풀이

위상 특성 곡선이란 **단자전압과 부하를 일정**하게 유지하고, 여자 전류를 변화시킬 경우 **계자전류와 전기자 전류와의 관계를 표시**한 것으로 그 형상이 V자와 같으므로 V곡선이라고도 한다.

- 계자전류가 역률 1일 때 보다 크면, 앞선 전기자 전류가 흐른다.
- 계자전류가 역률 1일 때 보다 작으면, 뒤진 전기자 전류가 흐른다.

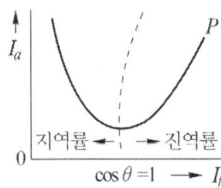

【답】④

53 6상 회전 변류기의 정격 출력이 2000 [kW]이고 직류측 정격 전압이 1000 [V]이다. 교류측 입력 전류는? 단, 역률 및 효율은 전부 100 [%]이고 $\cos\theta = 1$이다.

① 약 471 [A]   ② 약 667 [A]
③ 약 943 [A]   ④ 약 1633 [A]

풀이

$I_d = \dfrac{P_d}{E_d} = \dfrac{2000 \times 10^3}{1000} = 2000$ [A]

$\dfrac{I_a}{I_d} = \dfrac{2\sqrt{2}}{m\cos\theta}$ 에서

$\therefore I_a = \dfrac{2\sqrt{2}}{m\cos\theta} I_d = \dfrac{2\sqrt{2} \times 2000}{6 \times 1} = 942.8$ [A] 【답】③

54 1차측 권수가 1500인 변압기의 2차측에 접속한 저항 16[Ω]을 1차측으로 환산했을 때 8[kΩ]으로 되어 있다면 2차측 권수는 약 얼마인가?

① 75   ② 70
③ 67   ④ 64

풀이

$n_1 = 1500$, $R_2 = 16[\Omega]$, $R_1 = 8000[\Omega]$

2차를 1차로 환산 $R_1 = a^2 R_2$에서

권수비 $a = \sqrt{\dfrac{R_1}{R_2}} = \sqrt{\dfrac{8000}{16}} = 22.36$

$\therefore N_2 = \dfrac{N_1}{a} = \dfrac{1500}{22.36} = 67.08$ [회] 【답】③

55 3상 유도전동기의 공급 전압이 일정하고, 주파수가 정격값보다 수 [%] 감소할 때 다음 현상 중 옳지 않은 것은?

① 동기속도가 감소한다.
② 누설 리액턴스가 증가한다.
③ 철손이 약간 증가한다.
④ 역률이 나빠진다.

풀이

누설리액턴스 $x_l = 2\pi f L$에서 **주파수 f가 감소하면 누설 리액턴스도 감소**한다. 【답】②

56 220[V], 6극, 60[Hz], 10[kW] 인 3상 유도전동기의 회전자 1상의 저항은 0.1[Ω], 리액턴스는 0.5[Ω]이다. 정격전압을 가했을 때 슬립이 4[%]일 때 회전자 전류는 몇 [A]인가? (단, 고정자와 회전자는 △결선으로서 권수는 각각 300회와 150회이며, 각 권선계수는 같다.)

① 27   ② 36
③ 43   ④ 52

> **풀이**

권선 계수가 같으므로 $k_{w1} = k_{w2}$

권수비 $a = \dfrac{w_1}{w_2} = \dfrac{300}{150} = 2$

2차 유기 전압 $E_2 = \dfrac{E_2'}{a} \fallingdotseq \dfrac{V_1}{a} = \dfrac{220}{2} = 110\,[\text{V}]$

$\therefore$ 회전자 전류 $I_2 = \dfrac{sE_2}{\sqrt{r_2^2 + (sx_2)^2}} = \dfrac{0.04 \times 110}{\sqrt{0.1^2 + (0.04 \times 0.5)^2}}$
$= 43\,[\text{A}]$ 【답】③

57 3상, 60[Hz]전원에 의해 여자되는 6극 권선형 유도전동기가 있다. 이 전동기가 1150[rpm]으로 회전할 때 회전자 전류의 주파수는 몇 [Hz]인가?

① 1
② 1.5
③ 2
④ 2.5

> **풀이**

$N_s = \dfrac{120f}{p} = \dfrac{120 \times 60}{6} = 1200\,[\text{rpm}]$

$s = \dfrac{N_s - N}{N_s} = \dfrac{1200 - 1150}{1200} = 0.0417$

$\therefore f_2 = sf_1 = 0.0417 \times 60 = 2.5\,[\text{Hz}]$ 【답】④

58 3300/210[V], 5[kVA] 단상변압기의 퍼센트 저항강하 2.4[%], 퍼센트 리액턴스강하 1.8[%]이다. 임피던스 와트[W]는?

① 320
② 240
③ 120
④ 90

> **풀이**

$\%R = \dfrac{I_n R}{E_n} \times 100 = \dfrac{I_n^2 R}{E_n I_n} \times 100 = \dfrac{P_s}{P_n} \times 100\,[\%]$에서

$P_s = \dfrac{\%R \cdot P_n}{100} = \dfrac{2.4 \times 5 \times 10^3}{100} = 120\,[\text{W}]$ 【답】③

59 다음 유도전동기 기동법 중 권선형 유도전동기에 가장 적합한 기동법은?

① Y-△기동법
② 기동보상기법
③ 전전압기동법
④ 2차 저항법

> **풀이**

2차 저항에 의한 기동방법은 권선형 유도전동기의 2차 회로에 가변 저항기(R_s)를 접속하여 비례추이의 원리에 의하여 **기동시 큰 기동토크**를 얻는 반면에 기동전류는 억제하는 기동방법이다.

$\dfrac{r_2}{s_m} = \dfrac{r_2 + R_s}{s_t}$

여기서, r_2 : 2차 권선의 저항, s_m : 최대 토크시 슬립
s_t : 기동시 슬립(정지상태에서 기동시 $s_t = 1$)
R_s : 2차 외부회로 저항 【답】④

60 스테핑모터의 여자방식이 아닌 것은?

① 2-4상 여자
② 1-2상 여자
③ 2상 여자
④ 1상 여자

> **풀이**

스테핑모터의 여자방식
① **1상 여자방식** : 항상 하나의 상에만 전류가 흐르게 하는 방식
② **2상 여자방식** : 항상 2개의 상에 전류를 흐르게 하는 방식으로 1상 여자방식에 비해 2배의 전류가 흐른다.
③ **1-2상 여자방식** : 1상 여자방식과 2상 여자방식을 교대로 반복하는 여자방식 【답】①

2회 전기기기

41 교류 단상 직권전동기의 구조를 설명한 것 중 옳은 것은?

① 역률 및 정류개선을 위해 약계자 강전기자형으로 한다.
② 전기자 반작용을 줄이기 위해 약계자 강전기자형으로 한다.
③ 정류개선을 위해 강계자 약전기자형으로 한다.
④ 역률개선을 위해 고정자와 회전자의 자로를 성층철심으로 한다.

> **풀이**

단상직권 전동기의 구조
- 철손을 감소시키기 위하여 전기자 및 계자는 성층철심을 사용하고 원통형 회전자로 한다.
- 정류 개선을 위해 브러시는 접촉저항이 어느 정도 큰 것을 사용하여 저항 정류로 하여야 한다.
- 전기자 반작용을 감소시키기 위해 보상권선을 설치한다.
- **역률을 개선하기 위해 약계자 강전기자형으로 한다.** 【답】①

42 변압기의 임피던스 전압이란?

① 정격전류 시 2차측 단자전압이다.
② 변압기의 1차를 단락, 1차에 1차 정격전류와 같은 전류를 흐르게 하는데 필요한 1차 전압이다.
③ 변압기 내부임피던스와 정격전류와의 곱인 내부 전압강하이다.
④ 변압기의 2차를 단락, 2차에 2차 정격전류와 같은 전류를 흐르게 하는데 필요한 2차 전압이다.

풀이

변압기의 **임피던스 전압**이란, 변압기의 임피던스와 정격 전류와의 곱을 말한다. ($E_s = I_n \cdot Z$)
즉, **정격 전류에 의한 변압기 내부 전압 강하**를 의미한다.
【답】③

43 3상 직권 정류자 전동기의 중간 변압기는 고정자 권선과 회전자 권선 사이에 직렬로 접속되는데 이 중간 변압기를 사용하는 중요한 이유는?

① 경부하시 속도의 급상승 방지를 위하여
② 주파수 변동으로 속도를 조정하기 위하여
③ 회전자 상수를 감소하기 위하여
④ 역회전을 방지하기 위하여

풀이

3상 직권 정류자 전동기의 **중간 변압기**는 고정자 권선과 회전자 권선 사이에 직렬로 접속되며 이 중간 변압기를 사용하는 주요한 이유는 다음과 같다.
① 전원 전압의 크기에 관계없이 정류에 알맞은 회전자 전압을 선택할 수 있다.
② 중간 변압기의 권수비를 바꾸어 전동기의 특성을 조정할 수 있다.
③ 직권 특성이기 때문에 경부하에서는 속도가 매우 상승하나 중간 변압기를 사용, 그 철심을 포화하도록 하면 그 속도 상승을 제한할 수 있다.
【답】①

44 직류 전동기의 실측효율을 측정하는 방법이 아닌 것은?

① 보조 발전기를 사용하는 방법
② 프로니 브레이크를 사용하는 방법
③ 전기 동력계를 사용하는 방법
④ 블론델법을 사용하는 방법

풀이

직류기의 온도시험 방법
① 실부하법
② 반환부하법 : 블론델법, 카프법 및 홉킨스 법
따라서, **블론델법**은 효율을 측정하는 방법이 아니라 **온도시험 방법의 한 종류**이다.
【답】④

45 직류 전동기의 회전수를 1/2로 줄이려면 계자 자속을 몇 배로 하여야 하는가?

① 1
② 2
③ 3
④ 4

풀이

회전수 $n = K \dfrac{V - I_a R_a}{\phi}$ 에서 $n \propto \dfrac{1}{\phi}$

따라서, n을 $\dfrac{1}{2}$로 하자면 자속 ϕ는 2배가 되어야 한다.
【답】②

46 2상 서보모터의 제어방식이 아닌 것은?

① 온도제어
② 전압제어
③ 위상제어
④ 전압·위상 혼합제어

풀이

2상 서보모터의 제어방식
① **전압제어 방식** : 주권선에 보통 위상을 90°진상으로 콘덴서 C를 직렬로 접속하여 일정 전압을 가하고 제어권선에는 입력전압의 크기만이 변화하는 신호를 걸어 속도 제어를 하는 방식
② **위상제어 방식** : 주권선에는 위상을 90° 진상으로 콘덴서를 통하여 일정전압을 가하고, 제어권선에도 정격 전압을 가하여 그 위상을 ±90° 변화시켜 제어 하는 방식
③ **전압·위상 혼합 제어방식** : 가장 일반적으로 사용되는 방식이며, 전압제어와 위상제어의 각각의 장점을 취한 방식이다.
【답】①

47 변압기의 원리는?

① 전자유도 작용을 이용
② 정전유도 작용을 이용
③ 자기유도 작용을 이용
④ 플레밍의 오른손 법칙을 이용

풀이

변압기는 전자 유도 작용을 이용하여 교류 전압과 전류의 크기를 변성하는 장치로 2개 이상의 전기회로와 1개 이상의 공통 자기 회로로 이루어져 있다.
【답】①

48 유도전동기의 속도제어 방식으로 틀린 것은?
① 크레머 방식
② 일그너 방식
③ 2차 저항제어 방식
④ 1차 주파수제어 방식

풀이
유도전동기의 속도 제어방식
• 2차 여자 제어 : 2차 여자 제어는 크레머 방식과 셀비어스 방식이 있으며 정지 셀비어스 방식은 전동 발전기 대신 다이리스터를 사용한다.
• 2차 저항 제어 : $\frac{r_2}{s_1} = \frac{r_2 + R}{s_2}$ 의 비례추이를 이용한 방식
• 1차 주파수 제어 : $N_s = \frac{120f}{p}$ 에서 인버터를 이용하여 주파수 f를 변환시킴으로서 속도를 제어하는 방법. $\frac{V}{f}$=일정 의 관계를 유지한다.
그러나, **일그너 방식은 직류전동기의 속도제어 방식**이다.
【답】②

49 단상변압기를 병렬 운전하는 경우 부하전류의 분담에 관한 설명 중 옳은 것은?
① 누설리액턴스에 비례한다.
② 누설임피던스에 비례한다.
③ 누설임피던스에 반비례한다.
④ 누설리액턴스의 제곱에 반비례한다.

풀이
무부하 전압이 같다고 생각하면 무부하 전류에 의한 내부 전압강하가 같아야 하므로 $I_A Z_A = I_B Z_B$
∴ $\frac{I_A}{I_B} = \frac{Z_B}{Z_A}$
그러므로, **부하전류의 분담은 누설 임피던스에 반비례**한다.
【답】③

50 10극인 직류 발전기의 전기자 도체수가 600, 단중 파권이고 매극의 자속수가 0.01 [Wb], 600 [rpm]일 때의 유도기전력[V]은?
① 150
② 200
③ 250
④ 300

풀이
파권이므로 내부 병렬 회로수 $a=2$이다.
∴ $E = \frac{pZ}{a}\phi\frac{N}{60} = \frac{10 \times 600}{2} \times 0.01 \times \frac{600}{60} = 300[V]$
【답】④

51 동기발전기의 단락비나 동기임피던스를 산출하는데 필요한 특성곡선은?
① 부하 포화곡선과 3상 단락곡선
② 단상 단락곡선과 3상 단락곡선
③ 무부하 포화곡선과 3상 단락곡선
④ 무부하 포화곡선과 외부특성곡선

풀이

측정항목	시험의 종류
철 손	무부하 시험
기 계 손	무부하 시험
동기임피던스	단락 시험
동기리액턴스	단락 시험
단 락 비	무부하(포화) 시험, 단락 시험

【답】③

52 불평형 전압 상태에서 3상 유도전동기를 운전하면 토크와 입력은 어떻게 되는가?
① 토크가 감소하고 입력도 감소한다.
② 토크는 감소하고 입력은 증가한다.
③ 토크는 증가하고 입력은 감소한다.
④ 토크가 증가하고 입력은 증가한다.

풀이
전압이 불평형이 되면 불평형 전류가 흘러 **전류는 증가하나 토크는 감소**한다.
【답】②

53 서보 모터가 갖추어야 할 조건이 아닌 것은?
① 기동 토크가 클 것
② 관성 모멘트가 클 것
③ 가감속이 용이할 것
④ 토크 속도곡선이 수하특성을 가질 것

풀이
서보 모터는 기동 토크는 크고, 회전자의 관성 모멘트는 적어야 한다.
【답】②

54 동기발전기에서 전기자 전류를 I, 역률을 $\cos\theta$라 하면 횡축 반작용을 하는 성분은?
① $I\cos\theta$
② $I\cot\theta$
③ $I\sin\theta$
④ $I\tan\theta$

풀이
- 유효분 $I\cos\theta$: 기전력과 같은 위상의 전류 성분으로서 **횡축 반작용**
- 무효분 $I\sin\theta$: 기전력 보다 $\pi/2[rad]$만큼 뒤지거나 앞서기 때문에 직축 반작용

【답】①

55 직류기의 전기자권선 중 중권 권선에서 뒤피치가 앞피치보다 큰 경우를 무엇이라 하는가?

① 진권 ② 쇄권
③ 여권 ④ 장절권

풀이
- **진권** : 권선의 진행 방향은 시계 방향의 방사형이며, **후절(뒤피치)이 전절(앞피치)보다 크다.**
- 누권(역진권) : 권선 방향은 반시계 방향으로 감겨지게 되고 후절(뒤피치)이 전절(앞피치)보다 적다.

【답】①

56 3상 동기발전기에서 그림과 같이 1상의 권선을 서로 똑같은 2조로 나누어서 그 1조의 권선전압을 E[V], 각 권선의 전류를 I[A]라 하고 2중 Y형(double star)으로 결선한 경우 선간전압 [V], 선전류 [A], 피상전력 [VA]은?

① $3E$, I, $5.19EI$
② $\sqrt{3}E$, $2I$, $6EI$
③ E, $2\sqrt{3}I$, $6EI$
④ $\sqrt{3}E$, $\sqrt{3}I$, $5.19EI$

풀이
- Y결선의 선간전압 $V_l = \sqrt{3}E$
- 2개의 코일이 병렬로 되어 있으므로 전체 선전류 $I_l = 2I$
- 피상전력 $P_a = \sqrt{3}V_l I_l = \sqrt{3} \times \sqrt{3}E \times 2I = 6EI$

【답】②

57 단상 다이오드 반파정류회로인 경우 정류 효율은 약 몇 [%]인가? (단, 저항부하인 경우이다.)

① 12.6 ② 40.6
③ 60.6 ④ 81.2

풀이
단상 반파정류 효율
$\eta = \dfrac{P_{dc}}{P_{ac}} = \dfrac{(I_m/\pi)^2 R}{(I_m/2)^2 R} \times 100 = \dfrac{4}{\pi^2} \times 100 = 40.53[\%]$

【답】②

58 균압선을 설치하여 병렬 운전하는 발전기는?

① 타여자 발전기 ② 분권 발전기
③ 복권 발전기 ④ 동기기

풀이
균압선의 목적은 병렬 운전을 안정하게 하기 위하여 설치하는 것으로 일반적으로 **직권 및 복권 발전기**에서는 직권 계자 코일에 흐르는 전류에 의하여 병렬 운전이 불안정하게 되므로, 균압선을 설치하여 직권 계자 코일에 흐르는 전류를 분류하게 한다.

【답】③

59 단자전압 100[V], 전기자 전류 10[A], 전기자 회로 저항 1[Ω], 회전수 1800[rpm] 으로 전부하 운전하고 있는 직류 전동기의 토크는 약 몇 [kg·m] 인가?

① 0.049 ② 0.49
③ 49 ④ 490

풀이
- 역기전력 $E_c = V - I_a R_a = 100 - 10 \times 1 = 90[V]$
- $P = 2\pi n T = E_c I_a$ 에서

  토크 $T = \dfrac{E_c I_a}{2\pi n} = \dfrac{90 \times 10}{2\pi \times \dfrac{1800}{60}} = 4.775[N \cdot m] = \dfrac{4.775}{9.8}[kg \cdot m]$

  $= 0.487[kg \cdot m]$

【답】②

60 어떤 변압기의 단락시험에서 %저항강하 1.5 [%]와 %리액턴스강하 3 [%]를 얻었다. 부하 역률이 80 [%] 앞선 경우의 전압변동률 [%]은?

① -0.6 ② 0.6
③ -3.0 ④ 3.0

풀이
$p = 1.5[\%]$, $q = 3[\%]$, $\cos\theta = 0.8$(진상)
앞선 역률이므로
$\epsilon = p\cos\phi - q\sin\phi = 1.5 \times 0.8 - 3 \times 0.6 = -0.6[\%]$

【답】①

4회 전기기기

41 전기자 도체의 굵기, 권수 및 극수가 같을 때 소전류, 고전압을 얻을 수 있는 권선법은?
① 단중 중권 ② 단중 파권
③ 균압 접속 ④ 개로권

▶ 풀이
중권과 파권의 비교 요약

비교 항목	단중 중권	단중 파권
전기자의 병렬 회로수(a)	$p(mp)$	$2(2m)$
브러시 수(b)	p	2
용 도	저전압, 대전류	**고전압, 소전류**
균 압 접 속	4극 이상이면 균압 접속을 하여야 한다.	균압 접속은 필요 없다.

여기서, m : 다중도, p : 극수, a : 전기자 병렬 회로 수
b : 브러시 수   【답】②

42 가동 복권발전기의 내부 결선을 바꾸어 직권발전기로 사용하려면?
① 분권계자를 단락시킨다.
② 분권계자를 개방시킨다.
③ 직권계자를 단락시킨다.
④ 직권계자를 개방시킨다.

▶ 풀이
• 복권 발전기를 **직권 발전기로 사용하려면 : 분권 계자를 개방**시킨다.

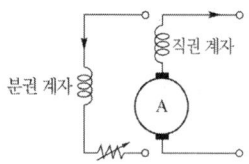

• 복권 발전기를 분권 발전기로 사용하려면 : 직권 계자를 단락시킨다.

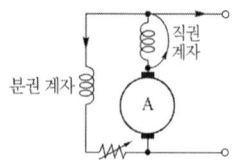

【답】②

43 부하전류가 50[A]일 때, 단자전압이 100[V]인 직류 직권 발전기의 부하 전류가 70[A]로 되면 단자전압은 몇 [V]가 되겠는가? (단, 전기자 저항 및 직권 계자 권선의 저항은 각각 0.1[Ω]이고, 전기자 반작용과 브러시의 접촉저항 및 자기포화는 모두 무시한다.)
① 110 [V] ② 114 [V]
③ 140 [V] ④ 154 [V]

▶ 풀이
전기자 전류 I_a, 부하 전류 I, 단자 전압 V, 유기 기전력 E, 전기자 저항 R_a, 직권 계자 저항 R_s라고 하면, 직권 발전기에서는 다음의 관계가 있다.
$$E = V + (R_a + R_s)I_a = V + (R_a + R_s)I$$
그러므로, $I = 50$ [A]일 때의 유기 기전력을 E_{50}이라 하면
$$E_{50} = 100 + (0.10 + 0.10) \times 50 = 110 \text{ [V]}$$
그런데, **직권 발전기에 있어서 자로가 불포화일 때, 유기 기전력의 크기는 부하 전류에 비례**하기 때문에 부하 전류 70 [A]일 때의 유기 기전력을 E_{70}이라 하면
$$E_{70}/E_{50} = 70/50 = 1.4$$
$$\therefore E_{70} = 1.4 \times E_{50} = 1.4 \times 110 = 154 \text{ [V]}$$
이 때의 단자 전압을 V_{70}이라 하면
$$\therefore V_{70} = E_{70} - (R_a + R_s) \times 70 = 154 - 0.20 \times 70 = 140 \text{ [V]}$$
【답】③

44 유도전동기의 제동법 중 유도전동기를 전원에 접속한 상태에서 동기속도 이상의 속도로 운전하여 유도 발전기로 동작시킴으로써 그 발생 전력을 전원으로 반환하면서 제동하는 방법은?
① 발전제동 ② 회생제동
③ 역상제동 ④ 단상제동

▶ 풀이
① 발전 제동 : 전동기를 전원으로부터 분리한 후 1차측에 직류 전원을 공급하여 발전기로 동작시킨 후 발생된 전력을 저항에서 열로 소비시키는 방법
② 회생 제동 : 유도 전동기를 유도 발전기로 동작시켜 그 **발생 전력을 전원에 반환하면서 제동**하는 방법
③ 역상(역전) 제동 : 회전중인 전동기의 1차 권선 3단자 중 임의의 2단자의 접속을 바꾸면 역방향의 토크가 발생되어 제동하는 방법으로 이 방법은 급속하게 정지 시키고자 하는 경우에 사용된다.
④ 단상 제동 : 권선형 유도전동기의 1차측을 단상교류로 여자하고 2차측에 적당한 크기의 저항을 넣으면 전동기의 회전과는 역방향의 토크가 발생되므로 제동된다.   【답】②

45 스테핑전동기의 스텝각이 18°이고, 스테핑주파수(pulse rate)가 6000[pps]이다. 이 스테핑전동기의 회전속도[rps]는?

① 300   ② 400
③ 500   ④ 600

풀이
① 1펄스 당 스텝각이 18°이고,
1초당 입력펄스가 6000[pps]이므로,
1초당 스텝각은 18°×6000 = 108000° 이다.
② 동기 1회전 당 회전각도는 360° 이므로
따라서 스태핑전동기의 회전속도는
$\frac{108000°}{360°}$ = 300[rps] 이다.　　【답】①

46 변압기의 철손이 전부하 동손보다 크게 설계되었다면 이 변압기의 최대효율은 어떤 부하에서 생기는가?

① 1/2 부하   ② 3/4 부하
③ 전부하   ④ 과부하

풀이
$P_i = m^2 P_c$ 에서 **최대 효율이 발생**된다.
$P_i > P_c$ 이므로 $m > 1$ 이 되어야 한다.
즉, 과부하에서 최대 효율 발생　　【답】④

47 단상 교류정류자 전동기의 직권형에 가장 적합한 부하는?

① 치과의료용   ② 펌프용
③ 송풍기용   ④ 공작기계용

풀이
직류 직권 전동기에 가해 주는 직류 전압을 그림과 같이 바꿀 경우에도 자속과 전기자 전류의 방향이 동시에 모두 반대가 되므로, 회전 방향은 변하지 않는다.

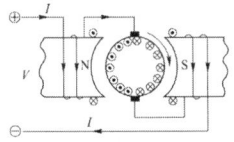 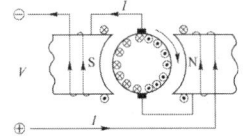

직·교류 양용 전동기의 원리

따라서, 이 직류 직권 전동기에 교류 전압을 가해 주어도 전동기는 항상 같은 방향의 토크를 발생하고, 회전을 같은 방향으로 계속한다. 직·교류 양용 전동기(만능 전동기)는 이와 같은 원리를 이용한 전동기로서 **단상 직권 정류자 전동기**라고 하며, 믹서기, 재봉틀, 진공청소기, **치과의료용 엔진**, 휴대용 드릴 및 영사기 등에 사용된다.　　【답】①

48 그림은 일반적인 반파 정류회로이다. 변압기 2차 전압의 실효값을 E[V]라 할 때 직류 전류 평균값은? (단, 정류기의 전압강하는 무시한다.)

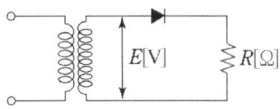

① $\frac{\sqrt{2}E}{\pi R}$ ② $\frac{2\sqrt{2}E}{\pi R}$

③ $\frac{1}{2} \cdot \frac{E}{R}$ ④ $\frac{E}{R}$

풀이
반파 정류시 직류 전압 $E_d = \frac{\sqrt{2}E}{\pi}$ 이므로

직류 전류 $I_d = \frac{E_d}{R} = \frac{\sqrt{2}E}{\pi R}$　　【답】①

49 3상 동기기의 제동권선을 사용하는 주목적은?

① 출력이 증가한다.   ② 효율이 증가한다.
③ 역률을 개선한다.   ④ 난조를 방지한다.

풀이
제동 권선의 역할
① 난조 방지
② 기동 토크 발생
③ 불평형 부하시의 전류, 전압 파형 개선
④ 송전선의 불평형 단락시의 이상 전압 방지　　【답】④

50 2상 서보모터의 제어방식이 아닌 것은?

① 온도제어   ② 전압제어
③ 위상제어   ④ 전압·위상 혼합제어

풀이
2상 서보모터의 제어방식
① **전압제어 방식** : 주권선에 보통 위상을 90°진상으로 콘덴서 C를 직렬로 접속하여 일정 전압을 가하고 제어권선에는 입력전압의 크기만이 변화하는 신호를 걸어 속도 제어를 하는 방식
② **위상제어 방식** : 주권선에는 위상을 90° 진상으로 콘덴서를 통하여 일정전압을 가하고, 제어권선에도 정격 전압을 가하여 그 위상을 ±90° 변화시켜 제어 하는 방식
③ **전압·위상 혼합 제어방식** : 가장 일반적으로 사용되는 방식이며, 전압제어와 위상제어의 각각의 장점을 취한 방식이다.　　【답】①

51 유도전동기 원선도에서 원의 지름은?
(단, E는 1차 전압, r은 1차로 환산한 저항, x를 1차로 환산한 누설리액턴스라 한다.)
① rE에 비례
② rxE에 비례
③ $\dfrac{E}{r}$에 비례
④ $\dfrac{E}{x}$에 비례

풀이
유도 전동기는 일정값의 리액턴스와 부하에 의하여 변하는 저항(r_2'/s)의 직렬 회로라고 생각되므로 부하에 의하여 변화하는 전류 벡터의 궤적, 즉 **원선도의 지름은 전압에 비례하고 리액턴스에 반비례**한다. 【답】④

52 전압비 a인 단상변압기 3대를 1차 △결선, 2차 Y결선으로 하고 1차에 선간전압 V[V]를 가했을 때 무부하 2차 선간전압[V]은?
① $\dfrac{V}{a}$
② $\dfrac{a}{V}$
③ $\sqrt{3}\,\dfrac{V}{a}$
④ $\sqrt{3}\,\dfrac{a}{V}$

풀이
• 권수비 $a = \dfrac{E_1}{E_2} = \dfrac{\text{1차 상전압}}{\text{2차 상전압}}$
• 2차 상전압 $E_2 = \dfrac{E_1}{a} = \dfrac{V}{a}$
 (△결선에서는 상전압 E = 선간전압 V)
• 2차 선간전압 $V_2 = \sqrt{3}\,E_2 = \sqrt{3}\cdot\dfrac{V}{a}$
 (Y결선에서 선간전압 $V=\sqrt{3}\,E$) 【답】③

53 유도전동기 슬립 s의 범위는?
① $1 < s$
② $s < -1$
③ $-1 < s < 0$
④ $0 < s < 1$

풀이
슬립의 범위
• 유도 전동기 : $0 < s < 1$
• 유도 발전기 : $s < 0$
• 제동기 : $s > 1$ 【답】④

54 비례추이와 관계가 있는 전동기는?
① 동기전동기
② 정류자 전동기
③ 3상 농형 유도전동기
④ 3상 권선형 유도전동기

풀이
권선형 유도 전동기의 회전자 외부에 접속시킨 **저항의 크기를 조정**하면 토크는 그대로 유지하면서 **저항에 비례하여 slip(속도)이 이동하게 되는 현상**을 비례추이라 한다. 【답】④

55 직류 전압을 직접 제어하는 것은?
① 단상 인버터
② 브리지형 인버터
③ 초퍼형 인버터
④ 3상 인버터

풀이
초퍼는 DC를 DC로 변환하는 것으로 일정 입력 전원전압으로부터 초퍼된(짧게 자른) 부하전압을 만들며 전원으로부터 부하를 연결 혹은 단절하는 다이리스터 온/오프 스위치이다. 【답】③

56 1차 권선수 N_1, 2차 권선수 N_2, 1차 권선계수 kw_1, 2차 권선계수 kw_2인 유도전동기가 슬립 s로 운전하는 경우 전압비는?
① $\dfrac{kw_1 N_1}{kw_2 N_2}$
② $\dfrac{kw_2 N_2}{kw_1 N_1}$
③ $\dfrac{kw_1 N_1}{s\,kw_2 N_2}$
④ $\dfrac{s\,kw_2 N_2}{kw_1 N_1}$

풀이
$\dfrac{E_1}{E_2'} = \dfrac{a}{s} = \dfrac{N_1 k_{w1}}{sN_2 k_{w2}}$ 【답】③

57 직류 분권전동기의 계자저항을 운전 중에 증가시키면?
① 전류는 일정
② 속도는 감소
③ 속도는 일정
④ 속도는 증가

풀이
계자 저항을 증가하는 것은 계자 코일과 직렬로 접속되어 있는 속도 조정기의 저항을 증가시킨다는 뜻이다. 그러면 여자 전류가 감소하고 따라서 계자 자속 ϕ도 감소한다.
$n = K\dfrac{V - I_a R_a}{\phi}$ 에서 **속도는 증가**하게 된다. 【답】④

58 극수 6, 회전수 1200[rpm]의 교류발전기와 병행 운전하는 극수 8의 교류발전기의 회전수는 몇 [rpm]이어야 하는가?

① 800　　　② 900
③ 1050　　　④ 1100

풀이
교류발전기의 **병렬운전 조건은 주파수가 같아야 한다.**
극수 6인 발전기의 주파수를 구하면,
$N_s = \dfrac{120f}{p}$ 에서 ∴ $f = \dfrac{N_s \times p}{120} = \dfrac{1200 \times 6}{120} = 60$ [Hz]
따라서, 극수 8인 발전기의 회전수는
∴ $N = \dfrac{120f}{p} = \dfrac{120 \times 60}{8} = 900$ [rpm] 　【답】②

59 1차 전압 100[V]를 2차 전압 110[V]로 승압하는 단권변압기의 자기용량/부하용량 의 비는?

① $\sqrt{3}$　　　② $\dfrac{1}{11}$
③ $\dfrac{\sqrt{3}}{11}$　　　④ 1

풀이
$\dfrac{\text{자기용량}}{\text{부하용량}} = \dfrac{V_h - V_l}{V_h} = \dfrac{110 - 100}{110} = \dfrac{1}{11}$ 　【답】②

60 3상 유도전동기의 전류 파형에서 t_5에서 발생하는 회전자계의 모양으로 옳은 것은?

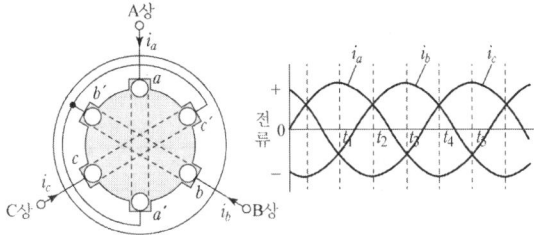

① 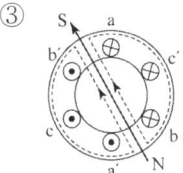　②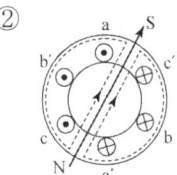

③ 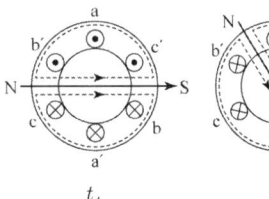　④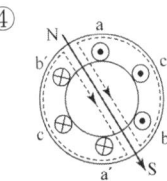

풀이

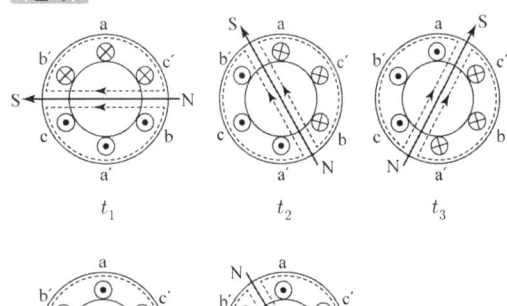

　　t_1　　　　t_2　　　　t_3

　　t_4　　　　t_5　　　　【답】④

2024년 CBT 복원문제

1회 전기기기

41 단상 직권 정류자 전동기에서 주자속의 최대치를 ϕ_m, 자극수를 P, 전기자 병렬 회로수를 a, 전기자 전 도체수를 Z, 전기자의 속도를 N [rpm]이라 하면 속도 기전력의 실효값 E_r [V]은? (단, 주자속은 정현파이다.)

① $E_r = \sqrt{2}\dfrac{P}{a}Z\dfrac{N}{60}\phi_m$

② $E_r = \dfrac{1}{\sqrt{2}}\dfrac{P}{a}ZN\phi_m$

③ $E_r = \dfrac{P}{a}Z\dfrac{N}{60}\phi_m$

④ $E_r = \dfrac{1}{\sqrt{2}}\dfrac{P}{a}Z\dfrac{N}{60}\phi_m$

풀이

$E_r = P\phi n\dfrac{Z}{a} = P\dfrac{\phi_m}{\sqrt{2}}\dfrac{N}{60}\cdot\dfrac{Z}{a} = \dfrac{1}{\sqrt{2}}\dfrac{P}{a}Z\dfrac{N}{60}\phi_m$ 【답】 ④

42 변압기유로 쓰이는 절연유에 요구되는 특성이 아닌 것은?

① 응고점이 낮을 것
② 절연 내력이 클 것
③ 인화점이 높을 것
④ 점도가 클 것

풀이

변압기의 기름으로서 갖추어야 할 조건은
① 절연 내력이 클 것
② 절연 재료 및 금속에 화학 작용을 일으키지 않을 것
③ 인화점이 높고, 응고점이 낮을 것
④ **점도가 낮고, 비열이 커서 냉각 효과가 클 것**
⑤ 고온에서도 석출물이 생기거나 산화하지 않을 것 【답】 ④

43 3상 유도전동기의 운전 중 전압을 80[%]로 낮추면 부하회전력은 몇 [%]로 감소되는가?

① 94 ② 80
③ 72 ④ 64

풀이

3상 유도 전동기의 **토크는 전압의 2승에 비례**하므로
$T : T' = V^2 : (0.8V)^2$
$T' = 0.64T$ 【답】 ④

44 직류 직권 전동기를 정격전압에서 전부하 전류 50 [A]로 운전할 때, 부하토크가 1/2로 감소하면 그 부하전류는 약 몇 [A]인가? (단, 자기포화는 무시한다.)

① 20 ② 25
③ 30 ④ 35

풀이

직권 전동기에서 자기 포화를 무시하면
$T = kI^2$ 에서 $T \propto I^2$
$T : \dfrac{1}{2}T = 50^2 : I^2$
$\therefore I = \sqrt{\dfrac{\frac{1}{2}T}{T}}\cdot 50 = \dfrac{50}{\sqrt{2}} = 35.36[A]$ 【답】 ④

45 동기발전기 종류 중 회전계자형의 특징으로 옳은 것은?

① 고주파 발전기에 사용
② 극소용량, 특수용으로 사용
③ 소요전력이 크고 기구적으로 복잡
④ 기계적으로 튼튼하여 가장 많이 사용

풀이
회전 계자형 동기 발전기는 전기자를 고정자로 하고 계자극을 회전자로 한 것으로 회전계자형을 사용하는 이유로는
- 전기자 권선은 전압이 높고 결선이 복잡하며, 대용량으로 되면 전류도 커지고, 3상 권선의 경우에는 4개의 도선을 인출하여야 한다.
- 계자 회로는 직류의 저압 회로이므로 소요 동력도 작으며, 인출 도선이 2개만 있어도 되기 때문이다.
- **계자극은 기계적으로 튼튼**하게 만드는 데 용이하기 때문이다.
- 고장시의 과도 안정도를 높이기 위하여 회전자의 관성을 크게 하기 쉽기 때문이기도 하다. 【답】 ④

46 직류에서 교류로 변환하는 기기는?
① 초퍼
② 인버터
③ 회전 변류기
④ 사이클로 컨버터

풀이
- 초퍼 : 직류를 직류로 변환
- **인버터 : 직류를 교류로 변환**
- 컨버터 : 교류를 직류로 변환
- 회전 변류기 : 교류 전력을 직류 전력으로 변환
- 사이클로 컨버터 : 교류를 교류로 변환 【답】 ②

47 직류 분권전동기의 공급전압의 극성을 반대로 하면 회전 방향은 어떻게 되는가?
① 반대로 된다.
② 변하지 않는다.
③ 발전기로 된다.
④ 회전하지 않는다.

풀이
직류 분권 전동기의 공급 전압의 극성이 반대로 되면, **계자 전류와 전기자 전류의 방향이 동시에 반대로 된다. 따라서, 회전 방향은 변하지 않는다.**

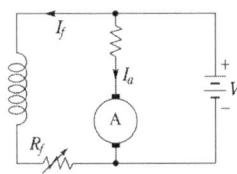

【답】 ②

48 직류분권전동기의 전체 도체수는 100이고, 단중 중권이며 자극수는 4, 자속수는 극당 0.628 [Wb]이다. 부하를 걸어 전기자에 5[A]가 흐르고 있을 때의 토크는 약 몇 [N·m]인가?
① 15
② 25
③ 50
④ 100

풀이
$p=4$, $Z=100$, $\phi=0.628$[Wb], $I_a=5$[A]
단중 중권이므로 $a=p=4$이다.
$$P = EI_a = p\phi n \frac{Z}{a} I_a = 2\pi n T$$

$$\therefore T = \frac{p\phi n \frac{Z}{a} I_a}{2\pi n} = \frac{p\phi Z I_a}{2\pi a} = \frac{4 \times 0.628 \times 100 \times 5}{2\pi \times 4}$$
$$= 49.97[\text{N} \cdot \text{m}]$$
【답】 ③

49 동기발전기의 병렬운전에서 일치하지 않아도 되는 것은?
① 기전력의 크기
② 기전력의 위상
③ 기전력의 극성
④ 기전력의 주파수

풀이
동기발전기의 **병렬운전 조건**
① 기전력의 **크기**가 같을 것
② 기전력의 **위상**이 같을 것
③ 기전력의 **주파수**가 같을 것
④ 기전력의 **파형**이 같을 것
⑤ 상회전 방향이 같을 것 【답】 ③

50 직류기의 손실 중 기계손에 속하는 것은?
① 풍손
② 와전류손
③ 히스테리시스손
④ 브러시의 전기손

풀이

총손실	무부하손	철손	히스테리시스손
			와류손
	기계손 : 풍손, 베어링 마찰손, 브러시 마찰손		
	부하손	전기자 저항손 $P_c = I_a^2 R$[W]	
		브러시 전기손	
		표유부하손 : 권선 이외 부분의 누설 자속에 의해 발생	

【답】 ①

51 동기기의 전기자 권선법이 아닌 것은?
① 중권 ② 2층권
③ 분포권 ④ 전절권

풀이
코일 간격이 극 간격과 같은 것을 전절권이라 하고, 극 간격보다 작은 것을 단절권이라 한다. 단절권은 고조파를 제거하고 기전력의 파형을 좋게 하고, 코일 단부가 짧게 되어 동(Cu)의 양이 적게 드는 이점이 있어, 동기기에는 단절권을 사용하며 **전절권은 사용하지 않는다**. 【답】④

52 변류기의 수리 및 점검 시 변류기 2차측 절연보호를 위해 조치하여야 하는 방법은?
① 변류기 1차측 단자를 개방
② 변류기 2차측 단자를 개방
③ 변류기 1차측 단자를 단락
④ 변류기 2차측 단자를 단락

풀이
변류기의 2차측을 개방하면 1차 전류가 모두 여자 전류가 되어 2차 권선에 매우 높은 전압이 유기되어 절연이 파괴되고 소손될 염려가 있다. 따라서, **2차 측의 절연을 보호**하기 위해서는 변류기를 개방하기 전에 **2차측을 반드시 단락**해야 한다. 【답】④

53 전기기기에 있어 와전류손(Eddy current loss)을 감소시키기 위한 방법은?
① 냉각압연
② 보상권선 설치
③ 교류전원을 사용
④ 규소강판을 성층하여 사용

풀이
와류손 $P_e = \delta_e (tfk_fB_m)^2$ [W/kg]
여기서, δ_e : 재료에 의한 정수
f : 주파수[Hz],
B_m : 자속 밀도의 최대값 [Wb/m²]
t : 철판의 두께[m]
k_f : 파형률
즉, 와전류손(와류손)은 철판의 두께 t^2에 비례한다.
따라서, **와전류손을 감소**시키기 위해서는 **얇은 규소강판을 성층**하여 사용 하면 된다. 【답】④

54 와류손이 3 [kW]인 3300/110 [V], 60 [Hz]용 단상 변압기를 50 [Hz], 3000 [V]의 전원에 사용하면 이 변압기의 와류손은 약 몇 [kW]로 되는가?
① 1.7 ② 2.1
③ 2.3 ④ 2.5

풀이
와류손 $P_e = \sigma_e (tfB_m)^2 = K\left(f \cdot \dfrac{V}{f}\right)^2 = KV^2$
에서 와류손은 주파수와는 무관하고 전압의 제곱에 비례하므로
$P_e' = P_e \times \left(\dfrac{V'}{V}\right)^2 = 3 \times \left(\dfrac{3000}{3300}\right)^2 = 2.48[\text{kW}]$ 【답】④

55 직류전압의 맥동률이 가장 작은 정류회로는? (단, 저항부하를 사용한 경우이다.)
① 단상전파 ② 단상반파
③ 3상반파 ④ 3상전파

풀이
• 맥동률 = $\sqrt{\dfrac{\text{실효값}^2 - \text{평균값}^2}{\text{평균값}^2}} \times 100 = \dfrac{\text{교류분}}{\text{직류분}} \times 100[\%]$

정류 종류	단상 반파	단상 전파	3상 반파	3상 전파
맥동률[%]	121	48	17.7	4.04

【답】④

56 동기전동기에서 제동권선의 역할에 해당되지 않는 것은?
① 기동 토크를 발생한다.
② 난조 방지작용을 한다.
③ 전기자반작용을 방지한다.
④ 급격한 부하의 변화로 인한 속도의 요동을 방지한다.

풀이 제동 권선의 역할
① 난조 방지
② 기동 토크 발생
③ 불평형 부하시의 전류, 전압 파형 개선
④ 송전선의 불평형 단락시의 이상 전압 방지 【답】③

57 3상 권선형 유도 전동기의 2차 회로에 저항을 삽입하는 목적이 아닌 것은?

① 속도는 줄어지지만 최대 토크를 크게 하기 위하여
② 속도 제어를 하기 위하여
③ 기동 토크를 크게 하기 위하여
④ 기동 전류를 줄이기 위하여

풀이

- 최대 토크 $T_m \propto \dfrac{V^2}{2x_2}$: 2차 저항에 무관
- 최대 토크를 발생하는 슬립 $s_m ≒ ± \dfrac{r_2}{x_2}$: 2차 저항에 비례

따라서, 3상 유도 전동기의 **최대 토크의 크기는 2차저항 r_2 와 슬립 s 에 관계없이 항상 일정**하고 다만 최대 토크가 발생하는 슬립점이 2차 회로의 저항에 비례해서 이동할 뿐이다.

【답】①

58 3상 유도 전동기의 원선도 작성에 필요한 시험이 아닌 것은?

① 저항측정   ② 슬립측정
③ 무부하시험   ④ 구속시험

풀이

① 원선도 작성에 필요한 시험은
 • 저항 측정 • 무부하 시험 • 구속 시험이 있다.
② 유도 전동기의 원선도에서 구할 수 있는 항목
 • 전부하 전류 • 역률 • 효율 • 슬립
 • 최대출력/정격출력 • 토크
즉, 슬립은 원선도 상에서 구할 수 없다. 【답】②

59 다음은 직류 발전기의 정류 곡선이다. 이 중에서 정류 말기에 정류의 상태가 좋지 않은 것은?

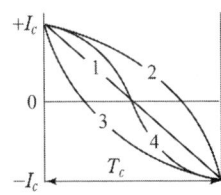

① 1   ② 2
③ 3   ④ 4

풀이
1 : 직선정류
2 : 부족정류
3 : 과정류
4 : 정현파 정류

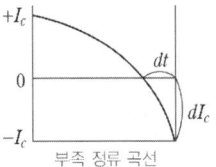
부족 정류 곡선

부족정류 : 정류종료 시 $\dfrac{dI_c}{dt}$ 가 매우 커서 **정류 종료 즉, 브러시 뒤쪽에서 불꽃 발생** 【답】②

60 3상 농형 유도전동기 기동법 중 옳은 것은?
① Y-△ 기동을 한다.
② 콘덴서를 이용하여 기동한다.
③ 2차 회로에 저항을 넣어 기동한다.
④ 기동저항기법을 사용한다.

풀이 농형 유도전동기의 기동법
① 전 전압 기동기(5[kW] 이하의 소형)
② Y-△ **기동**(5~15[kW] 정도)
③ 리액터 기동(기동전류를 제한하고자 할 때)
④ 기동 보상기(15[kW] 이상) 【답】①

2회   전기기기

41 총 도체 수 200, 단중파권으로 자극 수 4, 매극 당 자속 수 3.14[Wb]의 부하를 가하여 전기자에 3[A]가 흐르고 있는 직류 분권전동기의 토크는 몇 [N·m]인가?

① 600   ② 500
③ 400   ④ 300

풀이
자극 $p=4$, 총도체 수 $Z=200$, 매극 당 자속 수 $\phi=3.14$[Wb], 전기자 전류 $I_a=3$[A], 파권이므로 내부 회로 수 $a=2$이다.

- 역기전력 $E_c = p\phi n \dfrac{Z}{a}$[V]

- $P = 2\pi n T = E_c I_a = p\phi n \dfrac{Z}{a} I_a$

$\therefore T = \dfrac{p\phi Z I_a}{2\pi a} = \dfrac{4 \times 3.14 \times 200 \times 3}{2\pi \times 2} = 600$[N·m] 【답】①

42 교류정류자기에서 갭의 자속분포가 정현파로 $\phi_m = 0.14$[Wb], $p=2$, $a=1$, $Z=200$, $N=1200$ [rpm]인 경우 브러시 축이 자극 축과 30°라면 속도 기전력의 실효값 E_s는 약 몇 [V]인가?

① 160 ② 400
③ 560 ④ 800

[풀이]

$E_s = p\phi n \dfrac{Z}{a} \sin\theta = p \times \dfrac{\phi_m}{\sqrt{2}} \times \dfrac{N}{60} \times \dfrac{Z}{a} \times \sin\theta$

$= 2 \times \dfrac{0.14}{\sqrt{2}} \times \dfrac{1200}{60} \times \dfrac{200}{1} \times \sin 30°$

$= 395.98$[V] 【답】②

43 3상 유도전압 조정기의 동작원리 중 가장 적당한 것은?

① 두 전류 사이에 작용하는 힘이다.
② 교번자계의 전자유도작용을 이용한다.
③ 충전된 두 물체 사이에 작용하는 힘이다.
④ 회전자계에 의한 유도작용을 이용하여 2차 전압의 위상전압 조정에 따라 변화한다.

[풀이] 3상 유도 전압조정기
(1) 구조

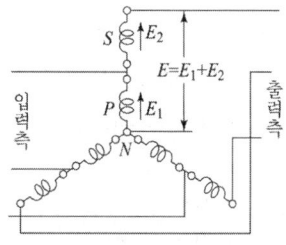 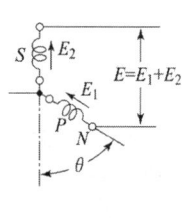

① 1차 권선 : 회전자
② 2차 권선 : 고정자

권선형 3상 유도 전동기의 1차 권선 P와 2차 권선 S를 3상 성형 단권변압기와 같이 접속하고 회전자를 구속하고 사용하는 것과 같다.

(2) 원리

분로권선에 3상 전압을 가하면 여자전류가 흐르고 3상 유도전동기와 같이 회전자속이 생긴다. 이 **회전자속에 의하여 직렬권선의 1상에 유도되는 기전력을 조정전압**이라고 하고 이것을 E_2[V] 라고 하면 E_2는 일정한 크기의 회전자속에 의하여 생기는 것이므로 회전자와 고정자와의 관계위치에 관계없이 항상 그 크기는 일정하다.

그러나 회전자와 고정자의 관계위치의 변화에 따라 **분로권선전압 E_1에 대한 E_2의 위상이 변화한다.**

$E = \sqrt{(E_1 + E_2\cos\theta)^2 + (E_2\sin\theta)^2}$ 【답】④

44 다음의 정류 회로 중 가장 큰 출력값을 갖는 회로는?

① 단상 반파 정류 회로
② 3상 반파 정류 회로
③ 단상 전파 정류 회로
④ 3상 전파 정류 회로

[풀이]
• 단상 반파 정류 : $E_d = \dfrac{\sqrt{2}}{\pi}E = 0.45E$
• 3상 반파 정류 : $E_d = \dfrac{3\sqrt{3}}{\sqrt{2}\pi}E = 1.17E$
• 단상 전파 정류 : $\dfrac{2\sqrt{2}}{\pi}E = 0.9E$
• 3상 전파 정류 : $E_d = 2.34E$ 【답】④

45 변압기 단락시험에서 계산할 수 있는 것은?

① 백분율 전압강하, 백분율 리액턴스강하
② 백분율 저항강하, 백분율 리액턴스강하
③ 백분율 전압강하, 여자 어드미턴스
④ 백분율 리액턴스강하, 여자 어드미턴스

[풀이] 변압기 단락시험으로부터 구할 수 있는 항목
• 권선의 저항
• 권선의 임피던스
• 권선의 누설리액턴스
• **백분율 저항강하**
• **백분율 리액턴스 강하** 【답】②

46 유도전동기의 실부하법에서 부하로 쓰이지 않는 것은?

① 전동발전기
② 전기동력계
③ 프로니 브레이크
④ 손실을 알고 있는 직류발전기

【풀이】
부하시험 : 3상 유도전동기의 특성은 원선도에 의하여 구하는 것이 보통이지만 실부하법이 편리한 경우에는 실부하법을 사용한다.
실부하법으로는
① 전기동력계법
② 프로니브레이크법
③ 손실을 알고 있는 직류발전기를 사용하는 방법 등이 있다.
【답】 ①

47 동기 전동기를 부족여자로 운전하면 어떠한 작용을 하는가?
① 충전 전류가 흐른다.
② 콘덴서 작용을 한다.
③ 뒤진 전류가 흐른다.
④ 뒤진 전류를 보상한다.

【풀이】
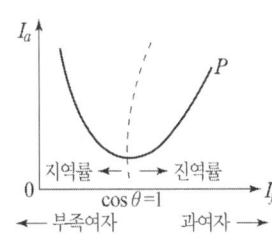

- 동기조상기는 무부하로 운전되는 동기전동기의 V곡선을 이용
- 동기전동기 운전
  - 과여자 운전 : 앞선 전류가 흘러 콘덴서로 작용
  - **부족 여자 운전 : 뒤진 전류가 흘러 리액터로 작용** 【답】 ③

48 3000[V], 60[Hz], 8극, 100[kW]의 3상 유도 전동기가 있다. 전부하에서 2차 동손이 3.0[kW], 기계손이 2.0[kW]라고 한다. 전부하 회전수[rpm]를 구하면?
① 674
② 774
③ 874
④ 974

【풀이】
2차 입력 $P_2 = P_0 + P_{c2} + P_m$
$\qquad$ = 출력 + 2차 동손 + 기계손에서
$P_2 = 100 + 3 + 2 = 105[kW]$
슬립 $s = \dfrac{P_{c2}}{P_2} = \dfrac{3.0}{105} = \dfrac{1}{35}$

$\therefore N = (1-s)N_s = (1-s) \times \dfrac{120f}{p}$
$\qquad = \left(1 - \dfrac{1}{35}\right) \times \dfrac{120 \times 60}{8} = 874[rpm]$ 【답】 ③

49 유기 기전력 210[V], 단자 전압 200[V]인 5[kW] 분권 발전기의 계자 저항이 500[Ω]이면 그 전기자 저항[Ω]은?
① 0.2
② 0.4
③ 0.6
④ 0.8

【풀이】
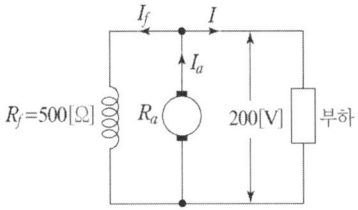

$I_f = \dfrac{V}{R_f} = \dfrac{200}{500} = 0.4[A]$

$I = \dfrac{P}{V} = \dfrac{5 \times 10^3}{200} = 25[A]$

전기자 전류 $I_a = I + I_f$이므로
$\quad I_a = 25 + 0.4 = 25.4[A]$
또한, $V = E - I_a R_a$ 식에서
$\therefore R_a = \dfrac{E-V}{I_a} = \dfrac{210-200}{25.4} = \dfrac{10}{25.4} = 0.39[Ω]$ 【답】 ②

50 3상 전원의 수전단에서 전압 3300[V], 전류 1000[A], 뒤진 역률 0.8의 전력을 받고 있을 때 동기조상기로 역률을 개선하여 1로 하고자 한다. 필요한 동기조상기의 용량은 약 몇 [kVA] 인가?
① 1525
② 1950
③ 3150
④ 3429

【풀이】
- 부하의 무효전력 $Q_L = \sqrt{3} VI\sin\theta$ 에서
  $Q_L = \sqrt{3} \times 3300 \times 1000 \times 0.6 \times 10^{-3} = 3429.46[kVar]$
  ($\because \cos\theta = 0.8$이므로 $\sin\theta = \sqrt{1-0.8^2} = 0.6$)
- 역률이 1이 되려면 무효전력 $Q = 0[kVar]$이 되어야 하므로 동기조상기에서 진상 무효전력 $Q_c = Q_L = 3429.46[kVA]$를 공급하여야 한다. 【답】 ④

51 교류 전동기에서 브러시의 이동으로 속도변화가 가능한 것은?
① 농형 전동기
② 2중 농형 전동기
③ 동기 전동기
④ 시라게 전동기

▶ 풀이
속도를 변화시킬 수 있는 교류 전동기로서 널리 사용되고 있는 것은 **시라게 전동기**이며 그 구조는 직류전동기와 유사 하지만 브러시가 2조가 있어 각 조의 **브러시를** 반대 방향으로 이동하면 **속도를 조정**할 수 있다. 【답】④

52 변압기의 원리는?
① 전자유도 작용을 이용
② 정전유도 작용을 이용
③ 자기유도 작용을 이용
④ 플레밍의 오른손 법칙을 이용

▶ 풀이
변압기는 **전자 유도 작용**을 이용하여 교류 전압과 전류의 크기를 변성하는 장치로 2개 이상의 전기회로와 1개 이상의 공통 자기 회로로 이루어져 있다. 【답】①

53 SCR에 관한 설명으로 틀린 것은?
① 3단자 소자이다.
② 전류는 애노드에서 캐소드로 흐른다.
③ 소형의 전력을 다루고 고주파 스위칭을 요구하는 응용분야에 주로 사용된다.
④ 도통 상태에서 순방향 애노드전류가 유지전류 이하로 되면 SCR은 차단상태로 된다.

▶ 풀이

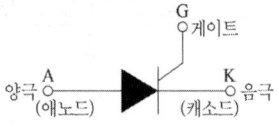

SCR은 정류기능을 갖는 **단일방향성 3단자 소자**로서 게이트에 (+)의 트리거 펄스가 인가되면 통전 상태로 되어 **전류는 애노드 에서 캐소드 방향**으로 흐르게 된다. 일단 통전이 시작되면 게이트 전류를 차단해도 주전류(애노드 전류)는 차단되지 않는다.
• 래칭전류 : SCR이 ON 되기 위하여 애노우드에서 캐소드 쪽으로 흘러야 할 최소전류
• 유지전류 : ON된 후에 **ON 상태를 유지하기 위한 최소전류**로서 래칭전류보다 작다. 【답】③

54 탭전환 변압기 1차측에 몇 개의 탭이 있는 이유는?
① 예비용 단자
② 부하 전류를 조정하기 위하여
③ 수전점의 전압을 조정하기 위하여
④ 변압기의 여자전류를 조정하기 위하여

▶ 풀이
탭(tap) 전환 변압기 : 전원 전압의 변동이나 부하의 변동에 따라 **변압기 2차측의 전압변동을 보상하고 일정 전압으로 유지**시키기 위하여, 고압측 1차 권선의 중앙 위치에 몇 개의 탭 단자를 두어 변압기의 권수비를 바꿀 수 있도록 설계한 변압기 【답】③

55 권선형 유도전동기에서 비례추이를 할 수 없는 것은?
① 토크
② 출력
③ 1차 전류
④ 2차 전류

▶ 풀이
• 비례추이가 되는 항목 : 토크, 역률, 2차 전류, 1차 전류
• 비례추이가 되지 않는 항목 : **기계적 출력**, 2차 동손, 효율, 저항, 동기속도 【답】②

56 다음 중 권선형 유도 전동기의 2차 여자 제어법으로 사용되는 제어 방식은?
① 세르비우스 방식
② 플러깅 방식
③ 발전 방식
④ 회생 방식

▶ 풀이
권선형 유도전동기의 2차측에 2차 주파수와 같은 주파수로 적당한 크기와 위상의 전압을 외부에서 가하는 방법을 **2차 여자 제어**라 하고 크래머(kramer) 방법과 세르비우스(scherbious) 방식이 있다. 【답】①

57 3상 유도전동기의 2차 저항을 m배로 하면 동일하게 m배로 되는 것은?
① 역률
② 전류
③ 슬립
④ 토크

풀이

$$\frac{r_2}{s_m} = \frac{r_2 + R_s}{s_t}$$

여기서, r_2 : 2차 권선의 저항, s_m : 최대 토크시 슬립,
s_t : 기동시 슬립, R_s : 2차 외부회로 저항,
$r_2 + R_s$: 2차 회로 저항

즉, **2차 회로 저항 r_2+R_s와 슬립 s_t는 비례 관계**에 있다.

【답】③

58 극수는 6 회전수가 1200[rpm]인 교류발전기와 병렬 운전하는 극수가 8인 교류발전기의 회전수 [rpm]는?

① 1200 ② 900
③ 750   ④ 520

풀이

교류발전기의 **병렬운전 조건은 주파수가 같아야 한다.**

극수 6인 발전기의 주파수를 구하면, $N_s = \frac{120f}{p}$에서

$$\therefore f = \frac{N_s \times p}{120} = \frac{1200 \times 6}{120} = 60[Hz]$$

따라서, 극수 8인 발전기의 회전수는

$$\therefore N = \frac{120f}{p} = \frac{120 \times 60}{8} = 900[rpm]$$

【답】②

59 가동 복권 발전기의 내부 결선을 바꾸어 분권 발전기로 하자면?

① 내분권 복권형으로 해야 한다.
② 외분권 복권형으로 해야 한다.
③ 분권 계자를 단락시킨다.
④ 직권 계자를 단락시킨다.

풀이

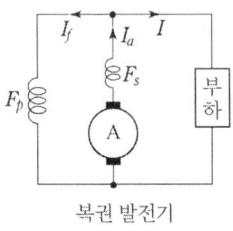

복권 발전기

직권 계자 권선 F_s을 단락시킨다. 외분권, 내분권들은 어느 것이나 복권 발전기의 일종이다.

【답】④

60 권선형 유도전동기에서 2차 저항을 변화시켜서 속도제어를 하는 경우 최대 토크는?

① 항상 일정하다
② 2차 저항에만 비례한다.
③ 최대 토크가 생기는 점의 슬립에 비례한다.
④ 최대 토크가 생기는 점의 슬립에 반비례한다.

풀이

• 최대 토크 $T_m \propto \frac{V^2}{2x_2}$: 2차 저항에 무관

• 최대 토크를 발생하는 슬립 $s_m \fallingdotseq \pm \frac{r_2}{x_2}$: 2차 저항에 비례

따라서, 3상 유도 전동기의 **최대 토크의 크기는 2차저항 r_2와 슬립 s에 관계없이 항상 일정**하고 다만 최대 토크가 발생하는 슬립점이 2차 회로의 저항에 비례해서 이동할 뿐이다.

【답】①

3회   전기기기

41 3상 동기기의 제동권선을 사용하는 주목적은?

① 출력이 증가한다.
② 효율이 증가한다.
③ 역률을 개선한다.
④ 난조를 방지한다.

풀이 제동 권선의 역할
① 난조 방지
② 기동 토크 발생
③ 불평형 부하시의 전류, 전압 파형 개선
④ 송전선의 불평형 단락시의 이상 전압 방지 【답】④

42 전기자저항과 계자저항이 각각 0.8[Ω]인 직류 직권전동기가 회전수 200[rpm], 전기자전류 30[A]일 때 역기전력은 300[V] 이다. 이 전동기의 단자전압을 500[V]로 사용한다면 전기자전류가 위와 같은 30[A]로 될 때의 속도[rpm]는? (단, 전기자 반작용, 마찰손, 풍손 및 철손은 무시한다.)

① 200 ② 301
③ 452 ④ 500

풀이
- 회전수 $n_1 = 200$[rpm] 일 때 역기전력 $E_{c1} = 300$[V]
- 단자전압 500[V] 인가 시 역기전력 E_{c2}
  $E_{c2} = V - I \times (R_a + R_s) = 500 - 30 \times (0.8 + 0.8) = 452$[V]
- 역기전력 $E_c = p\phi n \dfrac{Z}{a} = K\phi n \propto n$

(계자전류가 일정한 경우)에서
$300 : 452 = 200 : n_2$
$n_2 = \dfrac{452}{300} \times 200 = 301.33$[rpm]   【답】②

43 타여자 직류전동기의 속도제어에 사용되는 워드 레오나드(Ward Leonard) 방식은 다음 중 어느 제어법을 이용한 것인가?
① 저항제어법 ② 전압제어법
③ 주파수제어법 ④ 직병렬제어법

풀이
직류 전동기의 속도 제어법 비교

구 분	제어 특성	특 징
계자 제어법	• 정출력 제어	• 속도 제어 범위가 좁다.
전압 제어법	• 정토크 제어 ┌ 워드 레오나드 방식 └ 일그너 방식	• 제어 범위가 넓다. • 손실이 매우 적다. • 정역 운전이 가능 • 압연기나 권상기 등의 속도제어에 사용 • 설비비가 많이 든다.
직렬 저항법		• 효율이 나쁘다.

【답】②

44 동기발전기의 병렬운전에서 기전력의 위상이 다른 경우, 동기화력(P_s)을 나타낸 식은?
(단, P : 수수전력, δ : 상차각 이다.)
① $P_s = \dfrac{dP}{d\delta}$ ② $P_s = \int P d\delta$
③ $P_s = P \times \cos\delta$ ④ $P_s = \dfrac{P}{\cos\delta}$

풀이
동기화력은 상차각 δ의 미소변동에 대한 출력(P)의 변화율이므로
$P_s = \dfrac{dP}{d\delta} = \dfrac{d}{d\delta} \cdot \dfrac{E^2}{2x_s} \sin\delta = \dfrac{E^2}{2x_s} \cos\delta$[W]   【답】①

45 전기자 총 도체수 500, 6극, 중권의 직류전동기가 있다. 전기자 전 전류가 100[A]일 때의 발생 토크는 약 몇 [kg·m] 인가?
(단, 1극당 자속수는 0.01 [Wb] 이다.)
① 8.12 ② 9.54
③ 10.25 ④ 11.58

풀이
$T = \dfrac{pZ}{2\pi a}\phi I_a = \dfrac{6 \times 500}{2 \times \pi \times 6} \times 0.01 \times 100 = 79.58$[N·m]
1[kg·m] $= 9.8$[N·m] 이므로
토크 $T = \dfrac{79.58}{9.8} = 8.12$[kg·m]   【답】①

46 직류 발전기에 있어서 계자 철심에 잔류자기가 없어도 발전되는 직류기는?
① 분권 발전기
② 직권 발전기
③ 타여자 발전기
④ 복권 발전기

풀이
타여자 발전기는 외부에서 계자 권선 F에 직류 전원을 공급하므로 **잔류 자기가 없어도 된다**.

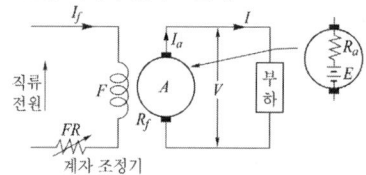

【답】③

47 직류기의 전기자 반작용의 영향이 아닌 것은?
① 주자속이 증가한다.
② 전기적 중성축이 이동한다.
③ 정류 작용에 악영향을 준다.
④ 정류자 편간전압이 상승한다.

풀이
전기자 반작용 : 전기자 권선에 흐르는 전류에 의한 자속이 계자에서 만든 주자속에 영향을 미치는 현상을 전기자 반작용이라고 하며, 그 영향은 다음과 같다.
① 전기적 중성축 이동
  • 발전기 : 회전 방향으로 이동
  • 전동기 : 회전 방향과 반대 방향으로 이동

② 주자속 감소
③ 정류자 편간의 불꽃섬락이 발생하여 정류 불량 발생

【답】①

48 직류기에서 양호한 정류를 얻는 조건으로 틀린 것은?
① 정류 주기를 크게 한다.
② 브러시의 접촉 저항을 크게 한다.
③ 전기자 권선의 인덕턴스를 작게 한다.
④ 평균 리액턴스 전압을 브러시 접촉면 전압 강하보다 크게 한다.

풀이

양호한 정류를 얻는 조건
① **리액턴스 전압을 작게 한다.** $\left(e_L = L\dfrac{2I_c}{T_c}\right)$
② 단절권 채용으로 자기 인덕턴스를 작게 한다.
③ 고속을 피하여 정류 주기를 길게 한다.
④ 저항 정류로서 접촉저항이 큰 탄소 브러시를 사용한다.
⑤ 전압 정류로서 보극을 설치한다.

【답】④

49 3상 동기발전기가 그림과 같이 1선 지락이 발생하였을 경우 지락전류 $\dot{I}_0$를 구하는 식은? (단, E_a는 무부하 유기기전력의 상전압, $\dot{Z}_0, \dot{Z}_1, \dot{Z}_2$는 영상, 정상, 역상 임피던스이다.)

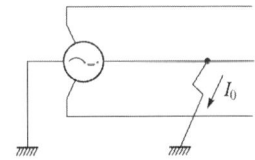

① $\dot{I}_0 = \dfrac{3\dot{E}_a}{\dot{Z}_0 \times \dot{Z}_1 \times \dot{Z}_2}$

② $\dot{I}_0 = \dfrac{\dot{E}_a}{\dot{Z}_0 \times \dot{Z}_1 \times \dot{Z}_2}$

③ $\dot{I}_0 = \dfrac{3\dot{E}_a}{\dot{Z}_0 + \dot{Z}_1 + \dot{Z}_2}$

④ $\dot{I}_0 = \dfrac{3\dot{E}_a}{\dot{Z}_0 + \dot{Z}_1^2 + \dot{Z}_2^3}$

풀이

1선 지락전류 $\dot{I}_0 = \dfrac{3\dot{E}_a}{\dot{Z}_0 + \dot{Z}_1 + \dot{Z}_2}$ [A]

【답】③

50 슬립 5[%]인 유도전동기의 기계적 출력을 대표하는 부하저항은 2차 저항의 몇 배인가?
① 19   ② 20
③ 29   ④ 40

풀이

$R = r_2\left(\dfrac{1}{s} - 1\right) = r_2\left(\dfrac{1}{0.05} - 1\right) = 19 r_2$

【답】①

51 직류전동기의 속도제어 방법에서 광범위한 속도제어가 가능하며, 운전효율이 가장 좋은 방법은?
① 계자제어   ② 전압제어
③ 직렬 저항제어   ④ 병렬 저항제어

풀이

직류 전동기의 속도 제어법 비교

구 분	제어 특성	특 징
계자 제어법	• 정출력 제어	• 속도 제어 범위가 좁다.
전압 제어법	• 정토크 제어 ┌ 워드 레오나드 방식 └ 일그너 방식	• 제어 범위가 넓다. • **손실이 매우 적다.** • 정역 운전이 가능 • 압연기나 권상기 등의 속도 제어에 사용 • 설비비가 많이 든다.
직렬 저항법		• 효율이 나쁘다.

【답】②

52 직류 직권전동기의 속도제어에 사용되는 기기는?
① 초퍼   ② 인버터
③ 듀얼 컨버터   ④ 사이클로 컨버터

풀이

• AC → DC 컨버터(위상제어정류기) : 직류 전동기의 속도제어
• DC → AC 인버터 : 교류 전동기의 속도 제어
• DC-DC **직류초퍼회로** : 직류 전동기의 속도 제어
• AC-AC 사이클로컨버터 : 가변 주파수, 가변 출력 전압 발생

【답】①

53 계자저항 100[Ω], 계자전류 2[A], 전기자 저항이 0.2[Ω]이고, 무부하 정격속도로 회전하고 있는 직류 분권발전기가 있다. 이때의 유기기전력[V]은?

① 196.2 ② 200.4
③ 220.5 ④ 320.2

■ 풀이

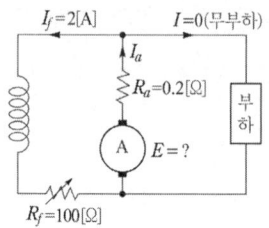

단자 전압 V는 계자 회로의 전압 강하와 같으므로
$V = R_f I_f = 100 \times 2 = 200$ [V]
$I_a = I + I_f$에서 무부하이므로
$I = 0$[A]   ∴ $I_a = I_f$
유기기전력 $E = V + I_a R_a = V + I_f R_a$
$= 200 + 2 \times 0.2 = 200.4$ [V]   【답】②

54 단상 유도 전동기를 기동 토크가 큰 것부터 낮은 순서로 배열한 것은?

① 모노사이클릭형 → 반발 유도형 → 반발 기동형 → 콘덴서 기동형 → 분상 기동형
② 반발 기동형 → 반발 유도형 → 모노사이클릭형 → 콘덴서 기동형 → 분상 기동형
③ 반발 기동형 → 반발 유도형 → 콘덴서 기동형 → 분상 기동형 → 모노사이클릭형
④ 반발 기동형 → 분상 기동형 → 콘덴서 기동형 → 반발 유도형 → 모노사이클릭형

■ 풀이
단상 유도 전동기에서 기동 토크가 큰 것부터 순서로 배열하면
반발 기동형 > 반발 유도형 > 콘덴서 기동형 > 분상 기동형 > 셰이딩 코일형 > 모노사이클릭형 순이다.   【답】③

55 변압기의 내부고장에 대한 보호용으로 사용되는 계전기는 어느 것이 적당한가?

① 방향계전기 ② 과전류 계전기
③ 접지계전기 ④ 비율차동계전기

■ 풀이
변압기 내부고장 검출용 보호 계전기
① 차동 계전기(비율 차동 계전기)
② 압력 계전기
③ 부흐홀쯔 계전기
④ 가스 검출 계전기   【답】④

56 단상 반파 정류회로에서 변압기 2차 전압의 실효값을 E [V]라 할 때 직류 전류 평균값[A]은?
(단, 정류기의 전압강하는 e [V], 부하저항은 R [Ω]이다.)

① $\left(\dfrac{\sqrt{2}}{\pi}E - e\right)/R$ ② $\dfrac{1}{2} \cdot \dfrac{E-e}{R}$

③ $\dfrac{2\sqrt{2}}{\pi} \cdot \dfrac{E}{R}$ ④ $\dfrac{\sqrt{2}}{\pi} \cdot \dfrac{E-e}{R}$

■ 풀이
무부하 직류 전압 E_{d0}는
$E_{d0} = \dfrac{1}{2\pi}\int_0^\pi \sqrt{2}\,E\sin\theta \cdot d\theta = \dfrac{\sqrt{2}}{\pi}E = 0.45E$ [V]
정류기 내의 전압 강하(수은 정류기에서는 아크 전압 강하)를 e라 하면 직류 전압 평균값 E_d는
$E_d = E_{d0} - e$ [V]
따라서 직류 전류 평균값 I_d는
∴ $I_d = \dfrac{E_d}{R} = \dfrac{E_{d0}-e}{R} = \dfrac{\dfrac{\sqrt{2}}{\pi}E - e}{R} = \dfrac{0.45E - e}{R}$ [A]
단, E : 변압기 2차 상전압(실효값)[V]
R : 부하 저항[Ω]   【답】①

57 유도전동기의 동기와트에 대한 설명으로 옳은 것은?

① 동기속도에서 1차 입력
② 동기속도에서 2차 입력
③ 동기속도에서 2차 출력
④ 동기속도에서 2차 동손

■ 풀이
동기와트란 슬립 s, 토크 T를 발생하며 회전하는 유도 전동기가 같은 토크 T를 발생하며 **동기 속도로 회전하는 것으로 가정하는 때의 입력 P_2**를 말한다. 2차 입력(동기 와트) P_2, 회전 각속도 ω, 동기 각속도 ω_s라 하면

$$T = \frac{P}{\omega} = \frac{P_2(1-s)}{\omega_s(1-s)} = \frac{P_2}{\omega_s}$$

$\therefore P_2 = \omega_s T$ [동기 와트]

【답】 ②

58 동기기에서 동기 임피던스 값과 실용상 같은 것은? (단, 전기자 저항은 무시한다.)

① 전기자 누설 리액턴스
② 동기 리액턴스
③ 유도 리액턴스
④ 등가 리액턴스

풀이
동기 임피던스 $Z_s = r + jx_s$ [Ω]에서 일반적으로 전기자 저항 r은 매우 적으므로 무시하면 $Z_s \fallingdotseq x_s$
즉, "**동기임피던스 = 동기리액턴스**" 라고 한다.

【답】 ②

59 경부하로 회전중인 3상 농형 유도전동기에서 전원의 3선중 1선이 개방되면 3상 전동기는?

① 개방시 바로 정지한다.
② 속도가 급상승한다.
③ 회전을 계속한다.
④ 일정시간 회전 후 정지한다.

풀이
3상 농형 유도전동기에서 전원의 3선중 1선이 개방되면 3상 전동기는 단상 전동기가 된다. 이때 큰 부하가 인가되어 있는 경우에는 전동기가 정지하게 되고 큰 전류가 흘러 전동기가 소손된다. 그러나 **경부하에서는 회전을 계속하게 되나 경부하 부하전류는 증가**하게 된다.

【답】 ③

60 정격전압 1차 6600[V], 2차 220[V]의 단상변압기 두 대를 승압기로 V결선하여 6300 [V]의 3상 전원에 접속한다면 승압된 전압[V]은?

① 6410
② 6460
③ 6510
④ 6560

풀이
승압된 전압 $E_2 = E_1\left(1 + \dfrac{1}{n}\right) = 6300\left(1 + \dfrac{220}{6600}\right) = 6510$[V]

【답】 ③

2025년 CBT 복원문제

1회 전기기기

41 8극, 유도기전력 100[V], 전기자전류 200[A]인 직류발전기의 전기자권선을 중권에서 파권으로 변경했을 경우의 유도기전력과 전기자전류는?

① 100[V], 200[A]
② 200[V], 100[A]
③ 400[V], 50[A]
④ 800[V], 25[A]

풀이
1) 중권과 파권의 비교

구 분	중권 (병렬권)	파권 (직렬권)
전기자 병렬회로 수 a	$p\ (a=mp)$	$2\ (a=2m)$
브러시 수 b	p	2

여기서, p : 극수, m : 다중도

2) 유기기전력
중권에서 $a=p=8$, 파권에서 $a=2$ 이므로
$E=p\phi n\dfrac{Z}{a}$에서 $E\propto\dfrac{1}{a}$ 이므로
$100:E=\dfrac{1}{8}:\dfrac{1}{2}$
$\therefore E=400[V]$

3) 전기자 전류
 • 중권에서 전기자 전류 $I_a=200[A]$일 때, 각 권선에 흐르는 전류
$i_a=\dfrac{200}{a}=\dfrac{200}{8}=25[A]$
 • 파권($a=2$)에서 전기자 전류
$\therefore I_a=ai_a=2\times25=50[A]$ 【답】③

42 기동장치를 갖는 단상 유도전동기가 아닌 것은?
① 2중 농형
② 분상기동형
③ 반발기동형
④ 셰이딩코일형

풀이
2중 농형 유도 전동기
① 회전자의 농형권선을 내외 이중으로 설치한 것
② 도체
 • 외측도체 : 저항이 높은 황동 또는 동니켈 합금의 도체를 사용
 • 내측도체 : 저항이 낮은 전기동 사용
③ 기동시에는 저항이 높은 외측 도체로 흐르는 전류에 의해 큰 기동 토오크를 얻고 기동완료 후에는 저항이 적은 내측 도체로 전류가 흘러 우수한 운전 특성을 얻은 전동기로서 **별도의 기동장치가 필요 없다.** 【답】①

43 3상 유도전동기에 불평형 3상 전압을 가한 경우 다음 전동기의 특성 중 옳은 것은?
① 영상분 전압은 존재하지 않는다.
② 영상 전압을 고려하여야 한다.
③ 정상 전압과 역상 전압에 의한 회전자계의 방향은 같다.
④ 정상 운전 상태에서 역상분은 제동 작용을 하지 않는다.

풀이
불평형 전압이 가해져도 **중성점이 접지되어 있지 않으므로 영상분은 존재하지 않는다.** 정상분과 역상분의 회전자계는 서로 반대방향으로 회전하나 정상분에 의한 토크가 더 크므로 전동기는 정상분 회전자계의 회전방향으로 회전한다. 【답】①

44 일반적인 농형 유도전동기에 관한 설명 중 틀린 것은?
① 2차측을 개방할 수 없다.
② 2차측의 전압을 측정할 수 있다.
③ 2차 저항 제어법으로 속도를 제어할 수 없다.
④ 1차 3선 중 2선을 바꾸면 회전방향을 바꿀 수 있다.

▣ 풀이

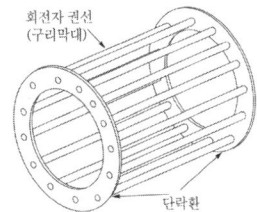

농형 유도전동기 회전자

농형유도전동기의 회전자(2차측)는 그림과 같이 회전자 권선이 단락환으로 단락된 구조로서, 농형 유도전동기의 **1차측(고정자 권선)에서 유도된 2차측(회전자) 전압은 측정할 수 없다.**

【답】②

45 동기발전기에 회전계자형을 사용하는 이유로 틀린 것은?
① 기전력의 파형을 개선한다.
② 계자가 회전자이지만 저전압 소용량의 직류이므로 구조가 간단하다.
③ 전기자가 고정자이므로 고전압 대전류용에 좋고 절연이 쉽다.
④ 전기자보다 계자극을 회전자로 하는 것이 기계적으로 튼튼하다.

▣ 풀이
회전 계자형을 사용하는 이유
① 전기자 권선은 전압이 높고 결선이 복잡하며, 대용량으로 되면 전류도 커지고, 3상 권선의 경우에는 4개의 도선을 인출하여야 한다.
② 계자 회로는 직류의 저압 회로이므로 소요 동력도 작으며, 인출 도선이 2개만 있어도 되기 때문이다.
③ 계자극은 기계적으로 튼튼하게 만드는 데 용이하기 때문이다.
④ 고장시의 과도 안정도를 높이기 위하여 회전자의 관성을 크게 하기 쉽기 때문이기도 하다.
 그러나, **기전력의 파형을 개선하기 위해서는 전기자 권선을 분포권 및 단절권**으로 하여야 한다. 【답】①

46 어떤 IGBT의 열용량은 0.02[J/℃], 열저항은 0.625[℃/W]이다. 이 소자에 직류 25[A]가 흐를 때 전압강하는 3[V]이다. 몇 [℃]의 온도상승이 발생하는가?
① 1.5   ② 1.7
③ 47   ④ 52

▣ 풀이
열저항 $R_\theta = \dfrac{\Delta T}{P}$[℃/W] 이므로,
(여기서, ΔT : 온도상승범위[℃], P : 손실[W])
따라서 $\Delta T = R_\theta \times P = 0.625 \times 25 \times 3 = 46.88$[℃]   【답】③

47 단상 유도전압조정기의 원리는 다음 중 어느 것을 응용한 것인가?
① 3권선 변압기
② V결선 변압기
③ 단상 단권변압기
④ 스콧트결선(T결선) 변압기

▣ 풀이
단상 유도전압조정기는 직렬권선에 대한 분로권선의 위치를 연속적으로 바꾸는 **단상 단권변압기의 일종**이다. 구조는 유도전동기와 비슷하며 고정자와 회전자로 구성되어 있다.
단상 유도 전압 조정기

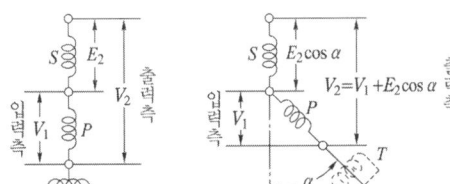

P : 분로 권선, S : 직렬 권선, T : 단락 권선
$V_2 = V_1 + E_2 \cos\alpha$ 【답】③

48 직류 분권 발전기의 전압확립에 대한 내용으로 틀린 것은?
① 잔류자기에 의해 초기 전압이 발생한다.
② 전압이 상승하면 여자전류도 증가한다.
③ 자기포화가 되면 전압 증가가 느려진다.
④ 회전 방향은 전압 형성에 영향을 주지 않는다.

▣ 풀이
자여자 발전기의 전압 확립
① 자여자 발전기에는 잔류자기가 있어 발전기를 회전시키면 소량의 전압이 발생하고, 이 전압이 계자에 전류를 흘려보내 자속을 증가시켜 전압이 점차 높아진다.
 그러나 계자 철심이 자기포화 상태에 이르면 자속 증가가 제한되면서 전압 상승도 서서히 멈추고 일정한 값으로 안정된다.

② 운전 중 **전기자 회전 방향을 반대**로 하면 ⇒
- 반대방향의 기전력이 유기되어 계자전류가 반대로 흐르게 된다.
- 잔류 자기를 소멸시켜 발전 불가능 【답】 ④

49 3상 전원에서 2상 전원을 얻기 위한 변압기의 결선방법은?

① △ ② T
③ Y ④ V

풀이
상수의 변환
① 3상-2상간의 상수 변환
- **스코트 결선 (T결선)**
- 메이어 결선
- 우드 브리지 결선
② 3상-6상간의 상수 변환
- 환상 결선
- 2중 3각 결선
- 2중 성형 결선
- 대각 결선
- 포크 결선 【답】 ②

50 변압기의 결선 중에서 1차에 제3고조파가 있을 때 2차에 제3고조파 전압이 외부로 나타나는 결선은?

① Y-Y ② Y-△
③ △-Y ④ △-△

풀이
△결선이 포함된 변압기에서는 제3고조파가 순환전류가 되어 소멸되나, **Y결선만 있는 변압기에서는 제3고조파가 나타난다.** 【답】 ①

51 동기기의 과도 안정도를 증가시키는 방법이 아닌 것은?

① 속응 여자방식을 채용한다.
② 동기 탈조계전기를 사용한다.
③ 동기화 리액턴스를 작게 한다.
④ 회전자의 플라이휠 효과를 작게 한다.

풀이
1) 과도 안정도
부하의 급변, 선로의 개폐, 접지, 단락 등의 고장 또는 기타 의 원인에 의해서 운전 상태가 급변하여도 계통이 안정을 유지하는 정도를 말한다.
2) 안정도 향상대책
① 동기 임피던스를 작게 한다.
② 속응 여자 방식을 채택한다.
③ **회전자에 플라이 휘일을 설치하여 관성 모멘트를 크게 한다.**
④ 정상 임피던스는 작고, 영상, 역상 임피던스를 크게 한다.
⑤ 단락비를 크게 한다.
⑥ 동기 탈조 계전기를 사용한다. 【답】 ④

52 2방향성 3단자 사이리스터는?

① SCR ② SSS
③ SCS ④ TRIAC

풀이
각 종 반도체 소자의 비교
① 방향성
- **양방향성(쌍방향성) 소자** : DIAC, **TRIAC**, SSS
- 역저지(단방향성) 소자 : SCR, LASCR, GTO
② 극(단자) 수
- 2극(단자) 소자 : DIAC, SSS, Diode
- **3극(단자) 소자** : SCR, LASCR, GTO, **TRIAC**
- 4극(단자) 소자 : SCS 【답】 ④

53 코일피치와 자극피치의 비를 β라 하면 기본파 기전력에 대한 단절계수는?

① $\sin\beta\pi$ ② $\cos\beta\pi$
③ $\sin\dfrac{\beta\pi}{2}$ ④ $\cos\dfrac{\beta\pi}{2}$

풀이
- 기본파에 대한 **단절권 계수** $K_p = \sin\dfrac{\beta\pi}{2}$
- n차 고조파에 단절권 계수 $K_{pn} = \sin\dfrac{n\beta\pi}{2}$

여기서, $\beta = \dfrac{코일간격}{극간격}$ 【답】 ③

54 스테핑전동기의 스텝각이 3°이고, 스테핑주파수(pulse rate)가 1200[pps] 이다. 이 스테핑전동기의 회전속도[rps]는?

① 10 ② 12
③ 14 ④ 16

> 풀이

스테핑전동기는 디지털 신호에 비례하여 일정 각도만큼 회전하는 모터로 그 총회전각은 입력펄스의 수로, 회전속도는 입력펄스의 빠르기로 쉽게 제어가 가능한 특징이 있다.
- 1초당 입력펄스 : 1200 (pps : pulse/sec)
- 1펄스 당 회전각도 : 3°
- 1초당 회전각도 : 1200 × 3° = 3600°
- 전동기 1회전 당 회전각도 : 360°
- 전동기 1초당 회전속도 : $\frac{3600°}{360°} = 10$[회전]   【답】①

55 교류 전압제어기를 전원과 부하회로에 연결된 조광기에 교류 실효전압을 변화시켜서 사용할 수 있는 소자 중 가장 적합한 것은?
① 파워 트랜지스터(Power Transister)
② 트라이액(Triac)
③ 모스 에프이티(MOS-FET)
④ 다이오드(Diode)

> 풀이

TRIAC은 기능상 2개의 SCR를 역병렬 접속한 것과 같은 것으로서, SCR은 한 방향으로만 도통할 수 있는데 반하여 TRIAC은 양방향 도통할 수 있으며, **교류 실효전압을 변화시켜서 부하를 제어할 수 있다.**   【답】②

56 어떤 변압기의 단락시험에서 %저항강하 1.5[%]와 %리액턴스강하 3[%]를 얻었다. 부하 역률이 80[%] 앞선 경우의 전압변동률 [%]은?
① -0.6   ② 0.6
③ -3.0   ④ 3.0

> 풀이

$p = 1.5$[%], $q = 3$[%], $\cos\theta = 0.8$(진상)
앞선 역률이므로
$\epsilon = p\cos\phi - q\sin\phi = 1.5 \times 0.8 - 3 \times 0.6 = -0.6$[%]   【답】①

57 기동시 회전자의 슬롯수 및 권선법이 적당하지 않은 경우 정격속도보다 낮은 속도에서 안정운전이 되는 현상을 무엇이라 하는가?
① 난조   ② 게르게스
③ 크로우링   ④ 자기여자

> 풀이

균일하지 않은 슬롯 부분의 자기 저항 차이 때문에 공극의 퍼미언스가 일정하지 않고 위치에 따라 변하기 때문에 공극내 자속 분포에는 많은 고조파 성분이 있으며 이로 인해 유도전동기에 있어서 **정지상태로부터 동기속도의 수 분의 1인 저속도까지 가속하고, 안정하기는 하지만 그 이상은 가속하지 않는 이상한 운전 상태**가 발생될 수 있으며 이러한 현상을 **크로우링 현상**이라 한다.   【답】③

58 포화하고 있지 않은 직류발전기의 회전수가 1/2로 감소되었을 때 기전력을 속도 변화 전과 같은 값으로 하려면 여자를 어떻게 해야 하는가?
① 1/2로 감소시킨다.
② 1배로 증가시킨다.
③ 2배로 증가시킨다.
④ 4배로 증가시킨다.

> 풀이

$E = k\phi N$에서 N이 $\frac{1}{2}$로 되면, ϕ가 2배가 되어야 E가 일정하다.   【답】③

59 단상 유도전압조정기에서 단락권선의 역할은?
① 철손 경감   ② 절연 보호
③ 전압강하 경감   ④ 전압조정 용이

> 풀이

2차 권선의 누설 리액턴스에 의해 매우 큰 **전압강하가 발생하므로 이를 방지하기 위해** 1차 권선과 직각 방향으로 **단락권선을 감는다.**   【답】③

60 어떤 변압기의 부하역률이 60[%]일 때 전압변동률이 최대라고 한다. 지금 이 변압기의 부하역률이 100[%]일 때 전압변동률을 측정했더니 3[%]였다. 이 변압기의 부하역률이 80[%]일 때 전압변동률은 몇 [%]인가?
① 2.4   ② 3.6
③ 4.8   ④ 5.0

> 풀이

전압변동률 $\epsilon = p\cos\theta + q\sin\theta$이다.
(여기서, p : %저항강하, q : %리액턴스강하)

- 부하 역률 100[%]일 때
  $\epsilon_{100} = p\cos\theta + q\sin\theta = p\times 1 + q\times 0 = p = 3[\%]$
- 최대 전압 변동률 ϵ_{max} 을 부하 역률 $\cos\theta_m$ 일 때라고 하면,
  $\cos\theta_m = \dfrac{p}{\sqrt{p^2+q^2}} = \dfrac{3}{\sqrt{3^2+q^2}} = 0.6 \quad q = 4[\%]$
- 따라서, 부하 역률이 80[%]일 때의 전압변동률은
  $\epsilon_{80} = p\cos\theta + q\sin\theta = 3\times 0.8 + 4\times 0.6 = 4.8[\%]$ 　【답】③

2회　전기기기

41 자기용량 3[kVA], 3000/100[V]의 단권변압기를 승압기로 연결하고 1차측에 3000[V]를 가했을 때 그 부하용량[kVA]은?

① 76　　　　　② 85
③ 93　　　　　④ 94

▶풀이

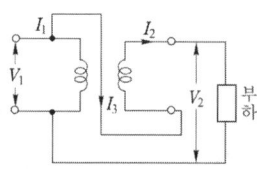

$V_2 = V_1 + \dfrac{100}{3000}V_1 = 3000 + \dfrac{100}{3000}\times 3000 = 3100[V]$

$\dfrac{\text{자기 용량}}{\text{부하 용량}} = \dfrac{V_2 - V_1}{V_2}$ 에서

부하 용량 $= \dfrac{V_2}{V_2 - V_1}\times$자기 용량 $= \dfrac{3100}{3100 - 3000}\times 3$
$= 93[kVA]$ 　【답】③

42 3상 유도전동기의 동기속도는 주파수와 어떤 관계가 있는가?
① 비례한다.
② 반비례한다.
③ 자승에 비례한다.
④ 자승에 반비례한다.

▶풀이
동기속도 $N_s = \dfrac{120f}{p}[\text{rpm}]$에서 $N_s \propto f$
따라서, 동기속도 N_s는 주파수 f에 비례한다. 　【답】①

43 유도전동기의 제동법이 아닌 것은?
① 회생 제동　　② 발전제동
③ 역전 제동　　④ 3상 제동

▶풀이
유도전동기의 제동법
① **회생 제동** : 유도전동기를 유도발전기로 동작시켜 그 발생전력을 전원에 반환하면서 제동하는 방법
② **발전제동** : 전동기를 전원으로부터 분리한 후 1차 측에 직류전원을 공급하여 발전기로 동작시킨 후 발생된 전력을 저항에서 열로 소비시키는 방법
③ **역전 제동** : 회전중인 전동기의 1차 권선 3단자 중 임의의 2단자의 접속을 바꾸면 역방향의 토크가 발생되어 제동하는 방법으로 이 방법은 급속하게 정지시키고자 하는 경우에 사용된다.
④ **단상 제동** : 권선형 유도전동기의 1차 측을 단상교류로 여자하고 2차 측에 적당한 크기의 저항을 넣으면 전동기의 회전과는 역방향의 토크가 발생되므로 제동된다. 　【답】④

44 직류전동기 중 부하가 변하면 속도가 심하게 변하는 전동기는?
① 분권 전동기　　② 직권 전동기
③ 자동 복권 전동기　　④ 가동 복권 전동기

▶풀이
직권 전동기는 전기자 권선과 계자 권선이 직렬로 되어
　$I = I_a = I_f$ [A]
가 된다. 따라서 **부하 전류 I의 증감에 따라서 자속 ϕ도 변화**하게 된다. 직권 전동기에서 R_a 및 R_s 값이 매우 적기 때문에 $I_a(R_a + R_s)$ 값도 적게되어 무시하면 직권 전동기의 속도
$n = K\dfrac{V - I_a(R_a + R_s)}{\phi}$에서 $n = K\dfrac{V}{\phi}$로 되어 $n \propto \dfrac{1}{\phi} \propto \dfrac{1}{I}$
가 된다. 따라서, 직권전동기는 **부하의 변화에 따라 전동기의 속도도 크게 변화**게 된다. 　【답】②

45 직류발전기의 전기자에 대한 설명 중 잘못된 것은?
① 전기자 권선은 대전류인 경우 평각동선을 사용한다.
② 전기자 권선은 소전류인 경우 연동환선을 사용한다.
③ 소형기에는 반폐 슬롯을 사용한다.
④ 중형 및 대형기에는 가지형 슬롯을 사용한다.

풀이
- 반폐 슬롯 : 소형기 및 고속도 기기에 적용
- 개방 슬롯 : 중형기 및 대형기에 적용   【답】④

46 유도전동기의 2차 동손(P_c), 2차 입력(P_2), 슬립(s)일 때의 관계식으로 옳은 것은?
① $P_2 P_c s = 1$ ② $s = P_2 P_c$
③ $s = \dfrac{P_2}{P_c}$ ④ $P_c = s P_2$

풀이
2차 동손 $P_c = I_2^2 r_2 = I_2 r_2 \cdot \dfrac{sE_2}{\sqrt{r_2^2 + (sx_2)^2}}$
$= sE_2 I_2 \dfrac{r_2}{\sqrt{r_2^2 + (sx_2)^2}} = sE_2 I_2 \cos\theta_2 = sP_2$

(2차 전류 $I_2 = \dfrac{sE_2}{\sqrt{r_2^2 + (sx_2)^2}}$,

2차 역률 $\cos\theta_2 = \dfrac{r_2}{\sqrt{r_2^2 + (sx_2)^2}}$) 【답】④

47 변압기 결선방식 중 3상에서 2상으로 변환할 수 없는 것은?
① 스코트 결선   ② 메이어 결선
③ 우드 브리지 결선   ④ 포크 결선

풀이
- 3상에서 2상을 얻는 방법 : 스코트(Scott) 결선, 메이어 결선, 우드 브리지 결선
- 3상에서 6상을 얻는 방법 : 환상결선, 2중 3각 결선, 2중 성형 결선, 대각결선, **포크 결선**   【답】④

48 단상 정류자전동기에 보상권선을 사용하는 이유는?
① 정류개선   ② 기동토크조절
③ 속도제어   ④ 역률개선

풀이
단상 정류자 전동기의 **보상 권선**은 직류 직권 전동기와 달리 전기자 반작용으로 생기는 필요 없는 자속을 상쇄하도록 하여, 무효 전력의 증대에 따르는 **역률의 저하를 방지**한다.   【답】④

49 직류기에 탄소 브러시를 사용하는 주된 이유는?
① 고유저항이 작기 때문에
② 접촉저항이 작기 때문에
③ 접촉저항이 크기 때문에
④ 고유저항이 크기 때문에

풀이
저항 정류 : **접촉저항이 큰 탄소 브러시**를 사용하여 정류 코일의 단락 전류를 억제해서 양호한 정류를 얻는 방법   【답】③

50 그림과 같은 동기발전기의 무부하 포화곡선에서 포화계수는?
① $\overline{OA}/\overline{OG}$
② $\overline{OD}/\overline{DB}$
③ $\overline{BC}/\overline{CD}$
④ $\overline{CD}/\overline{CO}$

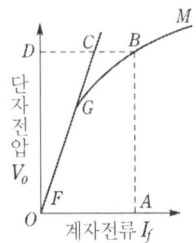

풀이

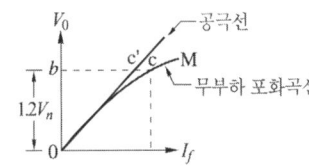

동기 발전기의 포화 정도를 나타내는 데는 포화율(saturation factor)이 사용된다. 동기기의 무부하 포화 곡선상에 정격 전압 V_n의 1.2배가 되는 점 c를 잡고 점 c에서 횡축에 평행선을 그어 종축과 만나는 점을 b라고 한다. 다음에 원점 0에서 무부하 포화 곡선 0M에 접선(공극선)을 긋고, 선 bc와 만나는 점을 c'라고 하면, 포화율 σ는

$$\sigma = \dfrac{\overline{c'c}}{\overline{bc'}}$$ 【답】③

51 전압비가 무부하에서는 33:1, 정격부하에서는 33.6:1인 변압기의 전압변동률[%]은?
① 약 1.5   ② 약 1.8
③ 약 2.0   ④ 약 2.2

풀이
권수비는 무부하시의 전압비와 같으므로
$\dfrac{V_1}{V_{20}} = 33$, $\dfrac{V_1}{V_{2n}} = 33.6$
따라서

$$V_{20} = \frac{V_1}{33}, \quad V_{2n} = \frac{V_1}{33.6}$$

$$\frac{V_{20}}{V_{2n}} = \frac{\frac{V_1}{33}}{\frac{V_1}{33.6}} = \frac{33.6}{33}$$

그러므로, 전압 변동률 ϵ은

$$\therefore \epsilon = \frac{V_{20} - V_{2n}}{V_{2n}} \times 100 = \left(\frac{V_{20}}{V_{2n}} - 1\right) \times 100 = \left(\frac{33.6}{33} - 1\right) \times 100$$
$$= 1.82[\%]$$

【답】②

52 sE_2는 권선형 유도전동기의 2차 유기전압이고 E_c는 외부에서 2차 회로에 가하는 2차 주파수와 같은 주파수의 전압이다. E_c가 sE_2와 반대 위상일 경우 E_c를 크게 하면 속도는 어떻게 되는가?
(단, $sE_2 - E_c$는 일정하다.)

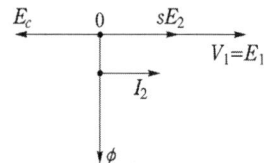

① 속도가 증가한다.
② 속도가 감소한다.
③ 속도에 관계없다.
④ 난조현상이 발생한다.

> 풀이

① E_c를 2차 기전력과(sE_2) 반대 방향으로 인가
$I_2 = \frac{sE_2 - E_c}{r_2}$에서 I_2 및 r_2가 일정하면 $sE_2 - E_c$도 일정하다. 이때 E_c를 증가시키면 sE_2도 증가, 즉, **슬립 s도 증가**하게 되며 반면에 **속도는 감소**하게 된다. 반대로 E_c를 감소시키면 sE_2도 감소 즉, 슬립 s도 감소하게 되며 반면에 속도는 증가하게 된다.

② E_c를 2차 기전력(sE_2)과 같은 방향으로 인가
$I_2 = \frac{sE_2 + E_c}{r_2}$에서 I_2 및 r_2가 일정하면 $sE_2 + E_c$도 일정하고 E_c를 증가시키면 sE_2는 감소, 슬립 s도 감소하게 되며 반면에 속도는 증가하게 된다. 반대로 E_c를 감소시키면 sE_2는 증가 즉, 슬립 s도 증가하게 되며 반면에 속도는 감소하게 된다.

【답】②

53 다음 그림은 변압기 여자 회로에 흐르는 전류의 벡터도이다. C는 어떤 전류인가?

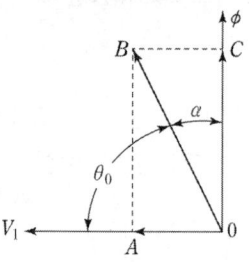

① 1차 전류
② 철손 전류
③ 여자전류
④ 자화 전류

> 풀이

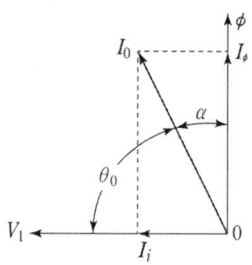

여자전류 $\dot{I}_o = \dot{I}_\phi + \dot{I}_i = \sqrt{I_\phi^2 + I_i^2}$

• $\dot{I}_\phi$ (자화전류) : 자속을 유지하는 전류
• $\dot{I}_i$ (철손전류) : 철손을 공급하는 전류

【답】④

54 3상 교류 발전기의 기전력에 대하여 $\frac{\pi}{2}$[rad] 뒤진 전기자 전류가 흐르면 전기자 반작용은?
① 증자작용을 한다.
② 감자작용을 한다.
③ 횡축 반작용을 한다.
④ 교차 자화작용을 한다.

> 풀이

발전기와 전동기의 전기자 반작용은 서로 반대이다.

분류	동기 발전기	동기 전동기
전압과 동상	교차 자화 작용 (횡축 반작용)	교차 자화 작용 (횡축 반작용)
전압에 대하여 진상전류	증자 작용	감자 작용
전압에 대하여 지상전류	**감자 작용**	증자 작용

【답】②

55 동기점검등의 세 램프가 모두 꺼질 때의 상태로 옳은 것은?

① 위상과 주파수가 일치하지 않음
② 전압의 크기만 맞음
③ 전압, 주파수, 위상이 모두 일치
④ 전압과 위상이 일치하지 않음

풀이
동기점금등
(1) 발전기나 비상전원을 계통에 병입하기 전에 해당 발전기의 출력이 계통 전원과 주파수, 위상이 일치하는지 육안으로 확인하기 위한 장치로 주로 병렬운전 조건 확인과 병입 시점 판단에 사용된다.
(2) 작동
 ① 주파수 차이, 램프 깜박임
 ② 위상 차이, 램프 교대로 깜박임
 ③ 전압 차이가 클수록 램프가 밝아짐
 ④ **전압, 위상, 주파수 일치, 램프 모두 꺼짐**   【답】③

56 유도전동기의 슬립 s의 범위는?

① $1 < s < 0$ ② $0 < s < 1$
③ $-1 < s < 1$ ④ $-1 < s < 0$

풀이
슬립의 범위
• 유도 전동기 : $0 < s < 1$
• 유도 발전기 : $s < 0$
• 제동기 : $s > 1$ 【답】②

57 단상 3권선 변압기가 있다. 1차 전압은 66[kV], 2차 전압은 11[kV], 3차 전압은 6.6[kV]이다. 2차에 10000[kVA], 유도 역률 80[%]의 부하가, 3차에 6000[kVar]의 진상 무효전력이 걸렸을 때 1차의 역률은 약 얼마인가? (단 주어지지 않은 조건은 무시한다.)

① 0.6   ② 0.8
③ 0.9   ④ 1

풀이
• 2차측 유효전력 $P_2 = P_{a2}\cos\theta = 10{,}000 \times 0.8 = 8000[kW]$
 2차측 무효전력(지상) $P_{r2} = P_{a2}\sin\theta = 10{,}000 \times \sqrt{1-0.8^2}$
 $= 6000[kVar]$
• 3차측 무효전력(진상) $P_{r3} = -6000[kVar]$

• 1차측에서 보는 전체 부하는 2차와 3차의 합이므로
$$P_{a1} = \sqrt{P_2^2 + (P_{r2}+P_{r3})^2} = \sqrt{8000^2 + (6000-6000)^2}$$
$$= 8000[kVA]$$
따라서 역률 $\cos\theta = \dfrac{P}{P_{a1}} = \dfrac{8000}{8000} = 1$ 【답】④

58 20[kVA]의 단상변압기가 역률 1일 때 전부하 효율이 97[%]이다. 3/4 부하일 때 이 변압기는 최고 효율을 나타낸다. 전부하에서 철손(P_i)과 동손(P_c)은 각각 몇 [W]인가?

① $P_i = 222$, $P_c = 396$
② $P_i = 232$, $P_c = 386$
③ $P_i = 242$, $P_c = 376$
④ $P_i = 252$, $P_c = 356$

풀이
변압기의 효율은 $P_i = m^2 P_c$ 일때 최대 효율이 되므로
$$P_i = \left(\dfrac{3}{4}\right)^2 P_c \quad 즉, \ P_i = 0.5625 P_c$$
전부하 효율 $\eta = \dfrac{P}{P + P_i + P_c} \times 100[\%]$에서
$$\eta = \dfrac{20000}{20000 + 0.5625P_c + P_c} \times 100 = 97[\%]$$
$$\therefore P_c = \dfrac{\left(\dfrac{20000 \times 100}{97} - 20000\right)}{1.5625} = 395.88[W]$$
$P_i = 0.5625 P_c = 0.5625 \times 395.88 = 222.68[W]$ 【답】①

59 제13차 고조파에 의한 회선자계의 회전방향과 속도를 기본파 회전자계와 비교할 때 옳은 것은?

① 기본파와 반대방향이고, 1/13의 속도
② 기본파와 동일방향이고, 1/13의 속도
③ 기본파와 동일방향이고, 13배의 속도
④ 기본파와 반대방향이고, 13배의 속도

풀이
① 회전 자계 방향
• $h = 2nm + 1$: **기본파와 같은 방향**의 회전 자계 발생
  (즉, 7차, 13차, …)
 여기서, h : 고조파 차수, n : 1, 2, 3, …
• $h = 3n$: 회전자계를 발생하지 않는다.
• $h = 2nm - 1$: 기본파와 반대 방향의 회전자계 발생
② 회전속도 $= \dfrac{1}{고조파\ 차수}$ 【답】②

60 60[Hz]의 전원에서 슬립 5[%]로 운전하고 있는 4극 3상 권선형 유도 전동기의 회전자 1상의 저항은 0.05[Ω]이다. 외부에서 회전자 각 상에 0.05[Ω]의 저항을 삽입하여 운전하면 회전 속도[rpm]는? 단, 부하 토크는 저항 삽입 전, 후에 변동 없이 일정하다.

① 810 ② 870
③ 1620 ④ 1741

풀이

$$\frac{r_2}{s} = \frac{r_2 + R}{s'}, \quad \frac{0.05}{0.05} = \frac{0.05 + 0.05}{s'}$$

$$\therefore s' = 0.1$$

$$N_s = \frac{120f}{p} = \frac{120 \times 60}{4} = 1800 \text{ [rpm]}$$

$$\therefore N = (1-s')N_s = (1-0.1) \times 1800 = 1620 \text{[rpm]} \quad \text{【답】 ③}$$

| 3회 | 전기기기 |

41 A, B 2대의 동기발전기를 병렬운전 중 계통 주파수를 바꾸지 않고 B기의 역률을 좋게 하는 것은?

① A기의 여자전류를 증대
② A기의 원동기 출력을 증대
③ B기의 여자전류를 증대
④ B기의 원동기 출력을 증대

풀이

· 유기 기전력이 높은 발전기(여자 전류가 높은 경우) : 90° 지상 전류가 흘러 역률이 저하
· 유기 기전력이 낮은 발전기(여자 전류가 낮은 경우) : 90° 진상전류가 흘러 역률이 상승   【답】 ①

42 2단자 쌍방향 스위칭 소자로서, 임계전압 이상에서 양방향 모두 도통하는 특성을 가지며 TRIAC 점호용으로 사용되는 것은?

① SCR   ② DIAC
③ TRIAC   ④ 제너 다이오드

풀이

각 종 반도체 소자의 비교
① 방향성
 · 양방향성(쌍방향성) 소자 : DIAC, TRIAC, SSS

 · 역저지(단방향성) 소자 : SCR, LASCR, GTO, SCS
② 극(단자) 수
 · 2극(단자) 소자 : DIAC, SSS, Diode
 · 3극(단자) 소자 : SCR, LASCR, GTO, TRIAC
 · 4극(단자) 소자 : SCS   【답】 ②

43 유도전동기 원선도에서 원의 지름은? (단, E를 1차 전압, r는 1차로 환산한 저항, x를 1차로 환산한 누설 리액턴스라 한다.)

① rE에 비례   ② rxE에 비례
③ $\dfrac{E}{r}$에 비례   ④ $\dfrac{E}{x}$에 비례

풀이

유도 전동기는 일정값의 리액턴스와 부하에 의하여 변하는 저항(r_2'/s)의 직렬 회로라고 생각되므로 부하에 의하여 변화하는 전류 벡터의 궤적, 즉 **원선도**의 지름은 전압에 비례하고 리액턴스에 반비례한다.   【답】 ④

44 변압기 온도시험을 하는데 가장 좋은 방법은?

① 반환 부하법   ② 실 부하법
③ 단락 시험법   ④ 내전압 시험법

풀이

변압기의 온도 상승 시험중 실부하법은 전력 손실이 크기 때문에 소용량 이외에는 별로 적용되지 않는다. **반환 부하법**은 동일 정격의 변압기가 2대 이상 있을 경우에 채용되며, 전력 소비가 적고 철손과 동손을 따로 공급하는 것으로 **현재 가장 많이 사용**하고 있다.   【답】 ①

45 3상 직권 정류자 전동기의 중간 변압기는 고정자 권선과 회전자 권선 사이에 직렬로 접속되는데 이 중간 변압기를 사용하는 중요한 이유는?

① 경부하시 속도의 급상승 방지를 위하여
② 주파수 변동으로 속도를 조정하기 위하여
③ 회전자 상수를 감소하기 위하여
④ 역회전을 방지하기 위하여

풀이

3상 직권 정류자 전동기의 **중간 변압기**는 고정자 권선과 회전자 권선 사이에 직렬로 접속되며 이 중간 변압기를 사용하는 주요한 이유는 다음과 같다.

① 전원 전압의 크기에 관계없이 정류에 알맞은 회전자 전압을 선택할 수 있다.
② 중간 변압기의 권수비를 바꾸어 전동기의 특성을 조정할 수 있다.
③ 직권 특성이기 때문에 **경부하에서는 속도가 매우 상승하나 중간 변압기를 사용, 그 철심을 포화하도록 하면 그 속도 상승을 제한할 수 있다.** 【답】①

46 유도전동기의 주파수가 60[Hz]이고 전부하에서 회전수가 매분 1164회이면 극수는?
(단, 슬립은 3[%]이다.)
① 4 ② 6
③ 8 ④ 10

■ 풀이
$N = (1-s)N_s$에서
$N_s = \dfrac{N}{1-s} = \dfrac{1164}{1-0.03} = 1200\,[\text{rpm}]$
$\therefore p = \dfrac{120f}{N_s} = \dfrac{120 \times 60}{1200} = 6\,[\text{극}]$
【답】②

47 2대의 변압기로 V결선하여 3상 변압하는 경우 변압기 이용률[%]은?
① 57.8 ② 66.6
③ 86.6 ④ 100

■ 풀이
이용률 $= \dfrac{3\text{상 출력}}{\text{설비용량}} = \dfrac{\sqrt{3}\,VI}{2VI} = \dfrac{\sqrt{3}}{2} = 0.866\,(86.6\,[\%])$
【답】③

48 220[V], 60[Hz], 8극, 15[kW]의 3상 유도전동기에서 전부하 회전수가 864[rpm]이면 이 전동기의 2차 동손은 몇 [W]인가?
① 435 ② 537
③ 625 ④ 723

■ 풀이
• 동기속도 $N_s = \dfrac{120f}{p} = \dfrac{120 \times 60}{8} = 900\,[\text{rpm}]$
• 슬립 $s = \dfrac{N_s - N}{N_s} = \dfrac{900 - 864}{900} = 0.04$
• 2차 동손 $P_{c2} = sP_2 = s \times \dfrac{P_0}{1-s} = 0.04 \times \dfrac{15000}{1-0.04} = 625\,[\text{W}]$
【답】③

49 3상 동기발전기에서 그림과 같이 1상의 권선을 서로 똑같은 2조로 나누어서 그 1조의 권선전압을 E [V], 각 권선의 전류를 I [A]라 하고 2중 Y형(double star)으로 결선한 경우 선간전압 [V], 선전류 [A], 피상전력 [VA]은?
① $3E$, I, $5.19EI$
② $\sqrt{3}\,E$, $2I$, $6EI$
③ E, $2\sqrt{3}\,I$, $6EI$
④ $\sqrt{3}\,E$, $\sqrt{3}\,I$, $5.19EI$

■ 풀이
• Y결선의 선간전압 $V_l = \sqrt{3}\,E$
• 2개의 코일이 병렬로 되어 있으므로 전체 선전류 $I_l = 2I$
• 피상전력 $P_a = \sqrt{3}\,V_l I_l = \sqrt{3} \times \sqrt{3}\,E \times 2I = 6EI$
【답】②

50 IGBT(Insulated Gate Bipolar Transistor)에 대한 설명으로 틀린 것은?
① MOSFET와 같이 전압제어 소자이다.
② GTO 사이리스터와 같이 역방향 전압저지 특성을 갖는다.
③ 게이트와 에미터 사이의 입력 임피던스가 매우 낮아 BJT보다 구동하기 쉽다.
④ BJT처럼 on-drop이 전류에 관계없이 낮고 거의 일정하며, MOSFET보다 훨씬 큰 전류를 흘릴 수 있다.

■ 풀이
IGBT (Insulated Gate Bipolar Transistor)
IGBT는 MOSFET과 트랜지스터의 장점을 취한 것으로서
① 소스에 대한 게이트의 전압으로 도통과 차단을 제어한다.
② 게이트 구동전력이 매우 낮다.
③ 스위칭 속도는 FET와 트랜지스터의 중간정도로 빠른편에 속한다.
④ 용량은 일반 트랜지스터와 동등한 수준이다.
⑤ MOSFET과 같이 **입력 임피던스가 매우 높아 BJT보다 구동하기 쉽다.**
【답】③

51 유도전동기의 회전력 발생 요소 중 제곱에 비례하는 요소는?
① 슬립 ② 2차 권선저항
③ 2차 임피던스 ④ 2차 기전력

풀이

토크 $T = K_0 \dfrac{sE_2^2 r_2}{r_2^2 + (sx_2)^2}$ 에서 $T \propto E_2^2$ (2차 기전력)

여기서, s : 슬립, r_2 : 2차 권선저항, E_2 : 2차 기전력

【답】 ④

52 단상변압기 2대를 사용하여 3150[V]의 평형 3상에서 210[V]의 평형 2상으로 변환하는 경우에 각 변압기의 1차 전압과 2차 전압은 얼마인가?

① 주좌 변압기 : 1차 3150[V], 2차 210[V]
   T좌 변압기 : 1차 3150[V], 2차 210[V]
② 주좌 변압기 : 1차 3150[V], 2차 210[V]
   T좌 변압기 : 1차 $3150 \times \dfrac{\sqrt{3}}{2}$[V], 2차 210[V]
③ 주좌 변압기 : 1차 $3150 \times \dfrac{\sqrt{3}}{2}$[V], 2차 210[V]
   T좌 변압기 : 1차 $3150 \times \dfrac{\sqrt{3}}{2}$[V], 2차 210[V]
④ 주좌 변압기 : 1차 $3150 \times \dfrac{\sqrt{3}}{2}$[V], 2차 210[V]
   T좌 변압기 : 1차 3150[V], 2차 210[V]

풀이

스코트 결선
① 결선

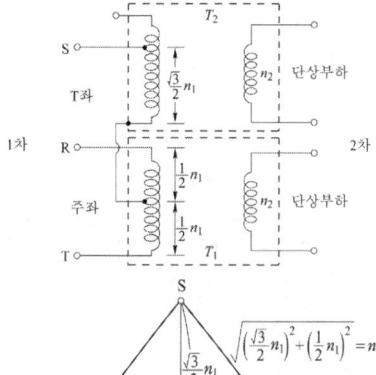

② 결선 방법

주좌변압기 T_1의 1차 권선의 $\dfrac{1}{2}$되는 점. 즉, $\dfrac{1}{2}n_1$에서 탭을 인출하여 T좌 변압기 T_2의 한 단자에 접속하고 T좌 변압기의 $\dfrac{\sqrt{3}}{2}$되는 점. 즉, $\dfrac{\sqrt{3}}{2}n_1$에서 탭을 인출하여 전원 전압을 공급

③ 주좌 변압기 : 1차 3150[V], 2차 210[V]
   T좌 변압기 : 1차 $3150 \times \dfrac{\sqrt{3}}{2}$[V], 2차 210[V] 【답】②

53 전류가 불연속인 경우 전원전압 220[V]인 단상 전파정류 회로에서 점호각 $\alpha = 90°$일 때의 직류 평균 전압은 약 몇 [V]인가?

① 45　　② 84
③ 90　　④ 99

풀이

$E_{d\alpha} = \dfrac{\sqrt{2}}{\pi} E_s (1 + \cos\alpha)$[V]에서

$E_{d\alpha} = \dfrac{\sqrt{2}}{\pi} \times 220 \times (1 + \cos 90°) = 99.03$[V] 【답】④

54 권수비가 1 : 2인 변압기(이상 변압기로 한다)를 사용하여 교류 100[V]의 입력을 가했을 때 전파 정류하면 출력 전압의 평균값은?

① $400\sqrt{2}/\pi$
② $300\sqrt{2}/\pi$
③ $600\sqrt{2}/\pi$
④ $200\sqrt{2}/\pi$

풀이

$E_{dc} = \dfrac{2\sqrt{2}}{\pi} E = \dfrac{2\sqrt{2}}{\pi} \times 100 \times 2 = \dfrac{400\sqrt{2}}{\pi}$[V] 【답】①

55 8극과 4극 2개의 유도 전동기를 종속법에 의한 직렬 종속법으로 속도제어를 할 때, 전원주파수가 60[Hz]인 경우 무부하 속도[rpm]는?

① 600　　② 900
③ 1200　　④ 1800

풀이

직렬 종속 $N = \dfrac{2f}{p_1 + p_2}$[rps] $= \dfrac{120f}{p_1 + p_2}$[rpm]에서

$N = \dfrac{120 \times 60}{8 + 4} = 600$[rpm] 【답】①

56 다음 중 일반적인 동기전동기 난조 방지에 가장 유효한 방법은?

① 자극수를 적게 한다.
② 회전자의 관성을 크게 한다.
③ 자극면에 제동권선을 설치한다.
④ 동기리액턴스 x_x를 작게 하고 동기화력을 크게 한다.

풀이
회전자의 관성을 크게 하면 난조의 발생 방지에는 유효하나 난조가 일어난 후에는 오히려 그 정지를 저해할 우려가 있다. 동기 화력도 이와 같다. 자극수의 감소도 효과가 있으나 이것은 원동기 조건으로 정해지는 것으로서 이 목적에는 맞지 않는다. 따라서 **난조방지에는 제동권선이 가장 적합**하다. 【답】 ③

57 교류전동기에서 브러시 이동으로 속도변화가 용이한 전동기는?

① 동기전동기
② 시라게 전동기
③ 3상 농형 유도전동기
④ 2중 농형 유도전동기

풀이
속도를 변화시킬 수 있는 교류 전동기로서 널리 사용되고 있는 것은 **시라게 전동기**이며 그 구조는 직류전동기와 유사 하지만 브러시가 2조가 있어 각 조의 **브러시를 반대 방향으로 이동하면 속도를 조정**할 수 있다. 【답】 ②

58 3000[V], 1500[kVA], 동기 임피던스 3[Ω]인 동일 정격의 두 동기발전기를 병렬 운전하던 중 한 쪽 계자 전류가 증가해서 각 상 유도 기전력 사이에 300[V]의 전압차가 발생했다면 두 발전기 사이에 흐르는 무효횡류는 몇 [A]인가?

① 20
② 30
③ 40
④ 50

풀이
기전력의 크기가 같지 않은 경우 흐르는 무효횡류
$I_c = \dfrac{E_1 - E_2}{2Z_s} = \dfrac{E_r}{2Z_s}$ [A]에서
무효횡류 $I_c = \dfrac{300}{2 \times 3} = 50$ [A] 【답】 ④

59 200[kW], 200[V]의 직류 분권발전기가 있다. 전기자 권선의 저항이 0.025[Ω]일 때 전압변동률은 몇 [%]인가?

① 6.0
② 12.5
③ 20.5
④ 25.0

풀이
무부하 단자전압 V_0는
$V_0 = V_n + R_a I_a = 200 + 0.025 \times \dfrac{200 \times 10^3}{200} = 225$ [V]
그러므로, 전압변동률 ϵ[%]
$\therefore \epsilon = \dfrac{V_0 - V_n}{V_n} \times 100 = \dfrac{225 - 200}{200} \times 100 = 12.5$[%] 【답】 ②

60 인버터에 대한 설명으로 옳은 것은?

① 직류를 교류로 변환
② 교류를 교류로 변환
③ 직류를 직류로 변환
④ 교류를 직류로 변환

풀이
• 초퍼 : DC → DC로 변환
• 컨버터 : AC → DC로 변환
• 인버터 : DC → AC로 변환 【답】 ①

MEMO

E90-4 전기공사산업기사 필기

제 4 과목
회로이론

01. 전기이론의 기초
02. 전기회로의 일반 해석
03. 교류 회로
04. 교류 전력과 에너지
05. 유도결합회로
06. 3상 교류
07. 비정현파 교류
08. 2단자 회로망
09. 4단자 회로망
10. 공진회로
11. 분포정수회로
12. 직류 회로의 과도현상
13. 라플라스 변환
14. 전달함수

01. 전기이론의 기초

1.1 용어

1) 전기도체(electic conductor)
전기도체는 자유전자가 많아서 아주 작은 외부 전압으로도 **전류의 흐름이 용이한 물질**을 말한다.

2) 반도체(semiconductor)
반도체는 Ge, Si, Se 등과 같은 물질로써 전기도체에 비해 비교적 **자유전자수가 적으므로 전류를 흘리는 능력이 떨어지는 물체**를 말한다.

3) 부도체(insulator)
부도체는 자유전자의 수가 매우 적어 거의 **전류가 흐르지 않은 물질로써 일명 절연체**(Insulator)라고도 하며 주로 고무, 플라스틱, 유리 등의 재료로써 전기절연을 목적으로 사용된다.

4) 전하량(전기량) : Q [C]
전하량 : 전하가 갖는 **전기의 총량**
전자가 갖는 총 전하량 Q = 전자의 개수 × -1.602×10^{-19} [C]

5) 전류(Current) : I [A]
① 전류 : 단위 시간 동안에 도체 회로의 **한 단면을 통과하는 전하량**
② 도체의 어느 단면을 Q[C]의 전하가 t초 동안에 이동되었다면 전류 I는 다음 식으로 나타낸다.

$$I = \frac{Q}{t} \text{ [A]} \text{ 또는 } Q = I \cdot t \text{ [C]}$$

③ 이동하는 전하량이 시간에 따라 변화한다면 전류도 시간에 따라 변화하므로 dt [s]시간 동안에 전하량이 dq[C]만큼 변화되었다면 전류 $i(t)$는

$$i(t) = \frac{dq}{dt} \text{ [A]} \text{ 또는 } q = \int_0^t i \, dt \text{ [C]}$$

예제 01 어떤 도체의 단면을 2분 동안에 720[C]의 전기량이 통과하였다면 전류의 크기는 얼마인가?

| 풀이 | $I = \dfrac{Q}{t} = \dfrac{720}{2 \times 60} = 6 [A]$

예제 02 $i = 2t^2 + 8t$ [A]로 표시되는 전류가 도선에 3[s] 동안 흘렀을 때 통과한 전 전기량은 몇 [C]인가?

| 풀이 | $Q = \int_0^t i\,dt = \int_0^3 (2t^2 + 8t)dt = \left[\dfrac{2}{3}t^3 + 4t^2\right]_0^3 = 54[C]$

6) 전압(voltage) : V[V]

① 전압 : **두 점간의 에너지 차**

② $V = \dfrac{W[J]}{Q[C]}$ [V] 또는 $W = QV$ [J]

즉, 1[C]의 전하를 한 곳에서 다른 곳으로 이동시키는데 1[J]의 에너지가 소모되었다면 두 점간의 전압(전위차)는 1[V]가 된다.

예제 03 어느 두 점 사이를 20[C]의 전하량이 이동하여 720[J]의 일을 하였다면 두 점 사이의 전위차는 몇 [V]인가?

| 풀이 | $V = \dfrac{W}{Q} = \dfrac{720}{20} = 36$ [V]

7) 전력

① 전력 : **일을 하기 위해 사용된 에너지**를 전기적으로 표현한 것으로서 단위시간 동안에 사용된 전기에너지의 양으로 정의한다.

② 도선에 흐르는 전류가 $t(s)$ 동안에 W[J]의 일을 행하였다면 전력 P[W]는 다음 식으로 표현된다.

$$P = \dfrac{W}{t} = \dfrac{QV}{t} = V\dfrac{Q}{t} = VI = I^2R = \dfrac{V^2}{R} [W]$$

③ 1[W] = 1[J/sec], 1[J] = 1[N·m], 1[kg·m] = 9.8[N·m]

8) 전력량

① 전력량 : 전력을 일정시간 사용하였을 때의 **총 사용 에너지**(energy)

$$W = Pt \ [J]$$

② $1[\text{kWh}] = 1,000[\text{Wh}] = 1,000 \times 3,600[\text{W·sec}]$
$\quad\quad = 3.6 \times 10^6 [\text{J/sec·sec}] = 3.6 \times 10^6 [\text{J}]$

예제 04 220[V]의 전압에서 3[A]의 전류가 흐르는 전열기를 10시간 사용 하였다면 사용한 총 전력량은 몇 [kWh]인가?

| 풀이 | $W = Pt = VIt = 220 \times 3 \times 10 = 6600$ [Wh] = 6.6[kWh]

1.2 법칙

1) 옴의 법칙(Ohm's Law)

전류는 전압에 비례하고 저항에 반비례 한다 는 것이 옴의 법칙으로서, 전압(V), 전류(I), 저항(R)의 관계는 다음 식으로 된다.

$$\text{전압 } V = RI [\text{V}] \quad \text{전류 } I = \frac{V}{R} [\text{A}] \quad \text{저항 } R = \frac{V}{I} [\Omega]$$

예제 05 50[Ω]의 저항에 220[V]의 전압이 인가되었다면 저항에 흐르는 전류는 몇 [A]인가?

| 풀이 | $I = \dfrac{V}{R} = \dfrac{220}{50} = 4.4 [\text{A}]$

예제 06 두 전원 E_1과 E_2를 그림과 같이 접속했을 때 흐르는 전류 $I[\text{A}]$는?

$$\begin{array}{c} 3[\Omega] \quad I \\ E_1 = 50[\text{V}] \quad E_2 = 70[\text{V}] \\ 2[\Omega] \end{array}$$

| 풀이 | $I = \dfrac{E}{R} = \dfrac{E_1 - E_2}{R} = \dfrac{50 - 70}{2 + 3} = -4[\text{A}]$

2) 키르히호프의 법칙

(1) 키르히호프의 전류법칙(Kirchhoff's Current Law : KCL : 제1법칙)

한 절점(접속점)에서의 **유입 전류와 유출 전류의 대수적인 합은 같다.**

① a점에서 : $I_1 + I_2 = I_3$
② b점에서 : $I_3 + I_5 = I_4$

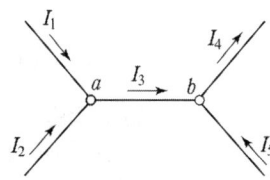

예제 07 다음에서 전류 i_5는?

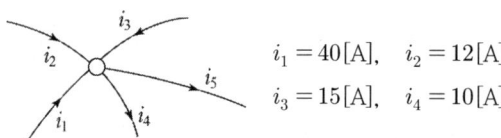

$i_1 = 40[\text{A}], \quad i_2 = 12[\text{A}]$
$i_3 = 15[\text{A}], \quad i_4 = 10[\text{A}]$

| 풀이 | 키르히호프의 1법칙
$i_1 + i_2 + i_3 - i_4 - i_5 = 0$
∴ $i_5 = i_1 + i_2 + i_3 - i_4 = 40 + 12 + 15 - 10 = 57[\text{A}]$

(2) 키르히호프의 전압법칙(Kirchhoff's Voltage Law : KVL : 제2법칙)

회로망 내의 임의의 폐회로(경로)에 있어서 **전원전압**(E_i)**의 합은 전압강하의 합**(V_i)**과 같다.**

$$E_1 + E_2 + E_3 + \cdots = V_1 + V_2 + V_3 + \cdots$$

즉, $\sum E_i = \sum V_i$

3) 주울의 법칙(Joule's Law)

(1) 주울의 법칙

저항 R인 도체에 전류 I가 $t(s)$동안 흘렀을 때 발생되는 에너지 H [J]

① $H = I^2 Rt = Pt$ [J]

② $H = 0.24 I^2 Rt = 0.24 Pt$ [cal]

③ $H = Cm(\theta_2 - \theta_1)$ [cal]

(2) 열량과 일량의 관계

① 1 [J] = 0.239 [cal] ≒ 0.24 [cal]

② 1 [cal] = 4.186 [J] ≒ 4.2 [J]

(3) [kWh]의 전력량을 [cal]로 환산

① 1 [kWh] = 860 [kcal]

② 1 [kcal] = 4.186 [kJ]

예제 08 15[Ω]의 저항에 6[A]의 전류가 10분 동안 흘렀다면 저항 R에서 발생한 에너지는 몇 [J]인가?

| 풀이 | $H = I^2 Rt = 6^2 \times 15 \times 10 \times 60 = 324,000$[J]

4) 파라데이 법칙(Faraday' Law)

전기분해작용으로 인해 전극에 **석출되는 물질의 양**은 전해액을 통과하는 **전기량** Q에 **비례**하고, 전기량이 같으면 그 물질의 **화학당량에 비례**한다.

즉, 전해액에 전류 I[A]가 t[s] 동안 흐른 경우, 석출되는 물질의 양 w[g]은

$$w = kQ = kIt \text{ [g]}$$

여기서, k : 전기화학당량

예제 09 유산동 용액에 동판전극을 사용하여 5[A]의 전류를 2시간 동안 흘리면 몇 [g]의 동이 석출되는가? 단, 동의 전기 화학당량은 1.185[g/Ah]이다.

| 풀이 | $w = kIt = 1.185 \times 5 \times 2 = 11.85$[g]

1.3 회로소자

① 수동소자(passive element) : 외부로부터 **전압이나 전류를 공급받아 기능을 수행하는 소자**로써 저항 R, 인덕터 L, 커패시터 C 등이 있다.
② 능동소자(active element) : **회로에 전기에너지를 공급할 목적**으로 사용되는 것으로 배터리, 전원장치, 발전기 등을 말한다.

1) 저항기(resistor)

(1) 저항(resistance)
전압강하에 의해 전류의 흐름을 감소시키는 회로소자를 저항이라 한다.

$$R = \rho \frac{l}{A} [\Omega]$$

여기서, R : 저항, A : 단면적, l : 길이, ρ : 저항률

예제 10 고유저항 108 [$\mu\Omega \cdot$ cm]인 직경 0.5 [mm]의 니크롬선을 사용하여 20 [Ω]의 저항을 만들려면 길이를 몇 [m]로 하면 되겠는가?

|풀이| $R = \rho \dfrac{l}{A}$ 로부터

$l = \dfrac{RA}{\rho} = \dfrac{20 \times 3.14 \times 0.025^2}{108 \times 10^{-6}} = \dfrac{39250}{108} = 363.4 [cm] = 3.634 [m]$

(2) 컨덕턴스(conductance)
컨덕턴스는 **저항 R의 역수**로써 전류가 얼마나 잘 통하는가에 대한 전기전도성의 척도로 사용된다.

$$G = \frac{1}{R} = \sigma \frac{A}{l}$$

여기서, $\sigma (= 1/\rho)$: 도전율 (conductivity) [℧/cm]
컨덕턴스의 단위로는 모오(mho : [℧]) 또는 지멘스(siemens : [S])가 사용된다.
- 컨덕턴스의 직렬접속 : 저항의 병렬접속과 동일
- 컨덕턴스의 병렬접속 : 저항의 직렬접속과 동일

예제 11 그림과 같은 회로의 합성 컨덕턴스 G_{eg} [m℧]는?

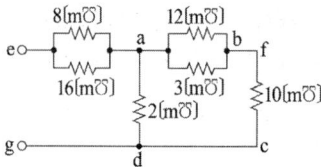

| 풀이 |
$$G_{ac} = \frac{(12+3) \times 10}{(12+3)+10} = 6 [\text{m}\mho]$$
$$G_{ad} = G_{ac} + 2 = 6 + 2 = 8 [\text{m}\mho]$$
$$G_{eg} = \frac{(8+16) \times G_{ad}}{(8+16) + G_{ad}} = \frac{(8+16) \times 8}{(8+16)+8} = 6 [\text{m}\mho]$$

(3) 저항온도계수(Temperature coefficient of resistance)

온도 $T_1[\text{℃}]$에서의 도체의 저항을 R_1, $T_2[\text{℃}]$에서의 저항을 R_2라 하면 다음 식이 성립한다.

$$R_2 = R_1\{1 + \alpha_1(T_2 - T_1)\} [\Omega]$$

여기서, α_1 : $T_1[\text{℃}]$일 때의 저항온도계수

① **금속 도체** : $\alpha > 0$ 로써 온도의 증가에 따라 저항이 함께 증가하는 **정(+) 온도특성**

② **반도체나 부도체** : $\alpha < 0$ 로써 온도에 따라 저항이 감소하는 **부(-) 온도특성**

(4) 저항의 접속

① 직렬접속

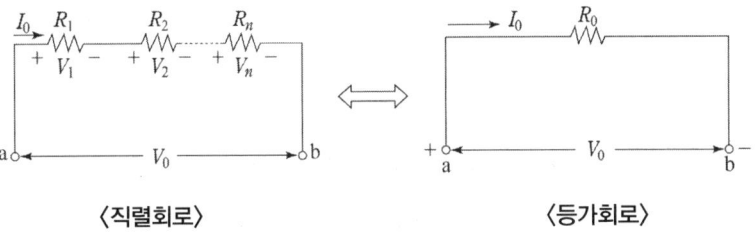

〈직렬회로〉   〈등가회로〉

• **합성 저항** $R_0 = R_1 + R_2 + R_3 + \cdots + R_n$ 과 같이 **각 저항의 대수합**으로 된다.

예제 12 그림과 같은 직렬회로에서 전류 I와 전압강하 V_1, V_2, V_3를 구하시오.

| 풀이 |
합성저항 $R_0 = 2 + 3 + 5 = 10 [\Omega]$
전 전류 $I = \dfrac{E}{R_0} = \dfrac{30}{10} = 3 [\text{A}]$
$V_1 = I \times R_1 = 3 \times 2 = 6 [\text{V}]$
$V_2 = I \times R_2 = 3 \times 3 = 9 [\text{V}]$
$V_3 = I \times R_3 = 3 \times 5 = 15 [\text{V}]$

② 병렬접속

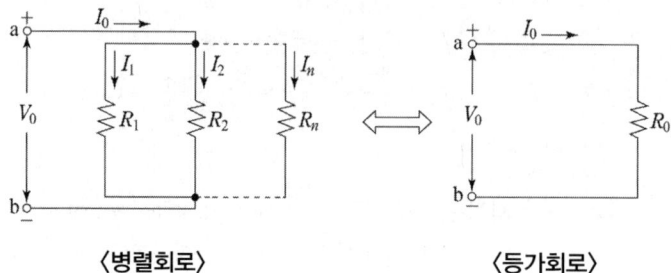

〈병렬회로〉 〈등가회로〉

- 합성저항 R_0

$$\frac{1}{R_0} = \left(\frac{1}{R_1} + \frac{1}{R_2} + \cdots + \frac{1}{R_n}\right)$$

$$\therefore R_0 = \frac{1}{\frac{1}{R_1} + \frac{1}{R_2} + \cdots + \frac{1}{R_n}}$$

예제 13 $R = 1[\Omega]$의 저항을 그림과 같이 무한히 연결할 때, a, b간의 합성 저항은?

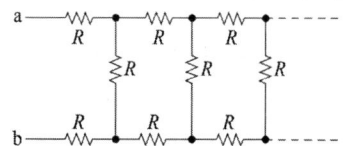

| 풀이 | 저항이 무한히 연결되어 있으므로 a, b 단자에서 본 합성저항 $R_{ab} = R_{cd}$로 해도 무방하다.

따라서, $R_{ab} = 2r + \dfrac{r \cdot R_{cd}}{r + R_{cd}}$ 이며 $R_{ab} = R_{cd}$ 이므로

$rR_{ab} + R_{ab}^{\ 2} = 2r^2 + 2r \cdot R_{ab} + r \cdot R_{ab}$

여기서 $r = 1[\Omega]$를 대입하면

$R_{ab} = 1 + \sqrt{3}$

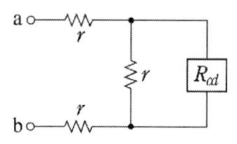

예제 14 3개의 같은 저항 $R[\Omega]$을 그림과 같이 △ 결선하고, 기전력 $V[V]$, 내부 저항 $r[\Omega]$인 전지를 n개 직렬 접속했다. 이때 전지 내를 흐르는 전류가 $I[A]$라면 R는 몇 $[\Omega]$인가?

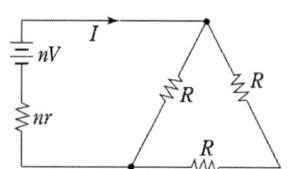

| 풀이 | $nV = I\left(nr + \dfrac{R \cdot 2R}{R + 2R}\right)$

$nV = I\left(nr + \dfrac{2R}{3}\right)$

$n\dfrac{V}{I} = nr + \dfrac{2R}{3}$, $n\left(\dfrac{V}{I} - r\right) = \dfrac{2}{3}R$

$\therefore R = \dfrac{3}{2}n\left(\dfrac{V}{I} - r\right)$

(5) **전압분배법칙** : 각 저항에 걸리는 전압은 **저항에 비례**

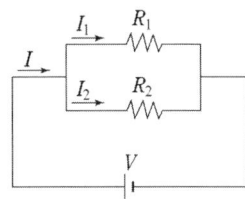

$$V_1 = V \times \frac{R_1}{R_1 + R_2}$$

$$V_2 = V \times \frac{R_2}{R_1 + R_2}$$

(6) **전류분배법칙** : 각 저항에 흐르는 전류는 **저항에 반비례**

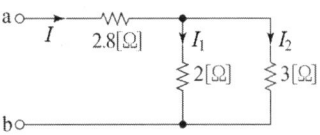

$$I_1 = I \times \frac{R_2}{R_1 + R_2}$$

$$I_2 = I \times \frac{R_1}{R_1 + R_2}$$

예제 15 그림에서 a, b단자에 200[V]를 가할 때 저항 2[Ω]에 흐르는 전류 I_1[A]는?

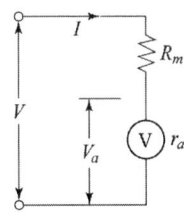

| 풀이 | 회로의 합성 저항 R은

$$R = 2.8 + \frac{2 \times 3}{2 + 3} = 4 \ [\Omega]$$

$$\therefore I = \frac{200}{4} = 50 \ [A]$$

다음 전류 분배 법칙에 따라

$$I_1 = \frac{R_2}{R_1 + R_2} \times I = \frac{3}{2 + 3} \times 50 = 30 \ [A]$$

(7) **배율기** : **전압계의 측정범위를 확대**하기 위하여 내부저항 r_a[Ω]인 전압계에 직렬로 접속하는 저항

$$V_a = Ir_a \ [V], \quad I = \frac{V}{r_a + R_m} \text{이므로}$$

$$V_a = \frac{r_a}{r_a + R_m} \cdot V$$

$$\therefore V = \frac{r_a + R_m}{r_a} \cdot V_a = \left(1 + \frac{R_m}{r_a}\right) V_a$$

배율 $m = \dfrac{V}{V_a} = 1 + \dfrac{R_m}{r_a}$

(8) **분류기** : **전류계의 측정범위를 확대**하기 위하여 내부저항 r_a[Ω]인 전류계에 병렬로 접속하는 저항

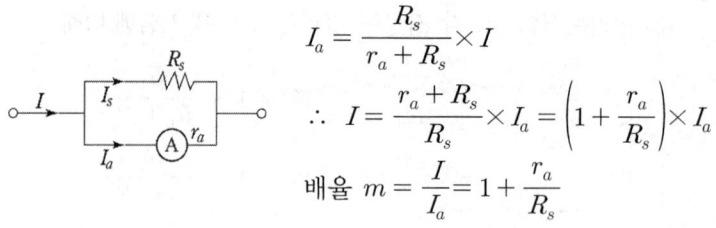

$$I_a = \frac{R_s}{r_a + R_s} \times I$$

$$\therefore I = \frac{r_a + R_s}{R_s} \times I_a = \left(1 + \frac{r_a}{R_s}\right) \times I_a$$

배율 $m = \dfrac{I}{I_a} = 1 + \dfrac{r_a}{R_s}$

2) 인덕터(Inductor)

(1) 인덕턴스(inductance) : L[H]

자속 $\Phi = \dfrac{F}{R} = \dfrac{NI}{\dfrac{l}{\mu A}} = \dfrac{\mu A N I}{l}$

$LI = N\Phi$ 에서

$$L = \frac{N\Phi}{I} = \frac{\mu A N^2}{l} [\text{H}]$$

여기서, N : 코일의 권수, μ : 코일의 투자율
       A : 코일의 단면적, l : 코일의 길이

(2) 유도전압

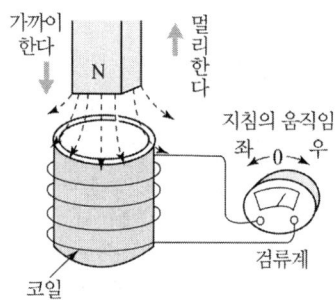

〈파라데이 법칙의 실험〉

① **파라데이 법칙** : 코일을 통과하는 자속 ϕ를 시간적으로 변화시키면 **코일 양 단에 전압이 발생**한다는 법칙
② **렌츠의 법칙**(Lenz's Law) : 렌츠의 법칙은 파라데이 법칙에 의해 코일에 생기는 **유도기전력의 방향을 결정**하는 법칙
③ **유도기전력(유도전압)** : 이때 발생하는 전압은 코일 자체의 유도현상으로 생겨난 것이므로 유도기전력 또는 유도전압이라 하며

$$e = N\frac{d\phi}{dt} = L\frac{di}{dt} \ [\text{V}]$$

로 표현된다.

예제 16 자기 인덕턴스 5[mH]인 코일에 흐르는 전류가 0.1초 사이에 10[A]에서 60[A]로 변화하였다면 코일에 유도되는 기전력은 몇 [V]인가?

| 풀이 | $e = L\dfrac{di}{dt} = 5 \times 10^{-3} \times \dfrac{60-10}{0.1} = 2.5$ [V]

④ **역기전력** : 유도전압은 코일에 흐르는 전류가 증가하거나 감소되는 경우 등의 **전류 변화에 대해 역방향**으로 나타나므로 이를 역기전력이라 하며

$$e = -L\frac{di}{dt}$$

로 표현한다.

(3) 인덕터의 특징 및 에너지 저장

① 인덕터에 **직류전류**가 흐르면 $\dfrac{di}{dt} = 0$가 되므로 **유도전압이 생성되지 않는다.**

② **직류(D.C)**에 대해서 인덕터는 회로적으로 단락(short)되어 **도체적 역할**만 할 뿐이며 **전압강하는 생기지 않는다.**

③ 직류에 의해서도 자기장은 형성되므로 직류전류 I에 의한 자기에너지 W_L[J]가 인덕터에 저장된다.

$$W_L = \frac{1}{2}LI^2 \text{ [J]}$$

예제 17 인덕턴스 $L = 20$[mH]인 코일에 실효값 $V = 50$[V], 주파수 $f = 60$[Hz]인 정현파 전압을 인가했을 때 코일에 축적되는 평균 자기 에너지 W_L[J]은?

| 풀이 | $W_L = \dfrac{LI^2}{2} = \dfrac{L}{2}\left(\dfrac{V}{2\pi fL}\right)^2 = \dfrac{V^2}{8\pi^2 f^2 L} = \dfrac{50^2}{8\pi^2 \times 60^2 \times 20 \times 10^{-3}} = 0.44$[J]

(4) 인덕터의 접속
  ① 직렬접속

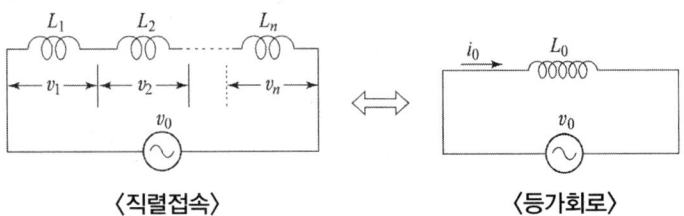

〈직렬접속〉   〈등가회로〉

• 합성 인덕턴스 L_0

$$L_0 = L_1 + L_2 + \cdots + L_n$$

로 되어 직렬합성저항을 구하는 방법과 같다.

② 병렬접속

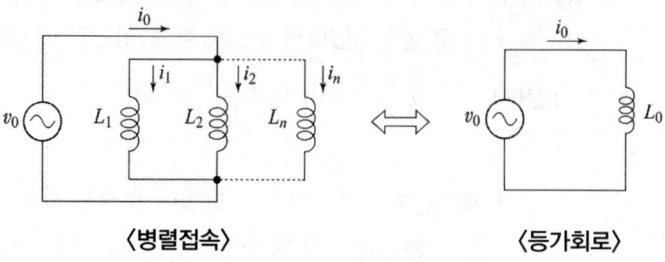

⟨병렬접속⟩   ⟨등가회로⟩

- 병렬회로의 합성 인덕턴스 L_0

$$\frac{1}{L_0} = \frac{1}{L_1} + \frac{1}{L_2} + \cdots + \frac{1}{L_n}$$

$$\therefore L_0 = \frac{1}{\frac{1}{L_1} + \frac{1}{L_2} + \cdots + \frac{1}{L_n}}$$

로 되어 병렬합성저항을 구하는 방법과 같다.

3) 커패시터(Capacitor)

(1) 커패시턴스(Capacitance)

커패시턴스는 전하가 갖는 **정전에너지를 저장**할 수 있는 능력을 가진 전기소자를 말하며 일명 콘덴서(condenser)라고도 한다.

$$C = \frac{\epsilon_0 \epsilon_s S}{d} \, [\text{F}]$$

여기서, ϵ_0 : 진공의 유전율($\epsilon_0 = 8.855 \times 10^{-12} [\text{F/m}]$)
ϵ_s : 절연물의 비유전율, S : 전극 면적 [m²], d : 전극간 거리[m]

(2) 커패시터의 전압과 전하량

정전용량 $C[\text{F}]$를 갖는 커패시터에 $Q[\text{C}]$의 전하량이 축적되었다면

① 커패시터 양단 전압 : $V = \dfrac{Q}{C}$ [V]

② 커패시터에 축적되는 전하량 : $Q = CV[\text{C}]$

③ 커패시터에 충전 완료시
$V = E$로 되므로 V대신에 E를 사용하여 $Q = CE[\text{C}]$의 관계도 성립한다.

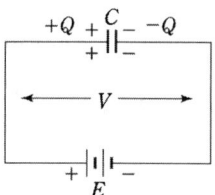

예제 18 정전용량 $2[\mu\text{F}]$의 커패시터에 $10^{-5}[\text{C}]$의 전하가 충전되었다면 커패시터 양단에는 몇 [V]의 전압이 생기겠는가?

| 풀이 | $V = \dfrac{Q}{C} = \dfrac{10^{-5}}{2 \times 10^{-6}} = 5[\text{V}]$

(3) 커패시터의 접속

① 직렬접속

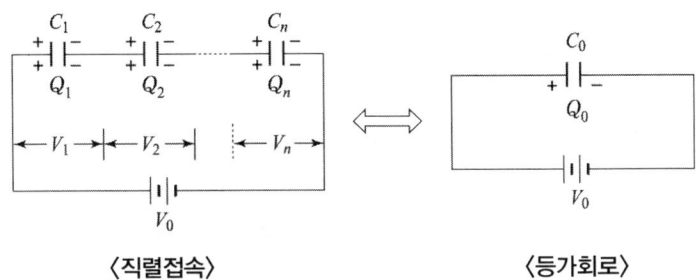

〈직렬접속〉　　　　　〈등가회로〉

- 합성 커패시턴스 C_0

$$\frac{1}{C_0} = \frac{1}{C_1} + \frac{1}{C_2} + \cdots + \frac{1}{C_n}$$

$$\therefore \; C_0 = \frac{1}{\dfrac{1}{C_1} + \dfrac{1}{C_2} + \cdots + \dfrac{1}{C_n}}$$

의 관계가 성립한다. 이 식은 **병렬저항의 합성 값을 구하는 식과 동일**하다.

② 병렬접속

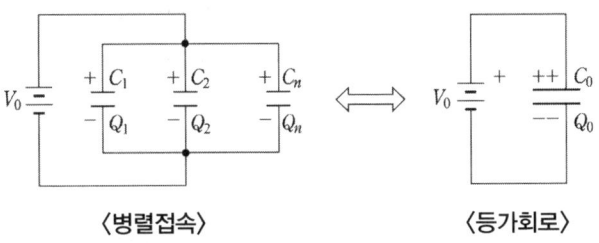

〈병렬접속〉　　　　　〈등가회로〉

- 합성정전용량 C_0

  $Q_0 = C_0 V_0$ 의 관계로부터 합성정전용량 C_0 는

  $$C_0 = C_1 + C_2 + \cdots + C_n$$

의 관계가 성립된다. 이 식은 **직렬저항의 합성값**을 구하는 식과 동일하다.

예제 19 다음 그림의 병렬회로에서 정전용량이 각각 $C_1 = 100\,[\mu F]$, $C_2 = 30[\mu F]$일 때 커패시터에 충전되는 전하량 Q_1, Q_2를 구하시오.

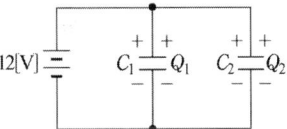

| 풀이 | $Q_1 = C_1 V = 100 \times 10^{-6} \times 12 = 1.2 \times 10^{-3}\,[C]$

$Q_2 = C_2 V = 30 \times 10^{-6} \times 12 = 3.6 \times 10^{-4}\,[C]$

(4) 분압법칙 : 정전용량에 반비례

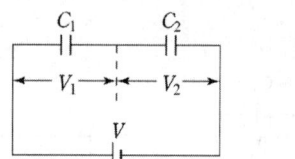

$$V_1 = V \times \frac{C_2}{C_1 + C_2}$$

$$V_2 = V \times \frac{C_1}{C_1 + C_2}$$

(5) 커패시터의 특징 및 에너지 저장

교류회로에서의 전압 v와 전하 q의 관계는 직류 회로와 마찬가지로 $q = Cv$로 된다.

① 교류전압 v를 인가하는 경우 흐르는 전류 i

$$i = \frac{dq}{dt} = C\frac{dv}{dt}$$

② 교류전류 i가 흐르는 경우 커패시터 양단에서의 전압강하 v

$$v = \frac{1}{C}\int i\,dt$$

③ 전압의 시간적 변화가 없는 $dv/dt = 0$인 **직류전압을 커패시터에 인가**한 경우 **$i = 0$가 되어 커패시터는 개방상태**로 된다.

④ 커패시터의 에너지 저장

커패시터는 공급받은 에너지를 소비하지 않고 도체 표면 사이의 전계 형태로 정전에너지를 저장한다.

이때 커패시터에 저장되는 정전에너지는 다음 식으로 나타낸다.

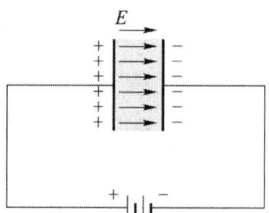

$$W_C = \frac{1}{2}CV^2 = \frac{Q^2}{2C}\,[\text{J}]$$

여기서, C : 커패시터의 정전용량 [F]
V : 두 전극 사이의 전압 [V]

예제 20 정전용량이 15 [μF]인 커패시터에 $v(t) = 3e^{-5t}$ [V]의 전압이 인가되었다면 커패시터에 흐르는 전류 $i(t)$는 얼마인가?

| 풀이 | $i = C\dfrac{dv}{dt}$ 에서

$i = 15 \times 10^{-6} \times \dfrac{d}{dt}(3e^{-5t}) = 15 \times 10^{-6} \times (-15)e^{-5t} = -2.25 \times 10^{-4}\,e^{-5t}$ [A]

예제 21 어떤 콘덴서를 300 [V]로 충전하는데 9 [J]의 에너지가 필요하였다. 이 콘덴서의 정전용량은 몇 [μF]인가?

| 풀이 | $W = \frac{1}{2}CV^2$ [J]에서 $C = \frac{2W}{V^2} = \frac{2 \times 9}{300^2} = 200[\mu F]$

02. 전기회로의 일반 해석

2.1 전압원과 전류원

1) 전압원(voltage source)

(1) 정전압원

부하에 흐르는 전류 크기와 관계없이 항상 전압원의 기전력과 같은 전압을 부하에 일정하게 공급하는 기능을 가진 전원으로서 **이상적인 전압원은 내부 저항이(r) 적을수록 좋다.** ⇒ r 이 적을수록 내부전압강하 $r \times i$가 적어진다.

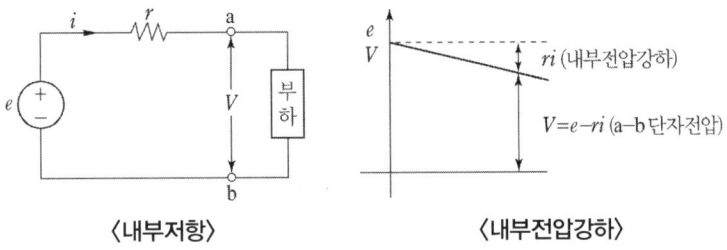

〈내부저항〉　　　　　〈내부전압강하〉

(2) 직렬접속

합성전압은 **전원의 극성이 같은 방향으로 접속되어있는 전압은 합하고 반대 극성으로 되어 있는 전압은 감한다.**

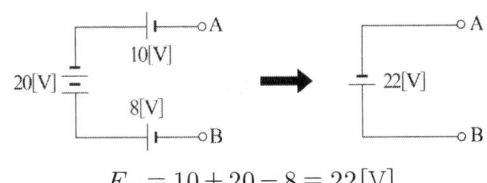

$$E_T = 10 + 20 - 8 = 22[V]$$

만약 전원의 극성이 다르게 연결되어 있으면 **합성전압의 극성은 전압이 큰 극성에 따른다.**

(3) 병렬접속

① **병렬 조건 : 전압의 크기가 동일**하여야 한다.

따라서, **병렬접속 시 전압의 크기는 변함없고 전류용량만 증가**된다.

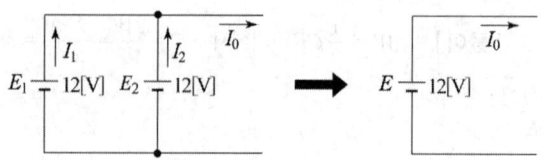

② 전압의 크기가 다른 전압 원을 병렬접속 시

전압원 사이에 전위차가 발생하여 순환전류가 흐르게 된다. 따라서, 전압원 내부저항에 흐르는 순환전류에 의해 기전력이 자체적으로 소모되어 버려 전압원의 기능을 상실하게 된다

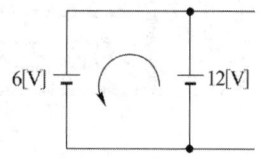

2) 전류원(Current source)

(1) 정전류원

정전류원은 부하의 변동에 관계없이 항상 일정한 전류를 공급하는 전원장치로서 부하전압의 변화에 대해서도 항상 일정한 전류가 유지되어야 한다.

따라서, **이상적인 전류원의 내부저항값(r)은 클수록 좋다.** ⇒ r이 클수록 저항 r에 흐르는 전류 i_r이 적어진다.

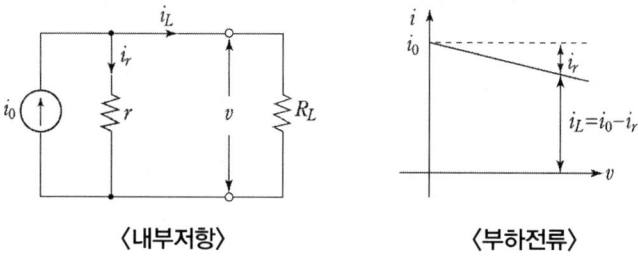

〈내부저항〉　〈부하전류〉

(2) 직렬접속

키르히호프의 전류법칙에 따라 어느 한 점에 유입되는 전류와 유출되는 전류는 같아야 한다. 따라서, **전류가 서로 같은 전류원의 직렬접속은 허용되지만 전류값이 다른 전류원의 직렬접속은 허용되지 않는다.**

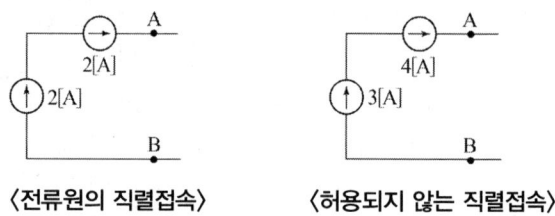

〈전류원의 직렬접속〉　〈허용되지 않는 직렬접속〉

(3) 병렬접속

전류원의 병렬접속에 의한 합성전류는 키르히호프의 전류법칙에 따른다. 즉, **전류의 방향이 같으면 더해주고 방향이 반대면 빼준다.**

$$\therefore I_0 = I_1 - I_2 + I_3$$

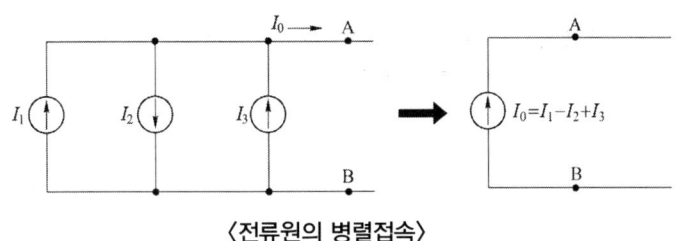

〈전류원의 병렬접속〉

예제 22 그림과 같은 전류원의 병렬회로에서 저항 2[Ω]에 흐르는 전류 I[A]를 구하시오.

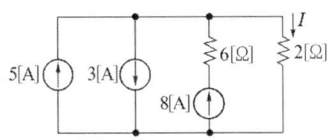

| 풀이 | $I = (5+8-3) = 10$ [A]

3) 전원의 등가변환

등가회로란 전압원과 전류원에 부하 R_L이 연결되어 있을 때 R_L에 흐르는 전류가 서로 같으면 부하에 대해 두 회로는 등가가 된다.

(1) 전압원 → 전류원 등가변환

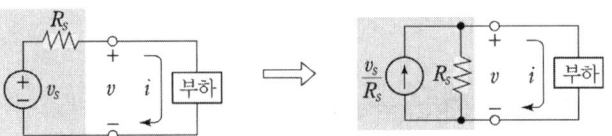

예제 23 그림의 전압원 등가회로를 전류원의 등가회로로 바꾸시오.

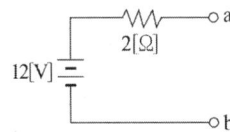

| 풀이 | 전류원 전류 I_0 및 병렬저항 R_P는

$$I_0 = \frac{V_0}{R_S} = \frac{12}{2} = 6 \text{ [A]}$$

$$R_P = R_S = 2 \text{ [Ω]}$$

따라서 전류원의 등가회로는 그림과 같다.

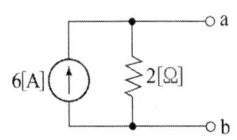

예제 24 그림과 같은 전압원 회로를 전류원을 갖는 회로로 바꾸어라.

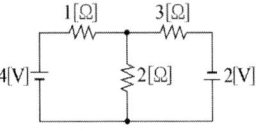

| 풀이 | 전압원의 내부 저항이 각각 1[Ω], 3[Ω]이므로, 전류원은 각각 4[A], $\frac{2}{3}$[A]로 되어 그림과 같은 회로가 된다.

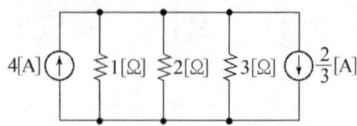

(2) 전류원 → 전압원 등가변환

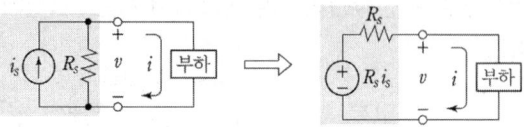

예제 25 그림과 같은 전류원의 등가회로를 전압원의 등가회로로 바꾸시오.

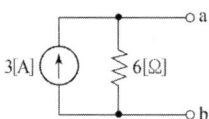

| 풀이 | 전압원 전압 V_0 및 직렬저항 R_S는
$V_0 = I_0 \, R_P = 3 \times 6 = 18$ [V]
$R_S = R_P = 6$ [Ω]
따라서 전압원의 등가회로는 그림과 같다.

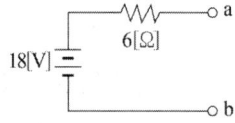

2.2 브리지 회로(Bridge circuit)

1) **브리지 평형조건** : 서로 마주보는 변의 저항 값의 곱이 서로 같을 때이다.

즉, $R_1 R_4 = R_2 R_3$

2) **브리지 평형조건 만족 시** : 검출기(detector) D에 흐르는 전류가 0이 된다. 그러므로 이 브리지회로를 이용하면 4개의 저항 중 하나의 미지 저항 값을 쉽게 구할 수 있다.

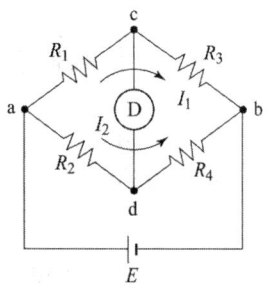

예제 26 그림의 브리지회로가 평형되기 위한 R_x의 값을 구하시오.

| 풀이 | 브리지 평형조건으로부터
$R_1 R_x = R_2 R_3$이므로 미지 저항 R_x는
$R_x = \dfrac{R_2}{R_1} R_3 = \dfrac{6}{4} \times 8 = 12$ [Ω]

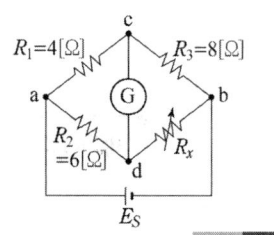

2.3 선형회로망

R, L, C, M 등의 회로 소자가 전압, 전류에 따라 그 본래의 값이 변화하지 않는 것을 **선형소자**라 하며, 이들 선형소자로 구성된 회로를 선형회로망이라 한다.

1) 중첩의 정리(Superposition theorem)

둘 이상의 전압원이나 전류원이 혼합된 회로망에 있어서, 회로 내 어느 한 지로에 흐르는 전류는 **각 전원이 단독으로 존재할 때의 전류를 각각 대수적으로 합하여 구하는 정리**로서 그 적용 방법은

① 먼저, 한 개의 전원(전압원이나 전류 원)을 취하고 나머지 전원은 모두 없앤다.
   (이때, **다른 전압원은 단락, 다른 전류원은 개방**)
② 그 전원 만에 의해 지로에 흐르는 전류를 구한다.
③ 그 다음 전원을 취하여 전원 수만큼 단계 ①, ②를 반복한다.
④ 구하려는 지로의 전류는 각각의 전원에 의해 구한 전류값을 대수적으로 합하여 구하는 데 이때 **전류 방향이 같은 것은 (+)하고 다른 것은 (−)로 한다.** 전류방향은 (+)값과 (−)값을 비교하여 큰 것으로 결정한다.

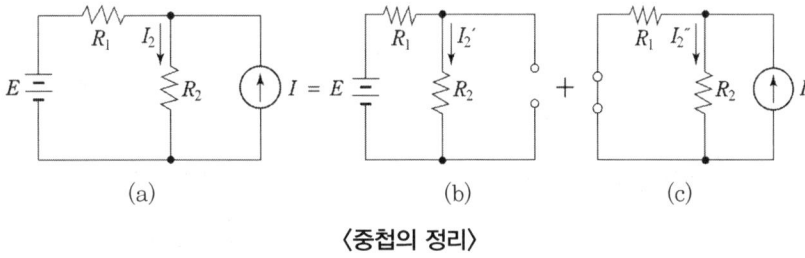

〈중첩의 정리〉

예제 27 그림의 회로에서 $4\,[\Omega]$에 흐르는 전류 I를 중첩의 정리를 이용하여 구하시오.

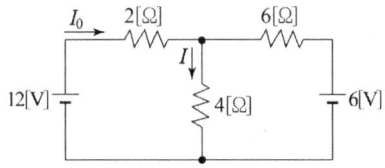

| 풀이 | ① $12\,[V]$의 전원에 의해 $4\,[\Omega]$에 흐르는 전류 I'
   (이때, $6\,[V]$ 전압원은 단락)

- 합성저항 $R_0' = 2 + \dfrac{6 \times 4}{6+4} = 4.4\,[\Omega]$
- 전 전류 $I_0' = \dfrac{12}{R_0} = \dfrac{12}{4.4} = 2.72\,[A]$
- $4\,[\Omega]$에 흐르는 전류
  $I' = I_0' \times \dfrac{6}{6+4} = 2.72 \times 0.6 = 1.63\,[A]$

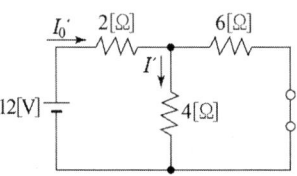

② 6[V]의 전원에 의해 4[Ω]에 흐르는 전류 I''(이때, 12[V] 전압원은 단락)

- 합성저항 $R_0'' = 6 + \dfrac{2 \times 4}{2+4} = 7.33 \, [\Omega]$
- 전 전류 $I_0'' = \dfrac{6}{R_0} = \dfrac{6}{7.33} = 0.82 \, [A]$
- 4[Ω]에 흐르는 전류
  $$I'' = I_0'' \times \dfrac{2}{4+2} = 0.82 \times \dfrac{1}{3} = 0.27 \, [A]$$

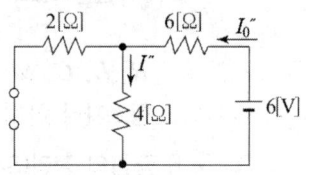

③ 4[Ω]에 흐르는 전류 I는
$$I = I' + I'' = 1.63 + 0.27 = 1.9 \, [A]$$
이때, I'와 I''의 전류방향이 문제에 주어진 전류방향과 같으면 (+), 다르면 (−)를 취해야 한다.

2) 테브냉의 정리(Thevenin's theorem)

여하한 구조를 갖는 능동 회로망도 그 임의의 두 단자 a, b 외측에 대해서는 등가적으로 하나의 전원전압 V_{ab}와 하나의 저항 R_{ab}가 직렬로 연결된 회로로 대치할 수 있다.

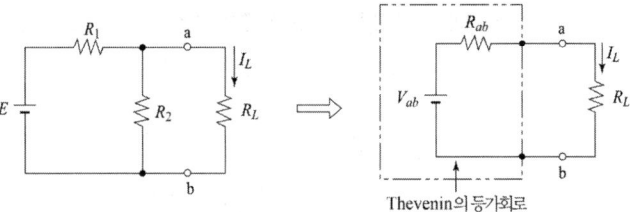

Thevenin의 등가회로

예제 28 그림의 회로에서 4[Ω]에 흐르는 전류 I_L를 테브냉의 정리에 의해서 구하시오.

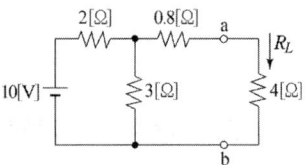

|풀이| • 단자 a, b의 개방전압 V_{ab}는 3[Ω]에 걸리는 전압과 같으므로
$$V_{ab} = \dfrac{10}{2+3} \times 3 = 6 \, [V]$$

• a, b단자에서 전원 측으로 본 합성저항 R_{ab} (이때, 전압원은 단락, 전류원은 개방)
$$R_{ab} = \dfrac{2 \times 3}{2+3} + 0.8 = 2 \, [\Omega]$$

• V_{ab}와 R_{ab}를 이용한 등가회로

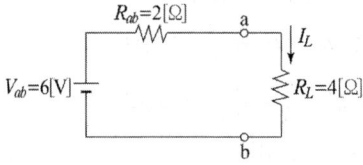

• 4[Ω]에 흐르는 전류 $I_L = \dfrac{V_{ab}}{R_{ab} + R_L} = \dfrac{6}{2+4} = 1 [A]$

3) 노튼의 정리(Norton's theorem)

전원이 포함된 능동회로망은 하나의 전류 원과 **하나의 저항이 병렬로 접속된 회로로 대치**할 수 있다.

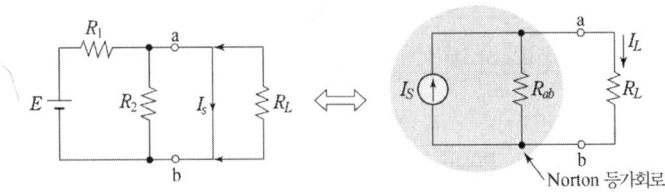

Norton 등가회로

예제 29 그림의 회로에서 $4[\Omega]$에 흐르는 전류 I_L를 노튼의 정리에 의해서 구하시오.

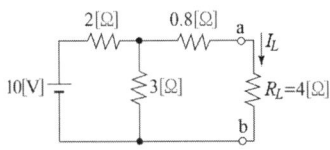

| 풀이 |
- 단자 a,b 단락시의 합성저항
$$R_0 = \frac{0.8 \times 3}{0.8+3} + 2 = 2.632\,[\Omega]$$

- 전 전류 $I_0 = \dfrac{10}{2.632} = 3.8\,[A]$

- 따라서, 단락시에 $4[\Omega]$에 흐르는 단락전류
$$I_s = I_0 \times \frac{3}{0.8+3} = 3.8 \times \frac{3}{3.8} = 3.0\,[A]$$

- 전압원을 단락한 상태에서 a,b 단자에서 전원측으로 본 합성저항 R_{ab}는
$$R_{ab} = \frac{2 \times 3}{2+3} + 0.8 = 2\,[\Omega]$$

- 부하전류 $I_L = I_s \times \dfrac{R_{ab}}{R_{ab}+R_L} = 3 \times \dfrac{2}{2+4} = 1\,[A]$

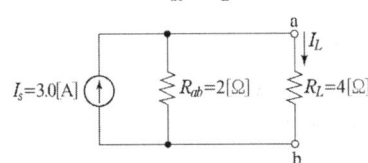

4) 밀만의 정리(Millman's theorem)

다수의 전압원이 병렬로 접속된 회로를 간단하게 전압원의 등가회로(테브낭의 등가회로)로 대치시키는 방법

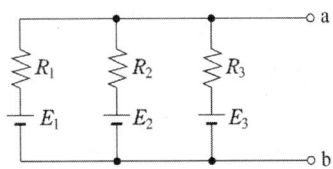

$$V_{ab} = \frac{\frac{E_1}{R_1} + \frac{E_2}{R_2} + \frac{E_3}{R_3}}{\frac{1}{R_1} + \frac{1}{R_2} + \frac{1}{R_3}} = \frac{G_1 E_1 + G_2 E_2 + G_3 E_3}{G_1 + G_2 + G_3}$$

가 되며, 이 식은 다수의 전원이 병렬로 연결된 회로의 등가합성 전압을 나타낸다.

예제 30 그림과 같은 회로에서 단자 a, b 사이의 전압 V_{ab}를 구하시오.

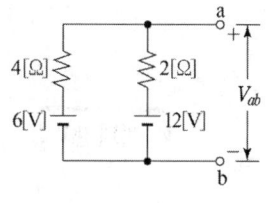

|풀이| $V_{ab} = \dfrac{\frac{E_1}{R_1} + \frac{E_2}{R_2}}{\frac{1}{R_1} + \frac{1}{R_2}} = \dfrac{\frac{6}{4} + \frac{12}{2}}{\frac{1}{4} + \frac{1}{2}} = \dfrac{\frac{30}{4}}{\frac{3}{4}} = \dfrac{30}{3} = 10[\text{V}]$

5) 가역정리

그림 (a)에서 제1지로 V_1에 의한 제2지로의 전류를 I_2라 하고

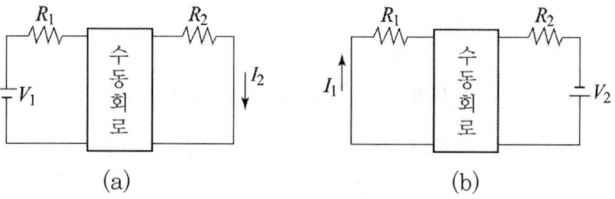

제1지로의 전압원은 단락하고 제2지로에 V_2를 연결할 때 제1지로의 전류를 I_1이라 할 경우 $V_1 I_1 = V_2 I_2$가 된다. 이를 상반정리 또는 가역정리라 한다.

6) 쌍대 회로(dual circuit)

어떤 회로에 대한 전압, 전류 관계식을 상대적으로 바꾸어 놓았을 때, 새로운 관계식을 만족하는 회로는 다른 회로와 쌍대성을 가지며 이러한 관계가 성립하는 두 회로를 쌍대회로(dual circuit)라 한다.

전 압	전 류
직 렬	병 렬
저 항	컨덕턴스
리액턴스	서셉턴스
임피던스	어드미턴스
인덕턴스	커패시턴스

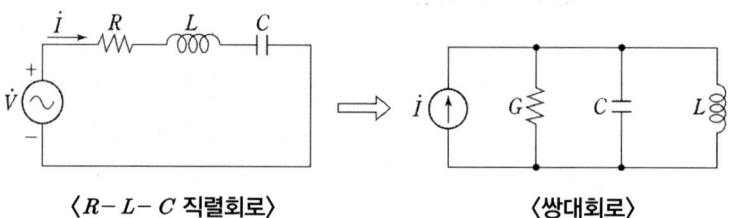

⟨$R-L-C$ 직렬회로⟩   ⟨쌍대회로⟩

03. 교류 회로

3.1 교류파형

① 교류(alternating current : AC) : 시간 변화에 따라 파형이 주기적으로 변화하는 전원
② 직류(direct current : DC) : 시간에 관계없이 크기가 일정한 전원
③ 정현파 : 교류 중에서 정현(sine)곡선을 그리는 파형을 정현파라 하며 가정이나 산업용 전원으로 주로 사용되고 있다. 통상 교류라 함은 정현파를 의미한다.
④ 비정현파 : 정현파가 아닌 교류파를 통칭하여 비정현파라 하며 구형파(square wave), 삼각파(triangle wave) 또는 펄스 파(pulse wave) 등을 말한다.
⑤ 왜형파 : 모양이 일정하지 않고 일그러진 모양을 가진 파를 왜형파라 한다.
⑥ 주파수(Frequency : f) : 주파수는 1초 동안에 반복되는 사이클(cycle)의 수(數)로 정의한다.

   1 [Hz] = 1 [cycle/second : c/s]

⑦ 주기 (period : T) : 파형이 1 사이클 이동할 때까지 걸린 시간

$$T = \frac{1}{f} \text{ [sec]}$$

⑧ 각속도(angular velocity : ω) : 정현파 교류는 발전기 코일의 회전에 의해서 발생되므로 코일의 이동을 회전각도로 표시하여 사용한다. 이 회전각도를 각속도 또는 각주파수(angular frequency) ω라 한다.

- 각속도 ω 와 주파수 f 의 관계 : $\omega = 2\pi f$ [rad/sec]
- 기하각 $\theta = \frac{180}{\pi} \omega t$ [°]
- 전기각 $\omega t = \frac{\theta}{180} \pi$ [rad]

예제 31 주파수 f = 60[Hz]인 파형의 주기 T[s]와 각속도 ω[rad/s]는 얼마인가?

| 풀이 | $T = \frac{1}{f} = \frac{1}{60} = 0.017$ [s]
$\omega = 2\pi f = 2 \times 3.14 \times 60 ≒ 377$ [rad/s]

예제 32 기하각 45°을 전기각 [rad]으로 나타내시오.

| 풀이 | $\omega t = \frac{\theta}{180} \pi$ [rad]이므로 $\omega t = \frac{45°}{180°} \pi = \frac{\pi}{4}$ [rad]

예제 33 다음의 전기각 $\frac{1}{3}\pi$[rad]을 기하각 [°]으로 나타내시오.

| 풀이 | $\omega t = \frac{1}{3}\pi$ [rad]이므로 $\theta = \frac{180}{\pi}\omega t$ [°]로부터

$$\theta = \frac{180}{\pi} \times \frac{1}{3}\pi = 60°$$

3.2 정현파 전압과 전류의 일반적 표현

$\theta = \omega t$ 의 관계가 있으므로 정현파 전압, 전류는

$$e = E_m \sin\theta = E_m \sin\omega t \text{ [V]}$$
$$i = I_m \sin\theta = I_m \sin\omega t \text{ [A]}$$

의 식으로 일반화 할 수 있다.

여기서, e 와 i 는 각각 교류전압과 전류의 순시값(instantaneous value)을 나타낸다.

1) 평균값(average value) : 한 주기 동안을 평균한 값

$$V_{av} = \frac{1}{T}\int_0^T v\,dt$$

그러나 **정현파 교류는 정(+), 부(−)가 대칭이므로 한 주기를 평균하면 0이 된다.**
따라서 **반주기에 대한 순시값의 평균을 취하여**
정현파 교류의 평균값을 구한다.

- $V_{av} = \frac{2}{\pi}V_m \fallingdotseq 0.637\,V_m$
- $I_{av} = \frac{2}{\pi}I_m \fallingdotseq 0.637\,I_m$

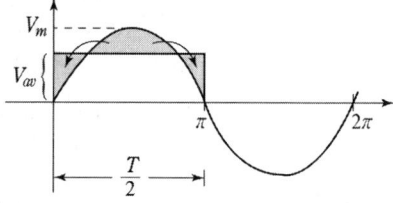

2) 실효값(effective value)

동일한 저항회로에 직류와 교류를 동일시간 인가하였을 때 **소비되는 전력량이 같은 경우 이 때의 직류값을 정현파 교류의 실효값으로 정의**한다.

- $V = \dfrac{V_m}{\sqrt{2}} \fallingdotseq 0.707\,V_m$
- $I = \dfrac{I_m}{\sqrt{2}} \fallingdotseq 0.707\,I_m$

예제 34 $v = 220\sqrt{2}\sin(\omega t + 30°)$로 표시되는 정현파 전압의 실효값 V와 평균값 V_{av}를 구하시오.

| 풀이 | $V_m = 220\sqrt{2}$ 이므로

실효값 $V = \dfrac{V_m}{\sqrt{2}} = \dfrac{220\sqrt{2}}{\sqrt{2}} = 220\,[\text{V}]$

평균값 $V_{av} = \dfrac{2}{\pi}V_m = \dfrac{2}{3.14} \times 220\sqrt{2} = 198.16\,[\text{V}]$

예제 35 그림과 같은 정현파 교류 $v = V_m \sin\omega t$의 반파 정류파에 대한 평균값을 구하시오.

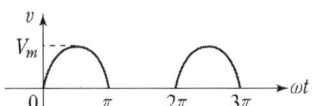

| 풀이 | $V_{av} = \dfrac{1}{T}\displaystyle\int_0^T v\,dt$ 로부터 $V_{av} = \dfrac{1}{2\pi}\displaystyle\int_0^\pi V_m \sin\omega t\,d\omega t$

$\omega t = \theta$ 이므로

$V_{ab} = \dfrac{V_m}{2\pi}[-\cos\theta]_0^\pi = \dfrac{V_m}{\pi}$

3) 파형률과 파고율

구형파를 기준으로 할 때, 비정현적인 파형이 어느 정도 일그러졌는가를 나타내는 척도로써 파형률(wave factor)과 파고율(peak factor)이 사용된다.

① 파형률 $= \dfrac{\text{실효값}}{\text{평균값}} = \dfrac{V}{V_{av}} = \dfrac{I}{I_{av}}$

② 파고율 $= \dfrac{\text{최대값}}{\text{실효값}} = \dfrac{V_m}{V} = \dfrac{I_m}{I}$

③ 정현파 교류에 대한 파형률과 파고율

- 파형률 $= \dfrac{V}{V_{av}} = \dfrac{\frac{V_m}{\sqrt{2}}}{\frac{2I_m}{\pi}} \fallingdotseq 1.109$

- 파고율 $= \dfrac{V_m}{V} = \dfrac{V_m}{\frac{V_m}{\sqrt{2}}} = 1.414$

④ 주기적인 비정현파에 대한 파형율과 파고율

파 형		파형률	파고율
사각파	⊓⌐	1	1
반원파	∿	1.040	1.225
정현파	∿	1.109	1.414
삼각파	∧∨	1.155	1.732

3.3 복소수

1) 복소수(complex number) : 실수(real number)와 허수(imaginary number)의 조합으로 이루어진 수를 말하며 실수를 X축, 허수를 Y축으로 하는 복소평면(complex plane) 상에 한 점으로 나타낸다.

- 실수 : 1을 기본 단위
- 허수 : $\sqrt{-1}$ 을 기본 단위로 하며 j 로 표현한다. 복소수 A 의 크기 $|A|$와 편각 θ는 각각 다음과 같이 표현된다.
- 크기 $|A| = A = \sqrt{(a^2+b^2)}$
- 편각 $\theta = \tan^{-1}\dfrac{b}{a}$

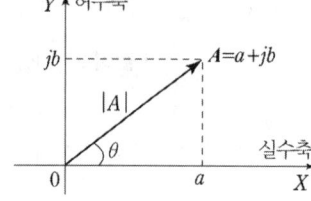

2) 복소수의 표현방법

(1) 직교좌표형식 : 실수부와 허수부로 나누어 $a+jb$의 형태로 표시

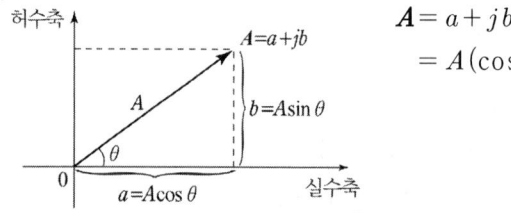

$$A = a+jb = A(\cos\theta + j\sin\theta)$$

(2) 극좌표형식 : 크기와 편각으로만 표시

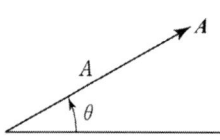

$A = a+jb = A\angle\theta$
- 크기 $A = \sqrt{(a^2+b^2)}$
- 편각 $\theta = \tan^{-1}\dfrac{b}{a}$

(3) 지수함수형식 : 크기와 편각을 지수함수 형태로 표시

크기가 A이고 편각이 θ인 복소수 A의 지수함수

$$A = A\angle \pm\theta = Ae^{\pm j\theta}$$

여기서, 삼각함수에 대한 오일러 정리(Euler's theorem)는

$$e^{j\theta} = \cos\theta + j\sin\theta = \angle\theta$$
$$e^{-j\theta} = \cos\theta - j\sin\theta = \angle-\theta$$

과 같다.

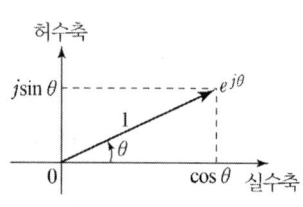

3) 공액 복소수(conjugate complex number)

복소평면상에서, 한 복소수에 대해 X축(실수축)에 대해 대칭인 또 한 복소수를 공액 복소수라 한다.

① $\boldsymbol{A} = a + jb$의 공액복소수는 $\boldsymbol{A}^* = a - jb$

② $\boldsymbol{A} = A \angle \theta$의 공액복소수는 $\boldsymbol{A}^* = A \angle -\theta$

③ $\boldsymbol{A} \cdot \boldsymbol{A}^* = (a+jb)(a-jb) = a^2 + b^2$

④ $\boldsymbol{A} \cdot \boldsymbol{A}^* = A \angle \theta \cdot A \angle -\theta = A^2$

4) 회전연산자(rotational operator) j

허수 j는 제곱하면 -1이 되는 수로써 각각

- $j = \sqrt{-1}$
- $j^2 = -1$
- $j^3 = j^2 \times j = -1 \times j = -j$
- $j^4 = j^2 \times j^2 = -1 \times -1 = 1$

의 관계를 갖는다.

예제 36 어느 기준 벡터보다 30° 앞선 크기 200인 $\boldsymbol{A}_1$과 90° 뒤진 크기 200인 $\boldsymbol{A}_2$가 있다. $\boldsymbol{A}_1 + \boldsymbol{A}_2$, $\boldsymbol{A}_1 - \boldsymbol{A}_2$, $\boldsymbol{A}_1 \cdot \boldsymbol{A}_2$ 및 $\dfrac{\boldsymbol{A}_1}{\boldsymbol{A}_2}$을 구하여라.

| 풀이 | $\boldsymbol{A}_1$과 $\boldsymbol{A}_2$를 복소수로 표시하면,
$\boldsymbol{A}_1 = 200 \angle 30° = 200(\cos 30° + j\sin 30°) = 100\sqrt{3} + j100$
$\boldsymbol{A}_2 = 200 \angle -90° = 200(\cos 90° - j\sin 90°) = -j200$
따라서,
$\boldsymbol{A}_1 + \boldsymbol{A}_2 = 100\sqrt{3} + j100 + (-j200) = 100\sqrt{3} - j100$
$\boldsymbol{A}_1 - \boldsymbol{A}_2 = 100\sqrt{3} + j100 - (-j200) = 100\sqrt{3} + j300$
$\boldsymbol{A}_1 \cdot \boldsymbol{A}_2 = 200 \angle 30° \cdot 200 \angle -90° = 40000 \angle -60°$
$\dfrac{\boldsymbol{A}_1}{\boldsymbol{A}_2} = \dfrac{200 \angle 30°}{200 \angle -90°} = 1 \angle 120°$

예제 37 $v = 100\sqrt{2} \sin \omega t \ [\text{V}]$인 전원에 어떤 부하를 연결한 경우, 전류가
$$i = 5\sqrt{2} \sin(\omega t - 60°) \ [\text{A}]$$
이었다. 이 부하의 저항 및 리액턴스의 값은 얼마인가?

| 풀이 | $\boldsymbol{Z} = \dfrac{\boldsymbol{V}}{\boldsymbol{I}} = \dfrac{100}{5 \angle -60°} = 20 \angle 60° = 20(\cos 60° + j\sin 60°) = 10 + j10\sqrt{3} \ [\Omega]$
∴ $R = 10 \ [\Omega]$, $X = 10\sqrt{3} \ [\Omega]$

3.4 수동소자의 페이저 해석

1) R회로
$$I = I\angle 0°, \quad V = RI\angle 0° = V\angle 0°$$

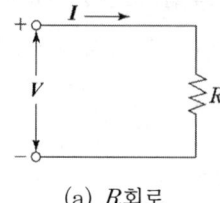 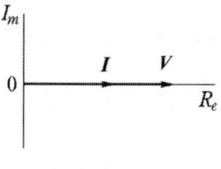

(a) R회로　　　　　(b) 페이저도

① 전압의 주파수와 전류의 주파수는 같다.
② **전압과 전류는 동위상**이다.
③ $V = RI$ 이다.

2) L 회로
$$I = I\angle 0, \quad V = V\angle \frac{\pi}{2} = \omega LI \angle \frac{\pi}{2}$$

(a) L회로　　　　　(b) 페이저도

① 전압의 주파수와 전류의 주파수는 같다.
② **전압은 전류보다 위상이 90° 빠르다** (전류는 전압보다 위상이 90° 늦다).
③ 유도성 리액턴스 $X_L = \omega L$ 이다.

3) C 회로

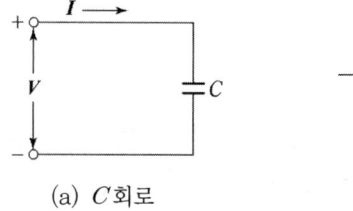 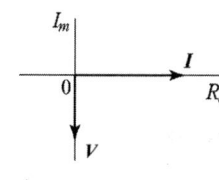

(a) C회로　　　　　(b) 페이저도

① 전압의 주파수와 전류의 주파수는 같다.
② **전압은 전류보다 위상이 90° 늦다.** (전류는 전압보다 위상이 90° 빠르다).
③ 용량성 리액턴스 $X_C = 1/\omega C$ 이다.

4) 임피던스 직·병렬

(1) 직렬 회로

① 임피던스 $Z = Z_1 + Z_2 + Z_3 + \cdots + Z_n$
$= (R_1 + R_2 + R_3 + \cdots + R_n) + j(X_1 + X_2 + X_3 + \cdots + X_n)$
$= R_0 + jX_0$

② 역률 $\cos\theta = \dfrac{R_0}{Z} = \dfrac{R_0}{\sqrt{R_0^2 + X_0^2}}$

(2) 병렬 회로

① 어드미턴스 $Y = Y_1 + Y_2 + Y_3 + \cdots + Y_n$
$= (G_1 + G_2 + G_3 + \cdots + G_n) + j(B_1 + B_2 + B_3 + \cdots + B_n)$
$= G_0 + jB_0$

② 역률 $\cos\theta = \dfrac{G}{Y} = \dfrac{\frac{1}{R_0}}{\frac{1}{Z}} = \dfrac{Z}{R_0} = \dfrac{\frac{R_0 \cdot X}{\sqrt{R_0^2 + X_0^2}}}{R_0} = \dfrac{X}{\sqrt{R_0^2 + X^2}}$

예제 38 그림 (a), (b)에 대하여 각각의 역률과 각 전류 I_1, I_2, I_3, I_4를 구하여라.

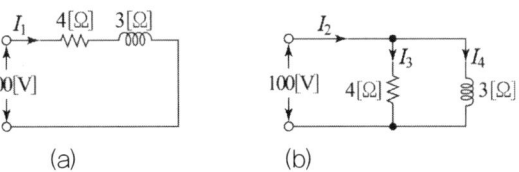

| 풀이 | (1) 그림 (a)에서

$I_1 = \dfrac{V}{Z} = \dfrac{V}{\sqrt{R^2 + X_L^2}} = \dfrac{100}{\sqrt{4^2 + 3^2}} = 20\,[\text{A}]$

$\cos\theta = \dfrac{R}{Z} = \dfrac{R}{\sqrt{R^2 + X_L^2}} = \dfrac{4}{\sqrt{4^2 + 3^2}} = 0.8$

(2) 그림 (b)에서

$I_3 = \dfrac{V}{R} = \dfrac{100}{4} = 25\,[\text{A}] \qquad I_4 = \dfrac{V}{jX_L} = -j\dfrac{100}{3}\,[\text{A}]$

$\therefore I_2 = \sqrt{I_3^2 + I_4^2} = \sqrt{25^2 + \left(\dfrac{100}{3}\right)^2} = 41.67\,[\text{A}]$

$\cos\theta = \dfrac{X_L}{\sqrt{R^2 + X_L^2}} = \dfrac{3}{\sqrt{4^2 + 3^2}} = 0.6$

예제 39 그림과 같은 회로에서 $Z_1 = 10 + j40\,[\Omega]$, $Z_2 = 5 + j40\,[\Omega]$, $Z_3 = 3 - j25\,[\Omega]$인 경우 회로에 흐르는 전전류 I를 구하여라.

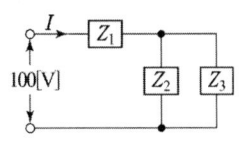

| 풀이 | 합성 임피던스 Z는

$$Z = Z_1 + \frac{Z_2 Z_3}{Z_2 + Z_3}$$
$$= 10 + j40 + \frac{(5+j40)(3-j25)}{(5+j40)+(3-j25)} = 10 + j40 + \frac{1015 - j5}{8 + j15}$$
$$= 10 + j40 + 27.84 - j52.82 = 37.84 - j12.82$$
$$\therefore I = \frac{V}{Z} = \frac{100}{\sqrt{37.84^2 + 12.82^2}} = \frac{100}{40} = 2.5[A]$$

04. 교류 전력과 에너지

4.1 회로소자의 전력과 에너지

1) 저항 R회로

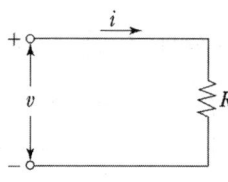 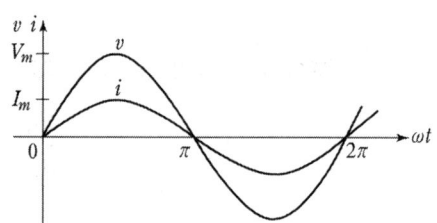

저항 R회로에 정현파 교류전압 $v = \sqrt{2}\,V\sin\omega t$를 인가했을 때, 저항 R에 흐르는 전류

$$i = \frac{v}{R} = \frac{\sqrt{2}\,V}{R}\sin\omega t = \sqrt{2}\,I\sin\omega t$$

(1) 저항 R에서 소비되는 전력의 순시값 p

$$p = vi = (\sqrt{2}\,V\sin\omega t) \times (\sqrt{2}\,I\sin\omega t)$$
$$= 2VI\sin^2\omega t = VI(1 - \cos 2\omega t)$$

따라서, 순시전력 p의 주파수는 전압이나 전류 주파수의 2배(2ω)로서 항상 (+) 전력 값으로 된다.

(2) 평균전력 P는

$$P = VI = I^2 R = \frac{V^2}{R}$$

(3) 시간 $t(s)$ 동안에 저항에서 열로 소비되는 에너지(전력량)는
$$W_R = Pt = I^2Rt \text{ [J]}$$

2) 인덕턴스 L 회로

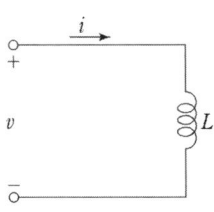 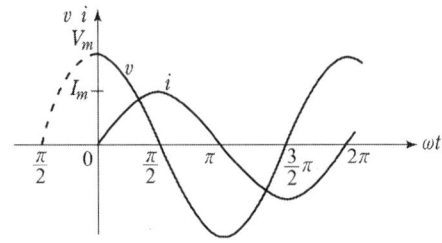

인덕턴스 L 회로에 정현파 교류전류
$$i = \sqrt{2}\,I\sin\omega t$$
가 흐를 때, 인덕턴스 L 양 단에 생기는 단자전압 v는
$$v = \sqrt{2}\,V\sin\left(\omega t + \frac{\pi}{2}\right) = \sqrt{2}\,V\cos\omega t$$

(1) L에 공급되는 순시전력 p
$$p = vi = 2VI\sin\omega t \cdot \cos\omega t = VI\sin2\omega t$$

순시전력 p의 주파수는 전압이나 전류 주파수의 2배(2ω)로 되며 주기적으로 (+)와 (−)가 변하는 정현파 전력특성을 나타낸다.

(2) 평균전력 P
$$P = \frac{1}{T}\int_0^T p\,dt = \frac{1}{T}\int_0^T VI\sin2\omega t\,dt = 0$$

평균전력 $P = 0$ [W]인 것은 소비전력이 0 [W]인 것이다. 즉, 인덕터 코일에 교류전원이 공급되면 전원과 인덕터 사이에 주기적인 에너지 교환이 일어날 뿐이며 전력의 소모는 발생하지 않는다.

(3) 순시전류 i가 흐를 때 L에 축적되는 자기에너지의 순시값 w_L
$$w_L = \frac{1}{2}Li^2 = LI^2\sin^2\omega t = \frac{1}{2}LI^2(1-\cos2\omega t)$$
$$\left(\because \sin^2\omega t = \frac{1-\cos2\omega t}{2}\right)$$

(4) 축적에너지의 평균값 W_L은
$$W_L = \frac{1}{T}\int_0^T \frac{1}{2}LI^2(1-\cos2\theta)\,d\theta = \frac{1}{2}LI^2$$

3) 커패시턴스 C 회로

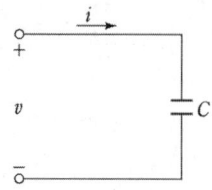 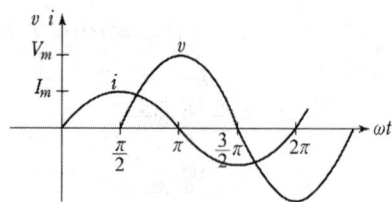

커패시턴스 C 회로에 정현파 교류전압 $v = \sqrt{2}\,V\sin\omega t$ 가 인가될 때, 커패시턴스 C에 흐르는 전류 i 는

$$i = \sqrt{2}\,I\sin\left(\omega t + \frac{\pi}{2}\right) = \sqrt{2}\,I\cos\omega t$$

(1) 커패시턴스 C에 공급되는 순시전력 p는

$$p = vi = 2VI\sin\omega t \cdot \cos\omega t = VI\sin 2\omega t$$

로서 인턱터 회로와 마찬가지로 **순시전력 p의 주파수는 전압이나 전류 주파수의 2배 (2ω)로 되며 주기적으로 (+)와 (−)가 변하는 정현파 전력특성을 나타낸다.**

(2) 평균전력 P

$$P = \frac{1}{T}\int_0^T p\,dt = \frac{1}{T}\int_0^T VI\sin 2\omega t\,dt = 0$$

평균전력 $P = 0$[W]인 것은 소비전력이 0 [W]인 것이다. 즉, 커패시터 회로에 교류전원이 공급되면 전원과 커패시터 사이에 **주기적인 에너지 교환이 일어날 뿐이며 전력의 소모는 발생하지 않는다.**

(3) 커패시턴스 C에 순시전압 v가 인가되면 축적되는 정전에너지의 순시값 w_C

$$w_C = \frac{1}{2}Cv^2 = CV^2\sin^2\omega t = \frac{1}{2}CV^2(1 - \cos 2\omega t)$$

(4) 축적에너지의 평균값 W_C는

$$W_C = \frac{1}{T}\int_0^T w_C\,dt = \frac{1}{T}\int_0^T \frac{1}{2}CV^2(1 - \cos 2\omega t)\,dt = \frac{1}{2}CV^2$$

4.2 역률

1) **역률**(power factor : p·f) : $\cos\theta = \dfrac{P}{VI}$

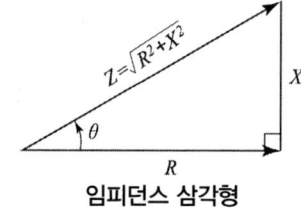

임피던스 삼각형

여기서, θ : 전압과 전류의 위상차
또한, 위상차를 결정하는 요소는 임피던스 각이므로 임피던스 삼각형으로부터

$$p.f = \cos\theta = \frac{R}{Z} = \frac{P}{VI}$$

로 나타낸다.

2) 위상차 θ의 범위

$-90° \leq \theta \leq 90°$의 범위에 있으므로 역률 $\cos\theta$는 $0 \leq \cos\theta \leq 1$ 이다.

① 순 저항성 회로의 경우 $\theta = 0°$이므로 $\cos\theta = 1$이고

② 순 유도성 회로인 경우 $\theta = 90°$이므로 $\cos\theta = 0$이며

③ 순 용량성 회로의 경우 $\theta = -90°$이므로 $\cos\theta = 0$이다.

4.3 교류회로의 전력

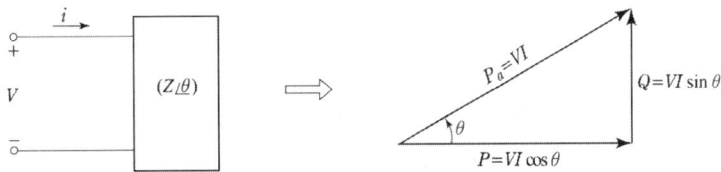

1) 전력

① **유효전력** $P = VI\cos\theta = I^2 R$ [W]

② **무효전력** $Q = VI\sin\theta = I^2 X$ [Var]

③ **피상전력** $P_a = VI = I^2 Z$ [VA]

2) 전력과의 관계

전력 삼각형으로부터 P, Q, P_a의 관계를 나타내면 다음과 같다.

① $P_a^2 = P^2 + Q^2$ 또는 $P_a = \sqrt{P^2 + Q^2}$

② 역률 $\cos\theta = \dfrac{P}{P_a} = \dfrac{\text{유효전력}}{\text{피상전력}}$

③ 무효율 $\sin\theta = \dfrac{Q}{P_a} = \dfrac{\text{무효전력}}{\text{피상전력}}$

예제 40 $R = 60[\Omega]$, $X_L = 80[\Omega]$의 $R-L$ 직렬회로에 $V = 220[\text{V}]$의 전압이 인가되었을 때 유효전력, 무효전력, 피상전력을 구하시오.

| 풀이 | 복소 임피던스 Z는
$$Z = R + jX_L = 60 + j80 = \sqrt{60^2 + 80^2} = 100[\Omega]$$
회로전류 I는
$$I = \frac{V}{Z} = \frac{220}{100} = 2.2[\text{A}]$$
역률 $\cos\theta$ 및 무효율 $\sin\theta$는

$$\cos\theta = \frac{R}{Z} = \frac{60}{100} = 0.6 \quad \sin\theta = \frac{X_L}{Z} = \frac{80}{100} = 0.8$$

따라서, 유효전력 $P = VI\cos\theta = 220 \times 2.2 \times 0.6 = 290.4$ [W]
무효전력 $Q = VI\sin\theta = 220 \times 2.2 \times 0.8 = 387.2$ [Var]
피상전력 $P_a = VI = 220 \times 2.2 = 484$ [VA]

예제 41 어느 회로의 유효전력 $P = 60$[W], 무효전력 $Q = 80$[Var]이다. 이 회로의 피상전력과 역률 $\cos\theta$를 구하시오.

|풀이| 피상전력 P_a는 $P_a = \sqrt{P^2 + Q^2} = \sqrt{60^2 + 80^2} = 100$ [VA]
역률 $\cos\theta$는 $\cos\theta = \dfrac{P}{P_a} = \dfrac{60}{100} = 0.6$

4.4 복소전력

부하의 R 성분에 의한 유효전력과 X 성분에 의한 무효전력을 임피던스와 마찬가지로 **실수부와 허수부로 나누어 표시한 것을 복소전력**(complex power)이라 한다.

$$P_a = P + jQ$$

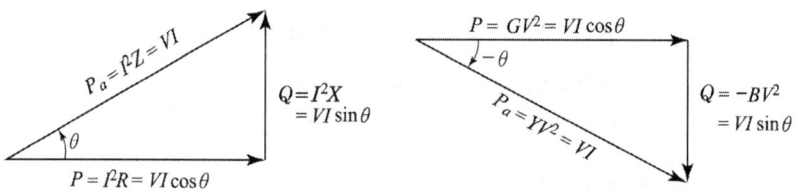

〈전력 삼각형〉

구 분	피상전력	$+jQ$	$-jQ$
전류공액	$P_a = VI^* = P \pm jQ$	유도성 무효전류	용량성 무효전류
전압공액	$P_a = V^*I = P \pm jQ$	용량성 무효전류	유도성 무효전류

예제 42 $V = 6 + j5$[V]의 전압을 어떤 회로에 인가하였더니 $I = 4 + j2$[A]의 전류가 흘렀다. 이 회로에서 소비되는 유효전력, 무효전력, 피상전력을 구하시오.

|풀이| $P_a = VI^* = P \pm jQ$ 이므로
$P_a = (6+j5)(4-j2) = 34 + j8$
따라서, $P = 34$ [W], $Q = 8$ [Var]
$P_a = \sqrt{34^2 + 8^2} = 34.93$ [VA]

4.5 역률 개선

1) 역률 개선 방법
유도성 무효전력에 의한 역률 저하를 용량성 무효전력을 공급하여 유도성 무효전력을 상쇄시킴으로써 **전체 무효전력을 감소**시켜 역률을 향상시키는 것을 역률 개선이라고 한다.

2) 역률 개선에 필요한 콘덴서 용량

$$Q_c = P\tan\theta_1 - P\tan\theta_2$$
$$= P(\tan\theta_1 - \tan\theta_2)$$

여기서, θ_1 : 역률 개선 전
  θ_2 : 역률 개선 후
  Q_c : 콘덴서 용량 [kVA]
  P : 유효전력 [kW]

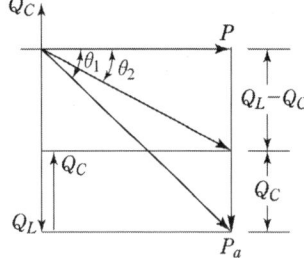

4.6 최대전력전달

전기회로에서 전력을 전송하는 경우, 전원에서 부하로 최대전력을 전달하기 위한 조건은 다음과 같다.

1) $Z_S = R_S$, $Z_L = R_L$인 경우

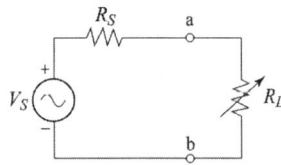

(1) 전달전력 P_L
  전원과 부하측에 리액턴스가 존재하지 않은 순수한 저항회로인 경우로서 P_L은 다음 식으로 된다.

$$P_L = \frac{V_S^2 R_L}{(R_S + R_L)^2} = \frac{V_S^2 R_L}{R_S^2 + 2R_S R_L + R_L^2} = \frac{V_S^2}{\frac{R_S^2}{R_L} + 2R_S + R_L}$$

(2) R_S가 일정할 때, R_L을 변화시켜 최대출력을 얻기 위한 조건

$A = \frac{R_S^2}{R_L} + 2R_S + R_L$ 라 하면 A가 최소일 때 P_L은 최대가 된다.

즉, $\frac{dA}{dR_L} = 0$일 때 P_L은 최대 $\frac{dA}{dR_L} = -\frac{R_S^2}{R_L^2} + 1 = 0$

$$\therefore R_S = R_L$$

즉, 부하저항 R_L와 전원저항 R_S가 같을 때 부하전력 P_L은 최대로 된다.

(3) 최대출력 P_{Lmax}

$$P_{Lmax} = \frac{V_S^2}{4R_L} = \frac{V_S^2}{4R_S}$$

2) $Z_S = R_S + jX_S$, $Z_L = R_L + jX_L$인 경우

(1) R_S가 일정할 때 R_L를 변화시켜 최대출력을 얻기 위한 R_L의 조건

① $Z_L = Z_S^*$

② $R_L = R_S$, $X_L = -X_S$

의 관계를 얻는다. 즉, **부하 임피던스가 전원 임피던스와 공액일 때 전원과 부하 사이에 임피던스 정합**(impedance matching)**이 이루어져 전원 측에서 부하 측으로 최대 전력이 전달된다.**

(2) 최대출력 P_{Lmax}

$$P_{Lmax} = \frac{V_S^2}{4R_L} = \frac{V_S^2}{4R_S}$$

예제 43 그림의 회로에서 최대전력이 공급되는 부하 임피던스 Z_L을 구하시오.

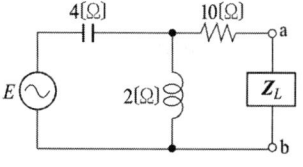

| 풀이 | 테브낭의 등가임피던스 Z_{ab}의 공액 Z_{ab}^*가 부하저항 Z_L와 같을 때 최대전력이 전달되므로 a-b 단자를 개방하고 전압원 E를 단락시킨 후 a-b 단자에서 전원측으로 본 합성 임피던스 Z_{ab}는

$$Z_{ab} = 10 + \frac{j2(-j4)}{j2+(-j4)} = 10 + j4[\Omega]$$

$$\therefore Z_L = Z_{ab}^* = 10 - j4[\Omega]$$

예제 44 최대전압 100[V], 내부 임피던스 $Z_0 = 8 + j6$인 전원에서 공급받을 수 있는 최대전력은 얼마인가?

| 풀이 | $P_{max} = \frac{V_0^2}{4R_0} = \frac{100^2}{4 \times 8} = \frac{10000}{32} = 312.5[W]$

05. 유도결합회로

5.1 상호유도작용

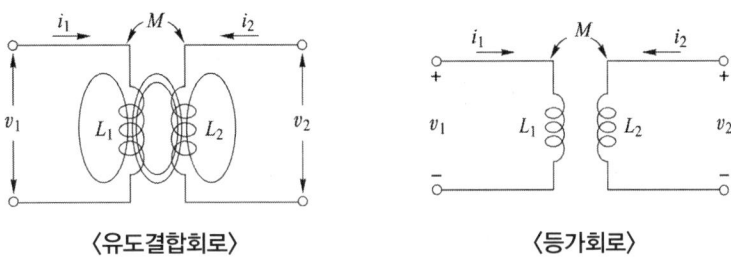

〈유도결합회로〉　　　　　〈등가회로〉

그림과 같이 **1차측 코일에 교류전류 i_1이 흐르면** 시간에 따라 변화하는 교류 자속이 1차 코일에 발생되고 그 자속의 일부는 2차측 코일과 쇄교하므로서 **2차측 코일 양 단에는 패러데이법칙에 의한 유도전압이 나타난다.** 이와 같은 현상을 상호유도작용이라 한다. 이 경우 두 코일은 자기적으로 유도결합 되어 있다고 한다.

1) 1, 2차 코일에 유도되는 전압 v_1, v_2

$$v_1 = L_1 \frac{di_1}{dt} \pm M \frac{di_2}{dt}$$

$$v_2 = L_2 \frac{di_2}{dt} \pm M \frac{di_1}{dt}$$

여기서, $L_1 \frac{di_1}{dt}$와 $L_2 \frac{di_2}{dt}$를 자기유도전압이라 하고, $\pm M \frac{di_2}{dt}$와 $\pm M \frac{di_1}{dt}$를 상호유도전압이라 한다.

2) 상호 유도 전압의 극성

- 두 코일에서 생기는 자속이 합쳐지는 방향이면 : $+ M \frac{di_2}{dt}$

- 두 코일에서 생기는 자속이 반대방향이면 : $- M \frac{di_2}{dt}$

5.2 상호인덕턴스(mutual inductance)

상호인덕턴스는 코일 1에 흐르는 전류가 변화할 때 코일 2에 어느 정도의 전압이 유도되는가를 나타내는 양으로서 단위는 자기 인덕턴스와 같이 헨리(Henry : H)로 표시한다.

예제 45 한 코일의 전류가 매초 120[A]의 비율로 변화할 때 다른 코일에 15[V]의 기전력이 발생하였다면 두 코일간의 상호 인덕턴스 M[H]는 얼마인가?

| 풀이 | $v_2 = M\dfrac{di_1}{dt}$ 에서 $v_2 = 15$ [V], $\dfrac{di_1}{dt} = 120$ [A/s]이므로

$\therefore M = \dfrac{15}{120} = 0.125$ [H]

예제 46 상호 인덕턴스 $M = 100$[mH]인 회로의 1차 코일에 3[A]의 전류가 0.3초 동안에 18[A]로 변화할 때 2차 유도기전력 v_2 [V]는?

| 풀이 | $v_2 = M\dfrac{di_1}{dt} = 100 \times 10^{-3} \times \dfrac{18-3}{0.3} = 5$ [V]

5.3 유도결합회로의 등가 인덕턴스

유도결합회로의 상호인덕턴스 M은 두 코일의 자기 인덕턴스 L_1, L_2에 대한 등가 인덕턴스를 계산함으로서 산출할 수 있다.

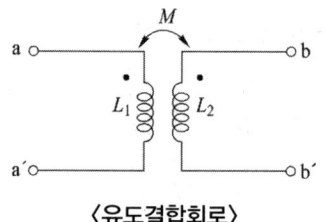

〈유도결합회로〉

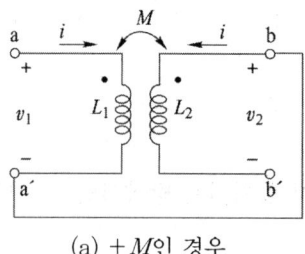

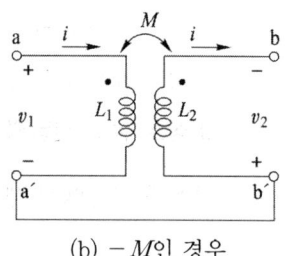

(a) $+M$인 경우   (b) $-M$인 경우

〈유도결합회로의 직렬연결〉

1) $M > 0$일 때의 등가 인덕턴스 L^+

   (L_1, L_2에 흘러 들어가는 전류의 방향이 모두 dot 방향)

   $L^+ = L_1 + L_2 + 2M$

2) $M < 0$일 때의 등가 인덕턴스 L^-

   (전류의 방향이 L_1에는 dot 방향, L_2에는 dot 반대방향)

$$L^- = L_1 + L_2 - 2M$$

3) 상호인덕턴스 M

$$M = \frac{L^+ - L^-}{4}$$

예제 47 그림과 같은 회로의 합성 인덕턴스는 몇 [H]인가?

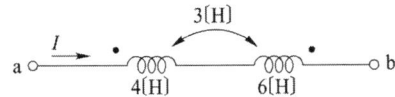

| 풀이 | $L_0 = L_1 + L_2 - 2M = 4 + 6 - 2 \times 3 = 4$ [H]

예제 48 그림과 같은 회로의 합성 인덕턴스를 구하시오.

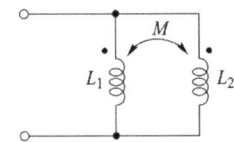

| 풀이 | 병렬접속회로의 등가회로는 그림과 같다.
등가회로에서의 합성 인덕턴스 L_0는

$$L_0 = M + \frac{(L_1 - M)(L_2 - M)}{(L_1 - M) + (L_2 - M)} = \frac{L_1 L_2 - M^2}{L_1 + L_2 - 2M}$$

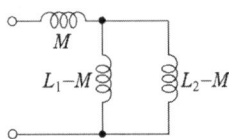

예제 49 두 개의 코일 a, b를 직렬 접속하였더니 합성 인덕턴스가 270[mH]이었다. 극성을 반대로 하여 측정하였더니 합성 인덕턴스가 90[mH]이었다. 이 경우 두 코일의 상호 인덕턴스 M을 구하시오.

| 풀이 |
$L_a + L_b + 2M = 270$
$L_a + L_b - 2M = 90$
두 식으로부터 M을 구하면
$M = \frac{270 - 90}{4} = 45$ [mH]

5.4 결합계수 (coupling factor)

결합계수는 두 코일간의 유도결합 정도를 나타내는 양으로 k로 표시한다.

$$k = \frac{M}{\sqrt{L_1 L_2}}$$

로 정의되며 $0 \leq k \leq 1$의 범위로 된다.
- $k = 0$: 상호자속이 전혀 없는 경우(무유도결합 상태)

- $k=1$: 누설자속이 없는 경우 (완전유도결합 상태)

예제 50 인덕턴스 L_1, L_2가 각각 20[mH], 45[mH]인 두 코일간의 상호 인덕턴스 M이 27[mH]라고 하면 결합계수 k는 얼마인가?

|풀이| 결합계수 k는 $k = \dfrac{M}{\sqrt{(L_1 L_2)}} = \dfrac{27}{\sqrt{(20 \times 45)}} = 0.9$

06. 3상 교류

6.1 평형 3상 기전력의 발생

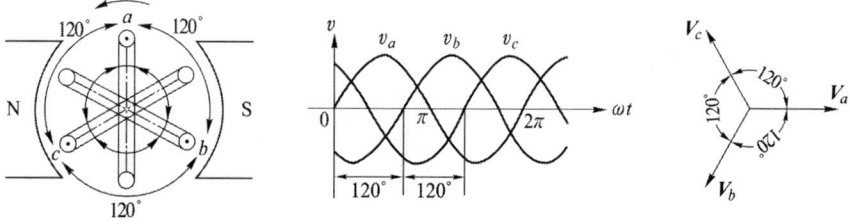

(a) 3상 발전기의 원리　　(b) 3상 기전력　　(c) 3상 전압의 위상도

3상 발전기는 3개의 권선을 공간적으로 120° 간격으로 배치하여 회전자에 감은 구조로 되어 있다. 회전자가 균일 자장 내에서 시계 반대방향으로 일정속도로 회전하면 각 권선의 양단에는 그림 (b)와 같이 크기가 같고 120°의 위상차를 갖는 교류 정현파 v_a, v_b, v_c가 발생한다. 이 3개의 단상전압을 일컬어 3상 기전력 또는 3상 전압이라 하며 순시값 표현은 다음과 같다.

$$v_a = V_m \sin \omega t, \quad v_b = V_m \sin(\omega t - 120°), \quad v_c = V_m \sin(\omega t - 240°)$$

페이저로 나타내면

$$\boldsymbol{V}_a = V \underline{/0°}, \quad \boldsymbol{V}_b = V \underline{/-120°}, \quad \boldsymbol{V}_c = V \underline{/-240°}$$

로 되며 페이저도는 그림 (c)와 같이 나타내며 **상순은 위상차에 따라 시계방향으로 a-b-c로 정하는 것이 일반적이다.** 이와 같이 기전력의 크기가 같고 120°의 위상차를 갖는 3상 기전력을 평형 3상전원이라 한다. 평형 3상 전원에서는 페이저도에서와 같이 3상 전원을 합하면 0이 된다.

$$\boldsymbol{V}_a + \boldsymbol{V}_b + \boldsymbol{V}_c = 0$$

6.2 평형 3상 전원회로의 전압과 전류

1) Y 전원회로의 전압과 전류

V_a, V_b, V_c를 상전압, I_a, I_b, I_c를 상전류, V_{ab}, V_{bc}, V_{ca}를 선간전압, I_1, I_2, I_3를 선전류라 하면 상전압과 선간전압의 관계는

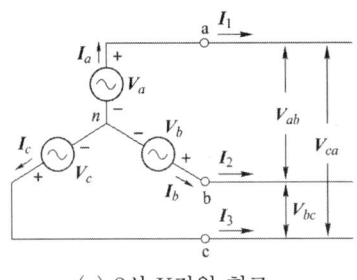
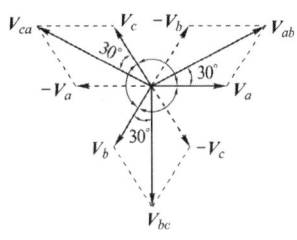

(a) 3상 Y전원 회로　　　　　　(b) 페이저도

$$V_{ab} = V_a - V_b = V_a + (-V_b)$$
$$V_{bc} = V_b - V_c = V_b + (-V_c)$$
$$V_{ca} = V_c - V_a = V_c + (-V_a)$$

로 되며 페이저도는 그림 (b)와 같다.

(1) 각 상전압과 각 선간전압의 관계

$$V_{ab} = \sqrt{3}\,V_a\,\underline{/30°},\ \ V_{bc} = \sqrt{3}\,V_b\,\underline{/30°},\ \ V_{ca} = \sqrt{3}\,V_c\,\underline{/30°}$$

대표적으로 상전압을 V_p, 선간전압을 V_l이라 하면

$$V_l = \sqrt{3}\,V_p\,\underline{/30°}$$

로 되어 **각 선간전압은 각 상전압에 비해 크기가** $\sqrt{3}$ **배이며 위상은 30° 빠르다.**

(2) 상전류와 선전류의 관계

$$I_1 = I_a,\ I_2 = I_b,\ I_3 = I_c$$

대표적으로 상전류를 I_P, 선전류를 I_l이라 하면

$$I_l = I_P$$

로 되어 각 선전류는 **각 상전류와 크기와 위상이 같다.**

예제 51　Y전원 결선에서 한 상의 전압이 220[V]인 평형 3상 교류의 선간전압은 얼마인가?

│풀이│　선간전압 $V_l = \sqrt{3}\,V_p$이므로　$V_l = \sqrt{3}\,V_p = \sqrt{3} \times 220 ≒ 381[V]$

2) △ 전원회로의 전압과 전류

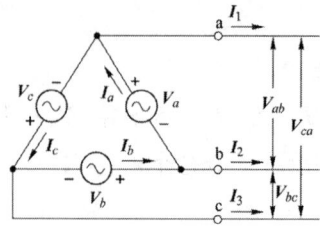
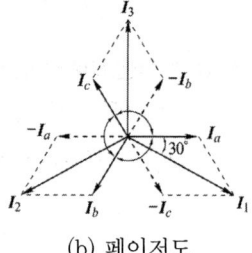

(a) 3상 △전원 회로　　　(b) 페이저도

(1) 선간전압과 상전압의 관계

$$V_{ab} = V_a, \ V_{bc} = V_b, \ V_{ca} = V_c$$

대표적으로 상전압을 V_P, 선간전압을 V_l이라 하면

$$V_l = V_P$$

로 되어 각 선간전압은 각 상전압과 크기와 위상이 같다.

(2) 상전류와 선전류의 관계

$$I_1 = I_a - I_c = I_a + (-I_c)$$
$$I_2 = I_b - I_a = I_b + (-I_a)$$
$$I_3 = I_c - I_b = I_c + (-I_b)$$

따라서 각 상전류와 각 선전류의 관계는 다음과 같다.

$$I_1 = \sqrt{3}\,I_a\,\underline{/-30°}$$
$$I_2 = \sqrt{3}\,I_b\,\underline{/-30°}$$
$$I_3 = \sqrt{3}\,I_c\,\underline{/-30°}$$

대표적으로 상전류를 I_p, 선전류를 I_l이라 하면

$$I_l = \sqrt{3}\,I_p\,\underline{/-30°}$$

로 되어 각 선전류는 각 상전류에 비해 크기가 $\sqrt{3}$ 배이며 위상은 30° 늦다.

예제 52

평형 3상 △전원의 상전류가 각각 다음과 같을 때 각 선에 흐르는 선전류를 구하시오.

$$I_a = 5\,\underline{/0°}\,[\text{A}], \ I_b = 5\,\underline{/-120°}\,[\text{A}], \ I_c = 5\,\underline{/-240°}\,[\text{A}]$$

|풀이| 선전류 $I_l = \sqrt{3}\,I_p\,\underline{/-30°}$의 관계로부터

$$I_1 = \sqrt{3}\,I_a\,\underline{/-30°} = \sqrt{3} \times 5\,\underline{/0°} \times \underline{/-30°} = 5\sqrt{3}\,\underline{/-30°}\,[\text{A}]$$
$$I_2 = \sqrt{3}\,I_b\,\underline{/-30°} = \sqrt{3} \times 5\,\underline{/-120°} \times \underline{/-30°} = 5\sqrt{3}\,\underline{/-150°}\,[\text{A}]$$
$$I_3 = \sqrt{3}\,I_c\,\underline{/-30°} = \sqrt{3} \times 5\,\underline{/-240°} \times \underline{/-30°} = 5\sqrt{3}\,\underline{/-270°}\,[\text{A}]$$

가 된다.

6.3 부하의 Y-△ 등가변환

Y회로와 △회로가 등가가 되려면 각각의 단자 간(a-b, b-c, c-a) **합성저항의 크기가 서로 같아야 한다.**

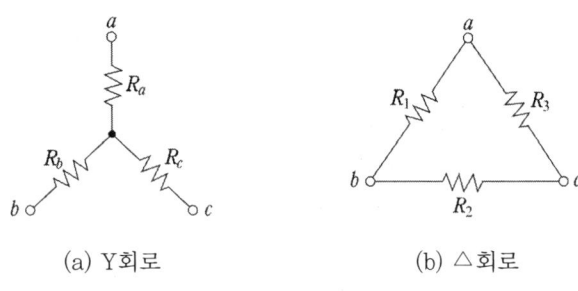

(a) Y회로　　　　(b) △회로

〈부하의 Y-△ 회로〉

1) Y회로 및 △회로에 있어서, 단자 a-b, b-c, c-a 간의 합성저항

$$R_{a-b} = R_a + R_b = \frac{(R_2 + R_3)R_1}{(R_2 + R_3) + R_1}$$

$$R_{b-c} = R_b + R_c = \frac{(R_1 + R_3)R_2}{(R_1 + R_3) + R_2}$$

$$R_{c-a} = R_c + R_a = \frac{(R_1 + R_2)R_3}{(R_1 + R_2) + R_3}$$

2) Y → △로 등가변환

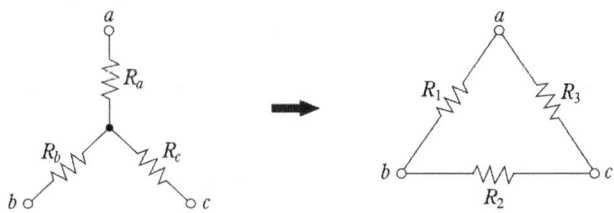

$$R_1 = \frac{R_a R_b + R_b R_c + R_c R_a}{R_c}$$

$$R_2 = \frac{R_a R_b + R_b R_c + R_c R_a}{R_a}$$

$$R_3 = \frac{R_a R_b + R_b R_c + R_c R_a}{R_b}$$

여기서, $R_a = R_b = R_c$가 되면, $R_1 = R_2 = R_3 = R_\Delta = 3R_Y$

3) △ → Y로 등가변환

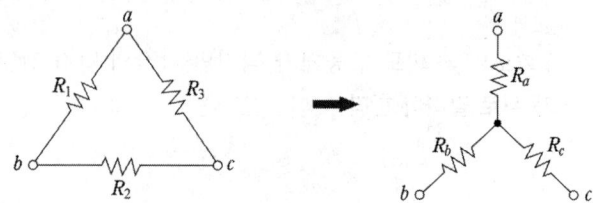

$$R_a = \frac{R_1 R_3}{R_1 + R_2 + R_3}$$

$$R_b = \frac{R_1 R_2}{R_1 + R_2 + R_3}$$

$$R_c = \frac{R_3 R_2}{R_1 + R_2 + R_3}$$

여기서, $R_1 = R_2 = R_3$가 되면

$$R_a = R_b = R_c = R_Y = \frac{1}{3} R_\Delta$$

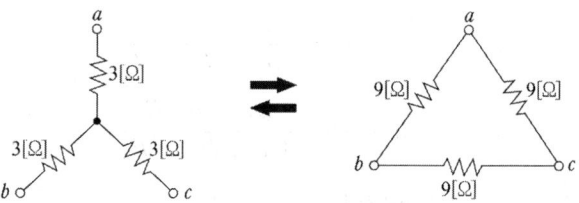

〈Y-△ 등가변환〉

예제 53   그림의 브리지회로에서 전 전류 I를 구하시오.

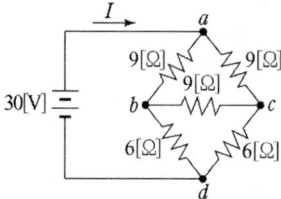

|풀이| 그림의 △형 회로 a, b, c를 Y형 회로로 변환시키면

$R_Y = \frac{1}{3} R_\Delta$ 이므로

따라서 합성저항 R_0는

$$R_0 = 3 + \frac{9 \times 9}{9 + 9} = 7.5 [\Omega]$$

$$\therefore I = \frac{30}{R_0} = \frac{30}{7.5} = 4 [A]$$

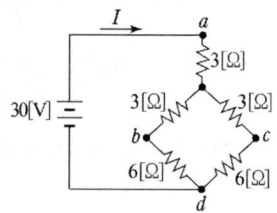

6.4 대칭 n상 회로

1) 성형결선
① 선간전압 $E_l = 2E_P \sin \dfrac{\pi}{n}$

② 선전류 = 성형전류

③ 위상 : 선간전압이 성형전류보다 $\dfrac{\pi}{2}\left(1 - \dfrac{2}{n}\right)$[rad] 만큼 앞선다.

2) 환상결선
① 선간전압 = 환상전압

② 선전류 $I_l = 2I_P \sin \dfrac{\pi}{n}$

③ 위상 : 선전류가 성형전류보다 $\dfrac{\pi}{2}\left(1 - \dfrac{2}{n}\right)$[rad] 만큼 뒤진다.

3) 회전자계
① 대칭 전류 : 원형회전 자계 형성

② 비대칭 전류 : 타원 회전자계 형성

4) n상 전력

$$P = \dfrac{n}{2\sin\dfrac{\pi}{n}} V_l\, I_l \cos\theta [\text{W}]$$

6.5 불평형 3상 회로의 해석

불평형 3상 회로에 대한 해석법으로는 일반적으로 **대칭좌표법**이 이용되나 **간단한 회로의 경우는 전압강하법, 폐로해석법, Y-Δ 변환법 등과 같은 일반해석법이 이용**된다.

1) 일반해석법
(1) 3상 3선식 Y-Y회로

그림과 같은 3상 3선식 불평형회로에 있어서

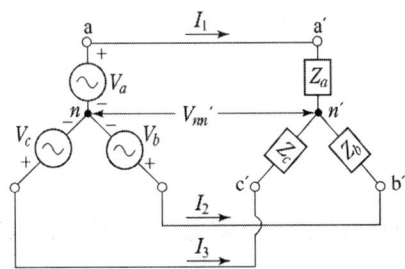

① 중성점 n과 n' 사이의 전압 V_{nn}'
밀만의 정리를 이용하여 구하면 다음과 같다.

$$V_{nn}' = \frac{Y_a V_a + Y_b V_b + Y_c V_c}{Y_a + Y_b + Y_c}$$

여기서, $Y_a = \frac{1}{Z_a}$, $Y_b = \frac{1}{Z_b}$, $Y_c = \frac{1}{Z_c}$

② 각 회로에 흐르는 선전류는 다음과 같다.

$$I_1 = (V_a - V_{nn}')Y_a$$
$$I_2 = (V_b - V_{nn}')Y_b$$
$$I_3 = (V_c - V_{nn}')Y_c$$

즉, n과 n' 사이에 중성선이 연결되어 있지 않으므로 $I_1 + I_2 + I_3 = 0$이 된다.

(2) 3상 4선식 Y-Y회로

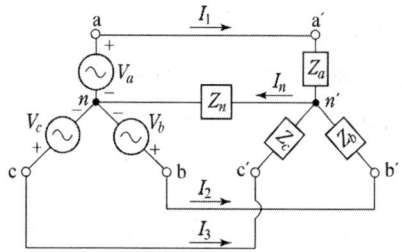

① 중성점 n과 n' 사이의 전압 V_{nn}'은 밀만의 정리에 의해

$$V_{nn}' = \frac{Y_a V_a + Y_b V_b + Y_c V_c}{Y_a + Y_b + Y_c + Y_n}$$

되며 각 회로에 흐르는 선전류는 다음과 같다.

$$I_1 = (V_a - V_{nn}')Y_a$$
$$I_2 = (V_b - V_{nn}')Y_b$$
$$I_3 = (V_c - V_{nn}')Y_c$$
$$I_n = Y_n \cdot V_{nn}'$$

② 중성선이 있는 불평형 3상 4선식의 경우는 중성선에 전류 I_n이 흐르므로

$$I_1 + I_2 + I_3 = I_n$$

의 관계로 된다.

2) 대칭좌표법

비대칭성의 불평형 전압이나 전류를 대칭성의 3성분(영상분, 정상분, 역상분)으로 분해하여 각각의 성분이 단독으로 존재하는 경우로 해석한 다음 각각의 성분을 중첩하는 방법으로 불평형 회로를 해석한다.

즉, **불평형전압 = 영상분 전압 + 정상분 전압 + 역상분 전압**으로 구성된다.
① 정상분은 상순 a-b-c로 120°의 위상차를 갖는 전압
② 역상분은 상순 a-c-b로 120°의 위상차를 갖는 전압
③ 영상분은 전압의 크기가 같고 위상이 동상인 성분

(1) 불평형 3상전압 V_a, V_b, V_c

$$V_a = V_0 + V_1 + V_2$$
$$V_b = V_0 + a^2 V_1 + a V_2$$
$$V_c = V_0 + a V_1 + a^2 V_2$$

(2) 영상, 정상, 역상전압

$$영상\ 전압\ V_0 = \frac{1}{3}(V_a + V_b + V_c)$$

$$정상\ 전압\ V_1 = \frac{1}{3}(V_a + a V_b + a^2 V_c)$$

$$역상\ 전압\ V_2 = \frac{1}{3}(V_a + a^2 V_b + a V_c)$$

(3) 3상 교류발전기의 기본식

$$V_0 = -Z_0 I_0,\quad V_1 = E_a - Z_1 I_1,\quad V_2 = -Z_2 I_2$$

단, E_a : a 상의 유기 기전력, Z_0 : 영상 임피던스
    Z_1 : 정상 임피던스, Z_2 : 역상 임피던스
회전기에서 Z_1과 Z_2는 일반적으로 같지 않다.

(4) 고장의 종류에 따른 대칭분의 종류

고장의 종류	대칭분
1선 지락	정상분+역상분+영상분
선간 단락	정상분+역상분
3상 단락	정상분

예제 54 불평형 3상 전류 $I_a = 15 + j2$[A], $I_b = -20 - j14$[A], $I_c = -3 + j10$[A]일 때의 영상전류 I_0는?

|풀이|
$$I_0 = \frac{1}{3}(I_a + I_b + I_c)$$
$$= \frac{1}{3}(15 + j2 - 20 - j14 - 3 + j10)$$
$$= \frac{1}{3}(-8 - j2) = -2.67 - j0.67$$

6.6 불평형률

불평형 회로의 전압과 전류에는 정상분과 더불어 역상분과 영상분이 반드시 포함된다. 따라서 **회로의 불평형 정도를 나타내는 척도로서 불평형률**이 사용된다.

$$불평형률 = \frac{역상분}{정상분} \times 100[\%]$$

$$= \frac{V_2}{V_1} \times 100[\%] \text{ 또는 } \frac{I_2}{I_1} \times 100[\%]$$

로 정의한다.

6.7 전력의 측정

1) 2전력계법 : 단상 전력계 2대로 3상의 전력 및 역률을 계산하는 방법

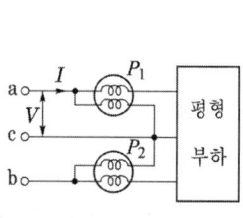
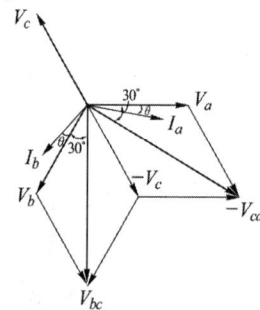

(1) 유효전력 $P = P_1 + P_2$

(2) 무효전력 $Q = \sqrt{3}(P_1 - P_2)$

(3) 피상전력 $P_a = \sqrt{P^2 + Q^2} = 2\sqrt{P_1^2 + P_2^2 - P_1 P_2}$

(4) 역률 $\cos\theta = \dfrac{P}{P_a} = \dfrac{P_1 + P_2}{2\sqrt{P_1^2 + P_2^2 - P_1 P_2}}$

2) 3전압계 법 : 전압계 3개로 전력을 측정하는 방법

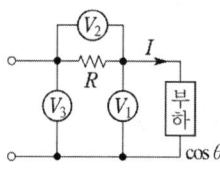
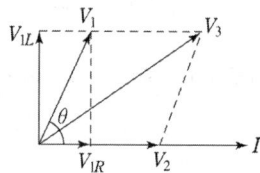

$$P = \frac{1}{2R}(V_3^2 - V_1^2 - V_2^2)$$

3) 3전류계법 : 전류계 3개로 전력을 측정하는 방법

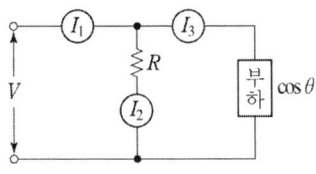 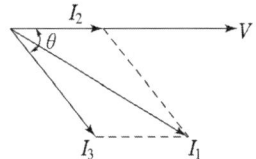

$$P = \frac{R}{2}(I_1^2 - I_2^2 - I_3^2)$$

07. 비정현파 교류

7.1 비정현파 교류

정현파로부터 일그러진 파형을 총칭하여 비정현파(non-sinuisoidal wave)라 하며 **비정현파의 발생 원인**은 다음과 같다.
① 교류 발전기에서의 **전기자 반작용**에 의한 일그러짐
② 변압기에서의 **철심의 자기포화**
③ 변압기에서의 **히스테리시스 현상**에 의한 여자 전류의 일그러짐
④ **다이오드의 비직선성**에 의한 전류의 일그러짐

7.2 비정현파 교류의 실효값 V 및 I

$i = I_0 + \sum_{n=1}^{\infty} I_{mn} \sin(n\omega t + \theta_n)$ 으로부터

- $I = \sqrt{I_0^2 + \left(\dfrac{I_{m1}}{\sqrt{2}}\right)^2 + \left(\dfrac{I_{m2}}{\sqrt{2}}\right)^2 + \cdots + \left(\dfrac{I_{mn}}{\sqrt{2}}\right)^2}$

  $= \sqrt{I_0^2 + I_1^2 + I_2^2 + \cdots + I_n^2}$

- $V = \sqrt{V_0^2 + V_1^2 + V_2^2 + V_3^2 + \cdots}$

즉, **비정현파 교류의 실효값은 직류분, 기본파 및 고조파의 제곱 합의 평방근**으로 나타냄을 알 수 있다.

7.3 왜형률

비정현파에서 기본파에 대해 고조파 성분이 어느 정도 포함되었는가를 나타내는 지표로서 왜형률(distortion factor)이 사용된다. 이는 비정현파가 정현파를 기준으로 하였을 때 얼마나 일그러졌는가를 표시하는 척도가 된다.

$$왜형률 = \frac{고조파\ 실효값의\ 합}{기본파\ 실효값} = \frac{\sqrt{(V_2^2 + V_3^2 + \cdots)}}{V_1}$$

$$= \sqrt{\frac{(V_2^2 + V_3^2 + \cdots)}{V_1^2}} = \sqrt{\left(\frac{V_2}{V_1}\right)^2 + \left(\frac{V_3}{V_1}\right)^2 + \cdots}$$

예제 55 기본파의 30[%]인 제3고조파와 기본파의 20[%]인 제5고조파를 포함하는 전압파의 왜형률을 구하시오.

| 풀이 | $\frac{V_3}{V_1} = 0.3$, $\frac{V_5}{V_1} = 0.2$이므로

$$\therefore 왜형률 = \frac{\sqrt{(V_3^2 + V_5^2 + \cdots)}}{V_1} = \sqrt{\left(\frac{V_3}{V_1}\right)^2 + \left(\frac{V_5}{V_1}\right)^2} = \sqrt{(0.3^2 + 0.2^2)} = 0.36$$

예제 56 $R = 10[\Omega]$의 순 저항회로에 $v = 5 + 20\sqrt{2}\sin\omega t + 30\sqrt{2}\sin(2\omega t + 60°)$의 왜형파 전압이 인가될 때 회로전류의 실효값을 구하시오.

| 풀이 | $i = \frac{v}{R} = \frac{5 + 20\sqrt{2}\sin\omega t + 30\sqrt{2}\sin(2\omega t + 60°)}{10}$

$= 0.5 + 2\sqrt{2}\sin\omega t + 3\sqrt{2}\sin(2\omega t + 60°)$ [A]

$\therefore I = \sqrt{I_0^2 + I_1^2 + I_2^2 + I_3^2 + \cdots} = \sqrt{(0.5^2 + 2^2 + 3^2)} = 3.64$[A]

예제 57 $L = 1$[H]의 순 인덕터에 다음의 전압을 인가할 때 흐르는 전류의 실효값을 구하시오.

$$v(t) = 50\cos t + 30\cos 2t \ [V]$$

| 풀이 | $\cos\theta$를 $\sin\theta$로 고치면

$v(t) = 50\sin(t + 90°) + 30\sin(2t + 90°)$ [V]

$50\sin(t + 90°)$에서 $\omega = 1$

$30\sin(2t + 90°)$에서 $\omega = 2$이므로

순시값 전류 $i = \frac{V}{j\omega L}$ 에서

$i = \frac{50}{j1 \times 1}\sin(t + 90°) + \frac{30}{j2 \times 1}\sin(2t + 90°) = 50\sin t + 15\sin 2t$ [A]

실효값 I는

$I = \sqrt{I_0^2 + I_1^2 + I_2^2 + \cdots} = \sqrt{\left[0 + \left(\frac{50}{\sqrt{2}}\right)^2 + \left(\frac{15}{\sqrt{2}}\right)^2\right]} = \sqrt{\left[\frac{1}{2}(50^2 + 15^2)\right]} = 36.9$ [A]

7.4 n차 고조파

■ 1) 임피던스의 변화
  ① 저항 : 변화없음
  ② 유도 리액턴스 $X_{Ln} = 2\pi n f L = n \cdot X_L \to n$배로 증가
  ③ 용량 리액턴스 $X_{cn} = \dfrac{1}{2\pi n f C} = \dfrac{1}{n} \cdot \dfrac{1}{2\pi f C} = \dfrac{1}{n} \cdot X_c \to \dfrac{1}{n}$배 감소

■ 2) 전류
$$I_1 = \frac{V_1}{Z_1} = \frac{V_1}{\sqrt{R^2 + X_L^2}}$$

$$I_3 = \frac{V_3}{\sqrt{R^2 + (3X_L)^2}} \qquad I_3 = \frac{V_3}{\sqrt{R^2 + \left(\frac{1}{3}X_c\right)^2}}$$

7.5 비정현파 교류의 전력

■ 1) 비정현파 교류전력의 평균전력 P
$$P = V_0 I_0 + \sum V_n I_n \cos\theta_n$$
$$= V_0 I_0 + V_1 I_1 \cos\theta_1 + V_2 I_2 \cos\theta_2 + \cdots$$

즉, 비정현파 교류전력은 직류분과 각 고조파 전력의 합으로 나타난다.

■ 2) 무효전력 Q
$$Q = \sum V_n I_n \sin\theta_n = V_1 I_1 \sin\theta_1 + V_2 I_2 \sin\theta_2 + \cdots$$

■ 3) 피상전력 P_a
$$P_a = V_0 I_0 + \sum V_n I_n = V_0 I_0 + V_1 I_1 + V_2 I_2 + \cdots$$

■ 4) 역률
$$\cos\theta = \frac{P}{VI} = \frac{V_0 I_0 + V_1 I_1 \cos\theta_1 + V_2 I_2 \cos\theta_2 + \cdots}{\sqrt{(V_0^2 + V_1^2 + V_2^2 + \cdots)} \cdot \sqrt{(I_0^2 + I_1^2 + I_2^2 + \cdots)}}$$

예제 58 $R = 4[\Omega]$, $\omega L = 3[\Omega]$인 직렬회로에 아래의 전압이 가해졌을 때 회로에 공급되는 유효전력과 역률을 구하시오.
$$v = 100\sqrt{2}\sin\omega t + 50\sqrt{2}\sin 3\omega t$$

|풀이| ① 기본파에 대한 임피던스 Z 및 전류 I는

$$Z_1 = R + j\omega L = 4 + j3 = 5\underline{/36.8°}\ [\Omega]$$
$$I_1 = \frac{V_1}{Z_1} = \frac{100}{5} = 20[A]$$
$$\cos\theta_1 = \frac{R}{Z_1} = \frac{4}{5} = 0.8$$

② 제3고조파에 대한 임피던스 Z 및 전류 I는
$$Z_3 = R + j3\omega L = 4 + j9 = 9.85\underline{/66.03°}$$
$$I_3 = \frac{V_3}{Z_3} = \frac{50}{9.85} = 5.08[A]$$
$$\cos\theta_3 = \frac{R}{Z_3} = \frac{4}{9.85} = 0.41$$

③ 유효전력 P는
$$P = V_1 I_1 \cos\theta_1 + V_3 I_3 \cos\theta_3$$
$$= 100 \times 20 \times 0.8 + 50 \times 5.08 \times 0.41 = 1704.1[W]$$

④ 피상전력 P_a는
$$P_a = V_1 I_1 + V_3 I_3 = 100 \times 20 + 50 \times 5.08 = 2254[VA]$$

⑤ 역률 p.f는
$$p.f = \frac{P}{P_a} = \frac{1704.1}{2254} = 0.756$$

7.6 푸리에 급수 (Fourier series)

1) 푸리에 급수의 의미

주파수와 진폭을 달리하는 무수히 많은 성분을 갖는 **비정현파를 무수히 많은 정현(正弦)항과 여현(余弦)항의 합으로 표현**

2) 푸리에 급수 표현식

- $f(t) = a_0 + a_1\cos\omega t + a_2\cos2\omega t + a_3\cos3\omega t + \cdots + a_n\cos n\omega t$
  $\quad b_1\sin\omega t + b_2\sin2\omega t + b_3\sin3\omega t + \cdots + b_n\sin n\omega t$
  $= a_0 + \sum_{n=1}^{\infty} a_n \cos n\omega t + \sum_{n=0}^{\infty} b_n \sin n\omega t$

- 비정현파 교류 = 직류분 + 기본파 + 고조파

3) 여러 가지 파형의 푸리에 급수 (Fourier series)

(1) 기함수 : 정현대칭, 원점대칭 …… sin항만 존재 (n : 정수)

기함수 정현항을 구할 때는 반주기마다 적분하여 2배 한다.

$$f(t) = -f(-t)$$
$$a_0, a_n = 0$$
$$f(t) = \sum_{n=0}^{\infty} b_n \sin n\omega t$$

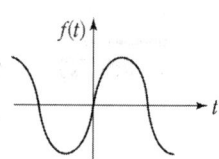

(2) 우함수 : 여현대칭, Y축 대칭 ······ a_0, cos 항만 존재 (n : 정수)

우함수의 경우는 정현항이 없다.

$$f(t) = f(-t)$$
$$b_n = 0$$
$$f(t) = a_0 + \sum_{n=0}^{\infty} a_n \cos n\omega t$$

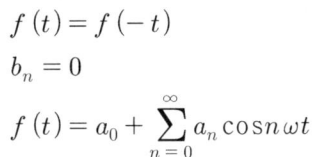

(3) 반파대칭 ······ sin항과 cos항 존재 (n : 홀수항)

반파 대칭의 경우 한 주기마다 동일한 파형이 반복된다.

$$f(t) = -f(t+\pi)$$
$$a_n = 0$$
$$f(t) = \sum_{n=0}^{\infty} a_n \cos n\omega t + \sum_{n=0}^{\infty} b_n \sin n\omega t$$

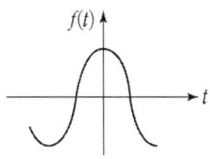

단, $n = 1, 3, 5, \cdots, 2n-1$ (홀수항만 존재)

08. 2단자 회로망

8.1 복소 각주파수

α를 각주파수에 포함시킨 $(\alpha + j\omega)$를 복소 각주파수(complex angular frequency)라 하며 이것을 s로 표시한다. 즉, **구동점 임피던스** $Z(j\omega)$을 $Z(s)$로 표시하고 L과 C의 임피던스를 sL, $\dfrac{1}{sC}$로 표시한다.

직렬회로의 임피던스 $Z_s(s) = R + sL + \dfrac{1}{sC}$

병렬회로의 임피던스 $Z_p(s) = \dfrac{1}{\dfrac{1}{R} + \dfrac{1}{sL} + sC}$

① **영점** : $Z(s) = 0$ 가 되는 s의 값을 영점(zero)이라 하며 **회로의 단락상태**를 나타내고 기호 ○으로 표시한다.

② **극점** : $Z(s) = \infty$ 가 되는 s의 값을 극점(pole)이라 하며 **회로가 개방상태**임을 뜻하고 기호 ×로 표시한다.

③ 요약

영 점	극 점
• $Z(s) = 0$가 되는 s의 값	• $Z(s) = \infty$가 되는 s의 값
• 분자항 = 0	• 분모항 = 0
• 회로의 단락상태	• 회로의 개방상태
• ○로 표시	• ×으로 표시

예제 59 어떤 2단자 회로망의 임피던스가 다음과 같을 때 영점과 극점을 구하시오.

$$Z(s) = \frac{s+1}{s^2 + 3s + 2}$$

| 풀이 | 영점은 $Z(s) = 0$로 되는 s이므로 분자항 = 0이다.
$s + 1 = 0$ ∴ 영점 $s = -1$
극점은 $Z(s) = \infty$로 되는 s이므로 분모항 = 0이다.
$s^2 + 3s + 2 = 0$
을 인수분해하면
$(s+1)(s+2) = 0$
∴ 극점 $s = -1, -2$

예제 60 그림과 같은 회로에서 구동점 임피던스의 영점과 극점을 복소평면 상에 나타내시오.

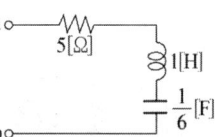

| 풀이 | 임피던스 $Z(s)$는

$$Z(s) = 5 + s + \frac{6}{s} = \frac{s^2 + 5s + 6}{s} = \frac{(s+2)(s+3)}{s}$$

영점 : $s = -2, -3$
극점 : $s = 0$
복소평면상에 나타내면 그림과 같다.

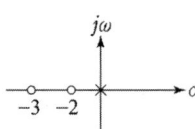

1) 인덕턴스 L회로

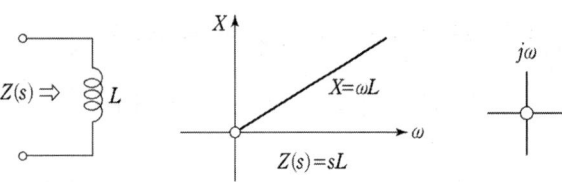

$$Z(j\omega) = jX = j\omega L$$

① 임피던스 $Z(s) = sL$
② 영점 $s = 0$
③ 극점 $s = \infty$이다.

예제 61 임피던스 함수가 다음과 같이 표시되는 리액턴스 2단자 회로망을 구성하시오.

$$Z(s) = \frac{6s^2+1}{s(s^2+1)}$$

| 풀이 | $Z(s) = \dfrac{6s^2+1}{s(s^2+1)} = \dfrac{1}{s} + \dfrac{5s}{s^2+1} = \dfrac{1}{s} + \dfrac{1}{\dfrac{s}{5}+\dfrac{1}{5s}}$

구하는 회로망은 그림과 같다.

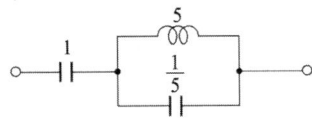

2) 커패시턴스 C 회로

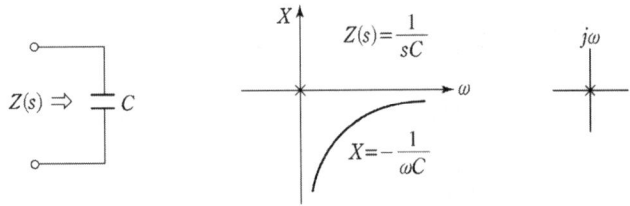

$$Z(j\omega) = jX = \frac{1}{j\omega C} = -j\frac{1}{\omega C}$$

① 임피던스 $Z(s) = \dfrac{1}{sC}$
② 영점 $s = \infty$
③ 극점 $s = 0$ 이다.

예제 62 임피던스 함수 $Z(s) = \dfrac{2s+3}{s}$ 으로 표시되는 2단자 회로망을 구성하시오.

| 풀이 | $Z(s) = \dfrac{2s+3}{s} = 2 + \dfrac{1}{\dfrac{1}{3}s} = 2 + \dfrac{1}{j\omega\dfrac{1}{3}}$

2단자 회로망은 그림과 같다.

8.2 역회로

구동점 임피던스가 각각 Z_1, Z_2인 2개의 2단자 회로망에 있어서, **임피던스의 곱이 주파수에 무관한 점의 정수로 될 때** 즉,

$$Z_1 Z_2 = K^2 \text{ 또는 } \frac{Y_1}{Y_2} = K^2 \ (K \text{는 실정수})$$

의 관계에 있을 때 이 두 회로의 Z_1, Z_2는 $K > 0$에 관해서 역회로라 한다. 이를테면

$$Z_1 = j\omega L_1, \ Z_2 = \frac{1}{j\omega C_2}$$

이라 하면

$$Z_1 Z_2 = \frac{j\omega L_1}{j\omega C_2} = \frac{L_1}{C_2} = K^2$$

의 관계가 있을 때 L과 C는 역회로가 된다. 이 때에는 반드시 쌍대의 관계가 있다.

【역회로의 예】

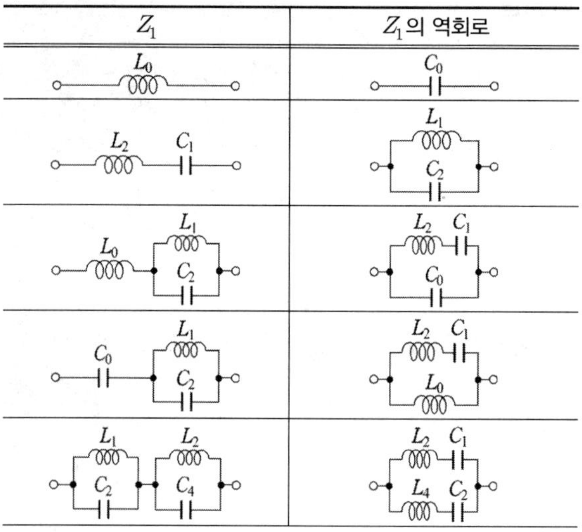

Z_1	Z_1의 역회로
L_0	C_0
L_2 — C_1 (직렬)	L_1 ∥ C_2 (병렬)
L_0 — (L_1 ∥ C_2)	(L_2 — C_1) ∥
C_0 — (L_1 ∥ C_2)	(L_2 — C_1) ∥ L_0
(L_1 ∥ C_2) — (L_2 ∥ C_4)	(L_2 — C_1) ∥ (L_4 — C_3)

예제 63 그림은 역회로 관계에 있다. 이때 L'[H]와 C'[μF]의 값을 구하시오.

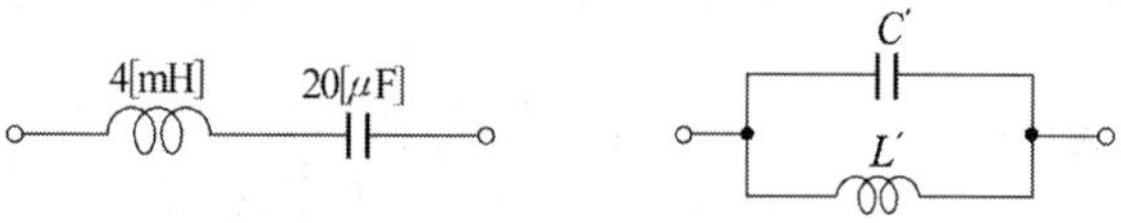

|풀이| $Z_1 Z_2 = K^2 = \dfrac{L}{C} = \dfrac{4 \times 10^{-3}}{20 \times 10^{-6}} = 200$ 의 관계로 되므로

$L' = CK^2 = 20 \times 10^{-6} \times 200 = 4 \text{[mH]}$

$C' = \dfrac{L}{K^2} = \dfrac{4 \times 10^{-3}}{200} = 20 \text{[}\mu\text{F]}$

8.3 정저항 회로

2단자 구동점 임피던스가 **주파수에 관계없이 항상 일정한 순저항으로 될 때 회로를 정저항 회로**라 한다.

예제 64 그림과 같은 회로가 정저항 회로가 되려면 R을 몇 [Ω]으로 하면 되겠는가?
단, $L = 4[\text{mH}]$, $C = 0.1[\mu\text{F}]$이다.

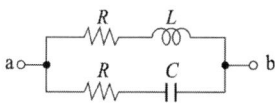

| 풀이 | $Z_1 = j\omega L$, $Z_2 = \dfrac{1}{j\omega C}$라 하면

이 회로의 2단자 임피던스 Z_0는

$$Z_0 = \frac{(R+Z_1)(R+Z_2)}{(R+Z_1)+(R+Z_2)} = \frac{R^2 + Z_1 R + Z_2 R + Z_1 Z_2}{Z_1 + Z_2 + 2R} = \frac{R\left(R + Z_1 + Z_2 + \dfrac{Z_1 Z_2}{R}\right)}{Z_1 + Z_2 + 2R}$$

$Z_0 = R$이 성립하려면

$$R + Z_1 + Z_2 + \frac{Z_1 Z_2}{R} = Z_1 + Z_2 + 2R$$

$$R + \frac{Z_1 Z_2}{R} = 2R \quad \therefore Z_1 Z_2 = R^2$$

여기서, $Z_1 = j\omega L = j\omega \times 4 \times 10^{-3}$, $Z_2 = \dfrac{1}{j\omega C} = \dfrac{1}{j\omega \times 0.1 \times 10^{-6}}$ 이므로

$$R = \sqrt{(Z_1 Z_2)} = \sqrt{\left(\frac{4 \times 10^{-3}}{0.1 \times 10^{-6}}\right)} = 200[\Omega]$$

09. 4단자 회로망

9.1 4단자 회로망

2개의 단자 쌍으로 이루어진 회로는 4개의 단자를 갖고 있으므로 4단자 회로망(4 - terminal network)이라 한다.

9.2 임피던스 파라미터(Z parameter)

$$V_1 = Z_{11}I_1 + Z_{12}I_2$$
$$V_2 = Z_{21}I_1 + Z_{22}I_2$$

행렬식으로 표시하면

$$\begin{bmatrix} V_1 \\ V_2 \end{bmatrix} = \begin{bmatrix} Z_{11} & Z_{12} \\ Z_{21} & Z_{22} \end{bmatrix} \begin{bmatrix} I_1 \\ I_2 \end{bmatrix}$$ 로서

① Z_{11} : 단자 1-1'에서의 개방 구동점 임피던스 $Z_{11} = \dfrac{V_1}{I_1}\bigg|_{I_2=0}$

② Z_{21} : 개방 순방형 전달임피던스 $Z_{21} = \dfrac{V_2}{I_1}\bigg|_{I_2=0}$

③ Z_{22} : 단자 2-2'에서의 개방 구동점 임피던스 $Z_{22} = \dfrac{V_2}{I_2}\bigg|_{I_1=0}$

④ Z_{12} : 개방 역방형 전달임피던스 $Z_{12} = \dfrac{V_1}{I_2}\bigg|_{I_1=0}$

선형회로망에서는 상반정리가 성립하므로
$$Z_{12} = Z_{21}$$
의 관계로 되며, 특히, 좌우 대칭(symmetric)인 대칭 4단자 회로망에서는
$$Z_{11} = Z_{22}$$
가 성립한다.

예제 65
T형 회로에 대해 임피던스파라미터를 구하시오.

| 풀이 |
- 2차측이 개방되므로 $V_1 = (2+3)I_1$
$$Z_{11} = \dfrac{V_1}{I_1}\bigg|_{I_2=0} = \dfrac{(2+3)I_1}{I_1} = 5\,[\Omega]$$
- 2차측 개방상태에서 $V_2 = 3I_1$이 되므로
$$Z_{21} = \dfrac{V_2}{I_1}\bigg|_{I_2=0} = \dfrac{3I_1}{I_1} = 3\,[\Omega]$$
- 1차측이 개방되므로 $V_2 = (1+3)I_2$
$$Z_{22} = \dfrac{V_2}{I_2}\bigg|_{I_1=0} = \dfrac{(1+3)I_2}{I_2} = 4\,[\Omega]$$
- 1차측 개방상태에서 $V_1 = 3I_2$
$$Z_{12} = \dfrac{V_1}{I_2}\bigg|_{I_1=0} = \dfrac{3I_2}{I_2} = 3\,[\Omega]$$

9.3 4단자망의 4단자 정수

1) 일반회로 정수로 표현

$V_1 = AV_2 + BI_2$, $I_1 = CV_2 + DI_2$ 에서

$A = \dfrac{V_1}{V_2}\bigg|_{I_2=0}$: 전압비 ⋯ 2차측 개방

$B = \dfrac{V_1}{I_2}\bigg|_{V_2=0}$: 임피던스 차원 ⋯ 2차측 단락

$C = \dfrac{I_1}{V_2}\bigg|_{I_2=0}$: 어드미턴스 차원 ⋯ 2차측 개방

$D = \dfrac{I_1}{I_2}\bigg|_{V_2=0}$: 전류비 ⋯ 2차측 단락

2) 행렬로 표현

$$\begin{bmatrix} V_1 \\ I_1 \end{bmatrix} = \begin{bmatrix} A & B \\ C & D \end{bmatrix} \begin{bmatrix} V_2 \\ I_2 \end{bmatrix} = \begin{bmatrix} 전압비 & 임피던스 \\ 어드미턴스 & 전류비 \end{bmatrix} \begin{bmatrix} V_2 \\ I_2 \end{bmatrix}$$

3) 각 종 파라미터의 조건

① 가역성
- $Z_{12} = Z_{21}$
- $Y_{12} = Y_{21}$
- $H_{12} = -H_{21}$
- $AD - BC = 1$

② 좌우대칭
- $Z_{11} = Z_{22}$
- $Y_{11} = Y_{22}$
- $H_{11}H_{22} - H_{12}H_{21} = 1$
- $A = D$

예제 66 그림과 같은 4단자 회로의 4단자 정수를 구하여라.

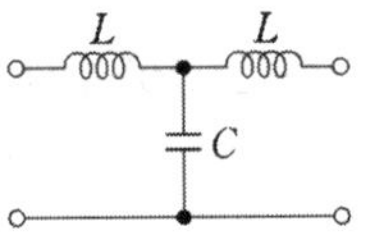

| 풀이 |

$A = 1 + \dfrac{Z_1}{Z_2} = 1 + \dfrac{j\omega L}{\dfrac{1}{j\omega C}} = 1 - \omega^2 LC = D$

$B = \dfrac{Z_1 Z_2 + Z_2 Z_3 + Z_3 Z_1}{Z_2} = \dfrac{j\omega L \cdot \dfrac{1}{j\omega C} + \dfrac{1}{j\omega C} \cdot j\omega L + j\omega L \cdot j\omega L}{\dfrac{1}{j\omega C}}$

$= j\omega C\left(\dfrac{L}{C} + \dfrac{L}{C} - \omega^2 L^2\right) = j\omega L(1 + 1 - \omega^2 LC) = j\omega L(2 - \omega^2 LC)$

$C = \dfrac{1}{Z_2} = \dfrac{1}{\dfrac{1}{j\omega C}} = j\omega C$

10. 공진회로

10.1 직렬공진회로

1) 직렬공진특성

① 임피던스 $Z = R + j\left(\omega L - \dfrac{1}{\omega C}\right)$

② 회로전류의 크기 I 및 위상 θ는

$$I = \frac{V}{Z} = \frac{V}{R + j\left(\omega L - \dfrac{1}{\omega C}\right)} = \frac{V}{\sqrt{R^2 + \left(\omega L - \dfrac{1}{\omega C}\right)^2}}$$

$$\theta = \tan^{-1}\frac{\omega L - \dfrac{1}{\omega C}}{R}$$

③ 직렬공진조건

허수부 = 0, 즉 리액턴스 성분 $X = 0$이 되는 조건으로서,

$$\omega L - \frac{1}{\omega C} = 0 \quad 즉, \quad \omega L = \frac{1}{\omega C}$$

④ 공진 각주파수 ω_r와 공진주파수 f_r

$$\omega_r = \frac{1}{\sqrt{LC}} \qquad f_r = \frac{1}{2\pi\sqrt{LC}}$$

⑤ 공진주파수 f_r에서 이 때, 전류 I와 위상차 θ는

$$I = I_r = \frac{V}{R}, \qquad \theta = \tan^{-1}\frac{0}{R} = 0$$

그러므로 **직렬공진은 리액턴스 성분이 0이** 되므로 공진시 V와 I는 **동상이 되고 전류는 최대**로 된다. 이 때의 전류 I_r를 공진전류라 한다.

2) 전압확대율

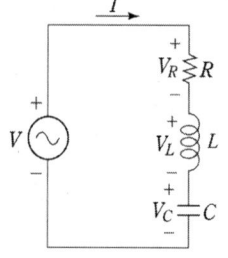
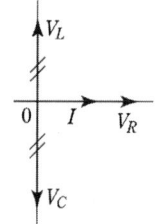

(a) 직렬공진회로의 전압강하   (b) 공진시의 전류 벡터도

직렬공진회로에서는 그림과 같이 L과 C 양단의 전압 V_L, V_C는 전원전압 V보다 수십 배 이상으로 확대되어 나타난다. 따라서 **전원전압 V에 대한 V_L, V_C의 비율을 전압확대율 또는 양호도 (quality factor) Q**라하며 다음 식으로 표시한다.

(1) 직렬 공진시 V, V_L, V_C

$$V = RI_r, \quad V_L = \omega_r L I_r, \quad V_C = \frac{1}{\omega_r C} I_r$$

(2) 양호도 Q

① $Q_L = \dfrac{V_L}{V} = \dfrac{\omega_r L I_r}{R I_r} = \dfrac{\omega_r L}{R}$

② $Q_C = \dfrac{V_C}{V} = \dfrac{\frac{1}{\omega_r C} I_r}{R I_r} = \dfrac{1}{R \omega_r C}$

③ 공진시 $\omega_r L = \dfrac{1}{\omega_r C}$ 이고 $\omega_r = \dfrac{1}{\sqrt{LC}}$ 이므로

$$Q = Q_L = Q_C = \frac{\omega_r L}{R} = \frac{1}{R \omega_r C} = \frac{1}{R}\sqrt{\frac{L}{C}}$$

따라서, $V_L = V_C = QV$로 되어 L과 C 양단의 전압 V_L, V_C는 전원전압 V의 Q배로 나타나지만 그림 (b)와 같이 벡터적으로 180°의 위상차를 가지므로 서로 상쇄되어 V_R 성분만 남게 된다.

또한 **양호도 Q**는

$$Q = \frac{\omega_r L}{R} = \omega_r \frac{I^2 L}{I^2 R} = \frac{L\text{에 축적되는 에너지}}{\text{평균전력}}$$

로 나타내므로 Q는 공진회로가 에너지를 축적하는 효능의 척도가 되기도 한다.

예제 67 그림의 $R-L-C$ 직렬회로에 대해서 다음을 구하시오.

(1) 공진주파수 f_r [Hz]
(2) 공진 전류 I_r [A]
(3) 공진시 L과 C에 걸리는 전압 V_L[V], V_C[V]
(4) 전압확대율 Q

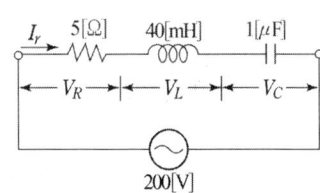

|풀이| (1) 공진주파수 f_r

$$f_r = \frac{1}{2\pi \sqrt{LC}} = \frac{1}{2\pi \sqrt{40 \times 10^{-3} \times 1 \times 10^{-6}}} = 796.2[\text{Hz}]$$

(2) 공진전류 I_r

$$I_r = \frac{V}{R} = \frac{200}{5} = 40[\text{A}]$$

(3) V_L [V], V_C [V]

$$V_L = \omega_r L I_r = 2\pi f_r L I_r = 2\pi \times 796.2 \times 40 \times 10^{-3} \times 40 = 8000 [V]$$

$$V_C = \frac{1}{\omega_r C} I_r = \frac{1}{2\pi f_r C} I_r = \frac{1}{2\pi \times 796.2 \times 1 \times 10^{-6}} \times 40 = 8000 [V]$$

(4) 전압확대율 Q

$$Q = \frac{\omega_r L}{R} = \frac{1}{R\omega_r C} = \frac{2\pi \times 796.2 \times 40 \times 10^{-3}}{5} = 40$$

3) 첨예도

그림의 직렬 공진곡선에서, 공진주파수 f_r일 때의 공진전류 I_r에 대해 $I = \frac{1}{\sqrt{2}} I_r$ 일때의 주파수 f_1, f_2를 차단주파수(cut off frequency)라하며 공진주파수와 차단주파수 차의 비율을 첨예도(sharpness) S라 하고 다음 식으로 나타낸다.

$$S = \frac{f_r}{f_2 - f_1} = \frac{f_r}{\Delta f}$$

여기서, Δf를 대역폭(Band Width : BW)이라 하며

- $\Delta f = f_2 - f_1$ • $f_1 = f_r - \frac{\Delta f}{2}$ • $f_2 = f_r + \frac{\Delta f}{2}$

의 관계로 된다.

첨예도는 공진곡선의 뾰쪽한 정도를 나타내는 척도로써 **첨예도가 크면 주파수의 선택성이 커지므로 선택도**(selectivity)라는 말로 사용되기도 한다. 또한 Q가 클수록 대역폭이 작아지고 반대로 Q 값이 작을수록 대역폭이 커지므로 첨예도 S와 전압확대율 Q와의 관계는

$$S = \frac{f_r}{f_2 - f_1} = \frac{f_r}{\Delta f} = \frac{\omega_r L}{R} = \frac{1}{R\omega_r C} = Q$$

로서 S와 Q는 같은 값으로 사용된다.

예제 68 $R-L-C$ 직렬회로에서 $R = 20[\Omega]$, $L = 10[mH]$이다. 공진주파수가 60[kHz]인 경우 다음을 구하시오.

(1) 첨예도 S (2) 대역폭 Δf (3) 차단주파수 f_1, f_2

| 풀이 | (1) 첨예도 S

$$S = Q = \frac{\omega_r L}{R} = \frac{2\pi f_r L}{R} = \frac{2\pi \times 60 \times 10^3 \times 10 \times 10^{-3}}{20} = \frac{3768}{20} = 188.4$$

(2) 대역폭 Δf

$$\Delta f = \frac{f_r}{S} = \frac{60 \times 10^3}{188.4} \fallingdotseq 318.4 [Hz]$$

(3) 차단주파수 f_1, f_2

$$f_1 = f_r - \frac{\Delta f}{2} = 60000 - \frac{318.4}{2} = 59840.8 \, [\text{Hz}]$$

$$f_2 = f_r + \frac{\Delta f}{2} = 60000 + \frac{318.4}{2} = 60159.2 \, [\text{Hz}]$$

10.2 병렬공진회로

병렬공진회로는 실제적인 회로(저항이 포함된 코일과 커패시터의 병렬)에서의 병렬공진과 R, L, C 단독 병렬공진 회로로 구분할 수 있다.

1) R, L, C 단독병렬공진 특성

그림과 같이 R, L, C가 병렬로 구성된 회로이다.

(1) RLC 병렬회로에서 전체 어드미턴스 Y

$$Y = G + j(B_C - B_L)$$
$$= \frac{1}{R} + j\left(\omega C - \frac{1}{\omega L}\right)$$

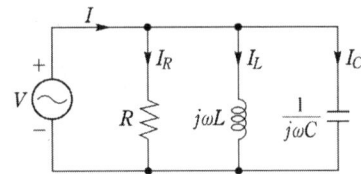

(2) 병렬공진 조건

어드미턴스의 허수부가 0이 되는 서셉턴스 $B = 0$일 때 병렬공진이 일어난다.

즉 공진조건과 이때의 공진 각주파수 ω_r와 공진 주파수 f_r는

① 공진조건 : $B_L = B_C$, $\dfrac{1}{\omega_r L} = \omega_r C$

② 공진주파수 : $\omega_r = \dfrac{1}{\sqrt{LC}}$ [rad/s] , $f_r = \dfrac{1}{2\pi\sqrt{LC}}$ [Hz]이 되고,

직렬공진회로와 동일한 공진 주파수를 갖는다.

(3) 병렬공진 시 합성어드미턴스

합성어드미턴스 $Y_r = \dfrac{1}{R}$로 되어 최소가 되며, **전압과 전류의 위상이 같은 동상의 저항성 회로**가 된다.

(4) 병렬공진시 전류

$I_r = Y_r V = \dfrac{V}{R}$ [A] 이고 Y_r에 비례하므로 I_r는 **최소가 된다.**

(5) 병렬공진시 각 소자에 흐르는 전류 I_R, I_L, I_C와 전체전류 I

$I_R = \dfrac{V}{R}$, $I_L = \dfrac{V}{\omega_r L}$, $I_C = \omega_r CV$

$I = I_R + j(I_C - I_L)$, 여기서 $I_L = I_C$ 이므로 $I = I_R$이 된다.

(6) 전류 확대율

$$Q = \frac{I_L}{I} = \frac{I_C}{I}, \quad Q = \frac{R}{\omega_r L} = \omega_r CR = R\sqrt{\frac{C}{L}}$$ 가 된다.

L 또는 C에 흐르는 전류 I_L, I_C와 전류 확대율 Q의 관계는 $I_L = I_C = QI$ 가 되어 병렬 공진시 L이나 C소자에 흐르는 전류는 회로의 전체 전류의 Q배가 된다. 따라서 병렬공진을 전류공진 이라고도 한다.

2) 실제회로 병렬공진 특성

그림과 같이 L과 C의 병렬회로로 구성된다.

여기서, R은 인덕터 L에 포함된 권선저항 성분이다.

(1) L과 C회로에 흐르는 전류 I_L, I_C

$$I_L = \frac{V}{R+j\omega L}, \quad I_C = j\omega CV$$

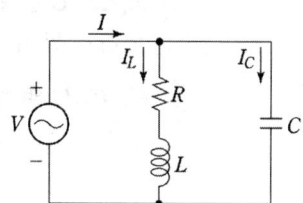

(2) 전 전류 I

$$I = I_L + I_C = \left(\frac{1}{R+j\omega L} + j\omega C\right)V$$

$$= \left\{\frac{R}{R^2+\omega^2 L^2} + j\left(\omega C - \frac{\omega L}{R^2+\omega^2 L^2}\right)\right\}V$$

$$= (G+jB)V = YV$$

(3) 병렬공진 조건

직렬공진조건과 마찬가지로 허수부 = 0 즉, 서셉턴스 B = 0로 되는 조건이다.

즉, $\omega C - \frac{\omega L}{R^2+\omega^2 L^2} = 0$이므로 병렬공진 각주파수 ω_r와 병렬공진 주파수 f_r는

$$\omega_r = \sqrt{\left(\frac{1}{LC} - \frac{R^2}{L^2}\right)}, \quad f_r = \frac{1}{2\pi}\sqrt{\left(\frac{1}{LC} - \frac{R^2}{L^2}\right)}$$

그러나 이식은 **실제 사용상 매우 복잡하므로**

$$Q = \frac{\omega L}{R} \geq 10$$의 조건에서는 $\frac{1}{LC} \gg \frac{R^2}{L^2}$로 되므로

$$\omega_r = \frac{1}{\sqrt{LC}}, \quad f_r = \frac{1}{2\pi\sqrt{LC}}$$

로 되어 수식적으로는 직렬공진 주파수와 같아진다.

(4) 병렬공진시의 임피던스 Z_r

$$Z_r = \frac{1}{Y_r} = \frac{R^2+\omega_r^2 L^2}{R}$$

특히 R이 매우 작은 경우나 고주파 전원인 경우에는 $R^2 \ll \omega_r^2 L^2$의 관계로 되므로 다음 식으로 정리된다.

$$Z_r = \frac{\omega_r^2 L^2}{R} = \frac{L}{RC}$$

(5) 병렬공진시의 전류 I_a

병렬공진시에는 어드미턴스 Y가 최소로 되기 때문에 임피던스 Z는 최대가 되고 전류가 최소로 된다.

$$I_r = \frac{V}{Z_r} = \frac{RC}{L} V$$

(6) 전류확대율 Q

$$Q = \frac{I_L}{I} = \frac{I_C}{I} = \frac{\omega_r L}{R} = \frac{1}{R\omega_r C} = \frac{1}{R}\sqrt{\frac{L}{C}}$$

예제 69 그림과 같은 병렬공진회로에서 다음을 구하시오.
(1) 병렬 공진주파수 f_a
(2) 병렬공진시의 임피던스 Z_a
(3) 병렬공진시의 전원전류 I_a

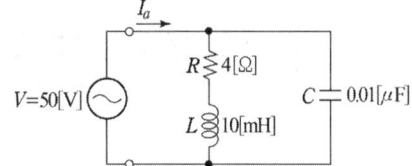

| 풀이 |

(1) 병렬 공진주파수 f_a

$$f_a = \frac{1}{2\pi}\sqrt{\left(\frac{1}{LC} - \frac{R^2}{L^2}\right)}$$

$$= \frac{1}{2\pi}\sqrt{\frac{1}{10\times 10^{-3}\times 0.01\times 10^{-6}} - \frac{4^2}{(10\times 10^{-3})^2}} \fallingdotseq \frac{10^5}{2\pi} \fallingdotseq 15915 [\text{Hz}]$$

(2) 병렬공진시의 임피던스 Z_a

$$Z_a \fallingdotseq \frac{L}{RC} = \frac{10\times 10^{-3}}{4\times 0.01\times 10^{-6}} = 250\times 10^3\ [\Omega] = 250\ [\text{k}\Omega]$$

(3) 병렬공진시의 전원전류 I_a

$$I_a = \frac{V}{Z_a} = \frac{50}{250\times 10^3} = 0.2\times 10^{-3}\ [\text{A}] = 200\ [\mu\text{A}]$$

3) 직·병렬 공진 요약

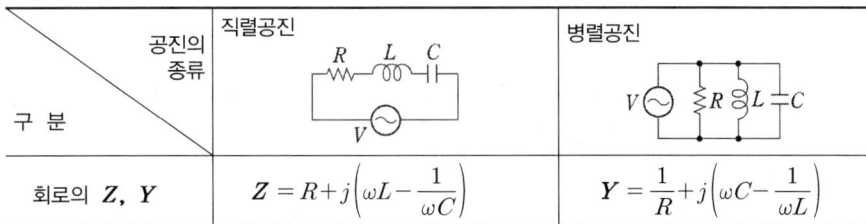

구 분	공진의 종류	직렬공진	병렬공진
회로의 Z, Y		$Z = R + j\left(\omega L - \frac{1}{\omega C}\right)$	$Y = \frac{1}{R} + j\left(\omega C - \frac{1}{\omega L}\right)$

공진 조건	$\omega_r L = \dfrac{1}{\omega_r C}$	$\omega_r C = \dfrac{1}{\omega_r L}$
공진 각주파수	$\omega_r = \dfrac{1}{\sqrt{LC}}$	$\omega_r = \dfrac{1}{\sqrt{LC}}$
공진 주파수	$f_r = \dfrac{1}{2\pi\sqrt{LC}}$	$f_r = \dfrac{1}{2\pi\sqrt{LC}}$
공진시 Z_r, Y_r	$Z_r = R$ (최소)	$Y_r = \dfrac{1}{R}$ (최소)
공진 전류	$I_r = \dfrac{V}{Z_r} = \dfrac{V}{R}$ (최대)	$I_r = Y_r V = \dfrac{V}{R}$ (최소)
선택도	$Q = \dfrac{\omega_r}{\omega_2 - \omega_1} = \dfrac{\omega_r L}{R}$ $= \dfrac{1}{\omega_r CR} = \dfrac{1}{R}\sqrt{\dfrac{L}{C}}$	$Q = \dfrac{\omega_r}{\omega_2 - \omega_1} = \dfrac{R}{\omega_r L}$ $= \omega_r CR = R\sqrt{\dfrac{C}{L}}$

11. 분포정수회로

11.1 특성 임피던스와 전파정수

1) 특성 임피던스 (파동 임피던스) : $Z_0 = \sqrt{\dfrac{Z}{Y}}$

2) 전파정수(propagation constant) : $\gamma = \sqrt{ZY}$
또한, 전파정수를 $\gamma = \alpha + j\beta$ 라 한다.
여기서, α를 감쇠정수(attenuation constant), β를 위상정수(phase constant)라 한다.

3) 분포정수 회로의 4단자 정수
$$A = D = \cosh\gamma l, \quad B = Z_0 \sinh\gamma l, \quad C = \dfrac{1}{Z_0}\sinh\gamma l$$

예제 70 단위 길이당의 인덕턴스 $L[H]$, 커패시턴스 $C[\mu F]$의 가공선의 특성임피던스 Z_0를 구하시오.

|풀이| $Z_0 = \sqrt{\dfrac{Z}{Y}} = \sqrt{\dfrac{j\omega L}{j\omega C \times 10^{-6}}} = \sqrt{\dfrac{L}{C}} \times 10^3 [\Omega]$

예제 71 선로의 저항 $R = 1.017[\Omega/\text{km}]$, 인덕턴스 $L = 0.685[\text{mH/km}]$, 커패시턴스 $C = 0.00173[\mu\text{F/km}]$, $G = 0$ 주어질 때 $50[\text{Hz}]$에 대한 직렬 임피던스 Z, 병렬 어드미턴스 Y, 특성임피던스 Z_0 및 전파정수 γ를 구하시오.

|풀이| ① 직렬 임피던스 Z
$$Z = R + j\omega L = 1.017 + j2\pi \times 50 \times 0.685 \times 10^{-3}$$
$$\fallingdotseq 1.017 + j0.215 = 1.126 \angle 11° \ [\Omega/\text{km}]$$
② 병렬 어드미턴스 Y
$$Y = j\omega C = j2\pi \times 50 \times 0.00173 \times 10^{-6} \fallingdotseq j0.543 \times 10^{-6}$$
$$= 0.543 \times 10^{-6} \angle 90° \ [\mho/\text{km}]$$
③ 특성임피던스 Z_0는
$$Z_0 = \sqrt{\frac{Z}{Y}} = \sqrt{\left(\frac{1.126 \angle 11°}{0.543 \times 10^{-6} \angle 90°}\right)} = 1440 \angle -39.5°$$
$$= 1440(\cos 39.5° - j\sin 39.5°) = 1112 - j916 \ [\Omega]$$
④ 전파정수 γ는
$$\gamma = \sqrt{ZY} = \sqrt{1.126 \times 0.543 \times 10^{-6}} \angle 101°$$
$$= 0.751 \times 10^{-3} \angle 50.5° = (0.478 + j0.58) \times 10^{-3}$$

11.2 무손실 선로

1) 무손실 선로 : $R = G = 0$인 선로를 무손실 선로라 한다.

2) 특성임피던스 Z_0
$$Z_0 = \sqrt{\frac{Z}{Y}} = \sqrt{\frac{R + j\omega L}{G + j\omega C}} = \sqrt{\frac{L}{C}}$$

3) 전파정수 γ
$$\gamma = \alpha + j\beta = \sqrt{ZY} = \sqrt{(R + j\omega L)(G + j\omega C)} = j\omega\sqrt{LC}$$
$$\therefore \alpha = 0, \ \beta = \omega\sqrt{LC}$$

4) 진행파의 전파속도 v
$$v = \frac{1}{\sqrt{LC}}$$

따라서 **무손실 선로에서는 신호의 감쇠가 없으며 주파수에 관계없이 같은 크기의 파형이 전파속도 v로 진행한다.**

예제 72 위상정수가 $\pi/4[\text{rad/m}]$인 선로의 $10[\text{MHz}]$에 대한 파장 $\lambda[\text{m}]$및 전파속도 v $[\text{m/s}]$를 구하시오.

|풀이| 위상차가 2π로 되는 거리가 1 파장이므로
$$\beta\lambda = 2\pi \quad \therefore \lambda = \frac{2\pi}{\beta}$$
전파속도 v는 $v = f\lambda = \dfrac{2\pi f}{\beta}$

$$\beta = \frac{\pi}{4},\ f = 10 \times 10^6 \text{이므로}$$

$$\lambda = \frac{2\pi}{\frac{\pi}{4}} = 8[\text{m}], \quad v = 8 \times 10^7 [\text{m/s}]$$

예제 73 $L = 25\,[\text{mH/km}]$, $C = 0.005\,[\mu\text{F/km}]$의 선로가 있다. 무손실 선로라고 가정한 경우 위상속도 v를 구하시오.

|풀이| 무손실 선로이므로 전파정수 γ는
$$\gamma = \alpha + j\beta = j\omega\sqrt{LC}\ \text{이다.}$$
$\beta = \omega\sqrt{LC}$ 이므로 위상속도 v는
$$v = f\lambda = \frac{\omega}{\beta} = \frac{\omega}{\omega\sqrt{LC}} = \frac{1}{\sqrt{LC}}$$
$$= \frac{1}{\sqrt{25 \times 10^{-3} \times 0.005 \times 10^{-6}}} = \frac{10^6}{\sqrt{125}} \fallingdotseq 8.95 \times 10^4 [\text{km/s}]$$

11.3 무왜형 선로

1) 무왜형 선로의 조건 $RC = GL$

2) 특성임피던스 $Z_0 = \sqrt{\dfrac{Z}{Y}} = \sqrt{\dfrac{R + j\omega L}{G + j\omega C}} = \sqrt{\dfrac{L}{C}}$

3) 전파정수 γ
$$\gamma = \sqrt{ZY} = \sqrt{(R + j\omega L)(G + j\omega C)} = \sqrt{RG} + j\omega\sqrt{LC}$$
∴ 감쇠정수 $\alpha = \sqrt{RG}$, 위상정수 $\beta = \omega\sqrt{LC}$

4) 진행파의 전파속도 v
$$v = \frac{\omega}{\beta} = \frac{\omega}{\omega\sqrt{LC}} = \frac{1}{\sqrt{LC}}$$

따라서, Z_0, α, v는 주파수에 관계없음을 알 수 있다.

예제 74 저항 $R = 20[\Omega/\text{km}]$, 인덕턴스 $L = 25[\text{mH/km}]$, 커패시턴스 $C = 0.005[\mu\text{F/km}]$, 컨덕턴스 $G = 0.1[\mu\mho/\text{km}]$인 선로가 있다. 이 선로를 무왜형 회로로 하려면 어떻게 하면 되는가? 또 그 결과 위상속도는 얼마인가?

|풀이| 이그러짐이 없는 회로 조건은 $\dfrac{R}{L} = \dfrac{G}{C}$ 이다.
$$\frac{R}{L} = \frac{20}{25 \times 10^{-3}} = 800$$
$$\frac{G}{C} = \frac{0.1 \times 10^{-6}}{0.005 \times 10^{-6}} = 20$$

이 경우에는 $\frac{R}{L} > \frac{G}{C}$가 되므로 장하 코일을 사용하면 인덕턴스 L'는

$$\frac{20}{0.025 + L'} = 20 \quad \therefore L' = 0.975 \text{ [H]}$$

즉, 1[km]당 0.975[H]의 장하 코일을 직렬로 삽입하면 된다. 이 결과

$$\beta = \omega \sqrt{(L+L')C} = \omega \sqrt{0.5 \times 10^{-8}}$$

이므로 위상속도 v는

$$v = \frac{\omega}{\beta} = \frac{10^4}{\sqrt{0.5}} = 1.42 \times 10^4 \text{[km/s]}$$

12. 직류 회로의 과도현상

1) $R-L$ 직렬회로

	$R-L$ 직렬회로	직류 기전력 인가시 (S/W on 시)	직류 기전력 제거시 (S/W off 시)
①	전류 $i(t)$	$i(t) = \frac{E}{R}\left(1 - e^{-\frac{R}{L}t}\right)$	$i(t) = \frac{E}{R}e^{-\frac{R}{L}t}$
②	시정수	$\tau = \frac{L}{R}$ [sec]	$\tau = \frac{L}{R}$ [sec]
③	v_R	$v_R = E\left(1 - e^{-\frac{R}{L}t}\right)$ [V]	
④	v_L	$v_L = Ee^{-\frac{R}{L}t}$ [V]	

2) $R-C$ 직렬회로

	$R-C$ 직렬회로	직류 기전력 인가시 (S/W on 시)	직류 기전력 제거시 (S/W off 시)
①	전하 $q(t)$	$q(t) = CE\left(1 - e^{-\frac{1}{RC}t}\right)$	$q(t) = CEe^{-\frac{1}{RC}t}$
②	전류 $i(t)$	$i(t) = \frac{E}{R}e^{-\frac{1}{RC}t}$ [A]	$i(t) = -\frac{E}{R}e^{-\frac{1}{RC}t}$ [A]
③	시정수	$\tau = RC$ [sec]	$\tau = RC$ [sec]
④	v_R	$v_R = Ee^{-\frac{1}{RC}t}$ [V]	
⑤	v_C	$v_c = E\left(1 - e^{-\frac{1}{RC}t}\right)$ [V]	

3) $R-L-C$ 직렬회로

특 성	$R-L-C$ 직렬회로
① $R > 2\sqrt{\dfrac{L}{C}}$ 과제동 (비진동적)	
② $R = 2\sqrt{\dfrac{L}{C}}$ 임계 진동	
③ $R < 2\sqrt{\dfrac{L}{C}}$ 부족 제동(감쇄진동)	
④ $R = 0$ 무제동 ($L-C$ 회로)	

13. 라플라스 변환

13.1 라플라스 변환(Laplace transformation)

어떤 임의의 시간함수 $f(t)$ 에 e^{-st} 를 곱한 $f(t)e^{-st}$ 를 시간 t 에 대해서 0부터 ∞ 까지 적분하면 $f(t)$ 는 라플라스 연산자 s 를 갖는 함수 $F(s)$ 로 변환된다.
즉, $0 \leq t \leq \infty$ 로 정의되는
$f(t)$의 라플라스 변환은 다음 식으로 표시한다.

$$F(s) = \mathcal{L}[f(t)] = \int_0^\infty f(t)\, e^{-st}\, dt$$

역으로 $F(s)$ 함수로부터 $f(t)$를 구하는 것을 라플라스 역변환(inverse Laplace transformation)이라 하며 $\mathcal{L}^{-1}[F(s)]$로 표시하며 다음과 같이 정의한다.

$$f(t) = \mathcal{L}^{-1}[F(s)] = \frac{1}{2\pi j} \int_{c-j\infty}^{c+j\infty} f(t) e^{st}\, ds$$

1) 상수(constant) a

$f(t) = a$ 이므로

$$\mathcal{L}[a] = \int_0^\infty a\, e^{-st}\, dt = a\left[-\frac{e^{-st}}{s}\right]_0^\infty = \frac{a}{s}$$

$$\therefore \mathcal{L}[a] = \frac{a}{s}$$

예제 75 $f(t) = 5$의 라플라스 변환은?

| 풀이 | $\mathcal{L}[5] = \int_0^\infty 5\, e^{-st}\, dt = 5\left[-\frac{e^{-st}}{s}\right]_0^\infty = \frac{5}{s}$

2) 단위 계단함수 $u(t)$

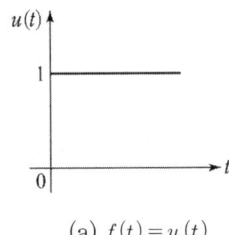

(a) $f(t) = u(t)$ (b) $f(t) = u(t-a)$

(1) 단위 계단함수(unit step function)

$$u(t) = \begin{cases} 0, & t < 0 \\ 1, & t > 0 \end{cases}$$

$u(t)$를 라플라스 변환하면, $s > 0$ 범위에서

$$\mathcal{L}[u(t)] = \int_0^\infty u(t) e^{-st}\, dt = \int_0^\infty 1\cdot e^{-st}\, dt = \left[-\frac{e^{-st}}{s}\right]_0^\infty = \frac{1}{s}$$

(2) 단위 계단함수가 시간 이동하는 경우

$$u(t-a) = \begin{cases} 0, & t < a \\ 1, & t \geq a \end{cases}$$

$u(t-a)$를 라플라스 변환하면

$$\mathcal{L}[u(t-a)] = \int_0^\infty u(t-a) e^{-st}\, dt = \int_0^a 0 \cdot e^{-st}\, dt + \int_a^\infty 1 \cdot e^{-st}\, dt$$

$$= \left[-\frac{1}{s} e^{-st}\right]_a^\infty = -\frac{1}{s}(e^{-\infty} - e^{-as}) = \frac{1}{s} e^{-as}$$

예제 76 $f(t) = u(t-3)$의 라플라스 변환은?

| 풀이 | $\mathcal{L}[u(t-3)] = \int_0^\infty u(t-3) e^{-st} dt = \int_0^3 0 \cdot e^{-st} dt + \int_3^\infty 1 \cdot e^{-st} dt$

$= \left[-\frac{1}{s} e^{-st} \right]_3^\infty = -\frac{1}{s}(e^{-\infty} - e^{-3s}) = \frac{1}{s} e^{-3s}$

3) 단위 램프함수 t

(1) 단위 램프함수(unit ramp function)

$$f(t) = t u(t) = \begin{cases} 0, & t < 0 \\ t, & t > 0 \end{cases}$$

라플라스 변환하면

$$F(s) = \mathcal{L}[f(t)] = \int_0^\infty t u(t) e^{-st} dt$$

가 되며, 부분적분 공식

$$\int u\, dv = uv - v\int du$$

을 이용하여 $u = t$, $dv = e^{-st} dt$ 를 대입하면

$$\int_0^\infty t e^{-st} dt = \left[t \frac{e^{-st}}{-s} \right]_0^\infty - \int_0^\infty \frac{e^{-st}}{-s} dt = \left[-\frac{1}{s^2} e^{-st} \right]_0^\infty = \frac{1}{s^2}$$

$$\therefore \mathcal{L}[t u(t)] = \frac{1}{s^2}$$

(2) 기울기가 a인 경우의 라플라스 변환은

$$\mathcal{L}[at] = \frac{a}{s^2}$$

예제 77 그림과 같은 함수를 라플라스 변환하시오.

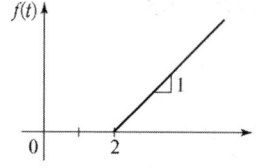

| 풀이 | 이 함수는 단위 램프함수를 시간축으로 2만큼 평행 이동한 것이므로

$f(t) = t u(t-2) = (t-2) u(t-2)$

$= \begin{cases} 0, & t < 2 \\ t, & t \geq 2 \end{cases}$

$f(t) = (t-2) u(t-2)$를 라플라스 변환하면

$\mathcal{L}[t u(t-2)] = \int_0^\infty (t-2) u(t-2) e^{-st} dt = \int_0^2 0 \cdot e^{-st} dt + \int_2^\infty t e^{-st} dt = \frac{1}{s^2} e^{-2s}$

4) 지수함수

$f(t) = e^{-at}$ 의 의 라플라스 변환

$$F(s) = \mathcal{L}[f(t)] = \int_0^\infty e^{-at} e^{-st} dt = \int_0^\infty e^{-(s+a)t} dt$$

$$= \left[-\frac{1}{s+a} e^{-(s+a)t} \right]_0^\infty = \frac{1}{s+a}$$

따라서,

$$\mathcal{L}[e^{\pm at}] = \frac{1}{s \pm a}$$

로 된다.

예제 78 $f(t) = e^{-3t}$ 를 라플라스 변환하시오.

| 풀이 | 지수함수의 라플라스 변환 결과식에 의해서

$$\mathcal{L}[e^{-3t}] = \frac{1}{s+3}$$

예제 79 $f(t) = e^{j\omega t}$ 의 라플라스 변환은?

| 풀이 | $\mathcal{L}[e^{j\omega t}] = \dfrac{1}{s - j\omega}$

5) 기본함수의 라플라스 변환

	$f(t)$	$F(s)$		$f(t)$	$F(s)$
1	$\delta(t)$	1	11	$\cosh\omega t$	$\dfrac{s}{s^2 - \omega^2}\ s > |\omega|$
2	$u(t)$	$\dfrac{1}{s}$	12	$t\sin\omega t$	$\dfrac{2\omega s}{(s^2 + \omega^2)^2}$
3	t	$\dfrac{1}{s^2}$	13	$t\cos\omega t$	$\dfrac{s^2 - \omega^2}{(s^2 + \omega^2)^2}$
4	t^n	$\dfrac{n!}{s^{n+1}}$	14	$e^{-at}\sin\omega t$	$\dfrac{\omega}{(s+a)^2 + \omega^2}$
5	e^{-at}	$\dfrac{1}{s+a}$	15	$e^{-at}\cos\omega t$	$\dfrac{s+a}{(s+a)^2 + \omega^2}$
6	te^{-at}	$\dfrac{1}{(s+a)^2}$	16	$te^{-at}\sin\omega t$	$\dfrac{2\omega(s+a)}{\{(s+a)^2 + \omega^2\}^2}$
7	$t^n e^{-at}$	$\dfrac{n!}{(s+a)^{n+1}}$	17	$te^{-at}\cos\omega t$	$\dfrac{(s+a)^2 - \omega^2}{\{(s+a)^2 + \omega^2\}^2}$

	$f(t)$	$F(s)$		$f(t)$	$F(s)$
8	$\sin\omega t$	$\dfrac{\omega}{s^2+\omega^2}$	18	$\dfrac{\sin\omega t}{t}$	$\tan^{-1}\dfrac{\omega}{s}$
9	$\cos\omega t$	$\dfrac{s}{s^2+\omega^2}$	19	$J_0(at)$	$\dfrac{1}{\sqrt{s^2+a^2}}$
10	$\sinh\omega t$	$\dfrac{\omega}{s^2-\omega^2}\ s>|\omega|$	20	$\dfrac{1}{\sqrt{t}}$	$\sqrt{\dfrac{\pi}{s}}$

13.2 라플라스 변환의 기본정리

1) 선형성

임의의 상수 $a,\ b$에 대해서 다음 관계가 성립하므로

$$af_1(t)\pm bf_2(t)\ \leftrightarrow\ aF_1(s)\pm bF_2(s)$$

상수 $a,\ b$에 대한 선형성이 성립한다.

$$\mathcal{L}\left[af_1(t)\pm bf_2(t)\right]=aF_1(s)\pm bF_2(s)$$

2) 상사정리

$\mathcal{L}\left[f(t)\right]=F(s)$일 때, a를 상수라 하면 다음 식이 성립한다.

$$\mathcal{L}\left[f(at)\right]=\frac{1}{a}F\left(\frac{s}{a}\right)$$

$$\mathcal{L}\left[f\left(\frac{t}{b}\right)\right]=bF(bs)$$

3) 시간추이정리

$\mathcal{L}\left[f(t)\right]=F(s)$이고 $f(t)$를 시간 t의 양의 방향으로 a만큼 이동한 함수 $f(t-a)$에 대한 라플라스 변환은 다음과 같다.

$$\mathcal{L}\left[f(t-a)\right]=e^{-as}F(s)$$

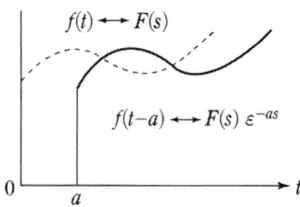

예제 80 $f(t)=\sin\omega(t-A)u(t-A)$를 라플라스 변환하면 어떻게 되는가?

| 풀이 | 시간 추이 정리 $\mathcal{L}\left[f(t-T)u(t-T)\right]=e^{-TS}F(s)$에 의해,

$$\mathcal{L}\left[f(x)\right]=e^{-AS}F(s)=e^{-AS}\frac{\omega}{s^2+\omega^2}$$

4) 복소추이정리

$\mathcal{L}\left[f(t)\right]=F(s)$일 때, $e^{\pm at}f(t)$의 라플라스 변환은 다음과 같다.

$$\mathcal{L}\left[e^{\pm at}f(t)\right] = F(s \mp a)$$

5) 미분정리

$f(t)$가 n회 미분 가능하면 t영역에 있어서 미분 $f'(t)$, $f''(t)$의 라플라스 변환은 다음과 같다.

$$\mathcal{L}\left[\frac{d}{dt}f(t)\right] = sF(s) - f(0_+)$$

$$\mathcal{L}\left[\frac{d^2}{dt^2}f(t)\right] = s^2 F(s) - sf(0_+) - f'(0_+)$$

6) 적분정리

$\mathcal{L}[f(t)] = F(s)$일 때, 정적분 $\int_0^t f(t)dt$ 의 라플라스 변환은 다음과 같다.

$$\mathcal{L}\left[\int_0^t f(t)\,dt\right] = \frac{1}{s}F(s)$$

7) 초기값 정리

어떤 함수 $f(t)$에 대해서 시간 t가 0에 가까워지는 경우 $f(t)$의 극한값을 초기값(initial value)이라 한다.

$$f(0_+) = \lim_{t \to 0} f(t) = \lim_{s \to \infty} sF(s)$$

8) 최종값 정리

어떤 함수 $f(t)$에 대해서 시간 t가 ∞에 가까워지는 경우 $f(t)$의 극한값을 최종값(final value)이라 한다.

$$f(\infty) = \lim_{t \to \infty} f(t) = \lim_{s \to 0} sF(s)$$

9) 라플라스 변환의 정리

상 수 승 산	$\mathcal{L}[Kf(t)] = KF(s)$
가 감 산	$\mathcal{L}[f_1(t) \pm f_2(t)] = [F_1(s) \pm F_2(s)]$
미 분 정 리	$\mathcal{L}\left[\dfrac{df(t)}{dt}\right] = sF(s) - f(0)$ $\mathcal{L}\left[\dfrac{d^n f(t)}{dt^n}\right] = s^n F(s) - s^{n-1}f(0) - s^{n-2}f^{(1)}(0) - \cdots - f^{(n-1)}(0)$
적 분 정 리	$\mathcal{L}\left[\int_0^t f(\tau)\,d\tau\right] = \dfrac{F(s)}{s}$ $\mathcal{L}\left[\int_0^{t_1}\int_0^{t_2}\cdots\int_0^{t_n} f(\tau)\,d\tau^n\right] = \dfrac{F(s)}{s^n}$
상 사 정 리	$\mathcal{L}\left[f\left(\dfrac{t}{a}\right)\right] = aF(as)$

시간추이정리	$\mathcal{L}[f(t-a)] = e^{-as}F(s)$
복소추이정리	$\mathcal{L}[e^{\mp at}f(t)] = F(s \pm a)$
복소미분정리	$\mathcal{L}[tf(t)] = (-1)^1 \dfrac{d}{ds}F(s)$
복소적분정리	$\mathcal{L}\left[\dfrac{f(t)}{t}\right] = \int_s^\infty F(s)ds$
초기값 정리	$\lim\limits_{t\to 0} f(t) = \lim\limits_{s\to\infty} sF(s)$
최종값 정리	$\lim\limits_{t\to\infty} f(t) = \lim\limits_{s\to 0} sF(s)$
합성적분 (상승)정리	$F_1(s)F_2(s) = \mathcal{L}\left[\int_0^t f_1(\tau)f_2(t-\tau)d\tau\right] = \mathcal{L}\left[\int_0^t f_2(\tau)f_1(t-\tau)d\tau\right]$ $= \mathcal{L}[f_1(\tau)f_2(\tau)]$
주기함수	$\mathcal{L}[f_1(t) + f_1(t-T) + f_1(t-2T) + \cdots] = F_1(s)\dfrac{1}{1-e^{-Ts}}$

14. 전달함수

14.1 전달 함수

1) 전달 함수의 정의

전달 함수는 제어시스템에 가해지는 입력신호에 대하여 출력신호가 어떤 모양으로 나오는가 하는 신호전달 특성을 제어요소에 따라 개별적으로 취급한 것으로 선형미분방정식의 **초기값을 0으로 했을 때 출력신호의 라플라스 변환과 입력 신호의 라플라스 변환의 값**이다. 여기서, 입력신호 $r(t)$에 대하여 출력신호 $c(t)$를 발생하는 요소의 전달 함수 $G(s)$는 다음과 같다.

$$G(s) = \frac{C(s)}{R(s)} = \frac{\text{출력을 라플라스 변환한 값}}{\text{입력을 라플라스 변환한 값}}$$

$$G(s) = \frac{C(s)}{R(s)} = \frac{b_m s^m + b_{m-1}s^{m-1} + \cdots + b_1 s + b_0}{a_n s^n + a_{n-1}s^{n-1} + \cdots + a_1 s + a_0}$$

〈제어시스템의 전달 함수〉

2) 전달 함수의 성질

① 전달 함수는 선형 시불변 시스템에서만 정의되고, **비선형 시스템에서는 정의되지 않는다.**
② 시스템의 입력변수와 출력변수 사이의 전달 함수는 **임펄스 응답의 라플라스 변환**으로 정의된다.
③ **시스템의 초기 조건은 0으로 한다.**
④ 전달 함수는 **시스템의 입력과는 무관**하다.
⑤ 제어시스템의 전달 함수는 s **만의 함수**로 표시된다.

14.2 시스템의 출력 응답

시간 영역에서의 출력신호 $c(t)$는 $G(s) = \dfrac{C(s)}{R(s)}$을 라플라스 역변환 함으로써 다음과 같다.

$$c(t) = \mathcal{L}^{-1}[G(s)R(s)]$$

여기서, **입력신호가 단위임펄스 함수인** $r(t) = \delta(t)$일 때 다음과 같다.

$$R(s) = \mathcal{L}[\delta(t)] = 1$$

따라서, 출력응답 $c(t)$는 다음과 같다.

$$c(t) = \mathcal{L}^{-1}[G(s)R(s)] = \mathcal{L}^{-1}[G(s)]$$

이것을 임펄스 응답이라 한다.
입력신호가 단위 계단함수인 $r(t) = u_s(t)$일 때 다음과 같다.

$$R(s) = \mathcal{L}[u_s(t)] = \frac{1}{s}$$

출력응답 $c(t)$는 다음과 같다.

$$c(t) = \mathcal{L}^{-1}[G(s)R(s)] = \mathcal{L}^{-1}\left[\frac{1}{s}G(s)\right]$$

이것을 **인디셜 응답 또는 단위 계단 응답**이라 한다.

14.3 제어요소의 전달 함수

1) 비례 요소

입력 신호 $x(t)$와 출력 신호 $y(t)$의 관계가,

$$y(t) = Kx(t)$$

로 표시되는 요소를 비례 요소라고 한다. 위 식을 라플라스 변환하면,

$$Y(s) = KX(s)$$

$$G(s) = \frac{Y(s)}{X(s)} = K$$

여기서, K를 이득 정수라 한다.

2) 미분 요소

입력 신호 $x(t)$와 출력 신호 $y(t)$의 관계가,

$$y(t) = K\frac{dx(t)}{dt}$$

와 같이 표시되는 요소를 미분 요소라 한다.

$$G(s) = \frac{Y(s)}{X(s)} = Ks$$

3) 적분 요소

입력 신호 $x(t)$와 출력 신호 $y(t)$와의 관계가,

$$y(t) = K\int x(t)dt$$

로 표시되는 요소를 적분 요소라 한다.

$$G(s) = \frac{Y(s)}{X(s)} = \frac{K}{s}$$

예제 81 그림과 같은 회로의 전달 함수는?
단, $T = RC$ 이다.

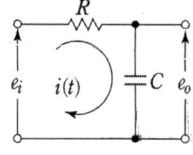

|풀이| 회로방정식은

$$e_i(t) = Ri(t) + \frac{1}{C}\int i(t)dt$$

$$e_o(t) = \frac{1}{C}\int i(t)dt$$

초기값을 0으로 하고 라플라스 변환하면

$$\mathcal{L}\left[\int i(t)\,dt\right] = \frac{I(s)}{s} \qquad \mathcal{L}[i(t)\,dt] = I(s)$$

$$\mathcal{L}\left[\frac{di(t)}{dt}\right] = s\,I(s)$$

이므로

$$E_i(s) = RI(s) + \frac{1}{Cs}I(s) = \left(R + \frac{1}{Cs}\right)I(s)$$

$$E_o(s) = \frac{1}{Cs}I(s)$$

$$\therefore G(s) = \frac{E_o(s)}{E_i(s)} = \frac{\frac{1}{Cs}}{R + \frac{1}{Cs}} = \frac{1}{RCs + 1} = \frac{1}{Ts + 1}$$

예제 82 회로망의 전달 함수 $H(s) = \dfrac{V_2(s)}{V_1(s)}$를 구하면?

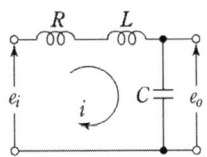

| 풀이 | 회로방정식은
$$V_1(t) = L\frac{di(t)}{dt} + \frac{1}{C}\int i(t)dt$$
$$V_2(t) = \frac{1}{C}\int i(t)dt$$

초기값을 0으로 하고 라플라스 변환하면
$$\mathcal{L}\left[\int i(t)\,dt\right] = \frac{I(s)}{s} \qquad \mathcal{L}\left[i(t)\,dt\right] = I(s)$$
$$\mathcal{L}\left[\frac{di(t)}{dt}\right] = s\,I(s)$$

이므로
$$V_1(s) = Ls + \frac{1}{Cs} \qquad V_2(s) = \frac{1}{Cs}$$

$$\therefore G(s) = \frac{V_2(s)}{V_1(s)} = \frac{\dfrac{1}{Cs}}{Ls + \dfrac{1}{Cs}} = \frac{1}{1 + LCs^2}$$

예제 83 그림과 같은 회로의 전달 함수 $\dfrac{E_o(s)}{E_i(s)}$는?

| 풀이 | 회로방정식은
$$e_i(t) = Ri(t) + L\frac{d}{dt}i(t) + \frac{1}{C}\int i(t)dt$$
$$e_o(t) = \frac{1}{C}\int i(t)dt$$

초기값을 0으로 하고 라플라스 변환하면,
$$E_i(s) = RI(s) + LsI(s) + \frac{1}{Cs}I(s) = \left(R + Ls + \frac{1}{Cs}\right)I(s)$$
$$E_o(s) = \frac{1}{Cs}I(s)$$

$$\therefore G(s) = \frac{E_o(s)}{E_i(s)} = \frac{\dfrac{1}{Cs}}{R + Ls + \dfrac{1}{Cs}} = \frac{1}{LCs^2 + RCs + 1}$$

4) 1차 지연 요소

1차 지연 요소의 시간 함수로서는 입력 신호 $x(t)$와 출력 신호 $y(t)$와의 관계가,

$$b_1 \frac{dy(t)}{dt} + b_0 y(t) = a_0 x(t) \ (b_1, \ b_0 > 0)$$

로 표시되는 요소를 **1차 지연 요소**라 한다.

$$G(s) = \frac{Y(s)}{X(s)} = \frac{a_0}{b_1 s + b_0} = \frac{a_0/b_0}{(b_1/b_0)s + 1} = \frac{K}{Ts + 1}$$

단, $a_0/b_0 = K$, $b_1/b_0 = T$(시정수)

이와 같은 1차 지연 요소의 블록 선도는 그림 (b)와 같으며, 인디셜 응답은 위 식을 역라플라스 변환한 것으로,

$$y(t) = \mathcal{L}^{-1}\left[\frac{1}{s}G(s)\right] = \mathcal{L}^{-1}\left[\frac{K}{s(Ts+1)}\right] = K\left(1 - e^{-\frac{1}{T}t}\right)$$

의 곡선으로 나타내며 그림 (c)와 같다.

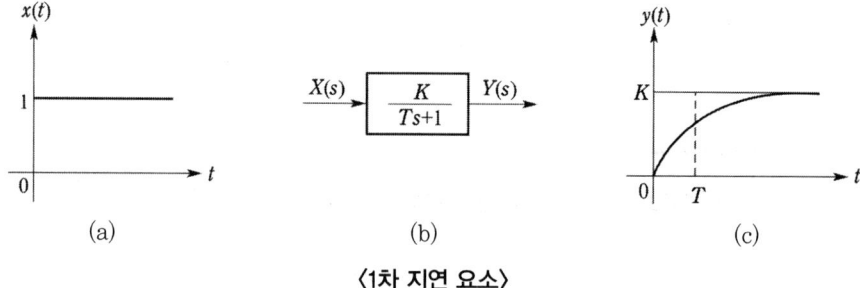

〈1차 지연 요소〉

5) 2차 지연 요소

입력 신호 $x(t)$와 출력 신호 $y(t)$와의 관계가,

$$b_2 \frac{d^2 y(t)}{dt^2} + b_1 \frac{dy(t)}{dt} + b_0 y(t) = a_0 x(t) \ (b_2, \ b_1, \ b_0 > 0)$$

와 같이 표시되는 요소를 **2차 지연 요소**라 한다.

$$G(s) = \frac{Y(s)}{X(s)} = \frac{a_0}{b_2 s^2 + b_1 s + b_0} = \frac{K}{1 + 2\delta Ts + T^2 s^2} = \frac{K\omega_n^2}{s^2 + 2\delta\omega_n s + \omega_n^2}$$

단, $a_0/b_0 = K$, $b_2/b_0 = T^2$, $b_1/b_0 = 2\delta T$ 또는 $1/T = \omega_n$

여기서, δ를 감쇠 계수 또는 제동비, ω_n을 고유 주파수라 한다.

2차 지연 요소의 블록 선도는 그림 (b)와 같으며, 인디셜 응답은 그림 (c)와 같은 모양이 된다.

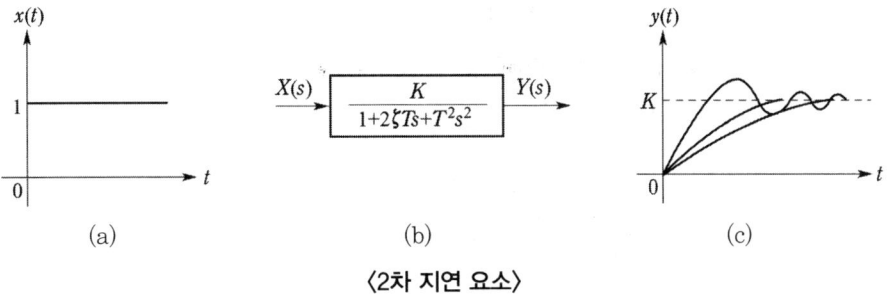

<2차 지연 요소>

6) 부동작 시간 요소

$t = 0$에서 **입력의 변화가 생겨도 $t = L$까지 출력측에 어떠한 영향도 나타나지 않은 요소를 부동작 요소**라 하며, 그 입력과 출력의 관계는,

$$y(t) = Kx(t-L)$$

로 표시된다.

$$G(s) = \frac{Y(s)}{X(s)} = Ke^{-Ls}$$

여기서, L을 **부동작 시간**이라 한다.

부동작 시간 요소의 블록 선도는 그림 (b)와 같으며 인디셜 응답은 그림 (c)와 같이 된다.

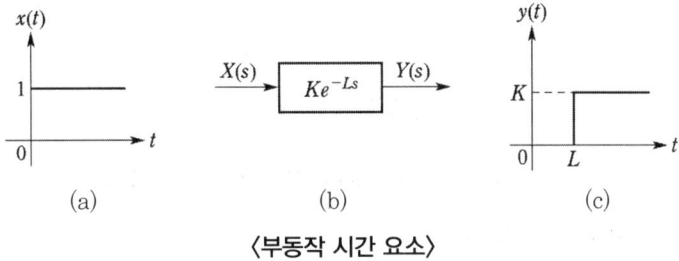

<부동작 시간 요소>

14.4 보상법

이득 조정만으로는 만족한 정상 특성이나 과도 특성이 실현되지 않는 경우에는 적당한 보상 요소를 제어시스템에 삽입하여 개회로 전달 함수의 형을 변경하여 특성을 개선한다.

일반적으로 많이 사용되는 보상요소(보상기)의 종류로는 **진상 보상기, 지상 보상기, 진상·지상 보상기**가 있다.

1) 진상 보상기

(1) 진상 보상기의 목적

위상특성이 빠른 요소, 즉 진상요소를 보상요소로 사용하며 **안정도와 속응성의 개**

선을 목적으로 한다.

(2) 진상 보상기의 전달 함수

전달 함수 $G_{\text{lead}}(s)$는,

$$G_{\text{lead}}(s) = \frac{V_o(s)}{V_i(s)} = \frac{Cs + \frac{1}{R_1}}{Cs + \frac{1}{R_1} + \frac{1}{R_2}} = \frac{s+a}{s+b}$$

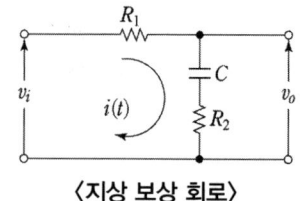

〈진상 보상기 회로〉

단, $a = \frac{1}{R_1 C}$, $b = \frac{1}{R_1 C} + \frac{1}{R_2 C}$

이 회로는 $b > a$ 이므로 진상 보상기로 동작한다.

2) 지상 보상기

(1) 지상 보상기의 목적

위상특성이 늦은 요소, 즉 지상요소를 보상요소로 사용하며 보상요소를 삽입한 후 이득을 재조정하여 **정상편차를 개선**하는 것을 목적으로 한다.

(2) 지상보상기의 전달 함수

전달 함수 $G_{\text{lag}}(s)$는,

$$G_{\text{lag}}(s) = \frac{V_o(s)}{V_i(s)} = \frac{R_2 + \frac{1}{Cs}}{R_1 + R_2 + \frac{1}{Cs}} = \frac{a(s+b)}{b(s+a)}$$

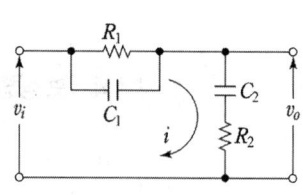

〈지상 보상 회로〉

$a = \frac{1}{(R_1 + R_2)C}$, $b = \frac{1}{R_2 C}$

이 회로는 $b > a$ 이므로 지상 보상기로 동작한다.

3) 진상·지상 보상기

(1) 진상·지상 보상기의 목적

요소의 위상특성이 정·부로 변화하여 1개의 요소로서 보상을 행하고 **속응성과 안정도 및 정상편차를 동시에 개선**한다.

(2) 진상·지상보상기의 전달 함수

보상기의 전달 함수 $G_{LL}(s)$는

$$G_{LL}(s) = \frac{V_o(s)}{V_i(s)}$$

〈지상·진상 보상기 회로〉

$$= \frac{\left(s + \frac{1}{R_1 C_1}\right)\left(s + \frac{1}{R_2 C_2}\right)}{s^2 + \left(\frac{1}{R_2 C_2} + \frac{1}{R_2 C_1} + \frac{1}{R_1 C_1}\right)s + \frac{1}{R_1 C_1 R_2 C_2}} = \frac{(s+a_1)(s+b_2)}{(s+b_1)(s+a_2)}$$

단, $a_1 = \dfrac{1}{R_1 C_1}$, $b_1 a_2 = a_1 b_2$,

$b_1 + a_2 = a_1 + b_2 + \dfrac{1}{R_2 C_1}$, $b_2 = \dfrac{1}{R_2 C_2}$

이 보상기는 2개의 0점과 극점을 가진다. **진상·지상 보상기로 동작하기 위한 조건은 $b_1 > a_1$, $b_2 > a_2$** 이다.

예제 84 그림과 같은 회로의 전달 함수는 얼마인가?

단, $T_1 = R_1 C$, $T_2 = \dfrac{R_2}{R_1 + R_2}$ 이다.

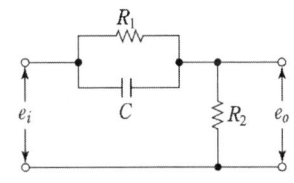

| 풀이 |

$G(s) = \dfrac{1/R_1 + Cs}{1/R_1 + 1/R_2 + Cs} = \dfrac{R_2}{R_1 + R_2} \cdot \dfrac{1 + R_1 Cs}{1 + \dfrac{R_1 R_2}{R_1 + R_2} Cs}$

$T_1 = RC$, $T_2 = \dfrac{R_2}{R_1 + R_2}$ 이므로

$\therefore G(s) = \dfrac{T_2(1 + T_1 s)}{1 + T_1 T_2 s}$

MEMO

E90-4 전기공사산업기사 필기

제 4 과목 회로이론
최근기출문제

- ¶ 2012년도 전기공사산업기사 필기
- ¶ 2013년도 전기공사산업기사 필기
- ¶ 2014년도 전기공사산업기사 필기
- ¶ 2015년도 전기공사산업기사 필기
- ¶ 2016년도 전기공사산업기사 필기
- ¶ 2017년도 전기공사산업기사 필기
- ¶ 2018년도 전기공사산업기사 필기
- ¶ 2019년도 전기공사산업기사 필기
- ¶ 2020년도 전기공사산업기사 필기
- ¶ 2021년도 전기공사산업기사 필기(CBT)
- ¶ 2022년도 전기공사산업기사 필기(CBT)
- ¶ 2023년도 전기공사산업기사 필기(CBT)
- ¶ 2024년도 전기공사산업기사 필기(CBT)
- ¶ 2025년도 전기공사산업기사 필기(CBT)

2012년 기출문제

1회　회로이론

61 평형 3상 부하에 전력을 공급할 때 선전류 값이 20[A]이고 부하의 소비전력이 4 [kW]이다. 이 부하의 등가 Y회로에 대한 각 상의 저항은 약 몇 [Ω]인가?
① 3.3 [Ω]　② 5.7 [Ω]
③ 7.2 [Ω]　④ 10 [Ω]

풀이　Y결선에서 선전류와 상전류는 같고
또, 유효전력 $P=3I^2R$[W] 이므로
$R=\dfrac{P}{3I^2}=\dfrac{4\times10^3}{3\times20^2}=3.33[\Omega]$
【답】①

62 $F(s)=\dfrac{s}{s^2+\pi^2}\cdot e^{-2s}$ 함수를 시간추이정리에 의해서 역변환하면?
① $\sin\pi(t-2)\cdot u(t-2)$
② $\sin\pi(t+a)\cdot u(t+a)$
③ $\cos\pi(t-2)\cdot u(t-2)$
④ $\cos\pi(t+a)\cdot u(t+a)$

풀이

$f(t)$	$F(s)$
$\sin\omega t$	$\dfrac{\omega}{s^2+\omega^2}$
$\cos\omega t$	$\dfrac{s}{s^2+\omega^2}$

이므로 시간 추이 정리 $\mathcal{L}[f(t-a)]=e^{-as}F(s)$를 이용하면
$F(s)=\dfrac{s}{s^2+\pi^2}\cdot e^{-2s}$ 의 역라플라스 변환은
$\mathcal{L}^{-1}[F(s)]=f(t)=\cos\pi(t-2)\cdot u(t-2)$
【답】③

63 파고율이 2가 되는 파형은?
① 정현파　② 톱니파
③ 사각파　④ 정류파(정현반파)

풀이　파고율 = $\dfrac{최대치}{실효치}$
로 표현되며, 각 파형의 파형률 및 파고율은 다음과 같다.

	구형파	3각파	정현파	정류파(전파)	정류파(반파)
파형률	1.0	1.15	1.11	1.11	1.57
파고율	1.0	1.732	1.414	1.414	2.0

【답】④

64 평형 3상 무유도 저항 부하가 3상 4선식 회로에 접속되어 있을 때 단상 전력계를 그림과 같이 접속했더니 그 지시값이 W[W]이었다. 이 부하의 전력[W]은? (단, 정현파 교류이다.)

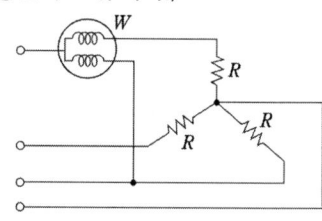

① $\sqrt{2}\,W$　② $2W$
③ $\sqrt{3}\,W$　④ $3W$

풀이　선간 전압을 E_{12}, 부하 전류를 I_1이라 하면 I_1은 상전압 E_1과 동상이 되지만 E_{12}와는 30° 위상차가 있으므로
$W=E_{12}I_1\cos30°=\dfrac{\sqrt{3}}{2}E_{12}\cdot I_1$
∴ $E_{12}\cdot I_1=\dfrac{2W}{\sqrt{3}}$
부하 전력 $P=\sqrt{3}E_{12}\cdot I_1=\sqrt{3}\times\dfrac{2W}{\sqrt{3}}=2W$[W]
【답】②

65 비접지 3상 Y부하의 각 선에 흐르는 비대칭 각 선전류를 I_a, I_b, I_c라 할 때 선전류의 영상분 I_0는?
① I_a+I_b　② $I_a+I_b+I_c$
③ $\dfrac{1}{3}(I_a-I_b-I_c)$　④ 0

풀이　영상분은 접지선, 중성선에 존재한다. 따라서 비접지 3상 Y부하는 중성선이 없으므로 영상분이 존재하지 않는다.
【답】④

66 그림과 같은 회로에서 부하 R_L에서 소비되는 최대전력은 몇 [W]인가?

① 50
② 125
③ 250
④ 500

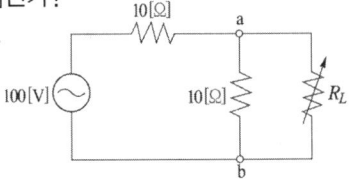

풀이
• a, b단자에서 본 합성저항 $R = \dfrac{10 \times 10}{10+10} = 5[\Omega]$ (이때 **전압원은 단락**)
• a, b단자 사이의 전압 $E_{ab} = \dfrac{100}{10+10} \times 10 = 50[V]$
• **최대전력 전달 조건은** $R = R_L$ 이므로 $R_L = 5[\Omega]$이 되어야 한다.

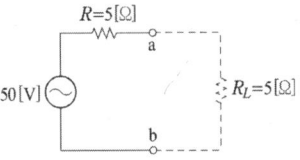

• 전력 $P_L = I^2 R_L = \left(\dfrac{50}{5+5}\right)^2 \cdot 5 = 125[W]$ 【답】②

67 $\dfrac{s\sin\theta + \omega\cos\theta}{s^2 + \omega^2}$의 역라플라스 변환을 구하면 어떻게 되는가?

① $\sin(\omega t - \theta)$
② $\sin(\omega t + \theta)$
③ $\cos(\omega t - \theta)$
④ $\cos(\omega t + \theta)$

풀이
$F(s) = \dfrac{s\sin\theta + \omega\cos\theta}{s^2+\omega^2} = \dfrac{s}{s^2+\omega^2}\sin\theta + \dfrac{\omega}{s^2+\omega^2}\cos\theta$

역 Laplace 변환하면
$f(t) = \cos\omega t \sin\theta + \sin\omega t \cos\theta = \sin(\omega t + \theta)$

참고 $\mathcal{L}[\sin\omega t] = \dfrac{\omega}{s^2+\omega^2}$, $\mathcal{L}[\cos\omega t] = \dfrac{s}{s^2+\omega^2}$
$f(t) = \sin(\omega t + \theta) = \sin\omega t \cdot \cos\theta + \cos\omega t \cdot \sin\theta$ 【답】②

68 RL 직렬회로에 V인 직류 전압원을 갑자기 연결 하였을 때 $t=0_+$인 순간, 이 회로에 흐르는 회로 전류에 대하여 바르게 표현된 것은?

① 이 회로에는 전류가 흐르지 않는다.
② 이 회로에는 $\dfrac{V}{R}$ 크기의 전류가 흐른다.
③ 이 회로에는 무한대의 전류가 흐른다.
④ 이 회로에는 $\dfrac{V}{(R+j\omega L)}$의 전류가 흐른다.

풀이 $R-L$ 직렬 회로의 전류 $i(t) = \dfrac{E}{R}\left(1 - e^{-\frac{R}{L}t}\right)$
에서 $t=0$인 경우 $i(t)=0$이다. ($\because e^0 = 1$) 【답】①

69 3상 불평형 전압을 V_a, V_b, V_c라고 할 때 정상 전압은? (단, $a = -\dfrac{1}{2} + j\dfrac{\sqrt{3}}{2}$이다.)

① $\dfrac{1}{3}(V_a + aV_b + a^2 V_c)$
② $\dfrac{1}{3}(V_a + a^2 V_b + aV_c)$
③ $\dfrac{1}{3}(V_a + a^2 V_b + V_c)$
④ $\dfrac{1}{3}(V_a + V_b + V_c)$

풀이
• 영상 전압 $V_0 = \dfrac{1}{3}(V_a + V_b + V_c)$
• 정상 전압 $V_1 = \dfrac{1}{3}(V_a + aV_b + a^2 V_c)$ ($1 \to a \to a^2$의 순서)
• 역상 전압 $V_2 = \dfrac{1}{3}(V_a + a^2 V_b + aV_c)$ ($1 \to a^2 \to a$의 순서)
【답】①

70 그림과 같은 교류 브리지가 평형상태에 있다. L[H]의 값은 얼마인가?

① $L = \dfrac{R_1 R_2}{C}$
② $L = \dfrac{C}{R_1 R_2}$
③ $L = R_1 R_2 C$
④ $L = \dfrac{R_2}{R_1 C}$

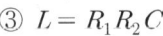
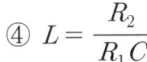

풀이 브리지 평형조건
$R_1 \times R_2 = \dfrac{1}{j\omega C} \times j\omega L$에서 $L = R_1 R_2 C$ [H] 【답】③

71 $t = 3$[ms]에서 최대치 5[V]에 도달하는 60[Hz]의 정현파 전압 $e(t)$를 시간함수로 표시하면 어떻게 되는가?

① $e = 5\sin(376.8t + 25.2°)$ [V]
② $e = 5\sin(376.8t + 35.2°)$ [V]
③ $e = 5\sqrt{2}\sin(376.8t + 25.2°)$ [V]
④ $e = 5\sqrt{2}\sin(376.8t + 35.2°)$ [V]

[풀이] 순시값 e의 표현은 $e = E_m\sin(\omega t + \theta)$ 이다.
(여기서, ωt 의 단위는[rad])
따라서, $t = 3$[ms]에서 최대값($E_m = 5$[V])이 되어야 하므로 $(\omega t + \theta) = 90°$가 되어야 한다.
즉, $2\pi \times 60 \times 3 \times 10^{-3} \times \dfrac{180°}{\pi} + \theta° = 90°$ 에서 $\theta = 25.23°$
($1[\text{rad}] = \dfrac{180°}{\pi}$, 여기서 $\pi = 3.14$ 임)
따라서, 순시값 $e = 5\sin(376.8t + 25.2°)$ [V]   【답】①

72 자동차 축전지의 무부하 전압을 측정하니 13.5 [V]를 지시하였다. 이 때 정격이 12 [V], 55 [W]인 자동차 전구를 연결하여 축전지의 단자전압을 측정하니 12 [V]를 지시하였다. 축전지의 내부저항은 약 몇 [Ω]인가?

① 0.33 [Ω]   ② 0.45 [Ω]
③ 2.62 [Ω]   ④ 3.31 [Ω]

[풀이]

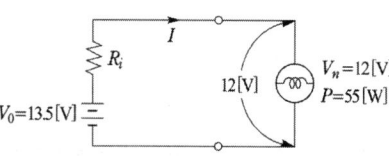

- 전구의 저항 $R_L = \dfrac{V_n^2}{P} = \dfrac{12^2}{55}$ [Ω]
- 전구 연결 후 단자전압 $V = IR_L = 12$[V]에서
  회로에 흐르는 전류 $I = \dfrac{12}{R_L} = \dfrac{55}{12}$ [A]
- 전압강하 $e = IR_i = 13.5 - 12 = 1.5$[V]에서
  축전지 내부저항 $R_i = \dfrac{1.5}{I} = \dfrac{1.5 \times 12}{55} = 0.327$[Ω]   【답】①

73 그림과 같은 회로에서 $t = 0$의 시각에 스위치 S를 닫을 때 전류 $i(t)$의 라플라스 변환 $I(s)$는?
(단, $V_c(0) = 1$ [V] 이다.)

① $\dfrac{3s}{6s+1}$

② $\dfrac{3}{6s+1}$

③ $\dfrac{6}{6s+1}$

④ $\dfrac{-s}{6s+1}$

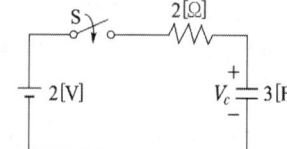

[풀이] • 스위치 S 투입시 흐르는 전류
$$i(t) = \dfrac{V - V_c}{R} e^{-\frac{1}{RC}t}$$
($\because V_c(0) = 1$[V]는 $t = 0$일 때 즉, 초기전압 1[V]가 존재한다는 것을 의미함)

- $i(t) = \dfrac{2-1}{2} e^{-\frac{1}{2\times 3}t} = \dfrac{1}{2}e^{-\frac{1}{6}t}$ [A]

- $\mathcal{L}[i(t)] = I(s) = \dfrac{1}{2} \cdot \dfrac{1}{s+\dfrac{1}{6}} = \dfrac{1}{2} \cdot \dfrac{6}{6s+1} = \dfrac{3}{6s+1}$ [A]

($\because \mathcal{L}[e^{\pm at}] = \dfrac{1}{s\mp a}$)   【답】②

74 반파 및 정현대칭의 왜형파의 푸리에 급수에서 옳게 표현된 것은?
(단, $f(t) = a_0 + \sum_{n=1}^{\infty} a_n\cos n\omega t + \sum_{n=1}^{\infty} b_n \sin n\omega t$ 임)

① a_n의 우수항만 존재한다.
② a_n의 기수항만 존재한다.
③ b_n의 우수항만 존재한다.
④ b_n의 기수항만 존재한다.

[풀이]
- 반파 대칭 및 정현 대칭을 동시에 만족하는 파형으로는 삼각파와 구형파가 있다.
- **반파 대칭의 특징**: 직류성분 $a_0 = 0$, **홀수항의 sin, cos항 존재**
- **정현 대칭의 특징**: 직류성분 $a_0 = 0$, cos항=0, sin항 존재
따라서, **반파 및 정현대칭의 경우 홀수항(기수항)의 sin만 존재**한다.   【답】④

75 2개의 전력계로 평형 3상 부하의 전력을 측정하였더니 한쪽의 지시치가 다른 쪽 전력계의 지시치보다 3배 이었다면 부하역률은 약 얼마인가?

① 0.37   ② 0.57
③ 0.76   ④ 0.86

[풀이] 2전력계법에서
역률 $\cos\theta = \dfrac{P_1 + P_2}{2\sqrt{P_1^2 + P_2^2 - P_1 \cdot P_2}}$ 에서
$P_1 = 3P_2$ 인 경우
$\cos\theta = \dfrac{3P_2 + P_2}{2\sqrt{(3P_2)^2 + P_2^2 - 3P_2 \times P_2}} = \dfrac{2}{\sqrt{7}} = 0.76$ 【답】③

76 그림과 같은 4단자 회로의 4단자 정수 중 D의 값은?

① $1-\omega^2 LC$ ② $j\omega L(2-\omega^2 LC)$
③ $j\omega C$ ④ $j\omega L$

풀이
$$\begin{bmatrix} 1 & j\omega L \\ 0 & 1 \end{bmatrix}\begin{bmatrix} 1 & 0 \\ j\omega C & 1 \end{bmatrix}\begin{bmatrix} 1 & j\omega L \\ 0 & 1 \end{bmatrix} = \begin{bmatrix} 1-\omega^2 LC & j\omega L(2-\omega^2 LC) \\ j\omega C & 1-\omega^2 LC \end{bmatrix}$$
【답】①

77 그림과 같은 회로의 2단자 임피던스 $Z(s)$는? (단, $s = j\omega$ 이다.)

① $\dfrac{1}{s^2+1}$ ② $\dfrac{s}{s^2+1}$
③ $\dfrac{2s}{s^2+1}$ ④ $\dfrac{3s}{s^2+1}$

풀이 $Z(s) = \dfrac{\dfrac{s}{s}}{s+\dfrac{1}{s}} \times 2 = \dfrac{2s}{s^2+1} [\Omega]$ 【답】③

78 다음과 같은 회로에서 입력전압의 실효치가 12[V]의 정현파일 때 전 전류 I[A]는?

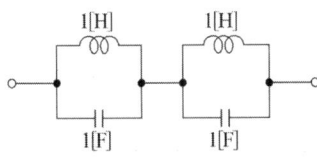

① $3-j4$ [A]   ② $3+j4$ [A]
③ $4-j3$ [A]   ④ $6+j10$ [A]

풀이
- $I_R = \dfrac{12}{4} = 3$ [A]
- $I_L = \dfrac{12}{j3} = -j4$ [A]
- 전 전류 $I = I_R + I_L = 3 - j4$ [A] 【답】①

79 다음 회로에서 전압비 전달함수 $\dfrac{V_2(s)}{V_1(s)}$는 어떻게 되는가?

① $\dfrac{R_1+R_2+R_1R_2Cs}{R_2+R_1R_2Cs}$

② $\dfrac{R_1R_2Cs+R_2}{R_1R_2Cs+R_1+R_2}$

③ $\dfrac{R_1Cs+R_2}{R_2+R_1R_2Cs}$

④ $\dfrac{R_1R_2Cs}{R_1R_2Cs+R_1+R_2}$

풀이 문제의 R_1과 C의 합성 임피던스 등가회로는 그림과 같다. 그림에서
$V_1(s) = \left\{\left(\dfrac{R_1}{1+CsR_1}\right) + R_2\right\} I(s)$
$V_2(s) = R_2 I(s)$
$\therefore G(s) = \dfrac{V_2(s)}{V_1(s)}$
$= \dfrac{R_2}{\dfrac{R_1}{1+CsR_1}+R_2} = \dfrac{R_2+R_1R_2Cs}{R_1+R_2+R_1R_2Cs}$ 【답】②

80 리액턴스 함수가 $Z(\lambda) = \dfrac{3\lambda}{\lambda^2+15}$ 로 표시되는 리액턴스 2단자망은?

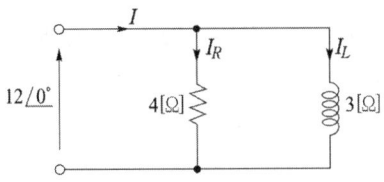

풀이 $Z(s)$의 함수가 주어졌을 때 회로망을 그리는 방법
- 모든 분수의 분자를 1로 만든다.
- 분수 밖의 ⊕는 직렬, 분수 속의 ⊕는 병렬로 그린다.
- 분수 밖에 존재하는 복소함수 s의 계수는 L의 값이고, $\dfrac{1}{s}$의 계수는 C의 값이다.
- 분수 안에 존재하는 복소함수 s의 계수는 C의 값이고, $\dfrac{1}{s}$의 계수는 L의 값이다.

따라서, $Z(\lambda) = \dfrac{3\lambda}{\lambda^2+15} = \dfrac{1}{\dfrac{\lambda^2}{3\lambda}+\dfrac{15}{3\lambda}} = \dfrac{1}{\dfrac{1}{3}\lambda+\dfrac{1}{\dfrac{1}{5}\lambda}}$

그러므로 $C=\frac{1}{3}$, $L=\frac{1}{3}$, 분수 속의 ⊕이므로 병렬을 나타낸다.
【답】①

2회 회로이론

61 $R=100[\Omega]$, $L=\frac{1}{\pi}[H]$, $C=\frac{100}{4\pi}[pF]$가 직렬로 연결되어 공진할 경우 이 공진회로의 전압확대율 Q는?

① 2×10^3 ② 2×10^4
③ 3×10^3 ④ 3×10^4

풀이 전압 확대율

$Q=\frac{1}{R}\sqrt{\frac{L}{C}}=\frac{1}{100}\sqrt{\frac{\frac{1}{\pi}}{\frac{100}{4\pi}\times10^{-12}}}=2\times10^3$
【답】①

62 대칭 n상 환상결선에서 선전류와 환상전류 사이의 위상차는 어떻게 되는가?

① $\frac{\pi}{2}\left(1-\frac{2}{n}\right)$ ② $2\left(1-\frac{2}{n}\right)$
③ $\frac{n}{2}\left(1-\frac{\pi}{2}\right)$ ④ $\frac{\pi}{2}\left(1-\frac{n}{2}\right)$

풀이 대칭 n상에서 선전류는 환상 전류(상전류)보다 $\frac{\pi}{2}\left(1-\frac{2}{n}\right)$[rad]만큼 위상이 뒤진다.
【답】①

63 3상 불평형 회로의 전압에서 불평형률[%]은?

① $\frac{영상전압}{정상전압}\times100[\%]$

② $\frac{정상전압}{역상전압}\times100[\%]$

③ $\frac{정상전압}{영상전압}\times100[\%]$

④ $\frac{역상전압}{정상전압}\times100[\%]$

풀이
불평형률 $=\frac{역상분}{정상분}\times100[\%]$
【답】④

64 $V=50\sqrt{3}-j50$ [V], $I=15\sqrt{3}+j15$ [A]일 때 유효전력 P [W]와 무효전력 P_r [Var]은 각각 얼마인가?

① $P=3000$, $P_r=1500$
② $P=1500$, $P_r=1500\sqrt{3}$
③ $P=750$, $P_r=750\sqrt{3}$
④ $P=2250$, $P_r=1500\sqrt{3}$

풀이 $P_a=VI^*=P+jQ$
$=(50\sqrt{3}-j50)(15\sqrt{3}-j15)$
$=2250-j750\sqrt{3}-j750\sqrt{3}-750$
$=1500-j1500\sqrt{3}$

따라서, 유효전력 $P=1500$[W], 무효전력 $P_r=1500\sqrt{3}$ [Var]
【답】②

65 RL 직렬회로에 $v=150\sqrt{2}\cos\omega t+100\sqrt{2}\sin3\omega t+25\sqrt{2}\sin5\omega t$[V]의 전압을 가하였다. 이 때 제3고조파성분 전류의 실효치[A]는?
(단, $R=5[\Omega]$, $\omega L=4[\Omega]$ 이다.)

① 약 7.69[A] ② 약 10.88[A]
③ 약 15.62[A] ④ 약 22.08[A]

풀이 $I_3=\frac{V_3}{Z_3}=\frac{V_3}{\sqrt{R^2+(3\omega L)^2}}=\frac{100}{\sqrt{5^2+(3\times4)^2}}$
$=7.69$[A]

(∵ 저항은 기본파일 때나 고조파 일 때나 그 크기의 변화는 없다. 그러나 **리액턴스는 제n차 고조파에 서는 주파수가 n배가 되므로**, 리액턴스 $X_n=2\pi(nf)L=n\times2\pi fL$로 **기본파의 n배**가 된다.)
【답】①

66 3상 회로에 △결선된 평형 순저항 부하를 사용하는 경우 선간전압 220[V], 상전류가 7.33 [A]라면 1상의 부하저항은 약 몇 [Ω]인가?

① 80[Ω] ② 60[Ω]
③ 45[Ω] ④ 30[Ω]

풀이 △결선에서 "선간전압 = 상전압" 이다.
따라서, $I_P=\frac{V_P}{Z}$에서
$Z=\frac{V_P}{I_P}=\frac{V_l}{I_P}=\frac{220}{7.33}=30[\Omega]$
【답】④

67 60[Hz], 100[V]의 교류전압을 어떤 콘덴서에 인가하니 1[A]의 전류가 흘렀다. 이 콘덴서의 정전용량 [μF]은?

① 약 377[μF] ② 약 265[μF]
③ 약 26.5[μF] ④ 약 2.65[μF]

풀이
$X_c = \dfrac{V}{I} = \dfrac{100}{1} = 100[\Omega]$

$X_c = \dfrac{1}{\omega C}$ 에서 $C = \dfrac{1}{\omega X_c}$

$C = \dfrac{1}{2\pi \times 60 \times 100} = 26.5 \times 10^{-6}[F] = 26.5[\mu F]$ 【답】③

68 분류기를 사용하여 전류를 측정하는 경우 전류계의 내부저항이 0.12[Ω], 분류기의 저항이 0.03[Ω]이면 그 배율은?

① 6 ② 5
③ 4 ④ 3

풀이 분류기 : 전류계의 측정범위를 확대하기 위하여 내부저항 $r_a[\Omega]$인 전류계에 병렬로 접속하는 저항

배율 $m = \dfrac{I}{I_a} = 1 + \dfrac{r_a}{R_s}$

$= 1 + \dfrac{0.12}{0.03} = 5$ 【답】②

69 RL 직렬회로에서 시정수의 값이 클수록 과도현상의 소멸되는 시간에 대한 설명으로 옳은 것은?

① 짧아진다.
② 과도기가 없어진다.
③ 길어진다.
④ 변화가 없다.

풀이 시정수가 크면 클수록 과도기가 오래 지속되고, 적으면 적을수록 지속시간이 짧아진다. 【답】③

70 그림과 같은 이상적인 변압기로 구성된 4단자 회로에서 정수 A와 C는 어떻게 되는가?

① $A = 0$, $C = n$
② $A = 0$, $C = \dfrac{1}{n}$
③ $A = n$, $C = 0$
④ $A = \dfrac{1}{n}$, $C = 0$

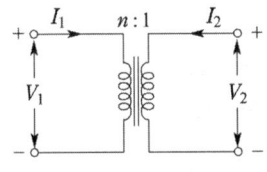

풀이 변압기의 4단자 정수는
$\begin{bmatrix} a & 0 \\ 0 & \dfrac{1}{a} \end{bmatrix}$ 이므로 $\begin{bmatrix} A & B \\ C & D \end{bmatrix} = \begin{bmatrix} n & 0 \\ 0 & \dfrac{1}{n} \end{bmatrix}$ 가 된다.

따라서, $A = n$, $B = 0$, $C = 0$, $D = \dfrac{1}{n}$ 이 된다. 【답】③

71 비정현파의 성분을 가장 적합하게 나타낸 것은?

① 직류분 + 고조파
② 교류분 + 고조파
③ 직류분 + 기본파 + 고조파
④ 교류분 + 기본파 + 고조파

풀이 정현파로부터 일그러진 파형을 총칭하여 비정현파라고 하며, 비정현파는 다음과 같이 표시한다.
비정현파 = 직류분 + 기본파 + 고조파 【답】③

72 어느 저항에 $v_1 = 220\sqrt{2}\sin(2\pi \cdot 60t - 30°)$ [V]와 $v_2 = 100\sqrt{2}\sin(3 \cdot 2\pi \cdot 60t - 30°)$ [V]의 전압이 각각 걸릴 때 올바른 것은?

① v_1이 v_2보다 위상이 15° 앞선다.
② v_1이 v_2보다 위상이 15° 뒤진다.
③ v_1이 v_2보다 위상이 75° 앞선다.
④ v_1과 v_2의 위상관계는 의미가 없다.

풀이 주파수가 서로 다른 전압, 전류 사이에서는 유효전력도 무효전력도 전혀 발생하지 않는다. 따라서, 기본파인 v_1과 3 고조파인 v_2 사이에서의 위상관계는 의미가 없다. 【답】④

73 다음 미분방정식으로 표시되는 계에 대한 전달함수를 구하면? (단, $x(t)$는 입력, $y(t)$는 출력을 나타낸다.)

$$\dfrac{d^2y(t)}{dt^2} + 3\dfrac{dy(t)}{dt} + 2y(t) = x(t) + \dfrac{dx(t)}{dt}$$

① $\dfrac{s+1}{s^2+3s+2}$ ② $\dfrac{s-1}{s^2+3s+2}$
③ $\dfrac{s+1}{s^2-3s+2}$ ④ $\dfrac{s-1}{s^2-3s+2}$

풀이 양변을 라플라스 변환하면
$s^2 Y(s) + 3sY(s) + 2Y(s) = X(s) + sX(s)$

$(s^2+3s+2)Y(s) = (s+1)X(s)$

$\therefore G(s) = \dfrac{Y(s)}{X(s)} = \dfrac{s+1}{s^2+3s+2}$ 【답】①

74 다음 그림에서 $V_1 = 24[V]$일 때 $V_0[V]$의 값은?

① 8
② 12
③ 16
④ 24

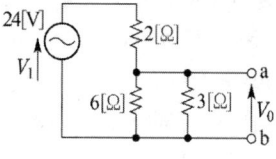

풀이 병렬 부분의 저항

$R = \dfrac{6\times 3}{6+3} = 2[\Omega]$

$\therefore V_0 = 24 \times \dfrac{1}{2} = 12[V]$ 【답】②

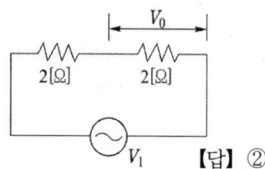

75 그림과 같은 회로의 임피던스 파라미터는?

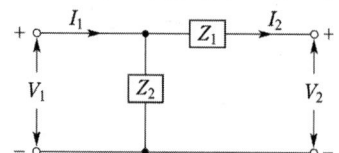

① $Z_{11} = Z_1 + Z_2$, $Z_{12} = Z_1$, $Z_{21} = Z_1$, $Z_{22} = Z_1$
② $Z_{11} = Z_1$, $Z_{12} = Z_2$, $Z_{21} = -Z_1$, $Z_{22} = Z_2$
③ $Z_{11} = Z_2$, $Z_{12} = -Z_2$, $Z_{21} = -Z_2$, $Z_{22} = Z_1 + Z_2$
④ $Z_{11} = Z_2$, $Z_{12} = Z_1 + Z_2$, $Z_{21} = Z_1 + Z_2$, $Z_{22} = Z_1$

풀이

• $Z_{11} = \dfrac{V_1}{I_1}\bigg|_{I_2=0}$ [Ω] ($I_2 = 0$는 2차측 개방), $V_1 = I_1 \times Z_2$

$\therefore Z_{11} = \dfrac{V_1}{I_1} = \dfrac{I_1 \times Z_2}{I_1} = Z_2[\Omega]$

• $Z_{12} = \dfrac{V_1}{I_2}\bigg|_{I_1=0}$ [Ω] ($I_1 = 0$는 1차측 개방), $V_1 = (-I_2)\times Z_2$

$\therefore Z_{12} = \dfrac{V_1}{I_2} = \dfrac{-I_2 \times Z_2}{I_2} = -Z_2[\Omega]$

• $Z_{21} = \dfrac{V_2}{I_1}\bigg|_{I_2=0}$ [Ω] ($I_2 = 0$는 2차측 개방), $V_2 = (-I_1)\times Z_2$

$\therefore Z_{21} = \dfrac{V_2}{I_1} = \dfrac{-I_1 \times Z_2}{I_1} = -Z_2[\Omega]$

• $Z_{22} = \dfrac{V_2}{I_2}\bigg|_{I_1=0}$ [Ω] ($I_1 = 0$는 1차측 개방)

$V_2 = I_2 \times (Z_1 + Z_2)$

$\therefore Z_{22} = \dfrac{V_2}{I_2} = \dfrac{I_2 \times (Z_1+Z_2)}{I_2} = Z_1 + Z_2[\Omega]$ 【답】③

76 각 상의 임피던스가 $Z = 6 + j8$인 평형 Y부하에 선간전압 220[V]인 대칭 3상 전압이 가해졌을 때 선전류는 약 몇 [A]인가?

① 11.7[A]   ② 12.7[A]
③ 13.7[A]   ④ 14.7[A]

풀이 상전류 $I_P = \dfrac{V_P}{Z} = \dfrac{220/\sqrt{3}}{\sqrt{6^2+8^2}} = 12.7[A]$

Y결선이므로 선전류 $I_l = $상전류 $I_P = 12.7[A]$ 【답】②

77 다음과 같은 파형을 푸리에 급수로 전개하면?

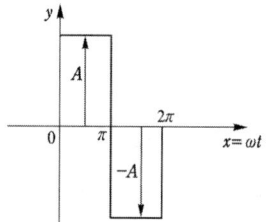

① $y = \dfrac{A}{\pi} + \dfrac{\sin 2x}{2} + \dfrac{\sin 4x}{4} + \cdots$
② $y = \dfrac{4A}{\pi}(\sin\alpha \sin x + \dfrac{1}{9}\sin 3\alpha \sin 3x + \cdots)$
③ $y = \dfrac{4A}{\pi}(\sin x + \dfrac{1}{3}\sin 3x + \dfrac{1}{5}\sin 5x + \cdots)$
④ $y = \dfrac{4}{\pi}\left(\dfrac{\cos 2x}{1.3} + \dfrac{\cos 4x}{3.5} + \dfrac{\cos 6x}{5.7} + \cdots\right)$

풀이 반파 대칭 및 정현파 대칭이므로 $b_n = a_0 = 0$ 기수항의 sin 항만이 존재한다. 【답】③

78 일정 전압의 직류 전원에 저항 R을 접속하고 전류를 흘릴 때, 이 전류값을 20[%] 증가시키기 위해서는 저항값을 얼마로 하여야 하는가?

① $1.25R$ ② $1.20R$
③ $0.83R$ ④ $0.80R$

풀이 $I = \dfrac{E}{R}$ …… ①

$I_2 = \dfrac{E}{R_2} = 1.2I$ ...... ②

식 ①, ②에서

$E = IR = I_2 R_2 = 1.2 IR_2$ ∴ $R_2 = \dfrac{IR}{1.2I} ≒ 0.83R$

【답】③

79 전류가 전압에 비례한다는 것을 가장 잘 나타낸 것은?

① 테브낭의 정리 ② 상반의 정리
③ 밀만의 정리 ④ 중첩의 원리

풀이 테브낭의 정리

$I = \dfrac{V}{Z_0 + Z}$

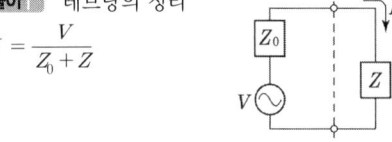

【답】①

80 a가 상수, $t > 0$ 일 때 $f(t) = e^{at}$의 라플라스 변환은?

① $\dfrac{1}{s-a}$ ② $\dfrac{1}{s+a}$
③ $\dfrac{1}{s^2 - a^2}$ ④ $\dfrac{1}{s^2 + a^2}$

풀이 라플라스 변환 표

$f(t)$	$F(s)$
$e^{\mp at}$	$\dfrac{1}{s \pm a}$

【답】①

4회 회로이론

61 그림과 같은 회로에서 G_2 [℧]양단의 전압강하 E_2[V]는?

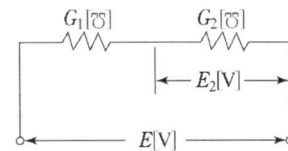

① $\dfrac{G_2}{G_1 + G_2} E$ ② $\dfrac{G_1}{G_1 + G_2} E$
③ $\dfrac{G_1 G_2}{G_1 + G_2} E$ ④ $\dfrac{G_1 + G_2}{G_1 + G_2} E$

풀이

- 전체전류 $I = \dfrac{G_1 \cdot G_2}{G_1 + G_2} E$
- $E_2 = \dfrac{I}{G_2} = \dfrac{1}{G_2} \times \dfrac{G_1 G_2}{G_1 + G_2} E = \dfrac{G_1}{G_1 + G_2} E$

【답】②

62 $\mathcal{L}^{-1}\left[\dfrac{\omega}{s(s^2 + \omega^2)}\right]$는 얼마인가?

① $\dfrac{1}{\omega}(1 - \cos\omega t)$ ② $\dfrac{1}{\omega}(1 - \sin\omega t)$
③ $\dfrac{1}{s}(1 - \cos\omega t)$ ④ $\dfrac{1}{s}(1 - \sin\omega t)$

풀이 부분분수 전개(미정계수법)

$\dfrac{\omega}{s(s^2 + \omega^2)} = \dfrac{A}{s} + \dfrac{Bs + C}{s^2 + \omega^2} = \dfrac{(A+B)s^2 + Cs + A\omega^2}{s(s^2 + \omega^2)}$

$A + B = 0$, $C = 0$, $A\omega^2 = \omega$

∴ $A = \dfrac{1}{\omega}$, $B = -\dfrac{1}{\omega}$, $C = 0$

부분분수 : $\dfrac{\omega}{s(s^2 + \omega^2)} = \dfrac{1}{\omega}\left(\dfrac{1}{s} - \dfrac{s}{s^2 + \omega^2}\right)$

라플라스 역변환 ∴ $\mathcal{L}^{-1}\left[\dfrac{\omega}{s(s^2 + \omega^2)}\right] = \dfrac{1}{\omega}(1 - \cos\omega t)$

【답】①

63 그림과 같은 회로에서 15 [Ω]의 저항에 흐르는 전류 I는 몇 [A] 인가?

① 4 [A]
② 6 [A]
③ 8 [A]
④ 10 [A]

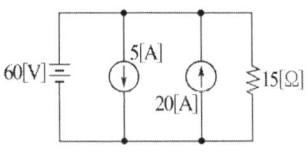

풀이

- 전압원만 존재할 때 15 [Ω]에 흐르는 전류 I_1
 (이때, 전류원은 개방)
 $I_1 = \dfrac{V}{R} = \dfrac{60}{15} = 4[A]$
- 5[A] 전류원만 존재할 때 15 [Ω]에 흐르는 전류 I_2
 (이때, 전압원은 단락)
 $I_2 = 0$ (5[A] 전류는 단락된 전압원 측으로 흐르므로 저항에는 전류가 흐르지 않는다.)
- 20[A] 전류원만 존재할 때 15 [Ω]에 흐르는 전류 I_3
 (이때, 전압원은 단락)
 $I_3 = 0$ (20[A] 전류는 단락된 전압원 측으로 흐르므로 저항에는 전류가 흐르지 않는다.)

∴ $I_1 + I_2 + I_3 = 4 + 0 + 0 = 4[A]$

【답】①

과년도 기출문제 2012년

64 회로에서 단자 1-1′에서 본 구동점 임피던스 Z_{11}은 몇 [Ω]인가?

① 5 [Ω]
② 8 [Ω]
③ 10 [Ω]
④ 15 [Ω]

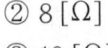

풀이

$Z_{11} = \dfrac{V_1}{I_1}\bigg|_{I_2=0}$ $I_1 = \dfrac{V_1}{3+5} = \dfrac{V_1}{8}$

∴ $Z_{11} = \dfrac{V_1}{\frac{V_1}{8}} = 8[\Omega]$ 【답】②

65 어떤 회로에 $E = 100\underline{/45°}$[V]의 전압을 가할 때 전류 $I = 5\underline{/-15°}$[A]가 흘렀다. 이 회로에서의 소비전력 [W]는?

① 250 [W]
② 500 [W]
③ 950 [W]
④ 1200 [W]

풀이
- 전압과 전류의 위상차 $= 45° - (-15°) = 60°$
- 소비전력 $P = EI\cos\theta = 100 \times 5 \times \cos 60° = 250[W]$ 【답】①

66 RC 직렬회로의 과도현상에 대한 설명이다. 옳게 설명한 것은?

① RC 값이 클수록 과도 전류값은 빨리 사라진다.
② RC 값이 클수록 과도 전류값은 천천히 사라진다.
③ RC 값에 관계없다.
④ $\dfrac{1}{RC}$ 값이 클수록 과도 전류값은 천천히 사라진다.

풀이

$R-C$ 직렬 회로의 전류 $i(t)$는 $i(t) = \dfrac{E}{R}e^{-\frac{1}{RC}t}$

따라서 시정수 $\tau = RC$ 가 된다. 또한, **시정수가 크면 클수록 과도현상은 오래 지속되므로 $R \cdot C$ 값이 클수록 과도 전류의 값이 천천히 사라진다.**   【답】②

67 h 파라미터(h-parameter)에서 개방출력 어드미턴스와 같은 것은?

① H_{11}
② H_{12}
③ H_{21}
④ H_{22}

풀이

① H_{11} : 출력단자를 단락하고 입력측에서 본 단락 구동점 임피던스

$H_{11} = \dfrac{V_1}{I_1}\bigg|_{V_2=0}$

② H_{12} : 입력단자를 개방하고 개방 역방향 전압비

$H_{12} = \dfrac{V_1}{V_2}\bigg|_{I_1=0}$

③ H_{21} : 출력단자를 단락하고 단락 순방향 전류비

$H_{21} = \dfrac{I_2}{I_1}\bigg|_{V_2=0}$

④ H_{22} : 입력단자를 개방하고 출력측에서 본 개방 구동점 어드미턴스 $H_{22} = \dfrac{I_2}{V_2}\bigg|_{I_1=0}$ 【답】④

68 선간전압 E[V]의 3상 평형 전원에 저항 R[Ω]이 그림과 같이 접속되어 있는 경우 a, b 2상간에 접속된 전력계의 눈금을 W[W]라고 하면 c상의 전류를 계산하면 얼마인가?

① $\dfrac{\sqrt{3}\,W}{2E}$ [A]
② $\dfrac{3W}{\sqrt{3}\,E}$ [A]
③ $\dfrac{2W}{\sqrt{3}\,E}$ [A]
④ $\dfrac{W}{\sqrt{3}\,W}$ [A]

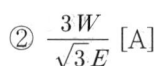
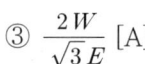

풀이 2전력계법에서 전체전력 $P = 2W = \sqrt{3}\,EI$

따라서, 전류 $I = \dfrac{2W}{\sqrt{3}\,E}$[A] 가 된다.   【답】③

69 그림과 같은 회로에서 단자 a, b간의 전압 V_{ab}[V]는?

① $-j160$
② $j160$
③ 40
④ 80

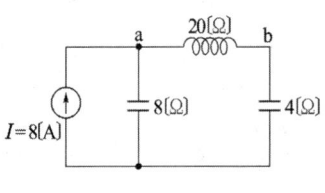

풀이 a, b 단자 사이에 흐르는 전류 I_{ab}는
$$I_{ab} = 8 \times \frac{-j8}{(j20-j4)-j8} = -8$$
$$V_{ab} = -8 \times j20 = -j160$$
【답】①

70 대칭 3상 전압이 a상 V_a [V], b상 $V_b = a^2 V_a$ [V], c상 $V_c = a V_a$ [V] 일 때 a상을 기준으로 한 대칭분 전압 중 정상분 V_1 [V]은 어떻게 표시되는가?
(단, $a = -\frac{1}{2} + j\frac{\sqrt{3}}{2}$ 이다.)

① 0 ② V_a
③ aV_a ④ $a^2 V_a$

풀이
$$V_1 = \frac{1}{3}(V_a + aV_b + a^2 V_c) = \frac{1}{3}(V_a + a^3 V_a + a^3 V_a)$$
$$= \frac{V_a}{3}(1 + a^3 + a^3) = V_a \ (\because a^3 = 1)$$
【답】②

71 분포 정수회로에서 직렬 임피던스 Z [Ω], 병렬 어드미턴스 Y [℧] 일 때 선로의 전파정수 γ는?

① $\sqrt{\frac{Z}{Y}}$ ② $\sqrt{\frac{Y}{Z}}$
③ $\sqrt{ZY}$ ④ ZY

풀이
$Z = R + j\omega L$ [Ω/m], $Y = G + j\omega C$ [℧/m]일 때 선로의 전파 정수 γ는
$$\gamma = \sqrt{ZY} = \sqrt{(R+j\omega L)(G+j\omega C)}$$
【답】③

72 $i_1 = I_m \sin\omega t$ [A]와 $i_2 = I_m \cos\omega t$ [A]인 두 교류 전류의 위상차는 몇 도인가?

① $0°$ ② $60°$
③ $30°$ ④ $90°$

풀이 $\cos\omega t = \sin(\omega t + 90°)$ 이므로
$i_2 = I_m \cos\omega t = I_m \sin(\omega t + 90°)$
따라서, i_1과 i_2의 위상차는 $90°$ 가 된다.
【답】④

73 LC 직렬회로에 직류 기전력 E [V]를 $t = 0$에서 갑자기 인가할 때 C [F]에 걸리는 최대 전압 [V]은?

① E ② $1.5E$
③ $2E$ ④ $2.5E$

풀이 L과 C의 단자 전압 $v_L(t)$, $v_C(t)$는
$$v_L(t) = L\frac{di(t)}{dt} = L\frac{d}{dt}\left(\sqrt{\frac{C}{L}} \cdot E\sin\frac{1}{\sqrt{LC}}t\right) = E\cos\frac{1}{\sqrt{LC}}t$$
$$v_C(t) = \frac{1}{C}q = E\left(1 - \cos\frac{1}{\sqrt{LC}}t\right)$$
와 같이 되며 그 시간적 변화는 그림과 같다.

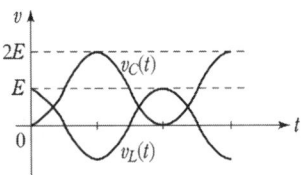

v_C, v_L의 시간적 변화

$v_L(t)$는 인가 전압 E보다 커지는 일이 없으나 $v_C(t)$는 E보다 커지는 일이 있으며 그 최대값은 $2E$로 되는데 이 현상은 고전압 발생에 이용할 수 있다.
【답】③

74 그림과 같은 회로에서 전류 i[A]를 나타내는 식은?

① $i = C\dfrac{dv}{dt}$
② $i = C\dfrac{dq}{dt}$
③ $i = \dfrac{qV}{C}$
④ $i = \dfrac{q}{j\omega C}$

풀이 $i = \dfrac{dq}{dt} = C\dfrac{dv}{dt}$ [A]
【답】①

75 정현파 사이클의 수학적인 평균값은?

① $0.637 \times$ 최대값 ② $0.707 \times$ 최대값
③ $1.414 \times$ 실효값 ④ 0

풀이 정현파 교류는 정(+), 부(-)가 대칭이므로 한 주기를 평균하면 0이 되기 때문에 반 주기에 대한 순시값의 평균을 취하여 정현파 교류의 평균값을 구한다.
【답】④

76 RC 직렬회로에 V [V]의 교류 기전력을 가하는 경우 저항 R [Ω]에서 소비되는 최대전력 [W]은 얼마인가?

① $\dfrac{1}{4}\omega CV^2$ ② $2\omega^2 CV$
③ $C\omega^2 V^2$ ④ $\dfrac{1}{2}\omega CV^2$

풀이

• 최대 전력 전달조건 $R = X_c = \dfrac{1}{\omega C}\,[\Omega]$

• 최대전력 $P_{\max} = I^2 R = \dfrac{V^2}{R^2 + X_c^2}\cdot R \Big|_{R=\frac{1}{\omega C}}$

$= \dfrac{V^2}{\frac{1}{\omega^2 C^2} + \frac{1}{\omega^2 C^2}} \cdot \dfrac{1}{\omega C} = \dfrac{1}{2}\omega C V^2\,[\text{W}]$

【답】④

77 그림과 같은 정현파의 평균값 [V]은?

① −10 [V]
② 10 [V]
③ −4 [V]
④ 4 [V]

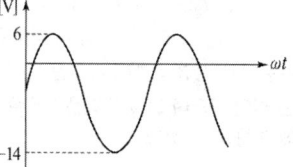

풀이

정현파 전압 순시치 : $v = 10\sin\omega t - 4\,[\text{V}]$

정현파 평균값 : $V_{av} = \dfrac{1}{T}\displaystyle\int_0^T v\, d(\omega t)$

$V_{av} = \dfrac{1}{2\pi}\displaystyle\int_0^{2\pi}(10\sin\omega t - 4)\,d(\omega t)$

$= \dfrac{1}{2\pi}[-10\cos\omega t - 4\omega t]_0^{2\pi}$

$= \dfrac{1}{2\pi}\left([-10\cos\omega t - 4\omega t]_0^{2\pi}\right)$

$= \dfrac{1}{2\pi}(-10\cos 2\pi - 4\times 2\pi + 10\cos 0)$

$= \dfrac{1}{2\pi}(-10 - 8\pi + 10) = \dfrac{1}{2\pi}\times(-8\pi) = -4\,[\text{V}]$

【답】③

78 역률이 50[%]이고 1상의 임피던스가 60[Ω]인 유도부하를 △로 결선하고 여기에 병렬로 저항 20[Ω]을 Y결선으로 하여 3상 선간전압 200[V]를 가할 때의 소비전력 [W]은?

① 2000 [W]
② 2200 [W]
③ 2500 [W]
④ 3000 [W]

풀이

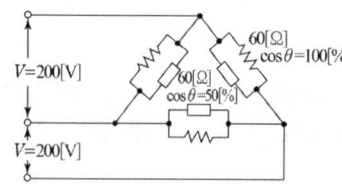

Y결선 저항을 △로 변환하면
$R_\Delta = 3R_Y = 3\times 20 = 60\,[\Omega]$

• 1상의 저항에서 소비되는 전력 $P_1 = \dfrac{V^2}{R} = \dfrac{200^2}{60}\,[\text{W}]$

• 역률 50[%]인 1상의 임피던스에서 소비되는 전력
$P_2 = VI\cos\theta = 200\times\dfrac{200}{60}\times 0.5 = \dfrac{200^2}{60}\times 0.5$

• 3상 전체 소비전력
$P = 3\times(P_1 + P_2) = 3\times\left(\dfrac{200^2}{60} + \dfrac{200^2}{60}\times 0.5\right) = 3000\,[\text{W}]$

【답】④

79 $\sin(10t + 60°)$의 라플라스 변환은?

① $\dfrac{s+1}{s^2+100}$
② $\dfrac{0.866s+5}{s^2+100}$
③ $\dfrac{s+5}{s^2+100}$
④ $\dfrac{0.866s}{s^2+100}$

풀이

$\sin(10t+60°) = \sin 10t\cdot\cos 60° + \cos 10t\cdot\sin 60°$

$= \dfrac{1}{2}\sin 10t + \dfrac{\sqrt{3}}{2}\cos 10t$

리플라스 변환하면

$\dfrac{1}{2}\sin 10t + \dfrac{\sqrt{3}}{2}\cos 10t = \dfrac{1}{2}\cdot\dfrac{10}{s^2+10^2} + 0.866\times\dfrac{s}{s^2+10^2}$

$= \dfrac{5 + 0.866s}{s^2+100}$

【답】②

80 비정현파의 일그러짐의 정도를 표시하는 양으로서 왜형률이란?

① $\dfrac{\text{평균치}}{\text{실효치}}$

② $\dfrac{\text{실효치}}{\text{최대치}}$

③ $\dfrac{\text{고조파만의 실효치}}{\text{기본파의 실효치}}$

④ $\dfrac{\text{기본파의 실효치}}{\text{고조파만의 실효치}}$

풀이

왜형률 $= \dfrac{\text{전 고조파의 실효값}}{\text{기본파의 실효값}}$

【답】③

1회 회로이론

61 다음과 같이 변환시 $R_1 + R_2 + R_3$의 값 [Ω]은? (단, $R_{ab} = 2[\Omega]$, $R_{bc} = 4[\Omega]$, $R_{ca} = 6[\Omega]$이다.)

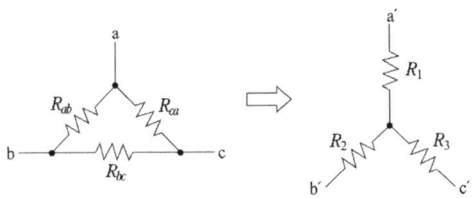

① 1.57 [Ω]   ② 2.67 [Ω]
③ 3.67 [Ω]   ④ 4.87 [Ω]

풀이 $R_1 = \dfrac{R_{ab} \cdot R_{ca}}{R_{ab} + R_{bc} + R_{ca}}$, $R_2 = \dfrac{R_{ab} \cdot R_{bc}}{R_{ab} + R_{bc} + R_{ca}}$,

$R_3 = \dfrac{R_{bc} \cdot R_{ca}}{R_{ab} + R_{bc} + R_{ca}}$ 이므로

$\therefore R_1 + R_2 + R_3 = \dfrac{R_{ab} \cdot R_{ca} + R_{ab} \cdot R_{bc} + R_{bc} \cdot R_{ca}}{R_{ab} + R_{bc} + R_{ca}}$

$= \dfrac{2 \times 6 + 2 \times 4 + 4 \times 6}{2 + 4 + 6} = 3.67 [\Omega]$ 【답】 ③

62 그림과 같은 회로에서 $t = 0$일 때 스위치 K를 닫을 때 과도전류 $i(t)$는 어떻게 표시되는가?

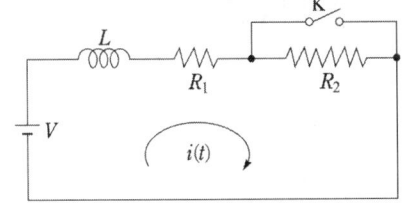

① $i(t) = \dfrac{V}{R_1}\left(1 - \dfrac{R_2}{R_1 + R_2} e^{-\frac{R_1}{L}t}\right)$

② $i(t) = \dfrac{V}{R_1 + R_2}\left(1 + \dfrac{R_2}{R_1} e^{-\frac{(R_1+R_2)}{L}t}\right)$

③ $i(t) = \dfrac{V}{R_1}\left(1 + \dfrac{R_2}{R_1} e^{-\frac{R_2}{L}t}\right)$

④ $i(t) = \dfrac{R_1 V}{R_2 + R_1}\left(1 + \dfrac{R_1}{R_2 + R_1} e^{-\frac{(R_1+R_2)}{L}t}\right)$

풀이 • 정상전류 $I_s = \dfrac{V}{R_1}$

(전원이 직류이므로 인덕턴스 L은 고려할 필요없다)

• 시정수 $\tau = \dfrac{L}{R_1}$

• 초기전류 $i(0) = \dfrac{V}{R_1 + R_2} = \dfrac{V}{R_1} + K$ 에서 $K = \dfrac{-R_2 V}{R_1(R_1+R_2)}$

• $i(t) = I_s + K e^{-\frac{1}{\tau}t}$ [A] 에서

$i(t) = \dfrac{V}{R_1} - \dfrac{R_2 V}{R_1(R_1+R_2)} e^{-\frac{R_1}{L}t} = \dfrac{V}{R_1}(1 - \dfrac{R_2}{R_1+R_2} e^{-\frac{R_1}{L}t})$ [A]

【답】 ①

63 그림과 같은 4단자 회로망에서 어드미턴스 파라미터 Y_{12} [℧]는?

① $-j\dfrac{1}{12}$

② $j\dfrac{1}{18}$

③ $-j\dfrac{1}{24}$

④ $j\dfrac{1}{24}$

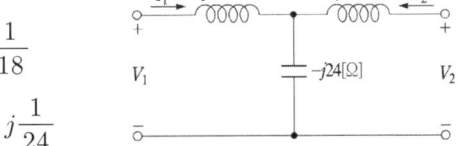

풀이

$V_2 = V_4 + V_5 = (j12 I_2) + (-j24 I_1 - j24 I_2) = -j24 I_1 - j12 I_2$
$V_5 = -V_3$
$(-j24 I_1 - j24 I_2) = -j12 I_1$
$-j24 I_2 = j12 I_1$

$$\therefore I_2 = \frac{j12}{-j24}I_1 = -\frac{1}{2}I_1$$

$$V_2 = -j24I_1 - j12\left(-\frac{1}{2}I_1\right) = -j24I_1 + j6I_1 = -j18I_1$$

$$Y_{12} = \frac{I_1}{V_2}\bigg|_{V_1=0} = \frac{I_1}{-j18I_1} = j\frac{1}{18}$$ 【답】②

64 테브난의 정리를 이용하여 그림(a)의 회로를 (b)와 같은 등가회로로 만들려고 할 때 V와 R의 값은?

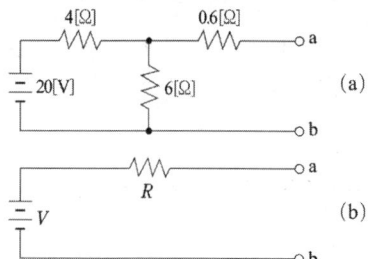

① $V=12[V]$, $R=3[\Omega]$
② $V=20[V]$, $R=3[\Omega]$
③ $V=12[V]$, $R=10[\Omega]$
④ $V=20[V]$, $R=10[\Omega]$

풀이 • 단자 a, b 사이의 전압 $V=\frac{20}{4+6}\times 6=12[V]$

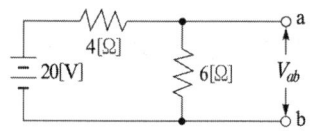

• 20[V] 전압원을 단락시키고 단자 a, b에서 본 저항

$$R=0.6+\frac{4\times 6}{4+6}=3[\Omega]$$

【답】①

65 저항 $R_1=10[\Omega]$과 $R_2=40[\Omega]$이 직렬로 접속된 회로에 100[V], 60[Hz]인 정현파 교류전압을 인가할 때, 이 회로에 흐르는 전류로 옳은 것은?

① $\sqrt{2}\sin 377t[A]$ ② $2\sqrt{2}\sin 377t[A]$
③ $\sqrt{2}\sin 422t[A]$ ④ $2\sqrt{2}\sin 422t[A]$

풀이
• 전류 실효값 $I=\frac{V}{R}=\frac{100}{10+40}=2[A]$
• 전류 $i=I_m\sin(\omega t+\theta)=\sqrt{2}I\sin(\omega t+\theta°)$

저항만의 회로이므로 $\theta=0°$
따라서, $i=\sqrt{2}I\sin(2\pi f)t=2\sqrt{2}\sin 377t[A]$ 【답】②

66 다음 중 옳지 않은 것은?

① 역률 = $\frac{유효전력}{피상전력}$

② 파형률 = $\frac{실효값}{평균값}$

③ 파고율 = $\frac{실효값}{최대값}$

④ 왜형률 = $\frac{전 고조파의 실효값}{기본파의 실효값}$

풀이 파고율(crest factor) = $\frac{최대값}{실효값}$ 【답】③

67 그림과 같은 4단자 회로망에서 출력측을 개방하니 $V_1=12[V]$, $I_1=2[A]$, $V_2=4[V]$이고 출력측을 단락하니 $V_1=16[V]$, $I_1=4[A]$, $I_2=2[A]$이었다. 4단자 정수 A, B, C, D는 얼마인가?

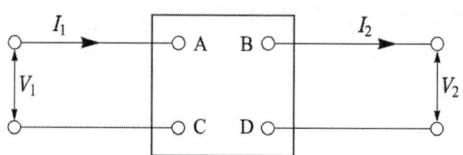

① $A=2$, $B=3$, $C=8$, $D=0.5$
② $A=0.5$, $B=2$, $C=3$, $D=8$
③ $A=8$, $B=0.5$, $C=2$, $D=3$
④ $A=3$, $B=8$, $C=0.5$, $D=2$

풀이 4단자 정수

$$\begin{bmatrix}V_1\\I_1\end{bmatrix}=\begin{bmatrix}A&B\\C&D\end{bmatrix}\begin{bmatrix}V_2\\I_2\end{bmatrix}$$ 에서

$V_1=AV_2+BI_2$, $I_1=CV_2+DI_2$

$A=\dfrac{V_1}{V_2}\bigg|_{I_2=0}=\dfrac{12}{4}=3$

$B=\dfrac{V_1}{I_2}\bigg|_{V_2=0}=\dfrac{16}{2}=8$

$C=\dfrac{I_1}{V_2}\bigg|_{I_2=0}=\dfrac{2}{4}=0.5$

$D=\dfrac{I_1}{I_2}\bigg|_{V_2=0}=\dfrac{4}{2}=2$ 【답】④

68 대칭 3상 전압을 그림과 같은 평형 부하에 가할 때 부하의 역률은 얼마인가? (단, $R = 9\ [\Omega]$, $\dfrac{1}{\omega C} = 4\ [\Omega]$이다.)

① 0.4
② 0.6
③ 0.8
④ 1.0

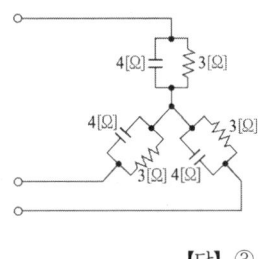

풀이 △결선된 저항을 Y로 등가 변환하면 그림과 같은 $R-C$ 병렬 회로가 된다.
($\because R_Y = \dfrac{1}{3}R_\Delta$)
$R-C$ 병렬 회로에서 역률
$\cos\theta = \dfrac{I_R}{I} = \dfrac{G}{Y} = \dfrac{X_C}{\sqrt{R^2+X_C^2}}$
$= \dfrac{4}{\sqrt{3^2+4^2}} = 0.8$

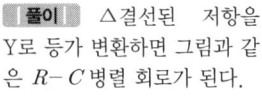
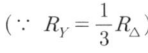

【답】③

69 대칭 3상 전압을 공급한 3상 유도전동기에서 각 계기의 지시는 다음과 같다. 유도전동기의 역률은 얼마인가? (단, $W_1 = 1.2[\text{kW}]$, $W_2 = 1.8[\text{kW}]$, $V = 200[\text{V}]$, $A = 10[\text{A}]$ 이다.)

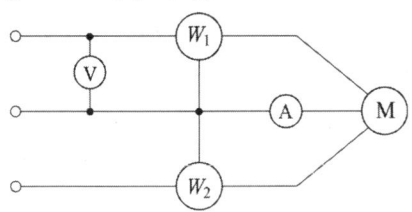

① 0.70
② 0.76
③ 0.80
④ 0.87

풀이 3상 전력 $W = \sqrt{3}\,VI\cos\theta$ 에서
$\cos\theta = \dfrac{W_1+W_2}{\sqrt{3}\,VI} = \dfrac{1200+1800}{\sqrt{3}\times 200 \times 10} = 0.866$

【답】④

70 비정현파에서 정현 대칭의 조건은 어느 것인가?
① $f(t) = f(-t)$
② $f(t) = -f(-t)$
③ $f(t) = -f(t)$
④ $f(t) = -f\left(t + \dfrac{T}{2}\right)$

풀이 기함수
- 정현대칭, 원점대칭, … $\sin$ 항만 존재
- $f(t) = -f(-t)$
- $f(t) = \displaystyle\sum_{n=0}^{\infty} b_n \sin n\omega t$
- $a_0,\ a_n = 0$

【답】②

71 그림과 같은 회로의 합성 인덕턴스는?

① $\dfrac{L_1 L_2 - M^2}{L_1 + L_2 - 2M}$

② $\dfrac{L_1 L_2 + M^2}{L_1 + L_2 - 2M}$

③ $\dfrac{L_1 L_2 - M^2}{L_1 + L_2 + 2M}$

④ $\dfrac{L_1 L_2 + M^2}{L_1 + L_2 + 2M}$

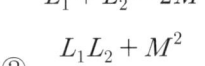
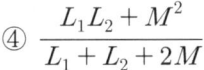
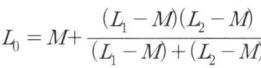
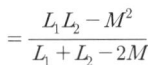

풀이 병렬 접속형의 등가 회로를 그려 보면 그림과 같다. 그러므로, 합성 인덕턴스 L_0는
$L_0 = M + \dfrac{(L_1-M)(L_2-M)}{(L_1-M)+(L_2-M)}$
$= \dfrac{L_1 L_2 - M^2}{L_1 + L_2 - 2M}$

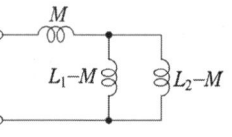

【답】①

72 코일에 단상 100 [V]의 전압을 가하면 30 [A]의 전류가 흐르고 1.8 [kW]의 전력을 소비한다고 한다. 이 코일과 병렬로 콘덴서를 접속하여 회로의 합성 역률을 100 [%]로 하기 위한 용량 리액턴스[Ω]는?

① 약 4.2[Ω]
② 약 6.8[Ω]
③ 약 8.4[Ω]
④ 약 10.6[Ω]

풀이
- 피상전력 $P_a = V \cdot I = 100 \times 30 = 3000[\text{VA}] = 3[\text{kVA}]$
- 지상 무효전력 $P_r = \sqrt{P_a^2 - P^2} = \sqrt{3^2 - 1.8^2} = 2.4[\text{kVar}]$
- 역률이 100 [%]로 되기 위해서는 무효전력이 0[kVar]가 되어야 하므로 진상무효 전력인 2.4 [kVA]의 콘덴서가 필요하다.
- 콘덴서 용량 $Q_C = 2\pi f C V^2 = \dfrac{V^2}{X_C} = 2.4 \times 10^3 [\text{kVA}]$에서
$X_C = \dfrac{100^2}{2.4 \times 10^3} \fallingdotseq 4.2[\Omega]$

【답】①

73 100 [V] 전압에 대하여 늦은 역률 0.8로서 10 [A]의 전류가 흐르는 부하와 앞선 역률 0.8로서 20 [A]의 전류가 흐르는 부하가 병렬로 연결되어 있다. 전 전류에 대한 역률은 약 얼마인가?

① 0.66 ② 0.76
③ 0.87 ④ 0.97

풀이
$I_1 = I_1 \times \cos\theta_1 - jI_1 \times \sin\theta_1$
$= 10 \times 0.8 - j10 \times 0.6 = 8 - j6 [A]$
$I_2 = I_2 \times \cos\theta_2 + jI_2 \times \sin\theta_2$
$= 20 \times 0.8 + j20 \times 0.6 = 16 + j12 [A]$
전체전류 $I = I_1 + I_2 = 8 - j6 + 16 + j12 = 24 + j6 [A]$
전 역률 $\cos\theta = \frac{I_R}{I} = \frac{24}{24+j6} = \frac{24}{\sqrt{24^2+6^2}} = 0.97$ 【답】 ④

74 두 코일이 있다. 한 코일의 전류가 매초 40 [A]의 비율로 변화할 때 다른 코일에는 20 [V]의 기전력이 발생하였다면 두 코일의 상호인덕턴스는 몇 [H]인가?

① 0.2 [H] ② 0.5 [H]
③ 1.0 [H] ④ 2.0 [H]

풀이 $V_L = M \frac{di(t)}{dt}$
$M = \frac{V_L}{\frac{di(t)}{dt}} = \frac{20}{40} = 0.5 [H]$ 【답】 ②

75 3상 불평형 전압에서 영상전압이 150 [V]이고 정상전압이 600 [V], 역상전압이 300 [V]이면 전압의 불평형률[%]은?

① 60[%] ② 50[%]
③ 40[%] ④ 30[%]

풀이 불평형률 $= \frac{\text{역상 전압}}{\text{정상 전압}} \times 100 = \frac{300}{600} \times 100 = 50[\%]$ 【답】 ②

76 $t\sin\omega t$의 라플라스 변환은?

① $\frac{\omega}{(s^2+\omega^2)^2}$ ② $\frac{\omega s}{(s^2+\omega^2)^2}$
③ $\frac{\omega^2}{(s^2+\omega^2)^2}$ ④ $\frac{2\omega s}{(s^2+\omega^2)^2}$

풀이 $F(s) = (-1)\frac{d}{ds}\{\mathcal{L}(\sin\omega t)\}$
$= (-1)\frac{d}{ds}\frac{\omega}{s^2+\omega^2} = \frac{2\omega s}{(s^2+\omega^2)^2}$ 【답】 ④

77 $\frac{2s+3}{s^2+3s+2}$의 라플라스 함수의 역변환의 값은?

① $e^{-t} + e^{-2t}$ ② $e^{-t} - e^{-2t}$
③ $-e^{-t} - e^{-2t}$ ④ $e^t + e^{2t}$

풀이
$F(s) = \frac{2s+3}{s^2+3s+2} = \frac{2s+3}{(s+2)(s+1)} = \frac{k_1}{s+2} + \frac{k_2}{s+1}$
$k_1 = \lim_{s \to -2} \frac{(2s+3)}{(s+1)} = 1$
$k_2 = \lim_{s \to -1} \frac{(2s+3)}{(s+2)} = 1$
$\therefore \mathcal{L}\left[\frac{1}{s+2} + \frac{1}{s+1}\right] = e^{-t} + e^{-2t}$ 【답】 ①

78 두 점 사이에는 20[C]의 전하를 옮기는데 80[J]의 에너지가 필요하다면 두 점 사이의 전압은?

① 2[V] ② 3[V]
③ 4[V] ④ 5[V]

풀이 $W = QV$ 에서
전압 $V = \frac{W}{Q} = \frac{80}{20} = 4[V]$ 【답】 ③

79 RLC 직렬회로에 $t = 0$에서 교류전압 $e = E_m \sin(\omega t + \theta)$를 가할 때 $R^2 - 4\frac{L}{C} > 0$이면 이 회로는?

① 진동적이다. ② 비진동적이다.
③ 임계진동적이다. ④ 비감쇠진동이다.

풀이
· $R^2 = 4\frac{L}{C}$: 임계진동
· $R^2 - 4\frac{L}{C} > 0$: 비진동 · $R^2 - 4\frac{L}{C} < 0$: 진동 【답】 ②

80 전압 $e = 5 + 10\sqrt{2}\sin\omega t + 10\sqrt{2}\sin 3\omega t [V]$일 때 실효값은?

① 7.07 [V] ② 10 [V]
③ 15 [V] ④ 20 [V]

풀이 비정현파 교류의 실효값은 직류분, 기본파 및 고조파의 제곱 합의 평방근으로 나타내므로
$V = \sqrt{V_0^2 + V_1^2 + V_2^2 + V_3^2 + \cdots}$ 에서
$V = \sqrt{5^2 + 10^2 + 10^2} = 15[V]$ 【답】 ③

2회 회로이론

61 다음과 같은 Y결선 회로와 등가인 △결선 회로의 A, B, C값은 몇 [Ω]인가?

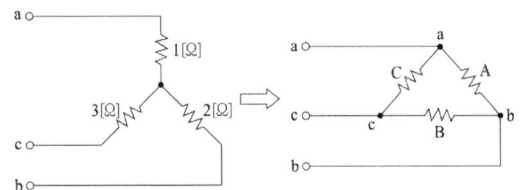

① $A = 11$, $B = \dfrac{11}{2}$, $C = \dfrac{11}{3}$

② $A = \dfrac{7}{3}$, $B = 7$, $C = \dfrac{7}{2}$

③ $A = \dfrac{11}{3}$, $B = 11$, $C = \dfrac{11}{2}$

④ $A = 7$, $B = \dfrac{7}{2}$, $C = \dfrac{7}{3}$

풀이 Y → △로 등가변환

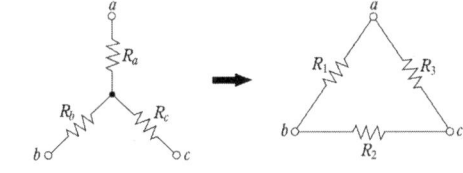

$R_1 = \dfrac{R_a R_b + R_b R_c + R_c R_a}{R_c}$

$R_2 = \dfrac{R_a R_b + R_b R_c + R_c R_a}{R_a}$

$R_3 = \dfrac{R_a R_b + R_b R_c + R_c R_a}{R_b}$

여기서, $R_a = R_b = R_c = R_Y$ 가 되면,
$R_1 = R_2 = R_3 = R_\Delta = 3R_Y$

따라서, • $A = \dfrac{1 \times 2 + 2 \times 3 + 3 \times 1}{3} = \dfrac{11}{3}$

• $B = \dfrac{1 \times 2 + 2 \times 3 + 3 \times 1}{1} = 11$

• $C = \dfrac{1 \times 2 + 2 \times 3 + 3 \times 1}{2} = \dfrac{11}{2}$

【답】③

62 부하저항 R_L [Ω]이 전원의 내부저항 R_0 [Ω]의 3배가 되면 부하저항 R_L에서 소비되는 전력 P_L [W]는 최대 전송전력 P_m [W]의 몇 배인가?

① 0.89배 ② 0.75배
③ 0.5배   ④ 0.3배

풀이 $P_L = I^2 R_L = \left(\dfrac{V_g}{R_0 + R_L}\right)^2 \cdot R_L$

$= \left(\dfrac{V_g}{R_0 + 3R_0}\right)^2 \times 3R_0 = \dfrac{3}{16} \cdot \dfrac{V_g^2}{R_0}$

최대 전력 전송 조건은 $R_L = R_0$ 이므로

$P_{\max} = I^2 R_L = \left(\dfrac{V_g}{2R_0}\right)^2 \cdot R_0 = \dfrac{V_g^2}{4R_0}$

∴ $\dfrac{P_L}{P_{\max}} = \dfrac{\dfrac{3}{16} \cdot \dfrac{V_g^2}{R_0}}{\dfrac{1}{4} \cdot \dfrac{V_g^2}{R_0}} = \dfrac{12}{16} = 0.75$ [배] 【답】②

63 다음과 같은 회로에서 $t = 0$인 순간에 스위치 S를 닫았다. 이 순간에 인덕턴스 L에 걸리는 전압은? (단, L의 초기 전류는 0 이다.)

① 0
② $\dfrac{LE}{R}$
③ E
④ $\dfrac{E}{R}$

풀이 $E_L = Ee^{-\frac{R}{L}t} = Ee^{-\frac{R}{L} \times 0} = E$ [V]

여기서, $e^0 = 1$ 이다. 【답】③

64 라플라스 함수 $F(s) = \dfrac{A}{\alpha + s}$ 이라 하면 이의 라플라스 역변환은?

① αe^{At} ② $Ae^{\alpha t}$
③ αe^{-At} ④ $Ae^{-\alpha t}$

풀이 $\mathcal{L}^{-1}\left[\dfrac{A}{s+\alpha}\right] = A\mathcal{L}^{-1}\left[\dfrac{1}{s+\alpha}\right] = Ae^{-\alpha t}$ 【답】④

65 파고율이 2이고 파형률이 1.57인 파형은?

① 구형파   ② 정현반파
③ 삼각파   ④ 정현파

풀이

	구형파	3각파	정현파	정류파(전파)	정류파(반파)
파형률	1.0	1.15	1.11	1.11	1.57
파고율	1.0	1.732	1.414	1.414	2.0

【답】②

66 RL 직렬회로에서 시정수의 값이 클수록 과도현상이 소멸되는 시간은 어떻게 변화하는가?
① 길어진다. ② 짧아진다.
③ 관계없다. ④ 과도기가 없어진다.

풀이 시정수가 클수록 과도 현상은 길어진다. 【답】①

67 $e^{j\omega t}$의 라플라스 변환은?
① $\dfrac{1}{s-j\omega}$ ② $\dfrac{1}{s+j\omega}$
③ $\dfrac{1}{s^2+\omega^2}$ ④ $\dfrac{\omega}{s^2+\omega^2}$

풀이 $\mathcal{L}[e^{\pm at}] = \dfrac{1}{s \mp a}$ 이므로
$F(s) = \mathcal{L}[e^{j\omega t}] = \dfrac{1}{s-j\omega}$ 【답】①

68 그림과 같은 회로의 컨덕턴스 G_2에 흐르는 전류는 몇 [A]인가?

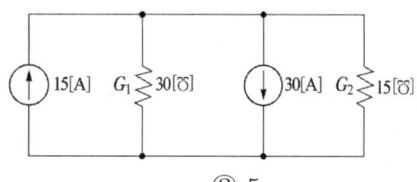

① 3   ② 5
③ 10 ④ 15

풀이

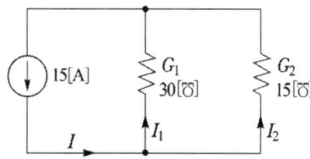

전류원 두 개가 방향이 반대이므로 그림과 같은 회로가 된다.
$I_2 = I \times \dfrac{G_2}{G_1+G_2} = 15 \times \dfrac{15}{30+15} = 5$ [A]   【답】②

69 2단자 임피던스 함수 $Z(s) = \dfrac{(s+2)(s+3)}{(s+4)(s+5)}$ 일 때 극점(pole)은?
① -2, -3   ② -3, -4
③ -2, -4   ④ -4, -5

풀이 극점 : $Z(s) = \infty$, 회로의 개방상태를 의미 (즉, 분모가 0이 되는 경우)
따라서, 극점은 분모가 0이 되는 -4, -5 가 된다. 【답】④

70 다음 중 LC 직렬회로의 공진 조건으로 옳은 것은?
① $\dfrac{1}{\omega L} = \omega C + R$
② 직류 전원을 가할 때
③ $\omega L = \omega C$
④ $\omega L = \dfrac{1}{\omega C}$

풀이 공진조건
• 직렬 회로 : $\omega L = \dfrac{1}{\omega C}$
• 병렬 회로 : $\omega C = \dfrac{1}{\omega L}$ 【답】④

71 RL 직렬회로에 $V_R = 100$[V]이고, $V_L = 173$[V]이다. 전원전압이 $v = \sqrt{2}\,V\sin\omega t$[V]일 때 리액턴스 양단 전압의 순시값 V_L[V]은?
① $173\sqrt{2}\sin(\omega t + 60°)$
② $173\sqrt{2}\sin(\omega t + 30°)$
③ $173\sqrt{2}\sin(\omega t - 60°)$
④ $173\sqrt{2}\sin(\omega t - 30°)$

풀이 전류 I를 기준 벡터로 하면
$V = V_R + jV_L = 100 + j173$
$= 200\angle 60°$
V_L이 V보다 30° 앞서고 문제에서 V의 위상은 0°이므로
$V_L = 173\angle 30°$
$\therefore v_L = 173\sqrt{2}\sin(\omega t + 30°)$

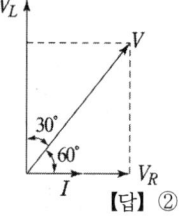

【답】②

72 그림의 $R-L-C$ 직렬회로에서 입력을 전압 $e_i(t)$, 출력을 전류 $i(t)$로 할 때 이 계의 전달함수는?

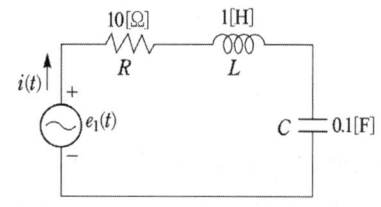

① $\dfrac{s}{s^2+10s+10}$ ② $\dfrac{10s}{s^2+10s+10}$
③ $\dfrac{s}{s^2+s+1}$ ④ $\dfrac{10s}{s^2+s+1}$

풀이
$$\frac{I(s)}{E(s)} = Y(s) = \frac{1}{Z(s)} = \frac{1}{R+Ls+\frac{1}{Cs}}$$
$$= \frac{Cs}{LCs^2+RCs+1} = \frac{0.1s}{1\times 0.1s^2+10\times 0.1s+1}$$
$$= \frac{s}{s^2+10s+10}$$ 【답】①

73 그림과 같은 톱니파형의 실효값은?

① $\frac{A}{\sqrt{3}}$

② $\frac{A}{\sqrt{2}}$

③ $\frac{A}{3}$

④ $\frac{A}{2}$

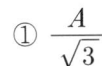

풀이
$$I = \sqrt{\frac{1}{\pi}\int_0^\pi i^2 d(\omega t)} = \sqrt{\frac{1}{\pi}\int_0^\pi \left(\frac{A}{\pi}\omega t\right)^2 d(\omega t)}$$
$$= \sqrt{\frac{A^2}{\pi^3}\cdot\frac{1}{3}[(\omega t)^3]_0^\pi} = \frac{A}{\sqrt{3}}$$ 【답】①

74 임피던스가 $Z(s) = \frac{s+30}{s^2+2RLs+1}[\Omega]$으로 주어지는 2단자 회로에 직류 전류원 3[A]를 가할 때, 이 회로의 단자전압[V]은? (단, $s = j\omega$ 이다.)

① 30[V]　② 90[V]
③ 300[V]　④ 900[V]

풀이 직류 전원이므로 $f = 0$
$\therefore \omega(=2\pi f) = s = 0$
$Z = \frac{s+20}{s^2+2RLs+1}\Big|_{s=0} = 30[\Omega]$
$\therefore E = Z\cdot I = 30\times 3 = 90[V]$ 【답】②

75 그림과 같이 선형저항 R_1과 이상 전압원 V_2와의 직렬접속된 회로에서 $V-i$ 특성을 나타낸 것은?

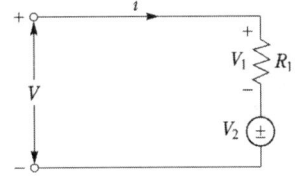

①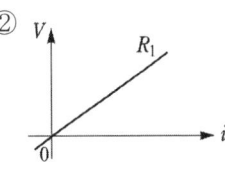

②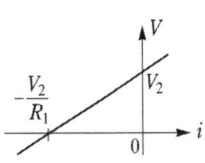

③ ④

풀이 $i = \frac{V-V_2}{R_1}[A]$에서

• $V = 0$일 때 $i = -\frac{V_2}{R_1}[A]$
• $V = V_2$일 때 $i = 0[A]$ 【답】④

76 Y결선 전원에서 각 상전압이 100[V]일 때 선간전압[V]은?

① 150　② 170
③ 173　④ 179

풀이 선간전압을 V_l, 상전압을 V_p, 선전류를 I_l, 상전류를 I_p 라고 할 때

Y결선에서 $V_p = \frac{V_l}{\sqrt{3}}$, $I_l = I_p$의 관계가 있다.

따라서 선간전압 $V_l = \sqrt{3}\,V_p = \sqrt{3}\times 100 = 173[V]$ 【답】③

77 그림과 같은 회로에서 지로전류 I_L[A]과 I_C[A]가 크기는 같고 90°의 위상차를 이루는 조건은?

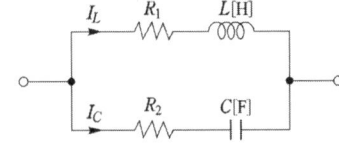

① $R_1 = R_2,\ R_2 = \frac{1}{\omega C}$

② $R_1 = \frac{1}{\omega C},\ R_2 = \omega L$

③ $R_1 = \omega L,\ R_2 = -\frac{1}{\omega C}$

④ $R_1 = -\omega L,\ R_2 = \frac{1}{\omega L}$

풀이 $I_L = \frac{V}{R_1+j\omega L}[A]$, $I_C = \frac{V}{R_2-j\frac{1}{\omega C}}[A]$

I_L과 I_C의 크기가 같고 위상차가 90°이므로

$$\frac{I_C}{I_L} = \frac{\dfrac{V}{R_2 - j\dfrac{1}{\omega C}}}{\dfrac{V}{R_1 + j\omega L}} = \frac{R_1 + j\omega L}{R_2 - j\dfrac{1}{\omega C}} = j \text{ 가 되어야 한다.}$$

따라서, $R_1 + j\omega L = jR_2 + \dfrac{1}{\omega C}$

$\left(R_1 - \dfrac{1}{\omega C}\right) + j(\omega L - R_2) = 0$

$\therefore R_1 = \dfrac{1}{\omega C}, \quad R_2 = \omega L$ 【답】②

78 두 벡터의 값이 $A_1 = 20\left(\cos\dfrac{\pi}{3} + j\sin\dfrac{\pi}{3}\right)$이고, $A_2 = 5\left(\cos\dfrac{\pi}{6} + j\sin\dfrac{\pi}{6}\right)$일 때 $\dfrac{A_1}{A_2}$의 값은?

① $10\left(\cos\dfrac{\pi}{6} + j\sin\dfrac{\pi}{6}\right)$

② $10\left(\cos\dfrac{\pi}{3} + j\sin\dfrac{\pi}{3}\right)$

③ $4\left(\cos\dfrac{\pi}{6} + j\sin\dfrac{\pi}{6}\right)$

④ $4\left(\cos\dfrac{\pi}{3} + j\sin\dfrac{\pi}{3}\right)$

풀이

$A_1 = 20\left(\cos\dfrac{\pi}{3} + j\sin\dfrac{\pi}{3}\right) = 20\angle\dfrac{\pi}{3}$

$A_2 = 5\left(\cos\dfrac{\pi}{6} + j\sin\dfrac{\pi}{6}\right) = 5\angle\dfrac{\pi}{6}$

$\therefore A_3 = \dfrac{A_1}{A_2} = \dfrac{20\angle\dfrac{\pi}{3}}{5\angle\dfrac{\pi}{6}} = 4\angle\left(\dfrac{\pi}{3} - \dfrac{\pi}{6}\right) = 4\angle\dfrac{\pi}{6}$

$= 4\left(\cos\dfrac{\pi}{6} + j\sin\dfrac{\pi}{6}\right)$ 【답】③

79 그림과 같은 불평형 Y형 회로에 평형 3상 전압을 가할 경우 중성점의 전위 V_n [V]는?
(단, Y_1, Y_2, Y_3는 각 상의 어드미턴스[℧]이고, Z_1, Z_2, Z_3는 각 어드미턴스에 대한 임피던스[Ω]이다.)

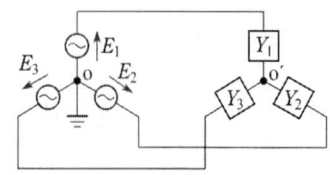

① $\dfrac{E_1 + E_2 + E_3}{Z_1 + Z_2 + Z_3}$

② $\dfrac{Z_1 E_1 + Z_2 E_2 + Z_3 E_3}{Z_1 + Z_2 + Z_3}$

③ $\dfrac{E_1 + E_2 + E_3}{Y_1 + Y_2 + Y_3}$

④ $\dfrac{Y_1 E_1 + Y_2 E_2 + Y_3 E_3}{Y_1 + Y_2 + Y_3}$

풀이 밀만의 정리

$V_0 = \dfrac{\dfrac{E_1}{Z_1} + \dfrac{E_2}{Z_2} + \dfrac{E_3}{Z_3}}{\dfrac{1}{Z_1} + \dfrac{1}{Z_2} + \dfrac{1}{Z_3}} = \dfrac{Y_1 E_1 + Y_2 E_2 + Y_3 E_3}{Y_1 + Y_2 + Y_3}$ 【답】④

80 푸리에 급수에서 직류항은?
① 우함수이다.
② 기함수이다.
③ 우함수 + 기함수이다.
④ 우함수 × 기함수이다.

【답】①

4회   회로이론

61 대칭 3상 전압을 그림과 같은 평형 부하에 가할 때 부하의 역률은 약 얼마인가?
(단, $R = 12[\Omega]$, $\dfrac{1}{\omega C} = 4[\Omega]$ 이다.)

① 0.6
② 0.7
③ 0.8
④ 0.9

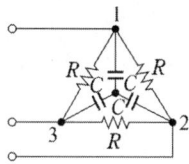

풀이
회로에서 △결선된 저항 R를 Y로 등가 변환하면 그림과 같다.
$\left(R_Y = \dfrac{1}{3}R_\Delta = \dfrac{12}{3} = 4[\Omega]\right)$

$\therefore \cos\theta = \dfrac{X_C}{\sqrt{R^2 + X_C^2}}$

$= \dfrac{4}{\sqrt{4^2 + 4^2}} = 0.707$

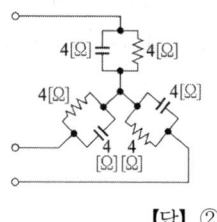

【답】②

62 라플라스 함수 $F(s) = \dfrac{30s+40}{2s^3+2s^2+5s}$ 일 때, $t=\infty$ 에서의 값은?

① 0 ② 6
③ 8 ④ 15

풀이
최종값 정리 $f(\infty) = \lim_{t \to \infty} f(t) = \lim_{s \to 0} sF(s)$에 의해서
$f(\infty) = \lim_{s \to 0} s \cdot \dfrac{30s+40}{2s^3+2s^2+5s} = \lim_{s \to 0} s \cdot \dfrac{30s+40}{s(2s^2+2s+5)}$
$= \lim_{s \to 0} \dfrac{30s+40}{2s^2+2s+5} = \dfrac{40}{5} = 8$ 【답】③

63 $F(s) = \dfrac{s}{(s+1)(s+2)}$ 일 때, $f(t)$를 구하면?

① $1-2e^{-2t}+e^{-t}$ ② $e^{-2t}-2e^{-t}$
③ $2e^{-2t}+e^{-t}$ ④ $2e^{-2t}-e^{-t}$

풀이
$F(s) = \dfrac{s}{(s+1)(s+2)} = \dfrac{A}{s+1} + \dfrac{B}{s+2}$
$A = \dfrac{s}{s+2}\Big|_{s=-1} = \dfrac{-1}{1} = -1$
$B = \dfrac{s}{s+1}\Big|_{s=-2} = \dfrac{-2}{-1} = 2$ 이므로
$F(s) = \dfrac{-1}{s+1} + \dfrac{2}{s+2}$ $\mathcal{L}^{-1}[F(s)] = 2e^{-2t} - e^{-t}$ 【답】④

64 $Z = 3+j4[\Omega]$이 △로 접속된 회로에서 100[V]의 대칭 3상 선간전압을 가했을 때 선전류 [A]는?

① 20 [A] ② 14.14 [A]
③ 40 [A] ④ 34.64 [A]

풀이
상전류 $I_p = \dfrac{E}{Z} = \dfrac{100}{\sqrt{3^2+4^2}} = 20[A]$
(△결선에서 "상전압=선간전압")
△결선에서 선전류 $I_l = \sqrt{3}I_p$이므로,
따라서, $I_l = \sqrt{3}I_p = \sqrt{3} \times 20 = 34.64$ [A]이다. 【답】④

65 100 [kVA] 단상변압기 3대로 △결선하여 3상 전원을 공급하던 중 1대의 고장으로 V결선 하였다면 출력은 약 몇 [kVA] 인가?

① 100 ② 173
③ 245 ④ 300

풀이 △결선을 V결선으로 바꿀 때 출력은
$P_V = \sqrt{3} \times P_1$ (여기서 P_1은 단상 변압기 1대분 용량)
$\therefore P_V = \sqrt{3} \times 100 = 173.2$[kVA] 【답】②

66 그림과 같은 회로가 공진이 되기 위한 조건을 만족하는 어드미턴스는?

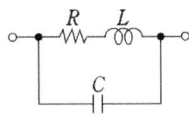

① $\dfrac{CL}{R}$ ② $\dfrac{CR}{L}$
③ $\dfrac{L}{CR}$ ④ $\dfrac{LR}{C}$

풀이 합성 어드미턴스
$Y = Y_1 + Y_2 = \dfrac{1}{R+j\omega L} + j\omega C = \dfrac{R-j\omega L}{R^2+(\omega L)^2} + j\omega C$
$= \dfrac{R}{R^2+(\omega L)^2} + j\left(\omega C - \dfrac{\omega L}{R^2+(\omega L)^2}\right)$

공진시는 합성 어드미턴스의 허수부가 0가 되어야 하므로
$\omega C = \dfrac{\omega L}{R^2+\omega^2 L^2}$ $\therefore R^2+\omega^2 L^2 = \dfrac{L}{C}$

따라서, 공진시 어드미턴스
$Y_r = \dfrac{R}{R^2+\omega^2 L^2} = \dfrac{R}{\dfrac{L}{C}} = \dfrac{CR}{L}$ 【답】②

67 그림과 같이 저항 $R=100[\Omega]$인 회로에 200[V]의 교류 전압을 가했을 때, 저항 R에서 소비되는 전력은 얼마인가?

① 200 [W]
② 400 [W]
③ 600 [W]
④ 800 [W]

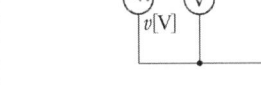

풀이
• 전류 $i = \dfrac{v}{R} = \dfrac{200}{100} = 2[A]$
• 소비전력 $P = i^2R = 2^2 \times 100 = 400$[W] 【답】②

68 다음 회로의 3 [Ω] 저항 양단에 걸리는 전압 [V]는?

① 3 [V]
② -2 [V]
③ -3 [V]
④ 2 [V]

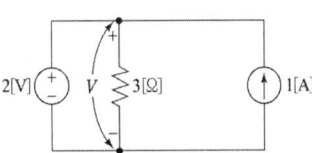

[풀이] 중첩의 정리에 의해
- 2[V] 전압원에 의해 3[Ω]에 인가되는 전압 : 2[V]
  (이때 전류원 1[A]는 개방)
- 1[A] 전류원에 의해 3[Ω]에 인가되는 전압 : 0[V]
  (이때 전압원은 단락 시키므로 0[V])   【답】④

69 그림과 같은 이상적인 변압기로 구성된 4단자 회로에서 4단자 정수 A와 C는 어떻게 되는가?

① $A = \dfrac{1}{n}, \ C = 0$

② $A = n, \ C = 0$

③ $A = 0, \ C = \dfrac{1}{n}$

④ $A = 0, \ C = n$

[풀이]
변압기의 4단자 정수는 $\begin{bmatrix} 변압비 & 임피던스 \\ 어드미턴스 & 전류비 \end{bmatrix} = \begin{bmatrix} a & 0 \\ 0 & \dfrac{1}{a} \end{bmatrix}$

이고 $a = \dfrac{n_1}{n_2} = \dfrac{1}{n}$ 이 되므로 $\begin{bmatrix} A & B \\ C & D \end{bmatrix} = \begin{bmatrix} \dfrac{1}{n} & 0 \\ 0 & n \end{bmatrix}$ 가 된다.

【답】①

70 $i_1 = 5\sqrt{2}\sin(\omega t + \theta)$[A]와 $i_2 = 3\sqrt{2}\sin(\omega t + \theta - \pi)$[A]와의 차에 상당하는 전류의 실효값[A]은?

① 3[A] ② $3\sqrt{2}$[A]
③ 8[A] ④ $9\sqrt{2}$[A]

[풀이] i_1 전류를 기준으로 i_1과 i_2를 실효값 정지 벡터로 표시하면
$I_1 = 5\angle 0 = 5(\cos 0° + j\sin 0°) = 5$[A]
$I_2 = 3\angle \pi = 3(\cos 180° - j\sin 180°) = -3$[A]
$\therefore I = I_1 - I_2 = 5 - (-3) = 8$[A]   【답】③

71 ϕ가 0에서 π까지는 $i = 20$[A], π에서 2π까지는 $i = 0$[A]인 파형을 푸리에 급수로 전개할 때 a_o는?

① 5
② 7.07
③ 10
④ 14.14

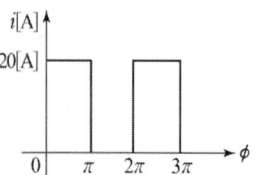

[풀이]
$a_0 = \dfrac{1}{2\pi}\int_0^\pi i\,d(\phi) = \dfrac{1}{2\pi}\int_0^\pi 20\,d(\phi) = \dfrac{20}{2\pi}\cdot\pi = 10$[A]
【답】③

72 그림과 같은 회로에 대칭 3상 전압 220[V]를 가할 때 a–a′선이 단선되었다고 하면 선전류[A]는 얼마인가?

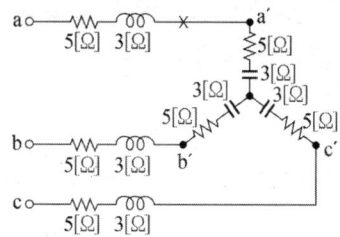

① 8[A] ② 11[A]
③ 15[A] ④ 18[A]

[풀이] ×점에 단선이 되면

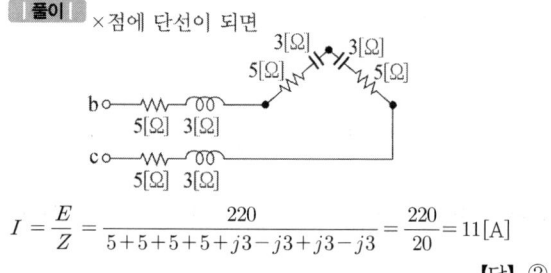

$I = \dfrac{E}{Z} = \dfrac{220}{5+5+5+5+j3-j3+j3-j3} = \dfrac{220}{20} = 11$[A]
【답】②

73 그림과 같은 RC회로에서 입력을 $e_i(t)$[V], 출력을 $e_o(t)$[V]라 할 때의 전달함수는? (단, $T = RC$이다.)

① $\dfrac{1}{Ts+1}$

② $\dfrac{1}{Ts+2}$

③ $\dfrac{2}{Ts+3}$

④ $\dfrac{1}{Ts+3}$

[풀이]
$\begin{cases} e_i(t) = Ri(t) + \dfrac{1}{C}\int i(t)dt \\ e_o(t) = \dfrac{1}{C}\int i(t)dt \end{cases}$, $\begin{cases} E_i(s) = \left(R + \dfrac{1}{Cs}\right)I(s) \\ E_o(s) = \dfrac{1}{Cs}I(s) \end{cases}$

$$\therefore G(s) = \frac{E_o(s)}{E_i(s)} = \frac{\frac{1}{Cs}}{R + \frac{1}{Cs}} = \frac{1}{RCs+1} = \frac{1}{Ts+1}$$ 【답】 ①

74 1000[Hz]인 정현파 교류에서 5[mH]인 유도리액턴스와 같은 용량리액턴스를 갖는 $C[\mu F]$의 값은?

① 5.07　　② 4.07
③ 3.07　　④ 2.07

풀이
유도리액턴스와 용량리액턴스가 같다($\omega L = \frac{1}{\omega C}$)고 했으므로,

$$\therefore C = \frac{1}{\omega^2 L} = \frac{1}{(2\pi \times 1000)^2 \times 5 \times 10^{-3}}$$
$$= 5.07 \times 10^{-6} [F] = 5.07 [\mu F]$$ 【답】 ①

75 3상 불평형 전압에서 불평형률은?

① $\frac{영상전압}{정상전압} \times 100[\%]$

② $\frac{역상전압}{정상전압} \times 100[\%]$

③ $\frac{정상전압}{역상전압} \times 100[\%]$

④ $\frac{정상전압}{영상전압} \times 100[\%]$

풀이
불평형률 $= \frac{역상분}{정상분} \times 100[\%]$ 【답】 ②

76 이상 변압기에 대한 설명 중 옳은 것은?

① 단자전압의 비 V_1/V_2는 코일의 권수비와 같다.
② 1차측의 복소전력은 2차측 부하의 복소전력과 같다.
③ 단자전류의 비 I_1/I_2는 권수비와 같다.
④ 1차 단자에서 본 전체 임피던스는 부하 임피던스에 권수비 자승의 역수를 곱한 것과 같다.

풀이
권수비 $a = \frac{n_1}{n_2} = \frac{E_1}{E_2} = \frac{V_1}{V_2}$
(이상변압기에서 전압강하를 무시하면 $E_1 = V_1$, $E_2 = V_2$)
전 력 $P = V_1 I_1 = V_2 I_2$ 이므로
전류비 $\frac{I_2}{I_1} = \frac{V_1}{V_2} = \frac{n_1}{n_2} = a$가 된다. 【답】 ①

77 그림과 같은 궤환 회로의 종합 전달함수는?

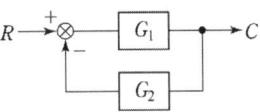

① $\frac{1}{G_1} + \frac{1}{G_2}$　　② $\frac{G_1}{1 - G_1 G_2}$

③ $\frac{G_1}{1 + G_1 G_2}$　　④ $\frac{G_1 G_2}{1 + G_1 G_2}$

풀이　$(R - CG_2)G_1 = C$
$RG_1 = C + CG_1 G_2 = C(1 + G_1 G_2)$
$\therefore$ 전달함수 $\frac{C}{R} = \frac{G_1}{1 + G_1 G_2}$ 【답】 ③

78 대칭 좌표법에 관한 설명 중 잘못된 것은?

① 대칭 좌표법은 일반적인 비대칭 3상 교류회로의 계산에도 이용된다.
② 대칭 3상 전압의 영상분과 역상분은 0이고, 정상분만 남는다.
③ 비대칭 3상 교류회로는 영상분, 역상분 및 정상분의 3성분으로 해석한다.
④ 비대칭 3상 회로의 접지식 회로에는 영상분이 존재하지 않는다.

풀이　비대칭 3상회로는 불평형 회로로서,
• 중성점 접지 방식 : 접지선을 통해 영상전류가 흐르므로 **영상분이 존재**
• 중성점 비접지 방식 : 영상전류가 흐를 수 있는 중성선이 없으므로 영상분은 존재하지 않는다. 【답】 ④

79 그림과 같은 T형 회로에 대한 서술에서 잘못된 것은?

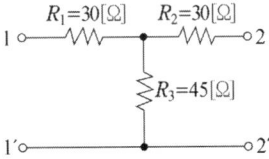

① 영상 임피던스 $Z_{01} = 60[\Omega]$ 이다.
② 개방 구동점 임피던스 $Z_{11} = 60[\Omega]$ 이다.
③ 단락 전달 어드미턴스 $Y_{12} = \frac{1}{80}[\mho]$ 이다.
④ 전달 정수 $\theta = \cosh^{-1} \frac{5}{3}$ 이다.

풀이

$$Z_{11} = \left.\frac{V_1}{I_1}\right|_{I_2=0} = \frac{I_1(R_1+R_3)}{I_1} = R_1+R_3$$
$$= 30+45 = 75[\Omega] \text{ 이다.}$$

【답】②

80 그림과 같은 회로를 사용하여 출력파형이 입력 파형을 미분한 결과가 되려면 입력파형의 주기 T와 회로의 시정수 RC 사이에 어떤 조건이 만족되어야 하는가?

① $T \ll RC$
② $T = RC$
③ $T \gg RC$
④ T와 RC는 무관

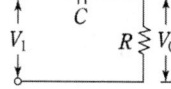

풀이

회로에서 $v_i(t) = \frac{1}{C}\int_0^t i(t)dt + Ri(t)$에서 시정수를 충분히 작게 하면 $\frac{1}{C}\int_0^t i(t)dt \gg Ri(t)$가 되므로

$v_i(t) \fallingdotseq \frac{1}{C}\int_0^t i(t)dt$ 이다.

즉, $i(t) \fallingdotseq C\frac{dv_i(t)}{dt}$가 되고

$v_0(t) \fallingdotseq Ri(t) = RC\frac{dv_i(t)}{dt} \fallingdotseq \frac{dv_i(t)}{dt}$가 되어 근사적인 입력 전압의 미분 파형이 얻어진다.

【답】③

2014년 기출문제

1회	회로이론

61 $F(s) = \dfrac{2s+3}{s^2+3s+2}$ 인 라플라스 함수를 시간 함수로 고치면 어떻게 되는가?

① $e^{-t} - 2e^{-2t}$
② $e^{-t} + te^{-2t}$
③ $e^{-t} + e^{-2t}$
④ $2t + e^{-t}$

풀이
$F(s) = \dfrac{2s+3}{s^2+3s+2} = \dfrac{2s+3}{(s+2)(s+1)} = \dfrac{k_1}{s+2} + \dfrac{k_2}{s+1}$

$k_1 = \lim_{s \to -2} \dfrac{(2s+3)}{(s+1)} = 1$

$k_2 = \lim_{s \to -1} \dfrac{(2s+3)}{(s+2)} = 1$

$\therefore \mathcal{L}\left[\dfrac{1}{s+2} + \dfrac{1}{s+1}\right] = e^{-t} + e^{-2t}$ 【답】③

62 대칭 3상 교류에서 각 상의 전압이 v_a, v_b, v_c일 때 3상 전압의 합은?

① 0
② $0.3v_a$
③ $0.5v_a$
④ $3v_a$

풀이 a상을 기준으로 하면
$v_a + v_b + v_c = v_a + a^2 v_a + a v_a = v_a(1 + a^2 + a) = 0$
($\because 1 + a^2 + a = 0$) 【답】①

63 $v_1 = 20\sqrt{2}\sin\omega t$[V], $v_2 = 50\sqrt{2}\cos(\omega t - \dfrac{\pi}{6})$[V]일 때, $v_1 + v_2$의 실효값[V]은?

① $\sqrt{1400}$
② $\sqrt{2400}$
③ $\sqrt{2900}$
④ $\sqrt{3900}$

풀이 $v_2 = 50\sqrt{2}\cos\left(\omega t - \dfrac{\pi}{6}\right) = 50\sqrt{2}\sin\left(\omega t - \dfrac{\pi}{6} + \dfrac{\pi}{2}\right)$
$= 50\sqrt{2}\sin\left(\omega t + \dfrac{\pi}{3}\right)$ 이므로

$V_1 = 20\underline{/0°}$, $V_2 = 50\underline{/60°}$
$\therefore v_1 + v_2 = 20(\cos 0° + j\sin 0°) + 50(\cos 60° + j\sin 60°)$
$= 20 + 50\left(\dfrac{1}{2} + j\dfrac{\sqrt{3}}{2}\right) = 45 + j25\sqrt{3}$
$= \sqrt{45^2 + (25\sqrt{3})^2} = \sqrt{3900}$ [V] 【답】④

64 어떤 회로의 단자 전압 및 전류의 순시값이
$v = 220\sqrt{2}\sin(377t + \dfrac{\pi}{4})$ [V],
$i = 5\sqrt{2}\sin(377t + \dfrac{\pi}{3})$ [A]
일 때, 복소 임피던스는 약 몇 [Ω]인가?

① $42.5 - j11.4$
② $42.5 - j9$
③ $50 + j11.4$
④ $50 - j11.4$

풀이 주어진 식을 실효값 정지 벡터로 표시하면,
$V = 220 \angle \dfrac{\pi}{4}$, $I = 5 \angle \dfrac{\pi}{3}$
따라서, 임피던스
$Z = \dfrac{V}{I} = \dfrac{220 \angle \dfrac{\pi}{4}}{5 \angle \dfrac{\pi}{3}} = 44 \angle -15° = 44(\cos 15° - j\sin 15°)$
$= 42.5 - j11.4$ [Ω] 【답】①

65 단자전압의 각 대칭분 V_0, V_1, V_2가 0이 아니면서 서로 같게 되는 고장의 종류는?

① 1선 지락
② 선간 단락
③ 2선 지락
④ 3선 단락

풀이
V_0, V_1, V_2 존재 → 1선 지락 고장
$V_0 = 0$, V_1, V_2 존재 → 선간 단락 고장
$V_0 = V_1 = V_2 \neq 0$ → 2선 지락 【답】③

66 전원과 부하가 다 같이 △결선된 3상 평형회로에서 전원전압이 200 [V], 부하 한 상의 임피던스가 $6 + j8$[Ω]인 경우 선전류는 몇 [A]인가?

① 20   ② $\dfrac{20}{\sqrt{3}}$

③ $20\sqrt{3}$ ④ $40\sqrt{3}$

풀이 △결선시 선간 전압 E_l = 상전압 E_p

∴ 상전류 $I_p = \dfrac{E_p}{Z} = \dfrac{E_l}{Z} = \dfrac{E_l}{\sqrt{R^2+X^2}} = \dfrac{200}{\sqrt{6^2+8^2}} = 20[A]$

△결선시 선전류 $I_l = \sqrt{3}\,I_p$ 이므로

$I_l = \sqrt{3} \times 20 = 20\sqrt{3}$ [A]   【답】 ③

67 그림과 같은 T형 회로의 영상 전달정수 θ는?

① 0
② 1
③ -3
④ -1

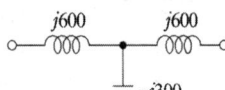

풀이

$\begin{bmatrix} A & B \\ C & D \end{bmatrix} = \begin{bmatrix} 1 & j600 \\ 0 & 1 \end{bmatrix} \begin{bmatrix} 1 & 0 \\ \dfrac{1}{-j300} & 1 \end{bmatrix} \begin{bmatrix} 1 & j600 \\ 0 & 1 \end{bmatrix} = \begin{bmatrix} -1 & 0 \\ j\dfrac{1}{300} & -1 \end{bmatrix}$

에서

$A=-1$, $B=0$, $C=j\dfrac{1}{300}$, $D=-1$

∴ $\theta = \sinh^{-1}\sqrt{BC} = \cosh^{-1}\sqrt{AD}$
  $= \cosh^{-1}\sqrt{(-1)\times(-1)} = 0$ 【답】 ①

68 어떤 회로에 $e=50\sin\omega t$[V]를 인가 시 $i=4\sin(\omega t-30°)$[A]가 흘렀다면 유효전력은 몇 [W]인가?

① 173.2   ② 122.5
③ 86.6   ④ 61.2

풀이 $P=EI\cos\theta$[W] 에서
여기서, E : 전압의 실효값, I : 전류의 실효값
θ : 전압과 전류의 위상차

$P = \dfrac{50}{\sqrt{2}} \times \dfrac{4}{\sqrt{2}} \times \cos 30° = 86.6$[W]   【답】 ③

69 다음과 같은 전기회로의 입력을 e_i, 출력을 e_o라고 할 때 전달함수는? (단, $T=\dfrac{L}{R}$ 이다.)

① $Ts+1$
② Ts^2+1
③ $\dfrac{1}{Ts+1}$
④ $\dfrac{Ts}{Ts+1}$

풀이 $G(s) = \dfrac{V_o(s)}{V_i(s)} = \dfrac{Ls}{R+Ls} = \dfrac{\dfrac{L}{R}s}{1+\dfrac{L}{R}s} = \dfrac{Ts}{1+Ts}$ 【답】 ④

70 RC 회로의 입력단자에 계단전압을 인가하면 출력전압은?

① 0부터 지수적으로 증가한다.
② 처음에는 입력과 같이 변했다가 지수적으로 감쇠한다.
③ 같은 모양의 계단전압이 나타난다.
④ 아무 것도 나타나지 않는다.

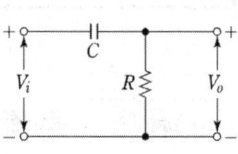

풀이 $V_o = Ve^{-\frac{1}{RC}t}$ 이므로
처음에는 입력과 같이 변했다가 지수적으로 감쇠한다.   【답】 ②

71 $Ri(t) + L\dfrac{di(t)}{dt} = E$ 에서 모든 초기값을 0으로 하였을 때의 $i(t)$의 값은?

① $\dfrac{E}{R}e^{-\frac{RL}{2}}$ ② $\dfrac{E}{R}e^{-\frac{L}{R}t}$

③ $\dfrac{E}{R}(1-e^{-\frac{R}{L}t})$ ④ $\dfrac{E}{R}(1-e^{-\frac{L}{R}t})$

풀이 주어진 시간함수를 라플라스 변환하면

$RI(s) + LsI(s) = \dfrac{E}{s}$

$I(s) = \dfrac{E}{s(R+Ls)} = \dfrac{\dfrac{E}{L}}{s\left(s+\dfrac{R}{L}\right)} = \dfrac{\dfrac{E}{R}}{s} - \dfrac{\dfrac{E}{R}}{s+\dfrac{R}{L}}$

$= \dfrac{E}{R}\left(\dfrac{1}{s} - \dfrac{1}{s+\dfrac{R}{L}}\right)$

∴ $i(t) = \mathcal{L}^{-1}[I(s)] = \dfrac{E}{R}\left(1-e^{-\frac{R}{L}t}\right)$ 【답】 ③

72 $t=0$에서 스위치 S를 닫았을 때 정상 전류값[A]은?

① 1
② 2.5
③ 3.5
④ 7

풀이 $i = \dfrac{E}{R}\left(1 - e^{-\frac{R}{L}t}\right)$ 에서 $t = \infty$ (정상 상태)를 대입하면

$i_s = \dfrac{E}{R} = \dfrac{70}{20} = 3.5$ [A] 【답】③

73 교류회로에서 역률이란 무엇인가?
① 전압과 전류의 위상차의 정현
② 전압과 전류의 위상차의 여현
③ 임피던스와 리액턴스의 위상차의 여현
④ 임피던스와 저항의 위상차의 정현

풀이 역률이란 전압과 전류의 위상차의 여현($\cos\theta$)이다.
【답】②

74 R [Ω]의 저항 3개를 Y로 접속하고 이것을 선간 전압 200 [V]의 평형 3상 교류 전원에 연결할 때 선 전류가 20 [A] 흘렀다. 이 3개의 저항을 △로 접속하고 동일 전원에 연결하였을 때의 선전류는 몇 [A]인가?
① 30 ② 40
③ 50 ④ 60

풀이 Y접속시 상전류

$I_Y = \dfrac{E}{R} = \dfrac{\frac{200}{\sqrt{3}}}{R} = 20$ [A]에서 $R = \dfrac{200}{20\sqrt{3}}$ [Ω]

따라서, △접속시의 선전류

$I_\Delta = \sqrt{3} \times$ 상전류 $= \sqrt{3} \times \dfrac{200}{\frac{200}{20\sqrt{3}}} = 60$ [A] 【답】④

75 비정현파에서 여현 대칭의 조건은 어느 것인가?
① $f(t) = f(-t)$ ② $f(t) = -f(-t)$
③ $f(t) = -f(t)$ ④ $f(t) = -f\left(t + \dfrac{T}{2}\right)$

풀이 우함수는 여현대칭(Y축 대칭)으로 직류분과 여현항($\cos$항)만 존재하며, 정현항($\sin$항)이 없다.

	기함수파 (정현대칭)	우함수파 (여현대칭)	대칭파(반파대칭)
대칭 조건	$f(t) = -f(-t)$	$f(t) = f(-t)$	$f(t) = -f\left(t + \dfrac{T}{2}\right)$
결과	$\sin$항만 존재한다.	$\cos$항 존재 직류분 존재	고조파 차수가 홀수차 항만 존재한다.

【답】①

76 그림과 같은 회로의 출력전압 $e_o(t)$의 위상은 입력전압 $e_i(t)$의 위상보다 어떻게 되는가?
① 앞선다.
② 뒤진다.
③ 같다.
④ 앞설 수도 있고, 뒤질 수도 있다.

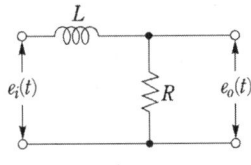

풀이 전류 $i = \dfrac{e_i}{R + j\omega L}$ [A]

$e_o = iR = \dfrac{e_i}{R + j\omega L} \times R = \dfrac{e_i \cdot R}{R^2 + \omega^2 L^2}(R - j\omega L)$ [V]

e_o의 허수값이 $-j$ 이므로, e_o는 e_i보다 위상이 뒤진다.
【답】②

77 L형 4단자 회로망에서 R_1, R_2를 정합하기 위한 Z_1은? (단, $R_2 > R_1$ 이다.)

① $\pm j R_2 \sqrt{\dfrac{R_1}{R_2 - R_1}}$

② $\pm j R_1 \sqrt{\dfrac{R_1}{R_2 - R_1}}$

③ $\pm j \sqrt{R_2(R_2 - R_1)}$

④ $\pm j \sqrt{R_1(R_2 - R_1)}$

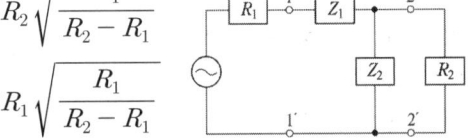

풀이 단자 $11'$의 영상임피던스 Z_{01}, 단자 $22'$의 영상임피던스 Z_{02}라 할 때 정합조건은

$R_1 = Z_{01} = \sqrt{Z_1(Z_1 + Z_2)}$

$R_2 = Z_{02} = \sqrt{\dfrac{Z_1 Z_2^2}{Z_1 + Z_2}}$

두 관계식에서 Z_1을 구한다.

$R_1^2 = Z_1(Z_1 + Z_2) \rightarrow Z_1 + Z_2 = \dfrac{R_1^2}{Z_1}$

$R_2^2 = \dfrac{Z_1 Z_2^2}{Z_1 + Z_2} \rightarrow R_2^2 = \dfrac{Z_1^2 Z_2^2}{R_1^2}$

$\therefore R_2 = \dfrac{Z_1 Z_2}{R_1}$

$Z_1 = \dfrac{R_1 R_2}{Z_2}$ $\left(Z_2 = \dfrac{R_1^2}{Z_1} - Z_1 = \dfrac{R_1^2 - Z_1^2}{Z_1}\right)$

$\therefore Z_1 = \dfrac{R_1 R_2 Z_1}{R_1^2 - Z_1^2} \rightarrow R_1^2 - Z_1^2 = R_1 R_2, \ Z_1^2 = R_1^2 - R_1 R_2$

$Z_1 = \pm \sqrt{R_1(R_1 - R_2)}$ ($R_2 > R_1$ 이므로)

$\therefore Z_1 = \pm j \sqrt{R_1(R_2 - R_1)}$ 【답】④

78 그림과 같은 회로의 합성 인덕턴스는?

① $\dfrac{L_1 - M^2}{L_1 + L_2 - 2M}$

② $\dfrac{L_2 - M^2}{L_1 + L_2 - 2M}$

③ $\dfrac{L_1 L_2 + M^2}{L_1 + L_2 - 2M}$

④ $\dfrac{L_1 L_2 - M^2}{L_1 + L_2 - 2M}$

[풀이] 병렬 접속형의 등가 회로를 그려 보면 그림과 같다.
그러므로, 합성 인덕턴스 L_0는

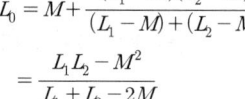

$L_0 = M + \dfrac{(L_1 - M)(L_2 - M)}{(L_1 - M) + (L_2 - M)}$

$= \dfrac{L_1 L_2 - M^2}{L_1 + L_2 - 2M}$ 【답】 ④

79 임피던스 궤적이 직선일 때 이의 역수인 어드미턴스 궤적은?
① 원점을 통하는 직선
② 원점을 통하지 않는 직선
③ 원점을 통하는 원
④ 원점을 통하지 않는 원

[풀이] 직선 궤적의 역궤적은 원점을 통과하는 반원이다. 【답】 ③

80 3[μF]인 커패시턴스를 50[Ω]의 용량성 리액턴스로 사용하려면 정현파 교류의 주파수는 약 몇 [kHz]로 하면 되는가?
① 1.02
② 1.04
③ 1.06
④ 1.08

[풀이] $X_C = \dfrac{1}{2\pi f C}$ 에서 $f = \dfrac{1}{2\pi C \cdot X_C}$ 이므로

$f = \dfrac{1}{2\pi \times 3 \times 10^{-6} \times 50} \fallingdotseq 1.06 \times 10^3 [\text{Hz}] = 1.06[\text{kHz}]$

【답】 ③

2회 회로이론

61 1차 지연 요소의 전달함수는?
① K
② $\dfrac{K}{s}$
③ Ks
④ $\dfrac{K}{1+Ts}$

[풀이]
· K : 비례 요소의 전달 함수
· $\dfrac{K}{s}$: 적분 요소의 전달 함수
· Ks : 미분 요소의 전달 함수
· $\dfrac{K}{Ts+1}$: 1차 지연 요소의 전달 함수 【답】 ④

62 그림과 같은 회로에서 공진시의 어드미턴스[℧]는?

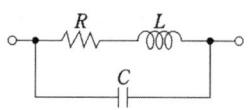

① $\dfrac{CR}{L}$
② $\dfrac{LC}{R}$
③ $\dfrac{C}{RL}$
④ $\dfrac{R}{LC}$

[풀이] · 합성 어드미턴스

$Y = Y_1 + Y_2 = \dfrac{1}{R+j\omega L} + j\omega C$

$= \dfrac{R}{R^2+\omega^2 L^2} + j\left(\omega C - \dfrac{\omega L}{R^2+\omega^2 L^2}\right)$

· 병렬공진조건 : 허수부가 0이 되어야 한다.

즉, $\omega C = \dfrac{\omega L}{R^2+\omega^2 L^2}$ 에서 $R^2+\omega^2 L^2 = \dfrac{\omega L}{\omega C} = \dfrac{L}{C}$

· 병렬공진시 어드미턴스 : $Y_r = \dfrac{R}{R^2+\omega^2 L^2} = \dfrac{R}{L/C} = \dfrac{CR}{L}$

【답】 ①

63 어떤 회로에 $E = 200 \angle \dfrac{\pi}{3}$[V]의 전압을 가하니 $I = 10\sqrt{3} + j10$[A]의 전류가 흘렀다. 이 회로의 무효전력[Var]은?
① 707
② 1000
③ 1732
④ 2000

[풀이] $I = 10\sqrt{3} + j10 = \sqrt{(10\sqrt{3})^2 + 10^2} \angle \tan^{-1}\dfrac{1}{\sqrt{3}}$

$$= 20\angle 30°[A]$$
$$\therefore P_a = \overline{E}I = 200\angle -60° \times 20\angle 30° = 4000\angle -30°$$
$$= 4000(\cos 30° - j\sin 30°) = 2000\sqrt{3} - j2000[VA]$$

따라서, 이 회로의 유효전력은 $2000\sqrt{3}$ [W], 무효전력은 2000 [Var]이다. 【답】④

64 3상 불평형 전압에서 영상전압이 150 [V]이고 정상전압이 500 [V], 역상전압이 300 [V]이면 전압의 불평형률[%]은?

① 70 ② 60
③ 50 ④ 40

풀이 불평형률 $= \dfrac{\text{역상전압}}{\text{정상전압}} \times 100 = \dfrac{300}{500} \times 100 = 60[\%]$ 【답】②

65 어떤 제어계의 출력이 $C(s) = \dfrac{5}{s(s^2+s+2)}$ 로 주어질 때 출력의 시간함수 $c(t)$의 정상값은?

① 5 ② 2
③ $\dfrac{2}{5}$ ④ $\dfrac{5}{2}$

풀이 최종값 정리에 의해서
$$\lim_{t\to\infty}c(t) = \lim_{s\to 0}sC(s) = \lim_{s\to 0}s\cdot\dfrac{5}{s(s^2+s+2)} = \dfrac{5}{2}$$ 【답】④

66 그림과 같은 회로에서 정전용량 C[F]를 충전한 후 스위치 S를 닫아서 이것을 방전할 때 과도전류는? (단, 회로에는 저항이 없다.)

① 주파수가 다른 전류
② 크기가 일정하지 않은 전류
③ 증가 후 감쇠하는 전류
④ 불변의 진동전류

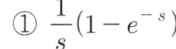

풀이 저항 성분이 없으므로 전력 소모가 없고 L, C 내의 보유 에너지는 불변이므로 크기, 주파수가 변함없는 **불변의 진동 전류**가 흐른다. 【답】④

67 저항 4[Ω]과 유도 리액턴스 X_L[Ω]이 병렬로 접속된 회로에 12[V]의 교류전압을 가하니 5[A]의 전류가 흘렀다. 이 회로의 X_L[Ω]은?

① 8 ② 6
③ 3 ④ 1

풀이

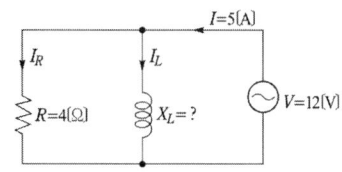

$V = I_R \cdot R = I_L \cdot X_L$에서
$$I_R = \dfrac{V}{R} = \dfrac{12}{4} = 3[A]$$
$$I_L = \sqrt{I^2 - I_R^2} = \sqrt{5^2 - 3^2} = 4[A]$$
$V = I_L \cdot X_L = 12[V]$에서
$$X_L = \dfrac{12}{I_L} = \dfrac{12}{4} = 3[\Omega]$$ 【답】③

68 다음 용어 설명 중 틀린 것은?

① 역률 $= \dfrac{\text{유효전력}}{\text{피상전력}}$

② 파형률 $= \dfrac{\text{평균값}}{\text{실효값}}$

③ 파고율 $= \dfrac{\text{최대값}}{\text{실효값}}$

④ 왜형률 $= \dfrac{\text{전 고조파의 실효값}}{\text{기본파의 실효값}}$

풀이 파형률(form factor) $= \dfrac{\text{실효값}}{\text{평균값}}$ 【답】②

69 그림과 같은 구형파의 라플라스 변환은?

① $\dfrac{1}{s}(1-e^{-s})$
② $\dfrac{1}{s}(1+e^{-s})$
③ $\dfrac{1}{s}(1-e^{-2s})$
④ $\dfrac{1}{s}(1+e^{-2s})$

풀이

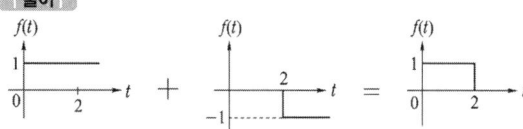

$f(t) = u(t) - u(t-2)$
$F(s) = \mathcal{L}[f(t)] = \mathcal{L}[u(t) - u(t-2)]$
$= \dfrac{1}{s} - \dfrac{1}{s}e^{-2s} = \dfrac{1}{s}(1-e^{-2s})$ 【답】③

과년도 기출문제 2014년

70 3상 회로의 영상분, 정상분, 역상분을 각각 I_0, I_1, I_2라 하고 선전류를 I_a, I_b, I_c라 할 때 I_b는?
(단, $a = -\frac{1}{2} + j\frac{\sqrt{3}}{2}$이다.)

① $I_0 + I_1 + I_2$　② $\frac{1}{3}(I_0 + I_1 + I_2)$
③ $I_0 + a^2 I_1 + a I_2$　④ $\frac{1}{3}(I_0 + a I_1 + a^2 I_2)$

[풀이] 불평형 3상 전류
$I_a = I_0 + I_1 + I_2$
$I_b = I_0 + a^2 I_1 + a I_2$
$I_c = I_0 + a I_1 + a^2 I_2$　【답】③

71 3대의 단상변압기를 △결선으로 하여 운전하던 중 변압기 1대가 고장으로 제거하여 V결선으로 한 경우 공급할 수 있는 전력은 고장전 전력의 몇 [%]인가?

① 57.7　② 50.0
③ 63.3　④ 67.7

[풀이] 변압기 1대의 출력을 P라 하면
출력비 $= \frac{P_V}{P_\triangle} = \frac{\sqrt{3}P}{3P} = \frac{\sqrt{3}}{3} \fallingdotseq 0.577 \,(57.7[\%])$　【답】①

72 정상상태에서 시간 $t = 0$일 때 스위치 S를 열면 흐르는 전류 i는?

① $\frac{E}{R} e^{-\frac{R+r}{L}t}$
② $\frac{E}{r} e^{-\frac{R+r}{L}t}$
③ $\frac{E}{r} e^{-\frac{L}{R+r}t}$
④ $\frac{E}{R} e^{-\frac{L}{R+r}t}$

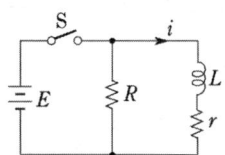

[풀이] 전원 제거시 $i(t) = Ie^{-\frac{R+r}{L}t}$에서
$i(t) = \frac{E}{r} e^{-\frac{R+r}{L}t}$ [A]
(정상상태에서 직류전압 E가 인가되었으므로 $i = \frac{E}{r}$[A]가 흐른다.)　【답】②

73 어떤 코일의 임피던스를 측정하고자 직류전압 100 [V]를 가했더니 500 [W]가 소비되고, 교류전압 150 [V]를 가했더니 720 [W]가 소비되었다. 코일의 저항[Ω]과 리액턴스[Ω]는 각각 얼마인가?

① $R = 20$, $X_L = 15$
② $R = 15$, $X_L = 20$
③ $R = 25$, $X_L = 20$
④ $R = 30$, $X_L = 25$

[풀이] ・직류 : $P = I^2 R = \left(\frac{V}{R}\right)^2 R = \frac{V^2}{R}$ 에서
$R = \frac{V^2}{P} = \frac{100^2}{500} = 20$ [Ω]
(∵ **직류를 인가하면 주파수** $f = 0$이므로, $X = 2\pi f L = 0$이 된다.)

・교류 : $P = I^2 R = \left(\frac{V}{\sqrt{R^2 + X^2}}\right)^2 R = \frac{V^2 R}{R^2 + X^2}$ 에서
$720 = \frac{150^2 \times 20}{20^2 + X^2}$　∴ $X = 15$[Ω]　【답】①

74 단자 a-b에 30 [V]의 전압을 가했을 때 전류 I는 3 [A]가 흘렀다고 한다. 저항 r [Ω]은 얼마인가?

① 5
② 10
③ 15
④ 20

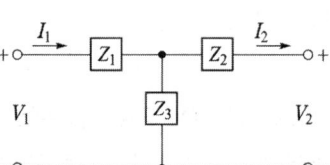

[풀이] 단자 a-b 사이의 합성 저항
$R = \frac{2r \times r}{2r + r} = \frac{2}{3}r$ (∵ $2r$과 r의 병렬 회로)
$V = IR = I \times \frac{2}{3}r$ 이므로
∴ $r = \frac{V}{I} \times \frac{3}{2} = \frac{30}{3} \times \frac{3}{2} = 15$[Ω]　【답】③

75 그림과 같은 회로망에서 Z_1을 4단자 정수에 의해 표시하면 어떻게 되는가?

① $\frac{1}{C}$
② $\frac{D-1}{C}$
③ $\frac{B-1}{C}$
④ $\frac{A-1}{C}$

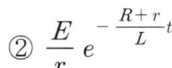

풀이 그림과 같은 4단자망의 4단자 정수 중 A와 C는
$A = 1 + \dfrac{Z_1}{Z_3}, \quad C = \dfrac{1}{Z_3}$
$\therefore Z_1 = (A-1)Z_3 = \dfrac{A-1}{C}$ 【답】④

76 그림과 같은 회로에서 임피던스 파라미터 Z_{11}은?

① sL_1
② sM
③ sL_1L_2
④ sL_2

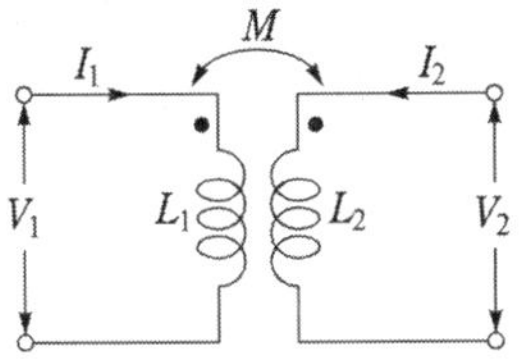

풀이 T형 등가 변환하면

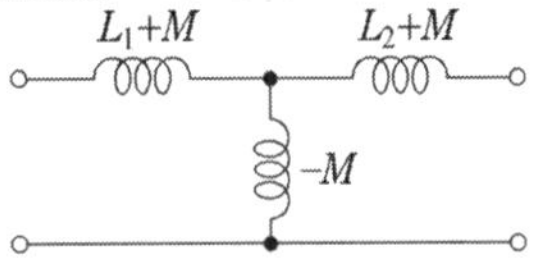

Z_{11} : 단자 1–1'에서의 개방 구동점 임피던스

$Z_{11} = \dfrac{V_1}{I_1}\bigg|_{I_2=0}$ 이므로

$L_{11} = L_1 + M - M = L_1$ $\therefore Z_{11} = sL_1$ 【답】①

77 RL 병렬회로의 합성 임피던스[Ω]는? (단, ω[rad/s]는 이 회로의 각 주파수이다.)

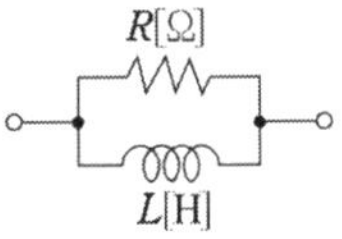

① $R\left(1 + j\dfrac{\omega L}{R}\right)$
② $R\left(1 - j\dfrac{1}{\omega L}\right)$
③ $\dfrac{R}{\left(1 - j\dfrac{R}{\omega L}\right)}$
④ $\dfrac{R}{\left(1 + j\dfrac{R}{\omega L}\right)}$

풀이 $Z = \dfrac{R \cdot j\omega L}{R + j\omega L} = \dfrac{R}{1 + \dfrac{R}{j\omega L}} = \dfrac{R}{1 - j\dfrac{R}{\omega L}}$

$\left(\because \dfrac{R}{j\omega L} = \dfrac{jR}{j^2\omega L} = -j\dfrac{R}{\omega L}\right)$ 【답】③

78 어떤 회로에 흐르는 전류가 $i = 7 + 14.1\sin\omega t$ [A]인 경우 실효값은 약 몇 [A]인가?

① 11.2
② 12.2
③ 13.2
④ 14.2

풀이 비정현파 교류의 실효값은 직류분, 기본파 및 고조파의 제곱 합의 평방근으로 나타내므로
$I = \sqrt{I_0^2 + I_1^2 + I_2^2 + \cdots + I_n^2}$ 에서
$I = \sqrt{7^2 + \left(\dfrac{14.1}{\sqrt{2}}\right)^2} = 12.2$ [A] 【답】②

79 $f(t) = At^2$의 라플라스변환은?

① $\dfrac{A}{s^2}$
② $\dfrac{2A}{s^2}$
③ $\dfrac{A}{s^3}$
④ $\dfrac{2A}{s^3}$

풀이 $\mathcal{L}[at^n] = a\mathcal{L}[t^n] = \dfrac{an!}{s^{n+1}}$ 에서

$\mathcal{L}[At^2] = \dfrac{A \cdot 2!}{s^{2+1}} = \dfrac{2A}{s^3}$ $(\because 2! = 2\times 1 = 2)$ 【답】④

80 3상 유도전동기의 출력이 3.7[kW], 선간전압 200[V], 효율 90[%], 역률 80[%] 일 때, 이 전동기에 유입되는 선전류는 약 몇 [A] 인가?

① 8
② 10
③ 12
④ 15

풀이 효율 $\eta = \dfrac{출력}{입력} = \dfrac{P_0}{\sqrt{3}\,VI\cos\theta}$ 에서

$\therefore I = \dfrac{P_0}{\eta\sqrt{3}\,V\cos\theta} = \dfrac{3.7\times 10^3}{0.9\times\sqrt{3}\times 200\times 0.8} = 14.83$[A]
【답】④

4회   회로이론

61 RLC 직렬회로에서 공진시의 전류는 공급 전압에 대하여 어떤 위상차를 갖는가?

① 0°
② 90°
③ 180°
④ 270°

풀이
- 임피던스 $Z = R + j\left(\omega L - \dfrac{1}{\omega C}\right)$[Ω]
- 직렬공진 조건 : 허수부 = 0, 즉 리액턴스 성분 $X = 0$ 가 되는 조건으로서 $\omega L - \dfrac{1}{\omega C} = 0$, 즉, $\omega L = \dfrac{1}{\omega C}$
- 직렬공진 시 전류 $I = \dfrac{E}{Z} = \dfrac{E}{R}$ [A]
- 직렬공진시 E와 I 는 동상이 되고 전류는 최대로 된다. 【답】①

62 다음 회로에서 10[Ω]의 저항에 흐르는 전류는?

① 20[A]
② 15[A]
③ 10[A]
④ 8[A]

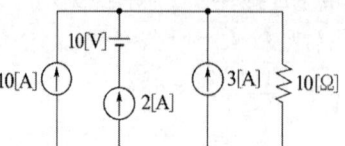

풀이 중첩의 원리에 의해
• 전류원 개방 시 : $I_1 = 0$[A]

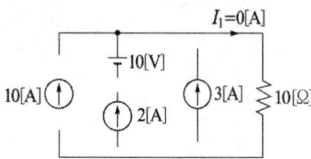

• 전압원 단락 시 : $I_2 = 10+2+3 = 15$[A]

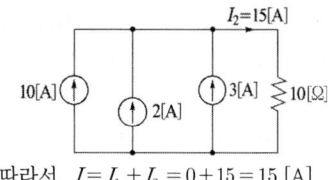

따라서, $I = I_1 + I_2 = 0+15 = 15$ [A] 【답】②

63 RL 직렬회로에 직류전압 E[V]를 어느 순간에 인가하였을 때 시정수의 5배의 시간에서는 정상 전류의 약 몇 [%]에 도달하는가?

① 93.3
② 95.3
③ 97.3
④ 99.3

풀이
• RL 직렬회로에 흐르는 전류
$i = \dfrac{E}{R}(1-e^{-\frac{R}{L}t}) = \dfrac{E}{R}(1-e^{-\frac{t}{\tau}})$ (∵ 시정수 $\tau = \dfrac{L}{R}$)

에서, $t = 5\tau$ 이므로

$i = \dfrac{E}{R}(1-e^{-\frac{5\tau}{\tau}}) = \dfrac{E}{R}(1-e^{-5}) = 0.993\dfrac{E}{R}$

• 정상 전류는 $I = \dfrac{E}{R}$ 이므로, 시정수의 5배의 시간에서는 정상 전류의 99.3[%] 에 도달한다. 【답】④

64 3상 평형 부하가 있을 때 선전류 10[A]이고 부하의 전 소비전력이 4[kW]이다. 이 부하의 등가 Y회로에 대한 각 상의 저항[Ω]은?

① 40
② $40\sqrt{3}$
③ $\dfrac{40}{3}$
④ $\dfrac{40}{\sqrt{3}}$

풀이 $P = 3I_p^2 R$에서 Y결선에서 $I_p = I_l$ 이므로

$R = \dfrac{P}{3I_p^2} = \dfrac{P}{3I_l^2} = \dfrac{4000}{3 \times 10^2} = \dfrac{40}{3}$[A] 【답】③

65 그림과 같은 주기 전압파에 있어서 0으로부터 0.02초의 사이에서는 $e = 5 \times 10^4 (t-0.02)^2$[V]로 표시되고 0.02초에서부터 0.04 초까지는 $e = 0$ 이다. 전압의 평균치[V]는 약 얼마인가?

① 2.2
② 3.3
③ 4
④ 5.5

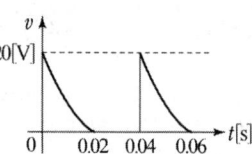

풀이
$V_{ab} = \dfrac{1}{T}\int_0^{\frac{T}{2}} v\,dt = \dfrac{1}{0.04}\int_0^{0.02} 5\times 10^4 (t-0.02)^2 dt$

$= \dfrac{5\times 10^4}{0.04}\left[\dfrac{1}{3}(t-0.02)^3\right]_0^{0.02} \fallingdotseq 3.33$[V] 【답】②

66 입력신호가 V_i, 출력신호가 V_o일 때
$a_1 V_o + a_2 \dfrac{dV_o}{dt} + a_3 \int V_o dt = V_i$의 전달함수는?

① $\dfrac{s}{a_2 s^2 + a_1 s + a_3}$
② $\dfrac{1}{a_2 s^2 + a_1 s + a_3}$
③ $\dfrac{s}{a_3 s^2 + a_2 s + a_1}$
④ $\dfrac{1}{a_3 s^2 + a_2 s + a_1}$

풀이 초기값을 0으로 하고 라플라스 변환하면

$a_1 V_o(s) + a_2 s V_o(s) + a_3 \dfrac{1}{s} V_o(s) = V_i(s)$

$\left(a_1 + a_2 s + \dfrac{a_3}{s}\right) V_o(s) = V_i(s)$

$\therefore G(s) = \dfrac{V_o(s)}{V_i(s)} = \dfrac{1}{a_1 + a_2 s + \dfrac{a_3}{s}} = \dfrac{s}{a_2 s^2 + a_1 s + a_3}$ 【답】①

67 기전력 3[V], 내부저항 0.5[Ω]의 전지 9개가 있다. 이것을 3개씩 직렬로 하여 3조 병렬 접속한 것에 부하저항 1.5[Ω]을 접속하면 부하전류[A]는?

① 2.5
② 3.5
③ 4.5
④ 5.5

풀이 전체 합성저항 $R_0 = \dfrac{0.5 \times 3}{3} + 1.5 = 2\,[\Omega]$

$I_0 = \dfrac{V}{R_0} = \dfrac{9}{2} = 4.5\,[A]$ (전지의 기전력은 $3 \times 3 = 9\,[V]$)

【답】③

68 복소전압 $E = -20e^{j\frac{3}{2}\pi}\,[V]$를 정현파의 순시값으로 나타내면 어떻게 되는가?

① $-20\sin\left(\omega t + \dfrac{\pi}{2}\right)[V]$

② $20\sin\left(\omega t + \dfrac{2}{3}\pi\right)[V]$

③ $20\sqrt{2}\sin\left(\omega t - \dfrac{\pi}{2}\right)[V]$

④ $20\sqrt{2}\sin\left(\omega t + \dfrac{\pi}{2}\right)[V]$

풀이
$E = -20e^{j\frac{3}{2}\pi} = -20e^{-j\frac{\pi}{2}} = 20e^{j\frac{\pi}{2}}$ 이므로,
따라서, $e = 20\sqrt{2}\sin\left(\omega t + \dfrac{\pi}{2}\right)[V]$ 【답】④

69 그림에서 e_i를 입력전압, e_o를 출력전압이라 할 때 전달함수는 어느 것인가?

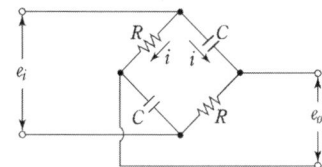

① $\dfrac{RCs-1}{RCs+1}$ ② $\dfrac{1}{RCs+1}$

③ RCs ④ $\dfrac{1}{RCs-1}$

풀이 전류 방향과 폐로 방향을 그림과 같이 가정하면
$e_i(t) = Ri(t) + \dfrac{1}{C}\int i(t)dt$
$e_o(t) = Ri(t) - \dfrac{1}{C}\int i(t)dt$
초기값을 0으로 하고 라플라스 변환하면
$E_i(s) = \dfrac{1}{Cs}I(s) + RI(s) = R + \dfrac{1}{Cs}$
$E_o(s) = -\dfrac{1}{Cs}I(s) + RI(s) = R - \dfrac{1}{Cs}$
$\therefore G(s) = \dfrac{E_o(s)}{E_i(s)} = \dfrac{R - \dfrac{1}{Cs}}{R + \dfrac{1}{Cs}} = \dfrac{RCs-1}{RCs+1}$ 【답】①

70 $3r[\Omega]$인 6개의 저항을 그림과 같이 접속하고 평형 3상 전압 V를 가했을 때 전류 I는 몇 [A]인가? (단, $r = 2[\Omega]$, $V = 200\sqrt{3}\,[V]$이다.)

① 10
② 15
③ 20
④ 25

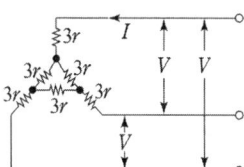

풀이 △로 결선된 저항을 Y로 변경하면
$R_Y = \dfrac{1}{3}R_\triangle = \dfrac{1}{3} \times 3r = r$
이 되므로

전류 $I = \dfrac{\dfrac{V}{\sqrt{3}}}{3r + r} = \dfrac{V}{\sqrt{3} \times 4r}$
$= \dfrac{200\sqrt{3}}{\sqrt{3} \times 4 \times 2} = 25\,[A]$

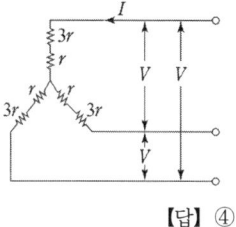

【답】④

71 $5\dfrac{d^2q(t)}{dt^2} + \dfrac{dq(t)}{dt} = 10\sin t$ 에서 모든 초기 조건을 0으로 하고 라플라스 변환하면? (단, $Q(s)$는 $q(t)$의 라플라스 변환이다.)

① $Q(s) = \dfrac{10}{(5s+1)(s^2+1)}$

② $Q(s) = \dfrac{10}{(5s^2+s)(s^2+1)}$

③ $Q(s) = \dfrac{10}{2(s^2+1)}$

④ $Q(s) = \dfrac{10}{(s^2+5)(s^2+1)}$

풀이 모든 초기값을 0으로 하고 라플라스 변환하면
$5s^2Q(s) + sQ(s) = \dfrac{10}{s^2+1}$ $\left(\because \mathcal{L}\sin\omega t = \dfrac{\omega}{s^2+\omega^2}\right)$
$(5s^2 + s)Q(s) = \dfrac{10}{s^2+1}$
$\therefore Q(s) = \dfrac{10}{(5s^2+s)(s^2+1)}$ 【답】②

72 $f(t) = 3u(t) + 2e^{-t}$의 라플라스 변환은?

① $\dfrac{s+3}{s(s+1)}$ ② $\dfrac{5s+3}{s(s+1)}$

③ $\dfrac{3s}{s^2+1}$ ④ $\dfrac{5s+1}{(s+1)s^2}$

풀이

$$F(s) = \mathcal{L}[f(t)] = \mathcal{L}[3u(t) + 2e^{-t}]$$
$$= \frac{3}{s} + \frac{2}{s+1} = \frac{3(s+1)+2s}{s(s+1)} = \frac{5s+3}{s(s+1)}$$

【답】②

73 코일에 단상 100[V]의 전압을 가하면 30[A]의 전류가 흐르고 1.8[kW]의 전력을 소비한다고 한다. 이 코일과 병렬로 콘덴서를 접속하여 회로의 역률을 100[%]로 하기 위한 용량 리액턴스는 약 몇 [Ω]인가?

① 4.2
② 6.2
③ 8.2
④ 10.2

풀이 $P_a = V \cdot I = 100 \cdot 30 = 3000 \text{ [VA]}$
$Q = \sqrt{P_a^2 - P^2} = \sqrt{3^2 - 1.8^2} = 2.4 \text{ [kVar]}$
역률이 100[%]가 되기 위해서는 2.4[kVA]의 콘덴서가 필요하므로

$$Q_C = 2\pi f C V^2 = \frac{V^2}{X_C} = 2.4 \times 10^3$$

$$\therefore X_C = \frac{100^2}{2.4 \times 10^3} = 4.17 \text{ [Ω]}$$

【답】①

74 다음 회로에서 전압비 전달함수 $\frac{V_2(s)}{V_1(s)}$는 어떻게 되는가?

① $\frac{R_1 R_2 Cs + R_2}{R_1 R_2 Cs + R_1 + R_2}$

② $\frac{R_1 + R_2 + R_1 R_2 Cs}{R_2 + R_1 R_2 Cs}$

③ $\frac{R_1 Cs + R_2}{R_2 + R_1 R_2 Cs}$

④ $\frac{R_1 R_2 Cs}{R_1 R_2 Cs + R_1 + R_2}$

풀이 문제의 R_1과 C의 합성 임피던스 등가 회로는 그림과 같다. 그림에서

$V_1(s) = \left\{\left(\frac{R_1}{1+CsR_1}\right) + R_2\right\} I(s)$

$V_2(s) = R_2 I(s)$

$\therefore G(s) = \frac{V_2(s)}{V_1(s)} = \frac{R_2}{\frac{R_1}{1+CsR_1} + R_2}$

$= \frac{R_2 + R_1 R_2 Cs}{R_1 + R_2 + R_1 R_2 Cs}$

【답】①

75 그림과 같은 T형 회로에서 4단자 정수가 아닌 것은?

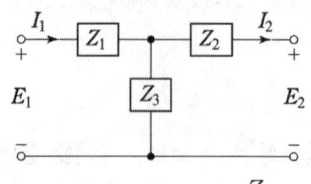

① $1 + \frac{Z_1}{Z_3}$
② $1 + \frac{Z_2}{Z_3}$
③ $\frac{Z_1 Z_2}{Z_3} + Z_1 + Z_2$
④ $1 + \frac{Z_3}{Z_2}$

풀이

$$\begin{bmatrix} A & B \\ C & D \end{bmatrix} = \begin{bmatrix} 1 & Z_1 \\ 0 & 1 \end{bmatrix} \begin{bmatrix} 1 & 0 \\ \frac{1}{Z_3} & 1 \end{bmatrix} \begin{bmatrix} 1 & Z_2 \\ 0 & 1 \end{bmatrix} = \begin{bmatrix} 1+\frac{Z_1}{Z_3} & Z_1 \\ \frac{1}{Z_3} & 1 \end{bmatrix} \begin{bmatrix} 1 & Z_2 \\ 1 & 0 \end{bmatrix}$$

$$= \begin{bmatrix} 1+\frac{Z_1}{Z_3} & \frac{Z_1 Z_2}{Z_3}+Z_1+Z_2 \\ \frac{1}{Z_3} & 1+\frac{Z_2}{Z_3} \end{bmatrix}$$

【답】④

76 그림과 같은 회로에서 $t=0$의 순간 S를 열었을 때 L의 양단에 발생하는 역기전력은 인가전압의 몇 배가 발생하는가? (단, 스위치 S를 열기전에 회로는 정상상태이다.)

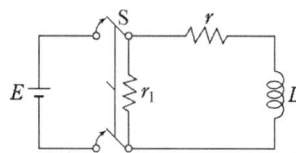

① $\frac{r}{r+r_1}$
② $\frac{r_1 r}{r+r_1}$
③ $\frac{r-r_1}{r_1}$
④ $\frac{r+r_1}{r}$

풀이 $i = \frac{E}{r} e^{-\frac{r+r_1}{L}t}$ 이므로

$e_L = -L\frac{di}{dt} = -\frac{LE}{r}\left(-\frac{r+r_1}{L}\right)e^{-\frac{r+r_1}{L}t}$

여기서 $t=0$이면 $E_L = \frac{r+r_1}{r} E$

$\therefore \frac{E_L}{E} = \frac{r+r_1}{r}$

【답】④

77 10[Ω]의 저항 3개를 Y로 결선한 것을 등가 △결선으로 환산한 저항의 크기는?

① 20[Ω]   ② 30[Ω]
③ 40[Ω]   ④ 60[Ω]

풀이
Y결선된 같은 저항을 △결선으로 환산하면 3배이므로
∴ $R_\triangle = 3R_Y = 3 \times 10 = 30[\Omega]$ 【답】②

78 임피던스 함수가 $Z(s) = \dfrac{3s+3}{s}$ 으로 표시되는 2단자 회로망은? (단, $s = j\omega$ 이다.)

① ─▧▧─∥─   3 1/3
② ─▨▨▨─∥─   3 1/3
③ ─▧▧─▨▨▨─   3 3
④ ─▧▧─▨▨▨─∥─   3 3 1

풀이
$Z(s) = \dfrac{3s+3}{s} = 3 + \dfrac{3}{s} = 3 + \dfrac{1}{\frac{1}{3}s}$ 이므로

저항 3[Ω]과 정전용량 $\dfrac{1}{3}$[F]의 직렬회로가 된다.   【답】①

79 $a + a^2$의 값은? (단, $a = e^{j120°}$ 이다.)

① 0   ② −1
③ 1   ④ a^3

풀이
$a = -\dfrac{1}{2} + j\dfrac{\sqrt{3}}{2}$, $a^2 = -\dfrac{1}{2} - j\dfrac{\sqrt{3}}{2}$ 이므로

$a + a^2 = \left(-\dfrac{1}{2} + j\dfrac{\sqrt{3}}{2}\right) + \left(-\dfrac{1}{2} - j\dfrac{\sqrt{3}}{2}\right) = -1$ 【답】②

80 상순이 $a-b-c$인 3상 회로에 있어서 대칭분 전압이 $V_0 = -8 + j3$[V], $V_1 = 6 - j8$[V], $V_2 = 8 + j12$[V] 일 때 a상의 전압 V_a[V]는?

① $6 + j7$ ② $8 + j12$
③ $6 + j14$ ④ $16 + j4$

풀이
$V_a = V_0 + V_1 + V_2 = -8 + j3 + 6 - j8 + 8 + j12$
$= 6 + j7$ [V]   【답】①

2015년 기출문제

1회 회로이론

61 1000 [Hz]인 정현파 교류에서 5 [mH]인 유도 리액턴스와 같은 용량 리액턴스를 갖는 C의 값은 몇 [μF]인가?

① 4.07   ② 5.07
③ 6.07   ④ 7.07

[풀이] $\omega L = \dfrac{1}{\omega C}$ 에서 $C = \dfrac{1}{\omega^2 L}$

따라서, $C = \dfrac{1}{(2 \times \pi \times 1000)^2 \times 5 \times 10^{-3}}$
$= 5.07 \times 10^{-6} [F] = 5.07 [\mu F]$ 【답】②

62 $Z = 8 + j6 [\Omega]$인 평형 Y부하에 선간전압 200 [V]인 대칭 3상 전압을 가할 때 선전류는 약 몇 [A]인가?

① 20   ② 11.5
③ 7.5   ④ 5.5

[풀이]

상전류 $I_P = \dfrac{V_P}{Z}$

$= \dfrac{200/\sqrt{3}}{\sqrt{8^2+6^2}} = 11.55 [A]$

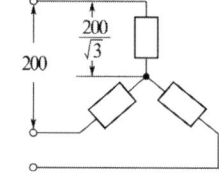

Y결선이므로
선전류 I_l = 상전류 I_P = 11.55[A] 【답】②

63 복소수 $I_1 = 10 \angle \tan^{-1}\dfrac{4}{3}$, $I_2 = 10 \angle \tan^{-1}\dfrac{3}{4}$ 일 때 $I = I_1 + I_2$는 얼마인가?

① $-2 + j2$
② $14 + j14$
③ $14 + j4$
④ $14 + j3$

[풀이]

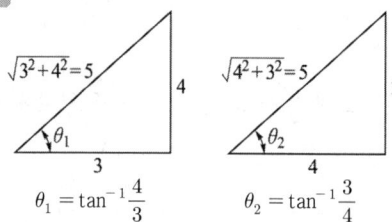

$\theta_1 = \tan^{-1}\dfrac{4}{3}$ $\theta_2 = \tan^{-1}\dfrac{3}{4}$

I_1 과 I_2 를 변형하면

$I_1 = 10 \angle \theta_1 = 10(\cos\theta_1 + j\sin\theta_1) = 10\left(\dfrac{3}{5} + j\dfrac{4}{5}\right) = 6 + j8$

$I_2 = 10 \angle \theta_2 = 10(\cos\theta_2 + j\sin\theta_2) = 10\left(\dfrac{4}{5} + j\dfrac{3}{5}\right) = 8 + j6$

$\therefore I = I_1 + I_2 = 6 + j8 + 8 + j6 = 14 + j14$ 【답】②

64 그림과 같은 이상적인 변압기로 구성된 4단자 회로에서 정수 A, B, C, D 중 A는?

① 1
② 0
③ n
④ $\dfrac{1}{n}$

[풀이]

변압기의 4단자 정수는 $\begin{bmatrix} a & 0 \\ 0 & \dfrac{1}{a} \end{bmatrix}$ 이므로,

$\begin{bmatrix} A & B \\ C & D \end{bmatrix} = \begin{bmatrix} \dfrac{n_1}{n_2} & 0 \\ 0 & \dfrac{n_2}{n_1} \end{bmatrix}$ 가 된다.

따라서, $A = \dfrac{n_1}{n_2} = \dfrac{n}{1} = n$ 이다. 【답】③

65 $f(t) = u(t-a) - u(t-b)$의 라플라스 변환은?

① $\dfrac{1}{s}(e^{-as} - e^{-bs})$ ② $\dfrac{1}{s}(e^{as} + e^{bs})$

③ $\dfrac{1}{s^2}(e^{-as} - e^{-bs})$ ④ $\dfrac{1}{s^2}(e^{as} + e^{bs})$

풀이 $\mathcal{L}[f(t)] = \mathcal{L}[u(t-a) - u(t-b)]$
$= \dfrac{e^{-as}}{s} - \dfrac{e^{-bs}}{s} = \dfrac{1}{s}(e^{-as} - e^{-bs})$ 【답】①

66 그림과 같은 회로의 전달 함수는?
(단, e_1은 입력, e_2는 출력이다.)

① $C_1 + C_2$

② $\dfrac{C_2}{C_1}$

③ $\dfrac{C_1}{C_1 + C_2}$

④ $\dfrac{C_2}{C_1 + C_2}$

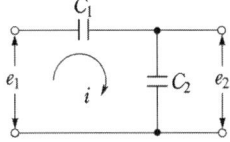

풀이
$$\begin{cases} e_1(t) = \dfrac{1}{C_1}\int i(t)dt + \dfrac{1}{C_2}\int i(t)dt \\ e_2(t) = \dfrac{1}{C_2}\int i(t)dt \end{cases}$$

$$\begin{cases} E_1(s) = \left(\dfrac{1}{C_1 s} + \dfrac{1}{C_2 s}\right)I(s) = \dfrac{C_1+C_2}{C_1 C_2 s}\cdot I(s) \\ E_2(s) = \dfrac{I(s)}{C_2 s} \end{cases}$$

$\therefore G(s) = \dfrac{E_2(s)}{E_1(s)} = \dfrac{\dfrac{1}{C_2 s}\cdot I(s)}{\dfrac{C_1+C_2}{C_1 C_2 s}\cdot I(s)} = \dfrac{C_1}{C_1+C_2}$ 【답】③

67 그림과 같은 회로에서 a-b 양단간의 전압은 몇 [V]인가?

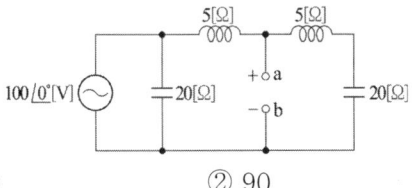

① 80 ② 90
③ 120 ④ 150

풀이

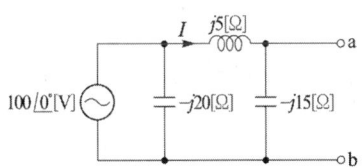

회로에 흐르는 전류 I는
$I = \dfrac{100}{j5 - j15} = j10[\text{A}]$

a, b 사이의 전압
$V_{ab} = I \times (-j15) = j10 \times (-j15) = 150[\text{V}]$ 【답】④

68 역률이 60[%]이고 1상의 임피던스가 60[Ω]인 유도부하를 △로 결선하고 여기에 병렬로 저항 20[Ω]을 Y결선으로 하여 3상 선간전압 200[V]를 가할 때의 소비전력 [W]은?

① 3200 ② 3000
③ 2000 ④ 1000

풀이

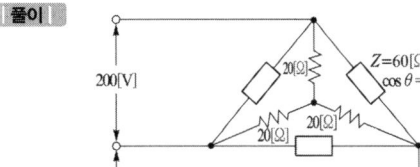

△결선된 60[Ω]의 부하로 Y로 변환하면
$Z_Y = \dfrac{60}{3} = 20[\Omega]$ ($\because Z_Y = \dfrac{1}{3}Z_\Delta$)

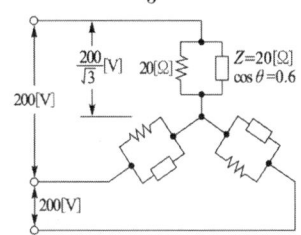

• 저항에서의 소비전력
$P_1 = 3 \times \dfrac{V_P^2}{R} = 3 \times \dfrac{(200/\sqrt{3})^2}{20} = 2000[\text{W}]$

• 임피던스에서의 소비전력
$P_2 = 3V_P I_P \cos\theta = 3 \times \dfrac{200}{\sqrt{3}} \times \dfrac{200/\sqrt{3}}{20} \times 0.6 = 1200[\text{W}]$

• 전 소비전력 $P = P_1 + P_2 = 2000 + 1200 = 3200[\text{W}]$ 【답】①

69 그림과 같은 4단자망의 영상 전달정수 θ는?

① $\sqrt{5}$

② $\log_e \sqrt{5}$

③ $\log_e \dfrac{1}{\sqrt{5}}$

④ $5\log_e \sqrt{5}$

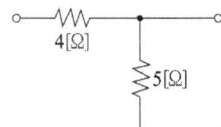

과년도 기출문제 2015년

[풀이]

$$\begin{bmatrix} A & B \\ C & D \end{bmatrix} = \begin{bmatrix} 1+\frac{4}{5} & 4 \\ \frac{1}{5} & 1 \end{bmatrix} = \begin{bmatrix} \frac{9}{5} & 4 \\ \frac{1}{5} & 1 \end{bmatrix}$$

$$\therefore \theta = \log_e(\sqrt{AD}+\sqrt{BC}) = \log_e\left(\sqrt{\frac{9}{5}\times 1}+\sqrt{4\times\frac{1}{5}}\right)$$
$$= \log_e\left(\frac{3}{\sqrt{5}}+\frac{2}{\sqrt{5}}\right) = \log_e\left(\frac{5}{\sqrt{5}}\right) = \log_e\sqrt{5} \quad \text{【답】②}$$

70 그림 (a)의 회로를 그림 (b)와 같은 등가회로로 구성하고자 한다. 이 때 V 및 R의 값은?

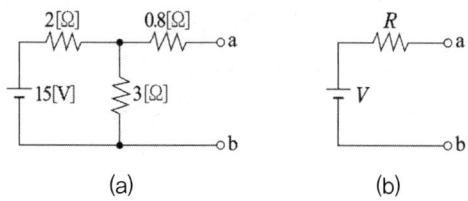

① 6 [V], 2 [Ω] ② 6 [V], 6 [Ω]
③ 9 [V], 2 [Ω] ④ 9 [V], 6 [Ω]

[풀이]
- a, b 단자 사이에 걸리는 개방전압
$$V_{ab} = \frac{3}{2+3}\times 15 = 9[V]$$
- a, b 단자에서 전원측으로 본 합성저항 (전압원은 단락시킨다.)
$$R_{ab} = 0.8 + \frac{2\times 3}{2+3} = 2[\Omega] \quad \text{【답】③}$$

71 구형파의 파형률(㉠)과 파고율(㉡)은?
① ㉠ 1, ㉡ 0 ② ㉠ 1.11, ㉡ 1.414
③ ㉠ 1, ㉡ 1 ④ ㉠ 1.57, ㉡ 2

[풀이]

파 형	구형파	3각파	정현파	정류파(전파)	정류파(반파)
파형률	1.0	1.15	1.11	1.11	1.57
파고율	1.0	1.732	1.414	1.414	2.0

【답】③

72 모든 초기 값을 0으로 할 때, 출력과 입력의 비를 무엇이라 하는가?
① 전달함수 ② 충격함수
③ 경사함수 ④ 포물선함수

[풀이] 전달 함수
모든 초기값을 0으로 하였을 때 출력 신호의 라플라스 변환값과 입력 신호의 라플라스 변환값의 비를 전달함수라 한다. 【답】①

73 그림과 같은 파형의 라플라스 변환은?

① $\frac{E}{Ts}(1-e^{-Ts})$

② $\frac{E}{Ts^2}(1-e^{-Ts})$

③ $\frac{E}{Ts}(1-e^{-Ts}-Ts\cdot e^{-Ts})$

④ $\frac{E}{Ts^2}(1-e^{-Ts}-Ts\cdot e^{-Ts})$

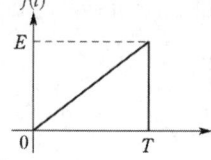

[풀이]

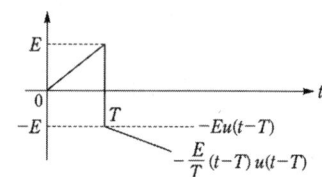

$$f(t) = \frac{E}{T}tu(t) - Eu(t-T) - \frac{E}{T}(t-T)u(t-T)$$

이므로 시간추이 정리를 이용하면

$$F(s) = \frac{E}{Ts^2} - \frac{Ee^{-Ts}}{s} - \frac{Ee^{-Ts}}{Ts^2} = \frac{E}{Ts^2}[1-(Ts+1)e^{-Ts}]$$

【답】④

74 2전력계법으로 평형 3상 전력을 측정하였더니 각각의 전력계가 500[W], 300[W]를 지시하였다면 전 전력[W]은?
① 200 ② 300
③ 500 ④ 800

[풀이]
2전력계법에서 전 전력 $W = W_1 + W_2$
따라서, 전 전력 $W = 500 + 300 = 800[W]$ 【답】④

75 그림에서 전류 i_5의 크기는?
① 3 [A]
② 5 [A]
③ 8 [A]
④ 12 [A]

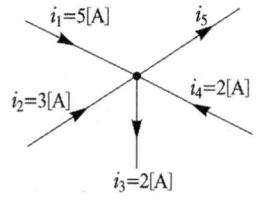

풀이 키르히호프의 전류법칙(Kirchhoff's Current Law : KCL : 제1법칙)
한 절점(접속점)에서의 **유입 전류와 유출 전류의 대수적인 합은 같다**.
따라서, $i_1 + i_2 - i_3 + i_4 - i_5 = 0$
$\therefore i_5 = i_1 + i_2 - i_3 + i_4 = 5 + 3 - 2 + 2 = 8[A]$ 【답】③

76 1상의 직렬 임피던스가 $R = 6[\Omega]$, $X_L = 8[\Omega]$인 △결선 평형 부하가 있다. 여기에 선간전압 100[V]인 대칭 3상 교류전압을 가하면 선전류는 몇 [A]인가?

① $\dfrac{10\sqrt{3}}{3}$ ② $3\sqrt{3}$
③ 10   ④ $10\sqrt{3}$

풀이 △결선시 선간 전압 E_l = 상전압 E_p
$\therefore$ 상전류 $I_p = \dfrac{E_p}{Z} = \dfrac{E_l}{Z} = \dfrac{E_l}{\sqrt{R^2+X^2}} = \dfrac{100}{\sqrt{6^2+8^2}} = 10[A]$
△결선시 선전류 $I_l = \sqrt{3}\,I_p$ 이므로
$I_l = \sqrt{3} \times 10 = 10\sqrt{3}\,[A]$ 【답】④

77 그림과 같은 회로에서 S를 열었을 때 전류계는 10[A]를 지시하였다. S를 닫을 때 전류계의 지시는 몇 [A]인가?

① 10
② 12
③ 14
④ 16

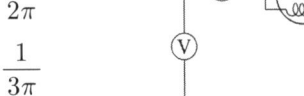

풀이 S를 열었을 때 전전압을 구해 보면
$E = IR = 10\left(\dfrac{3 \times 6}{3+6} + 4\right) = 60[V]$
따라서, S를 닫으면 전전류
$I' = \dfrac{E}{R'} = \dfrac{60}{\dfrac{3 \times 6}{3+6} + \dfrac{4 \times 12}{4+12}} = \dfrac{60}{2+3} = 12[A]$ 【답】②

78 3상 평형 부하가 있다. 선간전압이 200[V], 역률이 0.8이고, 소비전력이 10[kW]라면 선전류는 약 몇 [A]인가?

① 30   ② 32
③ 34   ④ 36

풀이 3상 부하에서 소비전력 $P = \sqrt{3}\,VI\cos\theta$

$\therefore I = \dfrac{P}{\sqrt{3}\,V\cos\theta} = \dfrac{10 \times 10^3}{\sqrt{3} \times 200 \times 0.8} = 36.08[A]$ 【답】④

79 회로에서 각 계기들의 지시값은 다음과 같다. 전압계 ⓥ는 240[V], 전류계 Ⓐ는 5[A], 전력계 Ⓦ는 720[W]이다. 이때 인덕턴스 L[H]은 얼마인가? (단, 전원주파수는 60[Hz] 이다.)

① $\dfrac{1}{\pi}$
② $\dfrac{1}{2\pi}$
③ $\dfrac{1}{3\pi}$
④ $\dfrac{1}{4\pi}$

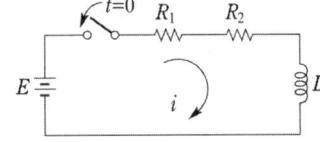

풀이
- 피상전력 $P_a = VI = 240 \times 5 = 1200[VA]$
- $P_a = \sqrt{W^2 + Q^2}$ 에서
  무효전력 $Q = \sqrt{P_a^2 - W^2} = \sqrt{1200^2 - 720^2} = 960[Var]$
- $Q = I_L^2 X_L = \left(\dfrac{V}{X_L}\right)^2 X_L$ 에서 $X_L = \dfrac{V^2}{Q}$
$\therefore X_L = \dfrac{240^2}{960} = 60[\Omega]$
따라서, $L = \dfrac{X_L}{2\pi f} = \dfrac{60}{2\pi \times 60} = \dfrac{1}{2\pi}[H]$ 【답】②

80 다음 회로에 대한 설명으로 옳은 것은?

① 이 회로의 시정수는 $\dfrac{L}{R_1 + R_2}$ 이다.

② 이 회로의 특성근은 $\dfrac{R_1 + R_2}{L}$ 이다.

③ 정상 전류값은 $\dfrac{E}{R_2}$ 이다.

④ 이 회로의 전류값은
$i(t) = \dfrac{E}{R_1 + R_2}\left(1 - e^{-\dfrac{L}{R_1 + R_2}t}\right)$ 이다.

풀이

① 시정수 $\tau = \dfrac{L}{R_1+R_2}$

② 특성근 $= -\dfrac{1}{시정수} = -\dfrac{R_1+R_2}{L}$

③ 정상전류 $i_s = \dfrac{E}{R_1+R_2}$

④ 전류 $i(t) = \dfrac{E}{R_1+R_2}(1-e^{-\frac{R_1+R_2}{L}t})$ 【답】 ①

2회 회로이론

61 $\dfrac{dx(t)}{dt} + x(t) = 1$ 의 라플라스 변환 $X(s)$의 값은? (단, $x(0)=0$ 이다.)

① $s+1$
② $s(s+1)$
③ $\dfrac{1}{s}(s+1)$
④ $\dfrac{1}{s(s+1)}$

풀이

미분정리 $\mathcal{L}\left[\dfrac{d}{dt}x(t)\right] = sX(s) - x(0)$ 에서

초기값을 0으로 하고 라플라스 변환하면,

$\{sX(s) - x(0)\} + X(s) = \dfrac{1}{s}$

$(s+1)X(s) = \dfrac{1}{s}$ ∴ $X(s) = \dfrac{1}{s(s+1)}$ 【답】 ④

---

62 4단자 회로에서 4단자 정수를 A, B, C, D 라 할 때 전달정수 θ는 어떻게 되는가?

① $\ln(\sqrt{AB} + \sqrt{BC})$
② $\ln(\sqrt{AB} - \sqrt{CD})$
③ $\ln(\sqrt{AD} + \sqrt{BC})$
④ $\ln(\sqrt{AD} - \sqrt{BC})$

풀이

영상전달정수

$\theta = \ln(\sqrt{AD} + \sqrt{BC}) = \cosh^{-1}\sqrt{AD} = \sinh^{-1}\sqrt{BC}$

$= \tanh^{-1}\sqrt{\dfrac{BC}{AD}}$ 【답】 ③

---

63 다음 회로에서 10 $[\Omega]$의 저항에 흐르는 전류는 몇 [A]인가?

① 1
② 2
③ 4
④ 5

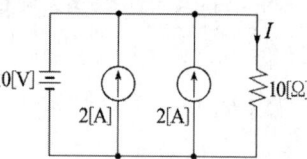

풀이

- 전압원만 존재할 때 10 $[\Omega]$에 흐르는 전류 I_1
  (이때, 전류원은 개방)
  $I_1 = \dfrac{V}{R} = \dfrac{10}{10} = 1[A]$

- 2[A] 전류원만 존재할 때 10 $[\Omega]$에 흐르는 전류 I_2
  (이때, 전압원은 단락)
  $I_2 = 0$(2[A] 전류는 단락된 전압원 측으로 흐르므로 저항에는 전류가 흐르지 않는다.)

∴ $I_1 + I_2 = 1 + 0 = 1[A]$ 【답】 ①

---

64 3상 회로에 △결선된 평형 순저항 부하를 사용하는 경우 선간전압 220 [V], 상전류가 7.33 [A]라면 1상의 부하저항은 약 몇 $[\Omega]$인가?

① 80
② 60
③ 45
④ 30

풀이

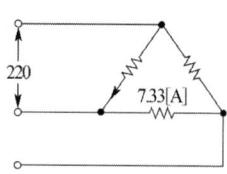

부하 1상의 임피던스 $= \dfrac{상전압}{상전류} = \dfrac{220}{7.33} = 30[\Omega]$ 【답】 ④

---

65 그림과 같은 순저항으로 된 회로에 대칭 3상 전압을 가할 때 각 선에 흐르는 전류가 같으려면 $R[\Omega]$의 값은?

① 20
② 25
③ 30
④ 35

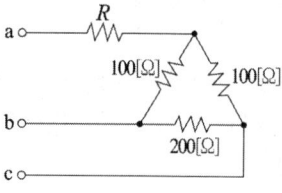

풀이 △저항을 Y저항으로 변환하면

$$\frac{100 \times 100}{100+100+200} = 25[\Omega]$$

$$\frac{100 \times 200}{100+100+200} = 50[\Omega]$$

$$\frac{100 \times 200}{100+100+200} = 50[\Omega]$$

위 그림에서 각 선전류가 같기 위해서는 각 선저항이 같아야 하므로 $R+25 = 50[\Omega]$ 이라야 한다.

$R = 50 - 25 = 25[\Omega]$

【답】 ②

66 어떤 소자가 60[Hz]에서 리액턴스 값이 10[Ω]이었다. 이 소자를 인덕터 또는 커패시터라 할 때, 인덕턴스[mH]와 정전용량[μF]은 각각 얼마인가?

① 26.53[mH], 295.37[μF]
② 18.37[mH], 265.25[μF]
③ 18.37[mH], 295.37[μF]
④ 26.53[mH], 265.25[μF]

풀이 $\omega = 2\pi f = 2\pi \times 60 ≒ 377$ 이므로,

① 유도성 리액턴스
$X_L = \omega L = 377L = 10[\Omega]$
$\therefore L = \frac{10}{377} = 0.02653[H] = 26.53[mH]$

② 용량성 리액턴스
$X_C = \frac{1}{\omega C} = \frac{1}{377C} = 10[\Omega]$
$\therefore C = \frac{1}{377 \times 10} = 0.00026525[F] = 265.25[\mu F]$

【답】 ④

67 다음 용어에 대한 설명으로 옳은 것은?
① 능동소자는 나머지 회로에 에너지를 공급하는 소자이며 그 값은 양과 음의 값을 갖는다.
② 종속전원은 회로 내의 다른 변수에 종속되어 전압 또는 전류를 공급하는 전원이다.
③ 선형소자는 중첩의 원리와 비례의 법칙을 만족할 수 있는 다이오드 등을 말한다.
④ 개방회로는 두 단자 사이에 흐르는 전류가 양단자에 전압과 관계없이 무한대 값을 갖는다.

풀이 종속 전원
회로내에 존재하는 **다른 전압이나 전류에 종속**되어 전압 또는 전류를 공급하는 전원으로서 회로 내의 다른 부분에는 전혀 영향을 미치지 못한다.

【답】 ②

68 그림과 같은 회로에서 입력을 $V_1(s)$, 출력을 $V_2(s)$라 할 때 전압비 전달함수는?

① $\dfrac{R_1}{R_1 Cs + 1}$

② $\dfrac{R_2 + R_1 R_2 Cs}{R_1 + R_2 + R_1 R_2 Cs}$

③ $\dfrac{R_1 R_2 s + RCs}{R_1 Cs + R_1 R_2 s^2 + C}$

④ $\dfrac{s+1}{s + (R_1 + R_2) + R_1 R_2 C}$

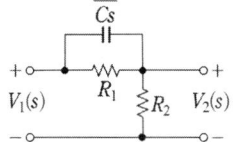

풀이 문제의 R_1과 C의 합성 임피던스 등가 회로는 그림과 같다. 그림에서

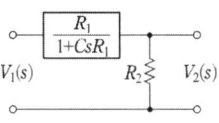

$V_1(s) = \left\{\left(\dfrac{R_1}{1+CsR_1}\right) + R_2\right\} I(s)$

$V_2(s) = R_2 I(s)$

$\therefore G(s) = \dfrac{V_2(s)}{V_1(s)} = \dfrac{R_2}{\dfrac{R_1}{1+CsR_1} + R_2} = \dfrac{R_2 + R_1 R_2 Cs}{R_1 + R_2 + R_1 R_2 Cs}$

【답】 ②

69 어떤 코일에 흐르는 전류를 0.5[ms] 동안에 5[A]만큼 변화시킬 때 20[V]의 전압이 발생한다. 이 코일의 자기 인덕턴스[mH]는?
① 2
② 4
③ 6
④ 8

풀이 유도전압 $e = L\dfrac{di(t)}{dt}$에서

$20 = L\dfrac{5}{0.5 \times 10^{-3}}$

$\therefore L = \dfrac{0.5 \times 10^{-3}}{5} \times 20 = 2 \times 10^{-3}[H] = 2[mH]$

【답】 ①

70 반파대칭 및 정현대칭인 왜형파의 푸리에 급수의 전개에서 옳게 표현된 것은?

(단, $f(t) = a_0 + \sum_{n=1}^{\infty} a_n \cos n\omega t + \sum_{n=1}^{\infty} b_n \sin n\omega t$ 임)

① a_n의 우수항만 존재한다.
② a_n의 기수항만 존재한다.
③ b_n의 우수항만 존재한다.
④ b_n의 기수항만 존재한다.

풀이
- 반파 대칭 및 정현 대칭을 동시에 만족하는 파형으로는 삼각파와 구형파가 있다.
- 반파 대칭의 특징 : 직류성분 $a_0 = 0$, 홀수항의 sin, cos항 존재
- 정현 대칭의 특징 : 직류성분 $a_0 = 0$, cos항 $= 0$, sin항 존재

따라서, **반파 및 정현대칭의 경우 홀수항(기수항)의 sin만 존재**한다. 【답】④

71 다음과 같은 π형 회로의 4단자 정수 중 D의 값은?

① Z_2
② $1 + \dfrac{Z_2}{Z_1}$
③ $\dfrac{1}{Z_1} + \dfrac{1}{Z_2}$
④ $1 + \dfrac{Z_2}{Z_3}$

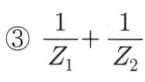
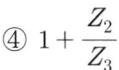

풀이 기본적인 4단자망의 4단자 정수

4단자 정수 \ 회로의 정수	$Z_1 - Z_3$, Z_2	Z_2, $Z_1 - Z_3$
A	$1 + \dfrac{Z_1}{Z_2}$	$1 + \dfrac{Z_2}{Z_3}$
B	$\dfrac{Z_1 Z_2 + Z_2 Z_3 + Z_3 Z_1}{Z_2}$	Z_2
C	$\dfrac{1}{Z_2}$	$\dfrac{Z_1 + Z_2 + Z_3}{Z_1 Z_3}$
D	$1 + \dfrac{Z_3}{Z_2}$	$1 + \dfrac{Z_2}{Z_1}$

【답】②

72 전기량(전하)의 단위로 알맞은 것은?
① [C]   ② [mA]
③ [nW] ④ [μF]

풀이
- 전기량 Q [C]   · 전류 I [A]
- 유효 전력 P [W] · 정전 용량 C [F]

【답】①

73 저항 $R = 60[\Omega]$과 유도리액턴스 $\omega L = 80[\Omega]$인 코일이 직렬로 연결된 회로에 200[V]의 전압을 인가할 때 전압과 전류의 위상차는?

① 48.17° ② 50.23°
③ 53.13° ④ 55.27°

풀이
임피던스 $Z = R + j\omega L$ 에서
$Z = 60 + j80 = \sqrt{60^2 + 80^2} \angle \tan^{-1}\dfrac{80}{60} = 100\angle 53.13°$

따라서 전류 $I = \dfrac{E}{Z} = \dfrac{200\angle 0°}{100\angle 53.13°} = 2\angle -53.13°$ 【답】③

74 다음 회로에서 $t = 0$일 때 스위치 K를 닫았다. $i_1(0_+)$, $i_2(0_+)$의 값은? (단, $t < 0$에서 C전압과 L전압은 각각 0[V]이다.)

① $\dfrac{V}{R_1}$, 0
② 0, $\dfrac{V}{R_2}$
③ 0, 0
④ $-\dfrac{V}{R_1}$, 0

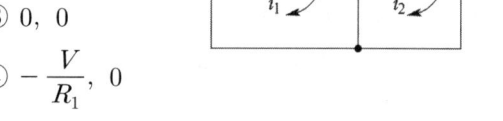

풀이 $t = 0_+$에서 C는 단락, L은 개방이므로
$i_1 = \dfrac{V}{R_1}$, $i_2 = 0$ 【답】①

75 그림과 같이 저항 $R = 3[\Omega]$과 용량 리액턴스 $\dfrac{1}{\omega C} = 4[\Omega]$인 콘덴서가 병렬로 연결된 회로에 100[V]의 교류 전압을 인가할 때, 합성 임피던스 Z [Ω]는?

① 1.2
② 1.8
③ 2.2
④ 2.4

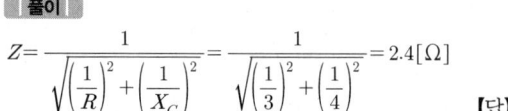

풀이
$Z = \dfrac{1}{\sqrt{\left(\dfrac{1}{R}\right)^2 + \left(\dfrac{1}{X_C}\right)^2}} = \dfrac{1}{\sqrt{\left(\dfrac{1}{3}\right)^2 + \left(\dfrac{1}{4}\right)^2}} = 2.4[\Omega]$

【답】④

76 대칭 3상 Y결선 부하에서 각 상의 임피던스가 $16 + j12[\Omega]$이고, 부하전류가 10[A]일 때, 이 부하의 선간전압은 약 몇 [V]인가?

① 152.6 ② 229.1
③ 346.4 ④ 445.1

풀이 Y결선에서 상전압
V_p = 부하 전류 × 1상 임피던스
$= 10 \times \sqrt{16^2 + 12^2} = 200[V]$
Y결선 선간 전압 = $\sqrt{3}$ × 상전압
∴ $V_l = \sqrt{3} V_p = \sqrt{3} \times 200 = 346.41[V]$ 【답】③

77 전달 함수 $G(s) = \dfrac{20}{3+2s}$ 을 갖는 요소가 있다. 이 요소에 $\omega = 2[\text{rad/sec}]$인 정현파를 주었을 때 $|G(j\omega)|$를 구하면?

① 8 ② 6
③ 4 ④ 2

풀이 $G(j\omega) = \dfrac{20}{3+2j\omega}$, $\omega=2$ 이므로
$|G(j\omega)| = \left|\dfrac{20}{3+2j\omega}\right|_{\omega=2} = \left|\dfrac{20}{\sqrt{3^2+4^2}}\right| = 4$ 【답】③

78 시정수 τ를 갖는 RL 직렬회로에 직류전압을 가할 때 $t = 2\tau$ 되는 시간에 회로에 흐르는 전류는 최종 값의 약 몇 [%]인가?

① 98 ② 95
③ 86 ④ 63

풀이 $i(t) = \dfrac{E}{R}\left(1-e^{-\frac{R}{L}t}\right) = I\left(1-e^{-\frac{1}{\tau} \times t}\right)$ 이므로
$t=2\tau$ 일 때 전류
$i_\tau = I\left(1-e^{-\frac{1}{\tau}\times 2\tau}\right) = I(1-e^{-2}) ≒ 0.86I$ 【답】③

79 3상 4선식에서 중성선이 필요하지 않아서 중성선을 제거하여 3상 3선식으로 하려고 한다. 이때 중성선의 조건식은 어떻게 되는가? (단, I_a, I_b, I_c[A]는 각 상의 전류이다.)

① $I_a + I_b + I_c = 1$ ② $I_a + I_b + I_c = \sqrt{3}$
③ $I_a + I_b + I_c = 3$ ④ $I_a + I_b + I_c = 0$

풀이 중성선을 제거하려면 중성선에 흐르는 전류가 0이 되어야 한다.
즉, $I_a + I_b + I_c = 0$ 【답】④

80 $e_i(t) = Ri(t) + L\dfrac{di}{dt}(t) + \dfrac{1}{C}\int i(t)dt$ 에서 모든 초기값을 0으로 하고 라플라스 변환할 때 $I(s)$는? (단, $I(s)$, $E_i(s)$는 $i(t)$, $e_i(t)$의 라플라스 변환이다.)

① $\dfrac{Cs}{LCs^2 + RCs + 1}E_i(s)$

② $\dfrac{1}{R+Ls+\dfrac{s}{C}}E_i(s)$

③ $\dfrac{1}{R+Ls+Cs^2}E_i(s)$

④ $\left(R+Ls+\dfrac{1}{Cs}\right)E_i(s)$

풀이 양변을 라플라스 변환하면
$E_i(s) = RI(s) + sLI(s) + \dfrac{1}{sC}I(s)$ 에서
$E_i(s) = \left(R+sL+\dfrac{1}{sC}\right)I(s)$
∴ $I(s) = \dfrac{1}{sL+R+\dfrac{1}{sC}}E_i(s) = \dfrac{Cs}{LCs^2+RCs+1}E_i(s)$ 【답】①

4회 회로이론

61 3상 대칭분 전류를 I_0, I_1, I_2 라 하고 선전류를 I_a, I_b, I_c 라고 할 때 I_b는 어떻게 되는가?

① $I_0 + a^2I_1 + aI_2$ ② $I_0 + aI_1 + a^2I_2$
③ $\dfrac{1}{3}(I_0+I_1+I_2)$ ④ $I_0+I_1+I_2$

풀이
$I_0 = \dfrac{1}{3}(I_a+I_b+I_c)$
$I_1 = \dfrac{1}{3}(I_a+aI_b+a^2I_c)$
$I_2 = \dfrac{1}{3}(I_a+a^2I_b+aI_c)$ 이며
대칭분 $I_b = I_0 + a^2I_1 + aI_2$ 이다. 【답】①

62 공칭 임피던스 $R=600[\Omega]$, 차단주파수 $f_h=60[kHz]$인 정K형 고역 필터에서 $L[mH]$, $C[\mu F]$값은?

① $7.96[mH]$, $0.0221[\mu F]$
② $7.96[mH]$, $0.00221[\mu F]$
③ $0.1592[mH]$, $0.0044[\mu F]$
④ $0.796[mH]$, $0.00221[\mu F]$

풀이
$L=\dfrac{R}{4\pi f_h}=\dfrac{600}{4\pi\times 60\times 10^3}\times 10^3=0.796[mH]$
$C=\dfrac{1}{4\pi f_h R}=\dfrac{1}{4\pi\times 60\times 10^3\times 600}\times 10^6=0.00221[\mu F]$

【답】④

63 그림과 같은 램프함수의 라플라스 변환식은?

① $e^s\dfrac{1}{s^2}$
② $e^{-s}\dfrac{1}{s^2}$
③ $e^{2s}\dfrac{1}{s^2}$
④ $e^{-2s}\dfrac{1}{s^2}$

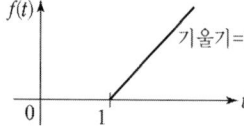

풀이
$f(t)=(t-1)u(t-1)$이므로
$\mathcal{L}[f(t)]=\dfrac{1}{s^2}e^{-s}$

【답】②

64 4단자 회로망에서 영상 임피던스 Z_{01}과 Z_{02}를 같게 하려면 4단자 정수간에 서로 어떤 관계가 되어야 하는가?

① $A=B$
② $B=C$
③ $C=D$
④ $A=D$

풀이
영상 임피던스 $Z_{01}=\sqrt{\dfrac{AB}{CD}}$, $Z_{02}=\sqrt{\dfrac{BD}{AC}}$에서 Z_{01}과 Z_{02}가 같게 되려면 $A=D$가 되어야 한다.
즉, $Z_{01}=Z_{02}=\sqrt{\dfrac{B}{C}}$가 된다.

【답】④

65 그림과 같은 회로에 있어서 스위치 S를 닫았을 때 L에 가해지는 전압은? (단, $i(0)=0$이다.)

① $\dfrac{E}{R}e^{-\frac{R}{L}t}$
② $\dfrac{E}{R}e^{-\frac{L}{R}t}$
③ $Ee^{-\frac{R}{L}t}$
④ $Ee^{\frac{L}{R}t}$

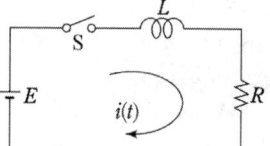

풀이
• $R-L$ 직렬회로에 직류 인가 시 흐르는 전류
$i(t)=\dfrac{E}{R}(1-e^{-\frac{R}{L}t})$ [A]
• L에 걸리는 전압
$e_L=L\dfrac{di}{dt}=L\dfrac{d}{dt}\dfrac{E}{R}\left(1-e^{-\frac{R}{L}t}\right)=Ee^{-\frac{R}{L}t}$

【답】③

66 $\dfrac{B(s)}{A(s)}=\dfrac{2}{2s+3}$의 전달함수를 미분방정식으로 표시하면? 단, $\mathcal{L}^{-1}[A(s)]=a(t)$, $\mathcal{L}^{-1}[B(s)]=b(t)$이다.)

① $2\dfrac{d}{dt}b(t)+3b(t)=a(t)$
② $\dfrac{d}{dt}b(t)+b(t)=a(t)$
③ $2\dfrac{d}{dt}b(t)+3b(t)=2a(t)$
④ $3\dfrac{d}{dt}a(t)+a(t)=2b(t)$

풀이
$\dfrac{B(s)}{A(s)}=\dfrac{2}{2s+3}$, $2sB(s)+3B(s)=2A(s)$
$\therefore 2\dfrac{d}{dt}b(t)+3b(t)=2a(t)$

【답】③

67 그림의 회로에서 단자 $b-c$에 나타나는 전압 V_{bc}는 몇 [V]인가?

① 4
② 6
③ 8
④ 10

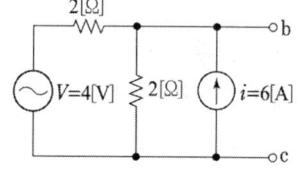

풀이
전류원을 전압원으로 변환하고 밀만의 정리를 적용하면

$$V_{bc} = \frac{Y_1 V_1 + Y_2 V_2}{Y_1 + Y_2} = \frac{\frac{4}{2} + \frac{12}{2}}{\frac{1}{2} + \frac{1}{2}}$$

$$= 8[V]$$

【답】 ③

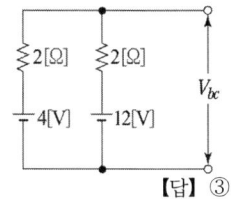

68 3상 Y결선회로에서 소비하는 전력은 몇 [W]인가? (단, 임피던스 Z의 단위는 [Ω]이다.)

① 3072
② 1536
③ 768
④ 384

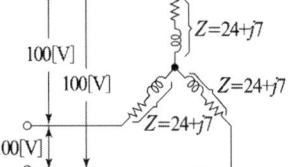

풀이
3상 소비전력

$$P = 3I^2 R = 3\left(\frac{V_p}{Z}\right)^2 R = 3\left(\frac{V_p}{\sqrt{R^2 + X^2}}\right)^2 R = \frac{3 V_p^2 R}{R^2 + X^2}$$

$$= \frac{3 \times \left(\frac{100}{\sqrt{3}}\right)^2 \times 24}{24^2 + 7^2} = 384[W]$$

【답】 ④

69 $f(t) = e^{-at} \sin t \cos t$ 를 라플라스 변환하면?

① $\dfrac{1}{(s-a)^2 + 4}$
② $\dfrac{1}{(s+a)^2 + 4}$
③ $\dfrac{e}{s^2 + 4}$
④ $\dfrac{2}{(s-a)^2 + 4}$

풀이
삼각함수의 가법정리에 의해서 $\sin t \cos t = \dfrac{1}{2} \sin 2t$ 이므로 복소 추이 정리에 의해

$$F(s) = \mathcal{L}\left.\frac{1}{2}\sin 2t\right|_{s=s+a} = \left.\frac{1}{s^2 + 2^2}\right|_{s=s+a}$$

$$= \frac{1}{(s+a)^2 + 2^2} = \frac{1}{(s+a)^2 + 4}$$

【답】 ②

70 어떤 계에 임펄스 함수(δ함수)가 입력으로 가해졌을 때 시간함수 e^{-2t} 가 출력으로 나타났다. 이 계의 전달함수는?

① $\dfrac{1}{s+2}$
② $\dfrac{1}{s-2}$
③ $\dfrac{2}{s+2}$
④ $\dfrac{2}{s-2}$

풀이
입력 $R(s) = 1$, 출력 $C(s) = \mathcal{L}[e^{-2t}] = \dfrac{1}{s+2}$

$$G(s) = \frac{C(s)}{R(s)} = \frac{\frac{1}{s+2}}{1} = \frac{1}{s+2}$$

【답】 ①

71 RC 직렬회로의 양단에
$$e = 50 + 141.4 \sin 2\omega t + 212.1 \sin 4\omega t [V]$$
인 전압을 인가할 때 제2고조파 전류의 실효값은 몇 [A]인가? (단, $R = 8[\Omega]$, $1/\omega C = 12[\Omega]$이다.)

① 6
② 8
③ 10
④ 12

풀이
$$I_2 = \frac{E_2}{Z_2} = \frac{E_2}{\sqrt{R^2 + \left(\frac{1}{2\omega C}\right)^2}} = \frac{141.4/\sqrt{2}}{\sqrt{8^2 + \left(\frac{12}{2}\right)^2}} = 10[A]$$

【답】 ③

72 그림에서 a-b 단자의 전압이 $50 \angle 0°[V]$, a-b 단자에서 본 능동 회로망의 임피던스가 $Z = 6 + j8$ [Ω]일 때, a-b 단자에 임피던스 $Z = 2 - j2[\Omega]$을 접속하면 이 임피던스에 흐르는 전류[A]는 얼마인가?

① $4 - j3$
② $4 + j3$
③ $3 - j4$
④ $3 + j4$

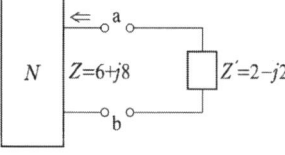

풀이
$$\dot{I} = \frac{V}{Z + Z'} = \frac{50}{6 + j8 + 2 - j2} = \frac{50}{8 + j6}$$

$$= \frac{50(8 - j6)}{(8 + j6)(8 - j6)} = 4 - j3[A]$$

【답】 ①

73 그림의 T회로에서 전류 I_1은 몇 [A]인가?

① 0.625
② 1.333
③ 1.505
④ 1.673

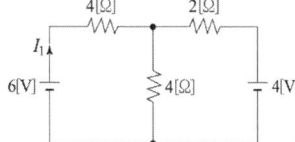

풀이

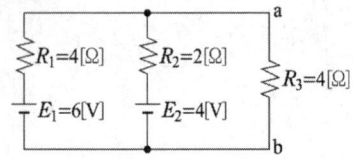

밀만의 정리에 의해

$$V_{ab} = \frac{\frac{E_1}{R_1} + \frac{E_2}{R_2}}{\frac{1}{R_1} + \frac{1}{R_2} + \frac{1}{R_3}} = \frac{\frac{6}{4} + \frac{4}{2}}{\frac{1}{4} + \frac{1}{2} + \frac{1}{4}} = 3.5[V]$$

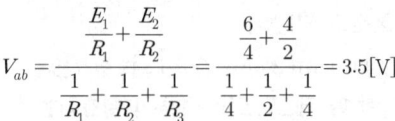

a-b 사이의 전압이 3.5[V] 이므로

$$I_1 = \frac{E_1 - V_{ab}}{R_1} = \frac{6 - 3.5}{4} = 0.625[A]$$ 【답】①

74 RLC 직렬회로에서 회로저항의 값이 다음의 어느 때이어야 이 회로가 부족제동이 되었다고 하는가?

① $R = 0$
② $R > 2\sqrt{\frac{L}{C}}$
③ $R = 2\sqrt{\frac{L}{C}}$
④ $R < 2\sqrt{\frac{L}{C}}$

풀이 $R-L-C$ 직렬 회로의 특성

① $R > 2\sqrt{\frac{L}{C}}$: 과제동 (비진동적)

② $R = 2\sqrt{\frac{L}{C}}$: 임계제동 (진동)

③ $R < 2\sqrt{\frac{L}{C}}$: 부족제동(진동적) 【답】④

75 횡축에 대칭인 삼각파 교류전압의 평균값[V]은?

① 3
② 5
③ 8
④ 10

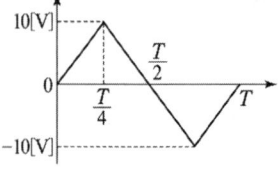

풀이

파형	정현파	정현반파	삼각파	구형반파	구형파
평균값	$\frac{2V_m}{\pi}$	$\frac{V_m}{\pi}$	$\frac{V_m}{2}$	$\frac{V_m}{2}$	V_m

따라서 삼각파 교류 전압의 평균값

$$V_{ab} = \frac{V_m}{2} = \frac{10}{2} = 5[V]$$ 【답】②

76 불평형 3상 전류 $I_a = 15 + j2[A]$, $I_b = -20 - j14[A]$, $I_c = -3 + j10[A]$ 일 때 영상전류 I_0는 약 몇 [A]인가?

① $2.67 + j0.36$
② $-2.67 - j0.67$
③ $15.7 - j3.25$
④ $1.91 + j6.24$

풀이 영상전류 $I_0 = \frac{1}{3}(I_a + I_b + I_c)$

$$\therefore I_0 = \frac{1}{3}(15 + j2 - 20 - j14 - 3 + j10)$$
$$= \frac{1}{3}(-8 - j2) = -2.67 - j0.67 [A]$$ 【답】②

77 어떤 회로에 전압 $e(t) = E_m \cos(\omega t + \theta)[V]$를 가했더니 전류 $i(t) = I_m \cos(\omega t + \theta + \phi)[A]$가 흘렀다. 이때에 회로에 유입하는 평균전력[W]은?

① $\frac{1}{4} E_m I_m \cos\phi$
② $\frac{1}{2} E_m I_m \cos\phi$
③ $\frac{E_m I_m}{\sqrt{2}} \sin\phi$
④ $E_m I_m \sin\phi$

풀이 $P = EI\cos\theta$ 에서 위상차 $\theta = \phi$ 이므로

$$P = \frac{E_m}{\sqrt{2}} \times \frac{I_m}{\sqrt{2}} \cos\phi = \frac{E_m I_m}{2} \cos\phi [W]$$ 【답】②

78 그림과 같은 결합 회로의 등가 인덕턴스[H]는?

① $L_1 + L_2 + M$
② $L_1 + L_2 - M$
③ $L_1 + L_2 + 2M$
④ $L_1 + L_2 - 2M$

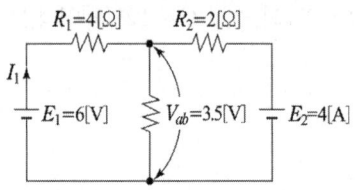

풀이

① $M > 0$일 때의 등가 인덕턴스 L^+(L_1, L_2 에 흘러 들어가는 전류의 방향이 모두 dot 방향)

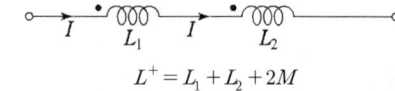

$L^+ = L_1 + L_2 + 2M$

② $M<0$ 일 때의 등가 인덕턴스 L^- (전류의 방향이 L_1 에는 dot 방향, L_2 에는 dot 반대방향)

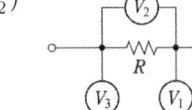

$$L^- = L_1 + L_2 - 2M$$

【답】③

79 부하에 $100\underline{/30°}$[V]의 전압을 가하였을 때 $10\underline{/60°}$[A]의 전류가 흘렀다면 부하에서 소비되는 유효전력은 약 몇 [W]인가?

① 400　　② 500
③ 682　　④ 866

풀이
전압과 전류의 위상차 $\theta = 60° - 30° = 30°$
따라서 유효전력 $P = VI\cos\theta = 100 \times 10 \times \cos 30° = 866$[W]

【답】④

80 그림과 같은 회로에서 전압계 3개로 단상전력을 측정할 때 유효전력[W]은?

① $\dfrac{1}{2R}(V_3^2 - V_1^2 - V_2^2)$

② $\dfrac{1}{2R}(V_3^2 - V_1^2)$

③ $\dfrac{R}{2}(V_3^2 - V_1^2 - V_2^2)$

④ $\dfrac{R}{2}(V_2^2 - V_1^2 - V_3^2)$

풀이 3전압계 법 : 전압계 3개로 전력을 측정하는 방법

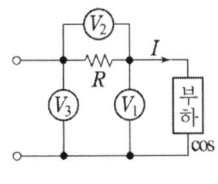 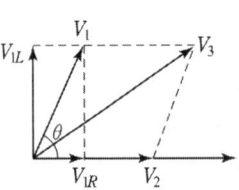

소비 전력 $P = V_1 I \cos\theta$ 이고 벡터도에서
$V_3 = \sqrt{V_1^2 + V_2^2 + 2V_1 V_2 \cos\theta}$ 이므로
$\cos\theta = \dfrac{V_3^2 - V_1^2 - V_2^2}{2V_1 V_2}$

$\therefore P = V_1 I \cos\theta = V_1 \cdot \dfrac{V_2}{R} \cdot \dfrac{V_3^2 - V_1^2 - V_2^2}{2V_1 V_2}$

$= \dfrac{1}{2R}(V_3^2 - V_1^2 - V_2^2)$

【답】①

2016년 기출문제

1회 회로이론

61 아래와 같은 비정현파 전압을 RL 직렬회로에 인가할 때에 제3고조파 전류의 실효값[A]은?
(단, $R = 4[\Omega]$, $\omega L = 1[\Omega]$이다.)

$$e = 100\sqrt{2}\sin\omega t + 75\sqrt{2}\sin 3\omega t + 20\sqrt{2}\sin 5\omega t [V]$$

① 4   ② 15
③ 20   ④ 75

[풀이]

$$I_3 = \frac{V_3}{Z_3} = \frac{V_3}{\sqrt{R^2 + (3\omega L)^2}} = \frac{75}{\sqrt{4^2 + (3\times 1)^2}} = 15[A]$$

(∵ 저항은 기본파일 때나 고조파 일 때나 그 크기의 변화는 없다. 그러나 **리액턴스는 제n차 고조파에서는 주파수가 n배가 되므로**, 리액턴스 $X_n = 2\pi(nf)L = n\times 2\pi fL$로 기본파의 n배가 된다.)   **[답]** ②

62 $\dfrac{E_o(s)}{E_i(s)} = \dfrac{1}{s^2 + 3s + 1}$의 전달함수를 미분방정식으로 표시하면? (단, $\mathcal{L}^{-1}[E_o(s)] = e_o(t)$, $\mathcal{L}^{-1}[E_i(s)] = e_i(t)$ 이다.)

① $\dfrac{d^2}{dt^2}e_o(t) + 3\dfrac{d}{dt}e_o(t) + e_o(t) = e_i(t)$

② $\dfrac{d^2}{dt^2}e_i(t) + 3\dfrac{d}{dt}e_i(t) + e_i(t) = e_o(t)$

③ $\dfrac{d^2}{dt^2}e_i(t) + 3\dfrac{d}{dt}e_i(t) + \int e_i(t)dt = e_o(t)$

④ $\dfrac{d^2}{dt^2}e_o(t) + 3\dfrac{d}{dt}e_o(t) + \int e_o(t)dt = e_i(t)$

[풀이]

$\dfrac{E_o(s)}{E_i(s)} = \dfrac{1}{s^2 + 3s + 1} \rightarrow (s^2 + 3s + 1)E_o(s) = E_i(s)$

$\therefore \dfrac{d^2}{dt^2}e_o(t) + 3\dfrac{d}{dt}e_o(t) + e_o(t) = e_i(t)$ **[답]** ①

63 선간전압 220 [V], 역률 60 [%]인 평형 3상 부하에서 소비전력 $P = 10[kW]$일 때 선전류는 약 몇 [A]인가?

① 25.3   ② 32.8
③ 43.7   ④ 53.6

[풀이]
3상 부하에서 소비전력 $P = \sqrt{3} VI\cos\theta$

$\therefore I = \dfrac{P}{\sqrt{3} V\cos\theta} = \dfrac{10\times 10^3}{\sqrt{3}\times 220\times 0.6} = 43.74[A]$ **[답]** ③

64 $i(t) = \dfrac{4I_m}{\pi}\left(\sin\omega t + \dfrac{1}{3}\sin 3\omega t + \dfrac{1}{5}\sin 5\omega t + \cdots\right)$

로 표시하는 파형은?

① 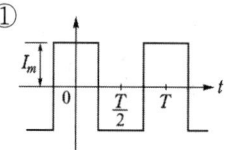   ②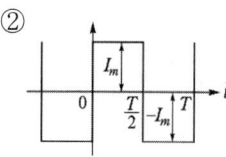

③ 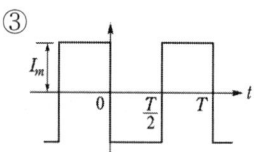   ④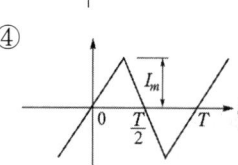

[풀이]
- 반파 대칭 및 정현 대칭을 동시에 만족하는 파형으로는 삼각파와 구형파가 있다.
- 반파 대칭의 특징 : 직류성분 $a_0 = 0$, 홀수항의 sin, cos항 존재
- 정현 대칭의 특징 : 직류성분 $a_0 = 0$, cos항=0, sin항 존재

따라서, **반파 및 정현대칭의 경우 홀수항(기수항)의 sin만 존재한다.**   **[답]** ②

65 그림과 같은 회로에서 전류 $I[A]$는?

① 7
② 10
③ 13
④ 17

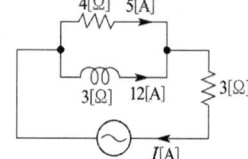

풀이
$I = \sqrt{I_R^2 + I_L^2} = \sqrt{5^2 + 12^2} = 13\,[A]$ 【답】③

66 $F(s) = \dfrac{3s+10}{s^3 + 2s^2 + 5s}$ 일 때 $f(t)$의 최종값은?

① 0 ② 1
③ 2 ④ 3

풀이 최종값 정리에 의해서
$\lim\limits_{t \to \infty} f(t) = \lim\limits_{s \to 0} sF(s) = \lim\limits_{s \to 0} s \cdot \dfrac{3s+10}{s(s^2+2s+5)} = \dfrac{10}{5} = 2$
【답】③

67 RLC 직렬회로에서 제 n고조파의 공진주파수 f [Hz]는?

① $\dfrac{1}{2\pi\sqrt{LC}}$ ② $\dfrac{1}{2\pi\sqrt{nLC}}$
③ $\dfrac{1}{2\pi n\sqrt{LC}}$ ④ $\dfrac{1}{2\pi n^2\sqrt{LC}}$

풀이 $R-L-C$ 직렬 회로의 임피던스
$Z = R + j\left(\omega L - \dfrac{1}{\omega C}\right)$ 이고,
이때 **임피던스의 허수부의 값이 0인 상태를 직렬공진 상태**라 한다. 즉, $\omega L - \dfrac{1}{\omega C} = 0 \quad \omega L = \dfrac{1}{\omega C}$
따라서, n차 고조파에 있어서 공진조건은
$2\pi(nf)L = \dfrac{1}{2\pi(nf)C}$
이므로 제 n차 고조파 공진주파수 f는
$f = \dfrac{1}{2\pi n\sqrt{LC}}$ 【답】③

68 $\dfrac{1}{s+3}$ 을 역라플라스 변환하면?

① e^{3t} ② e^{-3t}
③ $e^{\frac{t}{3}}$ ④ $e^{-\frac{t}{3}}$

풀이 $e^{-at} \leftrightarrow \dfrac{1}{s+a}$ 이므로, 문제에서 $a=3$이다.
따라서, $f(t) = e^{-3t}$ 【답】②

69 20[kVA] 변압기 2대로 공급할 수 있는 최대 3상 전력은 약 몇 [kVA]인가?

① 17 ② 25
③ 35 ④ 40

풀이 V결선시 출력
$P_v = \sqrt{3}\,P_1 = \sqrt{3} \times 20 = 34.64\,[kVA]$ 【답】③

70 한 상의 임피던스 $Z = 6 + j8\,[\Omega]$인 평형 Y부하에 평형 3상 전압 200[V]를 인가할 때 무효전력은 약 몇 [Var]인가?

① 1330 ② 1848
③ 2381 ④ 3200

풀이
$Q = 3I^2 X = 3\left(\dfrac{V_p}{\sqrt{R^2+X^2}}\right)^2 X = 3\dfrac{V_p^2 X}{R^2+X^2}$
$= \dfrac{3 \times \left(\dfrac{200}{\sqrt{3}}\right)^2 \times 8}{6^2+8^2} = 3200\,[Var]$ 【답】④

71 T형 4단자 회로의 임피던스 파라미터 중 Z_{22}는?

① $Z_1 + Z_2$
② $Z_2 + Z_3$
③ $Z_1 + Z_3$
④ $-Z_2$

풀이
- $Z_{11} = \left.\dfrac{V_1}{I_1}\right|_{I_2=0} = \dfrac{I_1(Z_1+Z_3)}{I_1} = Z_1 + Z_3$
- $Z_{12} = \left.\dfrac{V_1}{I_2}\right|_{I_1=0} = \dfrac{I_2 Z_3}{I_2} = Z_3$
- $Z_{21} = \left.\dfrac{V_2}{I_1}\right|_{I_2=0} = \dfrac{I_1 Z_3}{I_1} = Z_3$
- $Z_{22} = \left.\dfrac{V_2}{I_2}\right|_{I_1=0} = \dfrac{I_2(Z_2+Z_3)}{I_2} = Z_2 + Z_3$ 【답】②

72 △ 결선된 저항부하를 Y결선으로 바꾸면 소비전력은 어떻게 되겠는가? (단, 선간 전압은 일정하다.)

① 1/3로 된다. ② 3배로 된다.
③ 1/9로 된다. ④ 9배로 된다.

$$P_\triangle = 3I^2 R = 3\left(\frac{V}{R}\right)^2 R = 3 \cdot \frac{V^2}{R}$$

다음 Y결선시 상전압은 선간 전압의 $\frac{1}{\sqrt{3}}$ 이므로

$$P_Y = 3\left(\frac{\frac{V}{\sqrt{3}}}{R}\right)^2 \cdot R = 3 \cdot \frac{V^2}{3R} = \frac{V^2}{R}$$

$$\therefore \frac{P_Y}{P_\triangle} = \frac{\frac{V^2}{R}}{\frac{3V^2}{R}} = \frac{1}{3} \quad P_Y = \frac{1}{3}P_\triangle \quad \text{【답】 ①}$$

73 정전용량 C만의 회로에서 100[V], 60[Hz]의 교류를 가했을 때 60[mA]의 전류가 흐른다면 C는 약 몇 [μF]인가?

① 5.26 ② 4.32
③ 3.59 ④ 1.59

풀이

$$X_c = \frac{V}{I} = \frac{100}{60 \times 10^{-3}} = \frac{10}{6} \times 10^3 = 1.66 \times 10^3 [\Omega]$$

$$X_c = \frac{1}{\omega C} \text{에서 } C = \frac{1}{\omega X_c} \text{이므로},$$

$$\therefore C = \frac{1}{\omega(1.66 \times 10^3)} = \frac{1}{2 \times 3.14 \times 60 \times 1.66 \times 10^3}$$
$$= 1.59 \times 10^{-6}[\text{F}] = 1.59[\mu\text{F}] \quad \text{【답】 ④}$$

74 RLC 회로망에서 입력을 $e_i(t)$, 출력을 $i(t)$로 할 때, 이 회로의 전달 함수는?

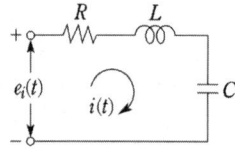

① $\dfrac{Rs}{LCs^2 + RCs + 1}$ ② $\dfrac{RLs}{LCs^2 + RCs + 1}$

③ $\dfrac{Ls}{LCs^2 + RCs + 1}$ ④ $\dfrac{Cs}{LCs^2 + RCs + 1}$

풀이 $e_i(t) = Ri(t) + L\dfrac{d}{dt}i(t) + \dfrac{1}{C}\int i(t)dt$

라플라스 변환하면

$$E_i(s) = RI(s) + LsI(s) + \frac{1}{Cs}I(s)$$

$$\therefore \frac{I(s)}{E_i(s)} = \frac{Cs}{LCs^2 + RCs + 1} \quad \text{【답】 ④}$$

75 그림과 같은 회로를 $t = 0$에서 스위치 S를 닫았을 때 $R[\Omega]$에 흐르는 전류 $i_R(t)[A]$는?

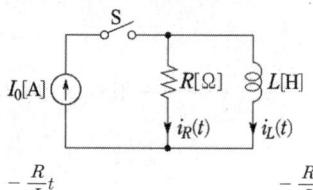

① $I_0(1 - e^{-\frac{R}{L}t})$ ② $I_0(1 + e^{-\frac{R}{L}t})$

③ I_0 ④ $I_0 e^{-\frac{R}{L}t}$

풀이

$i_R(t)$를 구하려면 $i_L(t)$를 먼저 구한다.

인덕턴스에 흐르는 전류 $i_L(t) = I_0\left(1 - e^{-\frac{R}{L}t}\right)$

키르히호프의 전류법칙에 의해 $I_0 = i_R(t) + i_L(t)$ 이므로

$$\therefore i_R(t) = I_0 - i_L(t) = I_0 - I_0\left(1 - e^{-\frac{R}{L}t}\right) = I_0 e^{-\frac{R}{L}t} \quad \text{【답】 ④}$$

76 $e = E_m \cos(100\pi t - \dfrac{\pi}{3})[V]$와

$i = I_m \sin(100\pi t + \dfrac{\pi}{4})[A]$의 위상차를 시간으로 나타내면 약 몇 초인가?

① 3.33×10^{-4} ② 4.33×10^{-4}
③ 6.33×10^{-4} ④ 8.33×10^{-4}

풀이

• $e = E_m \cos\left(100\pi t - \dfrac{\pi}{3}\right)$
$= E_m \sin\left(100\pi t - \dfrac{\pi}{3} + \dfrac{\pi}{2}\right) = E_m \sin\left(100\pi t + \dfrac{\pi}{6}\right)$ 이므로

e과 i의 위상차 $\theta = \dfrac{\pi}{4} - \dfrac{\pi}{6} = \dfrac{\pi}{12}$ 이다.

• $\theta = \omega t$ 에서 $t = \dfrac{\theta}{\omega}$

$$\therefore t = \frac{\theta}{\omega} = \frac{\pi}{12} \times \frac{1}{100\pi} = 8.33 \times 10^{-4}[\text{sec}] \quad \text{【답】 ④}$$

77 회로의 3[Ω] 저항 양단에 걸리는 전압[V]은?

① 2
② -2
③ 3
④ -3

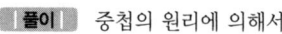

풀이 중첩의 원리에 의해서

• 전압원 2 [V]에 의해 3[Ω]에 흐르는 전류(이때 **전류원은 개방**)

$i_1 = \dfrac{2}{3}$ [A]

- 전류원 1[A]에 의해서 3[Ω]에 흐르는 전류(**이때 전압원은 단락**) $i_2 = 0$[A]
  (전압원은 단락되므로 **전류는 저항을 통하여 흐르지 않고 모두 단락회로로 흐른다.**)
- 3[Ω]저항에 흐르는 전류 $i = i_1 + i_2 = \dfrac{2}{3} + 0 = \dfrac{2}{3}$ [A]

∴ 저항 양단에 걸리는 전압 $E = ir = \dfrac{2}{3} \times 3 = 2$[V]   【답】①

78 대칭 3상 전압이 a상 V_a[V], b상 $V_b = a^2 V_a$[V], c상 $V_c = a V_a$[V]일 때 a상을 기준으로 한 대칭분 전압 중 정상분 V_1[V]은 어떻게 표시되는가?
(단, $a = -\dfrac{1}{2} + j\dfrac{\sqrt{3}}{2}$ 이다.)

① 0 ② V_a
③ aV_a ④ $a^2 V_a$

풀이

$V_1 = \dfrac{1}{3}(V_a + aV_b + a^2 V_c) = \dfrac{1}{3}(V_a + a^3 V_a + a^3 V_a)$
$= \dfrac{V_a}{3}(1 + a^3 + a^3) = V_a$ $(\because a^3 = 1)$ 【답】②

79 314[mH]의 자기 인덕턴스에 120[V], 60[Hz]의 교류전압을 가하였을 때 흐르는 전류[A]는?

① 10 ② 8
③ 1 ④ 0.5

풀이

$I = \dfrac{V}{\omega L} = \dfrac{120}{2\pi \times 60 \times 314 \times 10^{-3}} = 1$ 【답】③

80 그림과 같은 회로의 구동점 임피던스[Ω]는?

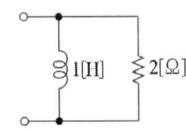

① $2 + j\omega$ ② $\dfrac{2\omega^2 + j4\omega}{3}$
③ $\dfrac{\omega^2 + j8\omega}{4 + \omega^2}$ ④ $\dfrac{2\omega^2 + j4\omega}{4 + \omega^2}$

풀이 구동점 임피던스는 2단자망의 한 쌍의 단자에서 본 임피던스를 구동점 임피던스라고 하며, 보통 $j\omega$, 또는 s로 치환하여 나타낸다.

$Z(j\omega) = \dfrac{1}{\dfrac{1}{j\omega L} + \dfrac{1}{R}} = \dfrac{1}{\dfrac{1}{j\omega} + \dfrac{1}{2}} = \dfrac{2j\omega}{2 + j\omega}$

$= \dfrac{j2\omega(2 - j\omega)}{(2 + j\omega)(2 - j\omega)} = \dfrac{2\omega^2 + j4\omega}{4 + \omega^2}$ 【답】④

2회   회로이론

61 그림과 같이 높이가 1인 펄스의 라플라스 변환은?

① $\dfrac{1}{s}(e^{-as} + e^{-bs})$

② $\dfrac{1}{a-b}\left(\dfrac{e^{-as} + e^{-bs}}{1}\right)$

③ $\dfrac{1}{s}(e^{-as} - e^{-bs})$

④ $\dfrac{1}{a-b}\left(\dfrac{e^{-as} - e^{-bs}}{s}\right)$

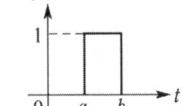

풀이

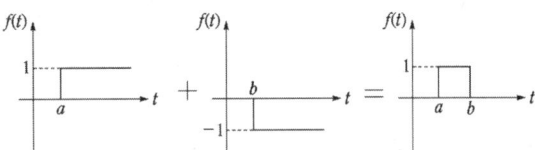

$f(t) = u(t-a) - u(t-b)$ 이므로
$\mathcal{L}[f(t)] = \mathcal{L}[u(t-a)] - \mathcal{L}[u(t-b)]$
$= \left\{\dfrac{e^{-as}}{s} - \dfrac{e^{-bs}}{s}\right\} = \dfrac{1}{s}(e^{-as} - e^{-bs})$ 【답】③

62 비대칭 다상 교류가 만드는 회전 자계는?

① 교번자기장
② 타원형 회전자기장
③ 원형 회전자기장
④ 포물선 회전자기장

풀이 회전자계
① 대칭 전류 : 원형 회전 자계 형성
② **비대칭** 전류 : **타원 회전 자계** 형성   【답】②

63 다음 방정식에서 $\dfrac{X_3(s)}{X_1(s)}$를 구하면?

$$\begin{cases} x_2(t) = \dfrac{d}{dt}x_1(t) \\ x_3(t) = x_2(t) + 3\int x_3(t)dt + 2\dfrac{d}{dt}x_2(t) - 2x_1(t) \end{cases}$$

① $\dfrac{s(2s^2+s-2)}{s-3}$

② $\dfrac{s(2s^2-s-2)}{s-3}$

③ $\dfrac{2(s^2+s+2)}{s-3}$

④ $\dfrac{(2s^2+s+2)}{s-3}$

[풀이]
라플라스 변환하면,
$X_2(s) = sX_1(s)$
$X_3(s) = X_2(s) + \dfrac{3}{s}X_3(s) + 2sX_2(s) - 2X_1(s)$

위 두 식에서 $X_2(s)$를 소거하면,
$X_3(s) = sX_1(s) + \dfrac{3}{s}X_3(s) + 2s^2X_1(s) - 2X_1(s)$

$\left(1 - \dfrac{3}{s}\right)X_3(s) = (2s^2+s-2)X_1(s)$

$\therefore \dfrac{X_3(s)}{X_1(s)} = \dfrac{2s^2+s-2}{1-\dfrac{3}{s}} = \dfrac{s(2s^2+s-2)}{s-3}$ 【답】①

64 그림과 같은 회로의 전달함수는?
(단, 초기조건은 0이다.)

① $\dfrac{R_2+Cs}{R_1+R_2+Cs}$

② $\dfrac{R_1+R_2+Cs}{R_1+Cs}$

③ $\dfrac{R_2Cs+1}{R_2Cs+R_1Cs+1}$

④ $\dfrac{R_1Cs+R_2Cs+1}{R_2Cs+1}$

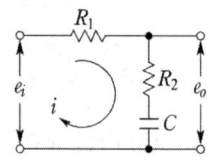

[풀이]
$G(s) = \dfrac{e_o(s)}{e_i(s)} = \dfrac{R_2+\dfrac{1}{Cs}}{R_1+R_2+\dfrac{1}{Cs}} = \dfrac{R_2Cs+1}{R_2Cs+R_1Cs+1}$ 【답】③

65 그림과 같은 반파 정현파의 실효값은?

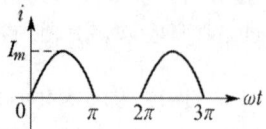

① $\dfrac{1}{\sqrt{2}}I_m$

② $\dfrac{2}{\pi}I_m$

③ $\dfrac{1}{\pi}I_m$

④ $\dfrac{1}{2}I_m$

[풀이]
실효값 $I = \sqrt{\dfrac{1}{T}\int_0^T i^2 dt} = \sqrt{\dfrac{1}{2\pi}\int_0^{2\pi} i^2 d(\omega t)}$ 에서
반파 정류파는 $\pi \sim 2\pi$일 때 $i=0$이므로
$I = \sqrt{\dfrac{1}{2\pi}\int_0^{\pi} i^2 d(\omega t)}$
$= \sqrt{\dfrac{1}{2\pi}\int_0^{\pi} I_m^2 \sin^2\omega t\, d(\omega t)}$
$= \sqrt{\dfrac{I_m^2}{2\pi}\int_0^{\pi} \dfrac{1-\cos 2\omega t}{2} d(\omega t)} = \dfrac{I_m}{2}$

$\left(\because \sin^2\omega t = \dfrac{1-\cos 2\omega t}{2},\ \cos^2\omega t = \dfrac{1+\cos 2\omega t}{2}\right)$ 【답】④

66 다음과 같은 회로의 전달함수 $\dfrac{E_o(s)}{I(s)}$는?

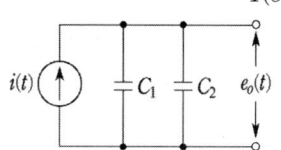

① $\dfrac{1}{s(C_1+C_2)}$

② $\dfrac{C_1 C_2}{(C_1+C_2)}$

③ $\dfrac{C_1}{s(C_1+C_2)}$

④ $\dfrac{C_2}{s(C_1+C_2)}$

[풀이]
$i(t) = C_1\dfrac{d}{dt}e_o(t) + C_2\dfrac{d}{dt}e_o(t)$
초기값을 0으로 하고 라플라스 변환하면
$I(s) = C_1 sE_o(s) + C_2 sE_o(s) = (C_1s+C_2s)E_o(s)$

$\therefore G(s) = \dfrac{E_o(s)}{I(s)} = \dfrac{1}{C_1s+C_2s} = \dfrac{1}{s(C_1+C_2)}$ 【답】①

67 그림과 같은 L형 회로의 4단자 A, B, C, D 정수 중 A는?

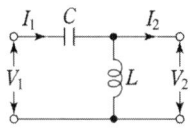

① $1 + \dfrac{1}{\omega LC}$ ② $1 - \dfrac{1}{\omega^2 LC}$

③ $1 + \dfrac{1}{j\omega L}$ ④ $\dfrac{1}{2\sqrt{LC}}$

풀이

$\begin{bmatrix} A & B \\ C & D \end{bmatrix} = \begin{bmatrix} 1 & \dfrac{1}{j\omega C} \\ 0 & 1 \end{bmatrix} \begin{bmatrix} 1 & 0 \\ \dfrac{1}{j\omega L} & 1 \end{bmatrix} = \begin{bmatrix} 1 - \dfrac{1}{\omega^2 LC} & \dfrac{1}{j\omega C} \\ \dfrac{1}{j\omega L} & 1 \end{bmatrix}$ 【답】②

68 다음 회로에서 I를 구하면 몇 [A]인가?

① 2
② -2
③ -4
④ 4

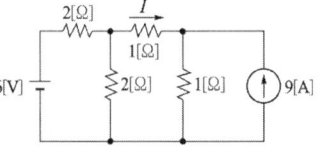

풀이

① [그림 (a), (b)]에서 전류원 개방시 I'는

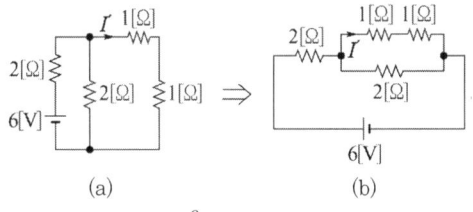

전체전류 $I = \dfrac{6}{2 + \dfrac{2 \times 2}{2 + 2}} = 2$ [A]

$1[\Omega]$의 저항에 흐르는 전류 I'는

$I' = 2 \times \dfrac{2}{(1+1)+2} = 1$ [A]

② [그림 (c), (d)]에서 전압원 단락시 I''는

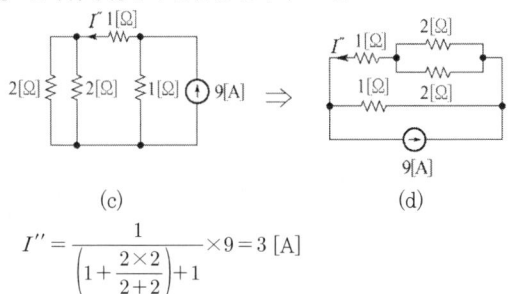

$I'' = \dfrac{1}{\left(1 + \dfrac{2 \times 2}{2+2}\right) + 1} \times 9 = 3$ [A]

$I'' > I'$이고 I''의 방향이 문제에서 주어진 방향과 반대이므로
$I = I' - I'' = 1 - 3 = -2$ [A] 【답】②

69 인덕턴스 L[H] 및 커패시턴스 C[F]를 직렬로 연결한 임피던스가 있다. 정저항 회로를 만들기 위하여 그림과 같이 L 및 C의 각각에 서로 같은 저항 R[Ω]을 병렬로 연결할 때, R[Ω]은 얼마인가?
(단, $L = 4$[mH], $C = 0.1$[μF]이다.)

① 100
② 200
③ 2×10^{-5}
④ 0.5×10^{-2}

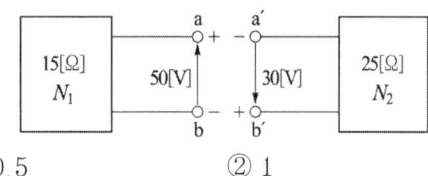

풀이 정저항 회로조건

$R = \sqrt{\dfrac{L}{C}}$ 에서 $R = \sqrt{\dfrac{4 \times 10^{-3}}{0.1 \times 10^{-6}}} = 200$[$\Omega$] 【답】②

70 두 개의 회로망 N_1과 N_2가 있다. a-b 단자, a'-b' 단자의 각각의 전압은 50 [V], 30 [V]이다. 또, 양 단자에서 N_1, N_2를 본 임피던스가 15 [Ω]과 25 [Ω]이다. a-a', b-b'를 연결하면 이 때 흐르는 전류는 몇 [A]인가?

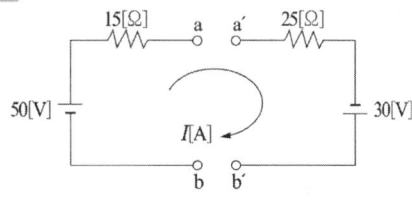

① 0.5 ② 1
③ 2   ④ 4

풀이

N_1과 N_2의 전압 방향이 반대이므로

$\therefore I = \dfrac{V_1 + V_2}{Z_1 + Z_2} = \dfrac{50 + 30}{15 + 25} = 2$[A] 【답】③

71 다음과 같은 파형 $v(t)$을 단위계단함수로 표시하면 어떻게 되는가?

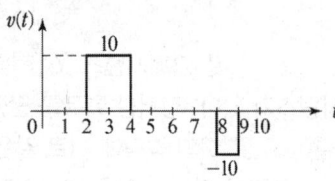

① $10u(t-2)+10u(t-4)+10u(t-8)+10u(t-9)$
② $10u(t-2)-10u(t-4)-10u(t-8)-10u(t-9)$
③ $10u(t-2)-10u(t-4)+10u(t-8)-10u(t-9)$
④ $10u(t-2)-10u(t-4)-10u(t-8)+10u(t-9)$

풀이

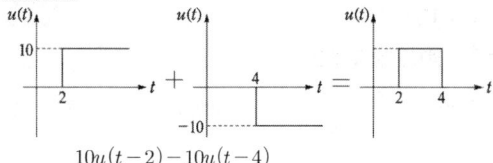

$10u(t-2)-10u(t-4)$

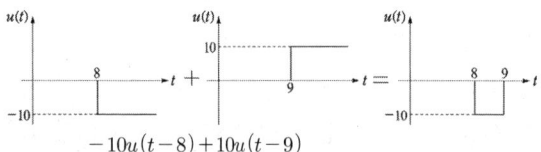

$-10u(t-8)+10u(t-9)$

두 파형을 더하면
$f(t)=10u(t-2)-10u(t-4)-10u(t-8)+10u(t-9)$

【답】 ④

72 3상 회로의 선간 전압이 각각 80[V], 50[V], 50[V]일 때의 전압의 불평형률[%]은?

① 39.6 ② 57.3
③ 73.6 ④ 86.7

풀이
$E_a=80[V]$, $E_b=-40-j30[V]$, $E_c=-40+j30[V]$

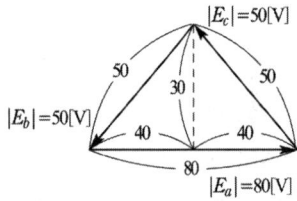

$E_1 = \frac{1}{3}(E_a + aE_b + a^2E_c)$
$= \frac{1}{3}\left\{80+\left(-\frac{1}{2}+j\frac{\sqrt{3}}{2}\right)(-40-j30)\right.$
$\left. +\left(-\frac{1}{2}-j\frac{\sqrt{3}}{2}\right)(-40+j30)\right\}$

$= \frac{1}{3}(80+40+30\sqrt{3}) = 57.32[V]$

$E_2 = \frac{1}{3}(E_a + a^2E_b + aE_c)$
$= \frac{1}{3}\left\{80+\left(-\frac{1}{2}-j\frac{\sqrt{3}}{2}\right)(-40-j30)\right.$
$\left. +\left(-\frac{1}{2}+j\frac{\sqrt{3}}{2}\right)(-40+j30)\right\}$

$= \frac{1}{3}(80+40-30\sqrt{3}) = 22.68[V]$

∴ 불평형률 $= \frac{|E_2|}{|E_1|}\times 100 = \frac{22.68}{57.32}\times 100 ≒ 39.6[\%]$ 【답】①

73 저항 R인 검류계 G에 그림과 같이 r_1인 저항을 병렬로, 또 r_2인 저항을 직렬로 접속하였을 때 A, B단자 사이의 저항을 R과 같게 하고 또한 G에 흐르는 전류를 전 전류의 $1/n$로 하기 위한 $r_1[\Omega]$의 값은?

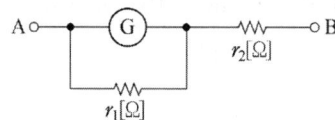

① $\frac{n-1}{R}$ ② $R\left(1-\frac{1}{n}\right)$
③ $\frac{R}{n-1}$ ④ $R\left(1+\frac{1}{n}\right)$

풀이

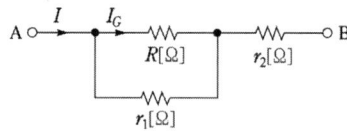

전 전류를 I, 검류계 G에 흐르는 전류를 I_G라고 하면
$I_G = \frac{1}{n}I = \frac{r_1}{R+r_1}\times I$ 이므로

$nr_1 = R+r_1$ ∴ $r_1 = \frac{R}{n-1}$

참고로 보상용 저항 r_2는 $\frac{R\times r_1}{R+r_1}+r_2 = R$ 에서

$r_2 = R - \frac{R\cdot r_1}{R+r_1} = R\left(1-\frac{r_1}{R+r_1}\right)$

$= R\left(1-\frac{\frac{R}{n-1}}{R+\frac{R}{n-1}}\right) = R\left(1-\frac{1}{n}\right)$

이 되어야 한다. 【답】③

74 Y결선된 대칭 3상 회로에서 전원 한 상의 전압이 $V_a = 220\sqrt{2}\sin\omega t$[V]일 때 선간전압의 실효값은 약 몇 [V] 인가?

① 220　　② 310
③ 380　　④ 540

풀이
Y결선시 선간전압(V_l)은 상전압(V_p)의 $\sqrt{3}$ 배 이므로
$\therefore V_l = \sqrt{3}\,V_p = \sqrt{3}\times 220 \fallingdotseq 381.05$[V]　　【답】③

75 저항 $R = 5000[\Omega]$, 정전용량 $C = 20[\mu F]$가 직렬로 접속된 회로에 일정전압 $E = 100$[V]를 가하고 $t = 0$에서 스위치를 넣을 때 콘덴서 단자전압 V [V]을 구하면? (단, $t = 0$에서의 콘덴서 전압은 0[V] 이다.)

① $100(1-e^{10t})$
② $100e^{10t}$
③ $100(1-e^{-10t})$
④ $100e^{-10t}$

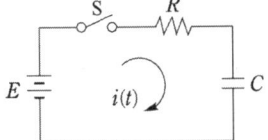

풀이
직류 전압 인가 시 전류 $i(t) = \frac{E}{R}e^{-\frac{1}{RC}t}$ [A]이므로
콘덴서 양단의 전압 $v_c(t)$의 적분 구간을 0~t로 잡으면
$$v_c(t) = \frac{1}{C}\int_0^t i(t)dt = \frac{1}{C}\int_0^t \frac{E}{R}\cdot e^{-\frac{1}{RC}t}dt$$
$$= E\left(1 - e^{-\frac{1}{RC}t}\right)\text{[V]}$$
$\therefore v_c(t) = 100\left(1 - e^{-\frac{1}{5000\times 20\times 10^{-6}}t}\right) = 100(1-e^{-10t})$　【답】③

76 휘스톤 브리지에서 R_L에 흐르는 전류(I)는 약 몇 [mA]인가?

① 2.28
② 4.57
③ 7.84
④ 22.8

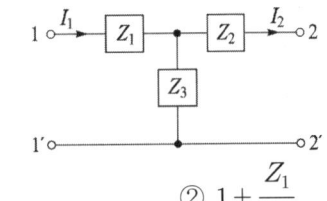

풀이
① b, d 단자의 단자전압 V_{bd}는
- b점의 전압 $V_b = 10 \times \frac{100}{100+100} = 5$ [V]
- d점의 전압 $V_d = 10 \times \frac{90}{200} = 4.5$[V]

따라서 b-d의 전위차 $V_{bd} = V_b - V_d = 5 - 4.5 = 0.5$ [V]
② 테브낭의 등가저항 R_{bd}(이때 전압원은 단락, 전류원은 개방)
$$R_{bd} = \frac{100\times 100}{100+100} + \frac{110\times 90}{110+90} = 99.5\,[\Omega]$$

③ 테브낭의 등가회로에서 R_L에 흐르는 전류 I

$\therefore I = \frac{0.5}{99.5+10} = 4.57\times 10^{-3}$ [A] = 4.57[mA]　【답】②

77 그림과 같이 T형 4단자 회로망의 A, B, C, D 파라미터 중 B 값은?

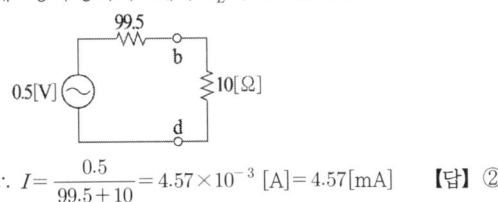

① $\frac{1}{Z_3}$　　② $1 + \frac{Z_1}{Z_3}$

③ $\frac{Z_3 + Z_2}{Z_3}$　　④ $\frac{Z_1 Z_2 + Z_2 Z_3 + Z_3 Z_1}{Z_3}$

풀이
$$\begin{bmatrix} A & B \\ C & D \end{bmatrix} = \begin{bmatrix} 1 & Z_1 \\ 0 & 1 \end{bmatrix}\begin{bmatrix} 1 & 0 \\ \frac{1}{Z_3} & 1 \end{bmatrix}\begin{bmatrix} 1 & Z_2 \\ 0 & 1 \end{bmatrix}$$
$$= \begin{bmatrix} \frac{Z_1+Z_3}{Z_3} & \frac{Z_1 Z_2 + Z_2 Z_3 + Z_3 Z_1}{Z_3} \\ \frac{1}{Z_3} & \frac{Z_2+Z_3}{Z_3} \end{bmatrix}$$
　　【답】④

78 C[F]인 콘덴서에 q[C]의 전하를 충전하였더니 C의 양단 전압이 e[V]이었다. C에 저장된 에너지는 몇 [J] 인가?

① qe　　② Ce
③ $\frac{1}{2}Cq^2$　　④ $\frac{1}{2}Ce^2$

풀이 정전콘덴서에 축적되는 에너지
$W = \frac{1}{2}qe = \frac{1}{2}Ce^2$[J]　　【답】④

79 그림은 상순이 a-b-c인 3상 대칭회로이다. 선간전압이 220[V]이고 부하 한 상의 임피던스가 100∠60°[Ω]일 때 전력계 W_a의 지시값[W]은?

① 242
② 386
③ 419
④ 484

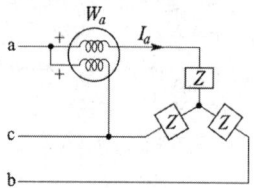

풀이
1전력계법에서 전력계 지시치를 W_a라 하면
$W_a = \frac{\sqrt{3}}{2}VI$ 이므로
$\therefore W_a = \frac{\sqrt{3}}{2} \times 220 \times \frac{\frac{220}{\sqrt{3}}}{100} = 242[W]$ 【답】①

80 비정현파에 있어서 정현 대칭의 조건은?
① $f(t) = f(-t)$
② $f(t) = -f(t)$
③ $f(t) = -f(t+\pi)$
④ $f(t) = -f(-t)$

풀이 기함수
- 정현대칭, 원점대칭, … sin항만 존재
- $f(t) = -f(-t)$
- $f(t) = \sum_{n=1}^{\infty} b_n \sin n\omega t$
- $a_0, a_n = 0$ 【답】④

4회   회로이론

61 그림에서 $V_1 = 10[V]$, $v_2 = 20\sqrt{2}\cos\omega t[V]$, $\omega = 200[rad/s]$일 때 전류의 순시값[A]은?

① 10
② 12.07
③ $5 + 10\sin(\omega t + 45°)$
④ $5 + 5\sqrt{2}\cos(\omega t + 30°)$

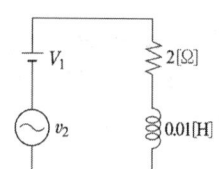

풀이
① 직류 전압 V_1에 의한 전류 $I_1 = \frac{V_1}{R} = \frac{10}{2} = 5[A]$
  (∵ 직류전원인 경우 인덕턴스는 단락상태)
② 교류 전압원에 의한 전류의 순시값

- 임피던스 $Z = \sqrt{R^2 + X_L^2} = \sqrt{2^2 + 2^2} = 2\sqrt{2}[\Omega]$
  (저항 $R=2[\Omega]$, 유도 리액턴스 $X_L = \omega L = 200 \times 0.01 = 2[\Omega]$)
- 위상각 $\theta = \tan^{-1}\frac{X_L}{R} = \tan^{-1}\frac{2}{2} = 45°$
- 교류전압의 순시값
  $v_2 = 20\sqrt{2}\cos\omega t = 20\sqrt{2}\sin(\omega t + 90°)[V]$ 이므로
  전류의 순시값
  $i_2 = \frac{V_m}{Z}\sin(\omega t - \theta) = \frac{20\sqrt{2}}{2\sqrt{2}}\sin(\omega t + 90° - 45°)$
  $= 10\sin(\omega t + 45°)[A]$
  (∵ $R-L$ 회로 이므로 전류는 전압보다 θ만큼 늦다.)
- $R-L$ 직렬 회로에서 전류의 순시값
  $i = I_1 + i_2 = 5 + 10\sin(\omega t + 45°)[A]$ 【답】③

62 RLC 직렬회로에서 $L = 0.1 \times 10^{-3}[H]$, $R = 100[\Omega]$, $C = 0.1 \times 10^{-6}[F]$일 때 이 회로는?
① 진동적이다.
② 비진동적이다.
③ 정현파로 진동한다.
④ 진동과 비진동을 반복한다.

풀이
- $R^2 = 100^2 = 10^4$
- $4\frac{L}{C} = 4 \times \frac{0.1 \times 10^{-3}}{0.1 \times 10^{-6}} = 4 \times 10^3$

따라서 $R^2 > 4\frac{L}{C}$ 이므로 비진동적이다.
(• $R^2 = 4\frac{L}{C}$: 임계진동 • $R^2 - 4\frac{L}{C} > 0$: 비진동
 • $R^2 - 4\frac{L}{C} < 0$: 진동) 【답】②

63 저항(R)과 유도 리액턴스(X_L)의 직렬 회로에 $E = 14 + j38[V]$인 교류 전압을 가하니 $I = 6 + j2[A]$의 전류가 흐른다. 이 회로의 저항 $R[\Omega]$과 유도 리액턴스 $X_L[\Omega]$은?
① $R = 4[\Omega]$, $X_L = 5[\Omega]$
② $R = 5[\Omega]$, $X_L = 4[\Omega]$
③ $R = 6[\Omega]$, $X_L = 3[\Omega]$
④ $R = 7[\Omega]$, $X_L = 2[\Omega]$

풀이
$Z = \frac{E}{I} = \frac{14 + j38}{6 + j2} = \frac{(14 + j38)(6 - j2)}{(6 + j2)(6 - j2)} = \frac{160 + j200}{40}$
$= 4 + j5$ 【답】①

64 어느 회로의 전압과 전류가 각각 $e = 50\sin(\omega t + \theta)$[V], $i = 4\sin(\omega t + \theta - 30°)$[A]일 때, 무효전력[Var]은?

① 100
② 86.6
③ 70.7
④ 50

[풀이] 무효전력

$P_r = \dfrac{V_m}{\sqrt{2}} \cdot \dfrac{I_m}{\sqrt{2}} \sin\varphi = \dfrac{50}{\sqrt{2}} \cdot \dfrac{4}{\sqrt{2}} \times \sin 30° = 50$[Var]

[답] ④

65 다음 두 회로의 4단자 정수가 동일할 조건은?

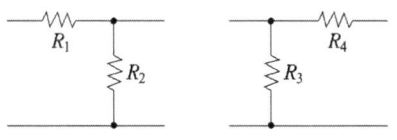

① $R_1 = R_2,\ R_3 = R_4$
② $R_1 = R_3,\ R_2 = R_4$
③ $R_1 = R_4,\ R_2 = R_3 = 0$
④ $R_2 = R_3,\ R_1 = R_4 = 0$

[풀이]
①
$\begin{bmatrix} A & B \\ C & D \end{bmatrix} = \begin{bmatrix} 1 & R_1 \\ 0 & 1 \end{bmatrix} \begin{bmatrix} 1 & 0 \\ \frac{1}{R_2} & 1 \end{bmatrix} = \begin{bmatrix} 1+\frac{R_1}{R_2} & R_1 \\ \frac{1}{R_2} & 1 \end{bmatrix}$

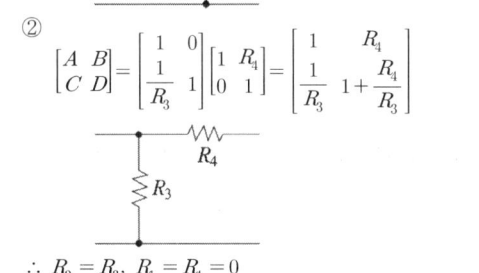

②
$\begin{bmatrix} A & B \\ C & D \end{bmatrix} = \begin{bmatrix} 1 & 0 \\ \frac{1}{R_3} & 1 \end{bmatrix} \begin{bmatrix} 1 & R_4 \\ 0 & 1 \end{bmatrix} = \begin{bmatrix} 1 & R_4 \\ \frac{1}{R_3} & 1+\frac{R_4}{R_3} \end{bmatrix}$

$\therefore R_2 = R_3,\ R_1 = R_4 = 0$

[답] ④

66 3상 평형회로에서 선간 전압 200[V], 각 상의 부하 임피던스가 $24 + j7$[Ω]인 Y결선의 3상 유효전력[W]은?

① 192
② 512
③ 1536
④ 4608

[풀이]
- 임피던스 $Z = 24 + j7 = \sqrt{24^2 + 7^2} = 25$[Ω]
- 상전류 $I = \dfrac{E}{Z} = \dfrac{\frac{200}{\sqrt{3}}}{25} = \dfrac{8}{\sqrt{3}}$[A]
- 3상 전력 $P = 3I^2R$ 에서 $P = 3 \times \left(\dfrac{8}{\sqrt{3}}\right)^2 \times 24 = 1536$[W]

[답] ③

67 그림과 같은 회로에서 인가 전압에 의한 전류 i를 입력, V_0를 출력이라 할 때 전달 함수는?
(단, 초기조건은 모두 0이다.)

① $\dfrac{1}{Cs}$
② Cs
③ $\dfrac{1}{1+Cs}$
④ $1 + Cs$

[풀이]
$v_0(t) = \dfrac{1}{C}\int i(t)dt$ 이므로 $V_0(s) = \dfrac{1}{Cs} \cdot I(s)$

따라서, 전달함수 $G(s) = \dfrac{V_0(s)}{I(s)} = \dfrac{\frac{1}{Cs} \cdot I(s)}{I(s)} = \dfrac{1}{Cs}$

[답] ①

68 $f(t) = 1$의 라플라스 변환은?

① 1
② s
③ $\dfrac{1}{s}$
④ $\dfrac{1}{s^2}$

[풀이] 상수를 라플라스 변환하면 $\dfrac{상수}{s}$ 의 형태가 된다.

$\mathcal{L}[1] = \dfrac{1}{s}$

[답] ③

69 공급전압이 10[V] 이며 회로에 흐른 전류가 10[A]일 때, 이 회로의 유효전력이 50[W]라면 전압과 전류의 위상차는?

① 0°
② 30°
③ 45°
④ 60°

[풀이]
- 피상전력 $P_a = VI = 10 \times 10 = 100$[VA]
- 역률 $\cos\theta = \dfrac{P}{P_a} = \dfrac{50}{100} = 0.5$

따라서 위상차 $\theta = \cos^{-1} 0.5 = 60°$

[답] ④

70. 4단자 정수 A, B, C, D의 관계로 옳은 것은?

① $AC+BD=1$ ② $AB-CD=1$
③ $AB+CD=1$ ④ $AD-BC=1$

풀이 $AD-BC=1$ 【답】④

71. 과도현상에 관한 내용 중 틀린 것은?

① RL 직렬회로의 시정수는 $\dfrac{L}{R}$초 이다.
② RC 직렬회로에서 V_0로 충전된 콘덴서를 방전시킬 경우 $t=RC$에서의 콘덴서 단자전압은 $0.632V_0$이다.
③ 정현파 교류회로에서는 전원을 넣을 때의 위상을 조절함으로써 과도현상의 영향을 제거할 수 있다.
④ 전원이 직류 기전력인 때에도 회로의 전류가 정현파로 되는 경우가 있다.

풀이 $t=RC$일 때의 콘덴서 전압 V_c는

$V_c = V_0\, e^{-\frac{1}{RC}t} = V_0\, e^{-\frac{1}{RC}RC} = V_0\, e^{-1} \fallingdotseq 0.368V_0$ 【답】②

72. 다음과 같은 파형의 맥동전류를 열선형 계기로 측정한 결과 10[A]이었다. 이를 가동 코일형 계기로 측정할 때 전류의 값[A]은?

① 7.07
② 10
③ 14.14
④ 17.32

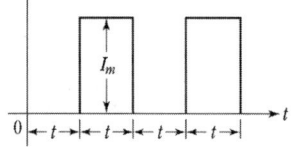

풀이 열선형 계기는 실효값, 가동 코일형 계기는 평균값을 지시하므로

$I_{av} = \dfrac{I_m}{2} = \dfrac{\sqrt{2}\,I}{2} = \dfrac{10}{\sqrt{2}} = 7.07[A]$ 【답】①

73. $F(s) = \dfrac{5s+8}{5s^2+4s}$ 일 때 $f(t)$의 최종값은?

① 1   ② 2
③ 3   ④ 4

풀이 최종값 정리 $f(\infty) = \lim_{t\to\infty} f(t) = \lim_{s\to 0} s F(s)$에 의해서

$\lim_{t\to\infty} f(t) = \lim_{s\to 0} s\cdot F(s) = \lim_{s\to 0} s \cdot \dfrac{5s+8}{5s^2+4s}$

$= \lim_{s\to 0} s \cdot \dfrac{5s+8}{s(5s+4)} = \lim_{s\to 0} \dfrac{5s+8}{5s+4} = \dfrac{8}{4} = 2$ 【답】②

74. 그림과 같이 대칭 3상 교류발전기의 a상이 임피던스 $\dot{Z}$를 통하여 지락 되었을 때 흐르는 지락전류 $\dot{I_g}$는?

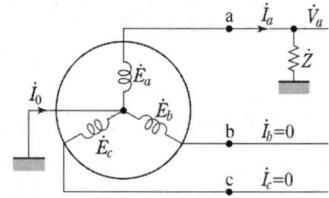

① $\dfrac{3\dot{E_a}}{\dot{Z_0}+\dot{Z_1}+\dot{Z_2}+\dot{Z}}$ ② $\dfrac{\dot{E_a}}{\dot{Z_0}+\dot{Z_1}+\dot{Z_2}+\dot{Z}}$

③ $\dfrac{3\dot{E_a}}{\dot{Z_0}+\dot{Z_1}+\dot{Z_2}+3\dot{Z}}$ ④ $\dfrac{\dot{E_a}}{\dot{Z_0}+\dot{Z_1}+\dot{Z_2}+3\dot{Z}}$

풀이 그림에서 $I_b = I_c = 0$, $E_a = ZI_a$가 되는데, 이를 대칭분으로 나타내면

$I_0 + a^2 I_1 + a I_2 = I_0 + a I_1 + a^2 I_2 = 0$

$\therefore I_0 = I_1 = I_2 = \dfrac{1}{3}(I_a + I_b + I_c) = \dfrac{1}{3}I_a \;(\because I_b = I_c = 0)$

$E_a = E_0 + E_1 + E_2 = -Z_0 I_0 + E_a - Z_1 I_1 - Z_2 I_2$
$\quad = E_a - (Z_0 + Z_1 + Z_2)I_0$

$ZI_a = Z(I_0 + I_1 + I_2) = 3ZI_0$

$E_a - (Z_0 + Z_1 + Z_2)I_0 = 3ZI_0$

$I_0 = \dfrac{E_a}{Z_0 + Z_1 + Z_2 + 3Z}[A]$

$\therefore I_a = 3I_0 = \dfrac{3E_a}{Z_0 + Z_1 + Z_2 + 3Z}[A]$ 【답】③

75. 그림의 회로에서 a–b 사이의 전압 E_{ab}[V]는?

① 6
② 8
③ 10
④ 12

풀이 전압 분배 법칙을 적용하면 $E_{ab} = \dfrac{6}{3+6} \times 12 = 8[V]$이 된다.   【답】②

76 평형 3상 부하에 전력을 공급할 때 선전류가 20[A]이고 부하의 소비전력이 4[kW]이다. 이 부하의 등가 Y회로에 대한 각 상의 저항은 약 몇 [Ω]인가?

① 3.3 ② 5.7
③ 7.2 ④ 10

풀이 Y결선에서 선전류와 상전류는 같고 또, 유효전력 $P = 3I^2R$ [W] 이므로

$R = \dfrac{P}{3I^2} = \dfrac{4 \times 10^3}{3 \times 20^2} = 3.33 [\Omega]$ 【답】①

77 전압 200[V], 전류 30[A]로서 4.3[kW]의 전력을 소비하는 회로의 리액턴스는 약 몇 [Ω]인가?

① 3.35 ② 4.65
③ 5.35 ④ 6.65

풀이
$P_a = VI = 200 \times 30 = 6000 [VA]$
$P_r = \sqrt{P_a^2 - P^2}$ 에서 $P_r = \sqrt{6000^2 - 4300^2} = 4184.5 [Var]$
$P_r = I^2X$ 에서 $X = \dfrac{P_r}{I^2} = \dfrac{4184.5}{30^2} = 4.65 [\Omega]$ 【답】②

78 전류의 대칭분을 I_0, I_1, I_2, 유기 기전력 및 단자 전압의 대칭분을 E_a, E_b, E_c 및 V_0, V_1, V_2라 할 때 교류 발전기의 기본식 중 역상분 V_2의 값은? (단, 임피던스의 대칭분은 Z_0, Z_1, Z_2라 한다.)

① $-Z_0 I_0$ ② $-Z_2 I_2$
③ $E_a - Z_1 I_1$ ④ $E_b - Z_2 I_2$

풀이 발전기의 기본식
• $V_0 = -Z_0 I_0$ (영상분)
• $V_1 = E_a - Z_1 I_1$ (정상분)
• $V_2 = -Z_2 \cdot I_2$ (역상분) 【답】②

79 그림과 같은 회로에서 L_1[H] 양단의 전압 v_1[V]은? (단, 상호 인덕턴스는 무시한다.)

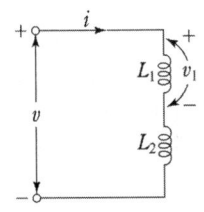

① $\dfrac{L_1}{L_1 + L_2} v$ ② $\dfrac{L_1 + L_2}{L_1} v$
③ $\dfrac{L_2}{L_1 + L_2} v$ ④ $\dfrac{L_1 + L_2}{L_2} v$

풀이 전압은 인덕턴스에 비례하므로,
$v_1 = \dfrac{L_1}{L_1 + L_2} v$ 【답】①

80 선형 회로망 소자가 아닌 것은?
① 저항기
② 콘덴서
③ 철심이 있는 코일
④ 철심이 없는 코일

풀이
저항(R), 인덕턴스(L), 정전용량(C), 상호인덕턴스(M) 등의 회로 소자가 전압, 전류에 따라 그 본래의 값이 변화하지 않는 것을 선형 소자라 하며, 이들 선형 소자로 구성된 회로를 선형 회로망이라 한다. 【답】③

2017년 기출문제

| 1회 | 회로이론 |

61 그림과 같은 회로에서 r_1 저항에 흐르는 전류를 최소로 하기 위한 저항 $r_2[\Omega]$는?

① $\dfrac{r_1}{2}$

② $\dfrac{r}{2}$

③ r_1

④ r

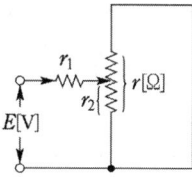

풀이

• 회로의 합성 저항 $r_0 = r_1 + \dfrac{r_2(r-r_2)}{r_2+(r-r_2)} = r_1 + \dfrac{r_2(r-r_2)}{r}$

• **전류를 최소**로 하기 위해서는 $I = \dfrac{E}{r_0}$ 에서 r_0 가 **최대**이어야 한다.

• $r_0 = r_1 + \dfrac{r_2(r-r_2)}{r}$ 에서 r, r_1은 일정하므로 r_0가 최대로 되기 위해서는 $r_2(r-r_2)$가 최대이어야 한다.

• r_2를 변화시켜 $r_2(r-r_2)$값이 최대로 되기 위해서는

$\dfrac{d}{dr_2}[r_2(r-r_2)] = 0$ 이 되어야 하므로

$\dfrac{d}{dr_2}[r_2(r-r_2)] = r - 2r_2 = 0$

∴ $r_2 = \dfrac{r}{2}[\Omega]$ 【답】②

62 테브난의 정리를 이용하여 (a) 회로를 (b)와 같은 등가회로로 바꾸려 한다. $V[V]$와 $R[\Omega]$의 값은?

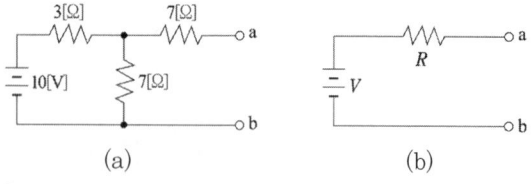

① 7[V], 9.1[Ω]   ② 10[V], 9.1[Ω]
③ 7[V], 6.5[Ω]   ④ 10[V], 6.5[Ω]

풀이

• 단자 a, b 사이의 전압 $V = \dfrac{7}{3+7} \times 10 = 7[V]$

• 10[V] 전압원을 단락시키고 단자 a, b에서 본 저항

$R = 7 + \dfrac{3 \times 7}{3+7} = 9.1[\Omega]$

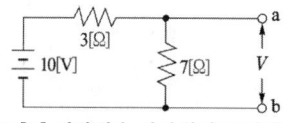

• 등가회로

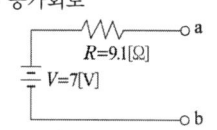

【답】①

63 인덕턴스 $L = 20[mH]$인 코일에 실효값 $V = 50$ [V], 주파수 $f = 60[Hz]$인 정현파 전압을 인가했을 때 코일에 축적되는 평균 자기에너지(W_L)은 약 몇 [J]인가?

① 0.22   ② 0.33
③ 0.44   ④ 0.55

풀이

$W_L = \dfrac{LI^2}{2} = \dfrac{L}{2}\left(\dfrac{V}{2\pi fL}\right)^2 = \dfrac{V^2}{8\pi^2 f^2 L} = \dfrac{50^2}{8\pi^2 \times 60^2 \times 20 \times 10^{-3}}$

$= 0.44[J]$ 【답】③

64 정현파 교류전압의 파고율은?

① 0.91   ② 1.11
③ 1.41   ④ 1.73

풀이

파고율 = $\dfrac{\text{최대치}}{\text{실효치}}$

로 표현되며, 각 파형의 파형률 및 파고율은 다음과 같다.

	구형파	3각파	정현파	정류파(전파)	정류파(반파)
파형률	1.0	1.15	1.11	1.11	1.57
파고율	1.0	1.732	**1.414**	1.414	2.0

【답】③

65 그림과 같이 π형 회로에서 Z_3를 4단자 정수로 표시한 것은?

① $\dfrac{A}{1-B}$
② $\dfrac{B}{1-A}$
③ $\dfrac{A}{B-1}$
④ $\dfrac{B}{A-1}$

풀이 기본적인 4단자망의 4단자 정수

회로의 종류	4단자 정수	A	B	C	D
(π형)		$1+\dfrac{Z_2}{Z_3}$	Z_2	$\dfrac{Z_1+Z_2+Z_3}{Z_1 Z_3}$	$1+\dfrac{Z_2}{Z_1}$

4단자망의 4단자 정수 중 A와 B는
$A = 1 + \dfrac{Z_2}{Z_3}$, $B = Z_2$ ∴ $Z_3 = \dfrac{Z_2}{A-1} = \dfrac{B}{A-1}$

【답】④

66 불평형 3상 전류가 다음과 같을 때 역상 전류 I_2는 약 몇 [A]인가?

$I_a = 15 + j2$ [A] $I_b = -20 - j14$ [A]
$I_c = -3 + j10$ [A]

① $1.91 + j6.24$
② $2.17 + j5.34$
③ $3.38 - j4.26$
④ $4.27 - j3.68$

풀이 역상전류
$I_2 = \dfrac{1}{3}(I_a + a^2 I_b + a I_c)$
$= \dfrac{1}{3}\{(15+j2) + \left(-\dfrac{1}{2} - j\dfrac{\sqrt{3}}{2}\right)(-20-j14)$
$\quad + \left(-\dfrac{1}{2} + j\dfrac{\sqrt{3}}{2}\right)(-3+j10)\}$
$= 1.91 + j6.24$ [A]

【답】①

67 다음의 4단자 회로에서 단자 a–b에서 본 구동점 임피던스 $Z_{11}[\Omega]$은?

① $2 + j4$
② $2 - j4$
③ $3 + j4$
④ $3 - j4$

풀이
$Z_{11} = \dfrac{V_1}{I_1}\bigg|_{I_2=0} = \dfrac{V_1}{\dfrac{V_1}{3+j4}} = 3+j4$

(∵ $I_2 = 0$라는 것은 2차측 개방) 【답】③

68 다음과 같은 회로에서 E_1, E_2, E_3를 대칭 3상 전압이라 할 때 전압 E_0는?

① 0
② $\dfrac{E_1}{3}$
③ $\dfrac{2}{3}E_1$
④ E_1

풀이 밀만의 정리에 의해
$E_0 = \dfrac{\dfrac{E_1}{Z} + \dfrac{E_2}{Z} + \dfrac{E_3}{Z}}{\dfrac{1}{Z} + \dfrac{1}{Z} + \dfrac{1}{Z}} = \dfrac{\dfrac{1}{Z}(E_1+E_2+E_3)}{\dfrac{3}{Z}}$
$= \dfrac{1}{3}(E_1+E_2+E_3)$

E_1, E_2, E_3가 대칭 3상 전압일 때 $E_1+E_2+E_3 = 0$
따라서, $E_0 = 0$[V]가 된다. 즉, **대칭 3상 회로의 경우 중성점 전위는 0이다.** 【답】①

69 100[kVA] 단상 변압기 3대로 △결선하여 3상 전원을 공급하던 중 1대의 고장으로 V결선 하였다면 출력은 약 몇 [kVA]인가?

① 100
② 173
③ 245
④ 300

풀이 변압기 1대의 출력을 P_1이라 하면
V결선 시 출력 $P_V = \sqrt{3} P_1 = \sqrt{3} \times 100 = 173.2$[kVA]

【답】②

70 저항 $R[\Omega]$과 리액턴스 $X[\Omega]$이 직렬로 연결된 회로에서 $\dfrac{X}{R} = \dfrac{1}{\sqrt{2}}$일 때, 이 회로의 역률은?

① $\dfrac{1}{\sqrt{2}}$
② $\dfrac{1}{\sqrt{3}}$
③ $\sqrt{\dfrac{2}{3}}$
④ $\dfrac{\sqrt{3}}{2}$

[풀이]

$$\cos\theta = \frac{R}{\sqrt{R^2+X^2}} = \frac{1}{\sqrt{1+\left(\frac{X}{R}\right)^2}} = \frac{1}{\sqrt{1+\left(\frac{1}{\sqrt{2}}\right)^2}}$$

$$= \frac{1}{\sqrt{\frac{3}{2}}} = \sqrt{\frac{2}{3}}$$

【답】 ③

71 옴의 법칙은 저항에 흐르는 전류와 전압의 관계를 나타낸 것이다. 회로의 저항이 일정할 때 전류는?
① 전압에 비례한다.
② 전압에 반비례한다.
③ 전압의 제곱에 비례한다.
④ 전압의 제곱에 반비례한다.

[풀이]
• 옴의 법칙 : $I = \frac{E}{R}[A]$
• 전류 I는 전압 E에 비례하고 저항 R에 반비례한다. 【답】 ①

72 어떤 회로의 단자 전압과 전류가 다음과 같을 때, 회로에 공급되는 평균전력은 약 몇 [W] 인가?

$v(t) = 100\sin\omega t + 70\sin 2\omega t + 50\sin(3\omega t - 30°)[V]$
$i(t) = 20\sin(\omega t - 60°) + 10\sin(3\omega t + 45°)[A]$

① 565 ② 525
③ 495 ④ 465

[풀이] 주파수가 서로 다른 전압, 전류 사이에서는 유효전력도 무효전력도 전혀 발생하지 않는다.
따라서, 소비전력 P
$P = V_1 I_1 \cos\theta_1 + V_3 I_3 \cos\theta_3$
$= \frac{100}{\sqrt{2}} \cdot \frac{20}{\sqrt{2}} \cos 60° + \frac{50}{\sqrt{2}} \cdot \frac{10}{\sqrt{2}} \cos(30°+45°)$
$= 564.7[W]$ 【답】 ①

73 그림과 같은 회로가 있다. $I = 10$ [A], $G = 4$ [℧], $G_L = 6$ [℧]일 때 G_L의 소비전력[W]은?
① 100
② 10
③ 6
④ 4

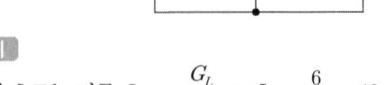

[풀이]
• G_L에 흐르는 전류 $I_L = \frac{G_L}{G+G_L} \times I = \frac{6}{4+6} \times 10 = 6[A]$

• G_L의 소비전력 $P_L = I_L^2 \cdot \frac{1}{G_L} = 6^2 \times \frac{1}{6} = 6[W]$

$(\because R = \frac{1}{G})$ 【답】 ③

74 $F(s) = \frac{s+1}{s^2+2s}$의 역라플라스 변환은?

① $\frac{1}{2}(1-e^{-t})$ ② $\frac{1}{2}(1-e^{-2t})$
③ $\frac{1}{2}(1+e^{t})$ ④ $\frac{1}{2}(1+e^{-2t})$

[풀이]
$F(s) = \frac{s+1}{s(s+2)} = \frac{A}{s} + \frac{B}{s+2}$
$A = \frac{s+1}{s+2}\bigg|_{s=0} = \frac{1}{2}, B = \frac{s+1}{s}\bigg|_{s=-2} = \frac{-2+1}{-2} = \frac{1}{2}$ 이므로

$F(s) = \frac{\frac{1}{2}}{s} + \frac{\frac{1}{2}}{s+2} = \frac{1}{2}\left(\frac{1}{s} + \frac{1}{s+2}\right)$

$\therefore \mathcal{L}^{-1}[F(s)] = \frac{1}{2}(1+e^{-2t})$ 【답】 ④

75 그림과 같은 회로에서 $t=0$에서 스위치를 닫으면 전류 $i(t)$[A]는? (단, 콘덴서의 초기 전압은 0[V]이다.)

① $5(1-e^{-t})$
② $1-e^{-t}$
③ $5e^{-t}$
④ e^{-t}

[풀이] 스위치를 닫았을 때 회로의 평형 방정식은
$Ri(t) + \frac{1}{C}\int i(t)dt = E$
C의 전하를 $q(t)$, C의 양단 전압을 v_0라 하면
$q(t) = \int i(t)dt = Cv_0, \quad i(t) = \frac{dq(t)}{dt}$
따라서, 윗 식은
$R\frac{dq(t)}{dt} + \frac{1}{C}q(t) = E$
초기 전하를 0이라 하면
$\therefore q(t) = CE\left(1-e^{-\frac{1}{RC}t}\right)$
또, $i(t) = \frac{dq(t)}{dt} = \frac{d}{dt}CE\left(1-e^{-\frac{1}{RC}t}\right) = \frac{E}{R}e^{-\frac{1}{RC}t}$
따라서, $i(t) = \frac{E}{R}e^{-\frac{1}{RC}t} = \frac{5}{5}e^{-\frac{1}{5\times 0.2}t} = e^{-t}[A]$ 【답】 ④

76 단위 임펄스 $\delta(t)$의 라플라스 변환은?

① e^{-s} ② $\dfrac{1}{s}$

③ $\dfrac{1}{s^2}$ ④ 1

풀이

	$f(t)$	$F(s)$
1	$\delta(t)$	1
2	$u(t)$	$\dfrac{1}{s}$

【답】 ④

77 그림과 같은 회로에서 스위치 S를 $t=0$에서 닫았을 때 $(V_L)_{t=0}=100[V]$, $\left(\dfrac{di}{dt}\right)_{t=0}=400$ [A/sec]이다. $L[H]$의 값은?

① 0.75
② 0.5
③ 0.25
④ 0.1

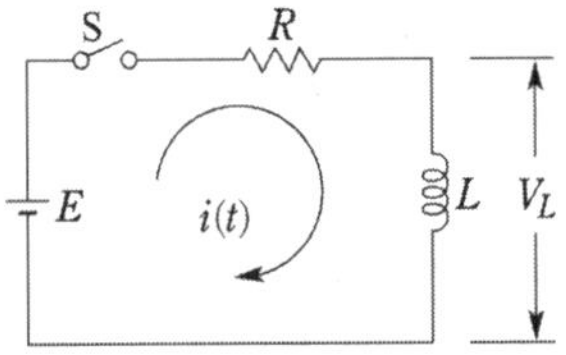

풀이

$V_L = L\dfrac{di}{dt}$ 에서 $100 = L\,400$ $\therefore L = \dfrac{100}{400} = 0.25$ 【답】 ③

78 임피던스 함수 $Z(s) = \dfrac{s+50}{s^2+3s+2}[\Omega]$으로 주어지는 2단자 회로망에 100[V]의 직류 전압을 가했다면 회로의 전류는 몇 [A]인가?

① 4 ② 6
③ 8 ④ 10

풀이

직류이므로 $s(j\omega) = 0$, $Z(s) = \dfrac{50}{2} = 25[\Omega]$

$\therefore I = \dfrac{V}{Z(s)} = \dfrac{100}{25} = 4[A]$ 【답】 ①

79 $\mathcal{L}^{-1}\left[\dfrac{\omega}{s(s^2+\omega^2)}\right]$은?

① $\dfrac{1}{\omega}(1-\sin\omega t)$ ② $\dfrac{1}{\omega}(1-\cos\omega t)$

③ $\dfrac{1}{s}(1-\sin\omega t)$ ④ $\dfrac{1}{s}(1-\cos\omega t)$

풀이

① $F(s) = \dfrac{\omega}{s(s^2+\omega^2)} = \dfrac{K_1}{s} + \dfrac{K_2}{s^2+\omega^2}$

$K_1 = \lim_{s\to 0} sF(s) = \left[\dfrac{\omega}{s^2+\omega^2}\right]_{s=0} = \dfrac{1}{\omega}$

$K_2 = \lim_{s\to -\omega}(s^2+\omega^2)F(s) = \left[\dfrac{\omega}{s}\right]_{s^2=-\omega^2} = \dfrac{\omega s}{s^2} = \dfrac{\omega s}{-\omega^2} = \dfrac{s}{-\omega}$

② $F(s) = \dfrac{1}{\omega}\cdot\dfrac{1}{s} - \dfrac{1}{\omega}\cdot\dfrac{s}{s^2+\omega^2} = \dfrac{1}{\omega}\left(\dfrac{1}{s} - \dfrac{s}{s^2+\omega^2}\right)$

$\therefore \mathcal{L}^{-1}\left[\dfrac{1}{\omega}\left(\dfrac{1}{s} - \dfrac{s}{s^2+\omega^2}\right)\right] = \dfrac{1}{\omega}(1-\cos\omega t)$ 【답】 ②

80 전류 $I = 30\sin\omega t + 40\sin(3\omega t + 45°)[A]$의 실효값은 약 몇 [A]인가?

① 25 ② 35.4
③ 50 ④ 70.7

풀이

실효값 $I = \sqrt{I_1^2 + I_2^2 + \cdots + I_n^2} = \sqrt{I_1^2 + I_3^2}$ 에서

$I = \sqrt{\left(\dfrac{30}{\sqrt{2}}\right)^2 + \left(\dfrac{40}{\sqrt{2}}\right)^2} = 35.36[A]$ 【답】 ②

2회 회로이론

61 어떤 회로망의 4단자 정수가 $A=8$, $B=j2$, $D=3+j2$ 이면 이 회로망의 C는?

① $2+j3$ ② $3+j3$
③ $24+j14$ ④ $8-j11.5$

풀이 $AD - BC = 1$ 이므로

$C = \dfrac{AD-1}{B} = \dfrac{8(3+j2)-1}{j2} = 8-j11.5$ 【답】 ④

62 다음 회로에서 부하 R_L에 최대 전력이 공급될 때의 전력 값이 5[W]라고 하면 $R_L + R_i$의 값은 몇 [Ω]인가? (단, R_i는 전원의 내부저항이다.)

① 5 ② 10
③ 15 ④ 20

풀이 최대공급전력 $P_m = \dfrac{V^2}{4R_L}$ [W] 이므로

$5 = \dfrac{10^2}{4R_L}$ 에서 $R_L = \dfrac{10^2}{4\times 5} = 5[\Omega]$이 된다.

최대전력전송조건은 $R_i = R_L$ 이므로
$R_L + R_i = 5 + 5 = 10[\Omega]$이 된다. 【답】 ②

63 다음과 같은 회로에서 $i_1 = I_m \sin\omega t[A]$일 때, 개방된 2차 단자에 나타나는 유기기전력 e_2는 몇 [V]인가?

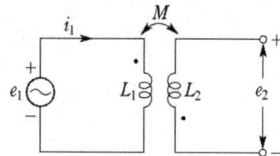

① $\omega M I_m \sin(\omega t - 90°)$
② $\omega M I_m \cos(\omega t - 90°)$
③ $-\omega M \sin\omega t$
④ $\omega M \cos\omega t$

풀이
$e_2 = -M\dfrac{di_1}{dt} = -\omega M I_m \cos\omega t = \omega M I_m \sin(\omega t - 90°)[V]$
【답】 ①

64 부동작 시간(dead time) 요소의 전달함수는?

① K ② $\dfrac{K}{s}$
③ Ke^{-Ls} ④ Ks

풀이
$y(t) = Kx(t-L)$의 양변을 라플라스 변환하면
$Y(s) = Ke^{-Ls} \cdot X(s)$
$\therefore G(s) = \dfrac{Y(s)}{X(s)} = Ke^{-Ls}$ 【답】 ③

65 회로의 양 단자에서 테브난의 정리에 의한 등가회로로 변환할 경우 V_{ab} 전압과 테브난 등가저항은?

① 60[V], 12[Ω]
② 60[V], 15[Ω]
③ 50[V], 15[Ω]
④ 50[V], 50[Ω]

풀이
- 양단자에 걸리는 전압(30[Ω]에 걸리는 전압)
  $V_{ab} = 100 \times \dfrac{30}{20+30} = 60[V]$
- 양 단자에서 본 저항(이때 전압원은 단락)
  $R_{th} = \dfrac{20 \times 30}{20+30} = 12[\Omega]$ 【답】 ①

66 그림과 같은 회로에서 $V_1(s)$를 입력, $V_2(s)$를 출력으로 한 전달함수는?

① $\dfrac{1}{\dfrac{1}{Ls} + Cs}$

② $\dfrac{1}{1+s^2LC}$

③ $\dfrac{1}{LC+Cs}$

④ $\dfrac{Cs}{s^2(s+LC)}$

풀이
$\begin{cases} V_1(s) = \left(Ls + \dfrac{1}{Cs}\right)I(s) \\ V_2(s) = \dfrac{1}{Cs}I(s) \end{cases}$

$\therefore G(s) = \dfrac{V_2(s)}{V_1(s)} = \dfrac{\dfrac{1}{Cs}}{Ls + \dfrac{1}{Cs}} = \dfrac{1}{1+s^2LC}$ 【답】 ②

67 RLC 직렬회로에서 각주파수 ω를 변화시켰을 때 어드미턴스의 궤적은
① 원점을 지나는 원
② 원점을 지나는 반원
③ 원점을 지나지 않는 원
④ 원점을 지나지 않는 직선

풀이

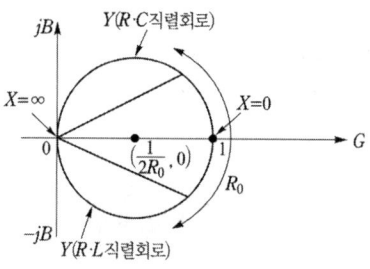

어드미턴스 벡터 궤적(X 가변시)

$Z = R + j\left(\omega L - \dfrac{1}{\omega C}\right) = R + jX$

$Y = \dfrac{1}{Z} = \dfrac{1}{R+jX}$에서 $R = R_0$로 일정하고 X가 $-\infty < X < \infty$로 변할 경우($\because \omega$ 변화)의 벡터궤적을 구해보면

어드미턴스 $Y = \dfrac{1}{R_0 + jX} = \dfrac{R}{R_0^2 + X^2} + j\dfrac{-X}{R_0^2 + X^2}$

여기서, $\dfrac{R_0}{R_0^2 + X^2} = P$, $\dfrac{-X}{R_0^2 + X^2} = Q$

로 놓고 가변항 X를 소거시키면

$$P^2 + Q^2 = \frac{R_0^2 + X^2}{(R_0^2 + X^2)^2} = \frac{1}{R_0^2 + X^2} = \frac{P}{R_0}$$

$$\therefore \left(P - \frac{1}{2R_0}\right)^2 + Q^2 = \left(\frac{1}{2R_0}\right)^2$$

즉, 위 식은 중심 $\left(\frac{1}{2R_0}, 0\right)$, 반지름 $\frac{1}{2R_0}$인 원의 방정식이다.

【답】①

68 2단자 회로 소자 중에서 인가한 전류파형과 동위상의 전압파형을 얻을 수 있는 것은?

① 저항　　　　　② 콘덴서
③ 인덕턴스　　　④ 저항 + 콘덴서

풀이

① **저항 R** : 저항 R에 정현파전류 $i = I_m \sin\omega t$가 흐를 때 저항 양단의 전압은 옴의 법칙으로부터
$v = Ri = RI_m \sin\omega t = V_m \sin\omega t$, 즉 **전압과 전류는 동상**이다.

② **인덕턴스 L** : 인덕턴스 L에 정현파 전류가 흐를 때 전류의 방향으로 생기는 전압강하 v는
$v = L\frac{di}{dt} = L\frac{d}{dt}(I_m \sin\omega t) = \omega L I_m \cos\omega t = V_m \sin(\omega t + 90°)$
즉, **전압은 전류보다 90° 앞선다.**

③ **커패시턴스 C** : 커패시턴스 C에 정현파 전류가 흐를 때 전류의 방향으로 생기는 전압강하 v는
$v = \frac{1}{C}\int i\,dt = \frac{1}{C}\int I_m \sin\omega t\,dt = -\frac{1}{\omega C}I_m \cos\omega t$
$= \frac{1}{\omega C}I_m \sin(\omega t - 90°) = V_m \sin(\omega t - 90°)$
즉, **전압은 전류보다 90° 뒤진다.** 【답】①

69 불평형 3상 전류가 $I_a = 15 + j2$[A], $I_b = -20 - j14$[A], $I_c = -3 + j10$[A]일 때의 영상전류 I_0[A]는?

① $1.57 - j3.25$　　② $2.85 + j0.36$
③ $-2.67 - j0.67$　④ $12.67 + j2$

풀이

$I_0 = \frac{1}{3}(I_a + I_b + I_c) = \frac{1}{3}(15 + j2 - 20 - j14 - 3 + j10)$
$= \frac{1}{3}(-8 - j2) = -2.67 - j0.67$ [A]　【답】③

70 대칭 6상 기전력의 선간 전압과 상기전력의 위상차는?

① 120°　　② 60°
③ 30°　　④ 15°

풀이 대칭 n상인 경우 기전력의 위상차는
$\theta = \frac{\pi}{2}\left(1 - \frac{2}{n}\right) = \frac{180}{2}\left(1 - \frac{2}{6}\right) = 90° \times \frac{2}{3} = 60°$　【답】②

71 저항 $R[\Omega]$, 리액턴스 $X[\Omega]$와의 직렬회로에 교류전압 V[V]를 가했을 때 소비되는 전력[W]은?

① $\dfrac{V^2 R}{\sqrt{R^2 + X^2}}$　　② $\dfrac{V}{\sqrt{R^2 + X^2}}$

③ $\dfrac{V^2 R}{R^2 + X^2}$　　　④ $\dfrac{X}{R^2 + X^2}$

풀이

$P = I^2 R$,　$I = \dfrac{V}{\sqrt{R^2 + X^2}}$

$\therefore P = \left(\dfrac{V}{\sqrt{R^2 + X^2}}\right)^2 R = \dfrac{V^2}{R^2 + X^2}R$　【답】③

72 RL 병렬회로의 양단에 $e = E_m \sin(\omega t + \theta)$[V] 의 전압이 가해졌을 때 소비되는 유효전력[W]은?

① $\dfrac{E_m^2}{2R}$　　② $\dfrac{E_m^2}{\sqrt{2}\,R}$

③ $\dfrac{E_m}{2R}$　　④ $\dfrac{E_m}{\sqrt{2}\,R}$

풀이

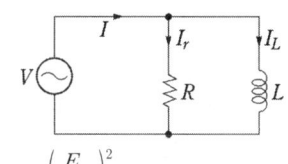

$P = I_r^2 R = \dfrac{V^2}{R} = \dfrac{\left(\dfrac{E_m}{\sqrt{2}}\right)^2}{R} = \dfrac{E_m^2}{2R}$　【답】①

73 다음과 같은 교류 브리지 회로에서 Z_0에 흐르는 전류가 0이 되기 위한 각 임피던스의 조건은?

① $Z_1 Z_2 = Z_3 Z_4$
② $Z_1 Z_2 = Z_3 Z_0$
③ $Z_2 Z_3 = Z_1 Z_0$
④ $Z_2 Z_3 = Z_1 Z_4$

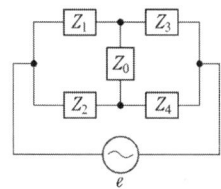

풀이

브리지의 평형조건 : 서로 대각선으로 마주보고 있는 임피던스의 곱이 서로 같을 때 이 회로는 평행상태가 되었다고 말하며,

과년도 기출문제 2017년

평행상태에서는 Z_0 에 전류가 흐르지 않는다.
$\therefore Z_2 Z_3 = Z_1 Z_4$
【답】 ④

74 회로에서 $L=50[\text{mH}]$, $R=20[\text{k}\Omega]$인 경우 회로의 시정수는 몇 $[\mu s]$인가?

① 4.0
② 3.5
③ 3.0
④ 2.5

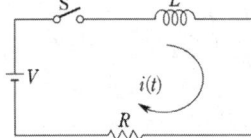

[풀이]
$R-L$ 직렬회로에 직류 전압 인가 시 시정수 τ
$\tau = \dfrac{L}{R} = \dfrac{50 \times 10^{-3}}{20 \times 10^3} = 2.5 \times 10^{-6}[\text{sec}] = 2.5[\mu s]$
【답】 ④

75 $F(s) = \dfrac{5s+3}{s(s+1)}$ 일 때 $f(t)$의 최종값은?

① 3
② -3
③ 5
④ -5

[풀이]
최종값 정리 $f(\infty) = \lim_{t \to \infty} f(t) = \lim_{s \to 0} sF(s)$ 에 의해서
$\lim_{t \to \infty} f(t) = \lim_{s \to 0} s \cdot F(s) = \lim_{s \to 0} s \cdot \dfrac{5s+3}{s(s+1)}$
$= \lim_{s \to 0} \dfrac{5s+3}{s+1} = \dfrac{3}{1} = 3$
【답】 ①

76 다음 미분 방정식으로 표시되는 계에 대한 전달 함수는? (단, $x(t)$는 입력, $y(t)$는 출력을 나타낸다.)

$$\dfrac{d^2 y(t)}{dt^2} + 3\dfrac{dy(t)}{dt} + 2y(t) = x(t) + \dfrac{dx(t)}{dt}$$

① $\dfrac{s+1}{s^2+3s+2}$
② $\dfrac{s-1}{s^2+3s+2}$
③ $\dfrac{s+1}{s^2-3s+2}$
④ $\dfrac{s-1}{s^2-3s+2}$

[풀이] 양변을 라플라스 변환하면
$s^2 Y(s) + 3sY(s) + 2Y(s) = X(s) + sX(s)$
$(s^2+3s+2)Y(s) = (s+1)X(s)$
$\therefore G(s) = \dfrac{Y(s)}{X(s)} = \dfrac{s+1}{s^2+3s+2}$
【답】 ①

77 RC 회로에 비정현파 전압을 가하여 흐른 전류가 다음과 같을 때 이 회로의 역률은 약 [%] 인가?
$v = 20 + 220\sqrt{2} \sin 120\pi t + 40\sqrt{2} \sin 360\pi t[V]$
$i = 2.2\sqrt{2} \sin(120\pi t + 36.87°)$
$\quad + 0.49\sqrt{2} \sin(360\pi t + 14.04°)[A]$

① 75.8
② 80.4
③ 86.3
④ 89.7

[풀이]
① 유효전력
$P = V_1 I_1 \cos\theta_1 + V_3 I_3 \cos\theta_3$
$= 220 \times 2.2 \times \cos 36.87° + 40 \times 0.49 \times \cos 14.04°$
$\approx 406.21[W]$
(주파수가 서로 다른 전압, 전류 사이에서는 유효전력도 무효전력도 전혀 발생하지 않고, 주파수가 같을 때에만 발생한다.)
② 피상전력 : 전압의 실효값 V와 전류의 실효값 I는
$V = \sqrt{V_0^2 + V_1^2 + V_3^2} = \sqrt{20^2 + 220^2 + 40^2} = 224.5[V]$
$I = \sqrt{I_1^2 + I_3^2} = \sqrt{2.2^2 + 0.49^2} \approx 2.25[A]$
$P_a = V \cdot I = 224.5 \times 2.25 = 505.13[VA]$
따라서, 역률 $\cos\theta = \dfrac{P}{P_a} \times 100 = \dfrac{406.21}{505.13} \times 100 = 80.42[\%]$
【답】 ②

78 주기적인 구형파 신호의 구성은?
① 직류성분만으로 구성된다.
② 기본파 성분만으로 구성된다.
③ 고조파 성분만으로 구성된다.
④ 직류 성분, 기본파 성분, 무수히 많은 고조파 성분으로 구성된다.

[풀이] 주기적인 비정현파는 일반적으로 푸리에 급수에 의해 표시되므로 무수히 많은 주파수의 합성이다.
【답】 ④

79 대칭 좌표법에 관한 설명이 아닌 것은?
① 대칭 좌표법은 일반적인 비대칭 3상 교류회로의 계산에도 이용된다.
② 대칭 3상 전압의 영상분과 역상분은 0 이고, 정상분만 남는다.
③ 비대칭 3상 교류회로는 영상분, 역상분 및 정상분의 3성분으로 해석한다.
④ 비대칭 3상 회로의 접지식 회로에는 영상분이 존재하지 않는다.

[풀이] 비대칭 3상회로는 불평형 회로로서,
- **중성점 접지 방식** : 접지선을 통해 영상전류가 흐르므로 **영상분이 존재**
- **중성점 비접지 방식** : 영상전류가 흐를 수 있는 중성선이 없으므로 영상분은 존재하지 않는다. 【답】 ④

80 3상 Y결선 전원에서 각 상전압이 100[V]일 때 선간전압[V]은?

① 150 ② 170
③ 173 ④ 179

[풀이] Y결선에서 선간전압은 상전압의 $\sqrt{3}$ 배 이므로
$V_l = \sqrt{3}\, V_p = \sqrt{3} \times 100 = 173.2[V]$ 【답】 ③

4회 회로이론

61 그림과 같은 $R-C$회로에서 입력전압을 $e_i(t)$, 출력전압을 $e_o(t)$라 할 때의 전달 함수는? (단, $\tau = RC$ 이다.)

① $\dfrac{1}{\tau s + 1}$

② $\dfrac{1}{\tau s + 2}$

③ $\dfrac{2}{\tau s + 3}$

④ $\dfrac{1}{\tau s + 3}$

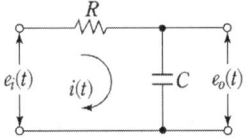

[풀이]
$\begin{cases} e_i(t) = Ri(t) + \dfrac{1}{C}\int i(t)dt \\ e_o(t) = \dfrac{1}{C}\int i(t)dt \end{cases}$
$\begin{cases} E_i(s) = \left(R + \dfrac{1}{Cs}\right)I(s) \\ E_o(s) = \dfrac{1}{Cs}I(s) \end{cases}$

$\therefore G(s) = \dfrac{E_o(s)}{E_i(s)} = \dfrac{\dfrac{1}{Cs}}{R + \dfrac{1}{Cs}} = \dfrac{1}{RCs+1} = \dfrac{1}{Ts+1}$ 【답】 ①

62 단위 램프함수 $tu(t)$의 라플라스 변환은?

① $-\dfrac{1}{s+a}$ ② $\dfrac{1}{s+a}$
③ $-\dfrac{1}{s^2}$ ④ $\dfrac{1}{s^2}$

[풀이] 단위 램프함수

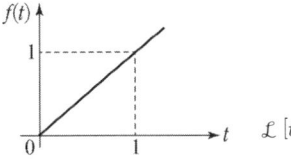

$\mathcal{L}[tu(t)] = \dfrac{1}{s^2}$ 【답】 ④

63 그림과 같은 단위 계단함수는?

① $u(t)$
② $-u(a)$
③ $u(t-a)$
④ $u(a-t)$

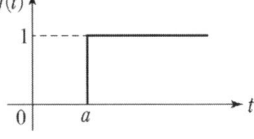

[풀이] $f(t) = 1 \cdot u(t-a)$ 【답】 ③

64 $R=40[\Omega]$, $L=80[mH]$의 코일이 있다. 이 코일에 100[V], 60[Hz]의 전압을 가할 때에 소비되는 전력은 약 몇 [W] 인가?

① 200 ② 160
③ 120 ④ 100

[풀이]
$X_L = \omega L = 2\pi f L = 2\pi \times 60 \times 80 \times 10^{-3} \fallingdotseq 30[\Omega]$

$\therefore P = I^2 R = \left(\dfrac{V}{\sqrt{R^2+X^2}}\right)^2 R = \dfrac{V^2 R}{R^2+X^2} = \dfrac{100^2 \times 40}{40^2+30^2}$
$= 160[W]$ 【답】 ②

65 4단자 정수 A, B, C, D 중에서 전압 이득의 차원을 가지는 것은?

① A ② B
③ C ④ D

[풀이] 4단자 정수의 기본식
$E_s = AE_r + BI_r$, $I_s = CE_r + DI_r$ 에서
A : **전압비**, B : 임피던스 차원, C : 어드미턴스 차원, D : 전류비의 의미를 갖는다. 【답】 ①

66 분포 정수회로에서 직렬 임피던스 $Z[\Omega]$, 병렬 어드미턴스 $Y[\mho]$ 일 때 선로의 전파정수 γ는?

① $\sqrt{\dfrac{Z}{Y}}$ ② $\sqrt{\dfrac{Y}{Z}}$
③ $\sqrt{ZY}$ ④ ZY

[풀이]
$Z = R + j\omega L\,[\Omega/\text{m}]$, $Y = G + j\omega C\,[\mho/\text{m}]$일 때 선로의 전파 정수 γ는
$$\gamma = \sqrt{ZY} = \sqrt{(R+j\omega L)(G+j\omega C)}$$
【답】③

67 $R-L-C$ 직렬 회로에서 진동 조건은 어느 것인가?

① $R < 2\sqrt{\dfrac{L}{C}}$ ② $R < 2\sqrt{\dfrac{C}{L}}$

③ $R < 2\sqrt{LC}$ ④ $R < \dfrac{1}{2\sqrt{LC}}$

[풀이]
- $R^2 = 4\dfrac{L}{C}$: 임계진동
- $R^2 - 4\dfrac{L}{C} > 0$: 비진동
- $R^2 - 4\dfrac{L}{C} < 0$: 진동

【답】①

68 키르히호프의 전류법칙(KCL) 적용에 대한 설명 중 틀린 것은?
① 이 법칙은 집중정수회로에 적용된다.
② 이 법칙은 선형소자로만 이루어진 회로에 적용된다.
③ 이 법칙은 회로의 선형, 비선형에 관계 받지 않고 적용된다.
④ 이 법칙은 회로의 시변, 시불변에는 관계 받지 않고 적용된다.

[풀이] 키르히호프의 법칙은 집중 정수 회로에서 **선형, 비선형에 무관하게 항상 성립**된다. 【답】②

69 불평형 3상전류 $I_a = 10 + j2$[A], $I_b = -20 - j24$[A], $I_c = -5 + j10$[A]일 때의 영상전류 I_0[A]는?

① $15 + j2$ ② $-5 - j4$
③ $-15 - j12$ ④ $-45 - j36$

[풀이]
$I_0 = \dfrac{1}{3}(I_a + I_b + I_c) = \dfrac{1}{3}(10+j2-20-j24-5+j10)$
$= \dfrac{1}{3}(-15-j12) = -5-j4$
【답】②

70 구형파의 파고율은?
① 1   ② 2
③ 1.414   ④ 1.732

[풀이]

	구형파	3각파	정현파	정류파(전파)	정류파(반파)
파형률	1.0	1.15	1.11	1.11	1.57
파고율	1.0	1.732	1.414	1.414	2.0

【답】①

71 시간함수 $1 - \cos\omega t$를 라플라스 변환하면?

① $\dfrac{s}{s^2 + \omega^2}$ ② $\dfrac{\omega^2}{s(s^2 + \omega^2)}$

③ $\dfrac{s}{s(s^2 - \omega^2)}$ ④ $\dfrac{\omega^2}{s(s - \omega^2)}$

[풀이] 라플라스 변환표

$f(t)$	$F(s)$
$u(t)$	$\dfrac{1}{s}$
$\sin\omega t$	$\dfrac{\omega}{s^2 + \omega^2}$
$\cos\omega t$	$\dfrac{s}{s^2 + \omega^2}$

$\mathcal{L}[1 - \cos\omega t] = \dfrac{1}{s} - \dfrac{s}{s^2 + \omega^2} = \dfrac{\omega^2}{s(s^2 + \omega^2)}$ 【답】②

72 테브난의 정리를 이용하여 그림(a)의 회로를 그림(b)와 같은 등가회로로 만들려고 한다. E[V]와 R[Ω]의 값은 각각 얼마인가?

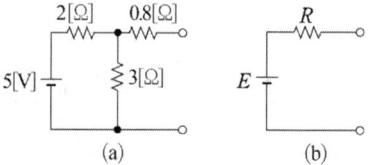

① $E = 3$, $R = 2$ ② $E = 5$, $R = 2$
③ $E = 5$, $R = 5$ ④ $E = 3$, $R = 1.2$

[풀이]
- a, b 사이에 걸리는 전압 E를 전압 분배 법칙에 의해 구하면

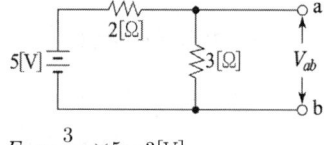

$E = \dfrac{3}{2+3} \times 5 = 3\,[\text{V}]$

- 전압원을 단락한 a, b 사이의 합성 저항 R은

$$R = 0.8 + \frac{2 \times 3}{2+3} = 2[\Omega]$$ 【답】 ①

73 대칭 3상 Y결선에서 선간전압이 $200\sqrt{3}$ [V]이고 각 상의 임피던스 $Z = 30 + j40[\Omega]$의 평형 부하일 때 선전류는 몇 [A]인가?

① 2
② $2\sqrt{3}$
③ 4
④ $4\sqrt{3}$

풀이

선간전압을 V_l, 상전압을 V_p, 선전류를 I_l, 상전류를 I_p라고 할 때 Y결선에서 $V_p = \frac{V_l}{\sqrt{3}}$, $I_l = I_p$의 관계가 있다.

$$I_l = I_p = \frac{V_p}{Z} = \frac{\frac{V_l}{\sqrt{3}}}{Z} = \frac{V_l}{\sqrt{3}Z} = \frac{200\sqrt{3}}{\sqrt{3}(30+j40)} = 4[A]$$

【답】 ③

74 그림과 같은 RC 직렬회로에 비정현파 전압 $v(t) = 20 + 220\sqrt{2}\sin\omega t + 40\sqrt{2}\sin3\omega t$[V] 가할 때 제3고조파전류 $i_3(t)$는 몇 [A] 인가? (단, $\omega = 120\pi$[rad/s] 이다.)

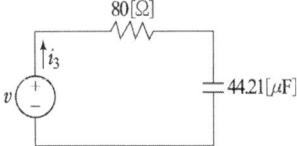

① $0.49\sin(360\pi t - 14.04°)$
② $0.49\sin(360\pi t + 14.04°)$
③ $0.49\sqrt{2}\sin(360\pi t - 14.04°)$
④ $0.49\sqrt{2}\sin(360\pi t + 14.04°)$

풀이

3고조파 리액턴스를 X_3, 3고조파 전류를 I_3라 하면,

$$X_3 = \frac{1}{3\omega C} = \frac{1}{3 \times 120\pi \times 44.21 \times 10^{-6}} \fallingdotseq 20[\Omega]$$

(∵ 저항은 기본파일 때나 고조파 일 때나 그 크기의 변화는 없다. 그러나 유도성 리액턴스는 제n차 고조파에서는 주파수가 n배가 되므로, 유도성 리액턴스 $X_{Ln} = 2\pi(nf)L = nX_L$로 기본파의 n배가 되고, 용량성 리액턴스는 $X_{cn} = \frac{1}{2\pi(nf)C} = \frac{1}{n} \times X_c$

로 **기본파**의 $\frac{1}{n}$ 배가 된다.)

$$I_3 = \frac{V_3}{Z_3} = \frac{V_3}{\sqrt{R^2 + X_3^2}} = \frac{40}{\sqrt{80^2 + 20^2}} \fallingdotseq 0.49[A]$$

$$\theta = \tan^{-1}\frac{X_3}{R} = \tan^{-1}\frac{20}{80} = 14.04°$$

$$\therefore i_3(t) = 0.49\sqrt{2}\sin(360\pi t + 14.04°)[A]$$

【답】 ④

75 그림에서 저항 양단의 전압 V[V]는 얼마인가?

① 2
② 4
③ 18
④ 22

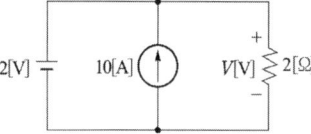

풀이 중첩의 원리에 의해서

- **전압원** 2[V]에 의해 2[Ω]에 흐르는 전류(이때 **전류원은 개방**)
  $i_1 = \frac{2}{2} = 1[A]$
- **전류원** 10[A]에 의해서 2[Ω]에 흐르는 전류(이때 **전압원은 단락**)
  $i_2 = 0[A]$
  (전압원은 단락되므로 **전류는 저항을 통하여 흐르지 않고 모두 단락회로로 흐른다.**)
- 2[Ω]저항에 흐르는 전류 $i = i_1 + i_2 = 1 + 0 = 1[A]$
- ∴ 저항 양단에 걸리는 전압 $E = ir = 1 \times 2 = 2[V]$ 【답】 ①

76 상순이 a-b-c인 3상 회로의 각 상전압이 보기와 같을 때 역상분 전압은 약 몇 [V]인가? (단, 보기 전압의 단위는 [V] 이다.)

[보기]
$V_a = 220\underline{/0°}$
$V_b = 220\underline{/-130°}$
$V_c = 185.95\underline{/115°}$

① 22
② 28
③ 30
④ 35

풀이

$V_a = 220\underline{/0°}$
$a^2V_b = 1\underline{/240°} \times 220\underline{/-130°} = 220\underline{/110°}$
$aV_c = 1\underline{/120°} \times 185.95\underline{/115°} = 185.95\underline{/235°}$

역상분 전압 $V_2 = \frac{1}{3}(V_a + a^2V_b + aV_c)$이므로

$$V_2 = \frac{1}{3}[220 + 220(\cos110° + j\sin110°) + 185.95(\cos235° + j\sin235°)]$$

$$= \frac{1}{3}(220 - 75.24 + j206.73 - 106.66 - j152.32)$$
$$= 12.7 + j18.14 = 22.14[V]$$ 【답】①

77 $i(t) = 10\sin(\omega t - \frac{\pi}{3})$[A]로 표시되는 전류파형보다 위상이 30° 앞서고, 최대치가 100 [V]인 전압 파형을 식으로 나타내면?

① $100\sin(\omega t - \frac{\pi}{2})$

② $100\sin(\omega t - \frac{\pi}{6})$

③ $100\sqrt{2}\sin(\omega t - \frac{\pi}{6})$

④ $100\sqrt{2}\cos(\omega t - \frac{\pi}{6})$

[풀이]
위상 $\alpha = -\frac{\pi}{3} + \frac{\pi}{6} = -\frac{\pi}{6}$
따라서, $e = E_m \sin(\omega t + \alpha)$ 에서 $e = 100\sin(\omega t - \frac{\pi}{6})$ 【답】②

78 불평형 회로에서 영상분이 존재하는 3상회로 구성은?

① △-△결선의 3상 3선식
② △-Y결선의 3상 3선식
③ Y-Y결선의 3상 3선식
④ Y-Y결선의 3상 4선식

[풀이] 비대칭 3상회로는 불평형 회로로서,
- 중성점 접지 방식 : 접지선을 통해 영상전류가 흐르므로 **영상분이 존재**
- 중성점 비접지 방식 : 영상전류가 흐를 수 있는 중성선이 없으므로 영상분은 존재하지 않는다.

즉, **Y-Y결선의 3상 4선식**에서는 **중성점을 접지** 하므로 **영상분이 존재**한다. 【답】④

79 스위치 S를 닫을 때의 전류 $i(t)$는?

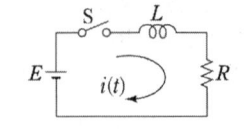

① $\frac{E}{R}e^{-\frac{R}{L}t}$ ② $\frac{E}{R}(1-e^{-\frac{R}{L}t})$

③ $\frac{E}{R}e^{-\frac{L}{R}t}$ ④ $\frac{E}{R}(1-e^{-\frac{L}{R}t})$

[풀이] $R-L$ 직렬 회로에 직류 전압 인가 시 흐르는 전류
$i(t) = \frac{E}{R}\left(1-e^{-\frac{R}{L}t}\right)$[A] 【답】②

80 그림과 같은 주기파형의 전류 $i(t) = 10e^{-100t}$ [A]의 평균값은 약 몇 [A]인가?

① 0.5
② 1
③ 2.5
④ 5

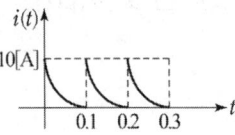

[풀이]
$$I = \frac{1}{T}\int_0^{\frac{T}{2}} i\, dt = \frac{1}{0.1}\int_0^{0.1/2} 10e^{-100t} dt$$
$$= \frac{10}{0.1}\left[-\frac{1}{100}e^{-100t}\right]_0^{0.05} \fallingdotseq 1$$ 【답】②

2018년 기출문제

| 1회 | 회로이론 |

61 다음과 같은 Y결선 회로와 등가인 △결선회로의 A, B, C 값은 몇 [Ω]인가?

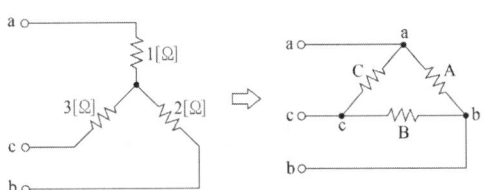

① $A = \dfrac{7}{3}$, $B = 7$, $C = \dfrac{7}{2}$

② $A = 7$, $B = \dfrac{7}{2}$, $C = \dfrac{7}{3}$

③ $A = 11$, $B = \dfrac{11}{2}$, $C = \dfrac{11}{3}$

④ $A = \dfrac{11}{3}$, $B = 11$, $C = \dfrac{11}{2}$

풀이

Y → △로 등가변환

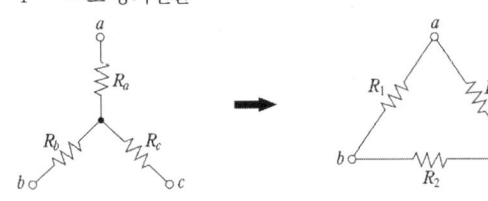

- $R_1 = \dfrac{R_a R_b + R_b R_c + R_c R_a}{R_c}$
- $R_2 = \dfrac{R_a R_b + R_b R_c + R_c R_a}{R_a}$
- $R_3 = \dfrac{R_a R_b + R_b R_c + R_c R_a}{R_b}$

따라서,
- $A(R_3) = \dfrac{1 \times 3 + 3 \times 2 + 2 \times 1}{3} = \dfrac{11}{3}$
- $B(R_2) = \dfrac{1 \times 3 + 3 \times 2 + 2 \times 1}{1} = 11$
- $C(R_1) = \dfrac{1 \times 3 + 3 \times 2 + 2 \times 1}{2} = \dfrac{11}{2}$

【답】 ④

62 측정하고자 하는 전압이 전압계의 최대눈금보다 클 때에 전압계에 직렬로 저항을 접속하여 측정 범위를 넓히는 것은?

① 분류기   ② 분광기
③ 배율기   ④ 감쇠기

풀이

- 배율기 : 전압계의 측정범위를 확대하기 위하여 내부저항 r_a [Ω]인 전압계에 직렬로 접속하는 저항

$V_a = I r_a$ [V], $I = \dfrac{V}{r_a + R_m}$ 이므로

$V_a = \dfrac{r_a}{r_a + R_m} \cdot V$

$\therefore V = \dfrac{r_a + R_m}{r_a} \cdot V_a = \left(1 + \dfrac{R_m}{r_a}\right) V_a$

배율 $m = \dfrac{V}{V_a} = 1 + \dfrac{R_m}{r_a}$

- 분류기 : 전류계의 측정범위를 확대하기 위하여 내부저항 r_a [Ω]인 전류계에 병렬로 접속하는 저항

$I_a = \dfrac{R_s}{r_a + R_s} \times I$

$\therefore I = \dfrac{r_a + R_s}{R_s} \times I_a$

$= \left(1 + \dfrac{r_a}{R_s}\right) \times I_a$

배율 $m = \dfrac{I}{I_a} = 1 + \dfrac{r_a}{R_s}$

【답】 ③

63 그림과 같이 주기가 3[s]인 전압 파형의 실효값은 약 몇 [V]인가?

① 5.67
② 6.67
③ 7.57
④ 8.57

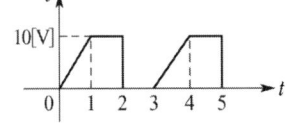

풀이

실효값 $V = \sqrt{\dfrac{1}{T}\int_0^T v^2 dt} = \sqrt{\dfrac{1}{3}\left\{\int_0^1 (10t)^2 dt + \int_1^2 10^2 dt\right\}}$

$$= \sqrt{\frac{1}{3}\left\{\left[\frac{100}{3}t^3\right]_0^1 + [100t]_1^2\right\}} = 6.67[V]$$ 【답】②

64 1[mV]의 입력을 가했을 때 100[mV]의 출력이 나오는 4단자 회로의 이득[dB]은?

① 40 ② 30
③ 20 ④ 10

풀이

이득 $G = 20\log\frac{100}{1} = 20\log 10^2 = 40[dB]$ 【답】①

65 다음과 같은 회로에서 $t=0$인 순간에 스위치 S를 닫았다. 이 순간에 인덕턴스 L에 걸리는 전압[V]은? (단, L의 초기 전류는 0 이다.)

① 0
② $\frac{LE}{R}$
③ E
④ $\frac{E}{R}$

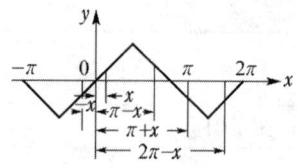

풀이

$E_L = Ee^{-\frac{R}{L}t} = Ee^{-\frac{R}{L}\times 0} = E[V]$

여기서, $e^0 = 1$ 【답】③

66 $f(t) = 3u(t) + 2e^{-t}$인 시간함수를 라플라스 변환한 것은?

① $\frac{3s}{s^2+1}$ ② $\frac{s+3}{s(s+1)}$
③ $\frac{5s+3}{s(s+1)}$ ④ $\frac{5s+1}{(s+1)s^2}$

풀이

$F(s) = \pounds[f(t)] = \pounds[3u(t) + 2e^{-t}] = \frac{3}{s} + \frac{2}{s+1} = \frac{5s+3}{s(s+1)}$ 【답】③

67 비정현파 $f(x)$가 반파대칭 및 정현대칭일 때 옳은 식은? (단, 주기는 2π이다.)

① $f(-x) = f(x),\ f(x+\pi) = f(x)$
② $f(-x) = f(x),\ f(x+2\pi) = f(x)$
③ $f(-x) = -f(x),\ -f(x+\pi) = f(x)$
④ $f(-x) = -f(x),\ -f(x+2\pi) = f(x)$

풀이

① 정현 반파 대칭이므로 sin의 기수(홀수)차 항만 존재한다.
② 그림에서 반파 및 정현 대칭 조건은
$f(-x) = -f(x)$
$f(2\pi-x) = -f(x) = f(\pi+x)$
$f(\pi+x) = f(-x) = -f(x)$ 【답】③

68 $F(s) = \frac{2(s+1)}{s^2+2s+5}$의 시간함수 $f(t)$는 어느 것인가?

① $2e^t\cos 2t$ ② $2e^t\sin 2t$
③ $2e^{-t}\cos 2t$ ④ $2e^{-t}\sin 2t$

풀이

$F(s) = \frac{2(s+1)}{s^2+2s+5} = \frac{2(s+1)}{(s+1)^2+2^2} = 2\frac{s}{s^2+2^2}\bigg|_{s=s+1}$

$\therefore \pounds\left[\frac{2(s+1)}{(s+1)^2+2^2}\right] = 2e^{-t}\cos 2t$ 【답】③

69 그림과 같은 회로에서 스위치 S를 닫았을 때 시정수[sec]의 값은? (단, $L=10[mH]$, $R=20[\Omega]$ 이다.)

① 200
② 2000
③ 5×10^{-3}
④ 5×10^{-4}

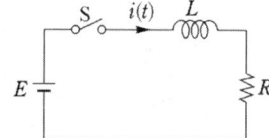

풀이

$R-L$ 직렬 회로의 시정수 $\tau = \frac{L}{R}[s]$

$\therefore \tau = \frac{10\times 10^{-3}}{20} = 5\times 10^{-4}[s]$ 【답】④

70 대칭 10상 회로의 선간전압이 100[V]일 때 상전압은 약 몇 [V] 인가? (단, sin18°= 0.309 이다.)

① 161.8 ② 172
③ 183.1 ④ 193

[풀이]
대칭 n상 성형결선
- 선간전압 $E_l = 2E_P \sin\frac{\pi}{n} \left/ \frac{\pi}{2}\left(1-\frac{2}{n}\right)\right.$
- 선전류 = 성형전류
- 위상 : 선간전압이 상전압보다 $\frac{\pi}{2}\left(1-\frac{2}{n}\right)$[rad] 만큼 앞선다.

$E_l = 2E_P \sin\frac{\pi}{n} = 2E_P \sin\frac{\pi}{10} = 2E_P \sin 18°$

$\therefore E_p = \frac{E_l}{2\sin 18°} = \frac{100}{2 \times 0.309} = 161.8[V]$

【답】①

71 회로에서 단자 1-1′에서 본 구동점 임피던스 Z_{11}은 몇 [Ω] 인가?

① 5
② 8
③ 10
④ 15

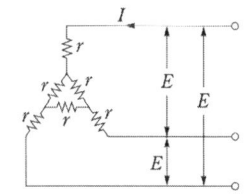

[풀이]

$Z_{11} = \left.\frac{V_1}{I_1}\right|_{I_2=0}$ $I_1 = \frac{V_1}{3+5} = \frac{V_1}{8}$

$\therefore Z_{11} = \frac{V_1}{\frac{V_1}{8}} = 8[\Omega]$

【답】②

72 $r[\Omega]$인 6개의 저항을 그림과 같이 접속하고 평형 3상 전압 E를 가했을 때 전류 I는 몇 [A] 인가? (단, $r=3[\Omega]$, $E=60[V]$ 이다.)

① 8.66
② 9.56
③ 10.8
④ 12.6

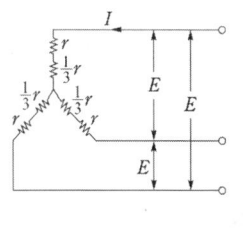

[풀이]
△를 Y로 변환시키면

상전류 $I = \dfrac{\frac{E}{\sqrt{3}}}{r+\frac{1}{3}r}$

$= \dfrac{\sqrt{3}\,E}{4r}$

$= \dfrac{\sqrt{3}\times 60}{4\times 3} = 8.66[A]$

($\because$ △결선된 저항을 Y로 변환시키면 $R_Y = \frac{1}{3}R_\triangle$)

【답】①

73 회로의 전압비 전달함수 $G(s) = \dfrac{V_2(s)}{V_1(s)}$는?

① RC
② $\dfrac{1}{RC}$
③ $RCs+1$
④ $\dfrac{1}{RCs+1}$

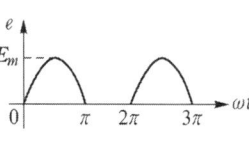

[풀이]

$G(s) = \dfrac{V_2(s)}{V_1(s)} = \dfrac{\frac{1}{Cs}}{R+\frac{1}{Cs}} = \dfrac{1}{RCs+1} = \dfrac{\frac{1}{RC}}{s+\frac{1}{RC}}$

【답】④

74 다음 중 정전용량의 단위 F(패럿)와 같은 것은? (단, C는 쿨롱, N은 뉴턴, V는 볼트, m은 미터이다.)

① $\dfrac{V}{C}$
② $\dfrac{N}{C}$
③ $\dfrac{C}{m}$
④ $\dfrac{C}{V}$

[풀이]
정전 용량 $C = \dfrac{Q}{V}[C/V]$ $\therefore [F] = [C/V]$

【답】④

75 어느 회로망의 응답 $h(t) = (e^{-t} + 2e^{-2t})u(t)$의 라플라스 변환은?

① $\dfrac{3s+4}{(s+1)(s+2)}$
② $\dfrac{3s}{(s-1)(s-2)}$
③ $\dfrac{3s+2}{(s+1)(s+2)}$
④ $\dfrac{-s-4}{(s-1)(s-2)}$

[풀이]

$H(s) = \mathcal{L}[h(t)] = \dfrac{1}{s+1} + \dfrac{2}{s+2} = \dfrac{3s+4}{(s+1)(s+2)}$

【답】①

76 그림과 같은 $e = E_m \sin\omega t$인 정현파 교류의 반파정류파형의 실효값은?

① E_m
② $\dfrac{E_m}{\sqrt{2}}$
③ $\dfrac{E_m}{2}$
④ $\dfrac{E_m}{\sqrt{3}}$

과년도 기출문제 2018년

[풀이]

실효값 $E = \sqrt{\dfrac{1}{T}\int_0^T e^2 dt} = \sqrt{\dfrac{1}{2\pi}\int_0^{2\pi} e^2 d(\omega t)}$ 에서

반파 정류파는 $\pi \sim 2\pi$ 일 때 $e = 0$ 이므로

$E = \sqrt{\dfrac{1}{2\pi}\int_0^{\pi} e^2 d(\omega t)} = \sqrt{\dfrac{1}{2\pi}\int_0^{\pi} E_m^2 \sin^2\omega t\, d(\omega t)}$

$= \sqrt{\dfrac{E_m^2}{2\pi}\int_0^{\pi}\dfrac{1-\cos 2\omega t}{2}d(\omega t)} = \dfrac{E_m}{2}$

$\left(\because \sin^2\omega t = \dfrac{1-\cos 2\omega t}{2},\ \cos^2\omega t = \dfrac{1+\cos 2\omega t}{2}\right)$

파 형	정현파	정현반파	삼각파	구형반파	구형파
실효값	$\dfrac{E_m}{\sqrt{2}}$	$\dfrac{E_m}{2}$	$\dfrac{E_m}{\sqrt{3}}$	$\dfrac{E_m}{\sqrt{2}}$	E_m
평균값	$\dfrac{2E_m}{\pi}$	$\dfrac{E_m}{\pi}$	$\dfrac{E_m}{2}$	$\dfrac{E_m}{2}$	E_m

【답】③

77 전압 $e = 100\sin 10t + 20\sin 20t [V]$ 이고, 전류 $i = 20\sin(10t-60) + 10\sin 20t [A]$ 일 때 소비전력은 몇 [W]인가?

① 500　② 550
③ 600　④ 650

[풀이]

비정현파의 유효전력 $P = \sum\limits_{n=1}^{\infty} V_n I_n \cos\theta_n$ 에서

$P = \dfrac{100}{\sqrt{2}} \times \dfrac{20}{\sqrt{2}} \times \cos 60° + \dfrac{20}{\sqrt{2}} \times \dfrac{10}{\sqrt{2}} \times \cos 0° = 600 [W]$

【답】③

78 $R = 50[\Omega]$, $L = 200[mH]$의 직렬회로에서 주파수 $f = 50[Hz]$의 교류에 대한 역률[%]은?

① 82.3　② 72.3
③ 62.3　④ 52.3

[풀이]

$R-L$ 직렬 회로에서 역률

$\cos\theta = \dfrac{R}{Z} = \dfrac{R}{\sqrt{R^2 + X_L^2}} = \dfrac{R}{\sqrt{R^2 + (\omega L)^2}}$

$\therefore \cos\theta = \dfrac{50}{\sqrt{50^2 + (2\pi \times 50 \times 200 \times 10^{-3})^2}} \times 100 = 62.27[\%]$

【답】③

79 대칭 3상 교류전원에서 각 상의 전압이 v_a, v_b, v_c 일 때 3상 전압[V]의 합은?

① 0　② $0.3v_a$
③ $0.5v_a$　④ $3v_a$

[풀이]

a상을 기준으로 하면
$v_a + v_b + v_c = v_a + a^2 v_a + a v_a = v_a(1 + a^2 + a) = 0$
$(\because 1 + a^2 + a = 0)$

【답】①

80 RLC 직렬회로에서 공진 시의 전류는 공급전압에 대하여 어떤 위상차를 갖는가?

① 0°　② 90°
③ 180°　④ 270°

[풀이]

직렬공진은 리액턴스 성분이 $0\left(j\omega L = \dfrac{1}{j\omega c}\right)$이 되므로 공진시 **전압과 전류는 동상**이 되고 **전류는 최대**로 된다.

【답】①

2회　회로이론

61 3상 불평형 전압에서 역상전압이 50[V], 정상전압이 200[V], 영상전압이 10[V]라고 할 때 전압의 불평형률[%]은?

① 1　② 5
③ 25　④ 50

[풀이]

불평형률 $= \dfrac{\text{역상 전압}}{\text{정상 전압}} \times 100 = \dfrac{50}{200} \times 100 = 25[\%]$

【답】③

62 다음과 같은 회로의 a-b간 합성 인덕턴스는 몇 [H]인가? (단, $L_1 = 4[H]$, $L_2 = 4[H]$, $L_3 = 2[H]$, $L_4 = 2[H]$ 이다.)

① $\dfrac{8}{9}$
② 6
③ 9
④ 12

[풀이] 합성 인덕턴스

$L = \dfrac{1}{\dfrac{1}{L_1 + L_2} + \dfrac{1}{L_3} + \dfrac{1}{L_4}} = \dfrac{1}{\dfrac{1}{4+4} + \dfrac{1}{2} + \dfrac{1}{2}} = \dfrac{8}{9}[H]$

【답】①

63 R−L−C 직렬회로에서 시정수의 값이 작을수록 과도현상이 소멸되는 시간은 어떻게 되는가?

① 짧아진다. ② 관계없다.
③ 길어진다. ④ 일정하다.

풀이
시정수가 크면 클수록 과도기가 오래 지속되고, **적으면 적을수록 지속시간이 짧아진다.** 【답】①

64 대칭 좌표법에서 사용되는 용어 중 3상에 공통된 성분을 표시하는 것은?

① 공통분 ② 정상분
③ 역상분 ④ 영상분

풀이
- 정상분 : 상회전 방향이 전원과 같은 방향으로, 전동기에서 토크를 발생
- 역상분 : 상회전 방향이 전원과 반대 방향으로, 전동기에서 제동작용을 한다.
- 영상분 : 각 상별로 같은 크기와 같은 위상각을 가진 단상전류
【답】④

65 어떤 회로의 단자전압이
$V = 100\sin\omega t + 40\sin 2\omega t + 30\sin(3\omega t + 60°)$
[V]이고, 전압강하의 방향으로 흐르는 전류가
$I = 10\sin(\omega t - 60°) + 2\sin(3\omega t + 105°)$[A]일 때 회로에 공급되는 평균전력[W]은?

① 271.2 ② 371.2
③ 530.2 ④ 630.2

풀이
주파수가 서로 다른 전압, 전류 사이에서는 유효전력도 무효전력도 전혀 발생하지 않는다.
∴ 소비전력 $P = V_1 I_1 \cos\theta_1 + V_3 I_3 \cos\theta_3$
$= \frac{100}{\sqrt{2}} \times \frac{10}{\sqrt{2}} \times \cos 60° + \frac{30}{\sqrt{2}} \times \frac{2}{\sqrt{2}} \times \cos(105° - 60°)$
$= 271.21$ [W] 【답】①

66 3상 대칭분 전류를 I_0, I_1, I_2라 하고 선전류를 I_a, I_b, I_c라고 할 때 I_b는 어떻게 되는가?

① $I_0 + I_1 + I_2$ ② $I_0 + a^2 I_1 + a I_2$
③ $I_0 + a I_1 + a^2 I_2$ ④ $\frac{1}{3}(I_0 + I_1 + I_2)$

풀이 불평형 3상 전류
$I_a = I_0 + I_1 + I_2$
$I_b = I_0 + a^2 I_1 + a I_2$
$I_c = I_0 + a I_1 + a^2 I_2$ 【답】②

67 부하에 $100\angle 30°$[V]의 전압을 가하였을 때 $10\angle 60°$[A]의 전류가 흘렀다면 부하에서 소비되는 유효전력은 약 몇 [W] 인가?

① 400 ② 500
③ 682 ④ 866

풀이
$P = VI^* = 100\angle 30° \times 10\angle -60° = 1000\angle -30°$
$= 1000\cos 30° - j1000\sin 30° = 866 - j500$ [VA]
따라서, 유효전력은 866[W], 무효전력은 500[Var] 이다.
【답】④

68 그림과 같은 회로에서 0.2[Ω]의 저항에 흐르는 전류는 몇 [A] 인가?

① 0.1
② 0.2
③ 0.3
④ 0.4

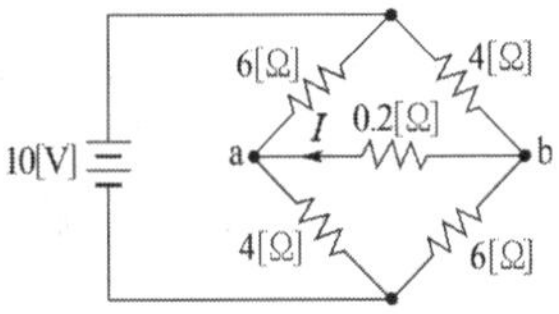

풀이
테브낭 정리 이용 a, b개방
$V_a = \frac{10}{6+4} \times 6 = 6$[V] 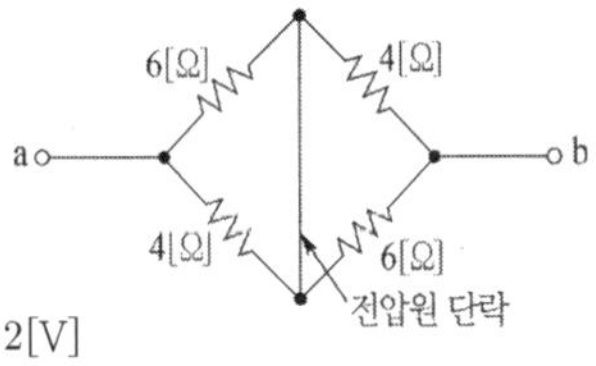
$V_b = \frac{10}{4+6} \times 4 = 4$[V]
∴ $V_{ab} = V_a - V_b = 6 - 4 = 2$[V]
전압원 제거(단락)하고,
a, b에서 본 저항 R_t 는
$R_t = \frac{6 \times 4}{6+4} + \frac{6 \times 4}{6+4} = 4.8$[Ω] 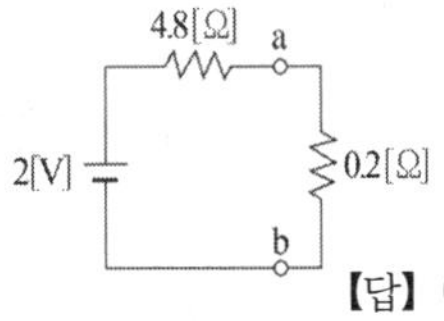
∴ $I = \frac{V}{R} = \frac{2}{0.2 + 4.8} = 0.4$[A] 【답】④

69 $\frac{1}{s^2 + 2s + 5}$의 라플라스 역변환 값은?

① $e^{-2t}\cos 2t$ ② $\frac{1}{2}e^{-t}\sin t$
③ $\frac{1}{2}e^{-t}\sin 2t$ ④ $\frac{1}{2}e^{-t}\cos 2t$

풀이

$F(s) = \dfrac{1}{s^2+2s+5} = \dfrac{1}{2} \cdot \dfrac{2}{(s+1)^2+2^2}$ 이므로

$\therefore f(t) = \mathcal{L}^{-1}[F(s)] = \dfrac{1}{2}e^{-t}\sin 2t$ 【답】③

70 $\mathcal{L}[u(t-a)]$는 어느 것인가?

① $\dfrac{e^{as}}{s^2}$ ② $\dfrac{e^{-as}}{s^2}$

③ $\dfrac{e^{as}}{s}$ ④ $\dfrac{e^{-as}}{s}$

풀이

시간추이 정리 $\mathcal{L}[f(t-a)] = e^{-as} \cdot F(s)$에 의해

$\mathcal{L}[u(t-a)] = e^{-as} \cdot \dfrac{1}{s}$ 【답】④

71 2단자 임피던스함수 $Z(s) = \dfrac{(s+2)(s+3)}{(s+4)(s+5)}$일 때 극점(pole)은?

① $-2, -3$ ② $-3, -4$
③ $-2, -4$ ④ $-4, -5$

풀이

극점 : $Z(s) = \infty$, 회로의 개방상태를 의미 (즉, **분모가 0이 되는 경우**)

따라서, 극점은 분모가 0이 되는 $-4, -5$가 된다. 【답】④

72 그림과 같은 회로에서 G_2[℧]양단의 전압강하 E_2[V]는?

① $\dfrac{G_2}{G_1+G_2}E$

② $\dfrac{G_1}{G_1+G_2}E$

③ $\dfrac{G_1 G_2}{G_1+G_2}E$

④ $\dfrac{G_1+G_2}{G_1+G_2}E$

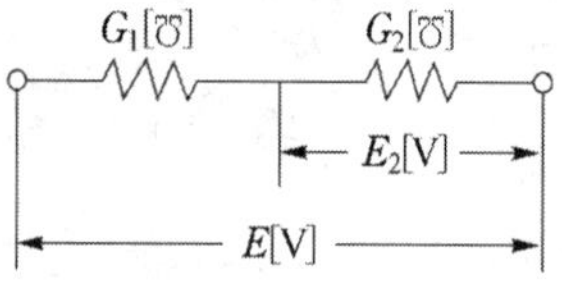

풀이

전압분배법칙에 의해

$E_1 = \dfrac{G_2}{G_1+G_2}E[V]$, $E_2 = \dfrac{G_1}{G_1+G_2}E[V]$ 【답】②

73 그림과 같은 T형 회로의 영상 전달정수 θ는?

① 0
② 1
③ -3
④ -1

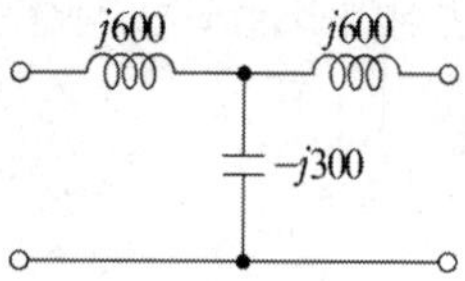

풀이

$\begin{bmatrix} A & B \\ C & D \end{bmatrix} = \begin{bmatrix} 1 & j600 \\ 0 & 1 \end{bmatrix}\begin{bmatrix} 1 & 0 \\ \dfrac{1}{-j300} & 1 \end{bmatrix}\begin{bmatrix} 1 & j600 \\ 0 & 1 \end{bmatrix} = \begin{bmatrix} -1 & 0 \\ j\dfrac{1}{300} & -1 \end{bmatrix}$

에서 $A = -1$, $B = 0$, $C = j\dfrac{1}{300}$, $D = -1$

$\therefore \theta = \sinh^{-1}\sqrt{BC} = \cosh^{-1}\sqrt{AD}$
$= \cosh^{-1}\sqrt{(-1)\times(-1)} = 0$ 【답】①

74 저항 $\dfrac{1}{3}[\Omega]$, 유도리액턴스 $\dfrac{1}{4}[\Omega]$인 $R-L$ 병렬회로의 합성 어드미턴스[℧]는?

① $3+j4$ ② $3-j4$

③ $\dfrac{1}{3}+j\dfrac{1}{4}$ ④ $\dfrac{1}{3}-j\dfrac{1}{4}$

풀이

$Y = Y_1 + Y_2 = \dfrac{1}{R} + \dfrac{1}{j\omega L} = \dfrac{1}{\dfrac{1}{3}} + \dfrac{1}{j\dfrac{1}{4}} = 3 + \dfrac{4}{j} = 3-j4[℧]$ 【답】②

75 대칭 3상 Y결선 부하에서 각상의 임피던스가 $Z = 16+j12[\Omega]$이고 부하전류가 5[A]일 때, 이 부하의 선간전압[V]은?

① $100\sqrt{2}$ ② $100\sqrt{3}$
③ $200\sqrt{2}$ ④ $200\sqrt{3}$

풀이

Y결선에서 상전압 V_p = 부하 전류 × 1상 임피던스
$= 5 \times \sqrt{16^2+12^2} = 100$ [V]

Y결선 선간 전압 = $\sqrt{3}$ × 상전압

$\therefore V_l = \sqrt{3}\, V_p = 100\sqrt{3}$ [V] 【답】②

76 정현파의 파고율은?

① 1.111 ② 1.414
③ 1.732 ④ 2.356

풀이

	구형파	3각파	정현파	정류파(전파)	정류파(반파)
파형률	1.0	1.15	1.11	1.11	1.57
파고율	1.0	1.732	1.414	1.414	2.0

【답】②

77 $i(t) = I_o e^{st}$ [A]로 주어지는 전류가 콘덴서 C [F]에 흐르는 경우의 임피던스[Ω]는?

① C　　② sC
③ $\dfrac{C}{s}$　　④ $\dfrac{1}{sC}$

풀이

C에서의 전압 $v(t) = \dfrac{1}{C}\int i(t)dt$ 이므로

$$v(t) = \dfrac{1}{C}\int I_0 e^{st} dt = \dfrac{I_0}{sC} e^{st}$$

$$\therefore Z = \dfrac{v(t)}{i(t)} = \dfrac{\dfrac{I_0 e^{st}}{sC}}{I_0 e^{st}} = \dfrac{1}{sC}$$

【답】④

78 부동작 시간(dead time) 요소의 전달함수는?

① Ks　　② $\dfrac{K}{s}$
③ Ke^{-Ls}　　④ $\dfrac{K}{Ts+1}$

풀이
부동작 시간함수 $y(t) = Kx(t-L)$의 양변을 라플라스 변환하면

$$Y(s) = Ke^{-Ls} \cdot X(s) \quad \therefore G(s) = \dfrac{Y(s)}{X(s)} = Ke^{-Ls}$$

참고
- 비례 요소의 전달함수 : K
- 미분 요소의 전달함수 : Ks
- 적분요소의 전달함수 : $\dfrac{K}{s}$
- 1차 지연요소의 전달함수 : $G(s) = \dfrac{K}{1+Ts}$
- 부동작 시간요소의 전달함수 : $G(s) = Ke^{-Ls}$

【답】③

79 전기회로의 입력을 V_1, 출력을 V_2라고 할 때 전달함수는? (단, $s=j\omega$이다.)

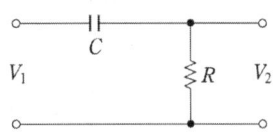

① $\dfrac{1}{R + \dfrac{1}{j\omega C}}$　　② $\dfrac{1}{j\omega + \dfrac{1}{RC}}$

③ $\dfrac{j\omega}{j\omega + \dfrac{1}{RC}}$　　④ $\dfrac{j\omega}{R + \dfrac{1}{j\omega C}}$

풀이

$$G(s) = \dfrac{출력(Z)}{입력(Z)} = \dfrac{R}{R + \dfrac{1}{sC}} = \dfrac{RsC}{RsC+1}$$

$$= \dfrac{s}{s + \dfrac{1}{RC}} = \dfrac{j\omega}{j\omega + \dfrac{1}{RC}}$$

【답】③

80 비정현파 전압 $v = 100\sqrt{2}\sin\omega t + 50\sqrt{2}\sin 2\omega t + 30\sqrt{2}\sin 3\omega t$ [V]의 왜형률은 약 얼마인가?

① 0.36　　② 0.58
③ 0.87　　④ 1.41

풀이

$$왜형률 = \dfrac{전\ 고조파의\ 실효값}{기본파의\ 실효값} = \dfrac{\sqrt{V_2^2 + V_3^2}}{V_1} = \dfrac{\sqrt{50^2 + 30^2}}{100}$$
$$= 0.58$$

【답】②

4회　회로이론

61 전달함수에 대한 설명으로 틀린 것은?

① 전달함수가 s가 될 때 적분요소라 한다.
② 전달함수는 $\dfrac{출력\ 라플라스\ 변환}{입력\ 라플라스\ 변환}$ 으로 정의된다.
③ 어떤 계의 전달함수의 분모를 0으로 놓으면 이것이 곧 특성방정식이 된다.
④ 어떤 계의 전달함수는 그 계에 대한 임펄스 응답의 라플라스 변환과 같다.

풀이
- 전달 함수 : 모든 초기값을 0으로 하였을 때 출력 신호의 라플라스 변환값과 입력 신호의 라플라스 변환값의 비를 전달함수라 한다.
- 적분 요소의 전달함수는 $\dfrac{K}{s}$이다.

【답】①

과년도 기출문제 2018년

62 대칭 3상 전압을 그림과 같은 평형 부하에 가할 때 부하의 역률은 약 얼마인가? (단, $R=12[\Omega]$, $\frac{1}{\omega C}=4[\Omega]$ 이다.)

① 0.6
② 0.7
③ 0.8
④ 0.9

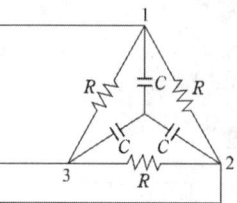

풀이

△결선된 저항을 Y로 등가 변환하면 그림과 같은 $R-C$ 병렬 회로가 된다. ($\because R_Y=\frac{1}{3}R_\Delta$)

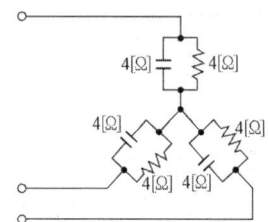

$R-C$ 병렬 회로에서 역률

$\cos\theta=\frac{I_R}{I}=\frac{G}{Y}=\frac{X_C}{\sqrt{R^2+X_C^2}}=\frac{4}{\sqrt{4^2+4^2}}=0.707$ 【답】 ②

63 $f(t)=10[u(t-3)-u(t-5)]$를 라플라스 변환하면 어떻게 되는가?

① $\frac{10}{s}(e^{3s}+e^{-5s})$
② $\frac{10}{s}(e^{-3s}-e^{-5s})$
③ $\frac{10}{s}(e^{-3s}+e^{-5s})$
④ $\frac{10}{s}(e^{-3s}-e^{5s})$

풀이

$\mathcal{L}[f(t)]=\mathcal{L}[10\{u(t-3)-u(t-5)\}]$
$\qquad =10\left(\frac{e^{-3s}}{s}-\frac{e^{-5s}}{s}\right)=\frac{10}{s}(e^{-3s}-e^{-5s})$ 【답】 ②

64 대칭 3상 Y부하에서 각 상의 임피던스가 $3+j4$ $[\Omega]$이고 부하전류가 20[A]일 때 이 부하에서 소비되는 유효전력[W]은?

① 1400
② 1600
③ 1800
④ 3600

풀이

유효전력 $P=3I^2R=3\times 20^2\times 3=3600[W]$ 【답】 ④

65 RL 직렬회로에 직류전압을 가했을 때 흐르는 전류가 정상전류 $I=\frac{E}{R}$의 70[%]에 도달하는데 걸리는 시간은? (단, τ는 시정수이다.)

① $t=0.7\tau$
② $t=1.1\tau$
③ $t=1.2\tau$
④ $t=1.4\tau$

풀이

- RL 직렬회로에 직류전압을 인가했을 때 흐르는 전류
  $i=\frac{E}{R}(1-e^{-\frac{t}{\tau}})[A]$
- 정상전류 $I=\frac{E}{R}[A]$

$i=0.7I$ 일 때 $\frac{E}{R}(1-e^{-\frac{t}{\tau}})=0.7\frac{E}{R}$ 이므로

$e^{-\frac{t}{\tau}}=1-0.7=0.3 \qquad -\frac{t}{\tau}=\ln 0.3$

$t=-\tau\ln 0.3 \qquad \therefore t=1.2\tau$ 【답】 ③

66 $5\frac{d^2q(t)}{dt^2}+\frac{dq(t)}{dt}=10\sin t$에서 모든 초기 조건을 0으로 하고 라플라스 변환하면 어떻게 되는가? (단, $Q(s)$는 $q(t)$의 라플라스 변환이다.)

① $Q(s)=\frac{10}{2(s^2+1)}$
② $Q(s)=\frac{10}{(s^2+5)(s^2+1)}$
③ $Q(s)=\frac{10}{(5s+1)(s^2+1)}$
④ $Q(s)=\frac{10}{(5s^2+s)(s^2+1)}$

풀이

모든 초기값을 0으로 하고 라플라스 변환하면

$5s^2Q(s)+sQ(s)=\frac{10}{s^2+1} \qquad (\because \mathcal{L}\sin\omega t=\frac{\omega}{s^2+\omega^2})$

$(5s^2+s)Q(s)=\frac{10}{s^2+1}$

$\therefore Q(s)=\frac{10}{(5s^2+s)(s^2+1)}$ 【답】 ④

67 비접지 3상 Y부하의 각 선에 흐르는 비대칭 각 선전류를 I_a, I_b, I_c라 할 때 선전류의 영상분 I_0는?

① 0
② I_a+I_b
③ $I_a+I_b+I_c$
④ $\frac{1}{3}(I_a-I_b-I_c)$

풀이
영상분은 접지선, 중성선에 존재한다. 따라서 **비접지 3상 Y부하는 중성선이 없으므로 영상분이 존재하지 않는다.** 【답】①

68 다음의 회로에서 입력 임피던스 Z의 실수부가 $\dfrac{R}{2}$이 되려면 $\dfrac{1}{\omega C}$은? (단, 각주파수는 $\omega[\text{rad/s}]$ 이다.)

① R
② $R\omega$
③ $\dfrac{1}{R}$
④ $\dfrac{\omega}{R}$

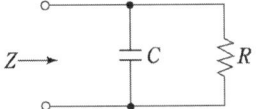

풀이 전체 임피던스
$$Z = \dfrac{-jRX_c}{R-jX_c} = \dfrac{RX_c^2}{R^2+X_c^2} - j\dfrac{R^2 X_c}{R^2+X_c^2} \quad (X_c=\dfrac{1}{\omega C})$$
실수부가 다음의 조건을 만족해야 하므로
$$\dfrac{RX_c^2}{R^2+X_c^2} = \dfrac{R}{2}$$
따라서, $2RX_c^2 = R^3 + RX_c^2$ 에서 $2X_c^2 = R^2 + X_c^2$
$$\therefore X_c = \dfrac{1}{\omega C} = R$$
【답】①

69 $i = 2+5\sin(100t+30°)+10\sin(200t-10°)[\text{A}]$ 와 파형은 동일하나 기본파 위상이 20° 늦은 비정현파 전류[A]의 순시값을 나타내는 식은?

① $2+5\sin(100t+10°)+10\sin(200t-30°)$
② $2+5\sin(100t+10°)+10\sin(200t+30°)$
③ $2+5\sin(100t+10°)+10\sin(200t+50°)$
④ $2+5\sin(100t+10°)+10\sin(200t-50°)$

풀이
각 파에서(직류 제외) 위상을 20°씩 감한다. 이때 기본파는 1배, 2고조파는 2배, 4고조파는 4배를 하여야 한다. 【답】④

70 정현파 사이클의 수학적 평균값은?

① 0
② 0.637 × 최대값
③ 0.707 × 최대값
④ 1.414 × 실효값

풀이
정현파 교류는 정(+), 부(-)가 대칭이므로 한 주기를 평균하면 0이 되기 때문에 반 주기에 대한 순시값의 평균을 취하여 정현파 교류의 평균값을 구한다. 【답】①

71 그림과 같은 회로망에서 전류를 산출하는데 옳게 표시한 식은?

① $I_1 + I_2 - I_4 - I_3 = 0$
② $I_1 + I_4 - I_2 - I_3 = 0$
③ $I_1 + I_2 + I_3 + I_4 = 0$
④ $I_1 + I_2 - I_3 + I_4 = 0$

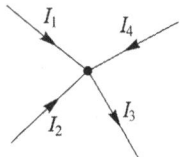

풀이
키르히호프의 제1법칙(전류법칙)
전선의 임의의 한 분기점에 유입 또는 유출되는 전류의 합은 0이다. 즉 분기점에 있어서 유입되는 총전류(+)는 유출되는 총전류(-)와 같다.
$\therefore I_1 + I_2 - I_3 + I_4 = 0$ 【답】④

72 직류 과도현상의 저항 $R[\Omega]$과 인덕턴스 $L[\text{H}]$의 직렬회로에 대한 설명으로 틀린 것은?

① 회로의 시정수 $\tau = \dfrac{L}{R}[\text{s}]$ 이다.
② 과도기간에 있어서의 인덕턴스 L의 단자전압은 $V_L(t) = Ee^{-\frac{L}{R}t}$ 이다.
③ 과도기간에 있어서의 저항 R의 단자전압은 $V_R(t) = E\left(1-e^{-\frac{R}{L}t}\right)$ 이다.
④ $t=0$ 에서 직류전압 $E[\text{V}]$를 가했을 때 $t[\text{s}]$ 후의 전류는 $i(t) = \dfrac{E}{R}\left(1-e^{-\frac{R}{L}t}\right)[\text{A}]$ 이다.

풀이
과도 기간에 인덕턴스 L의 단자 전압 $V_L(t)$는
$$V_L(t) = L\dfrac{di(t)}{dt} = L\cdot\dfrac{d}{dt}\dfrac{E}{R}\left(1-e^{-\frac{R}{L}t}\right) = L\cdot\dfrac{E}{R}\cdot\dfrac{R}{L}e^{-\frac{R}{L}t}$$
$$= Ee^{-\frac{R}{L}t}$$
【답】②

73 어떤 회로에서 $i = 10\sin\left(314t-\dfrac{\pi}{6}\right)[\text{A}]$의 전류가 흐른다. 이를 복소수로 표시하면?

① $3.54 - j6.12$
② $5 - j17.32$
③ $6.12 - j3.54$
④ $17.32 - j5$

풀이
$$I = \dfrac{10}{\sqrt{2}}\angle -\dfrac{\pi}{6} = \dfrac{10}{\sqrt{2}}\left(\cos\dfrac{\pi}{6} - j\sin\dfrac{\pi}{6}\right) = 6.12 - j3.54$$
【답】③

74 그림과 같은 이상적인 변압기로 구성된 4단자 회로에서 4단자 정수 A와 C는 어떻게 되는가?

① $A = n$, $C = 0$
② $A = 0$, $C = n$
③ $A = 0$, $C = \dfrac{1}{n}$
④ $A = \dfrac{1}{n}$, $C = 0$

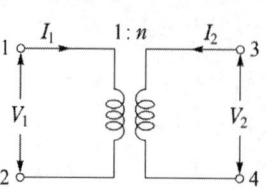

▎풀이 ▎

변압기의 4단자 정수는 $\begin{bmatrix} a & 0 \\ 0 & \dfrac{1}{a} \end{bmatrix}$ 이므로

$\begin{bmatrix} A & B \\ C & D \end{bmatrix} = \begin{bmatrix} \dfrac{n_1}{n_2} & 0 \\ 0 & \dfrac{n_2}{n_1} \end{bmatrix}$ 가 된다.

따라서, $A = \dfrac{n_1}{n_2} = \dfrac{1}{n}$, $C = 0 (\because n_1 = 1, \; n_2 = n)$ 【답】④

75 $V_a = 3[V]$, $V_b = 2 - j3[V]$, $V_c = 4 + j3[V]$ 를 3상 불평형 전압이라고 할 때 영상전압[V]은?

① 0 ② 3
③ 9 ④ 27

▎풀이 ▎

영상전압 $V_0 = \dfrac{1}{3}(V_a + V_b + V_c) = \dfrac{1}{3}(3 + 2 - j3 + 4 + j3)$
$= 3[V]$ 【답】②

76 그림과 같이 주파수 f[Hz]인 교류회로에서 전류 I와 I_R이 같은 값으로 되는 조건은? (단, R은 저항[Ω], C는 정전용량[F], L은 인덕턴스[H]이다.)

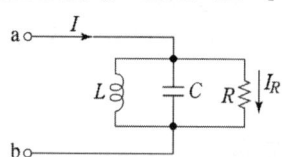

① $f = \dfrac{1}{\sqrt{LC}}$
② $f = \dfrac{2\pi}{\sqrt{LC}}$
③ $f = \dfrac{1}{2\pi\sqrt{LC}}$
④ $f = 2\pi(LC)^2$

▎풀이 ▎

$Y_0 = \dfrac{1}{R} + j\left(\omega C - \dfrac{1}{\omega L}\right)$ 에서

병렬공진시 허수부가 0이 되어야 하므로
$\omega C = \dfrac{1}{\omega L}$ $\omega^2 LC = 1$

$\therefore$ 공진 주파수 $f = \dfrac{1}{2\pi\sqrt{LC}}$ 【답】③

77 2개의 전력계로 평형 3상 부하의 전력을 측정하였더니 한 쪽의 지시치가 다른 쪽 전력계의 지시치보다 3배 이었다면 부하역률은 약 얼마인가?

① 0.37 ② 0.57
③ 0.76 ④ 0.86

▎풀이 ▎

2전력계법에서 역률 $\cos\theta = \dfrac{P_1 + P_2}{2\sqrt{P_1^2 + P_2^2 - P_1 \cdot P_2}}$ 에서

$P_1 = 3P_2$인 경우

$\cos\theta = \dfrac{3P_2 + P_2}{2\sqrt{(3P_2)^2 + P_2^2 - 3P_2 \times P_2}} = \dfrac{2}{\sqrt{7}} = 0.76$ 【답】③

78 다음의 회로가 정저항 회로가 되기 위한 L[H]의 값은?

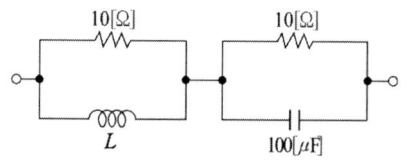

① 1 ② 0.1
③ 0.01 ④ 0.001

▎풀이 ▎

정저항 회로 조건 $R = \sqrt{\dfrac{L}{C}}$ 에서

$L = R^2 C = 10^2 \times 100 \times 10^{-6} = 0.01[H]$ 【답】③

79 어떤 회로의 단자전압이
$V = 100\sin\omega t + 40\sin 2\omega t + 30\sin(3\omega t + 60°)$
[V] 이고 전압강하의 방향으로 흐르는 전류가
$I = 10\sin(\omega t - 60°) + 2\sin(3\omega t + 105°)$[A]일 때 회로에 공급되는 평균전력[W]은?

① 271.2 ② 371.2
③ 530.2 ④ 630.2

▎풀이 ▎

같은 주파수의 전압과 전류에서만 소비전력이 발생하므로,
소비전력 P

$$P = V_1 I_1 \cos\theta_1 + V_3 I_3 \cos\theta_3$$
$$= \frac{100}{\sqrt{2}} \times \frac{10}{\sqrt{2}} \times \cos 60° + \frac{30}{\sqrt{2}} \times \frac{2}{\sqrt{2}} \times \cos(105° - 60°)$$
$$= 271.21 [\text{W}]$$

【답】 ①

80 다음과 같은 전기회로의 입력을 e_i, 출력을 e_o라고 할 때 전달함수는? (단, $T = \dfrac{L}{R}$ 이다.)

① $Ts + 1$
② $Ts^2 + 1$
③ $\dfrac{1}{Ts + 1}$
④ $\dfrac{Ts}{Ts + 1}$

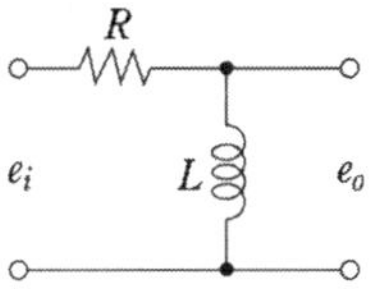

| 풀이

$$G(s) = \frac{V_o(s)}{V_i(s)} = \frac{Ls}{R + Ls} = \frac{\dfrac{L}{R}s}{1 + \dfrac{L}{R}s} = \frac{Ts}{1 + Ts}$$

【답】 ④

2019년 기출문제

1회 회로이론

61 비정현파의 성분을 가장 옳게 나타낸 것은?
① 직류분 + 고조파
② 교류분 + 고조파
③ 교류분 + 기본파 + 고조파
④ 직류분 + 기본파 + 고조파

풀이
정현파로부터 일그러진 파형을 총칭하여 비정현파라고 하며, 비정현파는 다음과 같이 표시한다.
비정현파 = 직류분 + 기본파 + 고조파   【답】 ④

62 다음과 같은 전류의 초기값 $i(0^+)$를 구하면?
$$I(s) = \frac{12(s+8)}{4s(s+6)}$$
① 1   ② 2
③ 3   ④ 4

풀이
초기값 정리에 의해
$i(0^+) = \lim_{t \to 0} i(t) = \lim_{s \to \infty} s \cdot I(s)$
$= \lim_{s \to \infty} s \cdot \frac{12(s+8)}{4s(s+6)} = \lim_{s \to \infty} \frac{12(s+8)}{4(s+6)}$
$= \lim_{s \to \infty} \frac{12\left(1+\frac{8}{s}\right)}{4\left(1+\frac{6}{s}\right)} = 3$ 【답】 ③

63 대칭 n상 환상결선에서 선전류와 환상전류 사이의 위상차는 어떻게 되는가?
① $2\left(1-\frac{2}{n}\right)$ ② $\frac{n}{2}\left(1-\frac{\pi}{2}\right)$
③ $\frac{\pi}{2}\left(1-\frac{n}{2}\right)$ ④ $\frac{\pi}{2}\left(1-\frac{2}{n}\right)$

풀이
대칭 n상에서 선전류는 환상 전류(상전류)보다 $\frac{\pi}{2}\left(1-\frac{2}{n}\right)$ [rad]만큼 위상이 뒤진다.   【답】 ④

64 V_a, V_b, V_c를 3상 불평형 전압이라 하면 정상(正相)전압[V]은? (단, $a = -\frac{1}{2} + j\frac{\sqrt{3}}{2}$이다.)
① $3(V_a + V_b + V_c)$
② $\frac{1}{3}(V_a + V_b + V_c)$
③ $\frac{1}{3}(V_a + a^2 V_b + a V_c)$
④ $\frac{1}{3}(V_a + a V_b + a^2 V_c)$

풀이
• 영상 전압 $V_0 = \frac{1}{3}(V_a + V_b + V_c)$
• 정상 전압 $V_1 = \frac{1}{3}(V_a + a V_b + a^2 V_c)$ ($1 \to a \to a^2$의 순서)
• 역상 전압 $V_2 = \frac{1}{3}(V_a + a^2 V_b + a V_c)$ ($1 \to a^2 \to a$의 순서)
   【답】 ④

65 그림에서 4단자 회로 정수 A, B, C, D 중 출력단자 3, 4가 개방되었을 때의 $\frac{V_1}{V_2}$인 A의 값은?

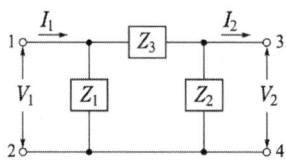

① $1 + \frac{Z_2}{Z_1}$ ② $1 + \frac{Z_3}{Z_2}$
③ $1 + \frac{Z_2}{Z_3}$ ④ $\frac{Z_1 + Z_2 + Z_3}{Z_1 Z_3}$

풀이

- 전압분배법칙에 의해 Z_2에 걸리는 전압 $V_2 = \dfrac{V_1}{Z_2+Z_3} \times Z_2$

- $A = \dfrac{V_1}{V_2}\bigg|_{I_2=0} = \dfrac{V_1}{\dfrac{Z_2}{Z_2+Z_3} \cdot V_1} = \dfrac{Z_2+Z_3}{Z_2} = 1 + \dfrac{Z_3}{Z_2}$

【답】②

66 $R=1[\text{k}\Omega]$, $C=1[\mu\text{F}]$가 직렬접속된 회로에 스텝(구형파)전압 10[V]를 인가하는 순간에 커패시터 C에 걸리는 최대전압[V]은?

① 0 ② 3.72
③ 6.32 ④ 10

풀이

$i_c = C\dfrac{dv}{dt}$에서 v가 급격히 변화하면 i_c가 ∞가 되는 모순이 생긴다. 따라서 **콘덴서에서는 전압이 급격하게 변화하지 않는다.** 그러므로 스텝(구형파)전압을 인가하는 순간 커패시터 C에 걸리는 전압은 0이 된다.

【답】①

67 저항 $R=6[\Omega]$과 유도리액턴스 $X_L=8[\Omega]$이 직렬로 접속된 회로에서 $v=200\sqrt{2}\sin\omega t[\text{V}]$인 전압을 인가하였다. 이 회로의 소비되는 전력[kW]은?

① 1.2 ② 2.2
③ 2.4 ④ 3.2

풀이

RL 직렬회로에서 전류 $I = \dfrac{V}{Z} = \dfrac{V}{\sqrt{R^2+X^2}}$ [A] 이므로

전력 $P = I^2 R = \left(\dfrac{V}{\sqrt{R^2+X^2}}\right)^2 R$

$= \dfrac{V^2 R}{R^2+X^2} = \dfrac{200^2 \times 6}{6^2+8^2} = 2400[\text{W}] = 2.4[\text{kW}]$

【답】③

68 어느 소자에 전압 $e=125\sin 377t[\text{V}]$를 가했을 때 전류 $i=50\cos 377t[\text{A}]$가 흘렀다. 이 회로의 소자는 어떤 종류인가?

① 순저항 ② 용량 리액턴스
③ 유도 리액턴스 ④ 저항과 유도 리액턴스

풀이

$i=50\cos 377t = 50\sin(377t+90°)[\text{A}]$ 에서
전류가 전압보다 위상이 90° 앞선 진상전류가 흐르므로 회로의 소자는 **용량 리액턴스**이다.

- 저항 : 전압과 전류는 동상($I = \dfrac{E}{R}[\text{A}]$)

- 유도리액턴스 : 전류가 전압보다 90° 뒤진다.
  ($I = \dfrac{E}{j\omega L} = -j\dfrac{E}{\omega L}[\text{A}]$)

- 용량리액턴스 : 전류가 전압보다 90° 앞선다.
  ($I = \dfrac{E}{\dfrac{1}{j\omega C}} = j\omega CE[\text{A}]$)

【답】②

69 기전력 3[V], 내부저항 0.5[Ω]의 전지 9개가 있다. 이것을 3개씩 직렬로 하여 3조 병렬 접속한 것에 부하저항 1.5[Ω]을 접속하면 부하전류[A]는?

① 2.5 ② 3.5
③ 4.5 ④ 5.5

풀이

- 전체 합성저항 $R_0 = \dfrac{0.5 \times 3}{3} + 1.5 = 2[\Omega]$

- 부하전류 $I_0 = \dfrac{V}{R_0} = \dfrac{9}{2} = 4.5$ [A]
  (전지의 기전력은 $3 \times 3 = 9[\text{V}]$)

【답】③

70 $\dfrac{E_o(s)}{E_i(s)} = \dfrac{1}{s^2+3s+1}$의 전달함수를 미분방정식으로 표시하면? (단, $\mathcal{L}^{-1}[E_o(s)] = e_o(t)$, $\mathcal{L}^{-1}[E_i(s)] = e_i(t)$이다.)

① $\dfrac{d^2}{dt^2}e_i(t) + 3\dfrac{d}{dt}e_i(t) + e_i(t) = e_o(t)$

② $\dfrac{d^2}{dt^2}e_o(t) + 3\dfrac{d}{dt}e_o(t) + e_o(t) = e_i(t)$

③ $\dfrac{d^2}{dt^2}e_i(t) + 3\dfrac{d}{dt}e_i(t) + \int e_i(t)dt = e_o(t)$

④ $\dfrac{d^2}{dt^2}e_o(t) + 3\dfrac{d}{dt}e_o(t) + \int e_o(t)dt = e_i(t)$

풀이

$\dfrac{E_o(s)}{E_i(s)} = \dfrac{1}{s^2+3s+1}$

$E_i(s) = s^2 E_o(s) + 3s E_o(s) + E_o(s)$

$\therefore e_i(t) = \dfrac{d^2}{dt^2}e_o(t) + 3\dfrac{d}{dt}e_o(t) + e_o(t)$

【답】②

71
정격전압에서 1[kW]의 전력을 소비하는 저항에 정격의 80[%]의 전압을 가할 때의 전력[W]은?

① 340　　② 540
③ 640　　④ 740

풀이

$P = \dfrac{V^2}{R}$ [W]에서 $P \propto V^2$

따라서, $P : P' = V^2 : V'^2 = V^2 : (0.8V)^2$

∴ $P' = 0.64P = 0.64 \times 1000 = 640$[W] 【답】③

72
$e = 200\sqrt{2}\sin\omega t + 150\sqrt{2}\sin 3\omega t + 100\sqrt{2}\sin 5\omega t$[V]인 전압을 $R-L$ 직렬회로에 가할 때에 제3고조파 전류의 실효값은 몇 [A]인가? (단, $R = 8[\Omega]$, $\omega L = 2[\Omega]$ 이다.)

① 5　　② 8
③ 10　　④ 15

풀이

$I_3 = \dfrac{V_3}{Z_3} = \dfrac{V_3}{\sqrt{R^2+(3\omega L)^2}} = \dfrac{150}{\sqrt{8^2+(3\times 2)^2}} = 15$ [A]

(∵ 저항은 기본파일 때나 고조파 일 때나 그 크기의 변화는 없다. 그러나 **리액턴스는 제n차 고조파에서는 주파수가 n배가 되므로**, 리액턴스 $X_n = 2\pi(nf)L = n \times 2\pi fL$로 **기본파의 n배**가 된다.) 【답】④

73
대칭 3상 Y결선에서 선간전압이 $200\sqrt{3}$[V]이고 각 상의 임피던스가 $30+j40[\Omega]$의 평형부하일 때 선전류[A]는?

① 2　　② $2\sqrt{3}$
③ 4　　④ $4\sqrt{3}$

풀이

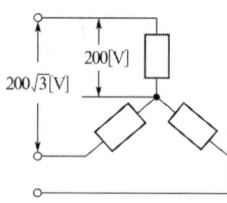

상전류 $I_p = \dfrac{V_p}{Z} = \dfrac{200}{\sqrt{30^2+40^2}} = 4$ [A]

Y결선이므로 선전류 $I_l = $ 상전류 $I_p = 4$[A] 【답】③

74
3상 회로에 △결선된 평형 순저항 부하를 사용하는 경우 선간전압 220[V], 상전류가 7.33[A]라면 1상의 부하저항은 약 몇 [Ω] 인가?

① 80　　② 60
③ 45　　④ 30

풀이

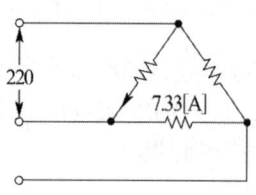

부하 1상의 임피던스 = $\dfrac{\text{상전압}}{\text{상전류}} = \dfrac{220}{7.33} = 30.01$[Ω]

(∵ △결선에서 선간전압=상전압) 【답】④

75
$t=0$에서 스위치 S를 닫았을 때 정상 전류값[A]은?

① 1　　② 2.5
③ 3.5　　④ 7

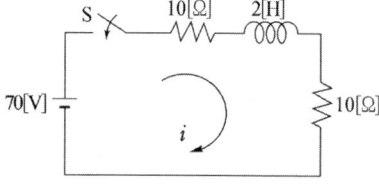

풀이

$R-L$ 직렬 회로에 직류 전압 인가 시 흐르는 전류

$i = \dfrac{E}{R}\left(1 - e^{-\frac{R}{L}t}\right)$[A]에서 $i = \dfrac{70}{20}\left(1 - e^{-\frac{20}{2}\times\infty}\right) = 3.5$[A] 【답】③

76
두 대의 전력계를 사용하여 3상 평형 부하의 역률을 측정하려고 한다. 전력계의 지시가 각각 P_1[W], P_2[W]라고 할 때 이 회로의 역률은?

① $\dfrac{\sqrt{P_1+P_2}}{P_1+P_2}$　　② $\dfrac{P_1+P_2}{P_1^2+P_2^2-2P_1P_2}$

③ $\dfrac{2(P_1+P_2)}{\sqrt{P_1^2+P_2^2-P_1P_2}}$　　④ $\dfrac{P_1+P_2}{2\sqrt{P_1^2+P_2^2-P_1P_2}}$

풀이

2전력계법
- 피상전력 $P_a = 2\sqrt{P_1^2+P_2^2-P_1P_2}$ [VA]
- 유효전력 $P = P_1 + P_2$ [W]

- 무효전력 $Q=\sqrt{3}\,(P_1-P_2)[\text{Var}]$
- 역률 $\cos\phi=\dfrac{P_1+P_2}{2\sqrt{P_1^2+P_2^2-P_1\times P_2}}$ 【답】④

77 L형 4단자 회로망에서 4단자 정수가 $B=\dfrac{5}{3}$, $C=1$이고, 영상임피던스 $Z_{01}=\dfrac{20}{3}[\Omega]$일 때 영상임피던스 $Z_{02}[\Omega]$의 값은?

① 4 ② $\dfrac{1}{4}$

③ $\dfrac{100}{9}$ ④ $\dfrac{9}{100}$

풀이

$Z_{01}\cdot Z_{02}=\dfrac{B}{C}$ 에서

$Z_{02}=\dfrac{B}{C\cdot Z_{01}}=\dfrac{\frac{5}{3}}{1\times\frac{20}{3}}=\dfrac{1}{4}[\Omega]$ 【답】②

78 다음과 같은 회로에서 a, b 양단의 전압은 몇 [V]인가?

① 1
② 2
③ 2.5
④ 3.5

풀이

a, b 양단의 전압은 1[Ω]과 4[Ω]에서의 전압차와 같으므로, 전압분배 법칙을 적용하여 구하면 다음과 같다.

$V_a=\dfrac{1}{1+2}\times 6=2\,[\text{V}]$, $V_b=\dfrac{4}{4+2}\times 6=4\,[\text{V}]$

$\therefore V_{ab}=4-2=2\,[\text{V}]$ 【답】②

79 저항 $R_1[\Omega]$, $R_2[\Omega]$ 및 인덕턴스 $L[\text{H}]$이 직렬로 연결되어 있는 회로의 시정수[s]는?

① $\dfrac{R_1+R_2}{L}$ ② $\dfrac{L}{R_1+R_2}$

③ $-\dfrac{R_1+R_2}{L}$ ④ $-\dfrac{L}{R_1+R_2}$

풀이

R_1+R_2를 R이라 하면 $R-L$ 직렬 회로와 같다.

$\therefore \tau=\dfrac{L}{R}=\dfrac{L}{R_1+R_2}$ 【답】②

80 $F(s)=\dfrac{s}{s^2+\pi^2}\cdot e^{-2s}$ 함수를 시간추이정리에 의해서 역변환하면?

① $\sin\pi(t+a)\cdot u(t+a)$
② $\sin\pi(t-2)\cdot u(t-2)$
③ $\cos\pi(t+a)\cdot u(t+a)$
④ $\cos\pi(t-2)\cdot u(t-2)$

풀이

$\mathcal{L}^{-1}\left[\dfrac{s}{s^2+\pi^2}\right]=\cos\pi t$,

$\mathcal{L}^{-1}[e^{-as}F(s)]=f(t-a)\cdot u(t-a)$ 이므로,

시간 추이 정리에 의해서 역변환하면

$\mathcal{L}^{-1}[F(s)]=f(t)=\cos\pi(t-2)\cdot u(t-2)$ 【답】④

2회 회로이론

61 $f(t)=e^{-t}+3t^2+3\cos 2t+5$의 라플라스 변환식은?

① $\dfrac{1}{s+1}+\dfrac{6}{s^2}+\dfrac{3s}{s^2+5}+\dfrac{5}{s}$

② $\dfrac{1}{s+1}+\dfrac{6}{s^3}+\dfrac{3s}{s^2+4}+\dfrac{5}{s}$

③ $\dfrac{1}{s+1}+\dfrac{5}{s^2}+\dfrac{3s}{s^2+5}+\dfrac{4}{s}$

④ $\dfrac{1}{s+1}+\dfrac{5}{s^3}+\dfrac{2s}{s^2+4}+\dfrac{4}{s}$

풀이

$F(s)=\mathcal{L}[f(t)]=\mathcal{L}[e^{-t}+3t^2+3\cos 2t+5]$

$=\mathcal{L}[e^{-t}]+\mathcal{L}[3t^2]+\mathcal{L}[3\cos 2t]+\mathcal{L}[5]$

$\mathcal{L}[e^{-t}]=\dfrac{1}{s+1}$

$\mathcal{L}[3t^2]=\dfrac{3\times 2!}{s^{2+1}}=\dfrac{6}{s^3}$

$$\mathcal{L}[3\cos 2t] = \frac{3s}{s^2+2^2} = \frac{3s}{s^2+4}$$

$$\mathcal{L}[5] = \frac{5}{s}$$

$$\therefore F(s) = \frac{1}{s+1} + \frac{6}{s^3} + \frac{3s}{s^2+4} + \frac{5}{s}$$

【답】②

62 구형파의 파형률(㉠)과 파고율(㉡)은?

① ㉠ 1, ㉡ 0
② ㉠ 1.11, ㉡ 1.414
③ ㉠ 1, ㉡ 1
④ ㉠ 1.57, ㉡ 2

풀이

	구형파	3각파	정현파	정류파(전파)	정류파(반파)
파형률	1.0	1.15	1.11	1.11	1.57
파고율	1.0	1.732	1.414	1.414	2.0

【답】③

63 기본파의 60[%]인 제3고조파와 80[%]인 제5고조파를 포함하는 전압의 왜형률은?

① 0.3
② 1
③ 5
④ 10

풀이

$$왜형률 = \frac{각\ 고조파의\ 실효값의\ 합}{기본파의\ 실효값}$$

$$= \frac{\sqrt{V_3^2 + V_5^2}}{V_1} = \sqrt{\left(\frac{V_3}{V_1}\right)^2 + \left(\frac{V_5}{V_1}\right)^2}$$

$$= \sqrt{0.6^2 + 0.8^2} = 1$$

【답】②

64 RLC 직렬회로에서 $R = 100[\Omega]$, $L = 5[\text{mH}]$, $C = 2[\mu F]$ 일 때 이 회로는?

① 과제동이다.
② 무제동이다.
③ 임계제동이다.
④ 부족제동이다.

풀이

진동 여부의 판별식

- $R^2 = 4\frac{L}{C}$: 임계진동
- $R^2 - 4\frac{L}{C} > 0$: 비진동
- $R^2 - 4\frac{L}{C} < 0$: 진동

$$R^2 = 100^2 = 10^4, \quad 4\frac{L}{C} = 4 \times \frac{5 \times 10^{-3}}{2 \times 10^{-6}} = 10^4$$

$$\therefore R^2 = 4\frac{L}{C}$$ 이므로 임계제동이다.

【답】③

65 그림과 같은 회로의 전압 전달함수 $G(s)$는?

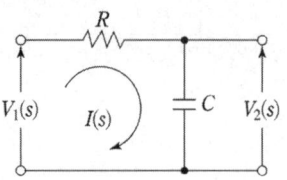

① $\dfrac{RC}{s + \dfrac{1}{RC}}$
② $\dfrac{RC}{s + RC}$
③ $\dfrac{RC}{RCs + 1}$
④ $\dfrac{1}{RCs + 1}$

풀이

$$\begin{cases} v_1(t) = Ri(t) + \dfrac{1}{C}\int i(t)dt \\ v_2(t) = \dfrac{1}{C}\int i(t)dt \end{cases}$$

$$\begin{cases} V_1(s) = \left(R + \dfrac{1}{Cs}\right)I(s) \\ V_2(s) = \dfrac{1}{Cs}I(s) \end{cases}$$

$$\therefore 전달함수\ G(s) = \frac{V_2(s)}{V_1(s)} = \frac{\dfrac{1}{Cs}}{R + \dfrac{1}{Cs}} = \frac{1}{RCs+1}$$

【답】④

66 RL 직렬회로에서 시정수의 값이 클수록 과도현상은 어떻게 되는가?

① 없어진다.
② 짧아진다.
③ 길어진다.
④ 변화가 없다.

풀이

시정수가 크면 클수록 과도기가 오래 지속되고, 적으면 적을수록 지속시간이 짧아진다.

【답】③

67 평형 3상 부하에 전력을 공급할 때 선전류가 20[A]이고 부하의 소비전력이 4[kW]이다. 이 부하의 등가 Y회로에 대한 각 상의 저항은 약 몇 [Ω]인가?

① 3.3
② 5.7
③ 7.2
④ 10

풀이

Y결선에서 선전류와 상전류는 같고 또,
유효전력 $P = 3I^2R[\text{W}]$ 이므로

$$R = \frac{P}{3I^2} = \frac{4 \times 10^3}{3 \times 20^2} = 3.33[\Omega]$$

【답】①

68 그림과 같은 회로의 영상 임피던스 Z_{01}, $Z_{02}[\Omega]$는 각각 얼마인가?

① 9, 5
② 6, $\dfrac{10}{3}$
③ 4, 5
④ 4, $\dfrac{20}{9}$

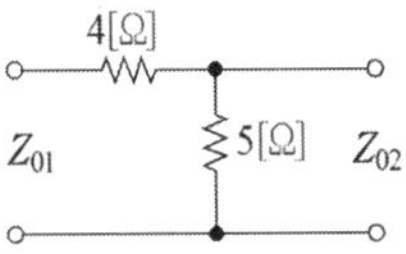

풀이

$\begin{bmatrix} A & B \\ C & D \end{bmatrix} = \begin{bmatrix} 1 & 4 \\ 0 & 1 \end{bmatrix} \begin{bmatrix} 1 & 0 \\ \frac{1}{5} & 1 \end{bmatrix} = \begin{bmatrix} 1+\frac{4}{5} & 4 \\ \frac{1}{5} & 1 \end{bmatrix}$

$A = 1+\dfrac{4}{5} = \dfrac{9}{5}$, $B = 4$, $C = \dfrac{1}{5}$, $D = 1$ 이므로

$Z_{01} = \sqrt{\dfrac{AB}{CD}} = \sqrt{\dfrac{\frac{9}{5} \times 4}{\frac{1}{5} \times 1}} = 6[\Omega]$

$Z_{02} = \sqrt{\dfrac{BD}{AC}} = \sqrt{\dfrac{4 \times 1}{\frac{9}{5} \times \frac{1}{5}}} = \dfrac{10}{3}[\Omega]$ 【답】 ②

69 $e_1 = 6\sqrt{2}\sin\omega t[V]$, $e_2 = 4\sqrt{2}\sin(\omega t - 60°)[V]$일 때, $e_1 - e_2$의 실효값[V]은?

① 4
② $2\sqrt{2}$
③ $2\sqrt{7}$
④ $2\sqrt{13}$

풀이

$e_1 = 6\angle 0° = 6[V]$
$e_2 = 4\angle -60° = 4(\cos 60° - j\sin 60°)$
$\therefore e_1 - e_2 = 6 - 4(\cos 60° - j\sin 60°) = 6 - 4 \times \dfrac{1}{2} + j2\sqrt{3}$
$= 4 + j2\sqrt{3} = \sqrt{4^2 + (2\sqrt{3})^2} = 2\sqrt{7}[V]$ 【답】 ③

70 3상 평형회로에서 선간전압이 200[V]이고 각 상의 임피던스가 $24 + j7[\Omega]$인 Y결선 3상 부하의 유효전력은 약 몇 [W] 인가?

① 192
② 512
③ 1536
④ 4608

풀이

Y결선시 상전압(V_p)은 선간전압(V_l)의 $\dfrac{1}{\sqrt{3}}$배 이므로

상전류 $I_p = \dfrac{V_p}{Z_p} = \dfrac{\frac{V_l}{\sqrt{3}}}{Z_p} = \dfrac{\frac{200}{\sqrt{3}}}{\sqrt{24^2 + 7^2}} = \dfrac{200}{25\sqrt{3}}[A]$

$\therefore P = 3I_p^2 R = 3 \times \left(\dfrac{200}{25\sqrt{3}}\right)^2 \times 24 = 1536[W]$ 【답】 ③

71 대칭 6상 전원이 있다. 환상결선으로 각 전원이 150[A]의 전류를 흘린다고 하면 선전류는 몇 [A] 인가?

① 50
② 75
③ $\dfrac{150}{\sqrt{3}}$
④ 150

풀이

$I_l = 2I_p \sin\dfrac{\pi}{n} = 2 \times 150 \times \sin\dfrac{\pi}{6} = 150[A]$ 【답】 ④

72 $f(t) = e^{at}$의 라플라스 변환은?

① $\dfrac{1}{s-a}$
② $\dfrac{1}{s+a}$
③ $\dfrac{1}{s^2-a^2}$
④ $\dfrac{1}{s^2+a^2}$

풀이

라플라스 변환 표

$f(t)$	$F(s)$
$e^{\mp at}$	$\dfrac{1}{s \pm a}$
$te^{\mp at}$	$\dfrac{1}{(s \pm a)^2}$
$t^n e^{-at}$	$\dfrac{n!}{(s+a)^{n+1}}$

【답】 ①

73 $i = 20\sqrt{2}\sin(377t - \dfrac{\pi}{6})$의 주파수는 약 몇 [Hz]인가?

① 50
② 60
③ 70
④ 80

풀이
순시전류 $i = \sqrt{2}I\sin(\omega t - \theta) = 20\sqrt{2}\sin(377t - \frac{\pi}{6})$[A]
이므로 $\omega t = 377t$ 이다.
$\omega = 2\pi f = 377$ ∴ $f = \frac{377}{2\pi} = 60$[Hz]   【답】②

74 1상의 직렬 임피던스가 $R = 6[\Omega]$, $X_L = 8[\Omega]$인 △결선의 평형부하가 있다. 여기에 선간전압 100[V]인 대칭 3상 교류전압을 가하면 선전류는 몇 [A]인가?

① $3\sqrt{3}$ ② $\frac{10\sqrt{3}}{3}$
③ 10 ④ $10\sqrt{3}$

풀이
△결선시 선간 전압 E_l = 상전압 E_p
∴ 상전류 $I_p = \frac{E_p}{Z} = \frac{E_l}{Z} = \frac{E_l}{\sqrt{R^2 + X^2}} = \frac{100}{\sqrt{6^2 + 8^2}} = 10$[A]
△결선시 선전류 $I_l = \sqrt{3}I_p$이므로
$I_l = \sqrt{3} \times 10 = 10\sqrt{3}$[A]   【답】④

75 그림의 회로에서 전류 I는 약 몇 [A]인가? (단, 저항의 단위는 [Ω]이다.)

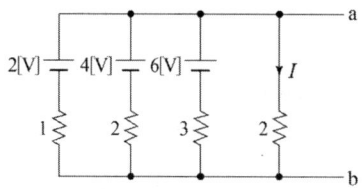

① 1.125 ② 1.29
③ 6 ④ 7

풀이
밀만의 정리에 의해
$V_{ab} = \frac{\frac{E_1}{R_1} + \frac{E_2}{R_2} + \frac{E_3}{R_3}}{\frac{1}{R_1} + \frac{1}{R_2} + \frac{1}{R_3} + \frac{1}{R_4}}$ [V]에서

$V_{ab} = \frac{\frac{2}{1} + \frac{4}{2} + \frac{6}{3}}{\frac{1}{1} + \frac{1}{2} + \frac{1}{3} + \frac{1}{2}} = 2.57$[V]

∴ $I = \frac{2.57}{2} = 1.29$[V]   【답】②

76 $Z(s) = \frac{2s+3}{s}$ 로 표시되는 2단자 회로망은?

① 2[Ω] — $\frac{1}{3}$[F]
② 2[H] — 3[Ω]
③ 2[Ω] — 3[H]
④ 3[F] — 2[Ω]

풀이
$Z(s) = \frac{2s+3}{s} = 2 + \frac{3}{s} = 2 + \frac{1}{\frac{1}{3}s}$ 이므로

저항 2[Ω]과 정전용량 $\frac{1}{3}$[F]의 직렬회로가 된다.   【답】①

77 a–b 단자의 전압이 $50\angle 0°$[V], a–b단자에서 본 능동 회로망(N)의 임피던스가 $Z = 6 + j8[\Omega]$일 때, a–b 단자에 임피던스 $Z' = 2 - j2[\Omega]$를 접속하면 이 임피던스에 흐르는 전류[A]는?

① $3 - j4$
② $3 + j4$
③ $4 - j3$
④ $4 + j3$

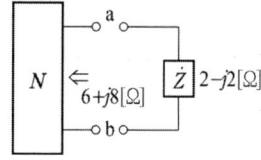

풀이
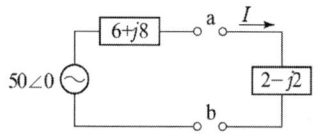

테브난 등가 회로는 다음과 같다.
$I = \frac{V}{Z + Z'} = \frac{50}{6 + j8 + 2 - j2}$
$= \frac{50}{8 + j6} = \frac{50(8 - j6)}{(8 + j6)(8 - j6)} = 4 - j3$[A]   【답】③

78 $F(s) = \frac{2}{(s+1)(s+3)}$의 역라플라스 변환은?

① $e^{-t} - e^{-3t}$
② $e^{-t} - e^{3t}$
③ $e^t - e^{3t}$
④ $e^t - e^{-3t}$

풀이

$$F(s) = \frac{2}{(s+1)(s+3)} = \frac{A}{s+1} + \frac{B}{s+3}$$

$$A = \frac{2}{s+3}\bigg|_{s=-1} = \frac{2}{2} = 1$$

$$B = \frac{2}{s+1}\bigg|_{s=-3} = \frac{2}{-2} = -1 \text{이므로}$$

$$F(s) = \frac{1}{s+1} - \frac{1}{s+3}$$

$$\mathcal{L}^{-1}(F(s)) = e^{-t} - e^{-3t}$$

【답】①

79 그림과 같은 평형 3상 Y결선에서 각 상이 8[Ω]의 저항과 6[Ω]의 리액턴스가 직렬로 연결된 부하에 선간전압 $100\sqrt{3}$[V]가 공급되었다. 이때 선전류는 몇 [A]인가?

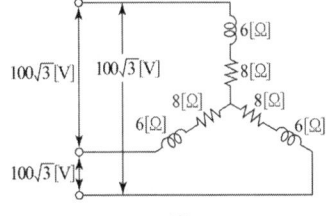

① 5
② 10
③ 15
④ 20

풀이

- 상전류 $I_p = \dfrac{E_p}{Z} = \dfrac{\frac{100\sqrt{3}}{\sqrt{3}}}{\sqrt{8+j6}} = 10[A]$
- Y결선에서 상전류 = 선전류 이므로 $I_l = I_p = 10[A]$ 【답】②

80 인덕턴스가 각각 5[H], 3[H]인 두 코일을 모두 dot 방향으로 전류가 흐르게 직렬로 연결하고 인덕턴스를 측정하였더니 15[H] 이었다. 두 코일간의 상호 인덕턴스[H]는?

① 3.5
② 4.5
③ 7
④ 9

풀이

두 코일 모두 dot 방향으로 전류가 흐르므로 합성인덕턴스
$L = L_1 + L_2 + 2M$ 이다.
따라서 상호인덕턴스
$M = \dfrac{L - L_1 - L_2}{2} = \dfrac{15 - 5 - 3}{2} = 3.5[H]$

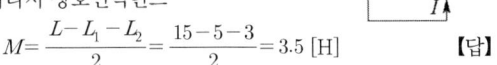

【답】①

4회 회로이론

61 정현파 교류의 평균치에 어떠한 수를 곱하여 실효치를 얻을 수 있는가?

① $\dfrac{\pi}{2\sqrt{2}}$
② $\dfrac{2}{\sqrt{3}}$
③ $\dfrac{\sqrt{3}}{2}$
④ $\dfrac{2\sqrt{2}}{\pi}$

풀이

파형	정현파	정현반파	삼각파	구형반파	구형파
실효값	$\dfrac{V_m}{\sqrt{2}}$	$\dfrac{V_m}{2}$	$\dfrac{V_m}{\sqrt{3}}$	$\dfrac{V_m}{\sqrt{2}}$	V_m
평균값	$\dfrac{2V_m}{\pi}$	$\dfrac{V_m}{\pi}$	$\dfrac{V_m}{2}$	$\dfrac{V_m}{2}$	V_m

여기서, V : 실효값을, V_m : 최댓값, V_{av} : 평균값

$$\therefore V = \frac{V_m}{\sqrt{2}} = \frac{1}{\sqrt{2}} \times \frac{\pi}{2} V_{av} = \frac{\pi}{2\sqrt{2}} V_{av}$$

$$(\because V_{av} = \frac{2}{\pi} V_m \rightarrow V_m = \frac{\pi}{2} V_{av})$$

【답】①

62 그림의 T형 회로에 대한 4단자 정수 A, B, C, D로 틀린 것은?

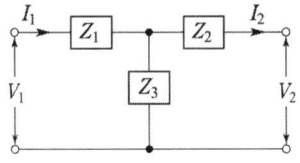

① $A = 1 + \dfrac{Z_1}{Z_3}$
② $B = \dfrac{Z_1 Z_2}{Z_3} + Z_1 + Z_2$
③ $C = 1 + \dfrac{Z_3}{Z_2}$
④ $D = 1 + \dfrac{Z_2}{Z_3}$

풀이

$$\begin{bmatrix} A & B \\ C & D \end{bmatrix} = \begin{bmatrix} 1 & Z_1 \\ 0 & 1 \end{bmatrix} \begin{bmatrix} 1 & 0 \\ \frac{1}{Z_3} & 1 \end{bmatrix} \begin{bmatrix} 1 & Z_2 \\ 0 & 1 \end{bmatrix} = \begin{bmatrix} 1+\frac{Z_1}{Z_3} & Z_1 \\ \frac{1}{Z_3} & 1 \end{bmatrix} \begin{bmatrix} 1 & Z_2 \\ 1 & 0 \end{bmatrix}$$

$$= \begin{bmatrix} 1+\dfrac{Z_1}{Z_3} & \dfrac{Z_1 Z_2}{Z_3}+Z_1+Z_2 \\ \dfrac{1}{Z_3} & 1+\dfrac{Z_2}{Z_3} \end{bmatrix}$$

【답】③

63 3상 회로에서 각 상전압이 $V_a = 60[V]$, $V_b = 0[V]$, $V_c = -10 + j120[V]$일 때, a상의 정상분 전압은 약 몇 [V]인가?

① $-13 - j24$ ② $16 + j40$
③ $56 - j17$ ④ $60 + j0$

[풀이]

$V_1 = \frac{1}{3}(V_a + aV_b + a^2V_c)$
$= \frac{1}{3}\{60 + (-\frac{1}{2} + j\frac{\sqrt{3}}{2}) \times 0 + (-\frac{1}{2} - j\frac{\sqrt{3}}{2})(-10 + j120)\}$
$= \frac{1}{3}(60 + 5 + j5\sqrt{3} - j60 + 60\sqrt{3})$
$= \frac{1}{3}(168.92 - j51.34) = 56.31 - j17.11 [A]$ 【답】③

64 불평형 3상 회로 조건에서 영상분 회로(경로)가 존재하는 3상 변압기의 구성은?

① △-△ 결선의 3상 3선식
② △-Y 결선의 3상 3선식
③ Y-△ 결선의 3상 3선식
④ Y-Y 결선의 3상 4선식

[풀이]

• 영상분은 비대칭 3상 회로의 접지선, 중성선에 존재하며, 비대칭 3상 회로의 비접지식 회로에는 영상분이 존재하지 않는다.
• Y-Y 결선의 3상 4선식은 중성점을 접지하므로 영상분이 존재한다. 【답】④

65 그림과 같은 커패시터 C의 초기 전압이 $V(0)$일 때 라플라스 변환에 의하여 s함수로 표현된 등가회로로 옳은 것은?

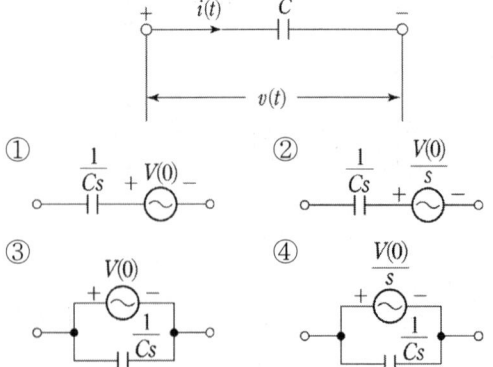

[풀이]

$v(t) = \frac{1}{C}\int i(t)dt$

라플라스 변환하면

$V(s) = \frac{1}{Cs}I(s) + \frac{1}{Cs}i^{-1}(0)$

여기서, $i^{-1}(0)$는 초기 충전 전하이므로 $Q_0 = Cv(0)$

$\therefore V(s) = \frac{1}{Cs}I(s) + \frac{V(0)}{s}$ 【답】②

66 저항 $R = 5000[\Omega]$과, 커패시터 $C = 20[\mu F]$이 직렬로 접속된 회로에 일정전압 $V = 100[V]$를 연결하고 $t = 0$에서 스위치(S)를 넣을 때 커패시터 단자 전압[V]은? (단, $t = 0$에서의 커패시터 전압은 0[V]이다.)

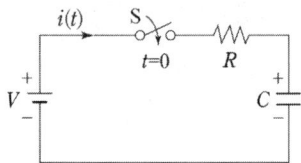

① $100(1 - e^{10t})$ ② $100e^{10t}$
③ $100(1 - e^{-10t})$ ④ $100e^{-10t}$

[풀이]

• 직류 전압 인가 시 전류 $i(t) = \frac{V}{R}e^{-\frac{1}{RC}t}[A]$

• 콘덴서 양단의 전압 $v_c(t)$의 적분 구간을 0~t로 잡으면

$v_c(t) = \frac{1}{C}\int_0^t i(t)dt = \frac{1}{C}\int_0^t \frac{V}{R} \cdot e^{-\frac{1}{RC}t}dt$
$= V(1 - e^{-\frac{1}{RC}t})[V]$

$\therefore v_c(t) = 100(1 - e^{-\frac{1}{5000 \times 20 \times 10^{-6}}t}) = 100(1 - e^{-10t})[V]$ 【답】③

67 극좌표 형식으로 표현된 전류의 페이저가 각각 $I_1 = 10\angle tan^{-1}\frac{4}{3}[A]$, $I_2 = 10\angle tan^{-1}\frac{3}{4}[A]$이고, $I = I_1 + I_2$ 일 때, $I[A]$는?

① $-2 + j2$
② $14 + j14$
③ $14 + j4$
④ $14 + j3$

풀이

$\theta_1 = \tan^{-1}\dfrac{4}{3}$, $\theta_2 = \tan^{-1}\dfrac{3}{4}$이라면 그림과 같다.

I_1과 I_2를 복소수로 나타내면

$I_1 = 10\angle\theta_1 = 10(\cos\theta_1 + j\sin\theta_1)$
$= 10\left(\dfrac{3}{5} + j\dfrac{4}{5}\right) = 6 + j8$

$I_2 = 10\angle\theta_2 = 10(\cos\theta_2 + j\sin\theta_2)$
$= 10\left(\dfrac{4}{5} + j\dfrac{3}{5}\right) = 8 + j6$

$\therefore I = I_1 + I_2 = 6 + j8 + 8 + j6 = 14 + j14$

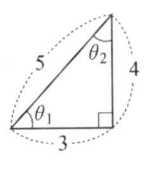

【답】②

68 $30[\Omega]$의 저항과 $40[\Omega]$의 유도성 리액턴스가 병렬로 연결되어 있다. 이 RL 병렬회로에 $v(t) = 220\sqrt{2}\sin 377t[\text{V}]$의 전압을 인가할 때 흐르는 전류는 약 몇 [A]인가?

① $12.96\sin(377t - 36.87°)$
② $9.17\sin(377t - 36.87°)$
③ $12.96\angle -36.87°$
④ $10.37 + j7.78$

풀이

병렬 접속인 경우 전압이 일정하므로

• 저항에 흐르는 전류 $I_R = \dfrac{V}{R} = \dfrac{220}{30} = 7.33[\text{A}]$

• 유도성 리액턴스에 흐르는 전류 $I_L = \dfrac{V}{jX_L} = \dfrac{220}{j40} = -j5.5[\text{A}]$

따라서 전체 전류는

$I = I_R + I_L = 7.33 - j5.5 = 9.16\angle -36.88°[\text{A}]$
$= 9.16\sqrt{2}\sin(377t - 36.88°)$
$= 12.95\sin(377t - 36.88°)[\text{A}]$

【답】①

69 그림에서 $20[\Omega]$에 흐르는 전류[A]는?

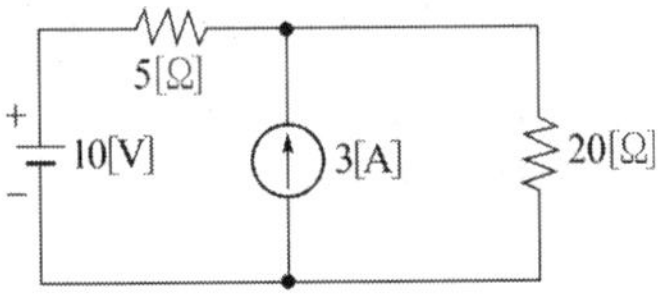

① 0.5
② 1.0
③ 1.5
④ 2.0

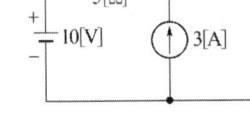

풀이

중첩의 정리에 의해

• 전압원 10[V]에 의해 저항 $20[\Omega]$에 흐르는 전류
$I_1 = \dfrac{10}{5+20} = 0.4[\text{A}]$ (이때 전류원은 개방)

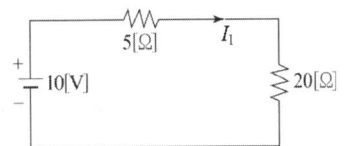

• 전류원 3[A]에 의해 흐르는 전류
$I_2 = \dfrac{5}{5+20}\times I = \dfrac{5}{5+20}\times 3 = 0.6[\text{A}]$ (이때 전압원은 단락)

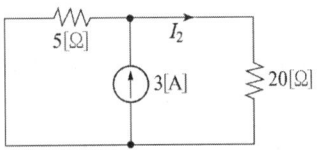

• 전체전류 $I = I_1 + I_2 = 0.4 + 0.6 = 1[\text{A}]$
(저항 $20[\Omega]$에 흐르는 전류 I_1, I_2의 방향이 서로 같으므로 + 한다.)

【답】②

70 3상 Y결선의 전원에서 각 상전압의 크기가 220[V]일 때 선간전압의 크기는 약 몇 [V]인가?

① 127
② 220
③ 311
④ 381

풀이

Y결선 선간전압(V_l) = $\sqrt{3}\times$상전압(V_p)
$= \sqrt{3}\times 220 = 381[\text{V}]$

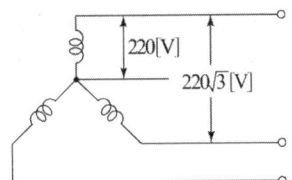

【답】④

71 그림에서 전류 $I_5[\text{A}]$의 크기는?
(단, $I_1 = 5[\text{A}]$, $I_2 = 3[\text{A}]$, $I_3 = 2[\text{A}]$, $I_4 = 2[\text{A}]$)

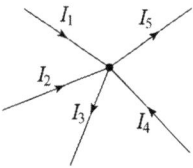

① 3
② 5
③ 8
④ 12

■ 풀이

키르히호프의 제1법칙(전류법칙)
전선의 임의의 한 분기점에 유입 또는 유출되는 전류의 합은 0 이다. 즉 분기점에 있어서 유입되는 총전류(+)는 유출되는 총전류(-)와 같다.
$I_1 + I_2 - I_3 + I_4 - I_5 = 5 + 3 - 2 + 2 - I_5 = 0$
$\therefore I_5 = 8[A]$ 【답】③

72 RL 직렬회로에 $v(t)$ 전압을 인가하였을 때 제3고조파 성분의 실효치 전류는 약 몇 [A]인가?
(단, $v(t) = 150\sqrt{2} \cos\omega t + 100\sqrt{2}\sin 3\omega t + 25\sqrt{2}\sin 5\omega t [V]$, $R = 5[\Omega]$, $\omega L = 4[\Omega]$)
① 7.69   ② 10.88
③ 15.62   ④ 22.08

■ 풀이

$I_3 = \dfrac{V_3}{Z_3} = \dfrac{V_3}{\sqrt{R^2 + (3\omega L)^2}} = \dfrac{100}{\sqrt{5^2 + (3 \times 4)^2}} = 7.69[A]$

(∵ 저항은 기본파일 때나 고조파 일 때나 그 크기의 변화는 없다. 그러나 리액턴스는 제n차 고조파에서는 주파수가 n배가 되므로, 리액턴스 $X_n = 2\pi(nf)L = n \times 2\pi fL$로 기본파의 n배가 된다.) 【답】①

73 전압 V가 200[V]인 3상 회로에 그림과 같은 평형 부하를 접속했을 때 선전류의 크기는 약 몇 [A]인가? (단, $R = 9[\Omega]$, $\dfrac{1}{\omega C} = 4[\Omega]$)

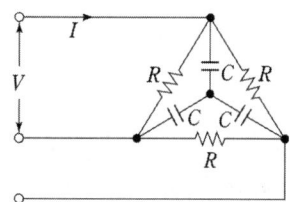

① 28.9   ② 38.5
③ 48.1   ④ 115.5

■ 풀이

△결선된 저항 R을 Y결선으로 변환하면
$R_Y = \dfrac{1}{R_\triangle} = \dfrac{1}{9} = 3[\Omega]$
된다.
따라서 R과 C회로가 병렬로 되므로 부하 1상의 어드미턴스 Y는

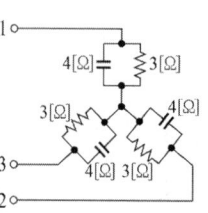

$Y = \dfrac{1}{R_Y} + j\omega C = \dfrac{1}{3} + j\dfrac{1}{4}[\mho]$

$\therefore I = YV_p = \left(\dfrac{1}{3} + j\dfrac{1}{4}\right)\dfrac{200}{\sqrt{3}}$

$I = \dfrac{200}{\sqrt{3}}\sqrt{\left(\dfrac{1}{3}\right)^2 + \left(\dfrac{1}{4}\right)^2} = 48.1[A]$ 【답】③

74 커패시터 C를 100[V]로 충전하고 10[Ω]의 저항으로 1초 동안 방전하였더니 C의 단자전압이 90[V]로 감소하였다. 이때 C는 약 몇 [F]인가?
① 1.05   ② 0.95
③ 0.75   ④ 0.55

■ 풀이

$q = CEe^{-\frac{1}{RC}t}$ 이므로, $e_c = \dfrac{q}{C} = Ee^{-\frac{1}{RC}t}$

방전 후 C의 단자전압은 90[V], 저항은 10[Ω]이므로
$90 = 100e^{-\frac{1}{10C} \times 1}$, $\dfrac{90}{100} = e^{-\frac{1}{10C}}$, $\ln\dfrac{90}{100} = -\dfrac{1}{10C}$
$\therefore C = 0.95[F]$ 【답】②

75 전압이 $v(t) = 20\sin\omega t + 30\sin 3\omega t[V]$이고, 전류가 $i(t) = 30\sin\omega t + 20\sin 3\omega t[A]$인 왜형파 교류 전압과 전류에 대한 역률은 약 얼마인가?
① 0.43   ② 0.57
③ 0.86   ④ 0.92

■ 풀이

• 유효전력 $P = V_1 I_1 \cos\theta_1 + V_3 I_3 \cos\theta_3[W]$
$P = \dfrac{20}{\sqrt{2}} \times \dfrac{30}{\sqrt{2}} \times \cos 0° + \dfrac{30}{\sqrt{2}} \times \dfrac{20}{\sqrt{2}} \times \cos 0° = 600[W]$

• 전압 $V = \sqrt{V_1^2 + V_3^2} = \sqrt{\left(\dfrac{20}{\sqrt{2}}\right)^2 + \left(\dfrac{30}{\sqrt{2}}\right)^2} = 25.5[V]$

• 전류 $I = \sqrt{I_1^2 + I_3^2} = \sqrt{\left(\dfrac{30}{\sqrt{2}}\right)^2 + \left(\dfrac{20}{\sqrt{2}}\right)^2} = 25.5[A]$

• 피상전력 $P_a = VI = 25.5 \times 25.5 = 650.25[VA]$

$\therefore \cos\theta = \dfrac{P}{P_a} = \dfrac{600}{650.25} = 0.92$ 【답】④

76 600[kVA], 역률 0.6(지상)의 부하 A와 800[kVA], 역률 0.8(진상)의 부하 B가 함께 접속되어 있을 때 전체 피상전력[kVA]은?

① 0   ② 960
③ 1000   ④ 1400

풀이
- 부하 A $P_A = 600 \times 0.6 + j600 \times 0.8 = 360 + j480$
- 부하 B $P_B = 800 \times 0.8 - j800 \times 0.6 = 640 - j480$
- 전체 피상전력
$P_a = P_A + P_B = 360 + j480 + 640 - j480 = 1000$[kVA]

【답】③

77 회로에서 단자 a-b 사이의 합성저항 R_{ab}는 몇 [Ω]인가?

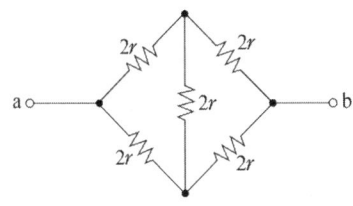

① $\dfrac{1}{3}r$ ② $\dfrac{1}{2}r$
③ r ④ $2r$

풀이
브리지 회로의 평형상태이므로 가운데 저항 $2r$에는 전류가 흐르지 않으므로 고려하지 않아도 된다.
등가회로로 나타내면,

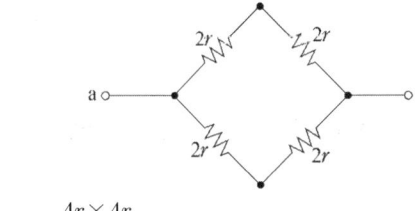

$\therefore R = \dfrac{4r \times 4r}{4r + 4r} = 2r$ [Ω]

【답】④

78 그림과 같이 높이가 1인 펄스의 라플라스 변환은?

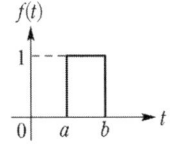

① $\dfrac{1}{s}(e^{-as} + e^{-bs})$ ② $\dfrac{1}{a-b}\left(\dfrac{e^{-as} + e^{-bs}}{1}\right)$
③ $\dfrac{1}{s}(e^{-as} - e^{-bs})$ ④ $\dfrac{1}{a-b}\left(\dfrac{e^{-as} - e^{-bs}}{s}\right)$

풀이

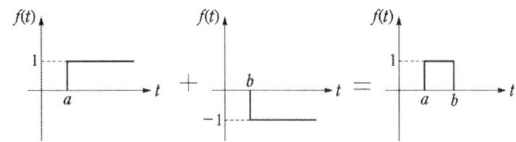

$f(t) = u(t-a) - u(t-b)$이므로
$\mathcal{L}[f(t)] = \mathcal{L}[u(t-a)] - \mathcal{L}[u(t-b)]$
$= \left\{\dfrac{e^{-as}}{s} - \dfrac{e^{-bs}}{s}\right\} = \dfrac{1}{s}(e^{-as} - e^{-bs})$

【답】③

79 대칭 3상 Y결선 부하에서 1상당의 부하 임피던스가 $Z = 16 + j12$[Ω]이다. 부하전류의 크기가 10[A]일 때 이 부하의 선간전압의 크기는 약 몇 [V]인가?

① 200   ② 245
③ 346   ④ 375

풀이
Y결선 선간 전압 = $\sqrt{3} \times$상전압
상전압 = 부하 전류 × 1상 임피던스
$= 10 \times \sqrt{16^2 + 12^2} = 200$ [V]
$\therefore V_l = \sqrt{3} V_p = 200\sqrt{3}$ [V] = 346.4 [V]

【답】③

80 다음 회로에서 4단자 정수 A, B, C, D 중 C의 값은?

① 1
② $j\omega L$
③ $j\omega C$
④ $1 + j\omega(L + C)$

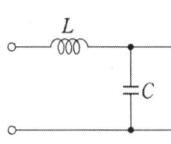

풀이
$\begin{bmatrix} A & B \\ C & D \end{bmatrix} = \begin{bmatrix} 1 & j\omega L \\ 0 & 1 \end{bmatrix} \begin{bmatrix} 1 & 0 \\ j\omega C & 1 \end{bmatrix} = \begin{bmatrix} 1 - \omega^2 LC & j\omega L \\ j\omega C & 1 \end{bmatrix}$

【답】③

2020년 기출문제

1,2회 회로이론

61 그림과 같은 회로에서 스위치 S를 $t=0$에서 닫았을 때 $v_L(t)|_{t=0} = 100[\text{V}]$, $\left.\dfrac{di(t)}{dt}\right|_{t=0} = 400$ [A/s] 이다. $L[\text{H}]$의 값은?

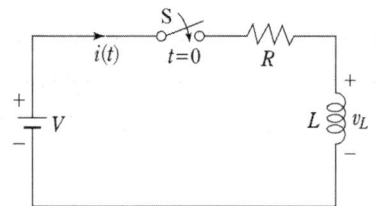

① 0.75 ② 0.5
③ 0.25 ④ 0.1

풀이

$v_L(t) = L\dfrac{di(t)}{dt}$ 이므로

$\therefore L = \dfrac{v_L(t)}{\dfrac{di(t)}{dt}} = \dfrac{100}{400} = 0.25[\text{H}]$ 【답】③

62 $Z = 5\sqrt{3} + j5[\Omega]$인 3개의 임피던스를 Y결선하여 선간전압 250[V]의 평형 3상 전원에 연결하였다. 이때 소비되는 유효전력은 약 몇 [W]인가?

① 3125 ② 5413
③ 6252 ④ 7120

풀이

- 상전류 $I_p = \dfrac{V_p}{Z} = \dfrac{V}{\sqrt{3}\,Z}[\text{A}]$
- 3상 유효전력

$W = 3I_p^2 R = 3\left(\dfrac{V}{\sqrt{3}\,Z}\right)^2 R = \dfrac{V^2}{Z^2}R = \dfrac{V^2}{R^2+X^2}R$

$W = \dfrac{250^2}{(5\sqrt{3})^2 + 5^2} \times 5\sqrt{3} = 5412.66[\text{W}]$ 【답】②

63 $r_1[\Omega]$인 저항에 $r[\Omega]$인 가변저항이 연결된 그림과 같은 회로에서 전류 I를 최소로 하기 위한 저항 $r_2[\Omega]$는? (단, $r[\Omega]$은 가변저항의 최대 크기이다.)

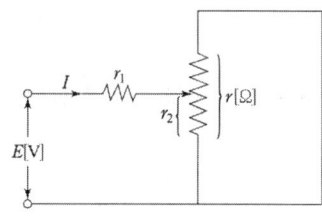

① $\dfrac{r_1}{2}$ ② $\dfrac{r}{2}$
③ r_1 ④ r

풀이 회로의 합성 저항 r_0는

$r_0 = r_1 + \dfrac{r_2(r-r_2)}{r_2+(r-r_2)} = r_1 + \dfrac{r_2(r-r_2)}{r}$

전류를 최소로 하기 위해서는 r_0가 최대이어야 하고 r, r_1은 일정하므로 $r_2(r-r_2) = r_2 r - r_2^2$가 최대이어야 한다. $r_2 r - r_2^2$가 최대가 되기 위해서는 $\dfrac{d}{dr_2}(r_2 r - r_2^2) = 0$이 되어야 한다. 즉, $r - 2r_2 = 0$

$\therefore r_2 = \dfrac{r}{2}[\Omega]$ 【답】②

64 다음과 같은 회로에서 V_a, V_b, $V_c[\text{V}]$를 평형 3상 전압이라 할 때 $V_0[\text{V}]$는?

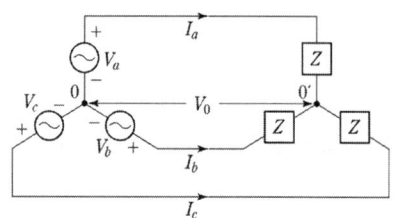

① 0 ② $\dfrac{V_1}{3}$
③ $\dfrac{2}{3}V_1$ ④ V_1

풀이 밀만의 정리

$$V_0 = \frac{\frac{V_a}{Z}+\frac{V_b}{Z}+\frac{V_c}{Z}}{\frac{1}{Z}+\frac{1}{Z}+\frac{1}{Z}} = \frac{\frac{1}{Z}(V_a+V_b+V_c)}{\frac{3}{Z}} = 0$$

즉, 평형 3상 전압인 경우 $\dot{V}_a+\dot{V}_b+\dot{V}_c=0$ 이므로 **중성점 간의 전위는 0[V]** 이다. 【답】 ①

65 9[Ω]과 3[Ω]인 저항 6개를 그림과 같이 연결하였을 때, a와 b 사이의 합성저항[Ω]은?

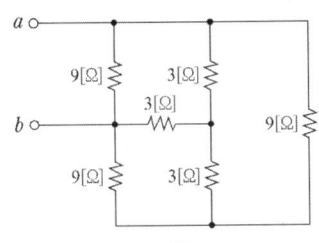

① 9   ② 4
③ 3   ④ 2

풀이

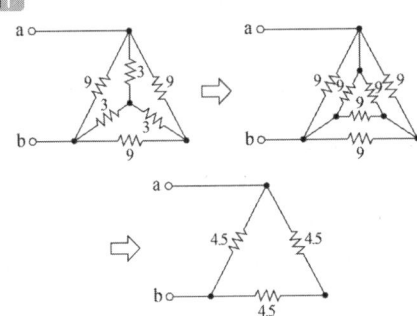

$$\therefore R_{ab} = \frac{4.5 \times (4.5+4.5)}{4.5+(4.5+4.5)} = 3[\Omega]$$

【답】 ③

66 그림과 같은 회로의 전달함수는?
(단, 초기조건은 0이다.)

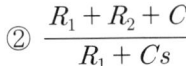

① $\dfrac{R_2 + Cs}{R_1 + R_2 + Cs}$

② $\dfrac{R_1 + R_2 + Cs}{R_1 + Cs}$

③ $\dfrac{R_2 Cs + 1}{R_2 Cs + R_1 Cs + 1}$

④ $\dfrac{R_1 Cs + R_2 Cs + 1}{R_2 Cs + 1}$

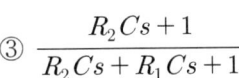

풀이

$$\begin{cases} e_1(t) = R_1 i(t) + R_2 i(t) + \frac{1}{C}\int i(t)dt \\ e_2(t) = R_2 i(t) + \frac{1}{C}\int i(t)dt \end{cases}$$

$$\rightarrow \begin{cases} E_1(s) = \left(R_1 + R_2 + \frac{1}{Cs}\right)I(s) \\ E_2(s) = \left(R_2 + \frac{1}{Cs}\right)I(s) \end{cases}$$

$$G(s) = \frac{E_2(s)}{E_1(s)} = \frac{R_2 + \frac{1}{Cs}}{R_1 + R_2 + \frac{1}{Cs}} = \frac{R_2 Cs + 1}{R_1 Cs + R_2 Cs + 1}$$

【답】 ③

67 그림과 같은 회로에서 5[Ω]에 흐르는 전류 I는 몇 [A]인가?

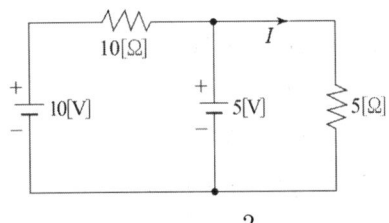

① $\dfrac{1}{2}$ ② $\dfrac{2}{3}$

③ 1   ④ $\dfrac{5}{3}$

풀이
① 10[V] 전압원에 의해 흐르는 전류
(이때 5[V] 전압원은 단락) $I_1 = 0$

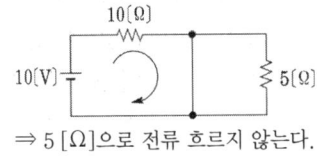

⇒ 5[Ω]으로 전류 흐르지 않는다.

② 5[V] 전압원에 의해 흐르는 전류
(이때 10[V] 전압원은 단락)

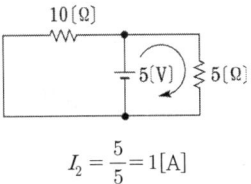

$I_2 = \dfrac{5}{5} = 1[A]$

③ 5[Ω]에 흐르는 전류 $I = I_1 + I_2 = 0 + 1 = 1[A]$ 【답】 ③

68 전류의 대칭분이 $I_0 = -2+j4$[A], $I_1 = 6-j5$ [A], $I_2 = 8+j10$[A]일 때 3상 전류 중 a상 전류(I_a) 의 크기($|I_a|$)는 몇 [A]인가? (단, I_0는 영상분이고, I_1 은 정상분이고, I_2는 역상분이다.)

① 9　　　　　　② 12
③ 15　　　　　　④ 19

풀이
$I_a = I_0 + I_1 + I_2 = (-2+j4)+(6-j5)+(8+j10) = 12+j9$
$\therefore |I_a| = \sqrt{12^2+9^2} = 15$[A]　　【답】③

69 $V = 50\sqrt{3}-j50$[V], $I = 15\sqrt{3}+j15$[A]일 때 유효전력 P[W]와 무효전력 Q[Var]는 각각 얼마 인가?

① $P = 3000$, $Q = -1500$
② $P = 1500$, $Q = -1500\sqrt{3}$
③ $P = 750$, $Q = -750\sqrt{3}$
④ $P = 2250$, $Q = -1500\sqrt{3}$

풀이
$P_a = VI^* = P+jQ = (50\sqrt{3}-j50)(15\sqrt{3}-j15)$
$= 2250 - j750\sqrt{3} - j750\sqrt{3} - 750 = 1500 - j1500\sqrt{3}$
따라서, 유효전력 $P = 1500$[W]
　　　　　무효전력 $Q = -1500\sqrt{3}$[Var]　　【답】②

70 그림과 같은 회로에서 L_2에 흐르는 전류 I_2[A] 가 단자전압 V[V]보다 위상이 90° 뒤지기 위한 조건 은? (단, ω는 회로의 각주파수[rad/s] 이다.)

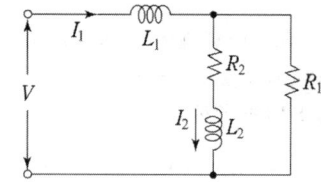

① $\dfrac{R_2}{R_1} = \dfrac{L_2}{L_1}$　　② $R_1 R_2 = L_1 L_2$
③ $R_1 R_2 = \omega L_1 L_2$　　④ $R_1 R_2 = \omega^2 L_1 L_2$

풀이
회로의 어드미턴스 Y
$Y_1 = \dfrac{1}{j\omega L_1}$, $Y_2 = \dfrac{1}{R_1} + \dfrac{1}{R_2+j\omega L_2}$

$Y = \dfrac{Y_1 Y_2}{Y_1+Y_2} = \dfrac{\dfrac{1}{j\omega L_1}\left(\dfrac{1}{R_1}+\dfrac{1}{R_2+j\omega L_2}\right)}{\dfrac{1}{j\omega L_1}+\dfrac{1}{R_1}+\dfrac{1}{R_2+j\omega L_2}}$

$= \dfrac{\dfrac{1}{R_1}+\dfrac{1}{R_2+j\omega L_2}}{1+\dfrac{j\omega L_1}{R_1}+\dfrac{j\omega L_1}{R_2+j\omega L_2}}$

$= \dfrac{R_1+R_2+j\omega L_2}{R_1(R_2+j\omega L_2)+j\omega L_1(R_2+j\omega L_2)+jR_1\omega L_1}$

$= \dfrac{R_1+R_2+j\omega L_2}{R_1 R_2 - \omega^2 L_1 L_2 + j(R_1\omega L_2+R_2\omega L_1+R_1\omega L_1)}$

회로의 전체 전류 $I_1 = YV$이고, 전류 I_2는 전류 분류 법칙에 의해
$I_2 = \dfrac{R_1}{R_1+R_2+j\omega L_2}I_1 = \dfrac{R_1}{R_1+R_2+j\omega L_2}YV$

$= \dfrac{R_1 V}{R_1 R_2 - \omega^2 L_1 L_2 + j(R_1\omega L_2+R_2\omega L_1+R_1\omega L_1)}$

I_2의 분모에서 실수부가 0이 되어야 전압 V보다 90° 뒤지게 된 다. 즉

$I_2 = \dfrac{R_1 V}{j(R_1\omega L_2+R_2\omega L_1+R_1\omega L_1)}$

$= -j\dfrac{R_1 V}{(R_1\omega L_2+R_2\omega L_1+R_1\omega L_1)}$

$= \dfrac{R_1 V}{(R_1\omega L_2+R_2\omega L_1+R_1\omega L_1)}\angle -90°$

따라서 전류 I_2가 전압 V보다 위상이 90° 뒤지기 위한 조건은
$R_1 R_2 - \omega^2 L_1 L_2 = 0$
$\therefore R_1 R_2 = \omega^2 L_1 L_2$　　【답】④

71 푸리에 급수로 표현된 왜형파 $f(t)$가 반파대칭 및 정현대칭일 때 $f(t)$에 대한 특징으로 옳은 것은?

$$f(t) = a_0 + \sum_{n=1}^{\infty} a_n \cos n\omega t + \sum_{n=1}^{\infty} b_n \sin n\omega t$$

① a_n의 우수항만 존재한다.
② a_n의 기수항만 존재한다.
③ b_n의 우수항만 존재한다.
④ b_n의 기수항만 존재한다.

풀이

	기함수파 (정현대칭)	우함수파 (여현대칭)	대칭파 (반파대칭)
대칭 조건	$f(t) = -f(-t)$	$f(t) = f(-t)$	$f(t) = -f\left(t + \dfrac{T}{2}\right)$
결과	sin항만 존재한다.	cos항 존재 직류분 존재	고조파 차수가 홀수차 항만 존재한다.

※ 반파 및 정현 대칭의 경우 sin항의 홀수(기수)항만 존재한다.
【답】④

72 RC 직렬회로의 과도현상에 대한 설명으로 옳은 것은?

① $(R \times C)$의 값이 클수록 과도 전류는 빨리 사라진다.
② $(R \times C)$의 값이 클수록 과도 전류는 천천히 사라진다.
③ 과도전류는 $(R \times C)$의 값에 관계가 없다.
④ $\dfrac{1}{R \times C}$의 값이 클수록 과도 전류는 천천히 사라진다.

풀이
$R-C$ 직렬 회로의 전류 $i(t)$는
$$i(t) = \dfrac{E}{R} e^{-\frac{1}{RC}t}$$
따라서 시정수 $\tau = RC$가 된다.
또한, 시정수가 크면 클수록 과도현상은 오래 지속되므로 $R \cdot C$ 값이 클수록 과도 전류의 값이 천천히 사라진다.
【답】②

73 용량이 50[kVA]인 단상 변압기 3대를 △결선하여 3상으로 운전하는 중 1대의 변압기에 고장이 발생하였다. 나머지 2대의 변압기를 이용하여 3상 V결선으로 운전하는 경우 최대 출력은 몇 [kVA]인가?

① $30\sqrt{3}$　　② $50\sqrt{3}$
③ $100\sqrt{3}$　　④ $200\sqrt{3}$

풀이
단상 변압기 2대로 V결선 시 출력
$$P_V = \sqrt{3} P_1 = \sqrt{3} \times 50 = 50\sqrt{3} \text{[kVA]}$$
여기서, P_1 : 단상 변압기 1대의 출력
【답】②

74 각 상의 전류가 $i_a = 30\sin\omega t$[A], $i_b = 30\sin(\omega t - 90°)$[A], $i_c = 30\sin(\omega t + 90°)$[A]일 때 영상분 전류[A]의 순시치는?

① $10\sin\omega t$
② $10\sin\dfrac{\omega t}{3}$
③ $30\sin\omega t$
④ $\dfrac{30}{\sqrt{3}}\sin(\omega t + 45°)$

풀이
영상 대칭분 전류
$$i_0 = \dfrac{1}{3}(i_a + i_b + i_c)$$
$$= \dfrac{1}{3}\{30\sin\omega t + 30\sin(\omega t - 90°) + 30\sin(\omega t + 90°)\}$$
$$= \dfrac{30}{3}(\sin\omega t + \sin\omega t\cos 90° - \cos\omega t\sin 90°$$
$$\quad + \sin\omega t\cos 90° + \cos\omega t\sin 90°)$$
$$= 10\sin\omega t \text{[A]}$$
($\because \sin(\alpha \pm \beta) = \sin\alpha\cos\beta \pm \cos\alpha\sin\beta$, $\cos 90° = 0$)
【답】①

75 $f(t) = \sin t + 2\cos t$를 라플라스 변환하면?

① $\dfrac{2s}{s^2+1}$　　② $\dfrac{2s+1}{(s+1)^2}$
③ $\dfrac{2s+1}{s^2+1}$　　④ $\dfrac{2s}{(s+1)^2}$

풀이 라플라스 변환의 선형성 정리에 의해서
$$F(s) = \mathcal{L}[f(t)] = \mathcal{L}[\sin t] + \mathcal{L}[2\cos t]$$
$$= \dfrac{1}{s^2+1} + \dfrac{2s}{s^2+1} = \dfrac{2s+1}{s^2+1}$$
【답】③

76 어떤 회로에 흐르는 전류가 $i(t) = 7 + 14.1\sin\omega t$[A]인 경우 실효값은 약 몇 [A]인가?

① 11.2　　② 12.2
③ 13.2　　④ 14.2

풀이 비정현파의 실효값
$$I = \sqrt{I_0^2 + I_1^2 + I_2^2 + \cdots + I_n^2}$$ 에서
$$I = \sqrt{7^2 + \left(\dfrac{14.1}{\sqrt{2}}\right)^2} = 12.18 \text{[A]}$$
【답】②

77 어떤 전지에 연결된 외부 회로의 저항은 5[Ω]이고 전류는 8[A]가 흐른다. 외부 회로에 5[Ω] 대신 15[Ω]의 저항을 접속하면 전류는 4[A]로 떨어진다. 이 전지의 내부 기전력은 몇 [V]인가?

① 15　　② 20　　③ 50　　④ 80

풀이
외부 회로의 저항을 R, 전지의 내부저항을 r이라고 하면, 내부 기전력 $E = rI + RI$
- 외부 회로의 저항 5[Ω], 전류는 8[A]인 경우
  $E = rI + RI = r \times 8 + 5 \times 8 = 8r + 40$
- 외부 회로의 저항 15[Ω], 전류는 4[A]인 경우
  $E = r \times 4 + 15 \times 4 = 4r + 60$
- 전지의 내부 기전력 E와 내부저항 r은 일정하므로,
  $8r + 40 = 4r + 60$
  $4r = 20 \rightarrow r = 5[\Omega]$
∴ $E = 8r + 40 = 8 \times 5 + 40 = 80$ [V]　【답】 ④

78 파형률과 파고율이 모두 1인 파형은?

① 고조파　　② 삼각파　　③ 구형파　　④ 사인파

풀이
주기적인 비정현파에 대한 파형율과 파고율

파　형		파형률	파고율
구형파		1	1
반원파		1.040	1.225
정현파		1.109	1.414
삼각파		1.155	1.732

【답】 ③

79 회로의 4단자 정수로 틀린 것은?

① $A = 2$
② $B = 12$
③ $C = \dfrac{1}{4}$
④ $D = 6$

풀이
$\begin{bmatrix} A & B \\ C & D \end{bmatrix} = \begin{bmatrix} 1 & 4 \\ 0 & 1 \end{bmatrix} \begin{bmatrix} 1 & 0 \\ \frac{1}{4} & 1 \end{bmatrix} \begin{bmatrix} 1 & 4 \\ 0 & 1 \end{bmatrix}$

$= \begin{bmatrix} 2 & 4 \\ \frac{1}{4} & 1 \end{bmatrix} \begin{bmatrix} 1 & 4 \\ 0 & 1 \end{bmatrix} = \begin{bmatrix} 2 & 12 \\ \frac{1}{4} & 2 \end{bmatrix}$　【답】 ④

80 그림과 같은 4단자 회로망에서 출력 측을 개방하니 $V_1 = 12[V]$, $I_1 = 2[A]$, $V_2 = 4[V]$이고, 출력 측을 단락하니 $V_1 = 16[V]$, $I_1 = 4[A]$, $I_2 = 2[A]$이었다. 4단자 정수 A, B, C, D는 얼마인가?

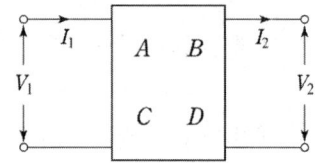

① $A = 2$, $B = 3$, $C = 8$, $D = 0.5$
② $A = 0.5$, $B = 2$, $C = 3$, $D = 8$
③ $A = 8$, $B = 0.5$, $C = 2$, $D = 3$
④ $A = 3$, $B = 8$, $C = 0.5$, $D = 2$

풀이　4단자 정수

$\begin{bmatrix} V_1 \\ I_1 \end{bmatrix} = \begin{bmatrix} A & B \\ C & D \end{bmatrix} \begin{bmatrix} V_2 \\ I_2 \end{bmatrix}$ 에서

$V_1 = AV_2 + BI_2$, $I_1 = CV_2 + DI_2$

$A = \dfrac{V_1}{V_2}\bigg|_{I_2=0(2차측개방)} = \dfrac{12}{4} = 3$

$B = \dfrac{V_1}{I_2}\bigg|_{V_2=0(2차측단락)} = \dfrac{16}{2} = 8$

$C = \dfrac{I_1}{V_2}\bigg|_{I_2=0(2차측개방)} = \dfrac{2}{4} = 0.5$

$D = \dfrac{I_1}{I_2}\bigg|_{V_2=0(2차측단락)} = \dfrac{4}{2} = 2$　【답】 ④

3회 회로이론

61 2단자 회로망에 단상 100[V]의 전압을 가하면 30[A]의 전류가 흐르고 1.8[kW]의 전력이 소비된다. 이 회로망과 병렬로 커패시터를 접속하여 합성 역률을 100[%]로 하기 위한 용량성 리액턴스는 약 몇 [Ω]인가?

① 2.1   ② 4.2
③ 6.3   ④ 8.4

풀이

- 역률 $\cos\theta = \dfrac{P}{VI} = \dfrac{1800}{100 \times 30} = 0.6$
- 무효율 $\sin\theta = \sqrt{1-\cos^2\theta} = \sqrt{1-0.6^2} = 0.8$
- 무효전력 $Q = VI\sin\theta = 100 \times 30 \times 0.8 = 2400[\text{Var}]$
- 역률이 100[%]가 되기 위해서는 진상의 무효전력인 2400[VA]의 콘덴서가 필요하다.
- $Q_c = VI_c = 2\pi f CV^2 = \dfrac{V^2}{X_c}$

따라서 $X_c = \dfrac{V^2}{Q_c} = \dfrac{100^2}{2400} = 4.17[\Omega]$

【답】②

62 $e_i(t) = Ri(t) + L\dfrac{di(t)}{dt} + \dfrac{1}{C}\int i(t)dt$ 에서 모든 초기값을 0으로 하고 라플라스 변환했을 때 $I(s)$는? (단, $I(s)$, $E_i(s)$는 각각 $i(t)$, $e_i(t)$를 라플라스 변환한 것이다.)

① $\dfrac{Cs}{LCs^2 + RCs + 1}E_i(s)$

② $\dfrac{1}{R + Ls + \dfrac{1}{C}s}E_i(s)$

③ $\dfrac{1}{s^2 + \dfrac{L}{R}s + \dfrac{1}{LC}}E_i(s)$

④ $\left(R + Ls + \dfrac{1}{Cs}\right)E_i(s)$

풀이 라플라스 변환하면

$E_i(s) = RI(s) + LsI(s) + \dfrac{1}{Cs}I(s) = \left(R + Ls + \dfrac{1}{Cs}\right)I(s)$

이므로

$\therefore I(s) = \dfrac{1}{R + Ls + \dfrac{1}{Cs}}E_i(s) = \dfrac{Cs}{LCs^2 + RCs + 1}E_i(s)$

【답】①

63 기본파의 30[%]인 제3고조파와 기본파의 20[%]인 제5고조파를 포함하는 전압의 왜형률은 약 얼마인가?

① 0.21   ② 0.31
③ 0.36   ④ 0.42

풀이

왜형률 $= \dfrac{\text{각 고조파의 실효값의 합}}{\text{기본파의 실효값}}$

$= \dfrac{\sqrt{V_3^2 + V_5^2}}{V_1} = \sqrt{\left(\dfrac{V_3}{V_1}\right)^2 + \left(\dfrac{V_5}{V_1}\right)^2}$

$= \sqrt{0.3^2 + 0.2^2} = 0.36$

【답】③

64 3상 회로의 대칭분 전압이 $V_0 = -8 + j3[V]$, $V_1 = 6 - j8[V]$, $V_2 = 8 + j12[V]$일 때 a상의 전압 [V]은? (단, V_0은 영상분, V_1은 정상분, V_2는 역상분 전압이다.)

① $5 - j6$ ② $5 + j6$
③ $6 - j7$ ④ $6 + j7$

풀이

$V_a = V_0 + V_1 + V_2 = -8 + j3 + 6 - j8 + 8 + j12 = 6 + j7[V]$

【답】④

65 어느 회로에 $V = 120 + j90[V]$의 전압을 인가하면 $I = 3 + j4[A]$의 전류가 흐른다. 이 회로의 역률은?

① 0.92   ② 0.94
③ 0.96   ④ 0.98

풀이

$P_a = V\overline{I} = (120 + j90)(3 - j4) = 720 - j210$

$\therefore \cos\theta = \dfrac{P(\text{유효전력})}{P_a(\text{피상전력})} = \dfrac{720}{\sqrt{720^2 + 210^2}} = 0.96$

【답】③

66 22[kVA]의 부하가 0.8의 역률로 운전될 때 이 부하의 무효전력[kVar]은?

① 11.5   ② 12.3
③ 13.2   ④ 14.5

풀이

부하의 무효전력 $Q_L = P_a\sin\theta = P_a\sqrt{1-\cos^2\theta}$

$= 22 \times \sqrt{1 - 0.8^2} = 13.2[\text{kVar}]$

【답】③

67 어드미턴스 $Y[\mho]$로 표현된 4단자 회로망에서 4단자 정수 행렬 T는?

(단, $\begin{bmatrix} V_1 \\ I_1 \end{bmatrix} = T \begin{bmatrix} V_2 \\ I_2 \end{bmatrix}$, $T = \begin{bmatrix} A & B \\ C & D \end{bmatrix}$)

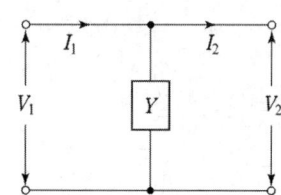

① $\begin{bmatrix} 1 & 0 \\ Y & 1 \end{bmatrix}$ ② $\begin{bmatrix} 1 & Y \\ 0 & 1 \end{bmatrix}$

③ $\begin{bmatrix} 1 & 0 \\ \frac{1}{Y} & 1 \end{bmatrix}$ ④ $\begin{bmatrix} Y & 1 \\ 1 & 0 \end{bmatrix}$

풀이

$\begin{bmatrix} A & B \\ C & D \end{bmatrix} = \begin{bmatrix} 1 & 0 \\ Y & 1 \end{bmatrix}$ 【답】①

68 회로에서 $10[\Omega]$의 저항에 흐르는 전류[A]는?

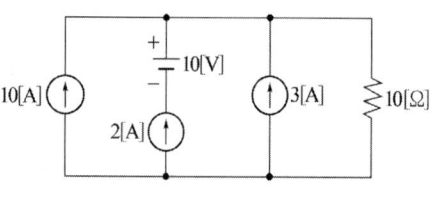

① 8 ② 10
③ 15 ④ 20

풀이 중첩의 정리에 의해
$I_R = 10 + 2 + 3 = 15[A]$
(10[V] 전압원에 의해서는 2[A]전류원이 개방되므로 저항에 전류가 흐르지 못한다) 【답】③

69 $10[\Omega]$의 저항 5개를 접속하여 얻을 수 있는 합성저항 중 가장 적은 값은 몇 $[\Omega]$인가?

① 10 ② 5
③ 2 ④ 0.5

풀이
• 합성저항은 직렬로만 접속하였을 때 가장 크고, 병렬만 연결 하였을 때 가장 작다.
• 합성저항은 동일한 크기의 저항 r을 n개 **직렬연결**하면 $n \cdot r$, **병렬연결**하면 $\frac{r}{n}$이 된다.

$\therefore R_T = \frac{R_1}{n} = \frac{10}{5} = 2[\Omega]$ 【답】③

70 동일한 용량 2대의 단상 변압기를 V결선하여 3상으로 운전하고 있다. 단상 변압기 2대의 용량에 대한 3상 V결선시 변압기 용량의 비인 변압기 이용률은 약 몇 [%]인가?

① 57.7 ② 70.7
③ 80.1 ④ 86.6

풀이
이용률 = $\frac{3상\ 출력}{설비용량} = \frac{\sqrt{3}\,VI}{2VI} = \frac{\sqrt{3}}{2} = 0.866(86.6[\%])$ 【답】④

71 4단자 회로망에서의 영상 임피던스$[\Omega]$는?

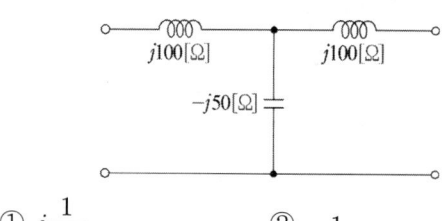

① $j\frac{1}{50}$ ② -1
③ 1 ④ 0

풀이
• 영상 임피던스 $Z_{01} = \sqrt{\frac{AB}{CD}}$

• 대칭 T형 회로에서는 $A = D$ 이므로 $Z_{01} = \sqrt{\frac{B}{C}}$이다.

• $\begin{bmatrix} A & B \\ C & D \end{bmatrix} = \begin{bmatrix} 1 & j100 \\ 0 & 1 \end{bmatrix} \begin{bmatrix} 1 & 0 \\ \frac{1}{-j50} & 1 \end{bmatrix} \begin{bmatrix} 1 & j100 \\ 0 & 1 \end{bmatrix} = \begin{bmatrix} -1 & 0 \\ j\frac{1}{50} & -1 \end{bmatrix}$

$\therefore Z_0 = \sqrt{\frac{B}{C}} = \sqrt{\frac{0}{j\frac{1}{50}}} = 0$ 【답】④

72 $i(t) = 3\sqrt{2}\sin(377t - 30°)[A]$의 평균값은 약 몇 [A]인가?

① 1.35 ② 2.7
③ 4.35 ④ 5.4

풀이
평균 전류 $I_{av} = \frac{2}{\pi}I_m = \frac{2}{\pi} \times 3\sqrt{2} = 2.7[A]$ 【답】②

73 20[Ω]과 30[Ω]의 병렬회로에서 20[Ω]에 흐르는 전류가 6[A]이라면 전체 전류 I[A]는?

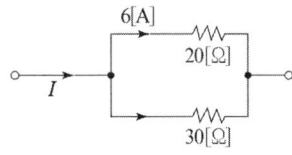

① 3 ② 4
③ 9 ④ 10

풀이
- 전압 $E = I_1 R = 6 \times 20 = 120$[V]
- 30[Ω]의 저항에 흐르는 전류 $I_2 = \dfrac{120}{30} = 4$[A]
- 전체 전류 $I = I_1 + I_2 = 6 + 4 = 10$[A]   【답】 ④

74 $F(s) = \dfrac{A}{\alpha + s}$ 의 라플라스 역변환은?

① αe^{At} ② $A e^{\alpha t}$
③ αe^{-At} ④ $A e^{-\alpha t}$

풀이
$\mathcal{L}^{-1}\left[\dfrac{A}{s+\alpha}\right] = A\mathcal{L}^{-1}\left[\dfrac{1}{s+\alpha}\right] = A e^{-\alpha t}$ 【답】 ④

75 RC 직렬회로의 과도현상에 대한 설명으로 옳은 것은?

① 과도상태 전류의 크기는 $(R \times C)$의 값과 무관하다.
② $(R \times C)$의 값이 클수록 과도상태 전류의 크기는 빨리 사라진다.
③ $(R \times C)$의 값이 클수록 과도상태 전류의 크기는 천천히 사라진다.
④ $\dfrac{1}{R \times C}$의 값이 클수록 과도상태 전류의 크기는 천천히 사라진다.

풀이
$R-C$ 직렬 회로의 전류 $i(t)$는 $i(t) = \dfrac{E}{R} e^{-\frac{1}{RC}t}$
따라서 시정수 $\tau = RC$가 된다. 또한, **시정수가 크면 클수록 과도현상은 오래 지속되므로** $R \cdot C$ 값이 클수록 **과도 전류의 값이 천천히 사라진다.**   【답】 ③

76 불평형 Y결선의 부하 회로에 평형 3상 전압을 가할 경우 중성점의 전위 $V_{n'n}$[V]는?
(단, Z_1, Z_2, Z_3는 각 상의 임피던스[Ω]이고, Y_1, Y_2, Y_3는 각 상의 임피던스에 대한 어드미턴스[℧]이다.)

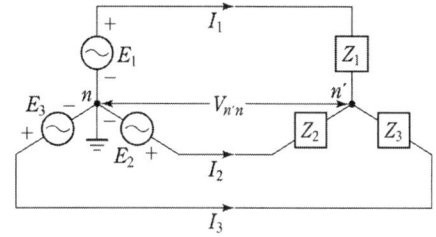

① $\dfrac{E_1 + E_2 + E_3}{Z_1 + Z_2 + Z_3}$

② $\dfrac{Z_1 E_1 + Z_2 E_2 + Z_3 E_3}{Z_1 + Z_2 + Z_3}$

③ $\dfrac{E_1 + E_2 + E_3}{Y_1 + Y_2 + Y_3}$

④ $\dfrac{Y_1 E_1 + Y_2 E_2 + Y_3 E_3}{Y_1 + Y_2 + Y_3}$

풀이
밀만의 정리
$V_{n'n} = \dfrac{\dfrac{E_1}{Z_1} + \dfrac{E_2}{Z_2} + \dfrac{E_3}{Z_3}}{\dfrac{1}{Z_1} + \dfrac{1}{Z_2} + \dfrac{1}{Z_3}} = \dfrac{Y_1 E_1 + Y_2 E_2 + Y_3 E_3}{Y_1 + Y_2 + Y_3}$ 【답】 ④

77 RL 병렬회로에서 $t = 0$일 때 스위치 S를 닫는 경우 R[Ω]에 흐르는 전류 $i_R(t)$[A]는?

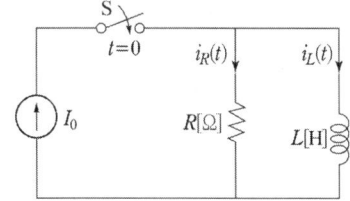

① $I_0 \left(1 - e^{-\frac{R}{L}t}\right)$ ② $I_0 \left(1 + e^{-\frac{R}{L}t}\right)$
③ I_0 ④ $I_0 e^{-\frac{R}{L}t}$

풀이
인덕턴스에 흐르는 전류 $i_L(t) = I_0\left(1-e^{-\frac{R}{L}t}\right)$
키르히호프의 전류법칙에 의해 $I_0 = i_R(t) + i_L(t)$ 이므로
$\therefore i_R(t) = I_0 - i_L(t) = I_0 - I_0\left(1-e^{-\frac{R}{L}t}\right) = I_0 e^{-\frac{R}{L}t}$ 【답】④

78 1상의 임피던스가 $14+j48[\Omega]$인 평형 △부하에 선간전압이 200[V]인 평형 3상 전압이 인가될 때 이 부하의 피상전력[VA]은?
① 1200
② 1384
③ 2400
④ 4157

풀이
$P_a = 3I^2 Z = 3\left(\frac{V_P}{\sqrt{R^2+X^2}}\right)^2 Z = \frac{3V_P^2 Z}{R^2+X^2}$
$= \frac{3\times 200^2 \times \sqrt{14^2+48^2}}{14^2+48^2} = 2400[VA]$ 【답】③

79 $i(t) = 100 + 50\sqrt{2}\sin\omega t + 20\sqrt{2}\sin\left(3\omega t + \frac{\pi}{6}\right)$
[A]로 표현되는 비정현파 전류의 실효값은 약 몇 [A]인가?
① 20
② 50
③ 114
④ 150

풀이
왜형파의 실효값은 직류분, 기본파 및 각 고조파의 제곱합의 제곱근이므로
$I = \sqrt{I_0^2 + I_1^2 + I_3^2} = \sqrt{100^2 + 50^2 + 20^2} = 113.58[A]$ 【답】③

80 저항만으로 구성된 그림의 회로에 평형 3상 전압을 가했을 때 각 선에 흐르는 선전류가 모두 같게 되기 위한 $R[\Omega]$의 값은?

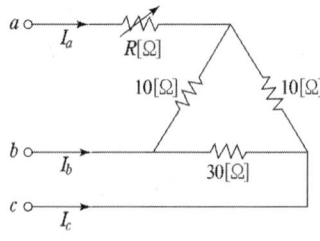

① 2
② 4
③ 6
④ 8

풀이
△저항을 Y저항으로 변환하면

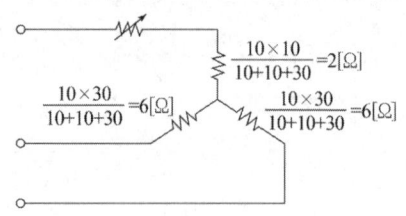

위에서 각 선전류가 같기 위해서는 각 선저항이 같아야 하므로
$R + 2 = 6$ 여야 한다.
$\therefore R = 6 - 2 = 4[\Omega]$ 【답】②

4회 회로이론

61 6상 성형 상전압이 200[V]일 때 선간전압[V]은?
① 200
② 150
③ 100
④ 50

풀이
대칭 n상 회로의 선간전압 $E_l = 2E_p \sin\frac{\pi}{n}$ 에서 $n=6$ 이므로
선간전압 $E_l = 2E_p \sin\frac{\pi}{6} = E_p$
$\therefore E_l = E_p = 200[V]$ 【답】①

62 주기적인 구형파 신호의 구성은?
① 직류성분만으로 구성된다.
② 기본파 성분만으로 구성된다.
③ 고조파 성분만으로 구성된다.
④ 직류 성분, 기본파 성분, 무수히 많은 고조파 성분으로 구성된다.

풀이
주기적인 비정현파는 일반적으로 푸리에 급수에 의해 표시되므로 **무수히 많은 주파수의 합성**이다. 【답】④

63 대칭 3상 Y부하에서 각 상의 임피던스가 $Z = 3+j4[\Omega]$이고 부하전류가 20[A]일 때 피상전력은 얼마인가?
① 1800 [VA]
② 2000 [VA]
③ 2400 [VA]
④ 2800 [VA]

풀이
임피던스 $Z = \sqrt{R^2+X^2} = \sqrt{3^2+4^2} = 5[\Omega]$
피상전력 $P_a = I^2 Z = 20^2 \times 5 = 2000[VA]$ 【답】②

64 $f(t) = u(t-a) - u(t-b)$식으로 표시되는 4각파의 라플라스변환은?

① $\dfrac{1}{s}(e^{-as} - e^{-bs})$

② $\dfrac{1}{s}(e^{as} + e^{bs})$

③ $\dfrac{1}{s^2}(e^{-as} - e^{-bs})$

④ $\dfrac{1}{s^2}(e^{as} + e^{bs})$

풀이
$\mathcal{L}[f(t)] = \mathcal{L}[u(t-a) - u(t-b)]$
$= \dfrac{e^{-as}}{s} - \dfrac{e^{-bs}}{s} = \dfrac{1}{s}(e^{-as} - e^{-bs})$ 【답】①

65 $F(s) = \dfrac{5s+3}{s(s+1)}$ 일 때 $f(t)$의 정상값은?

① 3   ② -3
③ 2   ④ -2

풀이 최종값 정리에 의하여
$\lim_{t \to \infty} f(t) = \lim_{s \to 0} sF(s) = \lim_{s \to 0} s \cdot \dfrac{5s+3}{s(s+1)} = \dfrac{3}{1} = 3$ 【답】①

66 대칭 좌표법에 관한 설명 중 잘못된 것은?
① 불평형 3상 회로 비접지식 회로에서는 영상분이 존재한다.
② 대칭 3상 전압에서 영상분은 0 이다.
③ 대칭 3상 전압은 정상분만 존재한다.
④ 불평형 3상 회로의 접지식 회로에서는 영상분이 존재한다.

풀이
• 비 접지식에서는 중성선이 없으므로 중성선에 전류가 흐를 수 없다. 따라서, 3상 전류의 합 $I_a + I_b + I_c = 0$ 이 되어야 한다.
• 대칭 좌표법에서 영상전류 $I_0 = \dfrac{1}{3}(I_a + I_b + I_c) = 0$이 되어 **비접지식에서는 영상분이 존재하지 않는다.** 【답】①

67 다상 교류회로 설명 중 잘못된 것은?
(단, n = 상수)
① 평형 3상 교류에서 △결선의 상전류는 선전류의 $\dfrac{1}{\sqrt{3}}$과 같다.
② n상 전력 $P = \dfrac{1}{2\sin\dfrac{\pi}{n}} V_l I_l \cos\theta$ 이다.
③ 성형결선에서 선간전압과 상전압과의 위상차는 $\dfrac{\pi}{2}(1-\dfrac{2}{n})[\text{rad}]$이다.
④ 비대칭 다상교류가 만드는 회전 자기장은 타원 회전 자기장이다.

풀이
n상 전력 $P = \dfrac{n}{2\sin\dfrac{\pi}{n}} V_l I_l \cos\theta[W]$ 【답】②

68 내부저항이 15 [kΩ]이고 최대눈금이 150 [V]인 전압계와 내부저항이 10 [kΩ]이고 최대눈금이 150 [V]인 전압계가 있다. 두 전압계를 직렬 접속하여 측정하면 최대 몇 [V] 까지 측정할 수 있는가?
① 200   ② 250
③ 300   ④ 375

풀이

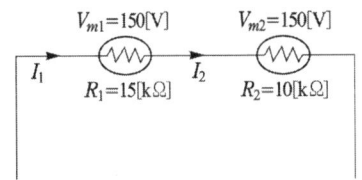

$I_1 = \dfrac{V_{m1}}{R_1} = \dfrac{150}{15000} = 0.01[A]$

$I_2 = \dfrac{V_{m2}}{R_2} = \dfrac{150}{10000} = 0.015[A]$

직렬회로에서 $I_2 > I_1$ 이므로 전압계에 흐를 수 있는 전류는 적은 전류인 0.01[A]가 흐를 수 있다.
따라서, 측정할 수 있는 최대전압
$V_m = I_1 \times (R_1 + R_2) = 0.01 \times (15000 + 10000) = 250[V]$
【답】②

과년도 기출문제 2020년

69 교류의 파형률이란?

① $\dfrac{최대값}{실효값}$ ② $\dfrac{실효값}{최대값}$

③ $\dfrac{평균값}{실효값}$ ④ $\dfrac{실효값}{평균값}$

[풀이]
· 파형률 = $\dfrac{실효값}{평균값}$ · 파고율 = $\dfrac{최대값}{실효값}$ 【답】④

70 9[Ω]과 3[Ω]의 저항 각 3개를 그림과 같이 연결하였을 때 A, B 사이의 합성 저항은 몇 [Ω]인가?

① 2
② 3
③ 4
④ 6

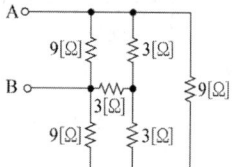

[풀이]

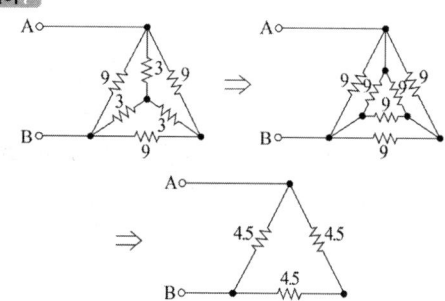

$R_{AB} = \dfrac{4.5 \times (4.5 + 4.5)}{4.5 + (4.5 + 4.5)} = 3[\Omega]$ 【답】②

71 다음 회로에서 $V_1 = 6[V]$, $R_1 = 1[k\Omega]$, $R_2 = 2[k\Omega]$ 일 때 등가회로로 변환한 회로의 합성저항 $R_{th}[k\Omega]$와 등가전압 $V_{eq}[V]$는 각각 얼마인가?

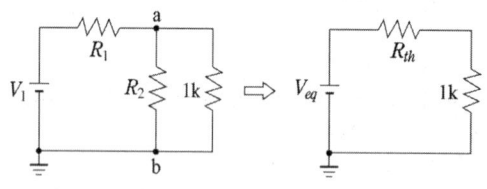

① $R_{th} = 0.67$, $V_{eq} = 2$
② $R_{th} = 0.67$, $V_{eq} = 4$
③ $R_{th} = 3$, $V_{eq} = 2$
④ $R_{th} = 4$, $V_{eq} = 4$

[풀이]
테브낭의 정리에 의해
· a, b 단자에서 회로측으로 바라본 저항(이때 회로측의 전원을 모두 0으로 해야 하는데, **전압원일 경우는 단락시키고 전류원의 경우는 개방**한다)

$R_{th} = \dfrac{R_1 R_2}{R_1 + R_2} = \dfrac{1 \times 10^3 \times 2 \times 10^3}{(1+2) \times 10^3} \fallingdotseq 667[\Omega] = 0.67[k\Omega]$
(전압원 단락)

· a, b 단자에 걸리는 개방전압

$V_{eq} = \dfrac{V_1}{R_1 + R_2} R_2 = \dfrac{6}{(1+2) \times 10^3} \times 2 \times 10^3 = 4[V]$ 【답】②

72 $10t^3$의 라플라스 변환은?

① $\dfrac{60}{s^4}$ ② $\dfrac{30}{s^4}$

③ $\dfrac{10}{s^4}$ ④ $\dfrac{80}{s^4}$

[풀이]
$\mathcal{L}[at^n] = a\mathcal{L}[t^n] = \dfrac{an!}{s^{n+1}}$ 에서 $\mathcal{L}[10t^3] = \dfrac{10 \times 3!}{s^{3+1}} = \dfrac{60}{s^4}$

($\because 3! = 3 \times 2 \times 1 = 6$)   【답】①

73 $R-L-C$ 직렬회로에서 시정수의 값이 작을수록 과도현상이 소멸되는 시간은 어떻게 되는가?

① 짧아진다.
② 관계없다.
③ 길어진다.
④ 일정하다.

[풀이]
시정수가 크면 클수록 과도기가 오래 지속되고, **적으면 적을수록 지속시간이 짧아진다**.   【답】①

74 $V_a = 3[V]$, $V_b = 2 - j3[V]$, $V_c = 4 + j3[V]$를 3상 불평형 전압이라고 할 때 영상 전압[V]은?

① 3   ② 9
③ 27   ④ 0

[풀이]
$V_0 = \dfrac{1}{3}(V_a + V_b + V_c) = \dfrac{1}{3}(3 + 2 - j3 + 4 + j3) = 3[V]$

【답】①

75 부하저항 R_L [Ω]이 전원의 내부저항 R_0 [Ω]의 3배가 되면 부하저항 R_L에서 소비되는 전력 P_L [W]는 최대 전송전력 P_m [W]의 몇 배인가?

① 0.89배 ② 0.75배
③ 0.5배   ④ 0.3배

■ 풀이

$$P_L = I^2 R_L = \left(\frac{V_g}{R_0 + R_L}\right)^2 \cdot R_L$$

$$= \left(\frac{V_g}{R_0 + 3R_0}\right)^2 \times 3R_0 = \frac{3}{16} \cdot \frac{V_g^2}{R_0}$$

최대 전력 전송 조건은 $R_L = R_0$ 이므로

$$P_{\max} = I^2 R_L = \left(\frac{V_g}{2R_0}\right)^2 \cdot R_0 = \frac{V_g^2}{4R_0}$$

$$\therefore \frac{P_L}{P_{\max}} = \frac{\frac{3}{16} \cdot \frac{V_g^2}{R_0}}{\frac{1}{4} \cdot \frac{V_g^2}{R_0}} = \frac{12}{16} = 0.75 \, [\text{배}]$$

【답】②

76 어떤 코일의 임피던스를 측정하고자 직류전압 100 [V]를 가했더니 500 [W]가 소비되고, 교류전압 150 [V]를 가했더니 720 [W]가 소비되었다. 코일의 저항[Ω]과 리액턴스[Ω]는 각각 얼마인가?

① $R = 20$, $X_L = 15$
② $R = 15$, $X_L = 20$
③ $R = 25$, $X_L = 20$
④ $R = 30$, $X_L = 25$

■ 풀이

직류 : $P = I^2 R = \left(\frac{V}{R}\right)^2 R = \frac{V^2}{R}$ 에서

$$R = \frac{V^2}{P} = \frac{100^2}{500} = 20 \, [\Omega]$$

(∵ **직류를 인가하면 주파수** $f = 0$이므로, $X = 2\pi f L = 0$이 된다.)

교류 : $P = I^2 R = \left(\frac{V}{\sqrt{R^2 + X^2}}\right)^2 R = \frac{V^2 R}{R^2 + X^2}$ 에서

$$720 = \frac{150^2 \times 20}{20^2 + X^2}$$

$$\therefore X = 15 \, [\Omega]$$

【답】①

77 다음 회로에서 전압비 전달함수 $\frac{V_2(s)}{V_1(s)}$는 어떻게 되는가?

① $\dfrac{R_1 R_2 Cs + R_2}{R_1 R_2 Cs + R_1 + R_2}$

② $\dfrac{R_1 + R_2 + R_1 R_2 Cs}{R_2 + R_1 R_2 Cs}$

③ $\dfrac{R_1 Cs + R_2}{R_2 + R_1 R_2 Cs}$

④ $\dfrac{R_1 R_2 Cs}{R_1 R_2 Cs + R_1 + R_2}$

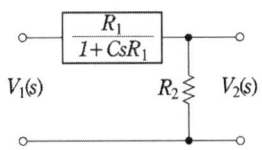

■ 풀이

문제의 R_1과 C의 합성 임피던스 등가 회로는 그림과 같다. 그림에서

$$V_1(s) = \left\{\left(\frac{R_1}{1 + CsR_1}\right) + R_2\right\} I(s)$$

$$V_2(s) = R_2 I(s)$$

$$\therefore G(s) = \frac{V_2(s)}{V_1(s)} = \frac{R_2}{\frac{R_1}{1 + CsR_1} + R_2} = \frac{R_2 + R_1 R_2 Cs}{R_1 + R_2 + R_1 R_2 Cs}$$

【답】①

78 대칭 3상 전압이 있다. 1상의 Y결선 전압의 순시값이 다음과 같을 때 선간전압에 대한 상전압의 비율은?

$$e = 1000\sqrt{2}\sin\omega t + 500\sqrt{2}\sin(3\omega t + 20°) + 100\sqrt{2}\sin(5\omega t + 30°)[\text{V}]$$

① 약 55[%]   ② 약 65[%]
③ 약 70[%]   ④ 약 75[%]

■ 풀이

상전압의 실효값 V_p 는

$$V_p = \sqrt{V_1^2 + V_3^2 + V_5^2} = \sqrt{1000^2 + 500^2 + 100^2} = 1122.5 [\text{V}]$$

선간 전압에는 제 3 고조파분이 나타나지 않으므로

$$V_l = \sqrt{3} \cdot \sqrt{V_1^2 + V_5^2} = \sqrt{3} \cdot \sqrt{1000^2 + 100^2} = 1740.7 [\text{V}]$$

$$\therefore \frac{V_p}{V_l} = \frac{1122.5}{1740.7} = 0.645$$

【답】②

79 $R[\Omega]$의 저항 3개를 Y로 접속하고 이것을 200[V]의 평형 3상 교류 전원에 연결할 때 선전류가 20[A]가 흘렀다. 이 3개의 저항을 △로 접속하고 동일 전원에 연결하였을 때의 선전류[A]는?

① 30 ② 40
③ 50 ④ 60

[풀이]

$20 = \dfrac{\frac{200}{\sqrt{3}}}{R}$ 에서 $R = 5.77[\Omega]$이므로 △접속시의 선전류는

$I_\triangle = \dfrac{200}{5.77} \times \sqrt{3} = 60.03[A]$ 　　【답】 ④

80 △결선된 저항부하를 Y결선으로 바꾸면 소비 전력은? (단, 저항과 선간 전압은 일정하다.)

① 3배 ② 9배
③ $\dfrac{1}{9}$배 ④ $\dfrac{1}{3}$배

[풀이]

$P_\triangle = 3I^2 R = 3\left(\dfrac{V}{R}\right)^2 R = 3 \cdot \dfrac{V^2}{R}$

다음 Y결선시 상전압은 선간 전압의 $\dfrac{1}{\sqrt{3}}$이므로

$P_Y = 3\left(\dfrac{\frac{V}{\sqrt{3}}}{R}\right)^2 \cdot R = 3 \cdot \dfrac{V^2}{3R} = \dfrac{V^2}{R}$

$\therefore \dfrac{P_Y}{P_\triangle} = \dfrac{\frac{V^2}{R}}{\frac{3V^2}{R}} = \dfrac{1}{3}, \quad P_Y = \dfrac{1}{3}P_\triangle$ 　【답】 ④

2021년 CBT 복원문제

| 1회 | 회로이론 |

61 $R-L$ 직렬회로에서 시정수의 값이 클수록 과도현상의 소멸되는 시간은 어떻게 되는가?
① 짧아진다.
② 길어진다.
③ 과도기가 없어진다.
④ 관계없다.

풀이
• 시정수는 정상전류의 63.2 [%]에 도달할 때까지의 시간을 의미
• 시정수 $\tau = \dfrac{L}{R}$ [sec]
• 시정수가 크면 과도현상이 오래 지속되고 시정수가 적으면 과도현상이 짧아진다. 【답】②

62 아래와 같은 비정현파 전압을 RL 직렬회로에 인가할 때에 제 3고조파 전류의 실효값[A]은?
(단, $R = 4[\Omega]$, $\omega L = 1[\Omega]$이다.)
$$e = 100\sqrt{2}\sin\omega t + 75\sqrt{2}\sin 3\omega t + 20\sqrt{2}\sin 5\omega t [V]$$
① 4
② 15
③ 20
④ 75

풀이
$I_3 = \dfrac{V_3}{Z_3} = \dfrac{V_3}{\sqrt{R^2 + (3\omega L)^2}} = \dfrac{75}{\sqrt{4^2 + (3 \times 1)^2}} = 15[A]$

(∵ 저항은 기본파일 때나 고조파 일 때나 그 크기의 변화는 없다. 그러나 **리액턴스는 제n차 고조파에서는 주파수가 n배가 되므로**, 리액턴스 $X_n = 2\pi(nf)L = n \times 2\pi fL$로 기본파의 n배가 된다.) 【답】②

63 분포정수 전송회로에 대한 설명이 아닌 것은?
① $\dfrac{R}{L} = \dfrac{G}{C}$인 회로를 무왜형 회로라 한다.
② $R = G = 0$인 회로를 무손실 회로라 한다.
③ 무손실 회로와 무왜형 회로의 감쇠정수는 $\sqrt{RG}$ 이다.
④ 무손실 회로와 무왜형 회로에서의 위상속도는 $\dfrac{1}{\sqrt{LC}}$ 이다.

풀이
• 무손실 회로 감쇠 정수 $\alpha = 0$
• 무왜형 선로 감쇠 정수 $\alpha = \sqrt{RG}$ 【답】③

64 전압 $v = V(\sin\omega t - \sin 3\omega t)$, 전류 $i = I\sin\omega t$ 인 교류의 평균 전력[W]은?
① $\displaystyle\int_0^{2\pi} vi\,dt$
② $\dfrac{1}{2}VI$
③ $\dfrac{1}{2}VI\sin\omega t$
④ $\dfrac{2}{\sqrt{3}}VI$

풀이
주파수가 서로 다른 전압, 전류 사이에서는 유효전력도 무효전력도 전혀 발생하지 않는다.
따라서 주파수가 같은 성분만 고려하면
$P = \dfrac{V}{\sqrt{2}} \times \dfrac{I}{\sqrt{2}} \times \cos 0° = \dfrac{VI}{2}$ [W]가 된다. 【답】②

65 대칭 좌표법에 관한 설명 중 잘못된 것은?
① 불평형 3상 회로 비접지식 회로에서는 영상분이 존재한다.
② 대칭 3상 전압에서 영상분은 0 이다.
③ 대칭 3상 전압은 정상분만 존재한다.
④ 불평형 3상 회로의 접지식 회로에서는 영상분이 존재한다.

■ 풀이
- 비 접지식에서는 중성선이 없으므로 중성선에 전류가 흐를 수 없다. 따라서, 3상 전류의 합 $I_a + I_b + I_c = 0$ 이 되어야 한다.
- 대칭 좌표법에서 영상전류 $I_0 = \frac{1}{3}(I_a + I_b + I_c) = 0$이 되어 **비 접지식에서는 영상분이 존재하지 않는다.** 【답】①

66 그림의 회로에서 단자 a, b 에 3[Ω]의 저항을 연결할 때 저항에서의 소비 전력은 몇 [W]인가?
① 1/12
② 1/3
③ 1
④ 12

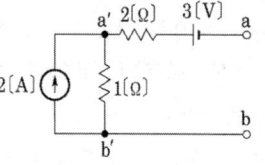

■ 풀이
문제의 그림에서 전류원을 전압원으로 등가 하면,

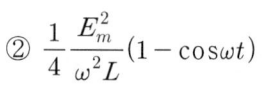

전류 $I = \frac{V}{R} = \frac{3-2}{1+2+3} = \frac{1}{6}$[A]

따라서 전력 $P = I^2 R = \left(\frac{1}{6}\right)^2 \cdot 3 = \frac{3}{36} = \frac{1}{12}$[W] 【답】①

67 그림에서 $e(t) = E_m \cos \omega t$의 전원전압을 인가했을 때 인덕턴스 L에 축적되는 에너지[J]는?

① $\frac{1}{2} \frac{E_m^2}{\omega^2 L^2}(1 + \cos \omega t)$
② $\frac{1}{4} \frac{E_m^2}{\omega^2 L}(1 - \cos \omega t)$
③ $\frac{1}{2} \frac{E_m^2}{\omega^2 L^2}(1 + \cos 2\omega t)$
④ $\frac{1}{4} \frac{E_m^2}{\omega^2 L}(1 - \cos 2\omega t)$

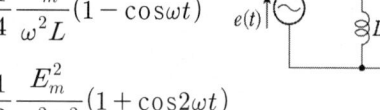

■ 풀이
인덕턴스에 흐르는 전류 $i_L(t)$는
$i_L(t) = \frac{1}{L}\int e(t)dt = \frac{1}{L}\int E_m \cos \omega t\, dt = \frac{E_m}{\omega L} \sin \omega t$

$\therefore W_L(t) = \frac{Li_L(t)^2}{2} = \frac{L}{2}\left(\frac{E_m}{\omega L}\right)^2 \sin^2 \omega t = \frac{E_m^2}{2\omega^2 L}\left(\frac{1-\cos 2\omega t}{2}\right)$

$= \frac{1}{4}\frac{E_m^2}{\omega^2 L}(1 - \cos 2\omega t)$ 【답】④

68 3상 △부하에서 각 선전류를 I_a, I_b, I_c 라 하면 전류의 영상분은?
① ∞
② -1
③ 1
④ 0

■ 풀이
- △결선은 중성선이 없으므로 비접지 방식이다. 따라서 △결선에서 3상 전류의 합 $I_a + I_b + I_c = 0$ 이 되어야 한다.
- 대칭 좌표법에서 영상전류 $I_0 = \frac{1}{3}(I_a + I_b + I_c) = 0$이 되어 △결선(비 접지식)에서는 영상분 전류가 존재하지 않는다. 【답】④

69 그림과 같은 회로에서 $i_1 = I_m \sin \omega t$ 일 때 개방된 2차단자에 나타나는 유기기전력 e_2는 몇 [V]인가?

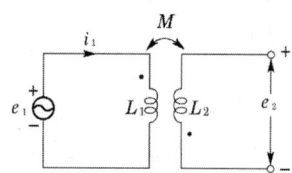

① $\omega M I_m \sin \omega t$
② $\omega M I_m \cos \omega t$
③ $\omega M I_m \sin(\omega t - 90°)$
④ $\omega M I_m \sin(\omega t + 90°)$

■ 풀이
1차 전류에 의한 2차 단자의 유기 기전력 $e_2 = -M\frac{di_1}{dt}$ 로 정의 한다.

$e_2 = -M\frac{di_1}{dt} = -M\frac{d}{dt}(I_m \sin \omega t)$
$= -\omega M I_m \cos \omega t = -\omega M I_m \sin(\omega t + 90°)$
$= \omega M I_m \sin(\omega t + 90° \pm 180°)$

$\therefore e_2 = \omega M I_m \sin(\omega t + 270°)$ [V]
또는 $e_2 = \omega M I_m \sin(\omega t - 90°)$ [V]

■ 참고
일반적으로 순시값의 위상 범위는 $-180° \leq \theta \leq 180°$로 표현하므로

$e_2 = \omega M I_m \sin(\omega t - 90°)$[V] 【답】③

70 왜형률이란 무엇인가?

① $\dfrac{\text{전 고조파의 실효값의 합}}{\text{기본파의 실효값}}$

② $\dfrac{\text{전 고조파의 평균값의 합}}{\text{기본파의 평균값}}$

③ $\dfrac{\text{제3고조파의 실효값}}{\text{기본파의 실효값}}$

④ $\dfrac{\text{우수 고조파의 실효값}}{\text{기수 고조파의 실효값}}$

풀이

비정현파에서 기본파에 대해 고조파 성분이 어느 정도 포함되었는가를 나타내는 지표로서 왜형률(distortion factor)이 사용된다. 이는 비정현파가 정현파를 기준으로 하였을 때 얼마나 일그러졌는가를 표시하는 척도가 된다.

$$\text{왜형률} = \dfrac{\text{고조파 실효값의 합}}{\text{기본파 실효값}}$$

$$= \dfrac{\sqrt{(V_2^2 + V_3^2 + \cdots)}}{V_1}$$

$$= \sqrt{\dfrac{(V_2^2 + V_3^2 + \cdots)}{V_1^2}} = \sqrt{\left(\dfrac{V_2}{V_1}\right)^2 + \left(\dfrac{V_3}{V_1}\right)^2 + \cdots}$$

【답】 ①

71 전기회로에서 일어나는 과도현상은 그 회로의 시정수와 관계가 있다. 이 사이의 관계를 옳게 표현한 것은?

① 회로의 시정수가 클수록 과도현상은 오래동안 지속된다.
② 시정수는 과도현상의 지속시간에는 상관되지 않는다.
③ 시정수의 역이 클수록 과도현상은 천천히 사라진다.
④ 시정수가 클수록 과도현상은 빨리 사라진다.

풀이

- 시정수는 정상전류의 63.2[%]에 도달할 때까지의 시간을 의미
- 시정수가 크면 과도현상이 오래 지속되고 시정수가 적으면 과도현상이 짧아진다.

【답】 ①

72 6상 성형 상전압이 200[V]일 때 선간전압[V]은?

① 200 ② 150
③ 100 ④ 50

풀이

대칭 n상 회로의 선간전압 $E_l = 2E_p \sin\dfrac{\pi}{n}$ 에서

$n = 6$ 이므로 선간전압 $E_l = 2E_p \sin\dfrac{\pi}{6} = E_p$

$\therefore E_l = E_p = 200[\text{V}]$

【답】 ①

73 다음과 같은 비정현파 전압 및 전류에 의한 전력을 구하면 몇 [W]인가?

$$v = 100\sin\omega t - 50\sin(3\omega t + 30°)$$
$$+ 20\sin(5\omega t + 45°) [\text{V}]$$
$$i = 20\sin\omega t + 10\sin(3\omega t - 30°)$$
$$+ 5\sin(5\omega t - 45°) [\text{A}]$$

① 1175 ② 925
③ 875   ④ 825

풀이

주파수가 서로 다른 전압, 전류 사이에서는 유효전력도 무효전력도 전혀 발생하지 않는다. 따라서

$$P = \dfrac{100}{\sqrt{2}} \times \dfrac{20}{\sqrt{2}} \cos 0° + \dfrac{-50}{\sqrt{2}} \times \dfrac{10}{\sqrt{2}} \cos 60°$$
$$+ \dfrac{20}{\sqrt{2}} \times \dfrac{5}{\sqrt{2}} \cos 90°$$
$$= 875 [\text{W}]$$

【답】 ③

74 $5\dfrac{d^2q}{dt^2} + \dfrac{dq}{dt} = 10\sin t$ 에서 모든 초기 조건을 0으로 하고 라플라스 변환하면?

① $Q(s) = \dfrac{10}{(5s+1)(s^2+1)}$

② $Q(s) = \dfrac{10}{(5s^2+s)(s^2+1)}$

③ $Q(s) = \dfrac{10}{2(s^2+1)}$

④ $Q(s) = \dfrac{10}{(s^2+5)(s^2+1)}$

풀이

초기 조건이 0일 때 $\mathcal{L}\left[\dfrac{d^2q}{dt^2}\right] = s^2 Q(s)$, $\mathcal{L}\left[\dfrac{dq}{dt}\right] = sQ(s)$

$5s^2 Q(s) + sQ(s) = 10\left(\dfrac{1}{s^2+1}\right)$

$(5s^2 + s) Q(s) = \dfrac{10}{s^2+1}$

$$\therefore Q(s) = \frac{10}{(5s^2+s)(s^2+1)}$$

【답】②

$$\therefore \text{최대전류 } I_m = \sqrt{2}\,I = \sqrt{2} \times \frac{10}{\sqrt{2}} = 10\,[\text{A}]$$

【답】③

75 a, b 단자의 전압 v는?

① 2
② -2
③ -8
④ 8

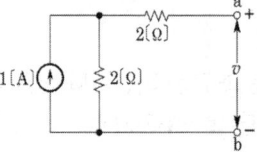

풀이

v는 개방단의 전압이므로
$\therefore v = 2 \times 1 = 2\,[\text{V}]$

【답】①

78 그림과 같은 파형의 라플라스 변환은?

① $\frac{1}{b}\left(\frac{1-e^{-bs}}{s}\right)$
② $\frac{1}{b}\left(\frac{1+e^{-bs}}{s}\right)$
③ $\frac{1}{s}(1-e^{-bs})$
④ $\frac{1}{s}(1+e^{-bs})$

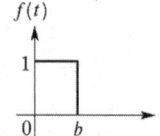

풀이

$f(t) = u(t) - u(t-b)$ 이므로
$\mathcal{L}[f(t)] = \mathcal{L}[u(t)] - \mathcal{L}[u(t-b)]$
$= \frac{1}{s} - \frac{1}{s}e^{-bs} = \frac{1}{s}(1-e^{-bs})$

【답】③

76 라플라스 변환함수 $\frac{1}{s(s+1)}$에 대한 역라플라스 변환은?

① $1+e^{-t}$
② $1-e^{-t}$
③ $\frac{1}{1-e^{-t}}$
④ $\frac{1}{1+e^{-t}}$

풀이

$F(s) = \frac{1}{s(s+1)} = \frac{A}{s} + \frac{B}{s+1}$

$A = \frac{1}{s+1}\Big|_{s=0} = \frac{1}{1} = 1,$

$B = \frac{1}{s}\Big|_{s=-1} = \frac{1}{-1} = -1$ 이므로

$F(s) = \frac{1}{s} - \frac{1}{s+1}$

$\mathcal{L}^{-1}[F(s)] = 1 - e^{-t}$

【답】②

79 저항 $R = 6\,[\Omega]$과 유도리액턴스 $X_L = 8\,[\Omega]$이 직렬로 접속된 회로에서 $v = 200\sqrt{2}\sin\omega t\,[\text{V}]$인 전압을 인가하였다. 이 회로의 소비되는 무효전력 [kvar]은?

① 1.2
② 2.2
③ 2.4
④ 3.2

풀이

RL 직렬회로에서 전류
$I = \frac{V}{Z} = \frac{V}{\sqrt{R^2+X^2}} = \frac{200}{\sqrt{6^2+8^2}} = 20\,[\text{A}]$

무효전력 $Q = I^2 X = 20^2 \times 8 = 3200\,[\text{W}] = 3.2\,[\text{kW}]$

【답】④

77 저항 $10\,[\Omega]$, 인덕턴스 $10\,[\text{mH}]$인 인덕턴스에 실효값 $100\,[\text{V}]$인 정현파 전압을 인가했을 때 흐르는 전류의 최대값[A]은? 단, 정현파의 각주파수는 $1000\,[\text{rad/s}]$이다.

① 5
② $5\sqrt{2}$
③ 10
④ $10\sqrt{2}$

풀이

$X_L = \omega L = 1000 \times 10 \times 10^{-3} = 10\,[\Omega]$

$I = \frac{V}{Z} = \frac{V}{\sqrt{R^2+X_L^2}} = \frac{100}{\sqrt{10^2+10^2}} = \frac{100}{10\sqrt{2}} = \frac{10}{\sqrt{2}}\,[\text{A}]$

80 3상 3선식에서 선간전압이 $100\,[\text{V}]$ 송전선에 $5\angle 45°\,[\Omega]$의 부하를 △접속할 때의 선전류[A]는?

① 20
② 28.2
③ 34.6
④ 40

풀이

△결선에서 선간전압(V_l)과 상전압(V_p)은 같고, 선전류 $I_l = \sqrt{3}\,I_p$ 이므로

• △결선에서 상전류 $I_p = \frac{V_p}{Z} = \frac{100}{5} = 20\,[\text{A}]$

• △결선에서 선전류 $I_l = \sqrt{3} I_p = \sqrt{3} \times 20 = 34.64[A]$

【답】 ③

2회 회로이론

61 그림과 같은 회로망에서 Z_1을 4단자 정수에 의해 표시하면 어떻게 되는가?

① $\dfrac{1}{C}$

② $\dfrac{D-1}{C}$

③ $\dfrac{B-1}{C}$

④ $\dfrac{A-1}{C}$

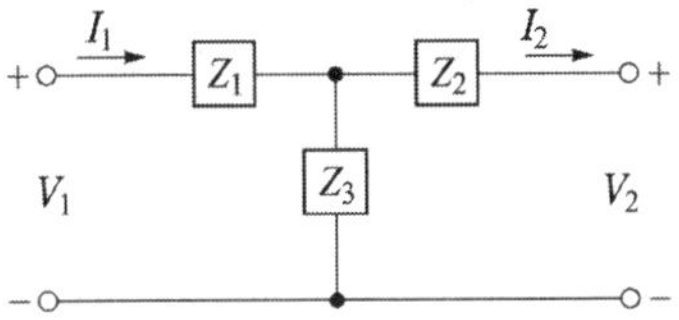

풀이

그림과 같은 4단자망의 4단자 정수 중 A와 C는

$A = 1 + \dfrac{Z_1}{Z_3}$, $C = \dfrac{1}{Z_3}$

$\therefore Z_1 = (A-1)Z_3 = \dfrac{A-1}{C}$

【답】 ④

62 $R-L-C$ 직렬회로에서 회로 저항값이 다음의 어느 값이어야 이 회로가 임계적으로 제동되는가?

① $\sqrt{\dfrac{L}{C}}$

② $2\sqrt{\dfrac{L}{C}}$

③ $\dfrac{1}{\sqrt{CL}}$

④ $2\sqrt{\dfrac{C}{L}}$

풀이

조건	특성
$R^2 > \dfrac{4L}{C}$	과제동(비진동적)
$R^2 = \dfrac{4L}{C}$	**임계제동(진동)**
$R^2 < \dfrac{4L}{C}$	부족제동(진동적)

즉, 임계제동 조건 $R^2 = \dfrac{4L}{C}$에서 $R = 2\sqrt{\dfrac{L}{C}}$

【답】 ②

63 분포정수 선로에서 위상정수를 β [rad/m]라 할 때 파장은?

① $2\pi\beta$

② $\dfrac{2\pi}{\beta}$

③ $4\pi\beta$

④ $\dfrac{4\pi}{\beta}$

풀이

위상정수 β와 파장 λ 사이의 관계는 $\lambda\beta = 2\pi$ 이므로

$\lambda = \dfrac{2\pi}{\beta}$

【답】 ②

64 상순이 abc인 3상 회로에 있어서 대칭분 전압이 $V_0 = -8+j3[V]$, $V_1 = 6-j8[V]$, $V_2 = 8+j12[V]$ 일 때 a상의 전압 $V_a[V]$는?

① $6+j7$

② $8+j12$

③ $6+j14$

④ $16+j4$

풀이

$V_a = V_0 + V_1 + V_2$
$= -8+j3+6-j8+8+j12$
$= 6+j7[V]$

【답】 ①

65 회로 방정식의 특성근과 회로의 시정수에 대하여 바르게 서술된 것은?

① 특성근과 시정수는 같다.
② 특성근의 역(逆)과 회로의 시정수는 같다.
③ 특성근의 절대값의 역과 회로의 시정수는 같다.
④ 특성근과 회로의 시정수는 서로 상관되지 않는다.

풀이

안정된 회로에 있어서는 $\tau = \dfrac{-1}{\alpha} = \dfrac{1}{|\alpha|}$의 관계가 있으며 τ는 시정수, α는 특성근 또는 감쇠 정수라 한다.

【답】 ③

66 정현파 교류의 실효값을 계산하는 식은?

① $I = \dfrac{1}{T}\displaystyle\int_0^T i^2 dt$

② $I^2 = \dfrac{2}{T}\displaystyle\int_0^T i\, dt$

③ $I^2 = \dfrac{1}{T}\displaystyle\int_0^T i^2 dt$

④ $I = \sqrt{\dfrac{2}{T}\displaystyle\int_0^T i^2 dt}$

풀이

동일한 저항 R에 직류전류 I [A]가 흐를 때

　소비전력 $P_{DC} = I^2R$ [W]

교류전류 i [A]가 흐를 때 소비전력 P_{AC}는 주기를 T라 하면

$P_{AC} = \dfrac{1}{T}\int_0^T i^2 R dt$ [W]

실효값의 정의에 의해 $P_{DC} = P_{AC}$ 이므로

$I^2 R = \dfrac{R}{T}\int_0^T i^2 dt$

$\therefore I^2 = \dfrac{1}{T}\int_0^T i^2 dt$ 　　　【답】③

67 어떤 회로에 흐르는 전류가 $i = 5 + 14.1\sin\omega t$인 경우 실효값은 약 몇 [A]인가?

① 11.2 [A]　　② 12.5 [A]
③ 14.4 [A]　　④ 16.1 [A]

풀이

비정현파의 실효값

$I = \sqrt{I_0^2 + I_1^2 + I_2^2 + \cdots + I_n^2}$ 에서

$I = \sqrt{5^2 + \left(\dfrac{14.1}{\sqrt{2}}\right)^2} = 11.2[A]$ 　【답】①

68 비정현파 $y(x)$가 반파 및 정현 대칭일 때 옳은 식은?

① $y(-x) = -y(x),\ y(2\pi - x) = y(x)$
② $y(-x) = y(x),\ y(2\pi - x) = y(x)$
③ $y(-x) = -y(x),\ y(\pi + x) = -y(x)$
④ $y(-x) = y(x),\ y(\pi - x) = -y(-x)$

풀이

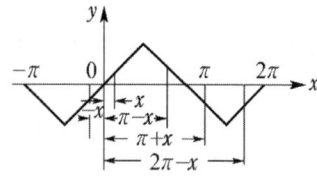

그림에서 반파 및 정현 대칭 조건은
$y(-x) = -y(x)$
$y(2\pi - x) = y(-x) = y(\pi + x)$
$y(\pi + x) = y(-x) = -y(x)$ 　【답】③

69 키르히호프의 전압 법칙의 적용에 대한 서술 중 잘못된 것은?

① 이 법칙은 집중 정수 회로에 적용된다.
② 이 법칙은 회로 소자의 선형, 비선형에는 관계를 받지 않고 적용된다.
③ 이 법칙은 회로 소자의 시변, 시불변성에 구애를 받지 아니한다.
④ 이 법칙은 선형 소자로만 이루어진 회로에 적용된다.

풀이
• 중첩의 원리 : 선형 회로인 경우에만 적용한다.
• 키르히호프의 법칙 : 선형, 비선형에 무관하게 항상 성립된다.
　　　【답】④

70 그림과 같은 $i = I_m\sin\omega t$ 인 정현파 교류의 반파 정류 파형의 실효값은?

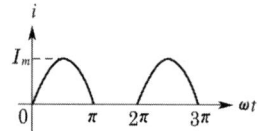

① $\dfrac{I_m}{\sqrt{2}}$　　② $\dfrac{I_m}{\sqrt{3}}$
③ $\dfrac{I_m}{2\sqrt{2}}$　　④ $\dfrac{I_m}{2}$

풀이

파 형	정현파	정현반파	삼각파	구형반파	구형파
실효값	$\dfrac{I_m}{\sqrt{2}}$	$\dfrac{I_m}{2}$	$\dfrac{I_m}{\sqrt{3}}$	$\dfrac{I_m}{\sqrt{2}}$	I_m
평균값	$\dfrac{2I_m}{\pi}$	$\dfrac{I_m}{\pi}$	$\dfrac{I_m}{2}$	$\dfrac{I_m}{2}$	I_m

【답】④

71 $R = 100$ [Ω], $L = 1/\pi$ [H], $C = 100/4\pi$ [pF] 이다. 직렬 공진회로의 Q는 얼마인가?

① 2×10^3　　② 2×10^4
③ 3×10^3　　④ 3×10^4

풀이

직렬 공진회로의 선택도 $Q = \dfrac{1}{R}\sqrt{\dfrac{L}{C}}$ 에서

$$Q = \frac{1}{100}\sqrt{\frac{1/\pi}{100/4\pi \times 10^{-12}}} = \frac{1}{100} \times \frac{1}{5} \times 10^6 = 2 \times 10^3$$

【답】①

72 그림과 같은 직류 LC 직렬 회로에 대한 설명 중 옳은 것은?

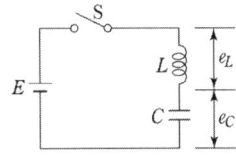

① e_L은 진동 함수이나 e_C는 진동하지 않는다.
② e_L의 최대치는 $2E$까지 될 수 있다.
③ e_C의 최대치가 $2E$까지 될 수 있다.
④ C의 충전 전하 q는 시간 t에 무관계이다.

풀이

$e_L = E\cos\frac{1}{\sqrt{LC}}t$, $e_C = E\left(1 - \cos\frac{1}{\sqrt{LC}}t\right)$ 이므로
$e_{L\max} = E$, $e_{L\min} = -E$
$e_{C\max} = E[1 - (-1)] = 2E$

【답】③

73 각 상의 전류가 $i_a = 30\sin\omega t$[A], $i_b = 30\sin(\omega t - 90°)$[A], $i_c = 30\sin(\omega t + 90°)$[A]일 때 영상분 전류[A]의 순시치는?

① $10\sin\omega t$
② $10\sin\dfrac{\omega t}{3}$
③ $30\sin\omega t$
④ $\dfrac{30}{\sqrt{3}}\sin(\omega t + 45°)$

풀이

영상 대칭분 전류
$i_0 = \dfrac{1}{3}(i_a + i_b + i_c)$
$= \dfrac{1}{3}\{30\sin\omega t + 30\sin(\omega t - 90°) + 30\sin(\omega t + 90°)\}$
$= \dfrac{30}{3}(\sin\omega t + \sin\omega t \cos 90° - \cos\omega t \sin 90°$
$\qquad + \sin\omega t \cos 90° + \cos\omega t \sin 90°)$
$= 10\sin\omega t$ [A]
($\because \sin(\alpha \pm \beta) = \sin\alpha\cos\beta \pm \cos\alpha\sin\beta$, $\cos 90° = 0$)

【답】①

74 그림과 같은 회로의 전달 함수는?
단, $\dfrac{L}{R} = T$: 시정수이다.

① $\dfrac{1}{Ts^2 + 1}$
② $\dfrac{1}{Ts + 1}$
③ $Ts^2 + 1$
④ $Ts + 1$

풀이

$G(s) = \dfrac{R}{sL + R} = \dfrac{1}{s \cdot \dfrac{L}{R} + 1} = \dfrac{1}{Ts + 1}$

【답】②

75 비정현파 교류를 나타내는 식은?
① 기본파 + 고조파 + 직류분
② 기본파 + 직류분 – 고조파
③ 직류분 + 고조파 – 기본파
④ 교류분 + 기본파 + 고조파

풀이

비정현파 = 직류분 + 기본파 + 고조파

【답】①

76 어떤 회로의 전압 및 전류의 순시값이
$v = 200\sin 314t$ [V],
$i = 10\sin\left(314t - \dfrac{\pi}{6}\right)$ [A]일 때,
이 회로의 임피던스를 복소수[Ω]로 표시하면?
① $17.32 + j12$ ② $16.30 + j11$
③ $17.32 + j10$ ④ $18.30 + j9$

풀이

전압과 전류의 순시값을 정지 벡터로 표시하면
$\dot{V} = \dfrac{200}{\sqrt{2}} \angle 0°$, $\dot{I} = \dfrac{10}{\sqrt{2}} \angle -\dfrac{\pi}{6}$
$\therefore Z = \dfrac{\dot{V}}{\dot{I}} = \dfrac{\dfrac{200}{\sqrt{2}} \angle 0°}{\dfrac{10}{\sqrt{2}} \angle -30°} = 20 \angle 30°$
$= 20(\cos 30° + j\sin 30°)$
$= 10\sqrt{3} + j10 = 17.32 + j10$ [Ω]

【답】③

77 어떤 회로에 전압을 115[V] 인가하였더니 유효전력이 230[W], 무효전력이 345[Var]를 지시한다면 회로에 흐르는 전류는 약 몇 [A]인가?

① 2.5 ② 5.6
③ 3.6 ④ 4.5

풀이
피상전력 $P_a = \sqrt{P^2 + P_r^{\,2}} = \sqrt{230^2 + 345^2} = 414.6[VA]$
$I = \dfrac{P_a}{V} = \dfrac{414.6}{115} ≒ 3.6$ [A]   【답】③

78 정격전압에서 1[kW]의 전력을 소비하는 저항에 정격의 80[%]의 전압을 가할 때의 전력[W]은?

① 340 ② 540
③ 640 ④ 740

풀이
$P = \dfrac{V^2}{R}$ [W]에서 $P \propto V^2$
따라서, $P : P' = V^2 : V'^2 = V^2 : (0.8V)^2$
$\therefore P' = 0.64P = 0.64 \times 1000 = 640$[W]   【답】③

79 입력 신호가 v_i, 출력 신호가 v_o일 때, $a_1 v_o + a_2 \dfrac{dv_o}{dt} + a_3 \int v_o dt = v_i$의 전달함수는?

① $\dfrac{s}{a_2 s^2 + a_1 s + a_3}$ ② $\dfrac{1}{a_2 s^2 + a_1 s + a_3}$

③ $\dfrac{s}{a_3 s^2 + a_2 s + a_1}$ ④ $\dfrac{1}{a_3 s^2 + a_2 s + a_1}$

풀이
초기값을 0으로 하고 라플라스 변환하면
$a_1 V_o(s) + a_2 s V_o(s) + \dfrac{1}{s} a_3 V_o(s) = V_i(s)$
$\left(a_1 + a_2 s + \dfrac{a_3}{s} \right) V_o(s) = V_i(s)$
$\therefore G(s) = \dfrac{V_o(s)}{V_i(s)} = \dfrac{1}{a_1 + a_2 s + \dfrac{a_3}{s}} = \dfrac{s}{a_2 s^2 + a_1 s + a_3}$

【답】①

80 그림과 같은 회로의 컨덕턴스 G_2에 흐르는 전류 [A]는?

① 5
② 3
③ 10
④ 15

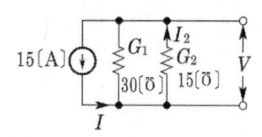

풀이
전류원 두 개가 방향이 반대이므로 그림과 같은 회로가 된다.

$I_2 = \dfrac{G_2}{G_1 + G_2} I = \dfrac{15}{30 + 15} \times 15 = 5$ [A]   【답】①

4회 회로이론

61 $R = 50[\Omega]$, $L = 200[mH]$의 직렬회로에서 주파수 $f = 50[Hz]$의 교류에 대한 역률[%]은?

① 82.3 ② 72.3
③ 62.3 ④ 52.3

풀이
$R-L$ 직렬 회로에서 역률
$\cos\theta = \dfrac{R}{Z} = \dfrac{R}{\sqrt{R^2 + X_L^2}} = \dfrac{R}{\sqrt{R^2 + (\omega L)^2}}$
$\therefore \cos\theta = \dfrac{50}{\sqrt{50^2 + (2\pi \times 50 \times 200 \times 10^{-3})^2}} \times 100 = 62.27[\%]$

【답】③

62 이상적인 전압원과 전류원의 내부저항[Ω]은 각각 얼마인가?

① 전압원과 전류원의 내부저항은 모두 0 이다.
② 전압원의 내부저항은 ∞ 이고, 전류원의 내부저항은 0 이다.
③ 전압원과 전류원의 내부저항은 모두 ∞ 이다.
④ 전압원의 내부저항은 0 이고, 전류원의 내부저항은 ∞ 이다.

풀이
- 이상 전압원은 내부 저항이 적을수록 좋다. ⇒ 내부 저항이 적을수록 내부 전압 강하가 적어진다.
- 이상 전류원은 내부 저항이 클수록 좋다. ⇒ 내부 저항이 클수록 내부 저항으로 흐르는 분로 전류가 적어진다. 【답】④

63 $\dfrac{1}{s+3}$ 을 역라플라스 변환하면?

① e^{3t} ② e^{-3t}
③ $e^{\frac{t}{3}}$ ④ $e^{-\frac{t}{3}}$

풀이
$e^{-at} \leftrightarrow \dfrac{1}{s+a}$ 이므로, 문제에서 $a=3$이다.
따라서, $f(t) = e^{-3t}$ 【답】②

64 어떤 회로망의 4단자 정수가 $A=8$, $B=j2$, $D=3+j2$ 이면 이 회로망의 C는?

① $2+j3$ ② $3+j3$
③ $24+j14$ ④ $8-j11.5$

풀이
$AD - BC = 1$ 이므로
$C = \dfrac{AD-1}{B} = \dfrac{8(3+j2)-1}{j2} = 8-j11.5$ 【답】④

65 불평형 3상 전류가 $I_a = 15+j2$[A], $I_b = -20-j14$[A], $I_c = -3+j10$[A]일 때의 영상전류 I_0[A]는?

① $1.57-j3.25$
② $2.85+j0.36$
③ $-2.67-j0.67$
④ $12.67+j2$

풀이
$I_0 = \dfrac{1}{3}(I_a+I_b+I_c) = \dfrac{1}{3}(15+j2-20-j14-3+j10)$
$= \dfrac{1}{3}(-8-j2) = -2.67-j0.67$[A] 【답】③

66 비정현파에서 정현 대칭의 조건은 어느 것인가?

① $f(t) = f(-t)$ ② $f(t) = -f(t)$
③ $f(t) = -f(t+\pi)$ ④ $f(t) = -f(-t)$

풀이
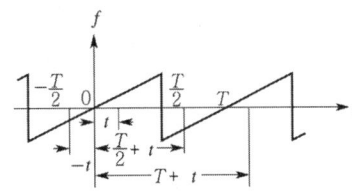

그림에서 정현 대칭 조건은
$f(t) = -f(-t)$
$f(t) = f(T+t)$ 【답】④

67 전압과 전류가 각각
$e = 141.4\sin(377t+\dfrac{\pi}{3})$[V],
$i = \sqrt{8}\sin(377t+\dfrac{\pi}{6})$[A]인
회로의 소비전력은 약 몇 [W]인가?

① 100   ② 173
③ 200   ④ 344

풀이
$P = VI\cos\theta = \dfrac{V_m}{\sqrt{2}} \cdot \dfrac{I_m}{\sqrt{2}} \cos\theta$
$= \dfrac{141.4}{\sqrt{2}} \times \dfrac{\sqrt{8}}{\sqrt{2}} \times \cos(\dfrac{\pi}{3} - \dfrac{\pi}{6})$
$= 173$[W] 【답】②

68 1차 지연 요소의 전달함수는?

① K ② $\dfrac{K}{s}$
③ Ks ④ $\dfrac{K}{1+Ts}$

풀이
- K : 비례 요소의 전달 함수
- $\dfrac{K}{s}$: 적분 요소의 전달 함수
- Ks : 미분 요소의 전달 함수
- $\dfrac{K}{Ts+1}$: 1차 지연 요소의 전달 함수 【답】④

69 그림과 같은 회로에서 S를 열었을 때 전류계는 10 [A]를 지시하였다. S를 닫을 때 전류계의 지시는 몇 [A]인가?

① 10
② 12
③ 14
④ 16

풀이

S를 열었을 때 전전압을 구해 보면

$$E = IR = 10\left(\frac{3 \times 6}{3 + 6} + 4\right) = 60[V]$$

따라서, S를 닫으면 전전류

$$I' = \frac{E}{R'} = \frac{60}{\frac{3 \times 6}{3+6} + \frac{4 \times 12}{4+12}} = \frac{60}{2+3} = 12[A]$$

【답】 ②

70 테브난의 정리를 이용하여 (a) 회로를 (b)와 같은 등가회로로 바꾸려 한다. $V[V]$와 $R[\Omega]$의 값은?

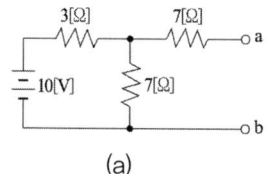 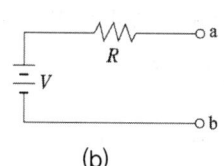
(a)　　　　　　　　(b)

① 7[V], 9.1[Ω]　② 10[V], 9.1[Ω]
③ 7[V], 6.5[Ω]　④ 10[V], 6.5[Ω]

풀이

• 단자 a, b 사이의 전압 $V = \frac{7}{3+7} \times 10 = 7[V]$

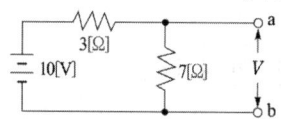

• 10[V] 전압원을 단락시키고 단자 a, b에서 본 저항

$$R = 7 + \frac{3 \times 7}{3+7} = 9.1[\Omega]$$

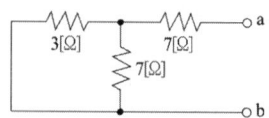

• 등가회로

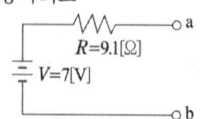

【답】 ①

71 대칭 3상 전압을 그림과 같은 평형 부하에 가할 때 부하의 역률은 얼마인가? (단, $R = 9[\Omega]$, $\frac{1}{\omega C} = 4[\Omega]$이다.)

① 0.4
② 0.6
③ 0.8
④ 1.0

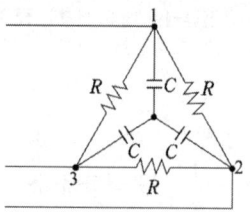

풀이

△결선된 저항을 Y로 등가 변환하면 그림과 같은 $R-C$ 병렬 회로가 된다.

$(\because R_Y = \frac{1}{3} R_\Delta)$

$R-C$ 병렬 회로에서 역률

$$\cos\theta = \frac{I_R}{I} = \frac{G}{Y} = \frac{X_C}{\sqrt{R^2 + X_C^2}}$$

$$= \frac{4}{\sqrt{3^2 + 4^2}} = 0.8$$

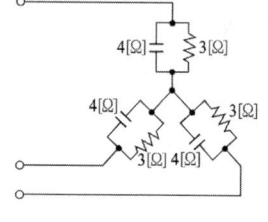

【답】 ③

72 다음의 회로가 정저항 회로가 되기 위한 $L[H]$의 값은?

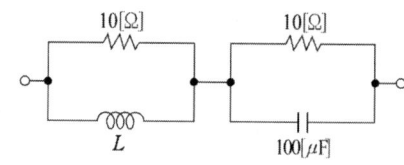

① 1
② 0.1
③ 0.01
④ 0.001

풀이

정저항 회로 조건 $R = \sqrt{\frac{L}{C}}$ 에서

$L = R^2 C = 10^2 \times 100 \times 10^{-6} = 0.01[H]$

【답】 ③

73 1000[Hz]인 정현파 교류에서 5[mH]인 유도리액턴스와 같은 용량리액턴스를 갖는 $C[\mu F]$의 값은?

① 5.07
② 4.07
③ 3.07
④ 2.07

[풀이]

유도리액턴스와 용량리액턴스가 같다($\omega L = \dfrac{1}{\omega C}$)고 했으므로,

$$\therefore C = \dfrac{1}{\omega^2 L} = \dfrac{1}{(2\pi \times 1000)^2 \times 5 \times 10^{-3}}$$
$$= 5.07 \times 10^{-6} \ [\text{F}] = 5.07 \ [\mu\text{F}]$$

【답】①

74 $t = 0$에서 스위치 S를 닫았을 때 정상 전류값[A]은?

① 1
② 2.5
③ 3.5
④ 7

[풀이]

$i = \dfrac{E}{R}\left(1 - e^{-\frac{R}{L}t}\right)$에서 $t = \infty$(정상 상태)를 대입하면

$i_s = \dfrac{E}{R} = \dfrac{70}{20} = 3.5 \ [\text{A}]$

【답】③

75 $\dfrac{B(s)}{A(s)} = \dfrac{2}{2s+3}$의 전달함수를 미분방정식으로 표시하면? 단, $\mathcal{L}^{-1}[A(s)] = a(t)$, $\mathcal{L}^{-1}[B(s)] = b(t)$이다.)

① $2\dfrac{d}{dt}b(t) + 3b(t) = a(t)$
② $\dfrac{d}{dt}b(t) + b(t) = a(t)$
③ $2\dfrac{d}{dt}b(t) + 3b(t) = 2a(t)$
④ $3\dfrac{d}{dt}a(t) + a(t) = 2b(t)$

[풀이]

$\dfrac{B(s)}{A(s)} = \dfrac{2}{2s+3}$, $2sB(s) + 3B(s) = 2A(s)$

$\therefore 2\dfrac{d}{dt}b(t) + 3b(t) = 2a(t)$

【답】③

76 대칭 n상 환상결선에서 선전류와 환상전류 사이의 위상차는 어떻게 되는가?

① $2\left(1 - \dfrac{2}{n}\right)$
② $\dfrac{n}{2}\left(1 - \dfrac{\pi}{2}\right)$
③ $\dfrac{\pi}{2}\left(1 - \dfrac{n}{2}\right)$
④ $\dfrac{\pi}{2}\left(1 - \dfrac{2}{n}\right)$

[풀이]

• 성형 결선 : 대칭 n상에서 선간전압은 상전압보다 $\dfrac{\pi}{2}\left(1 - \dfrac{2}{n}\right)$[rad]만큼 위상이 앞선다.

• 환상 결선 : 대칭 n상에서 선전류는 상전류보다 $\dfrac{\pi}{2}\left(1 - \dfrac{2}{n}\right)$[rad]만큼 위상이 뒤진다.

【답】④

77 파고율이 2가 되는 파형은?

① 정현파
② 톱니파
③ 사각파
④ 정류파(정현반파)

[풀이]

파고율 = $\dfrac{\text{최대치}}{\text{실효치}}$

로 표현되며, 각 파형의 파형률 및 파고율은 다음과 같다.

	구형파	3각파	정현파	정류파(전파)	정류파(반파)
파형률	1.0	1.15	1.11	1.11	1.57
파고율	1.0	1.732	1.414	1.414	2.0

【답】④

78 RLC 직렬회로에서 $R = 100[\Omega]$, $L = 5[\text{mH}]$, $C = 2[\mu\text{F}]$ 일 때 이 회로는?

① 과제동이다.
② 무제동이다.
③ 임계제동이다.
④ 부족제동이다.

[풀이]

진동 여부의 판별식

• $R^2 = 4\dfrac{L}{C}$: 임계진동
• $R^2 - 4\dfrac{L}{C} > 0$: 비진동
• $R^2 - 4\dfrac{L}{C} < 0$: 진동

$R^2 = 100^2 = 10^4$, $4\dfrac{L}{C} = 4 \times \dfrac{5 \times 10^{-3}}{2 \times 10^{-6}} = 10^4$

$\therefore R^2 = 4\dfrac{L}{C}$ 이므로 **임계제동**이다.

【답】③

79 3상 유도전동기의 출력이 3.7[kW], 선간전압 200 [V], 효율 90[%], 역률 85[%] 일 때, 이 전동기에 유입되는 선전류는?

① 4[A]   ② 6[A]
③ 8[A]   ④ 14[A]

풀이

- 입력 $P_i = \dfrac{P_0}{\eta}$
- 입력 $P_i = \sqrt{3}\,VI_i\cos\theta$

입력전류

$$I_i = \dfrac{P_0}{\sqrt{3}\,V\cos\theta \cdot \eta} = \dfrac{3.7\times 10^3}{\sqrt{3}\times 200 \times 0.85 \times 0.9} \fallingdotseq 14[A]$$

【답】 ④

80 어떤 회로에 $V = 100 + j20$ [V]인 전압을 가할 때 $4 + j3$ [A]인 전류가 흘렀다. 이 회로의 임피던스는?

① $18.4 - j8.8\ [\Omega]$
② $18.4 + j15.2\ [\Omega]$
③ $45.8 + j31.4\ [\Omega]$
④ $65.7 - j54.3\ [\Omega]$

풀이

$$Z = \dfrac{V}{I} = \dfrac{100+j20}{4+j3} = \dfrac{(100+j20)(4-j3)}{(4+j3)(4-j3)}$$
$$= \dfrac{460-j220}{4^2+3^2} = 18.4 - j8.8\ [\Omega]$$

【답】 ①

2022년 CBT 복원문제

1회 회로이론

61 그림과 같은 비정현파의 주기함수에 대한 설명으로 틀린 것은?

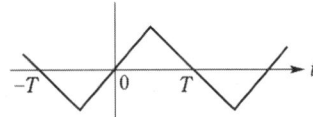

① 기함수파이다.
② 반파 대칭파이다.
③ 직류 성분은 존재하지 않는다.
④ 홀수차의 정현항 계수는 0이다.

풀이
그림의 파형은 반파 정현 대칭 함수이므로
$f(t) = -f(t+\pi)$와 $f(t) = -f(-t)$
의 두 조건을 만족하는 기함수파   【답】④

62 T형 4단자 회로망에서 영상 임피던스가 $Z_{01} = 50[\Omega]$, $Z_{02} = 2[\Omega]$이고, 전달 정수가 0일 때 이 회로의 4단자 정수 D의 값은?

① 10   ② 5
③ 0.2   ④ 0.1

풀이
$D = \sqrt{\dfrac{Z_{02}}{Z_{01}}}\cosh\theta = \sqrt{\dfrac{2}{50}}\cosh 0 = \dfrac{1}{5}$ 【답】③

63 대칭 3상 교류에서 순시값의 벡터 합은?
① 0   ② 40
③ 0.577 ④ 86.6

풀이
a상을 기준하면
$e_a + e_b + e_c = e_a + a^2 e_a + a e_a = e_a(1 + a^2 + a) = 0$
$(\because 1 + a + a^2 = 0)$ 【답】①

64 $\dfrac{s\sin\theta + \omega\cos\theta}{s^2 + \omega^2}$의 역라플라스 변환을 구하면 어떻게 되는가?

① $\sin(\omega t - \theta)$ ② $\sin(\omega t + \theta)$
③ $\cos(\omega t - \theta)$ ④ $\cos(\omega t + \theta)$

풀이
$F(s) = \dfrac{s\sin\theta + \omega\cos\theta}{s^2+\omega^2} = \dfrac{s}{s^2+\omega^2}\sin\theta + \dfrac{\omega}{s^2+\omega^2}\cos\theta$

역 Laplace 변환하면
$f(t) = \cos\omega t \sin\theta + \sin\omega t \cos\theta = \sin(\omega t + \theta)$

참고
$\mathcal{L}[\sin\omega t] = \dfrac{\omega}{s^2+\omega^2}$, $\mathcal{L}[\cos\omega t] = \dfrac{s}{s^2+\omega^2}$
$f(t) = \sin(\omega t + \theta) = \sin\omega t \cdot \cos\theta + \cos\omega t \cdot \sin\theta$ 【답】②

65 임피던스 함수 $Z(s) = \dfrac{s+50}{s^2+3s+2}[\Omega]$으로 주어지는 2단자 회로망에 100[V]의 직류 전압을 가했다면 회로의 전류는 몇 [A]인가?

① 4   ② 6
③ 8   ④ 10

풀이
직류이므로 $s(j\omega) = 0$, $Z(s) = \dfrac{50}{2} = 25[\Omega]$
$\therefore I = \dfrac{V}{Z(s)} = \dfrac{100}{25} = 4[A]$ 【답】①

66 회로에서 10[Ω]의 저항에 흐르는 전류[A]는?

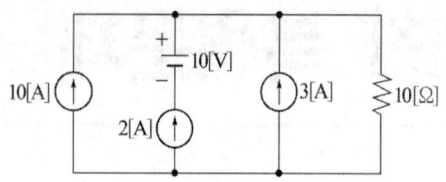

① 8　　　　　　　　② 10
③ 15　　　　　　　④ 20

[풀이]
중첩의 정리에 의해
$I_R = 10 + 2 + 3 = 15[A]$
(10[V] 전압원에 의해서는 2[A]전류원이 개방되므로 저항에 전류가 흐르지 못한다) 　　　　　　　　　　　【답】③

67 데브닝의 정리와 쌍대 관계에 있는 정리는?
① 보상의 정리
② 노튼의 정리
③ 중첩의 정리
④ 밀만의 정리

[풀이]
테브난의 정리(등가 전압원 정리)와 노튼 정리(등가 전류원 정리)는 쌍대 관계가 있다. 　　　　　　　　　　　【답】②

68 $R = 15[\Omega]$, $X_L = 12[\Omega]$, $X_C = 30[\Omega]$이 병렬로 접속된 회로에 120[V]의 교류 전압을 가하면 전원에 흐르는 전류는 몇 [A]인가?
① 5[A]　　　　　　② 7[A]
③ 10[A]　　　　　④ 22[A]

[풀이]
병렬 접속인 경우 전압이 일정하므로
· 저항에 흐르는 전류 $I_R = \dfrac{V}{R} = \dfrac{120}{15} = 8[A]$
· 유도성 리액턴스에 흐르는 전류
$I_L = \dfrac{V}{jX_L} = \dfrac{120}{j12} = -j10[A]$
· 용량성 리액턴스에 흐르는 전류
$I_C = \dfrac{V}{-jX_C} = \dfrac{120}{-j30} = j4[A]$
따라서 전체 전류
$I = I_R + I_L + I_C = 8 - j10 + j4 = 8 - j6 = 10\angle -36.86$ [A]
가 된다. 　　　　　　　　　　　【답】③

69 RL 직렬회로에 직류전압을 가했을 때 흐르는 전류가 정상전류 $I = \dfrac{E}{R}$의 70[%]에 도달하는데 요하는 시간은? (단, τ는 시정수이다.)
① $t = 0.7\tau$　　　　② $t = 1.1\tau$
③ $t = 1.2\tau$　　　　④ $t = 1.4\tau$

[풀이]
$I = 0.7\dfrac{E}{R} = \dfrac{E}{R}(1 - e^{-\frac{t}{\tau}})$의 관계식에서
$1 - e^{-\frac{t}{\tau}} = 0.7$, $e^{-\frac{t}{\tau}} = 1 - 0.7 = 0.3$,
$-\dfrac{t}{\tau} = \ln 0.3$, $t = -\tau \ln 0.3$　∴ $t = 1.2\tau$　【답】③

70 3상 불평형 전압에서 역상전압이 50[V], 정상전압이 200[V], 영상전압이 10[V]라고 할 때 전압의 불평형률[%]은?
① 1　　　　　　　② 5
③ 25　　　　　　④ 50

[풀이]
불평형률 $= \dfrac{\text{역상 전압}}{\text{정상 전압}} \times 100 = \dfrac{50}{200} \times 100 = 25[\%]$　【답】③

71 다음 회로에 대한 설명으로 옳은 것은?

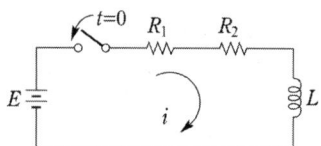

① 이 회로의 시정수는 $\dfrac{L}{R_1 + R_2}$이다.

② 이 회로의 특성근은 $\dfrac{R_1 + R_2}{L}$이다.

③ 정상 전류값은 $\dfrac{E}{R_2}$이다.

④ 이 회로의 전류값은
$i(t) = \dfrac{E}{R_1 + R_2}\left(1 - e^{-\frac{L}{R_1 + R_2}t}\right)$이다.

풀이

① 시정수 $\tau = \dfrac{L}{R_1 + R_2}$

② 특성근 $= -\dfrac{1}{\text{시정수}} = -\dfrac{R_1 + R_2}{L}$

③ 정상전류 $i_s = \dfrac{E}{R_1 + R_2}$

④ 전류 $i(t) = \dfrac{E}{R_1 + R_2}(1 - e^{-\frac{R_1 + R_2}{L}t})$

【답】①

72 저항 40 [Ω], 임피던스 50 [Ω]의 직렬 유도부하에서 100 [V]가 인가될 때 소비되는 무효전력은?

① 120 [Var]　② 160 [Var]
③ 200 [Var]　④ 250 [Var]

풀이

- 전류 $I = \dfrac{E}{Z} = \dfrac{100}{50} = 2[A]$
- 임피던스 $Z = \sqrt{R^2 + X_L^2}$ 에서
  리액턴스 $X_L = \sqrt{Z^2 - R^2} = \sqrt{50^2 - 40^2} = 30\,[\Omega]$
- 무효전력 $P_r = I^2 \cdot X_L = 2^2 \times 30 = 120[Var]$

【답】①

73 그림과 같은 교류 브리지가 평형상태에 있다. L [H]의 값은 얼마인가?

① $L = \dfrac{R_1 R_2}{C}$

② $L = \dfrac{C}{R_1 R_2}$

③ $L = R_1 R_2 C$

④ $L = \dfrac{R_2}{R_1 C}$

풀이

브리지 평형조건
$R_1 \times R_2 = \dfrac{1}{j\omega C} \times j\omega L$에서　$L = R_1 R_2 C\,[H]$

【답】③

74 파고율이 2이고 파형률이 1.57인 파형은?

① 구형파　② 정현반파
③ 삼각파　④ 정현파

풀이

	구형파	3각파	정현파	정류파(전파)	정류파(반파)
파형률	1.0	1.15	1.11	1.11	1.57
파고율	1.0	1.732	1.414	1.414	2.0

【답】②

75 다음과 같은 T형 회로의 임피던스 파라미터 Z_{22} 의 값은?

① Z_1
② Z_3
③ $Z_1 + Z_3$
④ $Z_2 + Z_3$

풀이

$Z_{22} = \dfrac{V_2}{I_2}\bigg|_{I_1 = 0} = \dfrac{I_2 \times (Z_2 + Z_3)}{I_2} = Z_2 + Z_3$

[참고로　$V_2 = I_2 \times (Z_2 + Z_3)$]

【답】④

76 1 [mV]의 입력을 가했을 때 100 [mV]의 출력이 나오는 4단자 회로의 이득[dB]은?

① 40　② 30
③ 20　④ 10

풀이

이득 $G = 20\log\dfrac{100}{1} = 20\log 10^2 = 40[dB]$

【답】①

77 그림과 같은 4단자망의 영상 전달정수 θ는?

① $\sqrt{5}$

② $\log_e \sqrt{5}$

③ $\log_e \dfrac{1}{\sqrt{5}}$

④ $5\log_e \sqrt{5}$

풀이

$\begin{bmatrix} A & B \\ C & D \end{bmatrix} = \begin{bmatrix} 1 + \dfrac{4}{5} & 4 \\ \dfrac{1}{5} & 1 \end{bmatrix} = \begin{bmatrix} \dfrac{9}{5} & 4 \\ \dfrac{1}{5} & 1 \end{bmatrix}$

$\therefore \theta = \log_e(\sqrt{AD} + \sqrt{BC}) = \log_e\left(\sqrt{\dfrac{9}{5} \times 1} + \sqrt{4 \times \dfrac{1}{5}}\right)$

$$= \log_e\left(\frac{3}{\sqrt{5}} + \frac{2}{\sqrt{5}}\right) = \log_e\left(\frac{5}{\sqrt{5}}\right) = \log_e \sqrt{5}$$ 【답】②

78 부하저항 R_L [Ω]이 전원의 내부저항 R_0 [Ω]의 3배가 되면 부하저항 R_L에서 소비되는 전력 P_L [W]는 최대 전송전력 P_m [W]의 몇 배인가?

① 0.89배 ② 0.75배
③ 0.5배 ④ 0.3배

▎풀이

$$P_L = I^2 R_L = \left(\frac{V_g}{R_0 + R_L}\right)^2 \cdot R_L$$
$$= \left(\frac{V_g}{R_0 + 3R_0}\right)^2 \times 3R_0 = \frac{3}{16} \cdot \frac{V_g^2}{R_0}$$

최대 전력 전송 조건은 $R_L = R_0$ 이므로

$$P_{\max} = I^2 R_L = \left(\frac{V_g}{2R_0}\right)^2 \cdot R_0 = \frac{V_g^2}{4R_0}$$

$$\therefore \frac{P_L}{P_{\max}} = \frac{\frac{3}{16} \cdot \frac{V_g^2}{R_0}}{\frac{1}{4} \cdot \frac{V_g^2}{R_0}} = \frac{12}{16} = 0.75 \text{ [배]}$$ 【답】②

79 구동점 임피던스에 있어서 영점(Zero)은?
① 전류가 흐르지 않는 경우이다.
② 회로를 개방한 것과 같다.
③ 전압이 가장 큰 상태이다.
④ 회로를 단락한 것과 같다.

▎풀이
• 영점 : $Z(s) = 0$, 회로의 단락상태를 의미
• 극점 : $Z(s) = \infty$, 회로의 개방상태를 의미 【답】④

80 $t = 3$[ms]에서 최대치 5[V]에 도달하는 60[Hz]의 정현파 전압 $e(t)$를 시간함수로 표시하면 어떻게 되는가?

① $e = 5\sin(376.8t + 25.2°)$ [V]
② $e = 5\sin(376.8t + 35.2°)$ [V]
③ $e = 5\sqrt{2}\sin(376.8t + 25.2°)$ [V]
④ $e = 5\sqrt{2}\sin(376.8t + 35.2°)$ [V]

▎풀이
순시값 e의 표현은 $e = E_m \sin(\omega t + \theta)$ 이다.
(여기서, ωt 의 단위는[rad])
따라서, $t = 3$[ms]에서 최대값($E_m = 5$[V])이 되어야 하므로 $(\omega t + \theta) = 90°$가 되어야 한다.
즉, $2\pi \times 60 \times 3 \times 10^{-3} \times \frac{180°}{\pi} + \theta° = 90°$ 에서 $\theta = 25.23°$

$(1[\text{rad}] = \frac{180°}{\pi}$, 여기서 $\pi = 3.14$ 임$)$

따라서, 순시값 $e = 5\sin(376.8t + 25.2°)$ [V] 【답】①

2회 회로이론

61 회로에서 각 계기들의 지시값은 다음과 같다. 전압계 ⓥ는 240 [V], 전류계 Ⓐ는 5[A], 전력계 Ⓦ는 720[W]이다. 이때 인덕턴스 L[H]은 얼마인가? (단, 전원주파수는 60 [Hz] 이다.)

① $\frac{1}{\pi}$
② $\frac{1}{2\pi}$
③ $\frac{1}{3\pi}$
④ $\frac{1}{4\pi}$

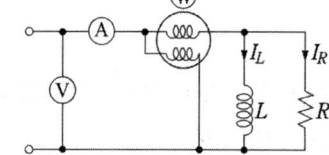

▎풀이
• 피상전력 $P_a = VI = 240 \times 5 = 1200$[VA]
• $P_a = \sqrt{W^2 + Q^2}$ 에서
  무효전력 $Q = \sqrt{P_a^2 - W^2} = \sqrt{1200^2 - 720^2} = 960$[Var]
• $Q = I_L^2 X_L = \left(\frac{V}{X_L}\right)^2 X_L$ 에서 $X_L = \frac{V^2}{Q}$

$\therefore X_L = \frac{240^2}{960} = 60[\Omega]$

따라서, $L = \frac{X_L}{2\pi f} = \frac{60}{2\pi \times 60} = \frac{1}{2\pi}$ [H] 【답】②

62 314[mH]의 자기 인덕턴스에 120[V], 60[Hz]의 교류전압을 가하였을 때 흐르는 전류[A]는?
① 10 ② 8
③ 1 ④ 0.5

풀이

$$I = \frac{V}{\omega L} = \frac{120}{2\pi \times 60 \times 314 \times 10^{-3}} = 1$$

【답】③

63 다음과 같은 회로에서 출력전압 v_2의 위상은 입력전압 v_1보다 어떠한가?

① 같다.
② 앞선다.
③ 뒤진다.
④ 전압과 관계없다.

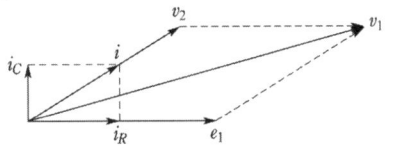

풀이 C의 전압 강하를 e_1, R_1, C에 흐르는 전류를 i_R, i_C라 하면

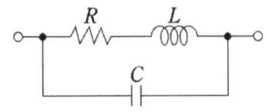

【답】②

64 그림과 같은 회로가 공진이 되기 위한 조건을 만족하는 어드미턴스는?

① $\dfrac{CL}{R}$ ② $\dfrac{CR}{L}$

③ $\dfrac{L}{CR}$ ④ $\dfrac{LR}{C}$

풀이
- 합성어드미턴스

$$Y = Y_1 + Y_2 = \frac{1}{R + j\omega L} + j\omega C$$
$$= \frac{R}{R^2 + \omega^2 L^2} + j\left(\omega C - \frac{\omega L}{R^2 + \omega^2 L^2}\right)$$

- 병렬공진조건 : 허수부가 0이 되어야 한다.

즉, $\omega C = \dfrac{\omega L}{R^2 + \omega^2 L^2}$ 에서 $R^2 + \omega^2 L^2 = \dfrac{\omega L}{\omega C} = \dfrac{L}{C}$

- 병렬공진시 어드미턴스 :

$$Y_r = \frac{R}{R^2 + \omega^2 L^2} = \frac{R}{L/C} = \frac{CR}{L}$$

【답】②

65 자동차 축전지의 무부하 전압을 측정하니 13.5[V]를 지시하였다. 이 때 정격이 12[V], 55[W]인 자동차 전구를 연결하여 축전지의 단자전압을 측정하니 12[V]를 지시하였다. 축전지의 내부저항은 약 몇 [Ω]인가?

① 0.33[Ω] ② 0.45[Ω]
③ 2.62[Ω] ④ 3.31[Ω]

풀이

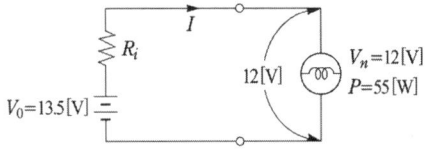

- 전구의 저항 $R_L = \dfrac{V_n^2}{P} = \dfrac{12^2}{55}[\Omega]$
- 전구 연결 후 단자전압 $V = IR_L = 12[V]$에서 회로에 흐르는 전류 $I = \dfrac{12}{R_L} = \dfrac{55}{12}[A]$
- 전압강하 $e = IR_i = 13.5 - 12 = 1.5[V]$에서 축전지 내부저항 $R_i = \dfrac{1.5}{I} = \dfrac{1.5 \times 12}{55} = 0.327[\Omega]$

【답】①

66 어떤 회로에서 전압과 전류가 각각
$e = 50\sin(\omega t + \theta)[V]$, $i = 4\sin(\omega t + \theta - 30°)$
[A] 일 때 무효전력[Var]은 얼마인가?

① 100 ② 86.6
③ 70.7 ④ 50

풀이

$$P_r = \frac{V_m}{\sqrt{2}} \times \frac{I_m}{\sqrt{2}} \sin\theta = \frac{50 \times 4}{2} \sin 30° = 50[Var]$$

【답】④

67 최대 눈금이 50[V]인 직류 전압계가 있다. 이 전압계를 사용하여 150[V]의 전압을 측정하려면 배율기의 저항은 몇 [Ω]을 사용하여야 하는가? 단, 전압계의 내부 저항은 5000[Ω]이다.

① 1000 ② 2500
③ 5000 ④ 10000

풀이
배율기의 저항을 R_m, 전압계의 내부저항을 R_v이라 하면, 배율

$m = 1 + \dfrac{R_m}{R_v}$ 이므로

$\therefore R_m = R_v(m-1) = 5000\left(\dfrac{150}{50}-1\right) = 10000\,[\Omega]$ 【답】④

$= \dfrac{1}{3}(10 + j2 - 20 - j24 - 5 + j10)$

$= \dfrac{1}{3}(-15 - j12) = -5 - j4\,[A]$ 【답】②

68 출력이 $F(s) = \dfrac{3s+2}{s(s^2+2s+6)}$ 로 표시되는 제어계가 있다. 이 계의 시간함수 $f(t)$의 정상값은?

① 3
② 2
③ $\dfrac{1}{3}$
④ $\dfrac{1}{6}$

■ 풀이
최종값 정리에 의해

$f(\infty) = \lim\limits_{s \to 0} s F(s) = \lim\limits_{s \to 0} s \cdot \dfrac{3s+2}{s(s^2+2s+6)} = \dfrac{2}{6} = \dfrac{1}{3}$

【답】③

69 어느 저항에 $v_1 = 220\sqrt{2}\sin(2\pi \cdot 60t - 30°)\,[V]$와 $v_2 = 100\sqrt{2}\sin(3 \cdot 2\pi \cdot 60t - 30°)\,[V]$의 전압이 각각 걸릴 때 올바른 것은?

① v_1이 v_2보다 위상이 15° 앞선다.
② v_1이 v_2보다 위상이 15° 뒤진다.
③ v_1이 v_2보다 위상이 75° 앞선다.
④ v_1과 v_2의 위상관계는 의미가 없다.

■ 풀이
주파수가 서로 다른 전압, 전류 사이에서는 유효전력도 무효전력도 전혀 발생하지 않는다. 따라서, 기본파인 v_1과 3고조파인 v_2 사이에서의 위상관계는 의미가 없다.
【답】④

70 불평형 3상전류 $I_a = 10+j2\,[A]$, $I_b = -20-j24\,[A]$, $I_c = -5+j10\,[A]$일 때의 영상전류 I_0 값은 얼마인가?

① $15+j2\,[A]$
② $-5-j4\,[A]$
③ $-15-j12\,[A]$
④ $-45-j36\,[A]$

■ 풀이
영상전류
$I_0 = \dfrac{1}{3}(I_a + I_b + I_c)$

71 다음 그림은 전압이 10[V]인 전원장치에 가변저항과 전열기를 연결한 회로이다. 가변저항이 5[Ω]일 때 회로에 흐르는 전류는 1[A]이다. 가변저항을 15[Ω]으로 바꾸고 전열기를 4초 동안 사용할 경우 전열기에서 소비되는 전력[W]은 얼마인가? (단, 전원장치의 전압과 전열기의 저항은 일정하다.)

① 1.25
② 1.5
③ 1.88
④ 2.0

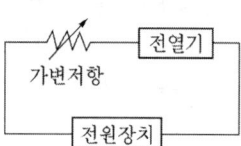

■ 풀이
① 전체 저항(R_T)은 가변 저항과 전열기 저항(R_H)의 합이므로
$R_T = \dfrac{V}{I} = \dfrac{10}{1} = 10 = 5 + R_H\,[\Omega]$

가변 저항이 5[Ω]일 때 전열기의 저항은 5[Ω]이다.
② 가변 저항을 15[Ω]으로 바꾸면
$I = \dfrac{V}{R_T} = \dfrac{10}{(15+5)} = 0.5\,[A]$

따라서, 전열기에서 소비되는 전력
$P = I^2 R_H = 0.5^2 \times 5 = 1.25\,[W]$ 【답】①

72 어떤 회로에서 $i = 10\sin\left(314t - \dfrac{\pi}{6}\right)[A]$의 전류가 흐른다. 이를 복소수로 표시하면?

① $6.12 - j3.54\,[A]$
② $17.32 - j5\,[A]$
③ $3.54 - j6.12\,[A]$
④ $5 - j17.32\,[A]$

■ 풀이
$I = \dfrac{10}{\sqrt{2}}\angle -\dfrac{\pi}{6} = \dfrac{10}{\sqrt{2}}\left(\cos\dfrac{\pi}{6} - j\sin\dfrac{\pi}{6}\right) = 6.12 - j3.54$

【답】①

73 2단자 회로 소자 중에서 인가한 전류파형과 동위상의 전압파형을 얻을 수 있는 것은?

① 저항
② 콘덴서
③ 인덕턴스
④ 저항 + 콘덴서

풀이

① **저항 R** : 저항 R에 정현파전류 $i = I_m \sin\omega t$가 흐를 때 저항 양단의 전압은 옴의 법칙으로부터
$v = Ri = RI_m \sin\omega t = V_m \sin\omega t$, 즉 **전압과 전류는 동상**이다.

② **인덕턴스 L** : 인덕턴스 L에 정현파 전류가 흐를 때 전류의 방향으로 생기는 전압강하 v는
$v = L\dfrac{di}{dt} = L\dfrac{d}{dt}(I_m \sin\omega t) = \omega L I_m \cos\omega t = V_m \sin(\omega t + 90°)$
즉, **전압은 전류보다 90° 앞선다.**

③ **커패시턴스 C** : 커패시턴스 C에 정현파 전류가 흐를 때 전류의 방향으로 생기는 전압강하 v는
$v = \dfrac{1}{C}\int i\,dt = \dfrac{1}{C}\int I_m \sin\omega t\,dt = -\dfrac{1}{\omega C}I_m \cos\omega t$
$= \dfrac{1}{\omega C}I_m \sin(\omega t - 90°) = V_m \sin(\omega t - 90°)$
즉, **전압은 전류보다 90° 뒤진다.** 【답】①

---

74 $R = 100[\Omega]$, $L = \dfrac{1}{\pi}[H]$, $C = \dfrac{100}{4\pi}[pF]$가 직렬로 연결되어 공진할 경우 이 공진회로의 전압확대율 Q는?

① 2×10^3 ② 2×10^4
③ 3×10^3 ④ 3×10^4

풀이
전압 확대율
$Q = \dfrac{1}{R}\sqrt{\dfrac{L}{C}} = \dfrac{1}{100}\sqrt{\dfrac{\dfrac{1}{\pi}}{\dfrac{100}{4\pi}\times 10^{-12}}} = 2\times 10^3$ 【답】①

---

75 어드미턴스 Y_1과 Y_2가 직렬로 접속된 회로의 합성 어드미턴스는?

① $Y_1 + Y_2$ ② $\dfrac{Y_1 Y_2}{Y_1 + Y_2}$
③ $\dfrac{1}{Y_1} + \dfrac{1}{Y_2}$ ④ $\dfrac{1}{Y_1 + Y_2}$

풀이
어드미턴스 $Y = \dfrac{1}{\dfrac{1}{Y_1} + \dfrac{1}{Y_2}} = \dfrac{Y_1 Y_2}{Y_1 + Y_2}[\mho]$ 【답】②

---

76 그림과 같이 접속된 회로에 평형 3상 전압 $E[V]$를 가할 때의 전류 $I_1[A]$은?

① $\dfrac{\sqrt{3}}{4E}$
② $\dfrac{4E}{\sqrt{3}}$
③ $\dfrac{4r}{\sqrt{3}E}$
④ $\dfrac{\sqrt{3}E}{4r}$

풀이
△를 Y로 환산하면 1상의 등가 저항 R은
$R = \dfrac{r^2}{r+r+r} = \dfrac{r^2}{3r} = \dfrac{r}{3}$
따라서 선전류
$I_1 = \dfrac{\dfrac{E}{\sqrt{3}}}{r + \dfrac{r}{3}} = \dfrac{\sqrt{3}E}{4r}$ 【답】④

---

77 그림의 회로에서 a-b 사이의 전압 E_{ab} 값은?

① 8[V]
② 10[V]
③ 12[V]
④ 14[V]

풀이
전압 분배 법칙을 적용하면
$E_{ab} = \dfrac{6}{3+6}\times 12 = 8[V]$이 된다. 【답】①

---

78 테브난의 정리를 사용하여 다음의 (a)회로를 (b)와 같은 등가 회로로 바꾸려 한다. $V[V]$와 $R[\Omega]$의 값은?

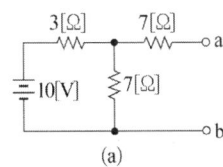
(a)

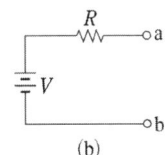
(b)

① 7[V], 9.1[Ω] ② 10[V], 9.1[Ω]
③ 7[V], 6.5[Ω] ④ 10[V], 6.5[Ω]

풀이

- a, b 단자 사이에 걸리는 개방전압

$V_{ab} = \dfrac{10}{3+7} \times 7 = 7[V]$

- a, b단자에서 전원측으로 본 합성저항 (전압원은 단락시킨다.)

$R_{ab} = 7 + \dfrac{3 \times 7}{3+7} = 9.1[\Omega]$ 【답】①

79 그림과 같은 회로에서 a-b 단자에서 본 합성저항은 몇 $[\Omega]$인가?

① 2
② 4
③ 6
④ 8

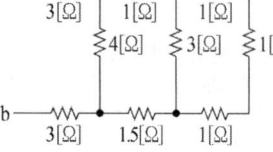

풀이

a-b 사이의 합성 저항은

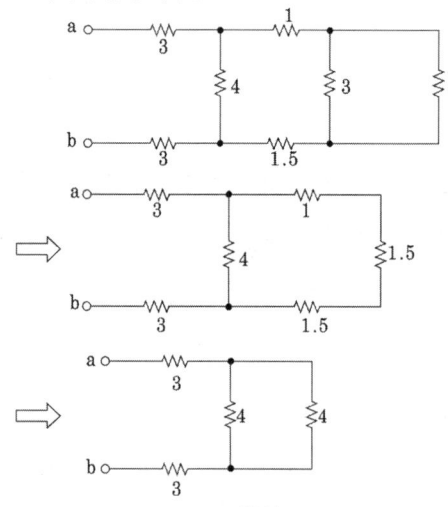

따라서, 합성저항 $R_{ab} = 6 + \dfrac{4 \times 4}{4+4} = 8\,[\Omega]$ 【답】④

80 전압 $e = 5 + 10\sqrt{2}\sin\omega t + 10\sqrt{2}\sin 3\omega t$ [V]일 때 실효값은?

① 7.07 [V]   ② 10 [V]
③ 15 [V]   ④ 20 [V]

풀이

비정현파 교류의 실효값은 직류분, 기본파 및 고조파의 제곱 합의 평방근으로 나타내므로

$V = \sqrt{V_0^2 + V_1^2 + V_2^2 + V_3^2 + \cdots}$ 에서

$V = \sqrt{5^2 + 10^2 + 10^2} = 15[V]$ 【답】③

4회   회로이론

61 그림과 같은 파형의 교류 전압 v와 전류 i 간의 등가 역률은? (단, $v = V_m \sin\omega t [V]$, $i = I_m (\sin\omega t - \dfrac{1}{\sqrt{3}}\sin 3\omega t)[A]$ 이다.)

① $\dfrac{\sqrt{3}}{2}$

② $\dfrac{\sqrt{4}}{2}$

③ 0.8

④ 0.9

풀이 유효 전력 $P = \dfrac{V_m I_m}{2}$ 이고 $V = \dfrac{V_m}{\sqrt{2}}$,

$I = \dfrac{I_m}{\sqrt{2}}\sqrt{1 + \left(\dfrac{1}{\sqrt{3}}\right)^2} = \dfrac{\sqrt{2} I_m}{\sqrt{3}}$

$\therefore \cos\theta = \dfrac{P}{VI} = \dfrac{\dfrac{V_m I_m}{2}}{\dfrac{V_m}{\sqrt{2}} \cdot \dfrac{\sqrt{2} I_m}{\sqrt{3}}} = \dfrac{\sqrt{3}}{2}$ 【답】①

62 그림에서 저항 R이 접속되고 여기에 3상 평형 전압 V가 가해져 있다. 지금 ×표의 곳에서 1선이 단선 되었다고 하면 소비 전력은 처음의 몇 배로 되는가?

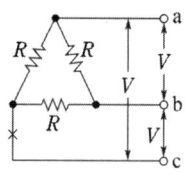

① 1.0   ② 0.7
③ 0.5   ④ 0.25

풀이

- 1선 단선 전 소비전력 $P_\Delta = 3\dfrac{V^2}{R}$

- 1선 단선 후 소비전력 P

1선이 단선되면 R의 직·병렬 회로가 되므로 이때의 합성저항

$R_t = \dfrac{2R \times R}{2R + R} = \dfrac{2}{3}R$

소비전력 $P = \dfrac{V^2}{R_t} = \dfrac{V^2}{\dfrac{2R}{3}} = \dfrac{3V^2}{2R}$

$\therefore \dfrac{P}{P_\Delta} = \dfrac{\dfrac{3V^2}{2R}}{\dfrac{3V^2}{R}} = \dfrac{1}{2}$ 【답】③

63 다음 파형의 파형률과 파고율을 더한 값은?

① 1
② 2
③ 2.51
④ 3.57

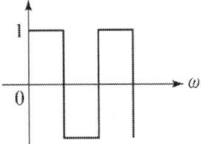

풀이
주기적인 비정현파에 대한 파형률과 파고율

파 형		파형률	파고율
사각파		1	1
반원파		1.040	1.225
정현파		1.109	1.414
삼각파		1.155	1.732

∴ 파형률 + 파고율 = 1 + 1 = 2 【답】②

64 그림과 같은 회로에서 선형저항 3[Ω] 양단의 전압은?

① 4.5 [V]
② 3 [V]
③ 2.5 [V]
④ 2 [V]

풀이
중첩의 정리에 의해
- 2[V] 전압원에 의해 3[Ω]에 인가되는 전압 : 2[V]
 (이때 **전류원 1[A]는 개방**)
- 1[A] 전류원에 의해 3[Ω]에 인가되는 전압 : 0[V]
 (이때 **전압원은 단락** 시키므로 0[V]) 【답】④

65 $f(t) = 3t^2$의 라플라스 변환은?

① $\dfrac{3}{s^2}$
② $\dfrac{3}{s^3}$
③ $\dfrac{6}{s^2}$
④ $\dfrac{6}{s^3}$

풀이
$\mathcal{L}[at^n] = \dfrac{an!}{s^{n+1}}$ 에서

$\mathcal{L}[3t^2] = \dfrac{3 \times 2!}{s^{2+1}} = \dfrac{6}{s^3}$ 【답】④

66 그림과 같은 회로에서 a-b 사이의 전위차[V]는?

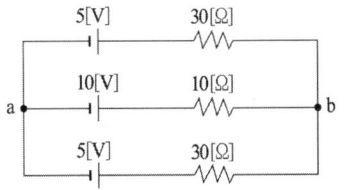

① 10 [V]
② 8 [V]
③ 6 [V]
④ 4 [V]

풀이
밀만의 정리에 의해

$V_{ab} = \dfrac{\dfrac{E_1}{R_1} + \dfrac{E_2}{R_2} + \dfrac{E_3}{R_3}}{\dfrac{1}{R_1} + \dfrac{1}{R_2} + \dfrac{1}{R_3}} = \dfrac{\dfrac{5}{30} + \dfrac{10}{10} + \dfrac{5}{30}}{\dfrac{1}{30} + \dfrac{1}{10} + \dfrac{1}{30}}$

$= \dfrac{5 + 30 + 5}{1 + 3 + 1} = \dfrac{40}{5} = 8[V]$ 【답】②

67 대칭 3상 전압을 a상을 기준으로 했을 때 영상분 V_0, 정상분 V_1, 역상분 V_2의 합은?

① V_a
② $V_a + 1$
③ 0
④ 1

풀이
- 영상분 $V_0 = \dfrac{1}{3}(V_a + V_b + V_c)$
- 정상분 $V_1 = \dfrac{1}{3}(V_a + aV_b + a^2V_c)$
- 역상분 $V_2 = \dfrac{1}{3}(V_a + a^2V_b + aV_c)$

∴ $V_0 + V_1 + V_2 = V_a + \dfrac{1}{3}V_b(1 + a + a^2) + \dfrac{1}{3}V_c(1 + a + a^2)$
$= V_a$

$(\because 1 + a + a^2 = 1 - \dfrac{1}{2} + j\dfrac{\sqrt{3}}{2} - \dfrac{1}{2} - j\dfrac{\sqrt{3}}{2} = 0)$ 【답】①

68 다음 왜형파 전류의 왜형률은 약 얼마인가?

$i = 30\sin\omega t + 10\cos 3\omega t + 5\sin 5\omega t$ [A]

① 0.46
② 0.26
③ 0.53
④ 0.37

풀이
왜형률 = $\dfrac{\text{전 고조파 실효값}}{\text{기본파 실효값}}$

$= \dfrac{\sqrt{{I_3}^2 + {I_5}^2}}{I_1} = \dfrac{\sqrt{(10/\sqrt{2})^2 + (5/\sqrt{2})^2}}{30/\sqrt{2}}$

$= 0.373$ 【답】④

69 전압 200 [V]의 3상 회로에 다음과 같은 평형부하를 접속했을 때 선전류는?

(단, $r = 9[\Omega]$, $\dfrac{1}{\omega C} = 4[\Omega]$ 이다.)

① 약 28.9 [A]
② 약 38.5 [A]
③ 약 48.1 [A]
④ 약 115.5 [A]

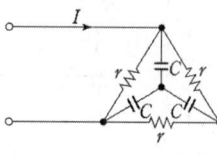

풀이
△결선된 저항 r을 Y결선으로 변환하면
$$R_Y = \frac{1}{3}R_\Delta = \frac{1}{3} \times 9 = 3[\Omega]$$
이 된다. 따라서 r과 C회로가 병렬로 되므로 부하 1상의 어드미턴스 Y는
$$Y = \frac{1}{R_Y} + j\omega C = \frac{1}{3} + j\frac{1}{4}[\mho]$$
$$\therefore I = YV_p = \left(\frac{1}{3} + j\frac{1}{4}\right)\frac{200}{\sqrt{3}}$$
$$I = \frac{200}{\sqrt{3}}\sqrt{\left(\frac{1}{3}\right)^2 + \left(\frac{1}{4}\right)^2} = 48.1[A]$$ 【답】③

70 교류회로에서 역률이란 무엇인가?
① 전압과 전류의 위상차의 정현
② 전압과 전류의 위상차의 여현
③ 임피던스와 리액턴스의 위상차의 여현
④ 임피던스와 저항의 위상차의 정현

풀이
역률이란 전압과 전류의 위상차의 여현($\cos\theta$)이다. 【답】②

71 $F(s) = \dfrac{5s+8}{5s^2+4s}$ 일 때 $f(t)$의 최종값은?
① 1
② 2
③ 3
④ 4

풀이
최종값 정리 $f(\infty) = \lim\limits_{t \to \infty} f(t) = \lim\limits_{s \to 0} sF(s)$에 의해서
$$\lim_{t \to \infty} i(t) = \lim_{s \to 0} s \cdot I(s) = \lim_{s \to 0} s \cdot \frac{5s+8}{5s^2+4s}$$
$$= \lim_{s \to 0} s \cdot \frac{5s+8}{s(5s+4)}$$
$$= \lim_{s \to 0} \frac{5s+8}{5s+4} = \frac{8}{4} = 2$$ 【답】②

72 RLC 직렬회로에 $e = 170\cos\left(120t + \dfrac{\pi}{6}\right)$[V]를 인가할 때 $i = 8.5\cos\left(120t - \dfrac{\pi}{6}\right)$[A]가 흐르는 경우 소비되는 전력은 약 몇 [W]인가?
① 361
② 623
③ 720
④ 1445

풀이
$P = VI\cos\theta$
$= \dfrac{170}{\sqrt{2}} \times \dfrac{8.5}{\sqrt{2}} \times \cos\{30° - (-30°)\} = 361.25[W]$ 【답】①

73 반파 및 정현대칭의 왜형파의 푸리에 급수에서 옳게 표현된 것은?

(단, $f(t) = a_0 + \sum\limits_{n=1}^{\infty} a_n \cos n\omega t + \sum\limits_{n=1}^{\infty} b_n \sin n\omega t$ 임)

① a_n의 우수항만 존재한다.
② a_n의 기수항만 존재한다.
③ b_n의 우수항만 존재한다.
④ b_n의 기수항만 존재한다.

풀이
• 반파 대칭 및 정현 대칭을 동시에 만족하는 파형으로는 삼각파와 구형파가 있다.
• 반파 대칭의 특징 : 직류성분 $a_0 = 0$, 홀수항의 sin, cos항 존재
• 정현 대칭의 특징 : 직류성분 $a_0 = 0$, cos항=0, sin항 존재
따라서, 반파 및 정현대칭의 경우 홀수항(기수항)의 sin만 존재한다. 【답】④

74 2개의 전력계로 평형 3상 부하의 전력을 측정하였더니 한쪽의 지시치가 다른 쪽 전력계의 지시치보다 3배 이었다면 부하역률은 약 얼마인가?
① 0.37
② 0.57
③ 0.76
④ 0.86

풀이
2전력계법에서
$$\text{역률 } \cos\theta = \frac{P_1 + P_2}{2\sqrt{P_1^2 + P_2^2 - P_1 \cdot P_2}} \text{에서}$$
$P_1 = 3P_2$인 경우
$$\cos\theta = \frac{3P_2 + P_2}{2\sqrt{(3P_2)^2 + P_2^2 - 3P_2 \times P_2}} = \frac{2}{\sqrt{7}} = 0.76$$ 【답】③

75 전류가 전압에 비례한다는 것을 가장 잘 나타낸 것은?

① 테브낭의 정리   ② 상반의 정리
③ 밀만의 정리   ④ 중첩의 원리

풀이
테브낭의 정리
$$I = \frac{V}{Z_0 + Z}$$

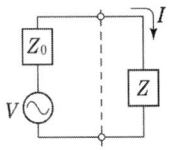

【답】①

76 저항 20[Ω], 인덕턴스 0.1[H]인 직렬회로에 60[Hz], 110[V]의 교류전압이 인가되어 있다. 인덕턴스에 축적되는 자기에너지의 평균값은 약 몇 [J] 인가?

① 0.14   ② 0.33
③ 0.75   ④ 1.45

풀이
회로에 흐르는 전류 I 는
$$I = \frac{E}{\sqrt{R^2 + X_L^2}} = \frac{E}{\sqrt{R^2 + (\omega L)^2}} = \frac{E}{\sqrt{R^2 + (2\pi f L)^2}}$$
$$= \frac{110}{\sqrt{20^2 + (2\pi \times 60 \times 0.1)^2}} = 2.58[A]$$
따라서, 인덕턴스에 축적되는 자기 에너지
$$W = \frac{1}{2}LI^2 = \frac{1}{2} \times 0.1 \times 2.58^2 ≒ 0.33[J]$$

【답】②

77 정현파 사이클의 수학적인 평균값은?

① 0.637 × 최대값   ② 0.707 × 최대값
③ 1.414 × 실효값   ④ 0

풀이
정현파 교류는 정(+), 부(-)가 대칭이므로 한 주기를 평균하면 0 이 되기 때문에 반 주기에 대한 순시값의 평균을 취하여 정현파 교류의 평균값을 구한다.

【답】④

78 그림과 같은 4단자 회로망에서 어드미턴스 파라미터 $Y_{12}[℧]$는?

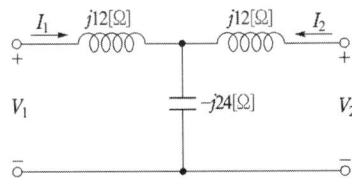

① $-j\frac{1}{12}$ ② $j\frac{1}{18}$
③ $-j\frac{1}{24}$ ④ $j\frac{1}{24}$

풀이

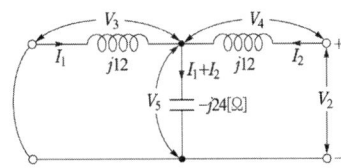

$V_2 = V_4 + V_5 = (j12I_2) + (-j24I_1 - j24I_2) = -j24I_1 - j12I_2$
$V_5 = -V_3$
$(-j24I_1 - j24I_2) = -j12I_1, \quad -j24I_2 = j12I_1$
$\therefore I_2 = \frac{j12}{-j24}I_1 = -\frac{1}{2}I_1$
$V_2 = -j24I_1 - j12\left(-\frac{1}{2}I_1\right) = -j24I_1 + j6I_1 = -j18I_1$
$Y_{12} = \frac{I_1}{V_2}\bigg|_{V_1 = 0} = \frac{I_1}{-j18I_1} = j\frac{1}{18}$

【답】②

79 다음 회로의 A-B 간의 합성 임피던스 Z_0는?

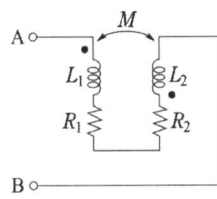

① $R_1 + R_2 + j\omega M$
② $R_1 + R_2 - j\omega M$
③ $R_1 + R_2 + j\omega(L_1 + L_2 + 2M)$
④ $R_1 + R_2 + j\omega(L_1 + L_2 - 2M)$

풀이
L_1, L_2에 흘러 들어가는 전류의 방향이 모두 dot 방향이므로 등가인덕턴스 L^+는
$L^+ = L_1 + L_2 + 2M$
따라서, 합성임피던스 $Z_0 = R_1 + R_2 + j\omega(L_1 + L_2 + 2M)$

【답】③

CBT 복원문제 2022년

80 그림과 같은 $R-C$ 회로에서 입력전압을 $e_i(t)$, 출력전압을 $e_o(t)$라 할 때의 전달 함수는?
(단, $\tau = RC$ 이다.)

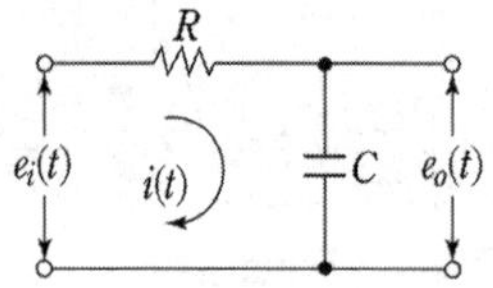

① $\dfrac{1}{\tau s + 1}$ ② $\dfrac{1}{\tau s + 2}$

③ $\dfrac{2}{\tau s + 3}$ ④ $\dfrac{1}{\tau s + 3}$

풀이

$\begin{cases} e_i(t) = Ri(t) + \dfrac{1}{C}\int i(t)dt \\ e_o(t) = \dfrac{1}{C}\int i(t)dt \end{cases}$, $\begin{cases} E_i(s) = \left(R + \dfrac{1}{Cs}\right)I(s) \\ E_o(s) = \dfrac{1}{Cs}I(s) \end{cases}$

$\therefore G(s) = \dfrac{E_o(s)}{E_i(s)} = \dfrac{\dfrac{1}{Cs}}{R + \dfrac{1}{Cs}} = \dfrac{1}{RCs + 1} = \dfrac{1}{Ts + 1}$ 【답】①

2023년 CBT 복원문제

| 1회 | 회로이론 |

61 다음과 같이 변환시 $R_1 + R_2 + R_3$의 값[Ω]은? (단, $R_{ab} = 2[\Omega]$, $R_{bc} = 4[\Omega]$, $R_{ca} = 6[\Omega]$이다.)

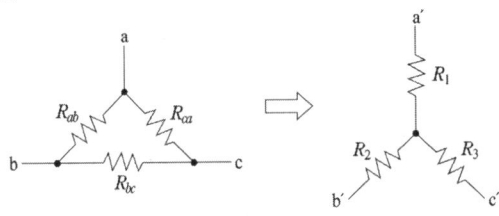

① 1.57 [Ω]
② 2.67 [Ω]
③ 3.67 [Ω]
④ 4.87 [Ω]

풀이

$R_1 = \dfrac{R_{ab} \cdot R_{ca}}{R_{ab} + R_{bc} + R_{ca}}$, $R_2 = \dfrac{R_{ab} \cdot R_{bc}}{R_{ab} + R_{bc} + R_{ca}}$,

$R_3 = \dfrac{R_{bc} \cdot R_{ca}}{R_{ab} + R_{bc} + R_{ca}}$ 이므로

$\therefore R_1 + R_2 + R_3 = \dfrac{R_{ab} \cdot R_{ca} + R_{ab} \cdot R_{bc} + R_{bc} \cdot R_{ca}}{R_{ab} + R_{bc} + R_{ca}}$

$= \dfrac{2 \times 6 + 2 \times 4 + 4 \times 6}{2 + 4 + 6} = 3.67 [\Omega]$ 【답】 ③

62 $R = 50[\Omega]$, $L = 200[mH]$의 직렬회로에서 주파수 $f = 50[Hz]$의 교류에 대한 역률[%]은?

① 82.3
② 72.3
③ 62.3
④ 52.3

풀이

$R-L$ 직렬 회로에서 역률

$\cos\theta = \dfrac{R}{Z} = \dfrac{R}{\sqrt{R^2 + X_L^2}} = \dfrac{R}{\sqrt{R^2 + (\omega L)^2}}$

$\therefore \cos\theta = \dfrac{50}{\sqrt{50^2 + (2\pi \times 50 \times 200 \times 10^{-3})^2}} \times 100 = 62.27[\%]$

【답】 ③

63 그림과 같이 접속된 회로의 단자 a, b에서 본 등가임피던스는 어떻게 표현되는가? (단, $M[H]$은 두 코일 L_1, L_2 사이의 상호인덕턴스이다.)

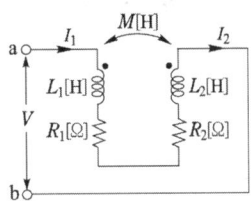

① $R_1 + R_2 + j\omega(L_1 + L_2)$
② $R_1 + R_2 + j\omega(L_1 - L_2)$
③ $R_1 + R_2 + j\omega(L_1 + L_2 + 2M)$
④ $R_1 + R_2 + j\omega(L_1 + L_2 - 2M)$

풀이

$I \rightarrow$ L_1 M L_2	$I \rightarrow$ L_1 M L_2
화동결합 $L = L_1 + L_2 + 2M$ (전류가 L_1, L_2의 •방향으로 흐름)	차동결합 $L = L_1 + L_2 - 2M$ (전류가 L_1에는 •방향, L_2에는 •반대 방향으로 흐름)

(•와 전류의 방향에 따라 상호 인덕턴스는 $+2M$ 또는 $-2M$이 된다.) 【답】 ④

64 다음과 같은 4단자 회로에서 영상 임피던스[Ω]는?

① 200
② 300
③ 450
④ 600

풀이

$Z_{01} = \sqrt{\dfrac{AB}{CD}}$ 에서 대칭 T형 회로에서는 $A = D$이므로

$Z_{01} = \sqrt{\dfrac{B}{C}}$ 이고 회로에서

$$C = \frac{1}{450}$$

$$B = \frac{R_1R_3 + R_1R_2 + R_2R_3}{R_3}$$

$$= \frac{300 \times 450 + 300 \times 300 + 300 \times 450}{450} = 800$$

$$\therefore Z_{01} = \sqrt{\frac{B}{C}} = \sqrt{\frac{800}{1/450}} = 600[\Omega]$$

【답】④

65 다음 회로에서 S를 닫은 후 $t = 2$초 일 때 회로에 흐르는 전류는 약 몇 [A]인가?

① 3.7[A]
② 4.6[A]
③ 5.2[A]
④ 6.3[A]

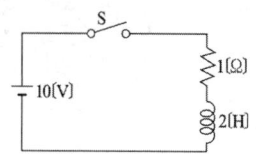

풀이

$R-L$ 직렬 회로에 직류 전압 인가 시 흐르는 전류

$i(t) = \frac{E}{R}\left(1 - e^{-\frac{R}{L}t}\right)$에서 $t = 2$ [s]이므로

$i(t=2) = \frac{10}{1}\left(1 - e^{-\frac{1}{2} \cdot 2}\right) = 10(1 - e^{-1}) = 6.32[A]$

【답】④

66 정현파 교류전압의 파고율은?

① 0.91
② 1.11
③ 1.41
④ 1.73

풀이

파고율 = $\frac{\text{최대치}}{\text{실효치}}$

로 표현되며, 각 파형의 파형률 및 파고율은 다음과 같다.

	구형파	3각파	정현파	정류파(전파)	정류파(반파)
파형률	1.0	1.15	1.11	1.11	1.57
파고율	1.0	1.732	1.414	1.414	2.0

【답】③

67 단자 a-b에 30 [V]의 전압을 가했을 때 전류 I는 3 [A] 가 흘렀다고 한다. 저항 r [Ω]은 얼마인가?

① 5
② 10
③ 15
④ 20

풀이

단자 a-b 사이의 합성 저항

$R = \frac{2r \times r}{2r + r} = \frac{2}{3}r$ (∵ $2r$과 r의 병렬 회로)

$V = IR = I \times \frac{2}{3}r$ 이므로

$\therefore r = \frac{V}{I} \times \frac{3}{2} = \frac{30}{3} \times \frac{3}{2} = 15[\Omega]$

【답】③

68 주기함수 $f(t)$의 푸리에 급수 전개식으로 옳은 것은?

① $f(t) = \sum_{n=1}^{\infty} a_n \sin n\omega t + \sum_{n=1}^{\infty} b_n \sin n\omega t$

② $f(t) = b_0 + \sum_{n=2}^{\infty} a_n \sin n\omega t + \sum_{n=2}^{\infty} b_n \cos n\omega t$

③ $f(t) = a_0 + \sum_{n=1}^{\infty} a_n \cos n\omega t + \sum_{n=1}^{\infty} b_n \sin n\omega t$

④ $f(t) = \sum_{n=1}^{\infty} a_n \cos n\omega t + \sum_{n=1}^{\infty} b_n \cos n\omega t$

풀이

푸리에 급수는 주파수와 진폭을 달리하는 무수히 많은 성분을 갖는 비정현파를 무수히 많은 정현항과 여현항의 합으로 표현하는 것이다.

$f(t) = a_0 + \sum_{n=1}^{\infty} a_n \cos n\omega t + \sum_{n=1}^{\infty} b_n \sin n\omega t$

【답】③

69 $Z = 8 + j6[\Omega]$인 평형 Y부하에 선간전압 200 [V]인 대칭 3상 전압을 가할 때 선전류는 약 몇 [A]인가?

① 20
② 11.5
③ 7.5
④ 5.5

풀이

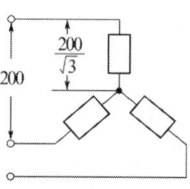

상전류 $I_P = \frac{V_P}{Z} = \frac{200/\sqrt{3}}{\sqrt{8^2 + 6^2}} = 11.55[A]$

Y결선이므로

선전류 I_l = 상전류 $I_P = 11.55[A]$

【답】②

70 어떤 계에 임펄스 함수(δ함수)가 입력으로 가해졌을 때 시간함수 e^{-2t}가 출력으로 나타났다. 이 계의 전달함수는?

① $\dfrac{1}{s+2}$ ② $\dfrac{1}{s-2}$

③ $\dfrac{2}{s+2}$ ④ $\dfrac{2}{s-2}$

풀이
- 입력 $R(s) = \mathcal{L}[r(t)] = \mathcal{L}[\delta(t)] = 1$
- 출력 $C(s) = \mathcal{L}[c(t)] = \mathcal{L}[e^{-2t}] = \dfrac{1}{s+2}$
- 따라서, 전달함수 $G(s) = \dfrac{C(s)}{R(s)} = \dfrac{1}{s+2}$ 【답】①

71 다음과 같은 전류의 초기값 $i(0^+)$를 구하면?
$$I(s) = \dfrac{12(s+8)}{4s(s+6)}$$

① 1 ② 2
③ 3 ④ 4

풀이
초기값 정리에 의해
$i(0^+) = \lim_{t \to 0} i(t) = \lim_{s \to \infty} s \cdot I(s)$
$= \lim_{s \to \infty} s \cdot \dfrac{12(s+8)}{4s(s+6)} = \lim_{s \to \infty} \dfrac{12(s+8)}{4(s+6)}$
$= \lim_{s \to \infty} \dfrac{12\left(1+\dfrac{8}{s}\right)}{4\left(1+\dfrac{6}{s}\right)} = 3$ 【답】③

72 $e = 200\sqrt{2}\sin\omega t + 150\sqrt{2}\sin3\omega t + 100\sqrt{2}\sin5\omega t$[V]인 전압을 $R-L$ 직렬회로에 가할 때에 제3고조파 전류의 실효값은 몇 [A]인가? (단, $R = 8[\Omega]$, $\omega L = 2[\Omega]$ 이다.)

① 5 ② 8
③ 10 ④ 15

풀이
$I_3 = \dfrac{V_3}{Z_3} = \dfrac{V_3}{\sqrt{R^2 + (3\omega L)^2}} = \dfrac{150}{\sqrt{8^2 + (3 \times 2)^2}} = 15$ [A]

(∵ 저항은 기본파일 때나 고조파 일 때나 그 크기의 변화는 없다. 그러나 **리액턴스는 제n차 고조파에서는 주파수가 n배가 되**므로, 리액턴스 $X_n = 2\pi(nf)L = n \times 2\pi f L$로 **기본파의 n배가** 된다.) 【답】④

73 대칭 5상 회로의 선간전압과 상전압의 위상차는?

① 27° ② 36°
③ 54° ④ 72°

풀이
대칭 n상인 경우 기전력의 위상차는
$\theta = \dfrac{\pi}{2}\left(1 - \dfrac{2}{n}\right) = \dfrac{180°}{2}\left(1 - \dfrac{2}{5}\right) = 90° \times \dfrac{3}{5} = 54°$ 【답】③

74 22[kVA]의 부하가 역률 0.80이라면 무효 전력[kVar]은?

① 16.6 ② 17.6
③ 15.2 ④ 13.2

풀이
$\cos^2\theta + \sin^2\theta = 1$에서
무효율 $\sin\theta = \sqrt{1 - \cos^2\theta} = \sqrt{1 - 0.8^2} = 0.6$
무효전력 $P_r = VI\sin\theta = P_a \cdot \sin\theta = 22 \times 0.6 = 13.2$[kVar] 【답】④

75 한 상의 임피던스가 $20 + j10[\Omega]$인 Y결선 부하에 대칭 3상 선간 전압 200[V]를 가할 때 전 소비전력은?

① 1600[W] ② 1700[W]
③ 1800[W] ④ 1900[W]

풀이
1상에 흐르는 전류
$I_P = \dfrac{V_P}{Z} = \dfrac{200/\sqrt{3}}{\sqrt{20^2 + 10^2}} = 5.164$ [A]
$P = 3I_P^2 R = 3 \times 5.164^2 \times 20 = 1600$[W] 【답】①

76 비정현파 전압 $v = 100\sqrt{2}\sin\omega t + 50\sqrt{2}\sin2\omega t + 30\sqrt{2}\sin3\omega t$[V]의 왜형률은 약 얼마인가?

① 0.36 ② 0.58
③ 0.87 ④ 1.41

풀이
왜형률 $= \dfrac{\text{전 고조파의 실효값}}{\text{기본파의 실효값}} = \dfrac{\sqrt{V_2^2 + V_3^2}}{V_1} = \dfrac{\sqrt{50^2 + 30^2}}{100}$
$= 0.58$ 【답】②

77 2개의 교류 전압 $e_1 = 141\sin(120\pi t - 30°)$과 $e_2 = 150\cos(120\pi t - 30°)$의 위상차를 시간으로 표시하면 몇 초인가?

① $\dfrac{1}{60}$ ② $\dfrac{1}{120}$

③ $\dfrac{1}{240}$ ④ $\dfrac{1}{360}$

풀이

$e_1 = 141\sin(120\pi t - 30°)$
$e_2 = 150\sin(120\pi t - 30° + 90°)$

∴ e_1과 e_2의 위상차 $\theta = \dfrac{\pi}{2}$, $\omega = 120\pi$

$\theta = \omega t$ 에서 $t = \dfrac{\theta}{\omega} = \dfrac{\pi}{2} \times \dfrac{1}{120\pi} = \dfrac{1}{240}$ [sec]

【답】③

78 4단자 회로에서 4단자 정수를 A, B, C, D라 할 때 전달정수 θ는 어떻게 되는가?

① $\ln(\sqrt{AB} + \sqrt{BC})$
② $\ln(\sqrt{AB} - \sqrt{CD})$
③ $\ln(\sqrt{AD} + \sqrt{BC})$
④ $\ln(\sqrt{AD} - \sqrt{BC})$

풀이

영상전달정수

$\theta = \ln(\sqrt{AD} + \sqrt{BC}) = \cosh^{-1}\sqrt{AD} = \sinh^{-1}\sqrt{BC}$
$= \tanh^{-1}\sqrt{\dfrac{BC}{AD}}$

【답】③

79 대칭 좌표법에 관한 설명 중 잘못된 것은?

① 불평형 3상 회로 비접지식 회로에서는 영상분이 존재한다.
② 대칭 3상 전압에서 영상분은 0 이다.
③ 대칭 3상 전압은 정상분만 존재한다.
④ 불평형 3상 회로의 접지식 회로에서는 영상분이 존재한다.

풀이

• 비 접지식에서는 중성선이 없으므로 중성선에 전류가 흐를 수 없다. 따라서, 3상 전류의 합 $I_a + I_b + I_c = 0$ 이 되어야 한다.
• 대칭 좌표법에서 영상전류 $I_0 = \dfrac{1}{3}(I_a + I_b + I_c) = 0$이 되어 **비 접지식에서는 영상분이 존재하지 않는다.**

【답】①

80 다음과 같은 회로에서 $t = 0$ 인 순간에 스위치 S를 닫았다. 이 순간에 인덕턴스 L에 걸리는 전압[V]은? (단, L의 초기 전류는 0 이다.)

① 0
② $\dfrac{LE}{R}$
③ E
④ $\dfrac{E}{R}$

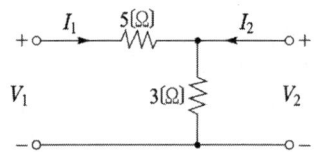

풀이

$E_L = Ee^{-\frac{R}{L}t} = Ee^{-\frac{R}{L}\times 0} = E$ [V]

여기서, $e^0 = 1$

【답】③

2회   회로이론

61 회로에서 Z 파라미터가 잘못 구하여진 것은?

① $Z_{11} = 8\,[\Omega]$ ② $Z_{12} = 3\,[\Omega]$
③ $Z_{21} = 3\,[\Omega]$ ④ $Z_{22} = 5\,[\Omega]$

풀이

$Z_{11} = Z_1 + Z_2 = 5 + 3 = 8\,[\Omega]$
$Z_{12} = Z_{21} = Z_2 = 3\,[\Omega]$
$Z_{22} = Z_2 = 3\,[\Omega]$

【답】④

62 이상적인 전압원과 전류원의 내부저항[Ω]은 각각 얼마인가?

① 전압원과 전류원의 내부저항은 모두 0 이다.
② 전압원의 내부저항은 ∞ 이고, 전류원의 내부저항은 0 이다.
③ 전압원과 전류원의 내부저항은 모두 ∞ 이다.
④ 전압원의 내부저항은 0 이고, 전류원의 내부저항은 ∞ 이다.

풀이
- 이상 전압원은 내부 저항이 적을수록 좋다. ⇒ 내부 저항이 적을수록 내부 전압 강하가 적어진다.
- 이상 전류원은 내부 저항이 클수록 좋다. ⇒ 내부 저항이 클수록 내부 저항으로 흐르는 분로 전류가 적어진다. 【답】④

63 대칭 3상 Y부하에서 각 상의 임피던스가 $Z = 3 + j4\,[\Omega]$이고 부하전류가 20 [A]일 때 피상전력은 얼마인가?

① 1800 [VA] ② 2000 [VA]
③ 2400 [VA] ④ 2800 [VA]

풀이
임피던스 $Z = \sqrt{R^2 + X^2} = \sqrt{3^2 + 4^2} = 5[\Omega]$
피상전력 $P_a = I^2 Z = 20^2 \times 5 = 2000[VA]$ 【답】②

64 그림에서 전류계는 0.4 [A], 전압계 V_1은 3 [V], V_2는 4[V]를 지시했다. 저항 R_3의 값[Ω]은?
(단, 전류계 및 전압계의 내부저항은 무시한다.)

① 5
② 11
③ 12.5
④ 13.7

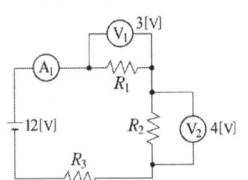

풀이
키르히호프의 전압법칙에 의해 회로망 내의 임의의 폐회로에 있어서 전원전압의 합은 폐회로내의 전압강하의 합과 같다.
$V = IR_1 + IR_2 + IR_3 = V_1 + V_2 + IR_3 = 3 + 4 + IR_3 = 12[V]$
이므로, $IR_3 = 5[V]$
$\therefore R_3 = \frac{5}{I} = \frac{5}{0.4} = 12.5[\Omega]$ 【답】③

65 RLC 직렬회로에서 공진 시의 전류는 공급전압에 대하여 어떤 위상차를 갖는가?

① 0° ② 90°
③ 180° ④ 270°

풀이
직렬공진은 리액턴스 성분이 0 $(j\omega L = \frac{1}{j\omega c})$이 되므로 공진시 전압과 전류 는 동상이 되고 전류는 최대로 된다. 【답】①

66 그림과 같은 회로의 전압 전달함수 $G(s)$는?

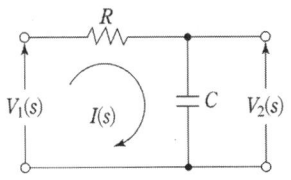

① $\dfrac{RC}{s + \dfrac{1}{RC}}$ ② $\dfrac{RC}{s + RC}$

③ $\dfrac{RC}{RCs + 1}$ ④ $\dfrac{1}{RCs + 1}$

풀이
$\begin{cases} v_1(t) = Ri(t) + \dfrac{1}{C}\int i(t)dt \\ v_2(t) = \dfrac{1}{C}\int i(t)dt \end{cases}$

$\begin{cases} V_1(s) = \left(R + \dfrac{1}{Cs}\right)I(s) \\ V_2(s) = \dfrac{1}{Cs}I(s) \end{cases}$

$\therefore$ 전달함수 $G(s) = \dfrac{V_2(s)}{V_1(s)} = \dfrac{\dfrac{1}{Cs}}{R + \dfrac{1}{Cs}} = \dfrac{1}{RCs + 1}$ 【답】④

67 전달함수 출력(응답)식 $C(s) = G(s)R(s)$에서 입력함수 $R(s)$를 단위 임펄스 $\delta(t)$로 인가할 때 이 계의 출력은?

① $C(s) = G(s)\delta(s)$ ② $C(s) = \dfrac{G(s)}{\delta(s)}$

③ $C(s) = \dfrac{G(s)}{s}$ ④ $C(s) = G(s)$

풀이
$r(t) = \delta(t)$를 라플라스 변환하면
$R(s) = \mathcal{L}[r(t)] = \mathcal{L}[\delta(t)] = 1$
$\therefore C(s) = G(s)R(s) = G(s) \times 1 = G(s)$ 【답】④

68 $R-L-C$ 직렬회로에서 시정수의 값이 작을수록 과도현상이 소멸되는 시간은 어떻게 되는가?

① 짧아진다. ② 관계없다.
③ 길어진다. ④ 일정하다.

풀이
시정수가 크면 클수록 과도기가 오래 지속되고, 적으면 적을수록 지속시간이 짧아진다. 【답】①

69 정전용량 C만의 회로에서 100[V], 60[Hz]의 교류를 가했을 때 60[mA]의 전류가 흐른다면 C는 몇 [μF] 인가?

① 5.26[μF]   ② 4.32[μF]
③ 3.59[μF]   ④ 1.59[μF]

풀이

$X_c = \dfrac{V}{I} = \dfrac{100}{60 \times 10^{-3}} = \dfrac{10}{6} \times 10^3 = 1.66 \times 10^3 [\Omega]$

$X_c = \dfrac{1}{\omega C}$ 에서 $C = \dfrac{1}{\omega X_c}$

$C = \dfrac{1}{\omega(1.66 \times 10^3)} = \dfrac{1}{2 \times 3.14 \times 60 \times 1.66 \times 10^3}$
$= 1.59 \times 10^{-6} [F] = 1.59 [\mu F]$ 【답】 ④

70 4단자 정수를 구하는 식으로 틀린 것은?

① $A = \left(\dfrac{V_1}{V_2}\right)_{I_2=0}$ ② $B = \left(\dfrac{V_2}{I_2}\right)_{V_1=0}$

③ $C = \left(\dfrac{I_1}{V_2}\right)_{I_2=0}$ ④ $D = \left(\dfrac{I_1}{I_2}\right)_{V_2=0}$

풀이

$V_1 = AV_2 + BI_2$, $I_1 = CV_2 + DI_2$ 에서

$A = \dfrac{V_1}{V_2}\bigg|_{I_2=0}$ $B = \dfrac{V_1}{I_2}\bigg|_{V_2=0}$

$C = \dfrac{I_1}{V_2}\bigg|_{I_2=0}$ $D = \dfrac{I_1}{I_2}\bigg|_{V_2=0}$ 【답】 ②

71 대칭 3상 전압을 공급한 3상 유도전동기에서 각 계기의 지시는 다음과 같다. 유도전동기의 역률은 얼마인가? (단, $W_1 = 1.2$[kW], $W_2 = 1.8$[kW], $V = 200$[V], $A = 10$[A] 이다.)

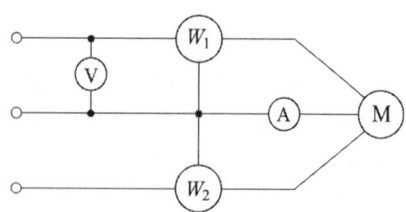

① 0.70   ② 0.76
③ 0.80   ④ 0.87

풀이

3상 전력 $W = \sqrt{3} \, VI\cos\theta$ 에서
$\cos\theta = \dfrac{W_1 + W_2}{\sqrt{3} \, VI} = \dfrac{1200 + 1800}{\sqrt{3} \times 200 \times 10} = 0.866$ 【답】 ④

72 $V = 50\sqrt{3} - j50$ [V], $I = 15\sqrt{3} + j15$ [A]일 때 유효전력 P [W]와 무효전력 P_r [Var]은 각각 얼마인가?

① $P = 3000$, $P_r = 1500$
② $P = 1500$, $P_r = 1500\sqrt{3}$
③ $P = 750$, $P_r = 750\sqrt{3}$
④ $P = 2250$, $P_r = 1500\sqrt{3}$

풀이

$P_a = VI^* = P + jQ$
$= (50\sqrt{3} - j50)(15\sqrt{3} - j15)$
$= 2250 - j750\sqrt{3} - j750\sqrt{3} - 750$
$= 1500 - j1500\sqrt{3}$

따라서, 유효전력 $P = 1500$[W], 무효전력 $P_r = 1500\sqrt{3}$ [Var] 【답】 ②

73 전원이 Y결선, 부하가 △결선된 3상 대칭회로가 있다. 전원의 상전압이 220[V] 이고 전원의 상전류가 10[A]일 경우, 부하 한 상의 임피던스[Ω]는?

① 66   ② $22\sqrt{3}$
③ 22   ④ $\dfrac{22}{\sqrt{3}}$

풀이

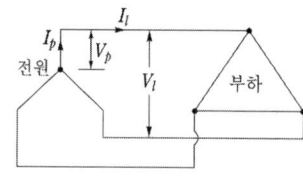

• 전원의 선간전압=부하의 상전압 이므로
 부하 1상에 인가되는 상전압 $V_p = 220\sqrt{3}$ [V]

• 전원의 상전류=부하의 선전류 이므로
 부하의 상전류 $I_p = \dfrac{I_l}{\sqrt{3}} = \dfrac{10}{\sqrt{3}}$ [A]

• 부하 1상의 임피던스 $Z_p = \dfrac{V_p}{I_p} = \dfrac{220\sqrt{3}}{\dfrac{10}{\sqrt{3}}} = 66 [\Omega]$ 【답】 ①

74 비대칭 다상 교류가 만드는 회전 자계는?

① 교번자기장
② 타원형 회전자기장
③ 원형 회전자기장
④ 포물선 회전자기장

풀이
회전자계
① 대칭 전류 : 원형 회전 자계 형성
② **비대칭** 전류 : **타원 회전 자계** 형성　　　　【답】②

75 다음과 같은 교류 브리지 회로에서 Z_0에 흐르는 전류가 0이 되기 위한 각 임피던스의 조건은?

① $Z_1 Z_2 = Z_3 Z_4$
② $Z_1 Z_2 = Z_3 Z_0$
③ $Z_2 Z_3 = Z_1 Z_0$
④ $Z_2 Z_3 = Z_1 Z_4$

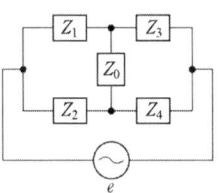

풀이
브리지의 평형조건 : 서로 대각선으로 마주보고 있는 임피던스의 곱이 서로 같을 때 이 회로는 평행상태가 되었다고 말하며, **평행상태에서는 Z_0에 전류가 흐르지 않는다.**
∴ $Z_2 Z_3 = Z_1 Z_4$　　　　【답】④

76 RL 병렬회로의 합성 임피던스$[\Omega]$는?
(단, ω[rad/s]는 이 회로의 각 주파수이다.)

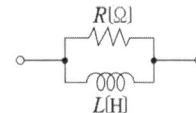

① $R\left(1 + j\dfrac{\omega L}{R}\right)$
② $R\left(1 - j\dfrac{1}{\omega L}\right)$
③ $\dfrac{R}{\left(1 - j\dfrac{R}{\omega L}\right)}$
④ $\dfrac{R}{\left(1 + j\dfrac{R}{\omega L}\right)}$

풀이
$Z = \dfrac{R \cdot j\omega L}{R + j\omega L} = \dfrac{R}{1 + \dfrac{R}{j\omega L}} = \dfrac{R}{1 - j\dfrac{R}{\omega L}}$

$\left(\because \dfrac{R}{j\omega L} = \dfrac{jR}{j^2 \omega L} = -j\dfrac{R}{\omega L}\right)$　　【답】③

77 $F(s) = \dfrac{2}{(s+1)(s+3)}$의 역 Laplace 변환은?

① $e^{-t} - e^{-3t}$
② $e^{t} - e^{3t}$
③ $e^{-t} - e^{3t}$
④ $e^{t} - e^{-3t}$

풀이
$F(s) = \dfrac{2}{(s+1)(s+3)} = \dfrac{A}{s+1} + \dfrac{B}{s+3}$

$A = \left.\dfrac{2}{s+3}\right|_{s=-1} = \dfrac{2}{2} = 1$, $B = \left.\dfrac{2}{s+1}\right|_{s=-3} = \dfrac{2}{-2} = -1$

이므로
$F(s) = \dfrac{1}{s+1} - \dfrac{1}{s+3}$

$\mathcal{L}^{-1}(F(s)) = e^{-t} - e^{-3t}$　　　【답】①

78 그림과 같은 회로망에서 전류를 계산하는데 옳게 표시된 것은?

① $I_1 + I_2 + I_3 + I_4 = 0$
② $I_1 + I_2 - I_3 + I_4 = 0$
③ $I_1 + I_4 = I_2 + I_3$
④ $I_1 + I_2 - I_4 = I_3$

풀이
키르히호프의 전류 법칙 (제1법칙)　　　　【답】②

79 어떤 회로 소자에 $e = 125\sin 377t$[V]를 가했을 때 전류 $i = 25\sin 377t$[A]가 흐른다면 이 소자는?

① 다이오드
② 순저항
③ 유도 리액턴스
④ 용량 리액턴스

풀이
- L 회로 : $I = \dfrac{E}{j\omega L} = -j\dfrac{E}{\omega L}$: 전류가 전압보다 위상이 $\dfrac{\pi}{2}$ 늦다.
- C 회로 : $I = j\omega CE$: 전류가 전압보다 위상이 $\dfrac{\pi}{2}$ 앞선다
- R 회로 : $I = \dfrac{E}{R}$: 전압과 전류가 동상이다.

따라서, **전압과 전류의 위상차가 없으므로 순 저항만의 부하**이다.　　　　【답】②

CBT 복원문제 2023년

80 대칭 좌표법에서 사용되는 용어 중 3상에 공통된 성분을 표시하는 것은?

① 공통분　　② 정상분
③ 역상분　　④ 영상분

| 풀이 |
- **정상분** : 상회전 방향이 전원과 같은 방향으로, 전동기에서 토크를 발생
- **역상분** : 상회전 방향이 전원과 반대 방향으로, 전동기에서 제동작용을 한다.
- **영상분** : 각 상별로 같은 크기와 같은 위상각을 가진 단상전류

【답】 ④

4회　회로이론

61 그림과 같은 회로망에서 전류를 산출하는데 옳게 표시한 식은?

① $I_1 + I_2 - I_4 - I_3 = 0$
② $I_1 + I_4 - I_2 - I_3 = 0$
③ $I_1 + I_2 + I_3 + I_4 = 0$
④ $I_1 + I_2 - I_3 + I_4 = 0$

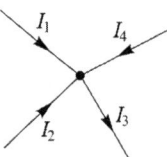

| 풀이 |
키르히호프의 제1법칙(전류법칙)
전선의 임의의 한 분기점에 유입 또는 유출되는 전류의 합은 0이다. 즉 분기점에 있어서 유입되는 총전류(+)는 유출되는 총전류(−)와 같다.
∴ $I_1 + I_2 - I_3 + I_4 = 0$

【답】 ④

62 파형률과 파고율의 값이 옳게 연결된 것은?

① 사각파 : 파형률 1, 파고율 2
② 정현파 : 파형률 1.11, 파고율 1.41
③ 삼각파 : 파형률 1.15, 파고율 1.23
④ 정현반파 : 파형률 1.57, 파고율 1.73

| 풀이 |
- 파형률 = $\dfrac{\text{실효값}}{\text{평균값}}$ ・파고율 = $\dfrac{\text{최대값}}{\text{실효값}}$

	사각파	3각파	정현파	정류파(전파)	정류파(반파)
파형률	1.0	1.15	1.11	1.11	1.57
파고율	1.0	1.732	1.414	1.414	2.0

【답】 ②

---

63 보기의 그림 중에서 전구에 불이 들어오지 않는 경우는?

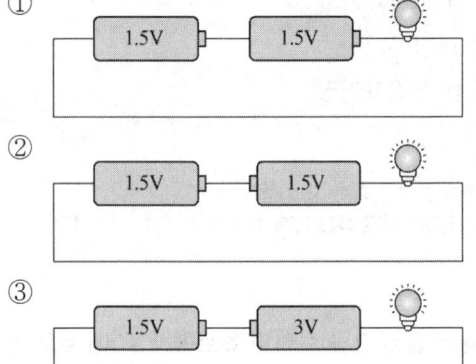

| 풀이 |
전구의 저항을 R이라고 할 경우 전구에 흐르는 전류 I는

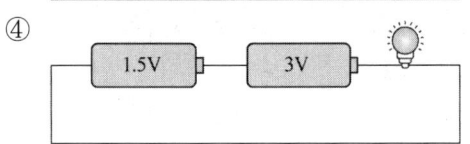

① $I = \dfrac{1.5 + 1.5}{R} = \dfrac{3}{R}[A]$　② $I = \dfrac{1.5 - 1.5}{R} = 0[A]$
③ $I = \dfrac{1.5 - 3}{R} = -\dfrac{1.5}{R}[A]$　④ $I = \dfrac{1.5 + 3}{R} = \dfrac{4.5}{R}[A]$

【답】 ②

64 $R - L - C$가 직렬로 연결되어 공진할 경우 이 공진회로의 전압확대율 Q는?

① $\sqrt{\dfrac{L}{C}}$　　② $\dfrac{1}{R}\sqrt{\dfrac{L}{C}}$
③ $\dfrac{1}{\omega LR}$　　④ $\dfrac{\omega C}{R}$

| 풀이 |
선택도(전압 확대율)
- $Q = \dfrac{V_L}{V} = \dfrac{X_L}{R} = \dfrac{\omega_0 L}{R}$
- $Q = \dfrac{V_C}{V} = \dfrac{X_C}{R} = \dfrac{1}{\omega_0 CR}$

- 공진주파수 $\omega_0 = \dfrac{1}{\sqrt{LC}}$ [rad/s]를 대입하여 정리하면

  $Q = \dfrac{1}{R}\sqrt{\dfrac{L}{C}}$ 【답】②

65 다음 그림에서 $V_1 = 24$[V]일 때 V_0[V]의 값은?

① 8
② 12
③ 16
④ 24

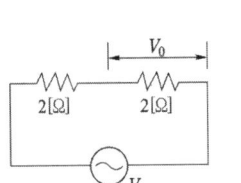

| 풀이 |

병렬 부분의 저항

$R = \dfrac{6\times 3}{6+3} = 2[\Omega]$

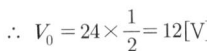

∴ $V_0 = 24 \times \dfrac{1}{2} = 12[V]$ 【답】②

66 비정현주기파를 여러 개의 정현파의 합으로 표시하는 것은?

① 푸리에 분석
② 노튼의 정리
③ 테일러의 공식
④ 키르히호프의 법칙

| 풀이 |

푸리에 분석은 비정현파를 여러 개의 정현파의 합으로 표시한다. 【답】①

67 전압이 $v(t) = 20\sin\omega t + 30\sin 3\omega t$[V]이고, 전류가 $i(t) = 30\sin\omega t + 20\sin 3\omega t$[A]인 왜형파 교류 전압과 전류에 대한 역률은 약 얼마인가?

① 0.43
② 0.57
③ 0.86
④ 0.92

| 풀이 |

- 유효전력 $P = V_1 I_1 \cos\theta_1 + V_3 I_3 \cos\theta_3$[W]

  $P = \dfrac{20}{\sqrt{2}} \times \dfrac{30}{\sqrt{2}} \times \cos 0° + \dfrac{30}{\sqrt{2}} \times \dfrac{20}{\sqrt{2}} \times \cos 0° = 600$[W]

- 전압 $V = \sqrt{V_1^2 + V_3^2} = \sqrt{\left(\dfrac{20}{\sqrt{2}}\right)^2 + \left(\dfrac{30}{\sqrt{2}}\right)^2} = 25.5$[V]

- 전류 $I = \sqrt{I_1^2 + I_3^2} = \sqrt{\left(\dfrac{30}{\sqrt{2}}\right)^2 + \left(\dfrac{20}{\sqrt{2}}\right)^2} = 25.5$[A]

- 피상전력 $P_a = VI = 25.5 \times 25.5 = 650.25$[VA]

∴ $\cos\theta = \dfrac{P}{P_a} = \dfrac{600}{650.25} = 0.92$ 【답】④

68 시정수 τ를 갖는 RL 직렬회로에 직류전압을 가할 때 $t = 2\tau$ 되는 시간에 회로에 흐르는 전류는 최종값의 약 몇 [%]인가?

① 98
② 95
③ 86
④ 63

| 풀이 |

$i(t) = \dfrac{E}{R}\left(1 - e^{-\frac{R}{L}t}\right) = I\left(1 - e^{-\frac{1}{\tau}\times t}\right)$ 이므로

$t = 2\tau$ 일 때 전류

$i_\tau = I\left(1 - e^{-\frac{1}{\tau}\times 2\tau}\right) = I(1 - e^{-2}) \fallingdotseq 0.86I$ 【답】③

69 저항만으로 구성된 그림의 회로에 평형 3상 전압을 가했을 때 각 선에 흐르는 선전류가 모두 같게 되기 위한 $R[\Omega]$의 값은?

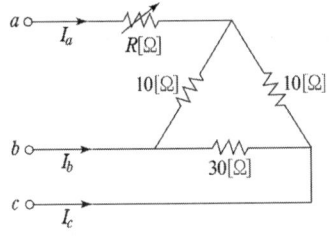

① 2
② 4
③ 6
④ 8

| 풀이 |

△저항을 Y저항으로 변환하면

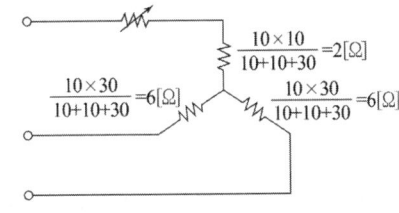

위에서 각 선전류가 같기 위해서는 각 선저항이 같아야 하므로 $R + 2 = 6$ 여야 한다.

∴ $R = 6 - 2 = 4[\Omega]$ 【답】②

70 비정현파의 일그러짐의 정도를 표시하는 양으로서 왜형률이란?

① $\dfrac{평균치}{실효치}$

② $\dfrac{실효치}{최대치}$

③ $\dfrac{고조파만의\ 실효치}{기본파의\ 실효치}$

④ $\dfrac{기본파의\ 실효치}{고조파만의\ 실효치}$

풀이

왜형률 = $\dfrac{전\ 고조파의\ 실효값}{기본파의\ 실효값}$ 【답】 ③

71 각 상전압이 $V_a = 40\sin\omega t$ [V], $V_b = 40\sin(\omega t + 90°)$ [V], $V_c = 40\sin(\omega t - 90°)$ [V] 이라 하면 영상 대칭분 전압은?

① $40\sin\omega t$

② $\dfrac{40}{3}\sin\omega t$

③ $\dfrac{40}{3}\sin(\omega t - 90°)$

④ $\dfrac{40}{3}\sin(\omega t + 90°)$

풀이

정현파를 phasor로 표시하면
$V_a = 40\angle 0° = 40$, $V_b = 40\angle 90° = j40$,
$V_c = 40\angle -90° = -j40$
따라서 영상대칭분 전압은
$V_o = \dfrac{1}{3}(V_a + V_b + V_c) = \dfrac{1}{3}(40 + j40 - j40) = \dfrac{40}{3}$
∴ $V_o = \dfrac{40}{3}\sin\omega t$ 가 된다. 【답】 ②

72 2단자 회로 소자 중에서 인가한 전류파형과 동위상의 전압파형을 얻을 수 있는 것은?

① 저항
② 콘덴서
③ 인덕턴스
④ 저항 + 콘덴서

풀이

① **저항 R** : 저항 R에 정현파전류 $i = I_m\sin\omega t$가 흐를 때 저항 양단의 전압은 옴의 법칙으로부터
$v = Ri = RI_m\sin\omega t$, 즉 **전압과 전류는 동상**이다.

② **인덕턴스 L** : 인덕턴스 L에 정현파 전류가 흐를 때 전류의 방향으로 생기는 전압강하 v는
$v = L\dfrac{di}{dt} = L\dfrac{d}{dt}(I_m\sin\omega t) = \omega L I_m\cos\omega t$
$= \omega L I_m\sin(\omega t + 90°)$
즉, **전압은 전류보다 90° 앞선다.**

③ **커패시턴스 C** : 커패시턴스 C에 정현파 전류가 흐를 때 전류의 방향으로 생기는 전압강하 v는
$v = \dfrac{1}{C}\int i\,dt = \dfrac{1}{C}\int I_m\sin\omega t\,dt = -\dfrac{1}{\omega C}I_m\cos\omega t$
$= \dfrac{1}{\omega C}I_m\sin(\omega t - 90°)$
즉, **전압은 전류보다 90° 뒤진다.** 【답】 ①

73 그림과 같은 회로의 영상 임피던스 Z_{01}, Z_{02} [Ω]는 각각 얼마인가?

① 9, 5
② 6, $\dfrac{10}{3}$
③ 4, 5
④ 4, $\dfrac{20}{9}$

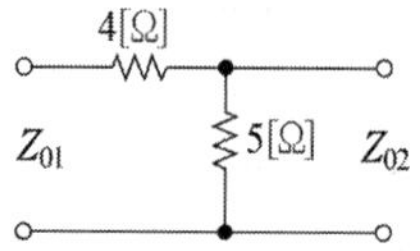

풀이

$\begin{bmatrix} A & B \\ C & D \end{bmatrix} = \begin{bmatrix} 1 & 4 \\ 0 & 1 \end{bmatrix}\begin{bmatrix} 1 & 0 \\ \dfrac{1}{5} & 1 \end{bmatrix} = \begin{bmatrix} 1+\dfrac{4}{5} & 4 \\ \dfrac{1}{5} & 1 \end{bmatrix}$

$A = 1 + \dfrac{4}{5} = \dfrac{9}{5}$, $B = 4$, $C = \dfrac{1}{5}$, $D = 1$ 이므로

$Z_{01} = \sqrt{\dfrac{AB}{CD}} = \sqrt{\dfrac{\dfrac{9}{5}\times 4}{\dfrac{1}{5}\times 1}} = 6\,[\Omega]$

$Z_{02} = \sqrt{\dfrac{BD}{AC}} = \sqrt{\dfrac{4\times 1}{\dfrac{9}{5}\times\dfrac{1}{5}}} = \dfrac{10}{3}\,[\Omega]$ 【답】 ②

74 $\dfrac{\omega^2}{s(s^2+\omega^2)}$ 의 역라플라스 변환은?

① $\sin\omega t$
② $1-\sin\omega t$
③ $\cos\omega t$
④ $1-\cos\omega t$

풀이

$$F(s) = \frac{\omega^2}{s(s^2+\omega^2)} = \frac{A}{s} + \frac{B}{s^2+\omega^2}$$

$$A = \frac{\omega^2}{s^2+\omega^2}\bigg|_{s=0} = \frac{\omega^2}{0^2+\omega^2} = 1$$

$$B = \frac{\omega^2}{s}\bigg|_{s^2=-\omega^2} = \frac{s\omega^2}{s^2} = \frac{s\omega^2}{-\omega^2} = -s \text{ 이므로}$$

$$F(s) = \frac{1}{s} - \frac{s}{s^2+\omega^2}$$

$$\mathcal{L}^{-1}[F(s)] = 1 - \cos\omega t$$

【답】 ④

75 라플라스변환 중 옳은 것은?

① $\mathcal{L}[\delta(t)] = \frac{1}{s}$

② $\mathcal{L}[t^n] = \frac{n!}{s^{n-1}}$

③ $\mathcal{L}[\epsilon^{-at}] = \frac{1}{s+a}$

④ $\mathcal{L}[f(t-a)] = e^{as}F(s)$

풀이

라플라스 변환표

$f(t)$	$F(s)$	$f(t)$	$F(s)$
$\delta(t)$	1	ϵ^{-at}	$\frac{1}{s+a}$
t^n	$\frac{n!}{s^{n+1}}$	$\mathcal{L}[f(t-a)]$	$e^{-as}F(s)$

【답】 ③

76 100 [V], 800 [W], 역률 80 [%]인 교류회로의 리액턴스는 몇 [Ω]인가?

① 12 [Ω]   ② 10 [Ω]
③ 8 [Ω]   ④ 6 [Ω]

풀이

피상전력 $P_a = \frac{P}{\cos\theta} = \frac{800}{0.8} = 1000$ [VA]

전류 $I = \frac{P_a}{V} = \frac{1000}{100} = 10$ [A]

무효전력 $P_r = P_a \times \sin\theta = 1000 \times 0.6 = 600$ [Var]

$P_r = I^2 X$ 에서 $X = \frac{P_r}{I^2} = \frac{600}{10^2} = 6$

∴ $X = 6$ [Ω]

【답】 ④

77 RLC 직렬회로에서 회로저항의 값이 다음의 어느 때이어야 이 회로가 부족제동이 되었다고 하는가?

① $R = 0$ ② $R > 2\sqrt{\frac{L}{C}}$

③ $R = 2\sqrt{\frac{L}{C}}$ ④ $R < 2\sqrt{\frac{L}{C}}$

풀이

$R-L-C$ 직렬 회로의 특성

① $R > 2\sqrt{\frac{L}{C}}$: 과제동 (비진동적)

② $R = 2\sqrt{\frac{L}{C}}$: 임계제동 (진동)

③ $R < 2\sqrt{\frac{L}{C}}$: 부족제동(진동적)

【답】 ④

78 어떤 계에 임펄스 함수(δ함수)가 입력으로 가해졌을 때 시간함수 e^{-2t}가 출력으로 나타났다. 이 계의 전달함수는?

① $\frac{1}{s+2}$ ② $\frac{1}{s-2}$

③ $\frac{2}{s+2}$ ④ $\frac{2}{s-2}$

풀이

입력 $R(s) = 1$, 출력 $C(s) = \mathcal{L}[e^{-2t}] = \frac{1}{s+2}$

$$G(s) = \frac{C(s)}{R(s)} = \frac{\frac{1}{s+2}}{1} = \frac{1}{s+2}$$

【답】 ①

79 부동작 시간(dead time) 요소의 전달함수는?

① Ks ② $\frac{K}{s}$

③ Ke^{-Ls} ④ $\frac{K}{Ts+1}$

풀이

부동작 시간함수 $y(t) = Kx(t-L)$의 양변을 라플라스 변환하면

$$Y(s) = Ke^{-Ls} \cdot X(s)$$

∴ $G(s) = \frac{Y(s)}{X(s)} = Ke^{-Ls}$

참고

• 비례 요소의 전달함수 : K
• 미분 요소의 전달함수 : Ks
• 적분요소의 전달함수 : $\frac{K}{s}$

- 1차 지연요소의 전달함수 : $G(s) = \dfrac{K}{1+Ts}$
- 부동작 시간요소의 전달함수 : $G(s) = Ke^{-Ls}$ 【답】③

80 인덕턴스가 각각 5[H], 3[H]인 두 코일을 모두 dot 방향으로 전류가 흐르게 직렬로 연결하고 인덕턴스를 측정하였더니 15[H] 이었다. 두 코일간의 상호인덕턴스[H]는?

① 3.5 ② 4.5
③ 7   ④ 9

풀이

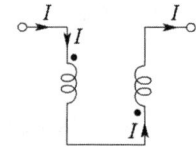

두 코일 모두 dot 방향으로 전류가 흐르므로 합성인덕턴스
$L = L_1 + L_2 + 2M$ 이다.
따라서 상호인덕턴스
$M = \dfrac{L - L_1 - L_2}{2} = \dfrac{15-5-3}{2} = 3.5 \,[\text{H}]$ 【답】①

2024년 CBT 복원문제

1회 회로이론

61 평형 3상 무유도 저항 부하가 3상 4선식 회로에 접속되어 있을 때 단상 전력계를 그림과 같이 접속했더니 그 지시값이 W[W]이었다. 이 부하의 전력[W]은? (단, 정현파 교류이다.)

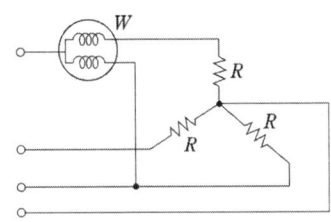

① $\sqrt{2}\,W$ ② $2W$
③ $\sqrt{3}\,W$ ④ $3W$

풀이
선간 전압을 E_{12}, 부하 전류를 I_1이라 하면 I_1은 상전압 E_1과 동상이 되지만 E_{12}와는 30° 위상차가 있으므로

$W = E_{12} I_1 \cos 30° = \frac{\sqrt{3}}{2} E_{12} \cdot I_1$

$\therefore E_{12} \cdot I_1 = \frac{2W}{\sqrt{3}}$

부하 전력 $P = \sqrt{3} E_{12} \cdot I_1 = \sqrt{3} \times \frac{2W}{\sqrt{3}} = 2W$[W] 【답】②

62 상순이 abc인 3상 회로에 있어서 대칭분 전압이 $V_0 = -8 + j3$[V], $V_1 = 6 - j8$[V], $V_2 = 8 + j12$[V]일 때 a상의 전압 V_a[V]는?

① $6 + j7$ ② $8 + j12$
③ $6 + j14$ ④ $16 + j4$

풀이
$V_a = V_0 + V_1 + V_2$
$= -8 + j3 + 6 - j8 + 8 + j12 = 6 + j7$[V] 【답】①

63 정현파 교류의 실효값을 구하는 식이 잘못된 것은?

① $\sqrt{\frac{1}{T}\int_0^T i^2 dt}$ ② 파고율 × 평균치
③ $\frac{\text{최대값}}{\sqrt{2}}$ ④ $\frac{\pi}{2\sqrt{2}}$ × 평균치

풀이
실효값 $= \sqrt{\frac{1}{T}\int_0^T i^2 dt} = \frac{1}{\text{파고율}} \times \text{최대값}$
$= \text{파형률} \times \text{평균값}$
$= \frac{1}{\sqrt{2}} \text{최대값} = \frac{\pi}{2\sqrt{2}} \text{평균값}$ 【답】②

64 22[kVA]의 부하가 0.8의 역률로 운전될 때 이 부하의 무효전력[kVar]은?

① 11.5 ② 12.3
③ 13.2 ④ 14.5

풀이
부하의 무효전력 $Q_L = P_a \sin\theta = P_a \sqrt{1 - \cos^2\theta}$
$= 22 \times \sqrt{1 - 0.8^2} = 13.2$[kVar] 【답】③

65 기본파의 30[%]인 제3고조파와 기본파의 20[%]인 제5고조파를 포함하는 전압의 왜형률은 약 얼마인가?

① 0.21 ② 0.31
③ 0.36 ④ 0.42

풀이
왜형률 $= \frac{\text{각 고조파의 실효값의 합}}{\text{기본파의 실효값}}$
$= \frac{\sqrt{V_3^2 + V_5^2}}{V_1} = \sqrt{\left(\frac{V_3}{V_1}\right)^2 + \left(\frac{V_5}{V_1}\right)^2}$
$= \sqrt{0.3^2 + 0.2^2} = 0.36$ 【답】③

66 그림과 같은 회로에서 스위치 S를 닫았을 때 시정수[sec]의 값은? (단, $L=10$[mH], $R=20$[Ω]이다.)

① 200
② 2000
③ 5×10^{-3}
④ 5×10^{-4}

풀이

$R-L$ 직렬 회로의 시정수 $\tau = \dfrac{L}{R}$[s]

$\therefore \tau = \dfrac{10\times 10^{-3}}{20} = 5\times 10^{-4}$ [s] 【답】④

67 회로의 전압비 전달함수 $G(s) = \dfrac{V_2(s)}{V_1(s)}$는?

① RC
② $\dfrac{1}{RC}$
③ $RCs+1$
④ $\dfrac{1}{RCs+1}$

풀이

$G(s) = \dfrac{V_2(s)}{V_1(s)} = \dfrac{\dfrac{1}{Cs}}{R+\dfrac{1}{Cs}} = \dfrac{1}{RCs+1}$ 【답】④

68 어떤 회로의 단자전압이
$V = 100\sin\omega t + 40\sin 2\omega t + 30\sin(3\omega t+60°)$
[V]이고, 전압강하의 방향으로 흐르는 전류가
$I = 10\sin(\omega t - 60°) + 2\sin(3\omega t + 105°)$[A]일 때 회로에 공급되는 평균전력[W]은?

① 271.2
② 371.2
③ 530.2
④ 630.2

풀이

주파수가 서로 다른 전압, 전류 사이에서는 유효전력도 무효전력도 전혀 발생하지 않는다.

$\therefore$ 소비전력 $P = V_1 I_1 \cos\theta_1 + V_3 I_3 \cos\theta_3$
$= \dfrac{100}{\sqrt{2}} \times \dfrac{10}{\sqrt{2}} \times \cos 60° + \dfrac{30}{\sqrt{2}} \times \dfrac{2}{\sqrt{2}} \times \cos(105° - 60°)$
$= 271.21$ [W] 【답】①

69 불평형 Y결선의 부하 회로에 평형 3상 전압을 가할 경우 중성점의 전위 $V_{n'n}$[V]는? (단, Z_1, Z_2, Z_3는 각 상의 임피던스[Ω]이고, Y_1, Y_2, Y_3는 각 상의 임피던스에 대한 어드미턴스[℧]이다.)

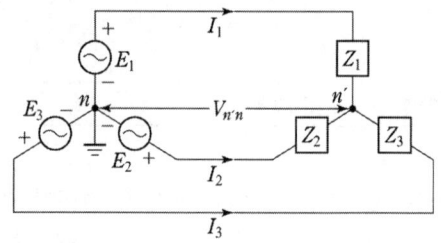

① $\dfrac{E_1+E_2+E_3}{Z_1+Z_2+Z_3}$

② $\dfrac{Z_1 E_1 + Z_2 E_2 + Z_3 E_3}{Z_1 + Z_2 + Z_3}$

③ $\dfrac{E_1+E_2+E_3}{Y_1+Y_2+Y_3}$

④ $\dfrac{Y_1 E_1 + Y_2 E_2 + Y_3 E_3}{Y_1 + Y_2 + Y_3}$

풀이 밀만의 정리

$V_{n'n} = \dfrac{\dfrac{E_1}{Z_1}+\dfrac{E_2}{Z_2}+\dfrac{E_3}{Z_3}}{\dfrac{1}{Z_1}+\dfrac{1}{Z_2}+\dfrac{1}{Z_3}} = \dfrac{Y_1 E_1 + Y_2 E_2 + Y_3 E_3}{Y_1 + Y_2 + Y_3}$ 【답】④

70 3상 평형회로에서 선간전압이 200[V]이고 각 상의 임피던스가 $24+j7$[Ω]인 Y결선 3상 부하의 유효전력은 약 몇 [W]인가?

① 192
② 512
③ 1536
④ 4608

풀이

Y결선시 상전압(V_p)은 선간전압(V_l)의 $\dfrac{1}{\sqrt{3}}$배 이므로

상전류 $I_p = \dfrac{V_p}{Z_p} = \dfrac{\dfrac{V_l}{\sqrt{3}}}{Z_p} = \dfrac{\dfrac{200}{\sqrt{3}}}{\sqrt{24^2+7^2}} = \dfrac{200}{25\sqrt{3}}$ [A]

$\therefore P = 3 I_p^2 R = 3\times\left(\dfrac{200}{25\sqrt{3}}\right)^2 \times 24 = 1536$[W] 【답】③

71 그림에서 절점 B의 전위[V]는?

① 130
② 110
③ 100
④ 90

풀이

$$I = \frac{V}{R} = \frac{110}{(20+25+10)} = 2[A]$$

접지를 기준(0[V])으로 잡고, 각 저항에서의 전압강하를 구하면
- B점과 C점 사이의 전압강하 $e_{BC} = IR_1 = 2 \times 20 = 40[V]$
- C점과 D점 사이의 전압강하 $e_{CD} = 2 \times 25 = 50[V]$
- D점과 A점 사이의 전압강하 $e_{DA} = (-2) \times 10 = -20[V]$

따라서, B점의 전위는
$e_{BD} = 40 + 50 = 90[V]$이다. 【답】④

72 대칭 6상 기전력의 선간 전압과 상기전력의 위상차는?

① 120°
② 60°
③ 30°
④ 15°

풀이

대칭 n상인 경우 기전력의 위상차는

$$\theta = \frac{\pi}{2}\left(1 - \frac{2}{n}\right) = \frac{180}{2}\left(1 - \frac{2}{6}\right) = 90° \times \frac{2}{3} = 60°$$

【답】②

73 $\frac{B(s)}{A(s)} = \frac{2}{2s+3}$의 전달 함수를 미분 방정식으로 표시하면?

① $2\frac{d}{dt}b(t) + 3b(t) = a(t)$

② $\frac{d}{dt}b(t) + b(t) = a(t)$

③ $2\frac{d}{dt}b(t) + 3b(t) = 2a(t)$

④ $3\frac{d}{dt}a(t) + (t) = 2b(t)$

풀이

$\frac{B(s)}{A(s)} = \frac{2}{2s+3}$

$2sB(s) + 3B(s) = 2A(s)$

$\therefore 2\frac{d}{dt}b(t) + 3b(t) = 2a(t)$ 【답】③

74 RL 직렬회로에 직류전압 $E[V]$를 어느 순간에 인가하였을 때 시정수의 5배의 시간에서는 정상 전류의 약 몇 [%]에 도달하는가?

① 93.3
② 95.3
③ 97.3
④ 99.3

풀이

- RL 직렬회로에 흐르는 전류

$$i = \frac{E}{R}(1 - e^{-\frac{R}{L}t}) = \frac{E}{R}(1 - e^{-\frac{t}{\tau}})$$에서 $(\because \tau = \frac{L}{R})$

$t = 5\tau$ 이므로

$$i = \frac{E}{R}(1 - e^{-\frac{5\tau}{\tau}}) = \frac{E}{R}(1 - e^{-5}) = 0.993\frac{E}{R}$$

- 정상 전류는 $I = \frac{E}{R}$이므로 시정수의 5배의 시간에서는 정상 전류의 99.3[%]에 도달한다. 【답】④

75 2단자 회로망에 단상 100[V]의 전압을 가하면 30[A]의 전류가 흐르고 1.8[kW]의 전력이 소비된다. 이 회로망과 병렬로 커패시터를 접속하여 합성 역률을 100[%]로 하기 위한 용량성 리액턴스는 약 몇 [Ω]인가?

① 2.1
② 4.2
③ 6.3
④ 8.4

풀이

- 역률 $\cos\theta = \frac{P}{VI} = \frac{1800}{100 \times 30} = 0.6$

- 무효율 $\sin\theta = \sqrt{1 - \cos^2\theta} = \sqrt{1 - 0.6^2} = 0.8$

- 무효전력 $Q = VI\sin\theta = 100 \times 30 \times 0.8 = 2400[Var]$

- 역률이 100[%]가 되기 위해서는 진상의 무효전력인 2400[VA]의 콘덴서가 필요하다.

- $Q_c = VI_c = 2\pi fCV^2 = \frac{V^2}{X_c}$

따라서 $X_c = \frac{V^2}{Q_c} = \frac{100^2}{2400} = 4.17[\Omega]$ 【답】②

76 어떤 회로에 흐르는 전류가 $i = 5 + 14.1\sin\omega t$인 경우 실효값은 약 몇 [A]인가?

① 11.2 [A]
② 12.5 [A]
③ 14.4 [A]
④ 16.1 [A]

풀이 비정현파의 실효값
$I = \sqrt{I_0^2 + I_1^2 + I_2^2 + \cdots + I_n^2}$ 에서
$I = \sqrt{5^2 + \left(\dfrac{14.1}{\sqrt{2}}\right)^2} = 11.2[A]$ 【답】①

77 그림과 같은 회로에서 5[Ω]에 흐르는 전류 I는 몇 [A]인가?

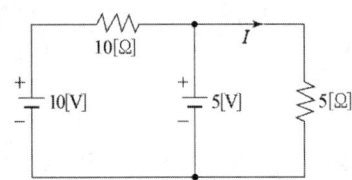

① $\dfrac{1}{2}$ ② $\dfrac{2}{3}$

③ 1 ④ $\dfrac{5}{3}$

풀이
① 10[V] 전압원에 의해 흐르는 전류
(이때 5[V] 전압원은 단락) $I_1 = 0$

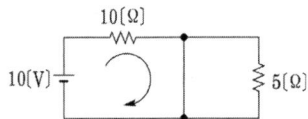

⇒ 5[Ω]으로 전류 흐르지 않는다.

② 5[V] 전압원에 의해 흐르는 전류
(이때 10[V] 전압원은 단락)

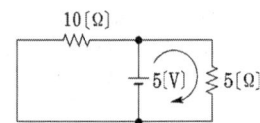

$I_2 = \dfrac{5}{5} = 1[A]$

③ 5[Ω]에 흐르는 전류 $I = I_1 + I_2 = 0 + 1 = 1[A]$ 【답】③

78 T형 4단자 회로의 임피던스 파라미터 중 Z_{22}는?

① $Z_1 + Z_2$
② $Z_2 + Z_3$
③ $Z_1 + Z_3$
④ $-Z_2$

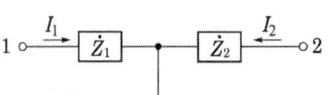

풀이

- $Z_{11} = \dfrac{V_1}{I_1}\bigg|_{I_2=0} = \dfrac{I_1(Z_1+Z_3)}{I_1} = Z_1 + Z_3$

- $Z_{12} = \dfrac{V_1}{I_2}\bigg|_{I_1=0} = \dfrac{I_2 Z_3}{I_2} = Z_3$

- $Z_{21} = \dfrac{V_2}{I_1}\bigg|_{I_2=0} = \dfrac{I_1 Z_3}{I_1} = Z_3$

- $Z_{22} = \dfrac{V_2}{I_2}\bigg|_{I_1=0} = \dfrac{I_2(Z_2+Z_3)}{I_2} = Z_2 + Z_3$ 【답】②

79 3상 평형 부하가 있다. 선간전압이 200[V], 역률이 0.8이고, 소비전력이 10[kW]라면 선전류는 약 몇 [A]인가?

① 30 ② 32
③ 34 ④ 36

풀이
소비전력 $P = \sqrt{3}\,VI\cos\theta$
$\therefore I = \dfrac{P_0}{\sqrt{3}\,V\cos\theta} = \dfrac{10 \times 10^3}{\sqrt{3} \times 200 \times 0.8} = 36.08[A]$ 【답】④

80 그림과 같이 주기가 3[s]인 전압 파형의 실효값은 약 몇 [V]인가?

① 5.67
② 6.67
③ 7.57
④ 8.57

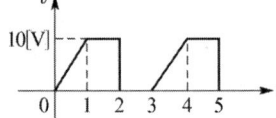

풀이
실효값 $V = \sqrt{\dfrac{1}{T}\displaystyle\int_0^T v^2 dt}$

$= \sqrt{\dfrac{1}{3}\left\{\displaystyle\int_0^1 (10t)^2 dt + \int_1^2 10^2 dt\right\}}$

$= \sqrt{\dfrac{1}{3}\left\{\left[\dfrac{100}{3}t^3\right]_0^1 + [100t]_1^2\right\}}$

$= 6.67[V]$ 【답】②

2회 회로이론

61 $f(t) = e^{at}$의 라플라스 변환은?

① $\dfrac{1}{s-a}$ ② $\dfrac{1}{s+a}$

③ $\dfrac{1}{s^2-a^2}$ ④ $\dfrac{1}{s^2+a^2}$

풀이 라플라스 변환 표

$f(t)$	$F(s)$
$e^{\mp at}$	$\dfrac{1}{s \pm a}$
$t\, e^{\mp at}$	$\dfrac{1}{(s \pm a)^2}$
$t^n\, e^{-at}$	$\dfrac{n!}{(s+a)^{n+1}}$

【답】①

62 같은 저항 $r[\Omega]$ 6개를 사용하여 그림과 같이 결선하고 대칭 3상 전압 $V[V]$를 가하였을 때 흐르는 전류 I는 몇 [A] 인가?

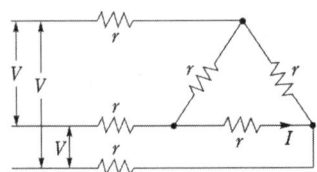

① $\dfrac{V}{2r}$ ② $\dfrac{V}{3r}$

③ $\dfrac{V}{4r}$ ④ $\dfrac{V}{5r}$

풀이

• △를 Y로 환산하면 1상의 등가 저항 R은

$R = \dfrac{r \times r}{r+r+r} = \dfrac{r^2}{3r} = \dfrac{r}{3}[\Omega]$

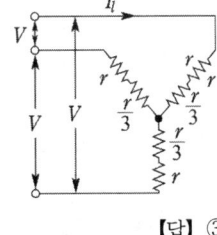

• 선전류 $I_l = \dfrac{\dfrac{V}{\sqrt{3}}}{r + \dfrac{r}{3}} = \dfrac{\sqrt{3}\, V}{4r}[A]$

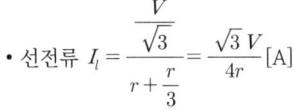

따라서 상전류 $I = \dfrac{I_l}{\sqrt{3}} = \dfrac{V}{4r}[A]$

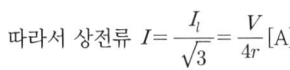

【답】③

63 그림 (a)와 그림 (b)가 역회로 관계에 있으려면 L의 값[mH]은? 단, $K^2 = 2000$이다.

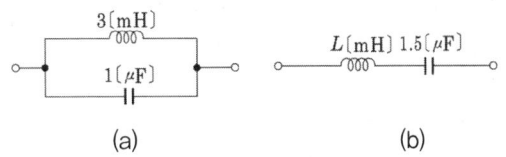

① 1.5×10^9 ② 2×10^6
③ 3 ④ 2

풀이

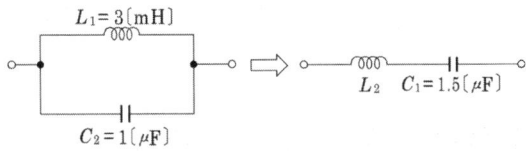

경우 $\dfrac{L_1}{C_1} = \dfrac{L_2}{C_2} = K^2$의 관계에서

$L_2 = K^2 C_2 = 2000 \times 1 \times 10^{-6} = 2 \times 10^{-3} = 2[mH]$ 【답】④

64 $R = 5[\Omega]$, $L = 10[mH]$, $C = 1[\mu F]$의 직렬 회로에서 공진 주파수 $f_r[Hz]$는 약 얼마인가?

① 3181 ② 1820
③ 1592 ④ 1432

풀이

$f_r = \dfrac{1}{2\pi\sqrt{LC}} = \dfrac{1}{2\pi\sqrt{10 \times 10^{-3} \times 1 \times 10^{-6}}} = 1591.55[Hz]$

【답】③

65 $t = 0$에서 스위치 S를 닫았을 때 정상 전류값[A]은?

① 1
② 2.5
③ 3.5
④ 7

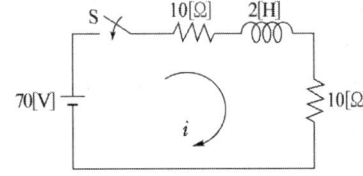

풀이

$R-L$ 직렬 회로에 직류 전압 인가 시 흐르는 전류

$i = \dfrac{E}{R}\left(1 - e^{-\frac{R}{L}t}\right)[A]$에서

$i = \dfrac{70}{20}\left(1 - e^{-\frac{20}{2} \times \infty}\right) = 3.5[A]$ 【답】③

66 위상정수 $\beta = 10$[rad/km], 위상속도 $v = 20$ [m/s]일 때 각주파수 ω는 몇 [rad/s]인가?

① 0.1[rad/s]   ② 0.2[rad/s]
③ 14.1[rad/s] ④ 200[rad/s]

풀이
위상차가 2π로 되는 거리가 1 파장이므로
$$\beta\lambda = 2\pi \quad \therefore \lambda = \frac{2\pi}{\beta}$$
전파속도 v는
$$v = f\lambda = \frac{2\pi f}{\beta} = \frac{\omega}{\beta}$$
$$\therefore \omega = \beta v = \frac{10}{1000} \times 20 = 0.2[\text{rad/s}]$$
【답】②

67 불평형 회로에서 영상분이 존재하는 3상회로 구성은?

① △-△결선의 3상 3선식
② △-Y결선의 3상 3선식
③ Y-Y결선의 3상 3선식
④ Y-Y결선의 3상 4선식

풀이
- 영상분은 비대칭 3상회로의 접지선, 중성선에 존재하며, 비대칭 3상회로의 비접지식 회로에는 영상분이 존재하지 않는다.
- Y-Y결선의 3상 4선식은 중성점을 접지하므로 영상분이 존재한다.

【답】④

68 변압비 $\frac{n_1}{n_2} = 30$인 단상 변압기 3개를 1차 △결선, 2차 Y결선 하고 1차 선간에 3000 [V]를 가했을 때 무부하 2차 선간전압[V]은?

① $\frac{100}{\sqrt{3}}$[V]   ② $\frac{190}{\sqrt{3}}$[V]
③ 100[V]   ④ $100\sqrt{3}$[V]

풀이
$a = \frac{E_1}{E_2}$에서 $E_2 = \frac{E_1}{a} = \frac{3000}{30} = 100[\text{V}]$
2차는 Y결선이므로 선간 전압 V_2는
$$V_2 = \sqrt{3}\,E_2 = \sqrt{3} \times 100 = 173.2[\text{V}]$$
【답】④

69 그림과 같은 단위 계단함수는?

① $u(t)$
② $u(t-a)$
③ $u(a-t)$
④ $-u(t-a)$

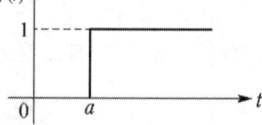

풀이
$f(t) = 1 \cdot u(t-a)$
【답】②

70 전압 $e = 100\sin 10t + 20\sin 20t$[V]이고, 전류 $i = 20\sin(10t - 60) + 10\sin 20t$[A]일 때 소비전력은 몇 [W]인가?

① 500   ② 550
③ 600   ④ 650

풀이
비정현파의 유효전력 $P = \sum_{n=1}^{\infty} V_n I_n \cos\theta_n$ 에서
$$P = \frac{100}{\sqrt{2}} \times \frac{20}{\sqrt{2}} \times \cos 60° + \frac{20}{\sqrt{2}} \times \frac{10}{\sqrt{2}} \times \cos 0° = 600[\text{W}]$$
【답】③

71 다음 그림과 같은 전기회로의 입력을 e_i, 출력을 e_o 라고 할 때 전달함수는?

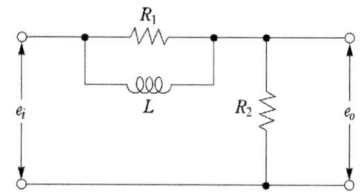

① $\dfrac{R_2(1 + R_1 Ls)}{R_1 + R_2 + R_1 R_2 Ls}$

② $\dfrac{1 + R_2 Ls}{1 + (R_1 + R_2)Ls}$

③ $\dfrac{R_2(R_1 + Ls)}{R_1 R_2 + R_1 Ls + R_2 Ls}$

④ $\dfrac{R_2 + \dfrac{1}{Ls}}{R_1 + R_2 + \dfrac{1}{Ls}}$

풀이

$$G(s) = \frac{E_0(s)}{E_i(s)} = \frac{R_2}{R_2 + \frac{R_1 Ls}{R_1 + Ls}} = \frac{R_2(R_1 + Ls)}{R_1 R_2 + R_1 Ls + R_2 Ls}$$

【답】③

72 $\dfrac{E_o(s)}{E_i(s)} = \dfrac{1}{s^2 + 3s + 1}$ 의 전달함수를 미분방정식으로 표시하면? (단, $\mathcal{L}^{-1}[E_o(s)] = e_o(t)$, $\mathcal{L}^{-1}[E_i(s)] = e_i(t)$이다.)

① $\dfrac{d^2}{dt^2}e_i(t) + 3\dfrac{d}{dt}e_i(t) + e_i(t) = e_o(t)$

② $\dfrac{d^2}{dt^2}e_o(t) + 3\dfrac{d}{dt}e_o(t) + e_o(t) = e_i(t)$

③ $\dfrac{d^2}{dt^2}e_i(t) + 3\dfrac{d}{dt}e_i(t) + \int e_i(t)dt = e_o(t)$

④ $\dfrac{d^2}{dt^2}e_o(t) + 3\dfrac{d}{dt}e_o(t) + \int e_o(t)dt = e_i(t)$

풀이

$\dfrac{E_o(s)}{E_i(s)} = \dfrac{1}{s^2 + 3s + 1}$

$E_i(s) = s^2 E_o(s) + 3s E_o(s) + E_o(s)$

$\therefore e_i(t) = \dfrac{d^2}{dt^2}e_o(t) + 3\dfrac{d}{dt}e_o(t) + e_o(t)$

【답】②

73 그림과 같은 회로에서 콘덴서에 흐르는 전류 i를 나타낸 식은?

① $C\dfrac{di}{dt}$

② $\dfrac{1}{C}\int v\, dt$

③ $C\dfrac{dv}{dt}$

④ $\dfrac{1}{C}\int i\, dt$

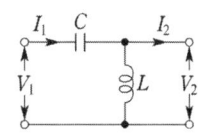

풀이

콘덴서에 흐르는 전류

$i = \dfrac{dq}{dt} = \dfrac{d}{dt}Cv = C\dfrac{dv}{dt}$ [A]

【답】③

74 그림과 같은 RC 직렬회로에 비정현파 전압 $v = 20 + 220\sqrt{2}\sin 120\pi t + 40\sqrt{2}\sin 360\pi t$ [V]를 가할 때 제3고조파전류 i_3[A]는 약 얼마인가?

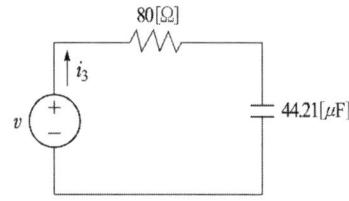

① $0.49\sin(360\pi t - 14.04°)$

② $0.49\sqrt{2}\sin(360\pi t - 14.04°)$

③ $0.49\sin(360\pi t + 14.04°)$

④ $0.49\sqrt{2}\sin(360\pi t + 14.04°)$

풀이

• 3고조파에 대한 리액턴스

$X_3 = \dfrac{1}{2\pi \times 3f \times C} = \dfrac{1}{2\pi \times 3 \times 60 \times 44.21 \times 10^{-6}} = 20[\Omega]$

• 3고조파 전류

$I_3 = \dfrac{V_3}{\sqrt{R^2 + X_3^2}} = \dfrac{40}{\sqrt{80^2 + 20^2}} = 0.49[V]$

• $\theta = \tan^{-1}\dfrac{X_3}{R} = \tan^{-1}\dfrac{20}{80} = 14.04°$

따라서, 순시치 $i_3 = 0.49\sqrt{2}\sin(360\pi t + 14.04°)$[A]

【답】④

75 그림과 같은 L형 회로의 4단자 A, B, C, D 정수 중 A는?

① $1 + \dfrac{1}{\omega LC}$

② $1 - \dfrac{1}{\omega^2 LC}$

③ $1 + \dfrac{1}{j\omega L}$

④ $\dfrac{1}{2\sqrt{LC}}$

풀이

$\begin{bmatrix} A & B \\ C & D \end{bmatrix} = \begin{bmatrix} 1 & \dfrac{1}{j\omega C} \\ 0 & 1 \end{bmatrix} \begin{bmatrix} 1 & 0 \\ \dfrac{1}{j\omega L} & 1 \end{bmatrix} = \begin{bmatrix} 1 - \dfrac{1}{\omega^2 LC} & \dfrac{1}{j\omega C} \\ \dfrac{1}{j\omega L} & 1 \end{bmatrix}$

【답】②

76 두 개의 자기 인덕턴스를 직렬로 접속하여 합성 인덕턴스를 측정하였더니 75[mH]가 되었고, 한 쪽의 인덕턴스를 반대로 접속하여 측정하니 25[mH] 되었다면 두 코일의 상호 인덕턴스 [mH]는?

① 12.5[mH]　　② 45[mH]
③ 50[mH]　　　④ 90[mH]

풀이

$L_+ = L_1 + L_2 + 2M = 75[mH]$
$L_- = L_1 + L_2 - 2M = 25[mH]$ 에서
M에 관해서 풀면

$\therefore M = \dfrac{L_+ - L_-}{4} = \dfrac{75-25}{4} = \dfrac{50}{4} = 12.5[mH]$ 　【답】①

77 어떤 회로에서 유효전력 80[W], 무효전력 60[Var]일 때 역률은?

① 50[%]　　② 70[%]
③ 80[%]　　④ 90[%]

풀이

$P = 80[W], \ P_r = 60[Var]$
피상 전력 $P_a = \sqrt{P^2 + P_r^2} = \sqrt{80^2 + 60^2} = 100[VA]$
$\cos\theta = \dfrac{P}{P_a} = \dfrac{80}{100} = 0.8, \quad \therefore 80[\%]$　【답】③

78 9[Ω]과 3[Ω]의 저항 각 3개를 그림과 같이 연결하였을 때 A, B 사이의 합성 저항은 몇 [Ω]인가?

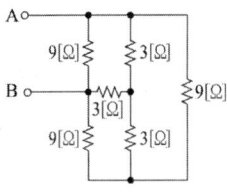

① 2　　② 3
③ 4　　④ 6

풀이

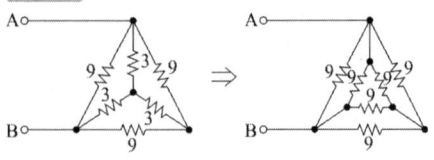

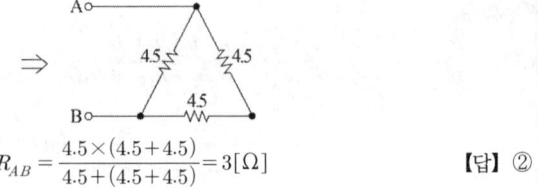

$R_{AB} = \dfrac{4.5 \times (4.5+4.5)}{4.5+(4.5+4.5)} = 3[\Omega]$　【답】②

79 그림과 같은 비정현파의 실효값[V]은?

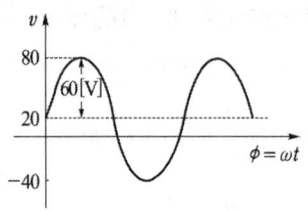

① 46.90　　② 51.61
③ 59.04　　④ 80

풀이

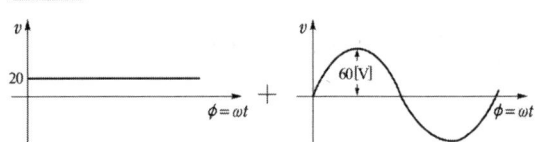

그림은 크기가 20[V]인 직류 전압과 최대값 $V_m = 60[V]$인 정현파의 합이다. 따라서, 전압 $V = 20 + 60\sin\omega t[V]$으로 표현된다.
비정현파의 실효값
$V = \sqrt{\text{각 파의 실효값 제곱의 합}}$
$= \sqrt{20^2 + \left(\dfrac{60}{\sqrt{2}}\right)^2} = 46.90[V]$　【답】①

80 다음 회로에서 정저항 회로가 되기 위해서는 $\dfrac{1}{\omega C}$의 값은 몇 [Ω]이면 되는가?

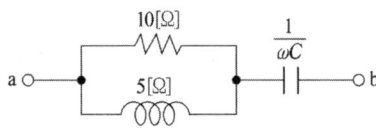

① 2　　② 4
③ 6　　④ 8

풀이

$\dfrac{1}{\omega C} = X_c$ 라고 하면

합성임피던스

$$Z = \frac{10 \times j5}{10 + j5} - jX_c = \frac{j50(10-j5)}{(10+j5)(10-j5)} - jX_c$$

$$= \frac{j500 + 250}{125} - jX_c = \frac{250}{125} + j\frac{500}{125} - jX_c$$

정저항 회로가 되기 위해서는 허수부가 영이 되어야 하므로

$$j\frac{500}{125} - jX_c = 0$$

따라서 $X_c = \frac{1}{\omega C} = \frac{500}{125} = 4[\Omega]$ 【답】 ②

3회 회로이론

61 3상 불평형 전압에서 역상전압이 50[V], 정상전압이 200[V], 영상전압이 10[V]라고 할 때 전압의 불평형률[%]은?

① 1 ② 5
③ 25 ④ 50

[풀이]

불평형률 = $\frac{역상\ 전압}{정상\ 전압} \times 100 = \frac{50}{200} \times 100 = 25[\%]$ 【답】 ③

62 그림과 같은 회로에서 임피던스 파라미터 Z_{11}은?

① sL_1
② sM
③ sL_1L_2
④ sL_2

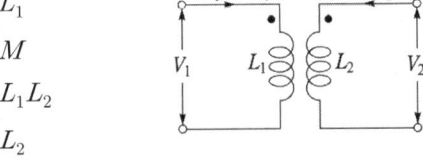

[풀이] T형 등가 변환하면

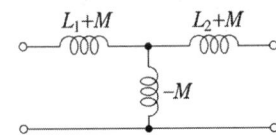

Z_{11} : 단자 1-1'에서의 개방 구동점 임피던스

$Z_{11} = \frac{V_1}{I_1}\bigg|_{I_2=0}$ 이므로

$L_{11} = L_1 + M - M = L_1$
$\therefore Z_{11} = sL_1$ 【답】 ①

63 다음의 회로가 정저항 회로가 되기 위한 L[H]의 값은?

① 1
② 0.1
③ 0.01
④ 0.001

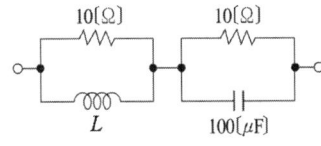

[풀이]

정저항의 조건 $R = \sqrt{\frac{L}{C}}$ 에서

$L = R^2C = 10^2 \times 100 \times 10^{-6} = 0.01[H]$ 【답】 ③

64 일정 전압의 직류 전원에 저항 R을 접속하고 전류를 흘릴 때, 이 전류값을 20[%] 증가시키기 위해서는 저항값은 얼마로 하여야 하는가?

① $1.25R$ ② $1.20R$
③ $0.83R$ ④ $0.80R$

[풀이]

$I = \frac{E}{R}$ ...... ①

$I_2 = \frac{E}{R_2} = 1.2I$ ...... ②

식 ①, ②에서
$E = IR = I_2R_2 = 1.2IR_2$

$\therefore R_2 = \frac{IR}{1.2I} ≒ 0.83R$ 【답】 ③

65 정현파 교류의 실효값을 계산하는 식은?

① $I = \frac{1}{T}\int_0^T i^2 dt$ ② $I^2 = \frac{2}{T}\int_0^T i\, dt$

③ $I^2 = \frac{1}{T}\int_0^T i^2 dt$ ④ $I = \sqrt{\frac{2}{T}\int_0^T i^2 dt}$

[풀이]

동일한 저항 R에 직류전류 I[A]가 흐를 때
  소비전력 $P_{DC} = I^2R$[W]
교류전류 i[A]가 흐를 때 소비전력 P_{AC}는 주기를 T라 하면

$$P_{AC} = \frac{1}{T}\int_0^T i^2R\, dt\ [W]$$

실효값의 정의에 의해 $P_{DC} = P_{AC}$ 이므로

$I^2R = \frac{R}{T}\int_0^T i^2 dt \quad \therefore I^2 = \frac{1}{T}\int_0^T i^2 dt$ 【답】 ③

66 그림과 같은 회로에 교류전압 $E=100\angle 0°[V]$를 인가할 때 전전류 I는 몇 [A]인가?

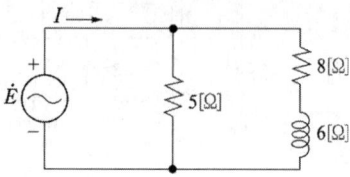

① $6+j28$
② $6-j28$
③ $28+j6$
④ $28-j6$

▨ 풀이

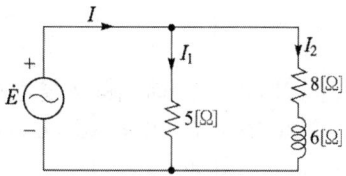

- 저항 5[Ω]에 흐르는 전류 $I_1 = \dfrac{100}{5} = 20[A]$
- $R-L$ 직렬회로에 흐르는 전류
$I_2 = \dfrac{100}{8+j6} = \dfrac{100(8-j6)}{(8+j6)(8-j6)} = \dfrac{800-j600}{100}$
$= 8-j6[A]$
- 전전류 $I = I_1 + I_2 = 20 + 8 - j6 = 28 - j6[A]$ 【답】④

67 2단자 회로 소자 중에서 인가한 전류파형과 동위상의 전압파형을 얻을 수 있는 것은?

① 저항
② 콘덴서
③ 인덕턴스
④ 저항 + 콘덴서

▨ 풀이

① 저항 R : 저항 R에 정현파전류 $i = I_m \sin\omega t$가 흐를 때 저항 양단의 전압은 옴의 법칙으로부터
$v = Ri = RI_m \sin\omega t = V_m \sin\omega t$, 즉 **전압과 전류는 동상**이다.

② 인덕턴스 L : 인덕턴스 L에 정현파 전류가 흐를 때 전류의 방향으로 생기는 전압강하 v는
$v = L\dfrac{di}{dt} = L\dfrac{d}{dt}(I_m \sin\omega t) = \omega L I_m \cos\omega t = V_m \sin(\omega t + 90°)$
즉, **전압은 전류보다 90° 앞선다.**

③ 커패시턴스 C : 커패시턴스 C에 정현파 전류가 흐를 때 전류의 방향으로 생기는 전압강하 v는
$v = \dfrac{1}{C}\int i\,dt = \dfrac{1}{C}\int I_m \sin\omega t\, dt = -\dfrac{1}{\omega C}I_m \cos\omega t$
$= \dfrac{1}{\omega C}I_m \sin(\omega t - 90°) = V_m \sin(\omega t - 90°)$
즉, **전압은 전류보다 90° 뒤진다.** 【답】①

68 그림의 회로에서 단자 a-b에 나타나는 전압은 몇 [V]인가?

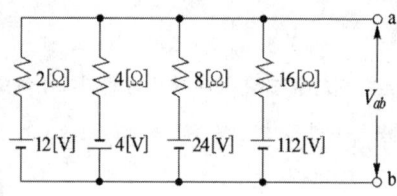

① 10 [V]
② 12 [V]
③ 14 [V]
④ 16 [V]

▨ 풀이   밀만의 정리에 의해
$V_{ab} = \dfrac{\dfrac{E_1}{R_1} + \dfrac{E_2}{R_2} + \dfrac{E_3}{R_3} + \dfrac{E_4}{R_4}}{\dfrac{1}{R_1} + \dfrac{1}{R_2} + \dfrac{1}{R_3} + \dfrac{1}{R_4}}$ [V]에서

4[V] 전원의 극성이 반대 방향이므로
$V_{ab} = \dfrac{\dfrac{12}{2} - \dfrac{4}{4} + \dfrac{24}{8} + \dfrac{112}{16}}{\dfrac{1}{2} + \dfrac{1}{4} + \dfrac{1}{8} + \dfrac{1}{16}} = \dfrac{12\times 8 - 4\times 4 + 24\times 2 + 112}{8 + 4 + 2 + 1}$
$= 16[V]$

(분모, 분자에 16을 곱해서 정리) 【답】④

69 0.1[H]인 코일의 리액턴스가 377[Ω]일 때 주파수[Hz]는?

① 60
② 120
③ 360
④ 600

▨ 풀이
유도 리액턴스 $X_L = 2\pi f L$에서
$f = \dfrac{X_L}{2\pi L} = \dfrac{377}{2\times 3.14 \times 0.1} = 600[Hz]$ 【답】④

70 그림과 같은 회로에서 0.2[Ω]의 저항에 흐르는 전류는 몇 [A] 인가?

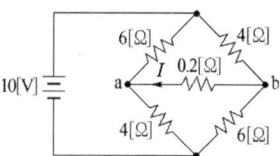

① 0.1
② 0.2
③ 0.3
④ 0.4

풀이

테브낭 정리 이용 a, b개방

$V_a = \dfrac{10}{6+4} \times 6 = 6[V]$

$V_b = \dfrac{10}{4+6} \times 4[V]$

$\therefore V_{ab} = V_a - V_b$
$= 6 - 4 = 2[V]$

전압원 제거(단락)하고,
a, b에서 본 저항 R_t는

$R_t = \dfrac{6 \times 4}{6+4} + \dfrac{6 \times 4}{6+4} = 4.8[\Omega]$

$\therefore I = \dfrac{V}{R} = \dfrac{2}{0.2 + 4.8} = 0.4[A]$

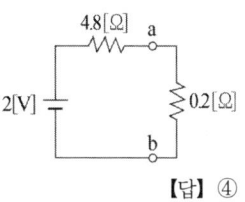

【답】 ④

풀이

$i = 50\cos 377t = 50\sin(377t + 90°)[A]$ 에서

전류가 전압보다 위상이 90° 앞선 진상전류가 흐르므로 회로의 소자는 **용량 리액턴스**이다.

• 저항 : 전압과 전류는 동상$(I = \dfrac{E}{R}[A])$

• 유도리액턴스 : 전류가 전압보다 90° 뒤진다.
$(I = \dfrac{E}{j\omega L} = -j\dfrac{E}{\omega L}[A])$

• 용량리액턴스 : 전류가 전압보다 90° 앞선다.
$(I = \dfrac{E}{\dfrac{1}{j\omega C}} = j\omega CE[A])$

【답】 ②

---

71 그림과 같은 회로에서 저항 R_4에 소비되는 전력은 약 몇 [W]인가?

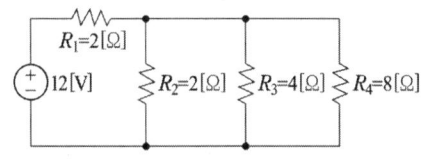

① 2.38
② 4.76
③ 9.52
④ 29.2

풀이

• R_2, R_3, R_4의 합성저항

$R_t = \dfrac{1}{\dfrac{1}{R_2} + \dfrac{1}{R_3} + \dfrac{1}{R_4}} = \dfrac{1}{\dfrac{1}{2} + \dfrac{1}{4} + \dfrac{1}{8}} = \dfrac{8}{7} = 1.14[\Omega]$

• R_2, R_3, R_4에 걸리는 전압

$V_t = \dfrac{12}{2 + R_t} \times R_t = \dfrac{12}{2 + 1.14} \times 1.14 = 4.36[V]$

• R_4에서 소비되는 전력

$P_4 = \dfrac{V_t^2}{R_4} = \dfrac{4.36^2}{8} = 2.38[W]$

【답】 ①

---

72 어느 소자에 전압 $e = 125\sin 377t[V]$를 가했을 때 전류 $i = 50\cos 377t[A]$가 흘렀다. 이 회로의 소자는 어떤 종류인가?

① 순저항
② 용량 리액턴스
③ 유도 리액턴스
④ 저항과 유도 리액턴스

---

73 RL 직렬회로에 $V_R = 100[V]$이고, $V_L = 173[V]$이다. 전원전압이 $v = \sqrt{2}\,V\sin\omega t[V]$일 때 리액턴스 양단 전압의 순시값 $V_L[V]$은?

① $173\sqrt{2}\sin(\omega t + 60°)$
② $173\sqrt{2}\sin(\omega t + 30°)$
③ $173\sqrt{2}\sin(\omega t - 60°)$
④ $173\sqrt{2}\sin(\omega t - 30°)$

풀이

전류 I를 기준 벡터로 하면
$V = V_R + jV_L$
$= 100 + j173$
$= 200 \angle 60°$

V_L이 V보다 30° 앞서고 문제에서 V의 위상이 0°이므로
$V_L = 173 \angle 30°$

$\therefore v_L = 173\sqrt{2}\sin(\omega t + 30°)$

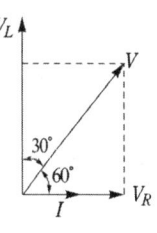

【답】 ②

---

74 입력 신호가 v_i, 출력 신호가 v_o일 때,

$a_1 v_o + a_2 \dfrac{dv_o}{dt} + a_3 \int v_o dt = v_i$의 전달함수는?

① $\dfrac{s}{a_2 s^2 + a_1 s + a_3}$
② $\dfrac{1}{a_2 s^2 + a_1 s + a_3}$
③ $\dfrac{s}{a_3 s^2 + a_2 s + a_1}$
④ $\dfrac{1}{a_3 s^2 + a_2 s + a_1}$

풀이
초기값을 0으로 하고 라플라스 변환하면
$$a_1 V_o(s) + a_2 s V_o(s) + \frac{1}{s} a_3 V_o(s) = V_i(s)$$
$$\left(a_1 + a_2 s + \frac{a_3}{s}\right) V_o(s) = V_i(s)$$
$$\therefore G(s) = \frac{V_o(s)}{V_i(s)} = \frac{1}{a_1 + a_2 s + \frac{a_3}{s}} = \frac{s}{a_2 s^2 + a_1 s + a_3}$$
【답】①

75 대칭 3상 Y결선에서 선간전압이 $200\sqrt{3}$ [V]이고 각 상의 임피던스가 $30+j40[\Omega]$의 평형부하일 때 선전류[A]는?
① 2 　　② $2\sqrt{3}$
③ 4 　　④ $4\sqrt{3}$

풀이

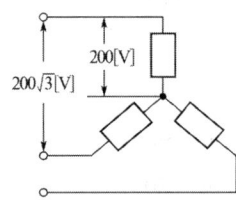

상전류 $I_p = \frac{V_p}{Z} = \frac{200}{\sqrt{30^2+40^2}} = 4$ [A]
Y결선이므로 선전류 $I_l =$ 상전류 $I_p = 4$[A] 【답】③

76 그림과 같은 회로에서 G_2[℧]양단의 전압강하 E_2[V]는?

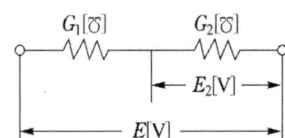

① $\frac{G_2}{G_1+G_2}E$ 　　② $\frac{G_1}{G_1+G_2}E$
③ $\frac{G_1 G_2}{G_1+G_2}E$ 　　④ $\frac{G_1+G_2}{G_1+G_2}E$

풀이
전압분배법칙에 의해
$E_1 = \frac{G_2}{G_1+G_2}E$[V], $E_2 = \frac{G_1}{G_1+G_2}E$[V] 【답】②

77 다음과 같은 브리지 회로가 평형이 되기 위한 Z_4의 값은?

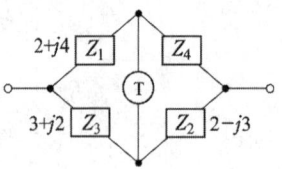

① $2+j4$ 　　② $-2+j4$
③ $4+j2$ 　　④ $4-j2$

풀이
$Z_4(3+j2) = (2+j4)(2-j3)$
$\therefore Z_4 = \frac{(2+j4)(2-j3)}{3+j2} = \frac{(16+j2)(3-j2)}{(3+j2)(3-j2)} = 4-j2$
【답】④

78 $\frac{1}{s^2+2s+5}$의 라플라스 역변환 값은?
① $e^{-2t}\cos 2t$ 　　② $\frac{1}{2}e^{-t}\sin t$
③ $\frac{1}{2}e^{-t}\sin 2t$ 　　④ $\frac{1}{2}e^{-t}\cos 2t$

풀이
$F(s) = \frac{1}{s^2+2s+5} = \frac{1}{2} \cdot \frac{2}{(s+1)^2+2^2}$ 이므로
$\therefore f(t) = \mathcal{L}^{-1}[F(s)] = \frac{1}{2}e^{-t}\sin 2t$ 【답】③

79 1000 [Hz]인 정현파 교류에서 5 [mH]인 유도 리액턴스와 같은 용량 리액턴스를 갖는 C의 값은 몇 [μF]인가?
① 4.07 　　② 5.07
③ 6.07 　　④ 7.07

풀이
$\omega L = \frac{1}{\omega C}$ 에서 $C = \frac{1}{\omega^2 L}$
따라서, $C = \frac{1}{(2\times\pi\times 1000)^2 \times 5\times 10^{-3}}$
$= 5.07\times 10^{-6}$[F]
$= 5.07$[μF] 【답】②

80 1차 지연 요소의 전달함수는?

① K ② $\dfrac{K}{s}$

③ Ks ④ $\dfrac{K}{1+Ts}$

> **풀이**
> - K : 비례 요소의 전달 함수
> - $\dfrac{K}{s}$: 적분 요소의 전달 함수
> - Ks : 미분 요소의 전달 함수
> - $\dfrac{K}{Ts+1}$: 1차 지연 요소의 전달 함수 　　【답】④

2025년 CBT 복원문제

1회 회로이론

61 $L=2[H]$인 인덕턴스에 $i(t)=20e^{-2t}[A]$의 전류가 흐를 때 L의 단자 전압[V]은?

① $40e^{-2t}$ ② $-40e^{-2t}$
③ $80e^{-2t}$ ④ $-80e^{-2t}$

■ 풀이
$v_L = L\dfrac{di(t)}{dt} = 2 \times \dfrac{d}{dt}(20e^{-2t}) = -80e^{-2t}$

■ 참고
$y=e^{ax}$ 의 미분 $y'=ae^{ax}$

【답】④

62 다음과 같은 회로가 정저항 회로가 되기 위한 저항 R의 값은?

① $8.2[\Omega]$
② $14.1[\Omega]$
③ $20[\Omega]$
④ $28[\Omega]$

■ 풀이
정저항 회로 조건 $R^2 = \dfrac{L}{C}$ 에서, $R = \sqrt{\dfrac{L}{C}}$

$\therefore R = \sqrt{\dfrac{2 \times 10^{-3}}{10 \times 10^{-6}}} = 14.1[\Omega]$

【답】②

63 $R-L-C$ 직렬공진회로에서 $R=100[\Omega]$, $L=314[mH]$, $C=125.6[pF]$일 때, 선택도(전압 확대율) Q는?

① 2×10^3 ② 3×10^3
③ 4×10^2 ④ 5×10^2

■ 풀이
직렬공진회로에서 선택도 $Q = \dfrac{1}{R}\sqrt{\dfrac{L}{C}}$

$\therefore Q = \dfrac{1}{100}\sqrt{\dfrac{314 \times 10^{-3}}{125.6 \times 10^{-12}}} = 500$

【답】④

64 공급전압이 10[V]이며 회로에 흐른 전류가 10[A]일 때, 이 회로의 유효전력이 50[W]라면 전압과 전류의 위상차는?

① $0°$ ② $35°$
③ $45°$ ④ $60°$

■ 풀이
피상전력 $P_a = VI = 10 \times 10 = 100[VA]$
역률 $\cos\theta = \dfrac{P}{P_a} = \dfrac{50}{100} = 0.5$
따라서 위상차 $\theta = \cos^{-1}0.5 = 60°$

【답】④

65 회로에서 저항 $15[\Omega]$에 흐르는 전류는 몇 [A]인가?

① 8
② 5.5
③ 2
④ 0.5

■ 풀이
중첩의 원리에 의하여
• 10[V]에 의한 전류 (이때 전류원은 개방)
  : $I_1 = \dfrac{V}{R} = \dfrac{10}{5+15} = 0.5[A]$
• 6[A]에 의한 전류 (이때 전압원은 단락)
  : $I_2 = \dfrac{R_1}{R_1+R_2}I = \dfrac{5}{5+15} \times 6 = 1.5[A]$

$\therefore I = I_1 + I_2 = 0.5 + 1.5 = 2[A]$

【답】③

66 다음 그림에서 $V_1 = 24[\text{V}]$일 때 $V_0[\text{V}]$의 값은?

① 8
② 12
③ 16
④ 24

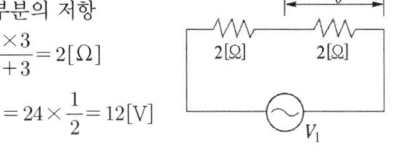

▶ 풀이

병렬 부분의 저항

$R = \dfrac{6 \times 3}{6+3} = 2[\Omega]$

$\therefore V_0 = 24 \times \dfrac{1}{2} = 12[\text{V}]$

【답】②

67 비정현파에서 여현 대칭의 조건은 어느 것인가?

① $f(t) = f(-t)$
② $f(t) = -f(-t)$
③ $f(t) = -f(t)$
④ $f(t) = -f\left(t + \dfrac{T}{2}\right)$

▶ 풀이

우함수는 여현대칭(Y축 대칭)으로 직류분과 여현항(cos항)만 존재하며, 정현항(sin항)이 없다.

	기함수파 (정현대칭)	우함수파 (여현대칭)	대칭파 (반파대칭)
대칭 조건	$f(t) = -f(-t)$	$f(t) = f(-t)$	$f(t) = -f\left(t + \dfrac{T}{2}\right)$
결과	sin항만 존재한다.	cos항 존재 직류분 존재	고조파 차수가 홀수차 항만 존재한다.

【답】①

68 $R-L$ 직렬회로에서 시정수의 값이 클수록 과도현상이 소멸되는 시간은 어떻게 되는가?

① 짧아진다.
② 길어진다.
③ 과도기가 없어진다.
④ 관계없다.

▶ 풀이
- 시정수는 정상전류의 63.2[%]에 도달할 때까지의 시간을 의미
- 시정수 $\tau = \dfrac{L}{R}[\text{sec}]$

- 시정수가 **크면 과도현상이 오래 지속**되고 시정수가 적으면 과도현상이 짧아진다.

【답】②

69 그림과 같은 평형 3상 Y결선에서 각 상이 8[Ω]의 저항과 6[Ω]의 리액턴스가 직렬로 연결된 부하에 선간전압 $100\sqrt{3}[\text{V}]$가 공급되었다. 이때 선전류는 몇 [A]인가?

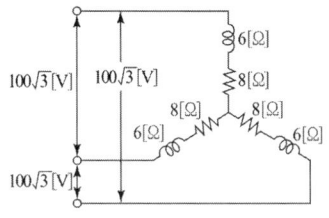

① 5
② 10
③ 15
④ 20

▶ 풀이
- 상전류 $I_p = \dfrac{E_p}{Z} = \dfrac{\dfrac{100\sqrt{3}}{\sqrt{3}}}{\sqrt{8+j6}} = 10[\text{A}]$
- Y결선에서 상전류 = 선전류 이므로 $I_l = I_p = 10[\text{A}]$

【답】②

70 그림과 같은 회로가 공진이 되기 위한 조건을 만족하는 어드미턴스는?

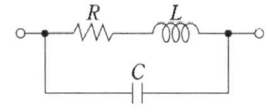

① $\dfrac{CL}{R}$
② $\dfrac{CR}{L}$
③ $\dfrac{L}{CR}$
④ $\dfrac{LR}{C}$

▶ 풀이
- 합성어드미턴스

$Y = Y_1 + Y_2 = \dfrac{1}{R + j\omega L} + j\omega C$

$= \dfrac{R}{R^2 + \omega^2 L^2} + j\left(\omega C - \dfrac{\omega L}{R^2 + \omega^2 L^2}\right)$

- 병렬공진조건 : 허수부가 0이 되어야 한다.

즉, $\omega C = \dfrac{\omega L}{R^2 + \omega^2 L^2}$ 에서 $R^2 + \omega^2 L^2 = \dfrac{\omega L}{\omega C} = \dfrac{L}{C}$

- 병렬공진시 어드미턴스:
$$Y_r = \frac{R}{R^2+\omega^2 L^2} = \frac{R}{L/C} = \frac{CR}{L}$$
【답】②

71 3상 불평형 전압에서 불평형률은?

① $\frac{영상전압}{정상전압} \times 100[\%]$

② $\frac{역상전압}{정상전압} \times 100[\%]$

③ $\frac{정상전압}{역상전압} \times 100[\%]$

④ $\frac{정상전압}{영상전압} \times 100[\%]$

■ 풀이

불평형률 $= \frac{역상분}{정상분} \times 100[\%]$ 【답】②

72 그림과 같은 회로에서 $t=0$일 때 스위치 K를 닫을 때 과도전류 $i(t)$는 어떻게 표시되는가?

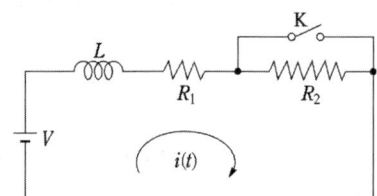

① $i(t) = \frac{V}{R_1}\left(1 - \frac{R_2}{R_1+R_2}e^{-\frac{R_1}{L}t}\right)$

② $i(t) = \frac{V}{R_1+R_2}\left(1 + \frac{R_2}{R_1}e^{-\frac{(R_1+R_2)}{L}t}\right)$

③ $i(t) = \frac{V}{R_1}\left(1 + \frac{R_2}{R_1}e^{-\frac{R_2}{L}t}\right)$

④ $i(t) = \frac{R_1 V}{R_2+R_1}\left(1 + \frac{R_1}{R_2+R_1}e^{-\frac{(R_1+R_2)}{L}t}\right)$

■ 풀이

- 정상전류 $I_s = \frac{V}{R_1}$

(전원이 직류이므로 인덕턴스 L은 고려할 필요없다.)

- 시정수 $\tau = \frac{L}{R_1}$

- 초기전류 $i(0) = \frac{V}{R_1+R_2} = \frac{V}{R_1} + K$ 에서 $K = \frac{-R_2 V}{R_1(R_1+R_2)}$

- $i(t) = I_s + Ke^{-\frac{1}{\tau}}[A]$에서
$$i(t) = \frac{V}{R_1} - \frac{R_2 V}{R_1(R_1+R_2)}e^{-\frac{R_1}{L}t}$$
$$= \frac{V}{R_1}\left(1 - \frac{R_2}{R_1+R_2}e^{-\frac{R_1}{L}t}\right)[A]$$
【답】①

73 $E = 40+j30[V]$의 전압을 가하면 $I = 30+j10[A]$의 전류가 흐른다. 이 회로의 역률은?

① 0.456 ② 0.567
③ 0.854 ④ 0.949

■ 풀이

$P_a = \overline{E}I = (40-j30)(30+j10) = 1500-j500[VA]$
즉, 유효전력 $P=1500[W]$, 무효전력 $Q=500[Var]$ 이다.
$\cos\theta = \frac{P}{\sqrt{P^2+Q^2}} = \frac{1500}{\sqrt{1500^2+500^2}} = 0.949$ 【답】④

74 어떤 제어계의 출력이 $C(s) = \frac{5}{s(s^2+s+2)}$ 로 주어질 때 출력의 시간함수 $c(t)$의 정상값은?

① 5 ② 2
③ $\frac{2}{5}$ ④ $\frac{5}{2}$

■ 풀이

최종값 정리에 의해서
$\lim_{t\to\infty} c(t) = \lim_{s\to 0} sC(s) = \lim_{s\to 0} s \cdot \frac{5}{s(s^2+s+2)} = \frac{5}{2}$ 【답】④

75 테브난의 정리를 사용하여 다음의 (a)회로를 (b)와 같은 등가 회로로 바꾸려 한다. $V[V]$와 $R[\Omega]$의 값은?

① 7[V], 9.1[Ω] ② 10[V], 9.1[Ω]
③ 7[V], 6.5[Ω] ④ 10[V], 6.5[Ω]

풀이

- a, b 단자 사이에 걸리는 개방전압

$V_{ab} = \dfrac{10}{3+7} \times 7 = 7[\text{V}]$

- a, b단자에서 전원측으로 본 합성저항 (전압원은 단락시킨다.)

$R_{ab} = 7 + \dfrac{3 \times 7}{3+7} = 9.1[\Omega]$ 　　　【답】①

76 그림과 같은 회로에서 $V_1(s)$를 입력, $V_2(s)$를 출력으로 한 전달함수는?

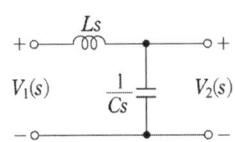

① $\dfrac{1}{\dfrac{1}{Ls} + Cs}$ 　　② $\dfrac{1}{1 + s^2 LC}$

③ $\dfrac{1}{LC + Cs}$ 　　④ $\dfrac{Cs}{s^2(s + LC)}$

풀이

$\begin{cases} V_1(s) = \left(Ls + \dfrac{1}{Cs}\right) I(s) \\ V_2(s) = \dfrac{1}{Cs} I(s) \end{cases}$

$\therefore G(s) = \dfrac{V_2(s)}{V_1(s)} = \dfrac{\dfrac{1}{Cs}}{Ls + \dfrac{1}{Cs}} = \dfrac{1}{1 + s^2 LC}$ 　【답】②

77 △결선된 저항부하를 Y결선으로 바꾸면 소비 전력은? (단, 저항과 선간 전압은 일정하다.)

① 3배로 된다.　　② 9배로 된다.

③ $\dfrac{1}{9}$로 된다.　　④ $\dfrac{1}{3}$로 된다.

풀이

$P_\triangle = 3I^2 R = 3\left(\dfrac{V}{R}\right)^2 R = 3 \cdot \dfrac{V^2}{R}$

다음 Y결선시 상전압은 선간 전압의 $\dfrac{1}{\sqrt{3}}$이므로

$P_Y = 3\left(\dfrac{\dfrac{V}{\sqrt{3}}}{R}\right)^2 \cdot R = 3 \cdot \dfrac{V^2}{3R} = \dfrac{V^2}{R}$

$\therefore \dfrac{P_Y}{P_\triangle} = \dfrac{\dfrac{V^2}{R}}{\dfrac{3V^2}{R}} = \dfrac{1}{3}, \quad P_Y = \dfrac{1}{3} P_\triangle$ 　【답】④

78 그림과 같은 회로에서 최대 눈금 15[A]의 직류 전류계 2개를 접속하고 전류 20[A]를 흘리면 각 전류계 Ⓐ₁, Ⓐ₂의 지시는 몇 [A]인가? 단, 전류계 최대 눈금의 전압강하는 Ⓐ₁이 75[mV], Ⓐ₂가 50[mV]임.

① 2, 18
② 4, 16
③ 6, 14
④ 8, 12

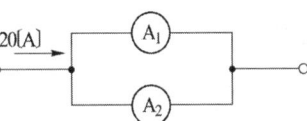

풀이

전류계 내부 저항

$R_1 = \dfrac{e_1}{I_1} = \dfrac{75 \times 10^{-3}}{15} = 5 \times 10^{-3}[\Omega]$

$R_2 = \dfrac{e_2}{I_2} = \dfrac{50 \times 10^{-3}}{15} = 3.33 \times 10^{-3}[\Omega]$

전류 분배 법칙에 의해 각 전류계에 흐르는 전류 A_1, A_2는

$A_1 = \dfrac{R_2}{R_1 + R_2} \times I = \dfrac{3.33 \times 10^{-3}}{5 \times 10^{-3} + 3.33 \times 10^{-3}} \times 20 = 8[\text{A}]$

$A_2 = I - A_1 = 20 - 8 = 12[\text{A}]$ 　　【답】④

79 부동작 시간(dead time) 요소의 전달함수는?

① Ks 　　② $\dfrac{K}{s}$

③ Ke^{-Ls} 　　④ $\dfrac{K}{Ts+1}$

풀이

부동작 시간함수 $y(t) = Kx(t-L)$의 양변을 라플라스 변환하면

$Y(s) = Ke^{-Ls} \cdot X(s)$

$\therefore G(s) = \dfrac{Y(s)}{X(s)} = Ke^{-Ls}$

참고

- 비례 요소의 전달함수 : K
- 미분 요소의 전달함수 : Ks
- 적분요소의 전달함수 : $\dfrac{K}{s}$
- 1차 지연요소의 전달함수 : $G(s) = \dfrac{K}{1+Ts}$
- **부동작 시간요소의 전달함수** : $G(s) = Ke^{-Ls}$ 　【답】③

80 최대치 100[V], 주파수 60[Hz]인 정현파 전압이 $t=0$에서 순시치가 50[V]이고 이 순간에 전압이 감소하고 있을 경우의 정현파의 순시치식은?

① $100\sin(120\pi t + 45°)$
② $100\sin(120\pi t + 135°)$
③ $100\sin(120\pi t + 150°)$
④ $100\sin(120\pi t + 30°)$

풀이
$v = 100\sin(\omega t + 150°)$

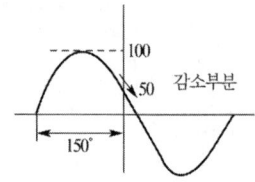

【답】③

62 30[Ω]의 저항과 40[Ω]의 유도성 리액턴스가 병렬로 연결되어 있다. 이 $R-L$ 병렬회로에 $v=220\sqrt{2}\sin 377t$[V]의 전압을 가할 때 전원에 흐르는 전류[A]는 약 얼마인가?

① $i = 12.96\sin(377t - 36.87°)$
② $i = 9.17\sin(377t - 36.87°)$
③ $i = 12.96\angle -36.87°$
④ $i = 10.37 + j7.78$

풀이
$I_R = \dfrac{E}{R} = \dfrac{220}{30} = 7.33$[A]
$I_L = \dfrac{E}{jX_L} = \dfrac{220}{j40} = -j5.5$[A]
$I = 7.33 - j5.5 = 9.16 \angle -36.87$
$\therefore i = \sqrt{2} \times 9.16\sin(377t - 36.87°) = 12.96\sin(377t - 36.87°)$

【답】①

2회　회로이론

61 전압 200[V]의 3상 회로에 그림과 같은 평형 부하를 접속했을 때 선전류 I[A]는? 단, $r=9[\Omega]$, $\dfrac{1}{\omega C} = 4[\Omega]$이다.

① 48.1
② 38.5
③ 28.9
④ 115.5

풀이
부하를 Y변환하면 1상의 어드미턴스는
$Y = \dfrac{1}{3} + j\dfrac{1}{4}[\Omega]$
$\therefore I = YV_p = \left(\dfrac{1}{3} + j\dfrac{1}{4}\right) \cdot \dfrac{200}{\sqrt{3}}$
$I = \dfrac{200}{\sqrt{3}}\sqrt{\left(\dfrac{1}{3}\right)^2 + \left(\dfrac{1}{4}\right)^2} = 48.1$[A]

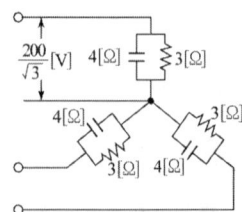

【답】①

63 그림과 같은 회로에서 S를 열었을 때 전류계는 10[A]를 지시하였다. S를 닫을 때 전류계의 지시는 몇 [A]인가?

① 10
② 12
③ 14
④ 16

풀이
S를 열었을 때 전전압을 구해 보면
$E = IR = 10\left(\dfrac{3\times 6}{3+6} + 4\right) = 60$[V]
따라서, S를 닫으면 전전류
$I' = \dfrac{E}{R'} = \dfrac{60}{\dfrac{3\times 6}{3+6} + \dfrac{4\times 12}{4+12}} = \dfrac{60}{2+3} = 12$[A]

【답】②

64 $e = 200\sqrt{2}\sin\omega t + 150\sqrt{2}\sin 3\omega t + 100\sqrt{2}\sin 5\omega t$[V]인 전압을 $R-L$ 직렬회로에 가할 때에 제3고조파 전류의 실효값은 몇 [A]인가? (단, $R=8[\Omega]$, $\omega L = 2[\Omega]$이다.)

① 5
② 8
③ 10
④ 15

[풀이]

$I_3 = \dfrac{V_3}{Z_3} = \dfrac{V_3}{\sqrt{R^2+(3\omega L)^2}} = \dfrac{150}{\sqrt{8^2+(3\times 2)^2}} = 15 [A]$

(∵ 저항은 기본파일 때나 고조파일 때나 그 크기의 변화는 없다. 그러나 **리액턴스는 제n차 고조파에서는 주파수가 n배가 되**므로, 리액턴스 $X_n = 2\pi(nf)L = n \times 2\pi fL$로 **기본파의 n배가** 된다.) 【답】④

65 다음 회로에 대한 설명으로 옳은 것은?

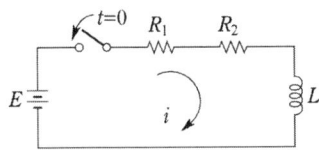

① 이 회로의 시정수는 $\dfrac{L}{R_1+R_2}$이다.

② 이 회로의 특성근은 $\dfrac{R_1+R_2}{L}$이다.

③ 정상 전류값은 $\dfrac{E}{R_2}$이다.

④ 이 회로의 전류값은

$i(t) = \dfrac{E}{R_1+R_2}\left(1-e^{-\frac{L}{R_1+R_2}t}\right)$이다.

[풀이]

① 시정수 $\tau = \dfrac{L}{R_1+R_2}$

② 특성근 $= -\dfrac{1}{\text{시정수}} = -\dfrac{R_1+R_2}{L}$ 항상 (−)의 값을 갖는다.

③ 정상전류 $i_s = \dfrac{E}{R_1+R_2}$

④ 전류 $i(t) = \dfrac{E}{R_1+R_2}(1-e^{-\frac{R_1+R_2}{L}t})$ 【답】①

66 임피던스 궤적이 직선일 때 이의 역수인 어드미턴스 궤적은?

① 원점을 통하는 직선
② 원점을 통하지 않는 직선
③ 원점을 통하는 원
④ 원점을 통하지 않는 원

[풀이]

직선 궤적의 역궤적은 원점을 통과하는 반원이다. 【답】③

67 그림과 같은 구형파의 라플라스 변환은?

① $\dfrac{1}{s}(1-e^{-s})$

② $\dfrac{1}{s}(1+e^{-s})$

③ $\dfrac{1}{s}(1-e^{-2s})$

④ $\dfrac{1}{s}(1+e^{-2s})$

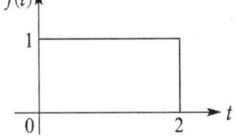

[풀이]

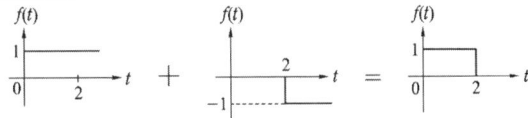

$f(t) = u(t) - u(t-2)$

$F(s) = \mathcal{L}[f(t)] = \mathcal{L}[u(t)-u(t-2)]$

$= \dfrac{1}{s} - \dfrac{1}{s}e^{-2s} = \dfrac{1}{s}(1-e^{-2s})$ 【답】③

68 비정현파의 성분을 가장 옳게 나타낸 것은?

① 직류분 + 고조파
② 교류분 + 고조파
③ 교류분 + 기본파 + 고조파
④ 직류분 + 기본파 + 고조파

[풀이]

정현파로부터 일그러진 파형을 총칭하여 비정현파라고 하며, 비정현파는 다음과 같이 표시한다.

비정현파 = 직류분 + 기본파 + 고조파 【답】④

69 RLC 직렬회로에서 공진 시의 전류는 공급전압에 대하여 어떤 위상차를 갖는가?

① 0°
② 90°
③ 180°
④ 270°

[풀이]

직렬공진은 리액턴스 성분이 0 ($j\omega L = \dfrac{1}{j\omega c}$)이 되므로 공진시 **전압과 전류는 동상**이 되고 **전류는 최대**로 된다. 【답】①

70 정전용량 C[F]인 콘덴서를 V_c[V]까지 충전한 뒤, 저항 R[Ω]에 직렬 연결하여 방전시켰다. t_1[s] 후 전압이 V[V]로 감소하였을 때 정전용량 C[F]을 나타낸 식은?

① $\dfrac{t_1}{R\ln\left(\dfrac{V}{V_c}\right)}$ ② $\dfrac{t_1}{R\ln\left(\dfrac{V_c}{V}\right)}$

③ $\dfrac{\ln\left(\dfrac{V}{V_c}\right)t_1}{R}$ ④ $\dfrac{\ln\left(\dfrac{V_c}{V}\right)t_1}{R}$

풀이

t_1[s] 후 저항 양단에 감소한 전압 V

$V = V_C e^{-\frac{1}{RC}t_1}$, $\dfrac{V}{V_C} = e^{-\frac{1}{RC}t_1}$

$\ln\left(\dfrac{V}{V_C}\right) = \ln e^{-\frac{1}{RC}t_1}$, $\ln\left(\dfrac{V}{V_C}\right) = -\dfrac{t_1}{RC}$

$C = -\dfrac{t_1}{R\ln\left(\dfrac{V}{V_C}\right)}$

여기서, $-\ln\left(\dfrac{V}{V_C}\right) = -(\ln V - \ln V_C)$

$= \ln V_C - \ln V = \ln\left(\dfrac{V_C}{V}\right)$ 이므로

$\therefore C = \dfrac{t_1}{R\ln\left(\dfrac{V_C}{V}\right)}$ 【답】②

71 평형 3상 3선식 회로가 있다. 부하는 Y결선이고 $V_{ab} = 100\sqrt{3}\angle 0°$[V]일 때 $I_a = 20\angle -120°$[A]이었다. Y결선된 부하 한 상의 임피던스는 몇 [Ω]인가?

① $5\angle 60°$ ② $5\sqrt{3}\angle 60°$
③ $5\angle 90°$ ④ $5\sqrt{3}\angle 90°$

풀이

Y결선에서 선전류 = 상전류
선간 전압 = $\sqrt{3}\times$상전압$\angle 30°$ 이므로

상전압 $V_a = \dfrac{V_{ab}}{\sqrt{3}}\angle -30° = \dfrac{100\sqrt{3}}{\sqrt{3}}\angle -30°$
$= 100\angle -30°$[V]

$\therefore Z_a = \dfrac{V_a}{I_a} = \dfrac{100\angle -30°}{20\angle -120°} = 5\angle 90°$[Ω] 【답】③

72 코일의 권수 $N = 1000$회이고, 코일의 저항 $R = 10$[Ω]이다. 전류 $I = 10$[A]를 흘릴 때 코일의 권수 1회에 대한 자속이 $\phi = 3\times 10^{-2}$[Wb]이라면 이 회로의 시정수[s]는?

① 0.3 ② 0.4
③ 3.0 ④ 4.0

풀이

코일의 인덕턴스 L은

$L = \dfrac{N\phi}{I} = \dfrac{1000\times 3\times 10^{-2}}{10} = 3$[H]

$\therefore$ 시정수 $\tau = \dfrac{L}{R} = \dfrac{3}{10} = 0.3$[s] 【답】①

73 $\cos\omega t$의 라플라스 변환은?

① $\dfrac{s}{s^2+\omega^2}$ ② $\dfrac{-s}{s^2+\omega^2}$

③ $\dfrac{\omega}{s^2+\omega^2}$ ④ $\dfrac{\omega}{s^2-\omega^2}$

풀이

라플라스 변환표

$f(t)$	$F(s)$
$\sin\omega t$	$\dfrac{\omega}{s^2+\omega^2}$
$\cos\omega t$	$\dfrac{s}{s^2+\omega^2}$

【답】①

74 $V = 50\sqrt{3} - j50$[V], $I = 15\sqrt{3} + j15$[A]일 때 유효전력 P[W]와 무효전력 P_r[Var]은 각각 얼마인가?

① $P = 3000$, $P_r = 1500$
② $P = 1500$, $P_r = 1500\sqrt{3}$
③ $P = 750$, $P_r = 750\sqrt{3}$
④ $P = 2250$, $P_r = 1500\sqrt{3}$

풀이

$P_a = VI^* = P + jQ$
$= (50\sqrt{3} - j50)(15\sqrt{3} - j15)$
$= 2250 - j750\sqrt{3} - j750\sqrt{3} - 750$
$= 1500 - j1500\sqrt{3}$

따라서, 유효전력 $P = 1500$ [W]
무효전력 $P_r = 1500\sqrt{3}$ [Var]   【답】②

75 그림의 회로에서 전원 주파수가 일정할 경우 평형 조건은?

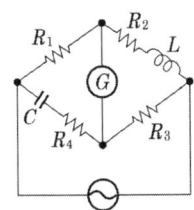

① $R_1R_3 - R_2R_4 = \dfrac{L}{C}$, $\dfrac{R_4}{R_2} = \dfrac{1}{\omega^2 LC}$

② $R_1R_3 + R_2R_4 = \dfrac{L}{C}$, $\dfrac{R_4}{R_2} = \dfrac{1}{\omega^2 LC}$

③ $R_1R_3 - R_2R_4 = \dfrac{L}{C}$, $\dfrac{R_4}{R_2} = \dfrac{L}{C}$

④ $R_1R_3 + R_2R_4 = \dfrac{L}{C}$, $\dfrac{R_4}{R_2} = \dfrac{L}{C}$

[풀이]
브리지 평형 조건에서
$$R_1R_3 = (R_2 + j\omega L)\left(R_4 - j\dfrac{1}{\omega C}\right)$$
$$= \left(R_2R_4 + \dfrac{L}{C}\right) + j\left(\omega LR_4 - \dfrac{R_2}{\omega C}\right)$$
양변의 실수부와 허수부는 같으므로
$$R_1R_3 = R_2R_4 + \dfrac{L}{C} \quad \therefore R_1R_3 - R_2R_4 = \dfrac{L}{C}$$
또, $\omega LR_4 = \dfrac{R_2}{\omega C}$ $\quad \therefore \dfrac{R_4}{R_2} = \dfrac{1}{\omega^2 LC}$ 【답】①

76 그림의 회로에서 단자 a, b에 3[Ω]의 저항을 연결할 때 저항에서의 소비 전력은 몇 [W]인가?

① $\dfrac{1}{12}$

② $\dfrac{1}{3}$

③ 1

④ 12

[풀이]
문제의 그림에서 전류원을 전압원으로 등가 하면,

전류 $I = \dfrac{V}{R} = \dfrac{3-2}{1+2+3} = \dfrac{1}{6}$ [A]

따라서 전력 $P = I^2 R = \left(\dfrac{1}{6}\right)^2 \cdot 3 = \dfrac{3}{36} = \dfrac{1}{12}$ [W]   【답】①

77 비정현파 전압 $v = 100\sqrt{2}\sin\omega t + 50\sqrt{2}\sin 2\omega t + 30\sqrt{2}\sin 3\omega t$ [V]의 왜형률은 약 얼마인가?

① 0.36
② 0.58
③ 0.87
④ 1.41

[풀이]
왜형률 $= \dfrac{\text{전 고조파의 실효값}}{\text{기본파의 실효값}} = \dfrac{\sqrt{V_2^2 + V_3^2}}{V_1}$
$= \dfrac{\sqrt{50^2 + 30^2}}{100} = 0.58$ 【답】②

78 그림의 $R-L-C$ 직렬회로에서 입력을 전압 $e_i(t)$, 출력을 전류 $i(t)$로 할 때 이 계의 전달함수는?

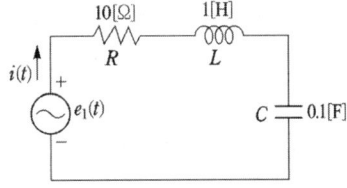

① $\dfrac{s}{s^2 + 10s + 10}$

② $\dfrac{10s}{s^2 + 10s + 10}$

③ $\dfrac{s}{s^2 + s + 1}$

④ $\dfrac{10s}{s^2 + s + 1}$

[풀이]
$\dfrac{I(s)}{E(s)} = Y(s) = \dfrac{1}{Z(s)} = \dfrac{1}{R + Ls + \dfrac{1}{Cs}}$
$= \dfrac{Cs}{LCs^2 + RCs + 1} = \dfrac{0.1s}{1 \times 0.1s^2 + 10 \times 0.1s + 1}$

$$= \frac{s}{s^2 + 10s + 10}$$
【답】 ①

79 두 개의 회로망 N_1과 N_2가 있다. a-b 단자, a′-b′ 단자의 각각의 전압은 50 [V], 30 [V]이다. 또, 양 단자에서 N_1, N_2를 본 임피던스가 15 [Ω]과 25 [Ω]이다. a-a′, b-b′를 연결하면 이 때 흐르는 전류는 몇 [A]인가?

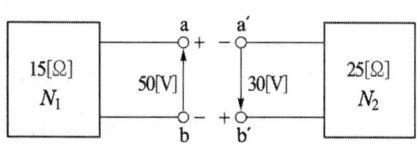

① 0.5
② 1
③ 2
④ 4

풀이

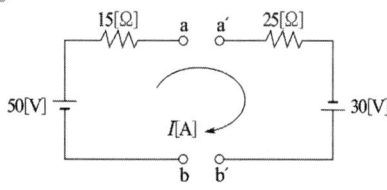

N_1과 N_2의 전압 방향이 반대이므로

$$\therefore I = \frac{V_1 + V_2}{Z_1 + Z_2} = \frac{50 + 30}{15 + 25} = 2 [A]$$

【답】 ③

80 $i = 2t^2 + 8t$ [A]로 표시되는 전류를 도선에 3 [sec] 동안 흘렸을 때 통과한 전 전기량은 몇 [C]인가?

① 18
② 48
③ 54
④ 61

풀이

$$Q = \int_0^t i\,dt = \int_0^3 (2t^2 + 8t)dt = \left[\frac{2}{3}t^3 + 4t^2\right]_0^3 = 54 [C]$$

【답】 ③

3회 회로이론

61 그림과 같은 순저항으로 된 회로에 대칭 3상 전압을 가할 때 각 선에 흐르는 전류가 같으려면 R [Ω]의 값은?

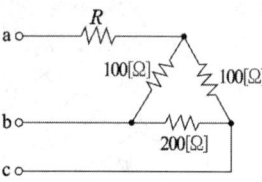

① 20
② 25
③ 30
④ 35

풀이

△저항을 Y저항으로 변환하면

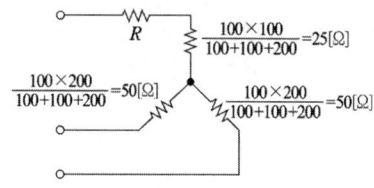

위 그림에서 각 선전류가 같기 위해서는 각 선저항이 같아야 하므로 $R + 25 = 50 [Ω]$ 이라야 한다.

$$R = 50 - 25 = 25 [Ω]$$

【답】 ②

62 그림과 같이 높이가 1인 펄스의 라플라스 변환은?

① $\frac{1}{s}(e^{-as} + e^{-bs})$

② $\frac{1}{a-b}\left(\frac{e^{-as} + e^{-bs}}{1}\right)$

③ $\frac{1}{s}(e^{-as} - e^{-bs})$

④ $\frac{1}{a-b}\left(\frac{e^{-as} - e^{-bs}}{s}\right)$

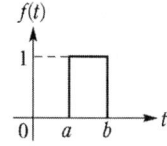

풀이

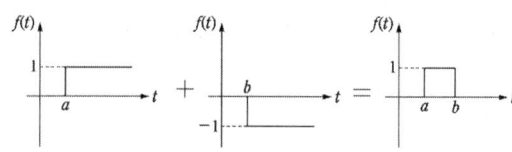

$f(t) = u(t-a) - u(t-b)$ 이므로

$$\mathcal{L}[f(t)] = \mathcal{L}[u(t-a)] - \mathcal{L}[u(t-b)]$$
$$= \left\{\frac{e^{-as}}{s} - \frac{e^{-bs}}{s}\right\} = \frac{1}{s}(e^{-as} - e^{-bs})$$

【답】 ③

63 그림과 같은 회로의 영상 임피던스 Z_{01}, $Z_{02}[\Omega]$는 각각 얼마인가?

① 9, 5
② 6, $\frac{10}{3}$
③ 4, 5
④ 4, $\frac{20}{9}$

풀이

$\begin{bmatrix} A & B \\ C & D \end{bmatrix} = \begin{bmatrix} 1 & 4 \\ 0 & 1 \end{bmatrix} \begin{bmatrix} 1 & 0 \\ \frac{1}{5} & 1 \end{bmatrix} = \begin{bmatrix} 1+\frac{4}{5} & 4 \\ \frac{1}{5} & 1 \end{bmatrix}$

$A = 1 + \frac{4}{5} = \frac{9}{5}$, $B = 4$, $C = \frac{1}{5}$, $D = 1$ 이므로

$Z_{01} = \sqrt{\frac{AB}{CD}} = \sqrt{\frac{\frac{9}{5} \times 4}{\frac{1}{5} \times 1}} = 6[\Omega]$

$Z_{02} = \sqrt{\frac{BD}{AC}} = \sqrt{\frac{4 \times 1}{\frac{9}{5} \times \frac{1}{5}}} = \frac{10}{3}[\Omega]$

【답】②

64 각 상의 전류가 $i_a = 30\sin\omega t$[A], $i_b = 30\sin(\omega t - 90°)$[A], $i_c = 30\sin(\omega t + 90°)$[A]일 때 영상분 전류[A]의 순시치는?

① $10\sin\omega t$
② $10\sin\frac{\omega t}{3}$
③ $30\sin\omega t$
④ $\frac{30}{\sqrt{3}}\sin(\omega t + 45°)$

풀이

영상 대칭분 전류

$i_0 = \frac{1}{3}(i_a + i_b + i_c)$

$= \frac{1}{3}\{30\sin\omega t + 30\sin(\omega t - 90°) + 30\sin(\omega t + 90°)\}$

$= \frac{30}{3}(\sin\omega t + \sin\omega t\cos 90° - \cos\omega t\sin 90°$
$\qquad + \sin\omega t\cos 90° + \cos\omega t\sin 90°)$

$= 10\sin\omega t$[A]

($\because \sin(\alpha \pm \beta) = \sin\alpha\cos\beta \pm \cos\alpha\sin\beta$, $\cos 90° = 0$)

【답】①

65 $F(s) = \dfrac{s+1}{s^2 + 2s}$ 의 역라플라스 변환은?

① $\frac{1}{2}(1 - e^{-t})$
② $\frac{1}{2}(1 - e^{-2t})$
③ $\frac{1}{2}(1 + e^t)$
④ $\frac{1}{2}(1 + e^{-2t})$

풀이

$F(s) = \dfrac{s+1}{s(s+2)} = \dfrac{A}{s} + \dfrac{B}{s+2}$

$A = \dfrac{s+1}{s+2}\bigg|_{s=0} = \dfrac{1}{2}$

$B = \dfrac{s+1}{s}\bigg|_{s=-2} = \dfrac{-2+1}{-2} = \dfrac{1}{2}$ 이므로

$F(s) = \dfrac{\frac{1}{2}}{s} + \dfrac{\frac{1}{2}}{s+2} = \dfrac{1}{2}\left(\dfrac{1}{s} + \dfrac{1}{s+2}\right)$

$\therefore \mathcal{L}^{-1}[F(s)] = \dfrac{1}{2}(1 + e^{-2t})$

【답】④

66 인덕턴스 $L = 20$[mH]인 코일에 실효값 $V = 50$[V], 주파수 $f = 60$[Hz]인 정현파 전압을 인가했을 때 코일에 축적되는 평균 자기에너지(W_L)은 약 몇 [J]인가?

① 0.22
② 0.33
③ 0.44
④ 0.55

풀이

$W_L = \dfrac{LI^2}{2} = \dfrac{L}{2}\left(\dfrac{V}{2\pi f L}\right)^2 = \dfrac{V^2}{8\pi^2 f^2 L}$

$= \dfrac{50^2}{8\pi^2 \times 60^2 \times 20 \times 10^{-3}} = 0.44$[J]

【답】③

67 회로에서 10[Ω]의 저항에 흐르는 전류[A]는?

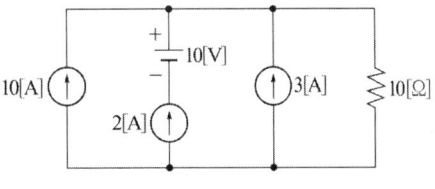

① 8
② 10
③ 15
④ 20

풀이

중첩의 정리에 의해
$I_R = 10 + 2 + 3 = 15[A]$

(10[V] 전압원에 의해서는 2[A]전류원이 개방되므로 저항에 전류가 흐르지 못한다)   【답】 ③

68 그림과 같이 주기가 3[s]인 전압 파형의 실효값은 약 몇 [V] 인가?

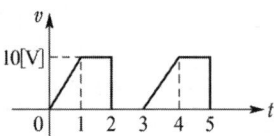

① 5.67
② 6.67
③ 7.57
④ 8.57

풀이

실효값 $V = \sqrt{\dfrac{1}{T}\int_0^T v^2 dt}$

$= \sqrt{\dfrac{1}{3}\left\{\int_0^1 (10t)^2 dt + \int_1^2 10^2 dt\right\}}$

$= \sqrt{\dfrac{1}{3}\left\{\left[\dfrac{100}{3}t^3\right]_0^1 + [100t]_1^2\right\}}$

$= 6.67[V]$ 【답】 ②

69 전기회로의 입력을 V_1, 출력을 V_2라고 할 때 전달함수는? (단, $s = j\omega$이다.)

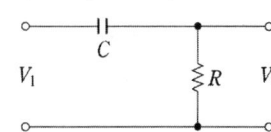

① $\dfrac{1}{R + \dfrac{1}{j\omega C}}$
② $\dfrac{1}{j\omega + \dfrac{1}{RC}}$
③ $\dfrac{j\omega}{j\omega + \dfrac{1}{RC}}$
④ $\dfrac{j\omega}{R + \dfrac{1}{j\omega C}}$

풀이

$G(s) = \dfrac{출력(Z)}{입력(Z)} = \dfrac{R}{R + \dfrac{1}{sC}} = \dfrac{RsC}{RsC + 1}$

$= \dfrac{s}{s + \dfrac{1}{RC}} = \dfrac{j\omega}{j\omega + \dfrac{1}{RC}}$ 【답】 ③

70 ϕ가 0에서 π까지는 $i = 20[A]$, π에서 2π까지는 $i = 0[A]$인 파형을 푸리에 급수로 전개할 때 a_0는?

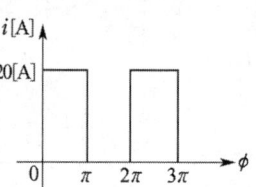

① 5
② 7.07
③ 10
④ 14.14

풀이

$a_0 = \dfrac{1}{2\pi}\int_0^\pi i\, d(\phi) = \dfrac{1}{2\pi}\int_0^\pi 20\, d(\phi) = \dfrac{20}{2\pi} \cdot \pi = 10[A]$

【답】 ③

71 그림과 같은 회로망에서 전류를 계산하는데 옳게 표시된 것은?

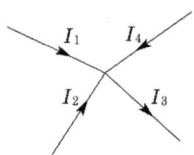

① $I_1 + I_2 + I_3 + I_4 = 0$
② $I_1 + I_2 - I_3 + I_4 = 0$
③ $I_1 + I_4 = I_2 + I_3$
④ $I_1 + I_2 - I_4 = I_3$

풀이

키르히호프의 전류 법칙(제1법칙)   【답】 ②

72 다음 회로에서 부하 R_L에 최대 전력이 공급될 때의 전력 값이 5[W]라고 하면 $R_L + R_i$의 값은 몇 [Ω]인가?(단, R_i는 전원의 내부저항이다.)

① 5
② 10
③ 15
④ 20

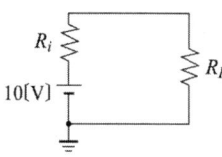

풀이

최대공급전력 $P_m = \dfrac{V^2}{4R_L}[W]$ 이므로

$5 = \dfrac{10^2}{4R_L}$ 에서 $R_L = \dfrac{10^2}{4 \times 5} = 5[Ω]$이 된다.

최대전력전송조건은 $R_i = R_L$ 이므로
$R_L + R_i = 5 + 5 = 10[\Omega]$이 된다. 【답】②

73 시정수 τ를 갖는 RL 직렬회로에 직류전압을 가할 때 $t = 2\tau$ 되는 시간에 회로에 흐르는 전류는 최종 값의 약 몇 [%]인가?

① 98 ② 95
③ 86 ④ 63

풀이
$i(t) = \dfrac{E}{R}\left(1 - e^{-\frac{R}{L}t}\right) = I\left(1 - e^{-\frac{1}{\tau}\times t}\right)$이므로

$t = 2\tau$일 때 전류

$i_\tau = I\left(1 - e^{-\frac{1}{\tau}\times 2\tau}\right) = I(1 - e^{-2}) ≒ 0.86I$ 【답】③

74 0.2[H]의 인덕터와 150[Ω]의 저항을 직렬로 접속하고 220[V] 상용교류를 인가하였다. 1시간 동안 소비된 전력량은 약 몇 [Wh] 인가?

① 209.6 ② 226.4
③ 257.6 ④ 286.9

풀이
- 리액턴스 $X_L = \omega L = 2\pi f L = 2\pi \times 60 \times 0.2 = 75.4[\Omega]$
- 전류 $I = \dfrac{V}{Z} = \dfrac{V}{\sqrt{R^2 + X_L^2}} = \dfrac{220}{\sqrt{150^2 + 75.4^2}} = 1.31[A]$

$\therefore W = P \cdot t = I^2 R \cdot t = 1.31^2 \times 150 \times 1 = 257.42[Wh]$ 【답】③

75 저항 R인 검류계 G에 그림과 같이 r_1인 저항을 병렬로, 또 r_2인 저항을 직렬로 접속하였을 때 A, B단자 사이의 저항을 R과 같게 하고 또한 G에 흐르는 전류를 전 전류의 $1/n$로 하기 위한 $r_1[\Omega]$의 값은?

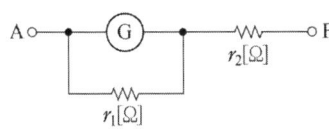

① $\dfrac{n-1}{R}$ ② $R\left(1 - \dfrac{1}{n}\right)$
③ $\dfrac{R}{n-1}$ ④ $R\left(1 + \dfrac{1}{n}\right)$

풀이

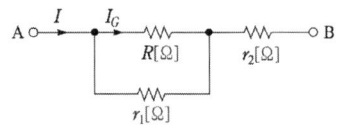

전 전류를 I, 검류계 G에 흐르는 전류를 I_G라고 하면

$I_G = \dfrac{1}{n}I = \dfrac{r_1}{R + r_1} \times I$ 이므로

$nr_1 = R + r_1$ $\therefore r_1 = \dfrac{R}{n-1}$

참고로 보상용 저항 r_2는 $\dfrac{R \times r_1}{R + r_1} + r_2 = R$ 에서

$r_2 = R - \dfrac{R \cdot r_1}{R + r_1} = R\left(1 - \dfrac{r_1}{R + r_1}\right)$

$= R\left(1 - \dfrac{\frac{R}{n-1}}{R + \frac{R}{n-1}}\right) = R\left(1 - \dfrac{1}{n}\right)$

이 되어야 한다. 【답】③

76 L형 4단자 회로망에서 R_1, R_2를 정합하기 위한 Z_1은? (단, $R_2 > R_1$ 이다.)

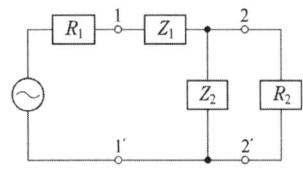

① $\pm jR_2\sqrt{\dfrac{R_1}{R_2 - R_1}}$ ② $\pm jR_1\sqrt{\dfrac{R_1}{R_2 - R_1}}$
③ $\pm j\sqrt{R_2(R_2 - R_1)}$ ④ $\pm j\sqrt{R_1(R_2 - R_1)}$

풀이
단자 11′의 영상임피던스 Z_{01}, 단자 22′의 영상임피던스 Z_{02}라 할 때 정합조건은

$R_1 = Z_{01} = \sqrt{Z_1(Z_1 + Z_2)}$

$R_2 = Z_{02} = \sqrt{\dfrac{Z_1 Z_2^2}{Z_1 + Z_2}}$

두 관계식에서 Z_1을 구한다.

$R_1^2 = Z_1(Z_1 + Z_2) \rightarrow Z_1 + Z_2 = \dfrac{R_1^2}{Z_1}$

$R_2^2 = \dfrac{Z_1 Z_2^2}{Z_1 + Z_2} \rightarrow R_2^2 = \dfrac{Z_1^2 Z_2^2}{R_1^2}$

$\therefore R_2 = \dfrac{Z_1 Z_2}{R_1}$

$$Z_1 = \frac{R_1 R_2}{Z_2} \quad (Z_2 = \frac{R_1^2}{Z_1} - Z_1 = \frac{R_1^2 - Z_1^2}{Z_1})$$

$$\therefore Z = \frac{R_1 R_2 Z_1}{R_1^2 - Z_1^2} \rightarrow R_1^2 - Z_1^2 = R_1 R_2, \ Z_1^2 = R_1^2 - R_1 R_2$$

$Z_1 = \pm \sqrt{R_1(R_1 - R_2)} \ (R_2 > R_1 \text{이므로})$

$\therefore Z_1 = \pm j\sqrt{R_1(R_2 - R_1)}$ 【답】④

77 다음 보기 중 전구에 불이 들어오지 않는 경우는?

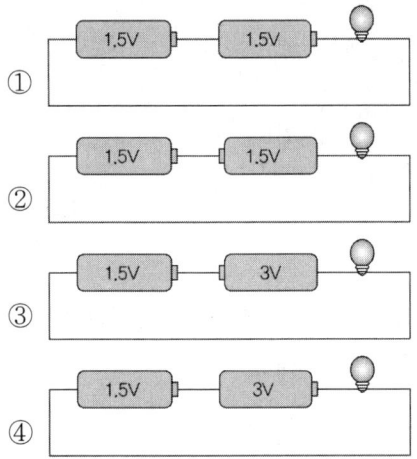

풀이
②번 보기의 그림은 1.5V 건전지 두 개가 극성이 반대로 직렬 연결 되었으므로.
$V = 1.5 - 1.5 = 0[V]$
따라서 전위차가 없어 전구에 불이 들어오지 않는다. 【답】②

78 어떤 회로의 전압 E, 전류 I 일 때 $P_a = \overline{E}I = P + jP_r$ 에서 $P_r > 0$이다. 이 회로는 어떤 부하인가? (단, $\overline{E}$는 E의 공액복소수이다.)
① 용량성   ② 무유도성
③ 유도성   ④ 정저항

풀이

공액	$+j$	$-j$
전압공액 $P_a = \overline{E} \cdot I = P \mp jP_r$	용량성	유도성
전류공액 $P_a = E \cdot \overline{I} = P \pm jP_r$	유도성	용량성

【답】①

79 평형 3상 Y결선 회로의 선간전압이 V_l, 상전압이 V_p, 선전류가 I_l, 상전류가 I_p 일 때 다음의 수식 중 틀린 것은? (단, P는 3상 부하전력을 의미한다.)
① $V_l = \sqrt{3}\,V_p$
② $I_l = I_p$
③ $P = \sqrt{3}\,V_l I_l \cos\theta$
④ $P = \sqrt{3}\,V_p I_p \cos\theta$

풀이
Y결선 및 △결선과의 비교

결선법	선간전압 V_l	선전류 I_l	출	력
Y결선	$\sqrt{3}\,V_p$	I_p	$\sqrt{3}\,V_l I_l \cos\theta$	$3V_p I_p \cos\theta$
△결선	V_p	$\sqrt{3}\,I_p$	$\sqrt{3}\,V_l I_l \cos\theta$	$3V_p I_p \cos\theta$

여기서, V_l : 선간 전압, I_l : 선로 전류, V_p : 상전압,
I_p : 상전류   【답】④

80 $a + a^2$의 값은?
(단, $a = e^{j2\pi/3} = 1\angle 120°$ 이다.)
① 0   ② -1
③ 1   ④ a^3

풀이
$a = -\frac{1}{2} + j\frac{\sqrt{3}}{2}, \ a^2 = -\frac{1}{2} - j\frac{\sqrt{3}}{2}$ 이므로
$a + a^2 = -\frac{1}{2} + j\frac{\sqrt{3}}{2} - \frac{1}{2} - j\frac{\sqrt{3}}{2} = -1$ 【답】②

E90-4 전기공사산업기사 필기

제 5 과목
전기설비 기술기준

01. 공통사항
02. 저압전기설비
03. 고압 · 특고압 전기설비
04. 전기철도설비
05. 분산형 전원설비
06. 전기설비기술기준

1. 출제기준이 전기설비기술기준 및 판단기준에서 한국전기설비규정(KEC)으로 변경됨에 따라 본문의 내용이 수정 보완 되었습니다.
2. 본 도서에 한국전기설비규정(KEC) 전문을 포함시키기에는 너무 양이 많고 또 자격증 취득을 위해 모든 내용을 암기할 필요가 없는 관계로 핵심적인 내용만 발췌하여 수록하였습니다.
   혹시 이해가 되지 않거나 더 많은 내용을 알기를 원하시는 경우에는 한국전기설비규정(KEC) 전문을 확인해 보시기 바랍니다.
3. KEC의 일부 내용이 생략된 관계로 KEC와 번호 체계가 다를 수 있음을 이해하시기 바랍니다.
   ex) 123.1 .1
   → 일련번호 순으로 정한 관계로 KEC 번호 체계와 다를 수 있음
   → KEC 번호 체계와 동일

KEC 용어 변경(23.10.12)

개정 전	개정 후	개정 전	개정 후
연접 인입선	이웃 연결 인입선	수트리억제 가교폴리에틸렌	수분 침투 균열 억제 가교폴리에틸렌
조상설비	무효 전력 보상 설비	외경	바깥지름
지선	지지선	동선	구리선
조상기	무효 전력 보상 장치	염해	염분피해
조속장치	속도조절기	분진	먼지
폭연성 분진	폭연성 먼지	전선의 식별	전선의 식별
첨가(添架)	전선 첨가	상(문자) / 색상 L2 / 흑색 N / 청색	상(문자) / 색상 L2 / 검은색 N / 파란색
자중	자체중량		
메시도체	그물망도체		

한국전기설비규정(Korea Electro-technical Code, KEC)

01. 공통사항

111 통칙

이 규정에서 적용하는 전압의 구분은 다음과 같다.

분류	전압의 범위
저압	• 직류 : 1.5 [kV] 이하 • 교류 : 1 [kV] 이하
고압	• 직류 : 1.5 [kV]를 초과하고, 7 [kV] 이하 • 교류 : 1 [kV]를 초과하고, 7 [kV] 이하
특고압	7 [kV]를 초과

112 용어 정의

1. "**가공인입선**"이란 가공전선로의 지지물로부터 다른 지지물을 거치지 아니하고 수용장소의 붙임점에 이르는 가공전선을 말한다.

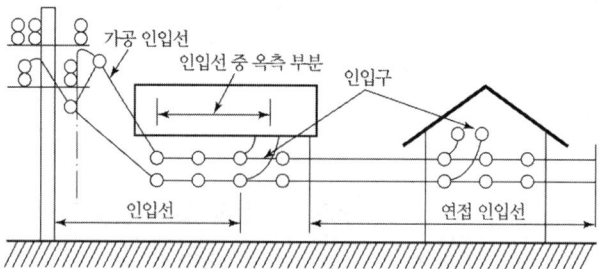

2. "**가섭선**(架涉線)"이란 지지물에 가설되는 모든 선류를 말한다.
3. "**계통연계**"란 둘 이상의 전력계통 사이를 전력이 상호 융통될 수 있도록 선로를 통하여 연결하는 것으로 전력계통 상호간을 송전선, 변압기 또는 직류-교류변환설비 등에 연결하는 것. 계통연락이라고도 한다.
4. "**계통접지**(System Earthing)"란 전력계통에서 돌발적으로 발생하는 이상현상에 대비하여 대지와 계통을 연결하는 것으로, 중성점을 대지에 접속하는 것을 말한다.
5. "**관등회로**"란 방전등용 안정기 또는 방전등용 변압기로부터 방전관까지의 전로를 말한다.

6. "**기본보호**(직접접촉에 대한 보호, Protection Against Direct Contact)"란 정상운전 시 기기의 충전부에 직접 접촉함으로써 발생할 수 있는 위험으로부터 인축을 보호하는 것을 말한다.

7. "**단독운전**"이란 전력계통의 일부가 전력계통의 전원과 전기적으로 분리된 상태에서 분산형전원에 의해서만 운전되는 상태를 말한다.

8. "**단순 병렬운전**"이란 자가용 발전설비 또는 저압 소용량 일반용 발전설비를 배전계통에 연계하여 운전하되, 생산한 전력의 전부를 자체적으로 소비하기 위한 것으로서 생산한 전력이 연계계통으로 송전되지 않는 병렬 형태를 말한다.

9. "**동기기의 무구속속도**"란 전력계통으로부터 떨어져 나가고, 또한 조속기가 작동하지 않을 때 도달하는 최대회전속도를 말한다.

10. "**리플프리 (Ripple-free)직류**"란 교류를 직류로 변환할 때 리플성분의 실효값이 10[%] 이하로 포함된 직류를 말한다.

11. "**보호도체**(PE, Protective Conductor)"란 감전에 대한 보호 등 안전을 위해 제공되는 도체를 말한다.

12. "**보호접지**(Protective Earthing)"란 고장 시 감전에 대한 보호를 목적으로 기기의 한 점 또는 여러 점을 접지하는 것을 말한다.

13. "**분산형전원**"이란 중앙급전 전원과 구분되는 것으로서 전력소비지역 부근에 분산하여 배치 가능한 전원을 말한다. 상용전원의 정전시에만 사용하는 비상용 예비전원은 제외하며, 신·재생에너지 발전설비, 전기저장장치 등을 포함한다.

14. "**스트레스전압**(Stress Voltage)"이란 지락고장 중에 접지부분 또는 기기나 장치의 외함과 기기나 장치의 다른 부분 사이에 나타나는 전압을 말한다.

15. "**외부피뢰시스템**(External Lightning Protection System)"이란 수뢰부시스템, 인하도선시스템, 접지극시스템으로 구성된 피뢰시스템의 일종을 말한다.

16. "**제1차 접근 상태**"란 가공 전선이 다른 시설물과 접근하는 경우에 가공 전선이 다른 시설물의 위쪽 또는 옆쪽에서 수평거리로 가공 전선로의 지지물의 지표상의 높이에 상당하는 거리 안에 시설됨으로써 가공 전선로의 전선의 절단, 지지물의 도괴 등의 경우에 그 전선이 다른 시설물에 접촉할 우려가 있는 상태를 말한다.

17. "**제2차 접근상태**"란 가공 전선이 다른 시설물과 접근하는 경우에 그 가공 전선이 다른 시설물의 위쪽 또는 옆쪽에서 수평거리로 3[m] 미만인 곳에 시설되는 상태를 말한다.

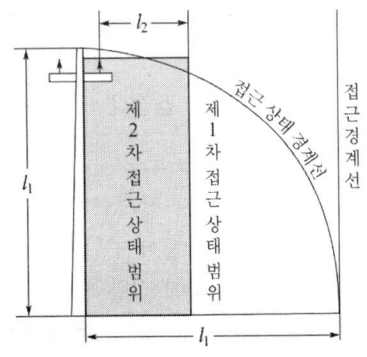

18. "접지도체"란 계통, 설비 또는 기기의 한 점과 접지극 사이의 도전성 경로 또는 그 경로의 일부가 되는 도체를 말한다.
19. "접속설비"란 공용 전력계통으로부터 특정 분산형전원 전기설비에 이르기까지의 전선로와 이에 부속하는 개폐장치, 모선 및 기타 관련 설비를 말한다.
20. "접지도체"란 계통, 설비 또는 기기의 한 점과 접지극 사이의 도전성 경로 또는 그 경로의 일부가 되는 도체를 말한다
21. "접촉범위(Arm's Reach)"란 사람이 통상적으로 서있거나 움직일 수 있는 바닥면 상의 어떤 점에서라도 보조장치의 도움 없이 손을 뻗어서 접촉이 가능한 접근구역을 말한다.
22. "정격전압"이란 발전기가 정격운전상태에 있을 때, 동기기 단자에서의 전압을 말한다.
23. **"지중 관로"** 란 지중 전선로 · 지중 약전류 전선로 · 지중 광섬유 케이블 선로 · 지중에 시설하는 수관 및 가스관과 이와 유사한 것 및 이들에 부속하는 지중함 등을 말한다.
24. "충전부(Live Part)"란 통상적인 운전 상태에서 전압이 걸리도록 되어 있는 도체 또는 도전부를 말한다. 중성선을 포함하나 PEN 도체, PEM 도체 및 PEL 도체는 포함하지 않는다.
25. **"특별저압**(ELV, Extra Low Voltage)"이란 인체에 위험을 초래하지 않을 정도의 저압을 말한다. 여기서 SELV(Safety Extra Low Voltage)는 비접지회로에 해당되며, PELV(Protective Extra Low Voltage)는 접지회로에 해당된다.
26. "PEN 도체(protective earthing conductor and neutral conductor)"란 교류회로에서 중성선 겸용 보호도체를 말한다.
27. "PEM 도체(protective earthing conductor and a mid-point conductor)"란 직류회로에서 중간도체 겸용 보호도체를 말한다.
28. "PEL 도체(protective earthing conductor and a line conductor)"란 직류회로에서 선도체 겸용 보호도체를 말한다.

113 안전을 위한 보호

113.2 감전에 대한 보호

1. 기본보호

기본보호는 일반적으로 직접접촉을 방지하는 것으로, 전기설비의 충전부에 인축이 접촉하여 일어날 수 있는 위험으로부터 보호되어야 한다. **기본보호는 다음 중 어느 하나에 적합하여야 한다.**

가. **인축의 몸을 통해 전류가 흐르는 것을 방지**
나. **인축의 몸에 흐르는 전류를 위험하지 않은 값 이하로 제한**

2. 고장 보호

고장 보호는 일반적으로 **기본절연의 고장에 의한 간접접촉을 방지**하는 것이다.

가. 노출도전부에 인축이 접촉하여 일어날 수 있는 위험으로부터 보호되어야 한다.

나. **고장 보호**는 다음 중 어느 하나에 적합하여야 한다.

(1) 인축의 몸을 통해 **고장전류가 흐르는 것을 방지**

(2) 인축의 몸에 흐르는 **고장전류를 위험하지 않는 값 이하로 제한**

(3) 인축의 몸에 흐르는 **고장전류의 지속시간을 위험하지 않은 시간까지로 제한**

113.4 과전류에 대한 보호

1. 도체에서 발생할 수 있는 **과전류에 의한 과열 또는 전기·기계적 응력**에 의한 위험으로부터 인축의 상해를 방지하고 재산을 보호하여야 한다.

2. 과전류에 대한 보호는 과전류가 흐르는 것을 방지하거나 과전류의 지속시간을 위험하지 않는 시간까지로 제한함으로써 보호할 수 있다.

113.5 고장전류에 대한 보호

1. 고장전류가 흐르는 도체 및 다른 부분은 **고장전류로 인해 허용온도 상승 한계에 도달하지 않도록** 하여야 한다.

2. 도체는 고장으로 인해 발생하는 과전류에 대하여 보호되어야 한다.

113.7 전원공급 중단에 대한 보호

전원공급 중단으로 인해 위험과 피해가 예상되면, 설비 또는 설치기기에 적절한 보호장치를 구비하여야 한다.

121 전선의 선정 및 식별

121.2 전선의 식별

1. 전선의 색상은 표 에 따른다.

상(문자)	색상
L1	갈색
L2	흑색
L3	회색
N	청색
보호도체	녹색-노란색

2. 색상 식별이 종단 및 연결 지점에서만 이루어지는 나도체 등은 전선 종단부에 색상이 반영구적으로 유지될 수 있는 도색, 밴드, 색 테이프 등의 방법으로 표시해야 한다.

122 전선의 종류

122.5 고압 및 특고압케이블
사용전압이 특고압인 전로(전기기계기구 안의 전로를 제외한다)에 전선으로 사용하는 케이블
가. 절연체가 에틸렌 프로필렌고무혼합물 또는 가교폴리에틸렌 혼합물인 케이블로서 선심 위에 금속제의 전기적 차폐층을 설치한 것
나. **파이프형 압력 케이블·연피케이블·알루미늄케이블**
그 밖의 금속피복을 한 케이블

123 전선의 접속

전선을 접속하는 경우에는 전선의 전기저항을 증가시키지 아니하도록 접속하여야 하며, 또한 다음에 따라야 한다.

1. 절연전선 상호·절연전선과 코드, 캡타이어 케이블과 접속하는 경우에는
   가. 전선의 세기를 20[%] 이상 감소시키지 아니할 것.
   나. 접속부분은 접속관 기타의 기구를 사용할 것.
   다. 접속부분의 절연전선에 절연전선의 절연물과 동등 이상의 절연효력이 있는 것으로 충분히 피복할 것.

2. **코드 상호, 캡타이어 케이블 상호** 또는 이들 상호를 접속하는 경우에는 **코드 접속기·접속함 기타의 기구를 사용할 것.**
   다만 공칭단면적이 10[mm^2] 이상인 캡타이어 케이블 상호를 규정에 준하여 접속하는 경우에는 기구를 사용하지 않을 수 있다.

3. **도체에 알루미늄**(알루미늄 합금을 포함한다.)을 사용하는 전선과 동(동합금을 포함한다.)을 사용하는 전선을 접속하는 등 **전기 화학적 성질이 다른 도체를 접속하는 경우에는 접속부분에 전기적 부식이 생기지 않도록 할 것.**

4. **두 개 이상의 전선을 병렬로 사용**하는 경우에는 다음에 의하여 시설할 것.
   가. 병렬로 사용하는 각 **전선의 굵기는 동선 50[mm^2] 이상 또는 알루미늄 70[mm^2] 이상**으로 하고, 전선은 같은 도체, 같은 재료, 같은 길이 및 같은 굵기의 것을 사용할 것.
   나. 같은 극의 각 전선은 동일한 터미널러그에 완전히 접속할 것.
   다. 같은 극인 각 전선의 터미널러그는 동일한 도체에 2개 이상의 리벳 또는 2개 이상의 나사로 접속할 것.
   라. **병렬로 사용하는 전선에는 각각에 퓨즈를 설치하지 말 것.**

마. 교류회로에서 병렬로 사용하는 전선은 금속관 안에 **전자적 불평형이 생기지 않도록** 시설할 것.

> **예제 01** 61[kV] 가공 송전선에 있어서 전선의 인장 하중이 2.15[kN]으로 되어 있다. 지지물과 지지물 사이에 이 전선을 접속할 경우 이 전선 접속 부분의 세기는 최소 몇 [kN]를 초과하여야 하는가?
>
> | 풀이 | 인장 하중(전선의 세기)을 20[%] 이상 감소시키지 않을 것
> 답 : 접속 부분의 세기 = 전선의 인장 하중 × 0.8 = 2.15 × 0.8 = 1.72[kN]

131 전로의 절연 원칙

전로는 다음 이외에는 대지로부터 절연하여야 한다.
1. 저압전로, 전로의 중성점, 계기용변성기의 2차측 전로, 다중 접지, 변압기의 2차측 전로 및 직류계통에 **접지공사를 하는 경우의 접지점**
2. 다음과 같이 **절연할 수 없는 부분**
   가. **시험용 변압기**, 전력선 반송용 결합 리액터, 전기울타리용 전원장치, 엑스선발생 장치, 전기부식방지용 양극, **단선식 전기철도의 귀선** 등 전로의 일부를 대지로부터 절연하지 아니하고 전기를 사용하는 것이 부득이한 것.
   나. 전기욕기·전기로·전기보일러·전해조 등 대지로부터 절연하는 것이 기술상 곤란한 것.

132 전로의 절연저항 및 절연내력

1. 사용전압이 **저압인 전로에서 정전이 어려운 경우** 등 절연저항 측정이 곤란한 경우에는 **누설전류를 1[mA] 이하로 유지**하여야 한다.
2. 고압 및 특고압의 전로는 표 에서 정한 시험전압을 **전로와 대지 사이**(다심케이블은 심선 상호 간 및 심선과 대지 사이)에 **연속하여 10분간** 가하여 절연내력을 시험하였 을 때에 이에 견디어야 한다. 다만, 전선에 케이블을 사용하는 교류 전로로서 표 에 서 정한 **시험전압의 2배의 직류전압**을 전로와 대지 사이에 연속하여 10분간 가하여 절연내력을 시험하였을 때에 이에 견디는 것에 대하여는 그러하지 아니하다.

전로의 종류	접지방식	시험전압 (최대사용 전압의 배수)	최저 시험전압
1. 7[kV] 이하인 전로		1.5배	
2. 7[kV] 초과 25[kV] 이하	다중접지	0.92배	
3. 7[kV] 초과 60[kV] 이하 (2란의 것을 제외한다.)		1.25배	10.5[kV]
4. 60[kV] 초과 (전위 변성기를 사용하여 접지하는 것을 포함한다)	비접지	1.25배	
5. 60[kV] 초과 (전위 변성기를 사용하여 접지하는 것 및 6란과 7란의 것을 제외한다)	접지식	1.1배	75[kV]
6. 60[kV] 초과 (7란의 것을 제외한다)	직접접지	0.72배	
7. 170[kV] 초과 (발전소 또는 변전소 혹은 이에 준하는 장소에 시설하는 것.)	직접접지	0.64배	
8. 최대사용전압이 60[kV]를 초과하는 정류기에 접속되고 있는 전로	교류측 및 직류 고전압측에 접속되고 있는 전로는 교류측의 최대사용전압의 1.1배의 직류전압		
	직류측 중성선 또는 귀선이 되는 전로(직류 저압측 전로)의 시험전압값 $$E = V \times \frac{1}{\sqrt{2}} \times 0.5 \times 1.2$$ E : 교류 시험 전압[V] V : 역변환기의 전류 실패 시 중성선 또는 귀선이 되는 전로에 나타나는 교류성 이상전압의 파고 값[V] 다만, 전선에 케이블을 사용하는 경우 시험전압은 E의 2배의 직류전압으로 한다.		

예제 02 최대 사용 전압이 154000[V]인 중성점 직접 접지식 전로의 절연 내력 시험전압은 몇 [V]인가?

풀이 60[kV]를 초과하는 중성점 직접 접지식이므로 시험전압은 최대사용전압의 0.72배
∴ 절연내력 시험전압 = 154,000 × 0.72 = 110,880[V]
답 : 110,880[V]

133 회전기 및 정류기의 절연내력

회전기 및 정류기는 표 에서 정한 시험방법으로 절연내력을 시험하였을 때에 이에 견디어야 한다. 다만, 회전변류기 이외의 교류의 회전기로 표 에서 정한 **시험전압의 1.6배의 직류전압으로 절연내력을 시험하였을 때 이에 견디는 것을 시설**하는 경우에는 그러하지 아니하다.

종 류		시험 전압 (최대사용 전압의 배수)	최저 시험 전압	시험 방법
회전기	발전기·전동기·조상기·기타회전기 (회전변류기를 제외한다)	최대사용전압 7[kV] 이하	1.5배	500[V]	권선과 대지 사이에 연속하여 10분간 가한다.
		최대사용전압 7[kV] 초과	1.25배	10.5[kV]	
	회전변류기	직류측의 최대사용전압의 1배의 교류전압	500[V]	
정류기	최대사용전압이 60[kV] 이하	직류측의 최대사용전압의 1배의 교류전압	500[V]	충전부분과 외함 간에 연속하여 10분간 가한다.
	최대사용전압 60[kV] 초과	1.1배		교류측 및 직류고전압측단자와 대지 사이에 연속하여 10분간 가한다.

134 연료전지 및 태양전지 모듈의 절연내력

1. 시험전압 : **최대사용전압의 1.5배의 직류전압 또는 1배의 교류전압**(최저 500[V])
2. 시험방법 : 시험전압을 충전부분과 대지사이에 연속하여 10분간 가하여 절연내력을 시험하였을 때에 이에 견디는 것이어야 한다.

135 변압기 전로의 절연내력

변압기의 전로는 표 에서 정하는 시험전압을 권선과 다른 권선, 철심 및 외함 간에 시험전압을 연속하여 10분간 가하여 절연내력을 시험하였을 때에 이에 견디는 것이어야 한다.

권선의 종류 (최대사용전압)	접지방식	시험 전압 (최대사용전압의 배수)	최저 시험 전압
1. 7[kV] 이하		1.5배	500 [V]
	다중접지	0.92배	500[V]
2. 7[kV] 초과 25[kV] 이하	다중접지	0.92배	
3. 7[kV] 초과 60[kV] 이하 (2란의 것을 제외한다)		1.25배	10.5[kV]
4. 60[kV] 초과 (전위 변성기를 사용하여 접지하는 것을 포함한다. 8란의 것을 제외한다)	비접지	1.25	
5. 60[kV] 초과 (전위 변성기를 사용하여 접지하는 것, 6란 및 8란의 것을 제외한다)	접지식	1.1배	75 [kV]
6. 60[kV] 초과(8란의 것을 제외한다) 다만, 170[kV]를 초과하는 권선에는 그 중성점에 피뢰기를 시설하는 것에 한한다.	직접접지	0.72배	
7. 170[kV] 초과 (8란의 것을 제외한다)	직접접지	0.64배	
8. 60[kV]를 초과하는 정류기에 접속하는 권선	정류기의 교류측의 최대 사용전압의 1.1배의 교류전압 또는 정류기의 직류측의 최대 사용전압의 1.1배의 직류전압		

| 예제 03 | 최대 사용 전압이 1차 22,000 [V], 2차 6,600 [V]의 권선으로서 중성점 비접지식 전로에 접속하는 변압기의 특고압측의 절연 내력 시험 전압은 몇 [V]인가?

| 풀이 | 7 [kV]를 초과하는 중성점 비접지 방식이므로 시험전압은 최대사용전압의 1.25배
∴ 절연내력 시험전압 = 22,000 × 1.25 = 27,500[V]
답 : 27,500 [V]

136 기구 등의 전로의 절연내력

개폐기 · 차단기 · 전력용 커패시터 · 유도전압조정기 · 계기용변성기 기타의 기구의 전로 및 발전소 · 변전소 · 개폐소 또는 이에 준하는 곳에 시설하는 기계기구의 접속선 및 모선은 표 에서 정하는 시험전압을 충전 부분과 대지 사이(다심케이블은 심선 상호 간 및 심선과 대지 사이)에 연속하여 10분간 가하여 절연내력을 시험하였을 때에 이에 견디어야 한다.

종 류	접지방식	시험 전압 (최대사용전압의 배수)	최저 시험 전압
1. 7[kV] 이하		1.5배	500[V]
2. 7[kV] 초과 25[kV] 이하	다중접지	0.92배	
3. 7[kV] 초과 60[kV] 이하 (2란의 것 제외)		1.25배	10.5[kV]
4. 60[kV] 초과	비접지	1.25배	
5. 60[kV] 초과 (7란의 것 제외)	접지식	1.1배	75[kV]
6. 170[kV] 초과 (7란의 것 제외)	직접접지	0.72배	

7. 170[kV] 초과
  (발전소 또는 변전소 혹은 이에 준하는
  장소에 시설하는 것.)
	직접접지	0.64배	

141 접지시스템의 구분 및 종류

1. 접지시스템은 **계통접지, 보호접지, 피뢰시스템 접지** 등으로 구분한다.
2. 접지시스템의 시설 종류에는 **단독접지, 공통접지, 통합접지**가 있다.

142 접지시스템의 시설

142.1 접지시스템의 구성요소 및 요구사항

142.1.1 접지시스템 구성요소

1. 접지시스템은 **접지극, 접지도체, 보호도체** 및 기타 설비로 구성한다.
2. 접지극은 접지도체를 사용하여 주 접지단자에 연결하여야 한다.

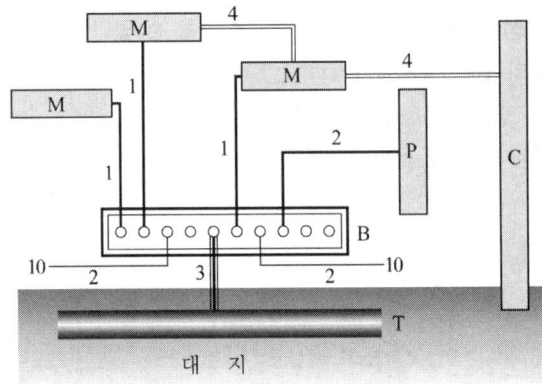

1 : 보호도체(PE)
2 : 보호 등전위 본딩용 도체
3 : 접지도체
4 : 보조 보호 등전위 본딩용 도체
10 : 기타 기기(정보통신, 피뢰시스템)
B : 주 접지단자
M : 전기기구의 노출 도전부
C : 철골, 금속덕트 등 계통외 도전부
P : 수도관, 가스관 등 계통외 도전부
T : 접지극

142.2 접지극의 시설 및 접지저항

1. 접지극의 매설은 다음에 의한다.
    가. **접지극은 지표면으로부터 지하 0.75 [m] 이상으로 하되 동결 깊이를 감안**하여 매설 깊이를 정해야 한다.
    나. 접지도체를 철주 기타의 금속체를 따라서 시설하는 경우에는 **접지극을 철주의 밑면으로부터 0.3 [m] 이상의 깊이에 매설**하는 경우 이외에는 **접지극을 지중에서 그 금속체로부터 1 [m] 이상 떼어 매설**하여야 한다.

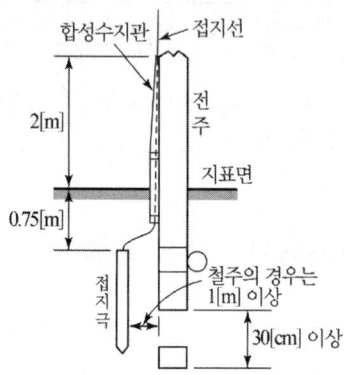

2. 가연성 액체나 가스를 운반하는 금속제 배관은 접지설비의 접지극으로 사용 할 수 없다. 다만, 보호등전위본딩은 예외로 한다.
3. 수도관 등을 접지극으로 사용하는 경우는 다음에 의한다.
    가. 지중에 매설되어 있고 **대지와의 전기저항 값이 3[Ω] 이하의 값을 유지하고 있는 금속제 수도관로**가 다음에 따르는 경우 접지극으로 사용이 가능하다.
        (1) 접지도체와 금속제 수도관로의 접속은 **안지름 75[mm] 이상**인 부분 또는 여기에서 **분기한 안지름 75[mm] 미만인 분기점으로부터 5[m] 이내의 부분**에서 하여야 한다. 다만, 금속제 **수도관로와 대지 사이의 전기저항 값이 2[Ω] 이하인 경우**에는 분기점으로부터의 거리는 5[m]을 넘을 수 있다.
        (2) 접지도체와 금속제 수도관로의 접속부를 수도계량기로부터 수도 수용가 측에 설치하는 경우에는 수도계량기를 사이에 두고 양측 수도관로를 등전위본딩 하여야 한다.

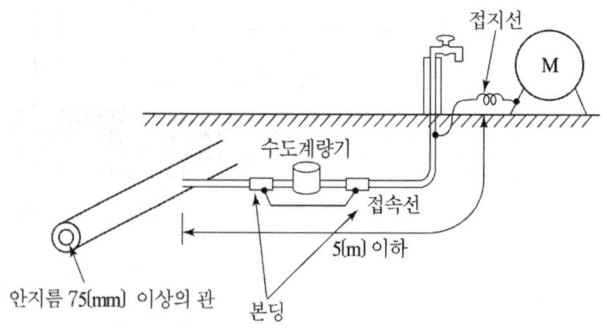

나. 건축물·구조물의 철골 기타의 금속제는 이를 비접지식 고압전로에 시설하는 기계기구의 철대 또는 금속제 외함의 접지공사 또는 비접지식 고압전로와 저압전로를 결합하는 변압기의 저압전로의 접지공사의 접지극으로 사용할 수 있다. 다만, **대지와의 사이에 전기저항 값이 2[Ω] 이하인 값을 유지하는 경우에 한한다.**

예제 04 접지공사의 접지극으로 사용되는 수도관 접지 저항의 최대값[Ω]은?

답 : 3[Ω]

142.3 접지도체 · 보호도체

142.3.1 접지도체

1. 접지도체의 선정
   가. **접지도체의 최소 단면적**은 다음과 같다.
      (1) **구리는 6 [mm^2] 이상**
      (2) **철제는 50 [mm^2] 이상**
   나. **접지도체에 피뢰시스템이 접속되는 경우**, 접지도체의 단면적
      (1) **구리는 16 [mm^2] 이상**
      (2) 철제는 50 [mm^2] 이상
2. 다음과 같이 매입되는 지점에는 **"안전 전기 연결"** 라벨이 영구적으로 고정되도록 시설하여야 한다.
   가. 접지극의 모든 접지도체 연결지점
   나. 외부도전성 부분의 모든 본딩도체 연결지점
   다. 주 개폐기에서 분리된 주접지단자
3. 접지도체는 **지하 0.75[m] 부터 지표 상 2[m] 까지 부분은 합성수지관(두께 2[mm] 미만의 합성수지제 전선관 및 가연성 콤바인덕트관은 제외한다)** 또는 이와 동등 이상의 절연효과와 강도를 가지는 몰드로 덮어야 한다.
4. 접지도체
   가. **절연전선(옥외용 비닐절연전선은 제외)** 또는 케이블(통신용 케이블은 제외)을 사용하여야 한다
   다만, 접지도체를 철주 기타의 금속체를 따라서 시설하는 경우 이외의 경우에는 접지도체의 지표상 0.6[m]를 초과하는 부분에 대하여는 절연전선을 사용하지 않을 수 있다.
5. 접지도체의 굵기는 고장 시 흐르는 전류를 안전하게 통할 수 있는 것으로서 다음에 의한다.
   가. **특고압 · 고압 전기설비용 접지도체 : 단면적 6[mm^2] 이상의 연동선**
   나. **중성점 접지용 접지도체 : 공칭단면적 16[mm^2] 이상의 연동선**

다만, 다음의 경우에는 **공칭단면적 6[mm^2] 이상의 연동선**을 사용할 수 있다.
 (1) 7[kV] 이하의 전로
 (2) **사용전압이 25[kV] 이하인 특고압 가공전선로**
   (다만, 중성선 다중접지식의 것으로서 전로에 지락이 생겼을 때 2초 이내에 자동적으로 이를 전로로부터 차단하는 장치가 되어 있는 것.)

다. 이동하여 사용하는 전기기계기구의 금속제 외함 등의 **접지시스템**의 경우는 다음의 것을 사용하여야 한다.

접지	접지도체의 종류	접지선의 단면적
특고압·고압 전기설비용 접지도체 및 중성점 접지용 접지도체	• 클로로프렌캡타이어케이블(3종 및 4종)의 1개 도체 • 클로로설포네이트폴리에틸렌캡타이어 케이블(3종 및 4종)의 1개 도체 • 다심캡타이어케이블의 차폐 기타의 금속제	10[mm^2]
저압 전기설비	다심 코드 또는 다심 캡타이어케이블의 1개 도체	0.75[mm^2]
	다심코드 및 다심 캡타이어케이블의 1개 도체 이외의 가요성이 있는 연동연선	1.5[mm^2]

142.3.2 보호도체

1. 보호도체의 최소 단면적은 다음에 의한다.

 가. **보호도체의 최소 단면적**은 표에 따라 선정해야 한다. 다만, "나"에 따라 계산한 값 이상이어야 한다.

선도체의 단면적 S ([mm^2], 구리)	보호도체의 최소 단면적([mm^2], 구리)	
	보호도체의 재질	
	선도체와 같은 경우	선도체와 다른 경우
$S \leq 16$	S	$(k_1/k_2) \times S$
$16 < S \leq 35$	$16^{(a)}$	$(k_1/k_2) \times 16$
$S > 35$	$S^{(a)}/2$	$(k_1/k_2) \times (S/2)$

여기서, − k_1 : 선도체에 대한 k값 − k_2 : 보호도체에 대한 k값
   − a : PEN 도체의 최소단면적은 중성선과 동일하게 적용한다

 나. 보호도체의 단면적은 다음의 계산 값 이상이어야 한다.
  (단, 차단시간이 5초 이하인 경우에만 다음 계산식을 적용한다.)

$$S = \frac{\sqrt{I^2 t}}{k}$$

여기서, S : 단면적[mm^2]
  I : 보호장치를 통해 흐를 수 있는 예상 고장전류 실효값[A]
  t : 자동차단을 위한 보호장치의 동작시간[s]
  k : 보호도체, 절연, 기타 부위의 재질 및 초기온도와 최종온도에 따라 정해

지는 계수

다. 보호도체가 케이블의 일부가 아니거나 선도체와 동일 외함에 설치되지 않으면 단면적은 다음의 굵기 이상으로 하여야 한다.

(1) 기계적 손상에 대해 보호가 되는 경우 : 구리 2.5[mm^2], 알루미늄 16[mm^2] 이상

(2) 기계적 손상에 대해 보호가 되지 않는 경우 : 구리 4[mm^2], 알루미늄 16[mm^2] 이상

(3) 케이블의 일부가 아니라도 전선관 및 트렁킹 내부에 설치되거나, 이와 유사한 방법으로 보호되는 경우 기계적으로 보호되는 것으로 간주한다.

2. 보호도체의 종류는 다음에 의한다.

가. **보호도체는 다음 중 하나 또는 복수로 구성**하여야 한다.

(1) 다심케이블의 도체

(2) 충전도체와 같은 트렁킹에 수납된 절연도체 또는 나도체

(3) 고정된 절연도체 또는 나도체

(4) 금속케이블 외장, 케이블 차폐, 케이블 외장, 전선묶음(편조전선), 동심도체, 금속관

나. 다음과 같은 금속부분은 보호도체 또는 보호본딩도체로 사용해서는 안 된다.

(1) 금속 수도관

(2) 가스·액체·분말과 같은 잠재적인 인화성 물질을 포함하는 금속관

(3) 상시 기계적 응력을 받는 지지 구조물 일부

(4) 가요성 금속배관

(5) 가요성 금속전선관

(6) 지지선, 케이블트레이 및 이와 비슷한 것

3. **보호도체에는 어떠한 개폐장치를 연결해서는 안 된다.**

4. 접지에 대한 전기적 감시를 위한 진용장치(동작센서, 코일, 변류기 등)를 설치하는 경우, 보호도체 경로에 직렬로 접속하면 안 된다.

142.3.3 보호도체의 단면적 보강

1. 보호도체는 정상 운전상태에서 전류의 전도성 경로로 사용되지 않아야 한다.

2. 전기설비의 **정상 운전상태에서 보호도체에 10[mA]를 초과하는 전류가 흐르는 경우, 다음에 의해 보호도체를 증강하여 사용하여야 한다.**

가. 보호도체가 하나인 경우 보호도체의 단면적은 구리 10[mm^2] 이상 또는 알루미늄 16[mm^2] 이상으로 하여야 한다.

나. 고장 보호에 요구되는 보호도체의 단면적은 구리 10[mm^2], 알루미늄 16[mm^2] 이상으로 한다.

142.3.4 보호도체와 계통도체 겸용

1. 보호도체와 계통도체를 겸용하는 겸용도체(중성선과 겸용, 선도체와 겸용, 중간

도체와 겸용 등)는 해당하는 계통의 기능에 대한 조건을 만족하여야 한다.
2. 겸용도체는 고정된 전기설비에서만 사용할 수 있으며 다음에 의한다.
   가. 단면적은 구리 10 [mm^2] 또는 알루미늄 16 [mm^2] 이상이어야 한다.
   나. 중성선과 보호도체의 겸용도체는 전기설비의 부하 측으로 시설하여서는 안 된다.
   다. 폭발성 분위기 장소는 보호도체를 전용으로 하여야 한다.

142.3.7 주 접지단자

접지시스템은 주 접지단자를 설치하고, 다음의 도체들을 접속하여야 한다.
가. 등전위본딩도체   나. 접지도체
다. 보호도체   라. 기능성 접지도체

142.4 전기수용가 접지

142.4.1 저압수용가 인입구 접지

1. 수용장소 인입구 부근에서 다음의 것을 접지극으로 사용하여 변압기 중성점 접지를 한 저압전선로의 **중성선 또는 접지측 전선에 추가로 접지공사**를 할 수 있다.
   가. 지중에 매설되어 있고 **대지와의 전기저항 값이 3 [Ω] 이하의 값을 유지하고 있는 금속제 수도관로**
   나. **대지 사이의 전기저항 값이 3 [Ω] 이하인 값을 유지하는 건물의 철골**
2. 제1에 따른 접지도체는 공칭단면적 6[mm^2] 이상의 연동선

예제 05 수용장소의 인입구 부근에 금속제 수도 관로가 있는 경우 또는 대지간의 전기저항값이 몇 [Ω] 이하인 값을 유지하는 건물의 철골이 있는 경우에는 이것을 접지극으로 사용하여 저압 전선로의 접지측 전선에 추가 접지할 수 있는가?

답 : 3 [Ω]

142.4.2 주택 등 저압수용장소 접지

저압수용장소에서 **계통접지가 TN-C-S 방식인 경우** 중성선 겸용 보호도체(PEN)의 단면적이 **구리는 10[mm^2] 이상, 알루미늄은 16[mm^2] 이상**이어야 하며, 그 계통의 최고전압에 대하여 절연되어야 한다.

142.5 변압기 중성점 접지

변압기의 중성점접지 저항 값은 다음에 의한다.
가. 일반적으로 **변압기의 고압·특고압측 전로 1선 지락전류로 150을 나눈 값**과 같은 저항 값 이하

$$R = \frac{150}{\text{변압기의 고압측 또는 특고압측의 1선 지락전류}} [\Omega]$$

나. 변압기의 고압·특고압측 전로 또는 사용전압이 **35 [kV] 이하의 특고압전로**가 저압측 전로와 혼촉하고 저압전로의 대지전압이 150 [V]를 초과하는 경우는 저항 값은 다음에 의한다.

(1) 1초 초과 2초 이내에 고압·특고압 전로를 자동으로 차단하는 장치를 설치할 때는 300을 나눈 값 이하

$$R = \frac{300}{\text{변압기의 고압측 또는 특고압측의 1선 지락전류}} [\Omega]$$

(2) 1초 이내에 고압·특고압 전로를 자동으로 차단하는 장치를 설치할 때는 600을 나눈 값 이하

$$R = \frac{600}{\text{변압기의 고압측 또는 특고압측의 1선 지락전류}} [\Omega]$$

142.6 공통접지 및 통합접지

1. 고압 및 특고압과 저압 전기설비의 접지극이 서로 근접하여 시설되어 있는 변전소 또는 이와 유사한 곳에서는 다음과 같이 공통접지시스템으로 할 수 있다.

   가. 저압 전기설비의 접지극이 고압 및 특고압 접지극의 접지저항 형성영역에 완전히 포함되어 있다면 위험전압이 발생하지 않도록 이들 접지극을 상호 접속하여야 한다.

   나. 접지시스템에서 고압 및 특고압 계통의 지락사고 시 저압계통에 가해지는 상용주파 과전압은 표에서 정한 값을 초과해서는 안 된다.

표 저압설비 허용 상용주파 과전압

고압계통에서 지락고장시간 (초)	저압설비 허용 상용주파 과전압 (V)	비 고
>5	$U_0 + 250$	중성선 도체가 없는 계통에서 U_0는 선간전압을 말한다.
≤5	$U_0 + 1,200$	

2. 전기설비의 접지설비·건축물의 피뢰설비·전자통신설비 등의 접지극을 공용하는 통합접지시스템으로 하는 경우 다음과 같이 하여야 한다.

   가. 통합접지시스템은 제1에 의한다.

   나. 낙뢰에 의한 과전압 등으로부터 전기전자기기 등을 보호하기 위해 규정에 따라 서지보호장치를 설치하여야 한다.

142.7 기계기구의 철대 및 외함의 접지

1. 전로에 시설하는 기계기구의 철대 및 금속제 외함(외함이 없는 변압기 또는 계기용 변성기는 철심)에는 접지공사를 하여야 한다.

2. **다음의 어느 하나에 해당하는 경우에는 접지를 생략 할 수 있다.**

   가. 사용전압이 직류 300[V] 또는 **교류 대지전압이 150[V] 이하인 기계기구를 건조한**

곳에 시설하는 경우
나. 저압용의 기계기구를 건조한 목재의 마루 기타 이와 유사한 **절연성 물건 위에서 취급하도록 시설하는 경우**
다. 저압용이나 고압용의 기계기구를 사람이 쉽게 접촉할 우려가 없도록 목주 기타 이와 유사한 것의 위에 시설하는 경우
라. 철대 또는 외함의 주위에 **적당한 절연대를 설치하는 경우**
마. 외함이 없는 계기용변성기가 **고무·합성수지 기타의 절연물로 피복한 것일 경우**
바. **2중 절연구조**로 되어 있는 기계기구를 시설하는 경우
사. 저압용 기계기구에 전기를 공급하는 전로의 전원측에 **절연변압기**(2차 전압이 300[V] 이하이며, 정격용량이 3[kVA] 이하인 것에 한한다)를 시설하고 또한 그 **절연변압기의 부하측 전로를 접지하지 않은 경우**
아. 물기 있는 장소 이외의 장소에 시설하는 저압용의 개별 기계기구에 전기를 공급하는 전로에 **인체감전보호용 누전차단기(정격감도전류가 30[mA] 이하, 동작시간이 0.03초 이하의 전류동작형에 한한다)를 시설하는 경우**
자. 외함을 충전하여 사용하는 기계기구에 사람이 접촉할 우려가 없도록 시설하거나 절연대를 시설하는 경우

예제 06 저압용 기계 기구에서 전기를 공급하는 전로에 누전 차단기를 시설하면 외함의 접지를 생략할 수 있다. 이 경우의 누전 차단기의 정격이 기술 기준에 적합한 것은?

답 : 정격 감도 전류 30[mA] 이하, 동작 시간 0.03초 이하의 전류 동작형

143 감전보호용 등전위본딩

143.1 보호등전위본딩의 적용
건축물·구조물에서 접지도체, 주 접지단자와 **다음의 도전성부분은 등전위본딩 하여야 한다.** 다만, 이들 부분이 다른 보호도체로 주 접지단자에 연결된 경우는 그러하지 아니하다.
가. 수도관·가스관 등 외부에서 내부로 인입되는 금속배관
나. 건축물·구조물의 철근, 철골 등 금속보강재
다. 일상생활에서 접촉이 가능한 금속제 난방배관 및 공조설비 등 계통외 도전부

143.2 등전위본딩 시설

143.2.1 보호등전위본딩
1. 건축물·구조물의 외부에서 내부로 들어오는 각종 금속제 배관은 다음과 같이 하

여야 한다.
>   가. 1개소에 집중하여 인입하고, 인입구 부근에서 서로 접속하여 등전위본딩 바에 접속하여야 한다.
>   나. 대형건축물 등으로 1개소에 집중하여 인입하기 어려운 경우에는 본딩도체를 1개의 본딩 바에 연결한다.
> 2. 수도관·가스관의 경우 내부로 인입된 최초의 밸브 후단에서 등전위본딩을 하여야 한다.
> 3. 건축물·구조물의 철근, 철골 등 금속보강재는 등전위본딩을 하여야 한다.

143.2.1 비접지 국부등전위본딩
절연성 바닥으로 된 비접지 장소에서 다음의 경우 국부등전위본딩을 하여야 한다.
1. 전기설비 상호 간이 2.5[m] 이내인 경우
2. 전기설비와 이를 지지하는 금속체 사이

143.3 등전위본딩 도체
주접지단자에 접속하기 위한 등전위본딩 도체는 설비 내에 있는 **가장 큰 보호접지도체 단면적의 1/2 이상의 단면적**을 가져야 하고 다음의 단면적 이상이어야 한다.
1. 구리도체 6[mm^2]
2. 알루미늄 도체 16[mm^2]
3. 강철 도체 50[mm^2]

151 피뢰시스템의 적용범위 및 구성

151.1 적용범위
다음에 시설되는 피뢰시스템에 적용한다.
1. 전기전자설비가 설치된 건축물·구조물로서 낙뢰로부터 보호가 필요한 것 또는 **지상으로부터 높이가 20[m] 이상**인 것
2. 전기설비 및 전자설비 중 낙뢰로부터 보호가 필요한 설비

151.2 피뢰시스템의 구성
1. 직격뢰로 부터 대상물을 보호하기 위한 외부피뢰시스템
2. 간접뢰 및 유도뢰로부터 대상물을 보호하기 위한 내부피뢰시스템

152 외부피뢰시스템

152.1 수뢰부시스템
1. 수뢰부시스템의 선정은 돌침, 수평도체, 메시도체의 요소 중에 한 가지 또는 이를 조합한

형식으로 시설하여야 한다.
2. 수뢰부시스템의 배치는 다음에 의한다.
   가. 보호각법, 회전구체법, 메시법 중 하나 또는 조합된 방법으로 배치하여야 한다.
   나. 건축물·구조물의 뾰족한 부분, 모서리 등에 우선하여 배치한다.
3. 건축물·구조물과 분리되지 않은 수뢰부시스템의 시설은 다음에 따른다.
   가. 지붕 마감재가 불연성 재료로 된 경우 지붕표면에 시설할 수 있다.
   나. 지붕 마감재가 높은 가연성 재료로 된 경우 지붕재료와 다음과 같이 이격하여 시설한다.
      (1) 초가지붕 또는 이와 유사한 경우 0.15[m] 이상
      (2) 다른 재료의 가연성 재료인 경우 0.1[m] 이상

152.2 인하도선시스템

1. 수뢰부시스템과 접지시스템을 연결하는 것으로 다음에 의한다.
   가. 복수의 인하도선을 병렬로 구성해야 한다. 다만, 건축물·구조물과 분리된 피뢰시스템인 경우 예외로 한다.
   나. 도선경로의 길이가 최소가 되도록 한다.
2. 수뢰부시스템과 접지극시스템 사이에 전기적 연속성이 형성되도록 다음에 따라 시설하여야 한다.
   가. 경로는 가능한 한 루프 형성이 되지 않도록 하고, 최단거리로 곧게 수직으로 시설하여야 하며, 처마 또는 수직으로 설치 된 홈통 내부에 시설하지 않아야 한다
   나. 철근콘크리트 구조물의 철근을 자연적구성부재의 인하도선으로 사용하기 위해서는 해당 철근 전체 길이의 전기저항 값은 0.2[Ω] 이하가 되어야한다.
   다. 시험용 접속점을 접지극시스템과 가까운 인하도선과 접지극시스템의 연결부분에 시설하고, 이 접속점은 항상 폐로 되어야 하며 측정 시에 공구 등으로 만 개방할 수 있어야 한다.

152.3 접지극시스템

1. 뇌전류를 대지로 방류시키기 위한 접지극시스템은 다음에 의한다.
   가. A형 접지극(수평 또는 수직접지극) 또는 B형 접지극(환상도체 또는 기초접지극) 중 하나 또는 조합하여 시설할 수 있다.
2. 접지극은 다음에 따라 시설한다.
   가. 지표면에서 0.75[m] 이상 깊이로 매설 하여야 한다. 다만, 필요시는 해당 지역의 동결심도를 고려한 깊이로 할 수 있다.
   나. 대지가 암반지역으로 대지저항이 높거나 건축물·구조물이 전자통신시스템을 많이 사용하는 시설의 경우에는 환상도체접지극 또는 기초접지극으로 한다.
   다. 접지극 재료는 대지에 환경오염 및 부식의 문제가 없어야 한다.

02. 저압전기설비

202 배전방식

202.1 교류 회로
1. 3상 4선식의 중성선 또는 PEN 도체는 충전도체는 아니지만 운전전류를 흘리는 도체이다.
2. 3상 4선식에서 파생되는 단상 2선식 배전방식의 경우 두 도체 모두가 선도체이거나 하나의 선도체와 중성선 또는 하나의 선도체와 PEN 도체이다.
3. 모든 부하가 선간에 접속된 전기설비에서는 중성선의 설치가 필요하지 않을 수 있다.

202.2 직류 회로
PEL과 PEM 도체는 충전도체는 아니지만 운전전류를 흘리는 도체이다. 2선식 배전방식이나 3선식 배전방식을 적용한다.

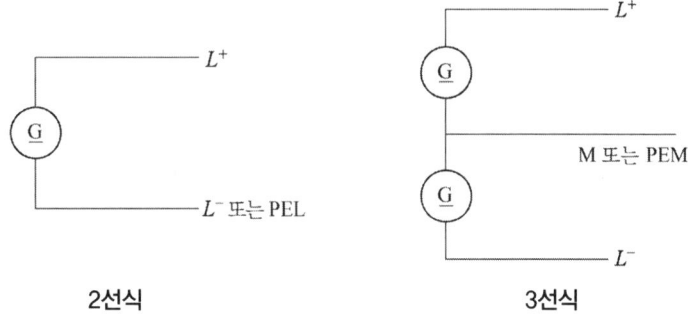

2선식   3선식

203 계통접지의 방식

203.1 계통접지 구성
1. 저압전로의 보호도체 및 중성선의 접속 방식에 따라 **접지계통은 다음과 같이 분류한다.**
    가. **TN 계통**   나. **TT 계통**   다. **IT 계통**
2. 계통접지에서 사용되는 문자의 정의는 다음과 같다.
    가. **제1문자 – 전원계통과 대지의 관계**
        T : 한 점을 대지에 직접 접속
        I : 모든 충전부를 대지와 절연시키거나 높은 임피던스를 통하여 한 점을 대지에 직접 접속

나. 제2문자 - 전기설비의 노출도전부와 대지의 관계
　　T : 노출도전부를 대지로 직접 접속. 전원계통의 접지와는 무관
　　N : 노출도전부를 전원계통의 접지점(교류 계통에서는 통상적으로 중성점, 중성점이 없을 경우는 선도체)에 직접 접속
다. 그 다음 문자(문자가 있을 경우) - 중성선과 보호도체의 배치
　　S : 중성선 또는 접지된 선도체 외에 별도의 도체에 의해 제공되는 보호 기능
　　C : 중성선과 보호 기능을 한 개의 도체로 겸용(PEN 도체)
3. 각 계통에서 나타내는 그림의 기호는 다음과 같다.

표. 기호 설명

기호	설명
─────/●	중성선(N), 중간도체(M)
─────/	보호도체(PE)
─────/●	중성선과 보호도체겸용(PEN)

203.2 TN 계통

전원측의 한 점을 직접접지하고 설비의 노출도전부를 보호도체로 접속시키는 방식으로 중성선 및 보호도체(PE 도체)의 배치 및 접속방식에 따라 다음과 같이 분류한다.

1. **TN-S 계통은 계통 전체에 대해 별도의 중성선 또는 PE 도체를 사용한다.** 배전계통에서 PE 도체를 추가로 접지할 수 있다.

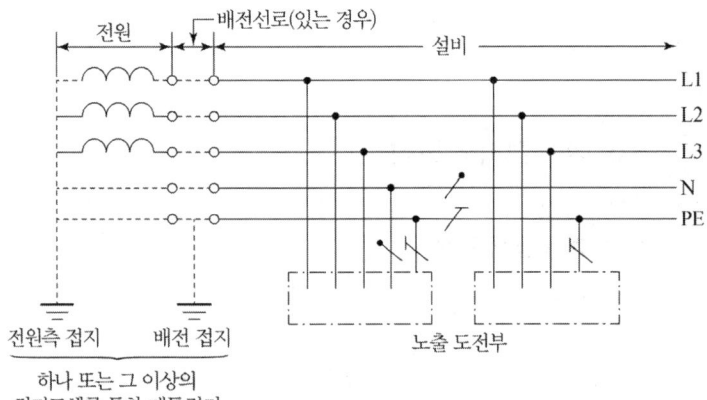

계통 내에서 별도의 중성선과 보호도체가 있는 TN-S 계통

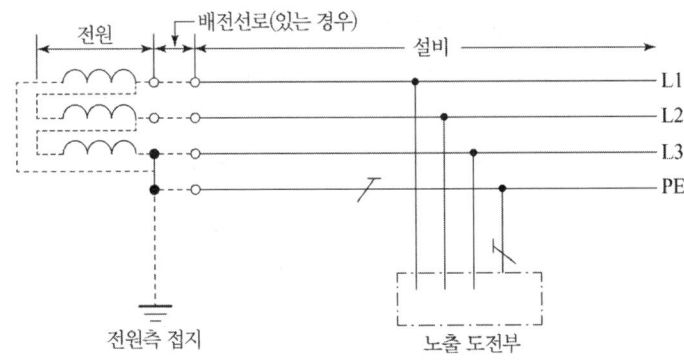

계통 내에서 별도의 접지된 선도체와 보호도체가 있는 TN-S 계통

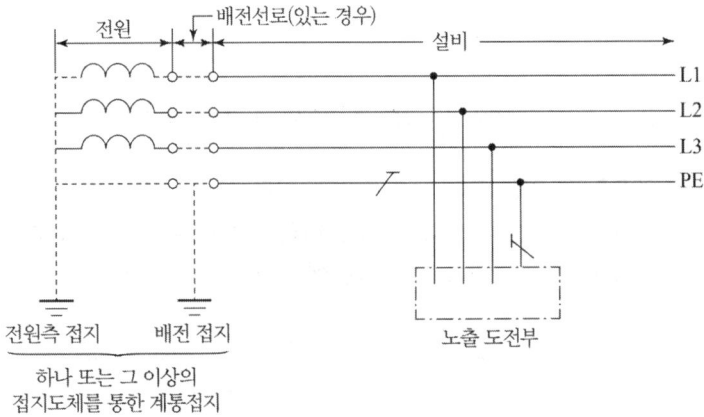

계통 내에서 접지된 보호도체는 있으나 중성선의 배선이 없는 TN-S 계통

2. **TN-C 계통은 그 계통 전체에 대해 중성선과 보호도체의 기능을 동일도체로 겸용한 PEN 도체를 사용한다.** 배전계통에서 PEN 도체를 추가로 접지할 수 있다.

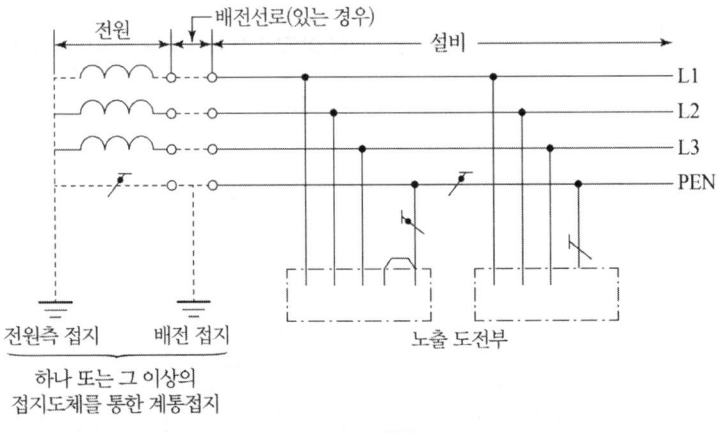

TN-C 계통

3. TN-C-S계통은 계통의 일부분에서 PEN 도체를 사용하거나, 중성선과 별도의 PE 도체를 사용하는 방식이 있다. 배전계통에서 PEN 도체와 PE 도체를 추가로 접지할 수 있다.

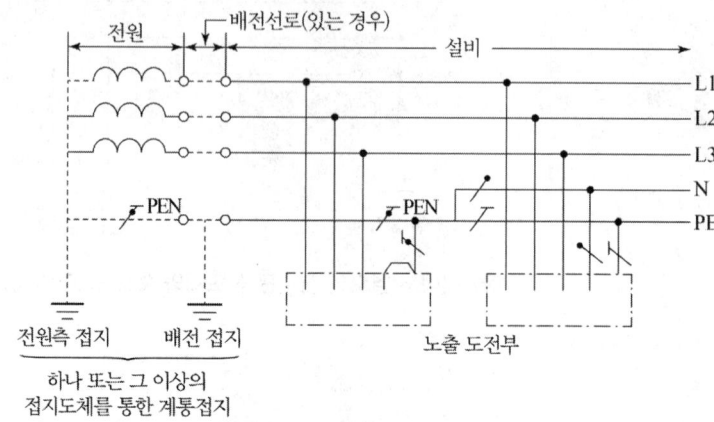

설비의 어느 곳에서 PEN이 PE와 N으로 분리된 3상 4선식 TN-C-S 계통

203.3 TT 계통

전원의 한 점을 직접 접지하고 설비의 노출도전부는 전원의 접지전극과 전기적으로 독립적인 접지극에 접속시킨다. 배전계통에서 PE 도체를 추가로 접지할 수 있다.

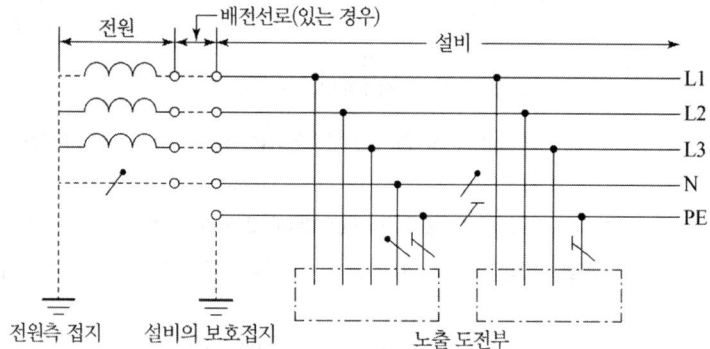

설비 전체에서 별도의 중성선과 보호도체가 있는 TT 계통

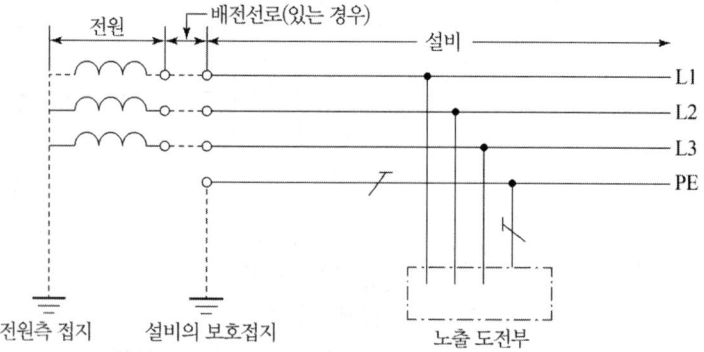

설비 전체에서 접지된 보호도체가 있으나 배전용 중성선이 없는 TT 계통

203.4 IT 계통

1. 충전부 전체를 대지로부터 절연시키거나, 한 점을 임피던스를 통해 대지에 접속시킨다. 전기설비의 노출도전부를 단독 또는 일괄적으로 계통의 PE 도체에 접속시킨다. 배전계통에서 추가접지가 가능하다.
2. 계통은 충분히 높은 임피던스를 통하여 접지할 수 있다. 이 접속은 중성점, 인위적 중성점, 선도체 등에서 할 수 있다. 중성선은 배선할 수도 있고, 배선하지 않을 수도 있다.

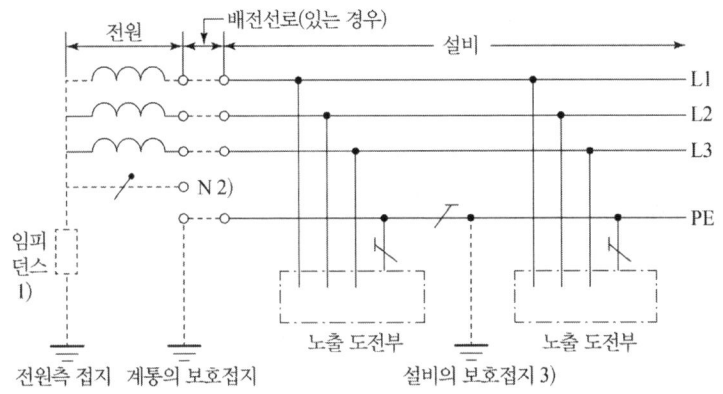

계통 내의 모든 노출도전부가 보호도체에 의해 접속되어 일괄 접지된 IT 계통

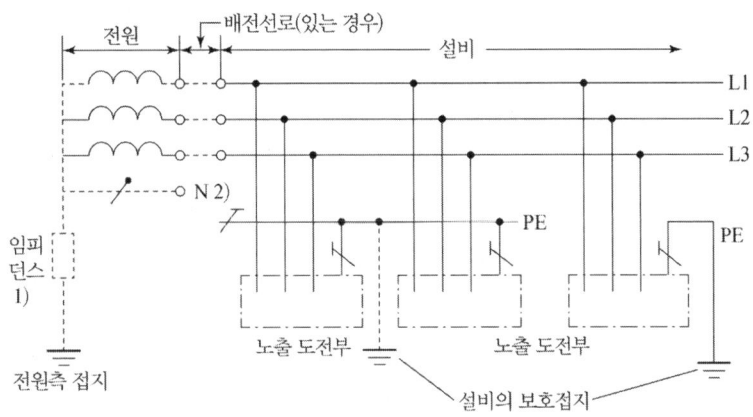

노출도전부가 조합으로 또는 개별로 접지된 IT 계통

211 감전에 대한 보호

211.1 보호대책 일반 요구사항

211.1.1 적용범위

인축에 대한 기본보호와 고장보호를 위한 필수 조건을 규정하고 있다.

211.1.2 일반 요구사항

1. 안전을 위한 보호에서 별도의 언급이 없는 한 **다음의 전압 규정에 따른다.**
    가. **교류전압은 실효값**으로 한다.
    나. **직류전압은 리플프리**로 한다.
2. **설비의 각 부분에서 하나 이상의 보호대책은 외부영향의 조건을 고려하여 적용하여야 한다.**
    가. **전원의 자동차단**
    나. **이중절연 또는 강화절연**
    다. **한 개의 전기사용기기에 전기를 공급하기 위한 전기적 분리**
    라. **SELV와 PELV에 의한 특별저압**

211.2 전원의 자동차단에 의한 보호대책

211.2.1 보호대책 일반 요구사항

1. 전원의 자동차단에 의한 보호대책
    가. 기본보호는 충전부의 기본절연 또는 격벽이나 외함에 의한다.
    나. 고장보호는 보호등전위본딩 및 자동차단에 의한다.
    다. 추가적인 보호로 누전차단기를 시설할 수 있다.
2. 누설전류감시장치는 보호장치는 아니지만 전기설비의 누설전류를 감시하는데 사용된다. 다만, 누설전류감시장치는 누설전류의 설정 값을 초과하는 경우 음향 또는 음향과 시각적인 신호를 발생시켜야 한다.

211.2.2 고장보호의 요구사항

1. 고장시의 자동차단
    가. 보호장치는 회로의 선도체와 노출도전부 또는 선도체와 기기의 보호도체 사이의 임피던스가 무시할 정도로 되는 고장의 경우 규정된 차단시간 내에 회로의 선도체 또는 설비의 전원을 자동으로 차단하여야 한다.
    나. 표 에 최대차단시간은 32 [A] 이하 분기회로에 적용한다.

표. 32 [A] 이하 분기회로의 최대 차단시간 [단위: 초]

계통	$50[V] < U_0 \le 120[V]$		$120[V] < U_0 \le 230[V]$		$230[V] < U_0 \le 400[V]$		$U_0 > 400[V]$	
	교류	직류	교류	직류	교류	직류	교류	직류
TN	0.8	[비고1]	0.4	5	0.2	0.4	0.1	0.1
TT	0.3	[비고1]	0.2	0.4	0.07	0.2	0.04	0.1

U_0는 대지에서 공칭교류전압 또는 직류 선간전압이다.
[비고1] 차단은 감전보호 외에 다른 원인에 의해 요구될 수도 있다.

   다. TN 계통에서 배전회로(간선)와 "나"의 경우를 제외하고는 5초 이하의 차단시간을 허용한다.

라. TT 계통에서 배전회로(간선)와 "나"의 경우를 제외하고는 1초 이하의 차단시간을 허용한다

2. 추가적인 보호

   다음에 따른 교류계통에서는 누전차단기에 의한 추가적 보호를 하여야 한다.

   가. 일반인이 사용하는 정격전류 20[A] 이하 콘센트

   나. 옥외에서 사용되는 정격전류 32[A] 이하 이동용 전기기기

211.2.3 누전차단기의 시설

1. 전원의 자동차단에 의한 저압전로의 보호대책으로 **누전차단기를 시설해야할 대상**은 다음과 같다.

   가. **금속제 외함을 가지는 사용전압이 50[V]를 초과하는 저압의 기계 기구**로서 사람이 쉽게 접촉할 우려가 있는 곳에 시설하는 것에 전기를 공급하는 전로. 다만, 다음의 어느 하나에 해당하는 경우에는 적용하지 않는다.

   (1) 기계기구를 **발전소·변전소·개폐소 또는 이에 준하는 곳에 시설하는 경우**

   (2) 기계기구를 **건조한 곳에 시설하는 경우**

   (3) 대지전압이 150[V] 이하인 기계기구를 **물기가 있는 곳 이외의 곳에 시설하는 경우**

   (4) **이중 절연구조의 기계기구**를 시설하는 경우

   (5) 그 전로의 전원측에 절연변압기(2차 전압이 300[V] 이하인 경우에 한한다)를 시설하고 또한 그 **절연 변압기의 부하측의 전로에 접지하지 아니하는 경우**

   (6) 기계기구가 **고무·합성수지 기타 절연물로 피복된 경우**

   (7) 기계기구가 유도전동기의 2차측 전로에 접속되는 것일 경우

   나. 주택의 인입구 등 다른 절에서 누전차단기 설치를 요구하는 전로

   다. 특고압전로, 고압전로 또는 저압전로와 변압기에 의하여 결합되는 사용전압 400[V] 초과의 저압전로 또는 발전기에서 공급하는 사용전압 400[V] 초과의 저압전로(발전소 및 변전소와 이에 준하는 곳에 있는 부분의 전로를 제외한다).

   라. 다음의 전로에는 **자동복구 기능을 갖는 누전차단기**를 시설할 수 있다.

   (1) **독립된 무인 통신중계소·기지국**

   (2) 관련법령에 의해 **일반인의 출입을 금지 또는 제한하는 곳**

   (3) 옥외의 장소에 **무인으로 운전하는 통신중계기** 또는 단위기기 전용회로. 단, 일반인이 특정한 목적을 위해 지체하는(머물러 있는) 장소로서 버스 정류장, 횡단보도 등에는 시설할 수 없다.

2. 일반인이 접촉할 우려가 있는 장소(세대 내 분전반 및 이와 유사한 장소)에는 주택용 누전차단기를 시설하여야 하고, 주택용 누전차단기를 정방향(세로)으로 부착할 경우에는 차단기의 위쪽이 켜짐(on)으로, 차단기의 아래쪽은 꺼짐(off)으로

시설하여야 한다.

211.2.4 TN 계통

1. **전원 공급계통의 중성점이나 중간점은 접지하여야 한다.** 중성점이나 중간점을 접지할 수 없는 경우에는 선도체 중 하나를 접지하여야 한다. 설비의 노출도전부는 보호도체로 전원공급계통의 접지점에 접속하여야 한다.
2. 고정설비에서 **보호도체와 중성선을 겸하여(PEN 도체) 사용될 수 있다.** 이러한 경우에는 PEN 도체에는 어떠한 개폐장치나 단로장치가 삽입되지 않아야 한다.
3. 보호장치의 특성과 회로의 임피던스는 다음 조건을 충족하여야 한다.

$$Z_s \times I_a \leq U_0$$

Z_s : 다음과 같이 구성된 고장루프임피던스[Ω]
- 전원의 임피던스
- 고장점까지의 선도체 임피던스
- 고장점과 전원 사이의 보호도체 임피던스

I_a : 제시된 시간 내에 차단장치 또는 누전차단기를 자동으로 동작하게 하는 전류[A]

U_0 : 공칭대지전압[V]

4. **TN 계통에서 과전류보호장치 및 누전차단기는 고장보호에 사용할 수 있다.** 누전차단기를 사용하는 경우 과전류보호 겸용의 것을 사용해야 한다.
5. **TN-C 계통에는 누전차단기를 사용해서는 아니 된다.** TN-C-S 계통에 누전차단기를 설치하는 경우에는 누전차단기의 부하측에는 PEN 도체를 사용할 수 없다. 이러한 경우 PE도체는 누전차단기의 전원측에서 PEN 도체에 접속하여야 한다.

211.2.5 TT 계통

1. 전원계통의 중성점이나 중간점은 접지하여야 한다. 중성점이나 중간점을 이용할 수 없는 경우, 선도체 중 하나를 접지하여야 한다.
2. **TT 계통은 누전차단기를 사용하여 고장보호를 하여야 한다.**
   다만, 고장 루프임피던스가 충분히 낮을 때는 과전류보호장치에 의하여 고장보호를 할 수 있다.
3. 누전차단기를 사용하여 TT 계통의 고장보호를 하는 경우에는 다음에 적합하여야 한다.

$$R_A \times I_{\Delta n} \leq 50\,[\text{V}]$$

R_A : 노출도전부에 접속된 보호도체와 접지극 저항의 합[Ω]

$I_{\Delta n}$: 누전차단기의 정격동작 전류[A]

4. 과전류보호장치를 사용하여 TT 계통의 고장보호를 할 때에는 다음의 조건을 충족하여야 한다.

$$Z_s \times I_a \leq U_0$$

Z_s : 다음과 같이 구성된 고장루프임피던스[Ω]
- 전원
- 고장점까지의 선도체
- 노출도전부의 보호도체
- 접지도체
- 설비의 접지극
- 전원의 접지극

I_a : 요구하는 차단시간 내에 차단장치가 자동 작동하는 전류[A]

U_0 : 공칭 대지전압[V]

211.2.6 IT 계통

1. 노출도전부는 개별 또는 집합적으로 접지하여야 하며, 다음 조건을 충족하여야 한다.

   가. 교류계통 : $R_A \times I_d \leq 50 \, [\text{V}]$

   나. 직류계통 : $R_A \times I_d \leq 120 \, [\text{V}]$

   R_A : 접지극과 노출도전부에 접속된 보호도체 저항의 합[Ω]

   I_d : 고장전류[A]

2. IT 계통은 다음과 같은 감시장치와 보호장치를 사용할 수 있으며, 1차 고장이 지속되는 동안 작동되어야 한다. 절연감시장치는 음향 및 시각신호를 갖추어야 한다.

   가. **절연감시장치**
   나. **누설전류감시장치**
   다. **절연고장점검출장치**
   라. **과전류보호장치**
   마. **누전차단기**

211.2.7 기능적 특별저압(FELV)

기능상의 이유로 교류 50 [V], 직류 120 [V] 이하인 공칭전압을 사용하지만, SELV 또는 PELV에 대한 모든 요구조건이 충족되지 않고 SELV와 PELV가 필요치 않은 경우에는 기본보호 및 고장보호의 보장을 위해 다음에 따라야 한다. 이러한 조건의 조합을 FELV라 한다.

1. 기본보호는 다음 중 어느 하나에 따른다.

   가. 전원의 1차 회로의 공칭전압에 대응하는 기본절연

   나. 격벽 또는 외함

2. **FELV 계통용 플러그와 콘센트**는 다음의 모든 요구사항에 부합하여야 한다.

   가. 플러그를 다른 전압 계통의 콘센트에 꽂을 수 없어야 한다.

   나. 콘센트는 다른 전압 계통의 플러그를 수용할 수 없어야 한다.

   다. 콘센트는 보호도체에 접속하여야 한다.

211.5 SELV와 PELV를 적용한 특별저압에 의한 보호

211.5.1 보호대책 일반 요구사항

1. 특별저압에 의한 보호는 다음의 특별저압 계통에 의한 보호대책이다.

가. SELV (Safety Extra-Low Voltage) : 비접지회로 보호수단
나. PELV (Protective Extra-Low Voltage) : 접지회로 보호수단
2. 보호대책의 요구사항
   가. **특별저압 계통의 전압한계는 교류 50[V] 이하, 직류 120[V] 이하이어야 한다.**
   나. 특별저압 회로를 제외한 모든 회로로부터 특별저압 계통을 보호 분리하고, 특별저압 계통과 다른 특별저압 계통 간에는 기본절연을 하여야 한다.
   다. SELV 계통과 대지간의 기본절연을 하여야 한다.

211.5.2 SELV와 PELV용 전원
특별저압 계통에는 다음의 전원을 사용해야 한다.
1. **안전절연변압기** 및 이와 동등한 절연의 전원
2. 축전지 및 디젤발전기 등과 같은 **독립전원**
3. 내부고장이 발생한 경우에도 **출력단자의 전압이 규정된 값을 초과하지 않도록** 적절한 표준에 따른 전자장치
4. 안전절연변압기, 전동발전기 등 저압으로 공급되는 이중 또는 강화절연된 이동용전원

211.5.3 SELV와 PELV 회로에 대한 요구사항
1. SELV 및 PELV 회로는 다음을 포함하여야 한다.
   가. 충전부와 다른 SELV와 PELV 회로 사이의 기본절연
   다. SELV 회로는 충전부와 대지 사이에 기본절연
   라. PELV 회로 및 PELV 회로에 의해 공급되는 기기의 노출도전부는 접지
2. SELV와 PELV 계통의 플러그와 콘센트는 다음에 따라야 한다.
   가. **플러그는 다른 전압 계통의 콘센트에 꽂을 수 없어야 한다.**
   나. **콘센트는 다른 전압 계통의 플러그를 수용할 수 없어야 한다.**
   다. SELV 계통에서 플러그 및 콘센트는 보호도체에 접속하지 않아야 한다.
3. 건조한 상태에서 다음의 경우는 기본보호를 하지 않아도 된다.
   가. SELV 회로에서 공칭전압이 교류 25[V] 또는 직류 60[V]를 초과하지 않는 경우
   나. PELV 회로에서 공칭전압이 교류 25[V] 또는 직류 60[V]를 초과하지 않고 노출도전부 및 충전부가 보호도체에 의해서 주접지단자에 접속된 경우
4. **SELV 또는 PELV 계통의 공칭전압이 교류 12[V] 또는 직류 30[V]를 초과하지 않는 경우에는 기본보호를 하지 않아도 된다.**

212 과전류에 대한 보호

212.2 회로의 특성에 따른 요구사항

212.2.1 선도체의 보호

1. **과전류의 검출은 모든 선도체에 대하여 과전류 검출기를 설치**하여 과전류가 발생할 때 전원을 안전하게 차단해야 한다. 다만, 과전류가 검출된 도체 이외의 다른 선도체는 차단하지 않아도 된다.
2. 3상 전동기 등과 같이 단상 차단이 위험을 일으킬 수 있는 경우 적절한 보호 조치를 해야 한다.

212.2.2 중성선의 보호

1. TT 계통 또는 TN 계통
   가. **중성선의 단면적이 선도체의 단면적과 동등 이상의 크기**이고, 그 중성선의 전류가 선도체의 전류보다 크지 않을 것으로 예상될 경우 : **중성선에는 과전류 검출기 또는 차단장치를 설치하지 않아도 된다.**
   나. **중성선의 단면적이 선도체의 단면적보다 작은 경우**
      - 과전류 검출기를 설치할 필요가 있다.
      - 검출된 과전류가 설계전류를 초과하면 선도체를 차단해야 하지만, 중성선을 차단할 필요까지는 없다.
2. IT 계통
   가. 중성선을 배선하는 경우 중성선에 과전류검출기를 설치해야 한다.
   나. 과전류가 검출되면 중성선을 포함한 해당 회로의 모든 충전도체를 차단해야 한다.

212.2.3 중성선의 차단 및 재폐로

중성선을 차단 및 재폐로하는 회로의 경우에 설치하는 개폐기 및 차단기는
- 차단 시 : 중성선이 선도체보다 늦게 차단되어야 한다.
- 재폐로 시 : 선도체와 동시 또는 그 이전에 재폐로 되는 것을 설치하여야 한다.

212.3 보호장치의 종류 및 특성

212.3.1 과부하전류 및 단락전류 겸용 보호장치

과부하전류 및 단락전류 모두를 보호하는 장치는 그 보호장치 설치 점에서 예상되는 단락전류를 포함한 모든 과전류를 차단 및 투입할 수 있는 능력이 있어야 한다.

212.3.2 과부하전류 전용 보호장치

과부하전류 전용 보호장치의 차단용량은 그 설치 점에서의 예상 단락전류 값 미만으로 할 수 있다.

212.3.3 단락전류 전용 보호장치

이 보호장치는 예상 단락전류를 차단할 수 있어야 하며, 차단기인 경우에는 이 단락전류를 투입할 수 있는 능력이 있어야 한다.

212.3.4 보호장치의 특성

1. 과전류 보호장치는 KS C 또는 KS C IEC 관련 표준(배선차단기, 누전차단기, 퓨즈등의 표준)의 동작특성에 적합하여야 한다.
2. 과전류차단기로 저압전로에 사용하는 범용의 퓨즈는 표 에 적합한 것이어야 한다.

표. 퓨즈(gG)의 용단특성

정격전류의 구분	시 간	정격전류의 배수	
		불용단전류	용단전류
4[A] 이하	60분	1.5배	2.1배
4[A] 초과 16[A] 미만	60분	1.5배	1.9배
16[A] 이상 63[A] 이하	60분	1.25배	1.6배
63[A] 초과 160[A] 이하	120분	1.25배	1.6배
160[A] 초과 400[A] 이하	180분	1.25배	1.6배
400[A] 초과	240분	1.25배	1.6배

3. 과전류차단기로 저압전로에 사용하는 산업용 배선차단기는 표 1에, 주택용 배선차단기는 표 2 및 표 3에 적합한 것이어야 한다. 다만, 일반인이 접촉할 우려가 있는 장소(세대내 분전반 및 이와 유사한 장소)에는 주택용 배선차단기를 시설하여야 하고.주택용 배선차단기를 정방향(세로)으로 부착할 경우에는 차단기의 위쪽이 켜짐(on)으로, 차단기의 아래쪽은 꺼짐(off)으로 시설하여야 한다.

표 1. 과전류트립 동작시간 및 특성(산업용 배선용 차단기)

정격전류의 구분	시 간	정격전류의 배수(모든 극에 통전)	
		부동작 전류	동작 전류
63[A] 이하	60분	1.05배	1.3배
63[A] 초과	120분	1.05배	1.3배

표 2. 순시트립에 따른 구분(주택용 배선용 차단기)

형	순시트립범위
B	$3I_n$ 초과 ~ $5I_n$ 이하
C	$5I_n$ 초과 ~ $10I_n$ 이하
D	$10I_n$ 초과 ~ $20I_n$ 이하

비고 1. B, C, D : 순시트립전류에 따른 차단기 분류
　　 2. I_n : 차단기 정격전류

표 3. 과전류트립 동작시간 및 특성(주택용 배선용 차단기)

정격전류의 구분	시 간	정격전류의 배수(모든 극에 통전)	
		부동작 전류	동작 전류
63[A] 이하	60분	1.13배	1.45배
63[A] 초과	120분	1.13배	1.45배

212.4 과부하전류에 대한 보호

212.4.1 도체와 과부하 보호장치 사이의 협조

과부하에 대해 케이블(전선)을 보호하는 장치의 동작특성은 다음의 조건을 충족해야 한다.

$$I_B \leq I_n \leq I_Z, \quad I_2 \leq 1.45 \times I_Z$$

I_B : 회로의 설계전류(선도체를 흐르는 설계전류 또는 함유율이 높은 영상분 고조파,특히 제3고조파가 지속적으로 흐르는 경우 중성선에 흐르는 전류이다.)

I_Z : 케이블의 허용전류

I_n : 보호장치의 정격전류(사용현장에 적합하게 조정된 전류의 설정 값)

I_2 : 보호장치가 규약시간 이내에 유효하게 동작하는 것을 보장하는 전류

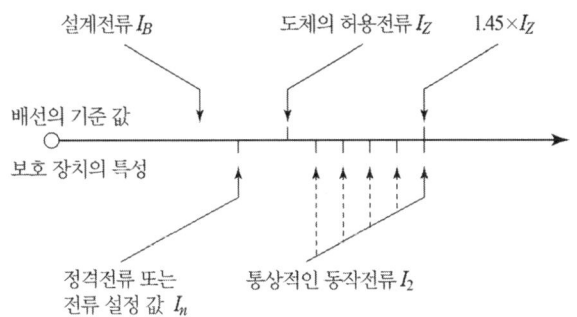

과부하 보호 설계 조건도

212.4.2 과부하 보호장치의 설치 위치

1. 설치위치

   과부하 보호장치는 분기점에 설치해야 한다.

2. 설치위치의 예외

   과부하 보호장치는 분기점(O)에 설치해야 하나, 분기점(O)점과 분기회로의 과부하 보호장치(P_2) 설치점 사이의 배선 부분에 다른 분기회로나 콘센트 회로가 접속되어 있지 않고, 다음 중 하나를 충족하는 경우에는 변경이 있는 배선에 설치할 수 있다.

가. 분기회로에 대한 단락보호가 이루어지고 있는 경우

P_2는 분기회로의 분기점(O)으로부터 **부하 측으로 거리에 구애 받지 않고 이동**하여 설치할 수 있다.

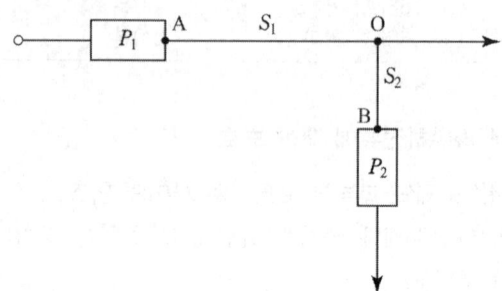

나. **단락의 위험과 화재 및 인체에 대한 위험성이 최소화 되도록 시설된 경우**

분기회로의 보호장치(P_2)는 **분기회로의 분기점(O)으로부터 3[m]까지 이동**하여 설치할 수 있다.

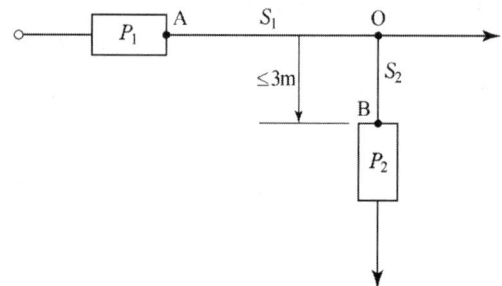

212.4.3 과부하보호장치의 생략

1. IT 계통에서 과부하 보호장치 설치위치 변경 또는 생략
   - 가. 이중절연 또는 강화절연에 의한 보호수단 적용
   - 나. 2차 고장이 발생할 때 즉시 작동하는 누전차단기로 각 회로를 보호
   - 다. 지속적으로 감시되는 시스템의 경우 다음 중 어느 하나의 기능을 구비한 절연 감시 장치의 사용
     - (1) 최초 고장이 발생한 경우 회로를 차단하는 기능
     - (2) 고장을 나타내는 신호를 제공하는 기능

2. 안전을 위해 과부하 보호장치를 생략할 수 있는 경우

   사용 중 예상치 못한 회로의 개방이 위험 또는 큰 손상을 초래할 수 있는 다음과 같은 부하에 전원을 공급하는 회로에 대해서는 과부하 보호장치를 생략할 수 있다.
   - 가. 회전기의 여자회로
   - 나. 전자석 크레인의 전원회로
   - 다. 전류변성기의 2차회로
   - 라. 소방설비의 전원회로
   - 마. 안전설비(주거침입경보, 가스누출경보 등)의 전원회로

212.5 단락전류에 대한 보호

212.5.1 단락보호장치의 설치위치

1. 설치위치

   단락전류 보호장치는 분기점(O)에 설치해야 한다.

2. 설치위치의 예외

   가. 분기회로의 단락보호장치 설치점(B)과 분기점(O) 사이에 다른 분기회로 또는 콘센트의 접속이 없고 단락, **화재 및 인체에 대한 위험이 최소화될 경우**, 분기회로의 단락 보호장치 P_2는 분기점(O)으로 부터 3[m]까지 이동하여 설치할 수 있다.

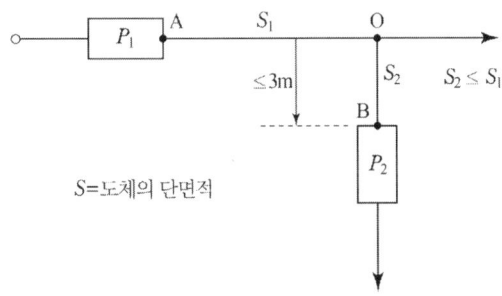

   나. 분기회로의 시작점(O)과 이 분기회로의 단락보호장치(P_2) 사이에 있는 도체가 전원측에 설치되는 보호장치(P_1)에 의해 단락보호가 되는 경우에, P_2의 설치위치는 분기점(O)로부터 거리제한이 없이 설치할 수 있다.

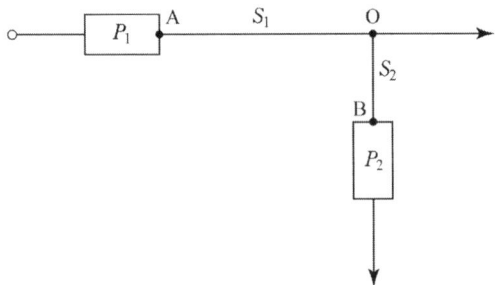

212.5.2 단락보호장치의 특성

1. 차단용량

   정격차단용량은 단락전류보호장치 설치 점에서 예상되는 최대 크기의 단락전류 보다 커야 한다.

2. 케이블 등의 단락전류

   가. 회로의 임의의 지점에서 발생한 모든 단락전류는 케이블 및 절연도체의 허용온도를 초과하지 않는 시간 내에 차단되도록 해야 한다.

   나. **단락지속시간이 5초 이하인 경우, 통상 사용조건에서의 단락전류에 의해 절연체의 허용온도에 도달하기까지의 시간** t는 식과 같이 계산할 수 있다.

$$t = \left(\frac{kS}{I}\right)^2$$

t : 단락전류 지속시간 [초], S : 도체의 단면적[mm^2]
I : 유효 단락전류 [A, rms]
k : 도체 재료의 저항률, 온도계수, 열용량, 해당 초기온도와 최종온도를 고려한 계수

212.6 저압전로 중의 개폐기 및 과전류차단장치의 시설

212.6.1 저압전로 중의 개폐기의 시설

사용전압이 다른 개폐기는 상호 식별이 용이하도록 시설하여야 한다.

212.6.2 저압 옥내전로 인입구에서의 개폐기의 시설

1. 저압 옥내전로(화약류 저장소에 시설하는 것을 제외한다)에는 인입구에 가까운 곳으로서 쉽게 개폐할 수 있는 곳에 개폐기를 각 극에 시설하여야 한다.
2. **사용전압이 400 [V] 이하인 옥내 전로로서 다른 옥내전로**(정격전류가 16 [A] 이하인 과**전류 차단기 또는** 정격전류가 16 [A]를 초과하고 20 [A] 이하인 배선용 차단기로 보호되고 있는 것)에 접속하는 길이 15 [m] 이하의 전로에서 전기의 공급을 받는 것은 제1의 규정에 의하지 아니할 수 있다.

212.6.3 저압전로 중의 전동기 보호용 과전류보호장치의 시설

1. 과전류차단기로 저압전로에 시설하는 과부하보호장치(전동기가 손상될 우려가 있는 과전류가 발생했을 경우에 자동적으로 이것을 차단하는 것에 한한다)와 단락보호 전용차단기 또는 과부하보호장치와 단락보호전용퓨즈를 조합한 장치는 전동기에만 연결하는 저압전로에 사용하고 다음 각각에 적합한 것이어야 한다.
   가. 과부하 보호장치, 단락보호전용 차단기 및 단락보호전용 퓨즈는 다음에 따라 시설할 것.
   (1) 과부하 보호장치로 전자접촉기를 사용할 경우에는 반드시 과부하계전기가 부착되어 있을 것.
   (2) 단락보호전용 차단기의 단락동작설정 전류 값은 전동기의 기동방식에 따른 기동돌입전류를 고려할 것.
   (3) 단락보호전용 퓨즈는 표의 용단 특성에 적합한 것일 것.

표. 단락보호전용 퓨즈(aM)의 용단특성

정격전류의 배수	불용단시간	용단시간
4배	60초 이내	–
6.3배	–	60초 이내
8배	0.5초 이내	–
10배	0.2초 이내	–
12.5배	–	0.5초 이내
19배	–	0.1초 이내

나. 과부하 보호장치와 단락보호 전용 차단기 또는 단락보호 전용 퓨즈를 하나의 전용함 속에 넣어 시설한 것일 것.

다. 과부하 보호장치가 단락전류에 의하여 손상되기 전에 그 단락전류를 차단하는 능력을 가진 단락보호 전용 차단기 또는 단락보호 전용 퓨즈를 시설한 것일 것.

라. 과부하 보호장치와 단락보호 전용 퓨즈를 조합한 장치는 단락보호 전용 퓨즈의 정격전류가 과부하 보호장치의 설정 전류(setting current) 값 이하가 되도록 시설한 것일 것.

2. 옥내에 시설하는 전동기에는 전동기가 손상될 우려가 있는 과전류가 생겼을 때에 자동적으로 이를 저지하거나 이를 경보하는 장치를 하여야 한다. 다만, 다음의 어느 하나에 해당하는 경우에는 그러하지 아니하다.

   가. 전동기를 운전 중 상시 취급자가 감시할 수 있는 위치에 시설하는 경우

   나. 전동기의 구조나 부하의 성질로 보아 전동기가 손상될 수 있는 과전류가 생길 우려가 없는 경우

   다. 단상전동기로써 그 전원측 전로에 시설하는 과전류 차단기의 정격전류가 16 [A](배선차단기는 20 [A]) 이하인 경우

   라. **정격 출력이 0.2[kW] 이하인 것**

예제 07 전원측 전로에 시설한 배선용 차단기의 정격 전류가 몇 [A] 이하의 것이면 이 전로에 접속하는 단상 전동기에 과부하 보호 장치를 생략할 수 있는가?

답 : 20 [A]

221 구내 · 옥측 · 옥상 · 옥내전선로의 시설

221.1 구내인입선

221.1.1 저압 인입선의 시설

1. **저압 가공인입선**은 다음에 따라 시설하여야 한다.

   가. 전선은 **절연전선 또는 케이블**일 것.

   나. 전선이 절연전선인 경우

   (1) **경간이 15[m] 초과** : 인장강도 2.30[kN] 이상의 것 또는 **지름 2.6[mm] 이상**의 인입용 비닐절연전선일 것.

   (2) **경간이 15[m] 이하** : 인장강도 1.25[kN] 이상의 것 또는 **지름 2[mm] 이상**의 인입용 비닐절연전선일 것.

   다. 전선이 옥외용 비닐 절연 전선인 경우에는 사람이 접촉할 우려가 없도록 시설할 것.

라. 전선이 케이블인 경우에 길이가 1[m] 이하인 경우에는 조가 하지 않아도 된다.
마. 전선의 높이는 다음에 의할 것.
  (1) 도로(차도와 보도의 구별이 있는 도로인 경우에는 차도)를 횡단하는 경우 : 노면상 5[m](기술상 부득이한 경우에 교통에 지장이 없을 때에는 3[m]) 이상
  (2) 철도 또는 궤도를 횡단하는 경우 : 레일면상 6.5[m] 이상
  (3) 횡단보도교의 위에 시설하는 경우 : 노면상 3[m] 이상
  (4) (1)에서 (3)까지 이외의 경우 : 지표상 4[m] 이상
     (기술상 부득이한 경우에 교통에 지장이 없을 때에는 2.5[m] 이상)
2. 저압 가공인입선과 다른 시설물 사이의 이격거리는 표에서 정한 값 이상이어야 한다.

표. 저압 가공인입선 조영물의 구분에 따른 이격거리

시설물의 구분		이격거리
조영물의 상부 조영재	위 쪽	2 [m] (전선이 옥외용 비닐절연전선 이외의 저압 절연전선인 경우는 1.0[m], 고압절연전선, 특고압 절연전선 또는 케이블인 경우는 0.5[m])
	옆 쪽 또는 아래 쪽	0.3[m] (전선이 고압절연전선, 특고압 절연전선 또는 케이블인 경우는 0.15[m])
조영물의 상부 조영재 이외의 부분 또는 조영물 이외의 시설물		0.3[m] (전선이 고압절연전선, 특고압 절연전선 또는 케이블인 경우는 0.15[m])

예제 08 저압인입선의 시설에서 도로 횡단시 지표상 높이는 몇 [m] 이상이어야 하는가?
답 : 5 [m] 이상

221.1.2 연접 인입선의 시설
저압 연접인입선은 다음에 따라 시설하여야 한다.
1. 전선은 **절연전선 또는 케이블**일 것.
2. 전선이 절연전선인 경우
  가. **경간이 15[m] 초과** : 인장강도 2.30[kN] 이상의 것 또는 **지름 2.6[mm] 이상**의 인입용 비닐절연전선일 것.
  나. **경간이 15[m] 이하** : 인장강도 1.25[kN] 이상의 것 또는 **지름 2[mm] 이상**의 인입용 비닐절연전선일 것.
3. 인입선에서 분기하는 점으로부터 100[m]를 초과하는 지역에 미치지 아니할 것.
4. 폭 5 [m]를 초과하는 도로를 횡단하지 아니할 것.
5. 옥내를 통과하지 아니할 것.

예제 09 저압 연접 인입선이 횡단할 수 있는 최대의 도로 폭[m]은?

답 : 5 [m]

221.2 옥측전선로

1. **저압 옥측전선로**는 다음에 따라 시설하여야 한다.
    가. 저압 옥측전선로는 다음의 공사방법에 의할 것.
    (1) **애자공사**(전개된 장소에 한한다.)
    (2) **합성수지관공사**
    (3) **금속관공사**(목조 이외의 조영물에 시설하는 경우에 한한다)
    (4) **버스덕트공사**[목조 이외의 조영물(점검할 수 없는 은폐된 장소는 제외한다)에 시설하는 경우에 한한다]
    (5) **케이블공사**(연피 케이블·알루미늄피 케이블 또는 무기물 절연 케이블을 사용하는 경우에는 목조 이외의 조영물에 시설하는 경우에 한한다)
    나. 애자공사에 의한 저압 옥측전선로는 다음에 의하고 또한 사람이 쉽게 접촉될 우려가 없도록 시설할 것.
    (1) 전선은 공칭단면적 4[mm^2] 이상의 연동 절연전선(옥외용 비닐절연전선 및 인입용 절연전선은 제외한다)일 것.
    (2) 전선 상호 간의 간격 및 전선과 그 저압 옥측전선로를 시설하는 조영재 사이의 이격거리는 표 에서 정한 값 이상일 것.

표. 시설장소별 조영재 사이의 이격거리

시설 장소	전선 상호 간의 간격		전선과 조영재 사이의 이격거리	
	사용전압이 400[V] 이하	사용전압이 400[V] 초과	사용전압이 400[V] 이하	사용전압이 400[V] 초과
비나 이슬에 젖지 않는 장소	0.06[m]	0.06[m]	0.025[m]	0.025[m]
비나 이슬에 젖는 장소	0.06[m]	0.12[m]	0.025[m]	0.045[m]

    (3) **전선의 지지점 간의 거리는 2[m] 이하**일 것.
    (4) 애자는 절연성·난연성 및 내수성이 있는 것일 것.
2. 애자공사에 의한 저압 옥측전선로의 전선이 다른 시설물의 위나 아래에 시설되는 경우에 저압 옥측전선로의 전선과 다른 시설물 사이의 이격거리는 표 에서 정한 값 이상이어야 한다.

시설물의 구분		이격거리
조영물의 상부 조영재	위 쪽	2 [m] (전선이 고압절연전선, 특고압 절연전선 또는 케이블인 경우는 1[m])
	옆 쪽 또는 아래 쪽	0.6[m] (전선이 고압절연전선, 특고압 절연전선 또는 케이블인 경우는 0.3[m])

시설물의 구분	이격거리
조영물의 상부 조영재 이외의 부분 또는 조영물 이외의 시설물	0.6[m] (전선이 고압절연전선, 특고압 절연전선 또는 케이블인 경우는 0.3[m])

3. 애자공사에 의한 저압 옥측전선로의 전선과 식물 사이의 이격거리는 0.2[m] 이상이어야 한다. 다만, 저압 옥측전선로의 전선이 고압 절연전선 또는 특고압 절연전선인 경우에 그 전선을 식물에 접촉하지 않도록 시설하는 경우에는 적용하지 아니한다.

221.3 옥상전선로

1. 저압 옥상전선로는 전개된 장소에 다음에 따르고 또한 위험의 우려가 없도록 시설하여야 한다.
    가. 전선은 인장강도 2.30[kN] 이상의 것 또는 **지름 2.6[mm] 이상의 경동선**을 사용할 것.
    나. **전선은 절연전선(OW전선을 포함한다.)** 또는 이와 동등 이상의 절연효력이 있는 것을 사용할 것.
    다. 전선은 절연성·난연성 및 내수성이 있는 애자를 사용하여 지지하고 또한 그 **지지점 간의 거리는 15[m] 이하**일 것.
    라. 전선과 그 저압 옥상 전선로를 시설하는 조영재와의 이격거리는 2[m](전선이 고압절연전선, 특고압 절연전선 또는 케이블인 경우에는 1[m]) 이상일 것.
2. 저압 옥상전선로의 전선은 **상시 부는 바람 등에 의하여 식물에 접촉하지 아니하도록** 시설하여야 한다.

222 저압 가공전선로

222.5 저압 가공전선의 굵기 및 종류

1. 저압 가공전선은 나전선(중성선 또는 다중접지된 접지측 전선으로 사용하는 전선에 한한다), 절연전선, 다심형 전선 또는 케이블을 사용하여야 한다.
2. 전선의 굵기

전압	조건	전선의 굵기 및 인장강도
400[V] 이하	절연전선	인장강도 2.3[kN] 이상의 것 또는 지름 2.6[mm] 이상의 경동선
	케이블 이외	인장강도 3.43[kN] 이상의 것 또는 지름 3.2[mm] 이상의 경동선

전 압	조 건	전선의 굵기 및 인장강도
400 [V] 초과인 저압 (케이블 이외)	시가지에 시설	인장강도 8.01 [kN] 이상의 것 또는 지름 5 [mm] 이상의 경동선
	시가지 외에 시설	인장강도 5.26 [kN] 이상의 것 또는 지름 4 [mm] 이상의 경동선

3. 사용전압이 400[V] 초과인 저압 가공전선에는 인입용 비닐절연전선을 사용하여서는 안 된다.

222.10 저압 보안공사

저압 보안공사는 다음에 따라야 한다.
1. 전선은 케이블인 경우 이외에는
   가. **저압** : 인장강도 8.01[kN] 이상의 것 또는 **지름 5[mm] 이상의 경동선**
   나. **사용전압이 400[V] 이하** : 인장강도 5.26[kN] 이상의 것 또는 **지름 4[mm] 이상의 경동선**이어야 한다.
2. 목주는 다음에 의할 것.
   가. **풍압하중에 대한 안전율은 1.5 이상일 것.**
   나. 말구의 지름 0.12[m] 이상일 것.
3. 경간은 표 에서 정한 값 이하일 것.

지지물의 종류	경 간
목주·A종 철주 또는 A종 철근 콘크리트주	100[m]
B종 철주 또는 B종 철근 콘크리트주	150[m]
철탑	400[m]

예제 10 저압 보안 공사시에 사용되는 전선으로 경동선을 사용할 경우 그 지름은 몇 [mm] 이상의 것을 사용하여야 하는가?(단, 400 [V] 이하임)

답 : 4 [mm]

222.16 저압 가공전선 상호 간의 접근 또는 교차

전선의 종류구분	다른 저압 가공전선	
	전선 상호 간	지지물
저압 절연전선	0.6[m]	0.3[m]
어느 한 쪽의 전선이 고압·특고압절연전선 또는 케이블	0.3[m]	

예제 11 저압 가공 전선이 다른 저압 가공 전선과 접근 교차 상태로 시설할 때 저압 가공 전선 상호의 최소 이격 거리[m]는?

답 : 0.6 [m]

222.18 저압 가공전선과 다른 시설물의 접근 또는 교차
저압 가공전선과 다른 시설물 사이의 이격거리는 표 에서 정한 값 이상이어야 한다.

다른 시설물의 구분		이격거리
조영물의 상부 조영재	위 쪽	2[m] (전선이 고압 절연전선, 특고압 절연전선 또는 케이블인 경우는 1.0[m])
	옆 쪽 또는 아래 쪽	0.6[m] (전선이 고압 절연전선, 특고압 절연전선 또는 케이블인 경우는 0.3[m])
조영물의 상부 조영재 이외의 부분 또는 조영물 이외의 시설물		0.6[m] (전선이 고압 절연전선, 특고압 절연전선 또는 케이블인 경우는 0.3[m])

222.19 저압 가공전선과 식물의 이격거리
저압 가공전선은 상시 부는 바람 등에 의하여 식물에 접촉하지 않도록 시설하여야 한다.

222.22 농사용 저압 가공전선로의 시설
농사용 전등·전동기 등에 공급하는 저압 가공전선로의 시설기준
1. 사용전압은 저압일 것.
2. 저압 가공전선은 인장강도 1.38[kN] 이상의 것 또는 **지름 2[mm] 이상의 경동선**일 것.
3. 저압 가공전선의 **지표상의 높이는 3.5[m] 이상**일 것. 다만, 저압 가공전선을 사람이 쉽게 출입하지 못하는 곳에 시설하는 경우에는 3[m]까지로 감할 수 있다.
4. 목주의 굵기는 말구 지름이 0.09[m] 이상일 것.
5. **전선로의 지지점 간 거리는 30[m] 이하일 것.**

예제 12 농사용 저압 가공 전선로의 최대 경간은 몇 [m]인가?

답 : 30 [m]

222.23 구내에 시설하는 저압 가공전선로
1. **전선은 지름 2[mm] 이상의 경동선의 절연전선** 또는 이와 동등 이상의 세기 및 굵기의 절연전선일 것. 다만, 경간이 10[m] 이하인 경우에 한하여 공칭단면적 4[mm^2] 이상의 연동 절연전선을 사용할 수 있다.

2. **전선로의 경간은 30[m] 이하일 것**
3. 전선과 다른 시설물과의 이격거리는 표 에서 정한 값 이상일 것

다른 시설물의 구분		이격거리
조영물의 상부 조영재	위 쪽	1[m]
	옆 쪽 또는 아래 쪽	0.6[m] (전선이 고압 절연전선, 특고압 절연전선 또는 케이블인 경우는 0.3[m])
조영물의 상부 조영재 이외의 부분 또는 조영물 이외의 시설물		0.6[m] (전선이 고압 절연전선, 특고압 절연전선 또는 케이블인 경우는 0.3[m])

4. 1구내에만 시설하는 사용전압이 400[V] 이하인 저압 가공전선로의 높이
   가. 도로(폭이 5[m] 이하)를 횡단하는 경우 : 4 [m] 이상이고 교통에 지장이 없는 높이일 것
   나. 도로를 횡단하지 않는 경우 : 3 [m] 이상의 높이일 것

예제 13 방직 공장의 구내 도로에 조명등용 저압 가공 전선로를 설치하고자 한다. 전선로의 최대 경간은 몇 [m]인가?

답 : 30 [m]

222.24 저압 직류 가공전선로

사용전압 1.5 [kV] 이하인 직류 가공전선로는 다음과 같이 시설하여야 한다.
1. 전로의 전선 상호간 및 전로와 대지 사이의 절연저항은 표에서 정한 값 이상이어야 한다.

전로의 사용전압[V]	DC 시험전압[V]	절연저항[MΩ]
SELV 및 PELV	250	0.5
FELV, 500[V]이하	500	1.0
500[V] 초과	1,000	1.0

2. 전로에 지락이 생겼을 때에는 자동으로 전선로를 차단하는 장치를 시설하여야 하며 IT 계통인 경우에는 다음 각 호에 따라 시설하여야 한다.
   가. 전로의 절연상태를 지속적으로 감시할 수 있는 장치를 설치하고 지락 발생 시 전로를 차단하거나 고장이 제거되기 전까지 관리자가 확인할 수 있는 음향 또는 시각적인 신호를 지속적으로 보낼 수 있도록 시설하여야 한다.
   나. 한 극의 지락고장이 제거되지 않은 상태에서 다른 상의 전로에 지락이 발생했을 때에는 전로를 자동적으로 차단하는 장치를 시설하여야 한다.
3. 전로에는 과전류차단기를 설치하여야 하고 이를 시설하는 곳을 통과하는 단락전류를 차단하는 능력을 가지는 것이어야 한다.

4. 낙뢰 등의 서지로부터 전로 및 기기를 보호하기 위해 서지보호장치를 설치하여야 한다.
5. 기기 외함은 충전부에 일반인이 쉽게 접촉하지 못하도록 공구 또는 열쇠에 의해서만 개방할 수 있도록 설치하고, 옥외에 시설하는 기기 외함은 충분한 방수 보호등급(IPX4 이상)을 갖는 것이어야 한다.
6. 교류 전로와 동일한 지지물에 시설되는 경우 직류 전로를 구분하기 위한 표시를 하고, 모든 전로의 종단 및 접속점에서 극성을 식별하기 위한 표시(양극 – 적색, 음극 –백색, 중점선/중성선 –청색)를 하여야 한다.

230 배선 및 조명설비 등

231.3 저압 옥내배선의 사용전선 및 중성선의 굵기

231.3.1 저압 옥내배선의 사용전선

1. **저압 옥내배선의 전선 : 단면적 2.5 [mm^2] 이상의 연동선**
2. 옥내배선의 사용 전압이 400[V] 이하인 경우는 다음에 의하여 시설할 수 있다.
   가. **전광표시 장치** 또는 제어 회로
   - 단면적 1.5[mm^2] 이상의 연동선
   - 단면적 0.75 [mm^2] 이상인 다심케이블 또는 다심 캡타이어 케이블을 사용하고 또한 과전류가 생겼을 때에 자동적으로 전로에서 차단하는 장치를 시설
   나. **진열장 또는 이와 유사한 것의 내부 배선 : 단면적 0.75 [mm^2] 이상인 코드** 또는 캡타이어케이블
   다. 엘리베이터 · 덤웨이터 등의 승강로 안의 저압 옥내배선 : 리프트 케이블

예제 14 저압 옥내 배선 공사에 사용할 수 있는 연동선의 최소 굵기는 몇 [mm^2] 이상의 것인가?

답 : 2.5 [mm^2]

231.3.2 중성선의 단면적

1. 다음의 경우는 **중성선의 단면적은 최소한 선도체의 단면적 이상**이어야 한다.
   가. 2선식 단상회로
   나. 선도체의 단면적이 구리선 16[mm^2], 알루미늄선 25[mm^2] 이하인 다상 회로
   다. 제3고조파 및 제3고조파의 홀수배수의 고조파 전류가 흐를 가능성이 높고 **전류 종합고조파왜형률이 15~33[%]인 3상회로**
2. 제3고조파 및 제3고조파 홀수배수의 전류 종합고조파왜형률이 33[%]를 초과하는 경우 아래와 같이 중성선의 단면적을 증가시켜야 한다.

가. 다심케이블의 경우 선도체의 단면적은 중성선의 단면적과 같아야 하며, 이 단면적은 **선도체의 1.45 × I_B(회로 설계전류)를 흘릴 수 있는 중성선**을 선정한다.

나. 단심케이블은 선도체의 단면적이 중성선 단면적보다 작을 수도 있다. 계산은 다음과 같다.

(1) 선 : I_B(회로 설계전류)

(2) 중성선 : 선도체의 $1.45 I_B$와 동등 이상의 전류

231.4 나전선의 사용 제한

옥내에 시설하는 저압전선에는 나전선을 사용하여서는 아니 된다. 다만, 다음중 어느 하나에 해당하는 경우에는 그러하지 아니하다.

1. **애자공사**에 의하여 전개된 곳에 다음의 전선을 시설하는 경우

    가. **전기로용 전선**

    나. 전선의 **피복 절연물이 부식하는 장소**에 시설하는 전선

    다. 취급자 이외의 자가 출입할 수 없도록 설비한 장소에 시설하는 전선

2. **버스덕트공사**에 의하여 시설하는 경우
3. **라이팅덕트공사**에 의하여 시설하는 경우
4. **접촉 전선**을 시설하는 경우

231.5 고주파 전류에 의한 장해의 방지

전기기계기구가 무선설비의 기능에 계속적이고 또한 중대한 장해를 주는 고주파 전류를 발생시킬 우려가 있는 경우에는 이를 방지하기 위하여 다음 각 호에 따라 시설하여야 한다.

1. 형광 방전등에는 적당한 곳에 정전용량이 $0.006[\mu F]$ 이상 $0.5[\mu F]$ 이하 (예열시동식의 것으로 글로우램프에 병렬로 접속할 경우에는 $0.006[\mu F]$ 이상 $0.01[\mu F]$ 이하)인 커패시터를 시설할 것.
2. 사용전압이 저압이고 정격 출력이 $1[kW]$ 이하인 전기드릴용의 소형 교류직권전동기에는

    가. 단자 상호 간 : 정전용량이 $0.1[\mu F]$ 무유도형 커패시터

    나. 각 단자와 대지와의 사이 : 정전용량이 $0.003[\mu F]$인 충분한 측로효과가 있는 관통형 커패시터를 시설할 것.

231.6 옥내전로의 대지 전압의 제한

1. 백열전등 또는 방전등에 전기를 공급하는 옥내의 전로의 대지전압은 $300[V]$ 이하여야 하며 다음에 따라 시설하여야 한다.

    다만, 대지전압 $150[V]$ 이하의 전로인 경우에는 다음에 따르지 않을 수 있다.

    가. 백열전등 또는 방전등 및 이에 부속하는 전선은 사람이 접촉할 우려가 없도록 시설하여야 한다.

    나. 백열전등(기계 장치에 부속하는 것을 제외한다) 또는 방전등용 안정기는 저압의

옥내배선과 직접 접속하여 시설하여야 한다.

　　다. 백열전등의 전구소켓은 키나 그 밖의 점멸기구가 없는 것이어야 한다.
2. 주택의 옥내전로(전기기계기구내의 전로를 제외한다)의 대지전압은 300[V] 이하이어야 하며 다음 각 호에 따라 시설하여야 한다. 다만, 대지전압 150[V] 이하의 전로인 경우에는 다음에 따르지 않을 수 있다.

　　가. 사용전압은 400[V] 이하여야 한다.
　　나. 주택의 전로 인입구에는 감전보호용 누전차단기를 시설하여야 한다. 다만, 전로의 전원측에 정격용량이 3[kVA]이하인 절연변압기(1차 전압이 저압이고 2차 전압이 300[V] 이하인 것에 한한다)를 사람이 쉽게 접촉할 우려가 없도록 시설하고 또한 그 절연변압기의 부하측 전로를 접지하지 않는 경우에는 예외로 한다.
　　다. 백열전등의 전구소켓은 키나 그 밖의 점멸기구가 없는 것이어야 한다.
　　라. 정격 소비 전력 3[kW] 이상의 전기기계기구에 전기를 공급하기 위한 전로에는 전용의 개폐기 및 과전류 차단기를 시설하고 그 전로의 옥내배선과 직접 접속하거나 적정 용량의 전용콘센트를 시설하여야 한다.
　　마. 주택의 옥내를 통과하여 그 주택 이외의 장소에 전기를 공급하기 위한 옥내배선은 사람이 접촉할 우려가 없는 은폐된 장소에 합성수지관 공사, 금속관 공사 또는 케이블 공사에 의하여 시설하여야 한다.

232 배선설비

232.3 배선설비 적용 시 고려사항

232.3.1 회로 구성

1. 하나의 회로도체는 다른 다심케이블, 다른 전선관, 다른 케이블덕팅시스템 또는 다른 케이블트렁킹 시스템을 통해 배선해서는 안 된다. 또한 다심케이블을 병렬로 포설하는 경우 각 케이블은 각상의 1가닥의 도체와 중성선이 있다면 중성선도 포함하여야 한다.
2. 여러 개의 주회로에 공통 중성선을 사용하는 것은 허용되지 않는다. 다만, 단상 교류 최종 회로는 하나의 선 도체와 한 다상 교류회로의 중성선으로부터 형성 될 수도 있다. 이 다상회로는 모든 선도체를 단로하도록 단로장치에 의해 설치하여야 한다.

232.3.2 전기적 접속

1. 도체상호간, 도체와 다른 기기와의 접속은 내구성이 있는 전기적 연속성이 있어야 하며, 적절한 기계적 강도와 보호를 갖추어야 한다.
2. 접속 방법은 다음 사항을 고려하여 선정한다.
　　가. 도체와 절연재료　　　나. 도체를 구성하는 소선의 가닥수와 형상
　　다. 도체의 단면적　　　　라. 함께 접속되는 도체의 수

232.3.3 교류회로-전기자기적 영향(맴돌이 전류 방지)

1. 강자성체(강제금속관 또는 강제덕트 등) 안에 설치하는 교류회로의 도체는 보호도체를 포함하여 각 회로의 모든 도체를 동일한 외함에 수납하도록 시설하여야 한다.
2. 강선외장 또는 강대외장 단심 케이블은 교류 회로에 사용해서는 안 된다. 이러한 경우 알루미늄 외장을 권장한다.

232.3.4 배선설비와 다른 공급설비와의 접근

1. **애자사용 공사**에 의하여 시설하는 저압 옥내배선과 다른 저압 옥내배선, 약전류 전선, 수관·가스관 또는 관등회로의 **배선 사이의 이격거리**
   가. **절연전선 : 0.1 [m] 이상**
   나. **나전선 : 0.3 [m] 이상**
2. 지중 통신케이블과 지중 전력케이블이 교차하거나 접근하는 경우 이격거리 : 0.1[m] 이상
3. 저압 지중전선이 지중약전류 전선 등과 접근하거나 교차하는 경우에 상호 간의 이격거리가 0.3[m] 이하인 때에는 견고한 내화성의 격벽을 설치하여야 한다.
4. 가스계량기 및 가스관의 이음부(용접이음매를 제외)와 전력량계 및 개폐기의 이격거리 : 0.6[m] 이상
5. 가스계량기와 점멸기 및 접속기의 이격거리는 0.3[m] 이상
6. 가스관의 이음부와 점멸기 및 접속기의 이격거리는 0.15[m] 이상

232.3.5 수용가 설비에서의 전압 강하

1. 수용가 설비의 인입구로부터 기기까지의 전압강하는 표의 값 이하이어야 한다.

설비의 유형	조명 [%]	기타 [%]
A - 저압으로 수전하는 경우	3	5
B - 고압 이상으로 수전하는 경우[a]	6	8

[a] 가능한 한 최종회로 내의 전압강하가 A 유형의 값을 넘지 않도록 하는 것이 바람직하다. 사용자의 배선설비가 100[m]를 넘는 부분의 전압강하는 미터 당 0.005[%] 증가할 수 있으나 이러한 증가분은 0.5[%]를 넘지 않아야 한다.

2. 다음의 경우에는 표 보다 더 큰 전압강하를 허용할 수 있다.
   가. 기동 시간 중의 전동기
   나. 돌입전류가 큰 기타 기기

232.10 전선관시스템

232.11 합성수지관공사

232.11.1 시설조건

1. 전선은 절연전선(옥외용 비닐 절연전선을 제외한다)일 것.
2. **전선은 연선일 것. 다만, 다음의 것은 적용하지 않는다.**

가. 짧고 가는 합성수지관에 넣은 것.
나. **단면적 10[mm²](알루미늄선은 단면적 16[mm²]) 이하의 것.**
3. 전선은 합성수지관 안에서 접속점이 없도록 할 것.
4. 중량물의 압력 또는 현저한 기계적 충격을 받을 우려가 없도록 시설할 것.

232.11.2 합성수지관 및 부속품의 시설

1. 관 상호 간 및 박스와는 관을 삽입하는 깊이를 관의 **바깥지름의 1.2배(접착제를 사용하는 경우에는 0.8배) 이상**으로 하고 또한 꽂음 접속에 의하여 견고하게 접속할 것.
2. 관의 **지지점 간의 거리는 1.5[m] 이하**로 하고, 또한 그 지지점은 관의 끝·관과 박스의 접속점 및 관 상호 간의 접속점 등에 가까운 곳에 시설할 것.
3. 습기가 많은 장소 또는 물기가 있는 장소에 시설하는 경우에는 방습 장치를 할 것.
4. 콤바인 덕트관은 직접 콘크리트에 매입(埋入)하여 시설하거나 옥내 전개된 장소에 시설하는 경우 이외에는 불연성 마감재 내부, 전용의 불연성 관 또는 덕트에 넣어 시설할 것
5. 이중천장(반자속 포함) 내에는 합성수지관 공사를 시설할 수 없다.

예제 15 합성수지관 공사시에 관의 지지점간의 거리는 몇 [m] 이하로 하여야 하는가?

답 : 1.5[m]

예제 16 저압 옥내 배선을 합성수지관 공사에 의하여 실시하는 경우 사용할 수 있는 단선(동선)의 단면적은 최대 몇 [mm²]인가?

답 : 10[mm²]

232.12 금속관공사

232.12.1 시설조건

1. 전선은 **절연전선(옥외용 비닐절연전선을 제외한다)**일 것.
2. 전선은 연선일 것. 다만, 다음의 것은 적용하지 않는다.
   가. 짧고 가는 금속관에 넣은 것.
   나. **단면적 10[mm²](알루미늄선은 단면적 16[mm²]) 이하의 것.**
3. 전선은 금속관 안에서 접속점이 없도록 할 것.

232.12.2 금속관 및 부속품의 선정

1. 금속관의 방폭형 부속품
   가. 재료는 건식아연도금법에 의하여 아연도금을 한 위에 투명한 도료를 칠하거나 기타 적당한 방법으로 녹이 스는 것을 방지하도록 한 강 또는 가단주철일 것.
   나. 안쪽 면 및 끝부분은 전선을 넣거나 바꿀 때에 전선의 피복을 손상하지 아니

하도록 매끈한 것일 것.
다. **전선관과의 접속부분의 나사는 5턱 이상** 완전히 나사결합이 될 수 있는 길이일 것.
2. 관의 두께는 다음에 의할 것.
가. **콘크리트에 매설하는 것 : 1.2 [mm] 이상**
나. **콘크리트 매설 이외의 것 : 1 [mm] 이상**
다만, 이음매가 없는 길이 4[m] 이하인 것을 건조하고 전개된 곳에 시설하는 경우에는 0.5[mm]까지로 감할 수 있다.
3. 관의 끝부분 및 안쪽 면은 전선의 피복을 손상하지 아니하도록 매끈한 것일 것.

232.12.3 금속관 및 부속품의 시설
1. **관의 끝 부분에는 전선의 피복을 손상하지 아니하도록 적당한 구조의 부싱을 사용할 것.** 다만, 금속관공사로부터 애자공사로 옮기는 경우에는 그 부분의 관의 끝부분에는 절연부싱 또는 이와 유사한 것을 사용하여야 한다.
2. 습기가 많은 장소 또는 물기가 있는 장소에 시설하는 경우에는 방습 장치를 할 것.
3. **관에는 접지공사를 할 것.** 다만, 사용전압이 400[V] 이하로서 다음 중 하나에 해당하는 경우에는 그러하지 아니하다.
가. 관의 길이가 4[m] 이하인 것을 건조한 장소에 시설하는 경우
나. 옥내배선의 사용전압이 직류 300[V] 또는 교류 대지 전압 150[V] 이하로서 그 전선을 넣는 관의 길이가 8[m] 이하인 것을 사람이 쉽게 접촉할 우려가 없도록 시설하는 경우 또는 건조한 장소에 시설하는 경우

예제 17 금속관 공사에 의한 저압 옥내 배선시 콘크리트에 매설하는 경우 관의 최소 두께[mm]는?

답 : 1.2 [mm]

232.13 금속제 가요전선관공사

232.13.1 시설조건
1. 전선은 절연전선(옥외용 비닐 절연전선을 제외한다)일 것.
2. 전선은 연선일 것. 다만, 단면적 10[mm^2](알루미늄선은 단면적 16[mm^2]) 이하인 것은 그러하지 아니하다.
3. 가요전선관 안에는 전선에 접속점이 없도록 할 것.
4. **가요전선관은 2종 금속제 가요전선관일 것.** 다만, 전개된 장소 또는 점검할 수 있는 은폐된 장소 또는 점검 불가능한 은폐장소에 기계적 충격을 받을 우려가 없는 조건일 경우에는 1종 가요전선관(습기가 많은 장소 또는 물기가 있는 장소에는 비

닐 피복 1종 가요전선관에 한한다)을 사용할 수 있다.
5. 가요전선관공사는 규정에 준하여 접지공사를 할 것.

232.13.2 금속제 가요전선관 및 부속품의 시설
1. 2종 금속제 가요전선관을 사용하는 경우에 습기 많은 장소 또는 물기가 있는 장소에 시설하는 때에는 비닐 피복 2종 가요전선관일 것.
2. 1종 금속제 가요전선관에는 단면적 2.5[mm^2] 이상의 나연동선을 전체 길이에 걸쳐 삽입 또는 첨가하여 그 나연동선과 1종 금속제 가요전선관을 양쪽 끝에서 전기적으로 완전하게 접속할 것. 다만, 관의 길이가 4[m] 이하인 것을 시설하는 경우에는 그러하지 아니하다.

예제 18 옥내 저압 배선을 가요 전선관 공사에 의해 시공하고자 한다. 가요 전선관에 설치할 전선이 단선일 경우 그 단면적은 최대 몇 [mm^2]이어야 하는가?
답 : 10 [mm^2]

232.20 케이블트렁킹시스템

232.21 합성수지몰드공사
1. 전선은 절연전선(옥외용 비닐 절연전선을 제외한다)일 것.
2. 합성수지몰드 안에는 전선에 접속점이 없도록 할 것.
   다만, 합성수지몰드 안의 전선을 합성 수지제의 조인트 박스를 사용하여 접속할 경우에는 그러하지 아니하다.
3. 합성수지몰드는 홈의 폭 및 깊이가 35 [mm] 이하, 두께는 2 [mm] 이상의 것일 것. 다만, 사람이 쉽게 접촉할 우려가 없도록 시설하는 경우에는 폭이 50 [mm] 이하, 두께 1 [mm] 이상의 것을 사용할 수 있다.

232.22 금속몰드공사

232.22.1 시설조건
1. 전선은 절연전선(옥외용 비닐절연 전선을 제외한다)일 것.
2. 금속몰드 안에는 전선에 접속점이 없도록 할 것. 다만, 금속제 조인트 박스를 사용할 경우에는 접속할 수 있다.
3. 금속몰드의 사용전압이 400[V] 이하로 옥내의 건조한 장소로 전개된 장소 또는 점검할 수 있는 은폐장소에 한하여 시설할 수 있다

232.22.2 금속몰드 및 박스 기타 부속품의 선정
황동제 또는 동제의 몰드는 폭이 50[mm] 이하, 두께 0.5[mm] 이상인 것일 것.

232.22.3 금속몰드 및 박스 기타 부속품의 시설

몰드에는 규정에 준하여 접지공사를 할 것. 다만, 다음 중 하나에 해당하는 경우에는 그러하지 아니하다.

가. 몰드의 길이가 4[m] 이하인 것을 시설하는 경우

나. 옥내배선의 사용전압이 직류 300[V] 또는 교류 대지 전압이 150[V] 이하로서 그 전선을 넣는 관의 길이가 8[m] 이하인 것을 사람이 쉽게 접촉할 우려가 없도록 시설하는 경우 또는 건조한 장소에 시설하는 경우

232.30 케이블덕팅시스템

232.31 금속덕트공사

232.31.1 시설조건

1. 전선은 절연전선(옥외용 비닐절연전선을 제외한다)일 것.
2. 금속덕트에 넣은 전선의 단면적(절연피복의 단면적을 포함한다)의 합계
   가. **일반적인 경우** : 덕트 내부 단면적의 20[%] 이하
   나. **전광표시장치** 기타 이와 유사한 장치 **또는 제어회로 만의 배선만을 넣는 경우** : 50[%] 이하
3. 금속덕트 안에는 전선에 접속점이 없도록 할 것. 다만, 전선을 분기하는 경우에는 그 접속점을 쉽게 점검할 수 있는 때에는 그러하지 아니하다.

232.31.2 금속덕트의 선정

1. 폭이 40[mm] 이상, 두께가 1.2[mm] 이상인 철판 또는 동등 이상의 기계적 강도를 가지는 금속제의 것으로 견고하게 제작한 것일 것.
2. 안쪽 면은 전선의 피복을 손상시키는 돌기(突起)가 없는 것일 것.
3. 안쪽 면 및 바깥 면에는 산화 방지를 위하여 아연도금 한 것일 것.

232.31.3 금속덕트의 시설

1. 덕트를 조영재에 붙이는 경우에는 **덕트의 지지점 간의 거리를 3[m]**(취급자 이외의 자가 출입할 수 없도록 설비한 곳에서 **수직으로 붙이는 경우에는 6[m]**) 이하
2. 덕트의 끝부분은 막을 것.
3. 덕트는 접지공사를 할 것.

> **예제 19** 제어회로용 절연전선을 금속 덕트 공사에 의하여 시설하고자 한다. 절연피복을 포함한 전선의 총면적은 덕트의 내부 단면적의 몇 [%]까지 할 수 있는가?
> 답 : 50 [%]

232.32 플로어덕트공사

232.32.1 시설조건

1. **전선은 절연전선(옥외용 비닐 절연전선을 제외한다)일 것.**
2. 전선은 연선일 것. 다만, 단면적 10[mm^2](알루미늄선은 단면적 16[mm^2]) 이하인 것은 그러하지 아니하다.
3. 플로어덕트 안에는 전선에 접속점이 없도록 할 것. 다만, 전선을 분기하는 경우에 접속점을 쉽게 점검할 수 있을 때에는 그러하지 아니하다.

232.32.2 플로어덕트 및 부속품의 시설

1. 덕트 및 박스 기타의 부속품은 물이 고이는 부분이 없도록 시설하여야 한다.
2. 박스 및 인출구는 마루 위로 돌출하지 아니하도록 시설하고 또한 물이 스며들지 아니하도록 밀봉할 것.
3. 덕트의 끝부분은 막을 것.
4. 덕트는 접지공사를 할 것.

예제 20 플로어 덕트 공사에 의한 저압 옥내 배선에서 절연 전선으로 연선을 사용하지 않아도 되는 것은 전선의 굵기가 몇 [mm^2] 이하의 경우인가?

답 : 10[mm^2]

232.33 셀룰러덕트공사

232.33.1 시설조건

1. 전선은 절연전선(옥외용 비닐 절연전선을 제외한다)일 것.
2. 전선은 연선일 것. 다만, 단면적 10[mm^2](알루미늄선은 단면적 16[mm^2]) 이하의 것은 그러하지 아니하다.
3. 셀룰러덕트 안에는 전선에 접속점을 만들지 아니할 것. 다만, 전선을 분기하는 경우 그 접속점을 쉽게 점검할 수 있을 때에는 그러하지 아니하다.

232.33.2 셀룰러덕트 및 부속품의 선정

1. 강판으로 제작한 것일 것.
2. 덕트 끝과 안쪽 면은 전선의 피복이 손상하지 아니하도록 매끈한 것일 것.
3. 덕트의 안쪽 면 및 외면은 방청을 위하여 도금 또는 도장을 한 것일 것.
4. 셀룰러덕트의 판 두께는 표 에서 정한 값 이상일 것.

표. 셀룰러덕트의 선정

덕트의 최대 폭	덕트의 판 두께
150[mm] 이하	1.2[mm]
150[mm] 초과 200[mm] 이하	1.4[mm]
200[mm] 초과하는 것	1.6[mm]

5. 부속품의 판 두께는 1.6[mm] 이상일 것.

232.33.3 셀룰러덕트 및 부속품의 시설

1. 덕트 및 부속품은 물이 고이는 부분이 없도록 시설할 것.
2. 인출구는 바닥 위로 돌출하지 아니하도록 시설하고 또한 물이 스며들지 아니하도록 할 것.
3. 덕트의 끝부분은 막을 것.
4. 덕트는 접지공사를 할 것.

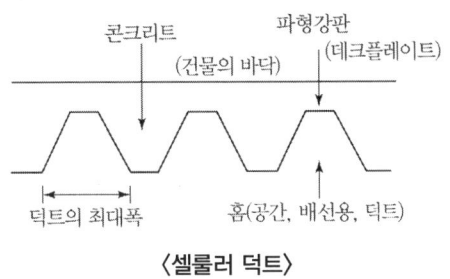

〈셀룰러 덕트〉

232.40 케이블트레이시스템

232.41 케이블트레이공사

케이블트레이배선은 케이블을 지지하기 위하여 사용하는 금속재 또는 불연성 재료로 제작된 유닛 또는 유닛의 집합체 및 그에 부속하는 부속재 등으로 구성된 견고한 구조물을 말하며 **사다리형, 펀칭형, 메시형, 바닥밀폐형** 기타 이와 유사한 구조물을 포함하여 적용한다.

232.41.1 시설 조건

1. 전선
   가. 연피케이블, 알루미늄피 케이블 등 난연성 케이블
   나. 기타 케이블(적당한 간격으로 연소(延燒)방지 조치를 하여야 한다)
   다. 금속관 혹은 합성수지관 등에 넣은 절연전선
2. 저압 케이블과 고압 또는 특고압 케이블은 동일 케이블 트레이 안에 시설하여서는 아니 된다. 다만, 견고한 불연성의 격벽을 시설하는 경우 또는 금속 외장 케이블인 경우에는 그러하지 아니하다.
3. 수평 트레이에 케이블 시설 시 다음에 적합하여야 한다.
   가. 케이블의 지름(케이블의 완성품의 바깥지름을 말한다.)의 합계는 트레이의 내측폭 이하로 하고 단층으로 포설할 것.
   나. 벽면과의 간격은 20[mm] 이상, 트레이 간 수직간격은 300[mm] 이상 이격하여 설치하여야 한다.
4. 수직 트레이에 케이블을 시설 시 다음에 적합하여야 한다.
   가. 케이블을 시설하는 경우 이들 케이블의 지름의 합계는 트레이의 내측폭 이하로 하고 단층으로 포설할 것.
   나. 벽면과의 간격은 가장 굵은 케이블의 바깥지름의 0.3배 이상 이격하여 설치하여야 한다.

232.41.2 케이블트레이의 선정

1. 케이블 트레이의 **안전율은 1.5 이상**으로 하여야 한다.

2. 전선의 피복 등을 손상시킬 돌기 등이 없이 매끈하여야 한다.
3. 금속재의 것은 적절한 **방식처리를 한 것**이거나 **내식성 재료**의 것이어야 한다.
4. **비금속제 케이블 트레이는 난연성 재료**의 것이어야 한다.
5. 금속제 케이블 트레이 계통은 기계적 및 전기적으로 완전하게 접속하여야 하며 금속제 트레이는 접지공사를 하여야 한다.
6. 케이블트레이가 방화구획의 벽, 마루, 천장 등을 관통하는 경우에 **관통부는 불연성의 물질로 충전**하여야 한다.

232.51 케이블공사

232.51.1 시설조건

케이블공사에 의한 저압 옥내배선은 다음에 따라 시설하여야 한다.
1. 전선은 케이블 및 캡타이어케이블일 것.
2. **전선을 조영재의 아랫면 또는 옆면에 따라 붙이는 경우 전선의 지지점 간의 거리**
   가. **케이블** : 2[m](사람이 접촉할 우려가 없는 곳에서 수직으로 붙이는 경우에는 6[m]) 이하
   나. **캡타이어 케이블** : 1[m] 이하

232.51.2 수직케이블의 시설

1. 전선을 건조물의 전기 배선용의 파이프 샤프트 안에 수직으로 매어 달아 시설하는 저압 옥내배선은 다음에 따라 시설하여야 한다.
   가. **전선은 다음 중 하나에 적합한 케이블일 것.**
      (1) 비닐외장케이블 또는 클로로프렌외장케이블로서
         • **도체에 동을 사용하는 경우 : 공칭단면적 25[mm^2] 이상**
         • 도체에 알루미늄을 사용한 경우 : 공칭단면적 35[mm^2] 이상의 것.
      (2) 강심알루미늄 도체 케이블
      (3) 수직조가용선 부(付) 케이블
      (4) 철선 개장 케이블
   나. 전선 및 그 지지부분의 **안전율은 4 이상**일 것.
   다. 전선 및 그 지지부분은 충전부분이 노출되지 아니하도록 시설할 것.
   라. 전선과의 분기부분에 시설하는 분기선은 케이블일 것.
   마. 분기선은 장력이 가하여지지 아니하도록 시설하고 또한 전선과의 분기부분에는 진동 방지장치를 시설할 것.

232.56 애자공사

232.56.1 시설조건

1. 전선은 절연전선(옥외용 비닐 절연전선 및 인입용 비닐 절연전선을 제외한다)일 것.

2. 이격거리

전 압		전선과 조영재와의 이격 거리		전선 상호 간격	전선 지지점간의 거리	
					조영재의 윗면 또는 옆면에 따라 시설	조영재에 따라 시설하지 않는 경우
저압	400[V] 이하	2.5 [cm] 이상		6 [cm] 이상	2 [m] 이하	–
	400[V] 초과	건조한 장소	2.5[cm] 이상			6 [m] 이하
		기타의 장소	4.5[cm] 이상			

3. 전선이 조영재를 관통하는 경우에는 그 관통하는 부분의 전선을 전선마다 각각 별개의 난연성 및 내수성이 있는 절연관에 넣을 것. 다만, 사용전압이 150[V] 이하인 전선을 건조한 장소에 시설하는 경우로서 관통하는 부분의 전선에 내구성이 있는 절연 테이프를 감을 때에는 그러하지 아니하다.

예제 21 사용 전압 200 [V]인 경우에 애자 사용 공사에서 전선과 조영재와의 이격 거리는 최소 몇 [cm] 이상이어야 하는가?

답 : 2.5 [cm]

예제 22 점검할 수 있는 은폐 장소로서 건조한 곳에 시설하는 애자 사용 노출 공사에 있어서 사용 전압 440 [V]의 경우 전선과 조영재와의 이격 거리는?

답 : 2.5 [cm] 이상

예제 23 옥내에 시설하는 애자 사용 공사시 사용 전압이 400 [V] 이하인 경우 전선 상호간의 이격 거리는? 단, 비와 이슬에 젖지 아니하는 장소이다.

답 : 6 [cm]

232.60 버스바트렁킹시스템

232.61 버스덕트공사

232.61.1 시설조건

1. 덕트를 조영재에 붙이는 경우에는 **덕트의 지지점 간의 거리를 3[m](수직으로 붙이는 경우에는 6[m]) 이하**로 할 것.
2. 덕트(환기형의 것을 제외한다)의 끝부분은 막을 것.
3. 덕트(환기형의 것을 제외한다)의 내부에 먼지가 침입하지 아니하도록 할 것.
4. **덕트는 접지공사를 할 것.**

5. 습기가 많은 장소 또는 물기가 있는 장소에 시설하는 경우에는 옥외용 버스덕트를 사용하고 버스덕트 내부에 물이 침입하여 고이지 아니하도록 할 것.

232.61.2 버스덕트의 선정

1. 도체는 단면적 20[mm^2] 이상의 띠 모양, 지름 5[mm] 이상의 관모양이나 둥글고 긴 막대 모양의 동 또는 단면적 30[mm^2] 이상의 띠 모양의 알루미늄을 사용한 것일 것.
2. 도체 지지물은 절연성·난연성 및 내수성이 있는 견고한 것일 것.
3. 덕트는 표의 두께 이상의 강판 또는 알루미늄판으로 견고히 제작한 것일 것.

덕트의 최대 폭[mm]	덕트의 판 두께[mm]		
	강판	알루미늄판	합성수지판
150 이하	1.0	1.6	2.5
150초과 300이하	1.4	2.0	5.0
300초과 500이하	1.6	2.3	-
500초과 700이하	2.0	2.9	-
700 초과하는 것	2.3	3.2	-

232.70 파워트랙시스템

232.71 라이팅덕트공사

232.71.1 시설조건

1. 덕트는 조영재에 견고하게 붙일 것.
2. **덕트의 지지점 간의 거리는 2[m] 이하**로 할 것.
3. 덕트의 끝부분은 막을 것.
4. 덕트의 개구부(開口部)는 아래로 향하여 시설할 것. 다만, 사람이 쉽게 접촉할 우려가 없는 장소에서 덕트의 내부에 먼지가 들어가지 아니하도록 시설하는 경우에 한하여 옆으로 향하여 시설할 수 있다.
5. 덕트는 조영재를 관통하여 시설하지 아니할 것.
6. 덕트를 사람이 용이하게 접촉할 우려가 있는 장소에 시설하는 경우에는 전로에 지락이 생겼을 때에 자동적으로 전로를 차단하는 장치를 시설할 것.

예제 24 라이팅 덕트 공사에 의한 저압 옥내 배선은 덕트의 지지점간의 거리는 몇 [m] 이하로 하여야 하는가?

답 : 2 [m]

232.81 옥내에 시설하는 저압 접촉전선 배선

1. 이동기중기·자동청소기 그 밖에 이동하며 사용하는 저압의 전기기계기구에 전기를

공급하기 위하여 사용하는 접촉전선을 옥내에 시설하는 경우에는 **전개된 장소 또는 점검할 수 있는 은폐된 장소에 애자 공사 또는 버스덕트 공사 또는 절연 트롤리 공사**에 의하여야 한다.

2. 저압 접촉전선을 애자 공사에 의하여 옥내의 전개된 장소에 시설하는 경우에는 기계기구에 시설하는 경우 이외에는 다음에 따라야 한다.
   가. **전선의 바닥에서의 높이는 3.5[m] 이상**으로 하고 또한 사람이 접촉할 우려가 없도록 시설할 것.
   나. 전선은 인장강도 11.2[kN] 이상의 것 또는 **지름 6[mm]의 경동선으로 단면적이 28[mm^2] 이상**인 것일 것. 다만, 사용전압이 400[V] 이하인 경우에는 인장강도 3.44[kN] 이상의 것 또는 지름 3.2[mm] 이상의 경동선으로 단면적이 8[mm^2] 이상인 것을 사용할 수 있다.
   다. 전선의 지지점간의 거리는 6[m] 이하일 것.
   라. 전선 상호 간의 간격은 전선을 수평으로 배열하는 경우에는 0.14[m] 이상, 기타의 경우에는 0.2[m] 이상일 것.
   사. 전선과 조영재 사이의 이격거리 및 집전장치의 충전부분과 조영재 사이의 이격거리

습기가 많은 곳 또는 물기가 있는 곳	45[mm]이상
기타의 곳	25[mm]이상

   아. 애자는 절연성, 난연성 및 내수성이 있는 것일 것.

3. **저압 접촉전선을 절연 트롤리 공사에 의하여 시설하는 경우에는 기계기구에 시설하는 경우 이외에는 다음에 따라 시설하여야 한다.
   가. 절연 트롤리선은 사람이 쉽게 접할 우려가 없도록 시설할 것.
   나. **절연트롤리선의 도체는 지름 6[mm]의 경동선** 또는 이와 동등 이상의 세기의 것으로서 **단면적이 28[mm^2] 이상**의 것일 것.
   다. 절연 트롤리선의 **개구부는 아래 또는 옆**으로 향하여 시설할 것.
   라. 절연 트롤리선의 끝 부분은 충전부분이 노출되지 아니하는 구조의 것일 것.
   마. 절연 트롤리선은 각 지지점에서 견고하게 시설하는 것 이외에 그 양쪽 끝을 내장 인류장치에 의하여 견고하게 인류할 것.
   바. 절연 트롤리선 지지점 간의 거리는 표에서 정한 값 이상일 것.

   표. 절연 트롤리선의 지지점 간격

도체 단면적의 구분	지지점 간격
500[mm^2] 미만	2[m] (굴곡 반지름이 3[m] 이하의 곡선 부분에서는 1[m])
500[mm^2] 이상	3[m] (굴곡 반지름이 3[m] 이하의 곡선 부분에서는 1[m])

사. 절연 트롤리선 및 그 절연 트롤리선에 접촉하는 집전장치는 조영재와 접촉되지 아니하도록 시설할 것.

아. 절연 트롤리선을 습기가 많은 장소 또는 물기가 있는 장소에 시설하는 경우에는 "나"에서 정하는 표준에 적합한 옥외용 행거 또는 옥외용 내장 인류장치를 사용할 것.

232.84 옥내에 시설하는 저압용 배분전반 등의 시설

옥내에 시설하는 저압용 배·분전반의 기구 및 전선은 쉽게 점검할 수 있도록 하고 다음에 따라 시설할 것.

1. 노출된 충전부가 있는 배전반 및 분전반은 취급자 이외의 사람이 쉽게 출입할 수 없도록 설치하여야 한다.
2. **한 개의 분전반에는 한 가지 전원(1회선의 간선)만 공급하여야 한다.** 다만, 안전 확보가 충분하도록 격벽을 설치하고 사용전압을 쉽게 식별할 수 있도록 그 회로의 과전류차단기 가까운 곳에 그 사용전압을 표시하는 경우에는 그러하지 아니하다.
3. 주택용 분전반은 독립된 장소(신발장, 옷장 등의 은폐된 장소는 제외한다)에 시설하여야 한다.
4. 옥내에 설치하는 배전반 및 분전반은 불연성 또는 난연성이 있도록 시설할 것.

234 조명설비

234.1 등기구의 시설

234.1.1 설치 요구사항

등기구는 다음을 고려하여 설치하여야 한다.
1. 기동 전류
2. 고조파 전류
3. 보상
4. 누설 전류
5. 최초 점화 전류
6. 전압강하

234.1.2 등기구의 집합

하나의 공통 중성선만으로 3상회로의 3개 선도체 사이에 나뉘어진 등기구의 집합은 모든 선도체가 하나의 장치로 동시에 차단되어야 한다.

234.2 코드의 사용

1. 코드는 조명용 전원코드 및 이동전선으로만 사용할 수 있으며, 고정배선으로 사용하여서는 안 된다. 다만, 내부를 건조한 상태로 사용하는 진열장 등의 내부에 배선할 경우는 고정배선으로 사용할 수 있다.
2. **코드는 사용전압 400[V] 이하의 전로에 사용**한다.

234.3 코드 및 이동전선

1. 조명용 전원코드 또는 이동전선은 단면적 0.75[mm^2] 이상의 코드 또는 캡타이어케

이블을 용도에 따라서 선정하여야 한다.
2. 옥내에서 조명용 전원코드 또는 이동전선을 습기가 많은 장소에 시설할 경우에는 고무코드(사용전압이 400[V] 이하인 경우에 한함) 또는 0.6/1 [kV] EP 고무 절연 클로로프렌캡타이어케이블로서 단면적이 0.75[mm²] 이상인 것이어야 한다.

예제 25 옥내에 시설하는 사용 전압이 400 [V] 이하인 조명용 전원코드로 캡타이어케이블을 시설할 경우, 단면적이 몇 [mm²] 이상인 것을 사용하여야 하는가?
답 : 0.75 [mm²]

234.5 콘센트의 시설
1. 욕조나 샤워시설이 있는 **욕실 또는 화장실 등 인체가 물에 젖어있는 상태**에서 전기를 사용하는 장소에 콘센트를 시설하는 경우에는 다음에 따라 시설하여야한다.
   가. **인체감전보호용 누전차단기(정격감도전류 15[mA] 이하, 동작시간 0.03[초] 이하의 전류동작형의 것에 한한다) 또는 절연변압기(정격용량 3[kVA] 이하인 것에 한한다)로 보호된 전로**에 접속하거나, 인체감전보호용 누전차단기가 부착된 콘센트를 시설하여야 한다.
   나. 콘센트는 접지극이 있는 방적형 콘센트를 사용하여 규정에 준하여 접지하여야 한다.
2. 주택의 옥내전로에는 접지극이 있는 콘센트를 사용하여 규정에 준하여 접지하여야 한다.

234.6 점멸기의 시설
점멸기는 다음에 의하여 설치하여야 한다.
1. 점멸기는 전로의 비접지측에 시설하고 분기개폐기에 배선용차단기를 사용하는 경우는 이것을 점멸기로 대용할 수 있다
2. 욕실 내는 점멸기를 시설하지 말 것.
3. 가정용전등은 매 등기구마다 점멸이 가능하도록 할 것.
4. 다음의 경우에는 센서등(타임스위치 포함)을 시설하여야 한다.
   가. 관광숙박업 또는 숙박업(여인숙업을 제외한다)에 이용되는 객실의 입구등은 1분 이내에 소등되는 것.
   나. 일반주택 및 아파트 각 호실의 현관등은 3분 이내에 소등되는 것.

234.8 진열장 또는 이와 유사한 것의 내부 배선
1. 건조한 장소에 시설하고 또한 내부를 건조한 상태로 사용하는 진열장 내부에 사용전압이 400[V] 이하의 배선을 외부에서 잘 보이는 장소에 한하여 코드 또는 캡타이어케이블로 직접 조영재에 밀착하여 배선할 수 있다.
2. **배선은 단면적 0.75[mm²] 이상의 코드 또는 캡타이어케이블일 것.**

234.9 옥외등

234.9.1 사용전압
옥외등에 전기를 공급하는 전로의 **사용전압은 대지전압을 300[V] 이하**로 하여야 한다.

234.9.2 분기회로
옥외등에 전기를 공급하는 분기회로는 옥내용의 것을 사용해서는 안 된다. 다만, 다음에 의하여 시설할 경우는 적용하지 않는다.
1. 옥외등과 옥내등을 병용하는 분기회로는 20[A] 과전류 차단기 분기회로로 할 것.
2. 옥내등 분기회로에서 옥외등 배선을 인출할 경우는 인출점 부근에 개폐기 및 과전류차단기를 시설할 것.

234.9.3 옥외등의 인하선
옥외등 또는 그의 점멸기에 이르는 인하선은 사람의 접촉과 전선피복의 손상을 방지하기 위하여 다음 배선방법으로 시설하여야 한다.
1. **애자공사**(지표상 2[m] 이상의 높이에서 노출된 장소에 시설할 경우에 한한다)
2. **금속관공사**
3. **합성수지관공사**
4. **케이블공사**(알루미늄피 등 금속제 외피가 있는 것은 목조 이외의 조영물에 시설하는 경우에 한한다)

234.10 전주외등

234.10.1 적용범위
이 규정은 **대지전압 300[V] 이하의 형광등**, 고압방전등, **LED등** 등을 배전선로의 지지물 등에 시설하는 경우에 적용한다.

234.10.2 배선
배선은 **단면적 2.5[mm^2] 이상의 절연전선** 또는 이와 동등 이상의 절연효력이 있는 것을 사용하고 다음 배선방법 중에서 시설하여야 한다.
1. 케이블공사
2. 합성수지관공사
3. 금속관공사

234.10.3 누전차단기
가로등, 보안등, 조경등 등으로 시설하는 방전등에 공급하는 전로의 사용전압이 150 [V]를 초과하는 경우에는 다음에 따라 시설하여야 한다.
1. 전로에 지락이 생겼을 때에 자동적으로 전로를 차단하는 장치를 각 분기회로에 시설하여야 한다.
2. 전로의 길이는 상시 충전전류에 의한 누설전류로 인하여 누전차단기가 불필요하

게 동작하지 않도록 시설할 것.
3. 가로등, 보안등, 조경등 등의 금속제 등주에는 규정에 의한 접지공사를 할 것.

234.11 1 [kV] 이하 방전등

234.11.1 적용범위
1. 관등회로의 사용전압이 1[kV] 이하인 방전등을 옥내에 시설할 경우에 적용한다.
2. 제1의 방전등에 전기를 공급하는 **전로의 대지전압은 300[V] 이하**로 하여야 한다.

234.11.2 방전등용 변압기
1. 관등회로의 **사용전압이 400[V] 초과인 경우는 방전등용 변압기를 사용**할 것.
2. 방전등용 변압기는 절연변압기를 사용할 것.

234.11.3 관등회로의 배선
1. **관등회로의 사용전압이 400 [V] 이하인 배선은 전선에 조명용 전원코드 또는 공칭단면적 2.5[mm^2] 이상의 연동선과 이와 동등 이상의 세기 및 굵기의 절연전선**(옥외용 비닐절연전선 및 인입용 비닐절연전선은 제외한다), 캡타이어 케이블 또는 케이블을 사용하여 시설하여야 한다.
2. 관등회로의 사용전압이 400[V] 초과이고, 1[kV] 이하인 배선은 그 시설장소에 따라 합성수지관공사·금속관공사·가요전선관공사나 케이블공사 또는 표 중 어느 한 방법에 의하여야 한다.

표. 관등회로의 배선방식

시설장소의 구분		배선방법
전개된 장소	건조한 장소	애자공사·합성수지몰드공사 또는 금속몰드공사
	기타의 장소	애자공사
점검할 수 있는 은폐된 장소	건조한 장소	금속몰드공사

234.11.4 진열장 또는 이와 유사한 것의 내부 관등회로 배선
진열장 안의 관등회로의 배선을 외부로부터 보기 쉬운 곳의 조영재에 접촉하여 시설하는 경우에는 다음에 의하여야 한다.
1. 전선에는 방전등용 안정기의 리드선 또는 방전등용 소켓 리드선과의 접속점 이외에는 접속점을 만들지 말 것.
2. 전선의 접속점은 조영재에서 이격하여 시설할 것.
3. 전선은 절연성이 있는 조영재에 그 피복을 손상하지 아니하도록 적당한 기구로 붙일 것.
4. **전선의 부착점간의 거리는 1 [m] 이하로 할 것.**

234.11.5 접지
1. 방전등용 안정기의 외함 및 전등기구의 금속제부분에는 규정에 준하여 접지공사

를 하여야 한다.
2. 상기의 **접지공사는 다음에 해당될 경우는 생략**할 수 있다.
   가. 관등회로의 사용전압이 **대지전압 150[V] 이하의 것을 건조한 장소**에서 시공할 경우
   나. 관등회로의 사용전압이 400[V] 이하 또는 **변압기의 정격 2차 단락전류 혹은 회로의 동작전류가 50[mA] 이하의 것**으로 안정기를 외함에 넣고, 이것을 조명기구와 전기적으로 접속되지 않도록 시설할 경우

예제 26 옥내에 방전등 공사를 할 때 접지공사를 하지 않으려고 한다. 방전등용 변압기의 2차 단락 전류나 관등 회로의 동작 전류가 몇 [mA] 이하인 방전등을 시설하는 경우에 접지공사를 하지 않아도 되는가?

답 : 50 [mA]

234.12 네온방전등

234.12.1 적용범위
네온방전등에 공급하는 **전로의 대지전압은 300[V] 이하**로 하여야 한다.

234.12.2 관등회로의 배선
관등회로의 배선은 애자공사로 다음에 따라서 시설하여야 한다.
1. 전선은 **네온관용전선을 사용**할 것.
2. 배선은 외상을 받을 우려가 없고 사람이 접촉될 우려가 없는 노출장소에 시설할 것.
3. 전선은 자기 또는 유리제 등의 애자로 견고하게 지지하여 조영재의 아랫면 또는 옆면에 부착하고 또한 다음과 같이 시설할 것.
   가. **전선 상호간의 이격거리는 60[mm] 이상**일 것.
   나. 전선과 조영재 이격거리는 노출장소에서 표 에 따를 것

표. 전선과 조영재의 이격거리

전압 구분	이격 거리
6 [kV] 이하	20[mm] 이상
6 [kV] 초과 9 [kV] 이하	30[mm] 이상
9 [kV] 초과	40[mm] 이상

   다. 전선지지점간의 거리는 1 [m] 이하로 할 것.

234.14 수중조명등

234.14.1 사용전압
수영장 기타 이와 유사한 장소에 사용하는 수중조명등에 전기를 공급하기 위해서는

절연변압기를 사용하고, 그 사용전압은 다음에 의하여야 한다.
1. 절연변압기의 **1차측 전로의 사용전압은 400 [V] 이하**일 것.
2. 절연변압기의 **2차측 전로의 사용전압은 150 [V] 이하**일 것.

234.14.2 전원장치
수중조명등에 전기를 공급하기 위한 **절연변압기의 2차 측 전로는 접지하지 말 것**.

234.14.3 2차측 배선 및 이동전선
수중조명등의 절연변압기의 2차측 배선 및 이동전선은 다음에 의하여 시설하여야 한다.
1. 절연변압기의 2차측 배선은 금속관공사에 의하여 시설할 것.
2. 수중조명등에 전기를 공급하기 위하여 사용하는 **이동전선은 접속점이 없는 단면적 2.5[mm²] 이상의 0.6/1[kV] EP 고무절연 클로프렌 캡타이어 케이블** 일 것.

234.14.4 접지
수중조명등의 절연변압기는 그 **2차측 전로의 사용전압이 30[V] 이하**인 경우는 **1차권선과 2차권선 사이에 금속제의 혼촉방지판을 설치**하고, 규정에 준하여 접지공사를 하여야 한다.

234.14.5 누전차단기
수중조명등의 **절연변압기의 2차측 전로의 사용전압이 30[V]를 초과**하는 경우에는 그 전로에 지락이 생겼을 때에 자동적으로 전로를 차단하는 **정격감도전류 30[mA] 이하의 누전차단기를 시설**하여야 한다.

234.15 교통신호등

234.15.1 사용전압
교통신호등 제어장치의 **2차측 배선의 최대사용전압은 300 [V] 이하**이어야 한다.

234.15.2 2차측 배선
교통신호등의 2차측 배선(인하선을 제외한다)은 다음에 의하여 시설하여야 한다.
1. 전선은 케이블인 경우 이외에는 **공칭단면적 2.5[mm²] 연동선**과 동등 이상의 세기 및 굵기의 450/750[V] 일반용 단심 비닐절연전선 또는 450/750[V] 내열성에틸렌아세테이트 고무절연전선일 것.
2. 제어장치의 2차측 배선 중 전선(케이블은 제외한다)을 조가용선으로 조가하여 시설하는 경우
   조가용선은 인장강도 3.7[kN]의 금속선 또는 지름 4[mm] 이상의 아연도철선을 2가닥 이상 꼰 금속선을 사용할 것.

234.15.3 교통신호등의 인하선
교통신호등의 전구에 접속하는 인하선은 다음에 의하여 시설하여야 한다.
1. **전선의 지표상의 높이는 2.5[m] 이상**일 것.

2. 전선을 애자공사에 의하여 시설하는 경우에는 전선을 적당한 간격마다 묶을 것.

234.15.4 누전차단기

교통신호등 회로의 사용전압이 150[V]를 넘는 경우는 전로에 지락이 생겼을 경우 자동적으로 전로를 차단하는 누전차단기를 시설할 것.

예제 27 교통 신호등 회로의 사용 전압은 최대 몇 [V]인가?

답 : 300 [V]

241 특수 시설

241.1 전기울타리

241.1.1 사용전압

전기울타리용 전원장치에 전원을 공급하는 전로의 **사용전압은 250[V] 이하**이어야 한다.

241.1.2 전기울타리의 시설

1. 전기울타리는 사람이 쉽게 출입하지 아니하는 곳에 시설할 것.
2. 전선은 인장강도 1.38 [kN] 이상의 것 또는 **지름 2[mm] 이상의 경동선**일 것.
3. 전선과 이를 지지하는 **기둥 사이의 이격거리는 25[mm] 이상**일 것.
4. 전선과 다른 시설물(가공 전선을 제외한다) 또는 **수목과의 이격거리는 0.3[m] 이상**일 것.

241.1.3 접지

1. 전기울타리 전원장치의 외함 및 변압기의 철심은 규정에 준하여 접지공사를 하여야 한다.
2. 전기울타리의 접지전극과 다른 접지 계통의 접지전극의 거리는 2[m] 이상이어야 한다. 다만, 충분한 접지망을 가진 경우에는 그러하지 아니 한다.
3. 가공전선로의 아래를 통과하는 전기울타리의 금속부분은 교차지점의 양쪽으로부터 5[m] 이상의 간격을 두고 접지하여야 한다.

예제 28 전기 울타리의 시설에서 전기 울타리용 전원 장치에 전기를 공급하는 전로의 사용 전압은 몇 [V] 이하인가?

답 : 250 [V]

241.2 전기욕기

241.2.1 전원장치

전기욕기에 전기를 공급하기 위한 전기욕기용 전원장치(내장되는 **전원 변압기의 2차측 전로의 사용전압이 10[V] 이하의 것**에 한한다)는 안전기준에 적합하여야 한다.

241.2.2 2차측 배선

전기욕기용 전원장치로부터 욕기안의 전극까지의 배선은
1. 공칭단면적 2.5[mm^2] 이상의 연동선과 이와 동등이상의 세기 및 굵기의 절연전선(옥외용 비닐절연전선을 제외한다)이나 케이블
2. 공칭단면적이 1.5[mm^2] 이상의 캡타이어 케이블을 합성수지관공사, 금속관공사 또는 케이블공사에 의하여 시설
3. 공칭단면적이 1.5[mm^2] 이상의 캡타이어 코드를 합성수지관(두께가 2[mm] 미만의 합성수지제 전선관 및 난연성이 없는 콤바인 덕트관을 제외한다)이나 금속관에 넣고 관을 조영재에 견고하게 고정

241.2.3 욕기내의 시설

욕기내의 전극간의 거리는 1 [m] 이상일 것.

예제 29 전기 욕기의 전원 변압기의 2차측 전압의 최대 한도는 몇 [V]인가?

답 : 10 [V]

241.4 전극식 온천온수기

241.4.1 사용전압

수관을 통하여 공급되는 온천수의 온도를 올려서 수관을 통하여 욕탕에 공급하는 전극식 온천온수기의 **사용전압은 400[V] 이하**이어야 한다.

241.4.2 개폐기 및 과전류차단기

전극식 온천온수기 전원장치의 절연변압기 1차측 전로에는 개폐기 및 과전류차단기를 각 극(과전류차단기는 다선식의 중성극을 제외한다)에 시설하여야 한다.

241.5 전기온상 등

241.5.1 사용전압

전기온상(식물의 재배 또는 양잠·부화·육추 등의 용도로 사용하는 전열장치)에 전기를 공급하는 **전로의 대지전압은 300[V] 이하**일 것.

241.5.2 발열선의 시설

1. 발열선은 그 **온도가 80[℃]를 넘지 않도록** 시설할 것.
2. 발열선을 공중에 시설하는 전기온상 등은 발열선을 애자로 지지하고 또한 다음에

의하여 시설할 것.
가. 발열선 상호 간의 간격은 0.03[m](함 내에 시설하는 경우는 0.02[m]) 이상일 것.
나. 발열선과 조영재 사이의 이격거리는 0.025[m] 이상으로 할 것.
다. 발열선의 지지점 간의 거리는 1[m] 이하일 것. 다만, 발열선 상호 간의 간격이 0.06[m] 이상인 경우에는 2[m] 이하로 할 수 있다.
라. 애자는 절연성·난연성 및 내수성이 있는 것일 것.

예제 30 전기 온상용 발열선의 최고 사용 온도는 섭씨 몇 도를 넘지 않도록 시설하여야 하는가?

답 : 80도

241.7 전격살충기

241.7.1 전격살충기의 시설

전격살충기는 다음에 의하여 시설하여야 한다.
1. 전격살충기의 **전격격자는 지표 또는 바닥에서 3.5[m] 이상**의 높은 곳에 시설할 것. 다만, 2차측 개방 전압이 7[kV] 이하의 절연변압기를 사용하고 또한 보호격자의 내부에 사람의 손이 들어갔을 경우 또는 보호격자에 사람이 접촉될 경우 절연변압기의 1차측 전로를 자동적으로 차단하는 보호장치를 시설한 것은 지표 또는 바닥에서 1.8[m]까지 감할 수 있다.
2. 전격살충기의 **전격격자와 다른 시설물(가공전선은 제외한다) 또는 식물과의 이격거리는 0.3[m] 이상**일 것.

예제 31 2차측 개방 전압이 1만 볼트인 절연 변압기를 사용한 전격 살충기는 전격 격자가 지표 상 또는 마루 위 몇 [m] 이상의 높이에 설치하여야 하는가?

답 : 3.5 [m]

241.8 유희용 전차

241.8.1 사용전압

유희용 전차에 전기를 공급하기 위하여 사용하는 **변압기의 1차 전압은 400[V] 이하**이어야 한다.

241.8.2 전원장치

유희용 전차에 전기를 공급하는 전원장치는 다음에 의하여 시설하여야 한다.
1. 전원장치의 **2차측 단자의 최대사용전압은 직류의 경우 60 [V] 이하, 교류의 경우 40

[V] 이하일 것.
2. 전원장치의 변압기는 절연변압기일 것.

241.8.3 2차측 배선
유희용 전차의 전원장치에 있어서 2차측 회로의 배선은 다음에 의하여 시설하여야 한다.
1. **접촉전선은 제3레일 방식**에 의하여 시설할 것.
2. 귀선용 레일은 용접에 의하는 경우 이외에는 적당한 본드로 전기적으로 완전하게 접속할 것.

241.8.4 전차내 전로의 시설
유희용 전차의 전차 내에서 승압하여 사용하는 경우는 다음에 의하여 시설하여야 한다.
1. 변압기는 절연변압기를 사용하고 **2차 전압은 150[V] 이하**로 할 것.
2. 전차의 금속제 구조부는 레일과 전기적으로 완전하게 접촉되게 할 것.

241.8.5 전로의 절연
1. 유희용 전차에 전기를 공급하는 접촉전선과 대지 사이의 절연저항은 사용전압에 대한 **누설전류가 레일의 연장 1[km]마다 100[mA]를 넘지 않도록 유지**하여야 한다.
2. 유희용 전차안의 전로와 대지 사이의 절연저항은 사용전압에 대한 **누설전류가 규정 전류의 5,000분의 1을 넘지 않도록 유지**하여야 한다.

예제 32 유희용 전차에 전기를 공급하는 전로의 사용 전압은 교류에 있어서는 몇 [V] 이하이어야 하는가?

답 : 40 [V]

241.9 전기 집진장치 등

241.9.1 전기집진 응용장치 및 전원공급 설비의 시설
전기집진 응용장치 및 이에 특고압의 전기를 공급하기 위한 전기설비는 다음에 따라 시설하여야 한다.
1. 전기집진 응용장치에 전기를 공급하기 위한 변압기의 1차측 전로에는 그 변압기에 가까운 곳으로 쉽게 개폐할 수 있는 곳에 개폐기를 시설할 것.
2. 특고압의 전기설비 및 전기집진 응용장치는 취급자 이외의 사람이 출입할 수 없도록 설비한 곳에 시설할 것.
3. 잔류전하에 의하여 사람에게 위험을 줄 우려가 있는 경우에는 변압기의 2차측 전로에 잔류전하를 방전하기 위한 장치를 할 것.

241.9.2 2차측 배선
변압기로부터 정류기에 이르는 전선 및 정류기로부터 전기집진 응용장치에 이르는 전선은 케이블을 사용하여야 한다.

241.10 아크 용접기

가반형(可搬型)의 용접 전극을 사용하는 아크 용접장치는 다음에 따라 시설하여야 한다.
1. 용접변압기는 절연변압기일 것.
2. 용접변압기의 **1차측 전로의 대지전압은 300[V] 이하**일 것.
3. 용접변압기의 1차측 전로에는 용접 변압기에 가까운 곳에 쉽게 개폐할 수 있는 개폐기를 시설할 것.
4. 용접변압기의 2차측 전로 중 용접변압기로부터 용접전극에 이르는 부분 및 용접변압기로부터 피용접재에 이르는 **전선은 용접용 케이블 또는 캡타이어 케이블(용접변압기로부터 용접전극에 이르는 전로는 0.6/1[kV] EP 고무 절연 클로로프렌 캡타이어 케이블에 한한다)**일 것.
5. 용접기 외함 및 피용접재 또는 이와 전기적으로 접속되는 받침대·정반 등의 금속체는 규정에 준하여 접지공사를 하여야 한다.

예제 33 공사 현장 등에서 사용하는 이동용 전기 아크 용접기용 절연 변압기의 1차측 대지 전압은 얼마 이하이어야 하는가?

답 : 300 [V]

241.11 파이프라인 등의 전열장치

241.11.1 사용전압
파이프라인 등의 전열장치 중 발열선(發熱線)을 파이프라인 등 자체에 고정하여 시설하는 경우 발열선에 전기를 공급하는 전로의 **사용전압은 400[V] 이하**로 하여야 한다.

241.11.2 전원장치의 시설
직접 가열장치에 전기를 공급하기 위해 전용의 절연변압기를 사용하고 또한 그 변압기의 부하측 전로는 접지해서는 안 된다.

241.11.3 발열선 등의 시설
직접 가열장치에 있어서 발열체는 그 온도가 **피 가열 액체의 발화 온도의 80[%]를 넘지 아니하도록** 시설할 것.

241.12 도로 등의 전열장치

241.12.1 도로, 주차장 또는 조영물의 조영재에 고정시켜 시설하는 경우
1. 발열선에 전기를 공급하는 **전로의 대지전압은 300 [V] 이하**일 것.
2. 발열선은 무기물 절연 케이블 등 규정된 발열선으로서 노출 사용하지 아니하는 것은 B종 발열선을 사용한다.
3. 발열선은 그 **온도가 80[℃]를 넘지 아니하도록** 시설할 것. 다만, 도로 또는 옥외주

차장에 금속피복을 한 발열선을 시설할 경우에는 발열선의 온도를 120[℃] 이하로 할 수 있다.
4. 발열선은 다른 전기설비·약전류전선 등 또는 수관·가스관이나 이와 유사한 것에 전기적·자기적 또는 열적인 장해를 주지 아니하도록 시설할 것.

241.13 비행장 등화배선

1. 직접 매설에 의하여 차량 기타 중량물의 압력을 받을 우려가 없는 장소에 저압 또는 고압배선을 다음에 의하여 시설하는 경우
   가. 전선은 클로로프렌 외장 케이블일 것.
   나. 전선의 매설장소를 표시하는 적당한 표시를 할 것.
   다. **매설깊이는 항공기 이동지역에서 0.5[m], 그 밖의 지역에서 0.75[m] 이상으로 할 것.**
2. 활주로·유도로 기타 포장된 노면에 만든 배선통로에 저압배선을 다음에 의하여 시설하는 경우 전선은 공칭단면적 4[mm^2] 이상의 연동선을 사용한 450/750[V] 일반용 단심 비닐절연전선 또는 450/750[V] 내열성 에틸렌아세테이트 고무절연전선일 것.

241.14 소세력 회로

전자 개폐기의 조작회로 또는 초인벨·경보벨 등에 접속하는 전로로서 **최대 사용전압이 60[V] 이하**인 것

241.14.1 사용전압

소세력 회로에 전기를 공급하기 위한 **절연변압기의 사용전압은 대지전압 300[V] 이하**로 하여야 한다.

241.14.2 전원장치

1. 소세력 회로에 전기를 공급하기 위한 변압기는 절연변압기 이어야 한다.
2. 절연변압기의 2차 단락전류는 소세력 회로의 최대사용전압에 따라 표에서 정한 값 이하의 것일 것.

표. 절연변압기의 2차 단락전류 및 과전류차단기의 정격전류

소세력 회로의 최대 사용전압의 구분	2차 단락전류	과전류 차단기의 정격전류
15[V] 이하	8[A]	5[A]
15[V] 초과 30[V] 이하	5[A]	3[A]
30[V] 초과 60[V] 이하	3[A]	1.5[A]

241.14.3 소세력 회로의 배선

1. 소세력 회로의 전선을 조영재에 붙여 시설하는 경우
   가. 전선은 케이블(통신용 케이블을 포함한다)인 경우 이외에는 공칭단면적 1[mm^2] 이상의 연동선 또는 이와 동등 이상의 세기 및 굵기의 것일 것.

나. 전선은 코드·캡타이어 케이블 또는 케이블일 것.
2. 소세력 회로의 전선을 지중에 시설하는 경우는 다음에 의하여 시설하여야 한다.
    가. 전선은 450/750[V] 일반용 단심 비닐절연전선, 캡타이어 케이블(외장이 천연고무혼합물의 것은 제외한다) 또는 케이블을 사용할 것.
    나. 전선을 차량 기타 중량물의 압력에 견디는 견고한 관·트라프 기타의 방호장치에 넣어서 시설하는 경우를 제외하고는 **매설깊이를 0.3[m]**(**차량 기타 중량물의 압력을 받을 우려가 있는 장소에 시설하는 경우는 1.0[m]**) 이상
3. **소세력 회로의 전선을 가공**으로 시설하는 경우에는 다음에 의하여 시설하여야 한다.
    가. 전선은 인장강도 508[N/mm^2] 이상의 것 또는 **지름 1.2[mm]의 경동선**일 것.
    나. 전선은 절연전선 및 캡타이어 케이블 또는 케이블을 사용할 것.
    다. 전선의 **지지점간의 거리는 15[m] 이하**일 것.
    라. 전선에 나전선을 사용하는 경우는 전선과 식물과의 이격거리를 0.3[m] 이상 유지할 것.

예제 34
최대 사용 전압 30[V]를 넘고 60[V] 이하인 소세력 회로에 사용하는 절연 변압기의 2차 단락 전류값이 제한을 받지 않을 경우는 2차측에 시설하는 과전류 차단기의 용량이 몇 [A] 이하일 경우인가?

답 : 1.5[A]

241.16 전기부식방지 시설

241.16.1 전기부식방지 회로의 전압 등
1. 전기부식방지 회로(전기부식방지용 전원장치로부터 양극 및 피방식체까지의 전로를 말한다. 이하 같다)의 **사용전압은 직류 60[V] 이하**일 것.
2. 양극은 지중에 매설하거나 수중에서 쉽게 접촉할 우려가 없는 곳에 시설할 것.
3. 지중에 매설하는 **양극의 매설깊이는 0.75[m] 이상**일 것.
4. **수중에 시설**하는 양극과 그 주위 **1[m]** 이내의 거리에 있는 임의점과의 사이의 전위차는 10[V]를 넘지 아니할 것.
5. **지표 또는 수중**에서 1[m] 간격의 **임의의 2점간의 전위차가 5[V]를 넘지 아니할 것**.

241.16.2 2차측 배선
전기부식방지용 전원장치의 2차측 단자에서 부터 양극·피방식체 및 대지를 포함한 전기부식방지 회로의 배선은 다음에 의하여 시설하여야 한다.
1. 전기부식방지 회로의 전선중 가공으로 시설하는 부분은 저압 가공전선로 규정에 준하는 이외에 다음에 의하여 시설할 것.
    가. 전선은 지름 2[mm]의 경동선 또는 이와 동등 이상의세기 및 굵기의 옥외용 비닐절연전선 이상의 절연효력이 있는 것일 것.

나. 전기부식방지 회로의 전선과 저압 가공전선을 동일 지지물에 시설하는 경우는 전기부식방지 회로의 전선을 하단에 별개의 완금류에 의하여 시설하고, 또한 저압 가공전선과의 이격거리는 0.3[m] 이상으로 할 것.
2. 전기부식방지 회로의 전선 중 지중에 시설하는 부분은 다음에 의하여 시설할 것.
   가. 전선은 공칭단면적 4.0[mm^2]의 연동선 또는 이와 동등 이상의 세기 및 굵기의 것일 것. 다만, 양극에 부속하는 전선은 공칭단면적 2.5[mm^2] 이상의 연동선 또는 이와 동등 이상의 세기 및 굵기의 것을 사용할 수 있다.
   나. 전선은 450/750[V] 일반용 단심 비닐절연전선·클로로프렌 외장 케이블·비닐외장 케이블 또는 폴리에틸렌 외장 케이블일 것.
   다. 전선을 직접 매설식에 의하여 시설하는 경우 매설깊이
      (1) 차량 기타의 중량물의 압력을 받을 우려가 있는 곳에서는 1.0[m] 이상, 기타의 곳에서는 0.3[m] 이상으로 하고 또한 전선을 돌·콘크리트 등의 판이나 몰드로 전선의 위와 옆을 덮거나 합성수지관이나 이와 동등 이상의 절연효력 및 강도를 가지는 관에 넣어 시설할 것.
      (2) 차량 기타의 중량물의 압력을 받을 우려가 없는 것에 매설깊이를 0.6[m] 이상으로 하고 또한 전선의 위를 견고한 판이나 몰드로 덮어 시설하는 경우에는 그러하지 아니하다.
   라. 입상부분의 전선 중 깊이 0.6[m] 미만인 부분은 사람이 접촉할 우려가 없고 또한 손상을 받을 우려가 없도록 적당한 방호장치를 할 것.

241.17 전기자동차 전원설비

241.17.1 전기자동차 전원공급 설비의 저압전로 시설

전기자동차를 충전하기 위한 저압전로는 다음에 따라 시설하여야 한다.
1. 전용의 개폐기 및 과전류 차단기를 각 극(과전류 차단기는 다선식 전로의 중성극을 제외한다)에 시설하고 또한 전로에 지락이 생겼을 때 자동적으로 그 전로를 차단하는 장치를 시설하여야 한다.
2. 옥내에 시설하는 저압용 배선기구의 시설은 다음에 따라 시설하여야 한다.
   가. 옥내에 시설하는 저압용의 비포장 퓨즈는 불연성의 함의 내부에 시설하여야 한다.
   나. 옥내의 습기가 많은 곳 또는 물기가 있는 곳에 시설하는 저압용의 배선기구에는 방습 장치를 하여야 한다.
   다. 저압 콘센트는 접지극이 있는 콘센트를 사용하여 접지하여야 한다.

241.17.2 전기자동차의 충전 케이블 및 부속품 시설

충전 케이블 및 부속품(플러그와 커플러를 말한다)은 다음에 따라 시설하여야 한다.
1. **충전장치와 전기자동차의 접속에는 연장코드를 사용하지 말 것.**
2. 충전 케이블은 유연성이 있는 것으로서 통상의 충전전류를 흘릴 수 있는 충분한 굵기의 것일 것.

3. 전기자동차 커플러[충전 케이블과 전기자동차를 접속 가능하게 하는 장치로서 충전 케이블에 부착된 커넥터와 전기자동차의 접속구 두 부분으로 구성되어 있다]는 다음에 적합할 것.
    가. 다른 배선기구와 대체 불가능한 구조로서 극성이 구분이 되고 접지극이 있는 것일 것.
    나. 접지극은 투입 시 제일 먼저 접속되고, 차단 시 제일 나중에 분리되는 구조일 것.
    다. 의도하지 않은 부하의 차단을 방지하기 위해 잠금 또는 탈부착을 위한 기계적 장치가 있는 것일 것.
    라. 전기자동차 커넥터가 전기자동차 접속구로부터 분리될 때 충전 케이블의 전원공급을 중단시키는 인터록 기능이 있는 것일 것.

242 특수 장소

242.1 방전등 공사의 시설 제한

관등회로의 사용전압이 400[V] 초과인 방전등은 분진 위험장소, 가연성 가스 등의 위험장소, 위험물 등이 존재하는 장소 및 화약류 저장소 등의 위험장소에 시설해서는 안 된다.

242.2 분진 위험장소

242.2.1 폭연성 분진 위험장소

폭연성 분진 또는 화약류의 분말이 전기설비가 발화원이 되어 폭발할 우려가 있는 곳에 시설하는 저압 옥내 전기설비(사용전압이 400[V] 초과인 방전등을 제외한다.)는 다음에 따르고 또한 위험의 우려가 없도록 시설하여야 한다.
1. 저압 옥내배선, 저압 관등회로 배선, 소세력 **회로의 전선은 금속관공사 또는 케이블공사(캡타이어 케이블을 사용하는 것을 제외한다)에 의할 것.**
2. 금속관공사에 의하는 때에는 다음에 의하여 시설할 것.
    가. 금속관은 박강 전선관 또는 이와 동등 이상의 강도를 가지는 것일 것.
    나. 관 상호 간 및 관과 박스 기타의 부속품·풀박스 또는 전기기계기구와는 5턱 이상 나사조임으로 접속 할 것
3. 케이블공사에 의하는 때에는 전선은 개장된 케이블 또는 무기물 절연 케이블을 사용하는 경우 이외에는 관 기타의 방호 장치에 넣어 사용할 것.
4. **이동 전선은 "0.6/1[kV] EP 고무절연 클로로프렌 캡타이어 케이블을 사용**하고 또한 손상을 받을 우려가 없도록 시설할 것.

242.2.2 가연성 분진 위험장소

가연성 분진에 전기설비가 발화원이 되어 폭발할 우려가 있는 곳에 시설하는 저압 옥

내 전기설비는 다음에 따르고 또한 위험의 우려가 없도록 시설하여야 한다.
1. 저압 옥내배선 등은 **합성수지관공사**(두께 2[mm] 미만의 합성수지 전선관 및 난연성이 없는 콤바인 덕트관을 사용하는 것을 제외한다)·**금속관공사 또는 케이블공사**에 의할 것.
2. 합성수지관공사에 의하는 때에는 **관과 전기기계기구는 관 상호간 및 박스와는 관을 삽입하는 깊이를 관의 바깥지름의 1.2배(접착제를 사용하는 경우에는 0.8배) 이상**으로 하고 또한 꽂음 접속에 의하여 견고하게 접속할 것.
3. 금속관공사에 의하는 때에는 관 상호 간 및 관과 박스 기타 부속품·풀 박스 또는 **전기기계기구와는 5턱 이상 나사 조임으로 접속** 할 것.
4. 이동 전선은 접속점이 없는 0.6/1[kV] EP 고무절연 클로로프렌 캡타이어 케이블 또는 0.6/1[kV] 비닐절연 비닐 캡타이어 케이블을 사용하고 또한 손상을 받을 우려가 없도록 시설할 것.

242.4 위험물 등이 존재하는 장소
1. **셀룰로이드·성냥·석유류** 기타 타기 쉬운 위험한 물질(이하"위험물"이라 한다)을 제조하거나 저장하는 곳에 시설하는 저압 이동전선은 **접속점이 없는 0.6/1[kV] EP 고무 절연 클로로프렌 캡타이어 케이블 또는 0.6/1[kV] 비닐 절연 비닐캡타이어 케이블을 사용**하여야 한다.
2. 위험한 물질을 제조하거나 저장하는 곳에 시설하는 저압 옥내 전기설비는 금속관공사, 케이블공사 및 합성수지관공사의 규정에 따르고 또한 위험의 우려가 없도록 시설하여야 한다.

242.5 화약류 저장소 등의 위험장소
242.5.1 화약류 저장소에서 전기설비의 시설
1. **화약류 저장소 안에는 전기설비를 시설해서는 안 된다.** 다만, 조명기구에 전기를 공급하기 위한 전기설비(개폐기 및 과전류 차단기를 제외한다)는 다음에 따라 시설하는 경우에는 그러하지 아니하다.
   가. **전로에 대지전압은 300[V] 이하일 것.**
   나. **전기기계기구는 전폐형의 것일 것.**
   다. 케이블을 전기기계기구에 인입할 때에는 인입구에서 케이블이 손상될 우려가 없도록 시설할 것.
   라. **금속관공사 또는 케이블공사**(캡타이어 케이블을 사용하는 것을 제외한다)에 의할 것.
2. 화약류 저장소 안의 전기설비에 전기를 공급하는 전로에는 **화약류 저장소 이외의 곳에 전용 개폐기 및 과전류 차단기를 각 극**(과전류 차단기는 다선식 전로의 중성극을 제외한다)에 취급자 이외의 자가 쉽게 조작할 수 없도록 시설하고 또한 전로에 지락이 생겼을 때에 자동적으로 전로를 차단하거나 경보하는 장치를 시설하여야

한다.

242.6 전시회, 쇼 및 공연장의 전기설비

242.6.1 사용전압

무대 · 무대마루 밑 · 오케스트라 박스 · 영사실 기타 사람이나 무대 도구가 접촉할 우려가 있는 곳에 시설하는 저압 옥내배선, 전구선 또는 이동전선은 **사용전압이 400[V] 이하**이어야 한다.

242.6.2 배선 설비

1. 배선용 케이블은 구리 도체로 **최소 단면적이 1.5[mm^2]**이며, 정격전압 450/750[V] 이하 염화비닐 절연 케이블 또는 정격전압 450/750[V] 이하 고무 절연케이블에 적합하여야 한다.
2. 무대마루 밑에 시설하는 전구선은 300/300[V] 편조 고무코드 또는 0.6/1[kV] EP 고무 절연 클로로프렌 캡타이어 케이블이어야 한다.

242.6.3 개폐기 및 과전류 차단기

1. 무대 · 무대마루 밑 · 오케스트라 박스 및 영사실의 전로에는 전용 개폐기 및 과전류 차단기를 시설하여야 한다.
2. 비상 조명을 제외한 조명용 분기회로 및 정격 32[A] 이하의 콘센트용 분기회로는 정격 감도 전류 30[mA] 이하의 누전차단기로 보호하여야 한다.

예제 35 흥행장의 저압 전기 설비 공사로 무대, 무대 마루 밑, 오케스트라 박스, 영사실, 기타 사람이나 무대 도구가 접촉할 우려가 있는 곳에 시설하는 저압 옥내배선, 전구선 또는 이동 전선은 사용 전압이 몇 [V] 이하이어야 하는가?

답 : 400 [V]

242.7 터널, 갱도 기타 이와 유사한 장소

242.7.1 사람이 상시 통행하는 터널 안의 배선의 시설

1. 전압 : 저압
2. 전선 : 공칭단면적 2.5[mm^2]의 연동선과 동등 이상의 세기 및 굵기의 절연전선 (옥외용 비닐 절연전선 및 인입용 비닐 절연전선을 제외한다)
3. 배선 : 애자공사
4. 높이 : 노면상 2.5[m] 이상의 높이
5. 전로에는 터널의 입구에 가까운 곳에 전용 개폐기를 시설할 것.

242.7.2 터널 등의 전구선 또는 이동전선 등의 시설

1. 터널 등에 시설하는 사용전압이 400[V] 이하인 저압의 전구선 또는 이동전선은 다음과 같이 시설하여야 한다.

가. 전구선은 단면적 0.75[mm^2] 이상의 300/300[V] 편조 고무코드 또는 0.6/1[kV] EP 고무 절연 클로로프렌 캡타이어 케이블일 것.

나. 이동전선은 300/300[V] 편조 고무코드, 비닐 코드 또는 캡타이어 케이블일 것.

2. 터널 등에 시설하는 사용전압이 400[V] 초과인 저압의 이동전선은 0.6/1[kV] EP 고무 절연 클로로프렌 캡타이어 케이블로서 단면적이 0.75[mm^2] 이상인 것일 것.

3. 특고압의 이동전선은 터널 등에 시설해서는 안 된다.

242.8 이동식 숙박차량 정박지, 야영지 및 이와 유사한 장소

242.8.1 일반특성의 평가

1. TN 접지계통에서는 레저용 숙박차량·텐트 또는 이동식 주택에 전원을 공급하는 최종 분기회로에는 PEN 도체가 포함되어서는 아니 된다.
2. **표준전압은 220/380 [V]를 초과해서는 아니 된다.**

242.8.2 배선방식

1. 이동식 숙박차량 정박지에 전원을 공급하기 위하여 시설하는 배선은 지중케이블 및 가공케이블 또는 가공절연전선을 사용하여야 한다.
2. 지중케이블은 추가적인 기계적 보호가 제공되지 않는 한 손상(텐트 고정말뚝, 지면 고정앵커 또는 차량의 이동에 의한 손상 등)을 방지하기 위하여 **매설 깊이를 차량 기타 중량물의 압력을 받을 우려가 있는 장소에는 1.0[m] 이상, 기타 장소에는 0.6[m] 이상**으로 하여야 한다.
3. 가공전선은 **차량이 이동하는 모든 지역에서 지표상 6[m], 다른 모든 지역에서는 4[m] 이상**의 높이로 시설하여야 한다.

242.8.3 전원자동차단에 의한 고장보호장치

1. 누전차단기
   가. 모든 콘센트는 **정격감도전류가 30[mA] 이하인 누전차단기**(중성선을 포함한 모든 극이 차단되는 것)에 의하여 개별적으로 보호되어야 한다.
   나. 이동식 주택 또는 이동식 조립주택에 공급하기 위해 고정 접속되는 최종분기회로는 정격감도전류가 30[mA] 이하인 누전차단기(중성선을 포함한 모든 극이 차단되는 것)에 의하여 개별적으로 보호되어야 한다.
2. 과전류에 대한 보호장치
   가. 모든 콘센트는 과전류보호장치로 개별적으로 보호하여야 한다.
   나. 이동식 주택 또는 이동식 조립주택에 전원 공급을 위한 고정 접속용의 최종 분기회로는 과전류보호장치로 개별적으로 보호하여야 한다.

242.8.4 단로장치

각 배전반에는 적어도 하나의 단로장치를 설치하여야 한다. 이 장치는 중성선을 포함하여 모든 충전도체를 분리하여야 한다.

242.8.5 콘센트 시설

콘센트는 다음에 따라 시설하여야 한다.

1. 모든 콘센트는 최소한 IP44의 보호등급을 충족하거나 외함에 의해 그와 동등한 보호등급 이상이 되도록 시설하여야 한다.
2. 긴 연결코드로 인한 위험을 방지하기 위하여 하나의 외함 내에는 4개 이하의 콘센트를 조합 배치하여야 한다.
3. 모든 이동식 숙박차량의 정박구획 또는 텐트구획은 적어도 하나의 콘센트가 공급되어야 한다.
4. **정격전압 200[V] ~ 250[V], 정격전류 16[A] 단상 콘센트가 제공**되어야 한다. 다만, 보다 큰 수요가 예상되는 경우에는 더 높은 정격의 콘센트를 제공하여야 한다.
5. **콘센트는 지면으로부터 0.5[m] ~ 1.5[m] 높이에 설치**하여야 한다.

242.9 마리나 및 이와 유사한 장소

242.9.1 계통접지 및 전원공급

1. 마리나에서 TN 계통을 사용 시 TN-S 계통만을 사용하여야 한다. 육상의 절연변압기를 통하여 보호하는 경우를 제외하고 누전차단기를 사용하여야 한다. 또한, 놀이용 수상 기계기구 또는 선상가옥에 전원을 공급하는 최종회로는 PEN 도체를 포함해서는 아니 된다.
2. **표준전압은 220/380[V]를 초과해서는 아니 된다.**

242.9.2 배선방식

1. 지중케이블의 매설 깊이를 차량 기타 중량물의 압력을 받을 우려가 있는 장소에는 1.0[m] 이상, 기타 장소에는 0.6[m] 이상으로 하여야 한다.
2. 가공케이블 또는 가공절연전선은 다음에 따라 시설하여야 한다.
    가. 모든 가공전선은 절연되어야 한다.
    나. 가공전선은 수송매체가 이동하는 모든 지역에서 지표상 6[m], 다른 모든 지역에서는 4[m] 이상의 높이로 시설하여야 한다.

242.9.3 전원의 자동차단에 의한 고장보호

누전차단기는 다음에 따라 개별적으로 보호되어야 하며 중성극을 포함한 모든 극을 차단하여야 한다.

1. **정격전류가 63[A] 이하 : 정격감도전류가 30[mA] 이하**
2. **정격전류가 63[A]를 초과 : 정격감도전류 300[mA] 이하**
3. 주거용 선박에 전원을 공급하는 접속장치 : 정격감도전류가 는 30[mA]를 초과하지 않는 개별 누전차단기로 보호되어야 한다.

242.9.4 단로장치

각 배전반에는 적어도 하나의 단로장치를 설치하여야 한다. 이 장치는 중성선을 포함하여 모든 충전도체를 분리하여야 한다.

242.9.5 콘센트 시설

정격전압 200[V] ~ 250[V], 정격전류 16[A] 단상 콘센트가 제공되어야 한다. 다만, 보다 큰 수요가 예상되는 경우에는 더 높은 정격의 콘센트를 제공하여야 한다.

242.10 의료장소

242.10.1 적용범위

의료장소는 의료용 전기기기의 장착부(의료용 전기기기의 일부로서 환자의 신체와 필연적으로 접촉되는 부분)의 사용방법에 따라 다음과 같이 구분한다.

1. **그룹 0** : 일반병실, 진찰실, 검사실, 처치실, 재활치료실 등 **장착부를 사용하지 않는 의료장소**
2. **그룹 1** : 분만실, MRI실, X선 검사실, 회복실, 구급처치실, 인공투석실, 내시경실 등 **장착부를 환자의 신체 외부 또는 심장 부위를 제외한 환자의 신체 내부에 삽입시켜 사용하는 의료장소**
3. **그룹 2** : 관상동맥질환 처치실(심장카테터실), 심혈관조영실, 중환자실(집중치료실), 마취실, 수술실, 회복실 등 **장착부를 환자의 심장 부위에 삽입 또는 접촉시켜 사용하는 의료장소**

242.10.2 의료장소별 접지 계통

의료장소별로 다음과 같이 계통접지를 적용한다.

1. **그룹 0 : TT 계통 또는 TN 계통**
2. **그룹 1 : TT 계통 또는 TN 계통**. 다만, 전원자동차단에 의한 보호가 의료행위에 중대한 지장을 초래할 우려가 있는 의료용 전기기기를 사용하는 회로에는 의료 IT 계통을 적용할 수 있다.
3. **그룹 2 : 의료 IT 계통**. 다만, 이동식 X-레이 장치, 정격출력이 5[kVA] 이상인 대형 기기용 회로, 생명유지 장치가 아닌 일반 의료용 전기기기에 전력을 공급하는 회로 등에는 TT 계통 또는 TN 계통을 적용할 수 있다.
4. 의료장소에 TN 계통을 적용할 때에는 주배전반 이후의 부하 계통에서는 TN-C 계통으로 시설하지 말 것.

242.10.3 의료장소의 안전을 위한 보호 설비

의료장소의 안전을 위한 보호설비는 다음과 같이 시설한다.

1. 그룹 1 및 그룹 2의 의료 IT 계통은 다음과 같이 시설할 것.
   - 가. 전원측에 따라 이중 또는 강화절연을 한 **비단락보증 절연변압기를 설치하고 그 2차측 전로는 접지하지 말 것.**
   - 나. 비단락보증 절연변압기의 **2차측 정격전압은 교류 250[V] 이하**로 하며 공급방식 및 정격출력은 단상 2선식, 10[kVA] 이하로 할 것.
   - 다. 비단락보증 절연변압기의 과부하 및 온도를 지속적으로 감시하는 장치를 적

절한 장소에 설치할 것.
라. 의료 IT 계통의 절연상태를 지속적으로 계측, 감시하는 장치를 다음과 같이 설치할 것.
(1) **절연 감시장치를 설치하여 절연저항이 50[kΩ]까지 감소**하면 표시설비 및 음향설비로 경보를 발하도록 할 것.
(2) 표시설비 및 음향설비를 적절한 장소에 배치하여 의료진에 의하여 지속적으로 감시될 수 있도록 할 것.
(3) 수술실 등의 내부에 설치되는 음향설비가 의료행위에 지장을 줄 우려가 있는 경우에는 기능을 정지시킬 수 있는 구조일 것.
마. 의료 IT 계통의 분전반은 의료장소의 내부 혹은 가까운 외부에 설치할 것.
2. 그룹 1과 그룹 2의 의료장소에 무영등 등을 위한 특별저압(SELV 또는 PELV)회로를 시설하는 경우에는 사용전압은 교류 실효값 25[V] 또는 리플프리(ripple-free)직류 60 [V] 이하로 할 것.
3. **의료장소의 전로에는 정격 감도전류 30[mA] 이하, 동작시간 0.03초 이내의 누전차단기를 설치할 것**. 다만, 다음의 경우는 그러하지 아니하다.
가. 의료 IT 계통의 전로
나. TT 계통 또는 TN 계통에서 전원자동차단에 의한 보호가 의료행위에 중대한 지장을 초래할 우려가 있는 회로에 누전경보기를 시설하는 경우
다. 의료장소의 바닥으로부터 2.5[m]를 초과하는 높이에 설치된 조명기구의 전원회로
라. 건조한 장소에 설치하는 의료용 전기기기의 전원회로

242.10.4 의료장소 내의 접지 설비

의료장소와 의료장소 내의 전기설비 및 의료용 전기기기의 노출도전부, 그리고 계통외도전부에 대하여 다음과 같이 접지설비를 시설하여야 한다.
1. 의료장소마다 그 내부 또는 근처에 등전위본딩 바를 설치할 것. 다만, **인접하는 의료장소와의 바닥 면적 합계가 50[m²] 이하인 경우에는 등전위본딩 바를 공용할 수 있다**.
2. 의료장소 내에서 사용하는 모든 전기설비 및 의료용 전기기기의 노출도전부는 보호도체에 의하여 등전위본딩 바에 각각 접속되도록 할 것.
3. 보호도체, 등전위 본딩도체 및 접지도체의 종류는 450/750[V] 일반용 단심 비닐 절연전선으로서 절연체의 색이 녹/황의 줄무늬이거나 녹색인 것을 사용할 것.

242.10.5 의료장소내의 비상전원

상용전원 공급이 중단될 경우 의료행위에 중대한 지장을 초래할 우려가 있는 전기설비 및 의료용 전기기기에는 다음에 따라 비상전원을 공급하여야 한다.
1. **절환시간 0.5초 이내에 비상전원을 공급하는 장치 또는 기기**
가. 0.5초 이내에 전력공급이 필요한 생명유지장치

나. 그룹 1 또는 그룹 2의 의료장소의 **수술등, 내시경, 수술실 테이블, 기타 필수 조명**

2. **절환시간 15초 이내**에 비상전원을 공급하는 장치 또는 기기
   가. 15초 이내에 전력공급이 필요한 생명유지장치
   나. 그룹 2의 의료장소에 **최소 50[%]의 조명, 그룹 1의 의료장소에 최소 1개의 조명**

3. **절환시간 15초를 초과**하여 비상전원을 공급하는 장치 또는 기기
   가. 병원기능을 유지하기 위한 기본 작업에 필요한 조명
   나. 그 밖의 **병원 기능을 유지하기 위하여 중요한 기기 또는 설비**

242.11 엘리베이터·덤웨이터 등의 승강로 안의 저압 옥내배선 등의 시설

엘리베이터·덤웨이터 등의 승강로 내에 시설하는 사용전압이 400[V] 이하인 저압 옥내배선, 저압의 이동전선 및 이에 직접 접속하는 리프트 케이블은 비닐 리프트 케이블 또는 고무 리프트 케이블을 사용하여야 한다.

243 저압 옥내 직류전기설비

243.1 저압 옥내직류 전기설비

243.1.1 저압 직류과전류차단장치

1. 저압 직류전로에 과전류차단장치를 시설하는 경우 직류단락전류를 차단하는 능력을 가지는 것이어야 하고 "직류용" 표시를 하여야 한다.
2. 다중전원전로의 과전류차단기는 모든 전원을 차단할 수 있도록 시설하여야 한다.

243.1.2 축전지실 등의 시설

1. 30[V]를 초과하는 축전지는 비접지측 도체에 쉽게 차단할 수 있는 곳에 개폐기를 시설하여야 한다.
2. 옥내전로에 연계되는 축전지는 비접지측 도체에 과전류보호장치를 시설하여야 한다.
3. 축전지실 등은 폭발성의 가스가 축적되지 않도록 환기장치 등을 시설하여야 한다.

243.1.3 저압 옥내 직류전기설비의 접지

1. 직류 2선식의 임의의 한 점 또는 변환장치의 직류측 중간점, 태양전지의 중간점 등을 접지하여야 한다. 다만, 직류 2선식을 다음에 따라 시설하는 경우는 그러하지 아니하다.
   가. 사용전압이 60 [V] 이하인 경우
   나. 접지검출기를 설치하고 특정구역내의 산업용 기계기구에만 공급하는 경우
   다. 교류전로로부터 공급을 받는 정류기에서 인출되는 직류계통

라. 최대전류 30 [mA] 이하의 직류화재경보회로
마. 절연감시장치 또는 절연고장점검출장치를 설치하여 관리자가 확인할 수 있도록 경보장치를 시설하는 경우
2. 직류전기설비를 시설하는 경우는 감전에 대한 보호를 하여야 한다.
3. 직류전기설비의 접지시설은 전기부식방지를 하여야 한다.
4. 직류접지계통은 교류접지계통과 같은 방법으로 금속제 외함, 교류접지도체 등과 본딩하여야 하며, 교류접지가 피뢰설비·통신접지 등과 통합접지되어 있는 경우는 함께 통합접지공사를 할 수 있다. 이 경우 낙뢰 등에 의한 과전압으로부터 전기설비등을 보호하기 위해 서지보호장치(SPD)를 설치하여야 한다.

244 비상용 예비전원설비

244.1 일반 요구사항

244.1.1 비상용 예비전원설비의 조건 및 분류
1. 비상용 예비전원설비는 상용전원의 고장 또는 화재 등으로 정전되었을 때 수용장소에 전력을 공급하도록 시설하여야 한다.
2. 비상용 예비전원설비의 전원 공급방법은 다음과 같이 분류한다.
    가. 수동 전원공급
    나. 자동 전원공급
3. **자동 전원공급은 절환 시간에 따라 다음과 같이 분류된다.**
    가. **무순단** : 과도시간 내에 전압 또는 주파수 변동 등 정해진 조건에서 연속적인 전원공급이 가능한 것
    나. **순단** : 0.15초 이내 자동 전원공급이 가능한 것
    다. **단시간 차단** : 0.5초 이내 자동 전원공급이 가능한 것
    라. **보통 차단** : 5초 이내 자동 전원공급이 가능한 것
    마. **중간 차단** : 15초 이내 자동 전원공급이 가능한 것
    바. **장시간 차단** : 자동 전원공급이 15초 이후에 가능한 것

244.2 시설기준

244.2.1 비상용 예비전원의 시설
상용전원의 정전으로 비상용전원이 대체되는 경우에는 **상용전원과 병렬운전이 되지 않도록 다음 중 하나 또는 그 이상의 조합으로 격리조치를 하여야 한다.**
1. 조작기구 또는 절환 개폐장치의 제어회로 사이의 전기적, 기계적 또는 전기 기계적 연동
2. 단일 이동식 열쇠를 갖춘 잠금 계통
3. 차단-중립-투입의 3단계 절환 개폐장치

4. 적절한 연동기능을 갖춘 자동 절환 개폐장치
5. 동등한 동작을 보장하는 기타 수단

244.2.2 비상용 예비전원설비의 배선
1. 비상용 예비전원설비의 전로는 다른 전로로부터 독립되어야 한다.
2. 비상용 예비전원설비의 전로는 그들이 내화성이 아니라면, 어떠한 경우라도 화재의 위험과 폭발의 위험에 노출되어 있는 지역을 통과해서는 안 된다.
3. 다음 배선설비 중 하나 또는 그 이상을 화재상태에서 운전하는 것이 요구되는 비상용 예비전원설비에 적용하여야 한다.
   가. 무기물절연(MI)케이블
   나. 내화 케이블
   다. 화재 및 기계적 보호를 위한 배선설비
4. 직류로 공급될 수 있는 비상용 예비전원설비 전로는 2극 과전류 보호장치를 구비하여야 한다.
5. 교류전원과 직류전원 모두에서 사용하는 개폐장치 및 제어장치는 교류조작 및 직류조작 모두에 적합하여야 한다.

03. 고압·특고압 전기설비

300 통칙

301 적용범위

교류 1[kV] 초과 또는 직류 1.5[kV]를 초과하는 고압 및 특고압 전기를 공급하거나 사용하는 전기설비에 적용한다.

302 기본원칙

302.1 일반사항
설비 및 기기는 그 설치장소에서 예상되는 전기적, 기계적, 환경적인 영향에 견디는 능력이 있어야 한다.

302.2 전기적 요구사항

1. 중성점 접지방식의 선정시 다음을 고려하여야 한다
   - 가. 전원공급의 연속성 요구사항
   - 나. 지락고장에 의한 기기의 손상제한
   - 다. 고장부위의 선택적 차단
   - 라. 고장위치의 감지
   - 마. 접촉 및 보폭전압
   - 바. 유도성 간섭
   - 사. 운전 및 유지보수 측면
2. 단락전류
   - 가. 설비는 **단락전류로부터 발생하는 열적 및 기계적 영향에 견딜 수 있도록 설치**되어야 한다.
   - 나. 설비는 단락을 자동으로 차단하는 장치에 의하여 보호되어야 한다.
   - 다. 설비는 지락을 자동으로 차단하는 장치 또는 지락상태 자동표시장치에 의하여 보호되어야 한다.

302.3 기계적 요구사항

1. 기기 및 지지구조물
2. 인장하중
3. 빙설하중
4. 풍압하중
5. 개폐전자기력
6. 단락전자기력
7. 도체 인장력의 상실
8. 지진하중

321 고압·특고압 접지계통

321.1 일반사항

1. 고압 또는 특고압 기기는 접촉전압 및 보폭전압의 허용값 이내의 요건을 만족하도록 시설하여야 한다.
2. 모든 케이블의 금속시스(sheath) 부분은 접지를 하여야 한다.

322 혼촉에 의한 위험방지시설

322.1 고압 또는 특고압과 저압의 혼촉에 의한 위험방지 시설

1. 고압전로 또는 특고압전로와 저압전로를 결합하는 변압기의 저압측의 중성점에는 142.5의 규정에 의하여 계산한 값이 10[Ω]을 넘을 때에는 접지저항치가 10[Ω] 이하가 되도록 할 것.
   (단, 사용전압이 35[kV] 이하의 특고압전로로서 전로에 지락이 생겼을 때에 1초 이내에 자동적으로 이를 차단하는 장치가 되어 있는 것 및 **사용전압이 25[kV] 이하인 특고압 가공전선로로서 중성선 다중접지식의 것으로서 전로에 지락이 생겼을 때 2초 이내에 자동적으로 이를 전로로부터 차단하는 장치가 되어 있는 것은 제외한다**.)

다만, 그 접지공사를 변압기의 중성점에 하기 어려울 때에는 저압전로의 사용전압이 300[V] 이하인 경우에 한해 저압 측의 1단자에 시행할 수 있다.

2. 제1의 접지공사는 변압기의 시설장소마다 시행하여야 한다. 다만, 토지의 상황에 의하여 변압기의 시설장소에서 변압기 중성점 접지저항의 규정에 의한 접지저항 값을 얻기 어려운 경우, **인장강도 5.26 [kN] 이상** 또는 **지름 4[mm] 이상의 가공 접지도체를 저압가공전선에 관한 규정에 준하여 시설할 때에는 변압기의 시설장소로부터 200[m]까지 떼어놓을 수 있다.**

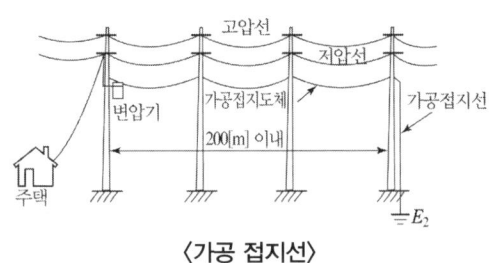

〈가공 접지선〉

3. 제1의 접지공사를 하는 경우에 토지의 상황에 의하여 제2의 규정에 의하기 어려울 때에는 다음에 따라 가공공동지선을 설치하여 2 이상의 시설장소에 142.5의 규정에 의하여 접지공사를 할 수 있다.
   가. **가공공동지선**은 인장강도 5.26[kN] 이상 또는 **지름 4[mm] 이상의 경동선을 사용하여 저압가공전선에 관한 규정에 준하여 시설할 것.**
   나. 접지공사는 각 **변압기를 중심으로 하는 지름 400[m] 이내의 지역**으로서 그 변압기에 접속되는 전선로 바로 아래의 부분에서 각 변압기의 양쪽에 있도록 할 것.
   다. 가공공동지선과 대지 사이의 합성 전기저항 값은 1[km]를 지름으로 하는 지역 안마다 142.6의 규정에 의해 접지저항 값을 가지는 것으로 하고 또한 **각 접지도체를 가공공동지선으로부터 분리하였을 경우의 각 접지도체와 대지 사이의 전기저항 값은 300[Ω] 이하로 할 것.**

예제 36 가공 공동 지선에 의한 접지공사에 있어 가공 공동 지선과 대지간의 합성 전기 저항값은 몇 [m]를 지름으로 하는 지역마다 규정하는 접지 저항값을 가지는 것으로 하여야 하는가?
답 : 1,000 [m]

예제 37 가공 공동 지선에 의한 접지공사에서 각 변압기의 양측에 있도록 시설되어야 하는 지역의 지름[m]은?
답 : 400 [m]

322.2 혼촉방지판이 있는 변압기에 접속하는 저압 옥외전선의 시설 등

고압전로 또는 특고압전로와 비접지식의 저압전로를 결합하는 변압기로서 그 고압권선 또는 특고압권선과 저압권선 간에 금속제의 혼촉방지판이 있고 또한 그 **혼촉방지판에 규정에 의하여 접지공사를 한 것에 접속하는 저압전선을 옥외에 시설할 때**에는 다음에 따라 시설하여야 한다.

1. 저압전선은 **1구내에만 시설할 것**.
2. 저압 가공전선로 또는 저압 옥상전선로의 **전선은 케이블일 것**.
3. 저압 가공전선과 고압 또는 특고압의 가공전선을 동일 지지물에 시설하지 아니할 것. 다만, 고압 가공전선로 또는 특고압 가공전선로의 전선이 케이블인 경우에는 그러하지 아니하다.

322.3 특고압과 고압의 혼촉 등에 의한 위험방지 시설

변압기에 의하여 특고압전로에 결합되는 고압전로에는 **사용전압의 3배 이하인 전압이 가하여진 경우에 방전하는 장치**를 그 변압기의 단자에 가까운 1극에 설치하여야 한다.
다만, 다음의 경우 그러하지 아니하다.

1. 사용전압의 3배 이하인 전압이 가하여진 경우에 방전하는 피뢰기를 고압전로의 모선의 각 상에 시설 한 경우
2. 특고압권선과 고압권선 간에 혼촉방지판을 시설하여 접지저항 값이 10[Ω] 이하 또는 변압기 중성점 접지의 규정에 따른 접지공사를 한 경우에는 그러하지 아니하다.

예제 38 변압기에 의하여 특고압 전로에 결합되는 고압 전로에는 사용 전압의 3배 이하인 전압이 가하여진 어떤 장치를 그 변압기 단자의 가까운 1극에 설치하여야 하는가?

답 : 방전하는 장치

예제 39 154/3.3 [kV]의 변압기를 시설할 때 고압측에 방전기를 시설하고자 한다. 몇 [V] 이하에서 방전하는 방전기가 한국전기설비규정에 적합한가?

|풀이|
- 사용 전압의 3배 이하인 전압이 가하여진 경우에 방전하는 장치를 단자에 가까운 1극에 시설하고 규정에 따른 접지공사를 하여야 한다.
- 방전전압 = $3,300 \times 3 = 9,900$[V]

답 : 9,900[V]

322.5 전로의 중성점의 접지

1. 전로의 보호 장치의 확실한 동작의 확보, 이상 전압의 억제 및 대지전압의 저하를 위하여 특히 필요한 경우에 **전로의 중성점에 접지공사를 할 경우 접지도체는 공칭단면적 16 [mm^2] 이상의 연동선**으로서 고장시 흐르는 전류가 안전하게 통할 수 있는 것을 사용하고 또한 손상을 받을 우려가 없도록 시설할 것.
2. **저압전로**에 시설하는 보호 장치의 확실한 동작을 확보하기 위하여 특히 필요한 경우에 전로의 중성점에 접지공사를 할 경우 **접지도체는 공칭단면적 6[mm^2] 이상의 연동선**으로서 고장시 흐르는 전류가 안전하게 통할 수 있는 것을 사용하여야 한다.
3. 변압기의 안정권선이나 유휴권선 또는 전압조정기의 내장권선을 이상전압으로부터 보호하기 위하여 특히 필요할 경우에 그 권선에 접지공사를 할 때에는 규정에 의하여 접지공사를 하여야 한다.

331 전선로 일반 및 구내·옥측·옥상전선로

331.3 가공전선의 분기
가공전선의 분기는 분기점에서 전선에 장력이 가하여지지 않도록 시설하는 경우 이외에는 그 전선의 지지점에서 하여야 한다.

331.4 가공전선로 지지물의 철탑오름 및 전주오름 방지
가공전선로의 지지물에 취급자가 오르고 내리는데 사용하는 **발판 볼트 등을 지표상 1.8 [m] 미만에 시설하여서는 아니 된다.**

예제 40 가공 전선로의 지지물에 취급자가 오르고 내리는 데 사용하는 발판 볼트 등은 일반적으로 지표 상 몇 [m] 미만에 시설하여서는 아니되는가?

답 : 1.8 [m]

331.6 풍압하중의 종별과 적용
1. 가공 전선로에 사용하는 지지물의 강도 계산에 적용하는 풍압 하중은 다음의 3종으로 한다.
   가. 갑종 풍압하중
      표 에서 정한 구성재의 수직 투영면적 1[m^2]에 대한 풍압을 기초로 하여 계산한 것.

표. 구성재의 수직 투영면적 1[m²]에 대한 풍압

풍압을 받는 구분				구성재의 수직 투영면적 1[m²]에 대한 풍압
목 주				588[Pa]
지지물	철주	원형의 것		588[Pa]
		삼각형 또는 마름모형의 것		1,412[Pa]
		강관에 의하여 구성되는 4각형의 것		1,117[Pa]
		기타의 것		복재가 전·후면에 겹치는 경우에는 1627[Pa], 기타의 경우에는 1784[Pa]
	철근 콘크리트주	원형의 것		588[Pa]
		기타의 것		882[Pa]
	철탑	단주 (완철류는 제외함)	원형의 것	588[Pa]
			기타의 것	1,117[Pa]
		강관으로 구성되는 것(단주는 제외함)		1,255[Pa]
		기타의 것		2,157[Pa]
전선 기타 가섭선	다도체(구성하는 전선이 2가닥마다 수평으로 배열되고 또한 그 전선 상호 간의 거리가 전선의 바깥지름의 20배 이하인 것에 한한다)를 구성하는 전선			666[Pa]
	기타의 것			745[Pa]
애자장치(특고압 전선용의 것에 한한다)				1,039[Pa]
목주·철주(원형의 것에 한한다) 및 철근 콘크리트주의 완금류(특고압 전선로용의 것에 한한다)				단일재로서 사용하는 경우에는 1,196[Pa], 기타의 경우에는 1,627[Pa]

나. 을종 풍압하중

전선 기타의 가섭선 주위에 두께 6[mm], 비중 0.9의 빙설이 부착된 상태에서 수직 투영면적 372[Pa](다도체를 구성하는 전선은 333[Pa]), 그 이외의 것은 **갑종풍압하중의 2분의 1을 기초로 하여 계산**한 것.

다. 병종 풍압하중

갑종풍압하중의 2분의 1을 기초로 하여 계산한 것.

2. 제1의 풍압하중의 적용은 다음에 따른다.

지 역		고온계절	저온계절
빙설이 많은 지방 이외의 지방		갑종	병종
빙설이 많은 지방	일반지역	갑종	을종
	해안지방, 기타 저온 계절에 최대 풍압이 생기는 지역	갑종	갑종과 을종 중 큰 값 선정
인가가 많이 연접되어 있는 장소		병종	병종

3. **인가가 많이 연접되어 있는 장소**에 시설하는 가공전선로의 구성재 중 다음의 풍압하중에 대하여는 규정에 불구하고 갑종 풍압하중 또는 을종 풍압하중 대신에 **병종 풍압하중을 적용**할 수 있다.
   가. **저압 또는 고압 가공전선로의 지지물 또는 가섭선**
   나. **사용전압이 35[kV] 이하**의 전선에 특고압 절연전선 또는 케이블을 사용하는 **특고압 가공전선로의 지지물, 가섭선** 및 특고압 가공전선을 지지하는 애자장치 및 완금류

예제 41 다도체 가공 전선의 을종 풍압 하중은 수직 투영 면적 1[m^2]당 얼마로 규정되어 있는가? 단, 전선, 기타의 가섭선 주위에 두께 6[mm], 비중 0.9의 빙설이 부착한 상태이다.

답 : 333 [Pa]

예제 42 강관으로 구성된 철탑의 갑종 풍압 하중은 수직 투영 면적 1[m^2]에 대한 풍압을 기초로 하여 계산한 값이 몇 [Pa]인가?

답 : 1,255 [Pa]

예제 43 특고압 전선로에 사용되는 특고압 전선로용의 애자 장치에 대한 갑종 풍압 하중은 그 구성재의 수직 투영 면적 1[m^2]에 대하여 몇 [Pa]을 기초로 하여 계산하여야 하는가?

답 : 1,039 [Pa]

예제 44 빙설이 적고 인가가 밀집한 도시에 시설하는 고압 가공 전선로 설계에 사용하는 풍압 하중은?

답 : 병종 풍압 하중

331.7 가공전선로 지지물의 기초의 안전율

가공전선로의 지지물에 하중이 가하여지는 경우에 그 하중을 받는 **지지물의 기초의 안전율은 2(단, 이상 시 상정하중이 가하여지는 철탑의 기초에 대하여는 1.33)이상** 이어야 한다.
다만, 땅에 묻히는 깊이를 다음의 표에서 정한 값 이상의 깊이로 시설하는 경우에는 그러하지 아니하다.

설계하중 전장	6.8 [kN] 이하	6.8 [kN] 초과 ~ 9.8 [kN] 이하	9.81 [kN] 초과 ~ 14.72 [kN] 이하
15[m] 이하	전장×1/6[m] 이상	전장×1/6+0.3[m] 이상	전장×1/6+0.5[m] 이상
15[m] 초과~16[m]이하	2.5[m] 이상	2.8[m] 이상	-
16[m] 초과~20[m] 이하	2.8[m] 이상	-	-
15[m] 초과~18[m] 이하	-	-	3[m] 이상
18[m] 초과	-	-	3.2[m] 이상

예제 45 가공전선로의 지지물로 사용되는 철탑 기초 강도의 안전율은 얼마 이상인가?

답 : 2이상

331.10 목주의 강도 계산

지표면의 목주지름([cm]를 단위로 한다) D_0는 다음과 같다.

$$D_0 = D + 0.9H$$

D : 목주의 말구([cm]를 단위로 한다.)

331.11 지선의 시설

1. 가공전선로의 지지물로 사용하는 **철탑은 지선을 사용하여 그 강도를 분담시켜서는 안 된다.**
2. 가공전선로의 지지물로 사용하는 철주 또는 철근 콘크리트주는 지선을 사용하지 않는 상태에서 2분의 1 이상의 풍압하중에 견디는 강도를 가지는 경우 이외에는 지선을 사용하여 그 강도를 분담시켜서는 안 된다.
3. 가공전선로의 지지물에 시설하는 지선은 다음에 따라야 한다.
    가. 지선의 **안전율은 2.5 이상**일 것. 이 경우에 **허용 인장하중의 최저는 4.31[kN]**으로 한다.
    나. 지선에 연선을 사용할 경우에는 다음에 의할 것.
        (1) **소선 3가닥 이상**의 연선일 것.
        (2) 소선의 **지름이 2.6 [mm] 이상**의 금속선을 사용한 것일 것. 다만, 소선의 지름이 2[mm] 이상인 아연도강연선으로서 소선의 인장강도가 0.68 [kN/mm^2] 이상인 것을 사용하는 경우에는 적용하지 않는다.
    다. **지중부분 및 지표상 0.3[m] 까지의 부분에는 내식성이 있는 것 또는 아연도금을 한 철봉을 사용**하고 쉽게 부식되지 않는 근가에 견고하게 붙일 것. 다만, 목주에 시설하는 지선에 대해서는 적용하지 않는다.
    라. 지선근가는 지선의 인장하중에 충분히 견디도록 시설할 것.

4. 도로를 횡단하여 시설하는 **지선의 높이는 지표상 5[m]** 이상으로 하여야 한다. 다만, 기술상 부득이한 경우로서 **교통에 지장을 초래할 우려가 없는 경우에는 지표상 4.5[m] 이상**, 보도의 경우에는 2.5[m] 이상으로 할 수 있다.

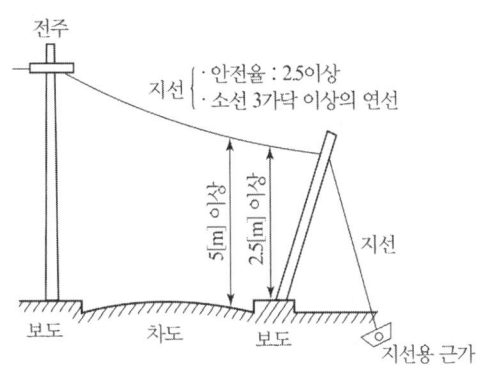

예제 46 가공 전선로의 지지물에 시설하는 지선의 안전율은 2.5 이상이어야 한다. 이 경우에 허용 인장 하중의 최저는 몇 [kN]으로 하여야 하는가?

답 : 4.31 [kN]

331.12 구내인입선

331.12.1 고압 가공인입선의 시설

1. 고압 가공인입선의 전선
   가. 인장강도 8.01[kN] 이상의 고압 절연전선, 특고압 절연전선
   나. **지름 5[mm] 이상의 경동선**의 고압 절연전선, 특고압 절연전선, 인하용 절연전선을 애자공사에 의하여 시설하거나 케이블을 가공케이블의 시설 기준에 따라 시설하여야 한다.
2. **고압 가공인입선의 높이는 지표상 5[m]**로 하여야 한다.
   그러나 그 고압 가공인입선이 케이블 이외의 것인 때에는 그 **전선의 아래쪽에 위험 표시를 하면 고압 가공인입선의 높이는 지표상 3.5[m]** 까지로 감할 수 있다.
3. **고압 연접인입선은 시설하여서는 아니 된다.**

예제 47 고압 가공 인입선은 그 아래에 위험 표시를 하였을 경우에는 전선의 지표상 높이[m]를 얼마까지 낮출 수 있는가?

답 : 3.5[m]

331.12.2 특고압 가공인입선의 시설

1. 변전소 또는 개폐소에 준하는 곳 이외의 곳에 인입하는 **특고압 가공 인입선은 사용전압이 100[kV]이하** 이어야 한다.
2. **사용전압이 35[kV] 이하이고 또한 전선에 케이블을 사용하는 경우**에 특고압 가공 인입선의 높이는 그 특고압 가공 인입선이 도로 · 횡단보도교 · 철도 및 궤도를 횡단하는 이외의 경우에 한하여 **지표상 4[m]** 까지로 감할 수 있다.
3. 특고압 연접 인입선은 시설하여서는 아니 된다.

331.13 옥측전선로

331.13.1 고압 옥측전선로의 시설

고압 옥측전선로는 전개된 장소에는 다음에 따라 시설하여야 한다.

1. **전선은 케이블**일 것.
2. 케이블은 견고한 관 또는 트라프에 넣거나 사람이 접촉할 우려가 없도록 시설할 것.
3. 케이블을 조영재의 옆면 또는 아랫면에 따라 붙일 경우에는 **케이블의 지지점 간의 거리를 2[m] (수직으로 붙일 경우에는 6[m])** 이하로 하고 또한 피복을 손상하지 아니하도록 붙일 것.
4. 관 기타의 케이블을 넣는 방호장치의 금속제 부분 · 금속제의 전선 접속함 및 케이블의 피복에 사용하는 금속제에는 이들의 방식조치를 한 부분 및 대지와의 사이의 전기저항 값이 10[Ω] 이하인 부분을 제외하고 규정에 준하여 접지공사를 할 것.

331.13.2 특고압 옥측전선로의 시설

특고압 옥측전선로(특고압 인입선의 옥측부분을 제외한다.)는 시설하여서는 아니 된다. 다만, **사용전압이 100 [kV] 이하**이고 규정에 준하여 시설하는 경우에는 그러하지 아니하다.

331.14 옥상전선로

331.14.1 고압 옥상전선로의 시설

1. **고압 옥상전선로**(고압 인입선의 옥상부분은 제외한다.)는 **케이블을 사용**하고 전선을 전개된 장소에서 조영재에 견고하게 붙인 지지주 또는 지지대에 의하여 지지하고 또한 **조영재 사이의 이격거리를 1.2[m] 이상**으로 시설 하여야 한다.
2. 고압 옥상 전선로의 전선이 다른 시설물(가공전선을 제외한다)과 접근하거나 교차하는 경우에는 고압 옥상 전선로의 전선과 이들 사이의 이격거리는 0.6[m] 이상이어야 한다.
3. 고압 옥상전선로의 **전선은 상시 부는 바람 등에 의하여 식물에 접촉하지 아니하도록** 시설하여야 한다.

331.14.2 특고압 옥상전선로의 시설

특고압 옥상전선로(특고압의 인입선의 옥상부분을 제외한다)는 시설하여서는 아니 된다.

332 가공전선로

332.1 가공약전류전선로의 유도장해 방지

저압 가공전선로 또는 고압 가공전선로와 기설 가공약전류전선로가 병행하는 경우에는 **유도작용에 의하여 통신상의 장해가 생기지 않도록 전선과 기설 약전류전선간의 이격거리는 2[m] 이상**이어야 한다.

예제 48 저압 또는 고압 가공 전선로와 기설 가공 약전류 전선로가 병행할 때 유도 작용에 의한 통신상의 장해가 생기지 아니하도록 하려면 양자의 이격 거리는 최소 몇 [m] 이상으로 하여야 하는가?

답 : 2 [m] 이상

332.2 가공케이블의 시설

저압 가공전선 또는 고압 가공전선에 케이블을 사용하는 경우에는 다음에 따라 시설하여야 한다.

1. 케이블은 조가용선에 행거로 시설할 것. 이 경우에는 **사용전압이 고압인 때에는 행거의 간격은 0.5[m] 이하**로 하는 것이 좋다.
2. **조가용선**은 인장강도 5.93[kN] 이상의 것 또는 **단면적 22[mm^2] 이상인 아연도강연선**일 것.
3. 조가용선 및 케이블의 피복에 사용하는 금속체에는 접지공사를 할 것.
4. **조가용선을 케이블에 접촉시켜 금속 테이프를 감는 경우에는 20[cm] 이하의 간격으로 나선상으로 한다.**

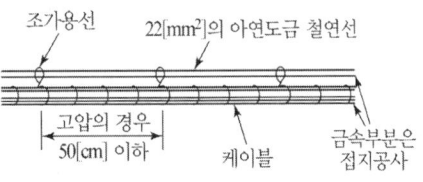

예제 49 고압 가공 케이블을 설치하기 위한 조가용선은 단면적 몇 [mm^2]인 아연도 철연선 또는 이와 동등 이상의 세기 및 굵기의 연선을 사용하여야 하는가?

답 : 22 [mm^2]

332.3 고압 가공전선의 굵기 및 종류

고압 가공전선은 인장강도 8.01[kN] 이상의 고압 절연전선, 특고압 절연전선 또는 **지름 5[mm] 이상의 경동선**의 고압 절연전선, 특고압 절연전선을 사용하여야 한다.

332.4 고압 가공전선의 안전율, 222.6 저압 가공전선의 안전율

가공전선이 케이블 이외인 경우 안전율이 다음 이상이 되는 이도로 시설하여야 한다.
1. **경동선 또는 내열 동합금선 : 2.2 이상**
2. 그 밖의 전선 : 2.5

예제 50   고압 가공 전선이 경동선 또는 내열 동합금선인 경우 안전율의 최소값은?

답 : 2.2

332.5 고압 가공전선의 높이, 222.7 저압 가공전선의 높이

1. 저·고압 가공전선의 높이는 다음에 따라야 한다.

설치장소		가공전선의 높이
도로횡단 (번잡하지 않은 도로 제외)		지표상 6 [m] 이상
철도 또는 궤도 횡단		레일면상 6.5 [m] 이상
횡단보도교 위	저압	노면상 3.5 [m] 이상(단, 절연전선의 경우 3 [m] 이상)
	고압	노면상 3.5 [m] 이상
일반장소		지표상 5 [m] 이상. 단, 저압의 경우 절연전선 또는 케이블을 사용하여 교통에 지장이 없도록 하여 옥외조명용에 공급하는 경우 4 [m]까지 감할 수 있다.
다리의 하부 기타 이와 유사한 장소		저압의 전기철도용 급전선은 지표상 3.5 [m] 까지로 감할 수 있다.

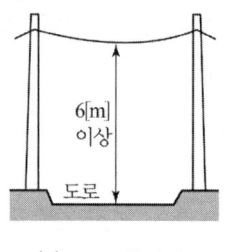
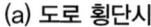
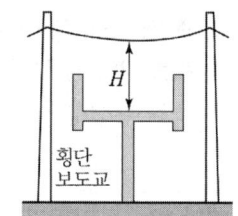

(a) 도로 횡단시   (b) 횡단 보도교 위

2. 저압·고압 가공전선을 수면 상에 시설하는 경우에는 전선의 수면 상의 높이를 선박의 항해 등에 위험을 주지 않도록 유지하여야 한다.

예제 51 110 [V] 가공 전선이 철도를 횡단할 때 레일면 상의 최저 높이[m]는?

답 : 6.5 [m]

예제 52 고저압 가공 전선이 도로를 횡단할 때의 지표상의 높이의 최저값은 얼마인가?

답 : 6 [m]

332.6 고압 가공전선로의 가공지선
고압 가공전선로에 사용하는 가공지선은 인장강도 5.26 [kN] 이상의 것 또는 **지름 4[mm] 이상의 나경동선**을 사용한다.

예제 53 고압 가공 전선로에 사용하는 가공 지선으로 나경동선을 사용할 경우 그 굵기는 몇 [mm] 이상이어야 하는가?

답 : 4 [mm]

332.8 고압 가공전선 등의 병행설치
1. 저압 가공전선(다중접지된 중성선은 제외한다. 이하 같다)과 고압 가공전선을 동일 지지물에 시설하는 경우에는 다음에 따라야 한다.
   가. **저압 가공전선을 고압 가공전선의 아래로 하고 별개의 완금류에 시설할 것.**
   나. **저압 가공전선과 고압 가공전선 사이의 이격거리는 0.5 [m] 이상일 것.**
2. 다음의 어느 하나에 해당하는 경우에는 제1에 의하지 아니할 수 있다.
   가. **고압 가공전선에 케이블을 사용**하고, 또한 그 케이블과 저압 가공전선 사이의 **이격거리를 0.3 [m] 이상**으로 하여 시설하는 경우
   나. 저압 가공인입선을 분기하기 위하여 저압 가공전선을 고압용의 완금류에 견고하게 시설하는 경우

예제 54 저압 가공 전선과 고압 가공 전선을 동일 지지물에 시설하는 경우 저압 가공 전선과 고압 가공 전선과의 이격거리는 몇 [cm] 이상이어야 하는가?

답 : 50 [cm]

예제 55 저압 가공 전선과 고압 가공 전선을 동일 지지물에 병행 설치하는 경우 고압 가공 전선에 케이블을 사용하면 그 케이블과 저압 가공 전선의 최소 이격 거리는 얼마인가?

답 : 30 [cm]

332.9 고압 가공전선로 경간의 제한

1. 고압 가공전선로의 경간은 표에서 정한 값 이하이어야 한다.

지지물의 종류	경 간
목주·A종 철주 또는 A종 철근 콘크리트주	150[m]
B종 철주 또는 B종 철근 콘크리트주	250[m]
철탑	600[m]

2. 고압 가공전선로의 **경간이 100[m]를 초과하는 경우**에는 그 부분의 전선로는 다음에 따라 시설하여야 한다.
   가. 고압 가공전선은 인장강도 8.01[kN] 이상의 것 또는 **지름 5[mm] 이상의 경동선**의 것.
   나. **목주의 풍압하중에 대한 안전율은 1.5 이상일 것.**

3. 고압 가공전선로의 전선에 인장강도 8.71[kN] 이상의 것 또는 단면적 22[mm^2] 이상의 경동연선의 것을 다음에 따라 지지물을 시설하는 때에는 제1의 규정에 의하지 아니할 수 있다. 이 경우에 그 전선로의 경간은 다음과 같다.

지지물의 종류	22[mm^2] 이상의 경동선 사용
목주·A종 철주 또는 A종 철근 콘크리트 주	300[m]
B종 철주 또는 B종 철근 콘크리트 주	500[m]
철탑	600[m]

예제 56 고압 가공전선로의 경간은 지지물이 목주 또는 A종 콘크리트주일 때에는 최대 몇 [m]인가?

답 : 150 [m]

332.10 고압 보안공사

고압 보안공사는 다음에 따라야 한다.
1. 전선은 케이블인 경우 이외에는 인장강도 8.01[kN] 이상의 것 또는 **지름 5[mm] 이상의 경동선**일 것.
2. **목주의 풍압하중에 대한 안전율은 1.5 이상일 것.**
3. 경간은 표에서 정한 값 이하일 것.

표. 고압 보안공사 경간 제한

지지물의 종류	인장강도 8.01[kN] 이상 또는 지름 5[mm] 이상의 경동선	인장강도 14.51[kN] 이상 또는 단면적 38[mm^2] 이상의 경동연선
목주·A종 철주 또는 A종 철근 콘크리트주	100[m] 이하	100[m] 이하
B종 철주 또는 B종 철근 콘크리트주	150[m] 이하	250[m] 이하
철탑	400[m] 이하	600[m] 이하

예제 57 고압 보안 공사에 의하여 시설하는 A종 철근 콘크리트주를 지지물로 사용하는 고압 가공 전선로의 경간의 최대 한도는?

답 : 100 [m]

332.11 고압 가공전선과 건조물의 접근, 222.11 저압 가공전선과 건조물의 접근

1. 저압 가공전선 또는 고압 가공전선이 건조물과 접근 상태로 시설되는 경우에는 다음에 따라야 한다.

   가. 고압 가공전선로는 고압 보안공사에 의할 것.

   나. **저·고압 가공전선과 건조물의 조영재 사이의 이격거리**는 표에서 정한 값 이상일 것.

사용 전압 부분 공작물의 종류			저압 [m]	고압 [m]
건조물	상부 조영재 위쪽	일반적인 경우	2	2
		전선이 고압절연전선	1	2
		전선이 케이블인 경우	1	1
	기타 조영재 또는 상부조영재의 옆쪽 또는 아래쪽	일반적인 경우	1.2	1.2
		전선이 고압절연전선	0.4	1.2
		전선이 케이블인 경우	0.4	0.4
		사람이 쉽게 접근 할 수 없도록 시설한 경우	0.8	0.8

2. 저고압 가공전선이 건조물과 접근하는 경우에 **저고압 가공전선이 건조물의 아래쪽에 시설될 때에는 저고압 가공전선과 건조물 사이의 이격거리**는 표 에서 정한 값 이상으로 하고 또한 위험의 우려가 없도록 시설하여야 한다.

가공 전선의 종류	이 격 거 리
저압 가공 전선	0.6[m] (전선이 고압 절연전선, 특고압 절연전선 또는 케이블인 경우에는 0.3 [m])
고압 가공 전선	0.8 [m] (전선이 케이블인 경우에는 0.4[m])

예제 58 450/750[V] 일반용 단심 비닐 절연 전선을 사용한 저압 가공 전선이 상부 조영재의 위쪽으로 접근하는 경우 전선과 상부 조영재 상호간의 최소 이격 거리[m]는?

| 풀이 | 전선이 고압 절연전선이 아니고 450/750[V] 비닐 절연 전선을 사용 하므로 이격거리는 2[m] 이상이 되어야 한다.

답 : 2 [m]

332.12 고압 가공전선과 도로 등의 접근 또는 교차, 222.12 저압 가공전선과 도로 등의 접근 또는 교차

저압 가공전선 또는 고압 가공전선이 도로·횡단보도교·철도·궤도·삭도 또는 저압 전차선(이하 "도로 등"이라 한다)과 접근상태로 시설되는 경우에는 다음에 따라야 한다.

1. 고압 가공전선로는 고압 보안공사에 의할 것.
2. **저·고압 가공전선과 도로 등의 이격거리**는 표 에서 정한 값 이상일 것. 다만, 가공전선과 도로·횡단보도교·철도 또는 궤도와의 수평 이격거리가 저압에서 1[m] 이상, 고압에서 1.2[m] 이상인 경우에는 그러하지 아니하다.

도로 등의 구분		저압	고압
도로·횡단보도교·철도 또는 궤도		3[m]	3[m]
삭도나 그 지주 또는 저압 전차선	고압절연 전선	0.3[m]	0.8[m]
	케이블	0.3[m]	0.4[m]
	기 타	0.6[m]	0.8[m]
저압 전차선로의 지지물	케이블	0.3[m]	0.3[m]
	기 타	0.3[m]	0.6[m]

332.13 고압 가공전선과 가공약전류전선 등의 접근 또는 교차, 222.13 저압 가공전선과 가공약전류전선 등의 접근 또는 교차

저압 가공전선 또는 고압 가공전선이 가공약전류전선 또는 가공 광섬유 케이블과 접근 상태로 시설되는 경우에는 다음에 따라야 한다.
1. 고압 가공전선은 고압 보안공사에 의할 것.
2. **저·고압 가공전선과 가공약전류 전선과의 이격거리**는 표 에서 정한 값 이상일 것.

가공 약전류 전선	저압 가공전선		고압 가공전선	
	저압 절연전선	고압 절연전선 또는 케이블	절연전선	케이블
일반	0.6[m]	0.3[m]	0.8[m]	0.4[m]
절연전선 또는 통신용 케이블인 경우	0.3[m]	0.15[m]		

3. 가공전선과 약전류전선로 등의 지지물 사이의 이격거리는 저압은 0.3[m] 이상, 고압은 0.6[m] (전선이 케이블인 경우에는 0.3[m]) 이상일 것.

예제 59
고압 절연 전선을 사용한 고압 가공 전선이 가공 약전류 접선과 접근하는 경우의 고압 가공 전선과 가공 약전류 전선과의 이격 거리[cm]의 최소값은?

답 : 80[cm]

332.14 고압 가공전선과 안테나의 접근 또는 교차, 222.14 저압 가공전선과 안테나의 접근 또는 교차

저압 가공전선 또는 고압 가공전선이 안테나와 접근상태로 시설되는 경우에는 다음에 따라야 한다.
1. 고압 가공전선로는 고압 보안공사에 의할 것.
2. **가공전선과 안테나 사이의 이격거리**

안테나	가공전선로 전선	저압	고압
	일반적인 경우	0.6 [m]	0.8 [m]
	고압·특고압 절연전선	0.3 [m]	0.8 [m]
	케이블	0.3 [m]	0.4 [m]

예제 60 전선에 저압 절연 전선을 사용한 220 [V] 저압 가공 전선이 안테나와 접근 상태로 시설되는 경우의 이격 거리는 몇 [cm] 이상이어야 하는가?

|풀이| 전선이 고압 절연 전선이 아니고 저압 절연 전선이므로 이격거리는 60[cm] 이상이 되어야 한다.
답 : 60 [cm]

332.15 고압 가공전선과 교류전차선 등의 접근 또는 교차, 222.15 저압 가공전선과 교류전차선 등의 접근 또는 교차

저압 가공전선 또는 고압 가공전선이 교류 전차선 등과 교차하는 경우에 **저압 가공전선 또는 고압 가공전선이 교류 전차선 등의 위에 시설되는 때**에는 다음에 따라야 한다.

1. **저압 가공전선에는 케이블을 사용**하고 또한 이를 단면적 35[mm^2] 이상인 아연도강연선으로서 인장강도 19.61[kN] 이상인 것으로 조가하여 시설할 것.
2. **고압 가공전선**은 케이블인 경우 이외에는 인장강도 14.51 [kN] 이상의 것 또는 **단면적 38[mm^2] 이상의 경동연선**일 것.
3. 고압 가공전선이 케이블인 경우에는 이를 단면적 38[mm^2] 이상인 아연도강연선으로서 인장강도 19.61[kN] 이상인 것으로 조가하여 시설할 것.
4. 가공전선로 지지물에 사용하는 **목주의 풍압하중에 대한 안전율은 2 이상**일 것.
5. 가공전선로의 경간

지지물의 종류	경 간
목주 · A종 철주 또는 A종 철근 콘크리트주	60[m] 이하
B종 철주 또는 B종 철근 콘크리트주	120[m] 이하

332.16 고압 가공전선 등과 저압 가공전선 등의 접근 또는 교차

1. 고압 가공전선과 저압 가공전선 등 또는 그 지지물 사이의 이격거리는 표에서 정한 값 이상일 것.

저압 가공전선 등 또는 그 지지물의 구분	고압가공전선	
	일반	케이블
저압 가공전선 등	0.8[m]	0.4[m]
저압 가공전선 등의 지지물	0.6[m]	0.3[m]

2. 저압 가공전선과 고압 가공전선 등 또는 그 지지물 사이의 이격거리는 표에서 정한 값 이상일 것.

고압 가공전선 등 또는 그 지지물의 구분	이격거리
고압 전차선	1.2[m]
고압 가공전선 등의 지지물	0.3[m]

예제 61 고압 가공 전선과 저압 가공 전선이 교차할 때 이격 거리는 최소 몇 [m] 이상이 되는가?

답 : 0.8 [m]

332.17 고압 가공전선 상호 간의 접근 또는 교차

고압 가공전선이 다른 고압 가공 전선과 접근상태로 시설되거나 교차하여 시설되는 경우에는 다음에 따라 시설하여야 한다.
1. 위쪽 또는 옆쪽에 시설되는 고압 가공전선로는 고압 보안공사에 의할 것.
2. **고압 가공전선과 다른 고압 가공 전선과의 이격거리**

구 분	고압 가공전선	
	일 반	케이블
고압가공전선	0.8 [m]	0.4 [m]
고압가공전선로의 지지물	0.6 [m]	0.3 [m]

332.18 고압 가공전선과 다른 시설물의 접근 또는 교차

고압 가공전선과 다른 시설물의 이격거리는 표 에서 정한 값 이상으로 하여야 한다.

표. 고압 가공전선과 다른 시설물의 이격거리

다른 시설물의 구분	접근형태	이격거리
조영물의 상부 조영재	위쪽	2[m] (전선이 케이블인 경우에는 1[m])
	옆쪽 또는 아래쪽	0.8[m] (전선이 케이블인 경우에는 0.4[m])
조영물의 상부조영재 이외의 부분 또는 조영물 이외의 시설물		0.8[m] (전선이 케이블인 경우에는 0.4[m])

332.19 고압 가공전선과 식물의 이격거리

고압 가공전선은 상시 부는 바람 등에 의하여 식물에 접촉하지 않도록 시설하여야 한다.

332.21 고압 가공전선과 가공약전류전선 등의 공용설치, 222.21 저압 가공전선과 가공 약전류전선 등의 공용설치

저압 가공전선 또는 고압 가공전선과 가공약전류전선 등을 동일 지지물에 시설하는 경우에는 다음에 따라 시설하여야 한다.
1. 전선로의 지지물로서 사용하는 **목주의 풍압하중에 대한 안전율은 1.5 이상**일 것.

2. 가공전선을 가공약전류전선 등의 위로하고 별개의 완금류에 시설할 것.
3. 가공전선과 가공약전류전선 등 사이의 이격거리
   가. **저압(다중 접지된 중성선을 제외한다)은 0.75[m] 이상**
   나. **고압은 1.5[m] 이상일 것.**
       다만, 가공약전류전선 등이 절연전선 또는 통신용 케이블인 경우에 이격거리를 저압 가공전선이 고압 절연전선, 특고압 절연전선 또는 케이블인 경우에는 0.3[m], 고압 가공전선이 케이블인 때에는 0.5[m]까지로 감할 수 있다.
4. 가공전선이 가공약전류전선에 대하여 유도작용에 의한 통신상의 장해를 줄 우려가 있는 경우에는 다음의 규정에 준하여 시설할 것.
   가. 가공전선과 가공약전류전선간의 이격거리를 증가시킬 것.
   나. 교류식 가공전선로의 경우에는 가공전선을 적당한 거리에서 연가할 것.
   다. 가공전선과 가공약전류전선 사이에 인장강도 5.26[kN] 이상의 것 또는 지름 4[mm] 이상인 경동선의 금속선 2가닥 이상을 시설하고 규정에 준하여 접지공사를 할 것.

예제 62 고압 가공 전선과 가공 약전류 전선이 공용설치할 경우 최소 이격 거리[m]는?
답 : 1.5[m]

333 특고압 가공전선로

333.1 시가지 등에서 특고압 가공전선로의 시설
특고압 가공전선로는 전선이 케이블인 경우 또는 전선로를 다음과 같이 시설하는 경우에는 시가지 그 밖에 인가가 밀집한 지역에 시설할 수 있다.
1. 사용전압이 170[kV] 이하인 전선로를 다음에 의하여 시설하는 경우
   가. 특고압 가공전선을 지지하는 애자장치는 다음 중 어느 하나에 의할 것.
       (1) 50[%] 충격섬락전압 값이 그 전선의 근접한 다른 부분을 지지하는 애자장치 값의 110[%](사용전압이 130[kV]를 초과하는 경우는 105[%]) 이상인 것.
       (2) 아킹혼을 붙인 현수애자·장간애자 또는 라인포스트애자를 사용하는 것.
       (3) 2련 이상의 현수애자 또는 장간애자를 사용하는 것.
       (4) 2개 이상의 핀애자 또는 라인포스트애자를 사용하는 것.
   나. 특고압 가공전선로의 경간은 표에서 정한 값 이하일 것.

지지물의 종류	경 간
A종 철주 또는 A종 철근 콘크리트주	75[m]
B종 철주 또는 B종 철근 콘크리트주	150[m]

지지물의 종류	경 간
철탑	400[m] (단주인 경우에는 300[m]) 다만, 전선이 수평으로 2이상 있는 경우에 전선 상호 간의 간격이 4[m] 미만인 때에는 250[m]

다. 지지물에는 철주·철근 콘크리트주 또는 철탑을 사용할 것.
라. 전선은 단면적이 표에서 정한 값 이상일 것.

사용전압의 구분	전선의 단면적
100[kV] 미만	인장강도 21.67[kN] 이상의 연선 또는 단면적 55[mm^2] 이상의 경동연선
100[kV] 이상	인장강도 58.84[kN] 이상의 연선 또는 단면적 150[mm^2] 이상의 경동연선

마. 전선의 지표상의 높이는 표 에서 정한 값 이상일 것.

사용전압의 구분	지표상의 높이
35[kV] 이하	10[m] (전선이 특고압 절연전선인 경우에는 8[m])
35[kV] 초과	10[m]에 35[kV]를 초과하는 10[kV] 또는 그 단수마다 0.12[m]를 더한 값

바. **사용전압이 100[kV]를 초과하는 특고압 가공전선에 지락 또는 단락이 생겼을 때에는 1초 이내에 자동적으로 이를 전로로부터 차단하는 장치를 시설할 것.**

2. **사용전압이 170[kV] 초과하는 전선로**를 다음에 의하여 시설하는 경우
   가. **전선로는 회선수 2 이상**
   나. 전선을 지지하는 애자장치에는 아킹혼을 부착한 현수애자 또는 장간애자를 사용할 것.
   다. 전선을 인류하는 경우에는 압축형 클램프, 쐐기형 클램프 또는 이와 동등 이상의 성능을 가지는 클램프를 사용할 것.
   라. 현수애자 장치에 의하여 전선을 지지하는 부분에는 아머로드를 사용할 것.
   마. **경간 거리는 600[m] 이하**일 것.
   바. **지지물은 철탑을 사용**할 것.
   사. **전선은 단면적 240[mm^2] 이상**의 강심알루미늄선 또는 이와 동등 이상의 인장강도 및 내(耐)아크 성능을 가지는 연선을 사용할 것.
   아. 전선로에는 가공지선을 시설할 것.
   자. 전선은 압축접속에 의하는 경우 이외에는 경간 도중에 접속점을 시설하지 아니 할 것.
   차. 전선의 지표상의 높이는 10[m]에 35[kV]를 초과하는 10[kV] 마다 0.12[m]를 더한 값 이상일 것.
   타. 지지물에는 위험표시를 보기 쉬운 곳에 시설할 것.

카. 전선로에 지락 또는 단락이 생겼을 때에는 1초 이내에 그리고 전선이 아크전류에 의하여 용단될 우려가 없도록 **자동적으로 전로에서 차단하는 장치를 시설할 것**.

예제 63 시가지에 시설하는 철탑 사용 특고압 가공 전선로의 전선이 수평 배치이고, 또한 전선 상호간의 간격이 4 [m] 미만이면 전선로의 경간[m]은 얼마 이하이어야 하는가?

|풀이| 철탑은 시가지 내에서 경간은 400[m]이나, 전선이 수평으로 2 이상 있는 경우에 전선 상호간의 간격이 4 [m] 미만인 때에는 250 [m]이다.
답 : 250 [m]

예제 64 시가지에 시설되는 69,000[V] 가공 송전 선로 경동연선의 최소 굵기[mm²]는?

답 : 55 [mm²]

333.2 유도장해의 방지

특고압 가공 전선로는 기설 가공 전화선로에 대하여 상시정전유도작용에 의한 통신상의 장해가 없도록 시설하여야 한다.

1. **사용전압이 60[kV] 이하인 경우**에는 전화선로의 길이 12[km]마다 **유도전류가 2[μA]를 넘지 아니하도록** 할 것.
2. **사용전압이 60 [kV]를 초과**하는 경우에는 전화선로의 길이 40[km]마다 **유도전류가 3[μA]을 넘지 아니하도록** 할 것.

예제 65 사용 전압 60[kV]를 넘는 특고압 가공 전선로에서 상시 정전 유도는 전화 선로의 길이 40 [km]마다 유도 전류[μA]가 얼마를 넘지 아니하여야 하는가?

답 : 3 [μA]

333.3 특고압 가공케이블의 시설

특고압 가공전선로는 그 전선에 케이블을 사용하는 경우에는 다음에 따라 시설하여야 한다.

1. 케이블은 다음의 어느 하나에 의하여 시설할 것.
    가. 조가용선에 행거에 의하여 시설할 것. 이 경우에 행거의 간격은 0.5[m] 이하로 하여 시설하여야 한다.
    나. 조가용선에 접촉시키고 그 위에 쉽게 부식되지 아니하는 금속 테이프 등을 0.2[m] 이하의 간격을 유지시켜 나선형으로 감아 붙일 것.
2. 조가용선은 인장강도 13.93[kN] 이상의 연선 또는 단면적 22[mm²] 이상의 아연도

강연선일 것.
3. 조가용선 및 케이블의 피복에 사용하는 금속체에는 규정에 준하여 접지공사를 할 것.

333.4 특고압 가공전선의 굵기 및 종류

특고압 가공전선은 케이블인 경우 이외에는 인장강도 8.71 [kN] 이상의 연선 또는 **단면적이 22[mm^2] 이상의 경동연선** 또는 동등이상의 인장강도를 갖는 알루미늄 전선이나 절연전선이어야 한다.

333.5 특고압 가공전선과 지지물 등의 이격거리

특고압 가공전선(케이블은 제외한다)과 그 지지물 · 완금류 · 지주 또는 지선 사이의 이격거리는 표에서 정한 값 이상이어야 한다. 다만, **기술상 부득이한 경우에 위험의 우려가 없도록 시설한 때에는** 표에서 정한 값의 0.8배까지 감할 수 있다.

사 용 전 압	이격거리[m]
15 [kV] 미만	0.15
15 [kV] 이상 25 [kV] 미만	0.2
25 [kV] 이상 35 [kV] 미만	0.25
35 [kV] 이상 50 [kV] 미만	0.3
50 [kV] 이상 60 [kV] 미만	0.35
60 [kV] 이상 70 [kV] 미만	0.4
70 [kV] 이상 80 [kV] 미만	0.45
80 [kV] 이상 130 [kV] 미만	0.65
130 [kV] 이상 160 [kV] 미만	0.9
160 [kV] 이상 200 [kV] 미만	1.1
200 [kV] 이상 230 [kV] 미만	1.3
230 [kV] 이상	1.6

예제 66 66 [kV] 가공전선로의 전선과 그 지지물과의 최소 이격 거리는 몇 [cm]인가?
답 : 40 [cm]

333.7 특고압 가공전선의 높이

특고압 가공전선의 지표상(철도 또는 궤도를 횡단하는 경우에는 레일면상, 횡단보도교를 횡단하는 경우에는 그 노면상)의 높이는 표에서 정한 값 이상이어야 한다.

전압의 범위	일반장소	도로횡단	철도 또는 궤도횡단	횡단보도교
35 [kV] 이하	5 [m]	6 [m]	6.5 [m]	4 [m] (특고압절연전선 또는 케이블 사용)
35 [kV] 초과 160 [kV] 이하	6 [m]	6 [m]	6.5 [m]	5 [m](케이블 사용)
	산지 등에서 사람이 쉽게 들어갈 수 없는 장소 ; 5 [m] 이상			

전압의 범위	일반장소	도로횡단	철도 또는 궤도횡단	횡단보도교
160 [kV] 초과	일반장소		가공전선의 높이 = 6 + 단수 × 0.12 [m]	
	철도 또는 궤도횡단		가공전선의 높이 = 6.5 + 단수 × 0.12 [m]	
	산지		가공전선의 높이 = 5 + 단수 × 0.12 [m]	

※ 단수 = $\dfrac{(전압\,[kV]-160)}{10}$ … 단수 계산에서 소수점 이하는 절상

예제 67 154 [kV] 가공 송전선을 산 중에 건설하는 경우 지표상의 최소 높이[m]는?

| 풀이 | 160 [kV] 이하이고 사람이 쉽게 들어갈 수 없는 산중에 설치되므로 지표상의 높이는 5 [m] 이상이면 된다.
답 : 5 [m]

예제 68 345 [kV] 특고압 송전선을 사람이 용이하게 들어가지 않는 산지에 시설할 때 전선의 최소 높이는 지표상 얼마인가?

| 풀이 | 단수 = $\dfrac{(345-160)}{10} = 18.5 \Rightarrow 19단$
전선의 높이 = $5 + 19 \times 0.12 = 7.28\,[m]$
답 : 7.28 [m]

333.8 특고압 가공전선로의 가공지선

특고압 가공전선로에 사용하는 **가공지선**은 다음과 같다.

1. 인장강도 8.01[kN] 이상의 나선
2. **지름 5[mm] 이상의 나경동선**
3. **단면적 22[mm^2] 이상의 나경동연선**
4. 아연도강연선 22[mm^2]
5. OPGW 전선

333.10 특고압 가공전선로의 목주 시설, 332.7 고압 가공전선로의 지지물의 강도, 222.8 저압 가공전선로의 지지물의 강도

지지물이 목주인 경우 안전율 및 말구의 지름

전압의 종별	안전율	말구의 지름
저 압	1.2	–
고 압	1.3	0.12 [m] 이상
특고압	1.5	0.12 [m] 이상

333.11 특고압 가공전선로의 철주·철근 콘크리트주 또는 철탑의 종류

특고압 가공전선로의 지지물로 사용하는 B종 철근 · B종 콘크리트주 또는 철탑의 종류

는 다음과 같다.
1. 직선형
   전선로의 직선부분(3도 이하인 수평각도를 이루는 곳을 포함한다. 이하 같다)에 사용하는 것. 다만, 내장형 및 보강형에 속하는 것을 제외한다.
2. 각도형
   전선로중 **3도를 초과하는 수평각도**를 이루는 곳에 사용하는 것.
3. 인류형
   전가섭선을 인류하는 곳에 사용하는 것.
4. 내장형
   전선로의 지지물 **양쪽의 경간의 차가 큰 곳에 사용**하는 것.
5. 보강형
   전선로의 **직선부분에 그 보강을 위하여** 사용하는 것

> **예제 69** 철주, 철근 콘크리트주 또는 철탑을 사용한 전선로에서 지지물 양측의 경간의 차가 큰 곳에 사용하는 지지물은?
>
> 답 : 내장형

333.13 상시 상정하중

철주·철근 콘크리트주 또는 철탑의 강도계산에 사용하는 상시 상정하중은 풍압이 전선로에 직각 방향으로 가하여지는 경우의 하중, 전선로의 방향으로 가하여지는 경우의 하중 및 전선로에 경사 방향으로 가하여지는 경우의 하중을 각각 다음에 따라 계산하여 각 부재에 대한 이들의 하중 중 그 부재에 큰 응력이 생기는 쪽의 하중을 채택한다.

333.14 이상 시 상정하중

철탑의 강도계산에 사용하는 **이상 시 상정하중은 풍압이 전선로에 직각방향으로 가하여지는 경우의 하중과 전선로의 방향으로 가하여지는 경우의 수직하중, 수평 횡하중, 수평 종하중을 계산**하여 각 부재에 대한 이들의 하중 중 그 부재에 큰 응력이 생기는 쪽의 하중을 채택한다.

333.16 특고압 가공전선로의 내장형 등의 지지물 시설

1. 특고압 가공전선로 중 지지물로서 B종 철주 또는 B종 철근 콘크리트주를 연속하여 10기 이상 사용하는 부분에는 10기 이하마다 장력에 견디는 형태의 철주 또는 철근 콘크리트주 1기를 시설하거나 5기 이하마다 보강형의 철주 또는 철근 콘크리트주 1기를 시설하여야 한다.
2. 특고압 가공전선로 중 지지물로서 **직선형의 철탑을 연속하여 10기 이상 사용하는 부분에는 10기 이하마다 장력에 견디는 애자장치가 되어 있는 철탑 또는 이와 동등 이상의 강도를 가지는 철탑 1기를 시설**하여야 한다.

> **예제 70**   특고압 가공 전선로 중 직선형의 철탑을 계속하여 10기 이상 사용하는 부분에는 10기 이하마다 내장 애자 장치를 가지는 철탑 또는 이와 동등 이상의 강도를 가지는 철탑 몇 기를 시설하여야 하는가?
>
> 답 : 1기

333.17 특고압 가공전선과 저고압 가공전선 등의 병행설치

1. 사용전압이 35 [kV] 이하인 특고압 가공전선과 저압 또는 고압의 가공전선을 동일 지지물에 시설하는 경우
   - 가. 특고압 가공전선은 저압 또는 고압 가공전선의 위에 시설하고 별개의 완금류에 시설할 것.
   - 나. 특고압 가공전선은 연선일 것.
   - 다. 저압 또는 고압 가공전선은 인장강도 8.31[kN] 이상의 것 또는 케이블인 경우 이외에는 다음에 해당하는 것.
     - (1) 가공전선로의 경간이 50[m] 이하인 경우에는 인장강도 5.26[kN] 이상의 것 또는 지름 4[mm] 이상의 경동선
     - (2) 가공전선로의 경간이 50[m] 을 초과하는 경우에는 인장강도 8.01[kN] 이상의 것 또는 지름 5[mm] 이상의 경동선

2. **사용전압이 35[kV] 을 초과하고 100[kV] 미만인 특고압 가공전선과 저압 또는 고압 가공전선을 동일 지지물에 시설하는 경우**
   - 가. 특고압 가공전선로는 **제2종 특고압 보안공사**에 의할 것.
   - 나. 특고압 가공전선은 케이블인 경우를 제외하고는 인장강도 21.67[kN] 이상의 연선 또는 **단면적이 50[mm^2] 이상인 경동연선**일 것.
   - 다. 특고압 가공전선로의 지지물은 철주·철근 콘크리트주 또는 철탑일 것.

3. 특고압 가공전선(100[kV] 미만)과 저·고압 가공전선을 동일 지지물에 설치 시 이격거리

전 압	표 준	특고압에 케이블 사용 및 저·고압에 절연전선 또는 케이블 사용
35 [kV] 이하	1.2 [m] 이상	0.5 [m] 이상
35 [kV] 초과 100 [kV] 미만	2 [m] 이상	1 [m] 이상

4. **사용전압이 100[kV] 이상인 특고압 가공전선과 저압 또는 고압 가공전선은 동일 지지물에 시설하여서는 아니 된다. (단, 아래의 5. 의 경우에는 예외로 한다.)**

5. 특고압 가공전선과 특고압 가공전선로의 지지물에 시설하는 저압의 전기기계기구에 접속하는 저압 가공전선을 동일 지지물에 시설하는 경우 이격거리

전 압	표 준	특고압에 케이블 사용 및 저·고압에 절연전선 또는 케이블 사용
35[kV] 이하	1.2 [m] 이상	0.5 [m] 이상
35[kV] 초과 60[kV] 이하	2 [m] 이상	1 [m] 이상
60 [kV] 초과	이격거리 = 2+단수×0.12	· 이격거리 = 1 + 단수 × 0.12 · 단수 = $\frac{전압[kV]-60}{10}$ 단수 계산에서 소수점 이하는 절상

예제 71 66[kV] 가공 전선과 6[kV] 가공 전선을 동일 지지물에 병행 설치하는 경우에 특고압 가공 전선의 굵기는 몇 [mm^2] 이상의 경동연선을 사용하여야 하는가?

답 : 50 [mm^2]

333.19 특고압 가공전선과 가공약전류전선 등의 공용설치

1. 사용전압이 35[kV] 이하인 특고압 가공전선과 가공약전류전선 등을 동일 지지물에 시설하는 경우에는 다음에 따라야 한다.
   가. 특고압 가공전선로는 **제2종 특고압 보안공사**에 의할 것.
   나. 특고압 가공전선은 가공약전류전선 등의 위로하고 별개의 완금류에 시설할 것.
   다. **특고압 가공전선**은 케이블인 경우 이외에는 인장강도 21.67[kN] 이상의 연선 또는 **단면적이 50[mm^2] 이상인 경동연선**일 것.
   라. 특고압 가공전선과 가공약전류전선 등 사이의 이격거리는 2[m] 이상으로 할 것. 다만, 특고압 가공전선이 케이블인 경우에는 0.5[m]까지로 감할 수 있다.
   마. 특고압 가공전선로의 접지도체 및 접지극과 가공약전류전선로 등의 접지도체 및 접지극은 각각 별개로 시설할 것.
2. **사용전압이 35[kV]를 초과하는 특고압 가공전선과 가공약전류전선 등은 동일 지지물에 시설하여서는 아니 된다.**

예제 72 가공전선의 지지물에 약전류 전선을 공용설치할 수 없는 사용전압 [kV]은 얼마인가?

답 : 35 [kV] 초과

333.21 특고압 가공전선로의 경간 제한
특고압 가공전선로의 경간은 표에서 정한 값 이하이어야 한다.

지지물의 종류	표준 경간 22[mm²] 이상의 경동연선	인장강도 21.67[kN] 이상 또는 단면적 50[mm²] 이상의 경동연선
목주·A종 철주 또는 A종 철근 콘크리트주	150[m] 이하	300[m] 이하
B종 철주 또는 B종 철근 콘크리트주	250[m] 이하	500[m] 이하
철 탑	600[m] 이하 (단주인 경우 400[m])	600[m] 이하

예제 73 특고압 가공 전선로의 철탑의 경간은 얼마 이하로 하여야 하는가?

답 : 600[m]

예제 74 B종 철주를 사용하는 특고압 가공 전선로의 표준 경간의 최대값은 몇 [m] 이하이어야 하는가? (단, 시가지 외에 시설되는 일반 공사의 경우임)

답 : 250[m]

333.22 특고압 보안공사

1. **제1종 특고압 보안공사**는 다음에 따라야 한다.
   가. 전선은 케이블인 경우 이외에는 단면적이 표에서 정한 값 이상일 것.

사용전압	전 선
100[kV] 미만	인장강도 21.67[kN] 이상의 연선 또는 단면적 55[mm²] 이상의 경동연선
100[kV] 이상 300[kV] 미만	인장강도 58.84[kN] 이상의 연선 또는 단면적 150[mm²] 이상의 경동연선
300[kV] 이상	인장강도 77.47[kN] 이상의 연선 또는 단면적 200[mm²] 이상의 경동연선

   나. 전선로의 지지물에는 B종 철주·B종 철근 콘크리트주 또는 철탑을 사용할 것.
   (목주나 A종은 사용 불가)
   다. 경간은 표에서 정한 값 이하일 것.

지지물의 종류	표준 경간	제1종 특고압 보안공사	인장강도 58.84[kN] 이상 또는 150[mm²] 이상인 경동연선
B종 철주 또는 B종 철근 콘크리트주	250[m]	150[m]	250[m]
철탑	600[m] (단주인 경우에는 400[m])	400[m] (단주인 경우 300[m])	600[m] (단주인 경우에는 400[m])

   라. 특고압 가공전선에 **지락 또는 단락이 생겼을 경우에 3초**(사용전압이 100[kV] 이상인 경우에는 2초) 이내에 자동적으로 이것을 전로로부터 차단하는 장치를 시설할 것.

예제 75 22.9[kV] 전선로를 제1종 특고압 보안 공사로 시설한 경우 전선으로 경동연선을 사용한다면 그 단면적은 [mm^2] 이상의 것을 사용하여야 하는가?

답 : 55 [mm^2]

2. 제2종 특고압 보안공사는 다음에 따라야 한다.
   가. 특고압 가공전선은 연선일 것.
   나. 지지물로 사용하는 목주의 풍압하중에 대한 안전율은 2 이상일 것.
   다. 경간은 표에서 정한 값 이하일 것.

지지물의 종류	표준 경간	제2종 특고압 보안공사	인장강도38.05[kN] 이상 또는 95[mm^2] 이상인 경동연선
목주·A종 철주 또는 A종 철근 콘크리트주	150[m]	100[m]	100[m]
B종 철주 또는 B종 철근 콘크리트주	250[m]	200[m]	250[m]
철탑	600[m]이하 (단주인 경우 400[m])	400[m] (단주인 경우에는 300[m])	600[m]이하

예제 76 제2종 특고압 보안 공사에 있어서 B종 철근 콘크리트주를 사용하는 경우에 최대 경간은 몇 [m]인가?

답 : 200 [m]

3. 제3종 특고압 보안공사는 다음에 따라야 한다.
   가. 특고압 가공전선은 연선일 것.
   나. 경간은 표에서 정한 값 이하일 것.

지지물의 종류	제3종 특고압 보안공사	전선의 굵기에 따른 경간	
목주·A종 철주 또는 A종 철근 콘크리트주	100[m]	인장강도14.51[kN] 이상 또는 38[mm^2] 이상인 경동연선	150[m]
B종 철주 또는 B종 철근 콘크리트주	200[m]	인장강도 21.67[kN] 이상 또는 55[mm^2] 이상인 경동연선	250[m]
철 탑	400[m] (단주인 경우에는 300[m])		600[m]이하 (단주인 경우에는 400[m])

333.23 특고압 가공전선과 건조물의 접근

1. **특고압 가공전선이 건조물과 제1차 접근상태로 시설되는 경우에는 다음에 따라야 한다.**
   가. 특고압 가공전선로는 **제3종 특고압 보안공사**에 의할 것.

나. 사용전압이 35[kV] 이하인 특고압 가공전선과 건조물의 조영재 이격거리는 표에서 정한 값 이상일 것.

건조물과 조영재의 구분	전선종류	접근형태	이격거리
상부 조영재	특고압 절연전선	위쪽	2.5 [m]
		옆쪽 또는 아래쪽	1.5 [m] (전선에 사람이 쉽게 접촉할 우려가 없도록 시설한 경우는 1 [m])
	케이블	위쪽	1.2 [m]
		옆쪽 또는 아래쪽	0.5 [m]
	기타 전선		3 [m]
기타 조영재	특고압 절연전선		1.5 [m] (전선에 사람이 쉽게 접촉할 우려가 없도록 시설한 경우는 1 [m])
	케이블		0.5 [m]
	기타 전선		3 [m]

다. 사용전압이 35 [kV]를 초과하는 경우
- 이격거리 = 35 [kV] 이하인 경우 이격거리 + 단수 × 0.15 [m]
- 단수 = $\dfrac{(사용전압 [kV] - 35)}{10}$ … 단수계산에서 소수점 이하는 절상

2. **사용전압이 35[kV] 이하인 특고압 가공전선이 건조물과 제2차 접근상태**로 시설되는 경우에는 다음에 따라야 한다.
   가. 특고압 가공전선로는 **제2종 특고압 보안공사**에 의할 것.
   나. 특고압 가공전선과 건조물 사이의 이격거리는 제1의 "나"의 규정에 준할 것.

3. **사용전압이 35[kV] 초과 400[kV] 미만인 특고압 가공전선이 건조물과 제2차 접근상태**에 있는 경우
   가. 특고압 가공전선로는 **제1종 특고압 보안공사**에 의할 것.
   나. 특고압 가공전선과 건조물 사이의 이격거리는 제1의 "나" 및 "다"의 규정에 준할 것.

4. **사용전압이 400[kV] 이상의 특고압 가공전선이 건조물과 제2차 접근상태**로 있는 경우에는 다음에 따라 시설하여야 한다.
   가. 전선높이가 최저상태일 때 **가공전선과 건조물 상부와의 수직거리가 28[m] 이상**일 것.
   나. 독립된 주거생활을 할 수 있는 단독주택, 공동주택 및 학교, 병원 등 불특정 다수가 이용하는 다중 이용 시설의 건조물이 아닐 것.
   다. 폭연성 분진, 가연성 가스, 인화성물질, 석유류, 화학류 등 위험물질을 다루는 건조물에 해당되지 아니할 것.
   라. **건조물 최상부에서 전계(3.5[kV/m]) 및 자계(83.3 [μT])를 초과하지 아니할 것.**

예제 77 특고압 가공 전선이 건조물과 제1차 접근 상태에 시설되는 경우에 특고압 가공 전선로는 몇 종 특고압 보안 공사를 하여야 하는가?

답 : 제3종 특고압 보안공사

예제 78 35[kV] 이하의 특고압 가공 전선이 건조물과 제1차 접근 상태로 시설되는 경우의 이격 거리는 일반적인 경우 몇 [m] 이상이어야 하는가?

| 풀이 | 전선에 대한 명시가 없기 때문에 이격거리는 3[m] 이상이 되어야 한다.
답 : 3[m]

예제 79 345[kV] 가공 전선이 건조물과 제1차 접근 상태로 시설되는 경우 양자간의 최소 이격 거리는 얼마이어야 하는가?

| 풀이 | 1) 사용전압이 35[kV]를 초과하는 경우
이격거리 = 35[kV] 이하인 경우 이격거리 + 단수 × 0.15[m]
단수 = $\frac{(사용전압[kV]-35)}{10}$

2) • 단수 = $\frac{345-35}{10}$ = 31[단]
• 이격거리 = 3 + 31 × 0.15 = 7.65[m]
답 : 7.65[m]

333.24 특고압 가공전선과 도로 등의 접근 또는 교차

1. **특고압 가공전선이 도로 · 횡단보도교 · 철도 또는 궤도**(이하 "도로 등"이라 한다)와 **제1차 접근** 상태로 시설되는 경우에는 다음에 따라야 한다.
   가. 특고압 가공전선로는 **제3종 특고압 보안공사**에 의할 것.
   나. **특고압 가공전선과 도로 등 사이의 이격거리는 표에서 정한 값 이상일 것.**
   다만, 특고압 절연전선을 사용하는 사용전압이 35[kV] 이하의 특고압 가공전선과 도로 등 사이의 수평 이격거리가 1.2[m] 이상인 경우에는 그러하지 아니하다.

사용전압의 구분	이격거리
35[kV] 이하	3[m]
35[kV] 초과	• 이격거리 = 3 + 단수 × 0.15[m] • 단수 = $\frac{(전압[kV]-35)}{10}$ 단수 계산에서 소수점 이하는 절상

2. **특고압 가공전선이 도로 등과 제2차 접근상태로 시설되는 경우**
   가. 특고압 가공전선로는 **제2종 특고압 보안공사**에 의할 것.
   나. 특고압 가공전선과 도로 등 사이의 이격거리는 제1의 "나"의 규정에 준할 것.
   다. 특고압 가공전선중 **도로 등에서 수평거리 3[m] 미만**으로 시설되는 부분의 길이가 **연속하여 100[m] 이하**이고 또한 1경간 안에서의 그 부분의 **길이의 합계가 100[m]**

이하일 것.

3. 특고압 가공전선이 도로 등과 교차하는 경우에 특고압 가공전선이 도로 등의 위에 시설되는 때에는 특고압 가공전선로는 제2종 특고압 보안공사에 의할 것. 다만, 특고압 가공전선과 도로 등 사이에 **다음에 의하여 보호망을 시설하는 경우에는 제2종 특고압 보안공사에 의하지 아니할 수 있다.**
    가. 보호망은 규정에 준하여 접지공사를 한 금속제의 망상장치로 하고 견고하게 지지할 것.
    나. 보호망을 구성하는 금속선은 그 **외주(外周) 및 특고압 가공전선의 직하에 시설하는 금속선에는 인장강도 8.01[kN] 이상의 것 또는 지름 5[mm] 이상의 경동선**을 사용하고 **그 밖의 부분에 시설하는 금속선에는 인장강도 5.26[kN] 이상의 것 또는 지름 4[mm] 이상의 경동선**을 사용할 것.
    다. 보호망을 구성하는 **금속선 상호의 간격은 가로, 세로 각 1.5[m] 이하**일 것.

> **예제 80** 154[kV] 가공 전선과 가공 약전류 전선이 교차하는 경우에 시설하는 보호망을 보호하는 금속선 중 가공 전선의 직하에 시설되는 것 이외의 다른 부분에 시설되는 금속선은 굵기 몇 [mm] 이상의 경동선이어야 하는가?
>
> 답 : 4 [mm]

333.25 특고압 가공전선과 삭도의 접근 또는 교차

1. **특고압 가공전선이 삭도와 제1차 접근상태로 시설되는 경우에는 다음에 따라야 한다.**
    가. 특고압 가공전선로는 **제3종 특고압 보안공사**에 의할 것.
    나. 특고압 가공전선과 삭도 또는 삭도용 지주 사이의 이격거리는 표에서 정한 값 이상일 것.

사용전압	전선의 종류	이격거리
35[kV] 이하	표 준	2[m]
	특고압 절연전선 사용	1[m]
	케이블	0.5[m]
35[kV] 초과 60[kV] 이하		2[m]
60[kV] 초과	• 이격거리 = 2 + 단수×0.12 [m] • 단수 = $\frac{\text{전압 [kV]}-60}{10}$ 단수 계산에서 소수점 이하는 절상	

2. **특고압 가공전선이 삭도와 제2차 접근상태로 시설되는 경우에는 다음에 따라야 한다.**
    가. 특고압 가공전선로는 **제2종 특고압 보안공사**에 의할 것.
    나. 특고압 가공전선과 삭도 또는 그 지주 사이의 이격거리는 제1의 "나"의 규정에 준할 것.
    다. 특고압 가공전선 중 삭도에서 **수평거리로 3[m] 미만**으로 시설되는 부분의 길이가 연속하여 50[m] 이하이고 또한 1경간 안에서의 그 **부분의 길이의 합계가 50[m] 이하일 것**.

예제 81 최대 사용 전압이 161[kV]인 가공 전선이 삭도와 제1차 접근 상태에 시설되는 경우, 이 고압 가공 전선과 삭도 또는 삭도용 지주와의 최소 이격 거리는 얼마인가?

| 풀이 |
- 단수 $= \dfrac{\text{전압}[kV]-60}{10} = \dfrac{(161-60)}{10} = 10.1 \Rightarrow 11$단
- 이격거리 $= 2[m] + 11 \times 0.12 = 3.32[m]$

답 : 3.32[m]

333.26 특고압 가공전선과 저고압 가공전선 등의 접근 또는 교차

1. 특고압 가공전선이 가공약전류전선 등 저압 또는 고압의 가공전선이나 저압 또는 고압의 전차선(이하에서 "저고압 가공전선 등"이라 한다)과 제1차 접근상태로 시설되는 경우
   가. 특고압 가공전선로는 제3종 특고압 보안공사에 의할 것.
   나. 특고압 가공전선과 저고압 가공 전선 등 또는 이들의 지지물이나 지주 사이의 이격거리는 표에서 정한 값 이상일 것.

사용전압의 구분	이격거리
60[kV] 이하	2[m]
60[kV] 초과	• 이격거리 = 2 + 단수×0.12[m] • 단수 = $\dfrac{(\text{전압}[kV]-60)}{10}$ 단수 계산에서 소수점 이하는 절상

2. 특고압 가공전선이 저고압 가공전선 등과 **제2차 접근상태**로 시설되는 경우
   가. 특고압 가공전선로는 **제2종 특고압 보안공사**에 의할 것. 다만, **사용전압이 35[kV] 이하인 특고압 가공전선과 저고압 가공전선 등 사이에 보호망을 시설하는 경우에는 제2종 특고압 보안공사(애자장치에 관한 부분에 한한다)에 의하지 아니할 수 있다.**
   나. 특고압 가공전선과 저고압 가공전선 등 또는 이들의 지지물이나 지주 사이의 이격거리는 제1의 "나"의 규정에 준할 것.
   다. 특고압 가공전선중 저고압 가공전선 등에서 **수평거리로 3[m] 미만**으로 시설되는 부분의 길이가 **연속하여 50[m] 이하**이고 또한 1경간 안에서의 그 **부분의 길이의 합계가 50[m] 이하**일 것.
3. 보호망은 규정에 준하여 접지공사를 한 금속제의 망상장치로 하고 또한 다음에 따라 시설하여야 한다.
   가. 보호망을 구성하는 금속선은 그 외주 및 특고압 가공전선의 **바로 아래에 시설하는 금속선에 인장강도 8.01[kN] 이상의 것 또는 지름 5[mm] 이상의 경동선**을 사용하고 **기타 부분**에 시설하는 금속선에 인장강도 3.64[kN] 이상 또는 **지름 4[mm] 이상의 아연도철선**을 사용할 것.

나. 보호망을 구성하는 **금속선 상호 간의 간격은 가로세로 각 1.5[m] 이하**일 것.
다. 보호망과 저고압 가공전선 등과의 수직 이격거리는 60[cm] 이상일 것.

333.27 특고압 가공전선 상호 간의 접근 또는 교차

특고압 가공전선이 다른 특고압 가공전선과 접근상태로 시설되거나 교차하여 시설되는 경우에는 다음에 따라야 한다.

1. 위쪽 또는 옆쪽에 시설되는 특고압 가공전선로는 제3종 특고압 보안공사에 의할 것.
2. 특고압 가공전선과 다른 특고압 가공전선 사이의 이격거리

사용전압의 구분	이격거리
35 [kV] 이하	• 특고압 가공전선에 케이블을 사용하고 다른 특고압 가공전선에 특고압 절연전선 또는 케이블을 사용하는 경우 : 0.5 [m] • 각각의 특고압 가공전선에 특고압 절연전선을 사용하는 경우 : 1 [m]
60 [kV] 이하	2 [m]
60 [kV] 초과	• 이격거리 = 2 + 단수 × 0.12 [m] • 단수 = $\dfrac{(전압\,[kV]-60)}{10}$ 단수계산에서 소수점 이하는 절상

예제 82 최대 사용 전압 360 [kV]의 가공 전선이 최대 사용 전압 161 [kV] 가공 전선과 교차하여 시설되는 경우 양자간의 최소 이격 거리는 몇 [m]인가?

| 풀이 | 단수 = $\dfrac{(전압[kV]-60)}{10} = \dfrac{(360-60)}{10} = 30$

이격거리 = $2[m] + 30 \times 0.12 = 5.6[m]$ 답 : 5.6 [m]

333.28 특고압 가공전선과 다른 시설물의 접근 또는 교차

특고압 절연전선 또는 케이블을 사용하는 사용전압이 35[kV] 이하의 특고압 가공전선과 다른 시설물 사이의 이격거리

다른 시설물의 구분	접근형태	이격거리
조영물의 상부조영재	위쪽	2[m] (전선이 케이블인 경우는 1.2[m])
	옆쪽 또는 아래쪽	1[m] (전선이 케이블인 경우는 0.5[m])
조영물의 상부조영재 이외의 부분 또는 조영물 이외의 시설물		1[m] (전선이 케이블인 경우는 0.5[m])

333.30 특고압 가공전선과 식물의 이격거리

1. 특고압 가공전선과 식물 사이의 이격거리

사용전압의 구분	이격거리
60 [kV] 이하	2 [m]
60 [kV] 초과	• 이격거리 = 2 + 단수 × 0.12 [m] • 단수 = $\frac{(전압\,[kV]-60)}{10}$ 단수계산에서 소수점 이하는 절상

2. 사용전압이 **35[kV] 이하**인 특고압 가공전선과 식물과의 이격거리
    가. 고압 절연전선을 사용하는 경우 **이격거리는 0.5[m] 이상**
    나. 특고압 절연전선 또는 케이블을 사용하는 특고압 가공전선의 경우는 식물과 접촉하지 않도록 시설

예제 83 60 [kV]의 송전 선로의 송전선과 수목과의 최소 이격 거리는 몇 [m]인가?
답 : 2 [m]

333.32 25[kV] 이하인 특고압 가공전선로의 시설

1. **사용전압이 15[kV] 이하**인 특고압 가공전선로의 **중성선의 다중접지 및 중성선의 시설**은 다음에 의할 것.
    가. 접지도체는 **공칭단면적 6[mm²] 이상의 연동선**
    나. **접지한 곳 상호 간의 거리는 전선로에 따라 300[m] 이하일 것.**
    다. 특고압 가공전선로의 **다중접지를 한 중성선은 저압 가공전선의 규정에 준하여 시설할 것.**
    라. 다중접지한 중성선은 저압전로의 접지측 전선이나 중성선과 공용할 수 있다.
2. 사용전압이 15[kV] 이하의 특고압 가공전선로의 전선과 저압 또는 고압의 가공전선과를 동일 지지물에 시설하는 경우
    가. 특고압 가공전선과 저압 또는 고압의 가공전선 사이의 이격거리는 0.75[m] 이상일 것.
    나. 특고압 가공전선은 저압 또는 고압의 가공전선의 위로하고 별개의 완금류에 시설할 것.
3. 사용전압이 15[kV]를 초과하고 25[kV] 이하인 특고압 가공전선로(중성선 다중접지식의 것으로서 전로에 지락이 생겼을 때에 2초 이내에 자동적으로 이를 전로로부터 차단하는 장치가 되어 있는 것에 한한다)를 다음에 따라 시설하여야 한다.
    가. 특고압 가공전선이 건조물 · 도로 · 횡단보도교 · 철도 · 궤도 · 삭도 · 가공약전류전선 등 · 안테나 · 저압이나 고압의 가공전선 또는 저압이나 고압의 전차선과 접근 또는 교차상태로 시설되는 경우의 경간은 표에서 정한 값 이하일 것.

지지물의 종류	경간
목주·A종 철주 또는 A종 철근 콘크리트주	100 [m]
B종 철주 또는 B종 철근 콘크리트주	150 [m]
철탑	400 [m]

나. 특고압 가공전선(다중접지를 한 중성선을 제외한다. 이하 같다) 이 건조물과 접근하는 경우에 특고압 가공전선과 건조물의 조영재 사이의 이격거리는 표 에서 정한 값 이상일 것.

건조물의 조영재	접근형태	전선의 종류	이격거리
상부 조영재	위쪽	나전선	3.0[m]
		특고압 절연전선	2.5[m]
		케이블	1.2[m]
	옆쪽 또는 아래쪽	나전선	1.5[m]
		특고압 절연전선	1.0[m]
		케이블	0.5[m]
기타의 조영재		나전선	1.5[m]
		특고압 절연전선	1.0[m]
		케이블	0.5[m]

다. 특고압 가공전선이 삭도와 접근상태로 시설되는 경우에 삭도 또는 그 지주 사이의 이격거리는 표 에서 정한 값 이상일 것.

전선의 종류	이격거리
나전선	2.0[m]
특고압 절연전선	1.0[m]
케이블	0.5[m]

라. 특고압 가공전선이 가공약전류전선 등·저압 또는 고압의 가공전선·안테나저압 또는 고압의 전차선(이하 "저고압 가공전선 등"이라 한다)과 접근 또는 교차하는 경우에는 다음에 의할 것.
  (1) 특고압 가공전선이 저고압 가공전선 등과 접근상태로 시설되는 경우에 이의 이격거리는 표 에서 정한 값 이상일 것.

구분	가공전선의 종류	이격(수평이격)거리
가공약전류전선 등·저압 또는 고압의 가공전선·저압 또는 고압의 전차선·안테나	나전선	2.0[m]
	특고압 절연전선	1.5[m]
	케이블	0.5[m]
가공약전류전선로 등·저압 또는 고압의 가공전선로·저압 또는 고압의 전차선로의 지지물	나전선	1.0[m]
	특고압 절연전선	0.75[m]
	케이블	0.5[m]

마. 특고압 가공전선이 교류 전차선과 교차하는 경우에 **특고압 가공전선이 교류 전차선의 위에 시설되는 경우**에는 다음에 의하여야 한다.
  (1) 특고압 가공전선은 케이블인 경우 이외에는 인장강도 14.5[kN] 이상의 특고압 절연전선 또는 **단면적 38[mm²] 이상의 경동선**일 것.
  (2) 특고압 가공전선로의 지지물에 사용하는 **목주의 풍압하중에 대한 안전율은 2.0 이상**일 것.
  (3) **특고압 가공전선로의 경간**은 표에서 정한 값 이하일 것.

지지물의 종류	경 간
목주·A종 철주·A종 철근 콘크리트주	60[m]
B종 철주·B종 철근 콘크리트주	120[m]

  (4) 특고압 가공전선로의 전선, 완금류, 지지물, 지선 또는 지주와 교류 전차선 사이의 이격거리는 2.5[m] 이상일 것.

바. 특고압 가공전선로가 상호 간 접근 또는 교차하는 경우에는 다음에 의할 것.
  (1) **특고압 가공전선이 다른 특고압 가공전선과 접근 또는 교차하는 경우의 이격거리**는 표에서 정한 값 이상일 것.

사용전선의 종류	이격거리
어느 한쪽 또는 양쪽이 나전선인 경우	1.5[m]
양쪽이 특고압 절연전선인 경우	1.0[m]
한쪽이 케이블이고 다른 한쪽이 케이블이거나 특고압 절연전선인 경우	0.5[m]

  (2) 특고압 가공전선과 다른 특고압 가공전선로의 지지물 사이의 이격거리는 1[m](사용전선이 케이블인 경우에는 0.6[m]) 이상일 것.

사. 특고압 가공전선과 식물 사이의 이격거리는 1.5[m] 이상일 것. 다만, 특고압 가공전선이 특고압 절연전선이거나 케이블인 경우로서 특고압 가공전선을 식물에 접촉하지 아니하도록 시설하는 경우에는 그러하지 아니하다.

아. 특고압 가공전선로의 중성선의 다중 접지는 다음에 의할 것.
  (1) 접지도체는 **공칭단면적 6[mm²] 이상의 연동선**
  (2) 접지공사는 각각 **접지한 곳 상호 간의 거리는 전선로에 따라 150[m] 이하**일 것.
  (3) 각 접지도체를 중성선으로부터 분리하였을 경우의 각 **접지점의 대지 전기저항 값과 1[km]마다 중성선과 대지 사이의 합성전기저항 값**은 표에서 정한 값 이하일 것.

사용전압	각 접지점의 대지 전기저항 치	1[km] 마다의 합성 전기저항 치
15[kV] 이하	300[Ω]	30[Ω]
15[kV] 초과 25[kV] 이하	300[Ω]	15[Ω]

자. 특고압 가공전선로의 **다중접지를 한 중성선**은 저압 가공전선의 규정에 준하여 시설할 것.

4. 특고압 가공전선과 저압 또는 고압의 가공전선을 동일 지지물에 병행 설치하여 시설하는 경우 이격거리는 표에서 정한 값 이상일 것.

구 분	이격거리
일 반	1 [m] 이상
특고압가공전선이 케이블 이고 저압·고압 가공전선이 저압·고압 절연 전선 또는 케이블인 경우	0.5 [m] 이상

예제 84 22.9 [kV] 배전 선로 중성선 다중 접지 계통에서 각 접지선을 중성선으로 부터 분리 하였을 때 각 접지점의 대지 전기저항값[Ω]은?

답 : 300 [Ω]

예제 85 22.9 [kV] 3상 4선식 중성점 다중 접지 방식의 가공 전선에 특고압 절연 전선을 사용한 경우 안테나와의 최소 이격 거리는 몇 [m]인가?

답 : 1.5 [m]

예제 86 3상 4선식 중성선 다중 접지한 22900 [V] 특고압선과 식물과의 최소 이격 거리는 얼마인가?

답 : 1.5 [m]

334 지중전선로

334.1 지중전선로의 시설

1. 지중 전선로는 전선에 케이블을 사용하고 또한 관로식·암거식(暗渠式) 또는 직접 매설식에 의하여 시설하여야 한다.

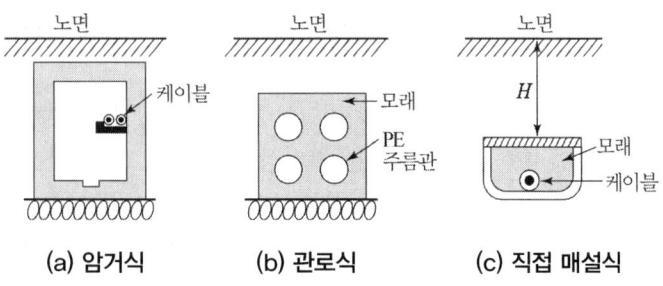

(a) 암거식 (b) 관로식 (c) 직접 매설식

2. 지중 전선로를 **관로식 또는 암거식에 의하여 시설하는 경우**에는 다음에 따라야 한다.
   가. 관로식에 의하여 시설하는 경우에는 **매설 깊이를 1.0[m] 이상**으로 하되, 매설 깊이가 충분하지 못한 장소에는 견고하고 차량 기타 중량물의 압력에 견디는 것을 사용할 것. **다만 중량물의 압력을 받을 우려가 없는 곳은 0.6[m] 이상**으로 한다.
   나. 암거식에 의하여 시설하는 경우에는 견고하고 차량 기타 중량물의 압력에 견디는 것을 사용할 것.
3. 지중 전선로를 **직접 매설식에 의하여 시설하는 경우**에는 매설 깊이를 **차량 기타 중량물의 압력을 받을 우려가 있는 장소에는 1.0[m] 이상, 기타 장소에는 0.6[m] 이상**으로 하고 또한 지중 전선을 견고한 트라프 기타 방호물에 넣어 시설하여야 한다. 다만, 다음의 어느 하나에 해당하는 경우에는 지중전선을 견고한 트라프 기타 방호물에 넣지 아니하여도 된다.
   가. 저압 또는 고압의 지중전선을 차량 기타 중량물의 압력을 받을 우려가 없는 경우에 그 위를 견고한 판 또는 몰드로 덮어 시설하는 경우
   나. 저압 또는 고압의 **지중전선에 콤바인덕트 케이블 또는 개장한 케이블을 사용하여 시설하는 경우**
   다. 지중 전선에 파이프형 압력케이블을 사용하거나 최대사용전압이 60[kV]를 초과하는 연피케이블, 알루미늄피케이블 그 밖의 금속피복을 한 특고압 케이블을 사용하고 또한 지중 전선의 위를 견고한 판 또는 몰드 등으로 덮어 시설하는 경우

| 예제 87 | 차량, 기타 중량물의 압력을 받을 우려가 없는 장소에 지중 전선을 직접 매설식에 의하여 매설하는 경우의 최소 깊이[m]는?
답 : 0.6 [m] |

334.2 지중함의 시설

지중전선로에 사용하는 지중함은 다음에 따라 시설하여야 한다.
1. 지중함은 견고하고 **차량 기타 중량물의 압력에 견디는 구조**일 것.
2. 지중함은 그 안의 **고인 물을 제거할 수 있는 구조**로 되어 있을 것.
3. 폭발성 또는 연소성의 가스가 침입할 우려가 있는 것에 시설하는 지중함으로서 그 **크기가 1[m³] 이상인 것**에는 통풍장치 기타 가스를 방산시키기 위한 적당한 장치를 시설할 것.
4. 지중함의 **뚜껑은 시설자이외의 자가 쉽게 열 수 없도록** 시설할 것.
5. 저압지중함의 경우에는 절연성능이 있는 고무판을 주철(강)재의 뚜껑 아래에 설치할 것.
6. 차도 이외의 장소에 설치하는 저압 지중함은 절연성능이 있는 재질의 뚜껑을 사용할 수 있다.

| 예제 88 | 폭발성 또는 연소성의 가스가 침입할 우려가 있는 곳에 시설하는 지중함으로서 그 크기가 몇 [m³] 이상인 것에는 통풍장치 기타 가스를 방산시키기 위한 적당한 장치를 시설하여야 하는가?

답 : 1 [m³]

334.4 지중전선의 피복금속체의 접지
관·암거 기타 지중전선을 넣은 방호장치의 금속제부분(케이블을 지지하는 금구류는 제외한다)·금속제의 전선 접속함 및 지중전선의 피복으로 사용하는 금속체에는 규정에 준하여 접지공사를 하여야 한다. 다만, 이에 방식조치를 한 부분에 대하여는 적용하지 않는다.

334.5 지중약전류전선의 유도장해 방지
지중전선로는 기설 지중약전류전선로에 대하여 누설전류 또는 유도작용에 의하여 통신상의 장해를 주지 않도록 충분히 이격시키거나 기타 적당한 방법으로 시설하여야 하다.

334.6 지중전선과 지중약전류전선 등 또는 관과의 접근 또는 교차
지중전선이 다음 조건의 이격거리 이하로 설치되는 경우에는 상호간에 내화성의 격벽을 설치하여야 한다.

조 건	전 압	이격거리
지중 약전류 전선과 접근 또는 교차하는 경우	저압 또는 고압	0.3 [m]
	특고압	0.6 [m]
가연성, 유독성의 유체를 내포하는 관과 접근 또는 교차	특고압	1 [m]
	25 [kV] 이하, 다중접지방식	0.5 [m]
기타의 관과 접근 또는 교차	특고압	0.3 [m]

| 예제 89 | 지중전선과 지중 약전류 전선이 접근 또는 교차되는 경우에 고·저압에서의 이격 거리[m]는?

답 : 0.3 [m]이상

334.7 지중전선 상호 간의 접근 또는 교차
지중전선이 다른 지중전선과 접근하거나 교차하는 경우에 지중함 내 이외의 곳에서 상호 간의 거리가 **저압 지중전선과 고압 지중전선에 있어서는 0.15[m] 미만, 저압이나 고압의 지중전선과 특고압 지중전선에 있어서는 0.3[m] 미만**인 때에는 다음의 어느 하나에 해당하는 경우에 한하여 시설할 수 있다.
1. 각각의 지중전선이 다음 중 어느 하나에 해당하는 경우
   가. 규정된 시험에 합격한 난연성의 피복이 있는 것을 사용하는 경우

나. 견고한 난연성의 관에 넣어 시설하는 경우
2. 어느 한쪽의 지중전선에 불연성의 피복으로 되어 있는 것을 사용하는 경우
3. 어느 한쪽의 지중전선을 견고한 불연성의 관에 넣어 시설하는 경우
4. 지중전선 상호 간에 견고한 내화성의 격벽을 설치할 경우
5. 사용전압이 25[kV] 이하인 다중접지방식 지중전선로를 관에 넣어 0.1[m] 이상 이격하여 시설하는 경우

335 특수장소의 전선로

335.1 터널 안 전선로의 시설

1. **철도·궤도 또는 자동차도 전용터널 안의 전선로**

전 압	전선의 굵기	시공방법	애자사용 공사 시 높이
저 압	인장강도 2.30[kN] 이상 또는 2.6[mm] 이상의 경동선의 절연전선	• 합성수지관 공사 • 금속관공사 • 금속제가요전선관 공사 • 케이블공사 • 애자공사	노면상, 레일면상 2.5[m] 이상
고 압	인장강도 5.26[kN] 이상 또는 4[mm] 이상의 경동선	• 케이블공사 • 애자공사	노면상, 레일면상 3[m] 이상
특고압		• 케이블공사	

2. **사람이 상시 통행하는 터널 안**의 전선로 사용전압은 저압 또는 고압에 한하며, 다음에 따라 시설하여야 한다.

전 압	전선의 굵기	시공방법	애자사용 공사 시 높이
저 압	인장강도 2.30[kN] 이상 또는 2.6[mm] 이상의 경동선의 절연전선	• 합성수지관 공사 • 금속관공사 • 금속제가요전선관 공사 • 케이블공사 • 애자공사	노면상 2.5[m] 이상
고 압		• 케이블공사	

예제 90 자동차 전용 터널 안 고압 전선로의 시설에서 경동선의 최소 굵기는 몇 [mm]인가?

답 : 4[mm]

335.2 터널 안 전선로의 전선과 약전류전선 등 또는 관 사이의 이격거리

터널 안의 전선로의 고압 전선 또는 특고압 전선이 그 터널 안의 저압 전선·고압 전

선·약전류전선 등 또는 수관·가스관이나 이와 유사한 것과 접근하거나 교차하는 경우에 이들 사이의 이격거리는 0.15[m] 이상이어야 한다.

335.3 수상전선로의 시설
1. 수상전선로를 시설하는 경우에는 그 사용전압은 저압 또는 고압인 것에 한 한다.
    가. 전선
        ⑴ 저압 : 클로로프렌 캡타이어 케이블
        ⑵ 고압 : 캡타이어 케이블
    나. 수상전선로의 전선과 가공전선로 접속점의 높이
        ⑴ 접속점이 육상에 있는 경우 : 지표상 5[m] 이상.
            다만, 저압인 경우에 도로상 이외의 곳에 있을 때에는 지표상 4[m]
        ⑵ 접속점이 수면상에 있는 경우 : 저압 4[m] 이상, 고압 5[m] 이상
2. 수상전선로의 사용전압이 고압인 경우에는 전로에 지락이 생겼을 때에 자동적으로 전로를 차단하기 위한 장치를 시설하여야 한다.

335.5 지상에 시설하는 전선로
1. 지상에 시설하는 저압 또는 고압의 전선로는 다음의 어느 하나에 해당하는 경우 이외에는 시설하여서는 아니 된다.
    가. 1구내에만 시설하는 전선로의 전부 또는 일부로 시설하는 경우
    나. 1구내 전용의 전선로 중 그 구내에 시설하는 부분의 전부 또는 일부로 시설하는 경우
2. 전선로는 교통에 지장을 줄 우려가 없는 곳에서는 다음에 따르고 또한 위험의 우려가 없도록 시설하여야 한다.
    가. 전선은 케이블 또는 클로로프렌 캡타이어 케이블일 것.
    나. 전선이 케이블인 경우에는 철근 콘크리트제의 견고한 개거 또는 트라프에 넣어야 한다.
    다. 전선이 캡타이어 케이블인 경우에는 다음에 의할 것.
        ⑴ 전선의 도중에는 접속점을 만들지 아니할 것.
        ⑵ 전선은 손상을 받을 우려가 없도록 개거 등에 넣을 것.
        ⑶ 전선로의 전원측 전로에는 전용의 개폐기 및 과전류 차단기를 각 극(과전류 차단기는 다선식 전로의 중성극을 제외한다)에 시설할 것.
        ⑷ 사용전압이 0.4[kV] 초과하는 저압 또는 고압의 전로 중에는 전로에 지락이 생겼을 때에 자동적으로 전로를 차단하는 장치를 시설할 것.
3. 지상에 시설하는 특고압 전선로는 사용전압이 100[kV] 이하인 경우 이외에는 시설하여서는 아니 된다.

335.6 교량에 시설하는 전선로
1. 교량에 시설하는 저압전선로는 다음에 따라 시설하여야 한다.

가. 교량의 윗면에 시설하는 것은 다음에 의하는 이외에 전선의 높이를 교량의 노면 상 5[m] 이상으로 하여 시설할 것.
  (1) 전선은 케이블인 경우 이외에는 인장강도 2.30[kN] 이상의 것 또는 지름 2.6[mm] 이상의 경동선의 절연전선일 것.
  (2) 전선과 조영재 사이의 이격거리는 전선이 케이블인 경우 이외에는 0.3[m] 이상일 것.
  (3) 전선은 케이블인 경우 이외에는 조영재에 견고하게 붙인 완금류에 절연성·난연성 및 내수성의 애자로 지지할 것.
  (4) 전선이 케이블인 경우에는 전선과 조영재 사이의 이격거리를 0.15[m] 이상으로 하여 시설할 것.
나. 교량의 아랫면에 시설하는 것은 합성수지관공사, 금속관공사, 금속제가요전선관공사 또는 케이블공사에 의하여 시설할 것.

335.8 급경사지에 시설하는 전선로의 시설

1. 급경사지에 시설하는 저압 또는 고압의 전선로는 기술상 부득이한 경우 이외에는 시설하여서는 안 된다.
2. 전선로는 다음에 따르고 시설하여야 한다.
   가. 전선의 지지점 간의 거리는 15[m] 이하일 것.
   나. 저압 전선로와 고압 전선로를 같은 벼랑에 시설하는 경우에는 고압 전선로를 저압 전선로의 위로하고 또한 고압전선과 저압전선 사이의 이격거리는 0.5[m] 이상일 것.

340 기계·기구 시설 및 옥내배선

341.1 특고압용 변압기의 시설 장소

특고압용 변압기는 발전소·변전소·개폐소 또는 이에 준하는 곳에 시설하여야 한다. 다만, 다음의 변압기는 각각의 규정에 따라 필요한 장소에 시설할 수 있다.
1. 배전용 변압기
2. 다중접지식 특고압 가공전선로에 접속하는 변압기
3. 교류식 전기철도용 신호회로 등에 전기를 공급하기 위한 변압기

341.2 특고압 배전용 변압기의 시설

특고압 전선로에 접속하는 **배전용 변압기**(발전소·변전소·개폐소 또는 이에 준하는 곳에 시설하는 것을 제외한다.)를 시설하는 경우에는 특고압 전선에 특고압 절연전선 또는 케이블을 사용하고 또한 다음에 따라야 한다.
1. 변압기의 **1차 전압은 35[kV] 이하**, 2차 전압은 저압 또는 고압일 것.
2. 변압기의 **특고압측에 개폐기 및 과전류차단기**를 시설할 것.

3. 변압기의 2차 전압이 고압인 경우에는 고압측에 개폐기를 시설하고 또한 쉽게 개폐할 수 있도록 할 것.

> **예제 91** 특고압 전선로에 접속하는 배전용 변압기의 1차 전압은 몇 [kV] 이하이어야 하는가?
>
> | 풀이 | 특고압 배전용 변압기의 1차 전압은 35[kV] 이하이고, 2차측은 저압 또는 고압이어야 한다.
> 답 : 35 [kV]

341.3 특고압을 직접 저압으로 변성하는 변압기의 시설
특고압을 직접 저압으로 변성하는 변압기는 다음의 것 이외에는 시설하여서는 아니 된다.
1. 전기로 등 전류가 큰 전기를 소비하기 위한 변압기
2. 발전소·변전소·개폐소 또는 이에 준하는 곳의 **소내용 변압기**
3. 25[kV] 이하인 **특고압 가공전선로**(중성선 다중접지식의 것으로서 **전로에 지락이 생겼을 때에 2초 이내에 자동적으로 이를 전로로부터 차단하는 장치**가 되어 있는 것에 한한다.)에 접속하는 변압기
4. **사용전압이 35[kV] 이하**인 변압기로서 그 **특고압측 권선과 저압측 권선이 혼촉한 경우**에 자동적으로 변압기를 전로로부터 **차단**하기 위한 장치를 설치한 것.
5. **사용전압이 100[kV] 이하**인 변압기로서 그 특고압측 권선과 저압측 권선사이에 **접지저항 값이 10[Ω]** 이하인 금속제의 혼촉방지판이 있는 것.
6. 교류식 전기철도용 신호회로에 전기를 공급하기 위한 변압기

341.4 특고압용 기계기구의 시설
특고압용 기계기구는 다음의 규정에 의하여 시설하는 경우 이외에는 시설하여서는 아니 된다.
1. 기계기구의 주위에 규정에 준하여 울타리·담 등을 시설하는 경우
   - 울타리·담 등의 높이 : 2[m] 이상
   - 지표면과 울타리·담 등의 하단사이의 간격 : 0.15[m] 이하
2. 기계기구를 지표상 5[m] 이상의 높이에 시설하고 충전부분의 지표상의 높이를 표에서 정한 값 이상으로 하고 또한 사람이 접촉할 우려가 없도록 시설하는 경우

사용전압의 구분	울타리·담 등의 높이와 울타리·담 등으로부터 충전 부분까지의 거리의 합계
35[kV] 이하	5 [m]
35[kV] 초과 160[kV] 이하	6 [m]
160[kV] 초과	• 거리의 합계 = 6 + 단수 × 0.12 [m] • 단수 = $\dfrac{\text{사용전압 [kV]} - 160}{10}$ 단수 계산에서 소수점 이하는 절상

341.5 고주파 이용 전기설비의 장해방지

고주파 이용 전기설비에서 다른 고주파 이용 전기설비에 누설되는 **고주파 전류의 허용한도**는 측정 장치로 2회 이상 연속하여 **10분간** 측정하였을 때에 각각 측정값의 최대값에 대한 **평균값이 −30[dB]**(1[mW]를 0[dB]로 한다)일 것

> **예제 92** 고주파 이용 설비에서 누설되는 고주파 전류의 허용값[dB]은?
> 답 : −30 [dB]

341.7 아크를 발생하는 기구의 시설

고압용 또는 특고압용의 개폐기·차단기·피뢰기 기타 이와 유사한 기구로서 동작 시에 아크가 생기는 것은 목재의 벽 또는 천장 기타의 가연성 물체로부터 표에서 정한 값 이상 이격하여 시설하여야 한다.

기구 등의 구분	이격거리
고압용의 것	1 [m] 이상
특고압용의 것	2 [m] 이상(사용전압 35[kV] 이하의 특고압용의 기구 등으로서 동작할 때에 생기는 아크의 방향과 길이를 화재가 발생할 우려가 없도록 제한하는 경우에는 1[m] 이상)

> **예제 93** 고압용의 개폐기, 차단기, 피뢰기, 기타 이와 유사한 기구는 목재의 벽 또는 천장, 기타 가연성 물질로부터 몇 [m] 이상 떨어져야 하는가?
> |풀이| • 고압용 − 1 [m] 이상   • 특고압용 − 2 [m] 이상
> 답 : 1 [m] 이상

341.8 고압용 기계기구의 시설

고압용 기계기구는 다음의 어느 하나에 해당하는 경우와 발전소·변전소·개폐소 또는 이에 준하는 곳에 시설하는 경우 이외에는 시설하여서는 아니 된다.
1. 기계기구의 주위에 규정에 준하여 울타리·담 등을 시설하는 경우
    - 울타리·담 등의 높이 : 2 [m] 이상
    - 지표면과 울타리·담 등 의 하단사이의 간격 : 15 [cm] 이하
2. 기계기구를 지표상 4.5 [m](시가지 외에는 4 [m]) 이상의 높이에 시설하고 또한 사람이 쉽게 접촉할 우려가 없도록 시설하는 경우
3. 옥내에 설치한 기계기구를 취급자 이외의 사람이 출입할 수 없도록 설치한 곳에 시설하는 경우
4. 기계기구를 콘크리트제의 함 또는 규정에 따른 접지공사를 한 금속제 함에 넣고 또한 충전부분이 노출하지 아니하도록 시설하는 경우

예제 94 고압 가공 전선로에 접속하는 변압기를 시가지에서 전주 위에 설치하는 경우 지표상 높이의 최소값[m]은?

답 : 4.5[m] 이상

341.9 개폐기의 시설
1. 전로 중에 개폐기를 시설하는 경우에는 그곳의 각 극에 설치하여야 한다.
2. 고압용 또는 특고압용의 개폐기는 그 작동에 따라 그 개폐상태를 표시하는 장치가 되어 있는 것이어야 한다.
3. **고압용 또는 특고압용의 개폐기로서 중력 등에 의하여 자연히 작동할 우려가 있는 것은 자물쇠장치** 기타 이를 방지하는 장치를 시설하여야 한다.
4. 고압용 또는 특고압용의 개폐기로서 부하전류를 차단하기 위한 것이 아닌 개폐기는 부하전류가 통하고 있을 경우에는 개로할 수 없도록 시설하여야 한다. 다만, 다음의 경우에는 예외로 한다.
   가. 개폐기를 조작하는 곳의 보기 쉬운 위치에 **부하전류의 유무를 표시한 장치**
   나. **전화기 기타의 지령 장치를 시설**
   다. **터블렛 등을 사용**함으로서 부하전류가 통하고 있을 때에 개로조작을 방지하기 위한 조치를 하는 경우

예제 95 고압용 또는 특고압용의 개폐기로서 중력 등에 의하여 자연히 작동할 우려가 있는 것은 어떤 장치를 시설하여야 하는가?

답 : 자물쇠 장치

341.10 고압 및 특고압 전로 중의 과전류차단기의 시설
1. 과전류차단기로 시설하는 퓨즈 중 고압전로에 사용하는 **포장 퓨즈는 정격전류의 1.3배의 전류에 견디고 또한 2배의 전류로 120분 안에 용단**되는 것 또는 규정에 적합한 고압전류제한퓨즈이어야 한다.
2. 과전류차단기로 시설하는 퓨즈 중 고압전로에 사용하는 **비포장 퓨즈는 정격전류의 1.25배의 전류에 견디고 또한 2배의 전류로 2분 안에 용단**되는 것이어야 한다.
3. 고압 또는 특고압의 전로에 단락이 생긴 경우에 동작하는 과전류차단기는 이것을 시설하는 곳을 통과하는 단락전류를 차단하는 능력을 가지는 것이어야 한다.
4. 고압 또는 특고압의 과전류차단기는 그 동작에 따라 그 개폐상태를 표시하는 장치가 되어있는 것이어야 한다.

예제 96 고압용 비포장 퓨즈는 정격 전류 몇 배의 전류에 의하여 몇 분 이내에 용단되어야 하는가?

답 : 2배의 전류에 2분 이내에 용단

341.11 과전류차단기의 시설 제한

접지공사의 접지도체, 다선식 전로의 중성선 및 전로의 일부에 접지공사를 한 저압 가공전선로의 접지측 전선에는 과전류차단기를 시설하여서는 안 된다.

다만, 다음의 경우에는 예외로 한다.
1. 다선식 전로의 중성선에 시설한 과전류차단기가 동작한 경우에 각 극이 동시에 차단될 때
2. 저항기·리액터 등을 사용하여 접지공사를 한 때에 과전류차단기의 동작에 의하여 그 접지도체가 비접지 상태로 되지 아니할 때

341.12 지락차단장치 등의 시설

특고압전로 또는 고압전로에 변압기에 의하여 결합되는 사용전압 400[V] 초과의 저압전로 또는 발전기에서 공급하는 사용전압 400[V] 초과의 저압전로에는 전로에 지락이 생겼을 때에 자동적으로 전로를 차단하는 장치를 시설하여야 한다.

341.13 피뢰기의 시설

1. 고압 및 특고압의 전로 중 다음에 열거하는 곳 또는 이에 근접한 곳에는 **피뢰기를 시설하여야 한다.**

   가. 발전소·변전소 또는 이에 준하는 장소의 가공전선 인입구 및 인출구
   나. 특고압 가공전선로에 접속하는 배전용 변압기의 고압측 및 특고압측
   다. 고압 및 특고압 가공전선로로부터 공급을 받는 수용장소의 인입구
   라. 가공전선로와 지중전선로가 접속되는 곳

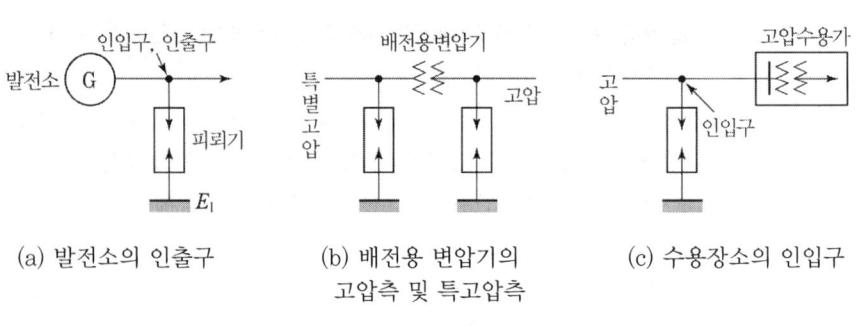

〈피뢰기의 설치 장소〉

2. 다음의 어느 하나에 해당하는 경우에는 피뢰기를 설치하지 않아도 된다.
　가. 직접 접속하는 전선이 짧은 경우
　나. 피보호기기가 보호범위 내에 위치하는 경우

예제 97　도면과 같은 계통에서 피뢰기를 시설 하여야 하는 장소는 몇 개소인가?

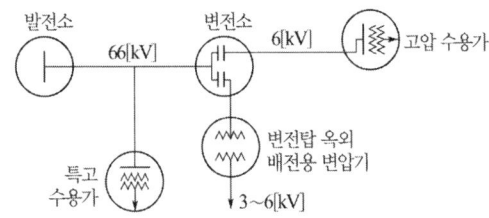

| 풀이 |　① 발전소 인출구 : 1개소　　② 특고압 수용가 인입구 : 1개소
　　　　③ 변전소 인입·인출구 : 3개소　④ 변전탑 인입구 : 1개소
　　　　⑤ 고압 수용가 : 1개소
　　　　답 : 7개소

341.14 피뢰기의 접지
고압 및 특고압의 전로에 시설하는 피뢰기 접지저항 값은 10[Ω] 이하로 하여야 한다.
다만, 고압가공전선로에 시설하는 피뢰기의 접지도체가 그 접지공사 전용의 것인 경우에 그 접지공사의 접지저항 값이 30[Ω] 이하인 때에는 그 피뢰기의 접지저항 값이 10[Ω] 이하가 아니어도 된다.

341.15 압축공기계통
발전소·변전소·개폐소 또는 이에 준하는 곳에서 개폐기 또는 차단기에 사용하는 **압축공기장치**는 다음에 따라 시설하여야 한다.
1. 공기압축기는 **최고 사용압력의 1.5배의 수압**(수압을 연속하여 10분간 가하여 시험을 하기 어려울 때에는 **최고 사용압력의 1.25배의 기압**)을 **연속하여 10분간 가하여** 시험을 하였을 때에 이에 견디고 또한 새지 아니할 것.
2. 주 공기탱크의 압력이 저하한 경우에 자동적으로 압력을 회복하는 장치를 시설할 것.
3. 주 공기탱크 또는 이에 근접한 곳에는 **사용압력의 1.5배 이상 3배 이하의 최고 눈금이 있는 압력계를 시설**할 것.
4. 사용 압력에서 **공기의 보급이 없는 상태로 개폐기 또는 차단기의 투입 및 차단을 연속하여 1회 이상할 수 있는 용량**을 가지는 것일 것.

예제 98　발전소의 개폐기 또는 차단기에 사용하는 압축 공기 장치의 주공기 탱크에는 어떠한 최대 눈금이 있는 압력계를 시설해야 하는가?
　　　　답 : 사용 압력의 1.5배 이상 3배 이하

342 고압·특고압 옥내 설비의 시설

342.1 고압 옥내배선 등의 시설
1. 고압 옥내배선은 다음에 따라 시설하여야 한다.
    가. 고압 옥내배선은 다음 중 하나에 의하여 시설할 것.
       (1) **애자공사(건조한 장소로서 전개된 장소에 한한다)**
       (2) 케이블공사
       (3) 케이블트레이공사
    나. 애자공사
       (1) **전선은 공칭단면적 6[mm^2] 이상의 연동선** 또는 고압 절연전선이나 특고압 절연전선 또는 규정하는 인하용 고압 절연전선일 것.
       (2) 애자공사에 의한 고압 옥내배선은 다음에 의하고, 또한 사람이 접촉할 우려가 없도록 시설할 것.

전 압	전선과 조영재와의 이격 거리	전 선 상 호 간 격	전선 지지점간의 거리	
			조영재의 면을 따라 붙이는 경우	조영재에 따라 시설 하지 않는 경우
고 압	0.05[m] 이상	0.08[m] 이상	2[m] 이하	6[m] 이하

       (3) 고압 옥내배선은 저압 옥내배선과 쉽게 식별되도록 시설할 것.
2. 고압 옥내배선이 다른 고압 옥내배선·저압 옥내전선·관등회로의 배선·약전류 전선 등 또는 수관·가스관이나 이와 유사한 것과 접근하거나 교차하는 경우 이격거리
    가. 다른 고압 옥내배선·저압 옥내전선·관등회로의 배선·약전류 전선 : 15[cm]
    나. 수관·가스관이나 이와 유사한 것과 접근하거나 교차하는 경우 : 15[cm]
    다. 애자사용 공사에 의하여 시설하는 저압 옥내전선이 나전선인 경우 : 30[cm]
    라. 가스계량기 및 가스관의 이음부와 전력량계 및 개폐기 : 60[cm]

예제 99 절연 전선을 사용하는 고압 옥내 배선을 애자 사용 공사에 의하여 조영재 면에 따라 시설하는 경우에 전선 지지점간의 거리는 몇 [m] 이하이어야 하는가?
답 : 2[m] 이하

342.2 옥내 고압용 이동전선의 시설
옥내에 시설하는 **고압의 이동전선**은 다음에 따라 시설하여야 한다.
1. **전선은 고압용의 캡타이어케이블일 것.**
2. 이동전선에 전기를 공급하는 전로에는 전용 개폐기 및 과전류 차단기를 각극(과전류 차단기는 다선식 전로의 중성극을 제외한다)에 시설하고, 또한 전로에 지락이 생겼을 때에 자동적으로 전로를 차단하는 장치를 시설할 것.

예제 100 옥내에 시설하는 고압 이동 전선용 전선은?

답 : 고압용의 캡타이어 케이블

342.4 특고압 옥내 전기설비의 시설

1. **특고압 옥내배선**은 다음에 따르고 또한 위험의 우려가 없도록 시설하여야 한다.
   가. 사용전압은 100[kV] 이하일 것. 다만, 케이블트레이공사에 의하여 시설하는 경우에는 35[kV] 이하일 것.
   나. 전선은 케이블일 것.
   다. 케이블은 철재 또는 철근 콘크리트제의 관·덕트 기타의 견고한 방호장치에 넣어 시설할 것.
   라. 관 그 밖에 케이블을 넣는 방호장치의 금속제 부분·금속제의 전선 접속함 및 케이블의 피복에 사용하는 금속체에는 규정에 의한 접지공사를 하여야 한다.

2. 특고압 옥내배선의 이격거리
   가. 특고압 옥내배선과 저압 옥내전선·관등회로의 배선 또는 고압 옥내전선 사이 : 0.6[m] 이상
   나. 특고압 옥내배선과 약전류 전선 등 또는 수관·가스관이나 이와 유사한 것과 접촉하지 아니하도록 시설할 것.

예제 101 특고압선을 옥내에 시설하는 경우 그 사용 전압의 최대 한도는?

답 : 100 [kV]

351 발전소, 변전소, 개폐소 등의 전기설비

351.1 발전소 등의 울타리·담 등의 시설

1. 고압 또는 특고압의 기계기구·모선 등을 옥외에 시설하는 발전소·변전소·개폐소 또는 이에 준하는 곳에는 다음에 따라 구내에 취급자 이외의 사람이 들어가지 아니하도록 시설하여야 한다.
   가. 울타리·담 등을 시설할 것.
   나. 출입구에는 출입금지의 표시를 할 것.
   다. 출입구에는 자물쇠장치 기타 적당한 장치를 할 것.

2. 울타리·담 등은 다음에 따라 시설하여야 한다.
   가. 울타리·담 등의 높이는 2[m] 이상으로 하고 지표면과 울타리·담 등의 하단사이의 간격은 0.15[m] 이하로 할 것.
   나. 울타리·담 등과 고압 및 특고압의 충전 부분이 접근하는 경우에는 울타리·담 등의 높이와 울타리·담 등으로부터 충전부분까지 거리의 합계는 표에서 정한

값 이상으로 할 것.

사용전압의 구분	울타리·담 등의 높이와 울타리·담 등으로부터 충전 부분까지의 거리의 합계
35 [kV] 이하	5 [m]
35 [kV] 초과 160 [kV] 이하	6 [m]
160 [kV] 초과	• 거리 = 6 + 단수 × 0.12 [m] • 단수 = $\dfrac{\text{사용전압 [kV]} - 160}{10}$ 단수 계산에서 소수점 이하는 절상

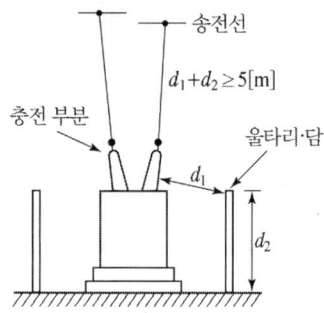

예제 102 345 [kV]의 옥외 변전소에 있어서 울타리의 높이와 울타리에서 충전 부분까지 거리[m]의 합계는?

|풀이| 160[kV]를 넘는 경우 : 6[m]에 160[kV]를 넘는 10[kV] 또는 그 단수마다 12[cm]를 가한 값이므로

- 단수 = $\dfrac{345-160}{10} = 18.5 \rightarrow$ 19단 (단수 계산 시 소수점 이하는 절상)
- 이격거리 = 6 + 단수 × 0.12 = 6 + (19 × 0.12) = 8.28 [m]

답 : 8.28 [m]

예제 103 345[kV]의 전압을 변전하는 변전소가 있다. 이 변전소에 울타리를 시설하고자 하는 경우 울타리의 높이는 몇 [m] 이상으로 하여야 하는가?

답 : 2 [m]

351.2 특고압전로의 상 및 접속 상태의 표시

1. 발전소·변전소 또는 이에 준하는 곳의 **특고압전로에는 그의 보기 쉬운 곳에 상별 표시**를 하여야 한다.
2. 발전소·변전소 또는 이에 준하는 곳의 특고압전로에 대하여는 그 **접속 상태를 모의 모선의 사용 기타의 방법에 의하여 표시하여야 한다.** 다만, 이러한 전로에 접속하는 특고압전선로의 회선수가 2 이하이고 또한 특고압의 모선이 단일모선인 경우에는 그러하지 아니하다.

351.3 발전기 등의 보호장치

1. 발전기에는 다음의 경우에 자동적으로 이를 전로로부터 차단하는 장치를 시설하여야 한다.
   가. **발전기에 과전류나 과전압이 생긴 경우**
   나. **용량이 500 [kVA] 이상의 발전기를 구동하는 수차의 압유 장치의 유압이 현저히 저하한 경우**
   다. 용량이 100 [kVA] 이상의 발전기를 구동하는 풍차의 압유장치의 유압이 현저히 저하한 경우
   라. **용량이 2,000 [kVA] 이상인 수차 발전기의 스러스트 베어링의 온도가 현저히 상승한 경우**
   마. **용량이 10,000 [kVA] 이상인 발전기의 내부에 고장이 생긴 경우**
   바. 정격출력이 10,000 [kW]를 초과하는 증기터빈은 그 스러스트 베어링이 현저하게 마모되거나 그의 온도가 현저히 상승한 경우

2. 연료전지는 다음의 경우에 자동적으로 이를 전로에서 차단하고 연료전지에 연료가스 공급을 자동적으로 차단하며 연료전지내의 연료가스를 자동적으로 배제하는 장치를 시설하여야 한다.
   가. 연료전지에 과전류가 생긴 경우
   나. 발전전압에 이상이 생겼을 경우 또는 연료가스 출구에서의 산소농도 또는 공기 출구에서의 연료가스 농도가 현저히 상승한 경우
   다. 연료전지의 온도가 현저하게 상승한 경우

3. 상용 전원으로 쓰이는 축전지에는 이에 과전류가 생겼을 경우에 자동적으로 이를 전로로부터 차단하는 장치를 시설하여야 한다.

예제 104 발전기 내부에 고장이 생긴 경우 발전기를 자동적으로 차단하는 장치가 꼭 필요한 발전기 용량의 최소값[kVA]은?

답 : 10,000 [kVA]

예제 105 발전기의 보호 장치에 있어서 그 발전기를 구동하는 수차의 압유 장치의 유압이 현저히 저하한 경우 자동 차단시켜야 하는 발전기 용량은 얼마 이상으로 되어 있는가?

답 : 500 [kVA]

예제 106 증기 터빈의 스러스트 베어링이 현저하게 마모되거나 온도가 현저하게 상승한 경우 그 발전기를 전로로부터 자동 차단하는 장치를 시설하는 것은 정격출력이 몇 [kW]를 넘었을 경우인가?

답 : 10,000 [kW]

351.4 특고압용 변압기의 보호장치

특고압용의 변압기에는 그 내부에 고장이 생겼을 경우에 보호하는 장치를 표와 같이 시설하여야 한다.

뱅크 용량의 구분	동작조건	장치의 종류
5,000 [kVA] 이상 10,000 [kVA] 미만	변압기 내부 고장	자동차단장치 또는 경보장치
10,000 [kVA] 이상	변압기 내부 고장	자동차단장치
타냉식 변압기(변압기의 권선 및 철심을 직접 냉각시키기 위하여 봉입한 냉매를 강제 순환시키는 냉각 방식을 말한다.)	냉각 장치에 고장이 생긴 경우 또는 변압기의 온도가 현저히 상승한 경우	경보장치

예제 107 특고압용 변압기로서 내부 고장시 반드시 자동 차단되어야 하는 변압기의 뱅크 용량은 몇 [kVA] 이상인가?

답 : 10,000[kVA]

예제 108 송유 풍냉식 특고압용 변압기의 송풍기가 고장이 생길 경우에는 어느 보호 장치가 필요한가?

답 : 경보 장치

351.5 조상설비의 보호장치

조상설비에는 그 내부에 고장이 생긴 경우에 보호하는 장치를 표와 같이 시설하여야 한다.

설비종별	뱅크용량의 구분	자동적으로 전로로부터 차단하는 장치
전력용 커패시터 및 분로리액터	500 [kVA] 초과 15,000 [kVA] 미만	• 내부에 고장이 생긴 경우 • 과전류가 생긴 경우
	15,000 [kVA] 이상	• 내부에 고장이 생긴 경우 • 과전류가 생긴 경우 • 과전압이 생긴 경우
조상기	15,000 [kVA] 이상	• 내부에 고장이 생긴 경우

예제 109 과전압이 생긴 경우 자동적으로 전로로부터 차단하는 장치를 하여야 하는 전력용 콘덴서의 최소 뱅크 용량[kVA]은?

답 : 15,000 [kVA]

예제 110 전력용 콘덴서의 내부에 고장이 생긴 경우 및 과전류 또는 과전압이 생긴 경우에 자동적으로 전로로부터 차단하는 장치가 필요한 뱅크 용량은 몇 [kVA] 이상인 것가?

답 : 15,000 [kVA] 이상

351.6 계측장치

1. 발전소에서는 다음의 사항을 계측하는 장치를 시설하여야 한다. 다만, 태양전지 발전소는 연계하는 전력계통에 그 발전소 이외의 전원이 없는 것에 대하여는 그러하지 아니하다.
    가. 발전기·연료전지 또는 태양전지 모듈(복수의 태양전지 모듈을 설치하는 경우에는 그 집합체)의 전압 및 전류 또는 전력
    나. 발전기의 베어링(수중 메탈을 제외한다) 및 **고정자의 온도**
    다. 정격출력이 10,000[kW]를 초과하는 증기터빈에 접속하는 발전기의 진동의 진폭
    라. **주요 변압기의 전압 및 전류 또는 전력**
    마. **특고압용 변압기의 온도**
2. 동기발전기를 시설하는 경우에는 동기검정장치를 시설하여야 한다. 다만, **동기발전기의 용량이 그 발전기를 연계하는 전력계통의 용량과 비교하여 현저히 적은 경우에는 그러하지 아니하다.**
3. 변전소 또는 이에 준하는 곳에는 다음의 사항을 계측하는 장치를 시설하여야 한다.
    가. 주요 변압기의 전압 및 전류 또는 전력
    나. 특고압용 변압기의 온도
4. 동기조상기를 시설하는 경우에는 다음의 사항을 계측하는 장치 및 동기검정장치를 시설하여야 한다. 다만, **동기조상기의 용량이 전력계통의 용량과 비교하여 현저히 적은 경우에는 동기검정장치를 시설하지 아니할 수 있다.**
    가. 동기조상기의 전압 및 전류 또는 전력
    나. 동기조상기의 베어링 및 고정자의 온도

예제 111 다음 동기 조상기의 각 계측 장치 중에서 동기 조상기의 용량이 전력 계통의 용량과 비교하여 현저히 작은 경우에 그 시설을 생략할 수 있는 것은?

답 : 동기 검정 장치

351.7 배전반의 시설

배전반에 고압용 또는 특고압용의 기구 또는 전선을 시설하는 경우에는 취급자에게 위험이 미치지 아니하도록 적당한 방호장치 또는 통로를 시설하여야 하며, 기기조작에 필요한 공간을 확보하여야 한다.

351.8 상주 감시를 하지 아니하는 발전소의 시설

1. 발전소의 운전에 필요한 지식 및 기능을 가진 자(이하 "기술원"이라 한다)가 그 발전소에서 상주 감시를 하지 아니하는 발전소는 다음의 어느 하나에 의하여 시설하여야 한다.
   가. 전기공급에 지장을 주지 아니하고 또한 기술원이 그 발전소를 수시 순회하는 경우
   나. 발전소를 원격감시 제어하는 제어소(이하 "발전제어소"라 한다)에 기술원이 상주하여 감시하는 경우
2. 발전소는 비상용 예비 전원을 얻을 목적으로 시설하는 것 이외에는 다음에 따라 시설하여야 한다.
   가. 다음과 같은 경우에는 발전기를 전로에서 자동적으로 차단하고 또한 수차 또는 풍차를 자동적으로 정지하는 장치 또는 내연기관에 연료 유입을 자동적으로 차단하는 장치를 시설할 것.
      (1) 원동기 제어용의 압유장치의 유압, 압축 공기장치의 공기압 또는 전동 제어 장치의 전원 전압이 현저히 저하한 경우
      (2) 원동기의 회전속도가 현저히 상승한 경우
      (3) 발전기에 과전류가 생긴 경우
      (4) 정격 출력이 500[kW] 이상의 원동기(풍차를 시가지 그 밖에 인가가 밀집된 지역에 시설하는 경우에는 100[kW] 이상) 또는 그 발전기의 베어링의 온도가 현저히 상승한 경우
      (5) 용량이 2,000[kVA] 이상의 발전기의 내부에 고장이 생긴 경우
      (6) 내연기관의 냉각수 온도가 현저히 상승한 경우 또는 냉각수의 공급이 정지된 경우
      (7) 내연기관의 윤활유 압력이 현저히 저하한 경우
      (8) 내연력 발전소의 제어회로 전압이 현저히 저하한 경우
      (9) 시가지 그 밖에 인가 밀집지역에 시설하는 것으로서 정격 출력이 10[kW] 이상의 풍차의 중요한 베어링 또는 그 부근의 축에서 회전중에 발생하는 진동의 진폭이 현저히 증대된 경우
   나. 다음의 경우에 연료전지를 자동적으로 전로로부터 차단하여 연료전지, 연료 개질계통 설비 및 연료기화기에의 연료의 공급을 자동적으로 차단하고 또한 연료전지 및 연료 개질계통 설비의 내부의 연료가스를 자동적으로 배제하는 장치를 시설할 것.
      (1) 발전소의 운전 제어 장치에 이상이 생긴 경우
      (2) 발전소의 제어용 압유장치의 유압, 압축 공기 장치의 공기압 또는 전동식 제어장치의 전원전압이 현저히 저하한 경우
      (3) 설비내의 연료가스를 배제하기 위한 불활성 가스 등의 공급 압력이 현저히 저하한 경우

다. 다음의 경우에 발전소에서는 발전 제어소에 경보하는 장치를 시설할 것.
  (1) 원동기가 자동정지한 경우
  (2) 운전조작에 필요한 차단기가 자동적으로 차단된 경우(차단기가 자동적으로 재폐로 된 경우를 제외한다)
  (3) 수력발전소 또는 풍력발전소의 제어회로 전압이 현저히 저하한 경우
  (4) 특고압용의 타냉식 변압기의 온도가 현저히 상승한 경우 또는 냉각장치가 고장인 경우
  (5) 발전소 안에 화재가 발생한 경우
  (6) 내연기관의 연료유면이 이상 저하된 경우
  (7) 가스절연기기(압력의 저하에 따라 절연파괴 등이 생길 우려가 없는 것을 제외한다)의 절연가스의 압력이 현저히 저하한 경우
라. 발전 제어소에 다음의 장치를 시설할 것.
  (1) 원동기 및 발전기, 연료전지의 부하를 조정하는 장치
  (2) 운전 및 정지를 조작하는 장치 및 감시하는 장치
  (3) 운전 조작에 상시 필요한 차단기를 조작하는 장치 및 개폐상태를 감시하는 장치
  (4) 고압 또는 특고압의 배전선로용 차단기를 조작하는 장치 및 개폐를 감시하는 장치

351.9 상주 감시를 하지 아니하는 변전소의 시설

1. 변전소의 운전에 필요한 지식 및 기능을 가진 자(이하 "기술원"이라고 한다)가 그 변전소에 상주하여 감시를 하지 아니하는 변전소는 다음에 따라 시설하는 경우에 한한다.
  가. 사용전압이 170[kV] 이하의 변압기를 시설하는 변전소로서 기술원이 수시로 순회하거나 그 변전소를 원격감시 제어하는 제어소에서 상시 감시하는 경우
  나. 사용전압이 170[kV]를 초과하는 변압기를 시설하는 변전소로서 변전제어소에서 상시 감시하는 경우
2. 제1의"가"에 규정하는 변전소는 다음에 따라 시설하여야 한다.
  가. 다음의 경우에는 변전제어소 또는 기술원이 상주하는 장소에 경보장치를 시설할 것.
    (1) 운전조작에 필요한 차단기가 자동적으로 차단한 경우(차단기가 재폐로한 경우를 제외한다)
    (2) 주요 변압기의 전원측 전로가 무전압으로 된 경우
    (3) 제어 회로의 전압이 현저히 저하한 경우
    (4) 옥내변전소에 화재가 발생한 경우
    (5) 출력 3,000[kVA]를 초과하는 특고압용변압기는 그 온도가 현저히 상승한 경우
    (6) 특고압용 타냉식변압기는 그 냉각장치가 고장난 경우

(7) 조상기는 내부에 고장이 생긴 경우

(8) 수소냉각식조상기는 그 조상기 안의 수소의 순도가 90[%] 이하로 저하한 경우, 수소의 압력이 현저히 변동한 경우 또는 수소의 온도가 현저히 상승한 경우

(9) 가스절연기기(압력의 저하에 의하여 절연파괴 등이 생길 우려가 없는 경우를 제외한다)의 절연가스의 압력이 현저히 저하한 경우

나. 수소냉각식 조상기를 시설하는 변전소는 그 조상기 안의 수소의 순도가 85[%] 이하로 저하한 경우에 그 조상기를 전로로부터 자동적으로 차단하는 장치를 시설할 것.

3. 제1의 "나"에 규정하는 변전소는 제2의 규정에 준하는 외에 2 이상의 신호전송경로 [적어도 1경로가 무선, 전력선(특고압 전선에 의하는 것에 한한다) 통신용 케이블 또는 광섬유 케이블인 것에 한한다]에 의하여 원격감시제어 하도록 시설하여야 한다.

351.10 수소냉각식 발전기 등의 시설

수소냉각식의 발전기 · 조상기 또는 이에 부속하는 수소 냉각 장치는 다음 각 호에 따라 시설하여야 한다.

가. 발전기 또는 조상기는 기밀구조의 것이고 또한 수소가 대기압에서 폭발하는 경우에 생기는 압력에 견디는 강도를 가지는 것일 것.

나. 발전기축의 밀봉부에는 질소 가스를 봉입할 수 있는 장치 또는 발전기 축의 밀봉부로부터 누설된 수소 가스를 안전하게 외부에 방출할 수 있는 장치를 시설할 것.

다. 발전기 내부 또는 조상기 내부의 수소의 순도가 85 [%] 이하로 저하한 경우에 이를 경보하는 장치를 시설할 것.

라. 발전기 내부 또는 조상기 내부의 수소의 압력을 계측하는 장치 및 그 압력이 현저히 변동한 경우에 이를 경보하는 장치를 시설할 것.

마. 발전기 내부 또는 조상기 내부의 수소의 온도를 계측하는 장치를 시설할 것.

바. 발전기 내부 또는 조상기 내부로 수소를 안전하게 도입할 수 있는 장치 및 발전 기 안 또는 조상기안의 수소를 안전하게 외부로 방출할 수 있는 장치를 시설할 것.

사. 발전기 또는 조상기에 붙인 유리제의 점검 창 등은 쉽게 파손되지 아니하는 구조로 되어 있을 것.

362 전력보안통신설비의 시설

362.1 전력보안통신설비의 시설 요구사항

1. 발전소, 변전소 및 변환소에서 전력보안통신설비의 시설 장소

가. 원격감시제어가 되지 아니하는 발전소 · 변전소 · 개폐소, 전선로 및 이를 운용하는 급전소 및 급전분소 간

나. 2개 이상의 급전소(분소) 상호 간과 이들을 통합 운용하는 급전소(분소) 간

다. 수력설비의 안전상 필요한 **양수소 및 강수량 관측소와 수력발전소 간**

라. **동일 수계**에 속하고 안전상 긴급 연락의 필요가 있는 **수력발전소 상호 간**

마. **동일 전력계통**에 속하고 또한 안전상 긴급연락의 필요가 있는 **발전소 · 변전소및 개폐소 상호 간**

바. 발전소 · 변전소 및 개폐소와 기술원 주재소 간. 다만, 다음 어느 항목에 적합하고 또한 휴대용 이거나 이동형 전력보안통신 설비에 의하여 연락이 확보된 경우에는 그러하지 아니하다.

　(1) 발전소로서 전기의 공급에 지장을 미치지 않는 곳.

　(2) 상주감시를 하지 않는 변전소(사용전압이 35[kV] 이하의 것에 한한다.)로서 그 변전소에 접속되는 전선로가 동일 기술원 주재소에 의하여 운용되는 곳.

사. 발전소 · 변전소 · 개폐소 · 급전소 및 기술원 주재소와 전기설비의 안전상 긴급 연락의 필요가 있는 기상대 · 측후소 · 소방서 및 방사선 감시계측 시설물 등의 사이

2. 전력보안통신설비는 정전 시에도 그 기능을 잃지 않도록 비상용 예비전원을 구비하여야 한다.

3. 전력보안통신선 시설기준은 다음에 따른다.

　가. 통신선의 종류는 광섬유케이블, 동축케이블 및 차폐용 실드케이블(STP) 또는 이와 동등 이상일 것.

　나. 가공 통신선은 반드시 조가선에 시설할 것. 다만, 통신선 자체가 지지 기능을 가진 경우는 조가선을 생략할 수 있다.

362.2 전력보안통신선의 시설 높이와 이격거리

1. 전력 보안 가공통신선(이하 "가공통신선"이라 한다)의 높이는 다음을 따른다.

구 분		지상고	비고
도로(차도)	일반적인 경우	5.0[m] 이상	
	교통에 지장을 안 주는 경우	4.5[m]이상	
철도 또는 궤도 횡단 시		6.5[m] 이상	레일면상
횡단보도교 위		3.0[m] 이상	그 노면상
기 타		3.5[m] 이상	

2. 가공전선로의 지지물에 시설하는 통신선 또는 이에 직접 접속하는 가공 통신선의 높이는 다음에 따라야 한다.

시설 장소		가공전선로의 지지물에 시설	
		고·저압[m]	특고압[m]
도로횡단	일반적인 경우	6[m]이상	6[m]이상
	교통에 지장을 안 주는 경우	5[m]이상	
철도 횡단(레일면상)		6.5[m]이상	6.5[m]이상
횡단 보도교 위	노면상	3.5[m]이상	5[m]이상
	절연전선 사용	3[m]이상	
	광섬유 케이블 사용		4[m]이상
기타의 장소	일반적인 경우 (절연전선 사용)	4[m]이상	5[m]이상
	광섬유 케이블 사용	3.5[m]이상	

3. 가공전선과 첨가 통신선과의 이격거리
   가. 통신선은 가공전선의 아래에 시설할 것.
   나. 이격거리

가공전선		통신선		
		일반	절연전선	광섬유케이블
중성선	25[kV]이하, 다중 접지 중성선	0.6[m] 이상		
저압가공전선	일 반	0.6[m]이상		
	절연전선 또는 케이블		0.3[m]이상	
	인입선			0.15[m]이상
고압가공전선	일 반	0.6[m]이상		
	케이블		0.3[m]이상	
특고압가공전선	일 반	1.2[m]이상		
	케이블		0.3m]이상	
	25[kV]이하, 다중 접지방식	0.75[m]이상		

4. 특고압 가공전선로의 지지물에 시설하는 통신선 또는 이에 직접 접속하는 통신선이 도로·횡단보도교·철도의 레일·삭도·가공전선·다른 가공약전류 전선 등 또는 교류 전차선 등과 교차하는 경우에는 다음에 따라 시설하여야 한다.
   가. 통신선이 도로·횡단보도교·철도의 레일 또는 삭도와 교차하는 경우에는 통신선은 연선의 경우 단면적 16[mm^2](단선의 경우 지름 4[mm])의 절연전선과 동등 이상의 절연 효력이 있는 것, 인장강도 8.01[kN] 이상의 것 또는 연선의 경우 단면적 25[mm^2](단선의 경우 지름 5[mm])의 경동선일 것.
   나. 통신선과 삭도 또는 다른 가공약전류 전선 등 사이의 이격거리는 0.8[m](통신선이 케이블 또는 광섬유 케이블일 때는 0.4[m]) 이상으로 할 것.

362.3 조가선 시설기준
조가선은 단면적 38[mm^2] 이상의 아연도강연선을 사용할 것.

362.4 전력유도의 방지

전력보안통신설비는 가공전선로로부터의 정전유도작용 또는 전자유도작용에 의하여 사람에게 위험을 줄 우려가 없도록 시설하여야 한다. 다음의 제한값을 초과하거나 초과할 우려가 있는 경우에는 이에 대한 방지조치를 하여야 한다.

1. 이상시 유도위험전압 : 650[V]
   (다만, 고장 시 전류제거시간이 0.1초 이상인 경우에는 430[V]로 한다)
2. 상시 유도위험종전압 : 60[V]
3. 기기 오동작 유도종전압 : 15[V]
4. 잡음전압 : 0.5[mV]

362.5 특고압 가공전선로 첨가설치 통신선의 시가지 인입 제한

1. 시가지에 시설하는 통신선은 특고압 가공전선로의 지지물에 시설하여서는 아니 된다. 다만, 통신선이 절연전선과 동등 이상의 절연효력이 있고 인장강도 5.26[kN] 이상의 것. 또는 단면적 16[mm^2](지름 4[mm]) 이상의 절연전선 또는 광섬유 케이블인 경우에는 그러하지 아니하다.
2. 저압 가공전선로의 지지물에 시설하는 통신선 또는 이것에 직접 접속하는 통신선인 경우에는 다음의 저압용 보안장치일 것.

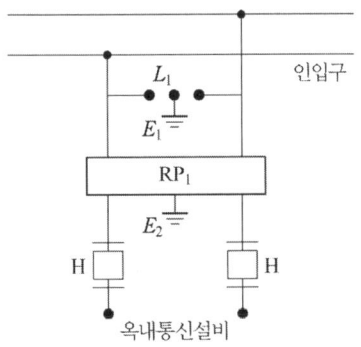

- H : 250[mA] 이하에서 동작하는 열 코일
- RP$_1$: 교류 300[V] 이하에서 동작하고, 최소 감도 전류가 3[A] 이하로서 최소 감도전류 때의 응동시간이 1사이클 이하이고 또한 전류 용량이 50[A], 20초 이상인 자복성이 있는 릴레이 보안기
- L$_1$: 교류 1[kV] 이하에서 동작하는 피뢰기
- E$_1$ 및 E$_2$: 접지

3. 고압 가공전선로의 지지물에 시설하는 통신선 또는 이것에 직접 접속하는 통신선의 경우에는 다음의 보안장치일 것.

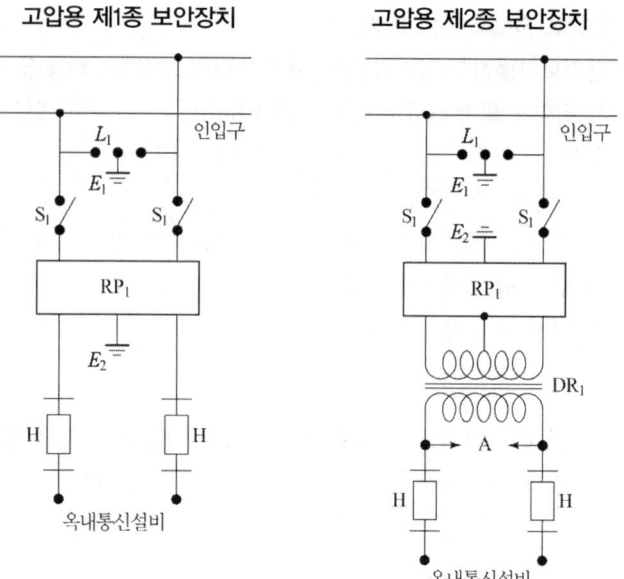

- S_1 : 인입용 개폐기
- A : 교류 300[V] 이하에서 동작하는 방전갭
- DR_1 : 고압용 배류 중계 코일(선로측 코일과 옥내측 코일사이 및 선로측 코일과 대지사이의 절연내력은 교류 3[kV]의 시험전압으로 시험하였을 때 연속하여 1분간 이에 견디는 것일 것.)
- H : 고압용 제2종 보안장치에 RP_1이 최소 감도전류 0.5[A] 이하인 것일 때는 H를 생략할 수 있다.
- S_1 : L_1보다 인입구 측에 시설할 수가 있다.

4. 특고압 가공전선로의 지지물에 시설하는 통신선 또는 이것에 직접 접속하는 통신선인 경우에는 다음의 보안장치일 것.

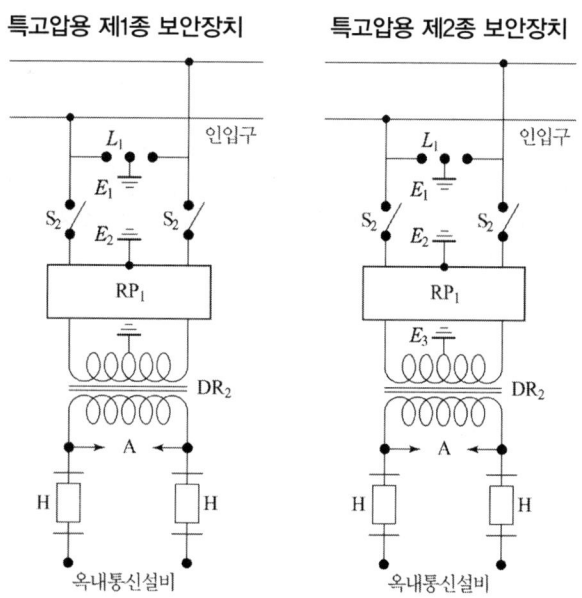

- S_2 : 인입용 고압개폐기
- DR_2 : 특고압용 배류 중계 코일(선로측 코일과 옥내측 코일 사이 및 선로측 코일과 대지사이의 절연내력은 교류 6[kV]의 시험전압으로 시험하였을 때 연속하여 1분간 이에 견디는 것일 것.)
- E_3 : 접지

362.6 25[kV] 이하인 특고압 가공전선로 첨가 통신선의 시설에 관한 특례
특고압 가공전선로의 지지물에 시설하는 **통신선은 광섬유 케이블**일 것. 다만, 표준에 적합한 특고압용 제2종 보안장치 또는 이에 준하는 보안장치를 시설할 때에는 그러하지 아니하다.

362.7 특고압 가공전선로 첨가설치 통신선에 직접 접속하는 옥내 통신선의 시설
특고압 가공전선로의 지지물에 시설하는 통신선(광섬유 케이블을 제외한다) 또는 이에 직접 접속하는 통신선 중 옥내에 시설하는 부분은 400[V] 초과의 저압옥내 배선시설에 준하여 시설하여야 한다.

362.9 전원공급기의 시설
1. 전원공급기는 다음에 따라 시설하여야 한다.
   - 가. 지상에서 4 [m] 이상 유지할 것.
   - 나. 누전차단기를 내장할 것.
   - 다. 시설방향은 인도측으로 시설하며 외함은 접지를 시행할 것.
2. 기기주, 변대주 및 분기주 등 설비 복잡개소에는 전원공급기를 시설할 수 없다.

362.10 전력보안통신설비의 보안장치
1. 통신선(광섬유 케이블을 제외한다)에 직접 접속하는 옥내통신 설비를 시설하는 곳에는 통신선의 구별에 따라 표준에 적합한 보안장치 또는 이에 준하는 보안장치를 시설하여야 한다.
2. 특고압 가공전선로의 지지물에 시설하는 통신선 또는 이에 직접 접속하는 통신선에 접속하는 휴대전화기를 접속하는 곳 및 옥외전화기를 시설하는 곳에는 표준에 적합한 특고압용 제1종 보안장치, 특고압용 제2종 보안장치 또는 이에 준하는 보안장치를 시설하여야 한다.

362.11 전력선 반송 통신용 결합장치의 보안장치
전력선 반송통신용 결합 커패시터에 접속하는 회로에는 그림 의 보안장치 또는 이에 준하는 보안장치를 시설하여야 한다.

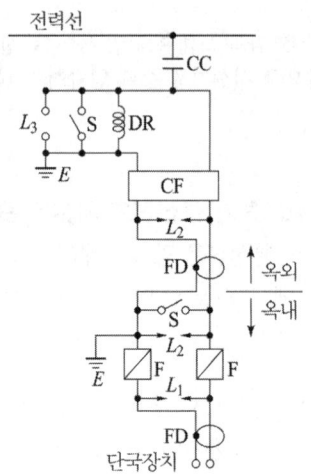

- FD : 동축케이블
- F : 정격전류 10[A] 이하의 포장 퓨즈
- DR : 전류 용량 2[A] 이상의 배류 선륜
- L_1 : 교류 300[V] 이하에서 동작하는 피뢰기
- L_2 : 동작 전압이 교류 1.3[kV]를 초과하고 1.6[kV] 이하로 조정된 방전갭
- L_3 : 동작 전압이 교류 2[kV]를 초과하고 3[kV] 이하로 조정된 구상 방전갭
- S : 접지용 개폐기
- CF : 결합 필타
- CC : 결합 커패시터(결합 안테나를 포함한다.)
- E : 접지

전력선 반송 통신용 결합장치의 보안장치

364.1 무선용 안테나 등을 지지하는 철탑 등의 시설

전력보안통신설비인 **무선통신용 안테나 또는 반사판을 지지하는 목주·철주·철근 콘크리트주 또는 철탑**은 다음에 따라 시설하여야 한다. 다만, 무선용 안테나 등이 전선로의 주위상태를 감시할 목적으로 시설되는 것일 경우에는 그러하지 아니하다.

가. **목주**는 풍압하중에 대한 **안전율은 1.5 이상**이어야 한다.
나. **철주·철근 콘크리트주 또는 철탑의 기초 안전율은 1.5 이상**이어야 한다.

364.2 무선용 안테나 등의 시설 제한

무선용 안테나 등은 전선로의 주위 상태를 감시하거나 배전자동화, 원격검침 등 지능형전력망을 목적으로 시설하는 것 이외에는 가공전선로의 지지물에 시설하여서는 아니 된다.

04. 전기철도 설비

402 전기철도의 용어 정의

1. 전기철도설비 : 전기철도설비는 전철 변전설비, 급전설비, 부하설비(전기철도차량 설비 등)로 구성된다.
2. 전기철도차량 : 전기적 에너지를 기계적 에너지로 바꾸어 열차를 견인하는 차량으로 전기방식에 따라 직류, 교류, 직·교류 겸용, 성능에 따라 전동차, 전기기관차로 분류한다.

3. 궤도 : 레일·침목 및 도상과 이들의 부속품으로 구성된 시설을 말한다.
4. 전차선로 : 전기철도차량에 전력을 공급하기 위하여 선로를 따라 설치한 시설물로서 전차선, 급전선, 귀선과 그 지지물 및 설비를 총괄한 것을 말한다.
5. 합성전차선 : 전기철도차량에 전력을 공급하기위하여 설치하는 전차선, 조가선(강체포함), 행어이어, 드로퍼 등으로 구성된 가공전선을 말한다.
6. 가선방식 : 전기철도차량에 전력을 공급하는 전차선의 가선방식으로 가공방식, 강체방식, 제3레일방식으로 분류한다.
7. 귀선회로 : 전기철도차량에 공급된 전력을 변전소로 되돌리기 위한 귀로를 말한다.
8. 누설전류 : 전기철도에 있어서 레일 등에서 대지로 흐르는 전류를 말한다.
9. 장기 과전압 : 지속시간이 20[ms] 이상인 과전압을 말한다.

410 전기철도의 전기방식

411 전기방식의 일반사항

411.1 전력수급조건

1. 수전선로의 전력수급조건은 부하의 크기 및 특성, 지리적 조건, 환경적 조건, 전력조류, 전압강하, 수전 안정도, 회로의 공진 및 운용의 합리성, 장래의 수송수요, 전기사업자 협의 등을 고려하여 공칭전압(수전전압)으로 선정하여야 한다.

표. 공칭전압(수전전압)

공칭전압(수전전압) (kV)	교류 3상 22.9, 154, 345

2. 수전선로의 계통구성에는 **3상 단락전류, 3상 단락용량, 전압강하, 전압불평형 및 전압왜형율, 플리커 등을 고려**하여 시설하여야 한다.

411.2 전차선로의 전압

전차선로의 전압은 전원측 도체와 전류귀환도체 사이에서 측정된 집전장치의 전위로서 전원공급시스템이 정상 동작상태에서의 값이며, 직류방식과 교류방식으로 구분된다.

1. **직류방식** : 사용전압과 각 전압별 최고, 최저전압은 표 에 따라 선정하여야 한다. 다만, **비지속성 최고전압은 지속시간이 5분 이하로 예상**되는 전압의 최고값으로 하되, 기존 운행중인 전기철도차량과의 인터페이스를 고려한다.

표. 직류방식의 급전전압

구분	지속성 최저전압 [V]	공칭전압 [V]	지속성 최고전압 [V]	비지속성 최고전압 [V]	장기 과전압 [V]
DC (평균값)	500 900	750 1,500	900 1,800	950[1] 1,950	1,269 2,538

([1]) 회생제동의 경우 1,000[V]의 비지속성 최고전압은 허용 가능하다.

2. **교류방식** : 사용전압과 각 전압별 최고, 최저전압은 표 에 따라 선정하여야 한다. 다만, **비지속성 최저전압은 지속시간이 2분 이하로 예상**되는 전압의 최저값으로 하되, 기존 운행중인 전기철도차량과의 인터페이스를 고려한다.

표. 교류방식의 급전전압

주파수 (실효값)	비지속성 최저전압[V]	지속성 최저전압[V]	공칭전압 [V][2]	지속성 최고전압[V]	비지속성 최고전압[V]	장기 과전압[V]
60 Hz	17,500 35,000	19,000 38,000	25,000 50,000	27,500 55,000	29,000 58,000	38,746 77,492

([2]) 급전선과 전차선 간의 공칭전압은 단상교류 50[kV](급전선과 레일 및 전차선과 레일사이의의 전압은 25[kV])를 표준으로 한다.

420 전기철도의 변전방식

421 변전방식의 일반사항

421.1 변전소 등의 구성
전기철도설비는 고장 시 고장의 범위를 한정하고 고장전류를 차단할 수 있어야 하며, 단전이 필요할 경우 단전 범위를 한정할 수 있도록 계통별 및 구간별로 분리할 수 있어야 한다.

421.2 변전소 등의 계획
1. 전기철도 노선, 전기철도차량의 특성, 차량운행계획 및 철도망건설계획 등 부하특성과 연장급전 등을 고려하여 변전소 등의 용량을 결정하고, 급전계통을 구성하여야 한다.
2. **변전소의 위치는 가급적 수전선로의 길이가 최소화 되도록 하며, 전력수급이 용이하고, 변전소 앞 절연구간에서 전기철도차량의 타행운행이 가능한 곳을 선정**하여야 한다.

421.3 변전소의 용량
1. 변전소의 용량은 급전구간별 정상적인 열차부하조건에서 1시간 최대출력 또는 순시 최대출력을 기준으로 결정하고, 연장급전 등 부하의 증가를 고려하여야 한다.

2. 변전소의 용량 산정 시 현재의 부하와 장래의 수송수요 및 고장 등을 고려하여 변압기 뱅크를 구성하여야 한다.

421.4 변전소의 설비

1. 급전용변압기는 직류 전기철도의 경우 3상 정류기용 변압기, **교류 전기철도의 경우 3상 스코트결선 변압기의 적용을 원칙**으로 하고, 급전계통에 적합하게 선정하여야 한다.
2. **개폐기는 선로 중 중요한 분기점, 고장발견이 필요한 장소, 빈번한 개폐를 필요로 하는 곳에 설치**하며, 개폐상태의 표시, 쇄정장치 등을 설치하여야 한다.
3. 제어용 교류전원은 상용과 예비의 2계통으로 구성하여야 한다.

430 전기철도의 전차선로

431 전차선로의 일반사항

431.1 전차선 가선방식

전차선의 가선방식은 열차의 속도 및 노반의 형태, 부하전류 특성에 따라 적합한 방식을 채택하여야 하며, **가공방식, 강체방식, 제3레일방식을 표준**으로 한다.

431.2 전차선로의 충전부와 건조물 간의 절연이격

1. 건조물과 전차선, 급전선 및 전기철도차량 집전장치의 공기절연 이격거리는 표에 제시되어 있는 정적 및 동적 최소 절연이격거리 이상을 확보하여야 한다. 동적 절연이격의 경우 팬터그래프가 통과하는 동안의 일시적인 전선의 움직임을 고려하여야 한다.

표. 전차선과 건조물 간의 최소 절연이격거리

시스템 종류	공칭전압(V)	동적(mm)		정적(mm)	
		비오염	오염	비오염	오염
직류	750	25	25	25	25
	1,500	100	110	150	160
단상교류	25,000	170	220	270	320

2. 해안 인접지역, 공해지역, 열기관을 포함한 교통량이 과중한 곳, 오염이 심한 곳, 안개가 자주 끼는 지역, 강풍 또는 강설 지역 등 특정한 위험도가 있는 구역에서는 최소 절연이격거리보다 증가시켜야 한다.

431.3 전차선로의 충전부와 차량 간의 절연이격

1. 차량과 전차선로나 충전부 간의 절연이격은 표 에 제시되어 있는 정적 및 동적 최소 절연이격거리 이상을 확보하여야 한다. 동적 절연이격의 경우 팬터그래프가 통과하는 동안의 일시적인 전선의 움직임을 고려하여야 한다.

표. 전차선과 차량 간의 최소 절연이격거리

시스템 종류	공칭전압(V)	동적(mm)	정적(mm)
직류	750	25	25
	1,500	100	150
단상교류	25,000	170	270

2. 해안 인접지역, 공해지역, 안개가 자주 끼는 지역, 강풍 또는 강설 지역 등 특정한 위험도가 있는 구역에서는 최소 절연이격거리보다 증가시켜야 한다.

431.4 급전선로

급전선은 나전선을 적용하여 가공식으로 가설을 원칙으로 한다.

431.5 귀선로

1. **귀선로는 비절연보호도체, 매설접지도체, 레일 등으로 구성하여 단권변압기 중성점과 공통접지에 접속**한다.
2. 비절연보호도체의 위치는 통신유도장해 및 레일전위의 상승의 경감을 고려하여 결정하여야 한다.
3. 귀선로는 사고 및 지락 시에도 충분한 허용전류용량을 갖도록 하여야 한다.

431.6 전차선 및 급전선의 높이

전차선과 급전선의 최소 높이는 표 의 값 이상을 확보하여야 한다.

표. 전차선 및 급전선의 최소 높이

시스템 종류	공칭전압(V)	동적(mm)	정적(mm)
직류	750	4,800	4,400
	1,500	4,800	4,400
단상교류	25,000	4,800	4,570

431.11 전차선 등과 식물사이의 이격거리

교류 전차선 등 충전부와 식물사이의 이격거리는 5 [m] 이상이어야 한다. 다만, 5[m] 이상 확보하기 곤란한 경우에는 현장여건을 고려하여 방호벽 등 안전조치를 하여야한다.

440 전기철도의 전기철도차량 설비

441 전기철도차량 설비의 일반사항

441.1 절연구간
1. 교류 구간에서는 변전소 및 급전구분소 앞에서 서로 다른 위상 또는 공급점이 다른 전원이 인접하게 될 경우 전원이 혼촉되는 것을 방지하기 위한 절연구간을 설치하여야 한다.
2. 전기철도차량의 교류-교류 절연구간을 통과하는 방식은 역행 운전방식, 타행 운전방식, 변압기 무부하 전류방식, 전력소비 없이 통과하는 방식이 있으며, 각 통과방식을 고려하여 가장 적합한 방식을 선택하여 시설한다.
3. 교류-직류(직류-교류) 절연구간은 교류구간과 직류 구간의 경계지점에 시설한다. 이 구간에서 전기철도차량은 노치 오프(notch off) 상태로 주행한다.
4. 절연구간의 소요길이는 구간 진입 시의 아크 시간, 잔류전압의 감쇄시간, 팬터그래프 배치간격, 열차속도 등에 따라 결정한다.

441.4 전기철도차량의 역률
1. 비지속성 최저전압에서 비지속성 최고전압까지의 전압범위에서 유도성 역률 및 전력소비에 대해서만 적용되며, 회생제동 중에는 전압을 제한 범위내로 유지시키기 위하여 유도성 역률을 낮출 수 있다. 다만, 전기철도차량이 전차선로와 접촉한 상태에서 견인력을 끄고 보조전력을 가동한 상태로 정지해 있는 경우, 가공 전차선로의 유효전력이 200[kW] 이상일 경우 총 역률은 0.8보다는 작아서는 안된다.
2. 역행 모드에서 전압을 제한 범위 내로 유지하기 위하여 용량성 역률이 허용되며, 규정된 비지속성 최저전압에서 비지속성 최고전압까지의 전압범위에서 용량성 역률은 제한 받지 않는다.

441.5 회생제동
1. 전기철도차량은 다음과 같은 경우에 **회생제동의 사용을 중단**해야 한다.
   가. **전차선로 지락이 발생한 경우**
   나. **전차선로에서 전력을 받을 수 없는 경우**
   다. **규정된 선로전압이 장기 과전압 보다 높은 경우**
2. 회생전력을 다른 전기장치에서 흡수할 수 없는 경우에는 전기철도차량은 다른 제동 시스템으로 전환되어야 한다.
3. 전기철도 전력공급시스템은 회생제동이 상용제동으로 사용이 가능하고 다른 전기철도차량과 전력을 지속적으로 주고받을 수 있도록 설계되어야 한다.

450 전기철도의 설비를 위한 보호

451 설비보호의 일반사항

451.1 보호협조
가공 선로측에서 발생한 지락 및 사고전류의 파급을 방지하기 위하여 피뢰기를 설치하여야 한다.

451.3 피뢰기 설치장소
1. 다음의 장소에 피뢰기를 설치하여야 한다.
    가. 변전소 인입측 및 급전선 인출측
    나. 가공전선과 직접 접속하는 지중케이블에서 낙뢰에 의해 절연파괴의 우려가 있는 케이블 단말
2. 피뢰기는 가능한 한 보호하는 기기와 가깝게 시설하되 누설전류 측정이 용이하도록 지지대와 절연하여 설치한다.

451.4 피뢰기의 선정
피뢰기는 다음의 조건을 고려하여 선정한다.
1. **피뢰기는 밀봉형을 사용**하고 유효 보호거리를 증가시키기 위하여 **방전개시전압 및 제한전압이 낮은 것을 사용**한다.
2. 유도뢰서지에 대하여 2선 또는 3선의 피뢰기 동시동작이 우려되는 변전소 근처의 단락 전류가 큰 장소에는 속류차단능력이 크고 또한 차단성능이 회로조건의 영향을 받을 우려가 적은 것을 사용한다.

460 전기철도의 안전을 위한 보호

461 전기안전의 일반사항

461.2 레일 전위의 위험에 대한 보호
1. 레일 전위는 고장 조건에서의 접촉전압 또는 정상 운전조건에서의 접촉전압으로 구분하여야 한다.
2. 교류 전기철도 급전시스템에서의 레일 전위의 최대 허용 접촉전압은 표 의 값 이하이어야 한다. 단, **작업장 및 이와 유사한 장소에서는 최대 허용 접촉전압을 25 [V](실효값)를 초과하지 않아야 한다.**

표. 교류 전기철도 급전시스템의 최대 허용 접촉전압

시간 조건	최대 허용 접촉전압(실효값)
순시조건($t \leq 0.5$초)	670[V]
일시적 조건(0.5초$< t \leq 300$초)	65[V]
영구적 조건($t > 300$초)	60[V]

3. 직류 전기철도 급전시스템에서의 레일 전위의 최대 허용 접촉전압은 표 의 값 이하이여야 한다. 단, **작업장 및 이와 유사한 장소에서 최대 허용 접촉전압은 60 [V]를 초과하지 않아야 한다.**

표. 직류 전기철도 급전시스템의 최대 허용 접촉전압

시간 조건	최대 허용 접촉전압(실효값)
순시조건($t \leq 0.5$초)	535[V]
일시적 조건(0.5초$< t \leq 300$초)	150[V]
영구적 조건($t > 300$초)	120[V]

461.3 레일 전위의 접촉전압 감소 방법

1. 교류 전기철도 급전시스템은 규정된 값을 초과하는 경우 다음 방법을 고려하여 접촉전압을 감소시켜야 한다.
   가. 접지극 추가 사용
   나. 등전위 본딩
   다. 전자기적 커플링을 고려한 귀선로의 강화
   라. 전압제한소자 적용
   마. 보행 표면의 절연
   바. 단락전류를 중단시키는데 필요한 트래핑 시간의 감소

2. 직류 전기철도 급전시스템은 규정된 값을 초과하는 경우 다음 방법을 고려하여 접촉전압을 감소시켜야 한다.
   가. 고장조건에서 레일 전위를 감소시키기 위해 전도성 구조물 접지의 보강
   나. 전압제한소자 적용
   다. 귀선 도체의 보강
   라. 보행 표면의 절연
   마. 단락전류를 중단시키는데 필요한 트래핑 시간의 감소

461.4 전기 부식 방지

1. 주행레일을 귀선으로 이용하는 경우에는 누설전류에 의하여 케이블, 금속제 지중관로 및 선로 구조물 등에 영향을 미치는 것을 방지하기 위한 적절한 시설을 하여야 한다.

2. 전기철도측의 전기 부식 방지를 위해서는 다음 방법을 고려하여야 한다.
    가. 변전소 간 간격 축소
    나. 레일본드의 양호한 시공
    다. 장대레일채택
    라. 절연도상 및 레일과 침목사이에 절연층의 설치
    마. 기타
3. 매설금속체측의 누설전류에 의한 전기 부식의 피해가 예상되는 곳은 다음 방법을 고려하여야 한다.
    가. 배류장치 설치
    나. 절연코팅
    다. 매설금속체 접속부 절연
    라. 저준위 금속체를 접속
    마. 궤도와의 이격거리 증대
    바. 금속판 등의 도체로 차폐

461.5 누설전류 간섭에 대한 방지

1. 직류 전기철도 시스템의 누설전류를 최소화하기 위해 귀선전류를 금속귀선로 내부로만 흐르도록 하여야 한다.
2. 심각한 누설전류의 영향이 예상되는 지역에서는 정상 운전 시 단위길이당 컨덕턴스 값은 표의 값 이하로 유지될 수 있도록 하여야 한다.

표. 단위길이당 컨덕턴스

견인시스템	옥외(S/km)	터널(S/km)
철도선로(레일)	0.5	0.5
개방 구성에서의 대량수송 시스템	0.5	0.1
폐쇄 구성에서의 대량수송 시스템	2.5	-

3. 귀선시스템의 종 방향 전기저항을 낮추기 위해서는 레일 사이에 저저항 레일본드를 접합 또는 접속하여 전체 종 방향 저항이 5[%] 이상 증가하지 않도록 하여야 한다.
4. 귀선시스템의 어떠한 부분도 대지와 절연되지 않은 설비, 부속물 또는 구조물과 접속되어서는 안 된다.
5. 직류 전기철도 시스템이 매설 배관 또는 케이블과 인접할 경우 누설전류를 피하기 위해 최대한 이격시켜야 하며, 주행레일과 최소 1[m] 이상의 거리를 유지하여야 한다.

05. 분산형 전원설비

503 분산형전원 계통 연계설비의 시설

503.2 시설기준

503.2.1 전기 공급방식 등

분산형전원설비의 전기 공급방식, 측정 장치 등은 다음과 같은 기준에 따른다.

1. 분산형전원설비의 전기 공급방식은 전력계통과 연계되는 전기 공급방식과 동일할 것
2. **분산형전원설비 사업자의 한 사업장의 설비 용량 합계가 250[kVA] 이상일 경우에는 송·배전계통과 연계지점의 연결 상태를 감시 또는 유효전력, 무효전력 및 전압을 측정할 수 있는 장치를 시설할 것**

503.2.2 저압계통 연계 시 직류유출방지 변압기의 시설

분산형전원설비를 인버터를 이용하여 전력판매사업자의 저압 전력계통에 연계하는 경우 인버터로부터 직류가 계통으로 유출되는 것을 방지하기 위하여 접속점(접속설비와 분산형전원설비 설치자 측 전기설비의 접속점을 말한다)과 인버터 사이에 상용주파수 변압기(단권변압기를 제외한다)를 시설하여야 한다. 다만, 다음을 모두 충족하는 경우에는 예외로 한다.

1. 인버터의 직류 측 회로가 비접지인 경우 또는 고주파 변압기를 사용하는 경우
2. 인버터의 교류출력 측에 직류 검출기를 구비하고, 직류 검출 시에 교류출력을 정지하는 기능을 갖춘 경우

503.2.3 계통 연계용 보호장치의 시설

1. 계통 연계하는 분산형전원설비를 설치하는 경우 **다음에 해당하는 이상 또는 고장 발생 시 자동적으로 분산형전원설비를 전력계통으로부터 분리하기 위한 장치** 시설 및 해당 계통과의 보호협조를 실시하여야 한다.
    가. **분산형전원설비의 이상 또는 고장**
    나. **연계한 전력계통의 이상 또는 고장**
    다. **단독운전 상태**
2. **단순 병렬운전 분산형전원설비의 경우에는 역전력 계전기를 설치한다.** 단, 신·재생에너지를 이용하여 동일 전기사용장소에서 전기를 생산하는 합계 용량이 50[kW] 이하의 소규모 분산형전원(단, 해당 구내계통 내의 전기사용 부하의 수전계약전력이 분산형전원 용량을 초과하는 경우에 한한다)으로서 단독운전 방지기능을 가진 것을 단순 병렬로 연계하는 경우에는 역전력계전기 설치를 생략할 수 있다.

510 전기저장장치

511 공통사항

511.1 일반사항
이차전지를 이용한 전기저장장치는 **이차전지, 전력변환장치, 제어, 통신 및 보호설비** 등으로 구성되며, 다음에 따라 시설하여야 한다.

511.1.1 시설장소의 요구사항
1. 전기저장장치의 이차전지, 제어반, 배전반의 시설은 기기 등을 조작 또는 보수·점검할 수 있는 충분한 공간을 확보하고 조명설비를 설치하여야 한다.
2. 전기저장장치를 시설하는 장소는 폭발성 가스의 축적을 방지하기 위한 환기시설을 갖추고 제조사가 권장하는 **온도·습도·수분·분진** 등 적정 운영환경을 상시 유지하여야 한다.

511.1.2 설비의 안전 요구사항
1. 전기저장장치의 고장이나 외부 환경요인으로 인하여 비상상황 발생 또는 출력에 문제가 있을 경우 안전하게 작동하기 위한 **비상정지 스위치** 등을 시설하여야 한다.
2. 동일 구획 내에 직병렬로 연결된 전기저장장치는 **식별이 용이하도록 그룹별로 명판을 부착**하고, 이차전지, 전력변환장치 및 감시·보호장치 간의 오결선이 되지 않도록 시설하여야 한다.

511.2 전기저장장치의 시설

511.2.1 전기배선
전선은 **공칭단면적 2.5[mm²] 이상의 연동선** 또는 이와 동등 이상의 세기 및 굵기의 것일 것.

511.2.4 이차전지의 시설
1. 다음과 같이 이차전지에 대한 정보를 기록하고 관리하여야 한다.
   가. 교체이력 (사유, 교체일 등)
   나. 제조이력 (생산지, 생산시기, 용량, 제조번호 등)
2. 이차전지의 출력 배선은 **극성별로 확인할 수 있도록 표시**하여야 한다.

511.2.5 재사용 이차전지의 시설
재사용 이차전지는 운송에 관한 기준을 준용하고 「전기용품 및 생활용품 안전관리법」에 적용을 받는 것 이외의 재사용 이차전지는 다음 사항을 준수하여야 한다.
   가. '재사용 이차전지'표기

나. 이차전지 용량 (초기용량, 잔존용량) 표기
다. 제조사가 정하는 적합성 요구사항

511.2.6 전력변환장치의 시설
1. 전력변환장치는 전기 공급에 지장을 주지 않도록 시설해야 하고, 「전기용품 및 생활용품 안전관리법」에 적용을 받는 것 이외에는 한국산업표준(이하 "KS"라 한다)에 적합하거나 동등 이상의 성능의 것을 사용하여야 한다.
2. 이차전지의 절연파괴가 일어나지 않도록 CMV(Common Mode Voltage) 등을 감안한 절연 대책을 강구하여 시설하여야 한다.

511.2.7 제어 및 보호장치의 시설
1. 전기저장장치가 비상용 예비전원 용도를 겸하는 경우에는 다음에 따라 시설하여야 한다.
    가. 상용전원이 정전되었을 때 비상용 부하에 전기를 안정적으로 공급할 수 있는 시설을 갖출 것
    나. 관련 법령에서 정하는 전원유지시간 동안 비상용 부하에 전기를 공급할 수 있는 충전용량을 상시 보존하도록 시설할 것
2. 전기저장장치의 접속점에는 쉽게 개폐할 수 있는 곳에 개방상태를 육안으로 확인할 수 있는 **전용의 개폐기를 시설**하여야 한다.
3. 전기저장장치는 정격 운전 범위를 초과하는 다음의 경우가 발생했을 때 자동으로 전로를 차단하는 보호장치를 시설하여야 한다.
    가. **과전압, 저전압, 과전류가 발생**한 경우
    나. **제어장치에 이상이 발생**한 경우
    다. 이차전지 **모듈의 내부 온도가 상승**할 경우
4. 직류 전로에 과전류차단기를 설치하는 경우 직류 단락전류를 차단하는 능력을 가지는 것이어야 하고 "직류용" 표시를 하여야 한다.
5. 전기저장장치의 직류 전로에는 지락이 생겼을 때에 자동적으로 전로를 차단하는 장치를 시설하여야 한다. **IT 계통의 경우, 절연저항을 감시할 수 있는 장치를 설치**하여 제조사가 정하는 절연저항 기준치 이하일 경우 관리자에게 경보하고 자동으로 전로를 차단하는 장치를 시설하여야 한다.
6. 전력변환장치의 동작상태, 전지관리시스템과의 통신상태, 전력, 전류, 전압 등을 표시할 수 있는 **전력관리시스템**을 시설하여야 한다.

511.2.10 계측장치
전기저장장치를 시설하는 곳에는 다음의 사항을 계측하는 장치를 시설하여야 한다.
    가. **이차전지 출력 단자의 전압, 전류, 전력 및 충방전 상태**
    나. **주요변압기의 전압, 전류 및 전력**

512 이차전지 용량 및 종류에 따른 시설

512.1 리튬계 · 나트륨계 이차전지의 시설

512.1.1 적용범위
20[kWh]를 초과하는 리튬계 · 나트륨계의 이차전지를 사용한 전기저장장치에 적용한다.

512.1.2 이차전지 용량 및 운영
1. 전기저장장치 이차전지 용량은 **수명보증기간 동안 정격방전용량**(전기저장장치 설치 시 소유자가 요구하는 이차전지의 용량)이 확보되도록 하여야 한다.
2. 전기저장장치 이차전지는 안전이 확보되도록 **정격방전용량 이하로 운영**하여야 한다.

512.1.3 열폭주 및 폭발 방지
1. 이차전지실 내부에는 제조사가 제시한 **기준 이상의 가연성가스 농도 및 내부압력이 발생**하는 경우 파열 또는 폭발을 방지하기 위한 **급속배기장치를 시설**하여야 한다.
2. 이차전지는 「전기용품 및 생활용품 안전관리법」에 적용을 받는 것 이외에는 한국산업표준(이하 "KS"라 한다)에 적합하거나 동등 이상의 성능의 것을 사용하여야 한다.
3. 이차전지 모듈 또는 랙에 화재확산을 방지할 수 있는 구조이거나 소화장치를 시설하여야 한다.

512.1.4 제어, 감시 및 보호장치 등
1. 낙뢰 및 서지 등 과도과전압으로부터 주요 설비를 보호하기 위해 **직류 전로에 직류 서지보호장치(SPD)를 설치**하여야 한다.
2. 제조사가 정하는 정격 이상의 과충전, 과방전, 과전압, 과전류, 지락전류 및 온도상승, 냉각장치 고장, 통신불량, 가연성 · 인화성가스 발생 등 **긴급상황이 발생한 경우에는 관리자에게 경보할 수 있는 시설**을 하여야 하며 다음의 요건을 만족하여야 한다.
    가. 긴급상황이 발생하였을 때 전기저장장치를 자동 및 수동으로 정지시킬 수 있는 비상정지장치를 설치하여야 하며, 자동 비상정지는 5초 이내로 동작하여야 한다.
    나. 수동 조작을 위한 비상정지장치는 신속한 접근 및 조작이 가능한 장소에 설치하여야 한다.
3. 이차전지를 시설하는 장소의 내부 및 외부에는 가능한 한 사각지대가 없도록 감시하기 위한 **CCTV를 시설**하여야 한다.
4. 전기저장장치의 상시 운영정보 및 CCTV 영상정보, 제2의 긴급상황 관련 계측정보에서 기록되는 시간을 실시간으로 동기화하고, 이차전지실 외부의 안전한 장

소에 전송되어 **최소 1개월 이상 보관**하여야 한다. 다만, **CCTV 영상정보는 7일간 보관**하여야 한다.

512.1.5 전용건물에 시설하는 경우

전기저장장치를 일반인이 출입하는 건물에서 분리된 별도의 장소에 시설하는 경우에는 다음에 따라 시설하여야 한다.

가. 전기저장장치 시설장소의 바닥, 천장(지붕), 벽면 재료는 불연재료이어야 한다. 단, 단열재는 준불연재료 또는 이와 동등 이상의 것을 사용할 수 있다.

나. 전기저장장치 시설장소는 지표면을 기준으로 높이 22[m] 이내로 하고 해당 장소의 출구가 있는 바닥면을 기준으로 깊이 9[m] 이내로 하여야 한다.

다. 이차전지는 전력변환장치 등의 다른 전기설비와 분리된 격실(이차전지실)에 설치하고 다음에 따라야 한다.

 (1) 이차전지는 벽면으로부터 1[m] 이상 이격하여 설치하여야 한다. 다만, 옥외의 전용 컨테이너 및 인클로저는 제조사가 정하는 적정 거리를 이격한 경우에는 예외로 할 수 있으며, 컨테이너 및 인클로저의 면적은 42[m^2]이하이어야 한다.

 (2) 이차전지와 물리적으로 인접 시설해야 하는 제어장치 및 보조설비(공조설비 및 조명설비 등)는 이차전지실 내에 설치할 수 있다.

 (3) 이차전지실 내부와 가스 또는 열배출 경로에는 가연성 물질을 두지 않아야 한다.

 (4) 이차전지, 전력변환장치, 배전반 등은 침수의 우려가 없도록 하며, 지표면에서부터 최소 0.3[m] 이상 높이에 설치하여야 하며, 염전 또는 간척지 등에 시설하는 경우 지표면에서 최소 0.6[m] 이상 높이에 설치하여야 한다.

라. 이차전지실은 이차전지 용량의 5[MWh] 이하 단위로 「건축물의 피난·방화구조 등의 기준에 관한 규칙」에 따른 내화구조의 격벽을 설치하여야 한다.

512.1.6 전용건물 이외의 장소에 시설하는 경우

전기저장장치를 일반인이 출입하는 건물의 부속공간에 시설(옥상에는 설치할 수 없다)하는 경우에는 다음에 따라 시설하여야 한다.

가. 전기저장장치 시설장소는 「건축물의 피난·방화구조 등의 기준에 관한 규칙」에 따른 내화구조이어야 한다.

나. 이차전지모듈의 직렬 연결체(이차전지랙)의 용량은 50 [kWh] 이하로 하고 건물 내 시설 가능한 이차전지의 총 용량은 600 [kWh] 이하이어야 한다.

다. 이차전지랙과 랙 사이는 1 [m] 이상 이격하고, 랙과 벽면 사이는 전면부의 경우 1 [m] 이상, 측면과 후면부의 경우 0.8 [m] 이상 이격하여야 한다.

라. 이차전지실은 건물 내 다른 시설(수전설비, 가연물질 등)로부터 1.5 [m] 이상 이격하고 각 실의 출입구나 피난계단 등 이와 유사한 장소로부터 3 [m] 이상

이격하여야 한다.

512.2 납계 · 니켈계 · 바나듐계 이차전지의 시설

70[kWh]를 초과하는 납계 · 니켈계 · 바나듐계 이차전지를 적용한 전기저장장치의 경우 **CCTV를 시설**하고 영상정보를 안전한 장소에 **최소 7일간 보관**하여야 한다.

512.3 흐름전지의 시설

512.3.1 적용범위

20[kWh]를 초과하는 흐름전지를 사용한 전기저장장치에 적용한다.

512.3.2 설비의 안전 요구사항

1. 흐름전지 시스템의 회로는 다른 부위의 도전부와 절연되어야 하며, 최소 **절연저항은 공칭전압의 100 [Ω/V] 이상**이어야 한다.
2. 전해질과 접촉하는 부품은 내부식성 및 내구성을 갖추어야 한다.
3. **CCTV를 시설**하고 영상정보를 안전한 장소에 **최소 7일간 보관**하여야 한다.

512.3.3 전해질 유출방지 및 중화장치

전해질은 유출이 없도록 밀봉하고 유해가스로 인한 사고를 방지하기 위해 다음과 같은 장치를 시설하여야 한다.
가. 전해질 용기와 전기저장장치를 갖춘 장소에는 전해질 유출 제어장치를 시설하여야 한다.
나. 전해질 유출을 감지하고 수집하는 장치를 시설하여야 한다.
다. **pH 5.0~9.0 사이의 전해질 유출물을 중화할 수 있는 중화장치**를 시설하여야 한다.

520 태양광발전설비

521.1 설치장소의 요구사항

1. 인버터, 제어반, 배전반 등의 시설은 기기 등을 조작 또는 보수점검할 수 있는 충분한 공간을 확보하고 필요한 조명설비를 시설하여야 한다.
2. 인버터 등을 수납하는 공간에는 실내온도의 과열 상승을 방지하기 위한 환기시설을 갖추어야하며 적정한 온도와 습도를 유지하도록 시설하여야 한다.
3. 배전반, 인버터, 접속장치 등을 옥외에 시설하는 경우 침수의 우려가 없도록 시설하여야 한다.

521.2 설비의 안전 요구사항

1. 태양전지 모듈, 전선, 개폐기 및 기타 기구는 충전부분이 노출되지 않도록 시설하여야 한다.
2. 모든 접속함에는 내부의 충전부가 인버터로부터 분리된 후에도 여전히 충전상태일 수 있음을 나타내는 경고가 붙어 있어야 한다.

3. 태양광설비의 고장이나 외부 환경요인으로 인하여 계통연계에 문제가 있을 경우 회로분리를 위한 안전시스템이 있어야 한다.

522 태양광설비의 시설

522.1 간선의 시설기준

522.1.1 전기배선

전선은 다음에 의하여 시설하여야 한다.
1. 모듈 및 기타 기구에 전선을 접속하는 경우는 나사로 조이고, 기타 이와 동등 이상의 효력이 있는 방법으로 기계적·전기적으로 안전하게 접속하고, 접속점에 장력이 가해지지 않도록 할 것
2. **모듈의 출력배선은 극성별로 확인할 수 있도록 표시할 것**
3. **전선은 공칭단면적 2.5[mm^2] 이상의 연동선** 또는 이와 동등 이상의 세기 및 굵기의 것일 것.
4. 배선설비 공사는 옥내에 시설할 경우에는 **합성수지관공사, 금속관공사, 금속제가요전선관공사, 케이블공사의 규정에 준하여 시설**할 것.

522.2 태양광설비의 시설기준

522.2.1 태양전지 모듈의 시설

태양광설비에 시설하는 태양전지 모듈(이하 "모듈"이라 한다)의 각 직렬군은 동일한 단락전류를 가진 모듈로 구성하여야 하며 1대의 인버터(멀티스트링 인버터의 경우 1대의 MPPT 제어기)에 연결된 모듈 직렬군이 2병렬 이상일 경우에는 각 직렬군의 출력전압 및 출력전류가 동일하게 형성되도록 배열할 것

522.2.2 전력변환장치의 시설

인버터, 절연변압기 및 계통 연계 보호장치 등 전력변환장치의 시설은 다음에 따라 시설하여야 한다.
1. 인버터는 실내·실외용을 구분할 것
2. 각 직렬군의 태양전지 개방전압은 인버터 입력전압 범위 이내일 것
3. 옥외에 시설하는 경우 방수등급은 IPX4 이상일 것

522.3 제어 및 보호장치 등

522.3.1 어레이 출력 개폐기

태양전지 모듈에 접속하는 부하측의 태양전지 어레이에서 전력변환장치에 이르는 전로에는 그 접속점에 근접하여 개폐기 기타 이와 유사한 기구(부하전류를 개폐할 수 있는 것에 한한다)를 시설할 것

522.3.2 과전류 및 지락보호장치

모듈을 병렬로 접속하는 전로에는 그 주된 전로에 단락전류가 발생할 경우에 전로를 보호하는 과전류차단기 또는 기타 기구를 시설할 것

522.3.3 태양광설비의 계측장치

태양광설비에는 전압, 전류 및 전력을 계측하는 장치를 시설하여야 한다.

532 풍력설비의 시설

532.1 간선의 시설기준

풍력발전기에서 출력배선에 쓰이는 전선은 CV선 또는 TFR-CV선을 사용하거나 동등 이상의 성능을 가진 제품을 사용하여야 한다.

532.3 제어 및 보호장치 등

532.3.1 제어 및 보호장치 시설의 일반 요구사항

제어 및 보호장치는 다음과 같이 시설하여야 한다.
1. 제어장치는 다음과 같은 기능 등을 보유하여야 한다.
    - 가. 풍속에 따른 출력 조절
    - 나. 출력제한
    - 다. 회전속도제어
    - 라. 계통과의 연계
    - 마. 기동 및 정지
    - 바. 계통 정전 또는 부하의 손실에 의한 정지
    - 사. 요잉에 의한 케이블 꼬임 제한
2. 보호장치는 다음의 조건에서 풍력발전기를 보호하여야 한다.
    - 가. 과풍속
    - 나. 발전기의 과출력 또는 고장
    - 다. 이상진동
    - 라. 계통 정전 또는 사고
    - 마. 케이블의 꼬임 한계

532.3.2 주전원 개폐장치

풍력터빈은 작업자의 안전을 위하여 유지, 보수 및 점검 시 전원 차단을 위해 풍력터빈 타워의 기저부에 개폐장치를 시설하여야 한다.

532.3.3 접지설비

접지설비는 풍력발전설비 타워기초를 이용한 통합접지공사를 하여야 하며, 설비 사이의 전위차가 없도록 등전위본딩을 하여야 한다.

532.3.4 피뢰설비

1. 피뢰설비는 별도의 언급이 없다면 피뢰레벨(Lightning Protection Level : LPL)은 I 등급을 적용하여야 한다.
2. 풍향·풍속계가 보호범위에 들도록 나셀 상부에 피뢰침을 시설하고 피뢰도선은

나셀프레임에 접속하여야 한다.
3. 전력기기 · 제어기기 등의 피뢰설비는 다음에 따라 시설하여야 한다.
    가. 전력기기는 금속시스케이블, 내뢰변압기 및 서지보호장치(SPD)를 적용할 것
    나. 제어기기는 광케이블 및 포토커플러를 적용할 것

532.3.6 계측장치의 시설
풍력터빈에는 설비의 손상을 방지하기 위하여 운전 상태를 계측하는 다음의 계측장치를 시설하여야 한다.
1. 회전속도계
2. 나셀(nacelle) 내의 진동을 감시하기 위한 진동계
3. 풍속계
4. 압력계
5. 온도계

06. 전기설비기술기준

제17조 (유도장해 방지)
1. 교류 특고압 가공전선로에서 발생하는 극저주파 전자계는 지표상 1[m]에서 전계가 3.5[kV/m] 이하, 자계가 83.3[μT] 이하가 되도록 시설하고, 직류 특고압 가공전선로에서 발생하는 직류전계는 지표면에서 25[kV/m] 이하, 직류자계는 지표상 1[m]에서 400,000[μT] 이하가 되도록 시설하는 등 상시 정전유도 및 전자유도 작용에 의하여 사람에게 위험을 줄 우려가 없도록 시설하여야 한다. 다만, 논밭, 산림 그 밖에 사람의 왕래가 적은 곳에서 사람에 위험을 줄 우려가 없도록 시설하는 경우에는 그러하지 아니하다.
2. 특고압의 가공전선로는 전자유도작용이 약전류전선로(전력보안 통신설비는 제외한다)를 통하여 사람에 위험을 줄 우려가 없도록 시설하여야 한다.
3. 전력보안 통신설비는 가공전선로로부터의 정전유도작용 또는 전자유도작용에 의하여 사람에 위험을 줄 우려가 없도록 시설하여야 한다.

제20조 (절연유)
1. 사용전압이 100[kV] 이상의 중성점 직접접지식 전로에 접속하는 변압기를 설치하는 곳에는 절연유의 구외 유출 및 지하 침투를 방지하기 위한 설비를 갖추어야 한다.
2. 폴리염화비페닐을 함유한 절연유를 사용한 전기기계기구는 전로에 시설하여서는 아니 된다.
3. 모든 부하가 선간에 접속된 전기설비에서는 중성선의 설치가 필요하지 않을 수 있다.

제23조 발전기 등의 기계적 강도

1. 발전기·변압기·조상기·계기용변성기·모선 및 이를 지지하는 애자는 단락전류에 의하여 생기는 기계적 충격에 견디는 것이어야 한다.
2. 수차 또는 풍차에 접속하는 발전기의 회전하는 부분은 부하를 차단한 경우에 일어나는 속도에 대하여, 증기터빈, 가스터빈 또는 내연기관에 접속하는 발전기의 회전하는 부분은 비상 조속장치 및 그 밖의 비상 정지장치가 동작하여 도달하는 속도에 대하여 견디는 것이어야 한다.
3. 증기터빈에 접속하는 발전기의 진동에 대한 기계적 강도는 가스의 온도가 현저하게 상승하여 연료의 유입을 자동적으로 차단하는 장치가 작동했을 때의 가스온도에 대해서 구조상 충분한 기계적강도 및 열적강도를 가지는 것이어야 한다.

제52조 저압전로의 절연성능

전기사용 장소의 사용전압이 저압인 전로의 전선 상호간 및 전로와 대지 사이의 절연저항은 개폐기 또는 과전류차단기로 구분할 수 있는 전로마다 다음 표에서 정한 값 이상이어야 한다. 다만, 전선 상호간의 절연저항은 기계기구를 쉽게 분리가 곤란한 분기회로의 경우 기기 접속 전에 측정할 수 있다. 또한, 측정 시 영향을 주거나 손상을 받을 수 있는 SPD 또는 기타 기기 등은 측정 전에 분리시켜야 하고, 부득이하게 분리가 어려운 경우에는 시험전압을 250[V] DC로 낮추어 측정할 수 있지만 절연저항 값은 1[MΩ] 이상이어야 한다.

전로의 사용전압[V]	DC 시험전압[V]	절연저항[MΩ]
SELV 및 PELV	250	0.5
FELV, 500[V] 이하	500	1.0
500[V] 초과	1,000	1.0

E90-4 전기공사산업기사 필기

제 5 과목 전기설비 기술기준
최근기출문제

- 2012년도 전기공사산업기사 필기
- 2013년도 전기공사산업기사 필기
- 2014년도 전기공사산업기사 필기
- 2015년도 전기공사산업기사 필기
- 2016년도 전기공사산업기사 필기
- 2017년도 전기공사산업기사 필기
- 2018년도 전기공사산업기사 필기
- 2019년도 전기공사산업기사 필기
- 2020년도 전기공사산업기사 필기
- 2021년도 전기공사산업기사 필기
- 2022년도 전기공사산업기사 필기(CBT)
- 2023년도 전기공사산업기사 필기(CBT)
- 2024년도 전기공사산업기사 필기(CBT)
- 2025년도 전기공사산업기사 필기(CBT)

2012년 기출문제

1회 전기설비 기술기준

81 특고압 가공전선이 삭도와 제2차 접근상태로 시설할 경우 특고압 가공전선로는 어느 보안공사를 하여야 하는가?
① 고압 보안공사
② 제1종 특고압 보안공사
③ 제2종 특고압 보안공사
④ 제3종 특고압 보안공사

풀이 333.26 특고압 가공전선과 저고압 가공전선 등의 접근 또는 교차
특고압 가공전선이 가공약전류전선 등 저압 또는 고압의 가공전선이나 저압 또는 고압의 전차선(이하에서 "저고압 가공전선 등"이라 한다)과 접근상태로 시설되는 경우
가. 1차 접근상태로 시설되는 경우 : 제3종 특고압 보안공사
나. **2차 접근상태로 시설되는 경우 : 제2종 특고압 보안공사**
【답】③

82 케이블공사로 저압 옥내배선을 시설하려고 한다. 캡타이어 케이블을 사용하여 조영재의 아랫면에 따라 붙이고자 할 때 전선의 지지점간의 거리는 몇 [m] 이하로 하여야 하는가?
① 1   ② 2
③ 3   ④ 5

풀이 232.51 케이블공사
케이블 배선에 의한 저압 옥내배선은 다음에 따라 시설하여야 한다.
가. 전선은 케이블 및 캡타이어케이블일 것.
나. 전선을 조영재의 아랫면 또는 옆면에 따라 붙이는 경우 전선의 지지점 간의 거리
　① 케이블 : 2 [m](사람이 접촉할 우려가 없는 곳에서 수직으로 붙이는 경우에는 6 [m]) 이하
　② 캡타이어 케이블 : 1[m] 이하
【답】①

83 특고압 가공전선이 케이블인 경우에 통신선이 절연전선과 동등 이상의 절연효력이 있을 때 통신선과 특고압 가공전선과의 이격거리는 몇 [cm] 이상인가?
① 30   ② 60
③ 75   ④ 90

풀이 362.2 전력보안통신선의 시설 높이와 이격거리
가공전선과 첨가 통신선과의 이격거리
가. 통신선은 가공전선의 아래에 시설할 것.
나. 이격거리

가공전선		통신선		
		일반	절연전선	광섬유케이블
중성선	25[kV]이하, 다중 접지중성선	0.6[m] 이상		
저압 가공전선	일반	0.6[m]이상		
	절연전선 또는 케이블		0.3[m]이상	
	인입선			0.15[m]이상
고압 가공전선	일반	0.6[m]이상		
	케이블		0.3[m]이상	
특고압 가공전선	일반	1.2[m]이상		
	케이블		0.3[m]이상	
	25[kV]이하, 다중 접지방식	0.75[m]이상		

【답】①

84 폭연성 분진 또는 화약류의 분말이 존재하는 곳의 저압 옥내배선은 어느 공사에 의하는가?
① 애자공사 또는 금속제가요전선관공사
② 캡타이어케이블공사
③ 합성수지관공사
④ 금속관공사

풀이 242.2.1 폭연성 분진 위험장소
폭연성 분진이나 **화약류의 분말**이 존재하는 곳의 배선은 **금속관공사 또는 케이블공사(캡타이어 케이블은 제외)**에 의할 것 【답】④

85 저압 옥상전선로의 전선과 식물사이의 이격거리는 일반적으로 어떻게 규정하고 있는가?

① 20 [cm] 이상 이격거리를 두어야 한다.
② 30 [cm] 이상 이격거리를 두어야 한다.
③ 특별한 규정이 없다.
④ 바람 등에 의하여 접촉하지 않도록 한다.

풀이 221.3 옥상전선로
저압 옥상전선로의 전선은 상시 부는 바람 등에 의하여 **식물에 접촉하지 아니하도록** 시설하여야 한다. 【답】 ④

86 특고압 가공전선과 지지물, 완금류, 지주 또는 지선사이의 이격거리는 사용전압 15 [kV] 미만인 경우 일반적으로 몇 [cm] 이상이어야 하는가?

① 15 ② 20
③ 30 ④ 35

풀이 333.5 특고압 가공전선과 지지물 등의 이격거리
특고압 가공전선과 그 지지물·완금류·지주 또는 지선 사이의 이격거리는 표 에서 정한 값 이상이어야 한다. 다만, 기술상 부득이한 경우에 위험의 우려가 없도록 시설한 때에는 표 에서 정한 값의 0.8배까지 감할 수 있다.

사용전압	이격거리[cm]
15 [kV] 미만	15
15 [kV] 이상 25 [kV] 미만	20
25 [kV] 이상 35 [kV] 미만	25
60 [kV] 이상 70 [kV] 미만	40
130 [kV] 이상 160 [kV] 미만	90

【답】 ①

87 발전소에서 계측장치를 시설하지 않아도 되는 것은?

① 발전기의 전압, 전류 및 전력
② 발전기의 베어링 및 고정자 온도
③ 특고압 모선의 전압, 전류 및 전력
④ 특고압용 변압기의 온도

풀이 351.6 계측장치
발전소에서는 다음의 사항을 계측하는 장치를 시설하여야 한다.
가. 발전기의 전압 및 전류 또는 전력
나. 발전기의 베어링 및 고정자의 온도
다. 주요 변압기의 전압 및 전류 또는 전력
라. 특고압용 변압기의 온도 【답】 ③

88 최대사용전압이 380 [V]인 3상 유도전동기의 절연내력은 몇 [V]의 시험전압에 견디어야 하는가?

① 475 ② 500
③ 570 ④ 760

풀이 133 회전기 및 정류기의 절연내력

종류		시험 전압	시험 방법
회전기	발전기·전동기·조상기·기타회전기	7[kV] 이하	1.5배 (최저 500 [V])	권선과 대지 사이에 연속하여 10분간
		7[kV] 초과	1.25배 (최저 10.5 [kV])	
	회전 변류기		직류측의 최대사용전압의 1배의 교류전압(최저 500 [V])	

시험 전압은 최대 사용 전압에 표의 배수를 곱하고 그 값을 권선과 대지간에 10분간 시험한다.
따라서, 시험전압 = 380×1.5 = 570[V] 【답】 ③

89 중성선 다중접지식의 것으로 전로에 지락이 생겼을 때에 2초 이내에 자동적으로 이를 전로로부터 차단하는 장치가 되어 있는 22.9[kV] 가공전선로를 상부 조영재의 위쪽에서 접근상태로 시설하는 경우, 가공전선과 건조물과의 이격거리는 몇 [m] 이상이어야 하는가? (단, 전선으로는 나전선을 사용한다고 한다.)

① 1.2 ② 1.5
③ 2.5 ④ 3.0

풀이 333.32 25 [kV] 이하인 특고압 가공전선로의 시설
사용전압이 15 [kV]를 초과하고 25 [kV] 이하인 특고압 가공전선로(중성선 다중접지식의 것으로서 전로에 지락이 생겼을 때에 2초 이내에 자동적으로 이를 전로로부터 차단하는 장치가 되어 있는 것에 한한다)가 건조물과 접근하는 경우에 특고압 가공전선과 건조물의 조영재 사이의 이격거리는 표 에서 정한 값 이상일 것.

건조물의 조영재	접근형태	전선의 종류	이격거리
상부 조영재	위쪽	나전선	3.0 [m]
		특고압 절연전선	2.5 [m]
		케이블	1.2 [m]
	옆쪽 또는 아래쪽	나전선	1.5 [m]
		특고압 절연전선	1.0 [m]
		케이블	0.5 [m]
기타의 조영재		나전선	1.5 [m]
		특고압 절연전선	1.0 [m]
		케이블	0.5 [m]

【답】 ④

90 변전소에 울타리·담 등을 시설할 때, 사용전압이 345[kV]이면 울타리·담 등의 높이와 울타리·담 등으로부터 충전부분까지의 거리의 합계는 몇 [m] 이상으로 하여야 하는가?

① 6.48
② 8.16
③ 8.40
④ 8.28

풀이 341.4 특고압용 기계기구의 시설
특고압용 기계기구 충전부분의 지표상 높이

사용전압의 구분	울타리·담 등의 높이와 울타리·담 등으로부터 충전 부분까지의 거리의 합계
35[kV] 이하	5[m]
35[kV] 초과 160[kV] 이하	6[m]
160[kV] 초과	• 거리의 합계 = 6 + 단수 × 0.12 [m] • 단수 = $\frac{\text{사용전압[kV]}-160}{10}$ 단수 계산에서 소수점 이하는 절상

• 단수 = $\frac{345-160}{10}$ = 18.5 → 19단
• 충전부 까지의 거리 = 6 + 19 × 0.12 = 8.28[m]   【답】④

91 옥내에 시설하는 전기시설물에 대한 내용 중 틀린 것은?

① 백열전등 또는 방전등에 전기를 공급하는 옥내전로의 대지전압은 300[V] 이하이어야 한다.
② 정격 소비전력 5[kW] 이상의 전기기계기구는 그 전로의 옥내배선과 직접 접속할 수 있다.
③ 옥내에 시설하는 저압용의 배선기구는 그 충전부분이 노출하지 않도록 시설하여야 한다.
④ 저압 옥내배선의 사용전선은 단면적 2.5[mm²] 이상의 연동선이어야 한다.

풀이 231.6 옥내전로의 대지 전압의 제한
주택의 옥내전로(전기기계기구내의 전로를 제외한다)의 대지 전압은 300[V] 이하이어야 하며 다음 각 호에 따라 시설하여야 한다. 다만, 대지전압 150[V] 이하의 전로인 경우에는 다음에 따르지 않을 수 있다.
가. 사용전압은 400[V] 이하이어야 한다.
나. 주택의 전로 인입구에는 감전보호용 누전차단기를 시설하여야 한다. 다만, 전로의 전원측에 정격용량이 3[kVA] 이하인 절연변압기(1차 전압이 저압이고 2차 전압이 300[V] 이하인 것에 한한다)를 사람이 쉽게 접촉할 우려가 없도록 시설하고 또한 그 절연변압기의 부하측 전로를 접지하지 않는 경우에는 예외로 한다.

다. 정격 소비 전력 3[kW] 이상의 전기기계기구에 전기를 공급하기 위한 전로에는 전용의 개폐기 및 과전류 차단기를 시설하고 그 전로의 옥내배선과 직접 접속하거나 적정 용량의 전용콘센트를 시설하여야 한다.   【답】②

92 사람이 상시 통행하는 터널 내 저압전선로의 애자공사시 노면상 최소 높이는?

① 2.0[m]
② 2.2[m]
③ 2.5[m]
④ 3.0[m]

풀이 335.1 터널 안 전선로의 시설
사람이 상시 통행하는 터널 안의 전선로 사용전압은 저압 또는 고압에 한하며, 다음에 따라 시설하여야 한다.

전압	전선의 굵기	시공방법	애자공사 시 높이
저압	인장강도 2.30[kN] 이상 또는 2.6[mm] 이상의 경동선의 절연전선	• 합성수지관공사 • 금속관공사 • 금속제가요전선관 공사 • 케이블공사 • 애자공사	노면상, 2.5[m] 이상
고압		• 케이블공사	

【답】③

93 특고압 가공전선로에 사용하는 철탑 종류 중 전선로 지지물의 양측 경간의 차가 큰 곳에 사용하는 철탑은?

① 각도형 철탑
② 인류형 철탑
③ 보강형 철탑
④ 내장형 철탑

풀이 333.11 특고압 가공전선로의 철주·철근 콘크리트주 또는 철탑의 종류
특고압 가공전선로의 지지물로 사용하는 B종 철근·B종 콘크리트주 또는 철탑의 종류는 다음과 같다.
가. 직선형 : 전선로의 직선 부분
    (3° 이하의 수평 각도 이루는 곳 포함)에 사용되는 것
나. 각도형 : 전선로 중 수평 각도 3°를 넘는 곳에 사용되는 것
다. 인류형 : 전 가섭선을 인류하는 곳에 사용하는 것
라. 내장형 : 전선로 지지물 **양측의 경간차가 큰 곳에 사용하는 것**
마. 보강형 : 전선로 직선 부분을 보강하기 위하여 사용하는 것   【답】④

94 저압 가공전선이 다른 저압 가공전선과 접근상태로 시설 되거나 교차하여 시설되는 경우에 저압 가공전선 상호간의 이격거리는 몇 [cm] 이상이어야 하는가? (단, 한 쪽의 전선이 고압 절연전선이라고 한다.)

① 30
② 60
③ 80
④ 100

풀이 222.16 저압 가공전선 상호 간의 접근 또는 교차
저압 가공전선이 다른 저압 가공전선과 접근상태로 시설되거나 교차하여 시설되는 경우 이격거리

전선의 종류구분	다른 저압 가공전선	
	전선 상호 간	지지물
저압 절연전선	0.6[m]	0.3[m]
어느 한 쪽의 전선이 고압·특고압절연전선 또는 케이블	0.3[m]	

【답】 ①

95 66[kV] 특고압 가공전선로를 시가지에 시설하려고 한다. 애자장치는 50[%] 충격섬락전압의 값이 다른 부분을 지지하는 애자장치의 몇 [%] 이상으로 되어야 하는가?

① 100
② 115
③ 110
④ 105

풀이 333.1 시가지 등에서 특고압 가공전선로의 시설
사용전압이 170[kV] 이하인 특고압 가공전선로를 시가지 그 밖에 인가가 밀집한 지역에 시설하기 위한 특고압 가공전선을 지지하는 애자장치는 다음 중 어느 하나에 의할 것.
가. 50[%] 충격섬락전압 값이 그 전선의 근접한 다른 부분을 지지하는 애자장치 값의 **110[%]**(사용전압이 130[kV]를 초과하는 경우는 105[%]) **이상**인 것.
나. 아킹혼을 붙인 현수애자·장간애자 또는 라인포스트애자를 사용하는 것.
다. 2련 이상의 현수애자 또는 장간애자를 사용하는 것.
라. 2개 이상의 핀애자 또는 라인포스트애자를 사용하는 것.

【답】 ③

96 154[kV]의 특고압 가공전선을 사람이 쉽게 들어갈 수 없는 산지(山地) 등에 시설하는 경우 지표상의 높이는 몇 [m] 이상으로 하여야 하는가?

① 4
② 5
③ 6.5
④ 8

풀이 333.7 특고압 가공전선의 높이

전압의 범위	일반 장소	도로 횡단	철도 또는 궤도횡단	횡단보도교
35[kV] 이하	5[m]	6[m]	6.5[m]	4[m](특고압절연전선 또는 케이블 사용)
35[kV] 초과 160[kV] 이하	6[m]	6[m]	6.5[m]	5[m](케이블 사용)
	산지 등에서 사람이 쉽게 들어갈 수 없는 장소 ; 5[m] 이상			
160[kV] 초과	일반장소	가공전선의 높이 = 6 + 단수 × 0.12 [m]		
	철도 또는 궤도횡단	가공전선의 높이 = 6.5 + 단수 × 0.12 [m]		
	산지	가공전선의 높이 = 5 + 단수 × 0.12 [m]		

※ 단수 = $\frac{(전압[kV]-160)}{10}$ … 단수 계산에서 소수점 이하는 절상

【답】 ②

97 66[kV] 특고압 가공전선로를 시가지에 설치할 때, 전선의 인장강도 21.67[kN] 이상의 연선 또는 단면적 최소 몇 [mm²] 이상의 경동 연선 또는 이와 동등 이상의 세기 및 굵기의 연선을 사용해야 하는가?

① 30
② 38
③ 50
④ 55

풀이 333.1 시가지 등에서 특고압 가공전선로의 시설
사용전압이 170[kV] 이하인 전선로에서의 전선의 굵기

사용전압의 구분	전선의 단면적
100[kV] 미만	인장강도 21.67[kN] 이상의 연선 또는 **단면적 55[mm²] 이상의 경동연선**
100[kV] 이상	인장강도 58.84[kN] 이상의 연선 또는 단면적 150[mm²] 이상의 경동연선

【답】 ④

98 다음 중 농사용 저압 가공전선로의 시설 기준으로 옳지 않은 것은?

① 사용전압이 저압일 것
② 저압 가공 전선의 인장강도는 1.38[kN] 이상일 것
③ 저압 가공전선의 지표상 높이는 3.5[m] 이상일 것
④ 전선로의 경간은 40[m] 이하일 것

[풀이] 222.22 농사용 저압 가공전선로의 시설
가. 사용전압은 저압일 것.
나. 저압 가공전선은 인장강도 1.38[kN] 이상의 것 또는 지름 2[mm] 이상의 경동선일 것.
다. 저압 가공전선의 지표상의 높이는 3.5[m] 이상일 것. 다만, 저압 가공전선을 사람이 쉽게 출입하지 못하는 곳에 시설하는 경우에는 3[m] 까지로 감할 수 있다.
라. 목주의 굵기는 말구 지름이 0.09[m] 이상일 것.
마. 전선로의 지지점 간 거리는 30[m] 이하일 것. 【답】④

출제기준 변경 및 개정된 관계 법규에 따라 삭제된 문제가 있어 20문항이 안됩니다.

2회   전기설비 기술기준

81 다음 중 전선 접속 방법이 잘못된 것은?
① 알루미늄과 동을 사용하는 전선을 접속하는 경우에는 접속 부분에 전기적 부식이 생기지 않아야 한다.
② 공칭단면적 10[mm^2] 미만인 캡타이어 케이블 상호간을 접속하는 경우에는 접속함을 사용할 수 없다.
③ 절연전선 상호간을 접속하는 경우에는 접속부분을 절연 효력이 있는 것으로 충분히 피복하여야 한다.
④ 나전선 상호간의 접속인 경우에는 전선의 세기를 20 [%]이상 감소시키지 않아야 한다.

[풀이] 123 전선의 접속
전선을 접속하는 경우에는 전선의 전기저항을 증가시키지 아니하도록 접속 하여야 하며, 또한 다음에 따라야 한다.
가. 절연전선 상호·절연전선과 코드, 캡타이어 케이블과 접속하는 경우에는
 ① 전선의 세기를 20[%] 이상 감소시키지 아니할 것.
 ② 접속부분은 접속관 기타의 기구를 사용할 것.
 ③ 접속부분의 절연전선에 절연전선의 절연물과 동등 이상의 절연효력이 있는 것으로 충분히 피복할 것.
다. 코드 상호, 캡타이어 케이블 상호 또는 이들 상호를 접속하는 경우에는 코드 접속기·접속함 기타의 기구를 사용할 것 다만 공칭단면적 10[mm^2] 이상인 캡타이어 케이블 상호를 규정에 준하여 **접속하는 경우에는 기구를 사용하지 않을 수 있다.**

라. 도체에 알루미늄(알루미늄 합금을 포함한다.)을 사용하는 전선과 동(동합금을 포함한다.)을 사용하는 전선을 접속하는 등 전기 화학적 성질이 다른 도체를 접속하는 경우에는 접속부분에 전기적 부식이 생기지 않도록 할 것. 【답】②

82 다음 ( )에 들어갈 적당한 것은?

"지중 전선로는 기설 지중 약전류 전선로에 대하여 (ⓐ) 또는 (ⓑ)에 의하여 통신상의 장해를 주지 않도록 기설 약전류 전선으로부터 충분히 이격시키거나 기타 적당한 방법으로 시설하여야 한다."

① ⓐ 정전용량, ⓑ 표피작용
② ⓐ 정전용량, ⓑ 유도작용
③ ⓐ 누설전류, ⓑ 표피작용
④ ⓐ 누설전류, ⓑ 유도작용

[풀이] 334.5 지중약전류전선의 유도장해 방지
지중전선로는 기설 지중약전류전선로에 대하여 **누설전류 또는 유도작용**에 의하여 통신상의 장해를 주지 않도록 충분히 이격시키거나 기타 적당한 방법으로 시설하여야 하다. 【답】④

83 고압 가공전선로에 사용하는 가공지선은 지름 몇 [mm]이상의 나경동선을 사용하여야 하는가?
① 2.6   ② 3.0
③ 4.0   ④ 5.0

[풀이] 332.6 고압 가공전선로의 가공지선
고압 가공전선로에 사용하는 **가공지선**은 인장강도 5.26[kN] 이상의 것 또는 **지름 4[mm] 이상의 나경동선**을 사용한다. 【답】③

84 전력보안통신 설비인 무선통신용 안테나를 지지하는 목주는 풍압하중에 대한 안전율이 얼마 이상이어야 하는가?
① 1.0   ② 1.2
③ 1.5   ④ 2.0

[풀이] 364.1 무선용 안테나 등을 지지하는 철탑 등의 시설
전력보안통신설비인 무선통신용 안테나 또는 반사판 을 지지하는 목주·철주·철근 콘크리트주 또는 철탑은 다음에 따라 시설하여야 한다. 다만, 무선용 안테나 등이 전선로의 주위상태를

감시할 목적으로 시설되는 것일 경우에는 그러하지 아니하다.
가. 목주는 풍압하중에 대한 안전율은 1.5 이상이어야 한다.
나. 철주·철근 콘크리트주 또는 철탑의 기초 안전율은 1.5 이상이어야 한다. 【답】③

85 인입용 비닐절연전선을 사용한 저압 가공전선은 횡단보도교 위에 시설하는 경우 노면상의 높이는 몇 [m]이상으로 하여야 하는가?
① 3   ② 3.5
③ 4   ④ 4.5

풀이 221.1.1 저압 인입선의 시설
저압 가공인입선의 높이
가. 도로(차도와 보도의 구별이 있는 도로인 경우에는 차도)를 횡단하는 경우 : 노면상 5[m] (기술상 부득이한 경우에 교통에 지장이 없을 때에는 3[m]) 이상
나. 철도 또는 궤도를 횡단하는 경우 : 레일면상 6.5[m] 이상
다. **횡단보도교 위에 시설하는 경우 : 노면상 3[m] 이상**
【답】①

86 발전소에서 사용하는 차단기의 압축공기장치의 공기압축기는 최고 사용압력 몇 배의 수압을 연속하여 10분간 가하였을 때 견디고 새지 않아야 하는가?
① 1.2배   ② 1.25배
③ 1.5배   ④ 1.55배

풀이 341.15 압축공기계통
발전소·변전소·개폐소 또는 이에 준하는 곳에서 개폐기 또는 차단기에 사용하는 압축공기장치는 **최고 사용압력의 1.5배의 수압(최고 사용압력의 1.25배의 기압)을 연속하여 10분간** 가하여 시험을 하였을 때에 이에 견디고 또한 새지 아니할 것. 【답】③

87 사용전압이 22900 [V]인 특고압 가공전선이 건조물 등과 접근상태로 시설되는 경우 지지물로 A종 철근 콘크리트주를 사용하면 그 경간은 몇 [m] 이하이어야 하는가? (단, 중성선 다중접지식으로 전로에 단락이 생겼을 때에 2초 이내에 자동적으로 이를 전로로부터 차단하는 장치가 되어있는 경우)
① 100   ② 150
③ 200   ④ 250

풀이 333.32 25 [kV] 이하인 특고압 가공전선로의 시설
사용전압이 **15[kV]를 초과하고 25[kV] 이하인** 특고압 가공전선로가 건조물·도로·횡단보도교·철도·궤도·삭도·가공약전류전선 등·안테나·저압이나 고압의 가공전선 또는 저압이나 고압의 전차선과 접근 또는 교차상태로 시설되는 경우의 경간은 표에서 정한 값 이하일 것.

지지물의 종류	경간
목주·A종 철주 또는 **A종 철근 콘크리트주**	100[m]
B종 철주 또는 B종 철근 콘크리트주	150[m]
철탑	400[m]

【답】①

88 태양전지 발전소에 시설하는 태양전지 모듈, 전선 및 개폐기 기타 기구의 시설방법으로 적합하지 않은 것은?
① 충전부분은 노출되지 아니하도록 시설할 것
② 태양전지 모듈에 전선을 접속하는 경우에는 접속점에 장력이 가해지도록 할 것
③ 옥내에 시설하는 경우에는 금속관공사, 금속제가요전선관공사로 할 것
④ 태양전지 모듈의 지지물은 진동과 충격에 안전한 구조이어야 할 것

풀이 522 태양광설비의 시설
가. 모듈 및 기타 기구에 전선을 접속하는 경우는 나사로 조이고, 기타 이와 동등 이상의 효력이 있는 방법으로 기계적·전기적으로 안전하게 접속하고, **접속점에 장력이 가해지지 않도록** 할 것
나. 모듈의 출력배선은 극성별로 확인할 수 있도록 표시할 것
다. 전선은 공칭단면적 2.5[mm²] 이상의 연동선 또는 이와 동등 이상의 세기 및 굵기의 것일 것.
라. 배선설비 공사는 옥내에 시설할 경우에는 **합성수지관공사, 금속관공사, 금속제가요전선관공사, 케이블공사**의 규정에 준하여 시설할 것. 【답】②

89 고압 보안공사에서 지지물이 A종 철주인 경우 경간은 몇 [m] 이하인가?
① 100   ② 150
③ 250   ④ 400

풀이 332.10 고압 보안공사
고압 보안공사는 다음에 따라야 한다.
가. 전선은 케이블인 경우 이외에는 인장강도 8.01[kN] 이상의 것 또는 지름 5[mm] 이상의 경동선일 것.
나. 목주의 풍압하중에 대한 안전율은 1.5 이상일 것.
다. 경간은 표 에서 정한 값 이하일 것.

지지물의 종류	경간
목주·A종 철주 또는 A종 철근 콘크리트주	100[m] 이하
B종 철주 또는 B종 철근 콘크리트주	150[m] 이하
철탑	400[m] 이하

【답】①

90 철도 또는 궤도를 횡단하는 저고압 가공전선의 높이는 레일면상 몇 [m] 이상이어야 하는가?
① 5.5 ② 6.5
③ 7.5 ④ 8.5

▶ **풀이** 332.5 고압 가공전선의 높이,
222.7 저압 가공전선의 높이
저·고압 가공전선의 높이는 다음에 따라야 한다.

설치장소		가공전선의 높이
도로횡단(번잡하지 않은 도로 제외)		지표상 6 [m] 이상
철도 또는 궤도 횡단		레일면상 6.5 [m] 이상
횡단보도교 위	저압	노면상 3.5 [m] 이상 (단, 절연전선의 경우 3 [m] 이상)
	고압	노면상 3.5 [m] 이상
일반장소		지표상 5 [m] 이상. 단, 저압의 경우 절연전선 또는 케이블을 사용하여 교통에 지장이 없도록 하여 옥외조명등에 공급하는 경우 4 [m] 까지 감할 수 있다.
다리의 하부 기타 이와 유사한 장소		저압의 전기철도용 급전선은 지표상 3.5[m] 까지 감할 수 있다.

【답】②

91 전기울타리 시설에 대한 설명으로 옳지 않은 것은?
① 사람이 쉽게 출입하지 아니하는 곳에 시설할 것
② 전선과 이를 지지하는 기둥 사이의 이격거리는 2.5 [cm] 이상일 것
③ 전기울타리용 전원장치에 전기를 공급하는 전로의 사용전압은 250 [V] 이하일 것
④ 전선과 다른 시설물 또는 수목사이의 이격거리는 20 [cm] 이상일 것

▶ **풀이** 241.1 전기울타리
가. 전기울타리용 전원장치에 전원을 공급하는 전로의 사용전압은 250[V] 이하이어야 한다.

나. 전기울타리는 사람이 쉽게 출입하지 아니하는 곳에 시설할 것.
다. 전선은 인장강도 1.38[kN] 이상의 것 또는 지름 2[mm] 이상의 경동선일 것.
라. 전선과 이를 지지하는 기둥 사이의 이격거리는 25[mm] 이상일 것.
마. **전선과 다른 시설물(가공 전선을 제외한다) 또는 수목과의 이격거리는 0.3[m] 이상일 것**.

【답】④

92 케이블 트레이공사에 사용하는 케이블 트레이에 적합하지 않은 것은?
① 금속재의 것은 적절한 방식처리를 하거나 내식성 재료의 것이어야 한다.
② 비금속재 케이블 트레이는 난연성 재료가 아니어도 된다.
③ 케이블 트레이가 방화구획의 벽 등을 관통하는 경우에는 개구부에 연소방지시설을 하여야 한다.
④ 금속제 케이블 트레이 계통은 기계적 또는 전기적으로 완전하게 접속하여야 한다.

▶ **풀이** 232.41 케이블트레이공사
케이블트레이공사는 케이블을 지지하기 위하여 사용하는 금속재 또는 불연성 재료로 제작된 유닛 또는 유닛의 집합체 및 그에 부속하는 부속재 등으로 구성된 견고한 구조물을 말하며 사다리형, 펀칭형, 메시형, 바닥밀폐형 기타 이와 유사한 구조물을 포함하여 적용한다.
가. 케이블 트레이의 안전율은 1.5 이상으로 하여야 한다.
나. 금속재의 것은 적절한 방식처리를 한 것이거나 내식성 재료의 것이어야 한다.
다. **비금속재 케이블 트레이는 난연성 재료**의 것이어야 한다.
라. 금속재 케이블 트레이 계통은 기계적 및 전기적으로 완전하게 접속하여야 하며 금속제 트레이는 접지공사를 하여야 한다.

【답】②

93 지중전선이 지중약전류 전선 등과 접근하거나 교차하는 경우에 상호 간의 이격거리가 저압 또는 고압의 지중 전선이 몇 [cm] 이하일 때, 지중 전선과 지중약전류 전선 사이에 견고한 내화성의 격벽(隔壁)을 설치하여야 하는가?
① 10[cm] ② 20[cm]
③ 30[cm] ④ 60[cm]

[풀이] 334.6 지중전선과 지중약전류전선 등 또는 관과의 접근 또는 교차
지중전선이 다음 조건의 이격거리 이하로 설치되는 경우에는 상호간에 내화성의 격벽을 설치하여야 한다.

조 건	전 압	이격거리
지중 약전류 전선과 접근 또는 교차하는 경우	저압 또는 고압	0.3[m]
	특고압	0.6[m]
가연성, 유독성의 유체를 내포하는 관과 접근 또는 교차	특고압	1[m]
	25[kV] 이하, 다중접지방식	0.5[m]
기타의 관과 접근 또는 교차	특고압	0.3[m]

【답】③

94 특고압 전선로에 접속하는 배전용 변압기를 시설하는 경우에 대한 설명으로 틀린 것은?
① 변압기의 2차 전압이 고압인 경우에는 저압측에 개폐기를 시설한다.
② 특고압 전선으로 특고압 절연전선 또는 케이블을 사용한다.
③ 변압기의 특고압측에 개폐기 및 과전류차단기를 시설한다.
④ 변압기의 1차 전압은 35 [kV] 이하, 2차 전압은 저압 또는 고압이어야 한다.

[풀이] 341.2 특고압 배전용 변압기의 시설
특고압 전선로 에 접속하는 배전용 변압기를 시설하는 경우에는 특고압 전선에 특고압 절연전선 또는 케이블을 사용하고 또한 다음에 따라야 한다.
가. 변압기의 1차 전압은 35[kV] 이하, 2차 전압은 저압 또는 고압일 것.
나. 변압기의 특고압측에 개폐기 및 과전류차단기를 시설할 것.
다. **변압기의 2차 전압이 고압인 경우에는 고압측에 개폐기를 시설**하고 또한 쉽게 개폐할 수 있도록 할 것. 【답】①

95 특고압 가공전선과 가공약전류 전선사이에 시설하는 보호망에서 보호망을 구성하는 금속선 상호간의 간격은 가로 및 세로를 각각 몇 [m] 이하로 시설하여야 하는가?
① 0.75[m]
② 1.0[m]
③ 1.25[m]
④ 1.5[m]

[풀이] 333.24 특고압 가공전선과 도로 등의 접근 또는 교차
가. 보호망은 규정에 준하여 접지공사를 한 금속제의 망상장치로 하고 견고하게 지지할 것.
나. 보호망을 구성하는 금속선은 그 외주 및 특고압 가공전선의 직하에 시설하는 금속선에는 인장강도 8.01[kN] 이상의 것 또는 지름 5[mm] 이상의 경동선을 사용하고 그 밖의 부분에 시설하는 금속선에는 인장강도 5.26[kN] 이상의 것 또는 지름 4[mm] 이상의 경동선을 사용할 것.
다. 보호망을 구성하는 **금속선** 상호의 간격은 가로, 세로 각 **1.5[m] 이하**일 것. 【답】④

> 출제기준 변경 및 개정된 관계 법규에 따라 삭제된 문제가 있어 20문항이 안됩니다.

4회 전기설비 기술기준

81 터널내 전선로의 시설방법으로 옳지 않은 것은?
① 저압 전선은 지름 2.0[mm]의 경동선이나 이와 동등 이상의 세기 및 굵기의 절연전선을 사용하였다.
② 고압 전선은 케이블공사로 하였다.
③ 저압 전선을 애자공사에 의하여 시설하고 이를 레일면상 또는 노면상 2.5[m] 이상으로 하였다.
④ 저압 전선을 금속제가요전선관공사에 의해 시설하였다.

[풀이] 335.1 터널 안 전선로의 시설
철도·궤도 또는 자동차도 전용터널 안의 전선로

전압	전선의 굵기	시공방법	애자공사 시 높이
저 압	인장강도 2.30[kN] 이상 또는 2.6 [mm] 이상의 경동선의 절연전선	• 합성수지관공사 • 금속관공사 • 금속제가요전선관공사 • 케이블공사 • 애자공사	노면상, 레일면상 2.5 [m] 이상
고 압	인장강도 5.26[kN] 이상 또는 4 [mm] 이상의 경동선	• 케이블공사 • 애자공사	노면상, 레일면상 3 [m] 이상
특고압		• 케이블공사	

【답】①

82 사용전압이 35 [kV] 이하인 특고압 가공전선이 건조물과 제2차 접근상태로 시설되는 경우에 특고압 가공전선로는 제 몇 종 특고압 보안공사를 하여야 하는가?

① 제1종 특고압 보안공사
② 제2종 특고압 보안공사
③ 제3종 특고압 보안공사
④ 제4종 특고압 보안공사

풀이 333.23 특고압 가공전선과 건조물의 접근
가. 건조물과 제1차 접근상태 : 제3종 특고압 보안공사
나. 건조물과 제2차 접근상태
 ① 사용전압이 35 [kV] 이하 : 제2종 특고압 보안공사
 ② 사용전압이 35 [kV] 초과 400 [kV] 미만 : 제1종 특고압 보안공사
【답】②

83 접지공사에서 접지극으로 사용되는 금속체 수도관의 접지 저항의 최대값은 얼마인가?

① 2 [Ω] ② 3 [Ω]
③ 4 [Ω] ④ 5 [Ω]

풀이 142.2 접지극의 시설 및 접지저항
가. 지중에 매설되어 있고 대지와의 전기저항 값이 3[Ω] 이하의 값을 유지하고 있는 **금속제 수도관로**가 규정에 따르는 경우 접지극으로 사용이 가능하다.
나. 대지와의 사이에 전기저항 값이 **2[Ω]** 이하인 값을 유지하는 **건축물 · 구조물의 철골 기타의 금속제**는 접지공사의 접지극으로 사용할 수 있다. 【답】②

84 제1종 특고압 보안 공사의 154 [kV]에 있어서 가공전선으로 시설할 경우 단면적 몇 [mm²] 이상의 경동연선으로 시설하여야 하는가?

① 55   ② 150
③ 200 ④ 250

풀이 333.22 특고압 보안공사
제1종 특고압 보안공사 시 전선의 단면적

사용전압	전 선
100 [kV] 미만	인장강도 21.67 [kN] 이상의 연선 또는 단면적 55[mm²] 이상의 경동연선
100 [kV] 이상 300 [kV] 미만	인장강도 58.84 [kN] 이상의 연선 또는 **단면적 150[mm²] 이상의 경동연선**
300 [kV] 이상	인장강도 77.47 [kN] 이상의 연선 또는 단면적 200[mm²] 이상의 경동연선

【답】②

85 1차 22900 [V], 2차 3300 [V]의 변압기를 지상에 설치할 경우 울타리의 높이와 울타리로부터 충전부까지의 거리 합계는 최소 몇 [m] 이상인가?

① 8   ② 7
③ 6   ④ 5

풀이 341.4 특고압용 기계기구의 시설
특고압용 기계기구 충전부분의 지표상 높이

사용전압의 구분	울타리 · 담 등의 높이와 울타리 · 담 등으로부터 충전 부분까지의 거리의 합계
35 [kV] 이하	5 [m]
35 [kV] 초과 160 [kV] 이하	6 [m]
160 [kV] 초과	• 거리 = 6 + 단수 × 0.12 [m] • 단수 = $\frac{\text{사용전압 [kV]} - 160}{10}$ 단수 계산에서 소수점 이하는 절상

【답】④

86 고압 가공전선로에 케이블을 사용하는 기준에 적합하지 않은 것은?

① 케이블은 조가용선에 행거로 시설하여 1 [m] 이하로 시설 하여야 한다.
② 조가용선은 단면적 22 [mm²] 이상인 아연도 강연선을 사용하여야 한다.
③ 조가용선 및 케이블의 피복에 사용하는 금속체에는 접지공사를 하여야 한다.
④ 조가용선의 중량 및 수평풍압에는 각각 케이블의 중량 및 케이블에 대한 수평풍압을 가산한다.

풀이 332.2 가공케이블의 시설
저압 가공전선 또는 고압 가공전선에 케이블을 사용하는 경우에는 다음에 따라 시설하여야 한다.
가. 케이블은 조가용선에 행거로 시설할 것. 이 경우에는 사용전압이 고압인 때에는 **행거의 간격은 0.5[m] 이하**로 하는 것이 좋다.
나. 조가용선은 인장강도 5.93[kN] 이상의 것 또는 단면적 22 [mm²] 이상인 아연도강연선일 것.
다. 조가용선 및 케이블의 피복에 사용하는 금속체에는 접지공사를 할 것.
라. 조가용선을 케이블에 접촉시켜 금속 테이프를 감는 경우에는 20[cm] 이하의 간격으로 나선상으로 한다.

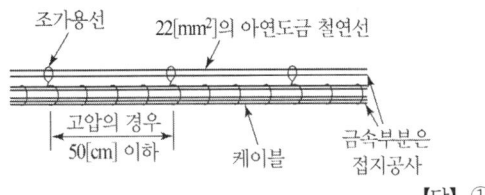

가. 직선형 : 전선로의 직선 부분
   (3° 이하의 수평 각도 이루는 곳 포함)에 사용되는 것
나. **각도형 : 전선로 중 수평 각도 3°를 넘는 곳에 사용**되는 것
다. 인류형 : 전 가섭선을 인류하는 곳에 사용하는 것
라. 내장형 : 전선로 지지물 양측의 경간차가 큰 곳에 사용하는 것
마. 보강형 : 전선로 직선 부분을 보강하기 위하여 사용하는 것

【답】③

【답】①

87 건조한 장소로서 전개된 장소에 한하여 시설할 수 있는 사용전압 3300 [V]인 옥내배선공사는?

① 금속관공사   ② 플로어덕트공사
③ 애자공사   ④ 합성수지관공사

풀이 342.1 고압 옥내배선 등의 시설
고압 옥내배선은 다음 중 하나에 의하여 시설할 것.
가. **애자공사(건조한 장소로서 전개된 장소에 한한다)**
나. 케이블공사
다. 케이블트레이공사

【답】③

88 고압 가공 전선로의 지지물로서 B종 철주 또는 B종 철근 콘크리트주를 시설하는 경우의 경간은 몇 [m] 이하인가?

① 150   ② 200
③ 250   ④ 300

풀이 332.9 고압 가공전선로 경간의 제한
고압 가공전선로의 경간은 표에서 정한 값 이하이어야 한다.

지지물의 종류	경간
목주·A종 철주 또는 A종 철근 콘크리트주	150 [m]
B종 철주 또는 B종 철근 콘크리트주	**250 [m]**
철탑	600 [m]

【답】③

89 특고압 가공전선로의 지지물로 사용하는 B종 철주에서 각도형은 전선로 중 몇 도를 넘는 수평각도를 이루는 곳에 사용되는가?

① 1   ② 2
③ 3   ④ 5

풀이 333.11 특고압 가공전선로의 철주·철근 콘크리트주 또는 철탑의 종류
특고압 가공전선로의 지지물로 사용하는 B종 철주·B종 콘크리트주 또는 철탑의 종류는 다음과 같다.

90 3300 [V]용 전동기의 절연내력시험은 몇 [V] 전압에서 권선과 대지간에 연속하여 10분간 가하여 견디어야 하는가?

① 4125   ② 4950
③ 6600   ④ 7600

풀이 133 회전기 및 정류기의 절연내력

종류		시험 전압	시험방법
회전기	발전기·전동기·조상기·기타회전기 7[kV] 이하	1.5배 (최저 500 [V])	권선과 대지 사이에 연속하여 10분간
	7[kV] 초과	1.25배(최저 10.5[kV])	
	회전 변류기	직류측의 최대사용전압의 1배의 교류전압(최저 500 [V])	

따라서, 시험전압 = $3300 \times 1.5 = 4950$[V]

【답】②

91 특고압 가공전선로의 지지물에 시설하는 통신선 또는 이것에 직접 접속하는 통신선일 경우에 설치하여야 할 보안 장치로서 모두 옳은 것은?

① 특고압용 제1종 보안장치, 특고압용 제3종 보안장치
② 특고압용 제2종 보안장치, 고압용 제2종 보안장치
③ 특고압용 제2종 보안장치, 특고압용 제3종 보안장치
④ 특고압용 제1종 보안장치, 특고압용 제2종 보안장치

풀이 362.10 전력보안통신설비의 보안장치
특고압 가공전선로의 지지물에 시설하는 통신선 또는 이에 직접 접속하는 통신선에 접속하는 휴대전화기를 접속하는 곳 및 옥외전화기를 시설하는 곳에는 표준에 적합한 **특고압용 제1종 보안장치, 특고압용 제2종 보안장치 또는 이에 준하는 보안장치를 시설하여야 한다.**

【답】④

과년도 기출문제 2012년

92 저고압 가공전선이 철도를 횡단하는 경우 레일면상 높이는 몇 [m] 이상이어야 하는가?

① 4 [m] ② 5 [m]
③ 5.5 [m] ④ 6.5 [m]

[풀이] 332.5 고압 가공전선의 높이, 222.7 저압 가공전선의 높이
저·고압 가공전선의 높이는 다음에 따라야 한다.

설치장소		가공전선의 높이
도로횡단(번잡하지 않은 도로 제외)		지표상 6 [m] 이상
철도 또는 궤도 횡단		레일면상 6.5 [m] 이상
횡단보도교 위	저압	노면상 3.5 [m] 이상 (단, 절연전선의 경우 3 [m] 이상)
	고압	노면상 3.5 [m] 이상
일반장소		지표상 5 [m] 이상. 단, 저압의 경우 절연전선 또는 케이블을 사용하여 교통에 지장이 없도록 하여 옥외조명용에 공급하는 경우 4 [m]까지 감할 수 있다.
다리의 하부 기타 이와 유사한 장소		저압의 전기철도용 급전선은 지표상 3.5[m] 까지로 감할 수 있다.

【답】 ④

93 가공전선로에 사용되는 지지물의 강도계산에 적용되는 병종풍압하중은 갑종풍압하중의 얼마를 기초로 하여 계산한 것인가?

① $\frac{1}{4}$ ② $\frac{1}{3}$
③ $\frac{1}{2}$ ④ $\frac{2}{3}$

[풀이] 331.6 풍압하중의 종별과 적용
병종 풍압하중 : 갑종풍압하중의 2분의 1을 기초로 하여 계산한 것.
【답】 ③

94 다음 중 발전소의 계측요소가 아닌 것은?

① 발전기의 전압 및 전류
② 발전기의 고정자 온도
③ 저압용 변압기의 온도
④ 주요변압기의 전류 및 전력

[풀이] 351.6 계측장치
발전소에서는 다음의 사항을 계측하는 장치를 시설하여야 한다.

가. 발전기의 전압 및 전류 또는 전력
나. 발전기의 베어링 및 고정자의 온도
다. 주요 변압기의 전압 및 전류 또는 전력
라. 특고압용 변압기의 온도
【답】 ③

95 옥내에 시설하는 전동기에 과부하 보호 장치의 시설을 생략할 수 없는 경우는?

① 전동기가 단상의 것으로 전원측 전로에 시설하는 과전류 차단기의 정격 전류가 16 [A] 이하인 경우
② 전동기가 단상의 것으로 전원측 전로에 시설하는 배선용 차단기의 정격 전류가 20 [A] 이하인 경우
③ 전동기의 구조나 부하의 성질로 보아 전동기가 손상할 정도의 과전류가 생길 우려가 없는 경우
④ 전동기의 정격 출력이 0.75 [kW]인 전동기

[풀이] 212.6.3 저압전로 중의 전동기 보호용 과전류보호장치의 시설
옥내에 시설하는 전동기에는 전동기가 손상될 우려가 있는 과전류가 생겼을 때에 자동적으로 이를 저지하거나 이를 경보하는 장치를 하여야 한다. 다만, 다음의 어느 하나에 해당하는 경우에는 그러하지 아니하다.
가. 전동기를 운전 중 상시 취급자가 감시할 수 있는 위치에 시설하는 경우
나. 전동기의 구조나 부하의 성질로 보아 전동기가 손상될 수 있는 과전류가 생길 우려가 없는 경우
다. 단상전동기로써 그 전원측 전로에 시설하는 과전류 차단기의 정격전류가 16[A](배선용 차단기는 20[A]) 이하인 경우
라. **정격 출력이 0.2[kW] 이하의 전동기**
【답】 ④

96 폭발성 또는 연소성의 가스가 침입할 우려가 있는 지중함에 그 크기가 몇 [m³] 이상의 것은 통풍장치 기타 가스를 방산시키기 위한 적당한 장치를 시설하여야 하는가?

① 0.9 ② 1.0
③ 1.5 ④ 2.0

[풀이] 334.2 지중함의 시설
지중 전선로를 시설하는 경우 폭발성 또는 연소성의 가스가 침입할 우려가 있는 곳에 시설하는 지중함으로 그 **크기가 1[m³] 이상**인 것은 통풍 장치 기타 가스를 방산시키기 위한 장치를 하여야 한다.
【답】 ②

97 사용전압이 400 [V] 이하인 옥내전로로서 다른 옥내전로에 접속하는 길이가 얼마일 때 인입구 개폐기를 생략할 수 있는가?

① 5 [m] 이하
② 8 [m] 이하
③ 10 [m] 이하
④ 15 [m] 이하

풀이 212.6.2 저압 옥내전로 인입구에서의 개폐기의 시설
가. 저압 옥내전로에는 인입구에 가까운 곳으로서 쉽게 개폐할 수 있는 곳에 개폐기를 각 극에 시설하여야 한다.
나. 사용전압이 400[V] 이하인 옥내 전로로서 **다른 옥내전로에 접속하는 길이 15[m] 이하**의 전로에서 전기의 공급을 받는 것은 개폐기를 생략할 수 있다. 【답】④

출제기준 변경 및 개정된 관계 법규에 따라 삭제된 문제가 있어 20문항이 안됩니다.

2013년 기출문제

| 1회 | 전기설비 기술기준 |

81 특고압 가공 전선로를 제3종 특고압 보안공사에 의하여 시설하는 경우는?
① 건조물과 제1차 접근상태로 시설되는 경우
② 건조물과 제2차 접근상태로 시설되는 경우
③ 도로 등과 교차하여 시설하는 경우
④ 가공 약전류선과 공용설치하여 시설하는 경우

풀이 333.23 특고압 가공전선과 건조물의 접근
가. **건조물과 제1차 접근상태 : 제3종 특고압 보안공사**
나. 건조물과 제2차 접근상태
　① 사용전압이 35 [kV] 이하 : 제2종 특고압 보안공사
　② 사용전압이 35 [kV] 초과 400 [kV] 미만 : 제1종 특고압 보안공사　　【답】①

82 가공 전선로의 지지물에 시설하는 지선의 안전율은 일반적인 경우 얼마 이상이어야 하는가?
① 1.8　　② 2.0
③ 2.2　　④ 2.5

풀이 331.11 지선의 시설
가. 지선의 **안전율은 2.5 이상**일 것. 이 경우에 허용 인장하중의 최저는 4.31 [kN]으로 한다.
나. 지선에 연선을 사용할 경우에는 다음에 의할 것.
　① **소선 3가닥 이상**의 연선일 것.
　② 소선의 **지름이 2.6[mm] 이상**의 금속선을 사용한 것일 것.　　【답】④

83 접지공사에 사용하는 접지선을 사람이 접촉할 우려가 있는 곳에 시설하는 경우에 합성수지관 또는 이와 동등 이상의 절연효력 및 강도를 가지는 몰드로 접지선을 덮어야 하는가?

① 지하 30[cm]로 부터 지표상 1.5[m]까지의 부분
② 지하 50[cm]로 부터 지표상 1.8[m]까지의 부분
③ 지하 90[cm]로 부터 지표상 2.5[m]까지의 부분
④ 지하 75[cm]로 부터 지표상 2.0[m]까지의 부분

풀이 142.3 접지도체 · 보호도체
접지도체는 **지하 0.75 [m] 부터 지표 상 2[m] 까지 부분**은 합성수지관(두께 2[mm] 미만의 합성수지제 전선관 및 가연성 콤바인덕트관은 제외한다) 또는 이와 동등 이상의 절연효과와 강도를 가지는 몰드로 덮어야 한다.　　【답】④

84 저압 접촉전선을 절연 트롤리 공사에 의하여 시설하는 경우에 대한 기준으로 옳지 않은 것은?
(단, 기계기구에 시설하는 경우가 아닌 것으로 한다.)
① 절연 트롤리선은 사람이 쉽게 접할 우려가 없도록 시설할 것
② 절연 트롤리선의 개구부는 아래 또는 옆으로 향하여 시설할 것
③ 절연 트롤리선의 끝 부분은 충전부분이 노출되는 구조일 것
④ 절연 트롤리선은 각 지지점에서 견고하게 시설하는 것 이외에 그 양쪽 끝을 내장 인류장치에 의하여 견고하게 인류할 것

풀이 232.81 옥내에 시설하는 저압 접촉전선 배선
저압 접촉전선을 절연 트롤리 공사에 의하여 시설하는 경우에는 다음에 따라 시설하여야 한다.
가. 절연 트롤리선은 사람이 쉽게 접할 우려가 없도록 시설할 것.
나. 절연트롤리선의 도체는 지름 6[mm]의 경동선 또는 이와 동등 이상의 세기의 것으로서 단면적이 28[mm^2] 이상의 것일 것.
다. 절연 트롤리선의 개구부는 아래 또는 옆으로 향하여 시설할 것.
라. **절연 트롤리선의 끝 부분은 충전부분이 노출되지 아니하는 구조의 것일 것.**

마. 절연 트롤리선은 각 지지점에서 견고하게 시설하는 것 이외에 그 양쪽 끝을 내장 인류장치에 의하여 견고하게 인류할 것. 【답】③

85 철도·궤도 또는 자동차도의 전용터널 안의 터널 내 전선로의 시설방법으로 틀린 것은?

① 저압전선으로 지름 2.0[mm]의 경동선을 사용하였다.
② 고압전선은 케이블공사로 하였다.
③ 저압전선을 애자공사에 의하여 시설하고 이를 레일면상 또는 노면상 2.5[m] 이상으로 하였다.
④ 저압전선을 금속제가요전선관공사에 의하여 시설하였다.

풀이 335.1 터널 안 전선로의 시설
철도·궤도 또는 자동차 전용터널 안의 전선로

전압	전선의 굵기	시공방법	애자공사 시 높이
저압	인장강도2.30[kN] 이상 또는 2.6[mm] 이상의 경동선의 절연전선	• 합성수지공사 • 금속관공사 • 금속제가요전선관 공사 • 케이블공사 • 애자공사	노면상, 레일면상 2.5[m] 이상
고압	인장강도 5.26[kN] 이상 또는 4[mm] 이상의 경동선	• 케이블공사 • 애자공사	노면상, 레일면상 3[m] 이상
특고압		• 케이블공사	

【답】①

86 고압 가공전선이 교류 전차선과 교차하는 경우, 고압 가공전선으로 케이블을 사용하는 경우 이외에는 단면적 몇 [mm²] 이상의 경동연선을 사용하여야 하는가?

① 14   ② 22
③ 30   ④ 38

풀이 332.15 고압 가공전선과 교류전차선 등의 접근 또는 교차
222.15 저압 가공전선과 교류전차선 등의 접근 또는 교차
저압 가공전선 또는 고압 가공전선이 교류 전차선 등과 교차하는 경우에 저압 가공전선 또는 고압 가공전선이 교류 전차선 등의 위에 시설되는 때에는 다음에 따라야 한다.
가. 저압 가공전선에는 케이블을 사용하고 또한 이를 단면적 35[mm²] 이상인 아연도강연선으로서 인장강도 19.61[kN] 이상인 것으로 조가하여 시설할 것.
나. **고압 가공전선**은 케이블인 경우 이외에는 인장강도 14.51 [kN] 이상의 것 또는 **단면적 38[mm²] 이상의 경동연선**일 것.   【답】④

87 345[kV] 옥외 변전소에 울타리 높이와 울타리에서 충전부분까지 거리[m]의 합계는?

① 6.48   ② 8.16
③ 8.40   ④ 8.28

풀이 351.1 발전소 등의 울타리·담 등의 시설
가. 울타리·담 등의 높이는 2[m] 이상으로 하고 지표면과 울타리·담 등의 하단사이의 간격은 0.15[m] 이하로 할 것.
나. 울타리·담 등의 높이와 울타리·담 등으로부터 충전부분까지 거리의 합계는 표에서 정한 값 이상으로 할 것.

사용전압의 구분	울타리·담 등의 높이와 울타리·담 등으로부터 충전 부분까지의 거리의 합계
35[kV] 이하	5[m]
35[kV] 초과 160[kV] 이하	6[m]
160[kV] 초과	• 거리의 합계 = 6 + 단수 × 0.12[m] • 단수 = $\dfrac{\text{사용전압 [kV]}-160}{10}$ 단수 계산에서 소수점 이하는 절상

• 단수 = $\dfrac{345-160}{10}$ = 18.5 → 19단
• 이격거리 + 울타리높이 = 6 + 19 × 0.12 = 8.28[m]   【답】④

88 고압 옥내배선이 다른 고압 옥내배선과 접근하거나 교차하는 경우 상호간의 이격거리는 최소 몇 [cm] 이상이어야 하는가?

① 10   ② 15
③ 20   ④ 25

풀이 342.1 고압 옥내배선 등의 시설
고압 옥내배선이 다른 고압 옥내배선·저압 옥내전선·관등회로의 배선·약전류 전선 등 또는 수관·가스관이나 이와 유사한 것과 접근하거나 교차하는 경우 이격거리
가. **다른 고압 옥내배선·저압 옥내전선·관등회로의 배선·약전류 전선 : 15[cm]**
나. 수관·가스관이나 이와 유사한 것과 접근하거나 교차하는 경우 : 15[cm]
다. 애자공사에 의하여 시설하는 저압 옥내전선이 나전선인 경우 : 30[cm]
라. 가스계량기 및 가스관의 이음부와 전력량계 및 개폐기 : 60[cm]   【답】②

과년도 기출문제 2013년

89 가공 전선로에 사용하는 지지물의 강도계산에 적용하는 갑종 풍압하중을 계산할 때 구성재의 수직 투영면적 1[m²]에 대한 풍압의 기준이 잘못된 것은?
① 목주 : 588[Pa]
② 원형 철주 : 588[Pa]
③ 원형 철근콘크리트주 : 882[Pa]
④ 강관으로 구성(단주는 제외)된 철탑 : 1255[Pa]

풀이 331.6 풍압하중의 종별과 적용

풍압을 받는 구분			풍압[Pa]
지지물	목 주		588
	철 주	원형의 것	588
		삼각형 또는 농형	1412
		강관에 의하여 구성되는 4각형의 것	1117
		기타의 것으로 복재가 전후면에 겹치는 경우	1627
		기타의 것으로 겹치지 않은 경우	1784
	철근 콘크리트주	원형의 것	588
		기타의 것	882
	철 탑	강관으로 구성되는 것	1255
		기타의 것	2157

【답】③

90 가공 전선로의 지지물에 시설하는 통신선은 가공 전선과의 이격거리를 몇 [cm] 이상 유지하여야 하는가? (단, 가공전선은 고압으로 케이블을 사용한다.)
① 30
② 45
③ 60
④ 75

풀이 362.2 전력보안통신선의 시설 높이와 이격거리
가공전선과 첨가 통신선과의 이격거리
가. 통신선은 가공전선의 아래에 시설할 것.
나. 이격거리

가공전선		통신선		
		일반	절연전선	광섬유케이블
중성선	25[kV]이하, 다중 접지중성선	0.6[m] 이상		
저압 가공전선	일반	0.6[m]이상		
	절연전선 또는 케이블		0.3[m]이상	
	인입선			0.15[m]이상
고압 가공전선	일반	0.6[m]이상		
	케이블		0.3[m]이상	

가공전선		통신선		
		일반	절연전선	광섬유케이블
특고압 가공전선	일반	1.2[m]이상		
	케이블		0.3[m]이상	
	25[kV]이하, 다중 접지방식	0.75[m]이상		

【답】①

91 주상변압기 전로의 절연내력을 시험할 때 최대 사용전압이 23000 [V]인 권선으로서 중성점 접지식 전로(중성선을 가지는 것으로서 그 중성선에 다중접지를 한 것)에 접속하는 것의 시험전압은?
① 16560[V]
② 21160[V]
③ 25300[V]
④ 28750[V]

풀이 135 변압기 전로의 절연내력

권선의 종류 (최대사용전압)	접지방식	시험전압 (최대사용 전압의 배수)	최저 시험 전압
1. 7 [kV] 이하		1.5배	500[V]
	다중접지	0.92배	500[V]
2. 7[kV] 초과 25[kV] 이하	다중접지	0.92배	
3. 7[kV] 초과 60[kV] 이하 (2란의 것 제외)		1.25배	10.5[kV]
4. 60 [kV] 초과 (8란의 것 제외)	비접지	1.25	
5. 60[kV] 초과 (6란 및 8란의 것 제외)	접지식	1.1배	75 [kV]
6. 60[kV] 초과	직접접지	0.72배	
7. 170[kV] 초과	직접접지	0.64배	

∴ 시험 전압 $= 23000 \times 0.92 = 21,160[V]$ 【답】②

92 금속덕트공사에 의한 저압 옥내배선에서, 금속 덕트에 넣은 전선의 단면적의 합계는 덕트 내부 단면적의 몇 [%] 이하이어야 하는가?
① 20
② 30
③ 40
④ 50

풀이 232.31 금속덕트공사
금속덕트에 넣은 전선의 단면적(절연피복의 단면적을 포함한다)의 합계는 **덕트의 내부 단면적의 20[%]**(전광표시 장치·기타 이와 유사한 장치 또는 **제어회로 등의 배선만을 넣는 경우에는 50[%]**) 이하일 것.
【답】①

93 아파트 세대 욕실에 '비데용 콘센트'를 시설하고자 한다. 다음의 시설방법 중 적합하지 않는 것은?
① 충전 부분이 노출되지 않을 것
② 배선기구에 방습장치를 시설할 것
③ 저압용 콘센트는 접지극이 없는 것을 사용할 것
④ 인체감전보호용 누전차단기가 부착된 것을 사용할 것

풀이 234.5 콘센트의 시설
욕조나 샤워시설이 있는 욕실 또는 화장실 등 인체가 물에 젖어 있는 상태에서 전기를 사용하는 장소에 콘센트를 시설하는 경우에는 다음에 따라 시설하여야한다.
가. 인체감전보호용 누전차단기(정격감도전류 15[mA] 이하, 동작시간 0.03[초] 이하의 전류동작형의 것에 한한다) 또는 절연변압기(정격용량 3[kVA] 이하인 것에 한한다)로 보호된 전로에 접속하거나, 인체감전보호용 누전차단기가 부착된 콘센트를 시설하여야 한다.
나. 콘센트는 **접지극이 있는 방적형 콘센트를 사용**하여 규정에 준하여 접지하여야 한다. 【답】③

94 저압 및 고압 가공전선의 최소 높이는 도로를 횡단하는 경우와 철도를 횡단하는 경우에 각각 몇 [m] 이상이어야 하는가?
① 도로 : 지표상 6 [m], 철도 : 레일면상 6.5 [m]
② 도로 : 지표상 6 [m], 철도 : 레일면상 6 [m]
③ 도로 : 지표상 5 [m], 철도 : 레일면상 6.5 [m]
④ 도로 : 지표상 5 [m], 철도 : 레일면상 6 [m]

풀이 332.5 고압 가공전선의 높이, 222.7 저압 가공전선의 높이
저·고압 가공전선의 높이는 다음에 따라야 한다.

설치장소		가공전선의 높이
도로횡단(번잡하지 않은 도로 제외)		지표상 6 [m] 이상
철도 또는 궤도 횡단		레일면상 6.5 [m] 이상
횡단보도교 위	저압	노면상 3.5 [m] 이상 (단, 절연전선의 경우 3 [m] 이상)
	고압	노면상 3.5 [m] 이상
일반장소		지표상 5 [m] 이상. 단, 저압의 경우 절연전선 또는 케이블을 사용하여 교통에 지장이 없도록 하여 옥외조명용으로 공급하는 경우 4 [m]까지 감할 수 있다.
다리의 하부 기타 이와 유사한 장소		저압의 전기철도용 급전선은 지표상 3.5 [m] 까지 감할 수 있다.

【답】①

95 유희용 전차에 전기를 공급하는 전로의 사용전압이 교류인 경우 몇 [V] 이하이어야 하는가?
① 20   ② 40
③ 60   ④ 100

풀이 241.8 유희용 전차
가. 유희용 전차에 전기를 공급하기 위하여 사용하는 변압기의 1차 전압은 400[V] 이하이어야 한다.
나. 유희용 전차에 전기를 공급하는 **전원장치의 2차측 단자의 최대사용전압은 직류의 경우 60[V] 이하, 교류의 경우 40[V] 이하일 것**.
다. 접촉전선은 제3레일 방식에 의하여 시설할 것.
라. 유희용 전차의 전차 내에서 승압하여 사용하는 경우 변압기는 절연변압기를 사용하고 2차 전압은 150[V] 이하로 할 것. 【답】②

96 빙설이 적고 인가가 밀집된 도시에 시설하는 고압 가공 전선로 설계에 사용하는 풍압하중은?
① 갑종 풍압하중
② 을종 풍압하중
③ 병종 풍압하중
④ 갑종 풍압하중과 을종 풍압하중을 각 설비에 따라 혼용

풀이 331.6 풍압하중의 종별과 적용
인가가 많이 연접되어 있는 장소에 시설하는 가공전선로의 구성재 중 다음의 풍압하중에 대하여는 규정에 불구하고 갑종 풍압하중 또는 을종 풍압하중 대신에 **병종 풍압하중을 적용**할 수 있다.
가. 저압 또는 고압 가공전선로의 지지물 또는 가섭선
나. 사용전압이 35 [kV] 이하의 선선에 특고압 절연전선 또는 케이블을 사용하는 특고압 가공전선로의 지지물, 가섭선 및 특고압 가공전선을 지지하는 애자장치 및 완금류
【답】③

97 저압 옥내배선 버스덕트공사에서 지지점간의 거리[m]는? (단, 취급자만이 출입하는 곳에서 수직으로 붙이는 경우)
① 3   ② 5
③ 6   ④ 8

풀이 232.61 버스덕트공사
덕트를 조영재에 붙이는 경우에는 덕트의 지지점 간의 거리를 3[m](**수직으로 붙이는 경우에는 6[m]**) 이하로 하고 또한 견고하게 붙일 것. 【답】③

출제기준 변경 및 개정된 관계 법규에 따라 삭제된 문제가 있어 20문항이 안됩니다.

2회 전기설비 기술기준

81 저압 가공인입선에 사용하지 않는 전선은?
① 나전선
② 절연전선
③ 인입용 비닐절연전선
④ 케이블

풀이 221.1.1 저압 인입선의 시설
저압 가공인입선은 다음에 따라 시설하여야 한다.
가. 전선은 **절연전선 또는 케이블**일 것.
나. 전선이 절연전선인 경우
① 경간이 15[m] 초과 : 인장강도 2.30[kN] 이상의 것 또는 지름 2.6[mm] 이상의 인입용 비닐절연전선일 것.
② 경간이 15[m] 이하 : 인장강도 1.25[kN] 이상의 것 또는 지름 2[mm] 이상의 인입용 비닐절연전선일 것.
다. 전선이 옥외용 비닐 절연 전선인 경우에는 사람이 접촉할 우려가 없도록 시설할 것. 【답】①

82 저압 가공전선과 식물이 상호 접촉되지 않도록 이격시키는 기준으로 옳은 것은?
① 이격거리는 최소 50 [cm]이상 떨어져 시설하여야 한다.
② 상시 불고 있는 바람 등에 의하여 식물에 접촉하지 않도록 시설하여야 한다.
③ 저압 가공전선은 반드시 방호구에 넣어 시설하여야 한다.
④ 트리와이어(Tree Wire)를 사용하여 시설하여야 한다.

풀이 222.19 저압 가공전선과 식물의 이격거리
저압 가공전선은 **상시 부는 바람 등에 의하여 식물에 접촉하지 않도록 시설**하여야 한다. 【답】②

83 케이블을 지지하기 위하여 사용하는 금속제 케이블 트레이의 종류가 아닌 것은?
① 통풍 밀폐형
② 메시형
③ 바닥 밀폐형
④ 사다리형

풀이 232.41 케이블트레이공사
케이블트레이배선은 케이블을 지지하기 위하여 사용하는 금속재 또는 불연성 재료로 제작된 유닛 또는 유닛의 집합체 및 그에 부속하는 부속재 등으로 구성된 견고한 구조물을 말하며 **사다리형, 펀칭형, 메시형, 바닥밀폐형** 기타 이와 유사한 구조물을 포함하여 적용한다. 【답】①

84 고압전로와 비접지식의 저압전로를 결합하는 변압기로 그 고압권선과 저압권선 간에 금속제의 혼촉방지판이 있고 그 혼촉방지판에 접지공사를 한 것에 접속하는 저압 전선을 옥외에 시설하는 경우로 옳지 않은 것은?
① 저압 옥상전선로의 전선은 케이블이어야 한다.
② 저압 가공전선과 고압의 가공전선은 동일 지지물에 시설하지 않아야 한다.
③ 저압 전선은 2구내에만 시설한다.
④ 저압 가공전선로의 전선은 케이블이어야 한다.

풀이 322.2 혼촉방지판이 있는 변압기에 접속하는 저압 옥외전선의 시설 등
고압전로 또는 특고압전로와 비접지식의 저압전로를 결합하는 변압기로서 그 고압권선 또는 특고압권선과 저압권선 간에 금속제의 혼촉방지판이 있고 또한 그 혼촉방지판에 규정에 의하여 접지공사를 한 것에 접속하는 저압전선을 옥외에 시설할 때에는 다음에 따라 시설하여야 한다.
가. 저압전선은 1구내에만 시설할 것.
나. 저압 가공전선로 또는 저압 옥상전선로의 **전선은 케이블**일 것.
다. 저압 가공전선과 고압 또는 특고압의 가공전선을 **동일 지지물에 시설하지 아니할 것**. 다만, 고압 가공전선로 또는 특고압 가공전선로의 전선이 케이블인 경우에는 그러하지 아니하다. 【답】③

85 가공 전화선에 고압 가공전선을 접근하여 시설하는 경우, 이격거리는 최소 몇 [cm] 이상이어야 하는가? (단, 가공전선으로는 절연전선을 사용한다고 한다.)
① 60
② 80
③ 100
④ 120

【풀이】 332.13 고압 가공전선과 가공약전류전선 등의 접근 또는 교차
222.13 저압 가공전선과 가공약전류전선 등의 접근 또는 교차
저압 가공전선 또는 고압 가공전선이 가공약전류전선 또는 가공 광섬유 케이블과 접근상태로 시설되는 경우에는 다음에 따라야 한다.
가. 고압 가공전선은 고압 보안공사에 의할 것.
나. 저·고압 가공전선과 가공약전류 전선과의 이격거리는 표에서 정한 값 이상일 것.

가공 약전류 전선	저압 가공전선		고압 가공전선	
	저압 절연전선	고압 절연전선 또는 케이블	절연전선	케이블
일반	0.6 [m]	0.3 [m]	0.8 [m]	0.4 [m]
절연전선 또는 통신용 케이블인 경우	0.3 [m]	0.15 [m]		

【답】②

86 특고압 가공전선이 다른 특고압 가공전선과 접근상태로 시설되거나 교차하는 경우에 양쪽이 특고압 절연전선으로 시설할 경우 이격거리는 몇 [m] 이상인가? 단, 35[kV] 이하인 경우이다.
① 0.8
② 1.0
③ 1.2
④ 1.6

【풀이】 333.27 특고압 가공전선 상호 간의 접근 또는 교차
특고압 가공전선이 다른 특고압 가공전선과 접근상태로 시설되거나 교차하여 시설되는 경우에는 다음에 따라야 한다.
가. 위쪽 또는 옆쪽에 시설되는 특고압 가공전선로는 제3종 특고압 보안공사에 의할 것.
나. 특고압 가공전선과 다른 특고압 가공전선 사이의 이격거리

사용전압의 구분	이격거리
35 [kV] 이하	• 특고압 가공전선에 케이블을 사용하고 다른 특고압 가공전선에 특고압 절연전선 또는 케이블을 사용하는 경우 : 0.5[m] • 각각의 특고압 가공전선에 특고압 절연전선을 사용하는 경우 : 1[m]
60 [kV] 이하	2 [m]
60 [kV] 초과	• 이격거리 = 2 + 단수 × 0.12 [m] • 단수 = $\frac{(전압 [kV] - 60)}{10}$ 단수계산에서 소수점 이하는 절상

【답】②

87 고압 옥내배선의 시설 공사로 할 수 있는 것은?
① 금속관공사
② 케이블공사
③ 합성수지관공사
④ 버스덕트공사

【풀이】 342.1 고압 옥내배선 등의 시설
가. 고압 옥내배선은 다음에 따라 시설하여야 한다.
① 애자공사(건조한 장소로서 전개된 장소에 한한다)
② 케이블공사
③ 케이블트레이공사
나. 전선은 공칭단면적 6[mm²] 이상의 연동선 【답】②

88 저압 가공전선이 상부 조영재 위쪽에서 접근하는 경우 전선과 상부 조영재간의 이격거리 [m]는 얼마 이상이어야 하는가? (단, 특고압 절연전선 또는 케이블인 경우이다.)
① 0.8
② 1.0
③ 1.2
④ 2.0

【풀이】 332.11 고압 가공전선과 건조물의 접근
222.11 저압 가공전선과 건조물의 접근
저압 가공전선 또는 고압 가공전선이 건조물과 접근 상태로 시설되는 경우에는 다음에 따라야 한다.
가. 고압 가공전선로는 고압 보안공사에 의할 것.
나. 저·고압 가공전선과 건조물의 조영재 사이의 이격거리는 표에서 정한 값 이상일 것.

사용 전압 부분 공작물의 종류			저압 [m]	고압 [m]
건조물	상부 조영재 위쪽	일반적인 경우	2	2
		전선이 고압절연전선	1	2
		전선이 케이블인 경우	1	1
	기타 조영재 또는 상부조영재의 옆쪽 또는 아래쪽	일반적인 경우	1.2	1.2
		전선이 고압절연전선	0.4	1.2
		전선이 케이블인 경우	0.4	0.4
		사람이 쉽게 접근 할 수 없도록 시설한 경우	0.8	0.8

【답】②

89 다도체 가공전선의 을종 풍압하중은 수직투영면적 1[m²]당 몇 [Pa]을 기초로 하여 계산하는가? (단, 전선 기타의 가섭선 주위에 두께 6 [mm], 비중 0.9의 빙설이 부착한 상태임)
① 333
② 372
③ 588
④ 666

[풀이] 331.6 풍압하중의 종별과 적용
을종 풍압하중은 전선 기타의 가섭선 주위에 두께 6[mm], 비중 0.9의 빙설이 부착된 상태에서 수직 투영면적 372[Pa](**다도체를 구성하는 전선은 333[Pa]**), 그 이외의 것은 갑종풍압하중의 2분의 1을 기초로 하여 계산한 것. 【답】①

90 중성선 다중접지식의 것으로 전로에 지락이 생긴 경우에 2초안에 자동적으로 이를 차단하는 장치를 가지는 22.9[kV] 특고압 가공전선로에서 각 접지점의 대지 전기저항 값이 300[Ω] 이하이며, 1[km]마다의 중성선과 대지간의 합성전기저항 값은 몇 [Ω] 이하이어야 하는가?
① 10 ② 15
③ 20 ④ 30

[풀이] 333.32 25[kV] 이하인 특고압 가공전선로의 시설
각 접지도체를 중성선으로부터 분리하였을 경우의 각 접지점의 대지 전기저항 값과 1[km] 마다의 중성선과 대지사이의 합성전기저항 값은 표 에서 정한 값 이하일 것.

사용전압	각 접지점의 대지 전기저항치	1[km] 마다의 합성 전기저항치
15[kV] 이하	300 [Ω]	30 [Ω]
15[kV] 초과 25[kV] 이하	300 [Ω]	15 [Ω]

【답】②

91 지상에 전선로를 시설하는 규정에 대한 내용으로 설명이 잘못된 것은?
① 1구내에서만 시설하는 전선로의 전부 또는 일부로 시설하는 경우에 사용한다.
② 사용전선은 케이블 또는 클로로프렌 캡타이어 케이블을 사용한다.
③ 전선이 케이블인 경우는 철근 콘크리트제의 견고한 개거 또는 트라프에 넣어야 한다.
④ 캡타이어 케이블을 사용하는 경우 전선 도중에 접속점을 제공하는 장치를 시설한다.

[풀이] 335.5 지상에 시설하는 전선로
지상에 시설하는 저압 또는 고압의 전선로는 다음의 어느 하나에 해당하는 경우 이외에는 시설하여서는 아니 된다.
가. 1구내에만 시설하는 전선로의 전부 또는 일부로 시설하는 경우
나. 전선로는 교통에 지장을 줄 우려가 없는 곳에서 전선은 케이블 또는 클로로프렌 캡타이어 케이블일 것.
① 전선이 케이블인 경우에는 철근 콘크리트제의 견고한 개거 또는 트라프에 넣어야 한다.
② **전선이 캡타이어 케이블인 경우에는 다음에 의할 것.**
  • **전선의 도중에는 접속점을 만들지 아니할 것**
  • 전선로의 전원측 전로에는 전용의 개폐기 및 과전류 차단기를 각 극(과전류 차단기는 다선식 전로의 중성극을 제외한다)에 시설할 것.
  • 사용전압이 0.4[kV] 초과하는 저압 또는 고압의 전로 중에는 전로에 지락이 생겼을 때에 자동적으로 전로를 차단하는 장치를 시설할 것. 【답】④

92 냉각장치에 고장이 생긴 경우 특고압용 변압기의 보호장치는?
① 경보장치 ② 과전류 측정장치
③ 온도 측정장치 ④ 자동차단장치

[풀이] 351.4 특고압용 변압기의 보호장치
특고압용의 변압기에는 그 내부에 고장이 생겼을 경우에 보호하는 장치를 표와 같이 시설하여야 한다.

뱅크 용량의 구분	동작조건	장치의 종류
5,000[kVA] 이상 10,000[kVA] 미만	변압기 내부 고장	자동차단장치 또는 경보장치
10,000[kVA] 이상	변압기 내부 고장	자동차단장치
타냉식 변압기(변압기의 권선 및 철심을 직접 냉각시키기 위하여 봉입한 냉매를 강제 순환시키는 냉각 방식을 말한다.)	냉각 장치에 고장이 생긴 경우 또는 변압기의 온도가 현저히 상승한 경우	경보장치

【답】①

93 옥내 고압용 이동전선의 시설방법으로 옳은 것은?
① 전선은 무기물 절연 케이블을 사용하였다.
② 다선식 선로의 중성선에 과전류차단기를 시설하였다.
③ 이동전선과 전기사용기계기구와는 해체가 쉽게 되도록 느슨하게 접속하였다.
④ 전로에 지락이 생겼을 때에 자동적으로 전로를 차단하는 장치를 시설하였다.

[풀이] 342.2 옥내 고압용 이동전선의 시설
옥내에 시설하는 고압의 이동전선은 다음에 따라 시설하여야 한다.

가. 전선은 **고압용의 캡타이어케이블**일 것.
나. 이동전선에 전기를 공급하는 전로에는 전용 개폐기 및 과전류 차단기를 각극(과전류 차단기는 다선식 전로의 중성극을 제외한다)에 시설하고, 또한 **전로에 지락이 생겼을 때에 자동적으로 전로를 차단하는 장치를 시설**할 것. 【답】 ④

94 고압 가공전선으로 ACSR선을 사용할 때의 안전율은 얼마이상이 되는 이도(弛度)로 시설하여야 하는가?
① 2.2 ② 2.5
③ 3   ④ 3.5

풀이 332.4 고압 가공전선의 안전율
고압 가공전선은 케이블인 경우 이외에는 그 **안전율이 경동선 또는 내열 동합금선은 2.2 이상, 그 밖의 전선은 2.5 이상**이 되는 이도로 시설하여야 한다. 【답】 ②

95 저압의 이동용 전기기계의 금속제 외함을 접지할 경우 다심 코드 및 다심 캡타이어케이블의 일심 이외의 가요성이 있는 연동연선으로 접지공사 시 접지선의 단면적은 몇 [mm²] 이상 이어야 하는가?
① 0.75 ② 1.5
③ 6   ④ 10

풀이 142.3.1 접지도체
이동하여 사용하는 전기기계기구의 금속제 외함 등의 접지시스템의 경우는 다음의 것을 사용하여야 한다.

접지도체	접지선의 종류	접지선의 단면적
특고압·고압 전기설비 중성점 접지	• 클로로프렌캡타이어케이블 (3종 및 4종) • 클로로설포네이트폴리에틸렌캡타이어 케이블의 일심 (3종 및 4종) • 다심캡타이어케이블의 차폐 기타의 금속제	10[mm²]
저압 전기설비	다심 코드 또는 다심 캡타이어케이블의 일심	0.75[mm²]
	다심코드 및 다심 캡타이어케이블의 일심 이외의 가요성이 있는 연동연선	1.5[mm²]

【답】 ②

96 피뢰기 설치기준으로 옳지 않은 것은?
① 발전소·변전소 또는 이에 준하는 장소의 가공전선로의 인입구 및 인출구
② 가공전선로와 특고압 전선로가 접속되는 곳
③ 가공 전선로에 접속한 1차측 전압이 35[kV] 이하인 배전용 변압기의 고압측 및 특고압측
④ 고압 및 특고압 가공전선로로부터 공급 받는 수용장소의 인입구

풀이 341.13 피뢰기의 시설
고압 및 특고압의 전로 중 다음에 열거하는 곳 또는 이에 근접한 곳에는 피뢰기를 시설하여야 한다.
가. **발전소·변전소** 또는 이에 준하는 장소의 **가공전선 인입구 및 인출구**
나. 특고압 가공전선로에 접속하는 **배전용 변압기의 고압측 및 특고압측**
다. 고압 및 특고압 가공전선로로부터 공급을 받는 **수용장소의 인입구**
라. **가공전선로와 지중전선로가 접속되는 곳** 【답】 ②

97 "지중관로"에 대한 정의로 가장 옳은 것은?
① 지중전선로·지중 약전류 전선로와 지중매설지선 등을 말한다.
② 지중전선로·지중 약전류 전선로와 복합케이블 선로·기타 이와 유사한 것 및 이들에 부속되는 지중함을 말한다.
③ 지중전선로·지중 약전류 전선로·지중에 시설하는 수관 및 가스관과 지중매설지선을 말한다.
④ 지중전선로·지중 약전류 전선로·지중 광섬유 케이블 선로·지중에 시설하는 수관 및 가스관과 기타 이와 유사한 것 및 이들에 부속하는 지중함 등을 말한다.

풀이 112 용어 정의
"지중 관로"란 지중 전선로·지중 약전류 전선로·지중 광섬유 케이블 선로·지중에 시설하는 수관 및 가스관과 이와 유사한 것 및 이들에 부속하는 지중함 등을 말한다. 【답】 ④

출제기준 변경 및 개정된 관계 법규에 따라 삭제된 문제가 있어 20문항이 안됩니다.

4회 전기설비 기술기준

81 애자공사에 의한 고압 옥내배선을 사람이 접촉할 우려가 없도록 시설할 경우 전선의 지지점간의 거리는 일반적으로 몇 [m] 이하인가?
① 4
② 5
③ 6
④ 7

[풀이] 342.1 고압 옥내배선 등의 시설

전압	전선과 조영재와의 이격 거리	전선 상호 간격	전선 지지점간의 거리	
			조영재의 면을 따라 붙이는 경우	조영재에 따라 시설하지 않는 경우
고압	5 [cm] 이상	8 [cm] 이상	2 [m] 이하	6 [m] 이하

【답】③

82 특고압 가공전선로 중 지지물로서 직선형의 철탑을 연속하여 10기 이상 사용하는 부분에는 몇 기 이하마다 내장애자장치가 되어 있는 철탑 또는 이와 동등이상의 강도를 가지는 철탑 1기를 시설하여야 하는가?
① 3
② 5
③ 7
④ 10

[풀이] 333.16 특고압 가공전선로의 내장형 등의 지지물 시설
특고압 가공전선로 중 지지물로서 직선형의 철탑을 연속하여 10기 이상 사용하는 부분에는 **10기 이하마다** 장력에 견디는 애자장치가 되어 있는 철탑 또는 이와 동등 이상의 강도를 가지는 철탑 1기를 시설하여야 한다. 【답】④

83 교통신호등의 시설에 관한 내용으로 적합하지 않는 것은?
① 교통신호등 회로의 사용전압은 300 [V] 이하로 한다.
② 제어장치의 전원측에는 전용 개폐기 및 과전류차단기를 시설한다.
③ 제어장치의 금속제 외함은 접지공사를 한다.
④ 교통신호등 전선은 지표상 2 [m] 이상 시설한다.

[풀이] 234.15 교통신호등
가. 교통신호등 제어장치의 2차측 배선의 최대사용전압은 300 [V] 이하이어야 한다.

나. 전선은 케이블인 경우 이외에는 공칭단면적 2.5 [mm^2] 연동선과 동등 이상의 세기 및 굵기의 450/750 [V] 일반용 단심 비닐절연전선 또는 450/750 [V] 내열성에틸렌아세테이트 고무절연전선일 것.
다. 교통신호등의 전구에 접속하는 인하선은 다음에 의하여 시설하여야 한다.
　① **전선의 지표상의 높이는 2.5 [m] 이상**일 것.
　② 전선을 애자공사에 의하여 시설하는 경우에는 전선을 적당한 간격마다 묶을 것.
라. 교통신호등 회로의 사용전압이 150 [V]를 넘는 경우는 전로에 지락이 생겼을 경우 자동적으로 전로를 차단하는 누전차단기를 시설할 것.
마. 교통신호등의 제어장치의 금속제외함 및 신호등을 지지하는 철주에는 규정에 준하여 접지공사를 하여야 한다. 【답】④

84 154/22.9 [kV]용 변전소의 변압기에 반드시 시설하지 않아도 되는 계측장치는?
① 전압계
② 전류계
③ 역률계
④ 온도계

[풀이] 351.6 계측장치
변전소 또는 이에 준하는 곳에는 다음의 사항을 계측하는 장치를 시설하여야 한다.
가. 주요 변압기의 **전압 및 전류 또는 전력**
나. 특고압용 변압기의 **온도** 【답】③

85 35 [kV]의 특고압 가공전선과 가공 약전류 전선을 동일 지지물에 시설하는 경우, 특고압 가공전선로는 몇 종 특고압 보안공사에 의하여야 하는가?
① 제1종
② 제2종
③ 제3종
④ 제4종

[풀이] 333.19 특고압 가공전선과 가공약전류전선 등의 공용설치
사용전압이 35 [kV] 이하인 특고압 가공전선과 가공약전류전선 등을 동일 지지물에 시설하는 경우 **특고압 가공전선로는 제2종 특고압 보안공사**에 의할 것. 【답】②

86 15 [kV] 이하인 특고압 가공전선로의 중성선의 다중접지 및 중성선의 시설 중 접지공사에서 접지한 곳 상호간의 거리는 전선로에 따라 몇 [m] 이하이어야 하는가?
① 150
② 300
③ 400
④ 500

【풀이】 333.32 25[kV] 이하인 특고압 가공전선로의 시설 접지공사 시 접지한 곳 상호간의 거리
가. 사용전압이 15[kV] 이하인 경우 : 300[m] 이하일 것
나. 사용전압이 15[kV] 초과 25[kV] 이하인 경우 : 150[m] 이하일 것   【답】②

87 고압 가공전선에 ACSR을 쓸 때의 안전율은 얼마 이상이 되는 이도로 시설하여야 하는가?
① 2.0 ② 2.5
③ 3.0 ④ 3.5

【풀이】 332.4 고압 가공전선의 안전율
고압 가공전선은 케이블인 경우 이외에는 그 **안전율이 경동선 또는 내열 동합금선은 2.2 이상, 그 밖의 전선은 2.5 이상**이 되는 이도로 시설하여야 한다.   【답】②

88 고저압 혼촉에 의한 위험방지시설로 가공공동지선을 설치하여 시설하는 경우에 각 접지도체를 가공공동지선으로부터 분리하였을 경우의 각 접지도체와 대지간의 전기저항값은 몇 [Ω] 이하로 하여야 하는가?
① 75 ② 150
③ 300 ④ 600

【풀이】 322.1 고압 또는 특고압과 저압의 혼촉에 의한 위험방지 시설
가공공동지선과 대지 사이의 합성 전기저항 값은 1[km]를 지름으로 하는 지역 안마다 규정에 의해 접지저항 값을 가지는 것으로 하고 또한 각 **접지도체를 가공공동지선으로부터 분리하였을 경우의 각 접지도체와 대지 사이의 전기저항값은 300[Ω] 이하**로 할 것.   【답】③

89 22.9[kV] 특고압 가공전선이 건조물과 제1차 접근 상태로 시설되는 경우 이격거리는 몇 [m] 이상인가? (단, 특고압 절연전선으로 상부조영재이며 접근형태는 위쪽인 경우이다.)
① 0.5 ② 1.2
③ 2.5 ④ 3.0

【풀이】 333.23 특고압 가공전선과 건조물의 접근
특고압 가공전선이 건조물과 제1차 접근상태로 시설되는 경우에는 다음에 따라야 한다.
가. 특고압 가공전선로는 제3종 특고압 보안공사에 의할 것.

나. 사용전압이 35[kV] 이하인 특고압 가공전선과 건조물의 조영재 이격거리는 표에서 정한 값 이상일 것.

건조물과 조영재의 구분	전선종류	접근형태	이격거리
상부 조영재	특고압 절연전선	위쪽	2.5[m]
		옆쪽 또는 아래쪽	1.5[m] (전선에 사람이 쉽게 접촉할 우려가 없도록 시설한 경우는 1[m])
	케이블	위쪽	1.2[m]
		옆쪽 또는 아래쪽	0.5[m]
	기타전선		3[m]
기타 조영재	특고압 절연전선		1.5[m] (전선에 사람이 쉽게 접촉할 우려가 없도록 시설한 경우는 1[m])
	케이블		0.5[m]
	기타 전선		3[m]

【답】③

90 22.9[kV-Y]의 특고압용 가공전선로의 지지물에 첨가한 통신선은 전력선과 몇 [cm] 이상 이격시켜야 하는가? (단, 중성선 다중 접지식의 것으로서 전로에 지락이 생긴 경우에 2초 이내에 자동적으로 이를 전로로부터 차단하는 장치가 되어 있다고 한다.)
① 50 ② 75
③ 120 ④ 150

【풀이】 362.2 전력보안통신선의 시설 높이와 이격거리
가공전선과 첨가 통신선과의 이격거리
가. 통신선은 가공전선의 아래에 시설할 것.
나. 이격거리

가공전선		통신선		
		일반	절연전선	광섬유케이블
중성선	25[kV]이하, 다중 접지 중성선	0.6[m] 이상		
저압 가공전선	일반	0.6[m]이상		
	절연전선 또는 케이블		0.3[m]이상	
	인입선			0.15[m]이상
고압 가공전선	일반	0.6[m]이상		
	케이블		0.3[m]이상	
특고압 가공전선	일반	1.2[m]이상		
	케이블		0.3m]이상	
	25[kV]이하, 다중 접지방식	0.75[m]이상		

【답】②

91 특고압 옥내 케이블트레이공사의 경우 사용전압 최대 한도는 몇 [kV] 이하이여야 하는가?
① 20　　　　　　② 35
③ 60　　　　　　④ 100

[풀이] 342.4 특고압 옥내 전기설비의 시설
특고압 옥내배선은 다음에 따르고 또한 위험의 우려가 없도록 시설하여야 한다.
가. 사용전압은 100[kV] 이하일 것. 다만, **케이블트레이공사에 의하여 시설하는 경우에는 35[kV] 이하일 것.**
나. 전선은 케이블일 것.　　　　　　【답】②

92 특고압 가공전선로의 지지물에 시설하는 통신선 또는 이에 직접 접속하는 가공통신선을 횡단보도교 위에 시설하는 경우에는 그 노면상 높이는 몇 [m] 이상이어야 하는가?
① 3.5　　　　　　② 4
③ 4.5　　　　　　④ 5

[풀이] 362.2 전력보안통신선의 시설 높이와 이격거리
가공전선로의 지지물에 시설하는 통신선 또는 이에 직접 접속하는 가공 통신선의 높이는 다음에 따라야 한다.

시설 장소		가공전선로의 지지물에 시설	
		고·저압[m]	특고압[m]
도로횡단	일반적인 경우	6[m] 이상	6[m] 이상
	교통에 지장을 안 주는 경우	5[m] 이상	
철도 횡단(레일면상)		6.5[m] 이상	6.5[m] 이상
횡단 보도교 위	노면상	3.5[m] 이상	5[m] 이상
	절연전선 사용	3[m] 이상	
	광섬유 케이블 사용		4[m] 이상
기타의 장소	일반적인 경우 (절연전선 사용)	4[m] 이상	5[m] 이상
	광섬유 케이블 사용		3.5[m] 이상

【답】④

93 발전소의 개폐기 또는 차단기에 사용하는 압축공기장치의 주공기 탱크에는 어떠한 최대 눈금이 있는 압력계를 시설해야 하는가?
① 사용압력의 1배 이상 2배 이하
② 사용압력의 1.15배 이상 2배 이하
③ 사용압력의 1.5배 이상 3배 이하
④ 사용압력의 2배 이상 3배 이하

[풀이] 341.15 압축공기계통
발전소·변전소·개폐소 또는 이에 준하는 곳에서 개폐기 또는 차단기에 사용하는 압축공기장치는 다음에 따라 시설하여야 한다.
가. 공기압축기는 최고 사용압력의 1.5배의 수압(수압을 연속하여 10분간 가하여 시험을 하기 어려울 때에는 최고 사용압력의 1.25배의 기압)을 연속하여 10분간 가하여 시험을 하였을 때에 이에 견디고 또한 새지 아니할 것.
나. 주 공기탱크 또는 이에 근접한 곳에는 **사용압력의 1.5배 이상 3배 이하의 최고 눈금이 있는 압력계**를 시설할 것.
다. 사용 압력에서 공기의 보급이 없는 상태로 개폐기 또는 차단기의 투입 및 차단을 연속하여 1회 이상 할 수 있는 용량을 가지는 것일 것.　　　【답】③

94 변압기에 의하여 특고압 전로에 결합되는 고압 전로에는 사용압력의 몇 배 이하인 전압이 가하여진 경우에 방전하는 장치를 그 변압기의 단자에 가까운 1극에 설치하여야 하는가?
① 6　　　　　　② 5
③ 4　　　　　　④ 3

[풀이] 322.3 특고압과 고압의 혼촉 등에 의한 위험방지 시설
변압기에 의하여 특고압전로에 결합되는 고압전로에는 **사용전압의 3배 이하인 전압이 가하여진 경우에 방전**하는 장치를 그 변압기의 단자에 가까운 1극에 설치하여야 한다.　【답】④

95 154[kV] 전선로를 제1종 특고압 보안공사로 시설할 경우, 여기에 사용되는 경동연선의 단면적은 몇 [mm²] 이상이어야 하는가?
① 100　　　　　　② 125
③ 150　　　　　　④ 200

[풀이] 333.22 특고압 보안공사
제1종 특고압 보안공사 시 전선의 단면적

사용전압	전　　선
100 [kV] 미만	인장강도 21.67 [kN] 이상의 연선 또는 단면적 55[mm²] 이상의 경동연선
100 [kV] 이상 300 [kV] 미만	인장강도 58.84 [kN] 이상의 연선 또는 **단면적 150[mm²] 이상의 경동연선**
300 [kV] 이상	인장강도 77.47 [kN] 이상의 연선 또는 단면적 200[mm²] 이상의 경동연선

【답】③

96 저압 가공전선이 교류 전차선의 위에 교차하여 시설되는 경우 저압 가공전선으로 케이블을 사용하고 단면적 몇 [mm^2] 이상인 아연도강연선으로 조가하여 시설하여야 하는가?

① 22
② 35
③ 55
④ 100

풀이 332.15 고압 가공전선과 교류전차선 등의 접근 또는 교차, 222.15 저압 가공전선과 교류전차선 등의 접근 또는 교차 저압 가공전선 또는 고압 가공전선이 교류 전차선 등과 교차하는 경우에 저압 가공전선 또는 고압 가공전선이 교류 전차선 등의 위에 시설되는 때에는 저압 가공전선에는 케이블을 사용하고 또한 이를 **단면적 35[mm^2] 이상인 아연도강연선으로서 인장강도 19.61 [kN] 이상인 것으로 조가**하여 시설할 것. 【답】 ②

출제기준 변경 및 개정된 관계 법규에 따라 삭제된 문제가 있어 20문항이 안됩니다.

2014년 기출문제

1회 전기설비 기술기준

81 765 [kV] 특고압 가공전선이 건조물과 2차 접근 상태로 있는 경우 전선 높이가 최저상태일 때 가공전선과 건조물 상부와의 수직거리는 몇 [m] 이상이어야 하는가?

① 20 ② 22
③ 25 ④ 28

풀이 333.23 특고압 가공전선과 건조물의 접근
사용전압이 400[kV] 이상의 특고압 가공전선이 건조물과 제2차 접근상태로 있는 경우에는 다음에 따라 시설하여야 한다.
가. 전선높이가 최저상태일 때 **가공전선과 건조물 상부와의 수직거리가 28[m] 이상**일 것.
나. 독립된 주거생활을 할 수 있는 단독주택, 공동주택 및 학교, 병원 등 불특정 다수가 이용하는 다중 이용 시설의 건조물이 아닐 것.
다. 폭연성 분진, 가연성 가스, 인화성물질, 석유류, 화학류 등 위험 물질을 다루는 건조물에 해당되지 아니할 것.
라. 건조물 최상부에서 전계(3.5[kV/m]) 및 자계(83.3[μT])를 초과하지 아니할 것. 【답】 ④

82 고압 가공전선이 상부 조영재의 위쪽으로 접근 시의 가공전선과 조영재의 이격거리는 몇 [m] 이상이어야 하는가?

① 0.6 ② 0.8
③ 1.2 ④ 2.0

풀이 332.11 고압 가공전선과 건조물의 접근
222.11 저압 가공전선과 건조물의 접근
저압 가공전선 또는 고압 가공전선이 건조물과 접근 상태로 시설되는 경우에는 다음에 따라야 한다.
가. 고압 가공전선로는 고압 보안공사에 의할 것.
나. 저·고압 가공전선과 건조물의 조영재 사이의 이격거리는 표에서 정한 값 이상일 것.

사용 전압 부분 공작물의 종류		저압 [m]	고압 [m]
건조물	상부 조영재 위쪽	일반적인 경우	2	2
		전선이 고압절연전선	1	2
		전선이 케이블인 경우	1	1
	기타 조영재 또는 상부조영재의 옆쪽 또는 아래쪽	일반적인 경우	1.2	1.2
		전선이 고압절연전선	0.4	1.2
		전선이 케이블인 경우	0.4	0.4
		사람이 쉽게 접근할 수 없도록 시설한 경우	0.8	0.8

【답】 ④

83 22.9[kV]특고압 가공전선로의 중성선의 다중접지 시설에서 각 접지선을 중성선으로부터 분리하였을 경우 각 접지점의 대지 전기저항값은 몇 [Ω] 이하이어야 하는가?

① 100 ② 150
③ 300 ④ 500

풀이 333.32 25 kV 이하인 특고압 가공전선로의 시설
각 접지도체를 중성선으로부터 분리하였을 경우의 각 접지점의 대지 전기저항 값과 1[km] 마다의 중성선과 대지사이의 합성전기저항 값은 표에서 정한 값 이하일 것.

사용전압	각 접지점의 대지 전기저항치	1[km] 마다의 합성 전기저항치
15 [kV] 이하	300 [Ω]	30 [Ω]
15 [kV] 초과 25 [kV] 이하	300 [Ω]	15 [Ω]

【답】 ③

84 고압 가공전선이 가공약전류 전선과 접근하는 경우 고압 가공전선과 가공약전류 전선 사이의 이격거리는 몇 [cm] 이상 이어야 하는가? (단, 전선이 케이블인 경우이다.)

① 15 ② 30
③ 40 ④ 80

[풀이] 332.13 고압 가공전선과 가공약전류전선 등의 접근 또는 교차
222.13 저압 가공전선과 가공약전류전선 등의 접근 또는 교차
저압 가공전선 또는 고압 가공전선이 가공약전류전선 또는 가공 광섬유 케이블과 접근상태로 시설되는 경우에는 다음에 따라야 한다.
가. 고압 가공전선은 고압 보안공사에 의할 것.
나. 저·고압 가공전선과 가공약전류 전선과의 이격거리는 표에서 정한 값 이상일 것.

가공 약전류 전선	저압 가공전선		고압 가공전선	
	저압 절연전선	고압 절연전선 또는 케이블	절연전선	케이블
일반	0.6 [m]	0.3 [m]	0.8 [m]	0.4 [m]
절연전선 또는 통신용 케이블인 경우	0.3 [m]	0.15 [m]		

【답】③

85 발전기·전동기·조상기·기타 회전기(회전 변류기 제외)의 절연내력 시험시 시험전압은 권선과 대지 사이에 연속하여 몇 분 이상 가하여야 하는가?
① 10 ② 15
③ 20 ④ 30

[풀이] 133 회전기 및 정류기의 절연내력

종류		시험 전압	시험 방법
회전기	발전기·전동기·조상기·기타회전기	7[kV] 이하	1.5배 (최저 500[V])	권선과 대지 사이에 연속하여 10분간
		7[kV] 초과	1.25배 (최저 10.5[kV])	
	회전 변류기		직류측의 최대사용전압의 1배의 교류전압(최저 500[V])	

【답】①

86 고압 옥상전선로의 전선이 다른 시설물과 접근하거나 교차하는 경우 이들 사이의 이격거리는 몇 [cm] 이상이어야 하는가?
① 30 ② 60
③ 90 ④ 120

[풀이] 331.14.1 고압 옥상전선로의 시설
가. 고압 옥상 전선로의 전선이 **다른 시설물**(가공전선을 제외한다)과 **접근하거나 교차**하는 경우에는 고압 옥상 전선로의 전선과 이들 사이의 **이격거리는 0.6 [m] 이상**이어야 한다.

나. 고압 옥상전선로의 전선은 상시 부는 바람 등에 의하여 식물에 접촉하지 아니하도록 시설하여야 한다. **【답】②**

87 터널에 시설하는 사용전압이 400[V] 초과 저압인 경우, 이동전선은 몇 [mm²] 이상의 0.6/1 [kV] EP 고무 절연 클로로프렌 캡타이어 케이블이어야 하는가?
① 0.25 ② 0.55
③ 0.75 ④ 1.25

[풀이] 242.7.2 터널 등의 전구선 또는 이동전선 등의 시설
가. 터널 등에 시설하는 사용전압이 400[V] 이하인 저압의 전구선 또는 이동전선은 다음과 같이 시설하여야 한다.
  ① 전구선은 단면적 0.75[mm²] 이상의 300/300[V] 편조 고무코드 또는 0.6/1[kV] EP 고무 절연 클로로프렌 캡타이어 케이블일 것.
  ② 이동전선은 300/300[V] 편조 고무코드, 비닐 코드 또는 캡타이어 케이블일 것.
나. 터널 등에 시설하는 사용전압이 400[V] 초과인 **저압의 이동전선은 0.6/1[kV] EP 고무 절연 클로로프렌 캡타이어 케이블로서 단면적이 0.75[mm²] 이상**인 것일 것.
다. 특고압의 이동전선은 터널 등에 시설해서는 안 된다.
【답】③

88 저압 가공전선이 철도 또는 궤도를 횡단하는 경우에는 레일면상 높이가 몇 [m] 이상이어야 하는가?
① 5 ② 5.5
③ 6 ④ 6.5

[풀이] 332.5 고압 가공전선의 높이, 222.7 저압 가공전선의 높이
저·고압 가공전선의 높이는 다음에 따라야 한다.

설치장소		가공전선의 높이
도로횡단(번잡하지 않은 도로 제외)		지표상 6 [m] 이상
철도 또는 궤도 횡단		**레일면상 6.5 [m] 이상**
횡단보도교 위	저압	노면상 3.5 [m] 이상 (단, 절연전선의 경우 3 [m] 이상)
	고압	노면상 3.5 [m] 이상
일반장소		지표상 5 [m] 이상. 단, 저압의 경우 절연전선 또는 케이블을 사용하여 교통에 지장이 없도록 하여 옥외조명용에 공급하는 경우 4 [m]까지 감할 수 있다.
다리의 하부 기타 이와 유사한 장소		저압의 전기철도용 급전선은 지표상 3.5[m] 까지 감할 수 있다.

【답】④

89 고압용 기계기구를 시설하여서는 안 되는 경우는?

① 발전소, 변전소, 개폐소 또는 이에 준하는 곳에 시설하는 경우
② 시가지 외로서 지표상 3 [m] 인 경우
③ 공장 등의 구내에서 기계 기구의 주위에 사람이 쉽게 접촉할 우려가 없도록 적당한 울타리를 설치하는 경우
④ 옥내에 설치한 기계 기구를 취급자 이외의 사람이 출입할 수 없도록 설치한 곳에 시설하는 경우

풀이 341.8 고압용 기계기구의 시설
고압용 기계기구는 다음의 어느 하나에 해당하는 경우와 발전소·변전소·개폐소 또는 이에 준하는 곳에 시설하는 경우 이외에는 시설하여서는 아니 된다.
가. 기계기구의 주위에 규정에 준하여 울타리·담 등을 시설하는 경우
나. **기계기구를 지표상 4.5 [m](시가지 외에는 4 [m]) 이상의 높이에 시설**하고 또한 사람이 쉽게 접촉할 우려가 없도록 시설하는 경우
다. 옥내에 설치한 기계기구를 취급자 이외의 사람이 출입할 수 없도록 설치한 곳에 시설하는 경우
라. 기계기구를 콘크리트제의 함 또는 규정에 따른 접지공사를 한 금속제 함에 넣고 또한 충전부분이 노출되지 아니하도록 시설하는 경우 【답】②

90 특고압용 변압기로서 변압기 내부고장이 발생할 경우 경보장치를 시설하여야 할 뱅크용량의 범위는?

① 1000 [kVA] 이상 5000 [kVA] 미만
② 5000 [kVA] 이상 10000 [kVA] 미만
③ 10000 [kVA] 이상 15000 [kVA] 미만
④ 15000 [kVA] 이상 20000 [kVA] 미만

풀이 351.4 특고압용 변압기의 보호장치
특고압용의 변압기에는 그 내부에 고장이 생겼을 경우에 보호하는 장치를 표와 같이 시설하여야 한다.

뱅크 용량의 구분	동작조건	장치의 종류
5,000 [kVA] 이상 10,000 [kVA] 미만	변압기 내부 고장	자동차단장치 또는 경보장치
10,000 [kVA] 이상	변압기 내부 고장	자동차단장치
타냉식 변압기(변압기의 권선 및 철심을 직접 냉각시키기 위하여 봉입한 냉매를 강제 순환시키는 냉각 방식을 말한다.)	냉각 장치에 고장이 생긴 경우 또는 변압기의 온도가 현저히 상승한 경우	경보장치

【답】②

91 애자공사에 의한 고압 옥내배선의 시설에 사용되는 연동선의 단면적은 최소 몇 [mm^2] 의 것을 사용하여야 하는가?

① 2.5   ② 4
③ 6   ④ 10

풀이 342.1 고압 옥내배선 등의 시설
가. 고압 옥내배선은 다음에 따라 시설하여야 한다.
  ① 애자공사(건조한 장소로서 전개된 장소에 한한다)
  ② 케이블공사
  ③ 케이블트레이공사
나. **전선은 공칭단면적 6[mm^2] 이상의 연동선** 【답】③

92 전로의 중성점을 접지하는 목적에 해당되지 않는 것은?

① 보호장치의 확실한 동작의 확보
② 부하전류의 일부를 대지로 흐르게 하여 전선 절약
③ 이상전압의 억제
④ 대지전압의 저하

풀이 322.5 전로의 중성점의 접지
① 보호 장치의 확실한 동작의 확보
② 이상 전압의 억제
③ 대지전압의 저하를 위하여
전로의 중성점에 접지공사를 한다. 【답】②

93 154 [kV] 가공전선로를 제1종 특고압 보안공사에 의하여 시설하는 경우 사용 전선은 인장강도 58.84 [kN] 이상의 연선 또는 단면적 몇 [mm^2] 이상의 경동연선이어야 하는가?

① 35   ② 50
③ 95   ④ 150

풀이 333.22 특고압 보안공사
제1종 특고압 보안공사 시 전선의 단면적

사용전압	전선
100 [kV] 미만	인장강도 21.67 [kN] 이상의 연선 또는 단면적 55[mm^2] 이상의 경동연선
100 [kV] 이상 300 [kV] 미만	인장강도 58.84 [kN] 이상의 연선 또는 **단면적 150[mm^2] 이상의 경동연선**
300 [kV] 이상	인장강도 77.47[kN] 이상의 연선 또는 단면적 200[mm^2] 이상의 경동연선

【답】④

94 동일 지지물에 고압 가공전선과 저압 가공전선을 병행 설치할 때 저압 가공전선의 위치는?

① 저압 가공전선을 고압 가공전선 위에 시설
② 저압 가공전선을 고압 가공전선 아래에 시설
③ 동일 완금류에 평행되게 시설
④ 별도의 규정이 없으므로 임의로 시설

풀이 332.8 고압 가공전선 등의 병행설치
저압 가공전선(다중접지된 중성선은 제외한다. 이하 같다)과 고압 가공전선을 동일 지지물에 시설하는 경우에는 다음에 따라야 한다.
가. **저압 가공전선을 고압 가공전선의 아래로 하고 별개의 완금류에 시설할 것.**
나. 저압 가공전선과 고압 가공전선 사이의 이격거리는 0.5[m] 이상일 것.
다. 다음의 어느 하나에 해당하는 경우에는 "가" 및 "나"에 의하지 아니할 수 있다.
  ① 고압 가공전선에 케이블을 사용하고, 또한 그 케이블과 저압 가공전선 사이의 이격거리를 0.3[m] 이상으로 하여 시설하는 경우
  ② 저압 가공인입선을 분기하기 위하여 저압 가공전선을 고압용의 완금류에 견고하게 시설하는 경우 【답】②

95 지중 전선로의 매설방법이 아닌 것은?

① 관로식   ② 인입식
③ 암거식   ④ 직접 매설식

풀이 334.1 지중전선로의 시설
가. 지중 전선로는 전선에 **케이블을 사용**하고 또한 **관로식 · 암거식 또는 직접 매설식에 의하여 시설**하여야 한다.
나. 지중 전선로를 직접 매설식에 의하여 시설하는 경우에는 매설 깊이를 차량 기타 중량물의 압력을 받을 우려가 있는 장소에는 1.0[m] 이상, 기타 장소에는 0.6[m] 이상으로 하고 또한 지중 전선을 견고한 트라프 기타 방호물에 넣어 시설하여야 한다. 【답】②

96 시가지에 시설하는 특고압 가공전선로의 철탑의 경간은 몇 [m] 이하이어야 하는가?

① 250   ② 300
③ 350   ④ 400

풀이 333.1 시가지 등에서 특고압 가공전선로의 시설
특고압 가공전선로는 전선이 케이블인 경우 또는 전선로의 경간을 다음과 같이 시설하는 경우에는 시가지 그 밖에 인가가 밀집한 지역에 시설할 수 있다.

지지물의 종류	경간
A종 철주 또는 A종 철근 콘크리트주	75[m]
B종 철주 또는 B종 철근 콘크리트주	150[m]
철탑	400[m] (단주인 경우에는 300[m]) 다만, 전선이 수평으로 2이상 있는 경우에 전선 상호 간의 간격이 4[m] 미만인 때에는 250 [m]

【답】④

97 지중전선로를 직접 매설식에 의하여 시설하는 경우, 차량 기타 중량물의 압력을 받을 우려가 있는 장소의 매설 깊이는 최소 몇 [cm] 이상이면 되는가?

① 100   ② 150
③ 180   ④ 200

풀이 334.1 지중전선로의 시설
가. 지중 전선로는 전선에 케이블을 사용하고 또한 관로식 · 암거식 또는 직접 매설식에 의하여 시설하여야 한다.
나. 지중 전선로를 직접 매설식에 의하여 시설하는 경우에는 매설 깊이를 **차량 기타 중량물의 압력을 받을 우려가 있는 장소에는 1.0[m] 이상, 기타 장소에는 0.6[m] 이상**으로 하고 또한 지중 전선을 견고한 트라프 기타 방호물에 넣어 시설하여야 한다. 【답】①

98 전력보안통신용 전화설비를 시설하지 않아도 되는 경우는?

① 수력설비의 강수량 관측소와 수력발전소간
② 동일 수계에 속한 수력발전소 상호간
③ 발전제어소와 기상대
④ 휴대용 전화설비를 갖춘 상주 감시를 하지 않는 22.9[kV] 변전소와 기술원 주재소

풀이 362.1 전력보안통신설비의 시설 요구사항
발전소 · 변전소 및 개폐소와 기술원 주재소 간에는 전력보안통신 설비의 시설이 요구된다.
다만, 다음 어느 항목에 적합하고 또한 휴대용 또는 이동용 전력보안통신 전화 설비에 의하여 연락이 확보된 경우에는 그러하지 아니하다.
가. 발전소로서 전기의 공급에 지장을 미치지 않는 것.
나. **상주감시를 하지 않는 변전소**(사용전압이 35[kV] 이하의 것에 한한다.)**로서 그 변전소에 접속되는 전선로가 동일 기술원 주재소에 의하여 운용되는 곳.** 【답】④

과년도 기출문제 2014년

출제기준 변경 및 개정된 관계 법규에 따라 삭제된 문제가 있어 20문항이 안됩니다.

2회 전기설비 기술기준

81 발전소 등의 울타리·담 등을 시설할 때 사용전압이 154 [kV] 인 경우 울타리·담 등의 높이와 울타리·담 등으로부터 충전부분까지의 거리의 합계는 몇 [m] 이상이어야 하는가?
① 5 ② 6
③ 8 ④ 10

풀이 341.4 특고압용 기계기구의 시설
특고압용 기계기구 충전부분의 지표상 높이

사용전압의 구분	울타리·담 등의 높이와 울타리·담 등으로부터 충전 부분까지의 거리의 합계
35 [kV] 이하	5 [m]
35 [kV] 초과 160 [kV] 이하	6 [m]
160 [kV] 초과	• 거리의 합계 = 6 + 단수 × 0.12 [m] • 단수 = $\frac{사용전압[kV]-160}{10}$ 단수 계산에서 소수점 이하는 절상

【답】②

82 사용전압 66 [kV]의 가공전선을 시가지에 시설할 경우 전선의 지표상 최소 높이는 몇 [m] 인가?
① 6.48 ② 8.36
③ 10.48 ④ 12.36

풀이 333.1 시가지 등에서 특고압 가공전선로의 시설

사용전압의 구분	지표상의 높이
35 [kV] 이하	10 [m] (전선이 특고압 절연전선인 경우에는 8 [m])
35 [kV] 초과	10 [m]에 35 [kV]를 초과하는 10 [kV] 또는 그 단수마다 12 [cm]를 더한 값

• 단수 = $\frac{66-35}{10}$ = 3.1 → 4단
• 지표상의 높이 = 10 + 4 × 0.12 = 10.48 [m]

【답】③

83 지선 시설에 관한 설명으로 틀린 것은?
① 철탑은 지선을 사용하여 그 강도를 분담시켜야 한다.
② 지선의 안전율은 2.5 이상이어야 한다.
③ 지선에 연선을 사용할 경우 소선 3가닥 이상의 연선이어야 한다.
④ 지선근가는 지선의 인장하중에 충분히 견디도록 시설하여야 한다.

풀이 331.11 지선의 시설
가. 가공전선로의 지지물로 사용하는 **철탑은 지선을 사용하여 그 강도를 분담시켜서는 안 된다**.
나. 지선의 안전율은 2.5 이상일 것. 이 경우에 허용 인장하중의 최저는 4.31[kN]으로 한다.
다. 지선에 연선을 사용할 경우에는 다음에 의할 것.
　① 소선 3가닥 이상의 연선일 것.
　② 소선의 지름이 2.6[mm] 이상의 금속선을 사용한 것일 것.
라. 지중부분 및 지표상 0.3[m]까지의 부분에는 내식성이 있는 것 또는 아연도금을 한 철봉을 사용하고 쉽게 부식되지 않는 근가에 견고하게 붙일 것.

【답】①

84 시가지 등에서 특고압 가공전선로를 시설하는 경우 특고압 가공전선로용 지지물로 사용할 수 없는 것은? (단, 사용전압이 170 [kV] 이하인 경우이다.)
① 철탑
② 철근 콘크리트주
③ A종 철주
④ 목주

풀이 333.1 시가지 등에서 특고압 가공전선로의 시설
특고압 가공 전선로를 시가지, 기타 인가가 밀집한 지역에 시설하는 경우는 케이블을 사용하여 시설하거나 사용 전압 170[kV] 이하의 것을 다음에 의하여 시설한다.
가. **지지물은 목주를 사용할 수 없고 철주, 철근 콘크리트주, 또는 철탑을 사용한다.**
나. 전선

사용전압의 구분	전선의 단면적
100[kV] 미만	인장강도 21.67[kN] 이상의 연선 또는 단면적 55[mm²] 이상의 경동연선
100[kV] 이상	인장강도 58.84[kN] 이상의 연선 또는 단면적 150[mm²] 이상의 경동연선

【답】④

85 전기설비의 접지계통과 건축물의 피뢰설비 및 통신설비 등의 접지극을 공용하는 통합 접지공사를 하는 경우 낙뢰 등 과전압으로부터 전기설비를 보호하기 위하여 설치해야 하는 것은?

① 과전류차단기
② 지락보호장치
③ 서지보호장치
④ 개폐기

[풀이] 142.6 공통접지 및 통합접지
전기설비의 접지계통·건축물의 피뢰설비·전자통신설비 등의 접지극을 공용하는 **통합접지시스템으로 하는 경우** 낙뢰에 의한 과전압 등으로부터 전기전자기기 등을 보호하기 위해 규정에 따라 **서지보호장치를 설치**하여야 한다. 【답】③

86 금속제가요전선관공사에 의한 저압 옥내배선으로 틀린 것은?

① 2종 금속제 가요전선관을 사용하였다.
② 전선은 연선을 사용하였다.
③ 전선으로 옥외용 비닐 절연전선을 사용하였다.
④ 가요전선관은 접지공사를 하였다.

[풀이] 232.13 금속제가요전선관공사
가. **전선은 절연전선(옥외용 비닐 절연전선을 제외한다)**일 것.
나. 전선은 연선일 것. 다만, 단면적 10[mm²](알루미늄선은 단면적 16[mm²]) 이하인 것은 그러하지 아니하다.
다. 가요전선관 안에는 전선에 접속점이 없도록 할 것.
라. 가요전선관은 2종 금속제 가요전선관일 것 【답】③

87 저압 가공전선과 고압 가공전선을 동일 지지물에 시설하는 경우 이격거리는 몇 [cm] 이상이어야 하는가?

① 50
② 60
③ 70
④ 80

[풀이] 332.8 고압 가공전선 등의 병행설치
저압 가공전선(다중접지된 중성선은 제외한다. 이하 같다)과 고압 가공전선을 동일 지지물에 시설하는 경우에는 다음에 따라야 한다.
가. 저압 가공전선을 고압 가공전선의 아래로 하고 별개의 완금류에 시설할 것.
나. **저압 가공전선과 고압 가공전선 사이의 이격거리는 0.5[m] 이상일 것.**
다. 다음의 어느 하나에 해당하는 경우에는 "가" 및 "나"에 의하지 아니할 수 있다.
① 고압 가공전선에 케이블을 사용하고, 또한 그 케이블과 저압 가공전선 사이의 이격거리를 0.3[m] 이상으로 하여 시설하는 경우
② 저압 가공인입선을 분기하기 위하여 저압 가공전선을 고압용의 완금류에 견고하게 시설하는 경우 【답】①

88 옥내의 네온 방전등 공사에 대한 설명으로 틀린 것은?

① 방전등용 변압기는 네온변압기일 것
② 관등회로의 배선은 점검할 수 없는 은폐장소에 시설할 것
③ 관등회로의 배선은 애자공사에 의하여 시설할 것
④ 방전등용 변압기의 외함에는 접지공사를 할 것

[풀이] 234.12.2 관등회로의 배선
관등회로의 배선은 애자공사로 다음에 따라서 시설하여야 한다.
가. 전선은 네온관용전선을 사용할 것.
나. **배선은 외상을 받을 우려가 없고 사람이 접촉될 우려가 없는 노출장소 또는 점검할 수 있는 은폐장소에 시설할 것.**
다. 전선지지점간의 거리는 1[m] 이하로 할 것. 【답】②

89 사용전압 220[V]인 경우에 애자공사에 의한 옥측전선로를 시설할 때 전선과 조영재와의 이격거리는 몇 [cm] 이상 이어야 하는가?

① 2.5
② 4.5
③ 6
④ 8

[풀이] 232.56 애자공사
가. 전선은 절연전선(옥외용 비닐 절연전선 및 인입용 비닐 절연전선을 제외한다)일 것.
나. 이격거리

전 압		전선과 조영재와의 이격 거리	전선 상호 간격	전선 지지점간의 거리	
				조영재의 윗면 또는 옆면에 따라 시설	조영재에 따라 시설하지 않는 경우
저압	400[V] 이하	2.5[cm] 이상	6[cm] 이상	2[m] 이하	—
	400[V] 초과	건조한 장소 2.5[cm] 이상			6[m] 이하
		기타의 장소 4.5[cm] 이상			

【답】①

90 사용전압 66[kV] 가공전선과 6[kV] 가공전선을 동일 지지물에 시설하는 경우, 특고압 가공전선은 케이블인 경우를 제외하고는 단면적이 몇 [mm²]인 경동연선 또는 이와 동등이상의 세기 및 굵기의 연선이어야 하는가?

① 22
② 38
③ 50
④ 100

풀이 333.17 특고압 가공전선과 저고압 가공전선 등의 병행설치

사용전압이 35[kV]을 초과하고 100[kV] 미만인 특고압 가공전선과 저압 또는 고압 가공전선을 동일 지지물에 시설하는 경우에는 다음에 따라 시설하여야 한다.
가. 특고압 가공전선로는 제2종 특고압 보안공사에 의할 것.
나. **특고압 가공전선**은 케이블인 경우를 제외하고는 인장강도 21.67[kN] 이상의 연선 또는 **단면적이 50[mm²] 이상인 경동연선일 것.**
다. 특고압 가공전선로의 지지물은 철주·철근 콘크리트주 또는 철탑일 것 【답】 ③

91 수소냉각식 발전기 및 이에 부속하는 수소냉각 장치에 관한 시설기준 중 틀린 것은?

① 발전기안의 수소의 압력 계측장치 및 압력 변동에 대한 경보장치를 시설할 것
② 발전기안의 수소 온도를 계측하는 장치를 시설할 것
③ 발전기는 기밀구조이고 또한 수소가 대기압에서 폭발하는 경우에 생기는 압력에 견디는 강도를 가지는 것일 것
④ 발전기안의 수소의 순도가 70[%] 이하로 저하한 경우에 경보를 하는 장치를 시설할 것

풀이 351.10 수소냉각식 발전기 등의 시설

수소냉각식의 발전기·조상기 또는 이에 부속하는 수소 냉각 장치는 다음 각 호에 따라 시설하여야 한다.
가. 발전기 또는 조상기는 기밀구조의 것이고 또한 수소가 대기압에서 폭발하는 경우에 생기는 압력에 견디는 강도를 가지는 것일 것.
나. 발전기축의 밀봉부에는 질소 가스를 봉입할 수 있는 장치 또는 발전기 축의 밀봉부로부터 누설된 수소 가스를 안전하게 외부에 방출할 수 있는 장치를 시설할 것.
다. 발전기 내부 또는 조상기 내부의 **수소의 순도가 85[%] 이하로 저하**한 경우에 이를 **경보하는 장치**를 시설할 것.
라. 발전기 내부 또는 조상기 내부의 수소의 압력을 계측하는 장치 및 그 압력이 현저히 변동한 경우에 이를 경보하는 장치를 시설할 것.
마. 발전기 내부 또는 조상기 내부의 수소의 온도를 계측하는 장치를 시설할 것. 【답】 ④

92 가공전선 및 지지물에 관한 시설기준 중 틀린 것은?

① 가공전선은 다른 가공전선로, 전차선로, 가공약전류 전선로 또는 가공 광섬유 케이블선로의 지지물을 사이에 두고 시설하지 말 것
② 가공전선의 분기는 그 전선의 지지점에서 할 것 (단, 전선의 장력이 가하여지지 않도록 시설하는 경우는 제외)
③ 가공전선로의 지지물에는 승탑 및 승주를 할 수 없도록 발판 못 등을 시설하지 말 것
④ 가공전선로의 지지물로는 목주·철주·철근콘크리트주 또는 철탑을 사용할 것

풀이 331.4 가공전선로 지지물의 철탑오름 및 전주오름 방지

가공전선로의 지지물에 취급자가 오르고 내리는데 사용하는 **발판 볼트 등을 지표상 1.8[m] 미만에 시설하여서는 아니 된다.** 【답】 ③

93 과전류 차단기로 시설하는 퓨즈 중 고압 전로에 사용되는 포장 퓨즈는 정격전류의 몇 배의 전류에 견디어야 하는가?

① 1.1
② 1.2
③ 1.3
④ 1.5

풀이 341.10 고압 및 특고압 전로 중의 과전류차단기의 시설
가. 과전류차단기로 시설하는 퓨즈 중 고압전로에 사용하는 **포장 퓨즈는 정격전류의 1.3배의 전류에 견디고 또한 2배의 전류로 120분 안에 용단되는 것**이어야 한다.
나. 과전류차단기로 시설하는 퓨즈 중 고압전로에 사용하는 비포장 퓨즈는 정격전류의 1.25배의 전류에 견디고 또한 2배의 전류로 2분 안에 용단되는 것이어야 한다. 【답】 ③

94 저압 옥내배선을 합성수지관공사에 의하여 실시하는 경우 사용할 수 있는 단선(동선)의 최대 단면적은 몇 [mm²]인가?

① 4　　　　　　　　　② 6
③ 10　　　　　　　　④ 16

풀이 232.11 합성수지관공사
가. 전선은 절연전선(옥외용 비닐 절연전선을 제외한다)일 것.
나. 전선은 연선일 것. 다만, 다음의 것은 적용하지 않는다.
① 짧고 가는 합성수지관에 넣은 것.
② **단면적 10[mm^2]**(알루미늄선은 단면적 16[mm^2]) 이하의 것.
다. 관의 지지점 간의 거리는 1.5[m] 이하로 할 것. 　【답】③

95 저압전로에 사용하는 80[A] 퓨즈는 수평으로 붙일 경우 정격전류의 1.6배 전류에 몇 분 안에 용단되어야 하는가?
① 60　　　　　　　② 120
③ 180　　　　　　　④ 240

풀이 212.3.4 보호장치의 특성
1. 과전류 보호장치는 KS C 또는 KS C IEC 관련 표준(배선차단기, 누전차단기, 퓨즈등의 표준)의 동작특성에 적합하여야 한다.
2. 과전류차단기로 저압전로에 사용하는 범용의 퓨즈는 표에 적합한 것이어야 한다.

정격전류의 구분	시 간	정격전류의 배수	
		불용단전류	용단전류
4 [A] 이하	60분	1.5배	2.1배
4 [A] 초과 16 [A]미만	60분	1.5배	1.9배
16 [A] 이상 63 [A]이하	60분	1.25배	1.6배
63 [A] 초과 160[A]이하	**120분**	**1.25배**	**1.6배**
160[A] 초과 400[A]이하	180분	1.25배	1.6배
400 [A] 초과	240분	1.25배	1.6배

【답】②

96 가반형의 용접전극을 사용하는 아크 용접장치를 시설할 때 용접변압기의 1차측 전로의 대지전압은 몇 [V] 이하이어야 하는가?
① 200　　　　　　　② 250
③ 300　　　　　　　④ 600

풀이 241.10 아크 용접기
가반형의 용접 전극을 사용하는 아크 용접장치는 다음에 따라 시설하여야 한다.
가. 용접변압기는 절연변압기일 것.
나. 용접변압기의 **1차측 전로의 대지전압은 300[V]** 이하일 것.
다. 용접변압기의 1차측 전로에는 용접 변압기에 가까운 곳에 쉽게 개폐할 수 있는 개폐기를 시설할 것.

라. 용접기 외함 및 피용접재 또는 이와 전기적으로 접속되는 받침대·정반 등의 금속체는 규정에 준하여 접지공사를 하여야 한다.　　　　　　　　　　　　　　　　　　　【답】③

> 출제기준 변경 및 개정된 관계 법규에 따라 삭제된 문제가 있어 20문항이 안됩니다.

4회　　전기설비 기술기준

81 사용전압이 고압인 전로에만 사용되는 케이블은?
① 알루미늄피 케이블
② 클로로프렌외장 케이블
③ 비닐외장 케이블
④ 콤바인 덕트 케이블

풀이
122.5 고압 및 특고압케이블
가. 클로로프렌외장케이블
나. 비닐외장케이블
다. 폴리에틸렌외장케이블
라. **콤바인 덕트 케이블**　　　　　【답】④

82 154[kV] 가공전선로를 제1종 특고압 보안공사에 의하여 시설하는 경우 전선에 지락 또는 단락이 발생하면 몇 초 이내에 자동적으로 이것을 전로로부터 차단하는 장치를 시설하여야 하는가?
① 1　　　　　　　　② 2
③ 3　　　　　　　　④ 5

풀이 333.22 특고압 보안공사
특고압 가공전선에 **지락 또는 단락이 생겼을 경우에 3초**(사용전압이 100 [kV] 이상인 경우에는 **2초**) 이내에 자동적으로 이것을 전로로부터 차단하는 장치를 시설할 것.　【답】②

83 최대사용전압 1500[V]인 정류기는 몇 [V]의 절연내력 시험전압에 견디어야 하는가?
① 1500　　　　　　② 1650
③ 1875　　　　　　④ 2250

풀이 133 회전기 및 정류기의 절연내력

종류		시험 전압(최대사용 전압의 배수)	최저시험 전압	시험 방법
정류기	최대사용전압이 60[kV] 이하	직류측의 최대사용전압의 1배의 교류전압	500[V]	충전부분과 외함 간에 연속하여 10분간 가한다.
	최대사용전압 60[kV] 초과	1.1배		교류측 및 직류고 전압측단자와 대지 사이에 연속하여 10분간 가한다.

【답】①

84 급경사지에 시설하는 전선로의 시설 중 옳지 않은 것은?
① 저압과 고압 전선로를 같은 벼랑에 설치 시 저압전선로를 고압전선로 위에 시설한다.
② 전선에 사람이 접촉할 우려가 있는 곳에 시설하는 경우에는 적당한 방호장치를 시설한다.
③ 전선은 케이블인 경우 이외에는 벼랑에 견고하게 붙인 금속제 완금류에 절연성 및 내수성의 애자로 지지한다.
④ 전선의 지지점간 거리는 15[m] 이하로 한다.

풀이 335.8 급경사지에 시설하는 전선로의 시설
가. 급경사지에 시설하는 저압 또는 고압의 전선로는 기술상 부득이한 경우 이외에는 시설하여서는 안 된다.
나. 전선로는 다음에 따르고 시설하여야 한다.
　① 전선의 지지점 간의 거리는 15[m] 이하일 것.
　② 저압 전선로와 고압 전선로를 같은 벼랑에 시설하는 경우에는 **고압 전선로를 저압 전선로의 위로하고 또한 고압 전선과 저압전선 사이의 이격거리는 0.5[m] 이상일 것.**

【답】①

85 저압 가공전선과 고압 가공전선을 동일 지지물에 시설하는 경우 저압 가공전선과 고압 가공전선과의 이격거리는 몇 [cm] 이상이어야 하는가?
① 40　　　② 50
③ 60　　　④ 70

풀이 332.8 고압 가공전선 등의 병행설치
가. 저압 가공전선(다중접지된 중성선은 제외한다)과 고압 가공전선을 동일 지지물에 시설하는 경우에는 다음에 따라야 한다.
　① 저압 가공전선을 고압 가공전선의 아래로 하고 별개의 완금류에 시설할 것.
　② **저압 가공전선과 고압 가공전선 사이의 이격거리는 0.5 [m] 이상일 것.**
나. 다음의 어느 하나에 해당하는 경우에는 "가"에 의하지 아니할 수 있다.
　① 고압 가공전선에 케이블을 사용하고, 또한 그 케이블과 저압 가공전선 사이의 이격거리를 0.3m 이상으로 하여 시설하는 경우
　② 저압 가공인입선을 분기하기 위하여 저압 가공전선을 고압용의 완금류에 견고하게 시설하는 경우

【답】②

86 제2종 특고압 보안공사 시 B종 철주를 지지물로 사용하는 경우 경간은 몇 [m] 이하인가?
① 100　　　② 200
③ 400　　　④ 500

풀이 333.22 특고압 보안공사
제2종 특고압 보안공사시 경간은 표에서 정한 값 이하일 것.

지지물의 종류	제2종 특고압 보안공사
목주·A종 철주 또는 A종 철근 콘크리트주	100[m]
B종 철주 또는 B종 철근 콘크리트주	200[m]
철탑	400[m] (단주인 경우에는 300[m])

【답】②

87 전기사용장소의 옥내배선이 다음과 같이 시공되어 있었다. 잘못 시공된 것은?
① 애자공사 시 전선 상호간의 간격이 7[cm]로 되어 있었다.
② 라이팅 덕트의 지지점간 거리는 2[m]로 되어 있었다.
③ 합성수지관공사의 관의 지지점간의 거리가 2[m]로 되어 있었다.
④ 금속관공사으로 시공하였고 절연전선이 사용되었다.

풀이 232.11 합성수지관공사
가. 전선은 절연전선(옥외용 비닐 절연전선을 제외한다)일 것.
나. 전선은 연선일 것. 다만, 다음의 것은 적용하지 않는다.
　① 짧고 가는 합성수지관에 넣은 것.
　② 단면적 10[mm^2](알루미늄선은 단면적 16[mm^2]) 이하의 것.
다. 관의 지지점 간의 거리는 1.5 [m] 이하로 할 것.

【답】③

88 사람이 상시 통행하는 터널안의 배선 시설로 적합하지 않은 것은?

① 사용전압은 저압에 한한다.
② 애자공사에 의하여 시설하고 이를 노면상 2[m] 이상의 높이에 시설한다.
③ 전로에는 터널입구에 가까운 곳에 전용 개폐기를 시설한다.
④ 공칭단면적 2.5[mm²] 연동선과 동등 이상의 세기 및 굵기의 절연전선을 사용한다.

풀이 242.7.1 사람이 상시 통행하는 터널 안의 배선의 시설
가. 전압 : 저압
나. 전선 : 공칭단면적 2.5[mm²]의 연동선과 동등 이상의 세기 및 굵기의 절연전선(옥외용 비닐절연전선 및 인입용 비닐절연전선을 제외한다)
다. 배선 : 애자공사
라. 높이 : 노면상 2.5[m] 이상의 높이
마. 전로에는 터널의 입구에 가까운 곳에 전용 개폐기를 시설할 것.   【답】②

89 백열전등 또는 방전등에 전기를 공급하는 옥내전로의 대지전압은 몇 [V] 이하이어야 하는가?

① 150   ② 220
③ 300   ④ 600

풀이 231.6 옥내전로의 대지 전압의 제한
백열전등 또는 방전등에 전기를 공급하는 옥내의 전로의 **대지전압은 300[V] 이하**여야 한다.   【답】③

90 특고압 가공전선로에서 발생하는 극저주파 전자계는 지표상 1[m]에서 전계강도는 몇 [kV/m] 이하이어야 하는가?

① 2.0   ② 2.5
③ 3.5   ④ 4.5

풀이 유도장해 방지 (기술기준 제17조)
특고압 가공전선로에서 발생하는 극저주파 전자계는 지표상 1[m]에서 전계가 3.5[kV/m] 이하, 자계가 83.3[μT] 이하가 되도록 시설하는 등 상시 정전유도 및 전자유도 작용에 의하여 사람에게 위험을 줄 우려가 없도록 시설하여야 한다. 【답】③

91 연료전지 및 태양전지 모듈은 최대사용전압의 1.5배의 직류전압과 또는 몇 배의 교류전압을 충전부분과 대지사이에 연속하여 10분간 가하여 절연내력 시험을 하여 견디어야 하는가?

① 0.5   ② 1.0
③ 1.5   ④ 2.0

풀이 134 연료전지 및 태양전지 모듈의 절연내력
연료전지 및 태양전지 모듈은 최대사용전압의 **1.5배의 직류전압 또는 1배의 교류전압**(500[V] 미만으로 되는 경우에는 500[V])을 **충전부분과 대지사이에 연속하여 10분간** 가하여 절연내력을 시험하였을 때에 이에 견디는 것이어야 한다.   【답】②

92 저압 옥내전로의 인입구에 가까운 곳으로서 쉽게 개폐할 수 있는 곳에 개폐기를 시설하여야 한다. 그러나 사용전압이 400[V] 이하인 옥내전로로서 다른 옥내전로에 접속하는 길이가 몇 [m] 이하인 경우는 개폐기를 생략할 수 있는가?

① 10   ② 15
③ 20   ④ 25

풀이 212.6.2 저압 옥내전로 인입구에서의 개폐기의 시설
가. 저압 옥내전로(화약류 저장소에 시설하는 것을 제외한다)에는 인입구에 가까운 곳으로서 쉽게 개폐할 수 있는 곳에 개폐기를 각 극에 시설하여야 한다.
나. 사용전압이 400[V] 이하인 옥내 전로로서 **다른 옥내전로**(정격전류가 16[A] 이하인 과전류 차단기 또는 20[A] 이하인 배선용 차단기로 보호되고 있는 것)**에 접속하는 길이 15[m] 이하의 전로에서 전기의 공급을 받는 것은 개폐기를 생략**할 수 있다.   【답】②

93 교통신호등 회로의 사용전압은 몇 [V] 이하이어야 하는가?

① 110   ② 220
③ 300   ④ 380

풀이 234.15 교통신호등
가. 교통신호등 제어장치의 **2차측 배선의 최대사용전압은 300[V] 이하**이어야 한다.
나. 전선은 케이블인 경우 이외에는 공칭단면적 2.5[mm²] 연동선과 동등 이상의 세기 및 굵기의 450/750[V] 일반용 단심 비닐절연전선 또는 450/750[V] 내열성에틸렌아세테이트 고무절연전선일 것.
다. 교통신호등의 전구에 접속하는 인하선은 다음에 의하여 시설하여야 한다.

① 전선의 지표상의 높이는 2.5[m] 이상일 것.
② 전선을 애자공사에 의하여 시설하는 경우에는 전선을 적당한 간격마다 묶을 것.
라. 교통신호등 회로의 사용전압이 150[V]를 넘는 경우는 전로에 지락이 생겼을 경우 자동적으로 전로를 차단하는 누전차단기를 시설할 것.
마. 교통신호등의 제어장치의 금속제외함 및 신호등을 지지하는철주에는 규정에 준하여 접지공사를 하여야 한다.
【답】③

94 특고압 전선로에 접속하는 배전용변압기를 시설할 때 변압기의 1차 전압은 몇 [kV] 이하 이어야 하는가? (단, 발전소, 변전소, 개폐소 또는 이에 준하는 곳은 제외)
① 30 ② 35
③ 40 ④ 45

풀이 341.2 특고압 배전용 변압기의 시설
특고압 전선로에 접속하는 배전용 변압기를 시설하는 경우에는 특고압 전선에 특고압 절연전선 또는 케이블을 사용하고 또한 다음에 따라야 한다.
가. **변압기의 1차 전압은 35[kV] 이하, 2차 전압은 저압 또는 고압**일 것.
나. 변압기의 특고압측에 개폐기 및 과전류차단기를 시설할 것.
다. 변압기의 2차 전압이 고압인 경우에는 고압측에 개폐기를 시설하고 또한 쉽게 개폐할 수 있도록 할 것. 【답】②

95 시가지에 시설하는 170[kV] 이하인 특고압 가공전선로의 지지물이 철탑이고 전선이 수평으로 2 이상 있는 경우에 전선 상호간의 간격이 4[m] 미만인 때에는 특고압 가공 전선로의 경간은 몇 [m] 이하이어야 하는가?
① 100 ② 150
③ 200 ④ 250

풀이 333.1 시가지 등에서 특고압 가공전선로의 시설
특고압 가공전선로는 전선이 케이블인 경우 또는 전선로의 경간을 다음과 같이 시설하는 경우에는 시가지 그 밖에 인가가 밀집한 지역에 시설할 수 있다.

지지물의 종류	경 간
A종 철주 또는 A종 철근 콘크리트주	75 [m]
B종 철주 또는 B종 철근 콘크리트주	150 [m]
철탑	400 [m] (단주인 경우에는 300 [m]) 다만, 전선이 수평으로 2이상 있는 경우에 전선 상호 간의 간격이 4[m] 미만인 때에는 250 [m]

【답】④

96 220[V]의 가공전선이 횡단보도교 위를 횡단할 때의 최저 높이[m]는?
① 2.0 ② 2.5
③ 3.0 ④ 3.5

풀이 332.5 고압 가공전선의 높이, 222.7 저압 가공전선의 높이
저·고압 가공전선의 높이는 다음에 따라야 한다.

설치장소		가공전선의 높이
도로횡단(번잡하지 않은 도로 제외)		지표상 6 [m] 이상
철도 또는 궤도 횡단		레일면상 6.5 [m] 이상
횡단보도교 위	저압	노면상 3.5 [m] 이상 (단, 절연전선의 경우 3 [m] 이상)
	고압	노면상 3.5 [m] 이상
일반장소		지표상 5 [m] 이상. 단, 저압의 경우 절연전선 또는 케이블을 사용하여 교통에 지장이 없도록 하여 옥외조명용에 공급하는 경우 4 [m]까지 감할 수 있다.
다리의 하부 기타 이와 유사한 장소		저압의 전기철도용 급전선은 지표상 3.5 [m] 까지 감할 수 있다.

【답】④

97 다음 중 전선로의 종류가 아닌 것은?
① 공간전선로 ② 수상전선로
③ 옥측전선로 ④ 옥상전선로

풀이 335.3 수상전선로, 221.2 옥측전선로, 221.3 옥상전선로 【답】①

출제기준 변경 및 개정된 관계 법규에 따라 삭제된 문제가 있어 20문항이 안됩니다.

2015년 기출문제

1회 전기설비 기술기준

81 애자공사에 의한 저압 옥내배선을 시설할 때 전선 상호간의 간격은 몇 [cm] 이상이어야 하는가?
① 2   ② 4
③ 6   ④ 8

풀이 232.56 애자공사
가. 전선은 절연전선(옥외용 비닐 절연전선 및 인입용 비닐 절연전선을 제외한다)일 것.
나. 이격거리

전압		전선과 조영재와의 이격 거리	전선 상호 간격	전선 지지점간의 거리	
				조영재의 윗면 또는 옆면에 따라 시설	조영재에 따라 시설하지 않는 경우
저압	400[V] 이하	2.5 [cm] 이상	6 [cm] 이상	2 [m] 이하	—
	400[V] 초과	건조한 장소 2.5[cm] 이상			6 [m] 이하
		기타의 장소 4.5[cm] 이상			

【답】③

82 "지중 관로"에 대한 정의로 옳은 것은?
① 지중 전선로, 지중 약전류 전선로와 지중 매설지선 등을 말한다.
② 지중 전선로, 지중 약전류 전선로와 복합 케이블 선로, 기타 이와 유사한 것 및 이들에 부속하는 지중함을 말한다.
③ 지중 전선로, 지중 약전류 전선로, 지중에 시설하는 수관 및 가스관과 지중 매설지선을 말한다.
④ 지중 전선로, 지중 약전류 전선로, 지중 광섬유 케이블 선로, 지중에 시설하는 수관 및 가스관과 이와 유사한 것 및 이들에 부속하는 지중함 등을 말한다.

풀이 112 용어 정의
"지중 관로"란 지중 전선로・지중 약전류 전선로・지중 광섬유 케이블 선로・지중에 시설하는 수관 및 가스관과 이와 유사한 것 및 이들에 부속하는 지중함 등을 말한다. 【답】④

83 방전등용 안정기로부터 방전관까지의 전로를 무엇이라고 하는가?
① 가섭선   ② 가공인입선
③ 관등회로   ④ 지중관로

풀이 112 용어 정의
"관등회로"란 방전등용 안정기 또는 방전등용 변압기로부터 방전관까지의 전로를 말한다. 【답】③

84 345[kV]의 송전선을 사람이 쉽게 들어갈 수 없는 산지에 시설하는 경우 전선의 지표상 높이는 최소 몇 [m] 이상이어야 하는가?
① 7.28   ② 8.28
③ 7.85   ④ 8.85

풀이 333.7 특고압 가공전선의 높이

전압의 범위	일반 장소	도로 횡단	철도 또는 궤도횡단	횡단보도교
35 [kV] 이하	5 [m]	6 [m]	6.5 [m]	4 [m](특고압절연전선 또는 케이블 사용)
35 [kV] 초과 160 [kV] 이하	6 [m]	6 [m]	6.5 [m]	5 [m](케이블 사용)
	산지 등에서 사람이 쉽게 들어갈 수 없는 장소 ; 5 [m] 이상			
160 [kV] 초과	일반장소	가공전선의 높이 = 6 + 단수 × 0.12 [m]		
	철도 또는 궤도횡단	가공전선의 높이 = 6.5 + 단수 × 0.12 [m]		
	산지	가공전선의 높이 = 5 + 단수 × 0.12 [m]		

※ 단수 = $\frac{전압\,[kV]-160}{10}$ … 단수 계산에서 소수점 이하는 절상

• 특고압 가공 전선의 지표상 높이는 산지 등에서는 5 [m])에, 160[kV]를 넘는 10[kV] 또는 그 단수마다 12[cm]를 더한 값

- 단수 = $\frac{345-160}{10}$ = 18.5 → 19단
- ∴ 전선의 지표상 높이 = 5 + 19 × 0.12 = 7.28[m] 【답】①

85 전기설비기술기준에서 정하는 15[kV] 이상 25[kV] 미만인 특고압 가공전선과 그 지지물, 완금류, 지주 또는 지선 사이의 이격거리는 몇 [cm] 이상이어야 하는가?

① 20　　② 25
③ 30　　④ 40

풀이 333.5 특고압 가공전선과 지지물 등의 이격거리
특고압 가공전선과 그 지지물·완금류·지주 또는 지선 사이의 이격거리는 표에서 정한 값 이상이어야 한다. 다만, 기술상 부득이한 경우에 위험의 우려가 없도록 시설한 때에는 표에서 정한 값의 0.8배까지 감할 수 있다.

사용전압	이격거리[cm]
15 [kV] 미만	15
15 [kV] 이상 25 [kV] 미만	20
25 [kV] 이상 35 [kV] 미만	25
60 [kV] 이상 70 [kV] 미만	40
130 [kV] 이상 160 [kV] 미만	90

【답】①

86 고압 지중케이블로서 직접 매설식에 의하여 콘크리트제 기타 견고한 관 또는 트라프에 넣지 않고 부설할 수 있는 케이블은?

① 비닐외장케이블
② 고무외장케이블
③ 클로로프렌외장케이블
④ 콤바인덕트케이블

풀이 334.1 지중전선로의 시설
지중 전선로를 직접 매설식에 의하여 시설하는 경우에 지중 전선을 견고한 트라프 기타 방호물에 넣어 시설하여야 한다.
단, 다음의 어느 하나에 해당하는 경우에는 지중전선을 견고한 트라프 기타 방호물에 넣지 아니하여도 된다.
① 저압 또는 고압의 지중전선을 차량 기타 중량물의 압력을 받을 우려가 없는 경우에 그 위를 견고한 판 또는 몰드로 덮어 시설하는 경우
② 저압 또는 고압의 지중전선에 **콤바인덕트 케이블 또는 개장한 케이블을 사용**하여 시설하는 경우　【답】④

87 전기 울타리의 시설에 관한 설명으로 틀린 것은?
① 전원장치에 전기를 공급하는 전로의 사용전압은 600[V] 이하이어야 한다.
② 사람이 쉽게 출입하지 아니하는 곳에 시설한다.
③ 전선은 지름 2[mm] 이상의 경동선을 사용한다.
④ 수목 사이의 이격거리는 30[cm] 이상이어야 한다.

풀이 241.1 전기울타리
가. 전기울타리용 전원장치에 전원을 공급하는 전로의 **사용전압은 250[V] 이하**이어야 한다.
나. 전기울타리는 사람이 쉽게 출입하지 아니하는 곳에 시설할 것.
다. 전선은 인장강도 1.38[kN] 이상의 것 또는 지름 2[mm] 이상의 경동선일 것.
라. 전선과 이를 지지하는 기둥 사이의 이격거리는 25[mm] 이상일 것.
마. 전선과 다른 시설물(가공 전선을 제외한다) 또는 수목과의 이격거리는 0.3[m] 이상일 것.　【답】①

88 전선의 접속법을 열거한 것 중 틀린 것은?
① 전선의 세기를 30[%] 이상 감소시키지 않는다.
② 접속 부분을 절연 전선의 절연물과 동등 이상의 절연 효력이 있도록 충분히 피복한다.
③ 접속 부분은 접속관, 기타의 기구를 사용한다.
④ 알루미늄 도체의 전선과 동 도체의 전선을 접속할 때에는 전기적 부식이 생기지 않도록 한다.

풀이 123 전선의 접속
전선을 접속하는 경우에는 전선의 전기저항을 증가시키지 아니하도록 접속 하여야 하며, 또한 다음에 따라야 한다.
가. 절연전선 상호·절연전선과 코드, 캡타이어 케이블과 접속하는 경우에는
　① **전선의 세기를 20[%] 이상 감소시키지 아니할 것.**
　② 접속부분은 접속관 기타의 기구를 사용할 것.
　③ 접속부분의 절연전선에 절연전선의 절연물과 동등 이상의 절연효력이 있는 것으로 충분히 피복할 것.
나. 코드 상호, 캡타이어 케이블 상호 또는 이들 상호를 접속하는 경우에는 코드 접속기·접속함 기타의 기구를 사용할 것.
　다만 공칭단면적이 10[mm²] 이상인 캡타이어 케이블 상호를 규정에 준하여 접속하는 경우에는 기구를 사용하지 않을 수 있다.
다. 도체에 알루미늄(알루미늄 합금을 포함한다.)을 사용하는 전선과 동(동합금을 포함한다.)을 사용하는 전선을 접속하는 등 전기 화학적 성질이 다른 도체를 접속하는 경우에는 접속부분에 전기적 부식이 생기지 않도록 할 것.　【답】①

89 소맥분, 전분 기타의 가연성 분진이 존재하는 곳의 저압옥내배선으로 적합하지 않은 공사방법은?

① 케이블공사
② 두께 2[mm] 이상의 합성수지관공사
③ 금속관공사
④ 금속제가요전선관공사

풀이 242.2.2 가연성 분진 위험장소
가연성 분진에 전기설비가 발화원이 되어 폭발할 우려가 있는 곳에 시설하는 저압 옥내 전기설비는 다음에 따르고 또한 위험의 우려가 없도록 시설하여야 한다.
가. **합성수지관공사**(두께 2[mm] 미만의 합성 수지 전선관 및 난연성이 없는 콤바인 덕트관을 사용하는 것을 제외한다)
나. 금속관공사
다. 케이블공사   【답】 ④

90 철근 콘크리트주로서 전장이 15[m]이고, 설계하중이 7.8[kN]이다. 이 지지물을 논, 기타 지반이 약한 곳 이외에 기초 안전율의 고려 없이 시설하는 경우에 그 묻히는 깊이는 기준보다 몇 [cm]를 가산하여 시설하여야 하는가?

① 10
② 30
③ 50
④ 70

풀이 331.7 가공전선로 지지물의 기초의 안전율
가공전선로의 지지물에 하중이 가하여지는 경우에 그 하중을 받는 지지물의 기초의 안전율은 2(이상 시 상정하중이 가하여지는 철탑의 기초에 대하여는 1.33) 이상이어야 한다. 다만, 다음에 따라 시설하는 경우에는 적용하지 않는다.

전장\설계하중	6.8 [kN] 이하	6.8 [kN] 초과 ~9.8 [kN] 이하	9.8 [kN] 초과 ~14.72 [kN] 이하
15 [m] 이하	전장 × 1/6[m] 이상	전장 × 1/6 + 0.3[m] 이상	전장 × 1/6 + 0.5[m] 이상
15 [m] 초과	2.5[m] 이상	2.8[m] 이상	–
16 [m] 초과~20 [m] 이하	2.8[m] 이상	–	–
15 [m] 초과~18 [m] 이하	–	–	3 [m] 이상
18 [m] 초과	–	–	3.2 [m] 이상

【답】 ②

91 가공전선로의 지지물에 하중이 가하여지는 경우에 그 하중을 받는 지지물의 기초의 안전율은 일반적인 경우 얼마 이상이어야 하는가?

① 1.2
② 1.5
③ 1.8
④ 2

풀이 331.7 가공전선로 지지물의 기초의 안전율
가공전선로의 지지물에 하중이 가하여지는 경우에 그 하중을 받는 지지물의 **기초의 안전율은 2**(단, 이상 시 상정하중이 가하여지는 철탑의 기초에 대하여는 1.33) **이상**이어야 한다.   【답】 ④

92 도로, 주차장 또는 조영물의 조영재에 고정하여 시설하는 전열장치의 발열선에 공급하는 전로의 대지전압은 몇 [V] 이하이어야 하는가?

① 30
② 60
③ 220
④ 300

풀이 241.12 도로 등의 전열장치
가. 발열선에 전기를 공급하는 전로의 **대지전압은 300[V] 이하**일 것.
나. 발열선은 그 온도가 80[℃]를 넘지 아니하도록 시설할 것. 다만, 도로 또는 옥외주차장에 금속피복을 한 발열선을 시설할 경우에는 발열선의 온도를 120[℃] 이하로 할 수 있다.
다. 발열선은 다른 전기설비·약전류전선 등 또는 수관·가스관이나 이와 유사한 것에 전기적·자기적 또는 열적인 장해를 주지 아니하도록 시설할 것.   【답】 ④

93 66 [kV]에 사용되는 변압기를 취급자 이외의 자가 들어가지 않도록 적당한 울타리·담 등을 설치하여 시설하는 경우 울타리·담 등의 높이와 울타리·담 등으로부터 충전부분까지의 거리의 합계는 최소 몇 [m] 이상으로 하여야 하는가?

① 5
② 6
③ 8
④ 10

풀이 341.4 특고압용 기계기구의 시설
특고압용 기계기구 충전부분의 지표상 높이

사용전압의 구분	울타리·담 등의 높이와 울타리·담 등으로부터 충전 부분까지의 거리의 합계
35 [kV] 이하	5 [m]
35 [kV] 초과 160 [kV] 이하	6 [m]
160 [kV] 초과	· 거리의 합계 = 6 + 단수 × 0.12 [m] · 단수 = $\frac{\text{사용전압 [kV]} - 160}{10}$ 단수 계산에서 소수점 이하는 절상

【답】 ②

94 가공 전선로에 사용하는 지지물의 강도 계산에 적용하는 병종풍압하중은 갑종풍압하중의 몇 [%]를 기초로 하여 계산한 것인가?

① 30　　　　　② 50
③ 80　　　　　④ 110

풀이 331.6 풍압하중의 종별과 적용
가공 전선로에 사용하는 지지물의 강도 계산에 적용하는 풍압하중은 다음의 3종으로 한다.
가. 갑종 풍압하중
　　구성재의 수직 투영면적 1[m²]에 대한 풍압을 기초로 하여 계산한 것.
나. 을종 풍압하중
　　전선 기타의 가섭선 주위에 두께 6[mm], 비중 0.9의 빙설이 부착된 상태에서 수직 투영면적 372[Pa](다도체를 구성하는 전선은 333[Pa]), 그 이외의 것은 갑종풍압하중의 2분의 1을 기초로 하여 계산한 것.
다. 병종 풍압하중
　　갑종풍압하중의 2분의 1을 기초로 하여 계산한 것. 【답】②

95 저압옥내배선에서 시행하는 공사 내용 중 틀린 것은?
① 합성수지몰드공사에서는 절연전선을 사용한다.
② 합성수지관 안에서는 접속점이 없어야 한다.
③ 가요전선관은 2종 금속제 가요전선관이어야 한다.
④ 사용전압이 440[V]인 금속관공사에서 금속관에는 접지공사를 하지 않았다.

풀이 232.12 금속관공사
가. 전선은 절연전선(옥외용 비닐절연전선을 제외한다)일 것.
나. 전선은 연선일 것. 다만, 다음의 것은 적용하지 않는다.
　① 짧고 가는 금속관에 넣은 것.
　② 단면적 10[mm²](알루미늄선은 단면적 16[mm²]) 이하의 것.
다. 관의 두께는 다음에 의할 것.
　① 콘크리트에 매설하는 것은 1.2[mm] 이상
　② 콘크리트 매설 이외의 것은 1[mm] 이상
라. **관에는 접지공사를 할 것.** 【답】④

96 케이블트레이공사에 사용하는 케이블트레이의 최소 안전율은?

① 1.5　　　　　② 1.8
③ 2.0　　　　　④ 3.0

풀이 232.41 케이블트레이공사
가. 케이블 트레이의 안전율은 1.5 이상으로 하여야 한다.
나. 금속재의 것은 적절한 방식처리를 한 것이거나 내식성 재료의 것이어야 한다.
다. 비금속재 케이블 트레이는 난연성 재료의 것이어야 한다.
라. 금속제 케이블 트레이 계통은 기계적 및 전기적으로 완전하게 접속하여야 하며 금속제 트레이는 접지공사를 하여야 한다. 【답】①

> 출제기준 변경 및 개정된 관계 법규에 따라 삭제된 문제가 있어 20문항이 안됩니다.

2회　전기설비 기술기준

81 변압기로서 특고압과 결합되는 고압 전로의 혼촉에 의한 위험 방지 시설은?
① 프라이머리 컷 아웃 스위치 장치
② 차단기
③ 퓨즈
④ 사용 전압의 3배의 전압에서 방전하는 방전 장치

풀이 322.3 특고압과 고압의 혼촉 등에 의한 위험방지 시설
변압기에 의하여 특고압전로에 결합되는 고압전로에는 **사용전압의 3배 이하인 전압이 가하여진 경우에 방전하는 장치**를 그 변압기의 단자에 가까운 1극에 설치하여야 한다. 【답】④

82 발전기, 변압기, 조상기, 모선 또는 이를 지지하는 애자는 단락전류에 의하여 생기는 어느 충격에 견디어야 하는가?
① 기계적 충격
② 철손에 의한 충격
③ 동손에 의한 충격
④ 표류부하손에 위한 충격

풀이 발전기 등의 기계적 강도(기술기준 제23조)
발전기, 변압기, 조상기, 모선 또는 이를 지지하는 애자는 **단락전류에 의하여 생기는 기계적 충격**에 견디어야 한다. 【답】①

83 옥내에 시설하는 저압 전선으로 나전선을 사용할 수 있는 배선공사는?

① 합성수지관공사 ② 금속관공사
③ 버스덕트공사 ④ 플로어덕트공사

풀이 231.4 나전선의 사용 제한

옥내에 시설하는 저압전선에는 나전선을 사용하여서는 아니 된다. 다만, 다음중 어느 하나에 해당하는 경우에는 그러하지 아니하다.
가. 애자공사에 의하여 전개된 곳에 다음의 전선을 시설하는 경우
 ① **전기로용 전선**
 ② 전선의 **피복 절연물이 부식하는 장소**에 시설하는 전선
나. **버스덕트공사**에 의하여 시설하는 경우
다. **라이팅덕트공사**에 의하여 시설하는 경우
라. **접촉 전선**을 시설하는 경우   【답】 ③

84 특고압 가공 전선로에서 양측의 경간의 차가 큰 곳에 사용하는 철탑의 종류는?

① 내장형 ② 직선형
③ 인류형 ④ 보강형

풀이 333.11 특고압 가공전선로의 철주·철근 콘크리트주 또는 철탑의 종류

특고압 가공전선로의 지지물로 사용하는 B종 철근·B종 콘크리트주 또는 철탑의 종류는 다음과 같다.
가. 직선형 : 전선로의 직선 부분
 (3° 이하의 수평 각도 이루는 곳 포함)에 사용되는 것
나. 각도형 : 전선로 중 수평 각도 3°를 넘는 곳에 사용되는 것
다. 인류형 : 전 가섭선을 인류하는 곳에 사용하는 것
라. **내장형 : 전선로 지지물 양측의 경간차가 큰 곳에 사용하는 것**
마. 보강형 : 전선로 직선 부분을 보강하기 위하여 사용하는 것   【답】 ①

85 22[kV] 전선로의 절연내력시험은 전로와 대지 간에 시험전압을 연속하여 몇 분간 가하여 시험하게 되는가?

① 2 ② 4
③ 8 ④ 10

풀이 132 전로의 절연저항 및 절연내력
가. 사용전압이 저압인 전로에서 정전이 어려운 경우 등 절연저항 측정이 곤란한 경우에는 누설전류를 1[mA] 이하로 유지하여야 한다.
나. 고압 및 특고압의 전로는 규정된 시험전압을 전로와 대지 사이(다심케이블은 심선 상호 간 및 심선과 대지 사이)에 **연속하여 10분간** 가하여 절연내력을 시험하였을 때에 이에 견디어야 한다.   【답】 ④

86 건조한 장소에 시설하는 애자공사로 사용전압이 440[V]인 경우 전선과 조영재와의 이격거리는 최소 몇 [cm] 이상이어야 하는가?

① 2.5 ② 3.5
③ 4.5 ④ 5.5

풀이 232.56 애자공사
가. 전선은 절연전선(옥외용 비닐 절연전선 및 인입용 비닐 절연전선을 제외한다)일 것.
나. 이격거리

전압		전선과 조영재와의 이격 거리	전선 상호 간격	전선 지지점간의 거리	
				조영재의 윗면 또는 옆면에 따라 시설	조영재에 따라 시설하지 않는 경우
저압	400[V] 이하	2.5[cm] 이상	6[cm] 이상	2[m] 이하	–
	400[V] 초과	건조한 장소 2.5[cm] 이상			6[m] 이하
		기타의 장소 4.5[cm] 이상			

【답】 ①

87 저압 옥내배선을 케이블트레이공사로 시설하려고 한다. 틀린 것은?

① 저압케이블과 고압케이블은 동일 케이블트레이 내에 시설하여서는 아니 된다.
② 케이블 트레이 내에서는 전선을 접속하여서는 아니 된다.
③ 수평으로 포설하는 케이블 이외의 케이블은 케이블트레이의 가로대에 견고하게 고정시킨다.
④ 절연전선을 금속관에 넣으면 케이블트레이공사에 사용할 수 있다.

풀이 232.41 케이블트레이공사
가. 전선
 ① 연피케이블, 알루미늄피 케이블 등 난연성 케이블
 ② 기타 케이블(적당한 간격으로 연소방지 조치를 하여야 한다)
 ③ 금속관 혹은 합성수지관 등에 넣은 절연전선
나. 케이블트레이 안에서 전선을 접속하는 경우에는 전선 접속부

분에 사람이 접근할 수 있고 또한 그 부분이 측면 레일 위로 나오지 않도록 하고 그 부분을 절연처리 하여야 한다.
다. 저압 케이블과 고압 또는 특고압 케이블은 동일 케이블 트레이 안에 시설하여서는 아니 된다. 다만, 견고한 불연성의 격벽을 시설하는 경우 또는 금속 외장 케이블인 경우에는 그러하지 아니하다. 【답】②

88 교통신호등의 시설공사를 다음과 같이 하였을 때 틀린 것은?
① 전선은 450/750[V] 일반용 단심 비닐 절연 전선을 사용하였다.
② 신호등의 인하선은 지표상 2.5[m]로 하였다.
③ 사용전압을 300[V]이하로 하였다.
④ 교통신호등의 제어장치의 금속제외함 및 신호등을 지지하는 철주는 접지공사를 하면 안 된다.

풀이 234.15 교통신호등
가. 교통신호등 제어장치의 2차측 배선의 최대사용전압은 300[V] 이하이어야 한다.
나. 전선은 케이블인 경우 이외에는 공칭단면적 2.5[mm²] 연동선과 동등 이상의 세기 및 굵기의 450/750[V] 일반용 단심 비닐절연전선 또는 450/750[V] 내열성에틸렌아세테이트 고무절연전선일 것.
다. 교통신호등의 전구에 접속하는 인하선은 다음에 의하여 시설하여야 한다.
 ① 전선의 지표상의 높이는 2.5[m] 이상일 것.
 ② 전선을 애자사용배선에 의하여 시설하는 경우에는 전선을 적당한 간격마다 묶을 것.
라. 교통신호등 회로의 사용전압이 150[V]를 넘는 경우는 전로에 지락이 생겼을 경우 자동적으로 전로를 차단하는 누전차단기를 시설할 것.
마. **교통신호등의 제어장치의 금속제외함 및 신호등을 지지하는 철주에는 규정에 준하여 접지공사를 하여야 한다.** 【답】④

89 가공전선로의 지지물에 지선을 시설할 때 옳은 방법은?
① 지선의 안전률을 2.0 으로 하였다.
② 소선은 최소 2가닥 이상의 연선을 사용하였다.
③ 지중의 부분 및 지표상 20[cm]까지의 부분은 아연도금 철봉 등 내부식성 재료를 사용하였다.
④ 도로를 횡단하는 곳의 지선의 높이는 지표상 5[m]로 하였다.

풀이 331.11 지선의 시설
가. 지선의 안전율은 2.5 이상일 것. 이 경우에 허용 인장하중의 최저는 4.31[kN]으로 한다.
나. 지선에 연선을 사용할 경우에는 다음에 의할 것.
 ① 소선 3가닥 이상의 연선일 것.
 ② 소선의 지름이 2.6[mm] 이상의 금속선을 사용한 것일 것.
다. 지중부분 및 지표상 0.3[m]까지의 부분에는 내식성이 있는 것 또는 아연도금을 한 철봉을 사용하고 쉽게 부식되지 않는 근가에 견고하게 붙일 것.
라. 도로를 횡단하여 시설하는 **지선의 높이는 지표상 5[m] 이상** 으로 하여야 한다. 다만, 기술상 부득이한 경우로서 교통에 지장을 초래할 우려가 없는 경우에는 지표상 4.5 [m] 이상, 보도의 경우에는 2.5 [m] 이상으로 할 수 있다. 【답】④

90 전로의 절연원칙에 따라 반드시 절연하여야 하는 것은?
① 수용장소의 인입구 접지점
② 고압과 특고압 및 저압과의 혼촉 위험방지를 한 경우 접지점
③ 저압가공전선로의 접지측 전선
④ 시험용 변압기

풀이 131 전로의 절연 원칙
전로는 다음 이외에는 대지로부터 절연하여야 한다.
가. 저압전로에 접지공사를 하는 경우의 접지점
나. 전로의 중성점에 접지공사를 하는 경우의 접지점
다. 계기용변성기의 2차측 전로에 접지공사를 하는 경우의 접지점
라. 다중 접지를 하는 경우의 접지점
마. 변압기의 2차측 전로에 접지공사를 하는 경우의 **접지점**
바. 직류계통에 접지공사를 하는 경우의 접지점
사. 다음과 같이 절연할 수 없는 부분
 ① **시험용 변압기**, 전력선 반송용 결합 리액터, 전기울타리용 전원장치, 엑스선발생장치, 전기부식방지용 양극, 단선식 전기철도의 귀선 등 전로의 일부를 대지로부터 절연하지 아니하고 전기를 사용하는 것이 부득이한 것.
 ② 전기욕기·전기로·전기보일러·전해조 등 대지로부터 절연하는 것이 기술상 곤란한 것. 【답】③

91 방직공장의 구내 도로에 220[V] 조명등용 가공전선로를 시설하고자 한다. 전선로의 경간은 몇 [m] 이하이어야 하는가?
① 20 ② 30
③ 40 ④ 50

【풀이】 222.23 구내에 시설하는 저압 가공전로
가. 전선은 지름 2[mm] 이상의 경동선의 절연전선 일 것. 다만, 경간이 10[m] 이하인 경우에 한하여 공칭단면적 4[mm²] 이상의 연동 절연전선을 사용할 수 있다.
나. **전로로의 경간은 30 [m] 이하일 것**
다. 1구내에만 시설하는 사용전압이 400[V] 이하인 저압 가공전선로의 높이
 ① 도로(폭이 5[m]이하)를 횡단하는 경우 : 4 [m] 이상
 ② 도로를 횡단하지 않는 경우 : 3 [m] 이상의 높이일 것
【답】②

92 금속관공사에 의한 저압옥내배선 시설방법으로 틀린 것은?
① 전선은 절연전선일 것
② 전선은 연선일 것
③ 관의 두께는 콘크리트에 매설시 1.2[mm] 이상일 것
④ 금속관에는 접지공사를 하지 않아도 된다.

【풀이】 232.12 금속관공사
가. 전선은 절연전선(옥외용 비닐절연전선을 제외한다)일 것.
나. 전선은 연선일 것. 다만, 다음의 것은 적용하지 않는다.
 ① 짧고 가는 금속관에 넣은 것.
 ② 단면적 10[mm²](알루미늄선은 단면적 16[mm²]) 이하의 것.
다. 관의 두께는 다음에 의할 것.
 ① 콘크리트에 매설하는 것은 1.2 [mm] 이상
 ② 콘크리트 매설 이외의 것은 1 [mm] 이상
라. **관에는 접지공사를 할 것.** 【답】④

93 발전기의 용량에 관계없이 자동적으로 이를 전로로부터 차단하는 장치를 시설하여야 하는 경우는?
① 과전류 인입
② 베어링 과열
③ 발전기 내부 고장
④ 유압의 과팽창

【풀이】 351.3 발전기 등의 보호장치
발전기에는 다음의 경우에 자동적으로 이를 전로로부터 차단하는 장치를 시설하여야 한다.
가. **발전기에 과전류나 과전압이 생긴 경우**
나. 용량이 500 [kVA] 이상의 발전기를 구동하는 수차의 압유장치의 유압이 현저히 저하한 경우
다. 용량이 100 [kVA] 이상의 발전기를 구동하는 풍차의 압유장치의 유압이 현저히 저하한 경우
라. 용량이 2,000 [kVA] 이상인 수차 발전기의 스러스트 베어링의 온도가 현저히 상승한 경우
마. 용량이 10,000 [kVA] 이상인 발전기의 내부에 고장이 생긴 경우
바. 정격출력이 10,000 [kW]를 초과하는 중기터빈은 그 스러스트 베어링이 현저하게 마모되거나 그의 온도가 현저히 상승한 경우
【답】①

94 한 수용장소의 인입선에서 분기하여 지지물을 거치지 않고 다른 수용 장소의 인입구에 이르는 부분의 전선을 무엇이라고 하는가?
① 가공인입선
② 인입선
③ 연접인입선
④ 옥측배선

【풀이】 연접 인입선
한 수용장소의 인입선에서 분기하여 지지물을 거치지 않고 다른 수용 장소의 인입구에 이르는 부분의 전선 【답】③

95 345[kV] 가공 송전선로를 제1종 특고압 보안 공사에 의할 때 사용되는 경동연선의 굵기는 몇 [mm²] 이상이어야 하는가?
① 150 ② 200
③ 250 ④ 300

【풀이】 333.22 특고압 보안공사
제1종 특고압 보안공사 시 전선의 단면적

사용전압	전 선
100 [kV] 미만	인장강도 21.67 [kN] 이상의 연선 또는 단면적 55[mm²] 이상의 경동연선
100 [kV] 이상 300 [kV] 미만	인장강도 58.84 [kN] 이상의 연선 또는 단면적 150[mm²] 이상의 경동연선
300 [kV] 이상	인장강도 77.47 [kN] 이상의 연선 또는 **단면적 200[mm²] 이상의 경동연선**

【답】②

96 중량물이 통과하는 장소에 비닐외장케이블을 직접 매설식 으로 시설하는 경우 매설깊이는 몇 [m] 이상이어야 하는가?
① 0.8 ② 1.0
③ 1.2 ④ 1.5

【풀이】 334.1 지중전선로의 시설
가. 지중 전선로는 전선에 케이블을 사용하고 또한 관로식 · 암거식 또는 직접 매설식에 의하여 시설하여야 한다.
나. 지중 전선로를 직접 매설식에 의하여 시설하는 경우에는 매설 깊이는

① 차량 기타 중량물의 압력을 받을 우려가 있는 장소 : 1.0[m] 이상
② 기타 장소 : 0.6[m] 이상 【답】②

97 특고압 가공전선이 다른 특고압 가공전선과 교차하여 시설하는 경우는 제 몇 종 특고압 보안 공사에 의하여야 하는가?
① 1종　　② 2종
③ 3종　　④ 4종

풀이 333.27 특고압 가공전선 상호 간의 접근 또는 교차
특고압 가공전선이 다른 특고압 가공전선과 접근상태로 시설되거나 교차하여 시설되는 경우 위쪽 또는 옆쪽에 시설되는 특고압 가공전선로는 **제3종 특고압 보안공사**에 의할 것. 【답】③

98 특고압 전로와 저압 전로를 결합하는 변압기 저압측의 중성점에 접지공사를 토지의 상황 때문에 변압기의 시설장소마다 하기 어려워서 가공접지선을 시설하려고 한다. 이 때 가공접지선으로 경동선을 사용한다면 그 최소 굵기는 몇 [mm]인가?
① 3.2　　② 4
③ 4.5　　④ 5

풀이 322.1 고압 또는 특고압과 저압의 혼촉에 의한 위험 방지 시설
접지공사는 변압기의 시설장소마다 시행하여야 한다. 다만, 토지의 상황에 의하여 변압기의 시설장소에서 규정에 의한 접지저항 값을 얻기 어려운 경우, 인장강도 5.26[kN] 이상 또는 **지름 4[mm] 이상의 가공 접지도체**를 저압가공전선에 관한 규정에 준하여 시설할 때에는 변압기의 시설장소로부터 200[m]까지 떼어놓을 수 있다. 【답】②

출제기준 변경 및 개정된 관계 법규에 따라 삭제된 문제가 있어 20문항이 안됩니다.

4회 전기설비 기술기준

81 60[kV] 특고압 가공 전선로를 시가지 등에 시설하는 경우 전선의 지표상 최소 높이는 약 몇 [m]인가?
① 8　　② 8.36
③ 10.12　　④ 10.36

풀이 333.1 시가지 등에서 특고압 가공전선로의 시설

사용전압의 구분	지표상의 높이
35 [kV] 이하	10 [m] (전선이 특고압 절연전선인 경우에는 8 [m])
35 [kV] 초과	10 [m]에 35 [kV]를 초과하는 10 [kV] 또는 그 단수마다 12 [cm]를 더한 값

• 단수 = $\frac{60-35}{10} = 2.5 \rightarrow 3$단
• 지표상의 높이 = $10 + 3 \times 0.12 = 10.36$[m]　【답】④

82 변압기 전로에서 최대 사용 전압이 8000[V]인 권선으로서 중성점접지식전로 (중선선을 가지는 것으로서 그 중성선에 다중접지를 하는 것에 한한다.)에 접속하는 것의 시험 전압은 최대 사용 전압의 몇 배인가?
① 0.92　　② 1.1
③ 1.25　　④ 1.5

풀이 135 변압기 전로의 절연내력

권선의 종류 (최대사용전압)	접지방식	시험전압(최대 사용전압의 배수)	최저 시험 전압
1. 7 [kV] 이하		1.5배	500[V]
	다중접지	0.92배	500[V]
2. 7[kV] 초과 25[kV] 이하	**다중접지**	**0.92배**	
3. 7[kV] 초과 60[kV] 이하 (2란의 것 제외)		1.25배	10.5[kV]
4. 60[kV] 초과 (8란의 것 제외)	비접지	1.25	
5. 60[kV] 초과 (6란 및 8란의 것 제외)	접지식	1.1배	75 [kV]
6. 60[kV] 초과	직접접지	0.72배	
7. 170[kV] 초과	직접접지	0.64배	

【답】①

83 고압 지중전선이 지중 약전류전선 등과 접근하거나 교차하는 경우에 이격거리가 몇 [cm] 이하인 때에는 양 전선 사이에 견고한 내화성의 격벽을 설치하는 경우 이외에는 지중전선을 견고한 불연성 또는 난연성의 관에 넣어 그 관이 지중 약전류전선 등과 직접 접촉되지 않도록 하여야 하는가?

① 15　　　　　　② 20
③ 30　　　　　　④ 40

풀이 334.6 지중전선과 지중약전류전선 등 또는 관과의 접근 또는 교차
지중전선이 다음 조건의 이격거리 이하로 설치되는 경우에는 상호간에 내화성의 격벽을 설치하여야 한다.

조　건	전압	이격거리
지중 약전류 전선과 접근 또는 교차하는 경우	저압 또는 고압	0.3 [m]
	특고압	0.6 [m]
가연성, 유독성의 유체를 내포하는 관과 접근 또는 교차	특고압	1 [m]
	25 [kV] 이하, 다중접지방식	0.5 [m]
기타의 관과 접근 또는 교차	특고압	0.3 [m]

【답】③

84 154000[V] 특고압 가공전선로를 시가지에 위험의 우려가 없도록 시설하는 경우, 지지물로 A종 철주를 사용한다면 경간은 최대 몇 [m] 이하인가?

① 50　　　　　　② 75
③ 150　　　　　 ④ 200

풀이 333.1 시가지 등에서 특고압 가공전선로의 시설
특고압 가공전선로의 경간은 표에서 정한 값 이하일 것.

지지물의 종류	경 간
A종 철주 또는 A종 철근 콘크리트주	75 [m]
B종 철주 또는 B종 철근 콘크리트주	150 [m]
철 탑	400 [m] (단주인 경우에는 300 [m]) 다만, 전선이 수평으로 2이상 있는 경우에 전선 상호 간의 간격이 4 [m] 미만인 때에는 250 [m])

【답】②

85 사용전압이 35000[V] 이하인 특고압 가공전선이 건조물과 제2차 접근상태로 시설되는 경우, 특고압 가공전선로의 보안공사는?

① 고압보안공사
② 제1종 특고압 보안공사
③ 제2종 특고압 보안공사
④ 제3종 특고압 보안공사

풀이 333.23 특고압 가공전선과 건조물의 접근
가. 제1차 접근 상태 : 제3종 특고압 보안 공사
나. 제2차 접근 상태
　① 35 [kV] 이하 : 제2종 특고압 보안 공사
　② 35 [kV] 초과 400 [kV] 미만 : 제1종 특고압 보안 공사
【답】③

86 방전등용 안정기로부터 방전관까지의 전로를 무엇이라고 하는가?

① 소세력회로　　　② 관등회로
③ 급전선로　　　　④ 약전류 전선로

풀이 112 용어 정의
"관등회로"란 방전등용 안정기 또는 방전등용 변압기로부터 방전관까지의 전로를 말한다.
【답】②

87 고압 전로와 비접지식의 저압 전로를 결합하는 변압기로 금속제의 혼촉방지판이 있고, 또한 그 혼촉방지판에 접지 공사를 한 것에 접촉하는 저압 전선을 옥외에 시설할 때 저압 가공 전선로의 전선으로 사용할 수 있는 것은?

① 케이블
② 다심형 전선
③ 600[V]비닐 절연 전선
④ 옥외용 비닐 절연 전선

풀이 322.2 혼촉방지판이 있는 변압기에 접속하는 저압 옥외전선의 시설 등
고압전로 또는 특고압전로와 비접지식의 저압전로를 결합하는 변압기로서 그 고압권선 또는 특고압권선과 저압권선 간에 금속제의 혼촉방지판이 있고 또한 그 혼촉방지판에 규정에 의하여 접지공사를 한 것에 접속하는 저압전선을 옥외에 시설할 때에는 다음에 따라 시설하여야 한다.
가. 저압전선은 1구내에만 시설할 것.
나. **저압 가공전선로 또는 저압 옥상전선로의 전선은 케이블일 것.**

다. 저압 가공전선과 고압 또는 특고압의 가공전선을 동일 지지물에 시설하지 아니할 것. 다만, 고압 가공전선로 또는 특고압 가공전선로의 전선이 케이블인 경우에는 그러하지 아니하다.

【답】①

88 가공전선로에 사용되는 특고압 전선용의 애자장치에 대한 갑종풍압하중은 그 구성재의 수직투영면적 1[m²]에 대한 풍압으로 몇 [Pa]를 기초로 계산하여야 하는가?

① 588　　　　② 745
③ 660　　　　④ 1039

풀이　331.6 풍압하중의 종별과 적용

풍압을 받는 구분		구성재의 수직 투영면적 1[m²]에 대한 풍압
전선 기타 가섭선	다도체 (구성하는 전선이 2가닥마다 수평으로 배열되고 또한 그 전선 상호간의 거리가 전선의 바깥지름의 20배 이하인 것에 한한다.)를 구성하는 전선	666 [Pa]
	기타의 것	745 [Pa]
애자 장치 (특고압 전선용의 것에 한한다)		1039 [Pa]

【답】④

89 발전기의 용량에 관계없이 자동적으로 이를 전로로부터 차단하는 장치를 시설하여야 하는 경우는?
① 수차 압유 장치의 유압이 현저히 저하한 경우
② 과전류가 생긴 경우
③ 스러스트 베어링의 온도가 급상승한 경우
④ 발전기의 내부에 고장이 생긴 경우

풀이　351.3 발전기 등의 보호장치
발전기에는 다음의 경우에 자동적으로 이를 전로로부터 차단하는 장치를 시설하여야 한다.
가. 발전기에 과전류나 과전압이 생긴 경우
나. 용량이 500[kVA] 이상의 발전기를 구동하는 수차의 압유 장치의 유압이 현저히 저하한 경우
다. 용량이 100[kVA] 이상의 발전기를 구동하는 풍차의 압유 장치의 유압이 현저히 저하한 경우
라. 용량이 2,000[kVA] 이상인 수차 발전기의 스러스트 베어링의 온도가 현저히 상승한 경우
마. 용량이 10,000[kVA] 이상인 발전기의 내부에 고장이 생긴 경우
바. 정격출력이 10,000[kW]를 초과하는 증기터빈은 그 스러스트 베어링이 현저하게 마모되거나 그의 온도가 현저히 상승한 경우

【답】②

90 특고압 가공 전선로에서 철탑(단주 제외)의 경간은 몇 [m]이하로 하여야 하는가?
① 400　　　　② 500
③ 600　　　　④ 700

풀이　333.21 특고압 가공전선로의 경간 제한
특고압 가공전선로의 경간은 표 에서 정한 값 이하이어야 한다.

지지물의 종류	경　간
목주·A종 철주 또는 A종 철근 콘크리트주	150 [m] 이하
B종 철주 또는 B종 철근 콘크리트주	250 [m] 이하
철　탑	600 [m] 이하 (단주인 경우에는 400[m] 이하)

【답】③

91 철도·궤도 또는 자동차도 전용 터널 안의 전선로의 시설 중에서 기준에 적합하지 않은 것은?
① 저압 전선으로 지름 2.0[mm]의 경동선의 절연전선을 사용하였다.
② 저압 전선으로 인장강도 2.30[kN] 이상의 절연전선을 사용하였다.
③ 저압 전선을 애자공사에 의하여 시설하고 이를 노면상 2.5[m]이상의 높이로 유지하였다.
④ 저압 전선을 금속제가요전선관공사에 의하여 시설하였다.

풀이　335.1 터널 안 전선로의 시설
철도·궤도 또는 자동차도 전용터널 안의 전선로

전압	전선의 굵기	시공방법	애자공사 시 높이
저 압	인장강도 2.30[kN] 이상 또는 2.6 [mm] 이상의 경동선의 절연전선	• 합성수지관공사 • 금속관공사 • 금속제가요전선관공사 • 케이블공사 • 애자공사	노면상, 레일면상 2.5 [m] 이상
고 압	인장강도 5.26[kN] 이상 또는 4 [mm] 이상의 경동선	• 케이블공사 • 애자공사	노면상, 레일면상 3 [m] 이상
특고압		• 케이블공사	

【답】①

92 단상 2선식인 저압의 전선로 중 절연부분의 전선과 대지간의 절연저항은 사용전압에 대한 누설전류가 최대공급전류의 몇 배를 넘지 아니하도록 유지하여야 하는가?

① $\dfrac{1}{500}$ ② $\dfrac{1}{1000}$
③ $\dfrac{1}{1500}$ ④ $\dfrac{1}{2000}$

풀이 전선로 및 전선의 절연성능(기술기준 제27조)
저압전선로 중 절연 부분의 전선과 대지 사이 및 전선의 심선 상호 간의 절연저항은 **사용전압에 대한 누설 공급전류의 1/2,000을 넘지 않도록** 하여야 한다. 【답】 ④

93 수소냉각식 발전기안의 수소의 순도가 몇 [%]이하로 저하된 경우에 경보하는 장치가 시설되어야 하는가?

① 65 ② 85
③ 95 ④ 98

풀이 351.10 수소냉각식 발전기 등의 시설
수소냉각식의 발전기·조상기 또는 이에 부속하는 수소 냉각 장치는 발전기 내부 또는 조상기 내부의 **수소의 순도가 85[%] 이하로 저하**한 경우에 이를 **경보하는 장치**를 시설할 것 【답】 ②

94 농사용 저압 가공전선로 시설에 대한 설명으로 틀린 것은?

① 목주의 말구 지름은 9[cm] 이상일 것
② 지름 2.6[mm] 이상의 경동선일 것
③ 지표상의 높이는 3.5[m] 이상일 것
④ 전선로의 경간은 30[m] 이하일 것

풀이 222.22 농사용 저압 가공전선로의 시설
가. 사용전압은 저압일 것.
나. 저압 가공전선은 인장강도 1.38[kN] 이상의 것 또는 **지름 2[mm] 이상의 경동선일 것**.
다. 저압 가공전선의 지표상의 높이는 3.5[m] 이상일 것. 다만, 저압 가공전선을 사람이 쉽게 출입하지 못하는 곳에 시설하는 경우에는 3[m] 까지로 감할 수 있다.
라. 목주의 굵기는 말구 지름이 0.09[m] 이상일 것.
마. 전선로의 지지점 간 거리는 30[m] 이하일 것. 【답】 ②

95 저압 옥내간선에서 분기하여 전기사용 기계기구에 이르는 저압 옥내전로는 저압 옥내간선과의 분기점에서 전선의 길이가 몇 [m] 이하인 곳에 개폐기 및 과전류차단기를 시설하여야 하는가?
단, 분기점과 분기회로의 과부하 보호장치 설치점 사이의 배선 부분에 다른 분기회로나 콘센트 회로가 접속되어 있지 않고, 단락의 위험과 화재 및 인체에 대한 위험성이 최소화 되도록 시설된 경우이다.

① 1.5 ② 2
③ 2.5 ④ 3

풀이 212.4.2 과부하 보호장치의 설치 위치
가. 과부하 보호장치는 전로 중 도체의 단면적, 특성, 설치방법, 구성의 변경으로 도체의 허용전류 값이 줄어드는 곳(이하 분기점이라 함)에 설치해야 한다.
나. 과부하 보호장치는 분기점(O)에 설치해야 하나, 분기점(O)점과 분기회로의 과부하 보호장치(P_2) 설치점 사이의 배선 부분에 다른 분기회로나 콘센트 회로가 접속되어 있지 않고, 다음 중 하나를 충족하는 경우에는 변경이 있는 배선에 설치할 수 있다.
① 분기회로에 대한 단락보호가 이루어지고 있는 경우 : 분기회로의 보호장치 P_2는 분기회로의 분기점(O)으로부터 부하 측으로 거리에 구애 받지 않고 이동하여 설치할 수 있다.

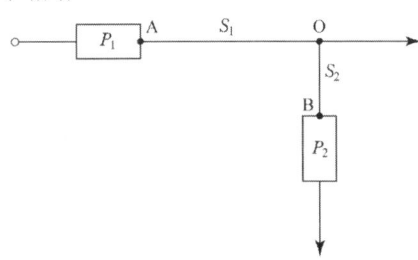

② 단락의 위험과 화재 및 인체에 대한 위험성이 최소화 되도록 시설된 경우 : 분기회로의 보호장치 (P_2)는 분기회로의 분기점(O)으로부터 3[m]까지 이동하여 설치할 수 있다.

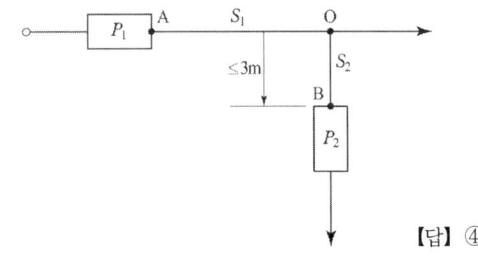

【답】 ④

96 터널 내에 3300[V] 전선로를 케이블공사로 시설하려고 한다. 케이블을 조영재의 옆면 또는 아랫면에 따라 붙일 경우에 케이블의 지지점간의 거리는 몇 [m] 이하로 하여야 하는가?

① 1　　　　　② 1.5
③ 2　　　　　④ 2.5

[풀이] 224.1 터널 안 전선로의 시설
터널 안 전선로는 고압 옥측전선로의 시설에 준하여 시설하여야 한다.
331.13.1 고압 옥측전선로의 시설
케이블을 조영재의 옆면 또는 아랫면에 따라 붙일 경우에는 케이블의 지지점 간의 거리를 2 [m] (수직으로 붙일 경우에는 6 [m]) 이하로 하고 또한 피복을 손상하지 아니하도록 붙일 것.

【답】③

97 케이블을 조가용선에 행거로 시설하였을 때 사용전압이 고압인 경우에는 행거의 간격을 몇 [cm]이하로 시설하여야 하는가?

① 30　　　　　② 50
③ 75　　　　　④ 100

[풀이] 332.2 가공케이블의 시설
저압 가공전선 또는 고압 가공전선에 케이블을 사용하는 경우에는 다음에 따라 시설하여야 한다.
가. 케이블은 조가용선에 행거로 시설할 것. 이 경우에는 사용전압이 **고압인 때에는 행거의 간격은 0.5 [m] 이하로** 하는 것이 좋다.
나. 조가용선은 인장강도 5.93[kN] 이상의 것 또는 단면적 22 [mm²] 이상인 아연도강연선일 것.
다. 조가용선 및 케이블의 피복에 사용하는 금속체에는 접지공사를 할 것.
라. 조가용선을 케이블에 접촉시켜 금속 테이프를 감는 경우에는 20[cm] 이하의 간격으로 나선상으로 한다.

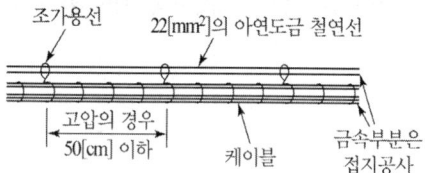

【답】②

출제기준 변경 및 개정된 관계 법규에 따라 삭제된 문제가 있어 20문항이 안됩니다.

2016년 기출문제

| 1회 | 전기설비 기술기준 |

81 지중전선로의 전선으로 적합한 것은?
① 케이블　　② 동복강선
③ 절연전선　　④ 나경동선

풀이 334.1 지중전선로의 시설
지중 전선로는 전선에 케이블을 사용하고 또한 관로식 · 암거식 또는 직접 매설식에 의하여 시설하여야 한다. 【답】①

82 과전류 차단기를 설치하지 않아야 할 곳은?
① 수용가의 인입선 부분
② 고압 배전선로의 인출장소
③ 직접 접지계통에 설치한 변압기의 접지선
④ 역률조정용 고압 병렬콘덴서 뱅크의 분기선

풀이 341.11 과전류차단기의 시설 제한
접지공사의 접지도체, 다선식 전로의 중성선 및 전로의 일부에 접지공사를 한 저압 가공전선로의 접지측 전선에는 과전류차단기를 시설하여서는 안 된다.
다만, 다음의 경우에는 예외로 한다.
가. 다선식 전로의 중성선에 시설한 과전류차단기가 동작한 경우에 각 극이 동시에 차단될 때
나. 저항기·리액터 등을 사용하여 접지공사를 한 때에 과전류차단기의 동작에 의하여 그 접지도체가 비접지 상태로 되지 아니할 때 【답】③

83 금속관공사에 대한 기준으로 틀린 것은?
① 저압 옥내배선에 사용하는 전선으로 옥외용 비닐절연전선을 사용하였다.
② 저압 옥내배선의 금속관 안에는 전선에 접속점이 없도록 하였다.
③ 콘크리트에 매설하는 금속관의 두께는 1.2[mm]를 사용하였다.
④ 금속관에 접지공사를 하였다.

풀이 232.12 금속관공사
가. 전선은 절연전선(옥외용 비닐절연전선을 제외한다)일 것.
나. 전선은 연선일 것. 다만, 다음의 것은 적용하지 않는다.
　① 짧고 가는 금속관에 넣은 것.
　② 단면적 10[mm²](알루미늄선은 단면적 16[mm²]) 이하의 것.
다. 관의 두께는 다음에 의할 것.
　① 콘크리트에 매설하는 것은 1.2 [mm] 이상
　② 콘크리트 매설 이외의 것은 1 [mm] 이상
라. 관에는 접지공사를 할 것. 【답】①

84 154[kV]용 변성기를 사람이 접촉할 우려가 없도록 시설하는 경우에 충전부분의 지표상의 높이는 최소 몇 [m] 이상이어야 하는가?
① 4　　② 5
③ 6　　④ 8

풀이 341.4 특고압용 기계기구의 시설
특고압용 기계기구 충전부분의 지표상 높이

사용전압의 구분	울타리·담 등의 높이와 울타리·담 등으로부터 충전 부분까지의 거리의 합계
35 [kV] 이하	5 [m]
35 [kV] 초과 160 [kV] 이하	6 [m]
160 [kV] 초과	• 거리의 합계 = 6 + 단수 × 0.12 [m] • 단수 = $\frac{\text{사용전압 [kV]} - 160}{10}$ 단수 계산에서 소수점 이하는 절상

【답】③

85 버스덕트공사에 대한 설명 중 옳은 것은?
① 버스덕트 끝부분을 개방 할 것
② 덕트를 수직으로 붙이는 경우 지지점간 거리는 12[m] 이하로 할 것
③ 덕트를 조영재에 붙이는 경우 덕트의 지지점간 거리는 6[m] 이하로 할 것
④ 덕트에 접지공사를 할 것

[풀이] 232.61 버스덕트공사
가. 덕트 상호 간 및 전선 상호 간은 견고하고 또한 전기적으로 완전하게 접속할 것.
나. 덕트를 조영재에 붙이는 경우에는 **덕트의 지지점 간의 거리를 3 [m]**(수직으로 붙이는 경우에는 6 [m]) 이하로 하고 또한 견고하게 붙일 것.
다. 덕트(환기형의 것을 제외한다)의 **끝부분은 막을 것.**
라. 덕트(환기형의 것을 제외한다)의 내부에 먼지가 침입하지 아니하도록 할 것.
마. **덕트는 접지공사를 할 것.** 【답】 ④

86 저압 옥내배선에 사용되는 연동선의 굵기는 일반적인 경우 몇 [mm²] 이상이어야 하는가?
① 2
② 2.5
③ 4
④ 6

[풀이] 231.3 저압 옥내배선의 사용전선
가. 저압 옥내배선의 전선 : **단면적 2.5[mm²] 이상의 연동선**
나. 옥내배선의 사용 전압이 400 [V] 이하인 경우는 다음에 의하여 시설할 수 있다.
① 전광표시 장치 또는 제어 회로
 • 단면적 1.5[mm²] 이상의 연동선
 • 단면적 0.75[mm²] 이상인 다심케이블 또는 다심 캡타이어 케이블을 사용하고 또한 과전류가 생겼을 때에 자동적으로 전로에서 차단하는 장치를 시설
② 진열장 또는 이와 유사한 것의 내부 배선 : 단면적 0.75 [mm²] 이상인 코드 또는 캡타이어케이블 【답】 ②

87 옥내배선에서 나전선을 사용할 수 없는 것은?
① 전선의 피복 전열물이 부식하는 장소의 전선
② 취급자 이외의 자가 출입할 수 없도록 설비한 장소의 전선
③ 전용의 개폐기 및 과전류 차단기가 시설된 전기기계기구의 저압전선
④ 애자공사에 의하여 전개된 장소에 시설하는 경우로 전기로용 전선

[풀이] 231.4 나전선의 사용 제한
옥내에 시설하는 저압전선에는 나전선을 사용하여서는 아니 된다. 다만, 다음중 어느 하나에 해당하는 경우에는 그러하지 아니하다.
가. 애자공사에 의하여 전개된 곳에 다음의 전선을 시설하는 경우
① 전기로용 전선
② 전선의 **피복 절연물이 부식하는 장소**에 시설하는 전선

나. **버스덕트공사**에 의하여 시설하는 경우
다. **라이팅덕트공사**에 의하여 시설하는 경우
라. **접촉 전선**을 시설하는 경우 【답】 ③

88 시가지 등에서 특고압 가공전선로의 시설에 대한 내용 중 틀린 것은?
① A종 철주를 지지물로 사용하는 경우의 경간은 75[m] 이하이다.
② 사용전압이 170[kV] 이하인 전선로를 지지하는 애자장치는 2련 이상의 현수애자 또는 장간애자를 사용한다.
③ 사용전압이 100[kV]를 초과하는 특고압 가공전선에 지락 또는 단락이 생겼을 때에는 1초 이내에 자동적으로 이를 전로로부터 차단하는 장치를 시설한다.
④ 사용전압이 170[kV] 이하인 전선로를 지지하는 애자장치는 50[%] 충격섬락전압 값이 그 전선의 근접한 다른 부분을 지지하는 애자장치 값의 100[%] 이상인 것을 사용한다.

[풀이] 333.1 시가지 등에서 특고압 가공전선로의 시설
사용전압이 170[kV] 이하인 특고압 가공전선로를 시가지 그 밖에 인가가 밀집한 지역에 시설하기 위한 특고압 가공전선을 지지하는 애자장치는 다음 중 어느 하나에 의할 것.
가. **50[%] 충격섬락전압 값이 그 전선의 근접한 다른 부분을 지지하는 애자장치 값의 110[%]**(사용전압이 130[kV]를 초과하는 경우는 105[%]) **이상인 것.**
나. 아킹혼을 붙인 현수애자 · 장간애자 또는 라인포스트애자를 사용하는 것.
다. 2련 이상의 현수애자 또는 장간애자를 사용하는 것.
라. 2개 이상의 핀애자 또는 라인포스트애자를 사용하는 것. 【답】 ④

89 전력보안 통신설비인 무선용 안테나 등을 지지하는 철주의 기초의 안전율이 얼마 이상이어야 하는가?
① 1.3
② 1.5
③ 1.8
④ 2.0

[풀이] 364.1 무선용 안테나 등을 지지하는 철탑 등의 시설
전력보안통신설비인 무선통신용 안테나 또는 반사판을 지지하는 목주 · 철주 · 철근 콘크리트주 또는 철탑은 다음에 따라 시설하여야 한다. 다만, 무선용 안테나 등이 전선로의 주위상태를

감시할 목적으로 시설되는 것일 경우에는 그러하지 아니하다.
가. 목주는 풍압하중에 대한 안전율은 1.5 이상이어야 한다.
나. **철주·철근 콘크리트주 또는 철탑의 기초 안전율은 1.5 이상**이어야 한다.
【답】②

90 345[kV] 가공전선로를 제1종 특고압 보안공사에 의하여 시설할 때 사용되는 경동연선의 굵기는 몇 [mm^2] 이상이어야 하는가?
① 100
② 125
③ 150
④ 200

풀이 333.22 특고압 보안공사
제1종 특고압 보안공사 시 전선의 단면적

사용전압	전 선
100 [kV] 미만	인장강도 21.67 [kN] 이상의 연선 또는 단면적 55[mm^2] 이상의 경동연선
100 [kV] 이상 300 [kV] 미만	인장강도 58.84 [kN] 이상의 연선 또는 단면적 150[mm^2] 이상의 경동연선
300 [kV] 이상	인장강도 77.47[kN] 이상의 연선 또는 **단면적 200[mm^2] 이상의 경동연선**

【답】④

91 차단기에 사용하는 압축공기장치에 대한 설명 중 틀린 것은?
① 공기압축기를 통하는 관은 용접에 의한 잔류응력이 생기지 않도록 할 것
② 주 공기탱크에는 사용압력 1.5배 이상 3배 이하의 최고 눈금이 있는 압력계를 시설할 것
③ 공기압축기는 최고사용압력의 1.5배 수압을 연속하여 10분간 가하여 시험하였을 때 이에 견디고 새지 아니할 것
④ 공기탱크는 사용압력에서 공기의 보급이 없는 상태로 차단기의 투입 및 차단을 연속하여 3회 이상 할 수 있는 용량을 가질 것

풀이 341.15 압축공기계통
발전소·변전소·개폐소 또는 이에 준하는 곳에서 개폐기 또는 차단기에 사용하는 압축공기장치는 사용 압력에서 **공기의 보급이 없는 상태**로 개폐기 또는 차단기의 투입 및 **차단을 연속하여 1회 이상 할 수 있는 용량**을 가지는 것일 것.
【답】④

92 사용전압이 22900[V]인 가공전선이 건조물과 제2차 접근상태로 시설되는 경우에 이 특고압 가공전선로의 보안공사는 어떤 종류의 보안공사로 하여야 하는가?
① 고압 보안공사
② 제1종 특고압 보안공사
③ 제2종 특고압 보안공사
④ 제3종 특고압 보안공사

풀이 333.23 특고압 가공전선과 건조물의 접근
가. 건조물과 제1차 접근상태 : 제3종 특고압 보안공사
나. **건조물과 제2차 접근상태**
　① **사용전압이 35[kV] 이하 : 제2종 특고압 보안공사**
　② 사용전압이 35[kV] 초과 400[kV] 미만 : 제1종 특고압 보안공사
【답】③

93 비접지식 고압 전로에 접속되는 변압기의 외함에 실시하는 접지 공사의 접지극으로 사용할 수 있는 건물 철골의 대지 전기 저항은 몇 [Ω] 이하인가?
① 2
② 3
③ 5
④ 10

풀이 142.2 접지극의 시설 및 접지저항
가. 지중에 매설되어 있고 대지와의 전기저항 값이 3[Ω] 이하의 값을 유지하고 있는 금속제 수도관로가 규정에 따르는 경우 접지극으로 사용이 가능하다.
나. 대지와의 사이에 전기저항 값이 **2[Ω]** 이하인 값을 유지하는 **건축물·구조물의 철골 기타의 금속제**는 접지공사의 접지극으로 사용할 수 있다.
【답】①

94 저압 수상전선로에 사용되는 전선은?
① 무기물 절연 케이블
② 알루미늄피 케이블
③ 클로로프렌시스 케이블
④ 클로로프렌 캡타이어 케이블

풀이 335.3 수상전선로의 시설
수상전선로를 시설하는 경우 사용전압이 저압 또는 고압인 것에 한 하며 사용되는 전선은 다음과 같다.
가. **저압 : 클로로프렌 캡타이어 케이블**
나. 고압 : 캡타이어 케이블
【답】④

95 22.9[kV] 특고압으로 가공전선과 조영물이 아닌 다른 시설물이 교차하는 경우, 상호간의 이격거리는 몇 [cm] 까지 감할 수 있는가? (단, 전선은 케이블이다.)

① 50
② 60
③ 100
④ 120

풀이 333.28 특고압 가공전선과 다른 시설물의 접근 또는 교차
특고압 절연전선 또는 케이블을 사용하는 사용전압이 35 [kV] 이하의 특고압 가공전선과 다른 시설물 사이의 이격거리

다른 시설물의 구분	접근형태	이격거리
조영물의 상부조영재	위쪽	2 [m] (전선이 케이블인 경우는 1.2 [m])
	옆쪽 또는 아래쪽	1 [m] (전선이 케이블인 경우는 0.5[m])
조영물의 상부조영재 이외의 부분 또는 **조영물 이외의 시설물**		1 [m] **(전선이 케이블인 경우는 0.5 [m])**

【답】 ①

96 가공전선로의 지지물에 시설하는 지선의 안전율과 허용인장하중의 최저값은?

① 안전율은 2.0이상, 허용인장하중 최저값은 4 [kN]
② 안전율은 2.5이상, 허용인장하중 최저값은 4 [kN]
③ 안전율은 2.0이상, 허용인장하중 최저값은 4.4 [kN]
④ 안전율은 2.5이상, 허용인장하중 최저값은 4.31 [kN]

풀이 331.11 지선의 시설
가. 지선의 **안전율은 2.5 이상**일 것. 이 경우에 **허용 인장하중의 최저는 4.31 [kN]**으로 한다.
나. 지선에 연선을 사용할 경우에는 다음에 의할 것.
  ① 소선 3가닥 이상의 연선일 것.
  ② 소선의 지름이 2.6[mm] 이상의 금속선을 사용한 것일 것.

【답】 ④

97 단락전류에 의하여 생기는 기계적 충격에 견디는 것을 요구하지 않는 것은?

① 애자
② 변압기
③ 조상기
④ 접지선

풀이 발전기 등의 기계적 강도(기술기준 제23조)
발전기, 변압기, 조상기, 모선 또는 이를 지지하는 애자는 단락전류에 의하여 생긴 기계적 충격에 견디는 것이어야 한다.

【답】 ④

출제기준 변경 및 개정된 관계 법규에 따라 삭제된 문제가 있어 20문항이 안됩니다.

| 2회 | 전기설비 기술기준 |

81 계통연계하는 분산형전원을 설치하는 경우에 이상 또는 고장 발생 시 자동적으로 분산형전원을 전력계통으로부터 분리하기 위한 장치를 시설해야 하는 경우가 아닌 것은?

① 역률 저하 상태
② 단독운전 상태
③ 분산형전원의 이상 또는 고장
④ 연계한 전력계통의 이상 또는 고장

풀이 503.2.3 계통 연계용 보호장치의 시설
계통 연계하는 분산형전원설비를 설치하는 경우 다음에 해당하는 이상 또는 고장 발생 시 **자동적으로 분산형전원설비를 전력계통으로부터 분리하기 위한 장치** 시설 및 해당 계통과의 보호협조를 실시하여야 한다.
가. 분산형전원설비의 이상 또는 고장
나. 연계한 전력계통의 이상 또는 고장
다. 단독운전 상태

【답】 ①

82 고저압 혼촉에 의한 위험방지시설로 가공공동지선을 설치하여 시설하는 경우에 각 접지선을 가공공동지선으로부터 분리하였을 경우의 각 접지선과 대지간의 전기저항 값은 몇 [Ω] 이하로 하여야 하는가?

① 75
② 150
③ 300
④ 600

【풀이】 322.1 고압 또는 특고압과 저압의 혼촉에 의한 위험방지 시설

가공공동지선과 대지 사이의 합성 전기저항 값은 1[km]를 지름으로 하는 지역 안마다 규정에 의해 접지저항 값을 가지는 것으로 하고 또한 **각 접지도체를 가공공동지선으로부터 분리**하였을 경우의 각 접지도체와 대지 사이의 **전기저항값은 300[Ω] 이하**로 할 것. 【답】③

83 특고압 가공 전선이 건조물과 1차 접근 상태로 시설되는 경우를 설명한 것 중 틀린 것은?

① 상부 조영재와 위쪽으로 접근 시 케이블을 사용하면 1.2[m] 이상 이격거리를 두어야 한다.
② 상부 조영재와 옆쪽으로 접근 시 특고압 절연전선을 사용하면 1.5[m] 이상 이격거리를 두어야 한다.
③ 상부 조영재와 아래쪽으로 접근 시 특고압 절연전선을 사용하면 1.5[m] 이상 이격거리를 두어야 한다.
④ 상부 조영재와 위쪽으로 접근 시 특고압 절연전선을 사용하면 2.0[m] 이상 이격거리를 두어야 한다.

【풀이】 333.23 특고압 가공전선과 건조물의 접근

특고압 가공전선이 건조물과 제1차 접근상태로 시설되는 경우에는 다음에 따라야 한다.
가. 특고압 가공전선로는 제3종 특고압 보안공사에 의할 것.
나. 사용전압이 35[kV] 이하인 특고압 가공전선과 건조물의 조영재 이격거리는 표에서 정한 값 이상일 것.

건조물과 조영재의 구분	전선종류	접근형태	이격거리
상부 조영재	특고압 절연전선	위쪽	2.5 [m]
		옆쪽 또는 아래쪽	1.5 [m] (전선에 사람이 쉽게 접촉할 우려가 없도록 시설한 경우는 1 [m])
	케이블	위쪽	1.2 [m]
		옆쪽 또는 아래쪽	0.5 [m]
	기타전선		3[m]
기타 조영재	특고압 절연전선		1.5[m] (전선에 사람이 쉽게 접촉할 우려가 없도록 시설한 경우는 1 [m])
	케이블		0.5 [m]
	기타 전선		3 [m]

【답】④

84 특고압 가공 전선로의 지지물 양쪽의 경간의 차가 큰 곳에 사용되는 철탑은?

① 내장형철탑
② 인류형철탑
③ 각도형철탑
④ 보강형철탑

【풀이】 333.11 특고압 가공전선로의 철주·철근 콘크리트주 또는 철탑의 종류

특고압 가공전선로의 지지물로 사용하는 B종 철근 · B종 콘크리트주 또는 철탑의 종류는 다음과 같다.
가. 직선형 : 전선로의 직선 부분
 (3° 이하의 수평 각도 이루는 곳 포함)에 사용되는 것
나. 각도형 : 전선로 중 수평 각도 3°를 넘는 곳에 사용되는 것
다. 인류형 : 전 가섭선을 인류하는 곳에 사용하는 것
라. **내장형** : 전선로 지지물 **양측의 경간차가 큰 곳에 사용하는 것**
마. 보강형 : 전선로 직선 부분을 보강하기 위하여 사용하는 것

【답】①

85 고압 가공전선 상호간이 접근 또는 교차하여 시설되는 경우, 고압 가공전선 상호간의 이격거리는 몇 [cm] 이상이어야 하는가? (단, 고압 가공전선은 모두 케이블이 아니라고 한다.)

① 50
② 60
③ 70
④ 80

【풀이】 332.17 고압 가공전선 상호 간의 접근 또는 교차

고압 가공전선이 다른 고압 가공 전선과 접근상태로 시설되거나 교차하여 시설되는 경우에는 다음에 따라 시설하여야 한다.
가. 고압 가공전선로는 고압 보안공사에 의할 것.
나. 고압 가공전선과 다른 고압 가공 전선과의 이격거리

구 분	고압 가공전선	
	일 반	케이블
고압가공전선	0.8 [m]	0.4 [m]
고압가공전선로의 지지물	0.6 [m]	0.3 [m]

【답】④

86 금속제 외함을 가진 저압의 기계기구로서 사람이 쉽게 접촉할 우려가 있는 곳에 시설하는 것에 전기를 공급하는 전로에 지락이 생겼을 때에 자동적으로 차단하는 장치를 설치하여야 한다. 사용전압이 몇 [V]를 초과하는 기계기구의 경우인가?

① 25
② 30
③ 40
④ 50

풀이 211.2.3 누전차단기의 시설
전원의 자동차단에 의한 저압전로의 보호대책으로 **누전차단기를 시설해야할 대상**은 다음과 같다.
가. 금속제 외함을 가지는 **사용전압이 50[V]를 초과하는 저압의 기계 기구로서 사람이 쉽게 접촉할 우려가 있는 곳에 시설하는 것에 전기를 공급하는 전로.**
나. 주택의 인입구 등 다른 절에서 누전차단기 설치를 요구하는 전로
다. 특고압전로, 고압전로 또는 저압전로와 변압기에 의하여 결합되는 사용전압 400[V] 초과의 저압전로 【답】 ④

87 가공 전선로의 지지물에 취급자가 오르고 내리는데 사용하는 발판 볼트 등은 지표상 몇 [m] 미만에 시설하여서는 아니 되는가?
① 1.2   ② 1.8
③ 2.2   ④ 2.5

풀이 331.4 가공전선로 지지물의 철탑오름 및 전주오름 방지
가공전선로의 지지물에 취급자가 오르고 내리는데 사용하는 **발판 볼트 등을 지표상 1.8 [m] 미만에 시설하여서는 아니 된다.**
【답】 ②

88 전기설비기술기준의 안전원칙에 관계없는 것은?
① 에너지 절약 등에 지장을 주지 아니하도록 할 것
② 사람이나 다른 물체에 위해, 손상을 주지 않도록 할 것
③ 기기의 오동작에 의한 전기 공급에 지장을 주지 않도록 할 것
④ 다른 전기설비의 기능에 전기적 또는 자기적인 장해를 주지 아니하도록 할 것

풀이 안전 원칙 (기술기준 제2조)
① 전기설비는 감전, 화재 그 밖에 사람에게 위해(危害)를 주거나 물건에 손상을 줄 우려가 없도록 시설하여야 한다.
② 전기설비는 사용목적에 적절하고 안전하게 작동하여야 하며, 그 손상으로 인하여 전기 공급에 지장을 주지 않도록 시설하여야 한다.
③ 전기설비는 다른 전기설비, 그 밖의 물건의 기능에 전기적 또는 자기적인 장해를 주지 않도록 시설하여야 한다.
【답】 ①

89 저압 옥내배선의 사용전압이 220[V]인 전광표시등 회로를 금속관공사에 의하여 시공하였다. 여기에 사용되는 배선은 단면적이 몇 [mm²] 이상의 연동선을 사용하여도 되는가?
① 1.5   ② 2.0
③ 2.5   ④ 3.0

풀이 231.3 저압 옥내배선의 사용전선
가. 저압 옥내배선의 전선 : 단면적 2.5[mm²] 이상의 연동선
나. 옥내배선의 사용 전압이 400[V] 이하인 경우는 다음에 의하여 시설할 수 있다.
① 전광표시 장치등 또는 제어 회로
  • 단면적 1.5[mm²] 이상의 연동선
  • 단면적 0.75[mm²] 이상인 다심케이블 또는 다심 캡타이어 케이블을 사용하고 또한 과전류가 생겼을 때에 자동적으로 전로에서 차단하는 장치를 시설
② 진열장 또는 이와 유사한 것의 내부 배선 : 단면적 0.75[mm²] 이상인 코드 또는 캡타이어케이블 【답】 ①

90 고압 가공전선이 철도를 횡단하는 경우 레일면상에서 몇 [m] 이상으로 유지되어야 하는가?
① 5.5   ② 6
③ 6.5   ④ 7.0

풀이 332.5 고압 가공전선의 높이, 222.7 저압 가공전선의 높이
저·고압 가공전선의 높이는 다음에 따라야 한다.

설치장소		가공전선의 높이
도로횡단(번잡하지 않은 도로 제외)		지표상 6 [m] 이상
철도 또는 궤도 횡단		레일면상 6.5 [m] 이상
횡단보도교 위	저압	노면상 3.5 [m] 이상 (단, 절연전선의 경우 3 [m] 이상)
	고압	노면상 3.5 [m] 이상
일반장소		지표상 5 [m] 이상 단, 저압의 경우 절연전선 또는 케이블을 사용하여 교통에 지장이 없도록 하여 옥외조명용에 공급하는 경우 4 [m] 까지 감할 수 있다.
다리의 하부 기타 이와 유사한 장소		저압의 전기철도용 급전선은 지표상 3.5[m] 까지로 감할 수 있다.

【답】 ③

91 합성수지관공사 시 관 상호 간 및 박스와의 접속은 관에 삽입하는 깊이를 관 바깥지름의 몇 배 이상으로 하여야 하는가? (단, 접착제를 사용하지 않는 경우이다.)

① 0.5
② 0.8
③ 1.2
④ 1.5

풀이 232.11 합성수지관공사
관 상호 간 및 박스와는 **관을 삽입하는 깊이를 관의 바깥지름의 1.2배**(접착제를 사용하는 경우 0.8배) **이상**으로 할 것. 【답】③

92 호텔 또는 여관 각 객실의 입구등을 설치할 경우 몇 분 이내에 소등되는 타임스위치를 시설해야 하는가?

① 1
② 2
③ 3
④ 10

풀이 234.6 점멸기의 시설
다음의 경우에는 센서등(타임스위치 포함)을 시설하여야 한다.
가. **관광숙박업 또는 숙박업**(여인숙업을 제외한다)에 이용되는 **객실의 입구등은 1분 이내에 소등**되는 것.
나. 일반주택 및 아파트 각 호실의 현관등은 3분 이내에 소등되는 것. 【답】①

93 전력보안통신설비로 무선용안테나 등의 시설에 관한 설명으로 옳은 것은?

① 항상 가공전선로의 지지물에 시설한다.
② 피뢰침설비가 불가능한 개소에 시설한다.
③ 접지와 공용으로 사용할 수 있도록 시설한다.
④ 전선로의 주위상태를 감시할 목적으로 시설한다.

풀이 364.2 무선용 안테나 등의 시설 제한
무선용 안테나 등은 **전선로의 주위 상태를 감시하거나 배전자동화, 원격검침 등 지능형전력망을 목적**으로 시설하는 것 이외에는 가공전선로의 지지물에 시설하여서는 아니 된다. 【답】④

94 저압 옥내배선에 사용하는 연동선의 최소 굵기는 몇 [mm²] 이상인가?

① 1.5
② 2.5
③ 4.0
④ 6.0

풀이 231.3 저압 옥내배선의 사용전선
가. 저압 옥내배선의 전선 : **단면적 2.5[mm²] 이상의 연동선**
나. 옥내배선의 사용 전압이 400 [V] 이하인 경우는 다음에 의하여 시설할 수 있다.
① 전광표시 장치 또는 제어 회로
  • 단면적 1.5[mm²] 이상의 연동선
  • 단면적 0.75[mm²] 이상인 다심케이블 또는 다심 캡타이어 케이블을 사용하고 또한 과전류가 생겼을 때에 자동적으로 전로에서 차단하는 장치를 시설
② 진열장 또는 이와 유사한 것의 내부 배선 : 단면적 0.75[mm²] 이상인 코드 또는 캡타이어케이블 【답】②

95 타냉식 특고압용 변압기에는 냉각장치에 고장이 생긴 경우를 대비하여 어떤 장치를 하여야 하는가?

① 경보장치
② 속도조정장치
③ 온도시험장치
④ 냉매흐름장치

풀이 351.4 특고압용 변압기의 보호장치
특고압용의 변압기에는 그 내부에 고장이 생겼을 경우에 보호하는 장치를 표와 같이 시설하여야 한다.

뱅크 용량의 구분	동작조건	장치의 종류
5,000 [kVA] 이상 10,000 [kVA] 미만	변압기 내부 고장	자동차단장치 또는 경보장치
10,000 [kVA] 이상	변압기 내부 고장	자동차단장치
타냉식 변압기(변압기의 권선 및 철심을 직접 냉각시키기 위하여 봉입한 냉매를 강제 순환시키는 냉각 방식을 말한다.)	냉각 장치에 고장이 생긴 경우 또는 변압기의 온도가 현저히 상승한 경우	경보장치

【답】①

96 특고압 가공전선이 삭도와 제2차 접근상태로 시설될 경우 특고압 가공전선로에 적용하는 보안공사는?

① 고압 보안공사
② 제1종 특고압 보안공사
③ 제2종 특고압 보안공사
④ 제3종 특고압 보안공사

풀이 333.25 특고압 가공전선과 삭도의 접근 또는 교차
가. 특고압 가공전선이 삭도와 제1차 접근상태 : 제3종 특고압 보안공사
나. **특고압 가공전선이 삭도와 제2차 접근상태 : 제2종 특고압 보안공사** 【답】③

97 철탑의 강도 계산에 사용하는 이상 시 상정하중의 종류가 아닌 것은?

① 수직하중   ② 좌굴하중
③ 수평 횡하중   ④ 수평 종하중

풀이 333.14 이상 시 상정하중
철탑의 강도계산에 사용하는 **이상 시 상정하중은 풍압이** 전선로에 직각방향으로 가하여지는 경우의 하중과 **전선로의 방향으로 가하여지는** 경우의 수직하중, 수평 횡하중, 수평 종하중을 계산하여 각 부재에 대한 이들의 하중 중 그 부재에 큰 응력이 생기는 쪽의 하중을 채택한다.   【답】②

98 가반형의 용접전극을 사용하는 아크 용접장치의 용접변압기의 1차측 전로의 대지전압은 몇 [V] 이하이어야 하는가?

① 220   ② 300
③ 380   ④ 440

풀이 241.10 아크 용접기
가반형의 용접 전극을 사용하는 아크 용접장치는 다음에 따라 시설하여야 한다.
가. 용접변압기는 절연변압기일 것.
나. 용접변압기의 1차측 전로의 **대지전압은 300[V] 이하일 것.**
다. 용접변압기의 1차측 전로에는 용접 변압기에 가까운 곳에 쉽게 개폐할 수 있는 개폐기를 시설할 것.
라. 용접기 외함 및 피용접재 또는 이와 전기적으로 접속되는 받침대·정반 등의 금속체는 규정에 준하여 접지공사를 하여야 한다.   【답】②

99 과전류차단기를 시설할 수 있는 곳은?

① 접지공사의 접지선
② 다선식 전로의 중성선
③ 단상 3선식 전로의 저압측 전선
④ 접지공사를 한 저압 가공전선로의 접지측 전선

풀이 341.11 과전류차단기의 시설 제한
접지공사의 접지도체, 다선식 전로의 중성선 및 전로의 일부에 접지공사를 한 저압 가공전선로의 접지측 전선에는 과전류차단기를 시설하여서는 안 된다.
다만, 다음의 경우에는 예외로 한다.
가. 다선식 전로의 중성선에 시설한 과전류차단기가 동작한 경우에 각 극이 동시에 차단될 때
나. 저항기·리액터 등을 사용하여 접지공사를 한 때에 과전류차단기의 동작에 의하여 그 접지도체가 비접지 상태로 되지 아니할 때   【답】③

> 출제기준 변경 및 개정된 관계 법규에 따라 삭제된 문제가 있어 20문항이 안됩니다.

4회 전기설비 기술기준

81 특고압 가공전선로의 지지물 양측의 경간의 차가 큰 곳에 사용하는 철탑의 종류는?

① 내장형   ② 보강형
③ 직선형   ④ 인류형

풀이 333.11 특고압 가공전선로의 철주·철근 콘크리트주 또는 철탑의 종류
특고압 가공전선로의 지지물로 사용하는 B종 철근·B종 콘크리트주 또는 철탑의 종류는 다음과 같다.
가. 직선형 : 전선로의 직선 부분
   (3° 이하의 수평 각도 이루는 곳 포함)에 사용되는 것
나. 각도형 : 전선로 중 수평 각도 3°를 넘는 곳에 사용되는 것
다. 인류형 : 전 가섭선을 인류하는 곳에 사용하는 것
라. **내장형** : 전선로 지지물 **양측의 경간차가 큰 곳에 사용하는 것**
마. 보강형 : 전선로 직선 부분을 보강하기 위하여 사용하는 것   【답】①

82 154 [kV] 전선로를 제1종 특고압 보안공사로 시설할 때 경동연선의 굵기는 몇 [mm^2] 이상이어야 하는가?

① 55   ② 100
③ 150   ④ 200

풀이 333.22 특고압 보안공사
제1종 특고압 보안공사는 다음에 따라야 한다.

사용전압	전 선
100 [kV] 미만	인장강도 21.67 [kN] 이상의 연선 또는 단면적 55[mm^2] 이상의 경동연선
100 [kV] 이상 300 [kV] 미만	인장강도 58.84 [kN] 이상의 연선 또는 **단면적 150[mm^2] 이상의 경동연선**
300 [kV] 이상	인장강도 77.47[kN] 이상의 연선 또는 단면적 200[mm^2] 이상의 경동연선

【답】③

83 고압 가공전선으로 경동선 또는 내열 동합금선을 사용할 경우에 이도의 최소 안전율은? (단, 빙설이 많지 않은 지방에서 그 지방의 평균온도에서 전선의 중량과 그 전선의 수직투영면적 1[m²]당 745[Pa]의 수평풍압과의 합성하중을 지지하는 경우임)

① 2.2　　　　　　② 2.5
③ 2.7　　　　　　④ 3.0

[풀이] 332.4 고압 가공전선의 안전율
고압 가공전선은 케이블인 경우 이외에는 그 **안전율이 경동선 또는 내열 동합금선은 2.2 이상, 그 밖의 전선은 2.5 이상**이 되는 이도로 시설하여야 한다. 【답】①

84 고주파 이용 설비에서 다른 고주파 이용 설비에 누설되는 고주파 전류의 허용한도는 측정 장치 또는 이에 준하는 측정 장치로 2회 이상 연속하여 10분간 측정하였을 때에 각각 측정값의 최대값에 대한 평균값이 몇 [dB]인가? (단, 1[mW]를 0[dB]로 한다.)

① 20　　　　　　② −20
③ −30　　　　　　④ 30

[풀이] 341.5 고주파 이용 전기설비의 장해방지
고주파 이용 전기설비에서 다른 고주파 이용 전기설비에 누설되는 고주파 전류의 허용한도는 측정 장치로 **2회 이상 연속하여 10분간 측정**하였을 때에 각각 **측정값의 최대값에 대한 평균값이 −30[dB]** (1[mW]를 0[dB]로 한다)일 것 【답】③

85 가공전선로의 지지물에 시설하는 지선의 시설기준에 대한 설명 중 옳은 것은?

① 지선의 안전율은 2.5 이상일 것
② 연선을 사용하는 경우 소선 4가닥 이상의 연선일 것
③ 지중 부분 및 지표상 100[cm]까지의 부분은 철봉을 사용할 것
④ 도로를 횡단하여 시설하는 지선의 높이는 지표상 4[m] 이상으로 할 것

[풀이] 331.11 지선의 시설
가. **지선의 안전율은 2.5 이상**일 것. 이 경우에 허용 인장하중의 최저는 4.31 [kN]으로 한다.
나. 지선에 연선을 사용할 경우에는 다음에 의할 것.
① **소선 3가닥 이상**의 연선일 것.
② 소선의 **지름이 2.6[mm] 이상**의 금속선을 사용할 것.

다. 지중부분 및 **지표상 0.3[m] 까지**의 부분에는 내식성이 있는 것 또는 **아연도금을 한 철봉**을 사용하고 쉽게 부식되지 않는 근가에 견고하게 붙일 것.
라. 도로를 횡단하여 시설하는 지선의 높이는 **지표상 5[m] 이상**으로 하여야 한다. 다만, 기술상 부득이한 경우로서 교통에 지장을 초래할 우려가 없는 경우에는 지표상 4.5[m] 이상, 보도의 경우에는 2.5[m] 이상으로 할 수 있다. 【답】①

86 애자공사에 의한 고압옥내배선을 할 때 전선을 조영재의 면을 따라 붙이는 경우, 전선의 지지점간의 거리는 몇 [m] 이하이어야 하는가?

① 2　　　　　　② 3
③ 4　　　　　　④ 5

[풀이] 342.1 고압 옥내배선 등의 시설

전압	전선과 조영재와의 이격 거리	전선 상호 간격	전선 지지점간의 거리	
			조영재의 면을 따라 붙이는 경우	조영재에 따라 시설하지 않는 경우
고압	5[cm] 이상	8[cm] 이상	2[m] 이하	6[m] 이하

【답】①

87 전기자동차 충전설비 시설에 대한 설명 중 틀린 것은?

① 과전류 차단기를 각 극에 설치한다.
② 충전장치와 전기자동차의 접속에는 연장코드를 사용한다.
③ 전로의 지락이 생겼을 때 자동으로 그 전로를 차단하는 장치를 시설한다.
④ 커플러의 접지극은 투입 시 먼저 접속되고 차단 시 나중에 분리되는 구조로 한다.

[풀이] 241.17 전기자동차 전원설비
가. 전용의 개폐기 및 과전류 차단기를 각 극(과전류 차단기는 다선식 전로의 중성극을 제외한다)에 시설하고 또한 전로에 지락이 생겼을 때 자동적으로 그 전로를 차단하는 장치를 시설하여야 한다.
나. **충전장치와 전기자동차의 접속에는 연장코드를 사용하지 말 것.**
다. 충전 케이블은 유연성이 있는 것으로서 통상의 충전전류를 흘릴 수 있는 충분한 굵기의 것일 것.
라. 전기자동차 커플러[충전 케이블과 전기자동차를 접속 가능하게 하는 장치로서 충전 케이블에 부착된 커넥터와 전기자동차의 접속구두 부분으로 구성되어 있다]는 다음에 적합할 것.

① 다른 배선기구와 대체 불가능한 구조로서 극성이 구분이 되고 접지극이 있는 것일 것.
② 접지극은 투입 시 제일 먼저 접속되고, 차단 시 제일 나중에 분리되는 구조일 것.
③ 의도하지 않은 부하의 차단을 방지하기 위해 잠금 또는 탈부착을 위한 기계적 장치가 있는 것일 것.
④ 전기자동차 커넥터가 전기자동차 접속구로부터 분리될 때 충전 케이블의 전원공급을 중단시키는 인터록 기능이 있는 것일 것. 【답】②

88 특고압 지중전선이 가연성이나 유독성의 유체를 내포하는 관과 접근하기 때문에 상호간에 견고한 내화성의 격벽을 시설하였다. 상호 간의 이격거리가 몇 [m] 이하인 경우인가? (단, 사용전압이 25[kV] 이하인 다중접지방식 지중전선로는 제외한다.)

① 0.4   ② 0.6
③ 0.8   ④ 1.0

풀이 334.6 지중전선과 지중약전류전선 등 또는 관과의 접근 또는 교차
지중전선이 다음 조건의 이격거리 이하로 설치되는 경우에는 상호간에 내화성의 격벽을 설치하여야 한다.

조 건	전 압	이격거리
지중 약전류 전선과 접근 또는 교차하는 경우	저압 또는 고압	0.3 [m]
	특고압	0.6 [m]
가연성, 유독성의 유체를 내포하는 관과 접근 또는 교차	특고압	1 [m]
	25 [kV] 이하, 다중접지방식	0.5 [m]
기타의 관과 접근 또는 교차	특고압	0.3 [m]

【답】④

89 농사용 저압 가공전선로의 경간은 몇 [m] 이하이어야 하는가?

① 30   ② 50
③ 60   ④ 100

풀이 222.22 농사용 저압 가공전선로의 시설
가. 사용전압은 저압일 것.
나. 저압 가공전선은 인장강도 1.38 [kN] 이상의 것 또는 지름 2 [mm] 이상의 경동선일 것.
다. 저압 가공전선의 지표상의 높이는 3.5 [m] 이상일 것. 다만, 저압 가공전선을 사람이 쉽게 출입하지 못하는 곳에 시설하는 경우에는 3[m] 까지로 감할 수 있다.
라. 목주의 굵기는 말구 지름이 0.09[m] 이상일 것.
마. **전선로의 지지점 간 거리는 30[m] 이하일 것.** 【답】①

90 금속제가요전선관공사에 의한 저압 옥내배선의 시설방법으로 기술기준에 적합한 것은?

① 옥외용 비닐절연전선을 사용하였다.
② 2종 금속제 가요전선관을 사용하였다.
③ 가요전선관에는 접지공사를 하지 않았다.
④ 전선은 연동선으로 단면적 16[mm^2]의 단선을 사용하였다.

풀이 232.13 금속제가요전선관공사
가. 전선은 절연전선(**옥외용 비닐 절연전선을 제외한다**)일 것.
나. 전선은 연선일 것. 다만, **단면적 10[mm^2](**알루미늄선은 단면적 16[mm^2]) 이하**인 것은 그러하지 아니하다.
다. 가요전선관 안에는 전선에 접속점이 없도록 할 것.
라. 가요전선관은 **2종 금속제 가요전선관**일 것.
마. 가요전선관배선에는 **접지공사를 할 것.** 【답】②

91 옥내에 시설하는 사용전압이 400[V] 이하인 조명용 전원코드로 고무코드를 사용할 경우, 단면적이 몇 [mm^2] 이상인 것을 사용하여야 하는가?

① 0.75   ② 2
③ 3.5   ④ 5.5

풀이 234.3 코드 및 이동전선
가. 조명용 전원코드 또는 이동전선은 단면적 0.75[mm^2] 이상의 코드 또는 캡타이어케이블을 용도에 따라서 선정하여야 한다.
나. 옥내에서 **조명용 전원코드 또는 이동전선**을 습기가 많은 장소에 시설할 경우에는 고무코드(사용전압이 400[V] 이하인 경우에 한함) 또는 0.6/1 [kV] EP 고무 절연 클로로프렌 캡타이어케이블로서 **단면적 0.75[mm^2] 이상**인 것이어야 한다. 【답】①

92 발전소에는 운전보안상 각종의 계측장치를 시설하여야 한다. 이때 계측대상이 아닌 것은?

① 주요 변압기의 역률
② 발전기의 고정자 온도
③ 특고압용 변압기의 온도
④ 주요 변압기의 전압 및 전류 또는 전력

풀이 351.6 계측장치
발전소에서는 다음의 사항을 계측하는 장치를 시설하여야 한다.
가. 발전기의 전압 및 전류 또는 전력
나. 발전기의 베어링 및 **고정자의 온도**
다. 주요 변압기의 전압 **및 전류 또는 전력**
라. 특고압용 **변압기의 온도** 【답】①

93 변전소에 울타리·담 등을 시설할 때, 사용전압이 345[kV]이면 울타리·담 등의 높이와 울타리·담 등으로부터 충전부분까지의 거리의 합계는 몇 [m] 이상으로 하여야 하는가?

① 6.48
② 8.16
③ 8.40
④ 8.28

풀이 341.4 특고압용 기계기구의 시설
특고압용 기계기구 충전부분의 지표상 높이

사용전압의 구분	울타리·담 등의 높이와 울타리·담 등으로부터 충전 부분까지의 거리의 합계
35 [kV] 이하	5 [m]
35 [kV] 초과 160 [kV] 이하	6 [m]
160 [kV] 초과	• 거리 = 6 + 단수 × 0.12 [m] • 단수 = $\frac{\text{사용전압 [kV]} - 160}{10}$ 단수 계산에서 소수점 이하는 절상

• 단수 = $\frac{345 - 160}{10}$ = 18.5 → 19단
• 충전 부분까지의 거리[m] = 6 + 19 × 0.12 = 8.28[m] 【답】 ④

94 교류에서 고압의 범위는?

① 1[kV]를 초과하고 7[kV] 이하인 것
② 750[V]를 초과하고 7[kV] 이하인 것
③ 600[V]를 초과하고 7.5[kV] 이하인 것
④ 750[V]를 초과하고 7.5[kV] 이하인 것

풀이 111 통칙
이 규정에서 적용하는 전압의 구분은 다음과 같다.

분류	전압의 범위
저 압	• 직류 : 1.5 [kV] 이하 • 교류 : 1 [kV] 이하
고 압	• 직류 : 1.5 [kV]를 초과하고, 7 [kV] 이하 • **교류 : 1 [kV]를 초과하고, 7 [kV] 이하**
특고압	7 [kV]를 초과

【답】 ①

95 고압 가공인입선의 높이는 그 전선의 아래쪽에 위험표시를 하였을 경우에 지표상 몇 [m]까지로 감할 수 있는가?

① 2.5
② 3
③ 3.5
④ 4

풀이 331.12.1 고압 가공인입선의 시설
고압 가공인입선의 높이는 지표상 5[m]로 하여야 한다. 그러나 그 고압 가공인입선이 케이블 이외의 것인 때에는 그 전선의 아래쪽에 위험 표시를 하면 고압 가공인입선의 높이는 지표상 3.5[m] 까지로 감할 수 있다.   【답】 ③

96 화약류 저장소의 전기설비 시설에 있어서 틀린 것은?

① 전기기계기구는 전폐형으로 시설한다.
② 케이블이 손상될 우려가 없도록 시설한다.
③ 전용개폐기 및 과전류 차단기는 화약류 저장소 안에 둔다.
④ 전로의 대지전압은 300 [V] 이하일 것.

풀이 242.5 화약류 저장소 등의 위험장소
화약류 저장소 안에는 전기설비를 시설해서는 안 된다. 다만, 조명기구에 전기를 공급하기 위한 전기설비(개폐기 및 과전류 차단기를 제외한다)는 다음에 따라 시설하는 경우에는 그러하지 아니하다.
가. 전로의 대지전압은 300 [V] 이하일 것.
나. 전기기계기구는 전폐형의 것일 것.
다. 전로에 지락이 생겼을 때에 자동적으로 전로를 차단하거나 경보하는 장치를 시설하여야 한다.
즉, 개폐기나 과전류 차단기는 화약류 저장소 안에는 설치할 수 없다.   【답】 ③

97 사용전압이 저압인 전로에서 정전이 어려운 경우 등 절연저항 측정이 곤란한 경우에 누설전류를 몇 [mA] 이하로 유지하여야 하는가?

① 0.5
② 1
③ 2
④ 3

풀이 132 전로의 절연저항 및 절연내력
사용전압이 저압인 전로에서 정전이 어려운 경우 등 **절연저항 측정이 곤란한 경우에는 누설전류를 1 [mA] 이하로 유지**하여야 한다.   【답】 ②

98 변압기에 의하여 특고압 전로에 결합되는 고압 전로에는 사용전압의 몇 배 이하의 전압이 가해진 경우에 방전장치를 시설하여야 하는가?

① 2
② 3
③ 4
④ 5

[풀이] 322.3 특고압과 고압의 혼촉 등에 의한 위험방지 시설
변압기에 의하여 특고압전로에 결합되는 고압전로에는 **사용전압의 3배 이하인 전압이 가하여진 경우에 방전**하는 장치를 그 변압기의 단자에 가까운 1극에 설치하여야 한다. 【답】②

출제기준 변경 및 개정된 관계 법규에 따라 삭제된 문제가 있어 20문항이 안됩니다.

2017년 기출문제

1회 전기설비 기술기준

81 다음 (㉮), (㉯) 에 들어갈 내용으로 옳은 것은?

> "지중전선로는 기설 지중 약전류 전선로에 대하여 (㉮) 또는 (㉯)에 의하여 통신상의 장해를 주지 않도록 기설 약전류 전선로로부터 충분히 이격시키거나 기타 적당한 방법으로 시설하여야 한다."

① ㉮ 정전용량 ㉯ 표피작용
② ㉮ 정전용량 ㉯ 유도작용
③ ㉮ 누설전류 ㉯ 표피작용
④ ㉮ 누설전류 ㉯ 유도작용

풀이 334.5 지중약전류전선의 유도장해 방지
지중전선로는 기설 지중약전류전선로에 대하여 **누설전류 또는 유도작용**에 의하여 통신상의 장해를 주지 않도록 충분히 이격시키거나 기타 적당한 방법으로 시설하여야 하다. 【답】④

82 전력보안 통신선 시설에서 가공전선로의 지지물에 시설하는 가공 통신선에 직접 접속하는 통신선의 종류로 틀린 것은?
① 조가용선
② 절연전선
③ 광섬유 케이블
④ 일반통신용 케이블 이외의 케이블

풀이 362.1 전력보안통신설비의 시설 요구사항
가공 전선로의 지지물에 시설하는 가공 통신선에 직접 접속하는 통신선(옥내에 시설하는 것을 제외한다)은 **절연전선, 일반통신용 케이블 이외의 케이블 또는 광섬유 케이블**이어야 한다. 【답】①

83 고압 가공전선로의 가공지선으로 나경동선을 사용할 경우 지름 몇 [mm] 이상으로 시설하여야 하는가?
① 2.5   ② 3
③ 3.5   ④ 4

풀이 332.6 고압 가공전선로의 가공지선
고압 가공전선로에 사용하는 가공지선은 인장강도 5.26[kN] 이상의 것 또는 **지름 4[mm] 이상의 나경동선**을 사용한다. 【답】④

84 저압 옥내배선을 금속덕트공사로 할 경우 금속덕트에 넣는 전선의 단면적(절연피복의 단면적 포함)의 합계는 덕트의 내부 단면적의 몇 [%]까지 할 수 있는가?
① 20   ② 30
③ 40   ④ 50

풀이 232.31 금속덕트공사
금속덕트에 넣은 전선의 단면적(절연피복의 단면적을 포함한다)의 합계는 **덕트의 내부 단면적의 20[%]**(전광표시 장치, 기타 이와 유사한 장치 또는 제어회로 등의 배선만을 넣는 경우에는 50[%]) 이하일 것. 【답】①

85 타냉식 특고압용 변압기의 냉각장치에 고장이 생긴 경우 시설해야 하는 보호장치는?
① 경보장치
② 온도측정장치
③ 자동차단장치
④ 과전류 측정장치

풀이 351.4 특고압용 변압기의 보호장치
특고압용의 변압기에는 그 내부에 고장이 생겼을 경우에 보호하는 장치를 표와 같이 시설하여야 한다.

과년도 기출문제 2017년

뱅크 용량의 구분	동작조건	장치의 종류
5,000 [kVA] 이상 10,000 [kVA] 미만	변압기 내부 고장	자동차단장치 또는 경보장치
10,000 [kVA] 이상	변압기 내부 고장	자동차단장치
타냉식 변압기(변압기의 권선 및 철심을 직접 냉각시키기 위하여 봉입한 냉매를 강제 순환시키는 냉각 방식을 말한다.)	냉각 장치에 고장이 생긴 경우 또는 변압기의 온도가 현저히 상승한 경우	경보장치

【답】①

86 B종 철주 또는 B종 철근 콘크리트주를 사용하는 특고압 가공전선로의 경간은 몇 [m] 이하이어야 하는가?

① 150　　　　② 250
③ 400　　　　④ 600

풀이 333.21 특고압 가공전선로의 경간 제한
특고압 가공전선로의 경간은 표에서 정한 값 이하이어야 한다.

지지물의 종류	경간
목주·A종 철주 또는 A종 철근 콘크리트주	150[m] 이하
B종 철주 또는 B종 철근 콘크리트주	250[m] 이하
철탑	600[m] 이하 (단주인 경우에는 400[m] 이하)

【답】②

87 옥내의 네온 방전등 공사의 방법으로 옳은 것은?
① 전선 상호 간의 간격은 5[cm] 이상일 것
② 관등회로의 배선은 애자공사에 의할 것
③ 전선의 지지점간의 거리는 2[m] 이하로 할 것
④ 관등회로의 배선은 점검할 수 없는 은폐된 장소에 시설할 것

풀이 234.12 네온방전등
네온방전등에 공급하는 전로의 대지전압은 300[V] 이하로 하여야 하며, 다음에 의하여 시설하여야 한다.
가. 네온변압기는 옥내배선과 직접 접속하여 시설할 것.
나. **관등회로의 배선은 애자공사**로 다음에 따라서 시설하여야 한다.
　① 전선은 네온관용전선을 사용할 것.
　② 전선은 자기 또는 유리제 등의 애자로 견고하게 지지하여 조영의 아랫면 또는 옆면에 부착하고 **전선 상호간의**

이격거리는 60[mm] 이상일 것.
③ 전선지지점간의 거리는 1[m] 이하로 할 것.
④ 애자는 절연성·난연성 및 내수성이 있는 것일 것.

【답】②

88 변전소의 주요 변압기에서 계측하여야 하는 사항 중 계측장치가 꼭 필요하지 않은 것은?
(단, 전기철도용 변전소의 주요 변압기는 제외한다.)
① 전압　　　　② 전류
③ 전력　　　　④ 주파수

풀이 351.6 계측장치
변전소 또는 이에 준하는 곳에는 다음의 사항을 계측하는 장치를 시설하여야 한다.
가. **주요 변압기의 전압 및 전류 또는 전력**
나. 특고압용 변압기의 온도

【답】④

89 무대·무대마루 밑·오케스트라박스·영사실 기타 사람이나 무대 도구가 접촉할 우려가 있는 곳에 시설하는 저압 옥내배선·전구선 또는 이동전선은 사용전압이 몇 [V] 이하이어야 하는가?
① 100　　　　② 200
③ 300　　　　④ 400

풀이 242.6 전시회, 쇼 및 공연장의 전기설비
무대·무대마루 밑·오케스트라 박스·영사실 기타 사람이나 무대 도구가 접촉할 우려가 있는 곳에 시설하는 저압 옥내배선, 전구선 또는 이동전선은 **사용전압이 400[V] 이하**이어야 한다.

【답】④

90 저압 가공전선로와 기설 가공약전류전선로가 병행하는 경우에는 유도작용에 의하여 통신상의 장해가 생기지 아니하도록 전선과 기설 약전류전선 간의 이격거리는 몇 [m] 이상이어야 하는가?
① 1　　　　② 2
③ 2.5　　　　④ 4.5

풀이 332.1 가공약전류전선로의 유도장해 방지
저압 가공전선로 또는 고압 가공전선로와 기설 가공약전류전선로가 병행하는 경우에는 유도작용에 의하여 통신상의 장해가 생기지 않도록 전선과 **기설 약전류전선간의 이격거리는 2[m] 이상**이어야 한다.

【답】②

91 금속관공사에 의한 저압 옥내배선의 방법으로 틀린 것은?

① 전선으로 연선을 사용하였다.
② 옥외용 비닐절연전선을 사용하였다.
③ 콘크리트에 매설하는 관은 두께 1.2[mm] 이상을 사용하였다.
④ 금속관은 접지를 하였다.

풀이 232.12 금속관공사
가. 전선은 절연전선(**옥외용 비닐절연전선을 제외한다**)일 것.
나. 전선은 연선일 것. 다만, 다음의 것은 적용하지 않는다.
 ① 짧고 가는 금속관에 넣은 것.
 ② 단면적 10[mm^2](알루미늄선은 단면적 16[mm^2]) 이하의 것.
다. 관의 두께는 다음에 의할 것.
 ① 콘크리트에 매설하는 것은 1.2 [mm] 이상
 ② 콘크리트 매설 이외의 것은 1 [mm] 이상
라. 관에는 접지공사를 할 것. 【답】②

92 특고압으로 시설할 수 없는 전선로는?

① 지중전선로   ② 옥상전선로
③ 가공전선로   ④ 수중전선로

풀이 331.14.2 특고압 옥상전선로의 시설
특고압 옥상전선로(특고압의 인입선의 옥상부분을 제외한다)는 시설하여서는 아니 된다. 【답】②

93 22.9[kV] 전선로를 제1종 특고압 보안공사로 시설할 경우 전선으로 경동연선을 사용한다면 그 단면적은 몇 [mm^2] 이상의 것을 사용하여야 하는가?

① 38   ② 55
③ 80   ④ 100

풀이 333.22 특고압 보안공사
제1종 특고압 보안공사 시 전선의 단면적

사용전압	전 선
100 [kV] 미만	인장강도 21.67 [kN] 이상의 연선 또는 **단면적 55[mm^2] 이상의 경동연선**
100 [kV] 이상 300 [kV] 미만	인장강도 58.84 [kN] 이상의 연선 또는 단면적 150[mm^2] 이상의 경동연선
300 [kV] 이상	인장강도 77.47 [kN] 이상의 연선 또는 단면적 200[mm^2] 이상의 경동연선

【답】②

94 변압기 1차측 3300[V], 2차측 220[V]의 변압기 전로의 절연내력시험 전압은 각각 몇 [V]에서 10분간 견디어야 하는가?

① 1차측 4950[V], 2차측 500[V]
② 1차측 4500[V], 2차측 400[V]
③ 1차측 4125[V], 2차측 500[V]
④ 1차측 3350[V], 2차측 400[V]

풀이 135 변압기 전로의 절연내력

권선의 종류 (최대사용전압)	접지방식	시험전압 (최대사용 전압의 배수)	최저 시험 전압
1. 7[kV] 이하		1.5배	500[V]
	다중접지	0.92배	500[V]
2. 7[kV] 초과 25[kV] 이하	다중접지	0.92배	
3. 7[kV] 초과 60[kV] 이하 (2란의 것 제외)		1.25배	10.5[kV]
4. 60 [kV] 초과 (8란의 것 제외)	비접지	1.25	
5. 60[kV] 초과 (6란 및 8란의 것 제외)	접지식	1.1배	75 [kV]
6. 60[kV] 초과	직접접지	0.72배	
7. 170[kV] 초과	직접접지	0.64배	

① 1차측 시험전압 = 3300 × 1.5 = 4950[V]
② 2차측 시험전압 = 220 × 1.5 = 330[V]
(최저 시험 전압이 500 [V]이므로 500 [V]의 시험 전압을 가하여야 한다.) 【답】①

95 저압 가공전선 또는 고압 가공전선이 도로를 횡단할 때 지표상의 높이는 몇 [m] 이상으로 하여야 하는가? (단, 농로 기타 교통이 번잡하지 않은 도로 및 횡단보도교는 제외한다.)

① 4   ② 5
③ 6   ④ 7

풀이 332.5 고압 가공전선의 높이, 222.7 저압 가공전선의 높이
저·고압 가공전선의 높이는 다음에 따라야 한다.

설치장소		가공전선의 높이
도로횡단(번잡하지 않은 도로 제외)		지표상 6 [m] 이상
철도 또는 궤도 횡단		레일면상 6.5 [m] 이상
횡단보도교 위	저압	노면상 3.5 [m] 이상 (단, 절연전선의 경우 3 [m] 이상)
	고압	노면상 3.5 [m] 이상

설치장소	가공전선의 높이
일반장소	지표상 5 [m] 이상. 단, 저압의 경우 절연전선 또는 케이블을 사용하여 교통에 지장이 없도록 하여 옥외조명용에 공급하는 경우 4 [m]까지 감할 수 있다.
다리의 하부 기타 이와 유사한 장소	저압의 전기철도용 급전선은 지표상 3.5[m] 까지로 감할 수 있다.

【답】③

96 가공 전선로의 지지물에 취급자가 오르고 내리는데 사용하는 발판 볼트 등은 지표상 몇 [m] 미만에 사설하여서는 아니 되는가?
① 1.2　　　　　② 1.5
③ 1.8　　　　　④ 2

풀이 331.4 가공전선로 지지물의 철탑오름 및 전주오름 방지
가공전선로의 지지물에 취급자가 오르고 내리는데 사용하는 **발판 볼트 등을 지표상 1.8 [m] 미만에 시설하여서는 아니 된다.**

【답】③

97 22.9[kV] 특고압 가공전선로의 시설에 있어서 중성선을 다중 접지하는 경우에 각각 접지한 곳 상호 간의 거리는 전선로에 따라 몇 [m] 이하이어야 하는가?
① 150　　　　　② 300
③ 400　　　　　④ 500

풀이 333.32 25 [kV] 이하인 특고압 가공전선로의 시설
사용전압이 15[kV]를 초과하고 25[kV] 이하인 특고압 가공전선로(중성선 다중접지식의 것으로서 전로에 지락이 생겼을 때에 2초 이내에 자동적으로 이를 전로로부터 차단하는 장치가 되어 있는 것에 한한다)를 다음에 따라 시설하여야 한다.
가. 접지도체는 공칭단면적 6[mm²] 이상의 연동선
나. **접지공사는 각각 접지한 곳 상호 간의 거리는 전선로에 따라 150[m] 이하일 것.**
다. 각 접지도체를 중성선으로부터 분리하였을 경우의 각 접지점의 대지 전기저항 값과 1 [km]마다 중성선과 대지 사이의 합성 전기저항 값은 표에서 정한 값 이하일 것.

사용전압	각 접지점의 대지 전기저항치	1[km] 마다의 합성 전기저항치
15[kV] 이하	300 [Ω]	30 [Ω]
15[kV] 초과 25[kV] 이하	300 [Ω]	15 [Ω]

【답】①

98 혼촉 사고 시에 1초를 초과하고 2초 이내에 자동차단되는 6.6[kV] 전로에 결합된 변압기 저압측의 전압이 220[V]인 경우 접지 저항값[Ω]은?
(단, 고압측 1선 지락전류는 30 [A]라 한다.)
① 5　　　　　② 10
③ 20　　　　　④ 30

풀이 142.5 변압기 중성점 접지
변압기의 고압·특고압측 전로 또는 사용전압이 35[kV] 이하의 특고압전로가 저압측 전로와 혼촉하고 저압전로의 대지전압이 150[V]를 초과하는 경우는 저항 값은 다음에 의한다.
가. 1초 초과 2초 이내에 고압·특고압 전로를 자동으로 차단하는 장치를 설치할 때는 300을 나눈 값 이하
$$R = \frac{300}{\text{고압측 또는 특고압측의 1선 지락전류}} [\Omega]$$
나. 1초 이내에 고압·특고압 전로를 자동으로 차단하는 장치를 설치할 때는 600을 나눈 값 이하
$$R = \frac{600}{\text{고압측 또는 특고압측의 1선 지락전류}} [\Omega]$$
$$\therefore R = \frac{300}{1\text{선 지락 전류}} = \frac{300}{30} = 10[\Omega]$$

【답】②

출제기준 변경 및 개정된 관계 법규에 따라 삭제된 문제가 있어 20문항이 안됩니다.

2회　전기설비 기술기준

81 특고압 가공전선로의 지지물 중 전선로의 지지물 양쪽의 경간의 차가 큰 곳에 사용하는 철탑은?
① 내장형 철탑　　　　② 인류형 철탑
③ 보강형 철탑　　　　④ 각도형 철탑

풀이 333.11 특고압 가공전선로의 철주·철근 콘크리트주 또는 철탑의 종류
특고압 가공전선로의 지지물로 사용하는 B종 철근·B종 콘크리트주 또는 철탑의 종류는 다음과 같다.
가. 직선형 : 전선로의 직선 부분
　　　(3° 이하의 수평 각도 이루는 곳 포함)에 사용되는 것
나. 각도형 : 전선로 중 수평 각도 3°를 넘는 곳에 사용되는 것
다. 인류형 : 전 가섭선을 인류하는 곳에 사용하는 것
라. **내장형 : 전선로 지지물 양측의 경간차가 큰 곳에 사용하는 것**
마. 보강형 : 전선로 직선 부분을 보강하기 위하여 사용하는 것

【답】①

82 변전소의 주요 변압기에 시설하지 않아도 되는 계측 장치는?

① 전압계 ② 역률계
③ 전류계 ④ 전력계

풀이 351.6 계측장치
변전소 또는 이에 준하는 곳에는 다음의 사항을 계측하는 장치를 시설하여야 한다.
가. 주요 변압기의 전압 및 전류 또는 전력
나. 특고압용 변압기의 온도 【답】②

83 애자공사에 의한 고압 옥내배선을 시설하고자 할 경우 전선과 조영재 사이의 이격거리는 몇 [cm] 이상인가?

① 3 ② 4
③ 5 ④ 6

풀이 342.1 고압 옥내배선 등의 시설

전압	전선과 조영재와의 이격 거리	전 선 상 호 간 격	전선 지지점간의 거리	
			조영재의 면을 따라 붙이는 경우	조영재에 따라 시설하지 않는 경우
고 압	5 [cm] 이상	8[cm] 이상	2 [m] 이하	6 [m] 이하

【답】③

84 특고압 전선로에 접속하는 배전용 변압기의 1차 및 2차 전압은?

① 1차 : 35[kV] 이하, 2차 : 저압 또는 고압
② 1차 : 50[kV] 이하, 2차 : 저압 또는 고압
③ 1차 : 35[kV] 이하, 2차 : 특고압 또는 고압
④ 1차 : 50[kV] 이하, 2차 : 특고압 또는 고압

풀이 341.2 특고압 배전용 변압기의 시설
특고압 전선로에 접속하는 배전용 변압기를 시설하는 경우에는 특고압 전선에 특고압 절연전선 또는 케이블을 사용하고 또한 다음에 따라야 한다.
가. **변압기의 1차 전압은 35[kV] 이하, 2차 전압은 저압 또는 고압일 것.**
나. 변압기의 특고압측에 개폐기 및 과전류차단기를 시설할 것
다. 변압기의 2차 전압이 고압인 경우에는 고압측에 개폐기를 시설하고 또한 쉽게 개폐할 수 있도록 할 것. 【답】①

85 폭연성 분진 또는 화약류의 분말이 전기설비가 발화원이 되어 폭발할 우려가 있는 곳에 시설하는 저압 옥내 전기설비를 케이블공사로 할 경우 관이나 방호장치에 넣지 않고 노출로 설치할 수 있는 케이블은?

① 무기물 절연 케이블
② 고무절연 비닐 시스케이블
③ 폴리에틸렌절연 비닐 시스케이블
④ 폴리에틸렌절연 폴리에틸렌 시스케이블

풀이 242.2.1 폭연성 분진 위험장소
케이블공사에 의하는 때에는 전선은 **개장된 케이블 또는 무기물 절연 케이블을 사용하는 경우** 이외에는 관 기타의 방호 장치에 넣어 사용할 것. 【답】①

86 지선을 사용하여 그 강도를 분담시켜서는 아니 되는 가공전선로 지지물은?

① 목주
② 철주
③ 철탑
④ 철근콘크리트주

풀이 331.11 지선의 시설
가. 가공전선로의 지지물로 사용하는 **철탑은 지선을 사용하여 그 강도를 분담시켜서는 안 된다.**
나. 가공전선로의 지지물로 사용하는 철주 또는 철근 콘크리트주는 지선을 사용하지 않는 상태에서 2분의 1 이상의 풍압하중에 견디는 강도를 가지는 경우 이외에는 지선을 사용하여 그 강도를 분담시켜서는 안 된다. 【답】③

87 풀용 수중조명등의 시설공사에서 절연변압기는 그 2차측 전로의 사용전압이 몇 [V] 이하인 경우에는 1차 권선과 2차 권선 사이에 금속제의 혼촉방지판을 설치하여야 하는가?

① 30[V] ② 50[V]
③ 60[V] ④ 100[V]

풀이 234.14 수중조명등
수중조명등의 절연변압기는 그 **2차측 전로의 사용전압이 30[V] 이하**인 경우는 1차권선과 2차권선 사이에 금속제의 **혼촉방지판을 설치**하고, 규정에 준하여 접지공사를 하여야 한다. 【답】①

88 수소냉각식 발전기 및 이에 부속하는 수소냉각 장치 시설에 대한 설명으로 틀린 것은?
① 발전기 안의 수소의 온도를 계측하는 장치를 시설할 것
② 발전기 안의 수소의 순도가 70[%] 이하로 저하한 경우에 이를 경보하는 장치를 시설할 것
③ 발전기 안의 수소의 압력의 계측하는 장치 및 그 압력이 현저히 변동한 경우에 이를 경보하는 장치를 시설할 것
④ 발전기는 기밀구조의 것이고 또한 수소가 대기압에서 폭발하는 경우에 생기는 압력에 견디는 강도를 가지는 것일 것

풀이 351.10 수소냉각식 발전기 등의 시설
수소냉각식의 발전기·조상기 또는 이에 부속하는 수소 냉각장치는 발전기 내부 또는 조상기 내부의 **수소의 순도가 85 [%] 이하로 저하**한 경우에 이를 **경보하는 장치**를 시설할 것.
【답】 ②

89 가공전선로의 지지물에 시설하는 통신선 또는 이에 직접 접속하는 가공 통신선의 높이에 대한 설명 중 틀린 것은?
① 도로를 횡단하는 경우에는 지표상 6[m] 이상으로 한다.
② 철도 또는 궤도를 횡단하는 경우에는 레일면상 6[m] 이상으로 한다.
③ 횡단보도교의 위에 시설하는 경우에는 그 노면상 5[m] 이상으로 한다.
④ 도로를 횡단하는 경우, 저압이나 고압의 가공전선로의 지지물에 시설하는 통신선이 교통에 지장을 줄 우려가 없는 경우에는 지표상 5[m]까지로 감할 수 있다.

풀이 362.2 전력보안통신선의 시설 높이와 이격거리
가공전선로의 지지물에 시설하는 통신선 또는 이에 직접 접속하는 가공 통신선의 높이는 다음에 따라야 한다.

시설 장소		가공전선로의 지지물에 시설	
		고·저압[m]	특고압[m]
도로횡단	일반적인 경우	6[m] 이상	6[m] 이상
	교통에 지장을 안 주는 경우	5[m] 이상	

시설 장소		가공전선로의 지지물에 시설	
		고·저압[m]	특고압[m]
철도 횡단(레일면상)		6.5[m] 이상	6.5[m] 이상
횡단보도교 위	노면상	3.5[m] 이상	5[m] 이상
	절연전선 사용	3[m] 이상	
	광섬유 케이블 사용		4[m] 이상
기타의 장소	일반적인 경우 (절연전선 사용)	4[m] 이상	5[m] 이상
	광섬유 케이블 사용	3.5[m] 이상	

【답】 ②

90 옥내에 시설하는 전동기에 과부하 보호장치의 시설을 생략할 수 없는 경우는?
① 정격출력이 0.75[kW]인 전동기
② 전동기의 구조나 부하의 성질로 보아 전동기가 손상할 수 있는 과전류가 생길 우려가 없는 경우
③ 전동기가 단상의 것으로 전원측 전로에 시설하는 배선용 차단기의 정격전류가 20[A] 이하인 경우
④ 전동기가 단상의 것으로 전원측 전로에 시설하는 과전류 차단기의 정격전류가 16[A] 이하인 경우

풀이 212.6.3 저압전로 중의 전동기 보호용 과전류보호장치의 시설
옥내에 시설하는 전동기에는 전동기가 손상될 우려가 있는 과전류가 생겼을 때에 자동적으로 이를 저지하거나 이를 경보하는 장치를 하여야 한다. 다만, 다음의 어느 하나에 해당하는 경우에는 그러하지 아니하다.
가. 전동기를 운전 중 상시 취급자가 감시할 수 있는 위치에 시설하는 경우
나. 전동기의 구조나 부하의 성질로 보아 전동기가 손상될 수 있는 과전류가 생길 우려가 없는 경우
다. 단상전동기로써 그 전원측 전로에 시설하는 과전류 차단기의 정격전류가 16[A](배선용 차단기는 20[A]) 이하인 경우
라. **정격 출력이 0.2[kW] 이하의 전동기**
【답】 ①

91 아크가 발생하는 고압용 차단기는 목재의 벽 또는 천장, 기타의 가연성 물체로부터 몇 [m] 이상 이격하여야 하는가?
① 0.5   ② 1
③ 1.5   ④ 2

풀이 341.7 아크를 발생하는 기구의 시설

고압용 또는 특고압용의 개폐기·차단기·피뢰기 기타 이와 유사한 기구로서 동작 시에 아크가 생기는 것은 목재의 벽 또는 천장 기타의 가연성 물체로부터 표에서 정한 값 이상 이격하여 시설하여야 한다.

기구 등의 구분	이격거리
고압용의 것	1 [m] 이상
특고압용의 것	2 [m] 이상 (사용전압이 35[kV] 이하의 특고압용의 기구 등으로서 동작할 때에 생기는 아크의 방향과 길이를 화재가 발생할 우려가 없도록 제한하는 경우에는 1 [m] 이상)

【답】②

92 가공 전선로의 지지물이 원형 철근콘크리트주인 경우 갑종 풍압하중은 몇 [Pa]를 기초로 하여 계산하는가?

① 294　　② 588
③ 627　　④ 1078

풀이 331.6 풍압하중의 종별과 적용

풍압을 받는 구분			풍압[Pa]
지지물	목 주		588
	철 주	원형의 것	588
		삼각형 또는 농형	1412
		강관에 의하여 구성되는 4각형의 것	1117
		기타의 것으로 복재가 전후면에 겹치는 경우	1627
		기타의 것으로 겹치지 않은 경우	1784
	철근 콘크리트주	원형의 것	588
		기타의 것	882
	철 탑	강관으로 구성되는 것	1255
		기타의 것	2157

【답】②

93 지중 전선로를 관로식에 의하여 시설하는 경우에는 매설 깊이를 몇 [m] 이상으로 하여야 하는가?

① 0.6　　② 1.0
③ 1.2　　④ 1.5

풀이 334.1 지중전선로의 시설

가. 지중 전선로는 전선에 케이블을 사용하고 또한 관로식·암거식 또는 직접 매설식에 의하여 시설하여야 한다.
나. 지중 전선로를 관로식 또는 암거식에 의하여 시설하는 경우에는 다음에 따라야 한다.
  ① 관로식에 의하여 시설하는 경우에는 매설 깊이를 1.0[m] 이상, 중량물의 압력을 받을 우려가 없는 곳은 0.6[m] 이상
  ② 암거식에 의하여 시설하는 경우에는 견고하고 차량 기타 중량물의 압력에 견디는 것을 사용할 것.
다. 지중 전선로를 직접 매설식에 의하여 시설하는 경우에는 매설 깊이를 차량 기타 중량물의 압력을 받을 우려가 있는 장소에는 1.0[m] 이상, 기타 장소에는 0.6[m] 이상

【답】②

94 100[kV] 미만인 특고압 가공전선로를 인가가 밀집한 지역에 시설할 경우 전선로에 사용되는 전선의 단면적이 몇 [mm²] 이상의 경동연선이어야 하는가?

① 38　　② 55
③ 100　　④ 150

풀이 333.1 시가지 등에서 특고압 가공전선로의 시설

사용전압의 구분	전선의 단면적
100 [kV] 미만	인장강도 21.67 [kN] 이상의 연선 또는 단면적 55[mm²] 이상의 경동연선
100 [kV] 이상	인장강도 58.84 [kN] 이상의 연선 또는 단면적 150[mm²] 이상의 경동연선

【답】②

95 터널 내에 교류 220[V]의 애자공사로 전선을 시설할 경우 노면으로부터 몇 [m] 이상의 높이로 유지해야 하는가?

① 2　　② 2.5
③ 3　　④ 4

풀이 335.1 터널 안 전선로의 시설

철도·궤도 또는 자동차도 전용터널 안의 전선로

전압	전선의 굵기	시공방법	애자공사 시 높이
저압	인장강도2.30[kN] 이상 또는 2.6 [mm] 이상의 경동선의 절연전선	• 합성수지관공사 • 금속관공사 • 금속제가요전선관 공사 • 케이블공사 • 애자공사	노면상, 레일면상 2.5[m] 이상
고압	인장강도 5.26[kN] 이상 또는 4 [mm] 이상의 경동선	• 케이블공사 • 애자공사	노면상, 레일면상 3[m] 이상
특고압		• 케이블공사	

【답】②

> 출제기준 변경 및 개정된 관계 법규에 따라 삭제된 문제가 있어 20문항이 안됩니다.

4회 전기설비 기술기준

81 저압 가공전선의 시설 기준으로 틀린 것은?
① 사용전압 400[V] 초과의 저압가공전선에는 인입용 비닐절연전선을 사용하여 시설할 수 있다.
② 사용전압 400[V] 이하인 저압가공전선은 2.6[mm] 이상의 절연전선을 사용하여 시설할 수 있다.
③ 사용전압 400[V] 초과의 저압가공전선을 시가지 외에 가설하는 경우 지름 4[mm] 이상의 경동선을 사용하여야 한다.
④ 사용전압 400[V] 이하인 저압가공전선으로 다심형 전선을 사용하는 경우 접지를 한 조가용선으로 사용하여야 한다.

[풀이] 222.5 저압 가공전선의 굵기 및 종류
가. 저압 가공전선은 나전선(중성선 또는 다중접지된 접지측 전선으로 사용하는 전선에 한한다), 절연전선, 다심형 전선 또는 케이블을 사용하여야 한다.
나. 전선의 굵기

전 압	조 건	전선의 굵기 및 인장강도
400 [V] 이하	절연전선	인장강도 2.3 [kN] 이상의 것 또는 지름 2.6 [mm] 이상의 경동선
	케이블 이외	인장강도 3.43 [kN] 이상의 것 또는 지름 3.2 [mm] 이상의 경동선
400 [V] 초과인 저압 (케이블 이외)	시가지에 시설	인장강도 8.01 [kN] 이상의 것 또는 지름 5 [mm] 이상의 경동선
	시가지 외에 시설	인장강도 5.26 [kN] 이상의 것 또는 지름 4 [mm] 이상의 경동선

다. **사용전압이 400 [V] 초과인 저압 가공전선에는 인입용 비닐절연전선을 사용하여서는 안 된다.**   【답】①

82 가공전선로의 지지물에 시설하는 통신선 또는 이에 직접 접속하는 가공통신선의 높이는 도로를 횡단하는 경우에는 지표상 몇 [m] 이상이어야 하는가?
① 5.5   ② 6
③ 6.5   ④ 7

[풀이] 362.2 전력보안통신선의 시설 높이와 이격거리
가공전선로의 지지물에 시설하는 통신선 또는 이에 직접 접속하는 가공 통신선의 높이는 다음에 따라야 한다.

시설 장소		가공전선로의 지지물에 시설	
		고·저압[m]	특고압[m]
도로횡단	일반적인 경우	6[m] 이상	6[m] 이상
	교통에 지장을 안 주는 경우	5[m] 이상	
철도 횡단 (레일면상)		6.5[m] 이상	6.5[m] 이상
횡단 보도교 위	노면상	3.5[m] 이상	5[m] 이상
	절연전선 사용	3[m] 이상	
	광섬유 케이블 사용		4[m] 이상
기타의 장소	일반적인 경우 (절연전선 사용)	4[m] 이상	5[m] 이상
	광섬유 케이블 사용	3.5[m] 이상	

【답】②

83 저압 옥내배선을 금속관공사에 의하여 시설하는 경우에 대한 설명 중 옳은 것은?
① 전선은 옥외용 비닐절연전선을 사용하여야 한다.
② 전선은 굵기에 관계없이 연선을 사용하여야 한다.
③ 콘크리트에 매설하는 금속관의 두께는 1.2 [mm] 이상이어야 한다.
④ 관에는 접지공사를 생략하였다.

[풀이] 232.12 금속관공사
가. 전선은 절연전선(옥외용 비닐절연전선을 제외한다)일 것.
나. 전선은 연선일 것. 다만, 다음의 것은 적용하지 않는다.
　① 짧고 가는 금속관에 넣은 것.
　② 단면적 10[mm²](알루미늄선은 단면적 16[mm²]) 이하의 것.
다. 전선은 금속관 안에서 접속점이 없도록 할 것.
라. 관의 두께는 다음에 의할 것.
　① **콘크리트에 매설하는 것은 1.2 [mm] 이상**
　② 콘크리트 매설 이외의 것 : 1 [mm] 이상
마. 관에는 접지공사를 할 것.   【답】③

84 사용전압 154[kV]의 가공전선과 식물 사이의 이격거리는 최소 몇 [m] 이상이어야 하는가?

① 2 ② 2.6
③ 3.2 ④ 3.8

풀이 333.30 특고압 가공전선과 식물의 이격거리

사용전압의 구분	이격거리
60 [kV] 이하	2 [m]
60 [kV] 초과	• 이격거리 = 2 + 단수×0.12 [m] • 단수 = $\frac{전압[kV]-60}{10}$ 단수 계산에서 소수점 이하는 절상

• 단수 = $\frac{154-60}{10}$ = 9.4 → 10단
• 이격 거리 = 2 + 0.12×10 = 3.2[m]   【답】③

85 발전소, 변전소, 개폐소 또는 이에 준하는 장소 이외에 시설된 특고압 전선로에 접속하는 배전용 변압기의 1차 및 2차 전압은?

① 1차 : 35[kV] 이하, 2차 : 저압 또는 고압
② 1차 : 50[kV] 이하, 2차 : 저압 또는 고압
③ 1차 : 35[kV] 이하, 2차 : 특고압 또는 고압
④ 1차 : 50[kV] 이하, 2차 : 특고압 또는 고압

풀이 341.2 특고압 배전용 변압기의 시설
특고압 전선로에 접속하는 배전용 변압기를 시설하는 경우에는 특고압 전선에 특고압 절연전선 또는 케이블을 사용하고 또한 다음에 따라야 한다.
가. **변압기의 1차 전압은 35[kV] 이하, 2차 전압은 저압 또는 고압일 것.**
나. 변압기의 특고압측에 개폐기 및 과전류차단기를 시설할 것.
다. 변압기의 2차 전압이 고압인 경우에는 고압측에 개폐기를 시설하고 또한 쉽게 개폐할 수 있도록 할 것.   【답】①

86 저압옥내배선을 애자공사에 의하여 조영재의 옆면에 따라 시설하는 경우 전선 지지점간의 거리는 몇 [m] 이하이어야 하는가?

① 1 ② 2
③ 6 ④ 8

풀이 232.56 애자공사
가. 전선의 종류 : 절연 전선. 단, 옥외용 비닐 절연 전선(OW) 및 인입용 비닐 절연 전선(DV)은 제외한다.

나. 이격 거리

전 압		전선과 조영재와의 이격 거리	전 선 상 호 간격	전선 지지점간의 거리	
				조영재의 윗면 또는 옆면에 따라 시설	조영재에 라 시설하지 않는 경우
저압	400[V] 이하	2.5 [cm] 이상	6 [cm] 이상	2 [m] 이하	–
	400[V] 초과	건조한 장소 2.5[cm] 이상			6 [m] 이하
		기타의 장소 4.5[cm] 이상			

【답】②

87 지중 전선로를 직접 매설식에 의하여 차량 기타 중량물의 압력을 받을 우려가 있는 장소에 시설하는 경우 매설 깊이는 몇 [m] 이상으로 하여야 하는가?

① 1 ② 1.2
③ 1.5 ④ 2

풀이 334.1 지중전선로의 시설
가. 지중 전선로는 전선에 케이블을 사용하고 또한 관로식·암거식 또는 직접 매설식에 의하여 시설하여야 한다.
나. 지중 전선로를 **직접 매설식**에 의하여 시설하는 경우에는 매설깊이를 **차량 기타 중량물의 압력을 받을 우려가 있는 장소에는 1.0 [m] 이상**, 기타 장소에는 0.6 [m] 이상으로 하고 또한 지중 전선을 견고한 트라프 기타 방호물에 넣어 시설하여야 한다.   【답】①

88 변전소의 주요 변압기에 반드시 시설하지 않아도 되는 계측 장치는?

① 전류계 ② 전압계
③ 전력계 ④ 역률계

풀이 351.6 계측장치
변전소 또는 이에 준하는 곳에는 다음의 사항을 계측하는 장치를 시설하여야 한다.
가. 주요 변압기의 **전압 및 전류 또는 전력**
나. 특고압용 **변압기의 온도**   【답】④

89 3상 220[V] 유도전동기의 권선과 대지간의 절연내력시험 시험전압과 견디어야 할 최소시간으로 옳은 것은?

① 220[V], 5분 ② 275[V], 10분
③ 330[V], 20분 ④ 500[V], 10분

풀이 133 회전기 및 정류기의 절연내력

종류		시험 전압	시험방법
회전기	발전기·**전동기**·조상기·기타회전기	7[kV] 이하	1.5배(최저 500 [V])	권선과 대지 사이에 연속하여 10분간
		7[kV] 초과	1.25배(최저 10.5[kV])	
	회전 변류기	직류측의 최대사용전압의 1배의 교류전압(최저 500 [V])	

∴ 시험 전압= 220 × 1.5 = 330[V]이나
최저 시험 전압이 500 [V]이므로 시험 전압은 500 [V]가 되어야 한다.　　【답】④

90 전로의 중성점을 접지하는 목적이 아닌 것은?
① 고전압 침입 예방
② 이상 시 전위상승 억제
③ 부하 전류의 경감으로 전선을 절약
④ 보호계전장치 등의 확실한 동작의 확보

풀이 322.5 전로의 중성점의 접지
① 보호 장치의 **확실한 동작의 확보**
② **이상 전압의 억제**
③ **대지전압의 저하**를 위하여
전로의 중성점에 접지공사를 한다.　　【답】③

91 사용전압이 15[kV] 이하인 특고압 가공전선로의 중성선의 다중접지 및 중성선의 시설 기준을 설명한 것 중 틀린 것은?
① 접지한 곳 상호 간의 거리는 전선로에 따라 300 [m] 이하로 한다.
② 다중접지한 중성선은 저압전로의 접지측 전선이나 중성선과 공용할 수 있다.
③ 각 접지도체를 중성선으로부터 분리하였을 경우의 각 접지점의 대지 전기저항 값은 100[Ω] 이하로 한다.
④ 접지도체를 공칭단면적 6[mm^2] 이상의 연동선 또는 이와 동등 이상의 세기 및 굵기의 쉽게 부식하지 않는 금속선으로 한다.

풀이 333.32 25[kV] 이하인 특고압 가공전선로의 시설
사용전압이 15[kV] 이하인 특고압 가공전선로의 중성선의 다중접지 및 중성선의 시설은 다음에 의할 것.
가. 접지도체는 공칭단면적 6[mm^2] 이상의 연동선

나. 접지한 곳 상호 간의 거리는 전선로에 따라 300[m] 이하일 것.
다. 특고압 가공전선로의 다중접지를 한 중성선은 저압 가공전선의 규정에 준하여 시설할 것.
라. 다중접지한 중성선은 저압전로의 접지측 전선이나 중성선과 공용할 수 있다.
마. 각 접지도체를 중성선으로부터 분리하였을 경우의 각 접지점의 대지 전기저항치 및 1[km] 마다의 중성선과 대지 사이의 합성 전기저항치

사용전압	각 접지점의 대지 전기저항 치	1[km] 마다의 합성 전기저항 치
15 [kV] 이하	300 [Ω]	30 [Ω]
15 [kV] 초과 25 [kV] 이하	300 [Ω]	15 [Ω]

【답】③

92 일반주택 및 아파트 각 호실의 현관등과 같은 조명용 백열전등을 설치할 때에는 타임스위치를 시설하여야 한다. 몇 분 이내에 소등되는 것이어야 하는가?
① 3　　② 5
③ 7　　④ 10

풀이 234.6 점멸기의 시설
다음의 경우에는 센서등(타임스위치 포함)을 시설하여야 한다.
가. 관광숙박업 또는 숙박업(여인숙업을 제외한다)에 이용되는 객실의 입구등은 1분 이내에 소등되는 것.
나. **일반주택 및 아파트 각 호실의 현관등은 3분 이내에 소등**되는 것.　　【답】①

93 조명용 전등의 시설에 대한 설명으로 틀린 것은?
① 가정용 전등은 등기구마다 점멸이 가능하도록 한다.
② 국부조명설비는 그 조명대상에 따라 점멸할 수 있도록 시설한다.
③ 가로등에 시설하는 고압방전등은 그 효율이 50 [lm/W] 이상의 것이어야 한다.
④ 관광진흥법과 공중위생법에 의한 숙박업에 이용되는 객실의 입구등은 1분 이내에 소등되도록 한다.

풀이 234.6 점멸기의 시설
점멸기는 다음에 의하여 설치하여야 한다.
가. **점멸기는 전로의 비접지측에 시설**하고 분기개폐기에 배선용

차단기를 사용하는 경우는 이것을 점멸기로 대용할 수 있다.

나. **가정용전등은 매 등기구마다 점멸이 가능하도록** 할 것. 다만, 장식용 등기구(샹들리에, 스포트라이트, 간접조명등, 보조 등기구 등) 및 발코니 등기구는 예외로 할 수 있다.

다. **국부 조명설비는 그 조명대상에 따라 점멸할 수 있도록** 시설할 것.

마. 다음의 경우에는 센서등(타임스위치 포함)을 시설하여야 한다.
① 관광숙박업 또는 숙박업(여인숙업을 제외한다)에 이용되는 **객실의 입구등은 1분 이내에 소등**되는 것.
② 일반주택 및 아파트 각 호실의 현관등은 3분 이내에 소등되는 것.
【답】③

94 인입용 비닐절연전선을 사용한 저압 가공전선은 횡단보도교 위에 시설하는 경우 노면상의 높이는 몇 [m] 이상으로 하여야 하는가?
① 3   ② 3.5
③ 4   ④ 4.5

【풀이】 332.5 고압 가공전선의 높이, 222.7 저압 가공전선의 높이
저·고압 가공전선의 높이는 다음에 따라야 한다.

설치장소		가공전선의 높이
도로횡단(번잡하지 않은 도로 제외)		지표상 6 [m] 이상
철도 또는 궤도 횡단		레일면상 6.5 [m] 이상
횡단보도교 위	저압	노면상 3.5 [m] 이상 (단, 절연전선의 경우 3 [m] 이상)
	고압	노면상 3.5 [m] 이상
일반장소		지표상 5 [m] 이상. 단, 저압의 경우 절연전선 또는 케이블을 사용하여 교통에 지장이 없도록 하여 옥외 조명용에 공급하는 경우 4 [m]까지 감할 수 있다.
다리의 하부 기타 이와 유사한 장소		저압의 전기철도용 급전선은 지표상 3.5 [m] 까지 감할 수 있다.

【답】①

95 시가지에 시설하는 154[kV] 가공전선로에는 지락 또는 단락이 발생한 경우 몇 초 이내에 자동적으로 이를 전로로부터 차단하는 장치를 시설하여야 하는가?
① 1   ② 2
③ 3   ④ 5

【풀이】 333.1 시가지 등에서 특고압 가공전선로의 시설
사용전압이 100[kV]를 초과하는 특고압 가공전선에 지락 또는 단락이 생겼을 때에는 **1초 이내**에 자동적으로 이를 전로로부터 차단하는 장치를 시설할 것.
【답】①

96 특고압 가공전선로 중 지지물로 직선형의 철탑을 연속하여 10기 이상 사용하는 부분에는 몇 기 이하마다 내장 애자장치가 되어 있는 철탑 또는 이와 동등 이상의 강도를 가지는 철탑 1기를 시설하여야 하는가?
① 1   ② 3
③ 5   ④ 10

【풀이】 333.16 특고압 가공전선로의 내장형 등의 지지물 시설
특고압 가공전선로 중 지지물로서 직선형의 철탑을 **연속하여 10기 이상** 사용하는 부분에는 **10기 이하마다** 장력에 견디는 애자장치가 되어 있는 철탑 또는 이와 동등 이상의 강도를 가지는 **철탑 1기를 시설**하여야 한다.
【답】④

97 유희용 전차의 시설에서 전차안의 전로 및 전기공급설비의 시설방법 중 틀린 것은?
① 전로의 사용전압은 직류 60[V] 이하, 교류 40[V] 이하 일 것
② 유희용 전차에 전기를 공급하는 전로에는 전용 개폐기를 시설할 것
③ 전로와 대지 절연저항은 사용전압에 대한 누설전류가 규정 전류의 2000분의 1을 넘지 않을 것
④ 유희용 전차 안에 승압용 변압기를 시설하는 경우에는 그 변압기의 2차 전압은 150[V] 이하일 것

【풀이】 241.8 유희용 전차
가. 유희용 전차에 전기를 공급하기 위하여 사용하는 변압기의 1차 전압은 400[V] 이하이어야 한다.
나. 유희용 전차에 전기를 공급하는 전원장치의 2차측 단자의 최대사용전압은 직류의 경우 60[V] 이하, 교류의 경우 40[V] 이하일 것.
다. 접촉전선은 제3레일 방식에 의하여 시설할 것.
라. 유희용 전차의 전차 내에서 승압하여 사용하는 경우 변압기는 절연변압기를 사용하고 2차 전압은 150[V] 이하로 할 것.

마. 유희용 전차에 전기를 공급하는 전로에는 전용의 개폐기를 시설하여야 한다.
바. 유희용 전차에 전기를 공급하는 접촉전선과 대지 사이의 절연저항은 사용전압에 대한 누설전류가 레일의 연장 1[km]마다 100[mA]를 넘지 않도록 유지하여야 한다.
사. 유희용 전차안의 전로와 대지 사이의 절연저항은 사용전압에 대한 **누설전류가 규정 전류의 5,000분의 1을 넘지 않도록 유지**하여야 한다. 【답】③

출제기준 변경 및 개정된 관계 법규에 따라 삭제된 문제가 있어 20문항이 안됩니다.

2018년 기출문제

1회 전기설비 기술기준

81 전가섭선에 관하여 각 가섭선의 상정 최대장력의 33[%]와 같은 불평균 장력의 수평종분력에 의한 하중을 더 고려하여야 할 철탑의 유형은?

① 직선형 ② 각도형
③ 내장형 ④ 인류형

풀이 333.13 상시 상정하중

인류형·내장형 또는 보강형·직선형·각도형의 철주·철근 콘크리트주 또는 철탑의 경우에는 다음에 따라 **가섭선 불평균 장력에 의한 수평 종하중을 가산한다.**

가. 인류형의 경우에는 전가섭선에 관하여 각 가섭선의 상정 최대 장력과 같은 불평균 장력의 수평 종분력에 의한 하중
나. **내장형·보강형의 경우에는 전가섭선에 관하여 각 가섭선의 상정 최대장력의 33[%]와 같은 불평균 장력의 수평 종분력에 의한 하중**
다. 직선형의 경우에는 전가섭선에 관하여 각 가섭선의 상정 최대 장력의 3[%] 와 같은 불평균 장력의 수평 종분력에 의한 하중.(단 내장형은 제외한다)
라. 각도형의 경우에는 전가섭선에 관하여 각 가섭선의 상정 최대 장력의 10[%]와 같은 불평균 장력의 수평 종분력에 의한 하중. 【답】③

82 철근 콘크리트주로서 전장이 15[m]이고, 설계하중이 8.2[kN]이다. 이 지지물을 논이나 기타 지반이 연약한 곳 이외에 기초 안전율의 고려 없이 시설하는 경우에 그 묻히는 깊이는 기준보다 몇 [cm]를 가산하여 시설하여야 하는가?

① 10 ② 30
③ 50 ④ 70

풀이 331.7 가공전선로 지지물의 기초의 안전율

가공전선로의 지지물에 하중이 가하여지는 경우에 그 하중을 받는 지지물의 기초의 안전율은 2(이상 시 상정하중이 가하여지는 철탑의 기초에 대하여는 1.33) 이상이어야 한다. 다만, 다음에 따라 시설하는 경우에는 적용하지 않는다.

설계하중 전장	6.8 [kN] 이하	6.8 [kN] 초과 ~9.8 [kN] 이하	9.8 [kN] 초과 ~14.72 [kN] 이하
15 [m] 이하	전장 × 1/6[m] 이상	전장 × 1/6 + 0.3[m] 이상	전장 × 1/6 + 0.5[m] 이상
15 [m] 초과	2.5[m] 이상	2.8[m] 이상	-
16 [m] 초과~ 20 [m] 이하	2.8[m] 이상	-	-
15 [m] 초과~ 18 [m] 이하	-	-	3 [m] 이상
18 [m] 초과	-	-	3.2 [m] 이상

【답】②

83 케이블트레이공사에 사용되는 케이블 트레이가 수용된 모든 전선을 지지할 수 있는 적합한 강도의 것일 경우 케이블 트레이의 안전율은 얼마 이상으로 하여야 하는가?

① 1.1 ② 1.2
③ 1.3 ④ 1.5

풀이 232.41 케이블트레이공사

가. 케이블 트레이의 안전율은 1.5 이상으로 하여야 한다.
나. 금속재의 것은 적질한 방식처리를 한 것이거나 내식성 재료의 것이어야 한다.
다. 비금속제 케이블 트레이는 난연성 재료의 것이어야 한다.
라. 금속제 케이블 트레이 계통은 기계적 및 전기적으로 완전하게 접속하여야 하며 금속제 트레이는 접지공사를 하여야 한다.
마. 전선의 피복 등을 손상시킬 돌기 등이 없이 매끈하여야 한다. 【답】④

84 금속관공사에 의한 저압 옥내배선 시설에 대한 설명으로 틀린 것은?

① 인입용 비닐절연전선을 사용했다.
② 옥외용 비닐절연전선을 사용했다.
③ 짧고 가는 금속관에 연선을 사용했다.
④ 단면적 10[mm^2] 이하의 전선을 사용했다.

과년도 기출문제 2018년

풀이 232.12 금속관공사
가. 전선은 절연전선(**옥외용 비닐절연전선을 제외한다**)일 것.
나. 전선은 연선일 것. 다만, 다음의 것은 적용하지 않는다.
  ① 짧고 가는 금속관에 넣은 것.
  ② 단면적 10[mm²](알루미늄선은 단면적 16[mm²]) 이하의 것.
다. 관의 두께는 다음에 의할 것.
  ① 콘크리트에 매설하는 것은 1.2[mm] 이상
  ② 콘크리트 매설 이외의 것은 1[mm] 이상
라. 관에는 접지공사를 할 것. **【답】②**

85 케이블공사에 의한 저압 옥내배선의 시설방법에 대한 설명으로 틀린 것은?
① 전선은 케이블 및 캡타이어케이블로 한다.
② 콘크리트 안에는 전선에 접속점을 만들지 아니한다.
③ 전선을 넣는 방호장치의 금속제 부분에는 접지공사를 한다.
④ 전선을 조영재의 옆면에 따라 붙이는 경우 전선의 지지점 간의 거리를 케이블은 3[m]이하로 한다.

풀이 232.51 케이블공사
케이블 배선에 의한 저압 옥내배선은 다음에 따라 시설하여야 한다.
가. 전선은 케이블 및 캡타이어케이블일 것.
나. 전선을 조영재의 아랫면 또는 옆면에 따라 붙이는 경우 **전선의 지지점 간의 거리**
  ① 케이블 : 2[m](사람이 접촉할 우려가 없는 곳에서 수직으로 붙이는 경우에는 6[m]) 이하
  ② 캡타이어 케이블 : 1[m] 이하 **【답】④**

86 고압 가공전선로에 케이블을 조가용선에 행거로 시설할 경우 그 행거의 간격은 몇 [cm] 이하로 하여야 하는가?
① 50   ② 60
③ 70   ④ 80

풀이 332.2 가공케이블의 시설
저압 가공전선 또는 고압 가공전선에 케이블을 사용하는 경우에는 다음에 따라 시설하여야 한다.
가. 케이블은 조가용선에 행거로 시설할 것. 이 경우에는 사용전압이 고압인 때에는 **행거의 간격은 0.5[m]** 이하로 하는 것이 좋다.

나. 조가용선은 인장강도 5.93[kN] 이상의 것 또는 단면적 22[mm²] 이상인 아연도강연선일 것.
다. 조가용선 및 케이블의 피복에 사용하는 금속체에는 접지공사를 할 것.
라. 조가용선을 케이블에 접촉시켜 금속 테이프를 감는 경우에는 20[cm] 이하의 간격으로 나선상으로 한다.

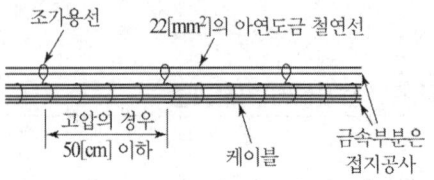

【답】①

87 태양전지 발전소에 태양전지 모듈 등을 시설 할 경우 사용 전선(연동선)의 공칭단면적은 몇 [mm²] 이상인가?
① 1.6   ② 2.5
③ 5   ④ 10

풀이 522 태양광설비의 시설
가. 전선은 **공칭단면적 2.5[mm²] 이상의 연동선** 또는 이와 동등 이상의 세기 및 굵기의 것일 것.
나. 배선설비 공사는 옥내에 시설할 경우에는 합성수지관공사, 금속관공사, 금속제가요전선관공사, 케이블공사의 규정에 준하여 시설할 것. **【답】②**

88 66[kV] 특고압 가공전선과 저압 가공전선을 동일 지지물에 병형 설치하여 시설하는 경우 이격거리는 몇 [m] 이상이어야 하는가? 단, 특고압 전선은 케이블 사용 이외의 조건이다.
① 1   ② 2
③ 3   ④ 4

풀이 333.17 특고압 가공전선과 저고압 가공전선 등의 병행설치

전 압	표 준	특고압에 케이블 사용 및 저·고압에 절연전선 또는 케이블 사용
35[kV] 이하	1.2[m] 이상	0.5[m] 이상
35[kV] 초과 100[kV] 미만	2[m] 이상	1[m] 이상

【답】②

89 변압기의 고압측 1선 지락전류가 30[A]인 경우에 접지공사의 최대 접지저항 값은 몇 [Ω]인가? (단, 고압측 전로가 저압측 전로와 혼촉하는 경우 1초 이내에 자동적으로 차단하는 장치가 설치되어 있다.)

① 5 ② 10
③ 15 ④ 20

풀이 142.5 변압기 중성점 접지
변압기의 고압측 또는 사용전압이 35[kV] 이하의 특고압전로가 저압측 전로와 혼촉하고 저압전로의 대지전압이 150[V]를 초과하는 경우 1초 이내에 고압·특고압 전로를 자동으로 차단하는 장치를 설치할 경우 접지저항값

$$R = \frac{600}{\text{고압측 또는 특고압측의 1선 지락전류}} [\Omega]$$

즉, 1초 이내에 자동적으로 차단하는 장치가 설치되어 있으므로 접지 저항값 $R = \frac{600}{30} = 20[\Omega]$

【답】 ④

90 전광표시 장치에 사용하는 저압 옥내배선을 금속관공사로 시설할 경우 연동선의 단면적은 몇 [mm²] 이상 사용하여야 하는가?

① 0.75 ② 1.25
③ 1.5 ④ 2.5

풀이 231.3.1 저압 옥내배선의 사용전선
가. 저압 옥내배선의 전선 : 단면적 2.5[mm²] 이상의 연동선
나. 옥내배선의 사용 전압이 400 [V] 이하인 경우는 다음에 의하여 시설할 수 있다.
① 전광표시 장치 또는 제어 회로
  • 단면적 1.5[mm²] 이상의 연동선
  • 단면적 0.75[mm²] 이상인 다심케이블 또는 다심 캡타이어 케이블을 사용하고 또한 과전류가 생겼을 때에 자동적으로 전로에서 차단하는 장치를 시설
② 진열장 또는 이와 유사한 것의 내부 배선 : 단면적 0.75[mm²] 이상인 코드 또는 캡타이어케이블

【답】 ③

91 고압 가공전선로에 사용하는 가공지선은 인장강도 5.26[kN] 이상의 것 또는 지름이 몇 [mm] 이상의 나경동선을 사용하여야 하는가?

① 2.6 ② 3.2
③ 4.0 ④ 5.0

풀이 332.6 고압 가공전선로의 가공지선
고압 가공전선로에 사용하는 가공지선은 인장강도 5.26[kN] 이상의 것 또는 **지름 4[mm] 이상의 나경동선**을 사용한다.

【답】 ③

92 전력보안 통신용 전화설비를 시설하지 않아도 되는 것은?

① 원격감시제어가 되지 아니하는 발전소
② 원격감시제어가 되지 아니하는 변전소
③ 2개 이상의 급전소 상호 간과 이들을 통합 운용하는 급전소 간
④ 발전소로서 전기공급에 지장을 미치지 않고, 휴대용 전력보안통신 전화설비에 의하여 연락이 확보된 경우

풀이 362.1 전력보안통신설비의 시설 요구사항
발전소·변전소 및 개폐소와 기술원 주재소 간에는 전력보안통신 설비의 시설이 요구된다.
다만, 다음 어느 항목에 적합하고 또한 휴대용 또는 이동용 전력 보안통신 전화 설비에 의하여 연락이 확보된 경우에는 그러하지 아니한다.
가. **발전소로서 전기의 공급에 지장을 미치지 않는 것.**
나. 상주감시를 하지 않는 변전소(사용전압이 35[kV] 이하의 것에 한한다.)로서 그 변전소에 접속되는 전선로가 동일 기술원 주재소에 의하여 운용되는 곳.

【답】 ④

93 지중 전선로에 사용하는 지중함의 시설기준으로 틀린 것은?

① 조명 및 세척이 가능한 장치를 하도록 할 것
② 그 안의 고인 물을 제거할 수 있는 구조일 것
③ 견고하고 차량 기타 중량물의 압력에 견딜 수 있을 것
④ 뚜껑은 시설자 이외의 자가 쉽게 열 수 없도록 할 것

풀이 334.2 지중함의 시설
지중전선로에 사용하는 지중함은 다음에 따라 시설하여야 한다.
가. 지중함은 견고하고 차량 기타 **중량물의 압력에 견디는 구조**일 것.
나. 지중함은 그 안의 **고인 물을 제거할 수 있는 구조**로 되어 있을 것.
다. 폭발성 또는 연소성의 가스가 침입할 우려가 있는 것에 시설하는 지중함으로서 그 **크기가 1 [m³] 이상인 것에는 통풍장치 기타 가스를 방산시키기 위한 적당한 장치**를 시설할 것.
라. 지중함의 **뚜껑은 시설자이외의 자가 쉽게 열 수 없도록 시설**할 것.

【답】 ①

94 특고압 가공전선은 케이블인 경우 이외에는 단면적이 몇 [mm²] 이상의 경동연선이어야 하는가?

① 8
② 14
③ 22
④ 30

[풀이] 333.4 특고압 가공전선의 굵기 및 종류
특고압 가공전선은 케이블인 경우 이외에는 인장강도 8.71 [kN] 이상의 연선 또는 **단면적이 22[mm²] 이상의 경동연선** 또는 동등이상의 인장강도를 갖는 알루미늄 전선이나 절연전선이어야 한다. 【답】③

95 345[kV] 변전소의 충전 부분에서 6[m]의 거리에 울타리를 설치하려고 한다. 울타리의 최소 높이는 약 몇 [m] 인가?

① 2
② 2.28
③ 2.57
④ 3

[풀이] 351.1 발전소 등의 울타리·담 등의 시설
가. 울타리·담 등의 높이는 2[m] 이상으로 하고 지표면과 울타리·담 등의 하단사이의 간격은 0.15[m] 이하로 할 것.
나. 울타리·담 등의 높이와 울타리·담 등으로부터 충전부분까지 거리의 합계는 표에서 정한 값 이상으로 할 것.

사용전압의 구분	울타리·담 등의 높이와 울타리·담 등으로부터 충전 부분까지의 거리의 합계
35 [kV] 이하	5 [m]
35 [kV] 초과 160 [kV] 이하	6 [m]
160 [kV] 초과	• 거리의 합계 = 6 + 단수 × 0.12 [m] • 단수 = $\frac{\text{사용전압 [kV]} - 160}{10}$ 단수 계산에서 소수점 이하는 절상

• 단수 = $\frac{345-160}{10} = 18.5 \rightarrow 19$단
• 이격거리 + 울타리높이 = $6 + 19 \times 0.12 = 8.28$[m]
• 울타리높이 = $8.28 -$ 이격거리 $= 8.28 - 6 = 2.28$[m] 【답】②

96 지중 전선로의 시설방식이 아닌 것은?

① 관로식
② 압착식
③ 암거식
④ 직접매설식

[풀이] 334.1 지중전선로의 시설
가. **지중 전선로는 전선에 케이블을 사용하고 또한 관로식·암거식 또는 직접 매설식**에 의하여 시설하여야 한다.
나. 지중 전선로를 직접 매설식에 의하여 시설하는 경우에는 매설 깊이는
① 차량 기타 중량물의 압력을 받을 우려가 있는 장소 :

1.0[m] 이상
② 기타 장소 : 0.6 [m] 이상 【답】②

97 최대사용전압이 23000[V]인 중성점 비접지식 전로의 절연내력 시험전압은 몇 [V]인가?

① 16560
② 21160
③ 25300
④ 28750

[풀이] 132 전로의 절연저항 및 절연내력

전로의 종류	접지 방식	시험전압 (최대사용전압의 배수)	최저 시험 전압
1. 7[kV] 이하		1.5배	
2. 7[kV] 초과 25[kV] 이하	다중접지	0.92배	
3. 7[kV] 초과 60[kV] 이하 (2란의 것 제외)		1.25배	10.5[kV]
4. 60[kV] 초과	비접지	1.25배	
5. 60[kV] 초과 (6란과 7란의 것 제외)	접지식	1.1배	75[kV]
6. 60[kV] 초과 (7란의 것 제외)	직접접지	0.72배	
7. 170[kV] 초과 (발전소 또는 변전소 혹은 이에 준하는 장소에 시설하는 것.)	직접접지	0.64배	

∴ 시험 전압 = $23,000 \times 1.25 = 28,750$[V] 【답】④

출제기준 변경 및 개정된 관계 법규에 따라 삭제된 문제가 있어 20문항이 안됩니다.

2회   **전기설비 기술기준**

81 사용전압이 1 [kV] 이하인 방전등에 전기를 공급하는 옥내전로의 대지전압은 몇 [V] 이하이어야 하는가?

① 150
② 220
③ 300
④ 600

[풀이] 234.11 1[kV] 이하 방전등
관등회로의 사용전압이 1 [kV] 이하인 방전등을 옥내에 시설할 경우 방전등에 전기를 공급하는 **전로의 대지전압은 300 [V] 이하**로 하여야 한다. 【답】③

82 특고압 가공전선로에 사용하는 철탑 중에서 전선로의 지지물 양쪽의 경간의 차가 큰 곳에 사용하는 철탑의 종류는?

① 각도형 ② 인류형
③ 보강형 ④ 내장형

풀이 333.11 특고압 가공전선로의 철주·철근 콘크리트주 또는 철탑의 종류

특고압 가공전선로의 지지물로 사용하는 B종 철근·B종 콘크리트주 또는 철탑의 종류는 다음과 같다.
가. 직선형 : 전선로의 직선 부분
  (3° 이하의 수평 각도 이루는 곳 포함)에 사용되는 것
나. 각도형 : 전선로 중 수평 각도 3°를 넘는 곳에 사용되는 것
다. 인류형 : 전 가섭선을 인류하는 곳에 사용하는 것
라. 내장형 : 전선로 지지물 **양측의 경간차가 큰 곳에 사용하는 것**
마. 보강형 : 전선로 직선 부분을 보강하기 위하여 사용하는 것
【답】 ④

83 저압 가공전선이 가공약전류 전선과 접근하여 시설될 때 저압 가공전선과 가공약전류 전선 사이의 이격거리는 몇 [cm] 이상이어야 하는가?

① 40 ② 50
③ 60 ④ 80

풀이 332.13 고압 가공전선과 가공약전류전선 등의 접근 또는 교차
222.13 저압 가공전선과 가공약전류전선 등의 접근 또는 교차

가공 약전류 전선	저압 가공전선		고압 가공전선	
	저압 절연전선	고압 절연전선 또는 케이블	절연전선	케이블
일반	0.6 [m]	0.3 [m]	0.8 [m]	0.4 [m]
절연전선 또는 통신 용 케이블인 경우	0.3 [m]	0.15 [m]		

【답】 ③

84 345[kV] 가공 송전선로를 평야에 시설할 때, 전선의 지표상의 높이는 몇 [m] 이상으로 하여야 하는가?

① 6.12 ② 7.36
③ 8.28 ④ 9.48

풀이 333.7 특고압 가공전선의 높이

전압의 범위	일반 장소	도로 횡단	철도 또는 궤도횡단	횡단보도교
35 [kV] 이하	5 [m]	6 [m]	6.5 [m]	4 [m](특고압절연전선 또는 케이블 사용)
35 [kV] 초과 160 [kV] 이하	6 [m]	6 [m]	6.5 [m]	5 [m](케이블 사용)
	산지 등에서 사람이 쉽게 들어갈 수 없는 장소 ; 5 [m] 이상			
160 [kV] 초과	일반장소	가공전선의 높이 = 6 + 단수 × 0.12 [m]		
	철도 또는 궤도횡단	가공전선의 높이 = 6.5 + 단수 × 0.12 [m]		
	산지	가공전선의 높이 = 5 + 단수 × 0.12 [m]		

※ 단수 = $\frac{(전압 [kV] - 160)}{10}$ … 단수 계산에서 소수점 이하는 절상

• 단수 = $\frac{345 - 160}{10}$ = 18.5 → 19단

∴ 전선의 지표상 높이 = 6 + 19 × 0.12 = 8.28 [m]   【답】 ③

85 저압 옥내배선의 사용전선으로 틀린 것은?

① 단면적 $2.5 [mm^2]$ 이상의 연동선
② 진열장 내부배선 시 단면적 $0.75 [mm^2]$ 이상의 캡타이어케이블
③ 사용전압 400[V] 이하의 전광표시장치 배선 시 단면적 $1.5 [mm^2]$ 이상의 연동선
④ 사용전압 400[V] 이하의 전광표시장치 배선 시 단면적 $0.5 [mm^2]$ 이상의 다심케이블

풀이 231.3 저압 옥내배선의 사용전선
가. 저압 옥내배선의 전선 : 단면적 $2.5 [mm^2]$ 이상의 연동선
나. 옥내배선의 사용 전압이 400[V] 이하인 경우는 다음에 의하여 시설할 수 있다.
  ① 전광표시 장치 **또는 제어 회로**
    • 단면적 $1.5 [mm^2]$ 이상의 연동선
    • **단면적 $0.75 [mm^2]$ 이상인 다심케이블 또는 다심 캡타이어 케이블**을 사용하고 또한 과전류가 생겼을 때에 자동적으로 전로에서 차단하는 장치를 시설
  ② 진열장 또는 이와 유사한 것의 내부 배선 : 단면적 $0.75 [mm^2]$ 이상인 코드 또는 캡타이어케이블   【답】 ④

86 가공전선로의 지지물 중 지선을 사용하여 그 강도를 분담시켜서는 안 되는 것은?

① 철탑 ② 목주
③ 철주 ④ 철근콘크리트주

[풀이] 331.11 지선의 시설
가. 가공전선로의 지지물로 사용하는 **철탑은 지선을 사용하여 그 강도를 분담시켜서는 안 된다.**
나. 가공전선로의 지지물로 사용하는 철주 또는 철근 콘크리트주는 지선을 사용하지 않는 상태에서 2분의 1 이상의 풍압하중에 견디는 강도를 가지는 경우 이외에는 지선을 사용하여 그 강도를 분담시켜서는 안 된다. 【답】①

87 금속제가요전선관공사에 의한 저압 옥내배선 시설에 대한 설명으로 틀린 것은?
① 옥외용 비닐전선을 제외한 절연전선을 사용한다.
② 가요전선관은 2종 금속제 가요전선관일 것
③ 중량물의 압력 또는 기계적 충격을 받을 우려가 없도록 시설한다.
④ 옥내배선의 사용전압이 400[V] 이하인 경우에는 접지공사를 하지 않아도 된다.

[풀이] 232.13 금속제가요전선관공사
가. 전선은 절연전선(옥외용 비닐 절연전선을 제외한다)일 것.
나. 전선은 연선일 것. 다만, 단면적 10[mm²](알루미늄선은 단면적 16[mm²]) 이하인 것은 그러하지 아니하다.
다. 가요전선관 안에는 전선에 접속점이 없도록 할 것.
라. 가요전선관은 2종 금속제 가요전선관일 것
마. **가요전선관배선에는 접지공사를 할 것.** 【답】④

88 최대 사용전압이 23[kV]인 권선으로서 중성선 다중접지방식의 전로에 접속되는 변압기권선의 절연내력시험 시험전압은 약 몇 [kV] 인가?
① 21.16   ② 25.3
③ 28.75   ④ 34.5

[풀이] 135 변압기 전로의 절연내력

권선의 종류 (최대사용전압)	접지방식	시험전압 (최대사용 전압의 배수)	최저 시험 전압
1. 7 [kV] 이하		1.5배	500[V]
	다중접지	0.92배	500[V]
2. **7[kV] 초과 25[kV] 이하**	**다중접지**	**0.92배**	
3. 7[kV] 초과 60[kV] 이하 (2란의 것 제외)		1.25배	10.5[kV]
4. 60 [kV] 초과 (8란의 것 제외)	비접지	1.25	

권선의 종류 (최대사용전압)	접지방식	시험전압 (최대사용 전압의 배수)	최저 시험 전압
5. 60[kV] 초과 (6란 및 8란의 것 제외)	접지식	1.1배	75 [kV]
6. 60[kV] 초과	직접접지	0.72배	
7. 170[kV] 초과	직접접지	0.64배	

∴ 시험전압 = 23[kV] × 0.92 = 21.16[kV] 【답】①

89 고압 가공전선로의 경간은 B종 철근 콘크리트주로 시설하는 경우 몇 [m] 이하로 하여야 하는가?
① 100   ② 150
③ 200   ④ 250

[풀이] 332.9 고압 가공전선로 경간의 제한
고압 가공전선로의 경간은 표에서 정한 값 이하이어야 한다.

지지물의 종류	경간
목주·A종 철주 또는 A종 철근 콘크리트주	150[m]
B종 철주 또는 B종 철근 콘크리트주	250[m]
철탑	600[m]

【답】④

90 목주, A종 철주 및 A종 철근 콘크리트주를 사용할 수 없는 보안공사는?
① 고압 보안공사
② 제1종 특고압 보안공사
③ 제2종 특고압 보안공사
④ 제3종 특고압 보안공사

[풀이] 333.22 특고압 보안공사
제1종 특고압 보안공사에서 전선로의 지지물로는 B종 철주·B종 철근 콘크리트주 또는 철탑을 사용할 것(**목주나 A종은 사용불가**) 【답】②

91 사용전압이 380[V]인 옥내배선을 애자공사로 시설할 때 전선과 조영재 사이의 이격거리는 몇 [cm] 이상이어야 하는가?
① 2   ② 2.5
③ 4.5   ④ 6

풀이 232.56 애자공사
가. 전선은 절연전선(옥외용 비닐 절연전선 및 인입용 비닐 절연전선을 제외한다)일 것.
나. 이격거리

전 압		전선과 조영재와의 이격 거리	전선 상호 간격	전선 지지점간의 거리	
				조영재의 윗면 또는 옆면에 따라 시설	조영재에 따라 시설하지 않는 경우
저압	400[V] 이하	2.5 [cm] 이상			–
	400[V] 초과	건조한 장소 2.5[cm] 이상	6 [cm] 이상	2 [m] 이하	6 [m] 이하
		기타의 장소 4.5[cm] 이상			

【답】②

92 특고압 가공전선로의 경간은 지지물이 철탑인 경우 몇 [m] 이하이어야 하는가? (단, 단주가 아닌 경우이다.)
① 400 ② 500
③ 600 ④ 700

풀이 333.21 특고압 가공전선로의 경간 제한
특고압 가공전선로의 경간은 표 에서 정한 값 이하이어야 한다.

지지물의 종류	경간
목주·A종 철주 또는 A종 철근 콘크리트주	150[m] 이하
B종 철주 또는 B종 철근 콘크리트주	250[m] 이하
철탑	600[m] 이하 (단주인 경우에는 400[m] 이하)

【답】③

93 전력보안통신 설비인 무선통신용 안테나를 지지하는 목주는 풍압하중에 대한 안전율이 얼마 이상이어야 하는가?
① 1.0 ② 1.2
③ 1.5 ④ 2.0

풀이 364.1 무선용 안테나 등을 지지하는 철탑 등의 시설
전력보안통신설비인 무선통신용 안테나 또는 반사판을 지지하는 목주·철주·철근 콘크리트주 또는 철탑은 다음에 따라 시설하여야 한다. 다만, 무선용 안테나 등이 전선로의 주위상태를 감시할 목적으로 시설되는 것일 경우에는 그러하지 아니하다.
가. 목주는 풍압하중에 대한 안전율은 1.5 이상이어야 한다.
나. 철주·철근 콘크리트주 또는 철탑의 기초 안전율은 1.5 이상이어야 한다.

【답】③

94 과전류차단기로 저압전로에 사용하는 30[A]퓨즈는 정격전류의 몇 배의 전류에 견뎌야 하는가?
① 1.1 ② 1.25
③ 1.6 ④ 2.0

풀이 212.3.4 보호장치의 특성
1. 과전류 보호장치는 KS C 또는 KS C IEC 관련 표준(배선차단기, 누전차단기, 퓨즈등의 표준)의 동작특성에 적합하여야 한다.
2. 과전류차단기로 저압전로에 사용하는 범용의 퓨즈는 표 에 적합한 것이어야 한다.

정격전류의 구분	시 간	정격전류의 배수	
		불용단전류	용단전류
4 [A] 이하	60분	1.5배	2.1배
4 [A] 초과 16 [A] 미만	60분	1.5배	1.9배
16 [A] 이상 63 [A] 이하	60분	1.25배	1.6배
63 [A] 초과 160[A] 이하	120분	1.25배	1.6배
160[A] 초과 400[A] 이하	180분	1.25배	1.6배
400 [A] 초과	240분	1.25배	1.6배

【답】②

95 "조상설비"에 대한 용어의 정의로 옳은 것은?
① 전압을 조정하는 설비를 말한다.
② 전류를 조정하는 설비를 말한다.
③ 유효전력을 조정하는 전기기계기구를 말한다.
④ 무효전력을 조정하는 전기기계기구를 말한다.

풀이 조상 설비 : 무효 전력을 조정하는 전기 기계 기구를 말한다.

【답】④

출제기준 변경 및 개정된 관계 법규에 따라 삭제된 문제가 있어 20문항이 안됩니다.

4회	전기설비 기술기준

81 저고압 가공전선이 철도를 횡단하는 경우 레일면상 높이는 몇 [m] 이상이어야 하는가?
① 4 ② 5
③ 5.5 ④ 6.5

풀이 332.5 고압 가공전선의 높이, 222.7 저압 가공전선의 높이
저·고압 가공전선의 높이는 다음에 따라야 한다.

설치장소		가공전선의 높이
도로횡단(번잡하지 않은 도로 제외)		지표상 6 [m] 이상
철도 또는 궤도 횡단		레일면상 6.5 [m] 이상
횡단보도교 위	저압	노면상 3.5 [m] 이상 (단, 절연전선의 경우 3 [m] 이상)
	고압	노면상 3.5 [m] 이상
일반장소		지표상 5 [m] 이상. 단, 저압의 경우 절연전선 또는 케이블을 사용하여 교통에 지장이 없도록 하여 옥외조명용으로 공급하는 경우 4 [m]까지 감할 수 있다.
다리의 하부 기타 이와 유사한 장소		저압의 전기철도용 급전선은 지표상 3.5[m] 까지로 감할 수 있다.

【답】④

82 고압용의 개폐기·차단기·피뢰기 기타 이와 유사한 기구로서 동작 시에 아크가 생기는 것은 가연성 물체로부터 몇 [m] 이상 이격하여야 하는가?
① 0.5
② 1
③ 1.5
④ 2

풀이 341.7 아크를 발생하는 기구의 시설
고압용 또는 특고압용의 개폐기·차단기·피뢰기 기타 이와 유사한 기구로서 동작 시에 아크가 생기는 것은 목재의 벽 또는 천장 기타의 가연성 물체로부터 표 에서 정한 값 이상 이격하여 시설하여야 한다.

기구 등의 구분	이격거리
고압용의 것	1 [m] 이상
특고압용의 것	2[m] 이상(사용전압이 35[kV] 이하의 특고압용의 기구 등으로서 동작할 때에 생기는 아크의 방향과 길이를 화재가 발생할 우려가 없도록 제한하는 경우에는 1 [m] 이상)

【답】②

83 전력 보안통신 설비인 무선통신용 안테나 또는 반사판을 지지하는 철주, 철근 콘크리트주 또는 철탑의 기초의 안전율은 얼마 이상이어야 하는가?
① 1.2
② 1.3
③ 1.5
④ 2.2

풀이 364.1 무선용 안테나 등을 지지하는 철탑 등의 시설
전력보안통신설비인 무선통신용 안테나 또는 반사판 을 지지하는 목주·철주·철근 콘크리트주 또는 철탑은 다음에 따라 시설하여야 한다. 다만, 무선용 안테나 등이 전선로의 주위상태를 감시할 목적으로 시설되는 것일 경우에는 그러하지 아니하다.
가. 목주는 풍압하중에 대한 안전율은 1.5 이상이어야 한다.
나. **철주·철근 콘크리트주 또는 철탑의 기초 안전율은 1.5 이상**이어야 한다.

【답】③

84 기계기구 및 전선을 보호하기 위하여 과전류차단기를 전로 중에 시설할 수 있는 곳은?
① 접지공사의 접지도체
② 다선식 전로의 중성선
③ 저압 옥내배선의 전원선
④ 전로의 일부에 접지공사를 한 저압 가공전선로의 접지측 전선

풀이 341.11 과전류차단기의 시설 제한
접지공사의 접지도체, 다선식 전로의 중성선 및 전로의 일부에 접지공사를 한 저압 가공전선로의 접지측 전선에는 과전류차단기를 시설하여서는 안 된다. 다만, 다음의 경우에는 예외로 한다.
가. 다선식 전로의 중성선에 시설한 과전류차단기가 동작한 경우에 각 극이 동시에 차단될 때
나. 저항기·리액터 등을 사용하여 접지공사를 한 때에 과전류 차단기의 동작에 의하여 그 접지도체가 비접지 상태로 되지 아니할 때

【답】③

85 고압 옥상 전선로의 전선이 다른 시설물과 접근하거나 교차하는 경우에는 고압 옥상 전선로의 전선과 이들 사이의 이격거리는 몇 [cm] 이상이어야 하는가?
① 30
② 40
③ 50
④ 60

풀이 331.14.1 고압 옥상전선로의 시설
가. 고압 옥상전선로(고압 인입선의 옥상부분은 제외한다.)는 케이블을 사용하고 전선을 전개된 장소에서 조영재에 견고하게 붙인 지지주 또는 지지대에 의하여 지지하고 또한 조영재 사이의 이격거리를 1.2[m] 이상으로 시설 하여야 한다.
나. **고압 옥상 전선로의 전선이 다른 시설물(가공전선을 제외한다)과 접근하거나 교차하는 경우**에는 고압 옥상 전선로의 전선과 이들 사이의 **이격거리는 0.6[m] 이상**이어야 한다.
다. 고압 옥상전선로의 전선은 상시 부는 바람 등에 의하여 식물에 접촉하지 아니하도록 시설하여야 한다.

【답】④

86 저압 가공인입선에 사용할 수 없는 전선은?
① 나전선 ② 케이블
③ 절연전선 ④ 인입용 비닐절연전선

풀이 221.1.1 저압 인입선의 시설
저압 가공인입선은 다음에 따라 시설하여야 한다.
가. **전선은 절연전선 또는 케이블일 것.**
나. 전선이 절연전선인 경우
① 경간이 15[m] 초과 : 인장강도 2.30[kN] 이상의 것 또는 지름 2.6[mm] 이상의 인입용 비닐절연전선일 것.
② 경간이 15[m] 이하 : 인장강도 1.25[kN] 이상의 것 또는 지름 2[mm] 이상의 인입용 비닐절연전선일 것.
【답】①

87 22.9[kV] 특고압 가공전선과 그 지지물·완금류·지주 또는 지선 사이의 이격거리는 몇 [cm] 이상이어야 하는가?
① 15 ② 20
③ 25 ④ 30

풀이 333.5 특고압 가공전선과 지지물 등의 이격거리
특고압 가공전선과 그 지지물·완금류·지주 또는 지선 사이의 이격거리는 표 에서 정한 값 이상이어야 한다. 다만, 기술상 부득이한 경우에 위험의 우려가 없도록 시설한 때에는 표 에서 정한 값의 0.8배까지 감할 수 있다.

사용전압	이격거리[cm]
15 [kV] 미만	15
15 [kV] 이상 25 [kV] 미만	**20**
25 [kV] 이상 35 [kV] 미만	25
60 [kV] 이상 70 [kV] 미만	40
130 [kV] 이상 160 [kV] 미만	90

【답】②

88 급경사지에 시설하는 전선로의 시설에 대한 설명으로 틀린 것은?
① 전선의 지지점간 거리는 15[m] 이하로 한다.
② 전선에 사람이 접촉할 우려가 있는 곳에 시설하는 경우에는 적당한 방호장치를 시설한다.
③ 저압과 고압 전선로를 같은 벼랑에 시설하는 경우에는 저압 전선로를 고압 전선로 위에 시설한다.
④ 전선은 케이블인 경우 이외에는 벼랑에 견고하게 붙인 금속제 완금류에 절연성·난연성 및 내수성의 애자로 지지한다.

풀이 335.8 급경사지에 시설하는 전선로의 시설
가. 급경사지에 시설하는 저압 또는 고압의 전선로는 기술상 부득이한 경우 이외에는 시설하여서는 안 된다.
나. 전선로는 다음에 따르고 시설하여야 한다.
① 전선의 지지점 간의 거리는 15[m] 이하일 것.
② 저압 전로와 고압 전로를 같은 벼랑에 시설하는 경우에는 **고압 전선로를 저압 전선로의 위로**하고 또한 고압 전선과 저압전선 사이의 이격거리는 0.5[m] 이상일 것.
【답】③

89 최대 사용전압이 154[kV]인 중성점 직접 접지식 전로의 절연내력 시험전압은 약 몇 [kV] 인가?
① 110.88 ② 141.68
③ 169.40 ④ 192.50

풀이 132 전로의 절연저항 및 절연내력

전로의 종류	접지방식	시험전압(최대사용전압의 배수)	최저 시험전압
1. 7[kV] 이하		1.5배	
2. 7[kV] 초과 25[kV] 이하	다중접지	0.92배	
3. 7[kV] 초과 60[kV] 이하 (2란의 것 제외)		1.25배	10.5[kV]
4. 60[kV] 초과	비접지	1.25배	
5. 60[kV] 초과 (6란과 7란의 것 제외)	접지식	1.1배	75[kV]
6. **60[kV] 초과** (7란의 것 제외)	**직접접지**	**0.72배**	
7. 170[kV] 초과 (발전소 또는 변전소 혹은 이에 준하는 장소에 시설하는 것.)	직접접지	0.64배	

60[kV] 초과 직접접지방식 이므로 시험전압 배수는 0.72배이다. 따라서, 시험전압 = 154×0.72 = 110.88[kV]가 되어야 한다.
【답】①

90 154[kV] 가공전선로를 시가지에 시설하는 경우 특고압 가공전선에 지락 또는 단락이 생기면 몇 초 이내에 자동적으로 이를 전로로부터 차단하는 장치를 시설하는가?
① 1 ② 2
③ 3 ④ 5

풀이 333.1 시가지 등에서 특고압 가공전선로의 시설
사용전압이 **100[kV]를 초과**하는 특고압 가공전선에 지락 또는 단락이 생겼을 때에는 **1초 이내**에 자동적으로 이를 전로로부터 차단하는 장치를 시설할 것.
【답】①

91 유희용 전차의 시설방법으로 틀린 것은?

① 유희용 전차에 전기를 공급하는 전로에는 전용 개폐기를 시설할 것
② 유희용 전차에 전기를 공급하기 위하여 사용하는 접촉전선은 제3레일 방식에 의하여 시설할 것
③ 유희용 전차에 전기를 공급하는 전로의 사용전압은 직류의 경우 60[V] 이하, 교류의 경우는 40[V] 이하일 것
④ 유희용 전차 안에 승압용 변압기를 시설하는 경우 그 변압기의 2차 전압은 300[V] 이하일 것

풀이 241.8 유희용 전차
가. 유희용 전차에 전기를 공급하기 위하여 사용하는 변압기의 1차 전압은 400[V] 이하이어야 한다.
나. 유희용 전차에 전기를 공급하는 전원장치의 2차측 단자의 최대사용전압은 직류의 경우 60[V] 이하, 교류의 경우 40[V] 이하일 것.
다. 접촉전선은 제3레일 방식에 의하여 시설할 것.
라. 유희용 전차의 **전차 내에서 승압**하여 사용하는 경우 변압기는 절연변압기를 사용하고 **2차 전압은 150[V] 이하**로 할 것.
마. 유희용 전차에 전기를 공급하는 전로에는 전용의 개폐기를 시설하여야 한다. 【답】 ④

92 저압 옥내간선에서 분기하여 차단기를 설치하는 경우 분기점으로부터 차단기의 설치거리는 원칙적으로 몇 [m] 이하인가? 단, 분기점과 분기회로의 과부하 보호장치 설치점 사이의 배선 부분에 다른 분기회로나 콘센트 회로가 접속되어 있지 않고, 단락의 위험과 화재 및 인체에 대한 위험성이 최소화 되도록 시설된 경우이다.

① 3 ② 4
③ 5 ④ 6

풀이 212.4.2 과부하 보호장치의 설치 위치
가. 과부하 보호장치는 전로 중 도체의 단면적, 특성, 설치방법, 구성의 변경으로 도체의 허용전류 값이 줄어드는 곳(이하 분기점이라 함)에 설치해야 한다.
나. 과부하 보호장치는 분기점(O)에 설치해야 하나, 분기점(O) 점과 분기회로의 과부하 보호장치(P_2) 설치점 사이의 배선부분에 다른 분기회로나 콘센트 회로가 접속되어 있지 않고, 다음 중 하나를 충족하는 경우에는 변경이 있는 배선에 설치할 수 있다.
① 분기회로에 대한 단락보호가 이루어지고 있는 경우 : 분기회로의 보호장치 P_2는 분기회로의 분기점(O)으로부터 부하 측으로 거리에 구애 받지 않고 이동하여 설치할 수 있다.

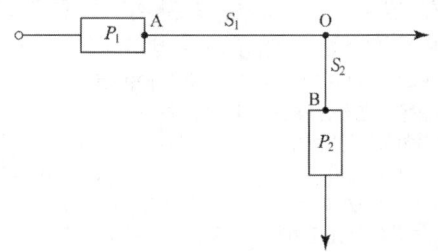

② 단락의 위험과 화재 및 인체에 대한 위험성이 최소화 되도록 시설된 경우 : 분기회로의 보호장치 (P_2)는 분기회로의 분기점(O)으로부터 3[m] 까지 이동하여 설치할 수 있다.

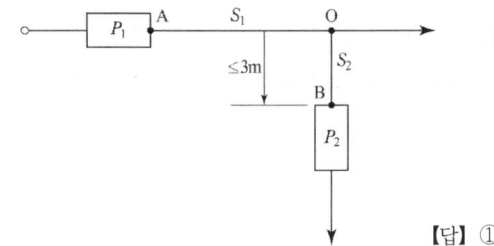

【답】 ①

93 전격살충기는 전격격자가 지표상 또는 마루 위 몇 [m] 이상 되도록 설치하여야 하는가?

① 1.5 ② 2.5
③ 3.5 ④ 4.5

풀이 241.7 전격살충기
전격살충기는 다음에 의하여 시설하여야 한다.
가. 전격살충기의 **전격격자는 지표 또는 바닥에서 3.5[m] 이상의 높은 곳에 시설**할 것. 다만, 2차측 개방 전압이 7[kV] 이하의 절연변압기를 사용하고 보호격자에 사람이 접촉될 경우 절연변압기의 1차측 전로를 자동적으로 차단하는 보호장치를 시설한 것은 지표 또는 바닥에서 1.8[m] 까지 감할 수 있다.
나. 전격살충기의 전격격자와 다른 시설물(가공전선은 제외한다) 또는 식물과의 이격거리는 0.3[m] 이상일 것. 【답】 ③

94 발전소에서 계측장치를 시설하지 않아도 되는 것은?

① 특고압용 변압기의 온도
② 특고압용 변압기유 절연내력
③ 발전기의 베어링 및 고정자 온도
④ 발전기의 전압 및 전류 또는 전력

풀이 351.6 계측장치
발전소에서는 다음의 사항을 계측하는 장치를 시설하여야 한다.
가. 발전기의 전압 및 전류 또는 전력
나. 발전기의 베어링 및 고정자의 온도
다. 주요 변압기의 전압 및 전류 또는 전력
라. 특고압용 변압기의 온도   【답】②

95 22.9[kV]의 전압을 변압하는 변전소가 있다. 이 변전소에 울타리를 시설하고자 하는 경우, 울타리의 높이와 울타리로부터 충전부분까지의 거리의 합계는 몇 [m] 이상으로 하여야 하는가?
① 4   ② 5
③ 6   ④ 8

풀이 341.4 특고압용 기계기구의 시설
특고압용 기계기구 충전부분의 지표상 높이

사용전압의 구분	울타리·담 등의 높이와 울타리·담 등으로부터 충전 부분까지의 거리의 합계
35[kV] 이하	5[m]
35[kV] 초과 160[kV] 이하	6[m]
160[kV] 초과	• 거리 = 6 + 단수 × 0.12 [m] • 단수 = $\frac{\text{사용전압[kV]}-160}{10}$ 단수 계산에서 소수점 이하는 절상

【답】②

96 중앙급전 전원과 구분되는 것으로서 전력소비지역 부근에 분산하여 배치 가능한 전원을 무엇이라 하는가?
① 임시 전력원   ② 분산형 전원
③ 분전반 전원   ④ 계통 연계 전원

풀이 112 용어 정의
"분산형전원"이란 중앙급전 전원과 구분되는 것으로서 전력소비지역 부근에 분산하여 배치 가능한 전원을 말한다. 상용전원의 정전시에만 사용하는 비상용 예비전원은 제외하며, 신·재생에너지 발전설비, 전기저장장치 등을 포함한다.   【답】②

97 진열장 내의 배선으로 사용전압 400[V] 이하에 사용하는 코드 또는 캡타이어 케이블의 최소 단면적은 몇 [mm²] 인가?
① 1.25   ② 1.0
③ 0.75   ④ 0.5

풀이 234.8 진열장 또는 이와 유사한 것의 내부 배선
가. 사용전압 : 400[V] 이하
나. **전선의 굵기 : 단면적 0.75[mm²] 이상**
다. 전선의 종류 : 코드 또는 캡타이어 케이블   【답】③

출제기준 변경 및 개정된 관계 법규에 따라 삭제된 문제가 있어 20문항이 안됩니다.

2019년 기출문제

1회 전기설비 기술기준

81 건조한 장소로서 전개된 장소에 한하여 시설할 수 있는 고압 옥내배선의 방법은?
① 금속관공사
② 애자공사
③ 금속제가요전선관공사
④ 합성수지관공사

풀이 342.1 고압 옥내배선 등의 시설
고압 옥내배선은 다음 중 하나에 의하여 시설할 것.
가. 애자공사(건조한 장소로서 전개된 장소에 한한다)
나. 케이블공사
다. 케이블트레이공사   【답】②

82 22.9[kV] 특고압 가공전선로의 중성선은 다중접지를 하여야 한다. 각 접지선을 중성선으로부터 분리하였을 경우 1[km]마다 중성선과 대지 사이의 합성전기저항 값은 몇 [Ω] 이하인가? (단, 전로에 지락이 생겼을 때에 2초 이내에 자동적으로 이를 전로로부터 차단하는 장치가 되어 있다.)
① 5   ② 10
③ 15   ④ 20

풀이 333.32 25 [kV] 이하인 특고압 가공전선로의 시설
사용전압이 15[kV]를 초과하고 25[kV] 이하인 특고압 가공전선로(중성선 다중접지식의 것으로서 전로에 지락이 생겼을 때에 2초 이내에 자동적으로 이를 전로로부터 차단하는 장치가 되어 있는 것에 한한다)를 다음에 따라 시설하여야 한다.
가. 접지도체는 공칭단면적 6[mm^2] 이상의 연동선
나. 접지공사는 각각 접지한 곳 상호 간의 거리는 전선로에 따라 150[m] 이하일 것.
다. 각 접지도체를 중성선으로부터 분리하였을 경우의 각 접지점의 대지 전기저항 값과 1[km]마다 중성선과 대지 사이의 합성전기저항 값은 표에서 정한 값 이하일 것.

사용전압	각 접지점의 대지 전기저항치	1[km] 마다의 합성 전기저항치
15[kV] 이하	300 [Ω]	30 [Ω]
15[kV] 초과 25[kV] 이하	300 [Ω]	15 [Ω]

【답】③

83 154/22.9[kV]용 변전소의 주요 변압기에 반드시 시설하지 않아도 되는 계측장치는?
① 전압계   ② 전류계
③ 역률계   ④ 온도계

풀이 351.6 계측장치
변전소 또는 이에 준하는 곳에는 다음의 사항을 계측하는 장치를 시설하여야 한다.
가. **주요 변압기의 전압 및 전류 또는 전력**
나. 특고압용 변압기의 온도   【답】③

84 고압 가공전선이 가공약전류전선 등과 접근하는 경우에 고압 가공전선과 가공약전류전선 사이의 이격거리는 몇 [cm] 이상이어야 하는가? (단, 전선이 케이블인 경우)
① 20   ② 30
③ 40   ④ 50

풀이 332.13 고압 가공전선과 가공약전류전선 등의 접근 또는 교차
222.13 저압 가공전선과 가공약전류전선 등의 접근 또는 교차

가공 약전류 전선	저압 가공전선		고압 가공전선	
	저압 절연전선	고압 절연전선 또는 케이블	절연전선	케이블
일반	0.6 [m]	0.3 [m]	0.8 [m]	0.4 [m]
절연전선 또는 통신용 케이블인 경우	0.3 [m]	0.15 [m]		

【답】③

85 전기부식방지 시설은 지표 또는 수중에서 1[m] 간격의 임의의 2점(양극의 주위 1[m] 이내의 거리에 있는 점 및 울타리의 내부점을 제외한다.)간의 전위차가 몇 [V]를 넘으면 안되는가?

① 5 ② 10
③ 25 ④ 30

풀이 241.16 전기부식방지 시설
가. 수중에 시설하는 양극과 그 주위 1[m] 이내의 거리에 있는 임의 점과의 사이의 전위차는 10[V]를 넘지 아니할 것.
나. **지표 또는 수중에서 1[m] 간격의 임의의 2점간의 전위차가 5 [V]를 넘지 아니할 것.** 【답】 ①

86 가공전선로의 지지물에 지선을 시설하는 기준으로 옳은 것은?

① 소선 지름 : 1.6[mm], 안전율 : 2.0, 허용인장 하중 : 4.31[kN]
② 소선 지름 : 2.0[mm], 안전율 : 2.5, 허용인장 하중 : 2.11[kN]
③ 소선 지름 : 2.6[mm], 안전율 : 1.5, 허용인장 하중 : 3.21[kN]
④ 소선 지름 : 2.6[mm], 안전율 : 2.5, 허용인장 하중 : 4.31[kN]

풀이 331.11 지선의 시설
가. 가공전선로의 지지물로 사용하는 철탑은 지선을 사용하여 그 강도를 분담시켜서는 안 된다.
나. 지선의 **안전율은 2.5 이상**일 것. 이 경우에 **허용 인장하중의 최저는 4.31 [kN]**으로 한다.
다. 지선에 연선을 사용할 경우에는 다음에 의할 것.
  ① 소선 3가닥 이상의 연선일 것.
  ② **소선의 지름이 2.6 [mm] 이상**의 금속선을 사용한 것일 것. 【답】 ④

87 중성선 다중접지식의 것으로 전로에 지락이 생겼을 때에 2초 이내에 자동적으로 이를 전로로부터 차단하는 장치가 되어 있는 22.9[kV] 가공전선로를 상부 조영재의 위쪽에서 접근상태로 시설하는 경우, 가공전선과 건조물과의 이격거리는 몇 [m] 이상이어야 하는가? (단, 전선으로는 나전선을 사용한다고 한다.)

① 1.2 ② 1.5
③ 2.5 ④ 3.0

풀이 333.32 25 [kV] 이하인 특고압 가공전선로의 시설
사용전압이 15 [kV]를 초과하고 25 [kV] 이하인 특고압 가공전선로(중성선 다중접지식의 것으로서 전로에 지락이 생겼을 때에 2초 이내에 자동적으로 이를 전로로부터 차단하는 장치가 되어 있는 것에 한한다)가 건조물과 접근하는 경우에 특고압 가공전선과 건조물의 조영재 사이의 이격거리는 표 에서 정한 값 이상일 것.

건조물의 조영재	접근형태	전선의 종류	이격거리
상부 조영재	위쪽	나전선	3.0 [m]
		특고압 절연전선	2.5 [m]
		케이블	1.2 [m]
	옆쪽 또는 아래쪽	나전선	1.5 [m]
		특고압 절연전선	1.0 [m]
		케이블	0.5 [m]
기타의 조영재		나전선	1.5 [m]
		특고압 절연전선	1.0 [m]
		케이블	0.5 [m]

【답】 ④

88 시가지 등에서 특고압 가공전선로를 시설하는 경우 특고압 가공전선로용 지지물로 사용할 수 없는 것은? (단, 사용전압이 170[kV] 이하인 경우이다.)

① 철탑 ② 목주
③ 철주 ④ 철근 콘크리트주

풀이 333.1 시가지 등에서 특고압 가공전선로의 시설
특고압 가공 전선로를 시가지, 기타 인가가 밀집한 지역에 시설하는 경우 **지지물은 목주를 사용할 수 없고 철주, 철근 콘크리트주, 또는 철탑을 사용**한다. 【답】 ②

89 시가지에 시설하는 고압 가공전선으로 경동선을 사용하려면 그 지름은 최소 몇 [mm] 이어야 하는가?

① 2.6 ② 3.2
③ 4.0 ④ 5.0

풀이 332.3 고압 가공전선의 굵기 및 종류
고압 가공전선은 인장강도 8.01 [kN] 이상의 고압 절연전선, 특고압 절연전선 또는 **지름 5[mm] 이상의 경동선**의 고압 절연전선, 특고압 절연전선을 사용하여야 한다. 【답】 ④

90 케이블을 지지하기 위하여 사용하는 금속제 케이블 트레이의 종류가 아닌 것은?

① 사다리형 ② 통풍 밀폐형
③ 펀칭형 ④ 바닥 밀폐형

[풀이] 232.41 케이블트레이공사
케이블트레이공사는 케이블을 지지하기 위하여 사용하는 금속재 또는 불연성 재료로 제작된 유닛 또는 유닛의 집합체 및 그에 부속하는 부속재 등으로 구성된 견고한 구조물을 말하며 **사다리형, 펀칭형, 메시형, 바닥밀폐형** 기타 이와 유사한 구조물을 포함하여 적용한다.　　　　　　　　　　**【답】②**

91 발전소·변전소 또는 이에 준하는 곳의 특고압 전로에는 그의 보기 쉬운 곳에 어떤 표시를 반드시 하여야 하는가?
① 모선(母線) 표시
② 상별(相別) 표시
③ 차단(遮斷) 위험표시
④ 수전(受電) 위험표시

[풀이] 351.2 특고압전로의 상 및 접속 상태의 표시
가. 발전소·변전소 또는 이에 준하는 곳의 **특고압전로에는 그의 보기 쉬운 곳에 상별 표시를 하여야 한다.**
나. 발전소·변전소 또는 이에 준하는 곳의 특고압전로에 대하여는 그 접속 상태를 모의모선의 사용 기타의 방법에 의하여 표시하여야 한다. 다만, 이러한 전로에 접속하는 특고압 전선로의 회선수가 2 이하이고 또한 특고압의 모선이 단일모선인 경우에는 그러하지 아니하다.　　**【답】②**

92 전력 보안 통신용 전화설비를 시설하여야 하는 곳은?
① 2개 이상의 발전소 상호 간
② 원격 감시 제어가 되는 변전소
③ 원격 감시 제어가 되는 급전소
④ 원격 감시 제어가 되지 않는 발전소

[풀이] 362.1 전력보안통신설비의 시설 요구사항
발전소, 변전소 및 변환소 에서의 전력보안통신설비의 시설 장소는 다음에 따른다.
가. **원격감시제어가 되지 아니하는 발전소**·변전소·개폐소·전선로 및 이를 운용하는 급전소 및 급전분소 간
나. 2개 이상의 급전소(분소) 상호 간과 이들을 통합 운용하는 급전소(분소) 간
다. 수력설비의 안전상 필요한 양수소 및 강수량 관측소와 수력발전소 간
라. 동일 수계에 속하고 안전상 긴급 연락의 필요가 있는 수력발전소 상호 간
마. 동일 전력계통에 속하고 또한 안전상 긴급연락의 필요가 있는 발전소·변전소 및 개폐소 상호 간　　**【답】④**

93 전기부식방지 시설을 시설할 때 전기부식방지용 전원 장치로부터 양극 및 피방식체까지의 전로의 사용전압은 직류 몇 [V] 이하이어야 하는가?
① 20　　　　② 40
③ 60　　　　④ 80

[풀이] 241.16 전기부식방지 시설
전기부식방지 회로(전기부식방지용 전원장치로부터 양극 및 피방식체까지의 전로를 말한다. 이하 같다.)의 **사용전압은 직류 60[V] 이하일 것.**　　　　　　　　**【답】③**

94 6.6[kV] 지중전선로의 케이블을 직류전원으로 절연 내력시험을 하자면 시험전압은 직류 몇 [V]인가?
① 9900　　　② 14420
③ 16500　　　④ 19800

[풀이] 132 전로의 절연저항 및 절연내력

전로의 종류	접지 방식	시험전압 (최대사용전압의 배수)	최저 시험 전압
1. 7[kV] 이하		1.5배	
2. 7[kV] 초과 25[kV] 이하	다중접지	0.92배	
3. 7[kV] 초과 60[kV] 이하 (2란의 것 제외)		1.25배	10.5[kV]
4. 60[kV] 초과	비접지	1.25배	
5. 60[kV] 초과 (6란과 7란의 것 제외)	접지식	1.1배	75[kV]
6. 60[kV] 초과 (7란의 것 제외)	직접접지	0.72배	
7. 170[kV] 초과 (발전소 또는 변전소 혹은 이에 준하는 장소에 시설하는 것.)	직접접지	0.64배	

※ 전로에 케이블을 사용하는 경우에는 **직류로 시험할 수 있으며, 시험 전압은 교류의 경우의 2배**가 된다.
∴ 시험 전압 = 6.6[kV] × 1.5 × 2 = 19.8[kV] = 19800[V]　　**【답】④**

95 고압 가공전선 상호 간의 접근 또는 교차하여 시설되는 경우, 고압 가공전선 상호 간의 이격거리는 몇 [cm] 이상이어야 하는가? (단, 고압 가공전선은 모두 케이블이 아니라고 한다.)
① 50　　　　② 60
③ 70　　　　④ 80

풀이 332.17 고압 가공전선 상호 간의 접근 또는 교차
고압 가공전선이 다른 고압 가공 전선과 접근상태로 시설되거나 교차하여 시설되는 경우에는 다음에 따라 시설하여야 한다.
가. 고압 가공전선로는 고압 보안공사에 의할 것.
나. 고압 가공전선과 다른 고압 가공 전선과의 이격거리

구 분	고압 가공전선	
	일 반	케이블
고압가공전선	0.8 [m]	0.4 [m]
고압가공전선로의 지지물	0.6 [m]	0.3 [m]

【답】④

96 과전류차단기로 시설하는 퓨즈 중 고압전로에 사용하는 비포장 퓨즈는 정격전류의 몇 배의 전류에 견디어야 하는가?

① 1.1　　　　② 1.25
③ 1.5　　　　④ 2

풀이 341.10 고압 및 특고압 전로 중의 과전류차단기의 시설
가. 과전류차단기로 시설하는 퓨즈 중 고압전로에 사용하는 포장 퓨즈는 정격전류의 1.3배의 전류에 견디고 또한 2배의 전류로 120분 안에 용단되는 것.
나. 과전류차단기로 시설하는 퓨즈 중 고압전로에 사용하는 **비포장 퓨즈는 정격전류의 1.25배의 전류에 견디고 또한 2배의 전류로 2분 안에 용단되는 것.**　【답】②

> 출제기준 변경 및 개정된 관계 법규에 따라 삭제된 문제가 있어 20문항이 안됩니다.

2회　전기설비 기술기준

81 23[kV] 특고압 가공전선로의 전로와 저압 전로를 결합한 주상변압기의 2차측 접지선의 굵기는 공칭단면적이 몇 [mm²] 이상의 연동선인가? (단, 특고압 가공전선로는 중성선 다중접지식의 것을 제외한다.)

① 2.5　　　　② 6
③ 10　　　　④ 16

풀이 142.3.1 접지도체
중성점 접지용 접지도체는 **공칭단면적 16[mm²] 이상의 연동선** 또는 동등 이상의 단면적 및 세기를 가져야 한다. 다만, 다음의 경우에는 공칭단면적 6[mm²] 이상의 연동선 또는 동등 이상의 단면적 및 강도를 가져야 한다.
가. 7[kV] 이하의 전로
나. 사용전압이 25[kV] 이하인 특고압 가공전선로. 다만, 중성선 다중접지식의 것으로서 전로에 지락이 생겼을 때 2초 이내에 자동적으로 이를 전로로부터 차단하는 장치가 되어 있는 것.　【답】④

82 특고압 가공전선로의 지지물 양쪽의 경간의 차가 큰 곳에 사용되는 철탑은?

① 내장형철탑　　② 인류형철탑
③ 각도형철탑　　④ 보강형철탑

풀이 333.11 특고압 가공전선로의 철주·철근 콘크리트주 또는 철탑의 종류
특고압 가공전선로의 지지물로 사용하는 B종 철근·B종 콘크리트주 또는 철탑의 종류는 다음과 같다.
가. 직선형 : 전선로의 직선 부분
(3° 이하의 수평 각도 이루는 곳 포함)에 사용되는 것
나. 각도형 : 전선로 중 수평 각도 3°를 넘는 곳에 사용되는 것
다. 인류형 : 전 가섭선을 인류하는 곳에 사용하는 것
라. **내장형** : 전선로 지지물 **양측의 경간차가 큰 곳에 사용하는 것**
마. 보강형 : 전선로 직선 부분을 보강하기 위하여 사용하는 것　【답】①

83 고압 가공 전선이 경동선 또는 내열동합금선인 경우 안전율의 최소값은?

① 2.0　　　　② 2.2
③ 2.5　　　　④ 4.0

풀이 332.4 고압 가공전선의 안전율
고압 가공전선은 케이블인 경우 이외에는 그 안전율이 **경동선 또는 내열 동합금선은 2.2 이상**, 그 밖의 전선은 2.5 이상이 되는 이도로 시설하여야 한다.　【답】②

84 사용전압 60000[V]인 특고압 가공전선과 그 지지물·지주·완금류 또는 지선 사이의 이격거리는 몇 [cm] 이상이어야 하는가?

① 35　　　　② 40
③ 45　　　　④ 65

풀이 333.5 특고압 가공전선과 지지물 등의 이격거리
특고압 가공전선과 그 지지물·완금류·지주 또는 지선 사이의

이격거리는 표에서 정한 값 이상이어야 한다. 다만, 기술상 부득이한 경우에 위험의 우려가 없도록 시설한 때에는 표에서 정한 값의 0.8배까지 감할 수 있다.

사용전압	이격거리[cm]
15 [kV] 미만	15
15 [kV] 이상 25 [kV] 미만	20
25 [kV] 이상 35 [kV] 미만	25
60 [kV] 이상 70 [kV] 미만	40
130 [kV] 이상 160 [kV] 미만	90

【답】②

85 특고압 가공전선로의 지지물에 시설하는 통신선 또는 이것에 직접 접속하는 통신선일 경우에 설치하여야 할 보안장치로서 모두 옳은 것은?

① 특고압용 제2종 보안장치, 고압용 제2종 보안장치
② 특고압용 제1종 보안장치, 특고압용 제3종 보안장치
③ 특고압용 제2종 보안장치, 특고압용 제3종 보안장치
④ 특고압용 제1종 보안장치, 특고압용 제2종 보안장치

| 풀이 | 362.10 전력보안통신설비의 보안장치

특고압 가공전선로의 지지물에 시설하는 통신선 또는 이에 직접 접속하는 통신선에 접속하는 휴대전화기를 접속하는 곳 및 옥외전화기를 시설하는 곳에는 표준에 적합한 **특고압용 제1종 보안장치, 특고압용 제2종 보안장치** 또는 이에 준하는 보안장치를 시설하여야 한다.   【답】④

86 특고압 가공전선로에서 발생하는 극저주파 전자계는 지표상 1 [m]에서 전계가 몇 [kV/m]이하가 되도록 시설하여야 하는가?

① 3.5 ② 2.5
③ 1.5 ④ 0.5

| 풀이 |
유도장해 방지(기술기준 제17조)
특고압 가공전선로에서 발생하는 극저주파 전자계는 지표상 1[m]에서 전계가 3.5[kV/m] 이하, 자계가 83.3[μT] 이하가 되도록 시설하는 등 상시 정전유도 및 전자유도 작용에 의하여 사람에게 위험을 줄 우려가 없도록 시설하여야 한다. 【답】①

87 철탑의 강도 계산에 사용하는 이상 시 상정하중의 종류가 아닌 것은?

① 좌굴하중 ② 수직하중
③ 수평 횡하중 ④ 수평 종하중

| 풀이 | 333.14 이상 시 상정하중

철탑의 강도계산에 사용하는 **이상 시 상정하중**은 풍압이 전선로에 직각방향으로 가하여지는 경우의 하중과 **전선로의 방향으로 가하여지는 경우의 수직하중, 수평 횡하중, 수평 종하중**을 계산하여 각 부재에 대한 이들의 하중 중 그 부재에 큰 응력이 생기는 쪽의 하중을 채택한다. 【답】①

88 고압 옥내배선을 애자공사로 하는 경우, 전선의 지지점간의 거리는 전선을 조영재의 면을 따라 붙이는 경우 몇 [m] 이하이어야 하는가?

① 1 ② 2
③ 3 ④ 5

| 풀이 | 342.1 고압 옥내배선 등의 시설

전압	전선과 조영재와의 이격 거리	전선 상호 간격	전선 지지점간의 거리	
			조영재의 면을 따라 붙이는 경우	조영재에 따라 시설하지 않는 경우
고압	5 [cm] 이상	8[cm] 이상	2 [m] 이하	6 [m] 이하

【답】②

89 수소냉각식의 발전기·조상기에 부속하는 수소 냉각 장치에서 필요 없는 장치는?

① 수소의 압력을 계측하는 장치
② 수소의 온도를 계측하는 장치
③ 수소의 유량을 계측하는 장치
④ 수소의 순도 저하를 경보하는 장치

| 풀이 | 351.10 수소냉각식 발전기 등의 시설

수소냉각식의 발전기·조상기 또는 이에 부속하는 수소 냉각 장치는 다음 각 호에 따라 시설하여야 한다.
가. 발전기 내부 또는 조상기 내부의 **수소의 순도**가 85 [%] 이하로 저하한 경우에 이를 경보하는 장치를 시설할 것.
나. 발전기 내부 또는 조상기 내부의 **수소의 압력**을 계측하는 장치 및 그 압력이 현저히 변동한 경우에 이를 경보하는 장치를 시설할 것.
다. 발전기 내부 또는 조상기 내부의 **수소의 온도**를 계측하는 장치를 시설할 것. 【답】③

90 동일 지지물에 저압 가공전선(다중접지된 중성선은 제외)과 고압 가공전선을 시설하는 경우 저압 가공전선은?

① 고압 가공전선의 위로 하고 동일 완금류에 시설
② 고압 가공전선과 나란하게 하고 동일 완금류에 시설
③ 고압 가공전선의 아래로 하고 별개의 완금류에 시설
④ 고압 가공전선과 나란하게 하고 별개의 완금류에 시설

풀이 332.8 고압 가공전선 등의 병행설치
저압 가공전선(다중접지된 중성선은 제외한다. 이하 같다)과 고압 가공전선을 동일 지지물에 시설하는 경우에는 다음에 따라야 한다.
가. **저압 가공전선을 고압 가공전선의 아래로 하고 별개의 완금류에 시설할 것.**
나. 저압 가공전선과 고압 가공전선 사이의 이격거리는 0.5[m] 이상일 것. 【답】③

91 저압 옥내배선과 옥내 저압용의 전구선의 시설 방법으로 틀린 것은?

① 쇼케이스 내의 배선에 0.75[mm²]의 캡타이어 케이블을 사용하였다.
② 전광표시장치의 배선으로 0.75[mm²]의 다심 케이블을 사용하였다.
③ 전광표시장치의 배선으로 1.5[mm²]의 연동선을 사용하고 합성수지관에 넣어 시설하였다.
④ 조명용 전원코드로 0.55[mm²]의 캡타이어케이블을 사용하였다.

풀이 231.3 저압 옥내배선의 사용전선
가. 저압 옥내배선의 전선 : 단면적 2.5[mm²] 이상의 연동선
나. 옥내배선의 사용 전압이 400[V] 이하인 경우는 다음에 의하여 시설할 수 있다.
① 전광표시 장치 또는 제어 회로
  • 단면적 1.5[mm²] 이상의 연동선
  • 단면적 0.75[mm²] 이상인 다심케이블 또는 다심 캡타이어 케이블을 사용하고 또한 과전류가 생겼을 때에 자동적으로 전로에서 차단하는 장치를 시설
② 진열장 또는 이와 유사한 것의 내부 배선 : 단면적 0.75[mm²] 이상인 코드 또는 캡타이어케이블 【답】④

92 사용전압 15[kV] 이하인 특고압 가공전선로의 중성선 다중 접지시설은 각 접지선을 중성선으로부터 분리하였을 경우 1[km] 마다의 중성선과 대지사이의 합성 전기저항 값은 몇 [Ω] 이하이어야 하는가?

① 30
② 50
③ 400
④ 500

풀이 333.32 25[kV] 이하인 특고압 가공전선로의 시설
각 접지도체를 중성선으로부터 분리하였을 경우의 각 접지점의 대지 전기저항 값과 1[km]마다 중성선과 대지 사이의 합성전기저항 값은 표에서 정한 값 이하일 것.

사용전압	각 접지점의 대지 전기저항치	1[km] 마다의 합성 전기저항치
15[kV] 이하	300 [Ω]	30 [Ω]
15[kV] 초과 25[kV] 이하	300 [Ω]	15 [Ω]

【답】①

93 저압 및 고압 가공전선의 높이에 대한 기준으로 틀린 것은?

① 철도를 횡단하는 경우는 레일면상 6.5[m] 이상이다.
② 횡단 보도교 위에 시설하는 경우 저압 가공전선은 노면 상에서 3[m] 이상이다.
③ 횡단 보도교 위에 시설하는 경우 고압 가공전선은 그 노면 상에서 3.5[m] 이상이다.
④ 다리의 하부 기타 이와 유사한 장소에 시설하는 저압의 전기철도용 급전선은 지표상 3.5[m] 까지로 감할 수 있다.

풀이 332.5 고압 가공전선의 높이, 222.7 저압 가공전선의 높이
저·고압 가공전선의 높이는 다음에 따라야 한다.

설치장소		가공전선의 높이
도로횡단(번잡하지 않은 도로 제외)		지표상 6 [m] 이상
철도 또는 궤도 횡단		레일면상 6.5 [m] 이상
횡단보도교 위	저압	노면상 3.5 [m] 이상 (단, 절연전선의 경우 3 [m] 이상)
	고압	노면상 3.5 [m] 이상

설치장소	가공전선의 높이
일반장소	지표상 5 [m] 이상. 단, 저압의 경우 절연전선 또는 케이블을 사용하여 교통에 지장이 없도록 하여 옥외조명용에 공급하는 경우 4 [m] 까지 감할 수 있다.
다리의 하부 기타 이와 유사한 장소	저압의 전기철도용 급전선은 지표상 3.5[m] 까지로 감할 수 있다.

【답】②

94 "지중 관로"에 포함되지 않는 것은?
① 지중 전선로
② 지중 레일 선로
③ 지중 약전류 전선로
④ 지중 광섬유 케이블 선로

▣ 풀이 ▣ 112 용어 정의
"지중 관로"란 지중 전선로·지중 약전류 전선로·지중 광섬유 케이블 선로·지중에 시설하는 수관 및 가스관과 이와 유사한 것 및 이들에 부속하는 지중함 등을 말한다.
【답】②

95 전체의 길이가 16[m]이고 설계하중이 6.8[kN] 초과 9.8[kN] 이하인 철근 콘크리트주를 논, 기타 지반이 연약한 곳 이외의 곳에 시설할 때, 묻히는 깊이를 2.5[m] 보다 몇 [cm] 가산하여 시설하는 경우에는 기초의 안전율에 대한 고려 없이 시설하여도 되는가?
① 10
② 20
③ 30
④ 40

▣ 풀이 ▣ 331.7 가공전선로 지지물의 기초의 안전율
가공전선로의 지지물에 하중이 가하여지는 경우에 그 하중을 받는 지지물의 기초의 안전율은 2(이상 시 상정하중이 가하여지는 철탑의 기초에 대하여는 1.33) 이상이어야 한다. 다만, 다음에 따라 시설하는 경우에는 적용하지 않는다.

설계하중 전장	6.8 [kN] 이하	6.8 [kN] 초과 ~9.8 [kN] 이하	9.8 [kN] 초과 ~14.72 [kN] 이하
15 [m] 이하	전장 × 1/6 이상	전장 × 1/6 + 0.3[m] 이상	전장 × 1/6 + 0.5[m] 이상
15 [m] 초과	2.5[m] 이상	2.8[m] 이상	–
16 [m] 초과~20 [m] 이하	2.8[m] 이상	–	–
15 [m] 초과~18 [m] 이하	–	–	3 [m] 이상
18 [m] 초과	–	–	3.2 [m] 이상

【답】③

96 사용전압이 20[kV]인 변전소에 울타리·담 등을 시설하고자 할 때 울타리·담 등의 높이는 몇 [m] 이상이어야 하는가?
① 1
② 2
③ 5
④ 6

▣ 풀이 ▣ 351.1 발전소 등의 울타리·담 등의 시설
가. 울타리·담 등의 높이는 2[m] 이상으로 하고 지표면과 울타리·담 등의 하단사이의 간격은 0.15[m] 이하로 할 것.
나. 울타리·담 등의 높이와 울타리·담 등으로부터 충전부분까지 거리의 합계는 표 에서 정한 값 이상으로 할 것.

사용전압의 구분	울타리·담 등의 높이와 울타리·담 등으로부터 충전 부분까지의 거리의 합계
35 [kV] 이하	5 [m]
35 [kV] 초과 160 [kV] 이하	6 [m]
160 [kV] 초과	• 거리의 합계 = 6 + 단수 × 0.12 [m] • 단수 = $\frac{\text{사용전압 [kV]}-160}{10}$ 단수 계산에서 소수점 이하는 절상

【답】②

97 최대사용전압 440[V]인 전동기의 절연내력 시험전압은 몇 [V] 인가?
① 330
② 440
③ 500
④ 660

▣ 풀이 ▣ 133 회전기 및 정류기의 절연내력

종류		시험 전압	시험 방법
회전기	발전기·전동기·조상기·기타회전기	7[kV] 이하	1.5배 (최저 500 [V])	권선과 대지 사이에 연속하여 10분간
		7[kV] 초과	1.25배 (최저 10.5 [kV])	
	회전 변류기		직류측의 최대사용전압의 1배의 교류전압(최저 500 [V])	

따라서, 시험전압 = 440 × 1.5 = 660[V]
【답】④

> 출제기준 변경 및 개정된 관계 법규에 따라 삭제된 문제가 있어 20문항이 안됩니다.

4회 전기설비 기술기준

81 특고압권선과 고압권선 간에 혼촉방지판을 설치할 때 이 혼촉방지판의 접지저항값은 몇 [Ω] 이하로 유지하여야 하는가?

① 10　　　　　② 30
③ 50　　　　　④ 100

[풀이] 322.3 특고압과 고압의 혼촉 등에 의한 위험방지 시설
변압기에 의하여 특고압전로에 결합되는 고압전로에는 사용전압의 3배 이하인 전압이 가하여진 경우에 방전하는 장치를 그 변압기의 단자에 가까운 1극에 설치하여야 한다. 다만, 다음의 경우 그러하지 아니하다.
가. 사용전압의 3배 이하인 전압이 가하여진 경우에 방전하는 피뢰기를 고압전로의 모선의 각 상에 시설 한 경우
나. 특고압권선과 고압권선 간에 **혼촉방지판을 시설하여 접지저항 값이 10[Ω] 이하** 또는 변압기 중성점 접지의 규정에 따른 접지공사를 한 경우에는 그러하지 아니하다. 【답】①

82 고압 가공전선로에 사용하는 가공지선은 인장강도 5.26[kN] 이상의 것 또는 지름 몇 [mm] 이상의 나경동선이어야 하는가?

① 2　　　　　② 3
③ 4　　　　　④ 5

[풀이] 332.6 고압 가공전선로의 가공지선
고압 가공전선로에 사용하는 가공지선은 인장강도 5.26[kN] 이상의 것 또는 **지름 4[mm] 이상의 나경동선**을 사용한다. 【답】③

83 사람이 접촉할 우려가 있는 접지공사에서 지하 75[cm]로부터 지표상 2[m]까지의 접지도체는 사람의 접촉우려가 없도록 하기 위하여 어느 것을 사용하여 보호하는가?

① 이음부분이 없는 플로어덕트
② 난연성이 없는 콤바인덕트관
③ 두께 2[mm] 이상의 합성수지관
④ 피막의 두께가 균일한 비닐포장지

[풀이] 142.3.1 접지도체
접지도체는 지하 0.75[m] 부터 지표상 2[m] 까지 부분은 합성수지관(**두께 2[mm] 미만의 합성수지제 전선관 및 가연성 콤바인덕트관은 제외한다**) 또는 이와 동등 이상의 절연효과와 강도를 가지는 몰드로 덮어야 한다. 【답】③

84 지중 전선로의 시설 방식이 아닌 것은?

① 관로식　　　　　② 압착식
③ 암거식　　　　　④ 직접 매설식

[풀이] 334.1 지중전선로의 시설
지중 전선로는 전선에 케이블을 사용하고 또한 **관로식·암거식 또는 직접 매설식에 의하여 시설**하여야 한다. 【답】②

85 한 수용장소의 인입선에서 분기하여 지지물을 거치지 않고 다른 수용 장소의 인입구에 이르는 부분의 전선을 무엇이라 하는가?

① 옥상배선　　　　　② 옥외배선
③ 연접인입선　　　　④ 가공인입선

[풀이] 연접 인입선
한 수용 장소의 인입구에서 분기하여 지지물을 거치지 않고 다른 수용 장소의 인입구에 이르는 부분 【답】③

86 가공전선로의 지지물에 하중이 가하여지는 경우에 그 하중을 받는 지지물의 기초의 안전율은 얼마 이상이어야 하는가?

① 0.5　　　　　② 1
③ 1.5　　　　　④ 2

[풀이] 331.7 가공전선로 지지물의 기초의 안전율
가공전선로의 지지물에 하중이 가하여지는 경우에 그 하중을 받는 **지지물의 기초의 안전율은 2**(단, 이상 시 상정하중이 가하여지는 철탑의 기초에 대하여는 1.33) **이상**이어야 한다. 【답】④

87 저압 옥내간선에서 분기하여 전기사용기계기구에 이르는 저압 옥내 전로는 저압 옥내간선과의 분기점에서 전선의 길이가 몇 [m] 이하인 곳에 개폐기 및 과전류차단기를 시설하여야 하는가? 단, 분기점과 분기회로의 과부하 보호장치 설치점 사이의 배선 부분에 다른 분기회로나 콘센트 회로가 접속되어 있지 않고, 단락의 위험과 화재 및 인체에 대한 위험성이 최소화 되도록 시설된 경우이다.

① 2　　　　　② 3
③ 4　　　　　④ 5

[풀이] 212.4.2 과부하 보호장치의 설치 위치

가. 과부하 보호장치는 전로 중 도체의 단면적, 특성, 설치방법, 구성의 변경으로 도체의 허용전류 값이 줄어드는 곳(이하 분기점이라 함)에 설치해야 한다.
나. 과부하 보호장치는 분기점(O)에 설치해야 하나, 분기점(O) 점과 분기회로의 과부하 보호장치(P_2) 설치점 사이의 배선 부분에 다른 분기회로나 콘센트 회로가 접속되어 있지 않고, 다음 중 하나를 충족하는 경우에는 변경이 있는 배선에 설치할 수 있다.
① 분기회로에 대한 단락보호가 이루어지고 있는 경우 : 분기회로의 보호장치 P_2는 분기회로의 분기점(O)으로부터 부하 측으로 거리에 구애 받지 않고 이동하여 설치할 수 있다.

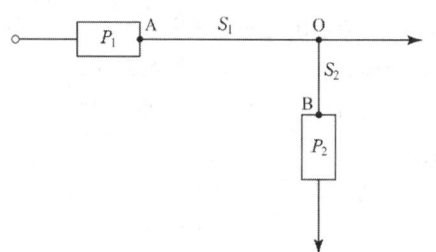

② 단락의 위험과 화재 및 인체에 대한 위험성이 최소화 되도록 시설된 경우 : 분기회로의 보호장치(P_2)는 분기회로의 분기점(O)으로부터 3[m] 까지 이동하여 설치할 수 있다.

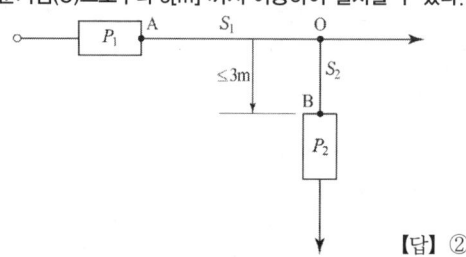

【답】 ②

88 최대 사용전압이 161 [kV], 중성점 직접접지식 전로에 접속되는 변압기 전로의 절연내력 시험전압은 몇 [kV]인가? (단, 성형결선의 것에 한하며, 정류기에 접속하는 권선은 제외한다.)
① 115.92 ② 147.12
③ 187.10 ④ 201.25

▮풀이▮ 135 변압기 전로의 절연내력

권선의 종류 (최대사용전압)	접지방식	시험전압(최대 사용전압의 배수)	최저 시험 전압
1. 7 [kV] 이하		1.5배	500[V]
	다중접지	0.92배	500[V]
2. 7[kV] 초과 25[kV] 이하	다중접지	0.92배	
3. 7[kV] 초과 60[kV] 이하 (2란의 것 제외)		1.25배	10.5[kV]
4. 60[kV] 초과 (8란의 것 제외)	비접지	1.25	
5. 60[kV] 초과 (6란 및 8란의 것 제외)	접지식	1.1배	75 [kV]
6. 60[kV] 초과	직접접지	0.72배	
7. 170[kV] 초과	직접접지	0.64배	

∴ 시험 전압 = 161 × 0.72 = 115.92[kV]   【답】 ①

89 66[kV] 가공전선이 건조물과 제1차 접근상태로 시설되는 경우 가공전선과 건조물 사이의 이격거리는 최소 몇 [m] 이상이어야 하는가? (단, 전선은 나전선으로 한다.)
① 3.0 ② 3.2
③ 3.4 ④ 3.6

▮풀이▮ 333.23 특고압 가공전선과 건조물의 접근
특고압 가공전선이 건조물과 제1차 접근상태로 시설되는 경우에는 다음에 따라야 한다.
가. 특고압 가공전선로는 제3종 특고압 보안공사에 의할 것
나. 사용전압이 35[kV] 이하인 특고압 가공전선과 건조물의 조영재 이격거리는 표에서 정한 값 이상일 것.

건조물과 조영재의 구분	전선종류	접근형태	이격거리
상부 조영재	특고압 절연전선	위쪽	2.5 [m]
		옆쪽 또는 아래쪽	1.5[m] (전선에 사람이 쉽게 접촉할 우려가 없도록 시설한 경우는 1[m])
	케이블	위쪽	1.2 [m]
		옆쪽 또는 아래쪽	0.5 [m]
	기타전선		3[m]
기타 조영재	특고압 절연전선		1.5[m] (전선에 사람이 쉽게 접촉할 우려가 없도록 시설한 경우는 1[m])
	케이블		0.5 [m]
	기타 전선		3 [m]

다. 사용전압이 35[kV]를 초과하는 경우 이격거리는 다음에 따를 것.
• 이격거리 = 35[kV] 이하인 경우 이격거리 + 단수 × 0.15[m]
• 단수 = $\frac{(사용전압 [kV] - 35)}{10}$
⋯ 단수계산에서 소수점 이하는 절상

따라서, • 단수 = $\frac{66-35}{10}$ = 3.1 → 4단
• 이격 거리 = 3+4×0.15 = 3.6 [m]   【답】④

90 지중에 매설된 금속제 수도관로를 접지공사의 접지극으로 사용하려고 할 경우로 틀린 것은?
① 대지와의 전기저항 값이 3[Ω] 이하로 유지되는 금속제 수도관로는 접지공사의 접지극으로 사용할 수 있다.
② 접지도체와 금속제 수도관로의 접속부를 사람이 접촉할 우려가 있는 곳에 설치하는 경우에는 손상을 방지하도록 방호장치를 설치하여야 한다.
③ 대지와의 사이에 전기저항 값이 3[Ω] 이하를 유지하는 건물의 철골은 경우에 따라 접지공사의 접지극으로 사용할 수 있다.
④ 접지도체와 금속제 수도관로의 접속부를 수도계량기로부터 수도 수용가측에 설치하는 경우에는 수도계량기를 사이에 두고 양측 수도관로를 전기적으로 확실하게 연결해야 한다.

풀이 142.2 접지극의 시설 및 접지저항
가. 지중에 매설되어 있고 **대지와의 전기저항 값이 3[Ω] 이하의 값을 유지하고 있는 금속제 수도관로**가 규정에 따르는 경우 접지극으로 사용이 가능하다.
나. **대지와의 사이에 전기저항 값이 2[Ω] 이하인 값을 유지하는 건축물·구조물의 철골 기타의 금속제**는 접지공사의 접지극으로 사용할 수 있다.   【답】③

91 특고압 가공전선로의 지지물로 사용하는 B종 철근·B종 콘크리트주 또는 철탑의 종류 중 전선로의 지지물 양쪽의 경간의 차가 큰 곳에 사용하는 것은?
① 내장형 ② 직선형
③ 인류형 ④ 보강형

풀이 333.11 특고압 가공전선로의 철주·철근 콘크리트주 또는 철탑의 종류
특고압 가공전선로의 지지물로 사용하는 B종 철근·B종 콘크리트주 또는 철탑의 종류는 다음과 같다.
가. 직선형 : 전선로의 직선 부분
 (3° 이하의 수평 각도 이루는 곳 포함)에 사용되는 것
나. 각도형 : 전선로 중 수평 각도 3°를 넘는 곳에 사용되는 것
다. 인류형 : 전 가섭선을 인류하는 곳에 사용하는 것

라. 내장형 : 전선로 지지물 **양측의 경간차가 큰 곳에 사용하는 것**
마. 보강형 : 전선로 직선 부분을 보강하기 위하여 사용하는 것   【답】①

92 고압 가공전선이 사람이 거주 또는 근무하거나 빈번히 출입하거나 모이는 조영물과 접근 상태로 시설되는 경우 고압 가공전선과 상부 조영재의 옆쪽에서의 이격거리는 몇 [m] 이상이어야 하는가? (단, 전선은 경동연선이라고 한다.)
① 0.4 ② 1.0
③ 1.2 ④ 2.0

풀이 332.11 고압 가공전선과 건조물의 접근
222.11 저압 가공전선과 건조물의 접근
저압 가공전선 또는 고압 가공전선이 건조물과 접근 상태로 시설되는 경우에는 다음에 따라야 한다.
가. 고압 가공전선로는 고압 보안공사에 의할 것.
나. 저·고압 가공전선과 건조물의 조영재 사이의 이격거리는 표에서 정한 값 이상일 것.

	사용 전압 부분 공작물의 종류		저압 [m]	고압 [m]
건조물	상부 조영재 위쪽	일반적인 경우	2	2
		전선이 고압절연전선	1	2
		전선이 케이블인 경우	1	1
	기타 조영재 또는 **상부조영재의 옆쪽** 또는 아래쪽	**일반적인 경우**	1.2	**1.2**
		전선이 고압절연전선	0.4	1.2
		전선이 케이블인 경우	0.4	0.4
		사람이 쉽게 접근할 수 없도록 시설한 경우	0.8	0.8

【답】③

93 사람이 접촉할 우려가 없도록 시설된 백열전등 또는 방전등 및 이에 부속하는 전선에 전기를 공급하는 옥내 전로의 대지전압은 최대 몇 [V]인가? (단, 주택의 옥내 전로를 제외한다.)
① 100 ② 150
③ 300 ④ 450

풀이 231.6 옥내전로의 대지 전압의 제한
백열전등 또는 방전등에 전기를 공급하는 옥내의 전로의 **대지전압은 300[V] 이하**여야 한다.   【답】③

94 특고압 가공전선로의 지지물로 사용되는 B종 철근·B종 콘크리트주의 각도형은 전선로 중 최소 몇 도를 초과하는 수평각도를 이루는 곳에 사용하는가?
① 3
② 5
③ 8
④ 10

풀이 333.11 특고압 가공전선로의 철주·철근 콘크리트주 또는 철탑의 종류
특고압 가공전선로의 지지물로 사용하는 B종 철근·B종 콘크리트주 또는 철탑의 종류는 다음과 같다.
가. **직선형** : 전선로의 직선 부분
  (3° 이하의 수평 각도 이루는 곳 포함)에 사용되는 것
나. **각도형** : 전선로 중 수평 각도 3°를 넘는 곳에 사용되는 것
다. **인류형** : 전 가섭선을 인류하는 곳에 사용하는 것
라. **내장형** : 전선로 지지물 양측의 경간차가 큰 곳에 사용하는 것
마. **보강형** : 전선로 직선 부분을 보강하기 위하여 사용하는 것
【답】①

95 다도체를 구성하는 전선이 2가닥마다 수평으로 배열되고 또한 그 전선 상호 간의 거리가 전선의 바깥지름의 20배 이하인 경우 구성재의 수직 투영면적 1[m²]에 대한 풍압하중은 몇 [Pa]인가?
① 444
② 455
③ 666
④ 677

풀이 331.6 풍압하중의 종별과 적용

풍압을 받는 구분		구성재의 수직 투영면적 1[m²]에 대한 풍압
전선 기타 가섭선	다도체 (구성하는 전선이 2가닥마다 수평으로 배열되고 또한 그 전선 상호간의 거리가 전선의 바깥지름의 20배 이하인 것에 한한다.)를 구성하는 전선	666 [Pa]
	기타의 것	745 [Pa]
애자 장치 (특고압 전선용의 것에 한한다)		1039 [Pa]

【답】③

96 금속제가요전선관공사에 의한 저압 옥내배선의 시설 기준에 적합한 것은?
① 옥외용 비닐절연전선을 사용하였다.
② 2종 금속제 가요전선관을 사용하였다.
③ 가요전선관에 접지공사를 생략하였다.
④ 전선은 연동선으로 단면적 16[mm²]의 단선을 사용하였다.

풀이 232.13 금속제 가요전선관공사
가. 전선은 절연전선(옥외용 비닐 절연전선을 제외한다)일 것.
나. 전선은 연선일 것. 다만, 단면적 10[mm²](알루미늄선은 단면적 16[mm²]) 이하인 것은 그러하지 아니하다.
다. 가요전선관 안에는 전선에 접속점이 없도록 할 것.
라. 가요전선관은 **2종 금속제 가요전선관일 것** 【답】②

97 아래 그림은 전력보안통신설비의 보안장치 이다. RP₁에 대한 설명으로 틀린 것은?

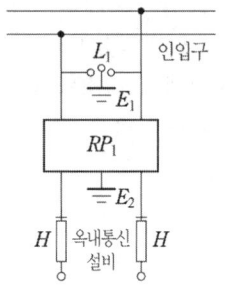

① 전류용량은 50[A]이다.
② 자복성(自復性)이 없는 릴레이 보안기이다.
③ 최소 감도전류 때의 응동시간이 1사이클 이하이다.
④ 교류 300[V] 이하에서 동작하고, 최소 감도전류가 3[A] 이하이다.

풀이 362.5 특고압 가공전선로 첨가설치 통신선의 시가지 인입 제한
• H : 250[mA] 이하에서 동작하는 열 코일
• RP_1 : 교류 300[V] 이하에서 동작하고, 최소 감도 전류가 3[A] 이하로서 최소 감도전류 때의 응동시간이 1사이클 이하이고 또한 전류 용량이 50[A], 20초 이상인 자복성(自復性)이 있는 릴레이 보안기
• L_1 : 교류 1[kV] 이하에서 동작하는 피뢰기
• E_1 및 E_2 : 접지

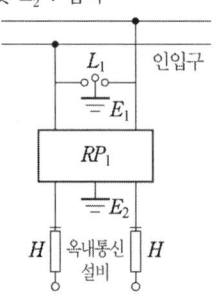

【답】②

98 옥내에 시설하는 저압전선으로 나전선을 사용하고 공사방법으로 애자공사에 의하여 전개된 곳에 시설하는 방법이 아닌 것은?
① 전기로용 전선
② 금속덕트용 전선
③ 전선의 피복 절연물이 부식하는 장소에 시설하는 전선
④ 취급자 이외의 자가 출입할 수 없도록 설비한 장소에 시설하는 전선

풀이 231.4 나전선의 사용 제한
옥내에 시설하는 저압전선에는 나전선을 사용하여서는 아니 된다. 다만, 다음중 어느 하나에 해당하는 경우에는 그러하지 아니하다.
가. 애자공사에 의하여 전개된 곳에 다음의 전선을 시설하는 경우
　① **전기로용 전선**
　② 전선의 **피복 절연물이 부식하는 장소**에 시설하는 전선
나. **버스덕트공사**에 의하여 시설하는 경우
다. **라이팅덕트공사**에 의하여 시설하는 경우
라. **접촉 전선**을 시설하는 경우　　　【답】②

출제기준 변경 및 개정된 관계 법규에 따라 삭제된 문제가 있어 20문항이 안됩니다.

2020년 기출문제

| 1,2회 | 전기설비 기술기준 |

81 가공전선로의 지지물에 지선을 시설하려는 경우 이 지선의 최저 기준으로 옳은 것은?
① 허용인장하중 : 2.11[kN],
　소선지름 : 2.0[mm], 안전율 : 3.0
② 허용인장하중 : 3.21[kN],
　소선지름 : 2.6[mm], 안전율 : 1.5
③ 허용인장하중 : 4.31[kN],
　소선지름 : 1.6[mm], 안전율 : 2.0
④ 허용인장하중 : 4.31[kN],
　소선지름 : 2.6[mm], 안전율 : 2.5

풀이 331.11 지선의 시설
가공전선로의 지지물에 시설하는 지선은 다음에 따라야 한다.
가. 지선의 **안전율은 2.5 이상**일 것. 이 경우에 **허용 인장하중의 최저는 4.31 [kN]**으로 한다.
나. 지선에 연선을 사용할 경우에는 다음에 의할 것.
　① **소선 3가닥 이상**의 연선일 것.
　② **소선의 지름이 2.6[mm] 이상**의 금속선을 사용한 것일 것.
다. 지중부분 및 지표상 0.3[m]까지의 부분에는 내식성이 있는 것 또는 아연도금을 한 철봉을 사용하고 쉽게 부식되지 않는 근가에 견고하게 붙일 것.
라. 도로를 횡단하여 시설하는 지선의 높이는 지표상 5[m] 이상으로 하여야 한다. 【답】④

82 변압기에 의하여 특고압전로에 결합되는 고압전로에는 사용전압의 몇 배 이하인 전압이 가하여진 경우에 방전하는 장치를 그 변압기의 단자에 가까운 1극에 설치하여야 하는가?
① 3　　　　　② 4
③ 5　　　　　④ 6

풀이 322.3 특고압과 고압의 혼촉 등에 의한 위험방지 시설
변압기에 의하여 특고압전로에 결합되는 고압전로에는 **사용전압의 3배 이하**인 전압이 가하여진 경우에 **방전하는** 장치를 그 변압기의 단자에 가까운 1극에 설치하여야 한다. 【답】①

83 수상전선로의 시설기준으로 옳은 것은?
① 사용전압이 고압인 경우에는 클로로프렌 캡타이어 케이블을 사용한다.
② 수상전선로에 사용하는 부대(浮臺)는 쇠사슬 등으로 견고하게 연결한다.
③ 고압 수상전선로에 지락이 생길 때를 대비하여 전로를 수동으로 차단하는 장치를 시설한다.
④ 수상전선로의 전선은 부대의 아래에 지지하여 시설하고 또한 그 절연피복을 손상하지 아니하도록 시설한다.

풀이 335.3 수상전선로의 시설
수상전선로를 시설하는 경우에는 그 사용전압은 저압 또는 고압인 것에 한 한다.
가. 전선
　① 저압 : 클로로프렌 캡타이어 케이블
　② **고압 : 캡타이어 케이블**
나. 수상전선로의 전선과 가공전선로 접속점의 높이
　① 접속점이 육상에 있는 경우 : 지표상 5[m] 이상.
　　다만, 저압인 경우에 도로상 이외의 곳에 있을 때에는 지표상 4[m]
　② 접속점이 수면상에 있는 경우 : 저압 4[m] 이상, 고압 5[m] 이상
다. 수상전선로의 사용전압이 고압인 경우에는 전로에 지락이 생겼을 때에 **자동적으로 전로를 차단**하기 위한 장치를 시설하여야 한다.
라. 수상전선로에 사용하는 **부대(浮臺)는 쇠사슬 등으로 견고하게 연결**한 것일 것.
마. 수상전선로의 **전선은 부대의 위에 지지**하여 시설하고 또한 그 절연피복을 손상하지 아니하도록 시설할 것. 【답】②

84 특고압 가공전선이 가공약전류 전선 등 저압 또는 고압의 가공전선이나 저압 또는 고압의 전차선과 제1차 접근상태로 시설되는 경우 60[kV] 이하 가공전선과 저고압 가공전선 등 또는 이들의 지지물이나 지주 사이의 이격거리는 몇 [m] 이상인가?

① 1.2
② 2
③ 2.6
④ 3.2

풀이 333.26 특고압 가공전선과 저고압 가공전선 등의 접근 또는 교차

특고압 가공전선이 가공약전류전선 등 저압 또는 고압의 가공전선이나 저압 또는 고압의 전차선(이하에서 "저고압 가공전선 등"이라 한다)과 제1차 접근상태로 시설되는 경우

가. 특고압 가공전선로는 제3종 특고압 보안공사에 의할 것.
나. 특고압 가공전선과 저고압 가공 전선 등 또는 이들의 **지지물이나 지주 사이의 이격거리**는 표에서 정한 값 이상일 것.

사용전압의 구분	이격거리
60[kV] 이하	2[m]
60[kV] 초과	• 이격거리 = 2 + 단수 × 0.12 [m] • 단수 = $\frac{\text{전압 [kV]} - 60}{10}$ 단수 계산에서 소수점 이하는 절상

【답】②

85 가공전선로의 지지물에는 취급자가 오르고 내리는데 사용하는 발판 볼트 등은 특별한 경우를 제외하고 지표상 몇 [m] 미만에는 시설하지 않아야 하는가?

① 1.5
② 1.8
③ 2.0
④ 2.2

풀이 331.4 가공전선로 지지물의 철탑오름 및 전주오름 방지

가공전선로의 지지물에 취급자가 오르고 내리는데 사용하는 **발판 볼트 등을 지표상 1.8 [m] 미만에 시설하여서는 아니 된다.**

【답】②

86 옥내 고압용 이동전선의 시설기준에 적합하지 않은 것은?

① 전선은 고압용의 캡타이어케이블을 사용하였다.
② 전로에 지락이 생겼을 때에 자동적으로 전로를 차단하는 장치를 시설하였다.
③ 이동전선과 전기사용기계기구와는 볼트 조임 기타의 방법에 의하여 견고하게 접속하였다.
④ 이동전선에 전기를 공급하는 전로의 중성극에 전용 개폐기 및 과전류 차단기를 시설하였다.

풀이 342.2 옥내 고압용 이동전선의 시설
옥내에 시설하는 고압용 이동전선은 다음에 따라 시설하여야 한다.
가. 전선은 고압용의 캡타이어케이블일 것.
나. 이동전선에 전기를 공급하는 전로에는 전용 개폐기 및 **과전류 차단기를 각극**(과전류 차단기는 다선식 전로의 중성극을 **제외**한다)**에 시설**하고, 또한 전로에 지락이 생겼을 때에 자동적으로 전로를 차단하는 장치를 시설할 것. 【답】④

87 특고압 가공전선과 가공약전류 전선 사이에 보호망을 시설하는 경우 보호망을 구성하는 금속선 상호 간의 간격은 가로 및 세로를 각각 몇 [m] 이하로 시설하여야 하는가?

① 0.75
② 1.0
③ 1.25
④ 1.5

풀이 333.26 특고압 가공전선과 저고압 가공전선 등의 접근 또는 교차
보호망은 규정에 준하여 접지공사를 한 금속제의 망상장치로 하고 또한 다음에 따라 시설하여야 한다.
가. 보호망을 구성하는 금속선은 그 외주 및 특고압 가공전선의 바로 아래에 시설하는 금속선에 인장강도 8.01 [kN] 이상의 것 또는 지름 5 [mm] 이상의 경동선을 사용하고 기타 부분에 시설하는 금속선에 인장강도 3.64 [kN] 이상 또는 지름 4 [mm] 이상의 아연도철선을 사용할 것.
나. 보호망을 구성하는 **금속선 상호 간의 간격은 가로세로 각 1.5 [m] 이하일 것**.
다. 보호망과 저고압 가공전선 등과의 수직 이격거리는 60 [cm] 이상일 것. 【답】④

88 교통신호등의 시설기준에 관한 내용으로 틀린 것은?

① 제어장치의 금속제 외함에 접지공사를 한다.
② 교통신호등 회로의 사용전압은 300[V] 이하로 한다.
③ 교통신호등 회로의 인하선은 지표상 2[m] 이상으로 시설한다.
④ LED를 광원으로 사용하는 교통신호등의 설치는 KS C 7528 "LED 교통신호등"에 적합한 것을 사용한다.

풀이 234.15.4 교통신호등의 인하선
교통신호등의 전구에 접속하는 인하선은 다음에 의하여 시설하여야 한다.
가. **전선의 지표상의 높이는 2.5 [m] 이상**일 것. 다만, 전선을 금속관공사 또는 케이블공사에 의하여 시설하는 경우에는 그러하지 아니하다.
나. 전선을 애자공사에 의하여 시설하는 경우에는 전선을 적당한 간격마다 묶을 것. 【답】③

89 사람이 상시 통행하는 터널 안 배선의 시설기준으로 틀린 것은?
① 사용전압은 저압에 한한다.
② 전로에는 터널의 입구에 가까운 곳에 전용 개폐기를 시설한다.
③ 애자사용 공사에 의하여 시설하고 이를 노면상 2[m] 이상의 높이에 시설한다.
④ 공칭단면적 2.5[mm²] 연동선과 동등 이상의 세기 및 굵기의 절연전선을 사용한다.

풀이 242.7.1 사람이 상시 통행하는 터널 안의 배선의 시설
사람이 상시 통행하는 터널 안의 배선(전기기계기구 안의 배선, 관등회로의 배선 및 소세력 회로의 전선을 제외한다.)은 그 사용전압이 저압의 것에 한하고 또한 다음에 따라 시설하여야 한다.
가. 합성수지관공사, 금속관공사, 금속제가요전선관 공사, 케이블공사 및 애자공사에 의할 것
나. 전선은 공칭단면적 2.5[mm²]의 연동선과 동등 이상의 세기 및 굵기의 절연전선(옥외용 비닐절연전선 및 인입용 비닐절연전선을 제외한다)을 사용하여 **애자공사에 의하여 시설하고 또한 이를 노면상 2.5[m] 이상**의 높이로 할 것.
다. 전로에는 터널의 입구에 가까운 곳에 전용 개폐기를 시설할 것. 【답】③

90 1차측 3300[V], 2차측 220[V]인 변압기 전로의 절연내력 시험전압은 각각 몇 [V]에서 10분간 견디어야 하는가?
① 1차측 4950[V], 2차측 500[V]
② 1차측 4500[V], 2차측 400[V]
③ 1차측 4125[V], 2차측 500[V]
④ 1차측 3300[V], 2차측 400[V]

풀이 135 변압기 전로의 절연내력

권선의 종류 (최대사용전압)	접지방식	시험전압 (최대사용 전압의 배수)	최저 시험 전압
1. 7 [kV] 이하		1.5배	500[V]
	다중접지	0.92배	500[V]
2. 7[kV] 초과 25[kV] 이하	다중접지	0.92배	
3. 7[kV] 초과 60[kV] 이하 (2란의 것 제외)		1.25배	10.5[kV]
4. 60 [kV] 초과 (8란의 것 제외)	비접지	1.25	
5. 60[kV] 초과 (6란 및 8란의 것 제외)	접지식	1.1배	75 [kV]
6. 60[kV] 초과	직접접지	0.72배	
7. 170[kV] 초과	직접접지	0.64배	

- 1차측 시험전압 = 3300×1.5 = 4950[V]
- 2차측 시험전압 = 220×1.5 = 330[V]

그러나 **최저시험전압이 500[V]** 이므로 2차측 시험전압은 500[V]가 되어야 한다. 【답】①

91 고압 가공전선이 교류 전차선과 교차하는 경우, 고압 가공전선으로 케이블을 사용하는 경우 이외에는 단면적 몇 [mm²] 이상의 경동연선(교류 전차선 등과 교차하는 부분을 포함하는 경간에 접속점이 없는 것에 한한다.)을 사용하여야 하는가?
① 14   ② 22
③ 30   ④ 38

풀이 332.15 고압 가공전선과 교류전차선 등의 접근 또는 교차
저압 가공전선 또는 고압 가공전선이 교류 전차선 등과 교차하는 경우에 저압 가공전선 또는 고압 가공전선이 교류 전차선 등의 위에 시설되는 때에는 다음에 따라야 한다.
가. 저압 가공전선에는 케이블을 사용하고 또한 이를 단면적 35[mm²] 이상인 아연도강 연선으로서 인장강도 19.61 [kN] 이상인 것(교류 전차선 등과 교차하는 부분을 포함하는 경간에 접속점이 없는 것에 한한다)으로 조가하여 시설할 것.
나. 고압 가공전선은 케이블인 경우 이외에는 인장강도 14.51 [kN] 이상의 것 또는 **단면적 38 [mm²] 이상의 경동연선**(교류 전차선 등과 교차하는 부분을 포함하는 경간에 접속점이 없는 것에 한한다)일 것.
다. 고압 가공전선이 케이블인 경우에는 이를 단면적 38[mm²] 이상인 아연도강연선으로서 인장강도 19.61 [kN] 이상인 것(교류 전차선 등과 교차하는 부분을 포함하는 경간에 접속점이 없는 것에 한한다)으로 조가하여 시설할 것. 【답】④

92 저압 가공전선과 고압 가공전선을 동일 지지물에 시설하는 경우 이격거리는 몇 [cm] 이상이어야 하는가? (단, 각도주(角度柱)·분기주(分岐柱) 등에서 혼촉(混觸)의 우려가 없도록 시설하는 경우는 제외한다.)

① 50
② 60
③ 70
④ 80

풀이 332.8 고압 가공전선 등의 병행설치
저압 가공전선(다중접지된 중성선은 제외한다. 이하 같다)과 고압 가공전선을 동일 지지물에 시설하는 경우에는 다음에 따라야 한다.
가. 저압 가공전선을 고압 가공전선의 아래로 하고 별개의 완금류에 시설할 것.
나. **저압 가공전선과 고압 가공전선 사이의 이격거리는 0.5[m] 이상일 것.**
다. 다음의 어느 하나에 해당하는 경우에는 "가" 및 "나"에 의하지 아니할 수 있다.
① 고압 가공전선에 케이블을 사용하고, 또한 그 케이블과 저압 가공전선 사이의 이격거리를 0.3[m] 이상으로 하여 시설하는 경우
② 저압 가공인입선을 분기하기 위하여 저압 가공전선을 고압용의 완금류에 견고하게 시설하는 경우 【답】①

93 중성선 다중접지식의 것으로서 전로에 지락이 생겼을 때 2초 이내에 자동적으로 이를 전로로부터 차단하는 장치가 되어 있는 22.9[kV] 특고압 가공전선이 다른 특고압 가공전선과 접근하는 경우 이격거리는 몇 [m] 이상으로 하여야 하는가? (단, 양쪽이 나전선인 경우이다.)

① 0.5
② 1.0
③ 1.5
④ 2.0

풀이 333.32 25 [kV] 이하인 특고압 가공전선로의 시설
사용전압이 15[kV]를 초과하고 25[kV] 이하인 특고압 가공전선로(중성선 다중접지식의 것으로서 전로에 지락이 생겼을 때에 2초 이내에 자동적으로 이를 전로로부터 차단하는 장치가 되어 있는 것에 한한다.)가 상호 간 접근 또는 교차하는 경우 이격거리

사용 전선의 종류	이격거리
어느 한쪽 또는 양쪽이 나전선인 경우	1.5 [m]
양쪽이 특고압 절연전선인 경우	1 [m]
한쪽이 케이블이고 다른 한쪽이 케이블이거나 특고압 절연전선인 경우	0.5 [m]

【답】③

94 고압 또는 특고압 가공전선과 금속제의 울타리가 교차하는 경우 교차점과 좌, 우로 몇 [m] 이내의 개소에 규정에 의한 접지공사를 하여야 하는가? (단, 전선에 케이블을 사용하는 경우는 제외한다.)

① 25
② 35
③ 45
④ 55

풀이 351.1 발전소 등의 울타리·담 등의 시설
고압 또는 특고압 가공전선(전선에 케이블을 사용하는 경우는 제외함)과 금속제의 **울타리·담 등이 교차하는 경우에 금속제의 울타리·담 등에는 교차점과 좌, 우로 45 [m] 이내의 개소에 규정에 의한 접지공사를 하여야 한다.**
또한 울타리·담 등에 문 등이 있는 경우에는 접지공사를 하거나 울타리·담 등과 전기적으로 접속하여야 한다. 다만, 토지의 상황에 의하여 규정에 의한 접지저항 값을 얻기 어려운 경우에는 100 [Ω] 이하로 하고 또한 고압 가공전로는 고압보안공사, 특고압 가공전로는 제2종 특고압 보안공사에 의하여 시설할 수 있다. 【답】③

95 의료장소 중 그룹 1 및 그룹 2의 의료 IT 계통에 시설되는 전기설비의 시설기준으로 틀린 것은?

① 의료용 절연변압기의 정격출력은 10[kVA] 이하로 한다.
② 의료용 절연변압기의 2차측 정격전압은 교류 250[V] 이하로 한다.
③ 전원측에 강화절연을 한 의료용 절연변압기를 설치하고 그 2차측 전로는 접지한다.
④ 절연감시장치를 설치하여 절연저항이 50[kΩ]까지 감소하면 표시설비 및 음향설비로 경보를 발하도록 한다.

풀이 242.10.3 의료장소의 안전을 위한 보호 설비
그룹 1 및 그룹 2의 의료 IT 계통은 다음과 같이 시설할 것.
가. 전원측에 따라 이중 또는 강화절연을 한 비단락보증 절연변압기를 설치하고 그 **2차측 전로는 접지하지 말 것.**
나. 비단락보증 절연변압기의 2차측 정격전압은 교류 250[V] 이하로 하며 공급방식 및 정격출력은 단상 2선식, 10[kVA] 이하로 할 것.
다. 비단락보증 절연변압기의 과부하 및 온도를 지속적으로 감시하는 장치를 적절한 장소에 설치할 것.
라. 의료 IT 계통의 절연상태를 지속적으로 계측, 감시하는 장치를 다음과 같이 설치할 것.
 (1) 절연 감시장치를 설치하여 절연저항이 50[kΩ]까지 감소하면 표시설비 및 음향설비로 경보를 발하도록 할 것.

(2) 표시설비 및 음향설비를 적절한 장소에 배치하여 의료진에 의하여 지속적으로 감시될 수 있도록 할 것.
(3) 수술실 등의 내부에 설치되는 음향설비가 의료행위에 지장을 줄 우려가 있는 경우에는 기능을 정지시킬 수 있는 구조일 것.
마. 의료 IT 계통의 분전반은 의료장소의 내부 혹은 가까운 외부에 설치할 것. 【답】③

96 전력 보안통신 설비인 무선통신용 안테나를 지지하는 목주의 풍압하중에 대한 안전율은 얼마 이상으로 해야 하는가?

① 0.5
② 0.9
③ 1.2
④ 1.5

풀이 364.1 무선용 안테나 등을 지지하는 철탑 등의 시설
전력보안통신설비인 무선통신용 안테나 또는 반사판을 지지하는 목주·철주·철근 콘크리트주 또는 철탑은 다음에 따라 시설하여야 한다. 다만, 무선용 안테나 등이 전선로의 주위상태를 감시할 목적으로 시설되는 것일 경우에는 그러하지 아니하다.
가. 목주는 풍압하중에 대한 안전율은 1.5 이상이어야 한다.
나. 철주·철근 콘크리트주 또는 철탑의 기초 안전율은 1.5 이상이어야 한다. 【답】④

출제기준 변경 및 개정된 관계 법규에 따라 삭제된 문제가 있어 20문항이 안됩니다.

| 3회 | 전기설비 기술기준 |

81 제1종 특고압 보안공사로 시설하는 전선로의 지지물로 사용할 수 없는 것은?

① 목주
② 철탑
③ B종 철주
④ B종 철근 콘크리트주

풀이 333.22 특고압 보안공사
제1종 특고압 보안공사에서 전선로의 지지물은 B종 철주·B종 철근 콘크리트주 또는 철탑을 사용할 것.
즉, **A종 철근콘크리트주 및 목주는 사용 할 수 없다.** 【답】①

82 154[kV] 가공전선과 식물과의 최소 이격거리는 몇 [m]인가?

① 2.8
② 3.2
③ 3.8
④ 4.2

풀이 333.30 특고압 가공전선과 식물의 이격거리

사용전압의 구분	이격거리
60 [kV] 이하	2 [m]
60 [kV] 초과	2 [m]에 사용전압이 60 [kV]를 초과하는 10 [kV] 또는 그 단수마다 12 [cm]를 더한 값

단수 $n = \dfrac{154-60}{10} = 9.4 \rightarrow 10$단

이격거리 $= 2 + 10 \times 0.12 = 3.2 [m]$ 【답】②

83 다음 ( )의 ㉠, ㉡에 들어갈 내용으로 옳은 것은?

"전기철도용 급전선"이란 전기철도용 (㉠)로부터 다른 전기철도용 (㉠) 또는 (㉡)에 이르는 전선을 말한다.

① ㉠ 급전소   ㉡ 개폐소
② ㉠ 궤전선   ㉡ 변전소
③ ㉠ 변전소   ㉡ 전차선
④ ㉠ 전차선   ㉡ 급전소

풀이 112 용어 정의
"전기철도용 급전선"이란 전기철도용 변전소로부터 다른 전기철도용 변전소 또는 전차선에 이르는 전선을 말한다 【답】③

84 저압 가공인입선 시설 시 도로를 횡단하여 시설하는 경우 노면상 높이는 몇 [m] 이상으로 하여야 하는가?

① 4
② 4.5
③ 5
④ 5.5

풀이 221.1.1 저압 인입선의 시설
저압 가공인입선의 높이는 다음에 의할 것.
가. 도로(차도와 보도의 구별이 있는 도로인 경우에는 차도)를 횡단하는 경우 : 노면상 5[m](기술상 부득이한 경우에 교통에 지장이 없을 때에는 3[m]) 이상
나. 철도 또는 궤도를 횡단하는 경우 : 레일면상 6.5[m] 이상
다. 횡단보도교의 위에 시설하는 경우 : 노면상 3[m] 이상
라. "가"에서 "다" 까지 이외의 경우 : 지표상 4[m] 이상

(기술상 부득이한 경우에 교통에 지장이 없을 때에는 2.5[m] 이상) 【답】③

85 기구 등의 전로의 절연내력 시험에서 최대 사용전압이 60[kV]를 초과하는 기구 등의 전로로서 중성점 비접지식 전로에 접속하는 것은 최대 사용전압의 몇 배의 전압에 10분간 견디어야 하는가?

① 0.72 ② 0.92
③ 1.25 ④ 1.5

풀이 136 기구 등의 전로의 절연내력
개폐기·차단기·전력용 커패시터·유도전압조정기·계기용변성기 기타의 기구의 전로 및 발전소·변전소·개폐소 또는 이에 준하는 곳에 시설하는 기계기구의 접속선 및 모선은 표에서 정하는 시험전압을 충전 부분과 대지 사이(다심케이블은 심선 상호 간 및 심선과 대지 사이)에 연속하여 10분간 가하여 절연내력을 시험하였을 때에 이에 견디어야 한다.

전로의 종류	접지 방식	시험전압 (최대사용전압의 배수)	최저 시험 전압
1. 7[kV] 이하		1.5배	
2. 7[kV] 초과 25[kV] 이하	다중접지	0.92배	
3. 7[kV] 초과 60[kV] 이하 (2란의 것 제외)		1.25배	10.5[kV]
4. 60[kV] 초과	비접지	1.25배	
5. 60[kV] 초과 (6란과 7란의 것 제외)	접지식	1.1배	75[kV]
6. 60[kV] 초과 (7란의 것 제외)	직접접지	0.72배	
7. 170[kV] 초과 (발전소 또는 변전소 혹은 이에 준하는 장소에 시설하는 것.)	직접접지	0.64배	

【답】③

86 저압 가공전선(다중접지된 중성선은 제외한다)과 고압 가공전선을 동일 지지물에 시설하는 경우 저압 가공전선과 고압 가공전선 사이의 이격거리는 몇 [cm] 이상이어야 하는가? (단, 각도주(角度柱)·분기주(分岐柱) 등에서 혼촉(混觸)의 우려가 없도록 시설하는 경우가 아니다.)

① 50 ② 60
③ 80 ④ 100

풀이 332.8 고압 가공전선 등의 병행설치
저압 가공전선(다중접지된 중성선은 제외한다. 이하 같다)과 고압 가공전선을 동일 지지물에 시설하는 경우에는 다음에 따라야 한다.
가. 저압 가공전선을 고압 가공전선의 아래로 하고 별개의 완금류에 시설할 것.
나. 저압 가공전선과 고압 가공전선 사이의 이격거리는 0.5[m] 이상일 것.
다. 다음의 어느 하나에 해당하는 경우에는 "가" 및 "나"에 의하지 아니할 수 있다.
  ① 고압 가공전선에 케이블을 사용하고, 또한 그 케이블과 저압 가공전선 사이의 이격거리를 0.3 [m] 이상으로 하여 시설하는 경우
  ② 저압 가공인입선을 분기하기 위하여 저압 가공전선을 고압용의 완금류에 견고하게 시설하는 경우 【답】①

87 폭연성 분진이 많은 장소의 저압 옥내배선에 적합한 배선공사방법은?
① 금속관 공사
② 애자 공사
③ 합성수지관 공사
④ 가요전선관 공사

풀이 242.2.1 폭연성 분진 위험장소
폭연성 분진(마그네슘·알루미늄·티탄·지르코늄) 또는 화약류의 분말이 전기설비가 발화원이 되어 폭발할 우려가 있는 곳에 시설하는 저압 옥내배선, 저압 관등회로 배선, 소세력 회로의 전선은 **금속관공사 또는 케이블공사**(캡타이어 케이블을 사용하는 것을 제외한다)에 의할 것. 【답】①

88 변압기에 의하여 154[kV]에 결합되는 3300[V] 전로에는 몇 배 이하의 사용전압이 가하여진 경우에 방전하는 장치를 그 변압기의 단자에 가까운 1극에 시설하여야 하는가?

① 2 ② 3
③ 4 ④ 5

풀이 322.3 특고압과 고압의 혼촉 등에 의한 위험방지시설
변압기에 의하여 특고압전로에 결합되는 고압전로에는 **사용전압의 3배 이하인 전압**이 가하여진 경우에 방전하는 장치를 그 변압기의 단자에 가까운 1극에 설치하여야 한다. 【답】②

89 특고압 가공전선로의 지지물에 시설하는 통신선 또는 이에 직접 접속하는 통신선이 도로·횡단보도교·철도의 레일 등 또는 교류 전차선 등과 교차하는 경우의 시설기준으로 옳은 것은?

① 인장강도 4.0[kN] 이상의 것 또는 지름 3.5[mm] 경동선일 것
② 통신선이 케이블 또는 광섬유 케이블일 때는 이격거리의 제한이 없다.
③ 통신선과 삭도 또는 다른 가공약전류 전선 등 사이의 이격거리는 20[cm] 이상으로 할 것
④ 통신선이 도로·횡단보도교·철도의 레일과 교차하는 경우에는 통신선은 지름 4[mm]의 절연전선과 동등 이상의 절연 효력이 있을 것

풀이 362.2 전력보안통신선의 시설 높이와 이격거리
특고압 가공전선로의 지지물에 시설하는 통신선 또는 이에 직접 접속하는 통신선이 도로·횡단보도교·철도의 레일·삭도·가공전선·다른 가공약전류 전선 등 또는 교류 전차선 등과 교차하는 경우에는 다음에 따라 시설하여야 한다.
가. 통신선이 도로·횡단보도교·철도의 레일 또는 삭도와 교차하는 경우에는 **통신선은 연선의 경우 단면적 16[mm²](단선의 경우 지름 4[mm])의 절연전선**과 동등 이상의 절연 효력이 있는 것, 인장강도 8.01[kN] 이상의 것 또는 연선의 경우 단면적 25[mm²](단선의 경우 지름 5[mm])의 경동선일 것.
나. 통신선과 삭도 또는 다른 가공약전류 전선 등 사이의 이격거리는 0.8[m](통신선이 케이블 또는 광섬유 케이블일 때는 0.4[m]) 이상으로 할 것. 【답】④

90 절연내력시험은 전로와 대지 사이에 연속하여 10분간 가하여 절연내력을 시험하였을 때에 이에 견디어야 한다. 최대 사용전압이 22.9[kV]인 중성선 다중 접지식 가공전선로의 전로와 대지 사이의 절연내력 시험전압은 몇 [V]인가?

① 16488   ② 21068
③ 22900   ④ 28625

풀이 135 변압기 전로의 절연내력

권선의 종류 (최대사용전압)	접지방식	시험전압 (최대사용 전압의 배수)	최저 시험 전압
1. 7[kV] 이하		1.5배	500[V]
	다중접지	0.92배	500[V]
2. 7[kV] 초과 25[kV] 이하	다중접지	0.92배	
3. 7[kV] 초과 60[kV] 이하 (2란의 것 제외)		1.25배	10.5[kV]
4. 60[kV] 초과 (8란의 것 제외)	비접지	1.25	
5. 60[kV] 초과 (6란 및 8란의 것 제외)	접지식	1.1배	75[kV]
6. 60[kV] 초과	직접접지	0.72배	
7. 170[kV] 초과	직접접지	0.64배	

※ 전로에 케이블을 사용하는 경우에는 직류로 시험할 수 있으며, 시험 전압은 교류의 경우의 2배가 된다.
∴ 시험 전압 = 22900 × 0.92 = 21068[V]   【답】②

91 시가지 또는 그 밖에 인가가 밀집한 지역에 154[kV] 가공전선로의 전선을 케이블로 시설하고자 한다. 이때 가공전선을 지지하는 애자장치의 50[%] 충격섬락전압 값이 그 전선의 근접한 다른 부분을 지지하는 애자장치 값의 몇 [%] 이상이어야 하는가?

① 75   ② 100
③ 105   ④ 110

풀이 333.1 시가지 등에서 특고압 가공전선로의 시설
특고압 가공전선로는 전선이 케이블인 경우 또는 전선로를 다음과 같이 시설하는 경우에는 시가지 그 밖에 인가가 밀집한 지역에 시설할 수 있다.
1. 사용전압이 170[kV] 이하인 전선로를 다음에 의하여 시설하는 경우
가. 특고압 가공전선을 지지하는 애자장치는 다음 중 어느 하나에 의할 것.
(1) 50[%] 충격섬락전압 값이 그 전선의 근접한 다른 부분을 지지하는 애자장치 값의 110[%](**사용전압이 130[kV]를 초과하는 경우는 105[%]**) 이상인 것.
(2) 아킹혼을 붙인 현수애자·장간애자 또는 라인포스트애자를 사용하는 것.
(3) 2련 이상의 현수애자 또는 장간애자를 사용하는 것.
(4) 2개 이상의 핀애자 또는 라인포스트애자를 사용하는 것. 【답】③

92 고압 가공전선으로 ACSR(강심알루미늄연선)을 사용할 때의 안전율은 얼마 이상이 되는 이도(弛度)로 시설하여야 하는가?

① 1.38   ② 2.1
③ 2.5   ④ 4.01

[풀이] 332.4 고압 가공전선의 안전율, 222.6 저압 가공전선의 안전율
가공전선이 케이블 이외인 경우 안전율이 다음 이상이 되는 이도로 시설하여야 한다.
가. 경동선 또는 내열 동합금선 : 2.2 이상
나. 그 밖의 전선 : 2.5
【답】③

93 뱅크용량 15000[kVA] 이상인 분로리액터에서 자동적으로 전로로부터 차단하는 장치가 동작하는 경우가 아닌 것은?
① 내부 고장 시
② 과전류 발생 시
③ 과전압 발생 시
④ 온도가 현저히 상승한 경우

[풀이] 351.5 조상설비의 보호장치
조상 설비에는 그 내부에 고장이 생긴 경우에 보호하는 장치를 표와 같이 시설하여야 한다.

설비 종별	뱅크 용량의 구분	자동적으로 전로로부터 차단하는 장치
전력용 커패시터 및 분로리액터	500 [kVA] 초과 15,000 [kVA] 미만	・내부에 고장이 생긴 경우 ・과전류가 생긴 경우
	15,000 [kVA] 이상	・내부에 고장이 생긴 경우 ・과전류가 생긴 경우 ・과전압이 생긴 경우
조상기	15,000 [kVA] 이상	・내부에 고장이 생긴 경우

【답】④

94 욕조나 샤워시설이 있는 욕실 또는 화장실 등 인체가 물에 젖어있는 상태에서 전기를 사용하는 장소에 콘센트를 시설하는 경우에 적합한 누전차단기는?
① 정격감도전류 15[mA] 이하, 동작시간 0.03초 이하의 전류동작형 누전차단기
② 정격감도전류 15[mA] 이하, 동작시간 0.03초 이하의 전압동작형 누전차단기
③ 정격감도전류 20[mA] 이하, 동작시간 0.3초 이하의 전류동작형 누전차단기
④ 정격감도전류 20[mA] 이하, 동작시간 0.3초 이하의 전압동작형 누전차단기

[풀이] 234.5 콘센트의 시설
욕조나 샤워시설이 있는 **욕실 또는 화장실** 등 인체가 물에 젖어 있는 상태에서 전기를 사용하는 장소에 콘센트를 시설하는 경우에는 다음에 따라 시설하여야 한다.
가. 인체감전보호용 **누전차단기**(정격감도전류 15[mA] 이하, 동작시간 0.03[초] 이하의 전류동작형의 것에 한한다) 또는 절연변압기(정격용량 3[kVA] 이하인 것에 한한다)로 보호된 전로에 접속하거나, 인체감전보호용 누전차단기가 부착된 콘센트를 시설하여야 한다.
나. 콘센트는 접지극이 있는 방적형 콘센트를 사용하여 규정에 준하여 접지하여야 한다.
【답】①

95 발전기를 구동하는 풍차의 압유장치의 유압, 압축공기장치의 공기압 또는 전동식 브레이드 제어장치의 전원전압이 현저히 저하한 경우 발전기를 자동적으로 전로로부터 차단하는 장치를 시설하여야 하는 발전기 용량은 몇 [kVA] 이상인가?
① 100
② 300
③ 500
④ 1000

[풀이] 351.3 발전기 등의 보호장치
발전기에는 다음의 경우에 자동적으로 이를 전로로부터 차단하는 장치를 시설하여야 한다.
가. 발전기에 과전류나 과전압이 생긴 경우
나. 용량이 500[kVA] 이상의 발전기를 구동하는 수차의 압유장치의 유압이 현저히 저하한 경우
다. **용량이 100[kVA] 이상의 발전기를 구동하는 풍차의 압유장치의 유압이 현저히 저하한 경우**
라. 용량이 2,000[kVA] 이상인 수차 발전기의 스러스트 베어링의 온도가 현저히 상승한 경우
마. 용량이 10,000[kVA] 이상인 발전기의 내부에 고장이 생긴 경우
바. 정격출력이 10,000[kW]를 초과하는 증기터빈은 그 스러스트베어링이 현저하게 마모되거나 그의 온도가 현저히 상승한 경우
【답】①

96 풀장용 수중조명등에 전기를 공급하기 위하여 사용되는 절연변압기에 대한 설명으로 틀린 것은?
① 절연변압기 2차측 전로의 사용전압은 150[V] 이하이어야 한다.
② 절연변압기의 2차측 전로에는 반드시 접지공사를 하며, 그 저항값은 5[Ω] 이하가 되도록 하여야 한다.
③ 절연변압기의 2차측 전로의 사용전압이 30[V] 이하인 경우에는 1차 권선과 2차 권선 사이에 금속제의 혼촉방지판이 있어야 한다.

④ 절연변압기의 2차측 전로의 사용전압이 30[V]를 초과하는 경우에는 그 전로에 지락이 생겼을 때에 자동적으로 전로를 차단하는 장치가 있어야 한다.

풀이 234.14 수중조명등
가. 수영장 기타 이와 유사한 장소에 사용하는 수중조명등에 전기를 공급하기 위해서는 절연변압기를 사용하고, 그 사용전압은 다음에 의하여야 한다.
  ① 1차측 전로의 사용전압은 400[V] 이하일 것.
  ② 2차측 전로의 사용전압은 150[V] 이하일 것.
나. **절연변압기의 2차 측 전로는 접지하지 말 것**
다. 절연변압기는 그 2차측 전로의 사용전압이 30[V] 이하인 경우는 1차권선과 2차권선 사이에 금속제의 혼촉방지판을 설치하고, 규정에 준하여 접지공사를 하여야 한다.
라. 절연변압기의 2차측 전로의 사용전압이 30[V]를 초과하는 경우에는 그 전로에 지락이 생겼을 때에 자동적으로 전로를 차단하는 정격감도전류 30[mA] 이하의 누전차단기를 시설하여야 한다. 【답】②

97 가공전선로의 지지물에 사용하는 지선의 시설기준과 관련된 내용으로 틀린 것은?
① 지선에 연선을 사용하는 경우 소선(素線) 3가닥 이상의 연선일 것
② 지선의 안전율은 2.5 이상, 허용 인장하중의 최저는 3.31[kN]으로 할 것
③ 지선에 연선을 사용하는 경우 소선의 지름이 2.6[mm] 이상의 금속선을 사용한 것일 것
④ 가공전선로의 지지물로 사용하는 철탑은 지선을 사용하여 그 강도를 분담시키지 않을 것

풀이 331.11 지선의 시설
가. 가공전선로의 지지물로 사용하는 철탑은 지선을 사용하여 그 강도를 분담시켜서는 안 된다.
나. 지선의 **안전율은 2.5 이상**일 것. 이 경우에 허용 인장하중의 **최저는 4.31[kN]**으로 한다.
다. 지선에 연선을 사용할 경우에는 다음에 의할 것.
  ① 소선 3가닥 이상의 연선일 것.
  ② 소선의 지름이 2.6[mm] 이상의 금속선을 사용한 것일 것.
라. 지중부분 및 지표상 0.3[m]까지의 부분에는 내식성이 있는 것 또는 아연도금을 한 철봉을 사용하고 쉽게 부식되지 않는 근가에 견고하게 붙일 것.
마. 도로를 횡단하여 시설하는 지선의 높이는 지표상 5[m] 이상으로 하여야 한다. 【답】②

98 발열선을 도로, 주차장 또는 조영물의 조영재에 고정시켜 시설하는 경우, 발열선에 전기를 공급하는 전로의 대지전압은 몇 [V] 이하이어야 하는가?
① 220
② 300
③ 380
④ 600

풀이 241.12 도로 등의 전열장치
가. 발열선에 전기를 공급하는 전로의 **대지전압은 300[V] 이하**일 것.
나. 발열선은 그 온도가 80[℃]를 넘지 아니하도록 시설할 것. 다만, 도로 또는 옥외주차장에 금속피복을 한 발열선을 시설할 경우에는 발열선의 온도를 120[℃] 이하로 할 수 있다.
다. 발열선은 다른 전기설비·약전류전선 등 또는 수관·가스관이나 이와 유사한 것에 전기적·자기적 또는 열적인 장해를 주지 아니하도록 시설할 것. 【답】②

> 출제기준 변경 및 개정된 관계 법규에 따라 삭제된 문제가 있어 20문항이 안됩니다.

4회 전기설비 기술기준

81 특고압 가공전선로 중 지지물로 직선형의 철탑을 연속하여 10기 이상 사용하는 부분에는 몇 기 이하마다 내장 애자 장치가 되어 있는 철탑 또는 이와 동등 이상의 강도를 가지는 철탑 1기를 시설하여야 하는가?
① 3
② 5
③ 7
④ 10

풀이 333.16 특고압 가공전선로의 내장형 등의 지지물 시설
특고압 가공전선로 중 지지물로서 직선형의 철탑을 연속하여 10기 이상 사용하는 부분에는 **10기 이하마다 장력에 견디는 애자장치가 되어 있는 철탑 또는 이와 동등 이상의 강도를 가지는 철탑 1기를 시설**하여야 한다. 【답】④

82 발열선을 도로, 주차장 또는 조영물의 조영재에 고정시켜 시설하는 경우 발열선에 전기를 공급하는 전로의 대지전압은 몇 [V] 이하이어야 하는가?
① 100
② 150
③ 200
④ 300

풀이 241.12 도로 등의 전열장치
발열선을 도로, 주차장 또는 조영물의 조영재에 고정시켜 시설하는 경우에는 다음에 따라야 한다.
가. 발열선에 전기를 공급하는 **전로의 대지전압은 300[V] 이하**일 것
나. 발열선은 그 온도가 80[℃]를 넘지 아니하도록 시설할 것. 다만, 도로 또는 옥외주차장에 금속피복을 한 발열선을 시설할 경우에는 발열선의 온도를 120[℃] 이하로 할 수 있다.

【답】④

83 태양전지 모듈의 시설에 대한 설명으로 옳은 것은?
① 충전부분은 노출하여 시설할 것
② 출력배선은 극성별로 확인 가능토록 표시할 것
③ 전선은 공칭단면적 1.5[mm^2] 이상의 연동선을 사용할 것
④ 전선을 옥내에 시설할 경우에는 애자공사에 준하여 시설할 것

풀이 520 태양광발전설비
가. 태양전지 모듈, 전선, 개폐기 및 기타 기구는 충전부분이 노출되지 않도록 시설하여야 한다.
나. 모듈의 **출력배선은 극성별로 확인할 수 있도록 표시**할 것
다. 전선은 공칭단면적 2.5[mm^2] 이상의 연동선 또는 이와 동등 이상의 세기 및 굵기의 것일 것.
라. 모듈을 병렬로 접속하는 전로에는 그 주된 전로에 단락전류가 발생할 경우에 전로를 보호하는 과전류차단기 또는 기타 기구를 시설할 것
마. 배선설비 공사는 옥내에 시설할 경우에는 합성수지관공사, 금속관공사, 금속제가요전선관공사, 케이블공사의 규정에 준하여 시설할 것.

【답】②

84 저압 옥측전선로에서 목조의 조영물에 시설할 수 있는 공사방법은?
① 금속관공사
② 버스덕트공사
③ 합성수지관공사
④ 연피 또는 알루미늄 케이블공사

풀이 221.2 옥측전선로
저압 옥측전선로는 다음의 공사방법에 의할 것.
가. 애자공사(전개된 장소에 한한다.)
나. 합성수지관공사
다. 금속관공사(목조 이외의 조영물에 시설하는 경우에 한한다)
라. 버스덕트공사[목조 이외의 조영물(점검할 수 없는 은폐된 장소는 제외한다)에 시설하는 경우에 한한다]
마. 케이블공사(연피 케이블・알루미늄피 케이블 또는 무기물 절연 케이블을 사용하는 경우에는 목조 이외의 조영물에 시설하는 경우에 한한다)

【답】③

85 최대사용전압이 69[kV]인 중성점 비접지식 전로의 절연내력 시험전압은 몇 [kV]인가?
① 63.48
② 75.9
③ 86.25
④ 103.5

풀이 132 전로의 절연저항 및 절연내력

전로의 종류	접지 방식	시험전압 (최대사용전압의 배수)	최저 시험 전압
1. 7[kV] 이하		1.5배	
2. 7[kV] 초과 25[kV] 이하	다중접지	0.92배	
3. 7[kV] 초과 60[kV] 이하 (2란의 것 제외)		1.25배	10.5[kV]
4. 60[kV] 초과	비접지	1.25배	
5. 60[kV] 초과 (6란과 7란의 것 제외)	접지식	1.1배	75[kV]
6. 60[kV] 초과 (7란의 것 제외)	직접접지	0.72배	
7. 170[kV] 초과 (발전소 또는 변전소 혹은 이에 준하는 장소에 시설하는 것.)	직접접지	0.64배	

※ 전로에 케이블을 사용하는 경우에는 직류로 시험할 수 있으며, 시험전압은 교류의 경우의 2배가 된다.
∴ 시험전압 = 69 × 1.25 = 86.25[kV]

【답】③

86 저압전로의 중성점에 접지도체로 시설하는 연동선의 공칭단면적은 몇 [mm^2] 이상이어야 하는가?
① 4[mm^2] 이상
② 6[mm^2] 이상
③ 10[mm^2] 이상
④ 16[mm^2] 이상

풀이 322.5 전로의 중성점의 접지
가. 전로의 중성점 접지공사의 목적
  ① 보호 장치의 확실한 동작의 확보
  ② 이상 전압의 억제
  ③ 대지전압의 저하
나. 접지도체는 공칭단면적 16[mm^2] 이상의 연동선(**저압 전로의 중성점에 시설하는 것은 공칭단면적 6[mm^2] 이상의 연동선**)으로서 고장시 흐르는 전류가 안전하게 통할 수 있는 것을 사용하고 또한 손상을 받을 우려가 없도록 시설할 것.

【답】②

87 그림은 전력선 반송통신용 결합장치의 보안장치를 나타낸 것이다. ㉠, ㉡의 명칭으로 옳게 짝지어진 것은?

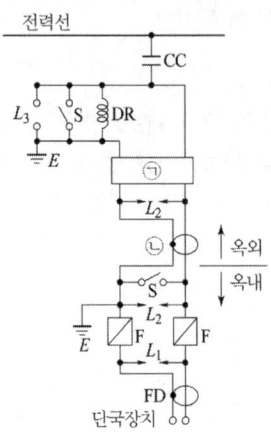

① ㉠ S, ㉡ FD
② ㉠ CF, ㉡ CC
③ ㉠ S, ㉡ CC
④ ㉠ CF, ㉡ FD

풀이 362.11 전력선 반송 통신용 결합장치의 보안장치

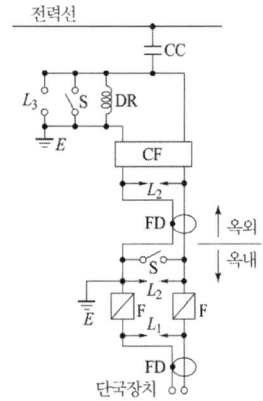

전력선 반송통신용 결합 커패시터에 접속하는 회로에는 그림의 보안장치 또는 이에 준하는 보안장치를 시설하여야 한다.
전력선 반송 통신용 결합 장치의 보안장치
- FD : 동축 케이블
- F : 정격 전류 10[A] 이하의 포장 퓨즈
- DR : 전류 용량 2[A] 이상의 배류 선륜
- L_1 : 교류 300[V] 이하에서 동작하는 피뢰기
- L_2 : 동작 전압이 교류 1,300 [V]를 넘고 1,600 [V] 이하로 조정된 방전갭
- L_3 : 동작 전압이 교류 2 [kV]를 넘고 3 [kV] 이하로 조성된 구상 방전갭
- S : 접지용 개폐기
- CF : 결합 필터
- CC : 결합 콘덴서(결합 안테나를 포함한다)
- E : 접지

【답】 ④

88 전선을 접속하는 방법으로 틀린 것은?
① 전기 저항이 증가되지 않아야 한다.
② 전선의 세기는 30[%] 이상 감소시키지 않아야 한다.
③ 접속 부분을 그 부분의 절연전선 절연물과 동등 이상의 절연 성능이 있는 것으로 충분히 피복할 것
④ 알루미늄을 접속할 때는 고시된 규격에 맞는 접속 기구를 사용한다.

풀이 123 전선의 접속
전선을 접속하는 경우에는 전선의 전기저항을 증가시키지 아니하도록 접속하여야 하며, 또한 다음에 따라야 한다.
1. 절연전선 상호·절연전선과 코드, 캡타이어 케이블과 접속하는 경우에는
   가. **전선의 세기를 20[%] 이상 감소시키지 아니할 것**
   나. 접속부분은 접속관 기타의 기구를 사용할 것.
   다. 접속부분의 절연전선에 절연전선의 절연물과 동등 이상의 절연효력이 있는 것으로 충분히 피복할 것.
2. 코드 상호, 캡타이어 케이블 상호 또는 이들 상호를 접속하는 경우에는 코드 접속기·접속함 기타의 기구를 사용할 것. 다만 공칭단면적이 10[mm^2] 이상인 캡타이어 케이블 상호를 규정에 준하여 접속하는 경우에는 기구를 사용하지 않을 수 있다.
3. 도체에 알루미늄(알루미늄 합금을 포함한다.)을 사용하는 전선과 동(동합금을 포함한다.)을 사용하는 전선을 접속하는 등 전기 화학적 성질이 다른 도체를 접속하는 경우에는 접속부분에 전기적 부식이 생기지 않도록 할 것.

【답】 ②

89 발전소의 개폐기 또는 차단기에 사용하는 압축공기장치의 주 공기탱크에 시설하는 압력계의 최고 눈금의 범위로 옳은 것은?
① 사용압력의 1배 이상 2배 이하
② 사용압력의 1.15배 이상 2배 이하
③ 사용압력의 1.5배 이상 3배 이하
④ 사용압력의 2배 이상 3배 이하

풀이 341.15 압축공기계통
발전소·변전소·개폐소 또는 이에 준하는 곳에서 개폐기 또는 차단기에 사용하는 압축공기장치는 다음에 따라 시설하여야 한다.
가. 공기압축기는 최고 사용압력의 1.5배의 수압(수압을 연속하여 10분간 가하여 시험을 하기 어려울 때에는 최고 사용압력의 1.25배의 기압)을 연속하여 10분간 가하여 시험을 하였을 때에 이에 견디고 또한 새지 아니할 것.

나. 주 공기탱크 또는 이에 근접한 곳에는 **사용압력의 1.5배 이상 3배 이하의 최고 눈금이 있는 압력계를** 시설할 것.
다. 사용 압력에서 공기의 보급이 없는 상태로 개폐기 또는 차단기의 투입 및 차단을 연속하여 1회 이상 할 수 있는 용량을 가지는 것일 것. 【답】③

90 상시 상정하중 중 풍압하중에 전가섭선에 관하여 각 가섭선의 상정 최대장력의 33[%]와 같은 불평균 장력의 수평 종분력에 의한 하중을 가산하여야 할 철탑은?

① 인류형 ② 내장형
③ 보강형 ④ 각도형

풀이 333.13 상시 상정하중
인류형·내장형 또는 보강형·직선형·각도형의 철주·철근 콘크리트주 또는 철탑의 경우에는 풍압하중에 가섭선 불평균 장력에 의한 수평 종하중을 가산한다.
① 인류형 : 전가섭선에 관하여 각 가섭선의 상정 최대장력과 같은 불평균 장력의 수평 종분력에 의한 하중
② **내장형·보강형** : 전가섭선에 관하여 각 가섭선의 **상정 최대장력의 33[%]와 같은 불평균 장력의 수평 종분력에 의한 하중**
③ 직선형 : 전가섭선에 관하여 각 가섭선의 상정 최대장력의 3[%]와 같은 불평균 장력의 수평 종분력에 의한 하중.(단 내장형은 제외한다)
④ 각도형 : 전가섭선에 관하여 각 가섭선의 상정 최대장력의 10[%]와 같은 불평균 장력의 수평 종분력에 의한 하중.
【답】②

91 냉각장치에 고장이 생긴 경우 특고압용 타냉식 변압기의 보호장치는?

① 경보장치 ② 과전류 측정장치
③ 온도 측정장치 ④ 자동차단장치

풀이 351.4 특고압용 변압기의 보호장치
특고압용의 변압기에는 그 내부에 고장이 생겼을 경우에 보호하는 장치를 표와 같이 시설하여야 한다.

뱅크 용량의 구분	동작조건	장치의 종류
5,000 [kVA] 이상 10,000 [kVA] 미만	변압기 내부 고장	자동차단장치 또는 경보장치
10,000 [kVA] 이상	변압기 내부 고장	자동차단장치
타냉식 변압기(변압기의 권선 및 철심을 직접 냉각시키기 위하여 봉입한 냉매를 강제 순환시키는 냉각 방식을 말한다.)	**냉각 장치에 고장이 생긴 경우 또는 변압기의 온도가 현저히 상승하는 경우**	경보장치

【답】①

92 특고압가공전선로의 지지물에 시설하는 통신선 또는 이것에 직접 접속하는 통신선일 경우에 설치하여야 할 보안장치로서 모두 옳은 것은?

① 특고압용 제2종 보안장치, 고압용 제2종 보안장치
② 특고압용 제1종 보안장치, 특고압용 제3종 보안장치
③ 특고압용 제2종 보안장치, 특고압용 제3종 보안장치
④ 특고압용 제1종 보안장치, 특고압용 제2종 보안장치

풀이 362.10 전력보안통신설비의 보안장치
특고압가공전선로의 지지물에 시설하는 통신선 또는 이에 직접 접속하는 통신선에 접속하는 휴대전화기를 접속하는 곳 및 옥외 전화기를 시설하는 곳에는 **특고압용 제1종 보안장치, 특고압용 제2종 보안장치** 또는 이에 준하는 보안장치를 시설하여야 한다.
【답】④

93 전기욕기에 전기를 공급하기 위한 전원장치에 내장되어 있는 전원변압기의 2차 측 전로의 사용전압은 몇 [V] 이하인 것을 사용하여야 하는가?

① 5 ② 10
③ 25 ④ 35

풀이 241.2 전기욕기
전기욕기에 전기를 공급하기 위한 전기욕기용 전원장치(내장되는 전원 **변압기의 2차측 전로의 사용전압이 10[V] 이하의 것에 한한다**)는 안전기준에 적합하여야 한다. 【답】②

94 400[V] 이하의 저압 가공전선은 절연전선을 사용하는 경우 몇 [mm] 이상의 경동선을 사용해야 하는가?

① 1.6 ② 2.0
③ 2.6 ④ 3.2

풀이 222.5 저압 가공전선의 굵기 및 종류
가. 저압 가공전선은 나전선(중성선 또는 다중접지된 접지측 전선으로 사용하는 전선에 한한다), 절연전선, 다심형 전선 또는 케이블을 사용하여야 한다.

나. 전선의 굵기

전압	조건	전선의 굵기 및 인장강도
400 [V] 이하	절연전선	인장강도 2.3 [kN] 이상의 것 또는 지름 2.6 [mm] 이상의 경동선
	케이블 이외	인장강도 3.43 [kN] 이상의 것 또는 지름 3.2 [mm] 이상의 경동선
400 [V] 초과인 저압 (케이블 이외)	시가지에 시설	인장강도 8.01 [kN] 이상의 것 또는 지름 5 [mm] 이상의 경동선
	시가지 외에 시설	인장강도 5.26 [kN] 이상의 것 또는 지름 4 [mm] 이상의 경동선

【답】③

95 차량, 기타 중량물의 압력을 받을 우려가 없는 장소에 지중전선로를 직접 매설식에 의하여 매설하는 경우에는 매설 깊이를 몇 [cm] 이상으로 하여야 하는가?

① 40
② 60
③ 80
④ 100

풀이 334.1 지중전선로의 시설
가. 지중 전선로는 전선에 케이블을 사용하고 또한 관로식 · 암거식 또는 직접 매설식에 의하여 시설하여야 한다.
나. 지중 전선로를 직접 매설식에 의하여 시설하는 경우에는 매설 깊이는
① 차량 기타 중량물의 압력을 받을 우려가 있는 장소 : 1.0 [m] 이상
② 기타 장소 : 0.6 [m] 이상

【답】②

96 고압 옥측전선로에 사용할 수 있는 전선은?

① 케이블
② 나경동선
③ 절연전선
④ 다심형 전선

풀이 331.13 옥측전선로
고압 옥측전선로는 전개된 장소에는 다음에 따라 시설하여야 한다.
가. **전선은 케이블일 것.**
나. 케이블은 견고한 관 또는 트라프에 넣거나 사람이 접촉할 우려가 없도록 시설할 것.
다. 케이블을 조영재의 옆면 또는 아랫면에 따라 붙일 경우에는 케이블의 지지점 간의 거리를 2 [m] (수직으로 붙일 경우에는 6[m])이하로 하고 또한 피복을 손상하지 아니하도록 붙일 것.

【답】①

97 금속 덕트 공사에 의한 저압 옥내배선 공사 시설기준에 적합하지 않는 것은?

① 금속 덕트에 넣은 전선의 단면적의 합계가 덕트의 내부 단면적의 20[%] 이하가 되게 하였다.
② 덕트 상호 및 덕트와 금속관과는 전기적으로 완전하게 접속했다.
③ 덕트를 조영재에 붙이는 경우 덕트의 지지점 간의 거리를 4[m] 이하로 견고하게 붙였다.
④ 덕트의 끝부분을 막았다.

풀이 232.31 금속덕트공사
가. 전선은 절연전선(옥외용 비닐절연전선을 제외한다)일 것.
나. 금속덕트에 넣은 전선의 단면적(절연피복의 단면적을 포함한다)의 합계는 덕트의 내부 단면적의 20[%](전광표시 장치, 기타 이와 유사한 장치 또는 제어회로 등의 배선만을 넣는 경우에는 50[%]) 이하일 것.
다. 덕트 상호 간은 견고하고 또한 전기적으로 완전하게 접속할 것.
라. 덕트를 조영재에 붙이는 경우에는 **덕트의 지지점 간의 거리를 3[m]**(수직으로 붙이는 경우에는 6[m]) 이하로 할 것.
마. 덕트의 끝부분은 막을 것.
바. 폭이 50[mm]를 초과하고 또한 두께가 1.2[mm] 이상인 철판 또는 금속제의 것.
사. 덕트는 접지공사를 할 것.

【답】③

98 수상 전선로를 시설하는 경우 알맞은 것은?

① 사용전압이 고압인 경우에는 클로로프렌 캡타이어 케이블을 사용한다.
② 가공전선로의 전선과 접속하는 경우, 접속점이 육상에 있는 경우에는 지표상 4 [m] 이상의 높이로 지지물에 견고하고 붙인다.
③ 가공전선로의 전선과 접속하는 경우, 접속점이 수면상에 있는 경우, 사용전압이 고압인 경우에는 수면상 5 [m] 이상의 높이로 지지물에 견고하게 붙인다.
④ 고압 수상 전선로에 지락이 생길 때를 대비하여 전로를 수동으로 차단하는 장치를 시설한다.

풀이 335.3 수상전선로의 시설
수상전선로를 시설하는 경우에는 그 사용전압은 저압 또는 고압인 것에 한 한다.
가. 전선
① 저압 : 클로로프렌 캡타이어 케이블
② 고압 : 캡타이어 케이블

나. 수상전선로의 전선과 가공전선로 접속점의 높이
  ① 접속점이 육상에 있는 경우 : 지표상 5[m] 이상. 다만, 저압인 경우에 도로상 이외의 곳에 있을 때에는 지표상 4[m]
  ② 접속점이 수면상에 있는 경우 : 저압 4[m] 이상, 고압 5[m] 이상
다. 수상전선로의 사용전압이 고압인 경우에는 전로에 지락이 생겼을 때에 자동적으로 전로를 차단하기 위한 장치를 시설하여야 한다. 【답】 ③

출제기준 변경 및 개정된 관계 법규에 따라 삭제된 문제가 있어 20문항이 안됩니다.

2021년 CBT 복원문제

1회 전기설비 기술기준

81 전기욕기에 전기를 공급하기 위한 전원장치에 내장되어 있는 전원변압기의 2차 측 전로의 사용전압은 몇 [V] 이하인 것을 사용하여야 하는가?
① 5   ② 10
③ 25   ④ 35

풀이 241.2 전기욕기
전기욕기에 전기를 공급하기 위한 전기욕기용 전원장치(내장되는 전원 변압기의 2차측 전로의 사용전압이 10[V] 이하의 것에 한한다)는 안전기준에 적합하여야 한다. 【답】②

82 전력 보안 통신 설비인 무선통신용 안테나 또는 반사판을 지지하는 철근 콘크리트주의 기초의 안전율은 얼마 이상이어야 하는가? 단, 무선통신용 안테나 또는 반사판이 전선로의 주위상태를 감시할 목적으로 시설되는 것이 아닌 경우이다.
① 1.5   ② 2.2
③ 2.5   ④ 4.5

풀이 364.1 무선용 안테나 등을 지지하는 철탑 등의 시설
전력보안통신설비인 무선통신용 안테나 또는 반사판 을 지지하는 목주·철주·철근 콘크리트주 또는 철탑은 다음에 따라 시설하여야 한다. 다만, 무선용 안테나 등이 전선로의 주위상태를 감시할 목적으로 시설되는 것일 경우에는 그러하지 아니하다.
가. 목주는 풍압하중에 대한 안전율은 1.5 이상이어야 한다.
나. 철주·철근 콘크리트주 또는 철탑의 **기초 안전율은 1.5 이상**이어야 한다. 【답】①

83 일반 주택 및 아파트 각 호실의 현관 등에 조명용 백열 전등을 설치할 때, 몇 [분] 이내에 소등되는 타임 스위치를 시설하여야 하는가?
① 1   ② 2
③ 3   ④ 5

풀이 234.6 점멸기의 시설
다음의 경우에는 센서등(타임스위치 포함)을 시설하여야 한다.
가. 관광숙박업 또는 숙박업(여인숙업을 제외한다)에 이용되는 객실의 입구등은 1분 이내에 소등되는 것.
나. 일반주택 및 **아파트 각 호실의 현관등은 3분 이내에 소등**되는 것. 【답】③

84 전자개폐기의 조작회로 또는 초인벨·경보벨 등에 접속하는 전로로서 최대사용전압이 60 [V] 이하인 것으로 대지전압이 몇 [V] 이하인 강 전류 전기의 전송에 사용하는 전로와 변압기로 결합되는 것을 소세력 회로라 하는가?
① 100   ② 150
③ 300   ④ 440

풀이 241.14 소세력 회로
가. 전자 개폐기의 조작회로 또는 초인벨·경보벨 등에 접속하는 전로로서 **최대 사용전압이 60[V] 이하인 것**
나. 소세력 회로에 전기를 공급하기 위한 절연변압기의 사용전압은 **대지전압 300[V] 이하**로 하여야 한다. 【답】③

85 태양전지 모듈의 시설에 대한 설명으로 옳은 것은?
① 충전부분은 노출하여 시설할 것
② 출력배선은 극성별로 확인 가능토록 표시할 것
③ 전선은 공칭단면적 1.5[mm^2] 이상의 연동선을 사용할 것
④ 전선을 옥내에 시설할 경우에는 애자공사에 준하여 시설할 것

풀이 520 태양광발전설비
가. 태양전지 모듈, 전선, 개폐기 및 기타 기구는 충전부분이 노출되지 않도록 시설하여야 한다.
나. 모듈의 **출력배선은 극성별로 확인할 수 있도록 표시**할 것
다. 전선은 공칭단면적 2.5[mm^2] 이상의 연동선 또는 이와 동등 이상의 세기 및 굵기의 것일 것.

라. 모듈을 병렬로 접속하는 전로에는 그 주된 전로에 단락전류가 발생할 경우에 전로를 보호하는 과전류차단기 또는 기타 기구를 시설할 것.
마. 배선설비 공사는 옥내에 시설할 경우에는 합성수지관공사, 금속관공사, 금속제가요전선관공사, 케이블공사의 규정에 준하여 시설할 것. 【답】②

86 저압 옥상전선로의 시설에 대한 설명으로 옳지 않은 것은?

① 전선과 옥상전선로를 시설하는 조영재와의 이격거리를 0.5[m]로 하였다.
② 전선은 상시 부는 바람 등에 의하여 식물에 접촉하지 않도록 시설하였다.
③ 전선은 절연 전선을 사용하였다.
④ 전선은 지름 2.6[mm]의 경동선을 사용하였다.

풀이 221.3 옥상전선로
저압 옥상전선로는 전개된 장소에 다음에 따르고 또한 위험의 우려가 없도록 시설하여야 한다.
가. 전선은 인장강도 2.30[kN] 이상의 것 또는 지름 2.6[mm] 이상의 경동선을 사용할 것.
나. 전선은 절연전선(OW전선을 포함한다.) 또는 이와 동등 이상의 절연효력이 있는 것을 사용할 것.
다. 전선은 조영재에 견고하게 붙인 지지주 또는 지지대에 절연성·난연성 및 내수성이 있는 애자를 사용하여 지지하고 또한 그 지지점 간의 거리는 15[m] 이하일 것.
라. 전선과 그 저압 옥상 전선로를 시설하는 **조영재와의 이격거리는 2[m]**(전선이 고압절연전선, 특고압 절연전선 또는 케이블인 경우에는 1[m]) 이상일 것.
마. 저압 옥상전선로의 전선은 상시 부는 바람 등에 의하여 식물에 접촉하지 아니하도록 시설하여야 한다. 【답】①

87 저압 옥내 배선은 일반적인 경우, 단면적 몇 [mm²] 이상의 연동선 이거나 이와 동등 이상의 세기 및 굵기의 것을 사용하여야 하는가?

① 2.5   ② 4.0
③ 6.0   ④ 10

풀이 231.3 저압 옥내배선의 사용전선
가. **저압 옥내배선의 전선 : 단면적 2.5 [mm²] 이상의 연동선**
나. 옥내배선의 사용 전압이 400 [V] 이하인 경우는 다음에 의하여 시설할 수 있다.
 ① 전광표시 장치 또는 제어 회로
  • 단면적 1.5[mm²] 이상의 연동선
  • 단면적 0.75[mm²] 이상인 다심케이블 또는 다심 캡

타이어 케이블을 사용하고 또한 과전류가 생겼을 때에 자동적으로 전로에서 차단하는 장치를 시설
 ② 진열장 또는 이와 유사한 것의 내부 배선 : 단면적 0.75[mm²] 이상인 코드 또는 캡타이어케이블 【답】①

88 유희용 전차의 시설에 대한 설명 중 틀린 것은?

① 전로의 사용전압은 직류의 경우 60[V] 이하, 교류의 경우 40[V] 이하일 것
② 전기를 공급하기 위하여 사용하는 접촉전선은 제 3레일 방식일 것
③ 전기를 변성하기 위하여 사용하는 변압기의 1차 전압은 400[V] 이하일 것
④ 전차안의 승압용 변압기의 2차 전압은 200[V] 이하일 것

풀이 241.8 유희용 전차
가. 유희용 전차에 전기를 공급하기 위하여 사용하는 변압기의 1차 전압은 400[V] 이하이어야 한다.
나. 유희용 전차에 전기를 공급하는 전원장치의 2차측 단자의 최대사용전압은 직류의 경우 60[V] 이하, 교류의 경우 40[V] 이하일 것.
다. 접촉전선은 제3레일 방식에 의하여 시설할 것.
라. 유희용 전차의 전차 내에서 **승압하여 사용하는 경우** 변압기는 절연변압기를 사용하고 **2차 전압은 150[V] 이하**로 할 것. 【답】④

89 사용전압 66[kV] 가공전선과 6[kV] 가공전선을 동일 지지물에 시설하는 경우, 특고압 가공전선은 케이블인 경우를 제외하고는 단면적이 몇 [mm²]인 경동연선 또는 이와 동등이상의 세기 및 굵기의 연선이어야 하는가?

① 22   ② 38
③ 50   ④ 100

풀이 333.17 특고압 가공전선과 저고압 가공전선 등의 병행설치
사용전압이 35[kV] 을 초과하고 100[kV] 미만인 특고압 가공전선과 저압 또는 고압 가공전선을 동일 지지물에 시설하는 경우에는 다음에 따라 시설하여야 한다.
가. 특고압 가공전선로는 제2종 특고압 보안공사에 의할 것.
나. 특고압 가공전선은 케이블인 경우를 제외하고는 인장강도 21.67[kN] 이상의 연선 또는 **단면적 50[mm²] 이상인 경동연선**일 것.
다. 특고압 가공전선로의 지지물은 철주·철근 콘크리트주 또는 철탑일 것 【답】③

90 전기저장장치를 시설하는 곳에서 계측장치를 시설하지 않아도 되는 것은?
① 주요변압기의 전압, 전류 및 전력
② 축전지 출력 단자의 전압, 전류, 전력
③ 축전지 출력 단자의 충방전 상태
④ 주요변압기의 온도

풀이 512.2.2 계측장치
전기저장장치를 시설하는 곳에는 다음의 사항을 계측하는 장치를 시설하여야 한다.
1. 축전지 출력 단자의 전압, 전류, 전력 및 충방전 상태
2. **주요변압기의 전압, 전류 및 전력**   【답】④

91 최대 사용전압 15[V]를 넘고 30[V] 이하인 소세력 회로에 사용하는 절연변압기의 2차 단락전류 값이 제한을 받지 않을 경우는 2차측에 시설하는 과전류 차단기의 용량이 몇 [A] 이하일 경우인가?
① 0.5   ② 1.5
③ 3.0   ④ 5.0

풀이 241.14 소세력 회로
1. 소세력 회로에 전기를 공급하기 위한 변압기는 절연변압기이어야 한다.
2. 절연변압기의 2차 단락전류는 소세력 회로의 최대사용전압에 따라 표에서 정한 값 이하의 것일 것.

소세력 회로의 최대 사용전압의 구분	2차 단락전류	과전류 차단기의 정격전류
15 [V] 이하	8 [A]	5 [A]
15 [V] 초과 30 [V] 이하	**5 [A]**	**3 [A]**
30 [V] 초과 60 [V] 이하	3 [A]	1.5 [A]

【답】③

92 발전소·변전소 또는 이에 준하는 곳의 특고압 전로에 대한 접속상태를 모의모선의 사용 또는 기타의 방법으로 표시하여야 하는데, 그 표시의 의무가 없는 것은?
① 전선로의 회선수가 3회선 이하로서 복모선
② 전선로의 회선수가 2회선 이하로서 복모선
③ 전선로의 회선수가 3회선 이하로서 단일모선
④ 전선로의 회선수가 2회선 이하로서 단일모선

풀이 351.2 특고압전로의 상 및 접속 상태의 표시
발·변전소, 개폐소 등에 있어서는 보수의 편의를 도모하고 오조작, 오접속을 방지하기 위하여 특고압 전로에는 다음의 시설이 필요하다.
가. 보기 쉬운 곳에 상별표시를 한다.
나. 접속 상태를 모의 모선 등으로 표시한다. 다만, **단모선으로 회선수가 2 이하의 간단한 것은 예외**로 한다.   【답】④

93 과전류차단기로 시설하는 퓨즈 중 고압전로에 사용하는 포장 퓨즈는 2배의 정격전류시 몇 분안에 용단되어야 하는가?
① 2   ② 30
③ 60   ④ 120

풀이 341.10 고압 및 특고압 전로 중의 과전류차단기의 시설
가. 과전류차단기로 시설하는 퓨즈 중 고압전로에 사용하는 **포장 퓨즈는 정격전류의 1.3배의 전류에 견디고 또한 2배의 전류로 120분 안에 용단**되는 것이어야 한다.
나. 과전류차단기로 시설하는 퓨즈 중 고압전로에 사용하는 비포장 퓨즈는 정격전류의 1.25배의 전류에 견디고 또한 2배의 전류로 2분 안에 용단되는 것이어야 한다.   【답】④

94 시가지내에 시설하는 154 [kV] 가공 전선로에 지락 또는 단락이 생겼을 때 몇 초 안에 자동적으로 이를 전로로부터 차단하는 장치를 시설하여야 하는가?
① 1   ② 3
③ 5   ④ 10

풀이 333.1 시가지 등에서 특고압 가공전선로의 시설
사용전압이 100[kV]를 초과하는 특고압 가공전선에 **지락 또는 단락이 생겼을 때에는 1초 이내에 자동적으로 이를 전로로부터 차단하는 장치**를 시설할 것.   【답】①

95 금속관공사에 의한 저압 옥내배선의 방법으로 틀린 것은?
① 전선으로 연선을 사용하였다.
② 옥외용 비닐절연전선을 사용하였다.
③ 콘크리트에 매설하는 관은 두께 1.2[mm] 이상을 사용하였다.
④ 금속관은 접지를 하였다.

풀이 232.12 금속관공사
가. 전선은 절연전선(옥외용 비닐절연전선을 제외한다)일 것.
나. 전선은 연선일 것. 다만, 다음의 것은 적용하지 않는다.
  ① 짧고 가는 금속관에 넣은 것.
  ② 단면적 10[mm²](알루미늄선은 단면적 16[mm²]) 이하의 것.
다. 관의 두께는 다음에 의할 것.
  ① 콘크리트에 매설하는 것은 1.2 [mm] 이상
  ② 콘크리트 매설 이외의 것은 1 [mm] 이상
라. 관에는 접지공사를 할 것.   【답】②

96 최대사용전압이 380 [V]인 3상 유도전동기의 절연내력은 몇 [V]의 시험전압에 견디어야 하는가?
① 475
② 500
③ 570
④ 760

풀이 133 회전기 및 정류기의 절연내력

종류		시험 전압	시험 방법
회전기	발전기·전동기·조상기·기타회전기	7[kV] 이하: 1.5배 (최저 500 [V])	권선과 대지 사이에 연속하여 10분간
		7[kV] 초과: 1.25배 (최저 10.5 [kV])	
	회전 변류기	직류측의 최대사용전압의 1배의 교류전압 (최저 500 [V])	

시험 전압은 최대 사용 전압에 표의 배수를 곱하고 그 값을 권선과 대지간에 10분간 시험한다.
따라서, 시험전압 = 380×1.5 = 570[V]   【답】③

97 계통연계하는 분산형전원을 설치하는 경우에 이상 또는 고장 발생 시 자동적으로 분산형전원을 전력계통으로부터 분리하기 위한 장치를 시설해야 하는 경우가 아닌 것은?
① 역률 저하 상태
② 단독운전 상태
③ 분산형전원의 이상 또는 고장
④ 연계한 전력계통의 이상 또는 고장

풀이 503.2.3 계통 연계용 보호장치의 시설
계통 연계하는 분산형전원설비를 설치하는 경우 다음에 해당하는 이상 또는 고장 발생 시 **자동적으로 분산형전원설비를 전력계통으로부터 분리하기 위한 장치** 시설 및 해당 계통과의 보호협조를 실시하여야 한다.
가. 분산형전원설비의 이상 또는 고장
나. 연계한 전력계통의 이상 또는 고장
다. 단독운전 상태   【답】①

98 백열 전등 또는 방전등에 전기를 공급하는 옥내 전로의 대지전압은 몇 [V]이하 이어야 하는가? 단, 백열전등 또는 방전등 및 이에 부속하는 전선은 사람이 접촉할 우려가 없다고 한다.
① 150
② 220
③ 300
④ 600

풀이 231.6 옥내전로의 대지 전압의 제한
백열전등 또는 방전등에 전기를 공급하는 **옥내의 전로의 대지전압은 300[V] 이하** 이어야 한다.   【답】③

99 전선 기타의 가섭선(架涉線) 주위에 두께 6[mm], 비중 0.9의 빙설이 부착된 상태에서 을종 풍압하중은 구성재의 수직 투영면적 1[m²]당 몇 [Pa]을 기초로 하여 계산하는가? (단, 다도체를 구성하는 전선이 아니라고 한다.)
① 333[Pa]
② 372[Pa]
③ 588[Pa]
④ 666[Pa]

풀이 331.6 풍압하중의 종별과 적용
을종 풍압하중
전선 기타의 가섭선 주위에 두께 6[mm], 비중 0.9의 빙설이 부착된 상태에서 **수직 투영면적 372[Pa]**(다도체를 구성하는 전선은 333[Pa]), 그 이외의 것은 갑종풍압하중의 2분의 1을 기초로 하여 계산한 것.   【답】②

100 가공전선로의 지지물에 지선을 시설할 때 옳은 방법은?
① 지선의 안전률을 2.0 으로 하였다.
② 소선은 최소 2가닥 이상의 연선을 사용하였다.
③ 지중의 부분 및 지표상 20[cm]까지의 부분은 아연도금 철봉 등 내부식성 재료를 사용하였다.
④ 도로를 횡단하는 곳의 지선의 높이는 지표상 5 [m]로 하였다.

[풀이] 331.11 지선의 시설
가. 지선의 안전율은 2.5 이상일 것. 이 경우에 허용 인장하중의 최저는 4.31[kN]으로 한다.
나. 지선에 연선을 사용할 경우에는 다음에 의할 것.
① 소선 3가닥 이상의 연선일 것.
② 소선의 지름이 2.6[mm] 이상의 금속선을 사용한 것일 것.
다. 지중부분 및 지표상 0.3[m]까지의 부분에는 내식성이 있는 것 또는 아연도금을 한 철봉을 사용하고 쉽게 부식되지 않는 근가에 견고하게 붙일 것.
라. 도로를 횡단하여 시설하는 **지선의 높이는 지표상 5[m] 이상**으로 하여야 한다. 다만, 기술상 부득이한 경우로서 교통에 지장을 초래할 우려가 없는 경우에는 지표상 4.5[m] 이상, 보도의 경우에는 2.5[m] 이상으로 할 수 있다. 【답】④

2회   전기설비 기술기준

81 가공 전선로의 지지물 구성체가 강관으로 구성되는 철탑으로 할 경우 갑종 풍압하중은 몇 [Pa]의 풍압을 기초로 하여 계산한 것인가? 단, 단주는 제외하며, 풍압은 구성재의 수직 투영면적 1[m²]에 대한 풍압이다.
① 588   ② 1117
③ 1255   ④ 2157

[풀이] 331.6 풍압하중의 종별과 적용

	단주	원형의 것	588 [Pa]
철탑	(완철류는 제외함)	기타의 것	1,117 [Pa]
	강관으로 구성되는 것(단주는 제외함)		1,255 [Pa]
	기타의 것		2,157 [Pa]

【답】③

82 철탑의 강도 계산에 사용하는 이상 시 상정하중의 종류가 아닌 것은?
① 수직하중   ② 좌굴하중
③ 수평 횡하중   ④ 수평 종하중

[풀이] 333.14 이상 시 상정하중
철탑의 강도계산에 사용하는 **이상 시 상정하중은 풍압이** 전선로에 직각방향으로 가하여지는 경우의 하중과 **전선로의 방향으로 가하여지는 경우의 수직하중, 수평 횡하중, 수평 종하중을 계산**하여 각 부재에 대한 이들의 하중 중 그 부재에 큰 응력이 생기는 쪽의 하중을 채택한다. 【답】②

83 고압 가공인입선이 케이블 이외의 것으로서 그 아래에 위험표시를 하였다면 전선의 지표상 높이는 몇 [m]까지로 감할 수 있는가?
① 2.5[m]   ② 3.5[m]
③ 4.5[m]   ④ 5.5[m]

[풀이] 331.12.1 고압 가공인입선의 시설
고압 가공 인입선의 지표상 높이는 5[m] 이상으로 되어 있으나 인입선에 한하여 **전선의 아래쪽에 위험 표시를 하면 3.5[m]까지로 감할 수 있다** 【답】②

84 조상기의 보호장치로서 내부 고장 시에 자동적으로 전로로부터 차단되는 장치를 설치하여야 하는 조상기 용량은 몇 [kVA] 이상인가?
① 5000   ② 7500
③ 10000   ④ 15000

[풀이] 351.5 조상설비의 보호장치
조상 설비에는 그 내부에 고장이 생긴 경우에 보호하는 장치를 표와 같이 시설하여야 한다.

설비 종별	뱅크 용량의 구분	자동적으로 전로부터 차단하는 장치
전력용 커패시터 및 분로리액터	500 [kVA] 초과 15,000 [kVA] 미만	·내부에 고장이 생긴 경우 ·과전류가 생긴 경우
	15,000 [kVA] 이상	·내부에 고장이 생긴 경우 ·과전류가 생긴 경우 ·과전압이 생긴 경우
조상기	15,000 [kVA] 이상	·내부에 고장이 생긴 경우

【답】④

85 전기철도차량이 전차선로와 접촉한 상태에서 견인력을 끄고 보조전력을 가동한 상태로 정지해 있는 경우, 가공 전차선로의 유효전력이 200 [kW] 이상일 경우 총 역률은 얼마보다 작아서는 안되는가?
① 0.6   ② 0.7
③ 0.8   ④ 0.9

[풀이] 441.4 전기철도차량의 역률
1. 비지속성 최저전압에서 최고 비영구 전압까지의 전압범위에서 유도성 역률 및 전력소비에 대해서만 적용되며, 회생제동 중에는 전압을 제한 범위내로 유지시키기 위하여 유도성 역률을 낮출 수 있다. 다만, 전기철도차량이 전차선로와 접촉한 상태에서 견인력을 끄고 보조전력을 가동한 상태로 정지해 있는 경우, 가공 전차선로의 **유효전력이 200[kW] 이상일 경우 총 역률은 0.8보다는 작아서는 안된다.**

2. 역행 모드에서 전압을 제한 범위 내로 유지하기 위하여 용량성 역률이 허용되며, 규정된 비지속성 최저전압에서 최고 비영구 전압까지의 전압범위에서 용량성 역률은 제한 받지 않는다.
【답】③

86 태양광설비에 시설하여야 하는 계측장치가 아닌 것은?

① 전압
② 전류
③ 역률
④ 전력

풀이 522.3.3 태양광설비의 계측장치
태양광설비에는 **전압, 전류 및 전력을 계측하는 장치**를 시설하여야 한다.
【답】③

87 차량 기타 중량물의 압력을 받을 우려가 없는 장소에 지중 전선로를 직접 매설식에 의하여 시설하는 경우 매설 깊이는 최소 몇 [cm] 이상으로 하면 되는가?

① 30
② 60
③ 80
④ 100

풀이 334.1 지중전선로의 시설
가. 지중 전선로는 전선에 케이블을 사용하고 또한 관로식 · 암거식 또는 직접 매설식에 의하여 시설하여야 한다.
나. 지중 전선로를 직접 매설식에 의하여 시설하는 경우에는 매설 깊이는
 ① **차량 기타 중량물의 압력을 받을 우려가 있는 장소 : 1.0[m] 이상**
 ② **기타 장소 : 0.6[m] 이상**
【답】②

88 내부고장이 발생하는 경우를 대비하여 자동차단장치 또는 경보장치를 시설하여야 하는 특고압용 변압기의 뱅크용량의 구분으로 알맞은 것은?

① 5000 [kVA] 미만
② 5000 [kVA] 이상 10000 [kVA] 미만
③ 10000 [kVA] 이상
④ 타냉식 변압기

풀이 351.4 특고압용 변압기의 보호장치
특고압용의 변압기에는 그 내부에 고장이 생겼을 경우에 보호하는 장치를 표와 같이 시설하여야 한다.

뱅크 용량의 구분	동작조건	장치의 종류
5,000 [kVA] 이상 10,000 [kVA] 미만	변압기 내부 고장	자동차단장치 또는 경보장치
10,000 [kVA] 이상	변압기 내부 고장	자동차단장치
타냉식 변압기(변압기의 권선 및 철심을 직접 냉각시키기 위하여 봉입한 냉매를 강제 순환시키는 냉각 방식을 말한다.)	냉각 장치에 고장이 생긴 경우 또는 변압기의 온도가 현저히 상승한 경우	경보장치

【답】②

89 사용전압이 35 [kV] 이하인 특고압 가공전선이 상부 조영재의 위쪽에서 제1차 접근 상태로 시설되는 경우 특고압 가공전선과 건조물의 조영재 이격거리는 몇 [m] 이상이어야 하는가? 단, 전선의 종류는 케이블이라고 한다.

① 0.5 [m]
② 1.2 [m]
③ 2.5 [m]
④ 3.0 [m]

풀이 333.23 특고압 가공전선과 건조물의 접근
특고압 가공전선이 건조물과 제1차 접근상태로 시설되는 경우에는 다음에 따라야 한다.
가. 특고압 가공전선로는 제3종 특고압 보안공사에 의할 것.
나. 사용전압이 35[kV] 이하인 특고압 가공전선과 건조물의 조영재 이격거리는 표에서 정한 값 이상일 것.

건조물과 조영재의 구분	전선종류	접근형태	이격거리
상부 조영재	특고압 절연전선	위쪽	2.5 [m]
		옆쪽 또는 아래쪽	1.5 [m] (전선에 사람이 쉽게 접촉할 우려가 없도록 시설한 경우는 1 [m])
	케이블	위쪽	1.2 [m]
		옆쪽 또는 아래쪽	0.5 [m]
	기타전선		3 [m]
기타 조영재	특고압 절연전선		1.5 [m] (전선에 사람이 쉽게 접촉할 우려가 없도록 시설한 경우는 1 [m])
	케이블		0.5 [m]
	기타 전선		3 [m]

【답】②

90 그림은 전력선 반송 통신용 결합장치의 보안 장치이다. 그림에서 DR 은 무엇인가?

① 접지형 개폐기
② 결합 필터
③ 방전갭
④ 배류선륜

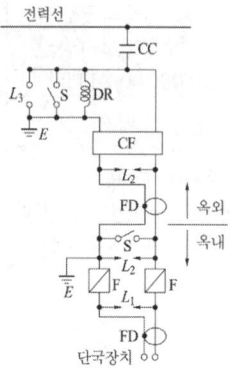

【풀이】 362.10 전력선 반송 통신용 결합장치의 보안장치
전력선 반송통신용 결합 커패시터에 접속하는 회로에는 그림의 보안장치 또는 이에 준하는 보안장치를 시설하여야 한다.
전력선 반송 통신용 결합 장치의 보안장치
- FD : 동축 케이블
- F : 정격 전류 10 [A] 이하의 포장 퓨즈
- DR : 전류 용량 2 [A] 이상의 배류 선륜
- L_1 : 교류 300 [V] 이하에서 동작하는 피뢰기
- L_2 : 동작 전압이 교류 1,300 [V]를 넘고 1,600 [V] 이하로 조정된 방전갭
- L_3 : 동작 전압이 교류 2 [kV]를 넘고 3 [kV] 이하로 조성된 구상 방전갭
- S : 접지용 개폐기
- CF : 결합 필터
- CC : 결합 콘덴서(결합 안테나를 포함한다)
- E : 접지

【답】④

91 발전소 또는 변전소로부터 다른 발전소 또는 변전소를 거치지 아니하고 전차선로에 이르는 전선을 무엇이라 하는가?

① 급전선
② 전기철도용 급전선
③ 급전선로
④ 전기철도용 급전선로

【풀이】 112 용어 정의
"전기철도용 급전선"이란 전기철도용 변전소로부터 다른 전기철도용 변전소 또는 전차선에 이르는 전선을 말한다.
"전기철도용 급전선로"란 전기철도용 급전선 및 이를 지지하거나 수용하는 시설물을 말한다.

【답】②

92 전압이 22.9 [kV]인 중성점 접지식 전로로서 중성선이 있고 그 중성선을 다중접지하는 경우 절연내력 시험전압은 최대 사용전압의 몇 배로 하는가?

① 0.72배
② 0.92배
③ 1.1배
④ 1.25배

【풀이】 132 전로의 절연저항 및 절연내력

전로의 종류	접지 방식	시험전압(최대사용전압의 배수)	최저시험전압
1. 7[kV] 이하		1.5배	
2. 7[kV] 초과 25[kV] 이하	다중접지	0.92배	
3. 7[kV] 초과 60[kV] 이하 (2란의 것 제외)		1.25배	10.5[kV]
4. 60[kV] 초과	비접지	1.25배	
5. 60[kV] 초과 (6란과 7란의 것 제외)	접지식	1.1배	75[kV]
6. 60[kV] 초과(7란의 것 제외)	직접접지	0.72배	
7. 170[kV] 초과 (발전소 또는 변전소 혹은 이에 준하는 장소에 시설하는 것.)	직접접지	0.64배	

【답】②

93 최대사용전압이 3300[V]인 고압용 전동기가 있다. 이 전동기의 절연내력 시험전압은 몇 [V]인가?

① 3630
② 4125
③ 4290
④ 4950

【풀이】 133 회전기 및 정류기의 절연내력

종류		시험 전압	시험 방법
회전기	발전기·전동기·조상기·기타회전기 7[kV] 이하	1.5배 (최저 500 [V])	권선과 대지 사이에 연속하여 10분간
	7[kV] 초과	1.25배 (최저 10.5 [kV])	
	회전 변류기	직류측의 최대사용 전압의 1배의 교류전압(최저 500 [V])	

∴ 시험 전압 = 3300×1.5 = 4950[V]

【답】④

94 사용전압이 380[V]인 옥내배선을 애자공사로 시설할 때 전선과 조영재 사이의 이격거리는 몇 [cm] 이상이어야 하는가?

① 2
② 2.5
③ 4.5
④ 6

풀이 232.56 애자공사

가. 전선은 절연전선(옥외용 비닐 절연전선 및 인입용 비닐 절연전선을 제외한다)일 것.

나. 이격거리

전압		전선과 조영재와의 이격 거리	전선 상호 간격	전선 지지점간의 거리	
				조영재의 윗면 또는 옆면에 따라 시설	조영재에 따라 시설하지 않는 경우
저압	400[V] 이하	2.5 [cm] 이상	—		
	400[V] 초과	건조한 장소	2.5[cm] 이상	6 [cm] 이상	2 [m] 이하	6 [m] 이하
		기타의 장소	4.5[cm] 이상			

【답】②

95 피뢰기를 설치하지 않아도 되는 곳은?

① 발전소·변전소의 가공전선 인입구 및 인출구
② 가공전선로의 말구 부분
③ 가공전선로에 접속한 1차측 전압이 35[kV] 이하인 배전용변압기의 고압측 및 특고압측
④ 고압 및 특고압 가공전선로로부터 공급을 받는 수용 장소의 인입구

풀이 341.13 피뢰기의 시설

고압 및 특고압의 전로 중 다음에 열거하는 곳 또는 이에 근접한 곳에는 피뢰기를 시설하여야 한다.
가. 발전소·변전소 또는 이에 준하는 장소의 **가공전선 인입구 및 인출구**
나. 특고압 가공전선로에 접속하는 **배전용 변압기의 고압측 및 특고압측**
다. 고압 및 특고압 가공전선로로부터 공급을 받는 **수용장소의 인입구**
라. 가공전선로와 지중전선로가 접속되는 곳   【답】②

96 특고압 가공전선로의 지지물에 시설하는 통신선 또는 이에 직접 접속하는 통신선이 도로, 횡단보도교, 철도, 궤도 또는 삭도와 교차하는 경우에는 통신선은 지름 몇 [mm]의 경동선이나 이와 동등이상의 세기의 것이어야 하는가?

① 4
② 4.5
③ 5
④ 5.5

풀이 362.2 전력보안통신케이블의 지상고와 배전설비와의 이격거리

통신선이 도로·횡단보도교·철도의 레일 또는 삭도와 교차하는 경우에는 통신선은 연선의 경우 단면적 16[mm^2](단선의 경우 지름 4[mm])의 절연전선과 동등 이상의 절연 효력이 있는 것, 인장강도 8.01[kN] 이상의 것 또는 **연선의 경우 단면적 25[mm^2](단선의 경우 지름 5[mm])의 경동선일 것.**   【답】③

97 1차 22900[V], 2차 3300[V]의 변압기를 옥외에 시설할 때 구내에 취급자 이외의 사람이 들어가지 아니하도록 울타리를 시설하려고 한다. 이때 울타리의 높이는 몇 [m] 이상으로 하여야 하는가?

① 2[m]
② 3[m]
③ 4[m]
④ 5[m]

풀이 341.4 특고압용 기계기구의 시설

특고압용 기계기구는 다음의 규정에 의하여 시설하는 경우 이외에는 시설하여서는 아니 된다.
가. 기계기구의 주위에 규정에 준하여 울타리·담 등을 시설하는 경우
- 울타리·담 등의 높이 : 2 [m] 이상
- 지표면과 울타리·담 등의 하단사이의 간격 : 0.15 [m] 이하

나. 기계기구를 지표상 5[m] 이상의 높이에 시설하고 충전부분의 지표상의 높이를 표에서 정한 값 이상으로 하고 또한 사람이 접촉할 우려가 없도록 시설하는 경우

사용전압의 구분	울타리·담 등의 높이와 울타리·담 등으로부터 충전 부분까지의 거리의 합계
35 [kV] 이하	5 [m]
35 [kV] 초과 160 [kV] 이하	6 [m]
160 [kV] 초과	• 거리의 합계 = 6 + 단수 × 0.12 [m] • 단수 = $\dfrac{\text{사용전압 [kV]} - 160}{10}$ 단수 계산에서 소수점 이하는 절상

【답】①

98 지중 전선로의 매설방법이 아닌 것은?

① 관로식
② 인입식
③ 암거식
④ 직접 매설식

풀이 334.1 지중전선로의 시설

가. 지중 전선로는 전선에 케이블을 사용하고 또한 관로식·암거식 또는 직접 매설식에 의하여 시설하여야 한다.
나. 지중 전선로를 직접 매설식에 의하여 시설하는 경우에는 매설 깊이를 차량 기타 중량물의 압력을 받을 우려가 있는

장소에는 1.0[m] 이상, 기타 장소에는 0.6[m] 이상으로 하고 또한 지중 전선을 견고한 트라프 기타 방호물에 넣어 시설하여야 한다. 【답】②

99 다음 (㉮), (㉯) 에 들어갈 내용으로 옳은 것은?

"지중전선로는 기설 지중 약전류 전선로에 대하여 (㉮) 또는 (㉯)에 의하여 통신상의 장해를 주지 않도록 기설 약전류 전선로로부터 충분히 이격시키거나 기타 적당한 방법으로 시설하여야 한다."

① ㉮ 정전용량 ㉯ 표피작용
② ㉮ 정전용량 ㉯ 유도작용
③ ㉮ 누설전류 ㉯ 표피작용
④ ㉮ 누설전류 ㉯ 유도작용

풀이 334.5 지중약전류전선의 유도장해 방지
지중전선로는 기설 지중약전류전선로에 대하여 **누설전류 또는 유도작용**에 의하여 통신상의 장해를 주지 않도록 충분히 이격시키거나 기타 적당한 방법으로 시설하여야 한다. 【답】④

100 다음 중 전선 접속 방법이 잘못된 것은?

① 알루미늄과 동을 사용하는 전선을 접속하는 경우에는 접속 부분에 전기적 부식이 생기지 않아야 한다.
② 공칭단면적 10[mm²] 미만인 캡타이어 케이블 상호간을 접속하는 경우에는 접속함을 사용할 수 없다.
③ 절연전선 상호간을 접속하는 경우에는 접속부분을 절연 효력이 있는 것으로 충분히 피복하여야 한다.
④ 나전선 상호간의 접속인 경우에는 전선의 세기를 20[%]이상 감소시키지 않아야 한다.

풀이 123 전선의 접속
전선을 접속하는 경우에는 전선의 전기저항을 증가시키지 아니하도록 접속 하여야 하며, 또한 다음에 따라야 한다.
가. 절연전선 상호·절연전선과 코드, 캡타이어 케이블과 접속하는 경우에는

① 전선의 세기를 20[%] 이상 감소시키지 아니할 것.
② 접속부분은 접속관 기타의 기구를 사용할 것.
③ 접속부분의 절연전선에 절연전선의 절연물과 동등 이상의 절연효력이 있는 것으로 충분히 피복할 것.
나. 코드 상호, 캡타이어 케이블 상호 또는 이들 상호를 접속하는 경우에는 코드 접속기·접속함 기타의 기구를 사용할 것. 다만 공칭단면적이 10[mm²] 이상인 캡타이어 케이블 상호를 규정에 준하여 **접속하는 경우에는 기구를 사용하지 않을 수 있다.**
다. 도체에 알루미늄(알루미늄 합금을 포함한다.)을 사용하는 전선과 동(동합금을 포함한다.)을 사용하는 전선을 접속하는 등 전기 화학적 성질이 다른 도체를 접속하는 경우에는 접속부분에 전기적 부식이 생기지 않도록 할 것. 【답】②

4회 전기설비 기술기준

81 전력보안 통신용 전화설비를 시설하지 않아도 되는 것은?

① 원격감시제어가 되지 아니하는 발전소
② 원격감시제어가 되지 아니하는 변전소
③ 2개 이상의 급전소 상호 간과 이들을 통합 운용하는 급전소 간
④ 발전소로서 전기공급에 지장을 미치지 않고, 휴대용 전력보안통신 전화설비에 의하여 연락이 확보된 경우

풀이 362.1 전력보안통신설비의 시설 요구사항
발전소·변전소 및 개폐소와 기술원 주재소 간에는 전력보안통신 설비의 시설이 요구된다.
다만, 다음 어느 항목에 적합하고 또한 휴대용 또는 이동용 전력 보안통신 전화 설비에 의하여 연락이 확보된 경우에는 그러하지 아니하다.
가. **발전소로서 전기의 공급에 지장을 미치지 않는 것.**
나. 상주감시를 하지 않는 변전소(사용전압이 35[kV] 이하의 것에 한한다.)로서 그 변전소에 접속되는 전선로가 동일 기술원 주재소에 의하여 운용되는 곳. 【답】④

82 타냉식 특고압용 변압기의 냉각장치에 고장이 생긴 경우 시설해야 하는 보호장치는?
① 경보장치   ② 온도측정장치
③ 자동차단장치   ④ 과전류 측정장치

풀이 351.4 특고압용 변압기의 보호장치
특고압용의 변압기에는 그 내부에 고장이 생겼을 경우에 보호하는 장치를 표와 같이 시설하여야 한다.

뱅크 용량의 구분	동작조건	장치의 종류
5,000 [kVA] 이상 10,000 [kVA] 미만	변압기 내부 고장	자동차단장치 또는 경보장치
10,000 [kVA] 이상	변압기 내부 고장	자동차단장치
타냉식 변압기(변압기의 권선 및 철심을 직접 냉각시키기 위하여 봉입한 냉매를 강제 순환시키는 냉각 방식을 말한다.)	냉각 장치에 고장이 생긴 경우 또는 변압기의 온도가 현저히 상승한 경우	경보장치

【답】①

83 금속관공사에 대한 기준으로 틀린 것은?
① 저압 옥내배선에 사용하는 전선으로 옥외용 비닐절연전선을 사용하였다.
② 저압 옥내배선의 금속관 안에는 전선에 접속점이 없도록 하였다.
③ 콘크리트에 매설하는 금속관의 두께는 1.2[mm]를 사용하였다.
④ 금속관에 접지공사를 하였다.

풀이
232.12 금속관공사
가. 전선은 절연전선(옥외용 비닐절연전선을 제외한다)일 것.
나. 전선은 연선일 것. 다만, 다음의 것은 적용하지 않는다.
　① 짧고 가는 금속관에 넣은 것.
　② 단면적 10[mm²](알루미늄선은 단면적 16[mm²]) 이하의 것.
다. 관의 두께는 다음에 의할 것.
　① 콘크리트에 매설하는 것은 1.2 [mm] 이상
　② 콘크리트 매설 이외의 것은 1 [mm] 이상
라. 관에는 접지공사를 할 것. 　　　　【답】①

84 단락전류에 의하여 생기는 기계적 충격에 견디는 것을 요구하지 않는 것은?
① 애자　　② 변압기
③ 조상기　④ 접지선

풀이
발전기 등의 기계적 강도(기술기준 제23조)
발전기, 변압기, 조상기, 모선 또는 이를 지지하는 애자는 단락 전류에 의하여 생긴 기계적 충격에 견디는 것이어야 한다.
【답】④

85 3[kV]의 고압 옥내 배선을 케이블공사로 설계하는 경우 사용할 수 없는 케이블은?
① 연피 케이블
② 비닐 외장 케이블
③ 무기물 절연 케이블
④ 클로로프렌 외장 케이블

풀이 122.5 고압 및 특고압케이블
사용전압이 고압인 전로의 전선으로 사용하는 케이블은
① 클로로프렌외장케이블
② 비닐외장케이블
③ 폴리에틸렌외장케이블
④ 콤바인 덕트 케이블
참고로 **무기물 절연 케이블은 저압만 사용**한다. 【답】③

86 66[kV] 특고압 가공전선로를 시가지에 설치할 때, 전선의 인장강도 21.67[kN] 이상의 연선 또는 단면적 최소 몇 [mm²] 이상의 경동 연선 또는 이와 동등 이상의 세기 및 굵기의 연선을 사용해야 하는가?
① 30　　　　② 38
③ 50　　　　④ 55

풀이 333.1 시가지 등에서 특고압 가공전선로의 시설
사용전압이 170[kV] 이하인 전선로에서의 전선의 굵기

사용전압의 구분	전선의 단면적
100 [kV] 미만	인장강도 21.67 [kN] 이상의 연선 또는 **단면적 55[mm²] 이상의 경동연선**
100 [kV] 이상	인장강도 58.84 [kN] 이상의 연선 또는 단면적 150[mm²] 이상의 경동연선

【답】④

87 사용전압이 60[kV] 이하인 특고압 가공 전선로는 상시정전유도작용에 의한 통신상의 장해가 없도록 시설하기 위하여 전화선로의 길이 12[km]마다 유도전류는 몇 [μA]를 넘지 않도록 하여야 하는가?
① 1[μA]　　② 2[μA]
③ 3[μA]　　④ 5[μA]

풀이
333.2 유도장해의 방지
가. 사용전압이 60[kV] 이하인 경우에는 전화선로의 길이 12 [km] 마다 유도전류가 2[μA]를 넘지 아니하도록 할 것.

나. 사용전압이 60[kV]를 초과하는 경우에는 전화선로의 길이 40[km] 마다 유도전류가 3[μA]을 넘지 아니하도록 할 것.
다. 특고압 가공전선로는 기설 통신선로에 대하여 상시정전 유도 작용에 의하여 통신상의 장해를 주지 아니하도록 시설하여야 한다.

【답】②

88 저압 연접인입선은 폭 몇 [m]를 초과하는 도로를 횡단하지 않아야 하는가?

① 5   ② 6
③ 7   ④ 8

풀이

221.1.2 연접 인입선의 시설
저압 연접인입선은 다음에 따라 시설하여야 한다.
가. 인입선에서 분기하는 점으로부터 100[m]를 초과하는 지역에 미치지 아니할 것.
나. **폭 5[m]를 초과하는 도로를 횡단하지 아니할 것.**
다. 옥내를 통과하지 아니할 것.

【답】①

89 철도 또는 궤도를 횡단하는 저고압 가공전선의 높이는 레일면상 몇 [m] 이상이어야 하는가?

① 5.5   ② 6.5
③ 7.5   ④ 8.5

풀이 332.5 고압 가공전선의 높이,
222.7 저압 가공전선의 높이
저·고압 가공전선의 높이는 다음에 따라야 한다.

설치장소		가공전선의 높이
도로횡단(번잡하지 않은 도로 제외)		지표상 6 [m] 이상
철도 또는 궤도 횡단		레일면상 6.5 [m] 이상
횡단보도교 위	저압	노면상 3.5 [m] 이상 (단, 절연전선의 경우 3 [m] 이상)
	고압	노면상 3.5 [m] 이상
일반장소		지표상 5 [m] 이상. 단, 저압의 경우 절연전선 또는 케이블을 사용하여 교통에 지장이 없도록 하여 옥외조명용에 공급하는 경우 4 [m]까지 감할 수 있다.
다리의 하부 기타 이와 유사한 장소		저압의 전기철도용 급전선은 지표상 3.5[m]까지 감할 수 있다.

【답】②

90 저압 가공전선이 상부 조영재 위쪽에서 접근하는 경우 전선과 상부 조영재간의 이격거리 [m]는 얼마 이상이어야 하는가? (단, 특고압 절연전선 또는 케이블인 경우이다.)

① 0.8
② 1.0
③ 1.2
④ 2.0

풀이 332.11 고압 가공전선과 건조물의 접근
222.11 저압 가공전선과 건조물의 접근
저압 가공전선 또는 고압 가공전선이 건조물과 접근 상태로 시설되는 경우에는 다음에 따라야 한다.
가. 고압 가공전선로는 고압 보안공사에 의할 것.
나. 저·고압 가공전선과 건조물의 조영재 사이의 이격거리는 표에서 정한 값 이상일 것.

사용 전압 부분 공작물의 종류		저압 [m]	고압 [m]
건조물	상부 조영재 위쪽	일반적인 경우	2	2
		전선이 고압절연전선	1	2
		전선이 케이블인 경우	**1**	**1**
	기타 조영재 또는 상부조영재의 옆쪽 또는 아래쪽	일반적인 경우	1.2	1.2
		전선이 고압절연전선	0.4	1.2
		전선이 케이블인 경우	0.4	0.4
		사람이 쉽게 접근 할 수 없도록 시설한 경우	0.8	0.8

【답】②

91 전력보안통신설비로 무선용안테나 등의 시설에 관한 설명으로 옳은 것은?

① 항상 가공전선로의 지지물에 시설한다.
② 피뢰침설비가 불가능한 개소에 시설한다.
③ 접지와 공용으로 사용할 수 있도록 시설한다.
④ 전선로의 주위상태를 감시할 목적으로 시설한다.

풀이 364.2 무선용 안테나 등의 시설 제한
무선용 안테나 등은 **전선로의 주위 상태를 감시**하거나 배전자동화, 원격검침 등 지능형전력망을 목적으로 시설하는 것 이외에는 가공전선로의 지지물에 시설하여서는 아니 된다. 【답】④

92 빙설이 적고 인가가 밀집된 도시에 시설하는 고압 가공 전선로 설계에 사용하는 풍압하중은?

① 갑종 풍압하중
② 을종 풍압하중
③ 병종 풍압하중
④ 갑종 풍압하중과 을종 풍압하중을 각 설비에 따라 혼용

풀이 331.6 풍압하중의 종별과 적용
인가가 많이 연접되어 있는 장소에 시설하는 가공전선로의 구성재 중 다음의 풍압하중에 대하여는 규정에 불구하고 갑종 풍압하중 또는 을종 풍압하중 대신에 **병종 풍압하중을 적용**할 수 있다.
가. 저압 또는 고압 가공전선로의 지지물 또는 가섭선
나. 사용전압이 35 [kV] 이하의 전선에 특고압 절연전선 또는 케이블을 사용하는 특고압 가공전선로의 지지물, 가섭선 및 특고압 가공전선을 지지하는 애자장치 및 완금류
【답】③

93 사용전압이 저압인 전로의 전선 상호간 및 전로와 대지 사이의 절연저항은 DC 시험전압 250[V]에서 몇 [MΩ] 이상이어야 하는가?
단, 전로의 사용전압은 SELV 및 PELV인 경우이다.

① 0.5 ② 1.0
③ 1.5 ④ 2.0

풀이 제52조 저압전로의 절연성능
전기사용 장소의 사용전압이 저압인 전로의 전선 상호간 및 전로와 대지 사이의 절연저항은 개폐기 또는 과전류차단기로 구분할 수 있는 전로마다 다음 표에서 정한 값 이상이어야 한다. 다만, 전선 상호간의 절연저항은 기계기구를 쉽게 분리가 곤란한 분기회로의 경우 기기 접속 전에 측정할 수 있다. 또한, 측정 시 영향을 주거나 손상을 받을 수 있는 SPD 또는 기타 기기 등은 측정 전에 분리시켜야 하고, 부득이하게 분리가 어려운 경우에는 시험전압을 250[V] DC로 낮추어 측정할 수 있지만 절연저항 값은 1[MΩ] 이상이어야 한다.

전로의 사용전압[V]	DC 시험전압[V]	절연저항[MΩ]
SELV 및 PELV	250	0.5
FELV, 500[V] 이하	500	1.0
500[V] 초과	1,000	1.0

【답】①

94 수소냉각식의 발전기, 조상기는 발전기 안 또는 조상기 안의 수소의 순도가 몇 [%] 이하로 저하한 경우에 이를 경보하는 장치를 시설하여야 하는가?

① 70 ② 75
③ 80 ④ 85

풀이 351.10 수소냉각식 발전기 등의 시설
수소냉각식의 발전기·조상기 또는 이에 부속하는 수소 냉각 장치는 발전기 내부 또는 조상기 내부의 **수소의 순도가 85 [%] 이하로 저하한 경우에 이를 경보하는 장치**를 시설할 것.
【답】④

95 특고압 가공전선이 삭도와 제2차 접근상태로 시설할 경우 특고압 가공전선로는 어느 보안공사를 하여야 하는가?

① 고압 보안공사
② 제1종 특고압 보안공사
③ 제2종 특고압 보안공사
④ 제3종 특고압 보안공사

풀이 333.26 특고압 가공전선과 저고압 가공전선 등의 접근 또는 교차
특고압 가공전선이 가공약전류전선 등 저압 또는 고압의 가공전선이나 저압 또는 고압의 전차선(이하에서 "저고압 가공전선 등"이라 한다)과 접근상태로 시설되는 경우
가. 1차 접근상태로 시설되는 경우 : 제3종 특고압 보안공사
나. **2차 접근상태로 시설되는 경우 : 제2종 특고압 보안공사**
【답】③

96 지중 전선로에 있어서 폭발성 가스가 침입할 우려가 있는 장소에 시설하는 지중함은 크기가 몇 [m³] 이상일 때 가스를 방산시키기 위한 장치를 시설하여야 하는가?

① 0.25 ② 0.5
③ 0.75 ④ 1.0

풀이 334.2 지중함의 시설
폭발성 또는 연소성의 가스가 침입할 우려가 있는 것에 시설하는 지중함으로서 그 **크기가 1 [m³] 이상**인 것에는 **통풍장치 기타 가스를 방산시키기 위한 적당한 장치**를 시설할 것. 【답】④

97 발전기·전동기·조상기·기타 회전기(회전 변류기 제외)의 절연내력 시험시 시험전압은 권선과 대지 사이에 연속하여 몇 분 이상 가하여야 하는가?
① 10　　　② 15
③ 20　　　④ 30

풀이 133 회전기 및 정류기의 절연내력

종류		시험 전압	시험 방법
회전기	발전기·전동기·조상기·기타회전기	7[kV] 이하	1.5배 (최저 500 [V])	권선과 대지 사이에 연속하여 10분간
		7[kV] 초과	1.25배 (최저 10.5 [kV])	
	회전 변류기		직류측의 최대사용전압의 1배의 교류전압 (최저 500 [V])	

【답】①

98 특고압 가공 전선로에서 양측의 경간의 차가 큰 곳에 사용하는 철탑의 종류는?
① 내장형　　　② 직선형
③ 인류형　　　④ 보강형

풀이 333.11 특고압 가공전선로의 철주·철근 콘크리트주 또는 철탑의 종류
특고압 가공전선로의 지지물로 사용하는 B종 철근 · B종 콘크리트주 또는 철탑의 종류는 다음과 같다.
가. **직선형** : 전선로의 직선 부분
　　(3° 이하의 수평 각도 이루는 곳 포함)에 사용되는 것
나. **각도형** : 전선로 중 수평 각도 3°를 넘는 곳에 사용되는 것
다. **인류형** : 전 가섭선을 인류하는 곳에 사용하는 것
라. **내장형** : 전선로 지지물 **양측의 경간차가 큰 곳에 사용**하는 것
마. **보강형** : 전선로 직선 부분을 보강하기 위하여 사용하는 것
【답】①

99 차단기에 사용하는 압축공기장치에 대한 설명 중 틀린 것은?
① 공기압축기를 통하는 관은 용접에 의한 잔류응력이 생기지 않도록 할 것
② 주 공기탱크에는 사용압력 1.5배 이상 3배 이하의 최고 눈금이 있는 압력계를 시설할 것
③ 공기압축기는 최고사용압력의 1.5배 수압을 연속하여 10분간 가하여 시험하였을 때 이에 견디고 새지 아니할 것
④ 공기탱크는 사용압력에서 공기의 보급이 없는 상태로 차단기의 투입 및 차단을 연속하여 3회 이상 할 수 있는 용량을 가질 것

풀이 341.15 압축공기계통
발전소 · 변전소 · 개폐소 또는 이에 준하는 곳에서 개폐기 또는 차단기에 사용하는 압축공기장치는 사용 압력에서 **공기의 보급이 없는 상태로** 개폐기 또는 차단기의 **투입 및 차단을 연속하여 1회 이상** 할 수 있는 용량을 가지는 것일 것. 【답】④

100 관등 회로란 무엇인가?
① 분기점으로부터 안정기까지의 전로
② 스위치로부터 방전등까지의 전로
③ 스위치로부터 안정기까지의 전로
④ 방전등용 안정기로부터 방전관까지의 전로

풀이 112 용어 정의
"관등회로"란 방전등용 안정기 또는 방전등용 변압기로부터 방전관까지의 전로를 말한다. 【답】④

2022년 CBT 복원문제

| 1회 | 전기설비 기술기준 |

81 비접지식 고압 전로에 접속되는 변압기의 외함에 실시하는 접지 공사의 접지극으로 사용할 수 있는 건물 철골의 대지 전기 저항은 몇 [Ω] 이하인가?
① 2　　② 3
③ 5　　④ 10

풀이 142.2 접지극의 시설 및 접지저항
가. 지중에 매설되어 있고 대지와의 전기저항 값이 3[Ω] 이하의 값을 유지하고 있는 금속제 수도관로가 규정에 따르는 경우 접지극으로 사용이 가능하다.
나. 대지와의 사이에 전기저항 값이 2[Ω] 이하인 값을 유지하는 **건축물·구조물의 철골 기타의 금속제는 접지공사의 접지극으로 사용할 수 있다.**　【답】①

82 고압 가공전선로의 지지물로 철탑을 사용한 경우 최대경간은 몇 [m]이하이어야 하는가?
① 300　　② 400
③ 500　　④ 600

풀이 332.9 고압 가공전선로 경간의 제한
고압 가공전선로의 경간은 표에서 정한 값 이하이어야 한다.

지지물의 종류	경간
목주·A종 철주 또는 A종 철근 콘크리트주	150[m]
B종 철주 또는 B종 철근 콘크리트주	250[m]
철탑	**600[m]**

【답】④

83 특고압 옥내배선과 저압 옥내전선·관등회로의 배선 또는 고압 옥내전선 사이의 이격거리는 일반적으로 몇 [cm] 이상이어야 하는가?
① 15　　② 30
③ 45　　④ 60

풀이 342.4 특고압 옥내 전기설비의 시설
특고압 옥내배선은 다음에 따르고 또한 위험의 우려가 없도록 시설하여야 한다.
가. 사용전압은 100[kV] 이하일 것. 다만, 케이블트레이배선에 의하여 시설하는 경우에는 35[kV] 이하일 것.
나. 전선은 케이블일 것.
다. **특고압 옥내배선과 저압 옥내전선·관등회로의 배선 또는 고압 옥내전선 사이 : 0.6[m] 이상**　【답】④

84 특고압 가공전선로에 사용하는 가공지선에는 지름 몇 [mm] 이상의 나경동선을 사용하여야 하는가?
① 2.6　　② 3.5
③ 4　　④ 5

풀이 333.8 특고압 가공전선로의 가공지선
특고압 가공전선로에 사용하는 가공지선은 다음과 같다.
가. 인장강도 8.01 [kN] 이상의 나선
나. **지름 5 [mm] 이상의 나경동선**
다. 단면적 22[mm^2] 이상의 나경동연선
라. 아연도강연선 22[mm^2]
마. OPGW 전선　【답】④

85 과전류차단기를 시설할 수 있는 곳은?
① 접지공사의 접지선
② 다선식 전로의 중성선
③ 단상 3선식 전로의 저압측 전선
④ 접지공사를 한 저압 가공전선로의 접지측 전선

풀이 341.11 과전류차단기의 시설 제한
접지공사의 접지도체, 다선식 전로의 중성선 및 전로의 일부에 접지공사를 한 저압 가공전선로의 접지측 전선에는 과전류차단기를 시설하여서는 안 된다.
다만, 다음의 경우에는 예외로 한다.
가. 다선식 전로의 중성선에 시설한 과전류차단기가 동작한 경우에 각 극이 동시에 차단될 때
나. 저항기·리액터 등을 사용하여 접지공사를 한 때에 과전류

차단기의 동작에 의하여 그 접지도체가 비접지 상태로 되지 아니할 때 【답】③

86 345[kV] 옥외 변전소에 울타리 높이와 울타리에서 충전부분까지 거리[m]의 합계는?

① 6.48
② 8.16
③ 8.40
④ 8.28

[풀이] 351.1 발전소 등의 울타리·담 등의 시설
가. 울타리·담 등의 높이는 2[m] 이상으로 하고 지표면과 울타리·담 등의 하단사이의 간격은 0.15[m] 이하로 할 것.
나. 울타리·담 등의 높이와 울타리·담 등으로부터 충전부분까지 거리의 합계는 표에서 정한 값 이상으로 할 것.

사용전압의 구분	울타리·담 등의 높이와 울타리·담 등으로부터 충전 부분까지의 거리의 합계
35[kV] 이하	5[m]
35[kV] 초과 160[kV] 이하	6[m]
160[kV] 초과	• 거리의 합계 = 6 + 단수 × 0.12 [m] • 단수 = $\frac{\text{사용전압 [kV]}-160}{10}$ 단수 계산에서 소수점 이하는 절상

• 단수 = $\frac{345-160}{10} = 18.5 \rightarrow 19$단
• 이격거리 + 울타리높이 = $6 + 19 \times 0.12 = 8.28$[m] 【답】④

87 옥내의 저압전선으로 나전선 사용이 허용되지 않는 경우는?

① 라이팅덕트공사에 의하여 시설하는 경우
② 버스덕트공사에 의하여 시설하는 경우
③ 애자공사에 의하여 전개된 곳에 시설하는 경우
④ 금속관공사에 의하여 시설하는 경우

[풀이] 231.4 나전선의 사용 제한
옥내에 시설하는 저압전선에는 나전선을 사용하여서는 아니 된다. 다만, 다음중 어느 하나에 해당하는 경우에는 그러하지 아니하다.
가. 애자공사에 의하여 전개된 곳에 다음의 전선을 시설하는 경우
 ① **전기로용 전선**
 ② 전선의 **피복 절연물이 부식하는 장소**에 시설하는 전선
나. **버스덕트공사**에 의하여 시설하는 경우
다. **라이팅덕트공사**에 의하여 시설하는 경우
라. **접촉 전선**을 시설하는 경우 【답】④

88 발전기의 용량에 관계없이 자동적으로 이를 전로로부터 차단하는 장치를 시설하여야 하는 경우는?

① 과전류 인입
② 베어링 과열
③ 발전기 내부 고장
④ 유압의 과팽창

[풀이] 351.3 발전기 등의 보호장치
발전기에는 다음의 경우에 자동적으로 이를 전로부터 차단하는 장치를 시설하여야 한다.
가. **발전기에 과전류나 과전압이 생긴 경우**
나. 용량이 500[kVA] 이상의 발전기를 구동하는 수차의 압유장치의 유압이 현저히 저하한 경우
다. 용량이 100[kVA] 이상의 발전기를 구동하는 풍차의 압유장치의 유압이 현저히 저하한 경우
라. 용량이 2,000[kVA] 이상인 수차 발전기의 스러스트 베어링의 온도가 현저히 상승한 경우
마. 용량이 10,000[kVA] 이상인 발전기의 내부에 고장이 생긴 경우
바. 정격출력이 10,000[kW]를 초과하는 증기터빈은 그 스러스트 베어링이 현저하게 마모되거나 그의 온도가 현저히 상승한 경우 【답】①

89 다음 중 보호도체의 종류가 아닌 것은?

① PEL
② PEM
③ PEN
④ PES

[풀이]
112 용어 정의
• "PEN 도체(protective earthing conductor and neutral conductor)"란 교류회로에서 중성선 겸용 보호도체를 말한다.
• "PEM 도체(protective earthing conductor and a midpoint conductor)"란 직류회로에서 중간도체 겸용 보호도체를 말한다.
• "PEL 도체(protective earthing conductor and a line conductor)"란 직류회로에서 선도체 겸용 보호도체를 말한다. 【답】④

90 특고압 전선로에 접속하는 배전용 변압기의 1차 및 2차 전압은?

① 1차 : 35[kV] 이하, 2차 : 저압 또는 고압
② 1차 : 50[kV] 이하, 2차 : 저압 또는 고압
③ 1차 : 35[kV] 이하, 2차 : 특고압 또는 고압
④ 1차 : 50[kV] 이하, 2차 : 특고압 또는 고압

[풀이] 341.2 특고압 배전용 변압기의 시설

특고압 전선로 에 접속하는 배전용 변압기를 시설하는 경우에는 특고압 전선에 특고압 절연전선 또는 케이블을 사용하고 또한 다음에 따라야 한다.
가. **변압기의 1차 전압은 35[kV] 이하, 2차 전압은 저압 또는 고압일 것.**
나. 변압기의 특고압측에 개폐기 및 과전류차단기를 시설할 것
다. 변압기의 2차 전압이 고압인 경우에는 고압측에 개폐기를 시설하고 또한 쉽게 개폐할 수 있도록 할 것. 【답】①

91 최대사용전압 440[V]인 전동기의 절연내력 시험전압은 몇 [V] 인가?
① 330 ② 440
③ 500 ④ 660

풀이 133 회전기 및 정류기의 절연내력

종류		시험 전압	시험 방법
회전기	발전기·전동기·조상기·기타회전기	7[kV] 이하	1.5배 (최저 500 [V])	권선과 대지 사이에 연속하여 10분간
		7[kV] 초과	1.25배 (최저 10.5 [kV])	
	회전 변류기		직류측 최대사용전압의 1배의 교류전압(최저 500 [V])	

따라서, 시험전압 = 440×1.5 = 660[V]   【답】④

92 154[kV] 가공전선을 사람이 쉽게 들어갈 수 없는 산지(山地)에 시설하는 경우 전선의 지표상 높이는 몇 [m] 이상으로 하여야 하는가?
① 5.0 ② 5.5
③ 6.0 ④ 6.5

풀이 333.7 특고압 가공전선의 높이

전압의 범위	일반장소	도로횡단	철도 또는 궤도횡단	횡단보도교
35 [kV] 이하	5 [m]	6 [m]	6.5 [m]	4 [m](특고압절연전선 또는 케이블 사용)
35 [kV] 초과 160 [kV] 이하	6 [m]	6 [m]	6.5 [m]	5 [m](케이블 사용)
	산지 등에서 사람이 쉽게 들어갈 수 없는 장소 ; 5 [m] 이상			
160 [kV] 초과	일반장소	가공전선의 높이 = 6 + 단수 × 0.12 [m]		
	철도 또는 궤도횡단	가공전선의 높이 = 6.5 + 단수 × 0.12 [m]		
	산지	가공전선의 높이 = 5 + 단수 × 0.12 [m]		

※ 단수 = $\frac{전압[kV]-160}{10}$ ... 단수 계산에서 소수점 이하는 절상
【답】①

93 저압가공전선이 건조물의 상부 조영재 옆쪽에서 접근하는 경우 저압가공전선과 건조물의 조영재 사이의 이격거리[m]는 얼마 이상이어야 하는가? (단, 전선이 케이블인 경우이다.)
① 0.4 ② 0.8
③ 1 ④ 1.2

풀이 332.11 고압 가공전선과 건조물의 접근
222.11 저압 가공전선과 건조물의 접근
저압 가공전선 또는 고압 가공전선이 건조물과 접근 상태로 시설되는 경우에는 다음에 따라야 한다.
가. 고압 가공전선로는 고압 보안공사에 의할 것.
나. 저·고압 가공전선과 건조물의 조영재 사이의 이격거리는 표에서 정한 값 이상일 것.

사용전압 부분 공작물의 종류			저압[m]	고압[m]
건조물	상부 조영재 위쪽	일반적인 경우	2	2
		전선이 고압절연전선	1	2
		전선이 케이블인 경우	1	1
	기타 조영재 또는 **상부조영재의 옆쪽** 또는 아래쪽	일반적인 경우	1.2	1.2
		전선이 고압절연전선	0.4	1.2
		전선이 케이블인 경우	**0.4**	0.4
		사람이 쉽게 접근할 수 없도록 시설한 경우	0.8	0.8

【답】①

94 전체의 길이가 18[m] 이고, 설계하중이 6.8[kN]인 철근 콘크리트주를 지반이 튼튼한 곳에 시설하려고 한다. 기초 안전율을 고려하지 않기 위해서는 묻히는 깊이를 몇 [m] 이상으로 시설하여야 하는가?
① 2.5 ② 2.8
③ 3 ④ 3.2

풀이 331.7 가공전선로 지지물의 기초의 안전율
가공전선로의 지지물에 하중이 가하여지는 경우에 그 하중을 받는 지지물의 기초의 안전율은 2(이상 시 상정하중이 가하여지는 철탑의 기초에 대하여는 1.33) 이상이어야 한다. 다만, 다음에 따라 시설하는 경우에는 적용하지 않는다.

설계하중 전장	6.8 [kN] 이하	6.8 [kN] 초과 ~9.8 [kN] 이하	9.8 [kN] 초과 ~14.72 [kN] 이하
15 [m] 이하	전장 × 1/6 이상	전장 × 1/6 + 0.3[m] 이상	전장 × 1/6 + 0.5[m] 이상
15 [m] 초과	2.5[m] 이상	2.8[m] 이상	–
16 [m] 초과~ 20 [m] 이하	2.8[m] 이상	–	–
15 [m] 초과~ 18 [m] 이하	–	–	3 [m] 이상
18 [m] 초과	–	–	3.2 [m] 이상

【답】②

95 전선의 색상 중 틀린 것은?
① L1 : 갈색
② L2 : 흑색
③ L3 : 적색
④ N : 청색

풀이
1. 전선의 색상은 표 에 따른다.

상(문자)	색상
L1	갈색
L2	흑색
L3	회색
N	청색
보호도체	녹색-노란색

2. 색상 식별이 종단 및 연결 지점에서만 이루어지는 나도체 등은 전선 종단부에 색상이 반영구적으로 유지될 수 있는 도색, 밴드, 색 테이프 등의 방법으로 표시해야 한다.

【답】③

96 저압 가공인입선 시설 시 도로를 횡단하여 시설하는 경우 노면상 높이는 몇 [m] 이상으로 하여야 하는가?
① 4
② 4.5
③ 5
④ 5.5

풀이 221.1.1 저압 인입선의 시설
저압 가공인입선의 높이
가. **도로**(차도와 보도의 구별이 있는 도로인 경우에는 차도)를 **횡단하는 경우 : 노면상 5[m]** (기술상 부득이한 경우에 교통에 지장이 없을 때에는 3[m]) 이상
나. 철도 또는 궤도를 횡단하는 경우 : 레일면상 6.5[m] 이상
다. 횡단보도교 위에 시설하는 경우 : 노면상 3[m] 이상

【답】③

97 저압 연접 인입선은 인입선에서 분기하는 점으로부터 몇 [m]를 초과하는 지역에 미치지 아니하도록 시설하여야 하는가?
① 10[m]
② 20[m]
③ 100[m]
④ 200[m]

풀이 221.1.2 연접 인입선의 시설
저압 연접인입선은 다음에 따라 시설하여야 한다.
가. 인입선에서 분기하는 점으로부터 100[m]를 초과하는 지역에 미치지 아니할 것.
나. 폭 5[m]를 초과하는 도로를 횡단하지 아니할 것.
다. 옥내를 통과하지 아니할 것.

【답】③

98 전선의 단면적이 38 [mm^2]인 경동연선을 사용하고 지지물로는 B종 철주 또는 B종 철근 콘크리트주를 사용하는 특고압 가공 전선로를 제3종 특고압 보안공사에 의하여 시설하는 경우의 경간은 몇 [m] 이하이어야 하는가?
① 100 [m]
② 150 [m]
③ 200 [m]
④ 250 [m]

풀이 333.22 특고압 보안공사
제3종 특고압 보안공사는 다음에 따라야 한다.
가. 특고압 가공전선은 연선일 것.
나. 경간은 표에서 정한 값 이하일 것.

지지물의 종류	제3종 특고압 보안공사	전선의 굵기에 따른 경간	
목주·A종 철주 또는 A종 철근콘크리트주	100[m]	인장강도 14.51[kN] 이상 또는 38[mm^2] 이상인 경동연선	150[m]
B종 철주 또는 B종 철근 콘크리트주	200[m]	인장강도 21.67[kN] 이상 또는 55[mm^2] 이상인 경동연선	250[m]
철탑	400[m] (단주인 경우 에는 300[m])		600[m]이하 (단주인 경우 에는 400[m])

【답】③

99 중량물이 통과하는 장소에 비닐외장케이블을 직접 매설식으로 시설하는 경우 매설깊이는 몇 [m] 이상이어야 하는가?
① 0.8
② 1.0
③ 1.2
④ 1.5

풀이 334.1 지중전선로의 시설
가. 지중 전선로는 전선에 케이블을 사용하고 또한 관로식·암거식 또는 직접 매설식에 의하여 시설하여야 한다.
나. 지중 전선로를 직접 매설식에 의하여 시설하는 경우에는 매설 깊이는
① 차량 기타 **중량물의 압력을 받을 우려가 있는 장소** : **1.0[m] 이상**
② 기타 장소 : 0.6[m] 이상 　　　　　　【답】 ②

100 케이블을 지지하기 위하여 사용하는 금속제 케이블 트레이의 종류가 아닌 것은?
① 사다리형　　　② 통풍 밀폐형
③ 펀칭형　　　　④ 바닥 밀폐형

풀이 232.41 케이블트레이공사
케이블트레이공사는 케이블을 지지하기 위하여 사용하는 금속재 또는 불연성 재료로 제작된 유닛 또는 유닛의 집합체 및 그에 부속하는 부속재 등으로 구성된 견고한 구조물을 말하며 **사다리형, 펀칭형, 메시형, 바닥밀폐형** 기타 이와 유사한 구조물을 포함하여 적용한다.　　　　　　　　　　　　　【답】 ②

2회 전기설비 기술기준

81 버스덕트공사에 대한 설명 중 옳은 것은?
① 버스덕트 끝부분을 개방 할 것
② 덕트를 수직으로 붙이는 경우 지지점간 거리는 12[m] 이하로 할 것
③ 덕트를 조영재에 붙이는 경우 덕트의 지지점간 거리는 6[m] 이하로 할 것
④ 덕트에 접지공사를 할 것

풀이 232.61 버스덕트공사
가. 덕트 상호 간 및 전선 상호 간은 견고하고 또한 전기적으로 완전하게 접속할 것.
나. 덕트를 조영재에 붙이는 경우에는 **덕트의 지지점 간의 거리를 3 [m](수직으로 붙이는 경우에는 6 [m]) 이하**로 하고 또한 견고하게 붙일 것.
다. 덕트(환기형의 것을 제외한다)의 **끝부분은 막을 것**.
라. 덕트(환기형의 것을 제외한다)의 내부에 먼지가 침입하지 아니하도록 할 것.
마. **덕트는 접지공사를 할 것**.　　　　　　【답】 ④

82 뱅크용량이 20000[kVA]인 전력용 커패시터에 자동적으로 전로로부터 차단하는 보호장치를 하려고 한다. 반드시 시설하여야 할 보호장치가 아닌 것은?
① 내부에 고장이 생긴 경우에 동작하는 장치
② 절연유의 압력이 변화할 때 동작하는 장치
③ 과전류가 생긴 경우에 동작하는 장치
④ 과전압이 생긴 경우에 동작하는 장치

풀이 351.5 조상설비의 보호장치
조상 설비에는 그 내부에 고장이 생긴 경우에 보호하는 장치를 표와 같이 시설하여야 한다.

설비 종별	뱅크 용량의 구분	자동적으로 전로로부터 차단하는 장치
전력용 커패시터 및 분로리액터	500 [kVA] 초과 15,000 [kVA] 미만	・내부에 고장이 생긴 경우 ・과전류가 생긴 경우
	15,000 [kVA] 이상	**・내부에 고장이 생긴 경우** **・과전류가 생긴 경우** **・과전압이 생긴 경우**
조상기	15,000 [kVA] 이상	・내부에 고장이 생긴 경우

【답】 ②

83 고압 가공전선과 식물과의 이격거리에 대한 기준으로 가장 적절한 것은?
① 고압 가공전선의 주위에 보호망으로 이격시킨다.
② 식물과의 접촉에 대비하여 차폐선을 시설하도록 한다.
③ 고압 가공전선을 절연전선으로 사용하고 주변의 식물을 제거시키도록 한다.
④ 식물에 접촉하지 아니하도록 시설하여야 한다.

풀이 332.19 고압 가공전선과 식물의 이격거리
고압 가공전선은 상시 부는 바람 등에 의하여 **식물에 접촉하지 않도록** 시설하여야 한다.　　　　　　　　　【답】 ④

84 수소냉각식 발전기안의 수소 순도가 몇 [%] 이하로 저하한 경우에 이를 경보하는 장치를 시설해야 하는가?
① 65　　　　　　② 75
③ 85　　　　　　④ 95

풀이 351.10 수소냉각식 발전기 등의 시설
수소냉각식의 발전기·조상기 또는 이에 부속하는 수소 냉각 장치는 발전기 내부 또는 조상기 내부의 **수소의 순도가 85[%] 이하로 저하한 경우에 이를 경보하는 장치**를 시설할 것.
【답】 ③

85 옥내에 시설하는 전동기에 과부하 보호장치의 시설을 생략할 수 없는 경우는?
① 정격출력이 0.75[kW]인 전동기
② 전동기의 구조나 부하의 성질로 보아 전동기가 손상할 수 있는 과전류가 생길 우려가 없는 경우
③ 전동기가 단상의 것으로 전원측 전로에 시설하는 배선용 차단기의 정격전류가 20[A] 이하인 경우
④ 전동기가 단상의 것으로 전원측 전로에 시설하는 과전류 차단기의 정격전류가 16[A] 이하인 경우

풀이 212.6.3 저압전로 중의 전동기 보호용 과전류보호 장치의 시설
옥내에 시설하는 전동기에는 전동기가 손상될 우려가 있는 과전류가 생겼을 때에 자동적으로 이를 저지하거나 이를 경보하는 장치를 하여야 한다. 다만, 다음의 어느 하나에 해당하는 경우에는 그러하지 아니하다.
가. 전동기를 운전 중 상시 취급자가 감시할 수 있는 위치에 시설하는 경우
나. 전동기의 구조나 부하의 성질로 보아 전동기가 손상될 수 있는 과전류가 생길 우려가 없는 경우
다. 단상전동기로써 그 전원측 전로에 시설하는 과전류 차단기의 정격전류가 16[A](배선용 차단기는 20[A]) 이하인 경우
라. **정격 출력이 0.2[kW] 이하의 전동기**
【답】 ①

86 지중전선로를 직접 매설식에 의하여 시설할 때, 중량물의 압력을 받을 우려가 있는 장소에 지중전선을 견고한 트라프 기타 방호물에 넣지 않고도 부설할 수 있는 케이블은?
① 염화비닐 절연 케이블
② 폴리에틸렌 외장 케이블
③ 콤바인 덕트 케이블
④ 알루미늄피 케이블

풀이 334.1 지중전선로의 시설
지중 전선로를 직접 매설식에 의하여 시설하는 경우에는 지중 전

선을 견고한 트라프 기타 방호물에 넣어 시설하여야 한다.
단, 다음의 어느 하나에 해당하는 경우에는 지중전선을 견고한 트라프 기타 방호물에 넣지 아니하여도 된다.
① 저압 또는 고압의 지중전선을 차량 기타 중량물의 압력을 받을 우려가 없는 경우에 그 위를 견고한 판 또는 몰드로 덮어 시설하는 경우
② 저압 또는 고압의 **지중전선에 콤바인덕트 케이블 또는 개장한 케이블을 사용**하여 시설하는 경우
【답】 ③

87 폭발성 또는 연소성의 가스가 침입할 우려가 있는 지중함에 그 크기가 몇 [m³] 이상의 것은 통풍장치 기타 가스를 방산시키기 위한 적당한 장치를 시설하여야 하는가?
① 0.9
② 1.0
③ 1.5
④ 2.0

풀이 334.2 지중함의 시설
지중전선로에 사용하는 지중함은 다음에 따라 시설하여야 한다.
가. 지중함은 견고하고 차량 기타 중량물의 압력에 견디는 구조일 것.
나. 지중함은 그 안의 고인 물을 제거할 수 있는 구조로 되어 있을 것.
다. 폭발성 또는 연소성의 가스가 침입할 우려가 있는 것에 시설하는 지중함으로서 그 **크기가 1[m³] 이상**인 것에는 통풍장치 기타 가스를 방산시키기 위한 적당한 장치를 시설할 것.
라. 지중함의 뚜껑은 시설자이외의 자가 쉽게 열 수 없도록 시설할 것.
【답】 ②

88 66[kV] 특고압 가공전선로를 시가지에 시설하려고 한다. 애자장치는 50[%] 충격섬락전압의 값이 다른 부분을 지지하는 애자장치의 몇 [%] 이상으로 되어야 하는가?
① 100
② 115
③ 110
④ 105

풀이 333.1 시가지 등에서 특고압 가공전선로의 시설
사용전압이 170[kV] 이하인 특고압 가공전선로를 시가지 그 밖에 인가가 밀집한 지역에 시설하기 위한 특고압 가공전선을 지지하는 애자장치는 다음 중 어느 하나에 의할 것.
가. **50[%] 충격섬락전압 값이 그 전선의 근접한 다른 부분을 지지하는 애자장치 값의 110[%]**(사용전압이 130[kV]를 초과하는 경우는 105[%]) **이상**인 것.
나. 아킹혼을 붙인 현수애자·장간애자 또는 라인포스트애자

를 사용하는 것.
다. 2련 이상의 현수애자 또는 장간애자를 사용하는 것.
라. 2개 이상의 핀애자 또는 라인포스트애자를 사용하는 것.
【답】③

89 교류 전차선 등 충전부와 식물 사이의 이격거리는 몇 [m] 이상이어야 하는가? (단, 현장여건을 고려한 방호벽 등의 안전조치를 하지 않은 경우이다.)
① 1
② 3
③ 5
④ 10

■풀이 431.11 전차선 등과 식물사이의 이격거리
교류 전차선 등 충전부와 식물사이의 이격거리는 5[m] 이상이어야 한다. 다만, 5[m] 이상 확보하기 곤란한 경우에는 현장여건을 고려하여 방호벽 등 안전조치를 하여야 한다. 【답】③

90 연료전지 및 태양전지 모듈의 절연내력시험을 하는 경우 충전부분과 대지사이에 어느 정도의 시험전압을 인가하여야 하는가? (단, 연속하여 10분간 가하여 견디는 것이어야 한다.)
① 최대 사용 전압의 1.5배의 직류 전압 또는 1.25배의 교류 전압
② 최대 사용 전압의 1.25배의 직류 전압 또는 1.25배의 교류 전압
③ 최대 사용 전압의 1.5배의 직류 전압 또는 1배의 교류 전압
④ 최대 사용 전압의 1.25배의 직류 전압 또는 1배의 교류 전압

■풀이 134 연료전지 및 태양전지 모듈의 절연내력
연료전지 및 태양전지 모듈은 **최대사용전압의 1.5배의 직류전압 또는 1배의 교류전압(500[V] 미만으로 되는 경우에는 500[V])**을 충전부분과 대지사이에 연속하여 10분간 가하여 절연내력을 시험하였을 때에 이에 견디는 것이어야 한다. 【답】③

91 가반형의 용접전극을 사용하는 아크 용접장치를 시설할 때 용접변압기의 1차측 전로의 대지전압은 몇 [V] 이하이어야 하는가?
① 200
② 250
③ 300
④ 600

■풀이 241.10 아크 용접기
가반형의 용접 전극을 사용하는 아크 용접장치는 다음에 따라 시설하여야 한다.
가. 용접변압기는 절연변압기일 것.
나. 용접변압기의 **1차측 전로의 대지전압은 300[V] 이하**일 것.
다. 용접변압기의 1차측 전로에는 용접 변압기에 가까운 곳에 쉽게 개폐할 수 있는 개폐기를 시설할 것.
라. 용접기 외함 및 피용재재 또는 이와 전기적으로 접속되는 받침대·정반 등의 금속체는 규정에 준하여 접지공사를 하여야 한다. 【답】③

92 금속관공사에서 절연 부싱을 사용하는 가장 주된 목적은?
① 관의 끝이 터지는 것을 방지
② 관의 단구에서 조영재의 접촉 방지
③ 관내 해충 및 이물질 출입 방지
④ 관의 단구에서 전선 피복의 손상 방지

■풀이 232.12 금속관공사
관의 끝 부분에는 **전선의 피복을 손상하지 아니하도록** 적당한 구조의 부싱을 사용할 것. 다만, 금속관공사로부터 애자공사로 옮기는 경우에는 그 부분의 **관의 끝부분에는 절연부싱 또는 이와 유사한 것을 사용**하여야 한다. 【답】④

93 가공전선로의 지지물에 하중이 가하여지는 경우에 그 하중을 받는 지지물의 기초의 안전율은 일반적인 경우 얼마 이상이어야 하는가?
① 1.2
② 1.5
③ 1.8
④ 2

■풀이 331.7 가공전선로 지지물의 기초의 안전율
가공전선로의 지지물에 하중이 가하여지는 경우에 그 하중을 받는 **기초의 안전율은 2**(단, 이상 시 상정하중이 가하여지는 철탑의 기초에 대하여는 1.33) **이상**이어야 한다. 【답】④

94 동작시에 아크가 생기는 고압용 개폐기는 목재로부터 몇 [m] 이상 떼어 놓아야 하는가?
① 1
② 1.2
③ 1.5
④ 2

■풀이 341.7 아크를 발생하는 기구의 시설
고압용 또는 특고압용의 개폐기·차단기·피뢰기 기타 이와 유

사한 기구로서 동작 시에 아크가 생기는 것은 목재의 벽 또는 천장 기타의 가연성 물체로부터 표 에서 정한 값 이상 이격하여 시설하여야 한다.

기구 등의 구분	이격거리
고압용의 것	1 [m] 이상
특고압용의 것	2[m] 이상(사용전압이 35[kV] 이하의 특고압용의 기구 등으로서 동작할 때에 생기는 아크의 방향과 길이를 화재가 발생할 우려가 없도록 제한하는 경우에는 1[m] 이상)

【답】①

95 폭연성 분진 또는 화약류의 분말이 전기설비가 발화원이 되어 폭발할 우려가 있는 곳에 시설하는 저압 옥내 전기설비를 케이블공사로 할 경우 관이나 방호장치에 넣지 않고 노출로 설치할 수 있는 케이블은?

① 무기물 절연 케이블
② 고무절연 비닐 시스케이블
③ 폴리에틸렌절연 비닐 시스케이블
④ 폴리에틸렌절연 폴리에틸렌 시스케이블

【풀이】 242.2.1 폭연성 분진 위험장소
케이블공사에 의하는 때에는 전선은 **개장된 케이블 또는 무기물 절연 케이블을 사용하는 경우 이외에는** 관 기타의 방호 장치에 넣어 사용할 것.
【답】①

96 전광표시 장치에 사용하는 저압 옥내배선을 금속관공사로 시설할 경우 연동선의 단면적은 몇 [mm²] 이상 사용하여야 하는가?

① 0.75 ② 1.25
③ 1.5   ④ 2.5

【풀이】 231.3.1 저압 옥내배선의 사용전선
가. 저압 옥내배선의 전선 : 단면적 2.5[mm²] 이상의 연동선
나. 옥내배선의 사용 전압이 400 [V] 이하인 경우는 다음에 의하여 시설할 수 있다.
  ① **전광표시 장치 또는 제어 회로**
    • **단면적 1.5[mm²] 이상의 연동선**
    • 단면적 0.75[mm²] 이상인 다심케이블 또는 다심 캡타이어 케이블을 사용하고 또한 과전류가 생겼을 때에 자동적으로 전로에서 차단하는 장치를 시설
  ② 진열장 또는 이와 유사한 것의 내부 배선 : 단면적 0.75 [mm²] 이상인 코드 또는 캡타이어케이블
【답】③

97 특고압 가공전선로의 지지물 중 전선로의 지지물 양쪽의 경간의 차가 큰 곳에 사용하는 철탑은?

① 내장형 철탑
② 인류형철탑
③ 보강형철탑
④ 각도형철탑

【풀이】 333.11 특고압 가공전선로의 철주·철근 콘크리트주 또는 철탑의 종류
특고압 가공전선로의 지지물로 사용하는 B종 철근 · B종 콘크리트주 또는 철탑의 종류는 다음과 같다.
가. 직선형 : 전선로의 직선 부분
  (3° 이하의 수평 각도 이루는 곳 포함)에 사용되는 것
나. 각도형 : 전선로 중 수평 각도 3°를 넘는 곳에 사용되는 것
다. 인류형 : 전 가섭선을 인류하는 곳에 사용하는 것
라. **내장형 : 전선로 지지물 양측의 경간차가 큰 곳에 사용하는 것**
마. 보강형 : 전선로 직선 부분을 보강하기 위하여 사용하는 것
【답】①

98 과전류 차단기로 시설하는 퓨즈 중 고압 전로에 사용되는 포장 퓨즈는 정격전류의 몇 배의 전류에 견디어야 하는가?

① 1.1 ② 1.2
③ 1.3 ④ 1.5

【풀이】 341.10 고압 및 특고압 전로 중의 과전류차단기의 시설
가. 과전류차단기로 시설하는 퓨즈 중 고압전로에 사용하는 **포장 퓨즈는 정격전류의 1.3배의 전류에 견디고 또한 2배의 전류로 120분 안에 용단되는 것**이어야 한다.
나. 과전류차단기로 시설하는 퓨즈 중 고압전로에 사용하는 비포장 퓨즈는 정격전류의 1.25배의 전류에 견디고 또한 2배의 전류로 2분 안에 용단되는 것이어야 한다.
【답】③

99 변전소의 주요 변압기에 시설하지 않아도 되는 계측 장치는?

① 전압계   ② 역률계
③ 전류계   ④ 전력계

【풀이】 351.6 계측장치
변전소 또는 이에 준하는 곳에는 다음의 사항을 계측하는 장치를 시설하여야 한다.
가. 주요 변압기의 전압 및 전류 또는 전력
나. 특고압용 변압기의 온도
【답】②

100 사용전압 66 [kV]의 가공전선을 시가지에 시설할 경우 전선의 지표상 최소 높이는 몇 [m] 인가?

① 6.48　　　　② 8.36
③ 10.48　　　　④ 12.36

풀이 333.1 시가지 등에서 특고압 가공전선로의 시설

사용전압의 구분	지표상의 높이
35 [kV] 이하	10 [m] (전선이 특고압 절연전선인 경우에는 8 [m])
35 [kV] 초과	10 [m]에 35 [kV]를 초과하는 10 [kV] 또는 그 단수마다 12 [cm]를 더한 값

• 단수 = $\frac{66-35}{10}$ = 3.1 → 4단
• 지표상의 높이 = 10 + 4 × 0.12 = 10.48[m]　【답】③

4회　전기설비 기술기준

81 전력보안 통신선을 횡단보도교의 위에 시설하는 경우에는 그 노면상 몇 [m] 이상의 높이에 시설하여야 하는가?

① 3　　　　② 3.5
③ 4　　　　④ 4.5

풀이 362.2 전력보안통신선의 시설 높이와 이격거리
전력 보안 가공통신선(이하 "가공통신선"이라 한다)의 높이는 다음을 따른다.

구 분		지상고	비고
도로 (차도)	일반적인 경우	5.0[m] 이상	
	교통에 지장을 안 주는 경우	4.5[m]이상	
철도 또는 궤도 횡단 시		6.5[m] 이상	레일면상
횡단보도교 위		3.0[m] 이상	그 노면상
기타		3.5[m] 이상	

【답】①

82 특고압 가공전선이 삭도와 제2차 접근 상태로 시설할 경우에 특고압 가공전선로는 어느 보안공사를 하여야 하는가?

① 고압 보안공사
② 제1종 특고압 보안공사
③ 제2종 특고압 보안공사
④ 제3종 특고압 보안공사

풀이 333.25 특고압 가공전선과 삭도의 접근 또는 교차
가. **특고압 가공전선이 삭도와 제1차 접근상태** : 특고압 가공전선로는 제3종 특고압 보안공사에 의할 것.
나. **특고압 가공전선이 삭도와 제2차 접근상태** : 특고압 가공전선로는 **제2종 특고압 보안공사에 의할 것.**　【답】③

83 건조한 장소에 시설하는 저압용의 개별 기계기구에 전기를 공급하는 전로 또는 개별 기계기구에 전기용품안전관리법의 적용을 받는 인체 감전보호용 누전차단기를 시설하면 외함의 접지를 생략할 수 있다. 이 경우의 누전차단기의 정격으로 알맞은 것은?

① 정격감도전류 30 [mA] 이하, 동작시간 0.03초 이하의 전류 동작형
② 정격감도전류 45 [mA] 이하, 동작시간 0.01초 이하의 전류 동작형
③ 정격감도전류 300 [mA] 이하, 동작시간 0.3초 이하의 전류 동작형
④ 정격감도전류 450 [mA] 이하, 동작시간 0.1초 이하의 전류 동작형

풀이 142.7 기계기구의 철대 및 외함의 접지
전로에 시설하는 기계기구의 철대 및 금속제 외함에는 접지공사를 하여야 한다.
그러나 물기 있는 장소 이외의 장소에 시설하는 저압용의 개별 기계기구에 전기를 공급하는 전로에 **인체감전보호용 누전차단기(정격감도전류가 30 [mA] 이하, 동작시간이 0.03[초] 이하의 전류동작형에 한한다)**를 시설하는 경우에는 **접지를 생략**할 수 있다.　【답】①

84 다음 중 지선의 시설 목적으로 적절하지 않은 것은?

① 유도장해를 방지하기 위하여
② 지지물의 강도를 보강하기 위하여
③ 전선로의 안전성을 증가시키기 위하여
④ 불평형 장력을 줄이기 위하여

풀이 331.11 지선의 시설
가. 가공전선로의 지지물로 사용하는 철탑은 지선을 사용하여 그 강도를 분담시켜서는 안 된다.
나. 가공전선로의 지지물로 사용하는 철주 또는 철근 콘크리트주는 지선을 사용하지 않는 상태에서 2분의 1 이상의 풍압하중에 견디는 강도를 가지는 경우 이외에는 지선을 사용

하여 그 강도를 분담시켜서는 안 된다.
따라서, **유도장해를 방지하기 위해서는 지선이 아닌 차폐선을 설치하여야 한다.**

【답】①

85 플로어덕트공사에 의한 저압 옥내배선에서 단선을 사용하여도 되는 전선(동선)의 단면적은 최대 몇 [mm²]인가?

① 2.5[mm²]　　② 4[mm²]
③ 6[mm²]　　　④ 10[mm²]

■ 풀이 232.32 플로어덕트공사
플로어덕트공사에 의한 저압 옥내 배선은 다음 각호에 의하여 시설한다.
가. 전선은 절연전선(옥외용 비닐 절연전선을 제외한다)일 것.
나. **전선은 연선일 것. 다만, 단면적 10[mm²](알루미늄선은 단면적 16[mm²]) 이하인 것은 그러하지 아니하다.**
다. 플로어덕트 안에는 전선에 접속점이 없도록 할 것. 다만, 전선을 분기하는 경우에 접속점을 쉽게 점검할 수 있을 때에는 그러하지 아니하다.

【답】④

86 사람이 상시 통행하는 터널 내 저압전선로의 애자공사시 노면상 최소 높이는?

① 2.0[m]　　② 2.2[m]
③ 2.5[m]　　④ 3.0[m]

■ 풀이 335.1 터널 안 전선로의 시설
사람이 상시 통행하는 터널 안의 전선로 사용전압은 저압 또는 고압에 한하며, 다음에 따라 시설하여야 한다.

전압	전선의 굵기	시공방법	애자공사 시 높이
저압	인장강도2.30[kN] 이상 또는 2.6[mm] 이상의 경동선의 절연전선	• 합성수지관공사 • 금속관공사 • 금속제가요전선관 공사 • 케이블공사 • 애자공사	노면상, 2.5[m] 이상
고압		• 케이블공사	

【답】③

87 발전소에서 사용하는 차단기의 압축공기장치의 공기압축기는 최고 사용압력 몇 배의 수압을 연속하여 10분간 가하였을 때 견디고 새지 않아야 하는가?

① 1.2배　　② 1.25배
③ 1.5배　　④ 1.55배

■ 풀이 341.15 압축공기계통
발전소·변전소·개폐소 또는 이에 준하는 곳에서 개폐기 또는 차단기에 사용하는 압축공기장치는 **최고 사용압력의 1.5배의 수압**(최고 사용압력의 1.25배의 기압)을 연속하여 10분간 가하여 시험을 하였을 때에 이에 견디고 또한 새지 아니할 것.

【답】③

88 제1종 특고압 보안 공사의 154[kV]에 있어서 가공전선으로 시설할 경우 단면적 몇 [mm²] 이상의 경동연선으로 시설하여야 하는가?

① 55　　　② 150
③ 200　　④ 250

■ 풀이 333.22 특고압 보안공사
제1종 특고압 보안공사 시 전선의 단면적

사용전압	전　　선
100[kV] 미만	인장강도 21.67[kN] 이상의 연선 또는 단면적 55[mm²] 이상의 경동연선
100[kV] 이상 300[kV] 미만	인장강도 58.84[kN] 이상의 연선 또는 **단면적 150[mm²] 이상의 경동연선**
300[kV] 이상	인장강도 77.47[kN] 이상의 연선 또는 단면적 200[mm²] 이상의 경동연선

【답】②

89 가공 전선로의 지지물에 시설하는 통신선은 가공 전선과의 이격거리를 몇 [cm] 이상 유지하여야 하는가? (단, 가공전선은 고압으로 케이블을 사용한다.)

① 30　　② 45
③ 60　　④ 75

■ 풀이 362.2 전력보안통신선의 시설 높이와 이격거리
가공전선과 첨가 통신선과의 이격거리
가. 통신선은 가공전선의 아래에 시설할 것.
나. 이격거리

가공전선		통신선		
		일반	절연전선	광섬유케이블
중성선	25[kV]이하, 다중 접지중성선	0.6[m] 이상		
저압 가공전선	일반	0.6[m]이상		
	절연전선 또는 케이블		0.3[m]이상	
	인입선			0.15[m]이상
고압 가공전선	일반	0.6[m]이상		
	케이블		0.3[m]이상	

가공전선		통신선		
		일반	절연전선	광섬유케이블
특고압 가공전선	일반	1.2[m]이상		
	케이블		0.3[m]이상	
	25[kV]이하, 다중 접지방식	0.75[m]이상		

【답】①

90 중성선 다중접지식의 것으로 전로에 지락이 생긴 경우에 2초안에 자동적으로 이를 차단하는 장치를 가지는 22.9 [kV] 특고압 가공전선로에서 각 접지점의 대지 전기저항 값이 300 [Ω] 이하이며, 1 [km] 마다의 중성선과 대지간의 합성전기저항 값은 몇 [Ω] 이하이어야 하는가?

① 10
② 15
③ 20
④ 30

풀이 333.32 25[kV] 이하인 특고압 가공전선로의 시설 각 접지도체를 중성선으로부터 분리하였을 경우의 각 접지점의 대지 전기저항 값과 1[km] 마다의 중성선과 대지사이의 합성전기저항 값은 표에서 정한 값 이하일 것.

사용전압	각 접지점의 대지 전기저항치	1[km] 마다의 합성 전기저항치
15[kV] 이하	300 [Ω]	30 [Ω]
15[kV] 초과 25[kV] 이하	300 [Ω]	15 [Ω]

【답】②

91 35 [kV]의 특고압 가공전선과 가공 약전류 전선을 동일 지지물에 시설하는 경우, 특고압 가공전선로는 몇 종 특고압 보안공사에 의하여야 하는가?

① 제1종
② 제2종
③ 제3종
④ 제4종

풀이 333.19 특고압 가공전선과 가공약전류전선 등의 공용설치
사용전압이 35[kV] 이하인 특고압 가공전선과 가공약전류전선 등을 동일 지지물에 시설하는 경우 **특고압 가공전선로는 제2종 특고압 보안공사**에 의할 것.

【답】②

92 버스덕트공사에서 덕트를 조영재에 붙이는 경우 지지점간의 거리는?

① 2 [m] 이하
② 3 [m] 이하
③ 4 [m] 이하
④ 5 [m] 이하

풀이 232.61 버스덕트공사
덕트를 조영재에 붙이는 경우에는 **덕트의 지지점 간의 거리를 3 [m]**(수직으로 붙이는 경우에는 6[m]) 이하로 하고 또한 견고하게 붙일 것.

【답】②

93 전로의 중성점을 접지하는 목적에 해당되지 않는 것은?

① 보호장치의 확실한 동작의 확보
② 부하전류의 일부를 대지로 흐르게 하여 전선 절약
③ 이상전압의 억제
④ 대지전압의 저하

풀이 322.5 전로의 **중성점의 접지**
① 보호 장치의 확실한 동작의 확보
② 이상 전압의 억제
③ **대지전압의 저하를 위하여**
전로의 중성점에 접지공사를 한다.

【답】②

94 사용전압이 고압인 전로에만 사용되는 케이블은?

① 알루미늄피 케이블
② 클로로프렌외장 케이블
③ 비닐외장 케이블
④ 콤바인 덕트 케이블

풀이
122.5 고압 및 특고압케이블
가. 클로로프렌외장케이블
나. 비닐외장케이블
다. 폴리에틸렌외장케이블
라. **콤바인 덕트 케이블**

【답】④

95 애자공사에 의한 저압 옥내배선을 시설할 때 전선 상호간의 간격은 몇 [cm] 이상이어야 하는가?

① 2
② 4
③ 6
④ 8

풀이 232.56 애자공사
가. 전선은 절연전선(옥외용 비닐 절연전선 및 인입용 비닐 절연전선을 제외한다)일 것.
나. 이격거리

전압		전선과 조영재와의 이격 거리	전선 상호 간격	전선 지지점간의 거리	
				조영재의 윗면 또는 옆면에 따라 시설	조영재에 따라 시설하지 않는 경우
저압	400[V] 이하	2.5[cm] 이상	6[cm] 이상	2[m] 이하	–
	400[V] 초과	건조한 장소 2.5[cm] 이상			6[m] 이하
		기타의 장소 4.5[cm] 이상			

【답】 ③

96 변압기로서 특고압과 결합되는 고압 전로의 혼촉에 의한 위험 방지 시설은?
① 프라이머리 컷 아웃 스위치 장치
② 차단기
③ 퓨즈
④ 사용전압의 3배의 전압에서 방전하는 방전장치

풀이 322.3 특고압과 고압의 혼촉 등에 의한 위험방지 시설
변압기에 의하여 특고압전로에 결합되는 고압전로에는 **사용전압의 3배 이하인 전압이 가하여진 경우에 방전하는 장치**를 그 변압기의 단자에 가까운 1극에 설치하여야 한다. 【답】 ④

97 저압 옥내간선에서 분기하여 전기사용기계기구에 이르는 저압 옥내전로에서 저압 옥내간선과의 분기점에서 전선의 길이가 몇 [m] 이하인 곳에 과전류차단기를 설치하여야 하는가? 단, 단락의 위험과 화재 및 인체에 대한 위험성이 최소화 되도록 시설된 경우
① 3   ② 4
③ 5   ④ 6

풀이 212.4.2 과부하 보호장치의 설치 위치
가. 과부하 보호장치는 전로 중 도체의 단면적, 특성, 설치방법, 구성의 변경으로 도체의 허용전류 값이 줄어드는 곳(이하 분기점이라 함)에 설치해야 한다.

나. 과부하 보호장치는 분기점(O)에 설치해야 하나, 분기점(O)점과 분기회로의 과부하 보호장치(P_2) 설치점 사이의 배선 부분에 다른 분기회로나 콘센트 회로가 접속되어 있지 않고, 다음 중 하나를 충족하는 경우에는 변경이 있는 배선에 설치할 수 있다.
① 분기회로에 대한 단락보호가 이루어지고 있는 경우 : 분기회로의 보호장치 P_2는 분기회로의 분기점(O)으로부터 부하 측으로 거리에 구애 받지 않고 이동하여 설치할 수 있다.

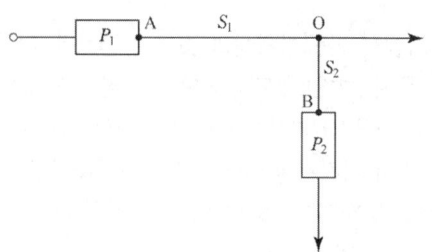

② 단락의 위험과 화재 및 인체에 대한 위험성이 최소화 되도록 시설된 경우 : 분기회로의 보호장치 (P_2)는 분기회로의 분기점(O)으로부터 3[m]까지 이동하여 설치할 수 있다.

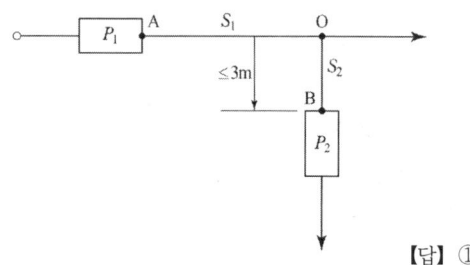

【답】 ①

98 고주파 이용 설비에서 다른 고주파 이용 설비에 누설되는 고주파 전류의 허용한도는 기준에 따라 측정하였을 때 각각 측정치의 최대치의 평균치가 몇 [dB]이어야 하는가? (단, 1[mW]를 0[dB]로 한다.)
① 20 [dB]   ② −20 [dB]
③ −30 [dB]   ④ 30 [dB]

풀이 341.5 고주파 이용 전기설비의 장해방지
고주파 이용 전기설비에서 다른 고주파 이용 전기설비에 누설되는 고주파 전류의 허용한도는 측정 장치로 2회 이상 연속하여 10분간 측정하였을 때에 각각 측정값의 **최대값에 대한 평균값이 −30[dB]**(1[mW]를 0[dB]로 한다)일 것 【답】 ③

99 전기 온상용 발열선은 그 온도가 몇 [℃]를 넘지 않도록 시설하여야 하는가?

① 50 ② 60
③ 80 ④ 100

> **풀이** 241.5 전기온상 등
> 가. 전기온상에 전기를 공급하는 전로의 대지전압은 300[V] 이하일 것.
> 나. 발열선은 그 온도가 **80[℃]를 넘지 않도록** 시설할 것.
> 다. 발열선과 조영재 사이의 이격거리는 0.025[m] 이상으로 할 것.
> 라. 발열선의 지지점 간의 거리는 1[m] 이하일 것. 다만, 발열선 상호 간의 간격이 0.06[m] 이상인 경우에는 2[m] 이하로 할 수 있다.
> 【답】③

100 사용전압이 저압인 전로에서 정전이 어려운 경우 등 절연저항 측정이 곤란한 경우에 누설전류를 몇 [mA] 이하로 유지하여야 하는가?

① 0.5 ② 1
③ 2   ④ 3

> **풀이** 132 전로의 절연저항 및 절연내력
> 사용전압이 저압인 전로에서 정전이 어려운 경우 등 **절연저항 측정이 곤란한 경우에는 누설전류를 1[mA] 이하로 유지**하여야 한다.
> 【답】②

2023년 CBT 복원문제

1회 전기설비 기술기준

81 저압 옥상전선로의 전선과 식물사이의 이격거리는 일반적으로 어떻게 규정하고 있는가?
① 20 [cm] 이상 이격거리를 두어야 한다.
② 30 [cm] 이상 이격거리를 두어야 한다.
③ 특별한 규정이 없다.
④ 바람 등에 의하여 접촉하지 않도록 한다.

풀이
221.3 옥상전선로
저압 옥상전선로의 전선은 상시 부는 바람 등에 의하여 **식물에 접촉하지 아니하도록** 시설하여야 한다. 【답】④

82 가공 전선로의 지지물이 원형 철근콘크리트주인 경우 갑종 풍압하중은 몇 [Pa]를 기초로 하여 계산하는가?
① 294　　② 588
③ 627　　④ 1078

풀이
331.6 풍압하중의 종별과 적용

풍압을 받는 구분			풍압[Pa]
목 주			588
지지물	철 주	원형의 것	588
		삼각형 또는 농형	1412
		강관에 의하여 구성되는 4각형의 것	1117
		기타의 것으로 복재가 전후면에 겹치는 경우	1627
		기타의 것으로 겹치지 않은 경우	1784
	철근 콘크리트주	원형의 것	588
		기타의 것	882
	철 탑	강관으로 구성되는 것	1255
		기타의 것	2157

【답】②

83 저압 가공전선로의 지지물이 목주인 경우 풍압하중의 몇 배의 하중에 견디는 강도를 가지는 것이어야 하는가?
① 1.2　　② 1.5
③ 2　　　④ 3

풀이
222.8 저압 가공전선로의 지지물의 강도
지지물이 목주인 경우 안전율 및 말구의 지름

전압의 종별	안전율	말구의 지름
저 압	1.2	-
고 압	1.3	0.12[m] 이상
특고압	1.5	0.12[m] 이상

【답】①

84 전기철도차량에 전력을 공급하는 전차선의 가선방식에 포함되지 않는 것은?
① 가공방식　　② 강체방식
③ 제3레일방식　　④ 지중조가선방식

풀이
431.1 전차선 가선방식
전차선의 가선방식은 열차의 속도 및 노반의 형태, 부하전류 특성에 따라 적합한 방식을 채택하여야 하며, **가공방식, 강체방식, 제3레일방식을 표준**으로 한다. 【답】④

85 전력 보안 통신 설비인 무선통신용 안테나 또는 반사판을 지지하는 철근 콘크리트주의 기초의 안전율은 얼마 이상이어야 하는가? 단, 무선통신용 안테나 또는 반사판이 전선로의 주위상태를 감시할 목적으로 시설되는 것이 아닌 경우이다.
① 1.5　　② 2.2
③ 2.5　　④ 4.5

> **풀이**

364.1 무선용 안테나 등을 지지하는 철탑 등의 시설
전력보안통신설비인 무선통신용 안테나 또는 반사판을 지지하는 목주·철주·철근 콘크리트주 또는 철탑은 다음에 따라 시설하여야 한다. 다만, 무선용 안테나 등이 전선로의 주위상태를 감시할 목적으로 시설되는 것일 경우에는 그러하지 아니하다.
가. 목주는 풍압하중에 대한 안전율은 1.5 이상이어야 한다.
나. 철주·철근 콘크리트주 또는 철탑의 **기초 안전율은 1.5 이상** 이어야 한다. 【답】①

86 보호장치의 통상적인 동작전류는 도체 허용전류의 몇 배 이하여야 하는가?
① 1.1 ② 1.25
③ 1.45 ④ 1.5

> **풀이**

212.4.1 도체와 과부하 보호장치 사이의 협조
과부하에 대해 케이블(전선)을 보호하는 장치의 동작특성은 다음의 조건을 충족해야 한다.
$$I_B \le I_n \le I_Z, \quad I_2 \le 1.45 \times I_Z$$
I_B : 회로의 설계전류(선도체를 흐르는 설계전류 또는 함유율이 높은 영상분 고조파, 특히 제3고조파가 지속적으로 흐르는 경우 중성선에 흐르는 전류이다.)
I_Z : 케이블의 허용전류
I_n : 보호장치의 정격전류(사용현장에 적합하게 조정된 전류의 설정 값)
I_2 : 보호장치가 규약시간 이내에 유효하게 동작하는 것을 보장하는 전류

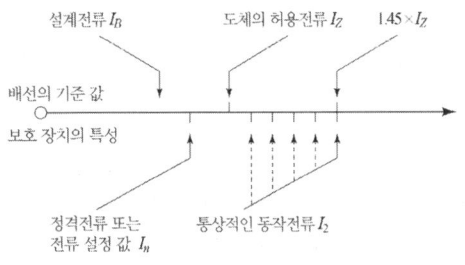

과부하 보호 설계 조건도 【답】③

87 유희용 전차에 전기를 공급하는 전로의 사용전압이 교류인 경우 몇 [V] 이하이어야 하는가?
① 20 ② 40
③ 60 ④ 100

> **풀이**

241.8 유희용 전차
가. 유희용 전차에 전기를 공급하기 위하여 사용하는 변압기의 1차 전압은 400[V] 이하이어야 한다.
나. 유희용 전차에 전기를 공급하는 **전원장치의 2차측 단자의 최대사용전압은 직류의 경우 60[V] 이하, 교류의 경우 40[V] 이하**일 것.
다. 접촉전선은 제3레일 방식에 의하여 시설할 것.
라. 유희용 전차의 전차 내에서 승압하여 사용하는 경우 변압기는 절연변압기를 사용하고 2차 전압은 150[V] 이하로 할 것. 【답】②

88 애자공사에 의한 고압 옥내배선을 시설하고자 한다. 다음 중 잘못된 내용은?
① 저압 옥내배선과 쉽게 식별되도록 시설한다.
② 전선은 공칭단면적 6[mm^2] 이상의 연동선을 사용한다.
③ 전선 상호간의 간격은 8[cm] 이상이어야 한다.
④ 전선과 조영재 사이의 이격거리는 4[cm] 이상 이어야 한다.

> **풀이**

342.1 고압 옥내배선 등의 시설
가. 고압 옥내배선은 다음에 따라 시설하여야 한다.
　① 애자공사(건조한 장소로서 전개된 장소에 한한다)
　② 케이블공사
　③ 케이블트레이공사
나. 전선은 공칭단면적 6[mm^2] 이상의 연동선
다. 이격거리

전압	전선과 조영재와의 이격 거리	전선 상호 간 격	전선 지지점간의 거리	
			조영재의 면을 따라 붙이는 경우	조영재에 따라 시설하지 않는 경우
고압	5[cm] 이상	8[cm] 이상	2[m] 이하	6[m] 이하

라. 고압 옥내배선은 저압 옥내배선과 쉽게 식별되도록 시설할 것. 【답】④

89 66[kV] 특고압 가공전선과 저압 가공전선을 동일 지지물에 병가하여 시설하는 경우 이격거리는 몇 [m] 이상이어야 하는가? 단, 특고압 전선은 케이블 사용 이외의 조건이다.
① 1 ② 2
③ 3 ④ 4

풀이 333.17 특고압 가공전선과 저고압 가공전선 등의 병행설치

전 압	표 준	특고압에 케이블 사용 및 저·고압에 절연전선 또는 케이블 사용
35[kV] 이하	1.2[m] 이상	0.5[m] 이상
35[kV] 초과 100[kV] 미만	2[m] 이상	1[m] 이상

【답】②

90 저압전로에 사용하는 80[A] 퓨즈는 수평으로 붙일 경우 정격전류의 1.6배 전류에 몇 분 안에 용단되어야 하는가?

① 60
② 120
③ 180
④ 240

풀이 212.3.4 보호장치의 특성
1. 과전류 보호장치는 KS C 또는 KS C IEC 관련 표준(배선차단기, 누전차단기, 퓨즈등의 표준)의 동작특성에 적합하여야 한다.
2. 과전류차단기로 저압전로에 사용하는 범용의 퓨즈는 표에 적합한 것이어야 한다.

정격전류의 구분	시 간	정격전류의 배수	
		불용단전류	용단전류
4[A] 이하	60분	1.5배	2.1배
4[A] 초과 16[A] 미만	60분	1.5배	1.9배
16[A] 이상 63[A] 이하	60분	1.25배	1.6배
63[A] 초과 160[A] 이하	120분	1.25배	1.6배
160[A] 초과 400[A] 이하	180분	1.25배	1.6배
400[A] 초과	240분	1.25배	1.6배

【답】②

91 시가지내에 시설하는 154[kV] 가공 전선로에 지락 또는 단락이 생겼을 때 몇 초 안에 자동적으로 이를 전로로부터 차단하는 장치를 시설하여야 하는가?

① 1
② 3
③ 5
④ 10

풀이 333.1 시가지 등에서 특고압 가공전선로의 시설
사용전압이 100[kV]를 초과하는 특고압 가공전선에 **지락 또는 단락이 생겼을 때에는 1초 이내에 자동적으로 이를 전로로부터 차단하는 장치**를 시설할 것. 【답】①

92 발열선을 도로, 주차장 또는 조영물의 조영재에 고정시켜 시설하는 경우 발열선에 전기를 공급하는 전로의 대지전압은 몇 [V] 이하이어야 하는가?

① 100
② 150
③ 200
④ 300

풀이 241.12 도로 등의 전열장치
발열선을 도로, 주차장 또는 조영물의 조영재에 고정시켜 시설하는 경우에는 다음에 따라야 한다.
가. 발열선에 전기를 공급하는 **전로의 대지전압은 300[V] 이하**일 것.
나. 발열선은 그 온도가 80[℃]를 넘지 아니하도록 시설할 것. 다만, 도로 또는 옥외주차장에 금속피복을 한 발열선을 시설할 경우에는 발열선의 온도를 120[℃] 이하로 할 수 있다. 【답】④

93 지중에 매설되어 있는 금속제 수도관로를 각종 접지공사의 접지극으로 사용하려면 대지와의 전기저항 값이 몇 [Ω] 이하의 값을 유지하여야 하는가?

① 1
② 2
③ 3
④ 5

풀이 142.2 접지극의 시설 및 접지저항
가. 지중에 매설되어 있고 대지와의 전기저항 값이 **3[Ω] 이하**의 값을 유지하고 있는 **금속제 수도관로**가 규정에 따르는 경우 접지극으로 사용이 가능하다.
나. 대지와의 사이에 전기저항 값이 **2[Ω] 이하**인 값을 유지하는 **건축물·구조물의 철골 기타의 금속제**는 접지공사의 접지극으로 사용할 수 있다. 【답】③

94 관등회로의 사용전압이 400[V] 초과이고, 1[kV] 이하인 배선은 애자공사일 경우 전선 상호간의 거리가 몇 [cm] 이상 이어야 하는가?

① 3
② 6
③ 9
④ 12

풀이 234.11.4 관등회로의 배선
관등회로의 사용전압이 400[V] 초과이고, 1[kV] 이하인 배선은 애자공사일 경우 전선에 사람이 쉽게 접촉될 우려가 없도록 다음 표에 의하여 시설하여야 한다.

애자공사의 시설

공사 방법	전선 상호 간의 거리	전선과 조영재 의 거리	전선 지지점간의 거리	
			관등회로의 전압이 400[V] 초과 600[V] 이하의 것.	관등회로의 전압이 600[V] 초과 1[kV] 이하의 것.
애자 공사	60[mm] 이상	25[mm] 이상 (습기가 많은 장소 는 45[mm] 이상)	2[m] 이하	1[m] 이하

【답】②

95 특고압 가공전선과 가공약전류 전선 사이에 보호망을 시설하는 경우 보호망을 구성하는 금속선 상호 간의 간격은 가로 및 세로를 각각 몇 [m] 이하로 시설하여야 하는가?

① 0.75 ② 1.0
③ 1.25 ④ 1.5

풀이
333.26 특고압 가공전선과 저고압 가공전선 등의 접근 또는 교차
보호망은 규정에 준하여 접지공사를 한 금속제의 망상장치로 하고 또한 다음에 따라 시설하여야 한다.
가. 보호망을 구성하는 금속선은 그 외주 및 특고압 가공전선의 바로 아래에 시설하는 금속선에 인장강도 8.01[kN] 이상의 것 또는 지름 5[mm] 이상의 경동선을 사용하고 기타 부분에 시설하는 금속선에 인장강도 3.64[kN] 이상 또는 지름 4[mm] 이상의 아연도철선을 사용할 것.
나. 보호망을 구성하는 **금속선 상호 간의 간격은 가로세로 각 1.5 [m] 이하**일 것.
다. 보호망과 저고압 가공전선 등과의 수직 이격거리는 60[cm] 이상일 것.

【답】④

96 변전소를 관리하는 기술원이 상주하는 장소에 경보장치를 시설하지 아니하여도 되는 것은?

① 조상기 내부에 고장이 생긴 경우
② 주요 변압기의 전원측 전로가 무전압으로 된 경우
③ 특고압용 타냉식변압기의 냉각장치가 고장난 경우
④ 출력 2000[kVA] 특고압용 변압기의 온도가 현저히 상승한 경우

풀이
351.9 상주 감시를 하지 아니하는 변전소의 시설
다음의 경우에는 **변전제어소 또는 기술원이 상주하는 장소에 경보장치를 시설할 것.**
가. 운전조작에 필요한 차단기가 자동적으로 차단한 경우
나. 주요 변압기의 전원측 전로가 무전압으로 된 경우
다. 제어 회로의 전압이 현저히 저하한 경우
라. **출력 3,000[kVA]를 초과하는 특고압용변압기는 그 온도가 현저히 상승한 경우**
마. 특고압용 타냉식변압기는 그 냉각장치가 고장난 경우
바. 조상기는 내부에 고장이 생긴 경우
사. 수소냉각식조상기는 그 조상기 안의 수소의 순도가 90[%] 이하로 저하한 경우, 수소의 압력이 현저히 변동한 경우 또는 수소의 온도가 현저히 상승한 경우

【답】④

97 고압 가공전선 상호 간의 접근 또는 교차하여 시설되는 경우, 고압 가공전선 상호 간의 이격거리는 몇 [cm] 이상이어야 하는가? (단, 고압 가공전선은 모두 케이블이 아니라고 한다.)

① 50 ② 60
③ 70 ④ 80

풀이
332.17 고압 가공전선 상호 간의 접근 또는 교차
고압 가공전선이 다른 고압 가공 전선과 접근상태로 시설되거나 교차하여 시설되는 경우에는 다음에 따라 시설하여야 한다.
가. 고압 가공전선로는 고압 보안공사에 의할 것.
나. 고압 가공전선과 다른 고압 가공 전선과의 이격거리

구 분	고압 가공전선	
	일 반	케이블
고압가공전선	0.8[m]	0.4[m]
고압가공전선로의 지지물	0.6[m]	0.3[m]

【답】④

98 과전류차단기로 시설하는 퓨즈 중 고압전로에 사용하는 비포장 퓨즈는 정격전류의 몇 배의 전류에 견디어야 하는가?

① 1.1 ② 1.25
③ 1.5 ④ 2

풀이
341.10 고압 및 특고압 전로 중의 과전류차단기의 시설
가. 과전류차단기로 시설하는 퓨즈 중 고압전로에 사용하는 포장 퓨즈는 정격전류의 1.3배의 전류에 견디고 또한 2배의 전류로 120분 안에 용단되는 것.

나. 과전류차단기로 시설하는 퓨즈 중 고압전로에 사용하는 **비포장 퓨즈는 정격전류의 1.25배의 전류에 견디고 또한 2배의 전류로 2분 안에 용단되는 것.** 【답】②

99 고압 보안공사에 철탑을 지지물로 사용하는 경우 경간은 몇 [m] 이하이어야 하는가?

① 100　　② 150　　③ 400　　④ 600

풀이

332.10 고압 보안공사
고압 보안공사는 다음에 따라야 한다.
가. 전선은 케이블인 경우 이외에는 인장강도 8.01[kN] 이상의 것 또는 지름 5[mm] 이상의 경동선일 것.
나. 목주의 풍압하중에 대한 안전율은 1.5 이상일 것.
다. 경간은 표 에서 정한 값 이하일 것.

지지물의 종류	경간
목주·A종 철주 또는 A종 철근 콘크리트주	100[m] 이하
B종 철주 또는 B종 철근 콘크리트주	150[m] 이하
철탑	400[m] 이하

【답】③

100 저압 연접인입선은 폭 몇 [m]를 초과하는 도로를 횡단하지 않아야 하는가?

① 5　　② 6　　③ 7　　④ 8

풀이

221.1.2 연접 인입선의 시설
저압 연접인입선은 다음에 따라 시설하여야 한다.
가. 인입선에서 분기하는 점으로부터 100[m]를 초과하는 지역에 미치지 아니할 것.
나. **폭 5[m]를 초과하는 도로를 횡단하지 아니할 것.**
다. 옥내를 통과하지 아니할 것. 【답】①

2회 전기설비 기술기준

81 횡단보도교 위에 시설하는 경우 그 노면상 전력보안 가공통신선의 높이는 몇 [m] 이상인가?

① 3　　② 4　　③ 5　　④ 6

풀이

362.2 전력보안통신설의 시설 높이와 이격거리
1. 전력 보안 가공통신선(이하 "가공통신선"이라 한다)의 높이는 다음을 따른다.

구 분		지상고	비고
도로 (차도)	일반적인 경우	5.0[m] 이상	
	교통에 지장을 안 주는 경우	4.5[m]이상	
철도 또는 궤도 횡단 시		6.5[m] 이상	레일면상
횡단보도교 위		3.0[m] 이상	그 노면상
기타		3.5[m] 이상	

【답】①

82 케이블 트레이공사에 사용하는 케이블 트레이에 적합하지 않은 것은?

① 금속재의 것은 적절한 방식처리를 하거나 내식성 재료의 것이어야 한다.
② 비금속재 케이블 트레이는 난연성 재료가 아니어도 된다.
③ 케이블 트레이가 방화구획의 벽 등을 관통하는 경우에는 개구부에 연소방지시설을 하여야 한다.
④ 금속제 케이블 트레이 계통은 기계적 또는 전기적으로 완전하게 접속하여야 한다.

풀이

232.41 케이블트레이공사
케이블트레이공사는 케이블을 지지하기 위하여 사용하는 금속재 또는 불연성 재료로 제작된 유닛 또는 유닛의 집합체 및 그에 부속하는 부속재 등으로 구성된 견고한 구조물을 말하며 사다리형, 펀칭형, 메시형, 바닥밀폐형 기타 이와 유사한 구조물을 포함하여 적용한다.
가. 케이블 트레이의 안전율은 1.5 이상으로 하여야 한다.
나. 금속재의 것은 적절한 방식처리를 한 것이거나 내식성 재료의 것이어야 한다.
다. **비금속제 케이블 트레이는 난연성 재료**의 것이어야 한다.

ㅏ. 금속제 케이블 트레이 계통은 기계적 및 전기적으로 완전하게 접속하여야 하며 금속제 트레이는 접지공사를 하여야 한다. 【답】②

83 연료전지의 내압시험은 연료전지 설비의 내압 부분 중 최고 사용압력이 0.1[MPa] 이상의 부분은 최고 사용압력의 몇 배의 수압까지 가압하여 압력이 안정된 후 최소 10분간 유지하는 시험을 실시하였을 때 이것에 견디고 누설이 없어야 하는가?

① 1
② 1.25
③ 1.5
④ 2

풀이
542.1.3 연료전지설비의 구조
내압시험은 연료전지 설비의 내압 부분 중 **최고 사용압력이 0.1[MPa] 이상의 부분**은 최고 사용압력의 **1.5배의 수압**(수압으로 시험을 실시하는 것이 곤란한 경우는 최고 사용압력의 1.25배의 기압)까지 가압하여 압력이 안정된 후 최소 10분간 유지하는 시험을 실시하였을 때 이것에 견디고 누설이 없어야 한다. 【답】③

84 수소 냉각식 발전기·조상기 또는 이에 부속하는 수소 냉각 장치의 시설방법으로 틀린 것은?

① 발전기안 또는 조상기안의 수소의 순도가 70[%] 이하로 저하한 경우에 경보장치를 시설할 것
② 발전기 또는 조상기는 기밀구조의 것이고 또한 수소가 대기압에서 폭발하는 경우 생기는 압력에 견디는 강도를 가지는 것일 것
③ 발전기안 또는 조상기안의 수소의 압력을 계측하는 장치 및 그 압력이 현저히 변동할 경우에 이를 경보하는 장치를 시설할 것
④ 발전기축의 밀봉부에는 질소 가스를 봉입할 수 있는 장치와 누설한 수소가스를 안전하게 외부에 방출할 수 있는 장치를 설치할 것

풀이
351.10 수소냉각식 발전기 등의 시설
수소냉각식의 발전기·조상기 또는 이에 부속하는 수소 냉각 장치는 발전기 내부 또는 조상기 내부의 **수소의 순도가 85[%] 이하로 저하한 경우에 이를 경보하는 장치**를 시설할 것. 【답】①

85 사용전압이 몇 [kV] 이상의 중성점 직접접지식 전로에 접속하는 변압기를 설치하는 곳에는 절연유의 구외 유출 및 지하 침투를 방지하기 위한 설비를 갖추어야 하는가?

① 50
② 100
③ 150
④ 200

풀이
기술기준 제20조 절연유
사용전압이 **100[kV] 이상의 중성점 직접접지식 전로**에 접속하는 변압기를 설치하는 곳에는 절연유의 구외 유출 및 지하 침투를 방지하기 위한 설비를 갖추어야 한다. 【답】②

86 사용전압이 170[kV]을 초과하는 특고압 가공전선로를 시가지에 시설하는 경우 전선의 단면적은 몇 [mm²] 이상의 강심알루미늄 또는 이와 동등 이상의 인장강도 및 내 아크 성능을 가지는 연선을 사용하여야 하는가?

① 22
② 55
③ 150
④ 240

풀이
333.1 시가지 등에서 특고압 가공전선로의 시설
가. 사용전압이 170[kV] 이하인 전선로에서의 전선의 굵기

사용전압의 구분	전선의 단면적
100[kV] 미만	인장강도 21.67[kN] 이상의 연선 또는 단면적 55[mm²] 이상의 경동연선
100[kV] 이상	인장강도 58.84[kN] 이상의 연선 또는 **단면적 150[mm²] 이상의 경동연선**

나. **사용전압이 170[kV] 초과**하는 전선로에서의 전선은 **단면적 240[mm²] 이상**의 강심알루미늄선 또는 이와 동등 이상의 인장강도 및 내(耐)아크 성능을 가지는 연선을 사용할 것. 【답】④

87 풀용 수중조명등의 시설공사에서 절연변압기는 그 2차측 전로의 사용전압이 몇 [V] 이하인 경우에는 1차 권선과 2차 권선 사이에 금속제의 혼촉방지판을 설치하여야 하는가?

① 30[V]
② 50[V]
③ 60[V]
④ 100[V]

풀이

234.14 수중조명등
수중조명등의 절연변압기는 그 **2차측 전로의 사용전압이 30[V] 이하**인 경우는 1차권선과 2차권선 사이에 금속제의 **혼촉방지판을 설치**하고, 규정에 준하여 접지공사를 하여야 한다.
【답】①

88 지중 공가설비로 사용하는 광섬유 케이블 및 동축케이블은 지름 몇 [mm] 이하여야 하는가?
① 14 ② 22
③ 30 ④ 38

풀이

363.1 지중통신선로설비 시설
지중 공가설비로 사용하는 광섬유 케이블 및 동축케이블은 **지름 22[mm] 이하일 것**
【답】②

89 전체의 길이가 16[m]이고 설계하중이 6.8[kN] 초과 9.8[kN] 이하인 철근 콘크리트주를 논, 기타 지반이 연약한 곳 이외의 곳에 시설할 때, 묻히는 깊이를 2.5[m] 보다 몇 [cm] 가산하여 시설하는 경우에는 기초의 안전율에 대한 고려없이 시설하여도 되는가?
① 10 ② 20
③ 30 ④ 40

풀이

331.7 가공전선로 지지물의 기초의 안전율
가공전선로의 지지물에 하중이 가하여지는 경우에 그 하중을 받는 지지물의 기초의 안전율은 2(이상 시 상정하중에 대한 철탑의 기초에 대하여는 1.33) 이상이어야 한다. 다만, 다음에 따라 시설하는 경우에는 적용하지 않는다.

전장 \ 설계하중	6.8 [kN] 이하	6.8 [kN] 초과 ~9.8 [kN] 이하	9.8 [kN] 초과 ~14.72 [kN] 이하
15[m] 이하	전장 × 1/6 이상	전장 × 1/6 + 0.3[m] 이상	전장 × 1/6 + 0.5[m] 이상
15[m] 초과	2.5[m] 이상	2.8[m] 이상	−
16[m] 초과~ 20[m] 이하	2.8[m] 이상	−	−
15[m] 초과~ 18[m] 이하	−	−	3[m] 이상
18[m] 초과	−	−	3.2[m] 이상

【답】③

90 통신선에 직접 접속하는 옥내 통신 설비를 시설하는 곳에 반드시 하여야 하는 것은? 단, 통신선은 광섬유 케이블을 제외하며, 뇌 또는 전선과의 혼촉에 의하여 사람에게 위험의 우려는 있다고 한다.
① 유도 조절 장치   ② 전류 제한 장치
③ 전력 절감 장치   ④ 보안 장치

풀이

362.10 전력보안통신설비의 보안장치
통신선(광섬유 케이블을 제외한다)에 직접 접속하는 옥내통신설비를 시설하는 곳에는 **통신선의 구별에 따라 적합한 보안장치 또는 이에 준하는 보안장치를 시설하여야 한다.** 다만, 통신선이 통신용 케이블인 경우에 뇌(雷) 또는 전선과의 혼촉에 의하여 사람에게 위험을 줄 우려가 없도록 시설하는 경우에는 그러하지 아니하다.
【답】④

91 사용전압이 400[V]를 초과하는 저압가공전선에 사용 할 수 없는 전선은?
① 인입용 비닐절연전선
② 나전선(중성선 또는 다중접지된 접지측 전선으로 사용하는 전선에 한한다)
③ 케이블
④ 다심형 전선

풀이

222.5 저압 가공전선의 굵기 및 종류
가. 저압 가공전선은 나전선(중성선 또는 다중접지된 접지측 전선으로 사용하는 전선에 한한다), 절연전선, 다심형 전선 또는 케이블을 사용하여야 한다.
나. **사용전압이 400 [V] 초과인 저압 가공전선에는 인입용 비닐절연전선을 사용하여서는 안 된다.**
【답】①

92 시가지에 시설하는 154[kV] 가공전선로를 도로와 제1차 접근상태로 시설하는 경우, 전선과 도로와의 이격거리는 몇 [m] 이상이어야 하는가?
① 4.4 ② 4.8
③ 5.2 ④ 5.6

풀이

333.24 특고압 가공전선과 도로 등의 접근 또는 교차
특고압 가공전선이 도로·횡단보도교·철도 또는 궤도와 **제1차 접근 상태로 시설**되는 경우에는 다음에 따라야 한다.
가. 특고압 가공전선로는 제3종 특고압 보안공사에 의할 것.

라. 특고압 가공전선과 도로 등 사이의 이격거리는 표에서 정한 값 이상일 것.
다만, 특고압 절연전선을 사용하는 사용전압이 35[kV] 이하의 특고압 가공전선과 도로 등 사이의 수평 이격거리가 1.2[m] 이상인 경우에는 그러하지 아니하다.

사용전압의 구분	이격거리
35[kV] 이하	3[m]
35[kV] 초과	• 이격거리 = 3 + 단수×0.15[m] • 단수 = $\frac{전압[kV]-35}{10}$ 단수 계산에서 소수점 이하는 절상

• 단수 = $\frac{154-35}{10}$ = 11.9 → 12단
• 이격거리 = 3 + 12×0.15 = 4.8[m] 【답】②

사용전압의 구분	울타리·담 등의 높이와 울타리·담 등으로부터 충전 부분까지의 거리의 합계
35[kV] 이하	5[m]
35[kV] 초과 160[kV] 이하	6[m]
160[kV] 초과	• 거리의 합계=6+단수×0.12[m] • 단수 = $\frac{사용전압[kV]-160}{10}$ 단수 계산에서 소수점 이하는 절상

• 단수 = $\frac{345-160}{10}$ = 18.5→19단
• 이격거리 + 울타리높이 = 6 + 19×0.12 = 8.28[m]
• 울타리높이 = 8.28 - 이격거리 = 8.28 - 6 = 2.28[m] 【답】②

93 사람이 상시 통행하는 터널 내 저압전선로의 애자공사시 노면상 최소 높이는?
① 2.0[m]   ② 2.2[m]
③ 2.5[m]   ④ 3.0[m]

풀이
335.1 터널 안 전선로의 시설
사람이 상시 통행하는 터널 안의 전선로 사용전압은 저압 또는 고압에 한하며, 다음에 따라 시설하여야 한다.

전압	전선의 굵기	시공방법	애자공사 시 높이
저압	인장강도 2.30[kN] 이상 또는 2.6[mm] 이상의 경동선의 절연전선	• 합성수지관공사 • 금속관공사 • 금속제가요전선관 공사 • 케이블공사 • 애자공사	노면상, 2.5[m] 이상
고압		• 케이블공사	

【답】③

94 345[kV] 변전소의 충전 부분에서 6[m]의 거리에 울타리를 설치하려고 한다. 울타리의 최소 높이는 약 몇 [m]인가?
① 2   ② 2.28
③ 2.57   ④ 3

풀이
351.1 발전소 등의 울타리·담 등의 시설
가. 울타리·담 등의 높이는 2[m] 이상으로 하고 지표면과 울타리·담 등의 하단사이의 간격은 0.15[m] 이하로 할 것.
나. 울타리·담 등의 높이와 울타리·담 등으로부터 충전부분까지 거리의 합계는 표 에서 정한 값 이상으로 할 것.

95 금속제가요전선관공사에 의한 저압 옥내배선 시설에 대한 설명으로 틀린 것은?
① 옥외용 비닐전선을 제외한 절연전선을 사용한다.
② 가요전선관은 2종 금속제 가요전선관일 것
③ 중량물의 압력 또는 기계적 충격을 받을 우려가 없도록 시설한다.
④ 옥내배선의 사용전압이 400[V] 이하인 경우에는 접지공사를 하지 않아도 된다.

풀이
232.13 금속제가요전선관공사
가. 전선은 절연전선(옥외용 비닐 절연전선을 제외한다)일 것.
나. 전선은 연선일 것. 다만, 단면적 10[mm²](알루미늄선은 단면적 16[mm²]) 이하인 것은 그러하지 아니하다.
다. 가요전선관 안에는 전선에 접속점이 없도록 할 것.
라. 가요전선관은 2종 금속제 가요전선관일 것
마. **가요전선관배선에는 접지공사를 할 것.** 【답】④

96 고압 가공전선로에 케이블을 조가용선에 행거로 시설할 경우 그 행거의 간격은 몇 [cm] 이하로 하여야 하는가?
① 50   ② 60
③ 70   ④ 80

풀이
332.2 가공케이블의 시설
저압 가공전선 또는 고압 가공전선에 케이블을 사용하는 경우에는 다음에 따라 시설하여야 한다.
가. 케이블은 조가용선에 행거로 시설할 것. 이 경우에는 사용전압이 고압인 때에는 **행거의 간격은 0.5[m] 이하**로 하는

것이 좋다.
나. 조가용선은 인장강도 5.93[kN] 이상의 것 또는 단면적 22[mm²] 이상인 아연도강연선일 것.
다. 조가용선 및 케이블의 피복에 사용하는 금속체에는 접지공사를 할 것.
라. 조가용선을 케이블에 접촉시켜 금속 테이프를 감는 경우에는 20[cm] 이하의 간격으로 나선상으로 한다.

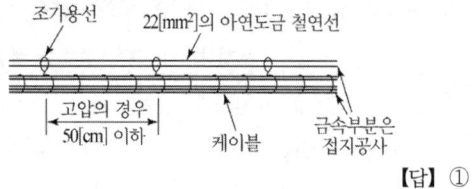

【답】①

97 저압 가공전선이 다른 저압 가공전선과 접근상태로 시설 되거나 교차하여 시설되는 경우에 저압 가공전선 상호간의 이격거리는 몇 [cm] 이상이어야 하는가? (단, 한 쪽의 전선이 고압 절연전선이라고 한다.)

① 30　　② 60
③ 80　　④ 100

풀이
222.16 저압 가공전선 상호 간의 접근 또는 교차
저압 가공전선이 다른 저압 가공전선과 접근상태로 시설되거나 교차하여 시설되는 경우 이격거리

전선의 종류구분	다른 저압 가공전선	
	전선 상호 간	지지물
저압 절연전선	0.6[m]	0.3[m]
어느 한 쪽의 전선이 고압·특고압 절연전선 또는 케이블	0.3[m]	

【답】①

98 고압 가공전선이 교류 전차선과 교차하는 경우, 고압 가공전선으로 케이블을 사용하는 경우 이외에는 단면적 몇 [mm²] 이상의 경동연선(교류 전차선 등과 교차하는 부분을 포함하는 경간에 접속점이 없는 것에 한한다.)을 사용하여야 하는가?

① 14　　② 22
③ 30　　④ 38

풀이
332.15 고압 가공전선과 교류전차선 등의 접근 또는 교차
저압 가공전선 또는 고압 가공전선이 교류 전차선 등과 교차하는 경우에 저압 가공전선 또는 고압 가공전선이 교류 전차선 등의 위에 시설되는 때에는 다음에 따라야 한다.
가. 저압 가공전선에는 케이블을 사용하고 또한 이를 단면적 35[mm²] 이상인 아연도강 연선으로서 인장강도 19.61[kN] 이상인 것(교류 전차선 등과 교차하는 부분을 포함하는 경간에 접속점이 없는 것에 한한다)으로 조가하여 시설할 것.
나. 고압 가공전선은 케이블인 경우 이외에는 인장강도 14.51[kN] 이상의 것 또는 **단면적 38 [mm²] 이상의 경동연선**(교류 전차선 등과 교차하는 부분을 포함하는 경간에 접속점이 없는 것에 한한다)일 것.
다. 고압 가공전선이 케이블인 경우에는 이를 단면적 38[mm²] 이상인 아연도강연선으로서 인장강도 19.61 [kN] 이상인 것(교류 전차선 등과 교차하는 부분을 포함하는 경간에 접속점이 없는 것에 한한다)으로 조가하여 시설할 것.

【답】④

99 6.6[kV] 지중전선로의 케이블을 직류전원으로 절연 내력시험을 하자면 시험전압은 직류 몇 [V]인가?

① 9900　　② 14420
③ 16500　　④ 19800

풀이
132 전로의 절연저항 및 절연내력

전로의 종류	접지 방식	시험전압 (최대사용 전압의 배수)	최저 시험전압
1. 7[kV] 이하		1.5배	
2. 7[kV] 초과 25[kV] 이하	다중접지	0.92배	
3. 7[kV] 초과 60[kV] 이하 (2란의 것 제외)		1.25배	10.5[kV]
4. 60[kV] 초과	비접지	1.25배	
5. 60[kV] 초과 (6란과 7란의 것 제외)	접지식	1.1배	75[kV]
6. 60[kV] 초과 (7란의 것 제외)	직접접지	0.72배	
7. 170[kV] 초과 (발전소 또는 변전소 혹은 이에 준하는 장소에 시설하는 것.)	직접접지	0.64배	

※ 전로에 케이블을 사용하는 경우에는 **직류로 시험할 수 있으며, 시험 전압은 교류의 경우의 2배**가 된다.
∴ 시험 전압=6.6[kV]×1.5×2=19.8[kV]=19800[V]

【답】④

80 고압 옥상전선로의 전선이 다른 시설물과 접근하거나 교차하는 경우 이들 사이의 이격거리는 몇 [cm] 이상이어야 하는가?

① 30
② 60
③ 90
④ 120

풀이
331.14.1 고압 옥상전선로의 시설
가. 고압 옥상 전선로의 전선이 **다른 시설물**(가공전선을 제외한다)과 **접근하거나 교차**하는 경우에는 고압 옥상 전선로의 전선과 이들 사이의 **이격거리는 0.6 [m] 이상**이어야 한다.
나. 고압 옥상전선로의 전선은 상시 부는 바람 등에 의하여 식물에 접촉하지 아니하도록 시설하여야 한다. 【답】②

4회 전기설비 기술기준

81 전력계통에서 돌발적으로 발생하는 이상현상에 대비하여 중성점을 대지에 접속하는 것을 무엇이라 하는가?

① 보호접지
② 계통접지
③ 등전위본딩
④ 접지도체

풀이
112 용어 정의
① 보호접지 : 고장 시 감전에 대한 보호를 목적으로 기기의 한 점 또는 여러 점을 접지하는 것을 말한다.
② **계통접지 : 전력계통에서 돌발적으로 발생하는 이상현상에 대비**하여 대지와 계통을 연결하는 것으로, 중성점을 대지에 접속하는 것을 말한다.
③ 등전위본딩 : 등전위를 형성하기 위해 도전부 상호 간을 전기적으로 연결하는 것을 말한다.
④ 접지도체 : 계통, 설비 또는 기기의 한 점과 접지극 사이의 도전성 경로 또는 그 경로의 일부가 되는 도체를 말한다.
【답】②

82 저압전로의 중성점에 접지도체로 시설하는 연동선의 공칭단면적은 몇 [mm^2] 이상이어야 하는가?

① 4[mm^2] 이상
② 6[mm^2] 이상
③ 10[mm^2] 이상
④ 16[mm^2] 이상

풀이
322.5 전로의 중성점의 접지
가. 전로의 중성점 접지공사의 목적

① 보호 장치의 확실한 동작의 확보
② 이상 전압의 억제
③ 대지전압의 저하
나. 접지도체는 공칭단면적 16[mm^2] 이상의 연동선(**저압 전로의 중성점에 시설하는 것은 공칭단면적 6[mm^2] 이상의 연동선**)으로서 고장시 흐르는 전류가 안전하게 통할 수 있는 것을 사용하고 또한 손상을 받을 우려가 없도록 시설할 것.
【답】②

83 전선의 색상 중 옳은 것은?

① L1 : 청색
② L2 : 흑색
③ L3 : 갈색
④ N : 회색

풀이
121.2 전선의 식별

상(문자)	색상
L1	갈색
L2	**흑색**
L3	회색
N	청색
보호도체	녹색-노란색

【답】②

84 제1종 특고압 보안공사로 시설하는 전선로의 지지물로 사용할 수 없는 것은?

① 목주
② 철탑
③ B종 철주
④ B종 철근 콘크리트주

풀이
333.22 특고압 보안공사
제1종 특고압 보안공사에서 전선로의 지지물은 B종 철주 · B종 철근 콘크리트주 또는 철탑을 사용할 것.
즉, **A종 철근콘크리트주 및 목주는 사용 할 수 없다.** 【답】①

85 고압 가공전선로에 케이블을 조가용선에 행거로 시설할 경우 그 행거의 간격은 몇 [cm] 이하로 하여야 하는가?

① 50
② 60
③ 70
④ 80

풀이
332.2 가공케이블의 시설
저압 가공전선 또는 고압 가공전선에 케이블을 사용하는 경우에는 다음에 따라 시설하여야 한다.

가. 케이블은 조가용선에 행거로 시설할 것. 이 경우에는 사용전압이 고압인 때에는 **행거의 간격은 0.5[m]** 이하로 하는 것이 좋다.
나. 조가용선은 인장강도 5.93[kN] 이상의 것 또는 단면적 22[mm^2] 이상인 아연도강연선일 것.
다. 조가용선 및 케이블의 피복에 사용하는 금속체에는 접지공사를 할 것.
라. 조가용선을 케이블에 접촉시켜 금속 테이프를 감는 경우에는 20[cm] 이하의 간격으로 나선상으로 한다.

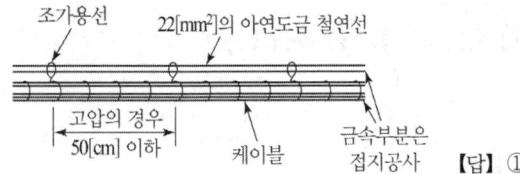

【답】 ①

86 풀용 수중조명등의 시설공사에서 절연변압기는 그 2차측 전로의 사용전압이 몇 [V] 이하인 경우에는 1차 권선과 2차 권선 사이에 금속제의 혼촉방지판을 설치하여야 하는가?
① 30[V]   ② 50[V]
③ 60[V]   ④ 100[V]

▶ 풀이
234.14 수중조명등
수중조명등의 절연변압기는 그 **2차측 전로의 사용전압이 30[V] 이하**인 경우는 1차권선과 2차권선 사이에 금속제 **혼촉방지판을 설치**하고, 규정에 준하여 접지공사를 하여야 한다.

【답】 ①

87 특고압으로 시설할 수 없는 전선로는?
① 지중전선로   ② 옥상전선로
③ 가공전선로   ④ 수중전선로

▶ 풀이
331.14.2 특고압 옥상전선로의 시설
특고압 옥상전선로(특고압의 인입선의 옥상부분을 제외한다)는 **시설하여서는 아니 된다.**

【답】 ②

88 3상 220[V] 유도전동기의 권선과 대지간의 절연내력시험 시험전압과 견디어야 할 최소시간으로 옳은 것은?
① 220[V], 5분   ② 275[V], 10분
③ 330[V], 20분   ④ 500[V], 10분

▶ 풀이
133 회전기 및 정류기의 절연내력

종류		시험 전압	시험방법
회전기	발전기·전동기·조상기·기타 회전기 7[kV] 이하	1.5배 (최저 500 [V])	권선과 대지 사이에 연속하여 10분간
	7[kV] 초과	1.25배 (최저 10.5[kV])	
	회전 변류기	직류측의 최대사용전압의 1배의 교류전압 (최저 500 [V])	

∴ 시험 전압 = 220 × 1.5 = 330[V]이나
최저 시험 전압이 500 [V]이므로 시험 전압은 500 [V]가 되어야 한다.

【답】 ④

89 정격전류가 63[A]초과인 경우 배선용 차단기(주택용)는 정격전류의 몇 배의 전류에 견뎌야 하는가?
① 1.05   ② 1.13
③ 1.3   ④ 1.45

▶ 풀이
212.3.4 보호장치의 특성
과전류트립 동작시간 및 특성(주택용 배선용 차단기)

정격전류의 구분	시간	정격전류의 배수(모든 극에 통전)	
		부동작 전류	동작 전류
63[A] 이하	60분	1.13배	1.45배
63[A] 초과	120분	1.13배	1.45배

【답】 ②

90 지중에 매설되어 있는 금속제 수도관로를 각종 접지공사의 접지극으로 사용하려면 대지와의 전기저항 값이 몇 [Ω] 이하의 값을 유지하여야 하는가?
① 1   ② 2
③ 3   ④ 5

▶ 풀이
142.2 접지극의 시설 및 접지저항
가. 지중에 매설되어 있고 대지와의 **전기저항 값이 3[Ω] 이하**의 값을 유지하고 있는 **금속제 수도관로가** 규정에 따르는 경우 **접지극으로 사용이 가능하다.**
나. 대지와의 사이에 전기저항 값이 2[Ω] 이하인 값을 유지하는 건축물·구조물의 철골 기타의 금속제는 접지공사의 접지극으로 사용할 수 있다.

【답】 ③

91 저압 방호구에 넣은 절연전선 등을 사용하는 저압 임시 전선로가 건조물 상부 조영재의 옆쪽으로 접근상태로 시설되는 경우, 임시전선로와 건조물과의 이격거리는 몇 [m] 이상이어야 하는가?

① 0.3　　　　　② 0.4
③ 1　　　　　　④ 1.2

▣ 풀이
335.10 임시 전선로의 시설

임시 전선로 시설(저압 방호구)의 이격거리

조영물 조영재의 구분		접근형태	이격거리
건조물	상부 조영재	위쪽	1[m]
		옆쪽 또는 아래쪽	0.4[m]
	상부이외의 조영재		0.4[m]
건조물 이외의 조영물	상부 조영재	위쪽	1[m]
		옆쪽 또는 아래쪽	0.4[m] (저압 가공전선은 0.3[m])
	상부이외의 조영재		0.4[m] (저압 가공전선은 0.3[m])

【답】②

92 사람이 상시 통행하는 터널 안 배선의 시설기준으로 틀린 것은?

① 사용전압은 저압에 한한다.
② 전로에는 터널의 입구에 가까운 곳에 전용 개폐기를 시설한다.
③ 애자사용 공사에 의하여 시설하고 이를 노면상 2[m] 이상의 높이에 시설한다.
④ 공칭단면적 2.5[mm²] 연동선과 동등 이상의 세기 및 굵기의 절연전선을 사용한다.

▣ 풀이
242.7.1 사람이 상시 통행하는 터널 안의 배선의 시설
사람이 상시 통행하는 터널 안의 배선(전기기계기구 안의 배선, 관등회로의 배선 및 소세력 회로의 전선을 제외한다.) 은 그 사용전압이 저압의 것에 한하고 또한 다음에 따라 시설하여야 한다.
가. 합성수지관공사, 금속관공사, 금속제가요전선관 공사, 케이블공사 및 애자공사에 의할 것
나. 전선은 공칭단면적 2.5[mm²]의 연동선과 동등 이상의 세기 및 굵기의 절연전선(옥외용 비닐절연전선 및 인입용 비닐절연전선을 제외한다)을 사용하여 **애자공사에 의하여 시설하고 또한 이를 노면상 2.5[m] 이상의 높이로 할 것.**

다. 전로에는 터널의 입구에 가까운 곳에 전용 개폐기를 시설할 것. 【답】③

93 고압 가공전선으로 ACSR(강심알루미늄연선)을 사용할 때의 안전율은 얼마 이상이 되는 이도(弛度)로 시설하여야 하는가?

① 1.38　　　　　② 2.1
③ 2.5　　　　　　④ 4.01

▣ 풀이
332.4 고압 가공전선의 안전율,
222.6 저압 가공전선의 안전율
가공전선이 케이블 이외인 경우 안전율이 다음 이상이 되는 이도로 시설하여야 한다.
가. 경동선 또는 내열 동합금선 : 2.2 이상
나. **그 밖의 전선 : 2.5** 【답】③

94 특고압 가공전선은 케이블인 경우 이외에는 단면적이 몇 [mm²] 이상의 경동연선이어야 하는가?

① 8　　　　　　② 14
③ 22　　　　　　④ 30

▣ 풀이
333.4 특고압 가공전선의 굵기 및 종류
특고압 가공전선은 케이블인 경우 이외에는 인장강도 8.71[kN] 이상의 연선 또는 **단면적이 22[mm²] 이상의 경동연선** 또는 동등이상의 인장강도를 갖는 알루미늄 전선이나 절연전선이어야 한다. 【답】③

95 사용전압 66 [kV]의 가공전선을 시가지에 시설할 경우 전선의 지표상 최소 높이는 몇 [m]인가?

① 6.48　　　　　② 8.36
③ 10.48　　　　　④ 12.36

▣ 풀이
333.1 시가지 등에서 특고압 가공전선로의 시설

사용전압의 구분	지표상의 높이
35 [kV] 이하	10[m] (전선이 특고압 절연전선인 경우에는 8[m])
35 [kV] 초과	10[m]에 35[kV]를 초과하는 10[kV] 또는 그 단수마다 12[cm]를 더한 값

• 단수 = $\frac{66-35}{10} = 3.1 \rightarrow 4$단
• 지표상의 높이 = $10 + 4 \times 0.12 = 10.48[m]$ 【답】③

96 저압 가공전선 또는 고압 가공전선이 도로를 횡단할 때 지표상의 높이는 몇 [m] 이상으로 하여야 하는가? (단, 농로 기타 교통이 번잡하지 않은 도로 및 횡단보도교는 제외한다.)

① 4　　② 5
③ 6　　④ 7

풀이
332.5 고압 가공전선의 높이, 222.7 저압 가공전선의 높이
저·고압 가공전선의 높이는 다음에 따라야 한다.

설치장소		가공전선의 높이
도로횡단(번잡하지 않은 도로 제외)		지표상 6 [m] 이상
철도 또는 궤도 횡단		레일면상 6.5 [m] 이상
횡단보도교 위	저압	노면상 3.5 [m] 이상 (단, 절연전선의 경우 3 [m] 이상)
	고압	노면상 3.5 [m] 이상
일반장소		지표상 5 [m] 이상. 단, 저압의 경우 절연전선 또는 케이블을 사용하여 교통에 지장이 없도록 하여 옥외조명용에 공급하는 경우 4[m]까지 감할 수 있다.
다리의 하부 기타 이와 유사한 장소		저압의 전기철도용 급전선은 지표상 3.5 [m]까지로 감할 수 있다.

【답】③

97 지중 공가설비로 사용하는 광섬유 케이블 및 동축케이블은 지름 몇 [mm] 이하로 하여야 하는가?

① 8　　② 14
③ 22　　④ 30

풀이
363.1 지중통신선로설비 시설
지중 공가설비로 사용하는 광섬유 케이블 및 동축케이블은 지름 22[mm] 이하일 것

【답】③

98 발전소의 개폐기 또는 차단기에 사용하는 압축공기장치의 주 공기탱크에 시설하는 압력계의 최고 눈금의 범위로 옳은 것은?

① 사용압력의 1배 이상 2배 이하
② 사용압력의 1.15배 이상 2배 이하
③ 사용압력의 1.5배 이상 3배 이하
④ 사용압력의 2배 이상 3배 이하

풀이
341.15 압축공기계통
발전소·변전소·개폐소 또는 이에 준하는 곳에서 개폐기 또는 차단기에 사용하는 압축공기장치는 다음에 따라 시설하여야 한다.
가. 공기압축기는 최고 사용압력의 1.5배의 수압(수압을 연속하여 10분간 가하여 시험을 하기 어려울 때에는 최고 사용압력의 1.25배의 기압)을 연속하여 10분간 가하여 시험을 하였을 때에 이에 견디고 또한 새지 아니할 것
나. 주 공기탱크 또는 이에 근접한 곳에는 **사용압력의 1.5배 이상 3배 이하의 최고 눈금이 있는 압력계**를 시설할 것
다. 사용 압력에서 공기의 보급이 없는 상태로 개폐기 또는 차단기의 투입 및 차단을 연속하여 1회 이상 할 수 있는 용량을 가지는 것일 것

【답】③

99 특고압 가공전선이 다른 특고압 가공전선과 교차하여 시설하는 경우는 제 몇 종 특고압 보안 공사에 의하여야 하는가?

① 1종　　② 2종
③ 3종　　④ 4종

풀이
333.27 특고압 가공전선 상호 간의 접근 또는 교차
특고압 가공전선이 다른 특고압 가공전선과 접근상태로 시설되거나 교차하여 시설되는 경우 위쪽 또는 옆쪽에 시설되는 특고압 가공전선로는 **제3종 특고압 보안공사**에 의할 것.

【답】③

100 다음 중 전선로의 종류가 아닌 것은?

① 공간전선로　　② 수상전선로
③ 옥측전선로　　④ 옥상전선로

풀이
335.3 수상전선로, 221.2 옥측전선로, 221.3 옥상전선로

【답】①

2024년 CBT 복원문제

1회 전기설비 기술기준

81 건조물과 전차선, 급전선 및 전기철도차량 집전장치의 공기절연 이격거리는 시스템 종류 및 공칭전압에 따라 정적 및 동적 최소 절연이격거리 이상을 확보하여야 한다. 다음 빈 칸에 들어갈 공칭전압은?

시스템 종류	공칭전압 (V)	동적(mm)		정적(mm)	
		비오염	오염	비오염	오염
직류	( )	25	25	25	25

① 750　　② 1,500
③ 3,000　　④ 25,000

풀이 431.2 전차선로의 충전부와 건조물 간의 절연이격
건조물과 전차선, 급전선 및 전기철도차량 집전장치의 공기절연 이격거리는 표에 제시되어 있는 정적 및 동적 최소 절연이격거리 이상을 확보하여야 한다. 동적 절연이격의 경우 팬터그래프가 통과하는 동안의 일시적인 전선의 움직임을 고려하여야 한다.

표. 전차선과 건조물 간의 최소 절연이격거리

시스템 종류	공칭전압 (V)	동적(mm)		정적(mm)	
		비오염	오염	비오염	오염
직류	750	25	25	25	25
	1,500	100	110	150	160
단상교류	25,000	170	220	270	320

【답】①

82 열차 설계속도가 250＜V≤300[km/h], 속도등급이 300킬로급인 경우, 전차선의 기울기(천분율)는? 단, 구분장치 또는 분기 구간이 아닌 경우 이다.

① 0　　② 1
③ 2　　④ 3

풀이 431.7 전차선의 기울기
전차선의 기울기는 해당 구간의 열차 통과 속도에 따라 표를 따른다. 다만 구분장치 또는 분기 구간에서는 전차선에 기울기를 주지 않아야 한다. 또한, 궤도면상으로부터 전차선 높이는 같은 높이로 가선하는 것을 원칙으로 하되 터널, 과선교 등 특정 구간에서 높이 변화가 필요한 경우에는 가능한 한 작은 기울기로 이루어져야 한다.

전차선의 기울기

설계속도 V (km/시간)	속도등급	기울기(천분율)
300＜V≤350	350킬로급	0
250＜V≤300	**300킬로급**	**0**
200＜V≤250	250킬로급	1
150＜V≤200	200킬로급	2
120＜V≤150	150킬로급	3
70＜V≤120	120킬로급	4
V≤70	70킬로급	10

【답】①

83 풍력터빈에 설비의 손상을 방지하기 위하여 시설하는 운전상태를 계측하는 계측장치로 틀린 것은?

① 조도계　　② 압력계
③ 온도계　　④ 풍속계

풀이 532.3.7 계측장치의 시설
풍력터빈에는 설비의 손상을 방지하기 위하여 운전상태를 계측하는 다음의 계측장치를 시설하여야 한다.
1. 회전속도계
2. 나셀(nacelle) 내의 진동을 감시하기 위한 진동계
3. **풍속계** 4. **압력계** 5. **온도계**　　【답】①

84 터널 내에 교류 220[V]의 애자공사로 전선을 시설할 경우 노면으로부터 몇 [m] 이상의 높이로 유지해야 하는가?

① 2　　② 2.5
③ 3　　④ 4

> **[풀이]**
> 사람이 상시 통행하는 터널 안의 전선로 사용전압은 저압 또는 고압에 한하며, 다음에 따라 시설하여야 한다.

전압	전선의 굵기	시공방법	애자공사 시 높이
저압	인장강도 2.30[kN] 이상 또는 2.6[mm] 이상의 경동선의 절연전선	• 합성수지관공사 • 금속관공사 • 금속제가요전선관 공사 • 케이블공사 • 애자공사	노면상, 2.5[m] 이상
고압		• 케이블공사	

【답】②

85 특고압 가공전선로의 지지물 양쪽의 경간의 차가 큰 곳에 사용되는 철탑은?
① 내장형철탑   ② 인류형철탑
③ 각도형철탑   ④ 보강형철탑

> **[풀이]**
> 333.11 특고압 가공전선로의 철주·철근 콘크리트주 또는 철탑의 종류
> 특고압 가공전선로의 지지물로 사용하는 B종 철근·B종 콘크리트주 또는 철탑의 종류는 다음과 같다.
> 가. **직선형** : 전선로의 직선 부분
>   (3° 이하의 수평 각도 이루는 곳 포함)에 사용되는 것
> 나. **각도형** : 전선로 중 수평 각도 3°를 넘는 곳에 사용되는 것
> 다. **인류형** : 전 가섭선을 인류하는 곳에 사용하는 것
> 라. **내장형** : 전선로 지지물 **양측의 경간차가 큰 곳에 사용하는 것**
> 마. **보강형** : 전선로 직선 부분을 보강하기 위하여 사용하는 것

【답】①

86 전로를 대지로부터 절연을 하여야 하는 것은 다음 중 어느 것인가?
① 전기로   ② 전기욕기
③ 전기다리미   ④ 전해조

> **[풀이]** 131 전로의 절연 원칙
> 전로는 다음 이외에는 대지로부터 절연하여야 한다.
> 가. 저압전로에 접지공사를 하는 경우의 접지점
> 나. 전로의 중성점에 접지공사를 하는 경우의 접지점
> 다. 계기용변성기의 2차측 전로에 접지공사를 하는 경우의 접지점
> 라. 다중 접지를 하는 경우의 접지점
> 마. 변압기의 2차측 전로에 접지공사를 하는 경우의 접지점

> 바. 직류계통에 접지공사를 하는 경우의 접지점
> 사. 다음과 같이 절연할 수 없는 부분
>   ① 시험용 변압기, 전력선 반송용 결합 리액터, 전기울타리용 전원장치, 엑스선발생장치, 전기부식방지용 양극, 단선식 전기철도의 귀선 등 전로의 일부를 대지로부터 절연하지 아니하고 전기를 사용하는 것이 부득이한 것.
>   ② **전기욕기·전기로·전기보일러·전해조** 등 대지로부터 **절연하는 것이 기술상 곤란한 것.**

【답】③

87 전력계통의 일부가 전력계통의 전원과 전기적으로 분리된 상태에서 분산형전원에 의해서만 운전되는 상태를 무엇이라 하는가?
① 전부하 운전
② 병렬운전
③ 단독운전
④ 무부하 운전

> **[풀이]** 112 용어정의
> "**단독운전**"이란 전력계통의 일부가 전력계통의 전원과 전기적으로 분리된 상태에서 분산형전원에 의해서만 운전되는 상태를 말한다.

【답】③

88 전기 울타리의 시설에 관한 설명으로 틀린 것은?
① 전원장치에 전기를 공급하는 전로의 사용전압은 600[V] 이하이어야 한다.
② 사람이 쉽게 출입하지 아니하는 곳에 시설한다.
③ 전선은 지름 2[mm] 이상의 경동선을 사용한다.
④ 수목 사이의 이격거리는 30[cm] 이상이어야 한다.

> **[풀이]** 241.1 전기울타리
> 가. 전기울타리용 전원장치에 전원을 공급하는 전로의 **사용전압은 250[V] 이하**이어야 한다.
> 나. 전기울타리는 사람이 쉽게 출입하지 아니하는 곳에 시설할 것.
> 다. 전선은 인장강도 1.38[kN] 이상의 것 또는 지름 2[mm] 이상의 경동선일 것.
> 라. 전선과 이를 지지하는 기둥 사이의 이격거리는 25[mm] 이상일 것.
> 마. 전선과 다른 시설물(가공 전선을 제외한다) 또는 수목과의 이격거리는 0.3[m] 이상일 것.

【답】①

89 가공전선로의 지지물에는 취급자가 오르고 내리는데 사용하는 발판 볼트 등은 특별한 경우를 제외하고 지표상 몇 [m] 미만에는 시설하지 않아야 하는가?

① 1.5 ② 1.8
③ 2.0 ④ 2.2

풀이 331.4 가공전선로 지지물의 철탑오름 및 전주오름 방지
가공전선로의 지지물에는 취급자가 오르고 내리는데 사용하는 **발판 볼트 등을 지표상 1.8[m] 미만에 시설하여서는 아니 된다.**
【답】②

90 고압 가공전선으로 ACSR(강심알루미늄연선)을 사용할 때의 안전율은 얼마 이상이 되는 이도(弛度)로 시설하여야 하는가?

① 1.38 ② 2.1
③ 2.5   ④ 4.01

풀이 332.4 고압 가공전선의 안전율, 222.6 저압 가공전선의 안전율
가공전선이 케이블 이외인 경우 안전율이 다음 이상이 되는 이도로 시설하여야 한다.
가. 경동선 또는 내열 동합금선 : 2.2 이상
나. 그 밖의 전선 : 2.5
【답】③

91 특고압을 옥내에 시설하는 경우 그 사용전압의 최대한도는 몇 [kV] 이하인가? (단, 케이블 트레이공사는 제외)

① 25   ② 80
③ 100 ④ 160

풀이 342.4 특고압 옥내 전기설비의 시설
특고압 옥내배선은 다음에 따르고 또한 위험의 우려가 없도록 시설하여야 한다.
가. **사용전압은 100[kV] 이하일 것.** 다만, 케이블트레이배선에 의하여 시설하는 경우에는 35[kV] 이하일 것.
나. 전선은 케이블일 것.
다. 특고압 옥내배선과 저압 옥내전선·관등회로의 배선 또는 고압 옥내전선 사이 : 0.6[m] 이상
【답】③

92 사용전압 22.9 [kV]의 가공전선이 철도를 횡단하는 경우 전선의 궤조면상 높이는 몇 [m] 이상이어야 하는가?

① 5   ② 5.5
③ 6   ④ 6.5

풀이 333.7 특고압 가공전선의 높이

전압의 범위	일반 장소	도로 횡단	철도 또는 궤도횡단	횡단보도교
35[kV] 이하	5 [m]	6 [m]	6.5 [m]	4 [m](특고압절연전선 또는 케이블 사용)
35[kV] 초과 160[kV] 이하	6 [m]	6 [m]	6.5 [m]	5 [m](케이블 사용)
	산지 등에서 사람이 쉽게 들어갈 수 없는 장소 ; 5 [m] 이상			
160[kV] 초과	일반장소	가공전선의 높이 = 6 + 단수×0.12[m]		
	철도 또는 궤도횡단	가공전선의 높이 = 6.5 + 단수×0.12[m]		
	산지	가공전선의 높이 = 5 + 단수×0.12[m]		

※ 단수 = $\frac{전압[kV]-160}{10}$ … 단수 계산에서 소수점 이하는 절상

【답】④

93 내부고장이 발생하는 경우를 대비하여 자동차단장치 또는 경보장치를 시설하여야 하는 특고압용 변압기의 뱅크용량의 구분으로 알맞은 것은?

① 5000 [kVA] 미만
② 5000 [kVA] 이상 10000 [kVA] 미만
③ 10000 [kVA] 이상
④ 타냉식 변압기

풀이 351.4 특고압용 변압기의 보호장치
특고압용의 변압기에는 그 내부에 고장이 생겼을 경우에 보호하는 장치를 표와 같이 시설하여야 한다.

뱅크 용량의 구분	동작조건	장치의 종류
5,000 [kVA] 이상 10,000 [kVA] 미만	변압기 내부 고장	자동차단장치 또는 경보장치
10,000 [kVA] 이상	변압기 내부 고장	자동차단장치
타냉식 변압기(변압기의 권선 및 철심을 직접 냉각시키기 위하여 봉입한 냉매를 강제 순환시키는 냉각 방식을 말한다.)	냉각 장치에 고장이 생긴 경우 또는 변압기의 온도가 현저히 상승한 경우	경보장치

【답】②

94 220[V]용 전동기의 절연 내력 시험시 시험 전압은 몇 [V]로 하여야 하는가?
① 300
② 330
③ 450
④ 500

풀이 133 회전기 및 정류기의 절연내력

종류		시험 전압	시험 방법
회전기	발전기·전동기·조상기·기타회전기	7 [kV] 이하	1.5배 (최저 500 [V])	권선과 대지 사이에 연속하여 10분간
		7 [kV] 초과	1.25배 (최저 10.5 [kV])	
	회전 변류기		직류측의 최대사용 전압의 1배의 교류전압(최저 500 [V])	

∴ 시험 전압 = 220 × 1.5 = 330[V] 이나 **최저 시험 전압이 500 [V]** 이므로 시험 전압은 500 [V]가 되어야 한다. 【답】 ④

95 금속관공사에서 절연 부싱을 사용하는 가장 주된 목적은?
① 관의 끝이 터지는 것을 방지
② 관의 단구에서 조영재의 접촉 방지
③ 관내 해충 및 이물질 출입 방지
④ 관의 단구에서 전선 피복의 손상 방지

풀이 232.12 금속관공사
관의 끝 부분에는 **전선의 피복을 손상하지 아니하도록** 적당한 구조의 부싱을 사용할 것. 다만, 금속관공사로부터 애자공사로 옮기는 경우에는 그 부분의 **관의 끝부분에는 절연부싱 또는 이와 유사한 것을 사용**하여야 한다. 【답】 ④

96 상시 상정하중 중 풍압하중에 전가섭선에 관하여 각 가섭선의 상정 최대장력의 33[%]와 같은 불평균 장력의 수평 종분력에 의한 하중을 가산하여야 할 철탑은?
① 인류형
② 내장형
③ 보강형
④ 각도형

풀이 333.13 상시 상정하중
인류형·내장형 또는 보강형·직선형·각도형의 철주·철근 콘크리트주 또는 철탑의 경우에는 풍압하중에 가섭선 불평균 장력에 의한 수평 종하중을 가산한다.
① 인류형 : 전가섭선에 관하여 각 가섭선의 상정 최대장력과 같은 불평균 장력의 수평 종분력에 의한 하중

② **내장형**·보강형 : 전가섭선에 관하여 각 가섭선의 **상정 최대 장력의 33[%]와 같은 불평균 장력의 수평 종분력에 의한 하중**
③ 직선형 : 전가섭선에 관하여 각 가섭선의 상정 최대장력의 3[%]와 같은 불평균 장력의 수평 종분력에 의한 하중 (단, 내장형은 제외한다)
④ 각도형 : 전가섭선에 관하여 각 가섭선의 상정 최대장력의 10[%]와 같은 불평균 장력의 수평 종분력에 의한 하중 【답】 ②

97 빙설이 적고 인가가 밀집된 도시에 시설하는 고압가공전선로의 지지물 설계에 사용하는 풍압하중은?
① 갑종 풍압하중
② 을종 풍압하중
③ 병종 풍압하중
④ 갑종 풍압하중과 을종 풍압하중을 각 설비에 따라 혼용

풀이 331.6 풍압하중의 종별과 적용
인가가 많이 연접되어 있는 장소에 시설하는 가공전선로의 구성재 중 다음의 풍압하중에 대하여는 규정에 불구하고 갑종 풍압하중 또는 을종 풍압하중 대신에 **병종 풍압하중을 적용**할 수 있다.
가. 저압 또는 고압 가공전선로의 지지물 또는 가섭선
나. 사용전압이 35 [kV] 이하의 전선에 특고압 절연전선 또는 케이블을 사용하는 특고압 가공전선로의 지지물, 가섭선 및 특고압 가공전선을 지지하는 애자장치 및 완금류 【답】 ③

98 다음 ( )의 ㉠, ㉡에 들어갈 내용으로 옳은 것은?

"전기철도용 급전선"이란 전기철도용 (㉠)로부터 다른 전기철도용 (㉠) 또는 (㉡)에 이르는 전선을 말한다.

① ㉠ 급전소 ㉡ 개폐소
② ㉠ 궤전선 ㉡ 변전소
③ ㉠ 변전소 ㉡ 전차선
④ ㉠ 전차선 ㉡ 급전소

풀이 112 용어 정의
"전기철도용 급전선"이란 전기철도용 변전소로부터 다른 전기철도용 변전소 또는 전차선에 이르는 전선을 말한다 【답】 ③

99 정격전류가 63[A] 이하인 경우 산업용 배선차단기의 동작 전류는 정격전류의 몇 배 인가?

① 1.05
② 1.13
③ 1.3
④ 1.45

【풀이】 212.3.4 보호장치의 특성
과전류트립 동작시간 및 특성(산업용 배선차단기)

정격전류의 구분	시간	정격전류의 배수 (모든 극에 통전)	
		부동작 전류	동작 전류
63[A] 이하	60분	1.05배	1.3배
63[A] 초과	120분	1.05배	1.3배

【답】③

100 22.9[kV] 특고압가공전선로를 시가지에 설치할 때, 전선의 인장강도 21.67[kN] 이상의 연선 또는 단면적 최소 몇 [mm²] 이상의 경동 연선 또는 이와 동등 이상의 세기 및 굵기의 경동 연선을 사용해야 하는가?

① 30
② 38
③ 50
④ 55

【풀이】 333.1 시가지 등에서 특고압 가공전선로의 시설
사용전압이 170[kV] 이하인 전선로에서의 전선의 굵기

사용전압의 구분	전선의 단면적
100[kV] 미만	인장강도 21.67[kN] 이상의 연선 또는 **단면적 55[mm²] 이상의 경동연선**
100[kV] 이상	인장강도 58.84[kN] 이상의 연선 또는 단면적 150[mm²] 이상의 경동연선

【답】④

2회 전기설비 기술기준

81 조상기의 보호장치로서 내부 고장 시에 자동적으로 전로로부터 차단되는 장치를 설치하여야 하는 조상기 용량은 몇 [kVA] 이상인가?

① 5000
② 7500
③ 10000
④ 15000

【풀이】 351.5 조상설비의 보호장치
조상 설비에는 그 내부에 고장이 생긴 경우에 보호하는 장치를 표와 같이 시설하여야 한다.

설비 종별	뱅크 용량의 구분	자동적으로 전로로부터 차단하는 장치
전력용 커패시터 및 분로리액터	500 [kVA] 초과 15,000 [kVA] 미만	·내부에 고장이 생긴 경우 ·과전류가 생긴 경우
	15,000 [kVA] 이상	·내부에 고장이 생긴 경우 ·과전류가 생긴 경우 ·과전압이 생긴 경우
조상기	15,000 [kVA] 이상	·내부에 고장이 생긴 경우

【답】④

82 터널 등에 시설하는 사용 전압이 220[V]인 저압의 전구선으로 300/300[V] 편조고무 코드를 사용하는 경우 단면적은 몇 [mm²] 이상이어야 하는가?

① 0.5 [mm²]
② 0.75 [mm²]
③ 1.0 [mm²]
④ 1.5 [mm²]

【풀이】
242.7.2 터널 등의 전구선 또는 이동전선 등의 시설
터널 등에 시설하는 사용전압이 400[V] 이하인 저압의 전구선 또는 이동전선은 다음과 같이 시설하여야 한다.
가. **전구선은 단면적 0.75[mm²] 이상의 300/300[V] 편조 고무 코드** 또는 0.6/1[kV] EP 고무 절연 클로로프렌 캡타이어 케이블일 것.
나. 이동전선은 300/300[V] 편조 고무코드, 비닐 코드 또는 캡타이어 케이블일 것.

【답】②

83 빙설의 정도에 따라 풍압하중을 적용하도록 규정하고 있는 내용 중 옳은 것은?

① 빙설이 많은 지방에서는 고온계절에는 갑종풍압하중, 저온계절에는 을종 풍압하중을 적용한다.
② 빙설이 많은 지방에서는 고온계절에는 을종풍압하중, 저온계절에는 갑종 풍압하중을 적용한다.
③ 빙설이 적은 지방에서는 고온계절에는 갑종풍압하중, 저온계절에는 을종 풍압하중을 적용한다.
④ 빙설이 적은 지방에서는 고온계절에는 을종풍압하중, 저온계절에는 갑종 풍압하중을 적용한다.

풀이 331.6 풍압하중의 종별과 적용

지역		고온계절	저온계절
빙설이 많은 지방 이외의 지방		갑종	병종
빙설이 많은 지방	일반지역	갑종	을종
	해안지방, 기타 저온계절에 최대 풍압이 생기는 지역	갑종	갑종과 을종 중 큰 값 선정
인가가 많이 연접되어 있는 장소		병종	병종

【답】①

84 전자개폐기의 조작회로 또는 초인벨·경보벨 등에 접속하는 전로로서 최대사용전압이 60[V] 이하인 것으로 대지전압이 몇 [V] 이하인 강 전류 전기의 전송에 사용하는 전로와 변압기로 결합되는 것을 소세력 회로라 하는가?

① 100　　　　② 150
③ 300　　　　④ 440

풀이 241.14 소세력 회로
가. 전자 개폐기의 조작회로 또는 초인벨·경보벨 등에 접속하는 전로로서 최대 사용전압이 60[V] 이하인 것
나. **소세력 회로**에 전기를 공급하기 위한 절연변압기의 사용전압은 **대지전압 300[V] 이하**로 하여야 한다.　　【답】③

85 금속덕트공사에 의한 저압 옥내배선 공사 시설 기준에 적합하지 않는 것은?
① 금속 덕트에 넣은 전선의 단면적의 합계가 덕트의 내부 단면적의 20[%] 이하가 되게 하였다.
② 덕트 상호 및 덕트와 금속관과는 전기적으로 완전하게 접속했다.
③ 덕트를 조영재에 붙이는 경우 덕트의 지지점간의 거리를 4[m] 이하로 견고하게 붙였다.
④ 덕트에는 접지공사를 한다.

풀이 232.31 금속덕트공사
가. 전선은 절연전선(옥외용 비닐절연전선을 제외한다)일 것.
나. 금속덕트에 넣은 전선의 단면적(절연피복의 단면적을 포함한다)의 합계는 덕트의 내부 단면적의 20[%](전광표시 장치 기타 이와 유사한 장치 또는 제어회로 등의 배선만을 넣는 경우에는 50[%]) 이하일 것.
다. 금속덕트 안에는 전선에 접속점이 없도록 할 것.
라. 덕트 상호 간은 견고하고 또한 전기적으로 완전하게 접속할 것.

마. 덕트를 조영재에 붙이는 경우에는 덕트의 지지점 간의 거리를 3[m](취급자 이외의 자가 출입할 수 없도록 설비한 곳에서 수직으로 붙이는 경우에는 6[m]) 이하로 할 것.
바. 덕트는 접지공사를 할 것.　　【답】③

86 폭연성 분진 또는 화약류의 분말이 전기설비가 발화원이 되어 폭발할 우려가 있는 곳에 시설하는 저압 옥내배선의 공사방법으로 옳은 것은?
① 금속관공사
② 애자공사
③ 합성수지관공사
④ 캡타이어케이블공사

풀이 242.2.1 폭연성 분진 위험장소
폭연성 분진(마그네슘·알루미늄·티탄·지르코늄) 또는 **화약류**의 분말이 전기설비가 발화원이 되어 폭발할 우려가 있는 곳에 시설하는 저압 옥내배선, 저압 관등회로 배선, 소세력 회로의 전선은 **금속관공사 또는 케이블공사(캡타이어 케이블을 사용하는 것을 제외한다)**에 의할 것.　　【답】①

87 지중 전선로를 직접 매설식에 의하여 시설하는 경우에 차량 및 기타 중량물의 압력을 받을 우려가 있는 장소의 매설 깊이는 몇 [m] 이상인가?
① 1.0　　　　② 1.2
③ 1.5　　　　④ 1.8

풀이 334.1 지중전선로의 시설
가. 지중 전선로는 전선에 케이블을 사용하고 또한 관로식·암거식 또는 직접 매설식에 의하여 시설하여야 한다.
나. 지중 전선로를 직접 매설식에 의하여 시설하는 경우에는 매설 깊이는
① 차량 기타 중량물의 압력을 받을 우려가 있는 장소 : 1.0[m] 이상
② 기타 장소 : 0.6 [m] 이상　　【답】①

88 전기욕기에 전기를 공급하기 위한 전원장치에 내장되어 있는 전원변압기의 2차 측 전로의 사용전압은 몇 [V] 이하인 것을 사용하여야 하는가?
① 5　　　　② 10
③ 25　　　　④ 35

풀이 241.2 전기욕기
전기욕기에 전기를 공급하기 위한 전기욕기용 전원장치(내장되는 전원 **변압기의 2차측 전로의 사용전압이 10[V] 이하**의 것에 한한다)는 안전기준에 적합하여야 한다. 【답】②

89 특고압가공전선로에 사용하는 철탑 중에서 전선로의 수평각도가 3°를 넘는 곳에 사용하는 철탑은?
① 내장형 철탑 ② 인류형 철탑
③ 보강형 철탑 ④ 각도형 철탑

풀이 333.11 특고압 가공전선로의 철주·철근 콘크리트주 또는 철탑의 종류
특고압 가공전선로의 지지물로 사용하는 B종 철근·B종 콘크리트주 또는 철탑의 종류는 다음과 같다.
가. 직선형 : 전선로의 직선 부분(3° 이하의 수평 각도 이루는 곳 포함)에 사용되는 것
나. **각도형** : 전선로 중 **수평 각도 3°를 넘는 곳에 사용**되는 것
다. 인류형 : 전 가섭선을 인류하는 곳에 사용하는 것
라. 내장형 : 전선로 지지물 양측의 경간차가 큰 곳에 사용하는 것
마. 보강형 : 전선로 직선 부분을 보강하기 위하여 사용하는 것
【답】④

90 고압 가공전선이 철도를 횡단하는 경우 레일면 상에서 몇 [m] 이상으로 유지되어야 하는가?
① 5.5 ② 6
③ 6.5 ④ 7.0

풀이 332.5 고압 가공전선의 높이,
222.7 저압 가공전선의 높이
저·고압 가공전선의 높이는 다음에 따라야 한다.

설치장소		가공전선의 높이
도로횡단(번잡하지 않은 도로 제외)		지표상 6[m] 이상
철도 또는 궤도 횡단		**레일면상 6.5[m] 이상**
횡단보도교 위	저압	노면상 3.5[m] 이상 (단, 절연전선의 경우 3[m] 이상)
	고압	노면상 3.5[m] 이상
일반장소		지표상 5[m] 이상 단, 저압의 경우 절연전선 또는 케이블을 사용하여 교통에 지장이 없도록 하여 옥외조명용에 공급하는 경우 4[m] 까지 감할 수 있다.
다리의 하부 기타 이와 유사한 장소		저압의 전기철도용 급전선은 지표상 3.5[m]까지 감할 수 있다.

【답】③

91 변전소의 주요 변압기에 시설하지 않아도 되는 계측 장치는?
① 전압계 ② 역률계
③ 전류계 ④ 전력계

풀이 351.6 계측장치
변전소 또는 이에 준하는 곳에는 다음의 사항을 계측하는 장치를 시설하여야 한다.
가. **주요 변압기의 전압 및 전류 또는 전력**
나. 특고압용 변압기의 온도
【답】②

92 전선의 접속법 중 두 개 이상의 전선을 병렬로 사용하는 경우에 대한 설명으로 틀린 것은?
① 병렬로 사용하는 각 전선의 굵기는 동선 50[mm^2] 이상 또는 알루미늄 70[mm^2] 이상이어야 한다.
② 같은 극의 각 전선의 터미널러그에 완전히 접속해야 한다.
③ 병렬로 사용하는 전선에는 각각에 퓨즈를 설치해야 한다.
④ 병렬로 사용하는 각 전선은 같은 도체, 같은 재료, 같은 길이 및 같은 굵기의 것을 사용해야 한다.

풀이 123 전선의 접속
전선을 접속하는 경우에는 전선의 전기저항을 증가시키지 아니하도록 접속 하여야 하며, 또한 다음에 따라야 한다.
가. 절연전선 상호·절연전선과 코드, 캡타이어 케이블과 접속하는 경우에는
① 전선의 세기를 20[%] 이상 감소시키지 아니할 것.
② 접속부분은 접속관 기타의 기구를 사용할 것.
③ 접속부분의 절연전선에 절연전선의 절연물과 동등 이상의 절연효력이 있는 것으로 충분히 피복할 것.
나. 코드 상호, 캡타이어 케이블 상호 또는 이들 상호를 접속하는 경우에는 코드 접속기·접속함 기타의 기구를 사용할 것. 다만 공칭단면적이 10[mm^2] 이상인 캡타이어 케이블 상호를 규정에 준하여 접속하는 경우에는 기구를 사용하지 않을 수 있다.
다. 두 개 이상의 전선을 병렬로 사용하는 경우에는
① 병렬로 사용하는 각 전선의 굵기는 동선 50[mm^2] 이상 또는 알루미늄 70[mm^2] 이상으로 하고, 전선은 같은 도체, 같은 재료, 같은 길이 및 같은 굵기의 것을 사용할 것
② 같은 극의 각 전선의 터미널러그에 완전히 접속할 것
③ **병렬로 사용하는 전선에는 각각에 퓨즈를 설치하지 말 것**
【답】③

93 철도·궤도 또는 자동차도의 전용터널 안의 터널내 전선로의 시설방법으로 틀린 것은?

① 저압전선으로 지름 2.0[mm]의 경동선을 사용하였다.
② 고압전선은 케이블공사로 하였다.
③ 저압전선을 애자공사에 의하여 시설하고 이를 레일면상 또는 노면상 2.5[m] 이상으로 하였다.
④ 저압전선을 금속제가요전선관공사에 의하여 시설하였다.

풀이 335.1 터널 안 전선로의 시설
철도·궤도 또는 자동차 전용터널 안의 전선로

전압	전선의 굵기	시공방법	애자공사 시 높이
저압	인장강도 2.30[kN] 이상 또는 2.6[mm] 이상의 경동선의 절연전선	• 합성수지관공사 • 금속관공사 • 금속제가요전선관 공사 • 케이블공사 • 애자공사	노면상, 레일면상 2.5[m] 이상
고압	인장강도 5.26[kN] 이상 또는 4[mm] 이상의 경동선	• 케이블공사 • 애자공사	노면상, 레일면상 3[m] 이상
특고압		• 케이블공사	

【답】①

94 고압용 또는 특고압용 개폐기의 시설에 있어서 법규상의 규정이 아닌 사항은?

① 그 동작에 따라 개폐 상태를 표시하는 장치를 가져야 한다.
② 중력 등에 의하여 자연히 작동할 우려가 있는 것은 자물쇠 장치 등이 있어야 한다.
③ 고압용 또는 특고압용이라는 위험 표시를 하여야 한다.
④ 부하 전로를 차단하기 위한 것이 아닌 단로기 등은 부하 전류가 통하고 있을 경우에 개로될 수 없도록 시설한다.

풀이 341.9 개폐기의 시설
1. 전로 중에 개폐기를 시설하는 경우에는 그곳의 각 극에 설치하여야 한다.
2. 고압용 또는 특고압용의 개폐기는 그 **작동에 따라 그 개폐상태를 표시하는 장치**가 되어 있는 것이어야 한다.

3. 고압용 또는 특고압용의 개폐기로서 **중력 등에 의하여 자연히 작동할 우려**가 있는 것은 자물쇠장치 기타 이를 방지하는 장치를 시설하여야 한다.
4. 고압용 또는 특고압용의 개폐기로서 **부하전류를 차단하기 위한 것이 아닌 개폐기는 부하전류가 통하고 있을 경우에는 개로할 수 없도록 시설**하여야 한다. 【답】③

95 피뢰기 설치기준으로 옳지 않은 것은?

① 발전소·변전소 또는 이에 준하는 장소의 가공전선의 인입구 및 인출구
② 가공전선로와 특고압 전선로가 접속되는 곳
③ 가공 전선로에 접속한 1차측 전압이 35[kV] 이하인 배전용 변압기의 고압측 및 특고압측
④ 고압 및 특고압 가공전선로로부터 공급 받는 수용장소의 인입구

풀이 341.13 피뢰기의 시설
고압 및 특고압의 전로 중 다음에 열거하는 곳 또는 이에 근접한 곳에는 피뢰기를 시설하여야 한다.
가. **발전소·변전소** 또는 이에 준하는 장소의 **가공전선 인입구 및 인출구**
나. 특고압 가공전선로에 접속하는 **배전용 변압기의 고압측 및 특고압측**
다. 고압 및 특고압 가공전선로로부터 공급을 받는 **수용장소의 인입구**
라. 가공전선로와 지중전선로가 접속되는 곳 【답】②

96 금속제 수도관로를 접지공사의 접지극으로 사용하는 경우에 대한 사항이다. (㉠), (㉡), (㉢)에 들어갈 수치로 알맞은 것은?

"접지선과 금속제 수도관로의 접속은 안지름 (㉠)[mm] 이상인 금속제 수도관의 부분 또는 이로부터 분기한 안지름(㉡)[mm] 미만인 금속제 수도관의 그 분기점으로부터 5[m] 이내의 부분에서 할 것. 다만, 금속제 수도관로와 대지간의 전기저항치가 (㉢)[Ω] 이하인 경우에는 분기점으로부터의 거리는 5[m]를 넘을 수 있다."

① ㉠ 75, ㉡ 75, ㉢ 2   ② ㉠ 75, ㉡ 50, ㉢ 2
③ ㉠ 50, ㉡ 75, ㉢ 4   ④ ㉠ 50, ㉡ 50, ㉢ 4

풀이 142.2 접지극의 시설 및 접지저항
지중에 매설되어 있고 대지와의 전기저항 값이 3[Ω] 이하의 값을 유지하고 있는 금속제 수도관로와 접지도체의 접속은 금속제 수도관로의 **안지름이 75[mm] 이상**인 부분 또는 여기에서 분기한 안지름 75[mm] 미만인 **분기점으로부터 5[m] 이내의 부분**에서 하여야 한다. 다만, 금속제 수도관로와 대지 사이의 **전기저항 값이 2[Ω] 이하**인 경우에는 분기점으로부터의 **거리는 5[m]을 넘을 수 있다.** 【답】①

97 태양광설비에 시설하여야 하는 계측장치가 아닌 것은?
① 전압 ② 전류
③ 역률 ④ 전력

풀이 522.3.3 태양광설비의 계측장치
태양광설비에는 **전압, 전류 및 전력을 계측하는 장치**를 시설하여야 한다. 【답】③

98 주택 등 저압 수용 장소에서 고정 전기설비에 TN-C-S 접지방식으로 접지공사 시 중성선 겸용 보호도체(PEN)를 알루미늄으로 사용 할 경우 단면적은 몇 [mm²]이상이어야 하는가?
① 2.5 ② 6
③ 10 ④ 16

풀이 142.4.2 주택 등 저압수용장소 접지
저압수용장소에서 계통접지가 TN-C-S 방식인 경우 **중성선 겸용 보호도체(PEN)**는 고정 전기설비에만 사용할 수 있고, 그 도체의 단면적이 구리는 10[mm²] 이상, 알루미늄은 16[mm²] 이상이어야 하며, 그 계통의 최고전압에 대하여 절연되어야 한다. 【답】④

99 전력보안통신설비의 전원공급기 시설에 대한 다음 설명 중 옳지 않은 것은?
① 누전차단기를 내장하여야 한다.
② 지상에서 3[m] 이상 유지하여야 한다.
③ 통신사업자는 기기 전면에 명판을 부착하여야 한다.
④ 기기주, 변대주 및 분기주 등 설비 복잡개소에는 시설하지 않아야 한다.

풀이 362.9 전원공급기의 시설
1. 전원공급기는 다음에 따라 시설하여야 한다.
  가. **지상에서 4[m] 이상 유지할 것.**
  나. 누전차단기를 내장할 것.
  다. 시설방향은 인도측으로 시설하며 외함은 접지를 시행할 것.
2. 기기주, 변대주 및 분기주 등 설비 복잡개소에는 전원공급기를 시설할 수 없다.
3. 전원공급기 시설시 통신사업자는 기기 전면에 명판을 부착하여야 한다. 【답】②

100 지중 전선로의 매설방법이 아닌 것은?
① 관로식 ② 인입식
③ 암거식 ④ 직접 매설식

풀이 334.1 지중전선로의 시설
가. 지중 전선로는 전선에 **케이블을 사용하고 또한 관로식·암거식 또는 직접 매설식에 의하여 시설**하여야 한다.
나. 지중 전선로를 직접 매설식에 의하여 시설하는 경우에는 매설 깊이를 차량 기타 중량물의 압력을 받을 우려가 있는 장소에는 1.0[m] 이상, 기타 장소에는 0.6[m] 이상으로 하고 또한 지중 전선을 견고한 트라프 기타 방호물에 넣어 시설하여야 한다. 【답】②

| 3회 | 전기설비 기술기준 |

81 저압 옥측전선로에서 목조의 조영물에 시설할 수 있는 공사방법은?
① 금속관공사
② 버스덕트공사
③ 합성수지관공사
④ 연피 또는 알루미늄 케이블공사

풀이 221.2 옥측전선로
저압 옥측전선로는 다음의 공사방법에 의할 것.
가. 애자공사(전개된 장소에 한한다.)
나. **합성수지관공사**
다. 금속관공사(목조 이외의 조영물에 시설하는 경우에 한한다)
라. 버스덕트공사[목조 이외의 조영물(점검할 수 없는 은폐된 장소는 제외한다)에 시설하는 경우에 한한다]
마. 케이블공사(연피 케이블·알루미늄피 케이블 또는 무기물 절연 케이블을 사용하는 경우에는 목조 이외의 조영물에 시설하는 경우에 한한다) 【답】③

82 직류 750[V]인 경우 전차선로의 충전부와 차량 간의 동적 절연이격 거리는 몇 [mm] 이상인가?

① 25
② 100
③ 150
④ 170

풀이 431.3 전차선로의 충전부와 차량 간의 최소 절연이격

시스템 종류	공칭전압(V)	동적(mm)	정적(mm)
직류	750	25	25
	1,500	100	150
단상교류	25,000	170	270

【답】①

83 폭발성 또는 연소성의 가스가 침입할 우려가 있는 지중함에 그 크기가 몇 [m³] 이상의 것은 통풍장치 기타 가스를 방산시키기 위한 적당한 장치를 시설하여야 하는가?

① 0.9
② 1.0
③ 1.5
④ 2.0

풀이 334.2 지중함의 시설
지중전선로에 사용하는 지중함은 다음에 따라 시설하여야 한다.
가. 지중함은 견고하고 차량 기타 중량물의 압력에 견디는 구조일 것.
나. 지중함은 그 안의 고인 물을 제거할 수 있는 구조로 되어 있을 것.
다. 폭발성 또는 연소성의 가스가 침입할 우려가 있는 것에 시설하는 지중함으로서 그 **크기가 1[m³] 이상**인 것에는 통풍장치 기타 가스를 방산시키기 위한 적당한 장치를 시설할 것.
라. 지중함의 뚜껑은 시설자이외의 자가 쉽게 열 수 없도록 시설할 것.

【답】②

84 고압 가공전선로의 지지물로 철탑을 사용한 경우 최대경간은 몇 [m]이하이어야 하는가?

① 300
② 400
③ 500
④ 600

풀이 332.9 고압 가공전선로 경간의 제한
고압 가공전선로의 경간은 표에서 정한 값 이하이어야 한다.

지지물의 종류	경간
목주·A종 철주 또는 A종 철근 콘크리트주	150[m]
B종 철주 또는 B종 철근 콘크리트주	250[m]
철탑	600[m]

【답】④

85 다음의 저압용 보안장치에서 L_1은 어떤 크기로 동작하는 기기의 명칭인가?

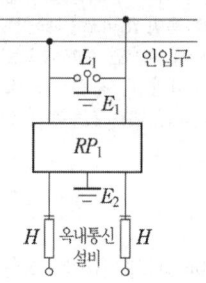

① 교류 1000[V] 이하에서 동작하는 단로기
② 교류 1000[V] 이하에서 동작하는 피뢰기
③ 교류 1500[V] 이하에서 동작하는 단로기
④ 교류 1500[V] 이하에서 동작하는 피뢰기

풀이 362.5 특고압 가공전선로 첨가설치 통신선의 시가지 인입 제한

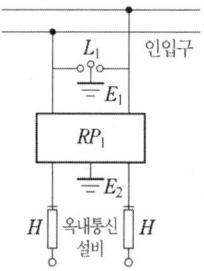

- H : 250[mA] 이하에서 동작하는 열 코일
- RP_1 : 교류 300[V] 이하에서 동작하고, 최소 감도 전류가 3[A] 이하로서 최소 감도전류 때의 응동시간이 1사이클 이하이고 또한 전류 용량이 50[A], 20초 이상인 자복성(自復性)이 있는 릴레이 보안기
- L_1 : **교류 1[kV] 이하에서 동작하는 피뢰기**
- E_1 및 E_2 : 접지

【답】②

86 발전소의 개폐기 또는 차단기에 사용하는 압축공기장치의 주 공기탱크에 시설하는 압력계의 최고 눈금의 범위로 옳은 것은?

① 사용압력의 1배 이상 2배 이하
② 사용압력의 1.15배 이상 2배 이하
③ 사용압력의 1.5배 이상 3배 이하
④ 사용압력의 2배 이상 3배 이하

풀이   341.15 압축공기계통

발전소·변전소·개폐소 또는 이에 준하는 곳에서 개폐기 또는 차단기에 사용하는 압축공기장치는 다음에 따라 시설하여야 한다.

가. 공기압축기는 최고 사용압력의 1.5배의 수압(수압을 연속하여 10분간 가하여 시험을 하기 어려울 때에는 최고 사용 압력의 1.25배의 기압)을 연속하여 10분간 가하여 시험을 하였을 때에 이에 견디고 또한 새지 아니할 것.
나. 주 공기탱크 또는 이에 근접한 곳에는 **사용압력의 1.5배 이상 3배 이하의 최고 눈금이 있는 압력계를 시설할 것.**
다. 사용 압력에서 공기의 보급이 없는 상태로 개폐기 또는 차단기의 투입 및 차단을 연속하여 1회 이상 할 수 있는 용량을 가지는 것일 것.   【답】③

87 다음 중 파이프라인 등에 발열선을 시설하는 기준에 대한 설명으로 옳지 않은 것은?

① 발열선에 전기를 공급하는 전로의 사용 전압은 저압일 것
② 발열선은 사람이 접촉할 우려가 없고 또한 손상을 받을 우려가 없도록 시설할 것
③ 발열선은 그 온도가 피 가열 액체의 발화 온도의 90[%]를 넘지 않도록 시설할 것
④ 발열선 또는 발열선에 직접 접속하는 전선의 피복에 사용하는 금속체·파이프라인 등에는 접지공사를 할 것

풀이   241.11 파이프라인 등의 전열장치

가. 파이프라인 등의 전열장치 중 발열선을 파이프라인 등 자체에 고정하여 시설하는 경우 발열선에 전기를 공급하는 전로의 사용전압은 400[V] 이하으로 하여야 한다.
나. 직접 가열장치에 전기를 공급하기 위해 전용의 절연변압기를 사용하고 또한 그 변압기의 부하측 전로는 접지해서는 안 된다.
다. 직접 가열장치에 있어서 **발열체는 그 온도가 피 가열 액체의 발화 온도의 80[%]를 넘지 아니하도록 시설할 것.**
라. 파이프라인 등의 전열장치에 시설하는 경우에는 접지공사를 하여야 한다.   【답】③

88 고압 가공전선로에 사용하는 가공지선으로 나경동선을 사용할 때의 최소 굵기[mm]는?

① 3.2   ② 3.5
③ 4.0   ④ 5.0

풀이   332.6 고압 가공전선로의 가공지선

고압 가공전선로에 사용하는 가공지선은 인장강도 5.26[kN] 이상의 것 또는 **지름 4[mm] 이상의 나경동선**을 사용한다.   【답】③

89 22.9[kV] 특고압으로 가공전선과 조영물이 아닌 다른 시설물이 교차하는 경우, 상호간의 이격거리는 몇 [cm] 까지 감할 수 있는가? (단, 전선은 케이블 이다.)

① 50   ② 60
③ 100   ④ 120

풀이

333.28 특고압 가공전선과 다른 시설물의 접근 또는 교차
특고압 절연전선 또는 케이블을 사용하는 사용전압이 35[kV] 이하의 특고압 가공전선과 다른 시설물 사이의 이격거리

다른 시설물의 구분	접근형태	이격거리
조영물의 상부조영재	위쪽	2[m] (전선이 케이블인 경우는 1.2[m])
	옆쪽 또는 아래쪽	1[m] (전선이 케이블인 경우는 0.5[m])
조영물의 상부조영재 이외의 부분 또는 조영물 이외의 시설물		1[m] (전선이 케이블인 경우는 0.5[m])

【답】①

90 옥내에 시설하는 저압전선으로 나전선을 절대로 사용할 수 없는 경우는?

① 금속덕트공사에 의하여 시설하는 경우
② 버스덕트공사에 의하여 시설하는 경우
③ 애자공사에 의하여 전개된 곳에 전기로용 전선을 시설하는 경우
④ 유희용 전차에 전기를 공급하기 위하여 접촉전선을 사용하는 경우

풀이   231.4 나전선의 사용 제한

옥내에 시설하는 저압전선에는 나전선을 사용하여서는 아니 된다. 다만, 다음중 어느 하나에 해당하는 경우에는 그러하지 아니하다.
가. 애자공사에 의하여 전개된 곳에 다음의 전선을 시설하는 경우
  ① **전기로용 전선**
  ② 전선의 **피복 절연물이 부식하는 장소**에 시설하는 전선

나. **버스덕트공사**에 의하여 시설하는 경우
다. **라이팅덕트공사**에 의하여 시설하는 경우
라. **접촉 전선**을 시설하는 경우   【답】①

91 고압 가공전선로에 시설하는 피뢰기의 접지저항 값은 몇 [Ω]까지 허용되는가? 단, 피뢰기 접지공사의 접지선은 전용의 것으로 한다.

① 20 ② 30
③ 50 ④ 75

▎**풀이** 341.14 피뢰기의 접지
가. 고압 및 특고압의 전로에 시설하는 피뢰기 접지저항 값은 10[Ω] 이하로 하여야 한다.
나. 고압가공전선로에 시설하는 피뢰기의 접지공사의 **접지선이 전용의 것인 경우에는 접지 저항치가 30[Ω]까지 허용**된다.   【답】②

92 고압 가공인입선이 케이블 이외의 것으로서 그 아래에 위험표시를 하였다면 전선의 지표상 높이는 몇 [m]까지로 감할 수 있는가?

① 2.5[m] ② 3.5[m]
③ 4.5[m] ④ 5.5[m]

▎**풀이** 331.12.1 고압 가공인입선의 시설
고압 가공 인입선의 지표상 높이는 5 [m] 이상으로 되어 있으나 인입선에 한하여 **전선의 아래쪽에 위험 표시를 하면 3.5 [m] 까지 감할 수 있다**   【답】②

93 가공전선로에 사용하는 지지물의 강도 계산 시 구성재의 수직 투영면적 1 [m²]에 대한 풍압을 기초로 적용하는 갑종풍압하중 값의 기준이 잘못된 것은?

① 목주 : 588 [Pa]
② 원형 철주 : 588 [Pa]
③ 철근콘크리트주 : 1117 [Pa]
④ 강관으로 구성된 철탑 : 1255 [Pa]

▎**풀이** 331.6 풍압하중의 종별과 적용

풍압을 받는 구분		풍압 [Pa]
철근 콘크리트주	원형의 것	588
	기타의 것	882

【답】③

94 분기회로의 시설에서 저압 옥내간선과의 분기점에서 전선의 길이가 몇 [m] 이하인 곳에 개폐기 및 과전류 차단기를 시설하여야 하는가? 단, 분기점과 분기회로의 과부하 보호장치 설치점 사이의 배선 부분에 다른 분기회로나 콘센트 회로가 접속되어 있지 않고, 단락의 위험과 화재 및 인체에 대한 위험성이 최소화 되도록 시설된 경우이다.

① 3 ② 4
③ 5 ④ 6

▎**풀이** 212.4.2 과부하 보호장치의 설치 위치
가. 과부하 보호장치는 전로 중 도체의 단면적, 특성, 설치방법, 구성의 변경으로 도체의 허용전류 값이 줄어드는 곳(이하 분기점이라 함)에 설치해야 한다.
나. **과부하 보호장치는 분기점(O)에 설치**해야 하나, 분기점(O) 점과 분기회로의 과부하 보호장치(P_2) 설치점 사이의 배선 부분에 다른 분기회로나 콘센트 회로가 접속되어 있지 않고, 다음 중 하나를 충족하는 경우에는 변경이 있는 배선에 설치할 수 있다.
① 분기회로에 대한 단락보호가 이루어지고 있는 경우 : 분기회로의 보호장치 P_2는 분기회로의 분기점(O)으로부터 부하 측으로 거리에 구애 받지 않고 이동하여 설치할 수 있다.

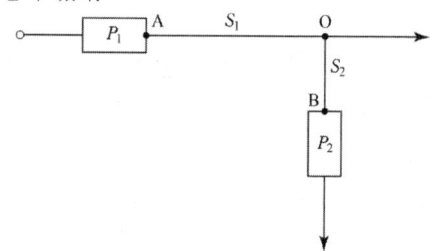

② 단락의 위험과 화재 및 인체에 대한 위험성이 최소화 되도록 시설된 경우 : 분기회로의 보호장치 (P_2)는 분기회로의 분기점(O)으로부터 3[m]까지 이동하여 설치할 수 있다.

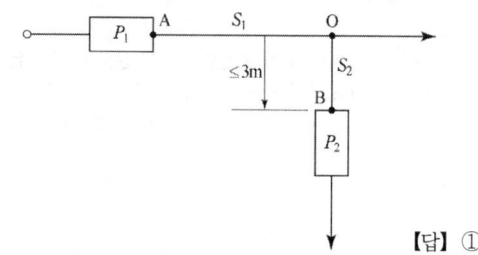

【답】①

95 제작자에 의해 다른 정보가 주어지지 않은 경우 모든 방향에서 가연성 재료와 스포트라이트나 프로젝터와의 최소 이격 거리에 대한 설명 중 옳지 않은 것은?

① 정격용량 100[W] 이하: 0.3[m]
② 정격용량 100[W] 초과 300[W] 이하: 0.8[m]
③ 정격용량 300[W] 초과 500[W] 이하: 1.0[m]
④ 정격용량 500[W] 초과: 1.0[m] 초과

풀이 234.1.3 열 영향에 대한 주변의 보호
제작자에 의해 다른 정보가 주어지지 않으면, 스포트라이트나 프로젝터는 모든 방향에서 가연성 재료로부터 다음의 최소 거리를 두고 설치하여야 한다.
(1) **정격용량 100[W] 이하 : 0.5[m]**
(2) 정격용량 100[W] 초과 300[W] 이하 : 0.8[m]
(3) 정격용량 300[W] 초과 500[W] 이하 : 1.0[m]
(4) 정격용량 500[W] 초과 : 1.0[m] 초과
【답】①

96 전력용 커패시터의 용량 15000[kVA] 이상은 자동적으로 전로로부터 차단하는 장치가 필요하다. 자동적으로 전로로부터 차단하는 장치가 필요한 사유로 틀린 것은?

① 과전류가 생긴 경우
② 과전압이 생긴 경우
③ 내부에 고장이 생긴 경우
④ 절연유의 압력이 변화하는 경우

풀이 351.5 조상설비의 보호장치
조상 설비에는 그 내부에 고장이 생긴 경우에 보호하는 장치를 표와 같이 시설하여야 한다.

설비 종별	뱅크 용량의 구분	자동적으로 전로로부터 차단하는 장치
전력용 커패시터 및 분로리액터	500[kVA] 초과 15,000[kVA] 미만	• 내부에 고장이 생긴 경우 • 과전류가 생긴 경우
	15,000[kVA] 이상	• 내부에 고장이 생긴 경우 • 과전류가 생긴 경우 • 과전압이 생긴 경우
조상기 (調相機)	15,000[kVA] 이상	• 내부에 고장이 생긴 경우

【답】④

97 특고압 가공전선이 도로, 횡단보도교, 철도와 제1차 접근상태로 시설되는 경우 특고압 가공전선로는 제 몇 종 보안공사를 하여야 하는가?

① 제1종 특고압 보안공사
② 제2종 특고압 보안공사
③ 제3종 특고압 보안공사
④ 특별 제3종 특고압 보안공사

풀이 333.24 특고압 가공전선과 도로 등의 접근 또는 교차
가. 특고압 가공전선이 도로 · 횡단보도교 · 철도 또는 궤도와 **제1차 접근 상태로 시설 : 특고압 가공전선로는 제3종 특고압 보안**
나. 특고압 가공전선이 도로 등과 제2차 접근상태로 시설 : 특고압 가공전선로는 제2종 특고압 보안공사에 의할 것.
【답】③

98 3상 4선식 22.9[kV] 중성선 다중접지식 가공전선로의 전로와 대지 사이의 절연내력시험전압은 몇 [V]인가?

① 11,450   ② 21,068
③ 25,190   ④ 28,625

풀이 132 전로의 절연저항 및 절연내력

전로의 종류	접지방식	시험전압 (최대사용전압의 배수)	최저 시험전압
1. 7[kV] 이하인 전로		1.5배	
2. 7[kV] 초과 25[kV] 이하	다중접지	0.92배	
3. 7[kV] 초과 60[kV] 이하 (2란의 것 제외)		1.25배	10.5[kV]
4. 60[kV] 초과	비접지	1.25배	
5. 60[kV] 초과 (6란, 7란의 것 제외)	접지식	1.1배	75[kV]
6. 60[kV] 초과(7란의 것 제외)	직접접지	0.72배	
7. 170[kV] 초과(발전소 또는 변전소 혹은 이에 준하는 장소에 시설하는 것.)	직접접지	0.64배	

∴ 시험전압 = $22,900 \times 0.92 = 21,068$[V]
【답】②

99 사용전압이 저압인 전로에서 정전이 어려운 경우 등 절연저항 측정이 곤란한 경우에 누설전류는 몇 [mA] 이하로 유지하여야 하는가?
① 1   ② 2
③ 3   ④ 5

풀이 132 전로의 절연저항 및 절연내력
사용전압이 저압인 전로에서 정전이 어려운 경우 등 절연저항 측정이 곤란한 경우에는 **누설전류를 1 [mA] 이하로 유지**하여야 한다.   【답】 ①

100 가공전선로의 지지물로서 길이 9[m], 설계하중이 6.8[kN] 이하인 철근 콘크리트주를 시설할 때 땅에 묻히는 깊이는 몇 [m] 이상으로 하여야 하는가?
① 1.2   ② 1.5
③ 2   ④ 2.5

풀이 331.7 가공전선로 지지물의 기초의 안전율
가공전선로의 지지물에 하중이 가하여지는 경우에 그 하중을 받는 지지물의 기초의 안전율은 2(이상 시 상정하중에 대한 철탑의 기초에 대하여는 1.33) 이상이어야 한다. 다만, 다음에 따라 시설하는 경우에는 적용하지 않는다.

설계하중 전장	6.8 [kN] 이하	6.8 [kN] 초과 ~9.8 [kN] 이하	9.8 [kN] 초과 ~14.72 [kN] 이하
15[m] 이하	전장 × 1/6[m] 이상	전장 × 1/6 + 0.3[m] 이상	전장 × 1/6 + 0.5[m] 이상
15[m] 초과	2.5[m] 이상	2.8[m] 이상	−
16[m] 초과~ 20[m] 이하	2.8[m] 이상	−	−
15[m] 초과~ 18[m] 이하	−	−	3[m] 이상
18[m] 초과	−	−	3.2[m] 이상

∴ 땅에 묻히는 깊이 $= 9[m] \times \dfrac{1}{6} = 1.5[m]$ 【답】 ②

2025년 CBT 복원문제

1회 전기설비 기술기준

81 애자공사에 의한 저압 옥내배선을 시설할 때 전선 상호간의 간격은 몇 [cm] 이상이어야 하는가?
① 2   ② 4
③ 6   ④ 8

풀이 232.56 애자공사
가. 전선은 절연전선(옥외용 비닐 절연전선 및 인입용 비닐 절연전선을 제외한다)일 것.
나. 이격거리

전 압		전선과 조영재와의 이격 거리	전선 상호 간격	전선 지지점간의 거리	
				조영재의 윗면 또는 옆면에 따라 시설	조영재에 따라 시설하지 않는 경우
저 압	400[V] 이하	2.5[cm] 이상	6[cm] 이상	2[m] 이하	—
	400[V] 초과	건조한 장소 2.5[cm] 이상			6[m] 이하
		기타의 장소 4.5[cm] 이상			

【답】③

82 전기 온상의 발열선의 지지점 간의 거리는 몇 [m] 이하여야 하는가?(단, 발열선 상호 간의 간격이 0.06[m] 미만인 경우이다.)
① 1   ② 1.5
③ 2   ④ 2.5

풀이 241.5 전기온상 등
가. 전기온상에 전기를 공급하는 전로의 대지전압은 300 [V] 이하일 것.
나. 발열선은 그 온도가 80[℃]를 넘지 않도록 시설 할 것.
다. 발열선과 조영재 사이의 이격거리는 0.025[m] 이상으로 할 것.
라. 발열선의 지지점 간의 거리는 **1[m] 이하일 것**. 다만, 발열선 상호 간의 간격이 0.06[m] 이상인 경우에는 2[m] 이하로 할 수 있다.

【답】①

83 다음 (㉮), (㉯) 에 들어갈 내용으로 옳은 것은?

"지중전선로는 기설 지중 약전류 전선로에 대하여 (㉮) 또는 (㉯)에 의하여 통신상의 장해를 주지 않도록 기설 약전류 전선로로부터 충분히 이격시키거나 기타 적당한 방법으로 시설하여야 한다."

① ㉮ 정전용량 ㉯ 표피작용
② ㉮ 정전용량 ㉯ 유도작용
③ ㉮ 누설전류 ㉯ 표피작용
④ ㉮ 누설전류 ㉯ 유도작용

풀이 334.5 지중약전류전선의 유도장해 방지
지중전선로는 기설 지중약전류전선로에 대하여 **누설전류 또는 유도작용**에 의하여 통신상의 장해를 주지 않도록 충분히 이격시키거나 기타 적당한 방법으로 시설하여야 하다. 【답】④

84 22.9[kV] 특고압 가공전선로의 중성선은 다중접지를 하여야 한다. 각 접지선을 중성선으로부터 분리하였을 경우 1[km]마다 중성선과 대지 사이의 합성전기저항 값은 몇 [Ω] 이하인가? (단, 전로에 지락이 생겼을 때에 2초 이내에 자동적으로 이를 전로로부터 차단하는 장치가 되어 있다.)
① 5   ② 10
③ 15   ④ 20

풀이 333.32 25 [kV] 이하인 특고압 가공전선로의 시설
사용전압이 15[kV]를 초과하고 25[kV] 이하인 특고압 가공전선로(중성선 다중접지식의 것으로서 전로에 지락이 생겼을 때에 2초 이내에 이를 전로로부터 차단하는 장치가 되어 있는 것에 한한다)를 다음에 따라 시설하여야 한다.
가. 접지도체는 공칭단면적 6[mm²] 이상의 연동선
나. 접지공사는 각각 접지한 곳 상호 간의 거리는 전선로에 따라 150[m] 이하일 것.
다. 각 접지도체를 중성선으로부터 분리하였을 경우의 각 접지

점의 대지 전기저항 값과 1 [km]마다 중성선과 대지 사이의 합성전기저항 값은 표에서 정한 값 이하일 것.

사용전압	각 접지점의 대지 전기저항치	1 [km] 마다 합성 전기저항치
15[kV] 이하	300 [Ω]	30 [Ω]
15[kV] 초과 25[kV] 이하	300 [Ω]	15 [Ω]

【답】③

85 특고압 가공전선이 건조물과 제1차 접근상태로 시설되는 경우에 이 특고압 가공전선로의 보안공사는 어떤 종류의 보안공사로 하여야 하는가?

① 고압 보안공사
② 제1종 특고압 보안공사
③ 제2종 특고압 보안공사
④ 제3종 특고압 보안공사

풀이 333.23 특고압 가공전선과 건조물의 접근

가. **건조물과 제1차 접근상태 : 제3종 특고압 보안공사**
나. 건조물과 제2차 접근상태
　① 사용전압이 35[kV] 이하 : 제2종 특고압 보안공사
　② 사용전압이 35[kV] 초과 400[kV] 미만 : 제1종 특고압 보안공사

【답】④

86 전기철도차량에 전력을 공급하는 전차선의 가선방식에 포함되지 않는 것은?

① 가공방식
② 강체방식
③ 제3레일방식
④ 지중조가선방식

풀이 431.1 전차선 가선방식

전차선의 가선방식은 열차의 속도 및 노반의 형태, 부하전류 특성에 따라 적합한 방식을 채택하여야 하며, **가공방식, 강체방식, 제3레일방식을 표준**으로 한다.

【답】④

87 전기부식방지 시설을 할 때 전기부식방지용 전원 장치로부터 양극 및 피방식체까지의 전로에 사용되는 전압은 직류 몇 [V] 이하이어야 하는가?

① 20[V]　② 40[V]
③ 60[V]　④ 80[V]

풀이 241.16 전기부식방지 시설

가. 전기부식방지용 전원장치에 전기를 공급하는 전로의 사용전압은 저압이어야 한다.
나. 전기부식방지용 변압기는 절연변압기일 것
다. 전기부식방지 회로(전기부식방지용 전원장치로부터 양극 및 피방식체까지의 전로를 말한다.)의 **사용전압은 직류 60 [V] 이하일 것.**

【답】③

88 금속덕트에 넣은 전선의 단면적의 합계는 덕트의 내부 단면적의 몇 [%] 이하이어야 하는가?

① 10　② 20
③ 32　④ 48

풀이 232.31 금속덕트공사

금속덕트에 넣은 전선의 단면적(절연피복의 단면적을 포함한다)의 합계
가. **일반적인 경우 : 덕트 내부 단면적의 20[%] 이하**
나. 전광표시장치 또는 제어회로 만의 배선만을 넣는 경우 : 50[%] 이하

【답】②

89 태양광발전이나 풍력발전 등이 현재 조건에서 가능한 최대의 전력을 생산할 수 있도록 인버터 제어를 이용하여 해당 발전원의 전압이나 회전속도를 조정하는 기능을 무엇이라 하는가?

① BIPV　② BAPV
③ MPPT　④ BMS

풀이 502 용어의 정의

① 건물일체형 태양광발전(BIPV : Building-Integrated Photovoltaic) : 태양광모듈을 건축물에 설치하여 건축 부자재의 역할 및 기능과 전력생산을 동시에 할 수 있는 설비
② 건물부착형 태양광발전(BAPV : Building-Attached Photovoltaic) : 건축물 경사 지붕 또는 외벽 등에 밀착하여 설치하는 태양광설비의 유형을 말한다.
③ 최대출력추종(**MPPT** : Maximum Power Point Tracking) : 태양광발전이나 풍력발전 등이 현재 조건에서 가능한 최대의 전력을 생산할 수 있도록 인버터 제어를 이용하여 해당 발전원의 전압이나 회전속도를 조정하는 기능을 말한다.
④ 전지관리시스템(BMS : Battery Management System) : 이차전지의 전압, 전류, 온도 등의 값을 측정하여 이차전지를 효율적으로 사용할 수 있도록 상위 시스템과의 통신을 통해 현재의 상태를 전송하며, 이상 징후 발생 시 내부 안전장치를 작동시키는 등 이차전지를 관리하는 시스템을 말한다.

【답】③

90 교량의 윗면에 시설하는 고압 전선로는 전선의 높이를 교량의 노면상 몇 [m] 이상으로 하여야 하는가?

① 3   ② 4
③ 5   ④ 6

풀이 335.6 교량에 시설하는 전선로
교량의 윗면에 시설하는 고압 전선로는 전선의 높이를 **교량의 노면상 5[m] 이상**으로 하여 시설할 것. 【답】③

91 백열전등 또는 방전등에 전기를 공급하는 옥내전로의 대지전압은 몇 [V] 이하이어야 하는가?

① 150   ② 300
③ 400   ④ 600

풀이 231.6 옥내전로의 대지 전압의 제한
백열전등 또는 방전등에 전기를 공급하는 **옥내의 전로의 대지전압은 300[V]** 이하여야 한다. 【답】②

92 다음 (　)의 ㉠, ㉡에 들어갈 내용으로 옳은 것은?

> 전로에 시설하는 기계기구의 철대 및 금속제 외함에는 접지공사를 하여야 하나 저압용 기계기구에 전기를 공급하는 전로의 전원측에 절연변압기(2차 전압이 (㉠)[V] 이하이며, 정격용량이 (㉡)[kVA] 이하인 것에 한한다)를 시설하고 또한 그 절연변압기의 부하측 전로를 접지하지 않은 경우에는 접지를 생략할 수 있다.

① ㉠ 300, ㉡ 3   ② ㉠ 300, ㉡ 5
③ ㉠ 500, ㉡ 3   ④ ㉠ 500, ㉡ 5

풀이 142.7 기계기구의 철대 및 외함의 접지
전로에 시설하는 기계기구의 철대 및 금속제 외함에는 접지공사를 하여야 하나 다음의 어느 하나에 해당하는 경우에는 **접지를 생략할 수 있다.**
가. 사용전압이 직류 300[V] 또는 교류 대지전압이 150 [V] 이하인 기계기구를 건조한 곳에 시설하는 경우
나. 철대 또는 외함의 주위에 적당한 절연대를 설치하는 경우
다. 외함이 없는 계기용변성기가 고무·합성수지 기타의 절연물로 피복한 것일 경우
라. 2중 절연구조로 되어 있는 기계기구를 시설하는 경우

마. 저압용 기계기구에 전기를 공급하는 전로의 전원측에 절연변압기(2차 전압이 300[V] 이하이며, 정격용량이 3[kVA] 이하인 것에 한한다)를 시설하고 또한 그 절연변압기의 부하측 전로를 접지하지 않은 경우
바. 물기 있는 장소 이외의 장소에 시설하는 저압용의 개별 기계기구에 전기를 공급하는 전로에 인체감전보호용 누전차단기(정격감도전류가 30[mA] 이하, 동작시간이 0.03[초] 이하의 전류동작형에 한한다)를 시설하는 경우 【답】①

93 저압 가공전선(다중접지된 중성선은 제외한다)과 고압 가공전선을 동일 지지물에 시설하는 경우 저압 가공전선과 고압 가공전선 사이의 이격거리는 몇 [cm] 이상이어야 하는가? (단, 각도주(角度柱)·분기주(分岐柱) 등에서 혼촉(混觸)의 우려가 없도록 시설하는 경우가 아니다.)

① 50   ② 60
③ 80   ④ 100

풀이 332.8 고압 가공전선 등의 병행설치
저압 가공전선(다중접지된 중성선은 제외한다. 이하 같다)과 고압 가공전선을 동일 지지물에 시설하는 경우에는 다음에 따라야 한다.
가. 저압 가공전선을 고압 가공전선의 아래로 하고 별개의 완금류에 시설할 것.
나. **저압 가공전선과 고압 가공전선 사이의 이격거리는 0.5[m] 이상**일 것.
다. 다음의 어느 하나에 해당하는 경우에는 "가" 및 "나"에 의하지 아니할 수 있다.
 ① 고압 가공전선에 케이블을 사용하고, 또한 그 케이블과 저압 가공전선 사이의 이격거리를 0.3[m] 이상으로 하여 시설하는 경우
 ② 저압 가공인입선을 분기하기 위하여 저압 가공전선을 고압용의 완금류에 견고하게 시설하는 경우 【답】①

94 주택에 시설하는 전기저장장치는 이차전지에서 전력변환장치에 이르는 옥내 직류 전로를 사람이 접촉할 우려가 없도록 케이블배선에 의하여 시설하고 전선에 적당한 방호장치를 시설한 경우 주택의 옥내 전로의 대지전압은 직류 몇 [V] 까지 적용할 수 있는가? (단, 전로에 지락이 생겼을 때 자동적으로 전로를 차단하는 장치를 시설한 경우이다.)

① 150   ② 300
③ 400   ④ 600

> **풀이** 511.1.3 옥내전로의 대지전압 제한
> 주택에 시설하는 전기저장장치는 이차전지에서 전력변환장치에 이르는 옥내 직류 전로를 다음에 따라 시설하는 경우에 주택의 옥내전로의 **대지전압은 직류 600[V] 까지 적용**할 수 있다.
> 가. 전로에 지락이 생겼을 때 자동적으로 전로를 차단하는 장치를 시설할 것
> 나. 사람이 접촉할 우려가 없는 은폐된 장소에 합성수지관배선, 금속관배선 및 케이블배선에 의하여 시설하거나, 사람이 접촉할 우려가 있는 장소에 케이블배선에 의하여 시설하는 경우에는 전선에 적당한 방호장치를 시설할 것
>
> 【답】 ④

95 사용전압이 20[kV]인 변전소에 울타리·담 등을 시설하고자 할 때 울타리·담 등의 높이는 몇 [m] 이상이어야 하는가?

① 1 ② 2
③ 5 ④ 6

> **풀이** 351.1 발전소 등의 울타리·담 등의 시설
> 가. 울타리·담 등의 높이는 2[m] 이상으로 하고 지표면과 울타리·담 등의 하단사이의 간격은 0.15[m] 이하로 할 것.
> 나. 울타리·담 등의 높이와 울타리·담 등으로부터 충전부분까지 거리의 합계는 표 에서 정한 값 이상으로 할 것.
>
> | 사용전압의 구분 | 울타리·담 등의 높이와 울타리·담 등으로부터 충전 부분까지의 거리의 합계 |
> |---|---|
> | 35[kV] 이하 | 5 [m] |
> | 35[kV] 초과 160[kV] 이하 | 6 [m] |
> | 160[kV] 초과 | • 거리의 합계 = 6 + 단수 × 0.12 [m]
• 단수 = $\frac{\text{사용전압 [kV]}-160}{10}$
단수 계산에서 소수점 이하는 절상 |
>
> 【답】 ②

96 변압기에 의하여 특고압전로에 결합되는 고압전로에는 사용전압의 몇 배 이하인 전압이 가하여진 경우에 방전하는 장치를 그 변압기의 단자에 가까운 1극에 설치하여야 하는가?

① 3 ② 4
③ 5 ④ 6

> **풀이** 322.3 특고압과 고압의 혼촉 등에 의한 위험방지 시설
> 변압기에 의하여 특고압전로에 결합되는 고압전로에는 **사용전압의 3배 이하인** 전압이 가하여진 경우에 **방전하는** 장치를 그 변압기의 단자에 가까운 1극에 설치하여야 한다.
>
> 【답】 ①

97 고압 보안공사 시에 지지물이 B종 철근 콘크리트주인 경우 경간은 몇 [m] 이하인가?

① 100 ② 150
③ 250 ④ 400

> **풀이** 332.10 고압 보안공사
> 고압 보안공사는 다음에 따라야 한다.
> 가. 전선은 케이블인 경우 이외에는 인장강도 8.01[kN] 이상의 것 또는 지름 5[mm] 이상의 경동선일 것.
> 나. 목주의 풍압하중에 대한 안전율은 1.5 이상일 것.
> 다. 경간은 표에서 정한 값 이하일 것.
>
> | 지지물의 종류 | 경 간 |
> |---|---|
> | 목주·A종 철주 또는 A종 철근 콘크리트주 | 100[m] 이하 |
> | B종 철주 또는 B종 철근 콘크리트주 | 150[m] 이하 |
> | 철 탑 | 400[m] 이하 |
>
> 【답】 ②

98 보호도체의 전기적 연속성에서 보호도체의 보호에 대한 내용으로 옳지 않은 것은?

① 접속부는 납땜으로 접속해야 한다.
② 보호도체를 접속하는 나사는 다른 목적으로 겸용해서는 안 된다.
③ 기계적인 손상, 화학적·전기화학적 열화, 전기역학적·열역학적 힘에 대해 보호되어야 한다.
④ 나사접속·클램프접속 등 보호도체 사이 또는 보호도체와 타 기기 사이의 접속은 전기적연속성 보장 및 기계적강도와 보호를 구비하여야 한다.

> **풀이** 142.3.2 보호도체
> 보호도체의 전기적 연속성은 다음에 의한다.
> 가. 보호도체의 보호는 다음에 의한다.
>   (1) 기계적인 손상, 화학적·전기화학적 열화, 전기역학적·열역학적 힘에 대해 보호되어야 한다.
>   (2) 나사접속·클램프접속 등 보호도체 사이 또는 보호도체와 타 기기 사이의 접속은 전기적연속성 보장 및 기계적강도와 보호를 구비하여야 한다.
>   (3) 보호도체를 접속하는 나사는 다른 목적으로 겸용해서는 안 된다.
>   (4) **접속부는 납땜(soldering)으로 접속해서는 안 된다.**
>
> 【답】 ①

99 수소 냉각식 발전기·조상기 또는 이에 부속하는 수소 냉각 장치의 시설방법으로 틀린 것은?

① 발전기안 또는 조상기안의 수소의 순도가 70[%] 이하로 저하한 경우에 경보장치를 시설할 것
② 발전기 또는 조상기는 기밀구조의 것이고 또한 수소가 대기압에서 폭발하는 경우 생기는 압력에 견디는 강도를 가지는 것일 것
③ 발전기안 또는 조상기안의 수소의 압력을 계측하는 장치 및 그 압력이 현저히 변동할 경우에 이를 경보하는 장치를 시설할 것
④ 발전기축의 밀봉부에는 질소 가스를 봉입할 수 있는 장치와 누설한 수소가스를 안전하게 외부에 방출할 수 있는 장치를 설치할 것

풀이 351.10 수소냉각식 발전기 등의 시설
수소냉각식의 발전기·조상기 또는 이에 부속하는 수소 냉각 장치는 발전기 내부 또는 조상기 내부의 **수소의 순도가 85[%] 이하**로 저하한 경우에 이를 **경보하는 장치**를 시설할 것.
【답】①

100 다음 ( )에 들어갈 내용으로 옳은 것은?

전차선로는 무선설비의 기능에 계속적이고 또한 중대한 장해를 주는 ( )가 생길 우려가 있는 경우에는 이를 방지하도록 시설하여야 한다.

① 정전유도　　② 전자유도
③ 누설전류　　④ 전자파

풀이 461.6 전자파 장해의 방지
전차선로는 무선설비의 기능에 계속적이고 또한 중대한 장해를 주는 전자파가 생길 우려가 있는 경우에는 이를 방지하도록 시설하여야 한다.
【답】④

2회　　전기설비 기술기준

81 구리 재질의 선도체 단면적이 35[mm²]인 경우, 보호도체의 재질이 선도체와 같다면 보호도체의 최소 단면적은 얼마인가?

① 10　　② 16
③ 25　　④ 35

풀이 142.3.2 보호도체

선도체의 단면적 S ([mm²], 구리)	보호도체의 최소 단면적([mm²], 구리)	
	보호도체의 재질이 선도체와 같은 경우	보호도체의 재질이 선도체와 다른 경우
$S \leq 16$	S	$(k_1/k_2) \times S$
$16 < S \leq 35$	$16^{(a)}$	$(k_1/k_2) \times 16$
$S > 35$	$S^{(a)}/2$	$(k_1/k_2) \times (S/2)$

여기서, · k_1 : 선도체에 대한 k값
· k_2 : 보호도체에 대한 k값
· a : PEN 도체의 최소단면적은 중성선과 동일하게 적용한다.
【답】②

82 저압 가공전선로와 기설 가공약전류전선로가 병행하는 경우에는 유도작용에 의하여 통신상의 장해가 생기지 아니하도록 전선과 기설 약전류전선 간의 이격거리는 몇 [m] 이상이어야 하는가?

① 1　　② 2
③ 2.5　　④ 4.5

풀이 332.1 가공약전류전선로의 유도장해 방지
저압 가공전선로 또는 고압 가공전선로와 기설 가공약전류전선로가 병행하는 경우에는 유도작용에 의하여 통신상의 장해가 생기지 않도록 전선과 **기설 약전류전선간의 이격거리는 2[m] 이상**이어야 한다.
【답】②

83 60[kV] 초과인 정류기의 절연내력 시험은 직류측 최대 사용 전압의 몇 배의 직류전압을 직류고전압측 단자와 대지사이에 연속하여 10분간 가하여 이에 견디어야 하는가?

① 1배　　② 1.1배
③ 1.25배　　④ 1.5배

풀이 133 회전기 및 정류기의 절연내력

표 133-1 회전기 및 정류기 시험전압

종류		시험전압	시험방법
정류기	최대사용전압 60[kV] 이하	직류측의 최대사용전압의 1배의 교류전압(500 V 미만으로 되는 경우에는 500 V)	충전부분과 외함 간에 연속하여 10분간 가한다.
	최대사용전압 60[kV] 초과	교류측의 최대사용전압의 1.1배의 교류전압 또는 직류측의 최대사용전압의 1.1배의 직류전압	교류측 및 직류고전압측 단자와 대지 사이에 연속하여 10분간 가한다.

【답】 ②

84 그림은 전력선 반송통신용 결합장치의 보안장치이다. 그림에서 DR은 무엇인가?

① 접지형 개폐기
② 결합 필터
③ 방전갭
④ 배류선륜

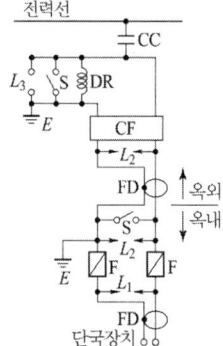

풀이 362.11 전력선 반송 통신용 결합장치의 보안장치
전력선 반송통신용 결합 커패시터에 접속하는 회로에는 그림의 보안장치 또는 이에 준하는 보안장치를 시설하여야 한다.

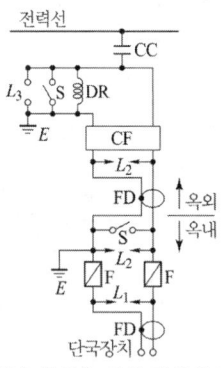

〈전력선 반송 통신용 결합 장치의 보안장치〉

- FD : 동축 케이블
- F : 정격전류 10[A] 이하의 포장 퓨즈
- DR : 전류 용량 2[A] 이상의 **배류 선륜**
- L_1 : 교류 300[V] 이하에서 동작하는 피뢰기
- L_2 : 동작 전압이 교류 1,300[V]를 넘고 1,600[V] 이하로 조정된 방전갭

- L_3 : 동작 전압이 교류 2[kV]를 넘고 3[kV] 이하로 조성된 구상 방전갭
- S : 접지용 개폐기
- CF : 결합 필터
- CC : 결합 콘덴서(결합 안테나를 포함한다)
- E : 접지

【답】 ④

85 사용전압이 400[V] 이하인 저압 옥측전선로를 애자공사에 의해 시설하는 경우 전선 상호 간의 간격은 몇 [m] 이상이어야 하는가? (단, 비나 이슬에 젖지 않는 장소에 사람이 쉽게 접촉될 우려가 없도록 시설한 경우이다.)

① 0.025
② 0.045
③ 0.06
④ 0.12

풀이 221.2 옥측전선로
애자공사에 의한 저압 옥측전선로는 다음에 의하고 또한 **사람이 쉽게 접촉될 우려가 없도록 시설**할 것
가. 전선의 단면적은 4[mm²] 이상의 연동 절연전선(옥외용 비닐절연전선 및 인입용 절연전선은 제외한다.)일 것
나. 전선 상호 간의 간격 및 전선과 조영재 사이의 이격거리

전압	전선 상호 간의 간격		전선과 조영재 사이의 이격거리	
	사용전압 400[V] 이하인 경우	사용전압 400[V] 초과인 경우	사용전압 400[V] 이하인 경우	사용전압 400[V] 초과인 경우
비나 이슬에 젖지 않는 장소	0.06[m] 이상	0.06[m] 이상	0.025[m] 이상	0.025[m] 이상
비나 이슬에 젖는 장소	0.06[m] 이상	0.12[m] 이상	0.025[m] 이상	0.045[m] 이상

다. 전선의 지지점 간의 거리는 2[m] 이하일 것.
라. 애자는 절연성・난연성 및 내수성이 있는 것일 것.

【답】 ③

86 발전기를 구동하는 풍차의 압유장치의 유압, 압축공기장치의 공기압 또는 전동식 브레이드 제어장치의 전원전압이 현저히 저하한 경우 발전기를 자동적으로 전로로부터 차단하는 장치를 시설하여야 하는 발전기 용량은 몇 [kVA] 이상인가?

① 100
② 300
③ 500
④ 1000

풀이 351.3 발전기 등의 보호장치
발전기에는 다음의 경우에 자동적으로 이를 전로로부터 차단하는 장치를 시설하여야 한다.
가. 발전기에 과전류나 과전압이 생긴 경우
나. 용량이 500[kVA] 이상의 발전기를 구동하는 수차의 압유장치의 유압이 현저히 저하한 경우
다. 용량이 100[kVA] 이상의 발전기를 구동하는 **풍차의 압유장치의 유압이 현저히 저하한 경우**
라. 용량이 2,000[kVA] 이상인 수차 발전기의 스러스트 베어링의 온도가 현저히 상승한 경우
마. 용량이 10,000[kVA] 이상인 발전기의 내부에 고장이 생긴 경우
바. 정격출력이 10,000[kW]를 초과하는 증기터빈은 그 스러스트베어링이 현저하게 마모되거나 그의 온도가 현저히 상승한 경우 【답】①

87 교통신호등 회로의 사용전압은 최대 몇 [V]인가?
① 100   ② 200
③ 300   ④ 400

풀이 234.15 교통신호등
사용전압은 300[V] 이하로서, 전선은 케이블을 제외하고 2.5[mm²]의 연동선일 것.   【답】③

88 저압가공전선 상호 간을 접근 또는 교차하여 시설하는 경우 전선 상호 간 이격거리 및 하나의 저압가공전선과 다른 저압, 가공전선로의 지지물 사이의 이격거리는 각각 몇 [cm] 이상이어야 하는가?
(단, 어느 한 쪽의 전선이 고압 절연전선, 특고압 절연전선 또는 케이블이 아닌 경우이다.)
① 전선 상호 간 : 30[cm],
 전선과 지지물 간 : 30[cm]
② 전선 상호 간 : 30[cm],
 전선과 지지물 간 : 60[cm]
③ 전선 상호 간 : 60[cm],
 전선과 지지물 간 : 30[cm]
④ 전선 상호 간 : 60[cm],
 전선과 지지물 간 : 60[cm]

풀이 222.16 저압 가공전선 상호 간의 접근 또는 교차
저압 가공전선이 다른 저압 가공전선과 접근상태로 시설되거나 교차하여 시설되는 경우 이격거리

전선의 종류구분	다른 저압 가공전선	
	전선 상호 간	지지물
저압 절연전선	0.6[m]	0.3[m]
어느 한 쪽의 전선이 고압·특고압절연전선 또는 케이블	0.3[m]	

【답】③

89 단상교류 공칭전압 25[kV]인 전차선과 차량 간의 동적 최소 절연이격거리는 몇 [mm] 이상인가?
① 25   ② 100
③ 150   ④ 170

풀이 431.3 전차선로의 충전부와 차량 간의 절연이격

전차선과 차량 간의 최소 절연간격

시스템 종류	공칭전압(V)	동적(mm)	정적(mm)
직류	750	25	25
	1,500	100	150
단상교류	25,000	170	270

【답】④

90 전력 보안 통신용 전화설비를 시설하여야 하는 곳은?
① 2개 이상의 발전소 상호 간
② 원격 감시 제어가 되는 변전소
③ 원격 감시 제어가 되는 급전소
④ 원격 감시 제어가 되지 않는 발전소

풀이 362.1 전력보안통신설비의 시설 요구사항
발전소, 변전소 및 변환소에서의 전력보안통신설비의 시설 장소는 다음에 따른다.
가. **원격감시제어가 되지 아니하는 발전소**·변전소·개폐소·전선로 및 이를 운용하는 급전소 및 급전분소 간
나. 2개 이상의 급전소(분소) 상호 간과 이들을 통합 운용하는 급전소(분소) 간
다. 수력설비의 안전상 필요한 양수소 및 강수량 관측소와 수력발전소 간
라. 동일 수계에 속하고 안전상 긴급 연락의 필요가 있는 수력발전소 상호 간
마. 동일 전력계통에 속하고 또한 안전상 긴급연락의 필요가 있는 발전소·변전소 및 개폐소 상호 간   【답】④

91 저압 가공인입선에 사용하지 않는 전선은?
① 나전선
② 절연전선
③ 인입용 비닐절연전선
④ 케이블

풀이 221.1.1 저압 인입선의 시설
저압 가공인입선은 다음에 따라 시설하여야 한다.
가. 전선은 **절연전선 또는 케이블**일 것.
나. 전선이 절연전선인 경우
  ① 경간이 15[m] 초과 : 인장강도 2.30[kN] 이상의 것 또는 지름 2.6[mm] 이상의 인입용 비닐절연전선일 것.
  ② 경간이 15[m] 이하 : 인장강도 1.25[kN] 이상의 것 또는 지름 2[mm] 이상의 인입용 비닐절연전선일 것.
다. 전선이 옥외용 비닐 절연 전선인 경우에는 사람이 접촉할 우려가 없도록 시설할 것. 【답】①

92 다음 중 전로의 중성점 접지의 목적으로 거리가 먼 것은?
① 대지전압의 저하
② 이상전압의 억제
③ 손실전력의 감소
④ 보호장치의 확실한 동작의 확보

풀이 322.5 전로의 중성점 접지
전로의 **중성점 접지공사의 목적**
가. 보호 장치의 확실한 동작의 확보
나. 이상 전압의 억제
다. 대지전압의 저하 【답】③

93 아파트 세대 욕실에 '비데용 콘센트'를 시설하고자 한다. 다음의 시설방법 중 적합하지 않은 것은?
① 충전 부분이 노출되지 않을 것
② 배선기구에 방습장치를 시설할 것
③ 저압용 콘센트는 접지극이 없는 것을 사용할 것
④ 인체감전보호용 누전차단기가 부착된 것을 사용할 것

풀이 234.5 콘센트의 시설
욕조나 샤워시설이 있는 욕실 또는 화장실 등 인체가 물에 젖어 있는 상태에서 전기를 사용하는 장소에 콘센트를 시설하는 경우에는 다음에 따라 시설하여야한다.
가. 인체감전보호용 누전차단기(정격감도전류 15[mA] 이하, 동작시간 0.03[초] 이하의 전류동작형의 것에 한한다) 또는 절연변압기(정격용량 3[kVA] 이하인 것에 한한다)로 보호된 전로에 접속하거나, 인체감전보호용 누전차단기가 부착된 콘센트를 시설하여야 한다.
나. 콘센트는 **접지극이 있는 방적형 콘센트를 사용**하여 규정에 준하여 접지하여야 한다. 【답】③

94 전기 온상의 발열선의 온도는 몇 [℃]를 넘지 아니하도록 시설하여야 하는가?
① 70 ② 80
③ 90 ④ 100

풀이 241.5 전기온상 등
가. 전기온상에 전기를 공급하는 전로의 대지전압은 300[V] 이하일 것.
나. **발열선은 그 온도가 80[℃]를 넘지 않도록 시설** 할 것.
다. 발열선과 조영재 사이의 이격거리는 0.025[m] 이상으로 할 것.
라. 발열선의 지지점 간의 거리는 1[m] 이하일 것. 다만, 발열선 상호 간의 간격이 0.06[m] 이상인 경우에는 2[m] 이하로 할 수 있다. 【답】②

95 고압 가공전선로에 케이블을 조가용선에 행거로 시설할 경우 그 행거의 간격은 몇 [cm] 이하로 하여야 하는가?
① 50 ② 60
③ 70 ④ 80

풀이 332.2 가공케이블의 시설
저압 가공전선 또는 고압 가공전선에 케이블을 사용하는 경우에는 다음에 따라 시설하여야 한다.
가. 케이블은 조가용선에 행거로 시설할 것. 이 경우에는 사용전압이 고압인 때에는 **행거의 간격은 0.5[m] 이하**로 하는 것이 좋다.
나. 조가용선은 인장강도 5.93[kN] 이상의 것 또는 단면적 22[mm^2] 이상인 아연도강연선일 것.
다. 조가용선 및 케이블의 피복에 사용하는 금속체에는 접지공사를 할 것.
라. 조가용선을 케이블에 접촉시켜 금속 테이프를 감는 경우에는 20[cm] 이하의 간격으로 나선상으로 한다.

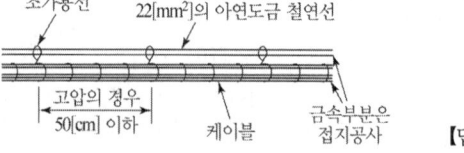

【답】①

96 전력 보안 통신 설비인 무선통신용 안테나 또는 반사판을 지지하는 철근 콘크리트주의 기초의 안전율은 얼마 이상이어야 하는가? 단, 무선통신용 안테나 또는 반사판이 전선로의 주위상태를 감시할 목적으로 시설되는 것이 아닌 경우이다.
① 1.5 ② 2.2
③ 2.5 ④ 4.5

풀이 364.1 무선용 안테나 등을 지지하는 철탑 등의 시설
전력보안통신설비인 무선통신용 안테나 또는 반사판을 지지하는 목주·철주·철근 콘크리트주 또는 철탑은 다음에 따라 시설하여야 한다. 다만, 무선용 안테나 등이 전선로의 주위상태를 감시할 목적으로 시설되는 것일 경우에는 그러하지 아니하다.
가. 목주는 풍압하중에 대한 안전율은 1.5 이상이어야 한다.
나. 철주·철근 콘크리트주 또는 철탑의 **기초 안전율은 1.5 이상**이어야 한다. 【답】①

97 66[kV]에 사용되는 변압기를 취급자 이외의 자가 들어가지 않도록 적당한 울타리·담 등을 설치하여 시설하는 경우 울타리·담 등의 높이와 울타리·담 등으로부터 충전부분까지의 거리의 합계는 최소 몇 [m] 이상으로 하여야 하는가?
① 5 ② 6
③ 8 ④ 10

풀이 341.4 특고압용 기계기구의 시설
특고압용 기계기구 충전부분의 지표상 높이

사용전압의 구분	울타리·담 등의 높이와 울타리·담 등으로부터 충전 부분까지의 거리의 합계
35[kV] 이하	5[m]
35[kV] 초과 160[kV] 이하	6[m]
160[kV] 초과	• 거리의 합계 = 6 + 단수 × 0.12[m] • 단수 = $\frac{\text{사용전압 [kV]} - 160}{10}$ 단수 계산에서 소수점 이하는 절상

【답】②

98 전선의 색상 중 틀린 것은?
① L1 : 갈색 ② L2 : 흑색
③ L3 : 흰색 ④ N : 청색

풀이 121.2 전선의 식별

상(문자)	L1	L2	L3	N	보호도체
색상	갈색	흑색	회색	청색	녹색-노란색

【답】③

99 철탑의 강도 계산에 사용하는 이상 시 상정하중의 종류가 아닌 것은?
① 수직하중
② 좌굴하중
③ 수평 횡하중
④ 수평 종하중

풀이 333.14 이상 시 상정하중
철탑의 강도계산에 사용하는 **이상 시 상정하중은 풍압**이 전선로에 직각방향으로 가하여지는 경우의 하중과 **전선로의 방향으로 가하여지는 경우의 수직하중, 수평 횡하중, 수평 종하중을 계산**하여 각 부재에 대한 이들의 하중 중 그 부재에 큰 응력이 생기는 쪽의 하중을 채택한다. 【답】②

100 저압 옥내배선에 사용되는 연동선의 굵기는 일반적인 경우 몇 [mm²] 이상이어야 하는가?
① 2 ② 2.5
③ 4 ④ 6

풀이 231.3 저압 옥내배선의 사용전선
가. 저압 옥내배선의 전선 : **단면적 2.5[mm²] 이상의 연동선**
나. 옥내배선의 사용 전압이 400 [V] 이하인 경우는 다음에 의하여 시설할 수 있다.
 ① 전광표시 장치 또는 제어 회로
  • 단면적 1.5[mm²] 이상의 연동선
  • 단면적 0.75[mm²] 이상인 다심케이블 또는 다심 캡타이어 케이블을 사용하고 또한 과전류가 생겼을 때에 자동적으로 전로에서 차단하는 장치를 시설
 ② 진열장 또는 이와 유사한 것의 내부 배선 : 단면적 0.75[mm²] 이상인 코드 또는 캡타이어케이블 【답】②

3회 전기설비 기술기준

81 특고압가공전선이 저고압가공전선과 제1차 접근상태로 시설하는 경우, 66[kV] 특고압가공전선과 저고압가공전선 사이의 이격거리는 몇 [m] 이상이어야 하는가?

① 2.0[m]　② 2.12[m]
③ 2.2[m]　④ 2.5[m]

[풀이] 333.26 특고압 가공전선과 저고압 가공전선 등의 접근 또는 교차

특고압 가공전선이 가공약전류전선 등 저압 또는 고압의 가공전선이나 저압 또는 고압의 전차선(이하에서 "저압 가공전선 등"이라 한다)과 제1차 접근상태로 시설되는 경우
가. 특고압 가공전선로는 제3종 특고압 보안공사에 의할 것.
나. 특고압 가공전선과 저고압 가공 전선 등 또는 이들의 지지물이나 지주 사이의 이격거리는 표에서 정한 값 이상일 것.

사용전압의 구분	이격거리
60[kV] 이하	2[m]
60[kV] 초과	• 이격거리 = 2 + 단수 × 0.12[m] • 단수 = $\dfrac{\text{사용전압[kV]} - 60}{10}$ … 단수 계산에서 소수점 이하는 절상

단수계산에서 소수점 이하는 절상한다.
이격거리 2[m] + 1 × 0.12[m] = 2.12　**[답]** ②

82 특고압 가공전선과 가공약전류 전선 사이에 보호망을 시설하는 경우 보호망을 구성하는 금속선 상호 간의 간격은 가로 및 세로를 각각 몇 [m] 이하로 시설하여야 하는가?

① 0.75　② 1.0
③ 1.25　④ 1.5

[풀이] 333.26 특고압 가공전선과 저고압 가공전선 등의 접근 또는 교차
보호망은 규정에 준하여 접지공사를 한 금속제의 망상장치로 하고 또한 다음에 따라 시설하여야 한다.
가. 보호망을 구성하는 금속선은 그 외주 및 특고압 가공전선의 바로 아래에 시설하는 금속선에 인장강도 8.01 [kN] 이상의 것 또는 지름 5 [mm] 이상의 경동선을 사용하고 기타 부분에 시설하는 금속선에 인장강도 3.64 [kN] 이상 또는 지름 4 [mm] 이상의 아연도철선을 사용할 것.
나. 보호망을 구성하는 **금속선 상호 간의 간격은 가로세로 각 1.5 [m] 이하**일 것.

다. 보호망과 저고압 가공전선 등과의 수직 이격거리는 60[cm] 이상일 것.
[답] ④

83 발전기가 정격운전상태에 있을 때, 동기기 단자에서의 전압을 무엇이라 하는가?

① 접촉전압　② 사용전압
③ 정격전압　④ 공칭전압

[풀이] 112 용어 정의
"정격전압"이란 발전기가 정격운전상태에 있을 때, 동기기 단자에서의 전압을 말한다.　**[답]** ③

84 사용전압이 400[V]를 초과하는 저압가공전선에 사용할 수 없는 전선은?

① 인입용 비닐절연전선
② 나전선(중성선 또는 다중접지된 접지측 전선으로 사용하는 전선에 한한다)
③ 케이블
④ 다심형 전선

[풀이] 222.5 저압 가공전선의 굵기 및 종류
가. 저압 가공전선은 나전선(중성선 또는 다중접지된 접지측 전선으로 사용하는 전선에 한한다), 절연전선, 다심형 전선 또는 케이블을 사용하여야 한다.
나. **사용전압이 400[V] 초과인 저압 가공전선에는 인입용 비닐절연전선을 사용하여서는 안 된다.**　**[답]** ①

85 전차선로가 경동선인 경우 안전율은 얼마 이상인가?

① 1.0　② 2.0
③ 2.2　④ 2.5

[풀이] 431.10 전차선로 설비의 안전율
하중을 지탱하는 전차선로 설비의 강도는 작용이 예상되는 하중의 최악 조건 조합에 대하여 다음의 최소 안전율이 곱해진 값을 견디어야 한다.
1. 합금전차선의 경우 2.0 이상
2. **경동선의 경우 2.2 이상**
3. 조가선 및 조가선 장력을 지탱하는 부품에 대하여 2.5 이상
4. 복합체 자재(고분자 애자 포함)에 대하여 2.5 이상
5. 지지물 기초에 대하여 2.0 이상
6. 장력조정장치 2.0 이상
7. 빔 및 브래킷은 소재 허용응력에 대하여 1.0 이상

8. 철주는 소재 허용응력에 대하여 1.0 이상
9. 브래킷의 애자는 최대 굽힘하중에 대하여 2.5 이상
10. 지지선은 선형일 경우 2.5 이상, 강봉형은 소재 허용응력에 대하여 1.0 이상 【답】③

86 특고압 가공전선로에서 발생하는 극저주파 전자계는 지표상 1[m]에서 전계가 몇 [kV/m]이하가 되도록 시설하여야 하는가?
① 3.5 ② 2.5
③ 1.5 ④ 0.5

풀이 유도장해 방지(기술기준 제17조)
특고압 가공전선로에서 발생하는 극저주파 전자계는 **지표상 1[m]에서 전계가 3.5[kV/m] 이하**, 자계가 83.3[μT] 이하가 되도록 시설하는 등 상시 정전유도 및 전자유도 작용에 의하여 사람에게 위험을 줄 우려가 없도록 시설하여야 한다. 【답】①

87 과전류차단기를 시설할 수 있는 곳은?
① 접지공사의 접지선
② 다선식 전로의 중성선
③ 단상 3선식 전로의 저압측 전선
④ 접지공사를 한 저압 가공전선로의 접지측 전선

풀이 341.11 과전류차단기의 시설 제한
접지공사의 접지도체, 다선식 전로의 중성선 및 전로의 일부에 접지공사를 한 저압 가공전선로의 접지측 전선에는 과전류차단기를 시설하여서는 안 된다.
다만, 다음의 경우에는 예외로 한다.
가. 다선식 전로의 중성선에 시설한 과전류차단기가 동작한 경우에 각 극이 동시에 차단될 때
나. 저항기·리액터 등을 사용하여 접지공사를 한 때에 과전류차단기의 동작에 의하여 그 접지도체가 비접지 상태로 되지 아니할 때 【답】③

88 급전용변압기는 교류 전기철도의 경우 어떤 변압기의 적용을 원칙으로 하고, 급전계통에 적합하게 선정하여야 하는가?
① 3상 정류기용 변압기
② 단상 정류기용 변압기
③ 3상 스코트결선 변압기
④ 단상 스코트결선 변압기

풀이 421.4 변전소의 설비
1. 변전소 등의 계통을 구성하는 각종 기기는 운용 및 유지보수성, 시공성, 내구성, 효율성, 친환경성, 안전성 및 경제성 등을 종합적으로 고려하여 선정하여야 한다.
2. 급전용 변압기는 직류 전기철도의 경우 3상 정류기용 변압기, **교류 전기철도의 경우 3상 스코트결선 변압기의 적용을 원칙으로 하고**, 급전계통에 적합하게 선정하여야 한다. 【답】③

89 345[kV] 변전소의 충전 부분에서 5.98[m] 거리에 울타리를 설치할 경우 울타리 최소 높이는 몇 [m]인가?
① 2.1 ② 2.3
③ 2.5 ④ 2.7

풀이 351.1 발전소 등의 울타리·담 등의 시설

사용전압의 구분	울타리·담 등의 높이와 울타리·담 등으로부터 충전 부분까지의 거리의 합계
35[kV] 이하	5 [m]
35[kV] 초과 160[kV] 이하	6 [m]
160[kV] 초과	• 거리의 합계 = 6+단수×0.12[m] • 단수 = $\dfrac{\text{사용전압 [kV]}-160}{10}$ 단수 계산에서 소수점 이하는 절상

• 단수 = $\dfrac{345-160}{10} = 18.5 \to 19$단
• 이격거리 + 울타리높이 = $6 + 19 \times 0.12 = 8.28$[m]
• 울타리높이 = $8.28 -$ 이격거리 = $8.28 - 5.98 = 2.3$[m] 【답】②

90 전기철도의 변전소 설비에 대한 설명 중 옳지 않은 것은?
① 급전용변압기는 직류 전기철도의 경우 3상 정류기용 변압기의 적용을 원칙으로 한다.
② 교류 전기철도의 경우 3상 스코트결선 변압기의 적용을 원칙으로 한다.
③ 제어용 교류전원은 상용과 예비의 2계통으로 구성하여야 한다.
④ 제어반의 경우 아날로그전기방식을 원칙으로 하여야 한다.

[풀이] 421.4 변전소의 설비
1. 변전소 등의 계통을 구성하는 각종 기기는 운용 및 유지보수성, 시공성, 내구성, 효율성, 친환경성, 안전성 및 경제성 등을 종합적으로 고려하여 선정하여야 한다.
2. 급전용변압기는 직류 전기철도의 경우 3상 정류기용 변압기, 교류 전기철도의 경우 3상 스코트결선 변압기의 적용을 원칙으로 하고, 급전계통에 적합하게 선정하여야 한다.
3. 차단기는 계통의 장래계획을 고려하여 용량을 결정하고, 회로의 특성에 따라 기종과 동작책무 및 차단시간을 선정하여야 한다.
4. 개폐기는 선로 중 중요한 분기점, 고장발견이 필요한 장소, 빈번한 개폐를 필요로 하는 곳에 설치하며, 개폐상태의 표시, 잠금장치 등을 설치하여야 한다.
5. 제어용 교류전원은 상용과 예비의 2계통으로 구성하여야 한다.
6. 제어반의 경우 디지털계전기방식을 원칙으로 하여야 한다.

【답】 ④

91 지중전선로를 직접 매설식에 의하여 시설할 때, 중량물의 압력을 받을 우려가 있는 장소에 지중전선을 견고한 트라프 기타 방호물에 넣지 않고도 부설할 수 있는 케이블은?

① 염화비닐 절연 케이블
② 폴리에틸렌 외장 케이블
③ 콤바인 덕트 케이블
④ 알루미늄피 케이블

[풀이] 334.1 지중전선로의 시설
지중 전선로를 직접 매설식에 의하여 시설하는 경우에 지중 전선을 견고한 트라프 기타 방호물에 넣어 시설하여야 한다.
단, 다음의 어느 하나에 해당하는 경우에는 지중전선을 견고한 트라프 기타 방호물에 넣지 아니하여도 된다.
① 저압 또는 고압의 지중전선을 차량 기타 중량물의 압력을 받을 우려가 없는 경우에 그 위를 견고한 판 또는 몰드로 덮어 시설하는 경우
② 저압 또는 고압의 **지중전선에 콤바인덕트 케이블 또는 개장한 케이블을 사용**하여 시설하는 경우

【답】 ③

92 특고압 가공전선로의 지지물로 사용하는 목주의 풍압하중에 대한 안전율은 얼마 이상이어야 하는가?

① 1.2　　　② 1.5
③ 2.0　　　④ 2.5

[풀이] 333.10 특고압 가공전선로의 목주 시설
332.7 고압 가공전선로의 지지물의 강도

222.8 저압 가공전선로의 지지물의 강도
지지물이 목주인 경우 안전율 및 말구의 지름

전압의 종별	안전율	말구의 지름
저 압	1.2	–
고 압	1.3	0.12 [m] 이상
특고압	1.5	0.12 [m] 이상

【답】 ②

93 사용전압이 25[kV] 이하인 다중접지방식 지중전선로를 관로식 또는 직접매설식으로 시설하는 경우, 그 간격은 몇 [m] 이상이 되도록 시설하여야 하는가? 단, 압입공법을 적용한 경우가 아니며 지하매설 공간이 부족한 경우도 아니다.

① 0.1　　　② 0.15
③ 0.3　　　④ 1.0

[풀이] 334.7 지중전선 상호 간의 접근 또는 교차
사용전압이 25[kV] 이하인 다중접지방식 지중전선로를 관로식 또는 직접매설식으로 시설하는 경우, 그 간격은 **0.1[m] 이상**이 되도록 시설하여야 한다. 다만, 다음 중 어느 하나에 따라 시설하는 경우에는 예외로 할 수 있다.
가. 관로식으로 시공시 지하매설 공간 부족으로 간격 확보가 곤란하여 관로 사이를 콘크리트 등 견고한 격벽 또는 채움재로 보강한 경우
나. 압입공법을 적용한 경우

【답】 ①

94 시가지 또는 그 밖에 인가가 밀집한 지역에 154[kV] 가공전선로의 전선을 케이블로 시설하고자 한다. 이때 가공전선을 지지하는 애자장치의 50[%] 충격섬락전압 값이 그 전선의 근접한 다른 부분을 지지하는 애자장치 값의 몇 [%] 이상이어야 하는가?

① 75　　　② 100
③ 105　　　④ 110

[풀이] 333.1 시가지 등에서 특고압 가공전선로의 시설
특고압 가공전선로는 전선이 케이블인 경우 또는 전선로를 다음과 같이 시설하는 경우에는 시가지 그 밖에 인가가 밀집한 지역에 시설할 수 있다.
1. 사용전압이 170[kV] 이하인 전선로를 다음에 의하여 시설하는 경우
　가. 특고압 가공전선을 지지하는 애자장치는 다음 중 어느 하나에 의할 것.
　　(1) 50[%] 충격섬락전압 값이 그 전선의 근접한 다른 부

분을 지지하는 애자장치 값의 110[%](사용전압이 130 [kV]를 초과하는 경우는 105[%]) 이상인 것.
(2) 아킹혼을 붙인 현수애자·장간애자 또는 라인포스트 애자를 사용하는 것.
(3) 2련 이상의 현수애자 또는 장간애자를 사용하는 것.
(4) 2개 이상의 핀애자 또는 라인포스트애자를 사용하는 것.
【답】③

95 가공전선로의 지지물에 시설하는 지선으로 연선을 사용할 경우 소선은 몇 가닥 이상이어야 하는가?
① 2　　② 3
③ 5　　④ 9

> **풀이** 331.11 지선의 시설
> 가. 지선의 **안전율은 2.5 이상**일 것. 이 경우에 허용 인장하중의 최저는 4.31[kN]으로 한다.
> 나. 지선에 연선을 사용할 경우에는 다음에 의할 것.
> ① **소선 3가닥 이상**의 연선일 것.
> ② 소선의 **지름이 2.6[mm] 이상**의 금속선을 사용한 것일 것.
> 【답】②

96 금속제가요전선관공사에 의한 저압 옥내배선으로 틀린 것은?
① 2종 금속제 가요전선관을 사용하였다.
② 전선은 연선을 사용하였다.
③ 전선으로 옥외용 비닐 절연전선을 사용하였다.
④ 가요전선관은 접지공사를 하였다.

> **풀이** 232.13 금속제가요전선관공사
> 가. **전선은 절연전선(옥외용 비닐 절연전선을 제외한다)**일 것.
> 나. 전선은 연선일 것. 다만, 단면적 10[mm²](알루미늄선은 단면적 16[mm²]) 이하인 것은 그러하지 아니하다.
> 다. 가요전선관 안에는 전선에 접속점이 없도록 할 것.
> 라. 가요전선관은 2종 금속제 가요전선관일 것
> 【답】③

97 발전소·변전소 또는 이에 준하는 곳의 특고압 전로에는 그의 보기 쉬운 곳에 어떤 표시를 반드시 하여야 하는가?
① 모선(母線) 표시
② 상별(相別) 표시
③ 차단(遮斷) 위험표시
④ 수전(受電) 위험표시

> **풀이** 351.2 특고압전로의 상 및 접속 상태의 표시
> 가. 발전소·변전소 또는 이에 준하는 곳의 **특고압전로에는 그의 보기 쉬운 곳에 상별 표시**를 하여야 한다.
> 나. 발전소·변전소 또는 이에 준하는 곳의 특고압전로에 대하여는 그 접속 상태를 모의모선의 사용 기타의 방법에 의하여 표시하여야 한다. 다만, 이러한 전로에 접속하는 특고압 전선로의 회선수가 2 이하이고 또한 특고압의 모선이 단일 모선인 경우에는 그러하지 아니하다.
> 【답】②

98 6.6[kV] 지중전선로의 케이블을 직류전원으로 절연 내력시험을 하자면 시험전압은 직류 몇 [V]인가?
① 9900　　② 14420
③ 16500　　④ 19800

> **풀이** 132 전로의 절연저항 및 절연내력
>
> | 전로의 종류 | 접지 방식 | 시험전압 (최대사용전압의 배수) | 최저 시험 전압 |
> |---|---|---|---|
> | 1. 7[kV] 이하 | | 1.5배 | |
> | 2. 7[kV] 초과 25[kV] 이하 | 다중접지 | 0.92배 | |
> | 3. 7[kV] 초과 60[kV] 이하 (2란의 것 제외) | | 1.25배 | 10.5[kV] |
> | 4. 60[kV] 초과 | 비접지 | 1.25배 | |
> | 5. 60[kV] 초과 (6란과 7란의 것 제외) | 접지식 | 1.1배 | 75[kV] |
> | 6. 60[kV] 초과 (7란의 것 제외) | 직접접지 | 0.72배 | |
> | 7. 170[kV] 초과 (발전소 또는 변전소 혹은 이에 준하는 장소에 시설하는 것.) | 직접접지 | 0.64배 | |
>
> ※ 전로에 케이블을 사용하는 경우에는 **직류로 시험할 수 있으며, 시험 전압은 교류의 경우의 2배**가 된다.
> ∴ 시험 전압=6.6[kV]×1.5×2=19.8[kV]=19800[V]
> 【답】④

99 옥내배선에서 나전선을 사용할 수 없는 것은?
① 전선의 피복 절연물이 부식하는 장소의 전선
② 취급자 이외의 자가 출입할 수 없도록 설비한 장소의 전선
③ 전용의 개폐기 및 과전류 차단기가 시설된 전기 기계기구의 저압전선
④ 애자공사에 의하여 전개된 장소에 시설하는 경우로 전기로용 전선

풀이 231.4 나전선의 사용 제한
옥내에 시설하는 저압전선에는 나전선을 사용하여서는 아니된다. 다만, 다음중 어느 하나에 해당하는 경우에는 그러하지 아니하다.
가. 애자공사에 의하여 전개된 곳에 다음의 전선을 시설하는 경우
   ① 전기로용 전선
   ② 전선의 **피복 절연물이 부식하는 장소**에 시설하는 전선
나. **버스덕트공사**에 의하여 시설하는 경우
다. **라이팅덕트공사**에 의하여 시설하는 경우
라. **접촉 전선**을 시설하는 경우   【답】 ③

100 전기철도차량이 전차선로와 접촉한 상태에서 견인력을 끄고 보조전력을 가동한 상태로 정지해 있는 경우, 가공 전차선로의 유효전력이 200[kW] 이상일 경우 총 역률은 얼마보다 작아서는 안되는가?
① 0.6   ② 0.7
③ 0.8   ④ 0.9

풀이 441.4 전기철도차량의 역률
1. 최저 비영구전압에서 최고 비영구전압까지의 전압범위에서 유도성 역률 및 전력소비에 대해서만 적용되며, 회생제동 중에는 전압을 제한 범위내로 유지시키기 위하여 유도성 역률을 낮출 수 있다. 다만, 전기철도차량이 전차선로와 접촉한 상태에서 견인력을 끄고 보조전력을 가동한 상태로 정지해 있는 경우, 가공 전차선로의 **유효전력이 200[kW] 이상일 경우 총 역률은 0.8보다는 작아서는 안된다.**
2. 역행 모드에서 전압을 제한 범위 내로 유지하기 위하여 용량성 역률이 허용되며, 규정된 최저 비영구전압에서 최고비영구 전압까지의 전압범위에서 용량성 역률은 제한 받지 않는다.   【답】 ③

판권
소유

E90-4 전기공사산업기사 필기

발   행 / 2025년 12월 15일

저   자 / 검정연구회
펴 낸 이 / 이 지 연
펴 낸 곳 / 엔트미디어
주   소 / 서울시 강서구 강서로 47-8 302호
            (화곡동 평인빌딩)
전   화 / 02) 2608-8339
팩   스 / 02) 2608-8314
등록번호 / 제839-91-00430

낙장 및 파본된 책은 구입서점이나 본사에서 교환해 드립니다.

ISBN : 979-11-92810-65-2 13560

값 / 38,000원

이 책은 저작권법에 의해 저작권이 보호됩니다.
엔트미디어 발행인의 승인자료 없이 무단 전재하거나 복제하는 행위는 저작권법 제136조에 의해 5년 이하의 징역 또는 5,000만원 이하의 벌금에 처하거나 이를 병과(倂科)할 수 있습니다.